/ 重 点 行 业 生 态 环 境 标 准 汇 编 系 列 丛 书 /

ZHONGDIAN HANGYE SHENGTAI HUANJING BIAOZHUN HUIBIAN XILIE CONGSHU

生态环境标准汇编——石 化 工 业（上册）

SHENGTAI HUANJING BIAOZHUN HUIBIAN

SHIHUA GONGYE（SHANGCE）

Petrochemical

生态环境部法规与标准司
编
生态环境部环境标准研究所

中国环境出版集团 · 北京

图书在版编目（CIP）数据

生态环境标准汇编. 石化工业. 上册 / 生态环境部法规与标准司，生态环境部环境标准研究所编. -- 北京 : 中国环境出版集团，2024. 8. --（重点行业生态环境标准汇编系列丛书）. -- ISBN 978-7-5111-5925-0

Ⅰ. X7-65

中国国家版本馆CIP数据核字第2024EM0452号

责任编辑 孙 莉
封面设计 岳 帅

出版发行 中国环境出版集团
（100062 北京市东城区广渠门内大街 16 号）
网 址：http://www.cesp.com.cn
电子邮箱：bjgl@cesp.com.cn
联系电话：010-67112765（编辑管理部）
发行热线：010-67125803，010-67113405（传真）

印 刷 北京中科印刷有限公司
经 销 各地新华书店
版 次 2024 年 8 月第 1 版
印 次 2024 年 8 月第 1 次印刷
开 本 880×1230 1/16
印 张 92.75
字 数 2826 千字
定 价 385.00 元（全 2 册）

丛书编委会

主　编

赵　柯

编　委

王开宇　王泽林　段光明　陈　胜

李明霞　陈　婧　王海燕　张国宁

本书编写组

总体组

朱 静　刘丽颖　王 晟　王延红

分领域编写组

水与海洋领域生态环境标准

刘 琰　蔡木林　杨占红　武亚凤

大气、声与应对气候变化领域生态环境标准

王宗爽　江 梅　郭 敏　徐 舒

土壤、地下水与固体废物领域生态环境标准

于家琳　李艾阳　胡雨晴

生态环境监测标准

余若祯　裴淑玮　李旭华　张 虞　董 骞　雷 晶　曹 宇

序 言

Preface

1973 年 11 月发布的《工业“三废”排放试行标准》(GBJ 4—73)，是第一次全国环境保护会议的重要成果。从那时起，生态环境标准就成为我国生态环境保护各个阶段管理理念的具体工具和行动抓手，在推进生态文明建设、实现美丽中国建设目标的征程中发挥了重要的技术引领和基础支撑作用。经过 50 多年的发展，我国已经建成“两级六类”的生态环境标准体系。截至 2023 年 12 月 31 日，共累计发布国家生态环境标准 2 925 项，其中现行标准 2 396 项；累计依法备案地方标准 352 项，现行标准 249 项。同时，随着标准体系规模的扩大，能否正确理解和运用相互衔接配套的标准成为影响标准实施效果的重要因素。

习近平总书记指出：“要坚持系统观念，抓住主要矛盾和矛盾的主要方面，对突出生态环境问题采取有力措施，同时强化目标协同、多污染物控制协同、部门协同、区域协同、政策协同，不断增强各项工作的系统性、整体性、协同性。”加强生态环境标准的综合运用能力，解决复杂生态环境问题，需要各行业、各领域全面、准确地落实相关标准要求，尤其是重点行业要围绕实施污染物排放标准，同步推进相关衔接配套标准的实施。

为推动相关行业企业、监管机构、研究单位更加系统、全面、准确地理解和运用生态环境标准，生态环境部法规与标准司、生态环境部环境标准研究所编写了“重点行业生态环境标准汇编系列丛书”，针对重点行业适用的污染物排放标准，以及相关监测、环境影响评价、排污许可、可行性技术等标准及修改单进行了汇总。

石化工业是生态环境重点管理行业之一。《生态环境标准汇编——石化工业》收录了当前现行有效的石化工业生态环境标准 248 项，涵盖了石化工业多个方面生态环境保护要求。希望丛书的出版能够为相关单位和人员提供实用资料，推动标准有效实施，助力生态环境保护实践工作。

编 者

2023 年 11 月

目 录

Contents

上 册

第一部分　污染物排放

第二部分　土壤、地下水

下　册

第三部分　固定源环境影响评价与排放管理

一、环境影响评价技术导则

二、排污许可证申请与核发技术规范

三、污染源源强核算技术指南

四、建设项目竣工环境保护设施验收技术规范

第四部分　生态环境技术类

一、污染防治技术政策

二、清洁生产/循环经济相关标准

三、环境保护工程技术规范

第五部分　生态环境监测

第六部分　其他

第一部分

污染物排放

中华人民共和国国家标准

GB 31570—2015（含 2024 年修改单）

石油炼制工业污染物排放标准

Emission standard of pollutants for petroleum refining industry

2015-04-16 发布　　2015-07-01 实施

环境保护部
国家质量监督检验检疫总局 发布

前 言

为贯彻《中华人民共和国环境保护法》《中华人民共和国水污染防治法》《中华人民共和国大气污染防治法》等法律、法规，保护环境，防治污染，促进石油炼制工业的技术进步和可持续发展，制定本标准。

本标准规定了石油炼制工业企业及其生产设施的水污染物和大气污染物排放限值、监测和监督管理要求。

石油炼制工业企业排放恶臭污染物、环境噪声适用相应的国家污染物排放标准，产生固体废物的鉴别、处理和处置适用相应的国家固体废物污染控制标准。配套的动力锅炉执行《锅炉大气污染物排放标准》或《火电厂大气污染物排放标准》。

本标准中的污染物排放浓度均为质量浓度。

本标准为首次发布。

新建企业自 2015 年 7 月 1 日起，现有企业自 2017 年 7 月 1 日起，其水污染物和大气污染物排放控制按本标准的规定执行，不再执行《污水综合排放标准》（GB 8978—1996）、《大气污染物综合排放标准》（GB 16297—1996）和《工业炉窑大气污染物排放标准》（GB 9078—1996）中的相关规定。各地也可根据当地环境保护的需要和经济与技术条件，由省级人民政府批准提前实施本标准。

本标准是石油炼制工业水污染物和大气污染物排放控制的基本要求。地方省级人民政府对本标准未作规定的项目，可以制定地方污染物排放标准；对本标准已作规定的项目，可以制定严于本标准的地方污染物排放标准。环境影响评价文件或排污许可证要求严于本标准或地方标准时，按照批复的环境影响评价文件或排污许可证执行。

本标准由环境保护部科技标准司组织制订。

本标准起草单位：抚顺石油化工研究院、中国环境科学研究院。

本标准环境保护部 2015 年 4 月 3 日批准。

本标准自 2015 年 7 月 1 日起实施（2024 年修改单内容自 2024 年 7 月 1 日起，按照 2024 年 第 17 号生态环境部公告的规定实施）。

本标准由环境保护部解释。

石油炼制工业污染物排放标准

1　适用范围

本标准规定了石油炼制工业企业及其生产设施的水污染物和大气污染物排放限值、监测和监督管理要求。

本标准适用于现有石油炼制工业企业或生产设施的水污染物和大气污染物排放管理，以及石油炼制工业建设项目的环境影响评价、环境保护设施设计、竣工环境保护验收及其投产后的水污染物和大气污染物排放管理。

石油炼制工业企业内的汽油储罐及发油过程油气排放控制按本标准规定执行，不再执行 GB 20950—2007 中的相关规定。

本标准适用于法律允许的污染物排放行为。新设立污染源的选址和特殊保护区域内现有污染源的管理，按照《中华人民共和国水污染防治法》《中华人民共和国大气污染防治法》《中华人民共和国海洋环境保护法》《中华人民共和国固体废物污染环境防治法》《中华人民共和国环境影响评价法》等法律、法规和规章的相关规定执行。

2　规范性引用文件

本标准引用了下列文件或其中的条款。凡是未注明日期的引用文件，其最新版本适用于本标准。

GB 20950—2007　储油库大气污染物排放标准

GB/T 6920　水质　pH 值的测定　玻璃电极法

GB/T 7469　水质　总汞的测定　高锰酸钾-过硫酸钾消解法　双硫腙分光光度法

GB/T 7470　水质　铅的测定　双硫腙分光光度法

GB/T 7475　水质　铜、锌、铅、镉的测定　原子吸收分光光度法

GB/T 7485　水质　总砷的测定　二乙基二硫代氨基甲酸银分光光度法

GB/T 8017　石油产品蒸气压的测定　雷德法

GB/T 11890　水质　苯系物的测定　气相色谱法

GB/T 11893　水质　总磷的测定　钼酸铵分光光度法

GB/T 11895　水质　苯并[*a*]芘的测定　乙酰化滤纸层析荧光分光光度法

GB/T 11901　水质　悬浮物的测定　重量法

GB/T 11910　水质　镍的测定　丁二酮肟分光光度法

GB/T 11912　水质　镍的测定　火焰原子吸收分光光度法

GB/T 11914　水质　化学需氧量的测定　重铬酸盐法

GB/T 14204　水质　烷基汞的测定　气相色谱法

GB/T 15432　环境空气　总悬浮颗粒物的测定　重量法

GB/T 15439　环境空气　苯并[*a*]芘的测定　高效液相色谱法

GB/T 15503　水质　钒的测定　钽试剂（BPHA）萃取分光光度法

GB/T 16157　固定污染源排气中颗粒物测定与气态污染物采样方法

GB/T 16489　水质　硫化物的测定　亚甲基蓝分光光度法

HJ/T 27 固定污染源排气中氯化氢的测定 硫氰酸汞分光光度法
HJ/T 38 固定污染源排气中非甲烷总烃的测定 气相色谱法
HJ/T 40 固定污染源排气中苯并[a]芘的测定 高效液相色谱法
HJ/T 42 固定污染源排气中氮氧化物的测定 紫外分光光度法
HJ/T 43 固定污染源排气中氮氧化物的测定 盐酸萘乙二胺分光光度法
HJ/T 45 固定污染源排气中沥青烟的测定 重量法
HJ/T 55 大气污染物无组织排放监测技术导则
HJ/T 56 固定污染源排气中二氧化硫的测定 碘量法
HJ/T 57 固定污染源排气中二氧化硫的测定 定电位电解法
HJ/T 60 水质 硫化物的测定 碘量法
HJ/T 63.1 大气固定污染源 镍的测定 火焰原子吸收分光光度法
HJ/T 63.2 大气固定污染源 镍的测定 石墨炉原子吸收分光光度法
HJ/T 63.3 大气固定污染源 镍的测定 丁二酮肟-正丁醇萃取分光光度法
HJ/T 70 高氯废水 化学需氧量的测定 氯气校正法
HJ/T 75 固定污染源烟气排放连续监测技术规范（试行）
HJ/T 76 固定污染源烟气排放连续监测系统技术要求及检测方法（试行）
HJ/T 91 地表水和污水监测技术规范
HJ/T 132 高氯废水 化学需氧量的测定 碘化钾碱性高锰酸钾法
HJ/T 195 水质 氨氮的测定 气相分子吸收光谱法
HJ/T 200 水质 硫化物的测定 气相分子吸收光谱法
HJ/T 373 固定污染源监测质量保证与质量控制技术规范（试行）
HJ/T 397 固定源废气监测技术规范
HJ/T 399 水质 化学需氧量的测定 快速消解分光光度法
HJ 478 水质 多环芳烃的测定 液液萃取和固相萃取高效液相色谱法
HJ 484 水质 氰化物的测定 容量法和分光光度法
HJ 493 水质 样品的保存和管理技术规定
HJ 494 水质 采样技术指导
HJ 495 水质 采样方案设计技术规定
HJ 501 水质 总有机碳的测定 燃烧氧化-非分散红外吸收法
HJ 502 水质 挥发酚的测定 溴化容量法
HJ 503 水质 挥发酚的测定 4-氨基安替比林分光光度法
HJ 505 水质 五日生化需氧量（BOD_5）的测定 稀释与接种法
HJ 535 水质 氨氮的测定 纳氏试剂分光光度法
HJ 536 水质 氨氮的测定 水杨酸分光光度法
HJ 537 水质 氨氮的测定 蒸馏-中和滴定法
HJ 544 固定污染源废气 硫酸雾的测定 离子色谱法（暂行）
HJ 548 固定污染源废气 氯化氢的测定 硝酸银容量法（暂行）
HJ 549 环境空气和废气 氯化氢的测定 离子色谱法（暂行）
HJ 583 环境空气 苯系物的测定 固体吸附/热脱附-气相色谱法
HJ 584 环境空气 苯系物的测定 活性炭吸附/二硫化碳解吸-气相色谱法
HJ 597 水质 总汞的测定 冷原子吸收分光光度法
HJ 629 固定污染源废气 二氧化硫的测定 非分散红外吸收法
HJ 636 水质 总氮的测定 碱性过硫酸钾消解紫外分光光度法

HJ 637　水质　石油类和动植物油类的测定　红外分光光度法
HJ 639　水质　挥发性有机物的测定　吹扫捕集/气相色谱-质谱法
HJ 644　环境空气　挥发性有机物的测定　吸附管采样-热脱附/气相色谱-质谱法
HJ 646　环境空气和废气　气相和颗粒物中多环芳烃的测定　气相色谱-质谱法
HJ 647　环境空气和废气　气相和颗粒物中多环芳烃的测定　高效液相色谱法
HJ 665　水质　氨氮的测定　连续流动-水杨酸分光光度法
HJ 666　水质　氨氮的测定　流动注射-水杨酸分光光度法
HJ 667　水质　总氮的测定　连续流动-盐酸萘乙二胺分光光度法
HJ 668　水质　总氮的测定　流动注射-盐酸萘乙二胺分光光度法
HJ 670　水质　磷酸盐和总磷的测定　连续流动-钼酸铵分光光度法
HJ 671　水质　总磷的测定　流动注射-钼酸铵分光光度法
HJ 673　水质　钒的测定　石墨炉原子吸收分光光度法
HJ 675　固定污染源排气　氮氧化物的测定　酸碱滴定法
HJ 686　水质　挥发性有机物的测定　吹扫捕集/气相色谱法
HJ 692　固定污染源废气　氮氧化物的测定　非分散红外吸收法
HJ 693　固定污染源废气　氮氧化物的测定　定电位电解法
HJ 694　水质　汞、砷、硒、铋和锑的测定　原子荧光法
HJ 700　水质　65 种元素的测定　电感耦合等离子体质谱法
HJ 732　固定污染源废气　挥发性有机物的采样　气袋法
HJ 733　泄漏和敞开液面排放的挥发性有机物检测技术导则
HJ 734　固定污染源废气　挥发性有机物的测定　固相吸附-热脱附/气相色谱-质谱法
《污染源自动监控管理办法》（国家环境保护总局令　第 28 号）
《环境监测管理办法》（国家环境保护总局令　第 39 号）

3　术语和定义

下列术语和定义适用于本标准。

3.1

石油炼制工业　petroleum refining industry

以原油、重油等为原料，生产汽油馏分、柴油馏分、燃料油、润滑油、石油蜡、石油沥青和石油化工原料等的工业。

3.2

石油炼制工业废水　petroleum refining industry wastewater

石油炼制工业生产过程中产生的废水，包括工艺废水、污染雨水（与工艺废水混合处理）、生活污水、循环冷却水排污水、化学水制水排污水、蒸气发生器排污水、余热锅炉排污水等。

3.3

工艺废水　process wastewater

石油炼制工业生产过程中与物料直接接触后，从各生产设备排出的废水。工艺废水包括含油废水、含碱废水、含硫含氨酸性水、含苯系物废水、含盐废水等。

3.4

污染雨水　polluted rainwater

石油炼制工业企业或生产设施区域内地面径流的污染物浓度高于本标准规定的直接排放限值的雨水。

3.5

含碱废水　alkaline wastewater

石油炼制工业生产油品、气体产品碱精制，脱硫胺液再生过程产生的废水。

3.6

含硫含氨酸性水　sour water

石油炼制工业生产过程中产生的含硫≥50 mg/L，含氨氮≥100 mg/L 的废水。

3.7

含苯系物废水　aromatic hydrocarbon wastewater

芳烃（苯、甲苯、二甲苯、苯乙烯）生产过程中与物料直接接触后，从各生产设备排出的废水。

3.8

废水集输系统　wastewater collection and transportation system

用于废水收集、储存、输送设施的总和，包括地漏、管道、沟、渠、连接井、集水池、罐等。

3.9

排水量　effluent volume

企业或生产设施向环境排放的废水量，包括与生产有直接或间接关系的各种外排废水（不包括热电站排水、直流冷却海水）。

3.10

加工单位原（料）油排水量　effluent volume of per ton crude oil

在一定的计量时间内，石油炼制企业生产过程中，排入环境的废水量与原（料）油加工量之比。原（料）油加工量包括一次加工及直接进入二次加工装置的原（料）油的数量。

3.11

公共污水处理系统　public wastewater treatment system

通过纳污管道等方式收集废水，为两家以上排污单位提供废水处理服务并且排水能够达到相关排放标准要求的企业或机构，包括各种规模和类型的城镇污水处理厂、园区（包括各类工业园区、开发区、工业聚集地等）污水处理厂等，其废水处理程度应达到二级或二级以上。

3.12

直接排放　direct discharge

排污单位直接向环境水体排放水污染物的行为。

3.13

间接排放　indirect discharge

排污单位向公共污水处理系统排放水污染物的行为。

3.14

挥发性有机物　volatile organic compounds

参与大气光化学反应的有机化合物，或者根据规定的方法测量或核算确定的有机化合物。

3.15

非甲烷总烃　non-methane hydrocarbon

采用规定的监测方法，检测器有明显响应的除甲烷外的碳氢化合物的总称（以碳计）。本标准使用“非甲烷总烃（NMHC）”作为排气筒和厂界挥发性有机物排放的综合控制指标。

3.16

挥发性有机液体　volatile organic liquid

任何能向大气释放挥发性有机物的符合以下任一条件的有机液体：（1）20℃时，挥发性有机液体的真实蒸气压大于 0.3 kPa；（2）20℃时，混合物中，真实蒸气压大于 0.3 kPa 的纯有机化合物的总浓度等于或者高于 20%（质量分数）。

3.17

真实蒸气压 true vapor pressure

有机液体气化率为零时的蒸气压，又称泡点蒸气压，根据 GB/T 8017 测定的雷德蒸气压换算得到。

3.18

泄漏检测值 leakage detection value

采用规定的监测方法，检测仪器探测到的设备（泵、压缩机等）或管线组件（阀门、法兰等）泄漏点的挥发性有机物浓度扣除环境本底值后的净值（以碳计）。

3.19

工艺加热炉 process heater

用燃料燃烧加热管内流动的液体或气体物料的设备。

3.20

催化裂化再生烟气 catalytic cracking gas

催化裂化装置生产过程中，积碳催化剂在再生器中通过烧焦再生过程排出的烟气。

3.21

酸性气回收装置 acid gas recovery unit

石油炼制工业产生的酸性气中硫化氢转化为单质硫或硫酸的装置。

3.22

空气氧化反应器 air oxidation reactor

用空气，或空气和氧气的组合作为氧源的反应器。

3.23

非正常工况 malfunction/upsets

生产设施生产工艺参数不是有计划地超过装置设计弹性变化的工况。

3.24

排气筒高度 stack height

自排气筒（或其主体建筑构造）所在的地平面至排气筒出口计的高度。

3.25

标准状态 standard condition

温度为 273.15 K，压力为 101 325 Pa 时的状态。本标准规定的大气污染物排放浓度限值均以标准状态下的干气体为基准。

3.26

现有企业 existing facility

本标准实施之日前已建成投产或环境影响评价文件已通过审批的石油炼制工业企业或生产设施。

3.27

新建企业 new facility

自本标准实施之日起环境影响评价文件通过审批的新建、改建和扩建石油炼制工业建设项目。

3.28

企业边界 enterprise boundary

石油炼制工业企业的法定边界。若无法定边界，则指企业或生产设施的实际占地边界。

4 水污染物排放控制要求

4.1 现有企业 2017 年 7 月 1 日前仍执行现行标准，自 2017 年 7 月 1 日起执行表 1 规定的水污染物排放限值。

4.2 自 2015 年 7 月 1 日起，新建企业执行表 1 规定的水污染物排放限值。

表 1 水污染物排放限值

单位：mg/L（pH 值除外）

序号	污染物项目	限值		污染物排放监控位置
		直接排放	间接排放[a]	
1	pH 值	6～9	—	企业废水总排放口
2	悬浮物	70	—	
3	化学需氧量	60	—	
4	五日生化需氧量	20	—	
5	氨氮	8.0	—	
6	总氮	40	—	
7	总磷	1.0	—	
8	总有机碳	20	—	
9	石油类	5.0	20	
10	硫化物	1.0	1.0	
11	挥发酚	0.5	0.5	
12	总钒	1.0	1.0	
13	苯	0.1	0.2	
14	甲苯	0.1	0.2	
15	邻二甲苯	0.4	0.6	
16	间二甲苯	0.4	0.6	
17	对二甲苯	0.4	0.6	
18	乙苯	0.4	0.6	
19	总氰化物	0.5	0.5	
20	苯并[a]芘	0.000 03		车间或生产设施废水排放口
21	总铅	1.0		
22	总砷	0.5		
23	总镍	1.0		
24	总汞	0.05		
25	烷基汞	不得检出		
加工单位原（料）油基准排水量/（m^3/t 原油）		0.5		排水量计量位置与污染物排放监控位置相同

a. 废水进入城镇污水处理厂或经由城镇污水管线排放，应达到直接排放限值；废水进入园区（包括各类工业园区、开发区、工业聚集地等）污水处理厂执行间接排放限值，未规定限值的污染物项目由企业与园区污水处理厂根据其污水处理能力商定相关标准，并报当地环境保护主管部门备案。

4.3 根据环境保护工作的要求，在国土开发密度已经较高、环境承载能力开始减弱，或水环境容量较小、生态环境脆弱，容易发生严重水环境污染问题而需要采取特别保护措施的地区，应严格控制企业的污染排放行为，在上述地区的企业执行表 2 规定的水污染物特别排放限值。

执行水污染物特别排放限值的地域范围、时间，由国务院环境保护主管部门或省级人民政府规定。

表 2　水污染物特别排放限值

单位：mg/L（pH 值除外）

序号	污染物项目	限值		污染物排放监控位置
		直接排放	间接排放[a]	
1	pH 值	6～9	—	企业废水总排放口
2	悬浮物	50	—	
3	化学需氧量	50	—	
4	五日生化需氧量	10	—	
5	氨氮	5.0	—	
6	总氮	30	—	
7	总磷	0.5	—	
8	总有机碳	15	—	
9	石油类	3.0	15	
10	硫化物	0.5	1.0	
11	挥发酚	0.3	0.5	
12	总钒	1.0	1.0	
13	苯	0.1	0.1	
14	甲苯	0.1	0.1	
15	邻二甲苯	0.2	0.4	
16	间二甲苯	0.2	0.4	
17	对二甲苯	0.2	0.4	
18	乙苯	0.2	0.4	
19	总氰化物	0.3	0.5	
20	苯并[*a*]芘	0.000 03		车间或生产设施废水排放口
21	总铅	1.0		
22	总砷	0.5		
23	总镍	1.0		
24	总汞	0.05		
25	烷基汞	不得检出		
加工单位原（料）油基准排水量/（m^3/t 原油）		0.4		排水量计量位置与污染物排放监控位置相同
a. 废水进入城镇污水处理厂或经由城镇污水管线排放，应达到直接排放限值；废水进入园区（包括各类工业园区、开发区、工业聚集地等）污水处理厂执行间接排放限值，未规定限值的污染物项目由企业与园区污水处理厂根据其污水处理能力商定相关标准，并报当地环境保护主管部门备案。				

4.4　水污染物排放浓度限值适用于加工单位原（料）油实际排水量不高于基准排水量的情况。若加工单位原（料）油实际排水量超过规定的基准排水量，须按式（1）将实测水污染物浓度换算为基准水量排放浓度，并与排放限值比较判定排放是否达标。原（料）油加工量和排水量统计周期为一个工作日。

在企业的生产设施同时适用不同排放控制要求或不同行业国家污染物排放标准，且生产设施产生的废水混合处理排放的情况下，应执行排放标准中规定的最严格的浓度限值，并按式（1）换算水污染物基准水量排放浓度。

$$\rho_{基} = \frac{Q_{总}}{\sum Y \cdot Q_{基}} \times \rho_{实} \qquad (1)$$

式中：$\rho_{基}$——水污染物基准水量排放浓度，mg/L；

$Q_{总}$——排水总量，m^3；

Y——原（料）油加工量，t；

$Q_{基}$——加工单位原（料）油基准排水量，m^3/t；

$\rho_{实}$——实测水污染物排放浓度，mg/L。

若$Q_{总}$与$\sum Y \cdot Q_{基}$的比值小于1，则以水污染物实测浓度作为判定排放是否达标的依据。

5 大气污染物排放控制要求

5.1 有组织排放控制要求

5.1.1 现有企业2017年7月1日前仍执行现行标准，自2017年7月1日起执行表3规定的大气污染物排放限值。

5.1.2 自2015年7月1日起，新建企业执行表3规定的大气污染物排放限值。

表3 大气污染物排放限值

单位：mg/m^3

序号	污染物项目	工艺加热炉	催化裂化催化剂再生烟气[a]	重整催化剂再生烟气	酸性气回收装置和烷基化废酸再生	氧化沥青装置	废水处理有机废气收集处理装置	有机废气排放口[b]	污染物排放监控位置
1	颗粒物	20	50	—	—	—	—	—	车间或生产设施排气筒
2	镍及其化合物	—	0.5	—	—	—	—	—	
3	二氧化硫	100	100	—	400	—	—	—	
4	氮氧化物	150 180[c]	200	—	—	—	—	—	
5	硫酸雾	—	—	—	30[d]	—	—	—	
6	氯化氢	—	—	30	—	—	—	—	
7	沥青烟	—	—	—	—	20	—	—	
8	苯并[a]芘	—	—	—	—	0.000 3	—	—	
9	苯	—	—	—	—	—	4	—	
10	甲苯	—	—	—	—	—	15	—	
11	二甲苯	—	—	—	—	—	20	—	
12	非甲烷总烃[f]	—	—	60	—	—	120[e]	去除效率≥95%	

a. 催化裂化余热锅炉吹灰时再生烟气污染物浓度最大值不应超过表中限值的2倍，且每次持续时间不应大于1 h。

b. 有机废气中若含有颗粒物、二氧化硫或氮氧化物，执行工艺加热炉相应污染物控制要求。

c. 炉膛温度≥850℃的工艺加热炉执行该限值。

d. 酸性气回收装置生产硫酸和烷基化废酸再生时执行该限值。

e. 对于采取分质处理的污水处理厂一级好氧生物处理池（不含）前的废水设施排放的有机废气，以及未采取分质处理的污水处理厂废水设施排放的有机废气，收集的废气中非甲烷总烃初始排放速率大于等于3 kg/h的，相应的处理装置去除效率不应低于80%。

f. 利用锅炉、工业炉窑、固废焚烧炉处理有机废气的，若有机废气引入火焰区进行处理，则等同于满足去除效率要求。

5.1.3 根据环境保护工作的要求，在国土开发密度已经较高、环境承载能力开始减弱，或大气环境容量较小、生态环境脆弱，容易发生严重大气环境污染问题而需要采取特别保护措施的地区，应严格控制企业的污染排放行为，在上述地区的企业执行表 4 规定的大气污染物特别排放限值。

执行大气污染物特别排放限值的地域范围、时间，由国务院环境保护主管部门或省级人民政府规定。

表 4　大气污染物特别排放限值

单位：mg/m^3

序号	污染物项目	工艺加热炉	催化裂化催化剂再生烟气[a]	重整催化剂再生烟气	酸性气回收装置和烷基化废酸再生	氧化沥青装置	废水处理有机废气收集处理装置	有机废气排放口[b]	污染物排放监控位置
1	颗粒物	20	30	—	—	—	—	—	车间或生产设施排气筒
2	镍及其化合物	—	0.3	—	—	—	—	—	
3	二氧化硫	50	50	—	100	—	—	—	
4	氮氧化物	100	100	—	—	—	—	—	
5	硫酸雾	—	—	—	5[c]	—	—	—	
6	氯化氢	—	—	10	—	—	—	—	
7	沥青烟	—	—	—	—	10	—	—	
8	苯并[*a*]芘	—	—	—	—	0.000 3	—	—	
9	苯	—	—	—	—	—	4	—	
10	甲苯	—	—	—	—	—	15	—	
11	二甲苯	—	—	—	—	—	20	—	
12	非甲烷总烃[e]	—	—	30	—	—	120[d]	去除效率≥97%	

a. 催化裂化余热锅炉吹灰时再生烟气污染物浓度最大值不应超过表中限值的 2 倍，且每次持续时间不应大于 1 h。
b. 有机废气中若含有颗粒物、二氧化硫或氮氧化物，执行工艺加热炉相应污染物控制要求。
c. 酸性气回收装置生产硫酸和烷基化废酸再生时执行该限值。
d. 对于采取分质处理的污水处理厂一级好氧生物处理池（不含）前的废水设施排放的有机废气，以及未采取分质处理的污水处理厂废水设施排放的有机废气，收集的废气中非甲烷总烃初始排放速率大于等于 2 kg/h 的，相应的处理装置去除效率不应低于 80%。
e. 利用锅炉、工业炉窑、固废焚烧炉处理有机废气的，若有机废气引入火焰区进行处理，则等同于满足去除效率要求。

5.1.4　废气不得稀释排放。非焚烧类有机废气排放口以实测浓度判定排放是否达标。对于工艺加热炉、催化剂再生烟气和酸性气回收装置，排气筒中实测大气污染物排放浓度，应按式（2）换算成基准含氧量为 3%的大气污染物基准排放浓度。对于 VOCs 燃烧（焚烧、氧化）装置处理废气，向燃烧（焚烧、氧化）装置内或在其后端补充空气的，排气筒中实测大气污染物排放浓度，应按式（2）换算成基准含氧量为 3%的大气污染物基准排放浓度；不向燃烧（焚烧、氧化）装置内补充空气的（燃烧器的助燃空气不属于补充空气的情形），以实测浓度作为达标判定依据，但装置出口烟气含氧量不得高于装置进口废气含氧量。利用锅炉、工业炉窑、固废焚烧炉处理有机废气的，烟气基准含氧量按其排放标准规定执行。VOCs 燃烧（焚烧、氧化）装置的燃烧温度以及废气停留时间应满足设计的要求。

有机废气处理装置的非甲烷总烃去除效率以处理装置进出口实测浓度和对应的气量判定是否达标。

$$\rho_{基}=\frac{21-O_{基}}{21-O_{实}}\times\rho_{实} \tag{2}$$

式中：$\rho_{基}$——大气污染物基准排放浓度，mg/m^3；

$O_{基}$——干烟气基准含氧量，%；

$O_{实}$——实测的干烟气含氧量，%；

$\rho_{实}$——实测大气污染物排放浓度，mg/m^3。

5.2 挥发性有机液体储罐污染控制要求

5.2.1 新建企业自 2015 年 7 月 1 日起，现有企业自 2017 年 7 月 1 日起，执行下列挥发性有机液体储罐污染控制要求。

5.2.2 储存真实蒸气压≥76.6 kPa 的挥发性有机液体应采用压力储罐。

5.2.3 储存真实蒸气压≥5.2 kPa 但＜27.6 kPa 的设计容积≥150 m^3 的挥发性有机液体储罐，以及储存真实蒸气压≥27.6 kPa 但＜76.6 kPa 的设计容积≥75 m^3 的挥发性有机液体储罐应符合下列规定之一：

a）采用内浮顶罐，内浮顶罐的浮盘与罐壁之间应采用液体镶嵌式、机械式鞋形、双封式等高效密封方式。

b）采用外浮顶罐，外浮顶罐的浮盘与罐壁之间应采用双封式密封，且初级密封采用液体镶嵌式、机械式鞋形等高效密封方式。

c）采用固定顶罐，应安装密闭排气系统至有机废气回收或处理装置，其大气污染物排放应符合表 3、表 4 的规定。

5.2.4 挥发性有机液体储罐的运行控制应符合下列规定：

a）储罐罐体应保持完好，不应有孔洞、缝隙；储罐附件开口、孔（内浮顶罐通气孔除外），除采样、计量、例行检查、维护和其他正常活动外，应密闭；浮顶罐浮盘边缘密封不应有破损。

b）储罐呼吸阀和浮盘边缘呼吸阀操作压力低于设定的开启压力 75%时，呼吸阀的泄漏检测值应低于 2 000 μmol/mol。

c）支柱、导向装置等储罐附件穿过浮顶罐浮盘时，应采取密封措施。

d）除储罐排空作业外，浮顶罐浮盘应始终漂浮于储存物料的表面。

e）自动通气阀和边缘呼吸阀在浮顶罐浮盘处于漂浮状态时应密封良好。自动通气阀仅在浮顶罐浮盘处于支座支撑状态时开启。

f）除自动通气阀、边缘呼吸阀外，浮顶罐浮盘外边缘板及所有通过浮盘的开孔接管均应浸入储存物料液面下。

5.2.5 对储罐完好情况进行检查。若不符合上述规定，在不关闭工艺单元的条件下，应在 15 d 内进行修复；若需要关闭工艺单元，则应在 90 d 内修复或排空储罐停止使用；确需延迟排空储罐修复的，应及时向环境保护主管部门报告，并在最近一个检修期（不超过 2 年）完成。检查与修复记录应至少保存 5 年。

5.3 设备与管线组件泄漏污染控制要求

5.3.1 新建企业自 2015 年 7 月 1 日起，现有企业自 2017 年 7 月 1 日起，执行下列设备与管线组件泄漏污染控制要求。

5.3.2 挥发性有机物流经以下设备与管线组件时，应进行泄漏检测与控制：

a）泵；

b）压缩机；

c）阀门；

d）开口阀或开口管线；

e）法兰及其他连接件；

f）泄压设备；

g）取样连接系统；

h）其他密封设备。

5.3.3 泄漏检测周期

根据设备与管线组件的类型，采用不同的泄漏检测周期：

a）泵、压缩机、阀门、开口阀或开口管线、气体/蒸气泄压设备、取样连接系统每 3 个月检测一次。

b）法兰及其他连接件、其他密封设备每 6 个月检测一次。

c）对于挥发性有机物流经的初次开工开始运转的设备和管线组件，应在开工后 30 d 内对其进行第一次检测。

d）挥发性有机液体流经的设备和管线组件每周应进行目视观察，检查其密封处是否出现滴液迹象。

e）同一密封点以及循环冷却水系统连续三个检测周期无泄漏的，检测周期可延长且最多延长一倍。若在后续监测中该检测点位检测出现泄漏，则监测频次恢复按 a）和 b）规定执行。

f）符合 GB 37822 相关规定的，以及设备与管线组件中的流体含挥发性有机物质量分数占比小于 10%的液体，免于泄漏检测。

5.3.4 泄漏的认定

出现以下情况，则认定发生了泄漏：

a）有机气体和挥发性有机液体流经的设备与管线组件，采用氢火焰离子化检测仪（以甲烷或丙烷为校正气体），泄漏检测值大于等于 2 000 μmol/mol。

b）其他挥发性有机物流经的设备与管线组件，采用氢火焰离子化检测仪（以甲烷或丙烷为校正气体），泄漏检测值大于等于 500 μmol/mol。

5.3.5 泄漏修复

a）当检测到泄漏时，在可行条件下应尽快维修，一般不晚于发现泄漏后 15 d。

b）首次（尝试）维修不应晚于检测到泄漏后 5 d。首次尝试维修应当包括（但不限于）以下描述的相关措施：拧紧密封螺母或压盖、在设计压力及温度下密封冲洗。

c）若检测到泄漏后，在不关闭工艺单元的条件下，在 15 d 内进行维修技术上不可行，则可以延迟维修，但不应晚于最近一个停工期。

5.3.6 记录要求

泄漏检测应记录检测时间、检测仪器读数；修复时应记录修复时间和确认已完成修复的时间，记录修复后检测仪器读数，记录应保存 1 年以上。

5.4 其他污染控制要求

5.4.1 新建企业自 2015 年 7 月 1 日起，现有企业自 2017 年 7 月 1 日起，执行下列污染控制要求。

5.4.2 废水预处理

含碱废水，含硫含氨酸性水，含苯系物废水，烟气脱硫、脱硝废水，设备、管道检维修过程化学清洗废水应单独收集、储存并进行预处理。

5.4.3 废水集输、储存和处理设施

一级好氧生物处理池（不含）前含挥发性有机物、恶臭物质的废水集输、储存和处理设施（初期雨水池除外）应密闭，其他废水设施敞开液面上方 100 mm 处 VOCs 检测浓度大于等于 100 μmol/mol 的，也应密闭。密闭后废气应接入有机废气回收或处理装置，其大气污染物排放应符合表 3、表 4 的规定。

5.4.4 挥发性有机液体装车、传输、接驳

油品装卸栈桥对铁路罐车进行装油，发油台对汽车罐车进行装油，油品装卸码头对油船（驳）进行装油的原油及成品油（汽油、煤油、喷气燃料、石脑油）以及其他挥发性有机液体设施，应密闭装油并设置油气收集、回收或处理装置，其大气污染物排放应符合表 3、表 4 的规定。装载应符合下列规定：

a）汽车罐车装成品油以及苯、甲苯和二甲苯应采用底部装载方式；

b）其他挥发性有机液体装载应采用顶部浸没式或底部装载方式，顶部浸没式装载出油口距离罐底高度应小于 200 mm；

c）底部装载结束并断开快接头时，油品滴洒量不应超过 10 ml，滴洒量取连续 3 次断开操作的平均值；

d）铁路罐车采用顶部浸没式装载的，装油鹤管与铁路罐车灌装口（人孔）应密闭（拆装灌装鹤管时段除外）。

5.4.5 酸性气回收装置

酸性气回收装置的加工能力应保证在加工最大硫含量原油及加工装置最大负荷情况下，能完全处理产生的酸性气。脱硫溶剂再生系统、酸性水处理系统和硫黄回收装置的能力配置应保证在一套硫磺回收装置出现故障时不向酸性气火炬排放酸性气。

5.4.6 有机废气收集、传输与处理

下列有机废气应接入有机废气回收或处理装置，其大气污染物排放应符合表 3、表 4 的规定：

a）空气氧化反应器产生的含挥发性有机物尾气；

b）有机固体物料气体输送废气；

c）用于含挥发性有机物容器真空保持的真空泵排气；

d）非正常工况下，生产设备通过安全阀排出的含挥发性有机物的废气（特殊工艺因安全原因需要排入火炬系统或放空的除外，确需放空的，应及时向环境保护主管部门报告）；

e）生产装置、设备开停工过程不满足本标准要求的废气（排入火炬系统除外）。

有机废气收集、传输设施的设置和操作条件应保证被收集的有机气体不通过收集、传输设施的开口向大气泄漏。

5.4.7 火炬系统

a）采取措施回收排入火炬系统的气体和液体。

b）在任何时候，挥发性有机物和恶臭物质进入火炬都应能点燃并充分燃烧。

c）应连续监测、记录引燃设施和火炬的工作状态（火炬气流量、火炬头温度、火种气流量、火种温度等），并保存记录 1 年以上。

5.4.8 采样

对于含挥发性有机物、恶臭物质的物料，其采样口应采用密闭采样或等效设施。

5.4.9 检维修

用于输送、储存、处理含挥发性有机物、恶臭物质的生产设施，以及水、大气、固体废物污染控制设施在检维修时清扫气应接入有机废气回收或处理装置，其大气污染物排放应符合表 3、表 4 的规定（排入火炬系统除外）。

5.4.10 废气收集、处理与排放

废气收集系统与处理装置应符合相关安全技术要求。

排气筒高度不低于 15 m（因安全考虑或有特殊工艺要求的，以及装置区污水池处理设施除外），具体高度以及与周围建筑物的相对高度关系应根据环境影响评价文件确定。

5.4.11 循环冷却水系统

对涉 VOCs 物料的开式循环冷却水系统，每季度对流经装置的工艺介质侧压力高于冷却水侧压力的换热器（组）循环水系统的回水（总）进口和冷却后（总）出口循环冷却水中总有机碳（TOC）或石油类或其他特征物浓度进行检测，出口浓度大于进口浓度 10%的，应进行泄漏排查，发生泄漏时，应按照 5.3.5 条 c）和 5.3.6 条的规定进行泄漏修复和记录。

5.5 厂界及周边污染控制要求

5.5.1 企业边界任何 1 h 大气污染物平均浓度执行表 5 规定的限值。

表 5 企业边界大气污染物浓度限值

单位：mg/m^3

序号	污染物项目	限值
1	颗粒物	1.0
2	氯化氢	0.2

序号	污染物项目	限值
3	苯并[a]芘	0.000 008
4	苯	0.4
5	甲苯	0.8
6	二甲苯	0.8
7	非甲烷总烃	4.0

5.5.2 在现有企业生产、建设项目竣工环保验收后的生产过程中，负责监管的环境保护主管部门应对周围居住、教学、医疗等用途的敏感区域环境质量进行监控。建设项目的具体监控范围为环境影响评价确定的周围敏感区域；未进行过环境影响评价的现有企业，监控范围由负责监管的环境保护主管部门，根据企业排污特点和规律及当地自然、气象条件等因素，参照相关环境影响评价技术导则确定。地方政府应对本辖区环境质量负责，采取措施确保环境状况符合环境质量标准要求。

6 污染物监测要求

6.1 一般要求

6.1.1 企业应按照有关法律和《环境监测管理办法》等规定，建立企业监测制度，制定监测方案，对污染物排放状况及其对周边环境质量的影响开展自行监测，保存原始监测记录，并公布监测结果。
6.1.2 新建企业和现有企业安装污染物排放自动监控设备的要求，按有关法律和《污染源自动监控管理办法》的规定执行。
6.1.3 企业应按照环境监测管理规定和技术规范的要求，设计、建设、维护永久性采样口、采样测试平台和排污口标志。
6.1.4 对企业排放废水和废气的采样，应根据监测污染物的种类，在规定的污染物排放监控位置进行，有废水、废气处理设施的，应在处理设施后监测。
6.1.5 企业原（料）油加工量的核定，以法定报表为依据。
6.1.6 本标准实施后发布的国家污染物监测方法标准，如适用性满足要求，同样适用于本标准相应污染物的测定。

6.2 水污染物监测与分析

6.2.1 水污染物的监测采样按 HJ/T 91、HJ 493、HJ 494、HJ 495 的规定执行。
6.2.2 对企业排放水污染物浓度的测定采用表 6 所列的方法标准。

表 6 水污染物浓度测定方法标准

序号	污染物项目	标准名称	标准编号
1	pH 值	水质 pH 值的测定 玻璃电极法	GB/T 6920
2	悬浮物	水质 悬浮物的测定 重量法	GB/T 11901
3	化学需氧量	水质 化学需氧量的测定 重铬酸盐法	GB/T 11914
		水质 化学需氧量的测定 快速消解分光光度法	HJ/T 399
		高氯废水 化学需氧量的测定 氯气校正法	HJ/T 70
		高氯废水 化学需氧量的测定 碘化钾碱性高锰酸钾法	HJ/T 132
4	五日生化需氧量	水质 五日生化需氧量（BOD_5）的测定 稀释与接种法	HJ 505
5	氨氮	水质 氨氮的测定 气相分子吸收光谱法	HJ/T 195
		水质 氨氮的测定 纳氏试剂分光光度法	HJ 535

序号	污染物项目	标准名称	标准编号
5	氨氮	水质 氨氮的测定 水杨酸分光光度法	HJ 536
		水质 氨氮的测定 蒸馏-中和滴定法	HJ 537
		水质 氨氮的测定 连续流动-水杨酸分光光度法	HJ 665
		水质 氨氮的测定 流动注射-水杨酸分光光度法	HJ 666
6	总氮	水质 总氮的测定 碱性过硫酸钾消解紫外分光光度法	HJ 636
		水质 总氮的测定 连续流动-盐酸萘乙二胺分光光度法	HJ 667
		水质 总氮的测定 流动注射-盐酸萘乙二胺分光光度法	HJ 668
7	总磷	水质 总磷的测定 钼酸铵分光光度法	GB/T 11893
		水质 磷酸盐和总磷的测定 连续流动-钼酸铵分光光度法	HJ 670
		水质 总磷的测定 流动注射-钼酸铵分光光度法	HJ 671
8	总有机碳	水质 总有机碳的测定 燃烧氧化-非分散红外吸收法	HJ 501
9	石油类	水质 石油类和动植物油类的测定 红外分光光度法	HJ 637
10	硫化物	水质 硫化物的测定 亚甲基蓝分光光度法	GB/T 16489
		水质 硫化物的测定 碘量法	HJ/T 60
		水质 硫化物的测定 气相分子吸收光谱法	HJ/T 200
11	挥发酚	水质 挥发酚的测定 溴化容量法	HJ 502
		水质 挥发酚的测定 4-氨基安替比林分光光度法	HJ 503
12	总钒	水质 钒的测定 钽试剂（BPHA）萃取分光光度法	GB/T 15503
		水质 钒的测定 石墨炉原子吸收分光光度法	HJ 673
		水质 65 种元素的测定 电感耦合等离子体质谱法	HJ 700
13	苯 甲苯 邻二甲苯 间二甲苯 对二甲苯 乙苯	水质 苯系物的测定 气相色谱法	GB/T 11890
		水质 挥发性有机物的测定 吹扫捕集/气相色谱-质谱法	HJ 639
		水质 挥发性有机物的测定 吹扫捕集/气相色谱法	HJ 686
14	总氰化物	水质 氰化物的测定 容量法和分光光度法	HJ 484
15	苯并[a]芘	水质 苯并[a]芘的测定 乙酰化滤纸层析荧光分光光度法	GB/T 11895
		水质 多环芳烃的测定 液液萃取和固相萃取高效液相色谱法	HJ 478
16	总铅	水质 铅的测定 双硫腙分光光度法	GB/T 7470
		水质 铜、锌、铅、镉的测定 原子吸收分光光度法	GB/T 7475
		水质 65 种元素的测定 电感耦合等离子体质谱法	HJ 700
17	总砷	水质 总砷的测定 二乙基二硫代氨基甲酸银分光光度法	GB/T 7485
		水质 汞、砷、硒、铋和锑的测定 原子荧光法	HJ 694
		水质 65 种元素的测定 电感耦合等离子体质谱法	HJ 700
18	总镍	水质 镍的测定 丁二酮肟分光光度法	GB/T 11910
		水质 镍的测定 火焰原子吸收分光光度法	GB/T 11912
		水质 65 种元素的测定 电感耦合等离子体质谱法	HJ 700
19	总汞	水质 总汞的测定 高锰酸钾-过硫酸钾消解法 双硫腙分光光度法	GB/T 7469
		水质 总汞的测定 冷原子吸收分光光度法	HJ 597
		水质 汞、砷、硒、铋和锑的测定 原子荧光法	HJ 694
20	烷基汞	水质 烷基汞的测定 气相色谱法	GB/T 14204

6.3　大气污染物监测与分析

6.3.1　排气筒中大气污染物的监测采样按 GB/T 16157、HJ/T 397、HJ 732、HJ/T 373 或 HJ/T 75、HJ/T 76 的规定执行。企业边界大气污染物监测按 HJ/T 55 的规定执行。

6.3.2　石油炼制工业企业的设备与管线组件应设置编号和永久标志，泄漏检测按 HJ 733 的规定执行。

6.3.3　对企业排放大气污染物浓度的测定采用表 7 所列的方法标准。

表 7　大气污染物浓度测定方法标准

序号	污染物项目	标准名称	标准编号
1	颗粒物	固定污染源排气中颗粒物测定与气态污染物采样方法	GB/T 16157
		环境空气　总悬浮颗粒物的测定　重量法	GB/T 15432
2	镍及其化合物	大气固定污染源　镍的测定　火焰原子吸收分光光度法	HJ/T 63.1
		大气固定污染源　镍的测定　石墨炉原子吸收分光光度法	HJ/T 63.2
		大气固定污染源　镍的测定　丁二酮肟-正丁醇萃取分光光度法	HJ/T 63.3
3	二氧化硫	固定污染源排气中二氧化硫的测定　碘量法	HJ/T 56
		固定污染源排气中二氧化硫的测定　定电位电解法	HJ/T 57
		固定污染源废气　二氧化硫的测定　非分散红外吸收法	HJ 629
4	氮氧化物	固定污染源排气中氮氧化物的测定　紫外分光光度法	HJ/T 42
		固定污染源排气中氮氧化物的测定　盐酸萘乙二胺分光光度法	HJ/T 43
		固定污染源排气　氮氧化物的测定　酸碱滴定法	HJ 675
		固定污染源废气　氮氧化物的测定　非分散红外吸收法	HJ 692
		固定污染源废气　氮氧化物的测定　定电位电解法	HJ 693
5	硫酸雾	固定污染源废气　硫酸雾的测定　离子色谱法（暂行）	HJ 544
6	氯化氢	固定污染源排气中氯化氢的测定　硫氰酸汞分光光度法	HJ/T 27
		固定污染源废气　氯化氢的测定　硝酸银容量法（暂行）	HJ 548
		环境空气和废气　氯化氢的测定　离子色谱法（暂行）	HJ 549
7	沥青烟	固定污染源排气中沥青烟的测定　重量法	HJ/T 45
8	苯并[a]芘	环境空气　苯并[a]芘的测定　高效液相色谱法	GB/T 15439
		固定污染源排气中苯并[a]芘的测定　高效液相色谱法	HJ/T 40
		环境空气和废气　气相和颗粒物中多环芳烃的测定　气相色谱-质谱法	HJ 646
		环境空气和废气　气相和颗粒物中多环芳烃的测定　高效液相色谱法	HJ 647
9	苯、甲苯、二甲苯	环境空气　苯系物的测定　固体吸附/热脱附-气相色谱法	HJ 583
		环境空气　苯系物的测定　活性炭吸附/二硫化碳解吸-气相色谱法	HJ 584
		环境空气　挥发性有机物的测定　吸附管采样-热脱附/气相色谱-质谱法	HJ 644
		固定污染源废气　挥发性有机物的测定　固相吸附-热脱附/气相色谱-质谱法	HJ 734
10	非甲烷总烃	固定污染源排气中非甲烷总烃的测定　气相色谱法	HJ/T 38

6.3.4　对于设备与管线组件泄漏、敞开液面逸散的 VOCs 排放，采用氢火焰离子化检测仪，监测采样和测定方法按 HJ 733 的规定执行。对于循环冷却水中总有机碳（TOC）或石油类或其他特征物浓度进行检测时，在入口和出口处，分别采集至少三组样品，并计算各自平均值。

7 实施与监督

7.1 本标准由县级以上人民政府环境保护主管部门负责监督实施。

7.2 在任何情况下，石油炼制工业企业均应遵守本标准规定的污染物排放控制要求，采取必要措施保证污染防治设施正常运行。各级环保部门在对企业进行监督性检查时，可以现场即时采样或监测的结果，作为判定排污行为是否符合排放标准以及实施相关环境保护管理措施的依据。

7.3 大气污染物排放应按下列要求进行合规判定。

a）对于有组织排放和企业边界，采用手工监测或在线监测时，按照监测规范要求测得的任意 1 h 平均浓度值超过本标准规定的限值或污染物去除效率低于本标准规定的限值，判定为超标。

b）企业未遵守本标准规定的措施性控制要求，属于违法行为的，依照相关法律法规予以处理。

c）对于设备与管线组件 VOCs 泄漏控制，如发现下列情况之一，判定为“未采取措施对管道、设备进行日常维护、维修，减少物料泄漏”的，依照相关法律法规予以处理：

1）未开展泄漏检测与修复工作的，未识别的密封点数超过企业现有台账密封点总数 0.05%的，未按规定的频次、时间进行泄漏检测与修复的；

2）现场随机抽查，在检测不超过 100 个密封点的情况下（其中有机气体和挥发性有机液体流经的设备与管线组件密封点的抽样比例总计不超过 80%，5.3.3 条 a）项涉及的设备与管线组件类型的抽样比例总计不超过 20%），发现有 1 个未识别密封点或 2 个（不含）以上不在修复期内的密封点，出现可见泄漏现象或超过泄漏认定浓度的。

d）对于循环冷却水系统的泄漏控制，未按规定的频次开展泄漏检测工作，发生泄漏未按规定时间进行修复，判定为“未采取措施对管道、设备进行日常维护、维修，减少物料泄漏”的，依照相关法律法规予以处理。

中华人民共和国国家标准

GB 31571—2015（含 2024 年修改单）

石油化学工业污染物排放标准

Emission standard of pollutants for petroleum chemistry industry

2015-04-16 发布 2015-07-01 实施

环境保护部
国家质量监督检验检疫总局 发布

前 言

为贯彻《中华人民共和国环境保护法》《中华人民共和国水污染防治法》《中华人民共和国大气污染防治法》等法律、法规，保护环境，防治污染，促进石油化学工业的技术进步和可持续发展，制定本标准。

本标准规定了石油化学工业企业及其生产设施的水污染物和大气污染物排放限值、监测和监督管理要求。

石油化学工业企业排放恶臭污染物、环境噪声适用相应的国家污染物排放标准，产生固体废物的鉴别、处理和处置适用相应的国家固体废物污染控制标准。配套的动力锅炉执行《锅炉大气污染物排放标准》或《火电厂大气污染物排放标准》。

本标准中的污染物排放浓度均为质量浓度。

本标准为首次发布。

新建企业自 2015 年 7 月 1 日起，现有企业自 2017 年 7 月 1 日起，其水污染物和大气污染物排放控制按本标准的规定执行，不再执行《污水综合排放标准》（GB 8978—1996）、《关于发布〈污水综合排放标准〉（GB 8978—1996）中石化工业 COD 标准值修改单的通知》（环发〔1999〕285 号）、《大气污染物综合排放标准》（GB 16297—1996）和《工业炉窑大气污染物排放标准》（GB 9078—1996）中的相关规定。各地也可根据当地环境保护的需要和经济与技术条件，由省级人民政府批准提前实施本标准。

国家针对石油化学工业发布有专项排放标准的（如合成树脂工业污染物排放标准），应按适用对象执行专项排放标准的规定，不再执行本标准。

本标准是石油化学工业水污染物和大气污染物排放控制的基本要求。地方省级人民政府对本标准未作规定的项目，可以制定地方污染物排放标准；对本标准已作规定的项目，可以制定严于本标准的地方污染物排放标准。环境影响评价文件或排污许可证要求严于本标准或地方标准时，按照批复的环境影响评价文件或排污许可证执行。

本标准由环境保护部科技标准司组织制订。

本标准起草单位：抚顺石油化工研究院、中国环境科学研究院。

本标准环境保护部 2015 年 4 月 3 日批准。

本标准自 2015 年 7 月 1 日起实施（2024 年修改单内容自 2024 年 7 月 1 日起，按照 2024 年 第 17 号生态环境部公告的规定实施）。

本标准由环境保护部解释。

石油化学工业污染物排放标准

1　适用范围

本标准规定了石油化学工业企业及其生产设施的水污染物和大气污染物排放限值、监测和监督管理要求。

本标准适用于现有石油化学工业企业或生产设施的水污染物和大气污染物排放管理，以及石油化学工业建设项目的环境影响评价、环境保护设施设计、竣工环境保护验收及其投产后的水污染物和大气污染物排放管理。

本标准适用于法律允许的污染物排放行为。新设立污染源的选址和特殊保护区域内现有污染源的管理，按照《中华人民共和国水污染防治法》《中华人民共和国大气污染防治法》《中华人民共和国海洋环境保护法》《中华人民共和国固体废物污染环境防治法》《中华人民共和国环境影响评价法》等法律、法规和规章的相关规定执行。

2　规范性引用文件

本标准引用了下列文件或其中的条款。凡是未注明日期的引用文件，其最新版本适用于本标准。

GB/T 6920　水质　pH 值的测定　玻璃电极法

GB/T 7466　水质　总铬的测定

GB/T 7467　水质　六价铬的测定　二苯碳酰二肼分光光度法

GB/T 7469　水质　总汞的测定　高锰酸钾-过硫酸钾消解法　双硫腙分光光度法

GB/T 7470　水质　铅的测定　双硫腙分光光度法

GB/T 7471　水质　镉的测定　双硫腙分光光度法

GB/T 7472　水质　锌的测定　双硫腙分光光度法

GB/T 7475　水质　铜、锌、铅、镉的测定　原子吸收分光光度法

GB/T 7484　水质　氟化物的测定　离子选择电极法

GB/T 7485　水质　总砷的测定　二乙基二硫代氨基甲酸银分光光度法

GB/T 8017　石油产品蒸气压的测定　雷德法

GB/T 11889　水质　苯胺类化合物的测定　*N*-（1-萘基）乙二胺偶氮分光光度法

GB/T 11890　水质　苯系物的测定　气相色谱法

GB/T 11893　水质　总磷的测定　钼酸铵分光光度法

GB/T 11895　水质　苯并[*a*]芘的测定　乙酰化滤纸层析荧光分光光度法

GB/T 11901　水质　悬浮物的测定　重量法

GB/T 11910　水质　镍的测定　丁二酮肟分光光度法

GB/T 11912　水质　镍的测定　火焰原子吸收分光光度法

GB/T 11914　水质　化学需氧量的测定　重铬酸盐法

GB/T 14204　水质　烷基汞的测定　气相色谱法

GB/T 14672　水质　吡啶的测定　气相色谱法

GB/T 15432　环境空气　总悬浮颗粒物的测定　重量法

GB/T 15439 环境空气 苯并[a]芘的测定 高效液相色谱法
GB/T 15501 空气质量 硝基苯类（一硝基和二硝基化合物）的测定 锌还原-盐酸萘乙二胺分光光度法
GB/T 15502 空气质量 苯胺类的测定 盐酸萘乙二胺分光光度法
GB/T 15503 水质 钒的测定 钽试剂（BPHA）萃取分光光度法
GB/T 15516 空气质量 甲醛的测定 乙酰丙酮分光光度法
GB/T 15959 水质 可吸附有机卤素（AOX）的测定 微库仑法
GB/T 16157 固定污染源排气中颗粒物测定与气态污染物采样方法
GB/T 16489 水质 硫化物的测定 亚甲基蓝分光光度法
HJ/T 27 固定污染源排气中氯化氢的测定 硫氰酸汞分光光度法
HJ/T 28 固定污染源排气中氰化氢的测定 异烟酸-吡唑啉酮分光光度法
HJ/T 30 固定污染源排气中氯气的测定 甲基橙分光光度法
HJ/T 31 固定污染源排气中光气的测定 苯胺紫外分光光度法
HJ/T 32 固定污染源排气中酚类化合物的测定 4-氨基安替比林分光光度法
HJ/T 33 固定污染源排气中甲醇的测定 气相色谱法
HJ/T 34 固定污染源排气中氯乙烯的测定 气相色谱法
HJ/T 35 固定污染源排气中乙醛的测定 气相色谱法
HJ/T 36 固定污染源排气中丙烯醛的测定 气相色谱法
HJ/T 37 固定污染源排气中丙烯腈的测定 气相色谱法
HJ/T 38 固定污染源排气中非甲烷总烃的测定 气相色谱法
HJ/T 39 固定污染源排气中氯苯类的测定 气相色谱法
HJ/T 40 固定污染源排气中苯并[a]芘的测定 高效液相色谱法
HJ/T 42 固定污染源排气中氮氧化物的测定 紫外分光光度法
HJ/T 43 固定污染源排气中氮氧化物的测定 盐酸萘乙二胺分光光度法
HJ/T 50 水质 三氯乙醛的测定 吡啶啉酮分光光度法
HJ/T 55 大气污染物无组织排放监测技术导则
HJ/T 56 固定污染源排气中二氧化硫的测定 碘量法
HJ/T 57 固定污染源排气中二氧化硫的测定 定电位电解法
HJ/T 60 水质 硫化物的测定 碘量法
HJ/T 66 大气固定污染源 氯苯类化合物的测定 气相色谱法
HJ/T 67 大气固定污染源 氟化物的测定 离子选择电极法
HJ/T 68 大气固定污染源 苯胺类的测定 气相色谱法
HJ/T 70 高氯废水 化学需氧量的测定 氯气校正法
HJ/T 72 水质 邻苯二甲酸二甲（二丁、二辛）脂的测定 液相色谱法
HJ/T 73 水质 丙烯腈的测定 气相色谱法
HJ/T 74 水质 氯苯的测定 气相色谱法
HJ/T 75 固定污染源烟气排放连续监测技术规范（试行）
HJ/T 76 固定污染源烟气排放连续监测系统技术要求及检测方法（试行）
HJ 77.1 水质 二噁英类的测定 同位素稀释高分辨气相色谱-高分辨质谱法
HJ 77.2 环境空气和废气 二噁英类的测定 同位素稀释高分辨气相色谱-高分辨质谱法
HJ/T 83 水质 可吸附有机卤素（AOX）的测定 离子色谱法
HJ/T 91 地表水和污水监测技术规范
HJ/T 132 高氯废水 化学需氧量的测定 碘化钾碱性高锰酸钾法

HJ/T 195 水质 氨氮的测定 气相分子吸收光谱法
HJ/T 200 水质 硫化物的测定 气相分子吸收光谱法
HJ/T 373 固定污染源监测质量保证与质量控制技术规范（试行）
HJ/T 397 固定源废气监测技术规范
HJ/T 399 水质 化学需氧量的测定 快速消解分光光度法
HJ 478 水质 多环芳烃的测定 液液萃取和固相萃取高效液相色谱法
HJ 484 水质 氰化物的测定 容量法和分光光度法
HJ 485 水质 铜的测定 二乙基二硫代氨基甲酸钠分光光度法
HJ 486 水质 铜的测定 2,9-二甲基-1,10-菲啰啉分光光度法
HJ 487 水质 氟化物的测定 茜素磺酸锆目视比色法
HJ 488 水质 氟化物的测定 氟试剂分光光度法
HJ 493 水质 样品的保存和管理技术规定
HJ 494 水质 采样技术指导
HJ 495 水质 采样方案设计技术规定
HJ 501 水质 总有机碳的测定 燃烧氧化-非分散红外吸收法
HJ 502 水质 挥发酚的测定 溴化容量法
HJ 503 水质 挥发酚的测定 4-氨基安替比林分光光度法
HJ 505 水质 五日生化需氧量（BOD_5）的测定 稀释与接种法
HJ 535 水质 氨氮的测定 纳氏试剂分光光度法
HJ 536 水质 氨氮的测定 水杨酸分光光度法
HJ 537 水质 氨氮的测定 蒸馏-中和滴定法
HJ 547 固定污染源废气 氯气的测定 碘量法（暂行）
HJ 548 固定污染源废气 氯化氢的测定 硝酸银容量法（暂行）
HJ 549 环境空气和废气 氯化氢的测定 离子色谱法（暂行）
HJ 583 环境空气 苯系物的测定 固体吸附/热脱附-气相色谱法
HJ 584 环境空气 苯系物的测定 活性炭吸附/二硫化碳解吸-气相色谱法
HJ 592 水质 硝基苯类化合物的测定 气相色谱法
HJ 597 水质 总汞的测定 冷原子吸收分光光度法
HJ 601 水质 甲醛的测定 乙酰丙酮分光光度法
HJ 620 水质 挥发性卤代烃的测定 顶空气相色谱法
HJ 621 水质 氯苯类化合物的测定 气相色谱法
HJ 629 固定污染源废气 二氧化硫的测定 非分散红外吸收法
HJ 636 水质 总氮的测定 碱性过硫酸钾消解紫外分光光度法
HJ 637 水质 石油类和动植物油类的测定 红外分光光度法
HJ 639 水质 挥发性有机物的测定 吹扫捕集/气相色谱-质谱法
HJ 644 环境空气 挥发性有机物的测定 吸附管采样-热脱附/气相色谱-质谱法
HJ 646 环境空气和废气 气相和颗粒物中多环芳烃的测定 气相色谱-质谱法
HJ 647 环境空气和废气 气相和颗粒物中多环芳烃的测定 高效液相色谱法
HJ 648 水质 硝基苯类化合物的测定 液液萃取/固相萃取-气相色谱法
HJ 665 水质 氨氮的测定 连续流动-水杨酸分光光度法
HJ 666 水质 氨氮的测定 流动注射-水杨酸分光光度法
HJ 667 水质 总氮的测定 连续流动-盐酸萘乙二胺分光光度法
HJ 668 水质 总氮的测定 流动注射-盐酸萘乙二胺分光光度法

HJ 670　水质　磷酸盐和总磷的测定　连续流动-钼酸铵分光光度法
HJ 671　水质　总磷的测定　流动注射-钼酸铵分光光度法
HJ 673　水质　钒的测定　石墨炉原子吸收分光光度法
HJ 675　固定污染源排气　氮氧化物的测定　酸碱滴定法
HJ 676　水质　酚类化合物的测定　液液萃取/气相色谱法
HJ 686　水质　挥发性有机物的测定　吹扫捕集/气相色谱法
HJ 688　固定污染源废气　氟化氢的测定　离子色谱法（暂行）
HJ 692　固定污染源废气　氮氧化物的测定　非分散红外吸收法
HJ 693　固定污染源废气　氮氧化物的测定　定电位电解法
HJ 694　水质　汞、砷、硒、铋和锑的测定　原子荧光法
HJ 697　水质　丙烯酰胺的测定　气相色谱法
HJ 700　水质　65 种元素的测定　电感耦合等离子体质谱法
HJ 715　水质　多氯联苯的测定　气相色谱-质谱法
HJ 716　水质　硝基苯类化合物的测定　气相色谱-质谱法
HJ 732　固定污染源废气　挥发性有机物的采样　气袋法
HJ 733　泄漏和敞开液面排放的挥发性有机物检测技术导则
HJ 734　固定污染源废气　挥发性有机物的测定　固相吸附-热脱附/气相色谱-质谱法
《污染源自动监控管理办法》（国家环境保护总局令　第 28 号）
《环境监测管理办法》（国家环境保护总局令　第 39 号）

3　术语和定义

下列术语和定义适用于本标准。

3.1

石油化学工业　petroleum chemistry industry

以石油馏分、天然气等为原料，生产有机化学品（参见附录 A）、合成树脂、合成纤维、合成橡胶等的工业。

3.2

石油化学工业废水　petroleum chemistry industry wastewater

石油化学工业生产过程中产生的废水，包括工艺废水、污染雨水（与工艺废水混合处理）、生活污水、循环冷却水排污水、化学水制水排污水、蒸汽发生器排污水、余热锅炉排污水等。

3.3

工艺废水　process wastewater

石油化学工业生产过程中与物料直接接触后，从各生产设备排出的废水。

3.4

污染雨水　polluted rainwater

石油化学工业企业或生产设施区域内地面径流的污染物浓度高于本标准规定的直接排放限值的雨水。

3.5

废水集输系统　wastewater collection and transportation system

用于废水收集、储存、输送设施的总和，包括地漏、管道、沟、渠、连接井、集水池、罐等。

3.6

排水量　effluent volume

企业或生产设施向环境排放的废水量，包括与生产有直接或间接关系的各种外排废水（不包括热电站排水、直流冷却海水）。

3.7

公共污水处理系统　public wastewater treatment system

通过纳污管道等方式收集废水，为两家以上排污单位提供废水处理服务并且排水能够达到相关排放标准要求的企业或机构，包括各种规模和类型的城镇污水处理厂、园区（包括各类工业园区、开发区、工业聚集地等）污水处理厂等，其废水处理程度应达到二级或二级以上。

3.8

直接排放　direct discharge

排污单位直接向环境水体排放水污染物的行为。

3.9

间接排放　indirect discharge

排污单位向公共污水处理系统排放水污染物的行为。

3.10

废水有机特征污染物　organic characteristic wastewater pollutants

表 3 列出的废水中的有机污染物。石油化学工业企业根据生产过程使用或产生量大于等于 10 吨/年的原料、产品、副产品和中间产品，对照表 3 确定企业排放废水中应控制的废水有机特征污染物。

3.11

挥发性有机物　volatile organic compounds

参与大气光化学反应的有机化合物，或者根据规定的方法测量或核算确定的有机化合物。

3.12

非甲烷总烃　non-methane hydrocarbon

采用规定的监测方法，检测器有明显响应的除甲烷外的碳氢化合物的总称（以碳计）。本标准使用"非甲烷总烃（NMHC）"作为排气筒和厂界挥发性有机物排放的综合控制指标。

3.13

废气有机特征污染物　organic characteristic air pollutants

表 6 列出的废气中的有机污染物。石油化学工业企业根据生产过程使用或产生量大于等于 10 吨/年的原料、产品、副产品和中间产品，对照表 6 确定企业排放废气中应控制的废气有机特征污染物。

3.14

挥发性有机液体　volatile organic liquid

任何能向大气释放挥发性有机物的符合以下任一条件的有机液体：（1）20℃时，挥发性有机液体的真实蒸气压大于 0.3 kPa；（2）20℃时，混合物中，真实蒸气压大于 0.3 kPa 的纯有机化合物的总浓度等于或者高于 20%（质量分数）。

3.15

真实蒸气压　true vapor pressure

有机液体气化率为零时的蒸气压，又称泡点蒸气压，根据 GB/T 8017 测定的雷德蒸气压换算得到。

3.16

泄漏检测值　leakage detection value

采用规定的监测方法，检测仪器探测到的设备（泵、压缩机等）或管线组件（阀门、法兰等）泄漏点的挥发性有机物浓度扣除环境本底值后的净值（以碳计）。

3.17

工艺加热炉　process heater

用燃料燃烧加热管内流动的液体或气体物料的设备。

3.18

空气氧化反应器　air oxidation reactor

用空气，或空气和氧气（氯气、氨气）的组合作为氧源的反应器。

3.19

序批操作　batch operation

不连续的操作，原料被分批添加进一个化学生产过程单元内进行加工。在此操作中设备是间歇或间断的运行。原材料的添加和产品的导出不同时发生在一个序批操作。每个批操作后，到新一批操作之前设备通常是空置的。

3.20

非正常工况　malfunction/upsets

生产设施生产工艺参数不是有计划地超过装置设计弹性变化的工况。

3.21

排气筒高度　stack height

自排气筒（或其主体建筑构造）所在的地平面至排气筒出口计的高度。

3.22

标准状态　standard condition

温度为 273.15 K，压力为 101 325 Pa 时的状态。本标准规定的大气污染物排放浓度限值均以标准状态下的干气体为基准。

3.23

现有企业　existing facility

本标准实施之日前已建成投产或环境影响评价文件已通过审批的石油化学工业企业或生产设施。

3.24

新建企业　new facility

自本标准实施之日起环境影响评价文件通过审批的新建、改建和扩建石油化学工业建设项目。

3.25

企业边界　enterprise boundary

石油化学工业企业的法定边界。若无法定边界，则指企业或生产设施的实际占地边界。

4　水污染物排放控制要求

4.1　现有企业 2017 年 7 月 1 日前仍执行现行标准，自 2017 年 7 月 1 日起执行表 1 规定的水污染物排放限值。

4.2　自 2015 年 7 月 1 日起，新建企业执行表 1 规定的水污染物排放限值。

4.3　根据环境保护工作的要求，在国土开发密度已经较高、环境承载能力开始减弱，或水环境容量较小、生态环境脆弱，容易发生严重水环境污染问题而需要采取特别保护措施的地区，应严格控制企业的污染排放行为，在上述地区的企业执行表 2 规定的水污染物特别排放限值。

执行水污染物特别排放限值的地域范围、时间，由国务院环境保护主管部门或省级人民政府规定。

4.4　企业应根据使用的原料，生产工艺过程，生产的产品、副产品，从表 3 中筛选并上报需要控制的废水中有机特征污染物的种类及排放浓度限值，经环境保护主管部门确认执行。

表 1 水污染物排放限值

单位：mg/L（pH 值除外）

序号	污染物项目	限值		污染物排放监控位置
		直接排放	间接排放[a]	
1	pH 值	6.0～9.0	—	企业废水总排放口
2	悬浮物	70	—	
3	化学需氧量	60 100[b]	—	
4	五日生化需氧量	20	—	
5	氨氮	8.0	—	
6	总氮	40	—	
7	总磷	1.0	—	
8	总有机碳	20 30[b]	—	
9	石油类	5.0	20	
10	硫化物	1.0	1.0	
11	氟化物	10	20	
12	挥发酚	0.5	0.5	
13	总钒	1.0	1.0	
14	总铜	0.5	0.5	
15	总锌	2.0	2.0	
16	总氰化物	0.5	0.5	
17	可吸附有机卤化物	1.0	5.0	
18	苯并[*a*]芘	0.000 03		车间或生产设施废水排放口
19	总铅	1.0		
20	总镉	0.1		
21	总砷	0.5		
22	总镍	1.0		
23	总汞	0.05		
24	烷基汞	不得检出		
25	总铬	1.5		
26	六价铬	0.5		
27	废水有机特征污染物	表 3 所列有机特征污染物及排放浓度限值		企业废水总排放口

a. 废水进入城镇污水处理厂或经由城镇污水管线排放，应达到直接排放限值；废水进入园区（包括各类工业园区、开发区、工业聚集地等）污水处理厂执行间接排放限值，未规定限值的污染物项目由企业与园区污水处理厂根据其污水处理能力商定相关标准，并报当地环境保护主管部门备案。

b. 丙烯腈-腈纶、己内酰胺、环氧氯丙烷、2,6-二叔丁基-4-甲基苯酚（BHT）、精对苯二甲酸（PTA）、间甲酚、环氧丙烷、萘系列和催化剂生产废水执行该限值。

表 2 水污染物特别排放限值

单位：mg/L（pH 值除外）

序号	污染物项目	限值		污染物排放监控位置
		直接排放	间接排放[a]	
1	pH 值	6.0～9.0	—	企业废水总排放口
2	悬浮物	50	—	
3	化学需氧量	50	—	
4	五日生化需氧量	10	—	

序号	污染物项目	限值		污染物排放监控位置
		直接排放	间接排放[a]	
5	氨氮	5.0	—	企业废水总排放口
6	总氮	30	—	
7	总磷	0.5	—	
8	总有机碳	15	—	
9	石油类	3.0	15	
10	硫化物	0.5	1.0	
11	氟化物	8.0	15	
12	挥发酚	0.3	0.5	
13	总钒	1.0	1.0	
14	总铜	0.5	0.5	
15	总锌	2.0	2.0	
16	总氰化物	0.3	0.5	
17	可吸附有机卤化物	1.0	5.0	
18	苯并[a]芘	0.000 03		车间或生产设施废水排放口
19	总铅	1.0		
20	总镉	0.1		
21	总砷	0.5		
22	总镍	1.0		
23	总汞	0.05		
24	烷基汞	不得检出		
25	总铬	1.5		
26	六价铬	0.5		
27	废水有机特征污染物	表3所列有机特征污染物及排放浓度限值		企业废水总排放口

a. 废水进入城镇污水处理厂或经由城镇污水管线排放，应达到直接排放限值；废水进入园区（包括各类工业园区、开发区、工业聚集地等）污水处理厂执行间接排放限值，未规定限值的污染物项目由企业与园区污水处理厂根据其污水处理能力商定相关标准，并报当地环境保护主管部门备案。

表3　废水中有机特征污染物及排放限值

单位：mg/L

序号	污染物项目	排放限值	序号	污染物项目	排放限值
1	一氯二溴甲烷	1	16	六氯丁二烯	0.006
2	二氯一溴甲烷	0.6	17	二溴乙烯[a]	0.000 5
3	二氯甲烷	0.2	18	苯	0.1
4	1,2-二氯乙烷	0.3	19	甲苯	0.1
5	三氯甲烷	0.3	20	邻二甲苯	0.4
6	1,1,1-三氯乙烷	20	21	间二甲苯	0.4
7	五氯丙烷[a]	0.3	22	对二甲苯	0.4
8	三溴甲烷	1	23	乙苯	0.4
9	环氧氯丙烷	0.02	24	苯乙烯	0.2
10	氯乙烯	0.05	25	硝基苯类	2
11	1,1-二氯乙烯	0.3	26	氯苯	0.2
12	1,2-二氯乙烯	0.5	27	1,2-二氯苯	0.4
13	三氯乙烯	0.3	28	1,4-二氯苯	0.4
14	四氯乙烯	0.1	29	三氯苯	0.2
15	氯丁二烯	0.02	30	四氯苯	0.2

序号	污染物项目	排放限值	序号	污染物项目	排放限值
31	异丙苯	2	46	二氯乙酸[a]	0.5
32	多环芳烃	0.02	47	三氯乙酸[a]	1
33	多氯联苯	0.000 2	48	环烷酸[a]	10
34	甲醛	1	49	黄原酸丁酯[a]	0.01
35	乙醛[a]	0.5	50	邻苯二甲酸二乙酯[a]	3
36	丙烯醛[a]	1	51	邻苯二甲酸二丁酯	0.1
37	戊二醛[a]	0.7	52	邻苯二甲酸二辛酯	0.1
38	三氯乙醛	0.1	53	二（2-乙基己基）己二酸酯[a]	4
39	双酚 A[a]	0.1	54	苯胺类	0.5
40	β-萘酚[a]	1	55	丙烯酰胺	0.005
41	2,4-二氯酚	0.6	56	水合肼[a]	0.1
42	2,4,6-三氯酚	0.6	57	吡啶	2
43	苯甲醚[a]	0.5	58	四氯化碳	0.03
44	丙烯腈	2	59	四乙基铅[a]	0.001
45	丙烯酸[a]	5	60	二噁英类	0.3 ng TEQ/L

a. 待国家污染物监测方法标准发布后实施。

4.5 含有铅、镉、砷、镍、汞、铬的废水（参见附录 B）应在产生污染物的车间或生产设施进行预处理并达到表 1 或表 2 的限值。

4.6 水污染物排放浓度限值适用于生产单位产品实际排水量不高于生产设施环保验收确定的单位产品基准排水量的情况。若生产单位产品实际排水量超过生产设施环保验收确定的水量，须按式（1）将实测水污染物浓度换算为基准水量排放浓度，并与排放限值比较判定排放是否达标。产品产量和排水量统计周期为一个工作日。

在企业的生产设施同时适用不同排放控制要求或不同行业国家污染物排放标准，且生产设施产生的废水混合处理排放的情况下，应执行排放标准中规定的最严格的浓度限值，并按式（1）换算水污染物基准水量排放浓度。

$$\rho_{基} = \frac{Q_{总}}{\sum Y \cdot Q_{基}} \times \rho_{实} \qquad (1)$$

式中：$\rho_{基}$——水污染物基准水量排放浓度，mg/L；

$Q_{总}$——排水总量，m^3；

Y——产品产量，t；

$Q_{基}$——生产设施环保验收确定的单位产品基准排水量，m^3/t；

$\rho_{实}$——实测水污染物排放浓度，mg/L。

若 $Q_{总}$ 与 $\sum Y \cdot Q_{基}$ 的比值小于 1，则以水污染物实测浓度作为判定排放是否达标的依据。

5 大气污染物排放控制要求

5.1 有组织排放控制要求

5.1.1 现有企业 2017 年 7 月 1 日前仍执行现行标准，自 2017 年 7 月 1 日起执行表 4 规定的大气污染物排放限值。

5.1.2 自 2015 年 7 月 1 日起，新建企业执行表 4 规定的大气污染物排放限值。

表 4　大气污染物排放限值

单位：mg/m^3

序号	污染物项目	工艺加热炉	有机废气排放口			污染物排放监控位置
			废水处理有机废气收集处理装置	含卤代烃有机废气[a]	其他有机废气[a]	
1	颗粒物	20	—	—	—	车间或生产设施排气筒
2	二氧化硫	100	—	—	—	
3	氮氧化物	150 180[b]	—	—	—	
4	非甲烷总烃[e]	—	120[d]	去除效率≥95%	去除效率≥95%	
5	氯化氢	—	—	30	—	
6	氟化氢	—	—	5.0	—	
7	溴化氢[c]	—	—	5.0	—	
8	氯气	—	—	5.0	—	
9	废气有机特征污染物	—	表 6 所列有机特征污染物及排放浓度限值			

a. 有机废气中若含有颗粒物、二氧化硫或氮氧化物，执行工艺加热炉相应污染物控制要求。

b. 炉膛温度≥850℃的工艺加热炉执行该限值。

c. 待国家污染物监测方法标准发布后实施。

d. 对于采取分质处理的污水处理厂一级好氧生物处理池（不含）前的废水设施排放的有机废气，以及未采取分质处理的污水处理厂废水设施排放的有机废气，收集的废气中非甲烷总烃初始排放速率大于等于 3 kg/h 的，相应的处理装置去除效率不应低于 80%。

e. 利用锅炉、工业炉窑、固废焚烧炉处理有机废气的，若有机废气引入火焰区进行处理，则等同于满足去除效率要求。

5.1.3 根据环境保护工作的要求，在国土开发密度已经较高、环境承载能力开始减弱，或大气环境容量较小、生态环境脆弱，容易发生严重大气环境污染问题而需要采取特别保护措施的地区，应严格控制企业的污染排放行为，在上述地区的企业执行表 5 规定的大气污染物特别排放限值。

执行大气污染物特别排放限值的地域范围、时间，由国务院环境保护主管部门或省级人民政府规定。

表 5　大气污染物特别排放限值

单位：mg/m^3

序号	污染物项目	工艺加热炉	有机废气排放口			污染物排放监控位置
			废水处理有机废气收集处理装置	含卤代烃有机废气[a]	其他有机废气[a]	
1	颗粒物	20	—	—	—	车间或生产设施排气筒
2	二氧化硫	50	—	—	—	
3	氮氧化物	100	—	—	—	
4	非甲烷总烃[d]	—	120[c]	去除效率≥97%	去除效率≥97%	
5	氯化氢	—	—	30	—	
6	氟化氢	—	—	5.0	—	
7	溴化氢[b]	—	—	5.0	—	
8	氯气	—	—	5.0	—	车间或生产设施排气筒
9	废气有机特征污染物	—	表 6 所列有机特征污染物及排放浓度限值			

a. 有机废气中若含有颗粒物、二氧化硫或氮氧化物，执行工艺加热炉相应污染物控制要求。

b. 待国家污染物监测方法标准发布后实施。

c. 对于采取分质处理的污水处理厂一级好氧生物处理池（不含）前的废水设施排放的有机废气，以及未采取分质处理的污水处理厂废水设施排放的有机废气，收集的废气中非甲烷总烃初始排放速率大于等于 2 kg/h 的，相应的处理装置去除效率不应低于 80%。

d. 利用锅炉、工业炉窑、固废焚烧炉处理有机废气的，若有机废气引入火焰区进行处理，则等同于满足去除效率要求。

5.1.4 企业应根据使用的原料，生产工艺过程，生产的产品、副产品，从表 6 中筛选并上报需要控制的废气中有机特征污染物的种类及排放浓度限值，经环境保护主管部门确认执行。

表 6 废气中有机特征污染物及排放限值

单位：mg/m^3

序号	污染物项目	排放限值	序号	污染物项目	排放限值
1	正己烷	100	33	丙烯醛	3
2	环己烷[a]	100	34	丙酮	100
3	氯甲烷[a]	20	35	2-丁酮[a]	100
4	二氯甲烷[a]	100	36	异佛尔酮[a]	50
5	三氯甲烷[a]	50	37	酚类	20
6	四氯化碳[a]	20	38	氯甲基甲醚[a]	0.05
7	1,2-二氯乙烷[a]	1	39	二氯甲基醚[a]	0.05
8	1,2-二氯丙烷[a]	100	40	氯乙酸[a]	20
9	溴甲烷[a]	20	41	丙烯酸[a]	20
10	溴乙烷[a]	1	42	邻苯二甲酸酐[a]	10
11	1,3-丁二烯[a]	1	43	马来酸酐[a]	10
12	氯乙烯	1	44	乙酸乙烯酯[a]	20
13	三氯乙烯[a]	1	45	甲基丙烯酸甲酯[a]	100
14	四氯乙烯[a]	100	46	异氰酸甲酯[a]	0.5
15	氯丙烯[a]	20	47	甲苯二异氰酸酯[a]	1
16	氯丁二烯[a]	20	48	硫酸二甲酯[a]	5
17	二氯乙炔[a]	4	49	乙腈[a]	50
18	环氧乙烷[a]	0.5	50	丙烯腈	0.5
19	环氧丙烷[a]	1	51	苯胺类	20
20	环氧氯丙烷[a]	10	52	二甲基甲酰胺[a]	50
21	苯	4	53	丙烯酰胺[a]	0.5
22	甲苯	15	54	肼（联氨）[a]	0.6
23	二甲苯	20	55	甲肼[a]	0.8
24	乙苯	100	56	偏二甲肼[a]	5
25	苯乙烯	50	57	吡啶[a]	20
26	氯苯类	50	58	四氢呋喃[a]	100
27	氯萘[a]	5	59	光气	0.5
28	硝基苯类	16	60	氰化氢	1.9
29	甲醇	50	61	二硫化碳[a]	20
30	乙二醇[a]	50	62	苯并[*a*]芘	0.3 μg/m^3
31	甲醛	5	63	多氯联苯[a]	0.1 ng TEQ /m^3
32	乙醛	50	64	二噁英类	0.1 ng TEQ /m^3
a. 待国家污染物监测方法标准发布后实施。					

5.1.5 废气不得稀释排放。非焚烧类有机废气排放口以实测浓度判定排放是否达标。对于工艺加热炉排气筒中实测大气污染物排放浓度，应按式（2）换算成基准含氧量为 3%的大气污染物基准排放浓度；对于裂解炉等在烧焦工况时排气筒中实测大气污染物排放浓度，应按式（2）换算成基准含氧量为 12%的大气污染物基准排放浓度。对于 VOCs 燃烧（焚烧、氧化）装置处理废气，向燃烧（焚烧、氧化）装置内或在其后端补充空气的，排气筒中实测大气污染物排放浓度，应按式（2）换算成基准含氧量为 3%的大气污染物基准排放浓度；不向燃烧（焚烧、氧化）装置内补充空气的（燃烧器的助燃空气不属于补充空气的情形），以实测浓度作为达标判定依据，但装置出口烟气含氧量不得高于装置进口废气含氧量。利用锅炉、工业炉窑、固废焚烧炉处理有机废气的，烟气基准含氧量按其排放标准规定执行。VOCs 燃

烧（焚烧、氧化）装置的燃烧温度以及废气停留时间应满足设计的要求。

有机废气处理装置的非甲烷总烃去除效率以处理装置进出口实测浓度和对应的气量判定是否达标。

$$\rho_{基}=\frac{21-O_{基}}{21-O_{实}}\times\rho_{实} \tag{2}$$

式中：$\rho_{基}$——大气污染物基准排放浓度，mg/m^3；

$O_{基}$——干烟气基准含氧量，%；

$O_{实}$——实测的干烟气含氧量，%；

$\rho_{实}$——实测大气污染物排放浓度，mg/m^3。

5.2 挥发性有机液体储罐污染控制要求

5.2.1 新建企业自 2015 年 7 月 1 日起，现有企业自 2017 年 7 月 1 日起，执行下列挥发性有机液体储罐污染控制要求。

5.2.2 储存真实蒸气压≥76.6 kPa 的挥发性有机液体应采用压力储罐。

5.2.3 储存真实蒸气压≥5.2 kPa 但＜27.6 kPa 的设计容积≥150 m^3 的挥发性有机液体储罐，以及储存真实蒸气压≥27.6 kPa 但＜76.6 kPa 的设计容积≥75 m^3 的挥发性有机液体储罐应符合下列规定之一：

a）采用内浮顶罐，内浮顶罐的浮盘与罐壁之间应采用液体镶嵌式、机械式鞋形、双封式等高效密封方式。

b）采用外浮顶罐，外浮顶罐的浮盘与罐壁之间应采用双封式密封，且初级密封采用液体镶嵌式、机械式鞋形等高效密封方式。

c）采用固定顶罐，应安装密闭排气系统至有机废气回收或处理装置，其大气污染物排放应符合表 4、表 5 的规定。

5.2.4 挥发性有机液体储罐的运行控制应符合下列规定：

a）储罐罐体应保持完好，不应有孔洞、缝隙；储罐附件开口、孔（内浮顶罐通气孔除外），除采样、计量、例行检查、维护和其他正常活动外，应密闭；浮顶罐浮盘边缘密封不应有破损。

b）储罐呼吸阀和浮盘边缘呼吸阀操作压力低于设定的开启压力 75%时，呼吸阀的泄漏检测值应低于 2 000 μmol/mol。

c）支柱、导向装置等储罐附件穿过浮顶罐浮盘时，应采取密封措施。

d）除储罐排空作业外，浮顶罐浮盘应始终漂浮于储存物料的表面。

e）自动通气阀和边缘呼吸阀在浮顶罐浮盘处于漂浮状态时应密封良好。自动通气阀仅在浮顶罐浮盘处于支座支撑状态时开启。

f）除自动通气阀、边缘呼吸阀外，浮顶罐浮盘外边缘板及所有通过浮盘的开孔接管均应浸入储存物料液面下。

5.2.5 对储罐完好情况进行检查。若不符合上述规定，在不关闭工艺单元的条件下，应在 15 d 内进行修复；若需要关闭工艺单元，则应在 90 d 内修复或排空储罐停止使用；确需延迟排空储罐修复的，应及时向生态环境主管部门报告，并在最近一个检修期（不超过 2 年）完成。检查与修复记录应至少保存 5 年。

5.3 设备与管线组件泄漏污染控制要求

5.3.1 新建企业自 2015 年 7 月 1 日起，现有企业自 2017 年 7 月 1 日起，执行下列设备与管线组件泄漏污染控制要求。

5.3.2 挥发性有机物流经以下设备与管线组件时，应进行泄漏检测与控制：

a）泵；

b）压缩机；

c）阀门；

d）开口阀或开口管线；

e）法兰及其他连接件；

f）泄压设备；

g）取样连接系统；

h）其他密封设备。

5.3.3 泄漏检测周期

根据设备与管线组件的类型，采用不同的泄漏检测周期：

a）泵、压缩机、阀门、开口阀或开口管线、气体/蒸气泄压设备、取样连接系统每3个月检测一次。

b）法兰及其他连接件、其他密封设备每6个月检测一次。

c）对于挥发性有机物流经的初次开工开始运转的设备和管线组件，应在开工后30 d内对其进行第一次检测。

d）挥发性有机液体流经的设备和管线组件每周应进行目视观察，检查其密封处是否出现滴液迹象。

e）同一密封点以及循环冷却水系统连续三个检测周期无泄漏的，检测周期可延长且最多延长一倍。若在后续监测中该检测点位检测出现泄漏，则监测频次恢复按a）和b）规定执行。

f）符合 GB 37822 相关规定的，以及设备与管线组件中的流体含挥发性有机物质量分数占比小于10%的液体，免于泄漏检测。

5.3.4 泄漏的认定

出现以下情况，则认定发生了泄漏：

a）有机气体和挥发性有机液体流经的设备与管线组件，采用氢火焰离子化检测仪（以甲烷或丙烷为校正气体），泄漏检测值大于等于2 000 μmol/mol。

b）其他挥发性有机物流经的设备与管线组件，采用氢火焰离子化检测仪（以甲烷或丙烷为校正气体），泄漏检测值大于等于500 μmol/mol。

5.3.5 泄漏修复

a）当检测到泄漏时，在可行条件下应尽快维修，一般不晚于发现泄漏后15 d。

b）首次（尝试）维修不应晚于检测到泄漏后5 d。首次尝试维修应当包括（但不限于）以下描述的相关措施：拧紧密封螺母或压盖、在设计压力及温度下密封冲洗。

c）若检测到泄漏后，在不关闭工艺单元的条件下，在15 d内进行维修技术上不可行，则可以延迟维修，但不应晚于最近一个停工期。

5.3.6 记录要求

泄漏检测应记录检测时间、检测仪器读数；修复时应记录修复时间和确认已完成修复的时间，记录修复后检测仪器读数，记录应保存1年以上。

5.4 其他污染控制要求

5.4.1 新建企业自2015年7月1日起，现有企业自2017年7月1日起，执行下列污染控制要求。

5.4.2 废水预处理

含苯系物废水，含表1、表2中所列金属废水，含氰化物废水，设备、管道检维修过程化学清洗废水应单独收集、储存并进行预处理。

5.4.3 废水集输、储存和处理设施

一级好氧生物处理池（不含）前含挥发性有机物、恶臭物质的废水集输、储存和处理设施（初期雨水池除外）应密闭，其他废水设施若敞开液面上方100 mm处VOCs检测浓度大于等于100 μmol/mol的，也应密闭。密闭后废气应接入有机废气回收或处理装置，其大气污染物排放应符合表4、表5的规定。

5.4.4 挥发性有机液体传输、接驳与分装过程

挥发性有机液体装卸栈桥对铁路罐车、汽车罐车进行装载，挥发性有机液体装卸码头对船（驳）进行装载的设施，以及把挥发性有机液体分装到较小容器的分装设施，应密闭并设置有机废气收集、回收或处理装置，其大气污染物排放应符合表 4、表 5 的规定。

装车、船应采用顶部浸没式或底部装载方式，顶部浸没式装载出油口距离罐底高度应小于 200 mm。

底部装油结束并断开快接头时，油品滴洒量不应超过 10 ml，滴洒量取连续 3 次断开操作的平均值。

5.4.5 有机废气收集、传输与处理

下列有机废气应接入有机废气回收或处理装置，其大气污染物排放应符合表 4、表 5 的规定：

a）空气氧化（氧氯化、氨氧化）反应器产生的含挥发性有机物尾气；

b）序批式反应器原料装填过程、气相空间保护气置换过程、反应器升温过程和反应器清洗过程排出的废气；

c）有机固体物料气体输送废气；

d）用于含挥发性有机物容器真空保持的真空泵排气；

e）非正常工况下，生产设备通过安全阀排出的含挥发性有机物的废气（特殊工艺因安全原因需要排入火炬系统或放空的除外，确需放空的，应及时向生态环境主管部门报告）；

f）生产装置、设备开停工过程不满足本标准要求的废气（排入火炬系统除外）。

有机废气收集、传输设施的设置和操作条件应保证被收集的有机气体不通过收集、传输设施的开口向大气泄漏。

5.4.6 火炬系统

a）采取措施回收排入火炬系统的气体和液体。

b）在任何时候，挥发性有机物和恶臭物质进入火炬都应能点燃并充分燃烧。

c）应连续监测、记录引燃设施和火炬的工作状态（火炬气流量、火炬头温度、火种气流量、火种温度等），并保存记录 1 年以上。

5.4.7 采样

对于含挥发性有机物、恶臭物质的物料，其采样口应采用密闭采样或等效设施。

5.4.8 检维修

用于输送、储存、处理含挥发性有机物、恶臭物质的生产设施，以及水、大气、固体废物污染控制设施在检维修时清扫气应接入有机废气回收或处理装置，其大气污染物排放应符合表 4、表 5 的规定（排入火炬系统除外）。

5.4.9 废气收集、处理与排放

废气收集系统与处理装置应符合相关安全技术要求。

排气筒高度不低于 15 m（因安全考虑或有特殊工艺要求的，以及装置区污水池处理设施除外），具体高度以及与周围建筑物的相对高度关系应根据环境影响评价文件确定。

5.4.10 循环冷却水系统

对涉 VOCs 物料的开式循环冷却水系统，每季度对流经装置的工艺介质侧压力高于冷却水侧压力的换热器（组）循环水系统的回水（总）进口和冷却后（总）出口循环冷却水中总有机碳（TOC）或其他特征物浓度进行检测，出口浓度大于进口浓度 10%的，应进行泄漏排查，发生泄漏时，应按照 5.3.5 条 c）和 5.3.6 条的规定进行泄漏修复和记录。

5.5 厂界及周边污染控制要求

5.5.1 企业边界任何 1 h 大气污染物平均浓度执行表 7 规定的限值。

5.5.2 在现有企业生产、建设项目竣工环保验收后的生产过程中，负责监管的环境保护主管部门应对周围居住、教学、医疗等用途的敏感区域环境质量进行监控。建设项目的具体监控范围为环境影响评价

确定的周围敏感区域；未进行过环境影响评价的现有企业，监控范围由负责监管的环境保护主管部门，根据企业排污特点和规律及当地自然、气象条件等因素，参照相关环境影响评价技术导则确定。地方政府应对本辖区环境质量负责，采取措施确保环境状况符合环境质量标准要求。

表 7　企业边界大气污染物浓度限值

单位：mg/m^3

序号	污染物项目	限值
1	颗粒物	1.0
2	氯化氢	0.2
3	苯并[*a*]芘	0.000 008
4	苯	0.4
5	甲苯	0.8
6	二甲苯	0.8
7	非甲烷总烃	4.0

6　污染物监测要求

6.1　一般要求

6.1.1　企业应按照有关法律和《环境监测管理办法》等规定，建立企业监测制度，制定监测方案，对污染物排放状况及其对周边环境质量的影响开展自行监测，保存原始监测记录，并公布监测结果。

6.1.2　新建企业和现有企业安装污染物排放自动监控设备的要求，按有关法律和《污染源自动监控管理办法》的规定执行。

6.1.3　企业应按照环境监测管理规定和技术规范的要求，设计、建设、维护永久性采样口、采样测试平台和排污口标志。

6.1.4　对企业排放废水和废气的采样，应根据监测污染物的种类，在规定的污染物排放监控位置进行，有废水、废气处理设施的，应在处理设施后监测。

6.1.5　标准中规定的污染物若无国家污染物监测方法标准，排放企业应提出推荐污染物监测方法，经省及以上监测管理部门认可并备案。国家污染物监测方法标准发布实施后，应采用国家污染物监测方法标准。

6.1.6　本标准实施后发布的国家污染物监测方法标准，如适用性满足要求，同样适用于本标准相应污染物的测定。

6.2　水污染物监测与分析

6.2.1　水污染物的监测采样按 HJ/T 91、HJ 493、HJ 494、HJ 495 的规定执行。

6.2.2　对企业排放水污染物浓度的测定采用表 8 所列的方法标准。

表 8　水污染物浓度测定方法标准

序号	污染物项目	标准名称	标准编号
1	pH 值	水质　pH 值的测定　玻璃电极法	GB/T 6920
2	悬浮物	水质　悬浮物的测定　重量法	GB/T 11901
3	化学需氧量	水质　化学需氧量的测定　重铬酸盐法	GB/T 11914
		水质　化学需氧量的测定　快速消解分光光度法	HJ/T 399
		高氯废水　化学需氧量的测定　氯气校正法	HJ/T 70
		高氯废水　化学需氧量的测定　碘化钾碱性高锰酸钾法	HJ/T 132

序号	污染物项目	标准名称	标准编号
4	五日生化需氧量	水质　五日生化需氧量（BOD_5）的测定　稀释与接种法	HJ 505
5	氨氮	水质　氨氮的测定　气相分子吸收光谱法	HJ/T 195
		水质　氨氮的测定　纳氏试剂分光光度法	HJ 535
		水质　氨氮的测定　水杨酸分光光度法	HJ 536
		水质　氨氮的测定　蒸馏-中和滴定法	HJ 537
		水质　氨氮的测定　连续流动-水杨酸分光光度法	HJ 665
		水质　氨氮的测定　流动注射-水杨酸分光光度法	HJ 666
6	总氮	水质　总氮的测定　碱性过硫酸钾消解紫外分光光度法	HJ 636
		水质　总氮的测定　连续流动-盐酸萘乙二胺分光光度法	HJ 667
		水质　总氮的测定　流动注射-盐酸萘乙二胺分光光度法	HJ 668
7	总磷	水质　总磷的测定　钼酸铵分光光度法	GB/T 11893
		水质　磷酸盐和总磷的测定　连续流动-钼酸铵分光光度法	HJ 670
		水质　总磷的测定　流动注射-钼酸铵分光光度法	HJ 671
8	总有机碳	水质　总有机碳的测定　燃烧氧化-非分散红外吸收法	HJ 501
9	石油类	水质　石油类和动植物油类的测定　红外分光光度法	HJ 637
10	硫化物	水质　硫化物的测定　亚甲基蓝分光光度法	GB/T 16489
		水质　硫化物的测定　碘量法	HJ/T 60
		水质　硫化物的测定　气相分子吸收光谱法	HJ/T 200
11	氟化物	水质　氟化物的测定　离子选择电极法	GB/T 7484
		水质　氟化物的测定　茜素磺酸锆目视比色法	HJ 487
		水质　氟化物的测定　氟试剂分光光度法	HJ 488
12	挥发酚	水质　挥发酚的测定　溴化容量法	HJ 502
		水质　挥发酚的测定　4-氨基安替比林分光光度法	HJ 503
13	总钒	水质　钒的测定　钽试剂（BPHA）萃取分光光度法	GB/T 15503
		水质　钒的测定　石墨炉原子吸收分光光度法	HJ 673
		水质　65 种元素的测定　电感耦合等离子体质谱法	HJ 700
14	总铜	水质　铜、锌、铅、镉的测定　原子吸收分光光度法	GB/T 7475
		水质　铜的测定　二乙基二硫代氨基甲酸钠分光光度法	HJ 485
		水质　铜的测定　2,9-二甲基-1,10-菲啰啉分光光度法	HJ 486
		水质　65 种元素的测定　电感耦合等离子体质谱法	HJ 700
15	总锌	水质　锌的测定　双硫腙分光光度法	GB/T 7472
		水质　铜、锌、铅、镉的测定　原子吸收分光光度法	GB/T 7475
		水质　65 种元素的测定　电感耦合等离子体质谱法	HJ 700
16	总氰化物	水质　氰化物的测定　容量法和分光光度法	HJ 484
17	可吸附有机卤化物	水质　可吸附有机卤素（AOX）的测定　微库仑法	GB/T 15959
		水质　可吸附有机卤素（AOX）的测定　离子色谱法	HJ/T 83
18	苯并[*a*]芘	水质　苯并[*a*]芘的测定　乙酰化滤纸层析荧光分光光度法	GB/T 11895
		水质　多环芳烃的测定　液液萃取和固相萃取高效液相色谱法	HJ 478
19	总铅	水质　铅的测定　双硫腙分光光度法	GB/T 7470
		水质　铜、锌、铅、镉的测定　原子吸收分光光度法	GB/T 7475
		水质　65 种元素的测定　电感耦合等离子体质谱法	HJ 700
20	总镉	水质　镉的测定　双硫腙分光光度法	GB/T 7471
		水质　铜、锌、铅、镉的测定　原子吸收分光光度法	GB/T 7475
		水质　65 种元素的测定　电感耦合等离子体质谱法	HJ 700
21	总砷	水质　总砷的测定　二乙基二硫代氨基甲酸银分光光度法	GB/T 7485
		水质　汞、砷、硒、铋和锑的测定　原子荧光法	HJ 694
		水质　65 种元素的测定　电感耦合等离子体质谱法	HJ 700

序号	污染物项目	标准名称	标准编号
22	总镍	水质　镍的测定　丁二酮肟分光光度法	GB/T 11910
		水质　镍的测定　火焰原子吸收分光光度法	GB/T 11912
		水质　65 种元素的测定　电感耦合等离子体质谱法	HJ 700
23	总汞	水质　总汞的测定　高锰酸钾-过硫酸钾消解法　双硫腙分光光度法	GB/T 7469
		水质　总汞的测定　冷原子吸收分光光度法	HJ 597
		水质　汞、砷、硒、铋和锑的测定　原子荧光法	HJ 694
24	烷基汞	水质　烷基汞的测定　气相色谱法	GB/T 14204
25	总铬	水质　总铬的测定	GB/T 7466
		水质　65 种元素的测定　电感耦合等离子体质谱法	HJ 700
26	六价铬	水质　六价铬的测定　二苯碳酰二肼分光光度法	GB/T 7467
27	一氯二溴甲烷 二氯一溴甲烷	水质　挥发性卤代烃的测定　顶空气相色谱法	HJ 620
		水质　挥发性有机物的测定　吹扫捕集/气相色谱-质谱法	HJ 639
28	二氯甲烷 1,2-二氯乙烷 三氯甲烷 三溴甲烷 1,1-二氯乙烯 1,2-二氯乙烯 三氯乙烯 四氯乙烯 氯丁二烯 六氯丁二烯 四氯化碳	水质　挥发性卤代烃的测定　顶空气相色谱法	HJ 620
		水质　挥发性有机物的测定　吹扫捕集/气相色谱-质谱法	HJ 639
		水质　挥发性有机物的测定　吹扫捕集/气相色谱法	HJ 686
29	1,1,1-三氯乙烷 氯乙烯	水质　挥发性有机物的测定　吹扫捕集/气相色谱-质谱法	HJ 639
30	环氧氯丙烷	水质　挥发性有机物的测定　吹扫捕集/气相色谱-质谱法	HJ 639
		水质　挥发性有机物的测定　吹扫捕集/气相色谱法	HJ 686
31	苯 甲苯 邻二甲苯 间二甲苯 对二甲苯 乙苯 苯乙烯 异丙苯	水质　苯系物的测定　气相色谱法	GB/T 11890
		水质　挥发性有机物的测定　吹扫捕集/气相色谱-质谱法	HJ 639
		水质　挥发性有机物的测定　吹扫捕集/气相色谱法	HJ 686
32	硝基苯类	水质　硝基苯类化合物的测定　气相色谱法	HJ 592
		水质　硝基苯类化合物的测定　液液萃取/固相萃取-气相色谱法	HJ 648
		水质　硝基苯类化合物的测定　气相色谱-质谱法	HJ 716
33	氯苯	水质　氯苯的测定　气相色谱法	HJ/T 74
		水质　氯苯类化合物的测定　气相色谱法	HJ 621
		水质　挥发性有机物的测定　吹扫捕集/气相色谱-质谱法	HJ 639
34	1,2-二氯苯 1,4-二氯苯 三氯苯	水质　氯苯类化合物的测定　气相色谱法	HJ 621
		水质　挥发性有机物的测定　吹扫捕集/气相色谱-质谱法	HJ 639
35	四氯苯	水质　氯苯类化合物的测定　气相色谱法	HJ 621
36	多环芳烃	水质　多环芳烃的测定　液液萃取和固相萃取高效液相色谱法	HJ 478

序号	污染物项目	标准名称	标准编号
37	多氯联苯	水质　多氯联苯的测定　气相色谱-质谱法	HJ 715
38	甲醛	水质　甲醛的测定　乙酰丙酮分光光度法	HJ 601
39	三氯乙醛	水质　三氯乙醛的测定　吡啶啉酮分光光度法	HJ/T 50
40	2,4-二氯酚 2,4,6-三氯酚	水质　酚类化合物的测定　液液萃取/气相色谱法	HJ 676
41	丙烯腈	水质　丙烯腈的测定　气相色谱法	HJ/T 73
42	邻苯二甲酸二丁酯 邻苯二甲酸二辛酯	水质　邻苯二甲酸二甲（二丁、二辛）脂的测定　液相色谱法	HJ/T 72
43	苯胺类	水质　苯胺类化合物的测定　*N*-（1-萘基）乙二胺偶氮分光光度法	GB/T 11889
44	丙烯酰胺	水质　丙烯酰胺的测定　气相色谱法	HJ 697
45	吡啶	水质　吡啶的测定　气相色谱法	GB/T 14672
46	二噁英类	水质　二噁英类的测定　同位素稀释高分辨气相色谱-高分辨质谱法	HJ 77.1

6.3　大气污染物监测与分析

6.3.1　排气筒中大气污染物的监测采样按 GB/T 16157、HJ/T 397、HJ 732、HJ/T 373 或 HJ/T 75、HJ/T 76 的规定执行。企业边界大气污染物监测按 HJ/T 55 的规定执行。

6.3.2　石油化学工业企业的设备与管线组件应设置编号和永久标志，泄漏检测按 HJ 733 的规定执行。

6.3.3　对企业排放大气污染物浓度的测定采用表 9 所列的方法标准。

表 9　大气污染物浓度测定方法标准

序号	污染物项目	标准名称	标准编号
1	颗粒物	固定污染源排气中颗粒物测定与气态污染物采样方法	GB/T 16157
		环境空气　总悬浮颗粒物的测定　重量法	GB/T 15432
2	二氧化硫	固定污染源排气中二氧化硫的测定　碘量法	HJ/T 56
		固定污染源排气中二氧化硫的测定　定电位电解法	HJ/T 57
		固定污染源废气　二氧化硫的测定　非分散红外吸收法	HJ 629
3	氮氧化物	固定污染源排气中氮氧化物的测定　紫外分光光度法	HJ/T 42
		固定污染源排气中氮氧化物的测定　盐酸萘乙二胺分光光度法	HJ/T 43
		固定污染源排气　氮氧化物的测定　酸碱滴定法	HJ 675
		固定污染源废气　氮氧化物的测定　非分散红外吸收法	HJ 692
		固定污染源废气　氮氧化物的测定　定电位电解法	HJ 693
4	非甲烷总烃	固定污染源排气中非甲烷总烃的测定　气相色谱法	HJ/T 38
5	氯化氢	固定污染源排气中氯化氢的测定　硫氰酸汞分光光度法	HJ/T 27
		固定污染源废气　氯化氢的测定　硝酸银容量法（暂行）	HJ 548
		环境空气和废气　氯化氢的测定　离子色谱法（暂行）	HJ 549
6	氟化氢	大气固定污染源　氟化物的测定　离子选择电极法	HJ/T 67
		固定污染源废气　氟化氢的测定　离子色谱法（暂行）	HJ 688
7	氯气	固定污染源排气中氯气的测定　甲基橙分光光度法	HJ/T 30
		固定污染源废气　氯气的测定　碘量法（暂行）	HJ 547
8	氯乙烯	固定污染源排气中氯乙烯的测定　气相色谱法	HJ/T 34
9	苯 甲苯 二甲苯	环境空气　苯系物的测定　固体吸附/热脱附-气相色谱法	HJ 583
		环境空气　苯系物的测定　活性炭吸附/二硫化碳解吸-气相色谱法	HJ 584
		环境空气　挥发性有机物的测定　吸附管采样-热脱附/气相色谱-质谱法	HJ 644
		固定污染源废气　挥发性有机物的测定　固相吸附-热脱附/气相色谱-质谱法	HJ 734

序号	污染物项目	标准名称	标准编号
10	正己烷 乙苯 苯乙烯 丙酮	固定污染源废气 挥发性有机物的测定 固相吸附-热脱附/气相色谱-质谱法	HJ 734
11	氯苯类	固定污染源排气中氯苯类的测定 气相色谱法	HJ/T 39
		大气固定污染源 氯苯类化合物的测定 气相色谱法	HJ/T 66
12	硝基苯类	空气质量 硝基苯类（一硝基和二硝基化合物）的测定 锌还原-盐酸萘乙二胺分光光度法	GB/T 15501
13	甲醇	固定污染源排气中甲醇的测定 气相色谱法	HJ/T 33
14	甲醛	空气质量 甲醛的测定 乙酰丙酮分光光度法	GB/T 15516
15	乙醛	固定污染源排气中乙醛的测定 气相色谱法	HJ/T 35
16	丙烯醛	固定污染源排气中丙烯醛的测定 气相色谱法	HJ/T 36
17	酚类	固定污染源排气中酚类化合物的测定 4-氨基安替比林分光光度法	HJ/T 32
18	丙烯腈	固定污染源排气中丙烯腈的测定 气相色谱法	HJ/T 37
19	苯胺类	大气固定污染源 苯胺类的测定 气相色谱法	HJ/T 68
		空气质量 苯胺类的测定 盐酸萘乙二胺分光光度法	GB/T 15502
20	光气	固定污染源排气中光气的测定 苯胺紫外分光光度法	HJ/T 31
21	氰化氢	固定污染源排气中氰化氢的测定 异烟酸-吡唑啉酮分光光度法	HJ/T 28
22	苯并[a]芘	环境空气 苯并[a]芘的测定 高效液相色谱法	GB/T 15439
		固定污染源排气中苯并[a]芘的测定 高效液相色谱法	HJ/T 40
		环境空气和废气 气相和颗粒物中多环芳烃的测定 气相色谱-质谱法	HJ 646
		环境空气和废气 气相和颗粒物中多环芳烃的测定 高效液相色谱法	HJ 647
23	二噁英类	环境空气和废气 二噁英类的测定 同位素稀释高分辨气相色谱-高分辨质谱法	HJ 77.2

6.3.4 对于设备与管线组件泄漏、敞开液面逸散的 VOCs 排放，采用氢火焰离子化检测仪，监测采样和测定方法按 HJ 733 的规定执行。对于循环冷却水中总有机碳（TOC）或其他特征物浓度进行检测时，在入口和出口处，分别采集至少三组样品，并计算各自平均值。

7 实施与监督

7.1 本标准由县级以上人民政府环境保护主管部门负责监督实施。

7.2 在任何情况下，石油化学工业企业均应遵守本标准规定的污染物排放控制要求，采取必要措施保证污染防治设施正常运行。各级环保部门在对企业进行监督性检查时，可以现场即时采样或监测的结果，作为判定排污行为是否符合排放标准以及实施相关环境保护管理措施的依据。

7.3 大气污染物排放应按下列要求进行合规判定。

a）对于有组织排放和企业边界，采用手工监测或在线监测时，按照监测规范要求测得的任意 1 h 平均浓度值超过本标准规定的限值或污染物去除效率低于本标准规定的限值，判定为超标。

b）企业未遵守本标准规定的措施性控制要求，属于违法行为的，依照相关法律法规予以处理。

c）对于设备与管线组件 VOCs 泄漏控制，如发现下列情况之一，判定为“未采取措施对管道、设备进行日常维护、维修，减少物料泄漏”的，依照相关法律法规予以处理：

1）未开展泄漏检测与修复工作的，未识别的密封点数超过企业现有台账密封点总数 0.05%的，未按规定的频次、时间进行泄漏检测与修复的；

2）现场随机抽查，在检测不超过 100 个密封点的情况下（其中有机气体和挥发性有机液体流经的设备与管线组件密封点的抽样比例总计不超过 80%，5.3.3 条 a）项涉及的设备与管线组件类型的抽样比例总计不超过 20%），发现有 1 个未识别密封点或 2 个（不含）以上不在修复期内的密封点，出现可见泄漏现象或超过泄漏认定浓度的。

d）对于循环冷却水系统的泄漏控制，未按规定的频次开展泄漏检测工作，发生泄漏未按规定时间进行修复，判定为“未采取措施对管道、设备进行日常维护、维修，减少物料泄漏”的，依照相关法律法规予以处理。

附 录 A
（资料性附录）
有机化学品名录

序号	化学品名称	英文名称	序号	化学品名称	英文名称
脂肪族化学品					
1	乙醛	Acetaldehyde	29	C_5浓缩液	C_5 Concentrates
2	乙酸	Acetic Acid	30	C_9浓缩液	C_9 Concentrates
3	乙酸脂类	Acetic Acid Esters	31	C_{12}～C_{18}伯醇类	C_{12}–C_{18}-Primary Alcohols
4	乙酸盐类	Acetic Acid Salts	32	硬脂酸钙	Calcium Stearate
5	乙酸酐	Acetic Anhydride	33	己内酰胺	Caprolactam
6	丙酮	Acetone	34	羧甲基纤维素	Carboxymethyl Cellulose
7	丙酮氰醇	Acetone Cyanohydrin	35	醋酸纤维素丁酸酯	Cellulose Acetate Butyrates
8	乙炔	Acetylene	36	纤维素醚类	Cellulose Ethers
9	丙烯酸	Acrylic Acid	37	氢过氧化枯烯	Cumene Hydroperoxide
10	丙烯酸酯类	Acrylic Acid Esters	38	环己烷	Cyclohexane
11	丙烯腈	Acrylonitrile	39	环己醇	Cyclohexanol
12	己二酸	Adipic Acid	40	环己醇,环己酮（混合体）	Cyclohexanol,Cyclohexanone（Mixed）
13	正烷烃	*n*-Alkanes	41	环己酮	Cyclohexanone
14	烷基链烯醇	Alkoxy Alkanols	42	环己烯	Cyclohexene
15	烷基化物	Alkylates	43	正癸醇	Decanol
16	α-烯烃类	Alpha-Olefins	44	双丙酮醇	Diacetone Alcohol
17	丁烷	Butane	45	二羧酸-盐	Dicarboxylic Acids—Salts
18	1,3-丁二烯	1,3-Butadiene	46	乙醚	Diethyl Ether
19	1,4-丁二醇	1,4-Butanediol	47	二甘醇	Diethylene Glycol
20	1-丁烯	1-Butene	48	二乙二醇二乙醚	Diethylene Glycol Diethyl Ether
21	2-丁烯（顺式和反式）	2-Butene（Cis and Trans）	49	二乙二醇二甲醚	Diethylene Glycol Dimethyl Ether
22	丁烯	Butylenes（Butenes）	50	二乙二醇单乙醚	Diethylene Glycol Monoethyl Ether
23	正醋酸丁酯	*n*-Butylacetate	51	二乙二醇单甲醚	Diethylene Glycol Monomethyl Ether
24	正丁醇	*n*-Butyl Alcohol	52	二聚酸	Dimer Acids
25	正丁醛	*n*-Butyraldehyde	53	二氧杂环乙烷	Dioxane
26	正丁酸	*n*-Butyric Acid	54	环氧丙烷	Epoxy propane
27	正丁酸酐	*n*-Butyric Anhydride	55	乙烷	Ethane
28	C_4烃类（不饱和）	C_4 Hydrocarbons（Unsaturated）	56	乙醇	Ethanol

序号	化学品名称	英文名称	序号	化学品名称	英文名称
脂肪族化学品					
57	乙氧基化物，混合物	Ethoxylates，Misc.	89	α-甲基丙烯酸甲酯	Methyl Methacrylate
58	乙烯	Ethylene	90	甲基叔丁基醚	Methyl Tert-Butyl Ether
59	乙二醇	Ethylene Glycol	91	甲基异丁基酮	Methylisobutyl Ketone
60	乙烯甘油二甲醚	Ethylene Glycol Dimethyl Ether	92	次氮基三乙酸	Nitrilotriacetic Acid
61	乙二醇单丁醚	Ethylene Glycol Monobutyl Ether	93	锦纶盐	Nylon Salt
62	乙二醇单乙醚	Ethylene Glycol Monoethyl Ether	94	草酸	Oxalic Acid
63	乙二醇单甲醚	Ethylene Glycol Monomethyl Ether	95	羰基醛醇	Oxo Aldehydes-Alcohols
64	乙烯甘油单苯基醚	Ethylene Glycol Monophenyl Ether	96	正石蜡	*n*-Paraffins
65	环氧乙烷	Ethylene Oxide	97	季戊四醇	Pentaerythritol
66	2-乙基丁醛	2-Ethyl butyraldehyde	98	戊烷	Pentane
67	2-乙基已酮	2-Ethyl Hexanol	99	1-戊烯	1-Pentene
68	甲醛	Formaldehyde	100	戊烯	Pentenes
69	丙三醇（合成）	Glycerine（Synthetic）	101	石油磺酸油	Petroleum Sulfonates
70	乙二醛	Glyoxal	102	松油	Pine Oil
71	已烷	Hexane	103	聚氧化亚丁基乙二醇	Polyoxybutylene Glyco
72	已烷和 6 个碳的碳氢化合物	Hexanes and Other C_6 Hydrocarbons	104	聚氧乙二醇	Polyoxyethylene Glycol
73	异丁醇	Isobutanol	105	聚氧丙烯醇	Polyoxypropylene Glycol
74	乙酸异丁酯	Isobutyl Acetate	106	丙烷	Propane
75	异丁烯	Isobutylene	107	丙醛	Propionaldehyde
76	异丁醛	Isobutyraldehyde	108	丙酸	Propionic Acid
77	异佛尔酮	Isophorone	109	正乙酸丙酯	*n*-Propyl Acetate
78	异肽酸	Isophthalic Acid	110	正丙醇	*n*-Propyl Alcohol
79	异戊二烯	Isoprene	111	丙烯	Propylene
80	异丙醇	Isopropanol	112	甲基乙二醇	Propylene Glycol
81	醋酸异丙酯	Isopropyl Acetate	113	氧化丙烯	Propylene Oxide
82	木素磺酸，钙盐	Ligninsulfonic Acid，Calcium Salt	114	仲丁醇	Sec-Butyl Alcohol
83	顺式丁烯二酸酐	Maleic Anhydride	115	甲酸钠	Sodium Formate
84	甲基丙烯酸	Methacrylic Acid	116	山梨醇	Sorbitol
85	甲基丙烯酸酯类	Methacrylic Acid Esters	117	脂蜡酸，钙盐（蜡）	Stearic Acid，Calcium Salt（Wax）
86	甲烷	Methane	118	叔丁醇	Tert-Butyl Alcohol
87	甲醇	Methanol	119	2,2,4-三甲基色氨酸-1,3-戊二醇	2,2,4-Trimethyl-1,3-Pentanediol
88	甲基乙基酮	Methyl Ethyl Ketone	120	醋酸乙烯酯	Vinyl Acetate

序号	化学品名称	英文名称	序号	化学品名称	英文名称
芳香族有机化学品					
1	烷基苯系物	Alkyl Benzenes	31	2,6-二硝基甲苯	2,6-Dinitrotoluene
2	烷基酚	Alkyl Phenols	32	二硝基甲苯（混合物）	Dinitrotoluene（Mixed）
3	烷基苯磺酸，盐类	Alkylbenzene Sulfonic Acids，Salts	33	邻苯二甲酸双十三烷酯	Ditridecyl Phthalate
4	α-甲苯基乙烯	Alpha-Methylstyrene	34	乙苯	Ethylbenzene
5	氨基苯甲酸	Aminobenzoic Acid	35	间氨酸	Metanilic Acid
6	苯	Benzene	36	亚甲基二苯基二异氰酸盐	Methylenediphenyldiisocyanate
7	苯二磺酸	Benzenedisulfonic Acid	37	萘	Naphthalene
8	苯甲酸	Benzoic Acid	38	石脑油，溶剂	Naphthas，Solvent
9	β-萘磺酸	Beta-Naphthalene Sulfonic Acid	39	硝基苯	Nitrobenzene
10	双（2-乙基己基）邻苯二甲酸酯	Bis（2-Ethylhexyl）Phthalate	40	硝基甲苯	Nitrotoluene
11	双酚 A	Bisphenol A	41	壬基酚	Nonylphenol
12	BTX-苯，甲苯，二甲苯（混合物）	BTX-Benzene，Toluene，Xylene（Mixed）	42	苯酚	Phenol
13	邻苯二甲酸丁基酯	Butyl Octyl Phthalate	43	邻苯二甲酸	Phthalic Acid
14	煤焦油	Coal Tar	44	邻苯二甲酸酐	Phthalic Anhydride
15	煤焦油产品(混合物)	Coal Tar Products（Misc.）	45	沥青焦油残渣	Pitch Tar Residues
16	杂芬油	Creosote	46	裂解汽油	Pyrolysis Gasolines
17	甲酚，混合物	Cresols，Mixed	47	苯乙烯	Styrene
18	间甲酚	*m*-Cresol	48	焦油沥青	Tars-Pitches
19	邻甲酚	*o*-Cresol	49	对苯二甲酸	Terephthalic Acid
20	对甲酚	*p*-Cresol	50	叔丁基苯酚	Tert-Butylphenol
21	异丙基苯	Cumene	51	四氢萘醇	Tert-Butylphenol
22	氰尿酸	Cyanuric Acid	52	1-四氢萘酮混合物	1-Tetralol，1-Tetralone Mix
23	环芳香族磺酸盐	Cyclic Aromatic Sulfonates	53	甲苯	Toluene
24	酞酸二丁酯	Dibutyl Phthalate	54	甲苯二异氰酸盐（混合物）	Toluene Diisocyanates（Mixture）
25	邻苯二甲酸二异丁酯	Diisobutyl Phthalate	55	偏苯三酸	Trimellitic Acid
26	酞酸二异癸酯	Diisodecyl Phthalate	56	二甲苯	Xylenes，Mixed
27	邻苯二甲酸二异辛酯	Diisooctyl Phthalate	57	间二甲苯	*m*-Xylene（impure）
28	邻苯二甲酸二甲酯	Dimethyl Phthalate	58	邻二甲苯	*o*-Xylene
29	对酞酸二甲酯	Dimethyl Terephthalate	59	对二甲苯	*p*-Xylene
30	2,4-二硝基甲苯	2,4-Dinitrotoluene			

序号	化学品名称	英文名称	序号	化学品名称	英文名称
卤代有机化学品					
1	烯丙基氯	Allyl Chloride	17	2,4-二氯苯酚	2,4-Dichlorophenol
2	苯甲基氯	Benzyl Chloride	18	二氯丙烷	Dichloropropane
3	四氯化碳	Carbon Tetrachloride	19	表氯醇	Epichlorohydrin
4	氯化石蜡，35-64 聚己内酰胺，氯	Chlorinated Paraffins，35-64 PCT，Chlorine	20	氯乙烷	Ethyl Chloride
5	氯苯	Chlorobenzene	21	氟碳化合物（氟利昂）	Fluorocarbons（Freons）
6	氯苯（混合物）	Chlorobenzenes（Mixed）	22	氯甲烷	Methyl Chloride
7	氯二氟乙烷	Chlorodifluoroethane	23	二氯甲烷	Methylene Chloride
8	氯仿	Chloroform	24	五氯苯酚	Pentachlorophenol
9	甲烷氯化物	Chloromethanes	25	1,4-苯二胺盐酸盐	1,4-Phenylenediamine Dihydrochloride
10	2-氯-5-甲酚（6-氯间甲酚）	2-Chloro-5-Methylphenol（6-chloro-m-cresol）	26	光气	Phosgene
11	氯酚	Chlorophenols	27	四氯乙烯	Tetrachloroethylene
12	氯丁二烯	Chloroprene	28	三氯乙烯	Trichloroethylene
13	氯化氰	Cyanogen Chloride	29	1,1,1-三氯乙烷	1,1,1-Trichloroethane
14	三聚氯氰	Cyanuric Chloride	30	三氯氟甲烷	Trichlorofluoromethane
15	1,1-二氯乙烷	1,1-Dichloroethane	31	氯乙烯	Vinyl Chloride
16	1,2-二氯乙烷	1,2-Dichloroethane	32	偏二氯乙烯	Vinylidene Chlorid
胺及氨基有机化学品					
1	烷基胺	Alkyl Amines	17	4-（N-羟基乙基乙胺基）-2-羟基-乙基苯胺	4-（N-Hydroxyethylethylamino）-2-Hydroxyethyl Analine
2	苯胺	Aniline	18	异丙胺	Isopropylamine
3	正-丁胺	*n*-Butylamine	19	三聚氰胺	Melamine
4	己内酰胺，浓水剂	Caprolactam，Aqueous Concentrate	20	三聚氰胺晶体	Melamine Crystal
5	2,4-二氨基甲苯	2,4-Diaminotoluene	21	甲胺	Methylamines
6	二乙醇胺	Diethanolamine	22	亚甲基双苯胺	Methylene Dianiline
7	*N,N*-二乙苯胺	*N,N*-Diethylaniline	23	4,4′-亚甲基（*N,N*′-二甲基）-双苯胺	4,4′-Methylenebis（*N,N*′-dimethyl）-aniline
8	2,6-二甲基苯胺	2,6-Dimethylaniline	24	4,4′-亚甲基双苯胺	4,4′-Methylenedianiline
9	*N,N*-二甲基甲酰胺	*N,N*-Dimethylformamide	25	硝基苯胺	Nitroanilines
10	二苯胺杀虫剂	Diphenylamine	26	邻苯二胺	*o*-Phenylenediamine
11	乙醇胺	Ethanolamines	27	聚合亚甲基双苯胺	Polymeric Methylene Dianiline
12	乙胺	Ethylamine	28	仲丁胺	Sec-Butylamine
13	乙二胺	Ethylenediamine	29	叔丁胺	Tert-Butylamine
14	乙二胺四乙酸	Ethylenediaminetetracetic Acid	30	甲苯胺	Toluidines
15	脂肪胺	Fatty Amines	31	间-甲苯胺	m-Toluidine
16	己二胺	Hexamethylene Diamine	32	甲苯二胺（混合物）	Toluenediamine（Mixture）

序号	化学品名称	英文名称	序号	化学品名称	英文名称
其他有机化学品					
1	己二氰	Adiponitrile	5	磷酸酯	Phosphate Esters
2	二硫化碳	Carbon Disulfide	6	四乙基铅	Tetraethyl Lead
3	脂肪氰类	Fatty Nitriles	7	四甲基铅	Tetramethyl Lead
4	有机锡化合物	Organo-Tin Compounds	8	尿烷预聚物	Urethane Prepolymers

附 录 B
（资料性附录）
产生含金属或氰化物废水的生产工艺及产品种类

产品	生产工艺	产品	生产工艺
铬			
松香酸甲酯	松香酸（树脂）和甲醇酯化	丙烯酸	丙烯经过丙烯醛氧化
正丁醇	将氧化合成的正丁醛加氢	环己酮	以环己醇为中间体,由苯酚经过加氢-脱氢
脂肪胺	脂肪腈加氢	洋茉莉醛	以铬为催化剂,异黄樟素氧化
异丁醇	将氧化合成的异丁醛加氢	环己硫醇	环己醇+硫化氢
乙硫醇	乙醇+硫化氢	甲醇	天然气经过合成气 H.P.合成
羰基醇（C7-C11）	C6-C10 烯烃羰基合成和加氢	聚氧丙烯二胺	聚丙烯二醇+氨
正丙基醇	将氧化合成的丙醛加氢	SAN 树脂	悬浮聚合
苯乙烯	乙苯脱氢	苯乙烯	甲基苯甲醇脱水
1-四氢萘酚、1-四氢萘酮混合物	萘满（1,2,3,4-四氢化萘）氧化	3,3,3-三氟丙烯	氟化氢催化取代氯丙烷
乙烯基甲苯	乙基甲苯脱氢		
铜			
松香酸甲酯	松香酸（树脂）和甲醇酯化	乙醛	以氯化铜为催化剂，乙烯催化氧化
乙酸	丁烷催化氧化	丙酮	异丙醇脱氢
丙烯酸胺	丙烯腈催化水合	丙烯酸	丙烯经过丙烯醛氧化
丙烯腈	丙烯氨氧化	乙二酸	环己醇-环己酮混合物氧化
乙二酸	环己烷经过环己醇-环己酮混合物氧化	丙烯腈	氯丙烯+氰化钠
苯胺	硝基苯加氢	苯并呋喃、2,3-二氢-2,2-二甲基-苯并呋喃	邻硝基酚+甲基烯丙基氯
正丁醇	将氧化合成的正丁醛加氢	1,4-丁二醇	1,4-丁炔二醇加氢
丁内酯	1,4-丁二醇脱氢	己内酰胺	环己烷经过环己酮及其肟
铃兰醛（羟基二氢香茅醛）	香茅醇水合氧化	1,2-二氯乙烷	乙烯氢氯化
二烷基二硫代氨基甲酸盐（金属盐）	二烷基胺+二硫化碳	二乙基己醇	正丁醛经过羟醛缩合和加氢
脂肪胺	脂肪腈加氢	香叶醇	β-香叶烯+氯化氢，香叶基氯进行酯化作用，乙酸香叶酯水解
糠醇	糠醛加氢	香叶醛（柠檬醛）	香叶醇氧化（铜作催化剂）
乙二醛	乙二醇氧化	异丁醇	将氧化合成的异丁醛加氢
异丙醇	丙酮催化加氢	2-巯基苯并噻唑铜盐	2-巯基苯并噻唑+铜盐
甲醇	天然气经过合成气高压合成	甲醇	天然气经过合成气低压合成
甲基乙基酮	仲丁醇脱氢	羰基醇（C7-C11）	C6-C10 烯烃羰基合成和加氢
苯酚	苯甲酸液相氧化	聚氧化烯烃胺	聚氧化烯二醇+氨
聚苯醚	氧化耦合生成的 2,6-二甲苯酚（一价铜作催化剂）液态聚合	聚氧丙烯二胺	聚丙烯二醇+氨

产品	生产工艺	产品	生产工艺
铜			
喹哪啶（染料中间体）	苯胺和丁烯醛 Skraup 反应	硅酮，硅酮液	氯代硅烷水解缩合
硅酮,硅酮橡胶	氯代硅烷水解缩合	硅酮：硅树脂	甲基、苯基或乙烯基氯代硅烷水解缩合
硅酮：硅酮液	氯代硅烷和直链或环有机硅氧烷水解	苯乙烯	α-甲基苄基醇（环氧丙烷副产物）脱水
四氯乙烯（全氯乙烯）	四氯乙烷氧氯化氢处理	三（苯胺基）三嗪	三聚氰氯+苯胺+同系物
三氯乙烯	四氯乙烷氧氯化氢处理	不饱和聚酯树脂	马来酸酐+邻苯二甲酸酐+丙二醇聚酯和苯乙烯或甲基丙烯酸甲酯
铅			
醇酸树脂	缩合聚合	醇酸树脂	邻苯二甲酸酐+丙三醇+植物油脂，缩合聚合
二烷基二硫代氨基甲酸盐（金属盐）	二烷基胺+二硫化碳	秋兰姆（二甲基二硫代氨基甲酸盐）六硫化物	二甲基二硫代氨基甲酸盐+硫
三苯甲烷染料（甲基紫）	福尔马林+*N*-甲基苯胺+*N,N*-二甲基苯胺缩合反应，氧化其反应产物	4,4'-二-（*N,N*-二甲基苯胺）甲醇、迈克尔加成的二聚水分子	4,4'-亚甲基-二-（*N,N*-二甲基苯胺）在氧化铅条件下氧化
环烷酸盐、硬脂酸、金属盐	与金属碱中和		
镍			
乙酸盐、7,11-十六双烯-1-醇	偶合反应，低压加氢，酯化反应	乙酸盐、9-十二烯-1-醇	偶合反应,低压加氢,酯化反应
丙烯酸	丙烯经过丙烯醛氧化	丙烯腈	丙烯氨氧化
正构烷烃	C6-C22 α-烯烃（乙烯低聚物）加氢反应	己二腈	丁二烯直接氰化
烷基胺	醇类胺化	对氨基乙酰苯胺	对硝基乙酰苯胺加氢
苯-甲苯-二甲苯	石蜡（环己烷）加氢	氢化三联苯	以镍为催化剂，三联苯加氢
氢化双酚-A（双环己醇-A）	双酚-A 加氢	1,3-丁二烯	蒸馏提取 C4 的热裂解产物
正丁醇	将氧化合成的正丁醛加氢	1,3-丁二烯乙二醇	丁间醇醛加氢
1,4-丁二醇	1,4-丁炔二醇加氢	4-氯-2-氨基苯酚	4-氯-2-硝基苯酚
丁烯（混合物）	蒸馏 C4 的热裂解物		
铃兰醛（羟基二氢香茅醛）	香茅醇水合氧化	环烷烃	芳香烃在煤油中催化加氢
环己醇	苯酚蒸馏,催化加氢	环己酮	以环己醇为中间体，由苯酚经过加氢-脱氢
二烷基二硫代氨基甲酸盐（金属盐）	二烷基胺+二硫化碳	乙胺	乙醇胺化还原
乙胺类（一乙基胺、二乙基胺、三乙基胺）	乙醇的氨合物（氨+氢）还原	异丁子香酚（反式）	正、反式异丁子香酚混合物分离
2-乙基己醇	正丁醛经过正丁醇醛缩合加氢	氢化脂肪酸	动物脂酸或椰油酸加氢
脂肪胺	脂肪腈加氢	脂肪胺	动物脂肪腈或植物脂肪腈加氢
脲醛织物树脂	*N*-二（羟甲基）脲+*N,N'*-二羟乙基脲缩合	11-十六碳醛	偶合反应，低压加氢

产品	生产工艺	产品	生产工艺
镍			
六氢苯酐	丁二烯或马来酸酐（Diels-Alder 反应）+氢,缩合反应	异丁醇	将氧化合成的异丁醛加氢
二异丁基胺	异丁醇氨解	异丙基胺（异丙基一胺,异丙基二胺）	异丙醇氨基化（氨+氢）还原
芳樟醇	2-蒎醇高温分解	甲醇	天然气经过合成气高压合成
甲醇	天然气经过合成气低压合成	甲醇	丁烷氧化
三（羟甲基）甲基胺	三（羟甲基）硝基甲烷加氢	*N*-甲基吗啉	吗啉+甲醇
N-乙基吗啉	吗啉+乙醇	2-甲基-7,8-环氧十八烷	偶合反应、低压加氢、环氧化作用
α-烯烃	乙烯低聚物&齐格勒—纳塔聚合	石油烃树脂氢化物	石油烃产品加氢
蒎烷	α-蒎烯加氢	2-蒎醇	氢过氧化蒎烷还原
2-（ρ-辛基酚）硫镍盐	ρ-辛基酚+氯化硫（S2Cl2），用镍碱中和	哌嗪	乙醇胺氨基化还原（氨+ 氢，金属催化剂）
N,N-二甲基哌嗪	哌嗪+福尔马林，加氢缩合	聚氧化烯烃胺	聚氧化烯二醇+氨
聚氧丙烯二胺	聚丙烯乙二醇+氨	2-氨基-2-甲基-1-丙醇	2-硝基-2-甲基-1-丙醇加氢
3-甲氧基丙基胺	丙烯酰胺氨基化还原（甲醇、氢）	正丙胺	正丙醇氨基化还原（氨、氢）
山梨醇	糖加氢	环丁砜	丁二烯+二氧化硫加氢缩合
乙硫胺酯	异丙基黄酸盐+乙胺	甲苯二胺（混合物）	二硝基苯催化氧化
甲基化脲醛树脂（纺织树脂）	脲醛树脂甲基化加和	甲基化乙二醛脲醛树脂	甲基化的脲醛树脂和乙二醛反应
锌			
枞酸甲酯（Diels-Alder 加成）	来自松香中的松香酯衍生物	丙烯酸树脂	乳状或溶液聚合反应制涂料
丙烯酸树脂（胶乳）	丙烯腈和聚丁二烯乳状聚合	丙烯纤维（85%聚丙烯腈）溶液聚合	湿纺法
醇酸树脂	邻苯二甲酸酐+丙三醇+植物油脂，聚合缩合	苯	通过乙苯脱氢制苯乙烯的副产物
苯	乙烯基甲苯（由乙基甲苯制得）的副产物	正丁醇	将氧化合成的正丁醛加氢
香豆素（苯并吡喃酮）	水杨醛,氧化合成法	环烷烃	芳香烃在煤油中催化加氢
二硫代氨基甲酸锌盐	氧化锌+二硫代氨基甲酸钠盐	二烷基二硫代氨基甲酸盐（金属盐）	二烷基胺+二硫化碳
二硫代氨基甲酸盐(金属盐）	二硫代氨基甲酸+金属氧化物	秋兰姆（二甲基二硫代氨基甲酸盐）六硫化物	二甲基二硫代氨基甲酸盐+硫
荧光增白剂	香豆碱类	乙酸乙酯	乙醛氧化还原（Tschenko）
乙苯	苯在液相中烷基化	乙基苄基氯	乙苯氯甲基化（氯化氢+甲醛，氯化锌）
2-乙基己醇	正丁醛经过正丁醇醛缩合加氢	脲醛织物树脂	*N*-二（羟甲基）脲+*N,N'*-二羟乙基脲缩合
异丁醇	将加氧合成的异丁醛加氢	异丙醇	丙酮催化加氢
甲亚烯丙基二乙酸	2-甲基丙烯醛和乙酸酐缩合	甲醇	天然气经过合成气低压合成
甲基氯	甲醇氢氯化反应	甲基乙基酮	仲丁醇脱氢
尼龙 6&66 共聚物	尼龙盐和己内酰胺缩聚作用	尼龙 6 纤维	挤制加工（熔融纺丝）
羰基醇（C12-C15）	烯烃（C11-C14）加氢甲酰基化	酚醛尿烷树脂	苯酚+过量的甲醛+二甲基苯胺二异氰酸盐

产品	生产工艺	产品	生产工艺
锌			
改性聚苯乙烯（晶体）	聚苯乙烯磺化、氯甲基化或氨基化	人造丝纤维	纤维胶加工
SAN 树脂	乳液聚合	硅酮：硅酮橡胶	氯硅烷水解缩合
硅酮：硅树脂	甲基、苯基或乙烯基氯代硅烷水解缩合	硅酮：硅酮液	氯代硅烷和直链或环有机硅氧烷水解
硬脂酸金属盐	金属碱中和	苯乙烯	乙苯脱氢
苯乙烯丁二烯树脂	乳液聚合	乙烯乙酸酯	乙炔和乙酸还原反应
乙烯基甲苯	乙基甲苯加热脱氢	二甲苯（混合物）	由乙基甲苯制得的乙烯基甲苯副产物
氰化物			
丙酮氰醇	丙酮+氢氰酸	乙腈	丙烯通过氨氧化制丙烯腈的副产物
丙烯酸树脂	溶液聚合	丙烯酸纤维（85%丙烯腈）	悬浮聚合，湿法纺丝
丙烯酸纤维（85%丙烯腈	溶液聚合,湿法纺丝	丙烯腈	丙烯氨氧化反应
乙二腈	丁二烯+氢氰酸,直接氰化	丙烯腈	烯丙基氯+氰化钠
二甲氧基苯甲醛	对苯二酚二甲醚+氢氰酸,水解	苄基腈	苄基氯+氰化钠
煤焦油产品	蒸馏煤焦油的凝析物	氰乙酸	氯乙酸+氰化钠
氰尿酰氯	催化三聚氰氯	乙二胺四乙酸	乙二胺+甲醛+氰化钠
二乙三胺五乙酸	二亚乙基三胺+甲醛+氰化钠	*N,N'*-二（*O*-乙酰氨基苯酚）乙二胺铁络合物	水杨醛+乙二胺+氢氰酸，水解生成酰胺
二乙三胺五乙酸钠盐	二乙三胺五乙酸+苛性钠	乙二胺四乙酸金属盐	乙二胺四乙酸+金属碱
羟乙基乙二胺三乙酸三钠盐	乙二胺+环氧乙烷+甲醛+氰化钠，水解反应	5,5-二甲基乙内酰脲	丙酮+氨+二氧化碳+氢氰酸
氢氰酸	丙烯氨氧化制丙烯腈的副产物	亚氨基二乙酸	六亚甲基四胺+氢氰酸，亚氨基乙腈水解
甲硫氨酸	丙烯醛+甲基硫醇，以氢氰酸和碳酸铵为介质	氨三乙酸	六亚甲基四胺+氢氰酸，次氨基三乙腈盐水解
甲基吡啶（混合物）	乙醛、甲醛和氨缩合	有机颜料（偶氮）	苯胺同系物重氮化作用，与β-石脑油偶联
嘧啶（2-异丁基-4 甲氧基）	异丁腈+甲醇,氨和甲基乙酰乙酸（环）	吡啶（合成）	乙醛+氨+甲醛缩合
氰基吡啶	吡啶氨氧化反应	肌氨酸（*N*-甲基氨基乙酸）钠盐	六亚甲基四胺+氰化钠，水解
噻吩乙酸	氰化钠氯甲基化作用(氯化氢+甲醛)，水解	三（苯氨基）S-三嗪	三聚氰氯+苯胺及其同系物
原甲酸三乙酯	乙醇+氢氰酸	原甲酸三甲酯	甲醇+氢氰酸

中华人民共和国国家标准

GB 31572—2015（含2024年修改单）

合成树脂工业污染物排放标准

Emission standard of pollutants for synthetic resin industry

2015-04-16发布　　2015-07-01实施

环境保护部
国家质量监督检验检疫总局　发布

前　言

为贯彻《中华人民共和国环境保护法》《中华人民共和国水污染防治法》《中华人民共和国大气污染防治法》等法律、法规，保护环境，防治污染，促进合成树脂工业的技术进步和可持续发展，制定本标准。

本标准规定了合成树脂（聚氯乙烯树脂除外）工业企业及其生产设施的水污染物和大气污染物排放限值、监测和监督管理要求。

合成树脂工业企业排放恶臭污染物、环境噪声适用相应的国家污染物排放标准，产生固体废物的鉴别、处理和处置适用相应的国家固体废物污染控制标准。配套的锅炉和导热油炉执行《锅炉大气污染物排放标准》。

本标准中的污染物排放浓度均为质量浓度。

本标准为首次发布。

新建企业自2015年7月1日起，现有企业自2017年7月1日起，其水污染物和大气污染物排放控制按本标准的规定执行，不再执行《污水综合排放标准》（GB 8978—1996）和《大气污染物综合排放标准》（GB 16297—1996）中的相关规定。各地也可根据当地环境保护的需要和经济与技术条件，由省级人民政府批准提前实施本标准。

本标准是合成树脂工业水污染物和大气污染物排放控制的基本要求。地方省级人民政府对本标准未作规定的项目，可以制定地方污染物排放标准；对本标准已作规定的项目，可以制定严于本标准的地方污染物排放标准。环境影响评价文件或排污许可证要求严于本标准或地方标准时，按照批复的环境影响评价文件或排污许可证执行。

本标准由环境保护部科技标准司组织制订。

本标准起草单位：中国石油和化工勘察设计协会环境保护设计专业委员会、中国天辰工程有限公司、中蓝连海设计研究院。

本标准环境保护部2015年4月3日批准。

本标准自2015年7月1日起实施（2024年修改单内容自2024年7月1日起，按照2024年　第17号　生态环境部公告的规定实施）。

本标准由环境保护部解释。

合成树脂工业污染物排放标准

1　适用范围

本标准规定了合成树脂工业企业及其生产设施的水污染物和大气污染物排放限值、监测和监督管理要求。塑料制品工业企业及其生产设施参照执行。

本标准适用于现有合成树脂工业企业或生产设施的水污染物和大气污染物排放管理，以及合成树脂工业建设项目的环境影响评价、环境保护设施设计、竣工环境保护验收及其投产后的水污染物和大气污染物排放管理。

合成树脂企业内的单体生产装置执行《石油化学工业污染物排放标准》，聚氯乙烯树脂（PVC）生产装置执行《烧碱及聚氯乙烯工业污染物排放标准》。

本标准适用于法律允许的污染物排放行为。新设立污染源的选址和特殊保护区域内现有污染源的管理，按照《中华人民共和国水污染防治法》《中华人民共和国大气污染防治法》《中华人民共和国海洋环境保护法》《中华人民共和国固体废物污染环境防治法》《中华人民共和国环境影响评价法》等法律、法规和规章的相关规定执行。

2　规范性引用文件

本标准引用了下列文件或其中的条款。凡是未注明日期的引用文件，其最新版本适用于本标准。

GB/T 6920　水质　pH 值的测定　玻璃电极法
GB/T 7466　水质　总铬的测定
GB/T 7467　水质　六价铬的测定　二苯碳酰二肼分光光度法
GB/T 7469　水质　总汞的测定　高锰酸钾-过硫酸钾消解法　双硫腙分光光度法
GB/T 7470　水质　铅的测定　双硫腙分光光度法
GB/T 7471　水质　镉的测定　双硫腙分光光度法
GB/T 7475　水质　铜、锌、铅、镉的测定　原子吸收分光光度法
GB/T 7484　水质　氟化物的测定　离子选择电极法
GB/T 7485　水质　总砷的测定　二乙基二硫代氨基甲酸银分光光度法
GB/T 8017　石油产品蒸气压的测定　雷德法
GB/T 11890　水质　苯系物的测定　气相色谱法
GB/T 11893　水质　总磷的测定　钼酸铵分光光度法
GB/T 11901　水质　悬浮物的测定　重量法
GB/T 11910　水质　镍的测定　丁二酮肟分光光度法
GB/T 11912　水质　镍的测定　火焰原子吸收分光光度法
GB/T 11914　水质　化学需氧量的测定　重铬酸盐法
GB/T 14204　水质　烷基汞的测定　气相色谱法
GB/T 14678　空气质量　硫化氢、甲硫醇、甲硫醚和二甲二硫的测定　气相色谱法
GB/T 15432　环境空气　总悬浮颗粒物的测定　重量法
GB/T 15516　空气质量　甲醛的测定　乙酰丙酮分光光度法

GB/T 15959　水质　可吸附有机卤素（AOX）的测定　微库仑法
GB/T 16157　固定污染源排气中颗粒物测定与气态污染物采样方法
HJ/T 27　固定污染源排气中氯化氢的测定　硫氰酸汞分光光度法
HJ/T 31　固定污染源排气中光气的测定　苯胺紫外分光光度法
HJ/T 32　固定污染源排气中酚类化合物的测定　4-氨基安替比林分光光度法
HJ/T 35　固定污染源排气中乙醛的测定　气相色谱法
HJ/T 37　固定污染源排气中丙烯腈的测定　气相色谱法
HJ/T 38　固定污染源排气中非甲烷总烃的测定　气相色谱法
HJ/T 39　固定污染源排气中氯苯类的测定　气相色谱法
HJ/T 42　固定污染源排气中氮氧化物的测定　紫外分光光度法
HJ/T 43　固定污染源排气中氮氧化物的测定　盐酸萘乙二胺分光光度法
HJ/T 55　大气污染物无组织排放监测技术导则
HJ/T 56　固定污染源排气中二氧化硫的测定　碘量法
HJ/T 57　固定污染源排气中二氧化硫的测定　定电位电解法
HJ/T 66　大气固定污染源　氯苯类化合物的测定　气相色谱法
HJ/T 67　大气固定污染源　氟化物的测定　离子选择电极法
HJ/T 70　高氯废水　化学需氧量的测定　氯气校正法
HJ/T 73　水质　丙烯腈的测定　气相色谱法
HJ/T 74　水质　氯苯的测定　气相色谱法
HJ/T 75　固定污染源烟气排放连续监测技术规范（试行）
HJ/T 76　固定污染源烟气排放连续监测系统技术要求及检测方法（试行）
HJ 77.2　环境空气和废气　二噁英类的测定　同位素稀释高分辨气相色谱-高分辨质谱法
HJ/T 83　水质　可吸附有机卤素（AOX）的测定　离子色谱法
HJ/T 91　地表水和污水监测技术规范
HJ/T 132　高氯废水　化学需氧量的测定　碘化钾碱性高锰酸钾法
HJ/T 195　水质　氨氮的测定　气相分子吸收光谱法
HJ/T 373　固定污染源监测质量保证与质量控制技术规范（试行）
HJ/T 397　固定源废气监测技术规范
HJ/T 399　水质　化学需氧量的测定　快速消解分光光度法
HJ 484　水质　氰化物的测定　容量法和分光光度法
HJ 487　水质　氟化物的测定　茜素磺酸锆目视比色法
HJ 488　水质　氟化物的测定　氟试剂分光光度法
HJ 493　水质　样品的保存和管理技术规定
HJ 494　水质　采样技术指导
HJ 495　水质　采样方案设计技术规定
HJ 501　水质　总有机碳的测定　燃烧氧化-非分散红外吸收法
HJ 505　水质　五日生化需氧量（BOD_5）的测定　稀释与接种法
HJ 533　环境空气和废气　氨的测定　纳氏试剂分光光度法
HJ 535　水质　氨氮的测定　纳氏试剂分光光度法
HJ 536　水质　氨氮的测定　水杨酸分光光度法
HJ 537　水质　氨氮的测定　蒸馏-中和滴定法
HJ 548　固定污染源废气　氯化氢的测定　硝酸银容量法（暂行）
HJ 549　环境空气和废气　氯化氢的测定　离子色谱法（暂行）

HJ 583　环境空气　苯系物的测定　固体吸附/热脱附-气相色谱法
HJ 584　环境空气　苯系物的测定　活性炭吸附/二硫化碳解吸-气相色谱法
HJ 597　水质　总汞的测定　冷原子吸收分光光度法
HJ 601　水质　甲醛的测定　乙酰丙酮分光光度法
HJ 620　水质　挥发性卤代烃的测定　顶空气相色谱法
HJ 621　水质　氯苯类化合物的测定　气相色谱法
HJ 629　固定污染源废气　二氧化硫的测定　非分散红外吸收法
HJ 636　水质　总氮的测定　碱性过硫酸钾消解紫外分光光度法
HJ 639　水质　挥发性有机物的测定　吹扫捕集/气相色谱-质谱法
HJ 644　环境空气　挥发性有机物的测定　吸附管采样-热脱附/气相色谱-质谱法
HJ 665　水质　氨氮的测定　连续流动-水杨酸分光光度法
HJ 666　水质　氨氮的测定　流动注射-水杨酸分光光度法
HJ 667　水质　总氮的测定　连续流动-盐酸萘乙二胺分光光度法
HJ 668　水质　总氮的测定　流动注射-盐酸萘乙二胺分光光度法
HJ 670　水质　磷酸盐和总磷的测定　连续流动-钼酸铵分光光度法
HJ 671　水质　总磷的测定　流动注射-钼酸铵分光光度法
HJ 675　固定污染源排气　氮氧化物的测定　酸碱滴定法
HJ 676　水质　酚类化合物的测定　液液萃取/气相色谱法
HJ 686　水质　挥发性有机物的测定　吹扫捕集/气相色谱法
HJ 688　固定污染源废气　氟化氢的测定　离子色谱法（暂行）
HJ 692　固定污染源废气　氮氧化物的测定　非分散红外吸收法
HJ 693　固定污染源废气　氮氧化物的测定　定电位电解法
HJ 694　水质　汞、砷、硒、铋和锑的测定　原子荧光法
HJ 700　水质　65 种元素的测定　电感耦合等离子体质谱法
HJ 732　固定污染源废气　挥发性有机物的采样　气袋法
HJ 733　泄漏和敞开液面排放的挥发性有机物检测技术导则
HJ 734　固定污染源废气　挥发性有机物的测定　固相吸附-热脱附/气相色谱-质谱法
《污染源自动监控管理办法》（国家环境保护总局令　第 28 号）
《环境监测管理办法》（国家环境保护总局令　第 39 号）

3　术语和定义

下列术语和定义适用于本标准。

3.1

合成树脂　synthetic resin

人工合成的一类高分子聚合物，依据其受热后的行为分为热塑性和热固性两大类合成树脂。其中：热塑性合成树脂为黏稠液体或加热可软化的固体，受热时熔融或软化，在外力作用下呈塑性流动状态；热固性合成树脂为加热、加压下或者在固化剂、紫外光作用下发生化学反应，最终交联固化为不溶、不熔的合成树脂，受热时不熔融或软化。

常见合成树脂种类参见附录 A。

3.2

合成树脂工业　synthetic resin industry

以低分子化合物—单体为主要原料，采用聚合反应结合成大分子的方式生产合成树脂的工业，或者

以基础合成树脂和废合成树脂为原料，采用改性或再生方法生产新的合成树脂的工业。

3.3

排水量　effluent volume

企业或生产设施向环境排放的废水量，包括与生产有直接或间接关系的各种外排废水（不包括热电站排水、直流冷却海水）。

3.4

单位产品基准排水量　benchmark effluent volume per unit product

用于核定水污染物排放质量浓度而规定的生产单位合成树脂产品的废水排放量的上限值（m^3/t 产品）。

3.5

公共污水处理系统　public wastewater treatment system

通过纳污管道等方式收集废水，为两家以上排污单位提供废水处理服务并且排水能够达到相关排放标准要求的企业或机构，包括各种规模和类型的城镇污水处理厂、园区（包括各类工业园区、开发区、工业聚集地等）污水处理厂等，其废水处理程度应达到二级或二级以上。

3.6

直接排放　direct discharge

排污单位直接向环境水体排放水污染物的行为。

3.7

间接排放　indirect discharge

排污单位向公共污水处理系统排放水污染物的行为。

3.8

挥发性有机物　volatile organic compounds

参与大气光化学反应的有机化合物，或者根据规定的方法测量或核算确定的有机化合物。

3.9

非甲烷总烃　non-methane hydrocarbon

采用规定的监测方法，检测器有明显响应的除甲烷外的碳氢化合物的总称（以碳计）。本标准使用“非甲烷总烃（NMHC）”作为排气筒和厂界挥发性有机物排放的综合控制指标。

3.10

挥发性有机液体　volatile organic liquid

任何能向大气释放挥发性有机物的符合以下任一条件的有机液体：（1）20℃时，挥发性有机液体的真实蒸气压大于 0.3 kPa；（2）20℃时，混合物中，真实蒸气压大于 0.3 kPa 的纯有机化合物的总浓度等于或者高于 20%（质量分数）。

3.11

真实蒸气压　true vapor pressure

有机液体气化率为零时的蒸气压，又称泡点蒸气压，根据 GB/T 8017 测定的雷德蒸气压换算得到。

3.12

泄漏检测值　leakage detection value

采用规定的监测方法，检测仪器探测到的设备（泵、压缩机等）或管线组件（阀门、法兰等）泄漏点的挥发性有机物浓度扣除环境本底值后的净值（以碳计）。

3.13

单位产品大气污染物排放量　air pollutant emissions per unit product

生产单位合成树脂产品的大气污染物排放量的上限值（kg/t 产品）。

3.14

排气筒高度 stack height

自排气筒（或其主体建筑构造）所在的地平面至排气筒出口计的高度。

3.15

标准状态 standard condition

温度为 273.15 K，压力为 101 325 Pa 时的状态。本标准规定的大气污染物排放浓度限值均以标准状态下的干气体为基准。

3.16

现有企业 existing facility

本标准实施之日前已建成投产或环境影响评价文件已通过审批的合成树脂工业企业或生产设施。

3.17

新建企业 new facility

自本标准实施之日起环境影响评价文件通过审批的新建、改建和扩建合成树脂工业建设项目。

3.18

企业边界 enterprise boundary

合成树脂工业企业的法定边界。若无法定边界，则指企业或生产设施的实际占地边界。

3.19

塑料制品工业 plastic products industry

以合成树脂为原料，通过挤出、注射、吹塑、压制、压延、发泡等工艺加工成型各种制品的工业，以及利用废弃的塑料加工再生产塑料制品的工业。

4 水污染物排放控制要求

4.1 现有企业 2017 年 7 月 1 日前仍执行现行标准，自 2017 年 7 月 1 日起执行表 1 规定的水污染物排放限值。

4.2 自 2015 年 7 月 1 日起，新建企业执行表 1 规定的水污染物排放限值。

表 1 水污染物排放限值

单位：mg/L（pH 值除外）

序号	污染物项目	限值		适用的合成树脂类型	污染物排放监控位置
		直接排放	间接排放[a]		
1	pH 值	6.0～9.0	—	所有合成树脂	企业废水总排放口
2	悬浮物	30	—		
3	化学需氧量	60	—		
4	五日生化需氧量	20	—		
5	氨氮	8.0	—		
6	总氮	40	—		
7	总磷	1.0	—		
8	总有机碳	20	—		
9	可吸附有机卤化物	1.0	5.0		
10	苯乙烯	0.3	0.6	聚苯乙烯树脂 ABS 树脂 不饱和聚酯树脂	

序号	污染物项目	限值		适用的合成树脂类型	污染物排放监控位置
		直接排放	间接排放[a]		
11	丙烯腈	2.0	2.0	ABS 树脂	企业废水总排放口
12	环氧氯丙烷	0.02	0.02	环氧树脂 氨基树脂	
13	苯酚	0.5	0.5	酚醛树脂	
14	双酚 A[b]	0.1	0.1	环氧树脂 聚碳酸酯树脂 聚砜树脂	
15	甲醛	1.0	5.0	酚醛树脂 氨基树脂 聚甲醛树脂	
16	乙醛[b]	0.5	1.0	热塑性聚酯树脂	
17	氟化物	10	20	氟树脂	
18	总氰化物	0.5	0.5	丙烯酸树脂	
19	丙烯酸[b]	5	5	丙烯酸树脂	
20	苯	0.1	0.2	聚甲醛树脂	
21	甲苯	0.1	0.2	聚苯乙烯树脂 ABS 树脂 环氧树脂 有机硅树脂 聚砜树脂	
22	乙苯	0.4	0.6	聚苯乙烯树脂 ABS 树脂	
23	氯苯	0.2	0.4	聚碳酸酯树脂	
24	1,4-二氯苯	0.4	0.4	聚苯硫醚树脂	
25	二氯甲烷	0.2	0.2	聚碳酸酯树脂	
26	总铅	1.0		所有合成树脂	车间或生产设施废水排放口
27	总镉	0.1			
28	总砷	0.5			
29	总镍	1.0			
30	总汞	0.05			
31	烷基汞	不得检出			
32	总铬	1.5			
33	六价铬	0.5			

a. 废水进入城镇污水处理厂或经由城镇污水管线排放，应达到直接排放限值；废水进入园区（包括各类工业园区、开发区、工业聚集地等）污水处理厂执行间接排放限值，未规定限值的污染物项目由企业与园区污水处理厂根据其污水处理能力商定相关标准，并报当地环境保护主管部门备案。

b. 待国家污染物监测方法标准发布后实施。

4.3 根据环境保护工作的要求，在国土开发密度已经较高、环境承载能力开始减弱，或水环境容量较小、生态环境脆弱，容易发生严重水环境污染问题而需要采取特别保护措施的地区，应严格控制企业的污染排放行为，在上述地区的企业执行表 2 规定的水污染物特别排放限值。

执行水污染物特别排放限值的地域范围、时间，由国务院环境保护主管部门或省级人民政府规定。

4.4 新建企业自 2015 年 7 月 1 日起，现有企业自 2017 年 7 月 1 日起，执行表 3 规定的单位产品基准排水量。

表 2 水污染物特别排放限值

单位：mg/L（pH 值除外）

<table>
<tr><th rowspan="2">序号</th><th rowspan="2">污染物项目</th><th colspan="2">限值</th><th rowspan="2">适用的合成树脂类型</th><th rowspan="2">污染物排放监控位置</th></tr>
<tr><th>直接排放</th><th>间接排放[a]</th></tr>
<tr><td>1</td><td>pH 值</td><td>6.0～9.0</td><td>—</td><td rowspan="9">所有合成树脂</td><td rowspan="25">企业废水总排放口</td></tr>
<tr><td>2</td><td>悬浮物</td><td>20</td><td>—</td></tr>
<tr><td>3</td><td>化学需氧量</td><td>50</td><td>—</td></tr>
<tr><td>4</td><td>五日生化需氧量</td><td>10</td><td>—</td></tr>
<tr><td>5</td><td>氨氮</td><td>5.0</td><td>—</td></tr>
<tr><td>6</td><td>总氮</td><td>15</td><td>—</td></tr>
<tr><td>7</td><td>总磷</td><td>0.5</td><td>—</td></tr>
<tr><td>8</td><td>总有机碳</td><td>15</td><td>—</td></tr>
<tr><td>9</td><td>可吸附有机卤化物</td><td>1.0</td><td>5.0</td></tr>
<tr><td>10</td><td>苯乙烯</td><td>0.1</td><td>0.2</td><td>聚苯乙烯树脂
ABS 树脂
不饱和聚酯树脂</td></tr>
<tr><td>11</td><td>丙烯腈</td><td>2.0</td><td>2.0</td><td>ABS 树脂</td></tr>
<tr><td>12</td><td>环氧氯丙烷</td><td>0.02</td><td>0.02</td><td>环氧树脂
氨基树脂</td></tr>
<tr><td>13</td><td>苯酚</td><td>0.3</td><td>0.5</td><td>酚醛树脂</td></tr>
<tr><td>14</td><td>双酚 A[b]</td><td>0.1</td><td>0.1</td><td>环氧树脂
聚碳酸酯树脂
聚砜树脂</td></tr>
<tr><td>15</td><td>甲醛</td><td>1.0</td><td>2.0</td><td>酚醛树脂
氨基树脂
聚甲醛树脂</td></tr>
<tr><td>16</td><td>乙醛[b]</td><td>0.5</td><td>0.5</td><td>热塑性聚酯树脂</td></tr>
<tr><td>17</td><td>氟化物</td><td>8.0</td><td>15</td><td>氟树脂</td></tr>
<tr><td>18</td><td>总氰化物</td><td>0.3</td><td>0.5</td><td>丙烯酸树脂</td></tr>
<tr><td>19</td><td>丙烯酸[b]</td><td>5</td><td>5</td><td>丙烯酸树脂</td></tr>
<tr><td>20</td><td>苯</td><td>0.1</td><td>0.1</td><td>聚甲醛树脂</td></tr>
<tr><td>21</td><td>甲苯</td><td>0.1</td><td>0.1</td><td>聚苯乙烯树脂
ABS 树脂
环氧树脂
有机硅树脂
聚砜树脂</td></tr>
<tr><td>22</td><td>乙苯</td><td>0.2</td><td>0.4</td><td>聚苯乙烯树脂
ABS 树脂</td></tr>
<tr><td>23</td><td>氯苯</td><td>0.2</td><td>0.2</td><td>聚碳酸酯树脂</td></tr>
<tr><td>24</td><td>1,4-二氯苯</td><td>0.4</td><td>0.4</td><td>聚苯硫醚树脂</td></tr>
<tr><td>25</td><td>二氯甲烷</td><td>0.2</td><td>0.2</td><td>聚碳酸酯树脂</td></tr>
<tr><td>26</td><td>总铅</td><td colspan="2">1.0</td><td rowspan="4">所有合成树脂</td><td rowspan="4">车间或生产设施
废水排放口</td></tr>
<tr><td>27</td><td>总镉</td><td colspan="2">0.1</td></tr>
<tr><td>28</td><td>总砷</td><td colspan="2">0.5</td></tr>
<tr><td>29</td><td>总镍</td><td colspan="2">1.0</td></tr>
</table>

序号	污染物项目	限值		适用的合成树脂类型	污染物排放监控位置
		直接排放	间接排放 [a]		
30	总汞	0.05		所有合成树脂	车间或生产设施废水排放口
31	烷基汞	不得检出			
32	总铬	1.5			
33	六价铬	0.5			

a. 废水进入城镇污水处理厂或经由城镇污水管线排放，应达到直接排放限值；废水进入园区（包括各类工业园区、开发区、工业聚集地等）污水处理厂执行间接排放限值，未规定限值的污染物项目由企业与园区污水处理厂根据其污水处理能力商定相关标准，并报当地环境保护主管部门备案。
b. 待国家污染物监测方法标准发布后实施。

表 3　合成树脂单位产品基准排水量

序号	合成树脂类型	单位产品基准排水量/（m^3/t）	监控位置
1	悬浮法聚苯乙烯树脂	3.5	排水量计量位置与污染物排放监控位置相同
2	ABS 树脂	4.5（7.0）	
3	环氧树脂	4.0（6.0）	
4	酚醛树脂	3.0	
5	不饱和聚酯树脂	3.5	
6	氨基树脂	3.5	
7	氟树脂	4.0（6.0）	
8	有机硅树脂	2.5	
9	聚酰胺树脂	4.0	
10	光气法聚碳酸酯树脂	7.0（8.0）	
11	丙烯酸树脂	3.0	
12	醇酸树脂	3.5	
13	热塑性聚酯树脂	3.5	
14	聚甲醛树脂	6.0	
15	聚苯硫醚树脂	3.5	
16	聚砜树脂	3.0	
17	聚对苯二甲酸丁二醇酯树脂	3.5	

注：ABS 树脂、环氧树脂、氟树脂、光气法聚碳酸酯树脂间接排放的单位产品基准排水量执行表中括号内的限值。

4.5 塑料制品工业企业或生产设施的水污染物排放限值根据其涉及的合成树脂种类，分别执行表 1、表 2 和表 3 的标准限值。

4.6 水污染物排放浓度限值适用于单位产品实际排水量不高于单位产品基准排水量的情况。若单位产品实际排水量超过规定的基准排水量，须按式（1）将实测水污染物浓度换算为基准水量排放浓度，并与排放限值比较判定排放是否达标。产品产量和排水量统计周期为一个产品生产周期。若未规定单位产品基准排水量，则以实测浓度判定排放是否达标。

若企业同时生产单体或数种产品，适用不同排放控制要求或不同行业国家污染物排放标准，在废水混合处理排放的情况下，应执行排放标准中规定的最严格的浓度限值，并按式（1）换算水污染物基准水量排放浓度。

$$\rho_{基} = \frac{Q_{总}}{\sum Y \cdot Q_{基}} \times \rho_{实} \tag{1}$$

式中：$\rho_{基}$——水污染物基准水量排放浓度，mg/L；

$Q_{总}$——排水总量，m^3；

Y——产品产量，t；

$Q_{基}$——单位产品基准排水量，m^3/t；

$\rho_{实}$——实测水污染物排放浓度，mg/L。

若$Q_{总}$与$\sum Y \cdot Q_{基}$的比值小于 1，则以水污染物实测浓度作为判定排放是否达标的依据。

5　大气污染物排放控制要求

5.1　有组织排放控制要求

5.1.1　现有企业 2017 年 7 月 1 日前仍执行现行标准，自 2017 年 7 月 1 日起执行表 4 规定的大气污染物排放限值。

5.1.2　自 2015 年 7 月 1 日起，新建企业执行表 4 规定的大气污染物排放限值。

表 4　大气污染物排放限值

单位：mg/m^3

序号	污染物项目	排放限值	适用的合成树脂类型	污染物排放监控位置
1	非甲烷总烃	100	所有合成树脂	车间或生产设施排气筒
2	颗粒物	30		
3	苯乙烯	50	聚苯乙烯树脂 ABS 树脂 不饱和聚酯树脂	
4	丙烯腈	0.5	ABS 树脂	
5	1,3-丁二烯[a]	1	ABS 树脂	
6	环氧氯丙烷[a]	20	环氧树脂 氨基树脂	
7	酚类	20	酚醛树脂 环氧树脂 聚碳酸酯树脂 聚醚醚酮树脂	
8	甲醛	5	酚醛树脂 氨基树脂 聚甲醛树脂	
9	乙醛	50	热塑性聚酯树脂	
10	甲苯二异氰酸酯[a]（TDI）	1	聚氨酯树脂	
11	二苯基甲烷二异氰酸酯[a]（MDI）	1	聚氨酯树脂	
12	异佛尔酮二异氰酸酯[a]（IPDI）	1	聚氨酯树脂	
13	多亚甲基多苯基异氰酸酯[a]（PAPI）	1	聚氨酯树脂	
14	氨	30	氨基树脂 聚酰胺树脂 聚酰亚胺树脂	
15	氟化氢	5	氟树脂	
16	氯化氢	30	有机硅树脂	
17	光气	0.5	光气法聚碳酸酯树脂	

序号	污染物项目	排放限值	适用的合成树脂类型	污染物排放监控位置
18	二氧化硫	100	聚砜树脂 聚醚砜树脂 聚醚醚酮树脂	车间或生产设施排气筒
19	硫化氢	5	聚苯硫醚树脂	
20	丙烯酸[a]	20	丙烯酸树脂	
21	丙烯酸甲酯[a]	50	丙烯酸树脂	
22	丙烯酸丁酯[a]	50	丙烯酸树脂	
23	甲基丙烯酸甲酯[a]	100	丙烯酸树脂	
24	苯	4	聚甲醛树脂	
25	甲苯	15	聚苯乙烯树脂 ABS 树脂 环氧树脂 有机硅树脂 聚砜树脂	
26	乙苯	100	聚苯乙烯树脂 ABS 树脂	
27	氯苯类	50	聚碳酸酯树脂 聚苯硫醚树脂	
28	二氯甲烷[a]	100	聚碳酸酯树脂	
29	四氢呋喃[a]	100	聚对苯二甲酸丁二醇酯树脂	
30	邻苯二甲酸酐[a]	10	醇酸树脂	
单位产品非甲烷总烃排放量/（kg/t）[c,d]		0.5	所有合成树脂 （有机硅树脂除外）[b]	

a. 待国家污染物监测方法标准发布后实施。
b. 有机硅树脂采用单位产品氯化氢排放量（0.2 kg/t 产品）。
c. 处理设施的非甲烷总烃去除效率达到 95%时，等同于满足单位产品非甲烷总烃排放量的要求。
d. 利用锅炉、工业炉窑、固废焚烧炉处理有机废气的，若有机废气引入火焰区进行处理，则等同于满足去除效率要求。

5.1.3 根据环境保护工作的要求，在国土开发密度已经较高、环境承载能力开始减弱，或大气环境容量较小、生态环境脆弱，容易发生严重大气环境污染问题而需要采取特别保护措施的地区，应严格控制企业的污染排放行为，在上述地区的企业执行表 5 规定的大气污染物特别排放限值。

执行大气污染物特别排放限值的地域范围、时间，由国务院环境保护主管部门或省级人民政府规定。

表 5 大气污染物特别排放限值

单位：mg/m^3

序号	污染物项目	排放限值	适用的合成树脂类型	污染物排放监控位置
1	非甲烷总烃	60	所有合成树脂	车间或生产设施排气筒
2	颗粒物	20		
3	苯乙烯	20	聚苯乙烯树脂 ABS 树脂 不饱和聚酯树脂	
4	丙烯腈	0.5	ABS 树脂	
5	1,3-丁二烯[a]	1	ABS 树脂	
6	环氧氯丙烷[a]	15	环氧树脂 氨基树脂	

序号	污染物项目	排放限值	适用的合成树脂类型	污染物排放监控位置
7	酚类	15	酚醛树脂 环氧树脂 聚碳酸酯树脂 聚醚醚酮树脂	
8	甲醛	5	酚醛树脂 氨基树脂 聚甲醛树脂	
9	乙醛	20	热塑性聚酯树脂	
10	甲苯二异氰酸酯[a]（TDI）	1	聚氨酯树脂	
11	二苯基甲烷二异氰酸酯[a]（MDI）	1	聚氨酯树脂	
12	异佛尔酮二异氰酸酯[a]（IPDI）	1	聚氨酯树脂	
13	多亚甲基多苯基异氰酸酯[a]（PAPI）	1	聚氨酯树脂	
14	氨	20	氨基树脂 聚酰胺树脂 聚酰亚胺树脂	
15	氟化氢	5	氟树脂	
16	氯化氢	20	有机硅树脂	
17	光气	0.5	光气法聚碳酸酯树脂	
18	二氧化硫	50	聚砜树脂 聚醚砜树脂 聚醚醚酮树脂	车间或生产设施排气筒
19	硫化氢	5	聚苯硫醚树脂	
20	丙烯酸[a]	10	丙烯酸树脂	
21	丙烯酸甲酯[a]	20	丙烯酸树脂	
22	丙烯酸丁酯[a]	20	丙烯酸树脂	
23	甲基丙烯酸甲酯[a]	50	丙烯酸树脂	
24	苯	2	聚甲醛树脂	
25	甲苯	8	聚苯乙烯树脂 ABS 树脂 环氧树脂 有机硅树脂 聚砜树脂	
26	乙苯	50	聚苯乙烯树脂 ABS 树脂	
27	氯苯类	20	聚碳酸酯树脂 聚苯硫醚树脂	
28	二氯甲烷[a]	50	聚碳酸酯树脂	
29	四氢呋喃[a]	50	聚对苯二甲酸丁二醇酯树脂	
30	邻苯二甲酸酐[a]	5	醇酸树脂	
单位产品非甲烷总烃排放量/（kg/t）[c,d]		0.3	所有合成树脂 （有机硅树脂除外）[b]	

a. 待国家污染物监测方法标准发布后实施。
b. 有机硅树脂采用单位产品氯化氢排放量（0.2 kg/t 产品）。
c. 处理设施的非甲烷总烃去除效率达到97%时，等同于满足单位产品非甲烷总烃排放量的要求。
d. 利用锅炉、工业炉窑、固废焚烧炉处理有机废气的，若有机废气引入火焰区进行处理，则等同于满足去除效率要求。

5.1.4 废气不得稀释排放。非焚烧类有机废气排放口以实测浓度判定排放是否达标。对于 VOCs 燃烧（焚烧、氧化）装置处理废气，向燃烧（焚烧、氧化）装置内或在其后端补充空气的，排气筒中实测大气污染物排放浓度，应按式（2）换算成基准含氧量为 3%的大气污染物基准排放浓度；不向燃烧（焚烧、氧化）装置内补充空气的（燃烧器的助燃空气不属于补充空气的情形），以实测浓度作为达标判定依据，但装置出口烟气含氧量不得高于装置进口废气含氧量。利用锅炉、工业炉窑、固废焚烧炉处理有机废气的，烟气基准含氧量按其排放标准规定执行。VOCs 燃烧（焚烧、氧化）装置的燃烧温度以及废气停留时间应满足设计的要求。

有机废气处理装置的非甲烷总烃去除效率以处理装置进出口实测浓度和对应的气量判定是否达标。

$$\rho_{基}=\frac{21-O_{基}}{21-O_{实}}\times\rho_{实} \tag{2}$$

式中：$\rho_{基}$——大气污染物基准排放浓度，mg/m^3；

$O_{基}$——干烟气基准含氧量，%；

$O_{实}$——实测的干烟气含氧量，%；

$\rho_{实}$——实测大气污染物排放浓度，mg/m^3。

5.2 挥发性有机液体储罐污染控制要求

5.2.1 新建企业自 2015 年 7 月 1 日起，现有企业自 2017 年 7 月 1 日起，执行下列挥发性有机液体储罐污染控制要求。

5.2.2 储存真实蒸气压≥76.6 kPa 的挥发性有机液体应采用压力储罐。

5.2.3 储存真实蒸气压≥5.2 kPa 但＜27.6 kPa 的设计容积≥150 m^3 的挥发性有机液体储罐，以及储存真实蒸气压≥27.6 kPa 但＜76.6 kPa 的设计容积≥75 m^3 的挥发性有机液体储罐应符合下列规定之一：

a）采用内浮顶罐，内浮顶罐的浮盘与罐壁之间应采用液体镶嵌式、机械式鞋形、双封式等高效密封方式。

b）采用外浮顶罐，外浮顶罐的浮盘与罐壁之间应采用双封式密封，且初级密封采用液体镶嵌式、机械式鞋形等高效密封方式。

c）采用固定顶罐，应安装密闭排气系统至有机废气回收或处理装置，其大气污染物排放应符合表 4、表 5 的规定。

5.2.4 挥发性有机液体储罐的运行控制应符合下列规定：

a）储罐罐体应保持完好，不应有孔洞、缝隙；储罐附件开口、孔（内浮顶罐通气孔除外），除采样、计量、例行检查、维护和其他正常活动外，应密闭；浮顶罐浮盘边缘密封不应有破损。

b）储罐呼吸阀和浮盘边缘呼吸阀操作压力低于设定的开启压力 75%时，呼吸阀的泄漏检测值应低于 2 000 μmol/mol。

c）支柱、导向装置等储罐附件穿过浮顶罐浮盘时，应采取密封措施。

d）除储罐排空作业外，浮顶罐浮盘应始终漂浮于储存物料的表面。

e）自动通气阀和边缘呼吸阀在浮顶罐浮盘处于漂浮状态时应密封良好。自动通气阀仅在浮顶罐浮盘处于支座支撑状态时开启。

f）除自动通气阀、边缘呼吸阀外，浮顶罐浮盘外边缘板及所有通过浮盘的开孔接管均应浸入储存物料液面下。

5.2.5 对储罐完好情况进行检查。若不符合上述规定，在不关闭工艺单元的条件下，应在 15 d 内进行修复；若需要关闭工艺单元，则应在 90 d 内修复或排空储罐停止使用；确需延迟排空储罐修复的，应及时向生态环境主管部门报告，并在最近一个检修期（不超过 2 年）完成。检查与修复记录应至少保存 5 年。

5.3 设备与管线组件泄漏污染控制要求

5.3.1 新建企业自 2015 年 7 月 1 日起，现有企业自 2017 年 7 月 1 日起，执行下列设备与管线组件泄漏污染控制要求。

5.3.2 挥发性有机物流经以下设备与管线组件时，应进行泄漏检测与控制：

a）泵；

b）压缩机；

c）阀门；

d）开口阀或开口管线；

e）法兰及其他连接件；

f）泄压设备；

g）取样连接系统；

h）其他密封设备。

5.3.3 泄漏检测周期

根据设备与管线组件的类型，采用不同的泄漏检测周期：

a）泵、压缩机、阀门、开口阀或开口管线、气体/蒸气泄压设备、取样连接系统每 3 个月检测一次。

b）法兰及其他连接件、其他密封设备每 6 个月检测一次。

c）对于挥发性有机物流经的初次开工开始运转的设备和管线组件，应在开工后 30 d 内对其进行第一次检测。

d）挥发性有机液体流经的设备和管线组件每周应进行目视观察，检查其密封处是否出现滴液迹象。

e）同一密封点以及循环冷却水系统连续三个检测周期无泄漏的，检测周期可延长且最多延长一倍。若在后续监测中该检测点位检测出现泄漏，则监测频次恢复按 a）和 b）规定执行。

f）符合 GB 37822 相关规定的，以及设备与管线组件中的流体含挥发性有机物质量分数占比小于 10%的液体，免于泄漏检测。

5.3.4 泄漏的认定

出现以下情况，则认定发生了泄漏：

a）有机气体和挥发性有机液体流经的设备与管线组件，采用氢火焰离子化检测仪（以甲烷或丙烷为校正气体），泄漏检测值大于等于 2 000 μmol/mol。

b）其他挥发性有机物流经的设备与管线组件，采用氢火焰离子化检测仪（以甲烷或丙烷为校正气体），泄漏检测值大于等于 500 μmol/mol。

5.3.5 泄漏修复

a）当检测到泄漏时，在可行条件下应尽快维修，一般不晚于发现泄漏后 15 d。

b）首次（尝试）维修不应晚于检测到泄漏后 5 d。首次尝试维修应当包括（但不限于）以下描述的相关措施：拧紧密封螺母或压盖、在设计压力及温度下密封冲洗。

c）若检测到泄漏后，在不关闭工艺单元的条件下，在 15 d 内进行维修技术上不可行，则可以延迟维修，但不应晚于最近一个停工期。

5.3.6 记录要求

泄漏检测应记录检测时间、检测仪器读数；修复时应记录修复时间和确认已完成修复的时间，记录修复后检测仪器读数，记录应保存 1 年以上。

5.4 其他污染控制要求

5.4.1 新建企业自 2015 年 7 月 1 日起，现有企业自 2017 年 7 月 1 日起，执行下列污染控制要求。

5.4.2 废气收集系统与处理装置应符合相关安全技术要求。排气筒高度不低于 15 m（因安全考虑或有特殊工艺要求的，以及装置区污水池处理设施除外），具体高度以及与周围建筑物的相对高度关系应根据环境影响评价文件确定。

5.4.3 废气收集系统

废气收集系统需满足以下要求：

a）生产设施应采用密闭式，并具有与废气收集系统有效连接的部件或装置。

b）根据生产工艺、操作方式以及废气性质、处理和处置方法，设置不同的废气收集系统，尽可能对废气进行分质收集，各个废气收集系统均应实现压力损失平衡以及较高的收集效率。

c）废气收集系统应综合考虑防火、防爆、防腐蚀、耐高温、防结露、防堵塞等问题。

5.4.4 废气处理装置

为保证废气处理装置的净化效果，需要在线测定相关工艺参数：

a）冷凝器排出的不凝尾气的温度应低于尾气中污染物的液化温度，若尾气中有数种污染物，则不凝尾气的温度应低于尾气中液化温度最低的污染物的液化温度；

b）吸附装置的吸附剂更换/再生周期、操作温度应满足设计参数的要求；

c）洗涤装置的洗涤液水质（如 pH 值）、水量应满足设计参数的要求；

5.4.5 废水、废气焚烧设施

废水、废气焚烧设施除满足表 4、表 5 的大气污染物排放要求外，还需对排放烟气中的 SO_2、NO_x 和二噁英类进行监测，并达到表 6 规定的限值。

表 6 焚烧设施 SO_2、NO_x 和二噁英类排放限值

单位：mg/m^3

序号	污染物项目	现有和新建企业排放限值	特别排放限值
1	SO_2	100	50
2	NO_x	180	100
3	二噁英类 [a]	0.1 ng TEQ /m^3	
a. 燃烧含卤素有机废气时，需监测该指标。			

5.4.6 物料输送（转移）与装卸

合成树脂企业挥发性物料输送（转移）、装卸必须采取控制措施，见表 7。

表 7 合成树脂企业挥发性物料输送（转移）、装卸废气控制措施

序号	操作单元	应采取的控制措施
1	挥发性物料输送（转移）	采用无泄漏泵，或密封隔离液所受压力高于工艺压力的双端面机械密封泵，或具有同等效能的泵
2	挥发性物料装卸	1．挥发性物料装卸应配置气相平衡管，卸料应配置装卸器。 2．装运挥发性物料的容器必须加盖

5.4.7 物料投加、分离、抽真空与干燥过程

合成树脂企业挥发性物料投加、分离、抽真空与干燥过程必须采取控制措施，见表 8。

表 8 合成树脂企业挥发性物料投加、分离、抽真空、干燥废气控制措施

序号	操作单元	应采取的控制措施
1	挥发性物料和粉体物料投加	1．采用无泄漏泵，或密封隔离液所受压力高于工艺压力的双端面机械密封泵，或具有同等效能的泵投加液体物料；或采用高位槽投加液体物料。 2．采用管道自动计量并投加粉体物料，或者采用投料器密闭投加粉体物料
2	挥发性物料分离（离心、过滤）	1．采用全自动密闭式（氮气或空气密封）的压滤机。 2．采用全自动密闭或半密闭式的离心机

序号	操作单元	应采取的控制措施
3	挥发性物料抽真空	1. 采用无油往复式真空泵、罗茨真空泵、液环泵，泵前与泵后均需设置气体冷却冷凝装置。 2. 如采用水喷射泵和水环泵，必须配置循环水冷却设备（盘管冷却或深冷换热）和水循环槽（罐），对挥发性废气进行收集、处理，并执行表4、表5规定
4	挥发性物料干燥	1. 采用密闭式的干燥设备。 2. 干燥过程中挥发的有机废气必须收集、处理，并执行表4、表5规定

5.4.8 敞开液面VOCs无组织排放控制

敞开液面VOCs无组织排放控制应符合以下要求。

a）对涉VOCs物料的开式循环冷却水系统，每季度对流经装置的工艺介质侧压力高于冷却水侧压力的换热器（组）循环水系统的回水（总）进口和冷却后（总）出口循环冷却水中总有机碳（TOC）或其他特征物浓度进行检测，出口浓度大于进口浓度10%的，应进行泄漏排查，发生泄漏时，应按照5.3.5条c）和5.3.6条规定进行泄漏修复和记录。

b）其他敞开液面VOCs无组织排放控制要求应符合GB 37822的相关规定。

5.4.9 其他

载有VOCs物料的设备及其管道在开停工（车）、检维修和清洗时，应在退料阶段将残存物料退净，并用密闭容器盛装，退料过程、清洗以及吹扫过程废气应排至VOCs废气收集处理系统，其大气污染物排放应符合表4和表5的规定（排入火炬系统除外）。

5.5 厂界及周边污染控制要求

5.5.1 企业边界任何1 h大气污染物平均浓度执行表9规定的限值。

表9 企业边界大气污染物浓度限值

单位：mg/m^3

序号	污染物项目	限值
1	颗粒物	1.0
2	氯化氢	0.2
3	苯	0.4
4	甲苯	0.8
5	非甲烷总烃	4.0

5.5.2 在现有企业生产、建设项目竣工环保验收后的生产过程中，负责监管的环境保护主管部门应对周围居住、教学、医疗等用途的敏感区域环境质量进行监控。建设项目的具体监控范围为环境影响评价确定的周围敏感区域；未进行过环境影响评价的现有企业，监控范围由负责监管的环境保护主管部门，根据企业排污特点和规律及当地自然、气象条件等因素，参照相关环境影响评价技术导则确定。地方政府应对本辖区环境质量负责，采取措施确保环境状况符合环境质量标准要求。

5.6 塑料制品工业企业或生产设施的大气污染物排放限值根据其涉及到的合成树脂种类，分别执行表4或表5的标准限值（单位产品非甲烷总烃排放量除外）；无组织排放控制要求按GB 37822执行。

6 污染物监测要求

6.1 一般要求

6.1.1 企业应按照有关法律和《环境监测管理办法》等规定，建立企业监测制度，制定监测方案，对污染物排放状况及其对周边环境质量的影响开展自行监测，保存原始监测记录，并公布监测结果。

6.1.2 新建企业和现有企业安装污染物排放自动监控设备的要求，按有关法律和《污染源自动监控管理办法》的规定执行。

6.1.3 企业应按照环境监测管理规定和技术规范的要求，设计、建设、维护永久性采样口、采样测试平台和排污口标志。

6.1.4 对企业排放废水和废气的采样，应根据监测污染物的种类，在规定的污染物排放监控位置进行，有废水、废气处理设施的，应在处理设施后监测。

6.1.5 合成树脂企业产品产量的核定，以法定报表为依据。

6.1.6 本标准实施后发布的国家污染物监测方法标准，如适用性满足要求，同样适用于本标准相应污染物的测定。

6.2 水污染物监测与分析

6.2.1 水污染物的监测采样按 HJ/T 91、HJ 493、HJ 494、HJ 495 的规定执行。

6.2.2 对企业排放水污染物浓度的测定采用表 10 所列的方法标准。

表 10 水污染物浓度测定方法标准

序号	污染物项目	标准名称	标准编号
1	pH 值	水质 pH 值的测定 玻璃电极法	GB/T 6920
2	悬浮物	水质 悬浮物的测定 重量法	GB/T 11901
3	化学需氧量	水质 化学需氧量的测定 重铬酸盐法	GB/T 11914
		水质 化学需氧量的测定 快速消解分光光度法	HJ/T 399
		高氯废水 化学需氧量的测定 氯气校正法	HJ/T 70
		高氯废水 化学需氧量的测定 碘化钾碱性高锰酸钾法	HJ/T 132
4	五日生化需氧量	水质 五日生化需氧量（BOD_5）的测定 稀释与接种法	HJ 505
5	氨氮	水质 氨氮的测定 气相分子吸收光谱法	HJ/T 195
		水质 氨氮的测定 纳氏试剂分光光度法	HJ 535
		水质 氨氮的测定 水杨酸分光光度法	HJ 536
		水质 氨氮的测定 蒸馏-中和滴定法	HJ 537
		水质 氨氮的测定 连续流动-水杨酸分光光度法	HJ 665
		水质 氨氮的测定 流动注射-水杨酸分光光度法	HJ 666
6	总氮	水质 总氮测定 碱性过硫酸钾消解紫外分光光度法	HJ 636
		水质 总氮的测定 连续流动-盐酸萘乙二胺分光光度法	HJ 667
		水质 总氮的测定 流动注射-盐酸萘乙二胺分光光度法	HJ 668
7	总磷	水质 总磷的测定 钼酸铵分光光度法	GB/T 11893
		水质 磷酸盐和总磷的测定 连续流动-钼酸铵分光光度法	HJ 670
		水质 总磷的测定 流动注射-钼酸铵分光光度法	HJ 671
8	总有机碳	水质 总有机碳的测定 燃烧氧化-非分散红外吸收法	HJ 501
9	可吸附有机卤化物	水质 可吸附有机卤素（AOX）的测定 微库仑法	GB/T 15959
		水质 可吸附有机卤素（AOX）的测定 离子色谱法	HJ/T 83
10	苯乙烯 苯 甲苯 乙苯	水质 苯系物的测定 气相色谱法	GB/T 11890
		水质 挥发性有机物的测定 吹扫捕集/气相色谱-质谱法	HJ 639
		水质 挥发性有机物的测定 吹扫捕集/气相色谱法	HJ 686
11	丙烯腈	水质 丙烯腈的测定 气相色谱法	HJ/T 73
12	环氧氯丙烷	水质 挥发性有机物的测定 吹扫捕集/气相色谱-质谱法	HJ 639
		水质 挥发性有机物的测定 吹扫捕集/气相色谱法	HJ 686

序号	污染物项目	标准名称	标准编号
13	苯酚	水质 酚类化合物的测定 液液萃取/气相色谱法	HJ 676
14	甲醛	水质 甲醛的测定 乙酰丙酮分光光度法	HJ 601
15	氟化物	水质 氟化物的测定 离子选择电极法	GB/T 7484
		水质 氟化物的测定 茜素磺酸锆目视比色法	HJ 487
		水质 氟化物的测定 氟试剂分光光度法	HJ 488
16	总氰化物	水质 氰化物的测定 容量法和分光光度法	HJ 484
17	氯苯	水质 氯苯的测定 气相色谱法	HJ/T 74
		水质 氯苯类化合物的测定 气相色谱法	HJ 621
		水质 挥发性有机物的测定 吹扫捕集/气相色谱-质谱法	HJ 639
18	1,4-二氯苯	水质 氯苯类化合物的测定 气相色谱法	HJ 621
		水质 挥发性有机物的测定 吹扫捕集/气相色谱-质谱法	HJ 639
19	二氯甲烷	水质 挥发性卤代烃的测定 顶空气相色谱法	HJ 620
		水质 挥发性有机物的测定 吹扫捕集/气相色谱-质谱法	HJ 639
		水质 挥发性有机物的测定 吹扫捕集/气相色谱法	HJ 686
20	总铅	水质 铅的测定 双硫腙分光光度法	GB/T 7470
		水质 铜、锌、铅、镉的测定 原子吸收分光光度法	GB/T 7475
		水质 65 种元素的测定 电感耦合等离子体质谱法	HJ 700
21	总镉	水质 镉的测定 双硫腙分光光度法	GB/T 7471
		水质 铜、锌、铅、镉的测定 原子吸收分光光度法	GB/T 7475
		水质 65 种元素的测定 电感耦合等离子体质谱法	HJ 700
22	总砷	水质 砷的测定 二乙基二硫代氨基甲酸银分光光度法	GB/T 7485
		水质 汞、砷、硒、铋和锑的测定 原子荧光法	HJ 694
		水质 65 种元素的测定 电感耦合等离子体质谱法	HJ 700
23	总镍	水质 镍的测定 丁二酮肟分光光度法	GB/T 11910
		水质 镍的测定 火焰原子吸收分光光度法	GB/T 11912
		水质 65 种元素的测定 电感耦合等离子体质谱法	HJ 700
24	总汞	水质 总汞的测定 高锰酸钾-过硫酸钾消解法 双硫腙分光光度法	GB/T 7469
		水质 总汞的测定 冷原子吸收分光光度法	HJ 597
		水质 汞、砷、硒、铋和锑的测定 原子荧光法	HJ 694
25	烷基汞	水质 烷基汞的测定 气相色谱法	GB/T 14024
26	总铬	水质 总铬的测定	GB/T 7466
		水质 65 种元素的测定 电感耦合等离子体质谱法	HJ 700
27	六价铬	水质 六价铬的测定 二苯碳酰二肼分光光度法	GB/T 7467

6.3 大气污染物监测与分析

6.3.1 排气筒中大气污染物的监测采样按 GB/T 16157、HJ/T 397、HJ 732、HJ/T 373 或 HJ/T 75、HJ/T 76 的规定执行。企业边界大气污染物监测按 HJ/T 55 的规定执行。

6.3.2 合成树脂工业企业的设备与管线组件应设置编号和永久标志，泄漏检测按 HJ 733 的规定执行。

6.3.3 对企业排放大气污染物浓度的测定采用表 11 所列的方法标准。

表 11 大气污染物浓度测定方法标准

序号	污染物项目	标准名称	标准编号
1	非甲烷总烃	固定污染源排气中非甲烷总烃的测定 气相色谱法	HJ/T 38
2	颗粒物	固定污染源排气中颗粒物测定与气态污染物采样方法	GB/T 16157
		环境空气 总悬浮颗粒物的测定 重量法	GB/T 15432
3	丙烯腈	固定污染源排气中丙烯腈的测定 气相色谱法	HJ/T 37

序号	污染物项目	标准名称	标准编号
4	酚类	固定污染源排气中酚类化合物的测定　4-氨基安替比林分光光度法	HJ/T 32
5	甲醛	空气质量　甲醛的测定　乙酰丙酮分光光度法	GB/T 15516
6	乙醛	固定污染源排气中乙醛的测定　气相色谱法	HJ/T 35
7	氨	环境空气和废气　氨的测定　纳氏试剂分光光度法	HJ 533
8	氟化氢	大气固定污染源　氟化物的测定　离子选择电极法	HJ/T 67
		固定污染源废气　氟化氢的测定　离子色谱法（暂行）	HJ 688
9	氯化氢	固定污染源排气中氯化氢的测定　硫氰酸汞分光光度法	HJ/T 27
		固定污染源废气　氯化氢的测定　硝酸银容量法（暂行）	HJ 548
		环境空气和废气　氯化氢的测定　离子色谱法（暂行）	HJ 549
10	光气	固定污染源排气中光气的测定　苯胺紫外分光光度法	HJ/T 31
11	二氧化硫	固定污染源排气中二氧化硫的测定　碘量法	HJ/T 56
		固定污染源排气中二氧化硫的测定　定电位电解法	HJ/T 57
		固定污染源废气　二氧化硫的测定　非分散红外吸收法	HJ 629
12	硫化氢	空气质量　硫化氢、甲硫醇、甲硫醚和二甲二硫的测定　气相色谱法	GB/T 14678
13	苯、甲苯	环境空气　苯系物的测定　固体吸附/热脱附-气相色谱法	HJ 583
		环境空气　苯系物的测定　活性炭吸附/二硫化碳解吸-气相色谱法	HJ 584
		环境空气　挥发性有机物的测定　吸附管采样-热脱附/气相色谱-质谱法	HJ 644
		固定污染源废气　挥发性有机物的测定　固相吸附-热脱附/气相色谱-质谱法	HJ 734
14	苯乙烯、乙苯	固定污染源废气　挥发性有机物的测定　固相吸附-热脱附/气相色谱-质谱法	HJ 734
15	氯苯类	固定污染源排气中氯苯类的测定　气相色谱法	HJ/T 39
		大气固定污染源　氯苯类化合物的测定　气相色谱法	HJ/T 66
16	氮氧化物	固定污染源排气中氮氧化物的测定　紫外分光光度法	HJ/T 42
		固定污染源排气中氮氧化物的测定　盐酸萘乙二胺分光光度法	HJ/T 43
		固定污染源排气　氮氧化物的测定　酸碱滴定法	HJ 675
		固定污染源废气　氮氧化物的测定　非分散红外吸收法	HJ 692
		固定污染源废气　氮氧化物的测定　定电位电解法	HJ 693
17	二噁英类	环境空气和废气　二噁英类的测定　同位素稀释高分辨气相色谱-高分辨质谱法	HJ 77.2

6.3.4　对于设备与管线组件泄漏、敞开液面逸散的 VOCs 排放，采用氢火焰离子化检测仪，监测采样和测定方法按 HJ 733 的规定执行。对于循环冷却水中总有机碳（TOC）或其他特征物浓度进行检测时，在入口和出口处，分别至采集少三组样品，并计算各自平均值。

7　实施与监督

7.1　本标准由县级以上人民政府环境保护主管部门负责监督实施。

7.2　在任何情况下，合成树脂工业企业均应遵守本标准规定的污染物排放控制要求，采取必要措施保证污染防治设施正常运行。各级环保部门在对企业进行监督性检查时，可以现场即时采样或监测的结果，作为判定排污行为是否符合排放标准以及实施相关环境保护管理措施的依据。

7.3　大气污染物排放应按下列要求进行合规判定。

a）对于有组织排放和企业边界，采用手工监测或在线监测时，按照监测规范要求测得的任意 1 h 平均浓度值超过本标准规定的限值或污染物去除效率低于本标准规定的限值，判定为超标。

b）企业未遵守本标准规定的措施性控制要求，属于违法行为的，依照相关法律法规予以处理。

c）对于设备与管线组件 VOCs 泄漏控制，如发现下列情况之一，判定为“未采取措施对管道、设备进行日常维护、维修，减少物料泄漏”的，依照相关法律法规予以处理：

1）未开展泄漏检测与修复工作的，未识别的密封点数超过企业现有台账密封点总数 0.05%的，未按规定的频次、时间进行泄漏检测与修复的；

2）现场随机抽查，在检测不超过 100 个密封点的情况下（其中有机气体和挥发性有机液体流经的设备与管线组件密封点的抽样比例总计不超过 80%，5.3.3 条 a）项涉及的设备与管线组件类型的抽样比例总计不超过 20%），发现有 1 个未识别密封点或 2 个（不含）以上不在修复期内的密封点，出现可见泄漏现象或超过泄漏认定浓度的。

d）对于循环冷却水系统的泄漏控制，未按规定的频次开展泄漏检测工作，发生泄漏未按规定时间进行修复，判定为“未采取措施对管道、设备进行日常维护、维修，减少物料泄漏”的，依照相关法律法规予以处理。

附 录 A
（资料性附录）
常见合成树脂种类

序号	合成树脂名称	序号	合成树脂名称
1	聚乙烯树脂	14	氟树脂
2	聚丙烯树脂	15	有机硅树脂
3	聚苯乙烯树脂	16	聚酰胺树脂
4	聚氯乙烯树脂[a]	17	聚碳酸酯树脂
5	ABS 树脂	18	聚甲醛树脂
6	环氧树脂	19	聚对苯二甲酸丁二醇酯树脂
7	酚醛树脂	20	聚苯醚树脂
8	不饱和聚酯树脂	21	聚酰亚胺树脂
9	聚氨酯树脂	22	聚醚醚酮树脂
10	氨基树脂	23	聚砜树脂
11	热塑性聚酯树脂	24	聚苯硫醚树脂
12	丙烯酸树脂	25	聚醚砜树脂
13	醇酸树脂		
a. 本标准适用范围不包括聚氯乙烯树脂。			

附 录 B
（规范性附录）
单位合成树脂产品非甲烷总烃排放量计算方法

B.1 单位产品非甲烷总烃排放量（有机硅树脂为单位产品氯化氢排放量）按下式计算：

$$A = \frac{C_{实} \cdot Q}{T_{产}} \times 10^{-6} \tag{1}$$

式中：A——单位合成树脂产品非甲烷总烃排放量，kg/t 产品；

$C_{实}$——排气筒中非甲烷总烃实测浓度，mg/m^3；

Q——排气筒单位时间内排气量，m^3/h；

$T_{产}$——单位时间内合成树脂的产量，t/h。

B.2 排气筒中非甲烷总烃（有机硅树脂采用氯化氢）实测质量浓度和单位时间内排气量的乘积为非甲烷总烃（有机硅树脂采用氯化氢）的排放速率（kg/h）。

B.3 非甲烷总烃（有机硅树脂采用氯化氢）排放速率与相应时间内合成树脂产量的比值，即为单位产品非甲烷总烃排放量（有机硅树脂采用氯化氢）。

B.4 建有 2 个以上排气筒的合成树脂企业，其单位产品非甲烷总烃排放量（有机硅树脂采用氯化氢）为各排气筒非甲烷总烃(有机硅树脂采用氯化氢)排放速率的叠加值与相应时间内合成树脂产量的比值。

中华人民共和国生态环境部
公　　告

2024 年 第 17 号

为贯彻《中华人民共和国环境保护法》《中华人民共和国大气污染防治法》，防治环境污染，改善生态环境质量，现批准《石油炼制工业污染物排放标准》（GB 31570—2015）、《石油化学工业污染物排放标准》（GB 31571—2015）、《合成树脂工业污染物排放标准》（GB 31572—2015）等三项国家污染物排放标准修改单，并由生态环境部与国家市场监督管理总局联合发布。

依据有关法律规定，以上标准修改单具有强制执行效力。

以上标准修改单自 2024 年 7 月 1 日起实施，在 2024 年 7 月 1 日以后环境影响评价文件通过审批的新建、改建和扩建的石油炼制、石油化学、合成树脂工业建设项目，为新建企业；在 2024 年 6 月 30 日以前已建成投产或环境影响评价文件已通过审批的石油炼制、石油化学、合成树脂工业企业或生产设施，为现有企业。

新建企业自 2024 年 7 月 1 日起，全面实施以上标准修改单。现有企业自 2025 年 12 月 31 日起实施《石油炼制工业污染物排放标准》（GB 31570—2015）修改单第一条（1）和（2）、第三条 b）和 c）、第七条 a），《石油化学工业污染物排放标准》（GB 31571—2015）修改单第一条（1）、第三条 b）和 c），《合成树脂工业污染物排放标准》（GB 31572—2015）修改单第七条 b）和 c）、第十四条 b）的规定；自 2024 年 7 月 1 日起实施以上标准修改单的其他规定。

以上标准修改单内容可在生态环境部网站（http://www.mee.gov.cn）查询。

特此公告。

附件：1.《石油炼制工业污染物排放标准》（GB 31570—2015）修改单
　　　2.《石油化学工业污染物排放标准》（GB 31571—2015）修改单
　　　3.《合成树脂工业污染物排放标准》（GB 31572—2015）修改单

（此公告业经国家市场监督管理总局田世宏会签）

生态环境部

2024 年 5 月 11 日

附件 1

《石油炼制工业污染物排放标准》(GB 31570—2015)

修 改 单

一、修改表 3 和表 4，内容如下：（1）将“酸性气回收装置”修改为“酸性气回收装置和烷基化废酸再生”，增加氮氧化物排放限值为 150 mg/m^3（表 4 为 100 mg/m^3），将脚注 d（表 4 为脚注 c）修改为“酸性气回收装置生产硫酸和烷基化废酸再生时执行该限值”；（2）针对废水处理有机废气收集处理装置非甲烷总烃排放限值增加脚注 e（表 4 为脚注 d），内容为：对于采取分质处理的污水处理厂一级好氧生物处理池（不含）前的废水设施排放的有机废气，以及未采取分质处理的污水处理厂废水设施排放的有机废气，收集的废气中非甲烷总烃初始排放速率大于等于 3 kg/h（表 4 为 2 kg/h）的，相应的处理装置去除效率不应低于 80%；（3）针对非甲烷总烃增加脚注 f（表 4 为脚注 e），内容为：利用锅炉、工业炉窑、固废焚烧炉处理有机废气的，若有机废气引入火焰区进行处理，则等同于满足去除效率要求。

二、修改 5.1.4 条，内容为：废气不得稀释排放。非焚烧类有机废气排放口以实测浓度判定排放是否达标。对于工艺加热炉、催化剂再生烟气和酸性气回收装置，排气筒中实测大气污染物排放浓度，应按式（2）换算成基准含氧量为 3%的大气污染物基准排放浓度。对于 VOCs 燃烧（焚烧、氧化）装置处理废气，向燃烧（焚烧、氧化）装置内或在其后端补充空气的，排气筒中实测大气污染物排放浓度，应按式（2）换算成基准含氧量为 3%的大气污染物基准排放浓度；不向燃烧（焚烧、氧化）装置内补充空气的（燃烧器的助燃空气不属于补充空气的情形），以实测浓度作为达标判定依据，但装置出口烟气含氧量不得高于装置进口废气含氧量。利用锅炉、工业炉窑、固废焚烧炉处理有机废气的，烟气基准含氧量按其排放标准规定执行。VOCs 燃烧（焚烧、氧化）装置的燃烧温度以及废气停留时间应满足设计的要求。

有机废气处理装置的非甲烷总烃去除效率以处理装置进出口实测浓度和对应的气量判定是否达标。

三、修改 5.2.4 条，内容为：挥发性有机液体储罐的运行控制应符合下列规定：

a）储罐罐体应保持完好，不应有孔洞、缝隙；储罐附件开口、孔（内浮顶罐通气孔除外），除采样、计量、例行检查、维护和其他正常活动外，应密闭；浮顶罐浮盘边缘密封不应有破损。

b）储罐呼吸阀和浮盘边缘呼吸阀操作压力低于设定的开启压力 75%时，呼吸阀的泄漏检测值应低于 2 000 μmol/mol。

c）支柱、导向装置等储罐附件穿过浮顶罐浮盘时，应采取密封措施。

d）除储罐排空作业外，浮顶罐浮盘应始终漂浮于储存物料的表面。

e）自动通气阀和边缘呼吸阀在浮顶罐浮盘处于漂浮状态时应密封良好。自动通气阀仅在浮顶罐浮盘处于支座支撑状态时开启。

f）除自动通气阀、边缘呼吸阀外，浮顶罐浮盘外边缘板及所有通过浮盘的开孔接管均应浸入储存物料液面下。

四、修改 5.2.5，内容为：对储罐完好情况进行检查。若不符合上述规定，在不关闭工艺单元的条件下，应在 15 d 内进行修复；若需要关闭工艺单元，则应在 90 d 内修复或排空储罐停止使用；确需延迟排空储罐修复的，应及时向生态环境主管部门报告，并在最近一个检修期（不超过 2 年）完成。检查与修复记录应至少保存 5 年。

五、增加 5.3.3 条 e）和 f），内容为：e）同一密封点以及循环冷却水系统连续三个检测周期无泄漏的，检测周期可延长且最多延长一倍。若在后续监测中该检测点位检测出现泄漏，则监测频次恢复按 a）和 b）规定执行。f）符合 GB 37822 相关规定的，以及设备与管线组件中的流体含挥发性有机物质量分数占比小于10%的液体，免于泄漏检测。

六、修改5.4.3条，内容为：一级好氧生物处理池（不含）前含挥发性有机物、恶臭物质的废水集输、储存和处理设施（初期雨水池除外）应密闭，其他废水设施敞开液面上方100 mm处VOCs检测浓度大于等于100 μmol/mol的，也应密闭。密闭后废气应接入有机废气回收或处理装置，其大气污染物排放应符合表3、表4的规定。

七、修改5.4.4条，内容为：油品装卸栈桥对铁路罐车进行装油，发油台对汽车罐车进行装油，油品装卸码头对油船（驳）进行装油的原油及成品油（汽油、煤油、喷气燃料、石脑油）以及其他挥发性有机液体设施，应密闭装油并设置油气收集、回收或处理装置，其大气污染物排放应符合表3、表4的规定。装载应符合下列规定：

a）汽车罐车装成品油以及苯、甲苯和二甲苯应采用底部装载方式；

b）其他挥发性有机液体装载应采用顶部浸没式或底部装载方式，顶部浸没式装载出油口距离罐底高度应小于200 mm；

c）底部装载结束并断开快接头时，油品滴洒量不应超过10 mL，滴洒量取连续3次断开操作的平均值；

d）铁路罐车采用顶部浸没式装载的，装油鹤管与铁路罐车灌装口（人孔）应密闭（拆装灌装鹤管时段除外）。

八、修改5.4.6条d）和e），内容为：d）非正常工况下，生产设备通过安全阀排出的含挥发性有机物的废气（特殊工艺因安全原因需要排入火炬系统或放空的除外，确需放空的，应及时向生态环境主管部门报告）；e）生产装置、设备开停工过程不满足本标准要求的废气（排入火炬系统除外）。

九、修改5.4.9条，内容为：用于输送、储存、处理含挥发性有机物、恶臭物质的生产设施，以及水、大气、固体废物污染控制设施在检维修时清扫气应接入有机废气回收或处理装置，其大气污染物排放应符合表3，表4的规定（排入火炬系统除外）。

十、修改5.4.10条，内容为：废气收集系统与处理装置应符合相关安全技术要求。排气筒高度不低于15 m（因安全考虑或有特殊工艺要求的，以及装置区污水池处理设施除外），具体高度以及与周围建筑物的相对高度关系应根据环境影响评价文件确定。

十一、增加5.4.11条“循环冷却水系统”，内容为：对涉VOCs物料的开式循环冷却水系统，每季度对流经装置的工艺介质侧压力高于冷却水侧压力的换热器（组）循环水系统的回水（总）进口和冷却后（总）出口循环冷却水中总有机碳（TOC）或石油类或其他特征物浓度进行检测，出口浓度大于进口浓度10%的，应进行泄漏排查，发生泄漏时，应按照5.3.5条c）和5.3.6条的规定进行泄漏修复和记录。

十二、增加6.1.6条，内容为：本标准实施后发布的国家污染物监测方法标准，如适用性满足要求，同样适用于本标准相应污染物的测定。

十三、增加6.3.4条，内容为：对于设备与管线组件泄漏、敞开液面逸散的VOCs排放，采用氢火焰离子化检测仪，监测采样和测定方法按HJ 733的规定执行。对于循环冷却水中总有机碳（TOC）或石油类或其他特征物浓度进行检测时，在入口和出口处，分别采集至少三组样品，并计算各自平均值。

十四、增加7.3条，内容为：大气污染物排放应按下列要求进行合规判定。

a）对于有组织排放和企业边界，采用手工监测或在线监测时，按照监测规范要求测得的任意1 h平均浓度值超过本标准规定的限值或污染物去除效率低于本标准规定的限值，判定为超标。

b）企业未遵守本标准规定的措施性控制要求，属于违法行为的，依照相关法律法规予以处理。

c）对于设备与管线组件VOCs泄漏控制，如发现下列情况之一，判定为“未采取措施对管道、设备进行日常维护、维修，减少物料泄漏”的，依照相关法律法规予以处理：

1）未开展泄漏检测与修复工作的，未识别的密封点数超过企业现有台账密封点总数0.05%的，未按规定的频次、时间进行泄漏检测与修复的；

2）现场随机抽查，在检测不超过 100 个密封点的情况下（其中有机气体和挥发性有机液体流经的设备与管线组件密封点的抽样比例总计不超过 80%，5.3.3 条 a）项涉及的设备与管线组件类型的抽样比例总计不超过 20%），发现有 1 个未识别密封点或 2 个（不含）以上不在修复期内的密封点，出现可见泄漏现象或超过泄漏认定浓度的。

d）对于循环冷却水系统的泄漏控制，未按规定的频次开展泄漏检测工作，发生泄漏未按规定时间进行修复，判定为“未采取措施对管道、设备进行日常维护、维修，减少物料泄漏”的，依照相关法律法规予以处理。

附件 2

《石油化学工业污染物排放标准》(GB 31571—2015)

修 改 单

一、修改表 4 和表 5，(1) 针对废水处理有机废气收集处理装置非甲烷总烃排放限值增加脚注 d（表 5 为脚注 c），内容为：对于采取分质处理的污水处理厂一级好氧生物处理池（不含）前的废水设施排放的有机废气，以及未采取分质处理的污水处理厂废水设施排放的有机废气，收集的废气中非甲烷总烃初始排放速率大于等于 3 kg/h（表 5 为 2 kg/h）的，相应的处理装置去除效率不应低于 80%；(2) 针对非甲烷总烃增加脚注 e（表 5 为脚注 d），内容为：利用锅炉、工业炉窑、固废焚烧炉处理有机废气的，若有机废气引入火焰区进行处理，则等同于满足去除效率要求。

二、修改 5.1.5 条，内容为：废气不得稀释排放。非焚烧类有机废气排放口以实测浓度判定排放是否达标。对于工艺加热炉排气筒中实测大气污染物排放浓度，应按式（2）换算成基准含氧量为 3%的大气污染物基准排放浓度；对于裂解炉等在烧焦工况时排气筒中实测大气污染物排放浓度，应按式（2）换算成基准含氧量为 12%的大气污染物基准排放浓度。对于 VOCs 燃烧（焚烧、氧化）装置处理废气，向燃烧（焚烧、氧化）装置内或在其后端补充空气的，排气筒中实测大气污染物排放浓度，应按式（2）换算成基准含氧量为 3%的大气污染物基准排放浓度；不向燃烧（焚烧、氧化）装置内补充空气的（燃烧器的助燃空气不属于补充空气的情形），以实测浓度作为达标判定依据，但装置出口烟气含氧量不得高于装置进口废气含氧量。利用锅炉、工业炉窑、固废焚烧炉处理有机废气的，烟气基准含氧量按其排放标准规定执行。VOCs 燃烧（焚烧、氧化）装置的燃烧温度以及废气停留时间应满足设计的要求。

有机废气处理装置的非甲烷总烃去除效率以处理装置进出口实测浓度和对应的气量判定是否达标。

三、修改 5.2.4 条，内容为：挥发性有机液体储罐的运行控制应符合下列规定：

a）储罐罐体应保持完好，不应有孔洞、缝隙；储罐附件开口、孔（内浮顶罐通气孔除外），除采样、计量、例行检查、维护和其他正常活动外，应密闭；浮顶罐浮盘边缘密封不应有破损。

b）储罐呼吸阀和浮盘边缘呼吸阀操作压力低于设定的开启压力 75%时，呼吸阀的泄漏检测值应低于 2 000 mol/mol。

c）支柱、导向装置等储罐附件穿过浮顶罐浮盘时，应采取密封措施。

d）除储罐排空作业外，浮顶罐浮盘应始终漂浮于储存物料的表面。

e）自动通气阀和边缘呼吸阀在浮顶罐浮盘处于漂浮状态时应密封良好。自动通气阀仅在浮顶罐浮盘处于支座支撑状态时开启。

f）除自动通气阀、边缘呼吸阀外，浮顶罐浮盘外边缘板及所有通过浮盘的开孔接管均应浸入储存物料液面下。

四、修改 5.2.5，内容为：对储罐完好情况进行检查。若不符合上述规定，在不关闭工艺单元的条件下，应在 15 d 内进行修复；若需要关闭工艺单元，则应在 90 d 内修复或排空储罐停止使用；确需延迟排空储罐修复的，应及时向生态环境主管部门报告，并在最近一个检修期（不超过 2 年）完成。检查与修复记录应至少保存 5 年。

五、增加 5.3.3 条 e）和 f），内容为：e）同一密封点以及循环冷却水系统连续三个检测周期无泄漏的，检测周期可延长且最多延长一倍。若在后续监测中该检测点位检测出现泄漏，则监测频次恢复按 a）和 b）规定执行。f）符合 GB 37822 相关规定的，以及设备与管线组件中的流体含挥发性有机物质量分数占比小于 10%的液体，免于泄漏检测。

六、修改 5。4.3 条，内容为：一级好氧生物处理池（不合）前含挥发性有机物、恶臭物质的废水集输、储存和处理设施（初期雨水池除外）应密闭，其他废水设施若敞开液面上方 100 mm 处 VOCs 检测浓度大于等于 100 μmol/mol 的，也应密闭。密闭后废气应接入有机废气回收或处理装置，其大气污染物排放应符合表 4、表 5 的规定。

七、修改 5.4.5 条 e）和 f），内容为：e）非正常工况下，生产设备通过安全阀排出的含挥发性有机物的废气（特殊工艺因安全原因需要排入火炬系统或放空的除外，确需放空的，应及时向生态环境主管部门报告）；f）生产装置、设备开停工过程不满足本标准要求的废气（排入火炬系统除外）。

八、修改 5.4.8 条，内容为：用于输送、储存、处理含挥发性有机物、恶臭物质的生产设施，以及水、大气、固体废物污染控制设施在检维修时清扫气应接入有机废气回收或处理装置，其大气污染物排放应符合表 4、表 5 的规定（排入火炬系统除外）。

九、修改 5.4.9 条，内容为：废气收集系统与处理装置应符合相关安全技术要求。排气筒高度不低于 15 m（因安全考虑或有特殊工艺要求的，以及装置区污水池处理设施除外），具体高度以及与周围建筑物的相对高度关系应根据环境影响评价文件确定。

十、增加 5.4.10 条“循环冷却水系统”，内容为：对涉 VOCs 物料的开式循环冷却水系统，每季度对流经装置的工艺介质侧压力高于冷却水侧压力的换热器（组）循环水系统的回水（总）进口和冷却后（总）出口循环冷却水中总有机碳（TOC）或其他特征物浓度进行检测，出口浓度大于进口浓度 10%的，应进行泄漏排查，发生泄漏时，应按照 5.3.5 条 c）和 5.3.6 条的规定进行泄漏修复和记录。

十一、增加 6.1.6 条，内容为：本标准实施后发布的国家污染物监测方法标准，如适用性满足要求，同样适用于本标准相应污染物的测定。

十二、增加 6.3.4 条，内容为：对于设备与管线组件泄漏、敞开液面逸散的 VOCs 排放，采用氢火焰离子化检测仪，监测采样和测定方法按 HJ 733 的规定执行。对于循环冷却水中总有机碳（TOC）或其他特征物浓度进行检测时，在入口和出口处，分别采集至少三组样品，并计算各自平均值。

十三、增加 7.3 条，内容为：大气污染物排放应按下列要求进行合规判定。

a）对于有组织排放和企业边界，采用手工监测或在线监测时，按照监测规范要求测得的任意 1 h 平均浓度值超过本标准规定的限值或污染物去除效率低于本标准规定的限值，判定为超标。

b）企业未遵守本标准规定的措施性控制要求，属于违法行为的，依照相关法律法规予以处理。

c）对于设备与管线组件 VOCs 泄漏控制，如发现下列情况之一，判定为“未采取措施对管道、设备进行日常维护、维修，减少物料泄漏”的，依照相关法律法规予以处理：

1）未开展泄漏检测与修复工作的，未识别的密封点数超过企业现有台账密封点总数 0.05%的，未按规定的频次、时间进行泄漏检测与修复的；

2）现场随机抽查，在检测不超过 100 个密封点的情况下（其中有机气体和挥发性有机液体流经的设备与管线组件密封点的抽样比例总计不超过 80%，5.3.3 条 a）项涉及的设备与管线组件类型的抽样比例总计不超过 20%），发现有 1 个未识别密封点或 2 个（不含）以上不在修复期内的密封点，出现可见泄漏现象或超过泄漏认定浓度的。

d）对于循环冷却水系统的泄漏控制，未按规定的频次开展泄漏检测工作，发生泄漏未按规定时间进行修复，判定为“未采取措施对管道、设备进行日常维护、维修，减少物料泄漏”的，依照相关法律法规予以处理。

附件 3

《合成树脂工业污染物排放标准》（GB 31572—2015）

修 改 单

一、修改适用范围第一段，内容为：本标准规定了合成树脂工业企业及其生产设施的水污染物和大气污染物排放限值、监测和监督管理要求。塑料制品工业企业及其生产设施参照执行。

二、修改 3.2 条“合成树脂工业”定义，内容为：以低分子化合物一单体为主要原料，采用聚合反应结合成大分子的方式生产合成树脂的工业，或者以基础合成树脂和废合成树脂为原料，采用改性或再生方法生产新的合成树脂的工业。

三、增加 3.19 条“塑料制品工业 plastic products industry”，内容为：以合成树脂为原料，通过挤出、注射、吹塑、压制、压延、发泡等工艺加工成型各种制品的工业，以及利用废弃的塑料加工再生产塑料制品的工业。将 4.5 条中“合成树脂加工以及废合成树脂回收再加工”修改为“塑料制品工业”。

四、修改表 4 和表 5，针对单位产品非甲烷总烃排放量增加脚注 c 和 d，内容为：c 处理设施的非甲烷总烃去除效率达到 95%（表 5 为 97%）时，等同于满足单位产品非甲烷总烃排放量的要求。d 利用锅炉、工业炉窑、固废焚烧炉处理有机废气的，若有机废气引入火焰区进行处理，则等同于满足去除效率要求。

五、删除 5.1.4 条，增加 5.6 条，内容为：塑料制品工业企业或生产设施的大气污染物排放限值根据其涉及到的合成树脂种类，分别执行表 4 或表 5 的标准限值（单位产品非甲烷总烃排放量除外）；无组织排放控制要求按 GB 37822 执行。

六、修改 5.1.5 条为 5.1.4 条，内容为：废气不得稀释排放。非焚烧类有机废气排放口以实测浓度判定排放是否达标。对于 VOCs 燃烧（焚烧、氧化）装置处理废气，向燃烧（焚烧、氧化）装置内或在其后端补充空气的，排气筒中实测大气污染物排放浓度，应按式（2）换算成基准含氧量为 3%的大气污染物基准排放浓度；不向燃烧（焚烧、氧化）装置内补充空气的（燃烧器的助燃空气不属于补充空气的情形），以实测浓度作为达标判定依据，但装置出口烟气含氧量不得高于装置进口废气含氧量。利用锅炉、工业炉窑、固废焚烧炉处理有机废气的，烟气基准含氧量按其排放标准规定执行。VOCs 燃烧（焚烧、氧化）装置的燃烧温度以及废气停留时间应满足设计的要求。

有机废气处理装置的非甲烷总烃去除效率以处理装置进出口实测浓度和对应的气量判定是否达标。

七、修改 5.2.4 条，内容为：挥发性有机液体储罐的运行控制应符合下列规定：

a）储罐罐体应保持完好，不应有孔洞、缝隙；储罐附件开口、孔（内浮顶罐通气孔除外），除采样、计量、例行检查、维护和其他正常活动外，应密闭；浮顶罐浮盘边缘密封不应有破损。

b）储罐呼吸阀和浮盘边缘呼吸阀操作压力低于设定的开启压力 75%时，呼吸阀的泄漏检测值应低于 2 000 μmol/mol。

c）支柱、导向装置等储罐附件穿过浮顶罐浮盘时，应采取密封措施。

d）除储罐排空作业外，浮顶罐浮盘应始终漂浮于储存物料的表面。

e）自动通气阀和边缘呼吸阀在浮顶罐浮盘处于漂浮状态时应密封良好。自动通气阀仅在浮顶罐浮盘处于支座支撑状态时开启。

f）除自动通气阀、边缘呼吸阀外，浮顶罐浮盘外边缘板及所有通过浮盘的开孔接管均应浸入储存物料液面下。

八、修改 5.2.5，内容为：对储罐完好情况进行检查。若不符合上述规定，在不关闭工艺单元的条件下，应在 15 d 内进行修复；若需要关闭工艺单元，则应在 90 d 内修复或排空储罐停止使用；确需延迟排空储罐修复的，应及时向生态环境主管部门报告，并在最近一个检修期（不超过 2 年）完成。检查与修复记录应至少保存 5 年。

九、增加 5.3.3 条 e）和 f），内容为：e）同一密封点以及循环冷却水系统连续三个检测周期无泄漏的，检测周期可延长且最多延长一倍。若在后续监测中该检测点位检测出现泄漏，则监测频次恢复按 a）和 b）规定执行。f）符合 GB 37822 相关规定的，以及设备与管线组件中的流体含挥发性有机物质量分数占比小于 10%的液体．免于泄漏检测。

十、修改 5.4.2 条，内容为：废气收集系统与处理装置应符合相关安全技术要求。排气筒高度不低于 15 m（因安全考虑或有特殊工艺要求的，以及装置区污水池处理设施除外），具体高度以及与周围建筑物的相对高度关系应根据环境影响评价文件确定。

十一、删除 5.4.4 条 d）项。

十二、修改表 6，针对二噁英类，增加脚注 a，内容为：燃烧含卤素有机废气时，需监测该指标。

十三、修改表 7 和表 8 中的“采用无泄漏泵”，内容为：采用无泄漏泵，或密封隔离液所受压力高于工艺压力的双端面机械密封泵，或具有同等效能的泵。

十四、增加 5.4.8 条“敞开液面 VOCs 无组织排放控制”，内容为：敞开液面 VOCs 无组织排放控制应符合以下要求。

a）对涉 VOCs 物料的开式循环冷却水系统，每季度对流经装置的工艺介质侧压力高于冷却水侧压力的换热器（组）循环水系统的回水（总）进口和冷却后（总）出口循环冷却水中总有机碳（TOC）或其他特征物浓度进行检测，出口浓度大于进口浓度 10%的，应进行泄漏排查，发生泄漏时，应按照 5.3.5 条 c）和 5.3.6 条规定进行泄漏修复和记录。

b）其他敞开液面 VOCs 无组织排放控制要求应符合 GB 37822 的相关规定。

十五、增加 5.4.9 条“其他”，内容为：载有 VOCs 物料的设备及其管道在开停工（车）、检维修和清洗时，应在退料阶段将残存物料退净，并用密闭容器盛装，退料过程、清洗以及吹扫过程废气应排至 VOCs 废气收集处理系统，其大气污染物排放应符合表 4 和表 5 的规定（排入火炬系统除外）。

十六、增加 6.1.6 条，内容为：本标准实施后发布的国家污染物监测方法标准，如适用性满足要求，同样适用于本标准相应污染物的测定。

十七、增加 6.3.4 条，内容为：对于设备与管线组件泄漏、敞开液面逸散的 VOCs 排放，采用氢火焰离子化检测仪，监测采样和测定方法按 HJ 733 的规定执行。对于循环冷却水中总有机碳（TOC）或其他特征物浓度进行检测时，在入口和出口处，分别采集至少三组样品，并计算各自平均值。

十八、增加 7.3 条，内容为：大气污染物排放应按下列要求进行合规判定。

a）对于有组织排放和企业边界，采用手工监测或在线监测时，按照监测规范要求测得的任意 1 h 平均浓度值超过本标准规定的限值或污染物去除效率低于本标准规定的限值，判定为超标。

b）企业未遵守本标准规定的措施性控制要求，属于违法行为的，依照相关法律法规予以处理。

c）对于设备与管线组件 VOCs 泄漏控制，如发现下列情况之一，判定为“未采取措施对管道、设备进行日常维护、维修，减少物料泄漏”的，依照相关法律法规予以处理：

1）未开展泄漏检测与修复工作的，未识别的密封点数超过企业现有台账密封点总数 0.05%的，未按规定的频次、时间进行泄漏检测与修复的；

2）现场随机抽查，在检测不超过 100 个密封点的情况下（其中有机气体和挥发性有机液体流经的设备与管线组件密封点的抽样比例总计不超过 80%，5.3.3 条 a）项涉及的设备与管线组件类型的抽样比例总计不超过 20%），发现有 1 个未识别密封点或 2 个（不含）以上不在修复期内的密封点，出现可见泄漏现象或超过泄漏认定浓度的。

d）对于循环冷却水系统的泄漏控制，未按规定的频次开展泄漏检测工作，发生泄漏未按规定时间进行修复，判定为“未采取措施对管道、设备进行日常维护、维修，减少物料泄漏”的，依照相关法律法规予以处理。

中华人民共和国国家标准

GB 14554—93
代替 GBJ 4—73[1]

恶臭污染物排放标准

Emission standards for odor pollutants

1993-08-06 发布　　1994-01-15 实施

国家环境保护局
国家技术监督局　发布

注：[1] 本标准代替 GBJ 4—73 中硫化氢、二硫化碳指标部分。

恶臭污染物排放标准

为贯彻《中华人民共和国大气污染防治法》，控制恶臭污染物对大气的污染，保护和改善环境，制定本标准。

1 主题内容与适用范围

1.1 主题内容

本标准分年限规定了八种恶臭污染物的一次最大排放限值、复合恶臭物质的臭气浓度限值及无组织排放源的厂界浓度限值。

1.2 适用范围

本标准适用于全国所有向大气排放恶臭气体单位及垃圾堆放场的排放管理以及建设项目的环境影响评价、设计、竣工验收及其建成后的排放管理。

2 引用标准

GB 3095　大气环境质量标准
GB 12348　工业企业厂界噪声标准
GB/T 14675　空气质量　恶臭的测定　三点比较式臭袋法
GB/T 14676　空气质量　三甲胺的测定　气相色谱法
GB/T 14677　空气质量　甲苯、二甲苯、苯乙烯的测定　气相色谱法
GB/T 14678　空气质量　硫化氢、甲硫醇、甲硫醚、二甲二硫的测定　气相色谱法
GB/T 14679　空气质量　氨的测定　次氯酸钠-水杨酸分光光度法
GB/T 14680　空气质量　二硫化碳的测定　二乙胺分光光度法

3 名词术语

3.1 恶臭污染物　odor pollutants

指一切刺激嗅觉器官引起人们不愉快及损害生活环境的气体物质。

3.2 臭气浓度　odor concentration

指恶臭气体（包括异味）用无臭空气进行稀释，稀释到刚好无臭时，所需的稀释倍数。

3.3 无组织排放源

指没有排气筒或排气筒高度低于 15 m 的排放源。

4 技术内容

4.1 标准分级

本标准恶臭污染物厂界标准值分三级。

4.1.1 排入 GB 3095 中一类区的执行一级标准，一类区中不得建新的排污单位。

4.1.2 排入 GB 3095 中二类区的执行二级标准。

4.1.3 排入 GB 3095 中三类区的执行三级标准。

4.2 标准值

4.2.1 恶臭污染物厂界标准值是对无组织排放源的限值，见表 1 。

1994 年 6 月 1 日起立项的新、扩、改建设项目及其建成后投产的企业执行二级、三级标准中相应的标准值。

表 1 恶臭污染物厂界标准值

序号	控制项目	单位	一级	二级		三级	
				新、扩、改建	现有	新、扩、改建	现有
1	氨	mg/m^3	1.0	1.5	2.0	4.0	5.0
2	三甲胺	mg/m^3	0.05	0.08	0.15	0.45	0.80
3	硫化氢	mg/m^3	0.03	0.06	0.10	0.32	0.60
4	甲硫醇	mg/m^3	0.004	0.007	0.010	0.020	0.035
5	甲硫醚	mg/m^3	0.03	0.07	0.15	0.55	1.10
6	二甲二硫	mg/m^3	0.03	0.06	0.13	0.42	0.71
7	二硫化碳	mg/m^3	2.0	3.0	5.0	8.0	10
8	苯乙烯	mg/m^3	3.0	5.0	7.0	14	19
9	臭气浓度	无量纲	10	20	30	60	70

4.2.2 恶臭污染物排放标准值，见表 2。

表 2 恶臭污染物排放标准值

序号	控制项目	排气筒高度/m	排放量/（kg/h）
1	硫化氢	15	0.33
		20	0.58
		25	0.90
		30	1.3
		35	1.8
		40	2.3
		60	5.2
		80	9.3
		100	14
		120	21
2	甲硫醇	15	0.04
		20	0.08
		25	0.12
		30	0.17

序号	控制项目	排气筒高度/m	排放量/（kg/h）
2	甲硫醇	35	0.24
		40	0.31
		60	0.69
3	甲硫醚	15	0.33
		20	0.58
		25	0.90
		30	1.3
		35	1.8
		40	2.3
		60	5.2
4	二甲二硫醚	15	0.43
		20	0.77
		25	1.2
		30	1.7
		35	2.4
		40	3.1
		60	7.0
5	二硫化碳	15	1.5
		20	2.7
		25	4.2
		30	6.1
		35	8.3
		40	11
		60	24
		80	43
		100	68
		120	97
6	氨	15	4.9
		20	8.7
		25	14
		30	20
		35	27
		40	35
		60	75
7	三甲胺	15	0.54
		20	0.97
		25	1.5
		30	2.2
		35	3.0
		40	3.9
		60	8.7
		80	15
		100	24
		120	35
8	苯乙烯	15	6.5
		20	12
		25	18
		30	26
		35	35
		40	46

序号	控制项目	排气筒高度/m	排放量/（kg/h）
		60	104
9	臭气浓度	排气筒高度/m	标准值（无量纲）
		15	2 000
		25	6 000
		35	15 000
		40	20 000
		50	40 000
		≥60	60 000

5　标准的实施

5.1　排污单位排放（包括泄漏和无组织排放）的恶臭污染物，在排污单位边界上规定监测点（无其他干扰因素）的一次最大监测值（包括臭气浓度）都必须低于或等于恶臭污染物厂界标准值。

5.2　排污单位经烟、气排气筒（高度在 15 m 以上）排放的恶臭污染物的排放量和臭气浓度都必须低于或等于恶臭污染物排放标准。

5.3　排污单位经排水排出并散发的恶臭污染物和臭气浓度必须低于或等于恶臭污染物厂界标准值。

6　监测

6.1　有组织排放源监测

6.1.1　排气筒的最低高度不得低于 15 m。

6.1.2　凡在表 2 所列两种高度之间的排气筒，采用四舍五入方法计算其排气筒的高度。表 2 中所列的排气筒高度系指从地面（零地面）起至排气口的垂直高度。

6.1.3　采样点：有组织排放源的监测采样点应为臭气进入大气的排气口，也可以在水平排气道和排气筒下部采样监测，测得臭气浓度或进行换算求得实际排放量。经过治理的污染源监测点设在治理装置的排气口，并应设置永久性标志。

6.1.4　有组织排放源采样频率应按生产周期确定监测频率，生产周期在 8 h 以内的，每 2 h 采集一次，生产周期大于 8 h 的，每 4 h 采集一次，取其最大测定值。

6.2　无组织排放源监测

6.2.1　采样点

厂界的监测采样点，设置在工厂厂界的下风向侧，或有臭气方位的边界线上。

6.2.2　采样频率

连续排放源相隔 2 h 采一次，共采集 4 次，取其最大测定值。

间歇排放源选择在气味最大时间内采样，样品采集次数不少于 3 次，取其最大测定值。

6.3　水域监测

水域（包括海洋、河流、湖泊、排水沟、渠）的监测，应以岸边为厂界边界线，其采样点设置、采样频率与无组织排放源监测相同。

6.4 测定

标准中各单项恶臭污染物与臭气浓度的测定方法，见表3。

表3 恶臭污染物与臭气浓度测定方法

序号	控制项目	测定方法
1	氨	GB/T 14679
2	三甲胺	GB/T 14676
3	硫化氢	GB/T 14678
4	甲硫醇	GB/T 14678
5	甲硫醚	GB/T 14678
6	二甲二硫醚	GB/T 14678
7	二硫化碳	GB/T 14680
8	苯乙烯	GB/T 14677
9	臭气浓度	GB/T 14675

附　录　A
排放浓度、排放量的计算
（补充件）

A1　排放浓度

$$C = \frac{g}{V_{nd}} \times 10^6 \tag{A1}$$

式中：C——恶臭污染物的浓度，mg/m^3（干燥的标准状态）；

g——采样所得的恶臭污染物的重量，g；

V_{nd}——采样体积，L（干燥的标准状态）。

A2　排放量

$$G = C \times Q_{snd} \times 10^{-6} \tag{A2}$$

式中：G——恶臭污染物的排放量，kg/h；

Q_{snd}——烟囱或排气筒的气体流量，m^3（干燥的标准状态）/h。

附加说明:

本标准由国家环境保护局科技标准司提出。

本标准由天津市环境保护科学研究所、北京市机电研究院环保技术研究所主编。

本标准主要起草人石磊、王延吉、李秀荣、姜菊、王鸿志、卫红梅。

本标准由国家环境保护局负责解释。

中华人民共和国国家标准

GB 34330—2017

固体废物鉴别标准　通则

Identification standards for solid wastes

General rules

2017-08-31 发布　　2017-10-01 实施

环境保护部
国家质量监督检验检疫总局　发布

前　言

为贯彻《中华人民共和国环境保护法》《中华人民共和国固体废物污染环境防治法》，加强对固体废物的管理，保护环境，保障人体健康，制定本标准。

本标准由环境保护部土壤环境管理司、科技标准司组织制订。

本标准起草单位：中国环境科学研究院。

本标准由环境保护部 2017 年 5 月 27 日批准。

本标准自 2017 年 10 月 1 日起实施。

本标准由环境保护部解释。

固体废物鉴别标准 通则

1 适用范围

本标准规定了依据产生来源的固体废物鉴别准则、在利用和处置过程中的固体废物鉴别准则、不作为固体废物管理的物质、不作为液态废物管理的物质以及监督管理要求。

本标准适用于物质（或材料）和物品（包括产品、商品）（以下简称物质）的固体废物鉴别。

液态废物的鉴别，适用于本标准。

本标准不适用于放射性废物的鉴别。

本标准不适用于固体废物的分类。

对于有专用固体废物鉴别标准的物质的固体废物鉴别，不适用于本标准。

2 规范性引用文件

本标准内容引用了下列文件中的条款。凡是不注明日期的引用文件，其最新版本适用于本标准。

GB 18599 一般工业固体废物贮存、处置场污染控制标准

3 术语和定义

下列术语和定义适用于本标准。

3.1

固体废物 solid wastes

是指在生产、生活和其他活动中产生的丧失原有利用价值或者虽未丧失利用价值但被抛弃或者放弃的固态、半固态和置于容器中的气态的物品、物质以及法律、行政法规规定纳入固体废物管理的物品、物质。

3.2

固体废物鉴别 solid waste identification

是指判断物质是否属于固体废物的活动。

3.3

利用 recycle

是指从固体废物中提取物质作为原材料或者燃料的活动。

3.4

处理 treatment

是指通过物理、化学、生物等方法，使固体废物转化为适合于运输、贮存、利用和处置的活动。

3.5

处置 disposal

是指将固体废物焚烧和用其他改变固体废物的物理、化学、生物特性的方法，达到减少已产生的固体废物数量、缩小固体废物体积、减少或者消除其危险成分的活动，或者将固体废物最终置于符合环境保护规定要求的填埋场的活动。

3.6

目标产物 target products

是指在工艺设计、建设和运行过程中，希望获得的一种或多种产品，包括副产品。

3.7

副产物 by-products

是指在生产过程中伴随目标产物产生的物质。

4 依据产生来源的固体废物鉴别

下列物质属于固体废物（章节6包括的物质除外）。

4.1 丧失原有使用价值的物质，包括以下种类：

a）在生产过程中产生的因为不符合国家、地方制定或行业通行的产品标准（规范），或者因为质量原因，而不能在市场出售、流通或者不能按照原用途使用的物质，如不合格品、残次品、废品等。但符合国家、地方制定或行业通行的产品标准中等外品级的物质以及在生产企业内进行返工（返修）的物质除外；

b）因为超过质量保证期，而不能在市场出售、流通或者不能按照原用途使用的物质；

c）因为沾染、掺入、混杂无用或有害物质使其质量无法满足使用要求，而不能在市场出售、流通或者不能按照原用途使用的物质；

d）在消费或使用过程中产生的，因为使用寿命到期而不能继续按照原用途使用的物质；

e）执法机关查处没收的需报废、销毁等无害化处理的物质，包括（但不限于）假冒伪劣产品、侵犯知识产权产品、毒品等禁用品；

f）以处置废物为目的生产的，不存在市场需求或不能在市场上出售、流通的物质；

g）因为自然灾害、不可抗力因素和人为灾难因素造成损坏而无法继续按照原用途使用的物质；

h）因丧失原有功能而无法继续使用的物质；

i）由于其他原因而不能在市场出售、流通或者不能按照原用途使用的物质。

4.2 生产过程中产生的副产物，包括以下种类：

a）产品加工和制造过程中产生的下脚料、边角料、残余物质等；

b）在物质提取、提纯、电解、电积、净化、改性、表面处理以及其他处理过程中产生的残余物质，包括（但不限于）以下物质：

1）在黑色金属冶炼或加工过程中产生的高炉渣、钢渣、轧钢氧化皮、铁合金渣、锰渣；

2）在有色金属冶炼或加工过程中产生的铜渣、铅渣、锡渣、锌渣、铝灰（渣）等火法冶炼渣，以及赤泥、电解阳极泥、电解铝阳极炭块残极、电积槽渣、酸（碱）浸出渣、净化渣等湿法冶炼渣；

3）在金属表面处理过程中产生的电镀槽渣、打磨粉尘。

c）在物质合成、裂解、分馏、蒸馏、溶解、沉淀以及其他过程中产生的残余物质，包括（但不限于）以下物质：

1）在石油炼制过程中产生的废酸液、废碱液、白土渣、油页岩渣；

2）在有机化工生产过程中产生的酸渣、废母液、蒸馏釜底残渣、电石渣；

3）在无机化工生产过程中产生的磷石膏、氨碱白泥、铬渣、硫铁矿渣、盐泥。

d）金属矿、非金属矿和煤炭开采、选矿过程中产生的废石、尾矿、煤矸石等；

e）石油、天然气、地热开采过程中产生的钻井泥浆、废压裂液、油泥或油泥砂、油脚和油田溅溢物等；

f）火力发电厂锅炉、其他工业和民用锅炉、工业窑炉等热能或燃烧设施中，燃料燃烧产生的燃煤炉渣等残余物质；

g）在设施设备维护和检修过程中，从炉窑、反应釜、反应槽、管道、容器以及其他设施设备中清理出的残余物质和损毁物质；

h）在物质破碎、粉碎、筛分、碾磨、切割、包装等加工处理过程中产生的不能直接作为产品或原材料或作为现场返料的回收粉尘、粉末；

i）在建筑、工程等施工和作业过程中产生的报废料、残余物质等建筑废物；

j）畜禽和水产养殖过程中产生的动物粪便、病害动物尸体等；

k）农业生产过程中产生的作物秸秆、植物枝叶等农业废物；

l）教学、科研、生产、医疗等实验过程中，产生的动物尸体等实验室废弃物质；

m）其他生产过程中产生的副产物。

4.3 环境治理和污染控制过程中产生的物质，包括以下种类：

a）烟气和废气净化、除尘处理过程中收集的烟尘、粉尘，包括粉煤灰；

b）烟气脱硫产生的脱硫石膏和烟气脱硝产生的废脱硝催化剂；

c）煤气净化产生的煤焦油；

d）烟气净化过程中产生的副产硫酸或盐酸；

e）水净化和废水处理产生的污泥及其他废弃物质；

f）废水或废液（包括固体废物填埋场产生的渗滤液）处理产生的浓缩液；

g）化粪池污泥、厕所粪便；

h）固体废物焚烧炉产生的飞灰、底渣等灰渣；

i）堆肥生产过程中产生的残余物质；

j）绿化和园林管理中清理产生的植物枝叶；

k）河道、沟渠、湖泊、航道、浴场等水体环境中清理出的漂浮物和疏浚污泥；

l）烟气、臭气和废水净化过程中产生的废活性炭、过滤器滤膜等过滤介质；

m）在污染地块修复、处理过程中，采用下列任何一种方式处置或利用的污染土壤：

1）填埋；

2）焚烧；

3）水泥窑协同处置；

4）生产砖、瓦、筑路材料等其他建筑材料。

n）在其他环境治理和污染修复过程中产生的各类物质。

4.4 其他：

a）法律禁止使用的物质；

b）国务院环境保护行政主管部门认定为固体废物的物质。

5 利用和处置过程中的固体废物鉴别

5.1 在任何条件下，固体废物按照以下任何一种方式利用或处置时，仍然作为固体废物管理（但包含在6.2条中的除外）：

a）以土壤改良、地块改造、地块修复和其他土地利用方式直接施用于土地或生产施用于土地的物质（包括堆肥），以及生产筑路材料；

b）焚烧处置（包括获取热能的焚烧和垃圾衍生燃料的焚烧），或用于生产燃料，或包含于燃料中；

c）填埋处置；

d）倾倒、堆置；

e）国务院环境保护行政主管部门认定的其他处置方式。

5.2 利用固体废物生产的产物同时满足下述条件的，不作为固体废物管理，按照相应的产品管理（按照 5.1 条进行利用或处置的除外）：

a）符合国家、地方制定或行业通行的被替代原料生产的产品质量标准；

b）符合相关国家污染物排放（控制）标准或技术规范要求，包括该产物生产过程中排放到环境中的有害物质限值和该产物中有害物质的含量限值；

当没有国家污染控制标准或技术规范时，该产物中所含有害成分含量不高于利用被替代原料生产的产品中的有害成分含量，并且在该产物生产过程中，排放到环境中的有害物质浓度不高于利用所替代原料生产产品过程中排放到环境中的有害物质浓度，当没有被替代原料时，不考虑该条件；

c）有稳定、合理的市场需求。

6 不作为固体废物管理的物质

6.1 以下物质不作为固体废物管理：

a）任何不需要修复和加工即可用于其原始用途的物质，或者在产生点经过修复和加工后满足国家、地方制定或行业通行的产品质量标准并且用于其原始用途的物质；

b）不经过贮存或堆积过程，而在现场直接返回到原生产过程或返回其产生过程的物质；

c）修复后作为土壤用途使用的污染土壤；

d）供实验室化验分析用或科学研究用固体废物样品。

6.2 按照以下方式进行处置后的物质，不作为固体废物管理：

a）金属矿、非金属矿和煤炭采选过程中直接留在或返回到采空区的符合 GB 18599 中第 I 类一般工业固体废物要求的采矿废石、尾矿和煤矸石。但是带入除采矿废石、尾矿和煤矸石以外的其他污染物质的除外；

b）工程施工中产生的按照法规要求或国家标准要求就地处置的物质。

6.3 国务院环境保护行政主管部门认定不作为固体废物管理的物质。

7 不作为液态废物管理的物质

7.1 满足相关法规和排放标准要求可排入环境水体或者市政污水管网和处理设施的废水、污水。

7.2 经过物理处理、化学处理、物理化学处理和生物处理等废水处理工艺处理后，可以满足向环境水体或市政污水管网和处理设施排放的相关法规和排放标准要求的废水、污水。

7.3 废酸、废碱中和处理后产生的满足 7.1 条或 7.2 条要求的废水。

8 实施与监督

本标准由县级以上环境保护行政主管部门负责监督实施。

中华人民共和国国家标准

GB 5085.1—2007

代替 GB 5085.1—1996

危险废物鉴别标准　腐蚀性鉴别

Identification standards for hazardous wastes

Identification for corrosivity

2007-04-25 发布　　2007-10-01 实施

国家环境保护总局
国家质量监督检验检疫总局　发布

前　言

为贯彻《中华人民共和国环境保护法》和《中华人民共和国固体废物污染环境防治法》，防治危险废物造成的环境污染，加强对危险废物的管理，保护环境，保障人体健康，制定本标准。

本标准是国家危险废物鉴别标准的组成部分。国家危险废物鉴别标准规定了固体废物危险特性技术指标，危险特性符合标准规定的技术指标的固体废物属于危险废物，须依法按危险废物进行管理。国家危险废物鉴别标准由以下 7 个标准组成：

1．危险废物鉴别标准　通则
2．危险废物鉴别标准　腐蚀性鉴别
3．危险废物鉴别标准　急性毒性初筛
4．危险废物鉴别标准　浸出毒性鉴别
5．危险废物鉴别标准　易燃性鉴别
6．危险废物鉴别标准　反应性鉴别
7．危险废物鉴别标准　毒性物质含量鉴别

本标准对《危险废物鉴别标准　腐蚀性鉴别》（GB 5085.1—1996）进行了修订，主要内容是增加了钢材腐蚀的鉴别标准及检测方法。

按照有关法律规定，本标准具有强制执行的效力。

本标准由国家环境保护总局科技标准司提出。

本标准起草单位：中国环境科学研究院固体废物污染控制技术研究所、环境标准研究所。

本标准国家环境保护总局 2007 年 3 月 27 日批准。

本标准自2007年10月1日起实施，《危险废物鉴别标准　腐蚀性鉴别》（GB 5085.1 —1996）同时废止。

本标准由国家环境保护总局解释。

危险废物鉴别标准　腐蚀性鉴别

1　范围

本标准规定了腐蚀性危险废物的鉴别标准。

本标准适用于任何生产、生活和其他活动中产生的固体废物的腐蚀性鉴别。

2　规范性引用文件

下列文件中的条款通过 GB 5085 的本部分的引用而成为本标准的条款。凡是不注日期的引用文件，其最新版本适用于本标准。

GB/T 699　优质碳素结构钢

GB/T 15555.12—1995　固体废物　腐蚀性测定　玻璃电极法

HJ/T 298　危险废物鉴别技术规范

JB/T 7901　金属材料实验室均匀腐蚀全浸试验方法

3　鉴别标准

符合下列条件之一的固体废物，属于危险废物。

3.1　按照 GB/T 15555.12—1995 的规定制备的浸出液，pH≥12.5，或者 pH≤2.0。

3.2　在 55℃条件下，对 GB/T 699 中规定的 20 号钢材的腐蚀速率≥6.35 mm/a。

4　实验方法

4.1　采样点和采样方法按照 HJ/T 298 的规定进行。

4.2　第 3.1 条所列的 pH 测定按照 GB/T 15555.12—1995 的规定进行。

4.3　第 3.2 条所列的腐蚀速率测定按照 JB/T 7901 的规定进行。

5　标准实施

本标准由县级以上人民政府环境保护行政主管部门负责监督实施。

中华人民共和国国家标准

GB 5085.2—2007

代替 GB 5085.2—1996

危险废物鉴别标准　急性毒性初筛

Identification standards for hazardous wastes

Screening test for acute toxicity

2007-04-25 发布　　2007-10-01 实施

国家环境保护总局
国家质量监督检验检疫总局　发布

前 言

为贯彻《中华人民共和国环境保护法》和《中华人民共和国固体废物污染环境防治法》，防治危险废物造成的环境污染，加强对危险废物的管理，保护环境，保障人体健康，制定本标准。

本标准是国家危险废物鉴别标准的组成部分。国家危险废物鉴别标准规定了固体废物危险特性技术指标，危险特性符合标准规定的技术指标的固体废物属于危险废物，须依法按危险废物进行管理。国家危险废物鉴别标准由以下 7 个标准组成：

1．危险废物鉴别标准　通则

2．危险废物鉴别标准　腐蚀性鉴别

3．危险废物鉴别标准　急性毒性初筛

4．危险废物鉴别标准　浸出毒性鉴别

5．危险废物鉴别标准　易燃性鉴别

6．危险废物鉴别标准　反应性鉴别

7．危险废物鉴别标准　毒性物质含量鉴别

本标准对《危险废物鉴别标准　急性毒性初筛》（GB 5085.2—1996）进行了修订，主要内容是：

——用《化学品测试导则》中指定的急性经口毒性试验、急性经皮毒性试验和急性吸入毒性试验取代了原标准附录中的“危险废物急性毒性初筛试验方法”。

——对急性毒性初筛鉴别值进行了调整。

按照有关法律规定，本标准具有强制执行的效力。

本标准由国家环境保护总局科技标准司提出。

本标准起草单位：中国环境科学研究院固体废物污染控制技术研究所、环境标准研究所。

本标准国家环境保护总局 2007 年 3 月 27 日批准。

本标准自 2007 年 10 月 1 日起实施，《危险废物鉴别标准　急性毒性初筛》（GB 5085.2—1996）同时废止。

本标准由国家环境保护总局解释。

危险废物鉴别标准 急性毒性初筛

1 范围

本标准规定了急性毒性危险废物的初筛标准。

本标准适用于任何生产、生活和其他活动中产生的固体废物的急性毒性鉴别。

2 规范性引用文件

下列文件中的条款通过 GB 5085 的本部分的引用而成为本标准的条款。凡是不注日期的引用文件，其最新版本适用于本标准。

HJ/T 153 化学品测试导则

HJ/T 298 危险废物鉴别技术规范

3 术语和定义

下列术语和定义适用于本标准。

3.1

口服毒性半数致死量 LD_{50} LD_{50}（median lethal dose）for acute oral toxicity

是经过统计学方法得出的一种物质的单一计量，可使青年白鼠口服后，在 14 d 内死亡一半的物质剂量。

3.2

皮肤接触毒性半数致死量 LD_{50} LD_{50} for acute dermal toxicity

是使白兔的裸露皮肤持续接触 24 h，最可能引起这些试验动物在 14 d 内死亡一半的物质剂量。

3.3

吸入毒性半数致死浓度 LC_{50} LC_{50} for acute toxicity on inhalation

是使雌雄青年白鼠连续吸入 1 h，最可能引起这些试验动物在 14 d 内死亡一半的蒸汽、烟雾或粉尘的浓度。

4 鉴别标准

符合下列条件之一的固体废物，属于危险废物。

4.1 经口摄取：固体 LD_{50}≤200 mg/kg，液体 LD_{50}≤500 mg/kg。

4.2 经皮肤接触：LD_{50}≤1 000 mg/kg。

4.3 蒸汽、烟雾或粉尘吸入：LC_{50}≤10 mg/L。

5 实验方法

5.1 采样点和采样方法按照 HJ/T 298 的规定进行。

5.2 经口 LD_{50}、经皮 LD_{50} 和吸入 LC_{50} 的测定按照 HJ/T 153 中指定的方法进行。

6 标准实施

本标准由县级以上人民政府环境保护行政主管部门负责监督实施。

中华人民共和国国家标准

GB 5085.3—2007

代替 GB 5085.3—1996

危险废物鉴别标准 浸出毒性鉴别

Identification standards for hazardous wastes

dentification for extraction toxicity

2007-04-25 发布

2007-10-01 实施

国家环境保护总局
国家质量监督检验检疫总局
发布

前　言

为贯彻《中华人民共和国环境保护法》和《中华人民共和国固体废物污染环境防治法》，防治危险废物造成的环境污染，加强对危险废物的管理，保护环境，保障人体健康，制定本标准。

本标准是国家危险废物鉴别标准的组成部分。国家危险废物鉴别标准规定了固体废物危险特性技术指标，危险特性符合标准规定的技术指标的固体废物属于危险废物，须依法按危险废物进行管理。国家危险废物鉴别标准由以下 7 个标准组成：

1．危险废物鉴别标准　通则

2．危险废物鉴别标准　腐蚀性鉴别

3．危险废物鉴别标准　急性毒性初筛

4．危险废物鉴别标准　浸出毒性鉴别

5．危险废物鉴别标准　易燃性鉴别

6．危险废物鉴别标准　反应性鉴别

7．危险废物鉴别标准　毒性物质含量鉴别

本标准对《危险废物鉴别标准　浸出毒性鉴别》（GB 5085.3—1996）进行了修订，主要内容是：

——在原标准 14 个鉴别项目的基础上，增加了 36 个鉴别项目。新增项目主要是有机类毒性物质。

——修改了毒性物质的浸出方法。

——修改了部分鉴别项目的分析方法。

按有关法律规定，本标准具有强制执行的效力。

本标准由国家环境保护总局科技标准司提出。

本标准起草单位：中国环境科学研究院固体废物污染控制技术研究所、环境标准研究所。

本标准国家环境保护总局 2007 年 3 月 27 日批准。

本标准自 2007 年 10 月 1 日起实施，《危险废物鉴别标准　浸出毒性鉴别》（GB 5085.3 —1996）同时废止。

本标准由国家环境保护总局解释。

危险废物鉴别标准 浸出毒性鉴别

1 范围

本标准规定了以浸出毒性为特征的危险废物鉴别标准。

本标准适用于任何生产、生活和其他活动中产生固体废物的浸出毒性鉴别。

2 规范性引用文件

下列文件中的条款通过 GB 5085 本部分的引用而成为本标准的条款。凡是不注日期的引用文件，其最新版本适用于本标准。

HJ/T 299 固体废物 浸出毒性浸出方法 硫酸硝酸法

HJ/T 298 危险废物鉴别技术规范

3 鉴别标准

按照 HJ/T 299 制备的固体废物浸出液中任何一种危害成分含量超过表 1 中所列的浓度限值，则判定该固体废物是具有浸出毒性特征的危险废物。

表 1 浸出毒性鉴别标准值

序号	危害成分项目	浸出液中危害成分质量浓度限值/（mg/L）	分析方法
无机元素及化合物			
1	铜（以总铜计）	100	附录 A、B、C、D
2	锌（以总锌计）	100	附录 A、B、C、D
3	镉（以总镉计）	1	附录 A、B、C、D
4	铅（以总铅计）	5	附录 A、B、C、D
5	总铬	15	附录 A、B、C、D
6	铬（六价）	5	GB/T 15555.4—1995
7	烷基汞	不得检出[1]	GB/T 14204—93
8	汞（以总汞计）	0.1	附录 B
9	铍（以总铍计）	0.02	附录 A、B、C、D
10	钡（以总钡计）	100	附录 A、B、C、D
11	镍（以总镍计）	5	附录 A、B、C、D
12	总银	5	附录 A、B、C、D
13	砷（以总砷计）	5	附录 C、E
14	硒（以总硒计）	1	附录 B、C、E
15	无机氟化物（不包括氟化钙）	100	附录 F
16	氰化物（以 CN^- 计）	5	附录 G
有机农药类			
17	滴滴涕	0.1	附录 H
18	六六六	0.5	附录 H

序号	危害成分项目	浸出液中危害成分质量浓度限值/（mg/L）	分析方法
19	乐果	8	附录 I
20	对硫磷	0.3	附录 I
21	甲基对硫磷	0.2	附录 I
22	马拉硫磷	5	附录 I
23	氯丹	2	附录 H
24	六氯苯	5	附录 H
25	毒杀芬	3	附录 H
26	灭蚁灵	0.05	附录 H
非挥发性有机化合物			
27	硝基苯	20	附录 J
28	二硝基苯	20	附录 K
29	对硝基氯苯	5	附录 L
30	2,4-二硝基氯苯	5	附录 L
31	五氯酚及五氯酚钠（以五氯酚计）	50	附录 L
32	苯酚	3	附录 K
33	2,4-二氯苯酚	6	附录 K
34	2,4,6-三氯苯酚	6	附录 K
35	苯并[*a*]芘	0.000 3	附录 K、M
36	邻苯二甲酸二丁酯	2	附录 K
37	邻苯二甲酸二辛酯	3	附录 L
38	多氯联苯	0.002	附录 N
挥发性有机化合物			
39	苯	1	附录 O、P、Q
40	甲苯	1	附录 O、P、Q
41	乙苯	4	附录 P
42	二甲苯	4	附录 O、P
43	氯苯	2	附录 O、P
44	1,2-二氯苯	4	附录 K、O、P、R
45	1,4-二氯苯	4	附录 K、O、P、R
46	丙烯腈	20	附录 O
47	三氯甲烷	3	附录 Q
48	四氯化碳	0.3	附录 Q
49	三氯乙烯	3	附录 Q
50	四氯乙烯	1	附录 Q

注：1“不得检出”指甲基汞＜10 ng/L，乙基汞＜20 ng/L。

4 实验方法

4.1 采样点和采样方法按照 HJ/T 298 进行。

4.2 无机元素及其化合物的样品（除六价铬、无机氟化物、氰化物外）的前处理方法参照附录 S；六价铬及其化合物的样品的前处理方法参照附录 T。

4.3 有机样品的前处理方法参照附录 U、附录 V、附录 W。

4.4 各危害成分项目的测定，除执行规定的标准分析方法外，暂按附录中推荐的方法执行；待适用于测定特定危害成分项目的国家环境保护标准发布后，按标准的规定执行。

5　标准实施

本标准由县级以上人民政府环境保护行政主管部门负责监督实施。

附 录 A

（资料性附录）

固体废物 元素的测定 电感耦合等离子体原子发射光谱法

Solid waste—Determination of elements—Inductively coupled plasma-atomic emission spectrometry（ICP-AES）

A.1 范围

本方法适用于固体废物和固体废物浸出液中银（Ag）、铝（Al）、砷（As）、钡（Ba）、铍（Be）、钙（Ca）、镉（Cd）、钴（Co）、铬（Cr）、铜（Cu）、铁（Fe）、钾（K）、镁（Mg）、锰（Mn）、钠（Na）、镍（Ni）、铅（Pb）、锑（Sb）、锶（Sr）、钍（Th）、钛（Ti）、铊（Tl）、钒（V）、锌（Zn）等元素的电感耦合等离子体原子发射光谱法测定。

本方法对各种元素的检出限和测定波长见表 A.1。

表 A.1 测定元素推荐波长及检出限

测定元素	波长/nm	检出限/（mg/L）	测定元素	波长/nm	检出限/（mg/L）
Al	308.21	0.1	Cu	327.39	0.01
	396.15	0.09	Fe	238.20	0.03
As	193.69	0.1		259.94	0.03
Ba	233.53	0.004	K	766.49	0.5
	455.40	0.003	Mg	279.55	0.002
Be	313.04	0.000 3		285.21	0.02
	234.86	0.005	Mn	257.61	0.001
Ca	317.93	0.01		293.31	0.02
	393.37	0.002	Na	589.59	0.2
Cd	214.44	0.003	Ni	231.60	0.01
	226.50	0.003	Pb	220.35	0.05
Co	238.89	0.005	Sr	407.77	0.001
	228.62	0.005	Ti	334.94	0.005
Cr	205.55	0.01		336.12	0.01
	267.72	0.01	V	311.07	0.01
Cu	324.75	0.01	Zn	213.86	0.006

本方法使用时可能存在的主要干扰见表 A.2。

表 A.2 元素间干扰

测定元素	测定波长/nm	干扰元素	测定元素	测定波长/nm	干扰元素
Al	308.21	Mn、V、Na	Cr	202.55	Fe、Mo
	396.15	Ca、Mo		267.72	Mn、V、Mg
As	193.69	Al、P		283.56	Fe、Mo
Be	313.04	Ti、Se	Cu	324.7	Fe、Al、Ti
Be	234.86	Fe	Mn	257.61	Fe、Al、Mg
Ba	233.53	Fe、V	Ni	231.60	Co

测定元素	测定波长/nm	干扰元素	测定元素	测定波长/nm	干扰元素
Ca	315.89	Co	Pb	220.35	Al
	317.93	Fe	V	290.88	Fe、Mo
Cd	214.44	Fe		292.40	Fe、Mo
	226.50	Fe		311.07	Ti、Fe、Mn
	228.80	As	Zn	213.86	Ni、Cu
Co	228.62	Ti	Ti	334.94	Cr、Ca

A.2 原理

等离子体发射光谱法可以同时测定样品中多元素的含量。当氩气通过等离子体火炬时，经射频发生器所产生的交变电磁场使其电离、加速并与其他氩原子碰撞。这种连锁反应使更多的氩原子电离，形成原子、离子、电子的粒子混合气体，即等离子体。过滤或消解处理过的样品经进样器中的雾化器被雾化并由氩载气带入等离子体火炬中，气化的样品分子在等离子体火炬的高温下被气化、电离、激发。不同元素的原子在激发或电离时可发射出特征光谱，所以等离子体发射光谱可用来定性测定样品中存在的元素。特征光谱的强弱与样品中原子浓度有关，与标准溶液进行比较，即可定量测定样品中各元素的含量。

A.3 试剂和材料

A.3.1 试剂水，为 GB/T 6682 规定的一级水。

A.3.2 硝酸，ρ（HNO_3）=1.42 g/ml，优级纯。

A.3.3 盐酸，ρ（HCl）=1.19 g/ml，优级纯。

A.3.4 硝酸（1+1）溶液，用硝酸（A.3.2）配制。

A.3.5 氩气，钢瓶气，纯度不低于 99.9%。

A.3.6 标准溶液

A.3.6.1 单元素标准贮备液的配制：可以从权威商业机构购买或用超高纯化学试剂及金属（>99.99%）配制成 1.00 mg/ml 的标准贮备液。市售的金属有板状、线状、粒状、海绵状或粉末状等。为了称量方便，需将其切屑（粉末状除外），切屑时应防止由于剪切或车床切削带来的沾污，一般先用稀 HCl 或稀 HNO_3 迅速洗涤金属以除去表面的氧化物及附着的污物，然后用水洗净。为干燥迅速，可用丙酮等挥发性强的溶剂进一步洗涤，以除去水分，最后用纯氩气或氮气吹干。储备溶液配制的酸度保持在 0.1 mol/L 以上（表 A.3）。

A.3.6.2 单元素中间标准溶液的配制：分取上述单元素标准贮备液，将 Cu、Cd、V、Cr、Co、Ba、Mn、Ti 及 Ni 等 10 种元素稀释成 0.10 mg/ml；将 Pb、As 及 Fe 稀释成 0.5 mg/ml；将 Be 稀释成 0.01 mg/ml 的单元素中间标准溶液。稀释时，补加一定量相应的酸，使溶液酸度保持在 0.1 mol/L 以上。

表 A.3 单元素标准贮备液配制方法

元素	质量浓度/（mg/ml）	配制方法
Al	1.00	称取 1 g 金属铝，用 150 ml HCl（1+1）加热溶解，煮沸，冷却后用水定容至 1 L
Zn	1.00	称取 1 g 金属锌，用 40 ml HCl 溶解，煮沸，冷却后用水定容至 1 L
Ba	1.00	称取 1.516 3 g 无水 $BaCl_2$（250℃烘 2 h），用 20 ml HNO_3（1+1）溶解，用水定容至 1 L
Be	0.1	称取 0.1 g 金属铍，用 150 ml HCl（1+1）加热溶解，冷却后用水定容至 1 L
Ca	1.00	称取 2.497 2 g $CaCO_3$（110℃干燥 1 h），溶解于 20 ml 水中，滴加 HCl 至完全溶解，再加 10 ml HCl，煮沸除去 CO_2，冷却后用水定容至 1 L

元素	质量浓度/（mg/ml）	配制方法
Co	1.00	称取 1 g 金属钴，用 50 ml HNO_3（1+1）加热溶解，冷却后用水定容至 1 L
Cr	1.00	称取 1 g 金属铬，加热溶解于 30 ml HCl（1+1）中，冷却后用水定容至 1 L
Cu	1.00	称取 1 g 金属铜，加热溶解于 30 ml HNO_3（1+1）中，冷却后用水定容至 1 L
Fe	1.00	称取 1 g 金属铁，用 150 ml HCl（1+1）溶解，冷却后用水定容至 1 L
K	1.00	称取 1.906 7 g KCl（在 400～450℃灼烧到无爆裂声）溶于水，用水定容至 1 L
Mg	1.00	称取 1 g 金属镁，加入 30 ml 水，缓慢加入 30 ml HCl，待完全溶解后，煮沸，冷却后用水定容至 1 L
Na	1.00	称取 2.542 1 g NaCl（在 400～450℃灼烧到无爆裂声）溶于水，用水定容至 1 L
Ni	1.00	称取 1 g 金属镍，用 30 ml HNO_3（1+1）加热溶解，冷却后用水定容至 1 L
Pb	1.00	称取 1 g 金属铅，用 30 ml HNO_3（1+1）加热溶解，冷却后用水定容至 1 L
Sr	1.00	称取 1.684 8 g $SrCO_3$ 用 60 ml HCl（1+1）加热溶解，冷却后用水定容至 1 L
Ti	1.00	称取 1 g 金属钛，用 100 ml HCl（1+1）加热溶解，冷却后用 HCl（1+1）定容至 1 L
V	1.00	称取 1 g 金属钒，用 30 ml 水加热溶解，浓缩至近干，加入 20 ml HCl 冷却后用水定容至 1 L
Cd	1.00	称取 1 g 金属镉，用 30 ml HNO_3 溶解，用水定容至 1 L
Mn	1.00	称取 1 g 金属锰，用 30 ml HCl（1+1）加热溶解，冷却后用水定容至 1 L
As	1.00	称取 1.320 3 g As_2O_3，用 20 ml 10%的 NaOH 溶解（稍加热），用水稀释以 HCl 中和至溶液呈弱酸性，加入 5 ml HCl（1+1），再用水定容至 1 L

A.3.6.3 多元素混合标准溶液的配制：为进行多元素同时测定，简化操作手续，必须根据元素间相互干扰的情况与标准溶液的性质，用单元素中间标准溶液，分组配制成多元素混合标准溶液。由于所用标准溶液的性质及仪器性能以及对样品待测项目的要求不同，元素分组情况也不尽相同。表 A.4 列出了本方法条件下的元素分组表供参考。混合标准溶液的酸度应尽量保持与待测样品溶液的酸度一致。

表 A.4 多元素混合标准溶液分组情况

I		II		III	
元素	质量浓度/（mg/L）	元素	质量浓度/（mg/L）	元素	质量浓度/（mg/L）
Ca	50	K	50	Zn	1.0
Mg	50	Na	50	Co	1.0
Fe	10	Al	50	Cd	1.0
		Ti	10	Cr	1.0
				V	1.0
				Sr	1.0
				Ba	1.0
				Be	0.1
				Ni	1.0
				Pb	5.0
				Mn	1.0
				As	5.0

A.4 仪器、装置及工作条件

A.4.1 仪器

电感耦合等离子发射光谱仪和一般实验室仪器以及相应的辅助设备。常用的电感耦合等离子发射光谱仪通常分为多道式及顺序扫描式两种。

A.4.2 工作条件

一般仪器采用通用的气体雾化器时，同时测定多种元素的工作参数见表 A.5。

表 A.5 工作参数范围

高频功率/kW	反射功率/W	观测高度/mm	载气流量/（L/min）	等离子气流量/（L/min）	进样量/（ml/min）	测定时间/s
1.0～1.4	<5	6～16	1.0～1.5	1.0～1.5	1.5～3.0	1～20

A.5 样品的采集、保存和预处理

A.5.1 所有的采样容器都应预先用洗涤剂、酸和试剂水洗涤，塑料和玻璃容器均可使用。如果要分析极易挥发的硒、锑和砷的化合物，要使用特殊容器（如用于挥发性有机物分析的容器）。

A.5.2 水样必须用硝酸酸化至 pH 小于 2。

A.5.3 非水样品应冷藏保存，并尽快分析。

A.5.4 当分析样品中可溶性砷时，不要求冷藏，但应避光保存，温度不能超过室温。

A.5.5 银的标准和样品都应贮于棕色瓶中，并放置在暗处。

A.6 干扰的消除

ICP-AES 法通常存在的干扰大致可分为两类：一类是光谱干扰，主要包括连续背景和谱线重叠干扰；另一类是非光谱干扰，主要包括化学干扰、电离干扰、物理干扰以及去溶剂干扰等，在实际分析过程中各类干扰很难截然分开。在一般情况下，必须予以补偿和校正。

此外，物理干扰一般由样品的黏滞程度及表面张力变化而致，尤其是当样品中含有大量可溶盐或样品酸度过高，都会对测定产生干扰。消除此类干扰的最简单方法是将样品稀释。

A.6.1 基体元素的干扰

优化试验条件选择出最佳工作参数，无疑可减小 ICP-AES 法的干扰效应，但由于样品成分复杂，大量元素与微量元素间含量差别很大，因此来自大量元素的干扰不容忽视。表 A.2 列出了待测元素在建议的分析波长下的主要干扰元素。

A.6.2 干扰的校正

校正元素间干扰的方法很多，化学富集分离的方法效果明显并可提高元素的检出能力，但操作手续繁冗且易引入试剂空白；基体匹配法（配制与待测样品基体成分相似的标准溶液）效果十分令人满意，此种方法对于测定基体成分固定的样品，是理想的消除干扰的办法，但存在高纯度试剂难于解决的问题，而且废水的基体成分变化莫测，在实际分析中，标准溶液的配制工作十分麻烦；比较简便而且目前常用的方法是背景扣除法（凭试验，确定扣除背景的位置及方式）及干扰系数法，当存在单元素干扰时，可按公式 $K_i=\dfrac{Q'-Q}{Q_i}$ 求得干扰系数。

式中：K_i——干扰系数；

Q'——干扰元素加分析元素的含量；

Q——分析元素的含量；

Q_i——干扰元素的含量。

通过配制一系列已知干扰元素含量的溶液，在分析元素波长的位置测定其 Q'，根据上述公式求出 K_i，然后进行人工扣除或计算机自动扣除。

A.7 分析步骤

将预处理好的样品及空白溶液（溶液保持 5%的硝酸酸度），在仪器最佳工作参数条件下，按照仪器使用说明书的有关规定，两点标准化后，做样品及空白测定。扣除背景或以干扰系数法修正干扰。

A.8 结果计算

A.8.1 扣除空白值后的元素测定值即为样品中该元素的质量浓度。

A.8.2 如果试样在测定之前进行了富集或稀释，应将测定结果除以或乘以一个相应的倍数。

A.8.3 测定结果最多保留三位有效数字，单位以 mg/L 计。

A.9 注意事项

A.9.1 仪器要预热 1 h，以防波长漂移。

A.9.2 测定所使用的所有容器需清洗干净后，用 10%的热硝酸荡涤后，再用自来水冲洗、去离子水反复冲洗，以尽量降低空白背景。

A.9.3 若所测定样品中某些元素含量过高，应立即停止分析，并用 2%硝酸+0.05% Triton X-100 溶液来冲洗进样系统。将样品稀释后，继续分析。

A.9.4 谱线波长小于 190 mm 的元素，宜采用真空紫外通道测定，可获得较高的灵敏度。

A.9.5 含量太低的元素，可浓缩后测定。

A.9.6 成批量测定样品时，每 10 个样品为一组，加测一个待测元素的质控样品，用以检查仪器的漂移程度。当质控样品测定值超出允许范围时，须用标准溶液对仪器重新调整，然后再继续测定。

A.9.7 铍和砷为剧毒致癌元素，配制标准溶液及测定时，防止与皮肤直接接触并保持室内有良好的排风系统。

附 录 B

（资料性附录）

固体废物 元素的测定 电感耦合等离子体质谱法

Solid waste—Determination of elements—Inductively coupled plasma-mass spectrometry（ICP-MS）

B.1 范围

本方法适用于固体废物和固体废物浸出液中银（Ag）、铝（Al）、砷（As）、钡（Ba）、铍（Be）、镉（Cd）、钴（Co）、铬（Cr）、铜（Cu）、汞（Hg）、锰（Mn）、钼（Mo）、镍（Ni）、铅（Pb）、锑（Sb）、硒（Se）、钍（Th）、铊（Tl）、铀（U）、钒（V）、锌（Zn）等元素的电感耦合等离子体质谱法测定。

本方法也可用于其他元素的分析，但应给出方法的精确度和精密度。

本方法中常见的分子离子干扰见表 B.1。

表 B.1 ICP-MS 常见的分子离子干扰

分子离子	质量数	被干扰元素[a]	分子离子	质量数	被干扰元素[a]
背景形成的分子离子			$^{40}Ar^{36}Ar^+$	76	Se
NH^+	15		$^{40}Ar^{38}Ar^+$	78	Se
OH^+	17		$^{40}Ar^+$	80	Se
OH_2^+	18		基体形成的分子离子		
C_2^+	24		溴化物		
CN^+	26		$^{81}BrH^+$	82	Se
CO^+	28		$^{79}BrO^+$	95	Mo
N_2^+	28		$^{81}BrO^+$	97	Mo
N_2H^+	29		$^{81}BrOH^+$	98	Mo
NO^+	30		$^{40}Ar^{81}Br^+$	121	Sb
NOH^+	31		氯化物		
O_2^+	32		ClO	51	V
O_2H^+	33		ClOH	52	Cr
$^{36}ArH^+$	37		ClO	53	Cr
$^{38}ArH^+$	39		ClOH	54	Cr
$^{40}ArH^+$	41		$Ar^{35}Cl^+$	75	As
CO_2^+	44		$Ar^{37}Cl^+$	77	Se
CO_2H^+	45	Sc	硫酸盐		
ArC^+，ArO^+	52	Cr	$^{32}SO^+$	48	
ArN^+	54	Cr	$^{32}SOH^+$	49	
$ArNH^+$	55	Mn	$^{34}SO^+$	50	V，Cr
ArO^+	56		$^{34}SOH^+$	51	V
$ArOH^+$	57		SO_2^+，S_2^+	64	Zn
硫酸盐			碱、碱土金属复合离子		

分子离子	质量数	被干扰元素[a]	分子离子	质量数	被干扰元素[a]
$Ar^{32}S^+$	72		$ArNa^+$	63	Cu
$Ar^{34}S^+$	74		ArK^+	79	
磷酸盐			$ArCa^+$	80	
PO^+	47		基体氧化物[b]		
POH^+	48		TiO	62～66	Ni，Cu，Zn
PO_2^+	63	Cu	ZrO	106～112	Ag，Cd
ArP^+	71		MoO	108～116	Cd

注：a. 本方法中被分子离子干扰的测定元素或内标元素；

b. 氧化物干扰通常都非常低，当浓度比较高时才会对分析元素造成干扰。所给出的是一些须注意的基体氧化物的例子。

本方法对各种元素的检出限见表 B.2。

表 B.2 各元素的检出限

质量数元素	扫描模式		选择性离子监控模式	
	总可回收测定		总可回收测定	直接分析
	水样/（μg/L）	固体/（mg/kg）	水样/（μg/L）	水样/（μg/L）
^{27}Al	1.0	0.4	1.7	0.04
^{123}Sb	0.4	0.2	0.04	0.02
^{75}As	1.4	0.6	0.4	0.1
^{137}Ba	0.8	0.4	0.04	0.04
^{9}Be	0.3	0.1	0.02	0.03
^{111}Cd	0.5	0.2	0.03	0.03
^{52}Cr	0.9	0.4	0.08	0.08
^{59}Co	0.09	0.04	0.004	0.003
^{63}Cu	0.5	0.2	0.02	0.01
$^{206,207,208}Pb$	0.6	0.3	0.05	0.02
^{55}Mn	0.1	0.05	0.02	0.04
^{202}Hg	n.a	n.a	n.a	0.2
^{98}Mo	0.3	0.1	0.01	0.01
^{60}Ni	0.5	0.2	0.06	0.03
^{82}Se	7.9	3.2	2.1	0.5
^{107}Ag	0.1	0.05	0.005	0.005
^{205}Tl	0.3	0.1	0.02	0.01
^{232}Th	0.1	0.05	0.02	0.01
^{238}U	0.1	0.05	0.01	0.01
^{51}V	2.5	1.0	0.9	0.05
^{66}Zn	1.8	0.7	0.1	0.2

注：n.a 表示不适用，总可回收性消解方法不适于有机汞化合物的测定。

本方法对各种元素估算的仪器检出限见表 B.3。

表 B.3 估算仪器检出限

元素	建议分析相对原子质量	扫描方式	选择离子监控方式
Ag	107	0.05	0.004
Al	27	0.05	0.02
As	75	0.9	0.02
Ba	137	0.5	0.03
Be	9	0.1	0.02
Cd	111	0.1	0.02
Co	59	0.03	0.002
Cr	52	0.07	0.04
Cu	63	0.03	0.004
Hg	202	n.a	0.2
Mn	55	0.1	0.007
Mo	98	0.1	0.005
Ni	60	0.2	0.07
Pb	206，207，208	0.08	0.015
Sb	123	0.08	0.008
Se	82	5	1.3
Th	232	0.03	0.005
Tl	205	0.09	0.014
U	238	0.02	0.005
V	51	0.02	0.006
Zn	66	0.2	0.07

B.2 原理

将样品溶液以气动雾化方式引入射频等离子体，等离子体中的能量传输过程导致去溶、原子化和电离。等离子体产生的离子通过一个差级真空接口系统提取进入四极杆质谱分析器，然后根据其质荷比进行分离，其最小分辨率为 5%峰高处峰宽 1 u。四极杆传输的离子流用电子倍增器或法拉第检测器检测，数据处理系统处理离子信息。要充分认识本技术涉及的干扰并加以校正。校正应包括同量异位素干扰以及等离子气、试剂或样品基体产生的多原子离子干扰。样品基体引起的仪器响应抑制或增强效应以及仪器漂移必须使用内标补偿。

B.3 试剂和材料

B.3.1 试剂水，为 GB/T 6682 规定的一级水。
B.3.2 硝酸，ρ（HNO_3）=1.42 g/ml，优级纯。
B.3.3 硝酸（1+1），取 500 ml 浓硝酸加入到 400 ml 试剂级水中，然后稀释至 1 L。
B.3.4 硝酸（1+9），取 100 ml 浓硝酸加入到 400 ml 试剂级水中，然后稀释至 1 L。
B.3.5 盐酸，ρ（HCl）=1.19 g/ml，优级纯。
B.3.6 盐酸（1+1），取 500 ml 浓盐酸加入到 400 ml 试剂级水中，然后稀释至 1 L。
B.3.7 盐酸（1+4），取 200 ml 浓盐酸加入到 400 ml 试剂级水中，然后稀释至 1 L。
B.3.8 浓氨水，ρ（NH_4OH）=0.90 g/ml，优级纯。

B.3.9 酒石酸，优级纯。

B.3.10 标准贮备液，可以从权威商业机构购买或用超高纯化学试剂及金属（99.99%～99.999%的纯度）配制。除非另作说明，所用的盐类必须在105℃干燥2 h。标准贮备液建议保存在FEP瓶中，如果经逐级稀释制备的多元素储备标准（浓度）经验证有问题的话，须更换储备标准。

注意：许多金属盐类如吸入或吞下，毒性极大。取用之后要认真洗手。

标准贮备液的制备过程如下：

有些金属（尤其是那些易形成表面氧化物的）称量前须要先清洗。将金属表面在酸中浸泡可以达到清洗目的。取部分金属（重量超过预计称取量）反复浸泡，再用水清洗，干燥后称量，直到达到所需要的重量为止。

B.3.10.1 铝标准溶液，1 ml＝1 000 μg Al：将金属铝在热盐酸（1+1）中浸泡至准确的0.100 g，溶于10 ml浓盐酸和2 ml浓硝酸混合溶液中，加热至充分反应。持续加热至体积为4 ml。冷却，加4 ml试剂水，加热至体积减为2 ml。冷却，试剂水稀释至100 ml。

B.3.10.2 锑标准溶液，1 ml＝1 000 μg Sb：准确称取0.100 g锑粉末，溶于2 ml硝酸（1+1）和0.5 ml浓盐酸混合溶液中，加热至充分反应，冷却，加20 ml试剂水和0.15 g酒石酸，加热至白色沉淀溶解，冷却，试剂水稀释至100 ml。

B.3.10.3 砷标准溶液，1 ml＝1 000 μg As：准确称取0.132 0 g As_2O_3，溶于50 ml试剂水和1 ml浓氨水混合溶液中。缓慢加热至溶解，冷却，用2 ml硝酸酸化，试剂水稀释至100 ml。

B.3.10.4 钡标准溶液，1 ml＝1 000 μg Ba：准确称取0.143 7 g $BaCO_3$，溶于10 ml试剂水和2 ml浓硝酸混合溶液中。加热，搅拌至反应完全，去气。试剂水稀释至100 ml。

B.3.10.5 铍标准溶液，1 ml＝1 000 μg Be：准确称取 1.965 g $BeSO_4 \cdot 4H_2O$（不要烘干），溶于50 ml试剂水中。加入1 ml浓硝酸，试剂水稀释至100 ml。

B.3.10.6 镉标准溶液，1 ml＝1 000 μg Cd：将金属镉在硝酸（1+9）中浸泡至准确的0.100 g，溶于5 ml硝酸（1+1）中，加热至反应完全。冷却，试剂水稀释至100 ml。

B.3.10.7 铬标准溶液，1 ml＝1 000 μg Cr：准确称取0.192 3 g CrO_3，溶于10 ml试剂水和1 ml浓硝酸混合溶液中。试剂水稀释至100 ml。

B.3.10.8 钴标准溶液，1 ml＝1 000 μg Co：将金属钴在硝酸（1+9）中浸泡至准确的0.100 g，溶于5 ml硝酸（1+1）中，加热至反应完全。冷却，试剂水稀释至100 ml。

B.3.10.9 铜标准溶液，1 ml＝1 000 μg Cu：将金属铜在硝酸（1+9）中浸泡至准确的 0.100 g，溶于5 ml硝酸（1+1）中，加热至反应完全。冷却，试剂水稀释至100 ml。

B.3.10.10 铅标准溶液，1 ml＝1 000 μg Pb：将0.159 9 g $PbNO_3$溶于5 ml硝酸（1+1）中，试剂水稀释至100 ml。

B.3.10.11 锰标准溶液，1 ml＝1 000 μg Mn：将锰薄片在硝酸（1+9）中浸泡至准确的0.100 g，溶于5 ml硝酸（1+1）中，加热至反应完全。冷却，试剂水稀释至100 ml。

B.3.10.12 汞标准溶液，1 ml＝1 000 μg Hg：不要烘干（警告：剧毒元素）。将0.135 4 g $HgCl_2$溶于试剂水中，加入5.0 ml浓硝酸，试剂水稀释至100 ml。

B.3.10.13 钼标准溶液，1 ml＝1 000 μg Mo：准确称取0.150 0 g MoO_3，溶于10 ml 试剂水和1 ml浓氨水的混合溶液中，加热至反应完全。冷却，试剂水稀释至100 ml。

B.3.10.14 镍标准溶液，1 ml＝1 000 μg Ni：准确称取 0.100 0 g镍粉，溶于5 ml浓硝酸中，加热至反应完全。冷却，试剂水稀释至100 ml。

B.3.10.15 硒标准溶液，1 ml＝1 000 μg Se：准确称取0.140 5 g SeO_2，溶于20 ml试剂水中，稀释至100 ml。

B.3.10.16 银标准溶液，1 ml＝1 000 μg Ag：准确称取0.100 0 g Ag，溶于5 ml硝酸（1+1）中，加热至反应完全。冷却，试剂水稀释至100 ml。保存在黑色不透光容器中。

B.3.10.17 铊标准溶液，1 ml 含 1 000μg Tl：准确称取 0.130 3 g $TlNO_3$，溶于 10 ml 试剂水和 1 ml 浓硝酸的混合溶液中，试剂水稀释至 100 ml。

B.3.10.18 钍标准溶液，1 ml＝1 000 μg Th：准确称取 0.238 0 g $Th(NO_3)_4 \cdot 4H_2O$（不要烘干），溶于 20 ml 试剂水中，试剂水稀释至 100 ml。

B.3.10.19 铀标准溶液，1 ml＝1 000 μg U：准确称取 0.211 0 g $UO_2(NO_3)_2 \cdot 6H_2O$（不要烘干），溶于 20 ml 试剂水中，稀释至 100 ml。

B.3.10.20 钒标准溶液，1 ml＝1 000 μg V：将钒金属在硝酸（1+9）中浸泡至准确的 0.100 g，溶于 5 ml 硝酸（1+1）中，加热至反应完全。冷却，试剂水稀释至 100 ml。

B.3.10.21 锌标准溶液，1 ml＝1 000 μg Zn：将锌金属在硝酸（1+9）中浸泡至准确的 0.100 g，溶于 5 ml 硝酸（1+1）中，加热至反应完全。冷却，试剂水稀释至 100 ml。

B.3.10.22 金标准溶液，1 ml＝1 000 μg Au：将 0.100 g 高纯金粒（99.999 9%）溶于 10 ml 热硝酸中，逐滴加入 5 ml 浓 HCl，然后回流加热，排除氮和氯的氧化物。冷却，试剂水稀释至 100 ml。

B.3.10.23 铋标准溶液，1 ml＝1 000 μg Bi：准确称取 0.111 5 g Bi_2O_3，溶于 5 ml 浓硝酸中。加热至反应完全。冷却，试剂水稀释至 100 ml。

B.3.10.24 钇标准溶液，1 ml＝1 000 μg Y：准确称取 0.127 0 g Y_2O_3，溶于 5 ml 硝酸（1+1）中，加热至反应完全。冷却，试剂水稀释至 100 ml。

B.3.10.25 铟标准溶液，1 ml＝1 000 μg In：将金属铟在硝酸（1+9）中浸泡至准确的 0.100 g，溶于 10 ml 硝酸（1+1）中，加热至反应完全。冷却，试剂水稀释至 100 ml。

B.3.10.26 钪标准溶液，1 ml 含 1 000 μg Sc：准确称取 0.153 4 g Sc_2O_3，溶于 5 ml 硝酸（1+1）中，加热至反应完全。冷却，试剂水稀释至 100 ml。

B.3.10.27 镁标准溶液，1 ml 含 1 000 μg Mg：准确称取 0.165 8 g MgO，溶于 10 ml 硝酸（1+1）中，加热至反应完全。冷却，试剂水稀释至 100 ml。

B.3.10.28 铽标准溶液，1 ml＝1 000 μg Tb：准确称取 0.117 6 g Tb_4O_7，溶于 5 ml 浓硝酸中，加热至反应完全。冷却，试剂水稀释至 100 ml。

B.3.11 多元素储备标准溶液。制备多元素储备标准溶液时一定要注意元素间的相容性和稳定性。元素的原始标准储备溶液必须进行检查以避免杂质影响标准的准确度。新配好的标准溶液应转移至经过酸洗的、未用过的 FEP 瓶中保存，并定期检查其稳定性。元素可采用表 B.4 中的分组。

表 B.4 元素储备标准溶液分类

标准溶液 A	标准溶液 B
Al，Sb，As，Be，Cd，Cr，Co，Cu，Pb，Mn，Hg，Mo，Ni，Se，Th，Tl，U，V，Zn	Ba，Ag

除了 Se 和 Hg，多元素标准储备溶液 A 和 B（1 ml＝10 μg）可以通过直接分取 1 ml 列表中的单元素标准储备溶液，用含 1%（体积分数）硝酸的试剂水稀释至 100 ml 配制而成。对于 A 溶液中的 Hg 和 Se 元素，分别取各自的标准溶液 0.05 ml 和 5.0 ml，用试剂水稀释至 100 ml（1 ml 含 0.5 μg Hg 和 50 μg Se）。如果用质量监控样来核对经逐级稀释制备的多元素储备标准得不到验证的话，则需要更换。

B.3.12 校准工作溶液制备。多元素标准液应每隔两周或根据需要重新配制。根据仪器操作范围，用 1%（体积分数）硝酸介质的试剂水将溶液 A 和 B 稀释至合适的浓度。标准溶液中的元素浓度要足够高，以保证好的测定精密度和准确的响应曲线斜率。根据仪器灵敏度，建议质量浓度范围为 10～200 μg/L，但汞的质量浓度要限制在 5 μg/L 以内。需要指出，硒的质量浓度一般要比其他元素的浓度高 5 倍。如果采用直接加入方法，在校准标准中加入内标并储存在 FEP 瓶中，校准标准要先用质量控制样来核对。

B.3.13 内标储备溶液，1 ml＝100 μg。取 10 ml Sc、Y、In、Tb 和 Bi 标准储备溶液，试剂水稀释至 100 ml，储存在 FEP 瓶中。直接将该质量浓度的内标溶液加入空白、校准标准和样品中。如果用蠕动泵加入，可用 1%（体积分数）硝酸稀释至适当质量浓度。

注：如果采用“直接分析”步骤测定汞，在内标溶液中加入适量金标准储备液，使最终的空白溶液、校正标准和样品中金质量浓度达 100 μg/L。

B.3.14 空白。本方法需要 3 种类型的空白溶液。(1) 校准空白溶液，用来建立分析校准曲线；(2) 实验室试剂空白溶液，用来评价样品制备过程中可能的污染和背景谱干扰；(3) 清洗空白溶液，在测定样品过程中用来清洗仪器，以降低记忆效应干扰。

B.3.14.1 校准空白。1%（体积分数）硝酸介质的试剂水。采用直接加入法时，加内标。

B.3.14.2 实验室试剂空白（LRB），必须与样品处理过程一样加入相同体积的所有试剂。LRB 制备过程必须和样品处理步骤（需要的话，也要进行消解）完全相同，如果采用直接加入法，则样品处理完后加入内标。

B.3.14.3 清洗空白。含 2%（体积分数）硝酸的试剂水。

注：如果采用“直接分析”步骤测定汞，在内标溶液中加入金标准储备液，使清洗空白中金质量浓度为 100 μg/L。

B.3.15 调谐溶液。本溶液用于分析前的仪器调谐和质量校准。通过将 Be、Mn、Co、In 和 Pb 的储备液混合后，用 1%（体积分数）硝酸稀释而成，调谐溶液中每种元素质量浓度均为 100 μg/L。不需加入内标（根据仪器灵敏度，可将此溶液稀释 10 倍）。

B.3.16 质量控制样（QCS）。质量控制样制备所需的源溶液应来自本实验室之外，其浓度视仪器灵敏度而定。将合适的溶液用 1%（体积分数）硝酸稀释至质量浓度≤100 μg/L 配制而成。由于 Se 的灵敏度较低，稀释至质量浓度≤500 μg/L，但任何情况下，汞的质量浓度都要≤5 μg/L。如果采用直接加入法，稀释后加入内标，并储存在 FEP 瓶中。QCS 应视需要进行分析以满足数据质量要求，该溶液应每季或根据需要经常重新配制。

B.3.17 实验室强化空白（LFB）。在等分实验室试剂空白中加入适量多元素标准储备液 A 和 B 配制而成。根据仪器的灵敏度需要，强化空白溶液中每种元素（除 Se 和 Hg）的质量浓度一般都在 40～100 μg/L。Se 的质量浓度范围为 200～500 μg/L，而汞的质量浓度要限制在 2～5 μg/L。LFB 制备过程必须和样品处理步骤（需要的话，也要进行消解）完全相同，如果采用直接加入法，样品处理完后加入内标。

B.4 仪器、装置及工作条件

B.4.1 电感耦合等离子体质谱仪

B.4.1.1 仪器能对 5～250 u 质量范围内进行扫描，最小分辨率在 5%，峰高处峰宽 1 u。仪器配有常规的或能扩展动态范围的检测系统。

B.4.1.2 射频发生器，符合 FCC 规范。

B.4.1.3 氩气源，高纯级（99.99%）。如果使用比较频繁，液氩比传统气瓶压缩氩气更经济，且不需经常更换。

B.4.1.4 变速蠕动泵，将溶液传输到雾化器。

B.4.1.5 雾化器气流需要一个质量流控制计。水冷雾室对于降低某些干扰非常有效（如多原子氧化物粒子）。

B.4.1.6 如果使用电子倍增器，应注意不要暴露在强离子流下，否则会引起仪器响应变化或损坏检测器。对于样品中元素浓度太高，超出仪器的线性范围以及在扫描窗口内下降的同位素，稀释后再进行分析。

B.4.2 分析天平。精确至 0.1 mg，用来称量固体样品，制备标准以及消解液或提取液中可溶性固体的测定。

B.4.3 温控式电热板。温度能够保持在 95℃。

B.4.4 （可选）可控温电热套（能保持 95℃）。配有 250 ml 的收缩型消解试管。
B.4.5 （可选）离心机。有保护套，电子计时和制动闸。
B.4.6 重力对流干燥烘箱。带有温控系统，能够维持在 180℃±5℃。
B.4.7 （可选）排气式移液器。能转移 0.1～2 500 μl 体积范围的溶液，且配有高质量的一次性移液头。
B.4.8 研钵和杵。陶瓷或其他非金属材料。
B.4.9 聚丙烯筛，5 目（4 mm）。
B.4.10 实验室器皿。对于痕量元素的测定来讲，污染和损失是首要考虑的问题。潜在的污染源包括实验室所用器皿的不正确清洗以及来自实验室环境的灰尘污染等。微量元素的样品处理必须保证干净的实验室操作环境。在痕量元素测定中，样品容器会通过以下途径给样品测定结果带来正负误差：（1）通过表面解吸附作用或浸析造成污染；（2）通过吸附过程降低元素浓度。所有可重复使用的实验室器皿（玻璃，石英，聚乙烯，PTFE，FEP 等材料）都应该充分清洗直到满足分析要求。采用以下的几个步骤能提供干净的实验室器皿：浸泡过夜，然后用实验室级的清洁剂和水彻底清洗，自来水洗，在 20%（体积分数）硝酸或稀的硝酸和盐酸混合酸（1+2+9）中浸泡 4 个小时或更长，最后用试剂水清洗，然后保存在干净的地方。

注：铬酸绝对不能用来清洗玻璃器皿。

B.4.10.1 玻璃器皿。容量瓶，量筒，漏斗和离心管（玻璃或塑料）。
B.4.10.2 多种校准过的移液管。
B.4.10.3 锥形 Pillips 烧杯，250 ml，带 50 mm 表面皿。
B.4.10.4 吉芬烧杯，250 ml，带 75 mm 的表面皿。
B.4.10.5 （可选）PTFE 和（或）石英烧杯，250 ml，带 PTFE 盖子。
B.4.10.6 蒸发皿或高型坩埚，陶瓷材料，容积 100 ml。
B.4.10.7 窄口储存瓶，FEP（氟化乙丙烯）材料，ETFE（四氟乙烯）螺旋封口，容积 125～250 ml。
B.4.10.8 FEP 洗瓶，螺旋封口，容积 125 ml。
B.4.11 仪器工作条件。建议按照仪器生产商提供的仪器工作条件操作。

B.5 样品的采集、保存和预处理

B.5.1 测定银之前应进行样品消解。本方法提供的总可回收样品消解步骤适用于水溶液样品中质量浓度低于 0.1 mg/L 的银测定，对于银的质量浓度高的水样分析，应取小体积进行稀释混匀，直至分析溶液中银的质量浓度小于 0.1 mg/L。银的质量比大于 50 mg/kg 的固体样品也要采用类似方法处理。
B.5.2 在有游离硫酸盐存在的情况下，本方法提供的总可回收样品消解步骤可能使钡产生硫酸钡沉淀。因此，对于样品中含有未知浓度的硫酸盐，样品处理后要尽快分析。
B.5.3 固体样品分析前不需要处理，只需在 4℃保存。没有确定的存放期限。

B.6 干扰的消除

ICP-MS 测定微量元素时，以下几种干扰将导致测定结果的不准确性。

B.6.1 同量异位素干扰（Isobaric elemental interferences）

不同元素的同位素所形成的具有相同标称质荷比的单电荷或双电荷离子，因其质量不能被所用的质谱仪分辨，引起同量异位素干扰。本方法测定的所有元素至少有一个同位素不受同量异位素干扰。本方法推荐使用的分析同位素中（表 B.5），只有 ^{98}Mo（Ru）和 ^{82}Se（Kr）受同量异位素干扰。如果选择其他天然丰度较高的同位素进行分析以获得更高的灵敏度时，就可能产生同量异位素干扰。此种情况下测得的数据要进行干扰校正，通过测定干扰元素的另外一个同位素的信号强度并按一定的比例减去其对待测同位素的干扰。数据报告中应包括这种干扰校正记录。需要指出，这种干扰校正的准确程度取决于用于数据计算的元素方程中同位素比值的准确性。因此，在进行任何校正前应先确定相关的同位素比值。

表 B.5 推荐的分析同位素和需要同时监测的同位素

同位素	被分析元素	同位素	被分析元素
<u>107</u>，109	Ag	<u>60</u>，62	Ni
<u>27</u>	Al	<u>206</u>，<u>207</u>，<u>208</u>	Pb
<u>75</u>	As	105	Pd
135，<u>137</u>	Ba	99	Ru
<u>9</u>	Be	121，<u>123</u>	Sb
106，108，<u>111</u>，114	Cd	77，<u>82</u>	Se
<u>59</u>	Co	118	Sn
<u>52</u>，53	Cr	<u>232</u>	Th
<u>63</u>，65	Cu	203，<u>205</u>	Tl
83	Kr	<u>238</u>	U
<u>55</u>	Mn	<u>51</u>	V
95，97，<u>98</u>	Mo	<u>66</u>，67，68	Zn

注：推荐选用的分析同位素用下划线标出。

B.6.2 丰度灵敏度（Abundance sensitivity）

表征一个质量峰的翼与相邻峰的重叠程度。丰度灵敏度受离子能和四极杆操作压力影响，当待测的小离子峰相邻处有一个较大的峰时，就可能产生重叠干扰。要认识到这种潜在的干扰并通过调整质谱分辨率将干扰降至最低。

B.6.3 同量多原子离子干扰（Isobaric polyatomic ion interferences）

由两个或多个原子结合成的复合离子，与待分析同位素具有相同的标称质荷比，所用的质谱仪不能将其分辨。这些多原子离子通常来自所用的工作气体或样品组分，形成于等离子体或接口系统。常见的绝大多数干扰都能被识别，干扰及被干扰元素见表 B.1。当选择的分析同位素无法避免此类干扰时，要充分考虑并采用适当的方法对所测定的数据进行校正。干扰校正公式应该在分析运行程序时确定，因为多原子离子干扰与样品基体和所选定的仪器条件有很大的关系。尤其是在测定 As 和 Se 时会遇到 ^{82}Kr 的干扰，通过使用高纯不含 Kr 的氩气就能大大降低它的干扰。

B.6.4 物理干扰（Physical interferences）

与样品传输到等离子体、在等离子体中进行转换、通过等离子体质谱接口传输等物理过程有关的干扰。此类干扰将导致样品和校准标准的仪器响应不同，可能产生于溶液进入雾化器的传输过程（黏性效应）、气溶胶的形成及进入等离子体过程（表面张力）、在等离子体内的激发和离子化过程。样品中可溶固体含量高将导致物质在采样锥和截取锥的堆积，从而减小锥孔的有效直径而降低了离子的传输效率。为了减少此类干扰，建议可溶固体总量低于 0.2%（质量比）。采用内标法来补偿这些物理干扰效应也是很有效的，理想的内标元素要与被测元素具有相似的分析行为。

B.6.5 记忆干扰（Memory interferences）

由于先测定样品中的元素同位素信号对后面测定样品的影响。记忆效应来自样品在采样锥和截取锥的沉积以及等离子体炬管和雾室中样品的附着。此类记忆效应产生的位置与测定元素有关，可通过进样前用清洗液清洗系统来降低。对每个样品的分析都应该考虑记忆效应干扰并采取适当的清洗次数来降低干扰。在分析前就应该确定特定元素所必需的清洗时间，可采用如下方法：按常规样品的分析时间，连续喷入含待测元素浓度为线性动态范围上限 10 倍的标准溶液，随后在设定时间间隔测定清洗空白。记下将待测物信号降至 10 倍方法检出限以内的时间长度。记忆干扰也可通过在一个分析运行程序进行至少 3 次重复积分的数据采集来评估。如果测得的积分信号连续下降，就表明可能存在记忆效应对待测物的干扰。这时就应该检查前一个样品中分析物的质量浓度是否偏高。如果怀疑有记忆效应干扰，就应该在长时间清洗后重新分析样品。在测定汞时会遇到严重的记忆效应，通过加入 100 μg/L 金在大约 2 min 内就能有效地清除 5 μg/L 汞的记忆效应。质量浓度越高需要的清洗时间越长。

B.7 分析步骤

B.7.1 校准和标准化

B.7.1.1 操作条件：由于仪器硬件各不相同，在此不提供具体的仪器操作条件。建议按照仪器生产商提供的操作条件去做。应检验仪器配置和操作条件是否满足分析要求，并保存检验仪器性能和分析结果的质量控制数据。

B.7.1.2 预校准程序：仪器校准前要完成如下的预校准程序，直到具有证明仪器不需每日调谐就能满足如下要求的定期操作性能数据。

B.7.1.3 仪器和数据系统的最佳操作配置初始化。仪器点燃后至少预热 0.5 h，其间用调谐溶液进行质量校正和分辨率检查。低质量数的分辨率检查选用 Mg 同位素 24，25，26，高质量数选择 Pb 同位素 206，207，208。好的工作状态下分辨率要调至 5%峰高处能产生大约 0.75 u 的峰宽。如果漂移超过 0.1 u 就要进行质量校正。

B.7.1.4 运行调谐溶液至少 5 次，直到所有被分析元素绝对信号的相对标准偏差低于 5%才能证明仪器处于稳定状态。

B.7.1.5 内标标化：所有分析都必须用内标标化来校正仪器漂移和物理干扰。能用来作内标的元素见表 B.6，至少选择 3 种内标才能满足所有质量范围的元素测定。本方法具体介绍了实际应用中常用的 5 种内标：Sc、Y、In、Tb 和 Bi，用它们作内标来满足本方法要求的精密度和回收率。内标在样品、标准溶液和空白中的浓度必须完全相同。可以通过直接在校准标准、空白和样品溶液中加入内标或者在雾化前通过蠕动泵三通和混合线圈在线加入。内标质量浓度必须足够高，以保证用来校准数据的测定同位素获得好的精密度，如果内标在样品中自然存在，还可使可能的校准偏差降至最低。根据仪器的灵敏度，建议使用 20～200 μg/L 质量浓度范围的内标。内标要以相同的方式加入空白、样品和标准中，这样就可以忽略加入时的稀释影响。

表 B.6 内标及其应用限制

内标	相对原子质量	可能的限制
Li	6	a
Sc	45	多原子离子干扰
Y	89	a，b
Rh	103	
In	115	Sn 的同量异位素干扰
Tb	159	
Ho	165	
Lu	175	
Bi	209	a

注：a. 环境样品中可能存在；
b. 有些仪器中 Y 可能形成 YO^+（相对原子质量 105）和 YOH^+（相对原子质量 106）。这种情况下，在 Cd 的干扰校正方程中要予以考虑。

B.7.1.6 校准：开始校准前要建立合适的仪器软件程序用于定量分析。仪器必须要选用 B.7.1.5 列举的一种内标进行校准。仪器要用校准空白和一种或多种质量浓度水平的标准进行校准。数据采集至少需要 3 个重复积分数据。取 3 次积分数据的平均值作为仪器校准和数据报告。

B.7.1.7 空白、标准和样品溶液之间转换时要用清洗空白清洗系统，要有充足的清洗时间去除上一样品的记忆效应。数据采集前要有 30 s 的溶液提升时间以保证建立平衡。

B.7.2 固体样品处理——总可回收分析物

B.7.2.1 固体样品中总可回收分析物的测定：充分混匀样品，取部分（>20 g）至称过皮重的盘中，称重并记录湿重（$m_{湿}$）。如果样品含水率低于35%，20 g称样量即可，含水率高于35%时，需要50～100 g称样量。于60℃烘干样品至恒重，记录干重（$m_{干}$），计算出固体所占百分比（样品在60℃烘干是为了避免汞和其他易挥发金属化合物的挥发损失，便于过筛和研磨）。

B.7.2.2 为了保证样品均质，将干燥后的样品用 5 目聚丙烯筛过筛，然后用研钵研磨（样品更换时要清洗筛子和研钵）。准确称取经干燥研磨好的样品（1.0±0.01）g，转移到 250 ml Phillips 烧杯中进行酸提取处理。

B.7.2.3 在烧杯中加入 4 ml HNO_3（1+1）和 10 ml HCl（1+4）。用表面皿盖住，置于电热板上加热，回流提取分析物。电热板放在通风橱里，回流温度控制在 95℃左右。

注：装有 50 ml 水样的敞开的 Griffin 烧杯放在电热板中间，调节电热板的温度使溶液温度保持在 85℃左右，但不超过此温度（如果烧杯用表面皿盖住，水温会上升至大约 95℃）。也可以用能保持 95℃的电热套（配有 250 ml 收缩型容量消解管）来代替电热板和烧杯。

B.7.2.4 缓慢加热回流样品 30 min。可能会产生微沸现象，但一定要避免剧烈沸腾，以防 HCl-H_2O 恒沸物损失。会有部分溶液蒸发（3～4 ml）。

B.7.2.5 待样品冷却后，定量转移至 100 ml 容量瓶中。用试剂水稀释至刻度，加盖，摇匀。

B.7.2.6 将样品提取液放置过夜以便不溶物下沉或取部分溶液离心至澄清。如果放置过夜或离心后样品溶液中仍有悬浮物，要在分析前过滤以免堵塞雾化器。但过滤时要小心，避免污染样品。

B.7.2.7 分析前调整氯化物的质量浓度，吸取 20 ml 处理好的溶液至 50 ml 容量瓶中，稀释至刻度，混匀。如果溶液中可溶性固体含量大于 0.2%，要进一步稀释以免采样锥或截取锥堵塞。如果选择直接加入步骤，加入内标，混匀。此样品可供上机分析。因为不同样品基体对稀释后样品稳定性的影响难以表征，所以样品处理完成后要尽快分析。

注：测出样品中的固体质量分数，用于在干质量基础上计算和报出数据。

B.7.3 样品分析

B.7.3.1 对于每个新的或特殊基体，最好先用半定量分析法扫描样品，确定其中的高质量浓度的元素。由此获取的信息可以避免样品分析期间对检测器的潜在损害，同时鉴别质量浓度超过线性范围的元素。基体扫描可以用智能软件完成，或者将样品稀释 500 倍在半定量模式下分析。同时要扫描样品中被选作内标元素的背景值，防止数据计算时产生偏差。

B.7.3.2 初始化仪器操作条件。针对待测分析物调谐并校准仪器。

B.7.3.3 建立定量分析的仪器软件运行程序。所有分析样品的数据采集都需要至少 3 次重复积分。取 3 次积分的平均值作为报出数据。

B.7.3.4 分析过程中对所有可能影响数据质量的质量数都要监控。至少表 B.5 列举的相对原子质量必须和数据采集所用相对原子质量同时监控，这些数据可用来进行干扰校正。

B.7.3.5 样品分析时，实验室必须遵守质量控制措施。只有在分析混浊度小于 1 NTU 的饮用水中的可溶性分析物或"直接分析法"才不需要对 LRB、LFB 和 LFM 采取样品消解步骤。

B.7.3.6 样品之间应穿插清洗空白来清洗系统。要有充足的清洗时间去除上一样品的记忆效应或至少

1 min。数据采集前应有 30 s 的样品提升时间。

B.7.3.7 样品质量浓度高于设定的线性动态范围时，应将样品稀释至质量浓度范围内重新分析。最好先测定样品中的痕量元素，如果需要，通过选择合适的扫描窗口来避免高质量浓度元素损坏检测器。然后再将样品稀释后测定其他元素。另外，可以通过选择天然丰度低的同位素来调整动态范围，但要保证所选的同位素已建立了质量监控。不能随便改变仪器条件来调节动态范围。

B.8 结果计算

B.8.1 数据计算时建议采用的元素方程列于表 B.7。水溶液样品的数据单位是μg/L，固体样品干重的单位是 mg/kg。元素质量浓度低于方法检出限（MDL）的不予报出。

表 B.7 推荐的元素数据计算公式

元素	元素数据计算方程	备注
Ag	（1.000）（^{107}C）	
Al	（1.000）（^{27}C）	
As	（1.000）（^{75}C）－（3.127）[（^{77}C）－（0.815）（^{82}C）]	（1）
Ba	（1.000）（^{137}C）	
Be	（1.000）（^{9}C）	
Cd	（1.000）（^{111}C）－（1.073）[（^{108}C）－（0.712）（^{106}C）]	（2）
Co	（1.000）（^{59}C）	
Cr	（1.000）（^{52}C）	（3）
Cu	（1.000）（^{63}C）	
Mn	（1.000）（^{55}C）	
Mo	（1.000）（^{99}C）－（0.146）（^{99}C）	（5）
Ni	（1.000）（^{60}C）	
Pb	（1.000）（^{206}C）+（1.000）（^{207}C）+（1.000）（^{208}C）	（4）
Sb	（1.000）（^{123}C）	
Se	（1.000）（^{82}C）	（6）
Th	（1.000）（^{232}C）	
Tl	（1.000）（^{205}C）	
U	（1.000）（^{238}C）	
V	（1.000）（^{51}C）－（3.127）（^{53}C）－（0.113）（^{52}C）	（7）
Zn	（1.000）（^{66}C）	
Bi	（1.000）（^{209}C）	
In	（1.000）（^{115}C）－（0.016）（^{118}C）	（8）
Sc	（1.000）（^{45}C）	
Tb	（1.000）（^{159}C）	
Y	（1.000）（^{89}C）	

注：C——特定质量上减去校准空白后的计数。

（1）用 ^{77}Se 进行氯化物干扰校正。ArCl 75/77 的比值可通过试剂空白测得。同量异位素质量 82 只能是来自 ^{82}Se，而不可能是 BrH^+。

（2）MoO 的干扰校正。同量异位素质量 106 只能是 Cd 而不可能是 ZrO^+。如样品中含有 Pd，还需要增加对 Pd 的干扰校正。

（3）0.4%（体积分数）HCl 介质中，ClOH 的背景干扰一般很小。但试剂空白的贡献需要考虑。同量异位素质量只能是来自 ^{52}Cr，而不可能是 ArC^+。

（4）考虑到铅同位素的可变性。

（5）Ru 的同量异位素干扰校正。

（6）有的氩气中含有 Kr 杂质，通过扣除 ^{82}Kr 的干扰来校正 Se。

（7）通过 ^{53}Cr 校正氯化物干扰。ClO 51/53 的比值可通过试剂空白测得。同量异位素 52 只能是来自 ^{52}Cr 而不可能是 ArC^+。

（8）锡的同量异位素干扰校正。

B.8.2 报出的元素质量浓度数据值低于10，要保留2位有效数字。数据值等于或大于10，保留3位有效数字。

B.8.3 采用总可回收分析物测定步骤的水溶液样品的溶液质量浓度要乘以稀释倍数。样品如果另外稀释或采用酸溶方法处理，计算样品质量浓度时要乘以相应的稀释倍数。

B.8.4 关于固体样品中总可回收分析物的测定，按照B.8.2的规定对溶液中的分析物质量浓度进行修约。分析溶液质量浓度乘以0.005计算100 ml提取液中的分析物质量浓度（如果样品另外稀释，计算提取液中样品质量浓度时要乘以相应的稀释倍数）。报出换算为干样品质量比（ω），保留3位有效数字，除非另有规定。换算公式如下：

$$\omega=\frac{\rho V}{m}$$

式中：ω——干样品质量比，mg/kg；

ρ——提取液中待测物质量浓度，mg/L；

V——提取液体积，L；

m——被提取样品的质量，kg。

低于估算的固体方法检出限（MDL）或根据（为完成分析而进行的）稀释而调整的MDL的分析结果不予报出。

B.8.5 固体样品中的固体质量分数用以下公式计算：

$$\omega_S=\frac{m_{干}}{m_{湿}}\times 100$$

式中：ω_S——固体质量分数，%；

$m_{干}$——60℃烘干的样品质量，g；

$m_{湿}$——烘干前的样品质量，g。

注：如果数据使用者，项目或实验室要求105℃烘干后测定固体质量分数，另取一份样品（>20 g）按B.7.2的步骤重新操作，在103～105℃烘干至恒重。

B.8.6 采用内标法校正由于仪器漂移或样品基体引起的干扰。特征质谱干扰也要进行校正。不管有没有加入盐酸，所有样品都要进行氯化物干扰校正，因为环境样品中氯化物离子是常见组分。

B.8.7 如果一种待测元素选择了不止一个同位素，不同同位素计算的质量浓度或同位素比值可以为分析者检查可能的质谱干扰提供有用信息。衡量元素质量浓度时，主同位素和次同位素都要考虑。有些情况下，次同位素的灵敏度可能比推荐的主同位素低或更容易受到干扰，因此，两种结果的差异并不能说明主同位素的数据计算有问题。

B.8.8 分析期间的质量监控样（QC）的结果可以为样品数据质量提供参考，应和样品结果一起提供。

B.9 质量保证和控制

B.9.1 基本要求

使用本方法的所有实验室都应执行正式的质量监控程序。程序至少应包括实验室初始能力证明，实验室试剂空白、强化空白和校准溶液的定期分析。要求实验室保存控制数据质量的操作记录。

B.9.2 能力初始证明

B.9.2.1 能力初始证明用来描述用本方法进行分析前的仪器性能（线性校准范围测定和质量监控样分析）和实验室性能（方法检出限测定）。

B.9.2.2 线性校准范围：线性校准范围主要受检测器限制。通过测定三种不同质量浓度的标准溶液的信号响应建立适合每个元素的线性校准范围上限，其中一份标准的质量浓度要接近线性范围的上限。此过程应注意避免对检测器造成可能的损坏。用于样品分析的线性校准范围由分析者根据分析结果进行判断。线性范围的上限应该是该质量浓度下的观测信号不低于通过较低标准外推信号水平的 90%。待测物质量浓度超过上限的 90%时要稀释后重新分析。当仪器硬件或操作条件发生变化时，分析者要判断是否应验证线性校准范围，并决定是否需重新分析。

B.9.2.3 质量监控样（QCS）：使用本方法进行分析时，每个季度或对数据质量有要求时都要通过分析 QCS 来检验校准标准和仪器性能。用来检验校准标准的 QCS 的 3 次测定平均值必须在其标准值的±10%范围内。如果用来确定可接受的仪器运行状态，质量浓度为 100 μg/L 的 QCS 的测定误差要小于±10%或在表 B.8 列举的可接受限（以两值中之高者为判据）之内（如果不在可接受限内，马上对该监控样重新分析，以确认仪器状态）。如果校准标准或仪器性能超出可接受范围，必须查找问题根源并在测定方法检出限或在连续分析之前进行校正。

表 B.8 QC 监控样的允许限[1]

元素	QC 监控样质量浓度/（μg/L）	平均回收率/%	标准偏差[2]（S_r）	允许限[3]/（μg/L）
Ag	100	101.1	3.29	91～111[5]
Al	100	100.4	5.49	84～117
As	100	101.6	3.66	91～113
Ba	100	99.7	2.64	92～108
Be	100	105.9	4.13	88～112[4]
Cd	100	100.8	2.32	94～108
Co	100	97.7	2.66	90～106
Cr	100	102.3	3.91	91～114
Cu	100	100.3	2.11	94～107
Mn	100	98.3	2.71	90～106
Mo	100	101.0	2.21	94～108
Ni	100	100.1	2.10	94～106
Pb	100	104.0	3.42	94～114
Sb	100	99.9	2.4	93～107
Se	100	103.5	5.67	86～121
Th	100	101.4	2.60	94～109
Tl	100	98.5	2.79	90～107
U	100	102.6	2.82	94～111
V	100	100.3	3.26	90～110
Zn	100	105.1	4.57	91～119

注：1. 方法性能表征数据由协作研究所得的回归方程计算而得；
2. 单个分析者的标准偏差，S_r；
3. 允许限按照平均回收值±3 S_r 计算；
4. 允许限中值为 100%回收率；
5. 48 μg/L 和 64 μg/L 综合统计的估算值。

B.9.2.4 方法检出限（MDL）：采用强化试剂空白（质量浓度为估计检出限的 2～5 倍）来确定所有分析元素的方法检出限。具体步骤为：取 7 等份强化试剂空白溶液进行分析全流程处理，全部按方法规定的公式进行计算，然后报出合适单位的质量浓度值。计算公式如下：

$$\mathrm{MDL}=tS$$

式中：t——99%置信水平时 Stduents 值，标准偏差按 n-1 自由度计算（n=7 时，t=3.14）；

S——重新分析的标准偏差。

注：如果需要进一步验证，可在不连续的两天重新分析这 7 份溶液并分别计算检出限，以 3 次检出限的平均值作为检出限更合理。如果 7 份溶液测定结果的相对标准偏差小于 10%，说明用来测定方法检出限的溶液质量浓度偏高，这将导致所计算出的检出限不切实际地偏低。同样，用试剂水测定的 MDL 也代表一种最理想的状态，不能反映实际样品中可能存在的基体干扰。然而，用实验室强化基体（LFMs）的成功分析能使试剂级水中测得的检出限更具有置信度。

B.9.3 实验室性能评价

B.9.3.1 实验室试剂空白（LRB）：分析相同基体的一组样品时，每 20 个或更少样品至少要插入一个实验室试剂空白。LRB 用来评价来自实验室环境的污染和样品处理过程所用试剂带来的背景干扰。试剂空白值高于方法检出限时应怀疑实验室或试剂污染。当空白值大于等于样品待测物质量浓度的 10%或大于等于方法检出限的 2.2 倍（两值中之高者）时，必须重新制备样品，在修正了污染源并获得可接受的 LRB 值后，重新测定被污染元素。

B.9.3.2 实验室强化空白（LFB）：每批样品都要分析至少一个实验室强化空白。以百分回收率表示的准确度计算公式如下：

$$R=\frac{\text{LFB}-\text{LRB}}{B}\times 100\%$$

式中：R——百分回收率，%；

LFB——实验室强化空白的质量浓度；

LRB——实验室试剂空白的质量浓度；

B——强化实验室试剂空白所加入的分析元素相当浓度。

如果某元素的回收率落在要求控制限 85%～115%之外，说明该元素超出控制范围，就要查明原因，解决后方可继续分析。

B.9.3.3 实验室必须用实验室强化空白（LFB）分析数据是否超出要求监控限 85%～115%来评价实验室操作性能。如果有充足的内部分析性能数据（通常至少分析 20～30 个），可以利用平均回收率（X）和平均回收率的标准偏差（S）建立自选监控限。这些数据可用来确定监控上下限：

$$\text{监控上限}=X+3S$$

$$\text{监控下限}=X-3S$$

自选监控限必须等同或优于 85%～115%的要求控制限。测定 5～10 个新回收率后即可根据最近的 20～30 个测定数据重新计算新监控限。同时，标准偏差（S）应该用来表征 LFB 质量浓度水平的样品在测定时的精密度。这些数据要记录在案以便将来查看。

B.9.3.4 仪器性能：样品测定前必须检查仪器性能并确保仪器经常校准过。为了确认校准的可靠性，每次校准后，每分析 10 个样品及结束一次分析运行程序时，都要回测校准空白和标准。校准标准的回测值可用来判断校准是否有效。标准溶液中的所有待测元素质量浓度应在±10%偏差范围内。如果回测结果不在规定范围内就要重新校准仪器（校准检查时回测的仪器响应信号可用于重新校准，但必须在继续样品分析前确认）。如果连续校正检验超出±15%偏差范围，其前分析的 10 个样品就要在校正后重测。如果由于样品基体引起校准漂移，建议将前面测定过的 10 个样品按校准检查之间 5 个样品 1 组重新测定，以避免类似的漂移情况出现。

B.9.4 样品回收率和数据质量评价

B.9.4.1 样品均匀性和基体的化学性质将影响待测物的回收率和数据质量。从同一个样品中分取几份进行重份分析或强化分析可以评价此类影响。除非数据使用者、实验室或有关项目有其他的具体规定，否则必须进行以下（B.9.4.2 部分）实验室强化基体（LFM）步骤。

B.9.4.2 实验室必须在常规样品分析时对至少 10%的样品加入已知质量浓度的分析物。在每种情况下，实验室强化基体（LFM）必须是分析样品的平行样，对于总可回收测定应在样品制备之前插入。对于水样，加入的分析物质量浓度必须等同于实验室强化空白加入的质量浓度。对固体样品，加入量相当于固体中 100 mg/kg（分析溶液中为 200 μg/L），但银要控制在 50 mg/kg 之内。如果放置时间长，所有样品分析都应强化。

B.9.4.3 计算每个被分析元素的百分回收率，用未强化样品的测定质量浓度作为背景进行校正，然后将这些数据同规定的实验室强化基体回收率范围 70%～130%进行比较。如果强化时加入的元素质量浓度低于样品背景浓度的 30%就不需计算回收率。百分回收率可采用如下的公式计算：

$$R = \frac{\rho_S - \rho}{B} \times 100$$

式中：R——百分回收率，%；

ρ_S——强化样品质量浓度；

ρ——样品背景质量浓度；

B——样品强化时加入的分析元素相当浓度。

B.9.4.4 如果元素的回收率落在指定范围之外而实验室工作性能又正常（B.9.3），强化样品所遇到的回收问题应该是由强化样品的基体造成而非系统问题。同时，告知数据使用者未强化样品的元素分析结果可能由于样品不均匀或未校正基体效应有问题。

B.9.4.5 内标响应：应监控整个样品分析过程中的内标响应以及内标与各分析元素信号响应的比值。这些信息可用来检查以下原因引起的问题：质量漂移、加入内标引起的错误或由于样品中的背景引起个别内标质量浓度增加。任何一种内标的绝对响应值的偏差都不能超过校准空白中最初响应的 60%～125%。如果超过此偏差，要用清洗空白溶液清洗系统，并监测校准空白的响应值。如果清洗后内标响应值达到正常值，重新取一份试样，再稀释 1 倍，加入内标重新分析。如果响应值又超出监控限，中止样品分析并查明漂移原因。漂移可能是由于进样锥局部堵塞或仪器调谐条件发生改变造成的。

B.10 注意事项

B.10.1 分析中所用的玻璃器皿均需用 HNO_3（1+1）溶液浸泡 24 h，或热 HNO_3 荡洗后，再用去离子水洗净后方可使用。对于新器皿，应作相应的空白检查后才能使用。

B.10.2 对所用的每一瓶试剂都应作相应的空白实验，特别是盐酸要仔细检查。配制标准溶液与样品应尽可能使用同一瓶试剂。

B.10.3 所用的标准系列必须每次配制，与样品在相同条件下测定。

附 录 C
（资料性附录）
固体废物 金属元素的测定 石墨炉原子吸收光谱法
Solid wastes—Determination of metal elements—Graphite furnace atomic absorption spectrometry

C.1 范围

本方法适用于固体废物和固体废物浸出液中银（Ag）、砷（As）、钡（Ba）、铍（Be）、镉（Cd）、钴（Co）、铬（Cr）、铜（Cu）、铁（Fe）、锰（Mn）、钼（Mo）、镍（Ni）、铅（Pb）、锑（Sb）、硒（Se）、铊（Tl）、钒（V）、锌（Zn）的石墨炉原子吸收光谱测定。

本方法对各种元素的检出限和定量测定范围见表 C.1，灵敏度值可参考仪器操作手册。

表 C.1 各元素的检出限和定量测定范围

元素	检出限/（μg/L）	最佳质量浓度范围	
		波长/nm	质量浓度范围/（μg/L）
Ag	0.2	328.1	1～25
As	1（水样）	193.7	5～100（水样）
Ba	2	553.6	
Be	0.2	234.9	1～30
Cd	0.1	228.8	0.5～10
Co	1	240.7	5～100
Cr	1	357.9	5～100
Cu	1	324.7	5～100
Fe	1	248.3	5～100
Mn	0.2	279.5	1～30
Mo（p）	1	313.3	3～60
Ni	—	232.0	5～50
Pb	1	283.3	5～100
Sb	3	217.6	20～300
Se	2	196.0	
Tl	1	276.8	5～100
V（p）	4	318.4	10～200
Zn	0.05	213.9	0.2～4
注：1. 符号（p）指使用热解石墨管的石墨炉法； 2. 所列出的值是在 20 μl 进样量和使用通常的气体流量，As 和 Se 则是在原子化阶段停气。			

C.2 原理

样品溶液雾化后在石墨炉中经过蒸发被干燥、灰化并原子化，成为基态原子蒸气，对元素空心阴极灯或无极放电灯发射的特征辐射进行选择性吸收。在一定质量浓度范围内，其吸收强度与试液中待测物的质量浓度成正比。

C.3 试剂和材料

C.3.1 试剂水，为 GB/T 6682 规定的一级水。

C.3.2 硝酸，ρ（HNO_3）=1.42 g/ml，优级纯。

C.3.3 盐酸，ρ（HCl）=1.19 g/ml，优级纯。

C.3.4 空气，可由空气压缩机或者压缩空气钢瓶提供。

C.3.5 氩气，高纯。

C.3.6 金属标准储备液，1 000 mg/L：使用市售的标准溶液；或用水和硝酸溶解高纯金属、氧化物或不吸湿的盐类制备。

各元素的金属标准储备液配制具体要求见表 C.2。

表 C.2 各元素的金属标准储备液配制具体要求

元素	金属标准储备液配制具体要求
Ag	称取 0.787 4 g 无水硝酸银溶解于含 5 ml 浓 HNO_3 的试剂水中，定容至 1 L
As	称取 1.320 g 三氧化二砷溶解于 100 ml 含有 4 g NaOH 的试剂水中，用 20 ml 浓 HNO_3 酸化后，定容至 1 L
Ba	称取 1.778 7 g 氯化钡（$BaCl_2{\cdot}2H_2O$）溶解于试剂水中，定容至 1 L
Be	称取 11.658 6 g 硫酸铍溶解于含 2 ml 浓 HNO_3 的试剂水中，定容至 1 L
Ca	称取 2.500 g 碳酸钙（于 180℃干燥 1 h 后使用）溶解于含 2 ml 稀盐酸的试剂水中，定容至 1 L
Cd	称取 1.000 g 金属镉溶解于 20 ml 1∶1 的 HNO_3 中，用试剂水定容至 1 L
Co	称取 1.000 g 金属钴溶解于 20 ml 1∶1 HNO_3 溶液中，用试剂水定容至 1 L。也可用钴（Ⅱ）的氯化物或硝酸盐（不含结晶水）配制
Cr	称取 1.923 g 三氧化铬（CrO_3）溶解于用重蒸馏的 HNO_3 酸化的试剂水中，定容至 1 L
Cu	称取 1.000 g 电解铜溶解于 5 ml 重蒸馏的 HNO_3 中，用试剂水定容至 1 L
Fe	称取 1.000 g 金属铁溶解于 10 ml 重蒸馏的 HNO_3（为防止钝化应加少量水）中，用试剂水定容至 1 L
Mn	称取 1.000 g 金属锰溶解于 10 ml 重蒸馏的 HNO_3 中，用试剂水定容至 1 L
Mo	称取 1.840 g 钼酸铵$(NH_4)_6Mo_7O_{24}{\cdot}4H_2O$ 溶解于试剂水中，定容至 1 L
Ni	称取 4.953 g 硝酸镍 $Ni(NO_3)_2{\cdot}6H_2O$ 溶解于试剂水中，定容至 1 L
Pb	称取 1.599 g 硝酸铅溶解于试剂水中，加入 10 ml 重蒸馏的 HNO_3 酸化，用试剂水定容至 1 L
Sb	称取 2.742 6 g 酒石酸锑钾 $K(SbO)C_4H_4O_6{\cdot}1/2H_2O$ 溶解于试剂水中，定容至 1 L
Se	称取 0.345 3 g 亚硒酸（H_2SeO_3 实际含量 94.6%）溶解于试剂水中，定容至 200 ml
Tl	称取 1.303 g 硝酸铊溶解于试剂水中，加入 10 ml 浓 HNO_3 酸化，用试剂水定容至 1 L
V	称取 1.785 4 g 五氧化二钒溶解于 10 ml 浓 HNO_3 中，用试剂水定容至 1 L
Zn	称取 1.000 g 金属锌溶解于 10 ml 浓 HNO_3 中，用试剂水定容至 1 L

C.3.7 标准使用液：逐级稀释金属储备液制备标准使用液，配制一个空白和至少 3 个浓度的标准使用液，其浓度由低至高按等比排列，且应落在标准曲线的线性部分。标准使用液中酸的种类和质量浓度应与处理后试样中的相同[0.5%（体积分数）HNO_3]。

有些元素的标准溶液和试样中需加入特定的基体改进剂以消除各种干扰，具体要求见表 C.3。

表 C.3 各元素的标准溶液和试样中要求的基体改进剂

元素	基体改进剂
As	试样和校准溶液中应含 1 ml 浓 HNO_3、2 ml 30%H_2O_2 和 2 ml 5%的 $Ni(NO_3)_2$/100 ml 溶液 [1]
Cd	试样和校准溶液中应含 2 ml 40%$(NH_4)_3PO_4$/100 ml 溶液 [2]
Cr	试样和校准溶液中应含 0.5%（体积分数）HNO_3、1 ml 30%H_2O_2 和 1 ml $Ca(NO_3)_2$/100 ml 溶液 [3]
Mo	试样和校准溶液中均应含 2 ml $Al(NO_3)_3$/100 ml 溶液 [4]
Sb	试样和校准溶液中应含 0.2%（体积分数）HNO_3 和 1%～2%（体积分数）HCl

元素	基体改进剂
Se	校准溶液中应含 1 ml 浓 HNO_3、2 ml 30% H_2O_2 和 2 ml 5%的 $Ni(NO_3)_2$/100 ml 溶液 [1]

注：1. $Ni(NO_3)_2$ 溶液（5%）：称取 24.780 g $Ni(NO_3)_2 \cdot 6H_2O$ 溶解于试剂水中，定容至 100 ml；
2. $(NH_4)_3PO_4$（40%）：称取 40 g $(NH_4)_2HPO_4$ 溶解于试剂水中，定容至 100 ml；
3. $Ca(NO_3)_2$：称取 11.8 g $Ca(NO_3)_2 \cdot 4H_2O$ 溶解于试剂水中，定容至 100 ml；
4. $Al(NO_3)_3$ 溶液：称取 139 g $Al(NO_3)_3 \cdot 9H_2O$ 溶解于 150 ml 水中（加热溶解），冷却并定容至 200 ml。

C.4 仪器、装置及工作条件

C.4.1 仪器及装置

C.4.1.1 石墨炉原子吸收分光光度计：单道或双道，单光束或双光束仪器具有光栅单色器、光电倍增检测器，可调狭缝，190～800 nm 的波长范围，有背景校正装置和数据处理。

C.4.1.2 单元素空心阴极灯。

C.4.1.3 各种量程微量移液器。

C.4.1.4 玻璃仪器：容量瓶、样品瓶、烧杯等。

C.4.2 工作条件

不同型号的仪器最佳测试条件不同，可根据厂家的使用说明书自行选择。采用的测量条件如下：

C.4.2.1 进样量为 20 μl。

C.4.2.2 各元素测定时使用的工作波长见表 C.1。

C.4.2.3 各元素测定时的干燥时间为 30 s，温度为 125℃。

C.4.2.4 各元素测定时的灰化时间和温度见表 C.4。

C.4.2.5 各元素测定时的原子化时间和温度见表 C.4。

表 C.4 各元素测定的灰化时间和温度

元素	灰化阶段		原子化阶段	
	时间/s	温度/℃	时间/s	温度/℃
Ag	30	400	10	2 700
Ba	30	1 200	10	2 800
Be	30	1 000	10	2 800
Cd	30	500	10	1 900
Co	30	900	10	2 700
Cr	30	1 000	10	2 700
Cu	30	900	10	2 700
Fe	30	1 000	10	2 700
Mn	30	1 000	10	2 700
Mo	30	1 400	10	2 800
Ni	30	800	10	2 700
Pb	30	500	10	2 700
Sb	30	800	10	2 700
Tl	30	400	10	2 400
V	30	1 400	10	2 800
Zn	30	400	10	2 500

C.4.2.6 测定时使用的净化气为氩气。

C.5 样品的采集、保存和预处理

C.5.1 所有的采样容器都应预先用洗涤剂、酸和试剂水洗涤，塑料和玻璃容器均可使用。如果要分析极易挥发的硒、锑和砷化合物，要使用特殊容器（如：用于挥发性有机物分析的容器）。
C.5.2 水样必须用硝酸酸化至 pH＜2。
C.5.3 非水样品应冷藏保存，并尽快分析。
C.5.4 当分析样品中可溶性砷时，不要求冷藏，但应避光保存，温度不能超过室温。
C.5.5 为了抑制六价铬的化学活性，样品和提取液分析前均应在 4℃下贮存，最长的保存时间为 24 h。
C.5.6 银的标准和样品都应贮于棕色瓶中，并放置在暗处。

C.6 干扰的消除

C.6.1 由于石墨炉法是在惰性气氛中发生原子化，使形成氧化物的问题大大减少，但该技术仍会遇到化学干扰。在分析中，试样的基体成分也会有很大影响。对于每种不同基体试样的分析，必须确定并考虑到这些干扰影响。为了帮助验证没有基体化学干扰存在，可使用逐次稀释技术（附录 1），如果表明这些试样中有干扰存在，应该用下述的一种或多种方法进行处理。

（1）逐次稀释并重复分析试样，以便消除干扰。

（2）改良试样基体，以消除干扰成分或稳定被分析物。例如：加入硝酸铵除去碱金属氯化物，加入磷酸铵稳定镉。将氢气和惰性气体混合，也可用于抑制化学干扰，氢能起到还原剂和帮助分子解离的作用。

（3）用标准加入法分析试样时要谨慎，注意使用标准加入法的局限性（C.9.8）。

C.6.2 在原子化过程中，产生的气体可能会有分子吸收带而覆盖分析波长。当发生这种情况时，可用背景校正或选择次灵敏波长加以解决。背景校正也能补偿非特征宽带吸收干扰。
C.6.3 连续背景校正不能校正所有的背景干扰。当背景校正不能补偿背景干扰时，可将被分析物进行化学分离，或者使用其他背景校正方法，如塞曼背景校正。
C.6.4 来自样品基体的烟雾干扰，往往在更高温度下延长灰化时间，或者利用在空气中循环灰化加以消除，必须充分注意防止被分析物的损失。
C.6.5 对于含有大量有机质的试样，在进样之前应进行消解氧化，这样会使宽带吸收减至最小。
C.6.6 对石墨炉的阴离子干扰研究表明，在非恒温条件下，采用硝酸更为适宜。因此在消解或溶解过程中，常使用硝酸。如果除硝酸外还需使用其他酸，应该加入最小量，尤其是使用盐酸时更是如此，使用硫酸和磷酸时也不能多加。
C.6.7 石墨炉的化学环境会导致碳化物的生成，钼可是一个例证。当碳化物形成时，金属从形成的金属碳化物中释放很慢，且难以继续原子化。在信号回到基线以前，钼需要 30 s 或更长的原子化时间。用热解涂层石墨管能大大地减少碳化物的形成，并提高灵敏度。在表 C.1 中，用符号（p）标示出了易形成碳化物的元素。
C.6.8 由于石墨炉法可以达到极高的灵敏度，所以交叉污染和试样污染是误差的主要来源。制备试样的工作区域应该保持彻底的清洁。所有玻璃仪器应该用 1∶5 的硝酸浸泡，并用自来水和试剂水洗净。应该特别注意在分析过程中和分析结果校正中遇到的试剂空白的影响。热解石墨管的生产和处理过程也会受到污染，在使用前，需要用高温空烧 5～10 次，以净化石墨管。

部分元素测定过程中消除干扰的特殊要求见表 C.5。

表 C.5 测定过程消除干扰的特殊要求

元素	消除干扰的特殊要求
Ag	1. 标准溶液应贮于棕色瓶中； 2. 应避免使用盐酸； 3. 应用高于原子化温度的温度清洁石墨管，以消除记忆效应
As	1. 在样品处理过程中，应通过加标样或相应标准参考物质确定所选择的消解方法是否适宜； 2. 应注意在干燥和灰化过程中温度和时间的选择。在分析前，将硝酸镍加入消解液中，可减少干燥和灰化时 As 的挥发损失； 3. 用氘灯进行背景校正时，Al 有严重的正干扰，应使用塞曼背景校正或其他有效的背景校正技术； 4. 在原子化阶段，如果空烧发现有记忆效应，应在分析过程中定时用满负荷空烧石墨炉以清洁石墨管
Ba	1. 钡在石墨炉中可以形成不易挥发的碳化钡，造成灵敏度降低和记忆效应； 2. 被测物在石墨炉光路中长时间的滞留和高的质量浓度，会导致严重的物理和化学干扰，应对石墨炉参数进行最优化以减小这种影响； 3. 不得使用卤酸
Be	应对石墨炉参数进行最优化以减小被测物在石墨炉光路中长时间的滞留和高质量浓度导致的物理和化学干扰
Cd	1. 过量的氯会使 Cd 提前挥发，应用磷酸铵作基体改进剂以减少这种损失； 2. 应使用“无镉型”移液头
Co	应使用标准加入法消除过量氯化物干扰
Cr	低质量浓度的钙和（或）磷酸盐可能引起干扰。当质量浓度高于 200 mg/L 时，钙的影响是不变的，磷酸盐的影响消失，因此，可以加入硝酸钙以保持已知的恒定影响
Mo	1. 钼易形成碳化物，应使用热解涂层石墨管； 2. 钼易产生记忆效应，在分析高质量浓度的样品或标准后，应消除石墨管的记忆效应
Ni	为避免记忆效应，用于 As 和 Se 分析的石墨管和连接环不可再用于 Ni 的分析
Pb	若回收率低，应加入基体改良剂：在石墨炉自动进样杯中，加入 10 μl 磷酸于 1 ml 样品中，混合均匀
Se	1. 在样品处理过程中，应通过加标样或相应标准参考物质确定所选择的消解方法是否适宜； 2. 应注意在干燥和灰化过程中温度和时间的选择。在分析前，将硝酸镍加入消解液中，可减少干燥和灰化时 Se 的挥发损失； 3. 用氘灯进行背景校正时，Fe 有严重的正干扰，应使用塞曼背景校正； 4. 在原子化阶段，应在分析过程中定时用满负荷空烧炉子以清洁石墨管，消除记忆效应； 5. 氯化物（>800 mg/L）和硫酸盐（>200 mg/L）将干扰 Se 的分析，应加入硝酸镍（Ni 的质量分数 1%）以减少干扰
Sb	当高质量浓度 Pb 存在时，在 217.6 nm 共振线处产生光谱干扰，应使用 231.1 nm 锑线测定；或用塞曼背景校正
Tl	1. 对于每一种基体的样品，必须用加标样或标准加入法检验铊是否损失； 2. 可使用钯作为基体改良剂
V	在分析前后，应清洗石墨管，以消除记忆效应

C.7 分析步骤

C.7.1 配制试液，包括金属标准储备液和标准使用液。

C.7.2 进行干扰的消除和背景校正。

C.7.3 参照仪器说明书设定仪器最佳工作条件。

C.7.4 测定标准使用液的吸光度，用质量浓度及对应的吸光度值绘制标准曲线。

C.7.5 测定实验样品和质控样品的吸光度或质量浓度值。

C.8 结果计算

C.8.1 用本法进行金属质量浓度测定，可从校准曲线或者仪器的直读系统得到金属质量浓度（μg/L）值。
C.8.2 如果试样进行稀释，则试样中金属的质量浓度需要用下式计算：

$$\rho\text{（μg/L）}=A\times\left(\frac{C+B}{C}\right)$$

式中：A——从校准曲线查出的稀释样份中的金属质量浓度，μg/L；
B——稀释用的酸空白基体体积，ml；
C——样份体积，ml。

C.8.3 对于固体试样，根据试样质量并用μg/kg 报告含量：

$$w_{湿}\text{（μg/kg）}=\frac{A\times V}{m}$$

式中：A——从校准曲线得到的处理后试样中的金属质量浓度，μg/L；
V——处理后试样的最终体积，ml；
m——试样重量，g。

C.9 质量保证和控制

C.9.1 所有的质控数据应该保留，以便参考或检查。
C.9.2 每天必须至少用一个试剂空白和三个标准制作一条标准曲线，用至少一个试剂空白和一个质量浓度位于或接近中间范围的验证标准（由参考物质或另一份标准物质配制）进行检验，验证标准的检验结果必须在真值的 10%以内，该标准曲线才可使用。
C.9.3 每测试 10 个试样后，应做一个校核标准。校核标准可以帮助检查石墨管的寿命和性能。若标准的再现性不好，或者标准信号有重大变化，表明应该更换石墨管。
C.9.4 如果每天分析的样品数多于 10 个，则每做完 10 个试样，要用质量浓度位于中间范围的标准或验证标准对工作曲线进行验证，检验结果必须在真值的±20%以内，否则要将前 10 个试样重新测定。
C.9.5 在每批测试试样中，至少应该有一个加标样和一个加标双样。
C.9.6 当试样基体十分复杂，以致其黏度、表面张力和成分不能用标准准确地匹配时，应使用 C.9.7 的方法判断是否需要使用标准加入法，标准加入法的相关内容见 C.9.8。
C.9.7 干扰试验
C.9.7.1 稀释试验：在试样中选一个有代表性的试样做逐次稀释以确定是否有干扰存在，试样中分析元素的质量浓度至少为其检出限的 25 倍。测定未稀释试样的质量浓度，将试样稀释至少 5 倍（1+4）后再进行分析。如果所有试样的质量浓度均低于检出限的 10 倍，要做下面所述的加标回收分析。若未稀释试样和稀释了 5 倍的试样的测定结果一致（相差在 10%以内），则表明不存在干扰，不必采用标准加入法分析。
C.9.7.2 回收率试验：如果稀释试验的结果不一致，则可能存在基体干扰，需要做加标样品分析以确认稀释试验的结论。另取一份试样，加入已知量的被测物使其质量浓度为原有质量浓度的 2～5 倍。如果所有样品所含的分析物质量浓度均低于检出限，按检出限的 20 倍加标。分析加标样品并计算回收率，如果回收率低于 85%或高于 115%，则所有样品均要用标准加入法测定。
C.9.8 标准加入法：标准加入法是向一份或多份备好的样品溶液中加入已知量的标准。通过增加待测组分，提高或降低分析信号，使其斜率与校准曲线产生偏差。不应加入干扰组分，这样会造成基线漂移。
C.9.8.1 标准加入技术的最简单形式是单点加入法。取两份相同的样份，每份体积为 V_X。在第 1 份（称为 A）加入已知体积为 V_S、质量浓度为ρ_S的标准溶液，在第 2 份（称为 B）中加入相同体积 V_S的基体溶剂。测量 A 和 B 的吸收信号，并校正非被测元素的信号，则未知的试样浓度ρ_X计算如下：

$$\rho_X = \frac{S_B \times V_S \times \rho_S}{(S_A - S_B) \times V_X}$$

式中，S_A和 S_B分别是溶液 A 和 B 在校正空白后的吸收信号。应该选择 V_S和ρ_S，使 S_A大约是 S_B平均信号的 2 倍，以避免试样基体的过度稀释。如果使用了分离或浓缩手段，最好一开始就进行加标，使其能够经过制样的整个过程。

C.9.8.2　通过使用系列标准加入可使结果得到改善。加入一系列含有不同已知浓度的标准后，为了使试样的体积相同，所有试样都要稀释到相同的体积，例如：1 号加标样的质量浓度应该大约是样品中待测物所产生的吸收的 50%，2 号和 3 号加标样的质量浓度应该大约是样品中待测物所产生的吸收的 100%和 150%。测定每份试样的吸收值，以吸收值为纵坐标，以标准的已知质量浓度为横坐标作图，将曲线外推至零吸收处，其与横坐标的交点即为试样中待测组分的原有质量浓度。纵坐标左右两侧的横坐标的刻度值相同，大小相反。

C.9.8.3　标准加入法是十分有效的，但是必须注意以下的制约条件：（1）标准加入的质量浓度应该在标准曲线的线性范围内，为了得到最好的结果，标准加入法标准曲线的斜率应该与水标准曲线的斜率大体相同。如果斜率明显不同（大于 20%），使用时应该慎重。（2）干扰影响不应该随分析物质量浓度和试样基体比的改变而变化，并且加入标准应该与被分析物有同样的响应。（3）在测定中必须没有光谱干扰，并能校正非特征背景干扰。

附 录 D
（资料性附录）
固体废物 金属元素的测定 火焰原子吸收光谱法
Solid wastes—Determination of metal elements —Flame atomic absorption spectrometry

D.1 范围

本方法适用于固体废物和固体废物浸出液中银（Ag）、铝（Al）、钡（Ba）、铍（Be）、钙（Ca）、镉（Cd）、钴（Co）、铬（Cr）、铜（Cu）、铁（Fe）、钾（K）、锂（Li）、镁（Mg）、锰（Mn）、钼（Mo）、钠（Na）、镍（Ni）、锇（Os）、铅（Pb）、锑（Sb）、锡（Sn）、锶（Sr）、铊（Tl）、钒（V）、锌（Zn）的火焰原子吸收光谱测定。

本方法对各种元素的检出限、灵敏度及定量测定范围见表 D.1。

表 D.1 各元素的检出限、灵敏度及定量测定范围

元素	检出限/（mg/L）	灵敏度/（mg/L）	最佳浓度范围	
			波长/nm	质量浓度范围/（mg/L）
Ag	0.01	0.06	328.1	
Al	0.1	1	309.3	5～50
Ba	0.1	0.4	553.6	1～20
Be	0.005；低于 0.02 时建议用石墨炉法	0.025	234.9	0.05～2
Ca	0.01	0.08	422.7	0.2～7
Cd	0.005；低于 0.02 时建议用石墨炉法	0.025	228.8	0.5～2
Co	0.05；低于 0.1 时建议用石墨炉法	0.2	240.7	0.5～5
Cr	0.05；低于 0.2 时建议用石墨炉法	0.25	357.9	0.5～10
Cu	0.02	0.1	324.7	0.2～5
Fe	0.03	0.12	248.3	0.2～5
K	0.01	0.04	766.5	0.1～2
Li	0.002	0.04	670.8	0.1～2
Mg	0.001	0.007	285.2	0.02～0.05
Mn	0.01	0.05	279.5	0.1～3
Mo	0.1；低于 0.2 时建议用石墨炉法	0.4	313.3	1～40
Na	0.002	0.015	589.6	0.03～1
Ni	0.04	0.15	232.0	0.3～5
Os	0.3	1	290.0	
Pb	0.1；低于 0.2 时建议用石墨炉法	0.5	283.3	1～20
Sb	0.2；低于 0.35 时建议用石墨炉法	0.5	217.6	1～40
Sn	0.8	4	286.3	10～300
Sr	0.03	0.15	460.7	0.3～5
Tl	0.1；低于 0.2 时建议用石墨炉法	0.5	276.8	1～20
V	0.2；低于 0.5 时建议用石墨炉法	0.8	318.4	2～100
Zn	0.005；低于 0.01 时建议用石墨炉法	0.02	213.9	0.05～1

D.2 原理

样品溶液雾化后在火焰原子化器中被原子化，成为基态原子蒸气，对元素空心阴极灯或无极放电灯发射的特征辐射进行选择性吸收。在一定质量浓度范围内，其吸收强度与试液中待测物的质量浓度成正比。

D.3 试剂和材料

D.3.1 试剂水，为 GB/T 6682 规定的一级水。

D.3.2 硝酸，ρ（HNO_3）＝1.42 g/ml，优级纯。

D.3.3 盐酸，ρ（HCl）＝1.19 g/ml，优级纯。

D.3.4 乙炔，高纯。

D.3.5 空气，可由空气压缩机或压缩空气钢瓶提供。

D.3.6 氧化亚氮，高纯。

D.3.7 金属标准储备液，1 000 mg/L：使用市售的标准溶液；或用水和硝酸或盐酸，溶解高纯金属、氧化物或不吸湿的盐类制备。

各种元素标准储备液配制的具体要求见表 D.2。

表 D.2 各元素的金属标准储备液配制具体要求

元素	金属标准储备液配制具体要求
Ag	称取 0.787 4 g 无水硝酸银溶解于含 5 ml 浓 HNO_3 的试剂水中，定容至 1 L
Al	称取 1.00 0 g 金属 Al 溶解于温热的稀盐酸中，用试剂水定容至 1 L
Ba	称取 1.778 7 g 氯化钡（$BaCl_2 \cdot 2H_2O$）溶解于试剂水中，定容至 1 L
Be	称取 11.658 6 g 硫酸铍溶解于含 2 ml 浓 HNO_3 的试剂水中，定容至 1 L
Ca	称取 2.500 g 碳酸钙（于 180℃干燥 1 h 后使用）溶解于含 2 ml 稀盐酸的试剂水中，定容至 1 L
Cd	称取 1.000 g 金属镉溶解于 20 ml 1∶1 的 HNO_3 中，用试剂水定容至 1 L
Co	称取 1.000 g 金属钴溶解于 20 ml 1∶1 HNO_3 溶液中，用试剂水定容至 1 L。也可用钴（Ⅱ）的氯化物或硝酸盐（不含结晶水）配制
Cr	称取 1.923 g 三氧化铬（CrO_3）溶解于用重蒸馏的 HNO_3 酸化的试剂水中，定容至 1 L
Cu	称取 1.000 g 电解铜溶解于 5 ml 重蒸馏的 HNO_3 中，用试剂水定容至 1 L
Fe	称取 1.000 g 金属铁溶解于 10 ml 重蒸馏的 HNO_3（为防止钝化应加少量水）中，用试剂水定容至 1 L
K	称取 1.907 g 氯化钾（于 110℃干燥 1 h 后使用）溶解于试剂水中，定容至 1 L
Li	称取 5.324 g 碳酸锂溶于少量的 1∶1 盐酸中，用试剂水定容至 1 L
Mg	称取 1.000 g 金属镁溶解于 20 ml 1∶1 HNO_3 中，用试剂水定容至 1 L
Mn	称取 1.000 g 金属锰溶解于 10 ml 重蒸馏的 HNO_3 中，用试剂水定容至 1 L
Mo	称取 1.840 g 钼酸铵$(NH_4)_6Mo_7O_{24} \cdot 4H_2O$ 溶解于试剂水中，定容至 1 L
Na	称取 2.542 g 氯化钠溶解于试剂水中，加入 10 ml 重蒸馏的 HNO_3 酸化，用试剂水定容至 1 L
Ni	称取 1.000 g 金属镍或 4.953 g 硝酸镍 $Ni(NO_3)_2 \cdot 6H_2O$ 溶解于 10 ml HNO_3 中，用试剂水定容至 1 L
Os	因 Os 及其化合物具有极高毒性，因此建议购买标准溶液
Pb	称取 1.599 g 硝酸铅溶解于试剂水中，加入 10 ml 重蒸馏的 HNO_3 酸化，用试剂水定容至 1 L
Sb	称取 2.742 6 g 酒石酸锑钾 $K(SbO)C_4H_4O_6 \cdot 1/2H_2O$ 溶解于试剂水中，定容至 1 L
Sn	称取 1.000 g 金属锡溶解于 100 ml 浓盐酸中，用试剂水定容至 1 L
Sr	称取 2.415 g 硝酸锶溶解于 10 ml 浓盐酸和 700 ml 水中，用试剂水定容至 1 L
Tl	称取 1.303 g 硝酸铊溶解于试剂水中，加入 10 ml 浓 HNO_3 酸化，用试剂水定容至 1 L
V	称取 1.785 4 g 五氧化二钒溶解于 10 ml 浓 HNO_3 中，用试剂水定容至 1 L
Zn	称取 1.000 g 金属锌溶解于 10 ml 浓 HNO_3 中，用试剂水定容至 1 L

D.3.8 标准使用液：逐级稀释金属储备液制备标准使用液，配制一个空白和至少 3 个质量浓度的标准使用液，其质量浓度由低至高按等比排列，且应落在标准曲线的线性部分。标准使用液中酸的种类和质量浓度应与处理后试样中的相同[0.5%（体积分数）HNO_3]。

有些元素的标准溶液和试样中须加入特定的基体改进剂以消除各种干扰，具体要求见表 D.3。

表 D.3 各元素的标准溶液和试样中要求的基体改进剂

元素	基体改进剂
Al	试样和校准溶液中均应含 2 ml KCl/100 ml 溶液[1]
Ba	试样和校准溶液中均应加入电离抑制剂
Ca	试样和校准溶液中均应含 20 ml $LaCl_3$/100 ml 溶液[2]
Mg	试样和校准溶液中应含 10 ml $LaCl_3$/100 ml 溶液[2]
Mo	试样和校准溶液中均应含 2 ml $Al(NO_3)_3$/100 ml 溶液[3]
Os	试样和校准溶液中应含 1%（体积分数）HNO_3 和 1%（体积分数）H_2SO_4
Sb	试样和校准溶液中应含 0.2%（体积分数）HNO_3 和 1%～2%（体积分数）HCl
Sr	试样和校准溶液中应含 10 ml $LaCl_3$/KCl/100 ml 溶液[4]
V	试样和校准溶液中均应含 2 ml $Al(NO_3)_3$/100 ml 溶液[3]

注：1. KCl 溶液：称取 95 g 氯化钾（KCl）溶解于水中并定容至 1 L；
2. $LaCl_3$ 溶液：称取 29 g 氧化镧（La_2O_3）溶解于 250 ml 浓 HCl（注意：反应激烈），并用试剂水定容至 500 ml；
3. $Al(NO_3)_3$ 溶液：称取 139 g 硝酸铝 $Al(NO_3)_3 \cdot 9H_2O$ 溶解于 150 ml 水中（加热溶解），冷却并定容至 200 ml；
4. $LaCl_3$/KCl 溶液：称取 11.73 g 氧化镧（La_2O_3）溶解少量的（大约 50 ml）浓 HCl 中（注意：反应激烈），加入 1.91 g 氯化钾（KCl），将溶液冷却至室温，用试剂水定容至 100 ml。

D.4 仪器、装置及工作条件

D.4.1 仪器及装置

D.4.1.1 原子吸收分光光度计：单道或双道，单光束或双光束仪器具有光栅单色器、光电倍增检测器，可调狭缝，190～800 nm 的波长范围，有背景校正装置和数据处理。

D.4.1.2 燃烧器，以氧化亚氮为助燃气的元素测定须使用高温燃烧器。

D.4.1.3 单元素空心阴极灯。

D.4.1.4 各种量程的微量移液器。

D.4.1.5 玻璃仪器：容量瓶、样品瓶、烧杯等。

D.4.2 工作条件

不同型号的仪器最佳测试条件不同，可根据厂家的使用说明书自行选择。本方法采用的测量条件如下：

D.4.2.1 各元素测定时使用的空心阴极灯工作波长见表 D.1。

D.4.2.2 燃气：乙炔。

D.4.2.3 各元素测定时使用的助燃气类型见表 D.4。

表 D.4 各元素测定时使用的助燃气类型

助燃气类型	元素
空气	Ag、Cd、Co、Cu、Fe、K、Li、Mg、Mn、Na、Ni、Pb、Sb、Sr、Tl、Zn
氧化亚氮	Al、Ba、Be、Ca、Cr、Mo、Os、Sn、V

D.4.2.4 各元素测定时使用的火焰类型见表 D.5。

表 D.5 各元素测定时使用的火焰类型

火焰类型	元素
富燃	Al、Ba、Be、Cr、Mo、Sn、V
贫燃	Ag、Cd、Co、Cu、Fe、K、Li、Mg、Na、Ni、Pb、Os、Sb、Sr、Tl、Zn
略贫燃	Ca、Mn

注：测定 Ca 时，乙炔量按 Ca 的化学计量调整。

D.4.2.5 测定时要求背景校正的元素包括：Ag、Be、Cd、Co、Cu、Fe、Mg、Mn、Mo、Ni、Os、Pb、Sb、Sn、Tl、V、Zn。

D.5 样品的采集、保存和预处理

D.5.1 所有的采样容器都应预先用洗涤剂、酸和试剂水洗涤，塑料和玻璃容器均可使用。如果要分析极易挥发的硒、锑和砷化合物，要使用特殊容器（如用于挥发性有机物分析的容器）。

D.5.2 水样必须用硝酸酸化至 pH 小于 2。

D.5.3 非水样品应冷藏保存，并尽快分析。

D.5.4 当分析样品中可溶性砷时，不要求冷藏，但应避光保存，温度不能超过室温。

D.5.5 为了抑制六价铬的化学活性，样品和提取液分析前均应在 4℃下贮存，最长的保存时间为 24 h。

D.5.6 银的标准和样品都应贮于棕色瓶中，并放置在暗处。

D.6 干扰的消除

D.6.1 当火焰温度不足以使分子解离时，会由于在火焰中原子受到分子的束缚而使吸收减少，如磷酸盐对 Mg 的干扰。或者当解离出的原子立刻被氧化成化合物时，在此火焰温度下将不能再解离。因此在 Mg、Ca 和 Ba 的测定中，加入 La 可以去除磷酸盐的干扰；在 Mn 的测定中加入 Ca 也能消除 Si 的干扰。这种干扰也可以通过从干扰物质中分离出待测金属来消除。此外，还可利用主要用于提高分析灵敏度的络合剂来消除或减少干扰。

D.6.2 试样中可溶解性固体的含量很高时，会产生类似光散射的非原子吸收干扰。当用背景校正仍无效时，应用非吸收波长校正，并应提取出试样所含有的大量固体物质。

D.6.3 当火焰温度高到足以导致中性原子失去电子而成为带正电荷的离子时，会发生电离干扰。在标准和试样中都加入过量的易电离元素如 K、Na、Li 或 Cs，可控制这类干扰。

D.6.4 试样中共存的某种非测定元素的吸收波长位于待测元素吸收线的带宽时，会发生光谱干扰。由于干扰元素的影响，将使原子吸收信号的测定结果异常高，当多元素灯的其他金属或阴极灯中的金属杂质产生的共振辐射恰在选定的狭缝通带的情况下，也会产生光谱干扰。应采用小的狭缝通带以减少这类干扰。

D.6.5 试样和标准的黏度差异会改变吸入速率，应引起注意。

D.6.6 在消解试液中各种金属的稳定性不同，尤其是消解液中仅含 HNO_3（不是同时含 HNO_3 和 HCl）时，消解液应尽快分析，并且优先分析 Sn、Sb、Mo、Ba 和 Ag。

部分元素测定过程中消除干扰的特殊要求见表 D.6。

表 D.6 测定过程消除干扰的特殊要求

元素	消除干扰的特殊要求
Ag	1. 标准溶液应贮于棕色瓶中； 2. 不能使用盐酸； 3. 应检测试样和标准的黏度差异
Ba	必须设定高的灯电流和窄的光谱通带
Be	质量浓度超过 100 mg/L 的 Al 会抑制 Be 的吸收，加入 0.1%的氟化物能有效地消除这一干扰。高质量浓度的 Mg 和 Si 也产生类似的干扰，须用标准加入法加以克服
Ca	1. 由于所有的环境样品中 Ca 的含量很高，应稀释至方法的线性范围； 2. PO_4^{3-}、SO_4^{2-}和 Al 会产生干扰，高质量浓度的 Mg、Na 和 K 也干扰 Ca 的测定
Co	过量的其他过渡金属会轻微抑制 Co 的信号，应使用基体匹配或标准加入法
Cr	如果样品中的碱金属含量比标准高很多，应当在样品和标准中加入电离抑制剂
Ni	1. 高质量浓度的 Fe、Co 和 Cr 会造成干扰，应配制相同的基体或使用氧化亚氮作为助燃气； 2. 对中至高质量浓度的 Ni，应该对样品进行稀释或使用 352.4 nm
Os	1. 标准必须当日配制，且样品制备方法对样品基体的适用性必须经过验证； 2. 应检测样品和标准的黏度差异
Sb	1. 当 1 000 mg/L Pb 存在时，在 217.6 nm 共振线处产生光谱干扰，应使用 231.1 nm 锑线测定； 2. 高质量浓度的 Cu、Ni 会造成干扰，应配制相同的基体或使用氧化亚氮作为助燃气
Tl	不能使用盐酸
V	加入 1 000 mg/L Al 可控制高质量浓度的 Al 或 Ti，以及 Bi、Cr、Co、Fe、醋酸、磷酸、表面活性剂、洗涤剂或碱金属的存在造成的干扰
Zn	加入锶（1 500 mg/L）可消除 Cu 和磷酸盐的干扰

D.7 分析步骤

D.7.1 配制试液，包括金属标准储备液和标准使用液。
D.7.2 进行干扰的消除和背景校正。
D.7.3 参照仪器说明书设定仪器最佳工作条件。
D.7.4 测定标准使用液的吸光度，用质量浓度及对应的吸光度值绘制标准曲线。
D.7.5 测定实验样品和质控样品的吸光度或质量浓度值。

D.8 结果计算

D.8.1 火焰原子吸收光谱法进行金属质量浓度测定，可从校准曲线或者仪器的直读系统得到金属质量浓度（mg/L）值。
D.8.2 如果试样进行稀释，则试样中金属的质量浓度需要用下式计算：

$$\rho(\text{mg/L})=\rho\times\left(\frac{V+B}{V}\right)$$

式中：ρ——从校准曲线查出的稀释样份中的金属质量浓度，mg/L；
B——稀释用的酸空白基体体积，ml；
V——样份体积，ml。

D.8.3 对于固体试样，根据试样质量并用 mg/kg 报告：

$$\omega(\mathrm{mg/kg})=\frac{\rho\times V}{m}$$

式中：ρ——从校准曲线得到的处理后试样中的金属质量浓度，mg/L；

V——处理后试样的最终体积，ml；

m——试样重量，g。

D.9 质量保证和控制

D.9.1 所有的质控数据应该保留，以便参考或检查。

D.9.2 每天必须最少用一个试剂空白和三个标准制作一条标准曲线，用至少一个试剂空白和一个质量浓度位于或接近中间范围的验证标准（由参考物质或另一份标准物质配制）进行检验，验证标准的检验结果必须在真值的 10%以内，该标准曲线才可使用。

D.9.3 如果每天分析的样品数多于 10 个，则每做完 10 个试样，要用质量浓度位于中间范围的标准或验证标准对工作曲线进行验证，检验结果必须在真值的±20%以内，否则要将前 10 个试样重新测定。

D.9.4 在每批测试试样中，至少应该有一个加标样和一个加标双样。

D.9.5 当试样基体十分复杂，以致其黏度、表面张力和成分不能用标准准确地匹配时，应使用 D.9.6 的方法判断是否需要使用标准加入法，标准加入法的相关内容见 D.9.7。

D.9.6 干扰试验

D.9.6.1 稀释试验：在试样中选一个有代表性的试样做逐次稀释以确定是否有干扰存在，试样中分析元素的质量浓度至少为其检出限的 25 倍。测定未稀释试样的质量浓度，将试样稀释至少 5 倍（1+4）后再进行分析。如果所有试样的质量浓度均低于检出限的 10 倍，要做下面所述的加标回收分析。若未稀释试样和稀释了 5 倍的试样的测定结果一致（相差在 10%以内），则表明不存在干扰，不必采用标准加入法分析。

D.9.6.2 回收率试验：如果稀释试验的结果不一致，则可能存在基体干扰，需要做加标样品分析以确认稀释试验的结论。另取一份试样，加入已知量的被测物使其质量浓度为原有质量浓度的 2～5 倍。如果所有样品所含的分析物质量浓度均低于检出限，按检出限的 20 倍加标。分析加标样品并计算回收率，如果回收率低于 85%或高于 115%，则所有样品均要用标准加入法测定。

D.9.7 标准加入法

标准加入法是向一份或多份备好的样品溶液中加入已知量的标准。通过增加待测组分，提高或降低分析信号，使其斜率与校准曲线产生偏差。不应加入干扰组分，这样会造成基线漂移。

D.9.7.1 标准加入技术的最简单形式是单点加入法。取两份相同的样份，每份体积为 V_X。在第 1 份（称为 A）加入已知体积为 V_S、质量浓度为ρ_S的标准溶液，在第 2 份（称为 B）中加入相同体积 V_S的基体溶剂。测量 A 和 B 的吸收信号，并校正非被测元素的信号，则未知的试样质量浓度ρ_X计算如下：

$$\rho_X=\frac{S_\mathrm{B}\times V_S\times\rho_S}{(S_\mathrm{A}-S_\mathrm{B})\times V_X}$$

式中，S_A和 S_B分别是溶液 A 和 B 在校正空白后的吸收信号。应该选择 V_S和ρ_S，使 S_A大约是 S_B平均信号的 2 倍，以避免试样基体的过度稀释。如果使用了分离或浓缩手段，最好一开始就进行加标，使其能够经过制样的整个过程。

D.9.7.2 通过使用系列标准加入可使结果得到改善。加入一系列含有不同已知质量浓度的标准后，为了使试样的体积相同，所有试样都要稀释到相同的体积，例如：1 号加标样的质量浓度应该大约是样品中待测物所产生的吸收的 50%，2 号和 3 号加标样的质量浓度应该大约是样品中待测物所产生的吸收的 100%和 150%。测定每份试样的吸收值，以吸收值为纵坐标，以标准的已知质量浓度为横坐标作图，将曲线外推至零吸收处，其与横坐标的交点即为试样中待测组分的原有质量浓度。纵坐标左右两侧的横坐标的刻度值相同，大小相反。

D.9.7.3 标准加入法是十分有效的，但是必须注意以下的制约条件：（1）标准加入的质量浓度应该在标准曲线的线性范围内，为了得到最好的结果，标准加入法标准曲线的斜率应该与水标准曲线的斜率大体相同。如果斜率明显不同（大于 20%），使用时应该慎重。（2）干扰影响不应该随分析物质量浓度和试样基体比的改变而变化，并且加入标准应该与被分析物有同样的响应。（3）在测定中必须没有光谱干扰，并能校正非特征背景干扰。

附　录　E
（资料性附录）
固体废物　砷、锑、铋、硒的测定　原子荧光法
Solid wastes—Determination of As，Sb，Bi，Se—Atomic fluorescence spectrometry

E.1　范围

本方法适用于固体废物中砷（As）、锑（Sb）、铋（Bi）和硒（Se）的原子荧光法测定。

本方法对 As、Sb、Bi 的检出限为 0.000 1～0.000 2 mg/L；Se 为 0.000 2～0.000 5 mg/L。

本方法存在的主要干扰元素是高含量的 Cu^{2+}、Co^{2+}、Ni^{2+}、Ag^{+}、Hg^{2+}，以及形成氢化物元素之间的互相影响等。其他常见的阴阳离子无干扰。

E.2　原理

在消解处理后的水样加入硫脲，将 As、Sb、Bi 还原成三价，Se 还原成四价。

在酸性介质中加入硼氢化钾溶液，三价 As、Sb、Bi 和四价硒 Se 分别形成砷化氢、锑化氢、铋化氢和硒化氢气体，由载气（氩气）直接导入石英管原子化器中，进而在氩氢火焰中原子化。基态原子受特种空心阴极灯光源的激发，产生原子荧光，通过检测原子荧光的相对强度，利用荧光强度与溶液中的 As、Sb、Bi 和 Se 含量呈正比的关系，计算样品溶液中相应成分的含量。

E.3　试剂和材料

E.3.1　硝酸，优级纯。

E.3.2　高氯酸，优级纯。

E.3.3　盐酸，优级纯。

E.3.4　氢氧化钾或氢氧化钠，优级纯。

E.3.5　0.7%硼氢化钾溶液：称取 7 g 硼氢化钾于预先加有 2 g KOH 的 200 ml 去离子水中，用玻璃棒搅拌至溶解后，用脱脂棉过滤，稀释至 1 000 ml。此溶液现用现配。

E.3.6　10%硫脲溶液：称取 10 g 硫脲微热溶解于 100 ml 去离子水中。

E.3.7　砷标准储备溶液：称取 0.132 0 g 经过 105℃干燥 2 h 的优级纯 As_2O_3，溶于 5 ml 1 mol/L NaOH 溶液中，用 1 mol/L HCl 中和至酚酞红色褪去，稀释至 1 000 ml。此溶液 1.00 ml 含 0.1 mg As。

E.3.8　砷标准工作溶液：移取砷标准储备溶液 5.00 ml 于 500 ml 容量瓶中，以 1 mol/L HCl 溶液定容，摇匀。此溶液 1.00 ml 含 100 μg As，再移取此溶液 10 ml 于 100 ml 容量瓶中，用 1 mol/L HCl 定容，摇匀。此溶液 1.00 ml 含 0.10 μg As。

E.3.9　锑标准储备溶液：称取 0.119 7 g 经过 105℃干燥 2 h 的 Sb_2O_3 溶解于 80 ml HCl 中，转入 1 000 ml 容量瓶中，补加 HCl 120 ml，用水稀释至刻度，摇匀。此溶液 1 ml 含 0.1 mg Sb。

E.3.10　锑标准工作溶液：移取锑标准储备溶液 5.00 ml 于 500 ml 容量瓶中，以 1 mol/L HCl 溶液定容，摇匀。此溶液 1.00 ml 含 1.00 μg Sb，再移取此溶液 10 ml 于 100 ml 容量瓶中，用 1 mol/L HCl 溶液定容，摇匀。此溶液 1.00 ml 含 0.10 μg Sb。

E.3.11　铋标准储备溶液：称取高纯金属铋 0.100 0 g 于 250 ml 烧杯中，加入 20 ml HCl（1+1），于电热板上低温加热溶解，加入 3 ml $HClO_4$ 继续加热至冒白烟，取下冷却后转移入 1 000 ml 容量瓶中，加

入浓 HCl 50 ml 后，用去离子水定容。此溶液 1.00 ml 含 0.1 mgBi。

E.3.12 铋标准工作溶液：移取铋标准储备溶液 5.00 ml 于 500 ml 容量瓶中，以 1 mol/L HCl 溶液定容，摇匀。此溶液 1.00 ml 含 1.00 μg Bi。再移取 10 ml 于 100 ml 容量瓶中，用 1 mol/L HCl 定容，摇匀。此溶液 1.00 ml 含 0.10 μg Bi。

E.3.13 硒标准储备溶液：称取 0.100 0 g 光谱纯硒粉于 100 ml 烧杯中，加 10 ml HNO_3，低温加热溶解后，加 3 ml $HClO_4$ 蒸至冒白烟时取下，冷却后用去离子水吹洗杯壁并蒸至刚冒白烟，加水溶解，移入 1 000 ml 容量瓶中，并稀释至刻度，摇匀。此溶液 1 ml 含 0.1 mg Se。

E.3.14 硒标准工作溶液：用硒的标准储备溶液逐级稀释至 1 ml 含 10 μg，1 ml 含 1 μg，1 ml 含 0.10 μg Se 的标准工作溶液，并保持 4 mol/L HCl 浓度。

E.4 仪器、装置及工作条件

E.4.1 仪器及装置

E.4.1.1 砷、锑、铋、硒高强度空心阴极灯。

E.4.1.2 原子荧光光谱仪。

E.4.2 工作条件

原子荧光光谱仪的工作条件见表 E.1。

表 E.1 测定条件

元素	灯电流/mA	负高压/V	氩气/（ml/min）	原子化温度/℃
砷	40～60	240～260	1 000	200
锑	60～80	240～260	1 000	200
铋	40～60	250～270	1 000	300
硒	90～100	260～280	1 000	200

E.5 样品的采集、保存和预处理

E.5.1 所有的采样容器都应预先用洗涤剂、酸和试剂水洗涤，塑料和玻璃容器均可使用。如果要分析极易挥发的硒、锑和砷化合物，要使用特殊容器（如用于挥发性有机物分析的容器）。

E.5.2 水样必须用硝酸酸化至 pH 小于 2。

E.5.3 非水样品应冷藏保存，并尽快分析。

E.5.4 当分析样品中存在可溶性砷时，不要求冷藏，但应避光保存，温度不能超过室温。

E.6 分析步骤

E.6.1 样品测定

移取 20 ml 清洁的水样或经过预处理的水样于 50 ml 烧杯中，加入 3 ml HCl，10%硫脲溶液 2 ml，混匀。放置 20 min 后，用定量加液器注入 5.0 ml 于原子荧光仪的氢化物发生器中，加入 4 ml 硼氢化钾溶液，进行测定，或通过蠕动泵进样测定（调整进样和进硼氢化钾溶液流速为 0.5 ml/s），但须通过设定程序保证进样量的准确性和一致性，记录相应的相对荧光强度值。从校准曲线上查得测定溶液中 As 或 Sb、Bi、Se 的质量浓度。

E.6.2 校准曲线的绘制

用含 As、Sb、Bi 和 Se 0.1 μg/ml 的标准工作溶液制备标准系列，在标准系列中各种金属元素的质量浓度见表 E.2。

表 E.2　标准系列各元素的质量浓度

单位：μg/L

元素	标准系列						
As	0.0	1.0	2.0	4.0	8.0	12.0	16.0
Sb	0.0	0.5	1.0	2.0	4.0	6.0	8.0
Bi	0.0	0.5	1.0	2.0	4.0	6.0	8.0
Se	0.0	1.0	2.0	4.0	8.0	12.0	16.0

准确移取相应量的标准工作溶液于 100 ml 容量瓶中，加入 12 ml HCl、8 ml 10%硫脲溶液，用去离子水定容，摇匀后按样品测定步骤进行操作。记录相应的相对荧光强度，绘制校准曲线。

E.7　结果计算

由校准曲线查得测定溶液中各元素的质量浓度，再根据水样的预处理稀释体积进行计算。

$$\rho=\frac{V_1\rho'}{V_2}$$

式中：ρ——样品中元素的实际质量浓度，μg/L；

ρ'——从校准曲线上查得相应测定元素的质量浓度，μg/L；

V_1——测量时水样的总体积，ml；

V_2——预处理时移取水样的体积，ml。

E.8　注意事项

E.8.1　分析中所用的玻璃器皿均需用 HNO_3（1+1）溶液浸泡 24 h，或热 HNO_3 荡涤后，再用去离子水洗净后方可使用。对于新器皿，应作相应的空白检查后才能使用。

E.8.2　对所用的每一瓶试剂都应作相应的空白实验，特别是盐酸要仔细检查。配制标准溶液与样品应尽可能使用同一瓶试剂。

E.8.3　所用的标准系列必须每次配制，与样品在相同条件下测定。

附 录 F
（资料性附录）
固体废物 氟离子、溴酸根、氯离子、亚硝酸根、氰酸根、溴离子、硝酸根、磷酸根、硫酸根的测定 离子色谱法

Solid wastes—Determination of Fluoride，Bromate，Chloride，Nitrite，Cyanate，Bromide，Nitrate，Phosphate and sulfate—Ion chromatography

F.1 范围

本方法适用于固体废物中氟离子（F^-）、溴酸根（BrO_3^-）、氯离子（Cl^-）、亚硝酸根（NO_2^-）、氰酸根（CN^-）、溴离子（Br^-）、硝酸根（NO_3^-）、磷酸根（PO_4^{3-}）、硫酸根（SO_4^{2-}）的离子色谱法测定。

本方法对各种阴离子的检出限见表 F.1。

表 F.1 各种阴离子的检出限

阴离子	检出限/（μg/L）	阴离子	检出限/（μg/L）
F^-	14.8	BrO_3^-	5
Cl^-	10.8	NO_2^-	12.4
CN^-	20	Br^-	24.2
NO_3^-	21.4	PO_4^{3-}	62.2
SO_4^{2-}	28.8		

F.2 术语与定义

下列定义适用于本方法。

F.2.1 离子色谱：一种液相色谱，通过离子交换分离离子组分，然后用适当的检测方法检测。

F.2.2 分析柱：在保护柱后连接一支或多支分离柱组成一系列用以分离待测离子的分析系统。系列中所有柱子对分析柱的总容量均有贡献。

F.2.3 保护柱：置于分离柱之前的柱子，用于保护分离柱免受颗粒物或不可逆保留物等杂质的污染。

F.2.4 分离柱：根据待测离子保留特性，在检测前将被检测离子分离的交换柱。

F.2.5 抑制器：在分析柱和检测器之间，安装抑制器来降低淋洗液中离子组分的检测响应，增加被测离子的检测响应，进而提高信噪比。

F.2.6 淋洗液：离子流动相，样品通过交换柱的载体。

F.3 原理

固体废物中的离子用水提取。而后水溶液中的常见阴离子随碳酸盐淋洗液进入阴离子交换分析柱中（由保护柱和分离柱组成），根据分析柱对不同离子的亲和力不同进行分离，已分离的阴离子流经电解膜抑制器转化成具有高电导率的强酸，而淋洗液则转化成低电导率的弱酸，由电导检测器测量各种离子组分的电导率，以相对保留时间定性被测离子的类型，以峰面积或峰高定量被测离子的含量。

F.4 试剂和材料

除另有说明外，本方法中所用的试剂均为符合国家标准的优级纯试剂；实验用水的电导率应接近 0.057 μS/cm（25℃）并经过 0.22 μm 微孔膜过滤。

F.4.1 淋洗液，根据所用分析柱，选择适合的淋洗液，见图 F.1。

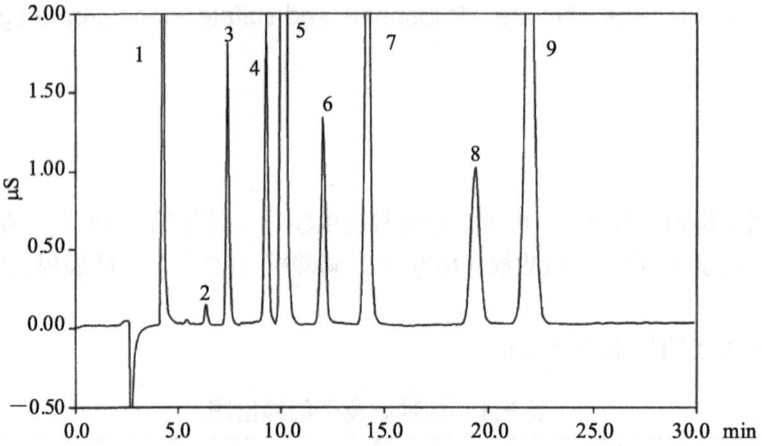

1—氟离子；2—溴酸根；3—氯离子；4—亚硝酸根；5—氰酸根；6—溴离子；
7—硝酸根；8—磷酸根；9—硫酸根

图 F.1 氟离子等 9 种阴离子的分离色谱图

色谱工作条件：

分析柱：IonPac AS23 型分离柱（4 mm×250 mm）和 IonPac AG23 型保护柱（4 mm×50 mm）。

淋洗液：4.5 mmol/L Na_2CO_3/0.8 mmol/L $NaHCO_3$ 淋洗液等度淋洗，流速为 1.0 ml/min。

抑制器：Atlas 4 mm 阴离子电解膜抑制器或选用性能相当的其他电解膜抑制器，抑制电流 45 mA。

柱箱温度：30℃。

进样体积：25 μl。

F.4.1.1 碳酸钠储备液（碳酸根的浓度为 1.0 mol/L），称取 10.600 0 g 无水碳酸钠，溶于水，并定容到 100 ml 容量瓶中。置 4℃冰箱备用，可使用 6 个月。

F.4.1.2 碳酸氢钠储备液（碳酸氢根的浓度为 1.0 mol/L），称取 8.400 0 g 碳酸氢钠，溶于水，并定容到 100 ml 容量瓶中。置 4℃冰箱备用，可使用 6 个月。

F.4.1.3 淋洗液使用液（4.5 mmol/L Na_2CO_3～0.8 mmol/L $NaHCO_3$），吸取 4.5 ml 碳酸钠储备液和 0.8 ml 碳酸氢钠储备液，用纯水稀释至 1 000 ml，每日新配。

F.4.2 再生液，根据所用抑制器及其使用方式，选择去离子水为再生液，见图 F.1。

F.4.3 标准储备液

F.4.3.1 氟离子标准储备液（1 000 mg/L），称取 2.210 0 g 氟化钠（优级纯，105℃烘干 2 h）溶于水中，用水稀释至 1 L，储于聚丙烯或高密度聚乙烯瓶中，4℃冷藏存放。

F.4.3.2 氯离子标准储备液（1 000 mg/L），称取 1.648 4 g 氯化钠（优级纯，105℃烘干 2 h）溶于水中，用水稀释至 1 L，储于聚丙烯或高密度聚乙烯瓶中，4℃冷藏存放。

F.4.3.3 硫酸根离子标准储备液（1 000 mg/L），称取 1.478 7 g 无水硫酸钠（优级纯，105 ℃烘干 2 h）溶于水中，用水稀释至 1 L，储于聚丙烯或高密度聚乙烯瓶中，4℃冷藏存放。

F.4.3.4 磷酸根离子标准储备液（1 000 mg/L），称取 1.432 4 g 磷酸二氢钾（优级纯，105 ℃烘干 2 h）溶于水中，用水稀释至 1 L，储于聚丙烯或高密度聚乙烯瓶中，4℃冷藏存放。

F.4.3.5 硝酸根离子标准储备液（1 000 mg/L），称取 1.370 8 g 硝酸钠（优级纯，105℃烘干 2 h）溶于水中，用水稀释至 1 L，储于聚丙烯或高密度聚乙烯瓶中，4℃冷藏存放。
F.4.3.6 亚硝酸根离子储备液（1 000 mg/L），称取 1.499 7 g 亚硝酸钠（优级纯，干燥器中干燥 24 h）溶于水中，用水稀释至 1 L，储于聚丙烯或高密度聚乙烯瓶中，4℃冷藏存放。
F.4.3.7 溴离子储备液（1 000 mg/L），称取 1.287 5 g 溴化钠（优级纯，干燥器中干燥 24 h）溶于水中，用水稀释至 1 L，储于聚丙烯或高密度聚乙烯瓶中，4℃冷藏存放。
F.4.3.8 氰酸根离子储备液（1 000 mg/L），称取 1.595 7 g 氰酸钠（优级纯，干燥器中干燥 24 h）溶于水中，用水稀释至 1 L，储于聚丙烯或高密度聚乙烯瓶中，4℃冷藏存放。
F.4.3.9 溴酸根离子储备液（1 000 mg/L），称取 1.305 7 g 溴酸钾（优级纯，105℃烘干 2 h）溶于水中，用水稀释至 1 L，储于聚丙烯或高密度聚乙烯瓶中，4℃冷藏存放。

F.5 仪器

F.5.1 离子色谱仪

离子色谱仪由下列部件组成：

F.5.1.1 淋洗液泵，泵接触水的部件应为非金属材料，这样不会对分析柱造成金属污染。
F.5.1.2 分析柱，能辨认待测阴离子。
F.5.1.3 抑制器，电解膜抑制器。
F.5.1.4 电导检测器，可以进行温度补偿和自动调整量程。
F.5.1.5 数据处理系统，色谱工作站，用于数据的记录、处理和存储等。
F.5.2 特殊器皿
F.5.2.1 容量瓶，聚丙烯材质。
F.5.2.2 烧杯，聚丙烯材质。
F.5.2.3 样品瓶，聚丙烯或高密度聚乙烯材质。
F.5.2.4 尼龙滤膜，0.22 μm。
F.5.2.5 OnGuard RP 柱（或 C18 柱）和 OnGuard AgH 柱。

F.6 样品的采集、保存和预处理

F.6.1 用聚丙烯或高密度聚乙烯瓶取样，盖上盖子。不要使用玻璃瓶取样，否则易导致离子污染。
F.6.2 固体废物样品 4℃冷藏保存并于 1 个月内进行分析。

F.7 分析步骤

F.7.1 混合标准工作溶液
F.7.1.1 中间混合标准溶液的配制：根据待测阴离子种类和各种阴离子的检测灵敏度，准确量取适量所需阴离子标准储备液，用水稀释定容，制备成低 mg/L 级（如：10.0 mg/L 氟离子，1.0 mg/L 溴酸根）混合标准溶液，储于聚丙烯或高密度聚乙烯瓶中，置于 4℃冰箱中存放。
F.7.1.2 标准工作溶液的配制：准备一个空白，至少三个质量浓度水平含待测阴离子的标准工作溶液，标准工作溶液应当天配制，标准工作溶液的质量浓度范围包括被测样品中阴离子质量浓度。通常以配制标准溶液所用的水为空白，标准溶液中各阴离子质量浓度分别为 50 μg/L，100 μg/L，200 μg/L 或更高。
F.7.2 样品处理

称取 5 g（准确至 0.001 g）过 180 μm 筛且有代表性的固体废物于 250 ml 烧杯中，加入 80 ml 水，超声提取 30 min。然后将其全部转移到 100 ml 容量瓶中，用水定容。摇匀后，取部分溶液于 3 000 r/min 速度离心 15 min，取上清液。依次经过 0.22 μm 尼龙滤膜和 OnGuard RP 柱（或 C18 柱）将提取液中的固体颗粒和有机物除去，而后进样分析。如果用于进样的溶液中氯离子质量浓度超过 50 mg/L，则需要过 OnGuard Ⅱ AgH 柱将绝大部分氯离子去除。OnGuard Ⅱ RP 柱（2.5 cc）使用前依次用 10 ml 甲醇、15 ml 水通过，活化 30 min。OnGuard Ⅱ AgH 柱（2.5 cc）用 15 ml 水通过，活化 30 min。

准确量取 50 ml 浸出液，依次经过 0.22 μm 尼龙滤膜和 OnGuard RP 柱（或 C18 柱）将提取液中的固体颗粒和有机物除去，而后进样分析。如果用于进样的溶液中氯离子质量浓度超过 50 mg/L，则需要过 OnGuard Ⅱ AgH 柱将绝大部分氯离子去除。

F.7.3 仪器的准备

F.7.3.1 按照仪器使用说明书调试准备仪器，平衡系统至基线平稳。选择合适的分析柱，抑制器及相应的工作条件，见图 F.1。

F.7.3.2 根据分析柱的性能，待测水样中阴离子含量等因素，选择使用大样品环或浓缩柱进样，确定进样体积。

F.7.4 校正

F.7.4.1 分析阴离子标准工作溶液，记录谱图上的出峰时间，确定各阴离子的保留时间。

F.7.4.2 分析空白，标准工作溶液（已知进样体积），以峰高或峰面积为纵坐标，以离子质量浓度为横坐标，选择合适的回归方式，确定标准工作曲线。

F.7.4.3 如果空白溶液谱图中有与被测离子保留时间相同的可测峰，外推校正曲线至横坐标，在横坐标上的截距代表空白溶液中该阴离子的质量浓度。将空白溶液中所含阴离子质量浓度加入标准工作溶液的质量浓度中，例如：氯离子标准工作溶液质量浓度为 10.0 μg/L，空白离子质量浓度为 0.2 μg/L，则该标准工作溶液质量浓度修正为 10.2 μg/L。以修正后的标准溶液质量浓度对峰高或峰面积重新做标准工作曲线。

F.7.5 样品分析

在与分析标准工作溶液相同的测试条件下，对固体废物提取液以及浸出液进行分析测定，根据被测阴离子的峰高或峰面积由相应的标准工作曲线确定各阴离子质量浓度。

F.8 结果计算

固体废物中阴离子质量比按下式计算：

$$\omega = \frac{(\rho - \rho_0) \times V \times f}{1\,000\, m}$$

式中：ω——试样中阴离子的质量比，mg/kg；

ρ——测定用试样液中的阴离子质量浓度（由回归方程计算出），mg/L；

ρ_0——试剂空白液中阴离子的质量浓度（由回归方程计算出），mg/L；

V——试样溶液体积，ml；

f——试样溶液稀释倍数；

m——试样的质量，g。

计算结果表示到小数点后两位。

附　录　G
（资料性附录）
固体废物　氰根离子和硫离子的测定　离子色谱法
Solid Wastes—Determination of Cyanide and Sulfide—Ion Chromatography

G.1　范围

本方法适用于固体废物中氰根离子和硫离子的离子色谱法测定。

本方法对氰根离子和硫离子的检出限为 0.1 μg/L。

G.2　术语与定义

下列定义适用于本方法。

G.2.1　离子色谱：一种液相色谱，通过离子交换分离离子组分，然后用适当的检测方法检测。

G.2.2　分析柱：在保护柱后连接一支或多支分离柱组成一系列用以分离待测离子的分析系统。系列中所有柱子对分析柱的总容量均有贡献。

G.2.3　保护柱：置于分离柱之前的柱子，用于保护分离柱免受颗粒物或不可逆保留物等杂质的污染。

G.2.4　分离柱：根据待测离子保留特性，在检测前将被检测离子分离的交换柱。

G.2.5　淋洗液：离子流动相，样品通过交换柱的载体。

G.3　原理

氰根离子和硫离子在实际样品中一般以络合态存在。加入浓硫酸后，络合的氰根和硫离子会被释放出来，与氢离子结合生成氰化氢和硫化氢。而后两者被强碱性溶液吸收，成为氰化钠和硫化钠。氰化钠和硫化钠进入色谱柱后，和其他阴离子随淋洗液进入阴离子交换分析柱中（由保护柱和分离柱组成），根据分析柱对不同离子的亲和力不同进行分离，具有电化学活性的氰根离子和硫离子被检测，以相对保留时间定性，以峰面积或峰高定量。

G.4　试剂和材料

除另有说明外，本方法中所用的试剂均为符合国家标准的优级纯试剂；实验用水的电导率应接近 0.057 μS/cm（25℃）并经过 0.22 μm 微孔膜过滤的水。

G.4.1　淋洗液：根据所用分析柱，选择适合的淋洗液。

G.4.1.1　50%（质量分数）NaOH 浓淋洗液：商品化溶液。

G.4.1.2　100 mmol/L NaOH/250 mmol/L NaOAc 淋洗液：溶解 20.5 g AAA-Direct Certified 无水醋酸钠至 995 ml 水中，用 0.2 μm Nylon 过滤器过滤。而后加入 5.24 ml 50% NaOH 于 995 ml 醋酸钠溶液中，该溶液配制完毕立即放在 27.6～34.5 kPa（4～5 lb/in^2）氮气条件下保存，以防止碳酸盐污染。

G.4.2　氰根离子标准储备液（10 000 mg/L）：称取 0.188 5 g 氰化钠（优级纯，干燥器中干燥 24 h）溶于 10 g 250 mmol/L NaOH 溶液中，贮于高密度聚乙烯瓶中，4℃冷藏存放。

G.4.3　硫离子标准储备液（10 000 mg/L）：称取 0.300 1 g 硫化钠（优级纯，干燥器中干燥 24 h）溶于 10 g 250 mmol/L NaOH 溶液中，贮于高密度聚乙烯瓶中，4℃冷藏存放。

G.5 仪器

G.5.1 离子色谱仪

离子色谱仪由下列部件组成：

G.5.1.1 淋洗液泵，泵接触水的部件应为非金属材料，这样不会对分析柱造成金属污染。

G.5.1.2 分析柱，能辨认氰根离子和硫离子，并能将氰根离子与硫离子分离。

G.5.1.3 安培检测器，银工作电极，Ag/AgCl 参比电极，三电位脉冲安培检测。

G.5.1.4 数据处理系统，色谱工作站，用于数据的记录、处理和存储等。

G.5.2 特殊器皿

G.5.2.1 容量瓶，聚丙烯材质。

G.5.2.2 烧杯，聚丙烯材质。

G.5.2.3 样品瓶，聚丙烯或高密度聚乙烯材质。

G.5.2.4 尼龙滤膜，0.2 μm。

G.5.2.5 0.2 μm 尼龙滤器。

G.6 样品的采集、保存和预处理

G.6.1 用聚丙烯或高密度聚乙烯瓶取样，盖上盖子。不要使用玻璃瓶取样，否则易导致离子污染。

G.6.2 固体废物样品 4℃冷藏保存并于 1 个月内进行分析。

G.7 分析步骤

G.7.1 标准工作溶液

G.7.1.1 中间标准溶液的配制：根据氰根离子/硫离子的检测灵敏度，准确量取适量所需标准储备液，用 250 mmol/L NaOH 溶液稀释定容，储于聚丙烯或高密度聚乙烯瓶中，置于 4℃冰箱中存放。

G.7.1.2 标准工作溶液的配制：准备一个空白，至少三个质量浓度水平氰根离子/硫离子的标准工作溶液，标准工作溶液应当天用 250 mmol/L NaOH 溶液配制，标准工作溶液的质量浓度范围包括被测样品中离子质量浓度。通常以配制标准溶液所用的 250 mmol/L NaOH 溶液为空白，标准溶液中离子质量浓度分别为 5 μg/L，10 μg/L，20 μg/L 或更高。

G.7.2 样品处理

称取 5 g（准确至 0.001 g）过 180 μm 筛且有代表性的固体废物于 250 ml 烧杯中，加入 80 ml 水，超声提取 30 min。然后将其全部转移到 100 ml 容量瓶中，用水定容。摇匀后，取部分溶液于 3 000 r/min 速度离心 15 min，取上清液。上清液中加入浓硫酸，用蒸馏器进行蒸馏，而后用 1 mol/L NaOH 浓碱液吸收。测定溶于水部分的含量。

称取 5 g（准确至 0.001 g）过 180 μm 筛且有代表性的固体废物试样于 250 ml 烧瓶中，加入浓硫酸，用蒸馏器进行蒸馏，而后用 1 mol/L NaOH 浓碱液吸收。测定固体废物中氰根离子/硫离子的总含量。

准确量取 10 ml 浸出液，加入浓硫酸，用蒸馏器进行蒸馏，而后用 1 mol/L NaOH 浓碱液吸收。

G.7.3 仪器的准备

G.7.3.1 按照仪器使用说明书调试准备仪器，平衡系统至基线平稳。选择合适的分析柱、抑制器及相应的工作条件，见图 G.1。

G.7.3.2 根据分析柱的性能，待测水样中氰根离子/硫离子含量等因素，确定进样体积。

G.7.4 校正

G.7.4.1 分析氰根离子/硫离子标准工作溶液，记录谱图上的出峰时间，确定保留时间。

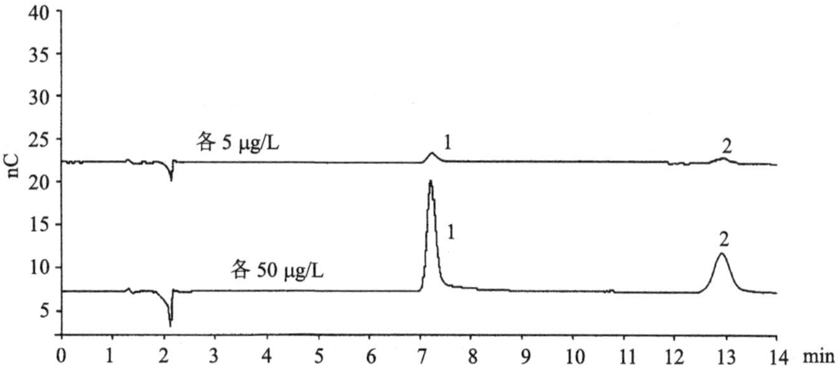

1—氰根离子；2—硫离子

图 G.1 氰根离子和硫离子分离色谱图

色谱工作条件：

分析柱：IonPac AS7 型分离柱（2 mm×250 mm）和 IonPac AG7 型保护柱（2 mm×50 mm）。

淋洗液：100 mmol/L NaOH/250 mmol/L NaOAc 淋洗液等度淋洗，流速为 0.25 ml/min。

检测器：安培检测器，银工作电极（氧化电位为－0.1 V），Ag/AgCl 参比电极，三电位脉冲安培检测。

柱箱温度：30℃。

进样体积：25μl。

G.7.4.2 分析空白，标准工作溶液（已知进样体积），以峰高或峰面积为纵坐标，以离子质量浓度为横坐标，选择合适的回归方式，确定标准工作曲线。

G.7.4.3 如果空白溶液谱图中有与氰根离子/硫离子保留时间相同的可测峰，外推校正曲线至横坐标，在横坐标上的截距代表空白溶液中该离子的质量浓度。将空白溶液中所含离子质量浓度加入标准工作溶液的质量浓度中，例如：氰根离子标准工作溶液质量浓度为 10.0 μg/L，空白离子质量浓度为 0.2 μg/L，则该标准工作溶液质量浓度修正为 10.2 μg/L。以修正后的标准溶液质量浓度对峰高或峰面积重新做标准工作曲线。

G.7.5 样品分析

在与分析标准工作溶液相同的测试条件下，对固体废物提取液进行分析测定，根据氰根离子和硫离子的峰高或峰面积由相应的标准工作曲线确定氰根离子和硫离子质量浓度。

G.8 结果计算

固体废物中氰根离子/硫离子质量比按下式计算：

$$\omega = \frac{(\rho - \rho_0) \times V \times f}{1\,000\, m}$$

式中：ω——试样中氰根离子/硫离子的质量比，mg/kg；

ρ——测定用试样液中的氰根离子/硫离子质量浓度（由回归方程计算出），mg/L；

ρ_0 ——试剂空白液中氰根离子/硫离子的质量浓度（由回归方程计算出），mg/L；

V——试样溶液体积，ml；

f——试样液稀释倍数；

m——试样的质量，g。

计算结果表示到小数点后两位。

附　录　H

（资料性附录）

固体废物　有机氯农药的测定　气相色谱法

Solid Wastes—Determination of Organochlorine Pesticides—Gas Chromatography

H.1　范围

本方法规定了固体和液体基质的提取物中的各种有机氯农药含量的气相色谱(电子捕获检测器)法。适用于此方法的目标物质如下：艾氏剂、α-六六六、β-六六六、γ-六六六、δ-六六六、乙酯杀螨醇、α-氯丹、γ-氯丹、氯丹其他异构体、1,2-二溴-3-氯丙烷、4,4′-DDD、4,4′-DDE、4,4′-DDT、二氯烯丹、狄氏剂、硫丹Ⅰ、硫丹Ⅱ、硫丹硫酸盐、异狄氏剂、异狄氏醛、异狄氏酮、七氯、环氧七氯、六氯苯、六氯环戊二烯、异艾氏剂、甲氧氯、毒杀芬。

本方法还可以测定下列物质：甲草胺、敌菌丹、地茂散、丙酯杀螨醇、百菌清、氯酞酸二甲酯、二氯萘醌、大克螨、氯唑灵、多氯代萘-1000、多氯代萘-1001、多氯代萘-1013、多氯代萘-1014、多氯代萘-1051、多氯代萘-1099、灭蚁灵、除草醚、五氯硝基苯、氯菊酯、乙滴涕、毒草胺、氯化松节油、反-九氯、氟乐灵。

H.2　引用标准

下列文件中的条款通过在本方法中被引用而成为本方法的条款，与本方法同效。凡是不注明日期的引用文件，其最新版本适用于本方法。

GB/T 6682　分析实验室用水规格和实验方法

H.3　原理

对不同的基质采用适合的提取技术，取一定体积或者质量的样品（对于液体大约为 1 L，对于固体为 2～30 g），然后采用相应的净化技术，净化后的样品使用具有电子捕获检测器（ECD）或者电解电导率检测器（ELCD）的石英毛细柱气相色谱测定，每次进样 1 μl。

H.4　试剂和材料

H.4.1　除有说明外，本方法中所用的水为 GB/T 6682 规定的一级水。
H.4.2　正己烷，色谱纯。
H.4.3　乙醚，色谱纯。
H.4.4　二氯甲烷，色谱纯。
H.4.5　丙酮，色谱纯。
H.4.6　乙酸乙酯，色谱纯。
H.4.7　异辛烷，色谱纯。
H.4.8　甲苯，色谱纯。
H.4.9　标准储备溶液：准确称取 0.010 0 g 纯的物质配制标准储备溶液。将该样品用异辛烷或者正己烷溶解在 10 ml 的容量瓶中，定容到刻度。β-六氯环己烷、狄氏剂和其他一些化合物在异辛烷中溶解度不好，可以在溶剂中加入少量的丙酮或者甲苯。

H.4.10 混合标准储备溶液：可以用各个标准品的储备溶液配制或者购买经过标定的溶液。

H.4.11 内标（可选）：

对单柱系统，当五氯硝基苯不被认为是样品中的目标成分时，可以用作内标。邻硝基溴苯也可以用作内标。将其中任何一种配制成 5 000 mg/L 的溶液，在每 1 ml 的样品提取物中添加 10 μl。

对双柱系统，邻硝基溴苯配制成 5 000 mg/L 的溶液，在每 1 ml 的样品提取物中添加 10 μl。

H.5 仪器

H.5.1 气相色谱仪：配有电子捕获检测器。

H.5.2 容量瓶：10 ml 和 25 ml，用于配制标准样品。

H.6 样品的采集、保存和预处理

H.6.1 固体基质：250 ml 宽口玻璃瓶，有螺纹的 Teflon 盖子，冷却至 4℃保存。

液体基质：4 个 1 L 的琥珀色玻璃瓶，有螺纹的 Teflon 的盖子，在样品中加入 0.75 ml 10%的 $NaHSO_4$，冷却至 4℃保存。

H.6.2 提取物必须保存于 4℃，并于提取 40 d 内进行分析。

H.7 分析步骤

H.7.1 提取

采用二氯甲烷在 pH 为中性的条件下提取液体样品，可选用附录 U，或者其他合适的技术。固体样品用正己烷-丙酮（1∶1）或者二氯甲烷-丙酮（1∶1）提取，可选用附录 V（索氏提取法）或者其他合适的提取技术样品处理。

注意：使用正己烷-丙酮（1∶1）提取较之二氯甲烷-丙酮（1∶1）提取可以减少干扰物的提取量，从而获得较好的信噪比。

一般用基质加标样品测试方法的性能，每一种状态的样品均应当测试目标化合物的回收率和检测限。

H.7.2 净化

样品净化不是必需的，但是对大多数环境和废物样品均应净化。附录 W（硅酸镁柱净化法）可除去脂肪烃、芳香烃和含氮物质。

H.7.3 气相色谱条件（推荐）

可以使用单柱或者连接到同一进样口的双柱系统。使用单柱系统时，需进行二次分析以确认分析结果；或者使用 GC/MS 方法进行进一步确认。

H.7.3.1 单柱系统色谱柱：

H.7.3.1.1 小口径色谱柱（应使用两根柱确认化合物，除非采用另外一种确认技术，如 GC/MS）：

DB-5（30 m×0.25 mm 或 0.32 mm ×1 μm）石英毛细管柱或同类产品者。

DB-608 或 SPB-608（30 m×0.25 mm×1 μm）石英毛细管柱或同类产品者。

H.7.3.1.2 大口径色谱柱（应从下列中挑选两根柱确认化合物，除非采用另外一种确认技术，如 GC/MS）。

DB-608 或 SPB-608（30 m×0.53 mm×0.5 μm 或 0.83 μm）石英毛细管柱或同类产品者。

DB-1701（30 m×0.53 mm×1 μm）石英毛细管柱或同类产品者。

DB-5 或 SPB-5 或 RTx-5（30 m×0.53 mm×1.5 μm）石英毛细管柱或同类产品者。

如果要求更高的色谱分离度，建议使用小口径柱。小口径柱适合相对比较干净的样品或者已经用本方法建议的净化方法净化了一次或以上的样品。大口径柱（0.53 mm ID）适合更加基体比较复杂的环境或者废物样品。

H.7.3.1.3 表 H.1 大口径柱分析土壤和水样基质中目标化合物的平均的保留时间与方法检测限(MDL)；表 H.2 列出了使用小口径柱分析土壤和水样基质中目标化合物的平均保留时间与方法检测限。但在实际分析中 MDL 和基质中的干扰有关，因此有可能与表 H.1、H.2 中的数据有所差异。

H.7.3.1.4 用单柱系统时的色谱条件。

H.7.3.2 双柱系统色谱柱（从下列色谱柱对中挑选其一）：

H.7.3.2.1 A：DB-5，SPB-5，RTx-5（30 m×0.53 mm×1.5 μm）石英毛细管柱或同类产品者。

B：DB-1701（30 m×0.53 mm×1 μm）石英毛细管柱。

H.7.3.2.2 A：DB-5，SPB-5，RTx-5（30 m×0.53 mm×0.83 μm）石英毛细管柱或同类产品者。

B：DB-1701（30 m×0.53 mm×1 μm）石英毛细管柱或同类产品者。

H.7.3.2.3 保留时间和与之相对的色谱条件分别见表 H.6 和表 H.7。

H.7.3.2.4 如毒杀芬或氯化松节油这样的多组分混合物应按照表 H.7 的色谱条件单个的测定。

H.7.3.2.5 有机氯农药的保留时间见表 H.6。

H.7.3.2.6 对液膜更厚的 DB-5/DB-1701 双柱，色谱条件见表 H.8。这样的色谱柱适用于检测多组分混合物的有机氯农药。

H.7.3.2.7 对液膜更薄的 DB-5/DB-1701 双柱，使用不同的分流器和较慢的程序升温速率的条件也见表 H.7。保留时间见表 H.6。在这个条件下大克螨和除草醚的峰形更好。

H.7.4 样品提取物的气相色谱分析

H.7.4.1 必须使用建立工作曲线的方法测定样品。

H.7.4.2 确认样品中各个组分的保留时间均应当落在方法的保留时间窗口中。

H.7.4.3 进样 2 μl，记录进样量到最接近的 0.05 μl 记录峰面积。

H.7.4.4 解谱，将保留时间窗口内的峰尝试性地鉴定为目标化合物。尝试性的鉴定须通过另一根不同固定相的色谱柱，或者另一种不同分析方法，如 GC/MS 确认。

H.7.4.5 每个样品的分析应在相同的条件下进行：在可接受的初始校准的基础上，每 12 h 进行校准标样的分析，或者将校准标样穿插在样品序列中进行分析。

H.7.4.6 校准样品进样后，就可以进样实际样品，最多每隔 20 个样品进样校准标准液（建议每隔 10 个样品进样，以减小因超过质量控制标准以需要重新进样的数量）。分析序列应在样品全部做完，或者质量控制样品不满足质量控制标准时中止。

H.7.4.7 当信噪比不足 2.5 倍时，定量结果的有效性难以保证。分析人员应参考样品的来源以确认是否需要继续浓缩样品。

H.7.4.8 GC 系统定性表现的确认：用标准工作曲线样品建立保留时间窗口。

H.7.4.9 对毒杀芬或者氯化松节油这样的多组分混合物的鉴定是通过和标准品的一系列指纹色谱峰的峰形和保留时间对照进行的。其定量基于样品中峰形和保留时间与标准品一致的特征峰的峰面积，通过外标法或者内标法进行。

H.7.4.10 如果样品的定性定量因为干扰（宽峰，基线隆起或基线不稳）无法进行，可能需要净化样品或者清理色谱柱或者检测器。可以在另一台仪器上平行测定以确认问题归属于样品或者仪器。净化过程见附录 W。

H.7.5 多组分混合物质（毒杀芬、氯化松节油、氯丹、六氯环己烷和 DDT）的定量

H.7.5.1 毒杀芬和氯化松节油：毒杀芬是莰烯的氯化产物，氯化松节油是莰烯和蒎烯的氯化产物。对这类化合物的定量时：

H.7.5.1.1 调整样品体积使毒杀芬的主峰高度为 10%～70%的满标偏转（FSD）。

H.7.5.1.2 进一个毒杀芬标准品样，其进样量应为实际样品中含量估计值±10 ng。

H.7.5.1.3 使用包含4～6个峰的一组毒杀芬的色谱峰进行定量。

H.7.5.2 对氯丹的定量方法往往和结果数据的用途，以及分析人员对这类化合物的解谱能力有关。有下述三种方式：以氯丹原料药计，以总氯丹计和以单个的氯丹组分计。

H.7.5.2.1 如果气相色谱显示的峰的模式类似于氯丹原料药，可以使用3～5个最高峰或者全部峰面积定量。

H.7.5.2.2 氯丹残余物的气相色谱的峰模式可能不同于氯丹原料药的标准品，因此很难建立起和标准品谱图的对应关系。用和样品出峰大小类似的标准品进样，用总面积和进样量计算校准因子，结果可以用总氯丹的形式给出。

H.7.5.2.3 第三种方式是用对应标准品分别定量样品中的反-氯丹、顺-氯丹和七氯的含量，给出的结果是每个单独化合物的含量。

H.7.5.3 六氯环己烷：六氯环己烷原料药是具有特殊气味的黄白色无定型固体，一般由六种异构体和部分七氯和八氯代环己烷组成。样品之间的峰形态可能不同，使用其中四个异构体（α-、β-、γ-、δ-）分别定量。

H.7.5.4 DDT：样品应分别使用4,4′-DDE、4,4′-DDD和4,4′-DDT 标准品计算校准因子并定量。

H.7.6 如果不存在检测限的问题，可以用GC/MS方式对单柱或者双柱系统的分析进行确认。

H.7.6.1 全扫描模式（full scan）要求大约10 ng/μl的样品质量浓度，而选择离子监测（SIM）或者使用离子阱质谱，需要的质量浓度约为1 ng/μl。

H.7.6.2 GC/MS用于定量时需使用标准品预先制作工作曲线。

H.7.6.3 样品中质量浓度低于1 ng/μl的目标化合物不能用GC/MS方式确认。

H.7.6.4 GC/MS确认时，必须使用和GC/ECD同一个样品和同一个空白。

H.7.6.5 如果替代物和内标不被干扰，而且目标物质在提取条件下稳定，可以使用酸性/中性/碱性的提取物和相应的空白用于分析。但是若在酸性/中性/碱性的提取物的分析中没有检测到目标物质，则必须重新分析未经划分的农药提取物。

H.7.6.6 质量控制样品必须也一并进行GC/MS分析，而且必须得到和GC/ECD相同的定量结果。

H.8 计算

使用外标法质量浓度计算方式如下：

H.8.1 对溶液样品，其质量浓度为

$$\rho(\mu g/L)=\frac{A_x V_t D}{\overline{CF} V_i V_s}$$

式中：ρ——质量浓度，μg/L；

A_x——样品中目标物质峰面积（或者峰高）；

V_t——样品浓缩物的总体积，μl；

D——稀释因子，分析前样品或者提取物的稀释倍数，未稀释则为1，无量纲量；

$\overline{CF}$——平均校准因子，即每纳克目标物质的峰面积（或峰高）；

V_i——进样体积，μl；

V_s——被提取的水样体积，ml。

H.8.2 对非水溶液的废物样品，其质量比为

$$\omega=\frac{A_x V_t D}{\overline{CF} V_i m_s}$$

式中：ω——质量比，μg/kg；

m_s——被提取的样品质量，g；

A_x、V_t、D、$\overline{CF}$、V_i均与 H.8.1 中一致。

表 H.1 使用单柱系统大口径柱分析有机氯农药的保留时间

化合物		保留时间/min	
		DB 608	DB 1701
艾氏剂	Aldrin	11.84	12.50
α-六氯环己烷	α-BHC	8.14	9.46
β-六氯环己烷	β-BHC	9.86	13.58
δ-六氯环己烷	δ-BHC	11.20	14.39
γ-六氯环己烷	γ-BHC（Lindane）	9.52	10.84
α-氯丹	α-Chlordane	15.24	16.48
γ-氯丹	γ-Chlordane	14.63	16.20
4,4′-DDD	4,4′-DDD	18.43	19.56
4,4′-DDE	4,4′-DDE	16.34	16.76
4,4′-DDT	4,4′-DDT	19.48	20.10
狄氏剂	Dieldrin	16.41	17.32
硫丹Ⅰ	EndosulfanⅠ	15.25	15.96
硫丹Ⅱ	EndosulfanⅡ	18.45	19.72
硫丹硫酸盐	Endosulfan Sulfate	20.21	22.36
异狄氏剂	Endrin	17.80	18.06
异狄氏醛	Endrin aldehyde	19.72	21.18
七氯	Heptachlor	10.66	11.56
环氧七氯	Heptachlor epoxide	13.97	15.03
甲氧氯	Methoxychlor	22.80	22.34
毒杀芬	Toxaphene	MR	MR

注：MR：存在多个组分。
GC 条件见表 H.2。

表 H.2 使用单柱系统，大口径柱分析有机氯农药的色谱条件

柱 1-DB-608，SPB-608，RTx-35（30 m×0.53 mm×0.5 μm 或 0.83 μm）石英毛细管柱或同类产品	
柱 2 - DB-1701（30 m×0.53 mm×1 μm）石英毛细管柱或同类产品	
柱 1 和柱 2 使用相同条件	
载气	氦气
载气流量	5～7 ml/min
尾吹气	氩气/甲烷（P-5 或 P-10）或氮气
尾吹气流量	30 ml/min
进样口温度	250℃
检测器温度	290℃
色谱柱温度	150℃保持 0.5 min，然后以 5℃/min 程序升温至 270℃保持 10 min
柱 3-DB-5，SPB-5，RTx-5（30 m ×0.53 mm×1.5 μm）石英毛细管柱或同类产品	
载气	氦气
载气流量	6 ml/min
尾吹气	氩气/甲烷（P-5 或 P-10）或氮气
尾吹气流量	30 ml/min
进样口温度	205℃
检测器温度	290℃
色谱柱温度	140℃保持 2 min，然后以 10℃/min 程序升温至 240℃保持 5 min，再以 5℃/min 到 265℃，保持 18 min

表 H.3　使用单柱系统小口径柱分析有机氯农药的保留时间

化合物		保留时间/min	
		DB 608	DB 5_{aa}
艾氏剂	Aldrin	14.51	14.70
α-六氯环己烷	α-BHC	11.43	10.94
β-六氯环己烷	β-BHC	12.59	11.51
δ-六氯环己烷	δ-BHC	13.69	12.20
γ-六氯环己烷	γ-BHC（Lindane）	12.46	11.71
α-氯丹	α-Chlordane	NA	NA
γ-氯丹	γ-Chlordane	17.34	17.02
4,4′-DDD	4,4′-DDD	21.67	20.11
4,4′-DDE	4,4′-DDE	19.09	18.30
4,4′-DDT	4,4′-DDT	23.13	21.84
狄氏剂	Dieldrin	19.67	18.74
硫丹 I	Endosulfan I	18.27	17.62
硫丹 II	Endosulfan II	22.17	20.11
硫丹硫酸盐	Endosulfan sulfate	24.45	21.84
异狄氏剂	Endrin	21.37	19.73
异狄氏醛	Endrin aldehyde	23.78	20.85
七氯	Heptachlor	13.41	13.59
环氧七氯	Heptachlor epoxide	16.62	16.05
甲氧氯	Methoxychlor	28.65	24.43
毒杀芬	Toxaphene	MR	MR

注：MR：存在多个组分。
GC 条件见表 H.4。

表 H.4　使用单柱系统，小口径柱分析有机氯农药的色谱条件

柱 1-DB-5（30 m×0.25 mm 或 0.32 mm×1 μm）石英毛细管柱或同类产品	
载气	氦气
载气压力	110.3 kPa（16 lb/in^2）
进样口温度	225℃
检测器温度	300℃
色谱柱温度	100℃保持 2 min，然后以 15℃/min 程序升温至 160℃，再以 5℃/min 升温至 270℃
柱 2-DB-608，SPB-608（30 m×0.25 mm×1 μm）石英毛细管柱或同类产品	
载气	氮气
载气压力	137.9 kPa（20 lb/in^2）
进样口温度	225℃
检测器温度	300℃
色谱柱温度	160℃保持 2 min，然后以 5℃/min 程序升温至 290℃保持 1 min

表 H.5　对不同样品定量限估计值（EQL）的比例因子

基质	比例因子
地下水	10
超声提取，凝胶渗透净化的低浓度土壤样品	670
超声提取，高浓度土壤或淤泥样品	10 000

基质	比例因子
非水性混合废物	100 000

注：可以通过由试剂水为基质的标准添加样品测得的方法检测限（MDL）用下述公式得到实际样品的定量限估计值（EQL）。
定量限估计值（EQL）＝方法检测限（MDL）×比例因子
对非溶液样品以湿重计。
EQL 和基质性质非常相关，因此本表只能作为一个比例因子的说明，实际样品有可能和预期不符。

表 H.6 使用双柱系统分析有机氯农药的保留时间

化合物		保留时间/min	
		DB-5	DB-1701
1,2-二溴-3-氯丙烷	DBCP	2.14	2.84
六氯环戊二烯	Hexachlorocyclopentadiene	4.49	4.88
氯唑灵	Etridiazole	6.38	8.42
地茂散	Chloroneb	7.46	10.60
六氯苯	Hexachlorobenzene	12.79	14.58
二氯烯丹	Diallate	12.35	15.07
毒草胺	Propachlor	9.96	15.43
氟乐灵	Trifluralin	11.87	16.26
α-六氯环己烷	α-BHC	12.35	17.42
五氯硝基苯	PCNB	14.47	18.20
γ-六氯环己烷（林丹）	γ-BHC（Lindane）	14.14	20.00
七氯	Heptachlor	18.34	21.16
艾氏剂	Aldrin	20.37	22.78
甲草胺	Alachlor	18.58	24.18
百菌清	Chlorothalonil	15.81	24.42
β-六氯环己烷	β-BHC	13.80	25.04
异艾氏剂	Isodrin	22.08	25.29
氯酞酸二甲酯	DCPA	21.38	26.11
δ-六氯环己烷	δ-BHC	15.49	26.37
环氧七氯	Heptachlor epoxide	22.83	27.31
硫丹 I	Endosulfan- I	25.00	28.88
γ-氯丹	γ-Chlordane	24.29	29.32
α-氯丹	α-Chlordane	25.25	29.82
反-九氯	*trans*-Nonachlor	25.58	30.01
	4,4′-DDE	26.80	30.40
狄氏剂	Dieldrin	26.60	31.20
乙滴涕	Perthane	28.45	32.18
异狄氏剂	Endrin	27.86	32.44
丙酯杀螨醇	Chloropropylate	28.92	34.14
乙酯杀螨醇	Chlorobenzilate	28.92	34.42
除草醚	Nitrofen	27.86	34.42
	4,4′-DDD	29.32	35.32
硫丹 II	Endosulfan II	28.45	35.51
	4,4′-DDT	31.62	36.30
异狄氏醛	Endrin aldehyde	29.63	38.08
灭蚁灵	Mirex	37.15	38.79
硫丹硫酸盐	Endosulfan sulfate	31.62	40.05

化合物		保留时间/min	
		DB-5	DB-1701
甲氧氯	Methoxychlor	35.33	40.31
敌菌丹	Captafol	32.65	41.42
异狄氏酮	Endrin ketone	33.79	42.26
氯菊酯	Permethrin	41.50	45.81
开蓬	Kepone	31.10	ND
大克螨	Dicofol	35.33	ND
二氯萘醌	Dichlone	15.17	ND
α,α'-二溴间二甲苯	α,α'-Dibromo-*m*-xylene	9.17	11.51
2-溴代联苯	2-Bromobiphenyl	8.54	12.49

表 H.7 低分离温度，薄液膜的双柱分析系统分析有机氯农药色谱条件

柱 1	DB-1701（30 m×0.53 mm×1.0 μm）或同类产品
柱 2	DB-5（30 m×0.53 mm×0.83 μm）或同类产品
载气	氦气
载气流量	6 ml/min
尾吹气	氮气
尾吹气流量	20 ml/min
进样口温度	250℃
检测器温度	320℃
色谱柱温度	140℃保持 2 min，然后以 2.8℃/min 升温到 270℃，保持 1 min

表 H.8 高分离温度，厚液膜的双柱分析系统分析有机氯农药色谱条件

柱 1	DB-1701（30 m×0.53 mm×1.0 μm）或同类产品
柱 2	DB-5（30 m×0.53 mm×1.5 mm）或同类产品
载气	氦气
载气流量	6 ml/min
尾吹气	氮气
尾吹气流量	20 ml/min
进样口温度	250℃
检测器温度	320℃
色谱柱温度	150℃保持 0.5 min，然后以 12℃/min 升温至 190℃保持 2 min，再以 4℃/min 升温至 275℃，保持 10 min

附 录 I
（资料性附录）
固体废物 有机磷化合物的测定 气相色谱法
Solid Wastes—Determination of Organophosphorus Compounds—Gas Chromatography

I.1 范围

本方法适用于固体废物中有机磷化合物的气相色谱法测定。采用火焰光度检测器（FPD）或氮-磷检测器（NPD）的毛细管 GC 可以检测出以下化合物：丙硫特普、甲基谷硫磷、乙基谷硫磷、硫丙磷、三硫磷、毒虫畏、毒死蜱、甲基毒死蜱、蝇毒磷、巴毒磷、内吸磷、S-内吸磷、二嗪农、除线磷、敌敌畏、百治磷、乐果、敌杀磷、乙拌磷、苯硫磷、乙硫磷、灭克磷、伐灭磷、杀螟硫磷、丰索磷、大福松、倍硫磷、对溴磷、马拉硫磷、脱叶亚磷、速灭磷、久效磷、二溴磷、乙基对硫磷、甲基对硫磷、甲拌磷、亚胺硫磷、磷胺、皮蝇磷、乐本松、硫特普、特普、地虫磷、硫磷嗪、丙硫磷、三氯磷酸酯、壤虫磷、六甲基磷酰胺、三邻甲苯膦酸酯、阿特拉津、西玛津。

以水和土壤为基质，15-m 柱检测分析物质的方法检出限（MDLs）为：0.04～0.8 μg/L（水），2.0～40.0 mg/kg（土壤）。30-m 的 MDLs 和 EQLs 与 15-m 柱得到类似结果。

15-m 柱体系对于检测乙基-谷硫磷、乙硫磷、亚胺硫磷、特丁磷、伐灭磷、磷胺、毒虫畏、六甲基磷酸三胺、地虫磷、敌杀磷、对溴磷、TOCP 等化合物并不完全有效。使用这个体系，在检测这些或其他的分析物之前，必须确认所有分析物的色谱分辨率：回收率高于 70%，精密度不小于 RSD 的 15%。

I.2 原理

经过适当的样品制备技术处理样品，用火焰光度计检测器或氮-磷检测器的气相色谱进行多残留程序分析。在酸性和碱性条件下，有机磷酯和硫酯发生水解反应。本方法不适合检测酸或碱分离处理的样品。由于超声提取过程可能破坏分析物质，本方法不适用检测这种方法处理的样品。

I.3 试剂和材料

I.3.1 异辛烷：色谱纯。
I.3.2 正己烷：色谱纯。
I.3.3 丙酮：色谱纯。
I.3.4 四氢呋喃：色谱纯（唯一标准物三嗪）。
I.3.5 甲基-4-丁基醚：色谱纯（唯一标准物三嗪）。
I.3.6 标准储备溶液：用纯标准物配制或直接买经过标定的标液。

纯化合物质量精确到 0.010 0 g。用一定比例的丙酮和正己烷混合液将其溶解并于 10 ml 容量瓶稀释定容。西玛津和阿特拉津在正己烷中的溶解度低。如果需要西玛津和阿特拉津的标准液，可以将阿特拉津溶解在甲基-4-丁基醚中，而西玛津可以溶解在丙酮/甲基-4-丁基醚/四氢呋喃（1∶3∶1）的混合溶液里。

I.3.7 混合标准储液：可以用单组分储液配制而成。每种分析物及其氧化产物必须能溶于色谱体系。对于少于 25 种组分的混合标准储液，分别精确吸取 1 000 mg/L 的各单组分储液 1 ml，加入溶剂，在 25 ml 的容量瓶混合定容。

注意：在暗处4℃密封的聚四氟乙烯的容器里储存的标准溶液应该每两个月更换一次或在程序QC出现问题时及时更换。对于很容易水解的化学品包括焦磷酸四乙酯、甲基硝基硫磷酯和脱叶亚磷，应该每30天进行检查是否还能使用。

I.3.8 配制至少5种不同质量浓度的校准标准溶液，可以采用异辛烷或正己烷稀释标准贮液。其质量浓度应当与实际样品质量浓度范围相一致，并在检测器检测范围内呈现线性。有机磷校准标准溶液每1～2个月应该更换一次，或在样品检测或历史数据出现问题时及时更换。实验室希望配制适用于上述易水解标准物的校准标准溶液。

I.3.9 内标：使用分析性好的样品作为内标。内标的使用很复杂，往往受到一些有机磷农药共流出以及检测器对不同化学品不同检测响应值的影响。

I.3.9.1 当磷原子上接有硫原子时，有机磷化合物 FPD 响应值增加。但硫代磷酸盐作为含不同硫原子的有机磷农药内标物并没有得到确认（例如：硫磷酯[P=S]或二硫磷酯[$P=S_2$]作为[PO_4]的内标）。

I.3.9.2 如果使用内标，必须选择一种或更多的与待测化合物分析性质相似的内标。必须进一步证实内标的测定不受所用方法或基质的干扰。

I.3.9.3 当使用15-m柱时，由于分析物质、方法的干扰以及基质的干扰，内标物可能很难完全溶解。必须进一步证实内标物不受所用方法或基质的干扰。

I.3.9.4 下面的NPD内标物可用于30-m柱子：配制1 000 mg/L的1-溴-2硝基苯溶液，稀释到5 mg/L。在每毫升样品和校准标准液中加入10 μl。1-溴-2-硝基苯不适合作为FPD这种小响应值检测器的内标，且没有适用于FPD的内标。

I.4 仪器

I.4.1 气相色谱仪。

I.4.2 检测器。

I.4.2.1 火焰光度检测器（FPD）置于磷检测模式。

I.4.2.2 氮-磷检测器（NPD）置于磷检测模式时选择性低，但可以用于检测三嗪类除草剂。

I.4.2.3 卤素检测器（电解传导器或微库仑检测器）：用于毒死蜱，皮蝇磷，蝇毒磷，丙硫磷，壤虫磷，敌敌畏，苯硫磷，二溴磷和乐本松等化合物的检测。

I.4.2.4 电子捕获检测器：对定量分析不受反相干扰的分析物才能使用 ECD 检测器进行检测。并且这种检测器的灵敏度能够很好地满足其常规限度。

I.5 样品的采集、保存和预处理

I.5.1 固体基质：250 ml宽口玻璃瓶，有螺纹的Teflon盖子，冷却至4℃保存。

液体基质：4个1 L的琥珀色玻璃瓶，有螺纹的Teflon的盖子，在样品中加入0.75 ml 10%的 $NaHSO_4$，冷却至4℃保存。

I.5.2 提取物存放在4℃的冰箱里，并在40 d内进行分析。

I.5.3 酸性或碱性条件下，有机磷酯会发生水解。样品采集后立即用NaOH或H_2SO_4将样品调到pH=5～8，并记录使用的溶液体积。即使存放于 4℃并加入一定量的氯化汞防腐剂，大多数地下水中有机磷农药的降解周期仅为14 d，应在采样后7 d内开始样品提取工作。

I.6 分析步骤

I.6.1 提取及净化

I.6.1.1 选择合适的提取过程。

一般而言，在 pH 为中性条件下，用二氯甲烷在分液漏斗进行提取（附录 U）。固体样品则采用二氯甲烷/丙酮（1∶1）使用索氏提取法（附录V）。而无水和稀释的有机液体样品可以直接进样分析。

I.6.1.2 该种方法提取及清洗过程不适于使用 pH＜4 或 pH＞8 的溶液。

I.6.1.3 如果需要使用上述范围的溶液，样品可以采用硅酸镁载体柱净化（附录 W）。

I.6.1.4 在进行气相色谱分析前，提取液可换为正己烷。要定量转移提取物使其质量浓度不改变。有机磷酯最好使用二氯甲烷或正己烷/丙酮混合溶剂转移。

I.6.1.5 在使用火焰光度检测器或氮-磷检测器时，可以使用二氯甲烷作为进样溶剂。

I.6.2 气相色谱条件

I.6.2.1 用该法检测有机磷酸酯，建议使用四根 0.53-mm ID 毛细管柱。如果有大量有机磷化合物要分析，推荐使用 30-m 色谱柱 1（DB-210 或同类型柱子）和色谱柱 2（SPB-608 或同类型柱子）。如果前级色谱分辨率不做要求，也可以使用 15-m 柱子。其操作条件列于表 I.8。而 30-m 柱的操作条件则列于表 I.9。

毛细管柱（0.53 mm，0.32 mm，或 0.25 mm ID×15 m 或 30 m，依照所要求的分辨率）0.53 mm ID 柱通常用于大多数环境或废弃物质的分析。双柱、单进样器检测要求柱子等长内径相同。

色谱柱 1：DB-210（15 m 或 30 m×0.53 mm×1.0μm）毛细管柱，或同类产品；

色谱柱 2：DB-608，SPB-608，RTx-35（15 m 或 30 m×0.53 mm×0.83 μm）毛细管柱，或同类产品；

色谱柱 3：DB-5，SPB-5，RTx-5（15 m 或 30 m×0.53 mm×1.0 μm）毛细管柱，或同类产品；

色谱柱 4：DB-1，SPB-1，RTx-35（15 m 或 30 m×0.53 mm×1.0 μm 或 1.5 μm）毛细管柱，或同类产品。

I.6.2.2 各组色谱柱的保留时间列于表 I.3 和表 I.4。

I.6.3 校准曲线

选择合适的色谱校准曲线方法。采用表 I.8 和表 I.9 为分析选用一组色谱柱设置合适的操作参数。

I.6.4 气相色谱分析

推荐采用 1 μl 自动进样。如果证实分析物定量精密度小于（等于）10%的相对标准偏差，可选大于 2 μl 的手动进样。如果溶剂量控制在一个极小值，可采用溶剂冲洗技术。如果使用了内标校正技术，进样前每毫升样品加入 10 μl 内标。

I.6.5 记录最接近 0.05 μl 进样量的样品体积及对应峰的大小（峰面积或峰高）

使用内标校准法或外标校准法时，对于用于校准的化合物，将色谱图中各个物质峰进行定性和定量。

I.6.5.1 如果色谱峰的检测和鉴定受到干扰，则需要使用火焰光度检测器或对样品做进一步的净化。在采用任何净化操作之前，必须处理一系列的校准标准物并建立洗脱方案，且检测目标化合物的回收率。使用净化程序对试剂空白进行常规处理，必须保证不存在试剂干扰。

I.6.5.2 如果响应超出了体系的线性范围，则稀释提取液并重新进行分析。提取液最好稀释到所有的色谱峰都出现在合适的数值范围内。当色谱峰超出线性范围，峰重叠就不太明显。通过计算机对色谱图谱的再现，如果确保为线性关系，操作直到所有的色谱峰都在合适的数值范围内即可。当峰重叠导致峰面积积分出错时，建议测量色谱峰的峰高。

I.6.5.3 如果色谱峰的响应信号低于基线噪声信号的 2.5 倍，结果的定量分析的有效性就值得怀疑。则需要考虑样品的来源，确定是否应该对样品进一步浓缩。

I.6.5.4 如果出现了部分峰重叠或者共流出峰，需要更换色谱柱或者选用 GC/MS 技术。

表 I.1 以水和土壤为基质使用 15-m 柱火焰光度检测器的方法检出限

化合物		水[a]/（μg/L）	土壤[b]/（μg/kg）
甲基谷硫磷	Azinphos-methyl	0.10	5.0
硫丙磷	Bolstar（Sulprofos）	0.07	3.5

化合物		水[a]/（μg/L）	土壤[b]/（μg/kg）
毒死蜱	Chlorpyrifos	0.07	5.0
蝇毒磷	Coumaphos	0.20	10.0
O-,*S*-内吸磷	Demeton,-*O*,-*S*	0.12	6.0
二嗪农	Diazinon	0.20	10.0
敌敌畏（DDVP）	Dichlorvos（DDVP）	0.80	40.0
乐果	Dimethoate	0.26	13.0
乙拌磷	Disulfoton	0.07	3.5
苯硫磷	EPN	0.04	2.0
灭克磷	Ethoprop	0.20	10.0
丰索磷	Fensulfothion	0.08	4.0
倍硫磷	Fenthion	0.08	5.0
马拉硫磷	Malathion	0.11	5.5
脱叶亚磷	Merphos	0.20	10.0
速灭磷	Mevinphos	0.50	25.0
二溴磷	Naled	0.50	25.0
乙基对硫磷	Parathion，ethyl	0.06	3.0
甲基对硫磷	Parathion，methyl	0.12	6.0
甲拌磷	Phorate	0.04	2.0
皮蝇磷	Ronnel	0.07	3.5
硫特普	Sulfotepp	0.07	3.5
特普	TEPP[c]	0.80	40.0
杀虫畏	Tetrachlorovinphos	0.80	40.0
丙硫磷	Tokuthion（Protothiofos）[c]	0.07	5.5
壤虫磷	Trichloronate[c]	0.80	40.0

注：a. 采用附录 U 的方法提取样品，即分液漏斗液-液分离法。
b. 采用附录 V 的方法提取样品，即索氏提取法。
c. 这些标准物的纯度并不基于 EPA 农药和工业化学品库。

表 I.2 不同基质的数量评估限（EQL[a]s）的测定

基 质	影响因子
地下水	10[b]
Soxhlet 和非冲洗的低浓度土壤	10[c]
非水溶性废弃物	1 000[c]

注：a. EQL =方法检出限（表 I.1）×影响因子（表 I.2）。对于非水样品，影响因子与湿重有关。样品的 EQLs 与基质密切相关。因此 EQLs 的测定可以作为一种参考，但并不是总能得到 EQLs 值。
b. 增加表 I.1 中试剂水 MDL 的影响因子的倍数。
c. 增加表 I.1 中土壤 MDL 的影响因子的倍数。

表 I.3 采用 15-m 柱子分析各物质的保留时间

单位：min

化合物		DB-5	SPB-608	DB-210
特普	TEPP	6.44	5.12	10.66
敌敌畏（DDVP）	Dichlorvos（DDVP）	9.63	7.91	12.79
速灭磷	Mevinphos	14.18	12.88	18.44
O-,*S*-内吸磷	Demeton,-*O*,-*S*	18.31	15.90	17.24
灭克磷	Ethoprop	18.62	16.48	18.67
二溴磷	Naled	19.01	17.40	19.35
甲拌磷	Phorate	19.94	17.52	18.19

化合物		DB-5	SPB-608	DB-210
单氯磷	Monochrotophos	20.04	20.11	31.42
硫特普	Sulfotepp	20.11	18.02	19.58
乐果	Dimethoate	20.64	20.18	27.96
乙拌磷	Disulfoton	23.71	19.96	20.66
二嗪农	Diazinon	24.27	20.02	19.68
脱叶亚磷	Merphos	26.82	21.73	32.44
皮蝇磷	Ronnel	29.23	22.98	23.19
毒死蜱	Chlorpyrifos	31.17	26.88	25.18
马拉硫磷	Malathion	31.72	28.78	32.58
甲基对硫磷	Parathion，methyl	31.84	23.71	32.17
乙基对硫磷	Parathion，ethyl	31.85	27.62	33.39
壤虫磷	Trichloronate	32.19	28.41	29.95
杀虫畏	Tetrachlorovinphos	34.65	32.99	33.68
丙硫磷	Tokuthion（Protothiofos）	34.67	24.58	39.91
丰索磷	Fensulfothion	35.85	35.20	36.80
硫丙磷	Bolstar（Sulprofos）	36.34	35.08	37.55
伐灭磷	Famphur*	36.40	36.93	37.86
苯硫磷	EPN	37.80	36.71	36.74
谷硫磷	Azinphos-methyl	38.34	38.04	37.24
倍硫磷	Fenthion	38.83	29.45	28.86
蝇毒磷	Coumaphos	39.83	38.87	39.47

注：* 方法对伐灭磷并不完全有效。

初始温度	130℃	50℃	50℃
初始时间	3 min	1 min	1 min
程序 1 速率	5℃/min	5℃/min	5℃/min
程序 1 最终温度	180℃	140℃	140℃
程序 1 保持时间	10 min	10 min	10 min
程序 2 速率	2℃/min	10℃/min	10℃/min
程序 2 最终温度	250℃	240℃	240℃
程序 2 保持时间	15 min	10 min	10 min

表 I.4 采用 30-m 柱子分析各物质的保留时间 [a]

化合物		RT/min			
		DB-5	DB-210	DB-608	DB-1
三甲基磷酸盐	Trimethylphosphate	b	2.36		
敌敌畏（DDVP）	Dichlorvos（DDVP）	7.45	6.99	6.56	10.43
六甲基磷酰胺	Hexamethylphosphoramide	b	7.97		
三氯磷酸酯	Trichlorfon	11.22	11.63	12.69	
特普	TEPP	b	13.82		
硫磷嗪	Thionazin	12.32	24.71		
速灭磷	Mevinphos	12.20	10.82	11.85	14.45
灭克磷	Ethoprop	12.57	15.29	18.69	18.52
二嗪农	Diazinon	13.23	18.60	24.03	21.87
硫特普	Sulfotepp	13.39	16.32	20.04	19.60
特丁磷	Terbufos	13.69	18.23	22.97	
三-邻-甲苯基磷酸盐	Tri-o-cresyl phosphate	13.69	18.23		

化合物		RT/min			
		DB-5	DB-210	DB-608	DB-1
二溴磷	Naled	14.18	15.85	18.92	18.78
甲拌磷	Phorate	12.27	16.57	20.12	19.65
大福松	Fonophos	14.44	18.38		
乙拌磷	Disulfoton	14.74	18.84	23.89	21.73
脱叶亚磷	Merphos	14.89	23.22		26.23
氧化脱叶亚磷	Oxidized Merphos	20.25	24.87	35.16	
除线磷	Dichlorofenthion	15.55	20.09	26.11	
甲基毒死蜱	Chlorpyrifos，methyl	15.94	20.45	26.29	
皮蝇磷	Ronnel	16.30	21.01	27.33	23.67
毒死蜱	Chlorpyrifos	17.06	22.22	29.48	24.85
壤虫磷	Trichloronate	17.29	22.73	30.44	
丙硫特普	Aspon	17.29	21.98		
倍硫磷	Fenthion	17.87	22.11	29.14	24.63
S-内吸磷	Demeton-S	11.10	14.86	21.40	20.18
O-内吸磷	Demeton-O	15.57	17.21	17.70	
久效磷 c	Monocrotophos	19.08	15.98	19.62	19.3
乐果	Dimethoate	18.11	17.21	20.59	19.87
丙硫磷	Tokuthion	19.29	24.77	33.30	27.63
马拉硫磷	Malathion	19.83	21.75	28.87	24.57
甲基对硫磷	Parathion，methyl	20.15	20.45	25.98	22.97
杀螟松	Fenithrothion	20.63	21.42		
毒虫畏	Chlorfenvinphos	21.07	23.66	32.05	
乙基对硫磷	Parathion，ethyl	21.38	22.22	29.29	24.82
硫丙磷	Bolstar	22.09	27.57	38.10	29.53
乐本松	Stirophos	22.06	24.63	33.40	26.90
乙硫磷	Ethion	22.55	27.12	37.61	
磷胺	Phosphamidon	22.77	20.09	25.88	
丁烯磷	Crotoxyphos	22.77	23.85	32.65	
对溴磷	Leptophos	24.62	31.32	44.32	
丰索磷	Fensulfothion	27.54	26.76	36.58	28.58
苯硫磷	EPN	27.58	29.99	41.94	31.60
亚胺硫磷	Phosmet	27.89	29.89	41.24	
甲基谷硫磷	Azinphos-methyl	28.70	31.25	43.33	32.33
乙基谷硫磷	Azinphos-ethyl	29.27	32.36	45.55	
伐灭磷	Famphur	29.41	27.79	38.24	
蝇毒磷	Coumaphos	33.22	33.64	48.02	34.82
阿特拉津	Atrazine	13.98	17.63		
西玛津	Simazine	13.85	17.41		
特丁磷	Carbophenothion	22.14	27.92		
敌杀磷	Dioxathion	d	d	22.24	
甲基三硫磷	Trithion-methyl			36.62	
百治磷	Dicrotophos			19.33	
内标	Internal Standard				
1-溴-2-硝基苯	1-Bromo-2-nitrobenzene	8.11	9.07		
拟拟标准品	Surrogates				

化合物		RT/min			
		DB-5	DB-210	DB-608	DB-1
三丁基磷酸盐	Tributyl phosphate			11.1	
三苯基磷酸盐	Triphenyl phosphate			33.4	
4-氯-3-硝基三氟甲苯	4-Cl-3-nitrobenzotrifluoride	5.73	5.40		

注：a. GC 工作条件如下：

DB-5 和 DB-210：30 m×0.53 m，DB-5（1.50 μm）和 DB-210（1.0 μm）都连接到适压 Y-型分离器进口。温度程序：从 120℃（保持 3 min）以 5℃/min 到 270℃（保持 10 min）；进样器温度：250℃；检测器温度：300℃；凹槽温度：400℃；电压偏差 4.0；氢气压力 137.9 kPa（20 lb/in^2）；氦气流速 6 ml/min；氦气混合气 20 ml/min。DB-608：30 m×0.53 m，DB-608（1.50 μm）连接到 0.25-in 的填充柱进口。温度程序：从 110℃（保持 0.5 min）以 5℃/min 到 250℃（保持 4 min）；进样器温度：250℃；氦气流速 5 ml/min；火焰光度检测器。DB-1：30 m×0.32 mID 柱，DB-1（0.25 μm）采用分流/不分流，其柱头压 68.9 kPa（10 lb/in^2），分离管 45 s 关闭，进样器温度：250℃；温度程序：从 50℃（保持 1 min）以 6℃/min 到 280℃（保持 2 min）；在 35～550 u 质量检测器全面扫描。

b. 进样量为 20 ng 时没有检测到信号。

c. 进样量增加保留时间增长（Hatcher et al.观察到漂移超过 30 s）。

d. 显示为多峰；因此，在混合物中并不包含。

表 I.5　采用分液漏斗提取的 27 种有机磷的回收率

化合物		回收率/%		
		低	中	高
甲基谷硫磷	Azinphos methyl	126	143+8	101
硫丙磷	Bolstar	134	141+8	101
毒死蜱	Chlorpyrifos	7	89+6	86
蝇毒磷	Coumaphos	103	90+6	96
内吸磷	Demeton	33	67+11	74
二嗪农	Diazinon	136	121+9.5	82
敌敌畏	Dichlorvos	80	79+11	72
乐果	Dimethoate	NR	47+3	101
乙拌磷	Disulfoton	48	92+7	84
苯硫磷	EPN	113	125+9	97
灭克磷	Ethoprop	82	90+6	80
丰索磷	Fensulfonthion	84	82+12	96
倍硫磷	Fenthion	NR	48+10	89
马拉硫磷	Malathion	127	92+6	86
脱叶亚磷	Merphos	NR	79	81
速灭磷	Mevinphos	NR	NR	55
久效磷	Monocrotophos	NR	18+4	NR
二溴磷	Naled	NR	NR	NR
乙基对硫磷	Parathion，ethyl	101	94+5	86
甲基对硫磷	Parathion，methyl	NR	46+4	44
甲拌磷	Phorate	94	77+6	73
皮蝇磷	Ronnel	67	97+5	87
硫特普	Sulfotepp	87	85+4	83
焦磷酸四乙酯	TEPP	96	55+72	63
杀虫畏	Tetrachlorvinphos	79	90+7	80
丙硫磷	Tokuthion	NR	45+3	90
三氯酯	Trichloronate	NR	35	94

注：NR = 没记录。

表 I.6 采用液-液分离方法提取的 27 种有机磷的回收率

化合物		回收率/%		
		低	中	高
保棉磷	Azinphos methyl	NR	129	122
硫丙磷	Bolstar	NR	126	128
毒死蜱	Chlorpyrifos	13	82+4	88
蝇毒磷	Coumaphos	94	79+1	89
内吸磷	Demeton	38	23+3	41
二嗪农	Diazinon	NR	128+37	118
敌敌畏	Dichlorvos	81	32+1	74
乐果	Dimethoate	NR	10+8	102
乙拌磷	Disulfoton	94	69+5	81
苯硫磷	EPN	NR	104+18	119
灭克磷	Ethoprop	39	76+2	83
伐灭磷	Famphur	—	63+15	—
丰索磷	Fensulfonthion	90	67+26	90
倍硫磷	Fenthion	8	32+2	86
马拉硫磷	Malathion	105	87+4	86
脱叶亚磷	Merphos	NR	80	79
速灭磷	Mevinphos	NR	87	49
久效磷	Monocrotophos	NR	30	1
二溴磷	Naled	NR	NR	74
乙基对硫磷	Parathion，ethyl	106	81+1	87
甲基对硫磷	Parathion，methyl	NR	50+30	43
甲拌磷	Phorate	84	63+3	74
皮蝇磷	Ronnel	82	83+7	89
硫特普	Sulfotep	40	77+1	85
特普	TEPP	39	18+7	70
杀虫畏	Tetrachlorvinphos	56	70+14	83
丙硫磷	Tokuthion	132	32+14	90
三氯酯	Trichloronate	NR	NR	21

注：NR＝ 没记录。

表 I.7 采用 SOXHLET 提取法提取的 27 种有机磷的回收率

化合物		回收率/%		
		低	中	高
甲基谷硫磷	Azinphos methyl	156	110+6	87
硫丙磷	Bolstar	102	103+15	79
毒死蜱	Chlorpyrifos	NR	66+17	79
蝇毒磷	Coumaphos	93	89+11	90
内吸磷	Demeton	169	64+6	75
二嗪农	Diazinon	87	96+3	75
敌敌畏	Dichlorvos	84	39+21	71
乐果	Dimethoate	NR	48+7	98
乙拌磷	Disulfoton	78	78+6	76
苯硫磷	EPN	114	93+8	82
灭克磷	Ethoprop	65	70+7	75
丰索磷	Fensulfonthion	72	81+18	111
倍硫磷	Fenthion	NR	43+7	89

化合物		回收率/%		
		低	中	高
马拉硫磷	Malathion	100	81+8	81
脱叶亚磷	Merphos	62	53	60
速灭磷	Mevinphos	NR	71	63
久效磷	Monocrotophos	NR	NR	NR
二溴磷	Naled	NR	48	NR
乙基对硫磷	Parathion，ethyl	75	80+ 8	80
甲基对硫磷	Parathion，methyl	NR	41+ 3	28
甲拌磷	Phorate	75	77+ 6	78
皮蝇磷	Ronnel	NR	83+ 12	79
硫特普	Sulfotep	67	72+ 8	78
特普	TEPP	36	34+ 33	63
杀虫畏	Tetrachlorvinphos	50	81+ 7	83
丙硫磷	Tokuthion	NR	40+6	89
三氯酯	Trichloronate	56	53	53

注：NR = 没记录。

表 I.8 15-m 柱的参考工作条件

色谱柱 1 和色谱柱 2（DB-210 和 SPB-608 或其同类产品）	
载气流速（He）	5 ml/min
初始温度	50℃，保持 1 min
温度程序	50℃到 140℃，5℃/min，140℃保持 10 min，140℃到 240℃，10℃/min，240℃保持 10 min（或保证足够时间将最后的化合物冲洗干净）
色谱柱 3（DB-5 或同类产品）	
载气流速（He）	5 ml/min
初始温度	130℃，保持 3 min
温度程序	130℃到 180℃，5℃/min，180℃保持 10 min，180℃到 250℃，2℃/min，保持 15 min（或保证足够时间将最后的化合物冲洗干净）

表 I.9 30-m 柱的参考工作条件

色谱柱 1	检测器温度：300℃
型号：DB-210	进样量：2 μl
尺寸：30 m×0.53 mm ID	溶剂：正己烷
膜厚（μm）：1.0	进样器型号：火焰气雾器
色谱柱 2	检测器型号：双 NPD
型号：DB-5	极差：1
尺寸：30 m×0.53 mm ID	衰变：64
膜厚（μm）：1.5	分流器型号：Y 形或 T 形
载气流速（ml/min）：6（氦气）	数据系统：积分
混合气流速（ml/min）：20（氦气）	氢压：137.9 kPa（20 lb/in^2）
温度程序：120℃（保持 3 min）到 270℃（保持 10 min），5℃/min	凹槽温度：400℃
进样器温度：250℃	电压偏差：4

表 I.10 农药的离子质量和特征离子质量

化合物		离子质量	特征离子
甲基谷硫磷	Azinphos methyl	160	77，132
硫丙磷	Bolstar（Sulprofos）	156	140，143，113，33
毒死蜱	Chlorpyrifos	197	97，199，125，314
蝇毒磷	Coumaphos	109	97，226，362，21
内吸磷-S	Demeton-S	88	60，114，170
二嗪农	Diazinon	137	179，152，93，199，304
敌敌畏（DDVP）	Dichlorvos（DDVP）	109	79，185，145
乐果	Dimethoate	87	93，125，58，143
乙拌磷	Disulfoton	88	89，60，61，97，142
苯硫磷	EPN	157	169，141，63，185
灭克磷	Ethoprop	158	43，97，41，126
丰索磷	Fensulfothion	293	97，125，141，109，308
倍硫磷	Fenthion	278	125，109，93，169
马拉硫磷	Malathion	173	125，127，93，158
脱叶亚磷	Merphos	209	57，153，41，298
速灭磷	Mevinphos	127	109，67，192
久效磷	Monocrotophos	127	67，97，192，109
二溴磷	Naled	109	145，147，79
乙基对硫磷	Parathion，ethyl	291	97，109，139，155
甲基对硫磷	Parathion，methyl	109	125，263，79
甲拌磷	Phorate	75	121，97，47，260
皮蝇磷	Ronnel	285	125，287，79，109
乐本松	Stirophos	109	329，331，79
硫特普	Sulfotepp	322	97，65，93，121，202
特普	TEPP	99	155，127，81，109
丙硫磷	Tokuthion	113	43，162，267，309

附 录 J
（资料性附录）
固体废物　硝基芳烃和硝基胺的测定　高效液相色谱法
Solid Wastes—Determination of Nitro-aromatics and Nitrosamines—High Performance Liquid Chromatography

J.1 范围

本方法适用于固体废物中 14 种硝基芳烃和硝基胺，包括八氢-1,3,5,7-四硝基-1,3,5,7-双偶氮辛因（HMX）、六氢-1,3,5-三硝基-1,3,5-三嗪（RDX）、1,3,5-三硝基苯（1,3,5-TNB）、1,3-二硝基苯（1,3-DNB）、甲基-2,4,6-三硝基苯甲硝胺（Tetryl）、硝基苯（NB）、2,4,6-三硝基甲苯（2,4,6-TNT）、4-氨基-2,6-二硝基甲苯（4-Am-DNT）、2-氨基-4,6-二硝基甲苯（2-Am-DNT）、2,4-二硝基甲苯（2,4-DNT）、2,6-二硝基甲苯（2,6-DNT）、2-三硝基甲苯（2-NT）、3-三硝基甲苯（3-NT）、4-三硝基甲苯（4-NT）的高效液相色谱测定方法。

本方法对上述 14 种硝基芳烃和硝基胺物质在水和土壤中的定量限见表 J.1。

表 J.1　各物质的定量限

化合物		水/（μg/L）		土壤/（mg/kg）
		低浓度	高浓度	
八氢-1,3,5,7-四硝基-1,3,5,7-双偶氮辛因	HMX	—	13.0	2.2
六氢-1,3,5-三硝基-1,3,5-三嗪	RDX	0.84	14.0	1.0
1,3,5-三硝基苯	1,3,5-TNB	0.26	7.3	0.25
1,3-二硝基苯	1,3-DNB	0.1	4.0	0.65
甲基-2,4,6-三硝基苯甲硝胺	Tetryl	—	4.0	0.26
硝基苯	NB	—	6.4	0.25
2,4,6-三硝基甲苯	2,4,6-TNT	0.11	6.9	0.25
4-氨基-2,6-二硝基甲苯	4-Am-DNT	0.060	—	—
2-氨基-4,6-二硝基甲苯	2-Am-DNT	0.035	—	—
2,4-二硝基甲苯	2,4-DNT	0.31	9.4	0.26
2,6-二硝基甲苯	2,6-DNT	0.020	5.7	0.25
2-三硝基甲苯	2-NT	—	12.0	0.25
3-三硝基甲苯	3-NT	—	8.5	0.25
4-三硝基甲苯	4-NT	—	7.9	—

J.2 原理

液态样品用乙腈和氯化钠盐析萃取操作法进行萃取和反萃取（高质量浓度的水体样品可直接稀释后过滤；土壤和沉积物样品可用乙腈在超声浴中萃取后过滤），用高效液相色谱检测，经 C18 反相色谱柱分离，紫外检测器检测。

J.3 试剂和材料

J.3.1 试剂水，纯水，其中不含任何超过检出限的目标待测物，或超过检出限 1/3 的干扰物质。

J.3.2 乙腈，HPLC 级。

J.3.3 甲醇，HPLC 级。

J.3.4 氯化钙，分析纯，配制成 5 g/L 水溶液。

J.3.5 氯化钠，分析纯。

J.3.6 标准溶液

J.3.6.1 标准储备溶液：将固体分析物标样放入避光真空干燥器内至恒重，取分析物 0.100 g（称重至 0.000 1 g）用乙腈稀释，定容至 100 ml。存放于 4℃冰箱中的避光保存。由实际称出的重量计算标准储备溶液的浓度（表观质量浓度为 1 000 mg/L），标准储备溶液可在 1 年内使用。

J.3.6.2 标准溶液：如果 2,4-DNT 和 2,6-DNT 均要测定，则分别配制两种标准工作溶液：（1）HMX，RDX，1,3,5-TNB，1,3-DNB，NB，2,4,6-TNT 和 2,4-DNT，（2）Tetryl，2,6-DNT，2-NT，3-NT，4-NT。标准工作溶液应配制成 1 000 mg/L，分析土壤样品时标准液中溶剂为乙腈，分析水体样品时标准液中溶剂为甲醇。

将上述两种标准溶液，用合适的溶剂稀释至质量浓度 2.5～1 000 μg/L，这些溶液在配制后应冷藏，保持期为 30 d。

若用此方法检测低质量浓度样品，必须测定检测限，并准备一系列与要求范围相适应的稀释后的标准溶液。低质量浓度样品分析所需的标准液必须在使用前即时配制。

J.3.6.3 标准工作溶液：校正用标准液至少要配制 5 个不同的质量浓度，用 5 g/L 氯化钙溶液（J.3.4）按 50%（体积分数）将标准溶液稀释，这些稀释液必须冷藏于阴暗处，并于校正的当天配制。

J.3.7 替代物配制液：应检查萃取和分析系统的性能以及方法对不同样品基质的回收率。每种样品基质加入每种样品，标样和含一种或两种替代物（即样品中不存在的分析物）的空白试剂水。

J.3.8 基体配制液：基体配制液用甲醇，样品质量浓度应是其实测定量限（表 J.1）的 5 倍。所有目标分析物均应包括在内。

J.4 仪器、装置

J.4.1 高效液相色谱仪，带有紫外检测器。

J.4.2 天平，±0.000 1 g。

J.4.3 Vortex 混合器。

J.4.4 带温度控制的超声水浴。

J.4.5 带搅拌子的磁搅拌器。

J.4.6 电炉，鼓风式，不加热。

J.4.7 高压注射针筒，500 μl。

J.4.8 一次性滤芯式过滤器，0.45 μm，Teflon 过滤器。

J.4.9 玻璃移液管，A 级。

J.4.10 Pasteur 移液管。

J.4.11 玻璃闪烁瓶，20 ml。

J.4.12 玻璃样品瓶，带 Teflon 衬里的盖，15 ml。

J.4.13 玻璃样品瓶，带 Teflon 衬里的盖，40 ml。

J.4.14 一次性注射器，Plastipak，3 ml 和 10 ml 或同类产品。

J.4.15 容量瓶，适当规格。

备注：作磁搅拌器萃取用的 100 ml 和 1 L 容量瓶必须是圆形。

J.4.16 真空干燥器，玻璃。

J.4.17 研钵和捣锤，钢制。

J.4.18 筛子，30 目。

J.5 分析步骤

J.5.1 样品制备

J.5.1.1 水质样品

工业流程废水样品先用高质量浓度方法筛选来决定是否需用低质量浓度方法（1～50 μg/L）处理。

J.5.1.1.1 低质量浓度处理法（盐析萃取）

J.5.1.1.1.1 加 251.3 g 氯化钠至 1 L 容量瓶（圆形）中，量出 770 ml 水样（用 1 L 带刻度量筒）倒入含盐的容量瓶内，加入搅拌子在磁搅拌器上用最高转速混合容量瓶内物质直至盐全部溶解为止。

J.5.1.1.1.2 在溶液搅拌时加 164 ml 乙腈（用 250 ml 带刻度量筒量出），并继续搅拌 15 min，关闭搅拌器，静止约 10 min，使相分离。

J.5.1.1.1.3 用 Pasteur 移液管将上层乙腈（约 8 ml）吸出转入 100 ml 容量瓶（圆形）中，加 10 ml 新鲜乙腈到含水样的 1 L 容量瓶中，再搅拌 15 min，静止 10 min，使相分离。将第二部分乙腈与第一部分合并。

J.5.1.1.1.4 将 84 ml 盐水（每 1 000 ml 试剂水含 325 g NaCl）加到 100 ml 容量瓶中的乙腈萃取液中，加入搅拌子放在磁搅拌器上搅拌溶液 15 min，再静止 10 min，使相分离。用 Pasteur 移液管小心转移乙腈相至一个 10 ml 带刻度量筒内。此时随乙腈转移的水量必须降至最低，因为水含有高质量浓度的 NaCl，会在色谱图的起始部分产生一个大峰，干扰 HMX 的测定。

J.5.1.1.1.5 再加 1.0 ml 乙腈至 100 ml 容量瓶中，再次搅拌 15 min，静止 10 min，使相分离。把第二部分乙腈合并在第一次乙腈萃取物的 10 ml 量筒内（如果体积超过 5 ml 须转移至 25 ml 有刻度的量筒内）记下乙腈萃取液的总体积数至最接近的 0.1 ml[用此数为萃取液体积（V_t）]，分析前将 5～6 ml 萃取液用无有机物的试剂水按 1∶1 稀释（如 Tetryl 也要分析，必须 pH＜3）。

J.5.1.1.1.6 如果稀释的萃取液混浊，用一次性针筒将溶液通过 0.45 μm Teflon 过滤器，进行过滤。丢弃最初的 0.5 ml，其余部分保留在带 Teflon 衬里瓶盖的样品瓶中备 HPLC 分析用。

J.5.1.1.2 高质量浓度处理法

样品过滤：取每种水样一份 5 ml 加到闪烁管内，再加 5 ml 乙腈充分摇动。用一次性注射器将溶液通过 0.45 μm Teflon 过滤器过滤，弃去前 3 ml 滤液，其余保留在带 Teflon 衬里瓶盖的样品瓶中备 HPLC 分析用。用甲醇替代乙腈进行稀释再过滤可以改善 HMX 的定量测定。

J.5.1.2 土壤和沉积物样品

J.5.1.2.1 样品均相化

在室温或低于室温的温度条件下，将土壤样品在空气中干燥至恒重，小心防止样品受阳光直射。在乙腈淋洗过的研钵中充分磨碎和混匀样品，过 30 目筛。

J.5.1.2.2 样品萃取

J.5.1.2.2.1 取土壤样品 2.0 g 放入一个 15 ml 的玻璃样品瓶内加 10.0 ml 乙腈用含 Teflon 衬里的瓶盖盖好，涡流振荡 1 min，再放入冷的超声浴中 18 h。

J.5.1.2.2.2 超声完成后，让样品静止 30 min，取出 5.0 ml 上清液与 20 ml 样品瓶内 5.0 ml 氯化钙溶液混合，摇匀后静止 15 min。

J.5.1.2.2.3 用一次性注射器抽取上清液通过 0.45 μm Teflon 过滤器过滤，弃去前 3 ml，其余保留在带

Teflon 衬里瓶盖的样品瓶中备 HPLC 分析用。

J.5.2 色谱条件（推荐用）

J.5.2.1 色谱柱：

色谱柱 1：C18 反相色谱柱 25 cm×4.6 mm（5 μm）；

色谱柱 2：CN 反相色谱柱 25 cm×4.6 mm（5 μm）。

J.5.2.2 流动相：甲醇/水（体积分数）50/50。

J.5.2.3 流速：1.5 ml/min。

J.5.2.4 进样体积：100 μl。

J.5.2.5 UV 检测器波长：254 nm。

J.5.3 HPLC 分析

J.5.3.1 分析样品用的色谱条件列于 J.5.2，所有在 C18 色谱柱上测得的阳性结果必须要在 CN 柱上进样得到证实。

J.5.3.2 用峰高或峰面积记录生成的峰的大小，建议对低浓度样品采用峰高可提高重复性。

表 J.2 LC-C18 和 LC-CN 色谱柱子上保留时间和容量因子

化合物		保留时间/min		容量因子/k^*	
		LC-18	LC-CN	LC-18	LC-CN
八氢-1,3,5,7-四硝基-1,3,5,7-双偶氮辛因	HMX	2.44	8.35	0.49	2.52
六氢-1,3,5-三硝基-1,3,5-三嗪	RDX	3.73	6.15	1.27	1.59
1,3,5-三硝基苯	1,3,5-TNB	5.11	4.05	2.12	0.71
1,3-二硝基苯	1,3-DNB	6.16	4.18	2.76	0.76
甲基-2,4,6-三硝基苯甲硝胺	Tetryl	6.93	7.36	3.23	2.11
硝基苯	NB	7.23	3.81	3.41	0.61
2,4,6-三硝基甲苯	2,4,6-TNT	8.42	5.00	4.13	1.11
4-氨基-2,6-二硝基甲苯	4-Am-DNT	8.88	5.10	4.41	1.15
2-氨基-4,6-二硝基甲苯	2-Am-DNT	9.12	5.65	4.56	1.38
2,4-二硝基甲苯	2,4-DNT	9.82	4.61	4.99	0.95
2,6-二硝基甲苯	2,6-DNT	10.05	4.87	5.13	1.05
2-三硝基甲苯	2-NT	12.26	4.37	6.48	0.84
3-三硝基甲苯	3-NT	13.26	4.41	7.09	0.86
4-三硝基甲苯	4-NT	14.23	4.45	7.68	0.88

注：* 容量因子以硝酸盐的不保留峰作为基准，基在 LC-18 柱上为 1.64 min，在 LC-CN 柱上为 2.37 min。

附 录 K
（资料性附录）
固体废物 半挥发性有机化合物的测定 气相色谱/质谱法
Solid Wastes-Determination of SVOCs-Gas Chromatography/Mass Spectrometry（GC/MS）

K.1 范围

本方法规定了固体废物、土壤和地下水中半挥发性有机化合物含量气相色谱/质谱的测定方法。可分析的化合物及其特征离子见表 K.1。

表 K.1 半挥发性物质的特征离子

化合物		保留时间/min	主要离子	次要离子
2-甲基吡啶	2-Picoline	3.75[a]	93	66，92
苯胺	Aniline	5.68	93	66，65
苯酚	Phenol	5.77	94	65，66
双（2-氯乙基）醚	Bis（2-chloroethyl）ether	5.82	93	63，95
2-氯酚	2-Chlorophenol	5.97	128	64，130
1,3-二氯苯	1,3-Dichlorobenzene	6.27	146	148，111
1,4-二氯苯-d（IS）4	1,4-Dichlorobenzene-d（IS）4	6.35	152	150，115
1,4-二氯苯	1,4-Dichlorobenzene	6.40	146	148，111
苯甲醇	Benzyl alcohol	6.78	108	79，77
1,2-二氯代苯	1,2-Dichlorobenzene	6.85	146	148，111
N-亚硝基甲基乙胺	*N*-Nitrosomethylethylamine	6.97	88	42，43，56
双（2-氯代异丙基）醚	Bis（2-chloroisopropyl）ether	7.22	45	77，121
氨基甲酸乙酯	Ethyl carbamate	7.27	62	44，45，74
苯硫酚	Thiophenol（Benzenethiol）	7.42	110	66，109，84
甲基甲磺酸	Methyl methanesulfonate	7.48	80	79，65，95
N-亚硝基二正丙胺	*N*-Nitrosodi-*n*-propylamine	7.55	70	42，101，130
六氯乙烷	Hexachloroethane	7.65	117	201，199
顺丁烯二酸酐	Maleic anhydride	7.65	54	98，53，44
硝基苯	Nitrobenzene	7.87	77	123，65
异佛尔酮	Isophorone	8.53	82	95，138
N-亚硝基二乙胺	*N*-Nitrosodiethylamine	8.70	102	42，57，44，56
2-硝基酚	2-Nitrophenol	8.75	139	109，65
2,4-二甲苯酚	2,4-Dimethylphenol	9.03	122	107，121
p-苯醌	Benzoquinone	9.13	108	54，82，80
双-（2-氯乙氧基）甲烷	2-Bis（2-chloroethoxy）methane	9.23	93	95，123
安息香酸	Benzoic acid	9.38	122	105，77
2,4-二氯苯酚	2,4-Dichlorophenol	9.48	162	164，98
磷酸三甲酯	Trimethyl phosphate	9.53	110	79，95，109，140
乙基甲磺酸	Ethyl methanesulfonate	9.62	79	109，97，45，65
1,2,4-三氯苯	1,2,4-Trichlorobenzene	9.67	180	182，145
萘-d（IS）8	Naphthalene-d（IS）8	9.75	136	68

化合物		保留时间/min	主要离子	次要离子
萘	Naphthalene	9.82	128	129，127
六氯丁二烯	Hexachlorobutadiene	10.43	225	223，227
四乙基焦磷酸酯	Tetraethyl pyrophosphate	11.07	99	155，127，81，109
硫酸二乙酯	Diethyl sulfate	11.37	139	45，59，99，111，125
4-氯-3-甲基苯酚	4-Chloro-3-methylphenol	11.68	107	144，142
2-甲基萘	2-Methylnaphthalene	11.87	142	141
2-甲苯酚	2-Methylphenol	12.40	107	108，77，79，90
六氯丙烯	Hexachloropropene	12.45	213	211，215，117，106，141
六氯环戊二烯	Hexachlorocyclopentadiene	12.60	237	235，272
N-亚硝基吡咯烷	*N*-Nitrosopyrrolidine	12.65	100	41，42，68，69
苯乙酮	Acetophenone	12.67	105	71，51，120
4-甲基苯酚	4-Methylphenol	12.82	107	108，77，79，90
2,4,6-三氯苯酚	2,4,6-Trichlorophenol	12.85	196	198，200
邻甲基苯胺	*o*-Toluidine	12.87	106	107，77，51，79
3-甲基苯酚	3-Methylphenol	12.93	107	108，77，79，90
2-氯萘	2-Chloronaphthalene	13.30	162	127，164
N-亚硝基哌啶	*N*-Nitrosopiperidine	13.55	114	42，55，56，41
1,4-苯二胺	1,4-Phenylenediamine	13.62	108	80，53，54，52
1-氯萘	1-Chloronaphthalene	13.65[a]	162	127，164
2-硝基苯胺	2-Nitroaniline	13.75	65	92，138
5-氯-2-甲基苯胺	5-Chloro-2-methylaniline	14.28	106	141，140，77，89
邻苯二甲酸二甲酯	Dimethyl phthalate	14.48	163	194，164
苊	Acenaphthylene	14.57	152	151，153
2,6-二硝基甲苯	2,6-Dinitrotoluene	14.62	165	63，89
邻苯二甲酸酐	Phthalic anhydride	14.62	104	76，50，148
邻甲氧基苯胺	*o*-Anisidine	15.00	108	80，123，52
3-硝基苯胺	3-Nitroaniline	15.02	138	108，92
苊-d（IS）10	Acenaphthene-d（IS）10	15.05	164	162，160
苊	Acenaphthene	15.13	154	153，152
2,4-二硝基酚	2,4-Dinitrophenol	15.35	184	63，154
2,6-二硝基酚	2,6-Dinitrophenol	15.47	162	164，126，98，63
4-氯苯胺	4-Chloroaniline	15.50	127	129，65，92
异黄樟油素	Isosafrole	15.60	162	131，104，77，51
氧芴	Dibenzofuran	15.63	168	139
2,4-二氨基甲苯	2,4-Diaminotoluene	15.78	121	122，94，77，104
2,4-二硝基甲苯	2,4-Dinitrotoluene	15.80	165	63，89
4-硝基苯酚	4-Nitrophenol	15.80	139	109，65
2-萘胺	2-Naphthylamine	16.00[a]	143	115，116
1,4-萘醌	1,4-Naphthoquinone	16.23	158	104，102，76，50，130
3-氨基对甲苯甲醚	*p*-Cresidine	16.45	122	94，137，77，93
敌敌畏	Dichlorovos	16.48	109	185，79，145
邻苯二乙酸二乙酯	Diethyl phthalate	16.70	149	177，150
芴	Fluorene	16.70	166	165，167
2,4,5-三甲基苯胺	2,4,5-Trimethylaniline	16.70	120	135，134，91，77
N-亚硝基正丁胺	*N*-Nitrosodi-*n*-butylamine	16.73	84	57，41，116，158

化合物		保留时间/min	主要离子	次要离子
4-氯二苯醚	4-Chlorophenyl phenyl ether	16.78	204	206，141
对苯二酚	Hydroquinone	16.93	110	81，53，55
4,6-二硝基-2-甲基苯酚	4,6-Dinitro-2-methylphenol	17.05	198	51，105
间苯二酚	Resorcinol	17.13	110	81，82，53，69
N-亚硝基二苯胺	*N*-Nitrosodiphenylamine	17.17	169	168，167
黄樟油精	Safrole	17.23	162	104，77，103，135
六甲基磷酰胺	Hexamethyl phosphoramide	17.33	135	44，179，92，42
3-氯甲基盐酸吡啶	3-（Chloromethyl）pyridine hydrochloride	17.50	92	127，129，65，39
二苯胺	Diphenylamine	17.54[a]	169	168，167
1,2,4,5-四氯苯	1,2,4,5-Tetrachlorobenzene	17.97	216	214，179，108，143，218
1-萘胺	1-Naphthylamine	18.20	143	115，89，63
1-乙酰基-2-硫脲	1-Acetyl-2-thiourea	18.22	118	43，42，76
4-溴苯基-苯基醚	4-Bromophenyl phenyl ether	18.27	248	250，141
甲苯二异氰酸盐	Toluene diisocyanate	18.42	174	145，173，146，132，91
2,4,5-三氯苯酚	2,4,5-Trichlorophenol	18.47	196	198，97，132，99
六氯苯	Hexachlorobenzene	18.65	284	142，249
尼古丁	Nicotine	18.70	84	133，161，162
五氯苯酚	Pentachlorophenol	19.25	266	264，268
5-硝基邻甲苯胺	5-Nitro-o-toluidine	19.27	152	77，79，106，94
硫磷嗪	Thionazin	19.35	107	96，97，143，79，68
4-硝基苯胺	4-Nitroaniline	19.37	138	65，108，92，80，39
菲-d（IS）10	Phenanthrene-d（IS）10	19.55	188	94，80
菲	Phenanthrene	19.62	178	179，176
蒽	Anthracene	19.77	178	176，179
1,4-二硝基苯	1,4-Dinitrobenzene	19.83	168	75，50，76，92，122
速灭磷	Mevinphos	19.90	127	192，109，67，164
二溴磷	Naled	20.03	109	145，147，301，79，189
1,3-二硝基苯	1,3-Dinitrobenzene	20.18	168	76，50，75，92，122
燕麦敌（顺式或者反式）	Diallate（cis or trans）	20.57	86	234，43，70
1,2-二硝基苯	1,2-Dinitrobenzene	20.58	168	50，63，74
燕麦敌（反式或者顺式）	Diallate（trans or cis）	20.78	86	234，43，70
五氯苯	Pentachlorobenzene	21.35	250	252，108，248，215，254
5-硝基-2-甲氧基苯胺	5-Nitro-o-anisidine	21.50	168	79，52，138，153，77
五氯硝基苯	Pentachloronitrobenzene	21.72	237	142，214，249，295，265
4-硝基喹啉-氧化物	4-Nitroquinoline-1-oxide	21.73	174	101，128，75，116
邻苯二甲酸二丁酯	Di-*n*-butyl phthalate	21.78	149	150，104
2,3,4,6-四氯苯酚	2,3,4,6-Tetrachlorophenol	21.88	232	131，230，166，234，168
二氢黄樟油精	Dihydrosaffrole	22.42	135	64.77
内吸磷-O	Demeton-O	22.72	88	89，60，61，115，171
荧蒽	Fluoranthene	23.33	202	101，203
1,3,5-三硝基苯	1,3,5-Trinitrobenzene	23.68	75	74，213，120，91，63
百治磷	Dicrotophos	23.82	127	67，72，109，193，237
对二氨基联苯	Benzidine	23.87	184	92，185

化合物		保留时间/min	主要离子	次要离子
氟乐灵	Trifluralin	23.88	306	43，264，41，290
溴苯腈	Bromoxynil	23.90	277	279，88，275，168
芘	Pyrene	24.02	202	200，203
久效磷	Monocrotophos	24.08	127	192，67，97，109
甲拌磷	Phorate	24.10	75	121，97，93，260
菜草畏	Sulfallate	24.23	188	88，72，60，44
内吸磷-S	Demeton-S	24.30	88	60，81，89，114，115
非那西丁	Phenacetin	24.33	108	180，179，109，137，80
乐果	Dimethoate	24.70	87	93，125，143，229
苯巴比妥	Phenobarbital	24.70	204	117，232，146，161
克百威	Carbofuran	24.90	164	149，131，122
八甲基焦磷酰胺	Octamethyl pyrophosphoramide	24.95	135	44，199，286，153，243
4-氨基联苯	4-Aminobiphenyl	25.08	169	168，170，115
二噁磷	Dioxathion	25.25	97	125，270，153
特丁硫磷	Terbufos	25.35	231	57，97，153，103
二甲基苯胺	Dimethylphenylamine	25.43	58	91，65，134，42
丙氨酸苄酯对甲苯磺酸盐	Pronamide	25.48	173	175，145，109，147
氨基偶氮苯	Aminoazobenzene	25.72	197	92，120，65，77
二氯萘醌	Dichlone	25.77	191	163，226，228，135，193
地乐酯	Dinoseb	25.83	211	163，147，117，240
乙拌磷	Disulfoton	25.83	88	97，89，142，186
氟消草	Fluchloralin	25.88	306	63，326，328，264，65
治克威	Mexacarbate	26.02	165	150，134，164，222
4,4′-二氨基二苯醚	4,4′-Oxydianiline	26.08	200	108，171，80，65
邻苯二甲酸丁苄酯	Butyl benzyl phthalate	26.43	149	91，206
对硝基联苯	4-Nitrobiphenyl	26.55	199	152，141，169，151
磷胺	Phosphamidon	26.85	127	264，72，109，138
2-环己烷-4,6 二硝基酚（消螨酚）	2-Cyclohexyl-4,6-Dinitrophenol	26.87	231	185，41，193，266
甲基对硫磷	Methyl parathion	27.03	109	125，263，79，93
胺甲萘	Carbaryl	27.17	144	115，116，201
二甲基苯胺	Dimethylaminoazobenzene	27.50	225	120，77，105，148，42
丙基硫脲嘧啶	Propylthiouracil	27.68	170	142，114，83
苯并[*a*]蒽	Benzo（*a*）anthracene	27.83	228	229，226
䓛-*d*（IS）12	Chrysene-d（IS）12	27.88	240	120，236
3,3′-二氯联苯胺	3,3′-Dichlorobenzidine	27.88	252	254，126
䓛	Chrysene	27.97	228	226，229
马拉硫磷	Malathion	28.08	173	125，127，93，158
十氯酮	Kepone	28.18	272	274，237，178，143，270
倍硫磷	Fenthion	28.37	278	125，109，169，153
对硫磷	Parathion	28.40	109	97，291，139，155
敌菌灵	Anilazine	28.47	239	241，143，178，89
邻苯二甲酸二（2-乙基己基）酯	Bis（2-ethylhexyl）phthalate	28.47	149	167，279
3,3′-二甲基联苯胺	3,3′-Dimethylbenzidine	28.55	212	106，196，180
三硫磷	Carbophenothion	28.58	157	97，121，342，159，199

化合物		保留时间/min	主要离子	次要离子
硝酸铈铵	5-Nitroacenaphthene	28.73	199	152，169，141，115
美沙吡啉	Methapyrllene	28.77	97	50，191，71
异艾氏剂	Isodrin	28.95	193	66，195，263，265，147
克菌丹	Captan	29.47	79	149，77，119，117
毒虫畏	Chlorfenvinphos	29.53	267	269，323，325，295
巴毒磷	Crotoxyphos	29.73	127	105，193，166
亚胺硫磷	Phosmet	30.03	160	77，93，317，76
苯硫磷	EPN	30.11	157	169，185，141，323
杀虫畏	Tetrachlorvinphos	30.27	329	109，331，79，333
二-正辛基邻苯二甲酸酯	Di-*n*-octyl phthalate	30.48	149	167，43
2-氨基蒽醌	2-Aminoanthraquinone	30.63	223	167，195
燕麦灵	Barban	30.83	222	51，87，224，257，153
杀螨特	Aramite	30.92	185	191，319，334，197，321
苯并[*b*]荧蒽	Benzo（*b*）fluoranthene	31.45	252	253，125
除草醚	Nitrofen	31.48	283	285，202，139，253
苯并[*k*]荧蒽	Benzo（*k*）fluoranthene	31.55	252	253，125
杀螨酯	Chlorobenzilate	31.77	251	139，253，111，141
丰索磷	Fensulfothion	31.87	293	97，308，125，292
乙硫磷	Ethion	32.08	231	97，153，125，121
二乙基乙烯雌酚	Diethylstilbestrol	32.15	268	145，107，239，121，159
伐灭磷	Famphur	32.67	218	125，93，109，217
三-对甲基苯磷酸	Tri-p-tolyl phosphateb	32.75	368	367，107，165，198
苯并[*a*]芘	Benzo（*a*）pyrene	32.80	252	253，125
二萘嵌苯	Perylene-*d*（IS）12	33.05	264	260，265
7,12-二甲基苯并[*a*]蒽	7,12-Dimethylbenz（*a*）anthracene	33.25	256	241，239，120
5,5′-苯妥英	5,5′-Diphenylhydantoin	33.40	180	104，252，223，209
敌菌丹	Captafol	33.47	79	77，80，107
敌螨普	Dinocap	33.47	69	41，39
甲氧氯	Methoxychlor	33.55	227	228，152，114，274，212
2-乙酰氨基芴	2-Acetylaminofluorene	33.58	181	180，223，152
莫卡	4,4′-Methylenebis（2-chloroaniline）	34.38	231	266，268，140，195
3,3′-二甲氧基对二氨基联苯	3,3′-Dimethoxybenzidine	34.47	244	201，229
3-甲胆蒽	3-Methylcholanthrene	35.07	268	252，253，126，134，113
伏杀硫磷	Phosalone	35.23	182	184，367，121，379
谷硫磷	Azinphos-methyl	35.25	160	132，93，104，105
对溴磷	Leptophos	35.28	171	377，375，77，155，379
灭蚁灵	Mirex	35.43	272	237，274，270，239，235
三（2,3-二溴苯）磷酸	Tris（2,3-dibromopropyl）phosphate	35.68	201	137，119，217，219，199
二苯并（*a,j*）氮蒽	Dibenz（*a,j*）acridine	36.40	279	280，277，250
炔雌醇甲醚	Mestranol	36.48	277	310，174，147，242
香豆磷	Coumaphos	37.08	362	226，210，364，97，109
茚苯（1,2,3-*cd*）芘	Indeno（1,2,3-*cd*）pyrene	39.52	276	138，227
二苯并[*a,h*]蒽	Dibenz（*a,h*）anthracene	39.82	278	139，279
苯并[*g,h,i*]苝	Benzo（*g,h,i*）perylene	41.43	276	138，277
1,2,4,5-二苯并芘	1,2,4,5-Dibenzopyrene	41.60	302	151，150，300

化合物		保留时间/min	主要离子	次要离子
士的宁	Strychnine	45.15	334	334，335，333
胡椒亚砜	Piperonyl sulfoxide	46.43	162	135，105，77
六氯酚	Hexachlorophene	47.98	196	198，209，211，406，408
氯甲桥萘	Aldrin	—	66	263，220
多氯联苯	1016	—	222	260，292
多氯联苯	1221	—	190	224，260
多氯联苯	1232	—	190	224，260
多氯联苯	1242	—	222	256，292
多氯联苯	1248	—	292	362，326
多氯联苯	1254	—	292	362，326
多氯联苯	1260	—	360	362，394
α-BHC	—	—	183	181，109
β-BHC	—	—	181	183，109
δ-BHC	—	—	183	181，109
γ-BHC（林丹）	—	—	183	181，109
4,4′-DDD	—	—	235	237，165
4,4′-DDE	—	—	246	248，176
4,4′-DDT	—	—	235	237，165
氧桥氯甲桥萘	Dieldrin	—	79	263，279
1,2-联苯肼	1,2-Diphenylhydrazine	—	77	105，182
硫丹Ⅰ	EndosulfanⅠ	—	195	339，341
硫丹Ⅱ	EndosulfanⅡ	—	337	339，341
硫丹硫酸酯	Endosulfan sulfate	—	272	387，422
异狄氏剂	Endrin	—	263	82，81
异狄氏醛	Endrin aldehyde	—	67	345，250
异狄氏酮	Endrin ketone	—	317	67，319
七氯	Heptachlor	—	100	272，274
七氯环氧化物	Heptachlor epoxide	—	353	355，351
N-亚硝基二甲胺	*N*-Nitrosodimethylamine	—	42	74，44
八氯莰烯	Toxaphene	—	159	231，233

注：IS：内标。
a. 推测保留时间。

本方法可用于大多数中性、酸性和碱性有机化合物的定量，这些化合物能溶解在二氯甲烷内，易被洗脱，无需衍生化便可在GC上出现尖锐的峰，该GC柱是涂有少量极性硅酮的熔融石英毛细管柱。这类化合物包括有：多环芳烃类、氯代烃类、农药、邻苯二甲酸酯类、有机磷酸酯类、亚硝胺类、卤醚类、醛类、醚类、酮类、苯胺类、吡啶类、喹啉类、硝基芳香化合物、酚类包括硝基酚。

多数情况下，本方法不适合定量分析多成分化合物。例如：多氯联苯、毒杀芬、氯丹等，因为本方法对这些分析物的灵敏度有限。如果这些分析物已经用其他技术分析出来，那么当提取质量物浓度足够高的时候可以使用本方法确证分析物的存在。

下列化合物在使用本方法测定时，先须经过特别处理，联苯胺在溶剂浓缩时会发生氧化而损失，其色谱图比较差，α-BHC、γ-BHC、硫丹Ⅰ和硫丹Ⅱ，以及异狄氏剂在碱性条件下会发生分解，如果希望分析这些化合物的话，则应在中性条件下提取。六氯环戊二烯在GC入口处会发生热分解，在丙酮溶液中发生化学反应以及光化学分解。在本方法所述的GC条件下，*N*-二甲基亚硝胺难以从溶剂中分离出来，它在GC入口处易发生热分解，且和二苯胺不易分离。五氯苯酚、2,4-二硝基苯酚、4-硝基苯酚、4,6-

二硝基-2-甲葵苯酚、4-氯-3-甲基苯酚、苯甲酸、2-硝基苯胺、3-硝基苯胺、4-氯苯胺和苯甲醇都会有不稳定的色谱特征，特别是当GC系统被高沸点物质污染后更是如此。在本方法列举的GC进样口温度下，嘧啶的检测性能可能会很差。降低进样口的温度可以降低样品降解的量。如果要改变进样口温度，要注意其他样品的检测效果可能会受到影响。

甲苯二异氰酸酯在水中会快速水解（半衰期小于30 min），因此在水基质的回收率很低。而且，在固体基质中，甲苯二异氰酸酯常常会和醇、胺等反应产生氨基甲酸乙酯、尿素等。

在测定单个化合物时，此方法估计的定量限（EQL）对于土壤/沉淀物大约是660 mg/kg（湿重）、对于废物是1～200 mg/kg（取决于基质和制备方法）、对于地下水样品大约是10 μg/L（表K.2）。当提取物需要预先稀释以避免超出检测范围时，EQL将成比例地提高。

表K.2 半挥发性有机物的定量限（EQLs）

化合物		估计的定量限[a]	
		地下水/（μg/L）	低含量土壤/沉积物[b]/（μg/kg）
苊	Acenaphthene	10	660
苊烯	Acenaphthylene	10	660
苯乙酮	Acetophenone	10	ND
2-乙酰氨基芴	2-Acetylaminofluorene	20	ND
1-乙酰-2-硫脲	1-Acetyl-2-thiourea	1 000	ND
2-氨基蒽醌	2-Aminoanthraquinone	20	ND
氨基偶氮苯	Aminoazobenzene	10	ND
4-氨基联苯	4-Aminobiphenyl	20	ND
敌菌灵	Anilazine	100	ND
o-氨基苯甲醚	o-Anisidine	10	ND
蒽	Anthracene	10	660
杀螨特	Aramite	20	ND
谷硫磷	Azinphos-methyl	100	ND
燕麦灵	Barban	200	ND
苯并蒽	Benzo（*a*）anthracene	10	660
苯并[*b*]荧蒽	Benzo（*b*）fluoranthene	10	660
苯并[*k*]荧蒽	Benzo（*k*）fluoranthene	10	660
安息香酸	Benzoic acid	50	3 300
苯并[*g,h,i*]苝	Benzo（*g,h,i*）perylene	10	660
苯并[*a*]芘	Benzo（*a*）pyrene	10	660
对苯醌	p-Benzoquinone	10	ND
苯甲醇	Benzyl alcohol	20	1 300
双（2-氯环氧）甲烷	Bis（2-chloroethoxy）methane	10	660
双（2-氯乙基）醚	Bis（2-chloroethyl）ether	10	660
双（2-氯异丙基）醚	Bis（2-chloroisopropyl）ether	10	660
4-溴苯基醚	4-Bromophenyl phenyl ether	10	660
溴苯腈	Bromoxynil	10	ND
邻苯二甲酸丁苄酯	Butyl benzyl phthalate	10	660
敌菌丹	Captafol	20	ND
克菌丹	Captan	50	ND
胺甲萘	Carbaryl	10	ND
克百威	Carbofuran	10	ND
三硫磷	Carbophenothion	10	ND
毒虫畏	Chlorfenvinphos	20	ND

化合物		估计的定量限[a]	
		地下水/（μg/L）	低含量土壤/沉积物[b]/（μg/kg）
4-氯苯胺	4-Chloroaniline	20	1 300
二氯二苯乙醇酸乙酯	Chlorobenzilate	10	ND
5-氯-2-甲基苯胺	5-Chloro-2-methylaniline	10	ND
4-氯-3-甲基苯酚	4-Chloro-3-methylphenol	20	1 300
3-氯吡啶盐酸盐	3-（Chloromethyl）pyridine hydrochloride	100	ND
2-氯萘	2-Chloronaphthalene	10	660
2-氯酚	2-Chlorophenol	10	660
4-氯苯基苯醚	4-Chlorophenyl phenyl ether	10	660
䓛	Chrysene	10	660
蝇毒磷	Coumaphos	40	ND
3-氨基对甲苯甲醚	*p*-Cresidine	10	ND
巴毒磷	Crotoxyphos	20	ND
2-环己基-4,6-二硝基酚	2-Cyclohexyl-4,6-dinitrophenol	100	ND
内吸磷-O	Demeton-O	10	ND
内吸磷-S	Demeton-S	10	ND
燕麦敌（顺式或者反式）	Diallate（cis or trans）	10	ND
燕麦敌（反式或者顺式）	Diallate（trans or cis）	10	ND
2,4-二氨基甲苯	2,4-Diaminotoluene	20	ND
二苯并[*a,j*]吖啶	Dibenz（*a,j*）acridine	10	ND
二苯并[*a,h*]蒽	Dibenz（*a,h*）anthracene	10	660
二苯并呋喃	Dibenzofuran	10	660
二苯并[*a,e*]芘	Dibenzo（*a,e*）pyrene	10	ND
邻苯二甲酸酯	Di-*n*-butyl phthalate	10	ND
二氯萘醌	Dichlone	NA	ND
1,2-二氯苯	1,2-Dichlorobenzene	10	660
1,3-二氯苯	1,3-Dichlorobenzene	10	660
1,4-二氯苯	1,4-Dichlorobenzene	10	660
3,3′-二氯对氨基联苯	3,3′-Dichlorobenzidine	20	1 300
2,4-二氯酚	2,4-Dichlorophenol	10	660
2,6-二氯酚	2,6-Dichlorophenol	10	ND
敌敌畏	Dichlorovos	10	ND
百治磷	Dicrotophos	10	ND
二乙基邻苯二甲酸酯	Diethyl phthalate	10	660
二乙基己烯雄酚	Diethylstilbestrol	20	ND
二乙基硫酸酯	Diethyl sulfate	100	ND
乐果	Dimethoate	20	ND
3,3′-二甲氧基对氨基联苯	3,3′-Dimethoxybenzidine	100	ND
二乙基氨基偶氮苯	Dimethylaminoazobenzene	10	ND
7,12-二甲基苯并[*a*]蒽	7,12-Dimethylbenz（*a*）anthracene	10	ND
3,3′-二甲基联苯胺	3,3′-Dimethylbenzidine	10	ND
a,a-二甲基苯乙胺	a,a-Dimethylphenethylamine	ND	ND
2,4-二甲苯酚	2,4-Dimethylphenol	10	660
二甲基邻苯二甲酸酯	Dimethyl phthalate	10	660
1,2-二硝基苯	1,2-Dinitrobenzene	40	ND
1,3-二硝基苯	1,3-Dinitrobenzene	20	ND

化合物		估计的定量限[a]	
		地下水/（μg/L）	低含量土壤/沉积物[b]/（μg/kg）
1,4-二硝基苯	1,4-Dinitrobenzene	40	ND
4,6-二硝基-2-甲基苯酚	4,6-Dinitro-2-methylphenol	50	3 300
2,4-二硝基苯酚	2,4-Dinitrophenol	50	3 300
2,4-二硝基苯	2,4-Dinitrotoluene	10	660
2,6-二硝基苯	2,6-Dinitrotoluene	10	660
敌螨普	Dinocap	100	ND
2-(1-甲基-正丙基)-4,6-二硝基苯酚	Dinoseb	20	ND
5,5-苯妥英	5,5-Diphenylhydantoin	20	ND
二正辛基邻苯二甲酸酯	Di-n-octyl phthalate	10	660
乙拌磷	Disulfoton	10	ND
苯硫磷	EPN	10	ND
乙硫磷	Ethion	10	ND
氨基甲酸乙酯	Ethyl carbamate	50	ND
双（2-乙基己基）邻苯二甲酸酯	Bis（2-ethylhexyl）phthalate	10	660
乙基甲磺酸	Ethyl methanesulfonate	20	ND
伐灭磷	Famphur	20	ND
丰索磷	Fensulfothion	40	ND
倍硫磷	Fenthion	10	ND
氟灭草	Fluchloralin	20	ND
荧蒽	Fluoranthene	10	660
芴	Fluorene	10	660
六氯苯	Hexachlorobenzene	10	660
六氯丁二烯	Hexachlorobutadiene	10	660
六氯环戊二烯	Hexachloro cyclopentadiene	10	660
六氯乙烷	Hexachloroethane	10	660
六氯酚	Hexachlorophene	50	ND
六氯丙烯	Hexachloropropene	10	ND
六甲基磷酰胺	Hexamethylphosphoramide	20	ND
对苯二酚	Hydroquinone	ND	ND
茚并（1,2,3-*cd*）芘	Indeno（1,2,3-*cd*）pyrene	10	660
异艾氏剂	Isodrin	20	ND
异氟乐酮	Isophorone	10	660
异黄樟油精	Isosafrole	10	ND
十氯酮	Kepone	20	ND
对溴磷	Leptophos	10	ND
马拉硫磷	Malathion	50	ND
顺丁烯二酸酐	Maleic anhydride	NA	ND
炔雌醇甲醚	Mestranol	20	ND
噻吡二胺	Methapyrilene	100	ND
甲氧滴滴涕	Methoxychlor	10	ND
3-甲（基）胆蒽	3-Methylcholanthrene	10	ND
4,4′-亚甲双（2-氯苯胺）	4,4′-Methylenebis（2-chloroaniline）	NA	ND
甲磺酸甲酯	Methyl methanesulfonate	10	ND
2-甲基萘	2-Methylnaphthalene	10	660
甲基对硫磷	Methyl parathion	10	ND

化合物		估计的定量限[a]	
		地下水/（μg/L）	低含量土壤/沉积物[b]/（μg/kg）
2-甲基苯酚	2-Methylphenol	10	660
3-甲基苯酚	3-Methylphenol	10	ND
4-甲基苯酚	4-Methylphenol	10	660
速灭磷	Mevinphos	10	ND
兹克威	Mexacarbate	20	ND
灭蚁灵	Mirex	10	ND
久效磷	Monocrotophos	40	ND
二溴磷	Naled	20	ND
萘	Naphthalene	10	660
1,4-萘醌	1,4-Naphthoquinone	10	ND
1-萘胺	1-Naphthylamine	10	ND
2-萘胺	2-Naphthylamine	10	ND
盐碱	Nicotine	20	ND
5-硝基苊	5-Nitroacenaphthene	10	ND
2-硝基苯胺	2-Nitroaniline	50	3 300
3-硝基苯胺	3-Nitroaniline	50	3 300
4-硝基苯胺	4-Nitroaniline	20	ND
5-硝基邻氨基苯甲醚	5-Nitro-*o*-anisidine	10	ND
硝基苯	Nitrobenzene	10	660
4-硝基联苯	4-Nitrobiphenyl	10	ND
除草醚	Nitrofen	20	ND
2-硝基苯酚	2-Nitrophenol	10	660
4-硝基苯酚	4-Nitrophenol	50	3 300
5-硝基-邻-甲苯胺	5-Nitro-*o*-toluidine	10	ND
4-硝基喹啉-1-氧化物	4-Nitroquinoline-1-oxide	40	ND
N-亚硝基二正丁基胺	*N*-Nitrosodi-*n*-butylamine	10	ND
N-亚硝基二乙胺	*N*-Nitrosodiethylamine	20	ND
N-亚硝基二苯胺	*N*-Nitrosodiphenylamine	10	660
N-亚硝基-对正丙胺	*N*-Nitroso-di-*n*-propylamine	10	660
N-亚硝基哌啶	*N*-Nitrosopiperidine	20	ND
N-硝基吡咯烷	*N*-Nitrosopyrrolidine	40	ND
八甲基焦磷酰胺	Octamethyl pyrophosphoramide	200	ND
4,4′-氨基联苯醚	4,4′-Oxydianiline	20	ND
硝苯硫酸酯	Parathion	10	ND
五氯苯	Pentachlorobenzene	10	ND
五氯硝基苯	Pentachloronitrobenzene	20	ND
五氯苯酚	Pentachlorophenol	50	3 300
乙酰对氨苯乙醚	Phenacetin	20	ND
菲	Phenanthrene	10	660
苯巴比妥	Phenobarbital	10	ND
苯酚	Phenol	10	660
1,4-苯二胺	1,4-Phenylenediamine	10	ND
甲拌磷	Phorate	10	ND
裕必松	Phosalone	100	ND
亚胺硫磷	Phosmet	40	ND

化合物		估计的定量限[a]	
		地下水/（μg/L）	低含量土壤/沉积物[b]/（μg/kg）
磷胺	Phosphamidon	100	ND
邻苯二甲酸酐	Phthalic anhydride	100	ND
2-甲基吡啶	2-Picoline	ND	ND
胡椒砜	Piperonyl sulfoxide	100	ND
戊炔草胺	Pronamide	10	ND
丙基硫脲嘧啶	Propylthiouracil	100	ND
芘	Pyrene	10	660
嘧啶	Pyridine	ND	ND
间苯二酚	Resorcinol	100	ND
黄樟油精	Safrole	10	ND
番木鳖碱	Strychnine	40	ND
菜草畏	Sulfallate	10	ND
托福松	Terbufos	20	ND
1,2,4,5-四氯苯	1,2,4,5-Tetrachlorobenzene	10	ND
2,3,4,6-四氯苯酚	2,3,4,6-Tetrachlorophenol	10	ND
杀虫畏	Tetrachlorvinphos	20	ND
四乙基焦磷酸酯	Tetraethyl pyrophosphate	40	ND
硫磷嗪	Thionazine	20	ND
硫酸酚	Thiophenol（Benzenethiol）	20	ND
邻甲苯胺	*o*-Toluidine	10	ND
1,2,4-三氯苯	1,2,4-Trichlorobenzene	10	660
2,4,5-三氯酚	2,4,5-Trichlorophenol	10	660
2,4,6-三氯苯酚	2,4,6-Trichlorophenol	10	660
氟乐灵	Trifluralin	10	ND
2,4,5-三甲基苯胺	2,4,5-Trimethylaniline	10	ND
三甲基磷酸酯	Trimethyl phosphate	10	ND
1,3,5-三硝基苯	1,3,5-Trinitrobenzene	10	ND
三（2,3-二溴丙基）磷酸酯	Tris（2,3-dibromopropyl）phosphate	200	ND
三对甲苯磷酸酯（h）	Tri-p-tolyl phosphate（h）	10	ND
硫代磷酸三甲酯	*O,O,O*-Triethyl phosphorothioate	NT	ND

注：a. 样品的定量限高度依赖于基质。

b. 列举的定量限可以提供一个指导但不总是正确的。土壤/沉积物的定量限是基于湿重的。通常,数据是在干重为基础报告的。因此,如果是基于干重的话,每个样品的定量限会较高。这些定量限是基于 30 g 样品和凝胶色谱清洗的。

ND＝ 未检出。

NA＝ 不适用。

NT＝ 没有测定。

其他基质影响因子：

用超声提取高含量土壤和沉积物：7.5

无水易混合废物：75

c. 定量限 =（低含量土壤/沉积物定量限）×（影响因子）

K.2 引用标准

下列文件中的条款通过在本方法中被引用而成为本方法的条款，与本方法同效。凡是不注明日期的引用文件，其最新版本适用于本方法。

GB/T 6682 分析实验室用水规格和实验方法

K.3 原理

样品先要用适当的方法制备（参考附录 U 或附录 V）和净化（参考附录 W）然后才能作为色谱分析用的样品，这些半挥发性提取物引入气相色谱并在细孔硅胶柱上进行分析。柱子通过程序升温来进行物质的分离，并通过气相色谱（GC）接口进入质谱（MS）进行检测。目标物质的定性鉴定是通过将它们的质谱图与标准物的电子轰击（或类似电子轰击）的谱图相比较；定量分析则是通过应用五点校准曲线比较一个主要（定量）离子与内标物质离子来完成的。

K.4 试剂和材料

K.4.1 除有说明外，本方法中所用的水为 GB/T 6682 规定的一级水。

K.4.2 标准储备溶液，该标准溶液可由纯标准物质来制备。

准确地称量大约 0.010 0 g 纯物质溶解在一定量的丙酮或其他适当的溶剂中，再移至 10 ml 容量瓶内稀释至刻度。转移标准储备溶液到有聚四氟乙烯垫的瓶内，在 4℃时避光保存。储备标准溶液要经常检查是否有降解或者挥发。储备标准溶液在存放一年以后一定要更换，或者在质量控制检验中发现有问题时则立即更换。推荐将亚硝胺类化合物置于单独校正液中，且不要与其他校正液混合。

K.4.3 内标溶液：推荐使用 1,4-二氯苯-d_4、萘-d_8、苊-d_{10}、菲-d_{12}和苝-d_{12}作为内标物质。

K.4.3.1 将每种化合物各 200 mg 溶解在小量的二硫化碳中，然后转移到 50 ml 容量瓶内，用二氯甲烷稀释至溶液中二硫化碳大约占总体积的 20%。除了苝-d_{12}外，大多数的化合物也能溶解在小量的甲醇、丙酮或甲苯中，溶液中所含有内标物的质量浓度各为 4 000 ng/μl。在做分析时，每 1 ml 提取物内，应加入 10 μl 上述内标溶液，这时样品内每个内标物的质量浓度为 40 ng/μl。内标溶液应贮存在−10℃或更低温度下。

K.4.3.2 如果质谱仪的灵敏度很高，检出限很低，需要稀释内标溶液。在中点校准分析中，内标物质的峰面积应该为目标物质峰面积的 50%～200%。

K.4.4 校准标准溶液：至少要配制 5 种不同质量浓度的校准标准溶液，其中 1 种质量浓度是接近又稍高于该方法的检测限，其他 4 种应与实际样品的质量浓度范围一致，但又不超过 GC/MS 系统的检测范围。每一种校准标准溶液内都包含有用该方法检测的每个待测物。在进行分析之前，每 1 ml 标准溶液分别加入 10 μl 内标溶液。

K.4.5 丙酮，色谱纯。

K.4.6 己烷，色谱纯。

K.4.7 二氯甲烷，色谱纯。

K.4.8 异辛烷，色谱纯。

K.4.9 二氯化碳，色谱纯。

K.4.10 甲苯，色谱纯。

K.5 仪器

K.5.1 气相色谱/质谱联用系统。

K.5.1.1 气相色谱仪。

K.5.1.2 质谱仪，配有电子轰击源（EI）。

K.5.2 注射器，10 μl。
K.5.3 容量瓶，合适体积，带有磨口玻璃塞。
K.5.4 分析天平，感量 0.000 1 g。
K.5.5 带有聚四氟乙烯（PTFE）纹线螺帽或卷盖的玻璃瓶。

K.6 样品的采集、保存和预处理

K.6.1 固体基质：250 ml 宽口玻璃瓶，有螺纹的 Teflon 盖子，冷却至 4℃保存。

液体基质：4 个 1 L 的琥珀色玻璃瓶，有螺纹的 Teflon 的盖子，在样品中加入 0.75 ml 10%的 $NaHSO_4$，冷却至 4℃保存。

K.6.2 保存样品提取物在−10℃，避光，且存放于密闭的容器中（如带螺帽的小瓶或卷盖小瓶）。

K.7 分析步骤

K.7.1 样品的制备

K.7.1.1 在进行 GC/MS 分析之前，土壤/沉积物/废弃物基质的样品须先按附录 V 进行预处理，水基质的样品须先按附录 U 进行预处理。

K.7.1.2 直接进样：这种应用极少，用 10 μl 注射器把样品直接注入 GC/MS 系统中。该检测限很高（约为 10 000 μg/L），因此，只有当样品的质量浓度超过 10 000 μg/L 时才能采用，该系统还须用直接注入法来校准。

K.7.2 提取物的净化：在进行 GC/MS 分析之前，提取物须先按附录 W 来净化。

K.7.3 推荐的 GC/MS 操作条件是：

质量范围：35～500 u；

扫描时间：1 s/次；

柱温程序：初始温度 40℃，保持 4 min，然后以 10℃/min 速率升温至 270℃保持到苯并[*g,h,i*]苝被洗脱出来为止；

进样口温度：250～300℃；

色谱/质谱接口温度：250～300℃；

离子源温度：按制造商的操作说明书；

进样口：不分流（若质谱仪的灵敏度很高可以采用分流进样）；

样品体积：1～2 μl；

载气：氢气，流速 50 cm/s；氦气，流速 30 cm/s。

K.7.4 样品的 GC/MS 分析

K.7.4.1 色谱柱：DB-5（30 m×0.25 mm 或 0.32 mm×1 μm）石英毛细管柱或相当者。

K.7.4.2 需要对样品质量浓度进行预计，以尽量降低高质量浓度有机物对 GC/MS 系统的污染。建议先使用相同类型的色谱柱先在 GC/FID 上对样品提取液进行筛选。

K.7.4.3 所有的样品及标准溶液在分析前必须升温到室温。在分析前，要在 1 ml 浓缩提取准备的样品溶液中加入 10 μl 内标物溶液。

K.7.4.4 采用 7.4.1 的石英毛细管柱在 CC/MS 系统内对这 1 ml 的提取物进行分析。所推荐的 GC/MS 系统的操作条件可参考 K.7.3。

K.7.4.5 若定量离子的响应值超过了 GC/MS 系统的初始校准曲线的范围，则须将提取物进行稀释之后，再加内标物到稀释后的提取液中，以保持每种内标物在稀提取液中有 40 μg/μl 的含量，然后再对稀释后的提取液重新分析。

注：在所有的样品、基质溶液、空白和标准溶液中监控内标物的保留时间和相应信号（峰面积），可很好地诊断方法性能的漂移、效率以及预见系统故障检查。

K.7.4.6 当检出限低于 EI 谱图的一般范围时可以采用选择离子模式（SIM）。但是，除非每个化合物有多个离子被检测，否则 SIM 模式对于化合物鉴定误测较高。

K.7.5 定性分析

K.7.5.1 用该方法对每个化合物进行定性分析时是基于保留时间以及扣除空白后将样品的质谱图与参考质谱图中的特征离子进行比较。参考质谱图必须在同一条件下由实验室获得。参考质谱图中的特征离子是最高强度的三个离子，如果参考质谱图中这样的离子少于三种，则特征离子是任何相对强度大于 30%的离子。满足以下标准后，化合物可以被定性。

K.7.5.1.1 在同样的全扫描或每一次全扫描时，化合物的特征离子强度都是最大。数据处理系统选择化合物谱峰进行目标化合物检索的做法与通常做法是一致的：在化合物的特定保留时间处，如果谱峰的质谱图碎片与目标化合物的特征离子的碎片一致，就可以对化合物定性。

K.7.5.1.2 样品成分的相对保留时间在标准化合物的保留时间的±0.06 单位范围内。

K.7.5.1.3 特征离子的相对强度在参考谱图中相同离子的相对强度的 30%以内。

K.7.5.1.4 当样品的成分没有被色谱有效分离，且产生的质谱图中包含一种以上分析物产生的离子，就无法进行有效的定性分析。当气相色谱峰明显的包括有一个以上的样品成分时（如一个宽峰带有肩峰，或两个或更多最高峰之间出现谷峰），如何选择分析物谱图和背景谱图是很重要的。

K.7.5.1.5 分析适当的离子流谱图可以帮助选择谱图以及对化合物进行定性分析。当分析物共流出时，每个组分的谱图会包含其特征离子，可有效地定性。

K.7.5.2 当校正溶液中不包含样品中的某些成分时，数据库搜索可部分的帮助定性。需要时可以采用这种化合物定性方式。

K.7.6 定量分析

K.7.6.1 当化合物被定性后，其定量依据的是一级特征离子的积分强度。所选用的内标物应该与待测分析物有最相近的保留时间。

K.7.6.2 结果报告中的质量浓度应该包括：（1）质量浓度值是一个评估值，（2）哪一个内标化合物被用于定量分析。可使用无干扰的最相近的内标化合物。

K.7.6.3 多成分化合物（如毒杀芬、芳氯物等）的定量分析已经超出了本方法的应用。但是，样品提取物浓缩后的质量浓度要达到 10 ng/μl 时，本方法可用来对这些化合物进行定量分析。

K.7.6.4 结构异构体如果有非常相似的质谱图，但是在 GC 上的保留时间有明显差别则被认为是不同的异构体。若两个异构体峰之间的峰谷高度小于两个峰的峰高之和的 25%，则认为这两个异构体已被 GC 有效分离。否则，结构异构体作为异构体对来定量。非对映异构体（如杀螨特和异黄樟脑）可被 GC 分离，则应被作为两种化合物来进行总计和报告。

附 录 L
（资料性附录）
固体废物 非挥发性化合物的测定 高效液相色谱/热喷雾/质谱或紫外法
Solid Wastes-Determination of Nonvolatility Compounds-HPLC/TS/MS or UV Detector

L.1 范围

本方法适用于固体废物中分散红 1、分散红 5、分散红 13、分散黄 5、分散橙 3、分散橙 30、分散棕 1、溶剂红 3、溶剂红 239 种偶氮染料；分散蓝 3、分散蓝 14、分散红 60、香豆素染料 4 种蒽醌染料；荧光增白剂 61、荧光增白剂 2 362 种荧光增白剂；咖啡因、士的宁 2 种生物碱；灭多威、久效威、伐灭磷、磺草灵、敌敌畏、乐果、乙拌磷、丰索磷、脱叶亚磷、甲基对硫磷、久效磷、二溴磷、甲拌磷、敌百虫、三（2,3-二溴丙基）磷酸酯 15 种有机磷化合物；毛草枯、麦草畏、2,4-滴、二甲四氯、二甲四氯丙酸、2,4-滴丙酸、2,4,5-涕、2,4,5-涕丙酸、地乐酚、2,4-滴丁酸、2,4-滴丁氧基乙醇酯、2,4-滴乙基己基酯、2,4,5-涕丁酯、2,4,5-涕丁氧基乙醇酯 14 种氯苯氧基酸化合物；涕灭威、涕灭威砜、涕灭威亚砜、灭害威、燕麦灵、苯菌灵、除草定、恶虫威、甲萘威、多菌灵、3-羟基克百威、克百威、枯草隆、氯苯胺灵、敌草隆、非草隆、伏草隆、利谷隆、灭虫威、灭多威、兹克威、灭草隆、草不隆、杀线威、毒鞍、苯胺灵、残杀威、环草隆、丁唑隆 29 种氨基甲酸酯化合物（共 75 种化合物）的测定。

可用热喷雾/质谱法分析的化合物为分散偶氮染料、次甲基染料、芳甲基染料、香豆素染料、蒽醌染料、氧杂蒽染料、阻燃剂、氨基甲酸酯、生物碱、芳香脲、酰胺、胺、氨基酸、有机磷化合物和氯苯氧基酸化合物。

L.2 原理

样品经过萃取等前处理之后利用反相高效液相色谱（RP-HPLC）、热喷雾（TS）、质谱（MS）和（或）紫外（UV）测定目标分析物。定量分析用 TS/MS，可用外标或内标的定量方式。样品萃取物可以直接进入热喷雾或进入高效液相色谱热喷雾界面进行分析。在色谱仪内用梯度洗脱程序分离化合物，单四极杆质谱既可用负电离（放电电极）也可用正电离方式进行检测。本方法依据的是 HPLC 技术，常规样品分析选用紫外（UV）检测。还可以用热喷雾/质谱/质谱（TS/MS/MS）方法进行确认，用 MS/MS 碰撞解离（CAD）或金属丝-排斥 CAD 加以确认。

L.3 试剂和材料

L.3.1 试剂水，不含有机物的试剂级水。

L.3.2 硫酸钠（无水，颗粒状），净化时可在浅盘内，加热 400℃达 4 h 或用二氯甲烷预先清洗硫酸钠。

L.3.3 乙酸铵溶液，0.1 mol/L，通过 0.45 μm 膜过滤器过滤。

L.3.4 乙酸，分析纯。

L.3.5 硫酸溶液

1∶1 的硫酸溶液（体积分数），缓慢将 50 ml H_2SO_4（ρ=1.84）加到 50 ml 水中。

1∶3 的硫酸溶液（体积分数），缓慢将 25 ml H_2SO_4（ρ=1.84）加到 75 ml 水中。

L.3.6 氩气，纯度＞99%。

L.3.7 二氯甲烷，农残级或同类级别。
L.3.8 甲苯，农残级或同类级别。
L.3.9 丙酮，农残级或同类级别。
L.3.10 乙醚，农残级或同类级别。必须用试纸（EM Quant 或同类品）检验无过氧化物存在。清除后每升乙醚中必须加入 20 ml 乙醇保护剂。
L.3.11 甲醇，HPLC 级或同类级别。
L.3.12 乙腈，HPLC 级或同类级别。
L.3.13 乙酸乙酯，农残级或同类级别。
L.3.14 标准物质，指纯的标准物质或每种目标分析物的标定溶液。分散偶氮染料必须在使用前按 L.3.15 加以纯化。
L.3.15 分散偶氮染料的纯化：用甲苯把染料进行索氏萃取 24 h，再将萃取液用旋转蒸发器蒸发至干，被测物质再从甲苯中重结晶，并于约 100℃的干燥炉中干燥。若纯度仍达不到要求，应采用硅酸镁载体柱进行纯化，将重结晶的固体加在一根（3×8）英寸的硅胶柱上。用乙醚淋洗，杂质经色谱分离后，收集主要的染料馏分。
L.3.16 储备标准溶液：准确称量 0.010 0 g 纯物质，溶于甲醇或其他合适的溶剂（例如配制 Tris-BP 用乙酸乙酯）并在容量瓶中稀释至需要的体积。转移储备标准溶液至带 PTFE 衬里螺纹瓶盖或宽边瓶塞的玻璃样品瓶内。在 4℃下避光储存。储备标准液应经常检查，尤其在配校正标样前要检查是否有降解或蒸发的迹象。

备注：由于含氯除草剂的反应性强，标准液必须在乙腈中配制，如在甲醇中配制会出现甲基化。如果化合物的纯度经确认在 96%或更高，那么可以不必校正用重量直接计算储备标准液的质量浓度。商品化的储备标准液如果经制造商或由其他独立机构验证，均可使用。

L.3.17 校正标准液：用甲醇（或其他合适的溶剂）稀释储备标准液，对每个需分析的化合物最少要配制 5 个不同质量浓度，其中应该有一个接近或高于最低检测限。而其余的质量浓度应与实际样品的质量浓度范围相近或在 HPLC-UV/VIS 或 HPLC-TS/MS 的检测范围之内，校正标样必须每个月或每两个月更换一次，如果与核对的标样比较出现问题则应立即更换。
L.3.18 替代物标样：通过一种或两种替代物（例如样品中不存在的有机磷或氯代苯氧酸化合物）加入每个样品、标样及空白样中，测出萃取、清洗（如使用）和分析系统的性能，以及使用每种样品基体的方法效率。
L.3.19 HPLC/MS 调试标样：推荐用聚乙二醇 400（PEG-400），PEG-600 或 PEG-800 作调试标样，如果使用一种 PEG 溶液，要用甲醇稀释到 10%（体积分数）。使用哪种 PEG 取决于分析物的分子量范围。分子量小于 500，用 PEG-400；分子量大于 500，用 PEG-600 或 PEG-800。
L.3.20 内标物，采用内标校正方式时，最好使用相同化学品的稳定同位素标记化合物（例如分析氨基甲酸酯时可用 $^{13}C_6$ 作为内标物）。

L.4 仪器

L.4.1 高效液相色谱仪（HPLC），带紫外检测器。
L.4.2 色谱柱
L.4.2.1 保护柱，C_{18} 反相保护柱，10 mm×2.6 mm。
L.4.2.2 分析柱，C_{18} 或 C_8 反相柱，100 mm×2 mm。
L.4.3 质谱系统，一个单四极杆质谱仪，能从 1 u 扫描到 1 000 u，质谱仪在 70 V（表观）电子能量以正离子或负离子轰击方式下在 1.5 s 内从 150 u 扫描到 450 u。此外，质谱仪必须能得到 PEG-400、PEG-600、PEG-800 或其他作校正用的化合物的校正质谱图。

L.4.4 可选的三重四极杆质谱仪，能用一种碰撞气体在二级四极杆产生子离子谱图，以一级四极杆方式运行。

L.4.5 偶氮染料标样的纯化设备

L.4.5.1 （Soxhlet）索氏萃取仪。

L.4.5.2 硅胶柱，3 英寸×8 英寸，填充硅胶（60 型，EM 试剂 70/230 目）。

L.4.6 氯代苯氧酸化合物萃取仪

L.4.6.1 锥形瓶，500 ml 广口 Pyrex®，500 ml Pyrex®带 24/40 标准磨口玻璃接头，1 000 ml Pyrex®。

L.4.6.2 分液漏斗，2 000 ml。

L.4.6.3 有刻度的量筒，1 000 ml。

L.4.6.4 漏斗，直径 75 mm。

L.4.6.5 手提式振荡器，Burrell 75 型或同类产品。

L.4.6.6 pH 计。

L.4.7 K-D 浓缩仪。

L.4.8 旋转蒸发仪，配备 1 000 ml 接收瓶。

L.4.9 分析天平，0.000 1 g，最大负载 0.01 g。

L.5 分析步骤

L.5.1 样品制备

分散偶氮染料和有机磷化合物的样品在做 HPLC/MS 分析前必须进行预处理，三（2,3-二溴丙基）磷酸酯废水在做 HPLC/MS 分析前样品必须按 L.5.1.1 进行制备，分析氯代苯氧酸化合物及其酯类的样品在做 HPLC/MS 分析前必须按 L.5.1.2 进行制备。

L.5.1.1 微量萃取三（2,3-二溴丙基）磷酸酯（Tris-BP）

L.5.1.1.1 固体样品

L.5.1.1.1.1 在量杯内放入称量好的 1 g 样品。如果样品潮湿，加入等量无水硫酸钠并充分混合。加 100 μl Tris-BP（近似质量浓度 1 000 mg/L）到样品中，加入的量应使 1 ml 萃取液中的最终质量浓度为 100 ng/μl。

L.5.1.1.1.2 除去一次性血清吸管中玻璃棉塞，插入 1 cm 用清洁硅烷处理过的玻璃棉至吸管底部（窄的一端）。在玻璃棉顶部填充 2 cm 无水硫酸钠，用 3～5 ml 甲醇清洗吸管及填充物。

L.5.1.1.1.3 将样品放入按 L.5.1.1.1.2 制备好的吸管内，如果填料干了，先用醇润洗，再将样品放入吸管内。

L.5.1.1.1.4 先用 3 ml 甲醇，再用 4 ml 50%（体积分数）甲醇/二氯甲烷萃取样品（加入含样品的吸管前，用萃取剂先洗样品杯）收集萃取后溶液于具刻度的 15 ml 玻璃管中。

L.5.1.1.1.5 用氮吹法（L.5.1.1.1.6）蒸发萃取后溶液至 1 ml，记下体积。

L.5.1.1.1.6 氮吹技术

L.5.1.1.1.6.1 将浓缩管放在温水浴（约 35℃）内，用一股缓慢的干燥清洁的 N_2（经活性炭柱过滤）蒸发溶剂，使其体积至所需的刻度。

L.5.1.1.1.6.2 操作过程中管的内壁要用二氯甲烷往下淋洗几次。蒸发过程中浓缩管内溶剂的液面必须浸于水溶液面以下，以免水汽凝入样品浓缩。在正常操作条件下，萃取物不能变干，按 L.5.1.1.1.7 继续操作。

L.5.1.1.1.7 将萃取物转移至带 PTFE 衬里瓶盖或宽边瓶塞的玻璃样品瓶内，在 4℃冷藏。以备 HPLC 分析用。

L.5.1.1.1.8 测定干重的质量比——在某些情况下，样品结果要求以干重为基准。在称出一份样品作分析测定的同时还应称出一份作干重测定。

备注：干燥炉应放在通风橱或排空至室外，否则可能会污染实验室。

L.5.1.1.1.9 称出萃取用的样品后，再称 5～10 g 样品至一个恒重的坩埚内，于 105℃干燥过夜，在干燥器内冷却后称重。

L.5.1.1.2 水溶液样品

L.5.1.1.2.1 用量筒量出 100 ml 样品倒入 250 ml 分液漏斗。加 200 μl Tris-BP（近似质量浓度 1 000 mg/L）至要加标的样品中，加入的量应使其在 1 ml 萃取物中的最终质量浓度为 200 ng/μl。

L.5.1.1.2.2 加 10 ml 二氯甲烷至分液漏斗内，加盖后摇动分液漏斗 3 次，每次约 30 s，并定时释放漏斗内的过量压力。

备注：二氯甲烷会很快产生过量压力，因此在加盖一摇后，马上要先放空，二氯甲烷是一种致癌物，使用时要特别注意安全。

L.5.1.1.2.3 静止至少 10 min 让有机相与水相分离，如果两相之间浑浊的界面超过溶剂层的 1/3，必须用机械方法完成相分离。

L.5.1.1.2.4 将萃取物收集在一个 15 ml 具刻度的玻璃管内，按 L.5.1.1.1.5 继续操作。

L.5.1.2 萃取含氯苯氧酸化合物——制备土壤、沉积物和其他固体样品必须按 GB 5085.6 的附录 N 进行制备，不同的是没有水解或酯化（若想把所有含氯苯氧酸基团的化合物作为酸来测定，可能要进行水解）。

L.5.1.2.1 固体样品的萃取

L.5.1.2.1.1 加 50 g 土壤/沉积物样品至一个 500 ml 的大口锥形瓶中，如果需要，再加入加标溶液，混合均匀后静止 15 min。加入 50 ml 无有机物的试剂水并搅拌 30 min。用 pH 计在样品溶液搅拌时测其 pH 值。用冷 H_2SO_4（1∶1）调节 pH 为 2，并在搅拌中检测 pH 值 15 min，如必要可再加 H_2SO_4 直至 pH 为 2 保持不变。

L.5.1.2.1.2 向容器中加 20 ml 丙酮，用振荡器混合瓶内物质 20 min，加 80 ml 乙醚再振荡 20 min，倒出萃取物并测量溶剂回收的体积。

L.5.1.2.1.3 再用 20 ml 丙酮，80 ml 乙醚萃取样品 2 次，每次溶剂加入后混合物用振荡器振荡 10 min，倒出丙酮-乙醚萃取物。

L.5.1.2.1.4 第三次萃取完成后萃取物回收的体积应至少为加入溶剂体积的 75%，如果达不到，要再提取一些。将萃取物合并倒入一个有 250 ml 5%酸化硫酸钠的 2 000 ml 分液漏斗内。如果生成乳浊液，缓慢加入 5 g 酸化硫酸钠（无水）直至溶剂与水混合物分离。如果需要可以加入与样品量相等的酸化硫酸钠。

L.5.1.2.1.5 检查萃取物的 pH，如果大于 2，加入较浓的 HCl 使萃取物稳定在所需的 pH 值。轻轻混合分液漏斗内物质 1 min，再静止分层。将水相收集在干净烧杯中，萃取相（上层）倒入 500 ml 磨口锥形瓶中。将水相倒回分液漏斗中并用 25 ml 乙醚再萃取。两层分离后弃去水层，将乙醚萃取液合并入 500 ml 锥形瓶中。

L.5.1.2.1.6 加 45～50 g 酸化的无水硫酸钠到合并的乙醚萃取物中，萃取物与硫酸钠混合约 2 h。

注意：干燥步骤十分关键，乙醚中保留一点水分就会降低回收率，如果摇动烧瓶时可以见到一些自由滚动的晶体，硫酸钠的用量是合适的，如果全部硫酸钠结块成饼状，需再加几克酸化的硫酸钠，并再次摇动测试。干燥时间至少要 2 h，萃取物也可以与硫酸钠一起过夜。

L.5.1.2.1.7 将乙醚萃取液通过塞入酸洗玻璃棉的漏斗，转移至一个配有 10 ml 浓缩管的 500 ml K-D 烧瓶中，转移时可用玻璃棒打碎饼状的硫酸钠。用 20～30 ml 乙醚淋洗锥形瓶和柱子以达到定量转移的目的。用微量 K-D 技术浓缩萃取物。

L.5.1.2.1.8 加 1 或 2 块干净的沸石于烧瓶内并装上三球微量 Snyder 分馏柱。按冷凝管和收集容器接到 K-D 仪的 Snyder 分馏柱上。在顶部加入 1 ml 乙醚预先润湿。将仪器放入热水浴（60～65℃）使浓缩管部分浸入热水中并且烧瓶整个下半部的圆面处于蒸汽浴中。调节仪器的垂直位置和水温使浓缩在

15～20 min 内完成。当液体表观体积达到 5 ml 时，将 K-D 仪从水浴上撤出，排空并冷却至少 10 min。

L.5.1.2.1.9 用乙腈将萃取物定量地转移至氮吹仪中，共加入 5 ml 乙腈，浓缩萃取物体积并调节最终体积为 1 ml。

L.5.1.2.2 制备水溶液样品

L.5.1.2.2.1 用量筒量出 1 L 水样（表观体积），记录水样体积精确至 5 ml，转入分液漏斗。如果质量浓度很高，可少取一些，再用不含有机物的试剂水稀释至 1 L。用 1∶1 H_2SO_4 调节 pH 小于 2。

L.5.1.2.2.2 加 150 ml 乙醚到样品瓶中，加盖，摇动 30 s 淋洗瓶壁。倒入分液漏斗并摇动 2 min，定时放空分液漏斗内的过量压力。静置至少 10 min，让有机层与水层分离。如果两层之间乳浊液界面超过溶剂层的 1/3，必须用机械方法完成相分离，最佳方法与不同样品有关，可以用搅拌、玻璃棉，过滤、离心或其他物理方法。水相放入一个 1 000 ml 的锥形瓶中。

L.5.1.2.2.3 用 100 ml 乙醚再重复萃取 2 次，合并萃取物于一个 500 ml 的锥形瓶中。

L.5.1.2.2.4 按 L.5.1.2.1.6 继续操作（干燥，K-D 浓缩，溶剂转换及调节最终的体积）。

L.5.1.3 萃取氨基甲酸酯——制备土壤、沉积物和其他的固体样品必须按合适的样品前处理方法进行。

L.5.1.3.1 用二氯甲烷萃取 40 g 样品。

L.5.1.3.2 用旋转蒸发器或 K-D 浓缩器进行浓缩至体积为 5～10 ml。

L.5.1.3.3 最终质量浓度及溶剂转换为 1 ml 甲醇，最好用旋转蒸发器上的接收管完成。如果没有接收管，也可以在通风橱中用缓慢的 N_2 流浓缩到最终的质量浓度。

L.5.1.4 萃取氨基甲酸酯——制备水溶液样品必须按合适的样品前处理方法进行。

L.5.1.4.1 用二氯甲烷萃取 1 L 的水溶液。

L.5.1.4.2 最终质量浓度和转换溶剂与 L.5.1.3.2 和 L.5.1.3.3 中所用的相同。

L.5.2 作 HPLC 分析前，萃取溶剂必须转换成甲醇或乙腈，转换可以用 K-D 浓缩仪进行。

L.5.3 HPLC 色谱条件

L.5.3.1 特殊分析物的色谱条件见表 L.1。

非特殊分析物的色谱条件如下：

流速：0.4 ml/min；

后柱流动相：0.1 mol/L 乙酸铵（1%甲醇）（苯氧酸化合物为 0.1 mol/L 乙酸铵）；

后柱流速：0.8 ml/min。

L.5.3.2 分析分散偶氮染料、有机磷化合物和三（2,3-二溴丙基）磷酸酯时，若化合物的保留导致出现色谱问题，则需要用连续的 2%二氯甲烷洗涤。二氯甲烷/含水甲醇溶液用作 HPLC 淋洗剂时必须小心。另一种流动相改性剂乙酸（1%）可用于带酸性官能团的化合物。

L.5.3.3 维持热喷雾电离需要的总流速为 1.0～1.5 ml/min。

L.5.4 推荐 HPLC/热喷雾/质谱的操作条件：在分析样品前应评定目标化合物对每种电离模式的相对灵敏度，以决定哪种模式在分析时能提供更好的灵敏度。这种评估可以根据分析物的分子结构式以及对两种电离模式的比较。

L.5.4.1 正电离模式

推斥极（金属丝或板，自选）：170～250 V（灵敏度优化）；

放电电极：关；

灯丝：开或关（自选，与分析物有关）；

质量范围：150～450 u（与分析物有关，高于化合物分子量 1～18 u）；

扫描时间：1.50 s/次。

L.5.4.2 负电离模式

放电电极：开；

灯丝：关；

质量范围：135～450 u；

扫描时间：1.50 s/次。

表 L.1 HPLC 色谱条件

流动相/%	起始时间/min	最终梯度（线性）/min	最终流动相/%	时间/min
有机磷化合物				
50/50（水/甲醇）	0	10	100（甲醇）	5
偶氮染料（例如 Disperse Red 1）				
50/50（水/乙腈）	0	5	100（乙腈）	5
Tris（2,3-dibromopropyl）phosphate				
50/50（水/甲醇）	0	10	100（甲醇）	5
氯苯氧基酸化合物				
75/25（A/甲醇）	2	15	40/60（A/甲醇）	75/25
40/60（A/甲醇）	3	5	75/25（A/甲醇）	10
A = 0.1 mol/L 乙酸铵（1%乙酸）				
氨基甲酸酯				

选择 A：

时间/min	流动相 A/%	流动相 B/%
0	95	5
30	20	80
35	0	100
40	95	5
45	95	5

A = 5 mmol/L 乙酸铵溶液加入 0.1 mol/L 乙酸

B = 甲醇

选择性的柱后添加 0.5 mol/L 乙酸铵

选择 B：

时间/min	流动相 A/%	流动相 B/%
0	95	5
30	0	100
35	0	100
40	95	5
45	95	5

A = 加入 0.1 mol/L 乙酸铵和 1%乙酸的水溶液

B = 加入 0.1 mol/L 乙酸铵和 1%乙酸的甲醇

选择性的柱后添加 0.1 mol/L 乙酸铵

L.5.4.3 热喷雾温度

汽化室：110～130℃；

顶端：200～215℃；

喷口：210～220℃；

离子源体：230～265℃（某些化合物可能在高温的离子源体内分解，必须根据化学性质估计合适的离子源体温度）。

L.5.4.4 样品的进样体积通常用 20～100 μl。用手动进样时，至少要用 2 倍进样环体积的样品（例如用 20 μl 样品充满一个 10 μl 进样环使其溢出）充满进样环使液体溢出。如果萃取液中有固体，必须让其沉降或离心萃取液，再从清透的液层中抽取进样。

L.5.5 校正

L.5.5.1 热喷雾/质谱系统——必须是在四极杆 1（和四极杆 3，对三级四极杆而言）调节质量分布、灵敏度和分辨率。推荐使用聚乙二醇（PEG）400、600 或 800，其平均相对分子质量分别为 400、600 或 800。选用的 PEG 应尽量接近分析时常用的质量范围。分析含氯苯氧酸化合物时用 PEG 400。PEG 直接进样，绕过 HPLC。

L.5.5.1.1 质量校正参数如下：

PEG 400 和 600	PEG 800
质量范围：15～765 u	质量范围：15～900 u
扫描时间：0.5～5.0 s/次	扫描时间：0.5～5.0 s/次

进样 2～3 次应该扫描约 100 次。如果用其他校正物，质量范围应该从 15 u 到比校正用的最高质量数还要高约 20 u。扫描时间应该选择为越过校正物的峰时至少可扫描 6 次。

L.5.5.1.2 从 15～100 u 低质量范围包括了由热喷雾过程中应用的乙酸铵缓冲液生成的一些离子。如 NH_4^+（18），$NH_4^+ \cdot H_2O$（36），$CH_3OH \cdot NH_4^+$（50）或 $CH_3CN \cdot NH_4^+$（59）和 $CH_3COOH \cdot NH_4^+$（78）。出现 *m/z* 50 还是 59 离子取决于用甲醇还是乙腈作有机改性剂。高端质量范围包括各种乙二醇氨离子的加合物[例如 $H(OCH_2CH_2)_nOH$，当 n=4 时在 *m/z* 212 处为 $H(OCH_2CH_2)_nOH{\cdot}NH_4^+$离子]。

L.5.5.2 液相色谱。

L.5.5.2.1 制备校正标准。

L.5.5.2.2 选择合适电离条件，用表 L.1 列出的色谱条件将每个校正标样注入 HPLC。含氯苯氧酸分析物的相关系数（r^2）至少应该是 0.97。多数情况下只有（M^+H）$^+$和（M^+NH_4）$^+$加合离子是丰度显著的离子。

L.5.5.2.2.1 在要求检测限低于全谱分析正常范围的情况下，可以选用选择离子检测（SIM）但是未作化合物多重离子检测时，SIM 鉴别化合物的可信度较低。

L.5.5.2.2.2 使用三级四极杆 MS/MS 时也可以用选择反应检测（SRM）并需要提高灵敏度。

L.5.5.2.3 如果用 HPLC/UV 检测，先校正仪器。用表 L.1 中列出的色谱条件把每个校正标样注射到 HPLC 中。积分每种质量浓度下全部色谱峰的面积。如果已知样品无干扰和（或）无同流出的分析物，HPLC/UV 定量是最佳选择。

L.5.5.2.4 对 L.5.5.2.2 和 L.5.5.2.3 阐述的方法，色谱峰的保留时间是鉴别分析物的重要参数，因此样品分析物和标样分析物的保留时间比应该在 0.1～1.0。

L.5.5.2.5 用 L.5.5.2.2 和 L.5.5.2.3 中测得的校正曲线可以测定样品分析物的质量浓度。这些校正曲线必须在分析每个样品的同一天测得。质量浓度超过标样校正范围的样品，应稀释至校正范围内。

L.5.5.2.6 使用 MS 或 MS/MS 时，每种样品萃取物可以既做正离子分析物测定也可做负离子分析物测定。但是有些目标化合物只有正离子或负离子才有更高的灵敏度，因此只做一种分析更实际（如氨基甲酸酯通常正电离模式更灵敏，而苯氧酸通常负电离模式更灵敏）。样品分析前分析人员应评估目标化合物对每种电离模式的相对灵敏度，这种评估可以根据化合物的结构或把分析物导入每种电离模式作比较得到。

L.5.6 样品分析

系统校正后按上述步骤分析样品。

L.5.7 热喷雾/HPLC/MS 确认法

MS/MS 实验中，第一四极杆应设置为目标分析物的质子化分子或与氨结合的加合物，第三四极杆应扫描从 30 u 到刚好高于质子化分子的质量区为止。碰撞气压（Ar）应设为约 1.0 mTorr（0.13 Pa），而碰撞能量在 20 eV。如果这些参数无法使分析物解离，可以提高这些设定以形成更好的碰撞。

分析测定时，碰撞谱图的基峰应取作定量用的离子峰。选第二离子作为候补的定量用的离子。

L.5.8 金属丝排斥器 CAD 确认

一旦金属丝排斥器插入热喷雾流，电压可以增加到 500～700 V，要得到碎片离子必须有足够的电压，但不得出现断路。

L.6 计算

L.6.1 用外标和内标校正步骤测定样品生成的离子色谱图中每个色谱峰的属性和含量，该色谱图对应于校正过程中用的化合物。

L.6.2 色谱峰的保留时间是鉴别分析物的重要参数，但是由于基体干扰而改变色谱柱的状态，保留时间就没有意义，因此质谱图确证是鉴别分析物的重要依据。

附 录 M
（资料性附录）
固体废物 半挥发性有机化合物（PAHs 和 PCBs）的测定 热提取气相色谱/质谱法
Solid Wastes—Determination of Semivolatile Organic Compounds（PAHs and PCBs）-
Thermal Extraction/Gas Chromatography/Mass Spectrometry（TE/GC/MS）

M.1 范围

本方法适用于固体废物中苊、苊烯、蒽、苯并[*a*]蒽、苯并[*a*]芘、苯并[*b*]荧蒽、苯并[*g,h,i*]苝、苯并[*k*]荧蒽、4-溴苯基-苯基醚、1-氯代苯、䓛、氧芴、二苯并[*a,h*]蒽、硫芴、荧蒽、芴、六氯苯、茚苯[1,2,3-*cd*]芘、萘、菲、芘、1,2,4-三氯代苯、2-氯联苯、3,3′-二氯联苯、2,2′,5-三氯联苯、2,3′,5-三氯联苯、2,4′,5-三氯联苯、2,2′,5,5′-四氯联苯、2,2′,4,5′-四氯联苯、2,2′,3,5′-四氯联苯、2,3′,4,4′-四氯联苯、2,2′,4,5,5′-五氯联苯、2,3′,4,4′,5-五氯联苯、2,2′,3,4,4′,5′-六氯联苯、2,2′,3,4′,5,5′,6-七氯联苯、2,2′,3,3′,4,4′-六氯联苯、2,2′,3,4,4′,5,5′-七氯联苯、2,2′,3,3′,4,4′,5-七氯联苯、2,2′,3,3′,4,4′,5,5′-八氯联苯、2,2′,3,3′,4,4′,5,5′,6-九氯联苯、2,2′,3,3′,4,4′,5,5′,6,6′-十氯联苯等多氯联苯（PCBs）和多环芳烃（PAHs）化合物的热提取气相色谱质谱法测定。

在土壤和沉淀物中方法的评估定量限（EQL）对于 PAH 化合物来说为 1.0 mg/kg（干重）（对于 PCB 化合物来说为 0.2 mg/kg）；而在潮湿的底泥和其他固体垃圾中 EQL 为 75 mg/kg（取决于水和溶质）。然而通过调整校准线或者在样品干扰因素较小的情况下引入大尺寸样品可以使 EQL 降低，随着方法的发展，可探测到上述化合物的界限含量为 0.01～0.5 mg/kg（干燥样品）。

M.2 引用标准

下列文件中的条款通过在本方法中被引用而成为本方法的条款，与本方法同效。凡是不注明日期的引用文件，其最新版本适用于本方法。

GB/T 6682 分析实验室用水规格和实验方法

M.3 原理

将少量样品称量至样品坩埚中，将坩埚放入一个热提取（TE）室中，升高温度至 340℃，并且保温 3 min。从分流的进样口将经过热提取后的化合物注入 GC 实验装置中（含量低的样品分流比设置为 35∶1、含量高的样品设置为 400∶1），随后样品会集中在 GC 装置的顶部，热解吸附过程持续 13 min。GC 柱温箱的温度程序设定取决于分析物的特性，然后将分析物送入质谱仪中进行定性和定量测定。

M.4 试剂和材料

M.4.1 除有说明外，本方法中所用的水为 GB/T 6682 规定的一级水。

M.4.2 标准溶液储备液（1 000 mg/L）：标准溶液可以采用纯的原料进行配置或者购买已鉴定的标准溶液。

M.4.2.1 精确测量 0.010 0 g 纯物质用来配备标准溶液储备液。将其溶解在二氯甲烷中或者其他相配的溶液（某些 PAHs 可能需要预先在较少容量的甲苯或者二硫化碳中进行初溶）在 10 ml 容量瓶中进行稀释，如果化合物的纯度高于 96%，则质量计算时可以不进行纯度修正。

M.4.2.2 将配置好的标准溶液储备液转移至带有聚四氟乙烯衬里螺纹盖的玻璃瓶中，在−20～−10℃下避光储存。标准溶液应该经常进行检测以防止蒸发或者降解，尤其是在要用于校准标准的时候。

M.4.2.3 标准溶液储备液必须在一年后或者发现问题时进行更换。

M.4.3 中间标准溶液：中间标准溶液必须包含所有目标分析物作为校准标准溶液（PAHs 和 PCBs 溶液分别制备）或者包含所有内标物作为内标溶液。推荐的溶液质量浓度为 100 mg/L。

M.4.4 GC/MS 调谐标准：配制含 50 mg/L 调谐物（DFTPP）的二氯甲烷溶液，储存温度为−20～−10℃。

M.4.5 基体加标溶液：用甲醇配制基体加标溶液，该溶液中含有至少 5 种固体样品的目标化合物，质量浓度为 100 mg/L，且所选的化合物应能代表目标化合物的沸点范围。

M.4.6 用于配制校准标准土壤和内标土壤的空白土壤按下列步骤得到。

M.4.6.1 首先取一份干净的（不含目标分析物和干扰因素的）沉积土壤，将其烘干并在研钵中研碎。用 100 目筛网进行过筛，选取几个 50 mg 样品采用 TE/GC/MS 方法进行分析来测定其中是否含有可以干扰表 M.1 和表 M.2 中目标化合物的物质。

M.4.6.2 如果没有发现任何干扰因素，则选取 300～500 g 过筛后的干燥土壤放入一个带有聚四氟乙烯衬里盖的玻璃瓶中，放入摇床装置摇动 2 d，确保在向土壤中加入分析物前该空白土壤的均匀性。

M.4.7 内标土壤：内标土壤是在空白土壤的基础上准备的，须包含表 M.3 中所有内标化合物，每种化合物的质量分数为 50 mg/kg。同样商业购买经过鉴定后的土壤可以进行使用。

M.4.8 校准标准土壤：校准标准土壤也是在空白土壤的基础上准备的，校准标准土壤必须包含所有待测目标化合物，PAHs 和 PCBs 质量分数分别为 35 mg/kg 和 10 mg/kg。商业购买的标准土壤同样可以使用。

M.4.9 用空白土壤准备内标和校准标准土壤

M.4.9.1 50 mg/kg 的内标土壤、35 mg/kg 的 PAH 校准土壤以及 10 mg/kg 的 PCB 校准土壤采用相同的方法配制而成。内标溶液或者商业标准溶液用来给一个称量好的空白土壤定量给料。称取 20.0 g 空白土壤至一个 100 ml 的玻璃容器中，加入水（5%，质量分数）以便分析物很好的混合和分散。内标溶液每种化合物的浓度为 100 mg/L，向潮湿的空白土壤中加入 10 ml 作为内标土壤；加入 7.0 ml 作为 PAHs 校准标准土壤；加入 2 ml 作为 PCBs 校准标准土壤。加入更多的二氯甲烷使得溶液在土壤上面出现轻微的分层，可以使标准物质均匀地分散到土壤当中。

M.4.9.2 溶剂和水在室温下进行蒸发直至土壤变干（通常需要一整夜），装土壤的容器需要用聚四氟乙烯衬里盖子拧紧并放置在摇床上缓慢旋转混合，为了保持同次性至少需要旋转 5 d。

M.4.9.3 内标土壤和校准标准土壤应该用黄色的配有 PTFE 衬里盖子的玻璃瓶储藏，在−10～−20℃，避光、干燥储藏。在该条件下可以稳定储存 90 d。内标和校准标准应该经常进行检测以防止降解，检测的方法是采用同样质量浓度的未降解校准标准溶液放入样品坩埚中进行热提取，然后比对结果。

M.4.9.4 内标和校准标准土壤如果发现降解现象需要立即更换。

注意：在校准标准土壤中挥发性的 PAHs 和 PCBs 含量越多，越可能导致其质量浓度高于标准溶液的质量浓度，原因是在坩埚中蒸发作用造成的损失。

M.4.10 二氯甲烷、甲醇、二硫化碳、甲苯和其他适当溶剂须采用农残级或同等级别的纯度。

M.5 仪器

M.5.1 TE/GC/MS 实验系统

M.5.1.1 质谱仪，每秒可以扫描 35～500 u，在电子碰撞离子化模式下采用的电子能量为 70 V。

M.5.1.2 数据系统，将电脑连接在质谱仪上，并且能够保证在色谱分析程序过程中可以连续获得数据，并将大量光谱数据存储在易读的媒介上。

M.5.1.3 GC/MS 界面，任何 GC/MS 界面都应该能够提供在需求质量浓度范围内合理的校准点。

M.5.1.4 气相色谱。必须配备一个可加热的分流/不分流毛细管进样口、柱温箱、低温冷却设备。柱温箱的温度范围应该至少从室温到 450℃，升温速率从 1～70℃/min 可程序控制。

M.5.1.5 推荐毛细管色谱柱。推荐使用熔融石英管，表层涂以非极性固定相（5%苯基甲基硅氧烷），长度为 25～50 m，内径 0.25～0.32 mm，膜厚为 0.1～1.0 μm（OV-5 或者等价物），这些参数最终取决于分析物的挥发性以及分离需求。

M.5.1.6 热提取器。在热提取和向 GC 进样口转移的过程中，TE 单元必须保证样品以及所有提取的化合物只和熔融石英表面相接触。还必须保证在样品转移的所有路线区域温度最小值为 315℃。在热提取室中应能够进行 650℃以上的烘干操作，在连接区域温度能够达到 450℃，还须注意的一点就是所有与样品接触的部分、坩埚、药勺和工具都必须由熔融石英制成，以便使所有残留物得到氧化。

M.5.2 石英药勺。

M.5.3 马弗炉盘，在清洗处理过程中可以用来支持坩埚。

M.5.4 不锈钢镊子，用来进行样品坩埚操作。

M.5.5 培养皿，用来储藏样品坩埚。

M.5.6 样品盘。

M.5.7 多孔熔融石英坩埚。

M.5.8 多孔熔融石英坩埚盖。

M.5.9 马弗炉，用来净化坩埚，最高加热温度 800℃。

M.5.10 冷却架，耐高温、陶瓷或者石英材料。

M.5.11 分析天平，最小 2 g 量程，灵敏度 0.01 mg。

M.5.12 研钵和槌。

M.5.13 网筛，100 目和 60 目。

M.5.14 样品瓶，玻璃制品，有聚四氟乙烯（PTFE）做内衬的旋盖。

M.6 样品的采集、保存和预处理

固体样品保存在有螺纹的 Teflon 盖子的 50 ml 宽口玻璃瓶中，冷却至 4℃保存。

M.7 分析步骤

M.7.1 坩埚处理

将马弗炉升温至 800℃，保温 30 min，将样品坩埚和盖子放入马弗炉盘然后放进炉箱。15 min 后取出炉盘放在冷却架上（放置 15～20 min），之后将其转入干净的培养皿中。

注意：使用不锈钢镊子夹取坩埚和坩埚盖。所有的坩埚都应进行清洗然后放入培养皿。准备足够多的坩埚和盖子来做五点校准曲线或者依照样品分析物的数量来定。

M.7.2 TE/GC/MS 系统的初始校准

M.7.2.1 将 TE/GC/MS 系统按如下推荐操作条件设定并进行烘干：

在线烘干操作：必须在每次校准之前进行此项操作，如果使用自动进样器，那么此项操作会在自动进样程序中完成。

注意：坩埚必须在进行烘干操作前从热提取单元中取出，虽然在方法空白的时候需要 GC/MS 数据来监控系统污染物，但是在烘干过程中不需要获得 MS 数据。

GC 色谱柱温度程序：35℃保持 4 min，然后以 20℃/min 升温至 325℃，保持 10 min，4 min 内冷却至 35℃。

GC 进样口温度：335℃，整个过程中采用不分流模式；
MS 传输管温度：290～300℃；
GC 载气量：氦气，30 cm/s；
TE 传输管温度：310℃；
TE 柱温箱接口温度：335℃；
TE 氦气流速：40 ml/min；
TE 样品室加热参数：60℃保温 2 min，12 min 内升温至 650℃，保温 2 min，冷却至 60℃。

M.7.2.2 假定为 30 m 的毛细管柱进行校准和样品分析，TE/GC/MS 系统设置如下：
质量范围：45～450 u；
MS 扫描时间：1.0～1.4 次/s；
GC 色谱柱温度程序：35℃保持 12 min，在 8 min 内升温至 315℃保持 2 min，在 4 min 内到 35℃；
GC 进样类型：分流/不分流毛细管，35∶1 分流比例；
GC 进样口温度：325℃；
GC 进样口设置：不分流 30 s，之后整个操作过程一直分流；
MS 传输管温度：290～300℃；
MS 源温度：依照产品说明；
MS 溶剂延迟时间：15 min；
MS 数据获得：49 min 后停止采集；
载气：氦气，30 cm/s；
TE 传输管温度：310℃；
TE 柱温箱接口温度：335℃；
TE 氦气吹扫流速：40 ml/min；
TE 样品加热参数：60℃保持 2 min，8 min 内升温至 340℃，保持 3 min，4 min 内冷却至 60℃。

M.7.2.3 方法空白。在线烘干后进行空白测试，获得 MS 数据并且确保在测定方法检出限（MDL）的过程中系统不含有目标分析物和干扰因素，如果观察到污染则须采取适当的修改（例如：烘干、更换 GC 柱、更换 TE 样品室或者传输管）。

M.7.2.4 GC/MS 系统必须硬件调谐。

M.7.2.5 初始校准曲线。必须用至少 5 种以上的不同质量浓度进行初始校准和系统维护后的校准。如果曲线与初始校准曲线和校准校核存在 20%的偏移，还应该做校准程序，除非系统维护更正了这个错误。由于接下来的校准标准土壤分析将调整进样口分流比为 35∶1，将来任何关于分流比的修改都需要进行新的初始校准曲线测定。

M.7.2.5.1 利用镊子将样品坩埚从干净的培养皿中移出放在分析天平上，精确测量到 0.1 mg 后将其放置在清洁的表面上。

M.7.2.5.2 称量 10 mg（±3%）的内标土壤放入样品坩埚。然后将坩埚放回天平重新称重，记录重量。

M.7.2.5.3 在坩埚中称量校准标准土壤并且记录质量，将其放入热提取单元或者自动进样器，记录所有的分析信息数据以及条件。

PAH 标准：分别称取 50、40、20、10 和 5 mg（±3%）的 35 mg/kg PAH 校准标准土壤，然后将其与 10 mg 50 mg/kg 的内标土壤放入不同的坩埚。

分别得到在校准标准中每个目标分析物为 50、40、20、10、5 ng 时的分析结果。

PCB 标准：分别称取 50、40、20、10 和 5 mg（±3%）的 10 mg/kg PCB 校准标准土壤，然后和 10 mg 的内标土壤放入不同的坩埚。

分别得到在校准标准中每个目标分析物为 10、8、4、2、1 ng 时的分析结果。

注意：GC/MS 系统的敏感度可能要求对上述标准质量（校准或者内标）进行调整。

M.7.2.5.4　含量高的样品推荐使用 300∶1 或者 400∶1 的分流比。当采用一个适当质量浓度的目标分析物在高分流比下需要进行新的校准曲线测定。大约为原来质量浓度的 10 倍。

M.7.2.6　分析过程。在方法开始之前，样品被预装入熔融石英样品室。样品室升温至 340℃并且保温 3 min，氦气为载气/吹扫气，以 40 ml/min 的速率从样品室中流过，热提取化合物被吹扫通过去活的熔融石英衬管达到 GC 毛细管进样口，随后以一定的分流比（35∶1 或者 400∶1）进入 GC 柱，最后集中在 GC 柱的顶端，并在 35℃下进行保温。一旦热提取过程完成（13 min），样品室将会冷却。GC 柱温箱就会以 10℃/min 的速率加热至 315℃，精确的热提取参数根据各种不同的需求进行调整。

M.7.2.7　计算每个分析物的响应因子（*RFs*）（采用表 M.4 中的内标物），并且评估出校准的线性关系。

M.7.3　TE/GC/MS 系统的校准确认

M.7.3.1　在分析样品之前先要对 DFTPP 调谐液进行分析。

M.7.3.2　每经过 6 h 操作以后，需要进行方法空白分析确认系统是否清洁。

M.7.4　样品准备、称量和载样

M.7.4.1　样品准备

轻轻倒出沉积物样品上的水相，并且剔除外来杂质例如玻璃、木屑等。样品准备需要均一化的潮湿或者干燥样品，并尽可能地选择具有代表性的分析试样。非常潮湿的样品会对 MS 系统造成过大的压力。

M.7.4.2　测定样品干重百分比

有些土壤和沉积物样品的测量需要基于干重，可以选取一部分样品进行称重同时选取另一部分样品进行分析测定。同时，对于任何看起来比较潮湿的样品都应该计算其湿重百分比来决定是否在研磨之前对该样品进行烘干。

注意：干燥烘箱应该包含出气孔，严重的实验室污染可能就源于大量有害的废物样品。

称取 5～10 g 的样品至坩埚中，在 105℃下进行干燥，通过失重来计算干重百分比，在称重前应放入干燥室冷却。计算干重质量分数的公式如下：

$$w = （干燥后重量/样品总质重）\times 100\%$$

M.7.4.3　潮湿样品（湿重质量分数超过 20%）

M.7.4.3.1　以萘为目标分析物的样品

尽可能使样品少暴露在空气中，因为空气中的湿度会造成萘的损失。称量坩埚质量，然后称量 10 mg 内标土壤，再加入 10～20 mg 有代表性的潮湿样品，记录下样品的质量并将坩埚放入 TE 进样系统。

M.7.4.3.2　不以萘为目标分析物的潮湿样品

在一个干净的浅的容器上铺开 3～5 g 有代表性的样品薄层，然后在室温条件（25℃）下覆盖进行干燥 30～40 min。当样品干燥以后，将其从容器壁上刮掉然后研磨成统一的粒径大小，并且保证其均匀性，经过 60 目筛网过筛后存储在样品瓶中。

M.7.4.4　干燥的样品（湿重质量分数小于 20%）

称量 5～10 g 的干燥样品进行研磨使其均一化，经过 60 目筛后储备在样品瓶中。

M.7.4.5　内标称重

M.7.4.5.1　用镊子将样品坩埚从干净的培养皿中取出放置在分析天平上，称重精确到 0.1 mg 后放在干净的表面上。

M.7.4.5.2　称取 10 mg（±3%）内标土壤放入样品坩埚中用熔融石英药勺混合，用分析天平称量坩埚质量，记录下当时的质量。

M.7.4.6　样品称重

用干净的熔融石英药勺量取 3～250 g 样品放入样品坩埚中，称重。装入热提取坩埚中的样品质量按下述情况确定：

M.7.4.6.1　如果含量低（0.02～5.0 mg/kg 和低的总有机含量），则需 100～250 mg 干燥样品（假定分流比为 35∶1）。

注意：此种方法的评估定量限为 1 mg/kg，任何测定低于 1 mg/kg 的质量分数将被认为是估测质量浓度（非精确）。

M.7.4.6.2 如果含量高（500～1 500 mg/kg 和高的总有机含量），则需要 3～5 mg 的干燥样品（假定分流比为 35∶1）。

M.7.4.6.3 如果含量在两者之间，则相应调节样品的质量。

M.7.4.6.4 如果预期的含量超过 1 500 mg/kg，则需采用较高的分流比，推荐分流比为 300～400。当然对应于新的分流比还需要新的初始校准曲线。

M.7.4.6.5 对于含量未知的样品，初始测定时样品质量应小于 20 mg。

注意：推荐在对含量未知的样品进行 TE/GC/MS 分析之前进行筛选，可以防止重新分析样品以及保护系统以免过载造成停工。筛选可以选用 FID 装备（自选）或者用二氯甲烷半定量提取后用 GC/FID 测定相关质量浓度。

M.7.4.6.6 选择一个样品做基体加标分析测定。称取 1～2 份含有内标土壤的样品至坩埚中，然后直接向样品添加 5.0 μl 标液，立刻盖上盖子并转移到热提取单元或者自动进样器中。

M.7.4.7 装载样品

对样品含量进行评估，然后称量样品加入装有称量过的内标土壤的坩埚中。记录样品质量（精确到 0.1 mg），盖上盖子放入热提取单元或者自动进样器中。如果样品是潮湿的或者目标化合物的挥发性比正十二烷（n-dodecane）要强，自动进样器应设为 10～15℃。

M.7.4.8 分析：样品装载入热提取单元中的熔融石英样品室。

M.7.4.8.1 对于那些含量极低、信噪比小于 3∶1 的样品，重复 M.7.4.5 后增大进样量可以适当提高检测响应。

M.7.4.8.2 如果提取得到过量的样本并且 GC 柱的过载已经很明显的情况下，烘干系统并且做一个空白分析来决定是否需要清理系统。重复 M.7.4.5 后选用少量的样品（按要求降低进样量）。

M.7.5 维护烘干操作

M.7.5.1 系统烘干条件：对非在线条件（非自动进样）依照极端过载系统程序，进行日常清洗维护。

注意：在烘干程序开始前必须将样品坩埚移出热提取单元。在烘干程序开始前，TE 柱温箱接口首先应冷却以卸去熔融石英传输管。在烘干之后应安装新的传输管。

GC 初始柱温度和保温时间：335℃，保温 20 min；

GC 进样口温度：335℃，设置为分流模式；

MS 传输管温度：295～305℃；

GC 载气量：氦气 30 cm/s；

TE 传输管温度：关闭，直到安装新的毛细管；

TE 柱温箱接口温度：400℃；

TE 气体流速：最高大约为 60 ml/min；

TE 样品室加热参数：至 750℃，保温 3 min，然后冷却至 60℃。

M.7.6 定性分析

依照附录 J 中的定性方法来确定目标化合物。

M.8 结果计算

通过内标法利用第一特征离子的 EICP 的积分丰度对化合物进行定量。使用的内标依照表 M.4，由下式计算每种确定分析物的质量分数

$$\omega_x = \frac{A_x \cdot \omega_{is} \cdot m_{is}}{RF \cdot A_{is} \cdot m_x \cdot D}$$

式中：ω_x——化合物的质量分数，mg/kg；

A_x——样品中被测化合物的特征离子的峰面积；

ω_{is}——内标土壤质量分数，mg/kg；

m_{is}——内标土壤质量，kg；

m_x——样品质量，kg；

$\overline{RF}$——化合物从初始校准曲线测量得到的平均响应因数；

A_{is}——内标特征离子的峰面积；

D——样品干燥度［（100−湿样质量分数）/100］。

表 M.1 PAH/半挥发性校准标准土壤和定量离子

化合物名称		定量离子
1,2,4 三氯代苯	1,2,4-Trichlorobenzene[1]	180
萘	Naphthalene	128
苊	Acenaphthylene	152
二氢苊	Acenaphthene	153
氧芴	Dibenzofuran	168
芴	Fluorene	166
4-溴苯基-苯基醚	4-Bromophenyl phenyl ether[1]	248
六氯苯	Hexachlorobenzene[1]	284
菲	Phenanthrene	178
蒽	Anthracene	178
荧蒽	Fluoranthene	202
芘	Pyrene	202
苯并[*a*]蒽	Benzo（*a*）anthracene	228
䓛	Chrysene	228
苯并[*b*]荧蒽	Benzo（*b*）fluoranthene	252
苯并[*k*]荧蒽	Benzo（*k*）fluoranthene	252
苯并[*a*]芘	Benzo（*a*）pyrene	252
茚苯[1,2,3-*cd*]芘	Indeno（1,2,3-*cd*）pyrene	276
二苯并[*a,h*]蒽	Dibenz（*a,h*）anthracene	278
苯并[*g,h,i*]苝	Benzo（*g,h,i*）perylene	276

注：1 如果目标分析物只是 PAHs，此项分析物可以删除；
所有化合物质量分数均为 35 mg/kg。

表 M.2 PCB 校准标准土壤

IUPAC 序号	CAS 序号	化合物名称		定量离子
1	2051-60-7	2-氯联苯	2-Chlorobiphenyl	188
11	2050-67-1	3,3′-二氯联苯胺	3,3′-Dichlorobiphenyl	222
18	37680-65-2	2,2′,5-三氯联苯	2,2′,5-Trichlorobiphenyl	258
26	3844-81-4	2,3′,5-三氯联苯	2,3′,5-Trichlorobiphenyl	258
31	16606-02-3	2,4′,5-三氯联苯	2,4′,5-Trichlorobiphenyl	258
52	35693-99-3	2,2′,5,5′-四氯联苯	2,2′,5,5′-Tetrachlorobiphenyl	292
49	41464-40-8	2,2′,4,5′-四氯联苯	2,2′,4,5′-Tetrachlorobiphenyl	292
44	41464-39-5	2,2′,3,5′-四氯联苯	2,2′,3,5′-Tetrachlorobiphenyl	292
66	32598-10-0	2,3′,4,4′-四氯联苯	2,3′,4,4′-Tetrachlorobiphenyl	292
101	37680-73-2	2,2′,4,5,5′-五氯联苯	2,2′,4,5,5′-Pentachlorobiphenyl	326

IUPAC 序号	CAS 序号	化合物名称		定量离子
118	31508-00-6	2,3′,4,4′,5-五氯联苯	2,3′,4,4′,5-Pentachlorobiphenyl	326
138	35065-28-2	2,2′,3,4,4′,5′-六氯联苯	2,2′,3,4,4′,5′-Hexachlorobiphenyl	360
187	52663-68-0	2,2′,3,4′,5,5′,6-七氯联苯	2,2′,3,4′,5,5′,6-Heptachlorobiphenyl	394
128	38380-07-3	2,2′,3,3′,4,4′-六氯联苯	2,2′,3,3′,4,4′-Hexachlorobiphenyl	360
180	35065-29-3	2,2′,3,4,4′,5,5′-七氯联苯	2,2′,3,4,4′,5,5′-Heptachlorobiphenyl	394
170	35065-30-6	2,2′,3,3′,4,4′,5-七氯联苯	2,2′,3,3′,4,4′,5-Heptachlorobiphenyl	394
194	35694-08-7	2,2′,3,3′,4,4′,5,5′-八氯联苯	2,2′,3,3′,4,4′,5,5′-Octachlorobiphenyl	430
206	40186-72-9	2,2′,3,3′,4,4′,5,5′,6-九氯联苯	2,2′,3,3′,4,4′,5,5′,6-Nonachlorobiphenyl	392
209	2051-24-3	2,2′,3,3′,4,4′,5,5′,6,6′-十氯联苯	2,2′,3,3′,4,4′,5,5′,6,6′-Decachlorobiphenyl	426

注：所有化合物的质量分数为 10.0 mg/kg。

表 M.3 内标土壤

化合物名称		定量离子
2-氟联苯	2-Fluorobiphenyl	172
氘代菲-d_{10}	Phenanthrene-d_{10} [1]	188
苯并[*g,h,i*]苝（$^{13}C_{12}$）	Benzo（*g,h,i*）perylene（$^{13}C_{12}$）	288
注：1 此内标容易受到土壤微生物降解的影响，建议使用带有 $^{13}C_{12}$ 标记的菲。		

表 M.4 内标及对应的可定量的 PAH 分析物

内标		PAH 分析物
2-氟联苯	2-Fluorobiphenyl	萘（Naphthalene）、苊（Acenaphthylene）、二氢苊（Acenaphthene）、芴（Fluorene）等所有表 M.2 内的 PCB 同类物质
氘代菲-d_{10}	Phenanthrene-d_{10}	菲（Phenanthrene）、蒽（Anthracene）、荧蒽（Fluoranthene）、芘（Pyrene）
苯并[*g,h,i*]苝（$^{13}C_{12}$）	Benzo（*g,h,i*）perylene（$^{13}C_{12}$）	苯并[*a*]蒽（Benzo（*a*）anthracene）、䓛（Chrysene）、苯并[*b*]荧蒽（Benzo（*b*）fluoranthene）、苯并[*k*]荧蒽（Benzo（*k*）fluoranthene）、苯并[*a*]芘（Benzo（*a*）pyrene）、茚并[1,2,3-*cd*]芘（Indeno（1,2,3-*cd*）pyrene）、二苯并[*a,h*]蒽（Dibenz（*a,h*）anthracene）、苯并[*g,h,i*]苝（Benzo（*g,h,i*）perylene）

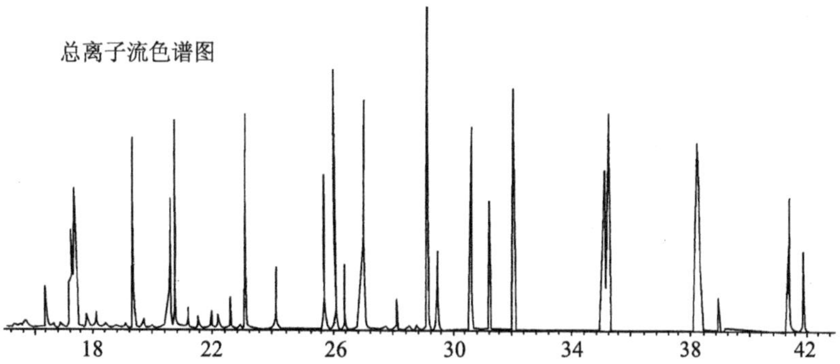

图 M.1 由 TE/GC/MS 测定的典型 PAH 校准土壤标准色谱图

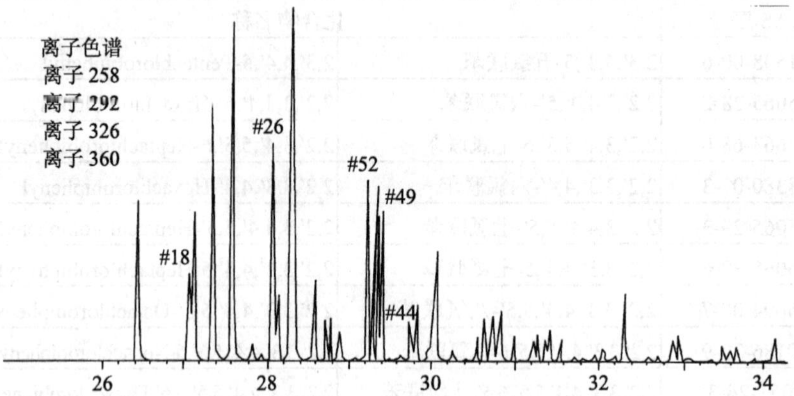

图 M.2 用 TE/GC/MS 测定在河底沉积物中 NIST SRM 1939 与 PCB 同类物质的色谱图

附 录 N
（资料性附录）
固体废物 多氯联苯的测定（PCBs） 气相色谱法
Solid Wastes—Determination of Polychlorinated Biphenyls（PCBs）—Gas Chromatography

N.1 范围

本方法规定了固体或者液体基质中多氯联苯的气相色谱的测定方法。下面列举的目标化合物可以采用单柱或双柱系统进行测定：Aroclor 1016、Aroclor 1221、Aroclor 1232、Aroclor 1242、Aroclor 1248、Aroclor 1254、Aroclor 1260、2-氯联苯、2,3-二氯联苯、2,2′,5-三氯联苯、2,4′,5-三氯联苯、2,2′,3,5′-四氯联苯、2,2′,5,5′-四氯联苯、2,3′,4,4′-T 四氯联苯、2,2′,3,4,5′-五氯联苯、2,2′,4,5,5′-五氯联苯、2,3,3′,4′,6-五氯联苯、2,2′,3,4,4′,5′-六氯联苯、2,2′,3,4,5,5′-六氯联苯、2,2′,3,5,5′,6-六氯联苯、2,2′,4,4′,5,5′-六氯联苯、2,2′,3,3′,4,4′,5-七氯联苯、2,2′,3,4,4′,5,5′-七氯联苯、2,2′,3,4,4′,5′,6-七氯联苯、2,2′,3,4′,5,5′,6-七氯联苯、2,2′,3,3′,4,4′,5,5′,6-九氯联苯。该方法也可能适合其他同类物的检测。

水中多氯联苯的方法检测限为 0.054～0.90 μg/L，土壤中的方法检测限为 57～70 μg/kg。定量检测限可以由表 N.1 的数据估算。

N.2 引用标准

下列文件中的条款通过在本方法中被引用而成为本方法的条款，与本方法同效。凡是不注明日期的引用文件，其最新版本适用于本方法。

GB/T 6682 分析实验室用水规格和实验方法

N.3 原理

针对特定的基质采用适合的提取技术提取一定体积或者质量的样品（对于液体大概为 1 L，对于固体为 2～30 g）。采用二氯甲烷在 pH 为中性的条件下提取液体样品，可选用分液漏斗或连续液-液萃取或其他合适的技术。固体样品用己烷-丙酮（1∶1）或者二氯甲烷-丙酮（1∶1）提取，可选用索氏提取、自动索氏提取或者其他合适的提取技术。萃取液采用硫酸/高锰酸钾溶液净化后，用小口径或大口径石英毛细管柱结合电子捕获检测器（GC/ECD）检测。

N.4 试剂和材料

N.4.1 除另有说明外，本方法中所用的水为 GB/T 6682 规定的一级水。
N.4.2 正己烷，色谱纯。
N.4.3 异辛烷，色谱纯。
N.4.4 丙酮，色谱纯。
N.4.5 甲苯，色谱纯。
N.4.6 标准储备溶液

可以用纯的标准物质配制或者购买经过鉴定的标准溶液。准确称取 0.010 0 g 纯的物质配制标准储备液。将该样品用异辛烷或者正己烷溶解在 10 ml 的容量瓶中，定容到刻度。如果样品的纯度高于 96%，那么标准储备液的质量浓度就不需要经过校正。

N.4.7 Aroclor 的校准标准

N.4.7.1 用 5 份不同质量浓度的 Aroclor 1016 和 Aroclor 1260 的混合物做多点初始校正就足够显示仪器响应的线性，用异辛烷或正己烷稀释标准储备液，配制至少 5 份含有相同质量浓度的 Aroclor 1016 和 Aroclor 1260 的标准校正液。质量浓度范围必须和现实样品中估计的质量浓度范围以及检测器的线性范围相匹配。

N.4.7.2 需要借助其他 5 种 Aroclor 的单独标准液识别图谱。假设 N.4.7.1 中描述的 Aroclor 1016/1260 标准液已用于显示检测器的线性，剩余的 5 种 Aroclor 单标则用于确定其他校准因子。为其他 Aroclor 各配制 1 种标准液。质量浓度须和检测器线性范围的中点相匹配。

N.4.8 PCB 同类物的标准校正

N.4.8.1 如果需要测定单独的 PCB 同类物，则必须准备纯的同类物的标准液。

N.4.8.2 标准储备液可以按照 Aroclor 标准液的方法配制，或者可以购买商业的溶液。用异辛烷或者己烷稀释储备液，配成至少 5 种不同质量浓度的液体。这些液体的质量浓度必须和实际样品的质量浓度以及检测器的线性范围相匹配。

N.4.9 内标

N.4.9.1 如果需要测定 PCB 的同类物，强烈建议使用内标。十氯联苯（Decachlorobiphenyl）可以作为内标，在分析前加入样品提取液中，并加入初始校正标准液中。

N.4.9.2 当测定 Aroclor 时，不使用内标，十氯联苯作为替代物。

N.4.10 替代物

N.4.10.1 当测定 Aroclor 时，十氯联苯作为替代物，在萃取前加入每份样品中。配制 5 mg/L 十氯联苯的丙酮溶液。

N.4.10.2 当测定 PCB 同类物时，以四氯乙烯间二甲苯（tetrachloro-meta-xylene）作为替代物。配制 5 mg/L 四氯乙烯间二甲苯的丙酮溶液。

N.5 仪器

N.5.1 气相色谱仪，电子捕获检测器。

N.5.2 容量瓶，10 ml、25 ml，用于制备标准样品。

N.6 样品的采集、保存和预处理

N.6.1 固体基质：250 ml 宽口玻璃瓶，有螺纹的 Teflon 盖子，冷却至 4℃保存。液体基质：4 个 1 L 的琥珀色玻璃瓶，有螺纹的 Teflon 盖子，在样品中加入 0.75 ml 10%的 $NaHSO_4$，冷却至 4℃保存。

N.6.2 提取物必须放在冰箱里避光保存，并且在 40 d 内进行分析。

N.7 分析步骤

N.7.1 提取

N.7.1.1 参考附录 U、附录 V 选择合适的提取方法。通常来说，水样用二氯甲烷在中性 pH 下用分液漏斗（附录 U）或者其他合适的方法提取。固体样品用正己烷-丙酮（1∶1）或者二氯甲烷-丙酮（1∶1）提取，采用索氏提取法（附录 V）或者其他合适的方法提取。

注意：正己烷-丙酮通常可以降低提取过程中的干扰物质的含量和提高信噪比。

N.7.1.2 必须用参照物、土壤污染样品或基质加标样品检验所选的提取方法是否适用于新的样品类型。

这些样品必须含有或者添加目标化合物，以确定该化合物的百分回收率和检测限。如果要加入目标分析物，特定的 Aroclor 或者 PCB 同类物都可以。如果没有特定的 Aroclor，那么 Aroclor 1016/1260 混合物也许是合适的加标物。

N.7.2 提取物净化

参考附录 W。

N.7.3 GC 条件

N.7.3.1 单柱分析色谱柱

N.7.3.1.1 小口径柱（使用两根柱确认化合物，除非采用其他确认技术，例如 GC/MS）。

DB-5（30 m×0.25 或 0.32 mm×1 μm）石英毛细管柱或同类产品。

DB-608，SPB-608（30 m×0.25 mm×1 μm）石英毛细管柱或同类产品。

N.7.3.1.2 大口径柱（使用两根柱确认化合物，除非采用其他确认技术，例如 GC/MS）。

DB-608，SPB-608，RTx-5，（30 m×0.53 mm×0.5 μm 或 0.83 μm）石英毛细管柱或同类产品。

DB-1701（30 m×0.53 mm×1 μm）石英毛细管柱或同类产品。

DB-5，SPB-5，RTx-5（30 m×0.53 mm×1.5 μm）石英毛细管柱或同类产品。

如果要求更高的色谱分辨率，建议使用小口径柱。小口径柱适合相对比较干净的样品或者已经清洗了 1 次或以上的样品。大口径柱更加适合基质比较复杂的环境或者废物样品。

N.7.3.2 双柱分析色谱柱（从下列色谱柱对中挑选其一）

N.7.3.2.1 A：DB-5，SPB-5，RTx-5（30 m×0.53 mm×1.5 μm）石英毛细管柱或同类产品。

B：DB-1701（30 m×0.53 mm ×1 μm）石英毛细管柱。

N.7.3.2.2 A：DB-5，SPB-5，RTx-5（30 m×0.53 mm ×0.83 μm）石英毛细管柱或同类产品。

B：DB-1701（30 m×0.53 mm ×1 μm）石英毛细管柱或同类产品。

N.7.3.3 GC 温度程序以及流速

表 N.2 列举了 GC 单柱法用于分析以 Aroclors 形式测定的 PCBs 的运行条件，可以选用小口径或者大口径柱。表 N.3 列举了双柱分析法的 GC 运行条件。参考这些表中的条件确定适合分析目标物的温度程序和流速。

N.7.4 校准

N.7.4.1 配制校准标准液。如果以同类物的形式测定 PCBs，强烈建议使用内标校准。因此，校准标准液中必须含有和样品提取液相同质量浓度的内标。如果以 Aroclor 的形式测定 PCBs，那么需要使用外标校准。

N.7.4.2 如果以同类物的形式测定 PCBs，初始的五点校准必须包括所有目标分析物（同类物）的标准物。

N.7.4.3 如果以 Aroclors 的形式测定 PCBs，那么初始校准包括以下两部分。

N.7.4.3.1 初始的五点校准使用 N.4.7 中的 Aroclor 1016 和 Aroclor 1260 混合物。

N.7.4.3.2 在图谱识别中需要使用其他 5 种 Aroclors 的标准品。

N.7.4.3.3 对于某些项目，只有一些 Aroclors 是感兴趣的，可以对感兴趣的 Aroclors 采用五点初始校准。

N.7.4.4 建立适合配置的色谱运行条件（单柱或者双柱，见 N.7.3）。优化仪器的条件以提高目标化合物的分辨率和灵敏度。最后温度也许需要到 240～270℃以洗脱十氯联苯。采用进样器压力程序可以改善色谱的峰洗出延迟。

N.7.4.5 建议每次校准标准液时进样 2 μl。如果可以证明目标化合物有合适的灵敏度，其他进样体积也可以选用。

N.7.4.6 记录每种同类物或者每种特定 Aroclor 的峰面积（或者峰高），用于定量计算。

N.7.4.6.1 每种 Aroclor 必须最少选择 3 个峰，建议选择 5 个峰。每个峰都须是目标 Aroclor 有特征性的。在 Aroclor 标准中选择的峰的高度必须至少有最高的峰的 25%。对于每种 Aroclor，所选的 3～5 个峰中必须最少有 1 个峰是其特有的。选用 Aroclor 1016/1260 混合物中最少 5 个峰，其中任何一个都不能在其他 Aroclor 中找到。

N.7.4.6.2 迟流出的 Aroclor 峰一般来说是环境中最稳定的。表 N.5 列举了各种 Aroclor 的诊断峰，包括它们在两种单柱法色谱柱上的保留时间。表 N.7 列举了在 Aroclors 混合物中发现的 13 种特定的 PCB 同类物。表 N.8 列举了 PCB 的同类物以及它们在 DB-5 大口径 GC 柱上相应的保留时间。使用这些作为指导选择合适的峰。

N.7.4.7 如果用内标法测定 PCB 的同类物，采用下面的式子计算每种同类物的响应因子（RF），这个响应因子在校准标准中和内标十氯联苯（decachlorobiphenyl）相关。

$$\mathrm{RF}=\frac{A_{\mathrm{s}}\times \rho_{\mathrm{s}}}{A_{\mathrm{is}}\times \rho_{\mathrm{is}}}$$

式中：A_s——分析物或者拟似标准品的峰面积（或峰高）；

A_{is}——内标的峰面积（或峰高）；

ρ_s——分析物或者拟似标准品的质量浓度，μg/L；

ρ_{is}——内标的质量浓度，μg/L。

N.7.4.8 如果用外标法以 Aroclors 的形式测定 PCBs，用下式计算每次初始校正标准中每个特征 Aroclors 峰的校正因子（*CF*）。

$$CF=\frac{\text{标准品的峰高或峰面积}}{\text{标准品进样的总质量(ng)}}$$

从 Aroclor 1016/1260 混合物中可以得到 5 套校准因子，每套包括从混合物选择的 5 个（或以上）峰的校准因子。其他 Aroclor 的单标可以产生至少 3 个校准因子，每个所选的峰各 1 个。

N.7.4.9 使用从初始校准中得到的响应因子或者校准因子来估计初始校准的线性范围。这包括计算每个同类物或者 Aroclors 峰的响应或者校准因子的平均值，标准偏差以及相对标准偏差（*RSD*）。

N.7.5 保留时间窗口

保留时间窗口对于识别目标化合物来说是至关重要的。以 Aroclors 形式识别 PCBs 时使用绝对保留时间。如果采用内标法以同类物的形式测定 PCBs，绝对保留时间可以和相对保留时间（和内标相对）一起使用。

N.7.6 提取样品的气相色谱分析

N.7.6.1 样品分析采用的 GC 运行条件必须和初始校准中使用的相同。

N.7.6.2 每隔 12 h 在样品分析前进样校准验证标准液以校准系统。每隔 20 个样品进样校准标准液（建议每隔 10 个样品进样，以减小当质量控制超过标准以需要重新进样的数量），在检测结束时也要进样校准标准液。对于 Aroclor 分析，校准验证标准液应该是 Aroclor 1016 和 Aroclor 1260 的混合物。校准验证过程不需要分析其他用于图谱识别的 Aroclor 标准，但是在分析序列中，当用 Aroclor 1016/1260 混合物校准后也建议分析其他 Aroclor 中的一种标准液。

N.7.6.3 进样 2 μl 浓缩的样品提取液。记录进样接近 0.05 μl 时的体积以及所得到的峰面积（或峰高）。

N.7.6.4 通过检查样品的色谱图定性识别目标分析物。

N.7.6.5 对于用内标或者外标校准的程序，可以采用 N.7.8 和 N.7.9 的方法对每个已经识别的峰进行处理，得到定量结果。如果样品的色谱响应超过了校准的范围，把样品稀释后再进行分析。如果峰重叠造成积分错误时，建议使用峰高而不是峰面积进行计算。

N.7.6.6 所有的样品分析都必须在一个可接受的初始校准、校准验证标准（每隔 12 h）或者散点标准校准的前提下进行。如果校准验证不能够满足质量控制的需求，所有在上一个可以满足质量控制要求的校准验证后做的样品都必须重新进样。

注：建议使用混合标准或者多组分标准物以保证检测器对于所有的分析物的响应都在校准范围内。

N.7.6.7 当校准验证标准和散点标准检测结果符合质量控制的要求时，可以连续进样。建议每隔 10 个样品分析一次标准（要求每隔 20 个以及在每批样品后）以减少因为不能满足要求而重新进样的样品数。

N.7.6.8 如果峰的响应低于基线噪声水平的 2 倍，定量结果的有效性可能有疑问。应根据样品的来源以确定是否能够提高样品的质量浓度。

N.7.6.9 在分析过程中分析校准标准物以评价保留时间的稳定性。如果任何一个标准物的检测结果不在日常时间窗口之内，那么系统就存在问题。

N.7.6.10 如果因为干扰不能进行化合物的识别或者定量测定（例如，出现峰展宽，基线鼓包或者基线不稳），就需要洗涤提取物或者更换毛细管柱或者检测器。在另外一台仪器上重新分析样品以确定问题的原因是在分析仪器硬件还是样品基质。

N.7.7 定性识别

以 Aroclors 或者同类物的形式鉴定 PCBs 是基于样品色谱图中峰的保留时间和目标分析物的标准物的保留时间窗口是否一致。

如果提取样中的色谱峰在特定目标分析物的保留时间窗口内，可以进行初步确认。每个初步确认都必须得到证实：采用另外一根不同固定相的 GC 柱（如双柱分析），基于一个能够明确识别的 Aroclor 峰，或者选用其他技术，例如 GC/MS。

N.7.7.1 如果在一次进样同时分析（GC 双柱结构），指定一根分析柱作样品分析而另外一根柱作样品确认是不实际的。因为校准标准是在 2 根柱子上分析的，2 根柱子都必须符合可以接受的校正标准。

N.7.7.2 单柱/单次进样分析的结果可以用另外一根不同的 GC 柱确认。

N.7.7.3 当已知分析物来源中含有特定的 Aroclor，从单柱分析得到的结果就可能根据清楚认定的 Aroclor 峰进行确证。这种方法不应用于确证未知或者不熟悉来源的样品或者似乎含有 Aroclors 混合物的样品。为了使用这种方法，必须记录：比较样品和 Aroclors 标准物色谱图时所用到的峰；缺失的代表任何一种 Aroclors 的主要的峰；能够指示 Aroclors 存在于样品中的关于来源的信息。

N.7.7.4 GC/MS 的确证。

N.7.8 以同类物的形式定量测定 PCBs

N.7.8.1 以同类物的形式定量测定 PCBs，通过比较样品和 PCB 同类物标准物的色谱图，用内标法得到定量结果。计算每种同类物的质量浓度。

N.7.8.2 根据项目的要求，PCB 同类物的测定结果可以以同类物或者以 PCBs 总量的形式报告。

N.7.9 以 Aroclors 的形式定量分析 PCBs

通过将样品的色谱图和最相近 Aroclors 标准物的色谱图进行比较，以 Aroclors 的形式定量测定 PCBs 的残留。必须决定哪种 Aroclors 和残留最相像以及该标准物是否真的能代表样品中的 PCBs。

N.7.9.1 采用独立 Aroclors 标准物（不是 Aroclor 1016/1260 混合物）来确定 Aroclor 1221，1232，1242，1248 和 1254 的峰的图谱。Aroclor 1016 和 Aroclor 1260 的图谱可以作为混合校正标准的证据。

N.7.9.2 一旦鉴别出 Aroclor 的图谱，比较 Aroclor 单点校正标准物中 3～5 个主要峰和样品提取液的响应。Aroclor 的量用 3～5 个特征峰的独立的校准因子计算，计算模型（线性或者非线性）由 Aroclors 1016/1260 混合物的多点校准确定。质量浓度由各个特征峰确定，然后再取这 3～5 个峰的平均值来确定 Aroclor 的质量浓度。

N.7.9.3 PCBs 在环境中的侵蚀或者在废物处理过程中的变化可能会使PCBs变到图谱不能再用某种特定的 Aroclor 识别。样品中含有超过一种 Aroclor 也有同样问题。如果分析的目的不在于对 Aroclors 的日常监控，更适合采用分析 PCB 同类物的方法。如果需要 Aroclor 的结果，可以通过计算 PCB 图谱的总的峰面积以及计算和样品最相像的 Aroclor 标准来定量测定 Aroclor。任何一个根据保留时间不能识别为 PCBs 的峰都必须从总面积中减去。

N.7.10 GC/MS 确认

如果质量浓度足够 GC/MS 的测定，GC/MS 确认可以和单柱或者双柱法结合起来使用。

N.7.10.1 通常全扫描四极杆 GC/MS 比全扫描离子阱或者选择离子检测技术需要更高的目标分析物质量浓度。需要的样品质量浓度取决于仪器，全扫描四极杆 GC/MS 需要 10 ng/μl 的质量浓度，但是离子阱或者 SIM 只需要 1 ng/μl。

N.7.10.2 对于特定的目标分析物 GC/MS 必须经过校正。当使用 SIM 技术时，离子以及保留时间都必须是待测多氯联苯中具有特征性的。

N.7.10.3 GC/MS 确证时必须和 GC/ECD 使用同一份提取物及空白。

N.7.10.4 只要替代物和内标物不影响，碱性/中性/酸性的提取物以及相应的空白都可以用作 GC/MS 确证。但是，如果在碱性/中性/酸性提取液中没有检测出目标物，就必须对农药提取物进行 GC/MS 分析。

N.7.10.5 必须用 GC/MS 分析一份质量控制参考样品。质量控制参考样品的浓度必须证明能够被 GC/ECD 所确认的 PCBs 都能被 GC/MS 确认。

表 N.1 测定定量评估限（EQLs）的因素（针对不同的基质）

基质	比例因子
地表水	10
低含量土壤，用 GPC 超声洗涤	670
高含量土壤和污泥，用超声波法处理	10 000
非水的易混溶的废料	100 000

注：EQL = 水样的 MDL×比例因子

对于非水样品，这些数字是基于湿重的。样品的 EQLs 是高度依赖基质的。用这些数据确定的 EQLs 可以作为一个指导而不是任何情况下都有用。

表 N.2 PCBs 作为 Aroclors 的 GC 运行条件（单柱分析）

小口径柱	
小口径柱 1：DB-5（30 m ×0.25 mm 或 0.32 mm ×1 μm）石英毛细管柱或同类产品	
载气（He）	110 kPa（16 lb/in^2）
进样温度	225℃
检测器温度	300℃
色谱柱温度	100℃保持 2 min，然后以 15℃/min 升温至 160℃，再以 5℃/min 升温至 270℃
小口径柱 2：DB-608，SPB-608（30 m × 0.25 mm ×1 μm）石英毛细管柱或同类产品	
载气（He）	138 kPa（20 lb/in^2）
进样温度	225℃
检测器温度	300℃
起始温度	160℃保持 2 min，然后以 5℃/min 升温至 290℃保持 1 min
大口径柱	
大口径柱 1：DB-608，SPB-608，RTx-5（30 m × 0.53 mm ×0.5 μm 或 0.83 μm）石英毛细管柱或同类产品	
大口径柱 2：DB-1701（30 m × 0.53 mm×1 μm）石英毛细管柱或同类产品	
载气（He）	5～7 ml/min
补充气（氩气/甲烷[P-5 或 P-10] 或氮气）	30 ml/min
进样温度	250℃
检测器温度	290℃
色谱柱温度	150℃保持 0.5 min，然后以 5℃/min 升温至 270℃，保持 10 min
大口径柱	
DB-5，SPB-5，RTx-5（30 m × 0.53 mm×1.5 μm）石英毛细管柱或同类产品	
载气（He）	6 ml/min
补充气 （氩气/甲烷[P-5 或 P-10] 或氮气）	30 ml/min
进样温度	205℃
检测器温度	290℃
色谱柱温度	140℃保持 2 min，然后以 10℃/min 升温至 240℃，保持 5 min，再以 5℃/min 升温至 265℃，保持 18 min

表 N.3 PCBs 作为 Aroclors 的 GC 运行条件（双柱分析法 高温，厚涂层）

柱 1：DB-1701（30 m×0.53 mm×1.0 μm）或同类产品	
柱 2：DB-5（30 m×0.53 mm×1.5 μm）或同类产品	
载气（He）流速	6 ml/min
补充气（N_2）流速	20 ml/min
色谱柱温度	150℃保持 0.5 min，然后以 12℃/min 升温至 190℃，保持 2 min，再以 4℃/min 升温至 275℃，保持 10 min
进样温度	250℃
检测器温度	320℃
进样体积	2 μl
溶剂	正己烷
进样类型	闪蒸
双 ECD 检测器	
范围	10
Attenuation 64（DB-1701）/64（DB-5）	
分流器种类	J&W Scientific 压配 Y-型分流进样器

表 N.4 DB-5 柱上 Aroclors 的保留时间（双柱检测）

峰序号	Aroclor 1016	Aroclor 1221	Aroclor 1232	Aroclor 1242	Aroclor 1248	Aroclor 1254	Aroclor 1260
1		5.85	5.85				
2		7.63	7.64	7.57			
3	8.41	8.43	8.43	8.37			
4	8.77	8.77	8.78	8.73			
5	8.98	8.99	9.00	8.94	8.95		
6	9.71			9.66			
7	10.49	10.50	10.50	10.44	10.45		
8	10.58	10.59	10.59	10.53			
9	10.90		10.91	10.86	10.85		
10	11.23	11.24	11.24	11.18	11.18		
11	11.88		11.90	11.84	11.85		
12	11.99		12.00	11.95			
13	12.27	12.29	12.29	12.24	12.24		
14	12.66	12.68	12.69	12.64	12.64		
15	12.98	12.99	13.00	12.95	12.95		
16	13.18		13.19	13.14	13.15		
17	13.61		13.63	13.58	13.58	13.59	13.59
18	13.80		13.82	13.77	13.77	13.78	
19	13.96		13.97	13.93	13.93	13.90	
20	14.48		14.50	14.46	14.45	14.46	
21	14.63		14.64	14.60	14.60		
22	14.99		15.02	14.98	14.97	14.98	
23	15.35		15.36	15.32	15.31	15.32	
24	16.01			15.96			
25			16.14	16.08	16.08	16.10	
26	16.27		16.29	16.26	16.24	16.25	16.26
27						16.53	
28			17.04		16.99	16.96	16.97

峰序号	Aroclor 1016	Aroclor 1221	Aroclor 1232	Aroclor 1242	Aroclor 1248	Aroclor 1254	Aroclor 1260
29			17.22	17.19	17.19	17.19	17.21
30			17.46	17.43	17.43	17.44	
31					17.69	17.69	
32				17.92	17.91	17.91	
33				18.16	18.14	18.14	
34			18.41	18.37	18.36	18.36	18.37
35			18.58	18.56	18.55	18.55	
36							18.68
37			18.83	18.80	18.78	18.78	18.79
38			19.33	19.30	19.29	19.29	19.29
39						19.48	19.48
40						19.81	19.80
41			20.03	19.97	19.92	19.92	
42						20.28	20.28
43					20.46	20.45	
44						20.57	20.57
45				20.85	20.83	20.83	20.83
46			21.18	21.14	21.12	20.98	
47					21.36	21.38	21.38
48						21.78	21.78
49				22.08	22.05	22.04	22.03
50						22.38	22.37
51						22.74	22.73
52						22.96	22.95
53						23.23	23.23
54							23.42
55						23.75	23.73
56						23.99	23.97
57							24.16
58						24.27	
59							24.45
60						24.61	24.62
61						24.93	24.91
62							25.44
63						26.22	26.19
64							26.52
65							26.75
66							27.41
67							28.07
68							28.35
69							29.00

注：a. GC 的运行条件在表 N.3 给出。所有的保留时间都是以 min 为单位。

b. 表中列举的峰按流出顺序确定序号，和异构体序号无关。

表 N.5　DB-1701 柱上 Aroclors 的保留时间（双柱检测）

峰序号	Aroclor 1016	Aroclor 1221	Aroclor 1232	Aroclor 1242	Aroclor 1248	Aroclor 1254
1		4.45	4.45			
2		5.38				
3		5.78				
4		5.86	5.86			
5	6.33	6.34	6.34 6.28			
6	6.78	6.78	6.79 6.72			
7	6.96	6.96	6.96 6.90	6.91		
8	7.64		7.59			
9	8.23	8.23	8.23 8.15	8.16		
10	8.62	8.63	8.63 8.57			
11	8.88		8.89 8.83	8.83		
12	9.05	9.06	9.06 8.99	8.99		
13	9.46		9.47 9.40	9.41		
14	9.77	9.79	9.78 9.71	9.71		
15	10.27	10.29	10.29 10.21	10.21		
16	10.64	10.65	10.66 10.59	10.59		
17			10.96	10.95	10.95	
18	11.01		11.02 11.02	11.03		
19	11.09		11.10			
20	11.98		11.99 11.94	11.93	11.93	
21	12.39		12.39 12.33	12.33	12.33	
22			12.77 12.71	12.69		
23	12.92		12.94	12.93		
24	12.99		13.00 13.09	13.09	13.10	
25	13.14		13.16			
26					13.24	
27	13.49		13.49 13.44	13.44		
28	13.58		13.61 13.54	13.54	13.51	13.52
29			13.67		13.68	
30			14.08 14.03	14.03	14.03	14.02
31			14.30 14.26	14.24	14.24	14.25
32				14.39	14.36	
33			14.49 14.46	14.46		
34					14.56	14.56
35				15.10	15.10	
36			15.38 15.33	15.32	15.32	
37		15.65	15.62	15.62	15.61	16.61
38		15.78	15.74	15.74	15.74	15.79
39		16.13	16.10	16.10	16.08	
40						16.19
41					16.34	16.34
42					16.44	16.45
43					16.55	
44		16.77	16.73	16.74	16.77	16.77
45		17.13	17.09	17.07	17.07	17.08
46					17.29	17.31

峰序号	Aroclor 1016	Aroclor 1221	Aroclor 1232	Aroclor 1242	Aroclor 1248	Aroclor 1254
47			17.46	17.44	17.43	17.43
48			17.69	17.69	17.68	17.68
49				18.19	18.17	18.18
50			18.48	18.49	18.42	18.40
51					18.59	
52					18.86	18.86
53			19.13	19.13	19.10	19.09
54					19.42	19.43
55					19.55	19.59
56					20.20	20.21
57					20.34	
58						20.43
59				20.57	20.55	
60					20.62	20.66
61					20.88	20.87
62						21.03
63					21.53	21.53
64					21.83	21.81
65					23.31	23.27
66						23.85
67						24.11
68						24.46
69						24.59
70						24.87
71						25.85
72						27.05
73						27.72

注：a. GC 的运行条件在表 N.3 给出。所有的保留时间都是以 min 为单位。
b. 表中列举的峰按流出顺序确定序号，和异构体序号无关。

表 N.6 PCBs 在 0.53 mm ID 柱上的峰诊断（单柱分析）

峰	化合物名称	保留时间	
序号[a]	Aroclor[c]	DB-608[b]	DB-1701[b]
Ⅰ	1221	4.90	4.66
Ⅱ	1221，1232，1248	7.15	6.96
Ⅲ	1061，1221，1232，1242	7.89	7.65
Ⅳ	1016，1232，1242，1248	9.38	9.00
Ⅴ	1016，1232，1242	10.69	10.54
Ⅵ	1248，1254	14.24	14.12
Ⅶ	1254	14.81	14.77
Ⅷ	1254	16.71	16.38
Ⅸ	1254，1260	19.27	18.95
Ⅹ	1260	21.22	21.23
Ⅺ	1260	22.89	22.46

注：a. 峰按流出顺序确定序号，和异构体序号无关。
b. 温度程序：t_i = 150℃，保持 30 s；以 5℃/min 的速度升高到 275℃。
c. 在图谱中 Aroclor 的最大峰用下划线标明。

表 N.7 Aroclor 中特定的 PCB 同类物

同类物	IUPAC 序号	1016	1221	1232	1242	1248	1254	1260
联苯	—		X					
2-CB	1	X	X	X	X			
23-DCB	5	X	X	X	X	X		
34-DCB	12	X		X	X	X		
244′-TCB	28*	X		X	X	X	X	
22′35′-TCB	44			X	X	X	X	X
23′44′-TCB	66*					X	X	X
233′4′6-PCB	110						X	
23′44′5-PCB	118*						X	X
22′44′55′-HCB	153							X
22′344′5′-HCB	138							X
22′344′55′-HpCB	180							X
22′33′44′5-HpCB	170							X

注：* 明显的共流出：28 和 31（2,4′,5-三氯联苯）；
66 和 95（2,2′,3,5′,6-五氯联苯）；
118 和 149（2,2′,3,4′,5′,6-六氯联苯）。

表 N.8 PCB 同类物在柱 DB-5 大口径柱的保留时间

IUPAC #	保留时间/min	
1	6.52	
5	10.07	
18	11.62	
31	13.43	
52	14.75	
44	15.51	
66	17.20	
101	18.08	
87	19.11	
110	19.45	
151	19.87	
153	21.30	
138	21.79	
141	22.34	
187	22.89	
183	23.09	
180	24.87	
170	25.93	
206	30.70	
209	32.63	（内标）

附 录 O
（资料性附录）
固体废物 挥发性有机化合物的测定 气相色谱/质谱法
Solid Wastes—Determination of VOCs—Gas Chromatography/Mass Spectrometry（GC/MS）

O.1 范围

本方法适用于固体废物中挥发性有机化合物的气相色谱/质谱的测定方法。本方法几乎可以应用于所有种类的样品测试，无需考虑水分含量，包括各种气体捕集基质，地下水及地表水，软泥，腐蚀性液体，酸性液体，废弃溶剂，油性废弃物，奶油制品，焦油，纤维废弃物，聚合乳状液，过滤性物质，废弃碳化合物，废弃催化剂，土壤及沉积物。下列物质可由该方法进行测定：丙酮、乙腈、丙烯醛、丙烯腈、丙烯醇、烯丙基氯、苯、氯苯、双（2-氯乙基）硫醚（芥子气）、溴丙酮、溴氯甲烷、二氯溴甲烷、4-溴氟苯、溴仿、溴化甲烷、正丁醇、2-丁酮、叔-丁醇、二硫化碳、四氯化碳、水合氯醛、二溴氯代甲烷、氯代乙烷、2-氯乙醇、2-氯乙基-乙烯基醚、氯仿、氯甲烷、氯丁二烯、3-氯丙腈、巴豆醛、1,2-二溴-3-氯丙烷、1,2-二溴乙烷、二溴乙烷、1,2-二氯苯、1,3-二氯苯、1,4-二氯苯、氘代1,4-二氯苯、顺式-1,4-二氯-2-丁烯、反式-1,4-二氯-2-丁烯、二氯二氟甲烷、1,1-二氯乙烷、1,2-二氯乙烷、氘代1,2-二氯乙烷、1,1-二氯乙烯、反式-1,2-二氯乙烯、1,2-二氯丙烷、1,3-二氯-2-丙醇、顺式-1,3-二氯丙烯、反式-1,3-二氯丙烯、1,2,3,4-二环氧丁烷、二乙醚、1,4-二氟苯、1,4-二氧杂环乙烷、表氯醇、乙醇、乙酸乙酯、乙基苯、乙撑氧、甲基丙烯酸乙酯、氟苯、六氯丁二烯、六氯乙烷、2-己酮、2-羟基丙腈、碘代甲烷、异丁醇、异丙基苯、丙二腈、甲基丙烯腈、甲醇、二氯甲烷、甲基丙烯酸甲酯、4-甲基-2-戊酮、萘、硝基苯、2-硝基丙烷、*N*-亚硝基-二-正丁基胺、三聚乙醛、五氯乙烷、2-戊酮、2-甲基吡啶、1-丙醇、2-丙醇、炔丙醇、*β*-丙基丙酮、丙基腈、正丙基胺、吡啶、苯乙烯、1,1,1,2-四氯乙烷、1,1,2,2-四氯乙烷、四氯乙烯、甲苯、氘代甲苯、邻甲苯胺、1,2,4-三氯苯、1,1,1-三氯乙烷、1,1,2-三氯乙烷、三氯乙烯、三氯氟代甲烷、1,2,3-三氯丙烷、乙酸乙酯、氯乙烯、邻二甲苯、间二甲苯、对二甲苯。

许多技术可以将这些物质转入到 GC/MS 系统中进行分析。分析固体样品和液体样品时，应用静态顶空和吹扫捕集技术。

下列物质同样可以应用此方法进行分析：溴苯、1,3-二氯丙烷、正丁基苯、2,2-二氯丙烷、sec 丁基苯、1,1-二氯丙烷、*t*-丁基苯、*p*-异丙醇甲苯、氯代乙腈、甲基丙烯酸酯、1-氯丁烷、甲基 t 丁基醚、1-氯己烷、五氟苯、2-氯甲苯、正丙基苯、4-氯甲苯、1,2,3-三氯苯、二溴氟代甲烷、1,2,4-三甲基苯、顺式-1,2-二氯乙烯、1,3,5-三甲基苯。

本方法用于定量分析大多数沸点低于 200℃的挥发性有机化合物。对于某一特定物质的定量检出限（EQL）在一定程度上依赖于仪器及样品预处理/样品导入方法的选择。对于标准的四极杆仪器及吹扫捕集技术，土壤/沉积物样品的检出限应该约为 5 μg/kg（净重），废物的约为 0.5 mg/kg（净重），地下水为 5 μg/L。如果应用离子阱质谱仪或其他改良的仪器，检出限可能更低。但是不管使用何种仪器，对于样品提取物和那些需要稀释的样品或为避免检测器的信号饱和而不得不减少体积的样品，EQL 都会成比例地增加。

O.2 引用标准

下列文件中的条款通过在本方法中被引用而成为本方法的条款，与本方法同效。凡是不注明日期的引用文件，其最新版本适用于本方法。

GB/T 6682 分析实验室用水规格和实验方法

O.3 原理

挥发性化合物由静态顶空技术或其他方法引入气相色谱。这些物质在被瞬间挥发进入到细孔毛细管之前，被直接引入到大口径毛细管柱或在一根毛细管预柱上富集。通过柱子程序升温来进行物质的分离，再通过气相色谱（GC）接口进入质谱（MS）进行检测。从毛细管柱中流出的组分通过一个分流器或直接的连接器进入到质谱仪中（大口径毛细管柱通常需要一个分流器，而细孔毛细管柱可与离子源直接相连）。目标物质的鉴定是通过将它们的质谱图与标准物的电子轰击（或类似电子轰击）的谱图相比较；定量分析则是通过应用五点校准曲线比较一个主要（定量）离子与内标物质离子的响应来完成的。

O.4 试剂和材料

O.4.1 除有说明外，本方法中所用的水为 GB/T 6682 规定的一级水。

O.4.2 甲醇，色谱纯。

O.4.3 十六烷试剂，分析纯。十六烷的纯度要求在待测物的方法检出限中没有干扰物质的存在。十六烷纯度的鉴定通过直接注射空白样品进入 GC/MS。空白样品的分析结果应该表明所有干扰的挥发性物质已从十六烷中完全去除。

O.4.4 聚乙烯乙二醇，分析纯，在目标分析物的检出限中无干扰物质。

O.4.5 盐酸（1∶1，体积分数），小心地将浓 HCl 加入到相同体积的水中。

O.4.6 储备液，应该由纯的基准物质配制或通过购买已鉴定的溶液。

转移 9.8 ml 甲醇于 10 ml 带有磨口玻璃塞的容量瓶中。瓶身直立，不盖瓶塞，等待约 10 min 后或等到所有甲醇湿润过的地方风干后，准确称量容量瓶到 0.000 1 g。加入已验证过的标准物质，操作如下：

O.4.6.1 液体：使用 100 μl 注射器，快速加入 2 滴或更多的标准物质于容量瓶中，称重。液体必须直接滴入甲醇中避免沾到瓶颈处。

气体：配制沸点低于 30℃的标准溶液（如溴代乙烷、氯代乙烷、氯代甲烷或氯乙烯）时，用 5 ml 带阀门的密闭注射器取参照标准至 5 ml 刻度。将针头置于甲醇液面上方 5 mm 处，缓慢将参照标准放入液面上方，重的气体将很快溶于甲醇中。

O.4.6.2 再次称重，稀释至容量瓶体积，盖好塞子，然后倒置容量瓶数次以充分混匀。按称量的净重以毫克每升（mg/L）为单位计算质量浓度。如果化合物的纯度已达到或高于 96%，不需要再校准称重，可直接计算储备液质量浓度。

O.4.6.3 将储备液转移到带有 PTFE 螺帽的瓶中。储存时，使其保持尽量少的顶部空间，避光，保存于−10℃或更低。

O.4.6.4 标准溶液制备频率：标准溶液必须随时与初始校正曲线对比以进行监控，如果产生了 20%的漂移，则需配制新的标准溶液。气体标准溶液一般 1 周后就要重新配制，非气体物质的标准溶液一般在 6 个月内需要重新配制。化学活性高的化合物，如 2-氯乙基乙烯醚和苯乙烯需要更加频繁的配备。

O.4.7 二级稀释标准溶液：应用储备标准溶液制备二级稀释标准溶液于甲醇中，其中包含单一的或混合的目标化合物。二级稀释标准溶液储备时顶空空间越少越好，并需要时常监测其降解或挥发程度，尤其是在用其制备校准标准溶液之前。储存在没有顶空空间的瓶子里，每周更换一次。

O.4.8 替代物：建议使用氘代甲苯、4-溴代氟苯、氘代 1,2-二氯乙烷，及二溴氟代甲烷。分析要求其他化合物也可作为替代物。储存在甲醇中的替代物标准储备溶液必须按照储备溶液的配制方法来配制，替代物的稀释溶液由质量浓度为 50～250 μg/10 ml 的储备液来配制。样品在进行 GC/MS 分析前要先进行 10 μl 替代物的分析。

O.4.9 内标：建议使用氟苯、氘代氯苯、氘代 1,4-二氯苯。其他化合物只要其保留时间与 GC/MS 待测的化合物相似也可以作为内标物质。二级稀释标准溶液必须控制每一个内标物质的质量浓度为 25 mg/L。往 5 ml 校准标准溶液中加入 10 μl 内标溶液使得其质量浓度为 50 μg/L。如果质谱仪的灵敏度可达到更低的检测水平，内标溶液需要进一步被稀释。在中点校准分析中，内标物质的峰面积应该在目标物质峰面积的 50%～200%。

O.4.10 4-溴代氟苯（BFB）标准溶液：在甲醇中配制质量浓度为 25 ng/μl BFB 标准溶液。如果使用灵敏度更高的质谱仪，则需要进一步稀释 BFB 标准溶液。

O.4.11 校准溶液：该方法存在 2 种校准溶液：初始校准溶液和校准确认溶液。

O.4.11.1 初始校准溶液必须从储备液的二级稀释液制备最少 5 种不同质量浓度（O.4.6 和 O.4.7），或直接从预先混合好的校正溶液中制备。至少应有一种校准标准溶液的质量浓度与样品质量浓度吻合，其他校准溶液质量浓度范围应该包含典型的样品质量浓度但又不能超出 GC/MS 系统的测试范围。当制作一条初始工作曲线时，必须保证初始校准溶液是由新鲜储备液和二次稀释液混合而成。

O.4.11.2 校准确认标准溶液的质量浓度应该在初始校准溶液质量浓度范围的中间，初始校准溶液来自储备液二级稀释液或预先混合好的校正溶液，用无有机物水制备该溶液。

O.4.11.3 初始校准溶液和校准确认溶液中应该包含一个特定分析中所有待分析的目标化合物。而这些目标化合物不一定是已论证方法中所分析的所有物质。但是，实验室不应报告一个未包含在校准溶液中目标化合物的定量分析结果。

O.4.11.4 校准溶液也必须包含分析方法中已选择的内标化合物。

O.4.12 基体加标样品和实验室控制样品（LCS）标准液：基体加标标准液必须由典型的挥发性有机化合物配制，且应包括可能在待测样品中发现的目标化合物。基体加标样品至少应包括：1,1-二氯乙烯、三氯乙烯、氯苯、甲苯和苯。

O.4.12.1 某些基体加标样品中可能要求含有特殊目标化合物，尤其是当含有待测的极性化合物时，因为上述基质加标样品对极性化合物并不具备代表性。基体加标样品由甲醇配制，每种化合物质量浓度控制在 250 μg/10 ml。

O.4.12.2 基体加标样品不能用与校准标准液相同的标准溶液配制。由基体加标样品配制的相同标准液可用于实验室控制样品（LCS）。

O.4.12.3 如果为达到更低检测水平而使用灵敏度更高的质谱仪，则可能需要更多的基质加标样品溶液。

O.4.13 必须关注的一点是保持所有标准溶液的完整质量浓度。推荐所有在甲醇中制备的标准溶液都由带有 PTFE 螺帽的棕黄色瓶保存在 10℃或更低温度。

O.5 仪器

O.5.1 针对固体样品和液体样品的静态顶空装置或吹扫捕集装置。

O.5.2 进样器隔垫，进行改进的或直接的进样分析时须放置一个 1 cm 的玻璃毛衬管，其中 50～60 mm 的长度插入到柱温箱中。

O.5.3 气相色谱/质谱仪

O.5.3.1 气相色谱仪

O.5.3.1.1 GC 须配备各种连续微分流速控制器，以便保持在解吸和程序升温过程时毛细管柱中气体流速恒定。

O.5.3.1.2 低于环境温度的柱温箱控制器。

O.5.3.1.3 毛细管预柱接口。这个装置是在样品导入装置和毛细管柱间的一个接口，当进行低温冷却时是必须存在的。这个接口浓缩了吸附的样品成分并将它们聚集在无硅胶涂层毛细管预柱上一段窄的部分中。当接口被瞬间加热时，样品被传送到分析毛细管柱。

O.5.3.1.4 在冷富集过程中，接口中硅胶的温度在液氮气流中维持在−150℃。在吸附过程之后，接口必须可以在 15 s 或更短的时间内快速加温到 250℃以保证分析物质的完全转移。

O.5.3.2 质谱仪，配有电子轰击源（EI）。

O.5.4 微量进样器，10，25，100，250，500 及 1 000 μl。

O.5.5 进样针，5，10 或 25 ml，有不漏气的关闭阀门。

O.5.6 分析天平，可精确至 0.000 1 g。

O.5.7 气体密闭装置，20 ml，带有 PTFE 螺帽或玻璃管路带有 PTFE 螺帽。

O.5.8 小瓶，2 ml，用于 GC 自动进样器。

O.5.9 容量瓶，10 ml 和 100 ml。

O.6 样品的采集、保存和预处理

O.6.1 固体基质：250 ml 宽口玻璃瓶，有螺纹的 Teflon 盖子，冷却至 4℃保存。

O.6.2 液体基质：4 个 1 L 的琥珀色玻璃瓶，有螺纹的 Teflon 盖子，在样品中加入 0.75 ml 10%的 $NaHSO_4$，冷却至 4℃保存。

O.7 分析步骤

O.7.1 样品引入可由多种不同的方法完成。所有的内标物、替代物和基体加标物必须在进入 GC/MS 系统前加入样品中。

O.7.2 色谱条件（推荐）

O.7.2.1 色谱柱：色谱柱 1：VOCOL（60 m×0.75 mm×1.5 μm）毛细管柱或同类产品；

色谱柱 2：DB-624，Rt-502.2，VOCOL［（30～75）m×0.53 mm×3 μm］毛细管柱，或同类产品；

色谱柱 3：DB-5，Rt-5，SPB-5［30 m×（0.25～0.32）mm×1 μm］毛细管柱或同类产品；

色谱柱 4：DB-624（60 m×0.32 mm×1.8 μm）毛细管柱，或同类产品。

O.7.2.2 常规条件：进样温度：200～225℃；传输线温度：250～300℃。

O.7.2.3 可低温冷却的柱 1 和柱 2：

载气（氦气）流速：15 ml/min；初始温度：10℃保持 5 min，然后以 6℃/min 升温至 70℃，再以 15℃/min 升温至 145℃，保持该温度直到所有目标化合物全部流出。

O.7.2.4 直接进样柱 2：载气流速：4 ml/min；柱：DB-624，70 m×0.53 mm；初始温度：40℃保持 3 min 然后以 8℃/min 升温至 260℃，保持该温度直到所有目标化合物全部流出。柱烘干：75 min；注射器温度：200～225℃；传输线温度：250～300℃。

O.7.2.5 直接分流接口柱 4：载气（氦气）流速：1.5 ml/min；初始温度：35℃保持 2 min，然后以 4℃/min 升温至 50℃，再以 10℃/min 升温至 220℃，保持该温度直到所有目标化合物全部流出；分流比：100∶1；注射器温度：125℃。

O.7.3 样品的 GC/MS 分析

O.7.3.1 应对样品进行预测以尽量降低高质量浓度有机物对 GC/MS 系统污染的风险。

O.7.3.2 所有的样品及标准溶液在分析前必须升温到室温。按照所选方法中的要求建立好导入装置。

O.7.3.3 从水样中提取一小部分样品，将破坏余下体积的准确性，从而影响将来的分析。因此，当一份 VOA 样品提供到实验室时，分析人员应该一次准备两份分析溶液以保证样品的准确性。第二份样品要保存好直到分析人员已确定第一份样品已被准确分析。对于液体样品，一支 20 ml 注射器可用来保存两份 5 ml 样品。第二份样品必须在 24 h 内进行分析，期间应小心不要让空气进入注射器。

O.7.3.4 从 5 ml 的注射器中取出活塞然后加上一个关闭的注射器阀。打开样品或标准溶液的瓶子，使它们达到室温的状态，然后小心地将样品倒入注射器中直到几乎充满。重新放好活塞并且压缩样品。打开注射器阀门后排出剩余的空气调整样品体积到 5.0 ml。如果需要达到更低的检出限，则要使用 25 ml 注射器并调整最后的体积到 25.0 ml。

O.7.3.5 下面的操作可用于稀释分析挥发性物质的液体样品。所有的步骤必须连续进行直到稀释后的样品进入密闭的注射器中。

O.7.3.5.1 稀释应在容量瓶中进行（10～100 ml）。如果需要大量的稀释溶液可以进行多次的稀释。

O.7.3.5.2 计算要加入容量瓶的水的体积，然后加入比此体积稍少的无机物水到容量瓶中。

O.7.3.5.3 从注射器中注射合适体积的有机物样品进入容量瓶中。样品体积不宜少于 1 ml。用无有机物水稀释样品到容量瓶的刻度线。盖上瓶盖，倒置摇匀 3 次。

O.7.3.5.4 将稀释的样品溶液注入 5 ml 注射器中。

O.7.3.6 GC/MS 分析前混合液体样品。

O.7.3.6.1 往 25 ml 玻璃注射器中加入每份样品 5 ml。注意必须保持注射器的零顶空。如果样品的体积大于 5 ml，必须保证每份样品的体积一致。

O.7.3.6.2 在此操作期间必须保证样品冷却到 4℃以下以减少蒸发流失，样品瓶可以放在一个冰托盘中。

O.7.3.6.3 摇匀容量瓶后用 25 ml 注射器抽取 5 ml。

O.7.3.6.4 所有样品混合在注射器后，倒置注射器数次以将样品混匀。使用已选择的方法将混好的样品导入仪器。

O.7.3.6.5 如果用于混合的样品少于 5 个，则可以相应选择小一点的注射器，除非要求吹扫 25 ml 样品体积。

O.7.3.7 手动或自动加入 10 μl 替代物和 10 μl 内标物溶液到每个样品。若质谱仪的灵敏度可达到更低的检出限，则替代物和内标物溶液质量浓度可以再稀释。加 10 μl 基体加标液至一份 5 ml 样品中，制成 50 μg/L 的基体加标样；如果制备实验室质控样（LCS），则用空白代替样品即可。

O.7.3.8 按照已选的方法进行样品分析。

O.7.3.8.1 直接进样时注射 1～2 μl 样品进入 GC/MS。进样体积取决于所选择的色谱柱以及 GC/MS 系统对水的灵敏性（如果分析的是液体样品）。

O.7.3.8.2 往样品中加入的内标物、替代物或基体加标样的质量浓度需要调节，从而使得进入 GC/MS 的 1～2 μl 样品的质量浓度与吹扫 5 ml 样品体积的质量浓度是一致的。

注意：在所有的样品、基体加标样、空白和标准溶液中监控内标物的保留时间和响应信号（峰面积）是很好的监控方法，可以有效地诊断方法性能的漂移、注射操作的失败以及预见系统故障。

O.7.3.9 若初始的样品或已稀释的样品分析中发现有分析物的质量浓度已超过初始校正质量浓度范围，则样品需要进一步稀释后再重新分析。只有当一级离子定量出现干扰时可以利用二级离子来定量。

O.7.3.9.1 当样品中某个化合物的离子将检测器信号饱和了，则之后必须进行一次水的空白测试。如果空白测试中出现干扰，则系统一定被污染了。只有在空白测试保证干扰消除后才能继续进行样品分析。

O.7.3.9.2 所有的稀释溶液分析要保证主要成分（先前饱和的峰）的响应在曲线线性范围的上半部分。

O.7.3.10 当检出限被要求低于 EI 谱图的一般范围时可以采用选择离子模式（SIM）。但是，SIM 模式对于化合物鉴定存在一些弱点，除非对每个化合物分析时都检测多个离子。

O.7.4 定性分析

O.7.4.1 对每个化合物进行定性分析时是基于保留时间以及扣除空白后将样品的质谱图与参考质谱图中的特征离子进行比较。参考质谱图必须在同一条件下由实验室获得。参考质谱图中的特征离子来自最高强度的三个离子，或者在没有这样离子的情况下任一超过 30%相对强度的离子。满足以下标准后，化合物可以被定性。

O.7.4.1.1 保留时间一致。

O.7.4.1.2 样品成分的相对保留时间（RRT）在标准化合物 RRT 的±0.06 RRT 范围内。

O.7.4.1.3 特征离子的相对强度与参考谱图中这些离子的相对强度的 30%相当（例如：在参考谱图中，一个离子的丰度为 50%，样品谱图中相应的丰度范围在 20%～80%）。

O.7.4.1.4 结构异构体如果有非常相似的质谱图但是在 GC 上的保留时间有明显差别则被认为是不同的异构体。若两个异构体峰之间的峰谷高度小于两个峰的峰高之和的 25%，则认为这两个异构体已被 GC 有效分离。否则，结构异构体应被鉴定为一对异构体。

O.7.4.1.5 当样品的成分没有被色谱有效分离，使得产生的质谱中包含有不同分析物产生的离子，定性分析就出现了问题。

O.7.4.1.6 提取适当的离子流谱图可以帮助选择谱图以及对化合物进行定性分析。当分析物共流出时，定性标准也可得到满足，但每个组分的谱图会包含因共流化合物而产生的外部离子。

O.7.4.2 当校正溶液中不包含样品中的某些成分时，用数据库搜索可帮助进行初步定性。需要时可以采用这种定性方式。数据系统中数据库搜索程序不能使用归一化程序，因为这将误导数据库或产生未知的谱图。

O.7.5 定量分析

O.7.5.1 当化合物被定性后，其定量的依据是一级特征离子 EICP 的积分丰度。所选用的内标物应该与待测分析物有最相近的保留时间。

O.7.5.2 需要时，样品中任何确定的非目标化合物的浓度也必须评估。可以应用以下修饰后的方程进行计算：峰面积 A_x 和 A_{is} 应该来自于总离子流色谱，而化合物的响应因子 *RF* 假设为 1。

O.7.5.3 应报告质量浓度测试的结果，测试结果应表明：（1）质量浓度值是一个评估值；（2）哪种内标化合物被用于定量分析。应采用无干扰的最相近的内标化合物。

表 O.1 挥发性有机化合物在大口径毛细管柱上的色谱保留时间和方法检测限

化合物	保留时间/min			方法检测限[d]/(μg/L)
	柱 1[a]	柱 2[b]	柱 2[c]	
二氯二氟甲烷	1.35	0.70	3.13	0.10
氯甲烷	1.49	0.73	3.40	0.13
氯乙烯	1.56	0.79	3.93	0.17
溴甲烷	2.19	0.96	4.80	0.11
氯乙烷	2.21	1.02	—	0.10
三氯氟甲烷	2.42	1.19	6.20	0.08
丙烯醛	3.19			
碘甲烷	3.56			
乙腈	4.11			
二硫化碳	4.11			
烯丙基氯	4.11			
亚甲基氯	4.40	2.06	9.27	0.03
1,1-二氯乙烯	4.57	1.57	7.83	0.12
丙酮	4.57			
反-1,2-二氯乙烯	4.57	2.36	9.90	0.06
丙烯腈	5.00			
1,1-二氯乙烷	6.14	2.93	10.08	0.04
醋酸乙烯酯	6.43			
2,2-二氯丙烷	8.10	3.80	11.87	0.35
2-丁酮	—			
顺-1,2-二氯乙烯	8.25	3.90	11.93	0.12
丙腈	8.51			
氯仿	9.01	4.80	12.60	0.03

化合物	保留时间/min			方法检测限[d]/(μg/L)
	柱 1[a]	柱 2[b]	柱 2[c]	
溴氯甲烷	—	4.38	12.37	0.04
甲基丙烯腈	9.19			
1,1,1-三氯乙烷	10.18	4.84	12.83	0.08
四氯化碳	11.02	5.26	13.17	0.21
1,1-二氯丙烯	—	5.29	13.10	0.10
苯	11.50	5.67	13.50	0.04
1,2-二氯乙烷	12.09	5.83	13.63	0.06
三氯乙烯	14.03	7.27	14.80	0.19
1,2 二氯丙烷	14.51	7.66	15.20	0.04
二氯溴甲烷	15.39	8.49	15.80	0.08
二溴甲烷	15.43	7.93	5.43	0.24
甲基丙烯酸甲酯	15.50			
1,4-二氧杂环己烷	16.17			
2-氯乙基乙烯基醚	—			
4-甲基-2-戊酮	17.32			
反-1,3-二氯丙烯	17.47	—	16.70	—
甲苯	18.29	10.00	17.40	0.11
顺-1,3 二氯丙烯	19.38	—	17.90	—
1,1,2-三氯乙烷	19.59	11.05	18.30	0.10
甲基丙烯酸乙酯	20.01			
2-己酮	20.30			
四氯乙烯	20.26	11.15	18.60	0.14
1,3-二氯丙烷	20.51	11.31	18.70	0.04
二溴氯甲烷	21.19	11.85	19.20	0.05
1,2-二溴乙烷	21.52	11.83	19.40	0.06
1-氯己烷	—	13.29	—	0.05
氯苯	23.17	13.01	20.67	0.04
1,1,1,2-四氯乙烷	23.36	13.33	20.87	0.05
乙苯	23.38	13.39	21.00	0.06
p-二甲苯	23.54	13.69	21.30	0.13
m-二甲苯	23.54	13.68	21.37	0.05
o-二甲苯	25.16	14.52	22.27	0.11
苯乙烯	25.30	14.60	22.40	0.04
溴仿	26.23	14.88	22.77	0.12
异丙基苯（枯烯）	26.37	15.46	23.30	0.15
顺-1,4-二氯-2-丁烯	27.12			
1,1,2,2-四氯乙烷	27.29	16.35	24.07	0.04
溴苯	27.46	15.86	24.00	0.03
1,2,3-三氯丙烷	27.55	16.23	24.13	0.32
正丙基苯	27.58	16.41	24.33	0.04
2-氯甲苯	28.19	16.42	24.53	0.04
反-1,4-二氯-2-丁烯	28.26			
1,3,5-三甲苯	28.31	16.90	24.83	0.05
4-氯甲苯	28.33	16.72	24.77	0.06
五氯乙烷	29.41			
1,2,4-三甲苯	29.47	17.70	31.50	0.13
仲丁基苯	30.25	18.09	26.13	0.13

化合物	保留时间/min			方法检测限[d]/(μg/L)
	柱 1[a]	柱 2[b]	柱 2[c]	
特丁基苯	30.59	17.57	26.60	0.14
p-异丙基甲苯	30.59	18.52	26.50	0.12
1,3-二氯苯	30.56	18.14	26.37	0.12
1,4-二氯苯	31.22	18.39	26.60	0.03
氯苄	32.00			
正丁基苯	32.23	19.49	27.32	0.11
1,2-二氯苯	32.31	19.17	27.43	0.03
1,2-二溴-3-氯丙烷	35.30	21.08	—	0.26
1,2,4-三氯苯	38.19	23.08	31.50	0.04
六氯丁二烯	38.57	23.68	32.07	0.11
萘	39.05	23.52	32.20	0.04
1,2,3-三氯苯	40.01	24.18	32.97	0.03
内标物/替代物				
1,4-二氟苯	13.26			
氯苯	23.10			
1,4-二氯苯-d_4	31.16			
4-溴氟苯	27.83	15.71	23.63	
1,2-二氯苯-d_4	32.30	19.08	27.25	
二氯乙烷-d_4	12.08			
二溴氟甲烷	—			
甲苯-d_8	18.27			
五氟苯	—			
氟苯	13.00	6.27	14.06	

注：a. 柱 1：60 m×0.75 mm 内径，VOCOL 毛细管柱。10℃维持 8 min，然后 4℃/min 程序升温到 180℃。

b. 柱 2：30 m×0.53 mm 内径，DB-624 大口径毛细管柱，采用冷冻富集。10℃维持 5 min，然后 6℃/min 程序升温到 160℃。

c. 柱 2″：30 m×0.53 mm 内径，DB-624 大口径毛细管柱，冷却 GC 柱温箱至环境温度。10℃维持 6 min，10℃/min 程序升温到 70℃，再以 5℃/min 程序升温到 120℃，最后以 8℃/min 程序升温到 180℃。

d. 方法检测限基于 25 ml 样品体积。

表 O.2 挥发性有机化合物在细孔毛细管柱上的色谱保留时间和方法检测限（MDL）

化合物	保留时间/min	方法检测限[b]/（μg/L）
	柱 3[a]	
二氯二氟甲烷	0.88	0.11
氯甲烷	0.97	0.05
乙烯基氯	1.04	0.04
溴甲烷	1.29	0.03
1,1-二氯乙烷	4.03	0.03
顺-1,2-二氯乙烯	5.07	0.06
2,2-二氯丙烷	5.31	0.08
氯仿	5.55	0.04
溴氯甲烷	5.63	0.09
1,1,1-三氯乙烷	6.76	0.04
1,2-二氯乙烷	7.00	0.02
1,1-二氯丙烯	7.16	0.12
四氯化碳	7.41	0.02
苯	7.41	0.03

化合物	保留时间/min	方法检测限[b]/（μg/L）
	柱 3[a]	
1,2-二氯丙烷	8.94	0.02
三氯乙烯	9.02	0.02
二溴甲烷	9.09	0.01
二氯溴甲烷	9.34	0.03
甲苯	11.51	0.08
1,1,2-三氯乙烷	11.99	0.08
1,3-二氯丙烷	12.48	0.08
二溴氯甲烷	12.80	0.07
四氯乙烯	13.20	0.05
1,2-二溴乙烷	13.60	0.10
氯苯	14.33	0.03
1,1,1,2-四氯乙烷	14.73	0.07
乙苯	14.73	0.03
p-二甲苯	15.30	0.06
m-二甲苯	15.30	0.03
溴仿	15.70	0.20
o-二甲苯	15.78	0.06
苯乙烯	15.78	0.27
1,1,2,2-四氯乙烷	15.78	0.20
1,2,3-三氯丙烷	16.26	0.09
异丙基苯	16.42	0.10
溴苯	16.42	0.11
2-氯甲苯	16.74	0.08
正丙基苯	16.82	0.10
4-氯甲苯	16.82	0.06
1,3,5-三甲苯	16.99	0.06
特丁基苯	17.31	0.33
1,2,4-三甲苯	17.31	0.09
仲丁基苯	17.47	0.12
1,3-二氯苯	17.47	0.05
p-异丙基甲苯	17.63	0.26
1,4-二氯苯	17.63	0.04
1,2-二氯苯	17.79	0.05
正丁基苯	17.95	0.10
1,2-二溴-3-氯丙烷	18.03	0.50
1,2,4-三氯苯	18.84	0.20
萘	19.07	0.10
六氯丁二烯	19.24	0.10
1,2,3-三氯苯	19.24	0.14

注：a. 柱 3：30 m×0.32 mm 内径 DB-5 毛细管柱，涂层厚度为 1 μm。
b. 方法检测限基于 25 ml 样品体积。

表 O.3　挥发性分析物质的定量估算限[a]

定量估算限		
5 ml 地表水吹扫/（μg/L）	25 ml 地表水吹扫/（μg/L）	低含量土壤/沉积物[b]/（μg/kg）
5	1	5
其他基质	影响因子[c]	

水溶性液体废物	50
高浓度土壤和淤泥	125
不与水互溶的废物	500

注：a. 评估定量检出限（EQL）：常规试验操作条件下，可以达到规定的分析精度和准确度时所能测得的最低质量浓度。EQL 通常是 MDL 的 5～10 倍，但为了简化数据报告，EQL 比 MDL 要更常用。对于大多数的分析物质来说，EQL 分析质量浓度常由校准曲线中最低的非零标准物质量浓度表示。样品 EQL 很大程度上取决于基质。这里所列举的 EQL 有一定的指导意义但并不总是可得到的。

b. 用于土壤/沉积物的 EQL 是基于湿称量的，而一般的数据都是基于干重，因此对于每份样品中的干重所占比例的不同，EQL 会稍高一点。

c. EQL＝低浓度土壤沉积物的 EQL×影响因子

对于非水样品，影响因子基于湿称量。

表 O.4　BFB（4-溴氟苯）质量强度标准

m/*z*	要求的强度（相对丰度）
50	*m*/*z* 95 的 15%～40%
75	*m*/*z* 95 的 30%～60%
95	基峰，100%相对丰度
96	*m*/*z* 95 的 5%～9%
173	少于 *m*/*z* 174 的 2%
174	超过 *m*/*z* 95 的 50%
175	*m*/*z* 174 的 5%～9%
176	*m*/*z* 174 的 95%～101%
177	*m*/*z* 176 的 5%～9%

表 O.5　可吹扫有机化合物的特征质量（*m*/*z*）

化合物	特征离子	
	一级质谱	二级质谱
丙酮	58	43
乙腈	41	40，39
丙烯醛	56	55，58
丙烯腈	53	52，51
烯丙醇	57	58，39
烯丙基氯	76	41，39，78
烯丙醇	78	—
烯丙基氯	91	126，65，128
烯丙醇	136	43，138，93，95
烯丙基氯	156	77，158
烯丙醇	128	49，130
烯丙基氯	83	85，127
烯丙醇	173	175，254
烯丙基氯	94	96
异丁醇	74	43
正丁醇	56	41
2-丁酮	72	43
正丁基苯	91	92，134
仲丁基苯	105	134
特丁基苯	119	91，134
二硫化碳	76	78

化合物	特征离子	
	一级质谱	二级质谱
四氯化碳	117	119
水合三氯乙醛	82	44，84，86，111
氯乙腈	48	75
氯苯	112	77，114
1-氯丁烷	56	49
氯二溴甲烷	129	208，206
氯乙烷	64（49*）	66（51*）
2-氯乙醇	49	44，43，51，80
双（2-氯乙基）硫醚	109	111，158，160
2-氯乙基乙烯基醚	63	65，106
氯仿	83	85
氯甲烷	50（49*）	52（51*）
氯丁二烯	53	88，90，51
3-氯丙腈	54	49，89，91
2-氯甲苯	91	126
4-氯甲苯	91	126
1,2-二溴-3-氯丙烷	75	155，157
二溴氯甲烷	129	127
1,2-二溴乙烷	107	109，188
二溴甲烷	93	95，174
1,2-二氯苯	146	111，148
1,2-二氯苯-d_4	152	115，150
1,3-二氯苯	146	111，148
1,4-二氯苯	146	111，148
顺-1,4-二氯-2-丁烯	75	53，77，124，89
反-1,4-二氯-2-丁烯	53	88，75
二氯二氟甲烷	85	87
1,1-二氯乙烷	63	65，83
1,2-二氯乙烷	62	98
1,1-二氯乙烯	96	61，63
顺-1,2-二氯乙烯	96	61，98
反-1,2-二氯乙烯	96	61，98
1,2-二氯丙烷	63	112
1,3-二氯丙烷	76	78
2,2-二氯丙烷	77	97
1,3-二氯-2-丙醇	79	43，81，49
1,1-二氯丙烯	75	110，77
顺-1,3-二氯丙烯	75	77，39
反-1,3-二氯丙烯	75	77，39
1,2,3,4-二环氧丁烷	55	57，56
乙醚		
1,4-二氧杂环己烷	74	45，59
1,4-二氧杂环己烷	88	58，43，57
表氯醇	57	49，62，51
乙醇	31	45，27，46
乙酸乙酯	88	43，45，61
乙苯	91	106

化合物	特征离子	
	一级质谱	二级质谱
环氧乙烷	44	43，42
甲基丙烯酸乙酯	69	41，99，86，114
六氯丁二烯	225	223，227
六氯乙烷	201	166，199，203
2-己酮	43	58，57，100
2-羟基丙腈	44	43，42，53
碘甲烷	142	127，141
异丁醇	43	41，42，74
异丙基苯	105	120
p-异丙基甲苯	119	134，91
丙二腈	66	39，65，38
甲基丙烯腈	41	67，39，52，66
丙烯酸甲酯	55	85
甲基特丁基醚	73	57
二氯甲烷	84	86，49
甲基乙基酮	72	43
碘甲烷	142	127，141
甲基丙烯酸甲酯	69	41，100，39
4-甲基-2-戊酮	100	43，58，85
萘	128	—
硝基苯	123	51，77
2-硝基丙烷	46	—
2-甲基吡啶	93	66，92，78
五氯乙烷	167	130，132，165，169
炔丙基醇	55	39，38，53
β-丙内酯	42	43，44
丙腈（乙基腈）	54	52，55，40
正丙胺	59	41，39
正丙基苯	91	120
嘧啶	79	52
苯乙烯	104	78
1,2,3-三氯苯	180	182，145
1,2,4-三氯苯	180	182，145
1,1,1,2,-四氯乙烷	131	133，119
1,1,2,2-四氯乙烷	83	131，85
四氯乙烯	164	129，131，166
甲苯	92	91
1,1,1-三氯苯	97	99，61
1,1,2-三氯苯	83	97，85
三氯乙烯	95	97，130，132
三氯氟甲烷	151	101，153
1,2,3-三氯丙烷	75	77
1,2,4-三甲苯	105	120
1,3,5-三甲苯	105	120
醋酸乙烯酯	43	86
氯乙烯	62	64
o-二甲苯	106	91

化合物	特征离子	
	一级质谱	二级质谱
m-二甲苯	106	91
p-二甲苯	106	91
内标/替代品		
苯-d_6	84	83
溴苯-d_5	82	162
溴氯甲烷-d_2	51	131
1,4-二氟苯	114	
氯苯-d_5	117	
1,4-二氯苯-d_4	152	115，150
1,1,2-三氯乙烷-d_3	100	
4-溴氟苯	95	174，176
氯仿-d_1	84	
二溴氟甲烷	113	
内标物/拟似替代物		
二氯乙烷-d_4	102	
甲苯-d_8	98	
五氟苯	168	
氟苯	96	77
注：* 离子阱质谱中的特征离子（用于观察离子-分子反应）。		

表 O.6　平衡顶空制备分析物和替代物时所使用的内标物

氯仿-d_1	1,1,2-TCA-d_3	溴苯-d_5
二氯二氟甲烷	1,1,1-三氯乙烷	氯苯
氯甲烷	1,1-二氯丙烯	溴仿
氯乙烯	四氯化碳	苯乙烯
溴甲烷	苯	异丙基苯
氯乙烷	二溴甲烷	溴苯
三氯氟甲烷	1,2-二氯丙烷	正丙基苯
1,1-二氯乙烯	三氯乙烯	2-氯甲苯
亚甲基氯	溴二氯甲烷	4-氯甲苯
氯仿-d_1	1,1,2-TCA-d_3	溴苯-d_5
反-1,2-二氯乙烯	顺-1,3-二氯丙烯	1,3,5-三甲苯
1,1-二氯乙烷	反-1,3-二氯丙烯	特丁基苯
顺-1,2-二氯乙烯	1,1,2-三氯乙烷	1,2,4-三甲苯
溴氯甲烷	甲苯	仲丁基苯
氯仿	1,3-二氯丙烷	1,3-二氯苯
2,2-二氯丙烷	二溴氯甲烷	1,4-二氯苯
1,2-二氯乙烷	1,2 二溴乙烷	*p*-异丙基甲苯
	四氯乙烯	1,2-二氯苯
	1,1,2-三氯乙烷	正丁基苯
	乙苯	1,2-二溴-3-氯丙烷
	m-二甲苯	1,2,4-三氯苯
	p-二甲苯	萘
	o-二甲苯	六氯丁二烯
	1,1,2,2-四氯乙烷	1,2,3-三氯苯
	1,2,3-三氯丙烷	

附 录 P
（资料性附录）
固体废物 芳香族及含卤挥发物的测定 气相色谱法
Solid Wastes—Determination of Aromatic and Halogenated Volatiles—Gas Chromatography

P.1 范围

本方法适用于固体废物中芳香族及含卤挥发物含量的气相色谱的测定。本方法可用于几乎所有种类的样品，对于不同含水量的样品均适用，包括：地下水、含水淤泥、腐蚀性液体、酸液、废水溶液、废油、多泡液体、焦油（沥青，柏油）、含纤维的废弃物、聚合物乳液、滤饼、废活性炭、废催化剂、土壤以及沉积物。

下列化合物可以用本方法检测：烯丙基氯、苯、苄基氯、二（2-氯异丙基）醚、溴丙酮、溴苯、溴氯甲烷、一溴二氯甲烷、三溴甲烷、甲基溴（一溴甲烷）、四氯化碳、氯苯、一氯二溴甲烷、氯代乙烷、2-氯乙醇、2-氯乙基乙烯醚、氯仿、氯甲基甲醚、氯丁二烯、甲基氯（一氯甲烷）、4-氯甲苯、1,2-二溴-3-氯丙烷、1,2-二溴乙烷、二溴甲烷、1,2-二氯苯、1,3-二氯苯、1,4-二氯苯、二氯二氟甲烷、1,2-二溴-3-氯丙烷、1,2-二溴乙烷、1,1-二氯乙烷、1,2-二氯乙烷、1,1-二氯乙烯、顺-1,2-二氯乙烯、反-1,2-二氯乙烯、1,2-二氯丙烷、1,3-二氯-2-丙醇、顺-1,3-二氯丙烯、反-1,3-二氯丙烯、表氯醇、乙苯、六氯丁二烯、二氯甲烷、萘、苯乙烯、1,1,1,2-四氯乙烷、1,1,2,2-四氯乙烷、四氯乙烯、甲苯、1,2,4-三氯苯、1,1,1-三氯乙烷、1,1,2-三氯乙烷、三氯乙烯、三氯氟甲烷、1,2,3-三氯丙烷、氯乙烯、邻二甲苯、间二甲苯、对二甲苯。

本方法对各种物质的检测限（MDLs）见表 P.1。实际应用时，该方法适用的质量浓度范围大致为 0.1～200 μg/L。对单个化合物，本方法的评估定量值（EQLs）大致如下：对固体废物的质量分数（湿重），为 0.1 mg/kg；对土壤或沉积物样品的质量分数（湿重），为 1 μg/kg；地下水的 EQLs 见表 P.2。对于萃取后的样品和需要稀释以防超出检测器检测上限的样品，EQLs 将相应的成比例增大。

本方法也可用于检测下列化合物：正丁基苯、异丁基苯、叔丁基苯、2-氯甲苯、1,3-二氯丙烷、2,2-二氯丙烷、1,1-二氯丙烯、异丙基苯、对-异丙基甲苯、正-丙基苯、1,2,3-三氯代苯、1,2,4-三甲基苯、1,3,5-三甲基苯。

P.2 引用标准

下列文件中的条款通过在本方法中被引用而成为本方法的条款，与本方法同效。凡是不注明日期的引用文件，其最新版本适用于本方法。

GB/T 6682 分析实验室用水规格和试验方法

P.3 原理

样品分析可采用顶空法、直接进样法或吹扫捕集法。用气相色谱仪（配有光电离或电导检测器）检测。

P.4 试剂和材料

P.4.1 除另有说明外，水为 GB/T 6682 规定的一级水。

P.4.2 甲醇：色谱纯。

P.4.3 氯乙烯：纯度 99%。

P.4.4 标准储备溶液。将约 9.8 ml 甲醇加入 10 ml 容量瓶中，将容量瓶开口静置约 10 min，直至被甲醇润湿的表面全干，将容量瓶称重准确至 0.1 mg。用 100 μl 注射器快速将几滴标准品加入瓶内，液滴必须直接落入甲醇中，不能沾到瓶颈上。再次称重，稀释至刻度，盖上塞子，倒转容量瓶数次以便混匀溶液。从净重的增加值以毫克每升（mg/L）为单位计算溶液质量浓度。当化合物纯度大于等于 96%时，计算储备液质量浓度时可以不用校正质量。在带有聚四氟乙烯螺纹盖或压盖瓶内，−20～−10℃避光贮存。

注意：若采用直接进样法，标准品和样品的溶剂体系应匹配。直接进样法不必要配制高质量浓度的标准品水溶液。

P.4.5 根据需要，可用标准储备溶液以甲醇稀释来制备含有目标化合物（单一或混合化合物）的二级稀释标准液。

P.4.6 校准标准溶液。根据需要用水稀释标准储备液或者二级稀释标准液制备至少 5 个质量浓度的初始校准标准溶液。为了制备出准确质量浓度的标准水溶液，应该注意下列事项：配制时应根据质量浓度直接将所需要量的被分析物注射加入水中；请勿在 100 ml 水中加入超过 20 μl 的甲醇标准液；将甲醇标准液快速注射到装有液体的容量瓶中，注射完后尽快移去针头。

P.4.7 内标。使用氟苯和 2-溴-1-氯丙烷的甲醇溶液，建议在二级稀释标准液中每种内标物的质量浓度为 5 mg/L。也可以使用外标进行定量。

P.4.8 替代物。建议同时采用二氯丁烷和溴氯苯为替代物标准品，分析时向装有样品或标准的 5 ml 注射器中直接注入 10 μl 15 ng/μl 的替代物标准品。

P.5 仪器

P.5.1 气相色谱仪，配有低温柱温箱控制器，光电离（PID）和电导检测器（HECD）联用。

P.5.2 分析天平，感量 0.1 mg。

P.6 分析步骤

P.6.1 挥发性化合物的气相色谱进样可以采用直接进样法（用于油性基质）、顶空法或吹扫捕集法。

P.6.2 气相色谱条件（推荐）。

P.6.2.1 色谱柱：

分析柱：VOCOL 大口径毛细管柱（60 m×0.75 mm×1.5 μm）或同类产品。用该色谱柱得到的样本色谱图见附录 D。

确证柱：SPB-624 大口径毛细管柱（60 m ×0.53 mm×1.3 μm）或同类产品。

P.6.2.2 色谱柱温度：10℃保持 8 min，然后以 4℃/min 程序升温至 180℃，保持至所有化合物流出。

P.6.2.3 载气：氦气，流速为 6 ml/min。在进入光电离检测器之前，载气流速应增加至 24 ml/min。为保证两个检测器都有最佳响应，必须采用尾吹气。

P.6.2.4 检测器操作条件：

反应管：镍，1/16 外径；

反应温度：810℃；

反应器底部温度：250℃；

电解液：100%正丙醇；

电解液流速：0.8 ml/min；

反应气：氢气，40 ml/min；

载气及尾吹气：氦气，30 ml/min。

P.6.3 气相色谱分析。

P.6.3.1 挥发性化合物的进样方法参见附录 Q 或直接进样法。如果内标定量，在吹扫前向样品中加入 10 μl 内标溶液。

在非常有限的应用范围内（例如废水），可用 10 μl 注射器将样品直接注入 GC 系统。检测限很高（约 10 000 μg/L），因此，只有在估计质量浓度超过 10 000 μg/L 时，或对于不被吹扫的水溶性化合物方可使用。

P.6.3.2 表 P.1 中列出了使用本方法时，2 个检测器上数种有机化合物的估计保留时间。

P.6.3.3 确证。使用确证柱进行化合物鉴定的确证，也可采用其他可对目标化合物提供合适分辨率的色谱柱进行确证，或采用 GC/MS 确证。

表 P.1 挥发性有机物用 PID 和 HECD 得到的色谱保留时间和方法检测限（MDL）

可测定的化合物		PID 保留时间[a]/min	HECD 保留时间/min	PID MDL/（μg/L）	HECD MDL/（μg/L）
二氯二氟甲烷	Dichlorodifluoromethane	—[b]	8.47		0.05
氯甲烷	Chloromethane	—	9.47		0.03
氯乙烯	Vinyl Chloride	9.88	9.93	0.02	0.04
溴甲烷	Bromomethane	—	11.95		1.1
氯乙烷	Chloroethane	—	12.37		0.1
三氯一氟甲烷	Trichlorofluoromethane	—	13.49		0.03
1,1-二氯乙烯	1,1-Dichloroethene	16.14	16.18	ND[c]	0.07
二氯甲烷	Methylene Chloride	—	18.39		0.02
反-1,2-二氯乙烯	trans-1,2-Dichloroethene	19.3	19.33	0.05	0.06
1,1-二氯乙烷	1,1-Dichloroethane	—	20.99		0.07
2,2-二氯丙烷	2,2-Dichloropropane	—	22.88		0.05
顺-1,2-二氯乙烷	cis-1,2-Dichloroethane	23.11	23.14	0.02	0.01
氯仿	Chloroform	—	23.64		0.02
溴氯甲烷	Bromochloromethane	—	24.16		0.01
1,1,1-三氯乙烷	1,1,1-Trichloroethane	—	24.77		0.03
1,1-二氯丙烯	1,1-Dichloropropene	25.21	25.24	0.02	0.02
四氯化碳	Carbon Tetrachloride	—	25.47		0.01
苯	Benzene	26.1	—	0.009	
1,2-二氯乙烷	1,2-Dichloroethane	—	26.27		0.03
三氯乙烯	Trichloroethylene	27.99	28.02	0.02	0.01
1,2-二氯丙烷	1,2-Dichloropropane	—	28.66		0.006
一溴二氯甲烷	Bromodichloromethane	—	29.43		0.02
二溴甲烷	Dibromomethane	—	29.59		2.2
甲苯	Toluene	31.95	—	0.01	
1,1,2-三氯乙烷	1,1,2-Trichloroethane	—	33.21		ND
四氯乙烯	Tetrachloroethylene	33.88	33.9	0.05	0.04
1,3-二氯丙烷	1,3-Dichloropropane	—	34		0.03
二溴一氯甲烷	Dibromochloromethane	—	34.73		0.03
1,2-二溴乙烷	1,2-Dibromoethane	—	35.34		0.8
氯苯	Chlorobenzene	36.56	36.59	0.003	0.01
乙苯	Ethylbenzene	36.72	—	0.005	

可测定的化合物		PID 保留时间 [a]/min	HECD 保留时间/min	PID MDL/（μg/L）	HECD MDL/（μg/L）
1,1,1,2-四氯乙烷	1,1,1,2 Tetrachloroethane	—	36.8		0.005
间-二甲苯	*m*-Xylene	36.98	—	0.01	
对-二甲苯	*p*-Xylene	36.98	—	0.01	
邻-二甲苯	*o*-Xylene	38.39	—	0.02	
苯乙烯	Styrene	38.57	—	0.01	
异丙苯	Isopropylbenzene	39.58	—	0.05	
三溴甲烷	Bromoform	—	39.75		1.6
1,1,2,2-四氯乙烷	1,1,2,2-Tetrachloroethane	—	40.35		0.01
1,2,3-三氯丙烷	1,2,3-Trichloropropane	—	40.81		0.4
正丙基苯	*n*-Propylbenzene	40.87	—	0.004	
溴苯	Bromobenzene	40.99	41.03	0.006	0.03
1,3,5-三甲基苯	1,3,5-Trimethylbenzene	41.41	—	0.004	
2-氯甲苯	2-Chlorotoluene	41.41	41.45	ND	0.01
4-氯甲苯	4-Chlorotoluene	41.6	41.63	0.02	0.01
叔丁基苯	tert-Butylbenzene	42.92	—	0.06	
1,2,4-三甲基苯	1,2,4-Trimethylbenzene	42.71	—	0.05	
仲丁基苯	sec-Butylbenzene	43.31	—	0.02	
对-异丙基甲苯	*p*-Isopropyltoluene	43.81	—	0.01	
1,3-二氯苯	1,3-Dichlorobenzene	44.08	44.11	0.02	0.02
1,4-二氯苯	1,4-Dichlorobenzene	44.43	44.47	0.007	0.01
正丁基苯	*n*-Butylbenzene	45.2	—	0.02	
1,2-二氯苯	1,2-Dichlorobenzene	45.71	45.74	0.05	0.02
1,2-二溴-3-氯丙烷	1,2-Dibromo-3-Chloropropane	—	48.57		3.0
1,2,4-三氯苯	1,2,4-Trichlorobenzene	51.43	51.46	0.02	0.03
六氯丁二烯	Hexachlorobutadiene	51.92	51.96	0.06	0.02
萘	Naphthalene	52.38	—	0.06	
1,2,3-三氯苯	1,2,3-Trichlorobenzene	53.34	53.37	ND	0.03
内标 Internal Standards					
氟代苯	Fluorobenzene	26.84	—		
2-溴-1-氯丙烷	2-Bromo-1-chloropropane	—	33.08		

注：a. 保留时间是用一根 60 m × 0.75 mm×1.5 μm 的 VOCOL 的毛细管柱测定的。
b. 短横（—）表示检测器不响应。
c. ND =未确证。

表 P.2　各种基质检测的评估定量值（EQL）[ab]

基质	系数
地下水	10
低浓度污染的土壤	10
水溶性废液	500
高浓度污染的土壤和沉积物	1 250
非水溶性废液	1 250

注：a. 样品的 EQL 和基质有很大关系，这里列出的 EQL 值仅供参考，实际中会有差别。
b. EQL = [方法检测限（表 P.1）] × [系数（表 P.2）]，对非水样品，该系数为湿重情况的系数。

附　录　Q
（资料性附录）
固体废物　挥发性有机物的测定　平衡顶空法
Solid Wastes—Determination of Volatile Organic Compounds—Equlibrium Headspace Analysis

Q.1　范围

本方法是一种普遍适用的从土壤、沉积物和固体废物中制备挥发性有机物（VOCs）样品用于气相色谱（GC）或气相色谱/质谱联用（GC/MS）检测的方法。

具有足够的挥发性的化合物可以使用平衡顶空法有效地从土壤样品中分离出来,包括：苯、一溴一氯甲烷、一溴二氯甲烷、三溴甲烷、甲基溴、四氯化碳、氯苯、一氯乙烷、三氯甲烷、甲基氯、二溴一氯甲烷、1,2-二溴-3-氯丙烷、1,2-二溴乙烷、二溴甲烷、1,2-二氯苯、1,3-二氯苯、1,4-二氯苯、二氯二氟甲烷、1,1-二氯乙烷、1,2-二氯乙烷、1,1-二氯乙烯、反-1,2-二氯乙烯、1,2-二氯丙烷、乙苯、六氯丁二烯、二氯甲烷、萘、苯乙烯、1,1,1,2-四氯乙烷、1,1,2,2-四氯乙烷、四氯乙烯、甲苯、1,2,4-三氯苯、1,1,1-三氯乙烷、1,1,2-三氯乙烷、三氯乙烯、三氯一氟甲烷、1,2,3-三氯丙烷、氯乙烯、邻二甲苯、间二甲苯、对二甲苯。

本方法的检测质量分数范围为 10～200 μg/kg。

下列化合物也可用本方法进行分析，或作为替代物使用：溴苯、正丁基苯、仲丁基苯、叔丁基苯、2-氯甲苯、4-氯甲苯、顺-1,2-二氯乙烯、1,3-二氯丙烷、2,2-二氯丙烷、1,1-二氯丙烷、异丙基苯、4-异丙基甲苯、正丙基苯、1,2,3-三氯苯、1,2,4-三甲基苯、1,3,5-三甲基苯。

本方法也可用作一个自动进样装置，作为筛分含有易挥发性有机物样品的手段。

本方法也可用于在此方法条件下可以有效地从土壤基质中分离出来的其他化合物。此方法也可用于其他基质中的目标被测物。对于土壤中含量超过 1%的有机物或者辛醇/水分配系数高的化合物，平衡顶空法测得的结果可能会略低于动态吹扫法或者先甲醇提取再动态吹扫法得到的结果。

Q.2　引用标准

下列文件中的条款通过在本方法中被引用而成为本方法的条款，与本方法同效。凡是不注明日期的引用文件，其最新版本适用于本方法。

GB/T 6682　分析实验室用水规格和试验方法

Q.3　原理

取至少 2 g 的土壤样品，置于具有钳口盖或螺纹盖的玻璃顶空瓶中。每个土壤样品中须加入基质改性剂作为化学防腐剂，同时加入内标。加入可以在野外进行，也可在收到样品时进行。在一个 VOA 瓶收集附加样，用于干重测定或根据样品质量浓度需要进行高浓度测定。在实验室中，对样品瓶进行离心，以使内标在基质内扩散分布均匀。将样品瓶置入顶空分析仪器的自动进样器转盘内并于室温保存。大约在分析前 1 h，将独立的样品瓶移至加热区域平衡。样品由机械振动混合均匀，并保持加热温度。然后自动进样装置向瓶中通入氦气加压，使一部分顶空气体混合物通过加热的线路进入气相色谱柱，用 GC 或 GC/MS 方法进行分析。

Q.4 试剂和材料

Q.4.1 除另有说明外，本方法中所使用的水为 GB/T 6682 规定的一级水。

Q.4.2 甲醇：色谱纯。

Q.4.3 校正标准液，内标溶液的制备。

Q.4.3.1 校正标准液。制作 5 份以甲醇为溶剂并含所有目标分析物的标准溶液。校正溶液的质量浓度需要满足以下要求：当每个 22 ml 的瓶加入 1.0 μl 校正溶液时，所达到的量应在检测器的检测范围内。内标可以单独以 1.0 μl 量加入，或以 20 mg/L 配于校正配制液中。质量浓度可根据 GC/MS 系统或其他使用的检测方法的灵敏度改变。

Q.4.3.2 内标和替代物。参考检测方法的建议选择合适的内标和替代物。配制以甲醇为溶剂，质量浓度为 20 mg/L 的包含内标和替代物的溶液作为加标溶液。如果使用 GC 检测，更适合使用外标而不用内标。质量浓度可根据 GC/MS 系统或其他使用的检测方法的灵敏度改变。

Q.4.4 空白样制备。向一个样品瓶中加入 10.0 ml 的基质改性剂。加入指定量的内标和替代物并封口。将其置于自动进样器中，采用与未知样同样的方法进行分析。使用此法分析空白样可以监视自动进样器和顶空装置可能存在的问题。

Q.4.5 校正标准液的制备。使用制备好的配制液（Q.4.3.1）根据与制备空白样相同的方法制备校正标准液。

Q.4.6 基质改性剂。以 pH 计为指示，向 500 ml 不含有机物的试剂水中加入浓磷酸（H_3PO_4）至 pH 等于 2。加入 180 g NaCl 至全部溶解并混合均匀。每批取出 10 ml 进行分析，以确保溶液没有受到污染。在密封瓶中保存，置于远离有机物的地方。

注：基质改性剂可能不适用于含有有机碳成分的土壤样品。

Q.5 仪器、装置

Q.5.1 样品容器

使用与分析系统配套的，干净的 22 ml 玻璃样品瓶。瓶子应可以在野外密封（钳口盖或螺纹盖）并用聚四氟乙烯衬垫，且在高温下也能保持密封。理想情况下，瓶子和密封薄膜应具有同样的皮重。在使用之前，用清洁剂洗涤瓶子和密封薄膜，然后依次用水和蒸馏水冲洗。将瓶子和密封薄膜置于 105℃恒温炉中烘干 1 h，然后取出冷却。置于没有有机溶剂的地方保存。其他规格的瓶也可使用，只要保证可以在野外密封并可用合适的衬垫。

Q.5.2 顶空系统

全自动的平衡顶空分析仪器。使用的系统必须达到以下标准：

Q.5.2.1 系统必须能将样品保持在需要的温度，对多种类型的样品建立起样品和顶空之间的可重现的平衡。

Q.5.2.2 系统必须能将分析所需进样体积的顶空通过合适的毛细管注入气相色谱。此过程不应对色谱和检测系统造成不利影响。

Q.5.3 野外样品采集仪器

Q.5.3.1 土壤取样器，至少需要能采集 2 g 土壤。

Q.5.3.2 经校准的自动进样器或者顶空进样器，需要能注入 10.0 ml 基质改性剂。

Q.5.3.3 经校准的自动进样器，需要能注入内标和替代物。

Q.5.4 VOA 瓶

40 ml 或 60 ml 的具有钳口盖或螺纹盖并可用聚四氟乙烯膜封口的 VOA 瓶。这些瓶子用来作样品筛分、高浓度分析（如果需要）和干重测定。

Q.6 样品的采集、保存和预处理

Q.6.1 不加基质改性剂和标准液时的取样。

Q.6.1.1 使用标准的具有钳口盖或螺纹盖并用聚四氟乙烯衬垫的 22 ml 玻璃质顶空样品瓶。

Q.6.1.2 用吹扫捕集土壤取样器，将 2～3 cm（大约 2 g）土壤样品加入到称过皮重的 22 ml 顶空瓶中，迅速用衬垫密封，将聚四氟乙烯一面朝向样品。样品应轻轻地放入样品瓶中，防止易挥发性有机物挥发。

Q.6.2 加入基质改性剂和标准液时的取样。

Q.6.2.1 用标准的具有钳口盖或螺纹盖并用聚四氟乙烯衬垫的 22 ml 玻璃质顶空样品瓶。

Q.6.2.2 在取样前预先向瓶中注入 10.0 ml 基质改性剂。

Q.6.2.3 用吹扫捕集土壤取样器，将 2～3 cm（大约 2 g）土壤样品加入到称过皮重的 22 ml 顶空瓶中。样品应轻轻地放入样品瓶中，防止易挥发性有机物挥发。然后立刻用衬垫密封，聚四氟乙烯一面朝向样品。

Q.6.2.4 使用合适规格的注射器小心地刺破衬垫，加入分析方法所需量的内标和替代物溶液。

注：含有超过 1%有机碳的土壤样品如果加入基质改性剂有可能导致回收率低。对于这些样品使用基质改性剂可能不合适。

Q.6.3 第三种可选择的方法是将土壤样品加入装有 10.0 ml 水的样品瓶。

Q.6.3.1 用标准的具有钳口盖或螺纹盖并用聚四氟乙烯衬垫的 22 ml 玻璃质顶空样品瓶。

Q.6.3.2 用吹扫捕集土壤取样器（Q.5.3.1），将 2～3 cm（大约 2 g）土壤样品加入到称过皮重的含有 10 ml 试剂水的 22 ml 顶空瓶中。样品应轻轻地放入样品瓶中，防止易挥发性有机物挥发。然后立刻用衬垫密封，使聚四氟乙烯一面朝向样品。

Q.6.4 无论采用哪种方法采集土壤样品，均须制作野外空白。如果基质改性剂不是在野外加入，那么向一个干净的样品瓶中加入 10.0 ml 水然后立刻封口作为野外空白。如果基质改性剂和标准溶液是在野外加入，那么向一个干净的样品瓶中加入 10.0 ml 基质改性剂再加入内标和替代物溶液作为野外空白。

Q.6.5 在每个采样点采集土壤放入 40 ml 或 60 ml 的 VOA 瓶，用来作干重测定、样品筛分及高浓度分析（如果需要）。样品筛分并不是必要的，因为不存在高浓度样品残留物会污染顶空装置的危险。

Q.6.6 样品保存。分析前在 4℃低温下保存。贮存地点应不含有机溶剂蒸汽。所有样品应在采集后 14 d 内分析。如果分析不在此期间进行，应告知分析数据的使用者，结果作为最低含量参考。

Q.7 分析步骤

Q.7.1 样品筛分。本方法（使用低浓度法）可作为使用 GC 或 GC/MS 进样前的样品筛分方法，用以帮助分析者测定样品中易挥发性有机物的大概浓度。这在使用吹扫捕集方法分析易挥发性有机物的方法时很有效，用于防止高浓度的样品造成系统污染。在使用顶空法时也很有效，可以帮助决定使用低浓度方法还是高浓度方法。高浓度的有机物不会对顶空装置造成污染，但是，在 GC 或 GC/MS 系统中可能会造成污染问题。无论此方法是否用于样品筛分，只需使用最小限度的校正和质量控制。在大部分情况下，一个试剂空白和一个单一校正标准就足够了。

Q.7.2 样品干重质量分数测定

当需要得到基于干重的样品数据时，需要从 40 ml 或 60 ml 的 VOA 管中称出一部分样品用于干重测定。

注：干燥炉需置于通风橱中或具有排气口。

取出所需样品后，称量 5～10 g 样品置入称量过的坩埚中。于 105℃环境中干燥过夜，在干燥器中冷却后称重。用以下公式计算样品干重的质量分数。

$$样品干重质量分数（\%）=\frac{烘干后样品质量(g)}{烘干前样品质量(g)}\times 100\%$$

Q.7.3　使用顶空技术的低浓度方法见 Q.7.4，高浓度方法的样品处理方法见 Q.7.5。高浓度方法推荐用于明显含有油类物质或有机泥状废物的样品。

Q.7.4　用于分析土壤/沉积物和固体废物的低浓度方法适用于平衡顶空法。质量分数范围为 0.5～200 μg/kg，质量分数范围由分析方法及分析物的灵敏度决定。

Q.7.4.1　校正。一般在 GC 方法中使用外标校正，因为内标校正可能会造成干扰。如果根据历史数据不存在干扰的问题，也可使用内标校正。GC/MS 方法中一般使用内标校正。GC/MS 方法在校正前须先对仪器进行调试。

Q.7.4.1.1　GC/MS 调谐。如果使用 GC/MS 检测方法，准备一个含有试剂水和方法所需量 BFB 的 22 ml 瓶子。

Q.7.4.1.2　初始校正。准备 5 个 22 ml 瓶子（Q.4.5）和一个试剂空白。然后根据 Q.7.4.2 及所选择的分析方法进行操作。因为没有土壤样品，所以混合步骤可以省略。

Q.7.4.1.3　校正检查。准备一个 22 ml 瓶子，加入中间浓度的校正标准液。根据 Q.7.4.2.4（从将瓶子放入自动进样器开始）及所选择分析方法进行操作。如果使用 GC/MS 检测方法，准备水和方法所需量 BFB 的 22 ml 瓶子。

Q.7.4.2　顶空操作条件。

Q.7.4.2.1　此方法设计样品质量为 2 g。在野外将大约 2 g 土壤样品加入到具有钳口盖或螺纹盖的 22 ml 玻璃顶空瓶中。

Q.7.4.2.2　在分析之前称量已知质量的瓶子和样品的总质量，精确至 0.01 g。如果制样时加入了基质改性剂（Q.6.2），瓶子的质量不包括 10 ml 的基质改性剂。因此，称量野外空白样以获得野外空白样中基质改性剂的质量，并将此作为样品中基质改性剂的质量。尽管本方法可能会对分析结果造成误差，此误差将远远小于未加入改良溶液的样品送到实验室过程中发生变化所产生的误差。

Q.7.4.2.3　如果制样时未加入基质改性剂，打开样品瓶，迅速加入 10 ml 基质改性剂和分析方法所需量的内标溶液，然后立刻重新密封样品瓶。

注：每次仅打开和处理一个样品瓶以减少挥发损失。

Q.7.4.2.4　将样品至少混合 2 min（在离心机或摇床上进行）。将样品瓶置于室温下的自动进样器圆盘上。将每个取样管加热至 85℃，平衡 50 min。在平衡过程中至少机械振摇 10 min。每个取样管均用氦载气加压至至少 69 kPa（10 psi）。

Q.7.4.2.5　根据仪器说明书，将加压的顶空中一份具有代表性的可重现的样品通过加热的传输管路进样入气相色谱柱中。

Q.7.4.2.6　根据所选择的检测方法进行分析操作。

Q.7.5　高浓度方法。

Q.7.5.1　如果样品根据 Q.6.1 中描述的方法收集，样品瓶没有加入基质改性剂和水，那么将样品称重精确至 0.01 g。向 22 ml 称过皮重的样品瓶中的样品加入 10.0 ml 的乙醇，然后迅速密封样品瓶。每次只打开和处理一个样品瓶以减少易挥发性有机物的损失。

Q.7.5.2　如果使用 Q.6.2 或 Q.6.3 中的方法采集样品，样品瓶中加入了基质改性剂和不含有机物的试剂水，那么用于高浓度方法测定的样品需要从 40 ml 或 60 ml 的 VOA 瓶（Q.6.5）中取得。将约 2 g 的样品从 40 ml 或 60 ml 的 VOA 瓶中取出加入到一个 22 ml 称过皮重的样品瓶中。向 22 ml 样品瓶中的样品加入 10.0 ml 的乙醇，然后迅速密封样品瓶和 VOA 瓶。每次只打开和处理一个样品瓶以减少易挥发性有机物的损失。

Q.7.5.3　将样品在室温下至少振摇混合 10 min。将 2 ml 甲醇移至一个具有螺纹盖和聚四氟乙烯衬垫的瓶中，密封。根据表 Q.2 吸取 10 μl 或适当量的提取液，注入一个含有 10 ml 基质改性剂和内标（如果需要）的 22 ml 样品瓶中。将样品瓶置于自动进样器中进行顶空分析。

表 Q.1　可与本方法连用的检测方法

方法编号	方法名称
附录 P	GC 与多种检测器联用检测芳香性及含卤有机物
附录 O	GC/MS 检测易挥发性有机物

表 Q.2　高浓度土壤/沉积物分析时甲醇提取物加样量 [a]

质量分数范围	甲醇提取物体积
500～10 000 μg/kg	100 μl
1 000～20 000 μg/kg	50 μl
5 000～100 000 μg/kg	10 μl
25 000～500 000 μg/kg	稀释 1/50 倍 [b] 后取 100 μl

注：超出表中所列浓度范围时以适当倍数稀释。

a. 加入 5 ml 水中的甲醇量应保持不变。因此无论需要向 5 ml 注射器中加入多少甲醇提取物，须保持加入总体积为 100 μl 甲醇不变。

b. 稀释一定量甲醇提取物，取 100 μl 分析。

附 录 R
（资料性附录）
固体废物　含氯烃类化合物的测定　气相色谱法
Solid Wastes—Determination of Chlorinated Hydrocarbons—Gas Chromatography

R.1　范围

本方法规定了环境样品和废物提取液中含氯烃类化合物含量的气相色谱测定方法,可以使用单柱/单检测器或多柱/多检测器。该方法适用于以下化合物：亚苄基二氯、三氯甲苯、苄基氯、2-氯萘、1,2-二氯苯、1,3-二氯苯、1,4-二氯苯、六氯苯、六氯丁二烯、α-六氯环己烷、β-六氯环己烷、γ-六氯环己烷、δ-六氯环己烷、六氯环戊二烯、六氯乙烷、五氯苯、1,2,3,4-四氯苯、1,2,4,5-四氯苯、1,2,3,5-四氯苯、1,2,4-三氯苯、1,2,3-三氯苯、1,3,5-三氯苯。

表 R.1 列出了对于无有机污染的水基质中各种化合物的方法检测限（MDL）。由于样品基质中存在干扰，因而特殊样品中化合物的检测限可能不同于表 R.1。表 R.2 列出了对于其他基质的定量限评估值（EQL）。

R.2　引用标准

下列文件中的条款通过在本方法中被引用而成为本方法的条款，与本方法同效。凡是不注明日期的引用文件，其最新版本适用于本方法。

GB/T 6682　分析实验室用水规格和试验方法

R.3　原理

对环境样品采用适当的样品提取技术，未经稀释或稀释过的有机液均可以通过直接进样进行分析。对于新样品，应使用标准加入样品验证对其选用的提取技术的适用性。分析通过气相色谱法完成，采用了大口径毛细管柱和单重或双重电子捕获检测器。

R.4　试剂和材料

R.4.1　除有说明外，本方法中所用的水为 GB/T 6682 规定的一级水。
R.4.2　正己烷：色谱纯。
R.4.3　丙酮：色谱纯。
R.4.4　异辛烷：色谱纯。
R.4.5　标准储备液（1 000 mg/L）。可使用纯标准材料配制或购买经鉴定的溶液。标准储备液的配制须准确称取约 0.010 0 g 纯化合物，将其溶解于异辛烷或正己烷中并定容至 10 ml 容量瓶中。对于不能充分溶解于正己烷或异辛烷中的化合物，可使用丙酮和正己烷混合溶剂。
R.4.6　混合储备液。可由单独的储备液配制。对于少于 25 种组分的混合储备液，精确量取质量浓度均为 1 000 mg/L 的单个样品储备液 1 ml，加入溶剂并将其混合定容至 25 ml 容量瓶中。
R.4.7　校正曲线至少应包含 5 个质量浓度，可利用异辛烷或正己烷稀释混合储备液的方法配制。这些质量浓度应当与实际样品中预期的质量浓度范围相当并且在检测器线性范围之内。

R.4.8 推荐内标，配制 1 000 mg/L 的 1,3,5-三溴苯溶液（当基质干扰严重时建议使用另外两种内标，2,5-二溴苯和α,α-二溴间二甲苯）。对于加入法，将该溶液稀释至 50 ng/μl，加入体积为 10 μl 的提取液。内标加入质量浓度对所有样品和校正标准液应保持恒定。内标标准加入溶液应置于聚四氟乙烯密封容器中于 4℃下避光保存。

R.4.9 推荐使用的替代物标准，使用替代物标准检测方法的性能。在所有样品、方法空白液、基质添加液以及校正标准液中加入替代物标准。配制 1 000 mg/L 的 1,4-二氯萘溶液并将其稀释至 100 ng/μl。1 L 水样加入体积为 100 μl。如果发生基质干扰问题，可选用两种替代物标准：α,2,6-三氯甲苯或 2,3,4,5,6-五氯四苯。

R.5 仪器

R.5.1 气相色谱仪，配有两个电子捕获检测器。

R.5.2 微量注射器，100 ml，50 ml，10 ml 和 50 μl（钝化）。

R.5.3 分析天平，感量 0.000 1 g。

R.5.4 容量瓶，10～1 000 ml。

R.6 样品的采集、保存和预处理

R.6.1 固体基质：250 ml 宽口玻璃瓶，有螺纹的 Teflon 盖子，冷却至 4℃保存。

液体基质：4 个 1 L 的琥珀色玻璃瓶，有螺纹的 Teflon 盖子，在样品中加入 0.75 ml 10%的 $NaHSO_4$，冷却至 4℃保存。

R.6.2 提取物必须保存于 4℃，并于提取 40 d 内进行分析。

R.7 分析步骤

R.7.1 提取和纯化

R.7.1.1 一般而言，对于水样，依据附录 U 以二氯甲烷在中性或不改变其 pH 条件下进行提取。固体样品依据附录 V 以二氯甲烷/丙酮（1∶1）作为提取溶剂。

R.7.1.2 如需要，样品可以按照附录 W 进行净化。

R.7.1.3 进行气相色谱分析之前，提取溶剂必须通过提取方法中的 Kudern-Danish 浓缩梯度步骤替换为正己烷。残留于提取物中的二氯甲烷将会引起相当宽的溶剂峰。

R.7.2 色谱柱

R.7.2.1 单柱分析：

色谱柱 1：DB-210（30 m×0.53 mm 内径，熔融石英毛细管柱，甲基三氟丙基-甲基聚硅氧烷键合固定相）或同类产品。

色谱柱 2：DB-WAX（30 m×0.53 mm 内径，熔融石英毛细管柱，聚乙二醇键合固定相）或同类产品。

R.7.2.2 双柱分析：

色谱柱 1：DB-5，RTx-5，SPB-5（30 m×0.53 mm×0.83 μm 或 1.5 μm 石英毛细管柱）或同类产品。

色谱柱 2：DB-1701，RTx-1701（30 m × 0.53 mm × 1.0 μm 石英毛细管柱）或同类产品。

R.7.3 每种被分析物的保留时间列于表 R.3 和表 R.4。推荐的气相色谱（GC）工作条件列于表 R.5 和表 R.6。

R.7.4 校正曲线。制备校正曲线标准液。可采用内标法或外标法。

R.7.5 气相色谱分析。

R.7.5.1 推荐 1 μl 自动进样。如果要求定量精度相对标准偏差小于 10%，则可以采用不多于 2 μl 手动进样。若溶剂量保持在最低值，则应采用溶剂冲洗技术。如果采用内标校准方法，在进样前于每毫升样品提取液中加入 10 μl 内标。

R.7.5.2 当样品提取液中某一个峰超出了其常规的保留时间窗口时需要采用假设性鉴定。

R.7.5.3 气相色谱定性性能的认定：使用中等质量浓度的标准物质溶液评估这一标准。如果任何标准物质超出了其日常保留时间窗口，则说明系统存在问题。找出问题的原因并将其修正。

R.7.5.4 记录进样体积至最接近 0.05 μl 的进样量及其相应峰的大小，以峰高或峰面积计。使用内标或外标法，确定样品色谱图中每一个与校正曲线上化合物相应的组分峰的属性和量。

R.7.5.5 如果响应超出了系统的线性范围，将提取液稀释并再次分析。推荐使用峰高测量优于峰面积积分，因为面积积分时峰重叠会引起误差。

R.7.5.6 如果存在部分重叠峰或共流出峰，改变色谱柱或采用 GC/MS 技术。影响样品定性和（或）定量的干扰物应使用上面所述纯化技术予以除去。

R.7.5.7 如果峰响应低于基线噪音的 2.5 倍，则定量结果的合理性值得怀疑。应根据数据质量目标确定是否需要对样品进一步浓缩。

表 R.1 对含氯烃类化合物单柱分析的方法检测限（MDL）

化合物		MDL[a]/（ng/L）
亚苄基二氯	Benzal chloride	2～5[b]
三氯甲苯	Benzotrichloride	6.0
苄基氯	Benzyl chloride	180
2-氯萘	2-Chloronaphthalene	1 300
1,2-二氯苯	1,2-Dichlorobenzene	270
1,3-二氯苯	1,3-Dichlorobenzene	250
1,4-二氯苯	1,4-Dichlorobenzene	890
六氯苯	Hexachlorobenzene	5.6
六氯丁二烯	Hexachlorobutadiene	1.4
α-六氯环己烷	α-Hexachlorocyclohexane α-BHC	11
β-六氯环己烷	β-Hexachlorocyclohexane β-BHC	31
γ-六氯环己烷	γ-Hexachlorocyclohexane γ-BHC	23
δ-六氯环己烷	δ-Hexachlorocyclohexane δ-BHC	20
六氯环戊二烯	Hexachlorocyclopentadiene	240
六氯乙烷	Hexachloroethane	1.6
五氯苯	Pentachlorobenzene	38
1,2,3,4-四氯苯	1,2,3,4-Tetrachlorobenzene	11
1,2,4,5-四氯苯	1,2,4,5-Tetrachlorobenzene	9.5
1,2,3,5-四氯苯	1,2,3,5-Tetrachlorobenzene	8.1
1,2,4-三氯苯	1,2,4-Trichlorobenzene	130
1,2,3-三氯苯	1,2,3-Trichlorobenzene	39
1,3,5-三氯苯	1,3,5-Trichlorobenzene	12

注：a. MDL 是对无有机污染的水的方法检测限。MDL 由使用同样的完整分析方法（包括提取，Florisil 萃取柱纯化，以及 GC/ECD 分析）分析 8 个等组分样品得到。

其中 t（n–10.99）是适用于置信区间为 99%，标准偏差具有 n–1 个自由度的 S 值，SD 是 8 次重复测定的标准偏差。

b. 由仪器检测限评估得到。

表 R.2 对不同基质的定量限评估值（EQL）因子 [a]

基质	因子
地下水	10
超声提取、凝胶渗透色谱（GPC）纯化的低倍浓缩土壤	670
超声提取的高倍浓缩土壤和淤泥	10 000
不溶于水的废弃物	100 000

注：a. EQL=[方法检测限（表 R.1）] × [本表列出的因子]。对于非水样品，该因子是基于净重原则。样品的 EQL 值很大程度上取决于基质。此处列出的 EQL 值仅作为指导参考，并非始终能达到。

表 R.3 对含氯烃类化合物单柱分析的色谱保留时间

化合物		保留时间/min	
		DB-210[a]	DB-WAX[b]
亚苄基二氯	Benzal chloride	6.86	15.91
三氯甲苯	Benzotrichloride	7.85	15.44
苄基氯	Benzyl chloride	4.59	10.37
2-氯萘	2-Chloronaphthalene	13.45	23.75
1,2-二氯苯	1,2-Dichlorobenzene	4.44	9.58
1,3-二氯苯	1,3-Dichlorobenzene	3.66	7.73
1,4-二氯苯	1,4-Dichlorobenzene	3.80	8.49
六氯苯	Hexachlorobenzene	19.23	29.16
六氯丁二烯	Hexachlorobutadiene	5.77	9.98
α-六氯环己烷	α-Hexachlorocyclohexane α-BHC	25.54	33.84
γ-六氯环己烷	γ-Hexachlorocyclohexane γ-BHC	24.07	54.30
δ-六氯环己烷	δ-Hexachlorocyclohexane δ-BHC	26.16	33.79
六氯环戊二烯	Hexachlorocyclopentadiene	8.86	c
六氯乙烷	Hexachloroethane	3.35	8.13
五氯苯	Pentachlorobenzene	14.86	23.75
1,2,3,4-四氯苯	1,2,3,4-Tetrachlorobenzene	11.90	21.17
1,2,4,5-四氯苯	1,2,4,5-Tetrachlorobenzene	10.18	17.81
1,2,3,5-四氯苯	1,2,3,5-Tetrachlorobenzene	10.18	17.50
1,2,4-三氯苯	1,2,4-Trichlorobenzene	6.86	13.74
1,2,3-三氯苯	1,2,3-Trichlorobenzene	8.14	16.00
1,3,5-三氯苯	1,3,5-Trichlorobenzene	5.45	10.37
内标			
2,5-二溴甲苯	2,5-Dibromotoluene	9.55	18.55
1,3,5-三溴苯	1,3,5-Tribromobenzene	11.68	22.60
α,α'-二溴间二甲苯	α,α'-Dibromo-meta-xylene	18.43	35.94
替代物			
α,2,6-三氯甲苯	α,2,6-Trichlorotoluene	12.96	22.53
1,4-二氯萘	1,4-Dichloronaphthalene	17.43	26.83
2,3,4,5,6-五氯甲苯	2,3,4,5,6-Pentachlorotoluene	18.96	27.91

注：a. GC 工作条件：DB-210（30 m×0.53 mm×1 μm）石英毛细管柱或同类产品；以 10 ml/min 氦气为载气；40 ml/min 氮气为尾吹气；程序升温以 4℃/min 速度从 65℃升至 175℃（保持 20 min）；进样温度为 220℃；检测温度为 250℃。

b. GC 工作条件：DB-WAX（30 m×0.53 mm×1μm）石英毛细管柱或同类产品；以 10 ml/min 氦气为载气；40 ml/min 氮气为尾吹气；程序升温以 4℃/min 速度从 60℃升至 170℃（保持 30 min）；进样温度为 200℃；检测温度为 230℃。

c. 化合物在柱上分解。

表 R.4 对含氯烃类化合物双柱分析的色谱保留时间[a]

化合物		相对保留时间/min	
		DB-5	DB-1701
1,3-二氯苯	1,3-Dichlorobenzene	5.82	7.22
1,4-二氯苯	1,4-Dichlorobenzene	6.00	7.53
苄基氯	Benzyl chloride	6.00	8.47
1,2-二氯苯	1,2-Dichlorobenzene	6.64	8.58
六氯乙烷	Hexachloroethane	7.91	8.58
1,3,5-三氯苯	1,3,5-Trichlorobenzene	10.07	11.55
亚苄基二氯	Benzal chloride	10.27	14.41
1,2,4-三氯苯	1,2,4-Trichlorobenzene	11.97	14.54
1,2,3-三氯苯	1,2,3-Trichlorobenzene	13.58	16.93
六氯丁二烯	Hexachlorobutadiene	13.88	14.41
三氯甲苯	Benzotrichloride	14.09	17.12
1,2,3,4-四氯苯	1,2,3,4-Tetrachlorobenzene	19.35	21.85
1,2,4,5-四氯苯	1,2,4,5-Tetrachlorobenzene	19.35	22.07
六氯环戊二烯	Hexachlorocyclopentadiene	19.85	21.17
1,2,3,4-四氯苯	1,2,3,4-Tetrachlorobenzene	21.97	25.71
2-氯萘	2-Chloronaphthalene	21.77	26.60
五氯苯	Pentachlorobenzene	29.02	31.05
α-六氯环己烷	α-BHC	34.64	38.79
六氯苯	Hexachlorobenzene	34.98	36.52
β-六氯环己烷	β-BHC	35.99	43.77
γ-六氯环己烷	γ-BHC	36.25	40.59
δ-六氯环己烷	δ-BHC	37.39	44.62
内标			
1,3,5-三溴苯	1,3,5-Tribromobenzene	11.83	13.34
拟似标准品			
1,4-二氯萘	1,4-Dichloronaphthalene	15.42	17.71

注：a. GC 工作条件如下：DB-5 柱（30 m×0.53 mm×0.83 μm）或同类产品和 DB-1701（30 m×0.53 mm ×1.0μm）或同类产品连接至三通进样器。程序升温以 2℃/min 从 80℃（保持 1.5 min）升至 125℃（保持 1 min），再以 5℃/min 升至 240℃（保持 2 min）；进样温度为 250℃；检测温度为 320℃；氦载气流速为 6 ml/min；氮尾吹气流速为 20 ml/min。

表 R.5 含氯烃类化合物单柱分析方法的气相色谱工作条件

色谱柱 1：DB-210（30 m×0.53 mm 内径，熔融石英毛细管柱，甲基三氟丙基-甲基聚硅氧烷键合固定相）	
载气（氦，He）10 ml/min	
柱温	
起始温度	65℃
升温程序	4℃/min 速度从 65℃升至 175℃
最后温度	175℃，保持 20 min
进样温度	220℃
检测温度	250℃
进样体积	1～2 μl
色谱柱 2：DB-WAX（30 m×0.53 mm，内径，熔融石英毛细管柱，聚乙二醇键合固定相）	
载气（氦，He）10 ml/min	
柱温	
起始温度	65℃
升温程序	4℃/min 速度从 60℃升至 170℃
最后温度	170℃，保持 30 min

进样温度	200℃
检测温度	230℃
进样体积	1～2 μl

表 R.6 含氯烃类化合物双柱分析方法的气相色谱工作条件

色谱柱 1：DB-1701（30 m×0.53 mm×1.0 μm）或同类产品	
色谱柱 2：DB-5（30 m×0.53 mm×0.83 μm）或同类产品	
载气流量/（ml/min）	6（氦气）
尾吹气流量/（ml/min）	20（氮气）
升温程序	以 2℃/min 从 80℃（保持 1.5 min）升至 125℃（保持 1 min），再以 5℃/min 升至 240℃（保持 2 min）
进样温度	250℃
检测温度	320℃
进样体积	2 μl
溶剂	正己烷
进样类型	闪蒸
检测器类型	双重电子捕获检测器（ECD）
范围	10
衰减	32（DB-1701）/32（DB-5）
分流器类型	Supelco 三通进样器

表 R.7 校准溶液推荐质量分数[a]

化合物		质量浓度/（ng/μl）				
亚苄基二氯	Benzal chloride	0.1	0.2	0.5	0.8	1.0
三氯甲苯	Benzotrichloride	0.1	0.2	0.5	0.8	1.0
苄基氯	Benzyl chloride	0.1	0.2	0.5	0.8	1.0
2-氯萘	2-Chloronaphthalene	2.0	4.0	10	16	20
1,2-二氯苯	1,2-Dichlorobenzene	1.0	2.0	5.0	8.0	10
1,3-二氯苯	1,3-Dichlorobenzene	1.0	2.0	5.0	8.0	10
1,4-二氯苯	1,4-Dichlorobenzene	1.0	2.0	5.0	8.0	10
六氯苯	Hexachlorobenzene	0.01	0.02	0.05	0.08	0.1
六氯丁二烯	Hexachlorobutadiene	0.01	0.02	0.05	0.08	0.1
α-六氯环己烷	*α*-BHC	0.1	0.2	0.5	0.8	1.0
β-六氯环己烷	*β*-BHC	0.1	0.2	0.5	0.8	1.0
γ-六氯环己烷	*γ*-BHC	0.1	0.2	0.5	0.8	1.0
δ-六氯环己烷	*δ*-BHC	0.1	0.2	0.5	0.8	1.0
六氯环戊二烯	Hexachlorocyclopentadiene	0.01	0.02	0.05	0.08	0.1
六氯乙烷	Hexachloroethane	0.01	0.02	0.05	0.08	0.1
五氯苯	Pentachlorobenzene	0.01	0.02	0.05	0.08	0.1
1,2,3,4-四氯苯	1,2,3,4-Tetrachlorobenzene	0.1	0.2	0.5	0.8	1.0
1,2,4,5-四氯苯	1,2,4,5-Tetrachlorobenzene	0.1	0.2	0.5	0.8	1.0
1,2,3,5-四氯苯	1,2,3,5-Tetrachlorobenzene	0.1	0.2	0.5	0.8	1.0
1,2,4-三氯苯	1,2,4-Trichlorobenzene	0.1	0.2	0.5	0.8	1.0
1,2,3-三氯苯	1,2,3-Trichlorobenzene	0.1	0.2	0.5	0.8	1.0
1,3,5-三氯苯	1,3,5-Trichlorobenzene	0.1	0.2	0.5	0.8	1.0
替代物						
α,2,6-三氯甲苯	α,2,6-Trichlorotoluene	0.02	0.05	0.1	0.15	0.2
1,4-二氯萘	1,4-Dichloronaphthalene	0.2	0.5	1.0	1.5	2.0
2,3,4,5,6-五氯甲苯	2,3,4,5,6-Pentachlorotoluene	0.02	0.05	0.1	0.15	0.2
注：a. 校准溶液进行 GC/ECD 分析之前应在其中加入 1 种或多种内标。加入内标浓度应对所有的校准溶液保持恒定。						

表 R.8 分别以石油醚（1 部分）和 1∶1 石油醚/乙醚（2 部分）为洗脱剂时含氯烃类化合物从 Florisil 柱上的洗脱状况

化合物		数量/μg	回收率[a]/%	
			1 部分[b]	2 部分[c]
亚苄基二氯[d]	Benzal chloride	10	0	0
三氯甲苯	Benzotrichloride	10	0	0
苄基氯	Benzyl chloride	100	82	16
2-氯萘	2-Chloronaphthalene	200	115	
1,2-二氯苯	1,2-Dichlorobenzene	100	102	
1,3-二氯苯	1,3-Dichlorobenzene	100	103	
1,4-二氯苯	1,4-Dichlorobenzene	100	104	
六氯苯	Hexachlorobenzene	1.0	116	
六氯丁二烯	Hexachlorobutadiene	1.0	101	
α-六氯环己烷	α-BHC	10		95
β-六氯环己烷	β-BHC	10		108
γ-六氯环己烷	γ-BHC	10		105
δ-六氯环己烷	δ-BHC	10		71
六氯环戊二烯	Hexachlorocyclopentadiene	1.0	93	
六氯乙烷	Hexachloroethane	1.0	100	
五氯苯	Pentachlorobenzene	1.0	129	
1,2,3,4-四氯苯	1,2,3,4-Tetrachlorobenzene	10	104	
1,2,4,5-四氯苯[e]	1,2,4,5-Tetrachlorobenzene	10	102	
1,2,3,5-四氯苯[e]	1,2,3,5-Tetrachlorobenzene	10	102	
1,2,4-三氯苯	1,2,4-Trichlorobenzene	10	59	
1,2,3-三氯苯	1,2,3-Trichlorobenzene	10	96	
1,3,5-三氯苯	1,3,5-Trichlorobenzene	10	102	

注：a. 给出值为数次重复实验的平均值。

b. 1 部分以 200 ml 石油醚洗脱。

c. 2 部分以 200 ml 石油醚/乙醚混合液（1∶1）洗脱。

d. 该化合物与 1,2,4-三氯苯共流出；用亚苄基二氯进行了独立实验以验证两种洗脱模式均不能使该化合物通过 Florisi 柱被洗脱。

e. 这两种化合物不能通过 DB-210 熔融石英毛细管柱分开。

表 R.9 加标黏土样品中含氯烃类化合物的单次测定精度数据（自动索氏提取）[a]

化合物		加标量/（μg/kg）	回收率/%	
			DB-5	DB-1701
1,3-二氯苯	1,3-Dichlorobenzene	5 000	b	39
1,2-二氯苯	1,2-Dichlorobenzene	5 000	94	77
亚苄基二氯	Benzal chloride	500	61	66
三氯甲苯	Benzotrichloride	500	48	53
六氯环戊二烯	Hexachlorocyclopentadiene	500	30	32
五氯苯	Pentachlorobenzene	500	76	73
α-六氯环己烷	α-BHC	500	89	94
δ-六氯环己烷	δ-BHC	500	86	b
六氯苯	Hexachlorobenzene	500	84	88

注：a. 自动索氏提取工作条件如下：浸泡时间 45 min；提取时间 45 min；样品量为 10 g 黏土；提取溶剂为 1∶1 丙酮/正己烷混合液。加标后无须平衡。

b. 由于干扰而无法测定。

附　录　S
（资料性附录）
固体废物　金属元素分析的样品前处理　微波辅助酸消解法
Solid Wastes—Sample Prepration for Analyze of Metal Elements —Microwave Assisted Acid Degestion

S.1　范围

本方法为微波辅助酸消解方法，适用于两类样品基体：一类是沉积物、污泥、土壤和油；一类是废水和固体废物的浸出液。消解后的产物可用于对以下元素的分析：铝、镉、铁、钼、钠、锑、钙、铅、镍、锶、砷、铬、镁、钾、铊、硼、钴、锰、硒、钒、钡、铜、汞、银、锌、铍。

本方法消解后的产物适合用火焰原子吸收光谱（FLAA）、石墨炉原子吸收光谱（GFAA）、电感耦合等离子体发射光谱（ICP/ES）或者电感耦合等离子体质谱（ICP-MS）分析。

S.2　引用标准

下列文件中的条款通过在本方法中被引用而成为本方法的条款，与本方法同效。凡是不注明日期的引用文件，其最新版本适用于本方法。

GB/T 6682　分析实验室用水规格和试验方法

S.3　原理

将样品和浓硝酸定量地加入密封消解罐中，在设定的时间和温度下微波加热。利用微波对极性物质的“内加热作用”和“电磁效应”，对样品迅速加热，提高样品的消化速度和效果。消解液经过滤或离心后按一定的体积稀释，可选择适当的分析方法进行测试。

S.4　试剂和材料

S.4.1　除另有说明外，水为 GB/T 6682 规定的一级水。

S.4.2　硝酸：ρ（HNO_3）＝1.42 g/ml，优级纯。

S.5　仪器

S.5.1　微波消解仪，输出功率为 1 000～1 600 W。具有可编程控制功能，可对温度、压力和时间（升温时间和保持时间）进行全程监控，具有安全防护机制。

S.5.2　消解罐，由碳氟化合物（可溶性聚四氟乙烯 PFA 或改性聚四氟乙烯 TFM）制成的封闭罐体，可抗压 1 172～1 379 kPa（170～200 psi）、耐酸和耐腐蚀，具有泄压功能。用于水样消解的消解罐最好带有刻度。

S.5.3　量筒，体积 50 ml 或 100 ml。

S.5.4　定量滤纸。

S.5.5　玻璃漏斗。

S.5.6 分析天平，最大量程 300 g，精确度±0.01 g。
S.5.7 离心管，30 ml，玻璃或塑料材质。

S.6 样品采集，保存和处理

S.6.1 样品容器必须提前用洗涤剂、酸和水清洗干净，选用塑料和玻璃容器均可。
S.6.2 收集到的样品必须冷藏存放，并尽早分析。

S.7 操作步骤

S.7.1 消解前的准备：所使用的消解罐和玻璃容器先用稀酸（约 10%，体积分数）浸泡，然后用自来水和试剂水依次冲洗干净，放在干净的环境中晾干。对于新使用的或怀疑受污染的容器，应用热盐酸（1∶1）浸泡（温度高于 80℃，但低于沸腾温度）至少 2 h，再用热硝酸浸泡至少 2 h，然后用试剂水洗干净，放在干净的环境中晾干。
S.7.2 样品的消解
S.7.2.1 使用前，称量消解罐、阀门和盖子的质量，精确到 0.01 g。
S.7.2.2 取样
S.7.2.2.1 沉积物、污泥、土壤和油类样品：称量（精确到 0.001 g）一份混合均匀的样品，加入到消解罐中。土壤、沉积物和污泥的称样量少于 0.500 g，油则少于 0.250 g。
S.7.2.2.2 废水和固体废物的浸出液样品：用量筒量取 45 ml 样品倒入带刻度的消解罐中。
S.7.2.3 加酸
S.7.2.3.1 沉积物、污泥、土壤和油类样品：在通风橱中，向样品中加入（10±0.1）ml 浓硝酸。如果反应剧烈，在反应停止前不要给容器盖盖。按产品说明书的要求盖紧消解罐。称量带盖的消解罐，精确到 0.001 g。将消解罐放到微波炉转盘上。
S.7.2.3.2 废水和固体废物的浸出液样品：向样品中加入 5 ml 浓硝酸。按产品说明书的要求盖紧消解罐。称量带盖的消解罐，精确到 0.01 g。将消解罐放到微波炉转盘上。

注 1：某些样品可能产生有毒的氮氧化物气体，因此所有的操作必须在通风条件下进行。分析人员也必须注意该剧烈实验的危险性。如果有剧烈反应，要等其冷却后才能盖上消解罐。

注 2：当消解的固体样品含有挥发性或容易氧化的有机化合物，最初称重不能少于 0.10 g，如果反应剧烈，在加盖前必须终止反应。如果不反应，样品量称取 0.25 g。

注 3：固体样品中如果已知或疑似含有多于 5%～10%的有机物质，必须预消解至少 15 min。

S.7.2.4 按说明书装好旋转盘，设定微波消解仪的工作程序。启动微波消解仪。
S.7.2.4.1 对于沉积物、污泥、土壤和油类样品：每一组样品微波辐射 10 min。每个样品的温度在 5 min 内升到 175℃，在 10 min 的辐射时间内平衡到 170～180℃。如果一批消解的样品量大，可以采用更大的功率，只要能按上述要求在相同的时间内达到相同的温度。
S.7.2.4.2 对于废水和固体废物的浸出液样品：选定的程序应可将样品在 10 min 内升高到 160℃±4℃，同时也允许在第二个 10 min 略微升高到 165～170℃。
S.7.2.5 消解程序结束后，在消解罐取出之前应在微波炉内冷却至少 5 min。消解罐冷却到室温后，称重，记录下每个罐的质量。如果样品加酸的质量减少超过 10%，舍弃该样品。查找原因，重新消解该样品。
S.7.2.6 在通风橱中小心打开消解罐的盖子，释放其中的气体。将样品进行离心或过滤。
S.7.2.6.1 离心：转速 2 000～3 000 r/min，离心 10 min。
S.7.2.6.2 过滤：过滤装置用 10%（体积分数）的硝酸润洗。

S.7.2.7 将消解产物稀释到已知体积，并使样品和标准物质基体匹配，选择适当的分析方法进行检测。

S.8 计算

在原始样品的实际质量（或体积）基础上确定其浓度。

S.9 质量控制

S.9.1 所有质量控制的数据都要保留。
S.9.2 每批或每 20 个样品做一个平行双样，对每种新的基体都必须做平行双样。
S.9.3 每批或每 20 个样品做一个加标样品，对每种新的基体都必须加标样品。

附 录 T
（资料性附录）
固体废物 六价铬分析的样品前处理 碱消解法
Solid Wastes—Sample Preparation for Analyze of Cr（Ⅵ）—Alkaline Degestion

T.1 范围

本方法是提取土壤、污泥、沉积物或类似的废物中各种可溶的、可被吸附的或沉淀的各种含铬化合物中的六价铬的碱消解实验方法。

对于被消解的样品基体，可以通过样品的各种理化参数 pH、亚铁离子、硫化物、氧化还原电势（ORP）、总有机碳（TOC）、化学需氧量（COD）、生物需氧量（BOD）等来分析其中 Cr（Ⅵ）的还原趋势。对 Cr（Ⅵ）的分析有干扰的物质见相关的分析方法。

T.2 原理

在规定的温度和时间内，将样品在 Na_2CO_3/NaOH 溶液中进行消解。在碱性提取环境中，Cr（Ⅵ）还原和 Cr（Ⅲ）氧化的可能性都被降到最小。含 Mg^{2+}的磷酸缓冲溶液的加入也可以抑制氧化作用。

T.3 试剂和材料

T.3.1 硝酸（HNO_3）浓度为 5.0 mol/L，于 20～25℃暗处存放。不能用带有淡黄色的浓硝酸来稀释，因为其中有 NO_3^-通过光致还原形成的 NO_2，对 Cr（Ⅵ）具有还原性。

T.3.2 无水碳酸钠（Na_2CO_3）：分析纯。储存在 20～25℃的密封容器中。

T.3.3 氢氧化钠（NaOH）：分析纯。储存在 20～25℃的密封容器中。

T.3.4 无水氯化镁（$MgCl_2$）：分析纯。400 mg $MgCl_2$ 约含 100 mg Mg^{2+}。储存在 20～25℃的密封容器中。

T.3.5 磷酸盐缓冲溶液。

T.3.5.1 K_2HPO_4：分析纯。

T.3.5.2 KH_2PO_4：分析纯。

T.3.5.3 0.5 mol/L K_2HPO_4-0.5 mol/L KH_2PO_4 缓冲溶液：pH=7，将 87.09 g K_2HPO_4 和 68.04 g KH_2PO_4 溶于 700 ml 试剂水中，转移至 1 L 的容量瓶中定容。

T.3.6 铬酸铅（$PbCrO_4$）：分析纯。将 10～20 mg $PbCrO_4$ 加入一份试样中作为不可溶的加标物。在 20～25℃的干燥环境下，储存在密封容器中。

T.3.7 消解溶液，将（20.0±0.05）g NaOH 与（30.0±0.05）g Na_2CO_3 溶于试剂水中，并定容于 1 L 的容量瓶中。于 20～25℃储存在密封聚乙烯瓶中，并保持每月新制。使用前必须测量其 pH 值，若小于 11.5 须重新配制。

T.3.8 重铬酸钾标准溶液（$K_2Cr_2O_7$）：1 000 mg/L Cr（Ⅵ），将 2.829 g 于 105℃干燥过的 $K_2Cr_2O_7$ 溶于试剂水中，于 1 L 容量瓶中定容。也可使用 1 000 mg/L 的标定过的商品 Cr（Ⅵ）标准溶液。于 20～25℃储存在密封容器中，最多可使用 6 个月。

T.3.9 基体加标液：100 mg/LCr（Ⅵ），将 10 ml 1 000 mg/L 的 $K_2Cr_2O_7$ 标准溶液（T.3.8）加入 100 ml 容量瓶中，用试剂水定容，混匀。

T.3.10　试剂水：本方法中所使用的试剂水应满足相关的 Cr（Ⅵ）分析方法的要求。

T.4　仪器、装置

T.4.1　消解容器：250 ml，硅酸盐玻璃或石英材质。
T.4.2　量筒：100 ml。
T.4.3　容量瓶：1 000 ml 和 100 ml，具塞，玻璃。
T.4.4　真空过滤器。
T.4.5　滤膜（0.45 μm）：纤维质或聚碳酸酯滤膜。
T.4.6　加热装置：可以将消解液保持在 90～95℃，并可持续自动搅拌。
T.4.7　玻璃移液管：多种规格。
T.4.8　pH 计：已校准。
T.4.9　天平：已校准。
T.4.10　测温装置：可测至 100℃，如温度计、热敏电阻、红外传感器等。

T.5　样品采集、保存与处理

T.5.1　样品应使用塑料或玻璃的装置和容器采集并保存，不得使用不锈钢制品。样品在检测前须在（4±2）℃下保存，并保持野外潮湿状态。
T.5.2　在野外潮湿土壤样品中，收集 30 d 后 Cr（Ⅵ）仍可以保持含量的稳定。在碱性消解液中 Cr（Ⅵ）在 168 h 内是稳定的。
T.5.3　实验中产生的 Cr（Ⅵ）溶液或废料应当用适当方法处理，如用维生素 C 或其他还原性试剂处理，将其中的 Cr（Ⅵ）还原为 Cr（Ⅲ）。

T.6　操作步骤

T.6.1　通过对试剂空白（一个装有 50 ml 消解液的 250 ml 容器）的温度监测，调节所有碱消解加热装置的温度设定。使消解液可以保持在 90～95℃下加热。
T.6.2　将（2.5±0.10）g 混合均匀的野外潮湿样品加入 250 ml 消解容器中。需要加标时，将加标物须直接加入该样品中。
T.6.3　用量筒向每一份样品中加入（50±1）ml 消解液，然后加入大约 400 mg $MgCl_2$ 和 0.5 ml 1.0 mol/L 磷酸缓冲溶液。将所有样品用表面皿盖上。
T.6.4　用搅拌装置将样品持续搅拌至少 5 min（不加热）。
T.6.5　将样品加热至 90～95℃，然后在持续搅拌下保持至少 60 min。
T.6.6　在持续搅拌下将每份样品逐渐冷却至室温。将反应物全部转移至过滤装置，用试剂水将消解容器冲洗 3 次，洗涤液也转移至过滤装置，用 0.45 μm 的滤膜过滤。将滤液和洗涤液转移至 250 ml 的烧杯中。
T.6.7　在搅拌器的搅拌下，向装有消解液的烧杯中逐滴缓慢加入 5.0 mol/L 的硝酸，调节溶液的 pH 至 7.5±0.5。如果消解液的 pH 超出了需要的范围，必须将其弃去并重新消解。如果有絮状沉淀产生，样品要用 0.45 μm 滤膜过滤。

注意：CO_2 会干扰此过程，此操作应在通风橱内完成。

T.6.8　取出搅拌器并清洗，洗涤液收入烧杯中。将样品完全转入 100 ml 容量瓶中，用试剂水定容。混合均匀待分析。

T.7 计算

T.7.1 样品质量分数

$$质量分数=\frac{ADE}{BC}$$

式中：*A*——消解液中测得的质量浓度，μg/ml；

B——最初湿样品的质量，g；

C——干固体质量分数，%；

D——稀释倍数；

E——最终消解液体积，ml。

T.7.2 相对偏差

$$\mathrm{RPD}=\frac{S-D}{(S+D)/2}$$

式中：RPD——平行样品的相对偏差；

S——第一份样品检测结果；

D——平行样品检测结果。

T.7.3 加标回收率

$$回收率=\frac{\mathrm{SSR}-SR}{SA}\times 100\%$$

式中：SSR——加标样品检测结果；

SR——未加标样品检测结果；

SA——加标量。

T.8 质量控制

T.8.1 必须对每一批消解样品进行质量控制分析，在每批样品消解中必须制备一个空白样品，其所测得的 Cr（Ⅵ）必须低于方法的检测限或 Cr（Ⅵ）标准限值的 1/10，否则整批样品都必须重新进行消解。

T.8.2 实验室控制样品（LCS）。作为方法性能的附加检测，将基体加标液或固体基体加标物加入 50 ml 消解液中。LCS 的回收率应在 80%～120%的范围内，否则整批样品必须重新检测。

T.8.3 对每一批样品都必须有平行样品的检测，且要求相对偏差 *RPD* 小于等于 20%。

T.8.4 对每一批小于等于 20 个样品来说，都要做可溶性和非可溶性的基体加标测定。可溶性基体加标是加入 1.0 ml 加标溶液［相当于 40 mg Cr（Ⅵ）/kg］。非可溶性基体加标是向样品中加入 10～20 mg 的 $PbCrO_4$。消解后基体加标的回收率应该达到 85%～115%。否则，应对样品重新进行混匀、消解和检测。

附　录　U
（资料性附录）
固体废物　有机物分析的样品前处理　分液漏斗液-液萃取法
Solid Wastes—Sample Preparation for Analyze of Organic Compounds —Separatory Funnel Liquid-Liquid Extraction

U.1　范围

本方法规定了从水溶液样中分离有机化合物的分液漏斗液-液萃取法，后续使用色谱分析方法时，本方法可应用于水不溶性和水微溶性的有机物的分离和浓缩。

U.2　引用标准

下列文件中的条款通过在本方法中被引用而成为本方法的条款，与本方法同效。凡是不注明日期的引用文件，其最新版本适用于本方法。

GB/T 6682　分析实验室用水规格和试验方法

U.3　原理

量取一定体积的样品，通常为 1 L。在规定的 pH 下，在分液漏斗中用二氯甲烷进行逐次提取，将提取物干燥、浓缩，必要时，更换为与用于净化或测定步骤相一致的溶剂。

U.4　试剂和材料

除另有说明外，本方法中所用的水为 GB/T 6682 规定的一级水。

U.4.1　硫酸钠（无水，粒状）：需要置于浅碟 400℃烧灼 4 h 或使用二氯甲烷预洗以净化。

U.4.2　提取前调节 pH 的溶液。

U.4.2.1　硫酸溶液（1∶1，体积分数）：缓慢添加 50 ml 浓硫酸到 50 ml 无有机物的试剂水中。

U.4.2.2　氢氧化钠溶液（10 mol/L）：溶解 40 g 氢氧化钠于无有机物的试剂水中并定容到 100 ml。

U.4.3　二氯甲烷：色谱纯。

U.4.4　正己烷：色谱纯。

U.4.5　乙腈：色谱纯。

U.4.6　异丙醇：色谱纯。

U.4.7　环己烷：色谱纯。

U.5　仪器

U.5.1　分液漏斗：2 L，具聚四氟乙烯活塞。

U.5.2　干燥柱：20 mm 内径，硬质玻璃色谱柱在底部带有硬质玻璃棉和聚四氟乙烯活塞（注意：烧结玻璃筛板在高度污染的提取物通过之后很难去除。可购买无烧结筛板的柱子）。用一个小的硬质玻璃棉垫保持吸附剂。在用吸附剂装柱之前，用 50 ml 丙酮预先洗玻璃小垫，继续用 50 ml 的洗提溶液洗净。

U.5.3 Kuderna-Danish（K-D）装置。
U.5.3.1 浓缩管：10 ml，带刻度。具玻璃塞以防止在短时间放置时样品挥发。
U.5.3.2 蒸发瓶：500 ml。使用弹簧或者夹子与蒸发器连接。
U.5.4 溶剂蒸发回收装置。
U.5.5 沸石：10/40 目（碳化硅，或同等装置）。
U.5.6 水浴：加热精度±5℃，具有同心环状盖板，使用时必须盖住盖板。
U.5.7 氮吹仪：12 位或 24 位（可选）。
U.5.8 玻璃样品瓶：2 ml 或 10 ml，具有聚四氟乙烯旋盖或压盖以存放样品。
U.5.9 pH 试纸：广泛试纸。
U.5.10 真空系统：可达到 8.8 MPa 真空度。
U.5.11 量筒。

U.6 操作步骤

U.6.1 用 1 L 量筒，量取 1 L 样品并移入分液漏斗中。
U.6.2 用广泛 pH 试纸检查样品的 pH，初始提取 pH＞11，必要时，用不超过 1 ml 的酸或碱调至提取方法所需的 pH。
U.6.3 用量筒取 60 ml 二氯甲烷洗涤，将其并入分液漏斗。
U.6.4 密闭分液漏斗，用力振摇 1～2 min，并间歇地排气以释放压力。

注意：二氯甲烷会很快地产生过大的压力，因此初次排气应在分液漏斗密闭并摇动一次后立即进行。排气应在通风橱中进行以防交叉污染。

U.6.5 有机层与水相分离至少需 10 min，若两层间的乳浊液界面大于溶剂层的 1/3，须采取机械技术来完成相分离。最佳技术依样品而定，包括搅拌、通过玻璃棉过滤乳浊液、离心或其他物理方法。收集溶剂提取物至锥形烧瓶中。
U.6.6 用一份新的溶剂再重复萃取两次（见步骤 U.6.3 至 U.6.5），合并 3 次的提取液。
U.6.7 进一步调节 pH 并提取，将水相的 pH 调节至低于 2。如 U.6.3 至 U.6.5 所述，用二氯甲烷连续提取 3 次，收集并合并提取液，并标明合并的提取液。
U.6.8 若进行 GC/MS 分析，酸性及碱性或中性提取物可在浓缩之前合并。但在某些情况下，分别浓缩和分析酸性及碱性或中性提取物更为可取。
U.6.9 K-D 浓缩技术。
U.6.9.1 组装一个包括 10 ml 浓缩管和 500 ml 蒸发瓶的 K-D 浓缩装置。
U.6.9.2 合并各步的洗脱液，流过一个装有 10 g 无水硫酸钠的干燥管。将干燥后的洗脱液收集到 K-D 浓缩装置。如果被分析物是酸性物质须使用酸化的硫酸钠（见 GB 5085.6 附录 K）。
U.6.9.3 用 20 ml 溶剂洗涤收集管和干燥管，将其合并到 K-D 浓缩装置蒸发瓶中。
U.6.9.4 在蒸发瓶中加入 1～2 片沸石，安装一个 3 球的常量斯奈德管。装上玻璃制的回收装置。用 1 ml 二氯甲烷润湿斯奈德管的顶端。将 K-D 装置放置在热水浴（温度设置在溶剂沸点以上 15～20℃）上，使浓缩管下端部分地浸入热水中，整个管的下表面被蒸汽加热。调整装置的垂直位置和水浴温度，使浓缩过程在 10～20 min 完成。在正常的加热速率下，只在管的球状部分可以观察到液体沸腾。当剩余的溶剂小于 1 ml 时，将 K-D 装置从水浴上取下，至少放置 10 min 冷却。移去斯奈德管，用 1～2 ml 溶剂洗涤浓缩管的下端。用二氯甲烷调节最终的萃取物体积到 1 ml，或者使用上述流程进一步浓缩。
U.6.10 如需进一步的浓缩，可使用微量斯奈德管或者氮吹浓缩。
U.6.10.1 微量斯奈德管浓缩技术。
U.6.10.1.1 在浓缩管重新加入干净的沸石，安装一个 2 球的微量斯奈德管。装上玻璃制的微量回收装置。用 0.5 ml 二氯甲烷润湿斯奈德管的顶端。将 K-D 装置放置在热水浴上，使浓缩管下端部分地浸入热水中，整个管的下表面被蒸汽加热。调整装置的垂直位置和水浴温度，使浓缩过程在 5～10 min 完成。在正常的加热速率下，只在管的球状部分可以观察到液体沸腾。

U.6.10.1.2 当剩余的溶剂约 0.5 ml 时，将 K-D 装置从水浴上取下，至少放置 10 min 以冷却。移去斯奈德管，用 0.2 ml 溶剂洗涤浓缩管的下端，调节最终的萃取物体积到 1 ml。

U.6.10.2 氮吹技术。

U.6.10.2.1 将浓缩管放在温水浴（大约 30℃）中，使用经过活性炭柱净化的干燥、洁净的适当流量的氮气流，吹干至约 1 ml。

注：不要在活性炭柱后使用新的塑料管，否则有可能造成样品污染。

U.6.10.2.2 在氮吹过程中用溶剂润洗几次浓缩管内壁；注意不要将水溅到管中；一般来说不要把样品吹干。

注意：当溶剂体积剩余不足 1 ml 时，半挥发性被分析物会损失。

U.6.11 萃取物可以用于下一步的净化流程，或是用适当方法对目标物质进行分析。如果不是立即进行下一步操作，可以塞住浓缩管冷藏保存。当储藏时间超过 2 d 时，须使用聚四氟乙烯旋盖的样品瓶并做好标记。

附 录 V
（资料性附录）
固体废物 有机物分析的样品前处理 索氏提取法
Solid Wastes—Sample Preparation for Analyze of Organic Compounds—Soxhlet Extraction

V.1 范围

本方法适用于对固体废物、沉积物、淤泥以及土壤的索氏提取法。索氏提取保证了样品和提取溶剂之间快速而密切的接触。在制备各种色谱方法中测定的样品时，本法可用于分离和浓缩水不溶性和水微溶性有机物。

V.2 引用标准

下列文件中的条款通过在本方法中被引用而成为本方法的条款，与本方法同效。凡是不注明日期的引用文件，其最新版本适用于本方法。

GB/T 6682 分析实验室用水规格和试验方法

V.3 原理

固体样品与无水硫酸钠混合，置于提取套筒或 2 个玻璃棉塞之间，在索氏提取器中用适当的溶剂提取，提取液干燥后浓缩，必要时，置换溶剂使其与净化或测定步骤中所用的相一致。

V.4 试剂和材料

V.4.1 除另有说明外，本方法中所用的水为 GB/T 6682 规定的一级水。
V.4.2 硫酸钠（无水，粒状）：需要置于浅盘 400℃烧灼 4 h 或使用二氯甲烷预洗以净化。如果使用二氯甲烷预洗净化，必须测试试剂空白以证明没有由无水硫酸钠带来的干扰。
V.4.3 提取溶剂。
V.4.3.1 土壤或沉积物和水性污泥样品：丙酮/正己烷（1∶1，体积分数），或二氯甲烷/丙酮（1∶1，体积分数）。
V.4.3.2 其他样品：二氯甲烷，或甲苯/甲醇（10∶1，体积分数）。
V.4.4 更换溶剂：己烷、2-丙醇、环己烷、乙腈，色谱纯。

V.5 仪器

V.5.1 索氏提取器：40 mm 内径，带 500 ml 圆底烧瓶。
V.5.2 Kuderna-Danish（K-D）装置。
V.5.2.1 浓缩管：10 ml，带刻度。具玻璃塞以防止在短时间放置时样品挥发。
V.5.2.2 蒸发瓶：500 ml。使用弹簧或者夹子与蒸发器连接。
V.5.2.3 斯奈德管：三球，大量。
V.5.2.4 斯奈德管：二球，微量（可选）。

V.5.3　溶剂蒸发回收装置。
V.5.4　沸石：10/40 目（碳化硅）。
V.5.5　水浴：加热精度±5℃，具有同心环状盖板，使用时必须盖住盖板。
V.5.6　氮吹仪：12 位或 24 位（可选）。
V.5.7　玻璃样品瓶：2 ml 或 10 ml，具有聚四氟乙烯旋盖或压盖。
V.5.8　玻璃或纸套筒或玻璃棉，无污染物质。
V.5.9　加热套，变阻器控制。
V.5.10　分析天平，感量 0.000 1 g。

V.6　操作步骤

V.6.1　样品处理。
V.6.1.1　废物样品：样品若包含多相，应在萃取前按相分离方法进行制备。本操作步骤只用于固体。
V.6.1.2　沉积物/土壤样品：倾倒弃去样品上面的水层。充分混合样品，特别是复合样品。弃去外来异物，如树枝、树叶和石块。
V.6.1.3　黏稠、纤维或油脂类废物可采用切、撕等方式降低其粒径，使其在提取时有尽可能大的比表面。无水硫酸钠与样品 1∶1 混合后更适合于研磨。
V.6.1.4　适合于研磨的干燥废物样品：研磨或再细分废物，使其能通过 1 mm 筛，将足够样品倒入研磨器中，使经研磨后至少能得到 10 g 样品。
V.6.2　样品干重质量分数的测定

在某些情况下，希望样品以干重计。在这时应测定样品干重在总重量中的比例，并在实际分析中按比例折算被测样品的干重值。

称完提取用的样品，立即称取 5～10 g 样品于配衡坩埚中，105℃放置干燥过夜，于保干器内冷却后称重。

$$w（干重，\%）=样品干重/样品总重\times100\%$$

V.6.3　将 10 g 固体样品和 10 g 无水硫酸钠混合，放于提取套筒中。在提取过程中套筒须自由地沥干。在索氏提取器中，可在样品的上下两端放上玻璃棉塞以代替提取套筒。添加 1.0 ml 甲醇及测定方法中指定的替代物到各个样品和空白中。
V.6.4　在有 1～2 粒干净沸石的 500 ml 圆底烧瓶中加入 300 ml 提取溶剂，将烧瓶连接在提取器上，提取样品 16～24 h。
V.6.5　在提取完成后让提取液冷却。
V.6.6　组装一个包括 10 ml 浓缩管和 500 ml 蒸发瓶的 K-D 浓缩装置。
V.6.7　装上玻璃制的回收装置（冷凝与收集装置）。
V.6.8　将洗脱液流过一个含有 10 cm 无水硫酸钠的干燥管。将干燥后的洗脱液收集到 K-D 浓缩装置。利用 100～125 ml 提取溶剂洗涤容器和干燥管，保证完全转移。
V.6.9　在蒸发瓶中加入 1～2 片沸石，安装一个 3 球的常量斯奈德管。用 1 ml 二氯甲烷润湿斯奈德管的顶端。将 K-D 装置放置在热水浴（温度设置在溶剂沸点以上 15～20℃）上，使浓缩管下端部分地浸入热水中，整个管的下表面被蒸汽加热。调整装置的垂直位置和水浴温度，使浓缩过程在 10～20 min 之内完成。在正常的加热速率下，只在管的球状部分可以观察到液体沸腾。当剩余的溶剂为 1～2 ml 时，将 K-D 装置从水浴上取下，至少放置 10 min 以冷却。
V.6.10　如需要置换溶剂（见表 V.1），取下斯奈德管，加入 50 ml 置换溶剂和一片新的沸石。按 V.6.9 浓缩提取液，如必要则使用水浴加热，当剩余的溶剂为 1～2 ml 时，将 K-D 装置从水浴上取下，至少放置 10 min 以冷却。

V.6.11　移去斯奈德管，用 1～2 ml 二氯甲烷或置换溶剂洗涤浓缩管的下端。用最后使用的溶剂调节最终的萃取物体积到 10 ml，或者使用 V.6.12 的流程进一步浓缩。

V.6.12　如需进一步的浓缩，可使用微量斯奈德管或者氮吹。

V.6.12.1　微量斯奈德管浓缩技术。

V.6.12.1.1　在浓缩管重新加入干净的沸石，安装一个 2 球的微量斯奈德管，装上玻璃微量回收装置，用 0.5 ml 二氯甲烷润湿斯奈德管的顶端。将 K-D 装置放置在热水浴上，使浓缩管下端部分地浸入热水中，整个管的下表面被蒸汽加热。调整装置的垂直位置和水浴温度，使浓缩过程在 5～10 min 之内完成。在正常的加热速率下，只在管的球状部分可以观察到液体沸腾。

V.6.12.1.2　当剩余的溶剂约 0.5 ml 时，将 K-D 装置从水浴上取下，至少放置 10 min 以冷却。移去斯奈德管，用 0.2 ml 溶剂洗涤浓缩管的下端，调节最终的萃取物体积到 1～2 ml。

V.6.12.2　氮吹技术。

V.6.12.2.1　将浓缩管放在温水浴（大约 30℃）中，使用经过活性炭柱净化的干燥、洁净的适当流量的氮气流，吹干至约 0.5 ml。

注意：不要在活性炭柱后使用新的塑料管，否则有可能给样品带来邻苯二甲酸酯污染。

V.6.12.2.2　在氮吹过程中用溶剂润洗几次浓缩管内壁；注意不要将水溅到管中；不要把样品吹干。

注意：当溶剂体积剩余不足 1 ml 时，半挥发性分析物会有损失。

V.6.13　萃取物可以用于下一步的净化流程，或是用适当方法对目标物质进行分析。如果不是立即进行下一步操作，可以塞住浓缩管冷藏保存。当储藏时间超过 2 d 时，须使用聚四氟乙烯旋盖的样品瓶并做好标记。在任何情况下都不推荐保存时间超过 2 d。

表 V.1　各个测定方法的溶剂置换

分析方法	提取 pH	分析时置换溶剂	净化时置换溶剂	用于净化的溶液体积/ml	用于分析的最终体积/ml[a]
5085.6 附录 H	不调节	正己烷	正己烷	10.0	10.0
5085.6 附录 N	不调节	正己烷	正己烷	10.0	10.0
5085.6 附录 R	不调节	正己烷	正己烷	2.0	1.0
5085.6 附录 I	不调节	正己烷	正己烷	10.0	10.0
5085.6 附录 K	不调节	不置换	—	—	1.0
5085.6 附录 L	不调节	甲醇	—	—	1.0

注：a. 对建议定容体积 10.0 ml 的方法，可以将提取物浓缩到 1.0 ml 以获得更低的检测限。

附 录 W
（资料性附录）
固体废物 有机物分析的样品前处理
Florisil（硅酸镁载体）柱净化法
Solid Wastes—Sample Preparation for Analyze of Organic—Florisil Cleanup

W.1 范围

本方法适用于气相色谱样品在进行分析之前，使用 Florisil（硅酸镁载体）进行柱色谱净化。本方法可以使用柱色谱或者装填 Florisil 的固相萃取柱。

本方法述及了含有下列物质的提取物的净化：邻苯二甲酸酯类、氯代烃、亚硝胺、有机氯农药、硝基芳香化合物、有机磷酸酯、卤代醚、有机磷农药、苯胺及其衍生物和多氯联苯等。

W.2 原理

本方法中净化柱装填 Florisil 后，上面附加一层干燥剂。上样后用适当溶剂洗脱，将干扰物留在 Florisil 柱上。将洗脱液浓缩，备作后续的分析。也可使用装填 40 μm（孔径 6 nm）Florisil 的固相萃取柱，上样前用溶剂活化。上样后用适当溶剂洗脱，将干扰物留在 Florisil 柱上。为了保证结果，应在固相萃取装置（真空缸）上完成。将洗脱液浓缩，备作后续的分析。

W.3 试剂和材料

W.3.1 除有说明外，本方法中所用的水为无有机物的试剂水。

W.3.2 Florisil：本方法中涉及两种类型的 Florisil，Florisi PR 经过 675℃活化，一般用于净化杀虫剂样品，而 Florisi A 经过 650℃活化，一般用于净化其他样品。待用的 Florisil 必须贮存于带磨口玻璃塞或螺盖有内衬的玻璃容器中。

W.3.3 月桂酸：用于标定 Florisil 的活性，将 10.00 g 月桂酸用正己烷定容到 500 ml 待用。

W.3.4 酚酞指示剂：1%乙醇溶液。

W.3.5 氢氧化钠：称量 20 g 氢氧化钠定容到 500 ml，得到 1 mol/L 的溶液，稀释 20 倍得到 0.05 mol/L 的溶液后用月桂酸溶液标定；准确称取 100～200 mg 月桂酸于锥形瓶中，加入 50 ml 乙醇，溶解月桂酸，加 3 滴酚酞指示剂，用 0.05 mol/L 的氢氧化钠溶液滴定，将每毫升氢氧化钠溶液能中和的月桂酸毫克数作为“溶液强度”标记在 0.05 mol/L 的氢氧化钠溶液瓶上。

W.3.6 Florisil 的活化和去活化。

W.3.6.1 去活化，用于邻苯二甲酸酯净化。使用之前，盛放在一个大口烧杯中，140℃加热至少 16 h。在加热后，转入 500 ml 试剂瓶中，密封并冷却至室温。加 3.3%（体积质量比）试剂水，充分混合，放置至少 2 h。密封保存。

W.3.6.2 活化，用于邻苯二甲酸酯净化之外的所有过程。无论是 Florisi PR 或者 Florisi A，使用之前，盛放在一个浅玻璃盘中，用金属箔松松地覆盖，130℃加热过夜，密封保存。

W.3.6.3 不同的批料或不同来源的 Florisil，其吸附能力可能不同。建议使用月桂酸值标定 Florisil 的吸附容量。

W.3.6.3.1 称取 2.000 g Florisil 盛放在一个 25 ml 锥形瓶中，用金属箔松松地覆盖，130℃加热过夜。

冷却至室温。

W.3.6.3.2 加 20.0 ml 月桂酸正己烷溶液，塞上，振荡 15 min。

W.3.6.3.3 静置沉淀，吸取 10.0 ml 的液体到 125 ml 锥形瓶，不要引入固体。

W.3.6.3.4 加 60 ml 乙醇，3 滴酚酞指示剂。

W.3.6.3.5 用标定过的 0.05 mol/L 的氢氧化钠溶液滴定。

W.3.6.3.6 计算月桂酸值：月桂酸值＝200−滴定体积（ml）×溶液强度（mg/ml）。

W.3.6.3.7 装填柱色谱需要的 Florisil 的克数为：月桂酸值×20 g÷110。

W.3.7 硫酸钠（无水：粒状）：需要置于浅碟 400℃烧灼 4 h 或使用二氯甲烷预洗以净化。使用二氯甲烷洗涤处理的无水硫酸钠必须测定试剂空白。

W.3.8 装填 40 μm（孔径 6 nm）Florisil 的固相萃取柱。Florisil 固相萃取柱：装填 40 μm（孔径 6 nm）Florisil，用于净化邻苯二甲酸酯。1 g 氧化铝装填于 6 ml 血清学级的聚丙烯注射器针筒内，加有 20 μm 孔径筛板。0.5 g 和 2 g 规格的也可以使用，但其净化效果需要确认。

W.3.9 提取溶剂：所有试剂均为色谱纯级或同等质量。

W.3.9.1 二氯甲烷、正己烷、异丙醇、甲苯、石油醚（沸程 30～60℃）、正戊烷、丙酮。

W.3.9.2 乙醚（$C_2H_5OC_2H_5$）：必须不含过氧化物，请用相应的试纸测试。除去过氧化物的乙醚应当加入 20 ml/L 的乙醇以保存。

W.3.10 有机酚性能评价标准：0.1 mg/L 2,4,5-三氯苯酚的丙酮溶液。

W.3.11 农药测试标液：正己烷为溶剂，标准物质量浓度分别为：*α*-六氯环己烷、*γ*-六氯环己烷、七氯、硫丹 I，各 5 mg/L，狄氏剂、艾氏剂、4,4′-DDD、4,4′-DDT，各 10 mg/L，四氯间二甲苯、十氯联苯，各 20 mg/L，甲氧氯，50 mg/L。

W.3.12 氯代酚酸除草剂标液：含 2,4,5-T 甲酯 100 mg/L，五氯苯酚甲酯 50 mg/L，毒莠定 200 mg/L。

W.4 仪器、装置

W.4.1 色谱柱：300 mm，10 mm 内径，具有聚四氟乙烯阀门。

W.4.2 烧杯。

W.4.3 试剂瓶。

W.4.4 马弗炉：至少可达 400℃。

W.4.5 玻璃样品瓶：2 ml、5 ml、25 ml，具有聚四氟乙烯旋盖或压盖以存放样品。

W.4.6 固相萃取装置：Empore TM 装置（真空多支管）带有 3～90 mm 或 6～47 mm 标准滤过装置，或者其同类装置。若具有良好的提取性能并可满足所有质量控制条件，可以使用自动固相萃取装置。

W.4.7 天平：精度 0.01 g。

W.5 样品的采集、保存和预处理

W.5.1 固体基质：250 ml 宽口玻璃瓶，有螺纹的 Teflon 的盖子，冷却至 4℃保存。

液体基质：4 个 1 L 的琥珀色玻璃瓶，有螺纹的 Teflon 的盖子，在样品中加入 0.75 ml 10%的 $NaHSO_4$，冷却至 4℃保存。

W.5.2 保存样品提取物在−10℃，避光，且存放于密闭的容器中（如带螺帽的小瓶或卷盖小瓶）。

W.6 干扰的消除

W.6.1 实验试剂需要进一步的净化。

W.6.2 必须测定溶剂空白，证实净化方法带来的干扰低于后续分析方法的检测限时，纯化方法方可应用于实际样品。但是实验证明经过固相萃取小柱进行净化后，每个小柱会给空白样品中带来约 400 ng 的邻苯二甲酸酯干扰。这一部分由固相萃取小柱带来的干扰是无法去除的。

W.7 操作步骤

W.7.1 固相萃取柱的准备和活化。

W.7.1.1 将萃取柱装在真空萃取装置上。

W.7.1.2 抽真空到 250 mmHg。从萃取柱流出的流量可以通过阀门调节。

W.7.1.3 加 4 ml 正己烷到柱上，打开阀门，使溶剂流出几滴后关闭，浸润萃取柱柱床 5 min。期间真空不要关闭。

W.7.1.4 打开阀门，使溶剂流出到柱床上的液面只剩下 1 mm 时关闭，不可抽干。若柱床上的液面被抽干，必须重复活化。

W.7.2 样品处理。

在大多数净化过程之前，必须将萃取液浓缩。上样体积会影响净化过程的性能，对固相萃取柱尤为如此，过大的上样体积会导致结果变差。

W.7.2.1 将下列样品浓缩到 2 ml：邻苯二甲酸酯类、氯代烃、亚硝胺、氯代酚酸除草剂（以上溶剂均为正己烷）、硝基芳香化合物和异佛尔酮（溶剂为二氯甲烷）、苯胺及其衍生物（溶剂为二氯甲烷）。

W.7.2.2 将下列样品浓缩到 10 ml：有机氯农药、有机磷酸酯、卤代醚、有机磷农药和多氯联苯，溶剂均为正己烷。在净化流程中只需要用其中 1 ml。

W.7.2.3 冷藏样品放置到室温。检查样品是否沉淀、分层或者溶剂蒸发损失。

W.7.3 柱色谱净化邻苯二甲酸酯。

W.7.3.1 将 10 g 去活化的 Florisil 放入 10 mm 内径色谱柱中装实，在顶部加 1 cm 的无水硫酸钠。

W.7.3.2 用 40 ml 己烷预先冲洗柱。所有的洗脱速度应约为 2 ml/min，弃去洗脱液，并在硫酸钠层刚要暴露于空气之前，定量地转移 2 ml 样品提取液至柱上。另用 2 ml 己烷使样品全部转移。

W.7.3.3 在硫酸钠层刚好暴露于空气之前，加 40 ml 的己烷继续洗脱。弃去此洗脱液。

W.7.3.4 用 100 ml 20∶80（体积分数）的乙醚/正己烷溶液洗脱，收集洗脱液。此流程的流出物包括：邻苯二甲酸二（2-乙基己基）酯，邻苯二甲酸二甲酯，邻苯二甲酸二乙酯，邻苯二甲酸苯基丁基酯，邻苯二甲酸二正丁酯，邻苯二甲酸二正辛酯。

W.7.4 固相萃取柱净化邻苯二甲酸酯。

W.7.4.1 按照 W.7.1 预处理含有 1 g Florisil 填料的萃取柱。

W.7.4.2 上样 1 ml，打开阀门，使液体以 2 ml/min 速度流出。

W.7.4.3 在样品流出到填料上层将抽干时，用 0.5 ml 溶剂洗涤样品瓶，上样。

W.7.4.4 在填料上层将抽干之前，关上阀门。

W.7.4.5 将 5 ml 的样品瓶或锥形瓶放在出液口准备接收液体。

W.7.4.6 如果样品中可能存在有机氯农药，加入 10 ml 20∶80（体积分数）的二氯甲烷/正己烷溶液，抽真空到 250 mm Hg。洗脱液刚从萃取柱流出时关闭阀门，浸润 1 min。缓慢打开阀门使洗脱液流出到接收瓶，弃去。

W.7.4.7 加入 10 ml 10∶90（体积分数）的丙酮/正己烷溶液，缓慢打开阀门使洗脱液流出到接收瓶，此馏分包含邻苯二甲酸二酯，可用于后续分析。

W.7.5 柱色谱净化亚硝胺。

W.7.5.1 将 22 g 标定过的活化的 Florisil 放入 20 mm 内径色谱柱中装实，在顶部加 5 mm 的无水硫酸钠。

W.7.5.2 用 40 ml 15∶85（体积分数）的乙醚/正戊烷预先冲洗柱。所有的洗脱速度应约为 2 ml/min，弃去洗脱液，并在硫酸钠层刚要暴露于空气之前，定量地转移 2 ml 样品提取液至柱上。使用另外的 2 ml 正戊烷使样品全部转移。

W.7.5.3 在硫酸钠层刚好暴露于空气之前，加 90 ml 15∶85（体积分数）的乙醚/正戊烷继续洗脱。弃去此洗脱液。

W.7.5.4 用 100 ml 95∶5（体积分数）的乙醚/丙酮洗脱，收集洗脱液。此流程的流出物包括列表中所有亚硝胺。

W.7.6 柱色谱净化有机氯农药、卤代醚类和有机磷农药（洗脱顺序见表 W.2）。

W.7.6.1 将 20 g 标定过的活化的 Florisil 放入 20 mm 内径色谱柱中装实，在顶部加 1～2 cm 的无水硫酸钠。

W.7.6.2 用 60 ml 己烷预先冲洗柱。所有的洗脱速度应约为 5 ml/min，弃去洗脱液，并在硫酸钠层刚要暴露于空气之前，定量地转移 10 ml 样品提取液至柱上。另外使用 2 ml 正己烷使样品全部转移。

W.7.6.3 在硫酸钠层刚好暴露于空气之前，加 200 ml 6∶94（体积分数）的乙醚/正己烷继续洗脱，得到馏分 1，其中包含卤代醚。

W.7.6.4 加 200 ml 15∶85（体积分数）的乙醚/正己烷继续洗脱，得到馏分 2。

W.7.6.5 加 200 ml 50∶50（体积分数）的乙醚/正己烷继续洗脱，得到馏分 3。

W.7.6.6 加 200 ml 乙醚继续洗脱，得到馏分 4。

W.7.7 固相萃取柱净化有机氯农药和 PCBs。

W.7.7.1 按照 W.7.1 预处理含有 1 g Florisil 填料的萃取柱。

W.7.7.2 上样 1 ml，打开阀门，使液体以 2 ml/min 速度流出。

W.7.7.3 在样品流出到填料上层将抽干时，用 0.5 ml 溶剂洗涤样品瓶，上样。

W.7.7.4 在填料上层将抽干之前，关上阀门。

W.7.7.5 将 10 ml 的样品瓶或锥形瓶放在出液口准备接收液体。

W.7.7.6 如果不需要分开有机氯农药和 PCBs，加入 9 ml 10∶90（体积分数）的丙酮/正己烷溶液，抽真空到 250 mmHg。洗脱液刚从萃取柱流出时关闭阀门，浸润 1 min。缓慢打开阀门使洗脱液流出到接收瓶，馏分包含有机氯农药和 PCBs，浓缩到适当体积并需置换溶剂。

W.7.7.7 加入 3 ml 正己烷，抽真空到 250 mmHg。洗脱液刚从萃取柱流出时关闭阀门，浸润 1 min。得到馏分 1，其中包含 PCBs 和少数几种有机氯农药。

W.7.7.8 加 5 ml 26∶74（体积分数）的二氯甲烷/正己烷继续洗脱，得到馏分 2，含大多数有机氯农药。

W.7.7.9 加 5 ml 10∶90（体积分数）的丙酮/正己烷溶液继续洗脱，得到馏分 3，含剩余的有机氯农药。

W.7.8 柱色谱净化硝基芳香化合物和异佛尔酮。

W.7.8.1 将 10 g 标定过的活化的 Florisil 放入 10 mm 内径色谱柱中装实，在顶部加 1 cm 的无水硫酸钠。

W.7.8.2 用 10∶90（体积分数）的二氯甲烷/正己烷溶液预先冲洗柱。所有的洗脱速度应约为 2 ml/min，弃去洗脱液，并在硫酸钠层刚要暴露于空气之前，定量地转移 2 ml 样品提取液至柱上。另用 2 ml 正己烷使样品全部转移。

W.7.8.3 在硫酸钠层刚好暴露于空气之前，加 30 ml 10∶90（体积分数）的二氯甲烷/正己烷溶液继续洗脱。弃去此洗脱液。

W.7.8.4 用 90 ml 15∶85（体积分数）的乙醚/正戊烷洗脱，弃去此洗脱液（洗脱二苯胺）。

W.7.8.5 加 100 ml 5∶95（体积分数）的丙酮/乙醚继续洗脱，得到馏分 1，含有硝基芳香化合物。

W.7.8.6 加入 15 ml 甲醇后，浓缩到适当体积。

W.7.8.7 加 30 ml 10∶90（体积分数）的丙酮/二氯甲烷继续洗脱，得到馏分 2，含所有的硝基芳香化合物。

W.7.8.8 将洗脱液浓缩到适当体积后，将溶剂置换为己烷。馏分包含：2,4-二硝基甲苯、2,6-二硝基甲苯、异佛尔酮、硝基苯。

W.7.9 柱色谱净化氯代烃。

W.7.9.1 将 12 g 去活化的 Florisil 放入 10 mm 内径色谱柱中装实，在顶部加 1～2 cm 的无水硫酸钠。

W.7.9.2 用 100 ml 石油醚预先冲洗柱。弃去洗脱液，并在硫酸钠层刚要暴露于空气之前，定量地转移样品提取液至柱上。

W.7.9.3 用 200 ml 石油醚洗脱，收集洗脱液。此流程的流出物包括：2-氯萘、1,2-二氯苯、1,3-二氯苯、1,4-二氯苯、1,2,4-三氯苯、六氯联苯、六氯丁二烯、六氯环戊二烯、六氯乙烷。

W.7.10 固相萃取柱净化氯代烃。

W.7.10.1 按照 W.7.1 预处理含有 1 g Florisil 填料的萃取柱。

W.7.10.2 上样，打开阀门，使液体以 2 ml/min 速度流出。

W.7.10.3 在样品流出到填料上层将抽干时，用 0.5 ml 10∶90（体积分数）的丙酮/正己烷洗涤样品瓶，上样。

W.7.10.4 在填料上层将抽干之前，关上阀门。

W.7.10.5 将 5 ml 的样品瓶或锥形瓶放在出液口准备接收液体。

W.7.10.6 加入 10 ml 10∶90（体积分数）的丙酮/正己烷溶液，抽真空到 250 mmHg。洗脱液刚从萃取柱流出时关闭阀门，浸润 1 min。缓慢打开阀门使洗脱液流出到接收瓶。

W.7.11 柱色谱净化苯胺及其衍生物（见表 W.4）。

W.7.11.1 将适量标定过的活化的 Florisil 放入 20 mm 内径色谱柱中装实。

W.7.11.2 用 100 ml 5∶95（体积分数）的异丙醇/二氯甲烷，100 ml 50∶50（体积分数）的正己烷/二氯甲烷溶液，100 ml 正己烷依次冲洗柱。弃去洗脱液，并在剩余 5 cm 高度的正己烷时，关闭阀门。

W.7.11.3 定量地转移 2 ml 样品提取液到盛有 2 g 活化的 Florisil 的烧杯，氮气吹干。

W.7.11.4 将这部分 Florisil 上样，并用 75 ml 正己烷洗净烧杯，淋洗色谱柱。在硫酸钠层刚好暴露于空气之前，关闭阀门，弃去正己烷洗脱液。

W.7.11.5 用 50 ml 50∶50（体积分数）的正己烷/二氯甲烷以 5 ml/min 速度洗脱，收集馏分 1。

W.7.11.6 用 50 ml 5∶95（体积分数）的异丙醇/二氯甲烷洗脱，收集馏分 2。

W.7.11.7 用 50 ml 5∶95（体积分数）的甲醇/二氯甲烷洗脱，收集馏分 3。一般而言三种馏分被混合测定。但也可单独测定。

W.7.12 柱色谱净化有机磷酸酯化合物。

W.7.12.1 将适量标定过的活化的 Florisil 放入 20 mm 内径色谱柱中装实，在顶部加 1～2 cm 的无水硫酸钠。

W.7.12.2 用 50～60 ml 正己烷预先冲洗柱。所有的洗脱速度应约为 2 ml/min，弃去洗脱液，并在硫酸钠层刚要暴露于空气之前，定量地转移 10 ml 样品提取液至柱上。另外使用少量正己烷使样品全部转移。

W.7.12.3 在硫酸钠层刚好暴露于空气之前，加 100 ml 10∶90（体积分数）的二氯甲烷/正己烷继续洗脱。弃去此洗脱液。

W.7.12.4 用 200 ml 30∶70（体积分数）的乙醚/正己烷洗脱，收集洗脱液。其中包括除了三（2,3-二溴丙基）磷酸酯之外的有机磷化合物。

W.7.12.5 用 200 ml 40∶60（体积分数）的乙醚/正己烷洗脱三（2,3-二溴丙基）磷酸酯。

W.7.13 柱色谱净化氯代苯酚除草剂。

W.7.13.1 将 4 g 标定过的活化的 Florisil 放入 20 mm 内径色谱柱中装实，在顶部加 5 mm 的无水硫酸钠。

W.7.13.2 用 15 ml 正己烷预先冲洗柱。所有的洗脱速度应约为 2 ml/min，弃去洗脱液，并在硫酸钠层刚要暴露于空气之前，定量地转移 2 ml 样品提取液至柱上。另外使用 2 ml 正己烷使样品全部转移。

W.7.13.3 在硫酸钠层刚好暴露于空气之前，加 35 ml 20∶80（体积分数）的二氯甲烷/正己烷继续洗脱。收集馏分 1，其中含有五氯苯酚甲酯。

W.7.13.4 用 60 ml 50∶0.035∶49.65（体积分数）的二氯甲烷/乙腈/正己烷洗脱，收集馏分 2。

W.7.13.5 需要测定毒莠定时，用二氯甲烷洗脱，得到馏分 3。三种馏分被混合测定。但也可单独测定。

W.8 质量控制

W.8.1 固相萃取柱的性能必须测试，每一个批次的固相萃取柱以及同样填料的每 300 根萃取柱必须测试一次。

W.8.2 对有机氯农药，可以如下测试净化回收率。将前述的 0.5 ml 2,4,5-三氯苯酚标液与 1.0 ml 有机氯农药标准溶液及 0.5 ml 正己烷混合，使用对应的净化方法洗脱。如果各个有机氯农药的回收率在 80%～110%，且 2,4,5-三氯苯酚回收率低于 5%，并且不存在基线干扰，则证明该批号 Florisil 可用。

W.8.3 对氯代苯酚除草剂，可以如下测试净化回收率。将前述的氯代苯酚除草剂标液，使用对应的净化方法处理。如果各个氯代苯酚除草剂被定量回收，且三氯苯酚回收率低于 5%，并且不存在基线干扰，则证明该批号 Florisil 可用。

W.8.4 对于应用此法进行净化的样品提取液，有关的质量控制样品也必须通过此净化方法进行处理。

表 W.1 使用 Florisil 对邻苯二甲酸酯的柱色谱净化回收率

化合物		平均回收率/%
邻苯二甲酸二甲酯	Dimethyl phthalate	40
邻苯二甲酸二乙酯	Diethyl phthalate	57
邻苯二甲酸二异丁酯	Diisobutyl phthalate	80
邻苯二甲酸二正丁酯	Di-n-butyl phthalate	85
邻苯二甲酸双 4-甲基-2-戊基酯	Bis（4-methyl-2-pentyl）phthalate	84
邻苯二甲酸双 2-甲基氧乙基酯	Bis（2-methoxyethyl）phthalate	0
邻苯二甲酸二戊酯	Diamyl phthalate	82
邻苯二甲酸双 2-乙基氧乙基酯	Bis（2-ethoxyethyl）phthalate	0
邻苯二甲酸己基 2-乙基己基酯	Hexyl 2-ethylhexyl phthalate	105
邻苯二甲酸二己酯	Dihexyl phthalate	74
邻苯二甲酸苄基丁基酯	Benzyl butyl phthalate	90
邻苯二甲酸双 2-正丁基氧乙基酯	Bis（2-n-butoxyethyl）phthalate	0
邻苯二甲酸双 2-乙基己基酯	Bis（2-ethylhexyl）phthalate	82
邻苯二甲酸二环己酯	Dicyclohexyl phthalate	84
邻苯二甲酸二正辛酯	Dinoctyl phthalate	115
邻苯二甲酸二正癸酯	Dinonyl phthalate	72
注：两次测定平均值。		

表 W.2 使用 Florisil 固相萃取柱对邻苯二甲酸酯净化回收率

化合物		平均回收率/%
邻苯二甲酸二甲酯	Dimethyl phthalate	89
邻苯二甲酸二乙酯	Diethyl phthalate	97
邻苯二甲酸二异丁酯	Diisobutyl phthalate	92
邻苯二甲酸二正丁酯	Di-n-butyl phthalate	102
邻苯二甲酸双 4-甲基-2-戊基酯	Bis（4-methyl-2-pentyl）phthalate	105
邻苯二甲酸双 2-甲基氧乙基酯	Bis（2-methoxyethyl）phthalate	78
邻苯二甲酸二戊酯	Diamyl phthalate	94
邻苯二甲酸双 2-乙基氧乙基酯	Bis（2-ethoxyethyl）phthalate	94
邻苯二甲酸己基 2-乙基己基酯	Hexyl 2-ethylhexyl phthalate	96

化合物		平均回收率/%
邻苯二甲酸二己酯	Dihexyl phthalate	97
邻苯二甲酸苯基丁基酯	Benzyl butyl phthalate	99
邻苯二甲酸双 2-正丁基氧乙基酯	Bis（2-n-butoxyethyl）phthalate	92
邻苯二甲酸双 2-乙基己基酯	Bis（2-ethylhexyl）phthalate	98
邻苯二甲酸二环己基酯	Dicyclohexyl phthalate	90
邻苯二甲酸二正辛酯	Di-n-octyl phthalate	97
邻苯二甲酸二正癸酯	Dinonyl phthalate	105
注：表中数据为两次测定的平均值。		

表 W.3 使用 Florisil 对有机氯农药和 PCBs 的柱色谱净化各馏分回收率

化合物		回收率/%		
		馏分 1	馏分 2	馏分 3
艾氏剂	Aldrin	100		
α-六氯环己烷	α-BHC	100		
β-六氯环己烷	β-BHC	97		
γ-六氯环己烷	γ-BHC	98		
δ-六氯环己烷	δ-BHC	100		
氯丹	Chlordane	100		
	4,4′-DDD	99		
	4,4′-DDE	98		
	4,4′-DDT	100		
狄氏剂	Dieldrin	0	100	
硫丹 I	Endosulfan I	37	64	
硫丹 II	Endosulfan II	0	7	91
硫丹硫酸盐	Endosulfan sulfate	0	0	106
异狄氏剂	Endrin	4	96	
异狄氏醛	Endrin aldehyde	0	68	26
七氯	Heptachlor	100		
环氧七氯	Heptachlor epoxide	100		
毒杀芬	Toxaphene	96		
	Aroclor 1016	97		
	Aroclor 1221	97		
	Aroclor 1232	95	4	
	Aroclor 1242	97		
	Aroclor 1248	103		
	Aroclor 1254	90		
	Aroclor 1260	95		
注：各馏分的洗脱剂参见相关部分。				

表 W.4 使用 Florisil 固相萃取柱对 PCBs 的净化回收率

化合物	平均回收率/%	化合物	平均回收率/%
Aroclor 1016	105	Aroclor 1248	97
Aroclor 1221	76	Aroclor1254	95
Aroclor 1232	90	Aroclor1260	90
Aroclor 1242	94		

表 W.5 使用 Florisil 对有机氯农药和 PCBs 的柱色谱净化各馏分回收率

化合物		馏分 1		馏分 2		馏分 3	
		平均回收率/%	RSD/%	平均回收率/%	RSD/%	平均回收率/%	RSD/%
α-六氯环己烷	α-BHC	—	—	111	8.3	—	—
β-六氯环己烷	β-BHC	—	—	109	7.8	—	—
γ-六氯环己烷	γ-BHC	—	—	110	8.5	—	—
δ-六氯环己烷	δ-BHC	—	—	106	9.3	—	—
氯丹	Chlordane	98	11	—	—	—	—
	4,4′-DDD	97	10	—	—	—	—
	4,4′-DDE	—	—	109	7.9	—	—
	4,4′-DDT	—	—	105	3.5	—	—
狄氏剂	Dieldrin	—	—	111	6.2	—	—
硫丹 I	Endosulfan I	104	5.7	—	—	—	—
硫丹 II	Endosulfan II	—	—	110	7.8	—	—
硫丹硫酸盐	Endosulfan sulfate	—	—	111	6.2	—	—
异狄氏剂	Endrin	—	—	—	—	111	2.3
异狄氏醛	Endrin aldehyde	—	—	49	14	48	12
七氯	Heptachlor	40	2.6	17	24	63	3.2
环氧七氯	Heptachlor epoxide	—	—	—	—	—	—
毒杀芬	Toxaphene	—	—	85	2.2	37	29

注：使用 0.5 μg 的标准样品进行标准添加。
各馏分洗脱液参见相关部分。

表 W.6 使用 Florisil 对有机磷农药的柱色谱净化各馏分回收率

化合物		各馏分的回收率/%			
		馏分 1	馏分 2	馏分 3	馏分 4
甲基谷硫磷	Azinphos methyl			20	80
硫丙磷	Bolstar（Sulprofos）	ND	ND	ND	ND
毒死蜱	Chlorpyrifos	＞80			
蝇毒磷	Coumaphos	NR	NR	NR	
内吸磷	Demeton	100			
二嗪农	Diazinon		100		
敌敌畏	Dichlorvos	NR	NR	NR	
乐果	Dimethoate	ND	ND	ND	ND
乙拌磷	Disulfoton	25～40			
苯硫磷	EPN		＞80		
灭克磷	Ethoprop	V	V	V	
杀螟硫磷	Fensulfothion	ND	ND	ND	ND

化合物		各馏分的回收率/%			
		馏分 1	馏分 2	馏分 3	馏分 4
倍硫磷	Fenthion	R	R		
马拉硫磷	Malathion		5	95	
脱叶亚磷	Merphos	V	V	V	
速灭磷	Mevinphos	ND	ND	ND	ND
久效磷	Monocrotophos	ND	ND	ND	ND
二溴磷	Naled	NR	NR	NR	
对硫磷	Parathion		100		
甲基对硫磷	Parathion methyl		100		
甲拌磷	Phorate	0～62			
皮蝇磷	Ronnel	＞80			
乐本松	Stirophos（Tetrachlorvinphos）	ND	ND	ND	ND
硫特普	Sulfotepp	V	V		
特普	TEPP	ND	ND	ND	ND
丙硫磷	Tokuthion（Prothiofos）	＞80			
壤虫磷	Trichloronate	＞80			

注：各馏分洗脱液参见相关部分。
NR—没有回收，V—回收率不确定，ND—未测定。

表 W.7　使用 Florisil 固相萃取柱对氯代烃净化回收率

化合物		馏分 2	
		平均回收率/%	RSD/%
六氯乙烷	Hexachloroethane	95	2.0
1,3-二氯苯	1,3-Dichlorobenzene	101	2.3
1,4-二氯苯	1,4-Dichlorobenzene	100	2.3
1,2-二氯苯	1,2-Dichlorobenzene	102	1.6
氯苯	Benzyl chloride	101	1.5
1,3,5-三氯苯	1,3,5-Trichlorobenzene	98	2.2
六氯丁二烯	Hexachlorobutadiene	95	2.0
苄叉二氯	Benzal chloride	99	0.8
1,2,4-三氯苯	1,2,4-Trichlorobenzene	99	0.8
苄川三氯	Benzotrichloride	90	6.5
1,2,3-三氯苯	1,2,3-Trichlorobenzene	97	2.0
六氯环戊二烯	Hexachlorocyclopentadiene	103	3.3
1,2,4,5-四氯苯	1,2,4,5-Tetrachlorobenzene	98	2.3
1,2,3,5-四氯苯	1,2,3,5-Tetrachlorobenzene	98	2.3
1,2,3,4-四氯苯	1,2,3,4-Tetrachlorobenzene	99	1.3
2-氯萘	2-Chloronaphthalene	95	1.4
五氯苯	Pentachlorobenzene	104	1.5
六氯苯	Hexachlorobenzene	78	1.1
α-六氯环己烷	alpha-BHC	100	0.4
β-六氯环己烷	gamma-BHC	99	0.7
γ-六氯环己烷	beta-BHC	95	1.8
δ-六氯环己烷	delta-BHC	97	2.7

表 W.8　使用 Florisil 对苯胺类化合物的柱色谱净化各馏分回收率

化合物		各馏分的回收率/%		
		馏分 1	馏分 2	馏分 3
苯胺	Aniline		41	52
2-氯代苯胺	2-Chloroaniline		71	10
3-氯代苯胺	3-Chloroaniline		78	4
4-氯代苯胺	4-Chloroaniline	7	56	13
4-溴代苯胺	4-Bromoaniline		71	10
3,4-二氯苯胺	3,4-Dichloroaniline		83	1
2,4,6-三氯苯胺	2,4,6-Trichloroaniline	70	14	
2,4,5-三氯苯胺	2,4,5-Trichloroaniline	35	53	
2-硝基苯胺	2-Nitroaniline		91	9
3-硝基苯胺	3-Nitroaniline		89	11
4-硝基苯胺	4-Nitroaniline		67	30
2,4-二硝基苯胺	2,4-Dinitroaniline			75
4-氯-2-硝基苯胺	4-Chloro-2-nitroaniline		84	
2-氯-4-硝基苯胺	2-Chloro-4-nitroaniline		71	10
2,6-二氯-4-硝基苯胺	2,6-Dichloro-4-nitroaniline		89	9
2,6-二溴-4-硝基苯胺	2,6-Dibromo-4-nitroaniline		89	9
2-溴-6-氯-4-硝基苯胺	2-Bromo-6-chloro-4-nitroaniline		88	16
2-氯-4,6-二硝基苯胺	2-Chloro-4,6-dinitroaniline			76
2-溴-4,6-二硝基苯胺	2-Bromo-4,6-dinitroaniline			100

注：各馏分洗脱液参见相关部分。

中华人民共和国国家标准

GB 5085.4—2007

危险废物鉴别标准　易燃性鉴别

Identification standards for hazardous wastes

Identification for ignitability

2007-04-25 发布　　　　2007-10-01 实施

国家环境保护总局
国家质量监督检验检疫总局　发布

前　言

为贯彻《中华人民共和国环境保护法》和《中华人民共和国固体废物污染环境防治法》，防治危险废物造成的环境污染，加强对危险废物的管理，保护环境，保障人体健康，制定本标准。

本标准是国家危险废物鉴别标准的组成部分。国家危险废物鉴别标准规定了固体废物危险特性技术指标，危险特性符合标准规定的技术指标的固体废物属于危险废物，须依法按危险废物进行管理。国家危险废物鉴别标准由以下 7 个标准组成：

1．危险废物鉴别标准　通则
2．危险废物鉴别标准　腐蚀性鉴别
3．危险废物鉴别标准　急性毒性初筛
4．危险废物鉴别标准　浸出毒性鉴别
5．危险废物鉴别标准　易燃性鉴别
6．危险废物鉴别标准　反应性鉴别
7．危险废物鉴别标准　毒性物质含量鉴别

本标准为新增部分。

按照有关法律规定，本标准具有强制执行的效力。

本标准由国家环境保护总局科技标准司提出。

本标准起草单位：中国环境科学研究院环境标准研究所、固体废物污染控制技术研究所。

本标准国家环境保护总局 2007 年 3 月 27 日批准。

本标准自 2007 年 10 月 1 日起实施。

本标准由国家环境保护总局解释。

危险废物鉴别标准 易燃性鉴别

1 范围

本标准规定了易燃性危险废物的鉴别标准。

本标准适用于任何生产、生活和其他活动中产生的固体废物的易燃性鉴别。

2 规范性引用文件

下列文件中的条款通过 GB 5085 的本部分的引用而成为本标准的条款。凡是不注日期的引用文件，其最新版本适用于本标准。

GB/T 261 石油产品闪点测定法（闭口杯法）

GB 19521.1 易燃固体危险货物危险特性检验安全规范

GB 19521.3 易燃气体危险货物危险特性检验安全规范

HJ/T 298 危险废物鉴别技术规范

3 术语和定义

下列术语和定义适用于本标准。

3.1

闪点 flash point

指在标准大气压（101.3 kPa）下，液体表面上方释放出的易燃蒸气与空气完全混合后，可以被火焰或火花点燃的最低温度。

3.2

易燃下限 lower flammable limit

可燃气体或蒸气与空气（或氧气）组成的混合物在点火后可以使火焰蔓延的最低浓度，以%表示。

3.3

易燃上限 upper flammable limit

可燃气体或蒸气与空气（或氧气）组成的混合物在点火后可以使火焰蔓延的最高浓度，以%表示。

3.4

易燃范围 flammable range

可燃气体或蒸气与空气（或氧气）组成的混合物能被引燃并传播火焰的浓度范围，通常以可燃气体或蒸气在混合物中所占的体积分数表示。

4 鉴别标准

符合下列任何条件之一的固体废物，属于易燃性危险废物。

4.1 液态易燃性危险废物

闪点温度低于 60℃（闭杯试验）的液体、液体混合物或含有固体物质的液体。

4.2 固态易燃性危险废物

在标准温度和压力（25℃，101.3 kPa）下因摩擦或自发性燃烧而起火，经点燃后能剧烈而持续地燃烧并产生危害的固态废物。

4.3 气态易燃性危险废物

在 20℃，101.3 kPa 状态下，在与空气的混合物中体积分数≤13%时可点燃的气体，或者在该状态下，不论易燃下限如何，与空气混合，易燃范围的易燃上限与易燃下限之差大于或等于 12 个百分点的气体。

5 实验方法

5.1 采样点和采样方法按照 HJ/T 298 的规定进行。

5.2 第 4.1 条按照 GB/T 261 的规定进行。

5.3 第 4.2 条按照 GB 19521.1 的规定进行。

5.4 第 4.3 条按照 GB 19521.3 的规定进行。

6 标准实施

本标准由县级以上人民政府环境保护行政主管部门负责监督实施。

中华人民共和国国家标准

GB 5085.5—2007

危险废物鉴别标准　反应性鉴别

Identification standards for hazardous wastes

Identification for ignitability

2007-04-25 发布　　2007-10-01 实施

国家环境保护总局
国家质量监督检验检疫总局　发布

前　言

为贯彻《中华人民共和国环境保护法》和《中华人民共和国固体废物污染环境防治法》，防治危险废物造成的环境污染，加强对危险废物的管理，保护环境，保障人体健康，制定本标准。

本标准是国家危险废物鉴别标准的组成部分。国家危险废物鉴别标准规定了固体废物危险特性技术指标，危险特性符合标准规定的技术指标的固体废物属于危险废物，须依法按危险废物进行管理。国家危险废物鉴别标准由以下 7 个标准组成：

1．危险废物鉴别标准　通则
2．危险废物鉴别标准　腐蚀性鉴别
3．危险废物鉴别标准　急性毒性初筛
4．危险废物鉴别标准　浸出毒性鉴别
5．危险废物鉴别标准　易燃性鉴别
6．危险废物鉴别标准　反应性鉴别
7．危险废物鉴别标准　毒性物质含量鉴别

本标准为新增部分。

按照有关法律规定，本标准具有强制执行的效力。

本标准由国家环境保护总局科技标准司提出。

本标准起草单位：中国环境科学研究院环境标准研究所、固体废物污染控制技术研究所。

本标准由国家环境保护总局 2007 年 3 月 27 日批准。

本标准自 2007 年 10 月 1 日起实施。

本标准由国家环境保护总局解释。

危险废物鉴别标准 反应性鉴别

1 范围

本标准规定了反应性危险废物的鉴别标准。

本标准适用于任何生产、生活和其他活动中产生的固体废物的反应性鉴别。

2 规范性引用文件

下列文件中的条款通过 GB 5085 的本部分的引用而成为本标准的条款。凡是不注日期的引用文件，其最新版本适用于本标准。

GB 19452 氧化性危险货物危险特性检验安全规范

GB 19455 民用爆炸品危险货物危险特性检验安全规范

GB 19521.4—2004 遇水放出易燃气体危险货物危险特性检验安全规范

GB 19521.12 有机过氧化物危险货物危险特性检验安全规范

HJ/T 298 危险废物鉴别技术规范

3 术语和定义

3.1

爆炸 explosion

在极短的时间内，释放出大量能量，产生高温，并放出大量气体，在周围形成高压的化学反应或状态变化的现象。

3.2

爆轰 detonation

以冲击波为特征，以超音速传播的爆炸。冲击波传播速度通常能达到上千到数千米每秒，且外界条件对爆速的影响较小。

4 鉴别标准

符合下列任何条件之一的固体废物，属于反应性危险废物。

4.1 具有爆炸性质

4.1.1 常温常压下不稳定，在无引爆条件下，易发生剧烈变化。

4.1.2 标准温度和压力下（25℃，101.3 kPa），易发生爆轰或爆炸性分解反应。

4.1.3 受强起爆剂作用或在封闭条件下加热，能发生爆轰或爆炸反应。

4.2 与水或酸接触产生易燃气体或有毒气体

4.2.1 与水混合发生剧烈化学反应，并放出大量易燃气体和热量。

4.2.2　与水混合能产生足以危害人体健康或环境的有毒气体、蒸气或烟雾。

4.2.3　在酸性条件下，每千克含氰化物废物分解产生≥250 mg 氰化氢气体，或者每千克含硫化物废物分解产生≥500 mg 硫化氢气体。

4.3　废弃氧化剂或有机过氧化物

4.3.1　极易引起燃烧或爆炸的废弃氧化剂。

4.3.2　对热、振动或摩擦极为敏感的含过氧基的废弃有机过氧化物。

5　实验方法

5.1　采样点和采样方法按照 HJ/T 298 的规定进行。

5.2　第 4.1 条爆炸性危险废物的鉴别主要依据专业知识，在必要时可按照 GB 19455 中 6.2 和 6.4 的规定进行试验和判定。

5.3　第 4.2.1 条按照 GB 19521.4—2004 中第 5.5.1 条和第 5.5.2 条的规定进行试验和判定。

5.4　第 4.2.2 条主要依据专业知识和经验来判断。

5.5　第 4.2.3 条按照本标准的附录 A 进行。

5.6　第 4.3.1 条按照 GB 19452 的规定进行。

5.7　第 4.3.2 条按照 GB 19521.12 的规定进行。

6　标准实施

本标准由县级以上人民政府环境保护行政主管部门负责监督实施。

附　录　A
（资料性附录）
固体废物　遇水反应性的测定
Solid waste-Determination of the reactivity with water

A.1　范围

本方法规定了与酸溶液接触后氢氰酸和硫化氢的比释放率的测定方法。
本方法适用于遇酸后不会形成爆炸性混合物的所有废物。
本方法只检测在实验条件下产生的氢氰酸和硫化氢。

A.2　原理

在装有定量废物的封闭体系中加入一定量的酸，将产生的气体吹入洗气瓶，测定被分析物。

A.3　试剂和材料

A.3.1　试剂水，不含有机物的去离子水。
A.3.2　硫酸（0.005 mol/L），加 2.8 ml 浓 H_2SO_4 于试剂水中，稀释至 1 L。取 100 ml 此溶液稀释至 1 L，制得 0.005 mol/L H_2SO_4。
A.3.3　氰化物参比溶液（1 000 mg/L），溶解约 2.5 g KOH 和 2.51 g KCN 于 1 L 试剂水中，用 0.019 2 mol/L$AgNO_3$ 标定，此溶液中氰化物的质量浓度应为 1 mg/ml。
A.3.4　NaOH 溶液（1.25 mol/L），溶解 50 g NaOH 于试剂水中，稀释至 1 L。
A.3.5　NaOH 溶液（0.25 mol/L），用试剂水将 200 ml 1.25 mol/L NaOH 溶液（A.3.4）稀释至 1 L。
A.3.6　硝酸银溶液（0.019 2 mol/L），研碎约 5 g $AgNO_3$ 晶体，于 40℃干燥至恒重。称取 3.265 g 干燥过的 $AgNO_3$，用试剂水溶解并稀释至 1 L。
A.3.7　硫化物参比溶液（1 000 mg/L），溶解 4.02 g $Na_2S{\cdot}9H_2O$ 于 1 L 试剂水中，此溶液中 H_2S 质量浓度为 570 mg/L，根据要求的分析范围（100～570 mg/L）稀释此溶液。

A.4　仪器、装置

A.4.1　圆底烧瓶，500 ml，三颈，带 24/40 磨口玻璃接头。
A.4.2　洗气瓶，50 ml 刻度洗气瓶。
A.4.3　搅拌装置，转速可达到约 30 r/min，可以将磁转子与搅拌棒联合使用，也可以使用顶置马达驱动的螺旋搅拌器。
A.4.4　等压分液漏斗，带均压管、24/40 磨口玻璃接头和聚四氟乙烯套管。
A.4.5　软管，用于连接氮气源与设备。
A.4.6　氮气：储于带减压阀的气瓶中。
A.4.7　流量计：用于监测氮气流量。
A.4.8　分析天平：可称重至 0.001 g。
实验装置见图 A.1。

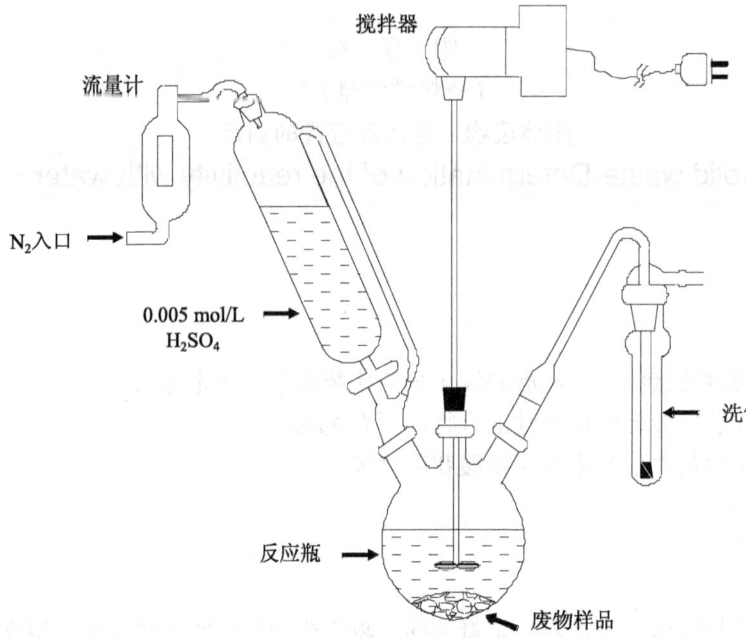

图 A.1 测定废物中氰化物或硫化物释放的实验装置

A.5 样品的采集、保存和预处理

采集含有或怀疑含有硫化物或硫化物与氰化物混合物的废物样品时，应尽量避免将样品暴露于空气。样品瓶应完全装满，顶部不留任何空间，盖紧瓶盖。样品应在暗处冷藏保存，并尽快进行分析。

对于含氰化物的废物样品，建议尽快进行分析。尽管可以用强碱将样品调至 pH 12 进行保存，但这样会使样品稀释，提高离子强度，并有可能改变废物的其他理化性质，影响氢氰酸的释放速率。样品应在暗处冷藏保存。

对于含硫化物的废物样品，建议尽快进行分析。尽管可以用强碱将样品调至 pH 12 并在样品中加入醋酸锌进行保存，但这样会使样品稀释，提高离子强度，并有可能改变废物的其他理化性质，影响硫化氢的释放速率。样品应在暗处冷藏保存。

实验应在通风橱内进行。

A.6 分析步骤

A.6.1 加 50 ml 0.25 mol/L 的 NaOH 溶液于刻度洗气瓶中，用试剂水稀释至液面高度。

A.6.2 封闭测量系统，用转子流量计调节氮气流量，流量应为 60 ml/min。

A.6.3 向圆底烧瓶中加入 10 g 待测废物。

A.6.4 保持氮气流量，加入足量硫酸使烧瓶半满，同时开始 30 min 的实验过程。

A.6.5 在酸进入圆底烧瓶的同时开始搅拌，搅拌速度在整个实验过程中应保持不变。

注意：搅拌速度以不产生旋涡为宜。

A.6.6 30 min 后，关闭氮气，卸下洗气瓶，分别测定洗气瓶中氰化物和硫化物的含量。

A.7 结果计算

固体废物试样中氰化物或硫化物质量分数（mg/kg）由下式计算：

$$R=\frac{X\cdot L}{W\cdot t}$$

总有效 HCN（或 H_2S）质量分数=$R\cdot t$

式中：R——比释放率，mg/（kg • s）；

X ——洗气瓶中 HCN 的质量浓度，mg/L；洗气瓶中 H_2S 的质量浓度，mg/L；

L——洗气瓶中溶液的体积，L；

W——取用的废物质量，kg；

t——测量时间，s。

t =关掉氮气的时间−通入氮气的时间

中华人民共和国国家标准

GB 5085.6—2007

危险废物鉴别标准　毒性物质含量鉴别

Identification standards for hazardous wastes

Identification for toxic subsance content

2007-04-25 发布　　2007-10-01 实施

国家环境保护总局
国家质量监督检验检疫总局　发布

前 言

为贯彻《中华人民共和国环境保护法》和《中华人民共和国固体废物污染环境防治法》，防治危险废物造成的环境污染，加强对危险废物的管理，保护环境，保障人体健康，制定本标准。

本标准是国家危险废物鉴别标准的组成部分。国家危险废物鉴别标准规定了固体废物危险特性技术指标，危险特性符合标准规定的技术指标的固体废物属于危险废物，须依法按危险废物进行管理。国家危险废物鉴别标准由以下7个标准组成：

1．危险废物鉴别标准　通则
2．危险废物鉴别标准　腐蚀性鉴别
3．危险废物鉴别标准　急性毒性初筛
4．危险废物鉴别标准　浸出毒性鉴别
5．危险废物鉴别标准　易燃性鉴别
6．危险废物鉴别标准　反应性鉴别
7．危险废物鉴别标准　毒性物质含量鉴别

本标准为新增部分。

按有关法律规定，本标准具有强制执行的效力。

本标准由国家环境保护总局科技标准司提出。

本标准起草单位：中国环境科学研究院固体废物污染控制技术研究所、环境标准研究所。

本标准国家环境保护总局2007年3月27日批准。

本标准自2007年10月1日起实施。

本标准由国家环境保护总局解释。

危险废物鉴别标准 毒性物质含量鉴别

1 范围

本标准规定了含有毒性、致癌性、致突变性和生殖毒性物质的危险废物鉴别标准。

本标准适用于任何生产、生活和其他活动中产生的固体废物的毒性物质含量鉴别。

2 规范性引用文件

下列文件中的条款通过 GB 5085 的本部分的引用而成为本标准的条款。凡是不注日期的引用文件，其最新版本适用于本标准。

HJ/T 298 危险废物鉴别技术规范

3 术语和定义

下列术语和定义适用于本标准。

3.1

剧毒物质 acutely toxic substance

具有非常强烈毒性危害的化学物质，包括人工合成的化学品及其混合物和天然毒素。

3.2

有毒物质 toxic substance

经吞食、吸入或皮肤接触后可能造成死亡或严重健康损害的物质。

3.3

致癌性物质 carcinogenic substance

可诱发癌症或增加癌症发生率的物质。

3.4

致突变性物质 mutagenic substance

可引起人类的生殖细胞突变并能遗传给后代的物质。

3.5

生殖毒性物质 reproductive toxic substance

对成年男性或女性性功能和生育能力以及后代的发育具有有害影响的物质。

3.6

持久性有机污染物 persistent organic pollutants

具有毒性、难降解和生物蓄积等特性，可以通过空气、水和迁徙物种长距离迁移并沉积，在沉积地的陆地生态系统和水域生态系统中蓄积的有机化学物质。

4 鉴别标准

符合下列条件之一的固体废物是危险废物。

4.1　含有本标准附录 A 中的一种或一种以上剧毒物质的总含量≥0.1%。
4.2　含有本标准附录 B 中的一种或一种以上有毒物质的总含量≥3%。
4.3　含有本标准附录 C 中的一种或一种以上致癌性物质的总含量≥0.1%。
4.4　含有本标准附录 D 中的一种或一种以上致突变性物质的总含量≥0.1%。
4.5　含有本标准附录 E 中的一种或一种以上生殖毒性物质的总含量≥0.5%。
4.6　含有本标准附录 A 至附录 E 中两种及以上不同毒性物质，如果符合下列等式，按照危险废物管理：

$$\sum\left(\frac{p_{\mathrm{T}}^{+}}{L_{\mathrm{T}}^{+}}+\frac{p_{\mathrm{T}}}{L_{\mathrm{T}}}+\frac{p_{\mathrm{Carc}}}{L_{\mathrm{Carc}}}+\frac{p_{\mathrm{Muta}}}{L_{\mathrm{Muta}}}+\frac{p_{\mathrm{Tera}}}{L_{\mathrm{Tera}}}\right)\geqslant 1$$

式中：p_{T}^{+} ——固体废物中剧毒物质的含量；
p_{T} ——固体废物中有毒物质的含量；
p_{Carc} ——固体废物中致癌性物质的含量；
p_{Muta}——固体废物中致突变性物质的含量；
p_{Tera} ——固体废物中生殖毒性物质的含量；
L_{T}^{+}、L_{T}、L_{Carc}、L_{Muta}、L_{Tera}——分别为各种毒性物质在 4.1～4.5 中规定的标准值。

4.7　含有本标准附录 F 中的任何一种持久性有机污染物（除多氯二苯并对二噁英、多氯二苯并呋喃外）的含量≥50 mg/kg。
4.8　含有多氯二苯并对二噁英和多氯二苯并呋喃的含量≥15μg TEQ/kg。

5　实验方法

5.1　采样点和采样方法按照 HJ/T 298 进行。
5.2　无机元素及其化合物的样品（除六价铬、无机氟化物、氰化物外）的前处理方法见 GB 5085.3 附录 S；六价铬及其化合物的样品的前处理方法参照 GB 5085.3 附录 T。
5.3　有机样品的前处理方法参照 GB 5085.3 附录 U、附录 V、附录 W 和本标准附录 G。
5.4　各毒性物质的测定，除执行规定的标准分析方法外，暂按附录中规定的方法执行；待适用于测定特定毒性物质的国家环境保护标准发布后，按标准的规定执行。

6　标准实施

本标准由县级以上人民政府环境保护行政主管部门负责监督实施。

附 录 A
（规范性附录）
剧毒物质名录

序号	中文名称		英文名称	CAS 号	分析方法
	化学名	别名			
1	苯硫酚	硫代苯酚；苯硫醇	Thiophenol; Benzenethiol	108-98-5	GB 5085.3 附录 K
2	丙酮氰醇	2-羟基-2-甲基丙腈；2-羟基异丁腈	Acetone cyanohydrin; 2-Hydroxy-2-methylpropionitrile; 2-Hydroxuisobutyronitrile	75-86-5	GB 5085.3 附录 O
3	丙烯醛	2-丙烯醛；败脂醛	Acrolein; 2-Propenal	107-02-8	GB 5085.3 附录 O
4	丙烯酸	2-丙烯酸	Acrylic acid; 2-Propenoic acid	79-10-7	GB 5085.3 附录 I
5	虫螨威	卡巴呋喃；2,3-二氢-2,2-二甲基-7-苯并呋喃基-N-甲基氨基甲酸酯	Furadan; Carbofuran; 2,2-Dimethyl-2,3-dihydro-7-benzofuranyl-*N*-methylcarbamate	1563-66-2	GB 5085.3 附录 K、本标准附录 H
6	碘化汞	碘化高汞；二碘化汞	Mercuric iodide; Mercury diiodide	7774-29-0	GB 5085.3 附录 B
7	碘化铊	碘化亚铊；一碘化铊	Thallium iodide; Thallous iodide	7790-30-9	GB 5085.3 附录 A、B、C、D
8	二硝基邻甲酚	2-甲基-4,6-二硝基苯酚	Dinitro-ortho-cresol; 2-Methyl-4,6-dinitrophenol	534-52-1	GB 5085.3 附录 K
9	二氧化硒	亚硒酸	Selenium dioxide; Selenious acid	7783-00-8	GB 5085.3 附录 B、C、E
10	甲拌磷	O,O -二乙基-S-（乙硫基甲基）二硫代磷酸酯；三九一一	Phorate; O,O-Diethyl-S-（ethylthio methyl） phosphorodithioate	298-02-2	GB 5085.3 附录 I、K、L
11	磷胺	2-氯-2-二乙氨基甲酰基-1-甲基乙烯基二甲基磷酸酯；大灭虫	Phosphamidon; 2-Chloro-2-diethylcarbamoyl-1-methylvinyl dimethylphosphate	13171-21-6	GB 5085.3 附录 I、K
12	硫氰酸汞	二硫氰酸汞	Mercuric thiocyanate; Mercury dithiocyanate	592-85-8	GB 5085.3 附录 B
13	氯化汞	氯化汞（II）；二氯化汞	Mercuric chloride; Mercury(II) chloride; Mercury dichloride	7487-94-7	GB 5085.3 附录 B
14	氯化硒	一氯化硒	Selenium chloride; Selenium monochloride	10025-68-0	GB 5085.3 附录 B、C、E
15	氯化亚铊	氯化铊	Thallous chloride; Thallium chloride	7791-12-0	GB 5085.3 附录 A、B、C、D
16	灭多威	1-（甲基硫代）亚乙基氨基甲基氨基甲酸酯；灭多虫；灭索威	Methomyl; 1-(Methylthio) ethylideneamino methylcarbamate	16752-77-5	GB 5085.3 附录 L、本标准附录 H
17	氰化钡	二氰化钡	Barium cyanide; Barium dicyanide	542-62-1	GB 5085.3 附录 G
18	氰化钙	—	Calcium cyanide; Calcyanide	592-01-8	GB 5085.3 附录 G

序号	中文名称		英文名称	CAS 号	分析方法
	化学名	别名			
19	氰化汞	二氰化汞	Mercuric cyanide; Mercury dicyanide	592-04-1	GB 5085.3 附录 G
20	氰化钾	氢氰酸钾盐；山柰钾	Potassium cyanide; Hydrocyanic acid，Potassium salt	151-50-8	GB 5085.3 附录 G
21	氰化钠	氢氰酸钠盐；山柰；山柰钠	Sodium cyanide; Hydrocyanic acid，sodium salt	143-33-9	GB 5085.3 附录 G
22	氰化锌	二氰化锌	Zinc cyanide; Zinc dicyanide	557-21-1	GB 5085.3 附录 G
23	氰化亚铜	氰化铜（I）	Cuprous cyanide; Copper（I）cyanide	544-92-3	GB 5085.3 附录 G
24	氰化亚铜钠	氰化铜钠；紫铜盐	Sodium cuprocyanide; Copper sodium cyanide	14264-31-4	GB 5085.3 附录 G
25	氰化银	氰化银（1+）	Silver cyanide; Silver（1+）cyanide	506-64-9	GB 5085.3 附录 G
26	三碘化砷	碘化亚砷	Arsenic triiodide; Arsenous iodide	7784-45-4	GB 5085.3 附录 C、E
27	三氯化砷	氯化亚砷	Arsenic trichloride; Arsenous chloride	7784-34-1	GB 5085.3 附录 C、E
28	砷酸钠（以元素砷为分析目标，以该化合物计）	原砷酸钠；砷酸三钠盐	Sodium arsenate; Arsenic acid，trisodium salt	7631-89-2	GB 5085.3 附录 C、E
29	四乙基铅	—	Lead tetraethyl; Plumbane，tetraethyl-	78-00-2	GB 5085.3 附录 A、B、C、D
30	铊	金属铊	Thallium; Thallium metal	7440-28-0	GB 5085.3 附录 A、B、C、D
31	碳氯灵	八氯六氢亚甲基异苯并呋喃；碳氯特灵	Isobenzan; Octachloro-hexahydro-methanoiso benzo furan	297-78-9	GB 5085.3 附录 K
32	羰基镍	四羰基镍	Nickel carbonyl; Nickel tetracarbonyl	13463-39-3	GB 5085.3 附录 A、B、C、D
33	涕灭威	2-甲基-2-（甲硫基）-O-[（甲氨基）甲酰基]丙醛肟；丁醛肟威；涕灭克	Aldicarb; Propanal，2-methyl-2-(methylthio)-, O-[(methylamino) carbonyl] oxime	116-06-C	本标准附录 H
34	硒化镉	—	Cadmium selenide	1C06-24-7	GB 5085.3 附录 A、B、C、D
35	硝酸亚汞	硝酸亚汞（一水合物）	Mercurous nitrate; Mercurous nitrate（monohydrate）	7782-86-7	GB 5085.3 附录 B
36	溴化亚铊	—	Thallous bromide	7789-40-4	GB 5085.3 附录 A、B、C、D
37	亚碲酸钠（以元素碲为分析目标，以该化合物计）	三氧碲酸二钠	Sodium tellurite; Disodium trioxotellurate	10102-20-2	GB 5085.3 附录 B

序号	中文名称		英文名称	CAS 号	分析方法
	化学名	别名			
38	亚砷酸钠（以元素砷为分析目标，以该化合物计）	亚砷酸钠盐；偏亚砷酸钠	Sodium arsenite; Arsenenous acid，sodium salt; Sodium metaarsenite	7784-46-5	GB 5085.3 附录 C、E
39	烟碱	尼古丁；1-甲基-2-（3-吡啶基）吡咯烷	Pyridine; Nicotine; 1-Methyl-2-（3-pyridyl）pyrrolidine	54-11-5	GB 5085.3 附录 K

附 录 B
（规范性附录）
有毒物质名录

序号	中文名称		英文名称	CAS 号	分析方法
	化学名	别名			
1	氨基三唑	杀草强	Aminotriazole; Amitrole	61-82-5	本标准附录 I
2	钯	海绵（状）钯	Palladium; Palladium sponge	7440-05-3	GB 5085.3 附录 B
3	百草枯	1,1′二甲基-4,4′ -联吡啶二氯化物；对草快	Paraquat; 4,4′-Bipyridinium,1,1′-dimethyl-, dichloride	1910-42-5	本标准附录 A0
4	百菌清	2,4,5,6-四氯-1,3-苯二腈	Chlorothalonil; 1,3-Benzenedicarbonitrile, 2,4,5,6-tetrachloro-	1897-45-6	GB 5085.3 附录 H、K
5	倍硫磷	O,O-二甲基-O-4-甲基硫代间甲苯基硫代磷酸酯；百治屠；蕃硫磷	Fenthion; O,O-Dimethyl-O-4-methylthio-m-tolyl phosphorothioate	55-38-9	GB 5085.3 附录 I、K
6	苯胺	氨基苯	Aniline; Aminobenzene; Benzeneamine	62-53-3	本标准附录 K
7	1,4-苯二胺	对苯二胺； 1,4-二氨基苯	1,4-Phenylenediamine; p- Phenylenediamine; 1,4-Diaminobenzene	106-50-3	GB 5085.3 附录 K
8	1,3-苯二酚	间苯二酚；雷琐辛	1,3-Benzenediol; m-Benzenediol; Resorcin	108-46-3	GB 5085.3 附录 K
9	1,4-苯二酚	对苯二酚；氢醌	1,4-Benzenediol; p-Benzenediol; Hydroquinone	123-31-9	GB 5085.3 附录 K
10	苯肼	肼基苯	Phenylhydrazine; Hydrazobenzene	100-63-0	GB 5085.3 附录 K
11	苯菌灵	苯来特	Benomyl; Benlate	17804-35-2	GB 5085.3 附录 L
12	苯醌	对苯醌； 1,4-环已二烯二酮	Quinone; p-Quinone; 1,4-Cyclohexadienedione	106-51-4	GB 5085.3 附录 K
13	苯乙烯	乙烯基苯	Styrene; Vinyl benzene	100-42-5	GB 5085.3 附录 O、P
14	表氯醇	1-氯-2,3-环氧丙烷；环氧氯丙烷	Epichlorohydrin; 1-Chloro-2,3-epoxypropane	106-89-8	GB 5085.3 附录 O、P
15	丙酮	2-丙酮	Acetone; 2-Propanone	67-64-1	GB 5085.3 附录 O
16	铂	海绵（状）铂；白金	Platinum; Platinum sponge	7440-06-4	GB 5085.3 附录 B

序号	中文名称		英文名称	CAS 号	分析方法
	化学名	别名			
17	草甘膦	N-(磷酰甲基)甘氨酸；镇草宁	Glyphosate; N-(Phosphonomethyl) glycine	1071-83-6	本标准附录 L
18	除虫脲	1-（4-氯苯基）-3-（2,6-二氟苯甲酰基）脲；伏脲杀、杀虫脲、二氟脲	Diflubenzuron; 1-(4-Chlorophenyl)-3-(2,6-difluorobenzoyl)urea	35367-38-5	本标准附录 M
19	2,4-滴（含量＞75%）	2,4-二氯苯氧乙酸	2,4-D（content >75%）; 2,4-Dichlorophenoxyacetic acid	94-75-7	GB 5085.3 附录 L、本标准附录 N
20	敌百虫	二甲基（2,2,2-三氯-1-羟基乙基）膦酸酯	Trichlorfon; Dimethyl(2,2,2-trichloro-1-hydroxyethyl)phosphonate	52-68-6	GB 5085.3 附录 I、L
21	敌草快	杀草快；1,1′-亚乙基- 2,2′-联吡啶二溴盐	Diquat; Diquat dibromide; 1,1′-Ethylene 2,2′-bipyridylium dibromide	85-00-7	本标准附录 J
22	敌草隆	N-（3,4-二氯苯基）-N′,N′-二甲基脲	Diuron; N-（3,4-Dichlorophenyl）-N′,N′-dimethyl urea	330-54-1	GB 5085.3 附录 L、本标准附录 M
23	敌敌畏	O, O -二甲基- O –（2,2-二氯）乙烯基磷酸酯	Dichlorvos; O,O-Dimethyl-O-(2,2-dichloro) vinyl phosphate	62-73-7	GB 5085.3 附录 I、K、L
24	1-丁醇	正丁醇	1-Butanol；n-Butanol	71-36-3	GB 5085.3 附录 O
25	2-丁醇	仲丁醇	2-Butanol; sec-Butanol	78-92-2	GB 5085.3 附录 O
26	异丁醇	2-甲基丙醇	Isobutanol; 2-Methyl propanol	78-83-1	GB 5085.3 附录 O
	叔丁醇	1,1-二甲基乙醇	tert-Butyl alcohol; 1,1-Dimethy lethanol	75-65-0	GB 5085.3 附录 O
27	毒草胺	2-氯-N-异丙基乙酰苯胺	Propachlor; 2-Chloro-N-isopropylacetanilide	1918-16-7	GB 5085.3 附录 L
28	多菌灵	棉萎灵	Carbendazim; Carbendazol	4697-36-3	GB 5085.3 附录 L
29	多硫化钡	硫化钡；硫钡合剂	Barium polysulfide; Barium sulfide	50864-67-0	GB 5085.3 附录 A、B、C、D
30	1,1-二苯肼	N,N-二苯基联胺	1,1-Diphenylhydrazine; N,N-Diphenylhydrazine	530-50-7	GB 5085.3 附录 K
31	N,N-二甲基苯胺	（二甲基氨基）苯	N,N-Dimethylaniline; （Dimethylamino）benzene	121-69-7	GB 5085.3 附录 K
32	二甲基苯酚	二甲酚	Dimethyl phenol; Xylenol	1300-71-6	GB 5085.3 附录 K
33	二甲基甲酰胺	N,N-二甲基甲酰胺	Dimethylformamide; N,N-Dimethylformamide	68-12-2	GB 5085.3 附录 K
34	1,2-二氯苯	邻二氯苯	1,2-Dichlorobenzene; o-Dichlorobenzene	95-50-1	GB 5085.3 附录 K、O、P、R
35	1,3-二氯苯	间二氯苯	1,3-Dichlorobenzene; m-Dichlorobenzene	541-73-1	GB 5085.3 附录 K、O、P、R

序号	中文名称		英文名称	CAS 号	分析方法
	化学名	别名			
36	1,4-二氯苯	对二氯苯	1,4-Dichlorobenzene; p-Dichlorobenzene	106-46-7	GB 5085.3 附录 K、O、P、R
37	2,4-二氯苯胺	2,4-DCA	2,4-Dichloroaniline; 2,4-Dichlorobenzenamine	554-00-7	本标准附录 K
38	2,5-二氯苯胺	对二氯苯胺	2,5-Dichloroaniline; p-Dichloroaniline	95-82-9	本标准附录 K
39	2,6-二氯苯胺	—	2,6-Dichloroaniline; Benzenamine, 2,6-dichloro-	608-31-1	本标准附录 K
40	3,4-二氯苯胺	1-氨基-3,4-二氯苯	3,4-Dichloroaniline; 1-Amino-3,4-dichlorobenzene	95-76-1	本标准附录 K
41	3,5-二氯苯胺	3,5-DCA	3,5-Dichloroaniline; Benzenamine, 3,5-dichloro-	626-43-7	本标准附录 K
42	1,3-二氯丙烯,1,2-二氯丙烷及其混合物	滴滴混剂； 氯丙混剂	1,3-Dichloropropene, 1,2-dichloropropane and mixtures	542-75- 678-87-5	GB 5085.3 附录 O、P
43	2,4-二氯甲苯	2,4-二氯-1-甲苯	2,4-Dichlorotoluene; Benzene, 2,4-dichloro-1-methyl-	95-73-8	GB 5085.3 附录 K、O、P、R
44	2,5-二氯甲苯	1,4-二氯-2-甲基苯	2,5-Dichlorotoluene; Benzene, 1,4-dichloro-2-methyl-	19398-61-9	GB 5085.3 附录 K、O、P、R
45	3,4-二氯甲苯	1,2-二氯-4-甲苯	3,4-Dichlorotoluene; Benzene, 1,2-dichloro-4-methyl-	95-75-0	GB 5085.3 附录 K、O、P、R
46	二氯甲烷	亚甲基氯	Dichloromethane; Methylene chloride	75-09-2	GB 5085.3 附录 O、P
47	二嗪农	地亚农；二嗪磷	Diazinon; Diazide	333-41-5	GB 5085.3 附录 I
48	1,2-二硝基苯	邻二硝基苯	1,2-Dinitrobenzene; o- Dinitrobenzene	528-29-0	GB 5085.3 附录 K
49	1,3-二硝基苯	间二硝基苯	1,3-Dinitrobenzene; m-Dinitrobenzene	99-65-0	GB 5085.3 附录 J、K
50	1,4-二硝基苯	对二硝基苯	1,4- Dinitrobenzene; p- Dinitrobenzene	100-25-4	GB 5085.3 附录 K
51	2,4-二硝基苯胺	间二硝基苯胺	2,4-Dinitroaniline; m-Dinitroaniline	97-02-9	GB 5085.3 附录 K、本标准附录 K
52	2,6-二硝基苯胺	二硝基苯胺	2,6-Dinitroaniline; Dinitrobenzenamine	606-22-4	GB 5085.3 附录 K、本标准附录 K
53	1,2-二溴乙烷	二溴化乙烯	1,2-Dibromoethane; Ethylene dibromide	106-93-4	GB 5085.3 附录 O、P
54	钒	钒粉尘	Vanadium; Vanadium dust	7440-62-2	GB 5085.3 附录A、B、C、D
55	氟化铝	三氟化铝	Aluminium fluoride; Aluminium trifluoride	7784-18-1	GB 5085.3 附录 F
56	氟化钠	一氟化钠	Sodium fluoride; Sodium monofluoride	7681-49-4	GB 5085.3 附录 F
57	氟化铅	二氟化铅	Lead fluoride; Lead difluoride	7783-46-2	GB 5085.3 附录 F
58	氟化锌	二氟化锌	Zinc fluoride; Zinc difluoride	7783-49-5	GB 5085.3 附录 F
59	氟硼酸锌	双（四氟硼酸）锌	Zinc fluoborate; Zinc bis（tetrafluoroborate）	13826-88-5	GB 5085.3 附录 F
60	甲苯二胺	二氨基甲苯	Toluenediamine; Diaminotoluenes	25376-45-8	GB 5085.3 附录 K

序号	中文名称		英文名称	CAS 号	分析方法
	化学名	别名			
61	甲苯二异氰酸酯	2,4-甲苯二异氰酸酯；2,6-甲苯二异氰酸酯	Toluene diisocyanates; 2,4-Toluene diisocyanate; 2,6-Toluene diisocyanate	584-84-991-08-7	GB 5085.3 附录 K
62	4-甲苯酚	对甲酚	4-Cresol; p-Cresol	106-44-5	GB 5085.3 附录 K
63	甲醇	木醇；木酒精	Methanol; Methyl alcohol	67-56-1	GB 5085.3 附录 O
64	甲酚（混合异构体）	混合甲酚	Cresol（mixed isomers）; Methylphenol, mixed	1319-77-3	GB 5085.3 附录 K
65	3-甲基苯胺	间甲苯胺；间氨基甲苯；3-氨基甲苯	3-Toluidine; m-Toluidine; m- Aminotoluene; 3-Aminotoluene	108-44-1	GB 5085.3 附录 K
66	4-甲基苯胺	对甲苯胺；对氨基甲苯；4-氨基甲苯	4-Toluidine; p-Toluidine; p-Aminotoluene; 4-Aminotoluene	106-49-0	GB 5085.3 附录 K
67	2-甲基苯酚	邻甲苯酚	2-Cresol; o-Cresol	95-48-7	GB 5085.3 附录 K
68	3-甲基苯酚	间甲酚	3-Cresol; m-Cresol	108-39-4	GB 5085.3 附录 K
69	甲基叔丁基醚	2-甲氧基-2-甲基丙烷	Methyl tertiary-butyl ether; Propane, 2-methoxy-2-methyl-	1634-04-4	GB 5085.3 附录 O
70	甲基溴	一溴甲烷	Methyl bromide; Bromomethane	74-83-9	GB 5085.3 附录 O、P
71	甲基乙基酮	2-丁酮	Methyl ethyl ketone; 2-Butanone	78-93-3	GB 5085.3 附录 O
72	甲基异丁酮	4-甲基-2-戊酮；2-甲基丙基甲酮；MIBK	Methyl isobutyl ketone; 4-Methyl-2-pentanone; 2-Methylpropyl methyl ketone	108-10-1	GB 5085.3 附录 O
73	3-甲氧基苯胺	间甲氧基苯胺；间氨基苯甲醚；间茴香胺	3- Methoxyaniline; m- Methoxyaniline; m-Aminoanisole; m-Anisidine	536-90-3	GB 5085.3 附录 K
74	4-甲氧基苯胺	对甲氧基苯胺；对氨基苯甲醚；对茴香胺	4- Methoxyaniline; p-Methoxyaniline; p-Aminoanisole; p-Anisidine	104-94-9	GB 5085.3 附录 K
75	2-甲氧基乙醇,2-乙氧基乙醇及其醋酸酯	—	2-Methoxyethanol, 2-ethoxyethanol, and their acetates	109-86-4	GB 5085.3 附录 O
76	开蓬	十氯酮	Chlordecone; Decachloroketone	143-50-0	GB 5085.3 附录 K
77	克来范	—	Kelevan	4234-79-1	GB 5085.3 附录 H
78	邻苯二甲酸二乙基己酯	邻苯二甲酸二（2-乙基己基）酯	Diethylhexyl phthalate; Phthalic acid, bis (2-ethylhexyl) ester	117-81-7	GB 5085.3 附录 K
79	林丹	γ-六六六	Lindane; γ-Hexachlorocyclohexane	58-89-9	GB 5085.3 附录 H、K、R
80	磷酸三苯酯	三苯基磷酸酯	Phosphoric acid, triphenyl ester;Triphenyl phosphate	115-86-6	GB 5085.3 附录 K

序号	中文名称		英文名称	CAS 号	分析方法
	化学名	别名			
81	磷酸三丁酯	磷酸三正丁酯	Tributyl phosphate; Phosphoric acid, tri-n-butyl ester	126-73-8	GB 5085.3 附录 K
82	磷酸三甲苯酯	磷酸三甲酚酯； 增塑剂 TCP	Phosphoric acid, tritolyl ester; Tricresyl phosphate	1330-78-5	GB 5085.3 附录 K
83	硫丹	1,2,3,4,7,7-六氯双环[2,2,1]庚烯-5,6-双羟甲基亚硫酸酯	Endosulfan; 1,2,3,4,7,7-Hexachlorobicyclo (2,2,1)hepten-5,6-bioxymet-hylenesulfite	115-29-7	GB 5085.3 附录 H
84	六氯丁二烯	六氯-1,3-丁二烯	Hexachlorobutadiene; Hexachloro-1,3-butadiene	87-68-3	GB 5085.3 附录 K、O、P、R
85	六氯环戊二烯	全氯环戊二烯	Hexachlorocyclopentadiene; Perchlorocyclopentadiene	77-47-4	GB 5085.3 附录 H、K、R
86	六氯乙烷	全氯乙烷	Hexachloroethane; Perchloroethane	67-72-1	GB 5085.3 附录 K、O、R
87	2-氯-4-硝基苯胺	邻氯对硝基苯胺	2-Chloro-4-nitroaniline; o-Chloro-p-nitroaniline	121-87-9	本标准附录 K
88	2-氯苯胺	邻氯苯胺；邻氨基氯苯	2-Chloroaniline; o-Chloroaniline; o-Aminochlorobenzene	95-51-2	本标准附录 K
89	3-氯苯胺	间氯苯胺； 间氨基氯苯	3-Chloroaniline; m-Chloroaniline; m-Aminochlorobenzene	108-42-9	本标准附录 K
90	4-氯苯胺	对氯苯胺； 对氨基氯苯	4-Chloroaniline; p- Chloroaniline; p-Aminochlorobenzene	106-47-8	GB 5085.3 附录 K、本标准附录 K
91	2-氯苯酚	邻氯苯酚；2-氯-1-羟基苯；2-羟基氯苯	2-Chlorophenol; o-Chloropheno; 2-Chloro-1-hydroxybenzene; 2-Hydroxychlorobenzene	95-57-8	GB 5085.3 附录 K
92	3-氯苯酚	间氯苯酚；3-氯-1-羟基苯；间羟基氯苯	3-Chlorophenol; m-Chlorophenol; 3-Chloro-1-hydoxybenzene; m-Hydroxychlorobenzene	108-43-0	GB 5085.3 附录 K
93	氯酚	一氯苯酚	Chlorophenols; Phenol, chloro-	25167-80-0	GB 5085.3 附录 K
94	氯化钡	二氯化钡	Barium chloride; Barium dichloride	10361-37-2	GB 5085.3 附录 A、B、C、D
95	2-氯乙醇	乙撑氯醇；氯乙醇	2-Chloroethanol; Ethylene chlorohydrin; Chloroethanol	107-07-3	GB 5085.3 附录 O
96	锰	元素锰	Manganese; Manganese, elemental	7439-96-5	GB 5085.3 附录 A、B、C、D
97	1-萘胺	α-萘胺；1-氨基萘	1-Naphthylamine; α- Naphthylamine; 1-Aminonaphthalene	134-32-7	GB 5085.3 附录 K

序号	中文名称		英文名称	CAS 号	分析方法
	化学名	别名			
98	三（2,3-二溴丙基）磷酸酯和二（2,3-二溴丙基）磷酸酯	—	Tris-and bis(2,3-dibromopropyl) phosphate	126-72-7	GB 5085.3 附录 K、L
99	三丁基锡化合物	—	Tributyltin compounds	—	GB 5085.3 附录 D
100	1,2,3-三氯苯	连三氯苯	1,2,3-Trichlorobenzene; vic-Trichlorobenzene	87-61-6	GB 5085.3 附录 R
101	1,2,4-三氯苯	不对称三氯苯	1,2,4-Trichlorobenzene; unsym-Trichlorobenzene	120-82-1	GB 5085.3 附录 K、M、O、P、R
102	1,3,5-三氯苯	对称三氯苯	1,3,5-Trichlorobenzene; sym-Trichlorobenzene	108-70-3	GB 5085.3 附录 R
103	2,4,5-三氯苯胺	1-氨基-2,4,5-三氯苯	2,4,5-Trichloroaniline; 1-Amino-2,4,5-trichlorobenzene	636-30-6	本标准附录 K
104	2,4,6-三氯苯胺	1-氨基-2,4,6-三氯苯	2,4,6-Trichloroaniline; 1-Amino-2,4,6-trichlorobenzene	634-93-5	本标准附录 K
105	1,2,3-三氯丙烷	三氯丙烷；烯丙基三氯	1,2,3-Trichloropropane; Trichlorohydrin; Allyl trichloride	96-18-4	GB 5085.3 附录 O、P
106	1,1,1-三氯乙烷	甲基氯仿；α-三氯乙烷	1,1,1-Trichloroethane; Methylchloroform; α- Trichloroethane	71-55-6	GB 5085.3 附录 O、P
107	1,1,2-三氯乙烷	β-三氯乙烷	1,1,2-Trichloroethane; beta-Trichloroethane	79-00-5	GB 5085.3 附录 O、P
108	杀螟硫磷	O,O-二甲基-O-4-硝基间甲苯基硫代磷酸酯；杀螟松；速灭虫	Fenitrothion; O,O-Dimethyl O-4-nitro-m-tolyl phosphorothioate	122-14-5	GB 5085.3 附录 I
109	石油溶剂	石油溶剂油	White spirit	63394-00-3	本标准附录 O
110	1,2,3,4-四氯苯	1,2,3,4-四氯代苯	1,2,3,4-Tetrachlorobenzene; Benzene,1,2,3,4-tetrachloro-	634-66-2	GB 5085.3 附录 R
111	1,2,3,5-四氯苯	1,2,3,5-四氯代苯	1,2,3,5-Tetrachlorobenzene; Benzene,1,2,3,5-tetrachloro-	634-90-2	GB 5085.3 附录 R
112	1,2,4,5-四氯苯	四氯苯	1,2,4,5-Tetrachlorobenzene; Benzene tetrachloride	95-94-3	GB 5085.3 附录 K
113	2,3,4,6-四氯苯酚	1-羟基-2,3,4,6-四氯苯	2,3,4,6-Tetrachlorophenol; 1-Hydroxy-2,3,4,6-tetrachlorobenzene	58-90-2	GB 5085.3 附录 K
114	四氯硝基苯	2,3,5,6-四氯硝基苯	Tecnazene; 2,3,5,6-Tetrachloronitrobenzene	117-18-0	GB 5085.3 附录 K
115	四氧化三铅	红丹；铅丹	Lead tetroxide; Orange lead; CI Pigment Red 105	1314-41-6	GB 5085.3 附录 A、B、C、D
116	钛	钛粉	Titanium; Titanium powder	7440-32-6	GB 5085.3 附录 A、B

序号	中文名称		英文名称	CAS 号	分析方法
	化学名	别名			
117	碳酸钡	碳酸钡盐	Barium carbonate; Carbonic acid, barium salt	513-77-9	GB 5085.3 附录 A、B、C、D
118	锑粉	金属锑	Antimony powder; Antimony, metallic	7440-36-0	GB 5085.3 附录 A、B、C、D、E
119	五氯硝基苯	硝基五氯苯；PCNB	Quintozene; Nitropentachlorobenzene; Pentachloronitrobenzene	82-68-8	GB 5085.3 附录 K
120	五氯乙烷	—	Pentachloroethane; Ethane, pentachloro-	76-01-7	GB 5085.3 附录 K
121	五氧化二锑	五氧化锑	Diantimony pentoxide; Antimony pentoxide	1314-60-9	GB 5085.3 附录 A、B、C、D、E
122	西维因	1-萘基甲基氨基甲酸酯；胺甲萘	Carbaryl; 1-Naphthyl methylcarbamate	63-25-2	GB 5085.3 附录 K、本标准附录 H
123	锡及有机锡化合物	—	Tin and organotin compounds	—	GB 5085.3 附录 B、D
124	2-硝基苯胺	邻硝基苯胺；1-氨基-2-硝基苯	2-Nitroaniline; o- Nitroaniline; 1-Amino-2-nitrobenzene	88-74-4	GB 5085.3 附录 K、本标准附录 K
125	3-硝基苯胺	间硝基苯胺； 1-氨基-3-硝基苯	3-Nitroaniline; m-Niroaniline; 1-Amino-3- nitrobenzene	99-09-2	GB 5085.3 附录 K、本标准附录 K
126	4-硝基苯胺	对硝基苯胺； 1-氨基-4-硝基苯	4-Nitroaniline; p-Nitroaniline; 1-Amino-4-nitrobenzene	100-01-6	GB 5085.3 附录 K、本标准附录 K
127	2-硝基苯酚	邻硝基苯酚	2-Nitrophenol; o- Nitrophenol	88-75-5	GB 5085.3 附录 K
128	3-硝基苯酚	间硝基苯酚	3-Nitrophenol; m-Nitrophenol	554-84-7	GB 5085.3 附录 K
129	4-硝基苯酚	对硝基苯酚	4-nitrophenol; p-Nitrophenol	100-02-7	GB 5085.3 附录 K
130	2-硝基丙烷	二甲基硝基甲烷；2-NP	2-Nitropropane; Dimethylnitromethane	79-46-9	GB 5085.3 附录 O
131	2-硝基甲苯	邻硝基甲苯	2-Nitrotoluene; o-Nitrotoluene	88-72-2	GB 5085.3 附录 J
132	3-硝基甲苯	间硝基甲苯	3-Nitrotoluene; m-Nitrotoluene	99-08-1	GB 5085.3 附录 J
133	4-硝基甲苯	对硝基甲苯	4-Nitrotoluene; p-Nitrotoluene	99-99-0	GB 5085.3 附录 J
134	4-溴苯胺	对溴苯胺	4-Bromoaniline; p-Bromoaniline	106-40-1	本标准附录 K
135	溴丙酮	1-溴-2-丙酮	Bromoacetone; 1-Bromo-2-propanone	598-31-2	GB 5085.3 附录 O、P
136	溴化亚汞	一溴化汞	Mercurous bromide; Mercury monobromide	10031-18-2	GB 5085.3 附录 B

序号	中文名称		英文名称	CAS 号	分析方法
	化学名	别名			
137	亚苄基二氯	（二氯甲基）苯；苄基二氯；α,α-二氯甲苯	Benzal chloride; （Dichloromethyl）benzene; Benzyl dichloride; α,α-Dichlorotoluene	98-87-3	GB 5085.3 附录 R
138	N-亚硝基二苯胺	N-亚硝基-N-苯基苯胺	N-Nitrosodiphenylamine; N-Nitroso-N-phenylbenzenamine	86-30-6	GB 5085.3 附录 K
139	亚乙烯基氯	1,1-二氯乙烯	Vinylidene chloride; 1,1-Dichloroethylene	75-35-4	GB 5085.3 附录 O、P
140	一氧化铅	氧化铅；黄丹；密陀僧	Lead monoxide; Lead oxide; Lead Oxide Yellow	1317-36-8	GB 5085.3 附录 A、B、C、D
141	乙腈	氰化甲烷；甲基氰	Acetonitrile; Cyanomethane; Methyl cyanide	75-05-8	GB 5085.3 附录 O
142	乙醛	醋醛	Acetaldehyde; Acetyl aldehyde	75-07-0	本标准附录 P
143	异佛尔酮	3,5,5-三甲基-2-环己烯-1-酮	Isophorone; 3,5,5-Trimethyl-2-cyclohexen-lone	78-59-1	GB 5085.3 附录 K

附 录 C
（规范性附录）
致癌性物质名录

序号	中文名称		英文名称	CAS 号	分析方法
	化学名	别名			
1	4-氨基-3-氟苯酚	2-氟-4-羟基苯胺	4-Amino-3-fluorophenol; 2-Fluoro-4-hydroxyaniline	399-95-1	GB 5085.3 附录 K
2	4-氨基联苯	联苯基-4-胺；联苯基胺	4-Aminobiphenyl; Biphenyl-4-ylamine; Xenylamine	92-67-1	GB 5085.3 附录 K
3	4-氨基偶氮苯	对氨基偶氮苯	4-Aminoazobenzene; p- Aminoazobenzene	60-09-3	GB 5085.3 附录 K
4	苯	环己三烯	Benzene; Cyclohexatriene	71-43-2	GB 5085.3 附录 O、P
5	苯并[a]蒽	1,2-苯并蒽	Benzo[a]anthracene; 1,2-Benzanthracene	56-55-3	GB 5085.3 附录 K、M，本标准附录 Q
6	苯并[b]荧蒽	3,4-苯并荧蒽；2,3-苯并荧蒽	Benzo[b]fluoranthene; 3,4-Benzofluoranthene; 2,3-Benzofluoranthene	205-99-2	GB 5085.3 附录 K、M，本标准附录 Q
7	苯并[j]荧蒽	7,8-苯并荧蒽；10,11-苯并荧蒽	Benzo [j] fluoranthene; 7,8-Benzofluoranthene; 10,11-Benzofluoranthene	205-82-3	本标准附录 Q
8	苯并[k]荧蒽	8,9-苯并荧蒽；11,12-苯并荧蒽	Benzo [k] fluoranthene; 8,9-Benzofluoranthene; 11,12-Benzofluoranthene	207-08-9	GB 5085.3 附录 K、M，本标准附录 Q
9	丙烯腈	2-丙烯腈	Acrylonitrile; 2-Propenenitrile	107-13-1	GB 5085.3 附录 O
10	除草醚	2,4-二氯苯基-4-硝基苯基醚	Nitrofen; 2,4-Dichlorophenyl-4-Nitrophenyl ether	1836-75-5	GB 5085.3 附录 K
11	次硫化镍	二硫化三镍	Nickel subsulphide; Trinickel disulfide	12035-72-2	GB 5085.3 附录 A、B、C、D
12	二苯并[a, h]蒽	1,2:5,6-二苯并蒽	Dibenz[a,h]anthracene; 1,2:5,6-Dibenzanthracene	53-70-3	GB 5085.3 附录 M
13	1,2:3,4-二环氧丁烷	2,2′-双环氧乙烷	1,2:3,4-Diepoxybutane; 2,2′-Bioxirane	1464-53-5	GB 5085.3 附录 O
14	二甲基硫酸酯	硫酸二甲酯	Dimethyl sulphate; Sulfuric acid, dimethyl ester	77-78-1	GB 5085.3 附录 K
15	1, 3-二氯-2-丙醇	1,3-二氯-2-羟基丙烷	1,3-Dichloro-2-propanol; 1,3-Dichloro-2-hydroxypropane	96-23-1	GB 5085.3 附录 P
16	二氯化钴	氯化钴	Cobalt dichloride; Cobaltous chloride	7646-79-9	GB 5085.3 附录 A、B、C、D
17	3,3′-二氯联苯胺	3,3′-二氯联苯-4,4′-二胺	3,3′-Dichlorobenzidine; 3,3′-Dichlorobiphenyl-4,4′-diamine	91-94-1	GB 5085.3 附录 K

序号	中文名称		英文名称	CAS 号	分析方法
	化学名	别名			
18	3,3′-二氯联苯胺盐	3,3′-二氯联苯胺盐；3,3′-二氯联苯-4,4′-二胺盐	Salts of 3,3′-dichlorobenzidine; Salts of 3,3′,-dichlorobiphenyl-4,4′-diamine	—	GB 5085.3 附录 K
19	1,2-二氯乙烷	二氯化乙烯	1,2-Dichloroethane; Ethylene dichloride	107-06-2	GB 5085.3 附录 O、P
20	2,4-二硝基甲苯	1-甲基-2,4-二硝基苯	2,4-Dinitrotoluene; 1-Methyl-2,4-dinitrobenzene	121-14-2	GB 5085.3 附录 J、K
21	2,5-二硝基甲苯	2-甲基-1,4-二硝基苯	2,5-Dinitrotoluene; 2-Methyl-1,4-dinitrobenzene	619-15-8	GB 5085.3 附录 J、K
22	2,6-二硝基甲苯	2-甲基-1,3-二硝基苯	2,6-Dinitrotoluene; 2-Methyl-1,3-dinirobenzene	606-20-2	GB 5085.3 附录 J、K
23	二氧化镍	氧化镍	Nickel dioxide; Nickel oxide	12035-36-8	GB 5085.3 附录 A、B、C、D
24	铬酸镉	—	Cadmium chromate	14312-00-6	GB 5085.3 附录 A、B、C、D
25	铬酸铬（III）	铬酸铬	Chromium(III)chromate; Chromic chromate	24613-89-6	GB 5085.3 附录 A、B、C、D
26	铬酸锶	锶黄；C.I.颜料黄 32	Strontium chromate; Strontium Yellow; C.I. Pigment Yellow 32	7789-06-2	GB 5085.3 附录 A、B、C、D
27	环氧丙烷	1,2-环氧丙烷；甲基环氧乙烷	Propylene oxide; 1,2-Epoxypropane; Methyloxirane	75-56-9	GB 5085.3 附录 O
28	4-甲基间苯二胺	2,4-二氨基甲苯；1,3-二氨基-4-甲苯	4-Methyl-m-phenylenediamine; 2,4-Diaminotoluene; 1,3-Diamino-4-methylbenzene	95-80-7	GB 5085.3 附录 K
29	甲醛	蚁醛；福尔马林	Formaldehyde; Methanal; Formalin	50-00-0	本标准附录 P
30	2-甲氧基苯胺	邻茴香胺	2-Methoxyaniline; o-Anisidine	90-04-0	GB 5085.3 附录 K
31	联苯胺	4,4′-二氨基联苯；对二氨基联苯	Benzidine; 4,4′-Diaminobiphenyl; p- Diaminobiphenyl	92-87-5	GB 5085.3 附录 K
32	联苯胺盐	对二氨基联苯盐	Salts of benzidine; Salts of p- diaminobiphenyl	—	GB 5085.3 附录 K
33	邻甲苯胺	2-甲苯胺	o-Toluidine; 2-Toluidine	95-53-4	GB 5085.3 附录 K、O
34	邻联茴香胺	3,3′-二甲氧基联苯胺	o-Dianisidine; 3,3′-Dimethoxybenzidine	119-90-4	GB 5085.3 附录 K
35	邻联甲苯胺	3,3′-二甲基联苯胺	o-Tolidine; 3,3′-Dimethylbenzidine	119-93-7	GB 5085.3 附录 K
36	邻联甲苯胺盐	3,3′-二甲基联苯胺盐	Salts of o-tolidine; Salts of 3,3′-dimethylbenzidine	—	GB 5085.3 附录 K
37	硫化镍	一硫化镍	Nickel sulphide; Nickel monosulfide	16812-54-7	GB 5085.3 附录 A、B、C、D

序号	中文名称		英文名称	CAS 号	分析方法
	化学名	别名			
38	硫酸镉	硫酸镉盐（1∶1）	Cadmium sulphate; Sulfuric acid, cadmium salt (1∶1)	10124-36-4	GB 5085.3 附录 A、B、C、D
39	硫酸钴	硫酸钴（II）	Cobalt sulphate; Cobalt(Ⅱ) sulfate	10124-43-3	GB 5085.3 附录 A、B、C、D
40	六甲基磷三酰胺	六甲基磷酰胺	Hexamethylphosphoric triamide; Hexamethylphosphoramide	680-31-9	GB 5085.3 附录 I、K
41	氯化镉	二氯化镉	Cadmium chloride; Cadmium dichloride	10108-64-2	GB 5085.3 附录 A、B、C、D
42	α-氯甲苯	苄基氯	α-Chlorotoluene; Benzyl chloride	100-44-7	GB 5085.3 附录 O、P、R
43	氯甲基甲醚	氯二甲基醚	Chloromethyl methyl ether; Chlorodimethyl ether	107-30-2	GB 5085.3 附录 P
44	氯甲基醚	二（氯甲基）醚；氯（氯甲氧基）甲烷	Chloromethyl ether; Bis (chlor omethyl) ether; Chloro(chlorome thoxy) methane	542-88-1	GB 5085.3 附录 P
45	氯乙烯	一氯乙烯	Vinyl chloride; Chloroethylene;Monochloroethene	75-01-4	GB 5085.3 附录 O、P
46	2-萘胺	β-萘胺	2-Naphthylamine; β-Naphthylamine	91-5999-8	GB 5085.3 附录 K
47	2-萘胺盐	β-萘胺盐	Salts of 2-naphthylamine; Salts of β-naphthylamine	—	GB 5085.3 附录 K
48	铍	金属铍	Beryllium; Beryllium metal	7440-41-7	GB 5085.3 附录 A、B、C、D
49	铍化合物（硅酸铝铍除外）	—	Beryllium compounds with the exception of aluminium beryllium silicates	—	GB 5085.3 附录 A、B、C、D
50	α,α,α-三氯甲苯	三氯甲苯	α,α,α-Trichlorotoluene; Benzotrichloride	98-07-7	GB 5085.3 附录 R
51	三氯乙烯	1,1,2-三氯乙烯；1-氯-2,2-二氯乙烯	Trichloroethylene; 1,1,2-Trichloroethylene; 1-Chloro-2,2-dichloroethylene	79-01-6	GB 5085.3 附录 O、P
52	三氧化二镍	氧化高镍	Dinickel trioxide; Nickelic oxide	1314-06-3	GB 5085.3 附录 A、B、C、D
53	三氧化二砷	三氧化砷；砒霜	Diarsenic trioxide; Arsenic trioxide	1327-53-3	GB 5085.3 附录 C、E
54	三氧化铬	铬酸酐	Chromium trioxide; Chromic anhydride	1333-82-0	GB 5085.3 附录 A、B、C、D
55	砷酸及其盐（以元素砷为分析目标，以该化合物计）	—	Arsenic acid and its salts	—	GB 5085.3 附录 C、E
56	五氧化二砷	砷酸酐	Arsenic pentoxide; Arsenic acid anhydride	1303-28-2	GB 5085.3 附录 C、E

序号	中文名称		英文名称	CAS 号	分析方法
	化学名	别名			
57	2-硝基丙烷	二甲基硝基甲烷；异硝基丙烷	2-Nitropropane; Dimethylnitromethane; Isonitropropane	79-46-9	GB 5085.3 附录 O
58	硝基联苯	对硝基联苯； 1-硝基-4-苯基苯	4-Nitrobiphenyl; p-Nitrobiphenyl; 1-Nitro-4-phenylbenzene	92-93-3	GB 5085.3 附录 K
59	1,2-亚肼基苯	1,2-二苯肼	Hydrazobenzene; 1,2-Diphenylhydrazine	122-66-7	GB 5085.3 附录 K
60	N-亚硝基二甲胺	二甲基亚硝胺	N-Nitrosodimethylamine; Dimethylnitrosamine	62-75-9	GB 5085.3 附录 K
61	氧化镉	一氧化镉	Cadmium oxide; Cadmium monoxide	1306-19-0	GB 5085.3 附录 A、B、C、D
62	氧化铍	一氧化铍	Beryllium oxide; Beryllium monoxide	1304-56-9	GB 5085.3 附录 A、B、C、D
63	一氧化镍	氧化镍	Nickel monoxide; Nickel oxide	1313-99-1	GB 5085.3 附录 A、B、C、D

附　录　D
（规范性附录）
致突变性物质名录

序号	中文名称		英文名称	CAS 号	分析方法
	化学名	别名			
1	苯并[a]芘	苯并[d，e，f] 菌	Benzo[a]pyrene; Benzo[d,e,f]chrysene	50-32-8	GB 5085.3 附录 K、M
2	丙烯酰胺	2-丙烯酰胺	Acrylamide; 2-Propenamide	79-06-1	本标准附录 R
3	1,2-二溴-3-氯丙烷	二溴氯丙烷	1,2-Dibromo-3-chloropropane; Dibromochloropropane	96-12-8	GB 5085.3 附录 H、K、O、P
4	二乙基硫酸酯	硫酸二乙酯	Diethyl sulphate; Sulfuric acid，diethyl ester	64-67-5	GB 5085.3 附录 K
5	氟化镉	二氟化镉	Cadmium fluoride; Cadmium difluoride	7790-79-6	GB 5085.3 附录 A、B、C、D
6	铬酸钠（以元素铬为分析目标，以该化合物计）	铬酸二钠盐	Sodium chromate; Chromic acid，disodium salt	7775-11-3	GB 5085.3 附录 A、B、C、D
7	环氧乙烷	氧化乙烯	Ethylene oxide; Oxirane	75-21-8	GB 5085.3 附录 O

附 录 E
（规范性附录）
生殖毒性物质名录

序号	中文名称		英文名称	CAS 号	分析方法
	化学名	别名			
1	醋酸铅	二乙酸铅	Lead acetate; Lead diacetate	301-04-2 1335-32-6	GB 5085.3 附录 A、B、C、D
2	叠氮化铅	二叠氮化铅	Lead azide; Lead diazide	13424-46-9	GB 5085.3 附录 A、B、C、D
3	二醋酸铅	乙酸铅盐（2∶1）	Lead diacetate; Acetic acid，lead salt（2∶1）	301-04-2	GB 5085.3 附录 A、B、C、D
4	铬酸铅	铬酸铅（2+）盐（1∶1）	Lead chromate; Chromic acid， lead（2+） salt（1∶1）	7758-97-6	GB 5085.3 附录 A、B、C、D
5	甲基磺酸铅（Ⅱ）	甲磺酸铅（2+）盐	Lead(Ⅱ) methanesulphonate; Methanesulfonic acid, lead(2+) salt	17570-76-2	GB 5085.3 附录 A、B、C、D
6	邻苯二甲酸二丁酯	1,2-苯二甲酸二丁酯	Dibutyl phthalate; 1,2-Benzenedicarboxylic acid, dibutyl ester	84-74-2	GB 5085.3 附录 K
7	磷酸铅	二正磷酸三铅	Lead phosphate; Trilead bis(orthophosphate)	7446-27-7	GB 5085.3 附录 A、B、C、D
8	六氟硅酸铅	氟硅酸铅（Ⅱ）	Lead hexafluorosilicate; Lead(Ⅱ) fluorosilicate	25808-74-6	GB 5085.3 附录 A、B、C、D
9	收敛酸铅	2,4,6-三硝基间苯二酚氧化铅	Lead styphnate; Lead 2,4,6-trinitroresorcinoxide	15245-44-0	GB 5085.3 附录 A、B、C、D
10	烷基铅	—	Lead alkyls	—	GB 5085.3 附录 A、B、C、D
11	2-乙氧基乙醇	乙二醇单乙醚	2-Ethoxyethanol; Ethylene glycol monoethyl ether	110-80-5	GB 5085.3 附录 O

附 录 F
（规范性附录）
持久性有机污染物名录

序号	中文名称		英文名称	CAS 号	分析方法
	化学名	别名			
1	多氯联苯	氯化联苯；PCBs	Polychlorinated biphenyls; Polychlorodiphenyls		GB 5085.3 附录 N
2	氯丹	八氯	Chlordane	12789-03-6	GB 5085.3 附录 H
3	滴滴涕	二氯二苯三氯乙烷	2,2-bis（4-Chlorophenyl）-1,1,1-trichloroethane,DDT	50-29-3	GB 5085.3 附录 H
4	六氯苯	灭黑穗药	Hexachlorobenzene ,HCB	118-74-1	GB 5085.3 附录 H
5	灭蚁灵	十二氯代八氢-亚甲基-环丁并[cd]戊搭烯	Mirex	2385-85-5	GB 5085.3 附录 H
6	毒杀芬	氯化莰烯	Toxaphene	8001-35-2	GB 5085.3 附录 H
7	艾氏剂	六氯-六氢-二甲撑萘	Aldrin		GB 5085.3 附录 H
8	狄氏剂	六氯-环氧八氢-二甲撑萘	Dieldrin		GB 5085.3 附录 H
9	异狄氏剂	1,2,3,4,10,10-六氯-6,7-环氧-1,4,4a,5,6,7,8,8a-八氢-1,4-挂-5,8-挂-二甲撑萘	Endrin, Hexadrin		GB 5085.3 附录 H
10	七氯	七氯-四氢-甲撑茚；七氯化茚	Heptachlor; Velsicol		GB 5085.3 附录 H
11	多氯二苯并对二噁英和多氯二苯并呋喃		PCDDs/PCDFs		本标准附录 S

附 录 G
（资料性附录）
固体废物 半挥发性有机物分析的样品前处理
加速溶剂萃取法

G.1 范围

本方法适用于从固体废物中用加速溶剂萃取法萃取不溶于水或微溶于水的半挥发性有机化合物的过程。包括半挥发有机化合物、有机磷农药、有机氯农药、含氯除草剂、PCBs。

本方法仅适用于固体样品，尤其适用于干燥的小颗粒物质。只有固体样品适用这个萃取过程，因此多相的废物样品必须经过分离。土壤/沉积物样品在萃取前要晾干和粉碎。需往土壤/沉积物样品中添加无水硫酸钠或硅藻土，以减少样品干燥过程中被分析物的流失。样品量的多少要依检测方法说明和分析灵敏度而定，通常需要 10～30 g 的样品。

G.2 原理

晾干后的样品，或样品直接与无水硫酸钠或硅藻土混合后，将其粉碎至 100～200 目的粉末（150～75 μm）并放入萃取池中，加热到萃取温度，同时加入适当的溶剂，增加压力，然后萃取 5 min（或根据厂家的建议）。采用的溶剂要根据被分析物而定。热的萃取液自动从萃取池进入收集瓶并冷却。如必要，萃取物可进行浓缩。可根据需要加入与净化和检测条件兼容的溶剂。

G.3 试剂和材料

G.3.1 本方法中对水的要求均指不含有机物的试剂级水。

G.3.2 干燥剂

G.3.2.1 硫酸钠（无水，颗粒状），Na_2SO_4。

注意：对于含水量高的样品且萃取温度高于 110℃时，若预先在样品中加入无水硫酸钠，会发生熔融和重结晶堵塞管路，所以建议无水硫酸钠在完成萃取后的萃取液中加入以脱水。

G.3.2.2 粒状硅藻土：用于分散样品颗粒，以使样品与溶剂接触表面积最大，同时可以吸附样品中的部分水分。

G.3.2.3 干燥剂的净化：在浅盘中以 400℃的温度加热 4 h 或用二氯甲烷萃取。如果用二氯甲烷萃取，则需要做试剂空白实验来证明萃取后的干燥剂不会给样品的分析带来影响。

G.3.3 磷酸溶液：用 3.1 中所指水制备磷酸（H_3PO_4）溶液（体积比为 1∶1）。

G.3.4 萃取溶剂：萃取溶剂依被萃取的分析物而定。所有试剂均为试剂级或同等质量，使用前都应进行脱气。

G.3.4.1 萃取有机氯农药：丙酮/己烷（1∶1，体积分数），或丙酮/二氯甲烷（1∶1，体积分数）。

G.3.4.2 萃取半挥发性有机化合物：丙酮/二氯甲烷（1∶1，体积分数）或丙酮/己烷（1∶1，体积分数）。

G.3.4.3 萃取 PCBs：丙酮/己烷（1∶1，体积分数）或丙酮/二氯甲烷（1∶1，体积分数）或己烷。

G.3.4.4 萃取有机磷农药，二氯甲烷（CH_2Cl_2），或丙酮/二氯甲烷（CH_3COCH_3/CH_2Cl_2）（1∶1，体积分数）。

G.3.4.5 萃取含氯除草剂：丙酮/二氯甲烷/磷酸（250∶125∶15，体积分数），或丙酮/二氯甲烷/三氟乙酸（250∶125∶1，体积分数）。若采取后者，三氟乙酸溶液应是将1%的三氟乙酸加入乙腈制取。在每次萃取前，应制备新鲜的溶液。

G.3.4.6 如果分析人员能对样品基质中的相关分析物进行合理的分析，那么也可以采用其他的溶剂体系。

注意：对于含水量大的样品（湿度≥30%），应减少亲水性溶剂的用量。

G.3.5 高纯度气体，如氮气、二氧化碳或氦气可用于吹扫或给萃取池加压。按仪器生产商的说明选择气体。

G.4 仪器、装置

G.4.1 加速溶剂萃取装置，配有10 ml、34 ml、66 ml、100 ml不锈钢萃取池，转盘式自动连续萃取。

G.4.2 测定干重百分数的装置。

G.4.2.1 马弗炉。

G.4.2.2 干燥器。

G.4.2.3 坩埚：瓷的或一次性铝制。

G.4.3 粉碎或研磨装置：使样品颗粒大小＜1 mm。

G.4.4 分析天平：精确度0.01 g。

G.4.5 萃取液收集瓶：250 ml，洁净的，具有聚四氟乙烯螺旋盖。

G.4.6 过滤膜：直径与萃取池相应，D28型。

G.4.7 萃取池密封盖。

G.5 分析步骤

G.5.1 样品准备

G.5.1.1 沉积物/土壤样品

倒掉沉积物样品中的水层，彻底混合样品，尤其是混合样品。除掉其中的树枝、树叶或石子。在室温条件下将样品放在玻璃盘或己烷清洗的铝箔中晾干48 h。样品和等体积的无水硫酸钠或硅藻土混合，直到样品充分干燥。（注意：G.3.2.1中的注意事项同样适用本项。）

G.5.1.2 多相废物样品

多相废物样品在萃取前应先进行相相分离。本萃取方法仅适用于固体样品或样品的固体部分的萃取。

G.5.1.3 干燥的沉积物/土壤样品和干燥的固体废物样品

这类样品不需做任何处理可直接加到萃取池中，除非有些样品需要与硅藻土混合，如果样品粒径过大，需要粉碎达到可以过10目的筛子。

G.5.2 干重质量分数的计算

G.5.2.1 如果样品是基于干重计算的，在分析检测的同时，另取一部分样品称重。

G.5.2.2 在称量萃取样品以后，立即称取5～10 g样品放入配衡坩埚，在105℃条件下干燥这份样品过夜，称量前在干燥器中冷却。按如下公式计算干重质量分数（%）：

干重质量分数（%）=样品干重/样品总质量×100%

G.5.3 粉碎足够质量的干燥的样品过10目筛（通常10～30 g），如必要与硅藻土混合（1∶1，体积比）。

G.5.4 将粉碎的样品装填到已经放有过滤膜的合适尺寸的萃取池中。样品池能容纳的样品的质量是由样品的密度以及干燥剂的量决定。一般来说，10 ml的萃取池能容纳10 g样品，34 ml的可容纳30 g样品。分析员可根据必须达到的检测灵敏度的样品质量来选择萃取池的大小。若样品的量不足，可用20～

30 目的石英砂来填补，以节省溶剂。

G.5.5 将检测方法使用的替代物添加到每一样品里。加标和平行加标化合物应分别加到另外的两份样品中。

G.5.6 将萃取池放置在萃取转盘上。

G.5.7 将清洁的收集瓶放置到收集瓶转盘上。收集的萃取液的总体积取决于具体的萃取池体积并与萃取条件的设定有关，其变化范围是 0.5～1.4 倍的萃取池的体积。

G.5.8 推荐的萃取条件。

萃取温度：100℃；

压力：10.34～13.79 MPa（1 500～2 000 lb/in^2）；

静态萃取时间：5 min（在 5 min 的预热后）；

冲洗体积：60%的萃取池的体积；

氮气吹扫：60 s，压力 1.03 MPa（150 lb/in^2）（对于大体积萃取池可延长吹扫时间）；

静态萃取循环次数：1 次。

G.5.8.1 条件优化。可以通过调整温度来改变萃取效率，可以增加静态萃取循环次数提高萃取的效率，也可以根据“相似者相溶”的原理选择适当的溶剂来提高萃取的效率。压力不是提高萃取效率的决定性的参数，因为加压的目的是阻止溶剂在萃取温度下沸腾，确保溶剂与样品有良好的接触。压力通常采用 10.34～13.79 MPa（1 500～2 000 lb/in^2）。

G.5.8.2 萃取同一样品必须采用同样的压力。

G.5.9 启动仪器开始全自动萃取。

G.5.10 干净的收集瓶自动收集每次的萃取液。

G.5.11 浓缩、净化、分析萃取物。萃取物中过量的水分可用无水硫酸钠除去。在净化时和样品分析前可按需要改变溶剂。

G.5.12 如果用磷酸溶液萃取含氯除草剂，则需要丙酮来清洗萃取仪管线。该清洗步骤中不使用其他的溶剂。

G.6 质量控制

G.6.1 在萃取之前，需进行固体基质（如干净的沙子）的空白实验。每次萃取时，当试剂变化时，都应进行相关的空白实验。在样品制备和检测过程中都应有空白实验。

G.6.2 本方法需采用标准质量保证措施，必须留有平行现场样品来检验采样过程的精确性。如果该检测方法没有提供其他的用法说明，必须分析每一批样品中的加标/平行加标样品和实验室质量控制样品。

G.6.3 在合适的检测方法中需往所有样品中添加替代标样。

附 录 H
（资料性附录）
固体废物 N-甲基氨基甲酸酯的测定 高效液相色谱法

H.1 范围

本方法适用于土壤、水体和废物介质中涕灭威 Aldicarb（Temik），涕灭威砜 Aldicarb Sulfone，西维因 Carbaryl （Sevin），虫螨威 Carbofuran（Furadan），二氧威 Dioxacarb，3-羟基虫螨威 3-Hydroxycarbofuran，灭虫威 Methiocarb（Mesurol），灭多威 Methomyl（Lannate），猛杀威 Promecarb，残杀威 Propoxur（Baygon）等 10 种 N-甲基氨基甲酸酯的高效液相色谱测定。

本方法测定了各种目标分析物在无有机物的试剂水体中和土壤中的检测限，见表 H.1。

表 H.1 洗脱顺序、保留时间和检出限

目标分析物	保留时间/min	检出限	
		不含有机物的试剂水/（μg/L）	土壤/（μg/kg）
涕灭威砜 Aldicarb Sulfone	9.59	1.9	44
灭多威 Methomyl（Lannate）	9.59	1.7	12
3-羟基虫螨威 3-Hydroxycarbofuran	12.70	2.6	10
二氧威 Dioxacarb	13.5	2.2	>50
涕灭威 Aldicarb（Temik）	16.05	9.4	12
残杀威 Propoxur（Baygon）	18.06	2.4	17
虫螨威 Carbofuran（Furadan）	18.28	2.0	22
西维因 Carbaryl（Sevin）	19.13	1.7	31
α-萘酚 α-Naphthol	20.30	—	—
灭虫威 Methiocarb（Mesurol）	22.56	3.1	32
猛杀威 Promecarb	23.02	2.5	17

H.2 原理

水体中的 N-甲基氨基甲酸酯用二氯甲烷萃取，土壤、含油固体废物和油中的 N-甲基氨基甲酸酯用乙腈萃取。萃取溶剂再转换至甲醇/乙二醇，然后萃取物经 C18 固相提取小柱净化，过滤，并在 C18 分析柱上洗脱分离，分离后目标分析物经水解和柱后衍生，再用荧光检测器定量。

H.3 试剂和材料

H.3.1 试剂水：不含有机物的试剂级水。
H.3.2 乙腈：HPLC 级。
H.3.3 甲醇：HPLC 级。
H.3.4 二氯甲烷：HPLC 级。
H.3.5 己烷：农残级。
H.3.6 乙二醇：试剂级。
H.3.7 氢氧化钠：试剂级。

H.3.8 磷酸：试剂级。

H.3.9 硼酸盐缓冲液：pH 为 10。

H.3.10 邻-苯二甲醛：试剂级。

H.3.11 2-巯基乙醇：试剂级。

H.3.12 N-甲基氨基甲酸酯：准标准物。

H.3.13 氯乙酸：0.1 mol/L。

H.3.14 反应液：将 0.5 g 邻-苯二甲醛在 1 L 容量瓶内溶于 10 ml 甲醇中，再加 900 ml 不含有机物的试剂水，50 ml 硼酸盐缓冲液（pH=10）。经充分混匀后加入 1 ml 2-巯基乙醇，再用不含有机物的试剂水稀释至刻度，充分混合溶液。按需每周制备新鲜溶液，避光冷藏。

H.3.15 标准液

H.3.15.1 标准储备液：将 0.025 g 氨基甲酸酯加到 25 ml 容量瓶中用甲醇稀释至刻度制成单一的 1 000 mg/L 溶液。溶液冷藏于带聚四氟乙烯衬里的螺纹盖或宽边瓶塞的玻璃样品瓶内，每 6 个月更换一次。

H.3.15.2 间接标准液：将 2.5 ml 每种储备溶液加到 50 ml 容量瓶中用甲醇稀释至刻度，制成混合的 50.0 mg/L 溶液。溶液冷藏于带聚四氟乙烯衬里的螺纹盖或宽边瓶塞的玻璃样品瓶内，每 3 个月更换一次。

H.3.15.3 工作标准液：将 0.25 ml、0.5 ml、1.0 ml、1.5 ml 和 2.5 ml 的间接混合标准液分别加入 25 ml 容量瓶，每个容量瓶用甲醇稀释至刻度，制成 0.5 mg/L、1.0 mg/L、2.0 mg/L、3.0 mg/L 和 5.0 mg/L 的溶液。溶液冷藏于带聚四氟乙烯衬里的螺纹盖或宽边瓶塞的玻璃样品瓶内，每 2 个月更换一次，或按需随时更换。

H.3.15.4 混合 QC 标准液：从另一组标准储备液制备 40.0 mg/L 溶液。将每种储备标准液 2.0 ml 加到一个 50 ml 容量瓶并用甲醇稀释至刻度。溶液冷藏于带聚四氟乙烯衬里的螺纹盖或宽边瓶塞的玻璃样品瓶内，每 3 个月更换一次。

H.4 仪器

H.4.1 高效液相色谱仪：带荧光检测器。

H.4.2 离心机。

H.4.3 分析天平：±0.000 1 g。

H.4.4 大负荷天平：±0.01 g。

H.4.5 台式振荡器。

H.4.6 加热板或同类设备：能适用有 10 ml 刻度的容器。

H.5 样品的采集、保存和预处理

H.5.1 由于 N-甲基氨基甲酸酯在碱性介质中极不稳定，水、废水和浸出液采集后必须立即用 0.1 mol/L 氯乙酸酸化至 pH 为 4～5 后保存。

H.5.2 样品从采集后至分析前须避免阳光直射外，在 4℃下保存。N-甲基氨基甲酸酯易碱性水解对热敏感。

H.5.3 所有样品必须在采集后 7 d 内萃取，在萃取后 40 d 内分析完。

H.6 分析步骤

H.6.1 萃取

H.6.1.1 水、生活废水、工业废水及浸出液。

量取 100 ml 样品至 250 ml 分液漏斗内，用 30 ml 二氯甲烷萃取，猛烈摇动 2 min 再重复萃取 2 次，将 3 次萃取液合并至 100 ml 容量瓶内并用二氯甲烷稀释至容积，若需要清洗按 H.6.2 进行，若不需要清洗直接按 H.6.3.1 进行。

H.6.1.2　土壤、固体、污泥和高悬浮物的水体。

H.6.1.2.1　样品干重的测定：如果样品的结果要求以干重为基准，必须在称出样品供分析测定的同时称出部分样品供此测定用。

注意：干燥炉应该放在通风橱内或可放在室外。有些污染严重的危险废物样品可能会导致实验室的严重污染。

将萃取部分的样品称量后，再称 5～10 g 样品放入恒重的坩埚，在 105℃干燥过夜后，测出样品干重的百分比，样品需在干燥器内冷却后再称重。

$$干重质量分数(\%)=\frac{干样质量(g)}{样品质量(g)}\times 100$$

H.6.1.2.2　萃取

称量（20±0.1）g 样品于 250 ml 带特弗龙衬里螺纹盖的锥形烧瓶中，加 50 ml 乙腈并在台式振荡器上振动 2 h，混合物静止 5～10 min 后，再把萃取液倒入 250 ml 离心管内，重复萃取 2 次，每次用 20 ml 乙腈，振荡 1 h，倒出并合并 3 次萃取液，混合的萃取液在 2 000 r/min 下离心 10 min，小心倒出上清液至 100 ml 容量瓶内，用乙腈稀释至定容（稀释指数=5），按 H.6.3.2 继续操作。

H.6.1.3　受非水溶物质（如油）严重污染的土壤。

H.6.1.3.1　样品干重的测定参照 H.6.1.2.1。

H.6.1.3.2　萃取

称量（20±0.1）g 样品于 250 ml 带特弗龙衬里螺纹盖的锥形烧瓶中，加 60 ml 已烷并在台式振荡器上振动 1 h，再加 50 ml 乙腈并振荡 3 h。混合物静止 5～10 min 后，再倒出溶剂层至 250 ml 分液漏斗。取出乙腈（下层）通过滤纸滤入 100 ml 容量瓶中，加 60 ml 已烷和 50 ml 乙腈至萃取样品瓶中并振荡 1 h，混合物静止后，将其倒入含第 1 次萃取留下的已烷的分液漏斗中，振荡分液漏斗 2 min，等待相分离后，放出乙腈通过滤纸流入容量瓶，用乙腈稀释至定容（稀释指数=5），按 H.6.3.2 继续操作。

H.6.1.4　非水液体（油等）。

称取（20±0.1）g 样品至 125 ml 分液漏斗，加 40 ml 已烷和 25 ml 乙腈并剧烈摇动样品混合物 2 min，等待相分离后，放出乙腈（下层）至 100 ml 容量瓶中，再加 25 ml 乙腈至含样品的分液漏斗，振荡 2 min，等待相分离后，放出乙腈至容量瓶中，用 25 ml 乙腈重复萃取，合并萃取液，用乙腈稀释至定容（稀释指数=5），按 H.6.3.2 继续操作。

H.6.2　清洗

抽取 20.0 ml 萃取液至内含 100 μl 乙二醇的 20 ml 玻璃样品瓶内，将样品瓶放在 50℃的加热板上在 N_2 气流下缓慢蒸发萃取液（在通风橱内进行）直至仅剩下乙二醇残留物，将乙二醇残留物溶于 2 ml 甲醇中，通过已冲洗过的 C18 反相柱芯柱，并把流出物收集在 5 ml 容量瓶内，用甲醇淋洗柱芯柱收集流出液直至最终体积达 5 ml 为止（稀释指数=0.25）。用一次性 0.45 μm 过滤器，过滤一份清洗过的萃取液，过滤液直接流入已标记好的自动进样器样品瓶内，这时的萃取液已可用作分析，按 H.6.4 继续进行。

H.6.3　溶剂转换

H.6.3.1　水、生活废水、工业水及浸出液。

将 10.0 ml 萃取液移入含 100 μl 乙二醇的 10 ml 带刻度的玻璃样品瓶内，将样品瓶放在设置为 50℃的加热板上，缓缓地在 N_2 气流下缓慢蒸发萃取液（在通风橱内进行）直至仅剩下乙二醇残留物，滴加甲醇至乙二醇残留物上直至总容积为 1 ml（稀释指数=0.1）。用一次性 0.45 μm 过滤器将此萃取液直接滤入已标记好的自动进样器样品瓶内，此时的萃取液已可用作分析，按 H.6.4 继续进行。

H.6.3.2　土壤、固体、污泥和高悬浮物水体和非水液体。

将 15 ml 乙腈萃取液流过先用 5 ml 乙腈清洗过的 C18 反相柱芯柱，弃去最初的 2 ml 流出液，再收集其余的部分，将 10.0 ml 干净的萃取液移入内含 100 μl 乙二醇的 10 ml 带刻度的玻璃样品瓶内，将样品瓶置于设定 50℃的加热板上，缓缓地在 N_2 气流下缓慢蒸发萃取液（在通风橱内进行）直至仅剩下乙二醇残留物，滴加甲醇至乙二醇残留物上直至总容积为 1 ml（附加稀释指数=0.1；总稀释指数=0.5）。用一次性 0.45 μm 过滤器将此萃取液直接滤入已标记好的自动进样器样品瓶内，这时的萃取液已可用作分析，按 H.6.4 继续进行。

H.6.4 样品分析

H.6.4.1 分析样品用的色谱条件。

H.6.4.1.1 色谱条件

溶剂 A：不含有机物的试剂水，每升水用 0.4 ml 磷酸酸化；

溶剂 B：甲醇/乙腈（1∶1，体积分数）；

流速：1.0 ml/min；

进样体积：20 μl。

H.6.4.1.2 柱后的水解参数

溶液：0.05 mol/L 氢氧化钠水溶液；

流速：0.7 ml/min；

温度：95℃；

滞留时间：35 s（1 ml 反应管）。

H.6.4.1.3 柱后衍生反应条件

溶液：邻-苯二甲醛/2-巯基乙醇；

流速：0.7 ml/min；

温度：40℃；

滞留时间：25 s（1 ml 反应管）。

H.6.4.1.4 荧光检测器条件

池体积：10 μl；

激发波长：340 nm；

发射波长：418 nm 截止滤光片；

灵敏度波长：0.5 μA；

PMT 电压：−800 V；

时间常数：2 s。

H.6.4.2 如果样品信号的峰面积超过校正范围，需将萃取液作必要的稀释，并重新分析稀释后的萃取液。

H.6.5 校正

H.6.5.1 分析溶剂空白（20 μl 甲醇）确保系统清洁，分析校正用的标准物（从 0.5 mg/L 标准液开始至 5.0 mg/L 标准液为止），如果每种分析物的响应因子（RF）平均值的相对百分标准偏差（RSD，%）未超过 20%，系统校正合格可以进行样品分析，如果任何一个分析物的 RSD（%）超过 20%，系统需再行检查并用新制备的校正液再作校正。

H.6.5.2 用已建立的校正平均响应因子，在每天开始分析时均对仪器进行校正核对。分析 2.0 mg/L 混合标准液。如果每种分析物质量浓度在 1.70～2.30 mg/L 范围内（即真值的±15%内）认可仪器校正合格，可以进行样品分析。如果任何一个分析物的测得值超过它真值的±15%，仪器必须作再次校正（H.6.5.1）。

H.6.5.3 每分析 10 个样品，要用 2.0 mg/L 标准液作一次分析，以确认保留时间和响应因子在可接受的范围内，偏差较大（测得质量浓度超过真值质量浓度±15%）时，需要把样品再次分析。

H.7 结果计算

H.7.1 响应因子（RF）如下（根据 5 点作平均值）：

$$\mathrm{RF}=\frac{\text{标准液质量浓度}}{\text{信号的面积}}$$

$$\overline{\mathrm{RF}}=\frac{\left(\sum_{i}^{5}\mathrm{RF}_1\right)}{5}$$

$$\overline{\mathrm{RF}}\text{的RSD(\%)}=\frac{\left[\left(\sum_{i}^{5}\mathrm{RF}_1-\overline{\mathrm{RF}}\right)^2\right]^{\frac{1}{2}}\Big/4}{\overline{\mathrm{RF}}}\times 100$$

H.7.2 N-甲基氨基甲酸酯的质量浓度（ρ）如下：

ρ（μg/g 或 mg/L）=（$\overline{\mathrm{RF}}$）（信号的面积）（稀释指数）

H.8 质量保证和控制

H.8.1 在分析任何样品前，分析人员必须通过对每种基质做空白分析实验来确认所有玻璃器皿和试剂均无干扰，每当试剂改变时必须重做空白分析以确保实验室无任何污染。

H.8.2 每分析一批样品时，必须要配制并分析检查 QC 的溶液，可以从 40.0 mg/L 的混合 QC 标准溶液制成每种分析物质量浓度为 2.0 mg/L 的溶液，它们可接受的响应范围为 1.7～2.3 mg/L。

H.8.3 由于湮灭而引起负干扰可以用合适标样配成适当质量浓度的加标萃取液来测定，也可用实测值与预期值的差来衡量。

H.8.4 用去离子水替代柱后反应系统中的 NaOH 和 OPA 试剂，可以确认任何检测出的分析物并重新分析可疑的萃取液，持续的荧光响应说明存在干扰（因为荧光响应并非由柱后的衍生产生），在解释色谱图时需格外注意。

附　录 I
（资料性附录）
固体废物　杀草强测定　衍生/固相提取/液质联用法

I.1　范围

本方法适用于固体废物中杀草强的衍生/固相提取/液质联用法测定。

方法检出限为 0.02 μg/L。

I.2　原理

液体样品用氯甲酸己酯衍生，得到的衍生产物用 C18 固相提取小柱净化，用液相色谱/质谱联用系统进行检测。

I.3　试剂和材料

I.3.1　水：HPLC 级。
I.3.2　甲醇：HPLC 级。
I.3.3　乙醇：HPLC 级。
I.3.4　乙腈：HPLC 级。
I.3.5　醋酸铵：分析纯或更高纯度。
I.3.6　吡啶：分析纯或更高纯度。
I.3.7　固相提取小柱：C18，内含 500 mg 填料。
I.3.8　滤膜：0.2 μm，3 mm，尼龙。
I.3.9　色谱柱：C18，3.5 μm，3 mm×150 mm 色谱柱。
I.3.10　杀草强。
I.3.11　内标物。

I.4　仪器

I.4.1　高效液相色谱仪：具有梯度分离能力。
I.4.2　四极杆质谱检测器。

I.5　分析步骤

I.5.1　衍生
I.5.1.1　向 50 ml 水样中加入 25 ng 内标物（取 250 μl 质量浓度为 100 μg/L 的内标物甲醇储备液）。
I.5.1.2　加入体积比为 60∶32∶8 的水/乙醇/吡啶混合溶液共 2.5 ml。
I.5.1.3　加入 200 μl 氯甲酸己酯溶液（取 100 μl 氯甲酸己酯用 10 ml 乙腈配制的溶液）。
I.5.1.4　涡旋搅拌 30 s，作为固相提取上样溶液。
I.5.2　固相提取

I.5.2.1 小柱活化：依次用下列溶剂活化小柱：两份 3 ml 体积比 1∶1 的乙腈/甲醇混合溶液；3 ml 甲醇；两份 3 ml 水。

I.5.2.2 上样：加入 50 ml 经过衍生的水样。

I.5.2.3 洗涤：用两份 3 ml 水清洗小柱，并继续抽真空使小柱干涸。

I.5.2.4 洗脱：用三份 1 ml 体积比 1∶1 的乙腈/甲醇混合溶液洗脱。

I.5.2.5 挥发并配制：将洗脱液挥发至近干。用 200 μl 水复溶，涡旋搅拌 10 s，过滤。

I.5.3 液相色谱条件

流动相：溶剂 A：10 mmol/L 醋酸铵水溶液；溶剂 B：甲醇。

梯度：

时间/min	溶剂 A	溶剂 B
0	35	65
10	35	65
15	0	100
20	35	65

分析时间：20 min；

平衡时间：6 min；

流速：0.4 ml/min；

柱温：30℃；

进样体积：100 μl。

I.5.4 质谱分析条件

离子化模式：$APCI^+$；

选择离子监测（SIM）参数：

时间/min	离子	增益
4	213（杀草强）	10
8	259（内标物）	1

碎裂电压：100 V；

选择离子分辨率（SIM Resolution）：低；

挥发器温度（Vaporizer）：325℃；

干燥气（N_2）：5.0 L/min；

气体温度：350℃；

喷雾器压力（Nebulizer pressure）：0.41 MPa（60 lb/in^2）；

毛细管电压（Vcap）：4 000 V；

电晕电流（Corona）：4.0 μA。

I.6 结果计算

样品中杀草强的质量浓度ρ（μg/L）以下式计算：

$$\rho(\mu g/L)=\frac{\text{测定质量浓度}(\mu g/ml)\times\text{萃取液体积}(ml)}{\text{水样体积}(L)}$$

附　录　J
（资料性附录）
固体废物　百草枯和敌草快的测定　高效液相色谱紫外法

J.1　范围

本方法适用于固体废物中的百草枯和敌草快（杀草快）的高效液相色谱紫外法测定。

本方法检出限分别为：百草枯 0.68 mg/L 和敌草快 0.72 mg/L。

J.2　原理

水样用 C8 固相提取小柱或 C8 圆盘型固相提取膜提取，之后用反相离子对液相色谱法分离，紫外检测器（光电二极管阵列检测器）进行检测。

J.3　试剂和材料

J.3.1　固相提取所用材料与试剂

J.3.1.1　固相提取小柱：C8，500 mg。

J.3.1.2　固相提取装置。

J.3.1.3　真空泵：能够保持 1～1.3 kPa（8～10 mmHg）真空度。

J.3.1.4　活化溶液 A：取 0.500 g 十六烷基三甲基溴化铵和 5 ml 浓氨水，配成 1 000 ml 水溶液。

J.3.1.5　活化溶液 B：取 10.0 g 己烷磺酸钠盐和 10 ml 浓氨水，加入 250 ml 去离子水中，配成 500 ml 水溶液。

J.3.1.6　盐酸：10%（体积分数），取 50 ml 浓盐酸，用去离子水配制成 500 ml 水溶液。

J.3.1.7　小柱洗脱液：取 13.5 ml 浓磷酸和 10.3 ml 二乙胺，用去离子水配制成 1 000 ml 水溶液。

J.3.1.8　离子对试剂溶液：取 3.75 g 己烷磺酸，用 3.1.7 洗脱液稀释至 25 ml。

J.3.2　过滤膜：0.45 m，47 mm 直径，尼龙材质。

J.3.3　己烷磺酸：色谱纯。

J.3.4　三乙胺：色谱纯。

J.3.5　浓磷酸：分析纯。

J.3.6　百草枯和敌草快储备液（1 000 mg/L）：将百草枯和敌草快盐样品在 110℃烘箱中烘干 3 h，重复上述过程使之恒重。准确称取 0.196 8 g 干燥敌草快和 0.177 0 g 干燥百草枯，放入硅烷化的 100 ml 玻璃瓶或聚丙烯容量瓶中。用 50 ml 去离子水溶解，并稀释至刻度。

J.4　仪器

J.4.1　高效液相色谱仪：带多波长、可变波长紫外检测器或二极管阵列检测器。

J.4.2　色谱柱：ODS（C18）色谱柱，5 μm，2.1 mm×100 mm 色谱柱。

J.4.3　保护柱：与分析柱填料相同。

J.5 分析步骤

J.5.1 样品的制备

J.5.1.1 样品的提取

土壤样品的提取可采用索氏提取或超声提取方法进行；水相样品提取采用固液提取或液液萃取技术进行。

J.5.1.2 固相提取小柱样品净化方法

如果样品含有颗粒，需将样品用 0.45 m 的尼龙滤膜过滤。如果样品不马上处理，应该储存在 4℃环境中。

J.5.1.2.1 在样品提取前，应将 C8 提取小柱用以下步骤活化。将小柱放在固相提取装置上，按以下次序用下列溶液洗脱通过小柱。该过程中需注意保持小柱浸润，不能干涸，且溶剂通过小柱的流速大约为 10 ml/min。

a. 去离子水：5 ml；

b. 甲醇：5 ml；

c. 去离子水：5 ml；

d. 活化溶液 A：5 ml；

e. 去离子水：5 ml；

f. 甲醇：10 ml；

g. 去离子水：5 ml；

h. 活化溶液 B：20 ml。

J.5.1.2.2 上述过程结束后，保持活化溶液 B 于 C8 小柱中，以保持活化状态。48 h 内使用该小柱，则无需活化。活化后，小柱两头应该密封，并存于 4℃环境下。

J.5.1.2.3 取 250 ml 液体样品，将样品溶液 pH 调至 7.0～9.0。如果不在此范围内，用 10% NaOH 水溶液或 10% 盐酸水溶液调节。

J.5.1.2.4 将活化后的小柱放在固相提取装置上。用合适的接头将 60 ml 储液器连接在小柱上。将 250 ml 烧杯放入提取装置中以接收废液和样品。将样品放入储液器，打开真空，将样品通过小柱的流速调节为 3～6 ml/min。样品通过小柱后，用 5 ml 的 HPLC 级甲醇冲洗小柱。连续抽真空约 1 min 使小柱干涸。放掉真空，丢弃样品废液和甲醇。

J.5.1.2.5 打开真空，调节流速 1～2 ml/min，用 4.5 ml 洗脱液洗脱小柱。洗脱出来的样品用 5 ml 容量瓶收集。

J.5.1.2.6 将装有洗脱液的容量瓶取出，加入 100 μl 离子对试剂浓液。加入洗脱液至刻度，混匀。溶液可直接用于测定。

J.5.2 色谱条件

流动相：0.1%己磺酸（hexanesulfonic acid），0.35%三乙胺，pH 2.5（用 H_3PO_4 调节）；流速：0.4 ml/min；

检测：256 nm 与 310 nm（参比波长：450/100 nm）；

进样：10 μl。

J.6 结果计算

样品中目标物质的质量浓度ρ（μg/L）以下式计算：

$$\rho(\mu g/L)=\frac{测定质量浓度（\mu g/ml）\times 萃取液体积（ml）}{水样体积（L）}$$

附　录　K
（资料性附录）
固体废物　苯胺及其选择性衍生物的测定　气相色谱法

K.1　范围

本方法适用于固体废物的提取液中苯胺及某些苯胺衍生物含量的检测。分析方法为气相色谱测定方法。分析化合物包括：苯胺、4-溴苯胺、6-氯-2-溴-4-硝基苯胺、2-溴-4,6-二硝基苯胺、2-氯苯胺、3-氯苯胺、4-氯苯胺、2-氯-4,6-二硝基苯胺、2-氯-4-硝基苯胺、4-氯-2-硝基苯胺、2,6-二溴-4-硝基苯胺、3,4-二氯苯胺、2,6-二氯-4-硝基苯胺、2,4-二硝基苯胺、2-硝基苯胺、3-硝基苯胺、4-硝基苯胺、2,4,6-三硝基苯胺、2,4,5-三硝基苯胺。

本方法对所有目标化合物的方法检测限（MDL）列于表 K.1。对于特定样品的 MDL 值可能不同于表 K.1 中所列值，主要取决于干扰物及样品基质的性质。表 K.2 为对不同基质计算其定量极限评估值（EQL）的说明。

K.2　引用标准

下列文件中的条款通过在本方法中被引用而成为本方法的条款，与本方法同效。凡是不注明日期的引用文件，其最新版本适用于本方法。

GB/T 6682　分析实验室用水规格和实验方法

K.3　原理

经过相应的提取和净化之后，提取液中的目标化合物采用毛细管气相色谱和氮磷检测器（GC/NPD）进行测定。

K.4　试剂和材料

K.4.1　除另有说明外，本方法所使用的水为 GB/T 6682 规定的一级水。

K.4.2　氢氧化钠：分析纯，配制成 1.0 mol/L 的不含有机物的水溶液。

K.4.3　硫酸：分析纯，高浓度，ρ=1.84 g/ml。

K.4.4　丙酮：色谱纯。

K.4.5　甲苯：色谱纯。

K.4.6　标准储备液：可使用纯标准物质配制或购买经鉴定的溶液。

准确称取约 0.010 0 g 纯化合物，将其溶解于甲苯中，稀释并定容至 10 ml 容量瓶中。将标准储备液转移至 PTFE 密封瓶中，于 4℃下避光保存。应经常检查标准储备液是否分解或挥发，特别是在将要用其配置校正标准液之前。标准储备液在 6 个月内必须更换，如果与验证标准液比较表明存在问题的话则必须在更短时间内更换。

K.4.7　工作标准溶液：每周均要配制工作标准溶液，在容量瓶中加入一定体积的一种或多种标准储备液，以甲苯稀释至相应体积。至少应配制 5 个不同质量浓度溶液，且样品的浓度应低于标准溶液的最高质量浓度。苯胺及其衍生物如同很多半挥发性有机物一样均不太稳定，必须严格检测工作标准溶液是否有效。

K.5 仪器

K.5.1 气相色谱仪：配有氮磷检测器。
K.5.2 推荐用的色谱柱：SE-54，30 m×0.25 mm×0.32 μm；SE-30，30 m×0.25 mm×0.32 μm。
K.5.3 样品瓶：适当大小，玻璃制，配备聚四氟乙烯（PTFE）螺纹盖或压盖。
K.5.4 分析天平：可精确称量至 0.000 1 g。
K.5.5 玻璃器皿：参考 GB 5085.3 附录 U、附录 V、附录 W。

K.6 样品的采集、保存和预处理

K.6.1 液体基质应保存在有特弗龙螺纹瓶盖的 1 L 琥珀色玻璃瓶，向样品中加入 0.75 ml 10%的 $NaHSO_4$，冷却至 4℃保存。
K.6.2 样品采集后必须被冷冻或冷藏于 4℃，直至进行提取。对于含氯样品，立即在其中加入硫代硫酸钠，如果 1 L 样品中含 1×10^{-6} 游离氯，则应加入 35 mg 硫代硫酸钠。取样后立即用氢氧化钠或硫酸将样品 pH 调整至 6～8。

K.7 分析步骤

K.7.1 提取和纯化
K.7.1.1 一般而言，依据 GB 5086.3 附录 U，以二氯甲烷为溶剂，在 pH＞11 时进行提取。固体样品依据 GB 5086.3 附录 V 以二氯甲烷/丙酮（1∶1）作为提取溶剂。
K.7.1.2 必要时，样品可以采用 GB 5086.3 附录 W 进行纯化。
K.7.1.3 在进行气相色谱氮磷检测器分析之前，提取溶剂必须更换为甲苯，可以在用 N2 最后浓缩样品之前在样品瓶中加入 3～4 ml 甲苯。
K.7.2 色谱条件（推荐）
K.7.2.1 色谱柱 1：SE-54 熔融石英柱 30 m×0.25 mm；
载气：氦气；
载气流速：室温下 28.5 cm/s；
升温程序：起始温度为 80℃，保持 4 min，以 4℃/min 升温至 230℃保持 4 min。
K.7.2.2 色谱柱 2：SE-30 熔融石英柱 30 m×0.25 mm；
载气：氦气；
载气流速：室温下 30 cm/s；
升温程序：始温度为 80℃，保持 4 min，4℃/min 升温至 230℃，230℃保持 4 min。
色谱条件应当优化至能得到附录 A 所示同等分离效果。
K.7.3 校正
制备校正标准液。可采用内标或外标校正过程。苯胺及许多苯胺衍生物不稳定，因此需要经常进行色谱柱维护和重校准。
K.7.4 样品气相色谱分析
K.7.4.1 推荐 1 μl 自动进样。如果分析者要求定量精度相对标准偏差＜10%，则可以采用小于 2 μl 手动进样。若溶剂量保持在最低值，则应采用溶剂冲洗技术。如果采用内标校准方法，在进样前于每 ml 样品萃取液中加入 10 μl 内标。

K.7.4.2 当样品萃取液中某一个峰超出了其常规的保留时间窗口时需要采用假设性鉴定。
K.7.4.3 记录进样体积精确至 0.05 μl 及其相应峰的大小，以峰高或峰面积计。使用内标或外标校正过程，确定样品色谱图中与校正所使用的化合物相应的每个组分峰的归属和数量。
K.7.4.4 如果响应超出了系统的线性范围，将萃取液稀释并再次分析。在由于峰重叠引起面积积分误差的情况下，建议使用峰高测量而不是峰面积积分。
K.7.4.5 如果存在部分重叠峰或共流出峰，改换色谱柱或采用 GC/MS 技术（GB 5086.3 附录 K）。影响样品定性和（或）定量的干扰物应使用上面所述纯化技术予以除去。
K.7.4.6 如果峰响应低于基线噪音的 2.5 倍，则定量分析的结果是不准确的。需根据样品来源进行分析，以确定是否对样品进一步浓缩。

K.7.5 GC/MS 确认

K.7.5.1 本方法应当合理选择 GC/MS 技术作为定性鉴定的辅助。依据 GB 5086.3 附录 K 中所列的 GC/MS 工作条件。确保用作 GC/MS 分析的萃取液中，被分析物的浓度足够大以对其进行确认。
K.7.5.2 有条件时，可采用化学电离质谱进行辅助定性鉴定过程。
K.7.5.3 为准确鉴定一种化合物，其由样品萃取液测得的扣除背景后的质谱图必须与在相同的色谱工作条件下测得的标准储备液或校正标准液的质谱图相一致。使用 GC/MS 鉴定时，进样量至少为 25 ng。定性确认必须遵照 GB 5086.3 附录 K 所列的鉴定标准。
K.7.5.4 如果 MS 不能提供满意的结果，在重新测定之前可采用一些另外的措施。这些措施包括更换气相色谱柱，或进一步的样品纯化。

表 K.1 保留时间和方法检测限

被测物	保留时间/min		方法检测限 [a]/（μg/L）
	色谱柱 1	色谱柱 2	
苯胺（Aniline）	7.5	6.3	2.3
2-氯苯胺（2-Chloroaniline）	12.1	7.1	1.4
3-氯苯胺（3-Chloroaniline）	14.6	9.0	1.8
4-氯苯胺（4-Chloroaniline）	14.7	9.1	0.66
4-溴苯胺（4-Bromoaniline）	18.0	12.1	4.6
2-硝基苯胺（2-Nitroaniline）	21.9	15.6	1.0
2,4,6-三氯苯胺（2,4,6-Trichloroaniline）	21.9	16.3	5.8
3,4-二氯苯胺（3,4-Dichloroaniline）	22.7	16.6	3.2
3-硝基苯胺（3-Nitroaniline）	24.5	18.0	3.3
2,4,5-三氯苯胺（2,4,5-Trichloroaniline）	26.3	20.4	3.0
4-硝基苯胺（4-Nitroaniline）	28.3	21.7	11.0
4-氯-2-硝基苯胺（4-Chloro-2-nitroaniline）	28.3	22.0	2.7
2-氯-4-硝基苯胺（2-Chloro-4-nitroaniline）	31.2	24.8	3.2
2,6-二氯-4-硝基苯胺（2,6-Dichloro-4-nitroaniline）	31.9	26.0	2.9
6-氯-2-溴-4-硝基苯胺（2-Bromo-6-chloro-4-nitroaniline）	34.8	28.8	3.4
2-氯-4,6-二硝基苯胺（2-Chloro-4,6-dinitroaniline）	37.1	30.1	3.6
2,6-二溴-4-硝基苯胺（2,6-Dibromo-4-nitroaniline）	37.6	31.6	3.8
2,4-二硝基苯胺（2,4-Dinitroaniline）	38.4	31.6	8.9
2-溴-4,6-二硝基苯胺（2-Bromo-4,6-dinitroaniline）	39.8	33.4	3.7

注：a. MDL 值为基于对不含有机物的水重复 7 次测定的结果。

表 K.2　对不同基体的定量极限评估值（EQL）[a]

基体	因数[b]
地下水	10
超声提取、凝胶渗透色谱（GPC）纯化的低倍浓缩土壤	670
超声提取的高倍浓缩土壤和淤泥	10 000
非水溶性废物	100 000

注：a. 样品的 EQL 值主要取决于基体。此处列出的 EQL 值仅作为指导参考，并非始终能达到。
b. EQL=对水样的检测限（表 K.1）×因数。对于非水样品，该因数基于湿重基础。

附 录 L
（资料性附录）
固体废物 草甘膦的测定 高效液相色谱/柱后衍生荧光法

L.1 范围

本方法适用于固体废物中的草甘膦的高效液相色谱/柱后衍生荧光法测定。

本方法在试剂水、地下水和脱氯处理过的自来水中的检出限分别为 6、8.99、5.99 μg/L。

L.2 原理

水样过滤后，用阳离子交换柱进行 HPLC 等度分析。在 65℃下，被测物用次氯酸钙氧化，其产物氨基乙酸（glycine）用含有 2-巯基乙醇的邻苯二甲醛在 38℃进行反应，得到有荧光相应的物质。荧光检测的激发波长为 340 nm，发射波长＞455 nm。

L.3 试剂和材料

L.3.1 HPLC 流动相。

L.3.1.1 试剂水：高纯水。

L.3.1.2 取 0.005 mol/L $KHPO_4$（0.68 gm）溶于 960 ml 试剂水中，加入 40 ml HPLC 级甲醇，用浓磷酸将 pH 调至 1.9。混匀后用 0.22 μm 过滤膜过滤并脱气。

L.3.2 柱后衍生溶液。

L.3.2.1 次氯酸钙溶液：取 1.36 g $KHPO_4$、11.6 g NaCl 和 0.4 g NaOH 溶于 500 ml 去离子水中。加入将 15 mg $Ca(ClO)_2$ 溶于 50 ml 去离子水的溶液。将溶液用去离子水稀释至 1 000 ml。用 0.22 μm 膜过滤备用。建议该溶液每天新鲜配制。

L.3.2.2 邻苯二甲醛（OPA）反应液：

L.3.2.2.1 将 10 ml 2-巯基乙醇和 10 ml 乙腈以 1∶1 比例混合，密封储存在通风橱中。

L.3.2.2.2 硼酸钠（0.025 mol/L），将 19.1 g 硼酸钠（$Na_2B_4O_7 \cdot 10\,H_2O$） 溶于 1.0 L 试剂水中。如果在使用前一天配制，硼酸钠在室温下会完全溶解。

L.3.2.2.3 OPA 反应液：将（100±10） mg 邻苯二甲醛（OPA）（熔点：55～58℃）溶于 10 ml 甲醇中。加入 1.0 L 0.025 mol/L 硼酸钠溶液，混匀，用 0.45 μm 膜过滤后，脱气。加入 10 μl 2-巯基乙醇溶液并混匀。除非能够隔绝氧气保存，否则此溶液应该每天新鲜配制。溶液在空气中低温（4℃）保存两周没有明显增加的荧光本底噪声；如果在氮气保护条件下可长期保存。亦可以买到商品化的荧光醛。

L.3.3 样品保护试剂：硫代硫酸钠，颗粒，分析纯。

L.3.4 标准储备液：1.00 μg/ml，准确称取 0.100 0 g 纯草甘膦，溶于 1 000 ml 去离子水中。

L.4 仪器和设备

L.4.1 高效液相色谱仪：具有荧光检测器，200 μl 定量环。

L.4.2 色谱柱：250 mm×4 mm，钾型阳离子交换柱，在 pH 为 1.9，65℃下填装。

L.4.3 保护柱：C18 填料，或者与色谱柱填料相近的保护柱。

L.4.4 柱温箱。

L.4.5 柱后反应装置：包括两个柱后衍生泵，一个二通，两个 1.0 ml 特富龙材质延迟管线（控温在 38℃）。

L.5 分析步骤

L.5.1 样品净化。HPLC 方法直接用水溶液进样，用过滤方法对样品进行净化。自来水、地下水和市政污水用过滤方法处理均未发现明显的干扰。如果特殊情况下需要其他的净化步骤，需要符合本方法指定的回收率要求。

L.5.2 分析条件。

L.5.2.1 HPLC 分析。

色谱柱：250 mm×4 mm，阳离子交换柱，柱温：65℃；

流动相：0.005 mol/L $KHPO_4$-水-甲醇（24∶1），pH=1.9；

流速：0.5 ml/min；

进样体积：200 μl；

检测：激发波长：340 nm，发射波长：455 nm。

L.5.2.2 柱后衍生条件。

次氯酸钙溶液流速：0.5 ml/min；

OPA 溶液流速：0.5 ml/min；

反应温度：38℃。

L.6 结果计算

样品中草甘膦的质量浓度ρ（μg/L）用以下公式计算：

$$\rho=A/\mathrm{RF}$$

式中：A——样品中草甘膦的峰面积；

RF——从校正数据得到的相应校正因子。

附 录 M
（资料性附录）
固体废物 苯基脲类化合物的测定 固相提取/高效液相色谱紫外分析法

M.1 范围

本方法适用于固体废物中苯基脲类农药包括除虫脲（Diflubenzuron）、敌草隆（Diuron）、氟草隆（Fluometuron）、利谷隆（Linuron）、敌稗（Propanil）、环草隆（Siduron）、丁噻隆（Tebuthiuron）和赛苯隆（Thidiazuron）的固相提取/高效液相色谱紫外分析法测定。

M.2 原理

500 ml 水样用 C18 固相提取小柱提取，用甲醇洗脱，最后提取液浓缩至 1 ml。样品用 C18 色谱柱在配有紫外检测器的 HPLC 系统上进行分离检测。

M.3 试剂和材料

M.3.1 试剂水：纯水，其中不含任何超过检出限的目标待测物，或超过检出限之 1/3 的干扰物质。
M.3.2 乙腈：HPLC 级。
M.3.3 甲醇：HPLC 级。
M.3.4 丙酮：HPLC 级。
M.3.5 磷酸缓冲液：(25 mmol/L)：用于 HPLC 流动相。取 0.5 mol/L 磷酸钾储备液(M.3.5.1)和 0.5 mol/L 磷酸储备液（M.3.5.2）各 100 ml，与试剂水稀释至 4 L。溶液 pH 应该约为 2.4。该值应该用 pH 计测量。用 0.45 μm 尼龙膜过滤备用。
M.3.5.1 磷酸钾储备液（0.5 mol/L）：称取 68 g KH_2PO_4，用 1 L 试剂水溶解。
M.3.5.2 磷酸储备液（0.5 mol/L）：取 34.0 ml 磷酸（85%，HPLC 级），用试剂水稀释至 1 L。
M.3.6 样品保护试剂：硫酸铜（$CuSO_4 \cdot 5H_2O$），分析纯，作为杀菌剂，防止微生物将被测物降解。
M.3.7 标准样品溶液。
M.3.7.1 待测物贮备标准溶液：除了赛苯隆（Thidiazuron）和除虫脲（Diflubenzuron）外，其他化合物用甲醇溶解。赛苯隆（Thidiazuron）和除虫脲（Diflubenzuron）在甲醇中溶解度有限，用丙酮溶解。只要进样体积如方法指定尽可能小，丙酮就不干扰分析。储备液在−10℃以下可储存 6 个月。
M.3.7.1.1 准确称取 25～35 mg（精确到 0.1 mg）可在甲醇中溶解的待测化合物，放入 5 ml 容量瓶，用甲醇稀释至刻度。
M.3.7.1.2 赛苯隆（Thidiazuron）和除虫脲（Diflubenzuron）可溶于丙酮中。准确称取纯物质（精确到 0.1 mg）10～12 mg，置于 10 ml 容量瓶中。赛苯隆难以溶解，但 10 mg 纯物质可溶于 10 ml 丙酮中。超声可有助于溶解。
M.3.7.2 分析用标准样品（200 μg/ml 和 10 μg/ml），由储备标准溶液稀释而来。先用适量甲醇将储备标准溶液稀释至 200 μg/ml 溶液。如需 10 μg/ml 质量浓度的标准溶液，可用 200 μg/ml 的标准溶液进行进一步的稀释而得。上述标准溶液可以用于校正标样，并可以在−10℃下稳定存放 3 个月。
M.3.8 固相提取用材料。

M.3.8.1 固相提取小柱：6 ml 装有 500 mg（40 μm 直径）硅胶基质 C18 填料的小柱。
M.3.8.2 真空提取装置：带流速/真空控制功能。使用导入针或阀避免交叉污染。
M.3.8.3 离心管：15 ml，或其他适于容纳小柱提取洗脱液的容器。
M.3.8.4 提取液浓缩系统 1：可以使 15 ml 试管在 40℃水浴下加热，并同时用氮气吹扫到一定体积。

M.4 仪器

M.4.1 高效液相色谱仪：配紫外检测器或光电二极管阵列检测器。
M.4.2 首选色谱柱：4.6 mm×150 mm，3.5 μm C18 色谱柱。
M.4.3 确认色谱柱：4.6 mm×150 mm，5 μm 氰基柱，必须与首选色谱柱具有不同的选择性，具有不同的洗脱次序。

M.5 分析步骤

M.5.1 固相提取步骤
M.5.1.1 小柱活化

小柱一旦被活化，则需在进样完成前一直保持浸润状态，不能干涸，否则降低回收率。用 5 ml 甲醇浸润小柱填料约 30 s（暂时停止真空），使之活化。其间不能让甲醇液面低于填料上部。用甲醇活化后，用两份 5 ml 试剂水平衡小柱。小心控制真空使填料保持浸润状态。在进样之前，在小柱上再加入约 5 ml 试剂水。

M.5.1.2 进样

打开真空，以 20 ml/min（minus 9～10，Hg）的流速让样品溶液通过小柱。

注意：在所有样品通过小柱前，小柱不能干涸。样品全部通过小柱后，抽真空（minus 10～15，Hg）约 15 min，放掉真空。

M.5.1.3 小柱洗脱

在小柱中加入 3 ml 甲醇，使小柱让甲醇充分浸润。放掉真空，将小柱填料用甲醇浸润 30 s。打开真空，以低真空度（minus 2～4，Hg）将样品用甲醇从小柱中洗脱出来，洗脱溶液应成滴流出至收集管。用 2 ml 甲醇再重复上述操作。第三次用 1 ml 甲醇洗脱。

M.5.1.4 洗脱液浓缩

用 40℃以上的水浴在氮气流的吹扫下，将洗脱液浓缩至 0.5 ml。转移至 1 ml 容量瓶。用少量甲醇洗涤收集管。

M.5.2 液相色谱分析
M.5.2.1 首选分析柱：C18，4.6 mm×150 mm，3.5 μm C18 色谱柱。

条件：溶剂 A：25 mmol/L 磷酸缓冲液；溶剂 B：乙腈。梯度变化见下表：

时间/min	B/%	流速/（ml/min）	时间/min	B/%	流速/（ml/min）
0	40	1.5	14	60	1.5
9.5	40	1.5	15.0	40	1.5
10.0	50	1.5			

检测波长：245 nm。下次进样前平衡 15 min。

M.5.2.2 确认色谱柱：4.6 mm×150 mm，5 μm 氰基固定相色谱柱。

条件：溶剂 A：25 mmol/L 磷酸缓冲液；溶剂 B：乙腈。梯度变化见下表：

时间/min	B/%	流速/（ml/min）	时间/min	B/%	流速/（ml/min）
0	20	1.5	16.01	40	2.0
11	20	1.5	20	40	2.0
12	40	1.5	20.1	20	2.0
16	40	1.5			

平衡时间：15 min。检测波长：240 nm。

附 录 N
（资料性附录）
固体废物 氯代除草剂的测定
甲基化或五氟苄基衍生气相色谱法

N.1 范围

本方法用毛细管气相色谱来分析水体、土壤或废物中的氯代除草剂和相关化合物。本方法特别适用于测定下列化合物：2,4-滴、2,4-滴丁酸、2,4,5-滴丙酸、2,4,5-涕、茅草枯、麦草畏、1,3-二氯丙烯、地乐酚、2 甲 4 氯、2-（4-氯苯氧基-2-甲基） 丙酸、4-硝基苯酚、五氯酚钠。

表 N.1 列出了水体和土壤中每一种化合物检出限的估计值。因干扰物和样品状态的差异，测定具体水样时的检出限会与表中所列有所不同。

N.2 引用标准

下列文件中的条款通过在本方法中被引用而成为本方法的条款，与本方法同效。凡是不注明日期的引用文件，其最新版本适用于本方法。

GB/T 6682 分析实验室用水规格和实验方法

N.3 原理

水样用乙醚进行萃取，用重氮甲烷或五氟苄溴进行酯化。土壤和废物样品用重氮甲烷或五氟苄溴萃取并酯化。衍生化后的产物用带有电子捕获检测器的气相色谱仪（GC/ECD）测定。所得结果应以酸的形式给出。

N.4 试剂和材料

N.4.1 除有说明外，本方法中所用的水为 GB/T 6682 规定的一级水。
N.4.2 氢氧化钠溶液：把 4 g 氢氧化钠溶于水中，稀释至 1.0 L。
N.4.3 氢氧化钾溶液（37%，质量分数）：把 37 g 的氢氧化钾溶于水中，稀释至 100 ml。
N.4.4 磷酸缓冲溶液（0.1 mol/L，pH 为 2.5）：把 12 g 的 NaH_2PO_4 溶于水中，稀释至 1.0 L。加磷酸调节 pH 到 2.5。
N.4.5 二甲基亚硝基苯磺酰胺：高纯。
N.4.6 硅酸：过 100 目筛，130℃下贮存。
N.4.7 碳酸钾：分析纯。
N.4.8 2,3,4,5,6-五氟苄溴（PFBBr，$C_6F_5CH_2Br$）：纯度足够高或等同类产品。
N.4.9 无水经过酸化的硫酸钠颗粒：置于浅盘，加热至 400℃下纯化 4 h，或者用二氯甲烷预先洗涤。必须做一个空白样，以确保硫酸钠中无杂物干扰。酸化时，先用乙醚把 100 g 硫酸钠调成糊状，加入 0.1 ml 浓硫酸搅拌均匀。真空除去乙醚。把 1 g 所得固体与 5 ml 水混合，测定 pH。要求 pH 必须低于 4，在 130℃下贮存。
N.4.10 二氯甲烷：色谱纯。

N.4.11 丙酮：色谱纯。
N.4.12 甲醇：色谱纯。
N.4.13 甲苯：色谱纯。
N.4.14 乙醚：色谱纯，除去过氧化合物，可用试纸检测是否除尽。
N.4.15 异辛醇：色谱纯。
N.4.16 正己烷：色谱纯。
N.4.17 卡必醇（二乙醇单乙醚）：色谱纯，制无醇重氮甲烷备选。
N.4.18 贮备标准溶液：可用纯标准物质配制或直接购买市售溶液。准确称取 0.010 g 纯酸来配制贮备标准溶液。用纯度足够高的丙酮溶解样品，稀释定容至 10 ml 的容量瓶中。由纯甲酯制得的储备液，用体积分数为 10%的丙酮和异辛醇来溶解。把储备液转移至聚四氟乙烯封口的瓶子里面，4℃下避光保存。贮备标准溶液要经常检查，看是否发生降解或蒸发，尤其是用它们配制校准用的标准物前。取代酸的贮备标液保存一年后必须更换，若与标准对照后发现问题，更换时间要适当缩短。自由酸降解更快，应该 2 个月后或在更短的时间内更换成新溶液。
N.4.19 内标溶液：若选用此法，需要选与目标化合物分析特性相似的内标，而且必须保证内标物不会带来基底干扰。
N.4.19.1 4,4′-二溴辛氟联苯（DBOB）是很好的内标物。若 DBOB 有干扰，用 1,4-二氯苯也是很好的选择。
N.4.19.2 准确称取 0.002 5 g 纯 DBOB 配制内标溶液，丙酮溶解后定容至 10 ml 容量瓶。之后转移到聚四氟乙烯封口试剂瓶，室温下保存。往 10 ml 样品提取物中加 10 μl 内标溶液，内标的最终质量浓度为 0.25 μg/L。当内标响应值比原响应值改变大于 20%时，需更换溶液。
N.4.20 校准标准物：对应于每个需要检测的成分，用乙醚或正己烷稀释贮备标准溶液来配制至少 5 个不同浓度的溶液。其中有一个浓度应该接近（但要高于）方法检出限。其余标准溶液应该与实际样品的预测浓度相近，或者定义气相色谱的检测浓度范围。校准溶液在配制好的 6 个月后必须更换，或者若发现问题要及时更换。
N.4.20.1 参照 N.7.5 开始的步骤，在 10 ml 的 K-D 浓缩管中，把每个预先制备好的标准溶液从自由酸中衍生化。
N.4.20.2 往每一个衍生化校准标准溶液中，加入已知浓度的一种或多种内标，稀释至适当体积。
N.4.21 调节 pH 溶液。
N.4.21.1 氢氧化钠：6 g/L。
N.4.21.2 硫酸：12 g/L。

N.5 仪器、装置

N.5.1 气相色谱仪：配有电子捕获检测器。
N.5.2 Kuderna-Danish（K-D）装置。
N.5.2.1 浓缩管：10 ml，带刻度。具玻璃塞以防止样品挥发。
N.5.2.2 蒸发瓶：500 ml。使用弹簧或者夹子与蒸发器连接。
N.5.2.3 斯奈德管：三球，大量。
N.5.2.4 斯奈德管：二球，微量（可选）。
N.5.2.5 弹簧夹。
N.5.2.6 溶剂蒸汽回收系统。
N.5.3 重氮甲烷发生器。
N.5.3.1 二甲基亚硝基苯磺酰胺发生器：推荐使用重氮甲烷发生装置。

N.5.3.2 两根 20 mm×150 mm 的试管，两个氯丁（二烯）橡胶塞和一个氮气源组合起来作为替代品。用带孔氯丁（二烯）橡胶塞来连接玻璃管，玻璃管的出口通入重氮甲烷，对样品萃取物进行鼓泡处理。这种发生器的装置图参见图 N.1。

N.5.4 大口杯：厚壁，400 ml。

N.5.5 漏斗：直径 75 mm。

N.5.6 分液漏斗：500 ml，聚四氟乙烯（PTFE）塞子。

N.5.7 离心瓶：500 ml。

N.5.8 锥形瓶：250 ml 和 500 ml，磨口玻璃塞。

N.5.9 巴斯德玻璃移液管：140 mm×5 mm。

N.5.10 玻璃瓶：10 ml，聚四氟乙烯带螺纹盖。

N.5.11 容量瓶：10～1 000 ml。

N.5.12 滤纸：直径 15 cm。

N.5.13 玻璃毛：Pyrex®，酸洗过。

N.5.14 沸石：用二氯甲烷作溶剂萃取，约 10/40 网孔（碳化硅或者同类产品）。

N.5.15 带盖加热水浴锅：可控温（±2℃）。

N.5.16 分析天平：可精确至 0.000 1 g。

N.5.17 离心机。

N.5.18 超声萃取系统：配备钛尖的喇叭形装置，或者具有类似功能的装置。功率至少要在 300 W，可脉冲调制。推荐使用有降噪设备的装置。按照使用说明来进行萃取。

N.5.19 声呐：推荐使用有降噪设备的装置。

N.5.20 广泛 pH 试纸。

N.5.21 硅胶净化柱。

N.5.22 微量进样针，10 μl。

N.5.23 搅拌器。

N.5.24 烘干柱：400 mm×20 mm ID Pyrex®色谱柱，底部衬有 Pyrex®玻璃棉，配有聚四氟乙烯塞子。

N.6 样品的采集、保存和预处理

N.6.1 固体基质：250 ml 宽口玻璃瓶，特弗龙螺纹瓶盖，冷却至 4℃保存。

液体基质：4 个 1 L 的琥珀色玻璃瓶，特弗龙螺纹瓶盖，在样品中加入 0.75 ml 10%的 $NaHSO_4$，冷却至 4℃保存。

N.6.2 提取物必须在 4℃下保存，并于提取 40 d 内进行分析。

N.7 分析步骤

N.7.1 高浓度废物样品的提取与消解

N.7.1.1 对有机氯杀虫剂或者多氯联苯类须使用 GC/ECD 检测的样品，用正己烷稀释；对半挥发的碱性/中性和酸性的污染物使用二氯甲烷稀释。

N.7.1.2 若分析样品中的除草剂酯和酸，则提取物必须经过消解。移取 1 ml 样品（更少的体积或者加溶剂稀释，这要视除草剂浓度而定）到 250 ml 的带磨口塞的锥形瓶中。若只分析除草剂的酸形式，进行 N.7.2.3 的操作；若在二氯甲烷分析除草剂衍生物，参照 N.7.5。若用五氟苄溴衍生的话，乙醚体积要减少至 0.1～0.5 ml，再用丙酮稀释到 4 ml。

N.7.2 土壤、沉降物或其他固体样品中的提取与消解

一般包括超声提取和振摇提取两步。N.7.2.3 消解步骤对两种提取方法都是适用的。

N.7.2.1 超声提取

N.7.2.1.1 往 400 ml 烧杯中加入干重 30 g 的混合固体样品，加盐酸，或者加 pH 为 2.5，0.1 mol/L 的磷酸缓冲溶液 85 ml，把试样的 pH 调节到 2，然后用玻璃棒搅匀。

N.7.2.1.2 对不同类型的样品，要优化超声提取条件。若有效地对固体样品进行超声提取，样品在加入溶剂后必须能够自由流动。对于黏土型土壤，一般要按 1∶1 的比例加入酸化了的无水硫酸钠，其他沙状非自由流动的土壤混合物需要处理成可自由流动的样品。

N.7.2.1.3 按 1∶1 的比例往烧杯中加入 100 ml 的二氯甲烷和丙酮。把输出控制到 10（满额），超声提取 3 min，然后改为 50%的输出进行脉冲式提取（50%时间通电，50%时间断电）。待固体沉降后，把有机物转入到 500 ml 的离心管。

N.7.2.1.4 相同条件下，用 100 ml 二氯甲烷对样品进行超声提取两次。

N.7.2.1.5 合并 3 份有机提取物，放到离心管中，离心 10 min 使细小颗粒沉降。用滤纸过滤，将滤液倒入放有 7～10 g 酸化硫酸钠的 500 ml 的锥形瓶中。加入 10 g 无水硫酸钠。周期性剧烈振摇提取物和干燥剂，使其保证 2 h 的充分接触。需要强调的是，在酯化前要进行干燥提取，参照 N.7.3.6 的备注。

N.7.2.1.6 把锥形瓶中的提取物定量转移到 10 ml 的 K-D 浓缩器中。加入沸石，连上 Snyder 柱。水浴加热把提取物蒸至 5 ml。停火，冷却。

N.7.2.1.7 若无须消解或进一步纯化，且样品是干燥的，则参照 N.7.4.4 来处理。否则，根据 N.7.2.3 来消解，参照 N.7.2.4 来纯化。

N.7.2.2 振摇提取

N.7.2.2.1 往 500 ml 锥形瓶中加入净重为 50 g 混匀的潮湿的土壤样品。用浓盐酸把 pH 调节到 2，偶尔振摇监测酸度 15 min。若必要，加盐酸调节 pH 维持在 2。

N.7.2.2.2 锥形瓶中加入 20 ml 丙酮，手摇 20 min。再加入 80 ml 乙醚，振摇 20 min。倒出萃取物，测定回收溶剂的体积。

N.7.2.2.3 依次用 20 ml 丙酮和 80 ml 乙醚萃取试样两次。每次加溶剂后，要手摇 10 min，然后倒出丙酮和乙醚萃取物。

N.7.2.2.4 第三次萃取后，回收所得萃取物至少是所加溶剂体积的 75%。合并萃取物，转入盛有 250 ml 水的 2 L 分液漏斗中。若形成乳液，缓慢加入 5 g 酸化无水硫酸钠，直到溶剂和水分开为止。若有必要，可以加入和样品等量的酸化硫酸钠。

N.7.2.2.5 检查萃取物的 pH。若其 pH 低于 2，加浓盐酸调节。缓慢混匀分液漏斗内容物，约 1 min，然后静置分层。把水相收集在干净的烧杯中，萃取相（上层）转入 500 ml 的磨口锥形瓶内。把水相再次转入分液漏斗，用 25 ml 乙醚再次萃取。静置分层后，弃去水相。合并乙醚萃取物到 500 ml 的 K-D 瓶内。

N.7.2.2.6 若无须消解或进一步纯化操作，且样品干燥，则参照 N.7.4.4。否则，参考 N.7.2.3 进行消解，或参看 N.7.2.4 进行纯化操作。

N.7.2.3 土壤、沉降物或者其他固体样品萃取物的消解。此步仅用于除草剂的酯形式的测定，除草剂的酸形式除外。

N.7.2.3.1 往萃取物中加入 5 ml，36%的氢氧化钾水溶液和 30 ml 水。往 K-D 瓶中加入沸石。水浴控温在 60～65℃下回流，直至消解完全（一般要 1～2 h）。从水浴加热器上移去 K-D 瓶，冷却至室温。

注意：残留丙酮会导致羟醛缩合，给气相色谱带来干扰。

N.7.2.3.2 把消解后的水溶液转移到 500 ml 的分液漏斗中，用 100 ml 的二氯甲烷萃取三次。弃去二氯甲烷相。此时，除草剂的盐存在于碱性水溶液中。

N.7.2.3.3 用 4℃左右冷的硫酸（1∶3）把溶液 pH 调至 2 以下，先用 40 ml 乙醚萃取一次，再用 20 ml

醚萃取一次。合并萃取液，倒入预先已经洗好的干柱中，内含7～10 cm的酸化无水硫酸钠。把不含水的萃取物收集于内含 10 g 酸化无水硫酸钠的锥形瓶中（24/40 接口）。周期性地剧烈振摇萃取物和干燥剂，确保它们至少接触 2 h。酯化前一定要把萃取物进行除水处理，参见 N.7.3.6 的备注。确保除水完毕后，把待分析物从锥形瓶内转移到 500 ml 的带有 10 ml 浓缩管的 K-D 瓶中。

N.7.2.3.4 参照 N.7.4 来进行萃取物浓缩操作。若需进一步纯化，则参照 N.7.2.4 处理。

N.7.2.4 纯化未消解的除草剂，若需进一步纯化，参照此步操作。

N.7.2.4.1 参照 N.7.2.1.7，用二氯甲烷三次萃取除草剂（或者参照 N.7.2.3.4，用乙醚作为萃取用溶剂），用 15 ml 碱性水溶液分离出来。碱性溶液配制方法，混合 15 ml，37%的氢氧化钾水溶液和 30 ml 水。弃去二氯甲烷或乙醚相。此时，碱性的水相中含有除草剂的盐形式。

N.7.2.4.2 用 4℃左右冷的硫酸（1∶3）把溶液 pH 调至 2 以下，先用 40 ml 乙醚萃取一次，再用 20 ml 醚萃取一次。合并萃取液，倒入预先已经洗好的干柱中，内含 7～10 cm 的酸化无水硫酸钠。把不含水的萃取物收集于内含 10 g 酸化无水硫酸钠的锥形瓶中（24/40 接口）。周期性地剧烈振摇萃取物和干燥剂，确保它们至少接触 2 h。酯化前一定要把萃取物进行除水处理，参见 N.7.3.6 的备注。确保除水完毕后，把待分析物从锥形瓶内转移到 500 ml 的带有 10 ml 浓缩管的 K-D 瓶中。

N.7.2.4.3 参照 N.7.4 来进行萃取浓缩步骤。

N.7.3 制备水样

N.7.3.1 用带刻度量筒移取 1 L 样品到 2 L 的分液漏斗中。

N.7.3.2 往样品中加入 250 g 的 NaCl，封口，振摇溶解盐。

N.7.3.3 此步仅用于除草剂的酯形式测定，除草剂的酸形式除外。

N.7.3.3.1 往样品中加入 17 ml，6 mol/L 的氢氧化钠溶液，封口，振摇。用 pH 试纸检查样品 pH。若试样的 pH 低于 12，则通过加 6 mol/L 的氢氧化钠溶液来调节 pH。样品置于室温下，确保消解步骤完全（一般需要 1～2 h），周期性地振摇分液漏斗和内容物。

N.7.3.3.2 往相同的瓶子里面加入 60 ml 二氯甲烷，润洗瓶子和刻度量筒。把二氯甲烷转入分液漏斗，剧烈振摇 2 min 来萃取试样，注意要周期性地放空来减小瓶内气压。静置分层至少 10 min，使有机相和水相分离。若两相之间出现乳浊界面超过溶剂层的 1/3 体积，必须采用机械技术使两相完全分离。采取的最佳技术视样品而定，可用搅拌、玻璃棉过滤、离心或者其他物理方法除去二氯甲烷相。

N.7.3.3.3 往分液漏斗中再次加入 60 ml 的二氯甲烷，重复萃取操作，弃去二氯甲烷层。再重复操作一遍。

N.7.3.4 往样品（或消解后的样品）中加入 17 ml、12 g/L、4℃的冷硫酸，封口，振摇混合均匀。用 pH 试纸检查样品酸度。若试样 pH 高于 2，用更多的酸把酸度调过来。

N.7.3.5 往样品中加入 120 ml 乙醚，封口，剧烈振摇分液漏斗来萃取样品，并周期性地放空以减小瓶内气压。静置至少 10 min 使漏斗内两相分离。若两相界面出现乳浊的体积超过溶剂层的 1/3，必须采用机械技术完成相分离操作。最佳的技术取决于具体的样品，可用搅拌、玻璃棉过滤、离心或者其他物理方法。把水相转移到 2 L 的锥形瓶内，把乙醚相收集到内装 10 g 酸化无水硫酸钠的磨口锥形瓶中。周期性地振摇萃取物和干燥剂。

N.7.3.6 把水相转回分液漏斗中，把 60 ml 乙醚加入样品，再次重复萃取步骤，把萃取物合并到 500 ml 的锥形瓶中。相同操作再用 60 ml 乙醚重复萃取一遍。要使硫酸钠与萃取物保持接触在 2 h 左右，较为彻底地除去水分。

注意：干燥对于整个酯化过程是非常关键的。乙醚内残留的任何水分都会使除草剂的回收率下降。旋摇锥形瓶，检查是否有自由移动的晶体存在，以测定硫酸钠是否足量的。若硫酸钠固化结饼，需要补加数克，并再次旋摇检验是否足量。至少要干燥 2 h，萃取物可以与硫酸钠放置在一起过夜。

N.7.3.7 把干燥过的萃取物倒入塞有酸洗过的玻璃棉的漏斗里面，收集 K-D 浓缩装置中的萃取物。转移过程中，用玻璃棒轻轻压碎结饼的硫酸钠。用 20～30 ml 乙醚润洗锥形瓶和漏斗完成定量转移。参见

N.7.4，进行萃取浓缩。

N.7.4　萃取浓缩

N.7.4.1　往浓缩管中加 1～2 颗干净的沸石，连到三球的 Snyder 微柱上。在柱的顶端加入 0.5 ml 的乙醚进行预湿处理。把溶剂蒸汽回收玻璃装置（含冷凝器和收集器）连到 K-D 装置的 Snyder 柱上（按厂方提供的使用说明操作）。热水浴中（高于溶剂沸点 15～20℃以上）放置好 K-D 装置，以便浓缩管能够部分浸入热水中，且整个瓶子的底部圆形部分都在热水浴中。根据需要调节装置的垂直高度和水温，在 10～20 min 内完成浓缩操作。柱内的蒸馏球会以一定速率活跃起来，但是不会发生溢出现象。当装置内液体体积达到 1 ml 时，从水浴上移去 K-D 装置，至少淋洗冷却 10 min。

N.7.4.2　移去 Snyder 柱，用 1～2 ml 乙醚洗净瓶子和接头。萃取物可以通过 Snyder 微柱法（参照 N.7.4.3）或氮气吹下技术（参见 N.7.4.4）来进行进一步浓缩。

N.7.4.3　Snyder 微柱技术。往浓缩管中加一到两颗干净的沸石，连到双球的 Snyder 微柱上。在柱的顶端加入 0.5 ml 的乙醚进行预湿处理。热水浴中放置好 K-D 装置，以便浓缩管能够部分浸入热水中。根据需要调节装置的垂直高度和水温，在 5～10 min 内完成浓缩操作。柱内的蒸馏球会以一定速率活跃起来，但是不会发生溢出现象。当装置内液体体积达到 0.5 ml 时，从水浴上移去 K-D 装置，至少淋洗冷却 10 min。移去 Snyder 柱，用 0.2 ml 乙醚洗净瓶子和接头，加到浓缩管上。继续步骤 N.7.4.5。

N.7.4.4　氮气吹干

N.7.4.4.1　把浓缩管置于 35℃左右的温水浴，缓缓通入干燥氮气（经过活性炭柱过滤）使得溶剂体积降下来。

注意：在活性炭柱和样品之间连接处不要用塑料管。

N.7.4.4.2　操作中管内壁必须用乙醚润洗多次。蒸发过程中，管内溶剂水平必须低于外围的水浴水平，这样可以防止水浓缩进入样品。一般情况下，萃取物不允许成为无水状态。继续 N.7.4.5 的操作。

N.7.4.5　用 1 ml 异辛醇和 0.5 ml 甲醇稀释萃取物。用乙醚稀释至 4 ml 的终态体积。此时样品可以用二氯甲烷处理进行甲基化操作了。若用五氟苄溴进行衍生化，则用丙酮稀释至 4 ml。

N.7.5　酯化

参见 N.7.5.1，进行重氮甲烷衍生化。参见 N.7.5.2，进行五氟苄溴衍生化。

N.7.5.1　重氮甲烷衍生化：可以用两种方法包括鼓泡法和二甲基亚硝基苯磺酰胺法，参见 N.7.5.1.2。

注意：二甲基亚硝基苯磺酰胺是致癌物，一定条件下可能会爆炸。

鼓泡法适用于小批量（10～15 个）的酯化操作。此法对低浓度除草剂溶液（如水溶液）效果甚好，而且要比二甲基亚硝基苯磺酰胺法更为安全易行。后者适用于大批量酯化处理，尤其是对土壤或样品中的高浓度除草剂处理起来更为有效，如在土壤中萃取出的黄色样品就很难用鼓泡法来达到目的。

注意：使用如下防护措施：使用安全罩；使用机械式移液器；加热时不要超过 90℃，否则容易发生爆炸；避免摩擦表面，玻璃磨口接头，棘齿轴承和玻璃搅拌棒，否则容易发生爆炸；存放时，远离碱金属，否则容易发生爆炸；二氯甲烷容易遇到铜粉、氯化钙和沸石等固体材料时，会快速分解掉。

N.7.5.1.1　鼓泡法：

N.7.5.1.1.1　第一个试管中加入 5 ml 乙醚，1 ml 卡必醇，1.5 ml 的 36%的氢氧化钾，第二个试管内加入 0.1～0.2 g 的二甲基亚硝基苯磺酰胺。立刻把试管出口放到盛有萃取试样的浓缩管中。把 10 ml/min 的氮气流通过重氮甲烷进入萃取物，维持 10 min，直至二氯甲烷黄色稳定不变为止。二甲基亚硝基苯磺酰胺的用量要足够酯化三份样品萃取物。消耗掉最初加入的二甲基亚硝基苯磺酰胺之后，可能要另外加入 0.1～0.2 g，使重氮甲烷再生。溶液内有足够多的氢氧化钾，来完成全部酯化过程，大约需要 20 min。

N.7.5.1.1.2　移取浓缩管，用 Neoprene 或 PTFE 包封。加盖在室温下保存 20 min。

N.7.5.1.1.3　往浓缩管里加入 0.1～0.2 g 硅酸，破坏未反应的重氮甲烷。静置至氮气流停止。用正己烷调节试样体积至 10 ml。卸去浓缩管，移取 1 ml 样品到 GC 小瓶，若不立即使用，则放在冰箱里保存。

样品用气相色谱分析。

N.7.5.1.1.4　提取物应在 4℃下避光保存。研究表明，分析物可以稳定 28 d，但建议对于甲基化的提取物，宜立即分析，以免发生酯化或者其他反应。

N.7.5.1.2　二甲基亚硝基苯磺酰胺方法：参照制备重氮甲烷发生器的装置。

N.7.5.1.2.1　加入 2 ml 重氮甲烷，不断搅拌下放置 10 min。重氮甲烷呈现并保持明显的黄色。

N.7.5.1.2.2　用乙醚清洗瓶内壁。在室温下挥发溶剂，使样品体积变为大约 2 ml。或者可以加入 10 mg 的硅酸除去多余重氮甲烷。

N.7.5.1.2.3　用正己烷把样品稀释至 10.0 ml，用气相色谱分析。对于甲基化的提取物，建议立即分析，以免发生酯化或其他反应。

N.7.5.2　五氟苄溴衍生物

N.7.5.2.1　往丙酮中加入 30 μl，10%的 K2CO3 和 200 μl，3%的五氟苄溴。用玻璃塞盖好试管，旋转混匀。60℃下加热 3 h。

N.7.5.2.2　缓通氮气流，蒸发溶液至 0.5 ml。加入 2 ml 正己烷，在室温下挥发至干态。

N.7.5.2.3　用 1∶6 的甲苯和正己烷溶解干态残留，用玻璃柱净化。

N.7.5.2.4　硅柱上加盖 0.5 cm 厚的无水硫酸钠。用 5 ml 正己烷预湿柱子，让溶剂流经顶部的吸附剂。用甲苯和正己烷的混合溶液（总量 2～3 ml）反复洗涤，把反应残留物定量转移到柱子上。

N.7.5.2.5　用足量的甲苯和正己烷的混合溶液洗涤柱子，收集到 8 ml 的流出液。弃去此部分。

N.7.5.2.6　用 9∶1 的甲苯和正己烷混合溶液洗涤柱子，收集到 8 ml 的流出液，包含在 10 ml 容量瓶中的五氟苄溴衍生物。用 10 ml 正己烷稀释，样品用 GC/ECD 进行分析。

N.7.6　气相色谱条件（推荐使用）

N.7.6.1　色谱柱

N.7.6.1.1　窄内径柱

色谱柱 1-1：DB-5（30 m×0.25 mm×0.25 μm）或同类产品。

色谱柱 1-2（GC/MS）：DB-5（30 m×0.32 mm×1 μm）或同类产品。

色谱柱 2：DB-608（30 m×0.25 mm×0.25 μm）或同类产品。

确认柱：DB-1701（30 m×0.25 mm×0.25 μm）或同类产品。

N.7.6.1.2　宽内径柱

色谱柱 1：DB-608（30 m×0.53 mm×0.83 μm）或同类产品。

确认柱：DB-1701（30 m×0.53 mm×1.0 μm）或同类产品。

N.7.6.2　窄内径柱子

程序升温：60～300℃，升温速率 4℃/min；

氦气流速：30 ml/s；

进样体积：2μl，不分流，45 s 延迟；

进样口温度：250℃；

检测器温度：320℃。

N.7.6.3　宽内径柱子

程序升温：150℃初始柱温，保持 0.5 min，150～270℃，升温速率 5℃/min；

氦气流速：7 ml/min；

进样体积：1 μl；

进样口温度：250℃；

检测器温度：320℃。

N.7.7　校准

表 N.1 可作为选择校准曲线最低点的参考。

N.7.8 气相色谱法分析样品

N.7.8.1 若用了内标，在进样前往样品里面加 10 μl 内标。

N.7.8.2 确定分析次序，适当稀释，建立一般保留时间窗口和定性标准，包括分析次序中每组 10 个样品的浓度中点标准。

N.7.8.3 表 N.2 和表 N.3 给出了酯化后目标化合物的保留时间，分别对应于重氮甲烷衍生化和五氟苄溴衍生化。

N.7.8.4 记下进样体积和峰大小（用峰高或者峰面积来计）。

N.7.8.5 用内标或者外标法测定样品色谱图中的每个峰的组分和含量，旨在校准时寻找对应的化合物。

N.7.8.6 若用甲酯化合物（不是用此法进行酯化的）来作为校准标准物，那么求算浓度时必须与除草剂的酸形式进行比较来对甲酯的分子量校正。

N.7.8.7 若因干扰无法对色谱峰进行检测和确认时，需要进一步纯化处理。在进行纯化前，分析人必须在整个操作中使用一系列标准物，以确保无试剂干扰发生。

N.7.9 气相色谱质谱联用（GC/MS）确认

N.7.9.1 GC/MS 能提供很好的定性支持。可参照 GB 5085.3 附录 K 的 GC/MS 实验条件和分析步骤。

N.7.9.2 如果可以，化学电离源质谱能支持定性确认过程。

N.7.9.3 若用 MS 仍给不出令人满意的结果，则再次分析前必须考虑另外的辅助步骤。比如说换一下色谱柱或者进行更好的预处理。

表 N.1 重氮甲烷衍生化对应的检出限估计值

化合物	水样	土壤	
	GC/ECD 检出限估计值/（μg/L）	GC/ECD 检出限估计值/（μg/kg）	GC/MS 检出限估计值/ng
三氟羧草醚（Acifluorfen）	0.096	—	—
灭草松（Bentazon）	0.2	—	—
草灭平（Chloramben）	0.093	4.0	1.7
2,4-滴（2,4-D）	0.2	0.11	1.25
茅草枯（Dalapon）	1.3	0.12	0.5
2,4-滴丁酸（2,4-DB）	0.8	—	—
DCPA 二元酸（DCPA diacide）	0.02	—	—
麦草畏（Dicamba）	0.081	—	—
3,5-二氯代苯甲酸（3,5-Di- chlorobenzoic acid）	0.061	0.38	0.65
1,3-二氯丙烯（Dichloroprop）	0.26	—	—
地乐酚（Dinoseb）	0.19	—	—
5-羟基麦草畏（5-Hydroxydicamba）	0.04	—	—
2-（4-氯苯氧基-2-甲基） 丙酸（MCPP）	0.09 d	66	0.43
2-甲基-4-氯苯氧乙酸（MCPA）	0.056 d	43	0.3
4-硝基苯酚（4-Nitrophenol）	0.13	0.34	0.44
五氯苯酚（Pentachlorophenol）	0.076	0.16	1.3
氨氯吡啶酸（Picloram）	0.14	—	—
2,4,5-涕（2,4,5-T）	0.08	—	—
2,4,5-滴丙酸（2,4,5-TP）	0.075	0.28	4.5

表 N.2　氯代除草剂用甲基衍生化后对应的保留时间

化合物	保留时间/min		容量因子（*k*）	
	LC-18	LC-CN	LC-18	LC-CN
茅草枯（Dalapon）	3.4	4.7	—	—
3,5-二氯代苯甲酸（3,5-Dichlorobenzoic acid）	18.6	17.7	—	—
4-硝基苯酚（4-Nitro- phenol）	18.6	20.5	—	—
二氯乙酸（DCAA：替代品）	22.0	14.9	—	—
麦草畏（Dicamba）	22.1	22.6	4.39	4.39
1,3-二氯丙烯（Dichloroprop）	25.0	25.6	5.15	5.46
2,4-滴（2,4-D）	25.5	27.0	5.85	6.05
（DBOB：内标）	27.5	27.6	—	—
五氯酚钠（Pentachlorophenol）	28.3	27.0	—	—
草灭平（Chloramben）	29.7	32.8	—	—
2,4,5-滴丙酸（2,4,5-TP）	29.7	29.5	6.97	7.37
5-羟基麦草畏（5-Hydroxydicamba）	30.0	30.7	—	—
2,4,5-涕（2,4,5-T）	30.5	30.9	7.92	8.20
2,4-滴丁酸（2,4-DB）	32.2	32.2	8.74	9.02
地乐酚（Dinoseb）	32.4	34.1	—	—
灭草松（Bentazon）	33.3	34.6	—	—
氨氯吡啶酸（Picloram）	34.4	37.5	—	—
DCPA 二元酸（DCPA 二元酸）	35.8	37.8	—	—
三氟羧草醚（Acifluorfen）	41.5	42.8	—	—
2-（4-氯苯氧基-2-甲基） 丙酸（MCPP）	—	—	4.24	4.55
2-甲基-4-氯苯氧乙酸（MCPA）	—	—	4.74	4.94

注：a. 分析柱：5%苯基 95%甲基硅烷；
确认柱：14% 氰丙基苯基聚硅氧烷；
程序升温：60～300℃，升温速率 4℃/min；
氦气流速：30 cm/s；
进样体积：2 μl，不分流，45 s 延迟；
进样口温度：250℃；
检测器温度：320℃。
b. 分析柱：DB-608；
确认柱：14% 氰丙基苯基聚硅氧烷；
程序升温：初始柱温 150℃，维持 0.5 min，由 150～270℃，升温速率 5℃/min；
氦气流速：7 ml/min；
进样体积：1 μl。

表 N.3　氯代除草剂的五氟苄溴衍生物的保留时间（min）

化合物	气相色谱柱		
	薄膜 DB-5	SP-2550	厚膜 DB-5
茅草枯（Dalapon）	10.41	12.94	13.54
2-（4-氯苯氧基-2-甲基） 丙酸（MCPP）	18.22	22.30	22.98
麦草畏（Dicamba）	18.73	23.57	23.94
2-甲基-4-氯苯氧乙酸（MCPA）	18.88	23.95	24.18
1,3-二氯丙烯（Dichloroprop）	19.10	24.10	24.70
2,4-滴（2,4-D）	19.84	26.33	26.20
2.4.5-涕丙酸（Silvex）	21.00	27.90	29.02
2,4,5-涕（2,4,5-T）	22.03	31.45	31.36
地乐酚（Dinoseb）	22.11	28.93	31.57

化合物	气相色谱柱		
	薄膜 DB-5	SP-2550	厚膜 DB-5
2,4-滴丁酸（2,4-DB）	23.85	35.61	35.97

注：a. DB-5 毛细管柱，膜厚 0.25 μm，内径 0.25 mm，长 30 m，初始柱温 70℃维持 1 min，升温速率每分钟 10～240℃，维持 17 min。

b. SP-2550 毛细管柱，膜厚 0.25 μm，内径 0.25 mm，长 30 m，初始柱温 70℃维持 1 min，升温速率每分钟 10～240℃，维持 10 min。

c. DB-5 毛细管柱，膜厚 1.0 μm，内径 0.32 mm，长 30 m，初始柱温 70℃维持 1 min，升温速率每分钟 10～240℃，维持 10 min。

表 N.4　不含有机物试剂水基底重氮甲烷衍生后的准确度和精密度

化合物	加标质量浓度/（μg/L）	平均回收率	回收率标准偏差
三氟羧草醚（Acifluorfen）	0.2	121	15.7
灭草松（Bentazon）	1	120	16.8
草灭平（Chloramben）	0.4	111	14.4
2,4-滴（2,4-D）	1	131	27.5
茅草枯（Dalapon）	10	100	20.0
2,4-滴丁酸（2,4-DB）	4	87	13.1
DCPA 二元酸（DCPA diacidb）	0.2	74	9.7
麦草畏（Dicamba）	0.4	135	32.4
3,5-二氯代苯甲酸（3,5-Dichlorobenzoic acid）	0.6	102	16.3
1,3-二氯丙烯（Dichloroprop）	2	107	20.3
地乐酚（Dinoseb）	0.4	42	14.3
5-羟基麦草畏（5-Hydroxydicamba）	0.2	103	16.5
4-硝基苯酚（4-Nitrophenol）	1	131	23.6
五氯酚钠（Pentachlorophenol）	0.04	130	31.2
氨氯吡啶酸（Picloram）	0.6	91	15.5
2,4,5-滴丙酸（2,4,5-TP）	0.4	117	16.4
2,4,5-涕（2,4,5-T）	0.2	134	30.8

注：平均回收率由 7～8 个不含有机试剂水的加标测定得出。

表 N.5　黏土基底重氮甲烷衍生后的准确度和精密度

化合物	平均回收率	线性范围/（ng/g）	相对标准偏差（n=20）
麦草畏（Dicamba）	95.7	0.52～104	7.5
2-（4-氯苯氧基-2-甲基）丙酸（MCPP）	98.3	620～61 800	3.4
2-甲-4-氯（MCPA）	96.9	620～61 200	5.3
1,3-二氯丙烯（Dichloroprop）	97.3	1.5～3 000	5.0
2,4-滴（2,4-D）	84.3	1.2～2 440	5.3
2,4,5-滴丙酸（2,4,5-TP）	94.5	0.42～828	5.7
2,4,5-涕（2,4,5-T）	83.1	0.42～828	7.3
2,4-滴丁酸（2,4-DB）	90.7	4.0～8 060	7.6
地乐酚（Dinoseb）	93.7	0.82～1 620	8.7

注：a. 以线性范围内 10 次加标黏土和黏土/底样的测定得出平均回收百分率。

b. 线性范围由标准溶液测定，校正至 50 g 固态样品。

c. 相对标准偏差百分率由标准溶液计算，10 个高浓度点，10 个低浓度点。

表 N.6 除草剂五氟苄溴衍生物的相对回收率

化合物	标准质量浓度/（mg/L）	回收百分率/%								
		1	2	3	4	5	6	7	8	平均值
2-(4-氯苯氧基-2-甲基)丙酸(MCPP)	5.1	95.6	88.8	97.1	100	95.5	97.2	98.1	98.2	96.3
麦草畏（Dicamba）	3.9	91.4	99.2	100	92.7	84.0	93.0	91.1	90.1	92.7
2 甲 4 氯（MCPA）	10.1	89.6	79.7	87.0	100	89.5	84.9	92.3	98.6	90.2
1,3-二氯丙烯（Dichloroprop）	6.0	88.4	80.3	89.5	100	85.2	87.9	84.5	90.5	88.3
2,4-滴（2,4-D）	9.8	55.6	90.3	100	65.9	58.3	61.6	60.8	67.6	70.0
2,4,5-涕丙酸（Silvex）	10.4	95.3	85.8	91.5	100	91.3	95.0	91.1	96.0	93.3
2,4,5-涕（2,4,5-T）	12.8	78.6	65.6	69.2	100	81.6	90.1	84.3	98.5	83.5
2,4-滴丁酸（2,4-DB）	20.1	99.8	96.3	100	88.4	97.1	92.4	91.6	91.6	95.0
平均值		86.8	85.7	91.8	93.4	85.3	89.0	87.1	91.4	
注：以 8 次加标水样得出平均回收率。										

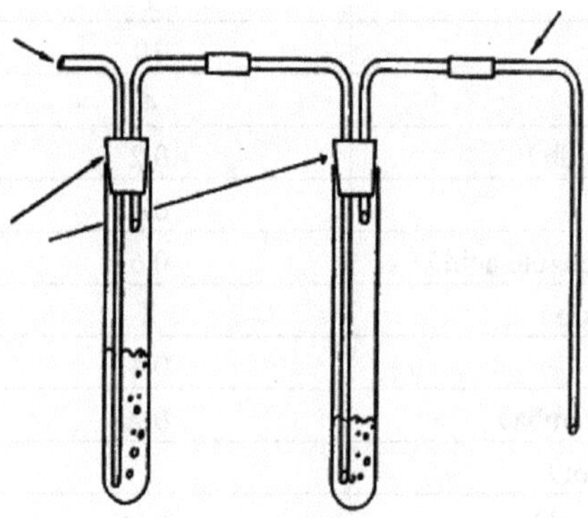

图 N.1 重氮甲烷发生装置

附 录 O
（资料性附录）
固体废物 可回收石油烃总量的测定 红外光谱法

O.1 范围

本方法适用于土壤、水体和废物介质中 Aldicarb（Temik），Aldicarb Sulfone，Carbaryl（Sevin），Carbofuran（Furadan），Dioxacarb，3-Hydroxycarbofuran，Methiocarb（Mesurol），Methomyl（Lannate），Promecarb，Propoxur（Baygon）10 种 N-甲基氨基甲酸酯的红外光谱测定。

本适用于固体废物中由超临界色谱法可提取的石油烃总量（TRPHs）的测定。本方法不适于测定汽油或其他挥发性组分。

本方法可检测质量浓度 10 mg/L 的提取物。当提取 3 g 样品时（假设提取率为 100%），则折合对土壤的检测质量分数为 10 mg/kg。

O.2 原理

样品用 SFE 提取，干扰物质用散装的硅胶除去，或者通过硅胶固相提取小柱。样品通过与标准样品对比红外光谱方法（IR）分析。

O.3 试剂和材料

O.3.1 四氯化碳：光谱级。
O.3.2 对照品油混合物原料：光谱级。
O.3.2.1 正十六烷。
O.3.2.2 异辛烷。
O.3.2.3 氯苯。
O.3.3 硅胶。
O.3.3.1 硅胶固相提取小柱（40 μm 粒度，6 nm），0.5 g。
O.3.3.2 硅胶，60～200 目（用 112%的水去活）。
O.3.4 校正混合物。
O.3.4.1 对照品油：取 15.0 ml 正己烷，15.0 ml 异辛烷和 10.0 ml 氯苯，加入一个 50 ml 带玻璃塞的瓶中。盖紧瓶塞以避免样品挥发损失。在 4℃下保存。
O.3.4.2 贮存标准样品：取 0.5 ml 上述对照品油（O.3.4.1），加入 100 ml 已称重的容量瓶中，立即盖紧瓶盖。称重，并用四氯化碳稀释到刻度。
O.3.4.3 工作标准溶液：根据比色皿大小，取适量贮备标准样品放入 100 ml 容量瓶中。用四氯化碳稀释至刻度。根据贮备标准样品浓度，计算工作标准溶液浓度。
O.3.5 硅胶净化的校正。
O.3.5.1 取玉米油和矿物油各 1 ml（0.5～1 g），置于 100 ml 已称重的容量瓶中，制成玉米油和矿物油的储备液。称重，精确到毫克。用四氯化碳稀释至刻度，摇匀，溶解使所有内容物溶解。
O.3.5.2 根据需要，制备目标浓度的稀释液。
O.3.5.3 将 2 ml（或适当体积）稀释的玉米油/矿物油样品加入样品瓶。再加入 0.3 g 散装硅胶，将混合物振摇 5 min，或通过含硅胶填料 0.5 g 的固相提取小柱。若使用固相提取小柱，需将小柱事先用 5 ml 四氯化碳活化。用四氯化碳洗脱，收集 3 ml 洗脱液。如果使用散装硅胶，需要将提取液用洗净的玻璃毛过滤（用 次性玻璃吸液管）。

O.3.5.4 将上述洗脱液或提取液加入洁净的红外比色皿中。在 2 800～3 000 cm（烃）和 1 600～1 800 cm（酯）波数下，确定哪一洗脱流分中烃类被洗脱出来且没有玉米油的存在。如果扫描的结果显示硅胶的吸附能力过强或者不足（玉米油与目标烃类一同在提取液中），则需选择新的硅胶或固相提取小柱。

O.4 仪器

O.4.1 红外光谱仪：扫描型或固定波长型，可在 950 cm^{-1} 附近进行扫描。

O.4.2 比色皿：10、50 和 100 mm 规格，氯化钠或 IR-级玻璃。

O.4.3 磁力搅拌器：带表面材质 PTFE 的搅拌棒。

O.5 分析步骤

O.5.1 采用液-液萃取或正向固相萃取方法制备样品。

O.5.2 将 0.3 g 散装硅胶加入提取液，振摇混合物 5 min，或者将提取液通过含硅胶填料 0.5 g 的固相提取小柱（小柱事先用 5 ml 四氯化碳活化）。如果使用散装硅胶，需要将提取液用洗净的玻璃毛过滤（用一次性玻璃吸液管）。

O.5.3 硅胶净化后，将溶液加入红外比色皿，确定提取液的吸光度。如果吸光度超过红外光度计的线性范围，则需将样品进行适当稀释之后重新分析。通过重复净化和分析过程，亦可以判断硅胶的吸附能力是否过强。

O.5.4 选择适当浓度的工作标准溶液，并根据浓度选择合适大小的比色皿（可参考如下范围）：

池长/mm	质量浓度范围/（μg/ml，提取液）	体积/ml
10	5～500	3
50	1～100	15
100	0.5～50	30

O.5.5 用一系列工作标准溶液和适当的比色皿校正仪器。在约 2 950 cm^{-1} 的最大波数下直接确定每一溶液吸光度，作石油烃浓度对吸光度的校正曲线。

O.6 结果计算

样品中 TRPHs 的质量分数（mg/kg）用下式计算：

$$\omega(\text{TRPHs})=\frac{\rho DV}{M}$$

式中：ρ——由校准曲线得出的 TRPHs 的质量浓度，mg/ml；

V——提取液体积，ml；

D——提取液稀释因子；

M——固体样品的重量，kg。

附 录 P
（资料性附录）
固体废物 羰基化合物的测定 高效液相色谱法

P.1 范围

本方法适用于固体废物中的多种羰基化合物包括乙醛（Acetaldehyde）、丙酮（Acetone）、丙烯醛（Acrolein）、苯甲醛（Benzaldehyde）、正丁醛［Butanal（Butyraldehyde）］、巴豆醛（Crotonaldehyde）、环己酮（Cyclohexanone）、癸醛（Decanal）、2, 5-二甲基苯甲醛（2, 5-Dimethylbenzaldehyde）、甲醛（Formaldehyde）、庚醛（Heptanal）、己醛［Hexanal（Hexaldehyde）］、异戊醛（Isovaleraldehyde）、壬醛（Nonanal）、辛醛（Octanal）、戊醛［Pentanal（Valeraldehyde）］、丙醛［Propanal（Propionaldehyde）］、间-甲基苯甲醛（m-Tolualdehyde）、邻-甲基苯甲醛（o-Tolualdehyde）、对-甲基苯甲醛（p-Tolualdehyde）的高效液相色谱法测定。

本方法对各种羰基化合物的检出限为 4.4～43.7 μg/L。

P.2 原理

样品提取后用玻璃纤维漏斗过滤，在缓冲 pH 3 条件用 2, 4-二硝基苯肼（DNPH）进行衍生化。经固相提取或溶剂提取，HPLC 分离和检测提取物中各种羰基化合物，检测波长为 360 nm。

P.3 试剂和材料

除非特别说明，本方法所使用的都是试剂级的无有机化学药品。

P.3.1 试剂水：不含有机物的水，在目标化合物的方法检测限并未观察到水中有干扰物。

P.3.2 福尔马林：甲醛在试剂水中配成溶液，通常为 37.6%（质量分数）。

P.3.3 醛和酮：分析纯级别，用于为除甲醇外的其他目标分子准备 DNPH 衍生标准。

P.3.4 二氯甲烷（CH_2Cl_2）：HPLC 级高效液相色谱纯或同等纯度。

P.3.5 乙腈（CH_3CN）：HPLC 级或同等纯度。

P.3.6 氢氧化钠溶液（NaOH）：1.0 mol/L 和 5 mol/L。

P.3.7 氯化钠（NaCl）：饱和溶液，用过量的试剂纯氯化钠固体溶于试剂水中制得。

P.3.8 亚硫酸钠（Na_2SO_3）：0.1 mol/L。

P.3.9 硫酸钠（Na_2SO_4）：粒状，无水。

P.3.10 柠檬酸（$C_8H_8O_7$）：1.0 mol/L 溶液。

P.3.11 柠檬酸钠（$C_6H_5Na_3O_7 \cdot 2H_2O$）：1.0 mol/L 二水化合物的三钠盐溶液。

P.3.12 乙酸（冰）（CH_3CO_2H）。

P.3.13 醋酸钠（CH_3CO_2Na）。

P.3.14 盐酸（HCl）：0.1 mol/L。

P.3.15 柠檬酸缓冲液：1 mol/L。pH 3。将 80 ml 1 mol/L 柠檬酸溶液加入 20 ml 1 mol/L 柠檬酸钠溶液中配制，充分混匀。如果需要，用 NaOH 或 HCl 调节 pH。

P.3.16 pH=5.0 醋酸盐缓冲（5 mol/L）：仅用甲醛分析。40 ml 5 mol/L 醋酸溶液加入 60 ml 5 mol/L 醋酸钠溶液中，充分混匀。如果需要，用 NaOH 或 HCl 调节 pH。

P.3.17 2,4-二硝基苯肼：[2,4-$(O_2N)_2C_6H_3$]$NHNH_2$（DNPH），试剂水配成 70%溶液（质量分数）。将 428.7 mg 70%（质量分数）DNPH 溶于 100 ml 乙腈中配成 3.00 mg/ml 溶液。

P.3.18 提取溶液：64.3 ml 1.0 mol/L 的 NaOH 和 5.7 ml 冰醋酸用 900 ml 试剂水稀释。用试剂水稀释到 1 L。pH 为 4.93±0.02。

P.3.19 标准储备溶液

P.3.19.1 甲醛储备液（约 1 000 mg/L）：用试剂水稀释适量的已鉴定的标准甲醛（约 265 μl）至 100 ml 配制。如果已鉴定的标准甲醛不可用或者已鉴定的标准甲醛有任何质量问题，溶液可能需要用 P.3.19.2 的操作步骤重新标定。

P.3.19.2 甲醛标准储备液：移取 25 ml 0.1 mol/L Na_2SO_3 溶液到烧杯中，记录其 pH。加入 25.0 ml 甲醛储备液（P.3.19.1）并记录其 pH。用 0.1 mol/L HCl 滴定混合溶液至最初的 pH。甲醛的质量浓度可以用如下方程计算得出：

$$\rho(\text{甲醛}) = \frac{30.03 \cdot c(\text{HCl}) \cdot V(\text{HCl})}{0.025}$$

式中：ρ（甲醛）——甲醛的质量浓度，mg/L；

c（HCl）——所用的盐酸溶液的浓度，mmol/L；

V（HCl）——所用的盐酸标准溶液的体积，ml；

30.03——甲醛的摩尔质量，mg/mmol；

0.025——甲醛的体积，L。

P.3.19.3 醛和酮的储备液：将适量的纯原料溶于 90 ml 乙腈中，稀释到 100 ml，最终质量浓度为 1 000 mg/L。

P.3.20 配制 HPLC 分析用的标准 DNPH 衍生物溶液和工作曲线标准品。

P.3.20.1 标准储备液：溶解准确质量的单个各个目标分析物的 DNPH 衍生物于乙腈中，分别配成标准储备液。每个标准储备液的质量浓度约为 100 mg/L，可以通过溶解 0.010 g 固体衍生物于 100 ml 乙腈中制得。

P.3.20.2 二次稀释标准液：用上述所得单个标准储备液乙腈中混匀，制备含有从目标分析物中得到的 DNPH 衍生物的二级稀释标准液。100 μg/L 的溶液可由 100 μl 100 mg/L 的溶液用乙腈稀释到 100 ml 配制。

P.3.20.3 工作曲线标准品：二次稀释标准品以配制工作曲线混合标准品的时候，使 DNPH 衍生物质量浓度在 0.5～2.0 μg/L（该范围包含大部分室内空气分析目标分析物的质量浓度）。DNPH 衍生物标准混合溶液的浓度可能需要调整以反映真实样品中的相对浓度分配比例。

P.4 仪器、装置及工作条件

P.4.1 高效液相色谱

P.4.1.1 泵系统：梯度泵，能够控制 1.50 ml/min 的稳定流量。

P.4.1.2 20 μl 定量环的高压进样阀。

P.4.1.3 色谱柱：250 mm×4.6 mm ID，5 μm 粒径，C18 色谱柱。

P.4.1.4 紫外吸收检测器。

P.4.1.5 流动相贮液器和吸滤头：用于存放和过滤 HPLC 的流动相。过滤系统需全部是玻璃和聚四氟乙烯且使用 0.22 μm 聚酯滤膜。

P.4.1.6 进样针：用于将样品加载到 HPLC 定量环中，容量至少是定量环体积的 4 倍。

P.4.2 反应器：250 ml 抽滤瓶。

P.4.3 分液漏斗：250 ml，带聚四氟乙烯活塞。

P.4.4 Kunderna-Danish（K-D）仪器。
P.4.5 沸石碎片：用于二氯甲烷溶剂提取。
P.4.6 pH 计：能检测 0.01pH 单位。
P.4.7 玻璃纤维滤纸：1.2 μm 孔径（费歇尔等级 G4 或等价）。
P.4.8 固相提取柱：填充 2 g C18。
P.4.9 真空提取装置：能够同时提取 12 个以上样品。
P.4.10 样品容器：60 ml 容量。
P.4.11 吸量管：能精确转移 0.10 ml 溶液。
P.4.12 水浴：加热，带有同心圆环盖，能够控温（±2℃）。水浴需要在防风罩中使用。
P.4.13 样品混合器：带振荡轨的能够控温的恒温箱（±2℃）。
P.4.14 进样针：5 ml，500 μl，100 μl。
P.4.15 进样针过滤器：0.45 μm 过滤膜。
P.4.16 注射器：10 ml，带 Luer-Lok 类适配器，用于支持重力作用加载样品的小柱。
P.4.17 注射器架。
P.4.18 容量瓶：5、10 和 250 或 500 ml。

P.5 样品的采集、保存和预处理

P.5.1 样品需在 4℃冷藏。水相样品必须在采集到样品的 3 日以内衍生化和提取。固体样品浸析液的放置时间需尽量短。所有样品衍生化后的提取物需在 3 日内完成分析。
P.5.2 所有的标准液放在带聚四氟乙烯内衬的螺纹盖玻璃容器中，顶部空间尽量小，避光保存在 4℃下。标准液需要在 6 周内保持稳定。所有的标准液需要经常检验以标明降解或挥发，特别是在用它们配制工作曲线前。

P.6 分析步骤

P.6.1 固体样品的提取
P.6.1.1 所有固体样品都需要进行以下类似的处理，搅拌和除去树枝、石头和其他无关材料。当样品不够干燥时，取具有代表性的部分测定样品干重。
P.6.1.2 测定干重

在某些情况下，样品结果需要基于干重来得到。当需要或要求这种数据时，样品的一部分在被用于分析测定的同时也需要称出干重。

注意：干燥箱必须在通风橱中使用。实验室的大量污染物可能来源于烘干严重污染的有害废物样品。

P.6.1.3 称取样品后立即做衍生化，将 5～10 g 的样品加入扣除重量的坩埚。在 105℃测量样品的干重百分率。将样品在 105℃过夜后测定样品的干重的质量分数。在称重前允许在干燥器重冷却。

$$干重质量分数(\%)=\frac{干样品的质量(g)}{样品质量(g)}\times 100$$

P.6.1.4 在 500 ml 带聚四氟乙烯内衬螺纹盖或者压盖的瓶中加入 25 g 固体，加入 500 ml 提取液。在摇床上以 30 r/min 旋摇样品瓶约带 18 h 来提取固体。用玻璃漏斗和纤维滤纸过滤提取物并在密封瓶中 4℃储存。每毫升提取物对应 0.050 g 固体。更小量的固体样品可能需要用相对小体积的提取液，保证固体、提取液的质量体积比为 1∶20。
P.6.2 净化和分离
P.6.2.1 对于相对干净的样品，可能不需要进行基质净化操作。本方法中推荐的净化操作用于多种不同样品的分析。如果某些特殊样品要求使用其他可选择的净化操作，分析者必须保证洗脱图并证明甲醛在加标样品中的回收率大于 85%。形成乳状液的样品回收率可能会低一些。

P.6.2.2 如果不清楚样品是什么，或者是未知的复杂样品，整个样品需要用 2 500 r/min 的速度离心 10 min。移出离心管中的上层液体，用玻璃漏斗纤维滤纸过滤到密封性优良的容器中。

P.6.3 衍生化

P.6.3.1 对于水样品，适用于测量一定量（通常 100 ml）的预先确定被分析物浓度范围的部分样品。定量转移一定量的部分样品到反应容器中。

P.6.3.2 对于固体样品，通常需要 1～10 ml 提取物。特定样品使用的总量必须通过预实验来确定。

注意：在选定的样品或提取液的量小于 100 ml 的情况下，水层的总量需要用试剂水调整到 100 ml。稀释前记录原始样品量。

P.6.3.3 目标分析物的衍生化和提取可能通过液-固（P.6.3.4）或液-液（P.6.3.5）操作完成。

P.6.3.4 液-固衍生化和提取。

P.6.3.4.1 对于除了甲醛以外的被分析物，加入 4 ml 柠檬酸缓冲液，用 6 mol/LHCl 或 6 mol/L NaOH 调节 pH 至 3.0±0.1。加入 6 ml DNPH 试剂，将容器密封，放入加热（40℃）的回旋式振荡器搅拌 1 h。调节振荡搅拌使溶液形成温和的旋涡。

P.6.3.4.2 如果甲醛是唯一的目标分析物，加入 4 ml 醋酸缓冲液，用 6 mol/L HCl 或 6 mol/L NaOH 调节 pH 至 5.0±0.1。加入 6 ml DNPH 试剂，将容器密封，放入加热（40℃）的回旋式振荡器搅拌器 1 h。调节振荡搅拌使溶液形成温和的旋涡。

P.6.3.4.3 将真空提取装置和水流式抽气管或真空泵连接好。将含 2 g 吸附剂的萃取柱连接在真空提取装置上。每根萃取柱用 10 ml 稀柠檬酸缓冲液（10 ml 1 mol/L 柠檬酸缓冲液用试剂水稀释到 250 ml）冲洗以达到要求的条件。

P.6.3.4.4 严格控制反应过程为 1 h，到时间立即取出反应容器，加入 10 ml 饱和 NaCl 溶液到容器中。

P.6.3.4.5 定量移取反应溶液到固相萃取柱上，并且抽真空使溶液以 3～5 ml/min 的速度从萃取小柱流出。液体样品从萃取柱流出后继续抽真空约 1 min。

P.6.3.4.6 当维持真空条件时，每根提取柱用 9 ml 乙腈直接淋洗至 10 ml 容量瓶中。用乙腈稀释溶液并定容，充分混匀，存入密封优良的小瓶中待分析。

注意：因为本方法使用了过量的 DNPH，完成 P.6.3.4.5 操作后，提取柱仍然是黄色的。此颜色的出现并不表示还有被分析物的衍生物残留在柱上。

P.6.3.5 液-液衍生化和提取。

P.6.3.5.1 对于除了甲醛以外的其他分析物，加入 4 ml 柠檬酸缓冲液，用 6 mol/L HCl 或 6 mol/L NaOH 调节 pH 至 3.0±0.1。加入 6 ml DNPH 试剂，将容器密封，放入加热（40℃）的回旋式振荡器搅拌器 1 h。调节振荡搅拌使溶液形成温和的旋涡。

P.6.3.5.2 如果甲醛是唯一的目标分析物，加入 4 ml 醋酸缓冲液，用 6 mol/L HCl 或 6 mol/L NaOH 调节 pH 至 5.0±0.1。加入 6 ml DNPH 试剂，将容器密封，放入加热（40℃）的回旋式振荡器搅拌器 1 h。调节振荡搅拌使溶液形成温和的旋涡。

P.6.3.5.3 用二氯甲烷在 250 ml 分液漏斗中连续提取溶液 3 次，每次 20 ml。如果提取过程中形成乳状液，将乳状液全部取出，在 2 000 r/min 离心 10 min。分离上下层液体，进行下一步提取。合并二氯甲烷层到一个装有 5.0 g 无水硫酸钠的 125 ml 锥形瓶中。摇动瓶中物质完成提取物的干燥过程。

P.6.3.5.4 把一个 10 ml 浓缩管的 Kuderna-Danish（K-D）浓缩器和一个 500 ml 蒸馏烧瓶连接在一起。将提取物转移到蒸馏烧瓶中，注意尽量少转移硫酸钠。用 30 ml 二氯甲烷洗涤锥形瓶，将洗涤液也加入蒸馏烧瓶中，以完成定量的转移。用 K-D 技术将提取液浓缩至 5 ml。分析前将溶剂更换为乙腈。

P.6.4 校准

P.6.4.1 建立液相色谱操作条件。

推荐色谱条件为：

色谱柱：C18 4.6 mm×250 mm ID，5 μm 粒径；

流动相梯度：70/30 乙腈/水（体积分数），20 min；70/30 乙腈/水到 100%乙腈 15 min；100%乙腈 15 min；

流速：1.2 ml/min；

检测器：紫外检测器，360 nm；

进样体积：20 μl。

P.6.4.2　从衍生和提取物中配制绘制标准曲线所用溶液的方法与从样品中配制的方法一样。

P.6.4.3　分析溶剂背景以保证体系干净无干扰。

P.6.4.4　分析每一个处理好的标准曲线样品，按峰面积对标准溶液的质量浓度（μg/L）列表。

P.6.4.5　进样的标准浓度对峰面积列表以确定分析物在每个浓度的校准因子（CF）（见 P.7.1 的方程）。平均标准曲线样品的 CF 的百分比相对标准偏差（RSD，%）应≤20%。

P.6.4.6　标准工作曲线每天分析前后都需要通过分析一个或多个标准曲线所需的样品进行检查。CF 值需要落在初始测定的 CF 值±15%以内。

P.6.4.7　在检测最多 10 个样品后，就需要对某一个标准曲线测定溶液进行重新分析以保证 DNPH 衍生化的 CF 值仍然落在初始 CF 值的±15%范围内。

P.6.5　样品分析

P.6.5.1　用 P.6.4.1 中建立的条件对样品进行 HPLC 分析。

P.6.5.2　如果峰面积超过标准曲线的线性范围，需要减小样品的进样体积，或者将溶液用乙腈稀释重新测量。

P.6.5.3　目标分析物洗脱后，用 P.7.2 中的方程或者特殊取样方法计算出样品中被分析物的质量浓度。

P.6.5.4　如果由于观察到干扰物影响了峰面积的测量，则需要进行进一步的净化。

P.7　结果计算

P.7.1　计算各个校准因子、平均校准因子、标准偏差和百分比相对标准偏差的方法如下：

$$\mathrm{CF}=\frac{\text{标准样中化合物的峰面积}}{\text{化合物的进样质量浓度}(\mu\text{g/L})}$$

$$\overline{\mathrm{CF}}=\frac{\sum_{i=1}^{n}\mathrm{CF}}{n}$$

$$\mathrm{SD}=\sqrt{\frac{\sum_{i=1}^{n}(\mathrm{CF}_i-\overline{\mathrm{CF}})^2}{n-1}}$$

$$\mathrm{RSD}=\frac{\mathrm{SD}}{\overline{\mathrm{CF}}}\times 100\%$$

式中：$\overline{\mathrm{CF}}$——用 5 个标准浓度作出的平均校准因子；

CF——对于标准溶液 i 的校准因子（i=1～5）；

RSD——校准因子的相对标准偏差；

n——标准溶液的个数；

SD——标准偏差。

P.7.2　样品浓度的计算

P.7.2.1　液体样品质量浓度的计算方式如下：

$$醛质量浓度（\mu g/L）=\frac{(样品峰面积)\times 100}{\overline{CF}\times V_s}$$

式中：$\overline{CF}$——被分析物的平均校准因子；

V_s——样品体积，ml。

P.7.2.2 固体样品的浓度计算方法如下：

$$醛质量浓度（\mu g/L）=\frac{(样品峰面积)\times 100}{\overline{CF}\times V_{ex}}$$

式中：$\overline{CF}$——被分析物的平均校准因子；

V_{ex}——提取溶液部分体积，ml。

附 录 Q

（资料性附录）

固体废物 多环芳烃类的测定 高效液相色谱法

Q.1 范围

本方法适用于固体废物中苊、苊烯、蒽、苯并[*a*]蒽、苯并[*a*]芘、苯并[*b*]荧蒽、苯并[*g,h,i*]苝、苯并[*k*]荧蒽、二苯并[*a,h*]蒽、荧蒽、芴、茚并[1,2,3-*cd*]芘、萘、菲、芘等多环芳烃（PAHs）的高效液相色谱法测定。各分析物的保留时间见表 Q.1。

表 Q.1 PHAs 的高效液相色谱测定

化合物	保留时间/min	柱容量因子（*K'*）	方法检测限/（μg/L）	
			紫外	荧光
萘	16.6	12.2	1.8	
苊烯	18.5	13.7	2.3	
苊	20.5	15.2	1.8	
芴	21.2	15.8	0.21	
菲	22.1	16.6		0.64
蒽	23.4	17.6		0.66
荧蒽	24.5	18.5		0.21
芘	25.4	19.1		0.27
苯并[*a*]蒽	28.5	21.6		0.013
䓛	29.3	22.2		0.15
苯并[*b*]荧蒽	31.6	24.0		0.018
苯并[*k*]荧蒽	32.9	25.1		0.017
苯并[*a*]芘	33.9	25.9		0.023
二苯并[*a,h*]蒽	35.7	27.4		0.030
苯并[*g,h,i*]苝	36.3	27.8		0.076
茚并[1,2,3-*cd*]芘	37.4	28.7		0.043

注：HPLC 条件：反相柱 HC-ODS Sil-x，5 μm，不锈钢 250 mm×ϕ2.6 mm；流动相：乙腈-水=4∶6（体积分数）；流速 0.5 ml/min，在洗脱 5 min 以后，以线性梯度上升，在 25 min 内乙腈上升到 100%。如果使用是其他柱的内径值，则应保持线速度为 2 mm/s。

Q.2 原理

本方法提供了用高效液相色谱检测 10^{-9} 级含量的多环芳烃的 HPLC 条件。在使用这种方法之前，必须采用适当的样品提取技术。提取物 5～25 μl 进入 HPLC，经色谱分离后流出物用紫外（UV）和荧光检测器检测。

Q.3 试剂和材料

Q.3.1 试剂水：无有机物的试剂级水。

Q.3.2 乙腈：HPLC 纯，经玻璃装置蒸馏过。

Q.3.3 贮备标准溶液

Q.3.3.1 制备质量浓度为 1.00 μg/μl 的贮备标准溶液，制备方法是将 0.010 0 g 的标准参考物质溶解在乙腈中，然后转移到 10 ml 容量瓶内，用乙腈稀释至刻度。如果市售的贮备标准溶液的纯度已由制造商或独立来源所确认，可直接配成各种浓度来使用。

Q.3.3.2 移取贮备标准溶液到有聚四氟乙烯衬里密封的旋盖瓶内，在 4℃避光保存。贮备标准溶液要经常检查是否有降解和蒸发的迹象。

Q.3.3.3 贮备标准溶液在贮放 1 年以后，或者在检查中一旦发现有问题时都应立即重新配制。

Q.3.4 校准标准溶液：可利用添加乙腈稀释贮备标准溶液的方法制备，至少要配制 5 种不同浓度的校准溶液。其中 1 种浓度含量是接近但高出于方法检测限，其他 4 种浓度含量相当于实际样品中预期的浓度范围，或者能符合 HPLC 的分析范围要求。校准标准溶液在贮放半年以后，或者在检查中一旦发现有问题时都应即时重新配制。

Q.3.5 内标标准溶液（如果使用内标校准法的话）。使用这种方法时，必须选择和待测物具有相似特性的一种或多种内标标准物，同时分析者还需证实，内标标准物在测量中不受该方法和基体干扰的影响，由于上述这些条件的限制，没有一种内标能应用于所有样品。

Q.3.5.1 对每个待测物，都至少要配制 5 种不同浓度的校准溶液。

Q.3.5.2 对每一种校准溶液，应加入已知含量一种或多种内标溶液，然后用乙腈稀释到定容体积。

Q.3.6 替代标准物，在处理各种样品基体时加入 1 种或 2 种适合于本方法的温度程序范围的替代标准物到各种样品、标准物和试剂水中（替代标准物，如十氟代联苯，或样品中不存在的其他多环芳烃），以监测提取、净化（如需要的话）和分析系统的性能以及本方法的有效性。由于共同的洗涤问题的影响，在 HPLC 分析中不用待测物的，氘的同系物将作为替代标准物。

Q.4 仪器、设备

Q.4.1 K-D 浓缩器。

Q.4.1.1 浓缩管：10 ml 带刻度用磨口玻璃塞以避免提取物的挥发。

Q.4.1.2 蒸发烧瓶：500 ml 用弹簧与浓缩器相连。

Q.4.1.3 Snyder 柱：三球微型。

Q.4.1.4 Snyder 柱：两球微型。

Q.4.2 沸片：用溶剂提取过，10～40 目（硅碳化物或其相当物）。

Q.4.3 水浴：能控温在±5℃，该水浴应在通风橱内使用。

Q.4.4 注射器：5 ml。

Q.4.5 高压注射器。

Q.4.6 HPLC 仪器。

Q.4.6.1 梯度泵系统：恒流量。

Q.4.6.2 反相色谱柱：ODS 色谱柱，填料粒径为 5 μm，250 mm×4.6 mm。

Q.4.6.3 检测器：紫外或荧光检测器。

Q.4.7 容量瓶：10、15 和 100 ml。

Q.5 分析步骤

Q.5.1 提取

Q.5.1.1 一般来说，水样的提取是按照 GB 5085.3 附录 U，先把水样 pH 调为中性后用二氯甲烷提取。固体样品的提取则按照 GB 5085.3 附录 V。为使该方法达到最高灵敏度，提取物的体积应浓缩到 1 ml。

Q.5.1.2 在 HPLC 分析之前，提取物的溶剂必须更换为乙腈。可以用 K-D 浓缩器来进行这种更换，具体操作如下：

Q.5.1.2.1 将 Snyder 微柱连接到 K-D 浓缩器后，把二氯甲烷的提取物浓缩到 1 ml，然后冷却和沥干至少 10 min。

Q.5.1.2.2 先将水浴温度上升到 95～100℃，然后把 K-D 浓缩器上 Snyder 微柱迅速移出，加入 4 ml 乙腈和新的沸片，安装上二球 Snyder 微柱并用 1 ml 乙腈将柱润湿，最后把这套 K-D 浓缩器放置到水浴上，让浓缩管的一部分被热水浸没。根据需要调整装置的垂直位置和水的温度，以使在 15～20 min 完成浓缩。在适合蒸发比时，Snyder 柱内微球将会有“吱吱”声，但球室内不会有液体溢流。当浓缩的液体表观体积达到 0.5 ml 时，从水浴上移出 K-D 装置，让它冷却沥干至少 10 min。

Q.5.1.2.3 当 K-D 装置冷却以后，移去 Snyder 微柱，并用约 0.2 ml 乙腈洗涤下部连接端，洗涤液流入浓缩管，推荐用 5 ml 注射器来完成这一步骤，并调整提取物总体积到 1.0 ml。如不立即进行以下步骤，把浓缩管取下盖上塞后贮放在 4℃冰箱内。如果提取物贮放时间超过 2 d，则应转移到有聚四氟乙烯衬垫密封的旋盖瓶内贮放，如不需要进一步纯化即可作 HPLC 分析用。

Q.5.2 HPLC 分析条件

先用乙腈∶水=4∶6（体积分数）以 0.5 ml/min 流速洗脱 5 min，然后作线性梯度洗脱，在 25 min 内乙腈含量由 40%上升到 100%。如果使用其他内径的柱，则应调整流速使其线速度保持在 2 mm/s。

附 录 R
（资料性附录）
固体废物 丙烯酰胺的测定 气相色谱法

R.1 范围

本方法用于固体废物中丙烯酰胺的气相色谱法测定。

本方法的方法检测限为 0.032 μg/L。

R.2 引用标准

下列文件中的条款通过在本方法中被引用而成为本方法的条款，与本方法同效。凡是不注明日期的引用文件，其最新版本适用于本方法。

GB/T 6682 分析实验室用水规格和试验方法

R.3 原理

本方法是基于丙烯酰胺的双键溴化的。在经过硫酸钠盐析之后，以乙酸乙酯将反应产物（2,3-二溴丙酰胺）从反应混合物中萃取出来。萃取物经硅酸镁载体柱净化之后，用电子捕获检测器的气相色谱进行分析（GC/ECD）。化合物鉴定结果应该以至少一种其他的定性手段进行辅证。可采用另一根气相色谱确认柱或气相色谱/质谱联用来进行化合物确证。

R.4 试剂和材料

R.4.1 除另有说明外，本方法中所用的水为 GB/T 6682 规定的一级水。

R.4.2 乙酸乙酯：色谱纯。

R.4.3 二乙醚：色谱纯。必须用试纸检测不含过氧化氢。净化后，必须在每升二乙醚中加入 20 ml 乙醇作为防腐剂。

R.4.4 甲醇：色谱纯。

R.4.5 苯：色谱纯。

R.4.6 丙酮：色谱纯。

R.4.7 饱和溴水溶液：将溴和水混合摇动，在暗处 4℃下静置 1 h，使用水相溶液。

R.4.8 硫酸钠（无水，粒状）：分析纯，置于浅托盘中，在 400℃加热 4 h，或用二氯甲烷预洗涤硫酸钠。若用二氯甲烷预洗涤硫酸钠的方法，则必须分析方法空白，以证明硫酸钠不会造成干扰。

R.4.9 硫代硫酸钠：分析纯，配制成 1 mol/L 水溶液。

R.4.10 溴化钾：分析纯，为红外检测准备。

R.4.11 浓氢溴酸：ρ=1.48 g/ml。

R.4.12 丙烯酰胺单体：纯度大于等于 95%。

R.4.13 邻苯二甲酸二甲酯：纯度 99.0%。

R.4.14 硅酸镁载体（60～100 目）：将硅酸镁载体在 130℃活化至少 16 h，或者将其在烘箱中 130℃储存。将 5 g 硅酸镁载体，悬浮在苯中，在玻璃柱中装柱。

R.4.15 标准储备溶液：在 100 ml 容量瓶中，将 105.3 mg 丙烯酰胺单体溶于水中，以水稀释至刻度。将该丙烯酰胺溶液稀释，以获得质量浓度在 0.1～10 mg/L 的丙烯酰胺单体标准溶液。
R.4.16 校正标准：将丙烯酰胺标准储备溶液以水稀释，以制得质量浓度为 0.1～5 mg/L 的丙烯酰胺。在进样之前，将校正标准以和环境样品相同的方式反应和萃取。
R.4.17 内标：内标化合物为邻苯二甲酸二甲酯。在乙酸乙酯中配制质量浓度为 100 mg/L 的邻苯二甲酸二甲酯溶液。在样品萃取物和校正标准中邻苯二甲酸二甲酯的质量浓度应该为 4 mg/L。

R.5 仪器、装置

R.5.1 气相色谱仪：配有电子捕获检测器。
R.5.2 分液漏斗：150 ml。
R.5.3 容量瓶：100 ml，带有磨口玻璃塞。25 ml，棕色，带有磨口玻璃塞。
R.5.4 注射器：5 ml。
R.5.5 微量注射器：5、100 μl。
R.5.6 取液器：A 级。
R.5.7 玻璃气相色谱柱：30 cm×2 cm。
R.5.8 机械摇床。

R.6 分析步骤

R.6.1 溴化

移取 50 ml 样品到 100 ml 磨口玻璃塞容量瓶中，将 7.5 g 溴化钾溶于样品中。用浓氢溴酸调整溶液 pH 为 1～3。将容量瓶外包裹铝箔用来避光。边搅拌边加入 2.5 ml 饱和溴水溶液。将溶液在 0℃下暗处存放至少 1 h。在反应进行至少 1 h 之后，逐滴加入 1 mol/L 的硫代硫酸钠以分解过量的溴，直到溶液变为无色。加入 15 g 硫酸钠，用磁子剧烈搅拌。

R.6.2 萃取

将溶液移入一个 150 ml 的分液漏斗内。用水润洗反应瓶 3 次，每次 1 ml。将洗涤液倒入分液漏斗中。用乙酸乙酯萃取水溶液 2 次，每次 10 ml，每次萃取 2 min，用机械摇床以 240 r/min 的速度摇动。将有机相用 1 g 硫酸钠干燥后移入一个 25 ml 棕色容量瓶，用乙酸乙酯洗涤硫酸钠 3 次，每次 1.5 ml，将洗涤液和有机相合并。准确称量 100 μg 邻苯二甲酸二甲酯，加入容量瓶中，用乙酸乙酯定容至 25 ml 刻度线。每次向气相色谱注射 5 μl 该溶液。

R.6.3 净化：只要还能看到液液界面，样品就需用以下方法净化

将干燥后的提取液移入蒸发皿中，加入 15 ml 苯。在 70℃下将溶剂减压蒸发，使溶液浓缩至约 3 ml。加入 50 ml 苯，使该溶液以 3 ml/min 的流速流入硅酸镁载体柱。先用 50 ml 的二乙醚-苯（1∶4）以 5 ml/min 的流速洗脱，然后用 25 ml 的丙酮-苯（2∶1）以 2 ml/min 的流速洗脱。弃去所有第一次洗脱的洗脱液以及第二次洗脱的最初 9 ml 洗脱液，用其余洗脱液进行检测。采用邻苯二甲酸二甲酯（4 mg/L）作为内标。

R.6.4 气相色谱条件

氮气载气流速：40 ml/min；

柱温：165℃；

进样温度：180℃；

检测温度：185℃；

进样体积：5 μl。

R.6.5 样品分析

将样品萃取液取 5 μl（含有 4 mg/L 内标）进样。图 R.1 为一个样品的 GC/ECD 色谱图的例子。

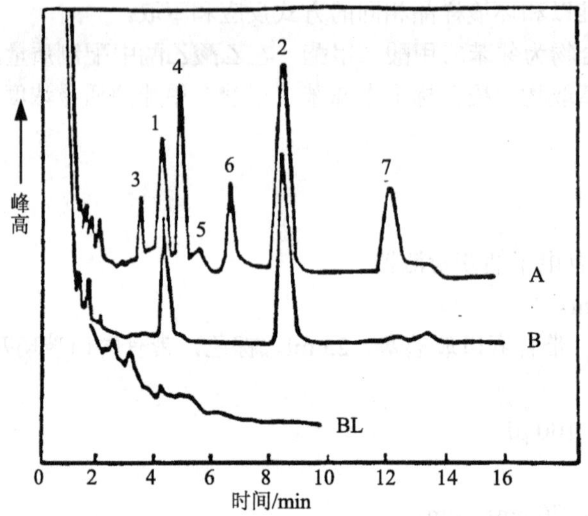

A. 未经处理；

B. 经硅酸镁载体净化；

BL. 空白的色谱图，气相色谱分析之前浓缩 5 倍。

峰：

1. 2,3-二溴丙酰胺；

2. 邻苯二甲酸二甲酯；

4～7. 溴化钾引起的杂质；

样品体积= 100 ml；丙烯酰胺 ＝0.1 μg。

图 R.1 水溶液中丙烯酰胺溴化产物得到的典型色谱图

R.6.6 空白试验

除不称取样品外，均按上述步骤进行。

R.7 计算

根据以下公式来计算丙烯酰胺单体在样品中的质量浓度：

$$质量浓度（\mu g/L）=\frac{A_x \cdot \rho_{is} \cdot D \cdot V_i}{A_{is} \cdot \overline{RF} \cdot V_s \cdot 1\,000}$$

式中：A_x——样品中被分析物的峰面积（或峰高）；

A_{is}——内标的峰面积（或峰高）；

ρ_{is}——浓缩样品萃取液中内标的质量浓度，μg/L；

D——稀释系数，如果样品或萃取液在分析前被稀释，没有稀释时 $D=1$，稀释系数是无量纲的；

V_i——萃取液的进样体积，μl，样品和校正标准液的进样体积必须相同；

$\overline{RF}$——初始校正的平均响应系数；

V_s——被提取或吹扫的水溶液样品体积。如果该变量的单位用升，则结果需乘以 1 000；

1 000——1 ml 等于 1000 μl。如果进样体积（V_i）以 ml 表示，则可省去 1 000。

用此处说明的变量单位计算得到的结果质量浓度单位为 ng/ml，也等同于μg/L。

附 录 S
（资料性附录）
固体废物 多氯代二苯并二噁英和多氯代二苯并呋喃的测定
高分辨气相色谱/高分辨质谱法

S.1 范围

本方法适用于固体废物中多氯代二苯并二噁英（4～8 个氯的取代物；PCDDs）和多氯代二苯并呋喃(4～8 个氯的取代物;PCDFs)的 10^{-6} 和 10^{-9} 量级的高分辨气相色谱/高分辨质谱法检测。包括：2,3,7,8-四氯二苯并对二噁英、1,2,3,7,8-五氯二苯并对二噁英、1,2,3,6,7,8-六氯二苯并对二噁英、1,2,3,4,7,8-六氯二苯并对二噁英、1,2,3,7,8,9-六氯二苯并对二噁英、1,2,3,4,6,7,8-七氯二苯并对二噁英、1,2,3,4,6,7,8,9-八氯二苯并对二噁英、2,3,7,8-四氯二苯并呋喃、1,2,3,7,8-五氯二苯并呋喃、2,3,4,7,8-五氯二苯并呋喃、1,2,3,6,7,8-六氯二苯并呋喃、1,2,3,7,8,9-六氯二苯并呋喃、1,2,3,4,7,8-六氯二苯并呋喃、2,3,4,6,7,8-六氯二苯并呋喃、1,2,3,4,6,7,8-七氯二苯并呋喃、1,2,3,4,7,8,9-七氯二苯并呋喃、1,2,3,4,6,7,8,9-八氯二苯并呋喃。

S.2 原理

本方法分析过程包括针对特定基质的提取，对特定分析物的纯化，以及 HRGC/HRMS 分析技术。不同基质使用不同方法进行提取，提取物随后进行酸洗处理和干燥。经过一步溶剂交换后，提取物经过纯化，在加入 10～50 μl（视基质而定）含有 50 pg/μl 回收率标准物 $^{13}C_{12}$-1,2,3,4-TCDD 和 $^{13}C_{12}$-1,2,3,7,8,9-HxCDD 的壬烷溶液后，用于 HRGC/HRMS 分析的最终提取物即制备完成。

S.3 试剂和材料

S.3.1 无有机物试剂水，本方法中使用的所有水均为不含有机物的试剂水。
S.3.2 柱色谱试剂：
S.3.2.1 氧化铝：中性，80～200 目（超 1 级），在室温下贮放于硅胶干燥剂的密封容器内。
S.3.2.2 氧化铝：酸性 AG4，若空白检测显示有污染，以二氯甲烷为溶剂用索氏提取法提取 24 h，然后放入箔片覆盖的玻璃容器内以 190℃加热活化 24 h。最终贮存在有 Teflon TM 螺纹盖的密封玻璃瓶中。
S.3.2.3 硅胶：高纯级，60 型，70～230 目。若空白检测显示有污染，以二氯甲烷为溶剂用索氏提取法提取 24 h，然后放入箔片覆盖的玻璃容器内以 190℃加热活化 24 h。最终贮存在有 Teflon TM 螺纹盖的密封玻璃瓶中。
S.3.2.4 氢氧化钠浸泡的硅胶：在 2 份（重量）的硅胶（经萃取和活化）中加入 1 份（重量）的 1 mol/L NaOH 溶液，在有螺纹盖的玻璃瓶中混合并用玻璃棒搅拌，使没有块状物。贮存在有 Teflon TM 螺纹盖的密封玻璃瓶中。
S.3.2.5 用 40%（质量分数）硫酸浸泡的硅胶：在 3 份（重量）的硅胶（经萃取和活化）中加入 2 份的浓硫酸，在有螺纹盖的玻璃瓶中混合并用玻璃棒搅拌至无块状物。贮存在有 Teflon TM 螺纹盖的密封玻璃瓶中。
S.3.2.6 Celite 助滤剂。
S.3.2.7 活性炭：用甲醇冲洗并在 110℃真空干燥。贮存在有 Teflon TM 螺纹盖的密封玻璃瓶中。

S.3.3 试剂：

S.3.3.1 硫酸（H_2SO_4）：浓硫酸，ACS 级，$\rho = 1.84$。

S.3.3.2 氢氧化钾（KOH）：ACS 级，20%（质量分数）溶解于无有机物试剂水中。

S.3.3.3 氯化钠（NaCl）：分析纯试剂，5%（质量分数）溶解于无有机物试剂水中。

S.3.3.4 碳酸钾（K_2CO_3）：无水，分析纯试剂。

S.3.4 干燥试剂：硫酸钠（Na_2SO_4），粉末状，无水，在表面皿中 400℃加热纯化 4 h，或用二氯甲烷预清洗。若硫酸钠用二氯甲烷预清洗过，必须做空白分析以证明硫酸钠不会引入干扰。

S.3.5 溶剂：

S.3.5.1 二氯甲烷（CH_2Cl_2）：高纯，用玻璃瓶蒸馏或最高级纯。

S.3.5.2 正己烷（C_6H_{14}）：高纯，用玻璃瓶蒸馏或最高级纯。

S.3.5.3 甲醇（CH_3OH）：高纯，用玻璃瓶蒸馏或最高级纯。

S.3.5.4 壬烷（C_9H_{20}）：高纯，用玻璃瓶蒸馏或最高级纯。

S.3.5.5 甲苯（$C_6H_5CH_3$）：高纯，用玻璃瓶蒸馏或最高级纯。

S.3.5.6 环己烷（C_6H_{12}）：高纯，用玻璃瓶蒸馏或最高级纯。

S.3.5.7 丙酮（CH_3COCH_3）：高纯，用玻璃瓶蒸馏或最高级纯。

S.3.6 高分辨浓度校准溶液：用 5 种含有已知浓度未标记和同位素碳-13 标记的 PCDDs 和 PCDFs 的壬烷溶液校准仪器。质量浓度范围依不同物质而定，四氯化的二噁英和呋喃质量浓度最低（1.0 pg/μl），八氯化的二噁英和呋喃质量浓度最高（1 000 pg/μl）。

S.3.6.1 溶液应该在分析员的实验室配制。实验室必须在分析样品前确保所获得的（或配制的）标准溶液在适当的浓度范围内。

S.3.6.2 校准溶液贮存在 1 ml 小瓶中室温暗处存放。

S.3.7 气相色谱柱性能鉴定溶液。

S.3.8 样品加标溶液：含有 9 种微量内标物的壬烷溶液。

S.3.9 基体加标混合液：用来制备 MS 和 BSD 样品的溶液。

S.4 仪器

S.4.1 高分辨气相色谱/高分辨质谱/数据系统（HRGC/HRMS/DS）— 气相色谱必须安装程序升温，并且所有需要的附件齐备，如进样器、载气和毛细管柱。

S.4.1.1 气相色谱进样口。

S.4.1.2 气相色谱/质谱（GC/MS）接口。

S.4.1.3 质谱：仪器的静态分辨率必须保持至少 10 000（10%谷底）。

S.4.1.4 数据系统：一个专用的数据系统控制快速的多离子检测和获得数据。

S.4.2 色谱柱。

S.4.2.1 60 m DB-5 熔融石英毛细管柱。

S.4.2.2 30 m DB-225 熔融石英毛细管柱或同类产品。

S.5 样品的采集、保存和预处理

S.5.1 样品采集。

S.5.1.1 样品采集人员应该尽可能在装入样品容器前将样品混匀。

S.5.1.2 随机和复合样品都应采集在玻璃容器内，瓶子在采样之前不要用样品预洗涤，采样装置必须没有潜在污染源。

S.5.2 保存和存放时间：所有样品必须在4℃暗处存放，在30 d内要提取，在提取后45 d内应分析完毕。分析的样品一旦超过保存期限，测定结果只能被认为是样品当中至少含有的量。

S.5.3 相分离：对水分含量＞25%的土壤、沉积物和纸浆样品，将 50 g 样品放入合适的离心瓶中以2 000 r/min离心30 min，取出离心瓶，在瓶上标记液面位置，估计两相的相对体积。用移液管将液层移入另一干净瓶中。用不锈钢刮刀混合固相物质，并取出一部分进行称重和分析（干重质量分数测定，提取）。将剩余固相物质装入原始的样品瓶（空）或装入一个干净的适合标记的样品瓶，适当保存。记录液相的粗略体积，然后作为废弃物处理。

S.5.4 干重质量分数的测定：土壤、沉积物或纸浆样品中若含有可检测量级（见下面备注）的至少一种2,3,7,8-取代的PCDD/PCDF同类化合物，其干重百分比可按以下程序测定。以3位有效数字称取10 g土壤或沉积物样品（±0.5g）在通风烘箱里110℃烘至恒重，然后在干燥器中冷却。称准干燥后样品至3位有效数字，计算并记录干重百分比。不要使用这部分样品进行提取，将其按有毒废物处理。

备注：除非检测限被确定，否则方法定量下限将用作估测最低检出限。

$$\text{干重质量分数（\%）}=\frac{\text{干燥后样品质量}}{\text{原样品质量}}\times 100$$

注意：分散良好的被PCDDs/PCDFs污染的土壤和沉积物是危险的，因为含有PCDDs/PCDFs（包括2,3,7,8-TCDD）的微粒可能被吸入或摄取。这些样品应该在有限空间进行处理（如密闭的通风橱或手套箱）。

S.6 分析步骤

S.6.1 加入内标物

S.6.1.1 取待测样品1～100 g进行分析。表S.1提供了不同基体所需的典型样品量。然后将样品转移到配衡烧瓶中测定其质量。

S.6.1.2 在样品中加入适量的样品加标混合物。所有样品都加入100 μl样品加标混合物，使样品中的内标物含量如表S.1所示。

S.6.1.2.1 对土壤、沉积物、灰尘、水、纸浆和淤泥样品加标时，将样品加标液与1.0 ml丙酮混合。

S.6.1.2.2 对于其他基体，不要稀释壬烷溶液。

S.6.2 提取及纯化纸浆样品

S.6.2.1 在10 g混匀的纸浆样品中加入30 g无水硫酸钠并用不锈钢刮刀彻底混匀。在粉碎所有块状物后，将纸浆/硫酸钠混合物加入索氏提取器的玻璃棉塞上方，然后加入200 ml甲苯，回流16 h。容积必须每小时在体系中完全循环一次。

表S.1 基体类型、样品量和基于2,3,7,8-TCDD的方法校准限（10^{-12}量级）

	水	土壤沉积物纸浆[b]	浮尘	鱼组织[c]	人类脂肪组织	淤泥燃料油	釜脚
MCL[a]下限	0.01	1.0	1.0	1.0	1.0	5.0	10
MCL[a]上限	2	200	200	200	200	1 000	2 000
质量/g	1 000	10	10	20	10	2	1
内标量/10^{-12}	1	100	100	100	100	500	1 000
最终提取液体积/μl	10～50	10～50	50	10～50	10～50	50	50

注：a. 对于其他物质，TCDF/PeCDD/PeCDF乘以1，HxCDD/HxCDF/HpCDD/HpCDF乘以2.5，OCDD/OCDF乘以5。

b. S.5.3样品除水，见S.5.3。

c. 20 g样品提取液中的一半用来测定油脂含量。

备注：若表观状态相似，化学反应器残渣处理方法同釜脚。

S.6.2.2　将 S.6.2.1 的提取物转移到一个 250 ml 容量瓶中用二氯甲烷滴定到刻度线，充分混合，定量地将全部纸浆提取液转移到配有 Snyder 柱的 KD 装置中。

备注：也可以选用旋转蒸发仪代替 KD 装置进行提取液浓缩。

S.6.2.3　加入 Teflon TM 沸石或同类产品。将提取液在水浴中浓缩到表观体积 10 ml。从水浴中取出装置冷却 5 min。

S.6.2.4　向 KD 瓶中加入 50 ml 正己烷和一新沸石。在水浴中浓缩至表观体积 5 ml。从水浴中取出装置冷却 5 min。

备注：二氯甲烷必须在下步之前被完全除去。

S.6.2.5　取出并倒转 Snyder 柱，然后用正己烷向 KD 装置中冲洗两次，每次 1 ml。将 KD 装置和浓缩管中的溶液转入 125 ml 分液漏斗。用正己烷冲洗 KD 装置两次，每次 5 ml，合并入分液漏斗。然后按照 S.6.5.1.1 开始的说明进行纯化。

S.6.3　环境和废物样品的提取和纯化

S.6.3.1　淤泥/燃料油

S.6.3.1.1　将约 2 g 含水淤泥或燃料油样品放入盛有 50 ml 甲苯的 125 ml 连有一个 Dean-Stark 分水器的烧瓶内回流提取，连续回流样品直到水被全部除去为止。

备注：若淤泥或燃料油样品溶解于甲苯，则按 S.6.3.2 进行处理。若标记的淤泥样品来源于纸浆（造纸厂），则按从 S.6.2 开始的方法处理，但不加硫酸钠。

S.6.3.1.2　样品冷却后，用玻璃纤维过滤器或与其相当的过滤器过滤甲苯提取物到 100 ml 圆底烧瓶内。

S.6.3.1.3　用 10 ml 甲苯洗涤过滤器，合并洗液和提取液。

S.6.3.1.4　在旋转蒸发仪内于 50℃下浓缩近干。也可在惰性气氛下浓缩提取液，然后按 S.6.3.4 进行操作。

S.6.3.2　釜脚/油：

S.6.3.2.1　为提取釜脚样品，先将 10 g 样品和 10 ml 甲苯（苯）在小烧杯中混合，然后用玻璃纤维滤纸（或相当物）过滤，滤液装入 50 ml 圆底烧瓶内，再用 10 ml 甲苯洗涤烧杯和过滤器。

S.6.3.2.2　合并滤液和洗液，用旋转蒸发器在 50℃下浓缩近干，下步处理见 S.6.4。

S.6.3.3　浮尘：

备注：因浮尘有漂浮倾向，所有操作步骤应在通风橱内进行，使污染最小化。

S.6.3.3.1　称取 10 g 浮尘，准确到小数点后第二位，并装入提取瓶中。加入 100 μl 样品加标液用丙酮稀释至 1 ml，再加入 150 ml 1 mol/L HCl。用 Teflon TM 螺纹盖密封广口瓶，室温振荡 3 h。

S.6.3.3.2　用甲苯冲洗玻璃纤维滤器，样品经 Buchner 漏斗中的滤纸过滤后，流入 1 L 烧瓶。用约 500 ml 无有机物试剂水冲洗浮尘块并在干燥器中室温干燥过夜。

S.6.3.3.3　加入 10 g 无水硫酸钠粉末，充分混合，放置在密闭容器中 1 h，再混合，再放置 1 h，第三次混合。

S.6.3.3.4　将样品和滤纸一起放入提取套管中，用 200 ml 甲苯在索氏提取装置按 5 个/h 循环的程序提取 16 h。

备注：也可以甲苯为溶剂，用 Soxhlet/Dean Stark 萃取器进行操作，此法必须要加入硫酸钠。

S.6.3.3.5　待样品冷却后，经玻璃纤维滤膜过滤到 500 ml 圆底烧瓶内，再用 10 ml 甲苯洗涤过滤器，合并洗液和滤液，在旋转蒸发器内 50℃下浓缩近干，下步处理见 S.6.4.4。

S.6.3.4　用 15 ml 己烷将接近干涸样品转移到 125 ml 分液漏斗中，用两份 5 ml 正己烷先后洗涤烧瓶，将洗涤液也倒入漏斗内，加入 50 ml 质量分数为 5% NaCl 溶液一起振荡 2 min，弃去水层后，下步处理见 S.6.4。

S.6.3.5　含水样品

S.6.3.5.1　样品达到室温，为了能最后确定样品的确切体积，在 1 L 样品瓶的外壁上做一个水样弯月面的标记。按要求加入丙酮稀释的样品加标液。

S.6.3.5.2 当样品中含有 1%或更多固体物质，必须先用玻璃纤维滤纸进行过滤，然后用甲苯冲洗滤纸。若悬浮的固体物质多到无法用 0.45 μm 滤纸过滤，要将样品离心，倒出水相进行过滤。

备注：造纸厂流出水样通常含有 0.02%～0.2%固体物质，不需要过滤。但为得到最佳分析结果，所有流出水样应该过滤，固相和液相分别提取，再合并提取液。

S.6.3.5.3 合并离心管中的固体物质和滤纸及其上面的颗粒，用 S.6.4.6.1～S.6.4.6.4 描述的索氏提取方法提取。取出倒转 Snyder 柱，并用 1 ml 正己烷冲洗到 KD 装置中。

S.6.3.5.4 将滤液倒入 2 L 分液漏斗，向样品瓶内加入 60 ml 二氯甲烷，密封后摇荡 30 min 以洗涤瓶的内壁后，转移到分液漏斗内，摇荡 2 min，并定时排气以提取样品。

S.6.3.5.5 至少静置 10 min，待有机相和水相分离，如果在两相的层间出现乳化层，且乳化层高度大于溶液层高度的 1/3，那么分析者必须使用机械技术来完成相分离（如玻璃搅拌）。

S.6.3.5.6 把样品提取液通过装有玻璃棉滤团和 5 g 无水硫酸钠的过滤漏斗后，将二氯甲烷层直接收集到 500 ml K-D 装置内（装有一个 10 ml 浓缩管）。

备注：也可用旋蒸仪代替 KD 装置进行提取液浓缩。

S.6.3.5.7 用二氯甲烷重复提取两次，每次 60 ml。第三次提取后，用 30 ml 二氯甲烷冲洗硫酸钠，确保定量转移。混合所有提取物和洗液，加入 KD 装置中。

备注：如果在实验中样品发生了严重乳化问题或者在分液漏斗中遇到了乳化问题，则应使用连续的液-液提取器来代替分液漏斗。将 60 ml 的二氯甲烷加入到样品瓶内，密封后摇荡 30 min 以洗涤瓶的内壁，将溶剂转移入提取器内；再用 50～100 ml 二氯甲烷加入样品瓶内作重复操作。另外，用 200～500 ml 二氯甲烷加入与提取器相连蒸馏烧瓶内，为了便于操作还加入足够量的无有机物试剂水，然后提取 24 h。冷却后，拆下蒸馏烧瓶，按 S.6.3.5.6 和 S.6.3.5.8 到 S.6.3.5.10 要求干燥和浓缩提取物。再按 S.6.3.5.11 继续进行下步操作。

S.6.3.5.8 将 Snyder 柱连接到浓缩器上，在水浴上将提取物浓缩到大约 5 ml 体积，移下 K-D 浓缩器，并至少冷却 10 min。

S.6.3.5.9 取下 Snyder 柱，加入 50 ml 正己烷和用索氏提取法得到的固体悬浮物提取液（S.6.3.5.3），再重新连上 Snyder 柱，浓缩到大约 5 ml 体积。在进行第二次浓缩之前，应加入新沸石到 K-D 浓缩器内。

S.6.3.5.10 用正己烷洗涤烧瓶和低处接口两次，每次 5 ml，合并提取液和洗液，最后体积大约为 15 ml。

S.6.3.5.11 为确定原始样品体积，在样品瓶中装水至标记处，并转移到 1 000 ml 量筒。记录样品体积，精确到 5 ml，然后按 S.6.5 处理。

S.6.3.6 土壤/沉积物

S.6.3.6.1 在样品（如 10 g）中加入 10 g 无水硫酸钠粉末，用不锈钢刮刀混合均匀。所有块状物被粉碎后，将土壤/硫酸钠混合物加入带有玻璃棉塞的索氏提取器中（也可用提取管）。

备注：也可用 Soxhlet/Dean Stark 提取器代替，以甲苯为溶剂。此时不加硫酸钠。

S.6.3.6.2 在索氏提取器中加入 200～250 ml 甲苯，回流 16 h。溶剂必须每小时在体系中完全循环 5 次。

备注：若干燥样品物自由流动黏度，必须多加硫酸钠。

S.6.3.6.3 提取物冷却后经玻璃纤维滤纸，流入 500 ml 圆底烧瓶，以蒸发甲苯。用甲苯洗涤滤纸，与滤液合并后用旋蒸仪在 50℃蒸发近干。从水浴取出烧瓶，冷却 5 min。

S.6.3.6.4 用 15 ml 正己烷将残渣转移入 125 ml 分液漏斗，用正己烷冲洗烧瓶两次，也加入漏斗。按 S.6.5 进行下步操作。

S.6.4 纯化

S.6.4.1 分离

S.6.4.1.1 用 40 ml 浓盐酸分离正己烷提取物，振荡 2 min。取出并弃置浓硫酸层（底层）。重复酸洗直到酸层没有可见颜色（酸洗最多 4 次）。

S.6.4.1.2 用 40 ml 5%（质量分数）氯化钠水溶液分离提取液。振荡 2 min，取出并弃置水层（底层）。

S.6.4.1.3　用 40 ml 20%（质量分数）氢氧化钾（KOH）水溶液分离提取液。振荡 2 min，放出下部水层弃去，重复用碱洗至下部水层内观察不到颜色时止（碱洗最多只进行 4 次），因为强碱（KOH）会使某些 PCDDs 或 PCDFs 降解，所以与碱接触时间应越短越好。

S.6.4.1.4　用 40 ml 5%（质量分数）氯化钠水溶液分离提取液。振荡 2 min，取出并弃去水层（底层）。使提取液流经玻璃棉上带有硫酸钠的漏斗进行干燥，收集流出液倒入 50 ml 圆底烧瓶。用正己烷冲洗含硫酸钠的漏斗两次，每次 15 ml，然后用旋蒸仪（35℃水浴）浓缩正己烷溶液至近干，确保全部甲苯被蒸干。也可吹惰性气体浓缩提取液。

S.6.4.2　硅/铝柱纯化

S.6.4.2.1　填充一根带有聚四氟乙烯旋塞的硅胶柱（玻璃，30 cm×10.5 mm)：在柱的底部插入玻璃棉滤团，加入 1 g 硅胶，轻轻敲击柱，使硅胶沉降。再加入 2 g 氢氧化钠浸泡的硅胶，4 g 硫酸浸泡的硅胶和 2 g 硅胶。每次加入后都轻敲柱。可能需要使用微弱正压力的纯净氮气（0.03 MPa)。用 10 ml 正己烷淋洗柱子，当加入的正己烷逐渐往下移动到顶层硅胶将要接触到空气前时，立即关闭聚四氟乙烯旋塞，流出柱外的淋洗液弃去。检查柱内是否出现沟槽，如果有沟槽出现则此柱不能使用。切勿敲击湿柱。

S.6.4.2.2　填充一根带有聚四氟乙烯旋塞的氧化铝柱（玻璃，300 mm×10.5 mm）：在柱的底部插入玻璃棉滤团，然后加入 4g 硫酸钠层，再加入 4g Woelm ®Super 1 中性氧化铝层，轻轻敲击柱的顶部使硫酸钠层和氧化铝层逐渐填充紧密。Woelm ®Super 1 中性氧化铝使用前不需要活化和清洗，但要保存在密封的干燥器内。在氧化铝层上部再加入 4 g 无水硫酸钠覆盖氧化铝，再用 10 ml 正己烷淋洗柱子，当加入的己烷逐渐往下移动到上层硫酸钠将要接触到空气前时，立即关闭聚四氟乙烯旋塞，流出柱外的淋洗液弃去。检查柱内是否出现沟槽：如果有沟槽出现则此柱不能使用。切勿敲击湿柱。

备注：酸性氧化铝（S.5.2.2）也可用来代替中性氧化铝。

S.6.4.2.3　将 S.6.4.1.4 的残留物，用 2 ml 正己烷溶解，将此己烷溶液加入柱的顶部。再用足够量正己烷（3～4 ml）冲洗烧瓶，将样品定量转移到硅胶柱表面。

S.6.4.2.4　用 90 ml 正己烷冲洗硅胶柱，用旋蒸仪（35℃水浴）浓缩流出液至约 1 ml，然后将浓缩液加入氧化铝柱顶部（S.6.4.2.2）。用 2 ml 正己烷冲洗旋蒸仪两次，洗液也加入氧化铝柱顶部。

S.6.4.2.5　将 20 ml 正己烷加入氧化铝柱，然后使正己烷流出，直至液面刚好低于硫酸钠顶部。不要弃去流出的正己烷，用另一烧瓶收集贮存待后面使用。如果回收率不理想，可以用其来检测标记分析物的流失位置。

S.6.4.2.6　在氧化铝柱中加入 15 ml 含 60%二氯甲烷的正己烷溶液（体积分数），用 15 ml 锥形浓缩管收集流出液。通入仔细调节的氮气流，浓缩 60%二氯甲烷的正己烷溶液至 2 ml。

S.6.4.3　碳柱纯化：

S.6.4.3.1　制备 AX-21/Celite 545®柱：彻底混合 5.4 g 活性炭 AX-21 和 62.0 g Celite 545®，制备 8%（质量分数）混合物。130℃活化该混合物 6 h，并贮存在保干器中。

S.6.4.3.2　一次性血清学用的 10 ml 吸液管，切割两端制成 10 cm（4in）的柱，然后在火上把管的两头烧圆滑，必要时还扩成喇叭口。在一端塞入玻璃棉滤团后填充进足够的 Celite 545®形成 1 cm 堵头，加入 1 g AX-21/Celite 545®混合物，顶端再加 Celite 545®（足够形成 1 cm 堵头），用另一玻璃棉将填充物盖上。

备注：每批新的 AX-21/Celite 545®必须进行如下检测：在 950 μl 正己烷中加入 50 μl 连续标准液，使之经过碳柱纯化操作，浓缩到 50 μl 进行分析。若任何分析物的回收率小于 80%，弃去这批 AX-21/Celite 545®。

S.6.4.3.3　依次用 5 ml 甲苯、2 ml 75：20：5（体积分数）二氯甲烷/甲醇/甲苯，1 ml 1：1（体积分数）环己烷/二氯甲烷和 5 ml 正己烷冲洗 AX-21/Celite 545®柱。弃去洗液。当柱还被正己烷浸润时，在柱顶加入样品浓缩液（S.6.4.2.6）。用 1 ml 正己烷冲洗样品浓缩管（盛放样品浓缩液）两次，洗液也加入柱顶。

S.6.4.3.4　依次用正己烷冲洗两次，2 ml 环己烷/二氯甲烷（50：50，体积分数）和 2 ml 二氯甲烷/甲醇/甲苯（75：20：5，体积分数）各一次。洗液混合，该混合液可以用来检测柱效。

S.6.4.3.5　将柱倒置，用 20 ml 甲苯冲洗 PCDD/PCDF 组分。确保流出液中没有碳粒，若有，则用玻璃纤维滤纸（0.45 μm）过滤，并用 2 ml 甲苯冲洗滤纸。将洗液加入流出液中。

S.6.4.3.6 用旋蒸仪在 50℃水浴中将甲苯溶液浓缩至约 1 ml，小心转移浓缩液到 1 ml 小瓶中。然后在升温（50℃）的沙浴中通入氮气流，使体积减至约 100 μl。用 300 μl 1%甲苯的二氯甲烷溶液冲洗旋蒸烧瓶 3 次，洗液并入浓缩液。在土壤、沉积物、水、纸浆样品中加入 10 μl 壬烷回收标准液，或在淤泥、釜脚和浮尘样品中加入 50 μl 该标准液。室温暗处存放样品。

S.6.5 色谱/质谱条件和数据采集参数

S.6.5.1 气相色谱：

柱涂料：DB-5；

涂膜厚：0.25 μm；

柱尺寸：60 m×0.32 mm；

进样口温度：270℃；

不分流阀时间：45 s；

接口温度：随最终温度而定；

程序升温：200℃，保持 2 min，5℃/min；到 220℃，保持 16 min，5℃/min；到 235℃，保持 7 min，5℃/min；到 230℃，保持 5 min。

S.6.5.2 质谱：

S.6.5.2.1 质谱必须使用选择离子监测（SIM）模式，循环时间为 1 s 或更短（S.6.5.3.1）。至少对于 5 个 SIMMRM 时间序列中每一种应监测的离子必须进行监测。除最后一个 MRM 时间序列（OCDD/OCDF）外，所有 MRM 时间序列都包含 10 种离子。对于本身含有较高浓度 HxCDDs 和 HpCDDs 的样品，即使在高分辨质谱条件下，也要选择 M 和 M+2 作为 13C-HxCDF 和 13C-HpCDF 分子离子，而不是 M+2 和 M+4（保持连续性），是为了消除这两个离子通道中的干扰。对于标准液和样品提取液，保持一致的离子设定是非常重要的。锁定质量由操作实验室自行选择。

S.6.5.2.2 建议质谱的调谐条件选择离子组而定。使用调谐液，在 *m/z* 为 304.982 4 或其他任何靠近 *m/z* 303.901 6（源于 TCDF）的参考信号，调整仪器到最低要求的分辨率 10 000（10%谷底）。通过峰匹配条件和上述的 PFK 参照峰，确定 *m/z* 380.976 0（PFK）的精确质量在 5×10^{-6} 的要求值内。

注意：选择高、低质量离子时，必须保证它们在 5 个质量检测器中的任何一个内有最大的电压跳跃。

S.6.5.3 数据采集：

S.6.5.3.1 数据采集的总时间必须小于 1 s。总时间包括所有弛豫时间和电压重设时间之和。

S.6.5.3.2 采集所有 5 种 MRM 时间序列监测的全部离子的 SIM 数据。

S.6.6 校准

S.6.6.1 初始校准：

初始校准分析样品中 PCDDs 和 PCDFs 之前，和任何常规校准方法（S.6.6.3）不能达到 S.6.6.2 所列标准时所需的校准方法。

S.6.6.2 良好校准的标准：

17 种未标记的标准物平均响应因子［*RFn* 和 *RFm*］的相对标准差百分数必须不超过±20%，对于 9 种标记的参照化合物必须不超过±30%。每个 SICP（包括加标化合物）中 GC 信号的信噪比必须大于 10。

S.6.6.3 常规校准（连续校准检测）：

常规校准必须在成功的质量分辨和 GC 分辨验收后，在 12 h 期间开始时进行。在 12 h 末尾交替时也需要作常规校准。

S.6.6.4 合格常规校准的标准：

在下一步操作前，下面的标准必须满足。

S.6.6.4.1 在常规校准中得到的 *RFs* 值［未标记标准物的 *RFn* 值］必须在初始校准测得的平均值的±20%范围内。

S.6.6.4.2　在常规校准中得到的 *RFs* 值[标记标准物的 *RFm* 值]必须在初始校准测得的平均值的±30%范围内。

S.6.6.4.3　离子强度比必须在允许的控制限内。

S.6.7　分析

S.6.7.1　取出贮存的样品或空白提取液（S.6.4.3.6），通入干燥纯净的氮气，使提取物体积减小至 10～50 μl。

注意：最终体积为 20 μl 或更多的溶液用来测试。最终 10 μl 的体积很难操作，并且从 10 μl 中取出 2 μl 进样，几乎没有剩余样品用来确认和重复进样。

S.6.7.2　向 GC 中进样 2 μl 提取液，在对性能鉴定溶液能得到满意结果的条件下进行操作（S.6.5.1 和 S.6.5.2）。

S.6.7.3　鉴定标准

一个气相色谱峰被鉴定为一种 PCDD 或 PCDF，必须符合下列全部标准：

S.6.7.3.1　保留时间

S.6.7.3.1.1　对于 2,3,7,8-取代的组分，若样品提取液（代表总共含有 10 种共存物包括 OCDD；其中含有一个同位素标记的内标物或回收率标准物，样品组分的保留时间（RRT，在最大峰高处）必须在同位素标记标准物的-1～+3 s 内。

S.6.7.3.1.2　对于样品提取液中不含其同位素取代的内标物的 2,3,7,8-取代的化合物，保留时间必须落入常规校准测定的相对保留时间的 0.005 个保留时间单位内。鉴定 OCDF 是基于其相对于 13C12-OCDD 在每日常规校准结果中的保留时间。

S.6.7.3.1.3　对于非 2,3,7,8-取代的化合物（4～8，共 119 个组分），其保留时间必须在柱性能溶液检测中建立的该种系列化合物的保留时间窗内。

S.6.7.3.1.4　用于定量的两种离子的离子流响应（例如，对于 TCDDs：*m/z* 319.896 5 和 321.893 6）必须同时（±2 s）达到最大值。

S.6.7.3.1.5　标记标准物的两种离子的离子流响应必须同时（±2 s）达到最大值。

S.6.7.3.2　信噪比

对于确定一个 PCDD/PCDF 化合物或者一组共流出异构体的存在，所有的离子流强度必须≥2.5 倍噪声。

S.6.7.3.3　多氯代二苯醚干扰

除上述标准外，只有当在相应的多氯代二苯醚（PCDPE）通道没有检测到具有相同保留时间（±2 s）且 S/N＞2.5 的峰，才能鉴定一个 GC 峰为 PCDF。

S.7　结果计算

用下列公式计算 PCDD 或化合物质量分数：

$$W_x = \frac{A_x \cdot M_{is}}{A_{is} \cdot W \cdot \overline{RF_n}}$$

式中：W_x——用 pg/g 表示的为标记的 PCDD/PCDF 组分的质量分数（或一组属于同类化合物的共流出异构体）；

A_x——未标记的 PCDDs/PCDFs 的定量离子的积分离子强度总和；

A_{is}——内标物的定量离子（表 S.2）的积分离子强度总和；

M_{is}——样品提取前加入内标物的质量，pg；

W——以 g 为单位的样品质量（固体或有机液体），或以 ml 为单位的水样体积；

$\overline{RF_n}$——计算得到的分析物平均相对响应因子（其中 $n = 1$～17）。

表 S.2 HRGC/HRMS 分析 PCDDs/PCDFs 的监测离子

MRM 时间序列	准确质量[a]	离子 ID	元素组成	分析物
1	303.901 6	M	$C_{12}H_4{}^{25}Cl_4O$	TCDF
	305.898 7	M+2	$C^{12}H^4Cl_3{}^{37}ClO$	TCDF
	315.941 9	M	$^{13}C_{12}H_4Cl_4O$	TCDF（S）
	317.938 9	M+2	$^{13}C_{12}H_4{}^{35}Cl_3{}^{37}ClO$	TCDF（S）
	319.896 5	M	$C_{12}H_4{}^{35}Cl_4O_2$	TCDD
	321.893 6	M+2	$C_{12}H_4{}^{35}Cl_3{}^{37}ClO_2$	TCDD
	331.936 8	M	$^{13}C_{12}H_4{}^{35}Cl_4O_2$	TCDD（S）
	333.933 8	M+2	$^{13}C_{12}H_4{}^{35}Cl_3{}^{37}ClO_2$	TCDD（S）
	375.836 4	M+2	$C_{12}H_4{}^{35}Cl_3{}^{37}ClO_2$	HxCDPE
	[354.979 2]	LOCK	C_9F_{13}	PFK
2	339.859 7	M+2	$C_{12}H_3{}^{35}Cl_4{}^{37}ClO$	PeCDF
	341.856 7	M+4	$C_{12}H_3{}^{35}Cl_4{}^{37}Cl_2O$	PeCDF
	351.900 0	M+2	$^{13}C_{12}H_3{}^{35}Cl_4{}^{37}ClO$	PeCDF（S）
	353.897 0	M+4	$^{13}C_{12}H_3{}^{35}Cl_3{}^{37}Cl_2O$	PeCDF（S）
	355.854 6	M+2	$C_{12}H_3{}^{35}Cl_4{}^{37}ClO_2$	PeCDD
	357.851 6	M+4	$C_{12}H_3{}^{35}Cl_3{}^{37}Cl_2O_2$	PeCDD
	367.894 9	M+2	$^{13}C_{12}H_3{}^{35}Cl_4{}^{37}ClO_2$	PeCDD（S）
	369.891 9	M+4	$^{13}C_{12}H_3{}^{35}Cl_3{}^{37}Cl_2O_2$	PeCDD（S）
	409.797 4	M+2	$C_{12}H_3{}^{35}Cl_6{}^{37}ClO$	HpCDPE
	[354.979 2]	LOCK	C_9F_{13}	PFK
3	373.820 8	M+2	$C_{12}H_2{}^{35}Cl_5{}^{37}ClO$	HxCDF
	375.817 8	M+4	$C_{12}H_2{}^{35}Cl_4{}^{37}Cl_2O$	HxCDF
	383.863 9	M	$^{13}C_{12}H_2{}^{35}Cl_6O$	HxCDF（S）
	385.861 0	M+2	$^{13}C_{12}H_2{}^{35}Cl_5{}^{37}ClO$	HxCDF（S）
	389.815 6	M+2	$C_{12}H_2{}^{35}Cl_5{}^{37}ClO_2$	HxCDD
	391.812 7	M+4	$C_{12}H_2{}^{35}Cl_5{}^{37}Cl_2O_2$	HxCDD
	401.855 9	M+2	$^{13}C_{12}H_2{}^{35}Cl_5{}^{37}ClO_2$	HxCDD（S）
	403.852 9	M+4	$^{13}C_{12}H_2{}^{35}Cl_5{}^{37}Cl_2O_2$	HxCDD（S）
	445.755 5	M+4	$C_{12}H_2{}^{35}Cl_6{}^{37}Cl_2O$	OCDPE
	[430.972 8]	LOCK	C_9F_{17}	PFK
4	407.781 8	M+2	$C_{12}H^{35}Cl_6{}^{37}ClO$	HpCDF
	409.778 8	M+4	$C_{12}H^{35}Cl_5{}^{37}Cl_2O$	HpCDF
	417.825 0	M	$C_{12}H^{35}Cl_7O$	HpCDF（S）
	419.822 0	M+2	$^{13}C_{12}H^{35}Cl_6{}^{37}ClO$	HpCDF
	423.776 7	M+2	$C_{12}H^{35}Cl_6{}^{37}ClO_2$	HpCDD
	425.773 7	M+4	$C_{12}H^{35}Cl_5{}^{37}Cl_2O_2$	HpCDD
	435.816 9	M+2	$^{13}C_{12}H^{35}Cl_6{}^{37}ClO_2$	HpCDD（S）
	437.814 0	M+4	$^{13}C_{12}H^{35}Cl_5{}^{37}Cl_2O_2$	HpCDD（S）
	479.716 5	M+4	$C_{12}H^{35}Cl_7{}^{37}Cl_2O$	NCDPE
	[430.972 8]	LOCK	C_9F_{17}	PFK

MRM 时间序列	准确质量[a]	离子 ID	元素组成	分析物
5	441.742 8	M+2	$C_{12}{}^{35}Cl_7{}^{37}ClO$	OCDF
	443.739 9	M+4	$C_{12}{}^{35}Cl_6{}^{37}Cl_2O$	OCDF
	457.737 7	M+2	$C_{12}{}^{35}Cl_7{}^{37}ClO_2$	OCDD
	459.734 8	M+4	$C_{12}{}^{35}Cl_6{}^{37}Cl_2O_2$	OCDD
	469.778 0	M+2	${}^{13}C_{12}{}^{35}Cl_7{}^{37}ClO_2$	OCDD（S）
	471.775 0	M+4	${}^{13}C_{12}{}^{35}Cl_6{}^{37}Cl_2O_2$	OCDD（S）
	513.677 5	M+4	$C_{12}{}^{35}Cl_8{}^{37}Cl_2O$	DCDPE
	[442.972 8]	LOCK	$C_{10}F_{17}$	PFK

注：（a）采用下列元素质量：

H = 1.007 825　　O = 15.994 915

C = 12.000 000　　^{35}Cl = 34.968 853

^{13}C = 13.003 355　　^{37}Cl = 36.965 903

F = 18.998 4　　S = 内标/回收率标准物

中华人民共和国国家标准

GB 5085.7—2019
代替 GB 5085.7—2007

危险废物鉴别标准 通则

Identification standards for hazardous waste—General rules

2019-11-07 发布　　2020-01-01 实施

生态环境部
国家市场监督管理总局 发布

前　言

为贯彻《中华人民共和国环境保护法》《中华人民共和国固体废物污染环境防治法》，防治危险废物造成的环境污染，加强对危险废物的管理，保护生态环境，保障人体健康，制定本标准。

本标准是国家危险废物鉴别标准的组成部分。国家危险废物鉴别标准规定了固体废物危险特性技术指标，危险特性符合标准规定的技术指标的固体废物属于危险废物，须依法按危险废物进行管理。国家危险废物鉴别标准由以下 7 个标准组成：

1. 危险废物鉴别标准　通则
2. 危险废物鉴别标准　腐蚀性鉴别
3. 危险废物鉴别标准　急性毒性初筛
4. 危险废物鉴别标准　浸出毒性鉴别
5. 危险废物鉴别标准　易燃性鉴别
6. 危险废物鉴别标准　反应性鉴别
7. 危险废物鉴别标准　毒性物质含量鉴别

本标准规定了危险废物的鉴别程序和鉴别规则。

本标准首次发布于 2007 年，本次为第一次修订。

此次修订主要内容如下：

——进一步明确了鉴别程序；

——进一步细化了危险废物混合和利用处置后判定规则。

自本标准实施之日起，《危险废物鉴别标准　通则》（GB 5085.7—2007）废止。

本标准由生态环境部固体废物与化学品司、法规与标准司组织制订。

本标准主要起草单位：中国环境科学研究院。

本标准由生态环境部 2019 年 9 月 6 日批准。

本标准自 2020 年 1 月 1 日起实施。

本标准由生态环境部解释。

危险废物鉴别标准 通则

1 适用范围

本标准规定了危险废物的鉴别程序和鉴别规则。

本标准适用于生产、生活和其他活动中产生的固体废物的危险特性鉴别。

本标准适用于液态废物的鉴别。

本标准不适用于放射性废物鉴别。

2 规范性引用文件

本标准引用了下列文件或其中的条款。凡是未注明日期的引用文件，其最新版本适用于本标准。

GB 5085.1 危险废物鉴别标准 腐蚀性鉴别

GB 5085.2 危险废物鉴别标准 急性毒性初筛

GB 5085.3 危险废物鉴别标准 浸出毒性鉴别

GB 5085.4 危险废物鉴别标准 易燃性鉴别

GB 5085.5 危险废物鉴别标准 反应性鉴别

GB 5085.6 危险废物鉴别标准 毒性物质含量鉴别

GB 34330 固体废物鉴别标准 通则

HJ 298 危险废物鉴别技术规范

《国家危险废物名录》（环境保护部令 第 39 号）

3 术语和定义

下列术语和定义适用于本标准。

3.1

固体废物 solid waste

指在生产、生活和其他活动中产生的丧失原有利用价值或者虽未丧失利用价值但被抛弃或者放弃的固态、半固态和置于容器中的气态的物品、物质以及法律、行政法规规定纳入固体废物管理的物品、物质。

3.2

危险废物 hazardous waste

指列入国家危险废物名录或者根据国家规定的危险废物鉴别标准和鉴别方法认定的具有危险特性的固体废物。

3.3

利用 recycle

指从固体废物中提取物质作为原材料或者燃料的活动。

3.4

处置 dispose

指将固体废物焚烧和用其他改变固体废物的物理、化学、生物特性的方法，达到减少已产生的固体废物数量、缩小固体废物体积、减少或者消除其危险成分的活动，或者将固体废物最终置于符合环境保护规定要求的填埋场的活动。

4 鉴别程序

危险废物的鉴别应按照以下程序进行：

4.1 依据法律规定和 GB 34330，判断待鉴别的物品、物质是否属于固体废物，不属于固体废物的，则不属于危险废物。

4.2 经判断属于固体废物的，首先依据《国家危险废物名录》鉴别。凡列入《国家危险废物名录》的固体废物，属于危险废物，不需要进行危险特性鉴别。

4.3 未列入《国家危险废物名录》，但不排除具有腐蚀性、毒性、易燃性、反应性的固体废物，依据 GB 5085.1、GB 5085.2、GB 5085.3、GB 5085.4、GB 5085.5 和 GB 5085.6，以及 HJ 298 进行鉴别。凡具有腐蚀性、毒性、易燃性、反应性中一种或一种以上危险特性的固体废物，属于危险废物。

4.4 对未列入《国家危险废物名录》且根据危险废物鉴别标准无法鉴别，但可能对人体健康或生态环境造成有害影响的固体废物，由国务院生态环境主管部门组织专家认定。

5 危险废物混合后判定规则

5.1 具有毒性、感染性中一种或两种危险特性的危险废物与其他物质混合，导致危险特性扩散到其他物质中，混合后的固体废物属于危险废物。

5.2 仅具有腐蚀性、易燃性、反应性中一种或一种以上危险特性的危险废物与其他物质混合，混合后的固体废物经鉴别不再具有危险特性的，不属于危险废物。

5.3 危险废物与放射性废物混合，混合后的废物应按照放射性废物管理。

6 危险废物利用处置后判定规则

6.1 仅具有腐蚀性、易燃性、反应性中一种或一种以上危险特性的危险废物利用过程和处置后产生的固体废物，经鉴别不再具有危险特性的，不属于危险废物。

6.2 具有毒性危险特性的危险废物利用过程产生的固体废物，经鉴别不再具有危险特性的，不属于危险废物。除国家有关法规、标准另有规定的外，具有毒性危险特性的危险废物处置后产生的固体废物，仍属于危险废物。

6.3 除国家有关法规、标准另有规定的外，具有感染性危险特性的危险废物利用处置后，仍属于危险废物。

7 实施与监督

本标准由县级以上生态环境主管部门负责监督实施。

中华人民共和国国家标准

GB 18599—2020
代替 GB 18599—2001

一般工业固体废物贮存和填埋污染控制标准

Standard for pollution control on the non-hazardous industrial solid waste storage and landfill

2020-12-08 发布　　2021-07-01 实施

生态环境部
国家市场监督管理总局　发布

前　言

为贯彻《中华人民共和国环境保护法》《中华人民共和国固体废物污染环境防治法》《中华人民共和国水污染防治法》《中华人民共和国大气污染防治法》《中华人民共和国土壤污染防治法》等法律法规，防治环境污染，改善生态环境质量，推动一般工业固体废物贮存、填埋技术进步，制定本标准。

本标准规定了一般工业固体废物贮存场、填埋场的选址、建设、运行、封场、土地复垦等过程的环境保护要求，替代贮存、填埋处置的一般工业固体废物充填及回填利用环境保护要求，以及监测要求和实施与监督等内容。

本标准为强制性标准。

本标准首次发布于 2001 年，本次为首次修订。

此次修订的主要内容：

——修改标准名称为《一般工业固体废物贮存和填埋污染控制标准》；

——明确了一般工业固体废物贮存场、填埋场的定义；

——明确了第Ⅰ类及第Ⅱ类一般工业固体废物的定义；

——细化了一般工业固体废物贮存场、填埋场的选址要求；

——增加了一般工业固体废物充填、回填利用污染控制技术要求；

——完善了一般工业固体废物贮存场、填埋场运行期，封场及后期管理污染控制技术要求；

——增加了一般工业固体废物贮存场、填埋场土地复垦污染控制技术要求。

本标准附录 A 是资料性附录。

本标准规定的污染物排放限值为基本要求。省级人民政府对本标准中未作规定的大气、水污染物控制项目，可以制定地方污染物排放标准；对本标准已作规定的大气、水污染物控制项目，可以制定严于本标准的地方污染物排放标准。

本标准由生态环境部固体废物与化学品司、法规与标准司组织制订。

本标准主要起草单位：中国环境科学研究院、上海交通大学、中节能清洁技术发展有限公司、生态环境部固体废物与化学品管理技术中心。

本标准生态环境部 2020 年 11 月 19 日批准。

本标准自 2021 年 7 月 1 日起实施。自本标准实施之日起，《一般工业固体废物贮存、处置场污染控制标准》（GB 18599—2001）废止。各地可根据当地生态环境保护的需要和经济、技术条件，由省级人民政府批准提前实施本标准。

本标准由生态环境部解释。

一般工业固体废物贮存和填埋污染控制标准

1　适用范围

本标准规定了一般工业固体废物贮存场、填埋场的选址、建设、运行、封场、土地复垦等过程的环境保护要求，替代贮存、填埋处置的一般工业固体废物充填及回填利用环境保护要求，以及监测要求和实施与监督等内容。

本标准适用于新建、改建、扩建的一般工业固体废物贮存场和填埋场的选址、建设、运行、封场、土地复垦的污染控制和环境管理，现有一般工业固体废物贮存场和填埋场的运行、封场、土地复垦的污染控制和环境管理，以及替代贮存、填埋处置的一般工业固体废物充填及回填利用的污染控制及环境管理。

针对特定一般工业固体废物贮存和填埋发布的专用国家环境保护标准的，其贮存、填埋过程执行专用国家环境保护标准。

采用库房、包装工具（罐、桶、包装袋等）贮存一般工业固体废物过程的污染控制，不适用本标准，其贮存过程应满足相应防渗漏、防雨淋、防扬尘等环境保护要求。

2　规范性引用文件

下列文件对本标准的应用是必不可少的。凡是注日期的引用文件，仅注日期的版本适用于本标准。凡是未注日期的引用文件，其最新版本（包括所有的修改单）适用于本标准。

GB 8978　污水综合排放标准
GB 12348　工业企业厂界环境噪声排放标准
GB 14554　恶臭污染物排放标准
GB/T 14848　地下水质量标准
GB/T 15432　环境空气　总悬浮颗粒物的测定　重量法
GB 15562.2　环境保护图形标志——固体废物贮存（处置）场
GB 15618　土壤环境质量　农用地土壤污染风险管控标准（试行）
GB 16297　大气污染物综合排放标准
GB 16889　生活垃圾填埋场污染控制标准
GB/T 17643　土工合成材料　聚乙烯土工膜
GB 36600　土壤环境质量　建设用地土壤污染风险管控标准（试行）
HJ 25.3　建设用地土壤污染风险评估技术导则
HJ 91.1　污水监测技术规范
HJ/T 164　地下水环境监测技术规范
HJ 557　固体废物浸出毒性浸出方法　水平振荡法
HJ 761　固体废物　有机质的测定　灼烧减量法
HJ 819　排污单位自行监测技术指南　总则
NY/T 1121.16　土壤检测　第 16 部分：土壤水溶性盐总量的测定
TD/T 1036　土地复垦质量控制标准

《企业事业单位环境信息公开办法》（环境保护部令　第 31 号）

《环境监测管理办法》（国家环境保护总局令　第 39 号）

3　术语和定义

3.1

一般工业固体废物　non-hazardous industrial solid waste

企业在工业生产过程中产生且不属于危险废物的工业固体废物。

3.2

贮存　storage

将固体废物临时置于特定设施或者场所中的活动。

3.3

填埋　landfill

将固体废物最终置于符合环境保护规定要求的填埋场的活动。

3.4

一般工业固体废物贮存场　non-hazardous industrial solid waste storage facility

用于临时堆放一般工业固体废物的土地贮存设施。封场后的贮存场按照填埋场进行管理。

3.5

一般工业固体废物填埋场　non-hazardous industrial solid waste landfill

用于最终处置一般工业固体废物的填埋设施。

3.6

第Ⅰ类一般工业固体废物　class I non-hazardous industrial solid waste

按照 HJ 557 规定方法获得的浸出液中任何一种特征污染物浓度均未超过 GB 8978 最高允许排放浓度（第二类污染物最高允许排放浓度按照一级标准执行），且 pH 为 6～9 的一般工业固体废物。

3.7

第Ⅱ类一般工业固体废物　class II non-hazardous industrial solid waste

按照 HJ 557 规定方法获得的浸出液中有一种或一种以上的特征污染物浓度超过 GB 8978 最高允许排放浓度（第二类污染物最高允许排放浓度按照一级标准执行），或 pH 在 6～9 范围之外的一般工业固体废物。

3.8

Ⅰ类场　class Ⅰ non-hazardous industrial solid waste storage and landfill facility

可接受本标准 6.1 规定的各类一般工业固体废物并符合本标准相关污染控制技术要求规定的一般工业固体废物贮存场及填埋场。

3.9

Ⅱ类场　class Ⅱ non-hazardous industrial solid waste storage and landfill facility

可接受本标准 6.2、6.3 规定的各类一般工业固体废物并符合本标准相关污染控制技术要求规定的一般工业固体废物贮存场及填埋场。

3.10

充填　mining with backfilling

为满足采矿工艺需要，以支撑围岩、防止岩石移动、控制地压为目的，利用一般工业固体废物为充填材料填充采空区的活动。

3.11

回填 backfilling

在复垦、景观恢复、建设用地平整、农业用地平整以及防止地表塌陷的地貌保护等工程中，以土地复垦为目的，利用一般工业固体废物替代土、砂、石等生产材料填充地下采空空间、露天开采地表挖掘区、取土场、地下开采塌陷区以及天然坑洼区的活动。

3.12

天然基础层 native foundation

位于防渗衬层下部，未经扰动的岩土层。

3.13

人工防渗衬层 artificial liner

人工构筑的防止渗滤液进入土壤及地下水的隔水层。

3.14

单人工复合衬层 single composite liner system

由一层人工合成材料衬层和黏土类衬层构成的防渗衬层，其结构参见附录 A。

3.15

相容性 compatibility

某种固体废物同其他固体废物接触时不会产生有害物质，不会燃烧或爆炸，不发生其他可能对贮存、填埋产生不利影响的化学反应和物理变化。

3.16

人工防渗衬层完整性检测 artificial liner integrity testing

采用电法及其他方法对高密度聚乙烯膜等人工合成材料衬层是否发生破损及破损位置进行检测。

3.17

封场 closure

贮存场及填埋场停止使用后，对其采取关闭的措施。尾矿库的封场也称闭库。

4 贮存场和填埋场选址要求

4.1 一般工业固体废物贮存场、填埋场的选址应符合环境保护法律法规及相关法定规划要求。

4.2 贮存场、填埋场的位置与周围居民区的距离应依据环境影响评价文件及审批意见确定。

4.3 贮存场、填埋场不得选在生态保护红线区域、永久基本农田集中区域和其他需要特别保护的区域内。

4.4 贮存场、填埋场应避开活动断层、溶洞区、天然滑坡或泥石流影响区以及湿地等区域。

4.5 贮存场、填埋场不得选在江河、湖泊、运河、渠道、水库最高水位线以下的滩地和岸坡，以及国家和地方长远规划中的水库等人工蓄水设施的淹没区和保护区之内。

4.6 上述选址规定不适用于一般工业固体废物的充填和回填。

5 贮存场和填埋场技术要求

5.1 一般规定

5.1.1 根据建设、运行、封场等污染控制技术要求不同，贮存场、填埋场分为 I 类场和 II 类场。

5.1.2 贮存场、填埋场的防洪标准应按重现期不小于 50 年一遇的洪水位设计，国家已有标准提出更高要求的除外。

5.1.3 贮存场和填埋场一般应包括以下单元：

a）防渗系统、渗滤液收集和导排系统；

b）雨污分流系统；

c）分析化验与环境监测系统；

d）公用工程和配套设施；

e）地下水导排系统和废水处理系统（根据具体情况选择设置）。

5.1.4 贮存场及填埋场施工方案中应包括施工质量保证和施工质量控制内容，明确环保条款和责任，作为项目竣工环境保护验收的依据，同时可作为建设环境监理的主要内容。

5.1.5 贮存场及填埋场在施工完毕后应保存施工报告、全套竣工图、所有材料的现场及实验室检测报告。采用高密度聚乙烯膜作为人工合成材料衬层的贮存场及填埋场还应提交人工防渗衬层完整性检测报告。上述材料连同施工质量保证书作为竣工环境保护验收的依据。

5.1.6 贮存场及填埋场渗滤液收集池的防渗要求应不低于对应贮存场、填埋场的防渗要求。

5.1.7 贮存场除应符合本标准规定污染控制技术要求之外，其设计、施工、运行、封场等还应符合相关行政法规规定、国家及行业标准要求。

5.1.8 食品制造业、纺织服装和服饰业、造纸和纸制品业、农副食品加工业等为日常生活提供服务的活动中产生的与生活垃圾性质相近的一般工业固体废物，以及有机质含量超过5%的一般工业固体废物（煤矸石除外），其直接贮存、填埋处置应符合 GB 16889 要求。

5.2 Ⅰ类场技术要求

5.2.1 当天然基础层饱和渗透系数不大于 1.0×10^{-5} cm/s，且厚度不小于 0.75 m 时，可以采用天然基础层作为防渗衬层。

5.2.2 当天然基础层不能满足 5.2.1 防渗要求时，可采用改性压实黏土类衬层或具有同等以上隔水效力的其他材料防渗衬层，其防渗性能应至少相当于渗透系数为 1.0×10^{-5} cm/s 且厚度为 0.75 m 的天然基础层。

5.3 Ⅱ类场技术要求

5.3.1 Ⅱ类场应采用单人工复合衬层作为防渗衬层，并符合以下技术要求：

a）人工合成材料应采用高密度聚乙烯膜，厚度不小于 1.5 mm，并满足 GB/T 17643 规定的技术指标要求。采用其他人工合成材料的，其防渗性能至少相当于 1.5 mm 高密度聚乙烯膜的防渗性能。

b）黏土衬层厚度应不小于 0.75 m，且经压实、人工改性等措施处理后的饱和渗透系数不应大于 1.0×10^{-7} cm/s。使用其他黏土类防渗衬层材料时，应具有同等以上隔水效力。

5.3.2 Ⅱ类场基础层表面应与地下水年最高水位保持 1.5 m 以上的距离。当场区基础层表面与地下水年最高水位距离不足 1.5 m 时，应建设地下水导排系统。地下水导排系统应确保Ⅱ类场运行期地下水水位维持在基础层表面 1.5 m 以下。

5.3.3 Ⅱ类场应设置渗漏监控系统，监控防渗衬层的完整性。渗漏监控系统的构成包括但不限于防渗衬层渗漏监测设备、地下水监测井。

5.3.4 人工合成材料衬层、渗滤液收集和导排系统的施工不应对黏土衬层造成破坏。

6 入场要求

6.1 进入Ⅰ类场的一般工业固体废物应同时满足以下要求：

a）第Ⅰ类一般工业固体废物（包括第Ⅱ类一般工业固体废物经处理后属于第Ⅰ类一般工业固体废物的）；

b）有机质含量小于 2%（煤矸石除外），测定方法按照 HJ 761 进行；

c）水溶性盐总量小于 2%，测定方法按照 NY/T 1121.16 进行。

6.2 进入Ⅱ类场的一般工业固体废物应同时满足以下要求：

a）有机质含量小于 5%（煤矸石除外），测定方法按照 HJ 761 进行；

b）水溶性盐总量小于 5%，测定方法按照 NY/T 1121.16 进行。

6.3 5.1.8 所规定的一般工业固体废物经处理并满足 6.2 要求后仅可进入Ⅱ类场贮存、填埋。

6.4 不相容的一般工业固体废物应设置不同的分区进行贮存和填埋作业。

6.5 危险废物和生活垃圾不得进入一般工业固体废物贮存场及填埋场。国家及地方有关法律法规、标准另有规定的除外。

7 贮存场和填埋场运行要求

7.1 贮存场、填埋场投入运行之前，企业应制定突发环境事件应急预案或在突发事件应急预案中制定环境应急预案专章，说明各种可能发生的突发环境事件情景及应急处置措施。

7.2 贮存场、填埋场应制定运行计划，运行管理人员应定期参加企业的岗位培训。

7.3 贮存场、填埋场运行企业应建立档案管理制度，并按照国家档案管理等法律法规进行整理与归档，永久保存。档案资料主要包括但不限于以下内容：

a）场址选择、勘察、征地、设计、施工、环评、验收资料；

b）废物的来源、种类、污染特性、数量、贮存或填埋位置等资料；

c）各种污染防治设施的检查维护资料；

d）渗滤液、工艺水总量以及渗滤液、工艺水处理设备工艺参数及处理效果记录资料；

e）封场及封场后管理资料；

f）环境监测及应急处置资料。

7.4 贮存场、填埋场的环境保护图形标志应符合 GB 15562.2 的规定，并应定期检查和维护。

7.5 易产生扬尘的贮存或填埋场应采取分区作业、覆盖、洒水等有效抑尘措施防止扬尘污染。尾矿库应采取均匀放矿、洒水抑尘等措施防止干滩扬尘污染。

7.6 污染物排放控制要求

7.6.1 贮存场、填埋场产生的渗滤液应进行收集处理，达到 GB 8978 要求后方可排放。已有行业、区域或地方污染物排放标准规定的，应执行相应标准。

7.6.2 贮存场、填埋场产生的无组织气体排放应符合 GB 16297 规定的无组织排放限值的相关要求。

7.6.3 贮存场、填埋场排放的环境噪声、恶臭污染物应符合 GB 12348、GB 14554 的规定。

8 充填及回填利用污染控制要求

8.1 第Ⅰ类一般工业固体废物可按下列途径进行充填或回填作业：

a）粉煤灰可在煤炭开采矿区的采空区中充填或回填；

b）煤矸石可在煤炭开采矿井、矿坑等采空区中充填或回填；

c）尾矿、矿山废石等可在原矿开采区的矿井、矿坑等采空区中充填或回填。

8.2 第Ⅱ类一般工业固体废物以及不符合 8.1 充填或回填途径的第Ⅰ类一般工业固体废物，其充填或回填活动前应开展环境本底调查，并按照 HJ 25.3 等相关标准进行环境风险评估，重点评估对地下水、地表水及周边土壤的环境污染风险，确保环境风险可以接受。充填或回填活动结束后，应根据风险评估结果对可能受到影响的土壤、地表水及地下水开展长期监测，监测频次至少每年 1 次。

8.3 不应在充填物料中掺加除充填作业所需要的添加剂之外的其他固体废物。

8.4 一般工业固体废物回填作业结束后应立即实施土地复垦（回填地下的除外），土地复垦应符合本标准 9.9 的规定。

8.5 食品制造业、纺织服装和服饰业、造纸和纸制品业、农副食品加工业等为日常生活提供服务的活动中产生的与生活垃圾性质相近的一般工业固体废物以及其他有机物含量超过 5%的一般工业固体废物（煤矸石除外）不得进行充填、回填作业。

9 封场及土地复垦要求

9.1 当贮存场、填埋场服务期满或不再承担新的贮存、填埋任务时，应在 2 年内启动封场作业，并采取相应的污染防治措施，防止造成环境污染和生态破坏。封场计划可分期实施。尾矿库的封场时间和封场过程还应执行闭库的相关行政法规和管理规定。

9.2 贮存场、填埋场封场时应控制封场坡度，防止雨水侵蚀。

9.3 Ⅰ类场封场一般应覆盖土层，其厚度视固体废物的颗粒度大小和拟种植物种类确定。

9.4 Ⅱ类场的封场结构应包括阻隔层、雨水导排层、覆盖土层。覆盖土层的厚度视拟种植物种类及其对阻隔层可能产生的损坏确定。

9.5 封场后，仍需对覆盖层进行维护管理，防止覆盖层不均匀沉降、开裂。

9.6 封场后的贮存场、填埋场应设置标志物，注明封场时间以及使用该土地时应注意的事项。

9.7 封场后渗滤液处理系统、废水排放监测系统应继续正常运行，直到连续 2 年内没有渗滤液产生或产生的渗滤液未经处理即可稳定达标排放。

9.8 封场后如需对一般工业固体废物进行开采再利用，应进行环境影响评价。

9.9 贮存场、填埋场封场完成后，可依据当地地形条件、水资源及表土资源等自然环境条件和社会发展需求并按照相关规定进行土地复垦。土地复垦实施过程应满足 TD/T 1036 规定的相关土地复垦质量控制要求。土地复垦后用作建设用地的，还应满足 GB 36600 的要求；用作农用地的，还应满足 GB 15618 的要求。

9.10 历史堆存一般工业固体废物场地经评估确保环境风险可以接受时，可进行封场或土地复垦作业。

10 污染物监测要求

10.1 一般规定

10.1.1 企业应按照有关法律和《环境监测管理办法》《企业事业单位环境信息公开办法》等规定，建立企业监测制度，制定监测方案，对污染物排放状况及对周边环境质量的影响开展自行监测，并公开监测结果。

10.1.2 企业安装、运维污染源自动监控设备的要求，按照相关法律法规及标准的规定执行。

10.1.3 企业应按照环境监测管理规定和技术规范的要求，设计、建设、维护永久性采样口、采样测试平台和排污口的标志。

10.2 废水污染物监测要求

10.2.1 采样点的设置与采样方法，按 HJ 91.1 的规定执行。

10.2.2 渗滤液及其处理后排放废水污染物的监测频次，应根据废物特性、覆盖层和降水等条件加以确定，至少每月 1 次。废水污染物的监测分析方法按照 GB 8978 的规定执行。

10.3 地下水监测要求

10.3.1 贮存场、填埋场投入使用之前，企业应监测地下水本底水平。

10.3.2 地下水监测井的布置应符合以下要求：

a）在地下水流场上游应布置 1 个监测井，在下游至少应布置 1 个监测井，在可能出现污染扩散区域至少应布置 1 个监测井。设置有地下水导排系统的，应在地下水主管出口处至少布置 1 个监测井，用以监测地下水导排系统排水的水质。

b）岩溶发育区以及环境影响评价文件中确定地下水评价等级为一级的贮存场、填埋场，应根据环境影响评价结论加大下游监测井布设密度。

c）当地下水含水层埋藏较深或地下水监测井较难布设的基岩山区，经环境影响评价确认地下水不会受到污染时，可减少地下水监测井的数量。

d）监测井的位置、深度应根据场区水文地质特征进行针对性布置。

e）监测井的建设与管理应符合 HJ/T 164 的技术要求。

f）已有的地下水取水井、观测井和勘测井，如果满足上述要求可以作为地下水监测井使用。

10.3.3 贮存场、填埋场地下水监测频次应符合以下要求：

a）运行期间，企业自行监测频次至少每季度 1 次，每两次监测之间间隔不少于 1 个月，国家另有规定的除外；如周边有环境敏感区应增加监测频次，具体监测点位和频次依据环境影响评价结论确定。当发现地下水水质有被污染的迹象时，应及时查找原因并采取补救措施，防止污染进一步扩散。

b）封场后，地下水监测系统应继续正常运行，监测频次至少每半年 1 次，直到地下水水质连续 2 年不超出地下水本底水平。

10.3.4 地下水监测因子由企业根据贮存及填埋废物的特性提出，必须具有代表性且能表征固体废物特性。常规测定项目应至少包括浑浊度、pH、溶解性总固体、氯化物、硝酸盐（以 N 计）、亚硝酸盐（以 N 计）。地下水监测因子分析方法按照 GB/T 14848 执行。

10.4 地表水监测要求

10.4.1 应在满足废水排放标准与环境管理要求的基础上，针对项目建设、运行、封场后等不同阶段可能造成地表水环境影响制定地表水监测计划。

10.4.2 地表水监测点位、分析方法、监测频次应按照 HJ 819 执行，岩溶地区应增加地表水的监测频次。

10.5 大气监测要求

10.5.1 无组织气体排放的监测因子由企业根据贮存及填埋废物的特性提出，必须具有代表性且能表征固体废物特性。采样点布设、采样及监测方法按 GB 16297 的规定执行，污染源下风方向应为主要监测范围。

10.5.2 运行期间，企业自行监测频次至少每季度 1 次。如监测结果出现异常，应及时进行重新监测，间隔时间不得超过 1 周。

10.5.3 企业周边应安装总悬浮颗粒物（TSP）浓度监测设施，并保存 1 年以上数据记录。TSP 浓度的测定方法按照 GB/T 15432 执行。

10.6 土壤监测要求

10.6.1 贮存场、填埋场投入使用之前，企业应监测土壤本底水平。

10.6.2 应布设 1 个土壤监测对照点，对照点应尽量保证不受企业生产过程影响，对照点作为土壤背景值。

10.6.3 依据地形特征、主导风向和地表径流方向，在可能产生影响的土壤环境敏感目标处布设土壤监测点。

10.6.4 运行期间，土壤监测点的自行监测频次一般每 3 年 1 次，采样深度根据可能影响的深度适当调整，以表层土壤为重点采样层。

10.6.5 土壤监测因子由企业根据贮存及填埋废物的特性提出，必须具有代表性且能表征固体废物特性。土壤监测因子的分析方法按照 GB 36600 的规定执行。

11 实施与监督

11.1 本标准由县级以上生态环境主管部门负责监督实施。

11.2 在任何情况下，企业均应遵守本标准的污染物排放控制要求，采取必要措施保证污染防治设施正常运行。各级生态环境主管部门在对其进行监督检查时，对于水污染物，可以现场即时采样或监测的结果，作为判定排污行为是否符合排放标准以及实施相关生态环境保护管理措施的依据；对于无组织排放的大气污染物，可以采用手工监测并按照监测规范要求测得的任意 1 小时平均浓度值，作为判定排污行为是否符合排放标准以及实施相关生态环境保护管理措施的依据。

附 录 A

（资料性附录）

单人工复合衬层系统说明

单人工复合衬层系统（HDPE 土工膜+黏土）结构如图 A.1 所示，部分结构说明如下：

a）渗滤液导排层：宜采用卵石，厚度不应小于 30 cm，卵石下可增设土工复合排水网；

b）人工防渗衬层：采用 HDPE 土工膜时厚度不应小于 1.5 mm；

c）黏土衬层：渗透系数不应大于 1.0×10^{-7} cm/s，厚度不宜小于 75 cm；

d）保护层：可采用非织造土工布、保护黏土层及粉末状尾矿；

e）地下水导排层（可选）：采用卵（砾）石等石料。

f）基础层：具有承载填埋堆体负荷的天然岩土层或经过地基处理的稳定岩土层。

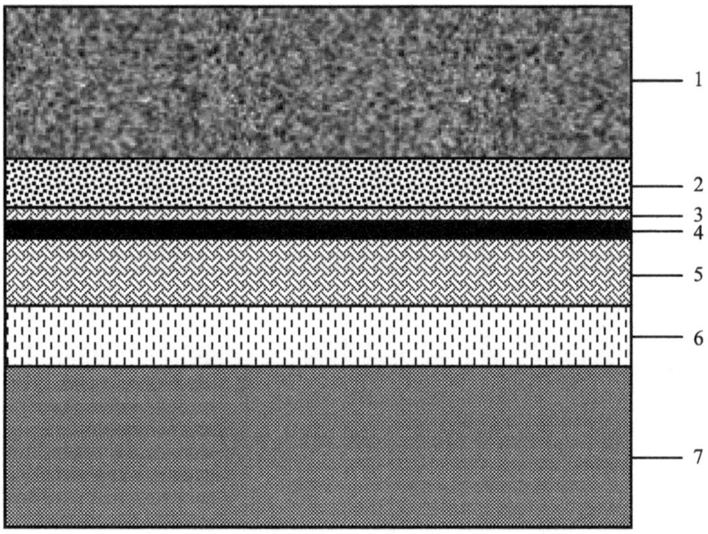

1—一般工业固体废物；2—渗滤液导排层；3—保护层；4—人工防渗衬层（高密度聚乙烯膜）；5—黏土衬层；6—地下水导排层（可选）；7—基础层。

图 A.1 单人工复合衬层系统示意图

中华人民共和国国家标准

GB 18597—2023
代替 GB 18597—2001

危险废物贮存污染控制标准

Standard for pollution control on hazardous waste storage

2023-01-20 发布　　2023-07-01 实施

生　态　环　境　部
国家市场监督管理总局　发布

前　言

为贯彻《中华人民共和国环境保护法》《中华人民共和国固体废物污染环境防治法》等法律法规，防治环境污染，改善生态环境质量，规范危险废物贮存环境管理，制定本标准。

本标准规定了危险废物贮存污染控制的总体要求、贮存设施选址和污染控制要求、容器和包装物污染控制要求、贮存过程污染控制要求，以及污染物排放、环境监测、环境应急、实施与监督等环境管理要求。

本标准首次发布于2001年，本次为第一次修订。

本次修订的主要内容：

——增补完善了相关术语和定义；

——增加了“总体要求”；

——细化了危险废物贮存设施的分类，补充了贮存点相关环境管理要求；

——完善了危险废物贮存设施的选址和建设要求；

——修订了危险废物贮存设施的污染防治、运行管理和退役要求；

——补充了危险废物贮存设施环境应急要求；

——删除了医疗废物有关要求及附录A和附录B。

本标准由生态环境部固体废物与化学品司、法规与标准司组织制订。

本标准主要起草单位：沈阳环境科学研究院［国家环境保护危险废物处置工程技术（沈阳）中心］、生态环境部固体废物与化学品管理技术中心、中国环境科学研究院、中国科学院大学。

本标准由生态环境部2023年1月20日批准。

本标准自2023年7月1日起实施。自本标准实施之日起，《危险废物贮存污染控制标准》（GB 18597—2001）废止。各地可根据当地生态环境保护的需要和经济、技术条件，由省级人民政府批准提前实施本标准。

本标准由生态环境部解释。

危险废物贮存污染控制标准

1　适用范围

本标准规定了危险废物贮存污染控制的总体要求、贮存设施选址和污染控制要求、容器和包装物污染控制要求、贮存过程污染控制要求，以及污染物排放、环境监测、环境应急、实施与监督等环境管理要求。

本标准适用于产生、收集、贮存、利用、处置危险废物的单位新建、改建、扩建的危险废物贮存设施选址、建设和运行的污染控制和环境管理，也适用于现有危险废物贮存设施运行过程的污染控制和环境管理。

历史堆存危险废物清理过程中的暂时堆放不适用本标准。

国家其他固体废物污染控制标准中针对特定危险废物贮存另有规定的，执行相关规定。

2　规范性引用文件

本标准引用了下列文件或其中的条款。凡是注明日期的引用文件，仅注日期的版本适用于本标准。凡是未注明日期的引用文件，其最新版本（包括所有的修改单）适用于本标准。

GB 8978　污水综合排放标准

GB 12348　工业企业厂界环境噪声排放标准

GB 14554　恶臭污染物排放标准

GB/T 14848　地下水质量标准

GB/T 16157　固定污染源排气中颗粒物测定与气态污染物采样方法

GB 16297　大气污染物综合排放标准

GB 37822　挥发性有机物无组织排放控制标准

HJ/T 55　大气污染物无组织排放监测技术导则

HJ 164　地下水环境监测技术规范

HJ/T 397　固定源废气监测技术规范

HJ 732　固定污染源废气 挥发性有机物的采样　气袋法

HJ 819　排污单位自行监测技术指南　总则

HJ 905　恶臭污染环境监测技术规范

HJ 1250　排污单位自行监测技术指南　工业固体废物和危险废物治理

HJ 1259　危险废物管理计划和管理台账制定技术导则

HJ 1276　危险废物识别标志设置技术规范

《排污许可管理条例》（中华人民共和国国务院令 第736号）

3　术语和定义

下列术语和定义适用于本标准。

3.1

危险废物　hazardous waste

列入国家危险废物名录或者根据国家规定的危险废物鉴别标准和鉴别方法认定的具有危险特性的固体废物。

3.2

贮存　storage

将危险废物临时置于特定设施或者场所中的活动。

3.3

贮存设施　storage facility

专门用于贮存危险废物的设施，具体类型包括贮存库、贮存场、贮存池和贮存罐区等。其中，集中贮存设施是用于集中收集、利用、处置危险废物所附设的贮存危险废物的设施。

3.4

贮存库　storage warehouse

用于贮存一种或多种类别、形态危险废物的仓库式贮存设施。

3.5

贮存场　storage site

用于贮存不易产生粉尘、挥发性有机物（VOCs）、酸雾、有毒有害大气污染物和刺激性气味气体的大宗危险废物的，具有顶棚（盖）的半开放式贮存设施。

3.6

贮存池　storage pool

用于贮存单一类别液态或半固态危险废物的，位于室内或具有顶棚（盖）的池体贮存设施。

3.7

贮存罐区　storage tank farm

用于贮存液态危险废物的，由一个或多个罐体及其相关的辅助设备和防护系统构成的固定式贮存设施。

3.8

贮存点　storage spot

HJ 1259 规定的纳入危险废物登记管理单位的，用于同一生产经营场所专门贮存危险废物的场所；或产生危险废物的单位设置于生产线附近，用于暂时贮存以便于中转其产生的危险废物的场所。

3.9

贮存分区　storage subarea

一个贮存设施内划分的分类存放危险废物的区域。

3.10

包装　package

对危险废物进行盛装、打包或捆装等的活动。

3.11

容器和包装物　container and packaging

用于包装危险废物的硬质和柔性物品、包装件的总称。

3.12

相容　compatibility

某种危险废物同其他危险废物或其他物质、材料接触时不会产生有害物质，不发生其他可能对危险废物贮存产生不利影响的化学反应和物理变化。

4 总体要求

4.1 产生、收集、贮存、利用、处置危险废物的单位应建造危险废物贮存设施或设置贮存场所，并根据需要选择贮存设施类型。
4.2 贮存危险废物应根据危险废物的类别、数量、形态、物理化学性质和环境风险等因素，确定贮存设施或场所类型和规模。
4.3 贮存危险废物应根据危险废物的类别、形态、物理化学性质和污染防治要求进行分类贮存，且应避免危险废物与不相容的物质或材料接触。
4.4 贮存危险废物应根据危险废物的形态、物理化学性质、包装形式和污染物迁移途径，采取措施减少渗滤液及其衍生废物、渗漏的液态废物（简称渗漏液）、粉尘、VOCs、酸雾、有毒有害大气污染物和刺激性气味气体等污染物的产生，防止其污染环境。
4.5 危险废物贮存过程产生的液态废物和固态废物应分类收集，按其环境管理要求妥善处理。
4.6 贮存设施或场所、容器和包装物应按 HJ 1276 要求设置危险废物贮存设施或场所标志、危险废物贮存分区标志和危险废物标签等危险废物识别标志。
4.7 HJ 1259 规定的危险废物环境重点监管单位，应采用电子地磅、电子标签、电子管理台账等技术手段对危险废物贮存过程进行信息化管理，确保数据完整、真实、准确；采用视频监控的应确保监控画面清晰，视频记录保存时间至少为 3 个月。
4.8 贮存设施退役时，所有者或运营者应依法履行环境保护责任，退役前应妥善处理处置贮存设施内剩余的危险废物，并对贮存设施进行清理，消除污染；还应依据土壤污染防治相关法律法规履行场地环境风险防控责任。
4.9 在常温常压下易爆、易燃及排出有毒气体的危险废物应进行预处理，使之稳定后贮存，否则应按易爆、易燃危险品贮存。
4.10 危险废物贮存除应满足环境保护相关要求外，还应执行国家安全生产、职业健康、交通运输、消防等法律法规和标准的相关要求。

5 贮存设施选址要求

5.1 贮存设施选址应满足生态环境保护法律法规、规划和“三线一单”生态环境分区管控的要求，建设项目应依法进行环境影响评价。
5.2 集中贮存设施不应选在生态保护红线区域、永久基本农田和其他需要特别保护的区域内，不应建在溶洞区或易遭受洪水、滑坡、泥石流、潮汐等严重自然灾害影响的地区。
5.3 贮存设施不应选在江河、湖泊、运河、渠道、水库及其最高水位线以下的滩地和岸坡，以及法律法规规定禁止贮存危险废物的其他地点。
5.4 贮存设施场址的位置以及其与周围环境敏感目标的距离应依据环境影响评价文件确定。

6 贮存设施污染控制要求

6.1 一般规定

6.1.1 贮存设施应根据危险废物的形态、物理化学性质、包装形式和污染物迁移途径，采取必要的防风、防晒、防雨、防漏、防渗、防腐以及其他环境污染防治措施，不应露天堆放危险废物。
6.1.2 贮存设施应根据危险废物的类别、数量、形态、物理化学性质和污染防治等要求设置必要的贮存分区，避免不相容的危险废物接触、混合。

6.1.3 贮存设施或贮存分区内地面、墙面裙脚、堵截泄漏的围堰、接触危险废物的隔板和墙体等应采用坚固的材料建造，表面无裂缝。

6.1.4 贮存设施地面与裙脚应采取表面防渗措施；表面防渗材料应与所接触的物料或污染物相容，可采用抗渗混凝土、高密度聚乙烯膜、钠基膨润土防水毯或其他防渗性能等效的材料。贮存的危险废物直接接触地面的，还应进行基础防渗，防渗层为至少 1 m 厚黏土层（渗透系数不大于 10^{-7} cm/s），或至少 2 mm 厚高密度聚乙烯膜等人工防渗材料（渗透系数不大于 10^{-10} cm/s），或其他防渗性能等效的材料。

6.1.5 同一贮存设施宜采用相同的防渗、防腐工艺（包括防渗、防腐结构或材料），防渗、防腐材料应覆盖所有可能与废物及其渗滤液、渗漏液等接触的构筑物表面；采用不同防渗、防腐工艺应分别建设贮存分区。

6.1.6 贮存设施应采取技术和管理措施防止无关人员进入。

6.2 贮存库

6.2.1 贮存库内不同贮存分区之间应采取隔离措施。隔离措施可根据危险废物特性采用过道、隔板或隔墙等方式。

6.2.2 在贮存库内或通过贮存分区方式贮存液态危险废物的，应具有液体泄漏堵截设施，堵截设施最小容积不应低于对应贮存区域最大液态废物容器容积或液态废物总储量 1/10（二者取较大者）；用于贮存可能产生渗滤液的危险废物的贮存库或贮存分区应设计渗滤液收集设施，收集设施容积应满足渗滤液的收集要求。

6.2.3 贮存易产生粉尘、VOCs、酸雾、有毒有害大气污染物和刺激性气味气体的危险废物贮存库，应设置气体收集装置和气体净化设施；气体净化设施的排气筒高度应符合 GB 16297 要求。

6.3 贮存场

6.3.1 贮存场应设置径流疏导系统，保证能防止当地重现期不小于 25 年的暴雨流入贮存区域，并采取措施防止雨水冲淋危险废物，避免增加渗滤液量。

6.3.2 贮存场可整体或分区设计液体导流和收集设施，收集设施容积应保证在最不利条件下可以容纳对应贮存区域产生的渗滤液、废水等液态物质。

6.3.3 贮存场应采取防止危险废物扬散、流失的措施。

6.4 贮存池

6.4.1 贮存池防渗层应覆盖整个池体，并应按照 6.1.4 的要求进行基础防渗。

6.4.2 贮存池应采取措施防止雨水、地面径流等进入，保证能防止当地重现期不小于 25 年的暴雨流入贮存池内。

6.4.3 贮存池应采取措施减少大气污染物的无组织排放。

6.5 贮存罐区

6.5.1 贮存罐区罐体应设置在围堰内，围堰的防渗、防腐性能应满足 6.1.4、6.1.5 的要求。

6.5.2 贮存罐区围堰容积应至少满足其内部最大贮存罐发生意外泄漏时所需要的危险废物收集容积要求。

6.5.3 贮存罐区围堰内收集的废液、废水和初期雨水应及时处理，不应直接排放。

7 容器和包装物污染控制要求

7.1 容器和包装物材质、内衬应与盛装的危险废物相容。
7.2 针对不同类别、形态、物理化学性质的危险废物，其容器和包装物应满足相应的防渗、防漏、防腐和强度等要求。
7.3 硬质容器和包装物及其支护结构堆叠码放时不应有明显变形，无破损泄漏。
7.4 柔性容器和包装物堆叠码放时应封口严密，无破损泄漏。
7.5 使用容器盛装液态、半固态危险废物时，容器内部应留有适当的空间，以适应因温度变化等可能引发的收缩和膨胀，防止其导致容器渗漏或永久变形。
7.6 容器和包装物外表面应保持清洁。

8 贮存过程污染控制要求

8.1 一般规定

8.1.1 在常温常压下不易水解、不易挥发的固态危险废物可分类堆放贮存，其他固态危险废物应装入容器或包装物内贮存。
8.1.2 液态危险废物应装入容器内贮存，或直接采用贮存池、贮存罐区贮存。
8.1.3 半固态危险废物应装入容器或包装袋内贮存，或直接采用贮存池贮存。
8.1.4 具有热塑性的危险废物应装入容器或包装袋内进行贮存。
8.1.5 易产生粉尘、VOCs、酸雾、有毒有害大气污染物和刺激性气味气体的危险废物应装入闭口容器或包装物内贮存。
8.1.6 危险废物贮存过程中易产生粉尘等无组织排放的，应采取抑尘等有效措施。

8.2 贮存设施运行环境管理要求

8.2.1 危险废物存入贮存设施前应对危险废物类别和特性与危险废物标签等危险废物识别标志的一致性进行核验，不一致的或类别、特性不明的不应存入。
8.2.2 应定期检查危险废物的贮存状况，及时清理贮存设施地面，更换破损泄漏的危险废物贮存容器和包装物，保证堆存危险废物的防雨、防风、防扬尘等设施功能完好。
8.2.3 作业设备及车辆等结束作业离开贮存设施时，应对其残留的危险废物进行清理，清理的废物或清洗废水应收集处理。
8.2.4 贮存设施运行期间，应按国家有关标准和规定建立危险废物管理台账并保存。
8.2.5 贮存设施所有者或运营者应建立贮存设施环境管理制度、管理人员岗位职责制度、设施运行操作制度、人员岗位培训制度等。
8.2.6 贮存设施所有者或运营者应依据国家土壤和地下水污染防治的有关规定，结合贮存设施特点建立土壤和地下水污染隐患排查制度，并定期开展隐患排查；发现隐患应及时采取措施消除隐患，并建立档案。
8.2.7 贮存设施所有者或运营者应建立贮存设施全部档案，包括设计、施工、验收、运行、监测和环境应急等，应按国家有关档案管理的法律法规进行整理和归档。

8.3 贮存点环境管理要求

8.3.1 贮存点应具有固定的区域边界，并应采取与其他区域进行隔离的措施。

8.3.2 贮存点应采取防风、防雨、防晒和防止危险废物流失、扬散等措施。

8.3.3 贮存点贮存的危险废物应置于容器或包装物中，不应直接散堆。

8.3.4 贮存点应根据危险废物的形态、物理化学性质、包装形式等，采取防渗、防漏等污染防治措施或采用具有相应功能的装置。

8.3.5 贮存点应及时清运贮存的危险废物，实时贮存量不应超过 3 t。

9 污染物排放控制要求

9.1 贮存设施产生的废水（包括贮存设施、作业设备、车辆等清洗废水，贮存罐区积存雨水，贮存事故废水等）应进行收集处理，废水排放应符合 GB 8978 规定的要求。

9.2 贮存设施产生的废气（含无组织废气）的排放应符合 GB 16297 和 GB 37822 规定的要求。

9.3 贮存设施产生的恶臭气体的排放应符合 GB 14554 规定的要求。

9.4 贮存设施内产生以及清理的固体废物应按固体废物分类管理要求妥善处理。

9.5 贮存设施排放的环境噪声应符合 GB 12348 规定的要求。

10 环境监测要求

10.1 贮存设施的环境监测应纳入主体设施的环境监测计划。

10.2 贮存设施所有者或运营者应依据《中华人民共和国大气污染防治法》《中华人民共和国水污染防治法》《中华人民共和国土壤污染防治法》等有关法律、《排污许可管理条例》等行政法规和 HJ 819、HJ 1250 等规定制订监测方案，对贮存设施污染物排放状况开展自行监测，保存原始监测记录，并公布监测结果。

10.3 贮存设施废水污染物排放的监测方法和监测指标应符合国家相关标准要求。

10.4 HJ 1259 规定的危险废物环境重点监管单位贮存设施地下水环境监测点布设应符合 HJ 164 要求，监测因子应根据贮存废物的特性选择具有代表性且能表征危险废物特性的指标，地下水监测因子分析方法按照 GB/T 14848 执行。

10.5 配有收集净化系统的贮存设施大气污染物排放的监测采样应按 GB/T 16157、HJ/T 397、HJ 732 的规定执行。

10.6 贮存设施无组织气体排放监测因子应根据贮存废物的特性选择具有代表性且能表征危险废物特性的指标；采样点布设、采样及监测方法可按 HJ/T 55 的规定执行，VOCs 的无组织排放监测还应符合 GB 37822 的规定。

10.7 贮存设施恶臭气体的排放监测应符合 GB 14554、HJ 905 的规定。

11 环境应急要求

11.1 贮存设施所有者或运营者应按照国家有关规定编制突发环境事件应急预案，定期开展必要的培训和环境应急演练，并做好培训、演练记录。

11.2 贮存设施所有者或运营者应配备满足其突发环境事件应急要求的应急人员、装备和物资，并应设置应急照明系统。

11.3 相关部门发布自然灾害或恶劣天气预警后，贮存设施所有者或运营者应启动相应防控措施，若有必要可将危险废物转移至其他具有防护条件的地点贮存。

12　实施与监督

12.1　本标准由县级以上生态环境主管部门负责监督实施。

12.2　本标准实施之日前已建成投入使用或环境影响评价文件已通过审批的贮存设施，自 2024 年 1 月 1 日起执行本标准，其他设施自本标准实施之日起执行本标准。

12.3　突发环境事件产生的危险废物的临时性贮存设施建设、管理和监督等应在县级以上人民政府指导监督下进行，并满足相应防扬散、防流失、防渗漏及其他环境污染防控要求，防止对生态环境产生二次污染。

12.4　除 12.3 之外的任何情况下，企业或相关机构均应遵守本标准的污染物排放控制要求，采取必要措施保证污染防治设施正常运行，根据国家及国家生态环境行业标准评估其环境风险可控并采取适当的风险防控措施和污染防治措施的除外。各级生态环境主管部门现场检查和监测结果，可以作为判定排污行为是否符合排放标准以及是否采取相关生态环境保护管理措施的依据。

中华人民共和国国家标准

GB 18598—2019
代替 GB 18598—2001

危险废物填埋污染控制标准

Standard for pollution control on the hazardous waste landfill

2019-09-30 发布　　2020-06-01 实施

生态环境部
国家市场监督管理总局　发布

前　言

为贯彻《中华人民共和国环境保护法》《中华人民共和国固体废物污染环境防治法》《中华人民共和国土壤污染防治法》，本标准规定了危险废物填埋的入场条件，填埋场的选址、设计、施工、运行、封场及监测的生态环境保护要求。

本标准首次发布于 2001 年，本次为第一次修订。

此次修订的主要内容：

——规范了危险废物填埋场场址选择技术要求；

——严格了危险废物填埋的入场标准；

——收严了危险废物填埋场废水排放控制要求；

——完善了危险废物填埋场运行及监测技术要求。

危险废物填埋场排放的恶臭污染物、环境噪声适用相应的国家污染物排放标准。危险废物填埋场的自行监测按照本标准要求执行，待本行业排污单位自行监测指南发布后，从其规定。

本标准附录 A 为资料性附录，附录 B 为规范性附录。

自本标准实施之日起，《危险废物填埋污染控制标准》（GB 18598—2001）废止。

省级人民政府对于本标准中未作规定的大气和水污染物项目，可以制定地方污染物排放标准；对于本标准已作规定的大气和水污染物项目，可以制定严于本标准的地方污染物排放标准。

本标准由生态环境部固体废物与化学品司、法规与标准司组织制订。

本标准主要起草单位：中国环境科学研究院、北京高能时代环境技术股份有限公司。

本标准由生态环境部 2019 年 9 月 12 日批准。

本标准自 2020 年 6 月 1 日起实施。

本标准由生态环境部解释。

危险废物填埋污染控制标准

1　适用范围

本标准规定了危险废物填埋的入场条件，填埋场的选址、设计、施工、运行、封场及监测的环境保护要求。

本标准适用于新建危险废物填埋场的建设、运行、封场及封场后环境管理过程的污染控制。现有危险废物填埋场的入场要求、运行要求、污染物排放要求、封场及封场后环境管理要求、监测要求按照本标准执行。本标准适用于生态环境主管部门对危险废物填埋场环境污染防治的监督管理。

本标准不适用于放射性废物的处置及突发事故产生危险废物的临时处置。

2　规范性引用文件

本标准引用了下列文件或其中的条款。凡是未注明日期的引用文件，其最新版本适用于本标准。

GB 5085.3　危险废物鉴别标准　浸出毒性鉴别

GB 6920　水质　pH 值的测定　玻璃电极法

GB 7466　水质　总铬的测定　（第一篇）

GB 7467　水质　六价铬的测定　二苯碳酰二肼分光光度法

GB 7470　水质　铅的测定　双硫腙分光光度法

GB 7471　水质　镉的测定　双硫腙分光光度法

GB 7472　水质　锌的测定　双硫腙分光光度法

GB 7475　水质　铜、锌、铅、镉的测定　原子吸收分光光度法

GB 7484　水质　氟化物的测定　离子选择电极法

GB 7485　水质　总砷的测定　二乙基二硫代氨基甲酸银分光光度法

GB 8978　污水综合排放标准

GB 11893　水质　总磷的测定　钼酸铵分光光度法

GB 11895　水质　苯并[*a*]芘的测定　乙酰化滤纸层析荧光分光光度法

GB 11901　水质　悬浮物的测定　重量法

GB 11907　水质　银的测定　火焰原子吸收分光光度法

GB 16297　大气污染物综合排放标准

GB 37822　挥发性有机物无组织排放控制标准

GB 50010　混凝土结构设计规范

GB 50108　地下工程防水技术规范

GB/T 14204　水质　烷基汞的测定　气相色谱法

GB/T 14671　水质　钡的测定　电位滴定法

GB/T 14848　地下水质量标准

GB/T 15555.1　固体废物　总汞的测定　冷原子吸收分光光度法

GB/T 15555.3　固体废物　砷的测定　二乙基二硫代氨基甲酸银分光光度法

GB/T 15555.4　固体废物　六价铬的测定　二苯碳酰二肼分光光度法

GB/T 15555.5　固体废物　总铬的测定　二苯碳酰二肼分光光度法
GB/T 15555.7　固体废物　六价铬的测定　硫酸亚铁铵滴定法
GB/T 15555.10　固体废物　镍的测定　丁二酮肟分光光度法
GB/T 15555.11　固体废物　氟化物的测定　离子选择性电极法
GB/T 15555.12　固体废物　腐蚀性测定　玻璃电极法
HJ 84　水质　无机阴离子（F^-、Cl^-、NO_2^-、Br^-、NO_3^-、PO_4^{3-}、SO_3^{2-}、SO_4^{2-}）的测定　离子色谱法
HJ 478　水质　多环芳烃的测定　液液萃取和固相萃取高效液相色谱法
HJ 484　水质　氰化物的测定　容量法和分光光度法
HJ 485　水质　铜的测定　二乙基二硫代氨基甲酸钠分光光度法
HJ 486　水质　铜的测定　2,9-二甲基-1,10-菲啰啉分光光度法
HJ 487　水质　氟化物的测定　茜素磺酸锆目视比色法
HJ 488　水质　氟化物的测定　氟试剂分光光度法
HJ 489　水质　银的测定　3,5-Br_2-PADAP 分光光度法
HJ 490　水质　银的测定　镉试剂 2B 分光光度法
HJ 501　水质　总有机碳的测定　燃烧氧化-非分散红外吸收法
HJ 505　水质　五日生化需氧量（BOD_5）的测定　稀释与接种法
HJ 535　水质　氨氮的测定　纳氏试剂分光光度法
HJ 536　水质　氨氮的测定　水杨酸分光光度法
HJ 537　水质　氨氮的测定　蒸馏-中和滴定法
HJ 597　水质　总汞的测定　冷原子吸收分光光度法
HJ 602　水质　钡的测定　石墨炉原子吸收分光光度法
HJ 636　水质　总氮的测定　碱性过硫酸钾消解紫外分光光度法
HJ 659　水质　氰化物等的测定　真空检测管-电子比色法
HJ 665　水质　氨氮的测定　连续流动-水杨酸分光光度法
HJ 666　水质　氨氮的测定　流动注射-水杨酸分光光度法
HJ 667　水质　总氮的测定　连续流动-盐酸萘乙二胺分光光度法
HJ 668　水质　总氮的测定　流动注射-盐酸萘乙二胺分光光度法
HJ 670　水质　磷酸盐和总磷的测定　连续流动-钼酸铵分光光度法
HJ 671　水质　总磷的测定　流动注射-钼酸铵分光光度法
HJ 687　固体废物　六价铬的测定　碱消解/火焰原子吸收分光光度法
HJ 694　水质　汞、砷、硒、铋和锑的测定　原子荧光法
HJ 700　水质　65 种元素的测定　电感耦合等离子体质谱法
HJ 702　固体废物　汞、砷、硒、铋、锑的测定　微波消解/原子荧光法
HJ 749　固体废物　总铬的测定　火焰原子吸收分光光度法
HJ 750　固体废物　总铬的测定　石墨炉原子吸收分光光度法
HJ 751　固体废物　镍和铜的测定　火焰原子吸收分光光度法
HJ 752　固体废物　铍　镍　铜和钼的测定　石墨炉原子吸收分光光度法
HJ 761　固体废物　有机质的测定　灼烧减量法
HJ 766　固体废物　金属元素的测定　电感耦合等离子体质谱法
HJ 767　固体废物　钡的测定　石墨炉原子吸收分光光度法
HJ 776　水质　32 种元素的测定　电感耦合等离子体发射光谱法
HJ 781　固体废物　22 种金属元素的测定　电感耦合等离子体发射光谱法

HJ 786　固体废物　铅、锌和镉的测定　火焰原子吸收分光光度法
HJ 787　固体废物　铅和镉的测定　石墨炉原子吸收分光光度法
HJ 823　水质　氰化物的测定　流动注射-分光光度法
HJ 828　水质　化学需氧量的测定　重铬酸盐法
HJ 999　固体废物　氟的测定　碱熔-离子选择电极法
HJ/T 59　水质　铍的测定　石墨炉原子吸收分光光度法
HJ/T 91　地表水和污水监测技术规范
HJ/T 195　水质　氨氮的测定　气相分子吸收光谱法
HJ/T 199　水质　总氮的测定　气相分子吸收光谱法
HJ/T 299　固体废物　浸出毒性浸出方法　硫酸硝酸法
HJ/T 399　水质　化学需氧量的测定　快速消解分光光度法
CJ/T 234　垃圾填埋场用高密度聚乙烯土工膜
CJJ 113　生活垃圾卫生填埋场防渗系统工程技术规范
CJJ 176　生活垃圾卫生填埋场岩土工程技术规范
NY/T 1121.16　土壤检测　第 16 部分：土壤水溶性盐总量的测定
《污染源自动监控管理办法》（国家环境保护总局令　第 28 号）

3　术语和定义

3.1

危险废物　hazardous waste

列入国家危险废物名录或者根据国家规定的危险废物鉴别标准和鉴别方法认定的具有危险特性的固体废物。

3.2

危险废物填埋场　hazardous waste landfill

处置危险废物的一种陆地处置设施，它由若干个处置单元和构筑物组成，主要包括接收与贮存设施、分析与鉴别系统、预处理设施、填埋处置设施（其中包括：防渗系统、渗滤液收集和导排系统）、封场覆盖系统、渗滤液和废水处理系统、环境监测系统、应急设施及其他公用工程和配套设施。本标准所指的填埋场均指危险废物填埋场。

3.3

相容性　compatibility

某种危险废物同其他危险废物或填埋场中其他物质接触时不产生气体、热量、有害物质，不会燃烧或爆炸，不发生其他可能对填埋场产生不利影响的反应和变化。

3.4

柔性填埋场　flexible liner landfill

采用双人工复合衬层作为防渗层的填埋处置设施。

3.5

刚性填埋场　concrete structure landfill

采用钢筋混凝土作为防渗阻隔结构的填埋处置设施。其构成见附录 A 图 A.1。

3.6

天然基础层　nature soil foundation

位于防渗衬层下部，由未经扰动的土壤构成的基础层。

3.7

防渗衬层　landfill liner

设置于危险废物填埋场底部及边坡的由黏土衬层和人工合成材料衬层组成的防止渗滤液进入地下水的阻隔层。

3.8

双人工复合衬层　double composite liner system

由两层人工合成材料衬层与黏土衬层组成的防渗衬层。其构成见附录 A 图 A.2。

3.9

渗漏检测层　leak detection layer

位于双人工复合衬层之间，收集、排出并检测液体通过主防渗层的渗漏液体。

3.10

可接受渗漏速率　acceptable leakage rate

渗漏检测层中检测出的可接受的最大渗漏速率，具体计算方式见附录 B。

3.11

水溶性盐　water-soluble salt

固体废物中氯化物、硫酸盐、碳酸盐以及其他可溶性物质。

3.12

防渗层完整性检测　liner integrity testing

采用电法以及其他方法对人工合成材料衬层（如高密度聚乙烯膜）是否发生破损及其破损位置进行检测。防渗层完整性检测包括填埋场施工验收检测以及运行期和封场后的检测。

3.13

填埋场稳定性　landfill stability

填埋场建设、运行、封场期间地基、填埋堆体及封场覆盖系统的有关不均匀沉降、滑坡、塌陷等现象的力学性能。

3.14

公共污水处理系统　public wastewater treatment system

通过纳污管道等方式收集废水，为两家及以上排污单位提供废水处理服务并且排水能够达到相关排放标准要求的企业或机构，包括各种规模和类型的城镇污水处理厂、区域（包括各类工业园区、开发区、工业聚集地等）废水处理厂等，其废水处理程度应达到二级或二级以上。

3.15

直接排放　direct discharge

排污单位直接向环境排放污染物的行为。

3.16

间接排放　indirect discharge

排污单位向公共污水处理系统排放污染物的行为。

3.17

现有危险废物填埋场　existing hazardous waste landfill

本标准实施之日前，已建成投产或环境影响评价文件已通过审批的危险废物填埋场。

3.18

新建危险废物填埋场　new hazardous waste landfill

本标准实施之日后，环境影响评价文件通过审批的新建、改建或扩建的危险废物填埋场。

3.19

设计寿命期　expected design lifetime

进行填埋场设计时，在充分考虑填埋场施工、运行维护等情况下确定的丧失填埋场具有的阻隔废物与环境介质联系功能的预期时间。实现阻隔功能需要通过填埋场的合理选址、规范建设及安全运行等有效措施完成。

4　填埋场场址选择要求

4.1　填埋场选址应符合环境保护法律法规及相关法定规划要求。

4.2　填埋场场址的位置及与周围人群的距离应依据环境影响评价结论确定。

在对危险废物填埋场场址进行环境影响评价时，应重点考虑危险废物填埋场渗滤液可能产生的风险、填埋场结构及防渗层长期安全性及其由此造成的渗漏风险等因素，根据其所在地区的环境功能区类别，结合该地区的长期发展规划和填埋场设计寿命期，重点评价其对周围地下水环境、居住人群的身体健康、日常生活和生产活动的长期影响，确定其与常住居民居住场所、农用地、地表水体以及其他敏感对象之间合理的位置关系。

4.3　填埋场场址不应选在国务院和国务院有关主管部门及省、自治区、直辖市人民政府划定的生态保护红线区域、永久基本农田和其他需要特别保护的区域内。

4.4　填埋场场址不得选在以下区域：破坏性地震及活动构造区，海啸及涌浪影响区；湿地；地应力高度集中，地面抬升或沉降速率快的地区；石灰溶洞发育带；废弃矿区、塌陷区；崩塌、岩堆、滑坡区；山洪、泥石流影响地区；活动沙丘区；尚未稳定的冲积扇、冲沟地区及其他可能危及填埋场安全的区域。

4.5　填埋场选址的标高应位于重现期不小于 100 年一遇的洪水位之上，并在长远规划中的水库等人工蓄水设施淹没和保护区之外。

4.6　填埋场场址地质条件应符合下列要求，刚性填埋场除外：

a）场区的区域稳定性和岩土体稳定性良好，渗透性低，没有泉水出露；

b）填埋场防渗结构底部应与地下水有记录以来的最高水位保持 3 m 以上的距离。

4.7　填埋场场址不应选在高压缩性淤泥、泥炭及软土区域，刚性填埋场选址除外。

4.8　填埋场场址天然基础层的饱和渗透系数不应大于 1.0×10^{-5} cm/s，且其厚度不应小于 2 m，刚性填埋场除外。

4.9　填埋场场址不能满足 4.6、4.7 及 4.8 的要求时，必须按照刚性填埋场要求建设。

5　设计、施工与质量保证

5.1　填埋场应包括以下设施：接收与贮存设施、分析与鉴别系统、预处理设施、填埋处置设施（其中包括：防渗系统、渗滤液收集和导排系统、填埋气体控制设施）、环境监测系统（其中包括：人工合成材料衬层渗漏检测、地下水监测、稳定性监测和大气与地表水等的环境检测）、封场覆盖系统（填埋封场阶段）、应急设施及其他公用工程和配套设施。同时，应根据具体情况选择设置渗滤液和废水处理系统、地下水导排系统。

5.2　填埋场应建设封闭性的围墙或栅栏等隔离设施，专人管理的大门，安全防护和监控设施，并且在入口处标识填埋场的主要建设内容和环境管理制度。

5.3　填埋场处置不相容的废物应设置不同的填埋区，分区设计要有利于以后可能的废物回取操作。

5.4　柔性填埋场应设置渗滤液收集和导排系统，包括渗滤液导排层、导排管道和集水井。渗滤液导排层的坡度不宜小于 2%。渗滤液导排系统的导排效果要保证人工衬层之上的渗滤液深度不大于 30 cm，并应满足下列条件：

a）渗滤液导排层采用石料时应采用卵石，初始渗透系数应不小于 0.1 cm/s，碳酸钙含量应不大于5%；

b）渗滤液导排层与填埋废物之间应设置反滤层，防止导排层淤堵；

c）渗滤液导排管出口应设置端头井等反冲洗装置，定期冲洗管道，维持管道通畅；

d）渗滤液收集与导排设施应分区设置。

5.5 柔性填埋场应采用双人工复合衬层作为防渗层。双人工复合衬层中的人工合成材料采用高密度聚乙烯膜时应满足 CJ/T 234 规定的技术指标要求，并且厚度不小于 2.0 mm。双人工复合衬层中的黏土衬层应满足下列条件：

a）主衬层应具有厚度不小于 0.3 m，且其被压实、人工改性等措施后的饱和渗透系数小于 1.0×10^{-7} cm/s 的黏土衬层；

b）次衬层应具有厚度不小于 0.5 m，且其被压实、人工改性等措施后的饱和渗透系数小于 1.0×10^{-7} cm/s 的黏土衬层。

5.6 黏土衬层施工过程应充分考虑压实度与含水率对其饱和渗透系数的影响，并满足下列条件：

a）每平方米黏土层高度差不得大于 2 cm；

b）黏土的细粒含量（粒径小于 0.075 mm）应大于 20%，塑性指数应大于 10%，不应含有粒径大于5 mm 的尖锐颗粒物；

c）黏土衬层的施工不应对渗滤液收集和导排系统、人工合成材料衬层、渗漏检测层造成破坏。

5.7 柔性填埋场应设置两层人工复合衬层之间的渗漏检测层，它包括双人工复合衬层之间的导排介质、集排水管道和集水井，并应分区设置。检测层渗透系数应大于 0.1 cm/s。

5.8 刚性填埋场设计应符合以下规定：

a）刚性填埋场钢筋混凝土的设计应符合 GB 50010 的相关规定，防水等级应符合 GB 50108 一级防水标准；

b）钢筋混凝土与废物接触的面上应覆有防渗、防腐材料；

c）钢筋混凝土抗压强度不低于 25 N/mm^2，厚度不小于 35 cm；

d）应设计成若干独立对称的填埋单元，每个填埋单元面积不得超过 50 m^2 且容积不得超过 250 m^3；

e）填埋结构应设置雨棚，杜绝雨水进入；

f）在人工目视条件下能观察到填埋单元的破损和渗漏情况，并能及时进行修补。

5.9 填埋场应合理设置集排气系统。

5.10 高密度聚乙烯防渗膜在铺设过程中要对膜下介质进行目视检测，确保平整性，确保没有遗留尖锐物质与材料。对高密度聚乙烯防渗膜进行目视检测，确保没有质量瑕疵。高密度聚乙烯防渗膜焊接过程中，应满足 CJJ 113 相关技术要求。在填埋区施工完毕后，需要对高密度聚乙烯防渗膜进行完整性检测。

5.11 填埋场施工方案中应包括施工质量保证和施工质量控制内容，明确环保条款和责任，作为项目竣工环境保护验收的依据，同时可作为填埋场建设环境监理的主要内容。

5.12 填埋场施工完毕后应向当地生态环境主管部门提交施工报告、全套竣工图，所有材料的现场和试验室检测报告，采用高密度聚乙烯膜作为人工合成材料衬层的填埋场还应提交防渗层完整性检测报告。

5.13 填埋场应制定到达设计寿命期后的填埋废物的处置方案，并依据 7.10 的评估结果确定是否启动处置方案。

6 填埋废物的入场要求

6.1 下列废物不得填埋：

a）医疗废物；

b）与衬层具有不相容性反应的废物；

c）液态废物。

6.2 除 6.1 所列废物，满足下列条件或经预处理满足下列条件的废物，可进入柔性填埋场：

a）根据 HJ/T 299 制备的浸出液中有害成分浓度不超过表 1 中允许填埋控制限值的废物；

b）根据 GB/T 15555.12 测得浸出液 pH 为 7.0～12.0 的废物；

c）含水率低于 60%的废物；

d）水溶性盐总量小于 10%的废物，测定方法按照 NY/T 1121.16 执行，待国家发布固体废物中水溶性盐总量的测定方法后执行新的监测方法标准；

e）有机质含量小于 5%的废物，测定方法按照 HJ 761 执行；

f）不再具有反应性、易燃性的废物。

6.3 除 6.1 所列废物，不具有反应性、易燃性或经预处理不再具有反应性、易燃性的废物，可进入刚性填埋场。

6.4 砷含量大于 5%的废物，应进入刚性填埋场处置，测定方法按照表 1 执行。

表 1 危险废物允许填埋的控制限值

序号	项目	稳定化控制限值/（mg/L）	检测方法
1	烷基汞	不得检出	GB/T 14204
2	汞（以总汞计）	0.12	GB/T 15555.1、HJ 702
3	铅（以总铅计）	1.2	HJ 766、HJ 781、HJ 786、HJ 787
4	镉（以总镉计）	0.6	HJ 766、HJ 781、HJ 786、HJ 787
5	总铬	15	GB/T 15555.5、HJ 749、HJ 750
6	六价铬	6	GB/T 15555.4、GB/T 15555.7、HJ 687
7	铜（以总铜计）	120	HJ 751、HJ 752、HJ 766、HJ 781
8	锌（以总锌计）	120	HJ 766、HJ 781、HJ 786
9	铍（以总铍计）	0.2	HJ 752、HJ 766、HJ 781
10	钡（以总钡计）	85	HJ 766、HJ 767、HJ 781
11	镍（以总镍计）	2	GB/T 15555.10、HJ 751、HJ 752、HJ 766、HJ 781
12	砷（以总砷计）	1.2	GB/T 15555.3、HJ 702、HJ 766
13	无机氟化物（不包括氟化钙）	120	GB/T 15555.11、HJ 999
14	氰化物（以 CN^- 计）	6	暂时按照 GB 5085.3 附录 G 方法执行，待国家固体废物氰化物监测方法标准发布实施后，应采用国家监测方法标准

7 填埋场运行管理要求

7.1 在填埋场投入运行之前，企业应制订运行计划和突发环境事件应急预案。突发环境事件应急预案应说明各种可能发生的突发环境事件情景及应急处置措施。

7.2 填埋场运行管理人员，应参加企业的岗位培训，合格后上岗。

7.3 柔性填埋场应根据分区填埋原则进行日常填埋操作，填埋工作面应尽可能小，方便及时得到覆盖。填埋堆体的边坡坡度应符合堆体稳定性验算的要求。

7.4 填埋场应根据废物的力学性质合理选择填埋单元，防止局部应力集中对填埋结构造成破坏。

7.5 柔性填埋场应根据填埋场边坡稳定性要求对填埋废物的含水量、力学参数进行控制，避免出现连通的滑动面。

7.6 柔性填埋场日常运行要采取措施保障填埋场的稳定性，并根据 CJJ 176 的要求对填埋堆体和边坡的稳定性进行分析。

7.7 柔性填埋场运行过程中，应严格禁止外部雨水的进入。每日工作结束时，以及填埋完毕后的区域必须采用人工材料覆盖。除非设有完备的雨棚，雨天不宜开展填埋作业。

7.8 填埋场运行记录应包括设备工艺控制参数，入场废物来源、种类、数量，废物填埋位置等信息，柔性填埋场还应当记录渗滤液产生量和渗漏检测层流出量等。

7.9 企业应建立有关填埋场的全部档案，包括入场废物特性、填埋区域、场址选择、勘察、征地、设计、施工、验收、运行管理、封场及封场后管理、监测以及应急处置等全过程所形成的一切文件资料；必须按国家档案管理等法律法规进行整理与归档，并永久保存。

7.10 填埋场应根据渗滤液水位、渗滤液产生量、渗滤液组分和浓度、渗漏检测层渗漏量、地下水监测结果等数据，定期对填埋场环境安全性能进行评估，并根据评估结果确定是否对填埋场后续运行计划进行修订以及采取必要的应急处置措施。填埋场运行期间，评估频次不得低于两年一次；封场至设计寿命期，评估频次不得低于三年一次；设计寿命期后，评估频次不得低于一年一次。

8 填埋场污染物排放控制要求

8.1 废水污染物排放控制要求

8.1.1 填埋场产生的渗滤液（调节池废水）等污水必须经过处理，并符合本标准规定的污染物排放控制要求后方可排放，禁止渗滤液回灌。

8.1.2 2020 年 8 月 31 日前，现有危险废物填埋场废水进行处理，达到 GB 8978 中第一类污染物最高允许排放浓度标准要求及第二类污染物最高允许排放浓度标准要求后方可排放。第二类污染物排放控制项目包括：pH 值、悬浮物（SS）、五日生化需氧量（BOD_5）、化学需氧量（COD_{Cr}）、氨氮（NH_3-N）、磷酸盐（以 P 计）。

8.1.3 自 2020 年 9 月 1 日起，现有危险废物填埋场废水污染物排放执行表 2 规定的限值。

表 2 危险废物填埋场废水污染物排放限值

单位：mg/L，pH 除外

<table>
<tr><th>序号</th><th>污染物项目</th><th>直接排放</th><th>间接排放[a]</th><th>污染物排放监控位置</th></tr>
<tr><td>1</td><td>pH</td><td>6～9</td><td>6～9</td><td rowspan="13">危险废物填埋场废水总排放口</td></tr>
<tr><td>2</td><td>五日生化需氧量（BOD_5）</td><td>4</td><td>50</td></tr>
<tr><td>3</td><td>化学需氧量（COD_{Cr}）</td><td>20</td><td>200</td></tr>
<tr><td>4</td><td>总有机碳（TOC）</td><td>8</td><td>30</td></tr>
<tr><td>5</td><td>悬浮物（SS）</td><td>10</td><td>100</td></tr>
<tr><td>6</td><td>氨氮</td><td>1</td><td>30</td></tr>
<tr><td>7</td><td>总氮</td><td>1</td><td>50</td></tr>
<tr><td>8</td><td>总铜</td><td>0.5</td><td>0.5</td></tr>
<tr><td>9</td><td>总锌</td><td>1</td><td>1</td></tr>
<tr><td>10</td><td>总钡</td><td>1</td><td>1</td></tr>
<tr><td>11</td><td>氰化物（以 CN^- 计）</td><td>0.2</td><td>0.2</td></tr>
<tr><td>12</td><td>总磷（TP，以 P 计）</td><td>0.3</td><td>3</td></tr>
<tr><td>13</td><td>氟化物（以 F^- 计）</td><td>1</td><td>1</td></tr>
<tr><td>14</td><td>总汞</td><td colspan="2">0.001</td><td rowspan="5">渗滤液调节池废水排放口</td></tr>
<tr><td>15</td><td>烷基汞</td><td colspan="2">不得检出</td></tr>
<tr><td>16</td><td>总砷</td><td colspan="2">0.05</td></tr>
<tr><td>17</td><td>总镉</td><td colspan="2">0.01</td></tr>
<tr><td>18</td><td>总铬</td><td colspan="2">0.1</td></tr>
</table>

序号	污染物项目	直接排放	间接排放[a]	污染物排放监控位置
19	六价铬	0.05		渗滤液调节池废水排放口
20	总铅	0.05		
21	总铍	0.002		
22	总镍	0.05		
23	总银	0.5		
24	苯并[*a*]芘	0.000 03		
[a] 工业园区和危险废物集中处置设施内的危险废物填埋场向污水处理系统排放废水时执行间接排放限值。				

8.2 填埋场有组织气体和无组织气体排放应满足 GB 16297 和 GB 37822 的规定。监测因子由企业根据填埋废物特性从上述两个标准的污染物控制项目中提出，并征得当地生态环境主管部门同意。

8.3 危险废物填埋场不应对地下水造成污染。地下水监测因子和地下水监测层位由企业根据填埋废物特性和填埋场所处区域水文地质条件提出，必须具有代表性且能表示废物特性的参数，并征得当地生态环境主管部门同意。常规测定项目包括：浑浊度、pH 值、溶解性总固体、氯化物、硝酸盐（以 N 计）、亚硝酸盐（以 N 计）。填埋场地下水质量评价按照 GB/T 14848 执行。

9 封场要求

9.1 当柔性填埋场填埋作业达到设计容量后，应及时进行封场覆盖。

9.2 柔性填埋场封场结构自下而上为：

——导气层：由沙砾组成，渗透系数应大于 0.01 cm/s，厚度不小于 30 cm；

——防渗层：厚度 1.5 mm 以上的糙面高密度聚乙烯防渗膜或线性低密度聚乙烯防渗膜；采用黏土时，厚度不小于 30 cm，饱和渗透系数小于 1.0×10^{-7} cm/s；

——排水层：渗透系数不应小于 0.1 cm/s，边坡应采用土工复合排水网；排水层应与填埋库区四周的排水沟相连；

——植被层：由营养植被层和覆盖支持土层组成；营养植被层厚度应大于 15 cm。覆盖支持土层由压实土层构成，厚度应大于 45 cm。

9.3 刚性填埋单元填满后应及时对该单元进行封场，封场结构应包括 1.5 mm 以上高密度聚乙烯防渗膜及抗渗混凝土。

9.4 当发现渗漏事故及发生不可预见的自然灾害使得填埋场不能继续运行时，填埋场应启动应急预案，实行应急封场。应急封场应包括相应的防渗衬层破损修补、渗漏控制、防止污染扩散，以及必要时的废物挖掘后异位处置等措施。

9.5 填埋场封场后，除绿化和场区开挖回取废物进行利用外，禁止在原场地进行开发用作其他用途。

9.6 填埋场在封场后到达设计寿命期的期间内必须进行长期维护，包括：

a）维护最终覆盖层的完整性和有效性；

b）继续进行渗滤液的收集和处理；

c）继续监测地下水水质的变化。

10 监测要求

10.1 污染物监测的一般要求

10.1.1 企业应按照有关法律和排污单位自行监测技术指南等规定，建立企业监测制度，制定监测方案，对污染物排放状况及其对周边环境质量的影响开展自行监测，保存原始监测记录，并公布监测结果。

10.1.2　企业安装污染物排放自动监控设备的要求，按有关法律和《污染源自动监控管理办法》的规定执行。

10.1.3　企业应按照环境监测管理规定和技术规范的要求，设计、建设、维护永久性采样口、采样测试平台和排污口标志。

10.2　柔性填埋场渗漏检测层监测

10.2.1　渗漏检测层集水池可通过自流或设置排水泵将渗出液排出，排水泵的运行水位需保证集水池不会因为水位过高而回流至检测层。

10.2.2　运行期间，企业应对渗漏检测层每天产生的液体进行收集和计量，监测通过主防渗层的渗滤液渗漏速率[根据附录 B 中式（B.1）计算]，频率至少每周一次。

10.2.3　封场后，应继续对渗漏检测层每天产生的液体进行收集和计量，监测通过主防渗层的渗滤液渗漏速率[根据附录 B 中式（B.1）计算]，频率至少每月一次；发现渗漏检测层集水池水位高于排水泵的运行水位时，监测频率需提高至每周一次；当到达设计寿命期后，监测频率需提高至每周一次。

10.2.4　当监测到的渗滤液渗漏速率大于可接受渗漏速率限值时[根据附录 B 中式（B.2）计算]，企业应当按照 9.4 的相关要求执行。

10.2.5　分区设置的填埋场，应分别监测各分区的渗滤液渗漏速率，并与各分区的可接受渗漏速率进行比较。

10.3　柔性填埋场运行期间，应定期对防渗层的有效性进行评估。

10.4　根据填埋运行的情况，企业应对柔性填埋场稳定性进行监测，监测方法和频率按照 CJJ 176 要求执行。

10.5　企业应对柔性填埋场内的渗滤液水位进行长期监测，监测频率至少为每月一次。对渗滤液导排管道要进行定期检测和清淤，频率至少为每半年一次。

10.6　水污染物监测要求

10.6.1　采样点的设置与采样方法，按 HJ/T 91 的规定执行。

10.6.2　企业对排放废水污染物进行监测的频次，应根据填埋废物特性、覆盖层和降水等条件加以确定，至少每月一次。

10.6.3　填埋场排放废水污染物浓度测定方法采用表 3 所列的方法标准。如国家发布新的监测方法标准且适用性满足要求，同样适用于表 3 所列污染物的测定。

表 3　废水污染物浓度测定方法标准

序号	污染物项目	方法标准名称	方法标准编号
1	pH	水质 pH 值的测定 玻璃电极法	GB 6920
2	化学需氧量（COD_{Cr}）	水质 化学需氧量的测定 重铬酸盐法	HJ 828
		水质 化学需氧量的测定 快速消解分光光度法	HJ/T 399
3	生化需氧量（BOD_5）	水质 五日生化需氧量（BOD_5）的测定 稀释与接种法	HJ 505
4	总有机碳（TOC）	水质 总有机碳的测定 燃烧氧化-非分散红外吸收法	HJ 501
5	悬浮物（SS）	水质 悬浮物的测定 重量法	GB 11901
6	氨氮	水质 氨氮的测定 气相分子吸收光谱法	HJ/T 195
		水质 氨氮的测定 纳氏试剂分光光度法	HJ 535
		水质 氨氮的测定 水杨酸分光光度法	HJ 536
		水质 氨氮的测定 蒸馏-中和滴定法	HJ 537
		水质 氨氮的测定 连续流动-水杨酸分光光度法	HJ 665
		水质 氨氮的测定 流动注射-水杨酸分光光度法	HJ 666

序号	污染物项目	方法标准名称	方法标准编号
7	总氮	水质 总氮的测定 碱性过硫酸钾消解紫外分光光度法	HJ 636
		水质 总氮的测定 连续流动-盐酸萘乙二胺分光光度法	HJ 667
		水质 总氮的测定 流动注射-盐酸萘乙二胺分光光度法	HJ 668
		水质 总氮的测定 气相分子吸收光谱法	HJ/T 199
8	总铜	水质 铜的测定 二乙基二硫代氨基甲酸钠分光光度法	HJ 485
		水质 铜的测定 2,9-二甲基-1,10-菲啰啉分光光度法	HJ 486
		水质 65 种元素的测定 电感耦合等离子体质谱法	HJ 700
		水质 32 种元素的测定 电感耦合等离子体发射光谱法	HJ 776
		水质 铜、锌、铅、镉的测定 原子吸收分光光度法	GB 7475
9	总锌	水质 锌的测定 双硫腙分光光度法	GB 7472
		水质 铜、锌、铅、镉的测定 原子吸收分光光度法	GB 7475
		水质 65 种元素的测定 电感耦合等离子体质谱法	HJ 700
		水质 32 种元素的测定 电感耦合等离子体发射光谱法	HJ 776
10	总钡	水质 钡的测定 电位滴定法	GB/T 14671
		水质 钡的测定 石墨炉原子吸收分光光度法	HJ 602
		水质 65 种元素的测定 电感耦合等离子体质谱法	HJ 700
		水质 32 种元素的测定 电感耦合等离子体发射光谱法	HJ 776
11	氰化物（以 CN^- 计）	水质 氰化物的测定 容量法和分光光度法	HJ 484
		水质 氰化物等的测定 真空检测管-电子比色法	HJ 659
		水质 氰化物的测定 流动注射-分光光度法	HJ 823
12	总磷	水质 总磷的测定 钼酸铵分光光度法	GB 11893
		水质 磷酸盐和总磷的测定 连续流动-钼酸铵分光光度法	HJ 670
		水质 总磷的测定 流动注射-钼酸铵分光光度法	HJ 671
13	无机氟化物（以 F^- 计）	水质 氟化物的测定 离子选择电极法	GB 7484
		水质 无机阴离子（F^-、Cl^-、NO_2^-、Br^-、NO_3^-、PO_4^{3-}、SO_3^{2-}、SO_4^{2-}）的测定 离子色谱法	HJ 84
		水质 氟化物的测定 茜素磺酸锆目视比色法	HJ 487
		水质 氟化物的测定 氟试剂分光光度法	HJ 488
14	总汞	水质 总汞的测定 冷原子吸收分光光度法	HJ 597
		水质 汞、砷、硒、铋和锑的测定 原子荧光法	HJ 694
15	烷基汞	水质 烷基汞的测定 气相色谱法	GB/T 14204
16	总砷	水质 总砷的测定 二乙基二硫代氨基甲酸银分光光度法	GB 7485
		水质 汞、砷、硒、铋和锑的测定 原子荧光法	HJ 694
		水质 65 种元素的测定 电感耦合等离子体质谱法	HJ 700
17	总镉	水质 镉的测定 双硫腙分光光度法	GB 7471
		水质 65 种元素的测定 电感耦合等离子体质谱法	HJ 700
18	总铬	水质 总铬的测定 （第一篇）	GB 7466
		水质 65 种元素的测定 电感耦合等离子体质谱法	HJ 700
19	六价铬	水质 六价铬的测定 二苯碳酰二肼分光光度法	GB 7467
20	总铅	水质 铅的测定 双硫腙分光光度法	GB 7470
		水质 65 种元素的测定 电感耦合等离子体质谱法	HJ 700
21	总铍	水质 65 种元素的测定 电感耦合等离子体质谱法	HJ 700
		水质 铍的测定 石墨炉原子吸收分光光度法	HJ/T 59
22	总镍	水质 65 种元素的测定 电感耦合等离子体质谱法	HJ 700
		水质 32 种元素的测定 电感耦合等离子体发射光谱法	HJ 776

序号	污染物项目	方法标准名称	方法标准编号
23	总银	水质 银的测定 火焰原子吸收分光光度法	GB 11907
		水质 银的测定 3,5-Br_2-PADAP 分光光度法	HJ 489
		水质 银的测定 镉试剂 2B 分光光度法	HJ 490
		水质 65 种元素的测定 电感耦合等离子体质谱法	HJ 700
		水质 32 种元素的测定 电感耦合等离子体发射光谱法	HJ 776
24	苯并[a]芘	水质 苯并[a]芘的测定 乙酰化滤纸层析荧光分光光度法	GB 11895
		水质 多环芳烃的测定 液液萃取和固相萃取高效液相色谱法	HJ 478

10.7 地下水监测

10.7.1 填埋场投入使用之前，企业应监测地下水本底水平。

10.7.2 地下水监测井的布置要求：

a）在填埋场上游应设置 1 个监测井，在填埋场两侧各布置不少于 1 个的监测井，在填埋场下游至少设置 3 个监测井；

b）填埋场设置有地下水收集导排系统的，应在填埋场地下水主管出口处至少设置取样井 1 眼，用以监测地下水收集导排系统的水质；

c）监测井应设置在地下水上下游相同水力坡度上；

d）监测井深度应足以采取具有代表性的样品。

10.7.3 地下水监测频率：

a）填埋场运行期间，企业自行监测频率为每月至少一次；如周边有环境敏感区应加大监测频次；

b）封场后，应继续监测地下水，频率至少每季度一次；如监测结果出现异常，应及时进行重新监测，并根据实际情况增加监测项目，间隔时间不得超过 3 d。

10.8 大气监测

10.8.1 采样点布设、采样及监测方法按照 GB 16297 的规定执行，污染源下风方向应为主要监测范围。

10.8.2 填埋场运行期间，企业自行监测频率为每季度至少一次。如监测结果出现异常，应及时进行重新监测，间隔时间不得超过一周。

11 实施与监督

11.1 本标准由县级以上生态环境主管部门负责监督实施。

11.2 在任何情况下，企业均应遵守本标准的污染物排放控制要求，采取必要措施保证污染防治设施正常运行。各级生态环境主管部门在对其进行监督性检查时，可以现场即时采样，将监测的结果作为判定排污行为是否符合排放标准以及实施相关环境保护管理措施的依据。

附 录 A
（资料性附录）
刚性填埋场及双人工复合衬层示意图

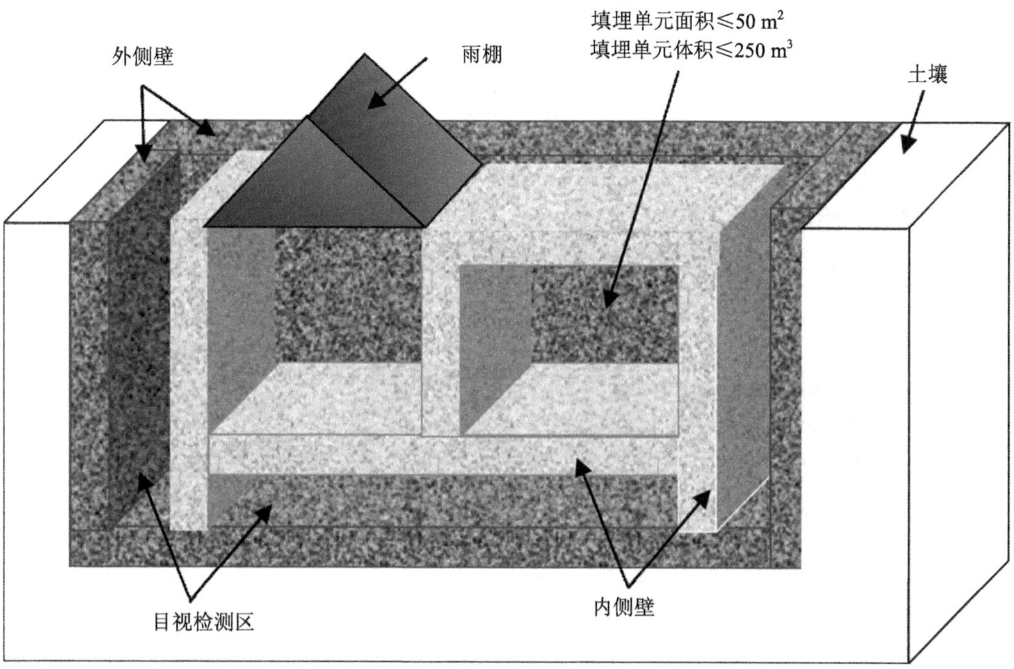

图 A.1 刚性填埋场示意图（地下）

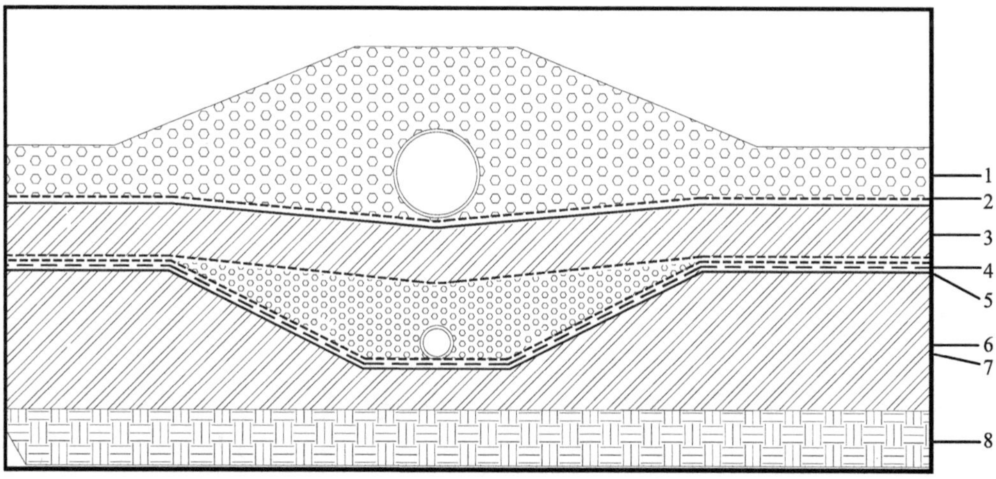

1—渗滤液导排层；2—保护层；3—主人工衬层（HDPE）；4—压实黏土衬层；5—渗漏检测层；6—次人工衬层（HDPE）；7—压实黏土衬层；8—基础层

图 A.2 双人工复合衬层系统

附 录 B
（规范性附录）
主防渗层渗漏速率与可接受渗漏速率计算方法

主防渗层的渗漏速率根据式（B.1）确定：

$$\mathrm{LR}=\frac{\sum_{i=1}^{7} Q_i}{7} \tag{B.1}$$

式中：LR —— 主防渗层渗漏速率，L/d；

Q_i —— 第 i 天的渗漏检测层液体产生量，L。

主防渗层的可接受渗漏速率根据式（B.2）计算：

$$\mathrm{ALR}=100\times A_u \tag{B.2}$$

式中：ALR —— 可接受渗漏速率，L/d；

100 —— 每万平方米库底面积可接受渗漏速率，L/（d · 万 m^2）；

A_u —— 填埋场的库底面积，万 m^2。

上式中，当填埋场分区设计时，ALR 指不同分区的可接受渗漏速率，对应的 A_u 为不同分区的库底面积。

中华人民共和国国家标准

GB 18484—2020
代替 GB 18484—2001

危险废物焚烧污染控制标准

Standard for pollution control on hazardous waste incineration

2020-12-08 发布　　2021-07-01 实施

生态环境部
国家市场监督管理总局　发布

前　言

为贯彻《中华人民共和国环境保护法》《中华人民共和国固体废物污染环境防治法》《中华人民共和国水污染防治法》《中华人民共和国土壤污染防治法》《中华人民共和国大气污染防治法》等法律法规，防治环境污染，改善生态环境质量，制定本标准。

本标准规定了危险废物焚烧设施的选址、运行、监测和废物贮存、配伍及焚烧处置过程的生态环境保护要求，以及实施与监督等内容。

本标准为强制性标准。

本标准首次发布于 1999 年，2001 年第一次修订，本次为第二次修订。

此次修订的主要内容：

——完善了危险废物的定义；

——增加了焚烧炉高温段、测定均值、1 小时均值、24 小时均值、日均值、基准氧含量排放浓度、现有焚烧设施和新建焚烧设施的定义；

——修改了焚烧残余物、烟气停留时间、焚烧炉、焚烧炉温度、焚烧量、焚毁去除率等术语和定义；

——优化了危险废物焚烧设施的选址要求；

——调整了危险废物焚烧设施的焚烧物要求以及焚烧设施排放污染物的监测要求；

——增加了焚烧炉烟气一氧化碳浓度技术指标；

——取消了烟气黑度排放限值指标；

——补充了危险废物焚烧设施在线自动监测装置、助燃装置的要求及运行要求；

——取消了对危险废物焚烧设施规模的划分；

——完善了污染物控制指标和排放限值要求；

——删除了多氯联苯、医疗废物专用焚烧设施污染控制要求。

本标准附录 A 是规范性附录。

本标准规定的污染物排放限值为基本要求。地方省级人民政府对本标准中未作规定的大气、水污染物控制项目，可以制定地方污染物排放标准；对本标准已作规定的大气、水污染物控制项目，可以制定严于本标准的地方污染物排放标准。

本标准由生态环境部固体废物与化学品司、法规与标准司组织制订。

本标准主要起草单位：沈阳环境科学研究院、中国科学院大学、生态环境部对外合作与交流中心、生态环境部环境标准研究所、国家环境保护危险废物处置工程技术（沈阳）中心。

本标准生态环境部 2020 年 11 月 19 日批准。

本标准自 2021 年 7 月 1 日起实施。自本标准实施之日起，《危险废物焚烧污染控制标准》（GB 18484—2001）废止。各地可根据当地生态环境保护的需要和经济、技术条件，由省级人民政府批准提前实施本标准。

本标准由生态环境部解释。

危险废物焚烧污染控制标准

1　适用范围

本标准规定了危险废物焚烧设施的选址、运行、监测和废物贮存、配伍及焚烧处置过程的生态环境保护要求，以及实施与监督等内容。

本标准适用于现有危险废物焚烧设施（不包含专用多氯联苯废物和医疗废物焚烧设施）的污染控制和环境管理，以及新建危险废物焚烧设施建设项目的环境影响评价、危险废物焚烧设施的设计与施工、竣工验收、排污许可管理及建成后运行过程中的污染控制和环境管理。

已发布专项国家污染控制标准或者环境保护标准的专用危险废物焚烧设施执行其专项标准。

危险废物熔融、热解、气化等高温热处理设施的污染物排放限值，若无专项国家污染控制标准或者环境保护标准的，可参照本标准执行。

本标准不适用于利用锅炉和工业炉窑协同处置危险废物。

2　规范性引用文件

下列文件对本标准的应用是必不可少的。凡是注日期的引用文件，仅注日期的版本适用于本标准。凡是未注日期的引用文件，其最新版本（包括所有的修改单）适用于本标准。

GB 8978　污水综合排放标准

GB 12348　工业企业厂界环境噪声排放标准

GB 14554　恶臭污染物排放标准

GB 16297　大气污染物综合排放标准

GB 18597　危险废物贮存污染控制标准

GB 37822　挥发性有机物无组织排放控制标准

GB/T 16157　固定污染源排气中颗粒物测定与气态污染物采样方法

HJ/T 20　工业固体废物采样制样技术规范

HJ/T 27　固定污染源排气中氯化氢的测定　硫氰酸汞分光光度法

HJ/T 42　固定污染源排气中氮氧化物的测定　紫外分光光度法

HJ/T 43　固定污染源排气中氮氧化物的测定　盐酸萘乙二胺分光光度法

HJ/T 44　固定污染源排气中一氧化碳的测定　非色散红外吸收法

HJ/T 55　大气污染物无组织排放监测技术导则

HJ/T 56　固定污染源排气中二氧化硫的测定　碘量法

HJ 57　固定污染源废气　二氧化硫的测定　定电位电解法

HJ/T 63.1　大气固定污染源　镍的测定　火焰原子吸收分光光度法

HJ/T 63.2　大气固定污染源　镍的测定　石墨炉原子吸收分光光度法

HJ/T 63.3　大气固定污染源　镍的测定　丁二酮肟-正丁醇萃取分光光度法

HJ/T 64.1　大气固定污染源　镉的测定　火焰原子吸收分光光度法

HJ/T 64.2　大气固定污染源　镉的测定　石墨炉原子吸收分光光度法

HJ/T 64.3　大气固定污染源　镉的测定　对-偶氮苯重氮氨基偶氮苯磺酸分光光度法

HJ/T 65 大气固定污染源 锡的测定 石墨炉原子吸收分光光度法
HJ 75 固定污染源烟气（SO_2、NO_x、颗粒物）排放连续监测技术规范
HJ 77.2 环境空气和废气 二噁英类的测定 同位素稀释高分辨气相色谱-高分辨质谱法
HJ 91.1 污水监测技术规范
HJ 212 污染物在线监控（监测）系统数据传输标准
HJ/T 365 危险废物（含医疗废物）焚烧处置设施二噁英排放监测技术规范
HJ/T 397 固定源废气监测技术规范
HJ 540 固定污染源废气 砷的测定 二乙基二硫代氨基甲酸银分光光度法
HJ 543 固定污染源废气 汞的测定 冷原子吸收分光光度法（暂行）
HJ 548 固定污染源废气 氯化氢的测定 硝酸银容量法
HJ 549 环境空气和废气 氯化氢的测定 离子色谱法
HJ 561 危险废物（含医疗废物）焚烧处置设施性能测试技术规范
HJ 604 环境空气总烃、甲烷和非甲烷总烃的测定 直接进样-气相色谱法
HJ 629 固定污染源废气 二氧化硫的测定 非分散红外吸收法
HJ 657 空气和废气 颗粒物中铅等金属元素的测定 电感耦合等离子体质谱法
HJ 685 固定污染源废气 铅的测定 火焰原子吸收分光光度法
HJ 688 固定污染源废气 氟化氢的测定 离子色谱法
HJ 692 固定污染源废气 氮氧化物的测定 非分散红外吸收法
HJ 693 固定污染源废气 氮氧化物的测定 定电位电解法
HJ 819 排污单位自行监测技术指南 总则
HJ 836 固定污染源废气 低浓度颗粒物的测定 重量法
HJ 916 环境二噁英类监测技术规范
HJ 973 固定污染源废气 一氧化碳的测定 定电位电解法
HJ 1012 环境空气和废气总烃、甲烷和非甲烷总烃便携式监测仪技术要求及检测方法
HJ 1024 固体废物 热灼减率的测定 重量法
HJ 2025 危险废物收集、贮存、运输技术规范
《国家危险废物名录》
《环境监测管理办法》（国家环境保护总局令 第 39 号）
《污染源自动监控管理办法》（国家环境保护总局令 第 28 号）
《生活垃圾焚烧发电厂自动监测数据应用管理规定》（生态环境部令 第 10 号）

3 术语和定义

下列术语和定义适用于本标准。

3.1

危险废物 hazardous waste

列入国家危险废物名录或者根据国家规定的危险废物鉴别标准和鉴别方法认定的具有危险特性的固体废物。

3.2

焚烧 incineration

危险废物在高温条件下发生燃烧等反应，实现无害化和减量化的过程。

3.3

焚烧设施 incineration facility

以焚烧方式处置危险废物，达到减少数量、缩小体积、消除其危险特性目的的装置，包括进料装置、焚烧炉、烟气净化装置和控制系统等。

3.4

焚烧处理能力 incineration capacity

单位时间焚烧设施焚烧危险废物的设计能力。

3.5

焚烧残余物 incineration residues

焚烧危险废物后排出的焚烧残渣、飞灰及废水处理污泥。

3.6

热灼减率 loss on ignition

焚烧残渣经灼烧减少的质量与原焚烧残渣质量的百分比。根据式（1）计算：

$$P=\frac{(A-B)}{A}\times 100\% \tag{1}$$

式中：P——热灼减率，%；

A——（105±25）℃干燥 1 h 后的原始焚烧残渣在室温下的质量，g；

B——焚烧残渣经（600±25）℃灼烧 3 h 后冷却至室温的质量，g。

3.7

焚烧炉高温段 high temperature section of incinerator

焚烧炉燃烧室出口及出口上游，燃烧所产生的烟气温度处于≥1 100℃的区间段。

3.8

烟气停留时间 flue gas residence time

燃烧所产生的烟气处于高温段（≥1 100℃）的持续时间，可通过焚烧炉高温段有效容积和烟气流量的比值计算。

3.9

焚烧炉高温段温度 temperature of high temperature section of incinerator

焚烧炉燃烧室出口及出口上游保证烟气停留时间满足规定要求的区域内的平均温度。以焚烧炉炉膛内热电偶测量温度的 5 min 平均值计，即出口断面及出口上游断面各自热电偶测量温度中位数算术平均值的 5 min 平均值。

3.10

燃烧效率 combustion efficiency（CE）

烟道排出气体中二氧化碳浓度与二氧化碳和一氧化碳浓度之和的百分比。根据式（2）计算：

$$\mathrm{CE}=\frac{C_{\mathrm{CO_2}}}{C_{\mathrm{CO_2}}+C_{\mathrm{CO}}}\times 100\% \tag{2}$$

式中：$C_{\mathrm{CO_2}}$——燃烧后排气中 CO_2 的浓度；

C_{CO}——燃烧后排气中 CO 的浓度。

3.11

焚毁去除率 destruction removal efficiency（DRE）

被焚烧的特征有机化合物与残留在排放烟气中的该化合物质量之差与被焚烧的该化合物质量的百分比。根据式（3）计算：

$$\mathrm{DRE}=\frac{(W_i-W_o)}{W_i}\times 100\% \tag{3}$$

式中：W_i——单位时间内被焚烧的特征有机化合物的质量，kg/h；

W_o——单位时间内随烟气排出的与 W_i 相应的特征有机化合物的质量，kg/h。

3.12

二噁英类　dibenzo-*p*-dioxins and dibenzofurans

多氯代二苯并-对-二噁英（$PCDD_S$）和多氯代二苯并呋喃（$PCDF_S$）的总称。

3.13

毒性当量因子　toxic equivalency factor（TEF）

二噁英类同类物与 2,3,7,8-四氯代二苯并-对-二噁英对芳香烃受体（Ah 受体）的亲和性能之比。典型二噁英类同类物毒性当量因子见附录 A。

3.14

毒性当量　toxic equivalent quantity（TEQ）

各二噁英类同类物浓度折算为相当于 2,3,7,8-四氯代二苯并-对-二噁英毒性的等价浓度，毒性当量为实测浓度与该异构体的毒性当量因子的乘积。根据式（4）计算：

$$\mathrm{TEQ}=\sum(\text{二噁英毒性同类物浓度}\times\mathrm{TEF}) \tag{4}$$

式中：TEQ——毒性当量；

TEF——毒性当量因子。

3.15

标准状态　standard conditions

温度在 273.15 K，压力在 101.325 kPa 时的气体状态。本标准规定的大气污染物排放浓度限值均以标准状态下的干气体为基准。

3.16

测定均值　average value

在一定时间内采集的一定数量样品中污染物浓度测试值的算术平均值。二噁英类的监测应在 6～12 h 内完成不少于 3 个样品的采集；重金属类污染物的监测应在 0.5～8 h 内完成不少于 3 个样品的采集。

3.17

1 小时均值　1-hour average value

任何 1 h 污染物浓度的算术平均值；或在 1 h 内，以等时间间隔采集 3～4 个样品测试值的算术平均值。

3.18

24 小时均值　24-hour average value

连续 24 h 内的 1 h 均值的算术平均值，有效小时均值数不应小于 20 个。

3.19

日均值　daily average value

利用烟气排放连续监测系统（CEMS）测量的 1 小时均值，按照《污染物在线监控（监测）系统数据传输标准》规定方法换算得到的污染物日均质量浓度。根据式（5）计算：

$$\overline{C_{Qd}}=\frac{\sum_{h=1}^{m}\overline{C_{Qh}}}{m} \tag{5}$$

式中：$\overline{C_{Qd}}$ —— CEMS 第 d 天测量污染物排放干基标态质量浓度平均值，mg/m^3；

$\overline{C_{Qh}}$ —— CEMS 第 h 次测量的污染物排放干基标态质量浓度 1 小时均值，mg/m^3；

m —— CEMS 在该天内有效测量的小时均值数（$m \geqslant 20$）。

3.20

基准氧含量排放浓度　emission concentration at baseline oxygen content

以 11% O_2（干烟气）作为基准，将实测获得的标准状态下的大气污染物浓度换算后获得的大气污染物排放浓度，不适用于纯氧燃烧。根据式（6）换算：

$$\rho = \frac{\rho'(21-11)}{\varphi_0(O_2)-\varphi'(O_2)} \tag{6}$$

式中：ρ ——大气污染物基准氧含量排放浓度，mg/m^3；

ρ' ——实测的标准状态下的大气污染物排放浓度，mg/m^3；

$\varphi_0(O_2)$——助燃空气初始氧含量，%，采用空气助燃时为 21；

$\varphi'(O_2)$——实测的烟气氧含量，%。

3.21

现有焚烧设施　existing incineration facility

本标准实施之日前，已建成投入使用或环境影响评价文件已通过审批的危险废物焚烧设施。

3.22

新建焚烧设施　new incineration facility

本标准实施之日后，环境影响评价文件通过审批的新建、改建和扩建危险废物焚烧设施。

4　选址要求

4.1　危险废物焚烧设施选址应符合生态环境保护法律法规及相关法定规划要求，并综合考虑设施服务区域、交通运输、地质环境等基本要素，确保设施处于长期相对稳定的环境。鼓励危险废物焚烧设施入驻循环经济园区等市政设施的集中区域，在此区域内各设施功能布局可依据环境影响评价文件进行调整。

4.2　焚烧设施选址不应位于国务院和国务院有关主管部门及省、自治区、直辖市人民政府划定的生态保护红线区域、永久基本农田集中区域和其他需要特别保护的区域内。

4.3　焚烧设施厂址应与敏感目标之间设置一定的防护距离，防护距离应根据厂址条件、焚烧处置技术工艺、污染物排放特征及其扩散因素等综合确定，并应满足环境影响评价文件及审批意见要求。

5　污染控制技术要求

5.1　贮存

5.1.1　贮存设施应符合 GB 18597 中规定的要求。

5.1.2　贮存设施应设置焚烧残余物暂存设施和分区。

5.2　配伍

5.2.1　入炉危险废物应符合焚烧炉的设计要求。具有易爆性的危险废物禁止进行焚烧处置。

5.2.2　危险废物入炉前应根据焚烧炉的性能要求对危险废物进行配伍，以使其热值、主要有害组分含量、可燃氯含量、重金属含量、可燃硫含量、水分和灰分符合焚烧处置设施的设计要求，应保证入炉废物理化性质稳定。

5.2.3 预处理和配伍车间污染控制措施应符合 GB 18597 中规定的要求，产生的废气应收集并导入废气处理装置，产生的废水应收集并导入废水处理装置。

5.3 焚烧

5.3.1 一般规定

5.3.1.1 焚烧设施应采取负压设计或其他技术措施，防止运行过程中有害气体逸出。

5.3.1.2 焚烧设施应配置具有自动联机、停机功能的进料装置，烟气净化装置，以及集成烟气在线自动监测、运行工况在线监测等功能的运行监控装置。

5.3.1.3 焚烧设施竣工环境保护验收前，应进行技术性能测试，测试方法按照 HJ 561 执行，性能测试合格后方可通过验收。

5.3.2 进料装置

5.3.2.1 进料装置应保证进料通畅、均匀，并采取防堵塞和清堵塞设计。

5.3.2.2 液态废物进料装置应单独设置，并应具备过滤功能和流量调节功能，选用材质应具有耐腐蚀性。

5.3.2.3 进料口应采取气密性和防回火设计。

5.3.3 焚烧炉

5.3.3.1 危险废物焚烧炉的技术性能指标应符合表 1 的要求。

表 1 危险废物焚烧炉的技术性能指标

指标	焚烧炉高温段温度/℃	烟气停留时间/s	烟气含氧量（干烟气，烟囱取样口）/%	烟气一氧化碳浓度（烟囱取样口）/（mg/m^3）		燃烧效率/%	焚毁去除率/%	热灼减率/%
				1 小时均值	24 小时均值或日均值			
限值	≥1 100	≥2.0	6～15	≤100	≤80	≥99.9	≥99.99	<5

5.3.3.2 焚烧炉应配置辅助燃烧器，在启、停炉时以及炉膛内温度低于表 1 要求时使用，并应保证焚烧炉的运行工况符合表 1 要求。

5.3.4 烟气净化装置

5.3.4.1 焚烧烟气净化装置至少应具备除尘、脱硫、脱硝、脱酸、去除二噁英类及重金属类污染物的功能。

5.3.4.2 每台焚烧炉宜单独设置烟气净化装置。

5.3.5 排气筒

5.3.5.1 排气筒高度不得低于表 2 规定的高度，具体高度及设置应根据环境影响评价文件及其审批意见确定，并应按 GB/T 16157 设置永久性采样孔。

表 2 焚烧炉排气筒高度

焚烧处理能力/（kg/h）	排气筒最低允许高度/m
≤300	25
300～2 000	35
2 000～2 500	45
≥2 500	50

5.3.5.2　排气筒周围 200 m 半径距离内存在建筑物时，排气筒高度应至少高出这一区域内最高建筑物 5 m 以上。

5.3.5.3　如有多个排气源，可集中到一个排气筒排放或采用多筒集合式排放，并在集中或合并前的各分管上设置采样孔。

6　排放控制要求

6.1　自本标准实施之日起，新建焚烧设施污染控制执行本标准规定的要求；现有焚烧设施，除烟气污染物以外的其他大气污染物以及水污染物和噪声污染物控制等，执行本标准 6.4、6.5、6.6 和 6.7 相关要求。

6.2　现有焚烧设施烟气污染物排放，2021 年 12 月 31 日前执行 GB 18484—2001 表 3 规定的限值要求，自 2022 年 1 月 1 日起应执行本标准表 3 规定的限值要求。

6.3　除 6.2 规定的条件外，焚烧设施烟气污染物排放应符合表 3 的规定。

表 3　危险废物焚烧设施烟气污染物排放浓度限值

单位：mg/m^3

序号	污染物项目	限值	取值时间
1	颗粒物	30	1 小时均值
		20	24 小时均值或日均值
2	一氧化碳（CO）	100	1 小时均值
		80	24 小时均值或日均值
3	氮氧化物（NO_x）	300	1 小时均值
		250	24 小时均值或日均值
4	二氧化硫（SO_2）	100	1 小时均值
		80	24 小时均值或日均值
5	氟化氢（HF）	4.0	1 小时均值
		2.0	24 小时均值或日均值
6	氯化氢（HCl）	60	1 小时均值
		50	24 小时均值或日均值
7	汞及其化合物（以 Hg 计）	0.05	测定均值
8	铊及其化合物（以 Tl 计）	0.05	测定均值
9	镉及其化合物（以 Cd 计）	0.05	测定均值
10	铅及其化合物（以 Pb 计）	0.5	测定均值
11	砷及其化合物（以 As 计）	0.5	测定均值
12	铬及其化合物（以 Cr 计）	0.5	测定均值
13	锡、锑、铜、锰、镍、钴及其化合物（以 Sn+Sb+Cu+Mn+Ni+Co 计）	2.0	测定均值
14	二噁英类（标态）/（ng TEQ/m^3）	0.5	测定均值
注：表中污染物限值为基准氧含量排放浓度。			

6.4　除危险废物焚烧炉外的其他生产设施及厂界的大气污染物排放应符合 GB 16297 和 GB 14554 的相关规定。属于 GB 37822 定义的 VOCs 物料的危险废物，其贮存、运输、预处理等环节的挥发性有机物无组织排放控制应符合 GB 37822 的相关规定。

6.5　焚烧设施产生的焚烧残余物及其他固体废物，应根据《国家危险废物名录》和国家规定的危险废物鉴别标准等进行属性判定。属于危险废物的，其贮存和利用处置应符合国家和地方危险废物有关规定。

6.6 焚烧设施产生的废水排放应符合 GB 8978 的要求。
6.7 厂界噪声应符合 GB 12348 的控制要求。

7 运行环境管理要求

7.1 一般规定

7.1.1 危险废物焚烧单位收集、贮存、运输危险废物应符合 HJ 2025 的要求。
7.1.2 焚烧设施运行期间，应建立运行情况记录制度，如实记载运行管理情况，运行记录至少应包括危险废物来源、种类、数量、贮存和处置信息，入炉废物理化特征分析结果和配伍方案，设施运行及工艺参数信息，环境监测数据，活性炭品质及用量，焚烧残余物的去向及其数量等。
7.1.3 焚烧单位应建立焚烧设施全部档案，包括设计、施工、验收、运行、监测及应急等，档案应按国家有关档案管理的法律法规进行整理和归档。
7.1.4 焚烧单位应编制环境应急预案，并定期组织应急演练。
7.1.5 焚烧单位应依据国家和地方有关要求，建立土壤和地下水污染隐患排查治理制度，并定期开展隐患排查，发现隐患应及时采取措施消除隐患，并建立档案。

7.2 焚烧设施运行要求

7.2.1 危险废物焚烧设施在启动时，应先将炉膛内温度升至表 1 规定的温度后再投入危险废物。自焚烧设施启动开始投入危险废物后，应逐渐增加投入量，并应在 6 h 内达到稳定工况。
7.2.2 焚烧设施停炉时，应通过助燃装置保证炉膛内温度符合表 1 规定的要求，直至炉内剩余危险废物完全燃烧。
7.2.3 焚烧设施在运行过程中发生故障无法及时排除时，应立即停止投入危险废物并应按照 7.2.2 要求停炉。单套焚烧设施因启炉、停炉、故障及事故排放污染物的持续时间每个自然年度累计不应超过 60 h，炉内投入危险废物前的烘炉升温时段不计入启炉时长，炉内危险废物燃尽后的停炉降温时段不计入停炉时长。
7.2.4 在 7.2.1、7.2.2 和 7.2.3 规定的时间内，在线自动监测数据不作为评定是否达到本标准排放限值的依据，但排放的烟气颗粒物浓度的 1 小时均值不得大于 150 mg/m^3。
7.2.5 应确保正常工况下焚烧炉炉膛内热电偶测量温度的 5 min 均值不低于 1 100℃。

8 环境监测要求

8.1 一般规定

8.1.1 危险废物焚烧单位应依据有关法律、《环境监测管理办法》和 HJ 819 等规定，建立企业监测制度，制订监测方案，对污染物排放状况及其对周边环境质量的影响开展自行监测，保存原始监测记录，并公布监测结果。
8.1.2 焚烧设施安装污染物排放自动监控设备，应依据有关法律和《污染源自动监控管理办法》的规定执行。
8.1.3 本标准实施后国家发布的污染物监测方法标准，如适用性满足要求，同样适用于本标准相应污染物的测定。

8.2 大气污染物监测

8.2.1 应根据监测大气污染物的种类，在规定的污染物排放监控位置进行采样；有废气处理设施的，应在该设施后检测。排气筒中大气污染物的监测采样应按 GB/T 16157、HJ 916、HJ/T 397、HJ/T 365 或 HJ 75 的规定进行。

8.2.2　对大气污染物中重金属类污染物的监测应每月至少 1 次；对大气污染物中二噁英类的监测应每年至少 2 次，浓度为连续 3 次测定值的算术平均值。

8.2.3　大气污染物浓度监测应采用表 4 所列的测定方法。

表 4　大气污染物浓度测定方法

序号	污染物项目	方法标准名称	方法标准编号
1	颗粒物	固定污染源排气中颗粒物测定与气态污染物采样方法	GB/T 16157
		固定污染源废气　低浓度颗粒物的测定　重量法	HJ 836
2	一氧化碳（CO）	固定污染源排气中一氧化碳的测定　非色散红外吸收法	HJ/T 44
		固定污染源废气　一氧化碳的测定　定电位电解法	HJ 973
3	氮氧化物（NO_x）	固定污染源排气中氮氧化物的测定　紫外分光光度法	HJ/T 42
		固定污染源排气中氮氧化物的测定　盐酸萘乙二胺分光光度法	HJ/T 43
		固定污染源废气　氮氧化物的测定　非分散红外吸收法	HJ 692
		固定污染源废气　氮氧化物的测定　定电位电解法	HJ 693
4	二氧化硫（SO_2）	固定污染源排气中二氧化硫的测定　碘量法	HJ/T 56
		固定污染源废气　二氧化硫的测定　定电位电解法	HJ 57
		固定污染源废气　二氧化硫的测定　非分散红外吸收法	HJ 629
5	氟化氢（HF）	固定污染源废气　氟化氢的测定　离子色谱法	HJ 688
6	氯化氢（HCl）	固定污染源排气中氯化氢的测定　硫氰酸汞分光光度法	HJ/T 27
		固定污染源废气　氯化氢的测定　硝酸银容量法	HJ 548
		环境空气和废气　氯化氢的测定　离子色谱法	HJ 549
7	汞	固定污染源废气　汞的测定　冷原子吸收分光光度法（暂行）	HJ 543
8	镉	大气固定污染源　镉的测定　火焰原子吸收分光光度法	HJ/T 64.1
		大气固定污染源　镉的测定　石墨炉原子吸收分光光度法	HJ/T 64.2
		大气固定污染源　镉的测定　对-偶氮苯重氮氨基偶氮苯磺酸分光光度法	HJ/T 64.3
		空气和废气　颗粒物中铅等金属元素的测定　电感耦合等离子体质谱法	HJ 657
9	铅	固定污染源废气　铅的测定　火焰原子吸收分光光度法	HJ 685
		空气和废气　颗粒物中铅等金属元素的测定　电感耦合等离子体质谱法	HJ 657
10	砷	固定污染源废气　砷的测定　二乙基二硫代氨基甲酸银分光光度法	HJ 540
		空气和废气　颗粒物中铅等金属元素的测定　电感耦合等离子体质谱法	HJ 657
11	铬	空气和废气　颗粒物中铅等金属元素的测定　电感耦合等离子体质谱法	HJ 657
12	锡	大气固定污染源　锡的测定　石墨炉原子吸收分光光度法	HJ/T 65
		空气和废气　颗粒物中铅等金属元素的测定　电感耦合等离子体质谱法	HJ 657
13	铊、锑、铜、锰、钴	空气和废气　颗粒物中铅等金属元素的测定　电感耦合等离子体质谱法	HJ 657
14	镍	大气固定污染源　镍的测定　火焰原子吸收分光光度法	HJ/T 63.1
		大气固定污染源　镍的测定　石墨炉原子吸收分光光度法	HJ/T 63.2
		大气固定污染源　镍的测定　丁二酮肟-正丁醇萃取分光光度法	HJ/T 63.3
		空气和废气　颗粒物中铅等金属元素的测定　电感耦合等离子体质谱法	HJ 657
15	二噁英类	环境空气和废气　二噁英类的测定　同位素稀释高分辨气相色谱-高分辨质谱法	HJ 77.2
		环境二噁英类监测技术规范	HJ 916
16	非甲烷总烃	大气污染物无组织排放监测技术导则	HJ/T 55
		环境空气总烃、甲烷和非甲烷总烃的测定　直接进样-气相色谱法	HJ 604
		环境空气和废气总烃、甲烷和非甲烷总烃便携式监测仪技术要求及检测方法	HJ 1012

8.2.4 焚烧单位应对焚烧烟气中主要污染物浓度进行在线自动监测，烟气在线自动监测指标应为 1 小时均值及日均值，且应至少包括氯化氢、二氧化硫、氮氧化物、颗粒物、一氧化碳和烟气含氧量等。在线自动监测数据的采集和传输应符合 HJ 75 和 HJ 212 的要求。

8.3 水污染物监测

8.3.1 水污染物的监测按照 GB 8978 和 HJ 91.1 规定的测定方法进行。

8.3.2 应按照国家和地方有关要求设置废水计量装置和在线自动监测设备。

8.4 其他监测

8.4.1 热灼减率的监测应每周至少 1 次，样品的采集和制备方法应按照 HJ/T 20 执行，测试步骤参照 HJ 1024 执行。

8.4.2 焚烧炉运行工况在线自动监测指标应至少包括炉膛内热电偶测量温度。

9 实施与监督

9.1 本标准由县级以上生态环境主管部门负责监督实施。

9.2 除无法抗拒的灾害和其他应急情况下，危险废物焚烧设施均应遵守本标准的污染控制要求，并采取必要措施保证污染防治设施正常运行。

9.3 各级生态环境主管部门在对危险废物焚烧设施进行监督性检查时，对于水污染物，可以现场即时采样或监测的结果，作为判定排污行为是否符合排放标准以及实施相关生态环境保护管理措施的依据；对于大气污染物，可以采用手工监测并按照监测规范要求测得的任意 1 小时平均浓度值，作为判定排污行为是否符合排放标准以及实施相关生态环境保护管理措施的依据。

9.4 除 7.2.4 规定的条件外，CEMS 日均值数据可作为判定排污行为是否符合排放标准的依据；炉膛内热电偶测量温度未达到 7.2.5 要求，且 1 个自然日内累计超过 5 次的，参照《生活垃圾焚烧发电厂自动监测数据应用管理规定》等相关规定判定为“未按照国家有关规定采取有利于减少持久性有机污染物排放措施”，并依照相关法律法规予以处理。

附 录 A
（规范性附录）
PCDDs/PCDFs 的毒性当量因子

表 A 给出了不同二噁英类同类物（PCDDs/PCDFs）的毒性当量因子。

表 A PCDDs/PCDFs 的毒性当量因子

同类物		WHO-TEF（1998）	WHO-TEF（2005）	I-TEF
PCDDs[a]	2,3,7,8-T_4CDD	1	1	1
	1,2,3,7,8-P_5CDD	1	1	0.5
	1,2,3,4,7,8-H_6CDD	0.1	0.1	0.1
	1,2,3,6,7,8-H_6CDD	0.1	0.1	0.1
	1,2,3,7,8,9-H_6CDD	0.1	0.1	0.1
	1,2,3,4,6,7,8-H_7CDD	0.01	0.01	0.01
	OCDD	0.000 1	0.000 3	0.001
	其他 PCDDs	0	0	0
PCDFs[b]	2,3,7,8-T_4CDF	0.1	0.1	0.1
	1,2,3,7,8-P_5CDF	0.05	0.03	0.05
	2,3,4,7,8-P_5CDF	0.5	0.3	0.5
	1,2,3,4,7,8-H_6CDF	0.1	0.1	0.1
	1,2,3,6,7,8-H_6CDF	0.1	0.1	0.1
	1,2,3,7,8,9-H_6CDF	0.1	0.1	0.1
	2,3,4,6,7,8-H_6CDF	0.1	0.1	0.1
	1,2,3,4,6,7,8-H_7CDF	0.01	0.01	0.01
	1,2,3,4,7,8,9-H_7CDF	0.01	0.01	0.01
	OCDF	0.000 1	0.000 3	0.001
	其他 PCDFs	0	0	0

[a] 多氯代二苯并-对-二噁英。

[b] 多氯代二苯并呋喃。

中华人民共和国国家标准

GB 12348—2008
代替 GB 12348—90，GB 12349—90

工业企业厂界环境噪声排放标准

Emission standard for industrial enterprises noise at boundary

2008-08-19 发布　　　　2008-10-01 实施

环境保护部
国家质量监督检验检疫总局　发布

前 言

为贯彻《中华人民共和国环境保护法》和《中华人民共和国环境噪声污染防治法》，防治工业企业噪声污染，改善声环境质量，制定本标准。

本标准是对《工业企业厂界噪声标准》（GB 12348—90）和《工业企业厂界噪声测量方法》（GB 12349—90）的第一次修订。与原标准相比主要修订内容如下：

——将《工业企业厂界噪声标准》（GB 12348—90）和《工业企业厂界噪声测量方法》（GB 12349—90）合并为一个标准，名称改为《工业企业厂界环境噪声排放标准》；

——修改了标准的适用范围、背景值修正表；

——补充了 0 类区噪声限值、测量条件、测点位置、测点布设和测量记录；

——增加了部分术语和定义、室内噪声限值、背景噪声测量、测量结果和测量结果评价的内容。

本标准于 1990 年首次发布，本次为第一次修订。

自本标准实施之日起代替《工业企业厂界噪声标准》（GB 12348—90）和《工业企业厂界噪声测量方法》（GB 12349—90）。

本标准由环境保护部科技标准司组织制订。

本标准起草单位：中国环境监测总站、天津市环境监测中心、福建省环境监测中心站。

本标准环境保护部 2008 年 7 月 17 日批准。

本标准自 2008 年 10 月 1 日起实施。

本标准由环境保护部解释。

工业企业厂界环境噪声排放标准

1　适用范围

本标准规定了工业企业和固定设备厂界环境噪声排放限值及其测量方法。

本标准适用于工业企业噪声排放的管理、评价及控制。机关、事业单位、团体等对外环境排放噪声的单位也按本标准执行。

2　规范性引用文件

本标准内容引用了下列文件或其中的条款。凡是不注日期的引用文件，其有效版本适用于本标准。

GB 3096　声环境质量标准

GB 3785　声级计的电、声性能及测试方法

GB/T 3241　倍频程和分数倍频程滤波器

GB/T 15173　声校准器

GB/T 15190　城市区域环境噪声适用区划分技术规范

GB/T 17181　积分平均声级计

3　术语和定义

下列术语和定义适用于本标准。

3.1

工业企业厂界环境噪声　industrial enterprises noise

指在工业生产活动中使用固定设备等产生的、在厂界处进行测量和控制的干扰周围生活环境的声音。

3.2

A 声级　A-weighted sound pressure level

用 A 计权网络测得的声压级，用 L_A 表示，单位 dB(A)。

3.3

等效连续 A 声级　equivalent continuous A-weighted sound pressure level

简称为等效声级，指在规定测量时间 T 内 A 声级的能量平均值，用 $L_{Aeq,T}$ 表示（简写为 L_{eq}），单位 dB(A)。除特别指明外，本标准中噪声值皆为等效声级。

根据定义，等效声级表示为：

$$L_{eq}=10\lg\left(\frac{1}{T}\int_0^T 10^{0.1\cdot L_A}\,dt\right)$$

式中：L_A——t 时刻的瞬时 A 声级；

T——规定的测量时间段。

3.4

厂界　boundary

由法律文书（如土地使用证、房产证、租赁合同等）中确定的业主所拥有使用权（或所有权）的场

所或建筑物边界。各种产生噪声的固定设备的厂界为其实际占地的边界。

3.5

噪声敏感建筑物　noise sensitive buildings

指医院、学校、机关、科研单位、住宅等需要保持安静的建筑物。

3.6

昼间　day-time、夜间 night-time

根据《中华人民共和国环境噪声污染防治法》，“昼间”是指 6:00 至 22:00 的时段；“夜间”是指 22:00 至次日 6:00 的时段。

县级以上人民政府为环境噪声污染防治的需要（如考虑时差、作息习惯差异等）而对昼间、夜间的划分另有规定的，应按其规定执行。

3.7

频发噪声　frequent noise

指频繁发生、发生的时间和间隔有一定规律、单次持续时间较短、强度较高的噪声，如排气噪声、货物装卸噪声等。

3.8

偶发噪声　sporadic noise

指偶然发生、发生的时间和间隔无规律、单次持续时间较短、强度较高的噪声。如短促鸣笛声、工程爆破噪声等。

3.9

最大声级　maximum sound level

在规定测量时间内对频发或偶发噪声事件测得的 A 声级最大值，用 L_{max} 表示，单位 dB(A)。

3.10

倍频带声压级　sound pressure level in octave bands

采用符合 GB/T 3241 规定的倍频程滤波器所测量的频带声压级，其测量带宽和中心频率成正比。本标准采用的室内噪声频谱分析倍频带中心频率为 31.5 Hz、63 Hz、125 Hz、250 Hz、500 Hz，其覆盖频率范围为 22～707 Hz。

3.11

稳态噪声　steady noise

在测量时间内，被测声源的声级起伏不大于 3 dB(A)的噪声。

3.12

非稳态噪声　non-steady noise

在测量时间内，被测声源的声级起伏大于 3 dB(A)的噪声。

3.13

背景噪声　background noise

被测量噪声源以外的声源发出的环境噪声的总和。

4　环境噪声排放限值

4.1　厂界环境噪声排放限值

4.1.1　工业企业厂界环境噪声不得超过表 1 规定的排放限值。

4.1.2　夜间频发噪声的最大声级超过限值的幅度不得高于 10 dB(A)。

4.1.3　夜间偶发噪声的最大声级超过限值的幅度不得高于 15 dB(A)。

表 1 工业企业厂界环境噪声排放限值 单位：dB(A)

厂界外声环境功能区类别	时段	
	昼 间	夜 间
0	50	40
1	55	45
2	60	50
3	65	55
4	70	55

4.1.4 工业企业若位于未划分声环境功能区的区域，当厂界外有噪声敏感建筑物时，由当地县级以上人民政府参照 GB 3096 和 GB/T 15190 的规定确定厂界外区域的声环境质量要求，并执行相应的厂界环境噪声排放限值。

4.1.5 当厂界与噪声敏感建筑物距离小于 1 m 时，厂界环境噪声应在噪声敏感建筑物的室内测量，并将表 1 中相应的限值减 10 dB(A)作为评价依据。

4.2 结构传播固定设备室内噪声排放限值

当固定设备排放的噪声通过建筑物结构传播至噪声敏感建筑物室内时，噪声敏感建筑物室内等效声级不得超过表 2 和表 3 规定的限值。

表 2 结构传播固定设备室内噪声排放限值（等效声级） 单位：dB(A)

噪声敏感建筑物所处声环境功能区类别 \ 时段 \ 房间类型	A 类房间		B 类房间	
	昼 间	夜 间	昼 间	夜 间
0	40	30	40	30
1	40	30	45	35
2、3、4	45	35	50	40

说明：A 类房间——指以睡眠为主要目的，需要保证夜间安静的房间，包括住宅卧室、医院病房、宾馆客房等。
B 类房间——指主要在昼间使用，需要保证思考与精神集中、正常讲话不被干扰的房间，包括学校教室、会议室、办公室、住宅中卧室以外的其他房间等。

表 3 结构传播固定设备室内噪声排放限值（倍频带声压级） 单位：dB

噪声敏感建筑所处声环境功能区类别	时段	房间类型 \ 倍频带中心频率/Hz	室内噪声倍频带声压级限值				
			31.5	63	125	250	500
0	昼间	A、B 类房间	76	59	48	39	34
	夜间	A、B 类房间	69	51	39	30	24
1	昼间	A 类房间	76	59	48	39	34
		B 类房间	79	63	52	44	38
	夜间	A 类房间	69	51	39	30	24
		B 类房间	72	55	43	35	29
2、3、4	昼间	A 类房间	79	63	52	44	38
		B 类房间	82	67	56	49	43
	夜间	A 类房间	72	55	43	35	29
		B 类房间	76	59	48	39	34

5 测量方法

5.1 测量仪器

5.1.1 测量仪器为积分平均声级计或环境噪声自动监测仪，其性能应不低于 GB 3785 和 GB/T 17181 对 2 型仪器的要求。测量 35 dB 以下的噪声应使用 1 型声级计，且测量范围应满足所测量噪声的需要。校准所用仪器应符合 GB/T 15173 对 1 级或 2 级声校准器的要求。当需要进行噪声的频谱分析时，仪器性能应符合 GB/T 3241 中对滤波器的要求。

5.1.2 测量仪器和校准仪器应定期检定合格，并在有效使用期限内使用；每次测量前、后必须在测量现场进行声学校准，其前、后校准示值偏差不得大于 0.5 dB，否则测量结果无效。

5.1.3 测量时传声器加防风罩。

5.1.4 测量仪器时间计权特性设为“F”挡，采样时间间隔不大于 1 s。

5.2 测量条件

5.2.1 气象条件：测量应在无雨雪、无雷电天气，风速为 5 m/s 以下时进行。不得不在特殊气象条件下测量时，应采取必要措施保证测量准确性，同时注明当时所采取的措施及气象情况。

5.2.2 测量工况：测量应在被测声源正常工作时间进行，同时注明当时的工况。

5.3 测点位置

5.3.1 测点布设

根据工业企业声源、周围噪声敏感建筑物的布局以及毗邻的区域类别，在工业企业厂界布设多个测点，其中包括距噪声敏感建筑物较近以及受被测声源影响大的位置。

5.3.2 测点位置一般规定

一般情况下，测点选在工业企业厂界外 1 m、高度 1.2 m 以上。

5.3.3 测点位置其他规定

5.3.3.1 当厂界有围墙且周围有受影响的噪声敏感建筑物时，测点应选在厂界外 1 m、高于围墙 0.5 m 以上的位置。

5.3.3.2 当厂界无法测量到声源的实际排放状况时（如声源位于高空、厂界设有声屏障等），应按 5.3.2 设置测点，同时在受影响的噪声敏感建筑物户外 1 m 处另设测点。

5.3.3.3 室内噪声测量时，室内测量点位设在距任一反射面至少 0.5 m 以上、距地面 1.2 m 高度处，在受噪声影响方向的窗户开启状态下测量。

5.3.3.4 固定设备结构传声至噪声敏感建筑物室内，在噪声敏感建筑物室内测量时，测点应距任一反射面至少 0.5 m 以上、距地面 1.2 m、距外窗 1 m 以上，窗户关闭状态下测量。被测房间内的其他可能干扰测量的声源（如电视机、空调机、排气扇以及镇流器较响的日光灯、运转时出声的时钟等）应关闭。

5.4 测量时段

5.4.1 分别在昼间、夜间两个时段测量。夜间有频发、偶发噪声影响时同时测量最大声级。

5.4.2 被测声源是稳态噪声，采用 1 min 的等效声级。

5.4.3 被测声源是非稳态噪声，测量被测声源有代表性时段的等效声级，必要时测量被测声源整个正常工作时段的等效声级。

5.5 背景噪声测量

5.5.1 测量环境：不受被测声源影响且其他声环境与测量被测声源时保持一致。
5.5.2 测量时段：与被测声源测量的时间长度相同。

5.6 测量记录

噪声测量时需做测量记录。记录内容应主要包括：被测量单位名称、地址、厂界所处声环境功能区类别、测量时气象条件、测量仪器、校准仪器、测点位置、测量时间、测量时段、仪器校准值（测前、测后）、主要声源、测量工况、示意图（厂界、声源、噪声敏感建筑物、测点等位置）、噪声测量值、背景值、测量人员、校对人、审核人等相关信息。

5.7 测量结果修正

5.7.1 噪声测量值与背景噪声值相差大于 10 dB(A)时，噪声测量值不做修正。
5.7.2 噪声测量值与背景噪声值相差在 3～10 dB(A)时，噪声测量值与背景噪声值的差值取整后，按表 4 进行修正。

表 4 测量结果修正表

单位：dB(A)

差值	3	4～5	6～10
修正值	−3	−2	−1

5.7.3 噪声测量值与背景噪声值相差小于 3 dB(A)时，应采取措施降低背景噪声后，视情况按 5.7.1 或 5.7.2 执行；仍无法满足前两款要求的，应按环境噪声监测技术规范的有关规定执行。

6 测量结果评价

6.1 各个测点的测量结果应单独评价。同一测点每天的测量结果按昼间、夜间进行评价。
6.2 最大声级 L_{max} 直接评价。

7 标准的监督实施

本标准由县级以上人民政府环境保护行政主管部门负责监督实施。

第二部分

土壤、地下水

中华人民共和国国家标准

GB 36600—2018

土壤环境质量
建设用地土壤污染风险管控标准
（试行）

Soil environmental quality

—Risk control standard for soil contamination of development land

2018-06-22 发布　　2018-08-01 实施

生态环境部
国家市场监督管理总局　发布

前 言

为贯彻落实《中华人民共和国环境保护法》，加强建设用地土壤环境监管，管控污染地块对人体健康的风险，保障人居环境安全，制定本标准。

本标准规定了保护人体健康的建设用地土壤污染风险筛选值和管制值，以及监测、实施与监督要求。

本标准为首次发布。

以下标准为配套本标准的建设用地土壤环境调查、监测、评估和修复系列标准：

HJ 25.1　场地环境调查技术导则

HJ 25.2　场地环境监测技术导则

HJ 25.3　污染场地风险评估技术导则

HJ 25.4　污染场地土壤修复技术导则

自本标准实施之日起，《展览会用地土壤环境质量评价标准（暂行）》（HJ 350—2007）废止。

本标准由生态环境部土壤环境管理司、科技标准司组织制订。

本标准主要起草单位：生态环境部南京环境科学研究所、中国环境科学研究院。

本标准生态环境部 2018 年 5 月 17 日批准。

本标准自 2018 年 8 月 1 日起实施。

本标准由生态环境部解释。

土壤环境质量　建设用地土壤污染风险管控标准（试行）

1　适用范围

本标准规定了保护人体健康的建设用地土壤污染风险筛选值和管制值，以及监测、实施与监督要求。

本标准适用于建设用地土壤污染风险筛查和风险管制。

2　规范性引用文件

本标准引用了下列文件或其中的条款。凡是未注明日期的引用文件，其最新版本适用于本标准。

GB/T 14550　土壤质量　六六六和滴滴涕的测定　气相色谱法

GB/T 17136　土壤质量　总汞的测定　冷原子吸收分光光度法

GB/T 17138　土壤质量　铜、锌的测定　火焰原子吸收分光光度法

GB/T 17139　土壤质量　镍的测定　火焰原子吸收分光光度法

GB/T 17141　土壤质量　铅、镉的测定　石墨炉原子吸收分光光度法

GB/T 22105　土壤质量　总汞、总砷、总铅的测定　原子荧光法

GB 50137　城市用地分类与规划建设用地标准

HJ 25.1　场地环境调查技术导则

HJ 25.2　场地环境监测技术导则

HJ 25.3　污染场地风险评估技术导则

HJ 25.4　污染场地土壤修复技术导则

HJ 77.4　土壤和沉积物　二噁英类的测定　同位素稀释高分辨气相色谱-高分辨质谱法

HJ 605　土壤和沉积物　挥发性有机物的测定　吹扫捕集/气相色谱-质谱法

HJ 642　土壤和沉积物　挥发性有机物的测定　顶空/气相色谱-质谱法

HJ 680　土壤和沉积物　汞、砷、硒、铋、锑的测定　微波消解/原子荧光法

HJ 703　土壤和沉积物　酚类化合物的测定　气相色谱法

HJ 735　土壤和沉积物　挥发性卤代烃的测定　吹扫捕集/气相色谱-质谱法

HJ 736　土壤和沉积物　挥发性卤代烃的测定　顶空/气相色谱-质谱法

HJ 737　土壤和沉积物　铍的测定　石墨炉原子吸收分光光度法

HJ 741　土壤和沉积物　挥发性有机物的测定　顶空/气相色谱法

HJ 742　土壤和沉积物　挥发性芳香烃的测定　顶空/气相色谱法

HJ 743　土壤和沉积物　多氯联苯的测定　气相色谱-质谱法

HJ 745　土壤　氰化物和总氰化物的测定　分光光度法

HJ 780　土壤和沉积物　无机元素的测定　波长色散 X 射线荧光光谱法

HJ 784　土壤和沉积物　多环芳烃的测定　高效液相色谱法

HJ 803　土壤和沉积物　12 种金属元素的测定　王水提取-电感耦合等离子体质谱法

HJ 805　土壤和沉积物　多环芳烃的测定　气相色谱-质谱法

HJ 834　土壤和沉积物　半挥发性有机物的测定　气相色谱-质谱法

HJ 835　土壤和沉积物　有机氯农药的测定　气相色谱-质谱法

HJ 921　土壤和沉积物　有机氯农药的测定　气相色谱法
HJ 922　土壤和沉积物　多氯联苯的测定　气相色谱法
HJ 923　土壤和沉积物　总汞的测定　催化热解-冷原子吸收分光光度法
CJJ/T 85　城市绿地分类标准

3 术语和定义

下列术语和定义适用于本标准。

3.1

建设用地　development land

指建造建筑物、构筑物的土地，包括城乡住宅和公共设施用地、工矿用地、交通水利设施用地、旅游用地、军事设施用地等。

3.2

建设用地土壤污染风险　soil contamination risk of development land

指建设用地上居住、工作人群长期暴露于土壤中污染物，因慢性毒性效应或致癌效应而对健康产生的不利影响。

3.3

暴露途径　exposure pathway

指建设用地土壤中污染物迁移到达和暴露于人体的方式。主要包括：（1）经口摄入土壤；（2）皮肤接触土壤；（3）吸入土壤颗粒物；（4）吸入室外空气中来自表层土壤的气态污染物；（5）吸入室外空气中来自下层土壤的气态污染物；（6）吸入室内空气中来自下层土壤的气态污染物。

3.4

建设用地土壤污染风险筛选值　risk screening values for soil contamination of development land

指在特定土地利用方式下，建设用地土壤中污染物含量等于或者低于该值的，对人体健康的风险可以忽略；超过该值的，对人体健康可能存在风险，应当开展进一步的详细调查和风险评估，确定具体污染范围和风险水平。

3.5

建设用地土壤污染风险管制值　risk intervention values for soil contamination of development land

指在特定土地利用方式下，建设用地土壤中污染物含量超过该值的，对人体健康通常存在不可接受风险，应当采取风险管控或修复措施。

3.6

土壤环境背景值　environmental background values of soil

指基于土壤环境背景含量的统计值。通常以土壤环境背景含量的某一分位值表示。其中土壤环境背景含量是指在一定时间条件下，仅受地球化学过程和非点源输入影响的土壤中元素或化合物的含量。

4 建设用地分类

4.1　建设用地中，城市建设用地根据保护对象暴露情况的不同，可划分为以下两类。

4.1.1　第一类用地：包括 GB 50137 规定的城市建设用地中的居住用地（R），公共管理与公共服务用地中的中小学用地（A33）、医疗卫生用地（A5）和社会福利设施用地（A6），以及公园绿地（G1）中的社区公园或儿童公园用地等。

4.1.2　第二类用地：包括 GB 50137 规定的城市建设用地中的工业用地（M），物流仓储用地（W），商业服务业设施用地（B），道路与交通设施用地（S），公用设施用地（U），公共管理与公共服务用地（A）（A33、A5、A6除外），以及绿地与广场用地（G）（G1中的社区公园或儿童公园用地除外）等。

4.2 建设用地中，其他建设用地可参照4.1划分类别。

5 建设用地土壤污染风险筛选值和管制值

5.1 保护人体健康的建设用地土壤污染风险筛选值和管制值见表1和表2，其中表1为基本项目，表2为其他项目。本标准考虑的暴露途径见3.3。

表1 建设用地土壤污染风险筛选值和管制值（基本项目）

单位：mg/kg

序号	污染物项目	CAS编号	筛选值		管制值	
			第一类用地	第二类用地	第一类用地	第二类用地
重金属和无机物						
1	砷	7440-38-2	20[a]	60[a]	120	140
2	镉	7440-43-9	20	65	47	172
3	铬（六价）	18540-29-9	3.0	5.7	30	78
4	铜	7440-50-8	2 000	18 000	8 000	36 000
5	铅	7439-92-1	400	800	800	2 500
6	汞	7439-97-6	8	38	33	82
7	镍	7440-02-0	150	900	600	2 000
挥发性有机物						
8	四氯化碳	56-23-5	0.9	2.8	9	36
9	氯仿	67-66-3	0.3	0.9	5	10
10	氯甲烷	74-87-3	12	37	21	120
11	1,1-二氯乙烷	75-34-3	3	9	20	100
12	1,2-二氯乙烷	107-06-2	0.52	5	6	21
13	1,1-二氯乙烯	75-35-4	12	66	40	200
14	顺-1,2-二氯乙烯	156-59-2	66	596	200	2 000
15	反-1,2-二氯乙烯	156-60-5	10	54	31	163
16	二氯甲烷	75-09-2	94	616	300	2 000
17	1,2-二氯丙烷	78-87-5	1	5	5	47
18	1,1,1,2-四氯乙烷	630-20-6	2.6	10	26	100
19	1,1,2,2-四氯乙烷	79-34-5	1.6	6.8	14	50
20	四氯乙烯	127-18-4	11	53	34	183
21	1,1,1-三氯乙烷	71-55-6	701	840	840	840
22	1,1,2-三氯乙烷	79-00-5	0.6	2.8	5	15
23	三氯乙烯	79-01-6	0.7	2.8	7	20
24	1,2,3-三氯丙烷	96-18-4	0.05	0.5	0.5	5
25	氯乙烯	75-01-4	0.12	0.43	1.2	4.3
26	苯	71-43-2	1	4	10	40
27	氯苯	108-90-7	68	270	200	1 000
28	1,2-二氯苯	95-50-1	560	560	560	560
29	1,4-二氯苯	106-46-7	5.6	20	56	200
30	乙苯	100-41-4	7.2	28	72	280
31	苯乙烯	100-42-5	1 290	1 290	1 290	1 290
32	甲苯	108-88-3	1 200	1 200	1 200	1 200

序号	污染物项目	CAS 编号	筛选值		管制值	
			第一类用地	第二类用地	第一类用地	第二类用地
33	间-二甲苯+对-二甲苯	108-38-3, 106-42-3	163	570	500	570
34	邻-二甲苯	95-47-6	222	640	640	640
半挥发性有机物						
35	硝基苯	98-95-3	34	76	190	760
36	苯胺	62-53-3	92	260	211	663
37	2-氯酚	95-57-8	250	2 256	500	4 500
38	苯并[*a*]蒽	56-55-3	5.5	15	55	151
39	苯并[*a*]芘	50-32-8	0.55	1.5	5.5	15
40	苯并[*b*]荧蒽	205-99-2	5.5	15	55	151
41	苯并[*k*]荧蒽	207-08-9	55	151	550	1 500
42	䓛	218-01-9	490	1 293	4 900	12 900
43	二苯并[*a,h*]蒽	53-70-3	0.55	1.5	5.5	15
44	茚并[1,2,3-*cd*]芘	193-39-5	5.5	15	55	151
45	萘	91-20-3	25	70	255	700

[a] 具体地块土壤中污染物检测含量超过筛选值，但等于或者低于土壤环境背景值（见 3.6）水平的，不纳入污染地块管理。土壤环境背景值可参见附录 A。

表 2　建设用地土壤污染风险筛选值和管制值（其他项目）

单位：mg/kg

序号	污染物项目	CAS 编号	筛选值		管制值	
			第一类用地	第二类用地	第一类用地	第二类用地
重金属和无机物						
1	锑	7440-36-0	20	180	40	360
2	铍	7440-41-7	15	29	98	290
3	钴	7440-48-4	20[a]	70[a]	190	350
4	甲基汞	22967-92-6	5.0	45	10	120
5	钒	7440-62-2	165[a]	752	330	1 500
6	氰化物	57-12-5	22	135	44	270
挥发性有机物						
7	一溴二氯甲烷	75-27-4	0.29	1.2	2.9	12
8	溴仿	75-25-2	32	103	320	1 030
9	二溴氯甲烷	124-48-1	9.3	33	93	330
10	1,2-二溴乙烷	106-93-4	0.07	0.24	0.7	2.4
半挥发性有机物						
11	六氯环戊二烯	77-47-4	1.1	5.2	2.3	10
12	2,4-二硝基甲苯	121-14-2	1.8	5.2	18	52
13	2,4-二氯酚	120-83-2	117	843	234	1 690
14	2,4,6-三氯酚	88-06-2	39	137	78	560
15	2,4-二硝基酚	51-28-5	78	562	156	1 130
16	五氯酚	87-86-5	1.1	2.7	12	27
17	邻苯二甲酸二（2-乙基己基）酯	117-81-7	42	121	420	1 210
18	邻苯二甲酸丁基苄酯	85-68-7	312	900	3 120	9 000

序号	污染物项目	CAS 编号	筛选值		管制值	
			第一类用地	第二类用地	第一类用地	第二类用地
19	邻苯二甲酸二正辛酯	117-84-0	390	2 812	800	5 700
20	3,3′-二氯联苯胺	91-94-1	1.3	3.6	13	36
有机农药类						
21	阿特拉津	1912-24-9	2.6	7.4	26	74
22	氯丹[b]	12789-03-6	2.0	6.2	20	62
23	*p,p′*-滴滴滴	72-54-8	2.5	7.1	25	71
24	*p,p′*-滴滴伊	72-55-9	2.0	7.0	20	70
25	滴滴涕[c]	50-29-3	2.0	6.7	21	67
26	敌敌畏	62-73-7	1.8	5.0	18	50
27	乐果	60-51-5	86	619	170	1 240
28	硫丹[d]	115-29-7	234	1 687	470	3 400
29	七氯	76-44-8	0.13	0.37	1.3	3.7
30	α-六六六	319-84-6	0.09	0.3	0.9	3
31	β-六六六	319-85-7	0.32	0.92	3.2	9.2
32	γ-六六六	58-89-9	0.62	1.9	6.2	19
33	六氯苯	118-74-1	0.33	1	3.3	10
34	灭蚁灵	2385-85-5	0.03	0.09	0.3	0.9
多氯联苯、多溴联苯和二噁英类						
35	多氯联苯（总量）[e]	—	0.14	0.38	1.4	3.8
36	3,3′,4,4′,5-五氯联苯（PCB 126）	57465-28-8	4×10^{-5}	1×10^{-4}	4×10^{-4}	1×10^{-3}
37	3,3′,4,4′,5,5′-六氯联苯（PCB 169）	32774-16-6	1×10^{-4}	4×10^{-4}	1×10^{-3}	4×10^{-3}
38	二噁英类（总毒性当量）	—	1×10^{-5}	4×10^{-5}	1×10^{-4}	4×10^{-4}
39	多溴联苯（总量）	—	0.02	0.06	0.2	0.6
石油烃类						
40	石油烃（C_{10}～C_{40}）	—	826	4 500	5 000	9 000

[a] 具体地块土壤中污染物检测含量超过筛选值，但等于或者低于土壤环境背景值（见 3.6）水平的，不纳入污染地块管理。土壤环境背景值可参见附录 A。

[b] 氯丹为α-氯丹、γ-氯丹两种物质含量总和。

[c] 滴滴涕为 *o,p′*-滴滴涕、*p,p′*-滴滴涕两种物质含量总和。

[d] 硫丹为α-硫丹、β-硫丹两种物质含量总和。

[e] 多氯联苯（总量）为 PCB 77、PCB 81、PCB105、PCB114、PCB118、PCB123、PCB 126、PCB156、PCB157、PCB167、PCB169、PCB189 十二种物质含量总和。

5.2 建设用地土壤污染风险筛选污染物项目的确定

5.2.1 表 1 中所列项目为初步调查阶段建设用地土壤污染风险筛选的必测项目。

5.2.2 初步调查阶段建设用地土壤污染风险筛选的选测项目依据 HJ 25.1、HJ 25.2 及相关技术规定确定，可以包括但不限于表 2 中所列项目。

5.3 建设用地土壤污染风险筛选值和管制值的使用

5.3.1 建设用地规划用途为第一类用地的，适用表 1 和表 2 中第一类用地的筛选值和管制值；规划用途为第二类用地的，适用表 1 和表 2 中第二类用地的筛选值和管制值。规划用途不明确的，适用表 1 和表 2 中第一类用地的筛选值和管制值。

5.3.2 建设用地土壤中污染物含量等于或者低于风险筛选值的，建设用地土壤污染风险一般情况下可以忽略。

5.3.3 通过初步调查确定建设用地土壤中污染物含量高于风险筛选值，应当依据 HJ 25.1、HJ 25.2 等标准及相关技术要求，开展详细调查。

5.3.4 通过详细调查确定建设用地土壤中污染物含量等于或者低于风险管制值，应当依据 HJ 25.3 等标准及相关技术要求，开展风险评估，确定风险水平，判断是否需要采取风险管控或修复措施。

5.3.5 通过详细调查确定建设用地土壤中污染物含量高于风险管制值，对人体健康通常存在不可接受风险，应当采取风险管控或修复措施。

5.3.6 建设用地若需采取修复措施，其修复目标应当依据 HJ 25.3、HJ 25.4 等标准及相关技术要求确定，且应当低于风险管制值。

5.3.7 表 1 和表 2 中未列入的污染物项目，可依据 HJ 25.3 等标准及相关技术要求开展风险评估，推导特定污染物的土壤污染风险筛选值。

6 监测要求

6.1 建设用地土壤环境调查与监测按 HJ 25.1、HJ 25.2 及相关技术规定要求执行。

6.2 土壤污染物分析方法按表 3 执行。暂未制定分析方法标准的污染物项目，待相应分析方法标准发布后实施。

表 3 土壤污染物分析方法

序号	污染物项目	分析方法	标准编号
1	砷	土壤和沉积物 汞、砷、硒、铋、锑的测定 微波消解/原子荧光法	HJ 680
		土壤和沉积物 12 种金属元素的测定 王水提取-电感耦合等离子体质谱法	HJ 803
		土壤质量 总汞、总砷、总铅的测定 原子荧光法 第 2 部分：土壤中总砷的测定	GB/T 22105.2
2	镉	土壤质量 铅、镉的测定 石墨炉原子吸收分光光度法	GB/T 17141
3	铜	土壤质量 铜、锌的测定 火焰原子吸收分光光度法	GB/T 17138
		土壤和沉积物 无机元素的测定 波长色散 X 射线荧光光谱法	HJ 780
4	铅	土壤质量 铅、镉的测定 石墨炉原子吸收分光光度法	GB/T 17141
		土壤和沉积物 无机元素的测定 波长色散 X 射线荧光光谱法	HJ 780
5	汞	土壤和沉积物 汞、砷、硒、铋、锑的测定 微波消解/原子荧光法	HJ 680
		土壤质量 总汞、总砷、总铅的测定 原子荧光法 第 1 部分：土壤中总汞的测定	GB/T 22105.1
		土壤质量 总汞的测定 冷原子吸收分光光度法	GB/T 17136
		土壤和沉积物 总汞的测定 催化热解-冷原子吸收分光光度法	HJ 923
6	镍	土壤质量 镍的测定 火焰原子吸收分光光度法	GB/T 17139
		土壤和沉积物 无机元素的测定 波长色散 X 射线荧光光谱法	HJ 780
7	四氯化碳	土壤和沉积物 挥发性有机物的测定 顶空/气相色谱-质谱法	HJ 642
		土壤和沉积物 挥发性卤代烃的测定 顶空/气相色谱-质谱法	HJ 736
		土壤和沉积物 挥发性有机物的测定 吹扫捕集/气相色谱-质谱法	HJ 605
		土壤和沉积物 挥发性卤代烃的测定 吹扫捕集/气相色谱-质谱法	HJ 735
		土壤和沉积物 挥发性有机物的测定 顶空/气相色谱法	HJ 741
8	氯仿	土壤和沉积物 挥发性有机物的测定 顶空/气相色谱-质谱法	HJ 642
		土壤和沉积物 挥发性卤代烃的测定 顶空/气相色谱-质谱法	HJ 736
		土壤和沉积物 挥发性有机物的测定 吹扫捕集/气相色谱-质谱法	HJ 605
		土壤和沉积物 挥发性卤代烃的测定 吹扫捕集/气相色谱-质谱法	HJ 735
		土壤和沉积物 挥发性有机物的测定 顶空/气相色谱法	HJ 741

序号	污染物项目	分析方法	标准编号
9	氯甲烷	土壤和沉积物 挥发性卤代烃的测定 顶空/气相色谱-质谱法	HJ 736
		土壤和沉积物 挥发性有机物的测定 吹扫捕集/气相色谱-质谱法	HJ 605
		土壤和沉积物 挥发性卤代烃的测定 吹扫捕集/气相色谱-质谱法	HJ 735
10	1,1-二氯乙烷	土壤和沉积物 挥发性有机物的测定 顶空/气相色谱-质谱法	HJ 642
		土壤和沉积物 挥发性卤代烃的测定 顶空/气相色谱-质谱法	HJ 736
		土壤和沉积物 挥发性有机物的测定 吹扫捕集/气相色谱-质谱法	HJ 605
		土壤和沉积物 挥发性卤代烃的测定 吹扫捕集/气相色谱-质谱法	HJ 735
		土壤和沉积物 挥发性有机物的测定 顶空/气相色谱法	HJ 741
11	1,2-二氯乙烷	土壤和沉积物 挥发性有机物的测定 顶空/气相色谱-质谱法	HJ 642
		土壤和沉积物 挥发性卤代烃的测定 顶空/气相色谱-质谱法	HJ 736
		土壤和沉积物 挥发性有机物的测定 吹扫捕集/气相色谱-质谱法	HJ 605
		土壤和沉积物 挥发性卤代烃的测定 吹扫捕集/气相色谱-质谱法	HJ 735
		土壤和沉积物 挥发性有机物的测定 顶空/气相色谱法	HJ 741
12	1,1-二氯乙烯	土壤和沉积物 挥发性有机物的测定 顶空/气相色谱-质谱法	HJ 642
		土壤和沉积物 挥发性卤代烃的测定 顶空/气相色谱-质谱法	HJ 736
		土壤和沉积物 挥发性有机物的测定 吹扫捕集/气相色谱-质谱法	HJ 605
		土壤和沉积物 挥发性卤代烃的测定 吹扫捕集/气相色谱-质谱法	HJ 735
		土壤和沉积物 挥发性有机物的测定 顶空/气相色谱法	HJ 741
13	顺-1,2 -二氯乙烯	土壤和沉积物 挥发性有机物的测定 顶空/气相色谱-质谱法	HJ 642
		土壤和沉积物 挥发性卤代烃的测定 顶空/气相色谱-质谱法	HJ 736
		土壤和沉积物 挥发性有机物的测定 吹扫捕集/气相色谱-质谱法	HJ 605
		土壤和沉积物 挥发性卤代烃的测定 吹扫捕集/气相色谱-质谱法	HJ 735
		土壤和沉积物 挥发性有机物的测定 顶空/气相色谱法	HJ 741
14	反-1,2 -二氯乙烯	土壤和沉积物 挥发性有机物的测定 顶空/气相色谱-质谱法	HJ 642
		土壤和沉积物 挥发性卤代烃的测定 顶空/气相色谱-质谱法	HJ 736
		土壤和沉积物 挥发性有机物的测定 吹扫捕集/气相色谱-质谱法	HJ 605
		土壤和沉积物 挥发性卤代烃的测定 吹扫捕集/气相色谱-质谱法	HJ 735
		土壤和沉积物 挥发性有机物的测定 顶空/气相色谱法	HJ 741
15	二氯甲烷	土壤和沉积物 挥发性有机物的测定 顶空/气相色谱-质谱法	HJ 642
		土壤和沉积物 挥发性卤代烃的测定 顶空/气相色谱-质谱法	HJ 736
		土壤和沉积物 挥发性有机物的测定 吹扫捕集/气相色谱-质谱法	HJ 605
		土壤和沉积物 挥发性卤代烃的测定 吹扫捕集/气相色谱-质谱法	HJ 735
		土壤和沉积物 挥发性有机物的测定 顶空/气相色谱法	HJ 741
16	1,2-二氯丙烷	土壤和沉积物 挥发性有机物的测定 顶空/气相色谱-质谱法	HJ 642
		土壤和沉积物 挥发性卤代烃的测定 顶空/气相色谱-质谱法	HJ 736
		土壤和沉积物 挥发性有机物的测定 吹扫捕集/气相色谱-质谱法	HJ 605
		土壤和沉积物 挥发性卤代烃的测定 吹扫捕集/气相色谱-质谱法	HJ 735
		土壤和沉积物 挥发性有机物的测定 顶空/气相色谱法	HJ 741
17	1,1,1,2-四氯乙烷	土壤和沉积物 挥发性有机物的测定 顶空/气相色谱-质谱法	HJ 642
		土壤和沉积物 挥发性卤代烃的测定 顶空/气相色谱-质谱法	HJ 736
		土壤和沉积物 挥发性有机物的测定 吹扫捕集/气相色谱-质谱法	HJ 605
		土壤和沉积物 挥发性卤代烃的测定 吹扫捕集/气相色谱-质谱法	HJ 735
		土壤和沉积物 挥发性有机物的测定 顶空/气相色谱法	HJ 741

序号	污染物项目	分析方法	标准编号
18	1,1,2,2-四氯乙烷	土壤和沉积物 挥发性有机物的测定 顶空/气相色谱-质谱法	HJ 642
		土壤和沉积物 挥发性卤代烃的测定 顶空/气相色谱-质谱法	HJ 736
		土壤和沉积物 挥发性有机物的测定 吹扫捕集/气相色谱-质谱法	HJ 605
		土壤和沉积物 挥发性卤代烃的测定 吹扫捕集/气相色谱-质谱法	HJ 735
		土壤和沉积物 挥发性有机物的测定 顶空/气相色谱法	HJ 741
19	四氯乙烯	土壤和沉积物 挥发性有机物的测定 顶空/气相色谱-质谱法	HJ 642
		土壤和沉积物 挥发性卤代烃的测定 顶空/气相色谱-质谱法	HJ 736
		土壤和沉积物 挥发性有机物的测定 吹扫捕集/气相色谱-质谱法	HJ 605
		土壤和沉积物 挥发性卤代烃的测定 吹扫捕集/气相色谱-质谱法	HJ 735
		土壤和沉积物 挥发性有机物的测定 顶空/气相色谱法	HJ 741
20	1,1,1-三氯乙烷	土壤和沉积物 挥发性有机物的测定 顶空/气相色谱-质谱法	HJ 642
		土壤和沉积物 挥发性卤代烃的测定 顶空/气相色谱-质谱法	HJ 736
		土壤和沉积物 挥发性有机物的测定 吹扫捕集/气相色谱-质谱法	HJ 605
		土壤和沉积物 挥发性卤代烃的测定 吹扫捕集/气相色谱-质谱法	HJ 735
		土壤和沉积物 挥发性有机物的测定 顶空/气相色谱法	HJ 741
21	1,1,2-三氯乙烷	土壤和沉积物 挥发性有机物的测定 顶空/气相色谱-质谱法	HJ 642
		土壤和沉积物 挥发性卤代烃的测定 顶空/气相色谱-质谱法	HJ 736
		土壤和沉积物 挥发性有机物的测定 吹扫捕集/气相色谱-质谱法	HJ 605
		土壤和沉积物 挥发性卤代烃的测定 吹扫捕集/气相色谱-质谱法	HJ 735
		土壤和沉积物 挥发性有机物的测定 顶空/气相色谱法	HJ 741
22	三氯乙烯	土壤和沉积物 挥发性有机物的测定 顶空/气相色谱-质谱法	HJ 642
		土壤和沉积物 挥发性卤代烃的测定 顶空/气相色谱-质谱法	HJ 736
		土壤和沉积物 挥发性有机物的测定 吹扫捕集/气相色谱-质谱法	HJ 605
		土壤和沉积物 挥发性卤代烃的测定 吹扫捕集/气相色谱-质谱法	HJ 735
		土壤和沉积物 挥发性有机物的测定 顶空/气相色谱法	HJ 741
23	1,2,3-三氯丙烷	土壤和沉积物 挥发性有机物的测定 顶空/气相色谱-质谱法	HJ 642
		土壤和沉积物 挥发性卤代烃的测定 顶空/气相色谱-质谱法	HJ 736
		土壤和沉积物 挥发性有机物的测定 吹扫捕集/气相色谱-质谱法	HJ 605
		土壤和沉积物 挥发性卤代烃的测定 吹扫捕集/气相色谱-质谱法	HJ 735
		土壤和沉积物 挥发性有机物的测定 顶空/气相色谱法	HJ 741
24	氯乙烯	土壤和沉积物 挥发性有机物的测定 顶空/气相色谱-质谱法	HJ 642
		土壤和沉积物 挥发性卤代烃的测定 顶空/气相色谱-质谱法	HJ 736
		土壤和沉积物 挥发性有机物的测定 吹扫捕集/气相色谱-质谱法	HJ 605
		土壤和沉积物 挥发性卤代烃的测定 吹扫捕集/气相色谱-质谱法	HJ 735
		土壤和沉积物 挥发性有机物的测定 顶空/气相色谱法	HJ 741
25	苯	土壤和沉积物 挥发性有机物的测定 顶空/气相色谱-质谱法	HJ 642
		土壤和沉积物 挥发性有机物的测定 吹扫捕集/气相色谱-质谱法	HJ 605
		土壤和沉积物 挥发性有机物的测定 顶空/气相色谱法	HJ 741
		土壤和沉积物 挥发性芳香烃的测定 顶空/气相色谱法	HJ 742
26	氯苯	土壤和沉积物 挥发性有机物的测定 顶空/气相色谱-质谱法	HJ 642
		土壤和沉积物 挥发性有机物的测定 吹扫捕集/气相色谱-质谱法	HJ 605
		土壤和沉积物 挥发性有机物的测定 顶空/气相色谱法	HJ 741
		土壤和沉积物 挥发性芳香烃的测定 顶空/气相色谱法	HJ 742

序号	污染物项目	分析方法	标准编号
27	1,2-二氯苯	土壤和沉积物 挥发性有机物的测定 顶空/气相色谱-质谱法	HJ 642
		土壤和沉积物 挥发性有机物的测定 吹扫捕集/气相色谱-质谱法	HJ 605
		土壤和沉积物 半挥发性有机物的测定 气相色谱-质谱法	HJ 834
		土壤和沉积物 挥发性有机物的测定 顶空/气相色谱法	HJ 741
		土壤和沉积物 挥发性芳香烃的测定 顶空/气相色谱法	HJ 742
28	1,4-二氯苯	土壤和沉积物 挥发性有机物的测定 顶空/气相色谱-质谱法	HJ 642
		土壤和沉积物 挥发性有机物的测定 吹扫捕集/气相色谱-质谱法	HJ 605
		土壤和沉积物 半挥发性有机物的测定 气相色谱-质谱法	HJ 834
		土壤和沉积物 挥发性有机物的测定 顶空/气相色谱法	HJ 741
		土壤和沉积物 挥发性芳香烃的测定 顶空/气相色谱法	HJ 742
29	乙苯	土壤和沉积物 挥发性有机物的测定 顶空/气相色谱-质谱法	HJ 642
		土壤和沉积物 挥发性有机物的测定 吹扫捕集/气相色谱-质谱法	HJ 605
		土壤和沉积物 挥发性有机物的测定 顶空/气相色谱法	HJ 741
		土壤和沉积物 挥发性芳香烃的测定 顶空/气相色谱法	HJ 742
30	苯乙烯	土壤和沉积物 挥发性有机物的测定 顶空/气相色谱-质谱法	HJ 642
		土壤和沉积物 挥发性有机物的测定 吹扫捕集/气相色谱-质谱法	HJ 605
		土壤和沉积物 挥发性有机物的测定 顶空/气相色谱法	HJ 741
		土壤和沉积物 挥发性芳香烃的测定 顶空/气相色谱法	HJ 742
31	甲苯	土壤和沉积物 挥发性有机物的测定 顶空/气相色谱-质谱法	HJ 642
		土壤和沉积物 挥发性有机物的测定 吹扫捕集/气相色谱-质谱法	HJ 605
		土壤和沉积物 挥发性有机物的测定 顶空/气相色谱法	HJ 741
		土壤和沉积物 挥发性芳香烃的测定 顶空/气相色谱法	HJ 742
32	间-二甲苯+对-二甲苯	土壤和沉积物 挥发性有机物的测定 顶空/气相色谱-质谱法	HJ 642
		土壤和沉积物 挥发性有机物的测定 吹扫捕集/气相色谱-质谱法	HJ 605
		土壤和沉积物 挥发性有机物的测定 顶空/气相色谱法	HJ 741
		土壤和沉积物 挥发性芳香烃的测定 顶空/气相色谱法	HJ 742
33	邻-二甲苯	土壤和沉积物 挥发性有机物的测定 顶空/气相色谱-质谱法	HJ 642
		土壤和沉积物 挥发性有机物的测定 吹扫捕集/气相色谱-质谱法	HJ 605
		土壤和沉积物 挥发性有机物的测定 顶空/气相色谱法	HJ 741
		土壤和沉积物 挥发性芳香烃的测定 顶空/气相色谱法	HJ 742
34	硝基苯	土壤和沉积物 半挥发性有机物的测定 气相色谱-质谱法	HJ 834
35	苯胺	土壤和沉积物 半挥发性有机物的测定 气相色谱-质谱法	HJ 834
36	2-氯酚	土壤和沉积物 半挥发性有机物的测定 气相色谱-质谱法	HJ 834
		土壤和沉积物 酚类化合物的测定 气相色谱法	HJ 703
37	苯并[*a*]蒽	土壤和沉积物 多环芳烃的测定 高效液相色谱法	HJ 784
		土壤和沉积物 多环芳烃的测定 气相色谱-质谱法	HJ 805
		土壤和沉积物 半挥发性有机物的测定 气相色谱-质谱法	HJ 834
38	苯并[*a*]芘	土壤和沉积物 多环芳烃的测定 气相色谱-质谱法	HJ 805
		土壤和沉积物 多环芳烃的测定 高效液相色谱法	HJ 784
		土壤和沉积物 半挥发性有机物的测定 气相色谱-质谱法	HJ 834
39	苯并[*b*]荧蒽	土壤和沉积物 多环芳烃的测定 气相色谱-质谱法	HJ 805
		土壤和沉积物 多环芳烃的测定 高效液相色谱法	HJ 784
		土壤和沉积物 半挥发性有机物的测定 气相色谱-质谱法	HJ 834

序号	污染物项目	分析方法	标准编号
40	苯并[k]荧蒽	土壤和沉积物　多环芳烃的测定　气相色谱-质谱法	HJ 805
		土壤和沉积物　多环芳烃的测定　高效液相色谱法	IIJ 784
		土壤和沉积物　半挥发性有机物的测定　气相色谱-质谱法	HJ 834
41	䓛	土壤和沉积物　多环芳烃的测定　气相色谱-质谱法	HJ 805
		土壤和沉积物　多环芳烃的测定　高效液相色谱法	HJ 784
		土壤和沉积物　半挥发性有机物的测定　气相色谱-质谱法	HJ 834
42	二苯并[a,h]蒽	土壤和沉积物　多环芳烃的测定　气相色谱-质谱法	HJ 805
		土壤和沉积物　多环芳烃的测定　高效液相色谱法	HJ 784
		土壤和沉积物　半挥发性有机物的测定　气相色谱-质谱法	HJ 834
43	茚并[1,2,3-cd]芘	土壤和沉积物　多环芳烃的测定　气相色谱-质谱法	HJ 805
		土壤和沉积物　多环芳烃的测定　高效液相色谱法	HJ 784
		土壤和沉积物　半挥发性有机物的测定　气相色谱-质谱法	HJ 834
44	萘	土壤和沉积物　多环芳烃的测定　气相色谱-质谱法	HJ 805
		土壤和沉积物　挥发性有机物的测定　吹扫捕集/气相色谱-质谱法	HJ 605
		土壤和沉积物　挥发性有机物的测定　顶空/气相色谱法	HJ 741
		土壤和沉积物　半挥发性有机物的测定　气相色谱-质谱法	HJ 834
45	锑	土壤和沉积物　汞、砷、硒、铋、锑的测定　微波消解/原子荧光法	HJ 680
		土壤和沉积物　12 种金属元素的测定　王水提取-电感耦合等离子体质谱法	HJ 803
46	铍	土壤和沉积物　铍的测定　石墨炉原子吸收分光光度法	HJ 737
47	钴	土壤和沉积物　12 种金属元素的测定　王水提取-电感耦合等离子体质谱法	HJ 803
		土壤和沉积物　无机元素的测定　波长色散 X 射线荧光光谱法	HJ 780
48	钒	土壤和沉积物　12 种金属元素的测定　王水提取-电感耦合等离子体质谱法	HJ 803
		土壤和沉积物　无机元素的测定　波长色散 X 射线荧光光谱法	HJ 780
49	氰化物	土壤　氰化物和总氰化物的测定　分光光度法	HJ 745
50	一溴二氯甲烷	土壤和沉积物　挥发性有机物的测定　顶空/气相色谱-质谱法	HJ 642
		土壤和沉积物　挥发性卤代烃的测定　顶空/气相色谱-质谱法	HJ 736
		土壤和沉积物　挥发性有机物的测定　吹扫捕集/气相色谱-质谱法	HJ 605
		土壤和沉积物　挥发性卤代烃的测定　吹扫捕集/气相色谱-质谱法	HJ 735
		土壤和沉积物　挥发性有机物的测定　顶空/气相色谱法	HJ 741
51	溴仿	土壤和沉积物　挥发性有机物的测定　顶空/气相色谱-质谱法	HJ 642
		土壤和沉积物　挥发性卤代烃的测定　顶空/气相色谱-质谱法	HJ 736
		土壤和沉积物　挥发性有机物的测定　吹扫捕集/气相色谱-质谱法	HJ 605
		土壤和沉积物　挥发性卤代烃的测定　吹扫捕集/气相色谱-质谱法	HJ 735
		土壤和沉积物　挥发性有机物的测定　顶空/气相色谱法	HJ 741
52	二溴氯甲烷	土壤和沉积物　挥发性有机物的测定　顶空/气相色谱-质谱法	HJ 642
		土壤和沉积物　挥发性卤代烃的测定　顶空/气相色谱-质谱法	HJ 736
		土壤和沉积物　挥发性有机物的测定　吹扫捕集/气相色谱-质谱法	HJ 605
		土壤和沉积物　挥发性卤代烃的测定　吹扫捕集/气相色谱-质谱法	HJ 735
		土壤和沉积物　挥发性有机物的测定　顶空/气相色谱法	HJ 741
53	1,2-二溴乙烷	土壤和沉积物　挥发性有机物的测定　顶空/气相色谱-质谱法	HJ 642
		土壤和沉积物　挥发性卤代烃的测定　顶空/气相色谱-质谱法	HJ 736
		土壤和沉积物　挥发性有机物的测定　吹扫捕集/气相色谱-质谱法	HJ 605
		土壤和沉积物　挥发性卤代烃的测定　吹扫捕集/气相色谱-质谱法	HJ 735
		土壤和沉积物　挥发性有机物的测定　顶空/气相色谱法	HJ 741

序号	污染物项目	分析方法	标准编号
54	六氯环戊二烯	土壤和沉积物　半挥发性有机物的测定　气相色谱-质谱法	HJ 834
55	2,4-二硝基甲苯	土壤和沉积物　半挥发性有机物的测定　气相色谱-质谱法	HJ 834
56	2,4-二氯酚	土壤和沉积物　半挥发性有机物的测定　气相色谱-质谱法	HJ 834
		土壤和沉积物　酚类化合物的测定　气相色谱法	HJ 703
57	2,4,6-三氯酚	土壤和沉积物　半挥发性有机物的测定　气相色谱-质谱法	HJ 834
		土壤和沉积物　酚类化合物的测定　气相色谱法	HJ 703
58	2,4-二硝基酚	土壤和沉积物　半挥发性有机物的测定　气相色谱-质谱法	HJ 834
		土壤和沉积物　酚类化合物的测定　气相色谱法	HJ 703
59	五氯酚	土壤和沉积物　半挥发性有机物的测定　气相色谱-质谱法	HJ 834
		土壤和沉积物　酚类化合物的测定　气相色谱法	HJ 703
60	邻苯二甲酸二（2-乙基己基）酯	土壤和沉积物　半挥发性有机物的测定　气相色谱-质谱法	HJ 834
61	邻苯二甲酸丁基苄酯	土壤和沉积物　半挥发性有机物的测定　气相色谱-质谱法	HJ 834
62	邻苯二甲酸二正辛酯	土壤和沉积物　半挥发性有机物的测定　气相色谱-质谱法	HJ 834
63	3,3′-二氯联苯胺	土壤和沉积物　半挥发性有机物的测定　气相色谱-质谱法	HJ 834
64	氯丹	土壤和沉积物　有机氯农药的测定　气相色谱-质谱法	HJ 835
		土壤和沉积物　有机氯农药的测定　气相色谱法	HJ 921
65	*p,p*′-滴滴滴	土壤和沉积物　有机氯农药的测定　气相色谱-质谱法	HJ 835
		土壤和沉积物　有机氯农药的测定　气相色谱法	HJ 921
		土壤质量　六六六和滴滴涕的测定　气相色谱法	GB/T 14550
66	*p,p*′-滴滴伊	土壤和沉积物　有机氯农药的测定　气相色谱-质谱法	HJ 835
		土壤和沉积物　有机氯农药的测定　气相色谱法	HJ 921
		土壤质量　六六六和滴滴涕的测定　气相色谱法	GB/T 14550
67	滴滴涕	土壤和沉积物　有机氯农药的测定　气相色谱-质谱法	HJ 835
		土壤和沉积物　有机氯农药的测定　气相色谱法	HJ 921
		土壤质量　六六六和滴滴涕的测定　气相色谱法	GB/T 14550
68	硫丹	土壤和沉积物　有机氯农药的测定　气相色谱-质谱法	HJ 835
		土壤和沉积物　有机氯农药的测定　气相色谱法	HJ 921
69	七氯	土壤和沉积物　有机氯农药的测定　气相色谱-质谱法	HJ 835
70	α-六六六	土壤和沉积物　有机氯农药的测定　气相色谱-质谱法	HJ 835
		土壤和沉积物　有机氯农药的测定　气相色谱法	HJ 921
		土壤质量　六六六和滴滴涕的测定　气相色谱法	GB/T 14550
71	β-六六六	土壤和沉积物　有机氯农药的测定　气相色谱-质谱法	HJ 835
		土壤和沉积物　有机氯农药的测定　气相色谱法	HJ 921
		土壤质量　六六六和滴滴涕的测定　气相色谱法	GB/T 14550
72	γ-六六六	土壤和沉积物　有机氯农药的测定　气相色谱-质谱法	HJ 835
		土壤和沉积物　有机氯农药的测定　气相色谱法	HJ 921
		土壤质量　六六六和滴滴涕的测定　气相色谱法	GB/T 14550
73	六氯苯	土壤和沉积物　有机氯农药的测定　气相色谱-质谱法	HJ 835
		土壤和沉积物　有机氯农药的测定　气相色谱法	HJ 921
74	灭蚁灵	土壤和沉积物　有机氯农药的测定　气相色谱-质谱法	HJ 835
		土壤和沉积物　有机氯农药的测定　气相色谱法	HJ 921

序号	污染物项目	分析方法	标准编号
75	多氯联苯（总量）	土壤和沉积物　多氯联苯的测定　气相色谱-质谱法	HJ 743
		土壤和沉积物　多氯联苯的测定　气相色谱法	HJ 922
76	3,3′,4,4′,5-五氯联苯（PCB 126）	土壤和沉积物　多氯联苯的测定　气相色谱-质谱法	HJ 743
		土壤和沉积物　多氯联苯的测定　气相色谱法	HJ 922
77	3,3′,4,4′,5,5′-六氯联苯（PCB 169）	土壤和沉积物　多氯联苯的测定　气相色谱-质谱法	HJ 743
		土壤和沉积物　多氯联苯的测定　气相色谱法	HJ 922
78	二噁英（总毒性当量）	土壤和沉积物　二噁英类的测定　同位素稀释高分辨气相色谱-高分辨质谱法	HJ 77.4

7　实施与监督

本标准由各级生态环境主管部门及其他相关主管部门监督实施。

附　录　A

（资料性附录）

砷、钴和钒的土壤环境背景值

表 A.1　各主要类型土壤中砷的背景值

土壤类型	砷背景值/（mg/kg）
绵土、篓土、黑垆土、黑土、白浆土、黑钙土、潮土、绿洲土、砖红壤、褐土、灰褐土、暗棕壤、棕色针叶林土、灰色森林土、棕钙土、灰钙土、灰漠土、灰棕漠土、棕漠土、草甸土、磷质石灰土、紫色土、风沙土、碱土	20
水稻土、红壤、黄壤、黄棕壤、棕壤、栗钙土、沼泽土、盐土、黑毡土、草毡土、巴嘎土、莎嘎土、高山漠土、寒漠土	40
赤红壤、燥红土、石灰（岩）土	60

表 A.2　各主要类型土壤中钴的背景值

土壤类型	钴背景值/（mg/kg）
白浆土、潮土、赤红壤、风沙土、高山漠土、寒漠土、黑垆土、黑土、灰钙土、灰色森林土、碱土、栗钙土、磷质石灰土、篓土、绵土、莎嘎土、盐土、棕钙土	20
暗棕壤、巴嘎土、草甸土、草毡土、褐土、黑钙土、黑毡土、红壤、黄壤、黄棕壤、灰褐土、灰漠土、灰棕漠土、绿洲土、水稻土、燥红土、沼泽土、紫色土、棕漠土、棕壤、棕色针叶林土	40
石灰（岩）土、砖红壤	70

表 A.3　各主要类型土壤中钒的背景值

土壤类型	钒背景值/（mg/kg）
磷质石灰土	10
风沙土、灰钙土、灰漠土、棕漠土、篓土、黑垆土、灰色森林土、高山漠土、棕钙土、灰棕漠土、绿洲土、棕色针叶林土、栗钙土、灰褐土、沼泽土	100
莎嘎土、黑土、绵土、黑钙土、草甸土、草毡土、盐土、潮土、暗棕壤、褐土、巴嘎土、黑毡土、白浆土、水稻土、紫色土、棕壤、寒漠土、黄棕壤、碱土、燥红土、赤红壤	200
红壤、黄壤、砖红壤、石灰（岩）土	300

HJ

中华人民共和国国家环境保护标准

HJ 25.1—2019
代替 HJ 25.1—2014

建设用地土壤污染状况调查
技术导则

Technical guidelines for investigation on soil contamination of land for construction

2019-12-05 发布　　2019-12-05 实施

生　态　环　境　部　发布

前 言

根据《中华人民共和国环境保护法》《中华人民共和国土壤污染防治法》，为保障人体健康，保护生态环境，加强建设用地环境保护监督管理，规范建设用地土壤污染状况调查，制定本标准。

本标准规定了建设用地土壤污染状况调查的原则、内容、程序和技术要求。

本标准附录A、附录B为资料性附录。

本标准首次发布于2014年，此次为第一次修订。此次修订的主要内容包括：

1．标准名称由《场地环境调查技术导则》修改为《建设用地土壤污染状况调查技术导则》；

2．适用范围参照标准名称作相应修改；

3．增加了规范性引用文件《土壤环境质量　建设用地土壤污染风险管控标准》（GB 36600），更新了规范性引用文件的其他标准相关内容；

4．删除了“场地”和“潜在污染场地”的术语和定义；

5.删除了第三阶段土壤污染状况调查的启动条件并修改了土壤污染状况调查的工作内容与程序图；

6．完善了制定样品分析方案中关于检测项目等要求。

本标准与以下标准同属建设用地土壤污染风险管控和修复系列环境保护标准：

《建设用地土壤污染风险管控和修复监测技术导则》（HJ 25.2）；

《建设用地土壤污染风险评估技术导则》（HJ 25.3）；

《建设用地土壤修复技术导则》（HJ 25.4）；

《污染地块风险管控与土壤修复效果评估技术导则》（HJ 25.5）；

《污染地块地下水修复和风险管控技术导则》（HJ 25.6）。

自本标准实施之日起，《场地环境调查技术导则》（HJ 25.1—2014）废止。

本标准由生态环境部土壤生态环境司、法规与标准司组织制订。

本标准主要起草单位：轻工业环境保护研究所、生态环境部环境标准研究所、生态环境部南京环境科学研究所、上海市环境科学研究院、沈阳环境科学研究院。

本标准生态环境部2019年12月5日批准。

本标准自2019年12月5日起实施。

本标准由生态环境部负责解释。

建设用地土壤污染状况调查技术导则

1 适用范围

本标准规定了建设用地土壤污染状况调查的原则、内容、程序和技术要求。

本标准适用于建设用地土壤污染状况调查，为建设用地土壤污染风险管控和修复提供基础数据和信息。

本标准不适用于含有放射性污染的地块调查。

2 规范性引用文件

本标准引用了下列文件或其中的条款。凡是未注明日期的引用文件，其最新版本适用于本标准。

GB 36600 土壤环境质量 建设用地土壤污染风险管控标准

HJ 25.2 建设用地土壤污染风险管控和修复监测技术导则

HJ 25.3 建设用地土壤污染风险评估技术导则

HJ 25.4 建设用地土壤修复技术导则

HJ/T 164 地下水环境监测技术规范

HJ/T 166 土壤环境监测技术规范

3 术语和定义

下列术语和定义适用于本标准。

3.1

土壤污染状况调查 investigation on soil contamination

采用系统的调查方法，确定地块是否被污染及污染程度和范围的过程。

3.2

敏感目标 potential sensitive targets

指地块周围可能受污染物影响的居民区、学校、医院、饮用水水源保护区以及重要公共场所等。

4 基本原则和工作程序

4.1 基本原则

4.1.1 针对性原则

针对地块的特征和潜在污染物特性，进行污染物浓度和空间分布调查，为地块的环境管理提供依据。

4.1.2 规范性原则

采用程序化和系统化的方式规范土壤污染状况调查过程，保证调查过程的科学性和客观性。

4.1.3 可操作性原则

综合考虑调查方法、时间和经费等因素，结合当前科技发展和专业技术水平，使调查过程切实可行。

4.2 工作程序

土壤污染状况调查可分为三个阶段，调查的工作程序如图 1 所示。

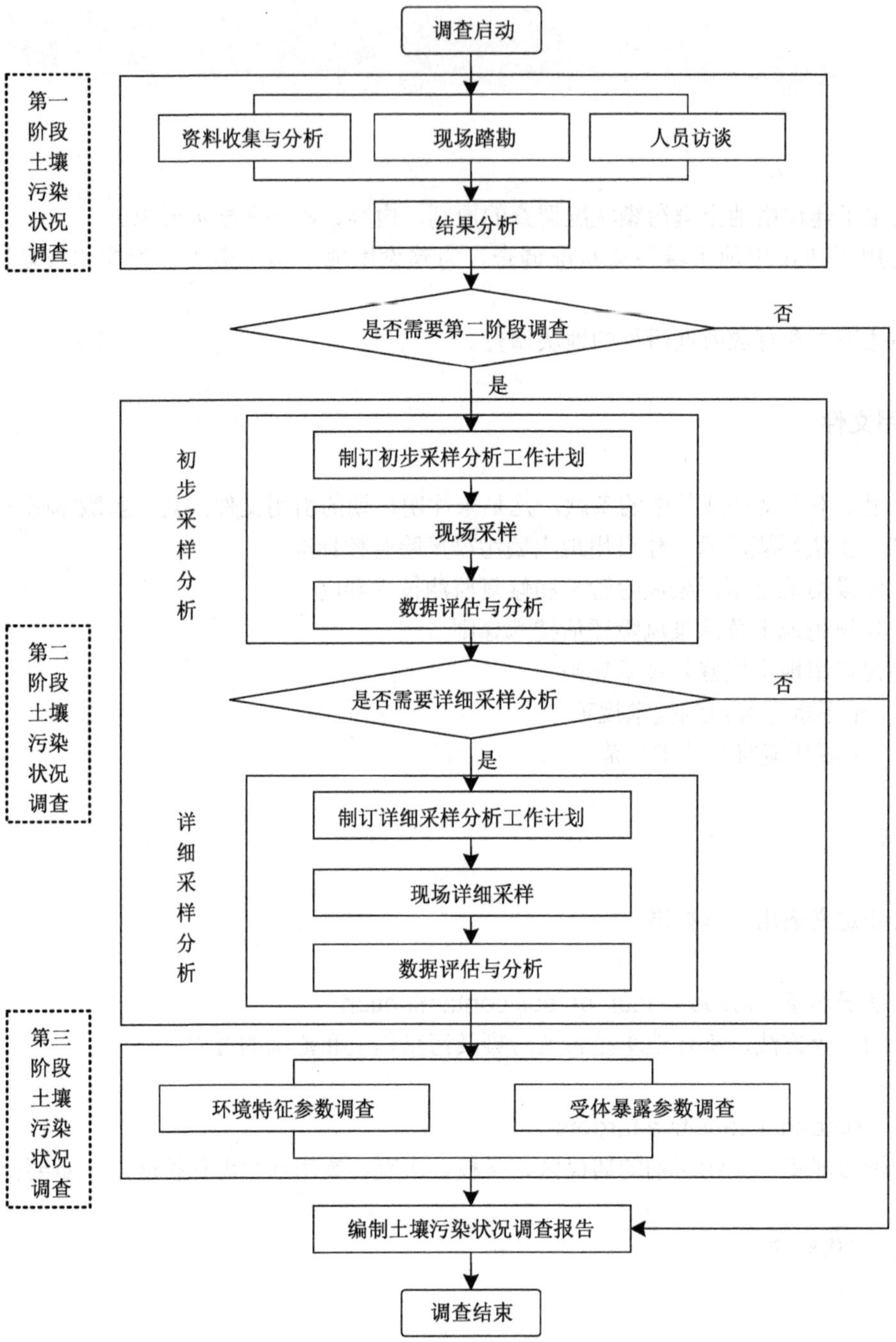

图 1　土壤污染状况调查的工作内容与程序

4.2.1 第一阶段土壤污染状况调查

第一阶段土壤污染状况调查是以资料收集、现场踏勘和人员访谈为主的污染识别阶段，原则上不进行现场采样分析。若第一阶段调查确认地块内及周围区域当前和历史上均无可能的污染源，则认为地块的环境状况可以接受，调查活动可以结束。

4.2.2 第二阶段土壤污染状况调查

4.2.2.1 第二阶段土壤污染状况调查是以采样与分析为主的污染证实阶段。若第一阶段土壤污染状况调查表明地块内或周围区域存在可能的污染源，如化工厂、农药厂、冶炼厂、加油站、化学品储罐、固体废物处理等可能产生有毒有害物质的设施或活动；以及由于资料缺失等原因造成无法排除地块内外存在污染源时，进行第二阶段土壤污染状况调查，确定污染物种类、浓度（程度）和空间分布。

4.2.2.2 第二阶段土壤污染状况调查通常可以分为初步采样分析和详细采样分析两步进行，每步均包括制定工作计划、现场采样、数据评估和结果分析等步骤。初步采样分析和详细采样分析均可根据实际情况分批次实施，逐步减少调查的不确定性。

4.2.2.3 根据初步采样分析结果，如果污染物浓度均未超过 GB 36600 等国家和地方相关标准以及清洁对照点浓度（有土壤环境背景的无机物），并且经过不确定性分析确认不需要进一步调查后，第二阶段土壤污染状况调查工作可以结束；否则认为可能存在环境风险，须进行详细调查。标准中没有涉及的污染物，可根据专业知识和经验综合判断。详细采样分析是在初步采样分析的基础上，进一步采样和分析，确定土壤污染程度和范围。

4.2.3 第三阶段土壤污染状况调查

第三阶段土壤污染状况调查以补充采样和测试为主，获得满足风险评估及土壤和地下水修复所需的参数。本阶段的调查工作可单独进行，也可在第二阶段调查过程中同时开展。

5 第一阶段土壤污染状况调查

5.1 资料收集与分析

5.1.1 资料的收集

主要包括：地块利用变迁资料、地块环境资料、地块相关记录、有关政府文件，以及地块所在区域的自然和社会信息。当调查地块与相邻地块存在相互污染的可能时，须调查相邻地块的相关记录和资料。

5.1.1.1 地块利用变迁资料包括：用来辨识地块及其相邻地块的开发及活动状况的航片或卫星图片，地块的土地使用和规划资料，其他有助于评价地块污染的历史资料，如土地登记信息资料等。地块利用变迁过程中的地块内建筑、设施、工艺流程和生产污染等的变化情况。

5.1.1.2 地块环境资料包括：地块土壤及地下水污染记录、地块危险废物堆放记录以及地块与自然保护区和水源地保护区等的位置关系等。

5.1.1.3 地块相关记录包括：产品、原辅材料及中间体清单、平面布置图、工艺流程图、地下管线图、化学品储存及使用清单、泄漏记录、废物管理记录、地上及地下储罐清单、环境监测数据、环境影响报告书或表、环境审计报告和地勘报告等。

5.1.1.4 由政府机关和权威机构所保存和发布的环境资料，如区域环境保护规划、环境质量公告、企业在政府部门相关环境备案和批复以及生态和水源保护区规划等。

5.1.1.5 地块所在区域的自然和社会信息包括：自然信息包括地理位置图、地形、地貌、土壤、水文、地质和气象资料等；社会信息包括人口密度和分布，敏感目标分布，及土地利用方式，区域所在地的经济现状和发展规划，相关的国家和地方的政策、法规与标准，以及当地地方性疾病统计信息等。

5.1.2 资料的分析

调查人员应根据专业知识和经验识别资料中的错误和不合理的信息，如资料缺失影响判断地块污染状况时，应在报告中说明。

5.2 现场踏勘

5.2.1 安全防护准备

在现场踏勘前，根据地块的具体情况掌握相应的安全卫生防护知识，并装备必要的防护用品。

5.2.2 现场踏勘的范围

以地块内为主，并应包括地块的周围区域，周围区域的范围应由现场调查人员根据污染可能迁移的距离来判断。

5.2.3 现场踏勘的主要内容

现场踏勘的主要内容包括：地块的现状与历史情况，相邻地块的现状与历史情况，周围区域的现状与历史情况，区域的地质、水文地质和地形的描述等。

5.2.3.1 地块现状与历史情况：可能造成土壤和地下水污染的物质的使用、生产、储存，“三废”处理与排放以及泄漏状况，地块过去使用中留下的可能造成土壤和地下水污染的异常迹象，如罐、槽泄漏以及废物临时堆放污染痕迹。

5.2.3.2 相邻地块的现状与历史情况：相邻地块的使用现况与污染源，以及过去使用中留下的可能造成土壤和地下水污染的异常迹象，如罐、槽泄漏以及废物临时堆放污染痕迹。

5.2.3.3 周围区域的现状与历史情况：对于周围区域目前或过去土地利用的类型，如住宅、商店和工厂等，应尽可能观察和记录；周围区域的废弃和正在使用的各类井，如水井等；污水处理和排放系统；化学品和废弃物的储存和处置设施；地面上的沟、河、池；地表水体、雨水排放和径流以及道路和公用设施。

5.2.3.4 地质、水文地质和地形的描述：地块及其周围区域的地质、水文地质与地形应观察、记录，并加以分析，以协助判断周围污染物是否会迁移到调查地块，以及地块内污染物是否会迁移到地下水和地块之外。

5.2.4 现场踏勘的重点

重点踏勘对象一般应包括：有毒有害物质的使用、处理、储存、处置；生产过程和设备，储槽与管线；恶臭、化学品味道和刺激性气味，污染和腐蚀的痕迹；排水管或渠、污水池或其他地表水体、废物堆放地、井等。

同时应该观察和记录地块及周围是否有可能受污染物影响的居民区、学校、医院、饮用水水源保护区以及其他公共场所等，并在报告中明确其与地块的位置关系。

5.2.5 现场踏勘的方法

可通过对异常气味的辨识、摄影和照相、现场笔记等方式初步判断地块污染的状况。踏勘期间，可以使用现场快速测定仪器。

5.3 人员访谈

5.3.1 访谈内容

应包括资料收集和现场踏勘所涉及的疑问，以及信息补充和已有资料的考证。

5.3.2 访谈对象

受访者为地块现状或历史的知情人，应包括：地块管理机构和地方政府的官员，生态环境行政主管部门的官员，地块过去和现在各阶段的使用者，以及地块所在地或熟悉地块的第三方，如相邻地块的工作人员和附近的居民。

5.3.3 访谈方法

可采取当面交流、电话交流、电子或书面调查表等方式进行。

5.3.4 内容整理

应对访谈内容进行整理，并对照已有资料，对其中可疑处和不完善处进行核实和补充，作为调查报告的附件。

5.4 结论与分析

本阶段调查结论应明确地块内及周围区域有无可能的污染源，并进行不确定性分析。若有可能的污染源，应说明可能的污染类型、污染状况和来源，并应提出第二阶段土壤污染状况调查的建议。

6 第二阶段土壤污染状况调查

6.1 初步采样分析工作计划

根据第一阶段土壤污染状况调查的情况制订初步采样分析工作计划，内容包括核查已有信息、判断污染物的可能分布、制定采样方案、制订健康和安全防护计划、制定样品分析方案和确定质量保证和质量控制程序等任务。

6.1.1 核查已有信息

对已有信息进行核查，包括第一阶段土壤污染状况调查中重要的环境信息，如土壤类型和地下水埋深；查阅污染物在土壤、地下水、地表水或地块周围环境的可能分布和迁移信息；查阅污染物排放和泄漏的信息。应核查上述信息的来源，以确保其真实性和适用性。

6.1.2 判断污染物的可能分布

根据地块的具体情况、地块内外的污染源分布、水文地质条件以及污染物的迁移和转化等因素，判断地块污染物在土壤和地下水中的可能分布，为制定采样方案提供依据。

6.1.3 制定采样方案

采样方案一般包括：采样点的布设、样品数量、样品的采集方法、现场快速检测方法，样品收集、保存、运输和储存等要求。

6.1.3.1 采样点水平方向的布设参照表 1 进行，并应说明采样点布设的理由，具体见 HJ 25.2。

表 1 几种常见的布点方法及适用条件

布点方法	适用条件
系统随机布点法	适用于污染分布均匀的地块
专业判断布点法	适用于潜在污染明确的地块
分区布点法	适用于污染分布不均匀，并获得污染分布情况的地块
系统布点法	适用于各类地块情况，特别是污染分布不明确或污染分布范围大的情况

6.1.3.2 采样点垂直方向的土壤采样深度可根据污染源的位置、迁移和地层结构以及水文地质等进行判断设置。若对地块信息了解不足，难以合理判断采样深度，可按 0.5～2 m 等间距设置采样位置。具体见 HJ 25.2。

6.1.3.3 对于地下水，一般情况下应在调查地块附近选择清洁对照点。地下水采样点的布设应考虑地下水的流向、水力坡降、含水层渗透性、埋深和厚度等水文地质条件及污染源和污染物迁移转化等因素；对于地块内或邻近区域内的现有地下水监测井，如果符合地下水环境监测技术规范，则可以作为地下水的取样点或对照点。

6.1.4 制订健康和安全防护计划

根据有关法律法规和工作现场的实际情况，制订地块调查人员的健康和安全防护计划。

6.1.5 制定样品分析方案

检测项目应根据保守性原则，按照第一阶段调查确定的地块内外潜在污染源和污染物，依据国家和地方相关标准中的基本项目要求，同时考虑污染物的迁移转化，判断样品的检测分析项目；对于不能确定的项目，可选取潜在典型污染样品进行筛选分析。一般工业地块可选择的检测项目有：重金属、挥发性有机物、半挥发性有机物、氰化物和石棉等。如土壤和地下水明显异常而常规检测项目无法识别时，可进一步结合色谱-质谱定性分析等手段对污染物进行分析，筛选判断非常规的特征污染物，必要时可采用生物毒性测试方法进行筛选判断。

6.1.6 质量保证和质量控制

现场质量保证和质量控制措施应包括：防止样品污染的工作程序，运输空白样分析，现场平行样分析，采样设备清洗空白样分析，采样介质对分析结果影响分析，以及样品保存方式和时间对分析结果的影响分析等，具体参见 HJ 25.2。实验室分析的质量保证和质量控制的具体要求见 HJ/T 164 和 HJ/T 166。

6.2 详细采样分析工作计划

在初步采样分析的基础上制订详细的采样分析工作计划。详细采样分析工作计划主要包括：评估初步采样分析工作计划和结果，制定采样方案，以及制定样品分析方案等。详细调查过程中监测的技术要求按照 HJ 25.2 中的规定执行。

6.2.1 评估初步采样分析的结果

分析初步采样获取的地块信息，主要包括：土壤类型、水文地质条件、现场和实验室检测数据等；初步确定污染物种类、程度和空间分布；评估初步采样分析的质量保证和质量控制。

6.2.2 制定采样方案

根据初步采样分析的结果，结合地块分区，制定采样方案。应采用系统布点法加密布设采样点。对于需要划定污染边界范围的区域，采样单元面积不大于 1 600 m^2（40 m×40 m 网格）。垂直方向采样深度和间隔根据初步采样的结果判断。

6.2.3 制定样品分析方案

根据初步调查结果，制定样品分析方案。样品分析项目以已确定的地块关注污染物为主。

6.2.4 其他

详细采样工作计划中的其他内容可在初步采样分析计划基础上制定，并针对初步采样分析过程中发现的问题，对采样方案和工作程序等进行相应调整。

6.3 现场采样

6.3.1 采样前的准备

现场采样应准备的材料和设备包括：定位仪器、现场探测设备、调查信息记录装备、监测井的建井材料、土壤和地下水取样设备、样品的保存装置和安全防护装备等。

6.3.2 定位和探测

采样前，可采用卷尺、GPS 卫星定位仪、经纬仪和水准仪等工具在现场确定采样点的具体位置和地面标高，并在图中标出。可采用金属探测器或探地雷达等设备探测地下障碍物，确保采样位置避开地下电缆、管线、沟、槽等地下障碍物。采用水位仪测量地下水水位，采用油水界面仪探测地下水非水相液体。

6.3.3 现场检测

可采用便携式有机物快速测定仪、重金属快速测定仪、生物毒性测试等现场快速筛选技术手段进行定性或定量分析，可采用直接贯入设备现场连续测试地层和污染物垂向分布情况，也可采用土壤气体现场检测手段和地球物理手段初步判断地块污染物及其分布，指导样品采集及监测点位布设。采用便携式设备现场测定地下水水温、pH 值、电导率、浊度和氧化还原电位等。

6.3.4 土壤样品采集

6.3.4.1 土壤样品分表层土壤和下层土壤。下层土壤的采样深度应考虑污染物可能释放和迁移的深度（如地下管线和储槽埋深）、污染物性质、土壤的质地和孔隙度、地下水位和回填土等因素。可利用现场探测设备辅助判断采样深度。

6.3.4.2 采集含挥发性污染物的样品时，应尽量减少对样品的扰动，严禁对样品进行均质化处理。

6.3.4.3 土壤样品采集后，应根据污染物理化性质等，选用合适的容器保存。汞或有机污染的土壤样品应在 4℃以下的温度条件下保存和运输，具体参照 HJ 25.2。

6.3.4.4 土壤采样时应进行现场记录，主要内容包括：样品名称和编号、气象条件、采样时间、采样位置、采样深度、样品质地、样品的颜色和气味、现场检测结果以及采样人员等。

6.3.5 地下水水样采集

6.3.5.1 地下水采样一般应建地下水监测井。监测井的建设过程分为设计、钻孔、过滤管和井管的选择和安装、滤料的选择和装填，以及封闭和固定等。监测井的建设可参照 HJ/T 164 中的有关要求。所用的设备和材料应清洗除污，建设结束后需及时进行洗井。

6.3.5.2 监测井建设记录和地下水采样记录的要求参照 HJ/T 164。样品保存、容器和采样体积的要求参照 HJ/T 164 附录 A。

6.3.6 其他注意事项

现场采样时，应避免采样设备及外部环境等因素污染样品，采取必要措施避免污染物在环境中扩散。现场采样的具体要求参照 HJ 25.2。

6.3.7 样品追踪管理

应建立完整的样品追踪管理程序，内容包括样品的保存、运输和交接等过程的书面记录和责任归属，避免样品被错误放置、混淆及保存过期。

6.4 数据评估和结果分析

6.4.1 实验室检测分析

委托有资质的实验室进行样品检测分析。

6.4.2 数据评估

整理调查信息和检测结果，评估检测数据的质量，分析数据的有效性和充分性，确定是否需要补充采样分析等。

6.4.3 结果分析

根据土壤和地下水检测结果进行统计分析，确定地块关注污染物种类、浓度水平和空间分布。

7 第三阶段土壤污染状况调查

7.1 主要工作内容

主要工作内容包括地块特征参数和受体暴露参数的调查。

调查地块特征参数

地块特征参数包括：不同代表位置和土层或选定土层的土壤样品的理化性质分析数据，如土壤 pH 值、容重、有机碳含量、含水率和质地等；地块（所在地）气候、水文、地质特征信息和数据，如地表年平均风速和水力传导系数等。根据风险评估和地块修复实际需要，选取适当的参数进行调查。

受体暴露参数包括：地块及周边地区土地利用方式、人群及建筑物等相关信息。

7.2 调查方法

地块特征参数和受体暴露参数的调查可采用资料查询、现场实测和实验室分析测试等方法。

7.3 调查结果

该阶段的调查结果供地块风险评估、风险管控和修复使用。

8 报告编制

8.1 第一阶段土壤污染状况调查报告编制

8.1.1 报告内容和格式

对第一阶段调查过程和结果进行分析、总结和评价。内容主要包括土壤污染状况调查的概述、地块的描述、资料分析、现场踏勘、人员访谈、结果和分析、调查结论与建议、附件等。报告格式可参照附录 A。

8.1.2 结论和建议

调查结论应尽量明确地块内及周围区域有无可能的污染源，若有可能的污染源，应说明可能的污染类型、污染状况和来源。应提出是否需要第二阶段土壤污染状况调查的建议。

8.1.3 不确定性分析

报告应列出调查过程中遇到的限制条件和欠缺的信息，及对调查工作和结果的影响。

8.2 第二阶段土壤污染状况调查报告编制

8.2.1 报告内容和格式

对第二阶段调查过程和结果进行分析、总结和评价。内容主要包括工作计划、现场采样和实验室分析、数据评估和结果分析、结论和建议、附件。报告的格式可参照附录 A。

8.2.2 结论和建议

结论和建议中应提出地块关注污染物清单和污染物分布特征等内容。

8.2.3 不确定性分析

报告应说明第二阶段土壤污染状况调查与计划的工作内容的偏差以及限制条件对结论的影响。

8.3 第三阶段土壤污染状况调查报告编制

按照 HJ 25.3 和 HJ 25.4 的要求，提供相关内容和测试数据。

附　录　A
（资料性附录）
调查报告编制大纲

A.1　土壤污染状况调查第一阶段报告编制大纲

1　前言
2　概述
　2.1　调查的目的和原则
　2.2　调查范围
　2.3　调查依据
　2.4　调查方法
3　地块概况
　3.1　区域环境概况
　3.2　敏感目标
　3.3　地块的现状和历史
　3.4　相邻地块的现状和历史
　3.5　地块利用的规划
4　资料分析
　4.1　政府和权威机构资料收集和分析
　4.2　地块资料收集和分析
　4.3　其他资料收集和分析
5　现场踏勘和人员访谈
　5.1　有毒有害物质的储存、使用和处置情况分析
　5.2　各类槽罐内的物质和泄漏评价
　5.3　固体废物和危险废物的处理评价
　5.4　管线、沟渠泄漏评价
　5.5　与污染物迁移相关的环境因素分析
　5.6　其他
6　结果和分析
7　结论和建议
8　附件（地理位置图、平面布置图、周边关系图、照片和法规文件等）

A.2　土壤污染状况调查第二阶段报告编制大纲

1　前言
2　概述
　2.1　调查的目的和原则
　2.2　调查范围
　2.3　调查依据

2.4 调查方法
3 地块概况
3.1 区域环境状况
3.2 敏感目标
3.3 地块的使用现状和历史
3.4 相邻地块的使用现状和历史
3.5 第一阶段土壤污染状况调查总结
4 工作计划
4.1 补充资料的分析
4.2 采样方案
4.3 分析检测方案
5 现场采样和实验室分析
5.1 现场探测方法和程序
5.2 采样方法和程序
5.3 实验室分析
5.4 质量保证和质量控制
6 结果和评价
6.1 地块的地质和水文地质条件
6.2 分析检测结果
6.3 结果分析和评价
7 结论和建议
8 附件（现场记录照片、现场探测的记录、监测井建设记录、实验室报告、质量控制结果和样品追踪监管记录表等）

附 录 B
（资料性附录）
常见地块类型及特征污染物

常见地块类型及特征污染物可参考表 B.1。实际调查过程中应根据具体情况确定。

表 B.1 常见地块类型及特征污染物

行业分类	地块类型	潜在特征污染物类型
制造业	化学原料及化学品制造	挥发性有机物、半挥发性有机物、重金属、持久性有机污染物、农药
	电气机械及器材制造	重金属、有机氯溶剂、持久性有机污染物
	纺织业	重金属、氯代有机物
	造纸及纸制品	重金属、氯代有机物
	金属制品业	重金属、氯代有机物
	金属冶炼及延压加工	重金属
	机械制造	重金属、石油烃
	塑料和橡胶制品	半挥发性有机物、挥发性有机物、重金属
	石油加工	挥发性有机物、半挥发性有机物、重金属、石油烃
	炼焦厂	挥发性有机物、半挥发性有机物、重金属、氰化物
	交通运输设备制造	重金属、石油烃、持久性有机污染物
	皮革、皮毛制造	重金属、挥发性有机物
	废弃资源和废旧材料回收加工	持久性有机污染物、半挥发性有机物、重金属、农药
采矿业	煤炭开采和洗选业	重金属
	黑色金属和有色金属矿采选业	重金属、氰化物
	非金属矿物采选业	重金属、氰化物、石棉
	石油和天然气开采业	石油烃、挥发性有机物、半挥发性有机物
电力燃气及水的生产和供应	火力发电	重金属、持久性有机污染物
	电力供应	持久性有机污染物
	燃气生产和供应	半挥发性有机物、半挥发性有机物、重金属
水利、环境和公共设施管理业	水污染治理	持久性有机污染物、半挥发性有机物、重金属、农药
	危险废物的治理	持久性有机污染物、半挥发性有机物、重金属、挥发性有机物
	其他环境治理（工业固体废物、生活垃圾处理）	持久性有机污染物、半挥发性有机物、重金属、挥发性有机物
其他	军事工业	半挥发性有机物、重金属、挥发性有机物
	研究、开发和测试设施	半挥发性有机物、重金属、挥发性有机物
	干洗店	挥发性有机物、有机氯溶剂
	交通运输工具维修	重金属、石油烃

HJ

中华人民共和国国家环境保护标准

HJ 25.2—2019

代替 HJ 25.2—2014

建设用地土壤污染风险管控和修复监测技术导则

Technical guidelines for monitoring during risk control and remediation of soil contamination of land for construction

2019-12-05 发布　　　　2019-12-05 实施

生态环境部 发布

前 言

根据《中华人民共和国环境保护法》《中华人民共和国土壤污染防治法》，为保障人体健康，保护生态环境，加强建设用地环境监督保护管理，规范建设用地土壤污染风险管控和修复监测，制定本标准。

本标准规定了建设用地土壤污染风险管控和修复监测的原则、程序、工作内容和技术要求。

本标准首次发布于2014年，此次为第一次修订。此次修订的主要内容包括：

1．标准名称由《场地环境监测技术导则》修改为《建设用地土壤污染风险管控和修复监测技术导则》；

2．适用范围参照标准名称作相应修改；

3．增加了规范性引用文件《土壤环境质量　建设用地土壤污染风险管控标准》（GB 36600），更新了规范性引用文件的相关标准内容；

4．增加了“土壤污染风险管控和修复”的术语和定义，删除了“场地”“污染场地”的术语和定义，修改了“关注污染物”的术语和定义；

5．将“修复工程验收”修改为“修复效果评估”，将“深层土壤”修改为“下层土壤”；

6．完善了监测项目和洗井要求的相关内容，细化了土壤垂向采样间隔和修复效果评估监测布点等内容。

本标准与以下标准同属建设用地土壤污染风险管控和修复系列环境保护标准：

《建设用地土壤污染状况调查技术导则》（HJ 25.1）；

《建设用地土壤污染风险评估技术导则》（HJ 25.3）；

《建设用地土壤修复技术导则》（HJ 25.4）；

《污染地块风险管控与土壤修复效果评估技术导则》（HJ 25.5）；

《污染地块地下水修复和风险管控技术导则》（HJ 25.6）。

自本标准实施之日起，《场地环境监测技术导则》（HJ 25.2—2014）废止。

本标准由生态环境部土壤生态环境司、法规与标准司组织制订。

本标准主要起草单位：沈阳环境科学研究院、生态环境部环境标准研究所、轻工业环境保护研究所、生态环境部南京环境科学研究所、上海市环境科学研究院。

本标准生态环境部2019年12月5日批准。

本标准自2019年12月5日起实施。

本标准由生态环境部解释。

建设用地土壤污染风险管控和修复监测技术导则

1 适用范围

本标准规定了建设用地土壤污染风险管控和修复监测的基本原则、程序、工作内容和技术要求。

本标准适用于建设用地土壤污染状况调查和土壤污染风险评估、风险管控、修复、风险管控效果评估、修复效果评估、后期管理等活动的环境监测。

本标准不适用于建设用地的放射性及致病性生物污染监测。

2 规范性引用文件

本标准引用了下列文件或其中的条款。凡是未注明日期的引用文件，其最新版本适用于本标准。

GB 3095 环境空气质量标准

GB 5085 危险废物鉴别标准

GB 14554 恶臭污染物排放标准

GB 36600 土壤环境质量 建设用地土壤污染风险管控标准

GB 50021 岩土工程勘查规范

HJ/T 20 工业固体废物采样制样技术规范

HJ 25.1 建设用地土壤污染状况调查技术导则

HJ 25.4 建设用地土壤修复技术导则

HJ 25.5 污染地块风险管控与土壤修复效果评估技术导则

HJ/T 91 地表水和污水监测技术规范

HJ/T 164 地下水环境监测技术规范

HJ/T 166 土壤环境监测技术规范

HJ/T 194 环境空气质量手工监测技术规范

HJ 298 危险废物鉴别技术规范

HJ 493 水质 样品的保存和管理技术规定

3 术语和定义

下列术语和定义适用于本标准。

3.1

土壤污染风险管控和修复 risk control and remediation of soil contamination

土壤污染风险管控和修复包括土壤污染状况调查和土壤污染风险评估、风险管控、修复、风险管控效果评估、修复效果评估、后期管理等活动。

3.2

关注污染物 contaminant of concern

根据地块污染特征、相关标准规范要求和利益相关方意见，确定需要进行土壤污染状况调查和土壤污染风险评估的污染物。

3.3

土壤混合样　soil mixture sample

指表层或同层土壤经混合均匀后的土壤样品，组成混合样的采样点数应为5～20个。

4　基本原则、工作内容及工作程序

4.1　基本原则

4.1.1　针对性原则

地块环境监测应针对土壤污染状况调查与土壤污染风险评估、治理修复、修复效果评估及回顾性评估等各阶段环境管理的目的和要求开展，确保监测结果的协调性、一致性和时效性，为地块环境管理提供依据。

4.1.2　规范性原则

以程序化和系统化的方式规范地块环境监测应遵循的基本原则、工作程序和工作方法，保证地块环境监测的科学性和客观性。

4.1.3　可行性原则

在满足地块土壤污染状况调查与土壤污染风险评估、治理修复、修复效果评估及回顾性评估等各阶段监测要求的条件下，综合考虑监测成本、技术应用水平等方面因素，保证监测工作切实可行及后续工作的顺利开展。

4.2　工作内容

4.2.1　地块土壤污染状况调查监测

地块土壤污染状况调查和土壤污染风险评估过程中的环境监测，主要工作是采用监测手段识别土壤、地下水、地表水、环境空气、残余废弃物中的关注污染物及水文地质特征，并全面分析、确定地块的污染物种类、污染程度和污染范围。

4.2.2　地块治理修复监测

地块治理修复过程中的环境监测，主要工作是针对各项治理修复技术措施的实施效果所开展的相关监测，包括治理修复过程中涉及环境保护的工程质量监测和二次污染物排放的监测。

4.2.3　地块修复效果评估监测

对地块治理修复工程完成后的环境监测，主要工作是考核和评价治理修复后的地块是否达到已确定的修复目标及工程设计所提出的相关要求。

4.2.4　地块回顾性评估监测

地块经过修复效果评估后，在特定的时间范围内，为评价治理修复后地块对土壤、地下水、地表水及环境空气的环境影响所进行的环境监测，同时也包括针对地块长期原位治理修复工程措施的效果开展验证性的环境监测。

4.3　工作程序

地块环境监测的工作程序主要包括监测内容确定、监测计划制订、监测实施及监测报告编制。监测内容确定是监测启动后按照4.2中的要求确定具体工作内容；监测计划制订包括资料收集分析，确定监测范围、监测介质、监测项目及监测工作组织等过程；监测实施包括监测点位布设、样品采集及样品分析等过程。

5 监测计划制订

5.1 资料收集分析

根据地块土壤污染状况调查阶段性结论，同时考虑地块治理修复监测、修复效果评估监测、回顾性评估监测各阶段的目的和要求，确定各阶段监测工作应收集的地块信息，主要包括地块土壤污染状况调查阶段所获得的信息和各阶段监测补充收集的信息。

5.2 监测范围

5.2.1 地块土壤污染状况调查监测范围为前期土壤污染状况调查初步确定的地块边界范围。

5.2.2 地块治理修复监测范围应包括治理修复工程设计中确定的地块修复范围，以及治理修复中废水、废气及废渣影响的区域范围。

5.2.3 地块修复效果评估监测范围应与地块治理修复的范围一致。

5.2.4 地块回顾性评估监测范围应包括可能对土壤、地下水、地表水及环境空气产生环境影响的范围，以及地块长期治理修复工程可能影响的区域范围。

5.3 监测对象

监测对象主要为土壤，必要时也应包括地下水、地表水及环境空气等。

5.3.1 土壤

土壤包括地块内的表层土壤和下层土壤，表层土壤和下层土壤的具体深度划分应根据地块土壤污染状况调查阶段性结论确定。地块中存在的回填层一般可作为表层土壤。

5.3.2 地下水

地下水主要为地块边界内的地下水或经地块地下径流到下游汇集区的浅层地下水。在污染较重且地质结构有利于污染物向下层土壤迁移的区域，则对深层地下水进行监测。

5.3.3 地表水

地表水主要为地块边界内流经或汇集的地表水，对于污染较重的地块也应考虑流经地块地表水的下游汇集区。

5.3.4 环境空气

环境空气是指地块污染区域中心的空气和地块下风向主要环境敏感点的空气。

5.3.5 残余废弃物

地块土壤污染状况调查的监测对象中还应考虑地块残余废弃物，主要包括地块内遗留的生产原料、工业废渣，废弃化学品及其污染物，残留在废弃设施、容器及管道内的固态、半固态及液态物质，其他与当地土壤特征有明显区别的固态物质。

5.3.6 地块治理修复监测的对象还应包括治理修复过程中排放的物质，如废气、废水及废渣等。

5.4 监测项目

5.4.1 地块土壤污染状况调查监测项目

5.4.1.1 地块土壤污染状况调查初步采样监测项目应根据 GB 36600 要求、前期土壤污染状况调查阶段性结论与本阶段工作计划确定，具体按照 HJ 25.1 相关要求确定。可能涉及的危险废物监测项目应参照 GB 5085 中相关指标确定。

5.4.1.2 地块土壤污染状况调查详细采样监测项目包括土壤污染状况调查确定的地块特征污染物和地块特征参数，应根据 HJ 25.1 相关要求确定。

5.4.2　地块治理修复、修复效果评估及回顾性评估监测项目

5.4.2.1　土壤的监测项目为土壤污染风险评估确定的需治理修复的各项指标。地下水、地表水及环境空气的监测项目应根据治理修复的技术要求确定。

5.4.2.2　监测项目还应考虑地块治理修复过程中可能产生的污染物，具体应根据地块治理修复工艺技术要求确定，可参见 HJ 25.4 中相关要求。

5.5　监测工作的组织

5.5.1　监测工作的分工

监测工作的分工一般包括信息收集整理、监测计划编制、监测点位布设、样品采集及现场分析、样品实验室分析、数据处理、监测报告编制等。承担单位应根据监测任务组织好单位内部及合作单位间的责任分工。

5.5.2　监测工作的准备

监测工作的准备一般包括人员分工、信息的收集整理、工作计划编制、个人防护准备、现场踏勘、采样设备和容器及分析仪器准备等。

5.5.3　监测工作的实施

监测工作的实施主要包括监测点位布设、样品采集、样品分析，以及后续的数据处理和报告编制。一般情况下，监测工作实施的核心是布点采样，因此应及时落实现场布点采样的相关工作条件。在样品的采集、制备、运输及分析过程中，应采取必要的技术和管理措施，保证监测人员的安全防护。

6　监测点位布设

6.1　监测点位布设方法

6.1.1　土壤监测点位布设方法

根据地块土壤污染状况调查阶段性结论确定的地理位置、地块边界及各阶段工作要求，确定布点范围。在所在区域地图或规划图中标注出准确地理位置，绘制地块边界，并对场界角点进行准确定位。地块土壤环境监测常用的监测点位布设方法包括系统随机布点法、系统布点法及分区布点法等，见图 1。

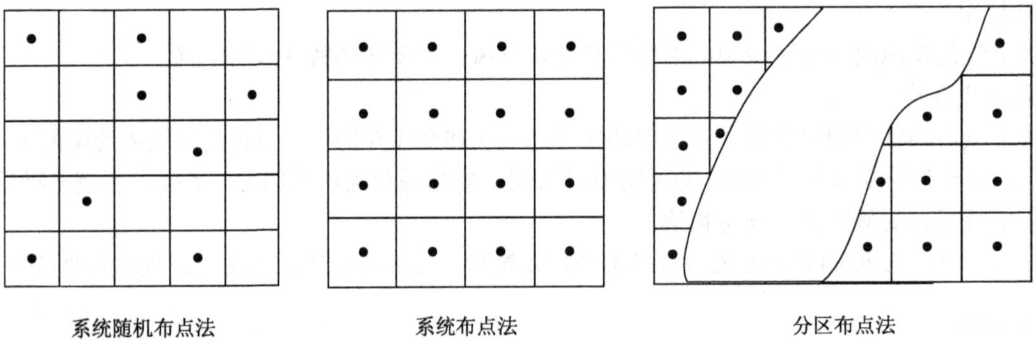

图 1　监测点位布设方法示意图

6.1.1.1　对于地块内土壤特征相近、土地使用功能相同的区域，可采用系统随机布点法进行监测点位的布设。

1）系统随机布点法是将监测区域分成面积相等的若干工作单元，从中随机（随机数的获得可以利用掷骰子、抽签、查随机数表的方法）抽取一定数量的工作单元，在每个工作单元内布设一个监测点位。

2）抽取的样本数要根据地块面积、监测目的及地块使用状况确定。

6.1.1.2　如地块土壤污染特征不明确或地块原始状况严重破坏，可采用系统布点法进行监测点位布设。系统布点法是将监测区域分成面积相等的若干工作单元，每个工作单元内布设一个监测点位。

6.1.1.3　对于地块内土地使用功能不同及污染特征明显差异的地块，可采用分区布点法进行监测点位的布设。

1）分区布点法是将地块划分成不同的小区，再根据小区的面积或污染特征确定布点的方法。

2）地块内土地使用功能的划分一般分为生产区、办公区、生活区。原则上生产区的工作单元划分应以构筑物或生产工艺为单元，包括各生产车间、原料及产品储库、废水处理及废渣储存场、场内物料流通道路、地下储存构筑物及管线等。办公区包括办公建筑、广场、道路、绿地等，生活区包括食堂、宿舍及公用建筑等。

3）对于土地使用功能相近、单元面积较小的生产区也可将几个单元合并成一个监测工作单元。

6.1.1.4　土壤对照监测点位的布设方法

1）一般情况下，应在地块外部区域设置土壤对照监测点位。

2）对照监测点位可选取在地块外部区域的四个垂直轴向上，每个方向上等间距布设 3 个采样点，分别进行采样分析。如因地形地貌、土地利用方式、污染物扩散迁移特征等因素致使土壤特征有明显差别或采样条件受到限制时，监测点位可根据实际情况进行调整。

3）对照监测点位应尽量选择在一定时间内未经外界扰动的裸露土壤，应采集表层土壤样品，采样深度尽可能与地块表层土壤采样深度相同。如有必要也应采集下层土壤样品。

6.1.2　地下水监测点位布设方法

地块内如有地下水，应在疑似污染严重的区域布点，同时考虑在地块内地下水径流的下游布点。如需要通过地下水的监测了解地块的污染特征，则在一定距离内的地下水径流下游汇水区内布点。

6.1.3　地表水监测点位布设方法

如果地块内有流经的或汇集的地表水，则在疑似污染严重区域的地表水布点，同时考虑在地表水径流的下游布点。

6.1.4　环境空气监测点位布设方法

在地块中心和地块当时下风向主要环境敏感点布点。对于地块中存在的生产车间、原料或废渣储存场等污染比较集中的区域，应在这些区域内布点；对于有机污染、恶臭污染、汞污染等类型地块，应在疑似污染较重的区域布点。

6.1.5　地块内残余废弃物监测点位布设方法

在疑似为危险废物的残余废弃物及与当地土壤特征有明显区别的可疑物质所在区域进行布点。

6.2　地块土壤污染状况调查监测点位的布设

6.2.1　土壤监测点位的布设

6.2.1.1　地块土壤污染状况调查初步采样监测点位的布设

1）可根据原地块使用功能和污染特征，选择可能污染较重的若干工作单元，作为土壤污染物识别的工作单元。原则上监测点位应选择工作单元的中央或有明显污染的部位，如生产车间、污水管线、废弃物堆放处等。

2）对于污染较均匀的地块（包括污染物种类和污染程度）和地貌严重破坏的地块（包括拆迁性破坏、历史变更性破坏），可根据地块的形状采用系统随机布点法，在每个工作单元的中心采样。

3）监测点位的数量与采样深度应根据地块面积、污染类型及不同使用功能区域等调查阶段性结论确定。

4）对于每个工作单元，表层土壤和下层土壤垂直方向层次的划分应综合考虑污染物迁移情况、构筑物及管线破损情况、土壤特征等因素确定。采样深度应扣除地表非土壤硬化层厚度，原则上应采集 0～

0.5 m 表层土壤样品，0.5 m 以下下层土壤样品根据判断布点法采集，建议 0.5～6 m 土壤采样间隔不超过 2 m；不同性质土层至少采集一个土壤样品。同一性质土层厚度较大或出现明显污染痕迹时，根据实际情况在该层位增加采样点。

5）一般情况下，应根据地块土壤污染状况调查阶段性结论及现场情况确定下层土壤的采样深度，最大深度应直至未受污染的深度为止。

6.2.1.2 地块土壤污染状况调查详细采样监测点位的布设

1）对于污染较均匀的地块（包括污染物种类和污染程度）和地貌严重破坏的地块（包括拆迁性破坏、历史变更性破坏），可采用系统布点法划分工作单元，在每个工作单元的中心采样。

2）如地块不同区域的使用功能或污染特征存在明显差异，则可根据土壤污染状况调查获得的原使用功能和污染特征等信息，采用分区布点法划分工作单元，在每个工作单元的中心采样。

3）单个工作单元的面积可根据实际情况确定，原则上不应超过 1 600 m^2。对于面积较小的地块，应不少于 5 个工作单元。采样深度应至土壤污染状况调查初步采样监测确定的最大深度，深度间隔参见 6.2.1.1 中相关要求。

4）如需采集土壤混合样，可根据每个工作单元的污染程度和工作单元面积，将其分成 1～9 个均等面积的网格，在每个网格中心进行采样，将同层的土样制成混合样（测定挥发性有机物项目的样品除外）。

6.2.2 地下水监测点位的布设

6.2.2.1 对于地下水流向及地下水位，可结合土壤污染状况调查阶段性结论间隔一定距离按三角形或四边形至少布置 3～4 个点位监测判断。

6.2.2.2 地下水监测点位应沿地下水流向布设，可在地下水流向上游、地下水可能污染较严重区域和地下水流向下游分别布设监测点位。确定地下水污染程度和污染范围时，应参照详细监测阶段土壤的监测点位，根据实际情况确定，并在污染较重区域加密布点。

6.2.2.3 应根据监测目的、所处含水层类型及其埋深和相对厚度来确定监测井的深度，且不穿透浅层地下水底板。地下水监测目的层与其他含水层之间要有良好止水性。

6.2.2.4 一般情况下，采样深度应在监测井水面下 0.5 m 以下。对于低密度非水溶性有机物污染，监测点位应设置在含水层顶部；对于高密度非水溶性有机物污染，监测点位应设置在含水层底部和不透水层顶部。

6.2.2.5 一般情况下，应在地下水流向上游的一定距离设置对照监测井。

6.2.2.6 如地块面积较大，地下水污染较重，且地下水较丰富，可在地块内地下水径流的上游和下游各增加 1～2 个监测井。

6.2.2.7 如果地块内没有符合要求的浅层地下水监测井，则可根据调查阶段性结论在地下水径流的下游布设监测井。

6.2.2.8 如果地块地下岩石层较浅，没有浅层地下水富集，则在径流的下游方向可能的地下蓄水处布设监测井。

6.2.2.9 若前期监测的浅层地下水污染非常严重，且存在深层地下水时，可在做好分层止水条件下增加一口深井至深层地下水，以评价深层地下水的污染情况。

6.2.3 地表水监测点位的布设

6.2.3.1 考察地块的地表径流对地表水的影响时，可分别在降雨期和非降雨期进行采样。如需反映地块污染源对地表水的影响，可根据地表水流量分别在枯水期、丰水期和平水期进行采样。

6.2.3.2 在监测污染物浓度的同时，还应监测地表水的径流量，以判定污染物向地表水的迁移量。

6.2.3.3 如有必要可在地表水上游一定距离布设对照监测点位。

6.2.3.4 具体监测点位布设要求参照 HJ/T 91。

6.2.4 环境空气监测点位的布设

6.2.4.1 如需要考察地块内的环境空气，可根据实际情况在地块疑似污染区域中心、当时下风向地块边界及边界外 500 m 内的主要环境敏感点分别布设监测点位，监测点位距地面 1.5～2.0 m。

6.2.4.2 一般情况下，应在地块的上风向设置对照监测点位。

6.2.4.3 对于有机污染、汞污染等类型地块，尤其是挥发性有机物污染的地块，如有需要可选择污染最重的工作单元中心部位，剥离地表 0.2 m 的表层土壤后进行采样监测。

6.2.5 地块残余废弃物监测点位的布设

根据前期调查结果，对可能为危险废物的残余废弃物按照 HJ 298 相关要求进行布点采样。

6.3 地块治理修复监测点位的布设

6.3.1 地块残余危险废物和具有危险废物特征土壤清理效果的监测

6.3.1.1 在地块残余危险废物和具有危险废物特征土壤的清理作业结束后，应对清理界面的土壤进行布点采样。根据界面的特征和大小将其分成面积相等的若干工作单元，单元面积不应超过 100 m^2。可在每个工作单元中均匀分布地采集 9 个表层土壤样品制成混合样（测定挥发性有机物项目的样品除外）。

6.3.1.2 如监测结果仍超过相应的治理目标值，应根据监测结果确定二次清理的边界，二次清理后再次进行监测，直至清理达到标准。

6.3.1.3 残余危险废物和具有危险废物特征土壤清理效果的监测结果可作为修复效果评估结果的组成部分。

6.3.2 污染土壤清挖效果的监测

6.3.2.1 对完成污染土壤清挖后界面的监测，包括界面的四周侧面和底部。根据地块大小和污染的强度，应将四周的侧面等分成段，每段最大长度不应超过 40 m，在每段均匀采集 9 个表层土壤样品制成混合样（测定挥发性有机物项目的样品除外）；将底部均分工作单元，单元的最大面积不应超过 400 m^2，在每个工作单元中均匀分布地采集 9 个表层土壤样品制成混合样（测定挥发性有机物项目的样品除外）。

6.3.2.2 对于超标区域根据监测结果确定二次清挖的边界，二次清挖后再次进行监测，直至达到相应要求。

6.3.2.3 污染土壤清挖效果的监测可作为修复效果评估结果的组成部分。

6.3.3 污染土壤治理修复的监测

6.3.3.1 治理修复过程中的监测点位或监测频率，应根据工程设计中规定的原位治理修复工艺技术要求确定，每个样品代表的土壤体积应不超过 500 m^3。

6.3.3.2 应对治理修复过程中可能排放的物质进行布点监测，如治理修复过程中设置废水、废气排放口则应在排放口布设监测点位。

6.3.4 治理修复过程中，如需对地下水、地表水和环境空气进行监测，监测点位应按照工程环境影响评价或修复工程设计的要求布设。

6.4 地块修复效果评估监测点位的布设

6.4.1 对治理修复后地块的土壤修复效果评估监测一般应采用系统布点法布设监测点位，原则上每个工作单元面积不应超过 1 600 m^2。具体布设要求参照 HJ 25.5。

6.4.2 对原位治理修复工程措施（如隔离、防迁移扩散等）效果的监测，应依据工程设计相关要求进行监测点位的布设。

6.4.3 对异位治理修复工程措施效果的监测，处理后土壤应布设一定数量监测点位，每个样品代表的土壤体积应不超过 500 m^3。具体布设要求参照 HJ 25.5。

6.4.4 修复效果评估监测过程中，如发现未达到治理修复标准的工作单元，则应进行二次治理修复，并在修复后再次进行修复效果评估监测。

6.4.5 对地下水、地表水和环境空气进行监测，监测点位分别与 6.2.2、6.2.3、6.2.4 的监测点位相同，可考虑原位修复工程的相关要求适当增设监测点位。

6.4.6 对地下水进行修复效果评估监测，可利用地块土壤污染状况调查、土壤污染风险评估和修复过程建设的监测井，但原监测井数量不应超过修复效果评估时监测井总数的 60%，新增监测井位置布设在地下水污染最严重区域。

6.5 地块回顾性评估监测点位的布设

6.5.1 对土壤进行定期回顾性评估监测，应综合考虑土壤污染状况调查详细采样监测、治理修复监测及修复效果评估监测中相关点位进行监测点位布设。
6.5.2 对地下水、地表水及环境空气进行定期监测，监测点位可参照 6.2.2、6.2.3、6.2.4 监测点位布设方法。
6.5.3 对原位治理修复工程措施（如隔离、防迁移扩散等）效果的监测，应针对工程设计的相关要求进行监测点位的布设。
6.5.4 长期治理修复工程可能影响的区域范围也应布设一定数量的监测点位。

7 样品采集

7.1 土壤样品的采集

7.1.1 表层土壤样品的采集
7.1.1.1 表层土壤样品的采集一般采用挖掘方式进行，一般采用锹、铲及竹片等简单工具，也可进行钻孔取样。
7.1.1.2 土壤采样的基本要求为尽量减少土壤扰动，保证土壤样品在采样过程不被二次污染。
7.1.2 下层土壤样品的采集
7.1.2.1 下层土壤的采集以钻孔取样为主，也可采用槽探的方式进行采样。
7.1.2.2 钻孔取样可采用人工或机械钻孔后取样。手工钻探采样的设备包括螺纹钻、管钻、管式采样器等。机械钻探包括实心螺旋钻、中空螺旋钻、套管钻等。
7.1.2.3 槽探一般靠人工或机械挖掘采样槽，然后用采样铲或采样刀进行采样。槽探的断面呈长条形，根据地块类型和采样数量设置一定的断面宽度。槽探取样可通过锤击敞口取土器取样和人工刻切块状土取样。
7.1.3 原位治理修复工程措施处理土壤样品的采集
对原位治理修复工程措施效果（如客土、隔离、防迁移扩散等）的监测采样，应根据工程设计提出的要求进行。
7.1.4 挥发性有机物污染、易分解有机物污染、恶臭污染土壤的采样，应采用无扰动式的采样方法和工具。钻孔取样可采样快速击入法、快速压入法及回转法，主要工具包括土壤原状取土器和回转取土器。槽探可采用人工刻切块状土取样。采样后立即将样品装入密封的容器，以减少暴露时间。
7.1.5 如需采集土壤混合样时，将等量各点采集的土壤样品充分混拌后四分法取得到土壤混合样。含易挥发、易分解和恶臭污染的样品必须进行单独采样，禁止对样品进行均质化处理，不得采集混合样。
7.1.6 土壤样品的保存与流转
7.1.6.1 挥发性有机物污染的土壤样品和恶臭污染土壤的样品应采用密封性的采样瓶封装，样品应充满容器整个空间；含易分解有机物的待测定样品，可采取适当的封闭措施（如甲醇或水液封等方式保存于采样瓶中）。样品应置于 4℃以下的低温环境（如冰箱）中运输、保存，避免运输、保存过程中的挥发损失，送至实验室后应尽快分析测试。
7.1.6.2 挥发性有机物浓度较高的样品装瓶后应密封在塑料袋中，避免交叉污染，应通过运输空白样来控制运输和保存过程中交叉污染情况。

7.1.6.3 具体土壤样品的保存与流转应按照 HJ/T 166 的要求进行。

7.2 地下水样品的采集

7.2.1 地下水采样时应依据地块的水文地质条件，结合调查获取的污染源及污染土壤特征，应利用最低的采样频次获得最有代表性的样品。

7.2.2 监测井可采用空心钻杆螺纹钻、直接旋转钻、直接空气旋转钻、钢丝绳套管直接旋转钻、双壁反循环钻、绳索钻具等方法钻井。

7.2.3 设置监测井时，应避免采用外来的水及流体，同时在地面井口处采取防渗措施。

7.2.4 监测井的井管材料应有一定强度，耐腐蚀，对地下水无污染。

7.2.5 低密度非水溶性有机物样品应用可调节采样深度的采样器采集，对于高密度非水溶性有机物样品可以应用可调节采样深度的采样器或潜水式采样器采集。

7.2.6 在监测井建设完成后必须进行洗井。所有的污染物或钻井产生的岩层破坏以及来自天然岩层的细小颗粒都必须去除，以保证出流的地下水中没有颗粒。常见的方法包括超量抽水、反冲、汲取及气洗等。

7.2.7 地下水采样前应先进行洗井，采样应在水质参数和水位稳定后进行。测试项目中有挥发性有机物时，应适当减缓流速，避免冲击产生气泡，一般不超过 0.1 L/min。

7.2.8 地下水采样的对照样品应与目标样品来自相同含水层的同一深度。

7.2.9 具体地下水样品的采集、保存与流转应按照 HJ/T 164 的要求进行。

7.3 地表水样品的采集

7.3.1 地表水的采样时避免搅动水底沉积物。

7.3.2 为反映地表水与地下水的水力联系，地表水的采样频次与采样时间应尽量与地下水采样保持一致。

7.3.3 具体地表水样品的采集、保存与流转应按照 HJ/T 91、HJ 493 的要求进行。

7.4 环境空气样品的采集

7.4.1 对于 6.2.4.3 的环境空气样品采样，可根据分析仪器的检出限，设置具有一定体积并装有抽气孔的封闭仓（采样时扣置在已剥离表层土壤的地块地面，四周用土封闭以保持封闭仓的密闭性），封闭 12 h 后进行气体样品采集。

7.4.2 具体环境空气样品的采集、保存与流转应按照 HJ/T 194 的要求进行。

7.5 地块残余废弃物样品的采集

7.5.1 地块内残余的固态废弃物可选用尖头铁锹、钢锤、采样钻、取样铲等采样工具进行采样。

7.5.2 地块内残余的液态废弃物可选用采样勺、采样管、采样瓶、采样罐、搅拌器等工具进行采样。

7.5.3 地块内残余的半固态废弃污染物应根据废物流动性按照固态废弃物采样或液态废弃物的采样规定进行样品采集。

7.5.4 具体残余废弃物样品的采集、保存与流转应按照 HJ/T 20 及 HJ 298 的要求进行。

8 样品分析

8.1 现场样品分析

8.1.1 在现场样品分析过程中，可采用便携式分析仪器设备进行定性和半定量分析。

8.1.2 水样的温度须在现场进行分析测试，溶解氧、pH 值、电导率、色度、浊度等监测项目亦可在现场进行分析测试，并应保持监测时间一致性。

8.1.3 采用便携式仪器设备对挥发性有机物进行定性分析，可将污染土壤置于密闭容器中，稳定一定时间后测试容器中顶部的气体。

8.2 实验室样品分析

8.2.1 土壤样品分析

土壤样品关注污染物的分析测试应参照 GB 36600 和 HJ/T 166 中的指定方法。土壤的常规理化特征土壤 pH 值、粒径分布、密度、孔隙度、有机质含量、渗透系数、阳离子交换量等的分析测试应按照 GB 50021 执行。污染土壤的危险废物特征鉴别分析，应按照 GB 5085 和 HJ 298 中的指定方法。

8.2.2 其他样品分析

地下水样品、地表水样品、环境空气样品、残余废弃物样品的分析应分别按照 HJ/T 164、HJ/T 91、GB 3095、GB 14554、GB 5085 和 HJ 298 中的指定方法进行。

9 质量控制与质量保证

9.1 采样过程

在样品的采集、保存、运输、交接等过程应建立完整的管理程序。为避免采样设备及外部环境条件等因素对样品产生影响，应注重现场采样过程中的质量保证和质量控制。

9.1.1 应防止采样过程中的交叉污染。钻机采样过程中，在第一个钻孔开钻前要进行设备清洗；进行连续多次钻孔的钻探设备应进行清洗；同一钻机在不同深度采样时，应对钻探设备、取样装置进行清洗；与土壤接触的其他采样工具重复利用时也应清洗。一般情况下可用清水清理，也可用待采土样或清洁土壤进行清洗；必要时或特殊情况下，可采用无磷去垢剂溶液、高压自来水、去离子水（蒸馏水）或 10% 硝酸进行清洗。

9.1.2 采集现场质量控制样是现场采样和实验室质量控制的重要手段。质量控制样一般包括平行样、空白样及运输样，质控样品的分析数据可从采样到样品运输、储存和数据分析等不同阶段反映数据质量。

9.1.3 在采样过程中，同种采样介质，应采集至少一个样品采集平行样。样品采集平行样是从相同的点位收集并单独封装和分析的样品。

9.1.4 采集土壤样品用于分析挥发性有机物指标时，建议每次运输应采集至少一个运输空白样，即从实验室带到采样现场后，又返回实验室的与运输过程有关，并与分析无关的样品，以便了解运输途中是否受到污染和样品是否损失。

9.1.5 现场采样记录、现场监测记录可使用表格描述土壤特征、可疑物质或异常现象等，同时应保留现场相关影像记录，其内容、页码、编号要齐全便于核查，如有改动应注明修改人及时间。

9.2 样品分析及其他过程

土壤、地下水、地表水、环境空气、残余废弃物的样品分析及其他过程的质量控制与质量保证技术要求按照 HJ/T 166、HJ/T 164、HJ/T 91、HJ 493、HJ/T 194、HJ/T 20 中相关要求进行，对于特殊监测项目应按照相关标准要求在限定时间内进行监测。

10　监测报告编制

10.1　监测报告的主要内容

监测报告应包括但不限于以下内容：报告名称、任务来源、编制目的及依据、监测范围、污染源调查与分析、监测对象、监测项目、监测频次、布点原则与方法、监测点位图、采样与分析方法和时间、质量控制与质量保证、评价标准与方法、监测结果汇总表等。同时还应包括实验室名称、报告编号、报告每页和总页数，采样者，分析者，报告编制、复核、审核和签发者及时间等相关信息。

10.2　数据处理

监测数据的处理应参照 HJ/T 166、HJ/T 164、HJ/T 194、HJ/T 91、HJ 298 中的相关要求进行。

10.3　监测结果

监测结果可按照地块土壤污染状况调查和土壤污染风险评估、治理修复、修复效果评估及回顾性评估等不同阶段的要求与相关标准的技术要求，进行监测数据的汇总分析。

HJ

中华人民共和国国家环境保护标准

HJ 25.3—2019
代替 HJ 25.3—2014

建设用地土壤污染风险评估技术导则

Technical guidelines for risk assessment of soil contamination of land for construction

2019-12-05 发布　　2019-12-05 实施

生　态　环　境　部 发布

前　言

根据《中华人民共和国环境保护法》《中华人民共和国土壤污染防治法》，为保障人体健康，保护生态环境，加强建设用地环境保护监督管理，规范建设用地土壤污染健康风险评估，制定本标准。

本标准规定了建设用地土壤污染风险评估的原则、内容、程序、方法和技术要求。

本标准附录A、附录B、附录C、附录E、附录F为规范性附录，附录D、附录G为资料性附录。

本标准首次发布于2014年，此次为第一次修订。此次修订的主要内容包括：

1．标准名称由《污染场地风险评估技术导则》修改为《建设用地土壤污染风险评估技术导则》；

2．适用范围参照标准名称作相应修改；

3．增加了规范性引用文件《土壤环境质量　建设用地土壤污染风险管控标准（试行）》（GB 36600），更新了规范性引用文件的相关标准内容；

4．删除了“场地”和“潜在污染场地”的术语和定义；

5．修改了“敏感用地”和“非敏感用地”的表述及其含义；

6．修正了部分污染物毒性与理化参数、推荐参数及计算公式。

本标准与以下标准同属建设用地土壤污染风险管控和修复系列环境保护标准：

《建设用地土壤污染状况调查技术导则》（HJ 25.1）；

《建设用地土壤污染风险管控和修复监测技术导则》（HJ 25.2）；

《建设用地土壤修复技术导则》（HJ 25.4）；

《污染地块风险管控与土壤修复效果评估技术导则》（HJ 25.5）；

《污染地块地下水修复和风险管控技术导则》（HJ 25.6）。

自本标准实施之日起，《污染场地风险评估技术导则》（HJ 25.3—2014）废止。

本标准由生态环境部土壤生态环境司、法规与标准司组织制订。

本标准主要起草单位：生态环境部南京环境科学研究所、生态环境部环境标准研究所、轻工业环境保护研究所、上海市环境科学研究院、沈阳环境科学研究院。

本标准由生态环境部2019年12月5日批准。

本标准自2019年12月5日起实施。

本标准由生态环境部解释。

建设用地土壤污染风险评估技术导则

1　适用范围

本标准规定了开展建设用地土壤污染风险评估的原则、内容、程序、方法和技术要求。

本标准适用于建设用地健康风险评估和土壤、地下水风险控制值的确定。

本标准不适用于铅、放射性物质、致病性生物污染以及农用地土壤污染的风险评估。

2　规范性引用文件

本标准引用了下列文件或其中的条款。凡是未注明日期的引用文件，其最新版本适用于本标准。

GB/T 14848　地下水质量标准

GB 36600　土壤环境质量　建设用地土壤污染风险管控标准

GB 50137　城市用地分类与规划建设用地标准

HJ 25.1　建设用地土壤污染状况调查技术导则

HJ 25.2　建设用地土壤污染风险管控和修复监测技术导则

HJ 25.4　建设用地土壤修复技术导则

HJ 25.6　污染地块地下水修复和风险管控技术导则

3　术语和定义

下列术语和定义适用于本标准。

3.1

土壤　soil

由矿物质、有机质、水、空气及生物有机体组成的地球陆地表面的疏松层。

3.2

关注污染物　contaminant of concern

根据地块污染特征、相关标准规范要求和地块利益相关方意见，确定需要进行土壤污染状况调查和土壤污染风险评估的污染物。

3.3

暴露途径　exposure pathway

指建设用地土壤和地下水中污染物迁移到达和暴露于人体的方式。

3.4

建设用地健康风险评估　health risk assessment of land for construction

在土壤污染状况调查的基础上，分析地块土壤和地下水中污染物对人群的主要暴露途径，评估污染物对人体健康的致癌风险或危害水平。

3.5

致癌风险　carcinogenic risk

人群暴露于致癌效应污染物，诱发致癌性疾病或损伤的概率。

3.6

危害商　hazard quotient

污染物每日摄入剂量与参考剂量的比值，用于表征人体经单一途径暴露于非致癌污染物而受到危害的水平。

3.7

危害指数　hazard index

人群经多种途径暴露于单一污染物的危害商之和，用于表征人体暴露于非致癌污染物受到危害的水平。

3.8

可接受风险水平　acceptable risk level

对暴露人群不会产生不良或有害健康效应的风险水平，包括致癌物的可接受致癌风险水平和非致癌物的可接受危害商。本标准中单一污染物的可接受致癌风险水平为 10^{-6}，单一污染物的可接受危害商为 1。

3.9

土壤和地下水风险控制值　risk control values for soil and groundwater

根据本标准规定的用地方式、暴露情景和可接受风险水平，采用本标准规定的风险评估方法和土壤污染状况调查获得相关数据，计算获得的土壤中污染物的含量限值和地下水中污染物的浓度限值。

4　工作程序和内容

地块风险评估工作内容包括危害识别、暴露评估、毒性评估、风险表征，以及土壤和地下水风险控制值的计算。地块风险评估程序见图 1。

4.1　危害识别

收集土壤污染状况调查阶段获得的相关资料和数据，掌握地块土壤和地下水中关注污染物的浓度分布，明确规划土地利用方式，分析可能的敏感受体，如儿童、成人、地下水体等。

4.2　暴露评估

在危害识别的基础上，分析地块内关注污染物迁移和危害敏感受体的可能性，确定地块土壤和地下水污染物的主要暴露途径和暴露评估模型，确定评估模型参数取值，计算敏感人群对土壤和地下水中污染物的暴露量。

4.3　毒性评估

在危害识别的基础上，分析关注污染物对人体健康的危害效应，包括致癌效应和非致癌效应，确定与关注污染物相关的参数，包括参考剂量、参考浓度、致癌斜率因子和呼吸吸入单位致癌因子等。

4.4　风险表征

在暴露评估和毒性评估的基础上，采用风险评估模型计算土壤和地下水中单一污染物经单一途径的致癌风险和危害商，计算单一污染物的总致癌风险和危害指数，进行不确定性分析。

4.5　土壤和地下水风险控制值的计算

在风险表征的基础上，判断计算得到的风险值是否超过可接受风险水平。如地块风险评估结果未超过可接受风险水平，则结束风险评估工作；如地块风险评估结果超过可接受风险水平，则计算土壤、地下水中关注污染物的风险控制值；如调查结果表明，土壤中关注污染物可迁移进入地下水，则计算保护地下水的土壤风险控制值；根据计算结果，提出关注污染物的土壤和地下水风险控制值。

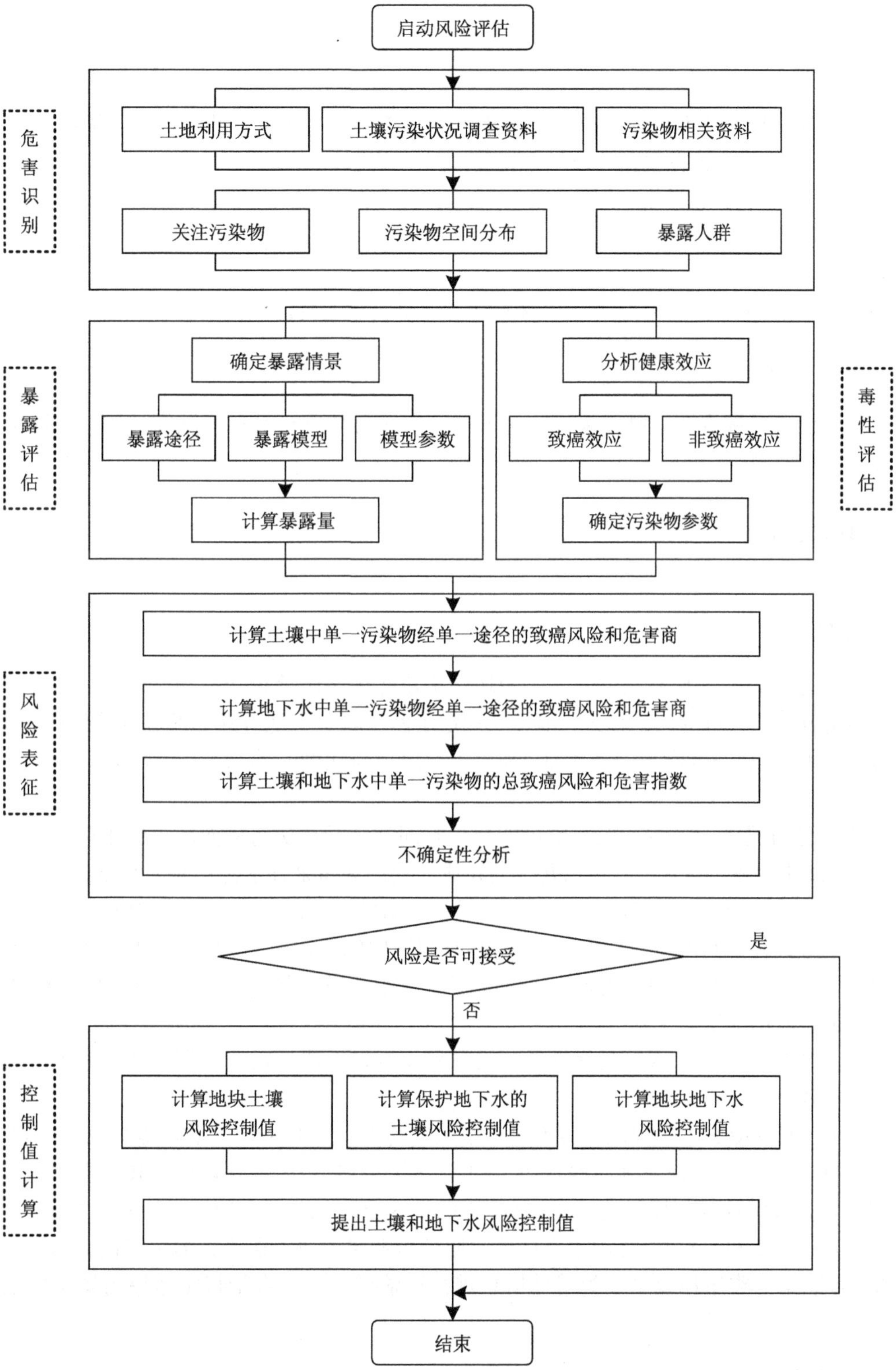

图 1　地块风险评估程序与内容

5 危害识别技术要求

5.1 收集相关资料

按照 HJ 25.1 和 HJ 25.2 对地块进行土壤污染状况调查及污染识别，获得以下信息：

1）较为详尽的地块相关资料及历史信息；

2）地块土壤和地下水等样品中污染物的浓度数据；

3）地块土壤的理化性质分析数据；

4）地块（所在地）气候、水文、地质特征信息和数据；

5）地块及周边地块土地利用方式、敏感人群及建筑物等相关信息。

5.2 确定关注污染物

根据土壤污染状况调查和监测结果，将对人群等敏感受体具有潜在风险需要进行风险评估的污染物，确定为关注污染物。

6 暴露评估技术要求

6.1 分析暴露情景

6.1.1 暴露情景是指特定土地利用方式下，地块污染物经由不同途径迁移和到达受体人群的情况。根据不同土地利用方式下人群的活动模式，本标准规定了两类典型用地方式下的暴露情景，即以住宅用地为代表的第一类用地（以下简称第一类用地）和以工业用地为代表的第二类用地（以下简称第二类用地）的暴露情景。

6.1.2 第一类用地方式下，儿童和成人均可能会长时间暴露于地块污染而产生健康危害。对于致癌效应，考虑人群的终生暴露危害，一般根据儿童期和成人期的暴露来评估污染物的终生致癌风险；对于非致癌效应，儿童体重较轻、暴露量较高，一般根据儿童期暴露来评估污染物的非致癌危害效应。

第一类用地方式包括 GB 50137 规定的城市建设用地中的居住用地（R）、公共管理与公共服务用地中的中小学用地（A33）、医疗卫生用地（A5）和社会福利设施用地（A6），以及公园绿地（G1）中的社区公园或儿童公园用地等。

6.1.3 第二类用地方式下，成人的暴露期长、暴露频率高，一般根据成人期的暴露来评估污染物的致癌风险和非致癌效应。

第二类用地包括 GB 50137 规定的城市建设用地中的工业用地（M）、物流仓储用地（W）、商业服务业设施用地（B）、道路与交通设施用地（S）、公用设施用地（U）、公共管理与公共服务用地（A）（A33、A5、A6 除外），以及绿地与广场用地（G）（G1 中的社区公园或儿童公园用地除外）等。

6.1.4 除本标准 6.1.2 和 6.1.3 以外的建设用地，应分析特定地块人群暴露的可能性、暴露频率和暴露周期等情况，参照第一类用地或第二类用地情景进行评估或构建适合于特定地块的暴露情景进行风险评估。

6.2 确定暴露途径

6.2.1 对于第一类用地和第二类用地，本标准规定了 9 种主要暴露途径和暴露评估模型，包括经口摄入土壤、皮肤接触土壤、吸入土壤颗粒物、吸入室外空气中来自表层土壤的气态污染物、吸入室外空气中来自下层土壤的气态污染物、吸入室内空气中来自下层土壤的气态污染物共 6 种土壤污染物暴露途径和吸入室外空气中来自地下水的气态污染物、吸入室内空气中来自地下水的气态污染物、饮用地下水共 3 种地下水污染物暴露途径。

6.2.2　特定用地方式下的主要暴露途径应根据实际情况分析确定，暴露评估模型参数应尽可能根据现场调查获得。地块及周边地区地下水受到污染时，应在风险评估时考虑地下水相关暴露途径。依照 GB 36600 要求进行土壤中污染物筛选值的计算时，应考虑全部 6 种土壤污染物暴露途径。

6.3　计算第一类用地土壤和地下水暴露量

6.3.1　经口摄入土壤途径

第一类用地方式下，人群可因经口摄入土壤而暴露于污染土壤。对于单一污染物的致癌和非致癌效应，计算该途径对应土壤暴露量的推荐模型见附录 A 公式（A.1）和公式（A.2）。

6.3.2　皮肤接触土壤途径

第一类用地方式下，人群可因皮肤接触土壤而暴露于污染土壤。对于单一污染物的致癌和非致癌效应，计算该途径对应土壤暴露量的推荐模型见附录 A 公式（A.3）、公式（A.4）、公式（A.5）和公式（A.6）。

6.3.3　吸入土壤颗粒物途径

第一类用地方式下，人群可因吸入空气中来自土壤的颗粒物而暴露于污染土壤。对于单一污染物的致癌和非致癌效应，计算该途径对应土壤暴露量的推荐模型见附录 A 公式（A.7）和 公式（A.8）。

6.3.4　吸入室外空气中来自表层土壤的气态污染物途径

第一类用地方式下，人群可因吸入室外空气中来自表层土壤的气态污染物而暴露于污染土壤。对于单一污染物的致癌和非致癌效应，计算该途径对应土壤暴露量的推荐模型见附录 A 公式（A.9）和公式（A.10）。

6.3.5　吸入室外空气中来自下层土壤的气态污染物途径

第一类用地方式下，人群可因吸入室外空气中来自下层土壤的气态污染物而暴露于污染土壤。对于单一污染物的致癌和非致癌效应，计算该途径对应土壤暴露量的推荐模型见附录 A 公式（A.11）和公式（A.12）。

6.3.6　吸入室外空气中来自地下水的气态污染物途径

第一类用地方式下，人群可因吸入室外空气中来自地下水的气态污染物而暴露于受污染地下水。对于单一污染物的致癌和非致癌效应，计算该途径对应地下水暴露量的推荐模型见附录 A 公式（A.13）和公式（A.14）。

6.3.7　吸入室内空气中来自下层土壤的气态污染物途径

第一类用地方式下，人群可因吸入室内空气中来自下层土壤的气态污染物而暴露于污染土壤。对于污染物的致癌和非致癌效应，计算该途径对应土壤暴露量的推荐模型见附录 A 公式（A.15）和公式（A.16）。

6.3.8　吸入室内空气中来自地下水的气态污染物途径

第一类用地方式下，人群吸入室内空气中来自地下水的气态污染物而暴露于受污染地下水。对于污染物的致癌和非致癌效应，计算该途径对应地下水暴露量的推荐模型见附录 A 公式（A.17）和公式（A.18）。

6.3.9　饮用地下水途径

第一类用地方式下，人群可因饮用地下水而暴露于地块地下水污染物。对于单一污染物的致癌和非致癌效应，计算该途径对应地下水暴露量的推荐计算模型见附录 A 公式（A.19）和公式（A.20）。

6.4　计算第二类用地土壤和地下水暴露量

6.4.1　经口摄入土壤途径

第二类用地方式下，人群可因经口摄入土壤而暴露于污染土壤。对于污染物的致癌和非致癌效应，计算该途径对应土壤暴露量的推荐模型见附录 A 公式（A.21）和公式（A.22）。

6.4.2　皮肤接触土壤途径

第二类用地方式下，人群可因皮肤直接接触而暴露于污染土壤。对于污染物的致癌和非致癌效应，计算该途径对应土壤暴露量的推荐模型见附录 A 公式（A.23）和公式（A.24）。

6.4.3　吸入土壤颗粒物途径

第二类用地方式下，人群可因吸入空气中来自土壤的颗粒物而暴露于污染土壤。对于污染物的致癌和非致癌效应，计算该途径对应土壤暴露量的推荐模型见附录 A 公式（A.25）和公式（A.26）。

6.4.4　吸入室外空气中来自表层土壤的气态污染物途径

第二类用地方式下，人群可因吸入室外空气中来自表层土壤的气态污染物而暴露于污染土壤。对于污染物的致癌和非致癌效应，计算该途径对应土壤暴露量的推荐模型见附录 A 公式（A.27）和公式（A.28）。

6.4.5　吸入室外空气中来自下层土壤的气态污染物途径

第二类用地方式下，人群可因吸入室外空气中来自下层土壤的气态污染物而暴露于污染土壤。对于污染物的致癌和非致癌效应，计算该途径对应土壤暴露量的推荐模型见附录 A 公式（A.29）和公式（A.30）。

6.4.6　吸入室外空气中来自地下水的气态污染物途径

第二类用地方式下，人群可因吸入室外空气中来自地下水的气态污染物而暴露于污染地下水。对于污染物的致癌和非致癌效应，计算该途径对应地下水暴露量的推荐模型见附录 A 公式（A.31）和公式（A.32）。

6.4.7　吸入室内空气中来自下层土壤的气态污染物途径

第二类用地方式下，人群可因吸入室内空气中来自下层土壤的气态污染物而暴露于污染土壤。对于污染物的致癌和非致癌效应，计算该途径对应土壤暴露量的推荐模型见附录 A 公式（A.33）和公式（A.34）。

6.4.8　吸入室内空气中来自地下水的气态污染物途径

第二类用地方式下，人群可因吸入室内空气中来自地下水的气态污染物而暴露于污染地下水。对于污染物的致癌和非致癌效应，计算该途径对应地下水暴露量的推荐模型见附录 A 公式（A.35）和公式（A.36）。

6.4.9　饮用地下水途径

第二类用地方式下，人群可因饮用地下水而暴露于地下水污染物。对于单一污染物的致癌和非致癌效应，计算该途径对应地下水暴露量的推荐模型见附录 A 公式（A.37）和公式（A.38）。

7　毒性评估技术要求

7.1　分析污染物毒性效应

分析污染物经不同途径对人体健康的危害效应，包括致癌效应、非致癌效应、污染物对人体健康的危害机理和剂量-效应关系等。

7.2　确定污染物相关参数

7.2.1　致癌效应毒性参数

致癌效应毒性参数包括呼吸吸入单位致癌因子（IUR）、呼吸吸入致癌斜率因子（SF_i）、经口摄入致癌斜率因子（SF_o）和皮肤接触致癌斜率因子（SF_d）。部分污染物的致癌效应毒性参数的推荐值见附录 B 表 B.1。

呼吸吸入致癌斜率因子（SF_i）根据附录 B 表 B.1 中的呼吸吸入单位致癌因子（IUR）外推获得；皮肤接触致癌斜率系数（SF_d）根据附录 B 表 B.1 中的经口摄入致癌斜率系数（SF_o）外推获得。用于外推 SF_i 和 SF_d 的推荐模型分别见附录 B 公式（B.1）和公式（B.3）。

7.2.2 非致癌效应毒性参数

非致癌效应毒性参数包括呼吸吸入参考浓度（RfC）、呼吸吸入参考剂量（RfD_i）、经口摄入参考剂量（RfD_o）和皮肤接触参考剂量（RfD_d）。部分污染物的非致癌效应毒性参数推荐值见附录 B 表 B.1。

呼吸吸入参考剂量（RfD_i）根据表 B.1 中的呼吸吸入参考浓度（RfC）外推得到。皮肤接触参考剂量（RfD_d）根据表 B.1 中的经口摄入参考剂量（RfD_o）外推获得。用于外推 RfD_i 和 RfD_d 的推荐模型分别见附录 B 公式（B.2）和公式（B.4）。

7.2.3 污染物的理化性质参数

风险评估所需的污染物理化性质参数包括无量纲亨利常数（H'）、空气中扩散系数（D_a）、水中扩散系数（D_w）、土壤-有机碳分配系数（K_{oc}）、水中溶解度（S）。部分污染物的理化性质参数的推荐值见附录 B 表 B.2。

7.2.4 污染物其他相关参数

其他相关参数包括消化道吸收因子（ABS_{gi}）、皮肤吸收因子（ABS_d）和经口摄入吸收因子（ABS_o）。部分污染物消化道吸收因子（ABS_{gi}）、皮肤吸收因子（ABS_d）的推荐参数值见附录 B 表 B.1，经口摄入吸收因子（ABS_o）推荐参数值见附录 G 表 G.1。

8 风险表征技术要求

8.1 一般性技术要求

8.1.1 应根据每个采样点样品中关注污染物的检测数据，通过计算污染物的致癌风险和危害商进行风险表征。如某一地块内关注污染物的检测数据呈正态分布，可根据检测数据的平均值、平均值置信区间上限值或最大值计算致癌风险和危害商。

8.1.2 风险表征得到的地块污染物的致癌风险和危害商，可作为确定地块污染范围的重要依据。计算得到单一污染物的致癌风险值超过 10^{-6} 或危害商超过 1 的采样点，其代表的地块区域应划定为风险不可接受的污染区域。

8.2 计算地块土壤和地下水污染风险

8.2.1 土壤中单一污染物致癌风险

对于单一污染物，计算经口摄入土壤、皮肤接触土壤、吸入土壤颗粒物、吸入室外空气中来自表层土壤的气态污染物、吸入室外空气中来自下层土壤的气态污染物、吸入室内空气中来自下层土壤的气态污染物暴露途径致癌风险的推荐模型，分别见附录 C 公式（C.1）、公式（C.2）、公式（C.3）、公式（C.4）、公式（C.5）和公式（C.6）。计算土壤中单一污染物经上述 6 种暴露途径致癌风险的推荐模型，见附录 C 公式（C.7）。

8.2.2 土壤中单一污染物危害商

对于单一污染物，计算经口摄入土壤、皮肤接触土壤、吸入土壤颗粒物、吸入室外空气中来自表层土壤的气态污染物、吸入室外空气中来自下层土壤的气态污染物、吸入室内空气中来自下层土壤的气态污染物暴露途径危害商的推荐模型，分别见附录 C 公式（C.8）、公式（C.9）、公式（C.10）、公式（C.11）、公式（C.12）和公式（C.13）。计算土壤中单一污染物经上述 6 种途径危害指数的推荐模型，见附录 C 公式（C.14）计算。

8.2.3 地下水中单一污染物致癌风险

对于单一污染物，计算吸入室外空气中来自地下水的气态污染物、吸入室内空气中来自地下水的气态污染物、饮用地下水暴露途径致癌风险的推荐模型，分别见附录C公式（C.15）、公式（C.16）、公式（C.17）。计算地下水中单一污染物经上述3种暴露途径致癌风险的推荐模型见附录C公式（C.18）。

8.2.4 地下水中单一污染物危害商

对于单一污染物，计算吸入室外空气中来自地下水的气态污染物、吸入室内空气中来自地下水的气态污染物、饮用地下水暴露途径危害商的推荐模型，分别见附录C公式（C.19）、公式（C.20）和公式（C.21）。计算地下水中单一污染物经上述3种暴露途径危害指数的推荐模型见附录C公式（C.22）。

8.3 不确定性分析

8.3.1 应分析造成地块风险评估结果不确定性的主要来源，包括暴露情景假设、评估模型的适用性、模型参数取值等多个方面。

8.3.2 暴露风险贡献率分析

单一污染物经不同暴露途径的致癌风险和危害商贡献率分析推荐模型，分别见附录D公式（D.1）和公式（D.2）。根据上述公式计算获得的百分比越大，表示特定暴露途径对于总风险的贡献率越高。

8.3.3 模型参数敏感性分析

8.3.3.1 敏感参数确定原则

选定需要进行敏感性分析的参数（P）一般应是对风险计算结果影响较大的参数，如人群相关参数（体重、暴露期、暴露频率等）、与暴露途径相关的参数（每日摄入土壤量、皮肤表面土壤黏附系数、每日吸入空气体积、室内空间体积与蒸气入渗面积比等）。

单一暴露途径风险贡献率超过20%时，应进行人群和与该途径相关参数的敏感性分析。

8.3.3.2 敏感性分析方法

模型参数的敏感性可用敏感性比值来表示，即模型参数值的变化（从P_1变化到P_2）与致癌风险或危害商（从X_1变化到X_2）发生变化的比值。计算敏感性比值的推荐模型见附录D公式（D.3）。

敏感性比值越大，表示该参数对风险的影响也越大。进行模型参数敏感性分析，应综合考虑参数的实际取值范围确定参数值的变化范围。

9 计算风险控制值的技术要求

9.1 可接受致癌风险和危害商

本标准计算基于致癌效应的土壤和地下水风险控制值时，采用的单一污染物可接受致癌风险为10^{-6}；计算基于非致癌效应的土壤和地下水风险控制值时，采用的单一污染物可接受危害商为1。

9.2 计算地块土壤和地下水风险控制值

9.2.1 基于致癌效应的土壤风险控制值

对于单一污染物，计算基于经口摄入土壤、皮肤接触土壤、吸入土壤颗粒物、吸入室外空气中来自表层土壤的气态污染物、吸入室外空气中来自下层土壤的气态污染物、吸入室内空气中来自下层土壤的气态污染物暴露途径致癌效应的土壤风险控制值的推荐模型，分别见附录E公式（E.1）、公式（E.2）、公式（E.3）、公式（E.4）、公式（E.5）和公式（E.6）。计算单一污染物基于上述6种土壤暴露途径致癌效应的土壤风险控制值的推荐模型，见附录E公式（E.7）。

9.2.2 基于非致癌效应的土壤风险控制值

对于单一污染物，计算基于经口摄入土壤、皮肤接触土壤、吸入土壤颗粒物、吸入室外空气中来自表层土壤的气态污染物、吸入室外空气中来自下层土壤的气态污染物、吸入室内空气中来自下层土壤的气态污染物暴露途径非致癌效应的土壤风险控制值的推荐模型，分别见附录 E 公式（E.8）、公式（E.9）、公式（E.10）、公式（E.11）、公式（E.12）和公式（E.13）。计算单一污染物基于上述 6 种土壤暴露途径非致癌效应的土壤风险控制值的推荐模型，见附录 E 公式（E.14）。

9.2.3 保护地下水的土壤风险控制值

地块地下水作为饮用水水源时，应计算保护地下水的土壤风险控制值。单一污染物土壤风险控制值，依据 GB/T 14848 中保护地下水的土壤风险控制值的推荐模型计算，见附录 E 公式（E.15）。

9.2.4 基于致癌效应的地下水风险控制值

对于单一污染物，计算基于吸入室外空气中来自地下水的气态污染物、吸入室内空气中来自地下水的气态污染物、饮用地下水暴露途径致癌效应的地下水风险控制值的推荐模型，分别见附录 E 公式（E.16）、公式（E.17）和公式（E.18）。计算单一污染物基于上述 3 种地下水暴露途径致癌效应的地下水风险控制值的推荐模型见附录 E 公式（E.19）。

9.2.5 基于非致癌效应的地下水风险控制值

对于单一污染物，计算基于吸入室外空气中来自地下水的气态污染物、吸入室内空气中来自地下水的气态污染物、饮用地下水暴露途径非致癌效应的地下水风险控制值的推荐模型，分别见附录 E 公式（E.20）、公式（E.21）和公式（E.22）。计算单一污染物基于上述 3 种地下水暴露途径非致癌效应的地下水风险控制值的推荐模型见附录 E 公式（E.23）。

9.3 分析确定土壤和地下水风险控制值

9.3.1 比较上述计算得到的基于致癌效应和基于非致癌效应的土壤风险控制值，以及基于致癌效应和基于非致癌风险的地下水风险控制值，选择较小值作为地块的风险控制值。如地块及周边地下水作为饮用水水源，则应充分考虑到对地下水的保护，提出保护地下水的土壤风险控制值。

9.3.2 按照 HJ 25.4 和 HJ 25.6 确定地块土壤和地下水修复目标值时，应将基于风险评估模型计算出的土壤和地下水风险控制值作为主要参考值。

附 录 A
（规范性附录）
暴露评估推荐模型

A.1 第一类用地暴露评估模型

A.1.1 经口摄入土壤途径

对于单一污染物的致癌效应，考虑人群在儿童期和成人期暴露的终生危害，经口摄入土壤途径的土壤暴露量采用式（A.1）计算：

$$OISER_{ca}=\frac{\left(\frac{OSIR_c\times ED_c\times EF_c}{BW_c}+\frac{OSIR_a\times ED_a\times EF_a}{BW_a}\right)\times ABS_o}{AT_{ca}}\times 10^{-6} \quad (A.1)$$

式中：$OISER_{ca}$ —— 经口摄入土壤暴露量（致癌效应），kg 土壤·kg^{-1} 体重·d^{-1}；

$OSIR_c$ —— 儿童每日摄入土壤量，mg·d^{-1}；推荐值见附录 G 表 G.1；

$OSIR_a$ —— 成人每日摄入土壤量，mg·d^{-1}；推荐值见附录 G 表 G.1；

ED_c —— 儿童暴露期，a；推荐值见附录 G 表 G.1；

ED_a —— 成人暴露期，a；推荐值见附录 G 表 G.1；

EF_c —— 儿童暴露频率，d·a^{-1}；推荐值见附录 G 表 G.1；

EF_a —— 成人暴露频率，d·a^{-1}；推荐值见附录 G 表 G.1；

BW_c —— 儿童体重，kg，推荐值见附录 G 表 G.1；

BW_a —— 成人体重，kg，推荐值见附录 G 表 G.1；

ABS_o —— 经口摄入吸收效率因子，量纲一；推荐值见附录 G 表 G.1；

AT_{ca} —— 致癌效应平均时间，d；推荐值见附录 G 表 G.1。

对于单一污染物的非致癌效应，考虑人群在儿童期暴露受到的危害，经口摄入土壤途径的土壤暴露量采用式（A.2）计算：

$$OISER_{nc}=\frac{OSIR_c\times ED_c\times EF_c\times ABS_o}{BW_c\times AT_{nc}}\times 10^{-6} \quad (A.2)$$

式中：$OISER_{nc}$ —— 经口摄入土壤暴露量（非致癌效应），kg 土壤·kg^{-1} 体重·d^{-1}；

AT_{nc} —— 非致癌效应平均时间，d；推荐值见附录 G 表 G.1。

式（A.2）中 $OSIR_c$、ED_c、EF_c、ABS_o 和 BW_c 的参数含义见式（A.1）。

A.1.2 皮肤接触土壤途径

对于单一污染物的致癌效应，考虑人群在儿童期和成人期暴露的终生危害，皮肤接触土壤途径土壤暴露量采用式（A.3）计算：

$$\mathrm{DCSER_{ca}}=\frac{\mathrm{SAE_c}\times \mathrm{SSAR_c}\times \mathrm{EF_c}\times \mathrm{ED_c}\times E_v\times \mathrm{ABS_d}}{\mathrm{BW_c}\times \mathrm{AT_{ca}}}\times 10^{-6}+\frac{\mathrm{SAE_a}\times \mathrm{SSAR_a}\times \mathrm{EF_a}\times \mathrm{ED_a}\times E_v\times \mathrm{ABS_d}}{\mathrm{BW_a}\times \mathrm{AT_{ca}}}\times 10^{-6} \tag{A.3}$$

式中：$\mathrm{DCSER_{ca}}$ —— 皮肤接触途径的土壤暴露量（致癌效应），kg 土壤·$\mathrm{kg^{-1}}$ 体重·$\mathrm{d^{-1}}$；

$\mathrm{SAE_c}$ —— 儿童暴露皮肤表面积，$\mathrm{cm^2}$；

$\mathrm{SAE_a}$ —— 成人暴露皮肤表面积，$\mathrm{cm^2}$；

$\mathrm{SSAR_c}$ —— 儿童皮肤表面土壤黏附系数，$\mathrm{mg\cdot cm^{-2}}$；推荐值见附录 G 表 G.1；

$\mathrm{SSAR_a}$ —— 成人皮肤表面土壤黏附系数，$\mathrm{mg\cdot cm^{-2}}$；推荐值见附录 G 表 G.1；

$\mathrm{ABS_d}$ —— 皮肤接触吸收效率因子，量纲一；取值见附录 B 表 B.1；

E_v —— 每日皮肤接触事件频率，次·$\mathrm{d^{-1}}$；推荐值见附录 G 表 G.1。

式（A.3）中 $\mathrm{EF_c}$、$\mathrm{ED_c}$、$\mathrm{BW_c}$、$\mathrm{AT_{ca}}$、$\mathrm{EF_a}$、$\mathrm{ED_a}$ 和 $\mathrm{BW_a}$ 的参数含义见式（A.1），$\mathrm{SAE_c}$ 和 $\mathrm{SAE_a}$ 的参数值分别采用式（A.4）和式（A.5）计算：

$$\mathrm{SAE_c}=239\times H_c^{0.417}\times \mathrm{BW_c^{0.517}}\times \mathrm{SER_c} \tag{A.4}$$

$$\mathrm{SAE_a}=239\times H_a^{0.417}\times \mathrm{BW_a^{0.517}}\times \mathrm{SER_a} \tag{A.5}$$

式（A.4）和式（A.5）中：H_c —— 儿童平均身高，cm，推荐值见附录 G 表 G.1；

H_a —— 成人平均身高，cm；推荐值见附录 G 表 G.1；

$\mathrm{SER_c}$ —— 儿童暴露皮肤所占面积比，量纲一，推荐值见附录 G 表 G.1；

$\mathrm{SER_a}$ —— 成人暴露皮肤所占面积比，量纲一；推荐值见附录 G 表 G.1。

式（A.4）和式（A.5）中 $\mathrm{BW_c}$ 和 $\mathrm{BW_a}$ 的参数含义见式（A.1）。

对于单一污染物的非致癌效应，考虑人群在儿童期暴露受到的危害，皮肤接触土壤途径对应的土壤暴露量采用式（A.6）计算：

$$\mathrm{DCSER_{nc}}=\frac{\mathrm{SAE_c}\times \mathrm{SSAR_c}\times \mathrm{EF_c}\times \mathrm{ED_c}\times E_v\times \mathrm{ABS_d}}{\mathrm{BW_c}\times \mathrm{AT_{nc}}}\times 10^{-6} \tag{A.6}$$

式中：$\mathrm{DCSER_{nc}}$ —— 皮肤接触的土壤暴露量（非致癌效应），kg 土壤·$\mathrm{kg^{-1}}$ 体重·$\mathrm{d^{-1}}$。

式（A.6）中 $\mathrm{SAE_c}$、$\mathrm{SSAR_c}$、E_v 和 $\mathrm{ABS_d}$ 的参数含义见式（A.3），$\mathrm{EF_c}$、$\mathrm{ED_c}$ 和 $\mathrm{BW_c}$ 的参数含义见式（A.1），$\mathrm{AT_{nc}}$ 的参数含义见式（A.2）。

A.1.3 吸入土壤颗粒物途径

对于单一污染物的致癌效应，考虑人群在儿童期和成人期暴露的终生危害，吸入土壤颗粒物途径对应的土壤暴露量采用式（A.7）计算：

$$\mathrm{PISER_{ca}}=\frac{\mathrm{PM_{10}}\times \mathrm{DAIR_c}\times \mathrm{ED_c}\times \mathrm{PIAF}\times (\mathrm{fspo}\times \mathrm{EFO_c}\times \mathrm{fspi}\times \mathrm{EFI_c})}{\mathrm{BW_c}\times \mathrm{AT_{ca}}}\times 10^{-6}+\frac{\mathrm{PM_{10}}\times \mathrm{DAIR_a}\times \mathrm{ED_a}\times \mathrm{PIAF}\times (\mathrm{fspo}\times \mathrm{EFO_a}\times \mathrm{fspi}\times \mathrm{EFI_a})}{\mathrm{BW_a}\times \mathrm{AT_{ca}}}\times 10^{-6} \tag{A.7}$$

式中：$\mathrm{PISER_{ca}}$ —— 吸入土壤颗粒物的土壤暴露量（致癌效应），kg 土壤·$\mathrm{kg^{-1}}$ 体重·$\mathrm{d^{-1}}$；

$\mathrm{PM_{10}}$ —— 空气中可吸入浮颗粒物含量，$\mathrm{mg\cdot m^{-3}}$；推荐值见附录 G 表 G.1；

$\mathrm{DAIR_a}$ —— 成人每日空气呼吸量，$\mathrm{m^3\cdot d^{-1}}$；推荐值见附录 G 表 G.1；

$\mathrm{DAIR_c}$ —— 儿童每日空气呼吸量，$\mathrm{m^3\cdot d^{-1}}$；推荐值见附录 G 表 G.1；

PIAF —— 吸入土壤颗粒物在体内滞留比例，量纲一；推荐值见附录 G 表 G.1；

fspi —— 室内空气中来自土壤的颗粒物所占比例，量纲一；推荐值见附录 G 表 G.1；

fspo —— 室外空气中来自土壤的颗粒物所占比例，量纲一；推荐值见附录 G 表 G.1；

EFI_a —— 成人的室内暴露频率，$d{\cdot}a^{-1}$；推荐值见附录 G 表 G.1；

EFI_c —— 儿童的室内暴露频率，$d{\cdot}a^{-1}$；推荐值见附录 G 表 G.1；

EFO_a —— 成人的室外暴露频率，$d{\cdot}a^{-1}$；推荐值见附录 G 表 G.1；

EFO_c —— 儿童的室外暴露频率，$d{\cdot}a^{-1}$；推荐值见附录 G 表 G.1。

式（A.7）中 ED_c、BW_c、ED_a、BW_a 和 AT_{ca} 的参数含义见式（A.1）。

对于单一污染物的非致癌效应，考虑人群在儿童期暴露受到的危害，吸入土壤颗粒物途径对应的土壤暴露量采用式（A.8）计算：

$$PISER_{nc}=\frac{PM_{10}\times DAIR_c\times ED_c\times PIAF\times(fspo\times EFO_c\times fspi\times EFI_c)}{BW_c\times AT_{nc}}\times10^{-6} \qquad (A.8)$$

式中：$PISER_{nc}$ —— 吸入土壤颗粒物的土壤暴露量（非致癌效应），kg 土壤$\cdot kg^{-1}$ 体重$\cdot d^{-1}$。

式（A.8）中 PM_{10}、$DAIR_c$、fspo、fspi、EFO_c、EFI_c 和 PIAF 的参数含义见式（A.7），ED_c、BW_c、ED_a、BW_a 的参数含义见式（A.1），AT_{nc} 的参数含义见式（A.2）。

A.1.4 吸入室外空气中来自表层土壤的气态污染物途径

对于单一污染物的致癌效应，考虑人群在儿童期和成人期暴露的终生危害，吸入室外空气中来自表层土壤的气态污染物途径对应的土壤暴露量，采用式（A.9）计算：

$$IOVER_{ca1}=VF_{suroa}\times\left(\frac{DAIR_c\times EFO_c\times ED_c}{BW_c\times AT_{ca}}+\frac{DAIR_a\times EFO_a\times ED_a}{BW_a\times AT_{ca}}\right) \qquad (A.9)$$

式中：$IOVER_{ca1}$ —— 吸入室外空气中来自表层土壤的气态污染物对应的土壤暴露量（致癌效应），kg 土壤$\cdot kg^{-1}$ 体重$\cdot d^{-1}$；

VF_{suroa} —— 表层土壤中污染物扩散进入室外空气的挥发因子，$kg{\cdot}m^{-3}$；根据附录 F 式（F.17）计算。

式（A.9）中，$DAIR_c$、$DAIR_a$、EFO_c 和 EFO_a 的参数含义见式（A.7），ED_c、BW_c、ED_a 、BW_a、AT_{ca} 的参数含义见式（A.1）。

对于单一污染物的非致癌效应，考虑人群在儿童期暴露受到的危害，吸入室外空气中来自表层土壤的气态污染物途径对应的土壤暴露量，采用式（A.10）计算：

$$IOVER_{nc1}=VF_{suroa}\times\frac{DAIR_c\times EFO_c\times ED_c}{BW_c\times AT_{nc}} \qquad (A.10)$$

式中：$IOVER_{nc1}$ —— 吸入室外空气中来自表层土壤的气态污染物对应的土壤暴露量（非致癌效应），kg 土壤$\cdot kg^{-1}$ 体重$\cdot d^{-1}$。

式（A.10）中，VF_{suroa} 的参数含义见式（A.9），$DAIR_c$ 和 EFO_c 的参数含义见式（A.7），AT_{nc} 的含义见式（A.2），ED_c 和 BW_c 的参数含义见式（A.1）。

A.1.5 吸入室外空气中来自下层土壤的气态污染物途径

对于单一污染物的致癌效应，考虑人群在儿童期和成人期暴露的终生危害，吸入室外空气中来自下层土壤的气态污染物途径对应的土壤暴露量，采用式（A.11）计算：

$$IOVER_{ca2} = VF_{suboa} \times \left(\frac{DAIR_c \times EFO_c \times ED_c}{BW_c \times AT_{ca}} + \frac{DAIR_a \times EFO_a \times ED_a}{BW_a \times AT_{ca}} \right) \quad (A.11)$$

式中：$IOVER_{ca2}$——吸入室外空气中来自下层土壤的气态污染物对应的土壤暴露量（致癌效应），kg 土壤·kg^{-1} 体重·d^{-1}；

VF_{suboa}——下层土壤中污染物扩散进入室外空气的挥发因子，kg·m^{-3}；根据附录 F 式（F.20）计算。

式（A.11）中，$DAIR_c$、$DAIR_a$、EFO_c 和 EFO_a 的参数含义见式（A.7），ED_c、BW_c、ED_a、BW_a、AT_{ca} 的参数含义见式（A.1）。

对于单一污染物的非致癌效应，考虑人群在儿童期暴露受到的危害，吸入室外空气中来自下层土壤的气态污染物途径对应的土壤暴露量，采用式（A.12）计算：

$$IOVER_{nc2} = VF_{suboa} \times \frac{DAIR_c \times EFO_c \times ED_c}{BW_c \times AT_{nc}} \quad (A.12)$$

式中：$IOVER_{nc2}$——吸入室外空气中来自下层土壤的气态污染物对应的土壤暴露量（非致癌效应），kg 土壤·kg^{-1} 体重·d^{-1}。

式（A.12）中 VF_{suboa} 的参数含义见式（A.11），$DAIR_c$ 和 EFO_c 的参数含义见式（A.7），AT_{nc} 的含义见式（A.2），ED_c 和 BW_c 的参数含义见式（A.1）。

A.1.6　吸入室外空气中来自地下水的气态污染物途径

对于单一污染物的致癌效应，考虑人群在儿童期和成人期暴露的终生危害，吸入室外空气中来自地下水的气态污染物对应的地下水暴露量，采用式（A.13）计算：

$$IOVER_{ca3} = VF_{gwoa} \times \left(\frac{DAIR_c \times EFO_c \times ED_c}{BW_c \times AT_{ca}} + \frac{DAIR_a \times EFO_a \times ED_a}{BW_a \times AT_{ca}} \right) \quad (A.13)$$

式中：$IOVER_{ca3}$——吸入室外空气中来自地下水的气态污染物对应的地下水暴露量（致癌效应），L 地下水·kg^{-1} 体重·d^{-1}；

VF_{gwoa}——地下水中污染物扩散进入室外空气的挥发因子，L·m^{-3}；根据附录 F 式（F.21）计算。

式（A.11）中，$DAIR_c$、$DAIR_a$、EFO_c 和 EFO_a 的参数含义见式（A.7），ED_c、BW_c、ED_a、BW_a、AT_{ca} 的参数含义见式（A.1）。

对于单一污染物的非致癌效应，考虑人群在儿童期暴露受到的危害，吸入室外空气中来自地下水的气态污染物途径对应的地下水暴露量，采用式（A.14）计算：

$$IOVER_{nc3} = VF_{gwoa} \times \frac{DAIR_c \times EFO_c \times ED_c}{BW_c \times AT_{nc}} \quad (A.14)$$

式中：$IOVER_{nc3}$——吸入室外空气中来自地下水的气态污染物对应的地下水暴露量（非致癌效应），L 地下水·kg^{-1} 体重·d^{-1}。

式（A.14）中，VF_{gwoa} 的参数含义分别见式（A.13），$DAIR_c$ 和 EFO_c 的参数含义见式（A.7），AT_{nc} 的含义见式（A.2），ED_c 和 BW_c 的参数含义见式（A.1）。

A.1.7　吸入室内空气中来自下层土壤的气态污染物途径

对于单一污染物的致癌效应，考虑人群在儿童期和成人期暴露的终生危害，吸入室内空气中来自下层土壤的气态污染物途径对应的土壤暴露量，采用式（A.15）计算：

$$IIVER_{ca1} = VF_{subia} \times \left(\frac{DAIR_c \times EFI_c \times ED_c}{BW_c \times AT_{ca}} + \frac{DAIR_a \times EFI_a \times ED_a}{BW_a \times AT_{ca}} \right) \tag{A.15}$$

式中：$IIVER_{ca1}$——吸入室内空气中来自下层土壤的气态污染物对应的土壤暴露量（致癌效应），kg 土壤·kg^{-1} 体重·d^{-1}；

VF_{subia}——下层土壤中污染物扩散进入室内空气的挥发因子，kg·m^{-3}；根据附录 F 式（F.26）计算。

式（A.15）中，EFI_c、EFI_a、$DAIR_c$ 和 $DAIR_a$ 的参数含义见式（A.7），ED_c、BW_c、ED_a、BW_a、AT_{ca} 的参数含义见式（A.1）。

对于单一污染物的非致癌效应，考虑人群在儿童期暴露受到的危害，吸入室内空气中来自下层土壤的气态污染物途径对应的土壤暴露量，采用式（A.16）计算：

$$IIVER_{nc1} = VF_{subia} \times \frac{DAIR_c \times EFI_c \times ED_c}{BW_c \times AT_{nc}} \tag{A.16}$$

式中：$IIVER_{nc1}$——吸入室内空气中来自下层土壤的气态污染物对应的土壤暴露量（非致癌效应），kg 土壤·kg^{-1} 体重·d^{-1}。

式（A.16）中，VF_{subia} 的参数含义分别见式（A.15），$DAIR_c$、EFI_c 的参数含义见式（A.7），AT_{nc} 的参数含义见式（A.2），ED_c 和 BW_c 的参数含义见式（A.1）。

A.1.8 吸入室内空气中来自地下水的气态污染物途径

对于单一污染物的致癌效应，考虑人群在儿童期和成人期暴露的终生危害，吸入室内空气中来自地下水的气态污染物途径对应的地下水暴露量，采用式（A.17）计算：

$$IIVER_{ca2} = VF_{gwia} \times \left(\frac{DAIR_c \times EFI_c \times ED_c}{BW_c \times AT_{ca}} + \frac{DAIR_a \times EFI_a \times ED_a}{BW_a \times AT_{ca}} \right) \tag{A.17}$$

式中：$IIVER_{ca2}$——吸入室内空气中来自地下水的气态污染物对应的地下水暴露量（致癌效应），L 地下水·kg^{-1} 体重·d^{-1}；

VF_{gwia}——地下水中污染物扩散进入室内空气的挥发因子，L·m^{-3}；根据附录 F 式（F.29）计算。

式（A.17）中，EFO_c、EFO_a、EFI_c、EFI_a、$DAIR_c$ 和 $DAIR_a$ 的参数含义见式（A.7），ED_c、BW_c、ED_a、BW_a、AT_{ca} 的参数含义见式（A.1）。

对于单一污染物的非致癌效应，考虑人群在儿童期暴露受到的危害，吸入室内空气中来自地下水的气态污染物途径对应的地下水暴露量，采用式（A.18）计算：

$$IIVER_{nc2} = VF_{gwia} \times \frac{DAIR_c \times EFI_c \times ED_c}{BW_c \times AT_{nc}} \tag{A.18}$$

式中：$IIVER_{nc2}$——吸入室内空气中来自地下水的气态污染物对应的地下水暴露量（非致癌效应），L 地下水·kg^{-1} 体重·d^{-1}。

式（A.18）中，VF_{gwia} 的参数含义见式（A.17），$DAIR_c$、EFI_c 的参数含义见式（A.7），AT_{nc} 的参数含义见式（A.2），ED_c 和 BW_c 的参数含义见式（A.1）。

A.1.9 饮用地下水途径

对于单一污染物的致癌效应，考虑人群在儿童期和成人期暴露的终生危害，饮用地下水途径对应的地下水暴露量，采用式（A.19）计算：

$$CGWER_{ca}=\frac{GWCR_c\times EF_c\times ED_c}{BW_c\times AT_{ca}}+\frac{GWCR_a\times EF_a\times ED_a}{BW_a\times AT_{ca}} \tag{A.19}$$

式中：$CGWER_{ca}$——饮用受影响地下水对应的地下水的暴露量（致癌效应），L 地下水·kg^{-1} 体重·d^{-1}；

$GWCR_c$——儿童每日饮水量，L 地下水·d^{-1}；推荐值见附录 G 表 G.1；

$GWCR_a$——成人每日饮水量，L 地下水·d^{-1}；推荐值见附录 G 表 G.1。

式（A.19）中，EF_c、EF_a、ED_c、ED_a、BW_c 和 BW_a、AT_{ca} 的参数含义见式（A.1），AT_{nc} 的参数含义见式（A.2）。

对于单一污染物的非致癌效应，考虑人群在儿童期的暴露危害，饮用地下水途径对应的地下水暴露量，采用式（A.20）计算：

$$CGWER_{nc}=\frac{GWCR_c\times EF_c\times ED_c}{BW_c\times AT_{nc}} \tag{A.20}$$

式中：$CGWER_{nc}$——饮用受影响地下水对应的地下水的暴露量（非致癌效应），L 地下水·kg^{-1} 体重·d^{-1}。

式（A.20）中，$GWCR_a$ 的参数含义见式（A.19），EF_c、ED_c 和 BW_c 的参数含义见式（A.1），AT_{nc} 的参数含义见式（A.2）。

A.2 第二类用地暴露评估模型

A.2.1 经口摄入土壤途径

对于单一污染物的致癌效应，考虑人群在成人期暴露的终生危害，经口摄入土壤途径对应的土壤暴露量采用式（A.21）计算：

$$OISER_{ca}=\frac{OSIR_a\times ED_a\times EF_a\times ABS_o}{BW_a\times AT_{ca}}\times 10^{-6} \tag{A.21}$$

式中，$OISER_{ca}$、$OSIR_a$、ED_a、EF_a、ABS_o、BW_a 和 AT_{ca} 的参数含义见式（A.1）。

对于单一污染物的非致癌效应，考虑人群在成人期的暴露危害，经口摄入土壤途径对应的土壤暴露量采用式（A.22）计算：

$$OISER_{nc}=\frac{OSIR_a\times ED_a\times EF_a\times ABS_o}{BW_a\times AT_{nc}}\times 10^{-6} \tag{A.22}$$

式中，$OSIR_a$、ED_a、EF_a、ABS_o 和 BW_a 的参数含义见式（A.1），$OISER_{nc}$ 和 AT_{nc} 的参数含义见式（A.2）。

A.2.2 皮肤接触土壤途径

对于单一污染物的致癌效应，考虑人群在成人期暴露的终生危害。皮肤接触土壤途径的土壤暴露量采用式（A.23）计算：

$$DCSER_{ca}=\frac{SAE_a\times SSAR_a\times EF_a\times ED_a\times E_v\times ABS_d}{BW_a\times AT_{ca}}\times 10^{-6} \tag{A.23}$$

式中，$DCSER_{ca}$、SAE_a、$SSAR_a$、E_v 和 ABS_d 的参数含义见式（A.3），BW_a、ED_a、EF_a 和 AT_{ca} 的参数含义见式（A.1）。

对于单一污染物的非致癌效应，考虑人群在成人期的暴露危害，皮肤接触土壤途径对应的土壤暴露量采用式（A.24）计算：

$$DCSER_{nc}=\frac{SAE_a \times SSAR_a \times EF_a \times ED_a \times E_v \times ABS_d}{BW_a \times AT_{nc}} \times 10^{-6} \tag{A.24}$$

式中，$DCSER_{nc}$ 的参数含义见式（A.6），SAE_a、$SSAR_a$、E_v 和 ABS_d 的参数含义见式（A.3），AT_{nc} 的参数含义见式（A.2），BW_a、ED_a 和 EF_a 的参数含义见式（A.1）。

A.2.3 吸入土壤颗粒物

对于单一污染物的致癌效应，考虑人群在成人期暴露的终生危害，吸入土壤颗粒物途径对应的土壤暴露量采用式（A.25）计算：

$$PISER_{ca}=\frac{PM_{10} \times DAIR_a \times ED_a \times PIAF \times (fspo \times EFO_a + fspi \times EFI_a)}{BW_a \times AT_{ca}} \times 10^{-6} \tag{A.25}$$

式中，$PISER_{ca}$、PM_{10}、$DAIR_a$、PIAF、fspo、fspi、EFO_a 和 EFI_a 的参数含义见式（A.7），BW_a、ED_a 和 AT_{ca} 的参数含义见式（A.1）。

对于单一污染物的非致癌效应，考虑人群在成人期的暴露危害，吸入土壤颗粒物途径对应的土壤暴露量采用式（A.26）计算：

$$PISER_{nc}=\frac{PM_{10} \times DAIR_a \times ED_a \times PIAF \times (fspo \times EFO_a + fspi \times EFI_a)}{BW_a \times AT_{nc}} \times 10^{-6} \tag{A.26}$$

式中，$PISER_{nc}$ 的参数含义见式（A.8），PM_{10}、$DAIR_a$、PIAF、fspo、fspi、EFO_a 和 EFI_a 的参数含义见式（A.7），AT_{nc} 的参数含义见式（A.2），BW_a 和 ED_a 的参数含义见式（A.1）。

A.2.4 吸入室外空气中来自表层土壤的气态污染物途径

对于单一污染物的致癌效应，考虑人群在成人期暴露的终生危害，吸入室外空气中来自表层土壤的气态污染物对应的土壤暴露量，采用式（A.27）计算：

$$IOVER_{ca1}=VF_{suroa} \times \frac{DAIR_a \times EFO_a \times ED_a}{BW_a \times AT_{ca}} \tag{A.27}$$

式中，$IOVER_{ca1}$ 和 VF_{suroa} 的参数含义见式（A.9），$DAIR_a$ 和 EFO_a 的参数含义见式（A.7），BW_a、ED_a 和 AT_{ca} 的参数含义见式（A.1）。

对于单一污染物的非致癌效应，考虑人群在成人期的暴露危害，吸入室外空气中来自表层土壤的气态污染物对应的土壤暴露量，采用式（A.28）计算：

$$IOVER_{nc1}=VF_{suroa} \times \frac{DAIR_a \times EFO_a \times ED_a}{BW_a \times AT_{nc}} \tag{A.28}$$

式中，$IOVER_{nc1}$ 的参数含义见式（A.10），VF_{suroa} 的参数含义分别见式（A.9），$DAIR_a$ 和 EFO_a 的参数含义见式（A.7），AT_{nc} 的参数含义见式（A.2），BW_a 和 ED_a 的参数含义见式（A.1）。

A.2.5 吸入室外空气中来自下层土壤的气态污染物途径

对于单一污染物的致癌效应，考虑人群在成人期暴露的终生危害，吸入室外空气中来自下层土壤的气态污染物对应的土壤暴露量，采用式（A.29）计算：

$$IOVER_{ca2} = VF_{suboa} \times \frac{DAIR_a \times EFO_a \times ED_a}{BW_a \times AT_{ca}} \tag{A.29}$$

式中，$IOVER_{ca2}$和VF_{suboa}的参数含义见式（A.10），$DAIR_a$和EFO_a的参数含义见式（A.7），BW_a、ED_a和AT_{ca}的参数含义见式（A.1）。

对于单一污染物的非致癌效应，考虑人群在成人期的暴露危害，吸入室外空气中来自下层土壤的气态污染物对应的土壤暴露量，采用式（A.30）计算：

$$IOVER_{nc2} = VF_{suboa} \times \frac{DAIR_a \times EFO_a \times ED_a}{BW_a \times AT_{nc}} \tag{A.30}$$

式中，$IOVER_{nc2}$的参数含义见式（A.12），VF_{suboa}的参数含义见式（A.11），$DAIR_a$和EFO_a的参数含义见式（A.7），AT_{nc}的参数含义见式（A.2），BW_a和ED_a的参数含义见式（A.1）。

A.2.6 吸入室外空气中来自地下水的气态污染物途径

对于单一污染物的致癌效应，考虑人群在成人期暴露的终生危害，吸入室外空气中来自地下水的气态污染物对应的地下水暴露量，采用式（A.31）计算：

$$IOVER_{ca3} = VF_{gwoa} \times \frac{DAIR_a \times EFO_a \times ED_a}{BW_a \times AT_{ca}} \tag{A.31}$$

式中，$IOVER_{ca3}$和VF_{gwoa}的参数含义见式（A.13），$DAIR_a$和EFO_a的参数含义见式（A.7），BW_a、ED_a和AT_{ca}的参数含义见式（A.1）。

对于单一污染物的非致癌效应，考虑人群在成人期的暴露危害，吸入室外空气中来自地下水的气态污染物对应的地下水暴露量，采用式（A.32）计算：

$$IOVER_{nc3} = VF_{gwoa} \times \frac{DAIR_a \times EFO_a \times ED_a}{BW_a \times AT_{nc}} \tag{A.32}$$

式中，$IOVER_{nc3}$的参数含义见式（A.14），VF_{gwoa}的参数含义见式（A.13），$DAIR_a$和EFO_a的参数含义见式（A.7），AT_{nc}的参数含义见式（A.2），BW_a和ED_a的参数含义见式（A.1）。

A.2.7 吸入室内空气中来自下层土壤的气态污染物途径

对于单一污染物的致癌效应，考虑人群在成人期暴露的终生危害，吸入室内空气中来自下层土壤的气态污染物对应的土壤暴露量，采用式（A.33）计算：

$$IIVER_{ca1} = VF_{subia} \times \frac{DAIR_a \times EFI_a \times ED_a}{BW_a \times AT_{ca}} \tag{A.33}$$

式中，$IIVER_{ca1}$和VF_{subia}的参数含义分别见式（A.15），$DAIR_a$和EFI_a的参数含义见式（A.7），ED_a、BW_a和AT_{ca}的参数含义见式（A.1）。

对于单一污染物的非致癌效应，考虑人群在成人期的暴露危害，吸入室内空气中来自下层土壤的气态污染物对应的土壤暴露量，采用式（A.34）计算：

$$IIVER_{nc1} = VF_{subia} \times \frac{DAIR_a \times EFI_a \times ED_a}{BW_a \times AT_{nc}} \tag{A.34}$$

式中，$IIVER_{nc1}$的参数含义分别见式（A.16），VF_{subia}的参数含义见式（A.15），$DAIR_a$和EFI_a的参数含

义见式（A.7），AT_{nc}的参数含义见式（A.2），BW_a和ED_a的参数含义见式（A.1）。

A.2.8 吸入室内空气中来自地下水的气态污染物途径

对于单一污染物的致癌效应，考虑人群在成人期暴露的终生危害，吸入室内空气中来自地下水的气态污染物对应的地下水暴露量，采用式（A.35）计算：

$$IIVER_{ca2} = VF_{gwia} \times \frac{DAIR_a \times EFO_a \times ED_a}{BW_a \times AT_{ca}} \tag{A.35}$$

式中，$IIVER_{ca2}$和VF_{gwia}的参数含义见式（A.17），$DAIR_a$和EFI_a的参数含义见式（A.7），ED_a、BW_a和AT_{ca}的参数含义见式（A.1）。

对于单一污染物的非致癌效应，考虑人群在成人期的暴露危害，吸入室内空气中来自地下水的气态污染物对应的地下水暴露量，采用式（A.36）计算：

$$IIVER_{nc2} = VF_{gwia} \times \frac{DAIR_a \times EFI_a \times ED_a}{BW_a \times AT_{nc}} \tag{A.36}$$

式中，$IIVER_{nc2}$的参数含义分别见式（A.18），VF_{gwia}的参数含义见式（A.17），$DAIR_a$和EFI_a的参数含义见式（A.7），AT_{nc}的参数含义见式（A.2），BW_a和ED_a的参数含义见式（A.1）。

A.2.9 饮用地下水途径

对于单一污染物的致癌效应，考虑人群在成人期暴露的终生危害，饮用地下水途径对应的地下水暴露量，采用式（A.37）计算：

$$CGWER_{ca} = \frac{GWCR_a \times EF_a \times ED_a}{BW_a \times AT_{ca}} \tag{A.37}$$

式中，$CGWER_{ca}$、$GWCR_a$的参数含义见式（A.19），EF_a、ED_a、BW_a和AT_{ca}的参数含义见式（A.1）。

对于单一污染物的非致癌效应，考虑人群在成人期的暴露危害，饮用地下水途径对应的地下水暴露量，采用式（A.38）计算：

$$CGWER_{nc} = \frac{GWCR_a \times EF_a \times ED_a}{BW_a \times AT_{nc}} \tag{A.38}$$

式中，$CGWER_{nc}$的参数含义见式（A.20），$GWCR_a$的参数含义见式（A.19），AT_{nc}的参数含义见式（A.2），EF_a、ED_a和BW_a的参数含义见式（A.1）。

附 录 B

（规范性附录）

污染物性质参数推荐值及外推模型

表 B.1 部分污染物的毒性参数

序号	中文名	英文名	CAS 编号	SF_o/[mg/(kg·d)]$^{-1}$	数据来源	IUR/(mg/m^3)$^{-1}$	数据来源	RfD_o/[mg/(kg·d)]	数据来源	RfC/(mg/m^3)	数据来源	ABS_{gi}/量纲一	数据来源	ABS_d/量纲一	数据来源
一、金属及无机物															
1	锑	Antimony	7440-36-0					4.00×10^{-4}	I			0.15	RSL		
2	砷（无机）	Arsenic, inorganic	7440-38-2	1.50	I	4.30	I	3.00×10^{-4}	I	1.50×10^{-5}	RSL	1	RSL	0.03	RSL
3	铍	Beryllium	7440-41-7			2.40	I	2.00×10^{-3}	I	2.00×10^{-5}		0.007	RSL		
4	镉	Cadmium	7440-43-9			1.80	I	1.00×10^{-3}	I	1.00×10^{-5}	RSL	0.025	RSL	0.001	RSL
5	铬（三价）	Chromium, Ⅲ	16065-83-1					1.50	I			0.013	RSL		
6	铬（六价）	Chromium, Ⅵ	18540-29-9			12.00	I	3.00×10^{-3}	I	1.00×10^{-4}	I	0.025	RSL		
7	钴	Cobalt	7440-48-4			9.00	P	3.00×10^{-4}	P	6.00×10^{-6}	P	1	RSL		
8	铜	Copper	7440-50-8					4.00×10^{-2}	RSL			1	RSL		
9	汞（无机）	Mercury, inorganic	7439-97-6					3.00×10^{-4}	I	3.00×10^{-4}	RSL	0.07	RSL		
10	甲基汞	Methyl Mercury	22967-92-6					1.00×10^{-4}	I			1	RSL		
11	镍	Nickel	7440-02-0			2.60×10^{-1}	RSL	2.00×10^{-2}	I	9.00×10^{-5}	RSL	0.04	RSL		
12	锡	Tin	7440-31-5					6.00×10^{-1}	RSL			1	RSL		
13	钒	Vanadium	1314-62-1			8.30	P	9.00×10^{-3}	I	7.00×10^{-6}	P	0.026	RSL		
14	锌	Zinc	7440-66-6					3.00×10^{-1}	I			1	RSL		
15	氰化物	Cyanide	57-12-5					6.00×10^{-4}	I	8.00×10^{-4}	RSL	1	RSL		
16	氟化物	Fluoride	16984-48-8					4.00×10^{-2}	RSL	1.30×10^{-2}	RSL	1	RSL		
二、挥发性有机物															
17	丙酮	Acetone	67-64-1					9.00×10^{-1}	I	31.00	RSL	1	RSL		
18	苯	Benzene	71-43-2	5.50×10^{-2}	I	7.80×10^{-3}	I	4.00×10^{-3}	I	3.00×10^{-2}	I	1	RSL		
19	甲苯	Toluene	108-88-3					8.00×10^{-2}	I	5.00	I	1	RSL		
20	乙苯	Ethylbenzene	100-41-4	1.10×10^{-2}	RSL	2.50×10^{-3}	RSL	1.00×10^{-1}	I	1.00	I	1	RSL		

序号	中文名	英文名	CAS 编号	SF_o/[mg/（kg·d）]$^{-1}$	数据来源	IUR/（mg/m^3）$^{-1}$	数据来源	RfD_o/[mg/（kg·d）]	数据来源	RfC/(mg/m^3)	数据来源	ABS_{gi}/量纲一	数据来源	ABS_d/量纲一	数据来源
21	对二甲苯	Xylene, p-	106-42-3					2.00×10^{-1}	RSL	1.00×10^{-1}	RSL	1	RSL		
22	间二甲苯	Xylene, m-	108-38-3					2.00×10^{-1}	RSL	1.00×10^{-1}	RSL	1	RSL		
23	邻二甲苯	Xylene, o-	95-47-6					2.00×10^{-1}	RSL	1.00×10^{-1}	RSL	1	RSL		
24	二甲苯	Xylenes	1330-20-7					2.00×10^{-1}	I	1.00×10^{-1}	I	1	RSL		
25	一溴二氯甲烷	Bromodichloromethane	75-27-4	6.20×10^{-2}	I	3.70×10^{-2}	RSL	2.00×10^{-2}	I			1	RSL		
26	1,2-二溴甲烷	Dibromoethane, 1,2-	106-93-4	2.00	I	6.00×10^{-1}	I	9.00×10^{-3}	I	9.00×10^{-3}	I	1	RSL		
27	四氯化碳	Carbon tetrachloride	56-23-5	7.00×10^{-2}	I	6.00×10^{-3}	I	4.00×10^{-3}	I	1.00×10^{-1}	I	1	RSL		
28	氯苯	Chlorobenzene	108-90-7					2.00×10^{-2}	I	5.00×10^{-2}	P	1	RSL		
29	氯仿（三氯甲烷）	Chloroform	67-66-3	3.10×10^{-2}	RSL	2.30×10^{-2}	I	1.00×10^{-2}	I	9.80×10^{-2}	RSL	1	RSL		
30	氯甲烷	Chloromethane	74-87-3							9.00×10^{-2}	I	1	RSL		
31	二溴氯甲烷	Dibromochloromethane	124-48-1	8.40×10^{-2}	I	2.00×10^{-2}	RSL	2.00×10^{-2}	I			1	RSL		
32	1,4-二氯苯	Dichlorobenzen, 1,4-	106-46-7	5.40×10^{-3}	RSL	1.10×10^{-2}	RSL	7.00×10^{-2}	RSL	8.00×10^{-1}	I	1	RSL		
33	1,1-二氯乙烷	Dichloroethane, 1,1-	75-34-3	5.70×10^{-3}	RSL	1.60×10^{-3}	RSL	2.00×10^{-1}	P			1	RSL		
34	1,2-二氯乙烷	Dichloroethane, 1,2-	107-06-2	9.10×10^{-2}	I	2.60×10^{-2}	I	6.00×10^{-3}	RSL	7.00×10^{-3}	P	1	RSL		
35	1,1-二氯乙烯	Dichloroethylene, 1,1-	75-35-4					5.00×10^{-2}	I	2.00×10^{-1}	I	1	RSL		
36	1,2-顺式-二氯乙烯	Dichloroethylene, 1,2-cis-	156-59-2					2.00×10^{-3}	I			1	RSL		
37	1,2 -反式-二氯乙烯	Dichloroethylene, 1,2-trans-	156-60-5					2.00×10^{-2}	I	6.00×10^{-2}	P	1	RSL		
38	二氯甲烷	Methylene Chloride	75-09-2	2.00×10^{-3}	I	1.00×10^{-5}	I	6.00×10^{-3}	I	6.00×10^{-1}	I	1	RSL		
39	1,2-二氯丙烷	Dichloropropane, 1,2-	78-87-5	3.70×10^{-2}	RSL	3.70×10^{-2}	RSL	4.00×10^{-2}	RSL	4.00×10^{-3}	I	1	RSL		
40	硝基苯	Nitrobenzene	98-95-3			4.00×10^{-2}	I	2.00×10^{-3}	I	9.00×10^{-3}	I	1	RSL		
41	苯乙烯	Styrene	100-42-5					2.00×10^{-1}	I	1.00	I	1	RSL		
42	1,1,1,2-四氯乙烷	Tetrachloroethane, 1,1,1,2-	630-20-6	2.60×10^{-2}	I	7.40×10^{-3}	I	3.00×10^{-2}	I			1	RSL		
43	1,1,2,2-四氯乙烷	Tetrachloroethane, 1,1,2,2-	79-34-5	2.00×10^{-1}	I	5.80×10^{-2}	RSL	2.00×10^{-2}	I			1	RSL		
44	四氯乙烯	Tetrachloroethylene	127-18-4	2.10×10^{-3}	I	2.60×10^{-4}	I	6.00×10^{-3}	I	4.00×10^{-2}	I	1	RSL		
45	三氯乙烯	Trichloroethylene	79-01-6	4.60×10^{-2}	I	4.10×10^{-3}	I	5.00×10^{-4}	I	2.00×10^{-3}	I	1	RSL		

序号	中文名	英文名	CAS 编号	SF_o/[mg/(kg·d)]$^{-1}$	数据来源	IUR/(mg/m^3)$^{-1}$	数据来源	RfD_o/[mg/(kg·d)]	数据来源	RfC/(mg/m^3)	数据来源	ABS_{gi}/量纲一	数据来源	ABS_d/量纲一	数据来源
46	氯乙烯	Vinyl chloride	75-01-4	7.20×10^{-1}	I	4.40×10^{-3}	I	3.00×10^{-3}	I	1.00×10^{-1}	I	1	RSL		
47	1,1,2-三氯丙烷	Trichloropropane, 1,1,2-	598-77-6					5.00×10^{-3}	I			1	RSL		
48	1,2,3-三氯丙烷	Trichloropropane, 1,2,3-	96-18-4	30.00	I			4.00×10^{-3}	I	3.00×10^{-4}	I	1	RSL		
49	1,1,1-三氯乙烷	Trichlorothane, 1,1,1-	71-55-6					2.00	I	5.00	I	1	RSL		
50	1,1,2-三氯乙烷	Trichlorothane, 1,1,2-	79-00-5	5.70×10^{-2}	I	1.60×10^{-2}	I	4.00×10^{-3}	I	2.00×10^{-4}	RSL	1	RSL		
三、半挥发性有机物															
51	苊	Acenaphthene	83-32-9					6.00×10^{-2}	I			1	RSL	0.13	RSL
52	蒽	Anthracene	120-12-7					3.00×10^{-1}	I			1	RSL	0.13	RSL
53	苯并[*a*]蒽	Benzo（a）anthracene	56-55-3	1.00×10^{-1}	RSL	6.00×10^{-2}	RSL					1	RSL	0.13	RSL
54	苯并[*a*]芘	Benzo（a）pyrene	50-32-8	1.00	I	6.00×10^{-1}	RSL	3.00×10^{-4}	I	2.00×10^{-6}	I	1	RSL	0.13	RSL
55	苯并[*b*]荧蒽	Benzo（b）fluoranthene	205-99-2	1.00×10^{-1}	RSL	6.00×10^{-2}	RSL					1	RSL	0.13	RSL
56	苯并[*k*]荧蒽	Benzo（k）fluoranthene	207-08-9	1.00×10^{-2}	RSL	6.00×10^{-3}	RSL					1	RSL	0.13	RSL
57	䓛	Chrysene	218-01-9	1.00×10^{-3}	RSL	6.00×10^{-3}	RSL					1	RSL	0.13	RSL
58	二苯并[*a,k*]蒽	Dibenzo（a,h）anthracene	53-70-3	1.00	RSL	6.00×10^{-1}	RSL					1	RSL	0.13	RSL
59	荧蒽	Fluoranthene	206-44-0					4.00×10^{-2}	I			1	RSL	0.13	RSL
60	芴	Fluorene	86-73-7					4.00×10^{-2}	I			1	RSL	0.13	RSL
61	茚并[1,2,3-*cd*]芘	Indeno(1,2,3-cd)pyrene	193-39-5	1.00×10^{-1}	RSL	6.00×10^{-2}	RSL					1	RSL	0.13	RSL
62	萘	Naphthalene	91-20-3			3.40×10^{-2}	RSL	2.00×10^{-2}	I	3.00×10^{-3}	I	1	RSL	0.13	RSL
63	芘	Pyrene	129-00-0					3.00×10^{-2}	I			1	RSL	0.13	RSL
64	艾氏剂	Aldrin	309-00-2	17.00	I	4.90	I	3.00×10^{-5}	I			1	RSL		
65	狄氏剂	Dieldrin	60-57-1	16.00	I	4.60	I	5.00×10^{-5}	I			1	RSL	0.1	RSL
66	异狄氏剂	Endrin	72-20-8					3.00×10^{-4}	I			1	RSL	0.1	RSL
67	氯丹	Chlordane	12789-03-6	3.50×10^{-1}		1.00×10^{-1}	I	5.00×10^{-4}	I	7.00×10^{-4}	I	1	RSL	0.04	RSL
68	滴滴滴	DDD	72-54-8	2.40×10^{-1}	I	6.90×10^{-2}	RSL					1	RSL	0.1	RSL
69	滴滴伊	DDE	72-55-9	3.40×10^{-1}	I	9.70×10^{-2}	RSL					1	RSL		
70	滴滴涕	DDT	50-29-3	3.40×10^{-1}	I	9.70×10^{-2}	I	5.00×10^{-4}	I			1	RSL	0.03	RSL

序号	中文名	英文名	CAS 编号	SF_o/[mg/(kg·d)]$^{-1}$	数据来源	IUR/(mg/m^3)$^{-1}$	数据来源	RfD_o/[mg/(kg·d)]	数据来源	RfC/(mg/m^3)	数据来源	ABS_{gi}/量纲一	数据来源	ABS_d/量纲一	数据来源
71	七氯	Heptachlor	76-44-8	4.50	I	1.30	I	5.00×10^{-4}	I			1	RSL		
72	α-六六六	Hexachloro cyclohexane, α-(α-HCH)	319-84-6	6.30	I	1.80	I	8.00×10^{-3}	RSL			1	RSL	0.1	RSL
73	β-六六六	Hexachloro cyclohexane, β-(β-HCH)	319-85-7	1.80	I	5.30×10^{-1}	I					1	RSL	0.1	RSL
74	γ-六六六	Hexachloro cyclohexane, γ-(γ-HCH, Lindane)	58-89-9	1.10	RSL	3.10×10^{-1}	RSL	3.00×10^{-4}	I			1	RSL	0.04	RSL
75	六氯苯	Hexachlorobenzene	118-74-1	1.60	I	4.60×10^{-1}	I	8.00×10^{-4}	I			1	RSL		
76	灭蚁灵	Mirex	2385-85-5	18.00	RSL	5.10	RSL	2.00×10^{-4}	I			1	RSL		
77	毒杀芬	Toxaphene	8001-35-2	1.10	I	3.20×10^{-1}	I					1	RSL	0.1	RSL
78	多氯联苯 189	Heptachlorobiphenyl, 2,3,3',4,4',5,5'-(PCB189)	39635-31-9	3.90	RSL	1.10	RSL	2.30×10^{-5}	RSL	1.30×10^{-3}	RSL	1	RSL	0.14	RSL
79	多氯联苯 167	Hexachlorobiphenyl, 2,3',4,4',5,5'-(PCB 167)	52663-72-6	3.90	RSL	1.10	RSL	2.30×10^{-5}	RSL	1.30×10^{-3}	RSL	1	RSL	0.14	RSL
80	多氯联苯 157	Hexachlorobiphenyl, 2,3,3',4,4',5'-(PCB 157)	69782-90-7	3.90	RSL	1.10	RSL	2.30×10^{-5}	RSL	1.30×10^{-3}	RSL	1	RSL	0.14	RSL
81	多氯联苯 156	Hexachlorobiphenyl, 2,3,3',4,4',5-(PCB 156)	38380-08-4	3.90	RSL	1.10	RSL	2.30×10^{-5}	RSL	1.30×10^{-3}	RSL	1	RSL	0.14	RSL
82	多氯联苯 169	Hexachlorobiphenyl, 3,3',4,4',5,5'-(PCB 169)	32774-16-6	3.90×10^{3}	RSL	1.10×10^{3}	RSL	2.30×10^{-8}	RSL	1.30×10^{-6}	RSL	1	RSL	0.14	RSL
83	多氯联苯 123	Pentachlorobiphenyl, 2',3,4,4',5-(PCB 123)	65510-44-3	3.90	RSL	1.10	RSL	2.30×10^{-5}	RSL	1.30×10^{-3}	RSL	1	RSL	0.14	RSL
84	多氯联苯 118	Pentachlorobiphenyl, 2,3',4,4',5-(PCB 118)	31508-00-6	3.90	RSL	1.10	RSL	2.30×10^{-5}	RSL	1.30×10^{-3}	RSL	1	RSL	0.14	RSL
85	多氯联苯 105	Pentachlorobiphenyl, 2,3,3',4,4'-(PCB 105)	32598-14-4	3.90	RSL	1.10	RSL	2.30×10^{-5}	RSL	1.30×10^{-3}	RSL	1	RSL	0.14	RSL

序号	中文名	英文名	CAS 编号	SF_o/[mg/(kg·d)]$^{-1}$	数据来源	IUR/(mg/m^3)$^{-1}$	数据来源	RfD_o/[mg/(kg·d)]	数据来源	RfC/(mg/m^3)	数据来源	ABS_{gi}/量纲一	数据来源	ABS_d/量纲一	数据来源
86	多氯联苯 114	Pentachlorobiphenyl, 2,3,4,4',5-（PCB 114）	74472-37-0	3.90	RSL	1.10	RSL	$2.30×10^{-5}$	RSL	$1.30×10^{-3}$	RSL	1	RSL	0.14	RSL
87	多氯联苯 126	Pentachlorobiphenyl, 3,3',4,4',5-（PCB 126）	57465-28-8	$1.30×10^{4}$	RSL	$3.80×10^{3}$	RSL	$7.00×10^{-9}$	RSL	$4.00×10^{-7}$	RSL	1	RSL	0.14	RSL
88	多氯联苯（高风险）	Polychlorinated Biphenyls（high risk）	1336-36-3	2.00	I	$5.70×10^{-1}$	I					1	RSL	0.14	RSL
89	多氯联苯（低风险）	Polychlorinated Biphenyls（low risk）	1336-36-3	$4.00×10^{-1}$	I	$1.00×10^{-1}$	I					1	RSL	0.14	RSL
90	多氯联苯（最低风险）	Polychlorinated Biphenyls（lowest risk）	1336-36-3	$7.00×10^{-2}$	I	$2.00×10^{-2}$	I					1	RSL	0.14	RSL
91	多氯联苯 77	Tetrachlorobiphenyl, 3,3',4,4'-（PCB 77）	32598-13-3	13.00	RSL	3.80	RSL	$7.00×10^{-6}$	RSL	$4.00×10^{-4}$	RSL	1	RSL	0.14	RSL
92	多氯联苯 81	Tetrachlorobiphenyl, 3,4,4',5-（PCB 81）	70362-50-4	39.00	RSL	11.00	RSL	$2.30×10^{-6}$	RSL	$1.30×10^{-4}$	RSL	1	RSL	0.14	RSL
93	二噁英（以TCDD2378 计）	Tetrachlorodibenzo-p-dioxin, 2,3,7,8-	1746-01-6	$1.30×10^{5}$	RSL	$3.80×10^{4}$	RSL	$7.00×10^{-10}$	I	$4.00×10^{-8}$	RSL	1	RSL	0.03	RSL
94	多溴联苯	Polybrominated Biphenyls	59536-65-1	30.00	RSL	8.60	RSL	$7.00×10^{-6}$	RSL			1	RSL	0.1	RSL
95	苯胺	Aniline	62-53-3	$5.70×10^{-3}$	I	$1.60×10^{-3}$	RSL	$7.00×10^{-3}$	P	$1.00×10^{-3}$	I	1	RSL	0.1	RSL
96	溴仿	Bromoform	75-25-2	$7.90×10^{-3}$	I	$1.10×10^{-3}$	I	$2.00×10^{-2}$	I			1	RSL		
97	2-氯酚	Chlorophenol, 2-	95-57-8					$5.00×10^{-3}$	I			1	RSL		
98	4-甲酚	Cresol, 4-	106-44-5					$1.00×10^{-1}$	RSL	$6.00×10^{-1}$	RSL	1	RSL	0.1	RSL
99	3,3-二氯联苯胺	Dichlorobenzidine, 3,3-	91-94-1	$4.50×10^{-1}$	I	$3.40×10^{-1}$	RSL					1	RSL	0.1	RSL
100	2,4-二氯酚	Dichlorophenol, 2,4-	120-83-2					$3.00×10^{-3}$	I			1	RSL	0.1	RSL
101	2,4-二硝基酚	Dinitrophenol, 2,4-	51-28-5					$2.00×10^{-3}$	I			1	RSL	0.1	RSL
102	2,4-二硝基甲苯	Dinitrotoluene, 2,4-	121-14-2	$3.10×10^{-1}$	RSL	$8.90×10^{-2}$	RSL	$2.00×10^{-3}$	I			1	RSL	0.102	RSL
103	六氯环戊二烯	Hexachlorocyclopentadiene	77-47-4					$6.00×10^{-3}$	I	$2.00×10^{-4}$	I	1	RSL		
104	五氯酚	Pentachlorophenol	87-86-5	$4.00×10^{-1}$	I	$5.10×10^{-3}$	RSL	$5.00×10^{-3}$	I			1	RSL	0.25	RSL
105	苯酚	Phenol	108-95-2					$3.00×10^{-1}$	I	$2.00×10^{-1}$	RSL	1	RSL	0.1	RSL

序号	中文名	英文名	CAS 编号	SF_o/[mg/(kg·d)]$^{-1}$	数据来源	IUR/(mg/m^3)$^{-1}$	数据来源	RfD_o/[mg/(kg·d)]	数据来源	RfC/(mg/m^3)	数据来源	ABS_{gi}/量纲一	数据来源	ABS_d/量纲一	数据来源
106	2,4,5-三氯酚	Trichlorophenol, 2,4,5-	95-95-4					1.00×10^{-1}	I			1	RSL	0.1	RSL
107	2,4,6-三氯酚	Trichlorophenol, 2,4,6-	88-06-2	1.10×10^{-2}	I	3.10×10^{-3}	I	1.00×10^{-3}	P			1	RSL	0.1	RSL
108	阿特拉津	Atrazine	1912-24-9	2.30×10^{-1}	RSL			3.50×10^{-2}	I			1	RSL	0.1	RSL
109	敌敌畏	Dichlorvos	62-73-7	2.90×10^{-1}	I	8.30×10^{-2}	RSL	5.00×10^{-4}	I	5.00×10^{-4}	I	1	RSL	0.1	RSL
110	乐果	Dimethoate	60-51-5					2.20×10^{-3}	I			1	RSL	0.1	RSL
111	硫丹	Endosulfan	115-29-7					6.00×10^{-3}	I			1	RSL		
112	草甘膦	Glyphosate	1071-83-6					1.00×10^{-1}	I			1	RSL	0.1	RSL
113	邻苯二甲酸二（2-乙基已基）酯	Bis（2-ethylhexyl）phthal ate, DEHP	117-81-7	1.40×10^{-2}	I	2.40×10^{-3}	RSL	2.00×10^{-2}	I			1	RSL	0.1	RSL
114	邻苯二甲酸苄丁酯	Butyl benzyl phthalate, BBP	85-68-7	1.90×10^{-3}	P			2.00×10^{-1}	I			1	RSL	0.1	RSL
115	邻苯二甲酸二乙酯	Diethyl phthalate, DEP	84-66-2					8.00×10^{-1}	I			1	RSL	0.1	RSL
116	邻苯二甲酸二丁酯	Dibutyl phthalate, DBP	84-74-2					1.00×10^{-1}	I			1	RSL	0.1	RSL
117	邻苯二甲酸二正辛酯	Di-n-octyl phthalate, DNOP	117-84-0					1.00×10^{-2}	P			1	RSL	0.1	RSL

注：（1）SF_o：经口摄入致癌斜率因子；IUR：呼吸吸入单位致癌风险；RfD_o：经口摄入参考剂量；RfC：呼吸吸入参考浓度；ABS_{gi}：消化道吸收因子；ABS_d：皮肤吸收效率因子。

（2）“I”代表数据来自“美国环保局综合风险信息系统”（USEPA Integrated Risk Information System）；“P”代表数据来自美国环保局“临时性同行审定毒性数据”（The Provisional Peer Reviewed Toxicity Values）；“RSL”代表数据来自美国环保局“区域筛选值（Regional Screening Levels）总表”污染物毒性数据（2018 年 5 月发布）。表中未包含的污染物可参考以上数据库的最新更新版本获取其参数。

B.1 呼吸吸入致癌斜率因子和参考剂量外推模型公式

呼吸吸入致癌斜率因子（SF_i）和呼吸吸入参考剂量（RfD_i），分别采用式（B.1）和式（B.2）计算：

$$SF_i = \frac{IUR \times BW_a}{DAIR_a} \tag{B.1}$$

$$RfD_i = \frac{RfC \times DAIR_a}{BW_a} \tag{B.2}$$

式（B.1）和式（B.2）中：SF_i —— 呼吸吸入致癌斜率因子，（mg 污染物·kg^{-1} 体重·d^{-1}）$^{-1}$；

RfD_i —— 呼吸吸入参考剂量，mg 污染物·kg^{-1} 体重·d^{-1}；

IUR —— 呼吸吸入单位致癌因子，m^3·mg^{-1}；

RfC —— 呼吸吸入参考浓度，mg·m^{-3}。

式（B.1）和式（B.2）中，$DAIR_a$ 的参数含义见式（A.7），BWa 的参数含义见式（A.1）。

B.2 皮肤接触致癌斜率因子和参考剂量外推模型公式

皮肤接触致癌斜率系数和参考剂量分别采用式（B.3）和式（B.4）计算：

$$SF_d = \frac{SF_o}{ABS_{gi}} \tag{B.3}$$

$$RfD_d = RfD_o \times ABS_{gi} \tag{B.4}$$

式（B.3）和式（B.4）中：SF_d —— 皮肤接触致癌斜率因子，（mg 污染物·kg^{-1} 体重·d^{-1}）$^{-1}$；

SF_o —— 经口摄入致癌斜率因子，（mg 污染物·kg^{-1} 体重·d^{-1}）$^{-1}$；

RfD_o —— 经口摄入参考剂量，mg 污染物·kg^{-1} 体重·d^{-1}；

RfD_d —— 皮肤接触参考剂量，mg 污染物·kg^{-1} 体重·d^{-1}；

ABS_{gi} —— 消化道吸收效率因子，量纲一。

表 B.2 部分污染物的理化性质参数

序号	中文名	英文名	CAS 编号	H'	数据来源	D_a/（cm^2/s）	数据来源	D_w/（cm^2/s）	数据来源	K_{oc}/（cm^3/g）	数据来源	S/（mg/L）	数据来源
一、金属及无机物													
1	锑	Antimony	7440-36-0										
2	砷（无机）	Arsenic,inorganic	7440-38-2										
3	铍	Beryllium	7440-41-7										
4	镉	Cadmium	7440-43-9										
5	铬（三价）	Chromium,Ⅲ	16065-83-1										
6	铬（六价）	Chromium,Ⅳ	18540-29-9									1.69×10^{6}	RSL
7	钴	Cobalt	7440-48-4										
8	铜	Copper	7440-50-8										
9	汞（无机）	Mercury,inorganic	7439-97-6	3.52×10^{-1}	EPI	3.07×10^{-2}	WATER9	6.30×10^{-6}	WATER9				
10	甲基汞	Methyl Mercury	22967-92-6										
11	镍	Nickel	7440-02-0										
12	锡	Tin	7440-31-5										
13	钒	Vanadium	1314-62-1									7.00×10^{2}	RSL
14	锌	Zinc	7440-66-6										
15	氰化物	Cyanide	1957-12-5	4.15×10^{-3}	EPI	2.11×10^{-1}	WATER9	2.46×10^{-5}	WATER9			9.54×10^{4}	EPI
16	氟化物	Fluride	16984-48-8									1.69	EPI
二、挥发性有机物													
17	丙酮	Acetone	67-64-1	1.43×10^{-3}	EPI	1.06×10^{-1}	WATER9	1.15×10^{-5}	WATER9	2.36	EPI	1.00×10^{6}	EPI
18	苯	Benzene	71-43-2	2.27×10^{-1}	EPI	8.95×10^{-2}	WATER9	1.03×10^{-5}	WATER9	1.46×10^{2}	EPI	1.79×10^{3}	EPI
19	甲苯	Toluene	108-88-3	2.71×10^{-1}	EPI	7.78×10^{-2}	WATER9	9.20×10^{-6}	WATER9	2.34×10^{2}	EPI	5.26×10^{2}	EPI
20	乙苯	Ethylbenzene	100-41-4	3.22×10^{-1}	EPI	6.85×10^{-2}	WATER9	8.46×10^{-6}	WATER9	4.46×10^{2}	EPI	1.69×10^{2}	EPI
21	对二甲苯	Xylene,p-	106-42-3	2.82×10^{-1}	EPI	6.82×10^{-2}	WATER9	8.42×10^{-6}	WATER9	3.75×10^{2}	EPI	1.62×10^{2}	EPI
22	间二甲苯	Xylene,m-	108-38-3	2.94×10^{-1}	EPI	6.84×10^{-2}	WATER9	8.44×10^{-6}	WATER9	3.75×10^{2}	EPI	1.61×10^{2}	EPI
23	邻二甲苯	Xylene,o-	95-47-6	2.12×10^{-1}	EPI	6.89×10^{-2}	WATER9	8.53×10^{-6}	WATER9	3.83×10^{2}	EPI	1.78×10^{2}	EPI
24	二甲苯	Xylenes	1330-20-7	2.71×10^{-1}	EPI	6.85×10^{-2}	WATER9	8.46×10^{-6}	WATER9	3.83×10^{2}	EPI	1.06×10^{2}	EPI
25	一溴二氯甲烷	Bromodichloromethane	75-27-4	8.67×10^{-2}	EPI	5.63×10^{-2}	WATER9	1.07×10^{-5}	WATER9	31.80	EPI	3.03×10^{3}	EPI
26	1,2-二溴甲烷	Dibromoethane,1,2-	106-93-4	2.66×10^{-2}	EPI	4.30×10^{-2}	WATER9	1.04×10^{-5}	WATER9	39.60	EPI	3.91×10^{3}	EPI
27	四氯化碳	Carbon tetrachloride	56-23-5	1.13	EPI	5.71×10^{-2}	WATER9	9.78×10^{-6}	WATER9	43.90	EPI	7.93×10^{2}	EPI

序号	中文名	英文名	CAS 编号	H'	数据来源	D_a/（cm^2/s）	数据来源	D_w/（cm^2/s）	数据来源	K_{oc}/（cm^3/g）	数据来源	S/（mg/L）	数据来源
28	氯苯	Chlorobenzene	108-90-7	1.27×10^{-1}	EPI	7.21×10^{-2}	WATER9	9.48×10^{-6}	WATER9	2.34×10^{2}	EPI	4.98×10^{2}	EPI
29	氯仿（三氯甲烷）	Chloroform	67-66-3	1.50×10^{-1}	EPI	7.69×10^{-2}	WATER9	1.09×10^{-5}	WATER9	31.80	EPI	7.95×10^{3}	EPI
30	氯甲烷	Chloromethane	74-87-3	3.61×10^{-1}	EPI	1.24×10^{-1}	WATER9	1.36×10^{-5}	WATER9	13.20	EPI	5.32×10^{3}	EPI
31	二溴氯甲烷	Dibromochloromethane	124-48-1	3.20×10^{-2}	EPI	3.66×10^{-2}	WATER9	1.06×10^{-5}	WATER9	31.80	EPI	2.70×10^{3}	EPI
32	1,4-二氯苯	Dichlorobenzen,1,4-	106-46-7	9.85×10^{-2}	EPI	5.50×10^{-2}	WATER9	8.68×10^{-6}	WATER9	3.75×10^{2}	EPI	81.30	EPI
33	1,1-二氯乙烷	Dichloroethane,1,1-	75-34-3	2.30×10^{-1}	EPI	8.36×10^{-2}	WATER9	1.06×10^{-5}	WATER9	31.80	EPI	5.04×10^{3}	EPI
34	1,2-二氯乙烷	Dichloroethane,1,2-	107-06-2	4.82×10^{-2}	EPI	8.57×10^{-2}	WATER9	1.10×10^{-5}	WATER9	39.60	EPI	8.60×10^{3}	EPI
35	1,1-二氯乙烯	Dichloroethylene,1,1-	75-35-4	1.07	EPI	8.63×10^{-2}	WATER9	1.10×10^{-5}	WATER9	31.80	EPI	2.42×10^{3}	EPI
36	1,2-顺式-二氯乙烯	Dichloroethylene,1,2-cis-	156-59-2	1.67×10^{-1}	EPI	8.84×10^{-2}	WATER9	1.13×10^{-5}	WATER9	39.60	EPI	6.41×10^{3}	EPI
37	1,2 -反式-二氯乙烯	Dichloroethylene,1,2-trans-	156-60-5	3.83×10^{-1}	EPI	8.76×10^{-2}	WATER9	1.12×10^{-5}	WATER9	39.60	EPI	4.52×10^{3}	EPI
38	二氯甲烷	Dichloromethane	1975-9-2	1.33×10^{-1}	EPI	9.99×10^{-2}	WATER9	1.25×10^{-5}	WATER9	21.70	EPI	1.30×10^{4}	EPI
39	1,2-二氯丙烷	Dichloropropane,1,2-	78-87-5	1.15×10^{-1}	EPI	7.33×10^{-2}	WATER9	9.73×10^{-6}	WATER9	60.70	EPI	2.80×10^{3}	EPI
40	硝基苯	Nitrobenzene	98-95-3	9.81×10^{-4}	EPI	6.81×10^{-2}	WATER9	9.45×10^{-6}	WATER9	2.26×10^{2}	EPI	2.09×10^{3}	EPI
41	苯乙烯	Styrene	100-42-5	1.12×10^{-1}	EPI	7.11×10^{-2}	WATER9	8.78×10^{-6}	WATER9	4.46×10^{2}	EPI	3.10×10^{2}	EPI
42	1,1,1,2-四氯乙烷,	Tetrachloroethane,1,1,1,2-	630-20-6	1.02×10^{-1}	EPI	4.82×10^{-2}	WATER9	9.10×10^{-6}	WATER9	86.00	EPI	1.07×10^{3}	EPI
43	1,1,2,2-四氯乙烷,	Tetrachloroethane,1,1,2,2-	79-34-5	1.50×10^{-2}	EPI	4.89×10^{-2}	WATER9	9.29×10^{-6}	WATER9	94.90	EPI	2.83×10^{3}	EPI
44	四氯乙烯	Tetrachloroethylene	127-18-4	7.24×10^{-1}	EPI	5.05×10^{-2}	WATER9	9.46×10^{-6}	WATER9	94.90	EPI	2.06×10^{2}	EPI
45	三氯乙烯	Trichloroethylene	1979-1-6	4.03×10^{-1}	EPI	6.87×10^{-2}	WATER9	1.02×10^{-5}	WATER9	60.70	EPI	1.28×10^{3}	EPI
46	氯乙烯	Vinyl chloride	1975-1-4	1.14	EPI	1.07×10^{-1}	WATER9	1.20×10^{-5}	WATER9	21.70	EPI	8.80×10^{3}	EPI
47	1,1,2-三氯丙烷	Trichloropropane,1,1,2-	598-77-6	1.30×10^{-2}	EPI	5.72×10^{-2}	WATER9	9.17×10^{-6}	WATER9	94.90	EPI	1.90×10^{3}	EPI
48	1,2,3-三氯丙烷	Trichloropropane,1,2,3-	96-18-4	1.40×10^{-2}	EPI	5.75×10^{-2}	WATER9	9.24×10^{-6}	WATER9	1.16×10^{2}	EPI	1.75×10^{3}	EPI
49	1,1,1-三氯乙烷,	Trichlorothane,1,1,1-	71-55-6	7.03×10^{-1}	EPI	6.48×10^{-2}	WATER9	9.60×10^{-6}	WATER9	43.90	EPI	1.29×10^{3}	EPI
50	1,1,2-三氯乙烷	Trichlorothane,1,1,2-	79-00-5	3.37×10^{-2}	EPI	6.69×10^{-2}	WATER9	1.00×10^{-5}	WATER9	60.70	EPI	4.59×10^{3}	EPI
三、半挥发性有机物													
51	苊	Acenaphthene	83-32-9	7.52×10^{-3}	EPI	5.06×10^{-2}	WATER9	8.33×10^{-6}	WATER9	5.03×10^{3}	EPI	3.90	EPI
52	蒽	Anthracene	120-12-7	2.27×10^{-3}	EPI	3.90×10^{-2}	WATER9	7.85×10^{-6}	WATER9	1.64×10^{4}	EPI	4.34×10^{-2}	EPI
53	苯并[*a*]蒽	Benzo（a）anthracene	56-55-3	4.91×10^{-4}	EPI	2.61×10^{-2}	WATER9	6.75×10^{-6}	WATER9	1.77×10^{5}	EPI	9.40×10^{-3}	EPI
54	苯并[*a*]芘	Benzo（a）pyrene	50-32-8	1.87×10^{-5}	EPI	4.76×10^{-2}	WATER9	5.56×10^{-6}	WATER9	5.87×10^{5}	EPI	1.62×10^{-3}	EPI
55	苯并[*b*]荧蒽	Benzo（b）fluoranthene	205-99-2	2.69×10^{-5}	EPI	4.76×10^{-2}	WATER9	5.56×10^{-6}	WATER9	5.99×10^{5}	EPI	1.50×10^{-3}	EPI

序号	中文名	英文名	CAS 编号	H′	数据来源	D_a/（cm²/s）	数据来源	D_w/（cm²/s）	数据来源	K_{oc}/（cm³/g）	数据来源	S/（mg/L）	数据来源
56	苯并[*k*]荧蒽	Benzo（k）fluoranthene	207-08-9	$2.39×10^{-5}$	EPI	$4.76×10^{-2}$	WATER9	$5.56×10^{-6}$	WATER9	$5.87×10^{5}$	EPI	$8.00×10^{-4}$	EPI
57	䓛	Chrysene	218-01-9	$2.14×10^{-4}$	EPI	$2.61×10^{-2}$	WATER9	$6.75×10^{-6}$	WATER9	$1.81×10^{5}$	EPI	$2.00×10^{-3}$	EPI
58	二苯并[*a,h*]蒽	Dibenzo（a,h）anthracene	53-70-3	$5.76×10^{-6}$	EPI	$4.46×10^{-2}$	WATER9	$5.21×10^{-6}$	WATER9	$1.91×10^{6}$	EPI	$2.49×10^{-3}$	EPI
59	荧蒽	Fluoranthene	206-44-0	$3.62×10^{-4}$	EPI	$2.76×10^{-2}$	WATER9	$7.18×10^{-6}$	WATER9	$5.55×10^{4}$	EPI	$2.60×10^{-1}$	EPI
60	芴	Fluorene	86-73-7	$3.93×10^{-3}$	EPI	$4.40×10^{-2}$	WATER9	$7.89×10^{-6}$	WATER9	$9.16×10^{3}$	EPI	1.69	EPI
61	茚并[1,2,3-*cd*]芘	Indeno（1,2,3-cd）pyrene	193-39-5	$1.42×10^{-5}$	RSL	$4.48×10^{-2}$	WATER9	$5.23×10^{-6}$	WATER9	$1.95×10^{6}$	RSL	$1.90×10^{-4}$	RSL
62	萘	Naphthalene	91-20-3	$1.80×10^{-2}$	EPI	$6.05×10^{-2}$	WATER9	$8.38×10^{-6}$	WATER9	$1.54×10^{3}$	EPI	31.00	EPI
63	芘	Pyrene	129-00-0	$4.87×10^{-4}$	EPI	$2.78×10^{-2}$	WATER9	$7.25×10^{-6}$	WATER9	$5.43×10^{4}$	EPI	$1.35×10^{-1}$	EPI
64	艾氏剂	Aldrin	309-00-2	$1.80×10^{-3}$	EPI	$3.72×10^{-2}$	WATER9	$4.35×10^{-6}$	WATER9	$8.20×10^{4}$	EPI	$1.70×10^{-2}$	EPI
65	狄氏剂	Dieldrin	60-57-1	$4.09×10^{-4}$	EPI	$2.33×10^{-2}$	WATER9	$6.01×10^{-6}$	WATER9	$2.01×10^{4}$	EPI	$1.95×10^{-1}$	EPI
66	异狄氏剂	Endrin	72-20-8	$2.60×10^{-4}$	EPI	$3.62×10^{-2}$	WATER9	$4.22×10^{-6}$	WATER9	$2.01×10^{4}$	EPI	$2.50×10^{-1}$	EPI
67	氯丹	Chlorodane	12789-03-6	$1.99×10^{-3}$	EPI	$2.15×10^{-2}$	WATER9	$5.45×10^{-6}$	WATER9	$6.75×10^{4}$	EPI	$5.60×10^{-2}$	EPI
68	滴滴滴	DDD	72-54-8	$2.70×10^{-4}$	EPI	$4.06×10^{-2}$	WATER9	$4.74×10^{-6}$	WATER9	$1.18×10^{5}$	EPI	$9.00×10^{-2}$	EPI
69	滴滴伊	DDE	72-55-9	$1.70×10^{-3}$	EPI	$2.30×10^{-2}$	WATER9	$5.86×10^{-6}$	WATER9	$1.18×10^{5}$	EPI	$4.00×10^{-2}$	EPI
70	滴滴涕	DDT	50-29-3	$3.40×10^{-4}$	EPI	$3.79×10^{-2}$	WATER9	$4.43×10^{-6}$	WATER9	$1.69×10^{5}$	EPI	$5.50×10^{-3}$	EPI
71	七氯	Heptachlor	76-44-8	$1.20×10^{-2}$	EPI	$2.23×10^{-2}$	WATER9	$5.70×10^{-6}$	WATER9	$4.13×10^{4}$	EPI	$1.80×10^{-1}$	EPI
72	α-六六六	Hexachloro cyclohexane, α-（α-HCH）	319-84-6	$2.74×10^{-4}$	EPI	$4.33×10^{-2}$	WATER9	$5.06×10^{-6}$	WATER9	$2.81×10^{3}$	EPI	2.00	EPI
73	β-六六六	Hexachloro cyclohexane, β-（β-HCH）	319-85-7	$1.80×10^{-5}$	EPI	$2.77×10^{-2}$	WATER9	$7.40×10^{-6}$	WATER9	$2.81×10^{3}$	EPI	$2.40×10^{-1}$	EPI
74	γ-六六六	Hexachloro cyclohexane, γ-（γ-HCH,Lindane）	58-89-9	$2.10×10^{-4}$	EPI	$4.33×10^{-2}$	WATER9	$5.06×10^{-6}$	WATER9	$2.81×10^{3}$	EPI	7.30	EPI
75	六氯苯	Hexachlorobenzene	118-74-1	$6.95×10^{-2}$	EPI	$2.90×10^{-2}$	WATER9	$7.85×10^{-6}$	WATER9	$6.20×10^{3}$	EPI	$6.20×10^{-3}$	EPI
76	灭蚁灵	Mirex	2385-85-5	$3.32×10^{-2}$	EPI	$2.19×10^{-2}$	WATER9	$5.63×10^{-6}$	WATER9	$3.57×10^{5}$	EPI	$8.50×10^{-2}$	EPI
77	毒杀芬	Toxphene	8001-35-2	$2.45×10^{-4}$	EPI	$3.42×10^{-2}$	WATER9	$4.00×10^{-6}$	WATER9	$7.72×10^{4}$	EPI	$5.50×10^{-1}$	RSL
78	多氯联苯 189	Heptachlorobiphenyl,2,3,3',4,4',5,5'-（PCB 189）	39635-31-9	$2.07×10^{-3}$	EPI	$4.24×10^{-2}$	WATER9	$5.69×10^{-6}$	WATER9	$3.50×10^{5}$	EPI	$7.53×10^{-4}$	EPI
79	多氯联苯 167	Hexachlorobiphenyl,2,3',4,4',5,5'-（PCB 167）	52663-72-6	$2.80×10^{-3}$	EPI	$4.44×10^{-2}$	WATER9	$5.86×10^{-6}$	WATER9	$2.09×10^{5}$	EPI	$2.23×10^{-3}$	EPI

序号	中文名	英文名	CAS 编号	H'	数据来源	D_a/（cm^2/s）	数据来源	D_w/（cm^2/s）	数据来源	K_{oc}/（cm^3/g）	数据来源	S/（mg/L）	数据来源
80	多氯联苯 157	Hexachlorobiphenyl,2,3,3',4,4',5'-（PCB 157）	69782-90-7	6.62×10^{-3}	EPI	4.44×10^{-2}	WATER9	5.86×10^{-6}	WATER9	2.14×10^{5}	EPI	1.65×10^{-3}	EPI
81	多氯联苯 156	Hexachlorobiphenyl,2,3,3',4,4',5-（PCB 156）	38380-08-4	5.85×10^{-3}	EPI	4.44×10^{-2}	WATER9	5.86×10^{-6}	WATER9	2.14×10^{5}	EPI	5.33×10^{-3}	EPI
82	多氯联苯 169	Hexachlorobiphenyl,3,3',4,4',5,5'-（PCB 169）	32774-16-6	6.62×10^{-3}	EPI	4.44×10^{-2}	WATER9	5.86×10^{-6}	WATER9	2.09×10^{5}	EPI	5.10×10^{-4}	EPI
83	多氯联苯 123	Pentachlorobiphenyl,2',3,4,4',5-（PCB 123）	65510-44-3	7.77×10^{-3}	EPI	4.67×10^{-2}	WATER9	6.06×10^{-6}	WATER9	1.31×10^{5}	EPI	1.60×10^{-2}	EPI
84	多氯联苯 118	Pentachlorobiphenyl,2,3',4,4',5-（PCB 118）	31508-00-6	1.18×10^{-2}	EPI	4.67×10^{-2}	WATER9	6.06×10^{-6}	WATER9	1.28×10^{5}	EPI	1.34×10^{-2}	EPI
85	多氯联苯 105	Pentachlorobiphenyl,2,3,3',4,4'-（PCB 105）	32598-14-4	1.16×10^{-2}	EPI	4.67×10^{-2}	WATER9	6.06×10^{-6}	WATER9	1.31×10^{5}	EPI	3.40×10^{-3}	EPI
86	多氯联苯 114	Pentachlorobiphenyl,2,3,4,4',5-（PCB 114）	74472-37-0	3.78×10^{-3}	EPI	4.67×10^{-2}	WATER9	6.06×10^{-6}	WATER9	1.31×10^{5}	EPI	1.60×10^{-2}	EPI
87	多氯联苯 126	Pentachlorobiphenyl,3,3',4,4',5-（PCB 126）	57465-28-8	7.77×10^{-3}	EPI	4.67×10^{-2}	WATER9	6.06×10^{-6}	WATER9	1.28×10^{5}	EPI	7.33×10^{-3}	EPI
88	多氯联苯（高风险）	Polychlorinated Biphenyls（high risk）	1336-36-3	1.70×10^{-2}	EPI	2.43×10^{-2}	WATER9	6.27×10^{-6}	WATER9	7.81×10^{4}	EPI	7.00×10^{-1}	RSL
89	多氯联苯（低风险）	Polychlorinated Biphenyls（low risk）	1336-36-3	1.70×10^{-2}	EPI	2.43×10^{-2}	WATER9	6.27×10^{-6}	WATER9	7.81×10^{4}	EPI	7.00×10^{-1}	RSL
90	多氯联苯(最低风险)	Polychlorinated Biphenyls（lowest risk）	1336-36-3	1.70×10^{-2}	EPI	2.43×10^{-2}	WATER9	6.27×10^{-6}	WATER9	7.81×10^{4}	EPI	7.00×10^{-1}	RSL
91	多氯联苯 77	Tetrachlorobiphenyl,3,3',4,4'-（PCB 77）	32598-13-3	3.84×10^{-4}	EPI	4.94×10^{-2}	WATER9	5.04×10^{-6}	WATER9	7.81×10^{4}	EPI	5.69×10^{-4}	EPI
92	多氯联苯 81	Tetrachlorobiphenyl,3,4,4',5-（PCB 81）	70362-50-4	9.12×10^{-3}	EPI	4.94×10^{-2}	WATER9	6.27×10^{-6}	WATER9	7.81×10^{4}	EPI	3.22×10^{-2}	EPI
93	二噁英（以 TCDD2378 计）	Tetrachlorodibenzo-p-dioxin,2,3,7,8-	1746-01-6	2.04×10^{-3}	EPI	4.70×10^{-2}	WATER9	6.76×10^{-6}	WATER9	2.49×10^{5}	EPI	2.00×10^{-4}	EPI
94	多溴联苯	Polybrominated Biphenyls	59536-65-1										
95	苯胺	Aniline	62-53-3	8.26×10^{-5}	EPI	8.30×10^{-2}	WATER9	1.01×10^{-5}	WATER9	70.20	EPI	3.60×10^{4}	EPI

序号	中文名	英文名	CAS 编号	H'	数据来源	D_a/(cm²/s)	数据来源	D_w/(cm²/s)	数据来源	K_{oc}/(cm³/g)	数据来源	S/(mg/L)	数据来源
96	溴仿	Bromoform	75-25-2	2.19×10^{-2}	EPI	3.57×10^{-2}	WATER9	1.04×10^{-5}	WATER9	31.80	EPI	3.10×10^{3}	EPI
97	2-氯酚	Chlorophenol,2-	95-57-8	4.58×10^{-4}	EPI	6.61×10^{-2}	WATER9	9.48×10^{-6}	WATER9	3.88×10^{2}	EPI	1.13×10^{4}	EPI
98	4-甲酚	Cresol,4-	106-44-5	4.09×10^{-5}	EPI	7.24×10^{-2}	WATER9	9.24×10^{-6}	WATER9	3.00×10^{2}	EPI	2.15×10^{4}	EPI
99	3,3-二氯联苯胺	Dichlorobenzidine,3,3-	91-94-1	1.16×10^{-9}	RSL	4.75×10^{-2}	WATER9	5.55×10^{-6}	WATER9	3.19×10^{3}	EPI	3.11	EPI
100	2,4-二氯酚	Dichlorophenol,2,4-	120-83-2	1.75×10^{-4}	EPI	4.86×10^{-2}	WATER9	8.68×10^{-6}	WATER9	1.47×10^{2}	EPI	5.55×10^{3}	EPI
101	2,4-二硝基酚	Dinitrophenol,2,4-	51-28-5	3.52×10^{-6}	EPI	4.07×10^{-2}	WATER9	9.08×10^{-6}	WATER9	4.61×10^{2}	EPI	2.79×10^{3}	EPI
102	2,4-二硝基甲苯	Dinitrotoluene,2,4-	121-14-2	2.21×10^{-6}	EPI	3.75×10^{-2}	WATER9	7.90×10^{-6}	WATER9	5.76×10^{2}	EPI	2.00×10^{2}	EPI
103	六氯环戊二烯	Hexachlorocyclopentadie ne	77-47-4	1.11	EPI	2.72×10^{-2}	WATER9	7.22×10^{-6}	WATER9	1.40×10^{3}	EPI	1.80	EPI
104	五氯酚	Pentachlorophenol	87-86-5	1.00×10^{-6}	EPI	2.95×10^{-2}	WATER9	8.01×10^{-6}	WATER9	5.92×10^{2}	EPI	14.00	EPI
105	苯酚	Phenol	108-95-2	1.36×10^{-5}	EPI	8.34×10^{-2}	WATER9	1.03×10^{-5}	WATER9	1.87×10^{2}	EPI	8.28×10^{4}	EPI
106	2,4,5-三氯酚	Trichlorophenol,2,4,5-	95-95-4	6.62×10^{-5}	EPI	3.14×10^{-2}	WATER9	8.09×10^{-6}	WATER9	1.60×10^{3}	EPI	1.20×10^{3}	EPI
107	2,4,6-三氯酚	Trichlorophenol,2,4,6-	1988-6-2	1.06×10^{-4}	EPI	3.14×10^{-2}	WATER9	8.09×10^{-6}	WATER9	3.81×10^{2}	EPI	8.00×10^{2}	EPI
108	阿特拉津	Atrazine	1912-24-9	9.65×10^{-8}	EPI	2.65×10^{-2}	WATER9	6.84×10^{-6}	WATER9	2.25×10^{2}	EPI	34.70	EPI
109	敌敌畏	Dichlorvos	62-73-7	2.30×10^{-5}	EPI	2.79×10^{-2}	WATER9	7.33×10^{-6}	WATER9	54.00	EPI	8.00×10^{3}	EPI
110	乐果	Dimethoate	60-51-5	9.93×10^{-9}	EPI	2.61×10^{-2}	WATER9	6.74×10^{-6}	WATER9	12.80	EPI	2.33×10^{4}	EPI
111	硫丹	Endosulfan	115-29-7	2.66×10^{-3}	EPI	2.25×10^{-2}	WATER9	5.76×10^{-6}	WATER9	6.76×10^{3}	EPI	3.25×10^{-1}	EPI
112	草甘膦	Glyphosate	1071-83-6	8.59×10^{-11}	EPI	6.21×10^{-2}	WATER9	7.26×10^{-6}	WATER9	2.10×10^{3}	EPI	1.05×10^{4}	EPI
113	邻苯二甲酸二（2-乙基己）酯	Bis（2-ethylhexyl）phthalat e,DEHP	117-81-7	1.10×10^{-5}	EPI	1.73×10^{-2}	WATER9	4.18×10^{-6}	WATER9	1.20×10^{5}	EPI	2.70×10^{-1}	EPI
114	邻苯二甲酸丁苄酯	Butyl benzyl phthalate,BBP	85-68-7	5.15×10^{-5}	EPI	2.08×10^{-2}	WATER9	5.17×10^{-6}	WATER9	7.16×10^{3}	EPI	2.69	EPI
115	邻苯二甲酸二乙酯	Diethyl phthalate,DEP	84-66-2	2.49×10^{-5}	EPI	2.61×10^{-2}	WATER9	6.72×10^{-6}	WATER9	1.05×10^{2}	EPI	1.08×10^{3}	EPI
116	邻苯二甲酸二丁酯	Di-n-butyl phthalate,DnBP	84-74-2	7.40×10^{-5}	EPI	2.14×10^{-2}	WATER9	5.33×10^{-6}	WATER9	1.16×10^{3}	EPI	11.20	EPI
117	邻苯二甲酸二正辛酯	Di-n-octyl phthalate,DNOP	117-84-0	1.05×10^{-4}	EPI	3.56×10^{-2}	WATER9	4.15×10^{-6}	WATER9	1.41×10^{5}	EPI	2.00×10^{-2}	EPI

注：（1）H'：量纲一的亨利常数；D_a：空气中扩散系数；D_w：水中扩散系数；K_{oc}：土壤-有机碳分配系数；S：水溶解度。

（2）“EPI”代表美国环保局“化学品性质参数估算工具包（estimation program interface suite）”数据；“WATER 9”代表美国环保局“废水处理模型”（the wastewater treatment model）数据；“RSL”代表数据来自美国环保局“区域筛选值（regional screening levels）总表”污染物毒性数据（2018 年 5 月发布）。表中未包含的污染物可参考以上数据库的最新更新版本获取其参数。

（3）表中量纲一亨利常数等理化性质参数为常温条件下的参数值。

附 录 C
（规范性附录）
计算致癌风险和危害商的推荐模型

C.1 土壤中单一污染物致癌风险

C.1.1 经口摄入土壤途径的致癌风险采用式（C.1）计算：

$$CR_{ois} = OISER_{ca} \times C_{sur} \times SF_o \tag{C.1}$$

式中：CR_{ois} —— 经口摄入土壤途径的致癌风险，量纲一；
C_{sur} —— 表层土壤中污染物浓度，$mg \cdot kg^{-1}$；必须根据地块调查获得参数值。

式（C.1）中，$OISER_{ca}$ 的参数含义见式（A.1），SF_o 的参数含义见式（B.3）。

C.1.2 皮肤接触土壤途径的致癌风险采用式（C.2）计算：

$$CR_{dcs} = DCSER_{ca} \times C_{sur} \times SF_d \tag{C.2}$$

式中：CR_{dcs} —— 皮肤接触土壤途径的致癌风险，量纲一。

式（C.2）中，$DCSER_{ca}$ 的参数含义见式（A.3），SF_d 的参数含义见式（B.3），C_{sur} 的参数含义见式（C.1）。

C.1.3 吸入土壤颗粒物途径的致癌风险采用式（C.3）计算：

$$CR_{pis} = PISER_{ca} \times C_{sur} \times SF_i \tag{C.3}$$

式中：CR_{pis} —— 吸入土壤颗粒物途径的致癌风险，量纲一。

式（C.3）中，$PISER_{ca}$ 的参数含义见式（A.7），C_{sur} 的参数含义见式（C.1），SF_i 的参数含义见式（B.1）。

C.1.4 吸入室外空气中来自表层土壤的气态污染物途径的致癌风险采用式（C.4）计算：

$$CR_{iov1} = IOVER_{ca1} \times C_{sur} \times SF_i \tag{C.4}$$

式中：CR_{iov1} —— 吸入室外空气中来自表层土壤的气态污染物途径的致癌风险，量纲一。

式（C.4）中，$IOVER_{ca1}$ 的参数含义见式（A.9），C_{sur} 的参数含义见式（C.1），SF_i 的参数含义见式（B.1）。

C.1.5 吸入室外空气中来自下层土壤的气态污染物途径的致癌风险采用式（C.5）计算：

$$CR_{iov2} = IOVER_{ca2} \times C_{sub} \times SF_i \tag{C.5}$$

式中：CR_{iov2} —— 吸入室外空气中来自下层土壤的气态污染物途径的致癌风险，量纲一；
C_{sub} —— 下层土壤中污染物浓度，$mg \cdot kg^{-1}$；必须根据地块调查获得参数值。

式（C.5）中，$IOVER_{ca2}$ 的参数含义分别见式（A.10），SF_i 的参数含义见式（B.1）。

C.1.6 吸入室内空气中来自下层土壤的气态污染物途径的致癌风险采用式（C.6）计算：

$$CR_{iiv1} = IIVER_{ca1} \times C_{sub} \times SF_i \tag{C.6}$$

式中：CR_{iiv1} —— 吸入室内空气中来自下层土壤的气态污染物途径的致癌风险，量纲一。

式（C.6）中，$IIVER_{ca1}$ 的参数含义分别见式（A.15），C_{sub} 的参数含义见式（C.5），SF_i 的参数含义

见式（B.1）。

C.1.7 土壤中单一污染物经所有暴露途径的总致癌风险采用式（C.7）计算：

$$CR_n = CR_{ois} + CR_{dcs} + CR_{pis} + CR_{iov1} + CR_{iov2} + CR_{iiv1} \quad (C.7)$$

式中：CR_n —— 土壤中单一污染物（第 n 种）经所有暴露途径的总致癌风险，量纲一。

式（C.7）中，CR_{ois}、CR_{dcs}、CR_{pis}、CR_{iov1}、CR_{iov2} 和 CR_{iiv1} 的参数含义分别见式（C.1）、式（C.2）、式（C.3）、式（C.4）、式（C.5）、式（C.6）。

C.2 土壤中单一污染物危害商

C.2.1 经口摄入土壤途径的危害商采用式（C.8）计算：

$$HQ_{ois} = \frac{OISER_{nc} \times C_{sur}}{RfD_o \times SAF} \quad (C.8)$$

式中：HQ_{ois} —— 经口摄入土壤途径的危害商，量纲一；

SAF —— 暴露于土壤的参考剂量分配系数，量纲一。

式（C.8）中，$OISER_{nc}$ 的参数含义见式（A.2），C_{sur} 的参数含义见式（C.1），RfD_o 的参数含义见式（B.4）。

C.2.2 皮肤接触土壤途径的危害商采用式（C.9）计算：

$$HQ_{dcs} = \frac{DCSER_{nc} \times C_{sur}}{RfD_d \times SAF} \quad (C.9)$$

式中：HQ_{dcs} —— 皮肤接触土壤途径的危害商，量纲一。

式（C.9）中，$DCSER_{nc}$ 的参数含义见式（A.6），C_{sur} 的参数含义见式（C.1），RfD_d 的参数含义见式（B.4），SAF 的参数含义见式（C.8）。

C.2.3 吸入土壤颗粒物途径的危害商采用式（C.10）计算：

$$HQ_{pis} = \frac{PISER_{nc} \times C_{sur}}{RfD_i \times SAF} \quad (C.10)$$

式中：HQ_{pis} —— 吸入土壤颗粒物途径的危害商，量纲一。

式（C.10）中，$PISER_{nc}$ 的参数含义见式（A.8），C_{sur} 的参数含义见式（C.1），RfD_i 的参数含义见式（B.2），SAF 的参数含义见式（C.8）。

C.2.4 吸入室外空气中来自表层土壤的气态污染物途径的危害商采用式（C.11）计算：

$$HQ_{iov1} = \frac{IOVER_{nc1} \times C_{sur}}{RfD_i \times SAF} \quad (C.11)$$

式中：HQ_{iov1} —— 吸入室外空气中来自表层土壤的气态污染物途径的危害商，量纲一。

式（C.11）中，$IOVER_{nc1}$ 的参数含义见式（A.10），C_{sur} 的参数含义见式（C.1），RfD_i 的参数含义见式（B.2），SAF 的参数含义见式（C.8）。

C.2.5 吸入室外空气中来自下层土壤的气态污染物途径的危害商采用式（C.12）计算：

$$HQ_{iov2} = \frac{IOVER_{nc2} \times C_{sub}}{RfD_i \times SAF} \quad (C.12)$$

式中：HQ_{iov2} —— 吸入室外空气中来自下层土壤的气态污染物途径的危害商，量纲一。

式（C.12）中，$IOVER_{nc2}$ 的参数含义见式（A.12），C_{sub} 的参数含义见（C.5），RfD_i 的参数含义见式（B.2），SAF 的参数含义见式（C.8）。

C.2.6 吸入室内空气中来自下层土壤的气态污染物途径的危害商采用式（C.13）计算：

$$HQ_{iiv1} = \frac{IIVER_{nc1} \times C_{sub}}{RfD_i \times SAF} \tag{C.13}$$

式中：HQ_{iiv1} —— 吸入室内空气中来自下层土壤的气态污染物途径的危害商，量纲一。

式（C.13）中，$IIVER_{nc1}$ 的参数含义见式（A.16），C_{sub} 的参数含义见（C.5），RfD_i 的参数含义见式（B.2），SAF 的参数含义见式（C.8）。

C.2.7 土壤中单一污染物经所有暴露途径的危害指数采用式（C.14）计算：

$$HI_n = HQ_{ois} + HQ_{dcs} + HQ_{pis} + HQ_{iov1} + HQ_{iov2} + HQ_{iiv1} \tag{C.14}$$

式中：HI_n —— 土壤中单一污染物（第 n 种）经所有暴露途径的危害指数，量纲一。

式（C.14）中，HQ_{ois}、HQ_{dcs}、HQ_{pis}、HQ_{iov1}、HQ_{iov2} 和 HQ_{iiv1} 的参数含义分别见式（C.8）、式（C.9）、式（C.10）、式（C.11）、式（C.12）和式（C.13）。

C.3 地下水中单一污染物致癌风险

C.3.1 吸入室外空气中来自地下水的气态污染物途径的致癌风险采用式（C.15）计算：

$$CR_{iov3} = IOVER_{ca3} \times C_{gw} \times SF_i \tag{C.15}$$

式中：CR_{iov3} —— 吸入室外空气中来自地下水的气态污染物途径的致癌风险，量纲一；

C_{gw} ——地下水中污染物浓度，$mg \cdot L^{-1}$；必须根据地块调查获得参数值。

式（C.15）中，$IOVER_{ca3}$ 的参数含义分别见式（A.13），C_{sur} 的参数含义见式（C.1），SF_i 的参数含义见式（B.1）。

C.3.2 吸入室内空气中来自地下水的气态污染物途径的致癌风险采用式（C.16）计算：

$$CR_{iiv2} = IIVER_{ca2} \times C_{gw} \times SF_i \tag{C.16}$$

式中：CR_{iiv2} —— 吸入室内空气中来自地下水的气态污染物途径的致癌风险，量纲一。

式（C.16）中，$IIVER_{ca2}$ 的参数含义见式（A.17），C_{gw} 的参数含义见式（C.15），SF_i 的参数含义见式（B.1）。

C.3.3 饮用地下水途径的致癌风险采用式（C.17）计算：

$$CR_{cgw} = CGWER_{ca} \times C_{gw} \times SF_o \tag{C.17}$$

式中：CR_{cgw} —— 饮用地下水途径的致癌风险，量纲一。

式（C.17）中，$CGWER_{ca}$ 的参数含义见式（A.19），C_{gw} 的参数含义见式（C.15），SF_o 的参数含义见式（B.4）。

C.3.4 地下水中单一污染物经所有暴露途径的总致癌风险采用式（C.18）计算：

$$CR_n = CR_{iov3} + CR_{iiv2} + CR_{cgw} \tag{C.18}$$

式中：CR_n ——地下水中单一污染物（第 n 种）经所有暴露途径的总致癌风险，量纲一。

式（C.18）中，CR_{iov3}、CR_{iiv2} 和 CR_{cgw} 的参数含义分别见式（C.15）、式（C.16）、式（C.17）。

C.4 地下水中单一污染物危害商

C.4.1 吸入室外空气中来自地下水的气态污染物途径的危害商采用式（C.19）计算：

$$HQ_{iov3}=\frac{IOVER_{nc3}\times C_{gw}}{RfD_{i}\times WAF} \tag{C.19}$$

式中：HQ_{iov3}——吸入室外空气中来自地下水的气态污染物途径的危害商，量纲一；

WAF——暴露于地下水的参考剂量分配比例，量纲一。

式（C.19）中，$IOVER_{nc3}$的参数含义分别见式（A.14），C_{gw}的参数含义见（C.15），RfD_i的参数含义见式（B.2）。

C.4.2 吸入室内空气中来自地下水的气态污染物途径的危害商采用式（C.20）计算：

$$HQ_{iiv2}=\frac{IIVER_{nc2}\times C_{gw}}{RfD_{i}\times WAF} \tag{C.20}$$

式中：HQ_{iiv2}——吸入室内空气中来自地下水的气态污染物途径的危害商，量纲一。

式（C.20）中，$IIVER_{nc2}$的参数含义分别见式（A.18），C_{gw}的参数含义见（C.15），RfD_i的参数含义见式（B.2），WAF的参数含义见式（C.19）。

C.4.3 饮用地下水途径的危害商，采用式（C.21）计算：

$$HQ_{cgw}=\frac{CGWER_{nc}\times C_{gw}}{RfD_{o}\times WAF} \tag{C.21}$$

式中：HQC_{gw}——饮用地下水途径的危害商，量纲一。

式（C.21）中，$CGWER_{nc}$的参数含义见式（A.20），C_{gw}的参数含义见式（C.15），RfD_o的参数含义见式（B.4），WAF的参数含义见式（C.19）。

C.4.4 地下水中单一污染物经所有暴露途径的危害指数采用式（C.22）计算：

$$HI_{n}=HQ_{iov3}+HQ_{iiv2}+HQ_{cgw} \tag{C.22}$$

式中：HI_n——地下水中单一污染物（第 n 种）经所有暴露途径的危害指数，量纲一。

式（C.22）中，HQ_{iov3}、HQ_{iiv2}、HQ_{cgw}的参数含义分别见式（C.19）、式（C.20）、式（C.21）。

附　录　D
（资料性附录）
不确定性分析推荐模型

D.1　暴露风险贡献率分析

单一污染物经不同暴露途径致癌和非致癌风险贡献率，分别采用式（D.1）和式（D.2）计算：

$$PCR_i = \frac{CR_i}{CR_n} \times 100\% \tag{D.1}$$

$$PHQ_i = \frac{HQ_i}{HI_n} \times 100\% \tag{D.2}$$

式（D.1）和式（D.2）中：CR_i —— 单一污染物经第 i 种暴露途径的致癌风险，量纲一；

PCR_i —— 单一污染物经第 i 种暴露途径致癌风险贡献率，量纲一；

HQ_i —— 单一污染物经第 i 种暴露途径的危害商，量纲一；

PHQ_i —— 单一污染物经第 i 种暴露途径非致癌风险贡献率，量纲一。

式（D.1）中，CR_n 的参数含义见式（C.7）；式（D.2）中，HI_n 的参数含义见式（C.14）或式（C.22）。

D.2　模型参数敏感性分析

模型参数（P）的敏感性比例，可采用式（D.3）计算：

$$SR = \frac{\dfrac{X_2 - X_1}{X_1}}{\dfrac{P_2 - P_1}{P_1}} \times 100\% \tag{D.3}$$

式中：SR —— 模型参数敏感性比例，量纲一；

P_1 —— 模型参数 P 变化前的数值；

P_2 —— 模型参数 P 变化后的数值；

X_1 —— 按 P_1 计算的致癌风险或危害商，量纲一；

X_2 —— 按 P_2 计算的致癌风险或危害商，量纲一。

附 录 E
（规范性附录）
计算土壤和地下水风险控制值的推荐模型

E.1 基于致癌效应的土壤风险控制值

E.1.1 基于经口摄入土壤途径致癌效应的土壤风险控制值，采用式（E.1）计算：

$$RCVS_{ois} = \frac{ACR}{OISER_{ca} \times SF_o} \tag{E.1}$$

式中：$RCVS_{ois}$ —— 基于经口摄入途径致癌效应的土壤风险控制值，$mg \cdot kg^{-1}$；

ACR —— 可接受致癌风险，量纲一；取值为 10^{-6}。

式（E.1）中 $OISER_{ca}$ 的参数含义见式（A.1），SF_o 的参数含义见式（B.3）。

E.1.2 基于皮肤接触土壤途径致癌效应的土壤风险控制值，采用式（E.2）计算：

$$RCVS_{dcs} = \frac{ACR}{DCSER_{ca} \times SF_d} \tag{E.2}$$

式中：$RCVS_{dcs}$ —— 基于皮肤接触途径致癌效应的土壤风险控制值，$mg \cdot kg^{-1}$。

式（E.2）中，ACR 的参数含义见式（E.1），$DCSER_{ca}$ 的参数含义见式（A.3），SF_d 的参数含义见式（B.3）。

E.1.3 基于吸入土壤颗粒物途径致癌效应的土壤风险控制值，采用式（E.3）计算：

$$RCVS_{pis} = \frac{ACR}{PISER_{ca} \times SF_i} \tag{E.3}$$

式中：$RCVS_{pis}$ —— 基于吸入土壤颗粒物途径致癌效应的土壤风险控制值，$mg \cdot kg^{-1}$。

式（E.3）中，ACR 的参数含义见式（E.1），$PISER_{ca}$ 的参数含义见式（A.7），SF_i 的参数含义见式（B.1）。

E.1.4 基于吸入室外空气中来自表层土壤的气态污染物途径致癌效应的土壤风险控制值，采用式（E.4）计算：

$$RCVS_{iov1} = \frac{ACR}{IOVER_{ca1} \times SF_i} \tag{E.4}$$

式中：$RCVS_{iov1}$ —— 基于吸入室外空气中来自表层土壤的气态污染物途径致癌效应的土壤风险控制值，$mg \cdot kg^{-1}$。

式（E.4）中，ACR 的参数含义见式（E.1），$IOVER_{ca1}$ 的参数含义见式（A.9），SF_i 的参数含义见式（B.1）。

E.1.5 基于吸入室外空气中来自下层土壤的气态污染物途径致癌效应的土壤风险控制值，采用式（E.5）计算：

$$RCVS_{iov2} = \frac{ACR}{IOVER_{ca2} \times SF_i} \tag{E.5}$$

式中：$RCVS_{iov2}$——基于吸入室外空气中来自下层土壤的气态污染物途径致癌效应的土壤风险控制值，$mg \cdot kg^{-1}$。

式（E.5）中，ACR 的参数含义见式（E.1），$IOVER_{ca2}$ 的参数含义见式（A.10），SF_i 的参数含义见式（B.1）。

E.1.6 基于吸入室内空气中来自下层土壤的气态污染物途径致癌效应的土壤风险控制值，根据式（E.6）计算：

$$RCVS_{iiv} = \frac{ACR}{IIVER_{ca1} \times SF_i} \tag{E.6}$$

式中：$RCVS_{iiv}$——基于吸入室内空气中来自下层土壤的气态污染物途径致癌效应的土壤风险控制值，$mg \cdot kg^{-1}$。

式（E.6）中，ACR 的参数含义见式（E.1），$IIVER_{ca1}$ 的参数含义见式（A.15），SF_i 的参数含义见式（B.1）。

E.1.7 基于 6 种土壤暴露途径综合致癌效应的土壤风险控制值，采用式（E.7）计算：

$$RCVS_n = \frac{ACR}{OISER_{ca} \times SF_o + DCSER_{ca} \times SF_d + \left(PISER_{ca} + IOVER_{ca1} + IVOER_{ca2} + IIVER_{ca1}\right) \times SF_i} \tag{E.7}$$

式中：$RCVS_n$——单一污染物（第 n 种）基于 6 种土壤暴露途径综合致癌效应的土壤风险控制值，$mg \cdot kg^{-1}$。

式（E.7）中，ACR 的参数含义见式（E.1），$OISER_{ca}$、$DCSER_{ca}$、$PISER_{ca}$、$IOVER_{ca1}$、$IOVER_{ca2}$ 和 $IIVER_{ca1}$ 的参数含义分别见式（A.1）、式（A.3）、式（A.7）、式（A.9）、式（A.10）和式（A.15），SF_o 和 SF_d 的参数含义见式（B.3），SF_i 的参数含义见式（B.1）。

E.2 基于非致癌风险的土壤风险控制值

E.2.1 基于经口摄入土壤途径非致癌效应的土壤风险控制值，采用式（E.8）计算：

$$HCVS_{ois} = \frac{RfD_o \times SAF \times AHQ}{OISER_{nc}} \tag{E.8}$$

式中：$HCVS_{ois}$——基于经口摄入土壤途径非致癌效应的土壤风险控制值，$mg \cdot kg^{-1}$；

AHQ——可接受危害商，量纲一；取值为 1。

式（E.8）中，RfD_o 的参数含义见式（B.4），$OISER_{nc}$ 的参数含义见式（A.2），SAF 的参数含义见式（C.8）。

E.2.2 基于皮肤接触土壤途径非致癌效应的土壤风险控制值，采用式（E.9）计算：

$$HCVS_{dcs} = \frac{RfD_d \times SAF \times AHQ}{DCSER_{nc}} \tag{E.9}$$

式中：$HCVS_{dcs}$——基于皮肤接触土壤途径非致癌效应的土壤风险控制值，$mg \cdot kg^{-1}$。

式（E.9）中，AHQ 的参数含义见式（E.8），$DCSER_{nc}$ 的参数含义见式（A.6），RfD_d 的参数含义见式（B.4），SAF 的参数含义见式（C.8）。

E.2.3 基于吸入土壤颗粒物途径非致癌效应的土壤风险控制值，采用式（E.10）计算：

$$HCVS_{pis} = \frac{RfD_i \times SAF \times AHQ}{PISER_{nc}} \tag{E.10}$$

式中：$HCVS_{pis}$ —— 基于吸入土壤颗粒物途径非致癌效应的土壤风险控制值，$mg \cdot kg^{-1}$。

式（E.10）中，RfD_i 的参数含义见式（B.2），AHQ 的参数含义见式（E.8），$PISER_{nc}$ 的参数含义见式（A.8），SAF 的参数含义见式（C.8）。

E.2.4 基于吸入室外空气中来自表层土壤的气态污染物途径非致癌效应的土壤风险控制值，采用式（E.11）计算：

$$HCVS_{iov1} = \frac{RfD_i \times SAF \times AHQ}{IOVER_{nc1}} \tag{E.11}$$

式中：$HCVS_{iov1}$ —— 基于吸入室外空气中来自表层土壤的气态污染物途径非致癌效应的土壤风险控制值，$mg \cdot kg^{-1}$。

式（E.11）中，RfD_i 的参数含义见式（B.2），AHQ 的参数含义见式（E.8），$IOVER_{nc1}$ 的参数含义分别见式（A.10），SAF 的参数含义见式（C.8）。

E.2.5 基于吸入室外空气中来自下层土壤的气态污染物途径非致癌效应的土壤风险控制值，采用式（E.12）计算：

$$HCVS_{iov2} = \frac{RfD_i \times SAF \times AHQ}{IOVER_{nc2}} \tag{E.12}$$

式中：$HCVS_{iov2}$ —— 基于吸入室外空气中来自下层土壤的气态污染物途径非致癌效应的土壤风险控制值，$mg \cdot kg^{-1}$。

式（E.12）中，RfD_i 的参数含义见式（B.2），AHQ 的参数含义见式（E.8），$IOVER_{nc2}$ 的参数含义见式（A.12），SAF 的参数含义见式（C.8）。

E.2.6 基于吸入室内空气中来自下层土壤的气态污染物途径非致癌效应的土壤风险控制值，采用式（E.13）计算：

$$HCVS_{iiv} = \frac{RfD_i \times SAF \times AHQ}{IIVER_{nc1}} \tag{E.13}$$

式中：$HCVS_{iiv}$ —— 基于吸入室内空气中来自下层土壤的气态污染物途径非致癌效应的土壤风险控制值，$mg \cdot kg^{-1}$。

式（E.12）中，RfD_i 的参数含义见式（B.2），AHQ 的参数含义见式（E.8），$IIVER_{nc1}$ 的参数含义见式（A.16）。

E.2.7 基于 6 种土壤暴露途径综合非致癌效应的土壤风险控制值，采用式（E.14）计算：

$$HCVS_n = \frac{AHQ \times SAF}{\frac{OISER_{nc}}{RfD_o} + \frac{DCSER_{nc}}{RfD_d} + \frac{PISER_{nc} + IOVER_{nc1} + IOVER_{nc2} + IIVER_{nc1}}{RfD_i}} \tag{E.14}$$

式中：$HCVS_n$ —— 单一污染物（第 n 种）基于 6 种土壤暴露途径综合非致癌效应的土壤风险控制值，$mg \cdot kg^{-1}$。

式（E.14）中，AHQ 的参数含义见式（E.8），$OISER_{nc}$、$DCSER_{nc}$、$PISER_{nc}$、$IOVER_{nc1}$、$IIVER_{nc1}$

的参数含义分别见式（A.2）、式（A.6）、式（A.8）、式（A.12）和式（A.17），RfD_o 和 RfD_d 的参数含义见式（B.4），RfD_i 的参数含义见式（B.2），SAF 的参数含义见式（C.8）。

E.3 保护地下水的土壤风险控制值

保护地下水的土壤风险控制值可采用式（E.15）计算：

$$CVS_{pgw}=\frac{MCL_{gw}}{LF_{sgw}} \qquad (E.15)$$

式中：CVS_{pgw} —— 保护地下水的土壤风险控制值，$mg \cdot kg^{-1}$；

MCL_{gw} ——地下水中污染物的最大浓度限值，$mg \cdot L^{-1}$；取值参照 GB/T 14848；

LF_{sgw} —— 土壤中污染物进入地下水的淋溶因子，$kg \cdot L^{-1}$；根据附录 F 式（F.30）计算。

E.4 基于致癌风险的地下水风险控制值

E.4.1 基于吸入室外空气中来自地下水的气态污染物途径致癌效应的地下水风险控制值，采用式（E.16）计算：

$$RCVG_{iov}=\frac{ACR}{IOVER_{ca3}\times SF_i} \qquad (E.16)$$

式中：$RCVG_{iov}$ —— 基于吸入室外空气中来自地下水的气态污染物途径致癌效应的地下水风险控制值，$mg \cdot L^{-1}$。

式（E.16）中，ACR 的参数含义见式（E.1），$IOVER_{ca3}$ 的参数含义见式（A.13），SF_i 的参数含义见式（B.1）。

E.4.2 基于吸入室内空气中来自地下水的气态污染物途径致癌效应的地下水风险控制值，根据式（E.17）计算：

$$RCVG_{iiv}=\frac{ACR}{IIVER_{ca2}\times SF_i} \qquad (E.17)$$

式中：$RCVG_{iiv}$ —— 基于吸入室内空气中来自地下水的气态污染物途径致癌效应的地下水风险控制值，$mg \cdot L^{-1}$。

式（E.17）中，ACR 的参数含义见式（E.1），$IIVER_{ca2}$ 的参数含义见式（A.17），SF_i 的参数含义见式（B.1）。

E.4.3 基于饮用地下水途径致癌效应的地下水风险控制值，根据式（E.18）计算：

$$RCVG_{cgw}=\frac{ACR}{CGWER_{ca}\times SF_o} \qquad (E.18)$$

式中：$RCVG_{cgw}$ —— 基于饮用地下水途径致癌效应的地下水风险控制值，$mg \cdot L^{-1}$。

式（E.18）中，ACR 的参数含义见式（E.1），$CGWER_{ca}$ 的参数含义见式（A.19），SF_o 的参数含义见式（B.3）。

E.4.4 基于 3 种地下水暴露途径综合致癌效应的地下水风险控制值，采用式（E.19）计算：

$$RCVG_n=\frac{ACR}{(IOVER_{ca3}+IIVER_{ca2})\times SF_i+CGWER_{ca}\times SF_o} \qquad (E.19)$$

式中：$RCVG_n$ —— 单一污染物（第 n 种）基于 3 种地下水暴露途径综合致癌效应的地下水风险控制值，$mg\cdot L^{-1}$。

式（E.19）中，ACR 的参数含义见式（E.1），$IOVER_{ca3}$ 和 $IIVER_{ca2}$ 的参数含义分别见式（A.11）和式（A.16），SF_o 的参数含义见式（B.3），SF_i 的参数含义见式（B.1），$CGWER_{ca}$ 的参数含义见式（A.19）。

E.5 基于非致癌风险的地下水风险控制值

E.5.1 基于吸入室外空气中来自地下水的气态污染物途径非致癌效应的地下水风险控制值，采用式（E.20）计算：

$$HCVG_{iov}=\frac{RfD_i\times WAF\times AHQ}{IOVER_{nc3}} \qquad (E.20)$$

式中：$HCVG_{iov}$ —— 基于吸入室外空气中来自地下水的气态污染物途径非致癌效应的地下水风险控制值，$mg\cdot L^{-1}$。

式（E.20）中，RfD_i 的参数含义见式（B.2），AHQ 的参数含义见式（E.8），$IOVER_{nc3}$ 的参数含义见式（A.14），WAF 的参数含义见式（C.21）。

E.5.2 基于吸入室内空气中来自地下水的气态污染物途径非致癌效应的地下水风险控制值，采用式（E.21）计算：

$$HCVG_{iiv}=\frac{RfD_i\times WAF\times AHQ}{IIVER_{nc2}} \qquad (E.21)$$

式（E.21）中：$HCVG_{iiv}$ —— 基于吸入室内空气中来自地下水的气态污染物途径非致癌效应的地下水风险控制值，$mg\cdot L^{-1}$。

式（E.21）中，RfD_i 的参数含义见式（B.2），AHQ 的参数含义见式（E.8），WAF 的参数含义见式（C.21），$IIVER_{nc2}$ 的参数含义见式（A.18）。

E.5.3 基于饮用地下水途径非致癌效应的地下水风险控制值，采用式（E.22）计算：

$$HCVG_{cgw}=\frac{RfD_o\times WAF\times AHQ}{CGWER_{nc}} \qquad (E.22)$$

式中：$HCVG_{cgw}$ —— 基于饮用地下水途径非致癌效应的地下水风险控制值，$mg\cdot L^{-1}$。

式（E.22）中，$CGWER_{nc}$ 的参数含义见式（A.20），RfD_o 的参数含义见式（B.4），AHQ 的参数含义的参数见式（E.8），WAF 的参数含义见式（C.21）。

E.5.4 基于 3 种地下水暴露途径综合非致癌效应的地下水风险控制值，采用式（E.23）计算：

$$HCVG_n=\frac{AHQ\times WAF}{\frac{IOVER_{nc3}+IIVER_{nc2}}{RfD_i}+\frac{CGWER_{nc}}{RfD_o}} \qquad (E.23)$$

式中：$HCVG_n$ —— 单一污染物（第 n 种）基于 3 种地下水暴露途径综合非致癌效应的地下水风险控制值，$mg\cdot L^{-1}$。

式（E.23）中，AHQ 的参数含义见式（E.8），WAF 的参数含义见式（C.21），$IOVER_{nc3}$、$IIVER_{nc2}$的参数含义分别见式（A.14）和式（A.18），RfD_o参数含义见式（B.4），RfD_i的参数含义见式（B.2），$CGWER_{nc}$的参数含义见式（A.20）。

附 录 F
（规范性附录）
污染物扩散迁移推荐模型

进入土壤中的污染物可在土壤液相、气相和固相分配并达到平衡。表层、下层土壤及地下水中的挥发性污染物可扩散进入室外空气，下层土壤和地下水中挥发性污染物可扩散进入室内空气，土壤中污染物可淋溶、迁移进入地下水。以下给出了土壤和地下水中污染物扩散迁移的相关模型。

F.1 气态污染物有效扩散系数计算模型

F.1.1 土壤中气态污染物的有效扩散系数，采用式（F.1）计算：

$$D_S^{\mathrm{eff}} = D_a \times \frac{\theta_{as}^{3.33}}{\theta^2} + D_w \times \frac{\theta_{ws}^{3.33}}{H' \times \theta^2} \tag{F.1}$$

式中：D_s^{eff}—— 土壤中气态污染物的有效扩散系数，$cm^2 \cdot s^{-1}$；

D_a—— 空气中扩散系数，$cm^2 \cdot s^{-1}$；推荐值见附录 B 表 B.2；

D_w—— 水中扩散系数，$cm^2 \cdot s^{-1}$；推荐值见附录 B 表 B.2；

H'—— 量纲一亨利常数，$cm^3 \cdot cm^{-3}$；推荐值见附录 B 表 B.2；

θ—— 非饱和土层土壤中总孔隙体积比，量纲一；根据式（F.2）计算；

θ_{ws}—— 非饱和土层土壤中孔隙水体积比，量纲一；根据式（F.3）计算；

θ_{as}—— 非饱和土层土壤中孔隙空气体积比，量纲一；根据式（F.4）计算。

式（F.1）中，θ、θ_{ws}和θ_{as}，分别采用式（F.2）、式（F.3）和式（F.4）计算：

$$\theta = 1 - \frac{\rho_b}{\rho_s} \tag{F.2}$$

$$\theta_{ws} = \frac{\rho_b \times P_{ws}}{\rho_w} \tag{F.3}$$

$$\theta_{as} = \theta - \theta_{ws} \tag{F.4}$$

式（F.2）、式（F.3）和式（F.4）中：ρ_b—— 土壤容重，$kg \cdot dm^{-3}$；推荐值见附录 G 表 G.1；

ρ_s—— 土壤颗粒密度，$kg \cdot dm^{-3}$，推荐值见附录 G 表 G.1；

P_{ws}—— 土壤含水率，kg 水$\cdot kg^{-1}$ 土壤；推荐值见附录 G 表 G.1；

ρ_w—— 水的密度，1 $kg \cdot dm^{-3}$。

式（F.2）中θ、式（F.3）中θ_{ws}和式（F.4）中θ_{as}的参数含义见式（F.1）。

F.1.2 气态污染物在地基与墙体裂隙中的有效扩散系数，采用式（F.5）计算：

$$D_{crack}^{\mathrm{eff}} = D_a \times \frac{\theta_{acrack}^{3.33}}{(\theta_{acrack} + \theta_{wcrack})^2} + D_w \times \frac{\theta_{wcrack}^{3.33}}{H' \times (\theta_{acrack} + \theta_{wcrack})^2} \tag{F.5}$$

式中：D_{crack}^{eff} —— 气态污染物在地基与墙体裂隙中的有效扩散系数，$cm^2 \cdot s^{-1}$；

θ_{acrack} ——地基裂隙中空气体积比，量纲一；推荐值见附录 G 表 G.1；

θ_{wcarck} ——地基裂隙中水体积比，量纲一；推荐值见附录 G 表 G.1。

式（F.5）中，D_a、D_w、θ 和 H'的参数含义见式（F.1）。

F.1.3　毛细管层中气态污染物的有效扩散系数，采用式（F.6）计算：

$$D_{cap}^{eff} = D_a \times \frac{\theta_{acap}^{3.33}}{(\theta_{acap} + \theta_{wcap})^2} + D_w \times \frac{\theta_{acap}^{3.33}}{H' \times (\theta_{acap} + \theta_{wcap})^2} \tag{F.6}$$

式中：D_{cap}^{eff} —— 毛细管层中气态污染物的有效扩散系数，$cm^2 \cdot s^{-1}$；

θ_{acap} —— 毛细管层土壤中孔隙空气体积比，量纲一；推荐值见附录 G 表 G.1；

θ_{wcap} —— 毛细管层土壤中孔隙水体积比，量纲一；推荐值见附录 G 表 G.1。

式（F.6）中，D_a、D_w、θ 和 H'的参数含义见式（F.1）。

F.1.4　气态污染物从地下水到表层土壤的有效扩散系数，采用式（F.7）计算：

$$D_{gws}^{eff} = \frac{L_{gw}}{\frac{h_{cap}}{D_{cap}^{eff}} + \frac{h_v}{D_s^{eff}}} \tag{F.7}$$

式中：D_{gws}^{eff} ——地下水到表层土壤的有效扩散系数，$cm^2 \cdot s^{-1}$；

h_{cap} ——地下水土壤交界处毛细管层厚度，cm；推荐值见附录 G 表 G.1；

h_v —— 非饱和土层厚度，cm；优先根据地块调查数据确定，推荐值见附录 G 表 G.1；

L_{gw} ——地下水埋深，cm；必须根据地块调查获得参数值。

式（F.7）中，D_{cap}^{eff} 的参数含义见式（F.6），D_s^{eff} 的参数含义见式（F.1）。

F.1.5　土壤-水中污染物分配系数，采用式（F.8）计算：

$$K_{sw} = \frac{\theta_{ws} + K_d \times \rho_b + H' \times \theta_{as}}{\rho_b} \tag{F.8}$$

式中：K_{sw} —— 土壤-水中污染物分配系数，$cm^3 \cdot g^{-1}$；

K_d —— 土壤固相-水中污染物分配系数，$cm^3 \cdot g^{-1}$。

式（F.8）中，θ_{ws}、θ_{as}、H'的参数含义见式（F.1），ρ_b 的参数含义见式（F.2）。

式（F.8）中的 K_d 和 f_{oc} 分别采用式（F.9）和式（F.10）计算：

$$K_d = K_{oc} \times f_{oc} \tag{F.9}$$

$$f_{oc} = \frac{f_{om}}{1.7 \times 1000} \tag{F.10}$$

式（F.9）和式（F.10）中：K_{oc} —— 土壤有机碳/土壤孔隙水分配系数，$L \cdot kg^{-1}$；推荐值见附录 B 表 B.2；

f_{oc} —— 土壤有机碳质量分数，量纲一，根据式（F.10）计算；

f_{om} —— 土壤有机质含量，$g \cdot kg^{-1}$；根据地块调查获得参数值。

式（F.9）中 K_d 的参数含义见式（F.8）。

F.1.6　室外空气中气态污染物扩散因子，采用式（F.11）计算：

$$DF_{oa} = \frac{U_{air} \times W \times \delta_{air}}{A} \tag{F.11}$$

式中：DF_{oa}—— 室外空气中气态污染物扩散因子，$(g \cdot cm^{-2} \cdot s^{-1})$ / $(g \cdot cm^{-3})$；

U_{air}—— 混合区大气流速风速，$cm \cdot s^{-1}$；

A—— 污染源区面积，cm^2；

W—— 污染源区宽度，cm^2；

δ_{air}—— 混合区高度，cm。

F.1.7 室内空气中气态污染物扩散因子采用式（F.12）计算：

$$DF_{ia} = L_B \times ER \times \frac{1}{86\,400} \tag{F.12}$$

式中：DF_{ia}—— 室内空气中气态污染物扩散因子，$(g \cdot cm^{-2} \cdot s^{-1})$ / $(g \cdot cm^{-3})$；

ER—— 室内空气交换速率，次·d^{-1}；推荐值见附录 G 表 G.1；

L_B—— 室内空间体积与气态污染物入渗面积比，cm；推荐值见附录 G 表 G.1；

86 400—— 时间单位转换系数，86 400 $s \cdot d^{-1}$。

F.1.8 流经地下室地板裂隙的对流空气流速，采用式（F.13）和式（F.14）计算：

$$Q_s = \frac{2 \times \pi \times dP \times K_v \times X_{crack}}{\mu_{air} \times \ln\left(\frac{2 \times Z_{crack}}{R_{crack}}\right)} \tag{F.13}$$

$$R_{crack} = \frac{A_b \times \eta}{X_{crack}} \tag{F.14}$$

式（F.13）和（F.14）中：Q_s—— 流经地下室地板裂隙的对流空气流速，$cm^3 \cdot s^{-1}$；

π—— 圆周率常数，3.141 59；

dP—— 室内和室外大气压力差，$g \cdot cm^{-1} \cdot s^{-2}$；

k_v—— 土壤透性系数，cm^2；

X_{crack}——地下室内地板（裂隙）周长，cm；

μ_{air}—— 空气粘滞系数，$1.81 \times 10^{-4}\ g \cdot cm^{-1} \cdot s^{-1}$；

Z_{crack}——地下室地面到地板底部厚度，cm；

R_{crack}—— 室内裂隙宽度，cm；

A_b——地下室内地板面积，cm^2；

η——地基和墙体裂隙表面积占室内地表面积比例，量纲一；推荐值见附录 G 表 G.1。

F.2 污染物扩散进入室外空气的挥发因子计算模型

F.2.1 表层土壤中污染物扩散进入室外空气的挥发因子，采用式（F.15）、式（F.16）和式（F.17）计算确定：

$$VF_{suroa1} = \frac{\rho_b}{DF_{oa}} \times \sqrt{\frac{4 \times D_s^{eff} \times H'}{\pi \times \tau \times 31\,536\,000 \times K_{sw} \times \rho_b}} \times 10^3 \tag{F.15}$$

$$\mathrm{VF_{suroa2}}=\frac{d\times\rho_{\mathrm{b}}}{\mathrm{DF_{oa}}\times\tau\times 31\,536\,000}\times 10^{3} \tag{F.16}$$

$$\mathrm{VF_{suroa}}=\mathrm{MIN}\left(\mathrm{VF_{suroa1}},\ \mathrm{VF_{suroa2}}\right) \tag{F.17}$$

式（F.15）、式（F.16）和式（F.17）中：

$\mathrm{VF_{suroa1}}$ —— 表层土壤中污染物扩散进入室外空气的挥发因子（算法一），kg·m^{-3}；

$\mathrm{VF_{suroa2}}$ —— 表层土壤中污染物扩散进入室外空气的挥发因子（算法二），kg·m^{-3}；

$\mathrm{VF_{suroa}}$ —— 表层土壤中污染物扩散进入室外空气的挥发因子（算法一和算法二中的较小值），kg·m^{-3}；

τ —— 气态污染物入侵持续时间，a；推荐值见附录 G 表 G.1；

d —— 表层污染土壤层厚度，cm；必须根据地块调查获得参数值；

31 536 000 —— 时间单位转换系数，31 536 000 s·a^{-1}。

式（F.15）、（F.16）和式（F.17）中，$D_{\mathrm{s}}^{\mathrm{eff}}$ 和 H' 的参数含义见式（F.1），ρ_{b} 的参数含义见式（F.2），K_{sw} 的参数含义见式（F.8），$\mathrm{DF_{oa}}$ 的参数含义见式（F.11）。

F.2.2 下层土壤中污染物扩散进入室外空气的挥发因子，采用式（F.18）、式（F.19）和式（F.20）计算：

$$\mathrm{VF_{suboa1}}=\frac{1}{\left(1+\frac{\mathrm{DF_{oa}}\times L_{\mathrm{s}}}{D_{\mathrm{s}}^{\mathrm{eff}}}\right)\times\frac{K_{\mathrm{sw}}}{H'}}\times 10^{3} \tag{F.18}$$

如下层污染土壤厚度已知，污染物进入室外空气的挥发因子采用式（F.19）计算：

$$\mathrm{VF_{suboa2}}=\frac{d_{\mathrm{sub}}\times\rho_{\mathrm{b}}}{\mathrm{DF_{oa}}\times\tau\times 31\,536\,000}\times 10^{3} \tag{F.19}$$

$$\mathrm{VF_{suboa}}=\mathrm{MIN}\left(\mathrm{VF_{suboa1}},\ \mathrm{VF_{suboa2}}\right) \tag{F.20}$$

式（F.18）、式（F.19）和式（F.20）中：

$\mathrm{VF_{suboa1}}$ —— 下层土壤中污染物扩散进入室外空气的挥发因子（算法一），kg·m^{-3}；

$\mathrm{VF_{suboa2}}$ —— 下层土壤中污染物扩散进入室外空气的挥发因子（算法二），kg·m^{-3}；

$\mathrm{VF_{suboa}}$ —— 下层土壤中污染物扩散进入室外空气的挥发因子（算法一和算法二中的较小值），kg·m^{-3}；

L_{s} —— 下层污染土壤上表面到地表距离，cm；必须根据地块调查获得参数值；

d_{sub} —— 下层污染土壤厚度，cm。

式（F.18）、式（F.19）和式（F.20）中，$D_{\mathrm{s}}^{\mathrm{eff}}$ 和 H' 的参数含义见式（F.1），ρ_{b} 的参数含义见式（F.2），K_{sw} 的参数含义见式（F.8），$\mathrm{DF_{oa}}$ 的参数含义见式（F.11），τ 的参数含义见式（F.15）。

F.2.3 地下水中污染物扩散进入室外空气的挥发因子，采用式（F.21）计算：

$$\mathrm{VF_{gwoa}}=\frac{1}{\left(1+\frac{\mathrm{DF_{oa}}\times L_{\mathrm{gw}}}{D_{\mathrm{gws}}^{\mathrm{eff}}}\right)\times\frac{1}{H'}}\times 10^{3} \tag{F.21}$$

式中：$\mathrm{VF_{gwoa}}$ ——地下水中污染物扩散进入室外空气的挥发因子，L·m^{-3}。

式（F.21）中，H'的参数含义见式（F.1），D_{gws}^{eff}的参数含义见式（F.7），DF_{oa}的参数含义见式（F.11），L_{gw}的参数含义见式（F.7）。

F.3 污染物扩散进入室内空气的挥发因子计算模型

F.3.1 建筑物下方土壤中污染物进入室内空气的挥发因子，采用式（F.22）、式（F.23）、式（F.24）、式（F.25）和式（F.26）计算：

Q_s=0 时，

$$VF_{subia1}=\frac{1}{\frac{K_{sw}}{H'}\times\left(1+\frac{D_s^{eff}}{DF_{ia}\times L_s}+\frac{D_s^{eff}\times L_{crack}}{D_{crack}^{eff}\times L_s\times\eta}\right)\times\frac{DF_{ia}}{D_s^{eff}}\times L_s}\times 10^3 \quad (F.22)$$

Q_s>0 时，

$$VF_{subia1}=\frac{1}{\frac{K_{sw}}{H'}\times\left(e^{\xi}+\frac{D_s^{eff}}{DF_{ia}\times L_s}+\frac{D_s^{eff}\times A_b}{Q_s\times L_s}\times\left(e^{\xi}-1\right)\right)\times\frac{DF_{ia}\times L_s}{D_s^{eff}\times e^{\xi}}}\times 10^3 \quad (F.23)$$

$$\xi=\frac{Q_s\times L_{crack}}{A_b\times D_{crack}^{eff}\times\eta} \quad (F.24)$$

如下层污染土壤厚度已知，污染物进入室内空气的挥发因子采用式（F.25）计算：

$$VF_{subia2}=\frac{d_{sub}\times\rho_b}{DF_{ia}\times\tau\times 31\,536\,000}\times 10^3 \quad (F.25)$$

$$VF_{subia}=MIN\left(VF_{subia1},\ VF_{subia2}\right) \quad (F.26)$$

式（F.22）、式（F.23）、式（F.24）、式（F.25）和式（F.26）中：

VF_{subia1} —— 下层土壤中污染物扩散进入室内空气的挥发因子（算法一），kg·m^{-3}；

VF_{subia2} —— 下层土壤中污染物扩散进入室内空气的挥发因子（算法二），kg·m^{-3}；

VF_{subia} —— 下层土壤中污染物扩散进入室内空气的挥发因子（算法一和算法二中的较小值），kg·m^{-3}；

L_{crack} —— 室内地基或墙体厚度，cm；推荐值见附录 G 表 G.1；

ξ —— 土壤污染物进入室内挥发因子计算过程参数；

31 536 000 —— 时间单位转换系数，31 536 000 s·a^{-1}。

式（F.14）中，H'、D_s^{eff}的参数含义见式（F.1），ρ_b的参数含义见式（F.2），D_{crack}^{eff}的参数含义见式（F.5），K_{sw}的参数含义见式（F.8），DF_{ia}的参数含义见式（F.12），Q_s的参数含义见式（F.13），A_b和η的参数含义见式（F.14），τ的参数含义见式（F.15），L_s的参数含义见式（F.18），d_{sub}的参数含义见式（F.19）。

F.3.2 地下水中污染物进入室内空气的挥发因子采用式（F.27）或式（F.28）计算：

Q_s=0 时，

$$\mathrm{VF_{gwia}}=\frac{1}{\frac{1}{H'}\times\left(1+\frac{D_{\mathrm{gws}}^{\mathrm{eff}}}{\mathrm{DF_{ia}}\times L_{\mathrm{gw}}}+\frac{D_{\mathrm{gws}}^{\mathrm{eff}}\times L_{\mathrm{crack}}}{D_{\mathrm{crack}}^{\mathrm{eff}}\times L_{\mathrm{gw}}\times\eta}\right)\times\frac{\mathrm{DF_{ia}}}{D_{\mathrm{gws}}^{\mathrm{eff}}}\times L_{\mathrm{gw}}}\times 10^3 \qquad (\mathrm{F.27})$$

$Q_s>0$ 时，

$$\mathrm{VF_{gwia}}=\frac{1}{\frac{1}{H'}\times\left(e^{\xi}+\frac{D_{\mathrm{gws}}^{\mathrm{eff}}}{\mathrm{DF_{ia}}\times L_{\mathrm{gw}}}+\frac{D_{\mathrm{gws}}^{\mathrm{eff}}\times A_{\mathrm{b}}}{Q_{\mathrm{s}}\times L_{\mathrm{gw}}}\times\left(e^{\xi}-1\right)\right)\times\frac{\mathrm{DF_{ia}}\times L_{\mathrm{gw}}}{D_{\mathrm{gws}}^{\mathrm{eff}}\times \mathrm{e}^{\xi}}}\times 10^3 \qquad (\mathrm{F.28})$$

式（F.27）和式（F.28）中：

$\mathrm{VF_{gwia}}$——地下水中污染物扩散进入室内空气的挥发因子，$\mathrm{kg\cdot m^{-3}}$。

式（F.27）和（F.28）中，H'的参数含义见式（F.1），$D_{\mathrm{crack}}^{\mathrm{eff}}$的参数含义见式（F.5），$L_{\mathrm{gw}}$和$D_{\mathrm{gws}}^{\mathrm{eff}}$的参数含义见式(F.7)，$\mathrm{DF_{ia}}$的参数含义见式(F.12)，$Q_s$的参数含义见式(F.13)，$A_b$和$\eta$的参数含义见式(F.14)，$L_{\mathrm{crack}}$的参数含义见式（F.22），$\xi$的参数含义见式（F.24）。

F.4 污染物迁移进入地下水的淋溶因子计算模型

土壤中污染物迁移进入地下水的淋溶因子，采用式（F.29）、式（F.30）、式（F.31）和式（F.32）计算：

$$\mathrm{LF_{sgw1}}=\frac{\mathrm{LF_{spw\text{-}gw}}}{K_{\mathrm{sw}}} \qquad (\mathrm{F.29})$$

$$\mathrm{LF_{spw\text{-}gw}}=\frac{1}{1+\frac{U_{\mathrm{gw}}\times\delta_{\mathrm{gw}}}{I\times W}} \qquad (\mathrm{F.30})$$

如下层污染土壤厚度已知，污染物迁移进入地下水的淋溶因子采用式（F.32）计算：

$$\mathrm{LF_{sgw2}}=\frac{d_{\mathrm{sub}}\times\rho_{\mathrm{b}}}{I\times\tau} \qquad (\mathrm{F.31})$$

$$\mathrm{LF_{sgw}}=\mathrm{MIN}\left(\mathrm{LF_{sgw1}},\ \mathrm{LF_{sgw2}}\right) \qquad (\mathrm{F.32})$$

式（F.29）、式（F.30）、式（F.31）和式（F.32）中：

$\mathrm{LF_{sgw1}}$——土壤中污染物迁移进入地下水的淋溶因子（算法一），$\mathrm{kg\cdot m^{-3}}$；

$\mathrm{LF_{spw\text{-}gw}}$——土壤孔隙水中污染物迁移进入地下水的淋溶因子（土壤孔隙水与地下水中污染物浓度的比值），量纲一；

$\mathrm{LF_{sgw2}}$——土壤中污染物迁移进入地下水的淋溶因子（算法二），$\mathrm{kg\cdot m^{-3}}$；

$\mathrm{LF_{sgw}}$——土壤中污染物迁移进入地下水的淋溶因子（算法一和算法二中的较小值），$\mathrm{kg\cdot m^{-3}}$；

U_{gw}——地下水的达西（Darcy）速率，$cm \cdot a^{-1}$，推荐值见附录 G 表 G.1；
δ_{gw}——地下水混合区厚度，cm，推荐值见附录 G 表 G.1；
I——土壤中水的渗透速率，$cm \cdot a^{-1}$；推荐值见附录 G 表 G.1。

式（F.29）、式（F.30）、式（F.31）和式（F.32）中，ρ_b 的参数含义见式（F.2），K_{sw} 的参数含义见式（F.8），W 的参数含义见式（F.11），τ 的参数含义见式（F.15），d_{sub} 的参数含义见式（F.19）。

附 录 G
（资料性附录）
风险评估模型参数推荐值

表 G.1 风险评估模型参数及推荐值

参数符号	参数名称	单位	第一类用地推荐值	第二类用地推荐值
C_{sur}	表层土壤中污染物浓度 concentrations of contaminants in surface soil	$mg \cdot kg^{-1}$	—	—
C_{sub}	下层土壤中污染物浓度 concentrations of contaminants in subsurface soil	$mg \cdot kg^{-1}$	—	—
d^*	表层污染土壤层厚度 thickness of surface soil	cm	50	50
$L_S{}^*$	下层污染土壤层埋深 thickness of surface soil	cm	50	50
$d_{sub}{}^*$	下层污染土壤层厚度 thickness of subsurface soil	cm	100	100
A^*	污染源区面积 Source-zone area	cm^2	16 000 000	16 000 000
C_{gw}	地下水中污染物浓度 concentrations of contaminants in groundwater	$mg \cdot L^{-1}$	—	—
L_{gw}	地下水埋深 depth of groundwater	cm	—	—
$f_{om}{}^*$	土壤有机质含量 organic matter content in soils	$g \cdot kg^{-1}$	15	15
$\rho_b{}^*$	土壤容重 soil bulk density	$kg \cdot dm^{-3}$	1.5	1.5
$P_{ws}{}^*$	土壤含水率 soil water content	$kg \cdot kg^{-1}$	0.2	0.2
$\rho_s{}^*$	土壤颗粒密度 density of soil particulates	$kg \cdot dm^{-3}$	2.65	2.65
$PM_{10}{}^*$	空气中可吸入颗粒物含量 content of inhalable particulates in ambient air	$mg \cdot m^{-3}$	0.119	0.119
U_{air}	混合区大气流速风速 ambient air velocity in mixing zone	$cm \cdot s^{-1}$	200	200
δ_{air}	混合区高度 mixing zone height	cm	200	200
W^*	污染源区宽度 width of source-zone area	cm	4 000	4 000
h_{cap}	土壤地下水交界处毛管层厚度 capillary zone thickness	cm	5	5
h_v	非饱和土层厚度 vadose zone thickness	cm	295	295

参数符号	参数名称	单位	第一类用地推荐值	第二类用地推荐值
θ_{acap}	毛细管层孔隙空气体积比 soil air content - capillary fringe zone	量纲一	0.038	0.038
θ_{wcap}	毛细管层孔隙水体积比 soil water content - capillary fringe zone	量纲一	0.342	0.342
U_{gw}	地下水达西（Darcy）速率 ground water Darcy velocity	$cm \cdot a^{-1}$	2 500	2 500
δ_{gw}	地下水混合区厚度 ground water mixing zone height	cm	200	200
I	土壤中水的入渗速率 water infiltration rate	$cm \cdot a^{-1}$	30	30
θ_{acrack}	地基裂隙中空气体积比 soil air content - soil filled foundation cracks	量纲一	0.26	0.26
θ_{wcarck}	地基裂隙中水体积比 soil water content - soil filled foundation cracks	量纲一	0.12	0.12
L_{crack}	室内地基厚度 thickness of enclosed-space foundation or wall	cm	35	35
L_B	室内空间体积与气态污染物入渗面积之比 volume/infiltration area ratio of enclosed space	cm	220	300
ER	室内空气交换速率 air exchange rate of enclosed space	次$\cdot d^{-1}$	12	20
η	地基和墙体裂隙表面积所占比例 areal fraction of cracks in foundations/walls	量纲一	0.000 5	0.000 5
τ	气态污染物入侵持续时间 averaging time for vapor flux	a	30	25
dP	室内室外气压差 differential pressure between indoor and outdoor air	$g \cdot cm^{-1} \cdot s^2$	0	0
K_v	土壤透性系数 soil permeability	cm^2	1.00×10^{-8}	1.00×10^{-8}
Z_{crack}	室内地面到地板底部厚度 depth to bottom of slab	cm	35	35
X_{crack}	室内地板周长 slab perimeter	cm	3 400	3 400
A_b	室内地板面积 slab area	cm^2	700 000	700 000
ED_a	成人暴露期 exposure duration of adults	a	24	25
ED_c	儿童暴露期 exposure duration of children	a	6	—
EF_a	成人暴露频率 exposure frequency of adults	$d \cdot a^{-1}$	350	250
EF_c	儿童暴露频率 exposure frequency of children	$d \cdot a^{-1}$	350	—
EFI_a	成人室内暴露频率 indoor exposure frequency of adults	$d \cdot a^{-1}$	262.5	187.5
EFI_c	儿童室内暴露频率 indoor exposure frequency of children	$d \cdot a^{-1}$	262.5	—

参数符号	参数名称	单位	第一类用地推荐值	第二类用地推荐值
EFO_a	成人室外暴露频率 outdoor exposure frequency of adults	$d \cdot a^{-1}$	87.5	62.5
EFO_c	儿童室外暴露频率 outdoor exposure frequency of children	$d \cdot a^{-1}$	87.5	—
BW_a	成人平均体重 average body weight of adults	kg	61.8	61.8
BW_c	儿童平均体重 average body weight of children	kg	19.2	—
H_a	成人平均身高 average height of adults	cm	161.5	161.5
H_c	儿童平均身高 average height of children	cm	113.15	—
$DAIR_a$	成人每日空气呼吸量 daily air inhalation rate of adults	$m^3 \cdot d^{-1}$	14.5	14.5
$DAIR_c$	儿童每日空气呼吸量 daily air inhalation rate of children	$m^3 \cdot d^{-1}$	7.5	—
$GWCR_a$	成人每日饮用水量 daily groundwater consumption rate of adults	$L \cdot d^{-1}$	1.0	1.0
$GWCR_c$	儿童每日饮用水量 daily groundwater consumption rate of children	$L \cdot d^{-1}$	0.7	0.7
$OSIR_a$	成人每日摄入土壤量 daily oral ingestion rate of soils of adults	$mg \cdot d^{-1}$	100	100
$OSIR_c$	儿童每日摄入土壤量 daily oral ingestion rate of soils of children	$mg \cdot d^{-1}$	200	—
E_v	每日皮肤接触事件频率 daily exposure frequency of dermal contact event	次$\cdot d^{-1}$	1	1
fspi	室内空气中来自土壤的颗粒物所占比例 fraction of soil-borne particulates in indoor air	量纲一	0.8	0.8
fspo	室外空气中来自土壤的颗粒物所占比例 fraction of soil-borne particulates in outdoor air	量纲一	0.5	0.5
SAF	暴露于土壤的参考剂量分配比例 soil allocation factor	量纲一	0.33（挥发性有机物）/0.5（其他污染物）	0.33（挥发性有机物）/0.5（其他污染物）
WAF	暴露于地下水的参考剂量分配比例 groundwater allocation factor	量纲一	0.33（挥发性有机物）/0.5（其他污染物）	0.33（挥发性有机物）/0.5（其他污染物）
SER_a	成人暴露皮肤所占体表面积比 skin exposure ratio of adults	量纲一	0.32	0.18
SER_c	儿童暴露皮肤所占体表面积比 skin exposure ratio of children	量纲一	0.36	—
$SSAR_a$	成人皮肤表面土壤黏附系数 adherence rate of soil on skin for adults	$mg \cdot cm^{-2}$	0.07	0.2
$SSAR_c$	儿童皮肤表面土壤黏附系数 adherence rate of soil on skin for children	$mg \cdot cm^{-2}$	0.2	—
PIAF	吸入土壤颗粒物在体内滞留比例 retention fraction of inhaled particulates in body	量纲一	0.75	0.75

参数符号	参数名称	单位	第一类用地推荐值	第二类用地推荐值
ABS_o	经口摄入吸收因子 absorption factor of oral ingestion	量纲一	1	1
ACR	单一污染物可接受致癌风险 acceptable cancer risk for individual contaminant	量纲一	10^{-6}	10^{-6}
AHQ	可接受危害商 acceptable hazard quotient for individual contaminant	量纲一	1	1
AT_{ca}	致癌效应平均时间 average time for carcinogenic effect	d	27 740	27 740
AT_{nc}	非致癌效应平均时间 average time for non-carcinogenic effect	d	2 190	9 125

注：（1）“—”表明参数值需要结合实际地块确定或该用地方式下参数值不适用；

（2）“*”表示该参数的推荐值仅适用于依照 GB 36600 要求进行污染物筛选值的计算，具体地块的风险评估采用地块实际值。其他参数在依照 GB 36600 要求进行污染物筛选值的计算时，采用推荐值；在具体地块的风险评估时，能够获取的实际值的，也优先采用实际值；

（3）在计算吸入室内和室外空气中来自土壤和地下水的气态污染物途径致癌风险或危害商时，如 C_{gw} 实测浓度超过水溶解度，则采用水溶解度进行计算，此时实际污染（致癌、非致癌）风险可能高于模型计算值。

HJ

中华人民共和国国家环境保护标准

HJ 25.4—2019
代替 HJ 25.4—2014

建设用地土壤修复技术导则

Technical guidelines for soil remediation of land for construction

2019-12-05 发布　　　　2019-12-05 实施

生　态　环　境　部 发布

前　言

根据《中华人民共和国环境保护法》《中华人民共和国土壤污染防治法》，为保障人体健康，保护生态环境，加强建设用地环境监督管理，规范建设用地土壤修复方案编制，制定本标准。

本标准规定了建设用地土壤修复方案编制的基本原则、程序、内容和技术要求。

本标准附录 A 为资料性附录。

本标准首次发布于 2014 年，此次为第一次修订。此次修订的主要内容包括：

1．标准名称由《污染场地土壤修复技术导则》修改为《建设用地土壤修复技术导则》；

2．适用范围参照标准名称作相应修改；

3．增加了规范性引用文件《土壤环境质量　建设用地土壤污染风险管控标准》（GB 36600），更新了规范性引用文件的其他标准相关内容；

4．删除了“场地”和“潜在污染场地”的术语和定义；

5．将“修复技术方案”和“修复方案”统一表述为“修复方案”，并明确修复方案与后续修复工程设计和施工的关系；

6．修改了“提出修复目标值”以及“选择修复模式”小节的内容；

7．将“修复工程验收”修改为“修复效果评估”。

本标准与以下标准同属建设用地土壤污染风险管控和修复系列环境保护标准：

《建设用地土壤污染状况调查技术导则》（HJ 25.1）；

《建设用地土壤污染风险管控和修复监测技术导则》（HJ 25.2）；

《建设用地土壤污染风险评估技术导则》（HJ 25.3）；

《污染地块风险管控与土壤修复效果评估技术导则》（HJ 25.5）；

《污染地块地下水修复和风险管控技术导则》（HJ 25.6）。

自本标准实施之日起，《污染场地土壤修复技术导则》（HJ 25.4—2014）废止。

本标准由生态环境部土壤生态环境司、法规与标准司组织制订。

本标准主要起草单位：上海市环境科学研究院、生态环境部南京环境科学研究所、生态环境部环境标准研究所、轻工业环境保护研究所、沈阳环境科学研究院。

本标准生态环境部 2019 年 12 月 5 日批准。

本标准自 2019 年 12 月 5 日起实施。

本标准由生态环境部解释。

建设用地土壤修复技术导则

1　适用范围

本标准规定了建设用地土壤修复方案编制的基本原则、程序、内容和技术要求。

本标准适用于建设用地土壤修复方案的制定。地下水修复技术导则另行公布。

本标准不适用于放射性污染和致病性生物污染的土壤修复。

2　规范性引用文件

本标准内容引用了下列文件或其中的条款。凡是未注明日期的引用文件，其最新版本适用于本标准。

GB 36600　土壤环境质量　建设用地土壤污染风险管控标准

HJ 25.1　建设用地土壤污染状况调查技术导则

HJ 25.2　建设用地土壤污染风险管控和修复监测技术导则

HJ 25.3　建设用地土壤污染风险评估技术导则

HJ 25.5　污染地块风险管控与土壤修复效果评估技术导则

3　术语和定义

下列术语和定义适用于本标准。

3.1

土壤修复　soil remediation

采用物理、化学或生物的方法固定、转移、吸收、降解或转化地块土壤中的污染物，使其含量降低到可接受水平，或将有毒有害的污染物转化为无害物质的过程。

3.2

修复目标　target for remediation

由土壤污染状况调查和风险评估确定的目标污染物对人体健康和生态受体不产生直接或潜在危害，或不具有环境风险的污染修复终点。

3.3

修复可行性研究　feasibility study for remediation

从技术、条件、成本效益等方面对可供选择的修复技术进行评估和论证，提出技术可行、经济可行的修复方案。

3.4

修复模式　remediation strategy

对地块进行修复的总体思路，包括原地修复、异地修复、异地处置、自然修复、污染阻隔、居民防护和制度控制等，又称修复策略。

4　基本原则和工作程序

4.1　基本原则

4.1.1　科学性原则

采用科学的方法，综合考虑地块修复目标、土壤修复技术的处理效果、修复时间、修复成本、修复工程的环境影响等因素，制订修复方案。

4.1.2　可行性原则

制订的地块土壤修复方案要合理可行，要在前期工作的基础上，针对地块的污染性质、程度、范围以及对人体健康或生态环境造成的危害，合理选择土壤修复技术，因地制宜制订修复方案，使修复目标可达，且修复工程切实可行。

4.1.3　安全性原则

制订地块土壤修复方案要确保地块修复工程实施安全，防止对施工人员、周边人群健康以及生态环境产生危害和二次污染。

4.2　工作程序

地块土壤修复方案编制的工作程序如图 1 所示。

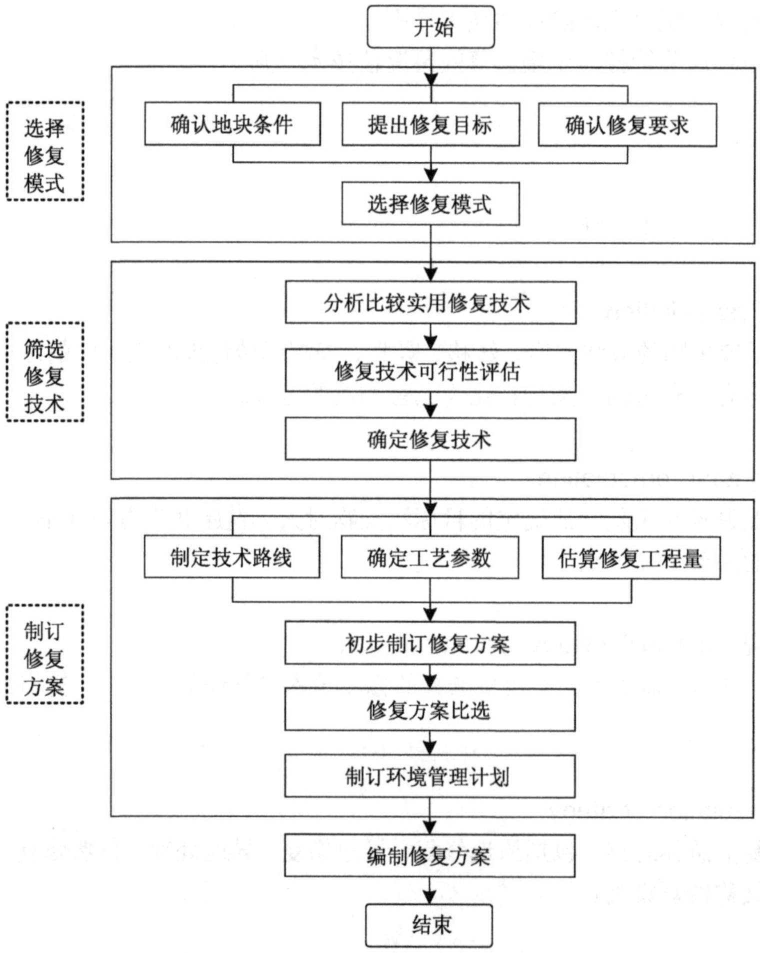

图 1　地块土壤修复方案编制程序

地块土壤修复方案编制分为以下三个阶段：

4.2.1 选择修复模式

在分析前期土壤污染状况调查和风险评估资料的基础上，根据地块特征条件、目标污染物、修复目标、修复范围和修复时间长短，选择确定地块修复总体思路。

4.2.2 筛选修复技术

根据地块的具体情况，按照确定的修复模式，筛选实用的土壤修复技术，开展必要的实验室小试和现场中试，或对土壤修复技术应用案例进行分析，从适用条件、对本地块土壤修复的效果、成本和环境安全性等方面进行评估。

4.2.3 制订修复方案

根据确定的修复技术，制订土壤修复技术路线，确定土壤修复技术的工艺参数，估算地块土壤修复的工程量，提出初步修复方案。从主要技术指标、修复工程费用以及二次污染防治措施等方面进行方案可行性比选，确定经济、实用和可行的修复方案。

5 选择修复模式

5.1 确认地块条件

5.1.1 核实地块相关资料

审阅前期按照 HJ 25.1 和 HJ 25.2 完成的土壤污染状况调查报告和按照 HJ 25.3 完成的地块风险评估报告等相关资料，核实地块相关资料的完整性和有效性，重点核实前期地块信息和资料是否能反映地块目前的实际情况。

5.1.2 现场考察地块状况

考察地块目前现状情况，特别关注与前期土壤污染状况调查和风险评估时发生的重大变化，以及周边环境保护敏感目标的变化情况。现场考察地块修复工程施工条件，特别关注地块用电、用水、施工道路、安全保卫等情况，为修复方案的工程施工区布局提供基础信息。

5.1.3 补充相关技术资料

通过核查地块已有资料和现场考察地块状况，如发现不能满足修复方案编制基础信息要求，应适当补充相关资料。必要时应适当开展补充监测，甚至进行补充性土壤污染状况调查和风险评估，相关技术要求参考 HJ 25.1、HJ 25.2 和 HJ 25.3。

5.2 提出修复目标

通过对前期获得的土壤污染状况调查和风险评估资料进行分析，结合必要的补充调查，确认地块土壤修复的目标污染物、修复目标值和修复范围。

5.2.1 确认目标污染物

确认前期土壤污染状况调查和风险评估提出的土壤修复目标污染物，分析其与地块特征污染物的关联性和与相关标准的符合程度。

5.2.2 提出修复目标值

分析比较按照 HJ 25.3 计算的土壤风险控制值、GB 36600 规定的筛选值和管制值、地块所在区域土壤中目标污染物的背景含量以及国家和地方有关标准中规定的限值，结合目标污染物形态与迁移转化规律等，合理提出土壤目标污染物的修复目标值。

5.2.3 确认修复范围

确认前期土壤污染状况调查与风险评估提出的土壤修复范围是否清楚，包括四周边界和污染土层深度分布，特别要关注污染土层异常分布情况，比如非连续性自上而下分布。依据土壤目标污染物的修复目标值，分析和评估需要修复的土壤量。

5.3 确认修复要求

与地块利益相关方进行沟通，确认对土壤修复的要求，如修复时间、预期经费投入等。

5.4 选择修复模式

根据地块特征条件、修复目标和修复要求，选择确定地块修复的总体思路。永久性处理修复优先于处置，即显著地减少污染物数量、毒性和迁移性。鼓励采用绿色的、可持续的和资源化修复。治理与修复工程原则上应当在原址进行，确需转运污染土壤的，应确定运输方式、路线和污染土壤数量、去向和最终处置措施。

6 筛选修复技术

6.1 分析比较实用修复技术

结合地块污染特征、土壤特性和选择的修复模式，从技术成熟度、适合的目标污染物和土壤类型、修复的效果、时间和成本等方面分析比较现有的土壤修复技术优缺点，重点分析各修复技术工程应用的实用性。可以采用列表描述修复技术原理、适用条件、主要技术指标、经济指标和技术应用的优缺点等方面进行比较分析，也可以采用权重打分的方法。通过比较分析，提出 1 种或多种备选修复技术进行下一步可行性评估。

6.2 修复技术可行性评估

6.2.1 实验室小试

可以采用实验室小试进行土壤修复技术可行性评估。实验室小试要采集地块的污染土壤进行试验，应针对试验修复技术的关键环节和关键参数，制订实验室试验方案。

6.2.2 现场中试

如对土壤修复技术适用性不确定，应在地块开展现场中试，验证试验修复技术的实际效果，同时考虑工程管理和二次污染防范等。中试试验应尽量兼顾到地块中不同区域、不同污染物浓度和不同土壤类型，获得土壤修复工程设计所需要的参数。

6.2.3 应用案例分析

土壤修复技术可行性评估也可以采用相同或类似地块修复技术的应用案例分析进行，必要时可现场考察和评估应用案例实际工程。

6.3 确定修复技术

在分析比较土壤修复技术优缺点和开展技术可行性试验的基础上，从技术的成熟度、适用条件、对地块土壤修复的效果、成本、时间和环境安全性等方面对各备选修复技术进行综合比较，选择确定修复技术，以进行下一步的制订修复方案阶段。

7 制订修复方案

7.1 制订土壤修复技术路线

根据确定的地块修复模式和土壤修复技术，制订土壤修复技术路线，可以采用单一修复技术制订，也可以采用多种修复技术进行优化组合集成。修复技术路线应反映地块修复总体思路和修复方式、修复工艺流程和具体步骤，还应包括地块土壤修复过程中受污染水体、气体和固体废物等的无害化处理处置等。

7.2 确定土壤修复技术的工艺参数

土壤修复技术的工艺参数应通过实验室小试和/或现场中试获得。工艺参数包括但不限于药剂投加量或比例、设备影响半径、设备处理能力、处理时间、处理条件、能耗、设备占地面积或作业区面积等。

7.3 估算地块土壤修复的工程量

根据技术路线，按照确定的单一修复技术或修复技术组合的方案，结合工艺流程和参数，估算每个修复方案的修复工程量。根据修复方案的不同，修复工程量可能是调查和评估阶段确定的土壤处理和处置所需工程量，也可能是方案涉及的工程量，还应考虑土壤修复过程中受污染水体、气体和固体废物等的无害化处理处置的工程量。

7.4 修复方案比选

从确定的单一修复技术及多种修复技术组合方案的主要技术指标、工程费用估算和二次污染防治措施等方面进行比选，最后确定最佳修复方案。

7.4.1 主要技术指标

结合地块土壤特征和修复目标，从符合法律法规、长期和短期效果、修复时间、成本和修复工程的环境影响等方面，比较不同修复方案主要技术指标的合理性。

7.4.2 修复工程费用

根据地块修复工程量，估算并比较不同修复方案所产生的修复费用，包括直接费用和间接费用。直接费用主要包括修复工程主体设备、材料、工程实施等费用，间接费用包括修复工程监测、工程监理、质量控制、健康安全防护和二次污染防范措施等费用。

7.4.3 二次污染防范措施

地块修复工程的实施，应首先分析工程实施的环境影响，并应根据土壤修复工艺过程和施工设备清洗等环节产生的废水、废气、固体废物、噪声和扬尘等环境影响，制订相关的收集、处理和处置技术方案，提出二次污染防范措施。综合比较不同修复方案二次污染防范措施有效性和可实施性。

7.5 制订环境管理计划

地块土壤修复工程环境管理计划包括修复工程环境监测计划和环境应急安全计划。

7.5.1 修复工程环境监测计划

修复工程环境监测计划包括修复工程环境监理、二次污染监控和修复效果评估中的环境监测。应根据确定的最佳修复方案，结合地块污染特征和地块所处环境条件，有针对性地制订修复工程环境监测计划。相关技术要求按照 HJ 25.2、HJ 25.5 执行。

7.5.2 环境应急安全计划

为确保地块修复过程中施工人员与周边居民的安全，应制订周密的地块修复工程环境应急安全计划，内容包括安全问题识别、需要采取的预防措施、突发事故时的应急措施、必须配备的安全防护装备和安全防护培训等。

8 编制修复方案

8.1 总体要求

修复方案要全面和准确地反映出全部工作内容。报告中的文字应简洁和准确，并尽量采用图、表和照片等形式描述各种关键技术信息，以利于后续土壤修复工程的设计与施工。

8.2 主要内容

修复方案应根据地块的环境特征和地块修复工程的特点选择附录 A 全部或部分内容进行编制。

附 录 A
（资料性附录）
地块土壤修复方案编制大纲

1 总论
- 1.1 任务由来
- 1.2 编制依据
- 1.3 编制内容

2 地块问题识别
- 2.1 所在区域概况
- 2.2 地块基本信息
- 2.3 地块环境特征
- 2.4 地块污染特征
- 2.5 土壤污染风险

3 地块修复模式
- 3.1 地块修复总体思路
- 3.2 地块修复范围
- 3.3 地块修复目标

4 修复技术筛选
- 4.1 土壤修复技术简述
- 4.2 土壤修复技术可行性评估

5 修复方案设计
- 5.1 修复技术路线
- 5.2 修复技术工艺参数
- 5.3 修复工程量估算
- 5.4 修复工程费用估算
- 5.5 修复方案比选

6 环境管理计划
- 6.1 修复工程监理
- 6.2 二次污染防范
- 6.3 修复效果评估监测
- 6.4 环境应急方案

7 成本效益分析
- 7.1 修复费用
- 7.2 环境效益、经济效益、社会效益

8 结论
- 8.1 可行性研究结论
- 8.2 问题和建议

HJ

中华人民共和国国家环境保护标准

HJ 25.5—2018

污染地块风险管控与土壤修复效果评估技术导则（试行）

Technical guideline for verification of risk control and soil remediation of contaminated site

2018-12-29 发布　　　　2018-12-29 实施

生　态　环　境　部 发布

前　言

根据《中华人民共和国环境保护法》和《中华人民共和国土壤污染防治法》，保护生态环境，保障人体健康，加强污染地块环境监督管理，规范污染地块风险管控与土壤修复效果评估工作，制定本标准。

本标准与以下标准同属污染地块系列环境保护标准：

《场地环境调查技术导则》（HJ 25.1—2014）；

《场地环境监测技术导则》（HJ 25.2—2014）；

《污染场地风险评估技术导则》（HJ 25.3—2014）；

《污染场地土壤修复技术导则》（HJ 25.4—2014）。

本标准规定了建设用地污染地块风险管控与土壤修复效果评估的内容、程序、方法和技术要求。

本标准的附录A～附录D为资料性附录。

本标准为首次发布。

本标准由生态环境部土壤生态环境司、法规与标准司组织制订。

本标准主要起草单位：北京市环境保护科学研究院、中国环境科学研究院、固体废物与化学品管理技术中心、环境规划院、沈阳环境科学研究院、南方科技大学工程技术创新中心（北京）。

本标准生态环境部2018年12月29日批准。

本标准自2018年12月29日起实施。

本标准由生态环境部负责解释。

污染地块风险管控与土壤修复效果评估技术导则（试行）

1 适用范围

本标准规定了建设用地污染地块风险管控与土壤修复效果评估的内容、程序、方法和技术要求。

本标准适用于建设用地污染地块风险管控与土壤修复效果的评估。有关地下水修复效果评估技术导则另行公布。

本标准不适用于含有放射性物质与致病性生物污染地块治理与修复效果的评估。

2 规范性引用文件

本标准引用了下列文件或其中的条款。凡是未注明日期的引用文件，其最新版本适用于本标准。

GB 36600 土壤环境质量 建设用地土壤污染风险管控标准（试行）

GB/T 14848 地下水质量标准

HJ 25.1 场地环境调查技术导则

HJ 25.2 场地环境监测技术导则

HJ 25.3 污染场地风险评估技术导则

HJ 682 污染场地术语

3 术语和定义

下列术语和定义适用于本标准。

3.1

目标污染物 target contaminant

在地块环境中数量或浓度已达到对人体健康和环境具有实际或潜在不利影响的，需要进行风险管控与修复的污染物。

3.2

修复目标 remediation target

由地块环境调查和风险评估确定的目标污染物对人体健康和环境不产生直接或潜在危害，或不具有环境风险的污染修复终点。

3.3

评估标准 assessment criteria

评估地块是否达到环境和健康安全的标准或准则，本标准所指评估标准包括目标污染物浓度达到修复目标值、二次污染物不产生风险、工程性能指标达到规定要求等准则。

3.4

风险管控与土壤修复效果评估 verification of risk control and soil remediation

通过资料回顾与现场踏勘、布点采样与实验室检测，综合评估地块风险管控与土壤修复是否达到规定要求或地块风险是否达到可接受水平。

4 基本原则、工作内容与工作程序

4.1 基本原则

污染地块风险管控与土壤修复效果评估应对土壤是否达到修复目标、风险管控是否达到规定要求、地块风险是否达到可接受水平等情况进行科学、系统地评估，提出后期环境监管建议，为污染地块管理提供科学依据。

4.2 工作内容

污染地块风险管控与土壤修复效果评估工作应制定工作方案。根据风险管控、修复的措施、技术选择的不同，效果评估工作有时需要在风险管控、修复活动期间同步开展。

污染地块风险管控与土壤修复效果评估的工作内容包括：更新地块概念模型、布点采样与实验室检测、风险管控与修复效果评估、提出后期环境监管建议、编制效果评估报告。

4.3 工作程序

4.3.1 更新地块概念模型

应根据风险管控与修复进度，以及掌握的地块信息对地块概念模型进行实时更新，为制定效果评估布点方案提供依据。

4.3.2 布点采样与实验室检测

布点方案包括效果评估的对象和范围、采样节点、采样频次、布点数量和位置、检测指标等内容，并说明上述内容确定的依据。原则上应在风险管控与修复实施方案编制阶段编制效果评估初步布点方案，并在地块风险管控与修复效果评估工作开展之前，根据更新后的概念模型进行完善和更新。

根据布点方案，制订采样计划，确定检测指标和实验室分析方法，开展现场采样与实验室检测，明确现场和实验室质量保证与质量控制要求。

4.3.3 风险管控与土壤修复效果评估

根据检测结果，评估土壤修复是否达到修复目标或可接受水平，评估风险管控是否达到规定要求。

对于土壤修复效果，可采用逐一对比和统计分析的方法进行评估，若达到修复效果，则根据情况提出后期环境监管建议并编制修复效果评估报告，若未达到修复效果，则应开展补充修复。

对于风险管控效果，若工程性能指标和污染物指标均达到评估标准，则判断风险管控达到预期效果，可继续开展运行与维护；若工程性能指标或污染物指标未达到评估标准，则判断风险管控未达到预期效果，须对风险管控措施进行优化或调整。

4.3.4 提出后期环境监管建议

根据风险管控与修复工程实施情况与效果评估结论，提出后期环境监管建议。

4.3.5 编制效果评估报告

汇总前述工作内容，编制效果评估报告，报告应包括风险管控与修复工程概况、环境保护措施落实情况、效果评估布点与采样、检测结果分析、效果评估结论及后期环境监管建议等内容。

污染地块风险管控与土壤修复效果评估工作程序见图 1。

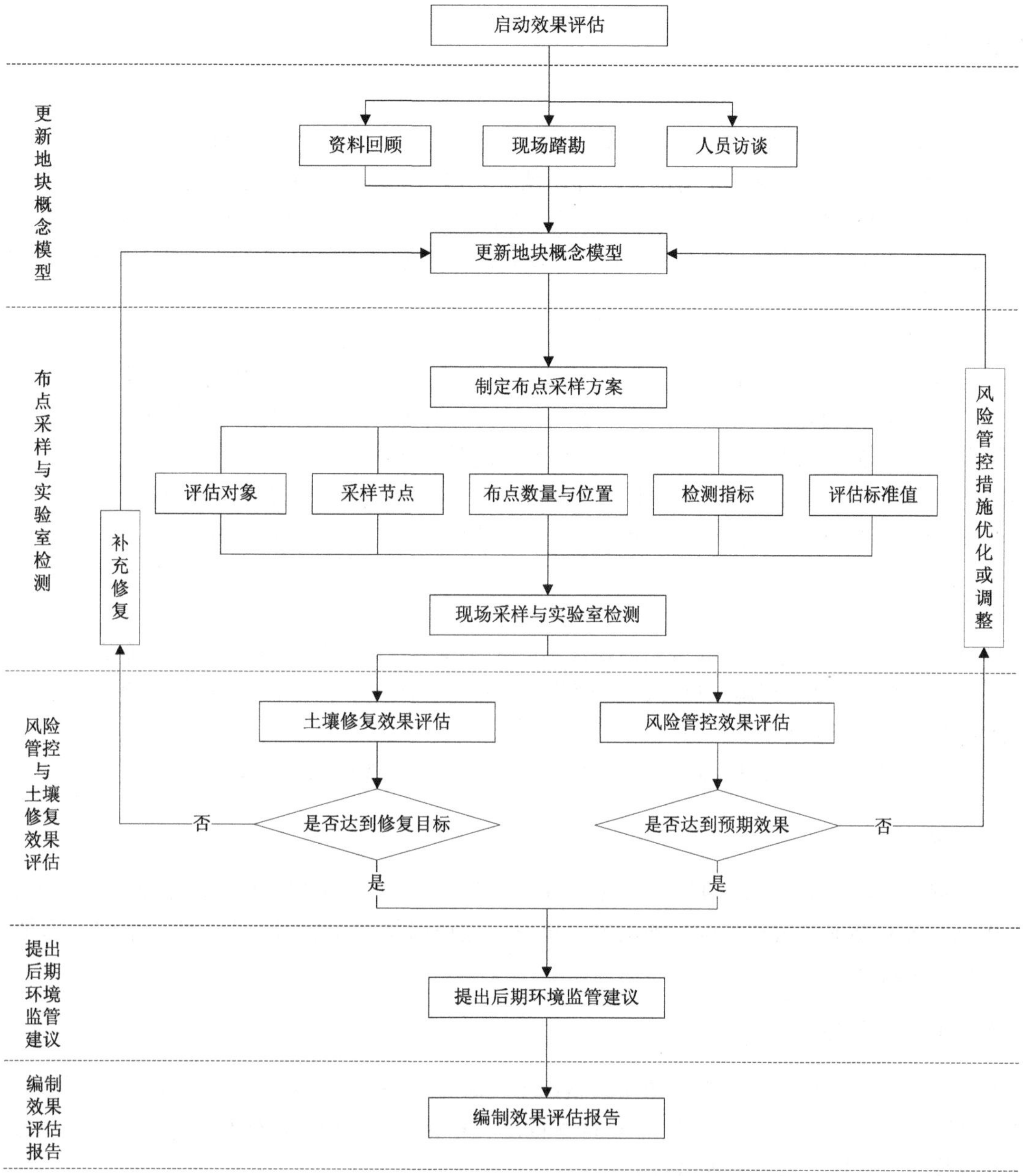

图 1　污染地块风险管控与土壤修复效果评估工作程序

5　更新地块概念模型

5.1　总体要求

效果评估机构应收集地块风险管控与修复相关资料，开展现场踏勘工作，并通过与地块责任人、施工负责人、监理人员等进行沟通和访谈，了解地块调查评估结论、风险管控与修复工程实施情况、环境保护措施落实情况等，掌握地块地质与水文地质条件、污染物空间分布、污染土壤去向、风险管控与修复设施设置、风险管控与修复过程监测数据等关键信息，更新地块概念模型。

5.2 资料回顾

5.2.1 资料回顾清单

5.2.1.1 在效果评估工作开展之前，应收集污染地块风险管控与修复相关资料。

5.2.1.2 资料清单主要包括地块环境调查报告、风险评估报告、风险管控与修复方案、工程实施方案、工程设计资料、施工组织设计资料、工程环境影响评价及其批复、施工与运行过程中监测数据、监理报告和相关资料、工程竣工报告、实施方案变更协议、运输与接收的协议和记录、施工管理文件等。

5.2.2 资料回顾要点

5.2.2.1 资料回顾要点主要包括风险管控与修复工程概况和环保措施落实情况。

5.2.2.2 风险管控与修复工程概况回顾主要通过风险管控与修复方案、实施方案以及风险管控与修复过程中的其他文件，了解修复范围、修复目标、修复工程设计、修复工程施工、修复起始时间、运输记录、运行监测数据等，了解风险管控与修复工程实施的具体情况。

5.2.2.3 环保措施落实情况回顾主要通过对风险管控与修复过程中二次污染防治相关数据、资料和报告的梳理，分析风险管控与修复工程可能造成的土壤和地下水二次污染情况等。

5.3 现场踏勘

5.3.1 应开展现场踏勘工作，了解污染地块风险管控与修复工程情况、环境保护措施落实情况，包括修复设施运行情况、修复工程施工进度、基坑清理情况、污染土暂存和外运情况、地块内临时道路使用情况、修复施工管理情况等。

5.3.2 调查人员可通过照片、视频、录音、文字等方式，记录现场踏勘情况。

5.4 人员访谈

5.4.1 应开展人员访谈工作，对地块风险管控与修复工程情况、环境保护措施落实情况进行全面了解。

5.4.2 访谈对象包括地块责任单位、地块调查单位、地块修复方案编制单位、监理单位、修复施工单位等单位的参与人员。

5.5 更新地块概念模型

5.5.1 在资料回顾、现场踏勘、人员访谈的基础上，掌握地块风险管控与修复工程情况，结合地块地质与水文地质条件、污染物空间分布、修复技术特点、修复设施布局等，对地块概念模型进行更新，完善地块风险管控与修复实施后的概念模型。

5.5.2 地块概念模型一般包括下列信息：

a）地块风险管控与修复概况：修复起始时间、修复范围、修复目标、修复设施设计参数、修复过程运行监测数据、技术调整和运行优化、修复过程中废水和废气排放数据、药剂添加量等情况；

b）关注污染物情况：目标污染物原始浓度、运行过程中的浓度变化、潜在二次污染物和中间产物产生情况、土壤异位修复地块污染源清挖和运输情况、修复技术去除率、污染物空间分布特征的变化以及潜在二次污染区域等情况；

c）地质与水文地质情况：关注地块地质与水文地质条件，以及修复设施运行前后地质和水文地质条件的变化、土壤理化性质变化等，运行过程是否存在优先流路径等；

d）潜在受体与周边环境情况：结合地块规划用途和建筑结构设计资料，分析修复工程结束后污染介质与受体的相对位置关系、受体的关键暴露途径等。

5.5.3 地块概念模型可用文字、图、表等方式表达，作为确定效果评估范围、采样节点、布点位置等的依据。

5.5.4 地块概念模型涉及信息及其作用见附录 A。

6 布点采样与实验室检测

6.1 土壤修复效果评估布点

6.1.1 基坑清理效果评估布点

6.1.1.1 评估对象

基坑清理效果评估对象为地块修复方案中确定的基坑。

6.1.1.2 采样节点

6.1.1.2.1 污染土壤清理后遗留的基坑底部与侧壁，应在基坑清理之后、回填之前进行采样。

6.1.1.2.2 若基坑侧壁采用基础围护，则宜在基坑清理同时进行基坑侧壁采样，或于基础围护实施后在围护设施外边缘采样。

6.1.1.2.3 可根据工程进度对基坑进行分批次采样。

6.1.1.3 布点数量与位置

6.1.1.3.1 基坑底部和侧壁推荐最少采样点数量见表 1。

表 1 基坑底部和侧壁推荐最少采样点数量

基坑面积/m^2	坑底采样点数量/个	侧壁采样点数量/个
x<100	2	4
100≤x<1 000	3	5
1 000≤x<1 500	4	6
1 500≤x<2 500	5	7
2 500≤x<5 000	6	8
5 000≤x<7 500	7	9
7 500≤x<12 500	8	10
x>12 500	网格大小不超过 40 m×40 m	采样点间隔不超过 40 m

6.1.1.3.2 基坑底部采用系统布点法，基坑侧壁采用等距离布点法，布点位置参见图 2。

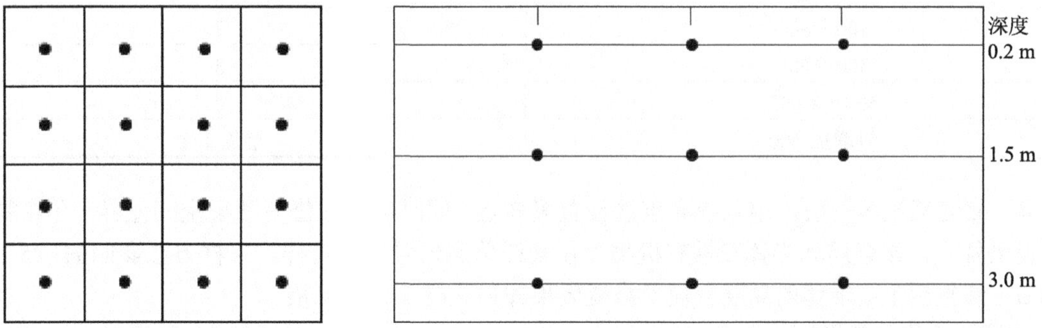

（1）基坑底部——系统布点法　　（2）基坑侧壁——等距离布点法

图 2 基坑底部与侧壁布点示意图

6.1.1.3.3 当基坑深度大于 1 m 时，侧壁应进行垂向分层采样，应考虑地块土层性质与污染垂向分布特征，在污染物易富集位置设置采样点，各层采样点之间垂向距离不大于 3 m，具体根据实际情况确定。

6.1.1.3.4 基坑坑底和侧壁的样品以去除杂质后的土壤表层样为主（0～20 cm），不排除深层采样。

6.1.1.3.5　对于重金属和半挥发性有机物，在一个采样网格和间隔内可采集混合样，采样方法参照HJ 25.2 执行。

6.1.2　土壤异位修复效果评估布点

6.1.2.1　评估对象

异位修复后土壤效果评估的对象为异位修复后的土壤堆体。

6.1.2.2　采样节点

6.1.2.2.1　异位修复后的土壤应在修复完成后、再利用之前采样。

6.1.2.2.2　按照堆体模式进行异位修复的土壤，宜在堆体拆除之前进行采样。

6.1.2.2.3　异位修复后的土壤堆体，可根据修复进度进行分批次采样。

6.1.2.3　布点数量与位置

6.1.2.3.1　修复后土壤原则上每个采样单元（每个样品代表的土方量）不应超过 500 m^3；也可根据修复后土壤中污染物浓度分布特征参数计算修复差变系数，根据不同差变系数查询计算对应的推荐采样数量（表 2），差变系数计算方法见附录 B。

表 2　修复后土壤最少采样点数量

差变系数	采样单元大小/m^3
0.05～0.20	100
0.20～0.40	300
0.40～0.60	500
0.60～0.80	800
0.80～1.00	1 000

6.1.2.3.2　对于按批次处理的修复技术，在符合前述要求的同时，每批次至少采集 1 个样品。

6.1.2.3.3　对于按照堆体模式处理的修复技术，若在堆体拆除前采样，在符合前述要求的同时，应结合堆体大小设置采样点，推荐数量参见表 3。

表 3　堆体模式修复后土壤最少采样点数量

堆体体积/m^3	采样单元数量/个
＜100	1
100～300	2
300～500	3
500～1 000	4
每增加 500	增加 1 个

6.1.2.3.4　修复后土壤一般采用系统布点法设置采样点；同时应考虑修复效果空间差异，在修复效果薄弱区增设采样点。重金属和半挥发性有机物可在采样单元内采集混合样，采样方法参照 HJ 25.2 执行。

6.1.2.3.5　修复后土壤堆体的高度应便于修复效果评估采样工作的开展。

6.1.3　土壤原位修复效果评估布点

6.1.3.1　评估对象

土壤原位修复效果评估的对象为原位修复后的土壤。

6.1.3.2　采样节点

6.1.3.2.1　原位修复后的土壤应在修复完成后进行采样。

6.1.3.2.2　原位修复的土壤可按照修复进度、修复设施设置等情况分区域采样。

6.1.3.3　布点数量与位置

6.1.3.3.1　原位修复后的土壤水平方向上采用系统布点法，推荐采样数量参照表 1。

6.1.3.3.2　原位修复后的土壤垂直方向上采样深度应不小于调查评估确定的污染深度以及修复可能造成污染物迁移的深度，根据土层性质设置采样点，原则上垂向采样点之间距离不大于 3 m，具体根据实际情况确定。

6.1.3.3.3　应结合地块污染分布、土壤性质、修复设施设置等，在高浓度污染物聚集区、修复效果薄弱区、修复范围边界处等位置增设采样点。

6.1.4　土壤修复二次污染区域布点

6.1.4.1　评估范围

6.1.4.1.1　土壤修复效果评估范围应包括修复过程中的潜在二次污染区域。

6.1.4.1.2　潜在二次污染区域包括：污染土壤暂存区、修复设施所在区、固体废物或危险废物堆存区、运输车辆临时道路、土壤或地下水待检区、废水暂存处理区、修复过程中污染物迁移涉及的区域、其他可能的二次污染区域。

6.1.4.2　采样节点

6.1.4.2.1　潜在二次污染区域土壤应在此区域开发使用之前进行采样。

6.1.4.2.2　可根据工程进度对潜在二次污染区域进行分批次采样。

6.1.4.3　布点数量与位置

6.1.4.3.1　潜在二次污染区域土壤原则上根据修复设施设置、潜在二次污染来源等资料判断布点，也可采用系统布点法设置采样点，采样点数量参照表 1。

6.1.4.3.2　潜在二次污染区域样品以去除杂质后的土壤表层样为主（0～20 cm），不排除深层采样。

6.2　风险管控效果评估布点

本标准所指风险管控包括固化/稳定化、封顶、阻隔填埋、地下水阻隔墙、可渗透反应墙等管控措施。

6.2.1　采样频次

6.2.1.1　风险管控效果评估的目的是评估工程措施是否有效，一般在工程设施完工 1 年内开展。

6.2.1.2　工程性能指标应按照工程实施要求进行评估。

6.2.1.3　污染物指标应采集 4 个批次的数据，建议每个季度采样一次。

6.2.2　布点数量与位置

6.2.2.1　需结合风险管控措施的布置，在风险管控范围上游、内部、下游，以及可能涉及的潜在二次污染区域设置地下水监测井。

6.2.2.2　可充分利用地块调查评估与修复实施等阶段设置的监测井，现有监测井须符合修复效果评估采样条件。

6.3　现场采样与实验室检测

6.3.1　检测指标

6.3.1.1　基坑土壤的检测指标一般为对应修复范围内土壤中目标污染物。存在相邻基坑时，应考虑相邻基坑土壤中的目标污染物。

6.3.1.2　异位修复后土壤的检测指标为修复方案中确定的目标污染物，若外运到其他地块，还应根据接收地环境要求增加检测指标。

6.3.1.3　原位修复后土壤的检测指标为修复方案中确定的目标污染物。

6.3.1.4　化学氧化/还原修复、微生物修复后土壤的检测指标应包括产生的二次污染物，原则上二次污染物指标应根据修复方案中的可行性分析结果确定。

6.3.1.5　风险管控效果评估指标包括工程性能指标和污染物指标。工程性能指标包括抗压强度、渗透性能、阻隔性能、工程设施连续性与完整性等；污染物指标包括关注污染物浓度、浸出浓度、土壤气、室内空气等。

6.3.1.6 必要时可增加土壤理化指标、修复设施运行参数等作为土壤修复效果评估的依据；可增加地下水水位、地下水流速、地球化学参数等作为风险管控效果的辅助判断依据。

6.3.2 现场采样与实验室检测

风险管控与修复效果评估现场采样与实验室检测按照 HJ 25.1 和 HJ 25.2 的规定执行。

7 风险管控与土壤修复效果评估

7.1 土壤修复效果评估

7.1.1 土壤修复效果评估标准值

7.1.1.1 基坑土壤评估标准值为地块调查评估、修复方案或实施方案中确定的修复目标值。

7.1.1.2 异位修复后土壤的评估标准值应根据其最终去向确定：

a）若修复后土壤回填到原基坑，评估标准值为调查评估、修复方案或实施方案中确定的目标污染物的修复目标值；

b）若修复后土壤外运到其他地块，应根据接收地土壤暴露情景进行风险评估确定评估标准值，或采用接收地土壤背景浓度与 GB 36600 中接收地用地性质对应筛选值的较高者作为评估标准值，并确保接收地的地下水和环境安全。风险评估可参照 HJ 25.3 执行。

7.1.1.3 原位修复后土壤的评估标准值为地块调查评估、修复方案或实施方案中确定的修复目标值。

7.1.1.4 化学氧化/还原修复、微生物修复潜在二次污染物的评估标准值可参照 GB 36600 中一类用地筛选值执行，或根据暴露情景进行风险评估确定其评估标准值，风险评估可参照 HJ 25.3 执行。

7.1.2 土壤修复效果评估方法

7.1.2.1 可采用逐一对比和统计分析的方法进行土壤修复效果评估。

7.1.2.2 当样品数量＜8 个时，应将样品检测值与修复效果评估标准值逐个对比：

a）若样品检测值低于或等于修复效果评估标准值，则认为达到修复效果；

b）若样品检测值高于修复效果评估标准值，则认为未达到修复效果。

7.1.2.3 当样品数量≥8 个时，可采用统计分析方法进行修复效果评估。一般采用样品均值的 95%置信上限与修复效果评估标准值进行比较，下述条件全部符合方可认为地块达到修复效果：

a）样品均值的 95%置信上限小于等于修复效果评估标准值；

b）样品浓度最大值不超过修复效果评估标准值的 2 倍。

7.1.2.4 若采用逐个对比方法，当同一污染物平行样数量≥4 组时，可结合 t 检验（附录 C）分析采样和检测过程中的误差，确定检测值与修复效果评估标准值的差异：

a）若各样品的检测值显著低于修复效果评估标准值或与修复效果评估标准值差异不显著，则认为该地块达到修复效果；

b）若某样品的检测结果显著高于修复效果评估标准值，则认为地块未达到修复效果。

7.1.2.5 原则上统计分析方法应在单个基坑或单个修复范围内分别进行。

7.1.2.6 对于低于报告限的数据，可用报告限数值进行统计分析。

7.2 风险管控效果评估

7.2.1 风险管控效果评估标准

7.2.1.1 风险管控工程性能指标应满足设计要求或不影响预期效果。

7.2.1.2 风险管控措施下游地下水中污染物浓度应持续下降，固化/稳定化后土壤中污染物的浸出浓度应达到接收地地下水用途对应标准值或不会对地下水造成危害。

7.2.2　风险管控效果评估方法

7.2.2.1　若工程性能指标和污染物指标均达到评估标准，则判断风险管控达到预期效果，可对风险管控措施继续开展运行与维护。

7.2.2.2　若工程性能指标或污染物指标未达到评估标准，则判断风险管控未达到预期效果，须对风险管控措施进行优化或修理。

8　提出后期环境监管建议

8.1　后期环境监管要求

8.1.1　下列情景下，应提出后期环境监管建议：

——修复后土壤中污染物浓度未达到 GB 36600 第一类用地筛选值的地块；

——实施风险管控的地块。

8.1.2　后期环境监管的方式一般包括长期环境监测与制度控制，两种方式可结合使用。

8.1.3　原则上后期环境监管直至地块土壤中污染物浓度达到 GB 36600 第一类用地筛选值、地下水中污染物浓度达到 GB/T 14848 中地下水使用功能对应标准值为止。

8.2　长期环境监测

8.2.1　实施风险管控的地块应开展长期监测。

8.2.2　一般通过设置地下水监测井进行周期性采样和检测，也可设置土壤气监测井进行土壤气样品采集和检测，监测井位置应优先考虑污染物浓度高的区域、敏感点所处位置等。

8.2.3　应充分利用地块内符合采样条件的监测井。

8.2.4　原则上长期监测 1～2 年开展一次，可根据实际情况进行调整。

8.3　制度控制

8.3.1　条款 8.1.1 所述的两种情景均需开展制度控制。

8.3.2　制度控制包括限制地块使用方式、限制地下水利用方式、通知和公告地块潜在风险、制定限制进入或使用条例等方式，多种制度控制方式可同时使用。

9　编制效果评估报告

9.1　效果评估报告应当包括风险管控与修复工程概况、环境保护措施落实情况、效果评估布点与采样、检测结果分析、效果评估结论及后期环境监管建议等内容。

9.2　效果评估报告的格式参见附录 D。

附 录 A
（资料性附录）
地块概念模型涉及信息及其作用

表 A.1 地块概念模型涉及信息及其作用

地块概念模型涉及信息	在修复效果评估中的作用
地理位置	了解背景情况
地块历史	了解背景情况
地块调查评估活动	了解背景情况
地块土层分布	确定采样深度
水位变化情况	采样点设置
地块地质与水文地质情况	采样点设置
污染物分布情况	了解地块污染情况
目标污染物、修复目标	明确评估指标和标准
土壤修复范围	确定评估对象和范围
地下水污染羽	确定评估对象和范围
修复方式及工艺	制定效果评估方案
修复实施方案有无变更及变更情况	制定效果评估方案
施工进度	确定效果评估采样节点
异位修复基坑清理范围与深度	采样点设置
异位修复基坑放坡方式、基坑护壁方式	采样点设置
修复后土壤土方量及最终去向	采样点设置、采样节点
修复设施平面布置	采样点设置
修复系统运行监测计划及已有数据	采样点设置、采样节点
目标污染物浓度变化情况	采样点设置、采样节点
地块内监测井位置及建井结构	判断是否可供效果评估采样使用
二次污染排放记录及监测报告	辅助资料
地块修复实施涉及的单位和机构	辅助资料

附 录 B
（资料性附录）
差变系数计算方法

差变系数指的是“修复后地块污染物平均浓度与修复目标值的差异”与“估计标准差”的比值，用 τ 表示。差异越大、估计标准差越小，则差变系数越大，所需样本量越小。

计算方法如下：

$$\tau = \frac{(C_S - \mu_1)}{\sigma}$$

式中：C_S—— 修复目标值；

μ_1—— 估计的总体均值，通常用已有样品的均值来估算；

σ—— 估计标准差，根据前期资料和先验知识估计或计算，具体如下：①从修复中试试验或其他先验数据中选择简单随机样本，样本量不少于 20 个，确定 20 个样本的浓度；若不是简单随机样本，则样本点应覆盖整个区域、能够代表采样区；若样本量少于 20 个，应补充样本量或采用其他的统计分析方法进行计算；②计算 20 个样本的标准差，作为估计标准差。

附 录 C
（资料性附录）
t 检验方法与案例

C.1 t 检验

t 检验是判定给定的常数是否与变量均值之间存在显著差异的最常用的方法。

假设一组样本，样本数为 n，样本均值为 $\overline{x}$，样本标准差为 S，利用 t 检验判定某一给定值 μ_0 是否与样本均值 $\overline{x}$ 存在显著差异，步骤为：

a）确定显著水平 α，常用 $\alpha=0.05$，$\alpha=0.01$；

b）计算检验统计量 $t=\dfrac{\overline{x}-\mu_0}{S/\sqrt{n}}$；

c）根据自由度 $df=n-1$ 和 α 查 t 分布临界值表，确定临界值 $C=t_{\frac{\alpha}{2}}(n-1)$，例如 $n=8$，$\alpha=0.05$，则 $t=2.365$；

d）统计推断：若 $|t|>C$，即 $\mu_0>\overline{x}+C\cdot S/\sqrt{n}$ 或 $\mu_0<\overline{x}-C\cdot S/\sqrt{n}$，则与均值存在显著差异，且前者为显著大于均值，后者为显著小于均值；若 $|t|\leqslant C$，即 $\overline{x}-C\cdot S/\sqrt{n}\leqslant\mu_0\leqslant\overline{x}+C\cdot S/\sqrt{n}$，则与均值不存在显著差异。下文中将 $C\cdot S/\sqrt{n}$ 简记为 u。

C.2 案例

假设一组样本数据且平行样数量满足要求，将样本中平行样检测数据列表如表 C.1 所示。

表 C.1 样本检测值

样本	浓度/（mg/kg）		
	砷	铜	铅
A_1	71	215	183
A_2	72	206	182
平均值	71.5	210.5	182.5
B_1	52	180	181
B_2	59	174	204
平均值	55.50	177.00	192.50
C_1	17	43	70.1
C_2	20	49	73.6
平均值	18.50	46.00	71.85
D_1	42	127	84.2
D_2	48	137	96.1
平均值	45.00	132.00	90.15

计算各平行样样本值占均值的百分比以反映测量分析的精度，如表 C.2 所示。

表 C.2　样本精度数据

样本	占均值的比例/%		
	砷	铜	铅
A_1	99.30	102.14	100.27
A_2	100.70	97.86	99.73
B_1	93.69	101.69	94.03
B_2	106.31	98.31	105.97
C_1	91.89	93.48	97.56
C_2	108.11	106.52	102.44
D_1	93.33	96.21	93.40
D_2	106.67	103.79	106.60
均值/%	100	100	100
S/%	6.6	4.3	4.9
C（α=0.05）	2.365	2.365	2.365
u/%	5.5	3.6	4.1
修复目标值/（mg/kg）	30	370	300
显著小于修复目标值/（mg/kg）	＜28.4	＜356.7	＜287
与修复目标值不存在显著差异/（mg/kg）	[28.4，31.6]	[356.7，383.8]	[287，312]
显著大于修复目标值/（mg/kg）	＞31.6	＞383.8	＞312

注：28.4=30×（100%−5.5%）；31.6=30×（100%+5.5%）。

以砷为例进行说明：

a）若某点检测值小于 28.4，则认为该点检测值显著低于修复目标值，达到修复标准；

b）若某点检测值位于 28.4 和 31.6 之间，则认为该点检测值与修复目标无显著差异，达到修复标准；

c）若某点检测值大于 31.6，则认为该点检测值显著大于修复目标值，未达到修复标准。

附　录　D
（资料性附录）
效果评估报告提纲

1　项目背景

简要描述污染地块基本信息，调查评估及修复的时间节点与概况、相关批复情况等。简明列出以下信息：项目名称、项目地址、业主单位、调查评估单位、修复单位、监理单位、修复效果评估单位。

2　工作依据

2.1　法律法规
2.2　标准规范
2.3　项目文件

3　地块概况

3.1　地块调查评价结论
3.2　风险管控或修复方案
3.3　风险管控或修复实施情况
3.4　环境保护措施落实情况

4　地块概念模型

4.1　资料回顾
4.2　现场踏勘
4.3　人员访谈
4.4　地块概念模型

5　效果评估布点方案

5.1　土壤修复效果评估布点
　5.1.1　评估范围
　5.1.2　采样节点
　5.1.3　布点数量与位置
　5.1.4　检测指标
　5.1.5　评估标准值
5.2　风险管控效果评估布点
　5.2.1　检测指标和标准
　5.2.2　采样频次

5.2.3　布点数量与位置

6　现场采样与实验室检测

6.1　样品采集

6.1.1　现场采样

6.1.2　样品保存与流转

6.1.3　现场质量控制

6.2　实验室检测

6.2.1　检测方法

6.2.2　实验室质量控制

7　效果评估

7.1　检测结果分析

7.2　效果评估

8　结论与建议

8.1　效果评估结论

8.2　后期环境监管建议

附件

a）地块规划图；

b）修复范围图；

c）水文地质剖面图；

d）钻孔结构图；

e）岩心箱照片；

f）采样记录单；

g）建井结构图；

h）洗井记录单；

i）地下水采样记录单；

j）实验室检测报告。

HJ

中华人民共和国国家环境保护标准

HJ 25.6—2019

污染地块地下水修复和风险管控技术导则

Technical guideline for groundwater remediation and risk control of contaminated sites

2018-12-29 发布　　2018-12-29 实施

生　态　环　境　部 发布

前　言

根据《中华人民共和国环境保护法》《中华人民共和国水污染防治法》和《中华人民共和国土壤污染防治法》，为保护生态环境，保障人体健康，加强污染地块环境监督管理，规范污染地块地下水修复和风险管控工作，制定本标准。

本标准与以下标准同属污染地块系列环境保护标准：

《场地环境调查技术导则》（HJ 25.1—2014）；

《场地环境监测技术导则》（HJ 25.2—2014）；

《污染场地风险评估技术导则》（HJ 25.3—2014）；

《污染场地土壤修复技术导则》（HJ 25.4—2014）；

《污染地块风险管控与土壤修复效果评估技术导则（试行）》（HJ25.5—2018）。

本标准规定了污染地块地下水修复和风险管控的基本原则、工作程序和技术要求。

本标准的附录 A～附录 E 为资料性附录。

本标准为首次发布。

本标准由生态环境部土壤生态环境司、水生态环境司和法规与标准司组织制订。

本标准主要起草单位：生态环境部环境规划院、清华大学、中国科学院地理科学与资源研究所、北京建工环境修复股份有限公司、成都理工大学、北京市环境保护科学研究院和南方科技大学。

本标准生态环境部 2019 年 6 月 18 日批准。

本标准自 2019 年 6 月 18 日起实施。

本标准由生态环境部解释。

污染地块地下水修复和风险管控技术导则

1 适用范围

本标准规定了污染地块地下水修复和风险管控的基本原则、工作程序和技术要求。

本标准适用于污染地块地下水修复和风险管控的技术方案制定、工程设计及施工、工程运行及监测、效果评估和后期环境监管。污染地块土壤修复技术方案制定参照 HJ 25.4 执行。

本标准不适用于放射性污染和致病性生物污染地块的地下水修复和风险管控。

2 规范性引用文件

本标准内容引用了下列文件中的条款。凡是不注明日期的引用文件，其有效版本适用于本标准。

GB 36600 土壤环境质量建设用地土壤污染风险管控标准（试行）

GB/T 14848 地下水质量标准

HJ 25.1 场地环境调查技术导则

HJ 25.2 场地环境监测技术导则

HJ 25.3 污染场地风险评估技术导则

HJ 25.4 污染场地土壤修复技术导则

HJ 25.5 污染地块风险管控与土壤修复效果评估技术导则（试行）

HJ 610 环境影响评价技术导则地下水环境

HJ 2050 环境工程设计文件编制指南

3 术语和定义

下列术语和定义适用于本标准。

3.1

地下水污染羽 groundwater contaminant plume

污染物随地下水移动从污染源向周边移动和扩散时所形成的污染区域。

3.2

地下水修复 groundwater remediation

采用物理、化学或生物的方法，降解、吸附、转移或阻隔地块地下水中的污染物，将有毒有害的污染物转化为无害物质，或使其浓度降低到可接受水平，或阻断其暴露途径，满足相应的地下水环境功能或使用功能的过程。

3.3

地下水风险管控 groundwaterrisk control

采取修复技术、工程控制和制度控制措施等，阻断地下水污染物暴露途径，阻止地下水污染扩散，防止对周边人体健康和生态受体产生影响的过程。

3.4

地块概念模型　conceptual site model

用文字、图、表等方式综合描述水文地质条件、污染源、污染物迁移途径、人体或生态受体接触污染介质的过程和接触方式等。

3.5

目标污染物　target contaminant

在地块环境中其数量或浓度已达到对人体健康和生态受体具有实际或潜在不利影响的，需要进行修复和风险管控的关注污染物。

3.6

地下水修复目标　groundwater remediation goal

由地块环境调查或风险评估确定的目标污染物对人体健康和生态受体不产生直接或潜在危害，或不具有环境风险的地下水修复终点。

3.7

地下水风险管控目标　groundwaterrisk control goal

阻断地下水污染物暴露途径，阻止地下水污染扩散，防止对人体健康和生态受体产生影响的阶段目标。

3.8

地下水修复模式　groundwater remediation strategy

以降低地下水污染物浓度，实现地下水修复目标为目的，对污染地块进行地下水修复的总体思路。

3.9

地下水风险管控模式　groundwaterrisk control strategy

以实现阻断地下水污染物暴露途径，阻止地下水污染扩散为目的，对污染地块进行地下水风险管控的总体思路。

3.10

制度控制　institutional control

通过制定和实施条例、准则、规章或制度，减少或阻止人群对地块污染物的暴露，防范和杜绝地块地下水污染可能带来的风险和危害，利用管理手段控制污染地块潜在风险。

3.11

工程控制　engineering control

采用阻隔、堵截、覆盖等工程措施，控制污染物迁移或阻断污染物暴露途径，降低和消除地块地下水污染对人体健康和生态受体的风险。

3.12

修复极限　remediation asymptotic condition

修复工程进入拖尾期后，在现有的技术水平、合理的时间和资金投入条件下，继续进行修复仍难以达到修复目标的情况。

4　基本原则和工作程序

4.1　基本原则

4.1.1　统筹性原则

污染地块地下水修复和风险管控应兼顾土壤、地下水、地表水和大气，统筹地下水修复和风险管控，防止污染地下水对人体健康和生态受体产生影响。

4.1.2 规范性原则

根据地下水修复和风险管控法律法规要求，采用程序化、系统化方式规范地下水修复和风险管控过程，保证地下水修复和风险管控过程的科学性和客观性。

4.1.3 可行性原则

根据污染地块水文地质条件、地下水使用功能、污染程度和范围以及对人体健康和生态受体造成的危害，合理选择修复和风险管控技术，因地制宜制定修复和风险管控技术方案，使地下水修复和风险管控工程切实可行。

4.1.4 安全性原则

污染地块地下水修复和风险管控技术方案制定、工程设计及施工时，要确保工程实施安全，应防止对施工人员、周边人群健康和生态受体产生危害。

4.2 工作程序

污染地块地下水修复和风险管控的工作程序如图 1 所示。

4.2.1 选择地下水修复和风险管控模式

确认地块条件，更新地块概念模型。根据地下水使用功能、风险可接受水平，经修复技术经济评估，提出地下水修复和风险管控目标。确认对地下水修复和风险管控的要求，结合地块水文地质条件、污染特征、修复和风险管控目标等，明确污染地块地下水修复和风险管控的总体思路。

4.2.2 筛选地下水修复和风险管控技术

根据污染地块的具体情况，按照确定的修复和风险管控模式，初步筛选地下水修复和风险管控技术。通过实验室小试、现场中试和模拟分析等，从技术成熟度、适用条件、效果、成本、时间和环境风险等方面确定适宜的修复和风险管控技术。

4.2.3 制定地下水修复和风险管控技术方案

根据确定的修复和风险管控技术，采用一种及以上技术进行优化组合集成，制定技术路线，确定地下水修复和风险管控技术工艺参数，估算工程量、费用和周期，形成备选技术方案。从技术指标、工程费用、环境及健康安全等方面比较备选技术方案，确定最优技术方案。

4.2.4 地下水修复和风险管控工程设计及施工

根据确定的修复和风险管控技术方案，开展修复和风险管控工程设计及施工。工程设计根据工作开展阶段划分为初步设计和施工图设计，根据专业划分为工艺和辅助专业设计。工程施工宜包括施工准备、施工过程，施工过程应同时开展环境管理。

4.2.5 地下水修复和风险管控工程运行及监测

地下水修复和风险管控工程施工完成后，开展工程运行维护、运行监测、趋势预测和运行状况分析等。工程运行中应同时开展运行监测，对地下水修复和风险管控工程运行监测数据进行趋势预测。根据地下水监测数据及趋势预测结果开展工程运行状况分析，判断地下水修复和风险管控工程的目标可达性。

4.2.6 地下水修复和风险管控效果评估

制定地下水修复和风险管控效果评估布点和采样方案，评估修复是否达到修复目标，评估风险管控是否达到工程性能指标和污染物指标要求。

对于地下水修复效果，当每口监测井中地下水检测指标持续稳定达标时，可判断达到修复效果。若未达到评估标准但判断地下水已达到修复极限，可在实施风险管控措施的前提下，对残留污染物进行风险评估。若地块残留污染物对受体和环境的风险可接受，则认为达到修复效果；若风险不可接受，需对风险管控措施进行优化或提出新的风险管控措施。

对于风险管控效果，若工程性能指标和污染物指标均达到评估标准，则判断风险管控达到预期效果，可对风险管控措施继续开展运行与维护；若工程性能指标或污染物指标未达到评估标准，则判断风险管控未达到预期效果，应对风险管控措施进行优化或调整。

4.2.7 后期环境监管

根据修复和风险管控工程实施情况与效果评估结论，提出后期环境监管要求。

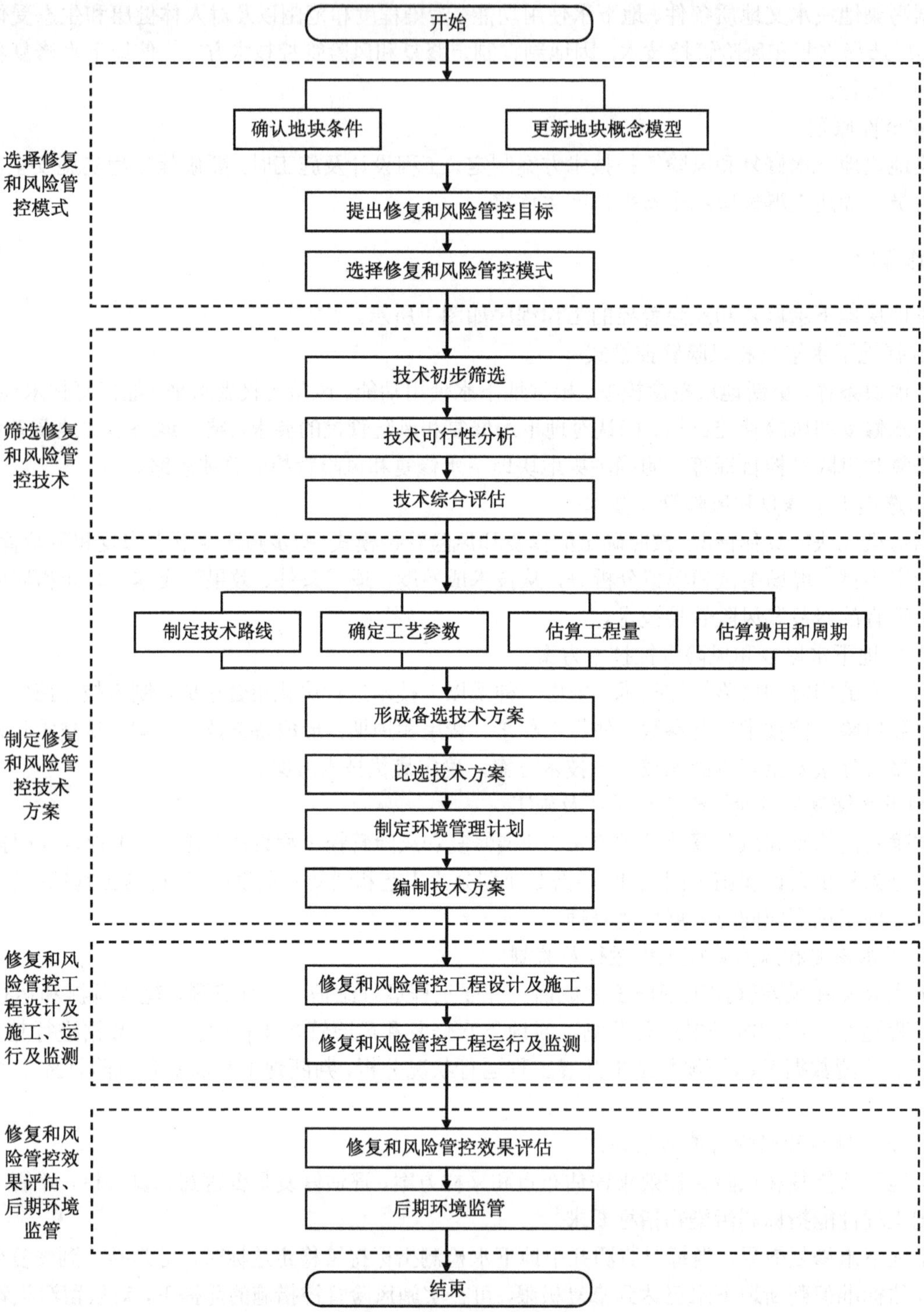

图 1 污染地块地下水修复和风险管控工作程序

5 选择地下水修复和风险管控模式

5.1 确认地块条件

5.1.1 核实地块资料

根据前期按 HJ 25.1 和 HJ 25.2 完成的地块环境调查和按 HJ 25.3 完成的污染地块风险评估等资料，重点核实污染地块基本情况、水文地质条件、受体与周边环境情况、土壤与地下水污染特征等。

5.1.2 现场踏勘

考察地块现状，特别关注前期地块环境调查和风险评估后发生的重大变化，以及周边地下水型饮用水源等受体的变化情况。考察地块修复和风险管控工程施工条件，特别关注地块用电、用水、交通、地下水监测井等情况，为修复和风险管控工程施工区布局提供基础信息。

5.1.3 补充技术资料

通过核查地块已有水文地质条件、地下水污染特征等资料和现场踏勘情况，如发现已有资料不能满足地下水修复和风险管控技术方案编制、工程设计要求，应补充相关资料。必要时应补充开展工程地质勘察、水文地质和地块环境调查工作，进行人体健康风险评估与地下水污染模拟预测。进一步明确地下水埋藏和补径排条件，识别地下水污染程度、范围和空间分布状态，界定边界条件，开展参数识别和模型验证等，相关技术要求参照 HJ 25.1、HJ 25.2、HJ 25.3 和 HJ 610 执行。

5.2 更新地块概念模型

结合 5.1 收集的地块资料，分析地块地质与水文地质条件、地下水污染特征、受体与周边环境情况等，对地块环境调查和风险评估阶段构建的地块概念模型进行更新，重点关注地下水污染羽的变化。

地块概念模型宜包括下列信息：

a）地质与水文地质条件：地层分布及岩性、地质构造、地下水类型、含水层系统结构、地下水分布条件、地下水流场、地下水动态变化特征、地下水补径排条件等。

b）地下水污染特征：污染源、目标污染物浓度、污染范围、污染物迁移途径、非水溶性有机物的分布情况等。

c）受体与周边环境情况：结合地块地下水使用功能和地块规划，分析污染地下水与受体的相对位置关系、受体的关键暴露途径等。

地块概念模型可采用文字、图、表等方式，便于指导污染地块地下水修复和风险管控目标提出、方案制定。

5.3 提出地下水修复和风险管控目标

5.3.1 确认目标污染物

确认前期地块环境调查和风险评估提出的地下水修复目标污染物，根据地块及受体特征、规划、地下水使用功能和地质因素等，确定地下水修复和风险管控目标污染物。

5.3.2 提出修复目标值

5.3.2.1 地下水型饮用水源保护区及补给区

污染地块位于集中式地下水型饮用水源（包括已建成的在用、备用、应急水源，在建和规划的水源）保护区及补给区（补给区优先采用已划定的饮用水源准保护区），选择 GB/T 14848 中Ⅲ类限值作为修复目标值。对于 GB/T 14848 未涉及的目标污染物，按照饮用地下水的暴露途径计算地下水风险控制值作为修复目标值，风险控制值按照 HJ 25.3 确定。

当选择 GB/T 14848 中Ⅲ类限值或按照 HJ 25.3 确定的地下水型饮用水源保护区及补给区内污染地

块的修复目标值低于地下水环境背景值时，可选择背景值作为修复目标值。

5.3.2.2 其他区域

5.3.2.2.1 具有工业和农业用水等使用功能的地下水污染区域，按照 GB/T 14848 要求，制定修复目标值。对于 GB/T 14848 未涉及的目标污染物，采用风险评估的方法计算风险控制值作为修复目标值，风险控制值按照 HJ 25.3 确定。

5.3.2.2.2 不具有工业和农业用水等使用功能的地下水污染区域，采用风险评估的方法计算风险控制值作为修复目标值，风险控制值按照 HJ 25.3 确定。

5.3.2.2.3 当地下水污染影响或可能影响土壤和地表水体等，根据 GB 36600 和地表水（环境）功能要求，基于污染模拟预测、风险评估结果，同时结合 5.3.2.2.1 或 5.3.2.2.2 情形从严确定地下水修复目标值。

5.3.2.2.4 当选择相关标准或按照 HJ 25.3 确定的其他区域的污染地块修复目标值低于地下水环境背景值时，可选择背景值作为修复目标值。

5.3.3 提出地下水风险管控目标

当污染地块位于集中式地下水型饮用水源（包括已建成的在用、备用、应急水源，在建和规划的水源）保护区及补给区（补给区优先采用已划定的准保护区）时，应同步制定风险管控目标，阻断地下水污染物暴露途径，阻止污染扩散。

经修复技术经济评估，无法达到 5.3.2 提出的地下水修复目标值，应制定地下水风险管控目标作为地下水修复的阶段目标。

在 5.3.2.2 中采用风险评估方法确定修复目标值的污染地块，应制定风险管控目标。

5.3.4 确定地下水修复和风险管控范围

根据 HJ 25.1 确定的地下水污染空间分布，结合地下水修复和风险管控目标，确定地下水的修复和风险管控范围。

5.4 选择地下水修复和风险管控模式

与地块利益相关方进行沟通，确认对地下水修复和风险管控的要求，如土地利用规划、修复周期、预期经费投入等，结合污染地块特征、地下水修复和风险管控目标等，明确总体思路，选择降低污染物毒性、迁移性、数量与体积的修复技术，阻断暴露途径和阻止地下水污染扩散的工程控制措施，或限制受体暴露行为的制度控制措施中的任意一种或其组合。

当地块地下水与土壤污染区域重叠时，应统筹考虑地下水与土壤修复和风险管控，土壤修复参照 HJ 25.4 执行。

6 筛选地下水修复和风险管控技术

6.1 技术初步筛选

根据污染地块水文地质条件、地下水污染特征和确定的修复和风险管控模式等，从适用的目标污染物、技术成熟度、效率、成本、时间和环境风险等，分析比较现有地下水修复和风险管控技术的优缺点，重点分析各技术工程应用的适用性，常见技术的适用性可参见附录 A。可采用对比分析、矩阵评分和类比等方法，初步筛选一种或多种修复和风险管控技术。

6.2 技术可行性分析

6.2.1 实验室小试

实验室小试应针对初步筛选技术的关键环节和关键参数，制定实验室小试方案，采集污染地下水和含水层介质，按照不同的技术或组合试验效果，确定最佳工艺参数和可能产生的二次污染物，估算成本和周期等。实验过程需有严格的质量保证和控制。

6.2.2 现场中试

现场中试应根据修复和风险管控技术特点，结合地块条件、地质与水文地质条件、污染物类型和空间分布特征等，选择适宜的单元开展中试，获得设计和施工所需要的工程参数，确定现场中试过程中可能产生的二次污染物。可采用相同或类似污染地块修复和风险管控技术的应用案例进行分析，必要时可现场考察和评估应用案例实际工程。现场中试过程中需实施二次污染防治措施。

6.2.3 模拟分析

建立地下水水流模型和溶质运移模型，利用解析法或数值法开展模拟预测，选择目标污染物作为模拟因子，根据不同修复和风险管控技术的设计情景，评估地下水修复和风险管控技术的工程实施效果和修复周期等，优化并获得设计和施工所需的工程参数。常用地下水水流模型和溶质运移模型可参照 HJ 610。

6.3 技术综合评估

基于技术可行性分析结果，采用对比分析或矩阵评分法对初步筛选技术进行综合评估，确定一种或多种可行技术。

7 制定地下水修复和风险管控技术方案

7.1 制定备选技术方案

7.1.1 制定技术路线

根据污染地块地下水修复和风险管控模式，采用技术筛选确定的一种或多种技术优化组合集成，结合地块管理要求等因素，制定技术路线。技术路线应反映地下水修复和风险管控的总体思路、方式、工艺流程等，还应包括工程实施过程中二次污染防治措施、环境监测计划和环境应急安全计划等。

7.1.2 确定工艺参数

地下水修复和风险管控技术的工艺参数通过总结实验室小试、现场中试和模拟分析结果确定，技术的工艺参数包括但不限于地下水抽出或注入的流量、影响半径，修复药剂的投加比、投加方式和浓度，工程控制措施的规模、材料、规格等，地上处理单元的处理量、处理效率等。

7.1.3 估算工程量

根据技术路线，按照确定的单一技术或技术组合的方案，结合工艺流程和参数，估算不同方案的工程量。

7.1.4 估算费用和周期

费用估算应根据污染地块地下水修复和风险管控工程量确定。费用估算包括建设费用、运行费用、监测费用和咨询费用等。

周期估算应根据工程量、工程设计、建设和运行时间、效果评估和后期环境监管要求等确定。

7.1.5 形成备选技术方案

根据水文地质条件、修复和风险管控目标、技术路线、工艺参数、工程量、费用和周期等，制定不少于 2 套的备选技术方案。

7.2 比选技术方案

对备选技术方案的主要技术指标、工程费用、环境及健康安全等比选，采用对比分析或矩阵评分等方法确定最优方案，比选内容包括：

a）主要技术指标：结合地块地下水污染特征、修复和风险管控目标，从符合法律法规、效果、时间、成本和环境影响等方面，比较不同备选技术方案主要技术的可操作性、有效性。

b）工程费用：根据地下水修复和风险管控的工程量，估算并比较不同备选技术方案费用，比较不同备选技术方案产生费用的合理性。

c）环境及健康安全：综合比较不同备选技术方案的二次污染排放情况以及对施工人员、周边人群健康和生态受体的影响等。

7.3 制定环境管理计划

7.3.1 二次污染防治措施

对施工和运行过程造成的地下水、土壤、地表水、环境空气等二次污染，应制定防治措施，并分析论证技术可行性、经济合理性、稳定运行和达标排放的可靠性。

7.3.2 环境监测计划

环境监测计划包括工程实施过程的环境监理、二次污染监控中的环境监测。应根据确定的技术方案，结合地块污染特征和所处环境条件，有针对性地制定环境监测计划。相关技术要求参照 HJ 25.2 执行。

7.3.3 环境应急安全计划

为确保地块修复和风险管控过程中施工人员与周边人群和生态受体的安全，应根据国家和地方环境应急相关法律法规、标准规范编制环境应急安全计划，内容包括安全问题识别、预防措施、突发事故应急措施、安全防护装备和安全防护培训等。

7.4 编制技术方案

地下水修复和风险管控技术方案要全面反映工作内容，技术方案中的文字应简洁和准确，并尽量采用图、表和照片等形式描述各种关键技术信息，以利于工程设计和施工方案编制。

技术方案应根据污染地块的水文地质条件、地下水污染特征和工程特点，参见附录 B 编制。

当地块涉及土壤污染时，应统筹考虑地下水与土壤修复和风险管控，土壤修复的有关技术要求参照 HJ 25.4 执行。

8 地下水修复和风险管控工程设计及施工

8.1 工程设计

8.1.1 一般要求

地下水修复和风险管控工程设计根据工作开展阶段划分为初步设计、施工图设计，根据专业划分为工艺和辅助专业设计。初步设计和施工图设计根据实际情况，可按单一阶段考虑。对于小型项目，可根据实际情况直接进行施工图设计。地下水修复和风险管控工程设计参照 HJ 2050 执行。

当已有的地质与水文地质资料不能满足工程设计需要时，应开展必要的地质和水文地质调查工作。

8.1.2 初步设计和施工图设计

8.1.2.1 初步设计

初步设计文件应根据地下水修复和风险管控技术方案进行编制，应满足编制施工图、采购主要设备及控制工程建设投资的需要。初步设计文件宜包括初步设计说明书、初步设计图纸和初步设计概算书，并应符合下列规定：

a）初步设计说明书宜包括设计总说明、各专业设计说明、主要设备材料表。

b）初步设计图纸宜由总图、工艺、建筑、结构、给排水等专业图纸组成，地下水修复和风险管控工程设计应开展总图、工艺专业图纸设计。当工程包含修复车间、仓库等建筑物时，宜开展建筑专业图纸设计；当工程包含修复车间、仓库、地面处理设备等建（构）筑物时，宜开展结构专业图纸设计；当工程包含给排水、消防用水时，宜开展给排水专业图纸设计；当工程需进行地下水抽出、药剂注入、地面处理设备自动化控制、监测设计时，宜开展自动化专业图纸设计；当工程采用可渗透反应墙、阻隔等技术时，宜开展岩土工程专业图纸设计；当工程需进行供电、电气控制时，宜开展电气专业图纸设计；当工程包含采暖、空调、通风等，宜开展采暖通风专业图纸设计。

c）初步设计概算书包括编制说明、编制依据、工程总概算表、单项工程概算表和其他费用概算表等。

8.1.2.2　施工图设计

施工图设计文件应根据初步设计文件进行编制，未开展初步设计的根据技术方案进行编制。施工图设计文件应满足编制工程预算、工程施工招标、设备材料采购、非标准设备制作、施工组织计划编制和工程施工的需要。施工图设计文件宜包括施工图设计说明书、施工图设计图纸、工程预算书，并应符合下列规定：

a）施工图设计说明书包括各专业设计说明和工程量表。

b）施工图设计图纸中各专业图纸组成根据 8.1.2.1b）确定。

c）工程预算书包括编制说明、工程设备材料表、工程总预算书、单项工程预算书、单位工程预算书和需要补充的估价表等。

8.1.3　工艺和辅助专业设计

8.1.3.1　工艺专业设计

工艺专业设计根据地下水修复和风险管控技术方案确定的工艺技术路线、工艺参数和工程量等进行编制。地下水修复和风险管控技术主要涉及的工艺技术参数可参见附录 C，具体参数取值宜通过试验、计算或根据经验值确定。工艺专业设计宜包括下列内容：

a）进行设计计算，绘制工艺流程图，设计计算可采用解析法或数值法求解。

b）根据计算结果及工艺流程图细化设计，内容包括各处理单体、井、主要设备及仪表、连接管道等，汇总整理设备、仪表清单和主要材料清单等。

c）根据单体设计结果，进行工艺总平面布置设计，将单体设计和工艺总平面设计互相调整完善。

d）进行工艺管道设计，合理确定管道的位置、敷设和连接方式等，绘制工艺管道布置图。

e）完善设备、仪表清单和主要材料清单等，绘制工艺管道仪表流程图。

f）设计图可包括：工艺流程图，设施设备布置图、井点（如抽出井、注入井、加热井、监测井等）的平面布置图和结构图、药剂配制和地面处理设备图、井和设备等的安装图，工艺总平面布置图、修复和风险管控区平面位置图、工艺管道布置图、工艺管道仪表流程图，可根据工程设计内容合理增减。

g）设计图纸比例设置应使图纸能够清楚表达设计内容，便于装订成册。

8.1.3.2　辅助专业设计

辅助专业设计为工艺专业之外的专业设计，可根据具体地下水修复和风险管控工程设计内容合理增减，辅助专业设计应在工艺专业设计基础上进行，为修复和风险管控工艺专业设计提供支撑。

8.2　工程施工

8.2.1　施工准备

工程施工准备宜包括技术准备、施工现场准备、材料准备、施工机械和施工队伍准备等。根据工程设计图纸，综合考虑现场条件、施工企业情况等，编制施工方案。应特别关注地块的地下管线情况、周边建（构）筑物情况，并根据施工需要关注抽水及排水条件、用水、用电等问题。

8.2.2　施工过程

现场施工过程包括地下水修复和风险管控系统施工安装、调试等，应依据工程设计图纸、施工方案和相关技术规范文件开展。施工过程中做好工程动态控制工作，通过落实安全和质量保证措施、控制工程施工进度和建设安装成本，保证安全、质量、进度、成本等目标的全面实现。施工过程如果出现设计需要变更的情况，经建设、监理单位同意，由设计单位进行设计变更。当地下水修复和风险管控工程施工可能对地下水流场或污染羽造成扰动时，应监测地下水水位、水质，掌握地下水流场和污染羽变化等情况。

8.2.3 环境管理

根据国家和地方环境管理法律法规，结合工程施工工艺特点以及工程周边环境，实施环境管理计划，防范钻探建井、地面处理设备安装、阻隔墙建设等施工过程中造成的地下水、土壤、地表水、环境空气等二次污染。

9 地下水修复和风险管控工程运行及监测

9.1 运行维护

9.1.1 运行维护方案编制

地下水修复和风险管控工程应编制运行维护方案，包括系统运行管理、设备操作、设备维护保养、安全运行管理制度建立、设备检修等内容。当涉及地下水修复药剂、工程控制材料和二次污染物处理药剂及材料等使用时，应包括对药剂和材料进场检测、试验、储存、使用的管理等内容。

9.1.2 运行维护内容

9.1.2.1 对设备设施运行进行记录，包括计量仪器仪表读数、材料使用情况等，记录应及时、准确、完整。

9.1.2.2 对设备设施运行过程中可能产生环境事故的单元进行定期检查。设备设施运行不正常时，及时检修、更换或调整。

9.1.2.3 对设备设施进行维护保养，包括设备清洁、润滑及保养、易损件的更换等。

9.1.2.4 对进场的药剂和材料进行检测、试验、登记，对药剂和材料的储存、使用进行管理。

9.2 运行监测

9.2.1 监测井布设

9.2.1.1 修复监测井布设

9.2.1.1.1 根据地块地质与水文地质条件、地下构筑物情况、地下水污染特征和采用的修复技术，进行修复监测井的布设，设置对照井、内部监测井和控制井，可充分利用地块环境调查设置的监测井。监测井位置、数量应满足污染羽特征刻画、工程运行状况分析的监测要求。

9.2.1.1.2 对照井设置在污染羽地下水流向上游，反映区域地下水质量。内部监测井设置在污染羽内部，反映修复过程中污染羽浓度变化情况，内部监测井可结合污染羽分布情况，按三角形或四边形布设。控制井设置在地下水污染羽边界的位置，设置在污染羽的上游、下游以及垂直于地下水径流方向的污染羽两侧的边界位置。当污染地下水可能影响临近含水层时，应针对该含水层设置监测井，以评估修复工程对该含水层的影响。当周边存在受体时，宜在地下水污染羽边缘和受体之间设置监测井。

9.2.1.1.3 原则上对照井至少设置 1 个，内部监测井至少设置 3～4 个，控制井至少设置 4 个，可根据修复工程特点合理调整。原则上内部监测井设置网格不宜大于 80 m×80 m，存在非水溶性有机物或污染物浓度高的区域，监测井设置网格不宜大于 40 m×40 m。

9.2.1.1.4 当含水层厚度大于 6 m 时，原则上应分层进行采样，可采用多层监测，根据污染物特征、含水层结构等进行合理调整。对于低密度非水溶性有机物污染，监测点应设置在含水层顶部；对于高密度非水溶性有机物污染，监测点应设置在含水层底部和隔水层顶部。针对不同含水层设置监测井时应分层止水。

9.2.1.2 风险管控监测井布设

根据地块地质与水文地质条件、地下水污染特征和采用的风险管控技术，进行风险管控监测井的布设，充分利用地块环境调查设置的监测井，宜在风险管控范围的上游、内部、下游、两侧，以及可能涉及的二次污染区域、风险管控薄弱位置和周边受体位置设置。监测井位置、数量应满足风险管控工程运行状况分析的监测要求。

9.2.2 监测指标

工程运行期间需对地下水水位、水质、注入药剂特征指标、工程性能指标、二次污染物等进行监测，具体包括：

a）地下水水位和水质：包括地下水水位、目标污染物浓度等。

b）注入药剂特征指标：包括药剂浓度以及因药剂注入导致地下水水质变化的参数，如 pH、温度、电导率、总硬度、氧化还原电位、溶解氧等。

c）工程性能指标：取决于使用的工程控制措施的类型，如阻隔墙技术可通过监测墙体地下水流向上游及下游的地下水水位、目标污染物浓度等判断工程控制运行状况。

d）二次污染物：包括施工和运行过程中在地下水、土壤、地表水、环境空气中产生的二次污染物。

9.2.3 监测频次

9.2.3.1 地下水修复工程运行阶段根据目标污染物浓度变化特征分为修复工程运行初期、运行稳定期、运行后期。目标污染物浓度在修复工程运行初期呈变化剧烈或波动情形，在运行稳定期持续下降，在运行后期持续达到或低于修复目标值，或达到修复极限。

9.2.3.2 地下水修复工程的运行初期，宜采用较高的监测频次，运行稳定期及运行后期可适当降低监测频次。工程运行初期原则上监测频次为每半个月一次；运行稳定期原则上监测频次为每月一次；运行后期原则上监测频次为每季度一次，两个批次之间间隔不得少于 1 个月。

9.2.3.3 风险管控工程运行监测频次取决于风险管控措施的类型。采用可渗透反应墙技术时，运行监测频次可参照 9.2.3.2 确定；采用阻隔技术时，原则上监测频次为每季度一次，两个批次之间间隔不得少于 1 个月。

9.2.3.4 当出现修复或风险管控效果低于预期、局部区域修复和风险管控失效、污染扩散等不利情况时，应适当提高监测频次。

9.3 趋势预测

获取工程运行监测数据后应及时进行趋势预测，可对 9.2.2 中全部或部分监测指标进行趋势预测，趋势预测可采用图表、数值模拟或统计学等方法。

9.4 运行状况分析

工程运行状况分析应根据地下水监测数据及趋势预测结果开展，应分析地下水修复和风险管控工程运行阶段的有效性、目标可达性、经济可行性等，判断技术方案、工程设计、施工、运行有无调整和优化的必要。

10 地下水修复和风险管控效果评估

10.1 更新地块概念模型

应根据地块修复和风险管控进度以及掌握的地块信息，对地块概念模型进行实时更新，为开展效果评估提供依据。相关技术要求可参照 HJ 25.5 执行。

10.2 地下水修复效果评估

10.2.1 评估范围

地下水修复效果评估范围应包括地下水修复范围的上游、内部和下游，以及修复可能涉及的二次污染区域。

10.2.2 采样节点

10.2.2.1 需初步判断地下水中污染物浓度稳定达标且地下水流场达到稳定状态时，方可进入地下水修复效果评估阶段。地下水修复效果评估采样节点见图 2。

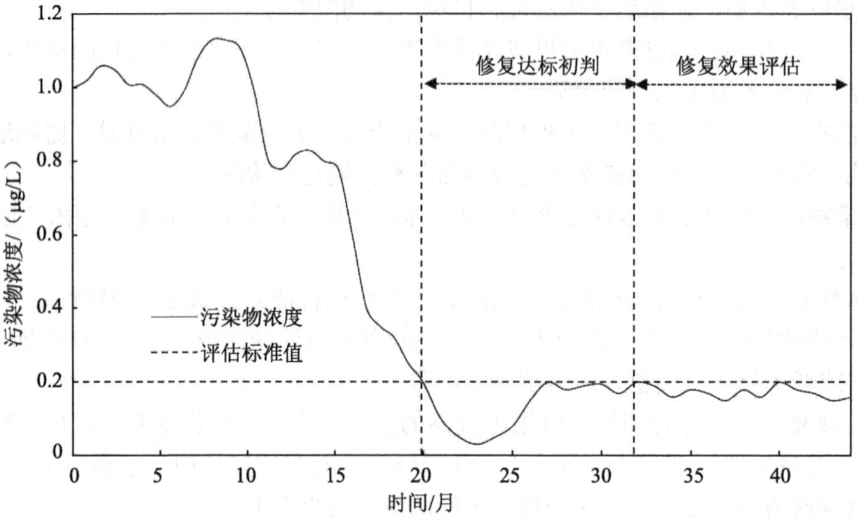

图 2 地下水修复效果评估采样节点示意图

10.2.2.2 原则上采用修复工程运行阶段监测数据进行修复达标初判，至少需要连续 4 个批次的季度监测数据。若地下水中污染物浓度均未检出或低于修复目标值，则初步判断达到修复目标；若部分浓度高于修复目标值，可采用均值检验或趋势检验方法进行修复达标初判，当均值的置信上限（upperconfidencelimit，简称 UCL）低于修复目标值、浓度稳定或持续降低时，则初步判断达到修复目标。均值检验和趋势检验案例参见附录 D。

10.2.2.3 若修复过程未改变地下水流场，则地下水水位、流量、季节变化等与修复开展前应基本相同；若修复过程改变了地下水流场，则需要达到新的稳定状态，地下水流场受周边影响较大等情况除外。

10.2.3 采样持续时间和频次

10.2.3.1 地下水修复效果评估采样频次应根据地块地质与水文地质条件、地下水修复方式确定，如水力梯度、渗透系数、季节变化和其他因素等。

10.2.3.2 修复效果评估阶段应至少采集 8 个批次的样品，采样持续时间至少为 1 年。

10.2.3.3 原则上采样频次为每季度一次，两个批次之间间隔不得少于 1 个月。对于地下水流场变化较大的地块，可适当提高采样频次。

10.2.4 布点数量与位置

10.2.4.1 原则上修复效果评估范围上游应至少设置 1 个监测点，内部应至少设置 3 个监测点，下游应至少设置 2 个监测点。

10.2.4.2 原则上修复效果评估范围内部采样网格不宜大于 80 m×80 m，存在非水溶性有机物或污染物浓度高的区域，采样网格不宜大于 40 m×40 m。

10.2.4.3 地下水采样点应优先设置在修复设施运行薄弱区、地质与水文地质条件不利区域等。

10.2.4.4 可充分利用地块环境调查、工程运行阶段设置的监测井，现有监测井应符合地下水修复效果评估采样条件。

10.2.5 检测指标

10.2.5.1 修复后地下水的检测指标为修复技术方案中确定的目标污染物。

10.2.5.2 化学氧化、化学还原、微生物修复后地下水的检测指标应包括产生的二次污染物，原则上二次污染物指标应根据修复技术方案中的可行性分析结果和地下水修复工程运行监测结果确定。

10.2.5.3 必要时可增加地下水常规指标、修复设施运行参数等作为修复效果评估的依据。

10.2.6 现场采样与实验室检测

修复效果评估现场采样与实验室检测参照 HJ 25.1 和 HJ 25.2 执行。

10.2.7 地下水修复效果评估标准值

10.2.7.1 修复后地下水的评估标准值为地块环境调查或修复技术方案中目标污染物的修复目标值。

10.2.7.2 若修复目标值有变，应结合修复工程实际情况与管理要求调整修复效果评估标准值。

10.2.7.3 化学氧化、化学还原、微生物修复产生的二次污染物的评估标准，原则上应根据修复技术方案中的可行性分析结果确定，也可参照 GB/T 14848 中地下水使用功能对应标准值执行，或根据暴露情景进行风险评估确定，风险评估可参照 HJ 25.3 执行。

10.2.8 地下水修复效果达标判断

10.2.8.1 原则上每口监测井中的检测指标均持续稳定达标，方可认为地下水达到修复效果。若未达到修复效果，应对未达标区域开展补充修复。

10.2.8.2 可采用趋势分析进行持续稳定达标判断：

a）地下水中污染物浓度呈现稳态或者下降趋势，可判断地下水达到修复效果。

b）地下水中污染物浓度呈现上升趋势，则判断地下水未达到修复效果。

10.2.8.3 在 95%的置信水平下，趋势线斜率显著大于 0，说明地下水污染物浓度呈现上升趋势；若趋势线斜率显著小于 0，说明地下水污染物浓度呈现下降趋势；若趋势线斜率与 0 没有显著差异，说明地下水污染物浓度呈现稳态。趋势检验案例参见附录 D。

10.2.8.4 同时满足下列条件的情况下，可判断地下水修复达到极限：

a）地块概念模型清晰，污染羽及其周边监测井可充分反映地下水修复实施情况和客观评估修复效果。

b）至少有 1 年的月度监测数据显示地下水中污染物浓度超过修复目标且保持稳定或无下降趋势。

c）通过概念模型和监测数据可说明现有修复技术继续实施不能达到预期目标的主要原因。

d）现有修复工程设计合理，并在实施过程中得到有效的操作和足够的维护。

e）进一步可行性研究表明不存在适用于本地块的其他修复技术。

10.2.9 残留污染物风险评估

10.2.9.1 对于地下水修复，若目标污染物浓度未达到评估标准，但判断地块地下水已达到修复极限，可在实施风险管控措施的前提下，对残留污染物进行风险评估。

10.2.9.2 残留污染物风险评估包括以下工作内容：

a）更新地块概念模型：掌握修复和风险管控后地块的地质与水文地质条件、污染物空间分布、潜在暴露途径、受体等，考虑风险管控措施设置情况，更新地块概念模型，具体参照 HJ 25.5 执行。

b）分析残留污染物环境风险：地块内非水溶性有机物等已最大限度地被清除，修复停止后至少 1 年且有 8 个批次的监测数据表明污染羽浓度降低或趋于稳定，污染羽范围逐渐缩减，或地下水中污染物存在自然衰减。

c）开展人体健康风险评估：残留污染物人体健康风险评估可参照 HJ 25.3 执行，相关参数根据地块概念模型取值。对于存在挥发性有机污染物的地块，可设置土壤气监测井采集土壤气样品，辅助开展残留污染物风险评估。

10.2.9.3 若残留污染物对环境和受体产生的风险可接受，则认为达到修复效果；若残留污染物对受体和环境产生的风险不可接受，则需对现有风险管控措施进行优化或提出新的风险管控措施。

10.3 地下水风险管控效果评估

10.3.1 采样频次

10.3.1.1 风险管控效果评估一般在工程设施完工 1 年内开展。

10.3.1.2 污染物指标应至少采集 4 个批次的样品，原则上采样频次为每季度一次，两个批次之间间隔不得少于 1 个月。对于地下水流场变化较大的地块，可适当提高采样频次。

10.3.1.3 工程性能指标应按照工程实施评估周期和频次进行评估。

10.3.2 布点数量与位置

10.3.2.1 地下水监测井设置需结合风险管控措施的布置，在风险管控范围上游、内部、下游，以及可能涉及的二次污染区域设置监测点。

10.3.2.2 可充分利用地块环境调查、修复和风险管控实施阶段设置的监测井，现有监测井应符合风险管控效果评估采样条件。

10.3.3 检测指标

10.3.3.1 风险管控效果评估检测指标包括工程性能指标和污染物指标。工程性能指标包括抗压强度、渗透性能、阻隔性能、工程设施连续性与完整性等；污染物指标包括地下水、土壤气和室内空气等环境介质中的目标污染物及其他相关指标。

10.3.3.2 可增加地下水水位、地下水流速、地球化学参数等作为风险管控效果的辅助判断依据。

10.3.4 现场采样与实验室检测

风险管控效果评估现场采样与实验室检测参照 HJ 25.1 和 HJ 25.2 执行。

10.3.5 风险管控效果评估标准

10.3.5.1 风险管控工程性能指标应满足设计要求或不影响预期效果。

10.3.5.2 地块风险管控措施下游地下水中污染物浓度应持续下降，地下水污染扩散得到控制。

10.3.6 评估方法

10.3.6.1 若工程性能指标和污染物指标均达到评估标准，则判断风险管控达到预期效果，可对风险管控措施继续开展运行与维护。

10.3.6.2 若工程性能指标或污染物指标未达到评估标准，则判断风险管控未达到预期效果，应对风险管控措施进行优化或调整。

10.4 效果评估报告编制

效果评估报告应包括地块概况、地下水修复和风险管控实施情况、环境保护措施落实情况、效果评估布点与采样、检测结果分析、效果评估结论及后期环境监管建议等。地下水修复和风险管控效果评估报告可参见附录 E 编制。

11 后期环境监管

11.1 后期环境监管要求

11.1.1 根据修复和风险管控效果评估结论，实施风险管控的地块，原则上应开展后期环境监管。

11.1.2 后期环境监管方式应包括长期环境监测与制度控制。

11.2 长期环境监测

11.2.1 一般通过设置地下水监测井进行周期性地下水样品采集和检测，也可设置土壤气监测井进行土壤气样品采集和检测，监测井位置应优先考虑污染物浓度高的区域、受体所处位置等。

11.2.2　应充分利用地块内符合采样条件的监测井。

11.2.3　长期监测宜1～2年开展一次，可根据实际情况进行调整。

11.3　制度控制

制度控制包括限制地块使用方式、限制地下水利用方式、通知和公告地块潜在风险、制定限制进入或使用条例等方式，多种制度控制方式可同时使用。

附　录　A
（资料性附录）
地下水修复和风险管控技术适用性

技术分类	技术名称	优点	缺点	适用的目标污染物	地块适用性	技术成熟度	效率	成本	时间	环境风险
异位修复	抽出处理技术	对于地下水污染物浓度较高、地下水埋深较大的污染地块具有优势；对污染地下水的早期处理见效快；设备简单，施工方便	不适用于渗透性较差的含水层；对修复区域干扰大；能耗大	适用于多种污染物	适用于渗透性较好的孔隙、裂隙和岩溶含水层，污染范围大、地下水埋深较大的污染地块。也可用于采空区积水	国外已广泛应用，国内已有工程应用	初期高，后期低	初期中等，后期高	周期较长，需要数年到数十年	低
原位修复	微生物修复技术	对环境影响较小	部分地下水环境不适宜微生物生长	适用于易生物降解的有机物	适用于孔隙、裂隙、岩溶含水层	国外已广泛应用，国内已有工程应用	中	低	周期较长，需要数年到数十年	中
原位修复	植物修复技术	施工方便，对环境影响较小	效果受地下水埋深、污染物性质和浓度影响较大；需考虑植物的后续处理	适用于重金属和特定的有机物	适用于地下水埋深较浅的污染地块	实际工程应用较少	低	中	周期较长，需要数年到数十年	低
原位修复	地下水曝气技术	对修复地块干扰小；设备简单，施工方便	不适用于非挥发性的污染物；可能导致地下水中污染扩散；气体可能会迁移和释放到地表，造成二次污染	适用于苯系物和氯代烃等	适用于具有较大厚度和埋深的含水层	国外已广泛应用，国内已有工程应用	中	中	周期较短，需要数月到数年	中
原位修复	化学氧化技术	反应速度快，修复时间短	地块水文地质条件可能会限制化学物质的传输；受腐殖酸含量、还原性金属含量、土壤渗透性、pH变化影响较大	适用于石油烃、酚类、甲基叔丁基醚、氯代烃、多环芳烃和农药等	适用于渗透性较好的孔隙、裂隙和岩溶含水层	国外已广泛应用，国内已有工程应用	高	高	周期较短，需要数月到数年	高

技术分类	技术名称	优点	缺点	适用的目标污染物	地块适用性	技术成熟度	效率	成本	时间	环境风险
原位修复	化学还原技术	反应速度快，修复时间短	地块水文地质条件可能会限制化学物质的传输；一些含氯有机污染物的降解产物有一定的毒性；部分污染物的还原效果不稳定	适用于重金属和氯代烃等	适用于渗透性较好的孔隙、裂隙和岩溶含水层	国外已广泛应用，国内已有工程应用	高	高	周期较短，需要数月到数年	高
原位修复	双/多相抽提技术	可处理易挥发、易流动的非水溶性液体	效果受地块水文地质条件和污染物分布影响较大；需要对抽提出的气体和液体进行后续处理	适用于石油烃和氯代烃等	不适用于渗透性差或者地下水水位变动较大的地块	国外已广泛应用，国内已有工程应用	高	高	周期较短，需要数月到数年	中
原位修复	热处理技术	修复时间短、修复效率高	设备及运行成本较高，施工及运行专业化程度要求高	适用于石油烃和氯代烃等	适用于低渗透性的孔隙、裂隙含水层	国外已广泛应用，国内已有工程应用	高	高	周期较短，需要数月到数年	中
原位修复	电动修复技术	对修复地块干扰小	易出现活化极化、电阻极化和浓差极化等情况，降低修复效率	适用于重金属、石油烃和高密度非水溶性有机物等	适用于低渗透性的孔隙含水层	工程应用较少	高	高	周期较短，需要数月到数年	低
原位修复	监测自然衰减技术	费用低，对环境影响较小	需要较长监测时间	适用于易降解的有机物	适用于污染程度较低、污染物自然衰减能力较强的孔隙、裂隙和岩溶含水层	国外已广泛应用	低	低	周期较长，需要数年或更长时间	低
风险管控	阻隔技术	施工方便，使用的材料较为普遍，可有效将污染物阻隔在特定区域	阻隔效果受地下水中pH，污染物类型、活性、分布，墙体的深度、长度、宽度，地块水文地质条件等影响	适用于“三氮”、重金属和持久性有机污染物	适用于地下水埋深较浅的孔隙、岩溶和裂隙含水层	国外已广泛应用，国内已有工程应用	高	低	周期较长，需要数年或更长时间	低
风险管控	制度控制	费用低，环境影响小	存在地下水污染扩散风险；时间较长	适用于多种污染物	适用于需减少或阻止人群对地下水中污染物暴露的地块，孔隙、裂隙和岩溶含水层均适用	国外已广泛应用，国内已有应用	低	低	周期较长，需要数年或更长时间	低
风险管控	可渗透反应墙技术	反应介质消耗较慢，具备几年甚至几十年的处理能力	可渗透反应墙填料需要适时更换；需要对地下水的pH等进行控制；可能存在二次污染	适用于石油烃、氯代烃和重金属等	适用于渗透性较好的孔隙、裂隙和岩溶含水层	国外已广泛应用，国内已有工程应用	中	中	周期较长，需要数年到数十年	中

附 录 B
（资料性附录）
地下水修复和风险管控技术方案编制提纲

1 总论
  1.1 任务由来
  1.2 编制依据
  1.3 编制内容
2 地块问题识别
  2.1 地块基本信息
  2.2 地块地下水污染现状
  2.3 风险评估
3 地下水修复和风险管控模式选择
  3.1 确认地块条件
  3.2 更新地块概念模型
  3.3 确定地下水修复和风险管控目标
  3.4 确定地下水修复和风险管控模式
4 地下水修复和风险管控技术筛选
  4.1 技术初步筛选
  4.2 技术可行性分析
  4.3 技术综合评估
5 地下水修复和风险管控技术方案制定
  5.1 技术路线
  5.2 工艺参数
  5.3 工程量估算
  5.4 费用和周期估算
  5.5 方案比选
6 环境管理计划
  6.1 环境影响分析
  6.2 二次污染防治措施
  6.3 环境监测计划
  6.4 环境应急安全计划
7 成本效益分析
  7.1 修复和风险管控费用
  7.2 环境效益、经济效益和社会效益
8 施工进度安排
9 结论

附 录 C

（资料性附录）

地下水修复和风险管控主要涉及的工艺技术参数

技术分类	技术名称	抽出井结构	注入井/加热井/电极结构	监测井结构	抽出/注入/加热影响半径	修复药剂投加比	抽出水量/水处理量	抽出气量/尾气处理量	抽出负压	注入药剂量	注入气量	注入压力	反应时间/降解速率	活性炭用量	污泥产量	目标温度	系统功率	墙体几何参数	墙体材料配比	墙体渗透性
异位修复	抽出处理技术	√	※	√	√	×	√	×	※	※	×	※	√	※	※	×	※	×	×	×
原位修复	微生物修复技术	×	√	√	√	√	×	×	×	√	※	√	√	×	×	×	×	×	×	×
原位修复	植物修复技术	×	×	√	×	×	×	×	×	×	×	×	√	×	×	×	×	×	×	×
原位修复	地下水曝气技术	※	√	√	√	×	※	※	※	×	√	√	√	※	※	×	※	×	×	×
原位修复	化学氧化技术	×	√	√	√	√	×	×	×	√	×	√	√	×	×	×	※	×	×	×
原位修复	化学还原技术	×	√	√	√	√	×	×	×	√	×	√	√	×	×	×	※	×	×	×
原位修复	双/多相抽提技术	√	※	√	√	×	√	※	√	×	×	×	√	※	※	×	※	×	×	×
原位修复	热处理技术	√	√	√	√	×	√	√	√	×	×	×	√	※	※	√	√	×	×	×
原位修复	电动修复技术	√	√	√	√	×	√	×	※	×	×	×	√	※	※	×	√	×	×	×
原位修复	监测自然衰减技术	×	×	√	×	×	×	×	×	×	×	×	√	×	×	×	×	×	×	×
风险管控	阻隔技术	×	×	√	×	×	×	×	×	×	×	×	※	×	×	×	×	√	√	√
风险管控	可渗透反应墙技术	×	×	√	×	※	×	×	×	×	×	×	√	※	×	×	×	√	√	√

注：√需要，※可能需要，×不需要。

附 录 D
（资料性附录）
均值检验和趋势检验案例

案例地块为地下水修复地块，目标污染物为三氯乙烯（TCE）、1,2-二氯乙烯（DCE）和氯乙烯（VC），地下水中污染物浓度数据见表 D.1，修复过程污染物浓度变化见图 D.1。

表 D.1 地下水中污染物浓度

阶段	三氯乙烯（TCE）		1,2-二氯乙烯（DCE）		氯乙烯（VC）	
	样品编号	浓度/（μg/L）	样品编号	浓度/（μg/L）	样品编号	浓度/（μg/L）
修复达标初判	1	30	1	48.15	1	93
	2	37	2	48.21	2	82
	3	49	3	48.41	3	52
	4	52	4	48.82	4	19
	5	56	5	49.1	5	6.1
	6	64	6	49.3	6	4.2
	7	60	7	50.1	7	2.8
	8	58	8	49.7	8	1.8
修复效果评估	9	48	9	49.8	9	4.3
	10	42	10	49.9	10	6.1
	11	28	11	49.8	11	4.6
	12	27	12	49.7	12	4.5
	13	14	13	49.7	13	5.3
	14	12	14	49.6	14	3.9
	15	11	15	49.6	15	3.3
	16	10	16	49	16	2.1
					17	1.4
					18	0.85

（1）修复达标初判

根据图 D.1 中修复达标初判阶段（第 1 次～第 8 次）数据，结果表明：

a）三氯乙烯（TCE）浓度一直小于修复目标值，即可初步判断 TCE 达到修复目标。

b）1,2-二氯乙烯（DCE）浓度在修复目标值附近波动，在这种情况下，运用均值检验来评估最终是否达标；运用第 1 次～第 8 次数据计算得到 DCE 浓度均值的置信上限（UCL）为 49.45 μg/L，低于目标值 50 μg/L，表明 DCE 达到修复目标值。

c）氯乙烯（VC）浓度迅速达到修复目标值，最后 3 个时间的数据均小于修复目标值，但是第 9 次数据显示浓度有升高的趋势，因此需要运用趋势分析判断是否达到修复目标。根据图 D.2 运用第 1 次～第 8 次数据分析得到的趋势线，证明 VC 达到修复目标值。

综合上述分析，可以初步判断案例地块地下水中污染物达到修复目标，可进入到修复效果评估阶段。

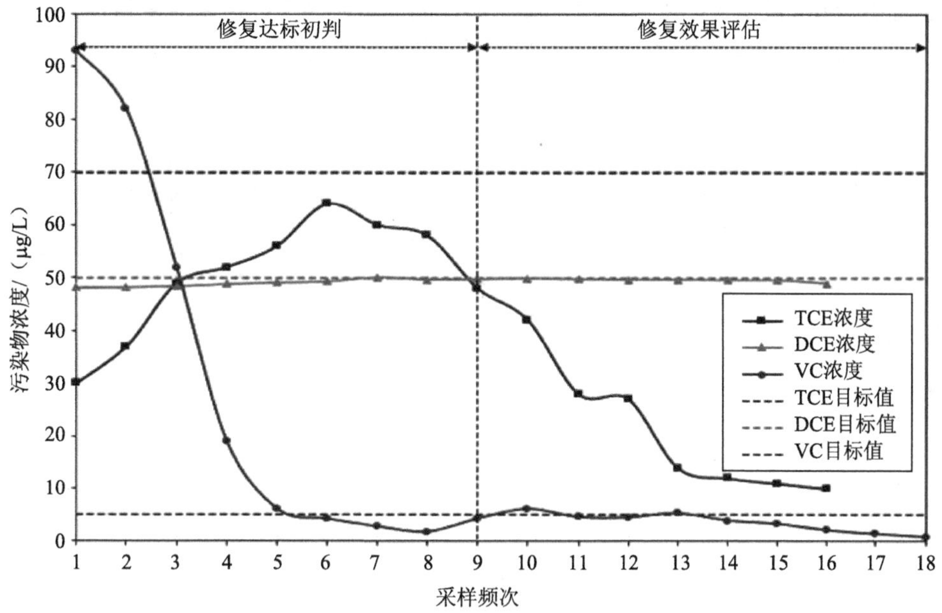

图 D.1 修复过程污染物浓度变化

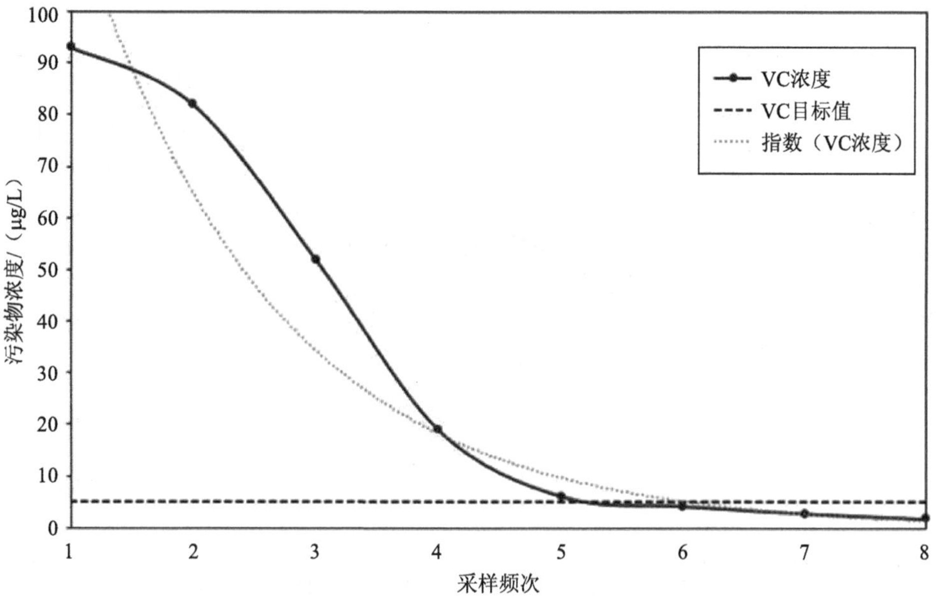

图 D.2 氯乙烯（VC）修复达标初判阶段浓度趋势分析

（2）修复效果评估阶段

根据图 D.1 中修复效果评估阶段（第 9 次～第 18 次）数据，结果表明：

a）三氯乙烯（TCE）浓度均低于修复目标值，且浓度降低趋势较为明显，因此可判断 TCE 达到修复目标值。

b）1,2-二氯乙烯（DCE）浓度中 8 个时间点数据均低于目标值 50 μg/L，浓度较为稳定。运用数据 9～16 进行分析，计算得到 DCE 浓度均值的 UCL 为 49.82 μg/L，低于修复目标值；图 D.3 趋势分析结果显示趋势线斜率显著小于 0，说明 DCE 浓度呈现下降趋势，因此可判断 DCE 达到修复目标值。

c）氯乙烯（VC）浓度中 2 个时间点数据高于目标值 5 μg/L，其他数据均低于目标值，运用数据 9～18 进行分析，计算得到 VC 浓度均值的 UCL 为 4.62 μg/L，低于修复目标值；图 D.4 趋势分析结果显示趋势线斜率显著小于 0，说明 VC 浓度呈现下降趋势，因此可判断 VC 达到修复目标值。

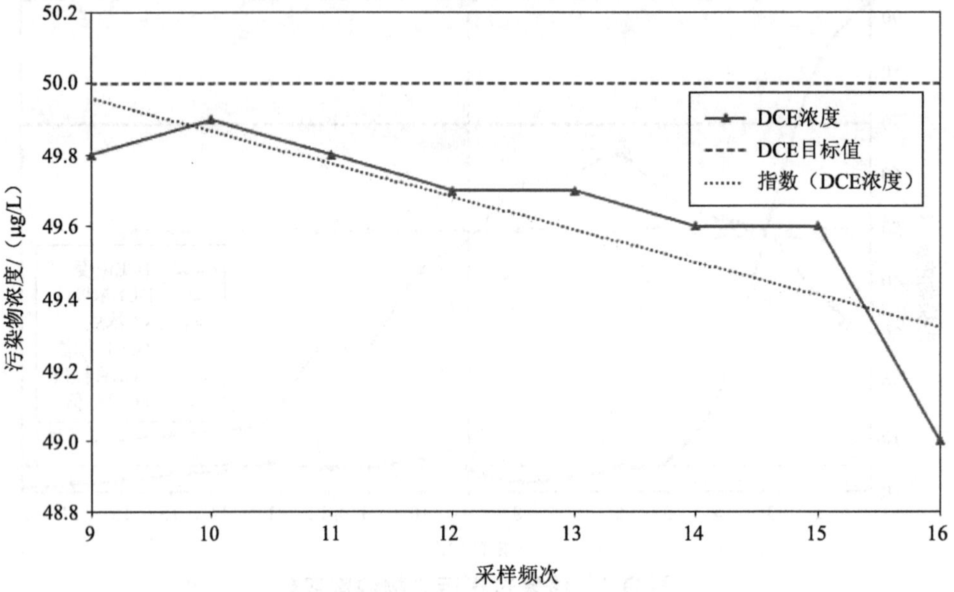

图 D.3 1,2-二氯乙烯（DCE）效果评估阶段浓度趋势分析

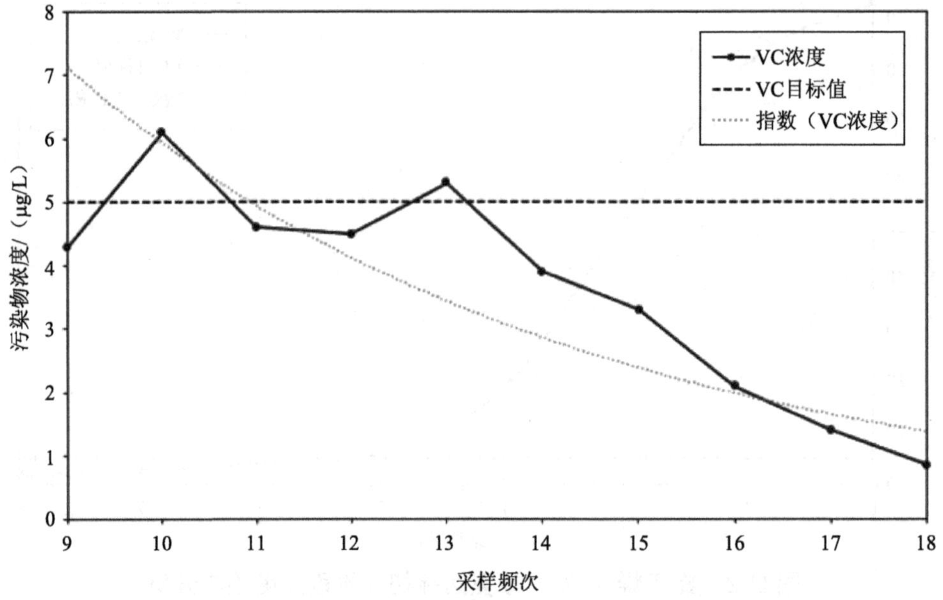

图 D.4 氯乙烯（VC）效果评估阶段浓度趋势分析

附 录 E
（资料性附录）
地下水修复和风险管控效果评估报告编制提纲

1 项目背景

简要描述污染地块基本信息，调查评估及修复和风险管控的时间节点与概况、相关批复情况等。

2 工作依据

2.1 法律法规

2.2 标准规范

2.3 项目文件

3 地块概况

3.1 地块调查评价结论

3.2 修复和风险管控技术方案

3.3 修复和风险管控实施情况

3.4 环境保护措施落实情况

4 地块概念模型

4.1 资料回顾

4.2 现场踏勘

4.3 人员访谈

4.4 地块概念模型

5 布点与采样方案

5.1 评估范围

5.2 采样节点和频次

5.3 布点数量与位置

5.4 检测指标

5.5 评估标准值

6 现场采样与实验室检测

6.1 样品采集

6.2 实验室检测

7 效果评估

7.1 检测结果分析

7.2 修复和风险管控效果评估

8 结论和建议

8.1 效果评估结论

8.2 后期环境监管建议

/ 重点行业生态环境标准汇编系列丛书 /

ZHONGDIAN HANGYE SHENGTAI HUANJING BIAOZHUN HUIBIAN XILIE CONGSHU

生态环境标准汇编——石化工业（下册）

SHENGTAI HUANJING BIAOZHUN HUIBIAN

SHIHUA GONGYE（XIACE）

Petrochemical

生态环境部法规与标准司
编
生态环境部环境标准研究所

中国环境出版集团 · 北京

图书在版编目（CIP）数据

生态环境标准汇编. 石化工业. 下册 / 生态环境部法规与标准司，生态环境部环境标准研究所编. -- 北京 : 中国环境出版集团，2024. 8. --（重点行业生态环境标准汇编系列丛书）. -- ISBN 978-7-5111-5925-0

Ⅰ. X7-65

中国国家版本馆CIP数据核字第20245U75C5号

责任编辑 孙 莉
封面设计 岳 帅

出版发行 中国环境出版集团
（100062 北京市东城区广渠门内大街 16 号）
网　　址：http：//www.cesp.com.cn
电子邮箱：bjgl@cesp.com.cn
联系电话：010-67112765（编辑管理部）
发行热线：010-67125803，010-67113405（传真）

印　　刷 北京中科印刷有限公司
经　　销 各地新华书店
版　　次 2024 年 8 月第 1 版
印　　次 2024 年 8 月第 1 次印刷
开　　本 880×1230　1/16
印　　张 92.75
字　　数 2826 千字
定　　价 385.00 元（全 2 册）

丛书编委会

主　编

赵　柯

编　委

王开宇　王泽林　段光明　陈　胜

李明霞　陈　婧　王海燕　张国宁

本书编写组

总体组

朱 静　刘丽颖　王 晟　王延红

分领域编写组

水与海洋领域生态环境标准

刘 琰　蔡木林　杨占红　武亚凤

大气、声与应对气候变化领域生态环境标准

王宗爽　江 梅　郭 敏　徐 舒

土壤、地下水与固体废物领域生态环境标准

于家琳　李艾阳　胡雨晴

生态环境监测标准

余若祯　裴淑玮　李旭华　张 虞　董 骞　雷 晶　曹 宇

序言

Preface

1973年11月发布的《工业“三废”排放试行标准》(GBJ 4—73)，是第一次全国环境保护会议的重要成果。从那时起，生态环境标准就成为我国生态环境保护各个阶段管理理念的具体工具和行动抓手，在推进生态文明建设、实现美丽中国建设目标的征程中发挥了重要的技术引领和基础支撑作用。经过50多年的发展，我国已经建成“两级六类”的生态环境标准体系。截至2023年12月31日，共累计发布国家生态环境标准2 925项，其中现行标准2 396项；累计依法备案地方标准352项，现行标准249项。同时，随着标准体系规模的扩大，能否正确理解和运用相互衔接配套的标准成为影响标准实施效果的重要因素。

习近平总书记指出：“要坚持系统观念，抓住主要矛盾和矛盾的主要方面，对突出生态环境问题采取有力措施，同时强化目标协同、多污染物控制协同、部门协同、区域协同、政策协同，不断增强各项工作的系统性、整体性、协同性。”加强生态环境标准的综合运用能力，解决复杂生态环境问题，需要各行业、各领域全面、准确地落实相关标准要求，尤其是重点行业要围绕实施污染物排放标准，同步推进相关衔接配套标准的实施。

为推动相关行业企业、监管机构、研究单位更加系统、全面、准确地理解和运用生态环境标准，生态环境部法规与标准司、生态环境部环境标准研究所编写了“重点行业生态环境标准汇编系列丛书”，针对重点行业适用的污染物排放标准，以及相关监测、环境影响评价、排污许可、可行性技术等标准及修改单进行了汇总。

石化工业是生态环境重点管理行业之一。《生态环境标准汇编——石化工业》收录了当前现行有效的石化工业生态环境标准248项，涵盖了石化工业多个方面生态环境保护要求。希望丛书的出版能够为相关单位和人员提供实用资料，推动标准有效实施，助力生态环境保护实践工作。

编　者

2023年11月

目　录

Contents

上　册

第一部分　污染物排放

第二部分　土壤、地下水

下　册

第三部分　固定源环境影响评价与排放管理

一、环境影响评价技术导则

二、排污许可证申请与核发技术规范

三、污染源源强核算技术指南

四、建设项目竣工环境保护设施验收技术规范

第四部分　生态环境技术类

一、污染防治技术政策

二、清洁生产/循环经济相关标准

三、环境保护工程技术规范

第五部分　生态环境监测

第六部分　其他

第三部分

固定源环境影响评价与排放管理

一、环境影响评价技术导则

HJ

中华人民共和国国家环境保护标准

HJ 130—2019

代替 HJ 130—2014

规划环境影响评价技术导则
总纲

Technical guideline for planning environmental impact assessment

—General principles

2019-12-13 发布　　　　2020-03-01 实施

生　态　环　境　部　发布

前　言

为贯彻《中华人民共和国环境保护法》《中华人民共和国环境影响评价法》《规划环境影响评价条例》，规范和指导规划环境影响评价工作，从决策源头预防环境污染和生态破坏，促进经济、社会和环境的全面协调可持续发展，制定本标准。

本标准规定了规划环境影响评价的一般性原则、工作程序、内容、方法和要求。

本标准是对《规划环境影响评价技术导则 总纲》（HJ 130—2014）的修订，与原标准相比，进一步提高了可操作性，新增了与“生态保护红线、环境质量底线、资源利用上线和生态环境准入清单”（以下简称“三线一单”）工作的衔接，加强了规划环评对建设项目环评的指导，主要修改内容如下：

——增加了生态空间、生态保护红线、环境质量底线、资源利用上线、生态环境准入清单和环境管控单元等术语和定义，完善了环境敏感区、重点生态功能区术语和定义。

——总则章节，修改了评价目的相关表述，进一步突出了以改善环境质量为核心的要求；将评价流程分为工作流程和技术流程，其中将工作流程内容要求调整到附录 A，增加了技术流程图。

——规划分析章节，删除了规划不确定性分析的内容，在环境影响预测与评价章节增加了预测情景设置的内容和要求。

——环境现状调查与评价章节，增加了分析区域“三线一单”的相关内容和要求，进一步完善明确了环境现状调查相关要求，将具体调查内容调整到附录 C。

——环境影响预测与评价章节，强化了结合情景方案开展预测与评价的要求，完善了水环境、大气环境等要素评价内容，明确要求分析规划实施后能否满足生态保护红线、环境质量底线、资源利用上线。

——规划方案综合论证和优化调整建议章节，明确了基于生态保护红线、环境质量底线、资源利用上线的规划方案环境合理性论证要求；调整了规划可持续发展论证的表述，增加了环境效益论证的内容和要求。

——环境影响减缓措施章节，增加了环境管控要求等内容，针对产业园区等规划，补充了生态环境准入清单的内容要求（附录 E）。

——增加了规划所包含建设项目环评要求章节，明确规定了规划所包含建设项目环评应重点关注和可简化的内容。

——跟踪评价章节，进一步明确了跟踪评价计划的主要内容。

——环境影响评价文件的编制要求章节，增加了规划环境影响评价文件中图件格式和内容要求。

自本标准实施之日起，《规划环境影响评价技术导则 总纲》（HJ 130—2014）废止。

本标准由生态环境部会同国务院有关部门组织制订。

本标准主要起草单位：生态环境部环境工程评估中心、北京师范大学。

本标准生态环境部 2019 年 12 月 13 日批准。

本标准自 2020 年 3 月 1 日起实施。

本标准由生态环境部解释。

规划环境影响评价技术导则 总纲

1 适用范围

本标准规定了开展规划环境影响评价的一般性原则、工作程序、内容、方法和要求。

本标准适用于国务院有关部门、设区的市级以上地方人民政府及其有关部门组织编制的土地利用的有关规划，区域、流域、海域的建设、开发利用规划，以及工业、农业、畜牧业、林业、能源、水利、交通、城市建设、旅游、自然资源开发的有关专项规划的环境影响评价。其他规划的环境影响评价可参照执行。

各综合性规划、专项规划环境影响评价技术导则和技术规范等应根据本标准制（修）订。

2 规范性引用文件

本标准引用了下列文件或其中的条款。凡是不注日期的引用文件，其有效版本适用于本标准。

HJ 2.2 环境影响评价技术导则 大气环境

HJ 2.3 环境影响评价技术导则 地表水环境

HJ 2.4 环境影响评价技术导则 声环境

HJ 19 环境影响评价技术导则 生态影响

HJ 169 建设项目环境风险评价技术导则

HJ 610 环境影响评价技术导则 地下水环境

HJ 623 区域生物多样性评价标准

HJ 964 环境影响评价技术导则 土壤环境（试行）

3 术语和定义

下列术语和定义适用于本标准。

3.1

环境目标 environmental goals

指为保护和改善生态环境而设定的、拟在相应规划期限内达到的环境质量、生态功能和其他与生态环境保护相关的目标和要求，是规划编制和实施应满足的生态环境保护总体要求。

3.2

生态空间 ecological space

指具有自然属性、以提供生态服务或生态产品为主体功能的国土空间，包括森林、草原、湿地、河流、湖泊、滩涂、岸线、海洋、荒地、荒漠、戈壁、冰川、高山冻原、无居民海岛等区域，是保障区域生态系统稳定性、完整性，提供生态服务功能的主要区域。

3.3

生态保护红线 ecological conservation redline

指在生态空间范围内具有特殊重要生态功能、必须强制性严格保护的区域，是保障和维护国家生态安全的底线和生命线，通常包括具有重要水源涵养、生物多样性维护、水土保持、防风固沙、海岸生态稳定等功能的生态功能重要区域，以及水土流失、土地沙化、石漠化、盐渍化等生态环境敏感脆弱区域。

3.4

环境质量底线　environmental quality bottom line

指按照水、大气、土壤环境质量不断优化的原则，结合环境质量现状和相关规划、功能区划要求，考虑环境质量改善潜力，确定的分区域分阶段环境质量目标及相应的环境管控、污染物排放控制等要求。

3.5

资源利用上线　resource utilization upper limit line

以保障生态安全和改善环境质量为目的，结合自然资源开发管控，提出的分区域分阶段的资源开发利用总量、强度、效率等管控要求。

3.6

环境敏感区　environmental sensitive area

指依法设立的各级各类保护区域和对规划实施产生的环境影响特别敏感的区域，主要包括生态保护红线范围内或者其外的下列区域：

a）自然保护区、风景名胜区、世界文化和自然遗产地、海洋特别保护区、饮用水水源保护区；

b）永久基本农田、基本草原、森林公园、地质公园、重要湿地、天然林、野生动物重要栖息地、重点保护野生植物生长繁殖地、重要水生生物自然产卵场、索饵场、越冬场和洄游通道、天然渔场、水土流失重点预防区、沙化土地封禁保护区、封闭及半封闭海域；

c）以居住、医疗卫生、文化教育、科研、行政办公等为主要功能的区域，以及文物保护单位。

3.7

重点生态功能区　key ecological function area

指生态系统脆弱或生态功能重要，需要在国土空间开发中限制进行大规模高强度工业化城镇化开发，以保持并提高生态产品供给能力的区域。

3.8

生态系统完整性　ecosystem integrity

指自然生态系统通过其组织、结构、关系等应对外来干扰并维持自身状态稳定性和生产能力的功能水平。

3.9

环境管控单元　environmental control unit

指集成生态保护红线及生态空间、环境质量底线、资源利用上线的管控区域。

3.10

生态环境准入清单　list for eco-environmental permits

指基于环境管控单元，统筹考虑生态保护红线、环境质量底线、资源利用上线的管控要求，以清单形式提出的空间布局、污染物排放、环境风险防控、资源开发利用等方面生态环境准入要求。

3.11

跟踪评价　follow-up evaluation

指规划编制机关在规划的实施过程中，对已经和正在产生的环境影响进行监测、分析和评价的过程，用以检验规划实施的实际环境影响以及不良环境影响减缓措施的有效性，并根据评价结果，提出完善环境管理方案，或者对正在实施的规划方案进行修订。

4　总则

4.1　评价目的

以改善环境质量和保障生态安全为目标，论证规划方案的生态环境合理性和环境效益，提出规划优化调整建议；明确不良生态环境影响的减缓措施，提出生态环境保护建议和管控要求，为规划决策和规划实施过程中的生态环境管理提供依据。

4.2 评价原则

4.2.1 早期介入、过程互动

评价应在规划编制的早期阶段介入，在规划前期研究和方案编制、论证、审定等关键环节和过程中充分互动，不断优化规划方案，提高环境合理性。

4.2.2 统筹衔接、分类指导

评价工作应突出不同类型、不同层级规划及其环境影响特点，充分衔接“三线一单”成果，分类指导规划所包含建设项目的布局和生态环境准入。

4.2.3 客观评价、结论科学

依据现有知识水平和技术条件对规划实施可能产生的不良环境影响的范围和程度进行客观分析，评价方法应成熟可靠，数据资料应完整可信，结论建议应具体明确且具有可操作性。

4.3 评价范围

4.3.1 按照规划实施的时间维度和可能影响的空间尺度来界定评价范围。

4.3.2 时间维度上，应包括整个规划期，并根据规划方案的内容、年限等选择评价的重点时段。

4.3.3 空间尺度上，应包括规划空间范围以及可能受到规划实施影响的周边区域。周边区域确定应考虑各环境要素评价范围，兼顾区域流域污染物传输扩散特征、生态系统完整性和行政边界。

4.4 评价流程

4.4.1 工作流程

规划环境影响评价的一般工作流程见附录 A。

4.4.2 技术流程

规划环境影响评价的技术流程见图 1。

4.5 评价方法

规划环境影响评价各工作环节常用方法参见附录 B。开展具体评价工作时可根据需要选用，也可选用其他已广泛应用、可验证的技术方法。

5 规划分析

5.1 基本要求

规划分析包括规划概述和规划协调性分析。规划概述应明确可能对生态环境造成影响的规划内容；规划协调性分析应明确规划与相关法律、法规、政策的相符性，以及规划在空间布局、资源保护与利用、生态环境保护等方面的冲突和矛盾。

5.2 规划概述

介绍规划编制背景和定位，结合图、表梳理分析规划的空间范围和布局，规划不同阶段目标、发展规模、布局、结构（包括产业结构、能源结构、资源利用结构等）、建设时序，配套基础设施等可能对生态环境造成影响的规划内容，梳理规划的环境目标、环境污染治理要求、环保基础设施建设、生态保护与建设等方面的内容。如规划方案包含的具体建设项目有明确的规划内容，应说明其建设时段、内容、规模、选址等。

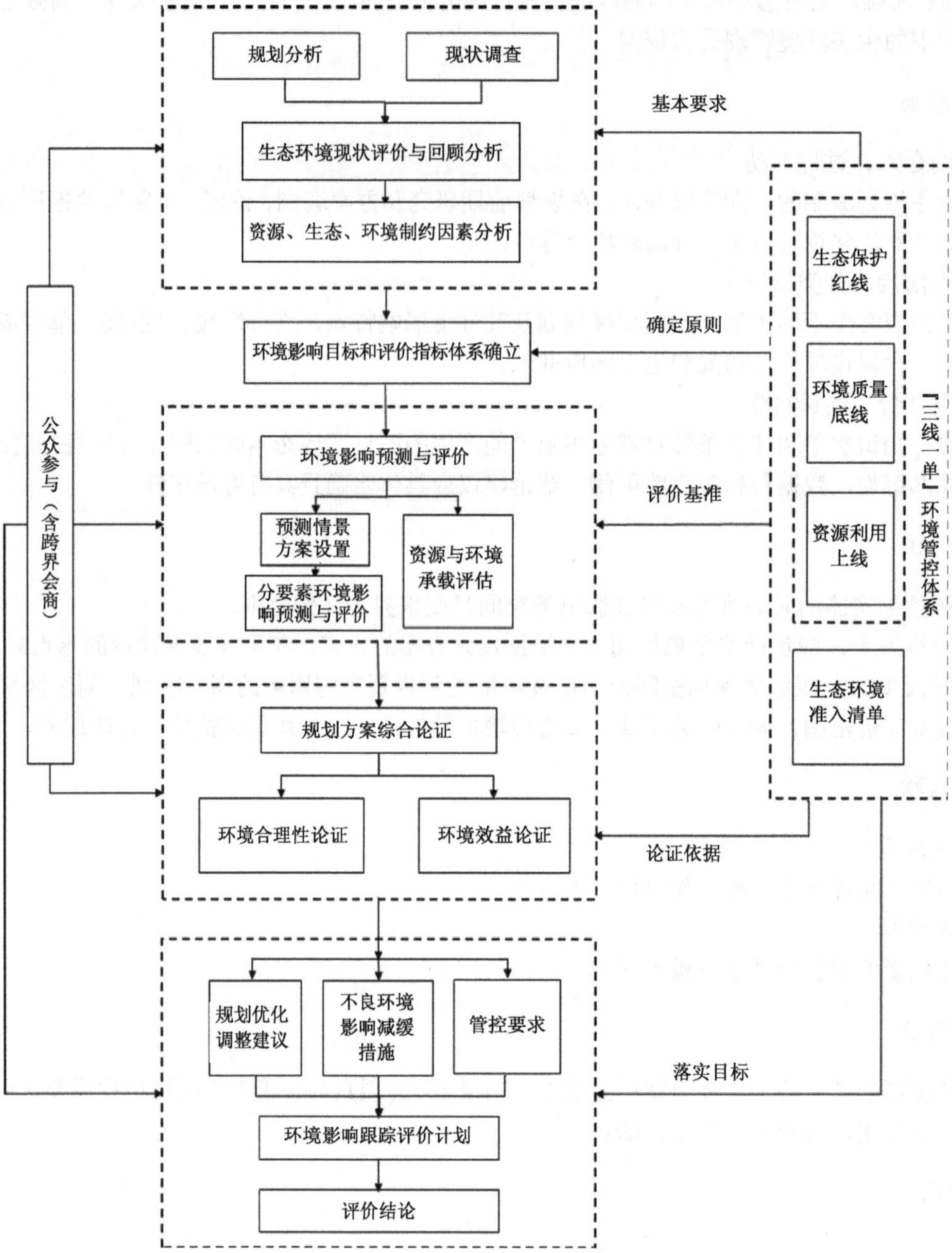

注：编写规划环境影响篇章或说明的技术流程可参照图 1 执行。

图 1　规划环境影响评价技术流程图

5.3　规划协调性分析

5.3.1　筛选出与本规划相关的生态环境保护法律法规、环境经济政策、环境技术政策、资源利用和产业政策，分析本规划与其相关要求的符合性。

5.3.2　分析规划规模、布局、结构等规划内容与上层位规划、区域"三线一单"管控要求、战略或规划环评成果的符合性，识别并明确在空间布局以及资源保护与利用、生态环境保护等方面的冲突和矛盾。

5.3.3　筛选出在评价范围内与本规划同层位的自然资源开发利用或生态环境保护相关规划，分析与同层位规划在关键资源利用和生态环境保护等方面的协调性，明确规划与同层位规划间的冲突和矛盾。

6 现状调查与评价

6.1 基本要求

开展资源利用和生态环境现状调查、环境影响回顾性分析，明确评价区域资源利用水平和生态功能、环境质量现状、污染物排放状况，分析主要生态环境问题及成因，梳理规划实施的资源、生态、环境制约因素。

6.2 现状调查

6.2.1 调查应包括自然地理状况、环境质量现状、生态状况及生态功能、环境敏感区和重点生态功能区、资源利用现状、社会经济概况、环保基础设施建设及运行情况等内容。实际工作中应根据规划环境影响特点和区域生态环境保护要求，从附录C中选择相应内容开展调查和资料收集，并附相应图件。

6.2.2 现状调查应立足于收集和利用评价范围内已有的常规现状资料，并说明资料来源和有效性。有常规监测资料的区域，资料原则上包括近5年或更长时间段资料，能够说明各项调查内容的现状和变化趋势。对其中的环境监测数据，应给出监测点位名称、监测点位分布图、监测因子、监测时段、监测频次及监测周期等，分析说明监测点位的代表性。

6.2.3 当已有资料不能满足评价要求，或评价范围内有需要特别保护的环境敏感区时，可利用相关研究成果，必要时进行补充调查或监测，补充调查样点或监测点位应具有针对性和代表性。

6.3 现状评价与回顾性分析

6.3.1 资源利用现状评价

明确与规划实施相关的自然资源、能源种类，结合区域资源禀赋及其合理利用水平或上线要求，分析区域水资源、土地资源、能源等各类资源利用的现状水平和变化趋势。

6.3.2 环境与生态现状评价

a）结合各类环境功能区划及其目标质量要求，评价区域水、大气、土壤、声等环境要素的质量现状和演变趋势，明确主要和特征污染因子，并分析其主要来源；分析区域环境质量达标情况、主要环境敏感区保护等方面存在的问题及成因，明确需解决的主要环境问题。

b）结合区域生态系统的结构与功能状况，评价生态系统的重要性和敏感性，分析生态状况和演变趋势及驱动因子。当评价区域涉及环境敏感区和重点生态功能区时，应分析其生态现状、保护现状和存在的问题等；当评价区域涉及受保护的关键物种时，应分析该物种种群与重要生境的保护现状和存在问题。明确需解决的主要生态保护和修复问题。

6.3.3 环境影响回顾性分析

结合上一轮规划实施情况或区域发展历程，分析区域生态环境演变趋势和现状生态环境问题与上一轮规划实施或发展历程的关系，调查分析上一轮规划环评及审查意见落实情况和环境保护措施的效果。提出本次评价应重点关注的生态环境问题及解决途径。

6.4 制约因素分析

分析评价区域资源利用水平、生态状况、环境质量等现状与区域资源利用上线、生态保护红线、环境质量底线等管控要求间的关系，明确提出规划实施的资源、生态、环境制约因素。

7 环境影响识别与评价指标体系构建

7.1 基本要求

识别规划实施可能产生的资源、生态、环境影响，初步判断影响的性质、范围和程度，确定评价重点，明确环境目标，建立评价的指标体系。

7.2 环境影响识别

7.2.1 根据规划方案的内容、年限，识别和分析评价期内规划实施对资源、生态、环境造成影响的途径、方式，以及影响的性质、范围和程度。识别规划实施可能产生的主要生态环境影响和风险。

7.2.2 对于可能产生具有易生物蓄积、长期接触对人群和生物产生危害作用的无机和有机污染物、放射性污染物、微生物等的规划，还应识别规划实施产生的污染物与人体接触的途径以及可能造成的人群健康风险。

7.2.3 对资源、生态、环境要素的重大不良影响，可从规划实施是否导致区域环境质量下降和生态功能丧失、资源利用冲突加剧、人居环境明显恶化等三个方面进行分析与判断，具体判断标准详见附录 D。

7.2.4 通过环境影响识别，筛选出受规划实施影响显著的资源、生态、环境要素，作为环境影响预测与评价的重点。

7.3 环境目标与评价指标确定

7.3.1 确定环境目标。分析国家和区域可持续发展战略、生态环境保护法规与政策、资源利用法规与政策等的目标及要求，重点依据评价范围涉及的生态环境保护规划、生态建设规划以及其他相关生态环境保护管理规定，结合规划协调性分析结论，衔接区域“三线一单”成果，设定各评价时段有关生态功能保护、环境质量改善、污染防治、资源开发利用等的具体目标及要求。

7.3.2 建立评价指标体系。结合规划实施的资源、生态、环境等制约因素，从环境质量、生态保护、资源利用、污染排放、风险防控、环境管理等方面构建评价指标体系。评价指标应符合评价区域生态环境特征，体现环境质量和生态功能不断改善的要求，体现规划的属性特点及其主要环境影响特征。

7.3.3 确定评价指标值。评价指标应易于统计、比较和量化，指标值符合相关产业政策、生态环境保护政策、相关标准中规定的限值要求，如国内政策、标准中没有相应的规定，也可参考国际标准来确定；对于不易量化的指标可参考相关研究成果或经过专家论证，给出半定量的指标值或定性说明。

8 环境影响预测与评价

8.1 基本要求

8.1.1 主要针对环境影响识别出的资源、生态、环境要素，开展多情景的影响预测与评价，一般包括预测情景设置、规划实施生态环境压力分析，环境质量、生态功能的影响预测与评价，对环境敏感区和重点生态功能区的影响预测与评价，环境风险预测与评价，资源与环境承载力评估等内容。

8.1.2 环境影响预测与评价应给出规划实施对评价区域资源、生态、环境的影响程度和范围，叠加环境质量、生态功能和资源利用现状，分析规划实施后能否满足环境目标要求，评估区域资源与环境承载能力。

8.1.3 应充分考虑不同层级和属性规划的环境影响特征以及决策需求，采用定性和定量相结合的方式开展评价。对主要环境要素的影响预测和评价可参考相应的环境影响评价技术导则（HJ 2.2、HJ 2.3、

HJ 2.4、HJ 19、HJ 169、HJ 610、HJ 623、HJ 964 等）来进行。

8.2 环境影响预测与评价的内容

8.2.1 预测情景设置

应结合规划所依托的资源环境和基础设施建设条件、区域生态功能维护和环境质量改善要求等，从规划规模、布局、结构、建设时序等方面，设置多种情景开展环境影响预测与评价。

8.2.2 规划实施生态环境压力分析

a）依据环境现状评价和回顾性分析结果，考虑技术进步等因素，估算不同情景下水、土地、能源等规划实施支撑性资源的需求量和主要污染物（包括常规污染物和特征污染物）的产生量、排放量。

b）依据生态现状评价和回顾性分析结果，考虑生态系统演变规律及生态保护修复等因素，评估不同情景下主要生态因子（如生物量、植被覆盖度/率、重要生境面积等）的变化量。

8.2.3 影响预测与评价

a）水环境影响预测与评价。预测不同情景下规划实施导致的区域水资源、水文情势、海洋水文动力环境和冲淤环境、地下水补径排状况等的变化，分析主要污染物对地表水和地下水、近岸海域水环境质量的影响，明确影响的范围、程度，评价水环境质量的变化能否满足环境目标要求，绘制必要的预测与评价图件。

b）大气环境影响预测与评价。预测不同情景下规划实施产生的大气污染物对环境空气质量的影响，明确影响范围、程度，评价大气环境质量的变化能否满足环境目标要求，绘制必要的预测与评价图件。

c）土壤环境影响预测与评价。预测不同情景下规划实施的土壤环境风险，评价土壤环境的变化能否满足相应环境管控要求，绘制必要的预测与评价图件。

d）声环境影响预测与评价。预测不同情景下规划实施对声环境质量的影响，明确影响范围、程度，评价声环境质量的变化能否满足相应的功能区目标，绘制必要的预测与评价图件。

e）生态影响预测与评价。预测不同情景下规划实施对生态系统结构、功能的影响范围和程度，评价规划实施对生物多样性和生态系统完整性的影响，绘制必要的预测与评价图件。

f）环境敏感区影响预测与评价。预测不同情景下规划实施对评价范围内生态保护红线、自然保护区等环境敏感区的影响，评价其是否符合相应的保护和管控要求，绘制必要的预测与评价图件。

g）人群健康风险分析。对可能产生具有易生物蓄积、长期接触对人群和生物产生危害作用的无机和有机污染物、放射性污染物、微生物等的规划，根据上述特定污染物的环境影响范围，估算暴露人群数量和暴露水平，开展人群健康风险分析。

h）环境风险预测与评价。对于涉及重大环境风险源的规划，应进行风险源及源强、风险源叠加、风险源与受体响应关系等方面的分析，开展环境风险评价。

8.2.4 资源与环境承载力评估

a）资源与环境承载力分析。分析规划实施支撑性资源（水资源、土地资源、能源等）可利用（配置）上线和规划实施主要环境影响要素（大气、水等）污染物允许排放量，结合现状利用和排放量、区域削减量，分析各评价时段剩余可利用的资源量和剩余污染物允许排放量。

b）资源与环境承载状态评估。根据规划实施新增资源消耗量和污染物排放量，分析规划实施对各评价时段剩余可利用资源量和剩余污染物允许排放量的占用情况，评估资源与环境对规划实施的承载状态。

9 规划方案综合论证和优化调整建议

9.1 基本要求

以改善环境质量和保障生态安全为核心，综合环境影响预测与评价结果，论证规划目标、规模、布局、结构等规划内容的环境合理性以及评价设定的环境目标的可达性，分析判定规划实施的重大资源、生态、环境制约的程度、范围、方式等，提出规划方案的优化调整建议并推荐环境可行的规划方案。如果规划方案优化调整后资源、生态、环境仍难以承载，不能满足资源利用上线和环境质量底线要求，应提出规划方案的重大调整建议。

9.2 规划方案综合论证

9.2.1 规划方案的综合论证包括环境合理性论证和环境效益论证两部分内容。前者从规划实施对资源、生态、环境综合影响的角度，论证规划内容的合理性；后者从规划实施对区域经济、社会与环境发挥的作用，以及协调当前利益与长远利益之间关系的角度，论证规划方案的合理性。

9.2.2 规划方案的环境合理性论证

a）基于区域环境保护目标以及“三线一单”要求，结合规划协调性分析结论，论证规划目标与发展定位的环境合理性。

b）基于环境影响预测与评价和资源与环境承载力评估结论，结合资源利用上线和环境质量底线等要求，论证规划规模和建设时序的环境合理性。

c）基于规划布局与生态保护红线、重点生态功能区、其他环境敏感区的空间位置关系和对以上区域的影响预测结果，结合环境风险评价的结论，论证规划布局的环境合理性。

d）基于环境影响预测与评价和资源与环境承载力评估结论，结合区域环境管理和循环经济发展要求，以及规划重点产业的环境准入条件和清洁生产水平，论证规划用地结构、能源结构、产业结构的环境合理性。

e）基于规划实施环境影响预测与评价结果，结合生态环境保护措施的经济技术可行性、有效性，论证环境目标的可达性。

9.2.3 规划方案的环境效益论证

分析规划实施在维护生态功能、改善环境质量、提高资源利用效率、减少温室气体排放、保障人居安全、优化区域空间格局和产业结构等方面的环境效益。

9.2.4 不同类型规划方案综合论证重点

进行综合论证时，应针对不同类型和不同层级规划的环境影响特点，选择论证方向，突出重点。

a）对于资源能源消耗量大、污染物排放量高的行业规划，重点从流域和区域资源利用上线、环境质量底线对规划实施的约束、规划实施可能对环境质量的影响程度、环境风险、人群健康风险等方面，论述规划拟定的发展规模、布局（及选址）和产业结构的环境合理性。

b）对于土地利用的有关规划和区域、流域、海域的建设、开发利用规划，农业、畜牧业、林业、能源、水利、旅游、自然资源开发专项规划，重点从流域或区域生态保护红线、资源利用上线对规划实施的约束，以及规划实施对生态系统及环境敏感区、重点生态功能区结构、功能的影响和生态风险等角度，论述规划方案的环境合理性。

c）对于公路、铁路、城市轨道交通、航运等交通类规划，重点从规划实施对生态系统结构、功能所造成的影响，规划布局与评价区域生态保护红线、重点生态功能区、其他环境敏感区的协调性等方面，论述规划布局（及选线、选址）的环境合理性。

d）对于产业园区等规划，重点从区域资源利用上线、环境质量底线对规划实施的约束、规划及包括的交通运输实施可能对环境质量的影响程度以及环境风险与人群健康风险等方面，综合论述规划规模、布局、结构、建设时序以及规划环境基础设施、重大建设项目的环境合理性。

e）对于城市规划、国民经济与社会发展规划等综合类规划，重点从区域资源利用上线、生态保护红线、环境质量底线对规划实施的约束，城市环境基础设施对规划实施的支撑能力、规划及相关交通运输实施对改善环境质量、优化城市生态格局、提高资源利用效率的作用等方面，综合论述规划方案的环境合理性。

9.3 规划方案的优化调整建议

9.3.1 根据规划方案的环境合理性和环境效益论证结果，对规划内容提出明确的、具有可操作性的优化调整建议，特别是出现以下情形时：

a）规划的主要目标、发展定位不符合上层位主体功能区规划、区域“三线一单”等要求。

b）规划空间布局和包含的具体建设项目选址、选线不符合生态保护红线、重点生态功能区，以及其他环境敏感区的保护要求。

c）规划开发活动或包含的具体建设项目不满足区域生态环境准入清单要求、属于国家明令禁止的产业类型或不符合国家产业政策、环境保护政策。

d）规划方案中配套的生态保护、污染防治和风险防控措施实施后，区域的资源、生态、环境承载力仍无法支撑规划实施，环境质量无法满足评价目标，或仍可能造成重大的生态破坏和环境污染，或仍存在显著的环境风险。

e）规划方案中有依据现有科学水平和技术条件，无法或难以对其产生的不良环境影响的程度或范围作出科学、准确判断的内容。

9.3.2 应明确优化调整后的规划布局、规模、结构、建设时序，给出相应的优化调整图、表，说明优化调整后的规划方案具备资源、生态和环境方面的可支撑性。

9.3.3 将优化调整后的规划方案，作为评价推荐的规划方案。

9.3.4 说明规划环评与规划编制的互动过程、互动内容和各时段向规划编制机关反馈的建议及其被采纳情况等互动结果。

10 环境影响减缓对策和措施

10.1 规划的环境影响减缓对策和措施是针对评价推荐的规划方案实施后可能产生的不良环境影响，在充分评估规划方案中已明确的环境污染防治、生态保护、资源能源增效等相关措施的基础上，提出的环境保护方案和管控要求。

10.2 环境影响减缓对策和措施应具有针对性和可操作性，能够指导规划实施中的生态环境保护工作，有效预防重大不良生态环境影响的产生，并促进环境目标在相应的规划期限内可以实现。

10.3 环境影响减缓对策和措施一般包括生态环境保护方案和管控要求。主要内容包括：

a）提出现有生态环境问题解决方案，规划区域整体性污染治理、生态修复与建设、生态补偿等环境保护方案，以及与周边区域开展联防联控等预防和减缓环境影响的对策措施。

b）提出规划区域资源能源可持续开发利用、环境质量改善等目标、指标性管控要求。

c）对于产业园区等规划，从空间布局约束、污染物排放管控、环境风险防控、资源开发利用等方面，以清单方式列出生态环境准入要求，成果形式见附录 E。

11 规划所包含建设项目环评要求

11.1 如规划方案中包含具体的建设项目，应针对建设项目所属行业特点及其环境影响特征，提出建设项目环境影响评价的重点内容和基本要求，并依据规划环评的主要评价结论提出建设项目的生态环境准入要求（包括选址或选线、规模、资源利用效率、污染物排放管控、环境风险防控和生态保护要求等）、污染防治措施建设要求等。

11.2 对符合规划环评环境管控要求和生态环境准入清单的具体建设项目，应将规划环评结论作为重要依据，其环评文件中选址选线、规模分析内容可适当简化。当规划环评资源、环境现状调查与评价结果仍具有时效性时，规划所包含的建设项目环评文件中现状调查与评价内容可适当简化。

12 环境影响跟踪评价计划

12.1 结合规划实施的主要生态环境影响，拟定跟踪评价计划，监测和调查规划实施对区域环境质量、生态功能、资源利用等的实际影响，以及不良生态环境影响减缓措施的有效性。

12.2 跟踪评价取得的数据、资料和结果应能够说明规划实施带来的生态环境质量实际变化，反映规划优化调整建议、环境管控要求和生态环境准入清单等对策措施的执行效果，并为后续规划实施、调整、修编，完善生态环境管理方案和加强相关建设项目环境管理等提供依据。

12.3 跟踪评价计划应包括工作目的、监测方案、调查方法、评价重点、执行单位、实施安排等内容。主要包括：

a）明确需重点调查、监测、评价的资源生态环境要素，提出具体监测计划及评价指标，以及相应的监测点位、频次、周期等。

b）提出调查和分析规划优化调整建议、环境影响减缓措施、环境管控要求和生态环境准入清单落实情况和执行效果的具体内容和要求，明确分析和评价不良生态环境影响预防和减缓措施有效性的监测要求和评价准则。

c）提出规划实施对区域环境质量、生态功能、资源利用等的阶段性综合影响，环境影响减缓措施和环境管控要求的执行效果，后续规划实施调整建议等跟踪评价结论的内容和要求。

13 公众参与和会商意见处理

收集整理公众意见和会商意见，对于已采纳的，应在环境影响评价文件中明确说明修改的具体内容；对于未采纳的，应说明理由。

14 评价结论

14.1 评价结论是对全部评价工作内容和成果的归纳总结，应文字简洁、观点鲜明、逻辑清晰、结论明确。

14.2 在评价结论中应明确以下内容：

a）区域生态保护红线、环境质量底线、资源利用上线，区域环境质量现状和演变趋势，资源利用现状和演变趋势，生态状况和演变趋势，区域主要生态环境问题、资源利用和保护问题及成因，规划实施的资源、生态、环境制约因素。

b）规划实施对生态、环境影响的程度和范围，区域水、土地、能源等各类资源要素和大气、水等环境要素对规划实施的承载能力，规划实施可能产生的环境风险，规划实施环境目标可达性分析结论。

c）规划的协调性分析结论，规划方案的环境合理性和环境效益论证结论，规划优化调整建议等。

d）减缓不良环境影响的生态环境保护方案和管控要求。

e）规划包含的具体建设项目环境影响评价的重点内容和简化建议等。

f）规划实施环境影响跟踪评价计划的主要内容和要求。

g）公众意见、会商意见的回复和采纳情况。

15 环境影响评价文件的编制要求

15.1 规划环境影响评价文件应图文并茂、数据详实、论据充分、结构完整、重点突出、结论和建议明确。

15.2 环境影响报告书应包括的主要内容

a）总则。概述任务由来，明确评价依据、评价目的与原则、评价范围、评价重点、执行的环境标准、评价流程等。

b）规划分析。介绍规划不同阶段目标、发展规模、布局、结构、建设时序，以及规划包含的具体建设项目的建设计划等可能对生态环境造成影响的规划内容；给出规划与法规政策、上层位规划、区域“三线一单”管控要求、同层位规划在环境目标、生态保护、资源利用等方面的符合性和协调性分析结论，重点明确规划之间的冲突与矛盾。

c）现状调查与评价。通过调查评价区域资源利用状况、环境质量现状、生态状况及生态功能等，说明评价区域内的环境敏感区、重点生态功能区的分布情况及其保护要求，分析区域水资源、土地资源、能源等各类自然资源现状利用水平和变化趋势，评价区域环境质量达标情况和演变趋势，区域生态系统结构与功能状况和演变趋势，明确区域主要生态环境问题、资源利用和保护问题及成因。对已开发区域进行环境影响回顾性分析，说明区域生态环境问题与上一轮规划实施的关系。明确提出规划实施的资源、生态、环境制约因素。

d）环境影响识别与评价指标体系构建。识别规划实施可能影响的资源、生态、环境要素及其范围和程度，确定不同规划时段的环境目标，建立评价指标体系，给出评价指标值。

e）环境影响预测与评价。设置多种预测情景，估算不同情景下规划实施对各类支撑性资源的需求量和主要污染物的产生量、排放量，以及主要生态因子的变化量。预测与评价不同情景下规划实施对生态系统结构和功能、环境质量、环境敏感区的影响范围与程度，明确规划实施后能否满足环境目标的要求。根据不同类型规划及其环境影响特点，开展人群健康风险分析、环境风险预测与评价。评价区域资源与环境对规划实施的承载能力。

f）规划方案综合论证和优化调整建议。根据规划环境目标可达性论证规划的目标、规模、布局、结构等规划内容的环境合理性，以及规划实施的环境效益。介绍规划环评与规划编制互动情况。明确规划方案的优化调整建议，并给出调整后的规划布局、结构、规模、建设时序。

g）环境影响减缓对策和措施。给出减缓不良生态环境影响的环境保护方案和管控要求。

h）如规划方案中包含具体的建设项目，应给出重大建设项目环境影响评价的重点内容要求和简化建议。

i）环境影响跟踪评价计划。说明拟定的跟踪监测与评价计划。

j）说明公众意见、会商意见回复和采纳情况。

k）评价结论。归纳总结评价工作成果，明确规划方案的环境合理性，以及优化调整建议和调整后的规划方案。

15.3 环境影响报告书中图件的要求

a）规划环境影响评价文件中图件一般包括规划概述相关图件，环境现状和区域规划相关图件，现状评价、环境影响评价、规划优化调整、环境管控、跟踪评价计划等成果图件。

b）成果图件应包含地理信息、数据信息，依法需要保密的除外。

c）报告书应包含的成果图件及格式、内容要求见附录 F。实际工作中应根据规划环境影响特点和区域环境保护要求，选取提交附录F中相应图件。

15.4　规划环境影响篇章（或说明）应包括的主要内容

a）环境影响分析依据。重点明确与规划相关的法律法规、政策、规划和环境目标、标准。

b）现状调查与评价。通过调查评价区域资源利用状况、环境质量现状、生态状况及生态功能等，分析区域水资源、土地资源、能源等各类资源现状利用水平，评价区域环境质量达标情况和演变趋势，区域生态系统结构与功能状况和演变趋势等，明确区域主要生态环境问题、资源利用和保护问题及成因。明确提出规划实施的资源、生态、环境制约因素。

c）环境影响预测与评价。分析规划与相关法律法规、政策、上层位规划和同层位规划在环境目标、生态保护、资源利用等方面的符合性和协调性。预测与评价规划实施对生态系统结构和功能、环境质量、环境敏感区的影响范围与程度。根据规划类型及其环境影响特点，开展环境风险预测与评价。评价区域资源与环境对规划实施的承载能力，以及环境目标的可达性。给出规划方案的环境合理性论证结果。

d）环境影响减缓措施。给出减缓不良生态环境影响的环境保护方案和环境管控要求。针对主要环境影响提出跟踪监测和评价计划。

e）根据评价需要，在篇章（或说明）中附必要的图、表。

附 录 A
（规范性附录）
规划环境影响评价一般工作流程

规划环境影响评价应在规划编制的早期阶段介入，并与规划编制、论证及审定等关键环节和过程充分互动，互动内容一般包括：

1．在规划前期阶段，同步开展规划环评工作。通过对规划内容的分析，收集与规划相关的法律法规、环境政策等，收集上层位规划和规划所在区域战略环评及“三线一单”成果，对规划区域及可能受影响的区域进行现场踏勘，收集相关基础数据资料，初步调查环境敏感区情况，识别规划实施的主要环境影响，分析提出规划实施的资源、生态、环境制约因素，反馈给规划编制机关。

2．在规划方案编制阶段，完成现状调查与评价，提出环境影响评价指标体系，分析、预测和评价拟定规划方案实施的资源、生态、环境影响，并将评价结果和结论反馈给规划编制机关，作为方案比选和优化的参考和依据。

3．在规划的审定阶段：

a）进一步论证拟推荐的规划方案的环境合理性，形成必要的优化调整建议，反馈给规划编制机关。针对推荐的规划方案提出不良环境影响减缓措施和环境影响跟踪评价计划，编制环境影响报告书。

b）如果拟选定的规划方案在资源、生态、环境方面难以承载，或者可能造成重大不良生态环境影响且无法提出切实可行的预防或减缓对策和措施，或者根据现有的数据资料和专家知识对可能产生的不良生态环境影响的程度、范围等无法做出科学判断，应向规划编制机关提出对规划方案做出重大修改的建议并说明理由。

4．规划环境影响报告书审查会后，应根据审查小组提出的修改意见和审查意见对报告书进行修改完善。

5．在规划报送审批前，应将环境影响评价文件及其审查意见正式提交给规划编制机关。

附 录 B

（资料性附录）

规划环境影响评价方法

规划环境影响评价的常用方法见表 B.1。

表 B.1 规划环境影响评价的常用方法

评价环节	可采用的主要方式和方法
规划分析	核查表、叠图分析、矩阵分析、专家咨询（如智暴法、德尔斐法等）、情景分析、类比分析、系统分析
现状调查与评价	现状调查：资料收集、现场踏勘、环境监测、生态调查、问卷调查、访谈、座谈会。环境要素的调查方式和监测方法可参考 HJ 2.2、HJ 2.3、HJ 2.4、HJ 19、HJ 610、HJ 623、HJ 964 和有关监测规范执行 现状分析与评价：专家咨询、指数法（单指数、综合指数）、类比分析、叠图分析、生态学分析法（生态系统健康评价法、生物多样性评价法、生态机理分析法、生态系统服务功能评价方法、生态环境敏感性评价方法、景观生态学法等，以下同）、灰色系统分析法
环境影响识别与评价指标确定	核查表、矩阵分析、网络分析、系统流图、叠图分析、灰色系统分析法、层次分析、情景分析、专家咨询、类比分析、压力-状态-响应分析
规划实施生态环境压力分析	专家咨询、情景分析、负荷分析（估算单位国内生产总值物耗、能耗和污染物排放量等）、趋势分析、弹性系数法、类比分析、对比分析、供需平衡分析
环境影响预测与评价	类比分析、对比分析、负荷分析（估算单位国内生产总值物耗、能耗和污染物排放量等）、弹性系数法、趋势分析、系统动力学法、投入产出分析、供需平衡分析、数值模拟、环境经济学分析（影子价格、支付意愿、费用效益分析等）、综合指数法、生态学分析法、灰色系统分析法、叠图分析、情景分析、相关性分析、剂量-反应关系评价 环境要素影响预测与评价的方式和方法可参考 HJ 2.2、HJ 2.3、HJ 2.4、HJ 19、HJ 610、HJ 623、HJ 964 执行
环境风险评价	灰色系统分析法、模糊数学法、数值模拟、风险概率统计、事件树分析、生态学分析法、类比分析 可参考 HJ 169 执行

附 录 C
（规范性附录）
环境现状调查内容

规划环境影响评价中环境现状调查内容见表 C.1，实际工作中根据规划环境影响特点和区域环境保护要求，从表 C.1 中选择相应内容开展调查和资料收集。

表 C.1 资源、生态、环境现状调查内容

调查要素		主要调查内容
自然地理状况		地形地貌，河流、湖泊（水库）、海湾的水文状况，水文地质状况，气候与气象特征等
环境质量现状	地表水环境	1. 水功能区划、海洋功能区划、近岸海域环境功能区划、保护目标及各功能区水质达标情况； 2. 主要水污染因子和特征污染因子、水环境控制单元主要污染物排放现状、环境质量改善目标要求； 3. 地表水控制断面位置及达标情况、主要水污染源分布和污染贡献率（包括工业、农业、生活污染源和移动源）、单位国内生产总值废水及主要水污染物排放量； 4. 附水功能区划图、控制断面位置图、海洋功能区划图、近岸海域环境功能区划图、水环境控制单元图、主要水污染源排放口分布图和现状监测点位图
	地下水环境	1. 环境水文地质条件，包括含（隔）水层结构及分布特征、地下水补径排条件，地下水流场等； 2. 地下水利用现状，地下水水质达标情况，主要污染因子和特征污染因子； 3. 附环境水文地质相关图件，现状监测点位图
	大气环境	1. 大气环境功能区划、保护目标及各功能区环境空气质量达标情况； 2. 主要大气污染因子和特征污染因子、大气环境控制单元主要污染物排放现状、环境质量改善目标要求； 3. 主要大气污染源分布和污染贡献率（包括工业、农业和生活污染源）、单位国内生产总值主要大气污染物排放量； 4. 附大气环境功能区划图、大气环境管控分区图、重点污染源分布图和现状监测点位图
	声环境	声环境功能区划、保护目标及各功能区声环境质量达标情况，附声环境功能区划图和现状监测点位图
	土壤环境	1. 土壤主要理化特征，主要土壤污染因子和特征污染因子，土壤中污染物含量，土壤污染风险防控区及防控目标，附土壤现状监测点位图； 2. 海洋沉积物质量达标情况
生态状况及生态功能		1. 生态保护红线与管控要求； 2. 生态功能区划、主体功能区划； 3. 生态系统的类型（森林、草原、荒漠、冻原、湿地、水域、海洋、农田、城镇等）及其结构、功能和过程； 4. 植物区系与主要植被类型，珍稀、濒危、特有、狭域野生动植物的种类、分布和生境状况； 5. 主要生态问题的类型、成因、空间分布、发生特点等； 6. 附生态保护红线图、生态空间图、重点生态功能区划图及野生动植物分布图等
环境敏感区和重点生态功能区		1. 环境敏感区的类型、分布、范围、敏感性（或保护级别）、主要保护对象及相关环境保护要求等，与规划布局空间位置关系，附相关图件； 2. 重点生态功能区的类型、分布、范围和生态功能，与规划布局空间位置关系，附相关图件

调查要素		主要调查内容
资源利用现状	土地资源	主要用地类型、面积及其分布，土地资源利用上线及开发利用状况，土地资源重点管控区，附土地利用现状图
	水资源	水资源总量、时空分布，水资源利用上线及开发利用状况和耗用状况（包括地表水和地下水），海水与再生水利用状况，水资源重点管控区，附有关的水系图及水文地质相关图件
	能源	能源利用上线及能源消费总量、能源结构及利用效率
	矿产资源	矿产资源类型与储量、生产和消费总量、资源利用效率等，附矿产资源分布图
资源利用现状	旅游资源	旅游资源和景观资源的地理位置、范围和开发利用状况等，附相关图件
	岸线和滩涂资源	滩涂、岸线资源及其利用状况，附相关图件
	重要生物资源	重要生物资源（如林地资源、草地资源、渔业资源、海洋生物资源）和其他对区域经济社会发展有重要价值的资源地理分布、储量及其开发利用状况，附相关图件
其他	固体废物	固体废物（一般工业固体废物、一般农业固体废物、危险废物、生活垃圾）产生量及单位国内生产总值固体废物产生量，危险废物的产生量、产生源分布等
社会经济概况		评价范围内的人口规模、分布，经济规模与增长率，交通运输结构、空间布局等；重点关注评价区域的产业结构、主导产业及其布局、重大基础设施布局及建设情况等，附相应图件
环保基础设施建设及运行情况		评价范围内的污水处理设施（含管网）规模、分布、处理能力和处理工艺、服务范围；集中供热、供气情况；大气、水、土壤污染综合治理情况；区域噪声污染控制情况；一般工业固体废物与危险废物利用处置方式和利用处置设施情况（包括规模分布、处理能力、处理工艺、服务范围和服务年限等）；现有生态保护工程及实施效果；环保投诉情况等

附　录　D

（资料性附录）

判识重大不良生态环境影响需考虑的因素

结合以下因素，判断和识别规划实施是否会产生重大不良生态环境影响。

1．导致区域环境质量、生态功能恶化的重大不良生态环境影响，主要包括规划实施使评价区域的环境质量下降（环境质量降级）或导致生态保护红线、重点生态功能区的组成、结构、功能发生显著不良变化或导致其功能丧失。

2．导致资源利用、环境保护严重冲突的重大不良生态环境影响，主要包括规划实施与规划范围内或相邻区域内的其他资源开发利用规划和环境保护规划等产生的显著冲突，规划实施可能导致的跨行政区、跨流域以及跨国界的显著不良影响。

3．导致人居环境发生显著不利变化的重大不良生态环境影响，主要包括规划实施导致具有易生物蓄积、长期接触对人体和生物产生危害作用的无机和有机污染物、放射性污染物、微生物等在水、大气和土壤等人群主要环境暴露介质中污染水平显著增加，农牧渔产品污染风险、人群健康风险显著增加，规划实施导致人居生态环境发生显著不良变化。

附　录　E
（规范性附录）
环境管控要求和生态环境准入清单包含内容

环境影响减缓对策和措施中环境管控要求和生态环境准入清单包含的内容见表 E.1。

表 E.1　生态环境准入清单包含内容

清单类型	准入内容
空间布局约束	1. 针对生态保护红线，明确不符合生态功能定位的各类禁止开发活动； 2. 针对生态保护红线外的生态空间，明确应避免损害其生态服务功能和生态产品质量的开发建设活动； 3. 针对大气、水等重点管控单元，开发建设活动避免降低管控单元环境质量，避免环境风险，管控单元外新建、改扩建污染型项目，需划定缓冲区域
污染物排放管控	1. 如果区域环境质量不达标，现有污染源提出削减计划，严格控制新增污染物排放的开发建设活动，新建、改扩建项目应提出更加严格的污染物排放控制要求；如果区域未完成环境质量改善目标，禁止新增重点污染物排放的建设项目； 2. 如果区域环境质量达标，新建、改扩建项目保证区域环境质量维持基本稳定
环境风险防控	针对涉及易导致环境风险的有毒有害和易燃易爆物质的生产、使用、排放、贮运等新建、改扩建项目，提出禁止准入要求或限制性准入条件以及环境风险防控措施
资源开发利用要求	1. 执行区域已确定的土地、水、能源等主要资源能源可开发利用总量； 2. 针对新建、改扩建项目，明确单位面积产值、单位产值水耗、用水效率、单位产值能耗等限制性准入要求； 3. 对于取水总量已超过控制指标的地区，提出禁止高耗水产业准入的要求；对于地下水禁止开采区或者限制开采区，提出禁止新增、限制地下水开发的准入要求； 4. 针对高污染燃料禁燃区，禁止新建、改扩建采用高污染燃料的项目和设施

附　录　F

（规范性附录）

环境影响报告书中图件要求

F.1　工作基础底图要求

采用法定基础地理信息数据作为工作基础底图，精度与规划尺度和精度相匹配。底图要素包括行政区划、地形地貌、河流水系、道路交通、城区与乡村居民点、土地利用与土地覆盖等。

数据规格为：平面基准采用 2000 国家大地坐标系（CGCS2000），高程基准采用 1985 国家高程基准；深度基准采用理论深度基准面；投影方式一般采用高斯-克吕格投影，分带方式采用 3°分带或 6°分带，坐标单位为“米”，保留 2 位小数，涉及跨带的研究范围，应采用同一投影带。

工作基础底图数据的平面与高程精度应不低于所采用的数据源精度。依据影像补充采集或修正的数据采集精度应控制在 5 个像素以内。

F.2　基础图件要求

环境影响评价文件中包含的基础图件主要包括规划数据图件、环境现状和区域规划数据图件，图件具体要求见表 F.1。

表 F.1　基础图件要求

图件名称		图件和属性数据要求	图件类型
规划数据	规划范围图	规划范围（面积）	面状矢量图
	规划布局图	规划空间布局，各分区范围（面积）；规划不同时期线路走向（针对轨道交通等线性规划）	面状矢量图或线状矢量图
	规划区土地利用规划图	规划范围内各地块规划用地类型（用地类型名称、面积）	面状矢量图
环境现状和区域规划数据	生态保护红线分布图	评价范围内各生态保护红线区范围（红线区名称、面积）	面状矢量图
	环境管控单元图	评价范围内大气、水、土壤等环境管控单元图（管控单元名称、面积）	面状矢量图
	全国/省级主体功能区规划图	评价范围内全国/省级主体功能区范围（主体功能区类型名称）	
	全国/省级生态功能区划图	评价范围内全国/省级生态功能区范围（生态功能区类型名称）	
	城市大气环境功能区划图	评价范围内大气环境功能区范围（功能区类型和保护目标）	
	城市声环境功能区划图	评价范围内声环境功能区范围（功能区类型和保护目标）	
	城市水环境功能区划图	评价范围内水环境功能区范围（功能区类型和保护目标）	
	土地利用现状和规划图	规划所在市（县）土地利用现状和规划（用地类型）	
	城市总体规划图	规划所在市（县）城市总体规划（各功能分区名称）	
	环境质量（水、大气、噪声、土壤）点位图	评价范围内环境质量（水、大气、噪声、土壤）监测点位置（监测点经纬度、监测时间、监测数据、达标情况）	
	主要污染源（水、大气、土壤）分布图	评价范围内水、大气、土壤主要污染源位置（污染物种类、排放量达标情况）	
	其他环境敏感区分布图	评价范围内自然保护区、风景名胜区、森林公园等除生态保护红线外其他环境敏感区范围（名称、级别、面积、主要保护对象和保护要求）	
	珍稀、濒危野生动植物分布图	评价范围内珍稀、濒危野生动植物分布位置（名称、保护级别）	

F.3 评价图件要求

环境影响评价文件中包含的评价图件主要包括现状评价成果图件、环境影响评价成果图件、规划优化调整成果图件、环境管控成果图件和跟踪评价计划成果图件，图件具体要求见表 F.2。成果数据应与工作基础底图采用统一的地理信息数据格式，按要素类型可将相关数据按不同图层存储。

表 F.2 评价图件要求

图件名称		图件和属性数据要求	图件类型
现状评价成果	规划布局与生态保护红线区位置关系图	规划功能分区或具体建设项目与生态保护红线区位置关系（最小直线距离或重叠范围和面积）	
	规划布局与除生态保护红线外其他环境敏感区位置关系图	规划功能分区或具体建设项目与除生态保护红线外其他环境敏感区位置关系（最小直线距离或重叠范围和面积）	
	规划区与全国/省级主体功能区叠图	规划区所处主体功能区位置（功能区名称）	
	规划区与全国/省级生态功能区叠图	规划区所处生态功能区位置（功能区名称）	
	环境质量评价结果图	评价范围内各环境功能区达标情况	
	生态系统演变评价结果图	评价范围内生态系统演变情况，如土地利用变化情况、水土流失变化情况等（评价时段、变化范围和面积等）	
	环境质量变化评价结果图	评价范围内环境质量变化情况（评价时段、各环境功能区环境质量变好或恶化）	
环境影响评价成果	水环境影响评价结果图	规划实施后水环境影响范围和程度（各规划期水环境影响范围、面积或长度，规划实施后各环境功能区达标情况）	
	大气环境影响评价结果图	规划实施后大气环境影响范围和程度（各规划期大气环境影响范围、面积，规划实施后各环境功能区达标情况）	
	土壤环境影响评价结果图	规划实施后土壤环境影响范围和程度（各规划期土壤环境影响范围、面积）	
	噪声环境影响评价结果图	规划实施后噪声环境影响范围和程度（各规划期噪声环境影响范围、面积，规划实施后各环境功能区达标情况）	
规划优化调整成果	规划布局优化调整成果图	规划布局调整前后对比（边界变化情况、面积变化情况）	面状矢量图
	规划规模优化调整成果图	规划规模调整前后对比（各规划期规模变化情况，对应规划内容建设时序调整情况）	面状矢量图
环境管控成果	环境管控成果图	规划范围内环境管控单元划分结果（各管控单元空间范围、面积、管控要求、生态环境准入清单）	面状矢量图
跟踪评价计划成果	监测点位布局图	跟踪监测方案提出的大气、水、土壤、生态等跟踪监测点位分布情况（位置、监测频率、监测内容）	点状矢量图

HJ

中华人民共和国国家环境保护标准

HJ 131—2021
代替 HJ/T 131—2003

规划环境影响评价技术导则
产业园区

Technical guideline for planning environmental impact assessment

—Industrial park

2021-09-08 发布　　2021-12-01 实施

生　态　环　境　部 发布

前　言

为贯彻《中华人民共和国环境保护法》《中华人民共和国环境影响评价法》《规划环境影响评价条例》等法律法规，指导产业园区规划环境影响评价工作，制定本标准。

本标准规定了产业园区规划环境影响评价的基本任务、重点内容、工作程序、主要方法和要求。

本标准是对《开发区区域环境影响评价技术导则》（HJ/T 131—2003）的第一次修订。与原标准相比，修订的主要内容如下：

——调整、完善了导则结构、技术要求等，与《规划环境影响评价技术导则　总纲》（HJ 130—2019）相衔接；

——增加规划与区域生态环境分区管控体系的符合性分析，强化产业园区环境准入、入园建设项目环境影响评价要求相关内容，与区域空间生态环境评价、建设项目环境影响评价联动衔接；

——强化了生态环境保护污染防治对策和措施要求，增加主要污染物减排和节能降碳潜力分析、资源节约与碳减排等相关内容，落实区域生态环境质量改善、减污降碳协同共治要求；

——增加了产业园区环境风险现状调查、预测与评价、防范对策等相关内容，突出了产业园区环境安全保障要求；

——调整、完善了产业园区基础设施调查、环境可行性论证及优化调整建议等相关内容，明确了产业园区污染集中治理的基本要求；

——删减了附录 A 环境影响识别和附录 B 环境容量估算方法。

自本标准实施之日起，《开发区区域环境影响评价技术导则》（HJ/T 131—2003）废止。

本标准由生态环境部环境影响评价与排放管理司、法规与标准司组织制订。

本标准主要起草单位：生态环境部环境工程评估中心、浙江省环境科技有限公司、南开大学。

本标准生态环境部 2021 年 9 月 8 日批准。

本标准自 2021 年 12 月 1 日起实施。

本标准由生态环境部解释。

规划环境影响评价技术导则　产业园区

1　适用范围

本标准规定了产业园区规划环境影响评价的基本任务、重点内容、工作程序、主要方法和要求。

本标准适用于国务院及省、自治区、直辖市人民政府批准设立的各类产业园区规划环境影响评价，其他类型园区可参照执行。

2　规范性引用文件

本标准引用了下列文件或其中的条款。凡是注明日期的引用文件，仅注日期的版本适用于本标准。凡是未注日期的引用文件，其最新版本（包括所有的修改单）适用于本标准。

HJ 2.2　环境影响评价技术导则　大气环境

HJ 2.3　环境影响评价技术导则　地表水环境

HJ 2.4　环境影响评价技术导则　声环境

HJ 19　环境影响评价技术导则　生态影响

HJ 130　规划环境影响评价技术导则　总纲

HJ 169　建设项目环境风险评价技术导则

HJ 610　环境影响评价技术导则　地下水环境

HJ 964　环境影响评价技术导则　土壤环境（试行）

HJ 1111　生态环境健康风险评估技术指南　总纲

3　术语和定义

下列术语和定义适用于本标准。

产业园区 industrial park

指经各级人民政府依法批准设立，具有统一管理机构及产业集群特征的特定规划区域。主要目的是引导产业集中布局、集聚发展，优化配置各种生产要素，并配套建设公共基础设施。

注：除以上术语和定义外，HJ 130 中术语和定义同样适用于本标准。

4　总则

4.1　评价范围

4.1.1　时间维度上，应包括产业园区整个规划期，并将规划近期作为评价的重点时段。

4.1.2　空间尺度上，基于产业园区规划范围，结合规划实施对各生态环境要素可能影响的产业园区外周边地区及环境敏感区，统筹确定评价空间范围。

4.2 评价总体原则

突出规划环境影响评价源头预防作用，优化完善产业园区规划方案，强化产业园区污染防治，改善区域生态环境质量。

a）全程互动

评价在规划编制早期介入并全程互动，确定公众参与及会商对象，吸纳各方意见，优化规划。

b）统筹协调

协调好产业发展与区域、产业园区环境保护关系，统筹产业园区减污降碳协同共治、资源集约节约及循环化利用、能源智慧高效利用、环境风险防控等重大事项，引导产业园区生态化、低碳化、绿色化发展。

c）协同联动

衔接区域生态环境分区管控成果，细化产业园区环境准入，指导建设项目环境准入及其环境影响评价内容简化，实现区域、产业园区、建设项目环境影响评价的系统衔接和协同管理。

d）突出重点

立足规划方案重点和特点以及区域资源生态环境特征，充分利用区域空间生态环境评价的数据资料及成果，对规划实施的主要影响进行分析评价，并重点关注制约区域生态环境改善的主要环境影响因子和重大环境风险因子。

4.3 评价基本任务

4.3.1 开展产业园区发展情况与区域生态环境现状调查、生态环境影响回顾性评价，规划实施主要生态、环境、资源制约因素分析。

4.3.2 识别规划实施主要生态环境影响和风险因子，分析规划实施生态环境压力、污染物减排和节能降碳潜力，预测与评价规划实施环境影响和潜在风险，分析资源与环境承载状态。

4.3.3 论证规划产业定位、发展规模、产业结构、布局、建设时序及环境基础设施等的环境合理性，并提出优化调整建议，说明优化调整的依据和潜在效果或效益。

4.3.4 提出既有环境问题及不良环境影响的减缓对策、措施，明确规划实施环境影响跟踪监测与评价要求、规划所含建设项目的环境影响评价重点，制定或完善产业园区环境准入及产业园区环境管理要求，形成评价结论与建议。

4.4 评价技术流程

产业园区规划环境影响评价的技术流程见图 1。

5 规划分析

5.1 规划概述

5.1.1 规划总体安排

说明产业园区规划目标和定位、规划范围和时限、发展规模、发展时序、用地（用海）布局、功能分区、能源和资源利用结构等。

5.1.2 产业发展

说明产业园区产业发展定位、产业结构，重点介绍规划主导产业及其规模、布局、建设时序等，规划所包含具体建设项目的性质、内容、规模、选址、项目组成和产能等。

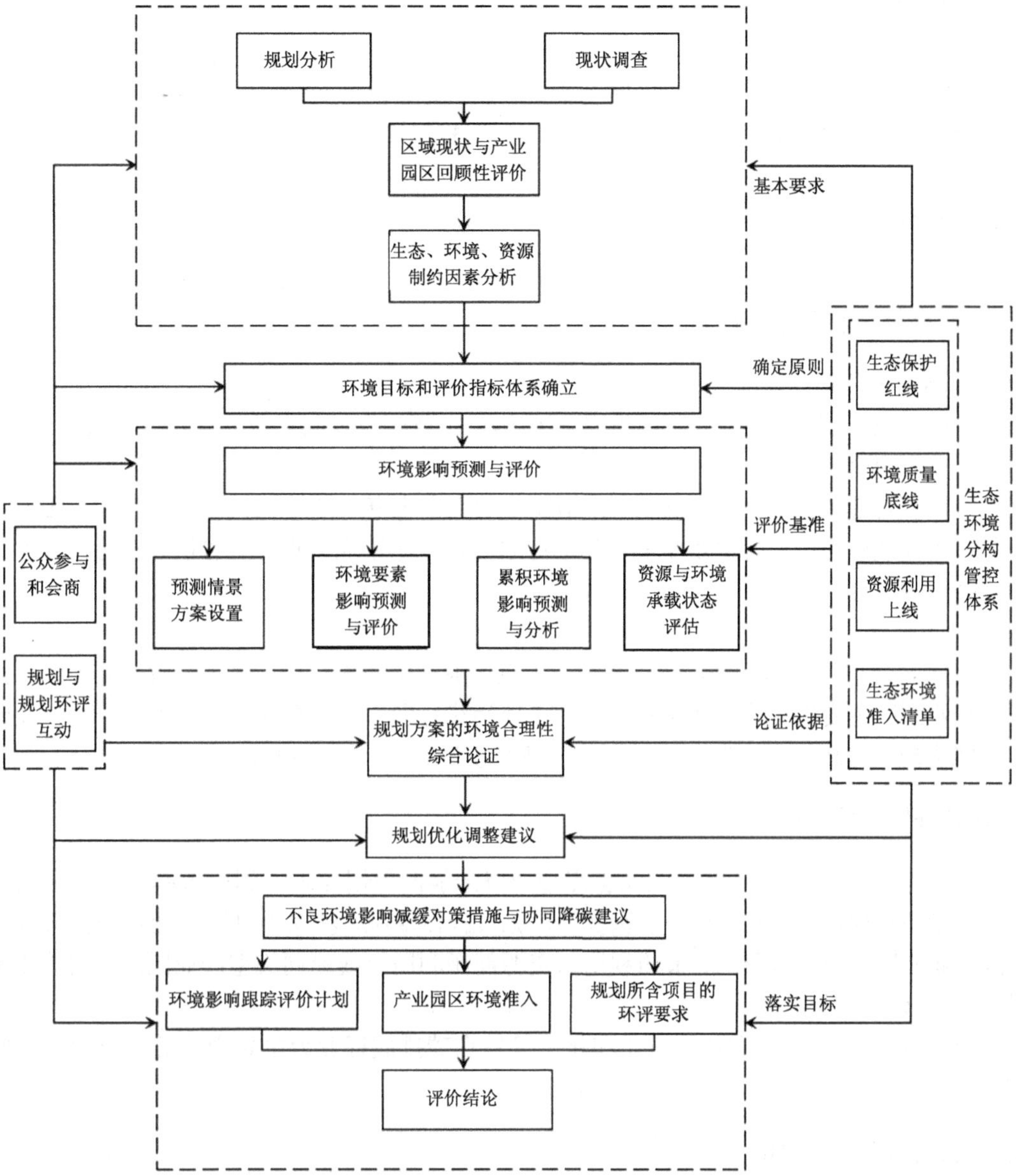

图 1　产业园区规划环境影响评价技术流程图

5.1.3　基础设施建设

重点介绍产业园区规划建设或依托的污水集中处理、固体废物（含危险废物）集中处置、中水回用、集中供热（供冷）、余热利用、集中供气（含蒸汽）、供水、供能（含清洁低碳能源供应）等设施，以及道路交通、管廊、管网等配套和辅助条件。

5.1.4　生态环境保护

重点介绍产业园区环境保护总体目标、主要指标、环境污染防治措施、生态环境保护与建设方案、环境管理及环境风险防控要求、应急保障方案或措施等。

5.2　规划协调性分析

5.2.1　与上位和同层位规划的协调性分析

分析产业园区规划与上位和同层位生态环境保护法律、法规、政策及国土空间规划、产业发展规划等相关规划的符合性和协调性，明确在空间布局、资源保护与利用、生态保护、污染防治、节能降碳、风险防控要求等方面的不协调或潜在冲突。

5.2.2 与“三线一单”的符合性

重点关注规划与区域生态保护红线、环境质量底线、资源利用上线和生态环境准入清单要求的符合性，对不符合“三线一单”要求的，提出明确的规划调整建议。

6 现状调查与评价

6.1 产业园区开发与保护现状调查

6.1.1 产业园区开发现状

调查产业园区三产规模和结构、工业规模和结构、主要产业及其产能规模、人口规模及其分布等。

6.1.2 环境基础设施现状

调查产业园区已建或依托环境基础设施概况，包括设计规模、设施布局、服务范围、处理工艺、处理能力、实际运行效果和达标排放水平等，其中污水处理设施还应调查配套管网、排污口设置、污染雨水收集与处理情况。

6.1.3 环境管理现状

调查产业园区规划环境影响评价执行情况，重点企业环境影响评价、竣工验收、排污许可证管理等开展情况；产业园区主要污染物及碳减排情况，主要污染行业、重点企业污染防治情况；产业园区环境监管、监测能力现状，环保督察发现的问题（或环境投诉）及其整改情况。

6.2 资源能源开发利用现状调查

6.2.1 调查、分析产业园区、主要产业及重点企业资源能源使用需求、利用效率和综合利用现状及变化；产业园区能源结构调整、能源利用总量及能耗强度控制情况，涉煤项目煤炭消费减量替代方案落实情况；分析产业园区资源能源集约、节约利用与资源能源利用上线或同类型产业园区、相关政策要求的差距，以及进一步提高的潜力。

6.2.2 以电力、钢铁、建材、有色、石化和化工等重点碳排放行业为主导产业的产业园区，应调查碳排放控制水平与行业碳达峰要求的差距和降碳潜力。

6.3 生态环境现状调查与评价

6.3.1 调查评价范围内区域生态保护红线、生态空间及环境敏感区的分布、范围及其管控要求，明确与产业园区的空间位置关系；调查土地利用现状变化，产业（生产）、居住（生活）、生态用地的冲突。

6.3.2 调查评价范围主要污染源类型和分布、污染物排放特征和水平、排污去向或委托处置等情况，确定主要污染行业、污染源和污染物。

6.3.3 调查评价区域水环境（地表水、地下水、近岸海域）、大气环境、声环境、土壤环境及底泥（沉积物）等质量状况，调查因子包括常规、特征污染因子；分析评价范围环境质量变化的时空特征及影响因素，说明环境质量超标的位置、时段、因子及成因。

6.4 环境风险与管理现状调查

6.4.1 调查产业园区涉及的有毒有害物质及危险化学品、重点环境风险源清单，确定重点关注的环境风险物质、环境风险受体及其分布。

6.4.2 调查产业园区环境风险防控联动状况，分析产业园区环境风险防控水平与环境安全保障要求的差距。

6.5 现状问题和制约因素分析

根据现状调查结果，对照“三线一单”等环境管理要求，分析产业园区产业发展和生态环境现状问题及成因，提出产业园区发展及规划实施需重点关注的资源、生态、环境等方面的制约因素，明确新一轮规划实施需优先解决的涉及生态环境质量改善、环境风险防控、资源能源高效利用等方面的问题。

7 环境影响识别与评价指标体系构建

7.1 环境影响识别

识别土地开发、功能布局、产业发展、资源和能源利用、大宗物质运输及基础设施运行等规划实施全过程的影响。分析不同规划时段的规划开发活动对资源和环境要素、人群健康等的影响途径与方式，及影响效应、影响性质、影响范围、影响程度等；筛选出受规划实施影响显著的生态、环境、资源要素和敏感受体，辨识潜在重大环境风险因子和制约区域生态环境质量改善的污染因子，确定环境影响预测与评价的重点。

7.2 环境风险因子辨识

对涉及易燃易爆、有毒有害危险物质生产、使用、贮存等的产业园区，识别规划实施可能产生的危险物质、风险源和主要风险受体，辨识主要环境风险类型和因子，明确环境风险的主要扩散介质和途径。

7.3 环境目标与评价指标体系构建

衔接区域生态保护红线、环境质量底线、资源利用上线管控目标，考虑区域和行业碳达峰要求，从生态保护、环境质量、风险防控、碳减排及资源利用、污染集中治理等方面建立环境目标和评价指标体系，明确基准年及不同评价时段的环境目标值、评价指标值、确定依据，以及主要风险受体的可接受环境风险水平值。

8 环境影响预测与评价

8.1 基本要求

8.1.1 环境影响预测与评价基本要求、方法可参照执行 HJ 130、HJ 2.2、HJ 2.3、HJ 2.4、HJ 19、HJ 169、HJ 610、HJ 964、HJ 1111，并根据规划实施生态环境影响特征、当地环境保护要求等确定预测与评价内容和方法。

8.1.2 明确不同评价时段区域生态环境、环境质量变化趋势及资源、环境承载状态，分析说明规划实施后产业园区能否满足已确定的环境目标要求。

8.1.3 对于环境质量不满足环境功能要求或环境质量改善目标的，应分析产业园区污染物减排潜力，明确削减措施、削减来源及主要污染物新增量、减排量，结合区域限期达标规划等对区域环境质量变化进行预测、分析。

8.2 规划实施生态环境压力分析

8.2.1 结合主要污染物排放强度及污染控制水平、碳排放特征、产业园区污染集中处理、资源能源集约利用水平，设置不同情景方案，评估产业园区水资源、土地资源、能源等需求量、主要污染物排放量及碳排放水平。

8.2.2 重点关注有潜在显著环境影响或风险的特征污染物、新污染物和持久性污染物、汞等公约管控的物质排放特征，分析主要污染源空间分布、排放方式、排放强度、污染控制水平及排放量。

8.3 环境要素影响预测与评价

8.3.1 地表水环境影响预测与评价

分析产业园区污水产生、收集与处理、尾水回用情况，预测、评价尾水排放等对受纳水体（地表水、近岸海域）环境质量的影响；结合所依托的区域污水集中处理设施规模、接纳能力、处理工艺、纳管水质要求、配套污水管网建设等，分析论证产业园区污水集中收集、处理的环境可行性。

8.3.2 地下水环境影响预测与评价

结合产业园区水文地质特征和包气带防护性能，分析、识别规划主要污染产业、污水或危险废物等集中处理设施建设等，可能污染地下水的主要污染物、污染途径及污染物在含水层中的运移、吸附与解析过程，综合评价产业及基础设施布局的环境合理性；涉及重金属及有毒有害物质排放或位于地下水环境敏感区的产业园区，可采用定量预测方法，分区评价污水排放、有毒有害物质泄漏或污水（渗滤液）渗漏等对地下水环境及环境敏感区的影响程度、影响范围和风险可控性。

8.3.3 大气环境影响预测与评价

预测评价规划产业发展、物流交通及集中供热、固体废物焚烧、废气集中处理中心等设施建设对评价范围环境空气质量的影响。考虑区域大气污染物传输特征，分析产业园区规划实施对区域大气环境质量的总体影响。

8.3.4 声环境影响预测分析

预测规划实施后交通物流方式、主要道路车流量等的变化，分析规划实施后集中居住区等声环境敏感区环境质量达标情况。

8.3.5 固废处理处置及影响分析

预测、分析规划实施可能产生的固体废物（尤其是危险废物）种类、数量、处理处置方式、综合利用途径及可能产生的间接环境影响；纳入区域固体废物管理处置体系的产业园区，从接纳能力、处理类型、处理工艺、服务年限、污染物达标排放等方面，分析依托既有处理处置设施的技术经济和环境可行性。

8.3.6 土壤环境影响预测与评价

对涉及重金属及有毒有害物质排放的产业园区，分析规划实施可能对土壤环境造成显著影响的重金属和有毒有害物质。根据污染物排放特征及其在土壤环境的输移、转化过程，分析主要受影响的地块，以及土壤环境污染变化潜势。

8.3.7 生态环境影响预测与评价

分析土地利用类型改变等对生态保护红线、重点生态功能区、环境敏感区的影响，重点关注污染物排放等对重要生态系统功能及重要物种栖息地质量的影响。涉海的产业园区还应分析围填海的生态环境影响。

8.3.8 环境风险预测与评价

8.3.8.1 预测评价各类突发性环境事件对人群聚集区等重要环境敏感区的风险影响范围、可接受程度等后果；涉及大规模危险化学品输运的产业园区，应分析危险化学品输送、转运、贮存的环境风险。

8.3.8.2 对可能产生易生物蓄积、长期接触对人群和生物产生危害作用的无机和有机污染物、放射性污染物等的产业园区，根据产业园区特征污染物环境影响预测结果，分析暴露的途径、方式及可能产生的人群健康风险。

8.4 累积环境影响预测与分析

分析规划实施可能产生的累积性生态环境影响因子、累积方式和途径，重点关注污染物通过大气—

土壤—地下水等环境介质跨相输送、迁移和累积过程，预测、分析环境影响的时空累积效应，给出累积环境影响的范围和程度。

8.5 资源与环境承载状态评估

8.5.1 分析产业园区资源（水资源、能源等）利用、污染物（水污染物、大气污染物等）及碳排放对区域或相关环境管控单元资源能源利用上线及污染物允许排放总量、碳排放总量的占用情况，评估区域资源、能源及环境对规划实施的承载状态。

8.5.2 产业园区所在区域环境质量超标的，以环境质量改善为目标，结合产业园区污染物减排方案，提出产业园区存量源污染物削减量和规划新增源污染物控制量。资源消耗超过相应总量或强度上线的产业园区，分析提出资源集约和综合利用途径及方案，以不突破上线为原则明确产业园区资源利用总量控制要求。碳排放总量超过区域碳排放控制目标的产业园区，应明确产业园区降碳途径和实现碳减排的具体措施。

9 规划方案综合论证和优化调整建议

9.1 规划方案环境合理性论证

9.1.1 基于区域生态保护红线、环境质量底线、资源利用上线管控目标，结合规划协调性分析结论，论证产业园区规划目标与发展定位环境合理性。

9.1.2 基于产业园区环境管控分区及要求，结合规划实施对生态保护红线、重点生态功能区、其他环境敏感区的影响预测及环境风险评价结果，论证产业园区布局、重大建设项目选址的环境合理性。

9.1.3 基于产业园区污染物排放管控、环境风险防控、资源能源开发利用管控，结合环境影响预测与评价结果，以及产业园区低碳化、生态化发展要求，论证产业园区规划规模（产业规模、用地规模等）、结构（产业结构、能源结构等）、运输方式的环境合理性。

9.1.4 基于产业园区基础设施环境影响分析，论证产业园区污水集中处理、固体废物（含危险废物）分类集中安全处置、集中供热、VOCs 等废气集中处理中心等设施选址、规模、建设时序、排放口（排污口）设置等的环境合理性。

9.1.5 特殊类型产业园区规划方案综合论证重点包括：

a）化工及石化园区重点从环境风险防控要求约束，规划实施可能产生的环境风险、环境质量影响等方面，论证园区选址、产业定位、高风险产业及下游产业链发展规模、园区内部功能分区和用地布局、污水及危险废物等集中处理处置设施、环境风险防范设施等建设的环境合理性。

b）涉及重金属污染物、无机和有机污染物、放射性污染物等特殊污染物排放的产业园区，重点从园区污染物排放管控、建设用地污染风险管控约束，规划实施可能产生的环境影响、人群健康风险、底泥（沉积物）和土壤环境等累积性影响方面，论证园区产业定位和产业结构、主要规划产业规模和布局、污染集中处理设施建设方案的环境合理性。

c）以电力、钢铁、建材、有色、石化和化工等重点碳排放行业为主导产业的园区，重点从资源能源利用管控约束，与区域、行业的碳达峰和碳减排要求的符合性，资源与环境承载状态等方面，论证园区产业定位、产业结构、能源结构、重点涉碳排放产业规模的环境合理性。

9.1.6 规划方案目标可达性分析和环境效益分析要求执行 HJ 130。

9.2 规划优化调整建议

9.2.1 规划实施后无法达到环境目标、满足区域碳达峰要求，或与国土空间规划功能分区等冲突，应提出产业园区总体发展目标、功能定位的优化调整建议。

9.2.2 规划布局与区域生态保护红线、产业园区空间布局管控要求不符，或对生态保护红线及产业园区内、外环境敏感区等产生重大不良生态环境影响，或产业布局及重大建设项目选址等产生的环境风险不可接受，应对产业园区布局、重大建设项目选址等提出优化调整建议。

9.2.3 规划产业发展可能造成重大生态破坏、环境污染、环境风险、人群健康影响或资源、生态、环境无法承载，或超标产业园区考虑区域污染防治和产业园区污染物削减后仍无法满足环境质量改善目标要求，或污染物排放、资源开发、能源利用、碳排放不符合产业园区污染物排放管控、环境风险防控、资源能源开发利用等管控要求，应对产业规模、产业结构、能源结构等提出优化调整建议。

9.2.4 基础设施规划实施后，可能产生重大不良环境影响，或无法满足规划实施需求、难以有效实现产业园区污染集中治理的，应提出选址、规模、建设时序及处理工艺、排污口设置、提标改造、中水回用及配套管网建设等优化调整建议，或区域环境基础设施共建共享的建议。

9.2.5 明确优化调整后的规划布局、规模、结构、建设时序等，并给出优化调整的图、表。

9.2.6 将优化调整后的规划方案作为推荐方案。

9.3 规划环境影响评价与规划编制互动情况说明

说明产业园区规划环境影响评价与规划编制的互动过程、互动内容，各时段向规划编制机关反馈的建议及采纳情况等。

10 不良环境影响减缓对策措施与协同降碳建议

10.1 资源节约与碳减排

10.1.1 资源节约利用

从完善产业园区能源梯级高效利用、非常规水资源（如矿井水、中水、微咸水、海水淡化水）利用、固体废物综合利用、土地节约集约利用等方面，提出产业循环式组合、园区循环化发展的优化建议。

10.1.2 碳减排

提出产业园区碳减排的主要途径和主要措施建议，包括涉碳排放产业规模、结构调整、原料替代，能源利用效率提升，绿色清洁能源利用，废物的节能与低碳化处置等。

10.2 产业园区环境风险防范对策

10.2.1 针对潜在的环境风险，提出相关产业发展的约束性要求。

10.2.2 对可能产生显著人群健康影响的产业园区，提出减缓人群健康风险的对策、措施。

10.2.3 从环境风险预警体系建设、重大风险源在线监控、危险化学品运输风险防控、突发性环境风险事故应急响应、完善环境风险应急预案、环境应急保障体系建设等方面，提出完善企业、园区、区域环境风险防控体系的对策，以及产业园区与区域风险防控体系的衔接机制。

10.3 生态环境保护与污染防治对策和措施

10.3.1 提出园区落实区域环境质量改善及污染防控方案的主要措施和要求，包括改善大气环境质量、提升水环境质量、分类防治土壤环境污染、完善固体废物收集和贮存及利用处置等。

10.3.2 针对产业园区既有环境问题和规划实施可能产生的主要环境影响，提出减缓对策和措施。

10.3.3 生态环境较敏感或生态功能显著退化的产业园区，应提出生态功能修复和生物多样性保护的对策和措施，包括生态修复、生态廊道构建、生态敏感区保护及绿化隔离带或防护林等缓冲带建设等。

11 环境影响跟踪评价与规划所含建设项目环境影响评价要求

11.1 环境影响跟踪评价计划

11.1.1 拟定跟踪评价计划，对产业园区规划实施全过程已产生的资源利用、环境质量、生态功能影响进行跟踪监测，对规划实施提出环境管理要求，并为后续产业园区跟踪环境影响评价提供依据。跟踪评价计划基本要求参照执行 HJ 130。

11.1.2 产业园区跟踪监测方案是跟踪评价计划的重要内容，包括跟踪监测的环境要素、生态指标、监测因子、监测点位（断面）、监测频次、监测采样与分析方法、执行标准等。

a）监测点位（断面）布设应考虑环境敏感区、产业集中单元、现状环境问题突出的单元、产业园区优先保护区、重点控制断面，区域水环境、土壤环境、大气环境重点管控单元等。

b）监测环境要素应包括大气环境、水环境、声环境、土壤环境、生态环境、底泥（沉积物）等，必要时还应考虑可能受影响的产业园区及周边易感人群。

c）监测因子或指标应包括常规污染因子、特征污染因子、现状超标因子、生态状况指标，以及特定条件下的人群健康状况指标等。

11.2 规划所含建设项目环境影响评价要求

11.2.1 分行业提出规划所含建设项目环境影响评价重点内容和基本要求。

11.2.2 对符合产业园区环境准入的建设项目，提出简化入园建设项目环境影响评价的建议。

a）对不涉及特定保护区域、环境敏感区，且满足重点管控区域准入要求的建设项目，可提出简化选址环境可行性和政策符合性分析，生态环境调查直接引用规划环境影响评价结论的建议。

b）对区域环境质量满足考核要求且持续改善、不新增特征污染物排放的建设项目，可提出直接引用符合时效的产业园区环境质量现状和固定、移动污染源调查结论，简化现状调查与评价内容的建议。

c）对依托产业园区供热、清洁低碳能源供应、VOCs 等废气集中处理、污水集中处理、固体废物集中处置等公用设施的建设项目，可提出正常工况下的环境影响直接引用规划环境影响评价结论的建议。

12 产业园区环境管理与环境准入

12.1 产业园区环境管理方案

12.1.1 以改善产业园区生态环境质量为核心，提出产业园区环境管理目标、重点、对象和指标，完善产业园区环境管理方案。

12.1.2 以提高产业园区环境管理能力和水平为目标，提出加强污染源及风险源监管、污染物在线监测、环保及节能设施建设、环境风险防控及应急体系建设、环境监管能力建设等方面的措施和建议，强化产业园区环境管理措施。

12.2 产业园区环境准入

12.2.1 产业园区环境管控分区细化

12.2.1.1 产业园区与区域优先保护单元重叠地块，产业园区内其他具有重要生态功能的河流水系、湿地、潮间带、山体、绿地等及评价确定需保护的其他环境敏感区，划为保护区域。

12.2.1.2 保护区域外结合产业园区功能分区，划为不同的重点管控区域。

12.2.2 分区环境管控要求

12.2.2.1 落实国家和地方的法律、法规、政策及区域生态环境准入清单，结合现状调查、影响预测评价结果，细化分区环境准入要求。

12.2.2.2 保护区域环境准入应包括以下要求：列出保护区域禁止或限制布局的规划用地类型、规划行业类型等，对不符合管控要求的现有开发建设活动提出整改或退出要求。

12.2.2.3 重点管控区域环境准入应包括以下要求：

a）空间布局约束要求。对既有环境问题突出、土壤重金属超标、污染企业退出的遗留污染棕地、弱包气带防护性能区等地块，提出禁止和限制准入的产业类型及严格的开发利用环境准入条件；针对环境风险防范区、环境污染显著且短时间内治理困难的地块等，提出限制、禁止布局的用地类型或布局的建议。

b）污染物排放管控要求。包括产业园区、主要污染行业的主要常规、特征污染物允许排放量及存量源削减量和新增源控制量、主要污染物（包括常规和特征污染物）及碳排放强度准入要求，现有源提标升级改造、倍量削减（等量替代）等污染物减排要求，主要污染行业预处理、深度治理等要求。

c）环境风险防控要求。涉及易燃易爆、有毒有害危险物质，特别是优先控制化学品生产、使用、贮存的产业园区，应提出重点环境风险源监管，禁止或限制的危险物质类型及危险物质在线量，危险废物全过程环境监管，高风险产业发展规模控制等；建设用地土壤污染风险防控或污染土壤修复等管控要求。

d）资源开发利用管控要求。包括水资源、土地资源、能源利用效率等准入要求。节能、能源利用（方式）及绿色能源利用，涉煤项目煤炭减量替代要求；涉及高污染燃料禁燃区的产业园区应提出禁止、限制准入的燃料及高污染燃料设施类型、规模及能源结构调整等要求。水资源超载产业园区应提出禁止、限制准入的高耗水行业类型、工序类型及中水回用要求。

13 公众参与和会商意见处理

公众参与和会商意见处理参照执行 HJ 130。

14 评价结论

14.1 产业园区生态环境现状与存在问题

结合产业园区发展情况和生态环境调查，明确产业园区污染治理、风险防控、环境管理、重要资源开发利用状况及其与环境管理目标和相关政策要求的差距。给出产业园区环境质量现状和历史演变趋势，环境质量超标的位置、时段、因子及成因。指出产业园区发展在生态环境质量改善、环境风险防控、资源能源高效利用等方面，存在的主要生态环境问题和环境风险隐患。

14.2 规划生态环境影响特征与预测评价结论

明确规划实施产生的显著生态环境影响，以及对重要环境敏感区的影响方式、途径和程度。明确规划实施的环境风险因素和受体特征，以及环境风险类型、暴露途径、水平和后果。明确规划实施对区域生态环境的整体影响和累积效应，以及对实现产业园区环境目标的综合影响。

14.3 资源环境压力与承载状态评估结论

结合评价时段内产业园区水资源、土地资源、能源等需求量及潜在的碳排放水平，明确规划实施带来的新增资源、能源消耗量和主要污染物、碳排放负荷。指出不同评价时段产业园区主要污染物削减措施、削减来源及减排潜力，以及主要资源、污染物现状量、减排量（节减量）、新增量，明确规划实施的资源环境承载状态。

14.4 规划实施制约因素与优化调整建议

明确产业园区规划与上位和同层位法律、法规、政策及“三线一单”和相关规划存在的不协调、不符合或潜在冲突，从加强生态环境保护角度给出相应解决对策。结合环境影响预测分析评价结果，明确规划实施的主要资源、环境、生态制约因素，指出与产业园区环境目标和要求不相符的规划内容，并提出具体、可行的优化调整建议。说明规划环境影响评价与规划编制互动过程，编制机关采纳规划环境影响评价建议优化规划方案的主要内容。

14.5 规划实施生态环境保护目标和要求

从生态保护、环境质量、风险防控、碳减排及资源利用、污染集中治理等方面，明确规划实施的生态环境保护目标、指标和要求，以及产业园区资源节约利用、碳减排的主要优化建议。针对产业园区现状生态环境问题和不同评价时段主要生态环境影响，提出不良环境影响减缓对策、环境风险防控要求、环境污染防治措施，以及产业园区生态保护和治理措施。

14.6 产业园区环境管理改进对策和建议

明确产业园区环境管理现状问题和短板，及与规划期环境目标和要求的差距，给出提高产业园区环境监管水平和执行能力的对策建议。明确产业园区环境管控分区，给出具体的分区环境准入要求。明确产业园区环境影响跟踪监测和评价的总体要求和执行要点，规划所含建设项目环评的重点内容、基本要求及简化建议。

15 环境影响评价文件的编制要求

参照执行 HJ 130 要求，并可根据产业园区实际，对报告书章节设置、主要内容及图件进行适当增减。

HJ

中华人民共和国国家环境保护标准

HJ 1218—2021

规划环境影响评价技术导则 流域综合规划

Technical guideline for planning environmental impact assessment

—Comprehensive river basin planning

2021-12-08 发布　　2022-03-01 实施

生态环境部 发布

前　言

为贯彻《中华人民共和国环境保护法》《中华人民共和国环境影响评价法》《中华人民共和国水污染防治法》《规划环境影响评价条例》等法律法规，防治流域环境污染，改善生态环境质量，规范流域综合规划环境影响评价工作，制定本标准。

本标准规定了流域综合规划环境影响评价的评价原则、工作程序、重点内容、主要方法和要求。

本标准的附录 A 为资料性附录，附录 B 为规范性附录。

本标准为首次发布。

本标准由生态环境部会同国务院有关部门组织制订。

本标准主要起草单位：生态环境部华南环境科学研究所、北京师范大学、珠江水资源保护科学研究所。

本标准生态环境部 2021 年 12 月 8 日批准。

本标准自 2022 年 3 月 1 日起实施。

本标准由生态环境部解释。

规划环境影响评价技术导则　流域综合规划

1　适用范围

本标准规定了流域综合规划环境影响评价的评价原则、工作程序、重点内容、主要方法和要求。

本标准适用于国务院有关部门、流域管理机构、设区的市级以上地方人民政府及其有关部门组织编制的流域综合规划（含修订）的环境影响评价。流域专业规划或专项规划可参照本标准执行。

2　规范性引用文件

本标准引用了下列文件或其中的条款。凡是注明日期的引用文件，仅注日期的版本适用于本标准。凡是未注日期的引用文件，其最新版本（包括所有的修改单）适用于本标准。

HJ 2.3　环境影响评价技术导则　地表水环境

HJ 19　环境影响评价技术导则　生态影响

HJ/T 88　环境影响评价技术导则　水利水电工程

HJ 130　规划环境影响评价技术导则　总纲

HJ 192　生态环境状况评价技术规范

HJ 610　环境影响评价技术导则　地下水环境

HJ 623　区域生物多样性评价标准

HJ 627　生物遗传资源经济价值评价技术导则

HJ 1172　全国生态状况调查评估技术规范——生态系统质量评估

SL/T 278　水利水电工程水文计算规范

SL/T 793　河湖健康评估技术导则

3　术语和定义

HJ 130 界定的以及下列术语和定义适用于本标准。

3.1

流域　basin

地表水或地下水的分水线所包围的汇水或集水区域。

3.2

流域综合规划　comprehensive river basin planning

统筹研究一个流域范围内与水相关的各项开发、治理、保护与管理任务的水利规划。

3.3

流域生态系统服务功能　river basin ecosystem service functions

流域生态系统形成和所维持的人类赖以生存和发展的环境条件与效用，通常包括水源涵养、水土保持、生物多样性保护、防风固沙、洪水调蓄、产品提供等。

3.4

重要生境　important habitat

重要生物物种或群落赖以生存和繁衍的法定保护或具有特殊意义的生态空间，通常包括各类自然保护地、重点保护物种栖息地以及重要水生生物的产卵场、索饵场、越冬场及洄游通道等。

3.5

生态流量　ecological water flow

为了维系河流、湖泊等水生态系统的结构和功能，需要保留在河湖内满足生态用水需求的流量（水量、水位）及其过程。

4　总则

4.1　评价目的

以改善水生态环境质量、维护生态安全为目标，以落实碳达峰碳中和目标和加强生物多样性保护为导向，论证规划方案的环境合理性和社会环境效益，统筹流域治理、开发、利用和保护的关系，提出优化调整建议、不良生态环境影响的减缓措施及生态环境保护对策，推动流域绿色高质量发展，为规划综合决策和实施提供依据。

4.2　评价原则

4.2.1　全程参与、充分互动

评价应及早介入规划编制工作，并与规划前期研究和方案编制、论证、审定等关键环节和过程充分互动，吸纳各方意见，优化规划方案。

4.2.2　严守红线、强化管控

评价应充分衔接已发布实施的“三线一单”成果，严守生态保护红线、环境质量底线和资源利用上线要求，结合评价结果进一步提出流域环境保护要求及细化重点区域生态环境管控要求的建议，指导流域专业规划或专项规划、支流下层位规划或建设项目环境准入，实现流域规划、建设项目环境影响评价的系统衔接和协同管理。

4.2.3　统筹衔接、突出重点

评价应科学统筹水陆、江湖、河海，以及流域上下游、左右岸、干支流生态环境保护和绿色发展，系统考虑流域开发、治理、利用、保护和管理任务与流域内各生态环境要素的关系，重点关注规划实施对流域生态系统整体性、累积性影响。

4.2.4　协调一致、科学系统

评价内容和深度应与规划的层级、详尽程度协调一致，与规划涉及流域和区域的环境管理要求相适应，并依据不同层级规划的决策需求，提出相应的宏观决策建议以及具体的生态环境管理要求，加强流域整体性保护。

4.3　评价范围及评价时段

4.3.1　评价范围应覆盖规划空间范围及可能受到规划实施影响的区域，统筹兼顾流域上下游、干支流、左右岸、河（湖）滨带、地表和地下集水区、调入区和调出区及江河湖海交汇区。

4.3.2　评价时段与流域综合规划的规划时段一致，必要时可根据规划实施可能产生的累积性生态环境影响适当扩展，并根据规划方案的生态环境影响特征确定评价的重点时段。

4.4　评价技术流程

流域综合规划环境影响评价的技术流程见图 1。

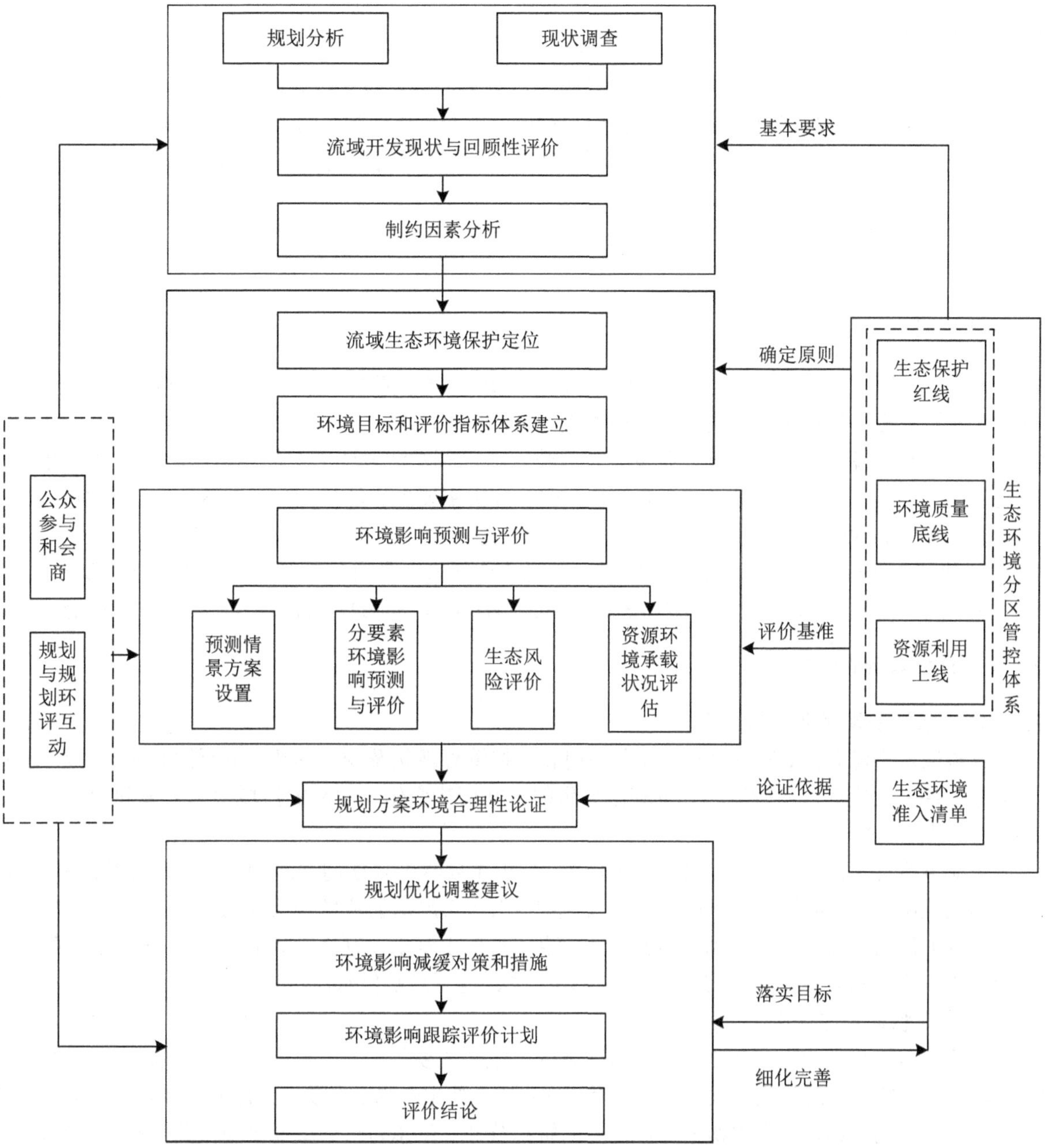

图 1　流域综合规划环境影响评价技术流程图

5　规划分析

5.1　规划概述

介绍规划沿革及编制背景，结合图、表梳理分析规划的时限、范围、定位、目标、控制性指标，以及水资源开发利用与保护、防洪、治涝、灌溉、城乡供水、水力发电、航运等各专业规划或专项规划的布局、任务、规模、建设方式、时序安排等，梳理规划近远期实施意见。对于规划涉及的重大工程（如大型水库和控制性工程、水力发电工程、跨流域调水工程、大型灌区和重要灌区工程、航运枢纽工程等），说明其性质、任务、规模等基本情况。

5.2 规划协调性分析

分析规划方案与相关法律、法规、政策及上层位规划、同层位规划、功能区划、“三线一单”等的符合性和协调性，明确在空间布局、资源保护与利用、生态环境保护、污染防治、风险防范要求等方面的冲突和矛盾。阐述综合规划与各专业规划或专项规划之间在目标、任务、规模等方面的冲突和矛盾。

6 现状调查与评价

6.1 基本要求

6.1.1 根据规划环境影响特点和流域生态环境保护要求，调查流域自然和社会环境概况，重点对干支流重要河段、主要控制断面及相关区域开展调查，系统梳理流域开发、利用和保护现状，重点评价流域水文水资源、水环境和生态环境等现状及变化趋势。对已开发河段或流域的环境影响进行回顾性评价，明确流域生态功能、环境质量现状和资源利用水平，分析主要生态环境问题及成因，明确规划实施的资源、生态、环境制约因素。

6.1.2 现状调查应充分收集和利用已有成果，并说明资料来源和有效性。现状调查与评价基本要求、方法参照 HJ 130、HJ 2.3、HJ 19、HJ/T 88、HJ 192、HJ 610、HJ 623、HJ 1172、SL/T 793 执行。

6.2 现状评价与回顾性分析

6.2.1 水文水资源现状调查与评价

调查流域水资源总量、时空分布、开发利用和保护管理现状及变化趋势，主要控制断面的水文特征和生态流量保障程度等，明确流域开发利用导致的水文情势变化及相应的流域生态环境问题。

6.2.2 水环境现状调查与评价

调查流域水环境质量目标、现状及变化趋势，分析主要集中式饮用水水源地水质达标情况和重要湖库富营养化状况，明确流域主要水环境问题及成因。水污染严重的流域应关注污染源和沉积物状况，涉及水温改变的河流应调查水库及河流水温沿程变化，与地下水水力联系密切且生态环境敏感、脆弱的区域还应调查水文地质条件、地表与地下水补径排关系、地下水水位水质、环境地质问题等。

6.2.3 生态现状调查与评价

明确流域范围内的生态保护红线、环境敏感区和重要生境的分布、范围、保护要求及其与治理开发利用河段、主要控制断面的位置关系，调查流域内水生、陆生生物的种类、组成和分布，重点调查珍稀、濒危、特有野生动植物、水生生物和保护鱼类的资源分布、生态习性、重要生境及其保护现状等。评价流域生态系统结构与功能状况、生物多样性现状及空间分布，分析流域生态状况和变化趋势及成因，明确流域主要生态环境问题。

6.2.4 环境影响回顾性评价

梳理流域开发、利用和保护历程或上一轮规划的实施情况，调查上一轮规划环境影响评价及其审查意见的落实情况及效果，分析流域生态环境演变趋势和现状生态环境问题与流域开发、治理和保护的关系，提出需重点关注的生态环境问题及其解决途径。

6.3 制约因素分析

根据现状调查与评价结果，对照生态保护红线、环境质量底线、资源利用上线管控目标，明确提出规划实施的资源、生态、环境制约因素。

7 环境影响识别与评价指标体系构建

7.1 环境影响识别

识别水资源开发利用与保护、防洪、治涝、灌溉、城乡供水、水力发电、航运等专业规划或专项规划实施对水文水资源、水环境、生态环境等的影响途径、方式，以及影响性质、范围和程度，重点判识可能造成的累积性、整体性等重大不良生态环境影响和生态风险，明确受规划实施影响显著的资源、生态、环境要素。

7.2 生态环境保护定位

以维护生态安全、改善生态环境为目标，根据流域和区域可持续发展战略、生态环境保护与资源利用相关法律法规、政策和规划，充分衔接生态保护红线、环境质量底线、资源利用上线管控目标，明确流域生态环境保护定位。

7.3 环境目标与评价指标体系构建

根据流域生态环境保护定位，综合考虑流域水文水资源、水环境、生态环境等方面的关键因子、主要影响和突出问题，从生态安全维护、环境质量改善、资源高效利用等方面建立环境目标和评价指标体系，明确基准年及不同评价时段的环境目标值、评价指标值及确定依据。评价指标参见附录 A。

8 环境影响预测与评价

8.1 基本要求

8.1.1 根据规划期内新建的控制性工程以及已建、在建工程的不同调度运行工况、阶段，从规划规模、布局、建设时序等方面，开展多种情景（或运行工况）规划环境影响预测与评价。

8.1.2 影响预测与评价应立足于利用已有成果，并说明资料来源和有效性。根据流域规划影响特征及生态环境保护定位确定评价重点内容，基本要求、方法参照 HJ 130、HJ 2.3、HJ 19、HJ/T 88、HJ 610、HJ 623、HJ 627、HJ 1172、SL/T 278、SL/T 793 执行。

8.2 影响预测与评价

8.2.1 水文水资源影响预测与评价

分析规划所包含的各专业规划或专项规划、重大工程实施对流域水资源开发利用强度和效率、水资源量及时空分配、主要控制断面水文情势的累积、整体影响。依据河流、湖库生态环境保护目标的流量（水位）及过程需求，分析规划确定的控制断面生态流量的保障程度。

8.2.2 水环境影响预测与评价

结合水文情势变化，评价规划实施对流域水环境的累积、整体影响，明确主要控制断面水环境质量的变化能否满足环境目标要求，分析主要水环境问题的变化趋势。与地下水水力联系密切且生态环境敏感、脆弱的区域应分析补径排关系及水位变化对地下水水质的影响。

8.2.3 生态影响预测与评价

预测流域水文水资源变化对陆生和水生生态系统结构、功能的累积、整体影响，评价规划实施对生物多样性和生态系统完整性的影响，重点分析对珍稀濒危特有野生动植物、水生生物和重要经济价值鱼类的重要生境及河（湖）滨带、江河湖海交汇区的影响，评价规划实施是否符合生态保护红线、环境敏感区和重要生境的保护和管控要求，明确主要生态问题的变化趋势。

8.2.4 生态风险评价

分析规划实施可能带来的主要生态风险，明确生态风险特征、潜在生态损失或其他风险后果，以及主要受体或敏感目标的风险可接受性，关注气候变化背景下流域面临的潜在风险及规划提出的应对和适应气候变化对策措施的环境可行性。

8.3 资源环境承载状况评估

在充分利用已有成果评价资源环境承载力的基础上，分析规划实施后重要河段水资源量与用水量、控制断面水环境质量的变化，围绕设定的规划开发情景评估流域水资源、水环境、生态环境对规划实施的承载状态及其变化趋势。

9 规划方案环境合理性论证和优化调整建议

9.1 规划方案环境合理性论证

9.1.1 根据流域生态环境保护定位、环境目标及“三线一单”目标要求，结合规划协调性分析结果，论证规划定位和规划环境目标的环境合理性。

9.1.2 根据环境管控分区及要求，结合规划实施对生态保护红线、环境敏感区和重要生境的影响预测及生态风险评价结果，论证规划任务和布局、重大工程选址，规划划定的优先保护、重点保护、治理修复的水陆域及禁止、限制开发的河段或岸线的环境合理性。

9.1.3 根据环境影响预测评价和资源环境承载状态评估结果，结合水生态环境质量改善目标要求，论证规划开发利用规模和重大工程规模的环境合理性。

9.1.4 根据规划实施对生态环境的影响程度、范围和累积后果，结合生态环境影响减缓措施的潜在效果等，论证规划时序安排和建设方式的环境合理性。

9.1.5 规划目标可达性分析按 HJ 130 执行。规划方案的环境效益从维护生态安全、改善生态环境质量、推动社会经济绿色低碳发展等方面开展论证。

9.2 规划优化调整建议

9.2.1 说明规划环境影响评价与规划编制的互动过程和内容，特别是向规划编制机关反馈的意见建议及其采纳情况，明确已被采纳的建议，给出规划需进一步优化调整的建议及其论证依据。

9.2.2 规划方案与流域生态环境保护定位、上层位规划、“三线一单”目标要求等存在明显冲突，或者即便在采取可行的预防和减缓措施情况下仍难以满足生态环境目标及要求，应提出对规划方案作重大调整的结论和建议。

9.2.3 规划布局方案与生态保护红线、环境敏感区和重要生境的保护要求不符，或对生态保护红线、环境敏感区和重要生境、流域重要生态功能产生重大不良影响，或规划任务及布局、重大工程等产生的生态风险不可接受，应针对规划任务、布局和重大工程选址等提出优化调整建议。

9.2.4 规划开发方案可能造成显著生态破坏、环境污染、生态风险或人群健康影响，或规划方案中的生态保护和污染防治措施实施后仍无法满足环境质量改善目标或污染防治要求，应针对规划开发利用规模、重大工程规模等提出优化调整建议。

9.2.5 针对经评价得出的关键要素、突出问题、主要影响、重大风险等，从促进流域环境质量改善、加强生态功能保障、推动绿色低碳发展角度，进一步梳理并以图、表形式提出规划方案的优化调整建议。将优化调整后的规划方案作为环境比选的推荐方案。

10 环境影响减缓对策和措施

10.1 流域生态环境管控

衔接“三线一单”、国土空间规划等相关规划，结合流域资源、生态、环境制约因素，明确需优先保护、重点保护、治理修复的水陆域及禁止、限制开发的河段或岸线，围绕开发建设任务提出流域环境保护要求及细化重点区域生态环境管控要求的建议。对流域内具有生态保护价值的其他支流，根据具体开发利用和保护情况，还应提出生态环境保护和修复要求。

10.2 生态环境保护与污染防治对策和措施

10.2.1 从生态风险防范、流域环境管理、生态环境监测、水资源管理等方面提出预防措施。

10.2.2 从生态调度和监控机制、控制断面生态流量保障、物种及其生境保护、重要水源地保护、自然保护地与重要湿地保护、自然河段保留、流域水污染防治、沙化石漠化和水土流失治理等方面提出减缓措施。

10.2.3 从替代生境构建与保护、流域水系连通修复、岸线和河（湖）滨带修复、重点库区消落区和重点湖泊生态环境修复、退化林草和受损湿地修复、重要栖息地修复等方面提出修复补救措施，必要时提出流域生态补偿措施。对流域现存的生态环境问题，提出解决方案或后续管理要求。

11 环境影响跟踪评价计划与规划和建设项目环境影响评价要求

11.1 环境影响跟踪评价计划

11.1.1 结合规划实施的主要生态环境影响，拟定跟踪评价计划，监测和调查规划实施对流域环境质量、生态功能、生物多样性、生物资源、资源利用等的实际影响，以及不良生态环境影响减缓措施的有效性。

11.1.2 跟踪评价计划应包括工作目的、监测方案、调查方法、评价重点、实施安排等内容。主要包括：

a）以图、表形式给出需重点监测和评价的资源生态环境要素、重要河段、控制断面、具体监测项目及评价指标，以及相应的监测点位、频次。

b）提出分析规划优化调整建议、环境影响减缓对策和措施等落实情况和执行效果的具体内容和要求，明确分析和评价不良生态环境影响预防和减缓措施有效性的监测要求和评价准则。

c）针对规划实施对流域生态环境的阶段性综合影响，环境影响减缓措施的执行效果以及后续规划实施调整建议等，明确跟踪评价的内容和要求。

11.2 规划和建设项目环境影响评价要求

对流域专业规划或专项规划、支流下层位规划或规划所包含的重大工程提出指导性意见，明确环境影响评价需重点分析、可适当简化的内容。简化要求参照 HJ 130 执行。

12 公众参与和会商意见

12.1 基本要求

公众参与和会商意见参照 HJ 130 执行，需要保密的规划应按照相关保密规定执行。

12.2 公众参与和会商意见处理

12.2.1 重点调查、收集和分析受规划实施影响较大的公众、团队、有关政府机构、专业人士等的意见和建议，并对评价工作考虑和采用相关意见和建议的情况作出说明。

12.2.2 会商意见应明确说明流域开发利用现状、规划实施可能产生的环境影响和潜在的生态风险，提出优化调整规划方案及完善环境影响减缓对策措施的建议。

13 评价结论

评价结论基本要求、内容参照 HJ 130 执行，评价结论应明确以下内容：

a）流域生态环境保护定位和环境目标。

b）流域环境质量、资源利用现状和变化趋势，流域存在的主要生态环境问题，规划实施的资源、生态、环境制约因素。

c）规划实施对生态、环境的主要影响及潜在的生态风险，资源环境对规划实施的承载能力及其变化趋势，规划实施环境目标可达性分析结论。

d）规划协调性分析结论，规划方案的环境合理性和社会环境效益。

e）规划定位、任务、布局、规模、建设方式、时序安排、重大工程等规划优化调整建议。

f）流域环境管控要求，预防、减缓和修复补偿等对策措施。

g）对专业规划或专项规划、支流下层位规划及规划所包含建设项目的环境影响评价要求。

h）环境影响跟踪评价计划的主要内容和要求。

i）公众意见、会商意见的回复和采纳情况。

14 环境影响评价文件的编制要求

规划环境影响评价文件编制要求按 HJ 130 执行，报告书中应包含的成果图件及格式、内容要求见附录 B。

附　录　A

（资料性附录）

流域综合规划环境影响评价指标

根据流域主要生态环境保护定位，针对规划的主要生态环境影响特征，从资源高效利用、环境质量改善、生态安全维护等方面，筛选适宜的指标并形成评价指标体系。可供选择的评价指标如表 A.1 所示。评价过程中可根据流域开发利用特点与环境影响特征适当删减或增补评价指标。

表 A.1　流域综合规划环境影响评价指标

环境目标	环境要素	评价指标	指标类别
保障资源高效利用	水文水资源	水资源开发利用率[a]	必选
		控制断面生态流量保障目标达标情况[b]	必选
		地下水开采系数[c]	可选
		减脱水河段长度（或持续时间）变化情况[d]	可选
		单位 GDP 用水量[e]	可选
		流量过程（或入湖流量）变异程度[f]	可选
持续改善水环境质量	水环境	控制断面水质达标率[g]	必选
		集中式饮用水水源地水质达标率[h]	必选
		水功能区达标率[i]	可选
		湖（库）营养状态指数[j]	可选
		下泄低温水梯级百分比[k]	可选
		地下水水质达标率[l]	可选
维护流域生态安全	生态环境	规划方案占用生态保护红线的情况[m]	必选
		水生生物栖息地[n]	必选
		生物多样性[o]	必选
		鱼类物种数[p]	必选
		重点保护水生生物数量[q]	必选
		自然岸线率[r]	必选
		河流纵向连通指数[s]	必选
		湖泊连通指数[t]	可选
		水源涵养区质量[u]	可选
		底栖动物优势种[v]	可选

[a] 指一定时期当地水资源形成的供水总量（包括调出水量）与同期当地水资源总量的比值。

[b] 指河流、湖泊生态流量目标满足程度，当河流、湖泊生态流量目标满足程度≥保证率要求即可认定该断面生态流量目标得到满足。控制断面生态流量保障目标达标情况采用频次法进行评价，即规划基准年或水平年大于等于生态流量保障目标的流量（水位）次数与规划基准年或水平年参与生态流量保障目标满足情况评价的流量（水位）总次数的比值。

[c] 指流域内地下水开采量与地下水量比值。

[d] 指流域的减脱水河段长度（或发生减脱水的天数）较现状的变化情况，指标值按“增加”“基本稳定”“减少”表述。

[e] 指一定时期流域内平均产生一万元区内生产总值的取用水量，指标值按“逐步下降”“基本不变”“逐步增加”等表征。

[f] 指规划基准年或水平年河流（或环湖河流的入湖）控制断面实测/预测月径流量与天然月径流量的平均偏离程度，计算方法参照 SL/T 793。当变异程度在[0，0.2）时，认为流量过程（或入湖流量）的变异小；当变异程度在[0.2，1.0）时，认为流量过程（或入湖流量）的变异中等；当变异程度在[1.0，+∞）时，认为流量过程（或入湖流量）的变异大。

[g] 指规划基准年或水平年某控制断面水质达到其水质目标的次数占总监测次数的比例。

[h] 指规划基准年或水平年流域内集中式饮用水水源地水质达到其水质目标的个数占集中式饮用水水源地总数的百分比。

[i] 指流域或重要河段内达标水功能区个数占水功能区总数的百分比。

[j] 指湖泊、水库水体富营养化状况，可采用综合营养状态指数（TLI）表征，计算方法具体可参考《地表水环境质量评价办法（试行）》。

[k] 指流域内存在分层的下泄低温水梯级占所有梯级的比例。

[l] 指地下水水质达到其水质目标的站位个数（或面积）的比例。

[m] 指各专业规划或专项规划布局、规划重大工程选址是否占用流域内生态保护红线，指标值按“占用”“不占用”等表述，其中生态保护红线定义参照《关于在国土空间总体规划中统筹划定落实三条控制线的指导意见》。

[n] 用栖息地人类活动影响指数表征，指流域内涉水自然保护地人类活动面积占保护地总面积的比例。

[o] 指所有来源的活的生物体中的变异性，包括物种内部、物种之间和生态系统的多样性，可采用香农-威纳指数（Shannon-Wiener Index）表征，计算方法参照 HJ 19。

[p] 指自然恢复的土著鱼类物种数，用基准年或规划年物种数占基准值的比值表征。当比值在（80%，100%]时，认为鱼类物种数“基本稳定”；当比值在（60%，80%]时，认为鱼类物种数“有所下降”；当比值在[0，60%]时，认为鱼类物种数“显著下降”。基准值是评价水域曾经达到或者可能达到的最优水平，可按有记录的历史最佳状态、评价水域内未受干扰的水域状态、模型推断或专家判断确定。

[q] 指自然恢复的重点保护水生生物物种数，用基准年或规划年物种数占基准值的比值表征。当物种数比值在（60%，100%]时，认为重点保护水生生物数量“基本稳定”；当物种数比值在（40%，60%]时，认为重点保护水生生物数量“有所下降”；当物种数比值在[0，40%]时，认为重点保护水生生物数量“显著下降”。重点保护水生生物包括隶属于国家 1 级和 2 级保护水生生物、地方保护物种和水产种质资源保护区保护物种、列入《IUCN 物种红色名录》《中国生物多样性红色名录》《中国濒危野生动物（鱼类）》《中国重点保护水生野生动物名录》《重点流域水生生物多样性保护方案》及其他政府或保护组织公布的物种保护名录中的保护物种。基准值是评价水域曾经达到或者可能达到的最优水平，可按有记录的历史最佳状态、评价水域内未受干扰的水域状态、模型推断或专家判断确定。

[r] 指天然未开发岸线、经生态修复恢复至自然生态功能的自然岸线长度之和占流域内岸线总长度的比例。

[s] 指单位河长闸坝数量（具有生态用水保障及有效过鱼设施的闸坝可不计入）。

[t] 指环湖主要入湖河流和出湖河流与湖泊之间的水流畅通程度，用湖泊连通指数表征，计算方法参照 SL/T 793。当湖泊连通指数在[80，100]时，认为湖泊连通性为“顺畅”；当湖泊连通指数在[60，80）时，认为湖泊连通性为“较顺畅”；当湖泊连通指数在[40，60）时，认为湖泊连通性为“阻隔”；当湖泊连通指数在[20，40）时，认为湖泊连通性为“严重阻隔”；当湖泊连通指数在[0，20）时，认为湖泊连通性为“完全阻隔”。

[u] 指根据水源涵养区的植被覆盖度、叶面积指数和总初级生产力计算的综合指数，计算方法参照 HJ 1172。

[v] 指底栖动物群落中，优势种个体占底栖动物总个体数的比例，用基准年或规划年个体数与基准值的偏离度表征。当偏离度在[0，12%）时，认为底栖动物优势种“基本稳定”；当偏离度在[12%，20%）时，认为底栖动物优势种“有所变化”；当偏离度在[20%，+∞）时，认为底栖动物优势种“显著变化”。基准值是评价水域曾经达到或者可能达到的最优水平，可按有记录的历史最佳状态、评价水域内未受干扰的水域状态、模型推断或专家判断确定。

附 录 B
（规范性附录）
环境影响报告书中图件要求

B.1 工作基础底图要求

工作基础底图要求参照 HJ 130 执行。

基础图件精度与规划尺度和精度相匹配，比例尺至少与流域综合规划的比例尺保持一致；评价图件可以结合成果表达的精度要求，在更大的比例尺的底图上描绘，但坐标系和行政区划需要与底图保持一致。

B.2 图件要求

实际工作中根据规划环境影响特点和流域生态环境保护要求，从表 B.1 中选择相应图件提交。

表 B.1 图件要求

类别		图件名称
基础图件	规划数据	规划范围图、规划空间布局图、各专业规划或专项规划布局图、规划包含重大工程/具体建设项目分布图
	环境现状和区域规划数据	已建/在建重大工程位置图、重要河段/控制断面与环境质量点位图、流域水系分布图、土地利用现状图、生态保护红线和生态空间分布图、环境敏感区分布图、重要生境分布图、珍稀/濒危野生生物分布图、流域植被分布图、水生生物栖息地（含产卵场、索饵场、越冬场和洄游通道）分布图、水文地质图
评价图件	现状评价成果	规划布局与生态保护红线（环境敏感区、重要生境、相关规划）空间位置关系图、流域（水系、河段）环境状况现状图、生态系统演变评价结果图、环境质量变化评价结果图
	环境影响评价成果	各评价时段、各环境要素环境影响预测结果图
	规划优化调整成果	规划优化调整成果图
	环境管控成果	优先保护/重点保护/治理修复水陆域范围图、禁止/限制开发河段/岸线图、重要生态环境影响减缓对策措施实施范围图、流域生态环境管控成果图
	跟踪评价计划成果	监测点位布局图
	其他图件	需要说明的其他图件等

HJ

中华人民共和国国家环境保护标准

HJ 2.1—2016
代替 HJ 2.1—2011

建设项目环境影响评价技术导则　总纲

Technical guideline for environmental impact assessment of construction project —General programme

2016-12-08 发布　　2017-01-01 实施

环　境　保　护　部　发布

前　言

为贯彻《中华人民共和国环境保护法》《中华人民共和国环境影响评价法》和《建设项目环境保护管理条例》，指导建设项目环境影响评价工作，制定建设项目环境影响评价技术导则。

本标准是对《环境影响评价技术导则　总纲》（HJ 2.1—2011）的修订，主要修改内容如下：

——标准名称修改为《建设项目环境影响评价技术导则　总纲》；

——在环境影响评价工作程序中，将公众参与和环境影响评价文件编制工作分离；

——简化了建设项目与资源能源利用政策、国家产业政策相符性和资源利用合理性分析内容；

——简化了清洁生产与循环经济、污染物总量控制相关评价要求；

——删除了社会环境现状调查与评价相关内容；

——删除了附录 A 建设项目环境影响报告书的编制要求；

——强化了环境影响预测的科学性和规范性、环境保护措施的有效性以及环境管理与监测要求；

——新增污染源源强核算技术指南作为建设项目环境影响评价技术导则体系的组成部分，工程分析部分增加了污染源源强核算内容；

——环境影响评价结论增加了环境影响不可行结论的判定要求。

本标准由环境保护部环境影响评价司、科技标准司组织修订。

本标准起草单位：环境保护部环境工程评估中心。

本标准由环境保护部 2016 年 12 月 6 日批准。

本标准自 2017 年 1 月 1 日起实施。

本标准由环境保护部解释。

建设项目环境影响评价技术导则 总纲

1 适用范围

本标准规定了建设项目环境影响评价的一般性原则、通用规定、工作程序、工作内容及相关要求。

本标准适用于需编制环境影响报告书和环境影响报告表的建设项目环境影响评价。

2 术语和定义

下列术语和定义适用于本标准。

2.1

环境要素 environmental elements

指构成环境整体的各个独立的、性质各异而又服从总体演化规律的基本物质组成，也叫环境基质，通常是指大气、水、声、振动、生物、土壤、放射性、电磁等。

2.2

累积影响 cumulative impact

指当一种活动的影响与过去、现在及将来可预见活动的影响叠加时，造成环境影响的后果。

2.3

环境保护目标 environmental protection objects

指环境影响评价范围内的环境敏感区及需要特殊保护的对象。

2.4

污染源 pollution sources

指造成环境污染的污染物发生源，通常指向环境排放有害物质或对环境产生有害影响的场所、设备或装置等。

2.5

污染源源强核算 accounting for pollution sources intensity

指选用可行的方法确定建设项目单位时间内污染物的产生量或排放量。

3 总则

3.1 环境影响评价原则

突出环境影响评价的源头预防作用，坚持保护和改善环境质量。

a）依法评价。贯彻执行我国环境保护相关法律法规、标准、政策和规划等，优化项目建设，服务环境管理。

b）科学评价。规范环境影响评价方法，科学分析项目建设对环境质量的影响。

c）突出重点。根据建设项目的工程内容及其特点，明确与环境要素间的作用效应关系，根据规划环境影响评价结论和审查意见，充分利用符合时效的数据资料及成果，对建设项目主要环境影响予以重点分析和评价。

3.2　建设项目环境影响评价技术导则体系构成

由总纲、污染源源强核算技术指南、环境要素环境影响评价技术导则、专题环境影响评价技术导则和行业建设项目环境影响评价技术导则等构成。

污染源源强核算技术指南和其他环境影响评价技术导则遵循总纲确定的原则和相关要求。

污染源源强核算技术指南包括污染源源强核算准则和火电、造纸、水泥、钢铁等行业污染源源强核算技术指南；环境要素环境影响评价技术导则指大气、地表水、地下水、声环境、生态、土壤等环境影响评价技术导则；专题环境影响评价技术导则指环境风险评价、人群健康风险评价、环境影响经济损益分析、固体废物等环境影响评价技术导则；行业建设项目环境影响评价技术导则指水利水电、采掘、交通、海洋工程等建设项目环境影响评价技术导则。

3.3　环境影响评价工作程序

分析判定建设项目选址选线、规模、性质和工艺路线等与国家和地方有关环境保护法律法规、标准、政策、规范、相关规划、规划环境影响评价结论及审查意见的符合性，并与生态保护红线、环境质量底线、资源利用上线和环境准入负面清单进行对照，作为开展环境影响评价工作的前提和基础。

环境影响评价工作一般分为三个阶段，即调查分析和工作方案制定阶段，分析论证和预测评价阶段，环境影响报告书（表）编制阶段。具体流程见图 1。

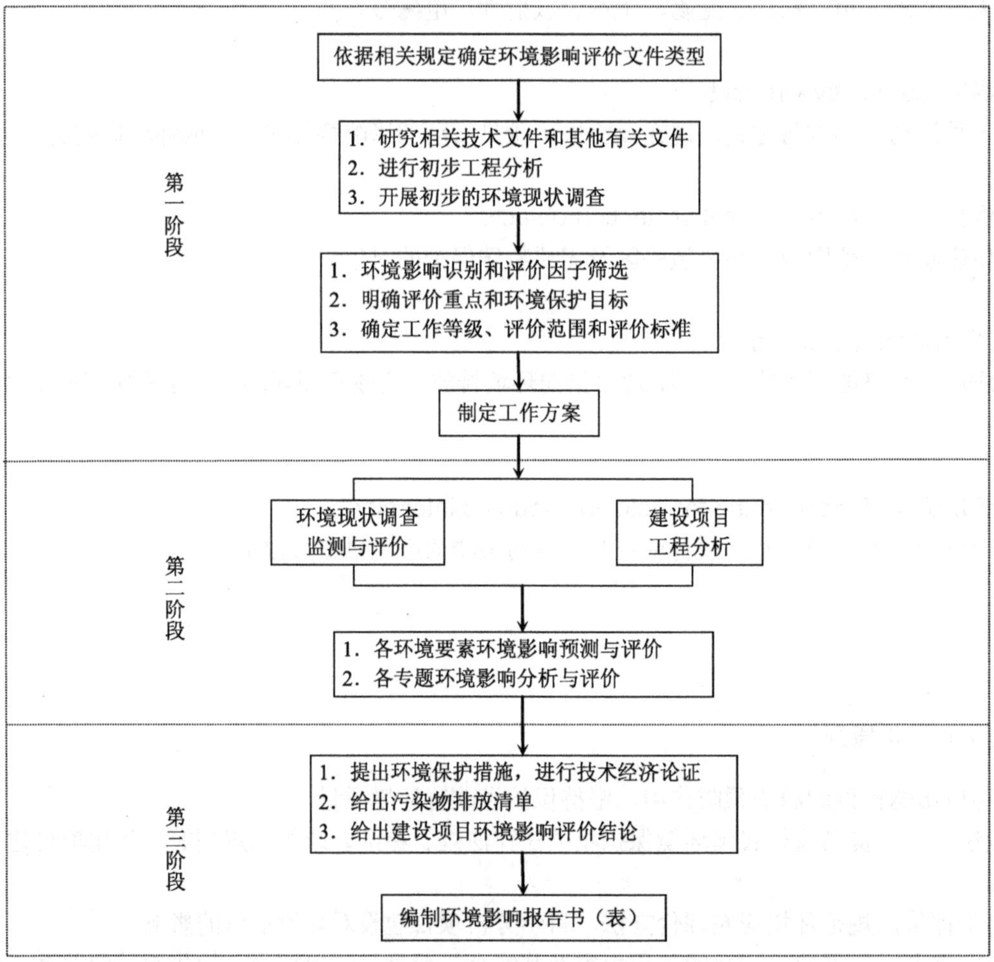

图 1　建设项目环境影响评价工作程序图

3.4 环境影响报告书（表）编制要求

3.4.1 环境影响报告书编制要求

a）一般包括概述、总则、建设项目工程分析、环境现状调查与评价、环境影响预测与评价、环境保护措施及其可行性论证、环境影响经济损益分析、环境管理与监测计划、环境影响评价结论和附录附件等内容。

概述可简要说明建设项目的特点、环境影响评价的工作过程、分析判定相关情况、关注的主要环境问题及环境影响、环境影响评价的主要结论等。总则应包括编制依据、评价因子与评价标准、评价工作等级和评价范围、相关规划及环境功能区划、主要环境保护目标等。附录和附件应包括项目依据文件、相关技术资料、引用文献等。

b）应概括地反映环境影响评价的全部工作成果，突出重点。工程分析应体现工程特点，环境现状调查应反映环境特征，主要环境问题应阐述清楚，影响预测方法应科学，预测结果应可信，环境保护措施应可行、有效，评价结论应明确。

c）文字应简洁、准确，文本应规范，计量单位应标准化，数据应真实、可信，资料应翔实，应强化先进信息技术的应用，图表信息应满足环境质量现状评价和环境影响预测评价的要求。

3.4.2 环境影响报告表编制要求

环境影响报告表应采用规定格式。可根据工程特点、环境特征，有针对性突出环境要素或设置专题开展评价。

3.4.3 环境影响报告书（表）内容涉及国家秘密的，按国家涉密管理有关规定处理。

3.5 环境影响识别与评价因子筛选

3.5.1 环境影响因素识别

列出建设项目的直接和间接行为，结合建设项目所在区域发展规划、环境保护规划、环境功能区划、生态功能区划及环境现状，分析可能受上述行为影响的环境影响因素。

应明确建设项目在建设阶段、生产运行、服务期满后（可根据项目情况选择）等不同阶段的各种行为与可能受影响的环境要素间的作用效应关系、影响性质、影响范围、影响程度等，定性分析建设项目对各环境要素可能产生的污染影响与生态影响，包括有利与不利影响、长期与短期影响、可逆与不可逆影响、直接与间接影响、累积与非累积影响等。

环境影响因素识别可采用矩阵法、网络法、地理信息系统支持下的叠加图法等。

3.5.2 评价因子筛选

根据建设项目的特点、环境影响的主要特征，结合区域环境功能要求、环境保护目标、评价标准和环境制约因素，筛选确定评价因子。

3.6 环境影响评价等级的划分

按建设项目的特点、所在地区的环境特征、相关法律法规、标准及规划、环境功能区划等划分各环境要素、各专题评价工作等级。具体由环境要素或专题环境影响评价技术导则规定。

3.7 环境影响评价范围的确定

指建设项目整体实施后可能对环境造成的影响范围，具体根据环境要素和专题环境影响评价技术导则的要求确定。环境影响评价技术导则中未明确具体评价范围的，根据建设项目可能影响范围确定。

3.8 环境保护目标的确定

依据环境影响因素识别结果，附图并列表说明评价范围内各环境要素涉及的环境敏感区、需要特殊保护对象的名称、功能、与建设项目的位置关系以及环境保护要求等。

3.9 环境影响评价标准的确定

根据环境影响评价范围内各环境要素的环境功能区划确定各评价因子适用的环境质量标准及相应的污染物排放标准。尚未划定环境功能区的区域，由地方人民政府环境保护主管部门确认各环境要素应执行的环境质量标准和相应的污染物排放标准。

3.10 环境影响评价方法的选取

环境影响评价应采用定量评价与定性评价相结合的方法，以量化评价为主。环境影响评价技术导则规定了评价方法的，应采用规定的方法。选用非环境影响评价技术导则规定方法的，应根据建设项目环境影响特征、影响性质和评价范围等分析其适用性。

3.11 建设方案的环境比对选择

建设项目有多个建设方案、涉及环境敏感区或环境影响显著时，应重点从环境制约因素、环境影响程度等方面进行建设方案环境比对选择。

4 建设项目工程分析

4.1 建设项目概况

包括主体工程、辅助工程、公用工程、环保工程、储运工程以及依托工程等。

以污染影响为主的建设项目应明确项目组成、建设地点、原辅料、生产工艺、主要生产设备、产品（包括主产品和副产品）方案、平面布置、建设周期、总投资及环境保护投资等。

以生态影响为主的建设项目应明确项目组成、建设地点、占地规模、总平面及现场布置、施工方式、施工时序、建设周期和运行方式、总投资及环境保护投资等。

改扩建及异地搬迁建设项目还应包括现有工程的基本情况、污染物排放及达标情况、存在的环境保护问题及拟采取的整改方案等内容。

4.2 影响因素分析

4.2.1 污染影响因素分析

遵循清洁生产的理念，从工艺的环境友好性、工艺过程的主要产污节点以及末端治理措施的协同性等方面，选择可能对环境产生较大影响的主要因素进行深入分析。

绘制包含产污环节的生产工艺流程图；按照生产、装卸、储存、运输等环节分析包括常规污染物、特征污染物在内的污染物产生、排放情况（包括正常工况和开停工及维修等非正常工况），存在具有致癌、致畸、致突变的物质、持久性有机污染物或重金属的，应明确其来源、转移途径和流向；给出噪声、振动、放射性及电磁辐射等污染的来源、特性及强度等；说明各种源头防控、过程控制、末端治理、回收利用等环境影响减缓措施状况。

明确项目消耗的原料、辅料、燃料、水资源等种类、构成和数量，给出主要原辅材料及其他物料的理化性质、毒理特征，产品及中间体的性质、数量等。

对建设阶段和生产运行期间，可能发生突发性事件或事故，引起有毒有害、易燃易爆等物质泄漏，对环境及人身造成影响和损害的建设项目，应开展建设和生产运行过程的风险因素识别。存在较大潜在人群健康风险的建设项目，应开展影响人群健康的潜在环境风险因素识别。

4.2.2 生态影响因素分析

结合建设项目特点和区域环境特征，分析建设项目建设和运行过程（包括施工方式、施工时序、运行方式、调度调节方式等）对生态环境的作用因素与影响源、影响方式、影响范围和影响程度。重点为影响程度大、范围广、历时长或涉及环境敏感区的作用因素和影响源，关注间接性影响、区域性影响、长期性影响以及累积性影响等特有生态影响因素的分析。

4.3 污染源源强核算

4.3.1 根据污染物产生环节（包括生产、装卸、储存、运输）、产生方式和治理措施，核算建设项目有组织与无组织、正常工况与非正常工况下的污染物产生和排放强度，给出污染因子及其产生和排放的方式、浓度、数量等。

4.3.2 对改扩建项目的污染物排放量（包括有组织与无组织、正常工况与非正常工况）的统计，应分别按现有、在建、改扩建项目实施后等几种情形汇总污染物产生量、排放量及其变化量，核算改扩建项目建成后最终的污染物排放量。

4.3.3 污染源源强核算方法由污染源源强核算技术指南具体规定。

5 环境现状调查与评价

5.1 基本要求

5.1.1 对与建设项目有密切关系的环境要素应全面、详细调查，给出定量的数据并作出分析或评价。对于自然环境的现状调查，可根据建设项目情况进行必要说明。

5.1.2 充分收集和利用评价范围内各例行监测点、断面或站位的近三年环境监测资料或背景值调查资料，当现有资料不能满足要求时，应进行现场调查和测试，现状监测和观测网点应根据各环境要素环境影响评价技术导则要求布设，兼顾均布性和代表性原则。符合相关规划环境影响评价结论及审查意见的建设项目，可直接引用符合时效的相关规划环境影响评价的环境调查资料及有关结论。

5.2 环境现状调查的方法

环境现状调查方法由环境要素环境影响评价技术导则具体规定。

5.3 环境现状调查与评价内容

根据环境影响因素识别结果，开展相应的现状调查与评价。

5.3.1 自然环境现状调查与评价

包括地形地貌、气候与气象、地质、水文、大气、地表水、地下水、声、生态、土壤、海洋、放射性及辐射（如必要）等调查内容。根据环境要素和专题设置情况选择相应内容进行详细调查。

5.3.2 环境保护目标调查

调查评价范围内的环境功能区划和主要的环境敏感区，详细了解环境保护目标的地理位置、服务功能、四至范围、保护对象和保护要求等。

5.3.3 环境质量现状调查与评价

a）根据建设项目特点、可能产生的环境影响和当地环境特征选择环境要素进行调查与评价。

b）评价区域环境质量现状。说明环境质量的变化趋势，分析区域存在的环境问题及产生的原因。

5.3.4 区域污染源调查

选择建设项目常规污染因子和特征污染因子、影响评价区环境质量的主要污染因子和特殊污染因子作为主要调查对象，注意不同污染源的分类调查。

6 环境影响预测与评价

6.1 基本要求

6.1.1 环境影响预测与评价的时段、内容及方法均应根据工程特点与环境特性、评价工作等级、当地的环境保护要求确定。
6.1.2 预测和评价的因子应包括反映建设项目特点的常规污染因子、特征污染因子和生态因子，以及反映区域环境质量状况的主要污染因子、特殊污染因子和生态因子。
6.1.3 须考虑环境质量背景与环境影响评价范围内在建项目同类污染物环境影响的叠加。
6.1.4 对于环境质量不符合环境功能要求或环境质量改善目标的，应结合区域限期达标规划对环境质量变化进行预测。

6.2 环境影响预测与评价方法

预测与评价方法主要有数学模型法、物理模型法、类比调查法等，由各环境要素或专题环境影响评价技术导则具体规定。

6.3 环境影响预测与评价内容

6.3.1 应重点预测建设项目生产运行阶段正常工况和非正常工况等情况的环境影响。
6.3.2 当建设阶段的大气、地表水、地下水、噪声、振动、生态以及土壤等影响程度较重、影响时间较长时，应进行建设阶段的环境影响预测和评价。
6.3.3 可根据工程特点、规模、环境敏感程度、影响特征等选择开展建设项目服务期满后的环境影响预测和评价。
6.3.4 当建设项目排放污染物对环境存在累积影响时，应明确累积影响的影响源，分析项目实施可能发生累积影响的条件、方式和途径，预测项目实施在时间和空间上的累积环境影响。
6.3.5 对以生态影响为主的建设项目，应预测生态系统组成和服务功能的变化趋势，重点分析项目建设和生产运行对环境保护目标的影响。
6.3.6 对存在环境风险的建设项目，应分析环境风险源项，计算环境风险后果，开展环境风险评价。对存在较大潜在人群健康风险的建设项目，应分析人群主要暴露途径。

7 环境保护措施及其可行性论证

7.1 明确提出建设项目建设阶段、生产运行阶段和服务期满后（可根据项目情况选择）拟采取的具体污染防治、生态保护、环境风险防范等环境保护措施；分析论证拟采取措施的技术可行性、经济合理性、长期稳定运行和达标排放的可靠性、满足环境质量改善和排污许可要求的可行性、生态保护和恢复效果的可达性。

各类措施的有效性判定应以同类或相同措施的实际运行效果为依据，没有实际运行经验的，可提供工程化实验数据。
7.2 环境质量不达标的区域，应采取国内外先进可行的环境保护措施，结合区域限期达标规划及实施情况，分析建设项目实施对区域环境质量改善目标的贡献和影响。
7.3 给出各项污染防治、生态保护等环境保护措施和环境风险防范措施的具体内容、责任主体、实施时段，估算环境保护投入，明确资金来源。
7.4 环境保护投入应包括为预防和减缓建设项目不利环境影响而采取的各项环境保护措施和设施的建

设费用、运行维护费用，直接为建设项目服务的环境管理与监测费用以及相关科研费用。

8　环境影响经济损益分析

以建设项目实施后的环境影响预测与环境质量现状进行比较，从环境影响的正负两方面，以定性与定量相结合的方式，对建设项目的环境影响后果（包括直接和间接影响、不利和有利影响）进行货币化经济损益核算，估算建设项目环境影响的经济价值。

9　环境管理与监测计划

9.1　按建设项目建设阶段、生产运行、服务期满后（可根据项目情况选择）等不同阶段，针对不同工况、不同环境影响和环境风险特征，提出具体环境管理要求。

9.2　给出污染物排放清单，明确污染物排放的管理要求。包括工程组成及原辅材料组分要求，建设项目拟采取的环境保护措施及主要运行参数，排放的污染物种类、排放浓度和总量指标，污染物排放的分时段要求，排污口信息，执行的环境标准，环境风险防范措施以及环境监测等。提出应向社会公开的信息内容。

9.3　提出建立日常环境管理制度、组织机构和环境管理台账相关要求，明确各项环境保护设施和措施的建设、运行及维护费用保障计划。

9.4　环境监测计划应包括污染源监测计划和环境质量监测计划，内容包括监测因子、监测网点布设、监测频次、监测数据采集与处理、采样分析方法等，明确自行监测计划内容。

a）污染源监测包括对污染源（包括废气、废水、噪声、固体废物等）以及各类污染治理设施的运转进行定期或不定期监测，明确在线监测设备的布设和监测因子。

b）根据建设项目环境影响特征、影响范围和影响程度，结合环境保护目标，制定环境质量定点监测或定期跟踪监测方案。

c）对以生态影响为主的建设项目应提出生态监测方案。

d）对存在较大潜在人群健康风险的建设项目，应提出环境跟踪监测计划。

10　环境影响评价结论

对建设项目的建设概况、环境质量现状、污染物排放情况、主要环境影响、公众意见采纳情况、环境保护措施、环境影响经济损益分析、环境管理与监测计划等内容进行概括总结，结合环境质量目标要求，明确给出建设项目的环境影响可行性结论。

对存在重大环境制约因素、环境影响不可接受或环境风险不可控、环境保护措施经济技术不满足长期稳定达标及生态保护要求、区域环境问题突出且整治计划不落实或不能满足环境质量改善目标的建设项目，应提出环境影响不可行的结论。

HJ

中华人民共和国国家环境保护标准

HJ 2.2—2018
代替 HJ 2.2—2008

环境影响评价技术导则　大气环境

Technical guidelines for environmental impact assessment

—Atmospheric environment

2018-07-30 发布　　　　2018-12-01 实施

生 态 环 境 部 发布

前 言

为贯彻《中华人民共和国环境保护法》《中华人民共和国环境影响评价法》《中华人民共和国大气污染防治法》和《建设项目环境保护管理条例》，防治大气污染，改善环境质量，指导大气环境影响评价工作，制定本标准。

本标准规定了大气环境影响评价的一般性原则、内容、工作程序、方法和要求。

本标准适用于建设项目的大气环境影响评价。规划的大气环境影响评价可参照使用。

本标准是对《环境影响评价技术导则 大气环境》（HJ/T 2.2—93）的第二次修订，第一次修订版本为《环境影响评价技术导则 大气环境》（HJ 2.2—2008）。本次主要修订内容有：

——调整、补充规范了相关术语和定义；

——改进了评价等级判定方法；

——简化了环境空气质量现状监测内容；

——简化了三级评价项目的评价内容；

——增加了二次污染物的大气环境影响预测与评价方法；

——增加了达标区与不达标区的大气环境影响评价要求；

——改进了大气环境防护距离确定方法；

——增加了污染物排放量核算内容；

——增加了环境监测计划要求；

——补充、完善了附录。

本标准附录 A～附录 C 为规范性附录，附录 D 和附录 E 为资料性附录。

本标准自实施之日起，《环境影响评价技术导则 大气环境》（HJ 2.2—2008）废止。

本标准由生态环境部环境影响评价司、科技标准司组织制订。

本标准主要起草单位：环境保护部环境工程评估中心、中国环境科学研究院、中国环境监测总站。

本标准由生态环境部 2018 年 7 月 30 日批准。

本标准自 2018 年 12 月 1 日起实施。

本标准由生态环境部解释。

环境影响评价技术导则　大气环境

1　适用范围

本标准规定了大气环境影响评价的一般性原则、内容、工作程序、方法和要求。

本标准适用于建设项目的大气环境影响评价。

规划的大气环境影响评价可参照使用。

2　规范性引用文件

本标准引用了下列文件或其中的条款。凡是未注明日期的引用文件，其最新版本适用于本标准。

GB 3095　环境空气质量标准

HJ 2.1　建设项目环境影响评价技术导则　总纲

HJ 130　规划环境影响评价技术导则　总纲

HJ 663　环境空气质量评价技术规范（试行）

HJ 664　环境空气质量监测点位布设技术规范（试行）

HJ 819　排污单位自行监测技术指南　总则

HJ 942　排污许可证申请与核发技术规范　总则

《关于发布〈高污染燃料目录〉的通知》（国环规大气〔2017〕2 号）

《建设项目环境影响评价分类管理名录》

3　术语和定义

下列术语和定义适用于本标准。

3.1

环境空气保护目标　ambient air protection target

指评价范围内按 GB 3095 规定划分为一类区的自然保护区、风景名胜区和其他需要特殊保护的区域，二类区中的居住区、文化区和农村地区中人群较集中的区域。

3.2

大气污染物分类　classification of air pollutants

大气污染源排放的污染物按存在形态分为颗粒态污染物和气态污染物。

按生成机理分为一次污染物和二次污染物。其中由人类或自然活动直接产生，由污染源直接排入环境的污染物称为一次污染物；排入环境中的一次污染物在物理、化学因素的作用下发生变化，或与环境中的其他物质发生反应所形成的新污染物称为二次污染物。

3.3

基本污染物　basic air pollutants

指 GB 3095 中所规定的基本项目污染物。包括二氧化硫（SO_2）、二氧化氮（NO_2）、可吸入颗粒物（PM_{10}）、细颗粒物（$PM_{2.5}$）、一氧化碳（CO）、臭氧（O_3）。

3.4

其他污染物 other air pollutants

指除基本污染物以外的其他项目污染物。

3.5

非正常排放 abnormal emissions

指生产过程中开停车（工、炉）、设备检修、工艺设备运转异常等非正常工况下的污染物排放，以及污染物排放控制措施达不到应有效率等情况下的排放。

3.6

空气质量模型 air quality model

指采用数值方法模拟大气中污染物的物理扩散和化学反应的数学模型，包括高斯扩散模型和区域光化学网格模型。

高斯扩散模型：也叫高斯烟团或烟流模型，简称高斯模型。采用非网格、简化的输送扩散算法，没有复杂化学机理，一般用于模拟一次污染物的输送与扩散，或通过简单的化学反应机理模拟二次污染物。

区域光化学网格模型：简称网格模型。采用包含复杂大气物理（平流、扩散、边界层、云、降水、干沉降等）和大气化学（气、液、气溶胶、非均相）算法以及网格化的输送化学转化模型，一般用于模拟城市和区域尺度的大气污染物输送与化学转化。

3.7

推荐模型 recommended model

指生态环境主管部门按照一定的工作程序遴选，并以推荐名录形式公开发布的环境模型。列入推荐名录的环境模型简称推荐模型。当推荐模型适用性不能满足需要时，可采用替代模型。替代模型一般需经模型领域专家评审推荐，并经生态环境主管部门同意后方可使用。

本导则推荐模型及使用规范见附录 A 及附录 B。

3.8

短期浓度 short-term concentration

指某污染物的评价时段小于等于 24 h 的平均质量浓度，包括 1 h 平均质量浓度、8 h 平均质量浓度以及 24 h 平均质量浓度（也称为日平均质量浓度）。

3.9

长期浓度 long-term concentration

指某污染物的评价时段大于等于 1 个月的平均质量浓度，包括月平均质量浓度、季平均质量浓度和年平均质量浓度。

4 总则

4.1 工作任务

通过调查、预测等手段，对项目在建设阶段、生产运行和服务期满后（可根据项目情况选择）所排放的大气污染物对环境空气质量影响的程度、范围和频率进行分析、预测和评估，为项目的选址选线、排放方案、大气污染治理设施与预防措施制定、排放量核算，以及其他有关的工程设计、项目实施环境监测等提供科学依据或指导性意见。

4.2 工作程序

4.2.1 第一阶段。主要工作包括研究有关文件，项目污染源调查，环境空气保护目标调查，评价因子筛选与评价标准确定，区域气象与地表特征调查，收集区域地形参数，确定评价等级和评价范围等。

4.2.2　第二阶段。主要工作依据评价等级要求开展，包括与项目评价相关污染源调查与核实，选择适合的预测模型，环境质量现状调查或补充监测，收集建立模型所需气象、地表参数等基础数据，确定预测内容与预测方案，开展大气环境影响预测与评价工作等。

4.2.3　第三阶段。主要工作包括制定环境监测计划，明确大气环境影响评价结论与建议，完成环境影响评价文件的编写等。

4.2.4　大气环境影响评价工作程序见图 1，各工作阶段基本内容与规范见附录 C。

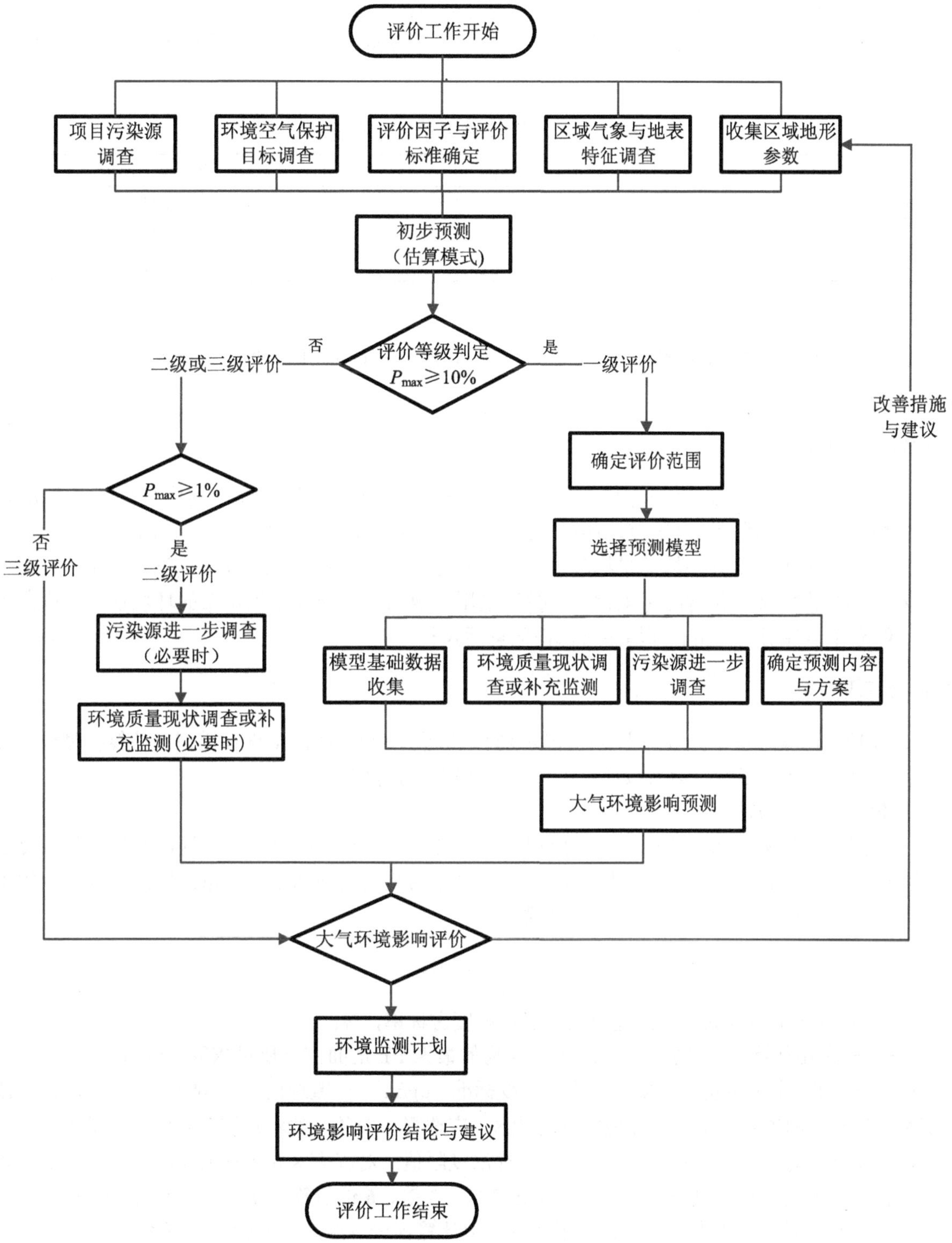

图 1　大气环境影响评价工作程序

5 评价等级及评价范围确定

5.1 环境影响识别与评价因子筛选

5.1.1 按 HJ 2.1 或 HJ 130 的要求识别大气环境影响因素，并筛选出大气环境影响评价因子。大气环境影响评价因子主要为项目排放的基本污染物及其他污染物。

5.1.2 当建设项目排放的 SO_2 和 NO_x 年排放量大于或等于 500 t/a 时，评价因子应增加二次 $PM_{2.5}$，见表 1。

表 1 二次污染物评价因子筛选

类别	污染物排放量/（t/a）	二次污染物评价因子
建设项目	$SO_2+NO_x \geqslant 500$	$PM_{2.5}$
规划项目	$SO_2+NO_x \geqslant 500$	$PM_{2.5}$
	NO_x+VOCs≥2 000	O_3

5.1.3 当规划项目排放的 SO_2、NO_x 及 VOCs 年排放量达到表 1 规定的量时，评价因子应相应增加二次 $PM_{2.5}$ 及 O_3。

5.2 评价标准确定

5.2.1 确定各评价因子所适用的环境质量标准及相应的污染物排放标准。其中环境质量标准选用 GB 3095 中的环境空气质量浓度限值，如已有地方环境质量标准，应选用地方标准中的浓度限值。

5.2.2 对于 GB 3095 及地方环境质量标准中未包含的污染物，可参照附录 D 中的浓度限值。

5.2.3 对上述标准中都未包含的污染物，可参照选用其他国家、国际组织发布的环境质量浓度限值或基准值，但应作出说明，经生态环境主管部门同意后执行。

5.3 评价等级判定

5.3.1 选择项目污染源正常排放的主要污染物及排放参数，采用附录 A 推荐模型中估算模型分别计算项目污染源的最大环境影响，然后按评价工作分级判据进行分级。

5.3.2 评价工作分级方法

5.3.2.1 根据项目污染源初步调查结果，分别计算项目排放主要污染物的最大地面空气质量浓度占标率 P_i（第 i 个污染物，简称“最大浓度占标率”），及第 i 个污染物的地面空气质量浓度达到标准值的 10%时所对应的最远距离 $D_{10\%}$。其中 P_i 定义见公式（1）。

$$P_i = \frac{\rho_i}{\rho_{0i}} \times 100\% \tag{1}$$

式中：P_i —— 第 i 个污染物的最大地面空气质量浓度占标率，%；

ρ_i —— 采用估算模型计算出的第 i 个污染物的最大 1 h 地面空气质量浓度，μg/m³；

ρ_{0i} —— 第 i 个污染物的环境空气质量浓度标准，μg/m³。一般选用 GB 3095 中 1 h 平均质量浓度的二级浓度限值，如项目位于一类环境空气功能区，应选择相应的一级浓度限值；对该标准中未包含的污染物，使用 5.2 确定的各评价因子 1 h 平均质量浓度限值。对仅有 8 h 平均质量浓度限值、日平均质量浓度限值或年平均质量浓度限值的，可分别按 2 倍、3 倍、6 倍折算为 1h 平均质量浓度限值。

5.3.2.2 编制环境影响报告书的项目在采用估算模型计算评价等级时，应输入地形参数。

5.3.2.3 评价等级按表 2 的分级判据进行划分。最大地面空气质量浓度占标率 P_i 按公式（1）计算，如

污染物数 i 大于 1，取 P 值中最大者 P_{max}。

表 2 评价等级判别表

评价工作等级	评价工作分级判据
一级评价	$P_{max}\geq 10\%$
二级评价	$1\%\leq P_{max}<10\%$
三级评价	$P_{max}<1\%$

5.3.3 评价等级的判定还应遵守以下规定

5.3.3.1 同一项目有多个污染源（两个及以上，下同）时，则按各污染源分别确定评价等级，并取评价等级最高者作为项目的评价等级。

5.3.3.2 对电力、钢铁、水泥、石化、化工、平板玻璃、有色等高耗能行业的多源项目或以使用高污染燃料为主的多源项目，并且编制环境影响报告书的项目评价等级提高一级。

5.3.3.3 对等级公路、铁路项目，分别按项目沿线主要集中式排放源（如服务区、车站大气污染源）排放的污染物计算其评价等级。

5.3.3.4 对新建包含 1 km 及以上隧道工程的城市快速路、主干路等城市道路项目，按项目隧道主要通风竖井及隧道出口排放的污染物计算其评价等级。

5.3.3.5 对新建、迁建及飞行区扩建的枢纽及干线机场项目，应考虑机场飞机起降及相关辅助设施排放源对周边城市的环境影响，评价等级取一级。

5.3.3.6 确定评价等级同时应说明估算模型计算参数和判定依据，相关内容与格式要求见附录 C 中 C.1。

5.4 评价范围确定

5.4.1 一级评价项目根据建设项目排放污染物的最远影响距离（$D_{10\%}$）确定大气环境影响评价范围。即以项目厂址为中心区域，自厂界外延 $D_{10\%}$ 的矩形区域作为大气环境影响评价范围。当 $D_{10\%}$ 超过 25 km 时，确定评价范围为边长 50 km 的矩形区域；当 $D_{10\%}$ 小于 2.5 km 时，评价范围边长取 5 km。

5.4.2 二级评价项目大气环境影响评价范围边长取 5 km。

5.4.3 三级评价项目不需设置大气环境影响评价范围。

5.4.4 对于新建、迁建及飞行区扩建的枢纽及干线机场项目，评价范围还应考虑受影响的周边城市，最大取边长 50 km。

5.4.5 规划的大气环境影响评价范围以规划区边界为起点，外延规划项目排放污染物的最远影响距离（$D_{10\%}$）的区域。

5.5 评价基准年筛选

依据评价所需环境空气质量现状、气象资料等数据的可获得性、数据质量、代表性等因素，选择近 3 年中数据相对完整的 1 个日历年作为评价基准年。

5.6 环境空气保护目标调查

5.6.1 调查项目大气环境评价范围内主要环境空气保护目标。在带有地理信息的底图中标注，并列表给出环境空气保护目标内主要保护对象的名称、保护内容、所在大气环境功能区划以及与项目厂址的相对距离、方位、坐标等信息。

5.6.2 环境空气保护目标调查相关内容与格式要求见附录 C 中 C.2。

6 环境空气质量现状调查与评价

6.1 调查内容和目的

6.1.1 一级评价项目

6.1.1.1 调查项目所在区域环境质量达标情况，作为项目所在区域是否为达标区的判断依据。

6.1.1.2 调查评价范围内有环境质量标准的评价因子的环境质量监测数据或进行补充监测，用于评价项目所在区域污染物环境质量现状，以及计算环境空气保护目标和网格点的环境质量现状浓度。

6.1.2 二级评价项目

6.1.2.1 调查项目所在区域环境质量达标情况。

6.1.2.2 调查评价范围内有环境质量标准的评价因子的环境质量监测数据或进行补充监测，用于评价项目所在区域污染物环境质量现状。

6.1.3 三级评价项目

只调查项目所在区域环境质量达标情况。

6.2 数据来源

6.2.1 基本污染物环境质量现状数据

6.2.1.1 项目所在区域达标判定，优先采用国家或地方生态环境主管部门公开发布的评价基准年环境质量公告或环境质量报告中的数据或结论。

6.2.1.2 采用评价范围内国家或地方环境空气质量监测网中评价基准年连续 1 年的监测数据，或采用生态环境主管部门公开发布的环境空气质量现状数据。

6.2.1.3 评价范围内没有环境空气质量监测网数据或公开发布的环境空气质量现状数据的，可选择符合 HJ 664 规定，并且与评价范围地理位置邻近，地形、气候条件相近的环境空气质量城市点或区域点监测数据。

6.2.1.4 对于位于环境空气质量一类区的环境空气保护目标或网格点，各污染物环境质量现状浓度可取符合 HJ 664 规定，并且与评价范围地理位置邻近，地形、气候条件相近的环境空气质量区域点或背景点监测数据。

6.2.2 其他污染物环境质量现状数据

6.2.2.1 优先采用评价范围内国家或地方环境空气质量监测网中评价基准年连续 1 年的监测数据。

6.2.2.2 评价范围内没有环境空气质量监测网数据或公开发布的环境空气质量现状数据的，可收集评价范围内近 3 年与项目排放的其他污染物有关的历史监测资料。

6.2.3 在没有以上相关监测数据或监测数据不能满足 6.4 规定的评价要求时，应按 6.3 要求进行补充监测。

6.3 补充监测

6.3.1 监测时段

6.3.1.1 根据监测因子的污染特征，选择污染较重的季节进行现状监测。补充监测原则上应取得 7 d 有效数据。

6.3.1.2 对于部分无法进行连续监测的其他污染物，可监测其一次空气质量浓度，监测时次应满足所用评价标准的取值时间要求。

6.3.2 监测布点

以近 20 年统计的当地主导风向为轴向，在厂址及主导风向下风向 5 km 范围内设置 1～2 个监测点。

如需在一类区进行补充监测，监测点应设置在不受人为活动影响的区域。

6.3.3　监测方法

应选择符合监测因子对应环境质量标准或参考标准所推荐的监测方法，并在评价报告中注明。

6.3.4　监测采样

环境空气监测中的采样点、采样环境、采样高度及采样频率，按 HJ 664 及相关评价标准规定的环境监测技术规范执行。

6.4　评价内容与方法

6.4.1　项目所在区域达标判断

6.4.1.1　城市环境空气质量达标情况评价指标为 SO_2、NO_2、PM_{10}、$PM_{2.5}$、CO 和 O_3，六项污染物全部达标即为城市环境空气质量达标。

6.4.1.2　根据国家或地方生态环境主管部门公开发布的城市环境空气质量达标情况，判断项目所在区域是否属于达标区。如项目评价范围涉及多个行政区（县级或以上，下同），需分别评价各行政区的达标情况，若存在不达标行政区，则判定项目所在评价区域为不达标区。

6.4.1.3　国家或地方生态环境主管部门未发布城市环境空气质量达标情况的，可按照 HJ 663 中各评价项目的年评价指标进行判定。年评价指标中的年均浓度和相应百分位数 24 h 平均或 8 h 平均质量浓度满足 GB 3095 中浓度限值要求的即为达标。

6.4.2　各污染物的环境质量现状评价

6.4.2.1　长期监测数据的现状评价内容，按 HJ 663 中的统计方法对各污染物的年评价指标进行环境质量现状评价。对于超标的污染物，计算其超标倍数和超标率。

6.4.2.2　补充监测数据的现状评价内容，分别对各监测点位不同污染物的短期浓度进行环境质量现状评价。对于超标的污染物，计算其超标倍数和超标率。

6.4.3　环境空气保护目标及网格点环境质量现状浓度

6.4.3.1　对采用多个长期监测点位数据进行现状评价的，取各污染物相同时刻各监测点位的浓度平均值，作为评价范围内环境空气保护目标及网格点环境质量现状浓度，计算方法见公式（2）。

$$\rho_{现状(x,y,t)}=\frac{1}{n}\sum_{j=1}^{n}\rho_{现状(j,t)} \tag{2}$$

式中：$\rho_{现状(x,y,t)}$——环境空气保护目标及网格点（x，y）在 t 时刻环境质量现状浓度，μg/m^3；

$\rho_{现状(j,t)}$——第 j 个监测点位在 t 时刻环境质量现状浓度（包括短期浓度和长期浓度），μg/m^3；

n——长期监测点位数。

6.4.3.2　对采用补充监测数据进行现状评价的，取各污染物不同评价时段监测浓度的最大值，作为评价范围内环境空气保护目标及网格点环境质量现状浓度。对于有多个监测点位数据的，先计算相同时刻各监测点位平均值，再取各监测时段平均值中的最大值。计算方法见公式（3）。

$$\rho_{现状(x,y)}=\mathrm{Max}\left[\frac{1}{n}\sum_{j=1}^{n}\rho_{监测(j,t)}\right] \tag{3}$$

式中：$\rho_{现状(x,y)}$——环境空气保护目标及网格点（x，y）环境质量现状浓度，μg/m^3；

$\rho_{监测(j,t)}$——第 j 个监测点位在 t 时刻环境质量现状浓度（包括 1 h 平均、8 h 平均或日平均质量浓度），μg/m^3；

n——现状补充监测点位数。

6.4.4　环境空气质量现状评价内容与格式要求见附录 C 中 C.3。

7 污染源调查

7.1 调查内容

7.1.1 一级评价项目

7.1.1.1 调查本项目不同排放方案有组织及无组织排放源，对于改建、扩建项目还应调查本项目现有污染源。本项目污染源调查包括正常排放和非正常排放，其中非正常排放调查内容包括非正常工况、频次、持续时间和排放量。

7.1.1.2 调查本项目所有拟被替代的污染源（如有），包括被替代污染源名称、位置、排放污染物及排放量、拟被替代时间等。

7.1.1.3 调查评价范围内与评价项目排放污染物有关的其他在建项目、已批复环境影响评价文件的拟建项目等污染源。

7.1.1.4 对于编制报告书的工业项目，分析调查受本项目物料及产品运输影响新增的交通运输移动源，包括运输方式、新增交通流量、排放污染物及排放量。

7.1.2 二级评价项目，参照 7.1.1.1 和 7.1.1.2 调查本项目现有及新增污染源和拟被替代的污染源。

7.1.3 三级评价项目，只调查本项目新增污染源和拟被替代的污染源。

7.1.4 对于城市快速路、主干路等城市道路的新建项目，需调查道路交通流量及污染物排放量。

7.1.5 对于采用网格模型预测二次污染物的，需结合空气质量模型及评价要求，开展区域现状污染源排放清单调查。

7.1.6 污染源调查内容及格式要求见附录 C 中 C.4。

7.2 数据来源与要求

7.2.1 新建项目的污染源调查，依据 HJ 2.1、HJ 130、HJ 942、行业排污许可证申请与核发技术规范及各污染源源强核算技术指南，并结合工程分析从严确定污染物排放量。

7.2.2 评价范围内在建和拟建项目的污染源调查，可使用已批准的环境影响评价文件中的资料；改建、扩建项目现状工程的污染源和评价范围内拟被替代的污染源调查，可根据数据的可获得性，依次优先使用项目监督性监测数据、在线监测数据、年度排污许可执行报告、自主验收报告、排污许可证数据、环评数据或补充污染源监测数据等。污染源监测数据应采用满负荷工况下的监测数据或者换算至满负荷工况下的排放数据。

7.2.3 网格模型模拟所需的区域现状污染源排放清单调查按国家发布的清单编制相关技术规范执行。污染源排放清单数据应采用近 3 年内国家或地方生态环境主管部门发布的包含人为源和天然源在内所有区域污染源清单数据。在国家或地方生态环境主管部门未发布污染源清单之前，可参照污染源清单编制指南自行建立区域污染源清单，并对污染源清单准确性进行验证分析。

8 大气环境影响预测与评价

8.1 一般性要求

8.1.1 一级评价项目应采用进一步预测模型开展大气环境影响预测与评价。

8.1.2 二级评价项目不进行进一步预测与评价，只对污染物排放量进行核算。

8.1.3 三级评价项目不进行进一步预测与评价。

8.2 预测因子

预测因子根据评价因子而定，选取有环境质量标准的评价因子作为预测因子。

8.3 预测范围

8.3.1 预测范围应覆盖评价范围，并覆盖各污染物短期浓度贡献值占标率大于 10%的区域。

8.3.2 对于经判定需预测二次污染物的项目，预测范围应覆盖 $PM_{2.5}$ 年平均质量浓度贡献值占标率大于 1%的区域。

8.3.3 对于评价范围内包含环境空气功能区一类区的，预测范围应覆盖项目对一类区最大环境影响。

8.3.4 预测范围一般以项目厂址为中心，东西向为 X 坐标轴、南北向为 Y 坐标轴。

8.4 预测周期

8.4.1 选取评价基准年作为预测周期，预测时段取连续 1 年。

8.4.2 选用网格模型模拟二次污染物的环境影响时，预测时段应至少选取评价基准年 1 月、4 月、7 月、10 月。

8.5 预测模型

8.5.1 预测模型选择原则

8.5.1.1 一级评价项目应结合项目环境影响预测范围、预测因子及推荐模型的适用范围等选择空气质量模型。

8.5.1.2 各推荐模型适用范围见表 3。

表 3 推荐模型适用范围

<table>
<tr><th rowspan="2">模型名称</th><th rowspan="2">适用污染源</th><th rowspan="2">适用排放形式</th><th rowspan="2">推荐
预测范围</th><th colspan="3">模拟污染物</th><th rowspan="2">其他特性</th></tr>
<tr><th>一次污染物</th><th>二次 $PM_{2.5}$</th><th>O_3</th></tr>
<tr><td>AERMOD</td><td rowspan="2">点源、面源、线源、体源</td><td rowspan="4">连续源、间断源</td><td rowspan="4">局地尺度（≤50 km）</td><td rowspan="4">模型模拟法</td><td rowspan="4">系数法</td><td rowspan="4">不支持</td><td rowspan="4">—</td></tr>
<tr><td>ADMS</td></tr>
<tr><td>AUSTAL2000</td><td>烟塔合一源</td></tr>
<tr><td>EDMS/AEDT</td><td>机场源</td></tr>
<tr><td>CALPUFF</td><td>点源、面源、线源、体源</td><td>连续源、间断源</td><td>城市尺度（50 km 到几百千米）</td><td>模型模拟法</td><td>模型模拟法</td><td>不支持</td><td>局地尺度特殊风场，包括长期静、小风和岸边熏烟</td></tr>
<tr><td>区域光化学网格模型</td><td>网格源</td><td>连续源、间断源</td><td>区域尺度（几百千米）</td><td>模型模拟法</td><td>模型模拟法</td><td>模型模拟法</td><td>模拟复杂化学反应</td></tr>
</table>

8.5.1.3 当推荐模型适用性不能满足需要时，可选择适用的替代模型。

8.5.2 预测模型选取的其他规定

8.5.2.1 当项目评价基准年内存在风速≤0.5 m/s 的持续时间超过 72 h 或近 20 年统计的全年静风（风速≤0.2 m/s）频率超过 35%时，应采用附录 A 中的 CALPUFF 模型进行进一步模拟。

8.5.2.2 当建设项目处于大型水体（海或湖）岸边 3 km 范围内时，应首先采用附录 A 中估算模型判定是否会发生熏烟现象。如果存在岸边熏烟，并且估算的最大 1 h 平均质量浓度超过环境质量标准，应采用附录 A 中的 CALPUFF 模型进行进一步模拟。

8.5.3 推荐模型使用要求

8.5.3.1 采用附录 A 中的推荐模型时，应按附录 B 要求提供污染源、气象、地形、地表参数等基础数据。

8.5.3.2 环境影响预测模型所需气象、地形、地表参数等基础数据应优先使用国家发布的标准化数据。采用其他数据时，应说明数据来源、有效性及数据预处理方案。

8.6 预测方法

8.6.1 采用推荐模型预测建设项目或规划项目对预测范围不同时段的大气环境影响。

8.6.2 当建设项目或规划项目排放 SO_2、NO_x 及 VOCs 年排放量达到表 1 规定的量时，可按表 4 推荐的方法预测二次污染物。

表 4 二次污染物预测方法

污染物排放量/（t/a）		预测因子	二次污染物预测方法
建设项目	$SO_2+NO_x \geqslant 500$	$PM_{2.5}$	AERMOD/ADMS（系数法）或 CALPUFF（模型模拟法）
规划项目	$500 \leqslant SO_2+NO_x < 2\,000$	$PM_{2.5}$	AERMOD/ADMS（系数法）或 CALPUFF（模型模拟法）
	$SO_2+NO_x \geqslant 2\,000$	$PM_{2.5}$	网格模型（模型模拟法）
	$NO_x+VOC_s \geqslant 2\,000$	O_3	网格模型（模型模拟法）

8.6.3 采用 AERMOD、ADMS 等模型模拟 $PM_{2.5}$ 时，需将模型模拟的 $PM_{2.5}$ 一次污染物的质量浓度，同步叠加按 SO_2、NO_2 等前体物转化比率估算的二次 $PM_{2.5}$ 质量浓度，得到 $PM_{2.5}$ 的贡献浓度。前体物转化比率可引用科研成果或有关文献，并注意地域的适用性。对于无法取得 SO_2、NO_2 等前体物转化比率的，可取 φ_{SO_2} 为 0.58、φ_{NO_2} 为 0.44，按公式（4）计算二次 $PM_{2.5}$ 贡献浓度。

$$\rho_{二次PM_{2.5}} = \varphi_{SO_2} \times \rho_{SO_2} + \varphi_{NO_2} \times \rho_{NO_2} \quad (4)$$

式中：$\rho_{二次PM_{2.5}}$——二次 $PM_{2.5}$ 质量浓度，μg/m³；

φ_{SO_2}、φ_{NO_2}——SO_2、NO_2 浓度换算为 $PM_{2.5}$ 浓度的系数；

ρ_{SO_2}、ρ_{NO_2}——SO_2、NO_2 的预测质量浓度，μg/m³。

8.6.4 采用 CALPUFF 或网格模型预测 $PM_{2.5}$ 时，模拟输出的贡献浓度应包括一次 $PM_{2.5}$ 和二次 $PM_{2.5}$ 质量浓度的叠加结果。

8.6.5 对已采纳规划环评要求的规划所包含的建设项目，当工程建设内容及污染物排放总量均未发生重大变更时，建设项目环境影响预测可引用规划环评的模拟结果。

8.7 预测与评价内容

8.7.1 达标区的评价项目

8.7.1.1 项目正常排放条件下，预测环境空气保护目标和网格点主要污染物的短期浓度和长期浓度贡献值，评价其最大浓度占标率。

8.7.1.2 项目正常排放条件下，预测评价叠加环境空气质量现状浓度后，环境空气保护目标和网格点主要污染物的保证率日平均质量浓度和年平均质量浓度的达标情况；对于项目排放的主要污染物仅有短期浓度限值的，评价其短期浓度叠加后的达标情况。如果是改建、扩建项目，还应同步减去“以新带老”污染源的环境影响。如果有区域削减项目，应同步减去削减源的环境影响。如果评价范围内还有其他排放同类污染物的在建、拟建项目，还应叠加在建、拟建项目的环境影响。

8.7.1.3 项目非正常排放条件下，预测评价环境空气保护目标和网格点主要污染物的 1 h 最大浓度贡献值及占标率。

8.7.2 不达标区的评价项目

8.7.2.1 项目正常排放条件下，预测环境空气保护目标和网格点主要污染物的短期浓度和长期浓度贡献值，评价其最大浓度占标率。

8.7.2.2 项目正常排放条件下，预测评价叠加大气环境质量限期达标规划（简称“达标规划”）的目标浓度后，环境空气保护目标和网格点主要污染物保证率日平均质量浓度和年平均质量浓度的达标情况；对于项目排放的主要污染物仅有短期浓度限值的，评价其短期浓度叠加后的达标情况。如果是改建、扩建项目，还应同步减去“以新带老”污染源的环境影响。如果有区域达标规划之外的削减项目，应同步减去削减源的环境影响。如果评价范围内还有其他排放同类污染物的在建、拟建项目，还应叠加在建、拟建项目的环境影响。

8.7.2.3 对于无法获得达标规划目标浓度场或区域污染源清单的评价项目，需评价区域环境质量的整体变化情况。

8.7.2.4 项目非正常排放条件下，预测评价环境空气保护目标和网格点主要污染物的 1 h 最大浓度贡献值及占标率。

8.7.3 区域规划

8.7.3.1 预测评价区域规划方案中不同规划年叠加现状浓度后，环境空气保护目标和网格点主要污染物保证率日平均质量浓度和年平均质量浓度的达标情况；对于规划排放的其他污染物仅有短期浓度限值的，评价其叠加现状浓度后短期浓度的达标情况。

8.7.3.2 预测评价区域规划实施后的环境质量变化情况，分析区域规划方案的可行性。

8.7.4 污染控制措施

8.7.4.1 对于达标区的建设项目，按 8.7.1.2 要求预测评价不同方案主要污染物对环境空气保护目标和网格点的环境影响及达标情况，比较分析不同污染治理设施、预防措施或排放方案的有效性。

8.7.4.2 对于不达标区的建设项目，按 8.7.2.2 要求预测不同方案主要污染物对环境空气保护目标和网格点的环境影响，评价达标情况或评价区域环境质量的整体变化情况，比较分析不同污染治理设施、预防措施或排放方案的有效性。

8.7.5 大气环境防护距离

8.7.5.1 对于项目厂界浓度满足大气污染物厂界浓度限值，但厂界外大气污染物短期贡献浓度超过环境质量浓度限值的，可以自厂界向外设置一定范围的大气环境防护区域，以确保大气环境防护区域外的污染物贡献浓度满足环境质量标准。

8.7.5.2 对于项目厂界浓度超过大气污染物厂界浓度限值的，应要求削减排放源强或调整工程布局，待满足厂界浓度限值后，再核算大气环境防护距离。

8.7.5.3 大气环境防护距离内不应有长期居住的人群。

8.7.6 不同评价对象或排放方案对应预测内容和评价要求见表 5。

表 5 预测内容和评价要求

评价对象	污染源	污染源排放形式	预测内容	评价内容
达标区评价项目	新增污染源	正常排放	短期浓度 长期浓度	最大浓度占标率
	新增污染源 − “以新带老”污染源（如有） − 区域削减污染源（如有） + 其他在建、拟建污染源（如有）	正常排放	短期浓度 长期浓度	叠加环境质量现状浓度后的保证率日平均质量浓度和年平均质量浓度的达标情况，或短期浓度的达标情况
	新增污染源	非正常排放	1 h 平均质量浓度	最大浓度占标率

评价对象	污染源	污染源排放形式	预测内容	评价内容
不达标区评价项目	新增污染源	正常排放	短期浓度 长期浓度	最大浓度占标率
	新增污染源 − “以新带老”污染源（如有） − 区域削减污染源（如有） + 其他在建、拟建的污染源（如有）	正常排放	短期浓度 长期浓度	叠加达标规划目标浓度后的保证率日平均质量浓度和年平均质量浓度的达标情况，或短期浓度的达标情况； 年平均质量浓度变化率
	新增污染源	非正常排放	1 h 平均质量浓度	最大浓度占标率
区域规划	不同规划期/规划方案污染源	正常排放	短期浓度 长期浓度	叠加环境质量现状浓度后的保证率日平均质量浓度和年平均质量浓度的达标情况，或短期浓度的达标情况； 年平均质量浓度变化率
大气环境防护距离	新增污染源 − “以新带老”污染源（如有） + 项目全厂现有污染源	正常排放	短期浓度	大气环境防护距离

8.8 评价方法

8.8.1 环境影响叠加

8.8.1.1 达标区环境影响叠加

预测评价项目建成后各污染物对预测范围的环境影响，应用本项目的贡献浓度，叠加（减去）区域削减污染源以及其他在建、拟建项目污染源环境影响，并叠加环境质量现状浓度。计算方法见公式（5）。

$$\rho_{叠加(x,,y,t)}=\rho_{本项目(x,y,t)}-\rho_{区域削减(x,y,t)}+\rho_{拟在建(x,y,t)}+\rho_{现状(x,y,t)} \tag{5}$$

式中：$\rho_{叠加(x,,y,t)}$——在 t 时刻，预测点（x，y）叠加各污染源及现状浓度后的环境质量浓度，μg/m³；

$\rho_{本项目(x,y,t)}$——在 t 时刻，本项目对预测点（x，y）的贡献浓度，μg/m³；

$\rho_{区域削减(x,y,t)}$——在 t 时刻，区域削减污染源对预测点（x，y）的贡献浓度，μg/m³；

$\rho_{现状(x,y,t)}$——在 t 时刻，预测点（x，y）的环境质量现状浓度，μg/m³，各预测点环境质量现状浓度按 6.4.3 方法计算；

$\rho_{拟在建(x,y,t)}$——在 t 时刻，其他在建、拟建项目污染源对预测点（x，y）的贡献浓度，μg/m³。

其中本项目预测的贡献浓度除新增污染源环境影响外，还应减去“以新带老”污染源的环境影响，计算方法见公式（6）。

$$\rho_{本项目(x,y,t)}=\rho_{新增(x,y,t)}-\rho_{以新带老(x,y,t)} \tag{6}$$

式中：$\rho_{新增(x,y,t)}$——在 t 时刻，本项目新增污染源对预测点（x，y）的贡献浓度，μg/m³；

$\rho_{以新带老(x,y,t)}$ ——在 t 时刻，“以新带老”污染源对预测点（x，y）的贡献浓度，μg/m^3。

8.8.1.2　不达标区环境影响叠加

对于不达标区的环境影响评价，应在各预测点上叠加达标规划中达标年的目标浓度，分析达标规划年的保证率日平均质量浓度和年平均质量浓度的达标情况。叠加方法可以用达标规划方案中的污染源清单参与影响预测，也可直接用达标规划模拟的浓度场进行叠加计算。计算方法见公式（7）。

$$\rho_{叠加(x,y,t)}=\rho_{本项目(x,y,t)}-\rho_{区域削减(x,y,t)}+\rho_{拟在建(x,y,t)}+\rho_{规划(x,y,t)} \tag{7}$$

式中：$\rho_{规划(x,y,t)}$——在 t 时刻，预测点（x，y）的达标规划年目标浓度，μg/m^3。

8.8.2　保证率日平均质量浓度

对于保证率日平均质量浓度，首先按 8.8.1.1 或 8.8.1.2 的方法计算叠加后预测点上的日平均质量浓度，然后对该预测点所有日平均质量浓度从小到大进行排序，根据各污染物日平均质量浓度的保证率（p），计算排在 p 百分位数的第 m 个序数，序数 m 对应的日平均质量浓度即为保证率日平均浓度ρ_m。其中序数 m 计算方法见公式（8）。

$$m=1+(n-1)\times p \tag{8}$$

式中：p——该污染物日平均质量浓度的保证率，按HJ 663规定的对应污染物年评价中24 h平均百分位数取值，%；

n—— 1个日历年内单个预测点上的日平均质量浓度的所有数据个数，个；

m——百分位数 p 对应的序数（第 m 个），向上取整数。

8.8.3　浓度超标范围

以评价基准年为计算周期，统计各网格点的短期浓度或长期浓度的最大值，所有最大浓度超过环境质量标准的网格，即为该污染物浓度超标范围。超标网格的面积之和即为该污染物的浓度超标面积。

8.8.4　区域环境质量变化评价

当无法获得不达标区规划达标年的区域污染源清单或预测浓度场时，也可评价区域环境质量的整体变化情况。按公式（9）计算实施区域削减方案后预测范围的年平均质量浓度变化率 k。当 $k\leqslant-20\%$时，可判定项目建设后区域环境质量得到整体改善。

$$k=\left[\bar{\rho}_{本项目(a)}-\bar{\rho}_{区域削减(a)}\right]/\bar{\rho}_{区域削减(a)}\times 100\% \tag{9}$$

式中：k——预测范围年平均质量浓度变化率，%；

$\bar{\rho}_{本项目(a)}$——本项目对所有网格点的年平均质量浓度贡献值的算术平均值，μg/m^3；

$\bar{\rho}_{区域削减(a)}$ ——区域削减污染源对所有网格点的年平均质量浓度贡献值的算术平均值，μg/m^3。

8.8.5　大气环境防护距离确定

8.8.5.1　采用进一步预测模型模拟评价基准年内，本项目所有污染源（改建、扩建项目应包括全厂现有污染源）对厂界外主要污染物的短期贡献浓度分布。厂界外预测网格分辨率不应超过 50 m。

8.8.5.2　在底图上标注从厂界起所有超过环境质量短期浓度标准值的网格区域，以自厂界起至超标区域的最远垂直距离作为大气环境防护距离。

8.8.6　污染控制措施有效性分析与方案比选

8.8.6.1　达标区建设项目选择大气污染治理设施、预防措施或多方案比选时，应综合考虑成本和治理效果，选择最佳可行技术方案，保证大气污染物能够达标排放，并使环境影响可以接受。

8.8.6.2　不达标区建设项目选择大气污染治理设施、预防措施或多方案比选时，应优先考虑治理效果，结合达标规划和替代源削减方案的实施情况，在只考虑环境因素的前提下选择最优技术方案，保证大气污染物达到最低排放强度和排放浓度，并使环境影响可以接受。

8.8.6.3 污染治理设施及预防措施有效性分析与方案比选内容、结果与格式要求见附录 C 中 C.5.10。

8.8.7 污染物排放量核算

8.8.7.1 污染物排放量核算包括本项目的新增污染源及改建、扩建污染源（如有）。

8.8.7.2 根据最终确定的污染治理设施、预防措施及排污方案，确定本项目所有新增及改建、扩建污染源大气排污节点、排放污染物、污染治理设施与预防措施以及大气排放口基本情况。

8.8.7.3 本项目各排放口排放大气污染物的核算排放浓度、排放速率及污染物年排放量，应为通过环境影响评价，并且环境影响评价结论为可接受时对应的各项排放参数。污染物排放量核算内容与格式要求见附录 C 中 C.6.1、C.6.2。

8.8.7.4 本项目大气污染物年排放量包括项目各有组织排放源和无组织排放源在正常排放条件下的预测排放量之和。污染物年排放量按公式（10）计算，内容与格式要求见附录 C 中 C.6.3。

$$E_{年排放}=\sum_{i=1}^{n}\left(M_{i有组织}\times H_{i有组织}\right)/1\,000+\sum_{j=1}^{m}\left(M_{j无组织}\times H_{j无组织}\right)/1\,000 \tag{10}$$

式中：$E_{年排放}$——项目年排放量，t/a；

$M_{i有组织}$——第 i 个有组织排放源排放速率，kg/h；

$H_{i有组织}$——第 i 个有组织排放源年有效排放小时数，h/a；

$M_{j无组织}$——第 j 个无组织排放源排放速率，kg/h；

$H_{j无组织}$——第 j 个无组织排放源全年有效排放小时数，h/a。

8.8.7.5 本项目各排放口非正常排放量核算，应结合 8.7.1.3 和 8.7.2.4 非正常排放预测结果，优先提出相应的污染控制与减缓措施。当出现 1 h 平均质量浓度贡献值超过环境质量标准时，应提出减少污染排放直至停止生产的相应措施。明确列出发生非正常排放的污染源、非正常排放原因、排放污染物、非正常排放浓度与排放速率、单次持续时间、年发生频次及应对措施等。相关内容与格式要求见附录 C 中 C.6.4。

8.9 评价结果表达

8.9.1 基本信息底图。包含项目所在区域相关地理信息的底图，至少应包括评价范围内的环境功能区划、环境空气保护目标、项目位置、监测点位，以及图例、比例尺、基准年风频玫瑰图等要素。

8.9.2 项目基本信息图。在基本信息底图上标示项目边界、总平面布置、大气排放口位置等信息。

8.9.3 达标评价结果表。列表给出各环境空气保护目标及网格最大浓度点主要污染物现状浓度、贡献浓度、叠加现状浓度后保证率日平均质量浓度和年平均质量浓度、占标率、是否达标等评价结果。

8.9.4 网格浓度分布图。包括叠加现状浓度后主要污染物保证率日平均质量浓度分布图和年平均质量浓度分布图。网格浓度分布图的图例间距一般按相应标准值的 5%～100%进行设置。如果某种污染物环境空气质量超标，还需在评价报告及浓度分布图上标示超标范围与超标面积，以及与环境空气保护目标的相对位置关系等。

8.9.5 大气环境防护区域图。在项目基本信息图上沿出现超标的厂界外延按 8.8.5 确定的大气环境防护距离所包括的范围，作为本项目的大气环境防护区域。大气环境防护区域应包含自厂界起连续的超标范围。

8.9.6 污染治理设施、预防措施及方案比选结果表。列表对比不同污染控制措施及排放方案对环境的影响，评价不同方案的优劣。

8.9.7 污染物排放量核算表。包括有组织及无组织排放量、大气污染物年排放量、非正常排放量等。

8.9.8 一级评价应包括 8.9.1～8.9.7 的内容。二级评价一般应包括 8.9.1、8.9.2 及 8.9.7 的内容。

9 环境监测计划

9.1 一般性要求

9.1.1 一级评价项目按 HJ 819 的要求，提出项目在生产运行阶段的污染源监测计划和环境质量监测计划。
9.1.2 二级评价项目按 HJ 819 的要求，提出项目在生产运行阶段的污染源监测计划。
9.1.3 三级评价项目可参照 HJ 819 的要求，并适当简化环境监测计划。

9.2 污染源监测计划

9.2.1 按照 HJ 819、HJ 942、各行业排污单位自行监测技术指南及排污许可证申请与核发技术规范执行。
9.2.2 污染源监测计划应明确监测点位、监测指标、监测频次、执行排放标准。相关格式要求见附录 C 中 C.7。

9.3 环境质量监测计划

9.3.1 筛选按 5.3.2 要求计算的项目排放污染物 P_i≥1%的其他污染物作为环境质量监测因子。
9.3.2 环境质量监测点位一般在项目厂界或大气环境防护距离（如有）外侧设置 1～2 个监测点。
9.3.3 各监测因子的环境质量每年至少监测一次，监测时段参照 6.3.1 执行。
9.3.4 新建 10 km 及以上的城市快速路、主干路等城市道路项目，应在道路沿线设置至少 1 个路边交通自动连续监测点，监测项目包括道路交通源排放的基本污染物。
9.3.5 环境质量监测采样方法、监测分析方法、监测质量保证与质量控制等应符合所执行的环境质量标准、HJ 819、HJ 942 的相关要求。
9.3.6 环境空气质量监测计划包括监测点位、监测指标、监测频次、执行环境质量标准等。相关格式要求见附录 C 中 C.7。

9.4 信息报告和信息公开

按照 HJ 819 执行。

10 大气环境影响评价结论与建议

10.1 大气环境影响评价结论

10.1.1 达标区域的建设项目环境影响评价，当同时满足以下条件时，则认为环境影响可以接受。

a）新增污染源正常排放下污染物短期浓度贡献值的最大浓度占标率≤100%；

b）新增污染源正常排放下污染物年均浓度贡献值的最大浓度占标率≤30%（其中一类区≤10%）；

c）项目环境影响符合环境功能区划。叠加现状浓度、区域削减污染源以及在建、拟建项目的环境影响后，主要污染物的保证率日平均质量浓度和年平均质量浓度均符合环境质量标准；对于项目排放的主要污染物仅有短期浓度限值的，叠加后的短期浓度符合环境质量标准。

10.1.2 不达标区域的建设项目环境影响评价，当同时满足以下条件时，则认为环境影响可以接受。

a）达标规划未包含的新增污染源建设项目，需另有替代源的削减方案；

b）新增污染源正常排放下污染物短期浓度贡献值的最大浓度占标率≤100%；

c）新增污染源正常排放下污染物年均浓度贡献值的最大浓度占标率≤30%（其中一类区≤10%）；

d）项目环境影响符合环境功能区划或满足区域环境质量改善目标。现状浓度超标的污染物评价，叠加达标年目标浓度、区域削减污染源以及在建、拟建项目的环境影响后，污染物的保证率日平均质量浓度和年平均质量浓度均符合环境质量标准或满足达标规划确定的区域环境质量改善目标，或按 8.8.4 计算的预测范围内年平均质量浓度变化率 $k \leqslant -20\%$；对于现状达标的污染物评价，叠加后污染物浓度符合环境质量标准；对于项目排放的主要污染物仅有短期浓度限值的，叠加后的短期浓度符合环境质量标准。

10.1.3 区域规划的环境影响评价，当主要污染物的保证率日平均质量浓度和年平均质量浓度均符合环境质量标准，对于主要污染物仅有短期浓度限值的，叠加后的短期浓度符合环境质量标准时，则认为区域规划环境影响可以接受。

10.2 污染控制措施可行性及方案比选结果

10.2.1 大气污染治理设施与预防措施必须保证污染源排放以及控制措施均符合排放标准的有关规定，满足经济、技术可行性。

10.2.2 从项目选址选线、污染源的排放强度与排放方式、污染控制措施技术与经济可行性等方面，结合区域环境质量现状及区域削减方案、项目正常排放及非正常排放下大气环境影响预测结果，综合评价治理设施、预防措施及排放方案的优劣，并对存在的问题（如果有）提出解决方案。经对解决方案进行进一步预测和评价比选后，给出大气污染控制措施可行性建议及最终的推荐方案。

10.3 大气环境防护距离

10.3.1 根据大气环境防护距离计算结果，并结合厂区平面布置图，确定项目大气环境防护区域。若大气环境防护区域内存在长期居住的人群，应给出相应优化调整项目选址、布局或搬迁的建议。

10.3.2 项目大气环境防护区域之外，大气环境影响评价结论应符合 10.1 规定的要求。

10.4 污染物排放量核算结果

10.4.1 环境影响评价结论是环境影响可接受的，根据环境影响评价审批内容和排污许可证申请与核发所需表格要求，明确给出污染物排放量核算结果表。

10.4.2 评价项目完成后污染物排放总量控制指标能否满足环境管理要求，并明确总量控制指标的来源和替代源的削减方案。

10.5 大气环境影响评价自查表

大气环境影响评价完成后，应对大气环境影响评价主要内容与结论进行自查。建设项目大气环境影响评价自查表内容与格式见附录 E。

附　录　A
（规范性附录）
推荐模型清单

A.1　环境空气质量模型适用性

A.1.1　按预测范围

模型选取需考虑所模拟的范围。模型按模拟尺度可分为三类，即局地尺度（50 km 以下）、城市尺度（几十到几百千米）、区域尺度（几百千米以上）模型。

在模拟局地尺度环境空气质量影响时，一般选用本导则推荐的估算模型、AERMOD、ADMS、AUSTAL2000 等模型；在模拟城市尺度环境空气质量影响时，一般选用本导则推荐的 CALPUFF 模型；在模拟区域尺度空气质量影响或需考虑对二次 $PM_{2.5}$ 及 O_3 有显著影响的排放源时，一般选用本导则推荐的包含有复杂物理、化学过程的区域光化学网格模型。

A.1.2　按污染源的排放形式

模型选取需考虑所模拟污染源的排放形式。污染源从排放形式上可分为点源（含火炬源）、面源、线源、体源、网格源等；污染源从排放时间上可分为连续源、间断源、偶发源等；污染源从排放的运动形式上可分为固定源和移动源，其中移动源包括道路移动源和非道路移动源。此外还有一些特殊排放形式，比如烟塔合一源和机场源。

AERMOD、ADMS 及 CALPUFF 等模型可直接模拟点源、面源、线源、体源，AUSTAL2000 可模拟烟塔合一源，EDMS/AEDT 可模拟机场源，光化学网格模型需要使用网格化污染源清单。

A.1.3　按污染物性质

模型选取需考虑评价项目和所模拟污染物的性质。污染物从性质上可分为颗粒态污染物和气态污染物，也可分为一次污染物和二次污染物。

当模拟 SO_2、NO_2 等一次污染物时，可依据预测范围选用适合尺度的模型。

当模拟二次 $PM_{2.5}$ 时，可采用系数法进行估算，或选用包括物理过程和化学反应机理模块的城市尺度模型。

对于规划项目需模拟二次 $PM_{2.5}$ 和 O_3 时，也可选用区域光化学网格模型。

A.1.4　按适用特殊气象条件

岸边熏烟。当在近岸内陆上建设高烟囱时，需要考虑岸边熏烟问题。由于水陆地表的辐射差异，水陆交界地带的大气由地面不稳定层结过渡到稳定层结，当聚集在大气稳定层内污染物遇到不稳定层结时将发生熏烟现象，在某固定区域将形成地面的高浓度。在缺少边界层气象数据或边界层气象数据的精确度和详细程度不能反映真实情况时，可选用大气导则推荐的估算模型获得近似的模拟浓度，或者选用 CALPUFF 模型。

长期静、小风。长期静、小风的气象条件是指静风和小风持续时间达几个小时到几天，在这种气象条件下，空气污染扩散（尤其是来自低矮排放源），可能会形成相对高的地面浓度。CALPUFF模型对静风湍流速度做了处理，当模拟城市尺度以内的长期静、小风时的环境空气质量时，可选用大气导则推荐的CALPUFF模型。

A.2　推荐模型清单

A.2.1　导则推荐的模型包括估算模型 AERSCREEN、进一步预测模型 AERMOD、ADMS、AUSTAL2000、

EDMS/AEDT、CALPUFF 以及 CMAQ 等光化学网格模型。

A.2.2 生态环境部模型管理部门推荐的其他环境空气质量模型。

A.2.3 模型的适用情况见表 A.1。

表 A.1 推荐模型适用情况表

模型名称	适用性	适用污染源	适用排放形式	推荐预测范围	适用污染物	输出结果	其他特性
AERSCREEN	用于评价等级及评价范围判定	点源（含火炬源）、面源（矩形或圆形）、体源	连续源	局地尺度（≤50 km）	一次污染物、二次 $PM_{2.5}$（系数法）	短期浓度最大值及对应距离	可以模拟熏烟和建筑物下洗
AERMOD	用于进一步预测	点源（含火炬源）、面源、线源、体源	连续源、间断源			短期和长期平均质量浓度及分布	可以模拟建筑物下洗、干湿沉降
ADMS		点源、面源、线源、体源、网格源					可以模拟建筑物下洗、干湿沉降，包含街道窄谷模型
AUSTAL2000		烟塔合一源					可以模拟建筑物下洗
EDMS/AEDT		机场源					可以模拟建筑物下洗、干湿沉降
CALPUFF		点源、面源、线源、体源		城市尺度（50 km 到几百千米）	一次污染物和二次 $PM_{2.5}$		可以用于特殊风场，包括长期静、小风和岸边熏烟
光化学网格模型（CMAQ 或类似模型）		网格源	连续源、间断源	区域尺度（几百千米）	一次污染物和二次 $PM_{2.5}$、O_3		网格化模型，可以模拟复杂化学反应及气象条件对污染物浓度的影响等

注 1：生态环境部模型管理部门推荐的其他模型，按相应推荐模型适用情况进行选择。

注 2：对光化学网格模型（CMAQ 或类似的模型），在应用前应根据应用案例提供必要的验证结果。

A.3 推荐模型获取

推荐模型的说明、执行文件、用户手册以及技术文档可到环境质量模型技术支持网站（http：//www.lem.org.cn/、http：//www.craes.cn）下载。

附　录　B
（规范性附录）
推荐模型参数及说明

B.1　污染源参数

B.1.1　估算模型应采用满负荷运行条件下排放强度及对应的污染源参数。
B.1.2　进一步预测模型应包括正常排放和非正常排放下排放强度及对应的污染源参数。
B.1.3　对于源强排放有周期性变化的，还需根据模型模拟需要输入污染源周期性排放系数。

B.2　污染源清单数据及前处理

光化学网格模型所需污染源包括人为源和天然源两种形式。其中人为源按空间几何形状分为点源（含火炬源）、面源和线源。道路移动源可以按线源或面源形式模拟，非道路移动源可按面源形式模拟。点源清单应包括烟囱坐标、地形高程、排放口几何高度、出口内径、烟气量、烟气温度等参数。面源应按行政区域提供或按经纬度网格提供。

点源、面源和线源需要根据光化学网格模型所选用的化学机理和时空分辨率进行前处理，包括污染物的物种分配和空间分配、点源的抬升计算、所有污染物的时间分配以及数据格式转换等。模型网格上按照化学机理分配好的物种还需要进行月变化、日变化和小时变化的时间分配。

光化学网格模型需要的天然源排放数据由天然源估算模型按照光化学网格模型所选用的化学机理模拟提供。天然源估算模型可以根据植被分布资料和气象条件，计算不同模型模拟网格的天然源排放。

B.3　气象数据

B.3.1　估算模型 AERSCREEN

模型所需最高和最低环境温度，一般需选取评价区域近 20 年以上资料统计结果。最小风速可取 0.5 m/s，风速计高度取 10 m。

B.3.2　AERMOD 和 ADMS

地面气象数据选择距离项目最近或气象特征基本一致的气象站的逐时地面气象数据，要素至少包括风速、风向、总云量和干球温度。根据预测精度要求及预测因子特征，可选择观测资料包括：湿球温度、露点温度、相对湿度、降水量、降水类型、海平面气压、地面气压、云底高度、水平能见度等。其中对观测站点缺失的气象要素，可采用经验证的模拟数据或采用观测数据进行插值得到。

高空气象数据选择模型所需观测或模拟的气象数据，要素至少包括一天早晚两次不同等压面上的气压、离地高度和干球温度等，其中离地高度 3 000 m 以内的有效数据层数应不少于 10 层。

B.3.3　AUSTAL2000

地面气象数据选择距离项目最近或气象特征基本一致的气象站的逐时地面气象数据，要素至少包括风向、风速、干球温度、相对湿度，以及采用测量或模拟气象资料计算得到的稳定度。

B.3.4　CALPUFF

地面气象资料应尽量获取预测范围内所有地面气象站的逐时地面气象数据，要素至少包括风速、风向、干球温度、地面气压、相对湿度、云量、云底高度。若预测范围内地面观测站少于 3 个，可采用预测范围外的地面观测站进行补充，或采用中尺度气象模拟数据。

高空气象资料应获取最少 3 个站点的测量或模拟气象数据，要素至少包括一天早晚两次不同等压面上的气压、离地高度、干球温度、风向及风速，其中离地高度 3 000 m 以内的有效数据层数应不少于 10 层。

B.3.5 光化学网格模型

光化学网格模型的气象场数据可由 WRF 或其他区域尺度气象模型提供。气象场应至少涵盖评价基准年 1 月、4 月、7 月、10 月。气象模型的模拟区域范围应略大于光化学网格模型的模拟区域，气象数据网格分辨率、时间分辨率与光化学网格模型的设定相匹配。在气象模型的物理参数化方案选择时应注意和光化学网格模型所选择参数化方案的兼容性。非在线的 WRF 等气象模型计算的气象数据提供给光化学网格模型应用时，需要经过相应的数据前处理，处理的过程包括光化学网格模拟区域截取、垂直差值、变量选择和计算、数据时间处理以及数据格式转换等。

B.4 地形数据

原始地形数据分辨率不得小于 90 m。

B.5 地表参数

估算模型 AERSCREEN 和 ADMS 的地表参数根据模型特点取项目周边 3 km 范围内占地面积最大的土地利用类型来确定。

AERMOD 地表参数一般根据项目周边 3 km 范围内的土地利用类型进行合理划分，或采用 AERSURFACE 直接读取可识别的土地利用数据文件。

AERMOD 和 AERSCREEN 所需的区域湿度条件划分可根据中国干湿地区划分进行选择。

CALPUFF 采用模型可以识别的土地利用数据来获取地表参数，土地利用数据的分辨率一般不小于模拟网格分辨率。

B.6 模型计算设置

B.6.1 城市/农村选项

当项目周边 3 km 半径范围内一半以上面积属于城市建成区或者规划区时，选择城市，否则选择农村。

当选择城市时，城市人口数按项目所属城市实际人口或者规划的人口数输入。

B.6.2 岸边熏烟选项

对估算模型 AERSCREEN，当污染源附近 3 km 范围内有大型水体时，需选择岸边熏烟选项。

B.6.3 计算点和网格点设置

B.6.3.1 估算模型 AERSCREEN 在距污染源 10 m～25 km 处默认为自动设置计算点，最远计算距离不超过污染源下风向 50 km。

B.6.3.2 采用估算模型 AERSCREEN 计算评价等级时，对于有多个污染源的可取污染物等标排放量 P_0 最大的污染源坐标作为各污染源位置。污染物等标排放量 P_0 计算见公式（B.1）。

$$P_0 = \frac{Q}{C_0} \times 10^{12} \tag{B.1}$$

式中：P_0 ——污染物等标排放量，m^3/a；

Q —— 污染源排放污染物的年排放量，t/a；

C_0—— 污染物的环境空气质量浓度标准，μg/m³，取值同公式（1）中 C_{0i}。

B.6.3.3　AERMOD 和 ADMS 预测网格点的设置应具有足够的分辨率以尽可能精确预测污染源对预测范围的最大影响。网格点间距可以采用等间距或近密远疏法进行设置，距离源中心 5 km 的网格间距不超过 100 m，5～15 km 的网格间距不超过 250 m，大于 15 km 的网格间距不超过 500 m。

B.6.3.4　CALPUFF 模型中需要定义气象网格、预测网格和受体网格（包括离散受体）。其中气象网格范围和预测网格范围应大于受体网格范围，以保证有一定的缓冲区域考虑烟团的迂回和回流等情况。预测网格间距根据预测范围确定，应选择足够的分辨率以尽可能精确预测污染源对预测范围的最大影响。预测范围小于 50 km 的网格间距不超过 500 m，预测范围大于 100 km 的网格间距不超过 1 000 m。

B.6.3.5　光化学网格模型模拟区域的网格分辨率根据所关注的问题确定，并能精确到可以分辨出新增排放源的影响。模拟区域的大小应考虑边界条件对关心点浓度的影响。为提高计算精度，预测网格间距一般不超过 5 km。

B.6.3.6　对于邻近污染源的高层住宅楼，应适当考虑不同代表高度上的预测受体。

B.6.4　建筑物下洗

如果烟囱实际高度小于根据周围建筑物高度计算的最佳工程方案（GEP）烟囱高度时，且位于 GEP 的 5 *L* 影响区域内时，则要考虑建筑物下洗的情况。GEP 烟囱高度计算见公式（B.2）。

$$\text{GEP 烟囱高度}=H+1.5L \qquad \text{(B.2)}$$

式中：*H*——从烟囱基座地面到建筑物顶部的垂直高度，m；

L——建筑物高度（BH）或建筑物投影宽度（PBW）的较小者，m。

GEP 的 5 *L* 影响区域：每个建筑物在下风向会产生一个尾迹影响区，下风向影响最大距离为距建筑物 5 *L* 处，迎风向影响最大距离为距建筑物 2 *L* 处，侧风向影响最大距离为距建筑物 0.5 *L* 处，即虚线范围内为建筑物影响区域，见图 B.1。不同风向下的影响区是不同的，所有风向构成的一个完整的影响区域，即虚线范围内，称为 GEP 的 5 *L* 影响区域，即建筑物下洗的最大影响范围，见图 B.2。图中烟囱 1 在建筑物下洗影响范围内，而烟囱 2 则在建筑物下洗影响范围外。

进一步预测考虑建筑物下洗时，需要输入建筑物角点横坐标和纵坐标，建筑物高度、宽度与方位角等参数。

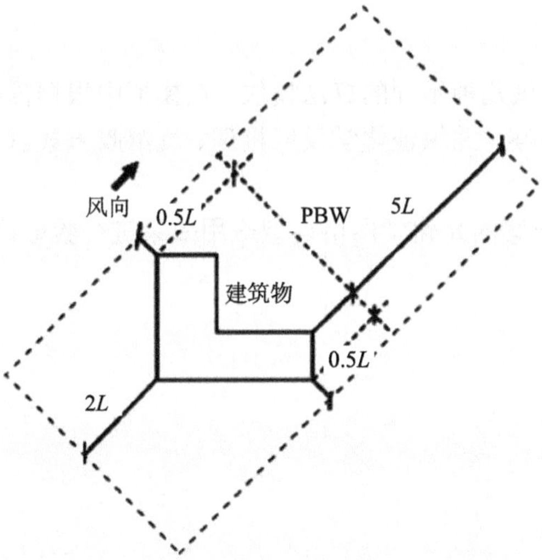

图 B.1　建筑物影响区域

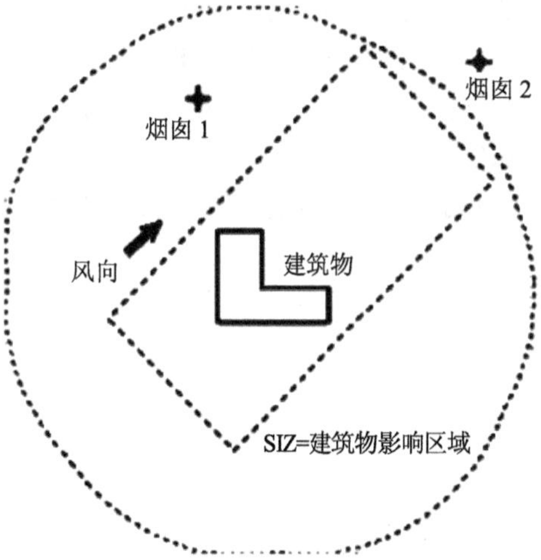

图 B.2　GEP 的 5*L* 影响区域

B.7 其他选项

B.7.1 AERMOD 模型

B.7.1.1 颗粒物干沉降和湿沉降

当 AERMOD 计算考虑颗粒物湿沉降时，地面气象数据中需要包括降雨类型、降雨量、相对湿度和站点气压等气象参数。

考虑颗粒物干沉降需要输入的参数是干沉降速度，用户可根据需要自行输入干沉降速度，也可输入气体污染物的相关沉降参数和环境参数自动计算干沉降速度。

B.7.1.2 气态污染物转化

AERMOD 模型的 SO_2 转化算法，模型中采用特定的指数衰减模型，需输入的参数包括半衰期或衰减系数。通常半衰期和衰减系数的关系为：衰减系数（s^{-1}）=0.693/半衰期（s）。AERMOD 模型中缺省设置的 SO_2 指数衰减的半衰期为 14 400 s。

AERMOD 模型的 NO_2 转化算法，可采用 PVMRM（烟羽体积摩尔率法）、OLM（O_3 限制法）或 ARM2 算法（环境比率法 2）。对于能获取到有效环境中 O_3 浓度及烟道内 NO_2/NO_x 比率数据时，优先采用 PVMRM 或 OLM 方法。如果采用 ARM2 选项，对 1 小时浓度采用内定的比例值上限 0.9，年均浓度内置比例下限 0.5。当选择 NO_2 化学转化算法时，NO_2 源强应输入 NO_x 排放源强。

B.7.2 CALPUFF 模型

CALPUFF 在考虑化学转化时需要 O_3 和 NH_3 的现状浓度数据。O_3 和 NH_3 的现状浓度可采用预测范围内或邻近的例行环境空气质量监测点监测数据，或其他有效现状监测资料进行统计分析获得。

B.7.3 光化学网格模型

B.7.3.1 初始条件和边界条件

光化学网格模型的初始条件和边界条件可通过模型自带的初始边界条件处理模块产生，以保证模拟区域范围、网格数、网格分辨率、时间和数据格式的一致性。初始条件使用上一个时次模拟的输出结果作为下一个时次模拟的初始场；边界条件使用更大模拟区域的模拟结果作为边界场，如子区域网格使用母区域网格的模拟结果作为边界场，外层母区域网格可使用预设的固定值或者全球模型的模拟结果作为边界场。

B.7.3.2 参数化方案选择

针对相同的物理、化学过程，光化学网格模型往往提供几种不同的算法模块。在模拟中根据需要选择合适的化学反应机理、气溶胶方案和云方案等参数化方案，并保证化学反应机理、气溶胶方案以及其他参数之间的相互匹配。

在应用中，应根据使用的时间和区域，对不同参数化方案的光化学网格模型应用效果进行验证比较。

附　录　C
（规范性附录）
大气环境影响评价基本内容与图表

C.1　评价等级判断

C.1.1　评价因子和评价标准筛选

评价因子和评价标准表见表 C.1。

表 C.1　评价因子和评价标准表

评价因子	平均时段	标准值/（μg/m³）	标准来源

C.1.2　地形图

应标示地形高程、项目位置、评价范围、主要环境保护目标、比例尺、图例、指北针等。

C.1.3　估算模型参数

估算模型参数表见表 C.2。

表 C.2　估算模型参数表

参数		取值
城市/农村选项	城市/农村	
	人口数（城市选项时）	
最高环境温度/℃		
最低环境温度/℃		
土地利用类型		
区域湿度条件		
是否考虑地形	考虑地形	□是　□否
	地形数据分辨率/m	
是否考虑岸线熏烟	考虑岸线熏烟	□是　□否
	岸线距离/km	
	岸线方向/°	

C.1.4　主要污染源估算模型计算结果

计算结果见表 C.3。

表 C.3　主要污染源估算模型计算结果表

下风向距离/m	污染源 1		污染源 2		污染源……	
	预测质量浓度/（μg/m³）	占标率/%	预测质量浓度/（μg/m³）	占标率/%	预测质量浓度/（μg/m³）	占标率/%
50						
75						
……						
下风向最大质量浓度及占标率/%						
$D_{10\%}$最远距离/m						

C.2 环境空气保护目标

环境空气保护目标调查表见表 C.4，其中环境空气保护目标坐标取距离厂址最近点位位置。

表 C.4 环境空气保护目标

名称	坐标/m		保护对象	保护内容	环境功能区	相对厂址方位	相对厂界距离/m
	X	*Y*					

C.3 环境空气质量现状

C.3.1 空气质量达标区判定

包括各评价因子的浓度、标准及达标判定结果等，内容要求参见表 C.5。

表 C.5 区域空气质量现状评价表

污染物	年评价指标	现状浓度/（μg/m³）	标准值/（μg/m³）	占标率/%	达标情况
	年平均质量浓度				
	百分位数日平均或 8 h 平均质量浓度				

C.3.2 基本污染物环境质量现状

包括监测点位、污染物、评价标准、现状浓度及达标判定等，内容要求见表 C.6。

表 C.6 基本污染物环境质量现状

点位名称	监测点坐标/m		污染物	年评价指标	评价标准/（μg/m³）	现状浓度/（μg/m³）	最大浓度占标率/%	超标频率/%	达标情况
	X	*Y*							

C.3.3 其他污染物环境质量现状

包括其他污染物的监测点位、监测因子、监测时段及监测结果等内容，参见表 C.7、表 C.8。

表 C.7 其他污染物补充监测点位基本信息

监测点名称	监测点坐标/m		监测因子	监测时段	相对厂址方位	相对厂界距离/m
	X	*Y*				

表 C.8 其他污染物环境质量现状（监测结果）表

监测点位	监测点坐标/m		污染物	平均时间	评价标准/（μg/m³）	监测浓度范围/（μg/m³）	最大浓度占标率/%	超标率/%	达标情况
	X	*Y*							

C.3.4 监测点位图

在基础底图上叠加环境质量现状监测点位分布，并明确标示国家监测站点、地方监测站点和现状补充监测点的位置。

C.4　污染源调查

按点源、面源、体源、线源、火炬源、烟塔合一排放源、机场源等不同污染源排放形式，分别给出污染源参数。

对于网格污染源，按照源清单要求给出污染源参数，并说明数据来源。当污染源排放为周期性变化时，还需给出周期性变化排放系数。

C.4.1　点源调查内容

a）排气筒底部中心坐标（坐标可采用 UTM 坐标或经纬度，下同），以及排气筒底部的海拔高度（m）。

b）排气筒几何高度（m）及排气筒出口内径（m）。

c）烟气流速（m/s）。

d）排气筒出口处烟气温度（℃）。

e）各主要污染物排放速率（kg/h），排放工况（正常排放和非正常排放，下同），年排放小时数（h）。

f）点源（包括正常排放和非正常排放）参数调查清单参见表 C.9。

表 C.9　点源参数表

编号	名称	排气筒底部中心坐标/m		排气筒底部海拔高度/m	排气筒高度/m	排气筒出口内径/m	烟气流速/（m/s）	烟气温度/℃	年排放小时数/h	排放工况	污染物排放速率/（kg/h）		
		X	*Y*								污染物 1	污染物 2	……

C.4.2　面源调查内容

a）面源坐标，其中：

矩形面源：初始点坐标，面源的长度（m），面源的宽度（m），与正北方向逆时针的夹角，见图 C.1；

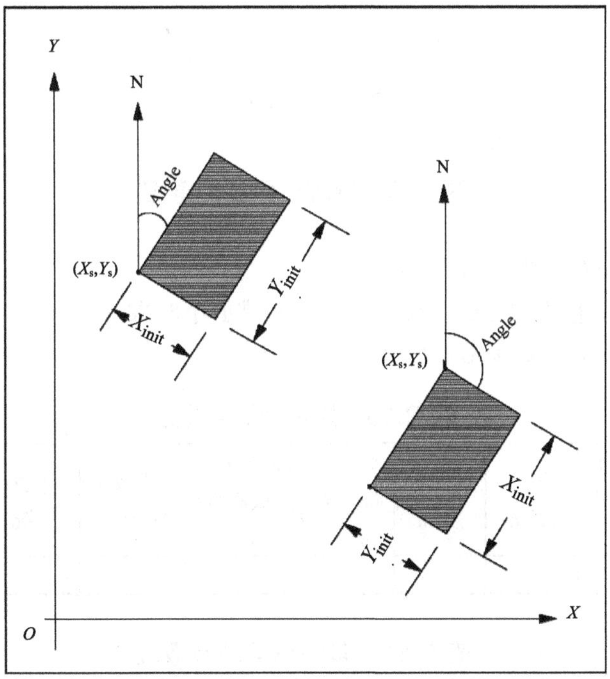

注：（*Xs*，*Ys*）为面源的起始点坐标；Angle 为面源 *Y* 方向的边长与正北方向的夹角（逆时针方向）；
X_{init} 为面源 *X* 方向的边长、Y_{init} 为面源 *Y* 方向的边长。

图 C.1　矩形面源示意图

多边形面源：多边形面源的顶点数或边数（3～20）以及各顶点坐标，见图 C.2；

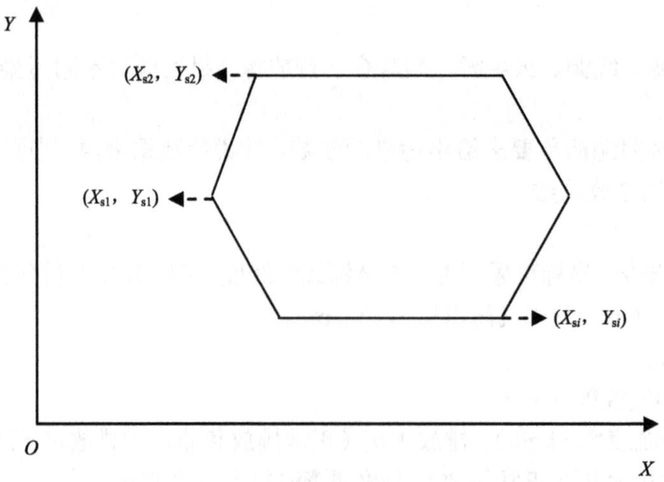

注：(X_{s1}，Y_{s1})、(X_{s2}，Y_{s2})、(X_{si}，Y_{si}) 为多边形面源顶点坐标。

图 C.2　多边形面源示意图

近圆形面源：中心点坐标，近圆形半径（m），近圆形顶点数或边数，见图 C.3。

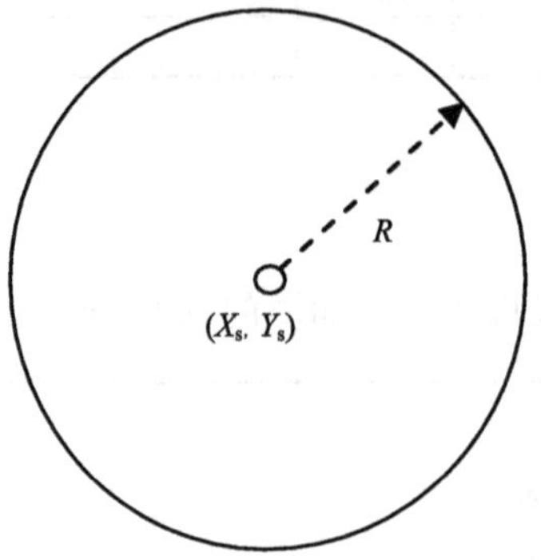

注：(X_s，Y_s) 为圆弧弧心坐标；R 为圆弧半径。

图 C.3　近圆形面源示意图

b）面源的海拔高度和有效排放高度（m）。

c）各主要污染物排放速率（kg/h），排放工况，年排放小时数（h）。

d）各类面源参数调查清单表参见表 C.10～表 C.12。

表 C.10　矩形面源参数表

编号	名称	面源起点坐标/m		面源海拔高度/m	面源长度/m	面源宽度/m	与正北向夹角/(°)	面源有效排放高度/m	年排放小时数/h	排放工况	污染物排放速率/（kg/h）		
		X	Y								污染物 1	污染物 2	……

表 C.11　多边形面源参数表

编号	名称	面源各顶点坐标/m		面源海拔高度/m	面源有效排放高度/m	年排放小时数/h	排放工况	污染物排放速率/（kg/h）		
		X	Y					污染物 1	污染物 2	……

表 C.12　（近）圆形面源参数表

编号	名称	面源中心点坐标/m		面源海拔高度/m	面源半径/m	顶点数或边数（可选）	面源有效排放高度/m	年排放小时数/h	排放工况	污染物排放速率/（kg/h）		
		X	*Y*							污染物 1	污染物 2	……

C.4.3　体源调查内容

a）体源中心点坐标，以及体源所在位置的海拔高度（m）。

b）体源有效高度（m）。

c）体源排放速率（kg/h），排放工况，年排放小时数（h）。

d）体源的边长（m）（把体源划分为多个正方形的边长，见图 C.4、图 C.5 中的 *W*）。

e）初始横向扩散参数（m），初始垂直扩散参数（m），体源初始扩散参数的估算见表 C.13、表 C.14。

f）体源参数调查清单参见表 C.15。

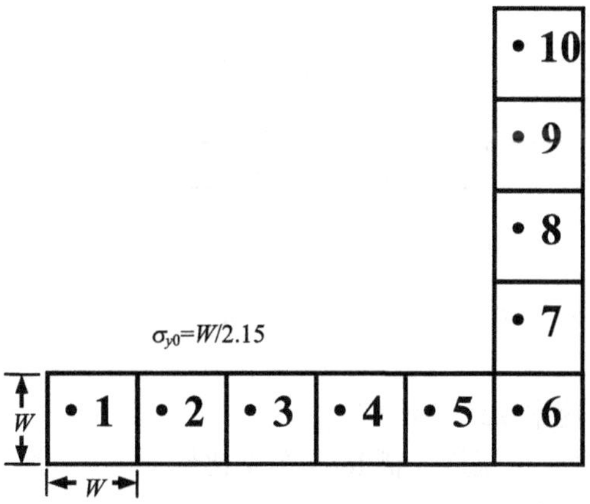

注：*W* 为单个体源的边长

图 C.4　连续划分的体源

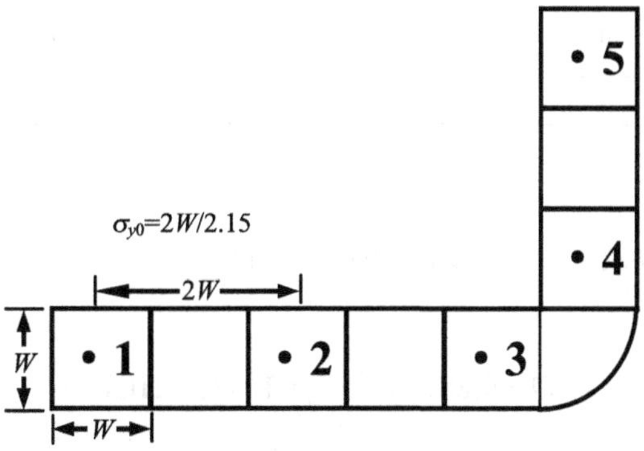

注：*W* 为单个体源的边长

图 C.5　间隔划分的体源

表 C.13 体源初始横向扩散参数的估算

源类型	初始横向扩散参数
单个源	σ_{y0}=边长/4.3
连续划分的体源（见图 C.4）	σ_{y0}=边长/2.15
间隔划分的体源（见图 C.5）	σ_{y0}=两个相邻间隔中心点的距离/2.15

表 C.14 体源初始垂直扩散参数的估算

源位置		初始垂直扩散参数
源基底处地形高度 $H_0\approx0$		σ_{z0}=源的高度/2.15
源基底处地形高度 $H_0>0$	在建筑物上，或邻近建筑物	σ_{z0}=建筑物高度/2.15
	不在建筑物上，或不邻近建筑物	σ_{z0}=源的高度/4.3

表 C.15 体源参数表

编号	名称	体源中心点坐标/m		体源海拔高度/m	体源边长/m	体源有效高度/m	年排放小时数/h	排放工况	初始扩散参数/m		污染物排放速率/（kg/h）		
		X	*Y*						横向	垂直	污染物 1	污染物 2	……

C.4.4 线源调查内容

a）线源几何尺寸（分段坐标），线源宽度（m），距地面高度（m），有效排放高度（m），街道街谷高度（可选）（m）。

b）各种车型的污染物排放速率[kg/（km·h）]。

c）平均车速（km/h），各时段车流量（辆/h）、车型比例。

d）线源参数调查清单参见表 C.16。

表 C.16 线源参数表

编号	名称	各段顶点坐标/m		线源宽度/m	线源海拔高度/m	有效排放高度/m	街道街谷高度/m	污染物排放速率/[kg/（km·h）]		
		X	*Y*					污染物 1	污染物 2	……

C.4.5 火炬源调查内容

a）火炬底部中心坐标，以及火炬底部的海拔高度（m）。

b）火炬等效内径 D（m）。

$$D=9.88\times10^{-4}\times\sqrt{\mathrm{HR}\times(1-\mathrm{HL})}$$

式中：HR——总热释放速率，cal/s；

HL——辐射热损失比例，一般取 0.55。

c）火炬的等效高度 h_{eff}：

$$h_{\mathrm{eff}}=H_s+4.56\times10^{-3}\times\mathrm{HR}^{0.478}$$

式中：H_s——火炬高度，m。

d）火炬等效烟气排放速度（m/s），默认设置为 20 m/s。

e）排气筒出口处的烟气温度（℃），默认设置为 1 000℃。

f）火炬源排放速率（kg/h），排放工况，年排放小时数（h）。

g）火炬源参数调查清单参见表 C.17。

表 C.17 火炬源参数表

编号	名称	坐标/m		底部海拔高度/m	火炬等效高度/m	等效出口内径/m	烟气温度/℃	等效烟气流速/（m/s）	年排放小时数/h	排放工况	燃烧物质及热释放速率			污染物排放速率/（kg/h）		
		X	Y								燃烧物质	燃烧速率/（kg/h）	总热释放速率/（cal/s）	污染物 1	污染物 2	……

C.4.6 烟塔合一排放源调查内容

a）冷却塔底部中心坐标，以及排气筒底部的海拔高度（m）。

b）冷却塔高度（m）及冷却塔出口内径（m）。

c）冷却塔出口烟气流速（m/s）。

d）冷却塔出口烟气温度（℃）。

e）烟气中液态水含量（kg/kg）。

f）烟气相对湿度（%）。

g）各主要污染物排放速率（kg/h），排放工况，年排放小时数（h）。

h）冷却塔排放源参数调查清单参见表 C.18。

表 C.18 烟塔合一排放源参数表

编号	名称	坐标/m		底部海拔高度/m	冷却塔高度/m	冷却塔出口内径/m	烟气流速/（m/s）	烟气温度/℃	烟气液态含水量/（kg/kg）	烟气相对湿度/%	年排放小时数/h	排放工况	污染物排放速率/（kg/h）		
		X	Y										污染物 1	污染物 2	……

C.4.7 城市道路源调查内容

调查内容包括不同路段交通流量及污染物排放量，见表 C.19。

表 C.19 城市道路交通流量及污染物排放量

路段名称	典型时段	平均车流量/（辆/h）			污染物排放速率/[kg/（km·h）]			
		大型车	中型车	小型车	NO_x	CO	THC	其他污染物
	近期							
	中期							
	远期							

C.4.8 机场源调查内容

a）不同飞行阶段的跑道面源排放参数，包括：飞行阶段，面源起点坐标，有效排放高度（m），面源宽度（m），面源长度（m），与正北向夹角（°），污染物排放速率[kg/（m^2·h）]。调查清单见表 C.20。

表 C.20 机场跑道排放源参数表

不同飞行阶段	跑道面源起点坐标/m		有效排放高度/m	面源宽度/m	面源长度/m	与正北向夹角/（°）	污染物排放速率/（$kg/m^2·h$）		
	X	*Y*					污染物 1	污染物 2	……

b）机场其他排放源调查内容参考 C.4.1～C.4.4 中要求。

C.4.9 周期性排放系数

常见污染源周期性排放系数见表 C.21。

表 C.21 污染源周期性排放系数表

季节	春	夏	秋	冬							
排放系数											
月份	1	2	3	4	5	6	7	8	9	10	11	12
排放系数												
星期	日	一	二	三	四	五	六					
排放系数												
小时	1	2	3	4	5	6	7	8	9	10	11	12
排放系数												
小时	13	14	15	16	17	18	19	20	21	22	23	24
排放系数												

C.4.10 非正常排放调查内容

非正常排放调查内容见表 C.22。

表 C.22 非正常排放参数表

非正常排放源	非正常排放原因	污染物	非正常排放速率/（kg/h）	单次持续时间/h	年发生频次/次

C.4.11 拟被替代源调查内容

a）拟被替代源基本情况见表 C.23。

表 C.23 拟被替代源基本情况表

被替代污染源	坐标/m		年排放时间/h	污染物年排放量/（t/a）			拟被替代时间
	X	*Y*		污染物 1	污染物 2	……	

b）拟被替代源基本参数调查内容参考 C.4.1～C.4.8 中要求。

C.5 大气环境影响预测与评价

C.5.1 预测模型选取结果及选取依据

C.5.2 气象数据

包括观测气象数据或模拟高空气象数据来源及数据基本信息，基本内容见表 C.24～表 C.25。

表 C.24　观测气象数据信息

气象站名称	气象站编号	气象站等级	气象站坐标/m		相对距离/m	海拔高度/m	数据年份	气象要素
			X	*Y*				

表 C.25　模拟气象数据信息

模拟点坐标/m		相对距离/m	数据年份	模拟气象要素	模拟方式
X	*Y*				

C.5.3　地形数据

包括地形数据数据来源、数据时间、格式、范围、分辨率等。

C.5.4　土地利用图

应明确标示土地利用类型、项目位置、环境空气保护目标、评价范围、图例、比例尺、风玫瑰图等。

C.5.5　模型主要参数设置

a）各模型气象网格、预测网格设置。

b）是否考虑建筑物下洗，建筑物位置（UTM 坐标，m），建筑物基座高程，建筑物顶点个数和各顶点坐标（m）。

c）是否考虑颗粒物干湿沉降和化学转化及相关参数设置。

d）光化学网格模型参数化方案，嵌套方案，初始条件和边界条件设置。

e）其他非默认参数的设置。

C.5.6　项目环境影响评价预测结果

a）本项目贡献质量浓度预测结果见表 C.26。

表 C.26　本项目贡献质量浓度预测结果表

污染物	预测点	平均时段	最大贡献值/（μg/m^3）	出现时间	占标率/%	达标情况
	环境空气保护目标名称					
	区域最大落地浓度					

b）叠加现状环境质量浓度及其他污染源影响后预测结果见表 C.27。

表 C.27　叠加后环境质量浓度预测结果表

污染物	预测点	平均时段	贡献值/（μg/m^3）	占标率/%	现状浓度/（μg/m^3）	叠加后浓度/（μg/m^3）	占标率/%	达标情况
	环境空气保护目标名称							
	区域最大落地浓度							

c）年平均质量浓度增量预测结果见表 C.28。

表 C.28　年平均质量浓度增量预测结果表

污染物	年均浓度增量最大值/（μg/m^3）	占标率/%

C.5.7 区域规划预测结果

不同规划年各污染物保证率日平均质量浓度和年平均质量浓度的预测结果见表 C.29。

表 C.29 区域规划环境影响预测结果表

污染物	预测点	平均时段	最大贡献值/（μg/m³）	占标率/%	现状浓度/（μg/m³）	叠加后浓度/（μg/m³）	占标率/%	达标情况
	环境空气保护目标名称							
	区域最大落地浓度点							

C.5.8 大气环境影响预测结果图

在基础底图上绘制各污染物保证率日平均质量浓度分布图，年平均质量浓度分布图，或短期平均质量浓度分布图。

C.5.9 大气环境防护区域图

在项目基本信息图上绘制最终确定的大气环境防护区域，并标示大气环境防护距离预测网格，厂界污染物贡献浓度，超标区域、敏感点分布等信息。

C.5.10 污染治理设施与预防措施方案比选结果见表 C.30。

表 C.30 污染治理设施与预防措施方案比选结果表

序号	比选方案名称	主要污染治理设施与预防措施	污染源排放方式	排放强度/（kg/a）	叠加后浓度			
					保证率日平均质量浓度/（μg/m³）	占标率/%	年平均质量浓度/（μg/m³）	占标率/%

C.6 污染物排放量核算

C.6.1 有组织排放量核算

表 C.31 大气污染物有组织排放量核算表

序号	排放口编号	污染物	核算排放浓度/（μg/m³）	核算排放速率/（kg/h）	核算年排放量/（t/a）
主要排放口					
主要排放口合计		SO_2			
		NO_x			
		颗粒物			
		VOCs			
		……			
一般排放口					
一般排放口合计		SO_2			
		NO_x			
		颗粒物			
		VOCs			
		……			

序号	排放口编号	污染物	核算排放浓度/（μg/m³）	核算排放速率/（kg/h）	核算年排放量/（t/a）
有组织排放					
有组织排放总计		SO_2			
		NO_x			
		颗粒物			
		VOCs			
		……			

C.6.2 无组织排放量核算

表 C.32 大气污染物无组织排放量核算表

序号	排放口编号	产污环节	污染物	主要污染防治措施	国家或地方污染物排放标准		年排放量/（t/a）
					标准名称	浓度限值/（μg/m³）	
无组织排放							
无组织排放总计				SO_2			
				NO_x			
				颗粒物			
				VOCs			
				……			

C.6.3 项目大气污染物年排放量核算

表 C.33 大气污染物年排放量核算表

序号	污染物	年排放量/（t/a）
1	SO_2	
2	NO_x	
3	颗粒物	
4	VOCs	
5	……	

C.6.4 非正常排放量核算

表 C.34 污染源非正常排放量核算表

序号	污染源	非正常排放原因	污染物	非正常排放浓度/（μg/m³）	非正常排放速率/（kg/h）	单次持续时间/h	年发生频次/次	应对措施

C.7 自行监测计划

自行监测计划见表 C.35～表 C.37。

表 C.35 有组织废气监测方案

监测点位	监测指标	监测频次	执行排放标准

表 C.36 无组织废气监测计划表

监测点位	监测指标	监测频次	执行排放标准

表 C.37 环境质量监测计划表

监测点位	监测指标	监测频次	执行环境质量标准

C.8 基本附件

C.8.1 估算模型相关文件（电子版）

包括输入文件、控制文件和输出文件等。

C.8.2 环境质量现状监测报告（扫描件）

C.8.3 气象、地形原始数据文件（电子版）

C.8.4 进一步预测模型相关文件（电子版）

包括输入文件、控制文件和输出文件等，附件中应说明各文件意义及原始数据来源。

附 录 D
（资料性附录）
其他污染物空气质量浓度参考限值

表 D.1 其他污染物空气质量浓度参考限值

编号	污染物名称	标准值/（μg/m^3）		
		1 h 平均	8 h 平均	日平均
1	氨	200		
2	苯	110		
3	苯胺	100		30
4	苯乙烯	10		
5	吡啶	80		
6	丙酮	800		
7	丙烯腈	50		
8	丙烯醛	100		
9	二甲苯	200		
10	二硫化碳	40		
11	环氧氯丙烷	200		
12	甲苯	200		
13	甲醇	3 000		1 000
14	甲醛	50		
15	硫化氢	10		
16	硫酸	300		100
17	氯	100		30
18	氯丁二烯	100		
19	氯化氢	50		15
20	锰及其化合物（以 MnO_2 计）			10
21	五氧化二磷	150		50
22	硝基苯	10		
23	乙醛	10		
24	总挥发性有机物（TVOC）		600	

附 录 E
（资料性附录）
建设项目大气环境影响评价自查表

表 E.1 建设项目大气环境影响评价自查表

工作内容		自查项目						
评价等级与范围	评价等级	一级□			二级□		三级□	
	评价范围	边长=50 km□			边长5～50 km□		边长=5 km□	
评价因子	SO_2+NO_x排放量	≥2 000 t/a□			500～2 000 t/a□		<500 t/a□	
	评价因子	基本污染物（ ） 其他污染物（ ）			包括二次$PM_{2.5}$□ 不包括二次$PM_{2.5}$□			
评价标准	评价标准	国家标准□		地方标准 □	附录D □		其他标准 □	
现状评价	环境功能区	一类区□			二类区□		一类区和二类区□	
	评价基准年	（ ）年						
	环境空气质量现状调查数据来源	长期例行监测数据□			主管部门发布的数据□		现状补充监测□	
	现状评价	达标区□			不达标区□			
污染源调查	调查内容	本项目正常排放源 □ 本项目非正常排放源 □ 现有污染源 □		拟替代的污染源□	其他在建、拟建项目污染源□		区域污染源□	
大气环境影响预测与评价	预测模型	AERMOD □	ADMS □	AUSTAL2000 □	EDMS/AEDT □	CALPUFF □	网格模型 □	其他 □
	预测范围	边长≥ 50 km□		边长5～50 km □			边长 = 5 km □	
	预测因子	预测因子（ ）			包括二次$PM_{2.5}$ □ 不包括二次$PM_{2.5}$ □			
	正常排放短期浓度贡献值	$C_{本项目}$最大占标率≤100%□			$C_{本项目}$最大占标率>100% □			
	正常排放年均浓度贡献值	一类区	$C_{本项目}$最大占标率≤10%□		$C_{本项目}$最大标率>10% □			
		二类区	$C_{本项目}$最大占标率≤30%□		$C_{本项目}$最大标率>30% □			
	非正常排放1 h浓度贡献值	非正常持续时长（ ）h		$C_{非正常}$占标率≤100% □			$C_{非正常}$占标率>100%□	
	保证率日平均浓度和年平均浓度叠加值	$C_{叠加}$达标 □			$C_{叠加}$不达标 □			
	区域环境质量的整体变化情况	k ≤-20% □			k>-20% □			
环境监测计划	污染源监测	监测因子：（ ）			有组织废气监测 □ 无组织废气监测 □		无监测□	
	环境质量监测	监测因子：（ ）			监测点位数（ ）		无监测□	
评价结论	环境影响	可以接受 □ 不可以接受 □						
	大气环境防护距离	距（ ）厂界最远（ ）m						
	污染源年排放量	SO_2：（ ）t/a		NO_x：（ ）t/a	颗粒物：（ ）t/a		VOCs：（ ）t/a	
注：“□” 为勾选项，填 “√”；“( )” 为内容填写项。								

HJ

中华人民共和国国家环境保护标准

HJ 2.3—2018
代替 HJ 2.3—93

环境影响评价技术导则　地表水环境

Technical guidelines for environmental impact assessment

—Surface water environment

2018-09-30 发布　　　　2019-03-01 实施

生 态 环 境 部 发布

前　言

为贯彻《中华人民共和国环境保护法》《中华人民共和国环境影响评价法》《中华人民共和国水污染防治法》和《建设项目环境保护管理条例》，指导和规范建设项目地表水环境影响评价工作，促进水环境保护，制定本标准。

本标准规定了地表水环境影响评价的一般性原则、工作程序、内容、方法及要求。

本标准于1993年首次发布，本次是第一次修订，主要修改内容有：

——修改了标准名称，由《环境影响评价技术导则　地面水环境》修改为《环境影响评价技术导则　地表水环境》；

——调整、完善了术语和定义；

——修改、完善了地表水环境影响评价工作等级分级判据，简化了水污染影响型建设项目评价等级的判定依据，增加了水文要素影响型建设项目评价等级的判定依据；

——增加了评价范围与评价时期的确定内容；

——调整、完善了现状调查与补充监测要求，简化了间接排放项目的调查要求；

——完善了地表水环境影响预测方法，增加了河流、湖库、入海河口及近岸海域的数值解预测模型，完善了解析解预测模型；简化了间接排放项目的预测要求；

——完善了水环境影响评价内容与要求，简化了间接排放项目的评价要求；

——增加了污染源排放量、生态流量的计算要求和评价内容；

——增加了地表水环境保护措施、地表水环境影响评价结论的内容要求；

——调整、增加了附录。

自本标准实施之日起，《环境影响评价技术导则　地面水环境》（HJ/T 2.3—93）废止。

本标准附录A～G为规范性附录，附录H为资料性附录。

本标准由生态环境部环境影响评价与排放管理司、法规与标准司组织修订。

本标准的主要起草单位：环境保护部环境工程评估中心、中国水利水电科学研究院。

本标准生态环境部2018年9月30日批准。

本标准自2019年3月1日起实施。

本标准由生态环境部解释。

环境影响评价技术导则 地表水环境

1 适用范围

本标准规定了地表水环境影响评价的一般性原则、工作程序、内容、方法及要求。

本标准适用于建设项目的地表水环境影响评价。规划环境影响评价中的地表水环境影响评价工作参照本标准执行。

2 规范性引用文件

本标准引用了下列文件或其中的条款。凡是未注明日期的引用文件，其最新版本适用于本标准。

GB 3097 海水水质标准

GB 3838 地表水环境质量标准

GB 5084 农田灌溉水质标准

GB 11607 渔业水质标准

GB 17378 海洋监测规范

GB 18421 海洋生物质量

GB 18486 污水海洋处置工程污染控制标准

GB 18668 海洋沉积物质量

GB 50179 河流流量测验规范

GB/T 12763 海洋调查规范

GB/T 14914 海滨观测规范

GB/T 19485 海洋工程环境影响评价技术导则

GB/T 25173 水域纳污能力计算规程

HJ 2.1 建设项目环境影响评价技术导则 总纲

HJ 442 近岸海域环境监测规范

HJ 819 排污单位自行监测技术指南 总则

HJ 884 污染源源强核算技术指南 准则

HJ 942 排污许可证申请与核发技术规范 总则

HJ/T 91 地表水和污水监测技术规范

HJ/T 92 水污染物排放总量监测技术规范

SL 278 水利水电工程水文计算规范

3 术语和定义

下列术语和定义适用于本标准。

3.1

地表水 surface water

存在于陆地表面的河流（江河、运河及渠道）、湖泊、水库等地表水体以及入海河口和近岸海域。

3.2

水环境保护目标 water environment protection target

饮用水水源保护区、饮用水取水口，涉水的自然保护区、风景名胜区，重要湿地、重点保护与珍稀水生生物的栖息地、重要水生生物的自然产卵场及索饵场、越冬场和洄游通道，天然渔场等渔业水体，以及水产种质资源保护区等。

3.3

水污染当量 water pollution equivalent

根据污染物或者污染排放活动对地表水环境的有害程度以及处理的技术经济性，衡量不同污染物对地表水环境污染的综合性指标或者计量单位。

3.4

控制单元 control unit

综合考虑水体、汇水范围和控制断面三要素而划定的水环境空间管控单元。

3.5

生态流量 ecological flows

满足河流、湖库生态保护要求、维持生态系统结构和功能所需要的流量（水位）与过程。

3.6

安全余量 margin of safety

考虑污染负荷和受纳水体水环境质量之间关系的不确定因素，为保障受纳水体水环境质量改善目标安全而预留的负荷量。

4 总则

4.1 基本任务

在调查和分析评价范围地表水环境质量现状与水环境保护目标的基础上，预测和评价建设项目对地表水环境质量、水环境功能区、水功能区或水环境保护目标及水环境控制单元的影响范围与影响程度，提出相应的环境保护措施、环境管理要求与监测计划，明确给出地表水环境影响是否可接受的结论。

4.2 基本要求

4.2.1 建设项目的地表水环境影响主要包括水污染影响与水文要素影响。根据其主要影响，建设项目的地表水环境影响评价划分为水污染影响型、水文要素影响型以及两者兼有的复合影响型。

4.2.2 地表水环境影响评价应按本标准规定的评价等级开展相应的评价工作。建设项目评价等级分为三级，分级原则与判据见 5.2。复合影响型建设项目的评价工作，应按类别分别确定评价等级并开展评价工作。

4.2.3 建设项目排放水污染物应符合国家或地方水污染物排放标准要求，同时应满足受纳水体环境质量管理要求，并与排污许可管理制度相关要求衔接。水文要素影响型建设项目，还应满足生态流量的相关要求。

4.3 工作程序

地表水环境影响评价的工作程序见图 1，一般分为三个阶段。

第一阶段，研究有关文件，进行工程方案和环境影响的初步分析，开展区域环境状况的初步调查，明确水环境功能区或水功能区管理要求，识别主要环境影响，确定评价类别。根据不同评价类别，进一步筛选评价因子，确定评价等级与评价范围，明确评价标准、评价重点和水环境保护目标。

第二阶段，根据评价类别、评价等级及评价范围等，开展与地表水环境影响评价相关的污染源、水环境质量现状、水文水资源与水环境保护目标调查与评价，必要时开展补充监测；选择适合的预测模型，开展地表水环境影响预测评价，分析与评价建设项目对地表水环境质量、水文要素及水环境保护目标的影响范围与程度，在此基础上核算建设项目的污染源排放量、生态流量等。

第三阶段，根据建设项目地表水环境影响预测与评价的结果，制定地表水环境保护措施，开展地表水环境保护措施的有效性评价，编制地表水环境监测计划，给出建设项目污染物排放清单和地表水环境影响评价的结论，完成环境影响评价文件的编写。

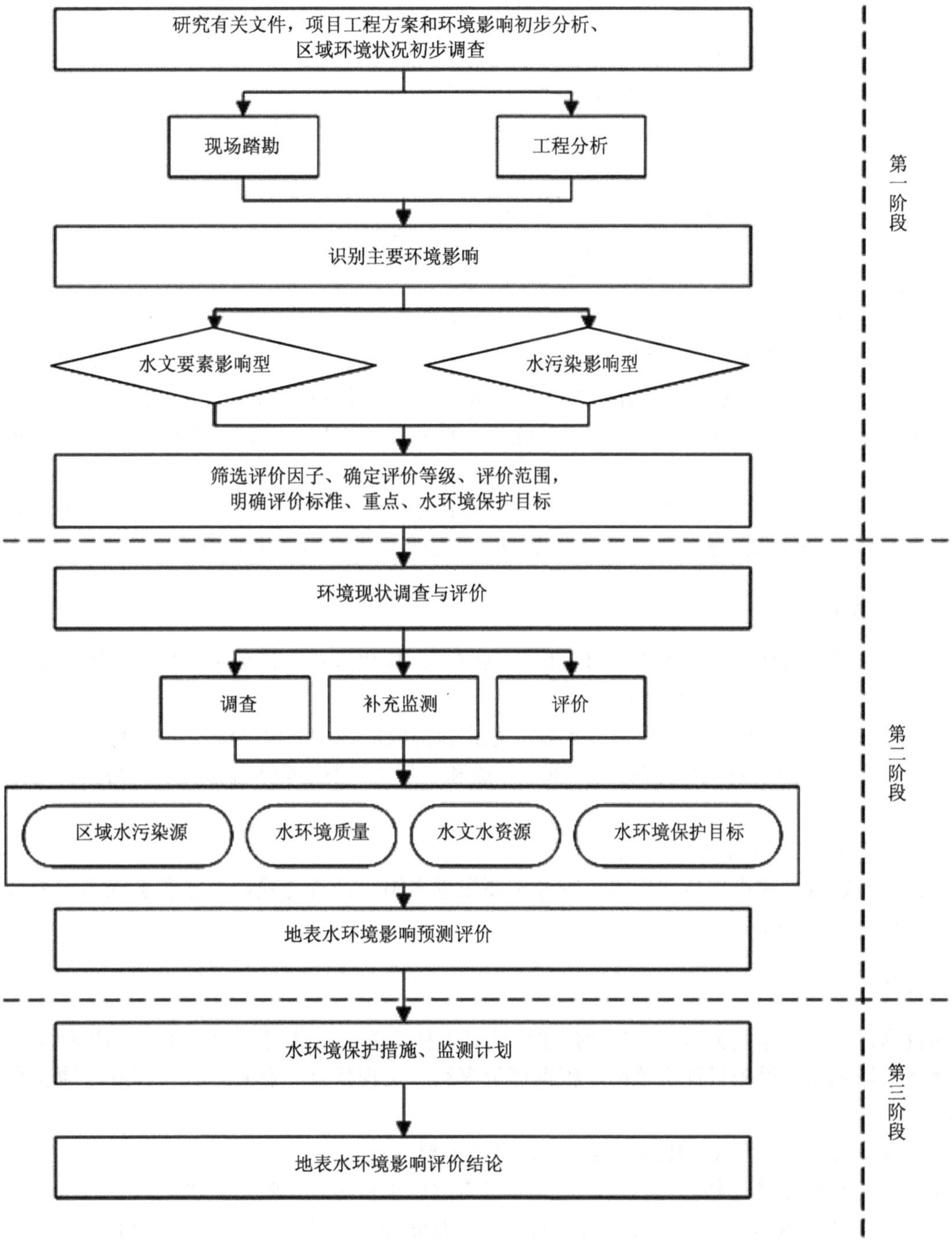

图 1　地表水环境影响评价工作程序框图

5 评价等级与评价范围确定

5.1 环境影响识别与评价因子筛选

5.1.1 地表水环境影响因素识别应按照 HJ 2.1 的要求，分析建设项目建设阶段、生产运行阶段和服务期满后（可根据项目情况选择，下同）各阶段对地表水环境质量、水文要素的影响行为。

5.1.2 水污染影响型建设项目评价因子的筛选应符合以下要求：

a）按照污染源源强核算技术指南，开展建设项目污染源与水污染因子识别，结合建设项目所在水环境控制单元或区域水环境质量现状，筛选水环境现状调查评价与影响预测评价的因子；

b）行业污染物排放标准中涉及的水污染物应作为评价因子；

c）在车间或车间处理设施排放口排放的第一类污染物应作为评价因子；

d）水温应作为评价因子；

e）面源污染所含的主要污染物应作为评价因子；

f）建设项目排放的，且为建设项目所在控制单元的水质超标因子或潜在污染因子（指近 3 年来水质浓度值呈上升趋势的水质因子），应作为评价因子。

5.1.3 水文要素影响型建设项目评价因子，应根据建设项目对地表水体水文要素影响的特征确定。河流、湖泊及水库主要评价水面面积、水量、水温、径流过程、水位、水深、流速、水面宽、冲淤变化等因子，湖泊和水库需要重点关注水域面积、蓄水量及水力停留时间等因子。感潮河段、入海河口及近岸海域主要评价流量、流向、潮区界、潮流界、纳潮量、水位、流速、水面宽、水深、冲淤变化等因子。

5.1.4 建设项目可能导致受纳水体富营养化的，评价因子还应包括与富营养化有关的因子（如总磷、总氮、叶绿素 a、高锰酸盐指数和透明度等。其中，叶绿素 a 为必须评价的因子）。

5.2 评价等级确定

5.2.1 建设项目地表水环境影响评价等级按照影响类型、排放方式、排放量或影响情况、受纳水体环境质量现状、水环境保护目标等综合确定。

5.2.2 水污染影响型建设项目主要根据废水排放方式和排放量划分评价等级，见表 1。

5.2.2.1 直接排放建设项目评价等级分为一级、二级和三级 A，根据废水排放量、水污染物污染当量数确定。

5.2.2.2 间接排放建设项目评价等级为三级 B。

5.2.3 水文要素影响型建设项目评价等级划分主要根据水温、径流与受影响地表水域等三类水文要素的影响程度进行判定，见表 2。

5.3 评价范围确定

5.3.1 建设项目地表水环境影响评价范围指建设项目整体实施后可能对地表水环境造成的影响范围。

5.3.2 水污染影响型建设项目评价范围，根据评价等级、工程特点、影响方式及程度、地表水环境质量管理要求等确定。

5.3.2.1 一级、二级及三级 A，其评价范围应符合以下要求：

a）应根据主要污染物迁移转化状况，至少需覆盖建设项目污染影响所及水域。

b）受纳水体为河流时，应满足覆盖对照断面、控制断面与消减断面等关心断面的要求。

表 1　水污染影响型建设项目评价等级判定表

评价等级	判定依据	
	排放方式	废水排放量 Q/（m^3/d）；水污染物当量数 W/（量纲一）
一级	直接排放	Q≥20 000 或 W≥600 000
二级	直接排放	其他
三级 A	直接排放	Q<200 且 W<6 000
三级 B	间接排放	—

注 1：水污染物当量数等于该污染物的年排放量除以该污染物的污染当量值（见附录 A），计算排放污染物的污染物当量数，应区分第一类水污染物和其他类水污染物，统计第一类污染物当量数总和，然后与其他类污染物按照污染物当量数从大到小排序，取最大当量数作为建设项目评价等级确定的依据。

注 2：废水排放量按行业排放标准中规定的废水种类统计，没有相关行业排放标准要求的通过工程分析合理确定，应统计含热量大的冷却水的排放量，可不统计间接冷却水、循环水及其他含污染物极少的清净下水的排放量。

注 3：厂区存在堆积物（露天堆放的原料、燃料、废渣等以及垃圾堆放场）、降尘污染的，应将初期雨污水纳入废水排放量，相应的主要污染物纳入水污染当量计算。

注 4：建设项目直接排放第一类污染物的，其评价等级为一级；建设项目直接排放的污染物为受纳水体超标因子的，评价等级不低于二级。

注 5：直接排放受纳水体影响范围涉及饮用水水源保护区、饮用水取水口、重点保护与珍稀水生生物的栖息地、重要水生生物的自然产卵场等保护目标时，评价等级不低于二级。

注 6：建设项目向河流、湖库排放温排水引起受纳水体水温变化超过水环境质量标准要求，且评价范围有水温敏感目标时，评价等级为一级。

注 7：建设项目利用海水作为调节温度介质，排水量≥500 万 m^3/d，评价等级为一级；排水量<500 万 m^3/d，评价等级为二级。

注 8：仅涉及清净下水排放的，如其排放水质满足受纳水体水环境质量标准要求的，评价等级为三级 A。

注 9：依托现有排放口，且对外环境未新增排放污染物的直接排放建设项目，评价等级参照间接排放，定为三级 B。

注 10：建设项目生产工艺中有废水产生，但作为回水利用，不排放到外环境的，按三级 B 评价。

表 2　水文要素影响型建设项目评价等级判定表

评价等级	水温	径流		受影响地表水域		
	年径流量与总库容之比 α	兴利库容占年径流量百分比 β/%	取水量占多年平均径流量百分比 γ/%	工程垂直投影面积及外扩范围 A_1/km^2；工程扰动水底面积 A_2/km^2；过水断面宽度占用比例或占用水域面积比例 R/%		工程垂直投影面积及外扩范围 A_1/km^2；工程扰动水底面积 A_2/km^2
				河流	湖库	入海河口、近岸海域
一级	α≤10；或稳定分层	β≥20；或完全年调节与多年调节	γ≥30	A_1≥0.3；或 A_2≥1.5；或 R≥10	A_1≥0.3；或 A_2≥1.5；或 R≥20	A_1≥0.5；或 A_2≥3
二级	20>α>10；或不稳定分层	20>β>2；或季调节与不完全年调节	30>γ>10	0.3>A_1>0.05；或 1.5>A_2>0.2；或 10>R>5	0.3>A_1>0.05；或 1.5>A_2>0.2；或 20>R>5	0.5>A_1>0.15；或 3>A_2>0.5
三级	α≥20；或混合型	β≤2；或无调节	γ ≤10	A_1≤0.05；或 A_2≤0.2；或 R≤5	A_1≤0.05；或 A_2≤0.2；或 R≤5	A_1≤0.15；或 A_2≤0.5

注 1：影响范围涉及饮用水水源保护区、重点保护与珍稀水生生物的栖息地、重要水生生物的自然产卵场、自然保护区等保护目标，评价等级应不低于二级。

注 2：跨流域调水、引水式电站、可能受到大型河流感潮河段咸潮影响的建设项目，评价等级不低于二级。

注 3：造成入海河口（湾口）宽度束窄（束窄尺度达到原宽度的 5%以上），评价等级应不低于二级。

注 4：对不透水的单方向建筑尺度较长的水工建筑物（如防波堤、导流堤等），其与潮流或水流主流向切线垂直方向投影长度大于 2 km 时，评价等级应不低于二级。

注 5：允许在一类海域建设的项目，评价等级为一级。

注 6：同时存在多个水文要素影响的建设项目，分别判定各水文要素影响评价等级，并取其中最高等级作为水文要素影响型建设项目评价等级。

c）受纳水体为湖泊、水库时，一级评价，评价范围宜不小于以入湖（库）排放口为中心、半径为 5 km 的扇形区域；二级评价，评价范围宜不小于以入湖（库）排放口为中心、半径为 3 km 的扇形区域；三级 A 评价，评价范围宜不小于以入湖（库）排放口为中心、半径为 1 km 的扇形区域。

d）受纳水体为入海河口和近岸海域时，评价范围按照 GB/T 19485 执行。

e）影响范围涉及水环境保护目标的，评价范围至少应扩大到水环境保护目标内受到影响的水域。

f）同一建设项目有两个及两个以上废水排放口，或排入不同地表水体时，按各排放口及所排入地表水体分别确定评价范围；有叠加影响的，叠加影响水域应作为重点评价范围。

5.3.2.2 三级 B，其评价范围应符合以下要求：

a）应满足其依托污水处理设施环境可行性分析的要求；

b）涉及地表水环境风险的，应覆盖环境风险影响范围所及的水环境保护目标水域。

5.3.3 水文要素影响型建设项目评价范围，根据评价等级、水文要素影响类别、影响及恢复程度确定，评价范围应符合以下要求：

a）水温要素影响评价范围为建设项目形成水温分层水域，以及下游未恢复到天然（或建设项目建设前）水温的水域；

b）径流要素影响评价范围为水体天然性状发生变化的水域，以及下游增减水影响水域；

c）地表水域影响评价范围为相对建设项目建设前日均或潮均流速及水深、或高（累积频率 5%）低（累积频率 90%）水位（潮位）变化幅度超过±5%的水域；

d）建设项目影响范围涉及水环境保护目标的，评价范围至少应扩大到水环境保护目标内受影响的水域；

e）存在多类水文要素影响的建设项目，应分别确定各水文要素影响评价范围，取各水文要素评价范围的外包线作为水文要素的评价范围。

5.3.4 评价范围应以平面图的方式表示，并明确起、止位置等控制点坐标。

5.4 评价时期确定

5.4.1 建设项目地表水环境影响评价时期根据受影响地表水体类型、评价等级等确定，见表 3。

5.4.2 三级 B 评价，可不考虑评价时期。

表 3 评价时期确定表

受影响地表水体类型	评价等级		
	一级	二级	水污染影响型（三级 A）/水文要素影响型（三级）
河流、湖库	丰水期、平水期、枯水期； 至少丰水期和枯水期	丰水期和枯水期； 至少枯水期	至少枯水期
入海河口（感潮河段）	河流：丰水期、平水期和枯水期；河口：春季、夏季和秋季；至少丰水期和枯水期，春季和秋季	河流：丰水期和枯水期；河口：春季、秋季 2 个季节；至少枯水期或 1 个季节	至少枯水期或 1 个季节
近岸海域	春季、夏季和秋季；至少春季、秋季 2 个季节	春季或秋季；至少 1 个季节	至少 1 次调查

注 1：感潮河段、入海河口、近岸海域在丰、枯水期（或春夏秋冬四季）均应选择大潮期或小潮期中一个潮期开展评价（无特殊要求时，可不考虑一个潮期内高潮期、低潮期的差别）。选择原则为：依据调查监测海域的环境特征，以影响范围较大或影响程度较重为目标，定性判别和选择大潮期或小潮期作为调查潮期。

注 2：冰封期较长且作为生活饮用水与食品加工用水的水源或有渔业用水需求的水域，应将冰封期纳入评价时期。

注 3：具有季节性排水特点的建设项目，根据建设项目排水期对应的水期或季节确定评价时期。

注 4：水文要素影响型建设项目对评价范围内的水生生物生长、繁殖与洄游有明显影响的时期，需将对应的时期作为评价时期。

注 5：复合影响型建设项目分别确定评价时期，按照覆盖所有评价时期的原则综合确定。

5.5　水环境保护目标确定

5.5.1　依据环境影响因素识别结果，调查评价范围内水环境保护目标，确定主要水环境保护目标。
5.5.2　应在地图中标注各水环境保护目标的地理位置、四至范围，并列表给出水环境保护目标内主要保护对象和保护要求，以及与建设项目占地区域的相对距离、坐标、高差，与排放口的相对距离、坐标等信息，同时说明与建设项目的水力联系。

5.6　环境影响评价标准确定

5.6.1　建设项目地表水环境影响评价标准，应根据评价范围内水环境质量管理要求和相关污染物排放标准的规定，确定各评价因子适用的水环境质量标准与相应的污染物排放标准。
5.6.1.1　根据 GB 3097、GB 3838、GB 5084、GB 11607、GB 18421、GB 18668 及相应的地方标准，结合受纳水体水环境功能区或水功能区、近岸海域环境功能区、水环境保护目标、生态流量等水环境质量管理要求，确定地表水环境质量评价标准。
5.6.1.2　根据现行国家和地方排放标准的相关规定，结合项目所属行业、地理位置，确定建设项目污染物排放评价标准。对于间接排放建设项目，若建设项目与污水处理厂在满足排放标准允许范围内，签订了纳管协议和排放浓度限值，并报相关生态环境主管部门备案，可将此浓度限值作为污染物排放评价的依据。
5.6.2　未划定水环境功能区或水功能区、近岸海域环境功能区的水域，或未明确水环境质量标准的评价因子，由地方人民政府生态环境主管部门确认应执行的环境质量要求；在国家及地方污染物排放标准中未包括的评价因子，由地方人民政府生态环境主管部门确认应执行的污染物排放要求。

6　环境现状调查与评价

6.1　总体要求

6.1.1　环境现状调查与评价应按照 HJ 2.1 的要求，遵循问题导向与管理目标导向统筹、流域（区域）与评价水域兼顾、水质水量协调、常规监测数据利用与补充监测互补、水环境现状与变化分析结合的原则。
6.1.2　应满足建立污染源与受纳水体水质响应关系的需求，符合地表水环境影响预测的要求。
6.1.3　工业园区规划环评的地表水环境现状调查与评价可依据本标准执行，流域规划环评参照执行，其他规划环评根据规划特性与地表水环境评价要求，参考执行或选择相应的技术规范。

6.2　调查范围

6.2.1　地表水环境的现状调查范围应覆盖评价范围，应以平面图方式表示，并明确起、止断面的位置及涉及范围。
6.2.2　对于水污染影响型建设项目，除覆盖评价范围外，受纳水体为河流时，在不受回水影响的河段，排放口上游调查范围宜不小于 500 m，受回水影响河段的上游调查范围原则上与下游调查的河段长度相等；受纳水体为湖库时，以排放口为圆心，调查半径在评价范围基础上外延 20%～50%。
6.2.3　对于水文要素影响型建设项目，受影响水体为河流、湖库时，除覆盖评价范围外，一级、二级评价时，还应包括库区及支流回水影响区、坝下至下一个梯级或河口、受水区、退水影响区。
6.2.4　对于水污染影响型建设项目，建设项目排放污染物中包括氮、磷或有毒污染物且受纳水体为湖泊、水库时，一级评价的调查范围应包括整个湖泊、水库，二级、三级 A 评价时，调查范围应包括排放口所在水环境功能区、水功能区或湖（库）湾区。

6.2.5 受纳或受影响水体为入海河口及近岸海域时，调查范围依据 GB/T 19485 要求执行。

6.3 调查因子

地表水环境现状调查因子根据评价范围水环境质量管理要求、建设项目水污染物排放特点与水环境影响预测评价要求等综合分析确定。调查因子应不少于评价因子。

6.4 调查时期

调查时期和评价时期一致。

6.5 调查内容与方法

6.5.1 地表水环境现状调查内容包括建设项目及区域水污染源调查、受纳或受影响水体水环境质量现状调查、区域水资源与开发利用状况、水文情势与相关水文特征值调查，以及水环境保护目标、水环境功能区或水功能区、近岸海域环境功能区及其相关的水环境质量管理要求等调查。涉及涉水工程的，还应调查涉水工程运行规则和调度情况。详细调查内容见附录 B。

6.5.2 调查方法主要采用资料收集、现场监测、无人机或卫星遥感遥测等方法。

6.6 调查要求

6.6.1 建设项目污染源调查应在工程分析基础上，确定水污染物的排放量及进入受纳水体的污染负荷量。

6.6.2 区域水污染源调查

6.6.2.1 应详细调查与建设项目排放污染物同类的，或有关联关系的已建项目、在建项目、拟建项目（已批复环境影响评价文件，下同）等污染源。

a）一级评价，以收集利用排污许可证登记数据、环评及环保验收数据及既有实测数据为主，并辅以现场调查及现场监测；

b）二级评价，主要收集利用排污许可证登记数据、环评及环保验收数据及既有实测数据，必要时补充现场监测；

c）水污染影响型三级 A 评价与水文要素影响型三级评价，主要收集利用与建设项目排放口的空间位置和所排污染物的性质关系密切的污染源资料，可不进行现场调查及现场监测；

d）水污染影响型三级 B 评价，可不开展区域污染源调查，主要调查依托污水处理设施的日处理能力、处理工艺、设计进水水质、处理后的废水稳定达标排放情况，同时应调查依托污水处理设施执行的排放标准是否涵盖建设项目排放的有毒有害的特征水污染物。

6.6.2.2 一级、二级评价，建设项目直接导致受纳水体内源污染变化，或存在与建设项目排放污染物同类的且内源污染影响受纳水体水环境质量，应开展内源污染调查，必要时应开展底泥污染补充监测。

6.6.2.3 具有已审批入河排放口的主要污染物种类及其排放浓度和总量数据，以及国家或地方发布的入河排放口数据的，可不对入河排放口汇水区域的污染源开展调查。

6.6.2.4 面污染源调查主要采用收集利用既有数据资料的调查方法，可不进行实测。

6.6.2.5 建设项目的污染物排放指标需要等量替代或减量替代时，还应对替代项目开展污染源调查。

6.6.3 水环境质量现状调查

6.6.3.1 应根据不同评价等级对应的评价时期要求开展水环境质量现状调查。

6.6.3.2 应优先采用国务院生态环境主管部门统一发布的水环境状况信息。

6.6.3.3 当现有资料不能满足要求时，应按照不同等级对应的评价时期要求开展现状监测。

6.6.3.4 水污染影响型建设项目一级、二级评价时，应调查受纳水体近 3 年的水环境质量数据，分析其变化趋势。

6.6.4 水环境保护目标调查。应主要采用国家及地方人民政府颁布的各相关名录中的统计资料。

6.6.5 水资源与开发利用状况调查。水文要素影响型建设项目一级、二级评价时，应开展建设项目所在流域、区域的水资源与开发利用状况调查。

6.6.6 水文情势调查

6.6.6.1 应尽量收集临近水文站既有水文年鉴资料和其他相关的有效水文观测资料。当上述资料不足时，应进行现场水文调查与水文测量，水文调查与水文测量宜与水质调查同步进行。

6.6.6.2 水文调查与水文测量宜在枯水期进行。必要时，可根据水环境影响预测需要、生态环境保护要求，在其他时期（丰水期、平水期、冰封期等）进行。

6.6.6.3 水文测量的内容应满足拟采用的水环境影响预测模型对水文参数的要求。在采用水环境数学模型时，应根据所选用的预测模型需输入的水文特征值及环境水力学参数决定水文测量内容；在采用物理模型法模拟水环境影响时，水文测量应提供模型制作及模型试验所需的水文特征值及环境水力学参数。

6.6.6.4 水污染影响型建设项目开展与水质调查同步进行的水文测量，原则上可只在一个时期（水期）内进行。在水文测量的时间、频次和断面与水质调查不完全相同时，应保证满足水环境影响预测所需的水文特征值及环境水力学参数的要求。

6.7 补充监测

6.7.1 补充监测要求

6.7.1.1 应对收集资料进行复核整理，分析资料的可靠性、一致性和代表性，针对资料的不足，制订必要的补充监测方案，确定补充监测的时期、内容、范围。

6.7.1.2 需要开展多个断面或点位补充监测的，应在大致相同的时段内开展同步监测。需要同时开展水质与水文补充监测的，应按照水质水量协调统一的要求开展同步监测，测量的时间、频次和断面应保证满足水环境影响预测的要求。

6.7.1.3 应选择符合监测项目对应环境质量标准或参考标准所推荐的监测方法，并在监测报告中注明。水质采样与水质分析应遵循相关的环境监测技术规范。水文调查与水文测量的方法可参照 GB 50179、GB/T 12763、GB/T 14914 的相关规定执行。河流及湖库底泥调查参照 HJ/T 91 执行，入海河口、近岸海域沉积物调查参照 GB 17378、HJ 442 执行。

6.7.2 监测内容

6.7.2.1 应在常规监测断面的基础上，重点针对对照断面、控制断面以及环境保护目标所在水域的监测断面开展水质补充监测。

6.7.2.2 建设项目需要确定生态流量时，应结合主要生态保护对象敏感用水时段进行调查分析，有针对性地开展必要的生态流量与径流过程监测等。

6.7.2.3 当调查的水下地形数据不能满足水环境影响预测要求时，应开展水下地形补充测绘。

6.7.3 监测布点与采样频次

6.7.3.1 监测布点与采样频次要求见附录 C。

6.7.3.2 底泥污染调查与评价的监测点位布设应能够反映底泥污染物空间分布特征的要求，根据底泥分布区域、分布深度、扰动区域、扰动深度、扰动时间等设置。

6.8 环境现状评价内容与要求

根据建设项目水环境影响特点与水环境质量管理要求，选择以下全部或部分内容开展评价：

a）水环境功能区或水功能区、近岸海域环境功能区水质达标状况。评价建设项目评价范围内水环境功能区或水功能区、近岸海域环境功能区各评价时期的水质状况与变化特征，给出水环境功能区或水功能区、近岸海域环境功能区达标评价结论，明确水环境功能区或水功能区、近岸海域环境功能区水质超标因子、超标程度，分析超标原因。

b）水环境控制单元或断面水质达标状况。评价建设项目所在控制单元或断面各评价时期的水质现状与时空变化特征，评价控制单元或断面的水质达标状况，明确控制单元或断面的水质超标因子、超标程度，分析超标原因。

c）水环境保护目标质量状况。评价涉及水环境保护目标水域各评价时期的水质状况与变化特征，明确水质超标因子、超标程度，分析超标原因。

d）对照断面、控制断面等代表性断面的水质状况。评价对照断面水质状况，分析对照断面水质水量变化特征，给出水环境影响预测的设计水文条件；评价控制断面水质现状、达标状况，分析控制断面来水水质水量状况，识别上游来水不利组合状况，分析不利条件下的水质达标问题。评价其他监测断面的水质状况，根据断面所在水域的水环境保护目标水质要求，评价水质达标状况与超标因子。

e）底泥污染评价。评价底泥污染项目及污染程度，识别超标因子，结合底泥处置排放去向，评价退水水质与超标情况。

f）水资源与开发利用程度及其水文情势评价。根据建设项目水文要素影响特点，评价所在流域（区域）水资源与开发利用程度、生态流量满足程度、水域岸线空间占用状况等。

g）水环境质量回顾评价。结合历史监测数据与国家及地方生态环境主管部门公开发布的环境状况信息，评价建设项目所在水环境控制单元或断面、水环境功能区或水功能区、近岸海域环境功能区的水质变化趋势，评价主要超标因子变化状况，分析建设项目所在区域或水域的水质问题，从水污染、水文要素等方面，综合分析水环境质量现状问题的原因，明确与建设项目排污影响的关系。

h）流域（区域）水资源（包括水能资源）与开发利用总体状况、生态流量管理要求与现状满足程度、建设项目占用水域空间的水流状况与河湖演变状况。

i）依托污水处理设施稳定达标排放评价。评价建设项目依托的污水处理设施稳定达标状况，分析建设项目依托污水处理设施环境可行性。

6.9 评价方法

6.9.1 水环境功能区或水功能区、近岸海域环境功能区及水环境控制单元或断面水质达标状况评价方法，参考国家或地方政府相关部门制定的水环境质量评价技术规范、水体达标方案编制指南、水功能区水质达标评价技术规范等。

6.9.2 监测断面或点位水环境质量现状评价方法。采用水质指数法评价，评价方法见附录 D。

6.9.3 底泥污染状况评价方法。采用单项污染指数法评价，评价方法见附录 D。

7 地表水环境影响预测

7.1 总体要求

7.1.1 地表水环境影响预测应遵循 HJ 2.1 中规定的原则。

7.1.2 一级、二级、水污染影响型三级 A 与水文要素影响型三级评价应定量预测建设项目水环境影响，水污染影响型三级 B 评价可不进行水环境影响预测。

7.1.3 影响预测应考虑评价范围内已建、在建和拟建项目中，与建设项目排放同类（种）污染物、对相同水文要素产生的叠加影响。

7.1.4 建设项目分期规划实施的，应估算规划水平年进入评价范围的污染负荷，预测分析规划水平年评价范围内地表水环境质量变化趋势。

7.2 预测因子与预测范围

7.2.1 预测因子应根据评价因子确定，重点选择与建设项目水环境影响关系密切的因子。
7.2.2 预测范围应覆盖 5.3 规定的评价范围，并根据受影响地表水体水文要素与水质特点合理拓展。

7.3 预测时期

水环境影响预测的时期应满足不同评价等级的评价时期要求（见表3）。水污染影响型建设项目，水体自净能力最不利以及水质状况相对较差的不利时期、水环境现状补充监测时期应作为重点预测时期；水文要素影响型建设项目，以水质状况相对较差或对评价范围内水生生物影响最大的不利时期为重点预测时期。

7.4 预测情景

7.4.1 根据建设项目特点分别选择建设期、生产运行期和服务期满后三个阶段进行预测。
7.4.2 生产运行期应预测正常排放、非正常排放两种工况对水环境的影响，如建设项目具有充足的调节容量，可只预测正常排放对水环境的影响。
7.4.3 应对建设项目污染控制和减缓措施方案进行水环境影响模拟预测。
7.4.4 对受纳水体环境质量不达标区域，应考虑区（流）域环境质量改善目标要求情景下的模拟预测。

7.5 预测内容

7.5.1 预测分析内容根据影响类型、预测因子、预测情景、预测范围地表水体类别、所选用的预测模型及评价要求确定。
7.5.2 水污染影响型建设项目，主要包括：

a）各关心断面（控制断面、取水口、污染源排放核算断面等）水质预测因子的浓度及变化；
b）到达水环境保护目标处的污染物浓度；
c）各污染物最大影响范围；
d）湖泊、水库及半封闭海湾等，还需关注富营养化状况与水华、赤潮等；
e）排放口混合区范围。

7.5.3 水文要素影响型建设项目，主要包括：

a）河流、湖泊及水库的水文情势预测分析主要包括水域形态、径流条件、水力条件以及冲淤变化等内容，具体包括水面面积、水量、水温、径流过程、水位、水深、流速、水面宽、冲淤变化等，湖泊和水库需要重点关注湖库水域面积、蓄水量及水力停留时间等因子；

b）感潮河段、入海河口及近岸海域水动力条件预测分析主要包括流量、流向、潮区界、潮流界、纳潮量、水位、流速、水面宽、水深、冲淤变化等因子。

7.6 预测模型

7.6.1 地表水环境影响预测模型包括数学模型、物理模型。地表水环境影响预测宜选用数学模型。评价等级为一级且有特殊要求时选用物理模型，物理模型应遵循水工模型实验技术规程等要求。
7.6.2 数学模型包括：面源污染负荷估算模型、水动力模型、水质（包括水温及富营养化）模型等，可根据地表水环境影响预测的需要选择。
7.6.3 模型选择
7.6.3.1 面源污染负荷估算模型。根据污染源类型分别选择适用的污染源负荷估算或模拟方法，预测污染源排放量与入河量。面源污染负荷预测可根据评价要求与数据条件，采用源强系数法、水文分析法以及面源模型法等，有条件的地方可以综合采用多种方法进行比对分析确定，各方法适用条件如下：

a）源强系数法。当评价区域有可采用的源强产生、流失及入河系数等面源污染负荷估算参数时，可采用源强系数法。

b）水文分析法。当评价区域具备一定数量的同步水质水量监测资料时，可基于基流分割确定暴雨径流污染物浓度、基流污染物浓度，采用通量法估算面源的负荷量。

c）面源模型法。面源模型选择应结合污染特点、模型适用条件、基础资料等综合确定。

7.6.3.2 水动力模型及水质模型。按照时间分为稳态模型与非稳态模型，按照空间分为零维、一维（包括纵向一维及垂向一维，纵向一维包括河网模型）、二维（包括平面二维及立面二维）以及三维模型，按照是否需要采用数值离散方法分为解析解模型与数值解模型。水动力模型及水质模型的选取根据建设项目的污染源特性、受纳水体类型、水力学特征、水环境特点及评价等级等要求，选取适宜的预测模型。各地表水体适用的数学模型选择要求如下：

a）河流数学模型。河流数学模型选择要求见表 4。在模拟河流顺直、水流均匀且排污稳定时可以采用解析解模型。

表 4 河流数学模型适用条件

模型分类	模型空间分类						模型时间分类	
	零维模型	纵向一维模型	河网模型	平面二维	立面二维	三维模型	稳态	非稳态
适用条件	水域基本均匀混合	沿程横断面均匀混合	多条河道相互连通，使得水流运动和污染物交换相互影响的河网地区	垂向均匀混合	垂向分层特征明显	垂向及平面分布差异明显	水流恒定、排污稳定	水流不恒定，或排污不稳定

b）湖库数学模型。湖库数学模型选择要求见表 5。在模拟湖库水域形态规则、水流均匀且排污稳定时可以采用解析解模型。

表 5 湖库数学模型适用条件

模型分类	模型空间分类						模型时间分类	
	零维模型	纵向一维模型	平面二维	垂向一维	立面二维	三维模型	稳态	非稳态
适用条件	水流交换作用较充分、污染物质分布基本均匀	污染物在断面上均匀混合的河道型水库	浅水湖库，垂向分层不明显	深水湖库，水平分布差异不明显，存在垂向分层	深水湖库，横向分布差异不明显，存在垂向分层	垂向及平面分布差异明显	流场恒定、源强稳定	流场不恒定或源强不稳定

c）感潮河段、入海河口数学模型。污染物在断面上均匀混合的感潮河段、入海河口，可采用纵向一维非恒定数学模型，感潮河网区宜采用一维河网数学模型。浅水感潮河段和入海河口宜采用平面二维非恒定数学模型。如感潮河段、入海河口的下边界难以确定，宜采用一维、二维连接数学模型。

d）近岸海域数学模型。近岸海域宜采用平面二维非恒定模型。如果评价海域的水流和水质分布在垂向上存在较大的差异（如排放口附近水域），宜采用三维数学模型。

7.6.4 常用数学模型推荐。河流、湖库、感潮河段、入海河口和近岸海域常用数学模型见附录 E，入海河口及近岸海域特殊预测数学模型见附录 F。

7.6.5 地表水环境影响预测模型，应优先选用国家生态环境主管部门发布的推荐模型。

7.7 模型概化

7.7.1 当选用解析解方法进行水环境影响预测时，可对预测水域进行合理的概化。

7.7.2 河流水域概化要求：

a）预测河段及代表性断面的宽深比大于等于 20 时，可视为矩形河段；

b）河段弯曲系数大于 1.3 时，可视为弯曲河段，其余可概化为平直河段；

c）对于河流水文特征值、水质急剧变化的河段，应分段概化，并分别进行水环境影响预测；河网应分段概化，分别进行水环境影响预测。

7.7.3　湖库水域概化。根据湖库的入流条件、水力停留时间、水质及水温分布等情况，分别概化为稳定分层型、混合型和不稳定分层型。

7.7.4　受人工控制的河流，根据涉水工程（如水利水电工程）的运行调度方案及蓄水、泄流情况，分别视其为水库或河流进行水环境影响预测。

7.7.5　入海河口、近岸海域概化要求：

a）可将潮区界作为感潮河段的边界；

b）采用解析解方法进行水环境影响预测时，可按潮周平均、高潮平均和低潮平均三种情况，概化为稳态进行预测；

c）预测近岸海域可溶性物质水质分布时，可只考虑潮汐作用，预测密度小于海水的不可溶物质时应考虑潮汐、波浪及风的作用；

d）注入近岸海域的小型河流可视为点源，可忽略其对近岸海域流场的影响。

7.8　基础数据要求

7.8.1　水文气象、水下地形等基础数据原则上应与工程设计保持一致，采用其他数据时，应说明数据来源、有效性及数据预处理情况。获取的基础数据应能够支持模型参数率定、模型验证的基本需求。

7.8.1.1　水文数据。水文数据应采用水文站点实测数据或根据站点实测数据进行推算，数据精度应与模拟预测结果精度要求匹配。河流、湖库建设项目水文数据时间精度应根据建设项目调控影响的时空特征，分析典型时段的水文情势与过程变化影响，涉及日调度影响的，时间精度宜不小于 1 h。感潮河段、入海河口及近岸海域建设项目应考虑盐度对污染物运移扩散的影响，一级评价时间精度不得低于 1 h。

7.8.1.2　气象数据。气象数据应根据模拟范围内或附近的常规气象监测站点数据进行合理确定。气象数据应采用多年平均气象资料或典型年实测气象资料数据。气象数据指标应包括气温、相对湿度、日照时数、降雨量、云量、风向、风速等。

7.8.1.3　水下地形数据。采用数值解模型时，原则上应采用最新的现有或补充测绘成果，水下地形数据精度原则上应与工程设计保持一致。建设项目实施后可能导致河道地形改变的，如疏浚及堤防建设以及水底泥沙淤积造成的库底、河底高程发生的变化，应考虑地形变化的影响。

7.8.1.4　涉水工程资料。包括预测范围内的已建、在建及拟建涉水工程，其取水量或工程调度情况、运行规则应与国家或地方发布的统计数据、环评及环保验收数据保持一致。

7.8.2　一致性及可靠性分析。对评价范围调查收集的水文资料（流速、流量、水位、蓄水量等）、水质资料、排放口资料（污水排放量与水质浓度）、支流资料（支流水量与水质浓度）、取水口资料（取水量、取水方式、水质数据）、污染源资料（排污量、排污去向与排放方式、污染物种类及排放浓度）等进行数据一致性分析。应明确模型采用基础数据的来源，保证基础数据的可靠性。

7.8.3　建设项目所在水环境控制单元如有国家生态环境主管部门发布的标准化土壤及土地利用数据、地形数据、环境水力学特征参数的，影响预测模拟时应优先使用标准化数据。

7.9　初始条件

7.9.1　初始条件（水文、水质、水温等）设定应满足所选用数学模型的基本要求，需合理确定初始条件，控制预测结果不受初始条件的影响。

7.9.2　当初始条件对计算结果的影响在短时间内无法有效消除时，应延长模拟计算的初始时间，必要时应开展初始条件敏感性分析。

7.10 边界条件

7.10.1 设计水文条件确定要求

7.10.1.1 河流、湖库设计水文条件要求：

a）河流不利枯水条件宜采用 90%保证率最枯月流量或近 10 年最枯月平均流量；流向不定的河网地区和潮汐河段，宜采用 90%保证率流速为零时的低水位相应水量作为不利枯水水量；湖库不利枯水条件应采用近 10 年最低月平均水位或 90%保证率最枯月平均水位相应的蓄水量，水库也可采用死库容相应的蓄水量。其他水期的设计水量则应根据水环境影响预测需求确定。

b）受人工调控的河段，可采用最小下泄流量或河道内生态流量作为设计流量。

c）根据设计流量，采用水力学、水文学等方法，确定水位、流速、河宽、水深等其他水力学数据。

7.10.1.2 入海河口、近岸海域设计水文条件要求：

a）感潮河段、入海河口的上游水文边界条件参照 7.10.1.1 的要求确定，下游水位边界的确定，应选择对应时段潮周期作为基本水文条件进行计算，可取用保证率为 10%、50%和 90%潮差，或上游计算流量条件下相应的实测潮位过程；

b）近岸海域的潮位边界条件界定，应选择一个潮周期作为基本水文条件，选用历史实测潮位过程或人工构造潮型作为设计水文条件。

7.10.1.3 河流、湖库设计水文条件的计算可按 SL 278 的规定执行。

7.10.2 污染负荷的确定要求

7.10.2.1 根据预测情景，确定各情景下建设项目排放的污染负荷量，应包括建设项目所有排放口（涉及一类污染物的车间或车间处理设施排放口、企业总排口、雨水排放口、温排水排放口等）的污染物源强。

7.10.2.2 应覆盖预测范围内的所有与建设项目排放污染物相关的污染源或污染源负荷占预测范围总污染负荷的比例超过 95%。

7.10.2.3 规划水平年污染源负荷预测要求：

a）点源及面源污染源负荷预测要求。应包括已建、在建及拟建项目的污染物排放，综合考虑区域经济社会发展及水污染防治规划、区（流）域环境质量改善目标要求，按照点源、面源分别确定预测范围内的污染源的排放量与入河量。采用面源模型预测规划水平年污染负荷时，面源模型的构建、率定、验证等要求参照 7.11 相关规定执行。

b）内源负荷预测要求。内源负荷估算可采用释放系数法，必要时可采用释放动力学模型方法。内源释放系数可采用静水、动水试验进行测定或者参考类似工程资料确定；水环境影响敏感且资料缺乏区域需开展静水试验、动水试验确定释放系数；类比时需结合施工工艺、沉积物类型、水动力等因素进行修正。

7.11 参数确定与验证要求

7.11.1 水动力及水质模型参数包括水文及水力学参数、水质（包括水温及富营养化）参数等。其中水文及水力学参数包括流量、流速、坡度、糙率等；水质参数包括污染物综合衰减系数、扩散系数、耗氧系数、复氧系数、蒸发散热系数等。

7.11.2 模型参数确定可采用类比、经验公式、实验室测定、物理模型试验、现场实测及模型率定等，可以采用多类方法比对确定模型参数。当采用数值解模型时，宜采用模型率定法核定模型参数。

7.11.3 在模型参数确定的基础上，通过模型计算结果与实测数据进行比较分析，验证模型的适用性与误差及精度。

7.11.4 选择模型率定法确定模型参数的，模型验证应采用与模型参数率定不同组实测资料数据进行。

7.11.5 应对模型参数确定与模型验证的过程和结果进行分析说明，并以河宽、水深、流速、流量以及主要预测因子的模拟结果作为分析依据，当采用二维或三维模型时，应开展流场分析。模型验证应分析模拟结果与实测结果的拟合情况，阐明模型参数率定取值的合理性。

7.12 预测点位设置及结果合理性分析要求

7.12.1 预测点位设置要求

7.12.1.1 应将常规监测点、补充监测点、水环境保护目标、水质水量突变处及控制断面等作为预测重点。

7.12.1.2 当需要预测排放口所在水域形成的混合区范围时，应适当加密预测点位。

7.12.2 模型结果合理性分析

7.12.2.1 模型计算成果的内容、精度和深度应满足环境影响评价要求。

7.12.2.2 采用数值解模型进行影响预测时，应说明模型时间步长、空间步长设定的合理性，在必要的情况下应对模拟结果开展质量或热量守恒分析。

7.12.2.3 应对模型计算的关键影响区域和重要影响时段的流场、流速分布、水质（水温）等模拟结果进行分析，并给出相关图件。

7.12.2.4 区域水环境影响较大的建设项目，宜采用不同模型进行比对分析。

8 地表水环境影响评价

8.1 评价内容

8.1.1 一级、二级、水污染影响型三级 A 及水文要素影响型三级评价。主要评价内容包括：

a）水污染控制和水环境影响减缓措施有效性评价；

b）水环境影响评价。

8.1.2 水污染影响型三级 B 评价。主要评价内容包括：

a）水污染控制和水环境影响减缓措施有效性评价；

b）依托污水处理设施的环境可行性评价。

8.2 评价要求

8.2.1 水污染控制和水环境影响减缓措施有效性评价应满足以下要求：

a）污染控制措施及各类排放口排放浓度限值等应满足国家和地方相关排放标准及符合有关标准规定的排水协议关于水污染物排放的条款要求；

b）水动力影响、生态流量、水温影响减缓措施应满足水环境保护目标的要求；

c）涉及面源污染的，应满足国家和地方有关面源污染控制治理要求；

d）受纳水体环境质量达标区的建设项目选择废水处理措施或多方案比选时，应满足行业污染防治可行技术指南要求，确保废水稳定达标排放且环境影响可以接受；

e）受纳水体环境质量不达标区的建设项目选择废水处理措施或多方案比选时，应满足区（流）域水环境质量限期达标规划和替代源的削减方案要求、区（流）域环境质量改善目标要求及行业污染防治可行技术指南中最佳可行技术要求，确保废水污染物达到最低排放强度和排放浓度，环境影响可以接受。

8.2.2 水环境影响评价应满足以下要求：

a）排放口所在水域形成的混合区，应限制在达标控制（考核）断面以外水域，不得与已有排放口形成的混合区叠加，混合区外水域应满足水环境功能区或水功能区的水质目标要求。

b）水环境功能区或水功能区、近岸海域环境功能区水质达标。说明建设项目对评价范围内的水环境功能区或水功能区、近岸海域环境功能区的水质影响特征，分析水环境功能区或水功能区、近岸海域环境功能区水质变化状况，在考虑叠加影响的情况下，评价建设项目建成以后各预测时期水环境功能区或水功能区、近岸海域环境功能区达标状况。涉及富营养化问题的，还应评价水温、水文要素、营养盐等变化特征与趋势，分析判断富营养化演变趋势。

c）满足水环境保护目标水域水环境质量要求。评价水环境保护目标水域各预测时期的水质（包括水温）变化特征、影响程度与达标状况。

d）水环境控制单元或断面水质达标。说明建设项目污染排放或水文要素变化对所在控制单元各预测时期的水质影响特征，在考虑叠加影响的情况下，分析水环境控制单元或断面的水质变化状况，评价建设项目建成以后水环境控制单元或断面在各预测时期的水质达标状况。

e）满足重点水污染物排放总量控制指标要求，重点行业建设项目，主要污染物排放满足等量或减量替代要求。

f）满足区（流）域水环境质量改善目标要求。

g）水文要素影响型建设项目同时应包括水文情势变化评价、主要水文特征值影响评价、生态流量符合性评价。

h）对于新设或调整入河（湖库、近岸海域）排放口的建设项目，应包括排放口设置的环境合理性评价。

i）满足"三线一单"（生态保护红线、水环境质量底线、资源利用上线和环境准入清单）管理要求。

8.2.3 依托污水处理设施的环境可行性评价，主要从污水处理设施的日处理能力、处理工艺、设计进水水质、处理后的废水稳定达标排放情况及排放标准是否涵盖建设项目排放的有毒有害的特征水污染物等方面开展评价，满足依托的环境可行性要求。

8.3 污染源排放量核算

8.3.1 一般要求

8.3.1.1 污染源排放量是新（改、扩）建项目申请污染物排放许可的依据。

8.3.1.2 对改建、扩建项目，除应核算新增源的污染物排放量外，还应核算项目建成后全厂的污染物排放量，污染源排放量为污染物的年排放量。

8.3.1.3 建设项目在批复的区域或水环境控制单元达标方案的许可排放量分配方案中有规定的，按规定执行。

8.3.1.4 污染源排放量核算，应在满足 8.2.2 前提下进行核算。

8.3.1.5 规划环评污染源排放量核算与分配应遵循水陆统筹、河海兼顾、满足"三线一单"约束要求的原则，综合考虑水环境质量改善目标求、水环境功能区或水功能区、近岸海域环境功能区管理要求、经济社会发展、行业排污绩效等因素，确保发展不超载，底线不突破。

8.3.2 间接排放建设项目污染源排放量核算根据依托污水处理设施的控制要求核算确定。

8.3.3 直接排放建设项目污染源排放量核算，根据建设项目达标排放的地表水环境影响、污染源源强核算技术指南及排污许可申请与核发技术规范进行核算，并从严要求。

8.3.3.1 直接排放建设项目污染源排放量核算应在满足 8.2.2 的基础上，遵循以下原则要求：

a）污染源排放量的核算水体为有水环境功能要求的水体。

b）建设项目排放的污染物属于现状水质不达标的，包括本项目在内的区（流）域污染源排放量应调减至满足区（流）域水环境质量改善目标要求。

c）当受纳水体为河流时，不受回水影响的河段，建设项目污染源排放量核算断面位于排放口下游，与排放口的距离应小于 2 km；受回水影响的河段，应在排放口的上下游设置建设项目污染源排放量核算断面，与排放口的距离应小于 1 km。建设项目污染源排放量核算断面应根据区间水环境保护目标位置、水环境功能区或水功能区及控制单元断面等情况调整。当排放口污染物进入受纳水体在断面混合不均匀时，应以污染源排放量核算断面污染物最大浓度作为评价依据。

d）当受纳水体为湖库时，建设项目污染源排放量核算点位应布置在以排放口为中心、半径不超过 50 m 的扇形水域内，且扇形面积占湖库面积比例不超过 5%，核算点位应不少于 3 个。建设项目污染源排放量核算点应根据区间水环境保护目标位置、水环境功能区或水功能区及控制单元断面等情况调整。

e）遵循地表水环境质量底线要求，主要污染物（化学需氧量、氨氮、总磷、总氮）需预留必要的安全余量。安全余量可按地表水环境质量标准、受纳水体环境敏感性等确定：受纳水体为 GB 3838 Ⅲ类水域，以及涉及水环境保护目标的水域，安全余量按照不低于建设项目污染源排放量核算断面（点位）处环境质量标准的 10%确定（安全余量≥环境质量标准×10%）；受纳水体水环境质量标准为 GB 3838 Ⅳ、Ⅴ类水域，安全余量按照不低于建设项目污染源排放量核算断面（点位）环境质量标准的 8%确定（安全余量≥环境质量标准×8%）；地方如有更严格的环境管理要求，按地方要求执行。

f）当受纳水体为近岸海域时，参照 GB 18486 执行。

8.3.3.2　按照 8.3.3.1 规定要求预测评价范围的水质状况，如预测的水质因子满足地表水环境质量管理及安全余量要求，污染源排放量即为水污染控制措施有效性评价确定的排污量。如果不满足地表水环境质量管理及安全余量要求，则进一步根据水质目标核算污染源排放量。

8.4　生态流量确定

8.4.1　一般要求

8.4.1.1　根据河流、湖库生态环境保护目标的流量（水位）及过程需求确定生态流量（水位）。河流应确定生态流量，湖库应确定生态水位。

8.4.1.2　根据河流和湖库的形态、水文特征及生物重要生境分布，选取代表性的控制断面综合分析评价河流和湖库的生态环境状况、主要生态环境问题等。生态流量控制断面或点位选择应结合重要生境和重要环境保护对象等保护目标的分布、水文站网分布以及重要水利工程位置等统筹考虑。

8.4.1.3　依据评价范围内各水环境保护目标的生态环境需水确定生态流量，生态环境需水的计算方法可参考有关标准规定执行。

8.4.2　河流、湖库生态环境需水计算要求

8.4.2.1　河流生态环境需水

河流生态环境需水包括水生生态需水、水环境需水、湿地需水、景观需水、河口压咸需水等。应根据河流生态环境保护目标要求，选择合适方法计算河流生态环境需水及其过程，符合以下要求：

a）水生生态需水计算中，应采用水力学法、生态水力学法、水文学法等方法计算水生生态流量。水生生态流量最少采用两种方法计算，基于不同计算方法成果对比分析，合理选择水生生态流量成果；鱼类繁殖期的水生生态需水宜采用生境分析法计算，确定繁殖期所需的水文过程，并取外包线作为计算成果，鱼类繁殖期所需水文过程应与天然水文过程相似。水生生态需水应为水生生态流量与鱼类繁殖期所需水文过程的外包线。

b）水环境需水应根据水环境功能区或水功能区确定控制断面水质目标，结合计算范围内的河段特征和控制断面与概化后污染源的位置关系，采用 7.6 的数学模型方法计算水环境需水。

c）湿地需水应综合考虑湿地水文特征和生态保护目标需水特征，综合不同方法合理确定湿地需水。河岸植被需水量采用单位面积用水量法、潜水蒸发法、间接计算法、彭曼公式法等方法计算；河道内湿地补给水量采用水量平衡法计算。保护目标在繁育生长关键期对水文过程有特殊需求时，应计算湿地关键期需水量及过程。

d）景观需水应综合考虑水文特征和景观保护目标要求，确定景观需水。

e）河口压咸需水应根据调查成果，确定河口类型，可采用附录E中的相关数学模型计算河口压咸需水。

f）其他需水应根据评价区域实际情况进行计算，主要包括冲沙需水、河道蒸发和渗漏需水等。对于多泥沙河流，需考虑河流冲沙需水计算。

8.4.2.2 湖库生态环境需水计算要求：

a）湖库生态环境需水包括维持湖库生态水位的生态环境需水及入（出）湖河流生态环境需水。湖库生态环境需水可采用最小值、年内不同时段值和全年值表示。

b）湖库生态环境需水计算中，可采用不同频率最枯月平均值法或近10年最枯月平均水位法确定湖库生态环境需水最小值。年内不同时段值应根据湖库生态环境保护目标所对应的生态环境功能，分别计算各项生态环境功能敏感水期要求的需水量。维持湖库形态功能的水量，可采用湖库形态分析法计算。维持生物栖息地功能的需水量，可采用生物空间法计算。

c）入（出）湖库河流的生态环境需水应根据8.4.2.1计算确定，计算成果应与湖库生态水位计算成果相协调。

8.4.3 河流、湖库生态流量综合分析与确定

8.4.3.1 河流应根据水生生态需水、水环境需水、湿地需水、景观需水、河口压咸需水和其他需水等计算成果，考虑各项需水的外包关系和叠加关系，综合分析需水目标要求，确定生态流量。湖库应根据湖库生态环境需水确定最低生态水位及不同时段内的水位。

8.4.3.2 应根据国家或地方政府批复的综合规划、水资源规划、水环境保护规划等成果中相关的生态流量控制等要求，综合分析生态流量成果的合理性。

9 环境保护措施与监测计划

9.1 一般要求

9.1.1 在建设项目污染控制治理措施与废水排放满足排放标准与环境管理要求的基础上，针对建设项目实施可能造成地表水环境不利影响的阶段、范围和程度，提出预防、治理、控制、补偿等环保措施或替代方案等内容，并制订监测计划。

9.1.2 水环境保护对策措施的论证应包括水环境保护措施的内容、规模及工艺、相应投资、实施计划，所采取措施的预期效果、达标可行性、经济技术可行性及可靠性分析等内容。

9.1.3 对水文要素影响型建设项目，应提出减缓水文情势影响，保障生态需水的环保措施。

9.2 水环境保护措施

9.2.1 对建设项目可能产生的水污染物，需通过优化生产工艺和强化水资源的循环利用，提出减少污水产生量与排放量的环保措施，并对污水处理方案进行技术经济及环保论证比选，明确污水处理设施的位置、规模、处理工艺、主要构筑物或设备、处理效率；采取的污水处理方案要实现达标排放，满足总量控制指标要求，并对排放口设置及排放方式进行环保论证。

9.2.2 达标区建设项目选择废水处理措施或多方案比选时，应综合考虑成本和治理效果，选择可行技术方案。

9.2.3 不达标区建设项目选择废水处理措施或多方案比选时，应优先考虑治理效果，结合区（流）域水环境质量改善目标、替代源的削减方案实施情况，确保废水污染物达到最低排放强度和排放浓度。

9.2.4 对水文要素影响型建设项目，应考虑保护水域生境及水生态系统的水文条件以及生态环境用水的基本需求，提出优化运行调度方案或下泄流量及过程，并明确相应的泄放保障措施与监控方案。

9.2.5 对于建设项目引起的水温变化可能对农业、渔业生产或鱼类繁殖与生长等产生不利影响，应提出水温影响减缓措施。对产生低温水影响的建设项目，对其取水与泄水建筑物的工程方案提出环保优化建议，可采取分层取水设施、合理利用水库洪水调度运行方式等。对产生温排水影响的建设项目，可采取优化冷却方式减少排放量，通过余热利用措施降低热污染强度，合理选择温排水口的布置和型式，控制高温区范围等。

9.3 监测计划

9.3.1 按建设项目建设期、生产运行期、服务期满后等不同阶段，针对不同工况、不同地表水环境影响的特点，根据 HJ 819、HJ/T 92、相应的污染源源强核算技术指南和自行监测技术指南，提出水污染源的监测计划，包括监测点位、监测因子、监测频次、监测数据采集与处理、分析方法等。明确自行监测计划内容，提出应向社会公开的信息内容。

9.3.2 提出地表水环境质量监测计划，包括监测断面或点位位置（经纬度）、监测因子、监测频次、监测数据采集与处理、分析方法等。明确自行监测计划内容，提出应向社会公开的信息内容。

9.3.3 监测因子需与评价因子相协调。地表水环境质量监测断面或点位设置需与水环境现状监测、水环境影响预测的断面或点位相协调，并应强化其代表性、合理性。

9.3.4 建设项目排放口应根据污染物排放特点、相关规定设置监测系统，排放口附近有重要水环境功能区或水功能区及特殊用水需求时，应对排放口下游控制断面进行定期监测。

9.3.5 对下泄流量有泄放要求的建设项目，在闸坝下游应设置生态流量监测系统。

10 地表水环境影响评价结论

10.1 水环境影响评价结论

10.1.1 根据水污染控制和水环境影响减缓措施有效性评价、地表水环境影响评价的结果，明确给出地表水环境影响是否可接受的结论。

10.1.2 达标区的建设项目环境影响评价，依据 8.2 要求，同时满足水污染控制和水环境影响减缓措施有效性评价、水环境影响评价的情况下，认为地表水环境影响可以接受，否则认为地表水环境影响不可接受。

10.1.3 不达标区的建设项目环境影响评价，依据 8.2 要求，在考虑区（流）域环境质量改善目标要求、削减替代源的基础上，同时满足水污染控制和水环境影响减缓措施有效性评价、水环境影响评价的情况下，认为地表水环境影响可以接受，否则认为地表水环境影响不可接受。

10.2 污染源排放量与生态流量

10.2.1 明确给出污染源排放量核算结果，填写建设项目污染物排放信息表（见附录 G）。

10.2.2 新建项目的污染物排放指标需要等量替代或减量替代时，还应明确给出替代项目的基本信息，主要包括项目名称、排污许可证编号、污染物排放量等。

10.2.3 有生态流量控制要求的，根据水环境保护管理要求，明确给出生态流量控制节点及控制目标。

10.3 地表水环境影响评价自查

地表水环境影响评价完成后，应对地表水环境影响评价主要内容与结论进行自查。建设项目地表水环境影响评价自查内容与格式见附录 H。应将影响预测中应用的输入、输出原始资料进行归档，随评价文件一并提交给审查部门。

附　录　A
（规范性附录）
污染物及当量值表

A.1　第一类水污染物污染当量值

表 A.1　第一类水污染物污染当量值表

污染物	污染当量值/kg
1. 总汞	0.000 5
2. 总镉	0.005
3. 总铬	0.04
4. 六价铬	0.02
5. 总砷	0.02
6. 总铅	0.025
7. 总镍	0.025
8. 苯并[*a*]芘	0.000 000 3
9. 总铍	0.01
10. 总银	0.02

A.2　第二类水污染物污染当量值

表 A.2　第二类水污染物污染当量值表

污染物	污染当量值/kg
11. 悬浮物（SS）	4
12. 生化需氧量（BOD_5）	0.5
13. 化学需氧量（COD_{Cr}）	1
14. 总有机碳（TOC）	0.49
15. 石油类	0.1
16. 动植物油	0.16
17. 挥发酚	0.08
18. 总氰化物	0.05
19. 硫化物	0.125
20. 氨氮	0.8
21. 氟化物	0.5
22. 甲醛	0.125
23. 苯胺类	0.2
24. 硝基苯类	0.2
25. 阴离子表面活性剂（LAS）	0.2
26. 总铜	0.1
27. 总锌	0.2

污染物	污染当量值/kg
28. 总锰	0.2
29. 彩色显影剂（CD-2）	0.2
30. 总磷	0.25
31. 单质磷（以 P 计）	0.05
32. 有机磷农药（以 P 计）	0.05
33. 乐果	0.05
34. 甲基对硫磷	0.05
35. 马拉硫磷	0.05
36. 对硫磷	0.05
37. 五氯酚及五氯酚钠（以五氯酚计）	0.25
38. 三氯甲烷	0.04
39. 可吸附有机卤化物（AOX）（以 Cl 计）	0.25
40. 四氯化碳	0.04
41. 三氯乙烯	0.04
42. 四氯乙烯	0.04
43. 苯	0.02
44. 甲苯	0.02
45. 乙苯	0.02
46. 邻-二甲苯	0.02
47. 对-二甲苯	0.02
48. 间-二甲苯	0.02
49. 氯苯	0.02
50. 邻-二氯苯	0.02
51. 对-二氯苯	0.02
52. 对-硝基氯苯	0.02
53. 2,4-二硝基氯苯	0.02
54. 苯酚	0.02
55. 间-甲酚	0.02
56. 2,4-二氯酚	0.02
57. 2,4,6-三氯酚	0.02
58. 邻苯二甲酸二丁酯	0.02
59. 邻苯二甲酸二辛酯	0.02
60. 丙烯腈	0.125
61. 总硒	0.02

A.3　pH 值、色度、大肠菌群数、余氯量水污染物污染当量值

表 A.3　pH 值、色度、大肠菌群数、余氯量水污染物污染当量值表

污染物		污染当量值	备注
1. pH 值	1.　0～1，13～14	0.06 t 污水	pH 值 5～6 是大于等于 5，小于 6；pH 值 9～10 是大于 9，小于等于 10，其余类推
	2.　1～2，12～13	0.125 t 污水	
	3.　2～3，11～12	0.25 t 污水	
	4.　3～4，10～11	0.5 t 污水	

污染物		污染当量值	备注
1. pH 值	5. 4～5，9～10	1 t 污水	pH 值 5～6 是大于等于 5，小于 6；pH 值 9～10 是大于 9，小于等于 10，其余类推
	6. 5～6	5 t 污水	
2. 色度		5 t 水 · 倍	
3. 大肠菌群数（超标）		3.3 t 污水	
4. 余氯量（用氯消毒的医院废水）		3.3 t 污水	

A.4 禽畜养殖业、小型企业和第三产业水污染物污染当量值

适用于无法进行实际监测或者物料衡算的禽畜养殖业、小型企业和第三产业等小型排污者的水污染物污染当量数计算，见表 A.4。

表 A.4 禽畜养殖业、小型企业和第三产业水污染物污染当量值表

类型		污染当量值
禽畜养殖场	1. 牛	0.1 头
	2. 猪	1 头
	3. 鸡、鸭等家禽	30 羽
4. 小型企业		1.8 t 污水
5. 餐饮娱乐服务业		0.5 t 污水
6. 医院	消毒	0.14 床
		2.8 t 污水
	不消毒	0.07 床
		1.4 t 污水

附　录　B
（规范性附录）
环境现状调查内容

B.1　建设项目污染源

根据建设项目工程分析、污染源源强核算技术指南，结合排污许可技术规范等相关要求，分析确定建设项目所有排放口（包括涉及一类污染物的车间或车间处理设施排放口、企业总排口、雨水排放口、清净下水排放口、温排水排放口等）的污染物源强，明确排放口的相对位置并附图件、地理位置（经纬度）、排放规律等。改建、扩建项目还应调查现有企业所有废水排放口。

B.2　区域水污染源调查

B.2.1　点污染源调查内容，主要包括：

a）基本信息。主要包括污染源名称、排污许可证编号等。

b）排放特点。主要包括排放形式，分散排放或集中排放，连续排放或间歇排放；排放口的平面位置（附污染源平面位置图）及排放方向；排放口在断面上的位置。

c）排污数据。主要包括污水排放量、排放浓度、主要污染物等数据。

d）用排水状况。主要调查取水量、用水量、循环水量、重复利用率、排水总量等。

e）污水处理状况。主要调查各排污单位生产工艺流程中的产污环节、污水处理工艺、处理效率、处理水量、中水回用量、再生水量、污水处理设施的运转情况等。

f）根据评价等级及评价工作需要，选择上述全部或部分内容进行调查。

B.2.2　面污染源调查内容，按照农村生活污染源、农田污染源、分散式畜禽养殖污染源、城镇地面径流污染源、堆积物污染源、大气沉降源等分类，采用源强系数法、面源模型法等方法，估算面源源强、流失量与入河量等。主要包括：

a）农村生活污染源：调查人口数量、人均用水量指标、供水方式、污水排放方式、去向和排污负荷量等。

b）农田污染源：调查农药和化肥的施用种类、施用量、流失量及入河系数、去向及受纳水体等情况（包括水土流失、农药和化肥流失强度、流失面积、土壤养分含量等调查分析）。

c）畜禽养殖污染源：调查畜禽养殖的种类、数量、养殖方式、粪便污水收集与处置情况、主要污染物浓度、污水排放方式和排污负荷量、去向及受纳水体等。畜禽粪便污水作为肥水进行农田利用的，需考虑畜禽粪便污水土地承载力。

d）城镇地面径流污染源：调查城镇土地利用类型及面积、地面径流收集方式与处理情况、主要污染物浓度、排放方式和排污负荷量、去向及受纳水体等。

e）堆积物污染源：调查矿山、冶金、火电、建材、化工等单位的原料、燃料、废料、固体废物（包括生活垃圾）的堆放位置、堆放面积、堆放形式及防护情况、污水收集与处置情况、主要污染物和特征污染物浓度、污水排放方式和排污负荷量、去向及受纳水体等。

f）大气沉降源：调查区域大气沉降（湿沉降、干沉降）的类型、污染物种类、污染物沉降负荷量等。

B.2.3　内源污染。底泥物理指标包括力学性质、质地、含水率、粒径等；化学指标包括水域超标因子、与本建设项目排放污染物相关的因子。

B.3 水文情势调查

水文情势调查内容见表 B.1。

表 B.1 水文情势调查内容表

水体类型	水污染影响型	水文要素影响型
河流	水文年及水期划分、不利水文条件及特征水文参数、水动力学参数等	水文系列及其特征参数；水文年及水期的划分；河流物理形态参数；河流水沙参数、丰枯水期水流及水位变化特征等
湖库	湖库物理形态参数；水库调节性能与运行调度方式；水文年及水期划分；不利水文条件特征及水文参数；出入湖（库）水量过程；湖流动力学参数；水温分层结构等	
入海河口（感潮河段）	潮汐特征、感潮河段的范围、潮区界与潮流界的划分；潮位及潮流；不利水文条件组合及特征水文参数；水流分层特征等	
近岸海域	水温、盐度、泥沙、潮位、流向、流速、水深等，潮汐性质及类型，潮流、余流性质及类型，海岸线、海床、滩涂、海岸蚀淤变化趋势等	

B.4 水资源开发利用状况调查

B.4.1 水资源现状

调查水资源总量、水资源可利用量、水资源时空分布特征、人类活动对水资源量的影响等。主要涉水工程概况调查，包括数量、等级、位置、规模，主要开发任务、开发方式、运行调度及其对水文情势、水环境的影响。应涵盖大型、中型、小型等各类涉水工程，绘制涉水工程分布示意图。

B.4.2 水资源利用状况

调查城市、工业、农业、渔业、水产养殖业、水域景观等各类用水现状与规划（包括用水时间、取水地点、取用水量等），各类用水的供需关系（包括水权等）、水质要求和渔业、水产养殖业等所需的水面面积。

附　录　C
（规范性附录）
补充调查监测布点及采样频次

C.1　河流监测断面设置

C.1.1　水质监测断面布设

应布设对照断面、控制断面。水污染影响型建设项目在拟建排放口上游应布置对照断面（宜在 500 m 以内），根据受纳水域水环境质量控制管理要求设定控制断面。控制断面可结合水环境功能区或水功能区、水环境控制单元区划情况，直接采用国家及地方确定的水质控制断面。评价范围内不同水质类别区、水环境功能区或水功能区、水环境敏感区及需要进行水质预测的水域，应布设水质监测断面。评价范围以外的调查或预测范围，可以根据预测工作需要增设相应的水质监测断面。

C.1.2　水质取样断面上取样垂线的布设

按照 HJ/T 91 的规定执行。

C.1.3　采样频次

每个水期可监测一次，每次同步连续调查取样 3～4 d，每个水质取样点每天至少取一组水样，在水质变化较大时，每间隔一定时间取样一次。水温观测频次，应每间隔 6 h 观测一次水温，统计计算日平均水温。

C.2　湖库监测点位设置与采样频次

C.2.1　水质取样垂线的布设

C.2.1.1　对于水污染影响型建设项目，水质取样垂线的设置可采用以排放口为中心、沿放射线布设或网格布设的方法，按照下列原则及方法设置：一级评价在评价范围内布设的水质取样垂线数宜不少于 20 条；二级评价在评价范围内布设的水质取样垂线数宜不少于 16 条。评价范围内不同水质类别区、水环境功能区或水功能区、水环境敏感区、排放口和需要进行水质预测的水域，应布设取样垂线。

C.2.1.2　对于水文要素影响型建设项目，在取水口、主要入湖（库）断面、坝前、湖（库）中心水域、不同水质类别区、水环境敏感区和需要进行水质预测的水域，应布设取样垂线。对于复合影响型建设项目，应兼顾进行取样垂线的布设。

C.2.2　水质取样垂线上取样点的布设

按照 HJ/T 91 的规定执行。

C.2.3　采样频次

每个水期可监测一次，每次同步连续取样 2～4 d，每个水质取样点每天至少取一组水样，但在水质变化较大时，每间隔一定时间取样一次。溶解氧和水温监测频次，每间隔 6 h 取样监测一次，在调查取样期内适当监测藻类。

C.3　入海河口、近岸海域监测点位设置与采样频次

C.3.1　水质取样断面和取样垂线的设置

一级评价可布设 5～7 个取样断面；二级评价可布设 3～5 个取样断面。

C.3.2　水质取样点的布设

根据垂向水质分布特点，参照 GB/T 12763 和 HJ 442 执行。排放口位于感潮河段内的，其上游设置的水质取样断面，应根据实际情况参照河流决定，其下游断面的布设与近岸海域相同。

C.3.3　采样频次

原则上一个水期在一个潮周期内采集水样，明确所采样品所处潮时，必要时对潮周日内的高潮和低潮采样。当上、下层水质变幅较大时，应分层取样。入海河口上游水质取样频次参照感潮河段相关要求执行，下游水质取样频次参照近岸海域相关要求执行。对于近岸海域，一个水期宜在半个太阴月内的大潮期或小潮期分别采样，明确所采样品所处潮时；对所有选取的水质监测因子，在同一潮次取样。

附 录 D
（规范性附录）
水环境质量评价方法

D.1 水质指数法

D.1.1 一般性水质因子（随着浓度增加而水质变差的水质因子）的指数计算公式：

$$S_{i,j}=C_{i,j}/C_{si} \tag{D.1}$$

式中：$S_{i,j}$——评价因子 i 的水质指数，大于 1 表明该水质因子超标；

$C_{i,j}$——评价因子 i 在 j 点的实测统计代表值，mg/L；

C_{si}——评价因子 i 的水质评价标准限值，mg/L。

D.1.2 溶解氧（DO）的标准指数计算公式：

$$S_{\mathrm{DO},j}=\mathrm{DO}_s/\mathrm{DO}_j \qquad \mathrm{DO}_j\leqslant \mathrm{DO}_f \tag{D.2}$$

$$S_{\mathrm{DO},j}=\frac{|\mathrm{DO}_f-\mathrm{DO}_j|}{\mathrm{DO}_f-\mathrm{DO}_s} \qquad \mathrm{DO}_j>\mathrm{DO}_f \tag{D.3}$$

式中：$S_{\mathrm{DO},j}$——溶解氧的标准指数，大于 1 表明该水质因子超标；

DO_j——溶解氧在 j 点的实测统计代表值，mg/L；

DO_s——溶解氧的水质评价标准限值，mg/L；

DO_f——饱和溶解氧浓度，mg/L，对于河流，$\mathrm{DO}_f=468/(31.6+T)$，对于盐度比较高的湖泊、水库及入海河口、近岸海域，$\mathrm{DO}_f=(491-2.65S)/(33.5+T)$；

S——实用盐度符号，量纲一；

T——水温，℃。

D.1.3 pH 值的指数计算公式：

$$S_{\mathrm{pH},j}=\frac{7.0-\mathrm{pH}_j}{7.0-\mathrm{pH}_{sd}} \qquad \mathrm{pH}_j\leqslant 7.0 \tag{D.4}$$

$$S_{\mathrm{pH},j}=\frac{\mathrm{pH}_j-7.0}{\mathrm{pH}_{su}-7.0} \qquad \mathrm{pH}_j>7.0 \tag{D.5}$$

式中：$S_{\mathrm{pH},j}$——pH 值的指数，大于 1 表明该水质因子超标；

pH_j——pH 值实测统计代表值；

pH_{sd}——评价标准中 pH 值的下限值；

pH_{su}——评价标准中 pH 值的上限值。

D.2　底泥污染指数法

D.2.1　底泥污染指数计算公式：

$$P_{i,j} = C_{i,j} / C_{si} \tag{D.6}$$

式中：$P_{i,j}$——底泥污染因子 i 的单项污染指数，大于 1 表明该污染因子超标；

$C_{i,j}$——调查点位污染因子 i 的实测值，mg/L；

C_{si}——污染因子 i 的评价标准值或参考值，mg/L。

D.2.2　底泥污染评价标准值或参考值

可以根据土壤环境质量标准或所在水域底泥的背景值，确定底泥污染评价标准值或参考值。

附　录　E

（规范性附录）

河流、湖库、入海河口及近岸海域常用数学模型基本方程及解法

E.1　混合过程段长度估算公式

$$L_m=\left\{0.11+0.7\left[0.5-\frac{a}{B}-1.1\left(0.5-\frac{a}{B}\right)^2\right]^{1/2}\right\}\frac{uB^2}{E_y} \tag{E.1}$$

式中：L_m——混合段长度，m；

B——水面宽度，m；

a——排放口到岸边的距离，m；

u——断面流速，m/s；

E_y——污染物横向扩散系数，m^2/s。

E.2　零维数学模型

E.2.1　河流均匀混合模型

$$C=(C_pQ_p+C_hQ_h)/(Q_p+Q_h) \tag{E.2}$$

式中：C——污染物浓度，mg/L；

C_p——污染物排放浓度，mg/L；

Q_p——污水排放量，m^3/s；

C_h——河流上游污染物浓度，mg/L；

Q_h——河流流量，m^3/s。

E.2.2　湖库均匀混合模型

基本方程为：

$$V\frac{\mathrm{d}C}{\mathrm{d}t}=W-QC+f(C)V \tag{E.3}$$

式中：V——水体体积，m^3；

t——时间，s；

W——单位时间污染物排放量，g/s；

Q——水量平衡时流入与流出湖（库）的流量，m^3/s；

$f(C)$——生化反应项，g/（m^3·s）；

其他符号说明同式（E.2）。

如果生化过程可以用一级动力学反应表示，$f(C)=-kC$，上式存在解析解，当稳定时：

$$C=\frac{W}{Q+kV} \tag{E.4}$$

式中：k——污染物综合衰减系数，s^{-1}；

其他符号说明同式（E.2）、式（E.3）。

E.2.3 狄龙模型

描述营养物平衡的狄龙模型：

$$[P]=\frac{I_p(1-R_p)}{rV}=\frac{L_p(1-R_p)}{rH} \tag{E.5}$$

$$R_p=1-\frac{\sum q_a[P]_a}{\sum q_i[P]_i} \tag{E.6}$$

$$r=Q/V \tag{E.7}$$

式中：$[P]$——湖（库）中氮、磷的平均浓度，mg/L；

I_p——单位时间进入湖（库）的氮（磷）质量，g/a；

L_p——单位时间、单位面积进入湖（库）的氮、磷负荷量，g/（m^2·a）；

H——平均水深，m；

R_p——氮、磷在湖（库）中的滞留率，量纲一；

q_a——年出流的水量，m^3/a；

q_i——年入流的水量，m^3/a；

$[P]_a$——年出流的氮（磷）平均浓度，mg/L；

$[P]_i$——年入流的氮（磷）平均浓度，mg/L；

Q——湖（库）年出流水量，m^3/a；

其他符号说明同式（E.3）。

E.3 纵向一维数学模型

E.3.1 基本方程

水动力数学模型的基本方程为：

$$\frac{\partial A}{\partial t}+\frac{\partial Q}{\partial x}=q \tag{E.8}$$

$$\frac{\partial Q}{\partial t}+\frac{\partial}{\partial x}\left(\frac{Q^2}{A}\right)-q\frac{Q}{A}=-g\left(A\frac{\partial Z}{\partial x}+\frac{n^2Q|Q|}{Ah^{4/3}}\right) \tag{E.9}$$

式中：Q——断面流量，m^3/s；

q——单位河长的旁侧入流，m^2/s；

A——断面面积，m^2；

Z——断面水位，m；

n——河道糙率，量纲一；

h——断面水深，m；

g——重力加速度，m/s^2；

x——笛卡尔坐标系 X 向的坐标，m；

其他符号说明同式（E.3）。

水温数学模型的基本方程为：

$$\frac{\partial(AT)}{\partial t}+\frac{\partial(uAT)}{\partial x}=\frac{\partial}{\partial x}\left(AE_{tx}\frac{\partial T}{\partial x}\right)+qT_L+\frac{BS}{\rho C_P} \tag{E.10}$$

式中：T——水温，℃；

E_{tx}——水温纵向扩散系数，m^2/s；

T_L——旁侧出入流（源汇项）水温，℃；

ρ——水体密度，kg/m^3；

C_P——水的比热，J/（kg·℃）；

S——表面积净热交换通量，W/m^2；

其他符号说明同式（E.1）、式（E.3）、式（E.8）。

水质数学模型的基本方程为：

$$\frac{\partial(AC)}{\partial t}+\frac{\partial(QC)}{\partial x}=\frac{\partial}{\partial x}\left(AE_x\frac{\partial C}{\partial x}\right)+Af(C)+qC_L \tag{E.11}$$

式中：E_x——污染物纵向扩散系数，m^2/s；

C_L——旁侧出入流（源汇项）污染物浓度，mg/L；

其他符号说明同式（E.2）、式（E.3）、式（E.9）。

E.3.2　解析方法

E.3.2.1　连续稳定排放

根据河流纵向一维水质模型方程的简化、分类判别条件（即 O'Connor 数α和贝克来数 Pe 的临界值），选择相应的解析解公式。

$$\alpha=\frac{kE_x}{u^2} \tag{E.12}$$

$$Pe=\frac{uB}{E_x} \tag{E.13}$$

当$\alpha \leqslant 0.027$、$Pe \geqslant 1$ 时，适用对流降解模型：

$$C=C_0\exp(-\frac{kx}{u}) \qquad x \geqslant 0 \tag{E.14}$$

当$\alpha \leqslant 0.027$、$Pe<1$ 时，适用对流扩散降解简化模型：

$$C=C_0\exp\left(\frac{ux}{E_x}\right) \qquad x<0 \tag{E.15}$$

$$C=C_0\exp\left(-\frac{kx}{u}\right) \qquad x \geqslant 0 \tag{E.16}$$

$$C_0=(C_pQ_p+C_hQ_h)/(Q_p+Q_h) \tag{E.17}$$

当 $0.027<\alpha \leqslant 380$ 时，适用对流扩散降解模型：

$$C(x)=C_0\exp\left[\frac{ux}{2E_x}\left(1+\sqrt{1+4\alpha}\right)\right] \qquad x<0 \tag{E.18}$$

$$C(x)=C_0\exp\left[\frac{ux}{2E_x}(1-\sqrt{1+4\alpha})\right]\qquad x\geqslant 0 \tag{E.19}$$

$$C_0=(C_pQ_p+C_hQ_h)/\left[(Q_p+Q_h)\sqrt{1+4\alpha}\right] \tag{E.20}$$

当$\alpha>380$时，适用扩散降解模型：

$$C=C_0\exp\left(x\sqrt{\frac{k}{E_x}}\right)\qquad x<0 \tag{E.21}$$

$$C=C_0\exp\left(-x\sqrt{\frac{k}{E_x}}\right)\qquad x\geqslant 0 \tag{E.22}$$

$$C_0=(C_pQ_p+C_hQ_h)/(2A\sqrt{kE_x}) \tag{E.23}$$

式中：α——O'Connor 数，量纲一，表征物质离散降解通量与移流通量比值；

Pe——贝克来数，量纲一，表征物质移流通量与离散通量比值；

C_0——河流排放口初始断面混合浓度，mg/L；

x——河流沿程坐标，m，x=0 指排放口处，$x>0$ 指排放口下游段，$x<0$ 指排放口上游段；

其他符号说明同式（E.1）、式（E.2）、式（E.3）、式（E.9）、式（E.11）。

E.3.2.2 瞬时排放

瞬时排放源河流一维对流扩散方程的浓度分布公式为：

$$C(x,t)=\frac{M}{A\sqrt{4\pi E_x t}}\exp(-kt)\exp\left[-\frac{(x-ut)^2}{4E_x t}\right] \tag{E.24}$$

在 t 时刻、距离污染源下游 $x=ut$ 处的污染物浓度峰值为：

$$C_{\max}(x)=\frac{M}{A\sqrt{4\pi E_x x/u}}\exp(-kx/u) \tag{E.25}$$

式中：$C(x,t)$——在距离排放口 x 处，t 时刻的污染物浓度，mg/L；

x——离排放口距离，m；

T——排放发生后的扩散历时，s；

M——污染物的瞬时排放总质量，g；

其他符号说明同式（E.1）、式（E.4）、式（E.9）、式（E.11）。

E.3.2.3 有限时段排放

有限时段排放源河流一维对流扩散方程的浓度分布，在排放持续期间（$0<t_j\leqslant t_0$），公式为：

$$C(x,t_j)=\frac{\Delta t}{A\sqrt{4\pi E_x}}\sum_{i=1}^{j}\frac{W_i}{\sqrt{t_j-t_{i-0.5}}}\exp\left[-k(t_j-t_{i-0.5})\right]\exp\left\{-\frac{\left[x-u(t_j-t_{i-0.5})\right]^2}{4E_x(t_j-t_{i-0.5})}\right\} \tag{E.26}$$

在排放停止后（$t_j>t_0$），公式为：

$$C(x,t_j)=\frac{\Delta t}{A\sqrt{4\pi E_x}}\sum_{i=1}^{n}\frac{W_i}{\sqrt{t_j-t_{i-0.5}}}\exp\left[-k(t_j-t_{i-0.5})\right]\exp\left\{-\frac{\left[x-u(t_j-t_{i-0.5})\right]^2}{4E_x(t_j-t_{i-0.5})}\right\} \tag{E.27}$$

式中：$C(x,t_j)$——在距离排放口 x 处，t_j 时刻的污染物浓度，mg/L；

t_0——污染源的排放持续时间，s；

Δt——计算时间步长，s；

n——计算分段数，$n=t_0/\Delta t$；

$t_{i-0.5}$——污染源排放的时间变量，$t_{i-0.5}=(i-0.5)\Delta t<t_0$，s；

i——最大为 n 的自然数；

j——自然数；

W_i——t_{i-1} 到 t_i 时间段内，单位时间污染物的排放质量，g/s；

其他符号说明同式（E.1）、式（E.4）、式（E.9）、式（E.11）、式（E.25）。

E.4　河网模型

河网数学模型基于一维非恒定模型的基本方程，在汊口采用水量守恒连续条件、动量守恒连续条件和质量守恒连续条件，结合边界条件对基本方程进行求解。

汊口水量守恒连续条件：一般情况下认为进出各汊口流量的代数和为 0，如果汊口体积较大，可以采用进出汊点水量与汊口水量增减率相平衡作为控制条件。

汊口动量守恒连续条件：当汊口连接的各河段断面距汊口很近、出入汊口各河段的水位平缓，在不考虑汊口阻力损失情况下，可近似地认为汊口处各河段断面水位相同。如果各河段的过水面积相差悬殊，流速有较明显的差别，当略去汊口的局部损耗时，可以采用伯努利（Bernoulli）方程。

汊口质量守恒连续条件：进出汊点的物质质量与汊口实际质量的增减率相平衡。

E.5　垂向一维数学模型

适用于模拟预测水温在面积较小、水深较大的水库或湖泊水体中，除太阳辐射外没有其他热源交换的状况。

水量平衡的基本方程为：

$$\frac{\partial(wA)}{\partial z}=(u_\mathrm{i}-u_\mathrm{o})B \qquad (E.28)$$

水温数学模型的基本方程为：

$$\frac{\partial T}{\partial t}+\frac{1}{A}\frac{\partial}{\partial z}(wAT)=\frac{1}{A}\frac{\partial}{\partial z}\left(AE_\mathrm{tz}\frac{\partial T}{\partial z}\right)+\frac{B}{A}(u_\mathrm{i}T_\mathrm{i}-u_\mathrm{o}T)+\frac{1}{\rho C_\mathrm{p}A}\frac{\partial(\varphi A)}{\partial z} \qquad (E.29)$$

式中：T——t 时刻、z 高度处的水温，℃；

w——垂向流速，m/s；

E_tz——水温垂向扩散系数，m^2/s；

u_i——入流流速，m/s；

u_o——出流流速，m/s；

T_i——入流水温，℃；

ρ——水的密度，kg/m^3；

φ——太阳热辐射通量，J/（$m^2\cdot s$）；

z——笛卡尔坐标系 Z 向的坐标，m；

其他符号说明同式（E.1）、式（E.2）、式（E.9）。

E.6 平面二维数学模型

适用于模拟预测物质在宽浅水体（大河、湖库、入海河口及近岸海域）中，在垂向均匀混合的状况。

E.6.1 基本方程

水动力数学模型的基本方程为：

$$\frac{\partial h}{\partial t}+\frac{\partial (uh)}{\partial x}+\frac{\partial (vh)}{\partial y}=hS \tag{E.30}$$

$$\frac{\partial u}{\partial t}+u\frac{\partial u}{\partial x}+v\frac{\partial u}{\partial y}=-g\frac{\partial (h+z_b)}{\partial x}+fv-\frac{g}{C_z^2}\cdot\frac{\sqrt{u^2+v^2}}{h}u+\frac{\tau_{sx}}{\rho h}+A_m\left(\frac{\partial^2 u}{\partial x^2}+\frac{\partial^2 u}{\partial y^2}\right) \tag{E.31}$$

$$\frac{\partial v}{\partial t}+u\frac{\partial v}{\partial x}+v\frac{\partial v}{\partial y}=-g\frac{\partial (h+z_b)}{\partial y}-fu-\frac{g}{C_z^2}\cdot\frac{\sqrt{u^2+v^2}}{h}v+\frac{\tau_{sy}}{\rho h}+A_m\left(\frac{\partial^2 v}{\partial x^2}+\frac{\partial^2 v}{\partial y^2}\right) \tag{E.32}$$

式中：u——对应于 x 轴的平均流速分量，m/s；

v——对应于 y 轴的平均流速分量，m/s；

z_b——河底高程，m；

f——科氏系数，$f=2\Omega\ \sin\phi$，s^{-1}；

C_z——谢才系数，$m^{1/2}/s$；

τ_{sx}、τ_{sy}——分别为水面上的风应力，$\tau_{sx}=r^2\rho_a w^2\sin\alpha$，$\tau_{sy}=r^2\rho_a w^2\cos\alpha$，$r^2$ 为风应力系数，ρ_a 为空气密度，kg/m^3，w 为风速，m/s，α为风方向角；

A_m——水平涡动黏滞系数，m^2/s；

x——笛卡尔坐标系 X 向的坐标，m；

y——笛卡尔坐标系 Y 向的坐标，m；

S——源（汇）项，s^{-1}；

其他符号说明同式（E.3）、式（E.9）、式（E.29）。

水温数学模型的基本方程为：

$$\frac{\partial (hT)}{\partial t}+\frac{\partial (uhT)}{\partial x}+\frac{\partial (vhT)}{\partial y}=\frac{\partial}{\partial x}\left(E_{tx}h\frac{\partial T}{\partial x}\right)+\frac{\partial}{\partial y}\left(E_{ty}h\frac{\partial T}{\partial y}\right)+\frac{S_\varphi}{\rho C_P}+hST_S \tag{E.33}$$

式中：E_{tx}——水温纵向扩散系数，m^2/s；

E_{ty}——水温横向扩散系数，m^2/s；

S_φ——水流边界面净获得的热交换通量，表示水流与外界（太阳、空气、河道边界）之间的热交换量，J/（$m^2\cdot s$）；

T_s——源（汇）项温度，℃；

其他符号说明同式（E.3）、式（E.9）、式（E.10）、式（E.29）、式（E.30）、式（E.31）。

水质数学模型的基本方程为：

$$\frac{\partial (hC)}{\partial t}+\frac{\partial (uhC)}{\partial x}+\frac{\partial (vhC)}{\partial y}=\frac{\partial}{\partial x}\left(E_x h\frac{\partial C}{\partial x}\right)+\frac{\partial}{\partial y}\left(E_y h\frac{\partial C}{\partial y}\right)+hf(C)+hSC_s \tag{E.34}$$

式中：C_s——源（汇）项污染物浓度，mg/L；

其他符号说明同式（E.1）、式（E.2）、式（E.3）、式（E.9）、式（E.11）、式（E.30）。

E.6.2 解析方法

E.6.2.1 连续稳定排放

不考虑岸边反射影响的宽浅型平直恒定均匀河流，岸边点源稳定排放，浓度分布公式为：

$$C(x,y)=C_{\mathrm{h}}+\frac{m}{h\sqrt{\pi E_y ux}}\exp\left(-\frac{uy^2}{4E_y x}\right)\exp\left(-k\frac{x}{u}\right) \tag{E.35}$$

式中：$C(x,y)$——纵向距离 x、横向距离 y 点的污染物浓度，mg/L；

m——污染物排放速率，g/s；

其他符号说明同式（E.1）、式（E.2）、式（E.4）、式（E.9）、式（E.30）。

当 k=0 时，由式（E.36）得到污染混合区外边界等浓度线方程为：

$$y=b_s\sqrt{-\mathrm{e}\frac{x}{L_s}\ln(\frac{x}{L_s})} \tag{E.36}$$

其中：$L_s=\frac{1}{\pi uE_y}(\frac{m}{hC_a})^2$——污染混合区纵向最大长度；

$b_s=\sqrt{\frac{2E_yL_s}{eu}}$——污染混合区横向最大宽度；

$X_{\mathrm{c}}=\frac{L_s}{e}$——污染混合区最大宽度对应的纵坐标，e 为数学常数，取值 2.718。

式中：C_a——允许升高浓度，$C_a=C_s-C_h$，mg/L；

C_s——水功能区所执行的污染物浓度标准限值，mg/L。

考虑岸边反射影响的宽浅型平直恒定均匀河流，岸边点源稳定排放，浓度分布公式为：

$$C(x,y)=C_{\mathrm{h}}+\frac{m}{h\sqrt{\pi E_y ux}}\exp(-k\frac{x}{u})\sum_{n=-1}^{1}\exp\left[-\frac{u(y-2nB)^2}{4E_y x}\right] \tag{E.37}$$

宽浅型平直恒定均匀河流，离岸点源排放，浓度分布公式为：

$$C(x,y)=C_{\mathrm{h}}+\frac{m}{h\sqrt{4\pi E_y ux}}\exp(-k\frac{x}{u})\sum_{n=-1}^{1}\left\{\exp\left[-\frac{u(y-2nB)^2}{4E_y x}\right]+\exp\left[-\frac{u(y-2nB+2a)^2}{4E_y x}\right]\right\} \tag{E.38}$$

E.6.2.2 瞬时排放

不考虑岸边反射影响的宽浅型平直恒定均匀河流，岸边点源排放，浓度分布公式为：

$$C(x,y,t)=C_{\mathrm{h}}+\frac{M}{2\pi ht\sqrt{E_xE_y}}\exp\left[-\frac{(x-ut)^2}{4E_xt}-\frac{y^2}{4E_yt}\right]\exp(-kt) \tag{E.39}$$

考虑岸边反射影响的宽浅型平直恒定均匀河流，岸边点源排放，浓度分布公式为：

$$C(x,y,t)=C_{\mathrm{h}}+\frac{M}{2\pi ht\sqrt{E_xE_y}}\exp\left[-\frac{(x-ut)^2}{4E_xt}-kt\right]\sum_{n=-1}^{1}\exp\left[-\frac{(y-2nB)^2}{4E_yt}\right] \tag{E.40}$$

宽浅型平直恒定均匀河流，离岸点源排放，浓度分布公式为：

$$C(x,y,t)=C_{\mathrm{h}}+\frac{M}{4\pi ht\sqrt{E_xE_y}}\exp\left[-\frac{(x-ut)^2}{4E_xt}-kt\right]\sum_{n=-1}^{1}\left\{\begin{aligned}&\exp\left[-\frac{(y-2nB)^2}{4E_yt}\right]\\&+\exp\left[-\frac{(y-2nB+2a)^2}{4E_yt}\right]\end{aligned}\right\} \quad (E.41)$$

E.6.2.3 有限时段排放

将有限时段源，按时间步长 Δt 划分为 n 个“瞬时源”，然后采用瞬时排放源二维对流扩散的浓度分布公式累计叠加得到河流有限时段源二维浓度分布。

E.6.3 一维、二维连接数学模型

一维、二维连接数学模型的数值解可适用于一级评价或部分二级评价。

一维、二维连接数学模型基于一维非恒定模型和平面二维非恒定模型，利用一维、二维连接区域的水位连接条件和流量连接条件，结合边界条件进行求解。

一维、二维交接点上的水位、流速、流向和温度应同时满足一维、二维方程，因此必须在交接处补充物理量之间的关系（如水位、流速相等）耦合求解，同时满足一维、二维方程。

如果一维和二维处在同一个坐标轴上：水位连续的连接条件为交界面上水体的总势能在一维和二维河段中相等，流量连续的连接条件取流进和流出一二维交界面的水量相等。

如果一维和二维有一个夹角，可以根据一维和二维特征线的特征关系式进行求解。

E.7 立面二维数学模型

水动力数学模型的基本方程为：

$$\frac{\partial(Bu)}{\partial x}+\frac{\partial(Bw)}{\partial z}=Bq \quad (E.42)$$

$$\frac{\partial(Bu)}{\partial t}+\frac{\partial(Bu^2)}{\partial x}+\frac{\partial(Bwu)}{\partial z}+\frac{B}{\rho}\frac{\partial P}{\partial x}=\frac{\partial}{\partial x}\left(BA_{\mathrm{h}}\frac{\partial u}{\partial x}\right)+\frac{\partial}{\partial z}\left(BA_{\mathrm{z}}\frac{\partial u}{\partial z}\right)-\frac{\tau_{wx}}{\rho} \quad (E.43)$$

$$\frac{\partial P}{\partial z}+\rho g=0 \quad (E.44)$$

式中：P——压力，Pa；

A_{h}——水平方向的涡黏性系数，$\mathrm{m^2/s}$；

A_{z}——垂直方向的涡黏性系数，$\mathrm{m^2/s}$；

τ_{wx}——边壁阻力，N；

q——旁侧出入流（源汇项），$\mathrm{s^{-1}}$；

其他符号说明同式（E.1）、式（E.9）、式（E.10）、式（E.28）、式（E.29）、式（E.30）。

水温数学模型的基本方程为：

$$\frac{\partial(BT)}{\partial t}+\frac{\partial}{\partial x}(BuT)+\frac{\partial}{\partial z}(BwT)=\frac{\partial}{\partial x}\left(BE_{\mathrm{tx}}\frac{\partial T}{\partial x}\right)+\frac{\partial}{\partial z}\left(BE_{\mathrm{tz}}\frac{\partial T}{\partial z}\right)+\frac{1}{\rho C_{\mathrm{p}}}\frac{\partial(B\varphi)}{\partial z}+BqT_L \quad (E.45)$$

水质数学模型的基本方程为：

$$\frac{\partial(BC)}{\partial t}+\frac{\partial}{\partial x}(BuC)+\frac{\partial}{\partial z}(BwC)=\frac{\partial}{\partial x}\left(BE_x\frac{\partial C}{\partial x}\right)+\frac{\partial}{\partial z}\left(BE_z\frac{\partial C}{\partial z}\right)+BqC_L+Bf(C) \quad (E.46)$$

E.8　三维数学模型

水动力数学模型的基本方程为：

$$\frac{\partial u}{\partial x}+\frac{\partial v}{\partial y}+\frac{\partial w}{\partial \sigma}=S \tag{E.47}$$

$$\frac{\partial u}{\partial t}+\frac{\partial (u^2)}{\partial x}+\frac{\partial (uv)}{\partial y}+\frac{\partial (uw)}{\partial z}+\frac{1}{\rho}\frac{\partial P}{\partial x}=\frac{\partial}{\partial x}\left(A_{\mathrm{h}}\frac{\partial u}{\partial x}\right)+\frac{\partial}{\partial y}\left(A_{\mathrm{h}}\frac{\partial u}{\partial y}\right)+\frac{\partial}{\partial z}\left(A_z\frac{\partial u}{\partial z}\right)+2\theta v\sin\phi+Su_s \tag{E.48}$$

$$\frac{\partial v}{\partial t}+\frac{\partial (uv)}{\partial x}+\frac{\partial (v^2)}{\partial y}+\frac{\partial (vw)}{\partial z}+\frac{1}{\rho}\frac{\partial P}{\partial y}=\frac{\partial}{\partial x}\left(A_h\frac{\partial v}{\partial x}\right)+\frac{\partial}{\partial y}\left(A_h\frac{\partial v}{\partial y}\right)+\frac{\partial}{\partial z}\left(A_z\frac{\partial v}{\partial z}\right)-2\theta u\sin\phi+Sv_s \tag{E.49}$$

$$\frac{\partial P}{\partial z}+\rho g=0 \tag{E.50}$$

式中：θ——地球自转角速度，ω/s；

ϕ——当地纬度，(°)；

其他符号说明同式（E.10）、式（E.30）、式（E.44）。

水温数学模型的基本方程为：

$$\frac{\partial \mathrm{T}}{\partial t}+\frac{\partial (uT)}{\partial x}+\frac{\partial (vT)}{\partial y}+\frac{\partial (wT)}{\partial z}=\frac{\partial}{\partial x}\left(E_{\mathrm{tx}}\frac{\partial T}{\partial x}\right)+\frac{\partial}{\partial y}\left(E_{\mathrm{ty}}\frac{\partial T}{\partial y}\right)+\frac{\partial}{\partial z}\left(E_{\mathrm{tz}}\frac{\partial T}{\partial z}\right)+\frac{q_{\mathrm{T}}}{\rho C_{\mathrm{p}}}+ST_s \tag{E.51}$$

水质数学模型的基本方程为：

$$\frac{\partial C}{\partial t}+\frac{\partial (uC)}{\partial x}+\frac{\partial (vC)}{\partial y}+\frac{\partial (wC)}{\partial z}=\frac{\partial}{\partial x}\left(E_x\frac{\partial C}{\partial x}\right)+\frac{\partial}{\partial y}\left(E_y\frac{\partial C}{\partial y}\right)+\frac{\partial}{\partial z}\left(E_z\frac{\partial C}{\partial z}\right)+SC_s+f(C) \tag{E.52}$$

E.9　常见污染物转化过程的一般描述

对于不同种类的污染物，基本方程中的 $f(C)$ 有相应的数学表达式，本标准列出了常见污染物转化过程的一般性描述方法，评价过程中可以根据评价水域的实际情况进行选取或者进行一定的调整。对于不同空间维数的数学模型，这些表达式中与某些系数相关的空间变量应有相应的变化。

E.9.1　持久性污染物

如果污染物在水体中难以通过物理、化学及生物作用进行转化，并且污染物在水体中是溶解状态，可以作为非降解物质进行处理。

$$f(C)=0 \tag{E.53}$$

E.9.2　化学需氧量（COD）

$$f(C)=-k_{\mathrm{COD}}C \tag{E.54}$$

式中：C——COD 浓度，mg/L；

k_{COD}——COD 降解系数，s^{-1}。

E.9.3 五日生化需氧量（BOD_5）

$$f(C)=-k_1C \tag{E.55}$$

式中：C——BOD_5浓度，mg/L；

k_1——耗氧系数，s^{-1}。

E.9.4 溶解氧（DO）

$$f(C)=-k_1C_b+k_2(C_s-C)-\frac{S_o}{h} \tag{E.56}$$

式中：C——DO 浓度，mg/L；

k_1——耗氧系数，s^{-1}；

k_2——复氧系数，s^{-1}；

C_b——BOD 的浓度，mg/L；

C_s——饱和溶解氧的浓度，mg/L；

S_o——底泥耗氧系数，g/（m^2·s）；

其他符号说明同式（E.9）。

E.9.5 氮循环

水体中的氮包括氨氮、亚硝酸盐氮、硝酸盐氮三种形态，三种形态之间的转换关系可以表示为：

$$f(N_{NH})=-b_1N_{NH}+\frac{S_{NH}}{h} \tag{E.57}$$

$$f(N_{NO_2})=b_1N_{NH}-b_2N_{NO_2} \tag{E.58}$$

$$f(N_{NO_3})=b_2N_{NO_2} \tag{E.59}$$

式中：N_{NH}、N_{NO_2}、N_{NO_3}——分别为氨氮、亚硝酸盐氮、硝酸盐氮浓度，mg/L；

b_1、b_2——分别为氨氮氧化成亚硝酸盐氮、亚硝酸盐氮氧化成硝酸盐氮的反应速率，s^{-1}；

S_{NH}——氨氮的底泥（沉积）释放率，g/（m^2·s）；

其他符号说明同式（E.9）。

E.9.6 总氮（TN）

$$f(C)=-k_{TN}C+\frac{S_{TN}}{h} \tag{E.60}$$

式中：C——TN 浓度，mg/L；

k_{TN}——总氮的综合沉降系数，s^{-1}；

S_{TN}——总氮的底泥释放（沉积）系数，g/（m^2·s）；

其他符号说明同式（E.9）。

E.9.7 磷循环

水体中的磷可以分为无机磷和有机磷两种形态，两种形态之间的转换关系可以表示为：

$$f(C_{PS})=-G_PC_{PS}A_P+c_PC_{PD}+\frac{S_{PS}}{h} \tag{E.61}$$

$$f(C_{\mathrm{PD}})=D_{\mathrm{P}}C_{\mathrm{PD}}A_{\mathrm{P}}-c_{\mathrm{P}}C_{\mathrm{PD}}+\frac{S_{\mathrm{PD}}}{h} \tag{E.62}$$

式中：C_{PS}——无机磷浓度，mg/L；

C_{PD}——有机磷浓度，mg/L；

G_{P}——浮游植物生长速率，s^{-1}；

A_{P}——浮游植物磷含量系数，量纲一；

c_{P}——有机磷氧化成无机磷的反应速率，s^{-1}；

D_{P}——浮游植物死亡速率，s^{-1}；

S_{PS}——无机磷的底泥释放（沉积）系数，g/（m^2·s）；

S_{PD}——有机磷的底泥释放（沉积）系数，g/（m^2·s）；

其他符号说明同式（E.9）。

E.9.8 总磷（TP）

$$f(C)=-k_{\mathrm{TP}}C+\frac{S_{\mathrm{TP}}}{h} \tag{E.63}$$

式中：C——TP 浓度，mg/L；

k_{TP}——总磷的综合沉降系数，s^{-1}；

S_{TP}——总磷的底泥释放（沉积）系数，g/（m^2·s）；

其他符号说明同式（E.9）。

E.9.9 叶绿素 a（Chl-a）

$$f(C)=(G_{\mathrm{P}}-D_{\mathrm{P}})C \tag{E.64}$$

$$G_{\mathrm{P}}=\mu_{\max}f(T)\cdot f(L)\cdot f(\mathrm{TP})\cdot f(\mathrm{TN}) \tag{E.65}$$

式中：C——叶绿素 a 浓度，mg/L；

G_{P}——浮游植物生长速率，s^{-1}；

D_{P}——浮游植物死亡速率，s^{-1}；

$\mu_{\max}$——浮游植物最大生长速率，s^{-1}；

$f(T)$、$f(L)$、$f(\mathrm{TP})$、$f(\mathrm{TN})$——分别为水温、光照、TP、TN 的影响函数，可以根据评价水域的实际情况以及基础资料条件选择适合的函数形式。

E.9.10 重金属

泥沙对水体重金属污染物具有显著的吸附和解吸作用，因此重金属污染物的模拟需要考虑泥沙冲淤、吸附解吸的影响。一般情况下，泥沙淤积时，吸附在泥沙上的重金属由悬浮相转化为底泥相，对水相浓度影响不大；泥沙冲刷时，水体中重金属浓度会发生一定的变化。吸附解吸作用可以采用动力学方程进行描述，由于吸附作用一般历时较短，也可以采用吸附热力学方程描述。

重金属污染物数学模型可以根据评价工作的实际情况，查阅相关文献，选择适宜的模型。

E.9.11 热排放

$$f(C)=-\frac{k_{\mathrm{T}}C}{\rho C_{\mathrm{P}}}+qT_0 \tag{E.66}$$

式中：C——水体温升，℃；

k_{T}——水面综合散热系数，J/（S·m^2·℃）；

C_P——水的比热，J/（kg·℃）；

q——温排水的源强，m/s；

T_0——温排水的温升，℃；

其他符号说明同式（E.10）。

E.9.12 余氯

$$f(C) = -k_{Cl}C \tag{E.67}$$

式中：C——余氯浓度，mg/L；

k_{Cl}——余氯衰减系数，s^{-1}。

E.9.13 泥沙

挟沙力法：

$$f(C) = \alpha\omega(S_* - S) \tag{E.68}$$

式中：α——恢复饱和系数；

ω——泥沙颗粒沉速，m/s；

S_*——水流挟沙能力，kg/m³；

S——泥沙含量，kg/m³。

切应力方法：

①当$\tau \leqslant \tau_d$时，水中泥沙处于落淤状态，则：

$$f(C) = \alpha\omega S\left(1 - \frac{\tau}{\tau_d}\right) \tag{E.69}$$

②当$\tau_d < \tau \leqslant \tau_e$时，床面处于不冲不淤状态，水中泥沙既不减少，也不增加。

③当$\tau \geqslant \tau_e$时，床面泥沙发生冲刷：

$$f(C) = -M\left(\frac{\tau}{\tau_e} - 1\right) \tag{E.70}$$

式中：τ_d——临界淤积切应力，可由实验确定，也可由验证计算确定；

τ_e——临界冲刷切应力，可由实验确定，也可由验证计算确定；

M——冲刷系数，由实验确定，也可由验证计算确定。

附　录　F
（规范性附录）
入海河口及近岸海域特殊数学模型及基本解法

F.1　潮汐河口水体交换数学模型

F.1.1　潮棱体方法及其改进

假定涨潮水体进入河口并在潮周期内与淡水完全混合，而混合后的水体在落潮时完全排出河口。根据河口冲刷时间的定义则有：

$$T_{\mathrm{f}}=\frac{V_{\mathrm{c}}+P}{P}T \tag{F.1}$$

式中：T_{f}——河口冲刷时间，h；

V_{c}——低潮时河口水体体积，m^3/s；

P——潮棱体体积，m^3/s；

T——潮周期，h。

F.1.2　淡水组分法

将河口分段，则每一段的淡水组分 f_n 为：

$$f_n=(S_{\mathrm{s}}-S_n)/S_{\mathrm{s}} \tag{F.2}$$

式中：S_{s}——海水盐度，g/kg；

S_n——分段潮棱体平均盐度，g/kg。

整个河口的淡水体积 V_{f} 为：

$$V_{\mathrm{f}}=\sum f_n V_n \tag{F.3}$$

则冲刷时间为：

$$T_{\mathrm{f}}=V_{\mathrm{f}}/V_{\mathrm{c}} \tag{F.4}$$

式中：V_n——分段河口水体体积，m^3/s；

V_{c}——低潮时河口水体体积，m^3/s。

F.1.3　箱式模型法

箱式模型分单箱模型和多箱模型，都是基于盐度平衡方程和水体总量平衡方程进行求解。

F.1.4　河口、近岸海域浓度场“半衰期”（浓度减半）研究法

采用平面二维水流、水质数学模型，对大于河口区的整体计算域，假定某污染物的平均初始浓度为100 单位，在没有污染源汇加入的条件下，通过若干潮周的流场和浓度场的耦合计算，统计河口区该污染物平均浓度为 50 单位时，所模拟的实际天数（或小时数），作为代表河口水流交换能力指标。也可以计算到河口区该污染物平均浓度为 5 单位时，所模拟的实际天数（或小时数），作为河口水体全部交换时间。

F.2 河口解析解模式

F.2.1 充分混合段

河口－1 适用于狭长、均匀河口连续点源稳定排放的情况。

上溯（$x<0$，自 $x=0$ 处排入）

$$C=\frac{C_pQ_p}{(Q_h+Q_p)M}\exp\left[\frac{ux}{2E_x}(1+M)\right]+C_h \tag{F.5}$$

下泄（$x>0$）

$$C=\frac{C_pQ_p}{(Q_h+Q_p)M}\exp\left[\frac{ux}{2E_x}(1-M)\right]+C_h \tag{F.6}$$

$$M=(1+4kE_x/u^2)^{1/2} \tag{F.7}$$

式中：符号说明同式（E.1）、式（E.2）、式（E.4）、式（E.11）、式（E.25）。

河口－2 适用于狭长、均匀河口点源瞬时排放的情况。

$$C(x,t)=\frac{W}{A_0\sqrt{4\pi E_x t}}\exp\left\{-\left[\frac{(x-ut)^2}{4E_x t}+kt\right]\right\}+C_h \tag{F.8}$$

式中：$C(x,t)$——经过时间 t 后在 x 点处的污染物浓度，mg/L；

W——在 x=0、t=0 时污染物的排放量，g；

A_0——河流断面面积，m^2；

其他符号说明同式（E.2）、式（E.4）、式（E.11）。

F.2.2 混合过程段

河口－3 适用于狭长、均匀河口，点源江心稳定排放的情况。

$$C(x,y)=\frac{Q_pC_p}{u\mathrm{h}}\frac{1}{2\sqrt{\pi E_y\frac{x}{u}}}\exp\left(-\frac{uy^2}{4E_y x}-k\frac{x}{u}\right)+C_h \tag{F.9}$$

式中：C——纵向距离 x、横向距离 y 点的污染物浓度，mg/L；

u——当进行急性浓度分析预测时，采用断面的半潮平均流速，当进行功能区浓度达标分析时，采用断面的潮平均流速，m/s；

其他符号说明同式（E.1）、式（E.2）、式（E.4）、式（E.9）。

F.3 拉格朗日余流模型

海水微团经过一个潮周期后，不再回到初始位置，而有了一个净位移，用公式表示，即：

$$\overline{\Delta x}=\vec{y}(\overline{x_0},t_0+T)-\vec{y}(\overline{x_0},t_0) \tag{F.10}$$

式中：$\overline{x_0}$——质点初始位置；

t_0——初始时刻；

$\vec{y}(\overline{x_0},t_0)$——轨迹方程；

T——潮周期。

一个周期的净位移除以周期定义为拉格朗日余流速度：

$$\overline{U_L} = \overrightarrow{\Delta x} / T \tag{F.11}$$

F.4 河口海洋近场及近远场联合计算的主要方法

F.4.1 近、远区耦合数值模型

按空间分类：三维、二维（平面或垂向）和一维。由于河口、河流或近海水深尺度比横向、纵向都小很多，因此多数情况下用二维模型可满足需要。

按处理方法分类：近、远区耦合模型，非耦合模型（即近区单独计算，作为内边界条件输入远区方程）。

F.4.1.1 立面二维潮流、物质输移模型

当排污管的扩散器长度比河口、近岸海域宽度、纵向长度小很多，垂线深度也有一定尺度（1～100 m），扩散器从床底向上排放，且为多孔喷口排放时，认为是均匀的，评价重点为垂向分布和纵向分布，可采用侧向平均的二维潮流、物质输移模型。

（1）模型计算域的确定

模型计算域应远大于研究水域，以保证边界值不受排放口影响。

近区尺度为 10～100 m，排放口上下游对称布置，网格尺寸一般 2～10 m，垂向分 5～10 层。

远区尺度为 10^2～10^4 m，排放口上下游对称布置，网格尺寸一般 20～100 m，垂向分 5～10 层。

（2）边界条件的设置

下边界：通常为潮位资料。为了解大、中、小潮边界对计算成果的差别，要求计算时段较长，取稳定后的包括大、中、小潮的 15 d 等浓度线。

上边界：通常为径流（若上边界仍为感潮段，亦可取潮位边界），取 10%、50%保证率的最枯月平均径流。

喷口边界：给出扩散器、放流管的长度、污水流量、喷口个数、喷口间距、喷口流速及喷口水深条件。

（3）计算方法

近区模型的边界条件由与之重合的远区模型提供，近区模型的计算结果反馈到与之重合的远区内边界。实际操作中要求远区计算的时间步长是近区计算时步长的整数倍。

F.4.1.2 平面二维潮流、输移模型

当排放口附近水深较小（1～10 m），污染物可以很快在水深方向掺混均匀，而且需了解污染物在平面的变化时，宜采用平面二维模型。

F.4.2 近、远区准动态数值模型

由于近、远区耦合模型需求解 6 个未知数（z、u、v、k、ε 和 c），计算工作量很大，对一般中小型排放口可采用近、远区分开计算的准动态数值模型。该模型认为近区浓度随潮流变化比较快，可将全潮过程分割为 10～12 个时刻，取其平均值。用射流理论或半理论半经验的公式求近区的初始稀释度，作为该时刻远区模型的边界条件，而远区仍采用二维方程进行求解。

F.4.2.1 准动态时段的划分

对排放口处可用二维或一维模型计算得到水位、流速的全潮过程。由于近区范围小，在 1 h 内就可

以掺混均匀，可将全潮按每小时划分，采用近区的半理论半经验公式计算平均水文变量（水位、流速等）和浓度值。以此获得浓度作为源强输入动态远区方程，能保证一定精度。

F.4.2.2 近区的动态浓度计算

近区浓度的计算以往采用圆形（或窄缝）等密度（或半变密度）的解析解射流公式求得轴对称最大流速、浓度、稀释度及断面平均稀释度，但多数情况下都是多孔排放，计算不准且复杂。本标准推荐以下公式。

引入两个重要参数：密度佛罗德数 $F=\frac{u_0^3}{b}$，喷口参数 $\frac{S}{H}$。当 $F \ll 1$ 时，为浮力羽流；当 $F \gg 1$ 时，为浮射流。

（1）浮力羽流

当 $S/H \ll 1$ 时为线源，初始稀释度计算公式为：

$$\frac{S_n q}{uH}=0.49F^{\frac{1}{3}} \tag{F.12}$$

当 $S/H>1$ 时为点源，初始稀释度计算公式为：

$$\frac{S_n q}{uH}=0.41\left(\frac{S}{H}\right)^{-\frac{2}{3}}F^{-\frac{1}{3}} \tag{F.13}$$

（2）浮射流

初始稀释度计算公式为：

$$\frac{S_n q}{uH}=2C_2\left(\frac{S}{H}\right)^{-1}，\ C_2=0.25\sim0.41 \tag{F.14}$$

当 $F>0.3$ 时，初始稀释度计算公式为：

$$\frac{S_n q}{uH}=0.77\pm15\% \tag{F.15}$$

或

$$\frac{S_n q}{uH}=0.55\left(\frac{S}{H}\right)^{-\frac{1}{2}}\pm20\% \tag{F.16}$$

近区长度计算公式为：

$$\text{当 } S/H<0.2 \text{ 时，} X_n/H=2.5F^{\frac{1}{3}} \tag{F.17}$$

$$\text{当 } 0.5<S/H<5 \text{ 时，} X_n/H=5.2F^{\frac{1}{3}}\pm10\% \tag{F.18}$$

式中：u——排放口喷口处的射流流速，m/s；

n——喷口数目；

S——喷口间的距离，m；

q——线源单位长度上的流量，$q=\frac{Q}{L}$ 或 $b=g\cdot\frac{Q}{L}$，m^2/s；

L——扩散管的总长度，m；

F——动量与浮力效应的比值，称密度佛罗德数；

X_n——近区混合的纵向距离，m。

附　录　G
（规范性附录）
建设项目废水污染物排放信息表

G.1　废水类别、污染物及污染治理设施信息表

表 G.1　废水类别、污染物及污染治理设施信息表

序号	废水类别[a]	污染物种类[b]	排放去向[c]	排放规律[d]	污染治理设施			排放口编号[f]	排放口设置是否符合要求[g]	排放口类型
					污染治理设施编号	污染治理设施名称[e]	污染治理设施工艺			
									□是 □否	□企业总排 □雨水排放 □清净下水排放 □温排水排放 □车间或车间处理设施排放口

[a] 指产生废水的工艺、工序，或废水类型的名称。

[b] 指产生的主要污染物类型，以相应排放标准中确定的污染因子为准。

[c] 包括不外排；排至厂内综合污水处理站；直接进入海域；直接进入江河、湖、库等水环境；进入城市下水道（再入江河、湖、库）；进入城市下水道（再入沿海海域）；进入城市污水处理厂；直接进入污灌农田；进入地渗或蒸发地；进入其他单位；工业废水集中处理厂；其他（包括回用等）。对于工艺、工序产生的废水，“不外排”指全部在工序内部循环使用，“排至厂内综合污水处理站”指工序废水经处理后排至综合处理站。对于综合污水处理站，“不外排”指全厂废水经处理后全部回用不排放。

[d] 包括连续排放，流量稳定；连续排放，流量不稳定，但有周期性规律；连续排放，流量不稳定，但有规律，且不属于周期性规律；连续排放，流量不稳定，属于冲击型排放；连续排放，流量不稳定且无规律，但不属于冲击型排放；间断排放，排放期间流量稳定；间断排放，排放期间流量不稳定，但有周期性规律；间断排放，排放期间流量不稳定，但有规律，且不属于非周期性规律；间断排放，排放期间流量不稳定，属于冲击型排放；间断排放，排放期间流量不稳定且无规律，但不属于冲击型排放。

[e] 指主要污水处理设施名称，如“综合污水处理站”“生活污水处理系统”等。

[f] 排放口编号可按地方环境管理部门现有编号进行填写或由企业根据国家相关规范进行编制。

[g] 指排放口设置是否符合排放口规范化整治技术要求等相关文件的规定。

G.2 废水排放口基本情况表

表 G.2 废水直接排放口基本情况表

序号	排放口编号	排放口地理坐标[a]		废水排放量/（万 t/a）	排放去向	排放规律	间歇排放时段	受纳自然水体信息		汇入受纳自然水体处地理坐标[d]		备注[e]
		经度	纬度					名称[b]	受纳水体功能目标[c]	经度	纬度	
		° ′ ″	° ′ ″							° ′ ″	° ′ ″	

[a] 对于直接排放至地表水体的排放口，指废水排出厂界处经纬度坐标；纳入管控的车间或车间处理设施排放口，指废水排出车间或车间处理设施边界处经纬度坐标。

[b] 指受纳水体的名称，如南沙河、太子河、温榆河等。

[c] 指对于直接排放至地表水体的排放口，其所处受纳水体功能类别，如Ⅲ类、Ⅳ类、Ⅴ类等。

[d] 对于直接排放至地表水体的排放口，指废水汇入地表水体处经纬度坐标。

[e] 废水向海洋排放的，应当填写岸边排放或深海排放。深海排放的，还应说明排放口的深度、与岸线直线距离。在备注中填写。

表 G.3 废水间接排放口基本情况表

序号	排放口编号	排放口地理坐标[a]		废水排放量/（万 t/a）	排放去向	排放规律	间歇排放时段	受纳污水处理厂信息		
		经度	纬度					名称[b]	污染物种类	国家或地方污染物排放标准浓度限值/（mg/L）
		° ′ ″	° ′ ″							

[a] 对于排至厂外公共污水处理系统的排放口，指废水排出厂界处经纬度坐标。

[b] 指厂外城镇或工业污水集中处理设施名称，如×××生活污水处理厂、×××化工园区污水处理厂等。

表 G.4 废水污染物排放执行标准表

序号	排放口编号	污染物种类	国家或地方污染物排放标准及其他按规定商定的排放协议[a]	
			名称	浓度限值/（mg/L）

[a] 指对应排放口需执行的国家或地方污染物排放标准以及其他按规定商定建设项目水污染物排放控制要求的协议，据此确定的排放浓度限值。

G.3 废水污染物排放信息表

表 G.5 废水污染物排放信息表（新建项目）

序号	排放口编号	污染物种类	排放浓度/（mg/L）	日排放量/（t/d）	年排放量/（t/a）
全厂排放口合计		COD_{Cr}			
		NH_3-N			
		……			

表 G.6 废水污染物排放信息表（改建、扩建项目）

序号	排放口编号	污染物种类	排放浓度/（mg/L）	新增日排放量/（t/d）	全厂日排放量/（t/d）	新增年排放量/（t/a）	全厂年排放量/（t/a）
全厂排放口合计		COD_{Cr}					
		NH_3-N					
		……					

G.4 环境监测计划及记录信息表

表 G.7 环境监测计划及记录信息表

序号	排放口编号	污染物名称	监测设施	自动监测设施安装位置	自动监测设施的安装、运行、维护等相关管理要求	自动监测是否联网	自动监测仪器名称	手工监测采样方法及个数[a]	手工监测频次[b]	手工测定方法[c]
			□自动 □手工							

[a] 指污染物采样方法，如 “混合采样（3 个、4 个或 5 个混合）”“瞬时采样（3 个、4 个或 5 个瞬时样）”。
[b] 指一段时期内的监测次数要求，如 1 次/周、1 次/月等。
[c] 指污染物浓度测定方法，如测定化学需氧量的重铬酸钾法、测定氨氮的水杨酸分光光度法等。

附 录 H

（资料性附录）

建设项目地表水环境影响评价自查表

表 H.1 地表水环境影响评价自查表

<table>
<tr><td colspan="2">工作内容</td><td colspan="4">自查项目</td></tr>
<tr><td rowspan="7">影响识别</td><td>影响类型</td><td colspan="4">水污染影响型 □；水文要素影响型 □</td></tr>
<tr><td>水环境保护目标</td><td colspan="4">饮用水水源保护区 □；饮用水取水口 □；涉水的自然保护区 □；涉水的风景名胜区 □；重要湿地 □；重点保护与珍稀水生生物的栖息地 □；重要水生生物的自然产卵场及索饵场、越冬场和洄游通道□；天然渔场等渔业水体 □；水产种质资源保护区 □；其他 □</td></tr>
<tr><td rowspan="2">影响途径</td><td colspan="2">水污染影响型</td><td colspan="2">水文要素影响型</td></tr>
<tr><td colspan="2">直接排放 □；间接排放 □；其他 □</td><td colspan="2">水温 □；径流 □；水域面积 □</td></tr>
<tr><td>影响因子</td><td colspan="2">持久性污染物 □；有毒有害污染物 □；
非持久性污染物 □；pH 值 □；热污染 □；
富营养化 □；其他 □</td><td colspan="2">水温 □；水位（水深）□；流速 □；流量 □；
其他 □</td></tr>
<tr><td rowspan="2">评价等级</td><td colspan="2">水污染影响型</td><td colspan="2">水文要素影响型</td></tr>
<tr><td colspan="2">一级 □；二级 □；三级 A □；三级 B □</td><td colspan="2">一级 □；二级 □；三级 □</td></tr>
<tr><td rowspan="9">现状调查</td><td rowspan="2">区域污染源</td><td colspan="2">调查项目</td><td colspan="2">数据来源</td></tr>
<tr><td>已建 □；在建 □；拟建 □；
其他 □</td><td>拟替代的污染源 □</td><td colspan="2">排污许可证 □；环评 □；环保验收 □；既有实测 □；现场监测 □；入河排放口数据 □；其他 □</td></tr>
<tr><td rowspan="2">受影响水体水环境质量</td><td colspan="2">调查时期</td><td colspan="2">数据来源</td></tr>
<tr><td colspan="2">丰水期 □；平水期 □；枯水期 □；冰封期 □
春季 □；夏季 □；秋季 □；冬季 □</td><td colspan="2">生态环境保护主管部门 □；补充监测 □；其他 □</td></tr>
<tr><td>区域水资源开发利用状况</td><td colspan="4">未开发 □；开发利用 40%以下 □；开发利用 40%以上 □</td></tr>
<tr><td rowspan="2">水文情势调查</td><td colspan="2">调查时期</td><td colspan="2">数据来源</td></tr>
<tr><td colspan="2">丰水期 □；平水期 □；枯水期 □；冰封期 □
春季 □；夏季 □；秋季 □；冬季 □</td><td colspan="2">水行政主管部门 □；补充监测 □；其他 □</td></tr>
<tr><td rowspan="2">补充监测</td><td colspan="2">监测时期</td><td>监测因子</td><td>监测断面或点位</td></tr>
<tr><td colspan="2">丰水期 □；平水期 □；枯水期 □；冰封期 □
春季 □；夏季 □；秋季 □；冬季 □</td><td>（ ）</td><td>监测断面或点位个数（ ）个</td></tr>
<tr><td rowspan="4">现状评价</td><td>评价范围</td><td colspan="4">河流：长度（ ）km；湖库、河口及近岸海域：面积（ ）km²</td></tr>
<tr><td>评价因子</td><td colspan="4">（ ）</td></tr>
<tr><td>评价标准</td><td colspan="4">河流、湖库、河口：Ⅰ类 □；Ⅱ类 □；Ⅲ类 □；Ⅳ类 □；Ⅴ类 □
近岸海域：第一类 □；第二类 □；第三类 □；第四类 □
规划年评价标准（ ）</td></tr>
<tr><td>评价时期</td><td colspan="4">丰水期 □；平水期 □；枯水期 □；冰封期 □
春季 □；夏季 □；秋季 □；冬季 □</td></tr>
</table>

<table>
<tr><th colspan="2">工作内容</th><th colspan="5">自查项目</th></tr>
<tr><td>现状评价</td><td>评价结论</td><td colspan="4">水环境功能区或水功能区、近岸海域环境功能区水质达标状况：达标 □；不达标 □
水环境控制单元或断面水质达标状况：达标 □；不达标 □
水环境保护目标质量状况：达标 □；不达标 □
对照断面、控制断面等代表性断面的水质状况：达标 □；不达标 □
底泥污染评价 □
水资源与开发利用程度及其水文情势评价 □
水环境质量回顾评价 □
流域（区域）水资源（包括水能资源）与开发利用总体状况、生态流量管理要求与现状满足程度、建设项目占用水域空间的水流状况与河湖演变状况 □
依托污水处理设施稳定达标排放评价 □</td><td>达标区 □
不达标区 □</td></tr>
<tr><td rowspan="5">影响预测</td><td>预测范围</td><td colspan="5">河流：长度（　）km；湖库、河口及近岸海域：面积（　）km^2</td></tr>
<tr><td>预测因子</td><td colspan="5">（　）</td></tr>
<tr><td>预测时期</td><td colspan="5">丰水期 □；平水期 □；枯水期 □；冰封期 □
春季 □；夏季 □；秋季 □；冬季 □
设计水文条件 □</td></tr>
<tr><td>预测情景</td><td colspan="5">建设期 □；生产运行期 □；服务期满后 □
正常工况 □；非正常工况 □
污染控制和减缓措施方案 □
区（流）域环境质量改善目标要求情景 □</td></tr>
<tr><td>预测方法</td><td colspan="5">数值解 □：解析解 □；其他 □
导则推荐模式 □：其他 □</td></tr>
<tr><td rowspan="7">影响评价</td><td>水污染控制和水环境影响减缓措施有效性评价</td><td colspan="5">区（流）域水环境质量改善目标 □；替代削减源 □</td></tr>
<tr><td>水环境影响评价</td><td colspan="5">排放口混合区外满足水环境管理要求 □
水环境功能区或水功能区、近岸海域环境功能区水质达标 □
满足水环境保护目标水域水环境质量要求 □
水环境控制单元或断面水质达标 □
满足重点水污染物排放总量控制指标要求，重点行业建设项目，主要污染物排放满足等量或减量替代要求 □
满足区（流）域水环境质量改善目标要求 □
水文要素影响型建设项目同时应包括水文情势变化评价、主要水文特征值影响评价、生态流量符合性评价 □
对于新设或调整入河（湖库、近岸海域）排放口的建设项目，应包括排放口设置的环境合理性评价 □
满足生态保护红线、水环境质量底线、资源利用上线和环境准入清单管理要求 □</td></tr>
<tr><td rowspan="2">污染源排放量核算</td><td colspan="2">污染物名称</td><td colspan="2">排放量/（t/a）</td><td>排放浓度/（mg/L）</td></tr>
<tr><td colspan="2">（　）</td><td colspan="2">（　）</td><td>（　）</td></tr>
<tr><td rowspan="2">替代源排放情况</td><td>污染源名称</td><td>排污许可证编号</td><td>污染物名称</td><td>排放量/（t/a）</td><td>排放浓度/（mg/L）</td></tr>
<tr><td>（　）</td><td>（　）</td><td>（　）</td><td>（　）</td><td>（　）</td></tr>
<tr><td>生态流量确定</td><td colspan="5">生态流量：一般水期（　）m^3/s；鱼类繁殖期（　）m^3/s；其他（　）m^3/s
生态水位：一般水期（　）m；鱼类繁殖期（　）m；其他（　）m</td></tr>
</table>

工作内容		自查项目		
防治措施	环保措施	污水处理设施 □；水温减缓设施 □；生态流量保障设施 □；区域削减 □；依托其他工程措施 □；其他 □		
	监测计划		环境质量	污染源
		监测方式	手动 □；自动 □；无监测 □	手动 □；自动 □；无监测 □
		监测点位	（ ）	（ ）
		监测因子	（ ）	（ ）
	污染物排放清单	□		
评价结论		可以接受 □；不可以接受 □		

注：“□”为勾选项，可打“√”；“（ ）”为内容填写项；“备注”为其他补充内容。

HJ

中华人民共和国国家环境保护标准

HJ 2.4—2021
代替 HJ 2.4—2009

环境影响评价技术导则　声环境

Technical guidelines for noise impact assessment

2021-12-24 发布　　2022-07-01 实施

生　态　环　境　部 发布

前 言

为贯彻《中华人民共和国环境保护法》《中华人民共和国环境影响评价法》《中华人民共和国噪声污染防治法》，加强环境保护，推动噪声污染防治，规范和指导声环境影响评价工作，制定本标准。

本标准规定了声环境影响评价工作的一般性原则、内容、程序、方法和要求。

本标准是对《环境影响评价技术导则 声环境》（HJ/T 2.4—1995）的第二次修订，第一次修订版本为《环境影响评价技术导则 声环境》（HJ 2.4—2009）。本次修订的主要内容有：

——调整、补充和规范相关术语和定义；

——调整机场项目声环境影响评价工作等级的划分；

——调整机场项目声环境评价范围；

——完善声环境现状调查方法；

——完善噪声防治对策和措施；

——增加噪声监测计划要求；

——完善公路（城市道路）、铁路、城市轨道交通、机场噪声影响评价预测模型；

——完善附录 A、附录 B 和附录 C；

——增加附录 D 表格要求、附录 E 声环境影响评价自查表。

本标准的附录 A 和附录 B 为规范性附录，附录 C～附录 E 为资料性附录。

自本标准实施之日起，《环境影响评价技术导则 声环境》（HJ 2.4—2009）废止。

本标准由生态环境部环境影响评价与排放管理司、法规与标准司组织制订。

本标准主要起草单位：生态环境部环境工程评估中心、中国铁道科学研究院集团有限公司、北京国寰环境技术有限责任公司、交通运输部公路科学研究院。

本标准生态环境部 2021 年 12 月 24 日批准。

本标准自 2022 年 7 月 1 日起实施。

本标准由生态环境部解释。

环境影响评价技术导则　声环境

1　适用范围

本标准规定了声环境影响评价的一般性原则、内容、程序、方法和要求。

本标准适用于建设项目的声环境影响评价。

规划的声环境影响评价可参照使用。

2　规范性引用文件

本标准引用了下列文件或其中的条款。凡是注明日期的引用文件，仅注日期的版本适用于本标准。凡是未注日期的引用文件，其最新版本（包括所有的修改单）适用于本标准。

GB 3096　声环境质量标准

GB 9660　机场周围飞机噪声环境标准

GB 9661　机场周围飞机噪声测量方法

GB 12348　工业企业厂界环境噪声排放标准

GB 12523　建筑施工场界环境噪声排放标准

GB 12525　铁路边界噪声限值及其测量方法

GB 22337　社会生活环境噪声排放标准

GB/T 17247.1　声学　户外声传播衰减　第 1 部分：大气声吸收的计算

GB/T 17247.2　声学　户外声传播衰减　第 2 部分：一般计算方法

HJ/T 90　声屏障声学设计和测量规范

HJ 884　污染源源强核算技术指南　准则

JTG B01　公路工程技术标准

3　术语和定义

下列术语和定义适用于本标准。

3.1

噪声　noise

在工业生产、建筑施工、交通运输和社会生活中产生的干扰周围生活环境的声音（频率在 20 Hz～20 kHz 的可听声范围内）。

3.2

固定声源　stationary sound source

在发声时间内位置不发生移动的声源。

3.3

移动声源　mobile sound source

在发声时间内位置按一定轨迹移动的声源。

3.4

点声源　point sound source

以球面波形式辐射声波的声源，辐射声波的声压幅值与声波传播距离成反比。任何形状的声源，只要声波波长远远大于声源几何尺寸，该声源可视为点声源。

3.5

线声源　line sound source

以柱面波形式辐射声波的声源，辐射声波的声压幅值与声波传播距离的平方根成反比。

3.6

面声源　area sound source

以平面波形式辐射声波的声源，辐射声波的声压幅值不随传播距离改变。

3.7

声环境保护目标　noise protection target

依据法律、法规、标准政策等确定的需要保持安静的建筑物及建筑物集中区。

3.8

等效连续 A 声级　equivalent continuous A-weighted sound pressure level

在规定测量时间 T 内 A 声级的能量平均值，用 $L_{\mathrm{Aeq},T}$ 表示，单位 dB。

根据定义，等效连续 A 声级表示为：

$$L_{\mathrm{Aeq},T}=10\lg\left(\frac{1}{T}\int_0^T 10^{0.1L_\mathrm{A}}\mathrm{d}t\right) \tag{1}$$

式中：$L_{\mathrm{Aeq},T}$ ——等效连续 A 声级，dB；

L_A ——t 时刻的瞬时 A 声级，dB；

T——规定的测量时间段，s。

3.9

背景噪声值　background noise value

评价范围内不含建设项目自身声源影响的声级。

3.10

噪声贡献值　noise contribution value

由建设项目自身声源在预测点产生的声级。

噪声贡献值（L_eqg）计算公式为：

$$L_\mathrm{eqg}=10\lg\left(\frac{1}{T}\sum_i t_i 10^{0.1L_{\mathrm{A}i}}\right) \tag{2}$$

式中：L_eqg —— 噪声贡献值，dB；

T—— 预测计算的时间段，s；

t_i —— i 声源在 T 时段内的运行时间，s；

$L_{\mathrm{A}i}$——i 声源在预测点产生的等效连续 A 声级，dB。

3.11

噪声预测值　noise prediction value

预测点的贡献值和背景值按能量叠加方法计算得到的声级。

噪声预测值（L_eq）计算公式为：

$$L_\mathrm{eq}=10\lg\left(10^{0.1L_\mathrm{eqg}}+10^{0.1L_\mathrm{eqb}}\right) \tag{3}$$

式中：L_eq——预测点的噪声预测值，dB；

L_eqg——建设项目声源在预测点产生的噪声贡献值，dB；

L_{eqb}—— 预测点的背景噪声值，dB。

机场航空器噪声评价时，不叠加其他噪声源产生的噪声影响。

3.12

列车通过时段内等效连续 A 声级　equivalent continuous A-weighted sound pressure level onthe pass-by time

预测点的列车通过时段内等效连续 A 声级（L_{Aeq,T_p}）计算公式为：

$$L_{Aeq,T_p}=10\lg\left[\frac{1}{t_2-t_1}\int_{t_1}^{t_2}\frac{p_A^2(t)}{p_0^2}dt\right] \quad (4)$$

式中：L_{Aeq,T_p}—— 列车通过时段内的等效连续 A 声级，dB；

T_p—— 测量经过的时间段，$T_p=t_2-t_1$，表示始于 t_1 终于 t_2，s；

$p_A(t)$—— 瞬时 A 计权声压，Pa；

p_0—— 基准声压，$p_0=20\,\mu Pa$。

3.13

机场航空器噪声事件的有效感觉噪声级　effective perceived noise level in airport aircraftnoise events

对某一飞行事件的有效感觉噪声级按下式近似计算：

$$L_{EPN}=L_{A\max}+10\lg(T_d/20)+13 \quad (5)$$

式中：L_{EPN} —— 有效感觉噪声级，dB；

L_{Amax} —— 一次噪声事件中测量时段内单架航空器通过时的最大 A 声级，dB；

T_d —— 在 L_{Amax} 下 10 dB 的延续时间，s。

3.14

符号

本标准使用的主要符号的意义与单位见表 1。

表 1　主要符号表

序号	符号	意义	单位
1	$L_{Aeq,T}$	等效连续 A 声级	dB
2	L_d	昼间等效 A 声级	dB
3	L_n	夜间等效 A 声级	dB
4	$L_{Aeq,p}$	列车运行噪声等效 A 声级	dB
5	L_{Amax}	最大 A 声级	dB
6	L_{Aw}	A 声功率级	dB
7	L_w	倍频带声功率级	dB
8	L_{WECPN}	计权等效连续感觉噪声级	dB
9	L_{EPN}	有效感觉噪声级	dB
10	$L_{A(r)}$	距声源 r 处的 A 声级	dB
11	$L_{A(r0)}$	参考位置 r_0 处的 A 声级	dB
12	$L_{p(r)}$	距声源 r 处的倍频带声压级	dB
13	$L_{p(r0)}$	参考位置 r_0 处的倍频带声压级	dB
14	A_{div}	几何发散引起的衰减	dB
15	A_{bar}	障碍物屏蔽引起的衰减	dB
16	A_{atm}	大气吸收引起的衰减	dB
17	A_{gr}	地面效应引起的衰减	dB
18	A_{misc}	其他多方面效应引起的衰减	dB

序号	符号	意义	单位
19	$L_{eq}(h)_i$	第 i 类车的小时等效声级	dB(A)
20	$\left(\overline{L_{0E}}\right)_i$	第 i 类车速度为 V_i，km/h，水平距离为 7.5 m 处的能量平均 A 声级	dB
21	N_i	第 i 类车平均小时车流量	辆/h
22	$\Delta L_{坡度}$	公路纵坡修正量	dB(A)
23	$\Delta L_{路面}$	公路路面引起的修正量	dB(A)
24	β	公路纵坡坡度	%
25	r_0	参考位置距声源的距离	m
26	r	预测点距声源的距离	m
27	R	房间常数	m^2
28	S	房间内表面面积	m^2
29	T	测量或计算的时间	s
30	δ	声程差	m
31	λ	声波波长	m
32	α	大气吸收衰减系数	dB/km

4 总则

4.1 基本任务

评价建设项目实施引起的声环境质量的变化情况；提出合理可行的防治对策措施，降低噪声影响；从声环境影响角度评价建设项目实施的可行性；为建设项目优化选址、选线、合理布局以及国土空间规划提供科学依据。

4.2 评价类别

4.2.1 按声源种类划分，可分为固定声源和移动声源的环境影响评价。

4.2.2 建设项目同时包含固定声源和移动声源，应分别进行声环境影响评价；同一声环境保护目标既受到固定声源影响，又受到移动声源（机场航空器噪声除外）影响时，应叠加环境影响后进行评价。

4.3 评价量

4.3.1 声源源强

声源源强的评价量为：A 计权声功率级（L_{Aw}）或倍频带声功率级（L_w），必要时应包含声源指向性描述；距离声源 r 处的 A 计权声压级［$L_{A(r)}$］或倍频带声压级［$L_{p(r)}$］，必要时应包含声源指向性描述；有效感觉噪声级（L_{EPN}）。

4.3.2 声环境质量

根据 GB 3096，声环境质量评价量为昼间等效 A 声级（L_d）、夜间等效 A 声级（L_n），夜间突发噪声的评价量为最大 A 声级（L_{Amax}）。

根据 GB 9660 和 GB 9661，机场周围区域受飞机通过（起飞、降落、低空飞越）噪声影响的评价量为计权等效连续感觉噪声级（L_{WECPN}）。

4.3.3 厂界、场界、边界噪声

根据 GB 12348，工业企业厂界噪声评价量为昼间等效 A 声级（L_d）、夜间等效 A 声级（L_n），夜间频发、偶发噪声的评价量为最大 A 声级（L_{Amax}）。

根据 GB 12523，建筑施工场界噪声评价量为昼间等效 A 声级（L_d）、夜间等效 A 声级（L_n）、夜间最大 A 声级（L_{Amax}）。

根据 GB 12525，铁路边界噪声评价量为昼间等效 A 声级（L_d）、夜间等效 A 声级（L_n）。

根据 GB 22337，社会生活噪声排放源边界噪声评价量为昼间等效 A 声级（L_d）、夜间等效 A 声级（L_n），非稳态噪声的评价量为最大 A 声级（L_{Amax}）。

4.3.4　列车通过噪声、飞机航空器通过噪声

铁路、城市轨道交通单列车通过时噪声影响评价量为通过时段内等效连续 A 声级（L_{Aeq,T_p}），单架航空器通过时噪声影响评价量为最大 A 声级（L_{Amax}）。

4.4　工作程序

声环境影响评价的工作程序见图 1。

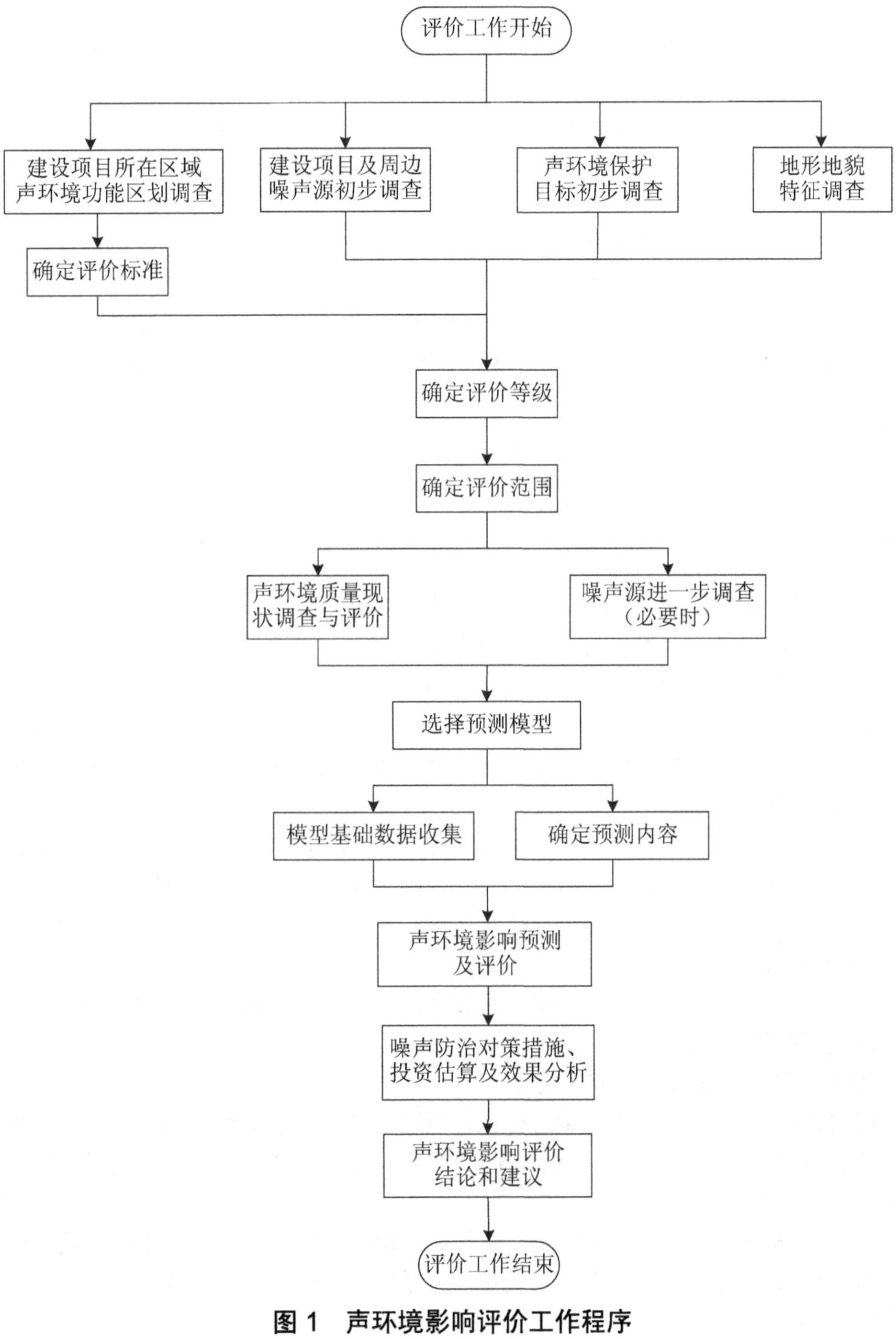

图 1　声环境影响评价工作程序

4.5 评价水平年

根据建设项目实施过程中噪声影响特点，可按施工期和运行期分别开展声环境影响评价。运行期声源为固定声源时，将固定声源投产运行年作为评价水平年；运行期声源为移动声源时，将工程预测的代表性水平年作为评价水平年。

5 评价等级、评价范围及评价标准

5.1 评价等级

5.1.1 声环境影响评价工作等级一般分为三级，一级为详细评价，二级为一般性评价，三级为简要评价。

5.1.2 评价范围内有适用于 GB 3096 规定的 0 类声环境功能区域，或建设项目建设前后评价范围内声环境保护目标噪声级增量达 5 dB（A）以上［不含 5 dB（A）］，或受影响人口数量显著增加时，按一级评价。

5.1.3 建设项目所处的声环境功能区为 GB 3096 规定的 1 类、2 类地区，或建设项目建设前后评价范围内声环境保护目标噪声级增量达 3～5 dB（A），或受噪声影响人口数量增加较多时，按二级评价。

5.1.4 建设项目所处的声环境功能区为 GB 3096 规定的 3 类、4 类地区，或建设项目建设前后评价范围内声环境保护目标噪声级增量在 3 dB（A）以下［不含 3 dB（A）］，且受影响人口数量变化不大时，按三级评价。

5.1.5 在确定评价等级时，如果建设项目符合两个等级的划分原则，按较高等级评价。

5.1.6 机场建设项目航空器噪声影响评价等级为一级。

5.2 评价范围

5.2.1 对于以固定声源为主的建设项目（如工厂、码头、站场等）：

a）满足一级评价的要求，一般以建设项目边界向外 200 m 为评价范围；

b）二级、三级评价范围可根据建设项目所在区域和相邻区域的声环境功能区类别及声环境保护目标等实际情况适当缩小；

c）如依据建设项目声源计算得到的贡献值到 200 m 处，仍不能满足相应功能区标准值时，应将评价范围扩大到满足标准值的距离。

5.2.2 对于以移动声源为主的建设项目（如公路、城市道路、铁路、城市轨道交通等地面交通）：

a）满足一级评价的要求，一般以线路中心线外两侧 200 m 以内为评价范围；

b）二级、三级评价范围可根据建设项目所在区域和相邻区域的声环境功能区类别及声环境保护目标等实际情况适当缩小；

c）如依据建设项目声源计算得到的贡献值到 200 m 处，仍不能满足相应功能区标准值时，应将评价范围扩大到满足标准值的距离。

5.2.3 机场项目噪声评价范围按如下方法确定：

a）机场项目按照每条跑道承担飞行量进行评价范围划分：对于单跑道项目，以机场整体的吞吐量及起降架次判定机场噪声评价范围，对于多跑道机场，根据各条跑道分别承担的飞行量情况各自划定机场噪声评价范围并取合集：

1）单跑道机场，机场噪声评价范围应是以机场跑道两端、两侧外扩一定距离形成的矩形范围；

2）对于全部跑道均为平行构型的多跑道机场，机场噪声评价范围应是各条跑道外扩一定距离后的最远范围形成的矩形范围；

3）对于存在交叉构型的多跑道机场，机场噪声评价范围应为平行跑道（组）与交叉跑道的合集范围。

b）对于增加跑道项目或变更跑道位置项目（例如现有跑道变为滑行道或新建一条跑道），在现状机场噪声影响评价和扩建机场噪声影响评价工作中，可分别划定机场噪声评价范围。

c）机场噪声评价范围应不小于计权等效连续感觉噪声级 70 dB 等声级线范围。

d）不同飞行量机场推荐噪声评价范围见表 2。

表 2 机场项目噪声评价范围

机场类别	起降架次 N（单条跑道承担量）	跑道两端推荐评价范围	跑道两侧推荐评价范围
运输机场	N≥15 万架次/年	两端各 12 km 以上	两侧各 3 km
	10 万架次/年≤N<15 万架次/年	两端各 10～12 km	两侧各 2 km
	5 万架次/年≤N<10 万架次/年	两端各 8～10 km	两侧各 1.5 km
	3 万架次/年≤N<5 万架次/年	两端各 6～8 km	两侧各 1 km
	1 万架次/年≤N<3 万架次/年	两端各 3～6 km	两侧各 1 km
	N<1 万架次/年	两端各 3 km	两侧各 0.5 km
通用机场	无直升飞机	两端各 3 km	两侧各 0.5 km
	有直升飞机	两端各 3 km	两侧各 1 km

5.3 评价标准

应根据声源的类别和项目所处的声环境功能区类别确定声环境影响评价标准。没有划分声环境功能区的区域应采用地方生态环境主管部门确定的标准。

6 噪声源调查与分析

6.1 调查与分析对象

6.1.1 噪声源调查包括拟建项目的主要固定声源和移动声源。给出主要声源的数量、位置和强度，并在标准规范的图中标识固定声源的具体位置或移动声源的路线、跑道等位置。

6.1.2 噪声源调查内容和工作深度应符合环境影响预测模型对噪声源参数的要求。

6.1.3 一、二、三级评价均应调查分析拟建项目的主要噪声源。

6.2 源强获取方法

6.2.1 噪声源源强核算应按照 HJ 884 的要求进行，有行业污染源源强核算技术指南的应优先按照指南中规定的方法进行；无行业污染源源强核算技术指南，但行业导则中对源强核算方法有规定的，优先按照行业导则中规定的方法进行。

6.2.2 对于拟建项目噪声源源强，当缺少所需数据时，可通过声源类比测量或引用有效资料、研究成果来确定。采用声源类比测量时应给出类比条件。

6.2.3 噪声源需获取的参数、数据格式和精度应符合环境影响预测模型输入要求。

7 声环境现状调查和评价

7.1 一、二级评价

7.1.1 调查评价范围内声环境保护目标的名称、地理位置、行政区划、所在声环境功能区、不同声环境功能区内人口分布情况、与建设项目的空间位置关系、建筑情况等。

7.1.2 评价范围内具有代表性的声环境保护目标的声环境质量现状需要现场监测，其余声环境保护目标的声环境质量现状可通过类比或现场监测结合模型计算给出。

7.1.3 调查评价范围内有明显影响的现状声源的名称、类型、数量、位置、源强等。评价范围内现状声源源强调查应采用现场监测法或收集资料法确定。分析现状声源的构成及其影响，对现状调查结果进行评价。

7.2 三级评价

7.2.1 调查评价范围内声环境保护目标的名称、地理位置、行政区划、所在声环境功能区、不同声环境功能区内人口分布情况、与建设项目的空间位置关系、建筑情况等。

7.2.2 对评价范围内具有代表性的声环境保护目标的声环境质量现状进行调查，可利用已有的监测资料，无监测资料时可选择有代表性的声环境保护目标进行现场监测，并分析现状声源的构成。

7.3 声环境质量现状调查方法

现状调查方法包括：现场监测法、现场监测结合模型计算法、收集资料法。调查时，应根据评价等级的要求和现状噪声源情况，确定需采用的具体方法。

7.3.1 现场监测法

7.3.1.1 监测布点原则

a）布点应覆盖整个评价范围，包括厂界（场界、边界）和声环境保护目标。当声环境保护目标高于（含）三层建筑时，还应按照噪声垂直分布规律、建设项目与声环境保护目标高差等因素选取有代表性的声环境保护目标的代表性楼层设置测点；

b）评价范围内没有明显的声源时（如工业噪声、交通运输噪声、建设施工噪声、社会生活噪声等），可选择有代表性的区域布设测点；

c）评价范围内有明显声源，并对声环境保护目标的声环境质量有影响时，或建设项目为改、扩建工程，应根据声源种类采取不同的监测布点原则：

1）当声源为固定声源时，现状测点应重点布设在可能同时受到既有声源和建设项目声源影响的声环境保护目标处，以及其他有代表性的声环境保护目标处；为满足预测需要，也可在距离既有声源不同距离处布设衰减测点；

2）当声源为移动声源，且呈现线声源特点时，现状测点位置选取应兼顾声环境保护目标的分布状况、工程特点及线声源噪声影响随距离衰减的特点，布设在具有代表性的声环境保护目标处。为满足预测需要，可在垂直于线声源不同水平距离处布设衰减测点；

3）对于改、扩建机场工程，测点一般布设在主要声环境保护目标处，重点关注航迹下方的声环境保护目标及跑道侧向较近处的声环境保护目标，测点数量可根据机场飞行量及周围声环境保护目标情况确定，现有单条跑道、两条跑道或三条跑道的机场可分别布设 3～9 个、9～14 个或 12～18 个噪声测点，跑道增加或保护目标较多时可进一步增加测点。对于评价范围内少于 3 个声环境保护目标的情况，原则上布点数量不少于 3 个，结合声保护目标位置布点的，应优先选取跑道两端航迹 3 km 以内范围的保护目标位置布点；无法结合保护目标位置布点的，可适当结合航迹下方的导航台站位置进行布点。

7.3.1.2 监测依据

声环境质量现状监测执行 GB 3096；机场周围飞机噪声测量执行 GB 9661；工业企业厂界环境噪声测量执行 GB 12348；社会生活环境噪声测量执行 GB 22337；建筑施工场界环境噪声测量执行 GB 12523；铁路边界噪声测量执行 GB 12525。

7.3.2　现场监测结合模型计算法

当现状噪声声源复杂且声环境保护目标密集，在调查声环境质量现状时，可考虑采用现场监测结合模型计算法。如多种交通并存且周边声环境保护目标分布密集、机场改扩建等情形。

利用监测或调查得到的噪声源强及影响声传播的参数，采用各类噪声预测模型进行噪声影响计算，将计算结果和监测结果进行比较验证，计算结果和监测结果在允许误差范围内（≤3 dB）时，可利用模型计算其他声环境保护目标的现状噪声值。

7.4　现状评价

7.4.1　分析评价范围内既有主要声源种类、数量及相应的噪声级、噪声特性等，明确主要声源分布。

7.4.2　分别评价厂界（场界、边界）和各声环境保护目标的超标和达标情况，分析其受到既有主要声源的影响状况。

7.5　现状评价图、表要求

7.5.1　现状评价图

一般应包括评价范围内的声环境功能区划图，声环境保护目标分布图，工矿企业厂区（声源位置）平面布置图，城市道路、公路、铁路、城市轨道交通等的线路走向图，机场总平面图及飞行程序图，现状监测布点图，声环境保护目标与项目关系图等；图中应标明图例、比例尺、方向标等，制图比例尺一般不应小于工程设计文件对其相关图件要求的比例尺；线性工程声环境保护目标与项目关系图比例尺应不小于 1∶5 000，机场项目声环境保护目标与项目关系图底图应采用近 3 年内空间分辨率不低于 5 m 的卫星影像或航拍图，声环境保护目标与项目关系图不应小于 1∶10 000。

7.5.2　声环境保护目标调查表

列表给出评价范围内声环境保护目标的名称、户数、建筑物层数和建筑物数量，并明确声环境保护目标与建设项目的空间位置关系等。

7.5.3　声环境现状评价结果表

列表给出厂界（场界、边界）、各声环境保护目标现状值及超标和达标情况分析，给出不同声环境功能区或声级范围（机场航空器噪声）内的超标户数。

8　声环境影响预测和评价

8.1　预测范围

声环境影响预测范围应与评价范围相同。

8.2　预测点和评价点确定原则

建设项目评价范围内声环境保护目标和建设项目厂界（场界、边界）应作为预测点和评价点。

8.3　预测基础数据规范与要求

8.3.1　声源数据

建设项目的声源资料主要包括：声源种类、数量、空间位置、声级、发声持续时间和对声环境保护目标的作用时间等，环境影响评价文件中应标明噪声源数据的来源。工业企业等建设项目声源置于室内时，应给出建筑物门、窗、墙等围护结构的隔声量和室内平均吸声系数等参数。

8.3.2　环境数据

影响声波传播的各类参数应通过资料收集和现场调查取得，各类数据如下：

a）建设项目所处区域的年平均风速和主导风向、年平均气温、年平均相对湿度、大气压强；

b）声源和预测点间的地形、高差；

c）声源和预测点间障碍物（如建筑物、围墙等）的几何参数；

d）声源和预测点间树林、灌木等的分布情况以及地面覆盖情况（如草地、水面、水泥地面、土质地面等）。

8.4 预测方法

声环境影响可采用参数模型、经验模型、半经验模型进行预测，也可采用比例预测法、类比预测法进行预测。

声环境影响预测模型见附录 A 和附录 B。

一般应按照附录 A 和附录 B 给出的预测方法进行预测，如采用其他预测模型，须注明来源并对所用的预测模型进行验证，并说明验证结果。

8.5 预测和评价内容

8.5.1 预测建设项目在施工期和运营期所有声环境保护目标处的噪声贡献值和预测值，评价其超标和达标情况。

8.5.2 预测和评价建设项目在施工期和运营期厂界（场界、边界）噪声贡献值，评价其超标和达标情况。

8.5.3 铁路、城市轨道交通、机场等建设项目，还需预测列车通过时段内声环境保护目标处的等效连续 A 声级（L_{Aep,T_p}）、单架航空器通过时在声环境保护目标处的最大 A 声级（L_{Amax}）。

8.5.4 一级评价应绘制运行期代表性评价水平年噪声贡献值等声级线图，二级评价根据需要绘制等声级线图。

8.5.5 对工程设计文件给出的代表性评价水平年噪声级可能发生变化的建设项目，应分别预测。

8.5.6 典型建设项目噪声影响预测要求可参照附录 C。

8.6 预测评价结果图表要求

8.6.1 列表给出建设项目厂界（场界、边界）噪声贡献值和各声环境保护目标处的背景噪声值、噪声贡献值、噪声预测值、超标和达标情况等。分析超标原因，明确引起超标的主要声源。机场项目还应给出评价范围内不同声级范围覆盖下的面积。

8.6.2 判定为一级评价的工业企业建设项目应给出等声级线图；判定为一级评价的地面交通建设项目应结合现有或规划保护目标给出典型路段的噪声贡献值等声级线图；工业企业和地面交通建设项目预测评价结果图制图比例尺一般不应小于工程设计文件对其相关图件要求的比例尺；机场项目应给出飞机噪声等声级线图及超标声环境保护目标与等声级线关系局部放大图，飞机噪声等声级线图比例尺应和环境现状评价图一致，局部放大图底图应采用近 3 年内空间分辨率一般不低于 1.5 m 的卫星影像或航拍图，比例尺不应小于 1∶5 000。

9 噪声防治对策措施

9.1 噪声防治措施的一般要求

9.1.1 坚持统筹规划、源头防控、分类管理、社会共治、损害担责的原则。加强源头控制，合理规划噪声源与声环境保护目标布局；从噪声源、传播途径、声环境保护目标等方面采取措施；在技术经济可行条件下，优先考虑对噪声源和传播途径采取工程技术措施，实施噪声主动控制。

9.1.2 评价范围内存在声环境保护目标时，工业企业建设项目噪声防治措施应根据建设项目投产后厂界噪声影响最大噪声贡献值以及声环境保护目标超标情况制定。

9.1.3　交通运输类建设项目（如公路、城市道路、铁路、城市轨道交通、机场项目等）的噪声防治措施应针对建设项目代表性评价水平年的噪声影响预测值进行制定。铁路建设项目噪声防治措施还应同时满足铁路边界噪声限值要求。结合工程特点和环境特点，在交通流量较大的情况下，铁路、城市轨道交通、机场等项目，还需考虑单列车通过（$L_{\mathrm{Aep},T_\mathrm{p}}$）、单架航空器通过（$L_{\mathrm{Amax}}$）时噪声对声环境保护目标的影响，进一步强化控制要求和防治措施。

9.1.4　当声环境质量现状超标时，属于与本工程有关的噪声问题应一并解决；属于本工程和工程外其他因素综合引起的，应优先采取措施降低本工程自身噪声贡献值，并推动相关部门采取区域综合整治等措施逐步解决相关噪声问题。

9.1.5　当工程评价范围内涉及主要保护对象为野生动物及其栖息地的生态敏感区时，应从优化工程设计和施工方案、采取降噪措施等方面强化控制要求。

9.2　防治途径

9.2.1　规划防治对策

主要指从建设项目的选址（选线）、规划布局、总图布置（跑道方位布设）和设备布局等方面进行调整，提出降低噪声影响的建议。如根据“以人为本”、“闹静分开”和“合理布局”的原则，提出高噪声设备尽可能远离声环境保护目标、优化建设项目选址（选线）、调整规划用地布局等建议。

9.2.2　噪声源控制措施

主要包括：

a）选用低噪声设备、低噪声工艺；

b）采取声学控制措施，如对声源采用吸声、消声、隔声、减振等措施；

c）改进工艺、设施结构和操作方法等；

d）将声源设置于地下、半地下室内；

e）优先选用低噪声车辆、低噪声基础设施、低噪声路面等。

9.2.3　噪声传播途径控制措施

主要包括：

a）设置声屏障等措施，包括直立式、折板式、半封闭、全封闭等类型声屏障。声屏障的具体型式根据声环境保护目标处超标程度、噪声源与声环境保护目标的距离、敏感建筑物高度等因素综合考虑来确定；

b）利用自然地形物（如利用位于声源和声环境保护目标之间的山丘、土坡、地堑、围墙等）降低噪声。

9.2.4　声环境保护目标自身防护措施

主要包括：

a）声环境保护目标自身增设吸声、隔声等措施；

b）优化调整建筑物平面布局、建筑物功能布局；

c）声环境保护目标功能置换或拆迁。

9.2.5　管理措施

主要包括：提出噪声管理方案（如合理制定施工方案、优化调度方案、优化飞行程序等），制定噪声监测方案，提出工程设施、降噪设施的运行使用、维护保养等方面的管理要求，必要时提出跟踪评价要求等。

9.3　典型建设项目的噪声防治措施

典型建设项目的噪声防治措施参见附录 C。

9.4 噪声防治措施图表要求

9.4.1 给出噪声防治措施位置、类型（型式）和规模、关键声学技术指标（包括实施效果）、责任主体、实施保障，并估算噪声防治投资。

9.4.2 结合声环境保护目标与项目关系，给出噪声防治措施的布置平面图、设计图以及型式、位置、范围等。

10 噪声监测计划

10.1 一级、二级项目评价应根据项目噪声影响特点和声环境保护目标特点，提出项目在生产运行阶段的厂界（场界、边界）噪声监测计划和代表性声环境保护目标监测计划。

10.2 监测计划可根据噪声源特点、相关环境保护管理要求制定，可以选择自动监测或者人工监测。

10.3 监测计划中应明确监测点位置、监测因子、执行标准及其限值、监测频次、监测分析方法、质量保证与质量控制、经费估算及来源等。

11 声环境影响评价结论与建议

根据噪声预测结果、噪声防治对策和措施可行性及有效性评价，从声环境影响角度给出拟建项目是否可行的明确结论。

12 建设项目声环境影响评价表格要求

噪声源调查、声环境保护目标调查、声环境保护目标噪声预测结果、噪声预测参数清单、噪声防治措施及投资等表格要求参见附录 D。

声环境影响评价完成后，应对声环境影响评价主要内容与结论进行自查。建设项目声环境影响评价自查表内容与格式见附录 E。

13 规划环境影响评价中声环境影响评价要求

13.1 资料分析

收集规划文本、规划图件和声环境影响评价的相关资料，分析规划方案的主要声源及可能受影响的声环境保护目标集中区域的分布等情况。

13.2 现状调查、监测与评价

13.2.1 现状调查以收集资料为主，当资料不全时，可视情况进行必要的补充监测。

13.2.2 现状调查的主要内容如下：

a）声环境功能区划调查。调查评价范围内不同区域的声环境功能区划及声环境质量现状；

b）调查规划评价范围内现有主要声源及主要声环境保护目标集中分布区；

c）说明规划及其影响范围内不同区域的土地使用功能和声环境功能区划；

d）利用现状调查资料，进行规划及其影响范围内的声环境现状评价，重点分析评价范围内高速公路、城市道路、城市轨道交通、铁路、机场、大型工矿企业等影响较大的声源对声环境保护目标集中分布区的综合噪声影响情况。

13.3 声环境影响分析

通过规划资料及环境资料的分析，分析规划实施后评价范围内声环境质量的变化趋势。

13.4 噪声控制优化调整建议

规划环评的噪声控制优化调整建议可在“以人为本”、“闹静分开”和“合理布局”的原则指导下，从选址、选线、线路敷设方式、规划用地布局及功能、建设规模、建设时序等方面提出有效、可行的对策和措施。

附 录 A
（规范性附录）
户外声传播的衰减

根据 GB/T 17247.1 和 GB/T 17247.2，附录 A 规定了计算户外声传播衰减的工程法，用于预测各种类型声源在远处产生的噪声。该方法可预测已知噪声源在有利于声传播的气象条件下的等效连续 A 声级。

附录 A 规定的方法特别包括倍频带算法（用 63 Hz～8 kHz 的标称频带中心频率）用于计算点声源或点声源组的声衰减，这些声源是移动的或者是固定的，算法中规定了以下物理效应计算方法：

——几何发散；

——大气吸收；

——地面效应；

——表面反射；

——障碍物引起的屏蔽。

实际上该方法可用于各式各样的噪声源和噪声环境，可以直接或间接应用于有关路面、铁路交通、工业噪声源、建筑施工活动和许多其他以地面为基础的噪声源，但不能应用于在飞行的飞机，或对采矿、军事或相似操作的冲击波。

A.1 声源的描述

广义的噪声源，例如路面和铁路交通或工业区（可能包括有一些设备或设施以及在场地内的交通往来）将用一组分区表示，每一个分区有一定的声功率及指向特性，在每一个分区内以一个代表点的声音所计算的衰减用来表示这一分区的声衰减。一个线源可以分为若干线分区，一个面积源可以分为若干面积分区，而每一个分区用处于中心位置的点声源表示。

另一方面，点声源组可以用处在组的中部的等效点声源来描述，特别是声源具有：

a）有大致相同的强度和离地面高度；

b）到接收点有相同的传播条件；

c）从单一等效点声源到接收点间的距离 d 超过声源的最大尺寸 H_{max} 二倍（$d>2H_{max}$）。

假若距离 d 较小（$d\leqslant 2H_{max}$），或分量点声源传播条件不同时，其总声源必须分为若干分量点声源。

等效点声源声功率等于声源组内各声源声功率的和。

A.2 基本公式

户外声传播衰减包括几何发散（A_{div}）、大气吸收（A_{atm}）、地面效应（A_{gr}）、障碍物屏蔽（A_{bar}）、其他多方面效应（A_{misc}）引起的衰减。

a）在环境影响评价中，应根据声源声功率级或参考位置处的声压级、户外声传播衰减，计算预测点的声级，分别按式（A.1）或式（A.2）计算。

$$L_p(r)=L_w+D_C-(A_{div}+A_{atm}+A_{gr}+A_{bar}+A_{misc}) \tag{A.1}$$

式中：$L_p(r)$ —— 预测点处声压级，dB；

L_w —— 由点声源产生的声功率级（A 计权或倍频带），dB；

D_C—— 指向性校正，它描述点声源的等效连续声压级与产生声功率级 L_w 的全向点声源在规定方向的声级的偏差程度，dB；

A_{div}—— 几何发散引起的衰减，dB；

A_{atm}—— 大气吸收引起的衰减，dB；

A_{gr}—— 地面效应引起的衰减，dB；

A_{bar}—— 障碍物屏蔽引起的衰减，dB；

A_{misc}—— 其他多方面效应引起的衰减，dB。

$$L_p(r)=L_p(r_0)+D_C-(A_{div}+A_{atm}+A_{gr}+A_{bar}+A_{misc}) \quad (A.2)$$

式中：$L_{p(r)}$——预测点处声压级，dB；

$L_{p(r0)}$——参考位置 r_0 处的声压级，dB；

D_C——指向性校正，它描述点声源的等效连续声压级与产生声功率级 L_w 的全向点声源在规定方向的声级的偏差程度，dB；

A_{div}——几何发散引起的衰减，dB；

A_{atm}——大气吸收引起的衰减，dB；

A_{gr}——地面效应引起的衰减，dB；

A_{bar}——障碍物屏蔽引起的衰减，dB；

A_{misc}——其他多方面效应引起的衰减，dB。

b）预测点的 A 声级 $L_A(r)$ 可按式（A.3）计算，即将 8 个倍频带声压级合成，计算出预测点的 A 声级［$L_A(r)$］。

$$L_A(r)=10\lg\left\{\sum_{i=1}^{8}10^{0.1\left[L_{pi}(r)-\Delta L_i\right]}\right\} \quad (A.3)$$

式中：$L_A(r)$—— 距声源 r 处的 A 声级，dB（A）；

$L_{pi}(r)$—— 预测点（r）处，第 i 倍频带声压级，dB；

ΔL_i—— 第 i 倍频带的 A 计权网络修正值，dB。

c）在只考虑几何发散衰减时，可按式（A.4）计算。

$$L_A(r)=L_A(r_0)-A_{div} \quad (A.4)$$

式中：$L_A(r)$——距声源 r 处的 A 声级，dB（A）；

$L_A(r_0)$——参考位置 r_0 处的 A 声级，dB（A）；

A_{div}——几何发散引起的衰减，dB。

A.3 衰减项的计算

A.3.1 几何发散引起的衰减（A_{div}）

A.3.1.1 点声源的几何发散衰减

a）无指向性点声源几何发散衰减

无指向性点声源几何发散衰减的基本公式是：

$$L_p(r)=L_p(r_0)-20\lg(r/r_0) \quad (A.5)$$

式中：$L_p(r)$——预测点处声压级，dB；

$L_p(r_0)$——参考位置 r_0 处的声压级，dB；

r——预测点距声源的距离；

r_0——参考位置距声源的距离。

式（A.5）中第二项表示了点声源的几何发散衰减：

$$A_{div}=20\lg(r/r_0) \tag{A.6}$$

式中：A_{div}——几何发散引起的衰减，dB；

r——预测点距声源的距离；

r_0——参考位置距声源的距离。

如果已知点声源的倍频带声功率级或 A 计权声功率级（L_{Aw}），且声源处于自由声场，则式（A.5）等效为式（A.7）或式（A.8）：

$$L_p(r)=L_w-20\lg r-11 \tag{A.7}$$

式中：$L_p(r)$——预测点处声压级，dB；

L_w——由点声源产生的倍频带声功率级，dB；

r——预测点距声源的距离。

$$L_A(r)=L_{Aw}-20\lg r-11 \tag{A.8}$$

式中：$L_A(r)$——距声源 r 处的 A 声级，dB（A）；

L_{Aw}——点声源 A 计权声功率级，dB；

r——预测点距声源的距离。

如果声源处于半自由声场，则式（A.5）等效为式（A.9）或式（A.10）：

$$L_p(r)=L_w-20\lg r-8 \tag{A.9}$$

式中：$L_p(r)$——预测点处声压级，dB；

L_w——由点声源产生的倍频带声功率级，dB；

r——预测点距声源的距离。

$$L_A(r)=L_{Aw}-20\lg r-8 \tag{A.10}$$

式中：$L_A(r)$——距声源 r 处的 A 声级，dB（A）；

L_{Aw}——点声源 A 计权声功率级，dB；

r——预测点距声源的距离。

b）指向性点声源几何发散衰减

具有指向性点声源几何发散衰减按式（A.11）计算：

声源在自由空间中辐射声波时，其强度分布的一个主要特性是指向性。例如，喇叭发声，其喇叭正前方声音大，而侧面或背面就小。

对于自由空间的点声源，其在某一θ方向上距离 r 处的声压级［$L_p(r)_\theta$］：

$$L_p(r)_\theta=L_w-20\lg(r)+D_{I\theta}-11 \tag{A.11}$$

式中：$L_p(r)_\theta$——自由空间的点声源在某一θ方向上距离 r 处的声压级，dB；

L_w——点声源声功率级（A 计权或倍频带），dB；

r——预测点距声源的距离；

$D_{I\theta}$——θ方向上的指向性指数，$D_{I\theta}=10\lg R_\theta$，其中，$R_\theta$ 为指向性因素，$R_\theta=I_\theta/I$，其中，I 为所有方向上的平均声强（W/m^2），I_θ为某一θ方向上的声强，W/m^2。

按式（A.5）计算具有指向性点声源几何发散衰减时，式（A.5）中的 L_p（r）与 L_p（r_0）必须是在同一方向上的倍频带声压级。

c）反射体引起的修正（ΔL_r）

如图 A.1 所示，当点声源与预测点处在反射体同侧附近时，到达预测点的声级是直达声与反射声叠加的结果，从而使预测点声级增高。

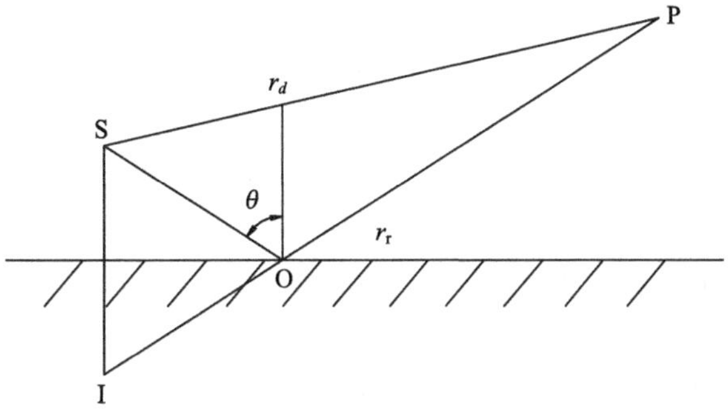

图 A.1 反射体的影响

当满足下列条件时，需考虑反射体引起的声级增高：

1）反射体表面平整、光滑、坚硬；

2）反射体尺寸远远大于所有声波波长 λ；

3）入射角 θ＜85°。

$r_r-r_d \gg \lambda$ 反射引起的修正量 ΔL_r 与 r_r/r_d 有关（r_r=IP、r_d=SP），可按表 A.1 计算：

表 A.1 反射体引起的修正量

r_r/r_d	dB
≈1	3
≈1.4	2
≈2	1
＞2.5	0

A.3.1.2 线声源的几何发散衰减

a）无限长线声源

无限长线声源几何发散衰减的基本公式是：

$$L_p(r) = L_p(r_0) - 10\lg(r/r_0) \quad \text{(A.12)}$$

式中：L_p（r）——预测点处声压级，dB；

L_p（r_0）——参考位置 r_0 处的声压级，dB；

r——预测点距声源的距离；

r_0——参考位置距声源的距离。

式（A.12）中第二项表示了无限长线声源的几何发散衰减：

$$A_{div} = 10\lg(r/r_0) \quad \text{(A.13)}$$

式中：A_{div}——几何发散引起的衰减，dB；

r——预测点距声源的距离；

r_0——参考位置距声源的距离。

b）有限长线声源

如图 A.2 所示，假设线声源长度为 l_0，单位长度线声源辐射的倍频带声功率级为 L_w。在线声源垂

直平分线上距声源 r 处的声压级为：

$$L_p(r)=L_w+10\lg\left[\frac{1}{r}\operatorname{arctg}\left(\frac{l_0}{2r}\right)\right]-8 \tag{A.14}$$

或

$$L_p(r)=L_p(r_0)+10\lg\left[\frac{\frac{1}{r}\operatorname{arctg}\left(\frac{l_0}{2r}\right)}{\frac{1}{r_0}\operatorname{arctg}\left(\frac{l_0}{2r_0}\right)}\right] \tag{A.15}$$

式中：L_p（r）——预测点处声压级，dB；

L_p（r_0）——参考位置 r_0 处的声压级，dB；

L_w——线声源声功率级（A 计权或倍频带），dB；

r——预测点距声源的距离；

l_0——线声源长度。

当 $r>l_0$ 且 $r_0>l_0$ 时，式（A.15）可近似简化为：

$$L_p(r)=L_p(r_0)-20\lg(r/r_0) \tag{A.16}$$

式中：L_p（r）——预测点处声压级，dB；

L_p（r_0）——参考位置 r_0 处的声压级，dB；

r——预测点距声源的距离；

r_0——参考位置距声源的距离。

即在有限长线声源的远场，有限长线声源可当作点声源处理。

当 $r<l_0/3$ 且 $r_0<l_0/3$ 时，式（A.15）可近似简化为：

$$L_p(r)=L_p(r_0)-10\lg(r/r_0) \tag{A.17}$$

式中：L_p（r）——预测点处声压级，dB；

L_p（r_0）——参考位置 r_0 处的声压级，dB；

r——预测点距声源的距离；

r_0——参考位置距声源的距离。

当 $l_0/3<r<l_0$，且 $l_0/3<r_0<l_0$ 时，式（A.15）可作近似计算：

$$L_P(r)=L_P(r_0)-15\lg(r/r_0) \tag{A.18}$$

式中：L_p（r）——预测点处声压级，dB；

L_p（r_0）——参考位置 r_0 处的声压级，dB；

r——预测点距声源的距离；

r_0——参考位置距声源的距离。

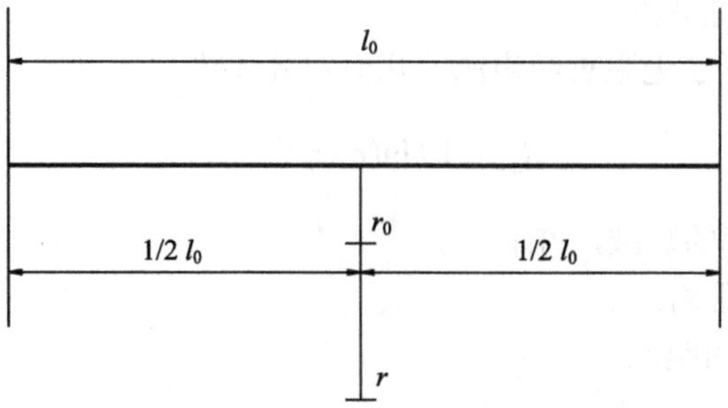

图 A.2 有限长线声源

A.3.1.3　面声源的几何发散衰减

一个大型机器设备的振动表面，车间透声的墙壁，均可以认为是面声源。如果已知面声源单位面积的声功率为 W，各面积元噪声的位相是随机的，面声源可看作由无数点声源连续分布组合而成，其合成声级可按能量叠加法求出。

图 A.3 给出了长方形面声源中心轴线上的声衰减曲线。当预测点和面声源中心距离 r 处于以下条件时，可按下述方法近似计算：$r<a/\pi$ 时，几乎不衰减（$A_{div}\approx0$）；当 $a/\pi<r<b/\pi$，距离加倍衰减 3 dB 左右，类似线声源衰减特性 [$A_{div}\approx10\lg(r/r_0)$]；当 $r>b/\pi$ 时，距离加倍衰减趋近于 6 dB，类似点声源衰减特性 [$A_{div}\approx20\lg(r/r_0)$]。其中面声源的 $b>a$。图 A.3 中虚线为实际衰减量。

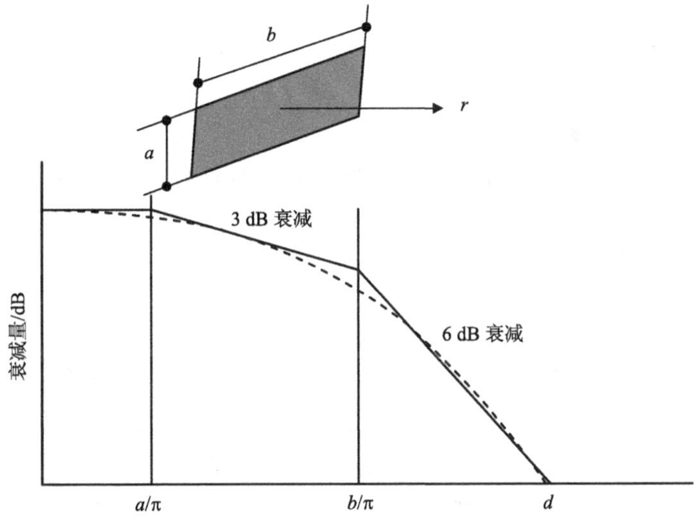

图 A.3　长方形面声源中心轴线上的衰减特性

A.3.2　大气吸收引起的衰减（A_{atm}）

大气吸收引起的衰减按式（A.19）计算：

$$A_{atm}=\frac{\alpha(r-r_0)}{1000} \tag{A.19}$$

式中：A_{atm}——大气吸收引起的衰减，dB；

α——与温度、湿度和声波频率有关的大气吸收衰减系数，预测计算中一般根据建设项目所处区域常年平均气温和湿度选择相应的大气吸收衰减系数（表 A.2）；

r——预测点距声源的距离；

r_0——参考位置距声源的距离。

表 A.2　倍频带噪声的大气吸收衰减系数 α

温度/℃	相对湿度/%	大气吸收衰减系数α /（dB/km）							
		倍频带中心频率/Hz							
		63	125	250	500	1 000	2 000	4 000	8 000
10	70	0.1	0.4	1.0	1.9	3.7	9.7	32.8	117.0
20	70	0.1	0.3	1.1	2.8	5.0	9.0	22.9	76.6
30	70	0.1	0.3	1.0	3.1	7.4	12.7	23.1	59.3
15	20	0.3	0.6	1.2	2.7	8.2	28.2	28.8	202.0
15	50	0.1	0.5	1.2	2.2	4.2	10.8	36.2	129.0
15	80	0.1	0.3	1.1	2.4	4.1	8.3	23.7	82.8

A.3.3 地面效应引起的衰减（A_{gr}）

地面类型可分为：

a）坚实地面，包括铺筑过的路面、水面、冰面以及夯实地面；

b）疏松地面，包括被草或其他植物覆盖的地面，以及农田等适合于植物生长的地面；

c）混合地面，由坚实地面和疏松地面组成。

声波掠过疏松地面传播时，或大部分为疏松地面的混合地面，在预测点仅计算 A 声级前提下，地面效应引起的倍频带衰减可用式（A.20）计算。

$$A_{gr}=4.8-\left(\frac{2h_m}{r}\right)\left(17+\frac{300}{r}\right) \tag{A.20}$$

式中：A_{gr}—— 地面效应引起的衰减，dB；

r—— 预测点距声源的距离，m；

h_m—— 传播路径的平均离地高度，m；可按图 A.4 进行计算，$h_m=F/r$，F 为面积，m^2；若 A_{gr} 计算出负值，则 A_{gr} 可用“0”代替。

其他情况可参照 GB/T 17247.2 进行计算。

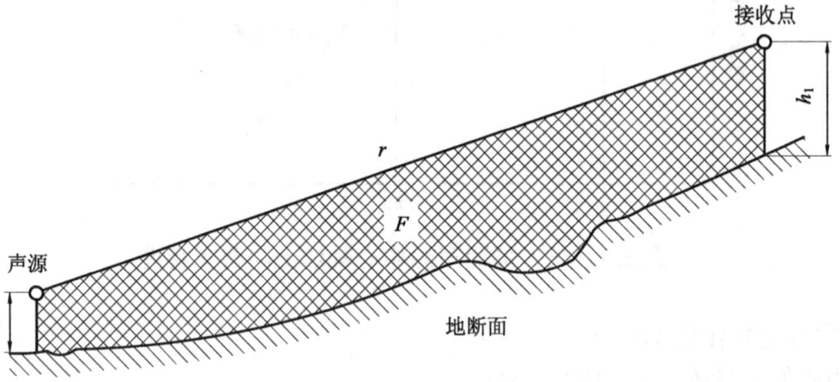

图 A.4 估计平均高度 h_m 的方法

A.3.4 障碍物屏蔽引起的衰减（A_{bar}）

位于声源和预测点之间的实体障碍物，如围墙、建筑物、土坡或地堑等起声屏障作用，从而引起声能量的较大衰减。在环境影响评价中，可将各种形式的屏障简化为具有一定高度的薄屏障。

如图 A.5 所示，S、O、P 三点在同一平面内且垂直于地面。

定义δ=SO+OP−SP 为声程差，N=2 δ/λ 为菲涅尔数，其中 λ 为声波波长。

在噪声预测中，声屏障插入损失的计算方法需要根据实际情况作简化处理。

屏障衰减 A_{bar} 在单绕射（即薄屏障）情况，衰减最大取 20 dB；在双绕射（即厚屏障）情况，衰减最大取 25 dB。

A.3.4.1 有限长薄屏障在点声源声场中引起的衰减

a）首先计算图 A.6 所示三个传播途径的声程差δ_1、δ_2、δ_3和相应的菲涅尔数 N_1、N_2、N_3。

b）声屏障引起的衰减按式（A.21）计算：

$$A_{bar}=-10\lg\left(\frac{1}{3+20N_1}+\frac{1}{3+20N_2}+\frac{1}{3+20N_3}\right) \tag{A.21}$$

式中：A_{bar}—— 障碍物屏蔽引起的衰减，dB；

N_1、N_2、N_3—— 图 A.6 所示三个传播途径的声程差δ_1、δ_2、δ_3相应的菲涅尔数。

当屏障很长（作无限长处理）时，仅可考虑顶端绕射衰减，按式（A.22）进行计算。

$$A_{bar} = -10\lg\left(\frac{1}{3+20N_1}\right) \tag{A.22}$$

式中：A_{bar}——障碍物屏蔽引起的衰减，dB；

N_1——顶端绕射的声程差δ_1相应的菲涅尔数。

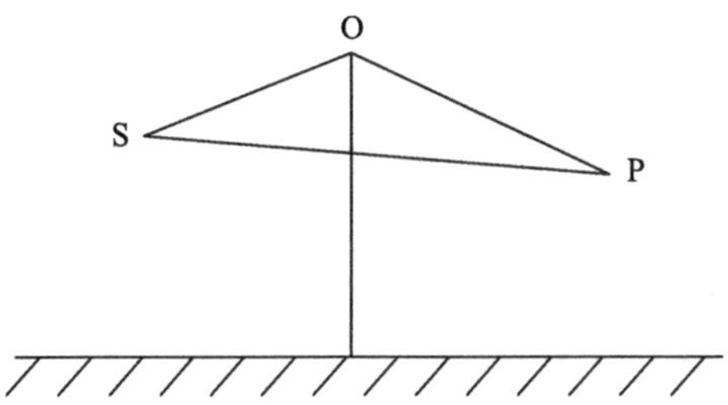

图 A.5　无限长声屏障示意图

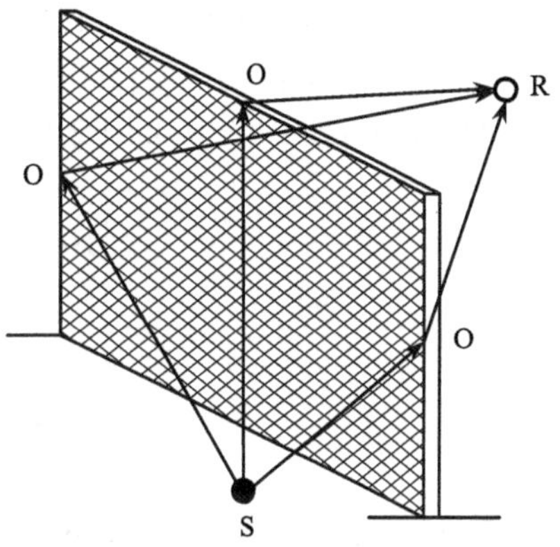

图 A.6　有限长声屏障传播路径

A.3.4.2　双绕射计算

对于图 A.7 所示的双绕射情形，可由式（A.23）计算绕射声与直达声之间的声程差δ：

$$\delta = \left[(d_{ss} + d_{sr} + e)^2 + a^2\right]^{\frac{1}{2}} - d \tag{A.23}$$

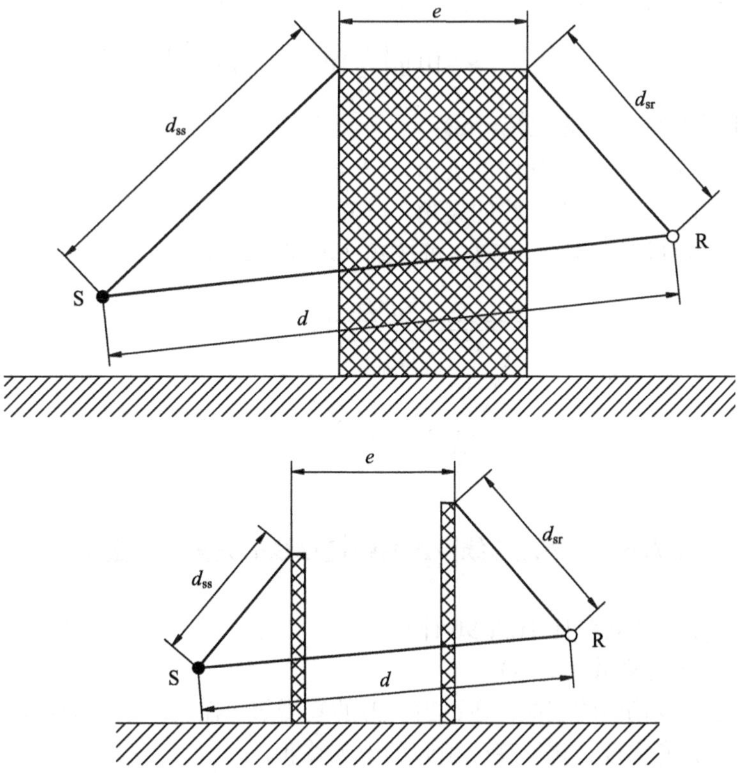

图 A.7　利用建筑物、土堤作为厚屏障

式中：δ—— 声程差，m；

a—— 声源和接收点之间的距离在平行于屏障上边界的投影长度，m；

d_{ss}—— 声源到第一绕射边的距离，m；

d_{sr}—— 第二绕射边到接收点的距离，m；

e—— 在双绕射情况下两个绕射边界之间的距离，m；

d—— 声源到接收点的直线距离，m。

屏障衰减 A_{bar} 参照 GB/T 17247.2 进行计算。计算屏障衰减后，不再考虑地面效应衰减。

A.3.4.3 屏障在线声源声场中引起的衰减

无限长声屏障参照 HJ/T 90 中 4.2.1.2 规定的方法进行计算，计算公式为：

$$A_{bar}=\begin{cases}10\lg\dfrac{3\pi\sqrt{1-t^2}}{4\arctan\sqrt{\dfrac{1-t}{1+t}}} & t=\dfrac{40f\delta}{3c}\leqslant 1\\[2ex] 10\lg\dfrac{3\pi\sqrt{t^2-1}}{2\ln t+\sqrt{t^2-1}} & t=\dfrac{40f\delta}{3c}>1\end{cases} \tag{A.24}$$

式中：A_{bar}——障碍物屏蔽引起的衰减，dB；

f——声波频率，Hz；

δ——声程差，m；

c——声速，m/s。

在公路建设项目评价中可采用 500 Hz 频率的声波计算得到的屏障衰减量近似作为 A 声级的衰减量。

在使用式 A.24 计算声屏障衰减时，当菲涅尔数 $0>N>-0.2$ 时也应计算衰减量，同时保证衰减量为正值，负值时舍弃。

有限长声屏障的衰减量（A'_{bar}）可按公式（A.25）近似计算：

$$A'_{bar}\approx -10\lg\left(\frac{\beta}{\theta}10^{-0.1A_{bar}}+1-\frac{\beta}{\theta}\right) \tag{A.25}$$

式中：A'_{bar}——有限长声屏障引起的衰减，dB；

β——受声点与声屏障两端连接线的夹角，(°)；

θ——受声点与线声源两端连接线的夹角，(°)；

A_{bar}——无限长声屏障的衰减量，dB，可按式（A.24）计算。

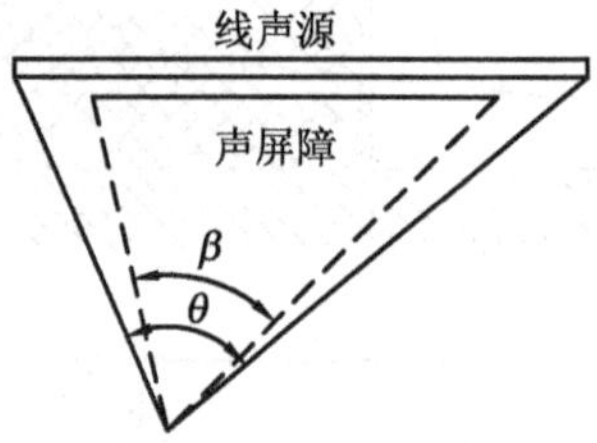

图 A.8 受声点与线声源两端连接线的夹角（遮蔽角）

声屏障的透射、反射修正可参照 HJ/T 90 计算。

A.3.5 其他方面效应引起的衰减（A_{misc}）

其他衰减包括通过工业场所的衰减；通过建筑群的衰减等。在声环境影响评价中，一般情况下，不考虑自然条件（如风、温度梯度、雾）变化引起的附加修正。

工业场所的衰减可参照 GB/T 17247.2 进行计算。

A.3.5.1　绿化林带引起的衰减（A_{fol}）

绿化林带的附加衰减与树种、林带结构和密度等因素有关。在声源附近的绿化林带，或在预测点附近的绿化林带，或两者均有的情况都可以使声波衰减，见图 A.9。

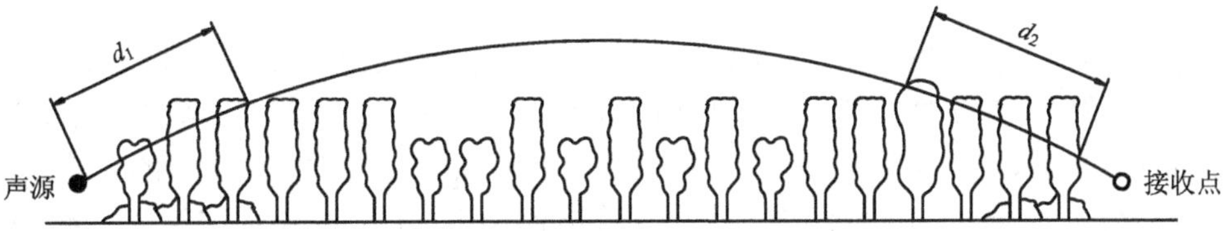

图 A.9　通过树和灌木时噪声衰减示意图

通过树叶传播造成的噪声衰减随通过树叶传播距离 d_f 的增长而增加，其中 $d_f=d_1+d_2$，为了计算 d_1 和 d_2，可假设弯曲路径的半径为 5 km。

表 A.3 中的第一行给出了通过总长度为 10 m 到 20 m 之间的乔灌结合郁闭度较高的林带时，由林带引起的衰减；第二行为通过总长度 20 m 到 200 m 之间林带时的衰减系数；当通过林带的路径长度大于 200 m 时，可使用 200 m 的衰减值。

表 A.3　倍频带噪声通过林带传播时产生的衰减

项目	传播距离 d_f/m	倍频带中心频率/Hz							
		63	125	250	500	1 000	2 000	4 000	8 000
衰减/dB	$10 \leqslant d_f < 20$	0	0	1	1	1	1	2	3
衰减系数/（dB/m）	$20 \leqslant d_f < 200$	0.02	0.03	0.04	0.05	0.06	0.08	0.09	0.12

A.3.5.2　建筑群噪声衰减（A_{hous}）

建筑群衰减 A_{hous} 不超过 10 dB 时，近似等效连续 A 声级按式（A.26）估算。当从受声点可直接观察到线路时，不考虑此项衰减。

$$A_{hous}=A_{hous,1}+A_{hous,2} \tag{A.26}$$

式中 $A_{hous,1}$ 按式（A.27）计算，单位为 dB。

$$A_{hous,1}= 0.1Bd_b \tag{A.27}$$

式中：B——沿声传播路线上的建筑物的密度，等于建筑物总平面面积除以总地面面积（包括建筑物所占面积）；

d_b——通过建筑群的声传播路线长度，按式（A.28）计算，d_1 和 d_2 如图 A.10 所示。

$$d_b=d_1+d_2 \tag{A.28}$$

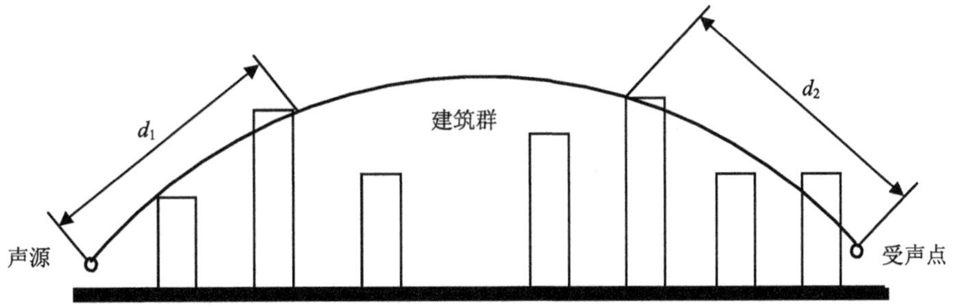

图 A.10　建筑群中声传播路径

假如声源沿线附近有成排整齐排列的建筑物时，则可将附加项 $A_{hous,2}$ 包括在内（假定这一项小于在同一位置上与建筑物平均高度等高的一个屏障插入损失）。$A_{hous,2}$ 按式（A.29）计算。

$$A_{hous,2}=-10\lg(1-p) \tag{A.29}$$

式中：p ——沿声源纵向分布的建筑物正面总长度除以对应的声源长度，其值小于或等于 90%。

在进行预测计算时，建筑群衰减 A_{hous} 与地面效应引起的衰减 A_{gr} 通常只需考虑一项最主要的衰减。对于通过建筑群的声传播，一般不考虑地面效应引起的衰减 A_{gr}；但地面效应引起的衰减 A_{gr}（假定预测点与声源之间不存在建筑群时的计算结果）大于建筑群衰减 A_{hous} 时，则不考虑建筑群插入损失 A_{hous}。

附　录　B
（规范性附录）
典型行业噪声预测模型

B.1　工业噪声预测计算模型

B.1.1　声源描述

声环境影响预测，一般采用声源的倍频带声功率级、A 声功率级或靠近声源某一位置的倍频带声压级、A 声级来预测计算距声源不同距离的声级。工业声源有室外和室内两种声源，应分别计算。

B.1.2　室外声源在预测点产生的声级计算模型

室外声源在预测点产生的声级计算模型见附录 A。

B.1.3　室内声源等效室外声源声功率级计算方法

如图 B.1 所示，声源位于室内，室内声源可采用等效室外声源声功率级法进行计算。设靠近开口处（或窗户）室内、室外某倍频带的声压级或 A 声级分别为 L_{p1} 和 L_{p2}。若声源所在室内声场为近似扩散声场，则室外的倍频带声压级可按式（B.1）近似求出：

$$L_{p2}=L_{p1}-(\mathrm{TL}+6) \tag{B.1}$$

式中：L_{p1}——靠近开口处（或窗户）室内某倍频带的声压级或 A 声级，dB；

L_{p2}——靠近开口处（或窗户）室外某倍频带的声压级或 A 声级，dB；

TL——隔墙（或窗户）倍频带或 A 声级的隔声量，dB。

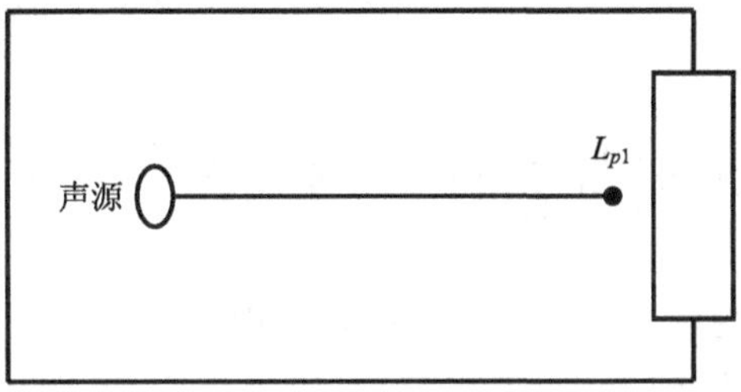

图 B.1　室内声源等效为室外声源图例

也可按式（B.2）计算某一室内声源靠近围护结构处产生的倍频带声压级或 A 声级：

$$L_{p1}=L_w+10\lg\left(\frac{Q}{4\pi r^2}+\frac{4}{R}\right) \tag{B.2}$$

式中：L_{p1}——靠近开口处（或窗户）室内某倍频带的声压级或 A 声级，dB；

L_w——点声源声功率级（A 计权或倍频带），dB；

Q——指向性因数；通常对无指向性声源，当声源放在房间中心时，Q=1；当放在一面墙的中心时，Q=2；当放在两面墙夹角处时，Q=4；当放在三面墙夹角处时，Q=8。

R——房间常数；$R=S\alpha/(1-\alpha)$，S 为房间内表面面积，m^2；α为平均吸声系数。

r——声源到靠近围护结构某点处的距离，m。

然后按式（B.3）计算出所有室内声源在围护结构处产生的 i 倍频带叠加声压级：

$$L_{p1i}(T)=10\lg\left(\sum_{j=1}^{N}10^{0.1L_{p1ij}}\right) \tag{B.3}$$

式中：$L_{p1i}(T)$—— 靠近围护结构处室内 N 个声源 i 倍频带的叠加声压级，dB；

L_{p1ij}—— 室内 j 声源 i 倍频带的声压级，dB；

N—— 室内声源总数。

在室内近似为扩散声场时，按式（B.4）计算出靠近室外围护结构处的声压级：

$$L_{p2i}(T)=L_{p1i}(T)-(\mathrm{TL}_i+6) \tag{B.4}$$

式中：$L_{p2i}(T)$—— 靠近围护结构处室外 N 个声源 i 倍频带的叠加声压级，dB；

$L_{p1i}(T)$—— 靠近围护结构处室内 N 个声源 i 倍频带的叠加声压级，dB；

TL_i—— 围护结构 i 倍频带的隔声量，dB。

然后按式（B.5）将室外声源的声压级和透过面积换算成等效的室外声源，计算出中心位置位于透声面积（S）处的等效声源的倍频带声功率级。

$$L_w=L_{p2}(T)+10\lg S \tag{B.5}$$

式中：L_w——中心位置位于透声面积（S）处的等效声源的倍频带声功率级，dB；

L_{p2}（T）——靠近围护结构处室外声源的声压级，dB；

S——透声面积，m^2。

然后按室外声源预测方法计算预测点处的 A 声级。

B.1.4 靠近声源处的预测点噪声预测模型

如预测点在靠近声源处，但不能满足点声源条件时，需按线声源或面声源模型计算。

B.1.5 工业企业噪声计算

设第 i 个室外声源在预测点产生的 A 声级为 L_{Ai}，在 T 时间内该声源工作时间为 t_i；第 j 个等效室外声源在预测点产生的 A 声级为 L_{Aj}，在 T 时间内该声源工作时间为 t_j，则拟建工程声源对预测点产生的贡献值（L_{eqg}）为：

$$L_{eqg}=10\lg\left[\frac{1}{T}\left(\sum_{i=1}^{N}t_i10^{0.1L_{Ai}}+\sum_{j=1}^{M}t_j10^{0.1L_{Aj}}\right)\right] \tag{B.6}$$

式中：L_{eqg}——建设项目声源在预测点产生的噪声贡献值，dB；

T—— 用于计算等效声级的时间，s；

N—— 室外声源个数；

t_i—— 在 T 时间内 i 声源工作时间，s；

M—— 等效室外声源个数；

t_j—— 在 T 时间内 j 声源工作时间，s。

B.1.6 预测值计算

按本标准正文式（3）计算。

B.2 公路（道路）交通运输噪声预测模型

B.2.1 公路（道路）交通运输噪声预测基本模型

B.2.1.1 车型分类及交通量折算

车型分类方法按照 JTG B01 中有关车型划分的标准进行，交通量换算根据工程设计文件提供的小客车标准车型，按照不同折算系数分别折算成大、中、小型车，见表 B.1。

表 B.1　车型分类

车型	汽车代表车型	车辆折算系数	车型划分标准
小	小客车	1.0	座位≤19 座的客车和载质量≤2 t 货车
中	中型车	1.5	座位>19 座的客车和 2 t<载质量≤7 t 货车
大	大型车	2.5	7 t<载质量≤20 t 货车
	汽车列车	4.0	载质量>20 t 的货车

B.2.1.2　基本预测模型

a）第 i 类车等效声级的预测模型

$$L_{eq}(h)_i=\left(\overline{L_{0E}}\right)_i+10\lg\left(\frac{N_i}{V_iT}\right)+\Delta L_{距离}+10\lg\left(\frac{\psi_1+\psi_2}{\pi}\right)+\Delta L-16 \quad (B.7)$$

式中：$L_{eq}(h)_i$—— 第 i 类车的小时等效声级，dB（A）；

$\left(\overline{L_{0E}}\right)_i$—— 第 i 类车速度为 V_i，km/h，水平距离为 7.5 m 处的能量平均 A 声级，dB；

N_i—— 昼间，夜间通过某个预测点的第 i 类车平均小时车流量，辆/h；

V_i—— 第 i 类车的平均车速，km/h；

T—— 计算等效声级的时间，1 h；

$\Delta L_{距离}$—— 距离衰减量，dB（A），小时车流量大于等于 300 辆/h：$\Delta L_{距离}=10\lg(7.5/r)$，小时车流量小于 300 辆/h：$\Delta L_{距离}=15\lg(7.5/r)$；

r—— 从车道中心线到预测点的距离，m，式（B.7）适用于 $r>7.5$ m 的预测点的噪声预测；

ψ_1、ψ_2—— 预测点到有限长路段两端的张角，弧度，如图 B.2 所示。

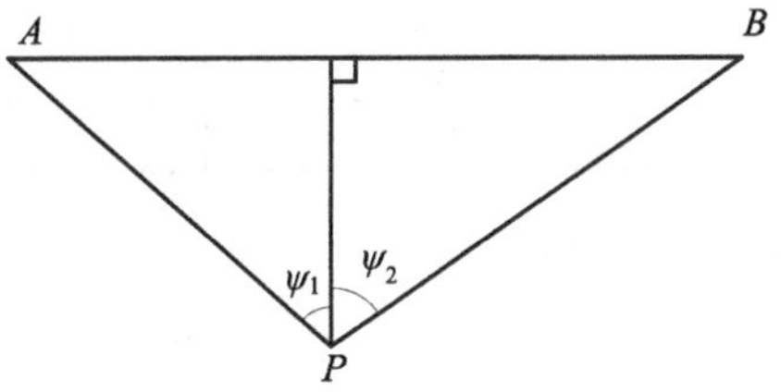

图 B.2　有限路段的修正函数，A～B 为路段，P 为预测点

由其他因素引起的修正量（ΔL_1）可按下式计算：

$$\Delta L=\Delta L_1-\Delta L_2+\Delta L_3 \quad (B.8)$$

$$\Delta L_1=\Delta L_{坡度}+\Delta L_{路面} \quad (B.9)$$

$$\Delta L_2=A_{atm}+A_{gr}+A_{bar}+A_{misc} \quad (B.10)$$

式中：ΔL_1—— 线路因素引起的修正量，dB（A）；

$\Delta L_{坡度}$—— 公路纵坡修正量，dB（A）；

$\Delta L_{路面}$—— 公路路面引起的修正量，dB（A）；

ΔL_2—— 声波传播途径中引起的衰减量，dB（A）；

ΔL_3—— 由反射等引起的修正量，dB（A）。

b）总车流等效声级

总车流等效声级按式（B.11）计算：

$$L_{eq}(T)=10\lg\left[10^{0.1L_{eq}(h)大}+10^{0.1L_{eq}(h)中}+10^{0.1L_{eq}(h)小}\right] \tag{B.11}$$

式中：$L_{eq}(T)$—— 总车流等效声级，dB（A）；

$L_{eq}(h)$大、$L_{eq}(h)$中、$L_{eq}(h)$小—— 大、中、小型车的小时等效声级，dB（A）。

如某个预测点受多条线路交通噪声影响（如高架桥周边预测点受桥上和桥下多条车道的影响，路边高层建筑预测点受地面多条车道的影响），应分别计算每条道路对该预测点的声级后，经叠加后得到贡献值。

B.2.2 修正量和衰减量的计算

B.2.2.1 线路因素引起的修正量（ΔL_1）

a）纵坡修正量（$\Delta L_{坡度}$）

公路纵坡修正量（$\Delta L_{坡度}$）可按下式计算：

$$\Delta L_{坡度}=\begin{cases}98\times\beta，大型车\\73\times\beta，中型车\\50\times\beta，小型车\end{cases} \tag{B.12}$$

式中：$\Delta L_{坡度}$—— 公路纵坡修正量；

β—— 公路纵坡坡度，%。

b）路面修正量（$\Delta L_{路面}$）

不同路面的噪声修正量见表 B.2。

表 B.2 常见路面噪声修正量

路面类型	不同行驶速度修正量/（km/h）		
	30	40	≥50
沥青混凝土/dB（A）	0	0	0
水泥混凝土/dB（A）	1.0	1.5	2.0

B.2.2.2 声波传播途径中引起的衰减量（ΔL_2）

A_{bar}、A_{atm}、A_{gr}、A_{misc} 衰减项计算按附录 A.3 相关模型计算。

B.2.2.3 两侧建筑物的反射声修正量（ΔL_3）

公路（道路）两侧建筑物反射影响因素的修正。当线路两侧建筑物间距小于总计算高度 30%时，其反射声修正量为：

两侧建筑物是反射面时：

$$\Delta L_3=4H_b/w\leqslant 3.2\,\text{dB} \tag{B.13}$$

两侧建筑物是一般吸收性表面时：

$$\Delta L_3=2H_b/w\leqslant 1.6\,\text{dB} \tag{B.14}$$

两侧建筑物为全吸收性表面时：

$$\Delta L_3\approx 0 \tag{B.15}$$

式中：ΔL_3——两侧建筑物的反射声修正量，dB；

w——线路两侧建筑物反射面的间距，m；

H_b——建筑物的平均高度，取线路两侧较低一侧高度平均值代入计算，m。

B.3 铁路、城市轨道交通噪声预测模型

铁路和城市轨道交通噪声预测方法应根据工程和噪声源的特点确定。预测方法可采用模型预测

法、比例预测法、类比预测法、模型试验预测法等。目前以采用模型预测法和比例预测法两种方法为主。采用类比预测法时，应注意类比对象的可类比性，并作必要的可类比性说明。采用模型试验预测法时，应对方法的合理性和可靠性作必要的说明。以下主要给出模型预测法和比例预测法的使用要求和计算方法。

模型预测法主要依据声学理论计算方法和经验公式预测噪声。B.3.1 和 B.3.2 给出了铁路和城市轨道交通噪声模型预测法。

比例预测法是一种适用于铁路、城市轨道交通改扩建项目的噪声预测方法。该方法以评价对象现场实测噪声数据为基础，根据工程前后声源变化和不相干声源声能叠加理论开展噪声预测。采用比例预测法的前提是工程实施前后声环境保护目标噪声测量环境未发生改变，因此，采用比例预测法仅需确定实测对象和预测对象之间噪声辐射能量的比例关系，预测结果相对于一般类比法更加可靠，预测时尽量优先采用。B.3.3 将具体介绍比例预测法。

B.3.1　铁路（时速低于 200 km/h）、城市轨道交通噪声预测模型

预测点列车运行噪声等效声级基本预测计算式：

$$L_{\mathrm{Aeq},p}=10\lg\left\{\frac{1}{T}\left[\sum_i n_i t_{\mathrm{eq},i}10^{0.1(L_{p0,\mathrm{t},i}+C_{\mathrm{t},i})}+\sum_i t_{\mathrm{f},i}10^{0.1(L_{p0,\mathrm{f},i}+C_{\mathrm{f},i})}\right]\right\} \tag{B.16}$$

式中：$L_{\mathrm{Aeq},p}$——列车运行噪声等效 A 声级，dB；

T——规定的评价时间，s；

n_i——T 时间内通过的第 i 类列车列数；

$t_{\mathrm{eq},i}$——第 i 类列车通过的等效时间，s；

$L_{p0,\mathrm{t},i}$——规定的第 i 类列车参考点位置噪声辐射源强，可为 A 计权声压级或频带声压级，dB；

$C_{\mathrm{t},i}$——第 i 类列车的噪声修正项，可为 A 计权声压级或频带声压级修正项，dB；

$t_{\mathrm{f},i}$——固定声源的作用时间，s；

$L_{p0,\mathrm{f},i}$——固定声源的噪声辐射源强，可为 A 计权声压级或频带声压级，dB；

$C_{\mathrm{f},i}$——固定声源的噪声修正项，可为 A 计权声压级或频带声压级修正项，dB。

列车运行噪声的作用时间采用列车通过的等效时间 t_{eq}，其近似值按式（B.17）计算。

$$t_{\mathrm{eq},i}=\frac{l}{v}\left(1+0.8\frac{d}{l}\right) \tag{B.17}$$

式中：$t_{\mathrm{eq},i}$——第 i 类列车通过的等效时间，s；

l——列车长度，m；

v——列车运行速度，m/s；

d——预测点到线路中心线的水平距离，m。

列车通过等效时间 $t_{\mathrm{eq},i}$ 的精确计算，可按式（B.18）计算。

$$t_{\mathrm{eq},i}=\frac{l_i}{v_i}\cdot\frac{\pi}{2\arctan\left(\dfrac{l_i}{2d}\right)+\dfrac{4dl_i}{4d^2+l_i^2}} \tag{B.18}$$

式中：$t_{\mathrm{eq},i}$——第 i 类列车通过的等效时间，s；

l_i——第 i 类列车的列车长度，m；

v_i——第 i 类列车的列车运行速度，m/s；

d——预测点到线路的距离，m。

列车运行噪声的修正项 $C_{\mathrm{t},i}$，按式（B.19）计算。

$$C_{\mathrm{t},i}=C_{\mathrm{t},v,i}+C_{\mathrm{t},\theta}+C_{\mathrm{t},t}-A_{\mathrm{t,div}}-A_{\mathrm{atm}}-A_{\mathrm{gr}}-A_{\mathrm{bar}}-A_{\mathrm{hous}}+C_{\mathrm{hous}}+C_w \tag{B.19}$$

式中：$C_{t,i}$—— 列车运行噪声的修正项，dB；

$C_{t,v,i}$—— 列车运行噪声速度修正，计算方法可参照式（B.21）、式（B.22）以及式（B.23），dB；

$C_{t,\theta}$—— 列车运行噪声垂向指向性修正，dB；

$C_{t,t}$—— 线路和轨道结构对噪声影响的修正，可按类比试验数据、标准方法或相关资料确定，部分条件下修正方法参照表 B.4，dB；

$A_{t,div}$—— 列车运行噪声几何发散损失，dB；

A_{atm}—— 列车运行噪声的大气吸收，计算方法参照 A.3.2，dB；

A_{gr}—— 地面效应引起的列车运行噪声衰减，计算方法参照 A.3.3，dB；

A_{bar}—— 声屏障对列车运行噪声的插入损失，dB；

A_{hous}—— 建筑群引起的列车运行噪声衰减，计算方法参照 A.3.5.2，dB；

C_{hous}—— 两侧建筑物引起的反射修正，计算方法参照表 A.1，dB；

C_w—— 频率计权修正，dB。

固定声源在传播过程中的衰减修正项 $C_{f,i}$，按式（B.20）计算。

$$C_{f,i} = C_{f,\theta} - A_{div} - A_{atm} - A_{gr} - A_{bar} - A_{hous} \tag{B.20}$$

式中：$C_{f,i}$——固定声源在传播过程中的衰减修正项，dB；

$C_{f,\theta}$——固定声源垂向指向性修正，dB；

A_{div}——固定声源几何发散衰减，dB；

A_{atm}——固定声源大气吸收衰减，计算方法参照 A.3.2，dB；

A_{gr}——地面效应引起的固定声源噪声衰减，计算方法参照 A.3.3，dB；

A_{bar}——屏障引起的固定声源衰减，dB；

A_{hous}——建筑群引起的固定声源声衰减，计算方法参照 A.3.5.2，dB。

a）速度修正（$C_{t,v}$）

铁路（时速低于 200 km/h）、城市轨道交通（地铁、轻轨、跨座式单轨、有轨电车等）运行噪声速度修正按表 B.3 中式（B.21）～式（B.23）计算，中低速磁浮运行噪声速度修正按式（B.21）计算。

表 B.3　速度修正

分类	列车速度	线路类型	修正公式	编号
地铁、轻轨、跨座式单轨、有轨电车、普通铁路	<35 km/h	高架线及地面线	$C_{t,v} = 10\lg\left(\frac{v}{v_0}\right)$	（B.21）
中低速磁浮	—			
地铁、轻轨、跨座式单轨、有轨电车、普通铁路	35 km/h≤v≤160 km/h	高架线	$C_{t,v} = 20\lg\left(\frac{v}{v_0}\right)$	（B.22）
高速铁路（时速低于 200 km/h）	60 km/h≤v<200 km/h			
地铁、轻轨、跨座式单轨、有轨电车、普通铁路	35 km/h≤v≤160 km/h	地面线	$C_{t,v} = 30\lg\left(\frac{v}{v_0}\right)$	（B.23）
高速铁路（时速低于 200 km/h）	60 km/h≤v<200 km/h			
式中：$C_{t,v}$—— 速度修正，dB； v_0—— 噪声源强的参考速度，km/h，该速度应在预测点设计速度的 75%～125%内； v—— 列车通过预测点的运行速度，km/h。				

b）垂向指向性修正

1）列车运行噪声垂向指向性修正（$C_{t,\theta}$）

地面线或高架线无挡板结构时（θ是以高于轨面以上 0.5 m，即声源位置，为水平基准）：

$$C_{t,\theta}=\begin{cases}-2.5 & \theta>50° \\ -0.0165(\theta-21.5°)^{1.5} & 21.5°\leqslant\theta\leqslant50° \\ -0.02(21.5°-\theta)^{1.5} & -10°\leqslant\theta\leqslant21.5° \\ -3.5 & \theta<-10°\end{cases} \tag{B.24}$$

高架线两侧轨面以上有挡板结构或 U 形梁腹板等遮挡时：

$$C_{t,\theta}=\begin{cases}-2.5 & \theta>50° \\ -0.0165(\theta-31°)^{1.5} & 31°\leqslant\theta\leqslant50° \\ -0.035(31°-\theta)^{1.5} & -10°\leqslant\theta\leqslant31° \\ -6.2 & \theta<-10°\end{cases} \tag{B.25}$$

式中：$C_{t,\theta}$——列车运行噪声垂向指向性修正，dB；

θ——预测点与声源水平方向夹角，(°)。

跨座式单轨辐射噪声垂向分布以轨面为界分为上下两层，预测时轨面以上和轨面以下区域分别采用不同的噪声源强值，可不再进行垂向指向性修正。中低速磁浮交通不考虑垂向指向性修正。

2）固定声源垂向指向性修正（$C_{f,\theta}$）

铁路固定声源垂向指向性修正，应参考有关资料或通过类比声源测量获取。

由于机车风笛鸣笛每次作用时间较短，可按固定点声源简化处理。机车风笛按高、低音混装配置，其指向性函数如式（B.26）所示。式中，0°≤θ≤180°（当 θ>180°时，式中θ应为 360−θ）。

$$C_{f,\theta}=\begin{cases}3.5\times10^{-4}(\theta-100)^2-3.5 & f=250\text{ Hz} \\ 1.7\times10^{-4}(\theta-110)^2-2 & f=500\text{ Hz} \\ 5.2\times10^{-4}(\theta-120)^2-7.5 & f=1\,000\text{ Hz} \\ 6.8\times10^{-4}(\theta-130)^2-11.5 & f=2\,000\text{ Hz} \\ 9.3\times10^{-4}(\theta-140)^2-18.3 & f=4\,000\text{ Hz} \\ 9.5\times10^{-4}(\theta-150)^2-21.5 & f=8\,000\text{ Hz}\end{cases} \tag{B.26}$$

式中：θ——风笛到预测点方向与风笛正轴向的夹角，如图 B.3 所示，(°)。

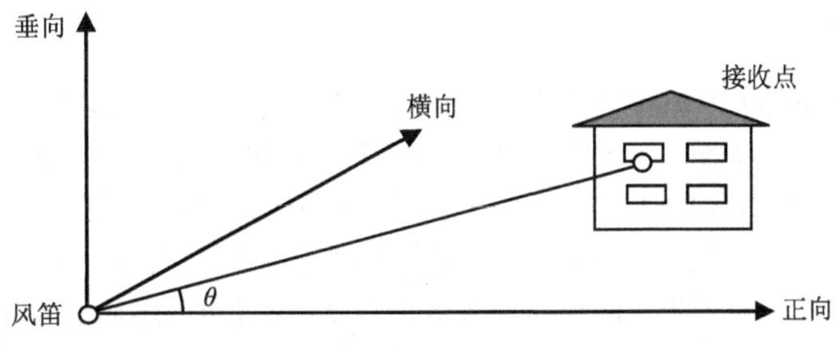

图 B.3 风笛指向性夹角θ示意图

c）线路和轨道结构修正（$C_{t,t}$）

铁路（时速低于 200 km/h）、高速铁路轮轨区域以及地铁和轻轨（旋转电机）线路和轨道条件噪声修正应按照类比试验数据、标准方法或相关资料计算，部分条件下修正可参照表 B.4。

表 B.4　不同线路和轨道条件噪声修正值

线路类型		噪声修正值/dB（A）
线路平面 圆曲线半径（R）	R＜300 m	+8
	300 m≤R≤500 m	+3
	R＞500 m	+0
有缝线路		+3
道岔和交叉线路		+4
坡道（上坡，坡度＞6‰）		+2
有砟轨道		−3

d）列车运行噪声几何发散衰减（$A_{t,div}$）

不同类型铁路及城市轨道交通线路运行噪声几何发散衰减应按照表 B.5 中式 B.27～式 B.30 分别计算。

表 B.5　噪声几何发散衰减

列车类型	修正公式	编号
铁路（速度＜200 km/h）、地铁和轻轨（旋转电机）	$A_{t,div}=10\lg\dfrac{\dfrac{4l}{4d_0^{\ 2}+l^2}+\dfrac{1}{d_0}\arctan\left(\dfrac{l}{2d_0}\right)}{\dfrac{4l}{4d^2+l^2}+\dfrac{1}{d}\arctan\left(\dfrac{l}{2d}\right)}$	（B.27）
地铁和轻轨（直线电机）、中低速磁浮	$A_{t,div}=10\lg\dfrac{d\arctan\dfrac{l}{2d_0}}{d_0\arctan\dfrac{l}{2d}}$	（B.28）
跨座式单轨	$A_{t,div}=16\lg\dfrac{d}{d_0}$	（B.29）
有轨电车	$A_{t,div}=20\lg\dfrac{d}{d_0}$	（B.30）
式中：$A_{t,div}$ —— 列车运行噪声几何发散衰减，dB； d_0 —— 源强点至声源的直线距离，m； d —— 预测点至声源的直线距离，m； l —— 列车长度，m。		

e）声屏障插入损失（A_{bar}）

铁路（时速低于 200 km/h）及城市轨道交通列车运行噪声可视为移动线声源，根据 HJ/T 90 中规定的计算方法，对于声源和声屏障假定为无限长时，声屏障顶端绕射衰减按式（A.24）计算，当声屏障为有限长时，应根据 HJ/T 90 中规定的计算方法进行修正。实际应用时，应考虑声源与声屏障之间至少 1 次反射声影响，如图 B.4 所示，首先根据 HJ/T 90 规定的方法计算声源 S_0 通过声屏障后的顶端绕射衰减，然后按照相同方法计算声源与声屏障之间反射声等效声源 S_1 通过声屏障后的顶端绕射声衰减，同时考虑顶端绕射和声屏障反射的影响，A_{bar} 可按式（B.31）计算。

此外，在计算铁路（时速低于 200 km/h）和城市轨道交通列车运行噪声时，当声源与受声点之间受其他遮挡物影响（如桥面、路基等），声源传播无法满足直达声传播条件，计算受声点处未安装声屏障时的声压级应按式（A.24）计算遮挡物的附加衰减量。

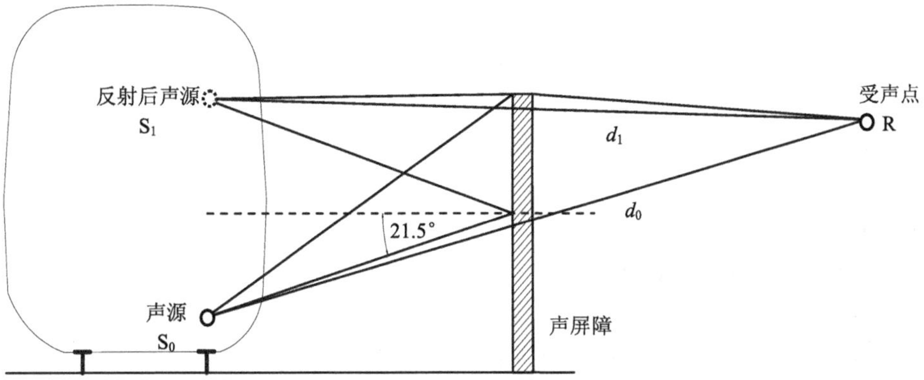

图 B.4 声屏障声传播路径

$$A_{bar}=L_{r0}-L_{r}=-10\lg\left\{10^{-0.1A'_{b0}}+10^{0.1\left[10\lg(1-NRC)-10\lg\frac{d_1}{d_0}-A'_{b1}\right]}\right\} \tag{B.31}$$

式中：A_{bar}—— 声屏障插入损失，dB；

L_{r0}—— 未安装声屏障时，受声点处声压级，dB；

L_{r}—— 安装声屏障后，受声点处声压级，dB；

NRC —— 声屏障的降噪系数；

A'_{b0}—— 安装声屏障后，受声点处声源顶端绕射衰减，可参照式（A.24）计算，dB；

A'_{b1}—— 安装声屏障后，受声点处一次反射后等效声源位置的顶端绕射衰减，可参照式（A.24）计算，dB，当受声点位于一次反射后等效声源位置与声屏障的声亮区时，A'_{b1} 可取为 5；

d_0—— 受声点至声源 S_0 直线距离，m；

d_1—— 受声点至一次反射后等效声源位置 S_1 直线距离，m。

B.3.2 铁路（时速为 200 km/h 及以上、350 km/h 及以下）噪声预测模型

铁路（时速为 200 km/h 及以上、350 km/h 及以下）列车运行噪声预测时，需采用多声源等效模型，源强应采用声功率级表示，等效模型可将集电系统噪声视为轨面以上 5.3 m 高的移动偶极子声源，车辆上部空气动力噪声视为轨面以上 2.5 m 高无指向性的有限长不相干线声源，以轮轨噪声为主的车辆下部噪声视为轨面以上 0.5 m 高有限长不相干偶极子线声源。见图 B.5。

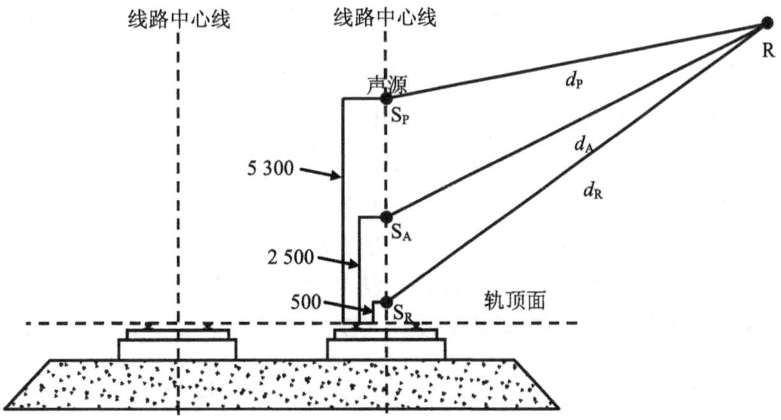

图 B.5 铁路（时速为 200 km/h 及以上、350 km/h 及以下）噪声预测声源模型示意图

预测点列车运行噪声等效 A 声级基本预测计算式为：

$$L_{Aeq,p}=10\lg\left\{\frac{1}{T}\left[\sum_i n_i t_{eq,i}10^{0.1(L_{p,i})}\right]\right\} \tag{B.32}$$

式中：$L_{Aeq,p}$——预测点列车运行噪声等效 A 声级，dB；

T——规定的评价时间，s；

n_i——T 时间内通过的第 i 类列车列数；

$t_{eq,i}$——第 i 类列车通过的等效时间，s；

$L_{p,i}$——第 i 类列车通过时段预测点处等效连续 A 声级，dB。

第 i 类列车通过时段预测点处等效连续 A 声级按式（B.33）计算：

$$L_{p,i}=10\lg\left[10^{0.1(L_{wP,i}+C_{P,i})}+10^{0.1(L_{wA,i}+C_{A,i})}+10^{0.1(L_{wR,i}+C_{R,i})}\right] \tag{B.33}$$

式中：$L_{p,i}$——第 i 类列车通过时段预测点处等效连续 A 声级，dB；

$L_{wP,i}$——第 i 类列车集电系统声功率级，dB；

$C_{P,i}$——第 i 类列车集电系统噪声修正及传播衰减量，dB；

$L_{wA,i}$——第 i 类列车单位长度线声源声功率级（车体区域），dB；

$C_{A,i}$——第 i 类列车车体区域噪声修正及传播衰减量，dB；

$L_{wR,i}$——第 i 类列车单位长度线声源声功率级（轮轨区域），dB；

$C_{R,i}$——第 i 类列车轮轨区域噪声修正及传播衰减量，dB。

第 i 类列车集电系统噪声修正及传播衰减量按式（B.34）计算：

$$C_{P,i}=C_{vP,i}-A_{bar,P,i}-A_{div,P,i}-A_{atm}-A_{hous} \tag{B.34}$$

式中：$C_{P,i}$——第 i 类列车集电系统噪声修正及传播衰减量，dB；

$C_{vP,i}$——第 i 类列车集电系统噪声速度修正，dB；

$A_{bar,P,i}$——第 i 类列车集电系统声屏障衰减，dB；

$A_{div,P,i}$——第 i 类列车集电系统噪声距离修正，dB；

A_{atm}——大气吸收引起的噪声衰减，dB，计算方法参照 A.3.2；

A_{hous}——建筑群引起的噪声衰减，dB，计算方法参照 A.3.5.2。

第 i 类列车车体区域噪声修正及传播衰减量按式（B.35）计算：

$$C_{A,i}=C_{vA,i}-A_{bar,A,i}-A_{div,A,i}-A_{atm}-A_{hous} \tag{B.35}$$

式中：$C_{A,i}$——第 i 类列车车体区域噪声修正及传播衰减量，dB；

$C_{vA,i}$——第 i 类列车车体区域噪声速度修正，dB；

$A_{bar,A,i}$——第 i 类列车车体区域声屏障衰减，dB；

$A_{div,A,i}$——第 i 类列车车体区域噪声距离修正，dB；

A_{atm}——大气吸收引起的噪声衰减，dB，计算方法参照 A.3.2；

A_{hous}——建筑群引起的噪声衰减，dB，计算方法参照 A.3.5.2。

第 i 类列车轮轨区域噪声修正及传播衰减量按式（B.36）计算：

$$C_{R,i}=C_{vR,i}+C_{t,R}+C_{t,\theta,R}-A_{bar,R,i}-A_{div,R,i}-A_{atm}-A_{hous} \tag{B.36}$$

式中：$C_{R,i}$——第 i 类列车轮轨区域噪声修正及传播衰减量，dB；

$C_{vR,i}$——第 i 类列车轮轨区域噪声速度修正，dB；

$C_{t,R}$——线路和轨道结构修正，dB；

$C_{t,\theta,R}$——轮轨区域噪声源垂向指向性修正，dB；

$A_{bar,R,i}$——第 i 类列车轮轨区域声屏障修正，dB；

$A_{div,R,i}$——第 i 类列车轮轨区域噪声距离修正，dB；

A_{atm}——大气吸收引起的噪声衰减，dB，计算方法参照 A.3.2；

A_{hous}——建筑群引起的噪声衰减，dB，计算方法参照 A.3.5.2。

a）声源声功率级

铁路噪声源声功率级可以通过现场测试、声压级理论计算以及查阅资料等方式获取。通过声压级理论计算声功率级的方法可参照表 B.6 中式 B.37～式 B.39，其中声压级可通过已有资料或类比测量获得。类比测量声压级时下列条件应相同或相近：车辆类型、车辆轴重、簧下质量、列车速度、有砟/无砟轨道、有缝/无缝线路、线路坡度、钢轨类型、扣件类型、路基类型或桥梁梁型及结构等。

表 B.6　铁路（时速为 200 km/h 及以上、350 km/h 及以下）噪声源声功率计算

声源	修正公式	编号
集电系统	$L_{wP,i}=L_{p,i}-10\lg\left(14.056\dfrac{C_{PS}}{v}+0.033C_{AS}+0.022C_{RS}\right)+10\lg C_{PS}+26$	（B.37）
车体区域 （单位长度线声源）	$L_{wA,i}=L_{p,i}-10\lg\left(14.056\dfrac{C_{PS}}{v}+0.033C_{AS}+0.022C_{RS}\right)+10\lg C_{AS}+2.9$	（B.38）
轮轨区域 （单位长度线声源）	$L_{wR,i}=L_{p,i}-10\lg\left(14.056\dfrac{C_{PS}}{v}+0.033C_{AS}+0.022C_{RS}\right)+10\lg C_{RS}+2.9$	（B.39）

式中：$L_{wP,i}$—— 第 i 类列车集电系统声源总声功率级，dB；

$L_{wA,i}$——第 i 类列车单位长度线声源声功率级（车体区域），dB；

$L_{wR,i}$——第 i 类列车单位长度线声源声功率级（轮轨区域），dB；

$L_{p,i}$—— 距近侧线路中心线 25 m、轨面以上 3.5 m 处列车通过时段等效连续 A 声级，dB（A）；

v —— $L_{p,i}$ 对应的列车运行速度，km/h；

C_{PS} —— 集电系统噪声源声功率计算参数，见表 B.7；

C_{AS} —— 车体区域噪声源声功率计算参数，见表 B.7；

C_{RS} —— 轮轨区域噪声源声功率计算参数，见表 B.7。

表 B.7　铁路（时速为 200 km/h 及以上、350 km/h 及以下）噪声源声功率计算参数

轨道类型	列车速度/（km/h）	C_{RS}	C_{AS}	C_{PS}
无砟轨道-桥梁	200～300	$\dfrac{0.86\left(\frac{v}{250}\right)^{2.5}}{0.86\left(\frac{v}{250}\right)^{2.5}+0.1\left(\frac{v}{250}\right)^{4.5}+0.04\left(\frac{v}{250}\right)^{6}}$	$\dfrac{0.1\left(\frac{v}{250}\right)^{4.5}}{0.86\left(\frac{v}{250}\right)^{2.5}+0.1\left(\frac{v}{250}\right)^{4.5}+0.04\left(\frac{v}{250}\right)^{6}}$	$\dfrac{0.04\left(\frac{v}{250}\right)^{6}}{0.86\left(\frac{v}{250}\right)^{2.5}+0.1\left(\frac{v}{250}\right)^{4.5}+0.04\left(\frac{v}{250}\right)^{6}}$
	＞300	$\dfrac{1.36\left(\frac{v}{300}\right)^{4}}{1.36\left(\frac{v}{300}\right)^{4}+0.1\left(\frac{v}{250}\right)^{4.5}+0.04\left(\frac{v}{250}\right)^{6}}$	$\dfrac{0.1\left(\frac{v}{250}\right)^{4.5}}{1.36\left(\frac{v}{300}\right)^{4}+0.1\left(\frac{v}{250}\right)^{4.5}+0.04\left(\frac{v}{250}\right)^{6}}$	$\dfrac{0.04\left(\frac{v}{250}\right)^{6}}{1.36\left(\frac{v}{300}\right)^{4}+0.1\left(\frac{v}{250}\right)^{4.5}+0.04\left(\frac{v}{250}\right)^{6}}$
无砟轨道-路基	200～300	$\dfrac{0.78\left(\frac{v}{250}\right)^{2.5}}{0.78\left(\frac{v}{250}\right)^{2.5}+0.16\left(\frac{v}{250}\right)^{4.5}+0.06\left(\frac{v}{250}\right)^{6}}$	$\dfrac{0.16\left(\frac{v}{250}\right)^{4.5}}{0.78\left(\frac{v}{250}\right)^{2.5}+0.16\left(\frac{v}{250}\right)^{4.5}+0.06\left(\frac{v}{250}\right)^{6}}$	$\dfrac{0.06\left(\frac{v}{250}\right)^{6}}{0.78\left(\frac{v}{250}\right)^{2.5}+0.16\left(\frac{v}{250}\right)^{4.5}+0.06\left(\frac{v}{250}\right)^{6}}$
	＞300	$\dfrac{1.23\left(\frac{v}{300}\right)^{4}}{1.23\left(\frac{v}{300}\right)^{4}+0.16\left(\frac{v}{250}\right)^{4.5}+0.06\left(\frac{v}{250}\right)^{6}}$	$\dfrac{0.16\left(\frac{v}{250}\right)^{4.5}}{1.23\left(\frac{v}{300}\right)^{4}+0.16\left(\frac{v}{250}\right)^{4.5}+0.06\left(\frac{v}{250}\right)^{6}}$	$\dfrac{0.06\left(\frac{v}{250}\right)^{6}}{1.23\left(\frac{v}{300}\right)^{4}+0.16\left(\frac{v}{250}\right)^{4.5}+0.06\left(\frac{v}{250}\right)^{6}}$

轨道类型	列车速度/(km/h)	C_{RS}	C_{AS}	C_{PS}
有砟轨道	200～300	$\frac{0.69\left(\frac{v}{250}\right)^{2.5}}{0.69\left(\frac{v}{250}\right)^{2.5}+0.17\left(\frac{v}{250}\right)^{4.5}+0.14\left(\frac{v}{250}\right)^{6}}$	$\frac{0.17\left(\frac{v}{250}\right)^{4.5}}{0.69\left(\frac{v}{250}\right)^{2.5}+0.17\left(\frac{v}{250}\right)^{4.5}+0.14\left(\frac{v}{250}\right)^{6}}$	$\frac{0.14\left(\frac{v}{250}\right)^{6}}{0.69\left(\frac{v}{250}\right)^{2.5}+0.17\left(\frac{v}{250}\right)^{4.5}+0.14\left(\frac{v}{250}\right)^{6}}$
	>300	$\frac{1.09\left(\frac{v}{300}\right)^{4}}{1.09\left(\frac{v}{300}\right)^{4}+0.17\left(\frac{v}{250}\right)^{4.5}+0.14\left(\frac{v}{250}\right)^{6}}$	$\frac{0.17\left(\frac{v}{250}\right)^{4.5}}{1.09\left(\frac{v}{300}\right)^{4}+0.17\left(\frac{v}{250}\right)^{4.5}+0.14\left(\frac{v}{250}\right)^{6}}$	$\frac{0.14\left(\frac{v}{250}\right)^{6}}{1.09\left(\frac{v}{300}\right)^{4}+0.17\left(\frac{v}{250}\right)^{4.5}+0.14\left(\frac{v}{250}\right)^{6}}$

b）声源距离修正

集电系统噪声距离修正 $A_{div,P}$ 按式（B.40）进行计算。

$$A_{div,P}=10\lg(v)-10\lg\left[\frac{1}{d}\arctan\frac{l-l_1}{d}+\frac{(l-l_1)}{d^2+(l-l_1)^2}+\frac{1}{d}\arctan\frac{l_1}{d}+\frac{l_1}{d^2+l_1^2}\right]+5.4 \tag{B.40}$$

式中：$A_{div,P}$——集电系统噪声距离修正，dB；

v——列车运行速度，km/h；

d——受声点至声源的直线距离，m；

l—— 列车长度，m；

l_1——列车车头距集电系统的距离，m。

车体区域噪声距离修正 $A_{div,A}$ 按式（B.41）进行计算。

$$A_{div,A}=-10\lg\left(\frac{1}{d}\arctan\frac{l}{2d}\right)+5 \tag{B.41}$$

式中：$A_{div,A}$——车体区域噪声距离修正，dB；

d——受声点至声源的直线距离，m；

l—— 列车长度，m。

轮轨区域噪声距离修正 $A_{div,R}$ 按式（B.42）进行计算。

$$A_{div,R}=-10\lg\left[\frac{4l}{4d^2+l^2}+\frac{1}{d}\arctan\left(\frac{l}{2d}\right)\right]+8 \tag{B.42}$$

式中：$A_{div,R}$——轮轨区域噪声距离修正，dB；

d——受声点至声源的直线距离，m；

l——列车长度，m。

c）声源垂向指向性

高速铁路轮轨区域噪声源需考虑垂向指向性，按式（B.43）进行计算，车体区域和集电系统可不考虑。

$$C_{t,\theta,R}=C_{t,\theta}-C_{t,ref} \tag{B.43}$$

式中：$C_{t,\theta,R}$——轮轨区域垂直指向性修正，dB；

$C_{t,\theta}$——按式 B.24 计算的垂向指向性修正量，dB；

$C_{t,ref}$——采用表 B.6 获取噪声源声功率时，对应距线路中心线 25 m、轨面以上 3.5 m 处垂向指向性修正量，按式（B.24）计算。当直接采用噪声源声功率级进行计算时，$C_{t,ref}$ 为 1.5。

d）速度修正（C_v）

列车速度修正按表 B.8 中式 B.44～式 B.46 进行计算。

表 B.8 铁路（时速为 200 km/h 及以上、350 km/h 及以下）列车速度修正

<table>
<tr><th>声源</th><th colspan="2">修正公式</th><th>编号</th></tr>
<tr><td>集电系统</td><td colspan="2">$C_{vP}=60\ \lg\left(\frac{v}{v_0}\right)$</td><td>（B.44）</td></tr>
<tr><td>车体区域</td><td colspan="2">$C_{vA}=45\ \lg\left(\frac{v}{v_0}\right)$</td><td>（B.45）</td></tr>
<tr><td rowspan="2">轮轨区域</td><td>200 km/h≤v≤300 km/h</td><td>$C_{vR}=25\ \lg\left(\frac{v}{v_0}\right)$</td><td rowspan="2">（B.46）</td></tr>
<tr><td>v＞300 km/h</td><td>$C_{vR}=40\ \lg\left(\frac{v}{v_0}\right)$</td></tr>
<tr><td colspan="4">式中：C_{vP}——集电系统速度修正，dB；
C_{vA}——车体区域速度修正，dB；
C_{vR}——轮轨区域速度修正，dB；
v_0—— 噪声源强的参考速度，km/h；
v —— 列车通过预测点的运行速度，km/h。</td></tr>
</table>

e）声屏障插入损失计算

声屏障声传播路径如图 B.6 所示，按照集电系统、车体区域、轮轨区域分别计算声屏障插入损失。当声源与受声点之间受其他遮挡物影响（如桥面、路基等），声源传播无法满足直达声传播条件，计算受声点处未安装声屏障时的声压级应按式（A.24）计算遮挡物的附加衰减量。

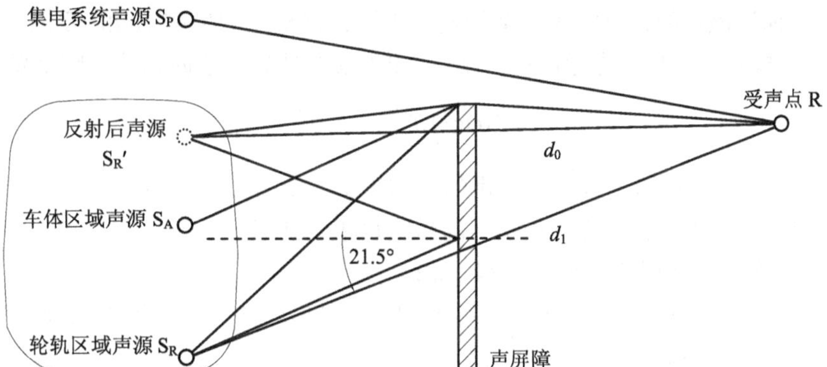

图 B.6 铁路（时速为 200 km/h 及以上、350 km/h 及以下）声屏障声传播途径示意图

集电系统噪声屏障衰减 $A_{bar,P}$ 可采用点声源通过声屏障顶端绕射衰减方法，按式（A.22）计算；车体区域噪声屏障衰减 $A_{bar,A}$ 可采用 HJ/T 90 中规定的计算方法，按式（A.24）计算；轮轨区域噪声屏障衰减 $A_{bar,R}$ 可与铁路（时速低于 200 km/h）及城市轨道交通声屏障顶端绕射计算方法一致，按式（B.31）计算。

B.3.3 比例预测法

a）比例预测法适用范围

比例预测法可应用于既有铁路改、扩建项目中以列车运行噪声为主的线路，其工程实施前后线路位置应基本维持原有状况不变，评价范围内建筑物分布状况应保持不变。对于新建项目和铁路编组场、机务段、折返段、车辆段等既有站、场、段、所的改、扩建项目，不适合采用比例预测法。

b）计算方法

比例预测法预测等效声级的计算方法如式（B.47）、式（B.48）所示：

$$L_{\mathrm{Aeq},p}=10\lg\sum_{i}10^{0.1L_{\mathrm{AE,p},i}}-10\lg T \tag{B.47}$$

其中，

$$L_{\mathrm{AE,p},i}=10\lg\left(\frac{n_{\mathrm{p},i}}{n_{\mathrm{n},i}}\sum_{j}10^{0.1L_{\mathrm{AE,n},j}}\right)+k_{\mathrm{v},i}\lg\frac{v_{\mathrm{p},i}}{v_{\mathrm{n},i}}+C_{\mathrm{t}}+C_{\mathrm{s},i} \tag{B.48}$$

式中：$L_{\mathrm{Aeq},p}$——预测点列车运行噪声等效 A 声级，dB；

$L_{\mathrm{AE,p},i}$——预测的第 i 类列车总暴露声级，dB；

T——评价时间，s；

$L_{\mathrm{AE,n},j}$——第 j 列列车通过时的暴露声级，dB；

$n_{\mathrm{n},i}$——第 i 类列车工程实施前 T 时间内通过的总编组数；

$n_{\mathrm{p},i}$——第 i 类列车工程实施后 T 时间内通过的总编组数；

$k_{\mathrm{v},i}$——第 i 类列车速度变化引起声级的修正系数，可参照表 B.3 中的相应公式计算；

$v_{\mathrm{n},i}$——第 i 类列车工程实施前的运行速度，km/h；

$v_{\mathrm{p},i}$——第 i 类列车工程实施后的运行速度，km/h；

C_{t}——线路结构变化引起的声级修正量，dB；

$C_{\mathrm{s},i}$——第 i 类列车源强变化引起的声级修正量，dB。

测量过程中，当接收点同时受铁路噪声和其他噪声影响时，应进行背景噪声的修正。背景噪声在此时是指铁路噪声不作用时的其他噪声。例如，线路距接收点较远，其辐射到接收点的噪声可忽略不计时的其他噪声总和，可视为该点的背景噪声。背景噪声小于铁路噪声测量值 10 dB 及以上时，不做修正；小于 3～10 dB 时，应按式（B.49）进行修正；小于 3 dB 以下时测量数据无效，应重新测量。

$$L_{\mathrm{AE,c}}=10\lg\left(10^{0.1L_{\mathrm{AE,m}}}-10^{0.1L_{\mathrm{AE,b}}}\right) \tag{B.49}$$

式中：$L_{\mathrm{AE,c}}$——每列列车修正后的不含背景噪声的暴露声级（即 $L_{\mathrm{AE,n},j}$），dB；

$L_{\mathrm{AE,m}}$——每列列车现场实测的含背景噪声的暴露声级，dB；

$L_{\mathrm{AE,b}}$——每列列车的背景噪声的暴露声级，dB。

背景噪声需对应测量每一通过列车的暴露声级。$L_{\mathrm{AE,b}}$ 测量时间与相应接收点处所测的每一通过列车暴露声级 $L_{\mathrm{AE,m}}$ 的测量时间长度相等。

c）预测步骤

比例预测法可按以下步骤进行：

第 1 步：首先确认是否适合采用比例预测法。

第 2 步：确定噪声监测断面，布设测点。

第 3 步：在每一测量断面实施噪声同步监测。测量每一通过列车的含背景噪声的暴露声级 $L_{\mathrm{AE,m}}$、背景噪声 $L_{\mathrm{AE,b}}$、测量持续时间，并测量和记录列车通过速度、节数、列车类型及有关的线路情况。

第 4 步：进行背景噪声修正计算，确定每列车的 $L_{\mathrm{AE,c}}$（即 $L_{\mathrm{AE,n},j}$）。

第 5 步：确定工程实施前、后各类列车的运行速度。工程前的列车运行速度可按第 3 步中实测速度，以每类列车的速度平均值作为该类型列车的计算速度，即 $v_{n,i}$。参考表 B.3 开展类比试验，确定每类列车速度变化引起声级的修正系数 $k_{v,i}$。

第 6 步：根据工程实施前、后的线路结构，参考相关标准、资料或开展类比试验，确定线路结构变化引起的声级修正量 C_t。

第 7 步：根据工程实施前、后各种类型列车的变化，参考相关标准、资料，或根据类比试验，确定每类列车源强变化引起的声级修正量 $C_{s,i}$。

第 8 步：根据第 3 步现场记录的列车通过编组数，确定工程前第 i 类列车 T 时间内通过的总编组数 $n_{n,i}$。根据工程设计资料，确定工程后第 i 类列车 T 时间内通过的总节数 $n_{p,i}$。

第 9 步：计算每类列车在 T 时间内预测的总暴露声级 $L_{AE,p,i}$。

第 10 步：计算每一接收点处的等效声级 $L_{Aeq,p}$，作为该点的预测结果。

B.4　机场航空器噪声预测模型

B.4.1　预测的量

依据 GB 9660 机场周围噪声的预测评价量应为计权等效连续感觉噪声级（L_{WECPN}）。

B.4.2　单架航空器噪声有效感觉噪声级（L_{EPN}）

机场航空器噪声可用噪声距离特性曲线或噪声－功率－距离数据表达，预测时一般利用国际民航组织、其他有关组织或航空器生产厂提供的数据，在必要情况下应按有关规定进行实测。鉴于机场航空器噪声资料是在一定的飞行速度和设定功率下获取的，当实际预测情况和资料获取时的条件不一致，使用时应做必要修正。

单架航空器的有效感觉噪声级（L_{EPN}）按以下公式计算：

$$L_{EPN} = L(F,d) + \Delta V - \Lambda(\beta,l,\varphi) - A_{atm} + \Delta L \tag{B.50}$$

式中：L_{EPN}——单架航空器的有效感觉噪声级，dB；

$L(F,d)$——发动机的推力 F 和地面计算点与航迹的最短距离 d 在已知的机场航空器噪声基本数据上进行插值获得的声级。L_F 由推力修正计算得到，L_d 根据“各种机型噪声—距离关系式及其飞行剖面”、“斜线距离计算模型”确定；

ΔV——速度修正因子；

$\Lambda(\beta,l,\varphi)$——侧向衰减因子；

A_{atm}——大气吸收引起的衰减；

ΔL——航空器起跑点后面的预测点声级的修正。

B.4.2.1　推力修正

航空器的声级和推力呈线性关系，可依据下式内插计算出不同推力情况下的机场航空器噪声级：

$$L_F = L_{F_i} + \left(L_{F_{i+1}} - L_{F_i}\right)\left(F - F_i\right)/\left(F_{i+1} - F_i\right) \tag{B.51}$$

式中：L_F——特定推力下航空器噪声级，dB；

F_i、F_{i+1}——测定机场航空器噪声时设定的推力，kN；

L_{F_i}、$L_{F_{i+1}}$——航空器设定推力为 F_i、F_{i+1} 时同一地点测得的声级，dB；

F——介于 F_i、F_{i+1} 之间的推力，kN；

L_F——内插得到的推力为 F 时同一地点声级，dB。

B.4.2.2　飞行剖面的确定

在进行噪声预测时，首先应确定单架航空器的飞行剖面。典型的飞行剖面示意见图 B.7。

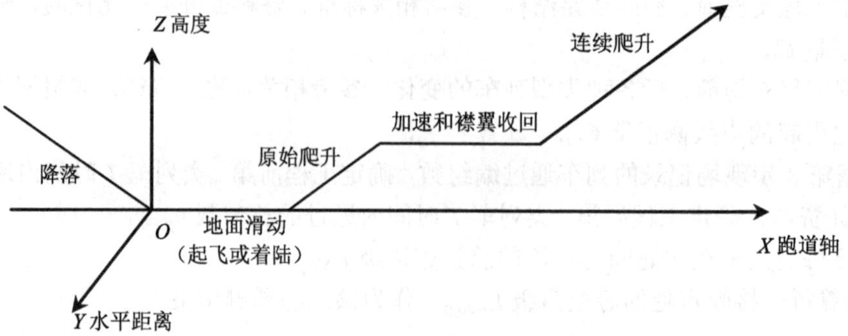

图 B.7 典型飞行剖面示意图

B.4.2.3 斜距确定

从网格预测点到飞行航线的垂直距离可由下式计算：

$$R=\sqrt{L^2+(h\cos r)^2} \tag{B.52}$$

式中：R —— 预测点到飞行航线的垂直距离，m；

L —— 预测点到地面航迹的垂直距离，m；

h —— 飞行高度，m；

r —— 航空器的爬升角，(°)。

各种符号的具体意义见图 B.8。

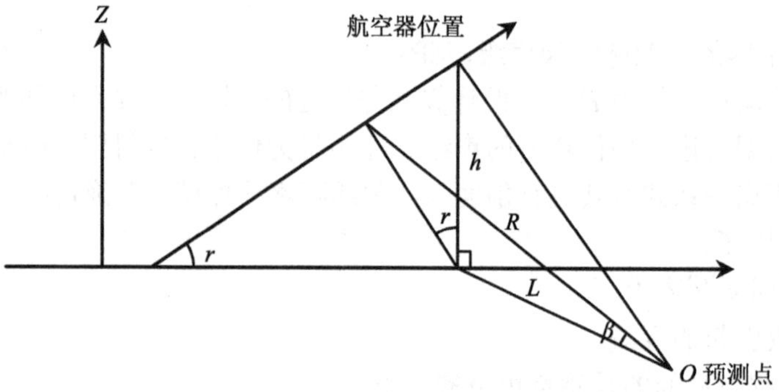

图 B.8 各种符号的意义

B.4.2.4 速度修正

一般提供的机场航空器噪声以速度 160 kn（节）为基础，在计算声级时，应对航空器的飞行速度进行校正。

$$\Delta V=10\lg\frac{V_r}{V} \tag{B.53}$$

式中：ΔV——速度修正量，dB；

V_r —— 参考空速，kn；

V —— 关心阶段航空器的地面速度，kn。

B.4.2.5 大气吸收引起的衰减

在计算大气吸收引起的衰减时，往往以 15℃和 70%相对湿度为基础条件。因此在温度和湿度条件相差较大时，需考虑大气条件变化而引起声衰减变化修正，其修正见附录 A.3.2。

B.4.2.6　侧向衰减

声波在传递过程中，由地面影响所引起的侧向衰减可按下式计算：

a）侧向距离（ℓ）≤914 m 时，侧向衰减可按下式计算：

$$\Lambda(\beta,\ell,\varphi)=-\left[E_{\text{Eng}}(\varphi)-\frac{G(\ell)A_{\text{Grd+Rs}}(\beta)}{10.68}\right] \tag{B.54}$$

式中：$\Lambda(\beta,\ell,\varphi)$—— 侧向衰减，dB；

$E_{\text{Eng}}(\varphi)$—— 发动机位置修正；

$G(\ell)$—— 地表面吸声修正；

$A_{\text{Grd+Rs}}(\beta)$—— 声波的折射和散射修正；

俯角（φ）、仰角（β）、侧向距离（ℓ）含义见图 B.9。

$E_{\text{Eng}}(\varphi)$ 的计算公式如下：

喷气发动机安装在机身上的航空器，并俯角满足−180°≤φ≤180°时：

$$E_{\text{Eng}}(\varphi)=10\lg\left(0.122\,5\cos^2\varphi+\sin^2\varphi\right)^{0.329} \tag{B.55}$$

式中：$E_{\text{Eng}}(\varphi)$——发动机位置修正；

φ——俯角，（°）。

喷气式发动机安装在机翼上的航空器，并俯角满足 0°≤φ≤180°时：

$$E_{\text{Eng}}(\varphi)=10\lg\left[\frac{\left(0.003\,9\cos^2\varphi+\sin^2\varphi\right)^{0.062}}{0.878\,6\sin^2 2\varphi+\cos^2 2\varphi}\right] \tag{B.56}$$

式中：$E_{\text{Eng}}(\varphi)$——发动机位置修正；

φ——俯角，（°）。

对于螺旋桨航空器，并在所有 φ 值条件下时：

$$E_{\text{Eng}}(\varphi)=0 \tag{B.57}$$

式中：$E_{\text{Eng}}(\varphi)$——发动机位置修正。

$G(\ell)$ 的计算公式如下：

$$G(\ell)=11.83\left(1-e^{-2.74\times10^{-3}\ell}\right) \tag{B.58}$$

式中：$G(\ell)$——地表面吸声修正；

ℓ——侧向距离，m。

$A_{\text{Grd+Rs}}(\beta)$ 的计算公式如下：

$$A_{\text{Grd+Rs}}(\beta)=\begin{cases}1.137-0.022\,9\beta+9.72\exp(-0.142\beta) & 0°\leqslant\beta\leqslant 50°\\ 0 & 50°<\beta\leqslant 90°\end{cases}$$

nn（B.59）

式中：$A_{Grd+Rs}(\beta)$——声波的折射和散射修正；

β——仰角，(°)。

b）侧向距离（ℓ）>914 m 时，侧向衰减可按下式计算：

$$\Lambda(\beta,\ell,\varphi)=E_{Eng}(\varphi)-A_{Grd+Rs}(\beta) \tag{B.60}$$

式中：$\Lambda(\beta,\ell,\varphi)$——侧向衰减，dB；

$E_{Eng}(\varphi)$——发动机位置修正；

$A_{Grd+Rs}(\beta)$——声波的折射和散射修正。

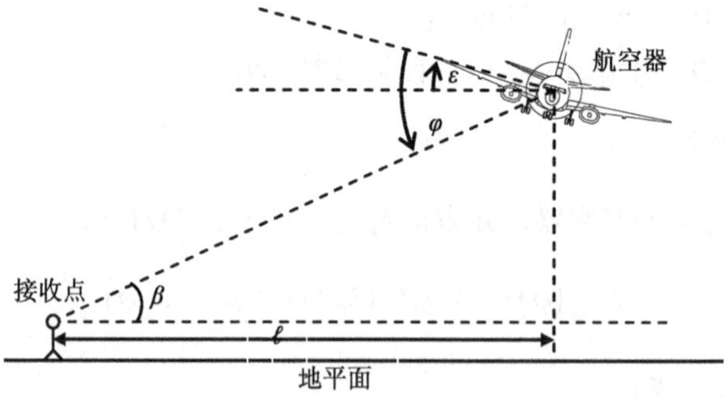

图 B.9　角度和侧向距离示意图

B.4.2.7　航空器起跑点后面的预测点声级的修正

由于机场航空器噪声具有一定的指向性，因此，航空器起跑点后面的预测点声级应作指向性修正，其修正公式如下：

$$\Delta L=\begin{cases}51.44-1.553\theta+0.015\,147\theta^2-0.000\,047\,173\theta^3 & 90°\leqslant\theta\leqslant148.4° \\ 339.18-2.580\,2\theta+0.004\,554\,5\theta^2-0.000\,044\,193\theta^3 & 148.4°<\theta\leqslant180°\end{cases} \tag{B.61}$$

式中：ΔL—— 起跑点后预测点的指向性修正，dB；

θ—— 预测点与跑道端中点连线和跑道中心线的夹角，(°)。

B.4.2.8　机场航空器噪声事件中有效感觉噪声级 L_{EPN} 的近似表达

对某一飞行事件的有效感觉噪声级按下式近似计算：

$$L_{EPN}=L_{A\max}+10\lg(T_d/20)+13 \tag{B.62}$$

式中：L_{EPN}—— 某一飞行事件的有效感觉噪声级，dB；

L_{Amax}—— 一次噪声事件中测量时段内单架航空器通过时的最大 A 声级，dB；

T_d—— 在 L_{Amax} 下 10 dB 的延续时间，s。

B.4.3　航空器水平发散的计算

航空器飞行时并不能完全按规定的航迹飞行，国际民航组织通报（Icao circular）205-AN/86 1988）提出在无实际测量数据时，离场航路的水平发散可按如下考虑：

航线转弯角度小于 45°时：

$$S(x)=\begin{cases}0.055x-0.150 & 5\text{ km}<x<30\text{ km} \\ 1.5 & x\geqslant30\text{ km}\end{cases} \tag{B.63}$$

航线转弯角度大于 45°时：

$$S(x)=\begin{cases}0.128x-0.42 & 5\text{ km}<x<15\text{ km}\\ 1.5 & x\geqslant 15\text{ km}\end{cases} \tag{B.64}$$

式中：$S(x)$—— 标准偏差，km；

x—— 从滑行开始点算的距离，km。

在起飞点$\left[S(x)=0\right]$和 5 km 之间可用线性内插决定 $S(x)$。降落时，在 6 km 内的发散可以忽略。

作为近似可按高斯分布来统计航空器的空间分布，沿着航迹两侧不同发散航迹航空器飞行的比例见表 B.9。

表 B.9 航线两侧不同发散航迹航空器飞行的比例

次航迹数	次航迹位置	次航迹运行架次比例/%
7	−2.14S	3
5	−1.43S	11
3	−0.71S	22
1	0	28
2	0.71S	22
4	1.43S	11
6	2.14S	3

附 录 C
（资料性附录）
典型建设项目噪声影响预测及防治对策措施

C.1 工业噪声预测及防治措施

C.1.1 固定声源分析

a）主要声源的确定

分析建设项目的设备类型、型号、数量，并结合设备和工程厂界（场界、边界）以及声环境保护目标的相对位置确定工程的主要声源。

b）声源的空间分布

依据建设项目平面布置图、设备清单及声源源强等资料，标明主要声源的位置。建立坐标系，确定主要声源的三维坐标。

c）声源的分类

将主要声源划分为室内声源和室外声源两类。

确定室外声源的源强和运行时间及时间段。当有多个室外声源时，为简化计算，可视情况将数个声源组合为声源组团，然后按等效声源进行计算。

对于室内声源，需分析围护结构的尺寸及使用的建筑材料，确定室内声源的源强和运行时间及时间段。

d）编制主要声源汇总表

以表格形式给出主要声源的分类、名称、型号、数量、坐标位置等；声功率级或某一距离处的倍频带声压级、A 声级。

C.1.2 声波传播途径分析

列表给出主要声源和声环境保护目标的坐标或相互间的距离、高差，分析主要声源和声环境保护目标之间声波的传播途径，给出影响声波传播的地面状况、障碍物、树林等。

C.1.3 预测内容

按不同评价工作等级的基本要求，选择以下工作内容分别进行预测，给出相应的预测结果。

a）厂界（场界、边界）噪声预测

预测厂界（场界、边界）噪声，给出厂界（场界、边界）噪声的最大值及位置。

b）声环境保护目标噪声预测

——预测声环境保护目标处的贡献值、预测值以及预测值与现状噪声值的差值，声环境保护目标所处声环境功能区的声环境质量变化，声环境保护目标所受噪声影响的程度，确定噪声影响的范围，并说明受影响人口分布情况。

——当声环境保护目标高于（含）三层建筑时，还应预测有代表性的不同楼层噪声。

c）绘制等声级线图

绘制等声级线图，说明噪声超标的范围和程度。

d）分析超标原因

根据厂界（场界、边界）和声环境保护目标受影响的情况，明确影响厂界（场界、边界）和周围声环境功能区声环境质量的主要声源，分析厂界（场界、边界）和声环境保护目标的超标原因。

C.1.4 预测模型

C.1.4.1 预测模型详见附录 B。

C.1.4.2 工业企业的专用铁路、公路等辅助设施的噪声影响预测，按 B.2、B.3 进行。

C.1.5 噪声防治措施

a）应从选址，总图布置，声源，声传播途径及声环境保护目标自身防护等方面分别给出噪声防治的具体方案。主要包括：选址的优化方案及其原因分析，总图布置调整的具体内容及其降噪效果（包括边界和声环境保护目标）；给出各主要声源的降噪措施、效果和投资；

b）设置声屏障和对声环境保护目标进行噪声防护等的措施方案、降噪效果及投资，并进行经济、技术可行性论证；

c）根据噪声影响特点和环境特点，提出规划布局及功能调整建议；

d）提出噪声监测计划、管理措施等对策建议。

C.2 公路、城市道路交通运输噪声预测及防治措施

C.2.1 预测参数

a）工程参数

明确公路（或城市道路）建设项目各路段的工程内容，路面的结构、材料、标高等参数；明确公路（或城市道路）建设项目各路段昼间和夜间各类型车辆的比例、车流量、车速。

b）声源参数

按照附录 B 中大、中、小车型的分类，利用相关模型计算各类型车的声源源强，也可通过类比测量进行修正。

c）声环境保护目标参数

根据现场实际调查，给出公路（或城市道路）建设项目沿线声环境保护目标的分布情况，各声环境保护目标的类型、名称、规模、所在路段、与路面的相对高差、与线路中心线和边界的距离以及建筑物的结构、朝向和层数，保护目标所在路段的桩号（里程）、线路形式、路面坡度等。

C.2.2 声传播途径分析

列表给出声源和预测点之间的距离、高差，分析声源和预测点之间的传播路径，给出影响声波传播的地面状况、障碍物、树林等。

C.2.3 预测内容

预测各预测点的贡献值、预测值、预测值与现状噪声值的差值，预测高层建筑有代表性的不同楼层所受的噪声影响。按贡献值绘制代表性路段的等声级线图，分析声环境保护目标所受噪声影响的程度，确定噪声影响的范围，并说明受影响人口分布情况。给出典型路段满足相应声环境功能区标准要求的距离。

依据评价工作等级要求，给出相应的预测结果。

C.2.4 预测模型

预测模型详见附录 B。

C.2.5 噪声防治措施

a）通过选线方案的声环境影响预测结果比较，分析声环境保护目标受影响的程度，影响规模，提出选线方案推荐建议；

b）根据工程与环境特征，给出局部线路调整、声环境保护目标搬迁、临路建筑物使用功能变更、改善道路结构和路面材料、设置声屏障和对敏感建筑物进行噪声防护等具体的措施方案及其降噪效果，并进行经济、技术可行性论证；

c）根据噪声影响特点和环境特点，提出城镇规划区路段线路与敏感建筑物之间的规划调整建议；

d）给出车辆行驶规定（限速、禁鸣等）及噪声监测计划等对策建议。

C.3 铁路、城市轨道交通噪声预测及防治措施

C.3.1 预测参数

a）工程参数

明确铁路（或城市轨道交通）建设项目各路段的工程内容，分段给出线路的技术参数，包括线路等级、线路结构、轨道和道床结构等。

b）车辆参数

明确列车类型、牵引类型、运行速度、列车长度（编组情况）、列车轴重、簧下质量（城市轨道交通）、各类型列车昼间和夜间的开行对数等参数。

c）声源源强参数

不同类型（或不同运行状况下）铁路噪声源强，可参照国家相关部门的规定确定，无相关规定的可根据工程特点通过类比监测确定。

d）声环境保护目标参数

根据现场实际调查，给出铁路（或城市轨道交通）建设项目沿线声环境保护目标的分布情况，各声环境保护目标的类型、名称、规模、所在路段、桩号（里程）、与轨面的相对高差及建筑物的结构、朝向和层数等。

C.3.2 声传播途径分析

列表给出声源和预测点间的距离、高差，分析声源和预测点之间的传播路径，给出影响声波传播的地面状况、障碍物、树林、气象条件等。

C.3.3 预测内容

预测内容要求与 C.2.3 相同。

C.3.4 预测模型

预测模型详见附录 B。

C.3.5 噪声防治措施

a）通过不同选线方案声环境影响预测结果，分析声环境保护目标受影响的程度，提出优化的选线方案建议；

b）根据工程与环境特征，提出局部线路和站场优化调整建议，明确声环境保护目标搬迁或功能置换措施，从列车、线路（路基或桥梁）、轨道的优选，列车运行方式、运行速度、鸣笛方式的调整，设置声屏障和对敏感建筑物进行噪声防护等方面，给出具体的措施方案及其降噪效果，并进行经济、技术可行性论证；

c）根据噪声影响特点和环境特点，提出城镇规划区段铁路（或城市轨道交通）与敏感建筑物之间的规划调整建议；

d）给出列车行驶规定及噪声监测计划等对策建议。

C.4 机场航空器噪声预测及防治措施

C.4.1 预测参数

a）工程参数

1）机场跑道参数：跑道的长度、宽度、中心点或中心线端点坐标、坡度、跑道真方位及海拔高度等；对于多跑道机场，还应包括跑道数量、平行跑道间距及跑道端错开距离、非平行跑道的夹角等相对位置关系参数；

2）飞行参数：机场年飞行架次、年运行天数、日平均飞行架次（对于通用机场、部分旅游机场和

特殊地区的机场，可能存在年运行天数少于 365 天的情况）；机场不同跑道和不同航向的航空器起降架次，机型比例，昼间、傍晚、夜间的飞行架次比例；飞行程序——起飞、降落、转弯的地面航迹；爬升、下滑的垂直剖面。

b）声源参数

利用国际民航组织和航空器生产厂家提供的资料，获取不同型号发动机航空器的功率-距离-噪声特性曲线，或按国际民航组织规定的监测方法进行实际测量，对于源强缺失需采取替代源强的机型，应说明替代机型选取的依据及可行性。

c）气象参数

机场的年平均风速、年平均温度、年平均湿度、年平均气压。

d）地面参数

分析机场航空器噪声影响范围内的地面状况（坚实地面、疏松地面、混合地面）。

C.4.2　预测的评价量

根据 GB 9660 的规定，预测的评价量为 L_{WECPN}。

C.4.3　预测范围

计权等效连续感觉噪声级（L_{WECPN}）等声级线应包含 70 dB 及以上区域，对于飞行量比较小的机场，预测到 70 dB 无法明显体现噪声影响范围和趋势的项目，应预测至 70 dB 以外范围。

C.4.4　预测内容

给出计权等效连续感觉噪声级（L_{WECPN}）包含 70 dB、75 dB 的不少于 5 条等声级线图（各条等声级线间隔 5 dB 给出）。同时给出评价范围内声环境保护目标的计权等效连续感觉噪声级（L_{WECPN}）。给出高于所执行标准限值不同声级范围内的面积、户数、人口。

C.4.5　预测模型

改扩建项目应进行机场航空器噪声现状监测值和预测模型计算值符合性的验证，给出误差范围，说明现状监测结果和预测模型选取的可靠性。预测模型详见附录 B。

C.4.6　噪声防治措施

a）通过不同机场位置、跑道方位、飞行程序方案的声环境影响预测结果，分析声环境保护目标受影响的程度，提出优化的机场位置、跑道方位、飞行程序方案建议；

b）根据工程与环境特征，给出机型优选，昼间、傍晚、夜间飞行架次比例的调整，对敏感建筑物进行噪声防护或使用功能变更、拆迁等具体的措施方案及其降噪效果，并进行经济、技术可行性论证；

c）根据噪声影响特点和环境特点，提出机场噪声影响范围内的规划调整建议；

d）给出机场航空器噪声监测计划等对策建议。

C.5　施工场地、调车场、停车场等噪声预测

C.5.1　预测参数

a）工程参数

给出施工场地、调车场、停车场等的范围。

b）声源参数

根据工程特点，确定声源的种类。

1）固定声源

给出主要设备名称、型号、数量、声源源强、运行方式和运行时间。

2）移动声源

给出主要设备型号、数量、声源源强、运行方式、运行时间、移动范围和路径。

C.5.2 声传播途径分析

根据声源种类的不同，分析内容及要求分别执行 C.1.2、C.2.2、C.3.2。

C.5.3 预测内容

a）根据建设项目工程的特点，分别预测固定声源和移动声源对场界（或边界）、声环境保护目标的噪声贡献值，进行叠加后作为最终的噪声贡献值；

b）根据评价工作等级要求，给出相应的预测结果。

C.5.4 预测模型

依据声源的特征，选择相应的预测计算模型，详见附录 B。

附　录　D
（资料性附录）
建设项目声环境影响评价表格要求

D.1　噪声源调查表

表 D.1　工业企业噪声源强调查清单（室外声源）

序号	声源名称	型号	空间相对位置/m			声源源强（任选一种）		声源控制措施	运行时段
			X	*Y*	*Z*	（声压级/距声源距离）/［dB（A）/m］	声功率级/dB（A）		
1	1#设备	×××							

表 D.2　工业企业噪声源强调查清单（室内声源）

序号	建筑物名称	声源名称	型号	声源源强（任选一种）		声源控制措施	空间相对位置/m			距室内边界距离/m	室内边界声级/dB（A）	运行时段	建筑物插入损失/dB(A)	建筑物外噪声	
				（声压级/距声源距离）/［dB（A）/m］	声功率级/dB（A）		*X*	*Y*	*Z*					声压级/dB(A)	建筑物外距离
1	1#车间	1#设备	×××												

表 D.3　公路/城市道路噪声源强调查清单

路段	时期	车流量/（辆/h）								车速/（km/h）						源强/dB					
		小型车		中型车		大型车		合计		小型车		中型车		大型车		小型车		中型车		大型车	
		昼间	夜间	昼间	夜间	昼间	夜间	昼间	夜间	昼间	夜间	昼间	夜间	昼间	夜间	昼间	夜间	昼间	夜间	昼间	夜间
	近期																				
	中期																				
	远期																				

表 D.4　铁路/城市轨道交通噪声源强调查清单

	车速	线路形式（桥梁/路堤/路堑）	无砟/有砟轨道	有缝/无缝	防撞墙/挡板结构高出轨面高度	噪声源强值
车型 1						
车型 2						
……						

表 D.5 铁路/城市轨道交通车流量/车型清单

设计年度	区段	昼夜车流量比	列车对数/（对/日）		
			车型 1	车型 2	……
近期	区段 1				
	区段 2				
	……				
远期	区段 1				
	区段 2				
	……				
……	区段 1				
	区段 2				
	……				

表 D.6 机场航空器噪声源调查清单

分类	航空器型号	发动机			机型噪声适航阶段代号*
		类型	型号	数量	
A	机型 1				
	机型 2				
	……				
B	机型 1				
	机型 2				
	……				
C	机型 1				
	机型 2				
	……				
D	机型 1				
	机型 2				
	……				
E	机型 1				
	机型 2				
	……				
F	机型 1				
	机型 2				
	……				
* 按照中国民用航空局《航空器型号和适航合格审定噪声规定》（CCAR-36-R1）航空器噪声适航要求，给出项目设计机型的噪声适航阶段代号。					

D.2 声环境保护目标调查表

表 D.7 工业企业声环境保护目标调查表

序号	声环境保护目标名称	空间相对位置/m			距厂界最近距离/m	方位	执行标准/功能区类别	声环境保护目标情况说明（介绍声环境保护目标建筑结构、朝向、楼层、周围环境情况）
		X	Y	Z				
		−66	99	2				

表 D.8　公路、城市道路声环境保护目标调查表

序号	声环境保护目标名称	所在路段	里程范围	线路形式	方位	声环境保护目标预测点与路面高差/m	距道路边界（红线）距离/m	距道路中心线距离/m	不同功能区户数		声环境保护目标情况说明（介绍声环境保护目标建筑结构、朝向、楼层、周围环境情况）
									X类	X类	

表 D.9　铁路、城市轨道交通声环境保护目标调查表

序号	声环境保护目标名称	行政区划	线路类型	里程范围	与线路位置关系（左/右）	距近侧线路中心线水平距离/m	轨面与声环境保护目标地面高差/m	功能区划	不同功能区户数		声环境保护目标情况说明（介绍声环境保护目标建筑结构、朝向、楼层、周围环境情况）
									X类	X类	

表 D.10　机场声环境保护目标调查表

序号	声环境保护目标名称	所属行政区划		声环境保护目标坐标			声环境保护目标类型	声环境保护目标规模
		所属乡（镇）	所属行政村	代表点距离跑道端头距离/m	代表点距离跑道中心线及延长线的垂直距离/m	与跑道中心点的高差/m	居住区/学校/医院等	户数及人口/师生人数/床位数

注 1：应明确跑道一端为声环境保护目标坐标的原点，并确定正负方向；确定跑道两侧的正负方向。
注 2：声环境保护目标代表点位置建议选取受机场航空器噪声影响最严重处，一般为声环境保护目标距离跑道端和跑道及其延长线的最近处。
注 3：对于场址与周边声环境保护目标高差较大，地形条件明显影响噪声传播条件的项目，应考虑声环境保护目标与跑道的高差。

D.3　声环境保护目标噪声预测结果表

表 D.11　工业企业声环境保护目标噪声预测结果与达标分析表

序号	声环境保护目标名称	噪声背景值/dB（A）		噪声现状值/dB（A）		噪声标准/dB（A）		噪声贡献值/dB（A）		噪声预测值/dB（A）		较现状增量/dB（A）		超标和达标情况	
		昼间	夜间	昼间	夜间	昼间	夜间	昼间	夜间	昼间	夜间	昼间	夜间	昼间	夜间

表 D.12　公路、城市道路预测点噪声预测结果与达标分析表

序号	声环境保护目标名称	预测点与声源高差/m	功能区类别	时段	标准值/dB（A）	背景值/dB（A）	现状值/dB（A）	运营近期				运营中期				运营远期			
								贡献值/dB（A）	预测值/dB（A）	较现状增量/dB（A）	超标量/dB（A）	贡献值/dB（A）	预测值/dB（A）	较现状增量/dB（A）	超标量/dB（A）	贡献值/dB（A）	预测值/dB（A）	较现状增量/dB（A）	超标量/dB（A）
			X 类	昼间															
				夜间															
			X 类	昼间															
				夜间															

表 D.13　铁路、城市轨道交通声环境保护目标噪声预测结果与达标分析表

序号	声环境保护目标名称	线路形式	相对距离/m		预测点编号	预测点位置	源强	列车速度/（km/h）	线路、轨道条件	运营时期	背景值/dB（A）		现状值/dB（A）		贡献值/dB（A）		预测值/dB（A）		标准值/dB（A）		超标量/dB（A）		增量/dB（A）		超标原因
			水平	垂直							昼间	夜间	昼间	夜间	昼间	夜间	昼间	夜间	昼间	夜间	昼间	夜间	昼间	夜间	
										初期															
										近期															
										远期															

表 D.14　机场项目声环境保护目标噪声预测结果表

声环境保护目标名称	现状年 WECPNL 值	建设目标年 WECPNL 值	噪声增量（WECPNL dB）	远期目标年 WECPNL 值	噪声增量（WECPNL dB）
标准限值	≤70 dB（≤75 dB）	≤70 dB（≤75 dB）	—	≤70 dB（≤75 dB）	—

注 1：环境保护目标预测值应为声环境保护目标代表点位置的预测值，建议选取受机场航空器噪声影响最严重处预测值。

注 2：现状年为距离与评价期最近的一个自然年或近三个自然年中飞机起降量最高的年份（改、扩建机场项目需填写）。

注 3：建设目标年噪声增量为相对于现状年噪声值的增量（改、扩建机场项目需填写）。

注 4：远期目标年噪声增量为相对于建设目标年噪声值的增量。

表 D.15　机场航空器噪声影响面积结果表

声级包络面积/dB	≥70	≥75	≥80	≥85	≥90
建设目标年					
远期目标年					
增幅					
声级范围面积/dB	70～75	75～80	80～85	85～90	>90
建设目标年					
远期目标年					

D.4　噪声预测参数清单表

表 D.16　机场航空器噪声预测参数一览表

预测参数					备注
跑道参数	跑道数量、构型及方向、相对位置关系描述			跑道数量：3；跑道构型：平行跑道（东西向布设）； 相对位置关系（新建）：以自北向南为序，分别为跑道 1、跑道 2 及跑道 3，以跑道 1 为参照，跑道 2 西端与跑道 1 西端平齐，与跑道 1 间距为 760 m；跑道 3 西端相对跑道 1 西端向东错开 500 m，与跑道 1 间距为 1 760 m	单跑道机场不需描述相对位置关系，扩建机场按照扩建后规模填写，新增跑道扩建项目以现状跑道为参照描述相对位置关系
	跑道工程参数	长度/m			多跑道机场按照“跑道 1”“跑道 2”，“跑道……”分别给出
		宽度/m			
		标高/m			
		中心点经纬度坐标（WGS84 或 CGCS2000 坐标系）	经度（度，分，秒）		
			纬度（度，分，秒）		
		跑道方位	跑道真方向/（°）		
			磁差/（°）		

预测参数										备注
			跑道编号							
航空业务量参数	年飞行架次数									
	日均飞行架次									
	机型组合比例/%			A类	B类	C类	D类	E类	F类	
飞行参数	飞行程序相关参数	平均起飞爬升梯度/%								
		平均进近梯度/%								
		起飞航迹第一转弯点前直线距离/km								
		转弯半径/km								
		起飞架次昼夜比例/%		7:00—19:00		19:00—22:00		22:00—7:00		
		降落架次昼夜比例/%		7:00—19:00		19:00—22:00		22:00—7:00		
		跑道起降量分配比例	XX 号跑道起飞占全场起飞量比例							以全场起降架次总量为100%，单跑道机场4项总和应为100%，双跑道机场按照“跑道1”，“跑道2”分别给出不同方向的起飞和降落架次（共8项占全场总起降量的比例，以此类推
			XX 号跑道起飞占全场降落量比例							
			YY 号跑道起飞占全场起飞量比例							
			YY 号跑道起飞占全场降落量比例							
气象参数	年均温度/℃									
	年均湿度/%									
	年均气压/mmHg									
	年均风速/（m/s）									
地面参数	地面类型（坚实地面，疏松地面，混合地面）									
替代机型参数	机型 1：（C919）									
	机型 2：（型号）									

D.5 噪声防治措施及投资表

表 D.17 工业企业噪声防治措施及投资表

噪声防治措施名称（类型）	噪声防治措施规模	噪声防治措施效果	噪声防治措施投资/万元

表 D.18 公路/铁路/城市轨道交通噪声控制措施及投资表

序号	声环境保护目标名称	里程范围	距离路中心线/m	高差/m	噪声预测值/dB		营运期超标量/dB		受影响户数/户		噪声防治措施及投资			
					昼间	夜间	X 类区	X 类区	X 类区	X 类区	类型	规模	噪声控制措施效果	噪声控制措施投资/万元

表 D.19 机场噪声控制措施分类投资表

噪声措施类型	规模	噪声控制措施效果	噪声控制措施投资/万元
隔声门、窗			
搬迁或功能置换			
……			
合计			

附 录 E
（资料性附录）
声环境影响评价自查表

工作内容		自查项目
评价等级与范围	评价等级	一级□ 二级□ 三级□
	评价范围	200 m□ 大于 200 m□ 小于 200 m□
评价因子	评价因子	等效连续 A 声级□ 最大 A 声级□ 计权等效连续感觉噪声级□
评价标准	评价标准	国家标准□ 地方标准□ 国外标准□
	环境功能区	0 类区□ 1 类区□ 2 类区□ 3 类区□ 4a 类区□ 4b 类区□
	评价年度	初期□ 近期□ 中期□ 远期□
	现状调查方法	现场实测法□ 现场实测加模型计算法□ 收集资料□
	现状评价	达标百分比
噪声源调查	噪声源调查方法	现场实测□ 已有资料□ 研究成果□
声环境影响预测与评价	预测模型	导则推荐模型□ 其他□
	预测范围	200 m□ 大于 200 m□ 小于 200 m□
	预测因子	等效连续 A 声级□ 最大 A 声级□ 计权等效连续感觉噪声级□
	厂界噪声贡献值	达标□ 不达标□
	声环境保护目标处噪声值	达标□ 不达标□
环境监测计划	排放监测	厂界监测□ 固定位置监测□ 自动监测□ 手动监测□ 无监测□
	声环境保护目标处噪声监测	监测因子（ ） 监测点位数（ ） 无监测□
评价结论	环境影响	可行□ 不可行□

注：“□”为勾选项，可√；“（ ）”为内容填写项。

HJ

中华人民共和国国家生态环境标准

HJ 19—2022

代替 HJ 19—2011

环境影响评价技术导则　生态影响

Technical guideline for environmental impact assessment

—Ecological impact

2022-01-15 发布　　　　2022-07-01 实施

生　态　环　境　部　发布

前　言

为贯彻《中华人民共和国环境保护法》《中华人民共和国环境影响评价法》和《建设项目环境保护管理条例》，规范和指导生态影响评价工作，防止生态破坏，制定本标准。

本标准规定了生态影响评价的一般性原则、工作程序、内容、方法及技术要求。

本标准是对《环境影响评价技术导则　非污染生态影响》（HJ/T 19—1997）的第二次修订，第一次修订版本为《环境影响评价技术导则　生态影响》（HJ 19—2011）。本次修订的主要内容有：

——调整、补充了规范性引用文件；

——调整、补充了术语和定义；

——调整总则内容，增加了评价基本任务、工作程序；

——完善了工程分析，增加了评价因子筛选；

——调整了评价等级判定依据；

——增加了典型行业评价范围确定原则；

——补充、细化了生态现状调查、评价以及影响预测分析的内容和要求，进一步完善了生物多样性评价的相关内容；

——明确、强化了生态保护措施要求；

——补充、细化了生态监测要求；

——修改了附录内容，并增加了新的附录。

本标准附录 A～C 和附录 E 为资料性附录，附录 D 为规范性附录。

本标准自实施之日起，《环境影响评价技术导则　生态影响》（HJ 19—2011）废止。

本标准由生态环境部环境影响评价与排放管理司、法规与标准司组织制订。

本标准主要起草单位：生态环境部环境工程评估中心、中路高科交通科技集团有限公司、水利部中国科学院水工程生态研究所。

本标准生态环境部 2022 年 1 月 15 日批准。

本标准自 2022 年 7 月 1 日起实施。

本标准由生态环境部解释。

环境影响评价技术导则　生态影响

1　适用范围

本标准规定了生态影响评价的一般性原则、工作程序、内容、方法及技术要求。

本标准适用于建设项目的生态影响评价。

规划的生态影响评价可参照本标准执行。

2　规范性引用文件

本标准引用了下列文件或其中的条款。凡是注明日期的引用文件，仅注日期的版本适用于本标准。凡是未注日期的引用文件，其最新版本（包括所有的修改单）适用于本标准。

GB/T 19485　海洋工程环境影响评价技术导则

GB/T 20257　国家基本比例尺地图图式

GB/T 21010　土地利用现状分类

HJ 2.1　建设项目环境影响评价技术导则　总纲

HJ 2.3　环境影响评价技术导则　地表水环境

HJ 610　环境影响评价技术导则　地下水环境

HJ 624　外来物种环境风险评估技术导则

HJ 710　生物多样性观测技术导则

HJ 964　环境影响评价技术导则　土壤环境（试行）

HJ 1166　全国生态状况调查评估技术规范——生态系统遥感解译与野外核查

HJ 1173　全国生态状况调查评估技术规范——生态系统服务功能评估

SC/T 9402　淡水浮游生物调查技术规范

SC/T 9429　淡水渔业资源调查规范　河流

3　术语和定义

下列术语和定义适用于本标准。

3.1

生态影响　ecological impact

工程占用、施工活动干扰、环境条件改变、时间或空间累积作用等，直接或间接导致物种、种群、生物群落、生境、生态系统以及自然景观、自然遗迹等发生的变化。生态影响包括直接、间接和累积的影响。

3.2

重要物种　important species

在生态影响评价中需要重点关注、具有较高保护价值或保护要求的物种，包括国家及地方重点保护野生动植物名录所列的物种，《中国生物多样性红色名录》中列为极危（Critically Endangered）、濒危（Endangered）和易危（Vulnerable）的物种，国家和地方政府列入拯救保护的极小种群物种，特有种以及古树名木等。

3.3

生态敏感区　ecological sensitive region

包括法定生态保护区域、重要生境以及其他具有重要生态功能、对保护生物多样性具有重要意义的区域。其中，法定生态保护区域包括：依据法律法规、政策等规范性文件划定或确认的国家公园、自然保护区、自然公园等自然保护地、世界自然遗产、生态保护红线等区域；重要生境包括：重要物种的天然集中分布区、栖息地，重要水生生物的产卵场、索饵场、越冬场和洄游通道，迁徙鸟类的重要繁殖地、停歇地、越冬地以及野生动物迁徙通道等。

3.4

生态保护目标　ecological protection objects

受影响的重要物种、生态敏感区以及其他需要保护的物种、种群、生物群落及生态空间等。

4　总则

4.1　基本任务

在工程分析和生态现状调查的基础上，识别、预测和评价建设项目在施工期、运行期以及服务期满后（可根据项目情况选择）等不同阶段的生态影响，提出预防或者减缓不利影响的对策和措施，制定相应的环境管理和生态监测计划，从生态影响角度明确建设项目是否可行。

4.2　基本要求

4.2.1　建设项目选址选线应尽量避让各类生态敏感区，符合自然保护地、世界自然遗产、生态保护红线等管理要求以及国土空间规划、生态环境分区管控要求。

4.2.2　建设项目生态影响评价应结合行业特点、工程规模以及对生态保护目标的影响方式，合理确定评价范围，按相应评价等级的技术要求开展现状调查、影响分析及预测工作。

4.2.3　应按照避让、减缓、修复和补偿的次序提出生态保护对策措施，所采取的对策措施应有利于保护生物多样性，维持或修复生态系统功能。

4.3　工作程序

生态影响评价工作一般分为三个阶段，具体工作程序见图 1。

第一阶段，收集、分析建设项目工程技术文件以及所在区域国土空间规划、生态环境分区管控方案、生态敏感区以及生态环境状况等相关数据资料，开展现场踏勘，通过工程分析、筛选评价因子进行生态影响识别，确定生态保护目标，有必要的补充提出比选方案。确定评价等级、评价范围。

第二阶段，在充分的资料收集、现状调查、专家咨询基础上，根据不同评价等级的技术要求开展生态现状评价和影响预测分析。涉及有比选方案的，应对不同方案开展同等深度的生态环境比选论证。

第三阶段，根据生态影响预测和评价结果，确定科学合理、可行的工程方案，提出预防或减缓不利影响的对策和措施，制定相应的环境管理和生态监测计划，明确生态影响评价结论。

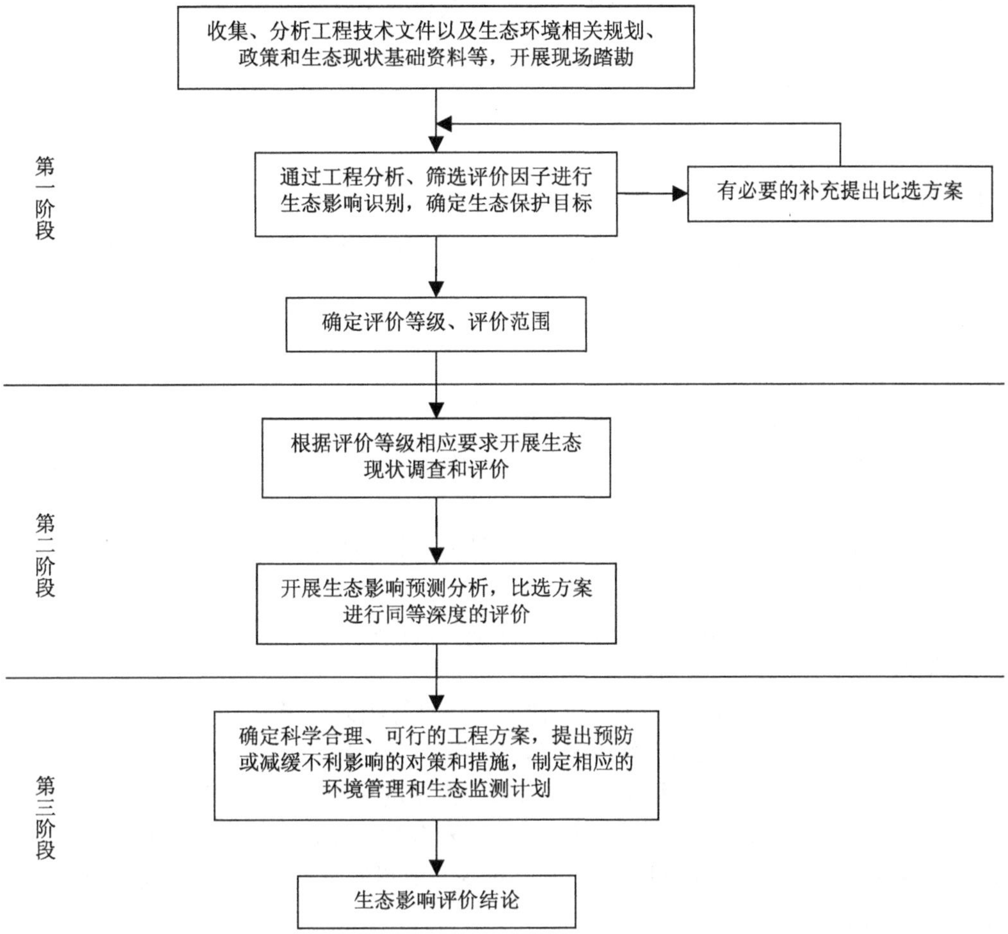

图 1　生态影响评价工作程序

5　生态影响识别

5.1　工程分析

5.1.1　按照 HJ 2.1 的要求开展工程分析，主要采用工程设计文件的数据和资料以及类比工程的资料，明确建设项目地理位置、建设规模、总平面及施工布置、施工方式、施工时序、建设周期和运行方式，各种工程行为及其发生的地点、时间、方式和持续时间，以及设计方案中的生态保护措施等。

5.1.2　结合建设项目特点和区域生态环境状况，分析项目在施工期、运行期以及服务期满后（可根据项目情况选择）可能产生生态影响的工程行为及其影响方式，判断生态影响性质和影响程度。重点关注影响强度大、范围广、历时长或涉及重要物种、生态敏感区的工程行为。

5.1.3　工程设计文件中包括工程位置、工程规模、平面布局、工程施工及工程运行等不同比选方案的，应对不同方案进行工程分析。现有方案均占用生态敏感区，或明显可能对生态保护目标产生显著不利影响，还应补充提出基于减缓生态影响考虑的比选方案。

5.2　评价因子筛选

5.2.1　在工程分析基础上筛选评价因子。生态影响评价因子筛选表参见附录 A。

5.2.2　评价标准可参照国家、行业、地方或国外相关标准，无参照标准的可采用所在地区及相似区域生态背景值或本底值、生态阈值或引用具有时效性的相关权威文献数据等。

6 评价等级和评价范围确定

6.1 评价等级判定

6.1.1 依据建设项目影响区域的生态敏感性和影响程度，评价等级划分为一级、二级和三级。

6.1.2 按以下原则确定评价等级：

a）涉及国家公园、自然保护区、世界自然遗产、重要生境时，评价等级为一级；

b）涉及自然公园时，评价等级为二级；

c）涉及生态保护红线时，评价等级不低于二级；

d）根据 HJ 2.3 判断属于水文要素影响型且地表水评价等级不低于二级的建设项目，生态影响评价等级不低于二级；

e）根据 HJ 610、HJ 964 判断地下水水位或土壤影响范围内分布有天然林、公益林、湿地等生态保护目标的建设项目，生态影响评价等级不低于二级；

f）当工程占地规模大于 20 km^2 时（包括永久和临时占用陆域和水域），评价等级不低于二级；改扩建项目的占地范围以新增占地（包括陆域和水域）确定；

g）除本条 a）、b）、c）、d）、e）、f）以外的情况，评价等级为三级；

h）当评价等级判定同时符合上述多种情况时，应采用其中最高的评价等级。

6.1.3 建设项目涉及经论证对保护生物多样性具有重要意义的区域时，可适当上调评价等级。

6.1.4 建设项目同时涉及陆生、水生生态影响时，可针对陆生生态、水生生态分别判定评价等级。

6.1.5 在矿山开采可能导致矿区土地利用类型明显改变，或拦河闸坝建设可能明显改变水文情势等情况下，评价等级应上调一级。

6.1.6 线性工程可分段确定评价等级。线性工程地下穿越或地表跨越生态敏感区，在生态敏感区范围内无永久、临时占地时，评价等级可下调一级。

6.1.7 涉海工程评价等级判定参照 GB/T 19485。

6.1.8 符合生态环境分区管控要求且位于原厂界（或永久用地）范围内的污染影响类改扩建项目，位于已批准规划环评的产业园区内且符合规划环评要求、不涉及生态敏感区的污染影响类建设项目，可不确定评价等级，直接进行生态影响简单分析。

6.2 评价范围确定

6.2.1 生态影响评价应能够充分体现生态完整性和生物多样性保护要求，涵盖评价项目全部活动的直接影响区域和间接影响区域。评价范围应依据评价项目对生态因子的影响方式、影响程度和生态因子之间的相互影响和相互依存关系确定。可综合考虑评价项目与项目区的气候过程、水文过程、生物过程等生物地球化学循环过程的相互作用关系，以评价项目影响区域所涉及的完整气候单元、水文单元、生态单元、地理单元界限为参照边界。

6.2.2 涉及占用或穿（跨）越生态敏感区时，应考虑生态敏感区的结构、功能及主要保护对象合理确定评价范围。

6.2.3 矿山开采项目评价范围应涵盖开采区及其影响范围、各类场地及运输系统占地以及施工临时占地范围等。

6.2.4 水利水电项目评价范围应涵盖枢纽工程建筑物、水库淹没、移民安置等永久占地、施工临时占地以及库区坝上、坝下地表地下、水文水质影响河段及区域、受水区、退水影响区、输水沿线影响区等。

6.2.5 线性工程穿越生态敏感区时，以线路穿越段向两端外延 1 km、线路中心线向两侧外延 1 km 为参考评价范围，实际确定时应结合生态敏感区主要保护对象的分布、生态学特征、项目的穿越方式、周边地形地貌等适当调整，主要保护对象为野生动物及其栖息地时，应进一步扩大评价范围，涉及迁徙、洄游物种的，其评价范围应涵盖工程影响的迁徙洄游通道范围；穿越非生态敏感区时，以线路中心线向两侧外延 300 m 为参考评价范围。

6.2.6　陆上机场项目以占地边界外延 3～5 km 为参考评价范围，实际确定时应结合机场类型、规模、占地类型、周边地形地貌等适当调整。涉及有净空处理的，应涵盖净空处理区域。航空器爬升或进近航线下方区域内有以鸟类为重点保护对象的自然保护地和鸟类重要生境的，评价范围应涵盖受影响的自然保护地和重要生境范围。

6.2.7　涉海工程的生态影响评价范围参照 GB/T 19485。

6.2.8　污染影响类建设项目评价范围应涵盖直接占用区域以及污染物排放产生的间接生态影响区域。

7　生态现状调查与评价

7.1　总体要求

7.1.1　生态现状调查应在充分收集资料的基础上开展现场工作，生态现状调查范围应不小于评价范围。调查方法参见附录 B。

7.1.2　生态现状评价应坚持定性和定量相结合、尽量采用定量方法的原则。评价方法参见附录 C。

7.1.3　生态现状调查及评价工作成果应采用文字、表格和图件相结合的表现形式，参见附录 B 列出调查结果统计表，按照附录 D 制作必要的图件。

7.2　生态现状调查内容

7.2.1　陆生生态现状调查内容主要包括：评价范围内的植物区系、植被类型，植物群落结构及演替规律，群落中的关键种、建群种、优势种；动物区系、物种组成及分布特征；生态系统的类型、面积及空间分布；重要物种的分布、生态学特征、种群现状，迁徙物种的主要迁徙路线、迁徙时间，重要生境的分布及现状。

7.2.2　水生生态现状调查内容主要包括：评价范围内的水生生物、水生生境和渔业现状；重要物种的分布、生态学特征、种群现状以及生境状况；鱼类等重要水生动物调查包括种类组成、种群结构、资源时空分布，产卵场、索饵场、越冬场等重要生境的分布、环境条件以及洄游路线、洄游时间等行为习性。

7.2.3　收集生态敏感区的相关规划资料、图件、数据，调查评价范围内生态敏感区主要保护对象、功能区划、保护要求等。

7.2.4　调查区域存在的主要生态问题，如水土流失、沙漠化、石漠化、盐渍化、生物入侵和污染危害等。调查已经存在的对生态保护目标产生不利影响的干扰因素。

7.2.5　对于改扩建、分期实施的建设项目，调查既有工程、前期已实施工程的实际生态影响以及采取的生态保护措施。

7.3　生态现状调查要求

7.3.1　引用的生态现状资料其调查时间宜在 5 年以内，用于回顾性评价或变化趋势分析的资料可不受调查时间限制。

7.3.2　当已有调查资料不能满足评价要求时，应通过现场调查获取现状资料，现场调查遵循全面性、代表性和典型性原则。项目涉及生态敏感区时，应开展专题调查。

7.3.3　工程永久占用或施工临时占用区域应在收集资料基础上开展详细调查，查明占用区域是否分布有重要物种及重要生境。

7.3.4 陆生生态一级、二级评价应结合调查范围、调查对象、地形地貌和实际情况选择合适的调查方法。开展样线、样方调查的，应合理确定样线、样方的数量、长度或面积，涵盖评价范围内不同的植被类型及生境类型，山地区域还应结合海拔段、坡位、坡向进行布设。根据植物群落类型（宜以群系及以下分类单位为调查单元）设置调查样地，一级评价每种群落类型设置的样方数量不少于 5 个，二级评价不少于 3 个，调查时间宜选择植物生长旺盛季节；一级评价每种生境类型设置的野生动物调查样线数量不少于 5 条，二级评价不少于 3 条，除了收集历史资料外，一级评价还应获得近 1～2 个完整年度不同季节的现状资料，二级评价尽量获得野生动物繁殖期、越冬期、迁徙期等关键活动期的现状资料。

7.3.5 水生生态一级、二级评价的调查点位、断面等应涵盖评价范围内的干流、支流、河口、湖库等不同水域类型。一级评价应至少开展丰水期、枯水期（河流、湖库）或春季、秋季（入海河口、海域）两期（季）调查，二级评价至少获得一期（季）调查资料，涉及显著改变水文情势的项目应增加调查强度。鱼类调查时间应包括主要繁殖期，水生生境调查内容应包括水域形态结构、水文情势、水体理化性状和底质等。

7.3.6 三级评价现状调查以收集有效资料为主，可开展必要的遥感调查或现场校核。

7.3.7 生态现状调查中还应充分考虑生物多样性保护的要求。

7.3.8 涉海工程生态现状调查要求参照 GB/T 19485。

7.4 生态现状评价内容及要求

7.4.1 一级、二级评价应根据现状调查结果选择以下全部或部分内容开展评价：

a）根据植被和植物群落调查结果，编制植被类型图，统计评价范围内的植被类型及面积，可采用植被覆盖度等指标分析植被现状，图示植被覆盖度空间分布特点；

b）根据土地利用调查结果，编制土地利用现状图，统计评价范围内的土地利用类型及面积；

c）根据物种及生境调查结果，分析评价范围内的物种分布特点、重要物种的种群现状以及生境的质量、连通性、破碎化程度等，编制重要物种、重要生境分布图，迁徙、洄游物种的迁徙、洄游路线图；涉及国家重点保护野生动植物，极危、濒危物种的，可通过模型模拟物种适宜生境分布，图示工程与物种生境分布的空间关系；

d）根据生态系统调查结果，编制生态系统类型分布图，统计评价范围内的生态系统类型及面积；结合区域生态问题调查结果，分析评价范围内的生态系统结构与功能状况以及总体变化趋势；涉及陆地生态系统的，可采用生物量、生产力、生态系统服务功能等指标开展评价；涉及河流、湖泊、湿地生态系统的，可采用生物完整性指数等指标开展评价；

e）涉及生态敏感区的，分析其生态现状、保护现状和存在的问题；明确并图示生态敏感区及其主要保护对象、功能分区与工程的位置关系；

f）可采用物种丰富度、香农-威纳多样性指数、Pielou 均匀度指数、Simpson 优势度指数等对评价范围内的物种多样性进行评价。

7.4.2 三级评价可采用定性描述或面积、比例等定量指标，重点对评价范围内的土地利用现状、植被现状、野生动植物现状等进行分析，编制土地利用现状图、植被类型图、生态保护目标分布图等图件。

7.4.3 对于改扩建、分期实施的建设项目，应对既有工程、前期已实施工程的实际生态影响、已采取的生态保护措施的有效性和存在问题进行评价。

7.4.4 海洋生态现状评价还应符合 GB/T 19485 的要求。

8 生态影响预测与评价

8.1 总体要求

8.1.1 生态影响预测与评价内容应与现状评价内容相对应，根据建设项目特点、区域生物多样性保护要求以及生态系统功能等选择评价预测指标。

8.1.2　生态影响预测与评价尽量采用定量方法进行描述和分析，生态影响预测与评价方法参见附录C。

8.2　生态影响预测与评价内容及要求

8.2.1　一级、二级评价应根据现状评价内容选择以下全部或部分内容开展预测评价：

a）采用图形叠置法分析工程占用的植被类型、面积及比例；通过引起地表沉陷或改变地表径流、地下水水位、土壤理化性质等方式对植被产生影响的，采用生态机理分析法、类比分析法等方法分析植物群落的物种组成、群落结构等变化情况；

b）结合工程的影响方式预测分析重要物种的分布、种群数量、生境状况等变化情况；分析施工活动和运行产生的噪声、灯光等对重要物种的影响；涉及迁徙、洄游物种的，分析工程施工和运行对迁徙、洄游行为的阻隔影响；涉及国家重点保护野生动植物、极危、濒危物种的，可采用生境评价方法预测分析物种适宜生境的分布及面积变化、生境破碎化程度等，图示建设项目实施后的物种适宜生境分布情况；

c）结合水文情势、水动力和冲淤、水质（包括水温）等影响预测结果，预测分析水生生境质量、连通性以及产卵场、索饵场、越冬场等重要生境的变化情况，图示建设项目实施后的重要水生生境分布情况；结合生境变化预测分析鱼类等重要水生生物的种类组成、种群结构、资源时空分布等变化情况；

d）采用图形叠置法分析工程占用的生态系统类型、面积及比例；结合生物量、生产力、生态系统功能等变化情况预测分析建设项目对生态系统的影响；

e）结合工程施工和运行引入外来物种的主要途径、物种生物学特性以及区域生态环境特点，参考HJ 624分析建设项目实施可能导致外来物种造成生态危害的风险；

f）结合物种、生境以及生态系统变化情况，分析建设项目对所在区域生物多样性的影响；分析建设项目通过时间或空间的累积作用方式产生的生态影响，如生境丧失、退化及破碎化、生态系统退化、生物多样性下降等；

g）涉及生态敏感区的，结合主要保护对象开展预测评价；涉及以自然景观、自然遗迹为主要保护对象的生态敏感区时，分析工程施工对景观、遗迹完整性的影响，结合工程建筑物、构筑物或其他设施的布局及设计，分析与景观、遗迹的协调性。

8.2.2　三级评价可采用图形叠置法、生态机理分析法、类比分析法等预测分析工程对土地利用、植被、野生动植物等的影响。

8.2.3　不同行业应结合项目规模、影响方式、影响对象等确定评价重点：

a）矿产资源开发项目应对开采造成的植物群落及植被覆盖度变化、重要物种的活动、分布及重要生境变化以及生态系统结构和功能变化、生物多样性变化等开展重点预测与评价；

b）水利水电项目应对河流、湖泊等水体天然状态改变引起的水生生境变化、鱼类等重要水生生物的分布及种类组成、种群结构变化，水库淹没、工程占地引起的植物群落、重要物种的活动、分布及重要生境变化，调水引起的生物入侵风险，以及生态系统结构和功能变化、生物多样性变化等开展重点预测与评价；

c）公路、铁路、管线等线性工程应对植物群落及植被覆盖度变化、重要物种的活动、分布及重要生境变化、生境连通性及破碎化程度变化、生物多样性变化等开展重点预测与评价；

d）农业、林业、渔业等建设项目应对土地利用类型或功能改变引起的重要物种的活动、分布及重要生境变化、生态系统结构和功能变化、生物多样性变化以及生物入侵风险等开展重点预测与评价；

e）涉海工程海洋生态影响评价应符合GB/T 19485的要求，对重要物种的活动、分布及重要生境变化、海洋生物资源变化、生物入侵风险以及典型海洋生态系统的结构和功能变化、生物多样性变化等开展重点预测与评价。

9 生态保护对策措施

9.1 总体要求

9.1.1 应针对生态影响的对象、范围、时段、程度，提出避让、减缓、修复、补偿、管理、监测、科研等对策措施，分析措施的技术可行性、经济合理性、运行稳定性、生态保护和修复效果的可达性，选择技术先进、经济合理、便于实施、运行稳定、长期有效的措施，明确措施的内容、设施的规模及工艺、实施位置和时间、责任主体、实施保障、实施效果等，编制生态保护措施平面布置图、生态保护措施设计图，并估算（概算）生态保护投资。

9.1.2 优先采取避让方案，源头防止生态破坏，包括通过选址选线调整或局部方案优化避让生态敏感区，施工作业避让重要物种的繁殖期、越冬期、迁徙洄游期等关键活动期和特别保护期，取消或调整产生显著不利影响的工程内容和施工方式等。优先采用生态友好的工程建设技术、工艺及材料等。

9.1.3 坚持山水林田湖草沙一体化保护和系统治理的思路，提出生态保护对策措施。必要时开展专题研究和设计，确保生态保护措施有效。坚持尊重自然、顺应自然、保护自然的理念，采取自然的恢复措施或绿色修复工艺，避免生态保护措施自身的不利影响。不应采取违背自然规律的措施，切实保护生物多样性。

9.2 生态保护措施

9.2.1 项目施工前应对工程占用区域可利用的表土进行剥离，单独堆存，加强表土堆存防护及管理，确保有效回用。施工过程中，采取绿色施工工艺，减少地表开挖，合理设计高陡边坡支挡、加固措施，减少对脆弱生态的扰动。

9.2.2 项目建设造成地表植被破坏的，应提出生态修复措施，充分考虑自然生态条件，因地制宜，制定生态修复方案，优先使用原生表土和选用乡土物种，防止外来生物入侵，构建与周边生态环境相协调的植物群落，最终形成可自我维持的生态系统。生态修复的目标主要包括：恢复植被和土壤，保证一定的植被覆盖度和土壤肥力；维持物种种类和组成，保护生物多样性；实现生物群落的恢复，提高生态系统的生产力和自我维持力；维持生境的连通性等。生态修复应综合考虑物理（非生物）方法、生物方法和管理措施，结合项目施工工期、扰动范围，有条件的可提出“边施工、边修复”的措施要求。

9.2.3 尽量减少对动植物的伤害和生境占用。项目建设对重点保护野生植物、特有植物、古树名木等造成不利影响的，应提出优化工程布置或设计、就地或迁地保护、加强观测等措施，具备移栽条件、长势较好的尽量全部移栽。项目建设对重点保护野生动物、特有动物及其生境造成不利影响的，应提出优化工程施工方案、运行方式，实施物种救护，划定生境保护区域，开展生境保护和修复，构建活动廊道或建设食源地等措施。采取增殖放流、人工繁育等措施恢复受损的重要生物资源。项目建设产生阻隔影响的，应提出减缓阻隔、恢复生境连通的措施，如野生动物通道、过鱼设施等。项目建设和运行噪声、灯光等对动物造成不利影响的，应提出优化工程施工方案、设计方案或降噪遮光等防护措施。

9.2.4 矿山开采项目还应采取保护性开采技术或其他措施控制沉陷深度和保护地下水的生态功能。水利水电项目还应结合工程实施前后的水文情势变化情况、已批复的所在河流生态流量（水量）管理与调度方案等相关要求，确定合适的生态流量，具备调蓄能力且有生态需求的，应提出生态调度方案。涉及河流、湖泊或海域治理的，应尽量塑造近自然水域形态、底质、亲水岸线，尽量避免采取完全硬化措施。

9.3 生态监测和环境管理

9.3.1 结合项目规模、生态影响特点及所在区域的生态敏感性，针对性地提出全生命周期、长期跟踪或常规的生态监测计划，提出必要的科技支撑方案。大中型水利水电项目、采掘类项目、新建 100 km

以上的高速公路及铁路项目、大型海上机场项目等应开展全生命周期生态监测；新建 50～100 km 的高速公路及铁路项目、新建码头项目、高等级航道项目、围填海项目以及占用或穿（跨）越生态敏感区的其他项目应开展长期跟踪生态监测（施工期并延续至正式投运后 5～10 年），其他项目可根据情况开展常规生态监测。

9.3.2 生态监测计划应明确监测因子、方法、频次、点位等。开展全生命周期和长期跟踪生态监测的项目，其监测点位以代表性为原则，在生态敏感区可适当增加调查密度、频次。

9.3.3 施工期重点监测施工活动干扰下生态保护目标的受影响状况，如植物群落变化、重要物种的活动、分布变化、生境质量变化等，运行期重点监测对生态保护目标的实际影响、生态保护对策措施的有效性以及生态修复效果等。有条件或有必要的，可开展生物多样性监测。

9.3.4 明确施工期和运行期环境管理原则与技术要求。可提出开展施工期工程环境监理、环境影响后评价等环境管理和技术要求。

10 生态影响评价结论

对生态现状、生态影响预测与评价结果、生态保护对策措施等内容进行概括总结，从生态影响角度明确建设项目是否可行。

11 生态影响评价自查表

生态影响评价完成后，应对生态影响评价主要内容与结论进行自查。生态影响评价自查表内容与格式参见附录 E。

附 录 A
（资料性附录）
生态影响评价因子筛选表

生态影响评价因子筛选表参见表 A.1。

表 A.1 生态影响评价因子筛选表

受影响对象	评价因子	工程内容及影响方式	影响性质	影响程度
物种	分布范围、种群数量、种群结构、行为等			
生境	生境面积、质量、连通性等			
生物群落	物种组成、群落结构等			
生态系统	植被覆盖度、生产力、生物量、生态系统功能等			
生物多样性	物种丰富度、均匀度、优势度等			
生态敏感区	主要保护对象、生态功能等			
自然景观	景观多样性、完整性等			
自然遗迹	遗迹多样性、完整性等			
……	……	……	……	……

注 1：应按施工期、运行期以及服务期满后（可根据项目情况选择）等不同阶段进行工程分析和评价因子筛选。

注 2：影响性质主要包括长期与短期、可逆与不可逆生态影响。

注 3：影响方式可分为直接、间接、累积生态影响，可依据以下内容进行判断：

a）直接生态影响：临时、永久占地导致生境直接破坏或丧失；工程施工、运行导致个体直接死亡；物种迁徙（或洄游）、扩散、种群交流受到阻隔；施工活动以及运行期噪声、振动、灯光等对野生动物行为产生干扰；工程建设改变河流、湖泊等水体天然状态等；

b）间接生态影响：水文情势变化导致生境条件、水生生态系统发生变化；地下水水位、土壤理化特性变化导致动植物群落发生变化；生境面积和质量下降导致个体死亡、种群数量下降或种群生存能力降低；资源减少及分布变化导致种群结构或种群动态发生变化；因阻隔影响造成种群间基因交流减少，导致小种群灭绝风险增加；滞后效应（例如，由于关键种的消失使捕食者和被捕食者的关系发生变化）等；

c）累积生态影响：整个区域生境的逐渐丧失和破碎化；在景观尺度上生境的多样性减少；不可逆转的生物多样性下降；生态系统持续退化等。

注 4：影响程度可分为强、中、弱、无四个等级，可依据以下原则进行初步判断：

a）强：生境受到严重破坏，水系开放连通性受到显著影响；野生动植物难以栖息繁衍（或生长繁殖），物种种类明显减少，种群数量显著下降，种群结构明显改变；生物多样性显著下降，生态系统结构和功能受到严重损害，生态系统稳定性难以维持；自然景观、自然遗迹受到永久性破坏；生态修复难度较大；

b）中：生境受到一定程度破坏，水系开放连通性受到一定程度影响；野生动植物栖息繁衍（或生长繁殖）受到一定程度干扰，物种种类减少，种群数量下降，种群结构改变；生物多样性有所下降，生态系统结构和功能受到一定程度破坏，生态系统稳定性受到一定程度干扰；自然景观、自然遗迹受到暂时性影响；通过采取一定措施上述不利影响可以得到减缓和控制，生态修复难度一般；

c）弱：生境受到暂时性破坏，水系开放连通性变化不大；野生动植物栖息繁衍（或生长繁殖）受到暂时性干扰，物种种类、种群数量、种群结构变化不大；生物多样性、生态系统结构、功能以及生态系统稳定性基本维持现状；自然景观、自然遗迹基本未受到破坏；在干扰消失后可以修复或自然恢复；

d）无：生境未受到破坏，水系开放连通性未受到影响；野生动植物栖息繁衍（或生长繁殖）未受到影响；生物多样性、生态系统结构、功能以及生态系统稳定性维持现状；自然景观、自然遗迹未受到破坏。

附　录 B
（资料性附录）
生态现状调查方法及结果统计

B.1　资料收集法

收集现有的可以反映生态现状或生态背景的资料，分为现状资料和历史资料，包括相关文字、图件和影像等。引用资料应进行必要的现场校核。

B.2　现场调查法

现场调查应遵循整体与重点相结合的原则，整体上兼顾项目所涉及的各个生态保护目标，突出重点区域和关键时段的调查，并通过实地踏勘，核实收集资料的准确性，以获取实际资料和数据。

B.3　专家和公众咨询法

通过咨询有关专家，收集公众、社会团体和相关管理部门对项目的意见，发现现场踏勘中遗漏的相关信息。专家和公众咨询应与资料收集和现场调查同步开展。

B.4　生态监测法

当资料收集、现场调查、专家和公众咨询获取的数据无法满足评价工作需要，或项目可能产生潜在的或长期累积影响时，可选用生态监测法。生态监测应根据监测因子的生态学特点和干扰活动的特点确定监测位置和频次，有代表性地布点。生态监测方法与技术要求须符合国家现行的有关生态监测规范和监测标准分析方法；对于生态系统生产力的调查，必要时需现场采样、实验室测定。

B.5　遥感调查法

包括卫星遥感、航空遥感等方法。遥感调查应辅以必要的实地调查工作。

B.6　陆生、水生动植物调查方法

陆生、水生动植物野外调查所需要的仪器、工具和常用的技术方法见 HJ 710.1～13。

B.7　海洋生态调查方法

海洋生态调查方法见 GB/T 19485。

B.8　淡水渔业资源调查方法

淡水渔业资源调查方法见 SC/T 9429。

B.9 淡水浮游生物调查方法

淡水浮游生物调查方法见 SC/T 9402。

B.10 生态调查统计表格

B.10.1 植物群落调查

表 B.1 植物群落调查结果统计表

植被型组	植被型	植被亚型	群系	分布区域	工程占用情况	
					占用面积/hm^2	占用比例/%
Ⅰ. XX	一、XX	（一）XX	1. XX 群系			
			2. XX 群系			
			……			
		（二）XX	1. XX 群系			
			2. XX 群系			
			……			
		……	……			
	二、XX	（一）XX	1. XX 群系			
		……	……			
	……	……	……			
Ⅱ. XX	一、XX	（一）XX	1. XX 群系			
		……	……			
	二、XX	（一）XX	1. XX 群系			
		……	……			
	……	……	……			
……	……	……	……			

B.10.2 重要物种调查

表 B.2 重要野生植物调查结果统计表

序号	物种名称（中文名/拉丁名）	保护级别	濒危等级	特有种（是/否）	极小种群野生植物（是/否）	分布区域	资料来源	工程占用情况（是/否）
1								
2								
……								

注 1：保护级别根据国家及地方正式发布的重点保护野生植物名录确定。
注 2：濒危等级、特有种根据《中国生物多样性红色名录》确定。
注 3：资料来源包括环评现场调查、文献记录、历史调查资料及科考报告等。
注 4：涉及占用的应说明具体工程内容和占用情况（如株数等），不直接占用的应说明与工程的位置关系。

表 B.3 重要野生动物调查结果统计表

序号	物种名称（中文名/拉丁名）	保护级别	濒危等级	特有种（是/否）	分布区域	资料来源	工程占用情况（是/否）
1							
2							
……							

注 1：保护级别根据国家及地方正式发布的重点保护野生动物名录确定。
注 2：濒危等级、特有种根据《中国生物多样性红色名录》确定。
注 3：分布区域应说明物种分布情况以及生境类型。
注 4：资料来源包括环评现场调查、文献记录、历史调查资料及科考报告等。
注 5：说明工程占用生境情况。涉及占用的应说明具体工程内容和占用面积，不直接占用的应说明生境分布与工程的位置关系。

表 B.4 古树名木调查结果统计表

序号	树种名称（中文名/拉丁名）	生长状况	树龄	经纬度和海拔	工程占用情况（是/否）
1					
2					
……					

注：涉及占用的应说明具体工程内容和占用情况，不直接占用的应说明与工程的位置关系。

附　录　C
（资料性附录）
生态现状及影响评价方法

C.1　列表清单法

列表清单法是一种定性分析方法。该方法的特点是简单明了、针对性强。

a）方法

将拟实施的开发建设活动的影响因素与可能受影响的环境因子分别列在同一张表格的行与列内，逐点进行分析，并逐条阐明影响的性质、强度等，由此分析开发建设活动的生态影响。

b）应用

1）进行开发建设活动对生态因子的影响分析；

2）进行生态保护措施的筛选；

3）进行物种或栖息地重要性或优先度比选。

C.2　图形叠置法

图形叠置法是把两个以上的生态信息叠合到一张图上，构成复合图，用以表示生态变化的方向和程度。该方法的特点是直观、形象，简单明了。

图形叠置法有两种基本制作手段：指标法和3S叠图法。

a）指标法

1）确定评价范围；

2）开展生态调查，收集评价范围及周边地区自然环境、动植物等信息；

3）识别影响并筛选评价因子，包括识别和分析主要生态问题；

4）建立表征评价因子特性的指标体系，通过定性分析或定量方法对指标赋值或分级，依据指标值进行区域划分；

5）将上述区划信息绘制在生态图上。

b）3S叠图法

1）选用符合要求的工作底图，底图范围应大于评价范围；

2）在底图上描绘主要生态因子信息，如植被覆盖、动植物分布、河流水系、土地利用、生态敏感区等；

3）进行影响识别与筛选评价因子；

4）运用3S技术，分析影响性质、方式和程度；

5）将影响因子图和底图叠加，得到生态影响评价图。

C.3　生态机理分析法

生态机理分析法是根据建设项目的特点和受影响物种的生物学特征，依照生态学原理分析、预测建设项目生态影响的方法。生态机理分析法的工作步骤如下：

a）调查环境背景现状，收集工程组成、建设、运行等有关资料；

b）调查植物和动物分布，动物栖息地和迁徙、洄游路线；

c）根据调查结果分别对植物或动物种群、群落和生态系统进行分析，描述其分布特点、结构特征和演化特征；

d）识别有无珍稀濒危物种、特有种等需要特别保护的物种；

e）预测项目建成后该地区动物、植物生长环境的变化；

f）根据项目建成后的环境变化，对照无开发项目条件下动物、植物或生态系统演替或变化趋势，预测建设项目对个体、种群和群落的影响，并预测生态系统演替方向。

评价过程中可根据实际情况进行相应的生物模拟试验，如环境条件、生物习性模拟试验、生物毒理学试验、实地种植或放养试验等；或进行数学模拟，如种群增长模型的应用。

该方法需要与生物学、地理学、水文学、数学及其他多学科合作评价，才能得出较为客观的结果。

C.4　指数法与综合指数法

指数法是利用同度量因素的相对值来表明因素变化状况的方法。指数法的难点在于需要建立表征生态环境质量的标准体系并进行赋权和准确定量。综合指数法是从确定同度量因素出发，把不能直接对比的事物变成能够同度量的方法。

a）单因子指数法

选定合适的评价标准，可进行生态因子现状或预测评价。例如，以同类型立地条件的森林植被覆盖率为标准，可评价项目建设区的植被覆盖现状情况；以评价区现状植被盖度为标准，可评价项目建成后植被盖度的变化率。

b）综合指数法

1）分析各生态因子的性质及变化规律；

2）建立表征各生态因子特性的指标体系；

3）确定评价标准；

4）建立评价函数曲线，将生态因子的现状值（开发建设活动前）与预测值（开发建设活动后）转换为统一的无量纲的生态环境质量指标，用 1～0 表示优劣（“1”表示最佳的、顶极的、原始或人类干预甚少的生态状况，“0”表示最差的、极度破坏的、几乎无生物性的生态状况），计算开发建设活动前后各因子质量的变化值；

5）根据各因子的相对重要性赋予权重；

6）将各因子的变化值综合，提出综合影响评价值。

$$\Delta E = \sum (E_{hi} - E_{qi}) \times W_i \quad (C.1)$$

式中：ΔE——开发建设活动前后生态质量变化值；

E_{hi}——开发建设活动后 i 因子的质量指标；

E_{qi}——开发建设活动前 i 因子的质量指标；

W_i——i 因子的权值。

c）指数法应用

1）可用于生态因子单因子质量评价；

2）可用于生态多因子综合质量评价；

3）可用于生态系统功能评价。

d）说明

建立评价函数曲线需要根据标准规定的指标值确定曲线的上、下限。对于大气、水环境等已有明确质量标准的因子，可直接采用不同级别的标准值作为上、下限；对于无明确标准的生态因子，可根据评价目的、评价要求和环境特点等选择相应的指标值，再确定上、下限。

C.5 类比分析法

类比分析法是一种比较常用的定性和半定量评价方法，一般有生态整体类比、生态因子类比和生态问题类比等。

a）方法

根据已有的建设项目的生态影响，分析或预测拟建项目可能产生的影响。选择好类比对象（类比项目）是进行类比分析或预测评价的基础，也是该方法成败的关键。

类比对象的选择条件是：工程性质、工艺和规模与拟建项目基本相当，生态因子（地理、地质、气候、生物因素等）相似，项目建成已有一定时间，所产生的影响已基本全部显现。

类比对象确定后，需选择和确定类比因子及指标，并对类比对象开展调查与评价，再分析拟建项目与类比对象的差异。根据类比对象与拟建项目的比较，做出类比分析结论。

b）应用

1）进行生态影响识别（包括评价因子筛选）；

2）以原始生态系统作为参照，可评价目标生态系统的质量；

3）进行生态影响的定性分析与评价；

4）进行某一个或几个生态因子的影响评价；

5）预测生态问题的发生与发展趋势及其危害；

6）确定环保目标和寻求最有效、可行的生态保护措施。

C.6 系统分析法

系统分析法是指把要解决的问题作为一个系统，对系统要素进行综合分析，找出解决问题的可行方案的咨询方法。具体步骤包括：限定问题、确定目标、调查研究、收集数据、提出备选方案和评价标准、备选方案评估和提出最可行方案。

系统分析法因其能妥善解决一些多目标动态性问题，已广泛应用于各行各业，尤其在进行区域开发或解决优化方案选择问题时，系统分析法显示出其他方法所不能达到的效果。

在生态系统质量评价中使用系统分析的具体方法有专家咨询法、层次分析法、模糊综合评判法、综合排序法、系统动力学、灰色关联等方法。

C.7 生物多样性评价方法

生物多样性是生物（动物、植物、微生物）与环境形成的生态复合体以及与此相关的各种生态过程的总和，包括生态系统、物种和基因三个层次。

生态系统多样性指生态系统的多样化程度，包括生态系统的类型、结构、组成、功能和生态过程的多样性等。物种多样性指物种水平的多样化程度，包括物种丰富度和物种多度。基因多样性（或遗传多样性）指一个物种的基因组成中遗传特征的多样性，包括种内不同种群之间或同一种群内不同个体的遗传变异性。

物种多样性常用的评价指标包括物种丰富度、香农-威纳多样性指数、Pielou 均匀度指数、Simpson 优势度指数等。

物种丰富度（species richness）：调查区域内物种种数之和。

香农-威纳多样性指数（Shannon-Wiener diversity index）计算公式为：

$$H = -\sum_{i=1}^{S} P_i \ln(P_i) \quad (C.2)$$

式中：H——香农-威纳多样性指数；

S——调查区域内物种种类总数；

P_i——调查区域内属于第 i 种的个体比例，如总个体数为 N，第 i 种个体数为 n_i，则 $P_i=n_i/N$。

Pielou 均匀度指数是反映调查区域各物种个体数目分配均匀程度的指数，计算公式为：

$$J = (-\sum_{i=1}^{S} P_i \ln P_i) / \ln S \quad (C.3)$$

式中：J——Pielou 均匀度指数；

S——调查区域内物种种类总数；

P_i——调查区域内属于第 i 种的个体比例。

Simpson 优势度指数与均匀度指数相对应，计算公式为：

$$D = 1 - \sum_{i=1}^{S} P_i^2 \quad (C.4)$$

式中：D——Simpson 优势度指数；

S——调查区域内物种种类总数；

P_i——调查区域内属于第 i 种的个体比例。

C.8　生态系统评价方法

C.8.1　植被覆盖度

植被覆盖度可用于定量分析评价范围内的植被现状。

基于遥感估算植被覆盖度可根据区域特点和数据基础采用不同的方法，如植被指数法、回归模型、机器学习法等。

植被指数法主要是通过对各像元中植被类型及分布特征的分析，建立植被指数与植被覆盖度的转换关系。采用归一化植被指数（NDVI）估算植被覆盖度的方法如下：

$$FVC = (NDVI - NDVI_s) / (NDVI_v - NDVI_s) \quad (C.5)$$

式中：FVC——所计算像元的植被覆盖度；

NDVI——所计算像元的 NDVI 值；

$NDVI_v$——纯植物像元的 NDVI 值；

$NDVI_s$——完全无植被覆盖像元的 NDVI 值。

C.8.2　生物量

生物量是指一定地段面积内某个时期生存着的活有机体的重量。不同生态系统的生物量测定方法不同，可采用实测与估算相结合的方法。

地上生物量估算可采用植被指数法、异速生长方程法等方法进行计算。基于植被指数的生物量统计法是通过实地测量的生物量数据和遥感植被指数建立统计模型，在遥感数据的基础上反演得到评价区域的生物量。

C.8.3　生产力

生产力是生态系统的生物生产能力，反映生产有机质或积累能量的速率。群落（或生态系统）初级生产力是单位面积、单位时间群落（或生态系统）中植物利用太阳能固定的能量或生产的有机质的量。

净初级生产力（NPP）是从固定的总能量或产生的有机质总量中减去植物呼吸所消耗的量，直接反映了植被群落在自然环境条件下的生产能力，表征陆地生态系统的质量状况。

NPP 可利用统计模型（如 Miami 模型）、过程模型（如 BIOME-BGC 模型、BEPS 模型）和光能利用率模型（如 CASA 模型）进行计算。根据区域植被特点和数据基础确定具体方法。

通过 CASA 模型计算净初级生产力的公式如下：

$$\mathrm{NPP}(x,t)=\mathrm{APAR}(x,t)\times\varepsilon(x,t) \tag{C.6}$$

式中：NPP——净初级生产力；

APAR——植被所吸收的光合有效辐射；

ε——光能转化率；

t——时间；

x——空间位置。

C.8.4 生物完整性指数

生物完整性指数（Index of Biotic Integrity，IBI）已被广泛应用于河流、湖泊、沼泽、海岸滩涂、水库等生态系统健康状况评价，指示生物类群也由最初的鱼类扩展到底栖动物、着生藻类、维管植物、两栖动物和鸟类等。生物完整性指数评价的工作步骤如下：

a）结合工程影响特点和所在区域水生态系统特征，选择指示物种；

b）根据指示物种种群特征，在指标库中确定指示物种状况参数指标；

c）选择参考点（未开发建设、未受干扰的点或受干扰极小的点）和干扰点（已开发建设、受干扰的点），采集参数指标数据，通过对参数指标值的分布范围分析、判别能力分析（敏感性分析）和相关关系分析，建立评价指标体系；

d）确定每种参数指标值以及生物完整性指数的计算方法，分别计算参考点和干扰点的指数值；

e）建立生物完整性指数的评分标准；

f）评价项目建设前所在区域水生态系统状况，预测分析项目建设后水生态系统变化情况。

C.8.5 生态系统功能评价

陆域生态系统服务功能评价方法可参考 HJ 1173，根据生态系统类型选择适用指标。

C.9 景观生态学评价方法

景观生态学主要研究宏观尺度上景观类型的空间格局和生态过程的相互作用及其动态变化特征。景观格局是指大小和形状不一的景观斑块在空间上的排列，是各种生态过程在不同尺度上综合作用的结果。景观格局变化对生物多样性产生直接而强烈影响，其主要原因是生境丧失和破碎化。

景观变化的分析方法主要有三种：定性描述法、景观生态图叠置法和景观动态的定量化分析法。目前较常用的方法是景观动态的定量化分析法，主要是对收集的景观数据进行解译或数字化处理，建立景观类型图，通过计算景观格局指数或建立动态模型对景观面积变化和景观类型转化等进行分析，揭示景观的空间配置以及格局动态变化趋势。

景观指数是能够反映景观格局特征的定量化指标，分为三个级别，代表三种不同的应用尺度，即斑块级别指数、斑块类型级别指数和景观级别指数，可根据需要选取相应的指标，采用 FRAGSTATS 等景观格局分析软件进行计算分析。涉及显著改变土地利用类型的矿山开采、大规模的农林业开发以及大中型水利水电建设项目等可采用该方法对景观格局的现状及变化进行评价，公路、铁路等线性工程造成的生境破碎化等累积生态影响也可采用该方法进行评价。常用的景观指数及其含义见表 C.1。

表 C.1　常用的景观指数及其含义

名称	含义
斑块类型面积（CA） Class area	斑块类型面积是度量其他指标的基础，其值的大小影响以此斑块类型作为生境的物种数量及丰度
斑块所占景观面积比例（PLAND） Percent of landscape	某一斑块类型占整个景观面积的百分比，是确定优势景观元素重要依据，也是决定景观中优势种和数量等生态系统指标的重要因素
最大斑块指数（LPI） Largest patch index	某一斑块类型中最大斑块占整个景观的百分比，用于确定景观中的优势斑块，可间接反映景观变化受人类活动的干扰程度
香农多样性指数（SHDI） Shannon's diversity index	反映景观类型的多样性和异质性，对景观中各斑块类型非均衡分布状况较敏感，值增大表明斑块类型增加或各斑块类型呈均衡趋势分布
蔓延度指数（CONTAG） Contagion index	高蔓延度值表明景观中的某种优势斑块类型形成了良好的连接性，反之则表明景观具有多种要素的密集格局，破碎化程度较高
散布与并列指数（IJI） Interspersion juxtaposition index	反映斑块类型的隔离分布情况，值越小表明斑块与相同类型斑块相邻越多，而与其他类型斑块相邻的越少
聚集度指数（AI） Aggregation index	基于栅格数量测度景观或者某种斑块类型的聚集程度

C.10　生境评价方法

物种分布模型（species distribution models，SDMs）是基于物种分布信息和对应的环境变量数据对物种潜在分布区进行预测的模型，广泛应用于濒危物种保护、保护区规划、入侵物种控制及气候变化对生物分布区影响预测等领域。目前已发展了多种多样的预测模型，每种模型因其原理、算法不同而各有优势和局限，预测表现也存在差异。其中，基于最大熵理论建立的最大熵模型（maximum entropy model，MaxEnt），可以在分布点相对较少的情况下获得较好的预测结果，是目前使用频率最多的物种分布模型之一。基于 MaxEnt 模型开展生境评价的工作步骤如下：

a）通过近年文献记录、现场调查收集物种分布点数据，并进行数据筛选；将分布点的经纬度数据在 Excel 表格中汇总，统一为十进制度的格式，保存用于 MaxEnt 模型计算；

b）选取环境变量数据以表现栖息生境的生物气候特征、地形特征、植被特征和人为影响程度，在 ArcGIS 软件中将环境变量统一边界和坐标系，并重采样为同一分辨率；

c）使用 MaxEnt 软件建立物种分布模型，以受试者工作特征曲线下面积（area under the receiving operator curve，AUC）评价模型优劣；采用刀切法（jackknife test）检验各个环境变量的相对贡献。根据模型标准及图层栅格出现概率重分类，确定生境适宜性分级指数范围；

d）将结果文件导入 ArcGIS，获得物种适宜生境分布图，叠加建设项目，分析对物种分布的影响。

C.11　海洋生物资源影响评价方法

海洋生物资源影响评价技术方法参见 GB/T 19485 相关要求。

附 录 D
（规范性附录）
生态影响评价图件规范与要求

生态影响评价图件是指以图形、图像的形式，对生态影响评价有关空间内容的描述、表达或定量分析。生态影响评价图件是生态影响评价报告的必要组成内容，是评价的主要依据和成果的重要表现形式，是指导生态保护措施设计的重要依据。

D.1 数据来源与要求

生态影响评价图件的基础数据来源包括已有图件资料、采样、实验、地面勘测和遥感信息等。图件基础数据应满足生态影响评价的时效性要求，选择与评价基准时段相匹配的数据源。当图件主题内容无显著变化时，制图数据源的时效性要求可在无显著变化期内适当放宽，但必须经过现场勘验校核。

D.2 制图与成图精度要求

生态影响评价制图应采用标准地形图作为工作底图，精度不低于工程设计的制图精度，比例尺一般在 1∶50 000 以上。调查样方、样线、点位、断面等布设图、生态监测布点图、生态保护措施平面布置图、生态保护措施设计图等应结合实际情况选择适宜的比例尺，一般为 1∶10 000～1∶2 000。当工作底图的精度不满足评价要求时，应开展针对性的测绘工作。

生态影响评价成图应能准确、清晰地反映评价主题内容，满足生态影响判别和生态保护措施的实施。当成图范围过大时，可采用点线面相结合的方式，分幅成图；涉及生态敏感区时，应分幅单独成图。

图件内容要求见表 D.1。

表 D.1 图件内容要求

图件名称	图件内容要求
项目地理位置图	项目位于区域或流域的相对位置
地表水系图	项目涉及的地表水系分布情况，标明干流及主要支流
项目总平面布置图及施工总布置图	各工程内容的平面布置及施工布置情况
线性工程平纵断面图	线路走向、工程形式等
土地利用现状图	评价范围内的土地利用类型及分布情况，采用 GB/T 21010 土地利用分类体系，以二级类型作为基础制图单位
植被类型图	评价范围内的植被类型及分布情况，以植物群落调查成果作为基础制图单位。植被遥感制图应结合工作底图精度选择适宜分辨率的遥感数据，必要时应采用高分辨率遥感数据。山地植被还应完成典型剖面植被示意图
植被覆盖度空间分布图	评价范围内的植被状况，基于遥感数据并采用归一化植被指数（NDVI）估算得到的植被覆盖度空间分布情况
生态系统类型图	评价范围内的生态系统类型分布情况，采用 HJ 1166 生态系统分类体系，以Ⅱ级类型作为基础制图单位
生态保护目标空间分布图	项目与生态保护目标的空间位置关系。针对重要物种、生态敏感区等不同的生态保护目标应分别成图，生态敏感区分布图应在行政主管部门公布的功能分区图上叠加工程要素，当不同生态敏感区重叠时，应通过不同边界线型加以区分

图件名称	图件内容要求
物种迁徙、洄游路线图	物种迁徙、洄游的路线、方向以及时间
物种适宜生境分布图	通过模型预测得到的物种分布图，以不同色彩表示不同适宜性等级的生境空间分布范围
调查样方、样线、点位、断面等布设图	调查样方、样线、点位、断面等布设位置，在不同海拔高度布设的样方、样线等，应说明其海拔高度
生态监测布点图	生态监测点位布置情况
生态保护措施平面布置图	主要生态保护措施的空间位置
生态保护措施设计图	典型生态保护措施的设计方案及主要设计参数等信息

D.3　图件编制规范要求

生态影响评价图件应符合专题地图制图的规范要求，图面内容包括主图以及图名、图例、比例尺、方向标、注记、制图数据源（调查数据、实验数据、遥感信息数据、预测数据或其他）、成图时间等辅助要素。图式应符合 GB/T 20257。图面配置应在科学性、美观性、清晰性等方面相互协调。良好的图面配置总体效果包括：符号及图形的清晰与易读；整体图面的视觉对比度强；图形突出于背景；图形的视觉平衡效果好；图面设计的层次结构合理。

附 录 E
（资料性附录）
生态影响评价自查表

生态影响评价自查表参见表 E.1。

表 E.1 生态影响评价自查表

工作内容		自查项目
生态影响识别	生态保护目标	重要物种□；国家公园□；自然保护区□；自然公园□；世界自然遗产□；生态保护红线□；重要生境□；其他具有重要生态功能、对保护生物多样性具有重要意义的区域□；其他□
	影响方式	工程占用□；施工活动干扰□；改变环境条件□；其他□
	评价因子	物种□（ ） 生境□（ ） 生物群落□（ ） 生态系统□（ ） 生物多样性□（ ） 生态敏感区□（ ） 自然景观□（ ） 自然遗迹□（ ） 其他□（ ）
评价等级		一级□ 二级□ 三级□ 生态影响简单分析□
评价范围		陆域面积：（ ）km^2；水域面积：（ ）km^2
生态现状调查与评价	调查方法	资料收集□；遥感调查□；调查样方、样线□；调查点位、断面□；专家和公众咨询法□；其他□
	调查时间	春季□；夏季□；秋季□；冬季□ 丰水期□；枯水期□；平水期□
	所在区域的生态问题	水土流失□；沙漠化□；石漠化□；盐渍化□；生物入侵□；污染危害□；其他□
	评价内容	植被/植物群落□；土地利用□；生态系统□；生物多样性□；重要物种□；生态敏感区□；其他□
生态影响预测与评价	评价方法	定性□；定性和定量□
	评价内容	植被/植物群落□；土地利用□；生态系统□；生物多样性□；重要物种□；生态敏感区□；生物入侵风险□；其他□
生态保护对策措施	对策措施	避让□；减缓□；生态修复□；生态补偿□；科研□；其他□
	生态监测计划	全生命周期□；长期跟踪□；常规□；无□
	环境管理	环境监理□；环境影响后评价□；其他□
评价结论	生态影响	可行□；不可行□
注："□"为勾选项，可√；"（ ）"为内容填写项。		

HJ

中华人民共和国国家环境保护标准

HJ 610—2016
代替 HJ 610—2011

环境影响评价技术导则
地下水环境

Technical guidelines for environmental impact assessment

—groundwater environment

2016-01-07 发布　　　　2016-01-07 实施

环境保护部 发布

前 言

为贯彻《中华人民共和国环境保护法》《中华人民共和国水污染防治法》和《中华人民共和国环境影响评价法》，规范和指导地下水环境影响评价工作，保护环境，防止地下水污染，制定本标准。

本标准规定了地下水环境影响评价的一般性原则、内容、工作程序、方法和要求。

本标准于2011年首次发布，本次为第一次修订。本次修订的主要内容如下：

——调整、补充和规范了相关术语和定义；

——调整地下水流场和地下水位为调查内容；

——调整了地下水环境影响评价工作等级分级判定依据；

——调整了地下水环境现状调查范围的确定方法；

——修改简化了地下水环境现状监测要求；

——强化并明确了地下水环境保护措施与对策的相关要求；

——删除了地下水环境影响评价专题文件编写的要求；

——增加了地下水环境影响评价结论章节；

——修订了附录，补充了附录A《地下水环境影响评价行业分类表》。

本标准自实施之日起，《环境影响评价技术导则　地下水环境》（HJ 610—2011）废止。

本标准的附录A为规范性附录，附录B、附录C、附录D为资料性附录。

本标准由环境保护部环境影响评价司提出。

本标准由环境保护部科技标准司组织制订。

本标准主要起草单位：环境保护部环境工程评估中心。

本标准环境保护部2016年1月7日批准。

本标准自2016年1月7日起实施。

本标准由环境保护部解释。

环境影响评价技术导则　地下水环境

1　适用范围

本标准规定了地下水环境影响评价的一般性原则、工作程序、内容、方法和要求。
本标准适用于对地下水环境可能产生影响的建设项目的环境影响评价。
规划环境影响评价中的地下水环境影响评价可参照执行。

2　规范性引用文件

本标准引用了下列文件或其中的条款。凡是未注明日期的引用文件，其最新版本适用于本标准。
GB 3838　地表水环境质量标准
GB 5749　生活饮用水卫生标准
GB 16889　生活垃圾填埋场污染控制标准
GB 18597　危险废物贮存污染控制标准
GB 18598　危险废物填埋场污染控制标准
GB 18599　一般工业固体废物贮存、处置场污染控制标准
GB 50027　供水水文地质勘察规范
GB 50141　给水排水构筑物工程施工及验收规范
GB 50268　给水排水管道工程施工及验收规范
GB/T 14848　地下水质量标准
GB/T 50934　石油化工工程防渗技术规范
HJ 2.1　环境影响评价技术导则　总纲
HJ 25.1　场地环境调查技术导则
HJ 25.2　场地环境监测技术导则
DZ/T 0290　地下水水质标准
HJ/T 2.3　环境影响评价技术导则　地面水环境
HJ/T 164　地下水环境监测技术规范
《建设项目环境影响评价分类管理名录》（环境保护部令　第 33 号）

3　术语和定义

下列术语和定义适用于本标准。

3.1

地下水　groundwater

地面以下饱和含水层中的重力水。

3.2

水文地质条件　hydrogeological condition

地下水埋藏和分布、含水介质和含水构造等条件的总称。

3.3

包气带　vadose zone

地面与地下水面之间与大气相通的、含有气体的地带。

3.4

饱水带　saturated zone

地下水面以下，岩层的空隙全部被水充满的地带。

3.5

潜水　phreatic water

地面以下，第一个稳定隔水层以上具有自由水面的地下水。

3.6

承压水　confined water

充满于上下两个相对隔水层间的具有承压性质的地下水。

3.7

地下水补给区　groundwater recharge zone

含水层出露或接近地表接受大气降水和地表水等入渗补给的地区。

3.8

地下水排泄区　groundwater discharge zone

含水层的地下水向外部排泄的范围。

3.9

地下水径流区　groundwater runoff zone

含水层的地下水从补给区至排泄区的流经范围。

3.10

集中式饮用水水源　centralized drinking water source

进入输水管网送达用户的且具有一定供水规模（供水人口一般不小于 1 000 人）的现用、备用和规划的地下水饮用水水源。

3.11

分散式饮用水水源地　distributed drinking water source

供水小于一定规模（供水人口一般小于 1 000 人）的地下水饮用水水源地。

3.12

地下水环境现状值　value of current groundwater quality

建设项目实施前的地下水环境质量监测值。

3.13

地下水污染对照值　control value of groundwater contamination

调查评价区内有历史记录的地下水水质指标统计值，或调查评价区内受人类活动影响程度较小的地下水水质指标统计值。

3.14

地下水污染　groundwater contamination

人为原因直接导致地下水化学、物理、生物性质改变，使地下水水质恶化的现象。

3.15

正常状况　normal condition

建设项目的工艺设备和地下水环境保护措施均达到设计要求条件下的运行状况。如防渗系统的防渗能力达到了设计要求，防渗系统完好，验收合格。

3.16

非正常状况　unnormal condition

建设项目的工艺设备或地下水环境保护措施因系统老化、腐蚀等原因不能正常运行或保护效果达不到设计要求时的运行状况。

3.17

地下水环境保护目标　protected target of groundwater environment

潜水含水层和可能受建设项目影响且具有饮用水开发利用价值的含水层，集中式饮用水水源和分散式饮用水水源地，以及《建设项目环境影响评价分类管理名录》中所界定的涉及地下水的环境敏感区。

4　总则

4.1　一般性原则

地下水环境影响评价应对建设项目在建设期、运营期和服务期满后对地下水水质可能造成的直接影响进行分析、预测和评估，提出预防或者减轻不良影响的对策和措施，制定地下水环境影响跟踪监测计划，为建设项目地下水环境保护提供科学依据。

根据建设项目对地下水环境影响的程度，结合《建设项目环境影响评价分类管理名录》，将建设项目分为四类，详见附录 A。Ⅰ类、Ⅱ类、Ⅲ类建设项目的地下水环境影响评价应执行本标准，Ⅳ类建设项目不开展地下水环境影响评价。

4.2　评价基本任务

地下水环境影响评价应按本标准划分的评价工作等级开展相应评价工作，基本任务包括：识别地下水环境影响，确定地下水环境影响评价工作等级；开展地下水环境现状调查，完成地下水环境现状监测与评价；预测和评价建设项目对地下水水质可能造成的直接影响，提出有针对性的地下水污染防控措施与对策，制定地下水环境影响跟踪监测计划和应急预案。

4.3　工作程序

地下水环境影响评价工作可划分为准备阶段、现状调查与评价阶段、影响预测与评价阶段和结论阶段。地下水环境影响评价工作程序见图 1。

4.4　各阶段主要工作内容

4.4.1　准备阶段

搜集和分析国家和地方有关地下水环境保护的法律、法规、政策、标准及相关规划等资料；了解建设项目工程概况，进行初步工程分析，识别建设项目对地下水环境可能造成的直接影响；开展现场踏勘工作，识别地下水环境敏感程度；确定评价工作等级、评价范围以及评价重点。

4.4.2　现状调查与评价阶段

开展现场调查、勘探、地下水监测、取样、分析、室内外试验和室内资料分析等工作，进行现状评价。

4.4.3　影响预测与评价阶段

进行地下水环境影响预测，依据国家、地方有关地下水环境的法规及标准，评价建设项目对地下水环境可能造成的直接影响。

4.4.4　结论阶段

综合分析各阶段成果，提出地下水环境保护措施与防控措施，制定地下水环境影响跟踪监测计划，给出地下水环境影响评价结论。

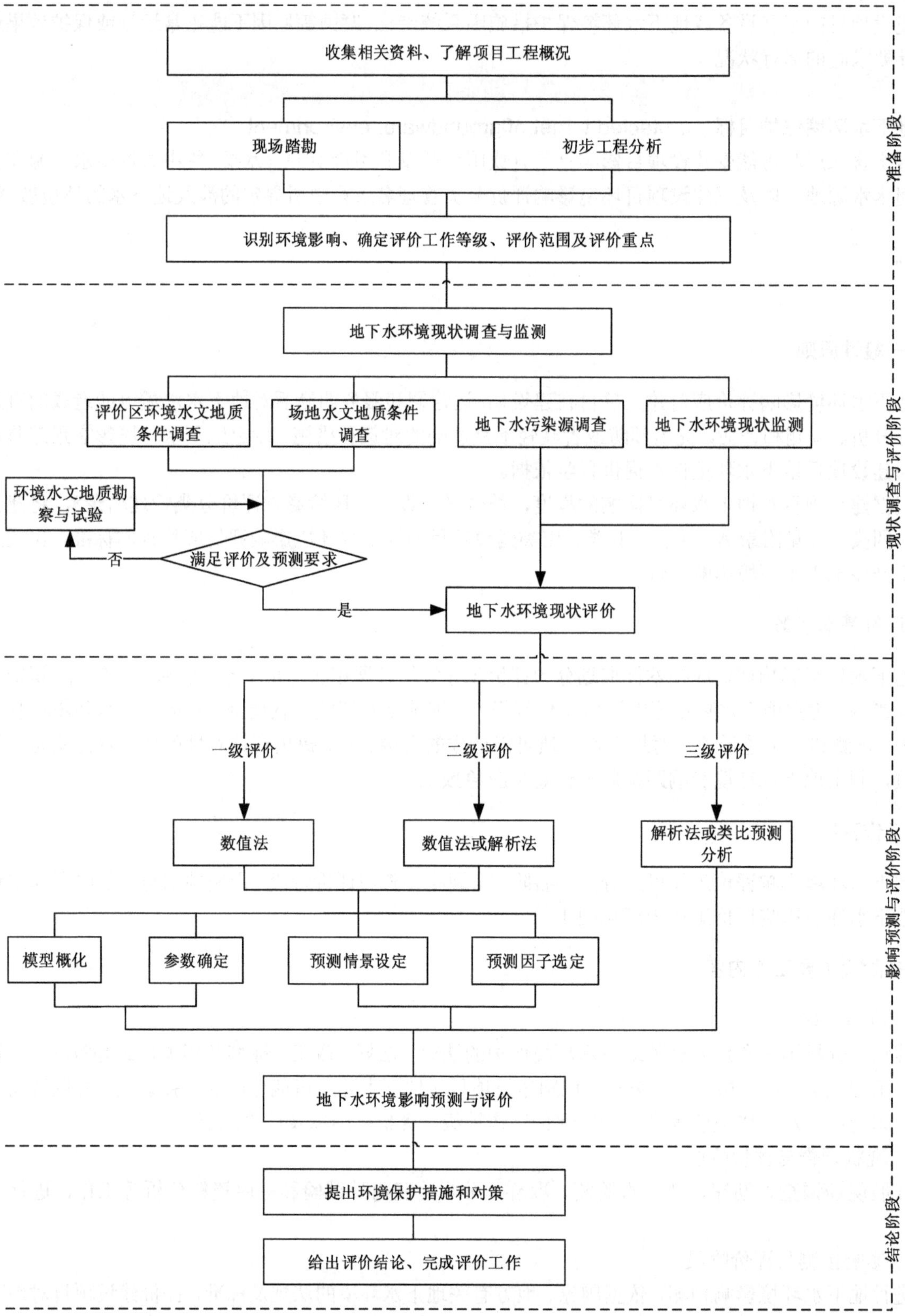

图 1　地下水环境影响评价工作程序图

5 地下水环境影响识别

5.1 基本要求

5.1.1 地下水环境影响的识别应在初步工程分析和确定地下水环境保护目标的基础上进行，根据建设项目建设期、运营期和服务期满后三个阶段的工程特征，识别其正常状况和非正常状况下的地下水环境影响。

5.1.2 对于随着生产运行时间推移对地下水环境影响有可能加剧的建设项目，还应按运营期的变化特征分为初期、中期和后期分别进行环境影响识别。

5.2 识别方法

5.2.1 根据附录 A，识别建设项目所属的行业类别。

5.2.2 根据建设项目的地下水环境敏感特征，识别建设项目的地下水环境敏感程度。

5.3 识别内容

5.3.1 识别可能造成地下水污染的装置和设施（位置、规模、材质等）及建设项目在建设期、运营期、服务期满后可能的地下水污染途径。

5.3.2 识别建设项目可能导致地下水污染的特征因子。特征因子应根据建设项目污废水成分（可参照 HJ/T 2.3）、液体物料成分、固废浸出液成分等确定。

6 地下水环境影响评价工作分级

6.1 划分原则

评价工作等级的划分应依据建设项目行业分类和地下水环境敏感程度分级进行判定，可划分为一级、二级、三级。

6.2 评价工作等级划分

6.2.1 划分依据

6.2.1.1 根据附录 A 确定建设项目所属的地下水环境影响评价项目类别。

6.2.1.2 建设项目的地下水环境敏感程度可分为敏感、较敏感、不敏感三级，分级原则见表 1。

表 1 地下水环境敏感程度分级表

敏感程度	地下水环境敏感特征
敏感	集中式饮用水水源（包括已建成的在用、备用、应急水源，在建和规划的饮用水水源）准保护区；除集中式饮用水水源以外的国家或地方政府设定的与地下水环境相关的其他保护区，如热水、矿泉水、温泉等特殊地下水资源保护区
较敏感	集中式饮用水水源（包括已建成的在用、备用、应急水源，在建和规划的饮用水水源）准保护区以外的补给径流区；未划定准保护区的集中式饮用水水源，其保护区以外的补给径流区；分散式饮用水水源地；特殊地下水资源（如热水、矿泉水、温泉等）保护区以外的分布区等其他未列入上述敏感分级的环境敏感区 [a]
不敏感	上述地区之外的其他地区

[a] “环境敏感区”是指《建设项目环境影响评价分类管理名录》中所界定的涉及地下水的环境敏感区。

6.2.2 建设项目评价工作等级

6.2.2.1 建设项目地下水环境影响评价工作等级划分见表 2。

表 2 评价工作等级分级表

项目类别 环境敏感程度	Ⅰ类项目	Ⅱ类项目	Ⅲ类项目
敏感	一	一	二
较敏感	一	二	三
不敏感	二	三	三

6.2.2.2 对于利用废弃盐岩矿井洞穴或人工专制盐岩洞穴、废弃矿井巷道加水幕系统、人工硬岩洞库加水幕系统、地质条件较好的含水层储油、枯竭的油气层储油等形式的地下储油库，危险废物填埋场应进行一级评价，不按表 2 划分评价工作等级。

6.2.2.3 当同一建设项目涉及两个或两个以上场地时，各场地应分别判定评价工作等级，并按相应等级开展评价工作。

6.2.2.4 线性工程应根据所涉地下水环境敏感程度和主要站场（如输油站、泵站、加油站、机务段、服务站等）位置进行分段判定评价工作等级，并按相应等级分别开展评价工作。

7 地下水环境影响评价技术要求

7.1 原则性要求

地下水环境影响评价应充分利用已有资料和数据，当已有资料和数据不能满足评价工作要求时，应开展相应评价工作等级要求的补充调查，必要时进行勘察试验。

7.2 一级评价要求

7.2.1 详细掌握调查评价区环境水文地质条件，主要包括含（隔）水层结构及其分布特征、地下水补径排条件、地下水流场、地下水动态变化特征、各含水层之间以及地表水与地下水之间的水力联系等，详细掌握调查评价区内地下水开发利用现状与规划。

7.2.2 开展地下水环境现状监测，详细掌握调查评价区地下水环境质量现状和地下水动态监测信息，进行地下水环境现状评价。

7.2.3 基本查清场地环境水文地质条件，有针对性地开展勘察试验，确定场地包气带特征及其防污性能。

7.2.4 采用数值法进行地下水环境影响预测，对于不宜概化为等效多孔介质的地区，可根据自身特点选择适宜的预测方法。

7.2.5 预测评价应结合相应环保措施，针对可能的污染情景，预测污染物运移趋势，评价建设项目对地下水环境保护目标的影响。

7.2.6 根据预测评价结果和场地包气带特征及其防污性能，提出切实可行的地下水环境保护措施与地下水环境影响跟踪监测计划，制订应急预案。

7.3 二级评价要求

7.3.1 基本掌握调查评价区的环境水文地质条件，主要包括含（隔）水层结构及其分布特征、地下水补径排条件、地下水流场等。了解调查评价区地下水开发利用现状与规划。

7.3.2　开展地下水环境现状监测，基本掌握调查评价区地下水环境质量现状，进行地下水环境现状评价。
7.3.3　根据场地环境水文地质条件的掌握情况，有针对性地补充必要的勘察试验。
7.3.4　根据建设项目特征、水文地质条件及资料掌握情况，采用数值法或解析法进行影响预测，评价对地下水环境保护目标的影响。
7.3.5　提出切实可行的环境保护措施与地下水环境影响跟踪监测计划。

7.4　三级评价要求

7.4.1　了解调查评价区和场地环境水文地质条件。
7.4.2　基本掌握调查评价区的地下水补径排条件和地下水环境质量现状。
7.4.3　采用解析法或类比分析法进行地下水环境影响分析与评价。
7.4.4　提出切实可行的环境保护措施与地下水环境影响跟踪监测计划。

7.5　其他技术要求

7.5.1　一级评价要求场地环境水文地质资料的调查精度应不低于1∶10 000比例尺，调查评价区的环境水文地质资料的调查精度应不低于1∶50 000比例尺。
7.5.2　二级评价环境水文地质资料的调查精度要求能够清晰反映建设项目与环境敏感区、地下水环境保护目标的位置关系，并根据建设项目特点和水文地质条件复杂程度确定调查精度，建议以不低于1∶50 000比例尺为宜。

8　地下水环境现状调查与评价

8.1　调查与评价原则

8.1.1　地下水环境现状调查与评价工作应遵循资料搜集与现场调查相结合、项目所在场地调查（勘察）与类比考察相结合、现状监测与长期动态资料分析相结合的原则。
8.1.2　地下水环境现状调查与评价工作的深度应满足相应的工作级别要求。当现有资料不能满足要求时，应通过组织现场监测或环境水文地质勘察与试验等方法获取。
8.1.3　对于一、二级评价的改、扩建类建设项目，应开展现有工业场地的包气带污染现状调查。
8.1.4　对于长输油品、化学品管线等线性工程，调查评价工作应重点针对场站、服务站等可能对地下水产生污染的地区开展。

8.2　调查评价范围

8.2.1　基本要求

地下水环境现状调查评价范围应包括与建设项目相关的地下水环境保护目标，以能说明地下水环境的现状，反映调查评价区地下水基本流场特征，满足地下水环境影响预测和评价为基本原则。

污染场地修复工程项目的地下水环境影响现状调查参照HJ 25.1执行。

8.2.2　调查评价范围确定

8.2.2.1　建设项目（除线性工程外）地下水环境影响现状调查评价范围可采用公式计算法、查表法和自定义法确定。

当建设项目所在地水文地质条件相对简单，且所掌握的资料能够满足公式计算法的要求时，应采用公式计算法确定；当不满足公式计算法的要求时，可采用查表法确定。当计算或查表范围超出所处水文地质单元边界时，应以所处水文地质单元边界为宜。

a）公式计算法

$$L=\alpha \cdot K \cdot I \cdot T/n_e \quad (1)$$

式中：L ——下游迁移距离，m；

α ——变化系数，$\alpha \geqslant 1$，一般取 2；

K——渗透系数，m/d，常见渗透系数见附录 B 表 B.1；

I——水力坡度，量纲为 1；

T——质点迁移天数，取值不小于 5 000 d；

n_e——有效孔隙度，量纲为 1。

采用该方法时应包含重要的地下水环境保护目标，所得的调查评价范围如图 2 所示。

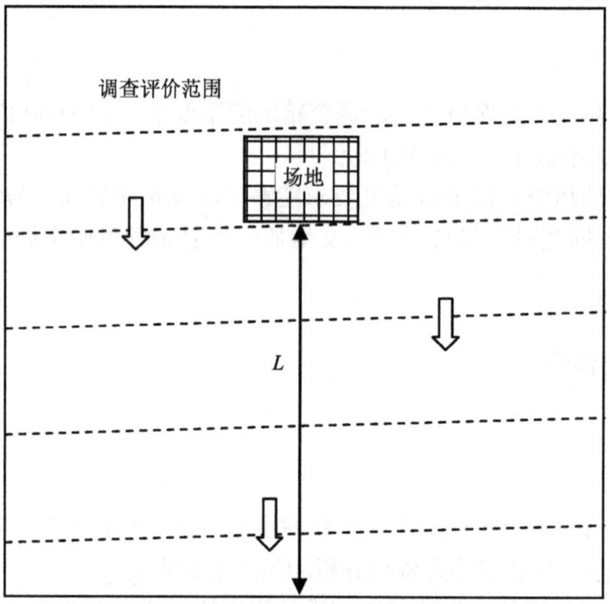

注：虚线表示等水位线；空心箭头表示地下水流向；
场地上游距离根据评价需求确定，场地两侧不小于 $L/2$。

图 2　调查评价范围示意图

b）查表法

参照表 3。

表 3　地下水环境现状调查评价范围参照表

评价工作等级	调查评价面积/km²	备注
一级	≥20	应包括重要的地下水环境保护目标，必要时适当扩大范围
二级	6～20	
三级	≤6	

c）自定义法

可根据建设项目所在地水文地质条件自行确定，须说明理由。

8.2.2.2　线性工程应以工程边界两侧分别向外延伸 200 m 作为调查评价范围；穿越饮用水源准保护区时，调查评价范围应至少包含水源保护区；线性工程站场的调查评价范围确定参照 8.2.2.1。

8.3　调查内容与要求

8.3.1　水文地质条件调查

在充分收集资料的基础上，根据建设项目特点和水文地质条件复杂程度，开展调查工作，主要内容包括：

a）气象、水文、土壤和植被状况；

b）地层岩性、地质构造、地貌特征与矿产资源；

c）包气带岩性、结构、厚度、分布及垂向渗透系数等；

d）含水层岩性、分布、结构、厚度、埋藏条件、渗透性、富水程度等；隔水层（弱透水层）的岩性、厚度、渗透性等；

e）地下水类型、地下水补径排条件；

f）地下水水位、水质、水温、地下水化学类型；

g）泉的成因类型，出露位置、形成条件及泉水流量、水质、水温，开发利用情况；

h）集中供水水源地和水源井的分布情况（包括开采层的成井密度、水井结构、深度以及开采历史）；

i）地下水现状监测井的深度、结构以及成井历史、使用功能；

j）地下水环境现状值（或地下水污染对照值）。

场地范围内应重点调查c）。

8.3.2　地下水污染源调查

8.3.2.1　调查评价区内具有与建设项目产生或排放同种特征因子的地下水污染源。

8.3.2.2　对于一级、二级的改、扩建项目，应在可能造成地下水污染的主要装置或设施附近开展包气带污染现状调查，对包气带进行分层取样，一般在0～20 cm埋深范围内取一个样品，其他取样深度应根据污染源特征和包气带岩性、结构特征等确定，并说明理由。样品进行浸溶试验，测试分析浸溶液成分。

8.3.3　地下水环境现状监测

8.3.3.1　建设项目地下水环境现状监测应通过对地下水水质、水位的监测，掌握或了解调查评价区地下水水质现状及地下水流场，为地下水环境现状评价提供基础资料。

8.3.3.2　污染场地修复工程项目的地下水环境现状监测参照HJ 25.2执行。

8.3.3.3　现状监测点的布设原则

a）地下水环境现状监测点采用控制性布点与功能性布点相结合的布设原则。监测点应主要布设在建设项目场地、周围环境敏感点、地下水污染源以及对于确定边界条件有控制意义的地点。当现有监测点不能满足监测位置和监测深度要求时，应布设新的地下水现状监测井，现状监测井的布设应兼顾地下水环境影响跟踪监测计划。

b）监测层位应包括潜水含水层、可能受建设项目影响且具有饮用水开发利用价值的含水层。

c）一般情况下，地下水水位监测点数以不小于相应评价级别地下水水质监测点数的2倍为宜。

d）地下水水质监测点布设的具体要求：

1）监测点布设应尽可能靠近建设项目场地或主体工程，监测点数应根据评价工作等级和水文地质条件确定；

2）一级评价项目潜水含水层的水质监测点应不少于7个，可能受建设项目影响且具有饮用水开发利用价值的含水层3～5个，原则上建设项目场地上游和两侧的地下水水质监测点均不得少于1个，建设项目场地及其下游影响区的地下水水质监测点不得少于3个；

3）二级评价项目潜水含水层的水质监测点应不少于5个，可能受建设项目影响且具有饮用水开发利用价值的含水层2～4个，原则上建设项目场地上游和两侧的地下水水质监测点均不得少于1个，建设项目场地及其下游影响区的地下水水质监测点不得少于2个；

4）三级评价项目潜水含水层水质监测点应不少于 3 个，可能受建设项目影响且具有饮用水开发利用价值的含水层 1～2 个，原则上建设项目场地上游及下游影响区的地下水水质监测点各不得少于 1 个。

e）管道型岩溶区等水文地质条件复杂的地区，地下水现状监测点应视情况确定，并说明布设理由。

f）在包气带厚度超过 100 m 的地区或监测井较难布置的基岩山区，当地下水质监测点数无法满足 d）要求时，可视情况调整数量，并说明调整理由。一般情况下，该类地区一级、二级评价项目应至少设置 3 个监测点，三级评价项目可根据需要设置一定数量的监测点。

8.3.3.4　地下水水质现状监测取样要求

a）应根据特征因子在地下水中的迁移特性选取适当的取样方法；

b）一般情况下，只取一个水质样品，取样点深度宜在地下水位以下 1.0 m 左右；

c）建设项目为改、扩建项目，且特征因子为 DNAPLs（重质非水相液体）时，应至少在含水层底部取一个样品。

8.3.3.5　地下水水质现状监测因子

a）检测分析地下水中 K^+、Na^+、Ca^{2+}、Mg^{2+}、CO_3^{2-}、HCO_3^-、Cl^-、SO_4^{2-}的浓度；

b）地下水水质现状监测因子原则上应包括两类：

1）基本水质因子，以 pH、氨氮、硝酸盐、亚硝酸盐、挥发性酚类、氰化物、砷、汞、铬（六价）、总硬度、铅、氟、镉、铁、锰、溶解性总固体、高锰酸盐指数、硫酸盐、氯化物、总大肠菌群、细菌总数等以及背景值超标的水质因子为基础，可根据区域地下水水质状况、污染源状况适当调整；

2）特征因子，根据 5.3.2 的识别结果确定，可根据区域地下水水质状况、污染源状况适当调整。

8.3.3.6　地下水环境现状监测频率要求

a）水位监测频率要求

1）评价工作等级为一级的建设项目，若掌握近 3 年内至少一个连续水文年的枯、平、丰水期地下水水位动态监测资料，评价期内应至少开展一期地下水水位监测；若无上述资料，应依据表 4 开展水位监测。

2）评价工作等级为二级的建设项目，若掌握近 3 年内至少一个连续水文年的枯、丰水期地下水水位动态监测资料，评价期可不再开展地下水水位现状监测；若无上述资料，应依据表 4 开展水位监测。

表 4　地下水环境现状监测频率参照表

分布区 \ 频次 \ 评价等级	水位监测频率			水质监测频率		
	一级	二级	三级	一级	二级	三级
山前冲（洪）积	枯平丰	枯丰	一期	枯丰	枯	一期
滨海（含填海区）	二期[a]	一期	一期	一期	一期	一期
其他平原区	枯丰	一期	一期	枯	一期	一期
黄土地区	枯平丰	一期	一期	二期	一期	一期
沙漠地区	枯丰	一期	一期	一期	一期	一期
丘陵山区	枯丰	一期	一期	一期	一期	一期
岩溶裂隙	枯丰	一期	一期	枯丰	一期	一期
岩溶管道	二期	一期	一期	二期	一期	一期

[a] “二期”的间隔有明显水位变化，其变化幅度接近年内变幅。

3）评价工作等级为三级的建设项目，若掌握近 3 年内至少一期的监测资料，评价期内可不再进行地下水水位现状监测；若无上述资料，应依据表 4 开展水位监测。

b）基本水质因子的水质监测频率应参照表 4，若掌握近 3 年至少一期水质监测数据，基本水质因子可在评价期补充开展一期现状监测；特征因子在评价期内应需至少开展一期现状监测。

c）在包气带厚度超过 100 m 的评价区或监测井较难布置的基岩山区，若掌握近 3 年内至少一期的监测资料，评价期内可不进行地下水水位、水质现状监测；若无上述资料，至少开展一期现状水位、水质监测。

8.3.3.7　地下水样品采集与现场测定

a）地下水样品应采用自动式采样泵或人工活塞闭合式与敞口式定深采样器进行采集。

b）样品采集前，应先测量井孔地下水水位（或地下水位埋深）并做好记录，然后采用潜水泵或离心泵对采样井（孔）进行全井孔清洗，抽汲的水量不得小于 3 倍的井筒水（量）体积。

c）地下水水质样品的管理、分析化验和质量控制按照 HJ/T 164 执行。pH、Eh、DO、水温等不稳定项目应在现场测定。

8.3.4　环境水文地质勘察与试验

8.3.4.1　环境水文地质勘察与试验是在充分收集已有资料和地下水环境现状调查的基础上，为进一步查明含水层特征和获取预测评价中必要的水文地质参数而进行的工作。

8.3.4.2　除一级评价应进行必要的环境水文地质勘察与试验外，对环境水文地质条件复杂且资料缺少的地区，二级、三级评价也应在区域水文地质调查的基础上对场地进行必要的水文地质勘察。

8.3.4.3　环境水文地质勘察可采用钻探、物探和水土化学分析以及室内外测试、试验等手段开展，具体参见相关标准与规范。

8.3.4.4　环境水文地质试验项目通常有抽水试验、注水试验、渗水试验、浸溶试验及土柱淋滤试验等，有关试验原则与方法参见附录 C。在评价工作过程中可根据评价工作等级和资料掌握情况选用。

8.3.4.5　进行环境水文地质勘察时，除采用常规方法外，还可采用其他辅助方法配合勘察。

8.4　地下水环境现状评价

8.4.1　地下水水质现状评价

8.4.1.1　GB/T 14848 和有关法规及当地的环保要求是地下水环境现状评价的基本依据。对属于 GB/T 14848 水质指标的评价因子，应按其规定的水质分类标准值进行评价；对于不属于 GB/T 14848 水质指标的评价因子，可参照国家（行业、地方）相关标准（如 GB 3838、GB 5749、DZ/T 0290 等）进行评价。现状监测结果应进行统计分析，给出最大值、最小值、均值、标准差、检出率和超标率等。

8.4.1.2　地下水水质现状评价应采用标准指数法。标准指数＞1，表明该水质因子已超标，标准指数越大，超标越严重。标准指数计算公式分为以下两种情况：

a）对于评价标准为定值的水质因子，其标准指数计算方法见式（2）：

$$P_i = \frac{C_i}{C_{si}} \qquad (2)$$

式中：P_i——第 i 个水质因子的标准指数，量纲为 1；

C_i——第 i 个水质因子的监测浓度值，mg/L；

C_{si}——第 i 个水质因子的标准浓度值，mg/L。

b）对于评价标准为区间值的水质因子（如 pH），其标准指数计算方法见式（3）、式（4）：

$$P_{\mathrm{pH}} = \frac{7.0 - \mathrm{pH}}{7.0 - \mathrm{pH}_{sd}} \qquad \mathrm{pH} \leqslant 7 \text{ 时} \qquad (3)$$

$$P_{\mathrm{pH}} = \frac{\mathrm{pH} - 7.0}{\mathrm{pH}_{su} - 7.0} \qquad \mathrm{pH} > 7 \text{ 时} \qquad (4)$$

式中：P_{pH}——pH 的标准指数，量纲为 1；

pH——pH 的监测值；

pH_{sd}——标准中 pH 的下限值；

pH_{su}——标准中 pH 的上限值。

8.4.2 包气带环境现状分析

对于污染场地修复工程项目和评价工作等级为一级、二级的改、扩建项目，应开展包气带污染现状调查，分析包气带污染状况。

9 地下水环境影响预测

9.1 预测原则

9.1.1 建设项目地下水环境影响预测应遵循 HJ 2.1 中确定的原则。考虑到地下水环境污染的复杂性、隐蔽性和难恢复性，还应遵循保护优先、预防为主的原则，预测应为评价各方案的环境安全和环境保护措施的合理性提供依据。

9.1.2 预测的范围、时段、内容和方法均应根据评价工作等级、工程特征与环境特征，结合当地环境功能和环保要求确定，应预测建设项目对地下水水质产生的直接影响，重点预测对地下水环境保护目标的影响。

9.1.3 在结合地下水污染防控措施的基础上，对工程设计方案或可行性研究报告推荐的选址（选线）方案可能引起的地下水环境影响进行预测。

9.2 预测范围

9.2.1 地下水环境影响预测范围一般与调查评价范围一致。

9.2.2 预测层位应以潜水含水层或污染物直接进入的含水层为主，兼顾与其水力联系密切且具有饮用水开发利用价值的含水层。

9.2.3 当建设项目场地天然包气带垂向渗透系数小于 1.0×10^{-6} cm/s 或厚度超过 100 m 时，预测范围应扩展至包气带。

9.3 预测时段

地下水环境影响预测时段应选取可能产生地下水污染的关键时段，至少包括污染发生后 100 d、1 000 d，服务年限或者能反映特征因子迁移规律的其他重要的时间节点。

9.4 情景设置

9.4.1 一般情况下，建设项目须对正常状况和非正常状况的情景分别进行预测。

9.4.2 已依据 GB 16889、GB 18597、GB 18598、GB 18599、GB/T 50934 等规范设计地下水污染防渗措施的建设项目，可不进行正常状况情景下的预测。

9.5 预测因子

预测因子应包括：

a）根据 5.3.2 识别出的特征因子，按照重金属、持久性有机污染物和其他类别进行分类，并对每一类别中的各项因子采用标准指数法进行排序，分别取标准指数最大的因子作为预测因子；

b）现有工程已经产生的且改、扩建后将继续产生的特征因子，改、扩建后新增加的特征因子；

c）污染场地已查明的主要污染物，按照 a）筛选预测因子；

d）国家或地方要求控制的污染物。

9.6 预测源强

地下水环境影响预测源强的确定应充分结合工程分析。

a）正常状况下，预测源强应结合建设项目工程分析和相关设计规范确定，如 GB 50141、GB 50268 等；

b）非正常状况下，预测源强可根据地下水环境保护设施或工艺设备的系统老化或腐蚀程度等设定。

9.7 预测方法

9.7.1 建设项目地下水环境影响预测方法包括数学模型法和类比分析法。其中，数学模型法包括数值法、解析法等。常用的地下水预测数学模型参见附录 D。

9.7.2 预测方法的选取应根据建设项目工程特征、水文地质条件及资料掌握程度来确定，当数值法不适用时，可用解析法或其他方法预测。一般情况下，一级评价应采用数值法，不宜概化为等效多孔介质的地区除外；二级评价中水文地质条件复杂且适宜采用数值法时，建议优先采用数值法；三级评价可采用解析法或类比分析法。

9.7.3 采用数值法预测前，应先进行参数识别和模型验证。

9.7.4 采用解析模型预测污染物在含水层中的扩散时，一般应满足以下条件：

a）污染物的排放对地下水流场没有明显的影响；

b）调查评价区内含水层的基本参数（如渗透系数、有效孔隙度等）不变或变化很小。

9.7.5 采用类比分析法时，应给出类比条件。类比分析对象与拟预测对象之间应满足以下要求：

a）二者的环境水文地质条件、水动力场条件相似；

b）二者的工程类型、规模及特征因子对地下水环境的影响具有相似性。

9.7.6 地下水环境影响预测过程中，对于采用非本导则推荐模式进行预测评价时，需明确所采用模式的适用条件，给出模型中的各参数物理意义及参数取值，并尽可能地采用本导则中的相关模式进行验证。

9.8 预测模型概化

9.8.1 水文地质条件概化

根据调查评价区和场地环境水文地质条件，对边界性质、介质特征、水流特征和补径排等条件进行概化。

9.8.2 污染源概化

污染源概化包括排放形式与排放规律的概化。根据污染源的具体情况，排放形式可以概化为点源、线源、面源；排放规律可以概化为连续恒定排放或非连续恒定排放以及瞬时排放。

9.8.3 水文地质参数初始值的确定

包气带垂向渗透系数、含水层渗透系数、给水度等预测所需参数初始值的获取应以收集评价范围内已有水文地质资料为主，不满足预测要求时需通过现场试验获取。

9.9 预测内容

9.9.1 给出特征因子不同时段的影响范围、程度、最大迁移距离。

9.9.2 给出预测期内建设项目场地边界或地下水环境保护目标处特征因子随时间的变化规律。

9.9.3 当建设项目场地天然包气带垂向渗透系数小于 1.0×10^{-6} cm/s 或厚度超过 100 m 时，须考虑包气带阻滞作用，预测特征因子在包气带中的迁移规律。

9.9.4 污染场地修复治理工程项目应给出污染物变化趋势或污染控制的范围。

10 地下水环境影响评价

10.1 评价原则

10.1.1 评价应以地下水环境现状调查和地下水环境影响预测结果为依据，对建设项目各实施阶段（建设期、运营期及服务期满后）不同环节及不同污染防控措施下的地下水环境影响进行评价。

10.1.2 地下水环境影响预测未包括环境质量现状值时，应叠加环境质量现状值后再进行评价。

10.1.3 应评价建设项目对地下水水质的直接影响，重点评价建设项目对地下水环境保护目标的影响。

10.2 评价范围

地下水环境影响评价范围一般与调查评价范围一致。

10.3 评价方法

10.3.1 采用标准指数法对建设项目地下水水质影响进行评价，具体方法同 8.4.1.2。

10.3.2 对属于 GB/T 14848 水质指标的评价因子，应按其规定的水质分类标准值进行评价；对于不属于 GB/T 14848 水质指标的评价因子，可参照国家（行业、地方）相关标准的水质标准值（如 GB 3838、GB 5749、DZ/T 0290 等）进行评价。

10.4 评价结论

评价建设项目对地下水水质影响时，可采用以下判据评价水质能否满足标准的要求。

10.4.1 以下情况应得出可以满足评价标准要求的结论：

a）建设项目各个不同阶段，除场界内小范围以外地区，均能满足 GB/T 14848 或国家（行业、地方）相关标准要求的；

b）在建设项目实施的某个阶段，有个别评价因子出现较大范围超标，但采取环保措施后，可满足 GB/T 14848 或国家（行业、地方）相关标准要求的。

10.4.2 以下情况应得出不能满足评价标准要求的结论：

a）新建项目排放的主要污染物，改、扩建项目已经排放的及将要排放的主要污染物在评价范围内地下水中已经超标的；

b）环保措施在技术上不可行，或在经济上明显不合理的。

11 地下水环境保护措施与对策

11.1 基本要求

11.1.1 地下水环境保护措施与对策应符合《中华人民共和国水污染防治法》和《中华人民共和国环境影响评价法》的相关规定，按照“源头控制、分区防控、污染监控、应急响应”，且重点突出饮用水水质安全的原则确定。

11.1.2 根据建设项目特点、调查评价区和场地环境水文地质条件，在建设项目可行性研究提出的污染防控对策的基础上，根据环境影响预测与评价结果，提出需要增加或完善的地下水环境保护措施和对策。

11.1.3 改、扩建项目应针对现有工程引起的地下水污染问题，提出“以新带老”措施，有效减轻污染程度或控制污染范围，防止地下水污染加剧。

11.1.4 给出各项地下水环境保护措施与对策的实施效果，初步估算各措施的投资概算，列表给出并分析其技术、经济可行性。

11.1.5 提出合理、可行、操作性强的地下水污染防控的环境管理体系，包括地下水环境跟踪监测方案和定期信息公开等。

11.2　建设项目污染防控对策

11.2.1　源头控制措施

主要包括提出各类废物循环利用的具体方案，减少污染物的排放量；提出工艺、管道、设备、污水储存及处理构筑物应采取的污染防控措施，将污染物跑、冒、滴、漏降到最低限度。

11.2.2　分区防控措施

11.2.2.1　结合地下水环境影响评价结果，对工程设计或可行性研究报告提出的地下水污染防控方案提出优化调整的建议，给出不同分区的具体防渗技术要求。

一般情况下，应以水平防渗为主，防控措施应满足以下要求：

a）已颁布污染控制标准或防渗技术规范的行业，水平防渗技术要求按照相应标准或规范执行，如GB 16889、GB 18597、GB 18598、GB 18599、GB/T 50934 等；

b）未颁布相关标准的行业，应根据预测结果和建设项目场地包气带特征及其防污性能，提出防渗技术要求；或根据建设项目场地天然包气带防污性能、污染控制难易程度和污染物特性，参照表 7 提出防渗技术要求。其中污染控制难易程度分级和天然包气带防污性能分级参照表 5 和表 6 进行相关等级的确定。

表 5　污染控制难易程度分级参照表

污染控制难易程度	主要特征
难	对地下水环境有污染的物料或污染物泄漏后，不能及时发现和处理
易	对地下水环境有污染的物料或污染物泄漏后，可及时发现和处理

表 6　天然包气带防污性能分级参照表

分级	包气带岩土的渗透性能
强	$Mb \geqslant 1.0$ m，$K \leqslant 1.0 \times 10^{-6}$ cm/s，且分布连续、稳定
中	0.5 m$\leqslant Mb < 1.0$ m，$K \leqslant 1.0 \times 10^{-6}$ cm/s，且分布连续、稳定 $Mb \geqslant 1.0$ m，1.0×10^{-6} cm/s$< K \leqslant 1.0 \times 10^{-4}$ cm/s，且分布连续、稳定
弱	岩（土）层不满足上述“强”和“中”条件
注：*Mb*：岩（土）层单层厚度。 *K*：渗透系数。	

表 7　地下水污染防渗分区参照表

<table>
<tr><th>防渗分区</th><th>天然包气带防污性能</th><th>污染控制难易程度</th><th>污染物类型</th><th>防渗技术要求</th></tr>
<tr><td rowspan="2">重点防渗区</td><td>弱</td><td>易—难</td><td rowspan="2">重金属、持久性有机物污染物</td><td rowspan="2">等效黏土防渗层 $Mb \geqslant 6.0$ m，$K \leqslant 1.0 \times 10^{-7}$ cm/s；或参照 GB 18598 执行</td></tr>
<tr><td>中—强</td><td>难</td></tr>
<tr><td rowspan="3">一般防渗区</td><td>中—强</td><td>易</td><td>重金属、持久性有机物污染物</td><td rowspan="3">等效黏土防渗层 $Mb \geqslant 1.5$ m，$K \leqslant 1.0 \times 10^{-7}$ cm/s；或参照 GB 16889 执行</td></tr>
<tr><td>弱</td><td>易—难</td><td rowspan="2">其他类型</td></tr>
<tr><td>中—强</td><td>难</td></tr>
<tr><td>简单防渗区</td><td>中—强</td><td>易</td><td>其他类型</td><td>一般地面硬化</td></tr>
</table>

11.2.2.2　对难以采取水平防渗的建设项目场地，可采用垂向防渗为主、局部水平防渗为辅的防控措施。

11.2.2.3　根据非正常状况下的预测评价结果，在建设项目服务年限内个别评价因子超标范围超出厂界时，应提出优化总图布置的建议或地基处理方案。

11.3 地下水环境监测与管理

11.3.1 建立地下水环境监测管理体系，包括制定地下水环境影响跟踪监测计划、建立地下水环境影响跟踪监测制度、配备先进的监测仪器和设备，以便及时发现问题，采取措施。

11.3.2 跟踪监测计划应根据环境水文地质条件和建设项目特点设置跟踪监测点，跟踪监测点应明确与建设项目的位置关系，给出点位、坐标、井深、井结构、监测层位、监测因子及监测频率等相关参数。

11.3.2.1 跟踪监测点数量要求：

a）一级、二级评价的建设项目，一般不少于 3 个，应至少在建设项目场地及其上、下游各布设 1 个。一级评价的建设项目，应在建设项目总图布置基础之上，结合预测评价结果和应急响应时间要求，在重点污染风险源处增设监测点；

b）三级评价的建设项目，一般不少于 1 个，应至少在建设项目场地下游布置 1 个。

11.3.2.2 明确跟踪监测点的基本功能，如背景值监测点、地下水环境影响跟踪监测点、污染扩散监测点等，必要时，明确跟踪监测点兼具的污染控制功能。

11.3.2.3 根据环境管理对监测工作的需要，提出有关监测机构、人员及装备的建议。

11.3.3 制定地下水环境跟踪监测与信息公开计划。

11.3.3.1 编制跟踪监测报告，明确跟踪监测报告编制的责任主体。跟踪监测报告内容一般应包括：

a）建设项目所在场地及其影响区地下水环境跟踪监测数据，排放污染物的种类、数量、浓度；

b）生产设备、管廊或管线、贮存与运输装置、污染物贮存与处理装置、事故应急装置等设施的运行状况、跑冒滴漏记录、维护记录。

11.3.3.2 信息公开计划应至少包括建设项目特征因子的地下水环境监测值。

11.4 应急响应

制定地下水污染应急响应预案，明确污染状况下应采取的控制污染源、切断污染途径等措施。

12 地下水环境影响评价结论

12.1 环境水文地质现状

概述调查评价区及场地环境水文地质条件和地下水环境现状。

12.2 地下水环境影响

给出地下水环境影响预测评价结果，明确建设项目对地下水环境和保护目标的直接影响。

12.3 地下水环境污染防控措施

根据地下水环境影响评价结论，提出建设项目地下水污染防控措施的优化调整建议或方案。

12.4 地下水环境影响评价结论

结合环境水文地质条件、地下水环境影响、地下水环境污染防控措施、建设项目总平面布置的合理性等方面进行综合评价，明确给出建设项目地下水环境影响是否可接受的结论。

附 录 A

（规范性附录）

地下水环境影响评价行业分类表

环评类别 行业类别	报告书	报告表	地下水环境影响评价项目类别	
			报告书	报告表
A 水利				
1. 水库	库容 1 000 万 m^3 及以上；涉及环境敏感区的	其他	Ⅲ类	Ⅳ类
2. 灌区工程	新建 5 万亩及以上；改造 30 万亩及以上	其他	再生水灌溉工程Ⅲ类，其余Ⅳ类	Ⅳ类
3. 引水工程	跨流域调水；大中型河流引水；小型河流年总引水量占天然年径流量 1/4 及以上；涉及环境敏感区的	其他	Ⅲ类	Ⅳ类
4. 防洪治涝工程	新建大中型	其他	Ⅲ类	Ⅳ类
5. 河湖整治工程	涉及环境敏感区的	其他	Ⅲ类	Ⅳ类
6. 地下水开采工程	日取水量 1 万 m^3 及以上；涉及环境敏感区的	其他	Ⅲ类	Ⅳ类
B 农、林、牧、渔、海洋				
7. 农业垦殖	5 000 亩及以上；涉及环境敏感区的	其他	Ⅳ类	Ⅳ类
8. 农田改造项目	—	涉及环境敏感区的		Ⅳ类
9. 农产品基地项目	—	涉及环境敏感区的		Ⅳ类
10. 农业转基因项目、物种引进项目	全部	—	Ⅳ类	
11. 经济林基地项目	原料林基地	其他	Ⅳ类	Ⅳ类
12. 森林采伐工程	—	全部		Ⅳ类
13. 防沙治沙工程	—	全部		Ⅳ类
14. 畜禽养殖场、养殖小区	年出栏生猪 5 000 头（其他畜禽种类折合猪的养殖规模）及以上；涉及环境敏感区的	—	Ⅲ类	
15. 淡水养殖工程	—	网箱、围网等投饵养殖；涉及环境敏感区的		Ⅳ类
16. 海水养殖工程	—	用海面积 300 亩及以上；涉及环境敏感区的		Ⅳ类
17. 海洋人工鱼礁工程	—	固体物质投放量 5 000 m^3 及以上；涉及环境敏感区的		Ⅳ类
18. 围填海工程及海上堤坝工程	围填海工程；长度 0.5 km 及以上的海上堤坝工程；涉及环境敏感区的	其他	Ⅳ类	Ⅳ类
19. 海上和海底物资储藏设施工程	全部	—	Ⅳ类	

行业类别 \ 环评类别	报告书	报告表	地下水环境影响评价项目类别	
			报告书	报告表
20. 跨海桥梁工程	全部	—	Ⅳ类	
21. 海底隧道、管道、电（光）缆工程	全部	—	Ⅳ类	
C 地质勘查				
22. 基础地质勘查	—	全部		Ⅳ类
23. 水利、水电工程地质勘查	—	全部		Ⅳ类
24. 矿产资源地质勘查（包括勘探活动）	—	全部		Ⅳ类
D 煤炭				
25. 煤层气开采	年生产能力1亿 m^3 及以上；涉及环境敏感区的	其他	水力压裂工艺Ⅱ类，其余Ⅲ类	Ⅳ类
26. 煤炭开采	全部	—	煤矸石转运场Ⅱ类，其余Ⅲ类	
27. 洗选、配煤	—	全部		Ⅲ类
28. 煤炭储存、集运	—	全部		Ⅳ类
29. 型煤、水煤浆生产	—	全部		Ⅲ类
E 电力				
30. 火力发电（包括热电）	除燃气发电工程外的	燃气发电	灰场Ⅱ类，其余Ⅲ类	Ⅳ类
31. 水力发电	总装机1 000 kW及以上；抽水蓄能电站；涉及环境敏感区的	其他	Ⅲ类	Ⅳ类
32. 生物质发电	农林生物质直接燃烧或气化发电；生活垃圾、污泥焚烧发电	沼气发电、垃圾填埋气发电	Ⅲ类	Ⅳ类
33. 综合利用发电	利用矸石、油页岩、石油焦等发电	单纯利用余热、余压、余气（含煤层气）发电	Ⅲ类	Ⅳ类
34. 其他能源发电	海上潮汐电站、波浪电站、温差电站等；涉及环境敏感区的总装机容量5万kW及以上的风力发电	利用地热、太阳能热等发电；并网光伏发电；其他风力发电	Ⅳ类	Ⅳ类
35. 送（输）变电工程	500 kV及以上；涉及环境敏感区的330 kV及以上	其他（不含100 kV以下）	Ⅳ类	Ⅳ类
36. 脱硫、脱硝、除尘等环保工程	—	全部		Ⅳ类
F 石油、天然气				
37. 石油开采	全部	—	Ⅰ类	
38. 天然气、页岩气开采（含净化）	全部	—	Ⅱ类	
39. 油库（不含加油站的油库）	总容量20万 m^3 及以上；地下洞库	其他	Ⅰ类	地下储罐Ⅰ类，其余Ⅱ类
40. 气库（不含加气站的气库）	地下气库	其他	Ⅳ类	Ⅳ类

环评类别 行业类别	报告书	报告表	地下水环境影响评价项目类别	
			报告书	报告表
41. 石油、天然气、成品油管线（不含城市天然气管线）	200 km 及以上；涉及环境敏感区的	其他	油Ⅱ类，气Ⅲ类	油Ⅱ类，气Ⅳ类
G 黑色金属				
42. 采选（含单独尾矿库）	全部	—	排土场、尾矿库Ⅰ类，选矿厂Ⅱ类，其余Ⅳ类	
43. 炼铁、球团、烧结	全部	—	焦化Ⅰ类，其余Ⅳ类	
44. 炼钢	全部	—	Ⅳ类	
45. 铁合金制造；锰、铬冶炼	全部	—	锰、铬冶炼Ⅰ类，铁合金制造Ⅲ类	
46. 压延加工	年产 50 万 t 及以上的冷轧	其他	Ⅱ类	Ⅲ类
H 有色金属				
47. 采选（含单独尾矿库）	全部	—	排土场、尾矿库Ⅰ类，选矿厂Ⅱ类，其余Ⅲ类	
48. 冶炼（含再生有色金属冶炼）	全部	—	Ⅰ类	
49. 合金制造	全部	—	Ⅲ类	
50. 压延加工	—	全部		Ⅳ类
I 金属制品				
51. 表面处理及热处理加工	有电镀工艺的；使用有机涂层的；有钝化工艺的热镀锌	其他	Ⅲ类	Ⅳ类
52. 金属铸件	年产 10 万 t 及以上	其他	Ⅲ类	Ⅳ类
53. 金属制品加工制造	有电镀或喷漆工艺的	其他	Ⅲ类	Ⅳ类
J 非金属矿采选及制品制造				
54. 土砂石开采	年采 10 万 m^3 及以上；海砂开采工程；涉及环境敏感区的	其他	Ⅳ类	Ⅳ类
55. 化学矿采选	全部	—	Ⅰ类	
56. 采盐	井盐	湖盐、海盐	Ⅲ类	Ⅳ类
57. 石棉及其他非金属矿采选	全部	—	Ⅲ类	
58. 水泥制造	全部	—	Ⅳ类	
59. 水泥粉磨站	年产 100 万 t 及以上	其他	Ⅳ类	Ⅳ类
60. 砼结构构件制造、商品混凝土加工	—	全部		Ⅳ类
61. 石灰和石膏制造	—	全部		Ⅳ类
62. 石材加工	—	全部		Ⅳ类
63. 人造石制造	—	全部		Ⅳ类
64. 砖瓦制造	—	全部		Ⅳ类
65. 玻璃及玻璃制品	日产玻璃 500 t 及以上	其他	Ⅳ类	Ⅳ类

环评类别 行业类别	报告书	报告表	地下水环境影响评价项目类别	
			报告书	报告表
66．玻璃纤维及玻璃纤维增强塑料制品	年产玻璃纤维3万t及以上	其他	Ⅳ类	Ⅳ类
67．陶瓷制品	年产建筑陶瓷100万m^2及以上；年产卫生陶瓷150万件及以上；年产日用陶瓷250万件及以上	其他	Ⅲ类	Ⅳ类
68．耐火材料及其制品	石棉制品；年产岩棉5 000 t及以上	其他	Ⅳ类	Ⅳ类
69．石墨及其他非金属矿物制品	石墨、碳素	其他	Ⅲ类	Ⅳ类
70．防水建筑材料制造、沥青搅拌站	—	全部		Ⅳ类
K　机械、电子				
71．通用、专用设备制造及维修	有电镀或喷漆工艺的	其他	Ⅲ类	Ⅳ类
72．铁路运输设备制造及修理	机车、车辆、动车组制造；发动机生产；有电镀或喷漆工艺的零部件生产	其他	Ⅲ类	Ⅳ类
73．汽车、摩托车制造	整车制造；发动机生产；有电镀或喷漆工艺的零部件生产	其他	Ⅲ类	Ⅳ类
74．自行车制造	有电镀或喷漆工艺的	其他	Ⅲ类	Ⅳ类
75．船舶及相关装置制造	有电镀或喷漆工艺的；拆船、修船	其他	Ⅲ类	Ⅳ类
76．航空航天器制造	有电镀或喷漆工艺的	其他	Ⅲ类	Ⅳ类
77．交通器材及其他交通运输设备制造	有电镀或喷漆工艺的	其他	Ⅲ类	Ⅳ类
78．电气机械及器材制造	有电镀或喷漆工艺的；电池制造（无汞干电池除外）	其他（仅组装的除外）	Ⅲ类	Ⅳ类
79．仪器仪表及文化、办公用机械制造	有电镀或喷漆工艺的	其他（仅组装的除外）	Ⅲ类	Ⅳ类
80．电子真空器件、集成电路、半导体分立器件制造、光电子器件及其他电子器件制造	显示器件	有分割、焊接、酸洗或有机溶剂清洗工艺的	Ⅱ类	Ⅲ类
81．印刷电路板、电子元件及组件制造	印刷电路板	有分割、焊接、酸洗或有机溶剂清洗工艺的	Ⅱ类	Ⅲ类
82．半导体材料、电子陶瓷、有机薄膜、荧光粉、贵金属粉等电子专用材料	全部	—	Ⅳ类	
83．电子配件组装	—	有分割、焊接、酸洗或有机溶剂清洗工艺的		有机溶剂清洗工艺Ⅲ类，其余Ⅳ类
L　石化、化工				
84．原油加工、天然气加工、油母页岩提炼原油、煤制油、生物制油及其他石油制品	全部	—	天然气净化做燃料Ⅲ类，其余Ⅰ类	

环评类别 行业类别	报告书	报告表	地下水环境影响评价项目类别	
			报告书	报告表
85．基本化学原料制造；化学肥料制造；农药制造；涂料、染料、颜料、油墨及其类似产品制造；合成材料制造；专用化学品制造；炸药、火工及焰火产品制造；饲料添加剂、食品添加剂及水处理剂等制造	除单纯混合和分装外的	单纯混合或分装的	Ⅰ类	Ⅲ类
86．日用化学品制造	除单纯混合和分装外的	单纯混合或分装的	Ⅱ类	Ⅳ类
87．焦化、电石	全部	—	Ⅰ类	
88．煤炭液化、气化	全部	—	Ⅲ类	
89．化学品输送管线	全部	—	地面以下Ⅱ类，地面以上Ⅲ类	
M 医药				
90．化学药品制造；生物、生化制品制造	全部	—	Ⅰ类	
91．单纯药品分装、复配	—	全部		Ⅳ类
92．中成药制造、中药饮片加工	有提炼工艺的	其他	Ⅲ类	Ⅳ类
93．卫生材料及医药用品制造	—	全部		Ⅳ类
N 轻工				
94．粮食及饲料加工	年加工25万t及以上；有发酵工艺的	其他	Ⅲ类	Ⅳ类
95．植物油加工	年加工油料30万t及以上的制油加工；年加工植物油10万t及以上的精炼加工	其他（单纯分装和调和除外）	Ⅲ类	Ⅳ类
96．生物质纤维素乙醇生产	全部	—	Ⅲ类	
97．制糖、糖制品加工	原糖生产	其他	Ⅲ类	Ⅳ类
98．屠宰	年屠宰10万头畜类（或100万只禽类）及以上	其他	Ⅲ类	Ⅳ类
99．肉禽类加工	—	年加工2万t及以上		Ⅳ类
100．蛋品加工	—	—		
101．水产品加工	年加工10万t及以上	鱼油提取及制品制造；年加工2万～10万t（含）；年加工2万t以下且涉及环境敏感区的	Ⅳ类	Ⅳ类
102．食盐加工	—	全部		Ⅲ类
103．乳制品加工	年加工20万t及以上	其他	Ⅳ类	Ⅳ类
104．调味品、发酵制品制造	味精、柠檬酸、赖氨酸、淀粉、淀粉糖等制造	其他（单纯分装除外）	Ⅲ类	Ⅳ类
105．酒精饮料及酒类制造	有发酵工艺的	其他	Ⅲ类	Ⅳ类
106．果菜汁类及其他软饮料制造	原汁生产	其他	Ⅲ类	Ⅳ类

环评类别 行业类别	报告书	报告表	地下水环境影响评价项目类别	
			报告书	报告表
107. 其他食品制造	—	除手工制作和单纯分装外的		Ⅳ类
108. 卷烟	年产 30 万箱及以上	其他	Ⅳ类	Ⅳ类
109. 锯材、木片加工、家具制造	有电镀或喷漆工艺的	其他	Ⅲ类	Ⅳ类
110. 人造板制造	年产 20 万 m^3 及以上	其他	Ⅳ类	Ⅳ类
111. 竹、藤、棕、草制品制造	—	有化学处理或喷漆工艺的		Ⅲ类
112. 纸浆、溶解浆、纤维浆等制造；造纸（含废纸造纸）	全部	—	Ⅱ类	
113. 纸制品	—	有化学处理工艺的		Ⅲ类
114. 印刷；文教、体育、娱乐用品制造；磁材料制品	—	全部		Ⅳ类
115. 轮胎制造、再生橡胶制造、橡胶加工、橡胶制品翻新	全部	—	Ⅱ类	
116. 塑料制品制造	人造革、发泡胶等涉及有毒原材料的；有电镀工艺的	其他	Ⅱ类	Ⅳ类
117. 工艺品制造	有电镀工艺的	有喷漆工艺和机加工的	Ⅲ类	Ⅳ类
118. 皮革、毛皮、羽毛（绒）制品	制革、毛皮鞣制	其他	皮革Ⅰ类，其余Ⅲ类	Ⅳ类
O 纺织化纤				
119. 化学纤维制造	除单纯纺丝外的	单纯纺丝	Ⅱ类	Ⅳ类
120. 纺织品制造	有洗毛、染整、脱胶工段的；产生缫丝废水、精炼废水的	其他（编织物及其制品制造除外）	Ⅰ类	Ⅲ类
121. 服装制造	有湿法印花、染色、水洗工艺的	年加工 100 万件及以上	Ⅲ类	Ⅳ类
122. 鞋业制造	—	使用有机溶剂的		Ⅳ类
P 公路				
123. 公路	新建、扩建三级及以上等级公路；涉及环境敏感区的 1 km 及以上的独立隧道；涉及环境敏感区的主桥长度 1 km 及以上的独立桥梁（均不含公路维护）	其他（配套设施、公路维护除外）	加油站Ⅱ类，其余Ⅳ类	Ⅳ类
Q 铁路				
124. 新建铁路	全部	—	机务段Ⅲ类，其余Ⅳ类	
125. 改建铁路	200 km 及以上的电气化改造；增建 100 km 及以上的铁路；涉及环境敏感区的	其他	机务段Ⅲ类，其余Ⅳ类	Ⅳ类
126. 枢纽	大型枢纽	其他	涉及维修Ⅲ类，其余Ⅳ类	Ⅳ类
R 民航机场				
127. 机场	新建；迁建；涉及环境敏感区的飞行区扩建	其他	地下油库Ⅰ类，地上油库Ⅱ类，其余Ⅳ类	Ⅳ类

行业类别 \ 环评类别	报告书	报告表	地下水环境影响评价项目类别	
			报告书	报告表
128. 导航台站、供油工程、维修保障等配套工程	—	供油工程；涉及环境敏感区的		供油工程Ⅱ类，其余Ⅳ类
S 水运				
129. 油气、液体化工码头	全部	—	Ⅱ类	
130. 干散货（含煤炭、矿石）、件杂、多用途、通用码头	单个泊位1 000 t级及以上的内河港口；单个泊位1万t级及以上的沿海港口；涉及环境敏感区的	其他	Ⅳ类	Ⅳ类
131. 集装箱专用码头	单个泊位3 000 t级及以上的内河港口；单个泊位3万t级及以上的海港；涉及危险品、化学品的；涉及环境敏感区的	其他	涉及危险品、化学品、环境敏感区的Ⅱ类，其余Ⅳ类	Ⅳ类
132. 滚装、客运、工作船、游艇码头	涉及环境敏感区的	其他	Ⅳ类	Ⅳ类
133. 铁路轮渡码头	涉及环境敏感区的	其他	Ⅳ类	Ⅳ类
134. 航道工程、水运辅助工程	航道工程；涉及环境敏感区的防波堤、船闸、通航建筑物	其他	Ⅳ类	Ⅳ类
135. 航电枢纽工程	全部	—	Ⅳ类	
136. 中心渔港码头	涉及环境敏感区的	其他	Ⅳ类	Ⅳ类
T 城市交通设施				
137. 轨道交通	全部	—	机务段Ⅲ类，其余Ⅳ类	
138. 城市道路	新建、扩建快速路、主干路；涉及环境敏感区的新建、扩建次干路	其他快速路、主干路、次干路；支路	加油站Ⅲ类，其余Ⅳ类	Ⅳ类
139. 城市桥梁、隧道	1 km及以上的独立隧道或独立桥梁；立交桥	其他（人行天桥和人行地道除外）	Ⅳ类	Ⅳ类
U 城镇基础设施及房地产				
140. 煤气生产和供应工程	煤气生产	煤气供应	Ⅳ类	Ⅳ类
141. 城市天然气供应工程	—	全部		Ⅳ类
142. 热力生产和供应工程	燃煤、燃油锅炉总容量65 t/h（不含）以上	其他	Ⅳ类	Ⅳ类
143. 自来水生产和供应工程	—	全部		Ⅳ类
144. 生活污水集中处理	日处理10万t及以上	其他	Ⅱ类	Ⅲ类
145. 工业废水集中处理	全部	—	Ⅰ类	
146. 海水淡化、其他水处理和利用	—	全部		Ⅳ类
147. 管网建设	—	全部		Ⅳ类
148. 生活垃圾转运站	—	全部		Ⅳ类
149. 生活垃圾（含餐厨废弃物）集中处置	全部	—	生活垃圾填埋处置项目Ⅰ类，其余Ⅱ类	
150. 粪便处置工程	—	日处理50 t及以上		Ⅳ类
151. 危险废物（含医疗废物）集中处置及综合利用	全部	—	Ⅰ类	

环评类别 / 行业类别	报告书	报告表	地下水环境影响评价项目类别	
			报告书	报告表
152．工业固体废物（含污泥）集中处置	全部	—	一类固废Ⅲ类，二类固废Ⅱ类	
153．污染场地治理修复工程	全部	—	Ⅲ类	
154．仓储（不含油库、气库、煤炭储存）	有毒、有害及危险品的仓储、物流配送项目	其他	有毒、有害及危险品的仓储Ⅰ类，其余Ⅲ类	Ⅲ类
155．废旧资源（含生物质）加工、再生利用	废电子电器产品、废电池、废汽车、废电机、废五金、废塑料、废油、废船、废轮胎等加工、再生利用	其他	危废Ⅰ类，其余Ⅲ类	Ⅳ类
156．房地产开发、宾馆、酒店、办公用房等	—	建筑面积 5 万 m^2 及以上；涉及环境敏感区的		Ⅳ类
V　社会事业与服务业				
157．学校、幼儿园、托儿所	—	建筑面积 5 万 m^2 及以上；有实验室的学校（不含 P3、P4 生物安全实验室）		Ⅳ类
158．医院	新建、扩建	其他	三甲为Ⅲ类，其余Ⅳ类	Ⅳ类
159．专科防治院（所、站）	涉及环境敏感区的	其他	传染性疾病的专科Ⅲ类，其余Ⅳ类	Ⅳ类
160．疾病预防控制中心	涉及环境敏感区的	其他	Ⅲ类	Ⅳ类
161．社区医疗、卫生院（所、站）、血站、急救中心等其他卫生机构	—	全部		Ⅳ类
162．疗养院、福利院、养老院	—	建筑面积 5 万 m^2 及以上		Ⅳ类
163．专业实验室	P3、P4 生物安全实验室；转基因实验室	其他	Ⅲ类	Ⅳ类
164．研发基地	含医药、化工类等专业中试内容的	其他	Ⅲ类	Ⅳ类
165．动物医院	—	全部		Ⅳ类
166．体育场、体育馆	—	占地面积 2.2 万 m^2 及以上		Ⅳ类
167．高尔夫球场、滑雪场、狩猎场、赛车场、跑马场、射击场、水上运动中心	高尔夫球场	其他	Ⅱ类	Ⅳ类
168．展览馆、博物馆、美术馆、影剧院、音乐厅、文化馆、图书馆、档案馆、纪念馆	—	占地面积 3 万 m^2 及以上		Ⅳ类
169．公园（含动物园、植物园、主题公园）	占地 40 万 m^2 及以上	其他	Ⅳ类	Ⅳ类
170．旅游开发	缆车、索道建设；海上娱乐及运动、景观开发工程	其他	Ⅳ类	Ⅳ类
171．影视基地建设	涉及环境敏感区的	其他	Ⅳ类	Ⅳ类

环评类别 行业类别	报告书	报告表	地下水环境影响评价项目类别	
			报告书	报告表
172. 影视拍摄、大型实景演出	—	涉及环境敏感区的		Ⅳ类
173. 胶片洗印厂	—	全部		Ⅲ类
174. 批发、零售市场	—	营业面积 5 000 m^2 及以上		Ⅳ类
175. 餐饮场所	—	涉及环境敏感区的 6 个基准灶头及以上		Ⅳ类
176. 娱乐场所	—	营业面积 1 000 m^2 及以上		Ⅳ类
177. 洗浴场所	—	营业面积 1 000 m^2 及以上		Ⅳ类
178. Ⅱ类社区服务项目	—	—		
179. 驾驶员训练基地	—	全部		Ⅳ类
180. 公交枢纽、大型停车场	—	车位 2 000 个及以上；涉及环境敏感区的		Ⅳ类
181. 长途客运站	—	新建		Ⅳ类
182. 加油、加气站	—	全部		加油站Ⅱ类，加气站Ⅳ类
183. 洗车场	—	营业面积 1 000 m^2 及以上；涉及环境敏感区的		Ⅲ类
184. 汽车、摩托车维修场所	—	营业面积 5 000 m^2 及以上；涉及环境敏感区的		Ⅲ类
185. 殡仪馆	涉及环境敏感区的	其他	Ⅳ类	Ⅳ类
186. 陵园、公墓	—	涉及环境敏感区的		Ⅳ类

注：本表未提及的行业，或《建设项目环境影响评价分类管理名录》修订后较本表行业类别发生变化的行业，应根据对地下水环境影响程度，参照相近行业分类，对地下水环境影响评价项目类别进行分类。

附 录 B
（资料性附录）
水文地质参数经验值表

表 B.1 渗透系数经验值表

岩性名称	主要颗粒粒径/mm	渗透系数/（m/d）	渗透系数/（cm/s）
轻亚黏土		0.05～0.1	5.79×10^{-5}～1.16×10^{-4}
亚黏土		0.1～0.25	1.16×10^{-4}～2.89×10^{-4}
黄土		0.25～0.5	2.89×10^{-4}～5.79×10^{-4}
粉土质砂		0.5～1.0	5.79×10^{-4}～1.16×10^{-3}
粉砂	0.05～0.1	1.0～1.5	1.16×10^{-3}～1.74×10^{-3}
细砂	0.1～0.25	5.0～10	5.79×10^{-3}～1.16×10^{-2}
中砂	0.25～0.5	10.0～25	1.16×10^{-2}～2.89×10^{-2}
粗砂	0.5～1.0	25～50	2.89×10^{-2}～5.78×10^{-2}
砾砂	1.0～2.0	50～100	5.78×10^{-2}～1.16×10^{-1}
圆砾		75～150	8.68×10^{-2}～1.74×10^{-1}
卵石		100～200	1.16×10^{-1}～2.31×10^{-1}
块石		200～500	2.31×10^{-1}～5.79×10^{-1}
漂石		500～1 000	5.79×10^{-1}～1.16×10^{0}

表 B.2 松散岩石给水度参考值

岩石名称	给水度变化区间	平均给水度
砾砂	0.20～0.35	0.25
粗砂	0.20～0.35	0.27
中砂	0.15～0.32	0.26
细砂	0.10～0.28	0.21
粉砂	0.05～0.19	0.18
亚黏土	0.03～0.12	0.07
黏土	0.00～0.05	0.02

附 录 C
（资料性附录）
环境水文地质试验方法简介

C.1 抽水试验

抽水试验：目的是确定含水层的导水系数、渗透系数、给水度、影响半径等水文地质参数，也可以通过抽水试验查明某些水文地质条件，如地表水与地下水之间及含水层之间的水力联系，以及边界性质和强径流带位置等。

根据要解决的问题，可以进行不同规模和方式的抽水试验。单孔抽水试验只用一个井抽水，不另设置观测孔，取得的数据精度较差；多孔抽水试验是用一个主孔抽水，同时配置若干个监测水位变化的观测孔，以取得比较准确的水文地质参数；群井开采试验是在某一范围内用大量生产井同时长期抽水，以查明群井采水量与区域水位下降的关系，求得可靠的水文地质参数。

为确定水文地质参数而进行的抽水试验，有稳定流抽水和非稳定流抽水两类。前者要求试验结束以前抽水流量及抽水影响范围内的地下水位达到稳定不变。后者则只要求抽水流量保持定值而水位不一定达到稳定，或保持一定的水位降深而允许流量变化。具体的试验方法可参见 GB 50027。

C.2 注水试验

注水试验：目的与抽水试验相同。当钻孔中地下水位埋藏很深或试验层透水不含水时，可用注水试验代替抽水试验，近似地测定该岩层的渗透系数。在研究地下水人工补给或废水地下处置时，常需进行钻孔注水试验。注水试验时可向井内定流量注水，抬高井中水位，待水位稳定并延续到一定时间后，可停止注水，观测恢复水位。

由于注水试验常常是在不具备抽水试验条件下进行的，故注水井在钻进结束后，一般都难以进行洗井（孔内无水或未准备洗井设备）。因此，用注水试验方法求得的岩层渗透系数往往比抽水试验求得的值小得多。

C.3 渗水试验

渗水试验：目的是测定包气带渗透性能及防污性能。渗水试验是一种在野外现场测定包气带土层垂向渗透系数的简易方法，在研究大气降水、灌溉水、渠水等对地下水的补给时，常需要进行此种试验。

试验时在试验层中开挖一个截面积为 0.3～0.5 m^2 的方形或圆形试坑，不断将水注入坑中，并使坑底的水层厚度保持一定（一般为 10 cm 厚），当单位时间注入水量（即包气带岩层的渗透流量）保持稳定时，可根据达西渗透定律计算出包气带土层的渗透系数。

C.4 浸溶试验

浸溶试验：目的是为了查明固体废弃物受雨水淋滤或在水中浸泡时，其中的有害成分转移到水中，对水体环境直接形成的污染或通过地层渗漏对地下水造成的间接影响。

有关固体废弃物的采样、处理和分析方法，可参照执行关于固体废弃物的国家环境保护标准或技术文件。

C.5 土柱淋滤试验

土柱淋滤试验：目的是模拟污水的渗入过程，研究污染物在包气带中的吸附、转化、自净机制，确定包气带的防护能力，为评价污水渗漏对地下水水质的影响提供依据。

试验土柱应在评价场地有代表性的包气带地层中采取。通过滤出水水质的测试，分析淋滤试验过程中污染物的迁移、累积等引起地下水水质变化的环境化学效应的机理。

试剂的选取或配制，宜采取评价工程排放的污水做试剂。对于取不到污水的拟建项目，可取生产工艺相同的同类工程污水替代，也可按设计提供的污水成分和浓度配制试剂。如果试验目的是为了确定污水排放控制要求，需要配制几种浓度的试剂分别进行试验。

附　录　D

（资料性附录）

常用地下水评价预测模型

D.1　地下水溶质运移解析法

D.1.1　应用条件

求解复杂的水动力弥散方程定解问题非常困难，实际问题中多靠数值方法求解。但可以用解析解对照数值解法进行检验和比较，并用解析解去拟合观测资料以求得水动力弥散系数。

D.1.2　预测模型

D.1.2.1　一维稳定流动一维水动力弥散问题

D.1.2.1.1　一维无限长多孔介质柱体，示踪剂瞬时注入

$$C(x,t)=\frac{m/w}{2n_e\sqrt{\pi D_L t}}\mathrm{e}^{-\frac{(x-ut)^2}{4D_L t}} \tag{D.1}$$

式中：x——距注入点的距离，m；

t——时间，d；

$C(x,t)$——t 时刻 x 处的示踪剂质量浓度，g/L；

m——注入的示踪剂质量，kg；

w——横截面面积，m^2；

u——水流速度，m/d；

n_e——有效孔隙度，量纲为 1；

D_L——纵向弥散系数，m^2/d；

π——圆周率。

D.1.2.1.2　一维半无限长多孔介质柱体，一端为定质量浓度边界

$$\frac{C}{C_0}=\frac{1}{2}\mathrm{erfc}\left(\frac{x-ut}{2\sqrt{D_L t}}\right)+\frac{1}{2}\mathrm{e}^{\frac{ux}{D_L}}\mathrm{erfc}\left(\frac{x+ut}{2\sqrt{D_L t}}\right) \tag{D.2}$$

式中：x——距注入点的距离，m；

t——时间，d；

C_0——注入的示踪剂质量浓度，g/L；

u——水流速度，m/d；

D_L——纵向弥散系数，m^2/d；

erfc（）——余误差函数。

D.1.2.2　一维稳定流动二维水动力弥散问题

D.1.2.2.1　瞬时注入示踪剂—平面瞬时点源

$$C(x,y,t)=\frac{m_M/M}{4\pi n_e t\sqrt{D_L D_T}}e^{-\left[\frac{(x-ut)^2}{4D_L t}+\frac{y^2}{4D_T t}\right]} \tag{D.3}$$

式中：x，y——计算点处的位置坐标；

t——时间，d；

$C(x,y,t)$——t 时刻点 x，y 处的示踪剂质量浓度，g/L；

M——承压含水层的厚度，m；

m_M——长度为 M 的线源瞬时注入的示踪剂质量，kg；

u——水流速度，m/d；

n_e——有效孔隙度，量纲为 1；

D_L——纵向弥散系数，m^2/d；

D_T——横向 y 方向的弥散系数，m^2/d；

π——圆周率。

D.1.2.2.2 连续注入示踪剂—平面连续点源

$$C(x,y,t)=\frac{m_t}{4\pi M n_e\sqrt{D_L D_T}}e^{\frac{xu}{2D_L}}\left[2K_0(\beta)-W\left(\frac{u^2t}{4D_L},\beta\right)\right] \tag{D.4}$$

$$\beta=\sqrt{\frac{u^2x^2}{4D_L^2}+\frac{u^2y^2}{4D_L D_T}} \tag{D.5}$$

式中：x，y——计算点处的位置坐标；

t——时间，d；

$C(x,y,t)$——t 时刻点 x，y 处的示踪剂质量浓度，g/L；

M——承压含水层的厚度，m；

m_t——单位时间注入示踪剂的质量，kg/d；

u——水流速度，m/d；

n_e——有效孔隙度，量纲为 1；

D_L——纵向弥散系数，m^2/d；

D_T——横向 y 方向的弥散系数，m^2/d；

π——圆周率；

$K_0(\beta)$——第二类零阶修正贝塞尔函数；

$W\left(\frac{u^2t}{4D_L},\beta\right)$——第一类越流系统井函数。

D.2 地下水数值模型

D.2.1 应用条件

数值法可以解决许多复杂水文地质条件和地下水开发利用条件下的地下水资源评价问题，并可以预测各种开采方案条件下地下水位的变化，即预报各种条件下的地下水状态。但不适用于管道流（如岩溶暗河系统等）的模拟评价。

D.2.2　预测模型

D.2.2.1　地下水水流模型

对于非均质、各向异性、空间三维结构、非稳定地下水流系统：

a）控制方程

$$\mu_s \frac{\partial h}{\partial t} = \frac{\partial}{\partial x}\left(K_x \frac{\partial h}{\partial x}\right) + \frac{\partial}{\partial y}\left(K_y \frac{\partial h}{\partial y}\right) + \frac{\partial}{\partial z}\left(K_z \frac{\partial h}{\partial z}\right) + W \tag{D.6}$$

式中：μ_s——贮水率，1/m；

h——水位，m；

K_x, K_y, K_z——分别为 x，y，z 方向上的渗透系数，m/d；

t——时间，d；

W——源汇项，m^3/d。

b）初始条件

$$h(x,y,z,t) = h_0(x,y,z) \qquad (x,y,z) \in \Omega, t = 0 \tag{D.7}$$

式中：$h_0(x,y,z)$——已知水位分布；

Ω——模型模拟区。

c）边界条件

1）第一类边界

$$h(x,y,z,t)\big|_{\Gamma_1} = h(x,y,z,t) \qquad (x,y,z) \in \Gamma_1, t \geq 0 \tag{D.8}$$

式中：Γ_1——一类边界；

h（x,y,z,t）—— 一类边界上的已知水位函数。

2）第二类边界

$$k\frac{\partial h}{\partial \vec{n}}\bigg|_{\Gamma_2} = q(x,y,z,t) \qquad (x,y,z) \in \Gamma_2, t > 0 \tag{D.9}$$

式中：Γ_2——二类边界；

k——三维空间上的渗透系数张量；

$\vec{n}$——边界 Γ_2 的外法线方向；

$q(x,y,z,t)$——二类边界上已知流量函数。

3）第三类边界

$$\left[k(h-z)\frac{\partial h}{\partial \vec{n}} + \alpha h\right]\bigg|_{\Gamma_3} = q\ (x,y,z) \tag{D.10}$$

式中：α——已知函数；

Γ_3——三类边界；

k——三维空间上的渗透系数张量；

$\vec{n}$——边界 Γ_3 的外法线方向；

$q(x,y,z)$——三类边界上已知流量函数。

D.2.2.2　地下水水质模型

水是溶质运移的载体，地下水溶质运移数值模拟应在地下水流场模拟基础上进行。因此，地下水溶质运移数值模型包括水流模型（见 D.2.2.1）和溶质运移模型两部分。

a）控制方程

$$R\theta\frac{\partial C}{\partial t}=\frac{\partial}{\partial x_i}\left(\theta D_{ij}\frac{\partial C}{\partial x_j}\right)-\frac{\partial}{\partial x_i}(\theta v_i C)-WC_s-WC-\lambda_1\theta C-\lambda_2\rho_b\overline{C} \tag{D.11}$$

式中：R——迟滞系数，量纲为 1，$R=1+\frac{\rho_b}{\theta}\frac{\partial\overline{C}}{\partial C}$；

ρ_b——介质密度，kg/（dm）^{3}；

θ——介质孔隙度，量纲为 1；

C——组分的质量浓度，g/L；

$\overline{C}$——介质骨架吸附的溶质质量分数，g/kg；

t——时间，d；

x,y,z——空间位置坐标，m；

D_{ij}——水动力弥散系数张量，m^2/d；

v_i——地下水渗流速度张量，m/d；

W——水流的源和汇，1/d；

C_s——组分的质量浓度，g/L；

λ_1——溶解相一级反应速率，1/d；

λ_2——吸附相反应速率，1/d。

b）初始条件

$$C(x,y,z,t)=C_0(x,y,z)\qquad (x,y,z)\in\Omega_1,t=0 \tag{D.12}$$

式中：$C_0(x,y,z)$——已知质量浓度分布；

Ω——模型模拟区域。

c）定解条件

1）第一类边界——给定质量浓度边界

$$C(x,y,z,t)\big|_{\Gamma_1}=c(x,y,z,t)\qquad (x,y,z)\in\Gamma_1,t\geq 0 \tag{D.13}$$

式中：Γ_1——表示给定质量浓度边界；

$c(x,y,z,t)$——定质量浓度边界上的质量浓度分布。

2）第二类边界——给定弥散通量边界

$$\theta D_{ij}\frac{\partial C}{\partial x_j}\bigg|_{\Gamma_2}=f_i(x,y,z,t)\qquad (x,y,z)\in\Gamma_2,t\geq 0 \tag{D.14}$$

式中：Γ_2——通量边界；

$f_i(x,y,z,t)$——边界 Γ_2 上已知的弥散通量函数。

3）第三类边界——给定溶质通量边界

$$\left(\theta D_{ij}\frac{\partial C}{\partial x_j}-q_i C\right)\bigg|_{\Gamma_3}=g_i(x,y,z,t)\qquad (x,y,z)\in\Gamma_3,t\geq 0 \tag{D.15}$$

式中：Γ_3——混合边界；

$g_i(x,y,z,t)$——Γ_3 上已知的对流—弥散总的通量函数。

HJ

中华人民共和国国家环境保护标准

HJ 964—2018

环境影响评价技术导则 土壤环境（试行）

Technical guidelines for environmental impact assessment —soil environment

2018-09-13 发布　　2019-07-01 实施

生态环境部 发布

前 言

为落实《中华人民共和国环境影响评价法》，规范和指导土壤环境影响评价工作，防止或减缓土壤环境退化，保护土壤环境，制定本标准。

本标准规定了土壤环境影响评价的一般性原则、工作程序、内容、方法和要求。

本标准首次发布。

本标准的附录 A 为规范性附录，附录 B～附录 G 均为资料性附录。

本标准由生态环境部组织制订。

本标准主要起草单位：环境保护部环境工程评估中心、中国科学院南京土壤研究所、成都理工大学、环境保护部南京环境科学研究所、北京中环博宏环境资源科技有限公司、北京中地泓科环境科技有限公司、中煤科工集团北京华宇工程有限公司。

本标准生态环境部 2018 年 9 月 13 日批准。

本标准自 2019 年 7 月 1 日起实施。

本标准由生态环境部解释。

环境影响评价技术导则　土壤环境

1　适用范围

本标准规定了土壤环境影响评价的一般性原则、工作程序、内容、方法和要求。

本标准适用于化工、冶金、矿山采掘、农林、水利等可能对土壤环境产生影响的建设项目土壤环境影响评价。

本标准不适用于核与辐射建设项目的土壤环境影响评价。

2　规范性引用文件

本标准引用了下列文件或其中的条款。凡是未注明日期的引用文件，其最新版本适用于本标准。

GB 15618　土壤环境质量　农用地土壤污染风险管控标准（试行）

GB 36600　土壤环境质量　建设用地土壤污染风险管控标准（试行）

GB/T 21010　土地利用现状分类

HJ 2.1　建设项目环境影响评价技术导则　总纲

HJ 2.2　环境影响评价技术导则　大气环境

HJ 2.3　环境影响评价技术导则　地表水环境

HJ 19　环境影响评价技术导则　生态影响

HJ 25.1　场地环境调查技术导则

HJ 25.2　场地环境监测技术导则

HJ 169　建设项目环境风险评价技术导则

HJ 610　环境影响评价技术导则　地下水环境

HJ/T 166　土壤环境监测技术规范

3　术语和定义

下列术语和定义适用于本标准。

3.1

土壤环境　soil environment

指受自然或人为因素作用的，由矿物质、有机质、水、空气、生物有机体等组成的陆地表面疏松综合体，包括陆地表层能够生长植物的土壤层和污染物能够影响的松散层等。

3.2

土壤环境生态影响　ecological impact on soil environment

指由于人为因素引起土壤环境特征变化导致其生态功能变化的过程或状态。

3.3

土壤环境污染影响　contaminative impact on soil environment

指因人为因素导致某种物质进入土壤环境，引起土壤物理、化学、生物等方面特性的改变，导致土壤质量恶化的过程或状态。

3.4

土壤环境敏感目标 sensitive target of soil environment

指可能受人为活动影响的、与土壤环境相关的敏感区或对象。

4 总则

4.1 一般性原则

土壤环境影响评价应对建设项目建设期、运营期和服务期满后（可根据项目情况选择）对土壤环境理化特性可能造成的影响进行分析、预测和评估，提出预防或者减轻不良影响的措施和对策，为建设项目土壤环境保护提供科学依据。

4.2 评价基本任务

4.2.1 按照 HJ 2.1 建设项目污染影响和生态影响的相关要求，根据建设项目对土壤环境可能产生的影响，将土壤环境影响类型划分为生态影响型与污染影响型，其中本导则土壤环境生态影响重点指土壤环境的盐化、酸化、碱化等。

4.2.2 根据行业特征、工艺特点或规模大小等将建设项目类别分为Ⅰ类、Ⅱ类、Ⅲ类、Ⅳ类，见附录A，其中Ⅳ类建设项目可不开展土壤环境影响评价；自身为敏感目标的建设项目，可根据需要仅对土壤环境现状进行调查。

4.2.3 土壤环境影响评价应按本标准划分的评价工作等级开展工作，识别建设项目土壤环境影响类型、影响途径、影响源及影响因子，确定土壤环境影响评价工作等级；开展土壤环境现状调查，完成土壤环境现状监测与评价；预测与评价建设项目对土壤环境可能造成的影响，提出相应的防控措施与对策。

4.2.4 涉及两个或两个以上场地或地区的建设项目应按 4.2.3 分别开展评价工作。

4.2.5 涉及土壤环境生态影响型与污染影响型两种影响类型的应按 4.2.3 分别开展评价工作。

4.3 工作程序

土壤环境影响评价工作可划分为准备阶段、现状调查与评价阶段、预测分析与评价阶段和结论阶段。土壤环境影响评价工作程序见图 1。

4.4 各阶段主要工作内容

4.4.1 准备阶段

收集分析国家和地方土壤环境相关的法律、法规、政策、标准及规划等资料；了解建设项目工程概况，结合工程分析，识别建设项目对土壤环境可能造成的影响类型，分析可能造成土壤环境影响的主要途径；开展现场踏勘工作，识别土壤环境敏感目标；确定评价等级、范围与内容。

4.4.2 现状调查与评价阶段

采用相应标准与方法，开展现场调查、取样、监测和数据分析与处理等工作，进行土壤环境现状评价。

4.4.3 预测分析与评价阶段

依据本标准制定的或经论证有效的方法，预测分析与评价建设项目对土壤环境可能造成的影响。

4.4.4　结论阶段

综合分析各阶段成果，提出土壤环境保护措施与对策，对土壤环境影响评价结论进行总结。

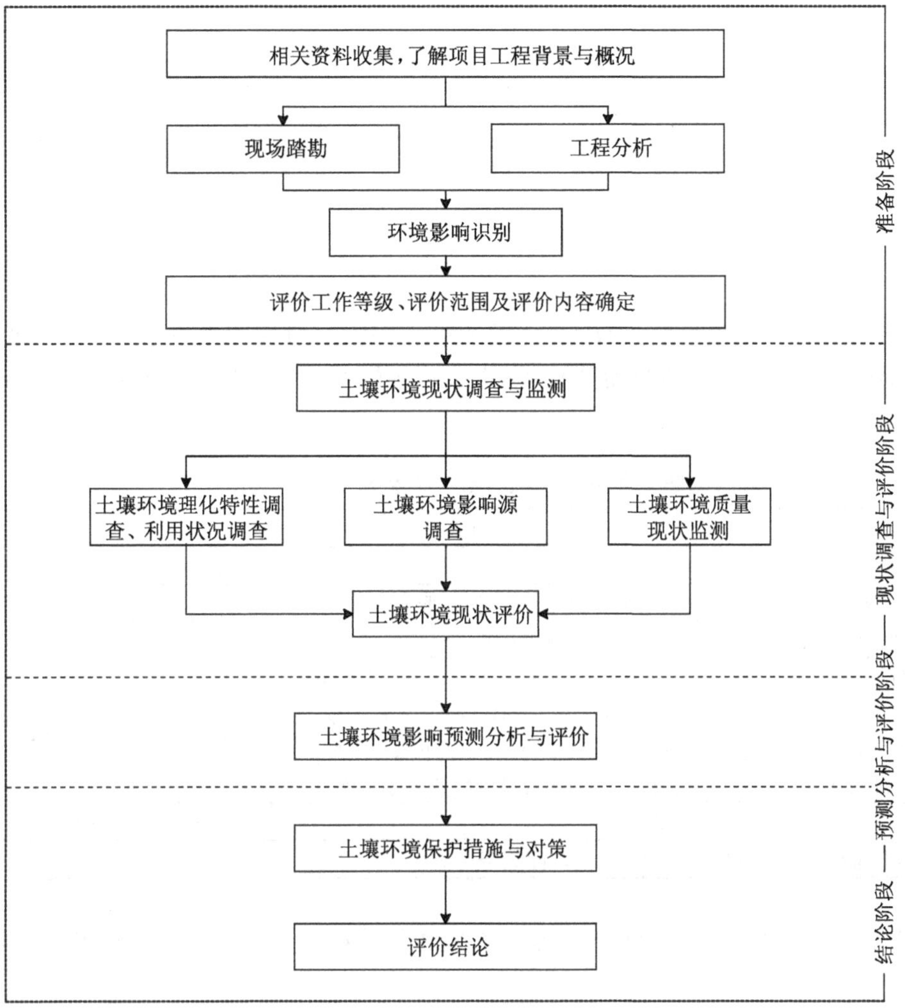

图 1　土壤环境影响评价工作程序图

5　影响识别

5.1　基本要求

在工程分析结果的基础上，结合土壤环境敏感目标，根据建设项目建设期、运营期和服务期满后（可根据项目情况选择）三个阶段的具体特征，识别土壤环境影响类型与影响途径；对于运营期内土壤环境影响源可能发生变化的建设项目，还应按其变化特征分阶段进行环境影响识别。

5.2　识别内容

5.2.1　根据附录 A 识别建设项目所属行业的土壤环境影响评价项目类别。

5.2.2　识别建设项目土壤环境影响类型与影响途径、影响源与影响因子，初步分析可能影响的范围，具体识别内容参见附录 B。

5.2.3 根据 GB/T 21010 识别建设项目及周边的土地利用类型，分析建设项目可能影响的土壤环境敏感目标。

6 评价工作分级

6.1 等级划分

土壤环境影响评价工作等级划分为一级、二级、三级。

6.2 划分依据

6.2.1 生态影响型

6.2.1.1 建设项目所在地土壤环境敏感程度分为敏感、较敏感、不敏感，判别依据见表 1；同一建设项目涉及两个或两个以上场地或地区，应分别判定其敏感程度；产生两种或两种以上生态影响后果的，敏感程度按相对最高级别判定。

表 1 生态影响型敏感程度分级表

敏感程度	判别依据		
	盐化	酸化	碱化
敏感	建设项目所在地干燥度 [a]>2.5 且常年地下水位平均埋深<1.5 m 的地势平坦区域；或土壤含盐量>4 g/kg 的区域	pH≤4.5	pH≥9.0
较敏感	建设项目所在地干燥度>2.5 且常年地下水位平均埋深≥1.5 m 的，或 1.8<干燥度≤2.5 且常年地下水位平均埋深<1.8 m 的地势平坦区域；建设项目所在地干燥度>2.5 或常年地下水位平均埋深<1.5 m 的平原区；或 2 g/kg<土壤含盐量≤4 g/kg 的区域	4.5<pH≤5.5	8.5≤pH<9.0
不敏感	其他	5.5<pH<8.5	
[a] 指采用 E601 观测的多年平均水面蒸发量与降水量的比值，即蒸降比值。			

6.2.1.2 根据 5.2.1 识别的土壤环境影响评价项目类别与 6.2.1.1 敏感程度分级结果划分评价工作等级，详见表 2。

表 2 生态影响型评价工作等级划分表

敏感程度	项目类别		
	Ⅰ类	Ⅱ类	Ⅲ类
敏感	一级	二级	三级
较敏感	二级	二级	三级
不敏感	二级	三级	—
注：“—”表示可不开展土壤环境影响评价工作。			

6.2.2 污染影响型

6.2.2.1 将建设项目占地规模分为大型（≥50 hm^2）、中型（5～50 hm^2）、小型（≤5 hm^2），建设项目占地主要为永久占地。

6.2.2.2 建设项目所在地周边的土壤环境敏感程度分为敏感、较敏感、不敏感，判别依据见表 3。

6.2.2.3 根据土壤环境影响评价项目类别、占地规模与敏感程度划分评价工作等级，详见表 4。

表 3 污染影响型敏感程度分级表

敏感程度	判别依据
敏感	建设项目周边存在耕地、园地、牧草地、饮用水水源地或居民区、学校、医院、疗养院、养老院等土壤环境敏感目标的
较敏感	建设项目周边存在其他土壤环境敏感目标的
不敏感	其他情况

表 4 污染影响型评价工作等级划分表

敏感程度	占地规模								
	I 类			II 类			III类		
	大	中	小	大	中	小	大	中	小
敏感	一级	一级	一级	二级	二级	二级	三级	三级	三级
较敏感	一级	一级	二级	二级	二级	三级	三级	三级	—
不敏感	一级	二级	二级	二级	三级	三级	三级	—	—
注：“—”表示可不开展土壤环境影响评价工作。									

6.2.3 建设项目同时涉及土壤环境生态影响与污染影响时，应分别判定评价工作等级，并按相应等级分别开展评价工作。

6.2.4 当同一建设项目涉及两个或两个以上场地时，各场地应分别判定评价工作等级，并按相应等级分别开展评价工作。

6.2.5 线性工程重点针对主要站场位置（如输油站、泵站、阀室、加油站、维修场所等）参照 6.2.2 分段判定评价等级，并按相应等级分别开展评价工作。

7 现状调查与评价

7.1 基本原则与要求

7.1.1 土壤环境现状调查与评价工作应遵循资料收集与现场调查相结合、资料分析与现状监测相结合的原则。

7.1.2 土壤环境现状调查与评价工作的深度应满足相应的工作级别要求，当现有资料不能满足要求时，应通过组织现场调查、监测等方法获取。

7.1.3 建设项目同时涉及土壤环境生态影响型与污染影响型时，应分别按相应评价工作等级要求开展土壤环境现状调查，可根据建设项目特征适当调整、优化调查内容。

7.1.4 工业园区内的建设项目，应重点在建设项目占地范围内开展现状调查工作，并兼顾其可能影响的园区外围土壤环境敏感目标。

7.2 调查评价范围

7.2.1 调查评价范围应包括建设项目可能影响的范围，能满足土壤环境影响预测和评价要求；改、扩建类建设项目的现状调查评价范围还应兼顾现有工程可能影响的范围。

7.2.2 建设项目（除线性工程外）土壤环境影响现状调查评价范围可根据建设项目影响类型、污染途径、气象条件、地形地貌、水文地质条件等确定并说明，或参考表 5 确定。

7.2.3 建设项目同时涉及土壤环境生态影响与污染影响时，应各自确定调查评价范围。

7.2.4 危险品、化学品或石油等输送管线应以工程边界两侧向外延伸 0.2 km 作为调查评价范围。

表 5 现状调查范围

评价工作等级	影响类型	调查范围[a]	
		占地[b]范围内	占地范围外
一级	生态影响型	全部	5 km 范围内
	污染影响型		1 km 范围内
二级	生态影响型		2 km 范围内
	污染影响型		0.2 km 范围内
三级	生态影响型		1 km 范围内
	污染影响型		0.05 km 范围内

[a] 涉及大气沉降途径影响的，可根据主导风向下风向的最大落地浓度点适当调整。

[b] 矿山类项目指开采区与各场地的占地；改、扩建类的项目指现有工程与拟建工程的占地。

7.3 调查内容与要求

7.3.1 资料收集

根据建设项目特点、可能产生的环境影响和当地环境特征，有针对性地收集调查评价范围内的相关资料，主要包括以下内容：

a）土地利用现状图、土地利用规划图、土壤类型分布图；

b）气象资料、地形地貌特征资料、水文及水文地质资料等；

c）土地利用历史情况；

d）与建设项目土壤环境影响评价相关的其他资料。

7.3.2 理化特性调查内容

7.3.2.1 在充分收集资料的基础上，根据土壤环境影响类型、建设项目特征与评价需要，有针对性地选择土壤理化特性调查内容，主要包括土体构型、土壤结构、土壤质地、阳离子交换量、氧化还原电位、饱和导水率、土壤容重、孔隙度等；土壤环境生态影响型建设项目还应调查植被、地下水位埋深、地下水溶解性总固体等，可参照表 C.1 填写。

7.3.2.2 评价工作等级为一级的建设项目应参照表 C.2 填写土壤剖面调查表。

7.3.3 影响源调查

7.3.3.1 应调查与建设项目产生同种特征因子或造成相同土壤环境影响后果的影响源。

7.3.3.2 改、扩建的污染影响型建设项目，其评价工作等级为一级、二级的，应对现有工程的土壤环境保护措施情况进行调查，并重点调查主要装置或设施附近的土壤污染现状。

7.4 现状监测

7.4.1 基本要求

建设项目土壤环境现状监测应根据建设项目的影响类型、影响途径，有针对性地开展监测工作，了解或掌握调查评价范围内土壤环境现状。

7.4.2 布点原则

7.4.2.1 土壤环境现状监测点布设应根据建设项目土壤环境影响类型、评价工作等级、土地利用类型确定，采用均布性与代表性相结合的原则，充分反映建设项目调查评价范围内的土壤环境现状，可根据实际情况优化调整。

7.4.2.2 调查评价范围内的每种土壤类型应至少设置 1 个表层样监测点，应尽量设置在未受人为污染或相对未受污染的区域。

7.4.2.3 生态影响型建设项目应根据建设项目所在地的地形特征、地面径流方向设置表层样监测点。

7.4.2.4 涉及入渗途径影响的，主要产污装置区应设置柱状样监测点，采样深度需至装置底部与土壤接触面以下，根据可能影响的深度适当调整。

7.4.2.5　涉及大气沉降影响的，应在占地范围外主导风向的上、下风向各设置 1 个表层样监测点，可在最大落地浓度点增设表层样监测点。

7.4.2.6　涉及地面漫流途径影响的，应结合地形地貌，在占地范围外的上、下游各设置 1 个表层样监测点。

7.4.2.7　线性工程应重点在站场位置（如输油站、泵站、阀室、加油站及维修场所等）设置监测点，涉及危险品、化学品或石油等输送管线的应根据评价范围内土壤环境敏感目标或厂区内的平面布局情况确定监测点布设位置。

7.4.2.8　评价工作等级为一级、二级的改、扩建项目，应在现有工程厂界外可能产生影响的土壤环境敏感目标处设置监测点。

7.4.2.9　涉及大气沉降影响的改、扩建项目，可在主导风向下风向适当增加监测点位，以反映降尘对土壤环境的影响。

7.4.2.10　建设项目占地范围及其可能影响区域的土壤环境已存在污染风险的，应结合用地历史资料和现状调查情况，在可能受影响最重的区域布设监测点；取样深度根据其可能影响的情况确定。

7.4.2.11　建设项目现状监测点设置应兼顾土壤环境影响跟踪监测计划。

7.4.3　现状监测点数量要求

7.4.3.1　建设项目各评价工作等级的监测点数不少于表 6 要求。

表 6　现状监测布点类型与数量

评价工作等级		占地范围内	占地范围外
一级	生态影响型	5 个表层样点[a]	6 个表层样点
	污染影响型	5 个柱状样点[b]，2 个表层样点	4 个表层样点
二级	生态影响型	3 个表层样点	4 个表层样点
	污染影响型	3 个柱状样点，1 个表层样点	2 个表层样点
三级	生态影响型	1 个表层样点	2 个表层样点
	污染影响型	3 个表层样点	—

注：“—”表示无现状监测布点类型与数量的要求。

[a] 表层样应在 0～0.2 m 取样。

[b] 柱状样通常在 0～0.5 m、0.5～1.5 m、1.5～3 m 分别取样，3 m 以下每 3 m 取 1 个样，可根据基础埋深、土体构型适当调整。

7.4.3.2　生态影响型建设项目可优化调整占地范围内、外监测点数量，保持总数不变；占地范围超过 5 000 hm^2 的，每增加 1 000 hm^2 增加 1 个监测点。

7.4.3.3　污染影响型建设项目占地范围超过 100 hm^2 的，每增加 20 hm^2 增加 1 个监测点。

7.4.4　现状监测取样方法

表层样监测点及土壤剖面的土壤监测取样方法一般参照 HJ/T 166 执行，柱状样监测点和污染影响型改、扩建项目的土壤监测取样方法还可参照 HJ 25.1、HJ 25.2 执行。

7.4.5　现状监测因子

土壤环境现状监测因子分为基本因子和建设项目的特征因子。

a）基本因子为 GB 15618、GB 36600 中规定的基本项目，分别根据调查评价范围内的土地利用类型选取。

b）特征因子为建设项目产生的特有因子，根据附录 B 确定；既是特征因子又是基本因子的，按特征因子对待。

c）7.4.2.2 与 7.4.2.10 中规定的点位须监测基本因子与特征因子；其他监测点位可仅监测特征因子。

7.4.6　现状监测频次要求

a）基本因子：评价工作等级为一级的建设项目，应至少开展 1 次现状监测；评价工作等级为二级、三级的建设项目，若掌握近 3 年至少 1 次的监测数据，可不再进行现状监测；引用监测数据应满足 7.4.2 和 7.4.3 的相关要求，并说明数据有效性。

b）特征因子：应至少开展 1 次现状监测。

7.5 现状评价

7.5.1 评价因子

同 7.4.5 现状监测因子。

7.5.2 评价标准

7.5.2.1 根据调查评价范围内的土地利用类型，分别选取 GB 15618、GB 36600 等标准中的筛选值进行评价，土地利用类型无相应标准的可只给出现状监测值。

7.5.2.2 评价因子在 GB 15618、GB 36600 等标准中未规定的，可参照行业、地方或国外相关标准进行评价，无可参照标准的可只给出现状监测值。

7.5.2.3 土壤盐化、酸化、碱化等的分级标准参见附录 D。

7.5.3 评价方法

7.5.3.1 土壤环境质量现状评价应采用标准指数法，并进行统计分析，给出样本数量、最大值、最小值、均值、标准差、检出率和超标率、最大超标倍数等。

7.5.3.2 对照附录 D 给出各监测点位土壤盐化、酸化、碱化的级别，统计样本数量、最大值、最小值和均值，并评价均值对应的级别。

7.5.4 评价结论

7.5.4.1 生态影响型建设项目应给出土壤盐化、酸化、碱化的现状。

7.5.4.2 污染影响型建设项目应给出评价因子是否满足 7.5.2.1 和 7.5.2.2 中相关标准要求的结论；当评价因子存在超标时，应分析超标原因。

8 预测与评价

8.1 基本原则与要求

8.1.1 根据影响识别结果与评价工作等级，结合当地土地利用规划确定影响预测的范围、时段、内容和方法。

8.1.2 选择适宜的预测方法，预测评价建设项目各实施阶段不同环节与不同环境影响防控措施下的土壤环境影响，给出预测因子的影响范围与程度，明确建设项目对土壤环境的影响结果。

8.1.3 应重点预测评价建设项目对占地范围外土壤环境敏感目标的累积影响，并根据建设项目特征兼顾对占地范围内的影响预测。

8.1.4 土壤环境影响分析可定性或半定量地说明建设项目对土壤环境产生的影响及趋势。

8.1.5 建设项目导致土壤潜育化、沼泽化、潴育化和土地沙漠化等影响的，可根据土壤环境特征，结合建设项目特点，分析土壤环境可能受到影响的范围和程度。

8.2 预测评价范围

一般与现状调查评价范围一致。

8.3 预测评价时段

根据建设项目土壤环境影响识别结果，确定重点预测时段。

8.4 情景设置

在影响识别的基础上，根据建设项目特征设定预测情景。

8.5　预测与评价因子

8.5.1　污染影响型建设项目应根据环境影响识别出的特征因子选取关键预测因子。
8.5.2　可能造成土壤盐化、酸化、碱化影响的建设项目，分别选取土壤盐分含量、pH 值等作为预测因子。

8.6　预测评价标准

GB 15618、GB 36600，或附录 D、附录 F 中的表 F.2。

8.7　预测与评价方法

8.7.1　土壤环境影响预测与评价方法应根据建设项目土壤环境影响类型与评价工作等级确定。
8.7.2　可能引起土壤盐化、酸化、碱化等影响的建设项目，其评价工作等级为一级、二级的，预测方法可参见附录 E、附录 F 或进行类比分析。
8.7.3　污染影响型建设项目，其评价工作等级为一级、二级的，预测方法可参见附录 E 或进行类比分析；占地范围内还应根据土体构型、土壤质地、饱和导水率等分析其可能影响的深度。
8.7.4　评价工作等级为三级的建设项目，可采用定性描述或类比分析法进行预测。

8.8　预测评价结论

8.8.1　以下情况可得出建设项目土壤环境影响可接受的结论：

a）建设项目各不同阶段，土壤环境敏感目标处且占地范围内各评价因子均满足 8.6 中相关标准要求的；

b）生态影响型建设项目各不同阶段，出现或加重土壤盐化、酸化、碱化等问题，但采取防控措施后，可满足相关标准要求的；

c）污染影响型建设项目各不同阶段，土壤环境敏感目标处或占地范围内有个别点位、层位或评价因子出现超标，但采取必要措施后，可满足 GB 15618、GB 36600 或其他土壤污染防治相关管理规定的。

8.8.2　以下情况不能得出建设项目土壤环境影响可接受的结论：

a）生态影响型建设项目：土壤盐化、酸化、碱化等对预测评价范围内土壤原有生态功能造成重大不可逆影响的；

b）污染影响型建设项目各不同阶段，土壤环境敏感目标处或占地范围内多个点位、层位或评价因子出现超标，采取必要措施后，仍无法满足 GB 15618、GB 36600 或其他土壤污染防治相关管理规定的。

9　保护措施与对策

9.1　基本要求

9.1.1　土壤环境保护措施与对策应包括保护的对象、目标，措施的内容、设施的规模及工艺、实施部位和时间、实施的保证措施、预期效果的分析等，在此基础上估算（概算）环境保护投资，并编制环境保护措施布置图。
9.1.2　在建设项目可行性研究提出的影响防控对策基础上，结合建设项目特点、调查评价范围内的土壤环境质量现状，根据环境影响预测与评价结果，提出合理、可行、操作性强的土壤环境影响防控措施。
9.1.3　改、扩建项目应针对现有工程引起的土壤环境影响问题，提出“以新带老”措施，有效减轻影响程度或控制影响范围，防止土壤环境影响加剧。
9.1.4　涉及取土的建设项目，所取土壤应满足占地范围对应的土壤环境相关标准要求，并说明其来源；弃土应按照固体废物相关规定进行处理处置，确保不产生二次污染。

9.2 建设项目环境保护措施

9.2.1 土壤环境质量现状保障措施

对于建设项目占地范围内的土壤环境质量存在点位超标的，应依据土壤污染防治相关管理办法、规定和标准，采取有关土壤污染防治措施。

9.2.2 源头控制措施

9.2.2.1 生态影响型建设项目应结合项目的生态影响特征、按照生态系统功能优化的理念、坚持高效适用的原则提出源头防控措施。

9.2.2.2 污染影响型建设项目应针对关键污染源、污染物的迁移途径提出源头控制措施，并与 HJ 2.2、HJ 2.3、HJ 19、HJ 169、HJ 610 等标准要求相协调。

9.2.3 过程防控措施

9.2.3.1 建设项目根据行业特点与占地范围内的土壤特性，按照相关技术要求采取过程阻断、污染物削减和分区防控措施。

9.2.3.2 生态影响型：

a）涉及酸化、碱化影响的可采取相应措施调节土壤 pH 值，以减轻土壤酸化、碱化的程度；

b）涉及盐化影响的，可采取排水排盐或降低地下水位等措施，以减轻土壤盐化的程度。

9.2.3.3 污染影响型：

a）涉及大气沉降影响的，占地范围内应采取绿化措施，以种植具有较强吸附能力的植物为主；

b）涉及地面漫流影响的，应根据建设项目所在地的地形特点优化地面布局，必要时设置地面硬化、围堰或围墙，以防止土壤环境污染；

c）涉及入渗途径影响的，应根据相关标准规范要求，对设备设施采取相应的防渗措施，以防止土壤环境污染。

9.3 跟踪监测

9.3.1 土壤环境跟踪监测措施包括制定跟踪监测计划、建立跟踪监测制度，以便及时发现问题，采取措施。

9.3.2 土壤环境跟踪监测计划应明确监测点位、监测指标、监测频次以及执行标准等。

a）监测点位应布设在重点影响区和土壤环境敏感目标附近；

b）监测指标应选择建设项目特征因子；

c）评价工作等级为一级的建设项目一般每 3 年内开展 1 次监测工作，二级的每 5 年内开展 1 次，三级的必要时可开展跟踪监测；

d）生态影响型建设项目跟踪监测应尽量在农作物收割后开展；

e）执行标准应同 7.5.2。

9.3.3 监测计划应包括向社会公开的信息内容。

10 评价结论

参照附录 G 填写土壤环境影响评价自查表，概括建设项目的土壤环境现状、预测评价结果、防控措施及跟踪监测计划等内容，从土壤环境影响的角度，总结项目建设的可行性。

附　录　A
（规范性附录）
土壤环境影响评价项目类别

表 A.1　土壤环境影响评价项目类别

行业类别		项目类别			
		Ⅰ类	Ⅱ类	Ⅲ类	Ⅳ类
农林牧渔业		灌溉面积大于 50 万亩的灌区工程	新建 5 万亩至 50 万亩的、改造 30 万亩及以上的灌区工程；年出栏生猪 10 万头（其他畜禽种类折合猪的养殖规模）及以上的畜禽养殖场或养殖小区	年出栏生猪 5 000 头（其他畜禽种类折合猪的养殖规模）及以上的畜禽养殖场或养殖小区	其他
水利		库容 1 亿 m^3 及以上水库；长度大于 1 000 km 的引水工程	库容 1 000 万 m^3 至 1 亿 m^3 的水库；跨流域调水的引水工程	其他	
采矿业		金属矿、石油、页岩油开采	化学矿采选；石棉矿采选；煤矿采选、天然气开采、页岩气开采、砂岩气开采、煤层气开采（含净化、液化）	其他	
制造业	纺织、化纤、皮革等及服装、鞋制造	制革、毛皮鞣制	化学纤维制造；有洗毛、染整、脱胶工段及产生缫丝废水、精炼废水的纺织品；有湿法印花、染色、水洗工艺的服装制造；使用有机溶剂的制鞋业	其他	
	造纸和纸制品		纸浆、溶解浆、纤维浆等制造；造纸（含制浆工艺）	其他	
	设备制造、金属制品、汽车制造及其他用品制造[a]	有电镀工艺的；金属制品表面处理及热处理加工的；使用有机涂层的（喷粉、喷塑和电泳除外）；有钝化工艺的热镀锌	有化学处理工艺的	其他	
	石油、化工	石油加工、炼焦；化学原料和化学制品制造；农药制造；涂料、染料、颜料、油墨及其类似产品制造；合成材料制造；炸药、火工及焰火产品制造；水处理剂等制造；化学药品制造；生物、生化制品制造	半导体材料、日用化学品制造；化学肥料制造	其他	
	金属冶炼和压延加工及非金属矿物制品	有色金属冶炼（含再生有色金属冶炼）	有色金属铸造及合金制造；炼铁；球团；烧结炼钢；冷轧压延加工；铬铁合金制造；水泥制造；平板玻璃制造；石棉制品；含焙烧的石墨、碳素制品	其他	

<table>
<tr><th rowspan="2">行业类别</th><th colspan="4">项目类别</th></tr>
<tr><th>Ⅰ类</th><th>Ⅱ类</th><th>Ⅲ类</th><th>Ⅳ类</th></tr>
<tr><td>电力热力燃气及水生产和供应业</td><td>生活垃圾及污泥发电</td><td>水力发电；火力发电（燃气发电除外）；矸石、油页岩、石油焦等综合利用发电；工业废水处理；燃气生产</td><td>生活污水处理；燃煤锅炉总容量 65 t/h（不含）以上的热力生产工程；燃油锅炉总容量 65 t/h（不含）以上的热力生产工程</td><td>其他</td></tr>
<tr><td>交通运输仓储邮政业</td><td></td><td>油库（不含加油站的油库）；机场的供油工程及油库；涉及危险品、化学品、石油、成品油储罐区的码头及仓储；石油及成品油的输送管线</td><td>公路的加油站；铁路的维修场所</td><td>其他</td></tr>
<tr><td>环境和公共设施管理业</td><td>危险废物利用及处置</td><td>采取填埋和焚烧方式的一般工业固体废物处置及综合利用；城镇生活垃圾（不含餐厨废物）集中处置</td><td>一般工业固体废物处置及综合利用（除采取填埋和焚烧方式以外的）；废旧资源加工、再生利用</td><td>其他</td></tr>
<tr><td>社会事业与服务业</td><td></td><td></td><td>高尔夫球场；加油站；赛车场</td><td>其他</td></tr>
<tr><td>其他行业</td><td></td><td></td><td></td><td>全部</td></tr>
<tr><td colspan="5">注 1：仅切割组装的、单纯混合和分装的、编织物及其制品制造的，列入Ⅳ类。
注 2：建设项目土壤环境影响评价项目类别不在本表的，可根据土壤环境影响源、影响途径、影响因子的识别结果，参照相近或相似项目类别确定。</td></tr>
<tr><td colspan="5">[a] 其他用品制造包括：①木材加工和木、竹、藤、棕、草制品业；②家具制造业；③文教、工美、体育和娱乐用品制造业；④仪器仪表制造业等制造业。</td></tr>
</table>

附 录 B
（资料性附录）
建设项目土壤环境影响识别表

B.1 建设项目土壤环境影响类型与影响途径识别

表 B.1 建设项目土壤环境影响类型与影响途径表

不同时段	污染影响型				生态影响型			
	大气沉降	地面漫流	垂直入渗	其他	盐化	碱化	酸化	其他
建设期								
运营期								
服务期满后								
注：在可能产生的土壤环境影响类型处打“√”，列表未涵盖的可自行设计。								

B.2 建设项目土壤环境影响源及影响因子识别

表 B.2 污染影响型建设项目土壤环境影响源及影响因子识别表

污染源	工艺流程/节点	污染途径	全部污染物指标[a]	特征因子	备注[b]
车间/场地		大气沉降			
		地面漫流			
		垂直入渗			
		其他			

[a] 根据工程分析结果填写。

[b] 应描述污染源特征，如连续、间断、正常、事故等；涉及大气沉降途径的，应识别建设项目周边的土壤环境敏感目标。

表 B.3 生态影响型建设项目土壤环境影响途径识别表

影响结果	影响途径	具体指标	土壤环境敏感目标
盐化/酸化/碱化/其他	物质输入/运移		
	水位变化		

附　录　C
（资料性附录）
土壤理化特性调查表

表 C.1　土壤理化特性调查表

点号				时间		
经度				纬度		
层次						
现场记录	颜色					
	结构					
	质地					
	砂砾含量					
	其他异物					
实验室测定	pH 值					
	阳离子交换量					
	氧化还原电位					
	饱和导水率/（cm/s）					
	土壤容重/（kg/m^3）					
	孔隙度					

注 1：根据 7.3.2 确定需要调查的理化特性并记录，土壤环境生态影响型建设项目还应调查植被、地下水位埋深、地下水溶解性总固体等。
注 2：点号为代表性监测点位。

表 C.2　土体构型（土壤剖面）

点号	景观照片	土壤剖面照片	层次[a]

注：应给出带标尺的土壤剖面照片及其景观照片。
[a] 根据土壤分层情况描述土壤的理化特性。

附　录　D

（资料性附录）

土壤盐化、酸化、碱化分级标准

表 D.1　土壤盐化分级标准

分级	土壤含盐量（SSC）/（g/kg）	
	滨海、半湿润和半干旱地区	干旱、半荒漠和荒漠地区
未盐化	SSC＜1	SSC＜2
轻度盐化	1≤SSC＜2	2≤SSC＜3
中度盐化	2≤SSC＜4	3≤SSC＜5
重度盐化	4≤SSC＜6	5≤SSC＜10
极重度盐化	SSC≥6	SSC≥10
注：根据区域自然背景状况适当调整。		

表 D.2　土壤酸化、碱化分级标准

土壤 pH 值	土壤酸化、碱化强度
pH＜3.5	极重度酸化
3.5≤pH＜4.0	重度酸化
4.0≤pH＜4.5	中度酸化
4.5≤pH＜5.5	轻度酸化
5.5≤pH＜8.5	无酸化或碱化
8.5≤pH＜9.0	轻度碱化
9.0≤pH＜9.5	中度碱化
9.5≤pH＜10.0	重度碱化
pH≥10.0	极重度碱化
注：土壤酸化、碱化强度指受人为影响后呈现的土壤 pH 值，可根据区域自然背景状况适当调整。	

附 录 E
（资料性附录）
土壤环境影响预测方法

E.1 方法一

E.1.1 适用范围

本方法适用于某种物质可概化为以面源形式进入土壤环境的影响预测，包括大气沉降、地面漫流以及盐、酸、碱类等物质进入土壤环境引起的土壤盐化、酸化、碱化等。

E.1.2 一般方法和步骤

a）可通过工程分析计算土壤中某种物质的输入量；涉及大气沉降影响的，可参照 HJ 2.2 相关技术方法给出。

b）土壤中某种物质的输出量主要包括淋溶或径流排出、土壤缓冲消耗两部分；植物吸收量通常较小，不予考虑；涉及大气沉降影响的，可不考虑输出量。

c）分析比较输入量和输出量，计算土壤中某种物质的增量。

d）将土壤中某种物质的增量与土壤现状值进行叠加后，进行土壤环境影响预测。

E.1.3 预测方法

a）单位质量土壤中某种物质的增量可用式（E.1）计算：

$$\Delta S = n\left(I_S - L_S - R_S\right) / \left(\rho_b \times A \times D\right) \tag{E.1}$$

式中：ΔS——单位质量表层土壤中某种物质的增量，g/kg；

表层土壤中游离酸或游离碱浓度增量，mmol/kg；

I_S——预测评价范围内单位年份表层土壤中某种物质的输入量，g；

预测评价范围内单位年份表层土壤中游离酸、游离碱输入量，mmol；

L_S——预测评价范围内单位年份表层土壤中某种物质经淋溶排出的量，g；

预测评价范围内单位年份表层土壤中经淋溶排出的游离酸、游离碱的量，mmol；

R_S——预测评价范围内单位年份表层土壤中某种物质经径流排出的量，g；

预测评价范围内单位年份表层土壤中经径流排出的游离酸、游离碱的量，mmol；

ρ_b——表层土壤容重，kg/m^3；

A——预测评价范围，m^2；

D——表层土壤深度，一般取 0.2 m，可根据实际情况适当调整；

n——持续年份，a。

b）单位质量土壤中某种物质的预测值可根据其增量叠加现状值进行计算，如式（E.2）所示。

$$S = S_b + \Delta S \tag{E.2}$$

式中：S_b——单位质量土壤中某种物质的现状值，g/kg；

S——单位质量土壤中某种物质的预测值，g/kg。

c）酸性物质或碱性物质排放后表层土壤 pH 预测值，可根据表层土壤游离酸或游离碱浓度的增量进行计算，如式（E.3）所示。

$$pH = pH_b \pm \Delta S / BC_{pH} \tag{E.3}$$

式中：pH_b——土壤 pH 现状值；

BC_{pH}——缓冲容量，mmol /（kg·pH）；

pH——土壤 pH 预测值。

d）缓冲容量（BC_{pH}）测定方法：采集项目区土壤样品，样品加入不同量游离酸或游离碱后分别进行 pH 值测定，绘制不同浓度游离酸或游离碱和 pH 值之间的曲线，曲线斜率即为缓冲容量。

E.2　方法二

E.2.1　适用范围

本方法适用于某种污染物以点源形式垂直进入土壤环境的影响预测，重点预测污染物可能影响到的深度。

E.2.2　一维非饱和溶质运移模型预测方法

a）一维非饱和溶质垂向运移控制方程：

$$\frac{\partial(\theta c)}{\partial t} = \frac{\partial}{\partial z}\left(\theta D \frac{\partial c}{\partial z}\right) - \frac{\partial}{\partial z}(qc) \tag{E.4}$$

式中：c —— 污染物介质中的质量浓度，mg/L；

D —— 弥散系数，m^2/d；

q —— 渗流速率，m/d；

z —— 沿 z 轴的距离，m；

t —— 时间变量，d；

θ —— 土壤含水率，%。

b）初始条件

$$c(z,t) = 0 \qquad t = 0,\ L \leqslant z < 0 \tag{E.5}$$

c）边界条件

第一类 Dirichlet 边界条件，式（E.6）适用于连续点源情景，式（E.7）适用于非连续点源情景。

$$c(z,t) = c_0 \qquad t < 0,\ z = 0 \tag{E.6}$$

$$c(z,t) = \begin{cases} c_0 & 0 < t \leqslant t_0 \\ 0 & t > t_0 \end{cases} \tag{E.7}$$

第二类 Neumann 零梯度边界。

$$-\theta D \frac{\partial c}{\partial z} = 0 \qquad t > 0,\ z = L \tag{E.8}$$

附　录　F
（资料性附录）
土壤盐化综合评分预测方法

F.1　土壤盐化综合评分法

根据表 F.1 选取各项影响因素的分值与权重，采用式（F.1）计算土壤盐化综合评分值（*Sa*），对照表 F.2 得出土壤盐化综合评分预测结果。

$$Sa=\sum_{i=1}^{n}W_{x_i}\times I_{x_i} \tag{F.1}$$

式中：n —— 影响因素指标数目；

I_{x_i} —— 影响因素 i 指标评分；

W_{x_i} —— 影响因素 i 指标权重。

F.2　土壤盐化影响因素赋值表

表 F.1　土壤盐化影响因素赋值表

影响因素	分值				权重
	0 分	2 分	4 分	6 分	
地下水位埋深（GWD）/m	GWD≥2.5	1.5≤GWD＜2.5	1.0≤GWD＜1.5	GWD＜1.0	0.35
干燥度（蒸降比值）（EPR）	EPR＜1.2	1.2≤EPR＜2.5	2.5≤EPR＜6	EPR≥6	0.25
土壤本底含盐量（SSC）/（g/kg）	SSC＜1	1≤SSC＜2	2≤SSC＜4	SSC≥4	0.15
地下水溶解性总固体（TDS）/（g/L）	TDS＜1	1≤TDS＜2	2≤TDS＜5	TDS≥5	0.15
土壤质地	黏土	砂土	壤土	砂壤、粉土、砂粉土	0.10

F.3　土壤盐化预测表

表 F.2　土壤盐化预测表

土壤盐化综合评分值（*Sa*）	*Sa*＜1	1≤*Sa*＜2	2≤*Sa*＜3	3≤*Sa*＜4.5	*Sa*≥4.5
土壤盐化综合评分预测结果	未盐化	轻度盐化	中度盐化	重度盐化	极重度盐化

附　录　G
（资料性附录）
土壤环境影响评价自查表

表 G.1　土壤环境影响评价自查表

<table>
<tr><td colspan="2">工作内容</td><td colspan="4">完成情况</td><td>备注</td></tr>
<tr><td rowspan="9">影响识别</td><td>影响类型</td><td colspan="4">污染影响型□；生态影响型□；两种兼有□</td><td></td></tr>
<tr><td>土地利用类型</td><td colspan="4">建设用地□；农用地□；未利用地□</td><td>土地利用类型图</td></tr>
<tr><td>占地规模</td><td colspan="4">（　　　　）hm^2</td><td></td></tr>
<tr><td>敏感目标信息</td><td colspan="4">敏感目标（　　）、方位（　　　　）、距离（　　　）</td><td></td></tr>
<tr><td>影响途径</td><td colspan="4">大气沉降□；地面漫流□；垂直入渗□；地下水位□；其他（ ）</td><td></td></tr>
<tr><td>全部污染物</td><td colspan="4"></td><td></td></tr>
<tr><td>特征因子</td><td colspan="4"></td><td></td></tr>
<tr><td>所属土壤环境影响评价项目类别</td><td colspan="4">Ⅰ类□；Ⅱ类□；Ⅲ类□；Ⅳ类□</td><td></td></tr>
<tr><td>敏感程度</td><td colspan="4">敏感□；较敏感□；不敏感□</td><td></td></tr>
<tr><td colspan="2">评价工作等级</td><td colspan="4">一级□；二级□；三级□</td><td></td></tr>
<tr><td rowspan="6">现状调查内容</td><td>资料收集</td><td colspan="4">a）□；b）□；c）□；d）□</td><td></td></tr>
<tr><td>理化特性</td><td colspan="4"></td><td>同附录 C</td></tr>
<tr><td rowspan="3">现状监测点位</td><td></td><td>占地范围内</td><td>占地范围外</td><td>深度</td><td rowspan="3">点位布置图</td></tr>
<tr><td>表层样点数</td><td></td><td></td><td></td></tr>
<tr><td>柱状样点数</td><td></td><td></td><td></td></tr>
<tr><td>现状监测因子</td><td colspan="4"></td><td></td></tr>
<tr><td rowspan="3">现状评价</td><td>评价因子</td><td colspan="4"></td><td></td></tr>
<tr><td>评价标准</td><td colspan="4">GB 15618□；GB 36600□；表 D.1□；表 D.2□；其他（　　）</td><td></td></tr>
<tr><td>现状评价结论</td><td colspan="4"></td><td></td></tr>
<tr><td rowspan="4">影响预测</td><td>预测因子</td><td colspan="4"></td><td></td></tr>
<tr><td>预测方法</td><td colspan="4">附录 E□；附录 F□；其他（　　）</td><td></td></tr>
<tr><td>预测分析内容</td><td colspan="4">影响范围（　　）
影响程度（　　）</td><td></td></tr>
<tr><td>预测结论</td><td colspan="4">达标结论：a）□；b）□；c）□
不达标结论：a）□；b）□</td><td></td></tr>
<tr><td rowspan="4">防治措施</td><td>防控措施</td><td colspan="4">土壤环境质量现状保障□；源头控制□；过程防控□；其他（　　）</td><td></td></tr>
<tr><td rowspan="2">跟踪监测</td><td colspan="2">监测点数</td><td>监测指标</td><td>监测频次</td><td rowspan="3"></td></tr>
<tr><td colspan="2"></td><td></td><td></td></tr>
<tr><td>信息公开指标</td><td colspan="4"></td></tr>
<tr><td colspan="2">评价结论</td><td colspan="4"></td><td></td></tr>
<tr><td colspan="7">注 1：“□”为勾选项，可√；“（）”为内容填写项；“备注”为其他补充内容。</td></tr>
<tr><td colspan="7">注 2：需要分别开展土壤环境影响评级工作的，分别填写自查表。</td></tr>
</table>

填表说明

影响类型：根据 3.2 和 3.3 关于生态影响型和污染影响型的定义确定并记录。

土地利用类型：根据 GB/T 21010 识别建设项目及周边的土地利用类型，根据 3.4 有关土壤环境敏感目标的定义确定并记录敏感目标，说明敏感目标所在方位和距离。提供土地利用类型图，并在图中标出敏感目标。

影响途径："大气沉降"主要指由于生产活动产生气体排放间接造成土壤环境污染的影响途径；"地面漫流"主要指由于占地范围内原有污染物质的水平扩散造成污染范围水平扩大的影响途径；"垂直入渗"主要指由于占地范围内原有污染物质的入渗迁移造成污染范围垂向扩大的影响途径；"地下水位"主要指由于人为因素引起地下水位变化造成的土壤盐化、碱化等土壤生态影响后果的途径；"其他"指其他原因造成土壤环境污染或土壤生态破坏的影响途径。

全部污染物：主要指建设项目经各种途径产生的各类污染物。

特征因子：主要指建设项目产生或相关的特有因子。

所属土壤环境影响评价项目类别：根据附录 A 进行项目类别判定并记录。

敏感程度：根据表 1 和表 3 进行土壤环境敏感程度判定并记录。

资料收集：按 7.3.1 要求进行背景资料收集并记录。

现状监测点位：按照 7.4.2 和 7.4.3 确定现状监测点位并记录，给出点位布置图。

现状监测因子：基本因子根据土地利用类型选择相对应的标准中规定的常规项目，并结合项目特征和历史情况适当调整；特征因子则根据附录 B 影响源与影响因子的识别结果，结合建设项目特点、土壤环境影响类型、评价工作等级选定。

评价因子：根据现状监测因子确定。

评价标准：按照 GB 15618、GB 36600 及其他国家、行业、地方标准确定；盐化、酸化和碱化评价标准可参见附录 D 中表 D.1 和表 D.2 确定。

现状评价结论：对生态影响型建设项目，给出是否存在土壤盐化、碱化或酸化现象，当前土壤盐化、碱化或酸化级别的结论；对污染影响型建设项目，给出评价因子是否满足相应标准要求、是否满足相应土地利用类型的结论，当评价因子超标时，分析其超标原因。

预测因子：按照 8.5 的要求选取生态影响型建设项目预测因子和污染影响型建设项目预测因子，并在表中记录。

预测方法：根据不同土壤环境影响类型选取适当的预测方法并记录。土壤盐化、酸化、碱化等影响预测分析方法可参见附录 E、附录 F；污染影响型建设项目的预测方法可参见附录 E，对选用"其他"的应注明具体方法及出处。预测方法可根据实际需要多选。

预测分析内容：土壤环境影响分析应能定性说明建设项目对土壤环境产生影响的趋势或程度。采用预测方法进行预测时，生态影响型建设项目应给出预测因子对土壤环境影响范围的预测值，同时给出引起或加重土壤盐化、碱化或酸化的程度；污染影响型建设项目应给出预测因子造成土壤环境影响范围的预测值，同时给出预测因子的影响程度。

预测结论：根据 8.8 的要求，确定建设项目土壤环境影响是否可接受的结论；对土壤环境影响可接受的情形，按照 8.8.1 选取可接受的理由，对土壤环境影响不可接受的情形，按照 8.8.2 选取不可接受的理由。

防控措施：根据土壤环境影响的类型、范围和程度，确定拟采取的土壤环境质量现状保障、源头控制、过程防控等防控措施；土壤改良和土壤修复等其他措施可根据需要具体列出。

跟踪监测：根据 9.3.2 要求确定监测点数、监测指标、监测频次并记录。

评价结论：在对建设项目的土壤环境现状、影响预测结果、防控措施、土壤环境管理与监测计划等内容进行总结基础上，从土壤环境影响的角度，对项目建设的可行性进行总结与建议。

HJ

中华人民共和国国家环境保护标准

HJ 169—2018
代替 HJ/T 169—2004

建设项目环境风险评价技术导则

Technical guidelines for environmental risk assessment on projects

2018-10-14 发布　　　　2019-03-01 实施

生　态　环　境　部　发布

前　言

为贯彻《中华人民共和国环境保护法》和《中华人民共和国环境影响评价法》，规范环境风险评价工作，加强环境风险防控，制定本标准。

本标准规定了建设项目环境风险评价的一般性原则、内容、程序和方法。

本标准是对《建设项目环境风险评价技术导则》（HJ/T 169—2004）的修订。主要修订内容有：

——调整了适用范围，与环境影响评价导则重构体系衔接；

——调整、补充规范了相关术语和定义；

——增加了风险潜势初判，改进了评价工作等级划分方法；

——规范了风险识别和源项分析的内容和方法；

——优化调整了大气、地表水风险预测与评价内容；

——增加了地下水风险预测与评价的技术要求；

——调整、细化了风险防范措施内容；

——增加了评价结论与建议章节；

——补充、完善了附录，增加了附图、附表的编制要求。

本标准附录 A、附录 C、附录 D、附录 G、附录 J 为规范性附录；附录 B、附录 E、附录 F、附录 H、附录 I、附录 K 为资料性附录。

自本标准实施之日起，《建设项目环境风险评价技术导则》（HJ/T 169—2004）废止。

本标准由生态环境部组织制订。

本标准主要起草单位：环境保护部环境工程评估中心、中国寰球工程有限公司。

本标准生态环境部 2018 年 10 月 14 日批准。

本标准自 2019 年 3 月 1 日起实施。

本标准由生态环境部解释。

建设项目环境风险评价技术导则

1　适用范围

本标准规定了建设项目环境风险评价的一般性原则、内容、程序和方法。

本标准适用于涉及有毒有害和易燃易爆危险物质生产、使用、储存（包括使用管线输运）的建设项目可能发生的突发性事故（不包括人为破坏及自然灾害引发的事故）的环境风险评价。

本标准不适用于生态风险评价及核与辐射类建设项目的环境风险评价。

对于有特定行业环境风险评价技术规范要求的建设项目，本标准规定的一般性原则适用。

相关规划类环境影响评价中的环境风险评价可参考本标准。

2　规范性引用文件

本标准引用了下列文件或其中的条款。凡是未注明日期的引用文件，其最新版本适用于本标准。

GB 3095　环境空气质量标准

GB 3097　海水水质标准

GB 3838　地表水环境质量标准

GB 5749　生活饮用水卫生标准

GB 30000.18—2013　化学品分类和标签规范　第 18 部分：急性毒性

GB 30000.28—2013　化学品分类和标签规范　第 28 部分：对水生环境的危害

GB/T 14848　地下水质量标准

GB/T 19485　海洋工程环境影响评价技术导则

HJ 2.1　建设项目环境影响评价技术导则　总纲

HJ 2.2　环境影响评价技术导则　大气环境

HJ 2.3　环境影响评价技术导则　地表水环境

HJ 610　环境影响评价技术导则　地下水环境

HJ 941　企业突发环境事件风险分级方法

《建设项目环境影响评价分类管理名录》

《国家突发环境事件应急预案》（国办函〔2014〕119 号）

3　术语和定义

下列术语和定义适用于本标准。

3.1

环境风险　environmental risk

突发性事故对环境造成的危害程度及可能性。

3.2

环境风险潜势　environmental risk potential

对建设项目潜在环境危害程度的概化分析表达，是基于建设项目涉及的物质和工艺系统危险性及其所在地环境敏感程度的综合表征。

3.3

风险源　risk source

存在物质或能量意外释放，并可能产生环境危害的源。

3.4

危险物质　hazardous substance

具有易燃易爆、有毒有害等特性，会对环境造成危害的物质。

3.5

危险单元　hazard unit

由一个或多个风险源构成的具有相对独立功能的单元，事故状况下应可实现与其他功能单元的分割。

3.6

最大可信事故　maximum credible event

是基于经验统计分析，在一定可能性区间内发生的事故中，造成环境危害最严重的事故。

3.7

大气毒性终点浓度　air toxic endpoint

人员短期暴露可能会导致出现健康影响或死亡的大气污染物浓度，用于判断周边环境风险影响程度。

4　总则

4.1　一般性原则

环境风险评价应以突发性事故导致的危险物质环境急性损害防控为目标，对建设项目的环境风险进行分析、预测和评估，提出环境风险预防、控制、减缓措施，明确环境风险监控及应急建议要求，为建设项目环境风险防控提供科学依据。

4.2　评价工作程序

评价工作程序见图 1。

4.3　评价工作等级划分

环境风险评价工作等级划分为一级、二级、三级。根据建设项目涉及的物质及工艺系统危险性和所在地的环境敏感性确定环境风险潜势，按照表 1 确定评价工作等级。风险潜势为Ⅳ及以上，进行一级评价；风险潜势为Ⅲ，进行二级评价；风险潜势为Ⅱ，进行三级评价；风险潜势为Ⅰ，可开展简单分析。

表 1　评价工作等级划分

环境风险潜势	Ⅳ、$Ⅳ^+$	Ⅲ	Ⅱ	Ⅰ
评价工作等级	一	二	三	简单分析[a]

[a] 是相对于详细评价工作内容而言，在描述危险物质、环境影响途径、环境危害后果、风险防范措施等方面给出定性的说明，见附录 A。

4.4　评价工作内容

4.4.1　环境风险评价基本内容包括风险调查、环境风险潜势初判、风险识别、风险事故情形分析、风险预测与评价、环境风险管理等。

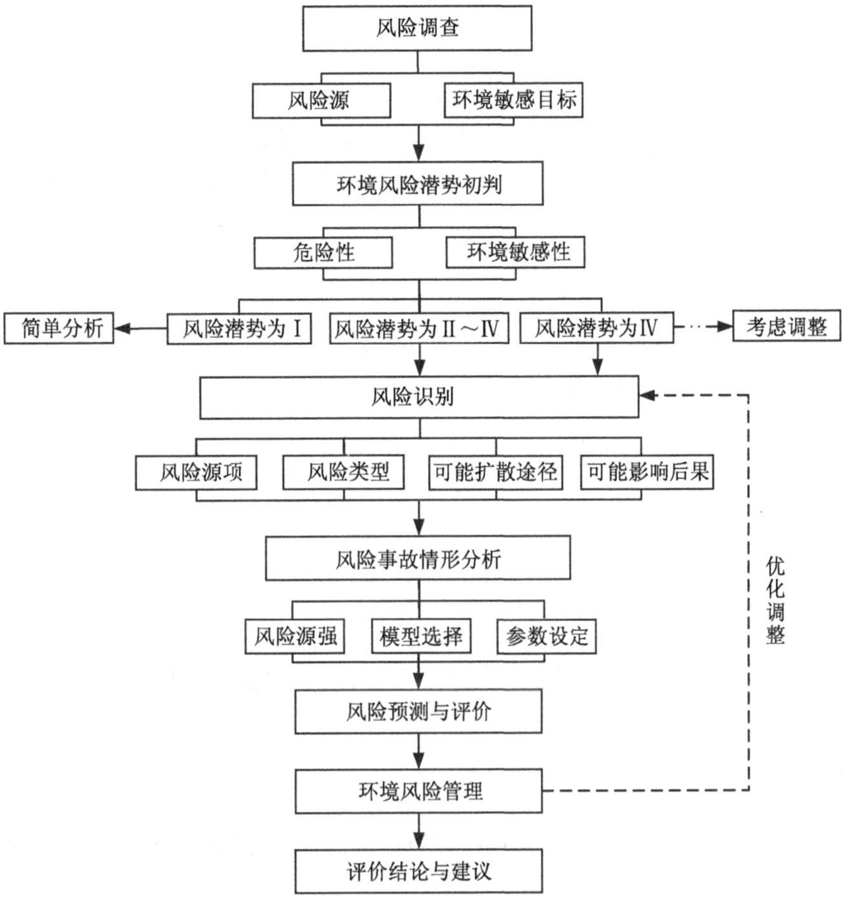

图 1　评价工作程序

4.4.2　基于风险调查，分析建设项目物质及工艺系统危险性和环境敏感性，进行风险潜势的判断，确定风险评价等级。

4.4.3　风险识别及风险事故情形分析应明确危险物质在生产系统中的主要分布，筛选具有代表性的风险事故情形，合理设定事故源项。

4.4.4　各环境要素按确定的评价工作等级分别开展预测评价，分析说明环境风险危害范围与程度，提出环境风险防范的基本要求。

4.4.4.1　大气环境风险预测。一级评价需选取最不利气象条件和事故发生地的最常见气象条件，选择适用的数值方法进行分析预测，给出风险事故情形下危险物质释放可能造成的大气环境影响范围与程度。对于存在极高大气环境风险的项目，应进一步开展关心点概率分析。二级评价需选取最不利气象条件，选择适用的数值方法进行分析预测，给出风险事故情形下危险物质释放可能造成的大气环境影响范围与程度。三级评价应定性分析说明大气环境影响后果。

4.4.4.2　地表水环境风险预测。一级、二级评价应选择适用的数值方法预测地表水环境风险，给出风险事故情形下可能造成的影响范围与程度；三级评价应定性分析说明地表水环境影响后果。

4.4.4.3　地下水环境风险预测。一级评价应优先选择适用的数值方法预测地下水环境风险，给出风险事故情形下可能造成的影响范围与程度；低于一级评价的，风险预测分析与评价要求参照 HJ 610 执行。

4.4.5　提出环境风险管理对策，明确环境风险防范措施及突发环境事件应急预案编制要求。

4.4.6　综合环境风险评价过程，给出评价结论与建议。

4.5 评价范围

4.5.1 大气环境风险评价范围：一级、二级评价距建设项目边界一般不低于 5 km；三级评价距建设项目边界一般不低于 3 km。油气、化学品输送管线项目一级、二级评价距管道中心线两侧一般均不低于 200 m；三级评价距管道中心线两侧一般均不低于 100 m。当大气毒性终点浓度预测到达距离超出评价范围时，应根据预测到达距离进一步调整评价范围。

4.5.2 地表水环境风险评价范围参照 HJ 2.3 确定。

4.5.3 地下水环境风险评价范围参照 HJ 610 确定。

4.5.4 环境风险评价范围应根据环境敏感目标分布情况、事故后果预测可能对环境产生危害的范围等综合确定。项目周边所在区域，评价范围外存在需要特别关注的环境敏感目标，评价范围需延伸至所关心的目标。

5 风险调查

5.1 建设项目风险源调查

调查建设项目危险物质数量和分布情况、生产工艺特点，收集危险物质安全技术说明书（MSDS）等基础资料。

5.2 环境敏感目标调查

根据危险物质可能的影响途径，明确环境敏感目标，给出环境敏感目标区位分布图，列表明确调查对象、属性、相对方位及距离等信息。

6 环境风险潜势初判

6.1 环境风险潜势划分

建设项目环境风险潜势划分为Ⅰ、Ⅱ、Ⅲ、Ⅳ/Ⅳ$^+$级。

根据建设项目涉及的物质和工艺系统的危险性及其所在地的环境敏感程度，结合事故情形下环境影响途径，对建设项目潜在环境危害程度进行概化分析，按照表 2 确定环境风险潜势。

表 2 建设项目环境风险潜势划分

环境敏感程度（E）	危险物质及工艺系统危险性（P）			
	极高危害（P1）	高度危害（P2）	中度危害（P3）	轻度危害（P4）
环境高度敏感区（E1）	Ⅳ$^+$	Ⅳ	Ⅲ	Ⅲ
环境中度敏感区（E2）	Ⅳ	Ⅲ	Ⅲ	Ⅱ
环境低度敏感区（E3）	Ⅲ	Ⅲ	Ⅱ	Ⅰ
注：Ⅳ$^+$为极高环境风险。				

6.2 P 的分级确定

分析建设项目生产、使用、储存过程中涉及的有毒有害、易燃易爆物质，参见附录 B 确定危险物质的临界量。定量分析危险物质数量与临界量的比值（Q）和所属行业及生产工艺特点（M），按附录 C 对危险物质及工艺系统危险性（P）等级进行判断。

6.3 E 的分级确定

分析危险物质在事故情形下的环境影响途径，如大气、地表水、地下水等，按照附录 D 对建设项目各要素环境敏感程度（E）等级进行判断。

6.4 建设项目环境风险潜势判断

建设项目环境风险潜势综合等级取各要素等级的相对高值。

7 风险识别

7.1 风险识别内容

7.1.1 物质危险性识别，包括主要原辅材料、燃料、中间产品、副产品、最终产品、污染物、火灾和爆炸伴生/次生物等。

7.1.2 生产系统危险性识别，包括主要生产装置、储运设施、公用工程和辅助生产设施，以及环境保护设施等。

7.1.3 危险物质向环境转移的途径识别，包括分析危险物质特性及可能的环境风险类型，识别危险物质影响环境的途径，分析可能影响的环境敏感目标。

7.2 风险识别方法

7.2.1 资料收集和准备

根据危险物质泄漏、火灾、爆炸等突发性事故可能造成的环境风险类型，收集和准备建设项目工程资料，周边环境资料，国内外同行业、同类型事故统计分析及典型事故案例资料。对已建工程应收集环境管理制度，操作和维护手册，突发环境事件应急预案，应急培训、演练记录，历史突发环境事件及生产安全事故调查资料，设备失效统计数据等。

7.2.2 物质危险性识别

按附录 B 识别出的危险物质，以图表的方式给出其易燃易爆、有毒有害危险特性，明确危险物质的分布。

7.2.3 生产系统危险性识别

7.2.3.1 按工艺流程和平面布置功能区划，结合物质危险性识别，以图表的方式给出危险单元划分结果及单元内危险物质的最大存在量。按生产工艺流程分析危险单元内潜在的风险源。

7.2.3.2 按危险单元分析风险源的危险性、存在条件和转化为事故的触发因素。

7.2.3.3 采用定性或定量分析方法筛选确定重点风险源。

7.2.4 环境风险类型及危害分析

7.2.4.1 环境风险类型包括危险物质泄漏，以及火灾、爆炸等引发的伴生/次生污染物排放。

7.2.4.2 根据物质及生产系统危险性识别结果，分析环境风险类型、危险物质向环境转移的可能途径和影响方式。

7.3 风险识别结果

在风险识别的基础上，图示危险单元分布。给出建设项目环境风险识别汇总，包括危险单元、风险源、主要危险物质、环境风险类型、环境影响途径、可能受影响的环境敏感目标等，说明风险源的主要参数。

8 风险事故情形分析

8.1 风险事故情形设定

8.1.1 风险事故情形设定内容

在风险识别的基础上，选择对环境影响较大并具有代表性的事故类型，设定风险事故情形。风险事故情形设定内容应包括环境风险类型、风险源、危险单元、危险物质和影响途径等。

8.1.2 风险事故情形设定原则

8.1.2.1 同一种危险物质可能有多种环境风险类型。风险事故情形应包括危险物质泄漏，以及火灾、爆炸等引发的伴生/次生污染物排放情形。对不同环境要素产生影响的风险事故情形，应分别进行设定。

8.1.2.2 对于火灾、爆炸事故，需将事故中未完全燃烧的危险物质在高温下迅速挥发释放至大气，以及燃烧过程中产生的伴生/次生污染物对环境的影响作为风险事故情形设定的内容。

8.1.2.3 设定的风险事故情形发生可能性应处于合理的区间，并与经济技术发展水平相适应。一般而言，发生频率小于 10^{-6}/年的事件是极小概率事件，可作为代表性事故情形中最大可信事故设定的参考。

8.1.2.4 风险事故情形设定的不确定性与筛选。由于事故触发因素具有不确定性，因此事故情形的设定并不能包含全部可能的环境风险，但通过具有代表性的事故情形分析可为风险管理提供科学依据。事故情形的设定应在环境风险识别的基础上筛选，设定的事故情形应具有危险物质、环境危害、影响途径等方面的代表性。

8.2 源项分析

8.2.1 源项分析方法

源项分析应基于风险事故情形的设定，合理估算源强。泄漏频率可参考附录 E 的推荐方法确定，也可采用事故树、事件树分析法或类比法等确定。

8.2.2 事故源强的确定

事故源强是为事故后果预测提供分析模拟情形。事故源强设定可采用计算法和经验估算法。计算法适用于以腐蚀或应力作用等引起的泄漏型为主的事故；经验估算法适用于以火灾、爆炸等突发性事故伴生/次生的污染物释放。

8.2.2.1 物质泄漏量的计算

液体、气体和两相流泄漏速率的计算参见附录 F 推荐的方法。

泄漏时间应结合建设项目探测和隔离系统的设计原则确定。一般情况下，设置紧急隔离系统的单元，泄漏时间可设定为 10 min；未设置紧急隔离系统的单元，泄漏时间可设定为 30 min。

泄漏液体的蒸发速率计算可采用附录 F 推荐的方法。蒸发时间应结合物质特性、气象条件、工况等综合考虑，一般情况下，可按 15～30 min 计；泄漏物质形成的液池面积以不超过泄漏单元的围堰（或堤）内面积计。

8.2.2.2 经验法估算物质释放量

火灾、爆炸事故在高温下迅速挥发释放至大气的未完全燃烧危险物质，以及在燃烧过程中产生的伴生/次生污染物，可参照附录 F 采用经验法估算释放量。

8.2.2.3 其他估算方法

a）装卸事故，泄漏量按装卸物质流速和管径及失控时间计算，失控时间一般可按 5～30 min 计。

b）油气长输管线泄漏事故，按管道截面 100%断裂估算泄漏量，应考虑截断阀启动前、后的泄漏量。截断阀启动前，泄漏量按实际工况确定；截断阀启动后，泄漏量以管道泄压至与环境压力平衡所需要时间计。

c）水体污染事故源强应结合污染物释放量、消防用水量及雨水量等因素综合确定。

8.2.2.4　源强参数确定

根据风险事故情形确定事故源参数（如泄漏点高度、温度、压力、泄漏液体蒸发面积等）、释放/泄漏速率、释放/泄漏时间、释放/泄漏量、泄漏液体蒸发量等，给出源强汇总。

9　风险预测与评价

9.1　风险预测

9.1.1　有毒有害物质在大气中的扩散

9.1.1.1　预测模型筛选

a）预测计算时，应区分重质气体与轻质气体排放选择合适的大气风险预测模型。其中重质气体和轻质气体的判断依据可采用附录 G 中 G.2 推荐的理查德森数进行判定。

b）采用附录 G 中的推荐模型进行气体扩散后果预测，模型选择应结合模型的适用范围、参数要求等说明模型选择的依据。

c）选用推荐模型以外的其他技术成熟的大气风险预测模型时，需说明模型选择理由及适用性。

9.1.1.2　预测范围与计算点

a）预测范围即预测物质浓度达到评价标准时的最大影响范围，通常由预测模型计算获取。预测范围一般不超过 10 km。

b）计算点分特殊计算点和一般计算点。特殊计算点指大气环境敏感目标等关心点，一般计算点指下风向不同距离点。一般计算点的设置应具有一定分辨率，距离风险源 500 m 范围内可设置 10～50 m 间距，大于 500 m 范围内可设置 50～100 m 间距。

9.1.1.3　事故源参数

根据大气风险预测模型的需要，调查泄漏设备类型、尺寸、操作参数（压力、温度等），泄漏物质理化特性（摩尔质量、沸点、临界温度、临界压力、比热容比、气体比定压热容、液体比定压热容、液体密度、汽化热等）。

9.1.1.4　气象参数

a）一级评价，需选取最不利气象条件及事故发生地的最常见气象条件分别进行后果预测。其中最不利气象条件取 F 类稳定度，1.5 m/s 风速，温度 25℃，相对湿度 50%；最常见气象条件由当地近 3 年内的至少连续 1 年气象观测资料统计分析得出，包括出现频率最高的稳定度、该稳定度下的平均风速（非静风）、日最高平均气温、年平均湿度。

b）二级评价，需选取最不利气象条件进行后果预测。最不利气象条件取 F 类稳定度，风速 1.5 m/s，温度 25℃，相对湿度 50%。

9.1.1.5　大气毒性终点浓度值选取

大气毒性终点浓度即预测评价标准。大气毒性终点浓度值选取参见附录 H，分为 1 级、2 级。其中 1 级为当大气中危险物质浓度低于该限值时，绝大多数人员暴露 1 h 不会对生命造成威胁，当超过该限值时，有可能对人群造成生命威胁；2 级为当大气中危险物质浓度低于该限值时，暴露 1 h 一般不会对人体造成不可逆的伤害，或出现的症状一般不会损伤该个体采取有效防护措施的能力。

9.1.1.6　预测结果表述

a）给出下风向不同距离处有毒有害物质的最大浓度，以及预测浓度达到不同毒性终点浓度的最大影响范围。

b）给出各关心点的有毒有害物质浓度随时间变化情况，以及关心点的预测浓度超过评价标准时对应的时刻和持续时间。

c）对于存在极高大气环境风险的建设项目，应开展关心点概率分析，即有毒有害气体（物质）剂量负荷对个体的大气伤害概率、关心点处气象条件的频率、事故发生概率的乘积，以反映关心点处人员在无防护措施条件下受到伤害的可能性。有毒有害气体大气伤害概率估算参见附录Ⅰ。

9.1.2 有毒有害物质在地表水、地下水环境中的运移扩散

9.1.2.1 有毒有害物质进入水环境的方式

有毒有害物质进入水环境包括事故直接导致和事故处理处置过程间接导致的情况，一般为瞬时排放源和有限时段内排放的源。

9.1.2.2 预测模型

a）地表水

根据风险识别结果，有毒有害物质进入水体的方式、水体类别及特征，以及有毒有害物质的溶解性，选择适用的预测模型。

1）对于油品类泄漏事故，流场计算按 HJ 2.3 中的相关要求，选取适用的预测模型，溢油漂移扩散过程按 GB/T 19485 中的溢油粒子模型进行溢油轨迹预测。

2）其他事故，地表水风险预测模型及参数参照 HJ 2.3。

b）地下水

地下水风险预测模型及参数参照 HJ 610。

9.1.2.3 终点浓度值选取

终点浓度即预测评价标准。终点浓度值根据水体分类及预测点水体功能要求，按照 GB 3838、GB 5749、GB 3097 或 GB/T 14848 选取。对于未列入上述标准，但确需进行分析预测的物质，其终点浓度值选取可参照 HJ 2.3、HJ 610。

对于难以获取终点浓度值的物质，可按质点运移到达判定。

9.1.2.4 预测结果表述

a）地表水

根据风险事故情形对水环境的影响特点，预测结果可采用以下表述方式：

1）给出有毒有害物质进入地表水体最远超标距离及时间。

2）给出有毒有害物质经排放通道到达下游（按水流方向）环境敏感目标处的到达时间、超标时间、超标持续时间及最大浓度，对于在水体中漂移类物质，应给出漂移轨迹。

b）地下水

给出有毒有害物质进入地下水体到达下游厂区边界和环境敏感目标处的到达时间、超标时间、超标持续时间及最大浓度。

9.2 环境风险评价

结合各要素风险预测，分析说明建设项目环境风险的危害范围与程度。大气环境风险的影响范围和程度由大气毒性终点浓度确定，明确影响范围内的人口分布情况；地表水、地下水对照功能区质量标准浓度（或参考浓度）进行分析，明确对下游环境敏感目标的影响情况。环境风险可采用后果分析、概率分析等方法开展定性或定量评价，以避免急性损害为重点，确定环境风险防范的基本要求。

10 环境风险管理

10.1 环境风险管理目标

环境风险管理目标是采用最低合理可行原则（as low as reasonable practicable，ALARP）管控环境

风险。采取的环境风险防范措施应与社会经济技术发展水平相适应，运用科学的技术手段和管理方法，对环境风险进行有效的预防、监控、响应。

10.2 环境风险防范措施

10.2.1 大气环境风险防范应结合风险源状况明确环境风险的防范、减缓措施，提出环境风险监控要求，并结合环境风险预测分析结果、区域交通道路和安置场所位置等，提出事故状态下人员的疏散通道及安置等应急建议。

10.2.2 事故废水环境风险防范应明确“单元—厂区—园区/区域”的环境风险防控体系要求，设置事故废水收集（尽可能以非动力自流方式）和应急储存设施，以满足事故状态下收集泄漏物料、污染消防水和污染雨水的需要，明确并图示防止事故废水进入外环境的控制、封堵系统。应急储存设施应根据发生事故的设备容量、事故时消防用水量及可能进入应急储存设施的雨水量等因素综合确定。应急储存设施内的事故废水，应及时进行有效处置，做到回用或达标排放。结合环境风险预测分析结果，提出实施监控和启动相应的园区/区域突发环境事件应急预案的建议要求。

10.2.3 地下水环境风险防范应重点采取源头控制和分区防渗措施，加强地下水环境的监控、预警，提出事故应急减缓措施。

10.2.4 针对主要风险源，提出设立风险监控及应急监测系统，实现事故预警和快速应急监测、跟踪，提出应急物资、人员等的管理要求。

10.2.5 对于改建、扩建和技术改造项目，应分析依托企业现有环境风险防范措施的有效性，提出完善意见和建议。

10.2.6 环境风险防范措施应纳入环保投资和建设项目竣工环境保护验收内容。

10.2.7 考虑事故触发具有不确定性，厂内环境风险防控系统应纳入园区/区域环境风险防控体系，明确风险防控设施、管理的衔接要求。极端事故风险防控及应急处置应结合所在园区/区域环境风险防控体系统筹考虑，按分级响应要求及时启动园区/区域环境风险防范措施，实现厂内与园区/区域环境风险防控设施及管理有效联动，有效防控环境风险。

10.3 突发环境事件应急预案编制要求

10.3.1 按照国家、地方和相关部门要求，提出企业突发环境事件应急预案编制或完善的原则要求，包括预案适用范围、环境事件分类与分级、组织机构与职责、监控和预警、应急响应、应急保障、善后处置、预案管理与演练等内容。

10.3.2 明确企业、园区/区域、地方政府环境风险应急体系。企业突发环境事件应急预案应体现分级响应、区域联动的原则，与地方政府突发环境事件应急预案相衔接，明确分级响应程序。

11 评价结论与建议

11.1 项目危险因素

简要说明主要危险物质、危险单元及其分布，明确项目危险因素，提出优化平面布局、调整危险物质存在量及危险性控制的建议。

11.2 环境敏感性及事故环境影响

简要说明项目所在区域环境敏感目标及其特点，根据预测分析结果，明确突发性事故可能造成环境影响的区域和涉及的环境敏感目标，提出保护措施及要求。

11.3 环境风险防范措施和应急预案

结合区域环境条件和园区/区域环境风险防控要求，明确建设项目环境风险防控体系，重点说明防止危险物质进入环境及进入环境后的控制、消减、监测等措施，提出优化调整风险防范措施建议及突发环境事件应急预案原则要求。

11.4 环境风险评价结论与建议

综合环境风险评价专题的工作过程，明确给出建设项目环境风险是否可防控的结论。根据建设项目环境风险可能影响的范围与程度，提出缓解环境风险的建议措施。

对存在较大环境风险的建设项目，需提出环境影响后评价的要求。

附 录 A
（规范性附录）
简单分析基本内容

简单分析的基本内容包括：

A.1 评价依据

风险调查、风险潜势初判、评价等级。

A.2 环境敏感目标概况

建设项目周围主要环境敏感目标分布情况。

A.3 环境风险识别

主要危险物质及分布情况，可能影响环境的途径。

A.4 环境风险分析

按环境要素分别说明危害后果。

A.5 环境风险防范措施及应急要求

从风险源、环境影响途径、环境敏感目标等方面分析应采取的风险防范措施和应急措施。

A.6 分析结论

说明建设项目环境风险防范措施的有效性。

按照以上基本内容，填写表 A.1。

表 A.1 建设项目环境风险简单分析内容表

<table>
<tr><td>建设项目名称</td><td colspan="5"></td></tr>
<tr><td>建设地点</td><td>（ ）省</td><td>（ ）市</td><td>（ ）区</td><td>（ ）县</td><td>（ ）园区</td></tr>
<tr><td>地理坐标</td><td>经度</td><td></td><td>纬度</td><td colspan="2"></td></tr>
<tr><td>主要危险物质及分布</td><td colspan="5"></td></tr>
<tr><td>环境影响途径及危害后果
（大气、地表水、地下水等）</td><td colspan="5"></td></tr>
<tr><td>风险防范措施要求</td><td colspan="5"></td></tr>
<tr><td colspan="6">填表说明（列出项目相关信息及评价说明）：</td></tr>
</table>

附　录　B
（资料性附录）
重点关注的危险物质及临界量

B.1　突发环境事件风险物质及临界量表

表 B.1　突发环境事件风险物质及临界量

序号	物质名称	CAS 号	临界量/t
1	1,1-二氟乙烷	75-37-6	5
2	1,1-二氟乙烯	75-38-7	5
3	1,1-二甲基肼	57-14-7	7.5
4	1,1-二氯乙烯	75-35-4	5
5	1,2,3-三氯代苯	87-61-6	5
6	1,2,4,5-四氯代苯	95-94-3	5
7	1,2,4-三氯代苯	120-82-1	2.5
8	1,2-二甲苯	95-47-6	10
9	1,2-二氯苯	95-50-1	10
10	1,2-二氯乙烷	107-06-2	7.5
11	1,2-二硝基苯	528-29-0	0.5
12	1,3-丁二烯	106-99-0	10
13	1,3-二甲苯	108-38-3	10
14	1,3-二硝基苯	99-65-0	0.5
15	1,3-戊二烯	504-60-9	10
16	1,4-二甲苯	106-42-3	10
17	1,4-二氯苯	106-46-7	10
18	1-丁烯	106-98-9	10
19	1-氯-2,4-二硝基苯	97-00-7	5
20	1-氯丙烯	590-21-6	5
21	1-戊烯	109-67-1	10
22	2,2-二甲基丙烷	463-82-1	10
23	2,2-二羟基二乙胺	111-42-2	10
24	2,4,6-三硝基甲苯	118-96-7	5
25	2,4,6-三溴苯胺	147-82-0	5
26	2,4-二氯苯酚	120-83-2	5
27	2,4-二硝基甲苯	121-14-2	5
28	2,6-二氯-4-硝基苯胺	99-30-9	5
29	2,6-二氯甲苯	118-69-4	10
30	2-氨基异丁烷	75-64-9	10
31	2-丙烯-1-醇	107-18-6	7.5
32	2-丁烯	107-01-7	10
33	2-甲基-1,3-丁二烯	78-79-5	10
34	2-甲基-1-丁烯	563-46-2	10
35	2-甲基苯胺	95-53-4	7.5

序号	物质名称	CAS 号	临界量/t
36	2-甲基丙醛	78-84-2	10
37	2-甲基丁烷	78-78-4	10
38	2-氯-1,3-丁二烯	126-99-8	5
39	2-氯苯胺	95-51-2	5
40	2-氯丙烷	75-29-6	5
41	2-氯丙烯	557-98-2	5
42	2-氯乙醇	107-07-3	5
43	2-硝基甲苯	88-72-2	5
44	3,4-二氯甲苯	95-75-0	10
45	3-氨基丙烯	107-11-9	5
46	3-甲基-1-丁烯	563-45-1	10
47	3-氯丙烯	107-05-1	5
48	4-壬基苯酚	104-40-5	1
49	4-壬基苯酚（含支链）	84852-15-3	1
50	4-硝基苯胺	100-01-6	5
51	5-叔丁基-2,4,6-三硝基间二甲苯	81-15-2	5
52	6-氯-2,4-二硝基苯胺	3531-19-9	5
53	COD_{Cr}浓度≥10 000 mg/L 的有机废液	—	10
54	*N,N*-二甲基甲酰胺	68-12-2	5
55	NH_3-N 浓度≥2 000 mg/L 的废液	—	5
56	*N*-甲基苯胺	100-61-8	10
57	氨气	7664-41-7	5
58	氨水（浓度≥20%）	1336-21-6	10
59	八甲基环四硅氧烷	556-67-2	5
60	白磷	12185-10-3	5
61	苯	71-43-2	10
62	苯胺	62-53-3	5
63	苯酚	108-95-2	5
64	苯基三氯硅烷	98-13-5	5
65	苯甲醛	100-52-7	10
66	苯甲酸乙酯	93-89-0	10
67	苯甲酰氯	98-88-4	5
68	苯乙腈	140-29-4	1
69	苯乙烯	100-42-5	10
70	丙二烯	463-49-0	10
71	丙基三氯硅烷	141-57-1	5
72	丙腈	107-12-0	5
73	丙炔	74-99-7	10
74	丙酮	67-64-1	10
75	丙酮氰醇	75-86-5	2.5
76	丙烷	74-98-6	10
77	丙烯	115-07-1	10
78	丙烯腈	107-13-1	10
79	丙烯醛	107-02-8	2.5
80	丙烯酸丁酯	141-32-2	10

序号	物质名称	CAS 号	临界量/t
81	丙烯酸甲酯	96-33-3	10
82	丙烯酰氯	814-68-6	1
83	丙烯亚胺	75-55-8	10
84	丙酰氯	79-03-8	5
85	次氯酸钠	7681-52-9	5
86	醋酸酐	108-24-7	10
87	醋酸乙烯	108-05-4	7.5
88	氮化锂	26134-62-3	10
89	敌敌畏	62-73-7	2.5
90	碘甲烷	74-88-4	10
91	丁醇	71-36-3	10
92	丁酮	78-93-3	10
93	丁烷	106-97-8	10
94	丁烯	25167-67-3	10
95	丁烯醛	4170-30-3	10
96	丁酰氯	141-75-3	5
97	对苯醌	106-51-4	1
98	对硝基氯苯	100-00-5	5
99	多聚甲醛	30525-89-4	1
100	多氯联苯	1336-36-3	2.5
101	蒽	120-12-7	10
102	二氨基镁	7803-54-5	10
103	二苯二氯硅烷	80-10-4	5
104	二苯基亚甲基二异氰酸酯（MDI）	26447-40-5	0.5
105	二苄基二氯硅烷	18414-36-3	5
106	二氟化氧	7783-41-7	0.25
107	二甲胺	124-40-3	5
108	二甲苯	1330-20-7	10
109	二甲基二氯硅烷	75-78-5	2.5
110	二甲基硫醚	75-18-3	10
111	二甲醚	115-10-6	10
112	二硫化碳	75-15-0	10
113	二氯苯基三氯硅烷	27137-85-5	5
114	二氯丙烷	78-87-5	7.5
115	二氯硅烷	4109-96-0	5
116	二氯化硫	10545-99-0	5
117	二氯甲醚	542-88-1	0.5
118	二氯甲烷	75-09-2	10
119	二氯乙酰氯	79-36-7	5
120	二氯异腈尿酸钠	2893-78-9	5
121	二烯丙基二硫	539-86-6	5
122	二氧化氮	10102-44-0	1
123	二氧化硫	7446-09-5	2.5
124	二氧化氯	10049-04-4	0.5
125	二乙基二氯硅烷	1719-53-5	5

序号	物质名称	CAS 号	临界量/t
126	二乙烯酮	674-82-8	10
127	发烟硫酸	8014-95-7	5
128	钒及其化合物（以钒计）*	—	0.25
129	反式-2-丁烯	624-64-6	10
130	反式-2-戊烯	646-04-8	10
131	反式-丁烯醛	123-73-9	10
132	呋喃	110-00-9	2.5
133	呋喃甲醛	98-01-1	5
134	氟	7782-41-4	0.5
135	氟硅酸	16961-83-4	5
136	氟磺酸	7789-21-1	2.5
137	氟乙酸甲酯	453-18-9	0.25
138	氟乙烯	75-02-5	5
139	高氯酸铵	7790-98-9	5
140	铬及其化合物（以铬计）*	—	0.25
141	铬酸	7738-94-5	0.25
142	铬酸钾	7789-00-6	0.25
143	铬酸钠	7775-11-3	0.25
144	铬酰氯	14977-61-8	5
145	汞	7439-97-6	0.5
146	钴及其化合物（以钴计）*	—	0.25
147	光气	75-44-5	0.25
148	硅烷	7803-62-5	2.5
149	过氯甲基硫醇	594-42-3	5
150	过氯酰氟	7616-94-6	2.5
151	过氧乙酸	79-21-0	5
152	环丙烷	75-19-4	10
153	环己胺	108-91-8	10
154	环己基三氯硅烷	98-12-4	5
155	环己酮	108-94-1	10
156	环己烷	110-82-7	10
157	环氧丙烷	75-56-9	10
158	环氧氯丙烷	106-89-8	10
159	环氧溴丙烷	3132-64-7	2.5
160	环氧乙烷	75-21-8	7.5
161	己二腈	111-69-3	2.5
162	己基三氯硅烷	928-65-4	5
163	己内酰胺	105-60-2	5
164	甲胺	74-89-5	5
165	甲苯	108-88-3	10
166	甲苯-2,4-二异氰酸酯（TDI）	584-84-9	5
167	甲苯-2,6-二异氰酸酯	91-08-7	5
168	甲苯二异氰酸酯	26471-62-5	2.5
169	甲醇	67-56-1	10
170	甲基苯基二氯硅烷	149-74-6	5

序号	物质名称	CAS 号	临界量/t
171	甲基丙烯腈	126-98-7	2.5
172	甲基丙烯酸甲酯	80-62-6	10
173	甲基二氯硅烷	75-54-7	5
174	甲基肼	60-34-4	7.5
175	甲基萘	1321-94-4	10
176	甲基三氯硅烷	75-79-6	2.5
177	甲基叔丁基醚	1634-04-4	10
178	甲硫醇	74-93-1	5
179	甲醛	50-00-0	0.5
180	甲酸	64-18-6	10
181	甲酸甲酯	107-31-3	10
182	甲缩醛	109-87-5	10
183	甲烷	74-82-8	10
184	金属卤代烷	—	5
185	肼	302-01-2	7.5
186	乐果	60-51-5	1
187	连二亚硫酸钙	15512-36-4	5
188	连二亚硫酸钾	14293-73-3	5
189	连二亚硫酸钠	7775-14-6	5
190	连二亚硫酸锌	7779-86-4	5
191	联苯	92-52-4	2.5
192	联苯胺	92-87-5	0.5
193	邻苯二甲酸二丁酯	84-74-2	10
194	邻苯二甲酸二辛酯	117-84-0	10
195	邻氟硝基苯	1493-27-2	5
196	磷化钙	1305-99-3	2.5
197	磷化钾	20770-41-6	2.5
198	磷化铝	20859-73-8	2.5
199	磷化镁	12057-74-8	2.5
200	磷化钠	12058-85-4	2.5
201	磷化氢	7803-51-2	1
202	磷化锶	12504-16-4	2.5
203	磷酸	7664-38-2	10
204	硫	63705-05-5	10
205	硫化氢	7783-06-4	2.5
206	硫氢化钠	16721-80-5	2.5
207	硫氰酸甲酯	556-64-9	10
208	硫酸	7664-93-9	10
209	硫酸铵	7783-20-2	10
210	硫酸二甲酯	77-78-1	0.25
211	硫酸镉	10124-36-4	0.25
212	硫酸镍	7786-81-4	0.25
213	硫酸镍铵	15699-18-0	0.25
214	硫酰氯	7791-25-5	5
215	六氟化铀	7783-81-5	2.5

序号	物质名称	CAS 号	临界量/t
216	六氯苯	118-74-1	1
217	氯苯	108-90-7	5
218	氯苯基三氯硅烷	26571-79-9	5
219	氯化镉	10108-64-2	0.25
220	氯化镍	7718-54-9	0.25
221	氯化氢	7647-01-0	2.5
222	氯化氰	506-77-4	7.5
223	氯化亚砜	7719-09-7	5
224	氯磺酸	7790-94-5	0.5
225	氯甲基甲醚	107-30-2	2.5
226	氯甲酸甲酯	79-22-1	2.5
227	氯甲酸三氯甲酯	503-38-8	2.5
228	氯甲酸正丙酯	109-61-5	5
229	氯甲烷	74-87-3	10
230	氯气	7782-50-5	1
231	氯氰菊酯	52315-07-8	2.5
232	氯酸钾	3811-04-9	100
233	氯酸钠	7775-09-9	100
234	氯乙酸	79-11-8	5
235	氯乙酸甲酯	96-34-4	7.5
236	氯乙烷	75-00-3	5
237	氯乙烯	75-01-4	5
238	氯乙酰氯	79-04-9	5
239	煤气	—	7.5
240	锰及其化合物（以锰计）*	—	0.25
241	钼及其化合物（以钼计）*	—	0.25
242	萘	91-20-3	5
243	镍及其化合物（以镍计）*	—	0.25
244	哌啶	110-89-4	7.5
245	七水合砷酸氢二钠	10048-95-0	0.25
246	氢氟酸	7664-39-3	1
247	氰化钾	151-50-8	0.25
248	氰化钠	143-33-9	0.25
249	氰化氢	74-90-8	1
250	氰酸钾	590-28-3	2.5
251	壬基酚	25154-52-3	1
252	壬基三氯硅烷	5283-67-0	5
253	三氟化硼	7637-07-2	2.5
254	三氟化硼-二甲醚络合物	353-42-4	7.5
255	三氟化溴	7787-71-5	2.5
256	三氟氯乙烯	79-38-9	5
257	三氟溴乙烯	598-73-2	5
258	三甲胺	75-50-3	2.5
259	三甲基氯硅烷	75-77-4	7.5
260	三聚氯氰	108-77-0	10

序号	物质名称	CAS 号	临界量/t
261	三氯丙烷	96-18-4	5
262	三氯硅烷	10025-78-2	5
263	三氯化磷	7719-12-2	7.5
264	三氯化铝	7446-70-0	5
265	三氯化硼	10294-34-5	2.5
266	三氯化砷	7784-34-1	7.5
267	三氯甲烷	67-66-3	10
268	三氯硝基甲烷	76-06-2	0.25
269	三氯乙烯	79-01-6	10
270	三氯异氰尿酸	87-90-1	5
271	三溴化磷	7789-60-8	5
272	三溴化铝	7727-15-3	5
273	三溴化硼	10294-33-4	5
274	三氧化二砷	1327-53-3	0.25
275	三氧化硫	7446-11-9	5
276	砷	7440-38-2	0.25
277	砷化氢	7784-42-1	0.25
278	砷酸氢二钠	7778-43-0	0.25
279	十八烷基三氯硅烷	112-04-9	5
280	十二烷基苯磺酸	27176-87-0	5
281	十二烷基三氯硅烷	4484-72-4	5
282	十六烷基三氯硅烷	5894-60-0	5
283	石油醚	8032-32-4	10
284	石油气	68476-85-7	10
285	顺-2-丁烯	590-18-1	10
286	顺-2-戊烯	627-20-3	10
287	四氟化硫	7783-60-0	1
288	四氟乙烯	116-14-3	5
289	四甲基硅烷	75-76-3	10
290	四甲基铅	75-74-1	2.5
291	四氯化硅	10026-04-7	5
292	四氯化硫	13451-08-6	5
293	四氯化钛	7550-45-0	1
294	四氯化碳	56-23-5	7.5
295	四氯乙烯	127-18-4	10
296	四硝基甲烷	509-14-8	5
297	四氧化锇	20816-12-0	0.25
298	四乙基铅	78-00-2	2.5
299	铊及其化合物（以铊计）*	—	0.25
300	碳酸镍	3333-67-3	0.25
301	羰基硫	463-58-1	2.5
302	羰基镍	13463-39-3	0.5
303	锑化氢	7803-52-3	2.5
304	锑及其化合物（以锑计）*	—	0.25
305	铜及其化合物（以铜离子计）*	—	0.25

序号	物质名称	CAS 号	临界量/t
306	五氟化碘	7783-66-6	2.5
307	五氟化锑	7783-70-2	2.5
308	五氟化溴	7789-30-2	2.5
309	五硫化二磷	1314-80-3	2.5
310	五氯化磷	10026-13-8	5
311	五氯硝基苯	82-68-8	0.5
312	五羰基铁	13463-40-6	1
313	五溴化磷	7789-69-7	5
314	五氧化二磷	1314-56-3	10
315	五氧化二砷	1303-28-2	0.25
316	戊基三氯硅烷	107-72-2	5
317	戊硼烷	19624-22-7	0.25
318	戊烷	109-66-0	10
319	硒化氢	7783-07-5	0.25
320	烯丙基三氯硅烷	107-37-9	5
321	硝基苯	98-95-3	10
322	硝基氯苯	25167-93-5	10
323	硝酸	7697-37-2	7.5
324	硝酸铵	6484-52-2	50
325	溴	7726-95-6	2.5
326	溴化氢	10035-10-6	2.5
327	溴化氰	506-68-3	2.5
328	溴甲烷	74-83-9	7.5
329	亚硫酸氢钙	13780-03-5	5
330	亚硫酸氢钾	7773-03-7	5
331	亚硫酸锌	7488-52-0	5
332	亚硝基硫酸	7782-78-7	2.5
333	亚硝酸乙酯	109-95-5	10
334	盐酸（≥37%）	7647-01-0	7.5
335	氧化镉	1306-19-0	0.25
336	氧氯化磷	10025-87-3	2.5
337	一氯化硫	10025-67-9	2.5
338	一氧化氮	10102-43-9	0.5
339	一氧化二氯	7791-21-1	5
340	一氧化碳	630-08-0	7.5
341	乙胺	75-04-7	10
342	乙拌磷	298-04-4	0.5
343	乙苯	100-41-4	10
344	乙撑亚胺	151-56-4	5
345	乙二胺	107-15-3	10
346	乙二腈	460-19-5	0.5
347	乙基苯基二氯硅烷	1125-27-5	5
348	乙基二氯硅烷	1789-58-8	5
349	乙基三氯硅烷	115-21-9	5
350	乙基乙炔	107-00-6	10

序号	物质名称	CAS 号	临界量/t
351	乙腈	75-05-8	10
352	乙硫醇	75-08-1	10
353	乙醚	60-29-7	10
354	乙硼烷	19287-45-7	1
355	乙醛	75-07-0	10
356	乙炔	74-86-2	10
357	乙酸	64-19-7	10
358	乙酸甲酯	79-20-9	10
359	乙酸乙酯	141-78-6	10
360	乙烷	74-84-0	10
361	乙烯	74-85-1	10
362	乙烯基甲醚	107-25-5	10
363	乙烯基三氯硅烷	75-94-5	5
364	乙烯基乙醚	109-92-2	10
365	乙烯基乙炔	689-97-4	10
366	乙烯酮	463-51-4	0.25
367	乙酰碘	507-02-8	5
368	乙酰甲胺磷	30560-19-1	0.25
369	乙酰氯	75-36-5	5
370	乙酰溴	506-96-7	5
371	异丙胺	75-31-0	5
372	异丙醇	67-63-0	10
373	异丙基氯甲酸酯	108-23-6	7.5
374	异丁腈	78-82-0	10
375	异丁烷	75-28-5	10
376	异丁烯	115-11-7	10
377	异丁酰氯	79-30-1	5
378	异氰酸甲酯	624-83-9	1
379	异辛醇	104-76-7	10
380	银及其化合物（以银计）*	—	0.25
381	油类物质（矿物油类，如石油、汽油、柴油等；生物柴油等）	—	2 500
382	正丁基三氯硅烷	7521-80-4	5
383	正己烷	110-54-3	10
384	正辛醇	111-87-5	10
385	正辛基三氯硅烷	5283-66-9	5

注：以上临界量数据来源于《企业突发环境事件风险分级方法》中“附录 A　突发环境事件风险物质及临界量清单”，如标准数据更新，应使用有效版本。

* 该类物质按标注物质的质量计。

B.2 其他危险物质临界量计算方法

对未列入表 B.1，但根据风险调查需要分析计算的危险物质，其临界量可按表 B.2 中推荐值选取。

表 B.2 其他危险物质临界量推荐值

序号	物质	推荐临界量/t
1	健康危险急性毒性物质（类别 1）	5
2	健康危险急性毒性物质（类别 2，类别 3）	50
3	危害水环境物质（急性毒性类别 1）	100
注：健康危害急性毒性物质分类见 GB 30000.18，危害水环境物质分类见 GB 30000.28。该类物质临界量参考欧盟《塞维索指令III》（2012/18/EU）。		

附 录 C
（规范性附录）
危险物质及工艺系统危险性（P）的分级

C.1 危险物质数量与临界量比值（Q）

计算所涉及的每种危险物质在厂界内的最大存在总量与其在附录 B 中对应临界量的比值 Q。在不同厂区的同一种物质，按其在厂界内的最大存在总量计算。对于长输管线项目，按照两个截断阀室之间管段危险物质最大存在总量计算。

当只涉及一种危险物质时，计算该物质的总量与其临界量比值，即为 Q。

当存在多种危险物质时，则按式（C.1）计算物质总量与其临界量比值（Q）：

$$Q=\frac{q_1}{Q_1}+\frac{q_2}{Q_2}+\cdots\frac{q_n}{Q_n} \tag{C.1}$$

式中：q_1，q_2，…，q_n——每种危险物质的最大存在总量，t；

Q_1，Q_2，…，Q_n——每种危险物质的临界量，t。

当 $Q<1$ 时，该项目环境风险潜势为Ⅰ。

当 $Q\geqslant 1$ 时，将 Q 值划分为：（1）$1\leqslant Q<10$；（2）$10\leqslant Q<100$；（3）$Q\geqslant 100$。

C.2 行业及生产工艺（M）

分析项目所属行业及生产工艺特点，按照表 C.1 评估生产工艺情况。具有多套工艺单元的项目，对每套生产工艺分别评分并求和。将 M 划分为：（1）M＞20；（2）10＜M≤20；（3）5＜M≤10；（4）M=5，分别以 M1、M2、M3 和 M4 表示。

表 C.1 行业及生产工艺（M）

行业	评估依据	分值
石化、化工、医药、轻工、化纤、有色冶炼等	涉及光气及光气化工艺、电解工艺（氯碱）、氯化工艺、硝化工艺、合成氨工艺、裂解（裂化）工艺、氟化工艺、加氢工艺、重氮化工艺、氧化工艺、过氧化工艺、胺基化工艺、磺化工艺、聚合工艺、烷基化工艺、新型煤化工工艺、电石生产工艺、偶氮化工艺	10/套
	无机酸制酸工艺、焦化工艺	5/套
	其他高温或高压，且涉及危险物质的工艺过程[a]、危险物质贮存罐区	5/套（罐区）
管道、港口/码头等	涉及危险物质管道运输项目、港口/码头等	10
石油、天然气	石油、天然气、页岩气开采（含净化），气库（不含加气站的气库），油库（不含加气站的油库）、油气管线[b]（不含城镇燃气管线）	10
其他	涉及危险物质使用、贮存的项目	5
[a] 高温指工艺温度≥300℃，高压指压力容器的设计压力（P）≥10.0 MPa。 [b] 长输管道运输项目应按站场、管线分段进行评价。		

C.3　危险物质及工艺系统危险性（P）分级

根据危险物质数量与临界量比值（*Q*）和行业及生产工艺（M），按照表 C.2 确定危险物质及工艺系统危险性等级（P），分别以 P1、P2、P3、P4 表示。

表 C.2　危险物质及工艺系统危险性等级判断（P）

危险物质数量与临界量比值（*Q*）	行业及生产工艺（M）			
	M1	M2	M3	M4
$Q \geqslant 100$	P1	P1	P2	P3
$10 \leqslant Q < 100$	P1	P2	P3	P4
$1 \leqslant Q < 10$	P2	P3	P4	P4

附 录 D
（规范性附录）
环境敏感程度（E）的分级

D.1 大气环境

依据环境敏感目标环境敏感性及人口密度划分环境风险受体的敏感性，共分为三种类型，E1 为环境高度敏感区，E2 为环境中度敏感区，E3 为环境低度敏感区，分级原则见表 D.1。

表 D.1 大气环境敏感程度分级

分级	大气环境敏感性
E1	周边 5 km 范围内居住区、医疗卫生、文化教育、科研、行政办公等机构人口总数大于 5 万人，或其他需要特殊保护区域；或周边 500 m 范围内人口总数大于 1 000 人；油气、化学品输送管线管段周边 200 m 范围内，每千米管段人口数大于 200 人
E2	周边 5 km 范围内居住区、医疗卫生、文化教育、科研、行政办公等机构人口总数大于 1 万人，小于 5 万人；或周边 500 m 范围内人口总数大于 500 人，小于 1 000 人；油气、化学品输送管线管段周边 200 m 范围内，每千米管段人口数大于 100 人，小于 200 人
E3	周边 5 km 范围内居住区、医疗卫生、文化教育、科研、行政办公等机构人口总数小于 1 万人；或周边 500 m 范围内人口总数小于 500 人；油气、化学品输送管线管段周边 200 m 范围内，每千米管段人口数小于 100 人

D.2 地表水环境

依据事故情况下危险物质泄漏到水体的排放点受纳地表水体功能敏感性，与下游环境敏感目标情况，共分为三种类型，E1 为环境高度敏感区，E2 为环境中度敏感区，E3 为环境低度敏感区，分级原则见表 D.2。其中地表水功能敏感性分区和环境敏感目标分级分别见表 D.3 和表 D.4。

表 D.2 地表水环境敏感程度分级

环境敏感目标	地表水功能敏感性		
	F1	F2	F3
S1	E1	E1	E2
S2	E1	E2	E3
S3	E1	E2	E3

表 D.3 地表水功能敏感性分区

敏感性	地表水环境敏感特征
敏感 F1	排放点进入地表水水域环境功能为Ⅱ类及以上，或海水水质分类第一类； 或以发生事故时，危险物质泄漏到水体的排放点算起，排放进入受纳河流最大流速时，24 h 流经范围内涉跨国界的
较敏感 F2	排放点进入地表水水域环境功能为Ⅲ类，或海水水质分类第二类； 或以发生事故时，危险物质泄漏到水体的排放点算起，排放进入受纳河流最大流速时，24 h 流经范围内涉跨省界的
低敏感 F3	上述地区之外的其他地区

表 D.4 环境敏感目标分级

分级	环境敏感目标
S1	发生事故时，危险物质泄漏到内陆水体的排放点下游（顺水流向）10 km 范围内、近岸海域一个潮周期水质点可能达到的最大水平距离的两倍范围内，有如下一类或多类环境风险受体：集中式地表水饮用水水源保护区（包括一级保护区、二级保护区及准保护区）；农村及分散式饮用水水源保护区；自然保护区；重要湿地；珍稀濒危野生动植物天然集中分布区；重要水生生物的自然产卵场及索饵场、越冬场和洄游通道；世界文化和自然遗产地；红树林、珊瑚礁等滨海湿地生态系统；珍稀、濒危海洋生物的天然集中分布区；海洋特别保护区；海上自然保护区；盐场保护区；海水浴场；海洋自然历史遗迹；风景名胜区；或其他特殊重要保护区域
S2	发生事故时，危险物质泄漏到内陆水体的排放点下游（顺水流向）10 km 范围内、近岸海域一个潮周期水质点可能达到的最大水平距离的两倍范围内，有如下一类或多类环境风险受体的：水产养殖区；天然渔场；森林公园；地质公园；海滨风景游览区；具有重要经济价值的海洋生物生存区域
S3	排放点下游（顺水流向）10 km 范围、近岸海域一个潮周期水质点可能达到的最大水平距离的两倍范围内无上述类型 1 和类型 2 包括的敏感保护目标

D.3 地下水环境

依据地下水功能敏感性与包气带防污性能，共分为三种类型，E1 为环境高度敏感区，E2 为环境中度敏感区，E3 为环境低度敏感区，分级原则见表 D.5。其中地下水功能敏感性分区和包气带防污性能分级分别见表 D.6 和表 D.7。当同一建设项目涉及两个 G 分区或 D 分级及以上时，取相对高值。

表 D.5 地下水环境敏感程度分级

包气带防污性能	地下水功能敏感性		
	G1	G2	G3
D1	E1	E1	E2
D2	E1	E2	E3
D3	E2	E3	E3

表 D.6 地下水功能敏感性分区

敏感性	地下水环境敏感特征
敏感 G1	集中式饮用水水源（包括已建成的在用、备用、应急水源，在建和规划的饮用水水源）准保护区；除集中式饮用水水源以外的国家或地方政府设定的与地下水环境相关的其他保护区，如热水、矿泉水、温泉等特殊地下水资源保护区
较敏感 G2	集中式饮用水水源（包括已建成的在用、备用、应急水源，在建和规划的饮用水水源）准保护区以外的补给径流区；未划定准保护区的集中式饮用水水源，其保护区以外的补给径流区；分散式饮用水水源地；特殊地下水资源（如热水、矿泉水、温泉等）保护区以外的分布区等其他未列入上述敏感分级的环境敏感区 [a]
不敏感 G3	上述地区之外的其他地区
[a] “环境敏感区”是指《建设项目环境影响评价分类管理名录》中所界定的涉及地下水的环境敏感区。	

表 D.7 包气带防污性能分级

分级	包气带岩土的渗透性能
D3	Mb≥1.0 m，$K \leqslant 1.0\times10^{-6}$ cm/s，且分布连续、稳定
D2	0.5 m≤Mb<1.0 m，$K \leqslant 1.0\times10^{-6}$ cm/s，且分布连续、稳定 Mb≥1.0 m，1.0×10^{-6} cm/s<$K \leqslant 1.0\times10^{-4}$ cm/s，且分布连续、稳定
D1	岩（土）层不满足上述“D2”和“D3”条件
注：Mb：岩土层单层厚度。 *K*：渗透系数。	

附　录　E

（资料性附录）

泄漏频率的推荐值

泄漏事故类型如容器、管道、泵体、压缩机、装卸臂和装卸软管的泄漏和破裂等，泄漏频率详见表 E.1。

表 E.1　泄漏频率表

部件类型	泄漏模式	泄漏频率
反应器/工艺储罐/ 气体储罐/塔器	泄漏孔径为 10 mm 孔径 10 min 内储罐泄漏完 储罐全破裂	1.00×10^{-4}/a 5.00×10^{-6}/a 5.00×10^{-6}/a
常压单包容储罐	泄漏孔径为 10 mm 孔径 10 min 内储罐泄漏完 储罐全破裂	1.00×10^{-4}/a 5.00×10^{-6}/a 5.00×10^{-6}/a
常压双包容储罐	泄漏孔径为 10 mm 孔径 10 min 内储罐泄漏完 储罐全破裂	1.00×10^{-4}/a 1.25×10^{-8}/a 1.25×10^{-8}/a
常压全包容储罐	储罐全破裂	1.00×10^{-8}/a
内径≤75 mm 的管道	泄漏孔径为 10%孔径 全管径泄漏	5.00×10^{-6}/（m·a） 1.00×10^{-6}/（m·a）
75 mm＜内径≤150 mm 的管道	泄漏孔径为 10%孔径 全管径泄漏	2.00×10^{-6}/（m·a） 3.00×10^{-7}/（m·a）
内径＞150 mm 的管道	泄漏孔径为 10%孔径（最大 50 mm） 全管径泄漏	2.40×10^{-6}/（m·a）* 1.00×10^{-7}/（m·a）
泵体和压缩机	泵体和压缩机最大连接管泄漏孔径为 10%孔径（最大 50 mm） 泵体和压缩机最大连接管全管径泄漏	5.00×10^{-4}/a 1.00×10^{-4}/a
装卸臂	装卸臂连接管泄漏孔径为 10%孔径（最大 50 mm） 装卸臂全管径泄漏	3.00×10^{-7}/h 3.00×10^{-8}/h
装卸软管	装卸软管连接管泄漏孔径为 10%孔径（最大 50 mm） 装卸软管全管径泄漏	4.00×10^{-5}/h 4.00×10^{-6}/h
注：以上数据来源于荷兰 TNO 紫皮书（Guidelines for Quantitative）以及 Reference Manual Bevi Risk Assessments。		
*来源于国际油气协会（International Association of Oil &Gas Producers）发布的 Risk Assessment Data Directory （2010，3）。		

附　录　F
（资料性附录）
事故源强计算方法

F.1　物质泄漏量计算

F.1.1　液体泄漏

液体泄漏速率 Q_L 用伯努利方程计算（限制条件为液体在喷口内不应有急骤蒸发）：

$$Q_L = C_d A \rho \sqrt{\frac{2(P-P_0)}{\rho} + 2gh} \qquad (F.1)$$

式中：Q_L——液体泄漏速率，kg/s；
P——容器内介质压力，Pa；
P_0——环境压力，Pa；
ρ——泄漏液体密度，kg/m^3；
g——重力加速度，9.81 m/s^2；
h——裂口之上液位高度，m；
C_d——液体泄漏系数，按表 F.1 选取；
A——裂口面积，m^2。

表 F.1　液体泄漏系数（C_d）

雷诺数 *Re*	裂口形状		
	圆形（多边行）	三角形	长方形
＞100	0.65	0.60	0.55
≤100	0.50	0.45	0.40

F.1.2 气体泄漏

当式（F.2）成立时，气体流动属音速流动（临界流）：

$$\frac{P_0}{P} \leqslant \left(\frac{2}{\gamma+1}\right)^{\frac{\gamma}{\gamma-1}} \qquad (F.2)$$

当式（F.3）成立时，气体流动属于亚音速流动（次临界流）：

$$\frac{P_0}{P} > \left(\frac{2}{\gamma+1}\right)^{\frac{\gamma}{\gamma-1}} \qquad (F.3)$$

式中：P——容器压力，Pa；
P_0——环境压力，Pa；
γ——气体的绝热指数（比热容比），即定压比热容 C_p 与定容比热容 C_V 之比。

假定气体特性为理想气体，其泄漏速率 Q_G 按下式计算：

$$Q_G = YC_d AP\sqrt{\frac{M\gamma}{RT_G}\left(\frac{2}{\gamma+1}\right)^{\frac{\gamma+1}{\gamma-1}}} \tag{F.4}$$

式中：Q_G——气体泄漏速率，kg/s；

P ——容器压力，Pa；

C_d ——气体泄漏系数；当裂口形状为圆形时取 1.00，三角形时取 0.95，长方形时取 0.90；

M ——物质的摩尔质量，kg/mol；

R ——气体常数，J/（mol·K）；

T_G ——气体温度，K；

A ——裂口面积，m^2；

Y ——流出系数，对于临界流，Y=1.0；对于次临界流，按下式计算：

$$Y = \left[\frac{P_0}{P}\right]^{\frac{1}{\gamma}} \times \left\{1-\left[\frac{p_0}{p}\right]^{\frac{(\gamma-1)}{\gamma}}\right\}^{\frac{1}{2}} \times \left\{\left[\frac{2}{\gamma-1}\right]\times\left[\frac{\gamma+1}{2}\right]^{\frac{(\gamma+1)}{(\gamma-1)}}\right\}^{\frac{1}{2}} \tag{F.5}$$

F.1.3 两相流泄漏

假定液相和气相是均匀的，且互相平衡，两相流泄漏速率 Q_{LG} 按下式计算：

$$Q_{LG} = C_d A\sqrt{2\rho_m (P-P_C)} \tag{F.6}$$

$$\rho_m = \frac{1}{\frac{F_V}{\rho_1}+\frac{1-F_V}{\rho_2}} \tag{F.7}$$

$$F_V = \frac{C_p (T_{LG}-T_C)}{H} \tag{F.8}$$

式中：Q_{LG}——两相流泄漏速率，kg/s；

C_d ——两相流泄漏系数，取 0.8；

P_C ——临界压力，Pa，取 0.55 Pa；

P ——操作压力或容器压力，Pa；

A ——裂口面积，m^2；

ρ_m——两相混合物的平均密度，kg/m^3；

ρ_1 ——液体蒸发的蒸汽密度，kg/m^3；

ρ_2 ——液体密度，kg/m^3；

F_V ——蒸发的液体占液体总量的比例；

C_p ——两相混合物的比定压热容，J/（kg·K）；

T_{LG} ——两相混合物的温度，K；

T_C ——液体在临界压力下的沸点，K；

H ——液体的汽化热，J/kg。

当 F_V>1 时，表明液体将全部蒸发成气体，此时应按气体泄漏计算；如果 F_V 很小，则可近似地按液体泄漏公式计算。

F.1.4 泄漏液体蒸发速率

泄漏液体的蒸发分为闪蒸蒸发、热量蒸发和质量蒸发三种，其蒸发总量为这三种蒸发之和。

F.1.4.1 闪蒸蒸发估算

液体中闪蒸部分：

$$F_v = \frac{C_p(T_T - T_b)}{H_v} \quad (F.9)$$

过热液体闪蒸蒸发速率可按下式估算：

$$Q_1 = Q_L \times F_v \quad (F.10)$$

式中：F_v——泄漏液体的闪蒸比例；

T_T——储存温度，K；

T_b——泄漏液体的沸点，K；

H_v——泄漏液体的蒸发热，J/kg；

C_p——泄漏液体的比定压热容，J/（kg·K）；

Q_1——过热液体闪蒸蒸发速率，kg/s；

Q_L——物质泄漏速率，kg/s。

F.1.4.2　热量蒸发估算

当液体闪蒸不完全，有一部分液体在地面形成液池，并吸收地面热量而汽化，其蒸发速率按下式计算，并应考虑对流传热系数。

$$Q_2 = \frac{\lambda S(T_0 - T_b)}{H\sqrt{\pi \alpha t}} \quad (F.11)$$

式中：Q_2——热量蒸发速率，kg/s；

T_0——环境温度，K；

T_b——泄漏液体沸点；K；

H——液体汽化热，J/kg；

t——蒸发时间，s；

λ——表面热导系数（取值见表 F.2），W/（m·K）；

S——液池面积，m^2；

α——表面热扩散系数（取值见表 F.2），m^2/s。

表 F.2　某些地面的热传递性质

地面情况	λ/［W/（m·K）］	α/（m^2/s）
水泥	1.1	1.29×10^{-7}
土地（含水 8%）	0.9	4.3×10^{-7}
干涸土地	0.3	2.3×10^{-7}
湿地	0.6	3.3×10^{-7}
沙砾地	2.5	11.0×10^{-7}

F.1.4.3　质量蒸发估算

当热量蒸发结束后，转由液池表面气流运动使液体蒸发，称为质量蒸发。其蒸发速率按下式计算：

$$Q_3 = \alpha p \frac{M}{RT_0} u^{\frac{(2-n)}{(2+n)}} r^{\frac{(4+n)}{(2+n)}} \quad (F.12)$$

式中：Q_3——质量蒸发速率，kg/s；

p——液体表面蒸气压，Pa；

R——气体常数，J/（mol·K）；

T_0——环境温度，K；

M ——物质的摩尔质量，kg/mol；

u ——风速，m/s；

r ——液池半径，m；

α，n——大气稳定度系数，取值见表 F.3。

表 F.3 液池蒸发模式参数

大气稳定度	n	α
不稳定（A，B）	0.2	3.846×10^{-3}
中性（D）	0.25	4.685×10^{-3}
稳定（E，F）	0.3	5.285×10^{-3}

液池最大直径取决于泄漏点附近的地域构型、泄漏的连续性或瞬时性。有围堰时，以围堰最大等效半径为液池半径；无围堰时，设定液体瞬间扩散到最小厚度时，推算液池等效半径。

F.1.4.4 液体蒸发总量的计算

液体蒸发总量按下式计算：

$$W_p = Q_1 t_1 + Q_2 t_2 + Q_3 t_3 \tag{F.13}$$

式中：W_p ——液体蒸发总量，kg；

Q_1 ——闪蒸液体蒸发速率，kg/s；

Q_2 ——热量蒸发速率，kg/s；

Q_3 ——质量蒸发速率，kg/s；

t_1 ——闪蒸蒸发时间，s；

t_2 ——热量蒸发时间，s；

t_3 ——从液体泄漏到全部清理完毕的时间，s。

F.2 火灾爆炸事故有毒有害物质释放比例

火灾爆炸事故中未参与燃烧有毒有害物质的释放比例取值见表 F.4。

表 F.4 火灾爆炸事故有毒有害物质释放比例 单位：%

Q	LC_{50}					
	＜200	≥200，＜1 000	≥1 000，＜2 000	≥2 000，＜10 000	≥10 000，＜20 000	≥20 000
≤100	5	10				
＞100，≤500	1.5	3	6			
＞500，≤1 000	1	2	4	5	8	
＞1 000，≤5 000		0.5	1	1.5	2	3
＞5 000，≤10 000			0.5	1	1	2
＞10 000，≤20 000				0.5	1	1
＞20 000，≤50 000					0.5	0.5
＞50 000，≤100 000						0.5
注：LC_{50} 为物质半致死浓度，mg/m^3；Q 为有毒有害物质在线量，t。						

F.3　火灾伴生/次生污染物产生量估算

F.3.1　二氧化硫产生量

油品火灾伴生/次生二氧化硫产生量按下式计算：

$$G_{二氧化硫}=2BS \tag{F.14}$$

式中：$G_{二氧化硫}$——二氧化硫排放速率，kg/h；

B——物质燃烧量，kg/h；

S——物质中硫的含量，%。

F.3.2　一氧化碳产生量

油品火灾伴生/次生一氧化碳产生量按下式计算：

$$G_{一氧化碳}=2\,330qCQ \tag{F.15}$$

式中：$G_{一氧化碳}$——一氧化碳的产生量，kg/s；

C——物质中碳的含量，取 85%；

q——化学不完全燃烧值，取 1.5%～6.0%；

Q——参与燃烧的物质量，t/s。

附　录　G
（规范性附录）
大气风险预测推荐模型

G.1　推荐模型清单

G.1.1　SLAB 模型

G.1.1.1　SLAB 模型适用于平坦地形下重质气体排放的扩散模拟。
G.1.1.2　SLAB 模型处理的排放类型包括地面水平挥发池、抬升水平喷射、烟囱或抬升垂直喷射以及瞬时体源。SLAB 模型可以在一次运行中模拟多组气象条件，但模型不适用于实时气象数据输入。

G.1.2　AFTOX 模型

G.1.2.1　AFTOX 模型适用于平坦地形下中性气体和轻质气体排放以及液池蒸发气体的扩散模拟。
G.1.2.2　AFTOX 模型可模拟连续排放或瞬时排放，液体或气体，地面源或高架源，点源或面源的指定位置浓度、下风向最大浓度及其位置等。

G.2　推荐模型筛选

G.2.1　气体性质

1）理查德森数定义及计算公式

判定烟团/烟羽是否为重质气体，取决于它相对空气的“过剩密度”和环境条件等因素。通常采用理查德森数（R_i）作为标准进行判断。R_i 的概念公式为：

$$R_i=\frac{\text{烟团的势能}}{\text{环境的湍流动能}} \tag{G.1}$$

R_i 是个流体动力学参数。根据不同的排放性质，理查德森数的计算公式不同。一般地，依据排放类型，理查德森数的计算分连续排放、瞬时排放两种形式：

连续排放：

$$R_i=\frac{\left[\frac{g(Q/\rho_{\rm rel})}{D_{\rm rel}}\times(\frac{\rho_{\rm rel}-\rho_{\rm a}}{\rho_{\rm a}})\right]^{\frac{1}{3}}}{U_{\rm r}} \tag{G.2}$$

瞬时排放：

$$R_i=\frac{g(Q_{\rm t}/\rho_{\rm rel})^{\frac{1}{3}}}{U_{\rm r}^2}\times(\frac{\rho_{\rm rel}-\rho_{\rm a}}{\rho_{\rm a}}) \tag{G.3}$$

式中：$\rho_{\rm rel}$ ——排放物质进入大气的初始密度，kg/m^3；

$\rho_{\rm a}$——环境空气密度，kg/m^3；

Q——连续排放烟羽的排放速率，kg/s；

$Q_{\rm t}$——瞬时排放的物质质量，kg；

D_{rel}——初始的烟团宽度，即源直径，m；

U_r——10 m 高处风速，m/s。

判定连续排放还是瞬时排放，可以通过对比排放时间 T_d 和污染物到达最近的受体点（网格点或敏感点）的时间 T 确定。

$$T=2X/U_r \tag{G.4}$$

式中：X ——事故发生地与计算点的距离，m；

U_r——10 m 高处风速，m/s。假设风速和风向在 T 时间段内保持不变。

当 $T_d>T$ 时，可被认为是连续排放的；当 $T_d \leqslant T$ 时，可被认为是瞬时排放。

2）判断标准

判断标准为：对于连续排放，$R_i \geqslant 1/6$ 为重质气体，$R_i<1/6$ 为轻质气体；对于瞬时排放，$R_i>0.04$ 为重质气体，$R_i \leqslant 0.04$ 为轻质气体。当 R_i 处于临界值附近时，说明烟团/烟羽既不是典型的重质气体扩散，也不是典型的轻质气体扩散。可以进行敏感性分析，分别采用重质气体模型和轻质气体模型进行模拟，选取影响范围最大的结果。

G.2.2　地形条件

当泄漏事故发生在丘陵、山地等时，应考虑地形对扩散的影响，选择适合的大气风险预测模型。选择其他技术成熟的风险扩散模型，应说明模型选择理由，分析其应用合理性。

G.3　模型参数

G.3.1　地表粗糙度

地表粗糙度一般由事故发生地周围 1 km 范围内占地面积最大的土地利用类型来确定。地表粗糙度取值可依据模型推荐值，或参考表 G.1 确定。

表 G.1　不同土地利用类型对应地表粗糙度取值

地表类型	春季	夏季	秋季	冬季
水面	0.000 1 m	0.000 1 m	0.000 1 m	0.000 1 m
落叶林	1.000 0 m	1.300 0 m	0.800 0 m	0.500 0 m
针叶林	1.300 0 m	1.300 0 m	1.300 0 m	1.300 0 m
湿地或沼泽地	0.200 0 m	0.200 0 m	0.200 0 m	0.050 0 m
农作地	0.030 0 m	0.200 0 m	0.050 0 m	0.010 0 m
草地	0.050 0 m	0.100 0 m	0.010 0 m	0.001 0 m
城市	1.000 0 m	1.000 0 m	1.000 0 m	1.000 0 m
沙漠化荒地	0.300 0 m	0.300 0 m	0.300 0 m	0.150 0 m

G.3.2　地形数据

当考虑地形对扩散的影响时，所采用的地形原始数据分辨率一般不应小于 30 m。

G.4　推荐模型获取

推荐模型的说明、源代码、执行文件、用户手册以及技术文档可在“国家环境保护环境影响评价数值模拟重点实验室”网站（www.lem.org.cn）下载。

附 录 H
（资料性附录）
大气毒性终点浓度值选取

H.1 重点关注的危险物质大气毒性终点浓度值选取

表 H.1 重点关注的危险物质大气毒性终点浓度值选取

序号	物质名称	CAS 号	毒性终点浓度-1/（mg/m³）	毒性终点浓度-2/（mg/m³）
1	1,1-二氟乙烷	75-37-6	67 000	40 000
2	1,1-二氟乙烯	75-38-7	28 000	15 000
3	1,1-二甲基肼	57-14-7	27	7.4
4	1,1-二氯乙烯	75-35-4	4 000	2 000
5	1,2,3-三氯代苯	87-61-6	360	60
6	1,2,4,5-四氯代苯	95-94-3	340	7.2
7	1,2,4-三氯代苯	120-82-1	150	37
8	1,2-二氯苯	95-50-1	6 000	1 000
9	1,2-二氯乙烷	107-06-2	1 200	810
10	1,3-丁二烯	106-99-0	49 000	12 000
11	1,3-二甲苯	108-38-3	11 000	4 000
12	1,3-二硝基苯	99-65-0	200	33
13	1,4-二氯苯	106-46-7	6 000	1 000
14	1-丁烯	106-98-9	40 000	6 700
15	1-氯-2,4-二硝基苯	97-00-7	150	18
16	1-戊烯	109-67-1	22 000	3 700
17	2,2-二甲基丙烷	463-82-1	570 000	96 000
18	2,2-二羟基二乙胺	111-42-2	130	28
19	2,4,6-三硝基甲苯	118-96-7	1 000	17
20	2,4-二氯苯酚	120-83-2	130	13
21	2,4-二硝基甲苯	121-14-2	200	12
22	2,6-二氯-4-硝基苯胺	99-30-9	480	79
23	2-氨基异丁烷	75-64-9	170	28
24	2-丙烯-1-醇	107-18-6	31	4
25	2-丁烯	107-01-7	15 000	2 500
26	2-甲基-1,3-丁二烯	78-79-5	11 000	2 800
27	2-甲基-1-丁烯	563-46-2	7 900	1 300
28	2-甲基苯胺	95-53-4	440	36
29	2-甲基丙醛	78-84-2	1 400	230
30	2-甲基丁烷	78-78-4	570 000	96 000
31	2-氯-1,3-丁二烯	126-99-8	1 400	230
32	2-氯丙烷	75-29-6	5 300	880
33	2-氯丙烯	557-98-2	9 300	7 300
34	2-氯乙醇	107-07-3	12	3.9
35	2-硝基甲苯	88-72-2	1 100	180

序号	物质名称	CAS 号	毒性终点浓度-1/（mg/m^3）	毒性终点浓度-2/（mg/m^3）
36	3-氨基丙烯	107-11-9	42	7.7
37	3-氯丙烯	107-05-1	440	170
38	4-壬基苯酚（含支链）	84852-15-3	260	43
39	4-硝基苯胺	100-01-6	300	71
40	*N,N*-二甲基甲酰胺	68-12-2	1 600	270
41	*N*-甲基苯胺	100-61-8	440	73
42	氨气	7664-41-7	770	110
43	八甲基环四硅氧烷	556-67-2	1 600	830
44	白磷	12185-10-3	5.5	0.91
45	苯	71-43-2	13 000	2 600
46	苯胺	62-53-3	76	46
47	苯酚	108-95-2	770	88
48	苯基三氯硅烷	98-13-5	290	63
49	苯甲醛	100-52-7	260	43
50	苯甲酸乙酯	93-89-0	420	69
51	苯甲酰氯	98-88-4	110	29
52	苯乙腈	140-29-4	15	4.3
53	苯乙烯	100-42-5	4 700	550
54	丙二烯	463-49-0	25 000	4 100
55	丙基三氯硅烷	141-57-1	240	53
56	丙腈	107-12-0	20	6.8
57	丙炔	74-99-7	25 000	4 200
58	丙酮	67-64-1	14 000	7 600
59	丙酮氰醇	75-86-5	52	25
60	丙烷	74-98-6	59 000	31 000
61	丙烯	115-07-1	29 000	4 800
62	丙烯腈	107-13-1	61	3.7
63	丙烯醛	107-02-8	3.2	0.23
64	丙烯酸丁酯	141-32-2	2 500	680
65	丙烯酸甲酯	96-33-3	3 500	580
66	丙烯酰氯	814-68-6	3.2	0.9
67	丙烯亚胺	75-55-8	54	28
68	丙酰氯	79-03-8	13	2.1
69	次氯酸钠	7681-52-9	1 800	290
70	醋酸酐	108-24-7	420	63
71	醋酸乙烯	108-05-4	630	130
72	氮化锂	26134-62-3	1 600	230
73	敌敌畏	62-73-7	200	20
74	碘甲烷	74-88-4	730	290
75	丁醇	71-36-3	24 000	2 400
76	丁酮	78-93-3	12 000	8 000
77	丁烷	106-97-8	130 000	40 000
78	丁烯醛	4170-30-3	40	13
79	对苯醌	106-51-4	300	50
80	对硝基氯苯	100-00-5	1 000	170

序号	物质名称	CAS 号	毒性终点浓度-1/（mg/m^3）	毒性终点浓度-2/（mg/m^3）
81	多聚甲醛	30525-89-4	47	23
82	多氯联苯	1336-36-3	840	140
83	蒽	120-12-7	3 200	530
84	二苯二氯硅烷	80-10-4	520	110
85	二苯基亚甲基二异氰酸酯（MDI）	26447-40-5	240	40
86	二氟化氧	7783-41-7	0.55	0.18
87	二甲胺	124-40-3	460	120
88	二甲苯	1330-20-7	11 000	4 000
89	二甲基二氯硅烷	75-78-5	260	58
90	二甲基硫醚	75-18-3	13 000	2 500
91	二甲醚	115-10-6	14 000	7 200
92	二硫化碳	75-15-0	1 500	500
93	二氯苯基三氯硅烷	27137-85-5	380	84
94	二氯丙烷	78-87-5	9 200	1 000
95	二氯硅烷	4109-96-0	210	45
96	二氯甲醚	542-88-1	0.85	0.21
97	二氯甲烷	75-09-2	24 000	1 900
98	二氯乙酰氯	79-36-7	310	9.6
99	二氧化氮	10102-44-0	38	23
100	二氧化硫	7446-09-5	79	2
101	二氧化氯	10049-04-4	6.6	3
102	二乙基二氯硅烷	1719-53-5	320	71
103	二乙烯酮	674-82-8	10	3.4
104	发烟硫酸	8014-95-7	160	8.7
105	反式-2-丁烯	624-64-6	33 000	5 500
106	反式-丁烯醛	123-73-9	40	13
107	呋喃	110-00-9	53	19
108	呋喃甲醛	98-01-1	390	39
109	氟	7782-41-4	20	7.8
110	氟硅酸	16961-83-4	630	110
111	氟化氢/氢氟酸	7664-39-3	36	20
112	氟磺酸	7789-21-1	30	10
113	氟乙酸甲酯	453-18-9	1.4	0.23
114	氟乙烯	75-02-5	71 000	12 000
115	高氯酸铵	7790-98-9	830	50
116	铬酸钾	7789-00-6	58	9.7
117	铬酸钠	7775-11-3	49	8.2
118	汞	7439-97-6	8.9	1.7
119	光气	75-44-5	3	1.2
120	硅烷	7803-62-5	350	170
121	过氯甲基硫醇	594-42-3	6.8	2.3
122	过氯酰氟	7616-94-6	50	17
123	过氧乙酸	79-21-0	15	1.6
124	环丙烷	75-19-4	9 600	1 600

序号	物质名称	CAS 号	毒性终点浓度-1/（mg/m^3）	毒性终点浓度-2/（mg/m^3）
125	环己胺	108-91-8	120	35
126	环己酮	108-94-1	20 000	3 300
127	环己烷	110-82-7	34 000	5 700
128	环氧丙烷	75-56-9	2 100	690
129	环氧氯丙烷	106-89-8	270	91
130	环氧溴丙烷	3132-64-7	65	11
131	环氧乙烷	75-21-8	360	81
132	己二腈	111-69-3	36	17
133	己基三氯硅烷	928-65-4	300	66
134	己内酰胺	105-60-2	240	40
135	甲胺	74-89-5	440	81
136	甲苯	108-88-3	14 000	2 100
137	甲苯-2,4-二异氰酸酯（TDI）	584-84-9	3.6	0.59
138	甲苯-2,6-二异氰酸酯	91-08-7	3.6	0.59
139	甲苯二异氰酸酯	26471-62-5	3.6	0.59
140	甲醇	67-56-1	9 400	2 700
141	甲基苯基二氯硅烷	149-74-6	390	86
142	甲基丙烯腈	126-98-7	8.5	2.7
143	甲基丙烯酸甲酯	80-62-6	2 300	490
144	甲基二氯硅烷	75-54-7	240	52
145	甲基肼	60-34-4	5.1	1.7
146	甲基三氯硅烷	75-79-6	200	45
147	甲基叔丁基醚	1634-04-4	19 000	2 100
148	甲硫醇	74-93-1	130	45
149	甲醛	50-00-0	69	17
150	甲酸	64-18-6	470	47
151	甲酸甲酯	107-31-3	12 000	2 000
152	甲缩醛	109-87-5	47 000	7 800
153	甲烷	74-82-8	260 000	150 000
154	肼	302-01-2	46	17
155	乐果	60-51-5	170	30
156	连二亚硫酸钠	7775-14-6	2 000	330
157	联苯	92-52-4	1 900	61
158	联苯胺	92-87-5	61	10
159	邻苯二甲酸二丁酯	84-74-2	9 300*	1 600
160	邻苯二甲酸二辛酯	117-84-0	11 000	450
161	邻氟硝基苯	1493-27-2	790	130
162	磷化钙	1305-99-3	13	7.4
163	磷化钾	20770-41-6	22	12
164	磷化铝	20859-73-8	8.5	4.7
165	磷化镁	12057-74-8	9.9	5.5
166	磷化钠	12058-85-4	15	8.2
167	磷化氢	7803-51-2	5	2.8
168	磷酸	7664-38-2	150	30
169	硫化氢	7783-06-4	70	38

序号	物质名称	CAS 号	毒性终点浓度-1/（mg/m^3）	毒性终点浓度-2/（mg/m^3）
170	硫氢化钠	16721-80-5	5.8	0.96
171	硫氰酸甲酯	556-64-9	420	85
172	硫酸铵	7783-20-2	840	140
173	硫酸二甲酯	77-78-1	8.2	0.62
174	硫酸镉	10124-36-4	8.7	1.4
175	硫酸镍	7786-81-4	51	8.6
176	硫酸镍铵	15699-18-0	79	13
177	硫酰氯	7791-25-5	61	20
178	六氟化铀	7783-81-5	36	9.6
179	六氯苯	118-74-1	91	14
180	氯苯	108-90-7	1 800	690
181	氯化镉	10108-64-2	7.6	1.2
182	氯化镍	7718-54-9	130	22
183	氯化氢	7647-01-0	150	33
184	氯化氰	506-77-4	10	0.13
185	氯化亚砜	7719-09-7	68	12
186	氯磺酸	7790-94-5	25	4.4
187	氯甲基甲醚	107-30-2	6.6	1.5
188	氯甲酸甲酯	79-22-1	26	8.5
189	氯甲酸正丙酯	109-61-5	55	19
190	氯甲烷	74-87-3	6 200	1 900
191	氯气	7782-50-5	58	5.8
192	氯酸钾	3811-04-9	370	62
193	氯酸钠	7775-09-9	240	40
194	氯乙酸	79-11-8	59	25
195	氯乙烷	75-00-3	53 000	14 000
196	氯乙烯	75-01-4	12 000	3 100
197	氯乙酰氯	79-04-9	240	7.4
198	萘	91-20-3	2 600	430
199	哌啶	110-89-4	380	110
200	氰化钾	151-50-8	40	19
201	氰化钠	143-33-9	30	14
202	氰化氢	74-90-8	17	7.8
203	壬基酚	25154-52-3	320	53
204	壬基三氯硅烷	5283-67-0	350	78
205	三氟化硼	7637-07-2	88	29
206	三氟化硼-二甲醚络合物	353-42-4	88	29
207	三氟化溴	7787-71-5	120	11
208	三氟氯乙烯	79-38-9	2 000	410
209	三氟溴乙烯	598-73-2	9 200	1 500
210	三甲胺	75-50-3	920	290
211	三甲基氯硅烷	75-77-4	440	98
212	三聚氯氰	108-77-0	7.7	4.5
213	三氯丙烷	96-18-4	6 000	1 000
214	三氯硅烷	10025-78-2	180	40

序号	物质名称	CAS 号	毒性终点浓度-1/（mg/m³）	毒性终点浓度-2/（mg/m³）
215	三氯化磷	7719-12-2	31	11
216	三氯化铝	7446-70-0	360	60
217	三氯化硼	10294-34-5	340	10
218	三氯化砷	7784-34-1	240	10
219	三氯甲烷	67-66-3	16 000	310
220	三氯硝基甲烷	76-06-2	9.4	1
221	三氯乙烯	79-01-6	20 000	2 400
222	三氯异氰尿酸	87-90-1	80	13
223	三溴化硼	10294-33-4	410	130
224	三氧化二砷	1327-53-3	9.1	3
225	三氧化硫	7446-11-9	160	8.7
226	砷	7440-38-2	100	17
227	砷化氢	7784-42-1	1.6	0.54
228	十八烷基三氯硅烷	112-04-9	520	120
229	十二烷基苯磺酸	27176-87-0	130	21
230	十二烷基三氯硅烷	4484-72-4	410	91
231	石油气	68476-85-7	720 000	410 000
232	顺-2-丁烯	590-18-1	30 000	5 100
233	四氟化硫	7783-60-0	3.6	0.44
234	四氟乙烯	116-14-3	1 300	220
235	四甲基硅烷	75-76-3	2 700	1 300
236	四甲基铅	75-74-1	40	4
237	四氯化硅	10026-04-7	170	38
238	四氯化钛	7550-45-0	44	7.8
239	四氯化碳	56-23-5	2 100	82
240	四氯乙烯	127-18-4	8 100	1 600
241	四硝基甲烷	509-14-8	14	4.2
242	四氧化锇	20816-12-0	42	0.087
243	四乙基铅	78-00-2	40	4
244	碳酸镍	3333-67-3	40	6.6
245	羰基硫	463-58-1	370	140
246	羰基镍	13463-39-3	1.1	0.25
247	锑化氢	7803-52-3	49	7.6
248	五氟化锑	7783-70-2	140	23
249	五氟化溴	7789-30-2	240	1.2
250	五硫化二磷	1314-80-3	750	130
251	五氯化磷	10026-13-8	200	20
252	五氯硝基苯	82-68-8	62	28
253	五羰基铁	13463-40-6	1.4	0.48
254	五氧化二磷	1314-56-3	50	10
255	五氧化二砷	1303-28-2	150	8
256	戊基三氯硅烷	107-72-2	280	61
257	戊硼烷	19624-22-7	1.3	0.36
258	戊烷	109-66-0	570 000	96 000
259	硒化氢	7783-07-5	1.1	0.36

序号	物质名称	CAS 号	毒性终点浓度-1/（mg/m³）	毒性终点浓度-2/（mg/m³）
260	烯丙基三氯硅烷	107-37-9	240	52
261	硝基苯	98-95-3	1 000	100
262	硝酸	7697-37-2	240	62
263	硝酸铵	6484-52-2	440	73
264	溴	7726-95-6	56	1.6
265	溴化氢	10035-10-6	400	130
266	溴化氰	506-68-3	200	44
267	溴甲烷	74-83-9	2 900	810
268	亚硝基硫酸	7782-78-7	79	13
269	亚硝酸乙酯	109-95-5	22	3.6
270	氧化镉	1306-19-0	5.4	0.87
271	氧氯化磷	10025-87-3	5.3	3
272	一氯化硫	10025-67-9	83	35
273	一氧化氮	10102-43-9	25	15
274	一氧化碳	630-08-0	380	95
275	乙胺	75-04-7	500	90
276	乙拌磷	298-04-4	8.8	2
277	乙苯	100-41-4	7 800	4 800
278	乙撑亚胺	151-56-4	17	8.1
279	乙二胺	107-15-3	49	24
280	乙二腈	460-19-5	53	18
281	乙腈	75-05-8	250	84
282	乙硫醇	75-08-1	910	300
283	乙醚	60-29-7	58 000	9 700
284	乙硼烷	19287-45-7	4.2	1.1
285	乙醛	75-07-0	1 500	490
286	乙炔	74-86-2	430 000	240 000
287	乙酸	64-19-7	610	86
288	乙酸甲酯	79-20-9	30 000	5 000
289	乙酸乙酯	141-78-6	36 000	6 000
290	乙烷	74-84-0	490 000	280 000
291	乙烯	74-85-1	46 000	7 600
292	乙烯基三氯硅烷	75-94-5	220	48
293	乙烯基乙醚	109-92-2	2 000	340
294	乙烯酮	463-51-4	0.33	0.11
295	乙酰氯	75-36-5	180	30
296	异丙胺	75-31-0	9 700	1 600
297	异丙醇	67-63-0	29 000	4 800
298	异丙基氯甲酸酯	108-23-6	50	17
299	异丁腈	78-82-0	17	5.6
300	异丁烷	75-28-5	130 000	40 000
301	异丁烯	115-11-7	24 000	5 800
302	异氰酸甲酯	624-83-9	0.47	0.16
303	异辛醇	104-76-7	1 100	530
304	正丁基三氯硅烷	7521-80-4	260	57

序号	物质名称	CAS 号	毒性终点浓度-1/（mg/m^3）	毒性终点浓度-2/（mg/m^3）
305	正己烷	110-54-3	30 000	10 000
306	正辛醇	111-87-5	800	110
307	正辛基三氯硅烷	5283-66-9	330	74
注：上述物质的 PAC 数值由美国能源部（Department of Energy，DoE）于 2016 年 5 月公布，版本号为 Rev.29。PAC 数值定期更新，宜使用最新的 PAC 值，毒性终点浓度-1 对应 PAC-3，毒性终点浓度-2 对应 PAC-2。				

H.2　其他危险物质大气毒性终点浓度值选取

其他危险物质大气毒性终点浓度可在“国家环境保护环境影响评价数值模拟重点实验室”（www.lem.org.cn）网站查询（共 3 146 种）。

附 录 I
（资料性附录）
有毒有害气体大气伤害概率估算

暴露于有毒有害物质气团下、无任何防护的人员，因物质毒性而导致死亡的概率可按表 I.1 取值，或者按下式估算：

$$P_E = 0.5\times\left[1+\text{erf}\left(\frac{Y-5}{\sqrt{2}}\right)\right] \quad （Y\geqslant 5 \text{ 时}） \tag{I.1}$$

$$P_E = 0.5\times\left[1-\text{erf}\left(\frac{|Y-5|}{\sqrt{2}}\right)\right] \quad （Y<5 \text{ 时}） \tag{I.2}$$

式中：P_E ——人员吸入毒性物质而导致急性死亡的概率；

Y ——中间量，量纲一。可采用下式估算：

$$Y = A_t + B_t \ln\left[C^n \cdot t_e\right] \tag{I.3}$$

其中：A_t、B_t 和 n ——与毒物性质有关的参数，见表 I.2；

C——接触的质量浓度，mg/m^3；

t_e ——接触 C 质量浓度的时间，min。

表 I.1 毒性计算中各 Y 值所对应的死亡百分率

死亡率/%	0	1	2	3	4	5	6	7	8	9
0		2.67	2.95	3.12	3.25	3.36	3.45	3.52	3.59	3.66
10	3.72	3.77	3.82	3.87	3.92	3.96	4.01	4.05	4.08	4.12
20	4.16	4.19	4.23	4.26	4.29	4.33	4.26	4.39	4.42	4.45
30	4.48	4.50	4.53	4.56	4.59	4.61	4.64	4.67	4.69	4.72
40	4.75	4.77	4.80	4.82	4.85	4.87	4.90	4.92	4.95	4.97
50	5.00	5.03	5.05	5.08	5.10	5.13	5.15	5.18	5.20	5.23
60	5.25	5.28	5.31	5.33	5.36	5.39	5.41	5.44	5.47	5.50
70	5.52	5.55	5.58	5.61	5.64	5.67	5.71	5.74	5.77	5.81
80	5.84	5.88	5.92	5.95	5.99	6.04	6.08	6.13	6.18	6.23
90	6.28	6.34	6.41	6.48	6.55	6.64	6.75	6.88	7.05	7.33
99	0.0	0.1	0.2	0.3	0.4	0.5	0.6	0.7	0.8	0.9
	7.33	7.37	7.41	7.46	7.51	7.58	7.58	7.65	7.88	8.09

表 I.2 几种物质的参数

物质	A_t	B_t	n
丙烯醛	−4.1	1	1
丙烯腈	−8.6	1	1.3
烯丙醇	−11.7	1	2
氨	−15.6	1	2

物质	A_t	B_t	n
甲基谷硫磷（Azinphos-methyl）	−4.8	1	2
溴	−12.4	1	2
一氧化碳	−7.4	1	1
氯	−6.35	0.5	2.75
环氧乙烷	−6.8	1	1
氯化氢	−37.3	3.69	1
氰化氢	−9.8	1	2.4
氟化氢	−8.4	1	1.5
硫化氢	−11.5	1	1.9
溴甲烷	−7.3	1	1.1
异氰酸甲酯（Methyl isocyanate）	−1.2	1	0.7
二氧化氮	−18.6	1	3.7
对硫磷（Parathion）	−6.6	1	2
光气	−10.6	2	1
磷酰胺酮（Phosphamidon）	−2.8	1	0.7
磷化氢	−6.8	1	2
二氧化硫	−19.2	1	2.4
四乙基铅（Tetraethyl lead）	−9.8	1	2

注：单位为 mg/m^3，有毒物质接触时间单位为 min，以上数据来源于荷兰 TNO 紫皮书（Guidelines for Quantitative）。

附 录 J
（规范性附录）
报告书附图、附表要求

J.1 基本附图要求

J.1.1 环境敏感目标位置图

评价范围内大气环境、地表水环境、地下水环境可能受影响的环境敏感目标位置图。

J.1.2 危险单元分布图

建设项目危险单元分布图。

J.1.3 预测结果图

大气环境：危险物质浓度达到评价标准时的最大影响范围图。

J.1.4 风险防范措施平面布置示意图

区域应急疏散通道、安置场所位置图；
防止事故水进入外环境的控制、封堵系统图。

J.1.5 不同评价深度基本附图要求

详见表 J.1。

表 J.1 基本附图要求

序号	名称	所属内容	引用章节	一级	二级	三级
1	环境敏感目标位置图（大气、地表水、地下水）	5．风险调查	5.2	√	√	√
2	危险单元分布图	7．风险识别	7.3	√	√	√
3	预测结果图（大气）	9．风险预测与评价	9.1	√	√	
4	区域应急疏散通道、安置场所位置图 防止事故水进入外环境的控制、封堵系统图	10．环境风险管理	10.2	√	√	

J.2 基本附表要求

J.2.1 建设项目环境敏感特征

详见表 J.2 和表 J.3。

表 J.2　建设项目环境敏感特征表

<table>
<tr><td>类别</td><td colspan="6">环境敏感特征</td></tr>
<tr><td rowspan="14">环境空气</td><td colspan="6">厂址周边 5 km 范围内</td></tr>
<tr><td>序号</td><td>敏感目标名称</td><td>相对方位</td><td>距离/m</td><td>属性</td><td>人口数</td></tr>
<tr><td></td><td></td><td></td><td></td><td></td><td></td></tr>
<tr><td></td><td></td><td></td><td></td><td></td><td></td></tr>
<tr><td></td><td></td><td></td><td></td><td></td><td></td></tr>
<tr><td colspan="5">厂址周边 500 m 范围内人口数小计</td><td></td></tr>
<tr><td colspan="5">厂址周边 5 km 范围内人口数小计</td><td></td></tr>
<tr><td colspan="6">____________管段周边 200 m 范围内</td></tr>
<tr><td>序号</td><td>敏感目标名称</td><td>相对方位</td><td>距离/m</td><td>属性</td><td>人口数</td></tr>
<tr><td></td><td></td><td></td><td></td><td></td><td></td></tr>
<tr><td></td><td></td><td></td><td></td><td></td><td></td></tr>
<tr><td></td><td></td><td></td><td></td><td></td><td></td></tr>
<tr><td colspan="5">每公里管段人口数（最大）</td><td></td></tr>
<tr><td colspan="5">大气环境敏感程度 E 值</td><td></td></tr>
<tr><td rowspan="9">地表水</td><td colspan="6">受纳水体</td></tr>
<tr><td>序号</td><td>受纳水体名称</td><td colspan="2">排放点水域环境功能</td><td colspan="2">24 h 内流经范围/km</td></tr>
<tr><td></td><td></td><td colspan="2"></td><td colspan="2"></td></tr>
<tr><td></td><td></td><td colspan="2"></td><td colspan="2"></td></tr>
<tr><td colspan="6">内陆水体排放点下游 10 km（近岸海域一个潮周期最大水平距离两倍）范围内敏感目标</td></tr>
<tr><td>序号</td><td>敏感目标名称</td><td>环境敏感特征</td><td>水质目标</td><td colspan="2">与排放点距离/m</td></tr>
<tr><td></td><td></td><td></td><td></td><td colspan="2"></td></tr>
<tr><td></td><td></td><td></td><td></td><td colspan="2"></td></tr>
<tr><td colspan="5">地表水环境敏感程度 E 值</td><td></td></tr>
<tr><td rowspan="4">地下水</td><td>序号</td><td>环境敏感区名称</td><td>环境敏感特征</td><td>水质目标</td><td>包气带防污性能</td><td>与下游厂界距离/m</td></tr>
<tr><td></td><td></td><td></td><td></td><td></td><td></td></tr>
<tr><td></td><td></td><td></td><td></td><td></td><td></td></tr>
<tr><td colspan="5">地下水环境敏感程度 E 值</td><td></td></tr>
</table>

表 J.3　建设项目环境敏感特征表填表说明

<table>
<tr><td colspan="2">表格内容</td><td>填写要求</td></tr>
<tr><td rowspan="3">环境空气</td><td>敏感目标名称</td><td>指附录 D 表 D.1 中调查对象的名称</td></tr>
<tr><td>属性</td><td>选填居住区、医疗卫生、文化教育、科研、行政办公或其他</td></tr>
<tr><td>管段周边 200 m 范围内</td><td>油气、化学品输送管线项目需按管段分别统计</td></tr>
<tr><td rowspan="4">地表水</td><td>24 h 内流经范围</td><td>说明 24 h 内流经范围涉跨国界、跨省界情况，不涉及填其他</td></tr>
<tr><td>敏感目标名称</td><td>指附录 D 表 D.4 中涉及的环境风险受体名称</td></tr>
<tr><td>环境敏感特征</td><td>按照附录 D 表 D.4 中涉及的环境风险受体类型填写</td></tr>
<tr><td>水质目标</td><td>内陆水体选填Ⅰ类、Ⅱ类、Ⅲ类、Ⅳ类、Ⅴ类，近岸海域选填第一类、第二类、第三类</td></tr>
<tr><td rowspan="4">地下水</td><td>环境敏感区名称</td><td>指附录 D 表 D.6 中涉及的环境敏感区名称</td></tr>
<tr><td>环境敏感特征</td><td>按照附录 D 表 D.6 中环境敏感特征填写</td></tr>
<tr><td>水质目标</td><td>选填Ⅰ类、Ⅱ类、Ⅲ类、Ⅳ类、Ⅴ类</td></tr>
<tr><td>包气带防污性能</td><td>按照附录 D 表 D.7 中包气带岩土的渗透性能填写</td></tr>
</table>

J.2.2 建设项目危险物质及工艺系统危险性特征

J.2.2.1 建设项目 Q 值确定

详见表 J.4。

表 J.4 建设项目 Q 值确定表

序号	危险物质名称	CAS 号	最大存在总量 q_n/t	临界量 Q_n/t	该种危险物质 Q 值
1					
2					
3					
……					
项目 Q 值 Σ					

J.2.2.2 建设项目 M 值确定

详见表 J.5。

表 J.5 建设项目 M 值确定表

序号	工艺单元名称	生产工艺	数量/套	M 分值
1				
2				
3				
……				
项目 M 值 Σ				

J.2.3 风险识别及源强汇总

详见表 J.6 和表 J.7。

表 J.6 建设项目环境风险识别表

序号	危险单元	风险源	主要危险物质	环境风险类型	环境影响途径	可能受影响的环境敏感目标	备注
1							
2							
3							
……							

表 J.7 建设项目源强一览表

序号	风险事故情形描述	危险单元	危险物质	影响途径	释放或泄漏速率/（kg/s）	释放或泄漏时间/min	最大释放或泄漏量/kg	泄漏液体蒸发量/kg	其他事故源参数
1									
2									
3									
……									

J.2.4 风险事故情形分析及事故后果预测

详见表 J.8 和表 J.9。

表 J.8　事故源项及事故后果基本信息表

<table>
<tr><td colspan="12">风险事故情形分析[a]</td></tr>
<tr><td>代表性风险事故情形描述</td><td colspan="11"></td></tr>
<tr><td>环境风险类型</td><td colspan="11"></td></tr>
<tr><td>泄漏设备类型</td><td colspan="2"></td><td colspan="2">操作温度/℃</td><td colspan="3"></td><td colspan="3">操作压力/MPa</td><td></td></tr>
<tr><td>泄漏危险物质</td><td colspan="2"></td><td colspan="2">最大存在量/kg</td><td colspan="3"></td><td colspan="3">泄漏孔径/mm</td><td></td></tr>
<tr><td>泄漏速率/（kg/s）</td><td colspan="2"></td><td colspan="2">泄漏时间/min</td><td colspan="3"></td><td colspan="3">泄漏量/kg</td><td></td></tr>
<tr><td>泄漏高度/m</td><td colspan="2"></td><td colspan="2">泄漏液体蒸发量/kg</td><td colspan="3"></td><td colspan="3">泄漏频率</td><td></td></tr>
<tr><td colspan="12">事故后果预测</td></tr>
<tr><td rowspan="6">大气</td><td>危险物质</td><td colspan="10">大气环境影响</td></tr>
<tr><td rowspan="5"></td><td colspan="2">指标</td><td colspan="3">浓度值/（mg/m^3）</td><td colspan="3">最远影响距离/m</td><td colspan="2">到达时间/min</td></tr>
<tr><td colspan="2">大气毒性终点浓度-1</td><td colspan="3"></td><td colspan="3"></td><td colspan="2"></td></tr>
<tr><td colspan="2">大气毒性终点浓度-2</td><td colspan="3"></td><td colspan="3"></td><td colspan="2"></td></tr>
<tr><td colspan="2">敏感目标名称</td><td colspan="3">超标时间/min</td><td colspan="3">超标持续时间/min</td><td colspan="2">最大浓度/（mg/m^3）</td></tr>
<tr><td colspan="2"></td><td colspan="3"></td><td colspan="3"></td><td colspan="2"></td></tr>
<tr><td rowspan="5">地表水</td><td>危险物质</td><td colspan="10">地表水环境影响[b]</td></tr>
<tr><td rowspan="4"></td><td colspan="2">受纳水体名称</td><td colspan="5">最远超标距离/m</td><td colspan="3">最远超标距离到达时间/h</td></tr>
<tr><td colspan="2"></td><td colspan="5"></td><td colspan="3"></td></tr>
<tr><td colspan="2">敏感目标名称</td><td colspan="2">到达时间/h</td><td colspan="3">超标时间/h</td><td colspan="2">超标持续时间/h</td><td>最大浓度/（mg/L）</td></tr>
<tr><td colspan="2"></td><td colspan="2"></td><td colspan="3"></td><td colspan="2"></td><td></td></tr>
<tr><td rowspan="5">地下水</td><td>危险物质</td><td colspan="10">地下水环境影响</td></tr>
<tr><td rowspan="4"></td><td colspan="2">厂区边界</td><td colspan="2">到达时间/d</td><td colspan="3">超标时间/d</td><td colspan="2">超标持续时间/d</td><td>最大浓度/（mg/L）</td></tr>
<tr><td colspan="2"></td><td colspan="2"></td><td colspan="3"></td><td colspan="2"></td><td></td></tr>
<tr><td colspan="2">敏感目标名称</td><td colspan="2">到达时间/d</td><td colspan="3">超标时间/d</td><td colspan="2">超标持续时间/d</td><td>最大浓度/（mg/L）</td></tr>
<tr><td colspan="2"></td><td colspan="2"></td><td colspan="3"></td><td colspan="2"></td><td></td></tr>
<tr><td colspan="12">注：[a] 按选择的代表性风险事故情形分别填写；
[b] 根据预测结果表述，选择受纳水体最远超标距离及到达时间或环境敏感目标到达时间、超标时间、超标持续时间及最大浓度填写。</td></tr>
</table>

表 J.9　事故源项及事故后果基本信息表填表要求

表格内容	填写要求
泄漏设备类型	管道、挠性连接器、过滤器、阀门、泵、压缩机、压力容器/反应器、常压储罐等
泄漏危险物质	一般选用附录 B 中的物质作为评价物质
泄漏孔径	注明评价选取泄漏孔径尺寸或者全破裂孔径
泄漏液体蒸发量	当源项为液池蒸发时需填写此项
泄漏频率	一般按附录 E 选取，若采用其他数据应注明来源

J.2.5 预测模型主要参数

详见表 J.10。

表 J.10 大气风险预测模型主要参数表

参数类型	选项	参数	
基本情况	事故源经度/（°）		
	事故源纬度/（°）		
	事故源类型		
气象参数	气象条件类型	最不利气象	最常见气象
	风速/（m/s）		
	环境温度/℃		
	相对湿度/%		
	稳定度		
其他参数	地表粗糙度/m		
	是否考虑地形		
	地形数据精度/m		

附 录 K
（资料性附录）
环境风险评价自查表

表 K.1 环境风险评价自查表

工作内容			完成情况							
风险调查	危险物质	名称								
		存在总量/t								
	环境敏感性	大气	500 m 范围内人口数_____人				5 km 范围内人口数_____人			
			每公里管段周边 200 m 范围内人口数（最大）						_____人	
		地表水	地表水功能敏感性	F1 □	F2 □	F3 □				
			环境敏感目标分级	S1 □	S2 □	S3 □				
		地下水	地下水功能敏感性	G1 □	G2 □	G3 □				
			包气带防污性能	D1 □	D2 □	D3 □				
物质及工艺系统危险性		Q 值	Q<1 □	1≤Q<10 □	10≤Q<100 □	Q>100 □				
		M 值	M1 □	M2 □	M3 □	M4 □				
		P 值	P1 □	P2 □	P3 □	P4 □				
环境敏感程度		大气	E1 □	E2 □	E3 □					
		地表水	E1 □	E2 □	E3 □					
		地下水	E1 □	E2 □	E3 □					
环境风险潜势			Ⅳ$^+$ □	Ⅳ □	Ⅲ □	Ⅱ □	Ⅰ □			
评价等级			一级 □	二级 □	三级 □	简单分析 □				
风险识别	物质危险性		有毒有害 □	易燃易爆 □						
	环境风险类型		泄漏 □	火灾、爆炸引发伴生/次生污染物排放 □						
	影响途径		大气 □	地表水 □	地下水 □					
事故情形分析			源强设定方法	计算法 □	经验估算法 □	其他估算法 □				
风险预测与评价	大气		预测模型	SLAB □	AFTOX □	其他 □				
			预测结果	大气毒性终点浓度-1 最大影响范围__m						
				大气毒性终点浓度-2 最大影响范围__m						
	地表水		最近环境敏感目标 ____，到达时间____h							
	地下水		下游厂区边界到达时间____d							
			最近环境敏感目标____，到达时间____d							
重点风险防范措施										
评价结论与建议										
注：“□”为勾选项，“______”为填写项。										

HJ

中华人民共和国国家环境保护标准

HJ 616—2011

建设项目环境影响技术评估导则

Guideline for technical review of environment impact assessment on construction projects

2011-04-08 发布　　　　2011-09-01 实施

环　境　保　护　部　发布

前　言

为贯彻《中华人民共和国环境保护法》和《中华人民共和国环境影响评价法》，规范和指导环境影响技术评估工作，制定本标准。

本标准规定了对建设项目（不包括核设施及其他产生放射性污染、输变电工程及其他产生电磁环境影响的建设项目）环境影响评价文件进行技术评估的一般原则、程序、方法、基本内容、要点和要求。

本标准为首次发布。

本标准的附录 A 为资料性附录。

本标准由环境保护部科技标准司组织制订。

本标准主要起草单位：环境保护部环境工程评估中心。

本标准环境保护部 2011 年 4 月 8 日批准。

本标准自 2011 年 9 月 1 日起实施。

本标准由环境保护部解释。

建设项目环境影响技术评估导则

1　适用范围

本标准规定了对建设项目环境影响评价文件进行技术评估的一般原则、程序、方法、基本内容、要点和要求。

本标准适用于各级环境影响评估机构对建设项目环境影响评价文件进行技术评估。

本标准不适用于核设施及其他可能产生放射性污染、输变电工程及其他产生电磁环境影响的建设项目环境影响评价文件的技术评估。

2　规范性引用文件

本标准内容引用了下列文件中的条款。凡是不注日期的引用文件，其有效版本适用于本标准。

GB 3095　环境空气质量标准

GB 3097　海水水质标准

GB 3838　地表水环境质量标准

GB 16297　大气污染物综合排放标准

GB 18484　危险废物焚烧污染控制标准

GB 18597　危险废物贮存污染控制标准

GB 18598　危险废物填埋污染控制标准

GB 18599　一般工业固体废物贮存、处置场污染控制标准

HJ/T 2.1　环境影响评价技术导则　总纲

HJ 2.2　环境影响评价技术导则　大气环境

HJ/T 2.3　环境影响评价技术导则　地面水环境

HJ 2.4　环境影响评价技术导则　声环境

HJ 19　环境影响评价技术导则　生态影响

HJ/T 6　山岳型风景资源开发环境影响评价指标体系

HJ/T 176　危险废物集中焚烧处置工程建设技术规范

《环境影响评价公众参与暂行办法》（环发〔2006〕28 号）

3　术语和定义

下列术语和定义适用于本标准。

3.1

环境影响技术评估　technical review of environment impact assessment

根据国家及地方环境保护法律、法规、部门规章以及标准、技术规范的规定及要求，环境影响技术评估机构综合分析建设项目实施后可能造成的环境影响，对建设项目实施的环境可行性及环境影响评价文件进行客观、公开、公正的技术评估，为环境保护行政主管部门决策提供科学依据而进行的活动。

3.2

污染影响型建设项目　pollutional impacted construction project

以污染影响为主的建设项目，如石化、化工、火力发电（包括热电）、医药、轻工等。

3.3

生态影响型建设项目　ecological impacted construction project

以生态影响为主的建设项目，如公路、铁路、管线、民航机场、水运、农林、水利、水电、矿产资源开采等。

4　环境影响技术评估的工作程序

环境影响技术评估工作程序见图 1。

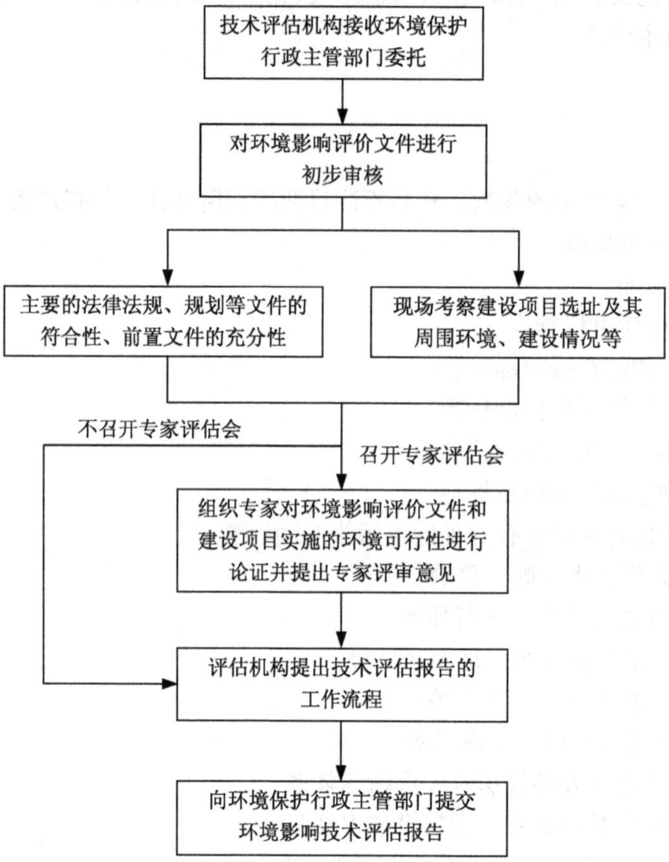

图 1　环境影响技术评估工作程序框图

5　环境影响技术评估的原则、基本内容与方法

5.1　环境影响技术评估的原则

5.1.1　为科学决策服务的原则

环境影响技术评估在环境保护行政主管部门审批环境影响评价文件之前进行，属技术支撑行为。在评估依据、内容、方法、时限等方面必须体现为环境管理科学决策服务的原则。

5.1.2 客观公正原则

环境影响技术评估在综合考虑建设项目建设过程中和项目实施后对环境可能造成影响的基础上，对建设项目实施的环境可行性与建设项目环境影响评价文件进行技术评估，其评估结论必须实事求是、客观、公正。

5.1.3 与环境影响评价采用相同依据的原则

环境影响技术评估与环境影响评价文件采用相同的依据，应依据国家或地方现行的法律、法规、部门规章、技术规范和标准。

5.1.4 突出重点原则

环境影响技术评估应根据建设项目特点和所在区域环境特征，针对工程可能存在的环境影响，从影响因子、影响方式、影响范围、影响程度、环境保护措施等方面进行重点评估，明确重大环境问题的评估结论。

5.1.5 广泛参与原则

环境影响技术评估须广泛听取公众意见，综合考虑相关学科和行业的专家、环境影响评价单位及其他有关单位的意见，并认真听取当地环境保护行政主管部门的意见。

5.1.6 技术指导性原则

环境影响技术评估应对建设项目环境保护对策措施和环境保护设计工作提出技术指导。涉及新技术的建设项目，应指出新技术的推广导向。

5.2 建设项目环境影响的评估内容

5.2.1 与法律法规和政策的符合性

从项目规模、产品方案、工艺路线、技术设备等方面，评估建设项目与法律法规、环境保护规划、资源能源利用规划、国家产业发展规划和国家行业准入条件等有关政策的符合性。

5.2.2 与相关规划的相符性

评估建设项目选址（或选线）与现行国家、地方有关规划，以及相关的城乡规划、区域规划、流域规划、环境保护规划、环境功能区划、生态功能区划、生物多样性保护规划、各类保护区规划及土地利用规划等的相符性。

5.2.3 循环经济与清洁生产水平

——从能耗、物耗、水耗、污染物产生及排放等方面，与国家颁布的清洁生产标准或国内外同类产品先进水平相比较，对建设项目的原料、工艺、技术装备、生产过程、管理及产品的清洁生产水平进行综合评估；

——从企业、区域或行业等不同层次，评估建设项目在资源利用、污染物排放和废物处置等方面与循环经济要求的符合性。

5.2.4 环境保护措施与达标排放

——评估建设项目实施各阶段所采取各项环境保护措施的可靠性和合理性，包括污染防治措施、生态恢复措施、生态补偿与保护措施、环境管理措施、环境监测监控计划（或方案）、施工期环境监理计划以及“以新带老”、区域污染物削减等。

——要求所采取的环境保护措施技术经济可行，设备先进、可靠，符合行业的污染防治技术政策，符合行业清洁生产要求，确保污染物稳定达标排放，二次污染防治措施与主体工程同步实施。

5.2.5 环境风险

——评估项目建设存在的环境风险制约因素，从环境敏感性角度评估建设环境风险可接受性。

——评估环境风险防范措施和污染事故处理应急方案的可靠性和合理性。

5.2.6 环境影响预测

评估建设项目实施后的环境影响程度与范围的可接受性。

5.2.7 污染物排放总量控制

评估建设项目污染物排放总量与国家总体发展目标的一致性，与地方政府的污染物排放总量控制要求的符合性，采取的相应污染物排放总量控制措施的可行性。

5.2.8 公众参与

——评估公众尤其是直接受到工程环境影响的公众对项目建设的意见；

——分析建设单位对有关单位、专家和公众意见采纳或者未采纳的说明的合理性。

5.3 环境影响评价文件的评估内容

5.3.1 评价文件内容的评估

5.3.1.1 环境现状调查的客观性、准确性

根据环境质量标准、环境影响评价技术导则等相关要求，评估评价文件环境现状调查的客观性、准确性。

5.3.1.2 环境影响预测的科学性、可信性

根据建设项目特点和所在地区环境的特点，根据环境质量标准、环境影响评价技术导则等相关要求，评估评价文件采用预测方法（模式）及所选用的参数、边界条件的科学性、有效性。

5.3.1.3 环境保护措施的可行性、可靠性

按照污染物总量控制、环境质量达标、污染物排放达标、清洁生产、循环经济、节能减排、资源综合利用、生态保护的要求和先进、稳定可靠、可达、经济合理的原则，对评价文件提出的环境保护措施进行可行性评估。

5.3.2 基础数据的评估

根据环境质量标准、环境影响评价技术导则等相关要求，对环境影响评价文件所使用的工程数据与环境数据的来源、时效性和可靠性进行评估。

5.3.3 评价文件规范性的评估

5.3.3.1 与环境影响评价技术导则的相符性

评估环境影响评价文件编制的规范性，主要判断该评价文件与环境影响评价技术导则所规定的原则、方法、内容及要求的相符性。

5.3.3.2 术语、格式、图件、表格的规范性

核查评价文件中的术语、格式（包括计量单位）、图件、表格等的规范性，图件比例尺应与工程图件匹配，信息应满足环境质量现状评价和环境影响预测的要求。

5.4 环境影响技术评估的方法

主要采用现场调查、专家咨询、资料对比分析、专题调查与研究、模拟验算等方法。

5.5 评估报告的编制原则和要求

5.5.1 编制原则

技术评估报告应实事求是，突出工程特点和区域环境特点，体现科学、客观、公正、准确的原则。

5.5.2 编制要求

技术评估报告编制格式参考附录 A，可根据项目和环境的特点、环境保护行政主管部门的要求进行适当删减。要求文字通畅简洁，项目概况和关键问题交代清楚，评估所提要求依据充分、客观可行，评估结论明确、可信。

6　环境影响技术评估的要点和要求

6.1　政策相符性技术评估

6.1.1　法律、法规和政策相符性评估

6.1.1.1　法律法规相符性评估

评估项目建设与环境保护法律、法规以及其他与环境保护相关的法律、法规和规范性文件的相符性。

6.1.1.2　环境保护政策相符性评估

评估项目建设与国家和地方环境保护政策的相符性。

6.1.1.3　产业政策相符性评估

评估项目建设与产业结构政策、产业区域布局政策和产业准入条件等的相符性。

6.1.1.4　资源能源利用政策相符性评估

评估项目建设与节约和保护资源、能源的相关政策、规定和指标的相符性。

6.1.2　规划相符性评估

6.1.2.1　环境保护规划相符性评估

评估建设项目与国家和地方污染防治规划和生态保护规划的符合性，如建设项目与所在区域或流域的污染防治和生态保护规划的符合性，包括建设项目的环境影响与污染防治规划和生态保护规划所确定的目标、措施的符合性。

6.1.2.2　建设项目与所在地区环境功能区划的符合性评估

评估建设项目是否满足所在地区环境功能区划的要求，若不满足，即为项目的环境制约性因素。评估需从环境容量和环境承载力角度考虑项目的环境可行性。

6.1.2.3　评估建设项目与城镇体系规划、城镇总体规划的相符性。

6.1.2.4　建设项目与区域、流域发展规划和开发区类发展规划的相符性评估

评估建设项目与国家确定的区域、流域发展规划及国家认定的开发区类发展规划的符合性。

6.1.2.5　建设项目与土地利用规划的相符性评估

重点评估建设项目土地利用性质改变的环境合理性。

6.1.2.6　评估建设项目与经批准的国家相关行业发展规划及规划环评的相符性。

6.1.2.7　评估建设项目与各类保护区规划的相符性。

6.2　工程分析技术评估

6.2.1　基本要求

a）组成完整，应包括主体工程、辅助工程、公用工程、环保工程、储运工程以及依托工程；

b）重点明确，应明确重点工程组成、规模和位置；

c）过程全面，应包括勘探、选线、设计、施工期、营运期和退役期；

d）布局合理，选址、选线与所处区域环境相容；

e）污染物达标排放，污染物种类、源强确定准确；

f）工艺、装置先进，储运系统环境安全，资源能源节约；

g）数据资料真实、准确。

6.2.2　污染影响型项目工程分析评估要点

6.2.2.1　新建项目

a）基本情况：项目的规模、产品（包括主产品和副产品）方案、投资、建设地点等。

b）项目组成：工程内容（主体工程、辅助工程、公用工程、环保工程、储运工程以及依托工程等）完整，不存在漏项，应注意储运工程的分析；与项目建设直接相关联的工程内容需作说明。

c）建设过程：施工期、营运期、服务期满后的环境影响应分析清楚，并给出量化指标。

d）物耗、能耗：项目消耗的原料、辅料、燃料、水资源等种类和数量清楚，单耗、总耗指标明确；给出主要的原料、辅料和燃料中有毒有害物质含量。

e）工艺流程和产污分析：主要生产工艺流程的描述和物料、水的走向清楚，产污位置与种类正确，图件清晰。化工项目给出主、副化学反应式。

f）物料平衡、水平衡、燃料平衡、蒸汽平衡：数据符合项目特点、准确可信，主要有害物质的平衡分析清楚，相关统计表格和图件清楚规范。

g）污染物产生和排放：核查污染物产生和排放的种类、方式、浓度和排放量估算方法的合理性和数据的准确性。根据各类污染物产生、处置、排放的特点，重点评估以下内容的合理性：

——大气污染源：有组织排放源的分布和排放参数、无组织排放源强的确定、非正常排放的发生条件和持续时间；

——水污染源：污水种类与收集处理方案、废水的重复利用率、正常工况下的排污源强及排放参数，非正常排放的发生条件、位置、强度和持续时间，水中优先控制污染物的产生和排放源强；

——噪声污染源：主要声源的空间位置、种类、方式和强度，源强估算和确定方法；

——固体废物：一般工业固体废物和危险废物的种类、性质、组分、容积和含水率等；

——振动源（振动有较大影响的项目）：振动源的空间位置、强度（采取措施前后的变化）、源强确定方法。

6.2.2.2 改扩建项目

a）改扩建前工艺、装置、污染物排放：分析生产工艺、规模、装置与现行的清洁生产标准和国家相关产业政策的符合性；评估主要污染物的种类、排放位置、排放量、稳定达标及其数据可靠性等情况。

b）改扩建前后污染物排放变化：评估改扩建前后污染物排放种类、方式、排放量变化等的准确性。

c）评估改扩建项目与现有工程的依托关系及依托可行性，明确现有工程是否存在环保问题，以及“以新带老”措施解决问题的可行性。

6.2.2.3 搬迁项目

除了上述评估要求外，还应重点评估项目搬迁后遗留的环境问题（如土壤、地下水污染等）的性质、影响程度，以及解决方案的可行性。

6.2.3 生态影响型项目工程分析评估要点

除参照污染影响型项目工程分析技术评估外，还须评估项目选址、选线合理性，项目不同时段、地段的影响方式、影响特征和影响显著性，以及施工方式和运行方式的环境合理性。

6.2.3.1 选址、选线合理性评估

通过环境条件和工程条件的比选，评估厂址、线路选取的合理性。

6.2.3.2 施工方式评估要点

从环境保护角度评估施工期施工工艺和施工时序的合理性。

评估不同工程组成施工工艺描述的准确性；根据国内外同类工程的情况，结合主要敏感目标的保护需求，评估施工工艺的先进性和环境可行性，评估不同施工内容的施工时序安排的合理性。在前述基础上，判断施工组织优化的可能性。

6.2.3.3 运行方式评估要点

评估运行方式的合理性和优化调度运行的可行性。

6.2.3.4 评估中应重视可能引起次生生态影响的因素。

6.3 清洁生产与循环经济技术评估

6.3.1 基本要求

a）从产品生命周期（选址、布局、产品方案选择、原材料和能源方案选择，工艺设备选择、生产各工序、施工建设及产品使用）全过程考虑；

b）与国家和行业颁布的产业政策、清洁生产标准和环保政策一致；

c）以有关行业先进技术、工艺、设备、原材料和污染防治措施为基础；

d）符合国家循环经济和节能减排的要求；

e）国家已颁布清洁生产指标的行业，按已颁布的清洁生产指标进行评估；未颁布清洁生产指标的行业，参照行业同类产品、相同规模、相同工艺和先进工艺的清洁生产指标进行评估。

6.3.2 主要评估指标

6.3.2.1 布局与产品结构

按照清洁生产要求，评估布局和产品结构的合理性，关注产业布局和产品结构对污染物的种类、规模以及形成原因的影响。

6.3.2.2 生产工艺与装备

从控制系统、循环利用、回收率、减污降耗和工艺过程处理等方面，评估装置规模、生产工艺和技术装备等的清洁生产水平。

6.3.2.3 资源能源利用指标

按照毒性小、可再生、可回收利用的要求，评估原辅材料选取的合理性。按照国家有关要求，从单位产品或万元产值的原材料消耗、水耗、能耗或综合能耗量，以及原材料利用率、水重复利用率等方面，评估项目资源利用和消耗的清洁生产水平。

6.3.2.4 产品指标

按照产品无毒和少害、使用时和报废后不造成环境影响或少造成环境影响的要求，评估产品的清洁生产水平。

6.3.2.5 污染物产生指标

从吨产品污染物产生量（废水量和废水中污染物、废气量和废气中污染物、固体废物产生量和固体废物中污染物）、综合利用等方面，评估污染物产生指标的清洁生产水平。

6.3.2.6 污染物排放指标

从吨产品污染物排放量（COD、SO_2等）方面，评估项目污染物排放水平与国家和地方对污染物控制指标的制约性要求的符合性。

6.3.2.7 废物回收利用指标

从企业、区域或行业等不同层次进行循环经济分析，提高资源利用率和优化废物处置途径。

6.3.2.8 节能减排

评估项目与国家节能减排约束性指标的符合性，同时还须关注项目特征污染物、温室气体的控制和减排措施的可行性、有效性。

6.3.3 清洁生产水平分级评估

清洁生产水平分为三级，一级为国际先进水平，二级为国内先进水平，三级为国内基本水平或平均水平。

新建和改扩建项目清洁生产水平至少达到国内先进水平；引进项目清洁生产水平力争达到国际先进水平，至少不低于引进国或地区水平。

对于目前尚未发布清洁生产标准的行业，将项目清洁生产水平的主要评估指标与国内外同行业的代表企业进行对比分析，应达到或高于现有代表企业的水平。

6.4 大气环境影响技术评估

6.4.1 一般原则性问题评估

6.4.1.1 评价标准的评估

评估需根据评价区的环境空气质量功能区分类或项目建设时限判断相应的环境空气质量标准和大气污染物排放标准使用的正确性。

6.4.1.2 评价等级的评估

评估项目的评价工作等级时，应关注项目排放主要污染物的最大环境影响和最远影响距离，以及评价区域的环境敏感程度、当地大气污染程度等，并注意 HJ 2.2 中对多源项目等特殊情况的补充规定。

6.4.1.3 评价范围的评估

——评估应关注项目对环境的最远影响距离、周围的环境敏感程度等。如评价范围的边界邻近居民区、医院、学校、办公区、自然保护区和风景名胜区等环境空气质量敏感区域，评价范围应适当扩大。

——根据环境影响评价文件提供的参数和估算模式选项，复核验算评价等级和评价范围。

6.4.1.4 环境影响识别与评价因子筛选评估

大气环境影响评价因子应包括建设项目排放的常规污染物和特征污染物。

评估时应关注与项目相关的本地区特征性污染物、污染已较为严重或有加重趋势的污染物、建设项目实施后可能导致的潜在污染或对周边环境空气敏感保护目标产生重要影响的污染物。

6.4.1.5 环境空气敏感区的确定评估

调查环境保护目标应包含评价范围内所有环境空气敏感区，并在图中标注，抽样核实环境影响评价文件中所列的环境空气敏感区的大气环境功能区划级别、与项目的相对距离、方位，以及受保护对象的范围和数量。

6.4.2 环境现状调查与评价的评估要点

6.4.2.1 大气污染源调查评估

污染源调查对象和内容应符合相应评价等级的规定。重点关注现状监测值能否反映评价范围有变化的污染源，如包括所有被替代污染源的调查，以及评价区内与项目排放主要污染物有关的其他在建项目、已批复环境影响评价文件的拟建项目等污染源。

6.4.2.2 环境空气质量现状调查与评价评估

（1）现有监测资料

现有监测资料的来源包括收集评价范围内及邻近评价范围的各例行空气质量监测点的近三年与项目有关的监测资料。现有监测资料应注意该数据的时效性和有效性。

（2）现状监测

监测布点、点位数量、监测时间和频次应符合不同评价等级对监测布点原则、数据统计的有效性等有关规定。

GB 3095 所包含污染物的监测资料的统计内容应满足 GB 3095 中数据统计有效性的规定；特征污染物监测资料的统计内容应符合相关引用标准中数据统计有效性的规定；无组织排放污染物的监测应符合 GB 16297 中附录 C 的要求。

（3）现状评价

——评估监测数据的统计和分析方法的正确性，以及环境空气质量现状评价结果的准确性。

——评估区域环境空气质量现状应关注数据的有效性问题。对于日平均浓度值和小时平均浓度值既可采用现状监测值，也可采用评价区域内近 3 年的例行监测资料或其他有效监测资料，年均值一般来自例行监测资料。监测资料应反映环境质量现状，对近年来区域污染源变化大的地区，应以现状监测资料和当年的例行监测资料为准。

——评估评价区域环境空气质量现状时，应检查环境影响评价文件中现状评价方法和评价标准的正确性，关注年平均浓度最大值、日平均浓度最大值和小时平均浓度最大值与相应的标准限值的比较分析，给出占标率或超标率，如有超标，应核实环境影响评价文件对超标原因的说明。

——环境现状出现超标时，应结合区域环境空气治理计划和近 3 年例行监测数据的变化趋势分析区域环境容量。

6.4.3 气象资料评估

6.4.3.1 气象资料调查评估

对于气象资料调查，首先应从气象观测数据来源及气象观测站类别评估环境影响评价文件附件中气象资料的翔实性，以及调查内容和数据量能否满足相应评价等级的要求。应特别关注气象资料的连续性，即常规地面气象观测资料应调查全年逐日、逐次的连续气象观测资料，以及预测分析所需的常规高空气象探测资料。

评估时还应关注需要补充地面气象观测资料的情况，即对于地面气象观测站与项目的距离超过 50 km，且地面站与评价范围的地理特征不一致时，应进行现场补充地面气象观测。补充地面气象观测应注意不同评价等级对观测时限的要求。

6.4.3.2 气象资料分析评估

气象资料统计结果重点分析区域风向玫瑰图和主导风向。

风向玫瑰图应包括评价范围多年（20 年以上）的气候统计结果以及所收集当地全年逐日逐次的地面气象观测资料的统计结果。在考虑项目选址和厂区平面布置时，应以 20 年以上的风向玫瑰图为主，在布设监测点位时，应考虑以调查的全年逐日逐次的地面气象观测资料统计的各季风向玫瑰图为主。

评估时应关注当地是否有主导风向，主导风向指风频最大的风向角的范围，强调是一个范围，一般为 22.5 度到 45 度之间。某区域的主导风向应有明显的优势，其主导风向角风频之和应大于等于 30%，否则可称该区域没有主导风向或主导风向不明显。在没有主导风向的地区，特别是对于排放恶臭等具有挥发性污染物的项目，应关注对全方位的环境敏感点的影响。

6.4.4 环境影响预测与评价评估

6.4.4.1 预测模式的选取

HJ 2.2 中推荐了三类模式，其中进一步预测模式可以用于环境影响预测，模式的选取应注意模式的适用性和对参数的要求，一般建设项目环评选择 AERMOD 或 ADMS 即可。如果使用的模式版本为导则附录推荐版本的后续升级版，应说明不同版本间的差异，如果使用不在导则附录推荐清单中的模式，需提供模式技术说明和验算结果。

6.4.4.2 计算点的选取评估

计算点可分为预测范围内的环境空气敏感区（点）、评价范围的网格点和区域最大落地浓度点三类。评估时需关注计算范围应包含所有环境空气敏感区（点），预测网格点的设置应具有足够的分辨率以尽可能精确预测污染源对评价区的最大影响，并应覆盖整个评价区域，在高浓度分布区网格点可加密设置，以寻找区域最大落地浓度点。

6.4.4.3 预测内容设定的评估

预测内容的设定应符合评价等级的要求。预测内容一般根据污染源排放工况和预测浓度要求而定。污染源排放工况包括正常排放和非正常排放；预测浓度结果包括小时平均浓度、日平均浓度和年平均浓度。根据预测内容设定预测情景，预测情景应反映评价项目的污染特性和污染控制的最优方案以及环境影响程度。

评估时应注意，计算小时平均浓度应采用长期气象条件，进行逐时或逐次计算，选择污染最严重的（针对所有计算点）小时气象条件和对各环境空气保护目标影响最大的若干个小时气象条件（可视对各环境空气敏感区的影响程度而定）作为典型小时气象条件；计算日平均浓度需采用长期气象条件，进行逐日平均计算，选择污染最严重的（针对所有计算点）日气象条件和对各环境空气保护目标影响最大的若干个日气象条件（可视对各环境空气敏感区的影响程度而定）作为典型日气象条件。

6.4.4.4 环境影响预测的基础数据评估

评估时应检查环境影响评价文件附件中资料内容，即气象输入文件、地形输入文件、程序主控文件、预测浓度输出文件等。根据环境影响评价文件附件中对各文件的说明和原始数据来源情况，抽查数据的真实性，并评估环境影响评价所采用基础数据和模式参数的合理性与有效性。

6.4.4.5 环境空气质量预测分析与评价评估

环境空气质量预测分析与评价应重点从项目的选址、污染源的排放强度与排放方式、污染控制措施等方面评价排放方案的优劣，以及对存在的问题（如果有）提出解决方案等方面进行评估。

评估时注意，对环境空气敏感区的环境影响分析，应考虑其预测值和同点位处的现状背景值的最大值的叠加影响；对最大地面浓度点的环境影响分析可考虑预测值和所有现状背景值的平均值的叠加影响。年均浓度叠加值一般选择例行监测点的年均浓度和相应年的气象条件；如果没有例行监测点位，则可不进行叠加。若评价区内还有其他在建、拟建项目，应考虑其建成后对评价区的叠加影响。

对于评价区域内出现叠加背景浓度后超标的，应结合环境影响评价报告中对超标程度、超标范围、超标位置以及最大超标持续发生时间等预测分析结果及环境影响评价结论，最终评估项目对环境影响的可接受程度。

6.4.5 大气环境防护距离评估

对于排放污染物浓度达到场界无组织排放监控浓度限值要求，但对可能影响区域环境质量超标的无组织源，可单独划定大气环境防护距离。

根据 HJ 2.2 确定大气环境防护距离，结合厂区平面布置图，确定项目大气环境防护区域。对于大气环境防护区域内存在的长期居住的人群，如集中式居住区、学校、医院、办公区等环境敏感保护目标，应给出相应的搬迁建议或优化调整项目布局的建议。

6.4.6 大气环境保护措施的评估

——施工期产生扬尘等大气污染物防治措施的有效达标。

——运行期生产废气处理工艺符合行业污染防治技术政策，技术经济合理可行，稳定达标排放，主要污染物排放量、可利用废气利用水平符合该行业清洁生产水平要求和相关政策要求，产生的二次污染防治措施可行。

——大气环境防护距离确定合理，防护距离内的环境保护目标处置方案可行。

——大气污染防治投资估算合理。

6.5 地表水环境影响技术评估

6.5.1 一般原则性问题评估

6.5.1.1 地表水环境影响评估应与相关专题（如地下水、生态）评估有效衔接和彼此互应。

除 HJ/T 2.3 规定内容外，评估还应特别注意相关依据文件、水环境敏感问题、水环境影响途径、水污染源强、水污染特征与类型、评价标准等。

加强技术方法和参数选择合理性评估。

强化排污口附近受纳水体污染带分布预测与超标水域计算结果的可靠性评估。

6.5.1.2 环境影响因素与评价因子识别的评估

a）按 HJ 2.1 的要求识别地表水环境影响因素，包括施工期、运行期和服务期满等不同阶段，以及直接影响、间接影响、潜在影响、累积影响等。

b）筛选出的地表水环境影响评价因子应包括建设项目排放的特征污染物、受纳水体（或流域、区域）的水环境特征因子、水质已经超标或有加重污染趋势的污染物、建设项目实施后可能导致潜在污染危害或对水环境敏感保护目标产生明显影响的污染物。

c）应分别明确现状调查评价因子和影响预测评价因子。

6.5.1.3 评价等级的评估

核查评价等级以及确定评价等级所采用的数据及判据的合理性。

6.5.1.4 评价范围的评估

评估中应特别关注对评价范围内水环境敏感问题和环境保护目标（如水源地、自然保护区等）的影响。应评估评价范围确定的合理性：

a）评价范围边界邻近敏感水域时，应将评价范围扩大至敏感水域边界处；

b）非正常工况和事故排放条件下可能受到影响的水域均应纳入评价范围；

c）因地表水环境影响可能带来生态退化、地下水污染等，应合理扩大评价范围，涵盖可能涉及的生态退化区域或地下水污染影响区域。

6.5.1.5 水环境保护目标的评估

a）评估水环境保护目标识别的全面性和准确性，必须考虑 GB 3838 中优于Ⅲ类水域功能的水域、饮用水水源保护区和相关取水口，GB 3097 中第一、二类海域功能的水域，以及重要的养殖、景观、娱乐以及其他具有特殊用途的水域。

b）评估评价范围内受到社会关注的水环境敏感问题识别的全面性和准确性，如水资源短缺、有机污染、富营养化、重金属污染、优先控制污染物污染等。

c）水环境保护目标的基本情况介绍必须清楚，包括名称、相对位置、水域功能及水环境区划、保护规划与相关要求、实际使用功能、规模与服务范围（对象）、利用现状与开发规划、水质现状及存在的环境问题等。

6.5.2 现状调查与评价的评估

6.5.2.1 水污染源调查的评估

——污染源调查对象和内容应符合相应评价等级的规定。

——建设项目所在流域（区域）如有区域水污染源替代方案，还应包括所有被替代污染源的调查，以及调查评价范围内的既有污染源、与项目排污有关的其他在建项目污染源、已批复环境影响评价文件的拟建项目污染源等。

6.5.2.2 水文资料与水文测量的评估

——水文资料的收集利用和水文测量应符合相应评价等级的规定。

——根据建设项目环境影响评价文件（包括专题报告、收集到的水文资料等），重点评估水文资料及选用相关水文参数的代表性与合理性。

——需开展现场水文测量工作的项目，建设项目环境影响评价文件应反映相应的水文测量工作情况并提供水文测量成果。评估中应注意分析实测水文参数的代表性和合理性，必要时应采用历史资料、经验估算、类比资料等进行验证或论证。

6.5.2.3 环境质量现状调查的评估

——需对调查范围、调查方法、调查内容、调查因子、采样点位（包括断面、垂线、采样点）设置、采样时间和采样频次、采样分析方法、调查结果等进行认真核查。

——评估现状调查资料的代表性、合理性，必要时对建设项目环境影响评价文件提供的基础数据和相关资料进行核实。需开展非点源调查评估时，可采用类比分析、经验法估算等方式进行，调查因子应根据实测数据、统计报表以及污染源性质等相关情况来确定。

——评估水环境质量现状调查结果的代表性与合理性。评价结果应明确主要的水污染源情况与相关排污口的位置、水质现状是否满足水域功能及相应水质标准要求、主要的水环境问题与特征水质污染因子、水环境质量的时空分布规律等。对于重要水体及有特殊用途的水域，应分析其水环境的变化趋势。

——对于水质现状出现超标的情况，须明确超标因子、超标水域与超标时段等相关情况，分析水质超标的原因，明确对建设项目是否有制约性。

6.5.2.4 评估关注的主要问题

——评估时需要重视水环境敏感问题涉及的主要水质因子、总量控制因子是否达标、是否满足水质控制目标和排污总量控制的要求。底质调查应包括与建设项目排污水质有关的易累积的污染物，如农药类、重金属、氮、磷等。

——评估时应要求提供完整的地表水环境调查布点图，包括收集利用历史资料和现场调查布设的所有采样点。采样分析方法须符合相关监测规范及技术标准。

——评估应要求介绍建设项目评价水域附近的国家、省和市三级水环境质量控制断面的设置情况，对与评价水域水环境质量相关及可以反映评价水域水质变化趋势的控制断面，应提供至少近三年的不同水期的水质监测数据，以及相应的区域排污负荷量统计资料。

6.5.3 环境影响预测与评价的评估

6.5.3.1 预测方案的评估

预测方案主要包括预测范围、预测因子、预测时段、预测点位、预测工况、预测方法、预测内容等。评估要点包括：

a）预测工况要全面，应包括正常工况、非正常工况、事故状况。

b）预测时段要有代表性，水环境影响评估一般均要考虑枯水期，个别水域由于面源污染严重也应考虑丰水期；对于敏感水域，应评估水体自净能力不同的多个阶段及不同水期的水环境影响。对于北方河流，应考虑冰封期；对于季节性断流河流，须评估断流情况下的水环境影响，包括对地下水和生态环境的影响；对于感潮河段，应评估不同潮期的水环境影响。

c）对于水资源消耗量大、缺水地区、涉及水源保护区的项目，应评估水资源开发利用的环境可行性与相应的水环境影响。

d）预测方法的适用性与合理性。

e）预测模型的适用性。主要是评估预测模型的适用条件、模型参数对于建设项目水环境影响的适用性，如水质模型的适用条件、水质模型的空间维数、模型预测的水质类型，预测模型适用的环境水文条件及环境水力学特征等。

6.5.3.2 预测条件及模型参数选择的评估

a）评估水质模型参数获取方法与参数值选取的合理性和代表性；

b）对于稳态模型，主要评估环境水文条件、水质边界条件概化的合理性；

c）对于动态模型或模拟事故排放，评估预测的边界条件、初始条件的代表性和合理性；

d）对于二维、三维模型，需评估模型验证的结果；

e）评估水质预测结果与水动力预测结果的相容性和一致性。

6.5.3.3 排污口和超标水域设定的评估

a）敏感水域及需要特殊保护的水域不能设置排污口和超标水域；

b）经有关部门批准设置的排污口和混合区，建设项目排污造成的超标水域不得影响鱼类洄游通道和邻近水域的功能及水质；

c）超标水域与允许纳污量的核定，必须满足区域排污总量控制要求。

6.5.3.4 预测结果的评估

a）水质预测结果包括水质现状值与建设项目排污贡献值，贡献值应包括评价范围内及同一纳污水域在建项目、拟建项目（已批复环境影响评价文件的）的水质影响问题；水质预测评价应包括评价水域水质达标和建设项目排污满足总量控制要求两个方面。

b）预测断面应包括评价水域的水质变化控制断面，敏感水域及水环境保护目标控制断面，邻近及相关的国家、省、市三级控制断面等。

c）评估排污口位置选择、排放方式、影响途径、影响范围、影响及危害程度、超标水域范围以及环境可接受性等预测结果的可信性。

d）评估预测结果与流域、区域水质目标的符合性。

6.5.4 环境保护措施的评估

（1）施工期。

生活污水和生产废水的收集与处理方案、排放去向或回用途径的可行性与可靠性，确保达标排放或满足评价水域的排污控制要求。

（2）运行期。

——生产废水处理工艺符合行业污染防治技术政策，技术经济合理可行；废水排放量、水的重复利用率和循环利用水平符合相关行业的清洁生产水平和节约用水的管理政策要求。生活污水的收集、处理工艺有效可行；按照排污控制要求稳定达标排放，特征污染物满足区域总量控制要求并明确总量指标的落实情况；对可能导致二次污染的情况，应分析防治二次污染对策措施的技术经济可行性与处理效果的有效性、可靠性。

——对废水排入已建污水处理厂或园区、城市污水处理厂的项目，应评估相关污水处理厂的截污管网、处理规模、处理工艺对于接纳建设项目废水水质和水量的可行性与有效性。

——对存在下泄低温水的项目，应有分层取水或水温恢复措施；对下游河道存在减（脱）水的项目，应根据下泄流量值与下泄流量过程的要求，明确相应的工程保障设施和管理措施；水利灌溉项目关注退水、回水的污染防治措施；防洪项目应关注对区域水力联系（包括地表水与地下水的水力联系）、土地浸没的影响，以及对区域排污、排涝的影响。

（3）污染防治投资估算合理。

6.5.5 其他评估要求

——关注向有灌溉或养殖功能的水系排放易累积或生物富集的污染物的项目，如农药类、重金属等，要求少排或不排。

——对于废水零排放项目，应分别从技术和经济角度评估零排放的可行性与可靠性。

——评估水环境监测方案的合理性与规范性，核实评价范围内的水环境保护目标。应按要求进行规范监测，留取背景值，以便于对项目运行后进行监管和后评估。

——评估风险防范措施的有效性。在事故情况下，对可能造成地表水污染危害的途径，应采取严格的风险防范措施。尤其是饮用水水源保护区，应确保饮用水源的水质安全。

6.6 地下水环境影响技术评估

6.6.1 一般原则性问题的评估

6.6.1.1 评价等级的评估

——根据建设项目对地下水环境影响的特征，评估建设项目的分类合理性；

——根据评价工作等级划分依据，评估不同建设项目评价工作等级划分的正确性。

6.6.1.2 地下水环境影响识别的评估

——根据项目工程特征和所处地下水环境特征，评估影响识别的正确性；

——结合项目的污染特征，评估评价因子筛选、评价内容确定的合理性；

——应关注采矿、隧道工程对地下水资源的影响及次生的生态和社会影响。

6.6.2 环境现状调查与评价的评估

6.6.2.1 污染源调查的评估

评估污染源调查的全面性。

6.6.2.2 水文地质条件和环境水文地质问题调查的评估

评估水文地质条件调查资料的适用性和合理性，分析地下水开发利用及有关人类活动可能引起的主要的地下水环境问题。

6.6.2.3 环境现状基础数据的评估

——评估环境质量现状数据是否满足相应评价等级的要求，包括调查范围、监测因子、监测布点和监测频率。

——必要时，应根据污染源特点及环境水文地质条件，有针对性地进行了水文地质试验。

6.6.2.4 评价结论的评估

评估环境质量现状评价结论的正确性，其中重点评估地下水污染途径和超标原因分析的合理性。

6.6.3 环境影响预测与评价的评估

评估预测方法与模型、边界条件、参数的正确性，水位水质监测数据的有效性，模型验证的合理性，预测时段、预测地段选择的可行性，预测结论的科学性。

根据影响程度，选择以下部分或全部内容进行评估：

a）一级评价预测须采用数值法；二级评价预测，当水文地质条件复杂时应采用数值法，水文地质条件简单时可采用解析法；三级评价可采用回归分析、趋势外推、时序分析和类比预测分析法。

b）评价时段需包括建设项目的建设期、运行期和服务期满后三个时段；需按污染物正常排放和事故排放两种情况进行预测；预测地段要包括重点保护目标；预测因子包括特征污染因子、超标因子。

c）预测结论的科学性、可信性，对周围环境影响的可接受性。

6.6.4 环境保护措施的评估

分项目的建设期、运行期和服务期满三个阶段，在综合考虑产污地点、排污渠道、影响途径、影响特征等内容的基础上，对环境保护措施的可行性和可操作性进行评估。

6.7 声环境影响技术评估

6.7.1 一般原则性问题评估

6.7.1.1 评价等级的评估

评估评价等级确定的合理性。

6.7.1.2 评价标准的评估

评估所采用评价标准的适用性和准确性。

6.7.1.3 评价范围的评估

根据 HJ 2.4 确定评价范围，大型工程评价范围附近有敏感点的，应扩展至达标范围。

6.7.1.4 选址选线的评估

——选址选线应与城市（镇）总体规划和声环境功能区划相容，在声环境保护方面无明显制约因素；

——关注选址选线替代方案、噪声控制距离的可行性。

6.7.1.5 环境保护目标的评估

评估环境保护目标识别的全面性和准确性，环境保护目标包括学校、医院、机关、科研单位、居民住宅等，应关注农村区域执行的环境功能区类别。

声环境敏感目标调查清楚。与工程的方位距离、高差关系、所处声环境功能区及相应执行标准和人口分布情况表达明确，相关图件清晰。

6.7.2 噪声源评估

污染影响型项目和生态影响型项目噪声源的评估可分别按以下要求进行。

6.7.2.1 污染影响型项目的噪声源评估

——噪声源源强确定方法（工程法、准工程法、简易法）选择正确；

——噪声源种类、分布位置（按照工艺或车间分布，或按照总图布置）、数量、噪声级准确；

——噪声源源强测量条件和声学修正（必要的条件参数和声学修正量）清楚；

——对于特殊工况（如排汽放空噪声、开车和试车噪声等），需给出噪声源源强和持续时间。

6.7.2.2　生态影响型项目的噪声源评估

——公路（含城市道路）项目的分段（按互通立交）车流量、车型比例（按吨位）、车速、昼夜车流比例等数据完整清楚；

——铁路项目的每日货/客车对数、平均小时列车对数、不同车速和状态噪声源的边界条件等参数明确；

——城市轨道项目的平均小时列车对数、高峰小时列车对数、不同车速和状态噪声源的边界条件等参数明确；

——机场项目的年飞行量、日均飞行量、不同机型分布和比例、高峰小时飞行量、白天和傍晚及夜间的飞行比例、进场和离场飞行程序及气象条件引起的变化等内容完整清楚；

——其他生态影响型项目依照噪声源性质、类型可参照上述各类别进行噪声源的评估。

6.7.3　环境现状调查与评价的评估

评估采用的标准、方法和调查方案的合理性和可靠性，要点包括：

——监测点位布设符合 HJ 2.4 和 GB 3095 的要求，监测项目和监测时段符合评价目的；

——监测方法规范，测量条件清楚（包括环境条件）；

——环境质量现状超标的原因和状况分析清楚，有超标情况和影响人口情况统计；

——现状调查和监测内容及结果表达符合规范要求，须附规范的点位布设图；

——对于高层的敏感目标，须特别注意是否有垂向声场布点。

6.7.4　环境影响预测与评价的评估

a）评估预测点选取与评价工作等级、相关规范要求的相符性。预测点应具有代表性，可覆盖现状监测点和全部环境保护目标，并包括需要预测的特殊点。

b）评估预测模式选择的正确性、预测条件和参数选取的合理性。选取预测模式，应有必要的模式验证结果和参数调整的说明（特别是采用非导则推荐的模式时）。

c）评估预测结果的准确性。预测结果应包括声环境影响范围内全部环境保护目标、不同功能区达标情况和不同超标区域人口情况（须统计完全），一级、二级评价还应包括相关等声级曲线图。

6.7.5　环境保护措施的评估

a）评估项目拟采取的声环境保护措施的针对性和可操作性，分析采取措施后的降噪效果。应以厂（场）界噪声控制和环境保护目标声环境达标为主，要求防治措施技术可行、经济合理，噪声控制距离合理可行。

b）根据各环境敏感目标的声环境影响预测结果，须在方案比选的基础上，提出有针对性的具体的声环境保护措施。不同工程时期、不同区段或不同措施的实施方案清楚，投资估算合理。

6.8　固体废物环境影响技术评估

6.8.1　基本要求

a）固体废物环境影响评估须根据国家有关规定、标准对固体废物的属性进行鉴别，根据固体废物所属的类型不同和贮存、运输、利用、处置方式不同分别进行评估。

b）固体废物环境影响技术评估的重点是项目选址的环境可行性。

6.8.2　场址选择评估

6.8.2.1　一般工业固体废物场址选择评估

评估一般工业固体废物选址与 GB 18599 中关于场址选择的环境保护要求的相符性，重点关注Ⅱ类场的以下问题：

a）所选场址需满足地基承载力要求，以避免地基下沉的影响，特别是不均匀或局部下沉的影响，以“场地工程地质勘察报告”为依据。

b）所选场址中断层、断层破碎带、溶洞区，以及天然滑坡或泥石流影响区的发育程度应以“地质灾害危险性评估报告”作为评估依据。

c）场地是否避开地下水主要补给区和饮用水源含水层，要以场地大于 1∶10 000 比例尺的水文地质图为依据，并提供场地渗透系数和评估其防渗性能的优劣。

d）天然基础层地表距地下水位的距离不得小于 1.5 m，应以当地丰水期地下水水位埋深值作为依据，评估防渗措施的可行性。

6.8.2.2 危险废物和医疗废物场址选择评估

评估选址与 GB 18484、GB 18597、GB 18598、HJ/T 176 和《危险废物安全填埋处置工程建设技术要求》等要求的相符性。

重点关注以下内容：

a）填埋场基础层的要求应以有效的“场地工程地质勘察报告”为依据。

b）所选场址地质构造的稳定性及地质灾害的发育程度应以批复的“地质灾害危险性评估报告”或国土资源行政主管部门的意见作为评估依据。

c）场址是否避开地下水主要补给区和饮用水源含水层，应以场址区比例尺大于 1∶10 000 的水文地质图为依据。

d）依据场地渗透系数和当地丰水期地下水水位评估防渗措施的可行性和合理性。

6.8.3 基础数据的评估

根据评价导则、评价标准等规范性文件的要求，核实基础数据的科学性、可信性，所提供的资料应符合国家规范要求并满足评价需要。

（1）对于一般工业固体废物项目，需核实的基础数据包括：

——所选场址的基本工程数据；

——场址周围各环境要素的敏感目标与质量现状调查和监测数据，生态系统类型、多样性、生物量、保护物种、敏感目标调查数据；

——项目生产与贮运全过程各污染物的有组织与无组织、正常工况与非正常工况的一般工业固体废物产生、削减、排放数据；

——风险事故源强数据；

——场址实施不同阶段有关土地占用，资源开发利用强度，移民搬迁等涉及生态影响的数据资料；

——一般工业固体废物性质鉴别、产生量、主要污染物含量、贮存、处置方式的资料；

——场址附近工程地质与水文地质资料等。

（2）对于危险废物和医疗废物项目，需核实的基础数据包括：

——项目厂区平面布置（附图），危险废物及医疗废物收集、运输、贮存、预处理、处置或综合利用等情况，危险废物及医疗废物特性分析数据等；

——周围各环境要素的敏感目标与质量现状调查及监测数据，生物系统类型、多样性、生物量、保护物种、敏感目标等调查数据；

——生产与贮运全过程各污染源的有组织与无组织、正常工况与非正常工况的污染物产生、削减、排放数据；

——风险事故源强数据；项目实施不同阶段有关土地占用，资源开发利用强度，移民搬迁等涉及生态影响的数据资料。

6.8.4 环境影响预测评估

a）环境影响预测方法需符合环境影响评价技术导则的要求，所选用模式或方法应符合建设项目所在环境的特点，确定的参数和条件明确合理。

b）不同阶段、不同季节环境影响预测结果具有代表性，不利条件下预测结果可信，尤其注意防护距离和场界污染物浓度计算结果的科学性、各种预测结果的环境可接纳（承载）性等。

c）危险废物和医疗废物贮存、处置场建设项目的影响预测应重点关注有毒有害物质。

6.8.5　环境保护措施的评估

（1）一般工业固体废物。

——项目产生的固体废物加工利用符合国家行业污染防治技术政策，应符合作为加工原材料的质量要求，加工利用过程的污染防治措施（包括厂外加工利用）可行并符合实际。

——固体废物临时（中转）堆场选址合理，需要采取的防渗、防冲刷、防扬尘措施可行；固体废物贮存场的选址、关闭与封场应符合 GB 18599 的相关要求，采取的污染防治措施可行，符合所在地区的环境实际，技术经济合理。

（2）危险废物。

——项目产生的危险废物贮存、加工利用、转移应符合国家相关政策要求，再利用过程的污染防治措施（包括厂外加工利用）可行，技术经济合理；

——危险废物焚烧炉的技术指标、焚烧炉排气筒的高度、危险废物的贮存、焚烧炉大气污染物排放限值应符合 GB 18484 的相关要求；

——危险废物的堆放、贮存设施的关闭应符合 GB 18597 的相关要求；

——危险废物填埋场污染控制、封场应符合 GB 18598 的相关要求。

（3）固体废物污染防治措施投资估算合理。

6.9　陆生生态环境影响技术评估

6.9.1　一般原则性问题评估

6.9.1.1　评价范围的评估

——评价范围应包括项目全部活动空间和影响空间；

——考虑生态系统结构和功能的完整性特征；

——能够说明受项目影响的生态系统与周围其他生态系统的关系；

——包括项目可能影响的所有敏感生态区或敏感的生态保护目标。

6.9.1.2　评价标准的评估

a）评价标准应表征规划的生态功能区的主要功能、规划目标与指标；表征自然资源的保护政策与规定；表征环境保护管理的目标、指标。

b）以评价区域同类型基本未受影响的自然生态系统的相对理想状态为评价标准；或进行气候生产力理论计算作为自然生态系统评价标准；根据生态功能区或功能分区目标选择指标并进行指标分级而确定评价标准。

c）污染的生态累积性影响，在污染生态影响评价基础上进行，其评价标准可依据科学研究已判明的生态效应、阈值、最高允许量等确定，须评估这些科研成果的应用是否合理。

d）评价生态环境问题及相应的生态系统结构-过程-功能的标准，根据采用的评价方法选择指标和进行指标分级，按保障区域可持续发展要求作标准选择。

6.9.1.3　生态影响判别的评估

a）列入识别的影响因素（作用主体）应反映项目的主要影响作用；按项目全过程列出影响因素并将主要影响阶段作为重点；须突出重点工程和重大影响的内容。

b）列入识别的生态环境因素（影响受体）应是主要受影响的生态因子，包括生态敏感区，区域主要生态环境问题和生态风险问题，重要的自然资源。

c）应区分影响性质（可逆与不可逆）、范围、时间、程度、影响受体的数量和敏感程度。

6.9.1.4　评价因子筛选的评估

——选择的评价因子应表征受影响最严重的生态系统和因子、生态环境敏感区、重要自然资源、主要生态问题等；

——评价因子（指标）可分解和可用参数表征；

——评价因子和参数应可以测量或计量。

6.9.1.5 评价等级的评估

对影响不同生态系统或不同保护目标的项目，一个项目只定一个评价等级，按最重要和最大影响确定评价等级。

6.9.2 陆生生态现状调查与评价的评估

6.9.2.1 自然环境调查的评估

自然环境调查的重点是与项目环境影响关系密切的、具有区域环境特点的内容，一般包括地形、地貌、地质、水文、气候、土壤、动植物等。

6.9.2.2 生态现状调查的评估

调查内容包括生态景观、生态系统、植被、物种多样性、重要生境与重要生物群落、区域生态问题等，评估调查方法选取的合理性、引用资料的准确性、生态监测结果的代表性以及主要生态问题识别的正确性。

6.9.2.3 生态现状评价的评估

（1）生态系统完整性。

——用景观生态学方法评价生态系统完整性时，应说明系统的基本结构和状态，依据一定的指标和标准分析系统的稳定性和可恢复性；

——用生态机理分析等方法评价生态系统完整性时，须阐明系统结构，采用表征系统状态的评价指标体系进行评价；

——对植被的完整性和状态进行评价；

——说明评价的生态系统与周围生态系统的相互关系，线型项目须说明附近支持型生态系统；

——说明对系统完整性有重要影响的因素。

（2）生态敏感区。

明确特殊生态敏感区和重要生态敏感区；确定能表征生态敏感区特征和功能的评价指标，分析其现状与问题；法定保护的生态敏感区应给出规划图，必要时还应给出生态环境质量评价图件。

（3）区域生态功能。

明确评价区生态功能区划与生态规划或规划环评的生态功能分区；生态功能未明确的，可参照《全国生态功能区划》推荐的方法进行区域环境敏感性评价，评定评价区生态环境功能或生态敏感性；分析项目是否符合区域生态功能的要求。

（4）区域主要生态问题。

鉴别区域主要生态问题，调查区域生态问题的类型、成因、分布、历史发展过程和发展趋势等，分析区域生态的主要限制性因素。

6.9.3 陆生生态影响预测和评价的评估

6.9.3.1 生态系统影响预测和评价的评估

评估时关注评价方法选择的合理性和影响程度的正确判别。评估中应关注：

——土地占用对生态系统完整性的影响；

——线型工程的地域分割、阻隔对动植物及其栖息地的影响；

——自然资源利用或生物多样性减少导致的系统组分失调或简化；

——景观破碎和生产力降低导致的系统稳定性降低和恢复能力下降等。

6.9.3.2 生态敏感区的影响预测和评价的评估

重点关注特殊生态敏感区和重要生态敏感区。评估项目选址的合理性，项目选址应尽量避开特殊生态敏感区和重要生态敏感区；对于不能避开的项目，须评估项目规模是否影响生态敏感区的主导生态功能；根据项目的影响途径、影响方式和程度，评估影响预测方法和评价指标选取的合理性。

以下几类生态敏感区的评估要点包括：

——珍稀动植物栖息地影响评估要点：须明确建设项目影响栖息地的主要因素或方式（如侵占、破坏、分割、阻隔、干扰、削弱、减少面积、收获资源等）、影响的性质（是否可恢复或可补偿）与程度（范围、时间和强度）。

——自然保护区影响评估要点：明确自然保护区的名称、保护级别、边界范围和功能分区并附批准规划图；说明自然保护区的主要保护对象或目标；以动物为保护目标的应说明其主要分布地区（主要活动区）、食性和习性，巢区要求、繁殖条件、有无迁徙特性等；评估影响的性质、范围和程度。

——风景名胜区影响评估要点：应从风景区内外的观景点和人群集中地的角度观察和评估景观美学影响。

——自然遗产地影响评估要点：须说明自然遗产地的类型、保护级别、科学价值、保护区范围，并附保护区规划图；应说明项目与自然遗产地的关系，是否符合法规要求，有无替代方案；评估影响性质、范围和程度。

——生态脆弱区影响评估要点：应进行脆弱性评价，并说明导致生态脆弱的主要原因；阐明生态脆弱性特点，脆弱区分布；项目与脆弱区的关系和影响；生态脆弱对项目的制约作用；提出针对生态脆弱特点和问题的特殊环保措施等。

6.9.3.3 物种多样性影响的评估

评估项目影响下的物种减少可能性，并对影响程度进行判别，评估时应考虑直接影响、次生影响及累积影响。

评估项目建设对重要生物的影响：重要生物是指列入法定保护名录的生物、珍稀濒危生物、地方特有生物和公众特别关注的生物。评估时应注意：

——须将生物与其栖息地环境作为一个整体看待；

——逐一阐明重要生物的名称和种类、保护级别、种群状态、集中分布区和活动范围、食物来源、繁殖条件、巢区要求、有无迁徙习性和动物通道要求等；

——建设项目影响的途径和方式、影响的程度等是否可以接受；

——有多种生物为影响评价对象时，可进行保护优先性排序或影响危险性排序，确定最需保护的对象，也可对代表性生物作影响评估；

——须对影响程度做出判别。

6.9.3.4 生态风险的评估

评估中考虑的生态风险主要有造成物种濒危或灭绝的风险、造成自然灾害风险、造成人群健康危害或造成重大资源和经济损失的风险等。

评估建设项目引起生态风险的可能性，明确风险影响途径、形式、发生机理和发生频率；主要影响对象以及影响程度、范围和后果；是否有预防措施和应急方案。

6.9.3.5 区域生态问题的评估

分析项目与区域主要生态问题的关系，评估项目选址和建设方案的可行性。

6.9.3.6 自然资源影响的评估

评估资源利用规模和方式对资源可持续利用的影响，是否符合规划确定的资源利用原则与指标，是否符合国家和地方政府的资源利用政策与法规，是否符合各行业的资源利用的标准与规范。

6.9.4 农业生态环境影响评估

6.9.4.1 农田土壤影响的评估

a）土壤侵蚀评估：项目在三类地区应有水土保持方案，明确土壤侵蚀模数、侵蚀面积和土壤流失量；水土保持方案或措施应符合环境保护要求，护坡工程考虑景观美学影响问题，植被重建要求应与当地气候土壤条件相符合；

b）土壤退化评估：土壤影响评价应选择表征土壤退化的指标，进行定量化测算，计算退化面积，评估农田土壤退化程度，进而评价对生态（如植被）的影响和对生态系统的整体性影响；

c）土壤污染评估：明确受污染土地面积、主要污染源与污染物；依据 GB 15618 评价土壤污染程度，并评价对生态的影响；必要时进行农作物或其他指示生物的污染物测量以评价生态污染或累积性影响。应根据土地的规划功能评估土壤污染的可接受性，如农田污染程度应按是否影响农产品的食用质量评估，而不是按是否可生长植物或生物量大小评估。

d）土壤盐渍化评估：通过分析土壤盐渍化与当地农作物的关系，评估盐渍化发展趋势，及其对农业生态环境的影响程度。

6.9.4.2 农业资源影响的评估

a）农用土地：说明项目占地面积与类型，占耕地面积，相应农业损失；评价耕地占用的合理性和合法性；论述替代方案和减少耕地占用的措施，土地复垦的可行性。对城市菜篮子工程用地、特产农田、鱼塘、园田占用应有针对性的保护或恢复、补偿措施。

b）基本农田：明确项目占用基本农田的面积、分布，并附图，计算农业损失。评估其合法性，可补偿性，论证减少占地的措施及可行性。

6.9.5 城市生态环境影响评估

6.9.5.1 城市性质与功能影响的评估

——根据城市总体规划、土地利用规划、生态功能区划、环境功能规划等评估项目性质、规模和布局的规划符合性；

——根据城市发展的制约性资源环境因素评估项目对城市可持续发展的影响（环境合理性）。

6.9.5.2 城市功能分区及生态环境功能区划的评估

调查和阐明城市的功能分区和生态功能区规划，分析建设项目选址和建设方案与生态规划的协调性。评价项目对城市重要生态功能区及敏感生态环境区的影响（选址合理性）。

6.9.5.3 城市自然体系及空间结构的评估

——调查评价城市自然环境体系（河流湖泊/山峦丘岗等）对城市生态的重要调节功能；

——评估项目对城市自然体系的影响；

——评估是否影响城市风道，水道通畅，人口密度适中宜居等。

6.9.5.4 城市绿化体系的评估

阐明城市绿化体系规划，明确绿化指标和绿化体系布局，评估项目对绿化体系的影响；项目绿化方案是否满足城市绿化规划的目标、指标和布局要求。

6.9.5.5 城市景观影响的评估

阐明城市规划中有关景观的要求；评估城市风貌和景观特色；明确主要景观资源和景观区（段、点）及敏感景观点段；评价项目与城市景观保护目标的关系，对城市景观的影响性质、影响形式、影响区段和影响程度，减轻影响的途径和措施等。

6.9.5.6 城市可持续发展支持性资源影响的评估

评估支持城市可持续发展的关键因素，包括水资源、土地资源、生态承载力与环境容量等。评估项目竞争性利用城市资源环境造成的长远影响。

6.9.5.7 城市生态安全评估

根据生态功能区划评估城市的生态安全性，明确重要生态功能区、自然灾害易发区、地质不稳定区和建筑控制区等。评估项目选址的环境合理性，对生态安全性影响等。

6.9.6 陆生生态保护措施评估

6.9.6.1 生态保护措施的基本要求

a）遵循生态科学基本原理。保护生态系统完整性、保持再生产能力、保护生物多样性及重点保护的生态敏感区、关注生态发展限制性因素、保持主导生态功能和重建退化的生态系统等。

b）实行全过程保护。针对建设项目实施过程各阶段不同的生态环境影响问题，采取相应的保护措施，并且在影响最严重的时期采取最严格的保护措施和管理。

c）具有针对性。须针对具体的项目特点和具体的生态环境特点进行评价和实施保护措施。

d）具有可行性。保护措施应是经济可行、管理可及、技术可达。

6.9.6.2　生态环境保护措施评估重点

（1）预防为主措施评估。

——对生物多样性保护、敏感生态区保护、自然景观保护等应特别防止发生不可逆影响。项目选址选线必须考虑避免干扰或破坏此类保护目标；

——对重大影响和有敏感生态保护目标影响者应论证替代方案；

——避免在生物繁殖季节等关键时期进行有影响的活动。

（2）工程措施评估。

——污染防治措施应做到排放浓度达标和环境质量达标，有生物影响或累积影响的污染物应长期监测控制；

——生态工程措施应环境适宜和有效；

——绿化方案应达到有关规划要求；

——对项目进行景观美化设计，对项目与周围环境景观的协调性进行优化设计；

——生态补偿措施应充分、可行、有效，生态功能损失应得到有效补偿；

——生态重建措施应科学可行，对其关键技术应有科学论证；

——土地复垦的目标、指标、措施及技术应明确，经济可行等。

（3）施工期措施评估。

——施工环保措施应全面和具体，涵盖所有重要施工点；

——编制施工期环境保护监理计划；

——应有包括生态监测在内的施工期监测计划。

（4）环境保护管理措施。

——按项目实施全过程提出环境保护管理计划；

——应建立环境保护管理机构和管理制度；

——对于涉及生态敏感区的项目、涉及重要生物多样性保护的项目、存在重大生态风险影响的项目，应编制生态监测方案以进行长时期的监测；

——延续期较长的项目应进行后评价；

——进行环保投资估算和列出环保投资分项一览表；

——进行环保投资技术经济论证。

（5）在出现下述环境问题时，其环保措施须强化。

——生态系统完整性受到不可逆影响，或主要生态因子发生不可逆影响；

——对生态敏感区或敏感保护目标产生不可逆影响；

——可能造成区域内某生态系统（如湿地）消亡或某个生物群落消亡；

——可能造成一种物种濒危或灭绝的影响；

——造成再生周期长恢复速度较慢的某种重要自然资源严重损失；

——环境影响可能导致自然灾害发生。

6.10　水生生态环境影响技术评估

6.10.1　一般原则性问题评估

6.10.1.1　评价范围的评估

a）评价范围应包括项目全部时空活动范围及其涉及和影响的水生生态系统；

b）体现水生生态系统完整性；

c）包括生态敏感区和环境保护目标。

6.10.1.2 水生生态环境评价标准的评估

a）水质应满足水环境规划和生态功能的要求；

b）影响评价指标和标准应科学合理，能表征生态系统特点与功能。

6.10.1.3 水生生态评价等级的评估

评价等级主要考虑水生生态功能、生态敏感程度和项目生态影响程度。

6.10.1.4 水生生态影响识别的评估

a）列入项目的主要影响因素（作用主体）：包含项目全过程的影响，包括污染影响和非污染影响；注意对敏感保护目标的影响；注意累积影响和生态风险等。

b）列入识别的生态因子（影响受体）：

——表征水生生态系统完整性受影响的生态因子；

——生态敏感区；

——重要资源，如渔业资源等。

c）影响效应：影响的性质、范围、频率、时间、程度等，及对生态敏感区的影响。

6.10.1.5 水生生态评价因子筛选的评估

——评价因子应能表征主导生态功能、主要生态问题、最敏感或受影响最为严重的环境和生态因子；

——评价因子应可测量或可计量；

——底栖生物和鱼类为最具代表性的评价因子。

6.10.2 水生生态调查与评价的评估

6.10.2.1 水生生态调查的评估

——河湖应查明水系分布、水文状态、已有水工建筑或水系自然性等；

——调查生物多样性和鱼类资源；

——应有河流水系图或流域水网分布图；

——应阐明流量、水温变化规律等与水生态密切相关的因素；

——调查有无闸坝等挡水构筑物；

——河岸、湖岸状态及滩涂湿地开发利用状况，自然岸线所占比例及规划保护的自然岸线分布等；

——海洋的潮流、岸线特征，海域及岸线开发利用现状，海域生物多样性，河口湿地、海湾及自然岸线分布与保护规划，海域功能区划和海域环境功能区划等。

6.10.2.2 水生生物现状监测与调查的评估

a）评估监测点位布设是否合理，监测与调查项目是否全面。

b）调查水生生态和渔业资源的历史动态状况。

6.10.2.3 水生生态现状评价的评估

对下列各项评价内容进行评估，要求资料充实，来源可靠，结论合理可信。

——对水生生态系统完整性进行评价；

——评价水体营养状态，分析水环境容量；

——对水生生物食物链或相互联系进行分析；

——对底栖生物的分布、密度、生物量状况作评价，对既有影响因素作分析；

——明确鱼类产卵场、索饵场、越冬场、洄游通道等生态敏感保护目标，绘制分布图；

——有珍稀特有水生生物分布时，对其稀有性、特异性、重要性做出评价；

——海域生态评价应注意不同生物在不同季节对生境的利用特点，防止以一次监测做出不全面的结论，例如需要注意热带海域生物多样性高和全年都有生物繁殖的特点。

6.10.3　水生生态影响预测与评价的评估

6.10.3.1　水生生态系统完整性影响

a）水生生物多样性影响：与历史自然状态相比较，水生生物多样性减少情况，减少幅度最大的生物及原因，水生生物优势度和均匀度变化及变化的原因。

b）水生生态系统生产力：评估采样布点和采样方法的规范性，分析系统生产力的历史变迁；重点评估底栖生物和鱼类资源。

c）水生生物种群影响：可选择底栖生物（海域）和鱼类作种群监测和评价水生生态动态，可通过底栖生物和鱼类的优势种群变化分析系统整体状态及其存在的问题。

d）水生生物生境影响：须评估影响水生生物生境的主要因素和导致的主要影响，如河流水文规律、流态影响、水温变化等，或者侵占和破坏产卵场、索饵场、越冬场。

e）洄游通道影响：河流闸坝阻隔鱼蟹类洄游通道为严重影响。应调查明确是否存在洄游性生物，有无替代性生境等。

f）气体过饱和影响：评估泄洪造成的溶解气体过饱和度以及对鱼类的影响。

6.10.3.2　水质变化的生态影响的评估

a）有机物影响：评估水质是否满足规划的水体功能，对鱼虾产卵场等有生物幼体（敏感性高）的水域或海域应提高水质要求（如降低一个数量级）。

b）根据浮游生物监测和水体氮磷监测评估水体富营养化程度及生态影响（水体的氮磷应作为水质控制主要指标）。

c）悬浮物和沉积物影响：主要评估施工期对底栖生物的影响。

d）其他污染物影响：评估重金属、农药和有毒有害化学品污染水体对水生生态的影响，应区分急性毒害作用和累积性影响。评估影响分析所使用的资料来源，可引用的科研成果，或做专门的生物影响试验，或进行类比调查等。

对于不同的工况，评估时应注意：

——事故性排放按风险影响评估；

——非正常排放应主要评估直接的生物急性毒性影响；

——生物累积性的污染物应分析长期累积性影响，如底泥一次性污染后会在较长时期成为持续性污染源而对水生生物造成长期累积性影响。

6.10.3.3　鱼类资源影响的评估

a）鱼类资源影响：重点评估鱼类物种多样性和生产力影响，重点是经济鱼类，主要从生境条件变化作分析，并提出针对性的保护措施；评估鱼类种群变化及其生态学意义；评估鱼类产卵场、索饵场、越冬场破坏或其他水生境变化的影响，洄游通道阻隔影响，捕捞影响，据此造成的鱼类多样性减少及其生产力下降和经济损失。

b）外来物种入侵影响：由水产养殖、观赏娱乐、科学试验、水生生态补偿性放流与增殖等活动引入外来物种可能造成对本地物种的影响。评价外来物种影响的可能途径，研究外来物种的生存条件，评估生态风险，提出有效防止措施。

6.10.3.4　水生生态敏感区影响的评估

a）重要生境：根据此类生境的分布、范围、特点，生物利用情况，评估项目的影响程度。对于被破坏的栖息地须评估栖息地的可替代性。

b）珍稀濒危和法定保护生物的栖息地：根据保护对象的种类、分布区、食性、生态习性、繁殖特点等信息，评估项目影响方式与程度，评估栖息地和保护生物的变化趋势。

6.10.4　湿地生态系统影响评估

6.10.4.1　评估的一般原则

以保护湿地的可持续存在和主要功能为基本原则。

6.10.4.2 湿地生态调查与评价的评估

a）湿地生态调查：从湿地生态系统完整性出发进行流域生态调查，明确湿地水系及其与湿地的关系；湿地进出水规律和进出水量；调查和识别湿地生态功能，规划功能分区；监测湿地水质，确定湿地生态敏感区或敏感保护目标；调查湿地存在的主要环境问题等。

b）湿地生态评价：鉴别湿地类型；从湿地组成和生物多样性、水系完整性、水文自然性、湿地生产力等指标综合评价湿地生态系统完整性状态；明确湿地生态功能；明确敏感保护目标的现状；评估湿地存在的主要环境问题。

6.10.4.3 湿地生态系统影响的评估

a）湿地生态系统完整性影响：评估湿地流域的水系完整性，影响因素，影响程度；湿地来水河流水文自然特点，洪枯变化幅度；评估涉水生物的栖息地影响，影响程度，是否导致某些物种不能在该地区生存；湿地生态结构的影响或变化。

b）湿地可持续性：评估项目影响是否造成湿地面积减少、湿地萎缩或最终导致湿地消亡；进行湿地进出水平衡计算，明确补给水源、水量和补给方式；综合分析湿地压力。

c）湿地生态功能影响：评估主要湿地生态功能的影响性质和程度；采取的环保措施的有效性。

d）湿地生物影响评估：评估湿地生物物种及其栖息地的直接影响和间接影响；主要评估栖息地条件和食物影响，评估结论是否可信。

e）湿地生态敏感区或敏感目标影响：主要从生物对生境和食物的要求评估影响因素和有效方式，评估结论是否可信。

6.10.5 水生生态保护措施评估

6.10.5.1 保护措施原则的评估

a）贯彻国家发展战略、政策；执行法律法规规定；符合水域规划和功能区要求。

b）遵循生态科学基本原理，按河流、湖泊、海洋和湿地等不同生态系统类型及各自的特点和影响的特殊性，提出针对性保护措施。

c）实施项目全过程保护措施。对于长期累积性影响，还应进行影响的跟踪监测与评价。

d）突出生境保护优先原则，保护主要生态功能，无论这种功能是规划确定的还是实际具有的。

6.10.5.2 评估要点

a）水生生态系统完整性保护：重点保护水系完整性、水域状态的自然性和水生生物多样性。评估水工程所保持的生态基本流量是否足以达到保护河流鱼类的目的。

b）水生生态敏感区保护措施：鱼类产卵场、索饵地、越冬场、洄游通道以及海洋和河湖水域的自然保护区，有珍稀水生生物生存和活动的水域，珊瑚礁、红树林、海湾和河口湿地等区域，都须采取预防为主的保护措施。必须保持较大面积比例的自然湿地、自然滩涂、自然岸带等水生生物生存必需的环境；评估措施的科学性和有效性。

c）施工期环保措施：针对施工期影响特点采取相应环保措施；实行施工期环境保护监理；施工期环保措施须针对减少悬浮物、振动与噪声和污染影响，提出；合理的施工方案，有效减少对生物繁殖的影响。

d）污染防治措施评估：采取措施保障水环境质量达到其规划功能的水质要求；海洋污染影响控制措施还须达到有关国际海洋公约的要求。

e）水生生态保护管理措施：建立水环境和水生生物保护管理机构，建立管理制度；编制水环境监测（包括底泥）和水生生态监测方案，确定监测的水生物对象、监测点、监测频率、监测方法等具体实施内容；应有针对环保措施的跟踪监测；估算水生生态保护措施投资并列出分项投资一览表；对环保措施进行技术经济论证；对生态风险影响应有跟踪监测和后评价计划。

f）补偿措施评估：水生生态补偿措施应进行可行性评估，如增殖放流等；应在科学试验的基础上进行，并需跟踪监测和评价。

6.11　景观美学影响技术评估

6.11.1　一般原则性问题的评估

景观美学影响评估以保护自然景观资源为主要目的，主要针对公路、铁路、矿山、采石、风景旅游区、库坝型水利水电工程、城市区大型建设项目等可能影响重要景观或可能造成不良景观的项目进行。

6.11.1.1　评价范围的评估

对于处于景观敏感点位的景物或景观保护要求很高的项目，以可视见距离为评价范围。

6.11.1.2　评价标准

a）景观敏感度评价可以敏感度分级并结合景观性质和规划功能目标确定可接受标准。

b）景观美感度一般以自然景观现状或规划景观目标为评价标准。

c）景观美学评价标准应与采用的评价方法和指标相适应。

6.11.1.3　评价等级的评估

主要从景观保护等级和景观影响程度来划分评价等级；有特殊景观保护要求的，可适当调升评价等级。

6.11.1.4　景观影响识别

a）景观影响因素（项目作用）应包括项目所有主要可影响景观的因子，如烟囱耸立和烟雾排放、山体开挖和植被破坏等；还应考虑项目不同发展阶段的影响因子；

b）景观环境因素（影响受体）应涵盖所有重要的自然景观、人文景观和规划保护目标。

6.11.1.5　评价因子筛选的评估

a）应表征景观保护目标的现状特征和影响问题。

b）应表征景观敏感度和景观美感度特征。

c）可定量或半定量。

6.11.2　景观现状调查与评价的评估

6.11.2.1　景观敏感度评估

评估要点为：

——是否进行全面的景观敏感度调查；

——选取的景观敏感度评价指标和方法应合理、可行；

——是否有实地调查影像资料，或敏感景观分布图。

6.11.2.2　敏感景观的美学评价的评估

美学评价可参照 HJ/T 6，选取特定的指标体系进行评价。评估重点：

——针对敏感景观做景观美学评价；

——选取的景观美学评价指标体系和采取的评价方法合理；

——评价结论是否符合实际或获得公众认可。

6.11.3　景观美学影响评估

6.11.3.1　景观美学影响因素的评估

建设项目的景观美学影响包括改变景观美性质、影响或破坏具有较高景观美学价值的景观目标、遮蔽景观目标、项目造成不良景观且处于敏感景观点（段、区）等。评估重点为：

——明确造成景观影响的项目因子；

——明确景观美学影响的性质与程度，影响形式和空间位置等；

——明确项目形成的不良景观的类型、点位、影响目标；

——评价消除不良景观影响的难易程度等。

6.11.3.2　重要景观保护目标影响的评估

重要景观目标是指景观敏感度高且美学价值较高的景观与景物。法规和规划确定的景观保护目标和城市的重要景观目标须重点保护。针对重要景观保护目标须进行具体的和有针对性的影响评价，阐明影响的性质、方式、影响程度。

6.11.4 重要景观美学资源的影响评估

重要景观美学资源是指可能成为旅游或其他可作为观赏资源并具有潜在经济价值的景物、景点。

重点评估项目对景观美学资源的区位优势、可达性、资源规模、美学价值（美感度、珍稀度、多样性、吸引力）等方面的影响。

6.11.5 景观美学保护措施评估

a）首先考虑采取预防性保护措施，包括选址选线避让、改变项目设计方案等，对严重影响者尤甚；其次是对受影响的景观采取恢复或其他保护措施；评估保护措施的有效性；

b）对项目应进行景观美化设计，对项目与周围环境景观的协调性进行优化设计，对项目造成的不良景观采取有效的处理措施；

c）将景观保护措施落实到项目设计和项目建设的管理中，估算有关投资；

d）应有公众参与景观影响评价，采纳公众关于景观保护的合理意见或建议。

6.12 环境风险技术评估

6.12.1 重大危险源辨识的评估

——物质风险识别范围涵盖主要原材料及辅助材料、燃料、中间产品、最终产品以及“三废”污染物，涵盖主要生产装置、贮运系统、公用工程系统、辅助生产设施及工程环保设施等。

——重大危险源辨识应以危险物质的在线量为依据，重点评估在线量估算的科学性和合理性。

——要求识别资料完整，并给出重大危险源分布图。

6.12.2 环境敏感性的评估

——调查建设项目周边 5 km 范围内的环境敏感目标，包括居民点（区）、重要社会关注区（学校、医院、文教、党政机关等）、重要水体保护目标（饮用水源等）、生态敏感区及其他可能受事故影响的特殊保护地区等。

——调查资料包括人口分布、气象资料、地表地下水资料、生态资料、社会关注区、重要保护目标等，调查资料完整，调查范围不低于 5 km 半径范围。

6.12.3 环境风险分析的评估

a）评估火灾、爆炸和泄漏三种事故类型及污染物转移途径分析的正确性，重点关注泄漏、火灾爆炸事故伴生或次生的危险识别和二次污染风险分析。重点评估环境风险源项识别的科学性和合理性、最大可信事故源强和概率确定的合理性，以及预测模式、参数选择的科学性和合理性。

b）有毒有害物质在大气中的扩散，采用多烟团模式；对于重质气体、复杂地形条件下的扩散，对模式进行相应修正。所用污染气象资料应符合项目所在地的实际情况。

重点关注有毒有害物质的工业场所有害因素职业接触限值、伤害阈和半致死浓度，各自的地面浓度分布范围及在该范围内的环境保护目标情况（社会关注区、人口分布等）。

c）对进入水体的有毒有害物质进行迁移转化特征分析，根据 HJ/T 2.3 要求选择合适的模式进行预测。

重点关注有毒有害物质在水体中的浓度分布，损害阈值范围内的环境保护目标情况、相应的影响时段，密度大于水的有毒有害物质在底泥、鱼类、水生生物中的含量。

d）根据预测结果，从环境风险角度，评估项目的环境可行性。

6.12.4 环境风险防范措施的评估

评估环境风险防范措施的可行性，包括：风险防范体系完整、可行、可操作；防止事故污染物向环境转移的措施、事故环境风险技术支持系统、环境风险监测技术支持系统落实；环境风险防范区域（或环境安全距离）相应要求明确；环境风险防范“三同时”内容齐全，要求明确。

6.12.5　环境风险应急预案的评估

评估事故环境风险应急体系、响应级别、响应联动、应急监测的可操作性和有效性。

6.13　总量控制技术评估

污染物排放总量核算准确，总量控制指标来源清楚、合理，区域削减方案可行，总量控制方案落实。

污染物排放总量符合项目实际，与国家的总体发展目标一致，满足流域和区域的容量要求，满足国家和地方污染物总量控制管理要求、总量控制计划和环境质量的要求。

6.14　公众参与技术评估

6.14.1　基本要求

6.14.1.1　公众具有代表性和广泛性。

6.14.1.2　公众意见具有针对性。

6.14.1.3　采纳公众意见后拟采取的措施具有可行性。

6.14.2　评估内容和方法

对公众参与中的工作程序、信息公开、信息交流和公众意见处理四个部分进行把关，判断环境影响评价文件中公众参与部分形式与内容合法性。针对公众尤其是直接受影响公众对项目建设的态度与意见，分析建设单位对有关单位、专家和公众意见采纳或者不采纳的说明的合理性。

按照《环境影响评价公众参与暂行办法》分析环境影响评价文件中该部分形式与内容的相符性；根据项目特点、所处位置和评估现场踏勘情况，分析公众参与对象的代表性；针对项目存在的问题，分析公众所提意见的针对性和相应拟采取措施的可行性。

6.14.3　评估应关注的问题

6.14.3.1　环境影响评价文件有单独的公众参与章节，采取的公众参与形式满足相关要求。

6.14.3.2　按照《建设项目环境影响评价分类管理名录》和评估现场踏勘，考察项目所处环境的敏感性。

6.14.3.3　公众应包括直接受影响的人群、受影响团体的公共代表、其他感兴趣的团体或个人等。受访人员应便于环境保护行政主管部门核实。

6.14.3.4　项目信息公开采用的方式便于公众知悉，内容中项目对环境可能造成影响的叙述客观准确、拟采取的措施属实，并明确直接受影响的公众范围和影响程度。

6.14.3.5　公众参与问卷调查的内容应包含与本建设项目有关的主要环境保护问题，调查结果应反映公众对本工程建设的基本态度（支持、反对、不表态），持反对态度的公众应说明理由。

6.14.3.6　公众意见的处理方式

采纳公众意见而补充的措施须论证可行性，对不采纳的公众意见应说明合理性。对与公众环境权益相关的合理意见，建设单位或评价单位须提出切实可行的解决办法。

6.14.3.7　对于公众意见较大且建设单位未予采纳的，或者环境特别敏感的，技术评估会应邀请有关公众代表参加并出具书面意见。

6.15　环境监管计划技术评估

6.15.1　基本要求

结合敏感目标分布和项目不同时段（施工期、运行期和服务期满后）的环境影响特点，评估监控计划设计的合理性，重点关注监测项目、监测布点。

评估时关注监控计划中监测布点、监测时间、监测频次、采样和分析技术方法与相关监测规范的符合性。

6.15.2 施工期环境监管计划的评估

a）根据施工进度安排、敏感目标分布、污染源特征和分布、项目特点、项目区域特点，评估污染源、环境质量、水土保持的监测方案合理性。

b）评估污染控制管理制度的全面性与可行性。生态影响型项目须包括工程施工期生态监理方面的内容。

6.15.3 运行期环境监管计划的评估

6.15.3.1 污染源监测方案的评估

——对污染源情况（包括废气、废水、噪声、固体废物）以及各类污染治理设施的运转状况进行定期或不定期的监测。

——根据国家有关监测技术规范，结合敏感目标分布、污染源特征和分布、项目特点，评估监测点位、采样分析方法、监测因子的合理性，重点关注废气和废水的在线监测设备布设与监测项目的合理性。

6.15.3.2 环境质量监测计划的评估

根据影响范围和影响程度，结合敏感目标分布、项目污染特点，对环境质量进行定点监测或定期跟踪监测。评估监测方案的合理性、与相关监测技术规范的符合性。评估中应关注以下问题：

——对多年调节的水利水电项目，须关注下泄水温观测，观测断面设置要考虑下游河道支流汇入情况、社会（生产生活）及生态用水情况，观测时间与频率应根据灌溉用水、水生生物适宜性（保护目标需求）等因素确定。

——对煤炭、矿区等资源开采项目，须关注地表移动变形情况（包括下沉、水平移动、水平变形、曲率变形和倾斜变形）的观测。

——对于产生温排水的项目，须关注诱发富营养化和赤潮等环境问题的污染因子的监测方案。

——水生生物监测对象须关注鱼类种群及产卵场、越冬场、索饵场分布，珍稀濒危、特有、重点保护鱼类等。

——陆生生物监测内容须关注陆生动、植物的区系组成、种类及分布，监测对象须关注珍稀濒危、重点保护野生物种等。

——对产生地下水污染的项目，须评估监测井布设和监测频率的合理性，如不设置地下水水质监测井的项目，需评估其不设置的可行性。

6.15.3.3 应急监测方案的评估

根据环境风险评价结果，评估应急监测方案的合理性。

6.15.3.4 排污口规范化的评估

根据国家有关标准和规范的要求，评估排污口设置的规范化。

6.15.3.5 环境管理的评估

从环境管理组织机构、职责、制度等方面评估建设项目管理措施的针对性、可操作性和有效性。

附　录　A
（资料性附录）
环境影响技术评估报告的编制格式

A.1　专题设置原则

根据项目特点、环境特征、国家和地方环境保护行政主管部门的要求，选择下列但不限于下列全部或部分专题进行评估。

A.2　编制格式

A.2.1　项目概况

A.2.1.1　项目背景

项目已有的与环保有关的手续。拟建项目所属规划情况，主要是指国家十大振兴规划或其他国家规划。流域或矿区概况（主要是水利水电、采掘行业），含相关规划环评情况等。拟建项目所处位置以及作用。

A.2.1.2　现有项目情况及“以新带老”环保措施

针对改扩建项目，应首先介绍现有工程的基本情况及存在的主要环保问题，其中包括现有工程的规模、主要环保设施、排污去向、投产时间和验收情况、拟建项目依托的环保设施及“以新带老”环保措施等。

A.2.1.3　拟建项目概况

介绍建设单位、建设地点、项目与主要关心点（如城市、自然保护区）的位置关系及距离等。项目建设内容包括：建设规模、主体工程、辅助工程、公用工程、贮运设施、用水来源、土地性质等；改扩建项目应说明与现有工程的相对位置关系和工程依托关系。工程的主要比选方案简介（主要是线性工程），评估比选的结论。最后给出工程总投资、环保投资及环保投资占总投资的百分比。

A.2.2　环境质量现状

从环境影响受体的角度，明确项目选址所在区域环境质量现状（环境空气质量、地表水或海域环境质量、声环境质量及生态环境质量、地下水环境、土壤环境等），说明执行的标准及级别。针对项目所在区域的水文地质、气候特点等，提出所在区域存在的与工程相关的环境问题。按环境要素给出环境保护目标。

A.2.3　环境保护措施及主要环境影响

污染影响型项目主要是污染防治措施，按环境要素概括项目拟采取的污染防治措施（包括工艺、去除效率以及达标情况），逐项明确所采取的措施是否能做到长期稳定运行并满足相应标准要求。改扩建项目还包括“以新带老”措施。

生态影响型项目主要是生态影响减缓措施。

预测工程采取措施后对环境的影响，明确项目对环境保护目标的影响结论。

A.2.4　评估结论

A.2.4.1　产业政策和规划符合性

项目与产业政策和地方总体规划、环境功能区划的相符性。依据国家有效文件判定项目建设是否符合产业政策。依据地方有效规划文件判定项目建设是否符合当地的总体发展规划、环境保护规划和环境功能区划。

A.2.4.2 清洁生产

能耗、物耗、水耗、单位产品的污染物产生及排放量等方面与国内外同类型先进生产工艺比较，给出项目的清洁生产水平。

A.2.4.3 总量控制

给出拟建项目主要污染物排放总量，总量指标的来源，是否已得到地方有关部门的批准。

A.2.4.4 环境风险

给出项目主要的环境风险，拟采取的防范措施，风险后果及可接受程度。

A.2.4.5 公众参与

明确公众参与采取的方式以及结果。若有反对意见应介绍反对的原因和解决的情况。

A.2.4.6 结论

对环境影响评价文件的编制质量和项目的环境可行性给出明确结论。若不可行，指出环境影响评价文件存在的主要问题或项目存在的制约因素。

A.2.5 审批建议

对于环境可行的项目有此段落。主要按环境要素提出项目审批建议，从技术角度给出该项目在初步设计、工程建设、竣工验收以及运行管理中应注意的问题。

A.3 其他说明

A.3.1 评估过程中工程建设内容和环保措施发生变化时，评估报告应予以体现。

A.3.2 每个专题后应有评估意见，如符合标准与否、措施可行与否、预测结果可信与否等。

HJ

中华人民共和国环境保护行业标准

HJ/T 89—2003

环境影响评价技术导则
石油化工建设项目

Technical guideline for environmental impact assessment
Constructional project of petrochemical

2003-01-06 发布　　　　2003-04-01 实施

环 境 保 护 部 发 布

前　言

为了贯彻《中华人民共和国环境保护法》《建设项目环境保护管理条例》《环境影响评价技术导则》，制定本标准。

本标准以 HJ/T 2.1～2.3—1993、HJ/T 2.4—1995、HJ/T 19—1997《环境影响评价技术导则》为基础，结合石油化工建设项目的特点，对该导则进行了补充和具体化，规定了石油化工建设项目环境影响评价工作的内容。

本标准的附录 A、附录 B、附录 C 和附录 D 都是本标准的附录；本标准的附录 E 是提示的附录。

本标准由国家环境保护总局科技标准司提出。

本标准起草单位：中国石油化工集团公司安全环保局，中国石化抚顺石油化工研究院，中国石化洛阳石化工程公司，中国石化工程建设公司。

本标准自 2003 年 4 月 1 日起实施。

本标准由国家环境保护总局解释。

环境影响评价技术导则　石油化工建设项目

1　适用范围

本标准规定了石油化工建设项目（以下简称建设项目）环境影响评价的一般性原则、内容和方法。

石油化工建设项目系指以石油和石油气（包括天然气和炼厂气）为原料，从事炼油、化工、化纤和化肥生产以及相关的储存、运输、科研等建设项目。

本标准适用于石油化工新建、改建、扩建和技术改造项目的环境影响评价。

2　引用标准

HJ/T 2.1—93　环境影响评价技术导则　总纲
HJ/T 2.2—93　环境影响评价技术导则　大气环境
HJ/T 2.3—93　环境影响评价技术导则　地面水环境
HJ/T 2.4—1995　环境影响评价技术导则　声环境
HJ/T 19—1997　环境影响评价技术导则　非污染生态影响
SH 3024—95　石油化工企业环境保护设计规范

3　术语

本标准所列术语，是专为石油化工建设项目环境影响评价工作所使用的。

3.1　依托单位

建设项目在原料供应、公用工程、储运或环保治理设施部分或全部依托的企业，则称该企业为依托单位。

3.2　以新带老

通过企业新建、改建、扩建工程项目，对依托单位原有的环境保护设施不符合标准要求，需要逐步完善的环境保护设施，一般称“以新带老”。

3.3　废水

3.3.1　工业废水：生产过程中使用后排放的或产生的水，这种水无进一步利用的价值，但不包括未受污染或受轻微污染以及水温稍有升高的即石油化工行业称之为假定净水、清净下水或净下水的水。

3.3.2　厂区生活废水：生产企业中各生产装置、车间、单元、设施内人员活动过程中排出的废水。

3.4　燃烧废气

在加热物料和发生蒸汽的过程中，煤、油、气等燃料烧时排放的废气，如加热炉、锅炉等排放的废气。

3.5 工艺废气

在生产工艺过程中产生并排入大气的废气。

3.6 单位排放量

单位产品或加工单位原料的污染物排放量。

3.7 工况

装置或设施生产运行的状态。

3.7.1 正常工况：装置或设施按设计工艺参数进行生产的状态。

3.7.2 不正常工况：装置或设施开工、停工、检修或工艺参数不稳定时的生产状态。

3.7.3 事故：指违反操作规程和有关规定或由于设备和管道的损坏，使正常生产秩序被破坏，造成环境污染的状态。

4 工作原则和一般规定

4.1 工作原则

建设项目环境影响评价，应坚持政策性、针对性、科学性和公正性的原则，在工程分析中必须贯彻清洁生产、达标排放、“以新带老”和污染物排放总量控制的方针。

4.2 一般规定

4.2.1 建设项目环境保护的分类

执行由国家环境保护总局根据国务院第 253 号令《建设项目环境保护管理条例》所制定的《建设项目环境保护分类管理名录》中有关石油化工部分。

4.2.2 环境影响评价的工作程序

环境影响评价的工作程序按 HJ/T 2.1～2.4 和 HJ/T 19 的规定进行，由环评总负责单位组织实施。

总负责单位在环评工作三个阶段中，均应对总体及各专题的工作内容、方案和进度有明确的指导思想、统一安排所要求达到的目标，对本单位和协作单位的工作成果进行认真的审查、反馈和汇总。总负责单位应对环评结果全面负责；协作单位应对其所承担的专题内容及结果负责。

4.2.3 建设项目实施过程的阶段划分

建设项目实施过程一般分为建设过程和生产运行两个阶段。新建项目、需新征土地，扩大厂区的改、扩建项目、长输管线、码头等建设项目应分析上述两个阶段的环境影响，在原厂区内进行的建设项目一般只分析生产运行阶段的环境影响，如需作建设期的影响，在大纲阶段确定。管线、码头项目如有要求，也可进行退役阶段的环境影响分析。

4.2.4 环境影响评价分类管理中报告书的专题设置和报告表、登记表的专项设置和内容

4.2.4.1 建设项目对环境可能造成重大影响的，应当编制环境影响报告书，对建设项目产生的污染和对环境影响进行全面、评细评价。环境影响报告书的专题设置按表 1，并应按下列规定，选择设置环境影响评价专题。

表 1 环境影响评价专题的设置要求

序号	专题名称	专题设置要求
1	自然环境与社会环境现状调查	*
2	评价区污染源现状调查与评价	*
3	环境质量现状调查与评价	

序号	专题名称	专题设置要求
3.1	大气环境质量现状调查与评价	*
3.2	地表水环境质量现状调查与评价	*
3.3	海域环境质量现状调查与评价	**
3.4	地下水环境质量现状调查与评价	**
3.5	声环境质量现状调查与评价	*
3.6	生态环境（动植物、土壤和作物等）现状调查	**
3.7	人群健康及地方病现状调查	**
4	工程分析	*
5	环境影响预测与评价	
5.1	大气环境影响预测与评价	*
5.2	地表水环境影响预测与评价	*
5.3	海域环境影响预测与评价	**
5.4	地下水环境影响预测与评价	**
5.5	声环境影响预测与评价	**
5.6	土壤环境影响分析	**
6	固体废物污染环境影响分析	*
7	环境保护措施及其经济技术论证	*
8	污染物排放总量控制分析	*
9	环境管理与环境监测制度建议	*
10	环境影响经济损益分析	*
11	环境风险分析	**
12	公众参与	**

注：* 一般均应设置；

** 建设项目内容和建设地址环境特征按 4.2.4.1.1～4.2.4.1.9 款规定选择设置。

4.2.4.1.1 建设项目外排废水排入海域，应设置海域环境影响评价专题。

4.2.4.1.2 建设项目环境影响可能影响到集中式生活饮用水水源地（地下水）、二、三级保护区，应设置地下水环境影响评价专题。

4.2.4.1.3 评价范围如涉及渔业水域，应在水域环境质量现状调查与评价、水域环境影响预测与评价专题中增加有关渔业的分析内容。

4.2.4.1.4 厂界噪声达标、且评价区又无特殊环境保护目标的建设项目（包括厂界内建设项目），可不设置声环境影响预测与分析专题。

4.2.4.1.5 大中型中外合资建设项目，应设土壤环境影响分析专题。

4.2.4.1.6 新建固体废物填埋场，应设固体废物环境影响评价专题。

4.2.4.1.7 新建大型企业，应设置人群健康现状及地方病调查专题。

4.2.4.1.8 长输管线、海洋油气集输、大型油码头和油库以及生产工艺中具有剧毒和强恶臭性物质（如光气、丙烯腈、甲胺、硫化氢等）的建设项目应设置环境风险评价专题。

4.2.4.1.9 大中型建设项目，应设置公众参与专题。

4.2.4.2 建设项目对环境可能造成轻度影响，并符合《建设项目环境保护分类管理名录》中对环境可能造成轻度影响的建设项目界定原则的，应编制环境影响报告表。

4.2.5 环境影响评价工作等级的划分

4.2.5.1 各单项环境影响评价工作等级的划分，应符合 HJ/T 2.1～2.4 和 HJ/T 19 的规定。

4.2.5.2 在进行单项环境影响评价工作等级的划分时，污染物排放量应以建设项目所产生的污染物量为基准。

4.2.6 污染因子的筛选

污染因子（主要污染物），应按照建设项目所排放的污染物对环境构成的影响程度来筛选，并在污染源调查与评价、环境质量现状调查与评价、环境影响预测与评价、总量控制分析等专题中确定为各环境要素的污染因子。

4.2.7 评价范围的确定

根据单项环境影响评价的工作等级，结合建设项目和建设地址的环境特征，按照 HJ/T 2.1～2.4 和 HJ/T 19 的规定，确定各环境要素的评价范围。

4.2.8 评价标准的确定

4.2.8.1 环境质量评价标准应根据建设项目所在地区的要求执行相应环境要素的国家环境质量标准或地方环境质量标准。

4.2.8.2 污染物排放标准应执行地方污染物排放标准或国家污染物排放标准，当地方污染物排放标准严于国家污染物排放标准时优先执行地方排放标准。

4.2.8.3 对国家及地方污染物排放标准中未规定标准值的特征污染物的评价标准，可参照有关标准，但须经国家和地方环境保护行政主管部门确认。

4.2.8.4 采用的评价标准应得到环境保护行政主管部门的书面确认。

4.2.9 控制污染与环境保护目标

4.2.9.1 控制污染的目标

说明清洁生产、污染物浓度控制和污染物排放总量控制的要求。

4.2.9.2 环境保护的目标

说明各环境要素的敏感点位或水域区段的环境特征（结合图表说明与建设项目拟建地址的相对位置和距离）及各有关环境要素应达到（或符合）的环境质量要求。

4.2.10 已有资料的利用

4.2.10.1 环境影响评价工作中应尽量利用已有资料。

4.2.10.2 对引用的资料，必须进行准确性、时效性和实用性的审核，并说明资料的名称、来源、编制单位和编制时间（包括调查时间）。

4.2.10.3 由于引用资料而产生的一切后果，应由评价单位负责。

5 自然环境与社会环境现状调查

调查的原则、方法及调查内容执行 HJ/T 2.1～2.4 和 HJ/T 19 的规定（可根据具体情况适当增删）。

6 评价区污染源现状调查与评价

6.1 污染源现状调查的原则和方法

6.1.1 污染源现状调查的原则和方法执行 HJ/T 2.1～2.4 和 HJ/T 19 相关条款的规定。

6.1.2 根据建设项目所在地的环境特点，结合各单项环境影响评价工作等级，筛选出应调查的污染源及有关参数。

6.2 污染源现状调查内容

6.2.1 工业、交通、农业的污染源现状调查中，一般以工业污染源为主，包括现有、在建和已批准待建的项目。

6.2.2 各企业污染源按各环境要素列表，表中应包括企业名称、与建设项目的方位关系、距离（应附平面），污染物排放量、有毒有害物质成分、排放方式和规律及排放去向等。

6.2.3 各企业环境保护防治措施及达标排放情况。

6.3 污染源评价内容

6.3.1 根据污染源现状调查结果，按等标污染负荷比对主要排污企业及污染物进行排序。

6.3.2 分析评述各企业环境保护措施，达标排放、削减污染物排放量的可能性。

7 环境质量现状调查与评价

7.1 大气环境质量现状调查与评价

7.1.1 监测布点

布点一般有扇形布点、网络布点，或以功能区为主兼顾均布性原则等方法。应具有代表性和科学性，执行 HJ/T 2.1～2.4 和 HJ/T 19 相关条款的规定。

7.1.2 大气监测布点图

应标明指北向、比例尺、风玫瑰图、监测点位和敏感点位置，并列表说明其与建设项目拟建地址的距离。

7.1.3 污染因子的筛选

选择建设项目等标准排放量 P_i 较大的污染因子和特征因子，如苯、甲苯、二甲苯、乙烯、丙烯腈、苯乙烯、氨和恶臭物质等。

7.1.4 对一、二、三级评价项目的调查方法，执行 HJ/T 2.1～2.4 和 HJ/T 19 相关条款的规定。

7.1.5 大气环境质量现状评价，一般按下列内容进行分析。

7.1.5.1 大气污染物的时空分布。

7.1.5.2 大气污染物浓度与气象条件的关系。

7.1.5.3 对各评价因子用单项质量指数评价其污染水平。

7.2 地表水环境质量现状调查与评价

7.2.1 调查范围可按评价等级在环境影响评价大纲审查阶段确定。

7.2.2 调查时间、水文调查、水文测量、污染源分类、水质调查、各类水域布设水质取样断面及取样点的原则与方法，均执行 HJ/T 2.1～2.4 和 HJ/T 19 相关条款的规定。

7.2.3 地表水监测断面设置

应标明指北向、比例尺、水流方向、各监测断面，及为保护目标设置的控制断面与排放口的相对距离，可根据水环境敏感程序决定水系图的范围。

7.2.4 污染因子的筛选

从 HJ/T 2.1～2.4 和 HJ/T 19 相关条款给出的石油开发与炼制、无机原料、化肥、橡胶、塑料及化纤、有机化工建设项目水质参数中筛选。

7.2.5 地表水环境质量现状评价

执行 HJ/T 2.1～2.4 和 HJ/T 19 相关条款的规定。

7.3 地下水环境质量现状调查与分析

7.3.1 调查范围与取样

7.3.1.1 调查范围按建设项目具体情况及评价区地貌、地质结构、水文地质条件及评价工作等因素考虑，在环境影响评价大纲审查阶段最终确定。

7.3.1.2 取样布点可暂选择点状、线状、面状，沿地下水流方向布点，一般可选择现有民井取样，不另钻孔。

7.3.2 污染因子的筛选

以常规因子为主，增加建设项目特征污染因子。

7.3.3 调查地下水水质状况

7.3.4 已被污染的地下水，应对废水渗漏的可能途径、污染物的种类进行分析。

7.3.5 地下水水质现状评价

执行 GB/T 14848—93《地下水环境质量标准》中 6 的规定。

7.4 海域（海湾）环境质量现状调查与评价

7.4.1 调查范围

划分方法，一般以岸边排放口为圆心、5～20 km 为半径，取其半圆面积作为海域调查范围。具体调查范围按建设项目废水排放量大小、排放口的位置和排放方式、海域的类别和评价工作等级来确定。

7.4.2 布点原则和方法及数目

执行 HJ/T 2.1～2.4 和 HJ/T 19 相关条款的规定。

7.4.3 污染因子选择

按本标准中 7.2.4 执行。

7.4.4 海域水环境质量现状评价

7.4.4.1 根据调查资料评述污染水平。

7.4.4.2 说明废水排放口的数量、位置和排放方式的合理性。

7.5 声环境质量现状调查与分析

执行 HJ/T 2.1～2.4 和 HJ/T 19 相关条款的规定。

7.6 生态环境质量现状调查与分析

执行 HJ/T 2.1～2.4 和 HJ/T 19 相关条款的规定。

7.7 人群健康现状调查

执行 HJ/T 2.1～2.4 和 HJ/T 19 相关条款的规定。

8 工程分析

8.1 工程分析应遵循政策性、准确性和科学性

8.1.1 政策性：根据建设项目的工程内容进行工程分析，并充分体现我国的可持续发展战略和国家、地方及行业的有关政策、法规和规定。

8.1.2 准确性：建设项目技术文件中记载的资料、数据等应通过复核校对，能满足工程分析需要和精度要求时方可引用。

8.1.3 科学性：凡可定量描述的内容，如污染物排放量等，应通过类比分析，给出定量结果。

8.2 工程分析的内容和工作重点

工程分析包括工程概况、污染影响因素分析、清洁生产分析和环境保护措施四项基本内容。必要时可增加厂址选择、总图布置和建设等部分，并给出工程分析小结。

两个阶段的分析重点：

8.2.1 建设期

对建设项目在建设过程中产生的噪声、扬尘、弃石、弃土、植被破坏以及河流、航道、港池清淤等进行分析，并提出相应的环境保护措施和恢复措施。

8.2.2 生产运行期

生产运行期一般分析正常排放量和不正常排放量两种情况。

8.2.2.1 正常排放量是指按操作规程和设计生产参数负荷运行时污染物的排放方式和排放量。

8.2.2.2 不正常排放量是指生产运行期的开车、停车、检修、事故泄露等情况下，污染物的排放量。

8.2.2.3 噪声源分布情况。

8.3 工程分析的工作内容和方法

8.3.1 建设项目的工程概况

8.3.1.1 工程简介

包括工程名称、建设性质、建设地点、建设规模、项目组成（表）、产品方案、年运行时数、占地面积、职工人数、建设投资等，并应附区域位置图和总平面布置图。建设项目组成中应同时考虑相关装置、储运工程、公用工程、辅助设施等内容。

8.3.1.2　工艺路线与原料

根据原料和产品方案，用方块流程图表示并说明总流程方案。如有几个方案比较时，应对各方案的特点进行分析说明，但对推荐方案应进行详细论述。

8.3.1.3　物料、产品、能源及资源消耗

包括主要物料的物化性质、数量、产地、储运方式及其他说明。

能源及资源消耗包括水源、水量、水质、用电负荷及其来源、蒸汽用量及来源、全厂燃料种类、物化性质、消耗量（作燃料平衡图）、辅助原材料的种类、性质、用途及消耗量等。

8.3.1.4　主要经济指标

包括建设投资、建设期、年销售收入、投资利税率、投资回收期、内部收益率等。

8.3.2　污染影响因素分析

8.3.2.1　已建、在建工程部分

调查已建、在建装置（单元）的种类、数量、规模和运行状况等特点。核实各工艺装置（单元）废气、废水、固体废物的排放量、排放情况、存在的主要问题等。并分析论述各种环保设施的运行状况和处理效果及其可行性、实用性和经济合理性。

8.3.2.2　新建、改建、扩建部分

对各装置（单元）污染源的分析应以装置（单元）或产生污染的辅助设施为单位，以工艺过程为基础，绘制各装置（单元）的污染源分布流程图（见附图 A-1）。在流程图上，应按污染物种类冠以不同符号，并按排放点依次编号，标明排放部位。同时列出各装置（单元）废气、废水、固体废物排放表，并标明各污染物排放量及排放浓度等。表中污染物排放点的编号应与污染源分布流程图中的编号一致，以使图、表一一对应。排放表的格式见附表 A-1。同时应对各种污染源进行分析说明各排放点所产生的污染物的成分、浓度、数量与工艺过程所加工的原料、辅助物料、催化剂组分和工艺参数等的关系。

对废气排放源，应按点源、面源、无组织排放源进行分析。说明源强、排放方式、排放源特征参数等；

对废水排放源应说明种类、数量、成分、浓度、排放方式与去向等；

对固体废物排放源，应说明数量、有害成分、处理（置）方法、排放去向等；

对噪声污染源应表明其源强及分布。

各种污染物排放量均应提出正常排放量和不正常排放量。

8.3.2.3　污染源分类及分析

分别对全厂的废气、废水、固体废物和噪声源进行分析。

全厂污染源的分析包括已建、在建、新建装置（单元）的废水排放量、排放方式、去向、成分、浓度及排放特征等参数。评价其是否符合国家和地方的排放标准。分别以汇总表的形式列出（见附表 A-2）。

对炼油厂应以方块图表示硫在加工过程中的流向状况，并作出全厂硫平衡图、全厂硫平衡表（见附表 A-3）。

全厂废水污染源的分析应论述全厂废水系统划分的原则（清污分流、污污分流）和特点，绘制废水水质水量平衡图表。

全厂固体废物污染源分析应说明固体废物的种类、毒性类别、数量及合理利用情况和效果，并论述再资源化的可能性。

噪声污染源的分析应列表说明大于 84 dB（A）的设备名称、数量、源强声学特点及分布情况。

8.3.2.4　环境保护措施

对建设项目拟采用的环境保护措施按废气环境保护措施、废水（预）处理措施、固体废物处理（置）

措施、噪声环境保护措施等，从工艺方案、设备、构筑物、处理效果以及投资、技术经济指标等方面予以论述。对新、改、扩建工程需依托原有环境保护设施时应以原环境保护设施的运行达标情况为基础，以新、改、扩建工程所排各类污染物（特别是新增的污染因子）的量、质等方面论述原环境保护设施对接纳新增污染物后达标排放的可行性做详细分析和明确的结论。

8.3.2.5 污染物排放量的核算

统计污染物排放量时，可按以下两种情况进行统计：

新建项目：

（1）工程污染物核定排放量；

（2）按治理措施实施后能够实现的污染物削减量；

（3）上述两项之差的污染物量即为最终排入外环境的量。

改、扩建项目的技术改造项目：

（1）改扩建和技术改造前现有的污染物实际排放量；

（2）改扩建和技术改造项目按计划实施后的污染物排放量；

（3）环境保护措施实施后能够实现的污染物削减量。

以上三项之代数和，即为建设项目最终排入外环境的污染物量。建设项目污染物排放量汇总表见附表 A-4。

8.3.3 清洁生产分析内容

从减少污染物排放，节约资源、能源为目的，从以下几个方面对清洁生产进行分析：

8.3.3.1 用类比分析的方法，与国内（外）同行业的已建、在建装置在经济规模、工艺路线、装置选择、机械设备、原料和燃烧、产品结构、能耗物耗、污染物排放量和环境保护治理设施以及清洁生产对社会环境保护效益等方面，进行全过程论证。

8.3.3.2 水利用情况的分析，可从以下主要量化指标说明，其计算方法详见附公式 A-1～A-4。

重复利用水量和重复利用率；

废水回用水量和废水回用率；

单位（t）产品（原料）废水排放量；

单位（t）产品（原料）新鲜水用量。

8.3.3.3 对改扩建工程的已建部分清污分流的合理性，已颁布的清洁生产实用技术的采用情况进行分析。

8.3.4 给排水方案合理性的分析

8.3.4.1 遵照“节约用水、一水多用”的原则，对设计中采用的给排水方案（包括新鲜水、循环水、重复利用水等）的合理性进行分析。

8.3.4.2 按照“清污分流、分级控制”的原则，对设计中采用的排水管道系统的合理性、可行性进行分析。

8.3.4.3 在对给排水方案合理性分析的基础上，进一步对废水利用的可能性、存在问题和应采取的措施进行分析。给出废水回用项目一览表。

8.3.5 厂址及总图布置方案分析

8.3.5.1 根据建设项目所在城市的发展规划，分析厂区与周围保护目标之间是否符合卫生防护距离的规定。

8.3.5.2 根据气象、水文等自然状况，从环境保护角度分析厂区内各装置、单元之间平面布置、总图运输布置的合理性和存在问题，从而对厂址及总图布置方案提出分析意见。

8.3.6 工程分析小结

主要对以下问题进行小结：

8.3.6.1 项目在拟选地址建设的合理性。

8.3.6.2 总图布置中的问题及建议。

8.3.6.3 主要污染物的削减与治理措施。
8.3.6.4 污染物排放总量。
8.3.6.5 环境保护措施项目和投资。
8.3.6.6 清洁生产分析的意见和建议。
8.3.6.7 其他建议。

9 环境影响预测与评价

9.1 大气环境影响预测与评价

9.1.1 大气环境影响预测与评价，包括以下内容：
9.1.1.1 预测任务。
9.1.1.2 预测内容（包括预测因子的确定）。在确定预测因子时，可根据建设项目排放的污染因子，增加特征因子，如氨、丙烯腈、苯乙烯、恶臭物质等。
9.1.1.3 预测范围（附图）。
9.1.1.4 预测方法。
9.1.1.5 多源叠加问题。
9.1.1.6 扩散模式和烟气抬升公式。
9.1.2 大气环境影响评价

执行 HJ/T 2.1～2.4 和 HJ/T 19 相关条款的规定，包括以下内容：

9.1.2.1 确定环境目标值。
9.1.2.2 计算单项评价指数和污染分担率。
9.1.2.3 分析超标时的气象条件。
9.1.2.4 评价大气环境质量的影响程度和范围。
9.1.2.5 确定分担率。
9.1.2.6 制定大气环境保护对策（反馈于环境保护措施分析专题中）。

9.2 地表水环境影响预测与评价

9.2.1 地表水环境影响预测

执行 HJ/T 2.1～2.4 和 HJ/T 19 相关条款的规定，包括以下内容：

9.2.1.1 预测原则。
9.2.1.2 预测范围和预测断面的布设（附图）。
9.2.1.3 环境影响时段的划分和预测地表水环境影响的时段。
9.2.1.4 预测水质参数的筛选。
9.2.1.5 地表水环境和污染源的简介。
9.2.1.6 预测方法。
9.2.2 地表水环境影响评价

执行 HJ/T 2.1～2.4 和 HJ/T 19 相关条款的规定，包括以下内容：

9.2.2.1 评价的原则。
9.2.2.2 评价的基本资料。
9.2.2.3 评价项目及内容。
9.2.2.4 评价方法。

9.3 海域环境影响预测与评价

参照执行本标准中 9.2 的规定。

9.4 地下水环境影响分析

根据建设项目的环境保护措施，对有害污染物下渗对地下水影响的可能性进行分析，并提出保护地下水不受污染的要求。

9.5 声环境影响预测与分析

执行 HJ/T 2.1～2.4 和 HJ/T 19 相关条款的规定。

9.6 土壤环境影响分析

根据建设项目污染源（如固体废物填埋场、排污明渠等）分布及农业灌溉状况，结合评价区水文地质等环境特征，分析建设项目对土壤环境可能造成的影响。

10 固体废物污染环境影响分析

10.1 建设项目所产生的固体废物的贮存、运输、处置必须遵守《中华人民共和国固体废物污染环境防治法》。

10.2 应按照原国家环保局制定的《固体废物名称和类别编号代码对应表》的要求，对所产生的工业固体废物（如废催化剂、废碱液、废酸液、污泥、灰渣等）进行分类，并分别核算其产生量。新建固体废物填埋场，需列专题评价。

10.3 论述固体废物回收和合理利用的途径及其可能性。

10.4 利用当地固体废物填埋场的可行性分析。

10.5 拟贮存、填埋固体废物的场所（附位置图），应分析论述下列内容：

10.5.1 预处理的必要性，填埋方式的可行性。

10.5.2 对周围环境可能产生的影响（特别是对地下水的影响）。

10.5.3 拟采用的防洪、防渗、防扬尘等工程措施的可靠性。

10.5.4 渗滤液的处置。

11 环境保护措施分析

11.1 环境保护措施分析的工作内容和方法

11.1.1 水环境保护措施分析

11.1.1.1 减少废水排放量的措施和效果。

11.1.1.2 排水系统划分清污分流的必要性和合理性分析。

11.1.1.3 防止物料进入废水系统的措施分析。

11.1.1.4 提高循环水浓缩倍数，减少废水排放量的措施。

11.1.1.5 废水处理方案、分级控制水质指标、废水处理流程的分析比较，技术经济分析与运行可靠性，接纳能力和达标可行性等方面进行论述或分析。

11.1.1.6 废水处理设施承受冲击负荷的能力分析（依托原有废水处理设施时应注重新污染物对设施的冲击负荷）。

11.1.1.7 废水管道和废水储存、处理设施防渗漏分析。

11.1.1.8 废水排放口设置的合理性分析。

11.1.2 废气、粉尘污染的防治

11.1.2.1 外排有毒、有害工艺尾气、粉尘、恶臭、酸雾等废气的除尘、吸收等回收利用、处理设施的分析。

11.1.2.2 含易挥发物质的原料、成品、中间产品等储存设施、防治挥发物质逸出和回收的措施分析。

11.1.2.3　可燃性气体回收措施的分析。
11.1.2.4　回收废溶剂、废催化剂措施的分析。
11.1.2.5　剧毒的化学药品（如氰化钠、二硫化碳等）密闭储存措施的分析。
11.1.2.6　含硫废水、含酚废水等输送、储存过程中，防止有毒气体泄漏、逸散措施的分析。
11.1.2.7　废水处理设施防止恶臭、可燃气体逸散措施分析。
11.1.3　固体废物的环境保护措施
11.1.3.1　工艺装置排出的高浓度废液进行预处理或焚烧处理措施的分析。
11.1.3.2　针对固体废物的不同性质，采取合理利用、回收、无害化填埋处理等措施的分析。
11.1.3.3　催化剂、吸附剂、煤炭等粒料、粉料的装卸、储存、输送过程中采用的防止逸散、扬尘措施的分析。
11.1.3.4　设备检修及开停工时排出的各种固体废物收集措施的分析。
11.1.3.5　对固体废物填埋场的分析，包括填埋场的选址、水文地质条件、使用期和工程结构合理性分析，防场尘、防洪、防渗漏、渗滤液处理及监控措施的分析等。
11.1.4　噪声环境保护措施的分析
11.1.4.1　设计中选用的低噪声设备和气体吹扫放空噪声控制措施的分析。
11.1.4.2　离厂界较近的高噪声源如锅炉、加热炉、空压站、破碎机等采取噪声控制措施的分析。

11.2　补充措施和污染物外排总量

在对设计中已采取的环境保护措施进行分析的基础上，对达标排放有影响的因素，应遵照污染物总量控制、“以新带老”的原则，提出补充措施和建议。并提出污染物进一步削减量。

11.3　环境保护对策小结

对建设项目的环境保护对策进行小结，对环境保护措施按水、气、固废、声等分别归纳整理，列出环境保护措施五项汇总表，包括较详细的内容、投资和计划完成时间，便于环境管理部门监督、检查。

12　污染物排放总量控制分析

12.1　污染物排放总量计算的原则

12.1.1　污染物排放总量，应在贯彻“清洁生产”的原则下，达标排放。并按生产装置（设施）批准规模计算。
12.1.2　应结合建设项目所在地区的环境功能和总量允许限额要求，提出污染物排放总量控制指标建议。

12.2　总量控制因子的选择

石油化工行业有关的污染因子有 8 个：
大气污染物指标 3 个：二氧化硫、烟尘、粉尘。
废水污染物指标 4 个：化学耗氧量、石油类、氰化物、氨氮。
固体废物指标 1 个：工业固体废物排放量。
总量控制因子应根据建设项目的具体特点及地方环保行政主管部门的要求在环境影响评价大纲审查阶段确定。

12.3 污染物排放总量控制的计算

根据污染物总量控制计算结果，再结合环境保护补充措施的削减量，给出污染物外排总量。

12.4 污染物排放总量控制建议指标

当建设项目所在地区各种污染物排放总量允许限额指标有明确规定时，经达标分析后的排放总量符合限额指标要求，可直接提出污染物排放总量控制建议指标；如果经达标分析后的排放总量超过限额指标要求时，应对该地区主要排污企业排放水平进行全面分析、比较，确定各企业污染物排放总量削减顺序，提出该地区实现污染物排放总量负荷调整的分配建议方案，并以此提出建设项目污染物排放总量控制的建议。

13 环境风险分析

13.1 调查收集国内外同类建设项目的风险事故资料。

列表表示下列内容：

年份日期，地点，装置规模，引发原因，物料泄漏量，影响范围，事发后采取的应急措施，事故损失，关注并分析事故发生后对环境造成的影响。

13.2 根据资料分析建设项目发生风险事故的概率和可能影响的范围。

13.3 提出现场监控报警系统和应急措施（如应配置的设备、器材，应急计划）。

14 环境管理及环境监测制度建议

应根据《石油化工企业环境保护设计规范》SH 3024 及石化行业有关环保工作的规定设置环保管理机构；制订监测制度；确定环境监测站类型；确定监测项目和监测频率以及配置必须的监测仪器和设备。

15 环境影响经济损益分析

15.1 根据环境保护对策分析及其补充建议所确定的环境保护项目（包括“以新带老”），列出各项目的内容和投资。

15.2 根据《石油化工企业环境保护设计规范》计算环境保护投资占建设项目建设投资的百分比。

15.3 核算废气、废水、固体废物的治理成本及其合理利用收益。

15.4 因推行“清洁生产”、“清洁产品”对社会环境产生的“正效应”。

16 公众参与

16.1 向有代表性的团体及个人发放征询意见表，数量宜为 100 份，并召开小型（20 人左右）征询意见会 1～2 次。

16.2 统计分析研究各方面意见。小结公众对建设项目的观点和回答有关问题。

16.3 征求意见表中应对拟建工程的性质、环境治理的预期效果等作简要介绍。

17 环境影响评价大纲的编制

17.1 环境影响评价大纲是环境影响评价工作的总体设计和工作方案，是环境影响评价工作的指导性文件，也是审查环境影响报告书内容和质量的主要依据。

17.2 环境影响评价大纲的编制应按环境影响评价工作程序，并在充分研读建设项目的技术资料、对建设地址环境状况进行踏堪和调查、征求环保行政主管部门意见的基础上编制。

17.3 在环境影响评价大纲审查后，如建设项目内容发生重大调整，则评价大纲须进行相应变动，并取得审查单位的认可。

17.4 环境影响评价大纲的格式及内容见附录 B（标准的附录）。

18 环境影响报告书的编制

18.1 编制环境影响报告书的一般规定

18.1.1 环境影响报告书应全面概括地反映环境影响评价的全部工作，突出石油化工工程特点，文字应简洁、准确，并尽量采用图表形式，以使提出的资料清楚。有条件的，也可附照片说明。报告书要做到论点明确，利于阅读和审查。原始数据、全部计算过程等不必在报告书中列出，必要时可编入附录。所参考的主要资料应按其发表的时间顺序由近至远列出目录。评价内容较多的报告书，重点评价专题可另编专题报告。

18.1.2 环境影响报告书的编制应按照环境影响评价大纲的评估意见，汇总分析各分项专题所提供的各种资料、数据和存在的问题。通过综合分析、评价，提出科学、公正的结论。

18.2 环境影响报告书的内容见附录 C（标准的附录）。

19 其他规定

19.1 环境影响评价大纲和环境影响报告书应包括以下附图：

19.1.1 建设项目区域位置图

标明指北向、比例尺、风玫瑰图、图例符号、建设项目拟建地址、建设项目周围的城镇、村落、工矿企业、地表水体、交通干道以及保护目标等。

19.1.2 厂区总平面布置图

标明指北向、比例尺、风玫瑰图、图例符号、生产装置、公用工程和辅助设施位置。

19.1.3 单项环境要素评价范围及监测布点（水体断面设置）图

标明指北向、比例尺、风玫瑰图、图例符号、评价范围、地表水和地下水流向、监测点位（水体断面）和环境敏感点（断面）位置，并列表标明其与建设项目拟建地址的距离。

19.1.4 各种附图都应突出主要内容，以粗线条明显表示出建设项目范围、监测点位、断面，环境敏感点位置等。

19.2 环境影响评价大纲及环境影响报告书的其他附图可根据各专题工作的需要设置。

19.3 现场监测数据统计中，应逐点逐项列出实测值后，再对照标准值以达标率或超标率来说明环境质量或环境保护措施的处理效果。

19.4 环境影响评价大纲及环境影响报告书的编排格式结构应符合国家环保总局公布的有关规定及本标准，见附录 D（标准的附录）。

19.5 环境影响报告书中应提供如下照片资料：全厂鸟瞰图，拟建项目厂址，拟淘汰装置及拟改扩建装置，主要污染防治设施，废水排放口。

19.6 环境影响评价大纲及环境影响报告书中的英文缩写、名称要有英、中文对照表，并附后。

附 录 A
（标准的附录）
工程分析的附图和附表及公式

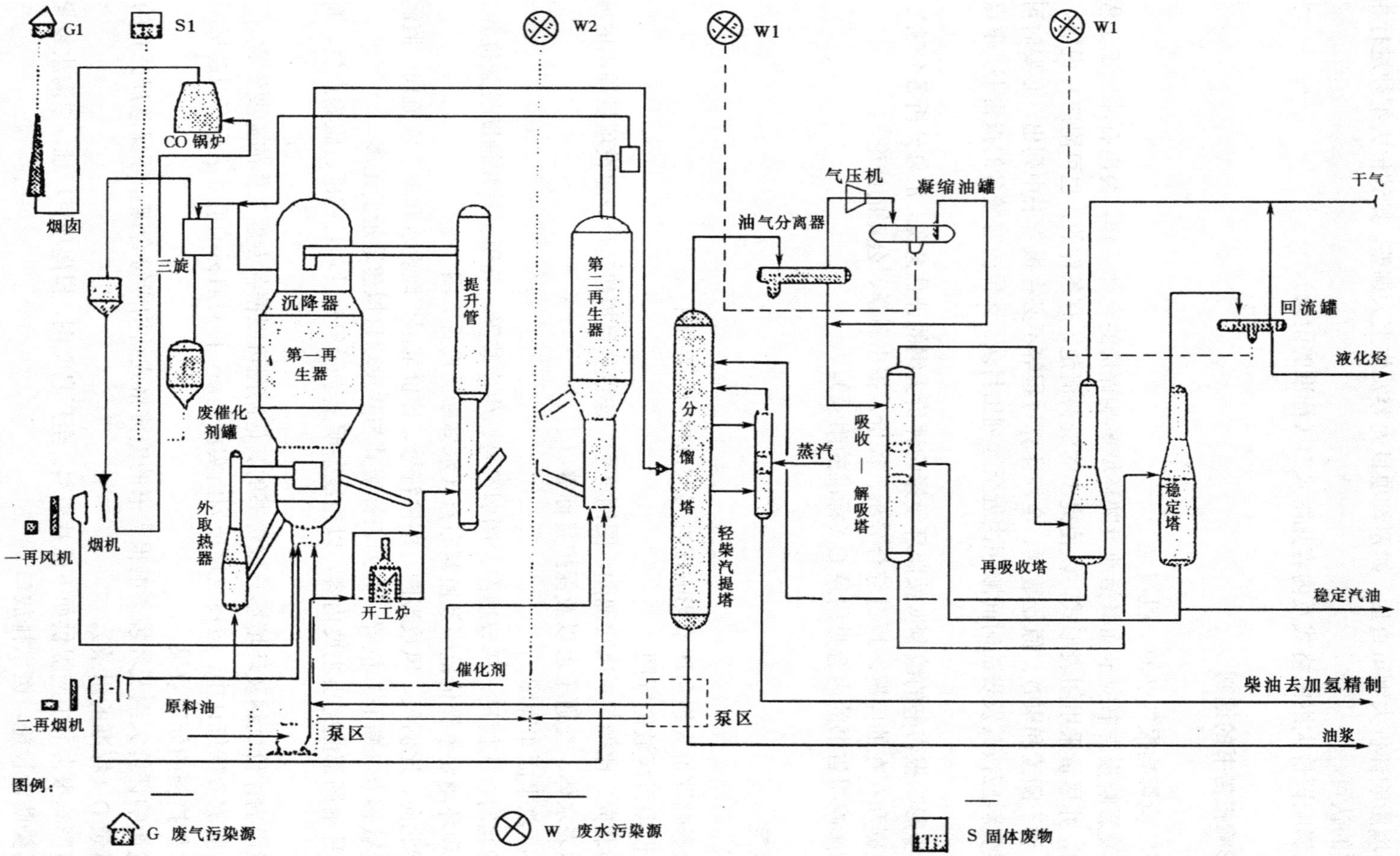

附图 A-1 重油催化裂化装置污染源分布流程图（示例）

附表 A-1　催化裂化装置（单元）废气、废水、固体废物污染物排放表（示例）

	编号	污染物名称	排放量/	烃类/		二氧化硫/		二氧化氮/		烟尘/				排放口参数			排放规律	排放去向	备注
废气污染物（G）			（10^4 m^3/h）	（kg/h）	（mg/m^3）	（kg/h）	（mg/m^3）	（kg/h）	（mg/m^3）	（kg/h）	（mg/m^3）	（kg/h）	（mg/m^3）	高度/m	直径/m	温度/℃			
	1	再生烟气																	
		合计																	
废水污染物（W）	编号	污染物名称	排水量/	pH	石油类/		硫化物/		化学耗氧量		氨氮/		悬浮物/				排放规律	排放去向	备注
			（m^3/h）		（kg/h）	（mg/L）	（kg/h）	（mg/L）	（kg/h）	（mg/L）	（kg/h）	（mg/L）	（kg/h）	（mg/L）	（kg/h）	（mg/L）			
	1	含硫含氨废水																	
	2	含油废水																	
		合计																	
固体废物（S）	编号	污染物名称	排放量/（t/a）										主要组分				排放规律	排放去向	备注
			废催化剂		废碱渣（液）		废脱（吸）附剂		“三泥”		其他								
	1	废催化剂																	
		合计																	

附表 A-2 全厂废气、废水、固体废物污染物排放量汇总表（示例）

	编号	污染物名称	排放量/（10^4 m^3/h）	污染物量/（kg/h）				排放源参数			排放方式与去向
废气污染物（G）				烃类	二氧化硫	二氧化氮	烟尘	高度/m	直径/m	温度/℃	
		装置									
		合计									
废水污染物（W）	编号	污染物名称	排放量/（m^3/h）	pH	污染物量/（kg/h）						排放方式与去向
					石油类	硫化物	化学耗氧量	氨氮			
		装置									
		合计									
固体废物（S）	编号	污染物名称	排放量/（t/a）						主要组分		排放方式与去向
			废催化剂	废碱渣（液）	废脱（吸）附剂	“三泥”	其他				
		装置									
		合计									

附表 A-3 全厂硫平衡表（示例）

项 目	进料/（t/a）	出料/（t/a）	占总硫百分比数/%
原油带入硫			
硫黄产品			
生成二氧化硫的硫			
产品带走硫			
其 他			
合 计			

附表 A-4 项目污染物排放量核算汇总表（示例）

	污染物名称	产生量/（t/a）	削减量/（t/a）	外排量/（t/a）	去除率（%）	备注
废 气	二氧化硫					
	二氧化氮					
	粉 尘					
	烃 类					
	氢氰酸					
	丙烯腈					
	其 他					
废 水	石油类					
	化学耗氧量					
	硫化物					
	氨 氮					
	对二甲苯					
	其 他					
固体废物	废催化剂					
	废吸附剂					
	“三 泥”					
	其 他					

附表 A-5 废水处理场构筑物去除率表（示例）

处理设施	废水采样点名称	处理量/（m^3/h）	pH	污染物浓度/（mg/L）				
				石油类	化学耗氧量	硫化物	氨氮	
均质污隔油池	均质池出口							
	隔油池出口							
	污染物去除量							
	去除率/%							
浮选池	浮选池进口							
	浮选池出口							
	污染物去除量							
	去除率/%							
生化池	生化池进口							
	生化池出口							
	污染物去除量							
	去除率/%							
砂滤池	砂滤池进口							
	砂滤池出口							
	污染物去除量							
	去除率/%							
氧化塘	氧化塘进口							
	氧化塘出口							
	污染物去除量							
	去除率/%							

注：如流程与表中设施不同时，应根据处理流程列表。

附公式 A-1～A-4　清洁生产分析中 4 个主要量化指标的计算方法

附公式 A-1 单位产品（原料）废水排放量（m^3/t）

$$单位产品或原料废水排放量=\frac{排放的生产废水总量}{产品或原料总量}$$

附公式 A-2 单位产品（原料）新鲜水用量（m^3/t）

$$单位产品或原料新鲜水用量=\frac{新鲜水总量}{产品或原料总量}$$

附公式 A-3 废水回用水量及废水回用率

废水回用水量：指经过处理的废水又回用于生产的水量（m^3/h）

$$废水回用率=\frac{废水回用量}{废水回用水量+正常情况下废水处理场排放量}\times 100\%$$

附公式 A-4 重复利用率

$$重复利用率=\frac{循环水量}{循环水量+新鲜水量}\times 100\%$$

附　录　B
（标准的附录）
环境影响评价大纲格式及内容

石油化工建设项目环境影响评价大纲应按建设项目实施过程阶段划分的规定，选择下列部分或全部内容进行编制。

B.1　前言

B.1.1　建设项目名称及前期工作进展情况。
B.1.2　环境影响评价任务的委托（招标）情况。
B.1.3　编制依据
应给出以下文件（或资料、标准等）的名称、文号（标准号）、发布（编制）单位和日期。
B.1.3.1　项目建议书及批复文件。
B.1.3.2　建设项目环境影响评价任务委托书或招标文件。
B.1.3.3　建设项目（预）可行性研究报告。
B.1.3.4　国家和石油化工建设项目环境影响评价技术导则。
B.1.3.5　国家和地方及石油化工建设项目环境保护管理办法及实施细则。
B.1.3.6　国家和地方有关建设项目环境影响评价收费标准。

B.2　建设项目依托单位概况

B.2.1　基本情况
B.2.1.1　主要生产装置及规模。
B.2.1.2　平面布置（附图）。
B.2.1.3　主要原料和辅助材料的用量、来源及主要性质。
B.2.1.4　工艺流程。
B.2.2　公用工程及辅助设施情况
B.2.2.1　主要原料和产品的储运状况。
B.2.2.2　新鲜水、循环水、脱盐水、蒸汽、电、燃料、压缩空气等的用量、来源及燃料的硫含量。
B.2.3　主要污染物外排总体状况
主要污染物种类、排放浓度、排放量、去向。
B.2.4　与建设项目相关的环保设施状况
环保设施名称、处理规模、处理工艺、实际处理量、处理效果、达标状况及存在问题。

B.3　建设项目概况

B.3.1　基本情况
B.3.1.1　建设项目名称、建设项目组成、建设性质、生产规模。
B.3.1.2　建设地点和平面布置（附图）。
B.3.2　生产装置
B.3.2.1　主要原料和辅助材料的来源、用量和性质。
B.3.2.2　产品方案。
B.3.2.3　拟采用的生产工艺技术的原则流程。

B.3.3 公用工程

B.3.3.1 主要原料和辅助材料、产品（含中间产品）的储存、运输方式和数量。

B.3.3.2 给水排水系统的划分。

B.3.3.3 新鲜水、循环水、脱盐水、除氧水、蒸汽和电等的用量及来源。

B.3.3.4 燃料种类、性质（包括硫和氮含量等）、用量及来源。

B.3.4 主要污染物排放状况

主要污染源和主要污染物种类、排放方式、排放浓度、排放量、去向。

B.3.5 拟采取的环境保护措施

项目建议或预可行性研究资料中已提出的环境保护措施及预期效果。

B.3.6 主要技术经济指标

B.3.7 项目建设进度计划

B.4 拟建地区的环境概况

B.4.1 自然环境

B.4.1.1 地理位置（区域位置），附图。

B.4.1.2 地形地貌。

B.4.1.3 气候与气象。

B.4.1.4 地表水体。

B.4.1.5 水文地质状况及地震烈度。

B.4.1.6 土壤植被。

B.4.1.7 风景名胜古迹。

B.4.2 社会环境

B.4.2.1 建设项目拟建地区的行政区划。

B.4.2.2 工矿企业、城镇、主要村落及居民区分布。

B.4.2.3 农林牧渔业结构和种类及产量。

B.4.2.4 土地利用状况。

B.4.3 环境质量概况

B.4.3.1 当地政府部门正式确定的各环境要素功能区划。

B.4.3.2 说明评价地区是否属二氧化硫控制区或酸雨区。

B.4.3.3 简要描述建设项目所在地区主要环境要素的环境质量现状。

B.5 环境影响评价工作总则

B.5.1 建设项目实施过程的阶段划分

执行本标准 4.2.3 的规定。

B.5.2 污染因子的筛选

执行本标准 4.2.6 的规定。

B.5.3 环境影响评价专题的设置和评价重点。

执行本标准 4.2.4 的规定。

B.5.4 单项环境影响评价工作等级的确定

执行本标准 4.2.5 的规定。

B.5.5 采用的评价标准

执行本标准 4.2.8 的规定。给出：

B.5.5.1 污染物排放标准（标准名称、标准号、执行级别或类别）。

B.5.5.2 各环境要素质量标准（标准名称、标准号、执行级别或类别）。

B.5.6 控制污染与环境保护目标

执行本标准 4.2.9 的规定。

B.6 环境影响评价专题工作内容和实施计划

B.6.1 工程分析

B.6.1.1 建设项目工程分析。

根据建设项目类别、所在地区的环境特点、评价项目的工作等级和重点，以及环境影响预测的需要等因素，按本标准 8 的规定详细说明。

B.6.1.1.1 工程分析的原则。

B.6.1.1.2 工程分析的内容和重点。

B.6.1.1.3 工程分析的方法。

B.6.1.2 建设项目依托单位污染源调查与评价。

结合建设项目污染源分析及污染因子的筛选结果，尽量详细说明：

B.6.1.2.1 调查范围和内容。

B.6.1.2.2 调查方法。

B.6.1.2.3 评价方法。

B.6.2 自然环境与社会环境现状调查

执行本标准 5 的规定。

B.6.3 评价区污染源现状调查与评价

执行本标准 6 的规定。

B.6.4 环境质量现状调查与评价

根据建设项目类别、所在地区的环境特点、评价项目的工作等级和重点，以及环境影响预测的需要等因素，分别说明各主要环境要素的：

B.6.4.1 调查时间、期次和频率。

B.6.4.2 调查内容和参数。

B.6.4.3 调查范围（附图）。

执行本标准 4.2.7 的规定。

B.6.4.4 调查方法。

B.6.4.5 采样和分析方法。采样和分析方法应采用国家标准和国家推荐方法；尚未国家标准和国家推荐方法，应采用石油化工行业标准和石油化工行业推荐方法，采用其他采样和分析方法时，应取得石油化工行业主管部门和环境保护行政主管部门的书面同意。

B.6.4.6 评价方法。

B.6.5 环境影响预测与评价

根据各单项环境影响评价工作等级，尽量详细地说明：

B.6.5.1 预测内容。

B.6.5.2 预测时段和范围。

B.6.5.3 预测方法（包括有关参数的估值方法）和评价方法。

B.6.5.4 预测结果的分析与评价。

B.6.6 环境保护措施及其经济、技术论证

B.6.6.1 建设项目依托单位环境保护措施。

B.6.6.2 建设项目拟采取的环境保护措施。

B.6.6.3 建设项目需补充完善的环境保护措施。

B.6.6.4 “以新带老”、污染物排放总量控制等措施。

B.6.7 污染物排放决量控制分析

B.6.7.1 污染物排放总量控制因子的确定。

执行本标准 12 的有关规定。

B.6.7.2 根据项目建议书和预可行性研究报告，对主要污染物（外排废气化学耗氧量和废气二氧化硫等）排放总量进行估算，判断污染物总量控制的趋势。

B.6.7.3 污染物排放总量控制分析。

B.6.7.3.1 分别确定各控制因子的排放总量。

B.6.7.3.2 应以贯彻清洁生产要求和达标排放的前提下，按生产装置和设施的批准规模计算污染物排放总量。

B.6.7.3.3 根据 B.6.7.3.2 的结果，对比环保行政主管部门核定的污染物排放总量指标，提出企业削减的措施或区域综合调控的建议。

B.7 评价工作成果清单

评价工作拟提出的成果应包括：

B.7.1 环境影响报告书（列出章节设置）。

B.7.2 有关专题的专题报告。

B.8 评价工作的组织与计划安排

应列表说明：

B.8.1 评价工作的组织与分工，包括评价单位名称、工作性质（总体负责或协作）、承担专题工作内容。

B.8.2 评价工作进度计划。

B.9 评价工作经费概算

按照国家和地方环境保护行政主管部门发布的环境影响评价收费原则和方法的有关规定和标准，根据环境影响评价大纲所包括的工作范围、内容和深度、分专题逐项列出所需费用。

B.10 附件

应包括以下内容：

B.10.1 环境影响评价委托书或招标文件。

B.10.2 建设项目立项申报或批复文件。

B.10.3 环境影响评价引用资料清单（注明资料来源、引用内容等）。

附 录 C
（标准的附录）
环境影响报告书的格式与内容

石油化工建设项目环境影响报告书应按本标准 18 的规定，选择下列全部或部分内容进行编制。

C.1 前言

简述项目的由来、性质、规模；建设意义；委托单位、评价单位、评价协作单位及分工情况；工程进展情况及目前的工作阶段；评价指导思想等。

C.2 总论

C.2.1 项目的基本情况

扼要介绍建设项目，结合其特点阐述编制环境影响报告书的目的。

C.2.2 编制依据

应给出以下文件（或资料、标准）的名称、文号（标准号）、发布（编制）单位、日期。

C.2.2.1 项目建议书及批复文件。

C.2.2.2 建设项目环境影响评价大纲及评估意见。

C.2.2.3 建设项目可行性研究报告。

C.2.2.4 国家和石油化工行业环境影响评价技术导则。

C.2.2.5 国家和地方及石油化工建设项目环境保护管理办法及实施细则。

C.2.3 采用的标准

按本标准 4.2.8 的规定选用。

C.2.4 评价工作等级、评价区域范围

按审定的评价大纲所确定的评价工作等级和相应的评价区域范围进行评价。

C.2.5 环境保护的目标

按本标准 4.2.9.2 的规定编写。

C.2.5.1 大气

评价区居民点、文教卫生单位、自然保护区、风景游览区、温泉、名胜古迹、疗养区等。

C.2.5.2 地表水、海域

排放口所涉及的水域区段内的水源地、水产保护区、浴场等。

C.2.5.3 地下水

评价区内可供利用的地下水资源。

C.2.5.4 噪声

临近厂界的居民点及文教卫生单位。

C.3 自然环境及社会环境现状调查

C.3.1 地理位置（区域位置）附图。

C.3.2 地形、地貌、地质和土壤情况，河流、湖泊（水库）、海湾的水文情况，气候与气象情况，地震烈度。

C.3.3 大气、地表水、地下水和土壤的环境质量状况，包括浓度、等级，该评价区是否属于二氧化硫控制区、酸雨区，以及水产和农作物的情况。

C.3.4 自然保护区、风景游览区、名胜古迹、温泉、疗养区以及文教卫生等设施情况。

C.3.5 社会经济情况，包括：现有工矿企业和生活居住区的分布情况、人口密度、农业概况、土地利用情况、交通运输情况及其他社会经济活动情况。

C.4 评价区污染源现状调查与评价

C.4.1 评价区内现有、在建、已批准待建的工矿企业、农、林、交通等的污染源情况，并根据等标污染负荷比排序。

C.4.2 分析评价区内的主要工矿企业、农、林、交通的污染物治理及达标排放情况。

C.5 建设项目概况

C.5.1 建设项目名称。

C.5.2 建设项目内容组成表、建设性质、生产概况、年运行时数。

C.5.3 建设地点、占地面积及厂区平面布置（附图）。

C.5.4 土地利用情况和发展规划。

C.5.5 工程投资及定员。

C.6 建设项目依托单位概况

C.6.1 基本情况

C.6.1.1 列表说明主要生产装置及规模（说明与建设项目有关的变化内容）。

序号	装置名称	规模	说明
1			
2			

C.6.1.2 平面布置（附图）。

C.6.1.3 主要原料和辅助材料用量、来源及主要性质。

C.6.1.4 工艺流程。

C.6.2 公用工程及辅助设施概况

C.6.2.1 列表说明主要原料、材料和产品的储运状况（说明与建设项目有关的变化内容）。

序号	原材料或产品名称	储运状况	说明
1			
2			

C.6.2.2 新鲜水、循环水、脱盐水、蒸汽、电、燃料、压缩空气等的用量。来源及燃料的含硫量。

C.6.3 主要污染物外排总体状况

列出主要污染物种类、排放浓度、排放量、去向。

序号	装置名称	污染物名称	单位	排放量	组成	去向
1						
2						

C.6.4　与建设项目有关的环保设施状况

环保设施名称、处理规模、处理工艺、实际处理量、处理效果、达标情况及存在的问题。

C.7　环境质量现状调查与评价

C.7.1　大气环境质量现状调查及评价

对各监测点、各期的污染物现状监测统计值进行评价、并根据监测季节的日均浓度变化说明与地面风向、风速的相关特点。应附大气监测布点图。

C.7.2　地表水环境质量现状调查及评价

对丰水期、枯水期各监测点污染物的检出率、超标率等统计值进行评价，并说明其水文条件。应附监测点或断面设置图。

C.7.3　海域环境质量现状调查与评价

包括海域的自然环境概况、海域功能、海域的海洋生物情况和污染现状的调查与评价，应附站位布置图。

C.7.4　地下水环境质量现状调查与分析

了解评价区内水文地质情况及地下水水质，以及地下水的开发利用的程度。已被污染的地下水，应对废水渗漏的可能途径、污染物的种类进行分析。

C.7.5　声环境质量现状调查及评价

按本标准 7.5 规定的内容工作。

C.7.6　生态与土壤环境质量现状调查及分析

按本标准 7.6 规定的内容工作。

C.7.7　人群健康现状调查

通过资料收集、类比调查，获得有关人群健康状况等基础资料。

C.8　工程分析

工程分析的原则、实施过程的阶段划分、基本内容和工作重点、工作方法、工程概况、污染源排放特征及分析等执行本标准 8 的规定，并详细阐明下列问题。

C.8.1　原料性质及主要组分

C.8.2　装置污染物排放情况的说明

C.8.2.1　分装置概述新建和改、扩建装置的工艺流程并绘出污染源分布流程图和相应的污染物排放表。

C.8.2.2　现有、在建和已批准的待建装置，列出装置污染物排放汇总表。

C.8.2.3　分别列出工程投产后全厂废气、废水、固体废物的排放汇总表。

C.8.3　给出全厂物料平衡、燃料平衡、给排水平衡、废水水质水量平衡和硫平衡。

C.8.4　清洁生产分析

应用清洁生产的原则，对有污染物排放的设施从原材料、工艺、生产过程和产品以及废气、废水、固体废物再资源化等方面的问题进行分析，以期达到持续整体预防污染，最大限度地减少对环境的影响。

C.8.4.1　对原料及辅助材料（如溶剂、催化剂、助剂、添加剂等）中的有毒、有害组分及其在生产中会形成污染源的分析。

C.8.4.2　对全厂装置的工艺流程的先进性和合理的分析，对燃料进行清洁化使用与分析。

C.8.4.3　对生产过程中污染物的排放状况和环境保护措施的可靠性进行类比分析。

C.8.4.4　对原料、辅助材料、中间产品、产品在储存、包装、装卸、运输和使用中对环境的影响进行分析，对剧毒物质应进行由各有关单位分工负责的全过程的分析。

C.8.4.5　对废气、废水、固体废物再资源化的可行性进行论述和分析。

C.8.4.6　存在的问题和建议。

C.9 环境影响预测与评价

C.9.1 大气环境影响预测与评价

根据 HJ/T 2.1～2.4 和 HJ/T 19 相关条款的规定，利用数学模式，估算建设项目大气污染因子在评价区域内对大气环境质量的影响，绘制等浓度曲线图。

C.9.2 地表水环境影响预测与评价

根据所定水体功能，选用国家“环评导则”相关条款中相应的模式进行计算，并确定混合区的范围以及与保护目标的距离。附浓度分布图。

C.9.3 海域环境影响预测与评价

C.9.3.1 计算在正常排放和不正常排放条件下各评价因子在评价海域的浓度分布图。

C.9.3.2 计算各评价因子预测值与现状值叠加后的浓度，并绘制浓度曲线图。

C.9.3.3 如石油类的浓度超过水质标准，必要时就对海域的水生生物作出影响预测分析。

C.9.4 地下水环境影响分析

根据建设项目的防治措施，分析其防止有害污染物渗漏的可靠性。

C.9.5 声环境影响预测与评价

按本标准 9.5 规定的内容论述。

C.9.6 生态与土壤环境质量影响预测与分析

按本标准 9.6 规定的内容论述。

C.10 固体废物污染环境分析

按本标准 10 中规定的内容论述。

C.11 环境保护措施及其经济技术论证

C.11.1 水环境保护措施分析

C.11.2 废气、粉尘环境保护措施分析

C.11.3 固（液）体废物环境保护措施分析

C.11.4 噪声环境保护措施分析

C.12 污染物排放总量控制分析

C.12.1 污染物排放总量的计算

C.12.2 总量控制因子的选择

C.12.3 总量控制达标分析

C.12.4 污染物排放总量控制建议指标

C.13 环境风险分析

按本标准 13 中规定的内容论述。

C.14 环境管理及监测制度建议

按本标准 14 中规定的内容论述。

C.15 环境影响经济损益分析

按本标准 15 中规定的内容论述。

C.16　公众参与

按本标准 16 中的内容论述。

C.17　结论及建议

C.17.1　结论

应重点定量说明以下问题：

C.17.1.1　环境现状及其存在的主要环境质量问题。

C.17.1.2　根据工程分析和环境影响预测的结果说明污染物排放是否达标及是否符合总量控制要求，并提出总量控制建议指标。

C17.1.3　根据环境影响预测结果，从环境角度说明建设项目是否可行。

C.17.2　建议

应对环保措施不足部分提出改进建议。

附 录 D
（标准的附录）
环境影响评价大纲及环境影响报告书编排结构

D.1 一般规定

D.1.1 环境影响评价大纲及环境影响报告书由下列三部分构成。

D.1.1.1 前置部分：封面、封二封三、目次页。

D.1.1.2 主体部分：正文。

D.1.1.3 附录部分：对正文的补充和说明。

D.1.2 环境影响评价大纲及环境影响报告书均应保护整体协调和统一，其数据来源、处理方式和结果的表达方式，以及名词术语、编写格式等必须一致，采用的评价标准和引用的法规文件必须相同。

D.2 前置部分

D.2.1 封面

D.2.1.1 封面格式见附录 E（提示的附录）。

D.2.1.2 封面的建设项目名称与申报或批准立项的文件使用的建设项目名称相同。

D.2.1.3 封面的评价单位名称应与所持有的环境影响评价证书上的单位名称完全相同，并加盖单位公章。

D.2.1.4 环境影响报告书的封面应注明送审稿或报批稿。

D.2.1.5 封面的字体要求，“建设项目名称”使用黑体、小一号字，“环境影响评价大纲”或“环境影响报告书”使用黑体、小初号字，“评价单位”和“年、月、日”使用黑体、四号字，“送审稿”或“报批稿”使用黑体、一号字。

D.2.2 封二

封二为环境影响评价证书（复印件）。

D.2.3 封三

封三应给出下列信息：

D.2.3.1 编制单位：名称应与所持有的环境影响评价证书上的单位名称完全相同。

D.2.3.2 法人代表：姓名、职务、技术职称。

D.2.3.3 项目负责人：姓名、职务、技术职称。

D.2.3.4 技术审查人：姓名、职务、技术职称。

D.2.3.5 编制人员：姓名、技术职称、从事专业、环境影响评价岗位培训证书号、编制内容。

D.2.3.6 评价协作单位：名称应与所持有的环境影响评价证书上的单位名称完全相同。

D.2.3.7 协作单位法人代表。

D.2.3.8 协作单位评价证书：发证机关、证书等级、编号。

D.2.3.9 协作单位评价项目负责人：姓名、职务、技术职称。

D.2.3.10 协作单位编制人员：姓名、技术职称、从事专业、环境影响评价岗位培训证书号、编制内容。

D.2.4 目次页

D.2.4.1 目次应使在阅读和评审环境影响评价大纲及环境影响报告书时，对其有一个总体概念，而且便于查阅。

D.2.4.2 目次通常只需列出两个层次的正文标题和附录。

D.2.4.3 目次页的内容包括：层次序号（附录英文字母序号）、标题名称、圆点省略号、页码。

D.3 主题部分

D.3.1 环境影响评价大纲主题部分的编制内容见附录 B（标准的附录）。

D.3.2 环境影响报告书主题部分的编制内容见附录 C（标准的附录）。

D.4 附录部分

D.4.1 附录部分应提供有助于帮助理解主题部分的补充信息。

D.4.2 环境影响评价大纲的附录部分见 B10。

D.4.3 环境影响报告书的附录部分见附录 C 有关部分。

附 录 E
（提示的附录）
环境影响评价大纲及环境影响报告书封面格式

E.1 环境影响评价大纲封面格式

建设项目名称

环境影响评价大纲

公 章

评价单位名称

年 月 日

E.2　环境影响报告封面格式

建设项目名称

环境影响报告书

（送审稿）

公　　章

评价单位名称

年　　月　　日

二、排污许可证申请与核发技术规范

HJ

中华人民共和国国家环境保护标准

HJ 853—2017

排污许可证申请与核发技术规范 石化工业

Technical specification for application and issuance of pollutant permit —Petrochemical industry

2017-08-22 发布　　2017-08-22 实施

环境保护部 发布

前　言

为贯彻落实《中华人民共和国环境保护法》《中华人民共和国大气污染防治法》《中华人民共和国水污染防治法》等法律法规和《国务院办公厅关于印发控制污染物排放许可制实施方案的通知》（国办发〔2016〕81 号），完善排污许可技术支撑体系，指导和规范石化工业排污许可证申请与核发工作，制定本标准。

本标准规定了石化工业排污许可证申请与核发的基本情况填报要求、许可排放限值确定、实际排放量核算、合规判定方法以及自行监测、环境管理台账与排污许可证执行报告等环境管理要求，提出了石化工业污染防治可行技术要求。

核发机关核发排污许可证时，对位于法律法规明确规定禁止建设区域内的、属于国家或地方已明确规定予以淘汰或取缔的石化工业排污单位或者生产装置，应不予核发石化工业排污许可证。

本标准附录 A～附录 F 为资料性附录。

本标准为首次发布。

本标准由环境保护部规划财务司、科技标准司组织制订。

本标准起草单位：海南省环境科学研究院、中国石油大学（华东）、中国石油化工股份有限公司抚顺石油化工研究院、环境保护部环境工程评估中心、中国人民大学、中国石油集团安全环保技术研究院、中海石油环保服务（天津）有限公司。

本标准环境保护部 2017 年 8 月 22 日批准。

本标准自 2017 年 8 月 22 日起实施。

本标准由环境保护部解释。

排污许可证申请与核发技术规范 石化工业

1 适用范围

本标准规定了石化工业排污许可证申请与核发的基本情况填报要求、许可排放限值确定、实际排放量核算、合规判定的技术方法以及自行监测、环境管理台账与排污许可证执行报告等环境管理要求，提出了石化工业污染防治可行技术要求。

本标准适用于指导石化工业排污单位填报《排污许可证申请表》及网上填报相关申请信息，适用于指导核发机关审核确定石化工业排污单位排污许可证许可要求。

本标准适用于石化工业排污单位排放大气污染物和水污染物的排污许可管理，包括 GB 31570、GB 31571 和 GB 31572 中规定的石油炼制、石油化学、合成树脂工业排污单位。

石化工业排污单位中，执行 GB 13223 的生产设施和排放口适用于环水体〔2016〕189 号中附件 1《火电行业排污许可证申请与核发技术规范》；执行 GB 13271 的生产设施和排放口参照本标准执行，待锅炉的排污许可证申请与核发技术规范颁布后从其规定。

本标准未做出规定，但排放工业废水、废气或国家规定的有毒有害大气污染物的石化工业排污单位的其他产污设施和排放口，参照《排污许可证申请与核发技术规范 总则》执行。

2 规范性引用文件

本标准引用了下列文件或其中的条款。凡是未注明日期的引用文件，其最新版本适用于本标准。

GB 13223 火电厂大气污染物排放标准

GB 13271 锅炉大气污染物排放标准

GB 14554 恶臭污染物排放标准

GB 18484 危险废物焚烧污染控制标准

GB 31570 石油炼制工业污染物排放标准

GB 31571 石油化学工业污染物排放标准

GB 31572 合成树脂工业污染物排放标准

GB/T 16157 固定污染源排气中颗粒物测定与气态污染物采样方法

HJ/T 55 大气污染物无组织排放监测技术导则

HJ/T 75 固定污染源烟气排放连续监测技术规范（试行）

HJ/T 76 固定污染源烟气排放连续监测系统技术要求及检测方法（试行）

HJ/T 91 地表水和污水监测技术规范

HJ/T 212 污染源在线自动监控（监测）系统数据传输标准

HJ/T 353 水污染源在线监测系统安装技术规范（试行）

HJ/T 354 水污染源在线监测系统验收技术规范（试行）

HJ/T 355 水污染源在线监测系统运行与考核技术规范（试行）

HJ/T 356 水污染源在线监测系统数据有效性判别技术规范（试行）

HJ/T 373 固定污染源监测质量保证与质量控制技术规范（试行）

HJ/T 397 固定源废气监测技术规范

HJ 493　水质　样品的保存和管理技术规定
HJ 494　水质　采样技术指导
HJ 495　水质　采样方案设计技术规定
HJ 733　泄漏和敞开液面排放的挥发性有机物检测技术导则
HJ 819　排污单位自行监测技术指南　总则
HJ 820　排污单位自行监测技术指南　火力发电及锅炉
HJ 2045　石油炼制工业废水治理工程技术规范
*排污许可证申请与核发技术规范　总则
*排污单位自行监测技术指南　石油炼制工业
*排污单位自行监测技术指南　石油化学工业
*环境管理台账与排污许可证执行报告技术规范（试行）
固定污染源排污许可分类管理名录
《国务院办公厅关于加强环境监管执法的通知》（国办发〔2014〕56 号）
《污染源自动监控设施运行管理办法》（环发〔2008〕6 号）
《关于执行大气污染物特别排放限值的公告》（环境保护部公告　2013 年第 14 号）
《排污口规范化整治技术要求（试行）》（环监〔1996〕470 号）
《关于印发〈排污许可证管理暂行规定〉的通知》（环水体〔2016〕186 号）
《关于开展火电、造纸行业和京津冀试点城市高架源排污许可证管理工作的通知》（环水体〔2016〕189 号）
《关于印发〈石化行业 VOCs 污染源排查工作指南〉及〈石化企业泄漏检测与修复工作指南〉的通知》（环办〔2015〕104 号）
《关于执行大气污染物特别排放限值有关问题的复函》（环办大气函〔2016〕1087 号）
《关于加强京津冀高架源污染物自动监控有关问题的通知》（环办环监函〔2016〕1488 号）

3　术语和定义

下列术语和定义适用于本标准。

3.1

石油炼制工业　petroleum refining industry

指以原油、重油等为原料，生产汽油馏分、柴油馏分、燃料油、润滑油、石油蜡、石油沥青和石油化工原料等的工业。

3.2

石油化学工业　petroleum chemistry industry

指以石油馏分、天然气等为原料，生产有机化学品、合成树脂、合成纤维、合成橡胶等的工业。

3.3

合成树脂工业　synthetic resin industry

指以低分子化合物——单体为主要原料，采用聚合反应结合成大分子的方式生产合成树脂的工业，或者以普通合成树脂为原料，采用改性等方法生产新的合成树脂产品的工业。

3.4

许可排放限值　permitted emission limits

指排污许可证中规定的允许排污单位排放污染物的最大排放浓度（或速率）和排放量。

* 标准正在编制审批之中，待正式发布后按发布的标准实行。

3.5

特殊时段　special periods

指根据国家和地方限期达标规划及其他相关环境管理规定，对排污单位的污染物排放情况有特殊要求的时段，包括重污染天气应对期间等。

3.6

挥发性有机物　volatile organic compounds

指参与大气光化学反应的有机化合物，或者根据规定的方法测量或核算确定的有机化合物。本标准使用非甲烷总烃作为排气筒和企业边界挥发性有机物排放的综合控制指标。

3.7

挥发性有机液体　volatile organic liquid

指任何能向大气释放挥发性有机物的符合以下任一条件的有机液体：（1）20℃时，挥发性有机液体的真实蒸气压大于 0.3 kPa；（2）20℃时，混合物中，真实蒸气压大于 0.3 kPa 的纯有机化合物的总浓度等于或者高于 20%（重量比）。

4　排污单位基本情况申报要求

4.1　基本原则

排污单位应当按照实际情况填报基本情况，对提交申请材料的真实性、合法性和完整性负法律责任。

排污单位应按照本标准要求，在国家排污许可证管理信息平台申报系统填报《排污许可证申请表》中的相应信息表。填报系统下拉菜单中未包括的、地方环境保护主管部门有规定需要填报或排污单位认为需要填报的，可自行增加内容。

4.2　排污单位基本信息

基本信息应填报单位名称、邮政编码、行业类别（填报时选择石化相关行业）、是否投产、投产日期、生产经营场所中心经纬度、所在地是否属于重点区域、环境影响评价批复文件及文号（备案编号）或地方政府对违规项目的认定或备案文件及文号、主要污染物总量分配计划文件及文号、颗粒物总量指标、二氧化硫总量指标、氮氧化物总量指标、化学需氧量总量指标、氨氮总量指标、其他污染物总量指标（如有）等。

4.3　生产装置与设施

4.3.1　一般原则

在填报“生产装置与设施”时，需选择行业类别，适用于本标准的生产设施，选择石化相关行业；执行 GB 13223 的生产设施选择火电行业。

生产装置与设施主要填写生产装置名称、生产装置编号、主要工艺名称、生产设施名称、生产设施编号、设施参数、原料名称、产品名称、加工/生产能力、年运行时间及其他。

4.3.2　生产装置

按照工业小类分为原油加工及石油制品制造、有机化学原料制造、初级形态塑料及合成树脂制造、合成橡胶制造、合成纤维单（聚合）体制造、化学试剂和助剂、合成纤维制造，各小类涉及的主要生产装置以及公用设施见附录 A。

若为联合生产装置，应分别填写每一套装置，如常减压催化联合装置应分别填写常减压蒸馏装置、催化裂化装置，对二甲苯联合生产装置应分别填写吸附分离装置、歧化装置、芳烃抽提装置等。

若吸收、精馏、萃取、过滤、结晶、干燥、汽（气）提设施用于前序反应物料的分离精制，则不单独填写，如丙烯腈生产装置的反应气吸收塔、吸收液精馏塔等。

4.3.3 生产装置编号

排污单位填报内部生产装置编号。若无内部生产装置编号，则采用“PU+三位流水号数字”（如PU001）进行编号并填报。

4.3.4 主要工艺

包括蒸馏（精馏）、裂化（减黏裂化、催化裂化、乙烯裂解、焦化）、加氢处理（加氢裂化、加氢精制）、氧化（氧氯化、氨氧化、共氧化）、分子重排（重整、烷基化、异构化、歧化、叠合）、制氢、羰基合成、水解、酯化、聚合、萃取、吸附、吸收、结晶、固液分离、干燥、纺丝、汽（气）提、瓦斯回收及火炬、酸性气回收、有机液体储存、有机固体储存、有机液体装载和分装、工业水制水、蒸发、化学水制水、循环冷却水、制氮、制氧、废水处理、废气处理等。

4.3.5 生产设施

分为必填内容和选填内容。

a）必填内容

1）GB 31570、GB 31571 和 GB 31572 管控的产生废水污染物的车间或生产设施。如酸性水汽提塔、常减压蒸馏装置电脱盐罐等。

2）排出废气的生产或环保设施。如催化裂化装置催化剂再生器、连续催化重整装置催化剂再生器、丙烯腈生产装置反应气吸收塔、工艺加热炉（含乙烯裂解炉）、锅炉、焚烧炉、火炬、橡胶生产装置干燥器、有机固体物料料仓、污水处理设施等。

3）常压挥发性有机液体储罐、挥发性有机液体装载设施。

4）生产装置中挥发性有机物流经的设备与管线组件。

若吸收、吸附、过滤设备的主要用于回收物料，应归于生产设施。

b）选填内容

除 a）中要求外，其他生产设施为选填内容。如原油常减压蒸馏装置的常压塔、减压塔，催化裂化装置的反应产物分馏塔、干气水洗塔，加氢精制低压分离器，丙烯腈生产装置分馏塔等。

4.3.6 生产设施编号

排污单位可填报内部生产设施编号。若排污单位无内部生产设施编号，则根据环水体〔2016〕189 号中附件 4《固定污染源（水、大气）编码规则（试行）》进行编号并填报。

4.3.7 设施参数

生产设施参数必填内容包括设计排气量（火炬气流量）；公用单元中锅炉、焚烧炉等设施包括设计排气量、设计年运行时数；生产装置中挥发性有机物流经的设备与管线组件应填报密封点数量，见附录 B 中的表 B.1；储罐参数包括罐型、公称容积、内径、罐体高度、储存物料名称、物料储存温度和设计年周转量等，见附录 B 中的表 B.2；装载参数包括装载物料名称、设计年装载量、装载温度和装载形式（火车/汽车/轮船/驳船）。其余参数为选填内容。

排污单位填写储存挥发性有机液体的常压储罐详细参数，可选填附录 B 中表 B.3～表 B.5；填写工艺加热炉和锅炉、焚烧炉、火炬、酸性水汽提塔等生产设施详细参数，可选填附录 B 中表 B.6～表 B.9。

4.3.8 原料名称

填写各生产装置的主要原料名称。如常减压蒸馏装置的原料为原油，催化裂化装置的原料为蜡油、渣油，对二甲苯装置的原料为重整生成油、混合芳烃等。

4.3.9 产品名称

填写生产装置主要产品名称。如常减压蒸馏装置的产品为常顶气、石脑油、常一线油、常二线油、常三线油、减顶气、减压蜡油、减压渣油、常压渣油，乙烯裂解装置的产品为裂解干气、乙烯、丙烯、裂解汽油等。

4.3.10　生产（加工）能力及计量单位

填写装置设计生产（加工）能力，并标明计量单位。生产（加工）能力不包括国家或地方政府明确规定予以淘汰或取缔的产能。

4.3.11　年生产时间

填写环境影响评价文件及其批复、地方政府对违规项目的认定或备案文件确定的年生产小时数。

4.3.12　其他

排污单位如有需要说明的内容，可填写。

4.4　主要原辅材料及燃料

4.4.1　一般原则

填写年使用量大于 10 t 的原料、辅料及燃料的名称和设计使用量，其中属于《危险化学品目录》的原料、辅料及燃料，应全部填写。

4.4.2　原料、辅料

4.4.2.1　名称

原料包括原油、重油、石油馏分、有机化学品基本原料、石油焦、焦炭、煤、页岩、天然气等，其中原油可按原油种类或混合原油填写，有机化学品基本原料填写具体原料名称，煤、石油焦、焦炭用于制氢装置时填写为原料。

辅料填写生产过程中的主要辅料以及废水处理、废气治理过程中添加的辅料。

4.4.2.2　设计年使用量

填写与生产（加工）能力相匹配的设计年使用量。

4.4.2.3　成分

原料油中硫、镍、钒、汞含量为必填内容，其他原料和辅料中含有的铅、镉、砷、镍、汞、铬、氯、溴等有毒有害成分为必填内容，其余为选填内容。可参考设计值或上一年的实际使用情况填报。

4.4.3　燃料

4.4.3.1　名称

包括燃料煤、重油、柴油、燃料油、燃料气、石油焦、页岩油、天然气、液化石油气等。在备注中应标明自产燃料或外购燃料。

4.4.3.2　设计年使用量

填写与生产（加工）能力相匹配的设计年使用量。

4.4.3.3　成分

煤中硫分、灰分、挥发分、汞含量和低位热值为必填内容，其他燃料中硫分为必填内容，其余为选填内容。可参考设计值或上一年的实际使用情况填报。

4.4.4　其他

排污单位如有需要说明的内容，可填写。

4.5　产排污环节、污染物及污染治理设施

4.5.1　一般原则

废气产排污环节、污染物及污染治理设施包括对应产污环节名称、污染物种类、排放形式（有组织、无组织）、污染治理设施及参数、是否为可行技术、有组织排放口编号、排放口设置是否规范、排放口类型等。

废水产排污环节、污染物及污染治理设施包括废水类别、污染物种类、排放去向、排放规律、污染治理设施及参数、是否为可行技术、排放口编号、排放口设置是否规范及排放口类型等。

4.5.2 废气

4.5.2.1 产污环节及排放形式

a）产污环节：包括工艺加热炉烟气、催化裂化催化剂再生烟气、重整催化剂再生烟气、酸性气回收装置尾气、氧化沥青装置尾气、烷基化装置催化剂再生烟气、催化汽油吸附脱硫再生烟气、锅炉烟气、焚烧炉烟气、真空泵排气、有机固体物料气体输送料仓气、氧化（氨氧化、氧氯化）尾气、序批式生产设施气体置换及保护气、有机液体装载及分装废气、干燥设备尾气、废水集输及处理设施排气、设备与管线组件密封点泄漏、挥发性有机液体常压储罐呼吸、酸性水罐呼吸、冷却塔/循环水冷却过程逸散、固体物料堆场逸散、固体物料破碎排气、过筛车间排气等排放源。

b）排放形式：分为有组织和无组织。

4.5.2.2 污染物种类

污染物种类为排放标准中的各污染物项目，具体见表 1 和表 2。有地方排放标准要求的，按照地方排放标准确定。

4.5.2.3 污染治理设施名称

包括脱硫设施、脱硝设施、除尘设施、挥发性有机物回收或治理设施、恶臭治理设施等。

4.5.2.4 污染治理工艺

a）废气脱硫：干法脱硫、半干法脱硫、湿法脱硫（石灰石法、氧化镁法、氨法、氢氧化钠法）等；

b）废气脱硝：低氮燃烧、选择性催化还原法（SCR）、选择性非催化还原法（SNCR）等；

c）除尘：旋风除尘、电除尘、袋式除尘、湿式电除尘等；

d）挥发性有机物治理：热力焚烧法、催化燃烧法、蓄热燃烧法、吸附法、吸收法、冷凝法等；

e）恶臭治理：生物滴滤、碱洗等。

4.5.2.5 污染治理设施参数

包括参数名称、设计值和计量单位，其中参数名称包括废气处理量、年运行时间、污染物出口排放浓度等。

排污单位填写废气治理设施详细参数时，可选填附录 C 中表 C.1～表 C.18。

4.5.3 废水

4.5.3.1 废水类别

包括工艺废水（含油废水、含碱废水、含盐废水、含硫含氨酸性水、含苯系物废水等）、生活污水、循环冷却水排污水、化学制水排污水、蒸汽发生器排污水、余热锅炉排污水、污染雨水等。

4.5.3.2 污染物种类

污染物种类为排放标准中的各污染物项目，具体见表 3。有地方排放标准要求的，按照地方排放标准确定。

4.5.3.3 废水去向

包括装置预处理设施、污水处理厂、回用。

4.5.3.4 排放规律

排放规律分为连续排放和间断排放。根据流量稳定性和周期性的不同，间断排放又分为不同排放类型，具体见环水体〔2016〕186 号中附件 2《排污许可证申请表》中的废水排放规律相关内容。

4.5.3.5 污染处理设施

包括装置预处理设施和污水处理厂预处理设施、生化处理设施、深度处理设施及回用设施等。

4.5.3.6 污染处理工艺

a）装置预处理：除油、汽（气）提、生物法、湿式氧化、中和、氧化、萃取、溶剂回收等；

b）污水处理厂预处理：隔油、气浮、混凝、调节等；

c）生化处理：活性污泥法、序批式活性污泥法（SBR）、缺氧/好氧法（A/O）、厌氧/缺氧/好氧法（A^2/O）、氧化沟法、膜生物法（MBR）、曝气生物滤池（BAF）、生物接触氧化法、一体化微氧高浓缺氧/好氧法等；

d）污水深度处理与回用：混凝、过滤、臭氧氧化、超滤（UF）、反渗透（RO）等。

4.5.3.7 污染处理设施参数

包括参数名称、设计值和计量单位，其中参数名称包括污水处理量、年运行时间、污染物出口排放浓度等。废水总排放口污染物包括 pH 值、COD、氨氮、石油类等；车间或生产设施废水排放口污染物为排放标准中控制的污染物，具体见表 3。

排污单位填写污水处理设施详细参数时，可选填附录 C 中表 C.19～表 C.42。

4.5.4 污染治理设施和排放口编号

污染治理设施编号应填写排污单位内部污染治理设施编号。若排污单位无内部编号，则根据环水体〔2016〕189 号中附件 4《固定污染源（水、大气）编码规则（试行）》进行编号并填报。

排放口编号应填写地方环境保护主管部门现有编号，若地方环境保护主管部门未对排放口进行编号的，则根据环水体〔2016〕189 号中附件 4《固定污染源（水、大气）编码规则（试行）》进行编号并填报。

4.5.5 可行技术

参照本标准第 6 章“污染防治可行技术”填报。

4.5.6 排放口规范化设置

根据排污单位执行的排放标准中有关排放口规范化设置的规定以及环监〔1996〕470 号，填报废气和废水排放口设置是否符合规范化要求。

4.5.7 排放口类型

废气排放口类型分为主要排放口、一般排放口和其他排放情形。表 1 中管控的氧化沥青装置排气筒为一般排放口，火炬废气排放口为其他排放情形，其他废气排放口为主要排放口。

废水排放口类型分为废水总排放口、车间或生产设施废水排放口。废水总排放口为主要排放口。

4.6 排放口基本情况

4.6.1 废气排放口

废气排放口填写排放口经纬度坐标、排气筒高度、排气筒出口内径、设计排气温度。

4.6.2 废水排放口

废水排放口填写排放口经纬度坐标、排放去向、排放规律等。

废水直接排入环境的，还应填写受纳自然水体名称、水体功能目标。

废水间接排入环境的，还应填写受纳污水处理厂名称、废水污染物及其排放限值。

4.6.3 雨水排放口

填写排放口编号、排放口经纬度坐标、排放去向、汇入水体信息以及汇入处经纬度坐标。雨水排放口编号填写排污单位内部编号，如无内部编号，则采用“YS+三位流水号数字”（如 YS001）进行编号并填报。

4.6.4 排放去向

包括直接进入海域、江河、湖、库等水环境，进入城市下水道（再入江河、湖、库），进入城市下水道（再入沿海海域），进入城市污水处理厂、工业废水集中处理设施、其他单位等。

4.7 图件要求

a）厂区总平面布置图

给出厂区总平面布置图，图中应标明主要生产装置、公用设施等名称和位置，有组织废气排放源和废水排放口位置。

b）全厂雨水和污水管线走向图

给出厂区雨水、污水集输管线走向及排放去向等。

c）生产工艺总流程图

给出全厂总物料加工流程图，图中应标明主要生产装置名称、主要物料走向等。

地方环境保护主管部门另有规定或排污单位认为有必要的，可给出生产装置工艺流程图，并标明物料走向和产排污环节（设备位号、排放位置和去向）。

4.8 其他要求

排污单位在填报申请信息时，省级环境保护主管部门按环境质量改善需求增加的管理要求，应填入国家排污许可证管理信息平台申报系统中“有核发权的地方环境保护主管部门增加的管理内容”一栏。

排污单位在填报申请信息时，应评估污染排放及环境管理现状，对现状环境问题提出整改措施，并填入国家排污许可证管理信息平台申报系统中“改正措施”一栏。

5 产排污环节及许可排放限值确定方法

5.1 产排污环节

5.1.1 废气

5.1.1.1 有组织排放源

排污单位有组织排放源、污染物项目管控范围和排放口类型见表1。

表1 纳入许可管理的废气有组织排放源及污染物项目

管控污染源		许可排放浓度（或速率）污染物项目	许可排放量污染物项目	排放口类型
工艺加热炉排气筒		颗粒物、二氧化硫、氮氧化物	颗粒物、二氧化硫、氮氧化物	主要排放口
石油炼制工业	催化裂化催化剂再生烟气排气筒	颗粒物、二氧化硫、氮氧化物、镍及其化合物	颗粒物、二氧化硫、氮氧化物	主要排放口
	重整催化剂再生烟气排气筒	挥发性有机物、氯化氢	挥发性有机物	主要排放口
	酸性气回收装置排气筒	二氧化硫、硫酸雾[a]、（硫化氢）[b]	二氧化硫	主要排放口
	离子液法烷基化装置催化剂再生烟气排气筒	挥发性有机物、氯化氢	挥发性有机物	主要排放口
	催化裂化汽油吸附脱硫再生烟气排气筒	颗粒物、二氧化硫	颗粒物、二氧化硫	主要排放口
	废水处理有机废气收集处理装置排气筒	挥发性有机物、苯、甲苯、二甲苯、（硫化氢）[b]	挥发性有机物	主要排放口
	有机废气排放口[c]	—	挥发性有机物	主要排放口
	氧化沥青装置排气筒	沥青烟、苯并[a]芘	—	一般排放口
	废水处理有机废气收集处理装置排气筒	挥发性有机物、废气有机特征污染物[d]、（硫化氢）[b]	挥发性有机物	主要排放口
	含卤代烃有机废气排放口[c]	氯化氢、氟化氢、溴化氢、氯气、废气有机特征污染物[d]	挥发性有机物	主要排放口
	其他有机废气排放口[c]	废气有机特征污染物[d]	挥发性有机物	主要排放口
合成树脂工业	车间或生产设施排气筒	挥发性有机物、颗粒物、其他废气污染物[e]	挥发性有机物、颗粒物、二氧化硫[f]	主要排放口
	废水、废气焚烧设施排气筒	二氧化硫、氮氧化物、二噁英类[g]、挥发性有机物、颗粒物、其他废气污染物[e]	颗粒物、二氧化硫、氮氧化物、挥发性有机物	主要排放口

管控污染源	许可排放浓度（或速率）污染物项目	许可排放量污染物项目	排放口类型
锅炉烟囱	颗粒物、二氧化硫、氮氧化物、汞及其化合物[h]、烟气黑度	颗粒物、二氧化硫、氮氧化物	主要排放口
危险废物焚烧炉排放筒	烟气黑度、颗粒物、二氧化硫、一氧化碳、氟化氢、氯化氢、氮氧化物、汞及其化合物、镉及其化合物、（砷、镍及其化合物）、铅及其化合物、（锑、铬、锡、铜、锰及其化合物）、二噁英类	颗粒物、二氧化硫、氮氧化物	主要排放口
全厂火炬	—	—	其他排放情形
注：未发布国家污染物监测方法标准的污染物，待国家污染物监测方法标准发布后实施。			
[a] 酸性气回收装置生产硫酸时执行该项目。 [b] 恶臭项目执行许可排放速率。 [c] 有机废气中若含有颗粒物、二氧化硫或氮氧化物，执行工艺加热炉相应污染物控制要求。 [d] 根据使用原料、生产工艺、产品及副产品，从 GB 31571 表 6 中选取废气有机特征污染物项目。 [e] 根据合成树脂类型，从 GB 31572 表 4 中选取废气污染物项目。 [f] 生产聚砜、聚醚砜、聚醚醚酮树脂执行该项目。 [g] 适用于废水、废气中含有卤素的情况。 [h] 燃煤锅炉烟囱须增加该项目控制。			

5.1.1.2　无组织排放源

企业边界无组织排放管控污染物项目具体见表 2。

表 2　纳入许可管理的企业边界无组织排放污染物项目

类型	许可排放浓度污染物
石油炼制和石油化学工业	非甲烷总烃、颗粒物、氯化氢[a]、苯、甲苯、二甲苯、氨、硫化氢、臭气浓度、苯并[a]芘
合成树脂工业	非甲烷总烃、颗粒物、氯化氢、苯、甲苯、氨、硫化氢、臭气浓度
[a] 对于石油炼制工业排污单位，适用于生产装置的原料、排气中含卤代烃的情况。	

5.1.2　废水

排污单位纳入排污许可管理的废水排放口和污染物项目见表 3。

表 3　纳入许可管理的废水排放口及污染物项目

废水排放口		许可排放浓度污染物项目	许可排放量污染物项目
石油炼制工业	废水总排放口	pH 值、悬浮物、化学需氧量、五日生化需氧量、氨氮、总氮、总磷、总有机碳、石油类、硫化物、挥发酚、总钒、苯、甲苯、邻二甲苯、间二甲苯、对二甲苯、乙苯、总氰化物	化学需氧量、氨氮、总氮[c]、总磷[c]及受纳水体环境质量超标且列入 GB 31570、GB 31571 或 GB 31572 中的其他污染物项目
	延迟焦化装置冷焦水、切焦水废水排放口	苯并[a]芘	
	加工含汞原油常减压蒸馏装置电脱盐废水排放口	总汞、烷基汞	
	酸性水汽提装置废水排放口	总砷	
	催化裂化装置烟气脱硫废水排放口、催化汽油吸附脱硫装置烟气脱硫废水排放口	总镍	
	航空汽油调和车间废水排放口、四乙基铅生产装置废水排放口	总铅	

废水排放口		许可排放浓度污染物项目	许可排放量污染物项目
石油化学工业	废水总排放口	pH 值、悬浮物、化学需氧量、五日生化需氧量、氨氮、总氮、总磷、总有机碳、石油类、硫化物、氟化物、挥发酚、总钒、总铜、总锌、总氰化物、可吸附有机卤化物、废水有机特征污染物[a]	
	车间或生产设施废水排放口	苯并[a]芘、总铅、总镉、总砷、总镍、总汞、烷基汞、总铬、六价铬	
合成树脂工业	废水总排放口	pH 值、悬浮物、化学需氧量、五日生化需氧量、氨氮、总氮、总磷、总有机碳、可吸附有机卤化物、废水有机特征污染物[b]	
	车间或生产设施废水排放口	总铅、总镉、总砷、总镍、总汞、烷基汞、总铬、六价铬	

[a] 根据使用原料、生产工艺、产品及副产品，从 GB 31571 表 3 中选取废水有机特征污染物项目。
[b] 根据合成树脂类型，从 GB 31572 表 1 中选取废水有机特征污染物项目。
[c] 《“十三五”生态环境保护规划》及环境保护部发布文件中规定的总磷和总氮总量控制区域内的排污单位。

5.2 许可排放限值

5.2.1 一般原则

许可排放限值包括污染物许可排放浓度和许可排放量。许可排放量包括年许可排放量和特殊时段许可排放量。年许可排放量是指允许排污单位连续 12 个月污染物排放的最大量。地方环境保护主管部门可根据需要将年许可排放量按月进行细化。

对于大气污染物，有组织排放源主要排放口应明确各污染物许可排放浓度和颗粒物、二氧化硫、氮氧化物、挥发性有机物年许可排放量，一般排放口应明确各污染物许可排放浓度，其他排放情形不许可排放浓度和排放量；无组织排放源明确企业边界许可排放浓度和设备与管线组件、挥发性有机液体储存、挥发性有机液体装载挥发性有机物年许可排放量。特殊时段许可排放量明确有组织排放源颗粒物、二氧化硫、氮氧化物重污染天气应对期间日许可排放量。地方制定的相关法规中对特殊时段有明确规定的从其规定，国家和地方环境保护主管部门依法规定的其他特殊时段短期许可排放量应当在排污许可证当中明确。对于水污染物，车间或生产设施废水排放口应明确各污染物许可排放浓度，废水总排放口应明确各污染物许可排放浓度和年许可排放量。

按照国家或地方污染物排放标准等法律法规和管理制度要求从严确定许可排放浓度，按照总量控制指标及本标准规定的方法从严确定许可排放量。2015 年 1 月 1 日（含）后取得环境影响评价批复的排污单位，许可排放限值还应同时满足环境影响评价文件和批复要求。

总量控制指标包括地方政府或环境保护主管部门发文确定的排污单位总量控制指标、环评批复时的总量控制指标、现有排污许可证中载明的总量控制指标、通过排污权有偿使用和交易确定的总量控制指标等地方政府或环境保护主管部门与排污许可证申领排污单位以一定形式确认的总量控制指标。

排污单位填报许可限值时，应在《排污许可证申请表》中写明申请的许可排放限值计算过程。

排污单位申请的许可排放限值严于本标准规定的，排污许可证按照申请的许可排放限值核发。

5.2.2 许可排放浓度

5.2.2.1 废气

以产排污环节对应的生产设施或排放口为单位，明确各排放口各污染物许可排放浓度。

工艺加热炉、催化裂化催化剂再生烟气、重整催化剂再生烟气、酸性气回收装置尾气、氧化沥青装置废气、含卤代烃有机废气、废水处理有机废气收集处理装置、其他有机废气、锅炉废气、焚烧尾气等有组织废气中污染物许可排放浓度或速率限值按照 GB 31570、GB 31571、GB 31572、GB 13271、GB 18484 和 GB 14554 确定。

离子液法烷基化装置催化剂再生烟气、催化裂化汽油吸附脱硫再生烟气按照环境影响评价文件及其批复确定污染物许可排放浓度。

企业边界无组织排放废气污染物许可排放浓度按照 GB 31570、GB 31571、GB 31572 和 GB 14554 确定。

大气污染防治重点控制区按照《关于执行大气污染物特别排放限值的公告》（环境保护部公告 2013 年 第 14 号）及《关于执行大气污染物特别排放限值有关问题的复函》（环办大气函〔2016〕1087 号）要求执行。其他执行大气污染物特别排放限值的地域范围、时间，由国务院环境保护主管部门或省级人民政府规定。

地方有更严格的排放标准要求的，按照地方排放标准从严确定许可排放浓度限值。

若执行不同许可排放浓度限值的多台生产设施或排放口采用混合方式排放废气，且选择的监控位置只能监测混合废气中的大气污染物浓度，则执行各许可排放浓度限值中最严格的限值。

5.2.2.2 废水

排污单位水污染物许可排放浓度限值按照 GB 31570、GB 31571、GB 31572 确定。

地方有更严格的排放标准要求的，按照地方排放标准从严确定许可排放浓度限值。

若排污单位的生产设施同时适用不同排放控制要求或不同行业国家污染物排放标准，且生产设施产生的废水混合处理排放的情况下，应执行排放标准中规定的最严格的浓度限值。

5.2.3 许可排放量

5.2.3.1 废气

5.2.3.1.1 有组织排放源

a）主要排放口颗粒物、二氧化硫、氮氧化物和挥发性有机物年许可排放量

主要排放口颗粒物、二氧化硫、氮氧化物和挥发性有机物年许可排放量按式（1）计算。

$$E_i = h_i \times Q_i \times \rho_i \times 10^{-9} \tag{1}$$

式中：E_i——第 i 个主要排放口废气污染物年许可排放量，t/a；

h_i——第 i 个主要排放口对应生产设施设计年运行小时数，h/a；

Q_i——第 i 个主要排放口有组织排放源的设计排气量（标态），m^3/h；

ρ_i——第 i 个主要排放口废气污染物许可排放浓度限值，mg/m^3；挥发性有机物无许可排放浓度限值时，采用出口实际监测值（近 1 年的最大值），但同时挥发性有机物去除效率应满足 GB 31570、GB 31571 要求。

b）排污单位有组织排放源主要排放口年许可排放量

排污单位有组织排放源主要排放口颗粒物、二氧化硫、氮氧化物和挥发性有机物年许可排放量为各主要排放口年许可排放量之和，采用式（2）计算。

$$E_{主要排放口年许可排放量} = \sum_{i=1}^{n} E_i \tag{2}$$

式中：n——排污单位主要排放口数量，个。

5.2.3.1.2 设备与管线组件密封点泄漏挥发性有机物年许可排放量

挥发性有机物流经的设备与管线组件密封点泄漏的挥发性有机物年许可排放量按式（3）计算。

$$E_{设备} = 0.003 \times \sum_{i=1}^{n} \left(e_{TOC,i} \times \frac{WF_{VOCs,i}}{WF_{TOC,i}} \times t_i \right) \tag{3}$$

式中：$E_{设备}$ —— 设备与管线组件密封点泄漏的挥发性有机物年许可排放量，kg/a；

t_i —— 密封点 i 的年运行时间，h/a；

$e_{TOC,i}$ ——密封点 i 的总有机碳（TOC）排放速率，kg/h，见表 4；

$WF_{VOCs,i}$ —— 流经密封点 i 的物料中挥发性有机物平均质量分数，根据设计文件取值；

$WF_{TOC,i}$ —— 流经密封点 i 的物料中总有机碳（TOC）平均质量分数，根据设计文件取值，

n—挥发性有机物流经的设备与管线组件密封点数，见附录 B 中的表 B.1。

表 4　设备与管线组件 $e_{TOC,i}$ 取值参数表

类型	设备类型	排放速率 $e_{TOC,i}$/（kg/h）
石油炼制工业	连接件	0.028
	开口阀或开口管线	0.03
	阀门	0.064
	压缩机、搅拌器、泄压设备	0.073
	泵	0.074
	法兰	0.085
	其他	0.073
石油化学工业	气体阀门	0.024
	开口阀或开口管线	0.03
	有机液体阀门	0.036
	法兰或连接件	0.044
	泵、压缩机、搅拌器、泄压设备	0.14
	其他	0.073

5.2.3.1.3　挥发性有机液体储罐排放的挥发性有机物年许可排放量

a）计算方法

未设置有机废气回收或处理设施的挥发性有机液体常压储罐，其排放的挥发性有机物年许可排放量，在国家排污许可证管理信息平台采用式（4）～式（11）自动计算。

1）固定顶罐：

$$E_{固定顶罐}=E_S+E_W \tag{4}$$

$$E_S=365\left(\frac{\pi}{4}\times D^2\right)H_{VO}W_VK_EK_S \tag{5}$$

$$E_W=\frac{5.614}{RT_{LA}}M_VP_{VA}QK_NK_PK_B \tag{6}$$

2）浮顶罐：

$$E_{浮顶罐}=E_R+E_{WD}+E_F+E_D \tag{7}$$

$$E_R=\left(K_{Ra}+K_{Rb}v^n\right)DP^*M_VK_C \tag{8}$$

$$E_{WD}=\frac{(0.943)QC_SW_L}{D}\left(1+\frac{N_CF_C}{D}\right) \tag{9}$$

$$E_F=F_FP^*M_VK_C \tag{10}$$

$$E_D=K_DS_DD^2P^*M_VK_C \tag{11}$$

上述所列式中符号意义见环办〔2015〕104 号文中《石化行业 VOCs 污染源排查工作指南》。

b）计算参数

1）储罐参数：包括罐体、浮盘、密封、浮盘附件等。

2）介质参数：有机液体雷德蒸气压（取近 1 年实际储存物料雷德蒸气压的最大值）。

3）气象参数：包括大气压、日平均最高环境温度、日平均最低环境温度、水平面太阳能总辐射和年平均风速。

4）设计运行参数：物料储存温度（近 1 年平均值）、固定顶罐年平均液面高度、设计周转量。

以上参数信息，除气象参数由平台自动选取距离最近的气象数据外，其余信息由排污单位参照附录 B 中表 B.3～表 B.5 填报。

c）填报要求

1）排污单位填报的储存介质与罐型应符合 GB 31570、GB 31571 和 GB 31572 要求。

2）若不符合相关要求，国家排污许可证管理信息平台在计算年许可排放量时，按照符合排放标准要求的参数进行核定。

3）所需计算输入参数，排污单位按照国际单位制填报，由国家排污许可证管理信息平台自动转化成美制单位体系参与计算，计算输出结果为国际单位制（吨）。

4）如排污单位未填报相关参数信息，平台选取默认值计算许可排放量，默认值具体见附录 D。

5.2.3.1.4　挥发性有机液体装载过程排放的挥发性有机物年许可排放量

a）挥发性有机液体装载过程的挥发性有机物年许可排放量

挥发性有机液体装载过程的挥发性有机物许可排放量采用式（12）计算。

$$E_{装载}=\frac{L_L\times Q}{1000}(1-\eta_{去除}) \tag{12}$$

式中：L_L——挥发性有机液体装载过程排放系数，kg/m^3，油轮/远洋驳船装载汽油为 0.215 kg/m^3，其他驳船装载汽油为 0.410 kg/m^3，其余采用式（13）或式（14）计算；

Q——排污单位设计物料装载量，m^3/a；

$\eta_{去除}$——去除效率，%，一般控制区取 95%，重点控制区取 97%。

b）公路和铁路装载挥发性有机液体、船舶装载除汽油和原油以外挥发性有机液体的排放系数

采用公路和铁路装载挥发性有机液体、船舶装载除汽油和原油以外的挥发性有机液体时，装载过程排放系数 L_L 采用式（13）计算。

$$L_L=1.20\times10^{-4}\times\frac{S\times P_T\times M_{vap}}{273.15+T} \tag{13}$$

式中：S —— 饱和系数，量纲 1，一般取值 0.6，船舶装载汽油和原油以外的油品时取值 0.5；

P_T —— 温度 T 时装载物料的真实蒸气压，Pa；

M_{vap} —— 油气分子量，g/mol；

T —— 装载物料温度，℃，取近 1 年平均值。

c）船舶装载原油过程损耗排放系数

采用船舶运输原油时，装载过程排放系数 L_L 采用式（14）计算。

$$L_L=L_A+L_G \tag{14}$$

式中：L_A —— 已有排放系数，指装载前空舱中已有的蒸气在装载损耗中的贡献，取 0.040 kg/m^3；

L_G —— 生成排放系数，指在装载过程中气化部分，采用式（15）计算。

$$L_G=0.102\times(0.064P-0.42)\times\frac{1.02\times M}{273.15+T} \tag{15}$$

式中：P —— 温度 T 时装载原油的饱和蒸气压，kPa；

M —— 油气分子量，g/mol；

T—— 装载原油温度，℃，取近 1 年平均值。

5.2.3.1.5 特殊时段许可排放量

重污染天气特殊时段排污单位有组织排放源日许可排放量采用式（16）计算。

$$E_{日许可} = E_{前一年环统日均排放量} \times (1-\alpha) \tag{16}$$

式中：$E_{日许可}$ —— 重污染天气应对期间日许可排放量，t；

$E_{前一年环统日均排放量}$ —— 前一年环境统计中有组织排放源实际排放量折算到的日均值，t；

α —— 重污染天气应对期间日产量或排放量削减比例，%。

5.2.3.2 废水

排污单位废水污染物年许可排放量采用式（17）计算。

$$E = S \times Q \times \rho \times 10^{-6} \tag{17}$$

式中：E —— 废水污染物年许可排放量，t/a；

S —— 原（料）油加工能力或产品产能，t/a；

Q —— 加工单位原（料）油或产品基准排水量，m^3/t 原（料）油（或产品），执行 GB 31570、GB 31572 的排污单位，根据 GB 31570、GB 31572 中规定取值，地方排放标准中有更严格要求的从其规定；执行 GB 31571 的排污单位，取近 5 年单位产品实际排水量的平均值，但需剔除浓度限值超标或者监测数据缺失时段，运行不满 5 年的则从投产之日开始计算；

ρ —— 水污染物许可排放浓度限值，mg/L。

6 污染防治可行技术

6.1 一般原则

本标准所列污染防治可行技术及运行管理要求可作为环境保护主管部门判断排污单位是否具备符合规定的污染治理设施或污染物处理能力的参考。

排污单位采用本标准所列可行技术，且填报的污染物排放设计出口浓度满足许可排放浓度限值要求，原则上认为其具备符合规定的污染治理设施或污染物处理能力。若未采用本标准所列可行技术的，排污单位应当在申请时提供说明材料（如提供已有监测数据；对于国内外首次采用的污染治理技术，还应提供中试数据等说明材料），证明可达到与污染防治可行技术相当的处理能力。

对不属于污染防治可行技术的，排污单位应加强自行监测和台账记录，评估采用技术的可行性。待石化工业污染防治可行技术指南发布后，从其规定。

6.2 废气

6.2.1 可行技术

石化工业排污单位主要废气治理可行技术参照表 5。

表 5 石化工业排污单位生产装置或设施废气治理可行技术参照表

生产装置或设施	污染物	可行技术
锅炉	二氧化硫	湿法脱硫（石灰石法、氧化镁法、氨法、氢氧化钠法）、半干法脱硫、干法脱硫
	氮氧化物	低氮燃烧技术（低氮燃烧器、空气分级燃烧、燃料分级燃烧）、选择性催化还原法（SCR）、选择性非催化还原法（SNCR）
	颗粒物	袋式除尘、电除尘、湿式电除尘

生产装置或设施	污染物	可行技术
工艺加热炉	二氧化硫	采用低硫燃料
	氮氧化物	低氮燃烧技术（低氮燃烧器、空气分级燃烧、燃料分级燃烧）
	颗粒物	采用清洁燃料
催化裂化装置	二氧化硫	湿法脱硫（氢氧化钠法、氧化镁法）
	氮氧化物	选择性催化还原法（SCR）
	颗粒物	袋式除尘技术
酸性气回收装置	二氧化硫	硫黄回收+焚烧+（碱洗技术）[a] 酸性气制硫酸+（碱洗技术）[a]
设备与管线组件	挥发性有机物	泄漏检测与修复（LDAR）
储罐	挥发性有机物	油气平衡、油气回收（冷凝、吸附、吸收、膜分离或组合技术等）、燃烧净化（热力焚烧、催化燃烧、蓄热燃烧）
装载	挥发性有机物、其他	顶部浸没式或底部装载方式+油气回收或燃烧净化
污水处理厂油水分离器	挥发性有机物	密闭集输与储存+油气回收或燃烧净化
	有机特征污染物[b]	
污水处理厂生化单元	挥发性有机物、氨	生物滴滤
	有机特征污染物[b]	
	硫化氢	生物滴滤、碱洗技术

[a] 碱洗技术适用于执行特别排放限值的污染源。

[b] 对于石油炼制排污单位，有机特征污染物为苯、甲苯、二甲苯；对于石油化学排污单位，有机特征污染物为 GB 31571 中表 6 所列有机特征污染物。

6.2.2　运行管理要求

6.2.2.1　一般要求

排污单位应当按照相关法律法规、标准和技术规范等要求运行废气、废水污染防治设施，并根据工艺要求，定期对设备、电气、自控仪表及构筑物进行检查维护，确保污染治理设施正常、可靠运行，处理、排放符合国家或地方污染物排放标准的规定。

6.2.2.2　有组织排放

a）石油炼制工业排污单位有机废气排放口、石油化学工业排污单位有机废气排放口（除废水处理有机废气收集处理装置外）非甲烷总烃去除效率≥95%，执行大气污染物特别排放限值的区域非甲烷总烃去除效率≥97%。

b）产生大气污染物的生产工艺和装置需设立局部或整体气体收集系统和净化处理装置，达标排放。排气筒高度应按环境影响评价要求确定，且至少不低于 15 m。

c）废气收集系统需满足以下要求：

1）生产设施应采用密闭式，并具有与废气收集系统有效连接的部件或装置；

2）根据生产工艺、操作方式以及废气性质、处理和处置方法，设置不同的废气收集系统，尽可能对废气进行分质收集，各个废气收集系统均应实现压力损失平衡以及较高的收集效率；

3）废气收集系统应综合考虑防火、防爆、防腐蚀、耐高温、防结露、防堵塞等问题。

d）焚烧设施运行过程中要保证系统处于负压状态，避免有害气体逸出。焚烧设施的焚烧效率应大于 99.9%，焚烧效率指焚烧炉烟道排出气体中二氧化碳浓度与二氧化碳和一氧化碳浓度之和的百分比。危险废物焚烧炉出口烟气中的氧气含量应为 6%～10%（干气），焚烧炉温度、烟气停留时间等必须满足 GB 18484 中表 2 的要求。

e）采取措施回收排入火炬系统的气体和液体。在任何时候，挥发性有机物和恶臭物质进入火炬都应能点燃并充分燃烧。应连续监测、记录引燃设施和火炬的工作状态（火炬气流量、火炬头温度、火种气流量、火种温度等）。

f）石油炼制工业酸性气回收装置的加工能力应保证在加工最大硫含量原油及加工装置最大负荷情况下，能完全处理产生的酸性气。脱硫溶剂再生系统、酸性水处理系统和硫黄回收装置的能力配置应保证在一套硫黄回收装置出现故障时不向酸性气火炬排放酸性气。

g）为保证废气处理装置的净化效果，合成树脂工业废气处理装置需要在线测定相关工艺参数：

1）冷凝器排出的不凝尾气的温度应低于尾气中污染物的液化温度，若尾气中有数种污染物，则不凝尾气的温度应低于尾气中液化温度最低的污染物的液化温度；

2）吸附装置的吸附剂更换/再生周期、操作温度应满足设计参数的要求；

3）洗涤装置的洗涤液水质（如 pH 值）、水量应满足设计参数的要求。

6.2.2.3 无组织排放

无组织排放的运行管理按照 GB 31570、GB 31571 和 GB 31572 中的要求执行。

a）挥发性有机液体储罐应符合下列要求：

1）储存真实蒸气压≥76.6 kPa 的挥发性有机液体应采用压力储罐。

2）储存真实蒸气压≥5.2 kPa 但＜27.6 kPa 的设计容积≥150 m^3 的挥发性有机液体储罐，以及储存真实蒸气压≥27.6 kPa 但＜76.6 kPa 的设计容积≥75 m^3 的挥发性有机液体储罐应符合下列规定之一：①采用内浮顶罐；内浮顶罐的浮盘与罐壁之间应采用液体镶嵌式、机械式鞋形、双封式等高效密封方式。②采用外浮顶罐；外浮顶罐的浮盘与罐壁之间应采用双封式密封，且初级密封采用液体镶嵌式、机械式鞋形等高效密封方式。③采用固定顶罐，应安装密闭排气系统至有机废气回收或处理装置。

3）浮顶罐浮盘上的开口、缝隙密封设施，以及浮盘与罐壁之间的密封设施在工作状态应密闭。若检测到密封设施不能密闭，在不关闭工艺单元的条件下，在 15 d 内进行维修技术上不可行，则可以延迟维修，但不应晚于最近一个停工期。

4）对浮盘的检查至少每 6 个月进行一次，每次检查应记录浮盘密封设施的状态。

b）设备与管线组件泄漏污染控制应符合以下要求：

1）对于挥发性有机物流经的初次开工开始运转的设备和管线组件，应在开工后 30 d 内对其进行第一次检测。

2）挥发性有机液体流经的设备和管线组件每周应进行目视观察，检查其密封处是否出现滴液现象。

3）根据 GB 31570、GB 31571、GB 31572 认定是否泄漏。

4）当检测到泄漏时，在可行条件下应尽快维修，一般不晚于发现泄漏后 15 d。若检测到泄漏后，在不关闭工艺单元的条件下，在 15 d 内进行维修技术上不可行，则可以延迟维修，但不应晚于最近一个停工期。首次（尝试）维修不应晚于检测到泄漏后 5 d。首次尝试维修应当包括（但不限于）以下描述的相关措施：拧紧密封螺母或压盖、在设计压力及温度下密封冲洗。

5）泄漏检测应记录检测时间、检测仪器读数；修复时应记录修复时间和确认已完成修复的时间，记录修复后检测仪器读数。

c）用于集输、储存和处理含挥发性有机物、恶臭物质的废水设施应密闭，产生的废气应接入有机废气回收或处理装置，其大气污染物排放应符合相应排放标准的规定。密闭设施上的开口应设置封盖，封盖与密闭体应设密封垫，开口在不使用时应密封。

d）挥发性有机液体装载栈桥对铁路罐车、汽车罐车进行装载，挥发性有机液体装载码头对船（驳）进行装载的设施，以及把挥发性有机液体分装到较小容器的分装设施，应密闭并设置有机废气收集、回收或处理装置，其大气污染物排放应符合 GB 31570 或 GB 31571 中相应标准限值的规定。装车、船应采用顶部浸没式或底部装载方式，顶部浸没式装载出油口距离罐底高度应小于 200 mm。底部装油结束并断开快接头时，油品滴洒量不应超过 10 mL，滴洒量取连续 3 次断开操作的平均值。

e）对于含挥发性有机物、恶臭物质的物料，其采样口应采用密闭采样或等效设施。

f）合成树脂工业排污单位挥发性物料输送（转移）、装卸、投加、分离、抽真空与干燥过程必须采取以下控制措施：

1）合成树脂工业排污单位挥发性物料输送（转移）操作单元应采用无泄漏泵；

2）挥发性物料装卸操作单元应配置气相平衡管，卸料应配置装卸器，装运挥发性物料的容器必须加盖；

3）挥发性物料和粉体物料投加操作单元应采用无泄漏泵或高位槽投加液体物料，采用管道自动计量并投加粉体物料，或者采用投料器密闭投加粉体物料；

4）挥发性物料过滤操作单元应采用全自动密闭式（氮气或空气密封）的压滤机，离心操作单元应采用全自动密闭或半密闭式的离心机；

5）挥发性物料抽真空操作单元应采用无油往复式真空泵、罗茨真空泵、液环泵，泵前与泵后均需设置气体冷却冷凝装置。如采用水喷射泵和水环泵，必须配置循环水冷却设备（盘管冷却或深冷换热）和水循环槽（罐），对挥发性废气进行收集、处理，并执行 GB 31572 中表 4、表 5 规定；

6）挥发性物料干燥操作单元应采用密闭式的干燥设备，干燥过程中挥发的有机废气必须收集、处理，并执行 GB 31572 中表 4、表 5 规定。

g）除合成树脂排污单位外，其他排污单位的下列有机废气应接入有机废气回收或处理装置，有机废气收集、传输设施的设置和操作条件应保证被收集的有机气体不通过收集、传输设施的开口向大气泄漏，其大气污染物排放应符合 GB 31570 或 GB 31571 中标准限值的规定：

1）空气氧化反应器产生的含挥发性有机物尾气；

2）序批式反应器原料装填过程、气相空间保护气置换过程、反应器升温过程和反应器清洗过程排出的废气；

3）有机固体物料气体输送废气；

4）用于含挥发性有机物容器真空保持的真空泵排气；

5）非正常工况下，生产设备通过安全阀排出的含挥发性有机物的废气；

6）生产装置、设备开停工过程不满足 GB 31570 或 GB 31571 要求的废气；

7）用于输送、储存、处理含挥发性有机物、恶臭物质的生产设施，以及水、大气、固体废物污染控制设施在检维修时清扫气；

8）做好开停工及检维修期间的环境因素识别和环境影响评估，合理安排各装置的开停工及检维修的时间和次序，优化停工退料工序，合理使用各类资源、能源，生产装置吹扫过程应优先采用密闭吹扫工艺，最大程度回收物料，减少排放。

6.3 废水

6.3.1 可行技术

石化工业排污单位主要废水可行技术参照表 6。

表 6　石化工业排污单位污水处理可行技术参照表

类别	废水类型	可行技术
工艺装置预处理污水	电脱盐工艺废水	破乳、除油
	含硫含氨酸性水	汽提
	碱渣废水	生化、湿式氧化
	酸碱废水	中和
	对苯二甲酸（PTA）工艺废水	沉淀、厌氧
	含腈废水	次氯酸钠或过氧化氢氧化
	纺丝过程含油剂废水	破乳、混凝、固液分离
	甲醇制烯烃（MTO）急冷塔塔底工艺废水	过滤、中和、厌氧
	苯酚丙酮工艺废水	酸化、萃取
	丁二烯装置工艺废水	溶剂回收

<table>
<tr><th>类别</th><th colspan="2">废水类型</th><th>可行技术</th></tr>
<tr><td rowspan="12">外排或回用废水</td><td rowspan="6">工艺废水</td><td>含碱废水</td><td rowspan="9">预处理+生化处理+深度处理
预处理：隔油、气浮、混凝、调节等；
生化处理：活性污泥法、序批式活性污泥法（SBR）、厌氧-缺氧/好氧法（A^2/O）、缺氧/好氧法（A/O）、氧化沟法、膜生物法（MBR）、曝气生物滤池（BAF）、生物接触氧化法、一体化微氧高浓缺氧/好氧法等；
深度处理：混凝、过滤、臭氧氧化、超滤（UF）、反渗透（RO）</td></tr>
<tr><td>含硫含氨酸性水</td></tr>
<tr><td>含苯系物废水</td></tr>
<tr><td>含盐废水</td></tr>
<tr><td>含油废水</td></tr>
<tr><td>其他工艺废水</td></tr>
<tr><td colspan="2">污染雨水</td></tr>
<tr><td colspan="2">生活污水</td></tr>
<tr><td colspan="2">循环冷却水排污水</td></tr>
<tr><td colspan="2">蒸气发生器排污水</td><td rowspan="2">回用</td></tr>
<tr><td colspan="2">余热锅炉排污水</td></tr>
<tr><td colspan="2">化学水制水排污水</td><td>中和</td></tr>
<tr><td></td><td colspan="2">脱硫废水</td><td>过滤（沉淀）+氧化</td></tr>
</table>

6.3.2 运行管理要求

a）石油炼制工业含碱废水、含硫含氨酸性水、含苯系物废水、烟气脱硫和脱硝废水、设备和管道检维修过程化学清洗废水，应单独收集、储存并进行预处理。

b）石油化学工业含苯系物废水，含 GB 31571 中表 1、表 2 所列金属废水、含氰化物废水、设备和管道检维修过程化学清洗废水，应单独收集、储存并进行预处理。

c）污水处理厂应加强源头管理，加强对上游装置来水的监测，并通过管理手段控制上游来水水质满足污水处理厂的进水要求。

7 自行监测管理要求

7.1 一般要求

石化工业排污单位在申请排污许可证时，应按照本标准确定的产排污环节、排放口、污染物项目及许可排放限值等要求，制定自行监测方案，并在《排污许可证申请表》中明确。《排污单位自行监测技术指南　石油炼制工业》和《排污单位自行监测技术指南　石油化学工业》发布后，自行监测方案的制定从其规定。排污单位自备火力发电机组（厂）、配套动力锅炉的自行监测要求按照 HJ 820 制定自行监测方案。

2015 年 1 月 1 日（含）后取得环境影响评价批复的排污单位，应根据环境影响评价文件和批复要求同步完善自行监测方案。有核发权的地方环境保护主管部门可根据环境质量改善需求，增加排污单位自行监测管理要求。

7.2 自行监测方案

自行监测方案中应明确排污单位的基本情况、监测点位及示意图、监测污染物项目、执行标准及其限值、监测频次、采样和样品保存方法、监测分析方法和仪器、质量保证与质量控制、自行监测信息公开等，其中监测频次为监测周期内至少获取 1 次有效监测数据。对于采用自动监测的排污单位应当如实填报采用自动监测的污染物指标、自动监测系统联网情况、自动监测系统的运行维护情况等；对于未采用自动监测的污染物指标，排污单位应当填报开展手工监测的污染物排放口和监测点位、监测方法、监测频率。

7.3　自行监测要求

7.3.1　一般原则

排污单位可自行或委托第三方监测机构开展监测工作，并安排专人专职对监测数据进行记录、整理、统计和分析。排污单位对监测结果的真实性、准确性、完整性负责。手工监测时生产负荷应不低于本次监测与上一次监测周期内的平均生产负荷。

7.3.2　废气排放监测

7.3.2.1　有组织废气排放监测点位

废气直接排放的，应在烟道上设置监测点位；相同监测项目多股废气混合排放的，应在废气汇合后的混合烟道上或分别在各个烟道上设置监测点位；有机废气回收或处理装置应分别在其废气入口及排放口设置监测点位。

7.3.2.2　石油炼制工业排污单位有组织废气监测项目与频次

石油炼制工业排污单位有组织废气排放监测项目及最低监测频次按表 7 执行。

表 7　石油炼制工业排污单位有组织废气排放监测项目与最低监测频次

监测点位	监测项目	监测频次
工艺加热炉排气筒	二氧化硫、颗粒物	季度（月[a]）
	氮氧化物	自动监测（单台额定功率≥14 MW） 季度（月[a]）（单台额定功率＜14 MW）
催化裂化催化剂再生烟气排气筒	二氧化硫、氮氧化物、颗粒物	自动监测
	镍及其化合物	季度
重整催化剂再生烟气排气筒、离子液法烷基化装置催化剂再生烟气排气筒	非甲烷总烃	月
	氯化氢	季度
催化裂化汽油吸附脱硫再生烟气排气筒	颗粒物、二氧化硫	季度
酸性气回收装置排气筒	二氧化硫	自动监测
	硫化氢、氮氧化物[c]	月
	硫酸雾[b]	季度
废水处理有机废气收集处理装置排气筒	非甲烷总烃、硫化氢	月
	苯、甲苯、二甲苯	季度
有机废气回收处理装置入口及其排放口[d]	非甲烷总烃	月
氧化沥青装置排气筒	沥青烟	季度
	苯并[a]芘	半年
危险废物焚烧炉排气筒	颗粒物、二氧化硫、氮氧化物	自动监测
	烟气黑度、一氧化碳、氯化氢、氟化氢、汞及其化合物、镉及其化合物、（砷、镍及其化合物）、铅及其化合物、（锑、铬、锡、铜、锰及其化合物）	月
	二噁英类	年

注 1：设区的市级及以上环境保护主管部门明确要求安装自动监测设备的污染物项目，须采取自动监测。

注 2：废气监测时应同步监测烟气参数。

注 3：计划内工艺加热炉、催化裂化装置、焚烧炉启停期间无法采用自动监测时，按照监测规范开展手工监测。

[a] 若燃料为净化后干气、瓦斯气、天然气则按季度监测，若采用其他燃料，则在使用期间按月监测；特殊时段时应加密监测频次。

[b] 适用于酸性气回收装置生产硫酸的情况。

[c] 适用于采用氧化法尾气污染物控制的酸性气回收装置。

[d] 有机废气排放口排气中若含有颗粒物、二氧化硫或氮氧化物，须进行监测。

7.3.2.3　石油化学和合成树脂工业排污单位有组织废气监测项目与频次

石油化学和合成树脂工业排污单位有组织废气排放监测项目及最低监测频次按表 8 执行。

表 8　石油化学和合成树脂工业排污单位有组织废气排放监测项目与最低监测频次

监测点位		监测项目	监测频次
工艺加热炉排气筒		二氧化硫、颗粒物	季度（月[a]）
		氮氧化物	自动监测（单台额定功率≥14 MW） 季度（月[a]）（单台额定功率＜14 MW）
石油化学工业	废水处理有机废气收集处理装置排气筒	非甲烷总烃、硫化氢	月
		废气有机特征污染物[b]	半年
	含卤代烃有机废气排气筒[c]	非甲烷总烃[d]	月
		氯化氢、氟化氢、溴化氢、氯气	季度
		废气有机特征污染物[b]	半年
	其他有机废气排气筒[c]	非甲烷总烃[d]	月
		废气有机特征污染物[b]	半年
合成树脂工业	生产设施车间排气筒	非甲烷总烃、颗粒物	月
		其他废气污染物[e]	半年
	废水、废气焚烧设施排气筒	非甲烷总烃、颗粒物、二氧化硫、氮氧化物、二氧化碳、一氧化碳	月
		其他废气污染物[e]	半年
		二噁英类[f]	年
危险废物焚烧炉排气筒		颗粒物、二氧化硫、氮氧化物	自动监测
		烟气黑度、一氧化碳、氯化氢、氟化氢、汞及其化合物、镉及其化合物、（砷、镍及其化合物）、铅及其化合物、（锑、铬、锡、铜、锰及其化合物）	月
		二噁英类	年

注 1：设区的市级及以上环保主管部门明确要求安装自动监测设备的污染物指标，须采取自动监测。

注 2：废气监测应同步监测烟气参数。

注 3：多个乙烯裂解炉，可选择炉膛温度最高的裂解炉的排气筒按照自动监测。

注 4：未发布国家污染物监测方法标准的污染物，待国家污染物监测方法标准发布后实施。

[a] 若燃料为净化后干气、瓦斯气、天然气则按季度监测，若采用其他燃料，则在使用期间按月监测，特殊时段时应加密监测频次。

[b] 根据使用原料、生产工艺、产品及副产品，从 GB 31571 表 6 中选取废气有机特征污染物项目进行监测。

[c] 有机废气排放口排气中若含有颗粒物、二氧化硫或氮氧化物，须进行监测。

[d] 非甲烷总烃有去除效率要求的，应同时监测污染治理设施进口。

[e] 根据合成树脂类型，从 GB 31572 表 4 中选取废气污染物项目进行监测。

[f] 适用于废水、废气中含有卤素的情况。

7.3.2.4　石油炼制工业排污单位无组织废气排放监测点位、项目与频次

石油炼制工业排污单位无组织废气排放监测点位设置、监测项目及最低监测频次按表 9 执行。

表 9　石油炼制工业排污单位无组织排放监测点位、项目与最低监测频次

监测点位	监测项目	监测频次
企业边界	非甲烷总烃、颗粒物、氯化氢[a]、苯、甲苯、二甲苯、氨、硫化氢、臭气浓度	季度
	苯并[a]芘	年
泵、压缩机、阀门、开口阀或开口管线、气体/蒸气泄压设备、取样连接系统	挥发性有机物	季度
法兰及其他连接件、其他密封设备	挥发性有机物	半年
注 1：对于设备与管线组件密封点泄漏检测，若同一密封点连续 3 个周期检测无泄漏情况，则检测周期可延长一倍，但在后续监测中该检测点位一旦检测出现泄漏情况，则检测频次按原规定执行。其他要求按 HJ 733 及其他国家挥发性有机物管理规定执行。		
注 2：根据原料工艺等确定是否监测其他恶臭污染物项目。		
[a] 适用于工艺装置中有连续重整装置或采用离子液法烷基化装置的情况。		

7.3.2.5　石油化学和合成树脂工业排污单位无组织废气排放监测点位、项目与频次

石油化学和合成树脂工业排污单位无组织废气排放监测点位设置、监测项目及最低监测频次按表 10 执行。

表 10　石油化学和合成树脂工业无组织排放监测点位、项目与最低监测频次

监测点位	监测项目	监测频次
企业边界	非甲烷总烃、颗粒物、氯化氢[a]、苯、甲苯、二甲苯[b]、氨、硫化氢、臭气浓度	季度
	苯并[a]芘[b]	年
泵、压缩机、阀门、开口阀或开口管线、气体/蒸气泄压设备、取样连接系统	挥发性有机物	季度
法兰及其他连接件、其他密封设备	挥发性有机物	半年
注 1：对于设备与管线组件密封点泄漏检测，若同一密封点连续 3 个周期检测无泄漏情况，则检测周期可延长一倍，但在后续监测中该检测点位一旦检测出现泄漏情况，则监测频次按原规定执行。		
注 2：挥发性有机物监测的其他要求按 HJ 733 及国家其他挥发性有机物管控规定执行。		
注 3：根据原料工艺等确定是否监测其他恶臭污染物。		
[a] 适用于生产装置的原料、排气中含卤代烃的情况。		
[b] 对于仅含有合成树脂生产装置的排污单位，可不监测二甲苯、苯并[a]芘。		

7.3.3　废水排放监测

7.3.3.1　石油炼制工业排污单位监测点位、项目与频次

石油炼制工业排污单位废水排放监测点位、项目及最低监测频次按表 11 执行。

表 11　石油炼制工业排污单位废水排放口监测点位、项目与最低监测频次

监测点位	监测项目	监测频次	
		直接排放	间接排放
废水总排放口	化学需氧量、氨氮	自动监测	周
	石油类、pH 值、悬浮物、总氮、总磷、硫化物、挥发酚	周	月
	五日生化需氧量、总有机碳、总钒、苯、甲苯、邻二甲苯、间二甲苯、对二甲苯、乙苯、总氰化物	月	季度

监测点位	监测项目	监测频次	
		直接排放	间接排放
延迟焦化装置冷焦水、切焦水废水排放口	苯并[a]芘	半年	
加工含汞原油常减压蒸馏装置电脱盐废水排放口	总汞	月	
	烷基汞	半年	
酸性水汽提装置废水排放口	总砷	月	
催化裂化装置烟气脱硫废水排放口 催化汽油吸附脱硫装置烟气脱硫废水排放口	总镍	月	
航空汽油调和车间废水排放口 四乙基铅生产装置废水排放口	总铅	月	
雨水排放口	化学需氧量、氨氮、石油类	日[a]	
注1：设区的市级及以上环保主管部门明确要求安装自动监测设备的污染物指标，须采取自动监测。			
注2：监测污染物浓度时应同步监测流量。			
[a]排放期间按日监测。			

7.3.3.2 石油化学和合成树脂工业排污单位监测项目与频次

石油化学工业排污单位废水排放监测项目及最低监测频次按表12执行。

表12 石油化学和合成树脂工业排污单位废水排放口监测项目与最低监测频次

类型	监测点位	监测项目	监测频次	
			直接排放	间接排放
石油化学工业	废水总排放口	化学需氧量、氨氮	自动监测	周
		pH值、悬浮物、总氮、总磷、石油类、硫化物、挥发酚	周	月
		五日生化需氧量、总有机碳、氟化物、总钒、总铜、总锌、总氰化物、可吸附有机卤化物	月	季度
		废水有机特征污染物[a]	半年	
	车间或生产设施废水排放口[b]	总铅、总镉、总砷、总镍、总汞、总铬、六价铬	月	
		苯并[a]芘、烷基汞	半年	
	雨水外排口	化学需氧量、氨氮、石油类	日[c]	
合成树脂工业	废水总排放口	化学需氧量、氨氮	自动监测	周
		pH值、悬浮物、总氮、总磷	周	月
		五日生化需氧量、总有机碳、可吸附有机卤化物	月	季度
		其他废水污染物[c]	半年	半年
	车间或生产设施废水排放口	总铅、总镉、总砷、总镍、总汞、总铬、六价铬	月	
		烷基汞	半年	
	雨水外排口	化学需氧量、氨氮	日[d]	
注1：设区的市级及以上环保主管部门明确要求安装自动监测设备的污染物指标，须采取自动监测。				
注2：监测污染物浓度时应同步监测流量。				
[a]根据使用原料、生产工艺、产品及副产品，从GB 31571表3中选取废水有机特征污染物项目开展自行监测。				
[b]凡涉及GB 31571附录B中规定的生产工艺及产品种类，须在涉及该生产工艺及产品的车间或生产设施废水排放口监测产生的污染物指标；附录B中不涉及的，应根据使用的原料，生产工艺过程，生产的产品、副产品，确定是否在车间或生产设施废水排放口进行该项指标的监测。				
[c]指GB 31572表1、表2中列举的其他废水污染物。				
[d]排放期间按日监测。				

7.4　采样和测定方法

7.4.1　自动监测

废气自动监测参照 HJ/T 75、HJ/T 76 执行。废水自动监测参照 HJ/T 353、HJ/T 354、HJ/T 355 和 HJ/T 356 执行。监测数据与地方环境保护主管部门联网时，按照 HJ/T 212 要求实时上传监测数据。

自动连续监测设备发生故障时，应开展手工监测，监测数据应及时报告环境保护主管部门。

7.4.2　手工监测

有组织废气手工采样方法的选择参照 GB/T 16157、HJ/T 397 执行。无组织排放采样方法参照 HJ 733、HJ/T 55 执行。废水手工采样方法的选择参照 HJ 493、HJ 494、HJ 495 和 HJ/T 91 执行。

7.4.3　测定方法

废气、废水污染物的测定按照相应排放标准中规定的污染物浓度测定方法执行，国家或地方法律法规等另有规定的，从其规定。

7.5　数据记录要求

监测期间手工监测的记录和自动监测运行维护记录按照 HJ 819 执行。

应同步记录监测期间的生产工况。

7.6　监测质量保证与质量控制

按照 HJ 819 要求，排污单位应根据自行监测方案，建立自行监测质量保证与质量控制体系。

7.7　自行监测信息公开

排污单位应按照 HJ 819 要求进行自行监测信息公开。

8　环境管理台账与排污许可证执行报告编制要求

8.1　环境管理台账记录要求

8.1.1　一般要求

排污单位应建立环境管理台账制度，设置专职人员开展台账记录、整理、维护等管理工作，并对台账记录结果的真实性、准确性、完整性负责。

为便于携带、储存、导出及证明排污许可证执行情况，台账应按照电子化储存和纸质储存两种形式同步管理，保存期限不得少于 3 年。

排污单位环境管理台账应真实记录生产运行、污染治理设施运行、自行监测和其他环境管理信息。其中记录频次和内容须满足排污许可证环境管理要求。

8.1.2　生产运行

生产运行情况包括生产装置或设施、公用单元和全厂运行情况，重点记录排污许可证中相关信息的实际情况及与污染物治理、排放相关的主要运行参数。

a）生产装置或设施

记录生产设施运行时间、原辅料及燃料使用情况、主要产品产量，参见附录 E 中表 E.1 和表 E.2。

b）公用单元

记录储罐、装载、火炬、循环水冷却系统运行信息，参见附录 E 中表 E.3～表 E.6。

c）全厂运行情况

包括原料、辅料、燃料使用量及产品产量，记录与污染治理设施和污染物治理、排放相关的内容，参见附录 E 中表 E.7～表 E.10。

8.1.3 污染治理设施运行

污染治理设施运行信息应按照设施类别分别记录设施的实际运行相关参数和维护记录。

a）有组织废气治理设施记录设施运行时间、运行参数等，见附录 E 中表 E.11～表 E.22。

b）无组织废气排放控制记录措施执行情况，包括储罐、动静密封点、装卸的维护、保养、检查等运行管理情况，见附录 E 中表 E.23。

c）废水处理设施包括装置预处理设施和污水处理厂预处理设施、生化处理设施、深度处理设施及回用设施三部分，分别记录每日进水水量、出水水量、药剂名称及使用量、投放频次、电耗、污泥产生量等，具见附录 E 中表 E.24。

d）污染治理设施运维记录，包括设施是否正常运行、故障原因、维护过程、检查人、检查日期及班次。

8.1.4 自行监测

a）手工监测记录信息：包括手工监测日期、采样及测定方法、监测结果等，见附录 E 中表 E.25～表 E.29。

b）自动监测运维记录：包括自动监测及辅助设备运行状况、系统校准、校验记录、定期比对监测记录、维护保养记录、是否故障、故障维修记录、巡检日期等。

8.1.5 其他环境管理要求

a）6.2.2 和 6.3.2 中各项运行管理要求落实情况、雨水外排情况等。

b）如出现设施故障时，应记录故障时间、处理措施、污染物排放情况等，见附录 E 中表 E.30。

c）如生产设施开停工、检维修时，应记录起止时间、情形描述、应对措施以及污染物排放质量浓度等，见附录 E 中表 E.31。

8.2 执行报告编制规范

8.2.1 一般原则

排污单位应按照排污许可证中规定的内容和频次定期上报执行报告，并保证执行报告的规范性和真实性。地方环境保护主管部门应整合总量控制、排污收费（环境保护税）、环境统计等各项环境管理的数据上报要求，根据环境质量改善需求，规定执行报告的内容、上报频次等要求。

排污单位可参照本标准，报告排污许可证执行情况，并提交至排污许可证核发机关。

8.2.2 报告频次

8.2.2.1 年度执行报告

排污单位应每年上报一次排污许可证年度执行报告，于次年 1 月底前提交至排污许可证核发机关。对于持证时间不足 3 个月的，当年可不上报年度执行报告，许可证执行情况纳入下一年年度执行报告。

8.2.2.2 半年执行报告

排污单位每半年上报一次排污许可证半年执行报告，上半年执行报告周期为当年的 1—6 月，并于每年的 7 月底前提交至排污许可证核发机关，提交年度执行报告时可免报下半年执行报告。对于持证时间不足 3 个月的，可不上报上半年执行报告，排污许可证执行情况纳入下一年度执行报告。

8.2.2.3 月/季度执行报告

排污单位每月度/季度上报一次排污许可证月度/季度执行报告。自当年 1 月起，每月上报一次月度执行报告，每 3 个月上报一次季度执行报告，月度/季度执行报告于下月 15 日前提交至排污许可证核发机关。提交半年执行报告或年度执行报告的，可免报当月月度执行报告或当季季度执行报告。对于持证时间不足 10 d 的，该报告周期内可不上报月度执行报告，排污许可证执行情况纳入下一月度执行报告。对于持证时间不足 1 个月的，该报告周期内可不上报季度执行报告，排污许可证执行情况纳入下一季度执行报告。

8.2.3 报告内容

8.2.3.1 年度执行报告

年度执行报告内容应包括：

a）基本生产情况；

b）遵守法律法规情况；

c）污染治理设施运行情况；

d）自行监测情况；

e）台账管理情况；

f）实际排放情况及合规判定分析；

g）排污费（环境保护税）缴纳情况；

h）信息公开情况；

i）排污单位内部环境管理体系建设与运行情况；

j）排污许可证规定的其他内容执行情况；

k）其他需要说明的问题；

l）结论；

m）附件、附图要求。

具体内容参见附录 F。

8.2.3.2 月度、季度及半年执行报告

半年执行报告应至少包括年度执行报告 a）、c）～f）。

月度、季度执行报告应至少包括年度执行报告 f）中主要污染物的实际排放量核算信息、合规判定分析说明及 c）中不合规排放或污染防治设施故障情况说明等。

9 实际排放量核算方法

9.1 一般规定

排污单位应核算废气和废水所有排放口污染物实际排放量，实际排放量为正常情况和非正常情况实际排放量之和。

排污许可证要求应采用自动监测的污染物项目，根据符合监测规范的有效自动监测数据核算实际排放量。

对于排污许可证中载明应采用自动监测的排放口或污染物而未采用的，按直排核算排放量。

采用手工监测的污染物项目，按照执法监测或排污单位自行开展的手工监测数据核算实际排放量。

对于排污许可证未要求采用自动监测的污染物项目，按照优先顺序依次选取自动监测数据、执法监测数据和手工监测数据核算实际排放量。监测数据均应符合国家环境监测相关标准要求。

9.2 废气

9.2.1 有组织排放

a）采用自动监测数据核算

有组织废气主要排放口具有连续自动监测数据的污染物，采用式（18）计算实际排放量。

$$E_{j,\text{有组织废气}} = \sum_{i=1}^{n}(\rho_i \times Q_i)\times 10^{-9} \tag{18}$$

式中：$E_{j,\text{有组织废气}}$ —— 核算时段内废气有组织主要排放口第 j 项污染物的实际排放量，t；

ρ_i —— 第 j 项污染物在第 i 小时的实测平均排放质量浓度，mg/m³；

Q_i —— 第 j 项污染物第 i 小时标准状态下干烟气量，m³/h；

n —— 排放时间，h。

对于因自动监控设施发生故障以及其他情况导致数据缺失的按照 HJ/T 75 进行补遗。

缺失时段超过 25%的，自动监测数据不能作为核算实际排放量的依据，按 9.1 第 4 款"要求采用自动监测的排放口或污染物而未采用"的相关规定进行核算。排污单位提供充分证据证明在线数据缺失、数据异常等不是排污单位责任的，可按照排污单位提供的手工监测数据等核算实际排放量，或者按照上一个半年申报期间的稳定运行期间自动监测数据的小时浓度均值和半年平均烟气量或流量，核算数据缺失时段的实际排放量。

b）采用手工监测数据核算

有组织废气主要排放口具有手工监测数据的污染物，采用式（19）计算实际排放量。

$$E_{j,有组织废气}=\rho\times Q\times h\times 10^{-9} \tag{19}$$

式中：$E_{j,有组织废气}$ —— 核算时段内废气有组织排放口第 j 项污染物的实际排放量，t；

ρ —— 核算时段内第 j 项污染物实测平均排放质量浓度，mg/m³；

Q —— 核算时段内第 j 项污染物标准状态下干烟气量，m³/h；

h —— 核算时段小时数，h。

排污单位应将手工监测时段内生产负荷与核算时段内平均生产负荷进行对比，并给出对比结果。

c）全厂主要排放口污染物排放量

全厂有组织废气主要排放口污染物，采用式（20）计算实际排放量。

$$E_{主要排放口}=\sum_{j=1}^{m}E_{j,有组织废气} \tag{20}$$

式中：$E_{主要排放口}$ —— 核算时段内所有有组织废气主要排放口污染物实际排放量，t；

m —— 主要排放口数量，个。

9.2.2 无组织排放挥发性有机物

可参考环办〔2015〕104 号文中《石化行业 VOCs 污染源排查工作指南》，开展排污单位挥发性有机物污染源排查，并核算报告周期内的实际排放量。环境保护部发布新的核算方法后，从其规定。

9.2.3 火炬排放污染物量

火炬焚烧排放的挥发性有机物、二氧化硫和氮氧化物量，采用式（21）计算。

$$E_{火炬系统}=\begin{cases}2\times\sum_{i=1}^{n}(S_i\times Q_i\times t_i) & (二氧化硫)\\ \sum_{i=1}^{n}(\alpha\times Q_i\times t_i) & (氮氧化物、挥发性有机物)\end{cases} \tag{21}$$

式中：S_i —— 火炬气中的硫含量，kg/m³；

Q_i —— 火炬气流量，m³/h；

t_i —— 火炬系统 i 的年运行时间，h/a；

α —— 排放系数，kg/ m³，见表 13；

n —— 火炬个数。

表 13 火炬运行的排放系数

组分	排放系数/（kg/m^3进料）
总烃	0.002
氮氧化物	0.054
二氧化硫	物料衡算法

9.3 废水

a）采用自动监测数据核算

废水总排放口具有连续自动监测数据的污染物实际排放量采用式（22）计算。

$$E_{废水}=\sum_{i=1}^{n}(\rho_i\times Q_i)\times 10^{-6} \tag{22}$$

式中：$E_{废水}$ —— 核算时段内废水总排放口污染物的实际排放量，t；

ρ_i —— 污染物在第 i 日的实测平均排放质量浓度，mg/L；

Q_i —— 第 i 日的流量，m^3/d；

n —— 核算时段天数，d。

当自动监测数据由于某种原因出现中断或其他情况时，根据 HJ/T 356 等予以补遗。

b）采用手工监测数据核算

废水总排放口具有手工监测数据的污染物实际排放量采用式（23）计算。

$$E_{废水}=\rho\times Q\times 10^{-6} \tag{23}$$

式中：$E_{废水}$ —— 核算时段内废水总排放口污染物的实际排放量，t；

ρ —— 核算时段内污染物实测平均排放质量浓度，mg/L；

Q —— 核算时段内废水流量，m^3。

排污单位应将手工监测时段内生产负荷与核算时段内平均生产负荷进行对比，并给出对比结果。

10 合规判定方法

10.1 一般原则

合规是指排污单位许可事项和环境管理要求符合排污许可证规定。许可事项合规是指排污单位排污口位置和数量、排放方式、排放去向、排放污染物种类、排放限值符合许可证规定，其中，排放限值合规是指排污单位污染物实际排放浓度和排放量满足许可排放限值要求；环境管理要求合规是指排污单位按许可证规定落实自行监测、台账记录、执行报告、信息公开等环境管理要求。

排污单位可通过记录环境管理台账、按时上报执行报告和开展自行监测、信息公开，自证其依证排污，满足排污许可证要求。环境保护主管部门可依据排污单位环境管理台账、执行报告、自行监测记录中的内容，判断其污染物排放浓度和排放量是否满足许可排放限值要求，也可通过执法监测判断其污染物排放浓度是否满足许可排放限值要求。

10.2 废气

10.2.1 排放浓度合规判定

10.2.1.1 正常情况

排污单位废气排放浓度合规是指各有组织排放口和企业边界无组织污染物浓度满足 5.2.2.1 要求。

a）执法监测

按照监测规范要求获取的执法监测数据不超过许可排放限值的，即视为合规。

若同一时段的执法监测数据与自动监测数据不一致，执法监测数据符合法定的监测标准和监测方法的，以该执法监测数据作为优先使用。

b）排污单位自行监测

1）自动监测

按照监测规范要求获取的自动监测数据（剔除异常值）计算得到的有效小时浓度均值不超过许可排放浓度限值，即视为合规。对于污染物项目应采用自动监测而未采用的，即视为不合规。小时浓度均值指“整点 1 h 内不少于 45 min 的有效数据的算术平均值”。

2）手工监测

按照自行监测方案开展手工监测，监测结果不超过许可排放限值，即视为合规。

10.2.1.2 非正常情况

非正常情况包括计划内的催化裂化装置、焚烧炉、锅炉启停时段。

a）催化裂化装置

计划内启动和停机时段 150 h 内的氮氧化物排放浓度不视为许可排放浓度限值判定依据。

b）焚烧炉

计划内启动和停机阶段 4 h 内的氮氧化物排放浓度不视为许可排放浓度限值判定依据。

c）锅炉

采用干（半干）法脱硫、脱硝措施的燃煤蒸汽锅炉，冷启动 1 h、热启动 0.5 h 内二氧化硫和氮氧化物排放浓度数据不视为许可排放浓度限值判定依据。

若多台设施采用混合方式排放烟气，且其中一台处于启停时段，排污单位可自行提供烟气混合前各台设施污染物有效监测数据的，按照提供数据进行合规判定。

10.2.2 排放量合规判定

a）有组织排放源

排污单位有组织排放源主要排放口的大气污染物年实际排放量之和不超过主要排放口污染物年许可排放量之和，即视为合规。有特殊时段许可排放量要求的，实际排放量不得超过特殊时段许可排放量。

b）无组织排放源

设备与管线组件、挥发性有机液体储存、挥发性有机液体装载挥发性有机物年实际排放量分别不超过其年许可排放量，即视为合规。

10.2.3 无组织排放控制要求合规判定

无组织排放源满足本标准 6.2.2.3“无组织排放运行管理要求”，即视为合规。

10.3 废水

10.3.1 排放浓度合规判定

排污单位废水排放口污染物的排放浓度合规是指任一有效日均值（除 pH 值外）均满足许可排放浓度要求。

10.3.1.1 执法监测

按照 HJ/T 91 监测要求获取的执法监测数据不超过许可排放浓度的，即视为合规。

若同一时段的执法监测数据与排污单位自动监测数据不一致，执法监测数据符合法定的监测标准和监测方法的，以该执法监测数据作为优先证据使用。

10.3.1.2 排污单位自行监测

a）自动监测

按照监测规范要求获取的自动监测数据计算得到有效日均浓度值不超过许可排放浓度的，即视为合规。

对于自动监测，有效日均浓度是对应于以每日为一个监测周期，在周期内获得的某个污染物的多个有效监测数据的平均值。在同时监测污水排放流量的情况下，有效日均值是以流量为权重的某个污染物的有效监测数据的加权平均值；在未监测污水排放流量的情况下，有效日均值是某个污染物的有效监测数据的算术平均值。

b）手工监测

按照自行监测方案开展手工监测，计算得到的有效日均浓度值不超过许可排放浓度的，即视为合规。

10.3.2 排放量合规判定

废水排放口所有污染物年实际排放量之和不超过相应污染物的年许可排放量，即视为合规。

10.4 环境管理要求

环境保护主管部门依据排污许可证中的管理要求，审核环境管理台账记录和排污许可证执行报告；检查排污单位是否按照自行监测方案开展自行监测；是否按照排污许可证中环境管理台账记录要求记录相关内容，记录频次、形式等是否满足许可证要求；是否按照许可证中执行报告要求定期上报，上报内容是否符合要求等；是否按照许可证要求定期开展信息公开；是否满足特殊时段污染防治要求。

附 录 A

（资料性附录）

石化工业排污单位生产装置

包括原油加工及石油制品制造、有机化学原料制造、初级形态塑料及合成树脂制造、合成橡胶制造、合成纤维单（聚合）体制造、化学试剂和助剂、合成纤维制造等门类所涉及的主要生产装置和公用单元。

a）原油加工及石油制品制造

包括常减压蒸馏（含电脱盐）装置、轻烃回收装置；减黏裂化装置、催化裂化装置、催化重整装置、延迟焦化装置、叠合装置、加氢裂化装置、异构化装置、烷基化装置；电化学精制装置、加氢精制装置（焦化汽油加氢、催化汽油后加氢、航煤加氢、柴油加氢、蜡油加氢、渣油加氢）、催化汽油吸附脱硫（S zorb）装置、氧化脱硫醇装置、硫黄回收装置、气体分馏装置、干气脱硫装置、液化气脱硫装置、溶剂脱沥青装置、酚精制装置、分子筛脱蜡装置、糠醛精制装置、溶剂脱蜡装置、石蜡加氢装置、石蜡白土精制装置、润滑油加氢装置、润滑油加氢补充精制装置、润滑油白土精制装置、溶剂精制装置、橡胶填充油溶剂精制装置；制氢装置、汽油碱渣提酚装置、干气提浓装置、含硫废水汽提装置、乙苯-苯乙烯装置、聚丙烯装置、变压吸附分离（PSA）、膜分离装置、氧化沥青装置、石蜡成型装置、油浆拔头装置、油页岩干馏装置等生产装置。

b）有机化学原料制造、化学试剂和助剂

包括脂肪族有机化学品装置、芳香族有机化合物装置、卤化有机化学品装置、胺及氨基有机化学品装置，以及其他有机化学品装置等生产装置。其中：

1）脂肪族有机化学品装置包括乙醛、乙酸、乙酸酐、丙酮、丙烯腈、环氧乙烯、环氧丙烷、己二酸、丁烯、环己烷、乙醇、乙烯、乙二醇、环氧乙烷、甲醛、异丙醇、甲醇、聚氧丙烯醇、丁辛醇、丙烯、氧化丙烯、醋酸乙烯、醋酸乙烯酯、1,2-二氯乙烷、1,3-丁二烯、乙酸树脂、乙酸盐、丙酮、丙酮氰醇、乙炔、丙烯酸、丙烯酸酯、烷基链烯醇、烷基化物、α-烯 1 烃丁烷、C4 烃类（不饱和）、硬脂酸钙、己内酰胺、羧甲基纤维素、醋酸纤维素丁酸酯、纤维素醚、氢过氧化枯烯、环己醇、环己酮（混合体）、环己酮、环己烯、C12～C18 伯醇、C5 浓缩液、C9 浓缩液、正癸醇、双丙酮醇、二羧酸盐、乙醚、二甘醇、二乙二醇二乙醚、二乙二醇二甲醚、二乙二醇单乙醚、二乙二醇甲醚、二聚酸、二氧杂环乙烷、乙烷、乙烯甘油单苯基醚、乙氧基化物、乙烯甘油二甲醚、乙二醇单丁醚、乙二醇单乙醚、乙二醇乙基醚、丙三醇、乙二醛、己烷、异丁醇、异丁烯、异丁醛、异氟尔酮、异肽酸、橡胶基质、醋酸异丙酯、木素磺酸钙盐、顺式丁烯二酸酐、甲基丙烯酸、甲基丙烯酸酯、甲烷、甲基乙基酮、α-甲基丙烯酸甲酯、甲基叔丁基醚、甲基异丁基酮、正烷烃、正丁醇、正醋酸丁酯、正丁醛、正丁酸、正丁酸酐、正石蜡、正乙酸丙酯、正丙醇、次氮基三乙酸、锦纶盐、草酸、羰基醛醇、季戊四醇、戊烷、戊烯、石油磺酸油、松油、聚氧化亚丁基乙二醇、聚氧乙二醇、丙烷、丙醛、丙酸、甲基乙二醇、仲丁醇、甲酸钠、山梨醇、脂蜡酸，钙盐（蜡）、叔丁醇、1-丁烯、1-戊烯、1,4-丁二醇、乙酸异丁酯、2-丁烯（顺式和反式）、2-乙基己酮、2-乙基丁醛、2,2,4-三甲基色氨酸，1,3-戊二醇等产品的生产装置。

2）芳香族有机化合物装置包括苯、枯烯、对酞酸二甲酯、乙苯、间二甲苯、对二甲苯、苯酚、裂解汽油、苯乙烯、对苯二甲酸、甲苯、邻二甲苯、苯酐、α-甲苯基乙烯、烷基苯系物、烷基酚、烷基苯磺酸盐、氨基苯甲酸、β-萘磺酸、苯二磺酸、苯甲酸、双（2-乙基己基）邻苯二甲酸酯、双酚 A、BTX-苯，二甲苯（混合物）、邻苯二甲酸丁基酯、杂酚油、甲酚、氰尿酸、环芳香族磺酸盐、酞酸二丁酯、邻苯二甲酸二异丁酯、酞酸二异癸酯、邻苯二甲酸二异辛酯、邻苯二甲酸二甲酯、二硝基甲苯（混合物）、邻苯二甲酸双十三烷酯、间甲酚、间氨酸、亚甲基二苯基二异氰酸盐、萘、石脑油、硝基苯、硝基甲苯、壬基酚、对甲酚、邻苯二甲酸、邻苯二甲酸酐、焦油沥青、叔丁基苯酚、甲苯二异氰酸盐（混合物）、偏苯三酸、邻苯酚、四氢萘醇、1-四氢萘酮混合物、2,4-二硝基甲苯、2,6-二硝基甲苯等产品的生产装置。

3）卤化有机化学品装置包括氯乙烯、1,4-苯二胺盐酸盐、丙烯基氯、苄基氯、四氯化碳、氯化石蜡、氯苯、氯苯（混合物）、氯二氟乙烷、氯仿、氯甲烷、氯-5-甲酚（6-氯间甲酚）、氯酚、氯丁二烯、氯化氰、三聚氯氰、二氯丙烷、表氯醇、氯乙烷、氟碳化合物（氟利昂）、氯甲烷、二氯甲烷、五氯苯酚、光气、四氯乙烯、三氯乙烯、三氯氟甲烷、偏二氯乙烯、1,1-二氯乙烷、1,2-二氯乙烷、1,1,1-三氯乙烷、2,4-二氯苯酚等产品的生产装置。

4）胺及氨基有机化学品装置包括 2,4-二氨基甲苯烷基胺、苯胺、己内酰胺、二乙醇胺、二苯胺杀虫剂、乙醇胺、乙胺、乙二胺、乙二胺四乙酸、脂肪胺、己二胺、异丙胺、间-甲苯胺、三聚氰胺、三聚氰胺晶体、甲胺、亚甲基双苯胺、正-丁胺、*N*,*N*-二乙苯胺、*N*,*N*-二甲基甲酰胺、硝基苯胺、聚合亚甲基双苯胺、仲丁胺、叔丁胺、甲苯二胺（混合物）、甲苯胺、邻苯二胺、2,6-二甲基苯胺、4-（*N*-羟基乙基乙胺基）-2-羟基-乙基苯胺、4,4-亚甲基（*N*,*N*-二甲基）-双苯胺、4,4-亚甲基双苯胺等产品的生产装置。

5）其他有机化学品装置包括已二氰、二硫化碳、脂肪氰类、有机锡化合物、磷酸酯、四乙基铅、四甲基铅、尿烷预聚物等产品的生产装置。

c）初级形态塑料及合成树脂制造

包括丙烯腈-丁二烯-苯乙烯共聚物（ABS）树脂装置、丙烯腈-丁二烯-苯乙烯-苯乙烯丙烯腈共聚物（ABS-SAN）树脂装置、丙烯酸-甲基丙烯酸酯乳液装置、丙烯酸乳液装置、丙烯酸树脂装置、醋酸纤维丁酸酯装置、醋酸纤维树脂装置、醋酸纤维素装置、醋酸纤维丙酸酯装置、硝酸纤维素装置、乙烯-甲基丙烯酸聚合物装置、乙烯-醋酸乙烯酯聚合物装置、脂肪酸树脂装置、碳氟化合物共聚物装置、尼龙 11 树脂装置、尼龙 6-66 共聚物装置、尼龙 6 树脂装置、尼龙 612 树脂装置、尼龙 66 树脂装置、尼龙装置、石油烃树脂装置、聚乙烯吡咯烷酮共聚物装置、聚烯烃（Alpha）装置、聚丙烯酸装置、聚酰胺装置、聚芳酰胺装置、聚丁二烯装置、聚丁烯装置、聚丁烯琥珀酸酐装置、聚碳酸酯装置、聚酯树脂装置、聚丁烯对苯二酸酯装置、聚苯酸盐装置、聚乙烯装置、聚乙烯-乙基丙烯酸盐装置、聚乙烯-聚醋酸乙烯酯共聚物装置、聚乙烯树脂装置、聚乙烯氯化物装置、聚酰亚胺装置、聚丙烯树脂装置、聚苯乙烯（晶体）装置、改性聚苯乙烯（晶体）装置、聚苯乙烯-共聚物装置、聚苯乙烯-丙烯酸乳胶装置、聚苯乙烯改性树脂装置、聚苯乙烯乳胶装置、聚苯乙烯装置、聚砜树脂装置、聚醋酸乙酸酯-PVC 共聚物装置、聚醋酸乙酸酯共聚物装置、聚醋酸乙酸酯树脂装置、聚乙烯醇树脂装置、聚氯乙烯装置，氯化的聚乙烯乙醚-聚丁烯二酸酐装置、聚乙烯醇缩甲醛树脂装置、聚醋酸乙烯酯-甲基丙酸烯共聚物装置、聚醋酸乙烯酯丙酸烯共聚物装置、聚醋酸乙烯酯-2-乙基正己基丙烯酸酯共聚物装置、聚偏二氯乙烯装置、聚偏二氯乙烯共聚物装置、聚偏二氯乙烯-氯乙烯树脂装置、PVC 共聚物装置、丙烯酸酯（乳胶）装置、乙烯-氯乙烯装置、松香衍生树脂装置、松香改性树脂装置、松香树脂装置、丙烯腈树脂装置、硅树脂装置、硅橡胶装置、苯乙烯顺丁烯二酸酐树脂装置、苯乙烯聚合物装置、苯乙烯-丙烯酸共聚物树脂装置、苯乙烯丙烯腈-丙烯酸酯共聚物装置、丁二烯树脂装置、丁二烯树脂（<50%丁二烯）装置、丁二烯树脂（乳胶）装置、苯乙烯-二乙烯基苯树脂（离子交换）装置、苯乙烯-甲基丙烯酸酯三聚物树脂装置、苯乙烯-甲基丙烯酸甲酯共聚物装置、苯乙烯-丁二烯装置、乙烯基甲苯三元共聚物装置、磺化-苯乙烯-顺丁烯酸酐树脂装置、不饱和聚酯树脂装置、乙烯基甲苯树脂装置、乙烯基甲苯-丙烯酸树脂装置、乙烯基甲苯-丁二烯树脂装置、乙烯基甲苯-甲基丙烯酸树脂装置、醋酸乙烯-*N*-丙烯酸丁酯共聚物装置。醇酸树脂装置、双氰胺树脂装置、环氧树脂装置、富马酸聚酯装置、呋喃树脂装置、乙二醛-尿素甲醛纺织树脂装置、甲酮-甲醛树脂装置、三聚氰胺树脂装置、酚醛树脂装置、聚缩醛树脂装置、聚丙烯酰胺装置、聚氨酯预聚物装置、聚氨酯树脂装置、尿素甲醛树脂装置、尿素树脂装置等。

d）合成纤维单（聚合）体制造、合成纤维制造

包括锦纶纤维生产装置（聚酰胺纤维）、涤纶纤维生产装置（聚酯纤维）、腈纶纤维生产装置（聚丙

烯腈纤维）、维纶纤维生产装置（聚乙烯醇纤维）、丙纶纤维生产装置（聚丙烯纤维）、氨纶纤维生产装置（聚氨酯纤维）、丙烯酸纤维（85%聚丙烯腈）装置、醋酸纤维素装置、碳氟化合物（铁氟龙）纤维装置、改性腈纶纤维装置、尼龙6纤维装置、尼龙6单丝纤维装置、尼龙66纤维装置、尼龙66单丝纤维装置、芳香聚酰胺装置、树脂纤维装置、芳香聚酰胺树脂纤维装置、聚酯纤维装置、聚乙烯纤维装置等。

e）合成橡胶制造

包括顺丁橡胶装置、丁基橡胶装置、丁苯橡胶装置、异戊橡胶装置、异丙橡胶装置、氯丁橡胶装置、丁腈橡胶装置等。

f）公用单元

包括储运系统、供排水系统、动力系统、火炬系统和其他公用单元。

储存系统包括原油罐、中间品罐、产品罐等；装载系统包括汽车装载站、铁路装载站、装载码头和其他储运单元；供排水系统包括新鲜水净化场、软化水处理站、循环水场、废水集输系统和污水处理厂；动力系统包括锅炉；火炬系统包括火炬气回收系统和火炬排放系统；其他公用单元指除储运系统、供排水系统、动力系统、火炬系统外的其他涉及排污的公用设施。

附 录 B

（资料性附录）

部分生产设施填报表

表 B.1 XXX 设备与管线组件密封点数量统计表

装置名称：		装置编号：
密封点类型	介质状态	数量/个
阀门	气体	
	有机液体	
法兰	—	
泵	—	
泄压设备	—	
连接件	—	
压缩机	—	
搅拌器	—	
开口阀或开口管线	—	
其他	—	
合计		

表 B.2 储罐统计表

序号	储罐编号	罐型	公称容积/m^3	储罐内径/m	罐体高度[a]	储存物料名称	物料储存温度[b]/℃	设计年周转量/t

[a] 固定顶罐填写。

[b] 近一年物料储存平均温度。

表 B.3 固定顶罐

A 装置信息	
服务装置名称： 服务装置编号：	
B 储罐信息	
储罐名称： 储罐编号： 公称容积： m^3	
储罐用途	□原料 □产品 □中间品
储罐类型	□立式储罐 □卧式储罐
C 储罐参数	
罐体参数	罐体内径： m 罐体高度： m 罐体长度（卧式）： m 储罐是否保温：□是 □否 是否地下储罐：□是 □否 罐漆颜色：□白色 □铝（镜面） □铝（糙面） □铝皮（亚光、未涂漆）□浅灰色 □中灰色 □深绿色 □米黄色或奶油色 □棕色或褐色 □红色（底漆） □铁锈色 □棕褐色 □黑色 罐漆状况：□好 □差

罐顶参数	罐顶类型：拱顶（高度：　　m）　锥形顶（高度：　　m） 罐漆颜色：□白色　□铝（镜面）　□铝（糙面）　□铝皮（亚光、未涂漆）□浅灰色 □中灰色　□深绿色　□米黄色或奶油色　□棕色或褐色　□红色（底漆）　□铁锈色 □棕褐色　□黑色 罐漆状况：□好　□差
呼吸阀	真空设定：　　kPa　　压力设定：　　kPa
D　物流信息	
储存物料	物料名称： 物料类别：□有机液体　□原油　□石油馏分 平均储存温度：　℃ 如果物料以溶液的形式储存，请提供下列信息： 溶剂名称：　　溶质名称：　　溶质含量：　%（质量分数）或　%（体积分数）
液位及周转量	设计周转量：　　t/a　　平均液面高度：　　m
挥发性有机物控制	□蒸气平衡系统 □油气回收设施 □其他：

表 B.4　内浮顶罐

<table>
<tr><td colspan="4">A　装置信息</td></tr>
<tr><td colspan="4">服务装置名称：　　　　服务装置编号：</td></tr>
<tr><td colspan="4">B　储罐信息</td></tr>
<tr><td colspan="4">储罐名称：　　　　储罐编号：　　　　公称容积：　　m^3</td></tr>
<tr><td>储罐用途</td><td colspan="3">□原料　□产品　□中间品</td></tr>
<tr><td colspan="4">C　储罐参数</td></tr>
<tr><td>罐体参数</td><td colspan="3">储罐内径：　　m　储罐是否保温：□是　□否
是否自支撑：□是　□否
若是，固定顶支撑柱数量：　　个　支撑柱当量直径：　m
罐壁状况：□轻锈　□中锈　□重锈</td></tr>
<tr><td rowspan="4">浮盘参数</td><td colspan="3">浮盘类型：□焊接　□螺栓连接</td></tr>
<tr><td>浮盘构造</td><td>浮盘密封长度/m：</td><td>浮盘拼接板尺寸/m：</td></tr>
<tr><td>□浮筒式</td><td></td><td>宽：</td></tr>
<tr><td>□双层板式</td><td></td><td>长：　　宽：</td></tr>
<tr><td>边缘密封形式</td><td colspan="3">一级密封：□机械式鞋形　□气体镶嵌式　□液体镶嵌式
二级密封：□边缘刮板　□边缘靴板　□挡雨板</td></tr>
<tr><td colspan="4">D　浮盘附件</td></tr>
<tr><td>附件名称</td><td colspan="2">附件类型</td><td>附件数量</td></tr>
<tr><td rowspan="3">人孔</td><td colspan="2">螺栓固定盖子，有密封件</td><td></td></tr>
<tr><td colspan="2">无螺栓固定盖子，无密封件</td><td></td></tr>
<tr><td colspan="2">无螺栓固定盖子，有密封件</td><td></td></tr>
<tr><td rowspan="3">计量井</td><td colspan="2">螺栓固定盖子，有密封件</td><td></td></tr>
<tr><td colspan="2">无螺栓固定盖子，无密封件</td><td></td></tr>
<tr><td colspan="2">无螺栓固定盖子，有密封件</td><td></td></tr>
<tr><td rowspan="2">真空阀</td><td colspan="2">附重加权，加密封件</td><td></td></tr>
<tr><td colspan="2">附重加权，未加密封件</td><td></td></tr>
<tr><td rowspan="2">楼梯井</td><td colspan="2">滑盖，有密封件</td><td></td></tr>
<tr><td colspan="2">滑盖，无密封件</td><td></td></tr>
</table>

边缘通气孔	配重机械驱动机构，有密封件	
	配重机械驱动机构，无密封件	
浮盘支腿	可调式-内浮顶浮盘	
	固定式	
采样管/井	有槽管式滑盖/重加权，有密封件	
	有槽管式滑盖/重加权，无密封件	
	切膜纤维密封（开度 10%）	
导向柱（有槽）	无密封件滑盖（不带浮球）	
	有密封件滑盖（不带浮球）	
	无密封件滑盖（带浮球）	
	有密封件滑盖（带浮球）	
	有密封件滑盖（带导杆刷）	
	有密封件滑盖（带导杆衬套）	
	有密封件滑盖（带导杆衬套及刷）	
	有密封件滑盖（带浮头和导杆刷）	
	有密封件滑盖（带浮头、衬套和刷）	
导向柱（无槽）	无衬垫滑盖	
	衬套衬垫带滑盖	
	无衬垫滑盖带导杆	
	有衬垫滑盖带衬套	
	有衬垫滑盖带凸轮	
E 物流信息		
储存物料	物料名称： 物料类别：□有机液体 □原油 □石油馏分 平均储存温度： ℃ 如果物料以溶液的形式储存，请提供下列信息： 溶剂名称： 溶质名称： 溶质含量： %（质量分数）或 %（体积分数）	
周转量	设计年周转量： t/a	
挥发性有机物控制	□蒸气平衡系统 □油气回收设施 □其他：	

表 B.5 外浮顶罐

A 装置信息	
服务装置名称： 服务装置编号：	
B 储罐信息	
储罐名称： 储罐编号： 公称容积： m^3	
储罐用途	□原料 □产品 □中间品
C 储罐参数	
罐体参数	罐体直径： m 储罐是否保温：□是 □否 罐壁状况：□轻锈 □中锈 □重锈
储罐类型	□焊接 □铆接
边缘密封形式	一级密封：□机械式鞋形 □气体镶嵌式 □液体镶嵌式 二级密封：□边缘刮板 □边缘靴板 □挡雨板

D 浮盘附件		
附件名称	附件类型	附件数量
人孔	螺栓固定盖子，有密封件	
	无螺栓固定盖子，无密封件	
	无螺栓固定盖子，有密封件	
计量井	螺栓固定盖子，有密封件	
	无螺栓固定盖子，无密封件	
	无螺栓固定盖子，有密封件	
真空阀	附重加权，加密封件	
	附重加权，未加密封件	
楼梯井	滑盖，有密封件	
	滑盖，无密封件	
边缘通气孔	配重机械驱动机构，有密封件	
	配重机械驱动机构，无密封件	
浮盘排水管	—	
浮盘支腿	可调式（浮筒区域），无密封件	
	可调式（浮筒区域），有密封件	
	可调式（浮筒区域），衬垫	
	可调式（中心区域），无密封件	
	可调式（中心区域），有密封件	
	可调式（中心区域），衬垫	
	可调式，双层浮顶	
	固定式	
采样管/井	有槽管式滑盖/重加权，有密封件	
	有槽管式滑盖/重加权，无密封件	
	切膜纤维密封（开度 10%）	
导向柱（有槽）	无密封件滑盖（不带浮球）	
	有密封件滑盖（不带浮球）	
	无密封件滑盖（带浮球）	
	有密封件滑盖（带浮球）	
	有密封件滑盖（带导杆刷）	
	有密封件滑盖（带导杆衬套）	
	有密封件滑盖（带导杆衬套及刷）	
	有密封件滑盖（带浮头和导杆刷）	
	有密封件滑盖（带浮头、衬套和刷）	
导向柱（无槽）	无衬垫滑盖	
	衬套衬垫带滑盖	
	无衬垫滑盖带导杆	
	有衬垫滑盖带衬套	
	有衬垫滑盖带凸轮	
E 物流信息		
储存物料	物料名称： 物料类别：□有机液体 □原油 □石油馏分 平均储存温度： ℃ 如果物料以溶液的形式储存，请提供下列信息： 溶剂的名称： 溶质名称： 溶质含量： %（质量分数）或 %（体积分数）	
周转量	设计年周转量： t/a	

表 B.6 工艺加热炉、锅炉

A 服务装置信息	
服务装置名称：	
B 工艺加热炉信息	
工艺加热炉（锅炉）	生产厂家： 产品型号： 设备编号： 最大热负荷： kW 炉膛平均温度： ℃
燃烧器	燃烧器个数： 燃烧器功率： kW 类型：□低氮氧化物 □其他：
鼓风机（引风机）	功率： kW 风量： m^3/h
燃料类型	主要燃料： 来源：
	备用燃料： 来源：
	如采用炼厂气或燃料油，附燃料分析信息，包括低位热值和硫含量等；燃料油信息应包含氮含量。
控制设备类型（可多选）	□低氮燃烧器 □烟气循环 □氧含量控制 □CO 催化剂 □选择性催化还原（SCR） □选择性非催化还原（SNCR） □其他（说明）：
燃料使用	小时最大消耗量： 炼厂气： kg/h 天然气： m^3/h 燃料油： kg/h 年消耗量： 炼厂气： kg/a 天然气： kg/a 燃料油： kg/a

表 B.7 焚烧炉

A 服务装置信息		
服务装置名称：		服务装置编号：
B 设备信息		
主燃烧室	□液化石油气 □天然气 □其他： 火嘴数量： 火嘴功率： MW 是否是低氮火嘴：□是 □否 氮氧化物： 10^{-6}（ O_2%）	
	鼓风机类型	离心式 数量： 功率： kW 风量： m^3/（min · 台） 数量： 功率： kW 风量： m^3/（min · 台）
	外部尺寸	直径： m 长： m 宽： m 高： m
设计特性	从后燃烧室到温度探头的距离： m 后燃烧室操作温度： ℃ 主燃烧室达到操作温度所需时间： min 后燃烧室达到操作温度所需时间： min 后燃烧室是否比主燃烧室先点火？□是 □否 如是，选择如下： □后燃烧室达到的温度： ℃ □时间延迟： min □描述点火过程：	
C 工艺信息		
燃料使用	燃料气： t/a	
操作方式	□批次处理 □连续处理	
工艺数据	一天几批： 每批加工物料重量： kg 每批加工时间： h 挥发性有机物的质量分数：	

表 B.8 火炬

A 服务装置信息			
服务装置名称：			
B 设备信息			
类型	□高架火炬 □地面火炬 辅助气类型：		
用途	□应急服务火炬 □清洁服务火炬		
尺寸	火炬高度： m 火炬头内径： m		
火炬气设计值	正常操作温度下的停留时间： s（ ℃） 燃烧室体积： m^3 设计火炬气流量（标态）： m^3/s 火炬气低位热值： kJ/m^3		
	设计参数	最大值	最小值
	火炬头流速/（m/s）		
	流量（标态）/（m^3/s）		
助燃蒸汽	设计参数	最大值	最小值
	蒸汽压力/Pa		
	蒸汽/火炬气： kg 蒸汽/kg 火炬气 总蒸汽流量： kg/h 喷枪个数： 引射蒸汽 个 温度： ℃ 喷枪直径： m 喷射速度： m/s		
助燃水	注水喷枪数： 喷枪直径： m		
		最大值	最小值
	水压/Pa		
	总水量/m^3		
辅助燃料	是否有辅助燃料：□是 □否 燃料类型： 喷枪个数： 燃料喷射速率（20℃，1.013×10^5 Pa）： m		
	燃料使用量：		
	最大值	最小值	平均值

表 B.9 酸性水汽提塔

A 服务装置信息	
服务装置名称： 服务装置编号：	
B 汽提塔信息	
汽提塔	生产厂家： 设备编号： 最大处理能力： m^3/h 设计处理能力： m^3/h
结构尺寸	塔径： m 塔盘数： 抽氨侧线塔盘数： 硫化氢气体段塔盘数：
填料	填料类型：
	填料尺寸：
酸性水储罐	酸性水储罐台数： 酸性水储罐总有效容积： m^3 每一台酸性水储罐都应填写有机液体储罐表格
酸性水脱气罐	□有 酸性水脱气罐储罐台数： □无
C 运行信息	
操作参数	汽提塔塔底温度： ℃ 汽提塔塔顶温度： ℃ 汽提塔塔顶压力： kPa 出水水质：COD： mg/L，硫化物： mg/L，氨： mg/L
运行时间	正常： h/a 最大： h/a

附　录　C

（资料性附录）

废气治理、废水处理设施参数附表

a）废气治理设施参数见表 C.1～表 C.18。

表 C.1　石灰石法脱硫

A　服务装置信息	
服务装置名称：　　服务装置编号：	
B　烟气参数	
烟气参数（标态）	入口： 流量：　m^3/h　温度：　℃　压力：　Pa SO_2 浓度：　mg/m^3　O_2：　%　含湿量：　% SO_3 浓度：　mg/m^3　HCl 浓度：　mg/m^3　HF 浓度：　mg/m^3 烟尘浓度：　mg/m^3 出口： 流量：　m^3/h　温度：　℃　压力：　Pa SO_2 浓度：　mg/m^3　O_2：　%　含湿量：　% SO_3 浓度：　mg/m^3　HCl 浓度：　mg/m^3　HF 浓度：　mg/m^3 烟尘浓度：　mg/m^3 脱硫效率：　%
C　设备信息	
类型	□喷淋塔　□液柱塔　□单塔双循环　□双塔双循环　接触方式：□并流　□逆流 增强因素：□托盘　□气液耦合器（或旋流器）　□两级串联（各塔分列）　□其他
塔体	高：　m　直径：　m　全塔压降：　Pa 烟气入口至最下层喷淋层高度：　m　至最上层喷淋层高度：　m 烟气与循环浆液接触时间：　s
喷淋层	层数：　材质：　喷淋层间距：　m 单层喷嘴数量：　喷嘴角度：　面积覆盖率：　% 喷嘴类型、流量及数量（根据类型不同分列）：　喷嘴雾化压力：　10 kPa 托盘开孔率（如有）：　%　托盘数目：　托盘位置：
循环泵	数量：　用　备　流量：　m^3/h 扬程：　10 kPa　功率（每台泵分列）：
循环浆液	pH 值：　Cl^-含量：　mg/L　Mg^{2+}含量：　mg/L 浆液浓度：　%　温度：　℃ 循环浆液流量：　m^3/h　液气比：　L/m^3 循环浆液池大小：　m^3　浆液排出量：　m^3/h
搅拌器	□侧搅拌式　□脉冲悬浮泵　□其他形式 台数：　功率：　kW
氧化风	风机形式：　风机：　用　备 风机流量：　m^3/h　压头：　kPa　进塔温度：　℃ 氧化风分布形式：□矛枪式　□管网式　□其他形式 氧化风管浸没深度：　m
除雾器	□屋脊式　□平板式　□管束式　□其他类型：　层数： 压降（总）：　Pa　材质： 清洗喷嘴设置：　清洗频率：　叶片间距：　mm

预处理	描述所有预处理过程以及烟气调节过程（如气体紧急降温）：
石灰石浆液	石灰石活性： min 石灰石粒径： 目 石灰石中 $CaCO_3$ 含量： % 石灰石中 $MgCO_3$ 含量： % 石灰石浆液含量： % 流量： m^3/h Ca/S 摩尔比：
工艺水参数	工艺水耗量： m^3/h Cl^-含量： mg/L Na^+含量： mg/L 工艺水温度： ℃

表 C.2 氧化镁法脱硫

A 服务装置信息	
服务装置名称：	服务装置编号：
B 烟气参数	
烟气参数（标态）	入口： 流量： m^3/h 温度： ℃ 压力： Pa SO_2 浓度： mg/m^3 O_2： % 含湿量： % SO_3 浓度： mg/m^3 HCl 浓度： mg/m^3 HF 浓度： mg/m^3 烟尘浓度： mg/m^3 出口： 流量： m^3/h 温度： ℃ 压力： Pa SO_2 浓度： mg/m^3 O_2： % 含湿量： % SO_3 浓度： mg/m^3 HCl 浓度： mg/m^3 HF 浓度： mg/m^3 烟尘浓度： mg/m^3 脱硫效率： %
C 设备信息	
类型	□喷淋塔 □液柱塔 接触方式：□并流 □逆流 增强因素： □托盘 □气液耦合器（或旋流器）□两级串联（各塔分列） □塔内局部氧化池 □塔内完全氧化池 □塔外氧化 □其他
塔体	高： m 直径： m 全塔压降： Pa 烟气入口至最下层喷淋层高度： m 至最上层喷淋层高度： m 烟气与循环浆液接触时间： s 塔内局部氧化池规格尺寸： 塔内完全氧化池规格尺寸： 塔外氧化池规格尺寸：
喷淋层	层数： 材质： 喷淋层间距： m 单层喷嘴数量： 喷嘴角度： 面积覆盖率： % 喷嘴类型、流量及数量（根据类型不同分列）： 喷嘴雾化压力： 10 kPa 托盘开孔率（如有）： % 托盘数目： 托盘位置：
循环泵	数量： 用 备 流量： m^3/h 扬程： 10 kPa 功率（每台泵分列）：
循环浆液	pH 值： Cl^-含量： mg/L Ca^{2+}含量： mg/L 浆液浓度： % 温度： ℃ 循环浆液流量： m^3/h 液气比： L/m^3 循环浆液池大小： m^3 浆液排出量： m^3/h
搅拌器	□侧搅拌式 □脉冲悬浮泵 □其他形式 台数： 功率： kW
氧化风	风机形式： 风机： 用 备 风机流量： m^3/h 压头： kPa 进塔温度： ℃ 氧化风分布形式：□矛枪式 □管网式 □其他形式 氧化风管浸没深度： m

除雾器	□屋脊式　□平板式　□管束式　□其他类型：　　层数： 压降（总）：　Pa　材质： 清洗喷嘴设置：　清洗频率：　叶片间距：　mm
预处理	描述所有的预处理过程以及烟气调节过程（如气体紧急降温）：
吸收剂浆液	氧化镁活性：　min　氧化镁粒径：目　氧化镁中 CaO 含量：　% 氧化镁消化温度：　氢氧化镁浆液含量：　% 流量：　m^3/h　Mg/S 摩尔比：
副产物溶液	排放硫酸镁溶液浓度：　%　硫酸镁溶液排放量：　m^3/h
工艺水参数	工艺水耗量：　m^3/h　Cl^-含量：　mg/L　Na^+含量：　mg/L 工艺水温度：　℃

表 C.3　氨法脱硫

A　服务装置信息	
服务装置名称：	服务装置编号：
B　烟气参数	
烟气参数（标态）	入口： 流量：　m^3/h　温度：　℃　压力：　Pa SO_2 浓度：　mg/m^3　O_2：　%　含湿量：　% SO_3 浓度：　mg/m^3　HCl 浓度：　mg/m^3　HF 浓度：　mg/m^3 烟尘浓度：　mg/m^3 出口： 流量：　m^3/h　温度：　℃　压力：　Pa SO_2 浓度：　mg/m^3　O_2：　%　含湿量：　% SO_3 浓度：　mg/m^3　HCl 浓度：　mg/m^3　HF 浓度：　mg/m^3 烟尘浓度：　mg/m^3　脱硫效率：　%
C　设备信息	
类型	□喷淋塔　□液柱塔　接触方式：□并流　□逆流 增强因素：　□托盘　□气液耦合器（或旋流器）□两级串联（各塔分列） □塔内局部氧化池　□塔内完全氧化池　□塔外氧化　□其他
塔体	高：　m　直径：　m　全塔压降：　Pa 烟气入口至最下层喷淋层高度：　m　至最上层喷淋层高度：　m 烟气与循环浆液接触时间：　s　塔内局部氧化池规格尺寸： 塔内完全氧化池规格尺寸：　塔外氧化池规格尺寸：
喷淋层	层数：　材质：　喷淋层间距：　m 单层喷嘴数量：　喷嘴角度：　面积覆盖率：　% 喷嘴类型、流量及数量（根据类型不同分列）：　喷嘴雾化压力：　10 kPa 托盘开孔率（如有）：　%　托盘数目：　托盘位置：
循环泵	数量：　用　备　流量：　m^3/h 扬程：　10 kPa　功率（每台泵分列）：
循环浆液	pH 值：　Cl^-含量：　mg/L　浆液浓度：　% 温度：　℃　循环浆液流量：　m^3/h　液气比：　L/m^3 循环浆液池大小：　m^3　浆液排出量：　m^3/h
搅拌器	□侧搅拌式　□脉冲悬浮泵　□其他形式 台数：　功率：　kW

氧化风	风机形式：　　风机：　用　　备 风机流量：　　m^3/h　　压头：　　kPa　　进塔温度：　　℃ 氧化风分布形式：□矛枪式　□管网式　□其他形式 氧化风管浸没深度：　　m
除雾器	□屋脊式　□平板式　□管束式　□其他类型：　　层数： 压降（总）：　　Pa　　材质： 清洗喷嘴设置：　　清洗频率：　　叶片间距：　　mm
预处理	描述所有预处理过程以及烟气调节过程（如气体紧急降温）：
吸收剂溶液	氨水含量：　　流量：　　m^3/h　　NH_4^+/S 摩尔比：
副产物溶液	排放硫酸铵溶液含量：　%　　硫酸铵溶液排放量：　　m^3/h
工艺水参数	工艺水耗量：　　m^3/h　　Cl^-含量：　　mg/L　　Na^+含量：　　mg/L 工艺水温度：　　℃

表 C.4　氢氧化钠法脱硫

A　服务装置信息	
服务装置名称： 建设规模：	服务装置编号： 投运时间：
B　烟气参数	
烟气参数（标态）	入口： 流量：　　m^3/h　　温度：　　℃　　压力：　　Pa SO_2浓度：　　mg/m^3　　O_2：　　%　　含湿量：　　% SO_3浓度：　　mg/m^3　　HCl 浓度：　　mg/m^3　　HF 浓度：　　mg/m^3 烟尘浓度：　　mg/m^3 出口： 流量：　　m^3/h　　温度：　　℃　　压力：　　Pa SO_2浓度：　　mg/m^3　　O_2：　　%　　含湿量：　　% SO_3浓度：　　mg/m^3　　HCl 浓度：　　mg/m^3　　HF 浓度：　　mg/m^3 烟尘浓度：　　mg/m^3 脱硫效率：　　%
C　设备信息	
类型	□喷淋塔　□液柱塔　　接触方式：□并流　□逆流 增强因素：□托盘　□气液耦合器（或旋流器）□两级串联（各塔分列） □塔内局部氧化池　□塔内完全氧化池　□塔外氧化　□其他
塔体	高：　　m　　直径：　　m　　全塔压降：　　Pa 烟气入口至最下层喷淋层高度：　　m　　至最上层喷淋层高度：　　m 烟气与循环浆液接触时间：　　s　　塔内局部氧化池规格尺寸： 塔内完全氧化池规格尺寸：　　塔外氧化池规格尺寸：
喷淋层	层数：　　材质：　　喷淋层间距：　　m 单层喷嘴数量：　　喷嘴角度：　　面积覆盖率：　　% 喷嘴类型、流量及数量（根据类型不同分列）：　　喷嘴雾化压力：　　10 kPa 托盘开孔率（如有）：　%　　托盘数目：　　托盘位置：
循环泵	数量：　用　　备　　流量：　　m^3/h 扬程：　10 kPa　　功率（每台泵分列）：
循环浆液	pH 值：　　Cl^-含量：　　mg/L　　浆液浓度：　　% 温度：　　℃　　循环浆液流量：　　m^3/h　　液气比：　　L/m^3 循环浆液池大小：　　m^3　　浆液排出量：　　m^3/h

搅拌器	□侧搅拌式　□脉冲悬浮泵　□其他形式 台数：　功率：　kW
氧化风	风机形式：　风机：　用　备 风机流量：　m^3/h　压头：　kPa　进塔温度：　℃ 氧化风分布形式：□矛枪式　□管网式　□其他形式　氧化风管浸没深度：　m
除雾器	□屋脊式　□平板式　□管束式　□其他类型　层数： 压降（总）：　Pa　材质： 清洗喷嘴设置：　清洗频率：　叶片间距：　mm
预处理	描述所有的预处理过程以及烟气调节过程（如气体紧急降温）：
吸收剂溶液	吸收剂溶液含量：　流量：　m^3/h　Na^+/S 摩尔比：
副产物溶液	排放硫酸钠溶液含量：　%　硫酸钠铵溶液排放量：　m^3/h
工艺水参数	工艺水耗量：　m^3/h　Cl^-含量：　mg/L　Na^+含量：　mg/L 工艺水温度：　℃

表 C.5　半干法脱硫

A　服务装置信息	
服务装置名称：　服务装置编号：	
B　烟气参数	
烟气参数（标态）	入口： 流量：　m^3/h　温度：　℃　压力：　Pa SO_2 浓度：　mg/m^3　O_2：　%　含湿量：　% SO_3 浓度：　mg/m^3　HCl 浓度：　mg/m^3　HF 浓度：　mg/m^3 烟尘浓度：　mg/m^3 出口： 流量：　m^3/h　温度：　℃　压力：　Pa SO_2 浓度：　mg/m^3　O_2：　%　含湿量：　% SO_3 浓度：　mg/m^3　HCl 浓度：　mg/m^3　HF 浓度：　mg/m^3 烟尘浓度：　mg/m^3　脱硫效率：　%
C　设备信息	
类型	□旋转喷雾干燥（SDA）　□循环流化床（CFB）　□NID 接触方式：□并流　□逆流
塔体	高：　m　直径：　m　文丘里管规格数目： 旋转喷雾器规格数目：　全塔压降：　Pa
除尘器	□电除尘　□布袋除尘　灰循环倍率： 压降（总）：　Pa　布袋材质：　入口粉尘浓度：　g/m^3
吸收剂溶液	吸收剂：　吸收剂溶液含量：　流量：　m^3/h　吸收剂/S 摩尔比：　%
副产物	亚硫酸钙含量：　%　硫酸钙含量：　%　氧化钙含量：　%　飞灰含量：　%
工艺水参数	工艺水耗量：m^3/h　Cl^-含量：　mg/L　Na^+含量：　mg/L 工艺水温度：℃

表 C.6　干法脱硫

A　服务装置信息	
服务装置名称：	服务装置编号：
B　烟气参数	
烟气参数（标态）	入口： 流量：　m^3/h　温度：　℃　压力：　Pa SO_2浓度：　mg/m^3　O_2：　%　含湿量：　% SO_3浓度：　mg/m^3　HCl 浓度：　mg/m^3　HF 浓度：　mg/m^3 烟尘浓度：　mg/m^3 出口： 流量：　m^3/h　温度：　℃　压力：　Pa SO_2浓度：　mg/m^3　O_2：　%　含湿量：　% SO_3浓度：　mg/m^3　HCl 浓度：　mg/m^3　HF 浓度：　mg/m^3 烟尘浓度：　mg/m^3　脱硫效率：　%
C　设备信息	
类型	□炉内喷钙尾部增湿活化　□循环流化床掺混石灰石 吸收剂加入点燃烧温度：　灰/床料循环倍率：
吸收剂	吸收剂类型：　吸收剂用量：　t/h　Ca/S 摩尔比：

表 C.7　选择性催化还原法（SCR）脱硝

A　服务装置信息	
服务装置名称：	服务装置编号：
B　烟气参数	
烟气参数（标态）	设计 SCR 装置入口烟气参数： 流量：　m^3/h　温度：　℃（或　～　℃）　压力：　Pa NO_x浓度：　mg/m^3　SO_2：　mg/m^3　SO_3：　mg/m^3 O_2：　%　含湿量：　%　粉尘含量：　mg/m^3 设计出口 NO_x 含量：　mg/m^3 设计脱硝效率：　%　NH_3 逃逸率：　mg/m^3 适应负荷区间：　%～　%（或　）
C　原料信息	
还原剂	□液氨　□氨水　□尿素　□其他 还原剂耗量：　kg/h
D　设备信息	
还原剂制备	尿素：□热解　□水解 热解温度：　℃ 水解温度　℃　水解压力：　MPa
SCR 反应器	长：　m　宽：　m　高：　m 催化剂层数：　反应器总阻力：　Pa 入口均布板：□有　□无 流场温度场模拟：□有　□无　执行流场温度场模拟方：
稀释风	稀释风来源：　流量：　m^3/h　温度：　℃ 稀释风风机设置：□单独设置　□其他 稀释风机：　用　备　风机类型： 风机流量：　风机压头： 稀释后 NH_3 含量：　%
喷氨格栅	层数：　材质： 喷头个数：

催化剂	类型：□中温（300～420℃）　□低温（150～300℃） 形状：□蜂窝式　□波纹板式　□平板式　□颗粒式　□其他 催化剂系列：□V-Ti　□其他 催化剂总量：　m^3　空速：　h^{-1}　催化剂密度：　kg/m^3 模块总数：　单层模块数量：　个　模块尺寸：　m×　m×　m 模块内单元数量：　单元尺寸：　mm×　mm×　mm 烟气流速： 蜂窝式催化剂：孔径：　mm　节距：　mm　壁厚：　mm 波纹板式催化剂：基材：　波纹板间距： 平板式催化剂：基材：　平板间距： 颗粒式催化剂：尺寸：　mm　×　mm 其他：
吹灰器	□伸缩式　□半伸缩式　□固定式　□其他 □蒸汽吹灰　□声波吹灰 数量： 吹灰频率：

表 C.8　选择性非催化还原法（SNCR）脱硝

A　服务装置信息	
服务装置名称：　服务装置编号：	
B　烟气参数	
烟气参数（标态）	设计喷入点烟气参数： 流量：　m^3/h　温度：　℃（或　～　℃）　压力：　Pa NO_x浓度：　mg/m^3　O_2：　%　含湿量：　% 设计出口 NO_x 含量：　mg/m^3 设计脱硝效率：　%　NH_3逃逸率：　mg/m^3 适应负荷区间：　%～　%（或　）
C　设备信息	
还原剂	□液氨　□氨水　□尿素　□其他 还原剂进炉浓度：　% 还原剂耗量：　kg/h
还原剂输送泵	泵体形式：　数量：　用　备 流量：　m^3/h　压头：　Pa 功率：　kW
稀释水泵	泵体形式：　数量：　用　备 流量：　m^3/h　压头：　Pa 功率：　kW □预先稀释　□在线稀释
其他设备	□稀释混合器　□计量系统　□分配系统　□其他
喷枪	总喷枪数量：　层数：　单层喷枪数量： 喷嘴材质：　套管材质： 单支喷嘴流量：　L/min　进喷嘴需要压头：　MPa 雾化压缩空气流量：　L/min　压缩空气压头：　MPa 设计点雾化液滴特征直径 $D32$：　mm 冷却风流量：　L/min　冷却风压头：　MPa 冷却风来源：　冷却风温度：　℃
流场温度场模拟	□有　□无 执行流场温度场模拟方：

表 C.9 旋风分离器

<table>
<tr><td colspan="4">A 服务装置信息</td></tr>
<tr><td colspan="4">服务装置名称：　　　　　　　　　　　　　　服务装置编号：</td></tr>
<tr><td colspan="4">B 烟气参数（标态）</td></tr>
<tr><td colspan="4">入口：
流量：　　　m^3/h　　温度：℃　　烟尘浓度：　　mg/m^3
出口：
流量：　　　m^3/h　　温度：℃　　烟尘浓度：　　mg/m^3
除尘效率：</td></tr>
<tr><td colspan="4">C 设备信息</td></tr>
<tr><td>设备</td><td colspan="3">生产厂家：型号：</td></tr>
<tr><td>外形尺寸</td><td colspan="3">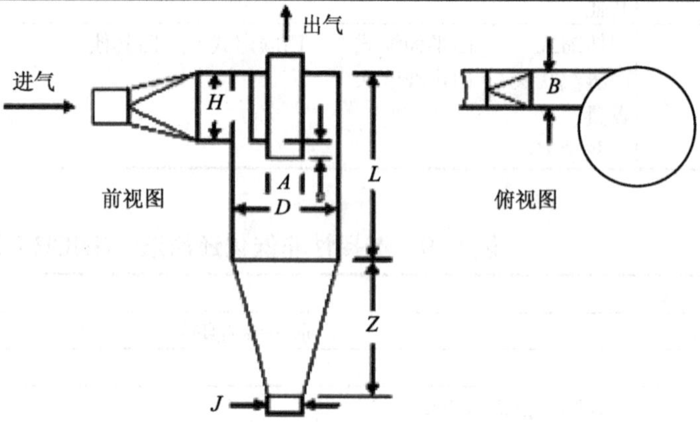

给出旋风分离器的尺寸（参照上述简图）
1．入口宽度 B　　m　　5．椎体长度 Z　　m
2．入口高度 H　　m　　6．筒体直径 D　　m
3．排出管直径 A　　m　　7．排灰口直径 J　　m
4．筒体长度 L　　m</td></tr>
<tr><td>旋风的类型</td><td colspan="3">□湿式　　□干式</td></tr>
<tr><td>旋风分离器的类型</td><td colspan="3">□单管式　□双管式　□四管式　□多管式</td></tr>
<tr><td>鼓风机</td><td colspan="3">鼓风机功率：　　kW　　设计流速：　　m^3/h
通风方式：□强制通风　□诱导通风</td></tr>
<tr><td>预处理设备</td><td colspan="3">□气旋　□预冷器　□预热器　□清箱室　□无</td></tr>
<tr><td>后处理设备</td><td colspan="3">□袋式/滤筒式　□高效空气过滤器（HEPA）　□其他：</td></tr>
<tr><td colspan="4">D 工艺信息</td></tr>
<tr><td>工艺流程简述</td><td colspan="3">附简易工艺流程图</td></tr>
<tr><td>工况</td><td colspan="3">□正压　□负压</td></tr>
<tr><td rowspan="6">颗粒大小分布数据</td><td>范围/μm</td><td>粒径分布（湿重）/%</td><td>生产厂家保证去除效率/%</td></tr>
<tr><td>0.5～1.0</td><td></td><td></td></tr>
<tr><td>1.0～5.0</td><td></td><td></td></tr>
<tr><td>5～10</td><td></td><td></td></tr>
<tr><td>10～20</td><td></td><td></td></tr>
<tr><td>>20</td><td></td><td></td></tr>
<tr><td>流量数据</td><td colspan="3">气体流温度：　　℃
压降范围：高　　Pa　　低　　Pa
入口流量：　　m^3/h</td></tr>
<tr><td>灰尘收集设备</td><td colspan="3">□气动的　□刮板运输机　□密闭容器　□旋转式空气闭锁器　□双转储
□螺旋输送机　□手工卸载装置　□滑动闸门　□铰链门或橱柜</td></tr>
</table>

表 C.10　洗涤塔

<table>
<tr><td colspan="3">A　服务装置信息</td></tr>
<tr><td colspan="3">服务装置名称：　　　　　　　　　　　服务装置编号：</td></tr>
<tr><td colspan="3">B　废气参数（标态）</td></tr>
<tr><td colspan="3">入口：最大值：　　m^3/h　平均值：　　m^3/h　入口压力：　　Pa　温度：℃
污染物种类：□挥发性有机物　□其他
处理挥发性有机物需填写下列数据：
NMHC：　　mg/m^3　苯：　　mg/m^3　甲苯：　　mg/m^3　二甲苯：　　mg/m^3
其他有毒有害物质：　　mg/m^3
出口：温度：　℃
NMHC：　　mg/m^3　苯：　　mg/m^3
甲苯：　　mg/m^3　二甲苯：　　mg/m^3
其他有毒有害物质：　　mg/m^3</td></tr>
<tr><td colspan="3">C　设备信息</td></tr>
<tr><td>类型</td><td colspan="2">□干式洗涤器
□湿式洗涤器（选择湿式洗涤器的类型）：
□填料塔　□筛板塔　□冷凝洗涤　□盘/板　□雾化室　□文丘里　□喷淋塔
接触方式：□并流　□逆流构型：□立式　□卧式</td></tr>
<tr><td>尺寸</td><td colspan="2">高：　　m　直径：　　m　长：　　m</td></tr>
<tr><td>用途（去除污染物种类）</td><td colspan="2">□恶臭　□无机烟气和气体（类型）：
□氮氧化物　□颗粒物（类型）：
□硫化物　□其他：</td></tr>
<tr><td rowspan="3">组件</td><td>填料床</td><td>填充材料：　　传质单元数（个或级）：
填料因数：　　传质单元高度：　　m
填料尺寸：　　压降：　　kPa
填料高度：　　m　床层横截面积：　　m^2</td></tr>
<tr><td>文丘里</td><td>喉管直径：　　m　喉管长度：　　m
喉管压降：　　kPa　喉管速度：　　m/s
接触流量功率：　　kW/（m^3/h）　液滴直径：　　μm</td></tr>
<tr><td>喷淋塔</td><td>喷头种类：　　喷头型号：
X 层喷头个数：　　X 喷淋密度：　　t/（$m^2·h$）
喷头层数：
压降：　　kPa　床层横截面积：　　m^2</td></tr>
<tr><td>洗涤液体</td><td colspan="2">洗涤液组成：　　质量分数（湿重）：　　%
温度：　℃　排污量：　　L/min　补充液量：　　L/min
洗涤液：□一次通过　□循环洗涤　介质的 pH 范围：
是否自动注碱：□是　□否　是否有 pH 计：□是　□否
泵功率：　　kW　备用泵功率：　　kW　循环池大小：　　m^3</td></tr>
<tr><td>排气风机</td><td colspan="2">功率：　　kW　流量：　　m^3/s</td></tr>
<tr><td>预处理</td><td colspan="2">描述所有的预处理过程以及气流调节过程（如气体冷却、气体加热、气体加湿），并描述气体排入洗涤塔的设备。
洗涤塔入口处是否有除雾器：□是　□否
如有，类型：　型号：　　压降：　　kPa</td></tr>
<tr><td colspan="3">D　工艺信息</td></tr>
<tr><td>工艺流程简述</td><td colspan="2">附简易工艺流程图</td></tr>
<tr><td>操作参数</td><td colspan="2">洗涤塔压降：　　Pa　空气动力学颗粒直径：　　μm</td></tr>
<tr><td>后处理设备</td><td colspan="2">洗涤塔出口是否有后处理设备？□是　□否
□除雾器　□高效颗粒捕集器（HEPA）　□其他：
如有，型号：　压降：　　Pa</td></tr>
</table>

表 C.11　袋式/滤筒式除尘器

<table>
<tr><td colspan="5">A　服务装置信息</td></tr>
<tr><td colspan="5">服务装置名称：　　　　　　　　服务装置编号：</td></tr>
<tr><td colspan="5">B　废气参数（标态）</td></tr>
<tr><td colspan="5">流量：　　m^3/h　　温度：　　℃　　压力：　　Pa
粉尘浓度：　　mg/m^3　　SO_2 浓度：　　mg/m^3　　NO_x 浓度：　　mg/m^3
Cl^- 浓度：　　mgm^3　　O_2：　　%　　含湿量：　　%
设计出口粉尘浓度：　　mg/m^3　　设计除尘效率：</td></tr>
<tr><td colspan="5">C　设备信息</td></tr>
<tr><td colspan="2">设备</td><td colspan="3">生产厂家：　　　　　　型号：</td></tr>
<tr><td rowspan="2">袋式除尘器</td><td>滤袋材料</td><td colspan="3">□诺梅克斯（一种芳族聚酰胺纤维）　□尼龙　□涤纶　□丙烯酸树脂　□玻璃纤维　□棉布
□聚四氟乙烯　□PTFE 覆膜　□其他：</td></tr>
<tr><td>滤袋尺寸</td><td colspan="3">滤袋的数量：　　　　滤袋的长度：　　m
滤袋的直径：　　m　　总过滤面积：　　m^2</td></tr>
<tr><td rowspan="2">滤筒式除尘器</td><td rowspan="2">滤筒尺寸</td><td colspan="3">滤筒的数量：　　　　总过滤面积：　　m^2
每个滤筒的尺寸：　　直径：　　m　　长度：　　m</td></tr>
<tr><td colspan="3">材料：</td></tr>
<tr><td colspan="2">灰尘收集设备</td><td colspan="3">□气动的　□刮板运输机　□密闭容器　□旋转式空气闭锁器
□双转储　□螺旋输送机　□手工卸载装置　□滑动闸门　□铰链门或橱柜</td></tr>
<tr><td colspan="2">清灰方式</td><td colspan="3">□手工振打　□机械振打　□反向气流喷吹　□脉冲喷吹　□机械与逆气流联合
□其他：</td></tr>
<tr><td colspan="2">鼓风机</td><td colspan="3">鼓风机功率：　　kW　　设计流速：　　m^3/h
通风方式：□强制通风　□诱导通风</td></tr>
<tr><td colspan="2">预处理设备</td><td colspan="3">□气旋　□预冷器　□预热器　□清箱室
□高效空气过滤器（HEPA）　□无</td></tr>
<tr><td colspan="2">后处理设备</td><td colspan="3">□高效空气过滤器（HEPA）　□后燃器　□其他：</td></tr>
<tr><td colspan="5">D　工艺信息</td></tr>
<tr><td colspan="2">工艺流程简述</td><td colspan="3">附简易工艺流程图</td></tr>
<tr><td colspan="2">工况</td><td colspan="3">□正压　□负压</td></tr>
<tr><td colspan="2" rowspan="6">颗粒大小分布数据</td><td>范围/μm</td><td>粒径分布（湿重）/%</td><td>生产厂家保证去除效率/%</td></tr>
<tr><td>0.5～1.0</td><td></td><td></td></tr>
<tr><td>1.0～5.0</td><td></td><td></td></tr>
<tr><td>5～10</td><td></td><td></td></tr>
<tr><td>10～20</td><td></td><td></td></tr>
<tr><td>>20</td><td></td><td></td></tr>
<tr><td colspan="2">流量数据</td><td colspan="3">气体流温度：　　℃
压降范围：高　　Pa　　低　　Pa
入口流量：　　m^3/h</td></tr>
</table>

表 C.12　电除尘器

<table>
<tr><td colspan="4">A　服务装置信息</td></tr>
<tr><td colspan="4">服务装置名称：　　　　　　服务装置编号：</td></tr>
<tr><td colspan="4">B　烟气参数（标态）</td></tr>
<tr><td colspan="4">设计入口烟气参数：
流量：　m^3/h　温度：　℃　压力：　Pa
粉尘浓度：　g/m^3　含湿量：　%　电阻率：　Ω·m
设计出口粉尘浓度：　mg/m^3　设计除尘效率：　%</td></tr>
<tr><td colspan="4">C　设备信息</td></tr>
<tr><td>设备</td><td colspan="3">生产厂家：　　　　　　型号：</td></tr>
<tr><td>整体参数</td><td colspan="3">□单区　□双区
驱进速度：　m/s　平均场强：　V/m
供电方式：□工频电源　□高频电源　□脉冲电源　□供电分区：　□供电分区数/电场：
集尘板的形式：
气流分布板：□有　□无
流场温度场模拟：□有　□无　　执行流场温度场模拟方：</td></tr>
<tr><td>极板（管）、极线</td><td colspan="3">卧式/立式（板式）：
极板尺寸：　极板数量：　极板形式：　极板间距：
极线尺寸：　极线数量：　极线形式：
立式（管式）：
极管尺寸：　立管形状：
极线长度：　极线形式：</td></tr>
<tr><td>除尘器特性</td><td colspan="3">放电电极数量：　集尘级与放电级的间距：
集尘级排数：　除尘器截面积：　m^2
电场宽度：　电场高度：
停留时间：　s
集尘级类型：□管式　□板式
静电除尘器类型：□湿式　□干式
板式清洗系统：□喷水清洗　□振打　□其他：</td></tr>
<tr><td>除灰设备</td><td colspan="3">□密闭容器　□封闭螺旋输送机　□其他：</td></tr>
<tr><td>鼓风机</td><td colspan="3">鼓风机功率：　kW　设计流速：　m^3/h
通风方式：□强制通风　□诱导通风</td></tr>
<tr><td>预处理设备</td><td colspan="3">□气旋　□预冷器　□预热器　□清箱室　□无</td></tr>
<tr><td>后处理设备</td><td colspan="3">□袋式/滤筒式　□高效空气过滤器（HEPA）　□其他：</td></tr>
<tr><td colspan="4">D　工艺信息</td></tr>
<tr><td>工艺流程简述</td><td colspan="3">附简易工艺流程图</td></tr>
<tr><td>工况</td><td colspan="3">□正压　□负压</td></tr>
<tr><td rowspan="6">颗粒大小分布数据</td><td>范围/μm</td><td>粒径分布（湿重）/%</td><td>生产厂家保证去除效率/%</td></tr>
<tr><td>0.5～1.0</td><td></td><td></td></tr>
<tr><td>1.0～5.0</td><td></td><td></td></tr>
<tr><td>5～10</td><td></td><td></td></tr>
<tr><td>10～20</td><td></td><td></td></tr>
<tr><td>>20</td><td></td><td></td></tr>
</table>

表 C.13 湿式静电除尘器（WESP）

A 服务装置信息	
服务装置名称：	服务装置编号：
B 烟气参数	
烟气参数（标态）	烟气设计流速：m/s **WESP 入口：** 流量： m^3/h 温度： ℃ 压力： Pa PM 浓度： mg/m^3 PM 粒径分布： SO_2浓度： mg/m^3 SO_3浓度： mg/m^3 NO_x浓度： mg/m^3 O_2含量： % 雾滴浓度： mg/m^3 **WESP 出口：** 流量： m^3/h 温度： ℃ 压力： Pa PM 浓度： mg/m^3 SO_2浓度： mg/m^3 SO_3浓度： mg/m^3 NO_x浓度： mg/m^3 设计除尘效率： % 雾滴脱除效率： % 适应负荷区间： %～ %
C 设备信息	□卧式 □立式 □独立安装 □脱硫塔顶部安装
技术来源	
本体制造厂家	
项目类型	□新建 □改造
配套脱硫设备类型	
WESP 前除尘设备类型	
电源	□工频电源 □高频电源 □脉冲电源 □供电分区 □供电分区数/电场
电源生产厂家	
电场数量	
材质	壳体极板（管）极线
极板（管）、极线	卧式/立式（板式）： 极板尺寸： 极板数量： 极板形式： 极板间距： 极线尺寸极线数量极线形式 立式（管式）： 极管尺寸立管形状： 极线长度极线形式：
极板（管）水膜来源、水量	□独立供水水量： m^3/h □喷嘴电场喷水水量： m^3/h □烟气水分冷凝 □其他：
清洗系统	□在线清洗 □离线清洗 □间断清洗 □清洗频率 □连续清洗
污水处理方式	□碱池中和 □回送至 FGD 塔 □其他：
流场模拟	□有 □无 流场模拟方案提供方：

表 C.14 挥发性有机物回收装置

A 服务装置信息		
服务装置名称： 服务装置编号：		
B 废气参数		
挥发性有机物气体名称及来源描述		
气体参数（标态）	入口：气量最大值： m^3/h 气量平均值： m^3/h 温度： ℃ NMHC： mg/m^3 苯： mg/m^3 甲苯： mg/m^3 二甲苯： mg/m^3 其他有毒有害物质： mg/m^3 出口： NMHC： mg/m^3 苯： mg/m^3 甲苯： mg/m^3 二甲苯： mg/m^3 其他有毒有害物质： mg/m^3	
C 设备信息		
处理工艺（多选）	□吸附法 □吸收法 □冷凝法 □膜分离法 □其他方法	
回收区尺寸	长： m 宽： m 高： m	
挥发性有机物回收量	kg/a	
吸附法组件	吸附装置尺寸	高度 m 直径 m 设定压力： Pa
	吸附剂类型及主要参数	类型：□活性炭 □分子筛 □其他 主要参数：□吸附量 kg/m^3 □总体积：m^3
	吸附类型	□变温吸附 □变压吸附 □常温常压吸附
	解吸	□有 □无 类型：□真空 □热蒸汽 □热氮气 □其他 真空度： 最高温度： ℃
	二次污染物	解吸污染物去向及处理方式： 吸附剂更换周期及废吸附剂处理处置方式：
吸收法组件	吸收装置尺寸	高度 m 直径 m
	类型	类型：□填料塔 □筛板塔 □文丘里 □其他 接触方式：□并流 □逆流
	吸收剂类型及主要参数	类型： 主要参数：
	吸收剂流量	L/min
	泵功率	kW
	吸收液去向或处理方法	
冷凝法组件	制冷温度	℃
	制冷量	kW
	输入功率	kW
	制冷循环	□单级压缩 □两级压缩 □复叠式（□两级 □三级） □其他
	制冷剂类型	
冷凝法组件	回收去向或处理方法	
膜分离法组件	分离膜类型	
	压降	kPa
	风机参数	功率： kW 流量： m^3/h 风压： kPa
其他方法组件		
D 工艺信息		
工艺流程简述	附简易工艺流程图	

表 C.15 吸附设备

A 服务装置信息	
服务装置名称： 服务装置编号：	
B 废气信息（标态）	
入口：气量最大值： m³/h 气量平均值： m³/h 压力： kPa 温度： ℃ 相对湿度： % 混合物爆炸下限： μmol/mol 或 %（体积分数） NMHC： mg/m³ 苯： mg/m³ 甲苯： mg/m³ 二甲苯： mg/m³ 其他有毒有害物质： mg/m³ 是否有酮类或醛类物质？ □是 □否 出口： NMHC： mg/m³ 苯： mg/m³ 甲苯： mg/m³ 二甲苯： mg/m³ 其他有毒有害物质： mg/m³	
C 设备信息	
设备	生产厂家： 型号：
类型	□固定床 □移动床 □流化床 床数量： 单床容量： 如果有两个及以上吸附器，排列方式为：□串联 □并联
吸附剂材料	□粒状活性炭 □合成吸附剂商品名称： □沸石，分子筛 □其他： 吸附容量： （kg 吸附质/kg 吸附剂）
吸附剂填装尺寸	直径： m 高： m 或者长： m 宽： m 高： m
D 工艺信息	
工艺流程简述	附简易工艺流程图
再生	吸附材料能否原位再生？ □能 □不能 原位再生的方式：□蒸汽 □空气 □惰性气体 □工艺气体 □其他： 再生周期： h

表 C.16 燃烧器/氧化器

A 服务装置信息
服务装置名称： 服务装置编号：
B 废气参数（标态）
入口：最大值： m³/h 平均值： m³/h 温度： ℃ 污染物种类：□挥发性有机物 □其他 处理挥发性有机物需填写下列数据： NMHC： mg/m³ 苯： mg/m³ 甲苯： mg/m³ 二甲苯： mg/m³ 其他有毒有害物质： mg/m³ 出口： 温度： ℃ NMHC： mg/m³ 苯： mg/m³ 甲苯： mg/m³ 二甲苯： mg/m³ 其他有毒有害物质： mg/m³
C 设备信息

设备	生产厂家：　　型号：
类型	□催化氧化　　□再生式催化氧化/热交换 □直燃式热力氧化　　□再生式热氧化/热交换 □蓄热式氧化（RTO）　燃烧室数量：
	对于蓄热氧化装置，选择介质的类型：□陶瓷　□石料　□其他 对于再生氧化装置，选择热交换器的类型：□管壳式　□板式　□其他
催化氧化装置	催化剂生产厂家： 催化剂类型：□低温催化剂　□贵金属催化剂　□其他 催化剂填装量：　m^3　催化剂更换周期：　年 过程中排放出下列任一种潜在的催化剂掩蔽剂或减活化剂吗？ 如果是的话，请选择类型： □卤素　□重金属　□聚硅酮　□硫化物　□颗粒物　□对氯三苯酚（PCBTF） □磷化物　□其他
燃烧器和燃料类型	□天然气 燃烧速率：　kJ/h ‖ 燃烧器个数： 燃烧速率：　kJ/h（单个燃烧器） ‖ □其他 燃烧速率：　kJ/h
	生产厂家：　型号： 生产厂家对燃烧器排放的保证： NO_x：　μmol/mol CO：　μmol/mol 燃烧空气鼓风机：流速　m^3/h　功率：　kW
设计准则	在正常操作温度下的停留时间：　s 燃烧室体积：　m^3　设计气流量：　m^3/min
预处理设备	是否有预处理设备？□是　□否 如果有，请选择类型： □气旋　□预冷器　□预热器　□清箱室　□滤袋　□内联过滤器　□其他 预处理设备的尺寸： 直径：　m　高：　m 或者长：　m　宽：　m　高：　m
辅助燃料数据（如注气、管道燃烧器）	是否有辅助燃料？□有　□没有　如果有，请说明类型： 燃料消耗单位：　m^3/h 最大值：　最小值：　平均值：
风机	功率：　kW　流量：　m^3/h 通风方式：□强制通风　□诱导通风
D　工艺信息	
工艺流程简述	附简易工艺流程图

表 C.17　生物滴滤法

A　服务装置信息
服务装置名称：　服务装置编号：
B　环境参数（标态）
年最高温度：　℃　年最低温度：　℃
C　废气参数（标态）
入口：　最大值：　m^3/h　平均值：　m^3/h 温度：　℃ NMHC：　mg/m^3　苯：　mg/m^3 甲苯：　mg/m^3　二甲苯：　mg/m^3 其他有毒有害物质：　mg/m^3 出口： 温度：　℃

NMHC: mg/m³ 苯: mg/m³ 甲苯: mg/m³ 二甲苯: mg/m³ 其他有毒有害物质: mg/m³	
D 设备信息	
类型	接触方式: □并流 □逆流 □错流 构型: □立式 □卧式
尺寸	长: m 宽: m 高: m
填料层信息	填充材料: 层数: 每层填料尺寸: 压降: kPa
营养液	温度: ℃ 液量: L/min 营养液: □一次通过 □循环 pH 范围:
风机	功率: kW 流量: m^3/s
预处理	描述所有的预处理过程以及气流调节过程(如气体温度调节及方式,去除颗粒物等)。
保温或加热方式	保温或隔热材料: 加热方式:
二次污染物	排放液体去向及处理方式:
操作参数	滴滤塔压降: Pa

表 C.18 硫黄回收尾气焚烧炉

A 服务装置信息		
服务装置名称: 服务装置编号:		
B 设备信息		
主燃烧室	□液化石油气 □天然气 □其他: 火嘴数量: 火嘴功率: MW 是否是低氮火嘴: □是 □否 NO_x: μmol/mol(%)	
	鼓风机	数量: 功率: kW 风量: m^3/(min·台)
	外部尺寸	长: m 宽: m 高: m
设计特性	从后燃烧室到温度探头的距离: m 后燃烧室操作温度: ℃ 主燃烧室达到操作温度所需时间: min 后燃烧室达到操作温度所需时间: min 后燃烧室是否比主燃烧室先点火? □是 □否 如是,点燃主燃烧室的控制因素是什么? □后燃烧室达到的温度: ℃ □时间延迟: min □描述点火过程:	
C 工艺信息		
燃料使用	燃料气: t/a	
操作方式	□批次处理 □连续处理	
工艺数据	一天几批: 每批加工物料重量: kg 每批加工时间: h 挥发性有机物的质量分数:	
仪器仪表		
运行时间		

b）污水处理设施参数见表 C.19～表 C.42。

表 C.19　污水调节罐/均质罐/事故罐

A　服务装置信息	
服务装置名称：	服务装置编号：
B　储罐信息	
储罐名称：　储罐编号：　设计水量：　m^3/h 储罐有效容积：　m^3　调节容积：　m^3　均质容积：　m^3 调节时间：　h　均质时间：　h	
储罐类型	□外浮顶罐（EFRT）　□内浮顶罐（IFRT）　□卧式储罐（HT） □立式固定顶罐（VFRT）
C　储罐参数	
罐体参数	罐体直径：　m　罐体高度：　m 罐漆颜色：　罐漆状况：□好　□差
罐顶参数	罐顶类型：□拱顶（高度：　m）　□锥形顶（高度：　m） 罐顶漆颜色：　罐顶漆状况：□好　□差
D　罐内设施	
收油设施	□浮动收油器　□固定收油堰　□罐中罐　□其他
	数量：规格型号：
排泥设施	□罐底刮泥机　□排泥口　□罐底排泥器　□其他
	数量：　规格型号：
搅拌机（均质罐）	数量：　型式：
E　废气收集	
是否加盖	□是　废气送入处理设施名称：　废气排放量：　m^3/h □否

表 C.20　污水调节池/均质池/事故池

A　服务装置信息	
服务装置名称：	服务装置编号：
B　水池信息	
水池名称：　水池编号：　设计水量：　m^3/h 水池有效容积：　m^3　调节容积：　m^3　均质容积：　m^3 调节时间：　h　均质时间　h	
水池参数	长：　m　宽：　m　深：　m
C　池内设施	
收油设施	□浮动收油器　□集油管　□其他
	数量：　规格型号：
搅拌机	数量：　型式：
D　废气收集	
是否加盖	□是　废气送入处理设施名称：　废气排放量：　m^3/h 加盖型式：　加盖材质： □否

表 C.21 隔油池

A 服务装置信息	
服务装置名称：	服务装置编号：
B 油水分离器信息	
油水分离器	设备编号： 型式：□平流（API） □斜板（CPI） □平流+斜板组合（API+CPI） 单台处理能力： m^3/h
结构尺寸	长： m 宽： m 深： m，有效水深： m 容积： m^3 有效停留时间： min
填料	填料类型： 填料尺寸： 填料材质： 填料量： m^3
收油设施	□刮油刮泥机 收油周期： h □集油管（斗） 集油池容积： m^3
是否加盖	□是 废气送入处理设施名称： 废气排放量： m^3/h 加盖型式： 加盖材质： □否
C 运行信息	
操作参数	废水流量： m^3/h 废水温度： ℃ 进水石油类： mg/L 出水石油类： mg/L
运行时间	

表 C.22 涡凹气浮池/设备（CAF）/引气气浮池/设备（IAF）

A 服务装置信息	
服务装置名称：	服务装置编号：
B 气浮设备信息	
设备类型	设备编号： 型式：□涡凹气浮 □引气气浮 □叶轮气浮 单台处理能力： m^3/h
混凝槽	长： m 宽： m 深： m 有效水深： m 容积： m^3 反应时间： min 搅拌机型式： 台数： 转速： r/min
主体结构尺寸	长： m 宽： m 深： m 有效水深： m 容积： m^3 有效停留时间： min
曝气机参数	类型： 台数： 吸气量：
加药种类	药剂种类：PAC： 投加量： mg/L PAM： 投加量： mg/L 其他药剂： 投加量： mg/L
刮渣设施	□刮渣机： 刮渣周期 h □链条材质：
是否加盖	□是 废气送入处理设施名称： 废气排放量： m^3/h 加盖型式： 加盖材质： □否
C 运行信息	
操作参数	废水流量： m^3/h 进水 SS： mg/L 石油类： mg/L 出水 SS： mg/L 石油类： mg/L
运行时间	

表 C.23 溶气气浮池/设备（DAF）

A 服务装置信息	
服务装置名称：	服务装置编号：
B 气浮设备信息	
设备类型	设备编号： 型式：□成套设备 □钢混结构 单台处理能力： m^3/h
混凝反应槽	类型：□混凝反应槽 □管道混合器 □絮凝反应器 长： m 宽： m 深： m 有效水深： m 容积： m^3 反应时间： min 搅拌机型式： 台数： 转速： r/min 管道混合器/絮凝反应器规格型号：
主体结构尺寸	长： m 宽： m 深： m 有效水深： m 容积： m^3 有效停留时间： min
溶气设施	类型：□溶气罐 □溶气泵 溶气罐规格： 压力： MPa（g） 溶气泵参数：流量： m^3/h 扬程： m 台数：（ 用 备） 溶气量： 回流泵参数：流量： m^3/h 扬程： m 台数：（ 用 备）
加药种类	药剂种类：PAC： 投加量： mg/L PAM： 投加量： mg/L 其他药剂： 投加量： mg/L
刮渣设施	□刮渣机： 刮渣周期： h □链条材质：
是否加盖	□是 废气送入处理设施名称： 废气排放量： m^3/h 加盖型式： 加盖材质： □否
C 运行信息	
操作参数	废水流量： m^3/h 进水 SS： mg/L 石油类： mg/L 出水 SS： mg/L 石油类： mg/L
运行时间	

表 C.24 混凝沉淀池

A 服务装置信息	
服务装置名称：	服务装置编号：
B 混凝沉淀池信息	
混凝池	长： m 宽： m 深： m（有效水深： m） 容积： m^3 反应时间： min 搅拌机型式： 台数： 转速： r/min
絮凝池	长： m 宽： m 深： m（有效水深： m） 容积： m^3 反应时间： min 搅拌机型式： 台数： 台 转速： r/min
沉淀池设计参数	设备编号： 设计处理量： m^3/h 表面负荷： $m^3/(m^2 \cdot h)$

沉淀池型式	沉淀池型式：□圆形 □方形 □辐流式 □竖流式 进水方式：□中心进水 □周边进水 □一端进水 出水方式：□周边进水 □一端出水
沉淀池结构尺寸	长： m 宽： m 高： m 或（直径： m 深： m） 有效水深： m 有效容积： m^3 水力停留时间： h
刮泥设备类型	□刮泥机 □吸泥机 □刮吸泥机 □全桥 □半桥 功率： kW 行走速度/转速：
污泥泵信息	剩余污泥排放方式：□连续 □间断 □从回流污泥引支管排放 □剩余污泥泵排放 剩余污泥泵参数：流量： m^3/h 扬程： m 台数：（ 用 备）
是否加盖	□是 废气送入处理设施名称： 废气排放量： m^3/h 加盖型式： 加盖材质： □否
C 运行信息	
操作参数	剩余污泥量： m^3/h 进水 COD： mg/L SS： mg/L 出水 COD： mg/L SS： mg/L

表 C.25 厌氧处理设施

A 服务装置信息	
服务装置名称：	服务装置编号：
B 生化处理设施信息	
厌氧设施设计参数	设备编号： 设计水量： m^3/h 废水种类： COD 容积负荷： kg/（$m^3 \cdot d$） 设计压力： 上升流速： m/h
厌氧设施型式	□厌氧滤池（AF） □UASB □IC 反应器 □其他 设备材质：□碳钢 □不锈钢 □钢砼
结构参数	长： m 宽： m 深： m 有效水深： m （或直径： m 高： m） 有效容积： m^3 水力停留时间： h
填料	填料类型： 填料尺寸： 填料量： m^3 填充率： 填料支撑方式：
出水回流泵	流量： m^3/h 扬程： m 台数：（ 用 备） 回流比：
废气收集处理设施	加盖型式： 加盖材质： 沼气产生量： m^3/h 沼气组成：CH_4： CO_2： H_2S： % 沼气处理方式：□加压回收 □地面火炬 □燃气锅炉 去向：□系统管网 □燃烧后排放
C 设计水质	
设计水质	进水 COD： mg/L 出水 COD： mg/L
D 运行信息	
操作参数	废水流量： m^3/h 废水温度： ℃ ORP： mV pH： 进水 COD： mg/L 出水 COD： mg/L
运行时间	

表 C.26 缺氧/好氧（A/O）生化处理设施

A 服务装置信息	
服务装置名称：	服务装置编号：
B 生化处理设施信息	
A/O 生化池	设备编号： 设计水量： m^3/h COD 容积负荷： kg/（m^3·d） NH_3-N 容积负荷： kg/（m^3·d） NO_3-N 容积负荷： kg/（m^3·d）
缺氧区	长： m 宽： m 深： m 有效水深： m 有效容积： m^3 水力停留时间： h 搅拌设备的类型：□立式搅拌机 □潜水搅拌机 □其他 搅拌设备台数：
好氧区	COD 容积负荷： kg/（m^3·d） 耗氧量： kg（O_2）/kg（COD） 曝气量： m^3/min 长： m 宽： m 深： m 有效水深： m 有效容积： m^3 水力停留时间： h
填料	填料类型： 填料尺寸： 填料量： m^3 填充率： 填料支撑方式：
曝气风机	风机型式：□多级离心 □单级高速 □罗茨风机 □磁悬浮风机 □气悬浮风机 □其他 鼓风机功率： kW 额定风量 m^3/min 额定压力： kPa 台数：（ 用 备）
曝气头	种类：□曝气盘 □穿孔管 □管式曝气器 □旋流式 □其他 通气量 m^3/（h·个） 数量： 个
硝化液回流泵	回流泵类型：□卧式离心泵 □潜污泵 □潜水轴流泵 □其他 流量： m^3/h 扬程： m 台数：（ 用 备） 回流比：
是否加盖	□是 废气送入处理设施名称： 废气排放量： m^3/h 加盖型式： 加盖材质： □否
C 设计水质	
设计水质	进水 COD： mg/L 氨氮： mg/L 总氮： mg/L 出水 COD： mg/L 氨氮： mg/L 总氮： mg/L
D 运行信息	
操作参数	废水流量： m^3/h 废水温度： ℃ 回流比： 污泥浓度（MLVSS）： g/L 污泥沉降比： % 污泥指数： 好氧池 DO： mg/L 缺氧池 ORP： mV pH： 进水水质：COD： mg/L SS： mg/L 氨氮： mg/L 总氮： mg/L 出水水质：COD： mg/L SS： mg/L 氨氮： mg/L 总氮： mg/L
运行时间	

表 C.27 厌氧/缺氧/好氧（A^2/O）生化处理设施

A 服务装置信息	
服务装置名称：	服务装置编号：
B 生化处理设施信息	
A^2/O 生化池	设备编号： 设计水量： m^3/h COD 容积负荷： kg/（m^3·d） NH_3-N 容积负荷： kg/（m^3·d） NO_3-N 容积负荷： kg/（m^3·d）
厌氧区	长： m 宽： m 深： m 有效水深： m 有效容积： m^3 水力停留时间： h 搅拌设备的类型：□立式搅拌机 □潜水搅拌机 □其他 搅拌设备台数：
缺氧区	NO_3-N 容积负荷： kg/（m^3·d） 长： m 宽： m 深： m 有效水深： m 有效容积： m^3 水力停留时间： h 搅拌设备的类型：□立式搅拌机 □潜水搅拌机 □其他 搅拌设备台数：
好氧区	COD 容积负荷： kg/（m^3·d） NH_3-N 容积负荷： kg/（m^3·d）曝气量： m^3/min 长： m 宽： m 深： m 有效水深： m 有效容积： m^3 水力停留时间： h
二沉池	表面负荷： m^3/（m^2·h） 类型：辐流式□ 平流式□ 竖流式□ 斜板（管）沉淀池□ 其他 规格尺寸：长： m 宽： m 深： m 有效水深： m 直径： m 深： m 有效水深： m
填料	是否安装填料：是口 否口 安装填料请填写下面部分 填料安装池体：厌氧池口 缺氧池口 好氧池口 填料类型： 填料尺寸： 填料量： m^3 填充率： 填料支撑方式：
曝气风机	风机型式：□多级离心 □单级高速 □罗茨风机 □磁悬浮风机 □气悬浮风机 □其他 鼓风机功率： kW 额定风量 m^3/min 额定压力： kPa 台数：（ 用 备）
曝气头	种类：□曝气盘 □穿孔管 □管式曝气器 □旋流式 □其他 通气量 m^3/（h·个） 数量： 个
硝化液回流泵	回流泵类型：□卧式离心泵 □潜污泵 □潜水轴流泵 □其他 流量： m^3/h 扬程： m 台数： （ 用 备） 回流比：
污泥回流泵	回流泵类型：□卧式离心泵 □潜污泵 □潜水轴流泵 □其他 流量： m^3/h 扬程： m 台数： （ 用 备） 回流比：
是否加盖	□是废气送入处理设施名称：废气排放量： m^3/h 加盖型式：加盖材质： □否
C 设计水质	
设计水质	进水 COD： mg/L 氨氮： mg/L 总氮： mg/L 总磷： mg/L 出水 COD： mg/L 氨氮： mg/L 总氮： mg/L 总磷： mg/L

D　运行信息	
操作参数	废水流量：　m^3/h　废水温度：　℃ 污泥回流比：　硝化液回流比： 污泥浓度（MLVSS）：　g/L 污泥沉降比：　%　污泥指数： 好氧池 DO：　mg/L　缺氧池 ORP：　mV　pH： 进水水质：COD：　mg/L　SS：　mg/L　氨氮：　mg/L　总氮：　mg/L　总磷：　mg/L 出水水质：COD：　mg/L　SS：　mg/L　氨氮：　mg/L　总氮：　mg/L　总磷：　mg/L

表 C.28　膜生物法（MBR）处理设施

A　服务装置信息	
服务装置名称：	服务装置编号：
B　生物处理设施信息	
MBR 池	设备编号： 最大水力负荷：　m^3/h　设计水力负荷：　m^3/h COD 容积负荷：　kg/（m^3·d） NH_3-N 容积负荷：　kg/（m^3·d） NO_3-N 容积负荷：　kg/（m^3·d）
结构尺寸	长：　m　宽：　m　高：　m 有效水深：　m　有效容积：m^3
缺氧区	有效容积：　m^3　水力停留时间：　h
好氧区	COD 容积负荷：　kg/（m^3·d）　耗氧量：　kg（O_2）/kg（COD） 曝气量：　m^3/min 有效容积：　m^3　水力停留时间：　h
膜区	水通量：　m^3/（m^2·d）　套膜数：　套　膜面积：　m^2/套 曝气量：　m^3/min　水力停留时间：　h
填料	填料类型：　填料尺寸：
鼓风机	鼓风机功率：　kW　额定风量（标态）　m^3/min 额定压力：　kPa
曝气头	种类：□穿孔板　□穿孔管　□旋流式　□其他 通气量：　m^3/（h·个）　数量：个
是否加盖	□是　废气送入处理设施名称：　废气排放量：　m^3/h 加盖型式：　加盖材质： □否
C　设计水质	
设计水质	进水 COD：　mg/L　氨氮：　mg/L　总氮：　mg/L 出水 COD：　mg/L　氨氮：　mg/L　总氮：　mg/L
D　运行信息	
操作参数	废水流量：　m^3/h　废水温度：　℃ 回流比：　污泥浓度（MLVSS）：　g/L 污泥沉降比：　%　污泥指数： 好氧池 DO：　mg/L　缺氧池 ORP：　mV　pH： 进水水质：COD：　mg/L　SS：　mg/L　氨氮：　mg/L　总氮：　mg/L 出水水质：COD：　mg/L　SS：　mg/L　氨氮：　mg/L　总氮：　mg/L
运行时间	

表 C.29 氧化沟处理设施

A 服务装置信息	
服务装置名称：	服务装置编号：
B 生物处理设施信息	
生物反应器	设备编号： 最大水力负荷： m^3/h 设计水力负荷： m^3/h COD 容积负荷： kg/（m^3·d） NH_3-N 容积负荷： kg/（m^3·d） NO_3-N 容积负荷： kg/（m^3·d）
氧化沟结构尺寸	长： m 宽： m 高： m 有效水深： m 有效容积： m^3 水力停留时间： h
填料	填料类型： 填料尺寸：
鼓风机	鼓风机功率： kW 额定风量： m^3/min 额定压力： kPa
曝气头	种类：□穿孔板 □穿孔管 □旋流式 □其他 通气量： m^3/（h·个） 数量： 个
是否加盖	□是 废气送入处理设施名称： 废气排放量： m^3/h 加盖型式： 加盖材质： □否
C 设计水质	
设计水质	进水 COD： mg/L 氨氮： mg/L 总氮： mg/L 出水 COD： mg/L 氨氮： mg/L 总氮： mg/L
D 运行信息	
操作参数	废水流量： m^3/h 废水温度： ℃ 回流比： 污泥浓度（MLVSS）： g/L 污泥沉降比： % 污泥指数： DO： mg/L ORP： mV pH： 进水水质：COD： mg/L SS： mg/L 氨氮： mg/L 总氮： mg/L 出水水质：COD： mg/L SS： mg/L 氨氮： mg/L 总氮： mg/L
运行时间	

表 C.30 序批式活性污泥法（SBR）处理设施

A 服务装置信息	
服务装置名称：	服务装置编号：
B 生物处理设施信息	
SBR 池	设备编号： 反应器数量： 单个反应器处理水量： m^3/h
结构尺寸	□矩形 长： m 宽： m 高： m 有效水深： m □圆形 直径： m 高： m 有效水深： m 有效容积： m^3 反应池的间数：
设计参数	有效容积： m^3 水力停留时间： h COD 容积负荷： kg/（m^3·d） NH_3-N 容积负荷： kg/（m^3·d） NO_3-N 容积负荷： kg/（m^3·d）

设计参数	搅拌器种类：□液下推进器　□立轴搅拌器　□其他（请说明） 搅拌器数量：　搅拌器额定功率： 反应周期：进水：　h 搅拌：h 曝气：　h 沉淀：　h　滗水：h 闲置：　h 总时长：　h
鼓风机	风机型式：□多级离心　□单级高速　□罗茨风机　□磁悬浮风机　□气悬浮风机　□其他 鼓风机功率：　kW　额定风量　m^3/min 额定压力：　kPa　台数：　（　用　备）
曝气头	种类：□穿孔板　□穿孔管　□旋流式　□橡胶膜微孔曝气器　□其他 通气量：　m^3/（h·个）　数量：　个
滗水型式	□虹吸式　□旋转式　□套筒式　□其他 规格：　m^3/h
是否加盖	□是　废气送入处理设施名称：　废气排放量：　m^3/h 加盖型式：　加盖材质： □否
C　设计水质	
设计水质	进水 COD：　mg/L　氨氮：　mg/L　总氮：　mg/L 出水 COD：　mg/L　氨氮：　mg/L　总氮：　mg/L
D　运行信息	
操作参数	单个反应器运行时间：进水　h，反应　h，沉淀　h，滗水　h 废水流量：　m^3/h　废水温度：　℃ 污泥浓度（MLVSS）：　g/L 污泥沉降比：　%，　污泥指数：
操作参数	化学药剂情况：投加药剂名称：　投加量： 进水水质：COD：　mg/L　SS：　mg/L　氨氮：　mg/L　总氮：　mg/L 出水水质：COD：　mg/L　SS：　mg/L　氨氮：　mg/L　总氮：　mg/L
运行时间	

表 C.31　一体化微氧高浓缺氧/好氧处理设施

A　服务装置信息	
服务装置名称：	服务装置编号：
B　生物处理设施信息	
生物反应器	设备编号： 最大水力负荷：　m^3/h　设计水力负荷：　m^3/h COD 容积负荷：　kg/（m^3·d） NH_3-N 容积负荷：　kg/（m^3·d） 反硝化容积负荷（NO_x-N）：　kg /（m^3·d）
结构尺寸	缺氧区： 长：　m　宽：　m　高：　m　有效水深：　m 有效容积：　m^3　水力停留时间：　h 好氧区： 长：　m　宽：　m　高：　m　有效水深：　m 有效容积：　m^3　水力停留时间：　h 沉淀区： 长：　m　宽：　m　高：　m　有效水深：　m 表面负荷：　m^3/（m^2·h）　水力停留时间：　h 总长：　m　总宽：　m　总高：　m　平均有效水深：　m 总水力停留时间：　h

填料	□无填料 □有填料 填料类型：　　填料尺寸：
鼓风机	风机型式：□多级离心 □单级高速 □罗茨风机 □磁悬浮风机 □气悬浮风机 □其他 鼓风机功率：　kW　额定风量：　m^3/min 额定压力：　kPa　台数：　（　用　备）
曝气装置	曝气设施形式： 数量：　m 通气量：　m^3/（m^2·h）
搅拌器	□无搅拌器 □有搅拌器 安装位置： 叶轮直径：　mm　转速：　r/min 轴向推力：　N　功率：　kW 数量：　台
是否加盖	□是　废气送入处理设施名称：　废气排放量：　m^3/h 加盖型式：　加盖材质： □否
C　设计水质	
设计水质	进水 COD：　mg/L　氨氮：　mg/L　总氮：　mg/L 出水 COD：　mg/L　氨氮：　mg/L　总氮：　mg/L
D　运行信息	
操作参数	废水流量：　m^3/h　废水温度：　℃ 回流比：　污泥浓度（MLVSS）：　g/L 污泥沉降比：　%　污泥指数： 好氧池 DO：　mg/L　缺氧池 ORP：　mV　pH： 进水水质：COD：　mg/L　SS：　mg/L　氨氮：　mg/L　总氮：　mg/L 出水水质：COD：　mg/L　SS：　mg/L　氨氮：　mg/L　总氮：　mg/L
运行时间	

表 C.32　二沉池

A　服务装置信息	
服务装置名称：	服务装置编号：
B　二沉池信息	
沉淀池设计参数	设备编号： 设计处理量：　m^3/h 表面水力负荷：　m^3/（m^2·h）
沉淀池型式	沉淀池型式：□圆形　□方形　□辐流式　□竖流式 进水方式：□中心进水　□周边进水　□一端进水 出水方式：□周边进水　□一端出水
沉淀池结构尺寸	长：　m　宽：　m　深：　m　有效水深：　m 或（直径：　m　深：　m）　有效容积：　m^3 水力停留时间：　h
刮泥设备类型	□刮泥机　□吸泥机　□刮吸泥机 □全桥　□半桥 功率：　kW　行走速度/转速：

污泥泵信息	回流污泥泵参数：流量：　m^3/h　扬程：　m　台数：　（　用　备） 剩余污泥泵参数：流量：　m^3/h　扬程：　m　台数：　（　用　备）
是否加盖	□是　废气送入处理设施名称：　废气排放量：　m^3/h 加盖型式：　加盖材质： □否
C　运行信息	
操作参数	污泥回流比： 剩余污泥排放方式：□连续　□间断　□从回流污泥引支管排放　□剩余污泥泵排放 剩余污泥量：　m^3/h 出水 COD：　mg/L　SS：　mg/L　氨氮：　mg/L　总氮：　mg/L
运行时间	

表 C.33　曝气生物滤池（BAF）

A　服务装置信息	
服务装置名称：	服务装置编号：
B　BAF 生物滤池信息	
BAF 生物滤池	设备编号： 设计水量：　m^3/h 上升速度：　m/h　反冲周期：　h BAF 池间数： 水洗强度：　气洗强度：
单池结构尺寸	长：　m　宽：　m　深：　m 有效水深：　m　有效容积：　m^3
填料	填料类型：　填料尺寸： 填料层高度：　m
工艺气鼓风机	鼓风机类型： 风量：　m^3/min　压力：　kPa　台数：　（　用　备）
反冲洗鼓风机	鼓风机类型： 风量：　m^3/min　压力：　kPa　台数：　（　用　备）
反冲洗水泵	流量：　m^3/h　扬程：　m　台数：　（　用　备）
是否加盖	□是　废气送入处理设施名称：　废气排放量：　m^3/h 加盖型式：　加盖材质： □否
C　设计水质	
设计水质	进水 COD：　mg/L　氨氮：　mg/L 出水 COD：　mg/L　氨氮：　mg/L
D　运行信息	
操作参数	废水流量：　m^3/h 进水水质：COD：　mg/L　SS：　mg/L　氨氮：　mg/L 出水水质：COD：　mg/L　SS：　mg/L　氨氮：　mg/L
运行时间	

表 C.34 生物接触氧化法处理设施

A 服务装置信息	
服务装置名称： 服务装置编号：	
B 生物处理设施信息	
生物反应器	设备编号： 最大水力负荷： m^3/h 设计水力负荷： m^3/h COD 容积负荷： kg/（m^2·d） NH_3-N 容积负荷： kg/（m^2·d）
结构尺寸	长： m 宽： m 深： m 有效水深： m 有效容积：m^3
填料	填料类型：□悬浮型 □悬挂型
鼓风机	鼓风机功率： kW 额定风量 m^3/min 额定压力： kPa
曝气头	种类：□穿孔板 □穿孔管 □旋流式 □其他________ 通气量 m^3/（m·h） 数量： 个
是否加盖	□是 废气送入处理设施名称： 废气排放量： m^3/h 加盖型式： 加盖材质： □否
C 设计水质	
设计水质	进水 COD： mg/L 氨氮： mg/L 出水 COD： mg/L 氨氮： mg/L
D 运行信息	
操作参数	废水流量： m^3/h 废水温度： ℃ 进水水质：COD： mg/L SS： mg/L 氨氮： mg/L 出水水质：COD： mg/L SS： mg/L 氨氮： mg/L
运行时间	

表 C.35 高密度沉淀池

A 服务装置信息	
服务装置名称： 服务装置编号：	
B 高密度沉淀池信息	
高密度沉淀池	设备编号： 单台处理能力： m^3/h 斜管上升流速： m/h
结构尺寸	长： m 宽： m 深： m 沉淀澄清区直径： m 有效水深： m 有效容积： m^3
混凝池	搅拌机型式： 台数： 加药种类： 药剂投加量： mg/L 有效容积： m^3 水力停留时间： h
絮凝池	搅拌机型式： 台数： 加药种类： 药剂投加量： mg/L 有效容积： m^3 水力停留时间： h
沉淀澄清浓缩池	有效容积： m^3 水力停留时间： h

导流筒	直径：　　m
斜管填料	填料类型： 填料尺寸：
泵	污泥回流泵流量：　　m^3/h　　扬程：　　m　　台数：　（　用　备） 剩余污泥泵流量：　　m^3/h　　扬程：　　m　　台数：　（　用　备）
刮泥机	直径：　m　　驱动头功率：　kW
是否加盖	□是　　废气送入处理设施名称：　　废气排放量：　　m^3/h 加盖型式：　　加盖材质： □否
C　设计水质	
设计水质	进水 SS：　mg/L　　出水 SS：　mg/L
D　运行信息	
操作参数	废水流量：　m^3/h　废水温度：　℃　污泥回流比：　%　排放污泥浓度：　g/L 进水 COD：　mg/L　SS：　mg/L　出水 COD：　mg/L　SS：　mg/L
运行时间	

表 C.36　臭氧氧化处理设施

A　服务装置信息	
服务装置名称：	服务装置编号：
B　臭氧氧化设施信息	
臭氧氧化池	设备编号： 设计水量：　　m^3/h
结构尺寸	长：　m　宽：　m　深：　m 有效水深：　m　　有效容积：　m^3 接触池水力停留时间：　h　　稳定池水力停留时间：　h
臭氧发生器	类型：□空气源　□氧气源 规模：　kg/h　　功率：　kW
曝气头	种类：□穿孔管　□盘式　□其他材质： 通气量：　$m^3/(m^2·h)$　　数量：　个
尾气破坏器	类型：　　台数：
是否加盖	□是　　废气送入处理设施名称：　　废气排放量：　　m^3/h 加盖型式：　　加盖材质： □否
C　运行信息	
操作参数	废水流量：　m^3/h　废水温度：　℃ 臭氧投加量：　mg/L　进水 COD：　mg/L　出水 COD：　mg/L
运行时间	

表 C.37　V 型滤池

A　服务装置信息	
服务装置名称：	服务装置编号：
B　V 型滤池信息	
V 型滤池	设备编号： 设计水量：　　m^3/h 过滤速度：　　m/h

V 型滤池	反冲周期： h 水洗强度： 气洗强度：
结构尺寸	长： m 宽： m 高： m 有效水深： m 有效容积： m^3
填料	填料类型： 填料尺寸： 滤料高度：
反冲洗鼓风机	鼓风机类型： 风量： m^3/min 压力： kPa 台数：（ 用 备）
反冲洗水泵	流量： m^3/h 扬程： m 台数：（ 用 备）
C 设计水质	
设计水质	进水 SS： mg/L 出水 SS： mg/L
D 运行信息	
操作参数	废水流量： m^3/h 进水浊度： NTU 出水浊度： NTU 反洗周期： h
运行时间	

表 C.38 流沙过滤器

A 服务装置信息	
服务装置名称：	服务装置编号：
B 过滤设备信息	
设备处理能力	设备编号： 型式：□成套设备 □钢混结构 单台处理能力： m^3/h 台数：（ 用 备）
设备规格	长： m 宽： m 深： m （或直径： m 高： m） 滤速： m/h
设计参数	滤层厚度： m 滤料种类： 滤料数量： m^3 洗沙方式： 反洗水量：
C 设计水质	
设计水质	进水 SS： mg/L 出水 SS： mg/L
D 运行信息	
操作参数	废水流量： m^3/h 废水温度： ℃ pH：
控制参数	进水 SS： mg/L 出水 SS： mg/L
运行时间	

表 C.39 介质过滤器（核桃壳、纤维球、沙滤器、双介质过滤器）

A 服务装置信息	
服务装置名称：	服务装置编号：
B 过滤设备信息	
设备处理能力	设备编号： 型式：□成套设备 □钢混结构 单台处理能力： m^3/h 台数：
设备规格	长： m 宽： m 深： m （或直径： m 高： m） 滤速： m/h
滤料参数	介质种类： 有效粒径： mm 表面积： m^2/g 颗粒密度： g/cm^3

滤料参数	滤层厚度：　　m　　滤料数量： 一次反洗水量：　　m^3
反洗	反洗方式：□气洗　　□水洗　　□气-水联合反洗 反洗时间：　　min　　过滤周期　　h 反洗泵参数：流量：　　m^3/h　　扬程：　　m　　台数：　　（　　用　　备） 反洗风机参数：流量：　　m^3/h　　扬程：　　m　　台数：　　（　　用　　备）
C　设计水质	
设计水质	进水 SS：　　mg/L　　出水 SS：　　mg/L
D　运行信息	
操作参数	废水流量：　m^3/h　　废水温度：　　℃　　pH： 进水 SS：　mg/L　　出水 SS：　　mg/L
运行时间	

表 C.40　活性炭过滤器

A　服务装置信息	
服务装置名称：	服务装置编号：
B　过滤设备信息	
设备处理能力	设备编号： 型式：□成套设备　□钢混结构 单台处理能力：　　m^3/h　　台数：
设备规格	长：　　m　　宽：　　m　　深：　　m （或直径：　　m　高：　　m）　　滤速：　　m/h
滤料参数	碘值：　　mg/g　亚甲基蓝值：　　mg/g　有效粒径：　mm　表面积：　　m^2/g 滤层厚度：　　m　滤料种类：　　滤料数量： 一次反洗水量：　　m^3
反洗	反洗方式：□气洗　　□水洗　　□气-水联合反洗 反洗时间：　　min　　过滤周期：　h 反洗泵参数：流量：　　m^3/h　　扬程：　　m　　台数：　　（　　用　　备） 反洗风机参数：流量：　　m^3/h　　扬程：　　m　　台数：　　（　　用　　备）
C　设计水质	
设计水质	进水 SS：　　mg/L　　出水 SS：　　mg/L
D　运行信息	
操作参数	废水流量：　m^3/h　　废水温度：　　℃　　pH： 进水 COD：　mg/L　SS：　mg/L　出水 COD：　　mg/L　SS：　mg/L 预估的使用周期：　　月 再生：□是　　□否　　再生方式：
运行时间	

表 C.41　超滤（UF）处理设施

A　服务装置信息	
服务装置名称：	服务装置编号：
B　超滤系统信息	
超滤系统设计参数	设备编号： 设计进水流量：　　m^3/h　设计产水流量：　　m^3/h　水回收率：　　%

超滤膜参数	膜元件型式：□平板膜 □卷式膜 □中空纤维膜 □其他 膜丝过滤型式：□内压式 □外压式 膜材质：中空纤维：内径 mm 外径 mm 单支膜表面积： m^2 截留分子量/筛分孔径： μm 超滤膜丝生产厂及产地：
超滤膜组件参数	膜堆数量：套处理能力： m^3/（h·套） 净产水量：m^3/（h·套） 单套膜壳数量：个/套 最大膜通量 L/（m^2·h） 运行方式：□死端过滤 □错流过滤 最大进水压力： MPa 最大进水流量： m^3/h 最大跨膜压差： MPa
反洗及化学清洗	反洗水失水率 % 化学增强反洗周期： 周 化学正洗周期： 周 周在线水清洗周期： 周
自清洗过滤器	型式：处理量： m^3/h 台数： （ 用 备）
水泵	超滤进水泵流量： m^3/h 扬程： kPa 台数： （ 用 备） 超滤反洗水泵流量：m^3/h 扬程： kPa 台数： （ 用 备）
C 运行信息	
操作参数	进水 COD： mg/L 石油类： mg/L SS： mg/L pH： 温度： ℃ 出水 COD： mg/L 石油类： mg/L SS： mg/L pH： 浊度： NTU SDI： 产水量： m^3/h（按月平均计） 担保的膜使用寿命： 年 最大膜通量： L/（m^2·h）
运行时间	

表 C.42 反渗透（RO）处理设施

A 服务装置信息	
服务装置名称：	服务装置编号：
B 反渗透系统信息	
反渗透系统	设备编号： 设计进水流量： m^3/h 设计产水流量： m^3/h 水回收率： % 脱盐率： %
反渗透膜元件参数	膜元件型式：□平板膜 □卷式膜 □中空纤维膜 □其他 膜材质： 进水流道宽度： mil 单支膜表面积： m^2 膜元件总数量：支 反渗透膜生产厂及产地：
膜壳参数	膜壳数量： 套 直径： ich 材质：安装膜数量： 支/根 工作压力： 生产厂及产地
RO 系统参数	膜堆数量： 套 处理能力： m^3/（h·套） 产水量： m^3/h 浓水量： m^3/h 最大膜通量 L/（m^2·h） 排列方式： 进水压力： MPa 产水排出口压力 MPa 浓水排出口压力 MPa 系统压差： MPa 首末支膜元件水通量比：
冲洗及化学清洗	最大冲洗水流量： m^3/h 化学清洗周期： 月化学清洗流量： m^3/h
保安过滤过滤器	型式： 处理量： m^3/h 台数： （ 用 备）
水泵	反渗透高压泵流量： m^3/h 扬程： kPa 台数： （ 用 备） 反渗透增压泵流量： m^3/h 扬程： kPa 台数： （ 用 备） 反渗透清洗水泵流量： m^3/h 扬程： kPa 台数： （ 用 备）

C　运行信息	
操作参数	进水 COD：　mg/L　pH：　电导率：　μS/cm　温度：　℃　TDS：　mg/L 出水 COD_{Mn}：　mg/L　pH：　电导率：　μS/cm　温度：　℃　TDS：　mg/L 产水量：　m^3/h（按月平均计）　担保的膜使用寿命：　年 最大膜通量：　L/（$m^2 \cdot h$）　回收率（3 年内）： 稳定脱盐率（3 年内）：
浓水信息	浓水水质：COD：　mg/L　石油类：　mg/L　氨氮：　mg/L　总氮：　mg/L TDS：　mg/L 浓水去向：
运行时间	

附 录 D

（资料性附录）

储罐无组织挥发性有机物许可排放量默认计算参数

表 D.1 油品性质参数

油品	油品密度/（t/m^3）	油气摩尔质量/（g/mol）	雷德蒸气压/kPa	恩氏蒸馏曲线 10%点斜率
原油	0.88	50	10	—
汽油	0.76	68	42	1.8
轻石脑油	0.72	80	80	1
重石脑油	0.72	80	10	1.2
柴油	0.85	130	3	2.5
航煤	0.79	130	20	1.5
烷基化油	0.7	68	80	1.8
抽余油	0.67	68	80	1.8

表 D.2 有机化学品理化参数

有机化学品名称	有机液体密度/（t/m^3）	摩尔质量/（g/mol）	有机化学品蒸气压[a]		
			安托因常数 A	安托因常数 B	安托因常数 C
1,1,1,2-四氯乙烷	1.6	167.85	6.898	1 365.88	209.74
1,1,1-三氯乙烷	1.35	133.42	8.643	2 136.6	302.8
1,1,2,2-四氯乙烷	1.6	167.86	6.631	1 228.1	179.9
1,1,2-三氯乙烷	1.44	133.42	6.951	1 314.41	209.2
1,2,3-三氯丙烷	1.388 9	147.44	6.903	788.2	243.23
1.2-二氯乙烯	1.29	96.94	6.965	1 141.9	231.9
1-己醇	0.82	102.18	7.86	1 761.26	196.66
1-己烯	0.67	84.16	6.865 72	1 152.971	225.849
2-甲基吡啶	0.95	93.12	7.032	1 415.73	211.63
甲基叔丁基醚（MTBE）	0.74	88	5.896	708.69	179.9
α-萘酚	1.098 9	144.17	7.284 21	2 077.56	184
苯	0.77	78	6.905 65	1 211.033	220.79
苯胺	1.02	93	7.241 79	1 675.3	200
苯酚	1.071	94.11	7.136 17	1 518.1	175
苯甲醇	1.04	108.13	7.818 44	1 950.3	194.36
苯乙烯	0.909	104.15	6.924 09	1 420	206
吡啶（氮苯）	0.98	79.1	7.041	1 373.8	214.98
丙二醇	1.04	76.09	8.208 2	2 085.9	203.54
丙酮	0.79	58.08	7.024 47	1 161	224
丙烯腈	0.81	53	7.038	1 232.53	222.47
醋酸乙烯	0.93	86.09	7.21	1 296.13	226.66
对苯甲酚	1.034 1	108.14	7.035	1 511.08	161.85
对二甲苯	0.861	106	6.990 52	1 453.43	215.307
对甲酚	1.017 8	108.14	7.005 92	1 493	160

有机化学品名称	有机液体密度/（t/m^3）	摩尔质量/（g/mol）	有机化学品蒸气压[a]		
			安托因常数 A	安托因常数 B	安托因常数 C
二甲基甲酰胺	0.94	73.1	7.114 6	1 467.45	215.23
二氯甲烷	1.325	84.93	7.409	1 325.9	252.6
二氯乙烷	1.235	98.97	7.025	1 272.3	222.9
二硝基苯	1.521	182.13	4.337	1 015.2	137
氟苯	1.024	96.11	6.936 67	1 736.35	220
环己醇	0.962 4	100.15	6.255	912.87	109.13
环己烷	0.78	84.16	6.844 98	1 203.526	222.863
环戊二烯	0.8	66.1	6.920 7	1 121.81	210.46
环戊烷	0.745	70.1	6.886 76	1 124.162	231.361
环氧丙烷	0.83	58.08	7.067 1	1 133.267	236.105 4
环氧氯丙烷	1.181 2	92.52	8.229 4	2 086.816	273.16
环氧乙烷	0.871 1	44.052	7.407 83	1 181.31	250.6
环已烷	0.78	84.16	6.844 98	1 203.526	222.863
混二甲苯	0.86	424.6	7.009 08	1 462.266	215.105
已烷	0.67	86.17	6.877 76	1 171.53	224.366
甲苯	0.866	92	6.954	1 344.8	219.48
甲醇	0.79	32	7.878 63	1 473.11	230
甲基苯乙烯	0.911	118.18	6.923	1 486.88	202.4
间苯甲酚	1.033 6	108.137 8	7.508	1 856.36	199.07
间二苯酚	1.27	110.11	6.924 3	1 884.547	186.06
间二甲苯	0.861	106	7.009 08	1 462.266	215.105
间甲酚	1.03	108.14	7.623 36	1 907.24	201
邻苯甲酚	1.05	108.14	6.911	1 435.5	165.16
邻二甲苯	0.88	106	6.998 91	1 474.679	213.686
邻二氯苯	1.3	147	6.924	1 538.3	200
邻甲酚	1.05	108.14	6.979 43	1 479.4	170
氯苯	1.11	112.56	6.978	1 431.05	217.55
氯丁二烯	0.96	88.54	6.161	783.45	179.7
氯乙烷	0.921	64.514 5	6.986	1 030.01	238.61
氯乙烯	0.91	62.498 7	6.497 12	783.4	230
偏二氯乙烯	1.21	96.94	6.972	1 099.4	237.2
三氯氟甲烷	1.48	137.37	6.884	1 043.004	236.88
三氯甲烷	1.5	119.38	6.493	929.44	196.03
三氯乙烯	1.46	131.39	7.028 08	1 315.04	230
三硝基甲苯	1.654	227.13	3.867 3	1 259.406	160
双环戊二烯	1.8	132.204	6.920 7	1 121.81	145.7
四氯乙烯	1.63	165.82	6.98	1 386.92	217.53
五氯乙烷	1.67	202.31	6.74	1 378	197
溴乙烷	1.461 2	108.965 1	6.892 85	1 083.8	231.7
乙苯	0.87	106.16	6.975	1 424.255	213.21
乙醇	0.79	46	8.321	1 718.21	237.52
乙二醇	1.1	62	8.262 1	2197	212
异丙苯	0.86	120.19	6.936 66	1 460.793	207.78
异丙醇	0.79	60.06	8.117	1 580.92	219.61

有机化学品名称	有机液体密度/（t/m³）	摩尔质量/（g/mol）	有机化学品蒸气压[a]		
			安托因常数 A	安托因常数 B	安托因常数 C
异丁醇	0.8	74.12	7.474 3	1 314.19	186.55
异庚烷	0.68	100.21	6.899 4	1 331.53	212.41
正丙醇	0.8	60.1	7.997 33	1 569.7	209.5
正丁醇	0.81	74.12	7.476 8	1 362.39	178.77
正己烷	0.692	86.18	6.876	1 171.17	224.41
仲丁醇	0.81	74.12	8.135 96	1 582.4	218.9

注：[a]蒸汽压采用 Antoine 式计算：

$$\lg P = A - \frac{B}{t+C}$$

式中：P——物质的蒸汽压，mmHg（1 mmHg=133.322 Pa）；

t——温度，℃。

表 D.3　浮顶罐边缘密封损耗系数

罐体类型	密封	K_{Ra}（lb-mol/ft·a）	K_{Rb}（lb-mol/（mph）^{n}-ft·a）	n
焊接	机械式鞋形密封	5.8	0.3	2.1
	机械式鞋形密封+边缘靴型	1.6	0.3	1.6
	机械式鞋形密封+边缘刮板	0.6	0.4	1
	液体镶嵌式密封	1.6	0.3	1.5
	液体镶嵌式密封+挡雨板	0.7	0.3	1.2
	液体镶嵌式密封+边缘刮板	0.4	0.6	0.3
	气体镶嵌式密封	6.7	0.2	4
	气体镶嵌式密封+挡雨板	3.3	0.1	3
	气体镶嵌式密封+边缘刮板	2.2	0.003	4.3

注：1lb-mol（磅摩尔）=n×0.453 59 kg，n 为相应化合物的分子量；

1ft=0.304 8 m。

mph 为 mile/h，1 mph=447.039 mm/s。

表 D.4　储罐罐壁油垢因子

介质	罐壁状况/（m³/1 000 m²）		
	轻锈	中锈	重锈
汽油	0.002 6	0.012 8	0.256 7
原油	0.010 3	0.051 3	1.026 8
其他油品	0.002 6	0.012 8	0.256 7

表 D.5 浮盘附件损耗因子 K_{fa}、K_{fb}、m 和典型浮盘附件数量 N_f

附件类型	损耗因子			典型附件个数 N_f
	K_{fa}, lb-mole/a	K_{fb}, lb-mole/a	m	
人孔				1
螺栓固定盖子，有密封件[b]	1.6[a]	0	0	
无螺栓固定盖子，无密封件	36	5.9	1.2	
无螺栓固定盖子，有密封件	31	5.2	1.3	
导向柱（无槽）				1
无衬垫滑盖	31	150	1.4	
衬套衬垫带滑盖	25	13	2.2	
无衬垫滑盖带导杆	25	2.2	2.1	
有衬垫滑盖带衬套	8.6	12	0.81	
有衬垫滑盖带凸轮[b]	14[a]	3.7	0.78	
导向柱（有槽）				
无密封件滑盖（不带浮球）	43	270	1.4	
有密封件滑盖（不带浮球）	43	270	1.4	
无密封件滑盖（带浮球）	31	36	2	
有密封件滑盖（带浮球）	31	36	2	
有密封件滑盖（带导杆刷）	41	48	1.4	
有密封件滑盖（带导杆衬套）	11	46	1.4	
有密封件滑盖（带导杆衬套及刷）	8.3	4.4	1.6	
有密封件滑盖（带浮头和导杆刷）	21	7.9	1.8	
有密封件滑盖（带浮头、衬套和刷）	11	9.9	0.89	
计量井				1
无螺栓固定盖子，无密封件	14	5.4	1.1	
无螺栓固定盖子，有密封件	4.3	17	0.38	
螺栓固定盖子，有密封件[b]	2.8[a]	0	0	
采样管/井（人工检尺口）				1
有槽管式滑盖/重加权，有密封件	0.47[a]	0.02	0.97	
有槽管式滑盖/重加权，无密封件	2.3	0	0	
切膜纤维密封（开度 10%）[b]	12	0	0	
真空阀				内浮顶为 1，外浮顶见表 D.6
附重加权，加密封件[b]	6.2[a]	1.2	0.94	
附重加权，未加密封件	7.8	0.01	4	
浮盘排水管				外浮顶见表 D.6
/[b]	1.2			
浮盘支腿				外浮顶见表 D.7
可调式-内浮顶浮盘	7.9			
可调式（浮筒区域），无密封件	2	0.37	0.91	
可调式（浮筒区域），有密封件[b]	1.3	0.08	0.65	
可调式（浮筒区域），衬垫	1.2	0.14	0.65	
可调式（中心区域），无密封件	0.82	0.53	0.14	
可调式（中心区域），有密封件[b]	0.53	0.11	0.13	
可调式（中心区域），衬垫	0.49	0.16	0.14	
可调式，双层浮顶[b]	0.82	0.53	0.14	
固定式	0[a]	0	0	
边缘通气孔				1

附件类型	损耗因子			典型附件个数 N_f
	K_{fa}, lb-mole/a	K_{fb}, lb-mole/a	m	
配重机械驱动机构，有密封件 [b]	0.71 [a]	0.1	1	
配重机械驱动机构，无密封件	0.68	1.8	1	
楼梯井				0
滑盖，无密封件	98[a]			
滑盖，有密封件	56			
注：表中浮盘附件密封损失因子 k_{ra}，k_{rb}，n 只适用于风速 6.8 m/s 以下。				
[a] 如果没有具体的浮盘附件信息，内浮顶参数可选取该选项值。 [b] 如果没有具体的浮盘附件信息，外浮顶参数可选取该选项值。				

表 D.6 外浮顶罐真空阀典型数量 N_{vb} 和浮盘排水管数量 N_d

储罐内径/m	真空阀数量/台	浮盘排水管数量/个
<46	1	1
46	2	2
60	2	3
80	4	5

表 D.7 外浮顶罐典型支腿数量

储罐公称容积/m³	储罐内径/m	双层浮盘型罐顶支腿数量/个
1 000	12	7
2 000	14.5	8
3 000	16.5	10
5 000	22	13
7 000	26.5	16
10 000	28.5	20
20 000	40.5	40
30 000	46	52
50 000	60	90
100 000	80	149

表 D.8 其他计算参数

储罐颜色	白色	内浮顶罐密封形式	机械式鞋形密封
罐漆状况	良好	外浮顶罐密封形式	机械式鞋形密封+边缘刮板
罐内壁状况	轻锈	人孔	有螺栓盖和密封
呼吸阀设定压力	−295 Pa～1 765 Pa	导向杆	无开槽有垫圈有套筒
内浮顶罐浮盘缝隙长度因子	1.08	液位井	有螺栓带垫圈
储罐液面高度	罐体高度×0.9		

附　录　E

（资料性附录）

环境管理台账记录参考表

表 E.1　XX 工艺加热炉、锅炉、焚烧炉运行状况记录表

序号	记录时间	设施名称	设施编号	燃料名称	燃料硫含量/%	燃料低位热值/（kJ/kg）	燃料消耗量/t	烟气流量/m^3	炉膛温度/℃	热负荷率/%	备注

表 E.2　XX 生产装置运行状况记录表

序号	记录时间	装置名称	装置编号	原料名称	原料使用量/t	主要产品名称	产品产量/t	主要辅料名称	辅料使用量/t	备注

表 E.3　XX 储罐运行情况记录表

记录周期	储罐编号	储存物料名称	物料类别	储存量/t	平均液面高度/m	最大液面高度/m	周转量/t	平均储存温度/℃	雷德蒸气压/kPa	呼吸阀压力/kPa	备注
注 1：物料类别分为有机液体、原油、石油馏分、溶剂等。 注 2：平均储存高度、最大储存高度、呼吸阀压力仅针对固定顶罐。											

表 E.4　有机液体装载设施运行情况记录表

记录时间	设施名称	设施编号	装载物质	装载物质温度/℃	装载物质雷德蒸气压/kPa	装载物质量/t	装载方式	备注

表 E.5　XX 火炬运行状况记录表

记录时间	名称	火炬编号	用途	运行时间	火炬气组分	火炬气流量/（m^3/s）	火炬气低位热值/（kJ/m^3）	辅助燃料组成	辅助燃料流量/（m^3/s）	辅助燃料低位热值/（kJ/m^3）	排放持续时间/h	备注

表 E.6　XX 冷却塔、循环水冷却系统运行记录表

日期	名称	服务范围	冷却塔类型	循环水流量/（m^3/h）	运行时间/h	冷却水排放量/（m^3/h）

表 E.7 原料消耗情况表

记录周期	名称	规格	记录周期用量/（t/a）	来源	进厂方式	是否为危险化学品	备注
	原油						
	煤						
	……						
注：原油说明硫含量。							

表 E.8 辅料消耗情况表

记录周期	辅料	规格	使用量/t	是否为危险化学品	备注
	氨				
	……				

表 E.9 燃料消耗情况表

记录周期	名称	计量单位	使用量	硫含量/%	是否为危险化学品	备注
	干气					
	天然气					
	燃料煤					
	……					
注：燃料煤同时记录收到基固定碳、收到基灰分、收到基挥发分、收到基硫分、低位热值等。						

表 E.10 主要产品生产情况表

记录周期	名称	计量单位	数量	出厂方式	是否为危险化学品	备注
	汽油					
	柴油					
	……					
注：产品以出厂计，不包括中间产品。						

表 E.11　有组织废气污染治理设施运行情况记录表（石灰石法）

记录时间	设施名称	设施编号	吸收剂				循环浆液						石膏			二氧化硫浓度/（mg/m^3）			其他
			石灰石粒径/目	碳酸钙含量/%	碳酸镁含量/%	浆液流量/（m^3/h）	pH	氯离子含量/（mg/L）	镁离子含量/（mg/L）	固体含量/%	温度/℃	运行泵数量/台	石膏产量/（t/h）	石膏纯度/%	含水率/%	入口	出口	出口折标	

表 E.12　有组织废气污染治理设施运行情况记录表（氧化镁法）

记录时间	设施名称	设施编号	吸收剂				循环浆液						副产物溶液		二氧化硫浓度/（mg/m^3）			其他
			氧化镁粒径/目	氧化钙含量/%	浆液含量/%	浆液流量/（m^3/h）	pH	氯离子含量/（mg/L）	钙离子含量/（mg/L）	固体含量/%	温度/℃	运行泵数量/台	硫酸镁溶液含量/%	硫酸镁溶液排放量/（m^3/h）	入口	出口	出口折标	

表 E.13　有组织废气污染治理设施运行情况记录表（氨法）

记录时间	设施名称	设施编号	吸收剂			循环浆液			副产物溶液				二氧化硫浓度/（mg/m^3）			其他
			含量/%	流量/（m^3/h）	pH	氯离子含量/（mg/L）	固体含量/%	温度/℃	运行泵数量/台	浆液排出量/（m^3/h）	硫酸铵溶液含量/%	硫酸铵溶液排放量/（m^3/h）	入口	出口	出口折标	

表 E.14　有组织废气污染治理设施运行情况记录表（氢氧化钠法）

记录时间	设施名称及编号	吸收剂		循环浆液					副产物溶液			二氧化硫浓度/（mg/m^3）			其他
		含量/%	流量/（m^3/h）	pH	氯离子含量/（mg/L）	固体含量/%	温度/℃	运行泵数量/台	浆液排出量/（m^3/h）	硫酸钠溶液含量/%	硫酸钠溶液排放量/（m^3/h）	入口	出口	出口折标	

表 E.15　有组织废气污染治理设施运行情况记录表（半干法、干法）

记录时间	设施名称	设施编号	吸收剂		副产物		二氧化硫浓度/（mg/m^3）			其他
			含量/%	流量/（m^3/h）	亚硫酸钙含量/%	副产物产量/（t/h）	入口	出口	出口折标	

注：干法可不填写副产物和二氧化硫入口浓度。

表 E.16　有组织废气污染治理设施运行情况记录表（选择性催化还原法 SCR 和选择性非催化还原法 SNCR）

记录时间	设施名称及编号	还原剂		烟气温度/℃	催化剂使用时间[a]/h	氨逃逸/（mg/m^3）	氮氧化物浓度/（mg/m^3）			其他
		类型	用量/（kg/h）				入口	出口	出口折标	

[a] 从投运开始计算，更换后重新计算。
[b] 选择性非催化还原法 SNCR 不填写氮氧化物入口浓度。

表 E.17　有组织废气污染治理设施运行情况记录表（吸收或湿法除尘）

记录时间	设施名称	设施编号	洗涤液			烟气	颗粒物浓度/（mg/m^3）		其他
			类型	用量/（kg/h）	排放量[a]/（kg/h）	温度/℃	入口	出口	

[a] 明确二次污染物含量及排放去向。

表 E.18　有组织废气污染治理设施运行情况记录表（袋式/滤筒式除尘器）

记录时间	设施名称	设施编号	烟气温度/℃	滤袋使用时间[a]/h	系统压降/Pa	颗粒物浓度/（mg/m^3）		其他
						入口	出口	

[a] 从投运开始计算，更换后重新计算。

表 E.19　有组织废气污染治理设施运行情况记录表（回收装置）

记录时间	设施名称	设施编号	回收工艺	系统压降/Pa	回收量/（kg/h）	废气浓度/（mg/m^3）		其他
						入口	出口	

表 E.20　有组织废气污染治理设施运行情况记录表（吸附设备）

记录时间	设施名称	设施编号	吸附剂名称	吸附剂用量/m^3	再生周期/h	更换周期/h	系统压降/Pa	操作温度/℃	废气浓度/（mg/m^3）		其他
									入口	出口	

注：应说明脱附气体去向及处理方式。

表 E.21　有组织废气污染治理设施运行情况记录表（燃烧器/氧化器）

记录时间	设施名称	设施编号	燃料		催化剂或蓄热体	辅助燃料		处理废气浓度/（mg/m^3）			其他
			类型	使用量/（m^3/h）	使用时间[a]/h	类型	使用量/（m^3/h）	入口	出口	出口折标	

[a] 从投运开始计算，更换后重新计算。

表 E.22　有组织废气污染治理设施运行情况记录表（生物滴滤法）

记录时间	设施名称及编号	压降/Pa	排液量/（m^3/d）	处理废气浓度/（mg/m^3）		其他
				入口	出口	

注：应说明废液排放去向及处理方式。

表 E.23　无组织控制措施执行情况表

记录时间	无组织排放源	采取的控制措施	措施描述	记录人	备注

注：应说明废液排放去向及处理方式。

表 E.24　XX 污水处理工段运行记录表

记录时间	进水量/（m^3/h）	进水中化学需氧量平均浓度/（mg/L）	进水中其他污染物平均浓度/（mg/L）	出水量/（m^3/h）	出水中化学需氧量平均浓度/（mg/L）	出水中其他污染物平均浓度/（mg/L）	污泥产生量		药剂名称、使用量及投放频次						用电量/（kW·h）	记录人	备注
							重量/t	含水率/%	药剂 1 名称	使用量/（kg/d）	投加频次	药剂 2 名称	……	……			

注 1：污水处理工段指污水处理厂所有污水处理工段，包括油水分离、气浮、厌氧、生化、超滤、反渗透等工段。
注 2：药剂为废水处理过程中添加的所有药剂。
注 3：根据工段主要处理污染物项目补充填写 pH、总氮等，反渗透处理工段补充进水中电导率（μS/cm）、总溶解固体（mg/L）。

表 E.25　有组织废气污染物排放情况手工监测记录信息

采样日期	样品数量	采样方法	采样人姓名

排放口编码	工况排气量/（m^3/h）	排口温度/℃	污染因子	许可排放浓度限值/（mg/m^3）	监测浓度/（mg/m^3）	检测方法	是否合规	备注
			颗粒物					
			……					

表 E.26　企业边界无组织废气污染物排放情况手工监测记录信息

<table>
<tr><td colspan="2">采样日期</td><td colspan="2">无组织采样点位数量</td><td colspan="1">各点位样品数量</td><td colspan="2">采样方法</td><td colspan="2">采样人姓名</td></tr>
<tr><td colspan="2"></td><td colspan="2"></td><td colspan="1"></td><td colspan="2"></td><td colspan="2"></td></tr>
<tr><td>无组织排放编码</td><td>污染因子</td><td>采样点位</td><td>监测浓度/（mg/m^3）</td><td>厂界浓度最大值/（mg/m^3）</td><td>许可排放浓度限值/（mg/m^3）</td><td>测定方法</td><td>是否合规</td><td>备注</td></tr>
<tr><td rowspan="4"></td><td rowspan="3">颗粒物</td><td>采样点位 1</td><td></td><td rowspan="3"></td><td rowspan="3"></td><td rowspan="3"></td><td rowspan="3"></td><td rowspan="3"></td></tr>
<tr><td>采样点位 2</td><td></td></tr>
<tr><td>……</td><td></td></tr>
<tr><td>……</td><td></td><td></td><td></td><td></td><td></td><td></td><td></td></tr>
</table>

表 E.27　设备与管线组件密封点挥发性有机物泄漏检测记录表

序号	生产装置名称	生产装置编号	密封点类型	密封点编号或位置	检测时间	检测初值/（μmol/mol）	背景值/（μmol/mol）	净检测值/（μmol/mol）	是否泄漏	介质	检测人	检测仪器	备注

表 E.28　设备与管线组件密封点挥发性有机物泄漏修复记录表

序号	生产装置名称	生产装置编号	密封点类型	密封点组件编号或位置	检测时间	检测初值/（μmol/mol）	背景值/（μmol/mol）	净检测值/（μmol/mol）	是否修复	是否延迟修复	修复时间	修复手段	修复后检测初值/（μmol/mol）	修复后背景值/（μmol/mol）	修复后净检测值/（μmol/mol）	介质	修复后检测人	检测仪器	备注

表 E.29　废水污染物排放情况手工监测记录信息

采样日期			样品数量		采样方法		采样人姓名		
排放口编号	废水类型	水温	出口流量/（m^3/h）	污染因子	出口浓度/（mg/L）	许可排放浓度限值/（mg/L）	测定方法	是否违反许可证	备注
				化学需氧量					
				氨氮					
				……					

表 E.30　设施异常情况汇总表

故障时间	故障设施名称	故障设施编号	故障原因	处理措施	排放去向	污染物项目排放浓度/及排放量					是否需要报告	报告时间	报告部门
						因子	二氧化硫	氮氧化物	颗粒物	……			
						排放浓度							
						排放量							

注：如废气治理设施异常，排放因子填写二氧化硫、氮氧化物、颗粒物；如废水治理设施异常，排放因子填写化学需氧量、氨氮等。

表 E.31　生产设施开停工、检维修情况记录表

起始时间	终止时间	持续时长	情形描述	应对措施	污染物排放浓度/（mg/m^3）	备注

附　录　F
（资料性附录）
排污许可证执行报告编制内容

F.1　基本生产情况

基本生产信息包括许可证执行情况汇总表（参见表 F.1）、排污单位基本信息与各生产单元运行状况。排污单位基本信息应至少包括主要原辅料与燃料使用情况、主要产品产量、设备运行时间、生产负荷等基本信息，对于报告周期内有污染治理投资的，还应包括治理类型、开工年月、建成投产年月、总投资、报告周期内累计完成投资等信息，参见表 F.2；各生产单元运行状况应至少记录各自运行参数，参见表 F.3。

表 F.1　排污许可证执行情况汇总表

项目	内容				报告周期内执行情况	原因分析
排污单位基本情况	（一）排污单位基本信息			单位名称	□变化　□无变化	
				注册地址	□变化　□无变化	
				邮政编码	□变化　□无变化	
				生产经营场所地址	□变化　□无变化	
				行业类别	□变化　□无变化	
				生产经营场所中心经度	□变化　□无变化	
				生产经营场所中心纬度	□变化　□无变化	
				组织机构代码	□变化　□无变化	
				统一社会信用代码	□变化　□无变化	
				技术负责人	□变化　□无变化	
				联系电话	□变化　□无变化	
				所在地是否属于重点区域	□变化　□无变化	
				主要污染物类别	□变化　□无变化	
				主要污染物种类	□变化　□无变化	
				大气污染物排放方式	□变化　□无变化	
				废水污染物排放规律	□变化　□无变化	
				大气污染物排放执行标准名称	□变化　□无变化	
				水污染物排放执行标准名称	□变化　□无变化	
				设计生产能力	□变化　□无变化	
	（二）产排污环节、污染物及污染治理设施	废气	污染治理设施	污染物种类	□变化　□无变化	
				污染治理设施工艺	□变化　□无变化	
				排放形式	□变化　□无变化	
				排放口位置	□变化　□无变化	
			……	……	□变化　□无变化	
		废水	污染物治理设施	污染物种类	□变化　□无变化	
				污染治理设施工艺	□变化　□无变化	
				排放形式	□变化　□无变化	
				排放口位置	□变化　□无变化	
			……	……	□变化　□无变化	
环境管理要求	自行监测要求		监测点位	监测设施	□变化　□无变化	
				自动监测设施安装位置	□变化　□无变化	
			…….	…….	□变化　□无变化	
注：对于选择“变化”的，应在“原因分析”中详细说明。						

表 F.2 排污单位生产运行信息表

序号	记录内容		名称	数量/t	备注
1	主要原料使用情况		（自动生成）		主要性质（如平均含硫量、API 值等）
2	主要辅料使用情况		（自动生成）		
3	燃料使用情况	干气	硫含量/（mg/m^3）		
			……		
		天然气	硫含量/（mg/m^3）		
			……		
		燃料煤	低位热值/（MJ/kg）		
			收到基硫含量/%		
			收到基挥发分/%		
			收到基灰分/%		
			……		
		燃料油/石油焦	硫含量/%		
			……		
		……			
4	能源使用情况	蒸汽消耗量/MJ			
		用电量/kW·h			
5	危险化学品储存情况				（CAS 号）
6	主要产品产量		（自动生成）		
7	取排水		工业新鲜水		
			回用水		
7	取排水		生活用水		
			废水排放量		
8	全厂运行时间		正常运行时间/h		
			异常运行时间/h		
			停产时间/h		
9	全年生产负荷/%				
10	污染治理设施计划投资情况		治理类型		
			开工时间		
			建成投产时间		
			计划总投资		
			报告周期内完成投资		
11	其他				

注 1：各排污单位根据工艺、设备、原辅材料及燃料使用情况和产品等实际情况完善表格相关内容。

注 2：如与许可证载明事项不符的，在备注中说明变化情况及原因。

注 3：列表中未能涵盖的信息，可以文字形式另行说明。

表 F.3 生产设施运行情况汇总表

序号	主要装置/设施/设备			关键运行参数			备注
	类型	名称	编号	名称	数量	单位	
1	生产装置或设施	××工艺加热炉	（自动生成）	运行时间		h	
				燃料使用量		m^3	
				……			
		××硫黄回收设施		运行时间		h	
				硫黄回收效率		%	
				……			
		××催化裂化工艺		运行时间		h	
				催化剂使用量		t	
				……			
		××重整催化工艺		运行时间		h	
				……			
		××酸性气回收工艺		运行时间		h	
				……			
		××延迟焦化装置		运行时间		h	
				……			
		……					
2	公用单元	××储罐		周转量		t	
				周转次数		次	
				装载量		t	
				……			
		××火炬		运行时间		h	
				辅助燃料使用量		t	
				……			
		××动力锅炉		运行时间		h	
				燃料使用量		t	
				……			
		××循环水冷却系统		运行时间		h	
				……			
		……					

注 1：各排污单位根据工艺、设备、原辅材料及燃料使用情况和产品等实际情况完善表格相关内容。
注 2：如与许可证载明事项不符的，在备注中说明变化情况及原因。
注 3：列表中未能涵盖的信息，可以文字形式另行说明。

F.2 遵守法律法规情况

排污单位说明在许可证执行过程中是否遵守法律法规，是否配合环境保护主管部门和其他有环境监督管理权的工作人员职务行为，是否自觉遵守环境行政命令和环境行政决定，是否存在公众举报、投诉情况及具体环境行政处罚等行政决定执行情况。

如发生公众举报、投诉及受到环境行政处罚等情况，应进行相应的说明，并填写表 F.4。

表 F.4 公众举报、投诉及处理情况表

序号	时间	事项	说明

F.3 污染治理设施运行情况

1）污染治理设施正常运转信息

根据自行监测数据记录及环境管理台账的相关信息，总结说明污染物来源及处理情况，具体生产工艺产生的废水废气及处理措施和处理效果等。报告内容至少应包括表 F.5 内容。

表 F.5 污染治理设施正常情况汇总表

污染治理设施类别	污染治理设施编号（自动生成）	污染治理设施			备注
		名称	数量	单位	
废水		废水处理设施运行时间		h	
		污水处理量		m^3	
		污水回用量		m^3	
		污水排放量		m^3	
		污泥产生量		t	
		污泥平均含水率		%	
		用电量		kW·h	
		××药剂使用量（全厂）		kg	
		……			
脱硫设施		脱硫设施运行时间		h	
		脱硫剂用量		t	
		平均脱硫效率		%	
		脱硫副产品产量		t	
		脱硫设施耗电量		kW·h	
		……			
脱硝设施		脱硝设施运行时间		h	
		脱硝还原剂用量		t	
		平均脱硝效率		%	
		废脱硝催化剂		t	
		脱硝设施耗电量		kW·h	
		……			
除尘设施	颗粒物	除尘设施运行时间		h	
		布袋除尘器清灰周期及换袋情况		次/d	
		平均除尘效率		%	
		灰产生量		t	
		除尘设施耗电量		kW·h	
		……			
挥发性有机物治理		设备与管线组件密封点泄漏检测与修复工作检测频次		次/d	
		排放量		kg	
		……			
……		……			

注 1：排污单位可根据工艺、设备、污染物类型完善表格相关内容，如有相关内容则填写，如无相关内容则不填写。

注 2：石化工业排污单位设备、密封点挥发性有机物泄漏检测与修复工作记录要求按照《石化企业泄漏检测与修复工作指南》执行。

注 3：以上数据，如无特别说明的，则为全厂全年数据。

2）污染治理设施异常运转信息

排污单位拆除、闲置、停运污染治理设施，需说明原因、递交书面报告、收到回复及实施拆除、闲置停运的起止日期及相关情况；因故障等紧急情况停运污染治理设施，或污染治理设施运行异常的，排污单位应说明故障原因、废水废气等污染物排放情况、报告递交情况及采取的应对措施，并包括表 F.6 内容。

表 F.6 污染治理设施故障情况汇总表

时间	故障设施	故障原因	污染物项目排放浓度				采取的应对措施
			二氧化硫	化学需氧量	……	……	
注 1：如废气治理设施异常，排放因子填写二氧化硫、氮氧化物、烟尘等。 注 2：如废水治理设施异常，排放因子填写化学需氧量、氨氮等。							

F.4 自行监测情况

排污单位应说明按照排污许可证中自行监测方案开展自行监测情况。自行监测情况应当说明监测点位、监测项目、监测频次、监测方法和仪器、采样方法、监测质量控制、自动监测系统联网、自动监测系统的运行维护及监测结果公开情况等，并建立台账记录报告。对于无自动监测的大气污染物和水污染物项目，排污单位应当按照自行监测数据记录总结说明排污单位开展手工监测的情况。

1）正常时段排放信息

表 F.7 有组织废气污染物浓度合规判定分析统计表

排放口编号	污染物	监测设施	有效监测数据（小时值）个数	许可排放浓度限值/(mg/m³)	计量单位	监测结果（标态，小时浓度）			满足许可排放浓度数据个数	合规率/%	计量单位	实际排放量	手工测定方法	备注
						最小值	最大值	平均值						
自动生成	自动生成	自动生成		自动生成										
	自动生成	自动生成												
	……	……		……										
……														
注 1：若采用自动监测，有效监测数据数量为报告周期内剔除异常值后的数量。 注 2：若采用手工监测，有效监测数据数量为报告周期内的监测次数。 注 3：若采用自动和手工联合监测，有效监测数据数量为两者有效数据数量的总和。														

表 F.8 无组织废气污染物质量浓度合规判定分析统计表

监测点位或者设施	生产设施/无组织排放编号	监测时间	污染物	监测次数	许可排放浓度限值/（mg/m³）	计量单位	监测结果（小时浓度）/（mg/m³）	是否合规	备注
自动生成	自动生成		自动生成		自动生成				
	自动生成		自动生成		自动生成				
	……		……		……				
……									
注：排污许可证中有无组织监测要求的填写，无监测要求的可不填。									

表 F.9 废水污染物浓度合规判定分析统计表

排放口编号	污染物	监测设施	有效监测数据（日均值）个数	许可排放浓度限值（mg/m³）	计量单位	监测结果（日均浓度）/（mg/m³）			满足许可排放浓度数据个数	合规率/%	计量单位	实际排放量	手工测定方法	备注
						最小值	最大值	平均值						
自动生成	自动生成	自动生成		自动生成	自动生成									
	……	……		……										
……														

注 1：若采用自动监测，有效监测数据数量为报告周期内剔除异常值后的数量。
注 2：若采用手工监测，有效监测数据数量为报告周期内的监测次数。
注 3：若采用自动和手工联合监测，有效监测数据数量为两者有效数据数量的总和。

2）特殊时段排放信息

表 F.10 有组织废气污染物特殊时段排放信息表

记录日期	排放口编号	污染物	有效监测数据（小时值）数量	许可排放浓度限值	计量单位	监测结果（小时浓度）/（mg/m³）			监测结果（标态，小时浓度）/（mg/m³）			满足许可排放浓度数据个数	合规率/%	计量单位	实际排放量	备注
						最小值	最大值	平均值	最小值	最大值	平均值					
	自动生成	自动生成		自动生成												
		……		……												

注 1：若采用自动监测，有效监测数据数量为报告周期内剔除异常值后的数量。
注 2：若采用手工监测，有效监测数据数量为报告周期内的监测次数。
注 3：若采用自动和手工联合监测，有效监测数据数量为两者有效数据数量的总和。

F.5 台账管理情况

说明排污单位在报告周期内环境管理台账的记录情况，主要包括基本信息、生产设施运行管理信息、污染治理措施运行管理信息、监测记录信息、其他环境管理信息等方面，并明确环境管理台账归档、保存情况。对比分析排污单位环境管理台账的执行情况，重点说明与排污许可证中要求不一致的情况，并说明原因。说明生产运行台账是否满足各级环境保护主管部门检查要求。若有未按要求进行台账管理的特殊情况，填写表 F.11。

表 F.11 台账管理情况表

序号	记录内容	是否完整	说明
	自动生成	□是　　□否	
	……	□是　　□否	

F.6 实际排放情况及合规判定分析

根据排污单位自行监测数据记录及环境管理台账的相关数据信息，概述排污单位各项污染源、各项污染物的排放情况，分析全年、特殊时段、启停机时段许可浓度限值及许可排放量的合规情况。

1）实际排放量信息

废气和废水实际排放量可参照表 F.12 和表 F.13 填写，对于不合规时段还应填报表 F.14 和表 F.15。

表 F.12　废气排放量报表

排放方式	排放口名称	排放口编号	污染源项	污染物	年许可排放量/t	实际排放量/t
有组织排放	自动生成	自动生成	自动生成	自动生成	自动生成	
			……	……	……	
		……				
无组织排放	自动生成					
全厂合计				自动生成	自动生成	
				……	……	
注：全厂合计不作为废气合规判定依据，有组织排放量与无组织排放量单独判定，具体见本标准第 10 部分“合规性判定方法”。						

表 F.13　废水排放量报表

排放口名称	排放口编号	污染物	年许可排放量/m^3	实际排放量/m^3
自动生成	自动生成	自动生成	自动生成	
		……	……	
	……			
全厂合计		自动生成	自动生成	
		……	……	

2）排放浓度信息（有不合规情况应逐条填写）

表 F.14　有组织废气污染物不合规时段小时均值报表

日期	时间	设备编号	污染物种类	排放浓度（折标，mg/m^3）	原因说明	应对措施

表 F.15　废水污染物不合规时段日均值报表

日期	时间	排放口编号	污染物种类	排放浓度/（mg/L）	原因说明	应对措施

3）其他信息及说明

有其他情况的，说明具体内容及原因。

F.7　排污费（环境保护税）缴纳情况

排污单位说明根据相关环境法律法规，按照排放污染物的种类、浓度、数量等缴纳排污费（环境保护税）的情况。

表 F.16 排污费（环境保护税）缴纳情况表

序号	时间	污染类型	污染物种类	污染物实际排放量/t	污染当量值/g	污染当量数	征收标准/元	排污费（环境保护税）/元
		废气	自动生成					
			……					
		废水	自动生成					
			……					
合计								

F.8 信息公开情况

排污单位说明依据排污许可证规定的环境信息公开要求，开展信息公开的情况。信息公开填报内容参见表 F.17。

表 F.17 信息公开情况报表

序号	分类	执行情况	是否符合许可证要求
1	公开方式		□是 □否
2	时间节点		□是 □否
3	公开内容		□是 □否
……	……	……	……

F.9 排污单位内部环境管理体系建设与运行情况

说明排污单位内部环境管理体系的设置、人员保障、设施配备、排污单位环境保护规划、相关规章制度的建设和实施情况、相关责任的落实情况等。

F.10 排污许可证规定的其他内容执行情况

说明排污许可证中规定的其他内容执行情况。

F.11 其他需要说明的问题

针对报告周期内未执行排污许可证要求的内容，提出相应的整改计划。

F.12 结论

按照上述内容要求对排污单位在报告周期内的排污许可证执行情况进行总结，明确排污许可证执行过程中存在的问题，以及下一步需进行整改的内容。

F.13 附件、附图要求

附件包括实际排放量计算过程、相关特殊情况的证明材料，以及支持排污许可证执行报告的其他相关材料。

附图为自行监测布点图等。如平面布置发生变化，提交变化后的平面布置图。

执行报告附图应图像清晰、显示要点明确，包括图例、比例尺、风向标等内容；各种附图中应为中文标注，必要时可用简称的附注释说明。

HJ

中华人民共和国国家环境保护标准

HJ 942—2018

排污许可证申请与核发技术规范 总则

Technical specification for application and issuance of pollutant permit

—General programme

2018-02-08 发布 2018-02-08 实施

环 境 保 护 部 发布

前　言

为贯彻落实《中华人民共和国环境保护法》《中华人民共和国大气污染防治法》《中华人民共和国水污染防治法》等法律法规、《国务院办公厅关于印发控制污染物排放许可制实施方案的通知》（国办发〔2016〕81号）和《排污许可管理办法（试行）》（环境保护部令　第48号），加强大气、水、土壤污染防治，落实相关治理措施和企业主体责任，完善排污许可技术支撑体系，指导排污单位排污许可证申请与核发工作，制定本标准。

本标准规定了排污单位基本情况填报要求、许可排放限值确定、实际排放量核算和合规判定的一般方法，以及自行监测、环境管理台账及排污许可证执行报告等环境管理要求，提出了排污单位污染防治可行技术的原则要求。

本标准附录A为资料性附录。

本标准为首次发布。

本标准由环境保护部规划财务司、环境保护部科技标准司组织制订。

本标准主要起草单位：环境保护部环境工程评估中心。

本标准环境保护部2018年2月8日批准。

本标准自2018年2月8日起实施。

本标准由环境保护部解释。

排污许可证申请与核发技术规范　总则

1　适用范围

本标准适用于指导排污单位填报《排污许可证申请表》及网上填报相关申请信息，适用于指导核发环保部门审核确定排污单位排污许可证许可要求，排污许可证申请与核发程序参见附录 A。

有行业排污许可证申请与核发技术规范（以下简称行业技术规范）的，执行行业技术规范；无行业技术规范的，执行本标准；行业涉及通用工序的，执行通用工序排污许可证申请与核发技术规范。行业或通用工序排污许可证申请与核发技术规范的编制可参考本标准。

2　规范性引用文件

本标准引用了下列文件或其中的条款。凡是未注明日期的引用文件，其最新版本适用于本标准。

GB/T 16157　固定污染源排气中颗粒物测定与气态污染物采样方法

HJ/T 55　大气污染物无组织排放监测技术导则

HJ 75　固定污染源烟气（SO_2、NO_x、颗粒物）排放连续监测技术规范

HJ/T 91　地表水和污水监测技术规范

HJ/T 356　水污染源在线监测系统数据有效性判别技术规范（试行）

HJ/T 397　固定源废气监测技术规范

HJ 608　排污单位编码规则

HJ 819　排污单位自行监测技术指南　总则

HJ 944—2018　排污单位环境管理台账及排污许可证执行报告技术规范　总则（试行）

《排污许可管理办法（试行）》（环境保护部令　第 48 号）

《固定污染源排污许可分类管理名录》

《排污口规范化整治技术要求（试行）》（国家环保局　环监〔1996〕470 号）

《未纳入排污许可管理行业适用的排污系数、物料衡算方法（试行）》（环境保护部公告　2017 年第 81 号）

3　术语和定义

下列术语和定义适用于本标准。

3.1

生产设施　production facilities

指在排污单位中与产排污有关的，直接参加生产过程或直接为生产服务的设备或设施。

3.2

污染治理设施　pollution control facilities

指对生产过程中产生的污染物进行收集、净化、去除的设备或设施。

3.3

许可排放限值 permitted emission limits

指排污许可证中规定的允许排污单位排放的污染物最大排放浓度和排放量。

3.4

特殊时段 special periods

指根据地方人民政府依法制定的环境质量限期达标规划或其他相关环境管理文件，对排污单位的污染物排放有特殊要求的时段，包括重污染天气应对期间和冬防期间等。

3.5

非正常情况 abnormal situation

指开停炉（机）、设备检修、工艺设备运转异常等生产设施非正常工况或污染治理设施非正常状况。

4 排污单位基本情况填报要求

4.1 一般原则

排污单位应按照本标准要求，在全国排污许可证管理信息平台申报系统填报《排污许可证申请表》中的相应信息表。地方环境保护主管部门有规定需要填报或排污单位认为需要填报的，可自行增加内容。

设区的市级以上地方环境保护主管部门可以根据环境保护地方性法规，增加需要在排污许可证中载明的内容，并填入排污许可证管理信息平台申报系统中"有核发权的地方环境保护主管部门增加的管理内容"一栏。

未依法取得建设项目环境影响评价文件审批意见或按照有关规定经地方人民政府依法处理、整顿规范并符合要求的相关证明材料的排污单位，采用的污染防治设施或措施不能达到许可排放浓度要求的排污单位，以及存在其他依规需要改正行为的排污单位，在首次申报排污许可证填报申请信息时，应在全国排污许可证管理信息平台申报系统中"改正规定"一栏，提出改正方案。

排污单位基本情况应当按照实际情况填报，排污单位对提交申请材料的真实性、合法性和完整性负法律责任。

4.2 排污单位基本信息

排污单位基本信息应填报单位名称、是否需整改、许可证管理类别、邮政编码、是否投产、投产日期、生产经营场所中心经度、生产经营场所中心纬度、所在地是否属于环境敏感区（如大气重点控制区域、总磷总氮控制区等）、所属工业园区名称、环境影响评价审批意见文号（备案编号）、地方政府对违规项目的认定或备案文件文号、主要污染物总量分配计划文件文号、颗粒物总量指标（t/a）、二氧化硫总量指标（t/a）、氮氧化物总量指标（t/a）、化学需氧量总量指标（t/a）、氨氮总量指标（t/a）、挥发性有机物总量指标（t/a）、其他污染物总量指标（如有）等。

4.3 主要产品及产能

4.3.1 主要生产单元、主要工艺、生产设施及设施参数

在填报"主要产品及产能"时，需选择所属行业类别。排污单位主要生产单元、主要工艺、生产设施及设施参数填报内容见表 1。

4.3.2 生产设施编号

排污单位填写内部生产设施编号，若排污单位无内部生产设施编号，则根据 HJ 608 进行编号并填报。

4.3.3 产品名称

填写生产设施主要产品名称。涉及化学品的，填报化学品名称及 CAS 编号。

表 1　排污单位主要生产单元、主要工艺、生产设施及设施参数表

主要生产单元	主要工艺	生产设施	设施参数
主体工程	主要生产线	与排放废气和废水密切相关的主要生产设施，包括工业炉窑（熔炼炉、焚烧炉、熔化炉、加热炉、热处理炉、石灰窑等）、化工类排污单位的反应设备（化学反应釜/器/塔、蒸馏/蒸发/萃取设备等）、包装印刷设备、工业涂装工序生产设施等	设计生产能力、功率、尺寸、面积、额定蒸发量、额定功率、压力、流量、设计处理能力、设计排气量、储量、容积、周转量等
公用工程	发电、供热系统等公用系统	与排放废气和废水密切相关的生产设施，包括锅炉、汽轮机、发电机等	
辅助工程	污水处理系统等其他为生产线配套服务的系统	与排放废气和废水密切相关的生产设施或污染治理设施，包括污水处理站等	
储运工程	储运系统	与排放废气和废水密切相关的生产设施，包括物料的存储、运输设施如储罐、仓库、固体废物储存间、转运站等	

4.3.4　生产能力、计量单位及设计年生产时间

生产能力为主要产品设计产能，并标明计量单位。生产能力不包括国家或地方政府予以淘汰或取缔的产能。

设计生产时间按环境影响评价文件及审批意见或地方政府对违规项目的认定或备案文件中的年生产时间填写。

4.3.5　其他

排污单位如有需要说明的内容，可填写。

4.4　主要原辅材料及燃料信息

4.4.1　原辅材料及燃料种类

按原料、辅料、燃料种类分别填写具体物质名称。涉及化学品的，填报化学品名称及 CAS 编号。

原料填报产品生产加工过程所需的主要原材料以及所有有毒有害化学品原材料。

辅料填报产品生产加工过程中添加的主要辅料和污染治理过程中添加的化学品。

燃料种类包括：固体燃料（煤炭、煤矸石、焦炭、生物质燃料等），液体燃料（原油、汽油、煤油、柴油、燃料油等），气体燃料（天然气、煤层气、冶金副产煤气、石油炼制副产燃气、煤气发生炉煤气等）。

4.4.2　设计年使用量及计量单位

设计年使用量为与产能相匹配的原辅料及燃料年使用量，并标明计量单位。

4.4.3　原辅料有毒有害物质及成分占比

为优先控制化学品名录、污染物排放标准中的“第一类污染物”以及有关文件中规定的有毒有害物质或元素，及其在原辅料中的成分占比，应按设计值或上一年生产实际值填写，原辅料中不含有毒有害物质或元素的可不填写。

4.4.4　燃料灰分、硫分、挥发分及热值

应按设计值或上一年生产实际值填写固体燃料灰分、硫分、挥发分及热值（低位发热量）。燃油和燃气填写硫分（液体燃料按硫分计；气体燃料按总硫计，总硫包含有机硫和无机硫）及热值（低位发热量）。

原则上固体燃料和液体燃料填报值以收到基为基准，排污单位可结合行业特点填报，并注明填报基准。

4.4.5　其他

排污单位如有需要说明的内容，可填写。

4.5 产排污环节、污染物及污染治理设施

4.5.1 一般原则

废气产排污环节、污染物及污染治理设施包括对应产排污环节名称、污染物种类、排放形式（有组织、无组织）、污染治理设施、有组织排放口编号及名称、排放口设置是否符合要求、排放口类型。

废水类别、污染物及污染治理设施包括废水类别、污染物种类、污染治理设施、排放去向、排放方式、排放规律、排放口编号及名称、排放口设置是否符合要求、排放口类型。

4.5.2 废气

4.5.2.1 废气产排污环节、污染物种类、排放形式及污染治理设施

产排污环节为生产设施对应的产排污环节名称，依据国家和地方污染物排放标准、环境影响评价文件及审批意见综合确定。

污染物种类为排放标准中的各污染物项目，依据国家和地方污染物排放标准确定。

排放形式分有组织排放和无组织排放两种形式。

污染治理设施包括设施编号、名称、工艺、是否为可行技术，污染治理设施应与生产设施产排污环节相对应。

废气污染治理设施分为除尘系统、脱硫系统、脱硝系统、有机废气收集治理系统、恶臭治理系统、其他废气收集处理系统等。

废气污染治理设施工艺包括除尘设施（袋式除尘器、电除尘器、电袋复合除尘器、其他）、脱硫设施（干法、半干法、湿法、其他）、脱硝设施（低氮燃烧、SCR、SNCR、其他）、有机废气收集治理设施（焚烧、吸附、催化分解、其他）、恶臭治理设施（水洗、吸收、氧化、活性炭吸附、过滤、其他）、其他废气收集处理设施（活性炭吸附、生物滤塔、洗涤、吸收、燃烧、氧化、过滤、其他）等。

4.5.2.2 污染治理设施、有组织排放口编号

污染治理设施编号填写排污单位内部编号，若排污单位无内部编号，则根据 HJ 608 进行编号并填报。

有组织排放口编号可填写地方环境保护主管部门现有编号，或根据 HJ 608 进行编号并填写。

4.5.2.3 排放口设置要求

根据《排污口规范化整治技术要求（试行）》（国家环保局　环监〔1996〕470 号），以及排污单位执行的污染物排放标准中有关排放口规范化设置的规定，填报废气排放口设置是否符合规范化要求。

4.5.2.4 排放口类型

废气排放口分为主要排放口、一般排放口和其他排放口。原则上将主体工程中的工业炉窑、化工类排污单位的主要反应设备、公用工程中出力 10 t/h 及以上的燃料锅炉、燃气轮机组以及与出力 10 t/h 及以上的燃料锅炉和燃气轮机组排放污染物相当的污染源，其对应的排放口为主要排放口；主体工程、辅助工程、储运工程中污染物排放量相对较小的污染源，其对应的排放口为一般排放口；公用工程中的火炬、放空管等污染物排放标准中未明确污染物排放浓度限值要求的排放口为其他排放口。具体见表 2。

表 2　纳入许可管理的废气排放源及排放口类型

主要生产单元	生产设施	排放口类型
有组织排放		
主体工程	工业炉窑（熔炼炉、焚烧炉、熔化炉、加热炉、热处理炉、石灰窑等）	主要排放口
	化工类排污单位的主要反应设备（化学反应釜/器/塔、蒸馏/蒸发/萃取设备等）	

主要生产单元	生产设施	排放口类型
有组织排放		
主体工程	与出力 10 t/h 及以上的燃料锅炉和燃气轮机组排放污染物相当的污染源	主要排放口
	其他	一般排放口
公用工程	出力 10 t/h 及以上的燃料锅炉和燃气轮机组等	主要排放口
	火炬、放空管等	其他排放口
辅助工程	污水处理站	一般排放口
储运工程	储罐、仓库、固体废物储存间、转运站等储运设施	一般排放口
无组织排放		
排污单位生产设施、生产单元或厂界		—

4.5.3 废水

4.5.3.1 废水类别、污染物种类、排放方式及污染治理设施

废水类别分为对应工艺（工序）的生产废水、综合废水、生活污水、初期雨水、循环冷却水等。

污染物种类为排放标准中的各污染物项目，依据国家和地方污染物排放标准确定。

排放方式分为间接排放、直接排放和不外排三种方式。

污染治理设施包括设施编号、名称、工艺、是否为可行技术，污染治理设施应与废水类别相对应。

废水污染治理设施名称包括工艺（工序）的生产废水预处理设施、综合废水处理设施、生活污水处理设施、其他。

废水污染治理工艺分为一级处理（过滤、沉淀、气浮、其他），二级处理（A/O、A^2/O、SBR、活性污泥法、生物接触氧化、其他）、深度处理（超滤/纳滤、反渗透、吸附过滤、蒸发结晶、其他）、其他。

4.5.3.2 废水排放去向及排放规律

排污单位应明确废水排放去向及排放规律。

废水排放去向包括：不外排；排至厂内综合污水处理站；直接进入海域；直接进入江、湖、库等水环境；进入城市下水道（再入江河、湖、库）；进入城市下水道（再入沿海海域）；进入城市污水处理厂；进入其他单位；进入工业废水集中处理厂；其他。对于工艺、工序产生的废水，“不外排”指全部在工序内部循环使用，“排至厂内综合污水处理站”指工序废水经处理后排至综合污水处理站，对于综合污水处理站，“不外排”指全厂废水经处理后全部回用不向环境排放。

排放规律包括连续排放，流量稳定；连续排放，流量不稳定，但有周期性规律；连续排放，流量不稳定，但有规律，且不属于周期性规律；连续排放，流量不稳定，属于冲击型排放；连续排放，流量不稳定且无规律，但不属于冲击型排放；间断排放，排放期间流量稳定；间断排放，排放期间流量不稳定，但有周期性规律；间断排放，排放期间流量不稳定，但有规律，且不属于非周期性规律；间断排放，排放期间流量不稳定，属于冲击型排放；间断排放，排放期间流量不稳定且无规律，但不属于冲击型排放。

4.5.3.3 污染治理设施、排放口编号

污染治理设施编号填写排污单位内部编号，若排污单位无内部编号，则根据 HJ 608 进行编号并填报。

排放口编号可填写地方环境保护主管部门现有编号，或根据 HJ 608 进行编号并填写。

4.5.3.4 排放口设置要求

根据《排污口规范化整治技术要求（试行）》（国家环保局 环监〔1996〕470 号），以及排污单位执行的污染物排放标准中有关排放口规范化设置的规定，填报排放口设置是否符合规范化要求。

4.5.3.5 排放口类型

根据排污单位废水排放特点，废水排放口包括车间或生产设施排放口、废水总排放口。原则上涉及

排放第一类污染物的车间或生产设施排放口以及纳入水环境重点排污单位名录中的排污单位废水总排放口为主要排放口，其他为一般排放口。

4.6 其他要求

排污单位基本情况还应包括生产工艺流程图（包括全厂及各工序）和厂区总平面布置图。

生产工艺流程图应至少包括主要生产设施（设备）、主要原辅材料及燃料的流向、生产工艺流程等内容。

厂区总平面布置图应至少包括主体设施、公辅设施、全厂污水处理站等，同时注明厂区雨水和污水排放口位置。

5 产排污环节对应排放口及许可排放限值确定方法

5.1 产排污环节对应排放口

5.1.1 废气

废气排放口应填报排放口地理坐标、排气筒高度、排气筒出口内径、国家和地方污染物排放标准及承诺更加严格排放限值，其余项为依据本标准 4.5 填报的产排污环节及排放口信息，信息平台系统自动生成。

5.1.2 废水

废水直接排放口应填报排放口地理坐标、间歇排放时段、受纳自然水体信息、汇入受纳自然水体处地理坐标及执行的国家和地方污染物排放标准，废水间接排放口应填报排放口地理坐标、间歇排放时段、受纳污水处理厂名称及执行的国家和地方污染物排放标准。废水向海洋排放的，还应说明岸边排放或深海排放。深海排放的，还应说明排污口的深度、与岸线直线距离。其余项为依据本标准 4.5 填报的产排污环节及排放口信息，信息平台系统自动生成。

5.2 许可排放限值

5.2.1 一般原则

许可排放限值包括污染物许可排放浓度和许可排放量。许可排放量包括年许可排放量和特殊时段许可排放量。年许可排放量是指允许排污单位连续 12 个月排放的污染物最大排放量。核发环保部门可根据需要（如采暖季、枯水期等）将年许可排放量按月、季进行细化。

对于大气污染物，以排放口为单位确定有组织主要排放口和一般排放口许可排放浓度，以生产设施、生产单元或厂界为单位确定无组织许可排放浓度。主要排放口逐一计算许可排放量；一般排放口和无组织废气不许可排放量；其他排放口不许可排放浓度和排放量。

对于水污染物，以排放口为单位确定主要排放口许可排放浓度和排放量，一般排放口仅许可排放浓度。单独排入城镇集中污水处理设施的生活污水仅说明排放去向。

根据国家和地方污染物排放标准，按从严原则确定许可排放浓度。依据本标准 5.2.3 规定的允许排放量核算方法和依法分解落实到排污单位的重点污染物排放总量控制指标，从严确定许可排放量，落实环境质量改善要求。2015 年 1 月 1 日及以后取得环境影响评价审批意见的排污单位，许可排放量还应同时满足环境影响评价文件和审批意见确定的排放量的要求。

按照《固定污染源排污许可分类管理名录》实施简化管理的排污单位原则上仅许可排放浓度，不许可排放量。

排污单位填报许可限值时，应在《排污许可证申请表》中写明申请的许可排放限值计算过程。

排污单位承诺执行更加严格的排放浓度的，应在排污许可证中载明。

5.2.2　许可排放浓度

5.2.2.1　废气

按照国家和地方污染物排放标准确定排污单位许可排放浓度时，应依据排污单位执行的国家和地方污染物排放标准从严确定。

按照国务院环境保护行政主管部门或省级人民政府规定执行大气污染物特别排放限值的区域，应按照规定的行政区域范围、时间，执行相关排放标准的污染物特别排放限值。

若执行不同许可排放浓度的多台生产设施或排放口采用混合方式排放废气，且选择的监控位置只能监测混合废气中的大气污染物浓度，应根据污染物排放标准要求确定许可排放浓度。若污染物排放标准中无混合排放浓度确定要求的，则应执行各限值要求中最严格的排放浓度。

5.2.2.2　废水

按照国家和地方污染物排放标准确定排污单位许可排放浓度时，应依据排污单位执行的国家和地方污染物排放标准从严确定。

按照国务院环境保护行政主管部门或省级人民政府规定执行水污染物特别排放限值的区域，应按照规定的行政区域范围、时间，执行相关排放标准的污染物特别排放限值。

若排污单位生产设施为两种及以上工序或同时生产两种及以上产品，可适用不同污染物排放控制要求或不同行业污染物排放标准时，且生产设施产生的污水混合处理排放的情况下，应根据污染物排放标准要求确定许可排放浓度。若污染物排放标准中无混合排放浓度确定要求的，则应执行各限值要求中最严格的排放浓度。

5.2.3　允许排放量

5.2.3.1　废气

通常对颗粒物、二氧化硫、氮氧化物、挥发性有机物（石化、化工、包装印刷、工业涂装等重点行业）、重金属（有色冶炼等重点行业）等污染物许可排放量。

废气许可排放量包括年许可排放量和特殊时段许可排放量。排污单位的废气年许可排放量为各废气主要排放口许可排放量之和。

a）年许可排放量核算方法

废气有组织排放口年许可排放量依据许可排放浓度、污染物排放标准中规定的基准排气量、主要产品产能确定，核算方法见式（1）与式（2）。

$$M_i = R \times Q \times \rho \times 10^{-9} \tag{1}$$

$$E_{年许可} = \sum_{i=1}^{n} M_i \tag{2}$$

式中：M_i—— 第 i 个主要排放口污染物年许可排放量，t；

R——第 i 个主要排放口对应装置产能，t；

Q——基准排气量（标态），m^3/t 产品；

ρ——污染物许可排放质量浓度限值（标态），mg/m^3；

$E_{年许可}$——污染物年许可排放量，t/a。

无规定的基准排气量时，也可按照许可排放浓度、风量、年生产时间确定，核算方法见式（3）与式（4）。

$$M_i = Q \times \rho \times T \times 10^{-9} \tag{3}$$

$$E_{年许可} = \sum_{i=1}^{n} M_i \tag{4}$$

式中：M_i——第 i 个主要排放口污染物年许可排放量，t；

Q——第 i 个主要排放口风量（标态），m^3/h；

ρ——污染物许可排放质量浓度限值（标态），mg/m^3；

T——第 i 个主要排放口对应装置设计年生产时间，h；

$E_{年许可}$——污染物年许可排放量，t/a。

b）特殊时段许可排放量核算方法

特殊时段排污单位应按照国家或所在地区人民政府制定的重污染天气应急预案等文件，根据停产、减产、减排等要求，确定特殊时段短期许可排放量要求。国家和地方环境保护主管部门依法规定的其他特殊时段短期许可排放量应当在排污许可证中明确。在排污许可证有效期内，国家或排污单位所在地区人民政府发布新的特殊时段要求的，排污单位应当按照新的停产、减产、减排等要求进行排放。

特殊时段日（月）许可排放量根据排污单位前一年实际排放量折算的日（月）均值、特殊时段产量或排放量削减比例核算，核算方法见式（5）。

$$E_{日（月）许可}=E_{前一年日（月）实际排放量}\times(1-\alpha) \tag{5}$$

式中：$E_{日（月）许可}$——特殊时段日（月）许可排放量，t；

$E_{前一年日（月）实际排放量}$——排污单位前一年实际排放量折算的日（月）均值，t；

α——特殊时段日（月）产量或排放量削减比例。

5.2.3.2 废水

对排污单位废水主要排放口化学需氧量、氨氮，以及受纳水体环境质量超标且列入相关污染物排放标准的污染物许可排放量；对位于《“十三五”生态环境保护规划》及环境保护部规定的总磷、总氮总量控制区域内排放总磷、总氮的排污单位，废水主要排放口还应分别申请总磷及总氮年许可排放量。

废水许可排放量为年许可排放量，排污单位的废水年许可排放量为主要排放口许可排放量之和。

废水主要排放口年许可排放量依据许可排放浓度、污染物排放标准中规定的基准排水量、主要产品产能确定，核算方法见式（6）。

$$E_{年许可}=S\times Q\times\rho\times10^{-6} \tag{6}$$

式中：$E_{年许可}$——污染物年许可排放量，t/a；

S——主要产品产能，t；

Q——单位产品基准排水量，m^3/t 产品；

ρ——污染物许可排放浓度限值，mg/L。

无规定的基准排水量时，也可按照许可排放浓度、排水量、年生产时间确定，核算方法见式（7）。

$$E_{年许可}=Q\times\rho\times T\times10^{-6} \tag{7}$$

式中：$E_{年许可}$——污染物年许可排放量，t/a；

Q——排水量，m^3/d；

ρ——污染物许可排放浓度限值，mg/L；

T——设计年生产时间，d。

6 可行技术要求

6.1 可行技术要求

可行技术可按照行业可行技术指南和污染物排放标准控制要求确定。以污染防治技术的污染物排放持续稳定达标性、规模应用和经济可行性作为确定污染防治可行技术的重要依据。

对采用相应污染防治可行技术的，或者新建、改建、扩建建设项目排污单位采用环境影响评价审批意见要求的污染治理技术的，原则上认为排污单位具有符合国家要求的污染防治设施或污染物处理能力；对于未采用的，排污单位应当在申请时提供相关证明材料（如已有监测数据；对于国内外首次采用的污染防治技术，还应当提供中试数据等说明材料），证明可达到与污染防治可行技术相当的处理能力。

对于未采用污染防治可行技术的，排污单位应当加强自行监测、台账记录，评估污染防治技术达标可行性。环境保护部依据全国排污许可证执行情况，动态更新污染防治可行技术指南。

6.2 运行管理要求

6.2.1 废气

6.2.1.1 有组织排放

主要针对废气污染治理设施的安装、运行、维护等提出要求，包括：

a）废气污染治理设施应按照国家和地方规范进行设计；

b）污染治理设施应与产生废气的生产设施同步运行。由于事故或设备维修等原因造成污染治理设施停止运行时，应立即报告当地环境保护主管部门；

c）污染治理设施应在满足设计工况的条件下运行，并根据工艺要求，定期对设备、电气、自控仪表及构筑物进行检查维护，确保污染治理设施可靠运行；

d）污染治理设施正常运行中废气的排放应符合国家和地方污染物排放标准。

6.2.1.2 无组织排放

无组织排放的运行管理按照国家和地方污染物排放标准要求执行。

6.2.2 废水

主要针对废水污染治理设施的安装、运行、维护等提出要求，包括：

a）废水污染治理设施应按照国家和地方规范进行设计；

b）由于事故或设备维修等原因造成污染治理设施停止运行时，应立即报告当地环境保护主管部门；

c）污染治理设施应在满足设计工况的条件下运行，并根据工艺要求，定期对设备、电气、自控仪表及构筑物进行检查维护，确保污染治理设施可靠运行；

d）全厂综合污水处理厂应加强源头管理，加强对上游装置来水的监测，并通过管理手段控制上游来水水质满足污水处理厂的进水要求；

e）污染治理设施正常运行中废水的排放应符合国家和地方污染物排放标准。

6.2.3 渗漏、泄漏防治措施要求

涉及有毒有害污染物的排污单位，针对可能污染土壤和地下水的渗漏、泄漏风险点应采取相应防治措施，包括：

a）源头控制

对有毒有害物质，特别是液体或粉状固体物质储存及输送、生产加工，污水治理、固体废物堆放采取相应的防渗漏、泄漏措施。

b）分区防控

原辅料及燃料储存区、生产装置区、输送管道、污水治理设施、固体废物堆存区的防渗要求，应满足国家和地方标准、防渗技术规范要求。

c）渗漏、泄漏检测

对管道、储罐等配置渗漏、泄漏检测装置，阴极保护系统等防腐蚀装置，定期对渗漏、泄漏风险点进行隐患排查。

7 自行监测管理要求

排污单位自行监测按照 HJ 819 执行。

8 环境管理台账及排污许可证执行报告编制要求

环境管理台账及排污许可证执行报告编制按照《排污单位环境管理台账及排污许可证执行报告技术规范 总则（试行）》（HJ 944—2018）执行。

9 实际排放量核算方法

9.1 一般原则

排污单位应核算废气和废水主要排放口的污染物实际排放量。实际排放量为正常情况和非正常情况实际排放量之和。排污单位废气、废水污染物实际排放量的核算方法包括实测法、物料衡算法和产排污系数法等。

实测法为根据监测数据测算污染物实际排放量的方法，分为自动监测和手工监测。对于排污许可证载明的要求采用自动监测的污染物项目，应采用符合监测规范的有效自动监测数据核算污染物实际排放量。对于排污许可证载明的未要求采用自动监测的污染物项目，可采用自动监测数据或手工监测数据核算污染物实际排放量。

物料衡算法根据质量守恒定律，利用物料数量或元素数量在输入端与输出端之间的平衡关系，核算污染物实际排放量。

产排污系数法根据单位产品污染物的产生量和排放量，核算污染物实际排放量。相关产排污系数参考污染源普查产排污系数手册或《未纳入排污许可管理行业适用的排污系数、物料衡算方法（试行）》的相关内容。

9.2 废气

9.2.1 正常情况

a）采用自动监测数据核算

废气自动监测实测法应采用符合监测规范的有效自动监测数据污染物的小时平均排放浓度、小时烟气量、运行时间核算污染物实际排放量，核算方法见式（8）与式（9）。

$$M_{j主要排放口}=\sum_{i=1}^{n}(\rho_i \times q_i \times 10^{-9}) \tag{8}$$

$$E_{主要排放口}=\sum_{j=1}^{m}M_{j主要排放口} \tag{9}$$

式中：$M_{j主要排放口}$——核算时段内第 j 个主要排放口污染物的实际排放量，t；

ρ_i——第 j 个主要排放口污染物在第 i 小时的实测平均排放质量浓度（标态），mg/m^3；

q_i——第 j 个主要排放口在第 i 小时的排气量（标态），m^3/h；

n——核算时段内的污染物排放时间，h；

$E_{主要排放口}$——核算时段内主要排放口污染物的实际排放量，t。

要求采用自动监测的排放口或污染物项目而未采用的以及自动监测设备不符合规定的，采用物料衡算法核算二氧化硫排放量，根据原辅燃料消耗量、含硫率，按直排进行核算，核算方法见式（10）。

$$E=\left[\sum_{i}^{n}(m_i\times\frac{s_{m_i}}{100})-p_i\times\frac{s_{p_i}}{100}-d_i\times\frac{s_{d_i}}{100}\right]\times 2 \tag{10}$$

式中：E—— 核算时段内二氧化硫排放量，t；

m_i—— 核算时段内第 i 种原辅料及燃料使用量，t；

s_{m_i}—— 核算时段内第 i 种原辅料及燃料含硫率，%；

p_i—— 核算时段内第 i 种产品产量，t；

s_{p_i}—— 核算时段内第 i 种产品含硫率，%；

d_i—— 核算时段内第 i 种废物收集量，t；

s_{d_i}—— 核算时段内第 i 种废物含硫率，%。

要求采用自动监测的排放口或污染物项目而未采用的以及自动监测设备不符合规定的，采用产排污系数法核算颗粒物、氮氧化物、挥发性有机物等污染物实际排放量，根据单位产品污染物的产生量，按直排进行核算，核算方法见式（11）。

$$E=M\times\beta\times10^{-3} \tag{11}$$

式中：E——核算时段内污染物的排放量，t；

M——核算时段内某工序或生产设施产品产量，t；

β——产污系数，kg/t。

对于因自动监控设施发生故障以及其他情况导致数据缺失的按照 HJ 75 进行补遗。二氧化硫、氮氧化物、颗粒物在线监测数据缺失时段超过 25%的，自动监测数据不能作为核算实际排放量的依据，实际排放量按照“要求采用自动监测的排放口或污染物项目而未采用”的相关规定进行核算，其他污染物在线监测数据缺失情形可参照核算，环境保护部另有规定的从其规定。

对于出现在线数据缺失或数据异常等情况的排污单位，若排污单位能提供材料充分证明不是其责任的，可按照排污单位提供的手工监测数据等核算实际排放量，或者按照上一个半年申报期间的稳定运行期间自动监测数据的小时浓度均值和半年平均烟气量，核算数据缺失时段的实际排放量。

b）采用手工监测数据核算

废气手工监测实测法应采用每次手工监测时段内污染物的小时平均排放浓度、小时烟气量、运行时间核算污染物实际排放量，核算方法见式（12）与式（13）。排污单位应将手工监测时段内生产负荷与核算时段内的平均生产负荷进行对比，并给出对比结果。监测时段内有多组监测数据时，应加权平均。

$$M_{j主要排放口}=\sum_{i=1}^{n}(\rho_i\times q_i\times10^{-9}\times T) \tag{12}$$

$$E_{主要排放口}=\sum_{j=1}^{m}M_{j主要排放口} \tag{13}$$

式中：$M_{j主要排放口}$——核算时段内第 j 个主要排放口污染物的实际排放量，t；

ρ_i——第 j 个主要排放口在第 i 个监测时段的污染物实测小时排放质量浓度（标态），mg/m^3；

q_i——第 j 个主要排放口在第 i 个监测时段的排气量（标态），m^3/h；

T——第 i 个监测时段内主要排放口累计运行时间，h；

$E_{主要排放口}$——核算时段内主要排放口污染物的实际排放量，t。

手工监测数据包括核算时间内的所有执法监测数据和排污单位自行或委托其他有资质的检（监）测机构的有效手工监测数据，若同一时段既有执法监测数据又有手工监测数据，优先使用执法监测数据。

排污单位采用手工监测数据核算实际排放量时，排污单位自行或委托的手工监测频次、监测期间生产工况、数据有效性等须符合相关规范文件等要求。

9.2.2 非正常情况

非正常情况下污染物排放量优先采用实测法核定，其次采用物料衡算法和产排污系数法。

9.3 废水

9.3.1 正常情况

a）采用自动监测数据核算

废水自动监测实测法应采用符合监测规范的有效自动监测数据污染物的日平均排放浓度、日废水量、运行时间核算污染物年排放量，核算方法见式（14）。

$$E_{废水}=\sum_{i=1}^{n}(\rho_i\times q_i\times 10^{-6}) \tag{14}$$

式中：$E_{废水}$——核算时段内主要排放口污染物的实际排放量，t；

ρ_i——污染物在第 i 日的实测平均排放质量浓度，mg/L；

q_i——第 i 日的流量，m^3/d；

n——核算时段内的污染物排放时间，d。

对要求采用自动监测的排放口或污染物项目，在自动监测数据由于某种原因出现中断或其他情况，应按照 HJ/T 356 补遗。

要求采用自动监测的排放口或污染物项目而未采用的以及自动监测设备不符合规定的，采用产排污系数法核算化学需氧量、氨氮等污染物实际排放量，按直排进行核算，核算方法见式（15）。

$$E=M\times\beta\times 10^{-6} \tag{15}$$

式中：E——核算时段内污染物的排放量，t；

M——核算时段内某工序或生产设施产品产量，t；

β——产污系数，g/t。

b）采用手工监测数据核算

废水手工监测实测法应采用每次手工监测时段内污染物的日平均排放浓度、日废水量、运行时间核算污染物年排放量，核算方法见式（16）。排污单位应将手工监测时段内生产负荷与核算时段内的平均生产负荷进行对比，并给出对比结果。监测时段内有多组监测数据时，应加权平均。

$$E_{废水}=\sum_{i=1}^{n}(\rho_i\times q_i\times 10^{-6}\times T) \tag{16}$$

式中：$E_{废水}$——核算时段内主要排放口污染物的实际排放量，t；

ρ_i——第 i 个监测时段的污染物实测日均排放质量浓度，mg/L；

q_i——第 i 个监测时段的流量，m^3/d；

T——第 i 个监测时段内主要排放口累计运行时间，d。

手工监测数据包括核算时间内的所有执法监测数据和排污单位自行或委托其他有资质的检（监）测机构的有效手工监测数据，若同一时段既有执法监测数据又有手工监测数据，优先使用执法监测数据。排污单位采用手工监测数据核算实际排放量时，排污单位自行或委托的手工监测频次、监测期间生产工况、数据有效性等须符合相关规范文件等要求。

9.3.2 非正常情况

废水处理设施非正常情况下的排水，如无法满足排放标准要求时，不应直接排入外环境，待废水处理设施恢复正常运行后方可排放。如造成污染治理设施未正常运行超标排放污染物的或偷排偷放污染物的，采用产排污系数法按直排核算非正常排放期间实际排放量。

10　合规判定方法

10.1　一般原则

合规是指排污单位许可事项和环境管理要求符合排污许可证规定。

许可事项合规是指排污单位排放口位置和数量、排放方式、排放去向、排放污染物种类、排放限值符合排污许可证规定。其中，排放限值合规是指排污单位污染物实际排放浓度和排放量满足许可排放限值要求。

环境管理要求合规是指排污单位按排污许可证规定落实自行监测、台账记录、执行报告、信息公开等环境管理要求。

排污单位可通过台账记录、按时上报执行报告和开展自行监测、信息公开，自证其依证排污，满足排污许可证要求。

核发环保部门可依据执法监测数据，以及排污单位环境管理台账、执行报告、自行监测记录中的内容，判断其污染物排放浓度和排放量是否满足许可排放限值要求。

10.2　排放浓度合规判定方法

10.2.1　废气

10.2.1.1　正常情况

废气有组织排放口污染物排放浓度或生产设施、生产单元、厂界无组织污染物排放浓度达标均是指“任一小时浓度均值均满足许可排放浓度要求”。排放标准中浓度限值非小时均值的污染物，其排放浓度达标是指按相关监测规范要求测定的排放浓度满足许可排放浓度要求。环境保护部发布在线监测数据达标判定方法的，从其规定。

a）执法监测

按照监测规范要求获取的执法监测数据超标的，即视为不合规。根据 GB/T 16157、HJ/T 397、HJ/T 55 确定监测要求。相关标准中对采样频次和采样时间有规定的，按相关标准的规定执行。

b）排污单位自行监测

1）自动监测

按照监测规范要求获取的自动监测数据计算得到的有效小时浓度均值与许可排放浓度进行对比，超过许可排放浓度的，即视为不合规。对于应当采用自动监测的排放口或污染物项目而未采用的以及自动监测设备不符合规定的，即认为不合规。

2）手工监测

对于未采用自动监测的排放口或污染物，应进行手工监测，按照自行监测方案、监测规范要求获取的监测数据计算得到的有效小时浓度均值超标的，即视为不合规。

c）其他

若同一时段既有执法监测数据又有排污单位自行监测数据，优先使用执法监测数据。

10.2.1.2　非正常情况

若多台设施采用混合方式排放废气，且其中一台处于启停时段，排污单位可自行提供废气混合前各台设施污染物有效监测数据的，按照提供数据进行合规判定。

其他非正常情况导致污染物超标排放的，应立即停产整改。

10.2.1.3　无组织排放合规判定

无组织排放满足污染物排放标准中排放浓度限值要求及污染控制措施要求的，即认为合规，其他情形则认为不合规。

10.2.2　废水

排污单位废水排放口污染物排放浓度达标是指任一有效日均值（除 pH 值外）满足许可排放浓度要求。排放标准中浓度限值非日均值的污染物，其排放浓度达标是指按相关监测规范要求测定的排放浓度满足许可排放浓度要求。环境保护部发布在线监测数据达标判定方法的，从其规定。

a）执法监测

按照监测规范要求获取的执法监测数据超标的，即视为不合规。根据 HJ/T 91 确定监测要求。相关标准中对采样频次和采样时间有规定的，按相关标准规定执行。

b）排污单位自行监测

1）自动监测

按照监测规范要求获取的自动监测数据计算得到有效日均浓度（除 pH 值外）与许可排放浓度进行对比，超过许可排放浓度的，即视为不合规。对于应当采用自动监测的排放口或污染物项目而未采用的以及自动监测设备不符合规定的，即认为不合规。

2）手工监测

对于未要求采用自动监测的排放口或污染物，排污单位应按照自行监测方案、监测规范进行手工监测，当日各次监测数据平均值或当日混合样监测数据（除 pH 值外）超标的，即视为不合规。

c）其他

若同一时段既有执法监测数据又有排污单位自行监测数据，优先使用执法监测数据。

10.3　排放量合规判定方法

污染物排放量合规是指：

a）排污单位污染物年实际排放量满足年许可排放量要求；

b）对于特殊时段有许可排放量要求的排污单位，实际排放量之和不得超过特殊时段许可排放量。

10.4　管理要求合规判定

核发环保部门依据排污许可证中的管理要求，审核环境管理台账记录和排污许可证执行报告，核查排污单位是否满足排污许可证管理要求。管理要求合规判定包括：

a）排污单位是否按照自行监测方案开展自行监测；

b）排污单位是否按照排污许可证中环境管理台账记录要求记录相关内容，记录频次、形式等是否满足排污许可证要求；

c）排污单位是否按照排污许可证中执行报告要求定期上报，上报内容是否符合要求等；

d）排污单位是否按照排污许可证要求定期开展信息公开；

e）排污单位是否满足特殊时段污染防治要求。

附　录　A
（资料性附录）
排污许可证申请与核发程序

排污单位在规定的申请时限，登录全国排污许可证管理信息平台（http：//permit.mep.gov.cn）进行网上注册，并填写排污许可申请材料。

申请前信息公开结束后，排污单位在全国排污许可证管理信息平台上填写《排污许可证申领信息公开情况说明表》，并按照平台“业务办理流程”，将相关申请材料一并提交。同时向核发环保部门提交通过全国排污许可证管理信息平台印制的书面申请材料。

核发环保部门收到排污单位提交的申请材料后，对材料的完整性、规范性进行审查，并在全国排污许可证管理信息平台上作出受理或者不予受理排污许可证申请的决定。同意受理的进入审核流程，核发环保部门对排污单位的申请材料进行审核，对满足条件的排污单位核发排污许可证，对不满足条件的排污单位不予核发排污许可证（图 A.1）。

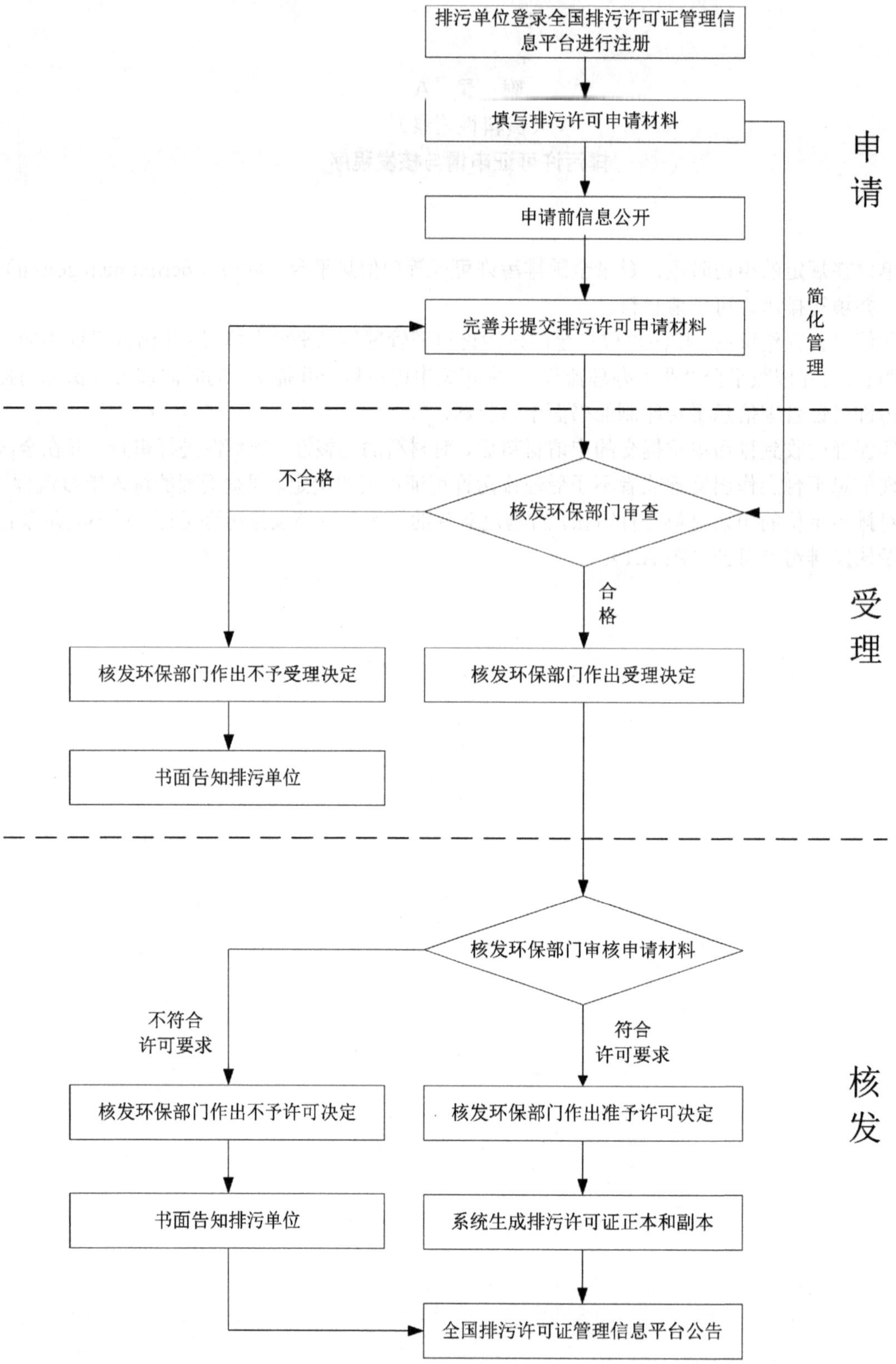

图 A.1　申请与核发程序流程图

HJ

中华人民共和国国家生态环境标准

HJ 1200—2021

排污许可证申请与核发技术规范 工业固体废物（试行）

Technical specification for application and issuance of pollutant permit—Industrial solid waste (on trial)

2021-11-06 发布　　2022-01-01 实施

生　态　环　境　部　发布

前 言

为贯彻《中华人民共和国环境保护法》《中华人民共和国固体废物污染环境防治法》《排污许可管理条例》等法律法规，完善排污许可技术支撑体系，指导和规范排污许可证中工业固体废物相关内容的申请与核发工作，制定本标准。

本标准规定了产生工业固体废物的排污单位工业固体废物相关的基本情况填报要求、污染防控技术要求、环境管理台账及排污许可证执行报告编制要求、合规判定方法等。

本标准自实施之日起，代替 HJ 860.2—2018、HJ 860.3—2018、HJ 863.4—2018、HJ 864.2—2018、HJ 953—2018、HJ 954—2018、HJ 967—2018、HJ 971—2018、HJ 978—2018、HJ 1027—2019、HJ 1028—2019、HJ 1030.1—2019、HJ 1030.2—2019、HJ 1030.3—2019、HJ 1031—2019、HJ 1032—2019、HJ 1033—2019、HJ 1035—2019、HJ 1036—2019、HJ 1038—2019、HJ 1039—2019、HJ 1062—2019、HJ 1063—2019、HJ 1064—2019、HJ 1065—2019、HJ 1066—2019、HJ 1101—2020、HJ 1102—2020、HJ 1103—2020、HJ 1104—2020、HJ 1106—2020、HJ 1107—2020、HJ 1108—2020、HJ 1109—2020、HJ 1110—2020、HJ 1115—2020、HJ 1116—2020、HJ 1117—2020、HJ 1118—2020、HJ 1119—2020、HJ 1121—2020、HJ 1122—2020、HJ 1123—2020、HJ 1124—2020、HJ 1125—2020 等排污许可证申请与核发技术规范中工业固体废物排污许可管理要求（不包括工业固体废物贮存、利用、处置过程产生的废气、废水及土壤、地下水管理要求）。

本标准附录 A 和附录 B 为资料性附录。

本标准为首次发布。

本标准由生态环境部环境影响评价与排放管理司、法规与标准司组织制订。

本标准起草单位：生态环境部环境工程评估中心、生态环境部固体废物与化学品管理技术中心、陕西省环境调查评估中心。

本标准生态环境部 2021 年 11 月 6 日批准。

本标准自 2022 年 1 月 1 日起实施。

本标准由生态环境部解释。

排污许可证申请与核发技术规范　工业固体废物（试行）

1　适用范围

本标准规定了产生工业固体废物的排污单位工业固体废物相关基本情况填报要求、污染防控技术要求、环境管理台账及排污许可证执行报告编制要求、合规判定方法等。

本标准适用于指导产生工业固体废物的排污单位填报工业固体废物相关申请信息，适用于指导审批部门审核确定排污单位工业固体废物相关许可要求。

本标准适用于产生工业固体废物且应申领排污许可证的排污单位。

2　规范性引用文件

本标准引用了下列文件或其中的条款。凡是注明日期的引用文件，仅注日期的版本适用于本标准。凡是未注日期的引用文件，其最新版本（包括所有的修改单）适用于本标准。

GB 5085.1～7　危险废物鉴别标准

GB 8978　污水综合排放标准

GB 15562.2　环境保护图形标志—固体废物贮存（处置）场

GB 18484　危险废物焚烧污染控制标准

GB 18597　危险废物贮存污染控制标准

GB 18598　危险废物填埋污染控制标准

GB 18599　一般工业固体废物贮存和填埋污染控制标准

GB 30485　水泥窑协同处置固体废物污染控制标准

HJ 298　危险废物鉴别技术规范

HJ 557　固体废物　浸出毒性浸出方法　水平振荡法

HJ 608　排污单位编码规则

HJ 2025　危险废物收集　贮存　运输技术规范

HJ 2035　固体废物处理处置工程技术导则

HJ 2042　危险废物处置工程技术导则

《国家危险废物名录》

《危险废物产生单位管理计划制定指南》

3　术语和定义

下列术语和定义适用于本标准。

3.1

工业固体废物　industrial solid waste

在工业生产活动中产生的固体废物。不包括生活垃圾、建筑垃圾、农业固体废物、放射性废物、医疗废物。

3.2

工业固体废物治理排污单位　pollutant emission unit of industrial solid waste storage，recycling，treatment and disposal

开展工业固体废物贮存、利用、处置经营性活动的排污单位。

3.3

危险废物　hazardous waste

列入国家危险废物名录或者根据国家规定的危险废物鉴别标准和鉴别方法认定的具有危险特性的固体废物。

3.4

一般工业固体废物　non-hazardous solid waste

企业在工业生产过程中产生且不属于危险废物的工业固体废物。

3.5

自行贮存设施　self-storage facility

排污单位贮存工业固体废物的设施。

3.6

自行利用/处置设施　self-recycling/disposal facility

排污单位利用/处置工业固体废物的设施。

4　基本情况填报要求

4.1　危险废物基本情况

4.1.1　危险废物基础信息

基础信息包括危险废物的名称、代码、危险特性、物理性状、产生环节及去向等信息，参见附录A.1。

a）危险废物依据《国家危险废物名录》、GB 5085.1～7 和 HJ 298 判定，填报危险废物名称、代码、危险特性等信息。

b）物理性状为危险废物在常温、常压下的物理状态，包括固态（固态废物，S）、半固态（泥态废物，SS）、液态（高浓度液态废物，L）、气态（置于容器中的气态废物，G）等。

c）产生环节指产生该种危险废物的设施、工序、工段或车间名称等。工业固体废物治理排污单位接收外单位危险废物的，填报“外来”。

d）去向包括自行贮存，自行利用/处置，委托贮存/利用/处置等。

4.1.2　危险废物自行贮存设施信息

自行贮存设施信息包括贮存设施名称、编号、类型、位置、是否符合相关标准要求、贮存危险废物能力、面积，贮存危险废物的名称、代码、危险特性、物理性状、产生环节等信息，参见附录 A.2。

a）自行贮存设施名称按排污单位对该贮存设施的内部管理名称填写。

b）设施编号应填报危险废物自行贮存设施的内部编号。若无内部设施编号，应按照 HJ 608 规定的污染防治设施编号规则进行编号并填报。

c）设施类型填报自行贮存设施。

d）设施位置应填报危险废物自行贮存设施的地理坐标。

e）是否符合相关标准要求，是指该贮存设施是否符合 GB 15562.2、GB 18484、GB 18597、GB 30485、HJ 2025 和 HJ 2042 等相关标准中生产运营期间的环境管理和相关设施运行维护要求。

f）贮存危险废物能力和面积根据贮存设施实际情况填报。贮存能力为贮存设施可贮存危险废物的最大量，单位为 t、L、m^3、个；面积为贮存设施达到贮存能力时危险废物堆存所占面积，单位为 m^2。

g）贮存危险废物的名称、代码、危险特性、物理性状、产生环节按照 4.1.1 执行。

h）半固态危险废物可备注含水率、含油率等指标。

4.1.3　危险废物自行利用/处置设施信息

自行利用/处置设施信息包括设施名称、编号、类型、位置、利用/处置方式、利用/处置危险废物能力，利用/处置危险废物的名称、代码、危险特性、物理性状、产生环节等信息，参见附录 A.2。

a）自行利用/处置设施名称按排污单位对该设施的内部管理名称填写。

b）设施编号应填报危险废物自行利用/处置设施的内部编号。若无内部设施编号，应按照 HJ 608 规定的污染防治设施编号规则进行编号并填报。

c）设施类型填报自行利用/处置设施。

d）设施位置应填报危险废物自行利用/处置设施的地理坐标。

e）利用/处置方式包括：作为燃料（直接燃烧除外）或以其他方式产生能量、溶剂回收/再生（如蒸馏、萃取等）、再循环/再利用不用作溶剂的有机物、再循环/再利用金属和金属化合物、再循环/再利用其他无机物、再生酸或碱、回收污染减除剂的组分、回收催化剂组分、废油再提炼或其他废油的再利用、生产建筑材料、清洗包装容器、水泥窑协同处置、填埋、物理化学处理（如蒸发、干燥、中和、沉淀等，不包括填埋或焚烧前的预处理）、焚烧、其他。

f）利用/处置危险废物能力根据设施实际情况填报。利用/处置能力为设施可利用/处置危险废物的最大量，单位为 t/a、m^3/a 等。

g）利用/处置危险废物的名称、代码、危险特性、物理性状、产生环节按照 4.1.1 执行。

h）半固态危险废物可备注含水率、含油率等指标。

4.2　一般工业固体废物基本情况

4.2.1　一般工业固体废物基础信息

基础信息包括一般工业固体废物的名称、代码、类别、物理性状、产生环节、去向等信息，参见附录 A.1。

a）一般工业固体废物按照生态环境部制定的一般工业固体废物环境管理台账制定指南填报名称、代码等信息。一般工业固体废物环境管理台账制定指南另行制定。

b）一般工业固体废物类别填报第Ⅰ类一般工业固体废物或第Ⅱ类一般工业固体废物。第Ⅰ类一般工业固体废物为按照 HJ 557 规定方法获得的浸出液中任何一种特征污染物浓度均未超过 GB 8978 最高允许浓度（第二类污染物最高允许排放浓度按照一级标准执行），且 pH 值在 6～9 范围之内的一般工业固体废物；第Ⅱ类一般工业固体废物为按照 HJ 557 规定方法获得的浸出液中有一种或一种以上的特征污染物浓度超过 GB 8978 最高允许浓度（第二类污染物最高允许排放浓度按照一级标准执行），或 pH 值在 6～9 范围之外的一般工业固体废物。

c）物理性状为一般工业固体废物在常温、常压下的物理状态，包括固态（固态废物，S）、半固态（泥态废物，SS）、液态（高浓度液态废物，L）、气态（置于容器中的气态废物，G）等。

d）产生环节指产生该种一般工业固体废物的设施、工序、工段或车间名称等。工业固体废物治理排污单位接收外单位一般工业固体废物的，填报“外来”。

e）去向包括自行贮存，自行利用/处置，委托贮存/利用/处置等。

4.2.2　一般工业固体废物自行贮存设施信息

自行贮存设施信息包括贮存设施名称、编号、类型、位置、是否符合贮存相关标准要求、贮存一般工业固体废物能力、面积，贮存一般工业固体废物的名称、代码、类别、物理性状、产生环节等信息，参见附录 A.2。

a）贮存设施名称按排污单位对该贮存设施的内部管理名称填写。

b）设施编号应填报一般工业固体废物自行贮存设施的内部编号。若无内部设施编号，应按照 HJ 608 规定的污染防治设施编号规则进行编号并填报。

c）贮存设施类型填报自行贮存设施。

d）设施位置应填报一般工业固体废物自行贮存设施的地理坐标。

e）是否符合相关标准要求，是指该贮存设施是否符合 GB 15562.2、GB 18599 等相关标准中生产运营期间的环境管理和相关设施运行维护要求。

f）贮存一般工业固体废物能力和面积根据贮存设施实际情况填报。贮存能力为贮存设施可贮存一般工业固体废物的最大量，单位为 t、L、m^3、个；面积为贮存设施达到贮存能力时一般工业固体废物堆存所占面积，单位为 m^2。

g）贮存一般工业固体废物的名称、代码、类别、物理性状、产生环节按照 4.2.1 执行。

h）半固态一般工业固体废物可备注含水率、含油率等指标。

4.2.3 一般工业固体废物自行利用/处置设施信息

自行利用/处置设施信息包括设施名称、编号、类型、位置、利用/处置方式、利用/处置一般工业固体废物能力，利用/处置一般工业固体废物的名称、代码、类别、物理性状、产生环节等信息，参见附录 A.2。

a）自行利用/处置设施名称按排污单位对该设施的内部管理名称填写。

b）设施编号应填报一般工业固体废物自行利用/处置设施的内部编号。若无内部设施编号，应按照 HJ 608 规定的污染防治设施编号规则进行编号并填报。

c）设施类型填报自行利用/处置设施。

d）设施位置应填报一般工业固体废物自行利用/处置设施的地理坐标。

e）利用/处置方式包括：作为燃料（直接燃烧除外）或以其他方式产生能量、溶剂回收/再生（如蒸馏、萃取等）、再循环/再利用不用作溶剂的有机物、再循环/再利用金属和金属化合物、再循环/再利用其他无机物、再生酸或碱、回收污染减除剂的组分、回收催化剂组分、废油再提炼或其他废油的再利用、生产建筑材料、清洗包装容器、水泥窑协同处置、填埋、物理化学处理（如蒸发、干燥、中和、沉淀等，不包括填埋或焚烧前的预处理）、焚烧、其他。

f）利用/处置一般工业固体废物能力根据设施实际情况填报。利用/处置能力为设施可利用/处置一般工业固体废物的最大量，单位为 t/a、m^3/a 等。

g）利用/处置一般工业固体废物的名称、代码、类别、物理性状、产生环节按照 4.2.1 执行。

h）半固态一般工业固体废物可备注含水率、含油率等指标。

5 污染防控技术要求

5.1 一般原则

排污单位应按照《中华人民共和国固体废物污染环境防治法》等相关法律法规要求，对工业固体废物采用防扬散、防流失、防渗漏或者其他防止污染环境的措施，不得擅自倾倒、堆放、丢弃、遗撒工业固体废物。

污染防控技术应符合排污单位适用的污染物排放标准、污染控制标准、污染防治可行技术等相关标准和管理文件要求，鼓励采取先进工艺对煤矸石、尾矿等工业固体废物进行综合利用。

有审批权的地方生态环境主管部门可根据管理需求，依法依规增加工业固体废物相关污染防控技术要求。

5.2 危险废物污染防控技术要求

5.2.1 委托贮存/利用/处置环节污染防控技术要求

排污单位委托他人运输、利用、处置危险废物的，应落实《中华人民共和国固体废物污染环境防治法》等法律法规要求，对受托方的主体资格和技术能力进行核实，依法签订书面合同，在合同中约定污染防治要求；转移危险废物的，应当按照国家有关规定填写、运行危险废物转移联单等。

5.2.2 自行贮存设施污染防控技术要求

包装容器应达到相应的强度要求并完好无损，禁止混合贮存性质不相容而未经安全性处置的危险废物；危险废物容器和包装物以及危险废物贮存设施、场所应按规定设置危险废物识别标志；仓库式贮存设施应分开存放不相容危险废物，按危险废物的种类和特性进行分区贮存，采用防腐、防渗地面和裙脚，设置防止泄漏物质扩散至外环境的拦截、导流、收集设施；贮存堆场要防风、防雨、防晒；从事收集、贮存、利用、处置危险废物经营活动的单位，贮存危险废物不得超过一年（报经颁发危险废物经营许可证的生态环境主管部门批准或法律法规另有规定的除外）等。

排污单位生产运营期间危险废物自行贮存设施的环境管理和相关设施运行维护还应符合GB 15562.2、GB 18484、GB 18597、GB 30485、HJ 2025 和 HJ 2042 等相关标准规范要求。

5.2.3 自行利用/处置设施污染防控技术要求

危险废物填埋场不得填埋医疗废物、与衬层具有不相容性反应的废物、液态废物；利用/处置设施、场所应按照规定设置危险废物识别标志等。

排污单位生产运营期间危险废物自行利用/处置设施的环境管理和相关设施运行维护还应符合GB 15562.2、GB 18484、GB 18598、GB 30485、HJ 2025 和 HJ 2042 等相关标准规范要求。

5.3 一般工业固体废物污染防控技术要求

5.3.1 委托贮存/利用/处置环节污染防控技术要求

排污单位委托他人运输、利用、处置一般工业固体废物的，应落实《中华人民共和国固体废物污染环境防治法》等法律法规要求，对受托方的主体资格和技术能力进行核实，依法签订书面合同，在合同中约定污染防治要求等。

5.3.2 自行贮存/利用/处置设施污染防控技术要求

采用库房、包装工具（罐、桶、包装袋等）贮存一般工业固体废物的，贮存过程应满足相应防渗漏、防雨淋、防扬尘等环境保护要求；危险废物和生活垃圾不得进入一般工业固体废物贮存场及填埋场；不相容的一般工业固体废物应设置不同的分区进行贮存和填埋作业；焚烧处置设施的炉渣与飞灰应分别收集、贮存和运输；贮存场、填埋场应设置清晰、完整的一般工业固体废物标志牌等。

排污单位生产运营期间一般工业固体废物自行贮存/利用/处置设施的环境管理和相关设施运行维护要求还应符合 GB 15562.2、GB 18599、GB 30485 和 HJ 2035 等相关标准规范要求。

6 环境管理台账编制要求

6.1 危险废物环境管理台账记录要求

排污单位应建立环境管理台账，危险废物环境管理台账记录应符合《危险废物产生单位管理计划制定指南》等标准及管理文件的相关要求。待危险废物环境管理台账相关标准或管理文件发布实施后，从其规定。

6.2 一般工业固体废物环境管理台账记录要求

排污单位应建立环境管理台账制度，一般工业固体废物环境管理台账记录应符合生态环境部规定的一般工业固体废物环境管理台账相关标准及管理文件要求。

7 排污许可证执行报告编制要求

7.1 一般原则

排污单位应按照排污许可证规定的内容、频次和时间要求向审批部门提交排污许可证执行报告，工业固体废物相关内容应按照本标准要求统计相关信息。

7.2 危险废物执行报告内容要求

7.2.1 说明排污许可证执行情况，包括排污单位基本信息及产排污环节、污染物及污染治理设施等，参见附录 B.1。

7.2.2 说明危险废物自行贮存/利用/处置设施合规情况，包括排污单位危险废物自行贮存/利用/处置设施编号，减少危险废物产生、促进综合利用的具体措施，是否存在超能力贮存/利用/处置、超种类贮存/利用/处置、从事危险废物收集/贮存/利用/处置经营活动的单位超期贮存危险废物、不符合排污许可证规定的污染防控技术要求等问题，如果存在问题需要说明原因，参见附录 B.2。

7.3 一般工业固体废物执行报告内容要求

7.3.1 说明排污许可证执行情况，包括排污单位基本信息及产排污环节、污染物及污染治理设施等，参见附录 B.1。

7.3.2 说明一般工业固体废物自行贮存/利用/处置设施合规情况，包括排污单位一般工业固体废物贮存/利用/处置设施编号，减少一般工业固体废物产生、促进综合利用的具体措施，是否存在超能力贮存/利用/处置、超种类贮存/利用/处置、不符合排污许可证规定的污染防控技术要求等问题，如果存在问题需要说明原因，参见附录 B.2。

8 合规判定方法

8.1 一般原则

合规是指排污单位工业固体废物污染防控技术要求、台账记录、执行报告、信息公开等环境管理要求满足排污许可证规定。排污单位可通过环境管理台账记录、按时提交执行报告和信息公开等方式，自证其落实排污许可证要求。生态环境主管部门可依据排污单位环境管理台账、执行报告中的内容，判断其工业固体废物环境管理是否满足要求。

8.2 污染防控技术要求合规判定

工业固体废物自行贮存/利用/处置、委托贮存/利用/处置符合国家或地方相关法律法规、标准规范及排污许可证管理要求的，视为合规。排污单位生产运营期间的环境管理和相关设施运行维护行为不符合 GB 15562.2、GB 18484、GB 18597、GB 18598、GB 18599、GB 30485 等标准要求的，视为不合规。

8.3　管理要求合规判定

生态环境主管部门依据排污许可证中工业固体废物的管理要求，以及相关标准规范，审核环境管理台账记录和排污许可证执行报告；检查排污单位是否落实工业固体废物环境管理要求；是否按照排污许可证中工业固体废物环境管理台账记录要求记录相关内容，记录频次、形式等是否满足排污许可证要求；是否按照排污许可证中执行报告要求定期报告，报告中工业固体废物相关内容是否符合排污许可证要求；工业固体废物相关内容是否按照排污许可证要求定期开展信息公开。

附 录 A

（资料性附录）

排污许可证申请表样式（工业固体废物）

表 A.1 排污单位基本信息表

危险废物						
序号	名称	代码	危险特性	物理性状	产生环节	去向
1						□自行贮存 □自行利用/处置 □委托贮存/利用/处置
2	……	……	……	……	……	……
一般工业固体废物						
序号	名称	代码	类别	物理性状	产生环节	去向
1						□自行贮存 □自行利用/处置 □委托贮存/利用/处置
2	……	……	……	……	……	……
污染防控技术要求[a]						
[a] 填报排污单位应履行的工业固体废物相关污染防控技术要求。其中，去向包含“委托贮存/利用/处置”的排污单位，应明确委托贮存/利用/处置环节污染防控技术要求。						

表 A.2 自行贮存和自行利用/处置设施信息表

自行贮存和自行利用/处置设施基本信息						
名称				编号		
类型		□自行贮存设施 □自行利用/处置设施		位置		
是否符合相关标准要求（仅贮存设施填报）		□是 □否		自行利用/处置方式		
自行贮存/利用/处置能力				面积（仅贮存设施填报）		
自行贮存/利用/处置危险废物基本信息						
序号	名称	代码	危险特性	物理性状	产生环节	备注
1						
2	……	……	……	……	……	……
自行贮存/利用/处置一般工业固体废物基本信息						
序号	名称	代码	类别	物理性状	产生环节	备注
1						
2	……	……	……	……	……	……
污染防控技术要求[a]						
[a] 填报排污单位自行贮存和自行利用/处置设施应履行的工业固体废物相关污染防控技术要求。						

附　录　B

（资料性附录）

执行报告样表（工业固体废物）

表 B.1　排污许可证执行情况汇总表

项目	内容				报告周期内执行情况	备注
排污单位基本情况	(一)排污单位基本信息	工业固体废物产生、贮存、利用/处置方式			□变化□未变化	
		工业固体废物污染防治执行标准名称			□变化□未变化	
		危险废物经营许可证相关情况（仅从事收集/贮存/利用/处置危险废物经营活动的单位需填报）			□变化□未变化	
	(二)产排污环节、污染物及污染治理设施	固体废物	①污染物治理设施（自动生成）	工业固体废物种类及废物代码	□变化□未变化	
				产生环节	□变化□未变化	
				自行贮存、自行利用/处置设施	□变化□未变化	
			②污染物治理设施	工业固体废物种类及废物代码	□变化□未变化	
				产生环节	□变化□未变化	
				自行贮存、自行利用/处置设施	□变化□未变化	
			……		□变化□未变化	
注：对于选择“变化”的，应在“备注”中说明原因。						

表 B.2　自行贮存/利用/处置设施合规情况说明表

自行贮存/利用/处置设施编号	减少工业固体废物产生、促进综合利用的具体措施	是否超能力贮存/利用/处置	是否超种类贮存/利用/处置	是否超期贮存[a]	是否存在不符合排污许可证规定污染防控技术要求的情况	如存在一项以上选择“是”的，请说明具体情况和原因
自动生成		□是　□否	□是　□否	□是　□否	□是　□否	
……	……	……	……	……	……	……
[a] 仅从事收集/贮存/利用/处置危险废物经营活动单位的危险废物自行贮存设施填报。						

HJ

中华人民共和国国家生态环境标准

HJ 1301—2023

排污许可证申请与核发技术规范 工业噪声

Technical specification for application and issuance of pollutant permit—Industrial noise

2023-08-04 发布　　2023-10-01 实施

生　态　环　境　部　发布

前 言

为贯彻《中华人民共和国环境保护法》《中华人民共和国噪声污染防治法》《排污许可管理条例》等法律法规，完善排污许可技术支撑体系，指导和规范排污许可证中工业噪声相关内容的申请与核发工作，制定本标准。

本标准规定了工业噪声排污单位排污许可证申请与核发的基本情况填报要求、工业噪声许可排放限值确定方法以及自行监测、环境管理台账与排污许可证执行报告等环境管理要求，提出了污染防治技术要求及合规判定方法。

本标准附录 A～附录 D 为资料性附录。

本标准为首次发布。

本标准由生态环境部大气环境司、环境影响评价与排放管理司、法规与标准司组织制订。

本标准起草单位：生态环境部环境工程评估中心、北京市科学技术研究院城市安全与环境科学研究所。

本标准生态环境部 2023 年 8 月 4 日批准。

本标准自 2023 年 10 月 1 日起实施。

本标准由生态环境部解释。

排污许可证申请与核发技术规范　工业噪声

1　适用范围

本标准规定了工业噪声排污单位排污许可证申请与核发的基本情况填报要求、工业噪声许可排放限值确定方法以及自行监测、环境管理台账与排污许可证执行报告等环境管理要求，提出了污染防治技术要求及合规判定方法。

本标准适用于指导工业噪声排污单位填报排污许可证工业噪声相关申请信息，适用于指导审批部门审核确定工业噪声排污单位排污许可证工业噪声排污许可管理要求。

本标准适用于排放工业噪声且依法应申领排污许可证的排污单位。

2　规范性引用文件

本标准引用了下列文件或其中的条款。凡是注明日期的引用文件，仅注日期的版本适用于本标准。凡是未注日期的引用文件，其最新版本（包括所有的修改单）适用于本标准。

GB 3096　声环境质量标准

GB 12348　工业企业厂界环境噪声排放标准

GB/T 15190　声环境功能区划分技术规范

GB/T 50087　工业企业噪声控制设计规范

HJ 706　环境噪声监测技术规范　噪声测量值修正

HJ 819　排污单位自行监测技术指南　总则

HJ 2034　环境噪声与振动控制工程技术导则

《污染源自动监控设施运行管理办法》（环发〔2008〕6 号）

《污染源自动监控管理办法》（原国家环境保护总局令　第 28 号）

《关于发布〈污染物排放自动监测设备标记规则〉的公告》（生态环境部公告　2022 年　第 21 号）

3　术语和定义

下列术语和定义适用于本标准。

3.1

工业噪声　industrial noise

在工业生产活动中产生的干扰周围生活环境的声音。

3.2

工业噪声排污单位　pollutant emission unit of industrial noise

排放工业噪声的排污单位。

3.3

工业噪声许可排放限值　permitted emission limits of industrial noise

排污许可证中规定的允许工业噪声排污单位排放工业噪声的最大排放值。工业噪声许可排放限值包括厂界昼间许可排放限值和厂界夜间许可排放限值。

3.4

夜间 night-time、昼间 day-time

根据《中华人民共和国噪声污染防治法》，夜间，是指晚上十点至次日早晨六点的期间，设区的市级以上人民政府可以另行规定本行政区域夜间的起止时间，夜间时段长度为 8 小时。

昼间，是指夜间时段以外的其他时段。

3.5

等效连续 A 声级 equivalent continuous A-weighted sound pressure level

简称为等效声级，指在规定测量时间 T 内 A 声级的能量平均值，用 $L_{\mathrm{Aeq},\,T}$ 表示（简写为 L_{eq}），单位 dB（A）。

根据定义，等效声级表示为：

$$L_{\mathrm{eq}}=10\lg\left(\frac{1}{T}\int_0^T 10^{0.1L_{\mathrm{A}}}dt\right)$$

式中：L_{A}——t 时刻的瞬时 A 声级，dB（A）；

T——规定的测量时间，s。

3.6

频发噪声 frequent noise

频繁发生、发生的时间和间隔有一定规律、单次持续时间较短、强度较高的噪声，如排气噪声、货物装卸噪声等。

3.7

偶发噪声 sporadic noise

偶然发生、发生的时间和间隔无规律、单次持续时间较短、强度较高的噪声。如短促鸣笛声、工程爆破噪声等。

3.8

最大声级 maximum sound level

在规定测量时间内对频发或偶发噪声事件测得的 A 声级最大值，用 L_{max} 表示，单位 dB（A）。

3.9

厂界 boundary

由法律文书（如土地使用证、房产证、租赁合同等）中确定的业主所拥有使用权（或所有权）的场所或建筑物边界。各种产生噪声的固定设备的厂界为其实际占地的边界。

4 基本情况填报要求

4.1 工业噪声排污单位基本信息

4.1.1 工业噪声排污单位应在全国排污许可证管理信息平台申报系统填报产噪单元及编号、主要产噪设施及数量、主要噪声污染防治设施及数量、厂界外声环境功能区类别、生产时段等信息。

4.1.2 工业噪声排污单位主要产噪设施进入封闭厂房且连续 1 年厂界噪声排放值自动监测数据均低于 GB 12348 规定的排放限值 10 dB 的，可仅填报厂界外声环境功能区类别和生产时段。

4.2 产噪单元及编号、主要产噪设施及数量

4.2.1 工业噪声排污单位应按照生产线、生产单元或厂房等填报产噪单元。

4.2.2 产噪单元编号可填报排污单位内部编号。若无内部编号，则按照“CZ××××”进行编号，其中“CZ”为产噪单元标识码，“××××”为四位流水顺序码。

4.2.3 工业噪声排污单位还应根据实际情况填报产噪单元对应的主要产噪设施及数量，主要产噪设施可参照本标准附录 A 填报。

4.3 主要噪声污染防治设施及数量

工业噪声排污单位应根据实际情况填报与产噪单元对应的主要噪声污染防治设施及数量，主要噪声污染防治设施可参照本标准附录 A 填报。

4.4 厂界外声环境功能区类别

厂界外声环境功能区类别按照 GB 12348 填报。工业噪声排污单位若位于未划分声环境功能区的区域，当厂界外有噪声敏感建筑物时，依法依规参照 GB 3096 和 GB/T 15190 的规定确定厂界外区域的声环境质量要求，据此确定厂界外声环境功能区类别。

4.5 生产时段

生产时段分为昼间生产时段和夜间生产时段，按照设计日生产时间填报。

4.6 图件要求

工业噪声排污单位应提交主要产噪设施和主要噪声污染防治设施分布图。

5 工业噪声许可排放限值确定方法

5.1 一般原则

厂界昼间许可排放限值为允许工业噪声排污单位在昼间时段内工业噪声排放的最大值[以等效声级（L_{eq}）计]；厂界夜间许可排放限值为允许工业噪声排污单位在夜间时段内工业噪声排放的最大值［以等效声级（L_{eq}）计]，夜间频发噪声排放的最大值［以最大声级（L_{max}）计]，以及夜间偶发噪声排放的最大值［以最大声级（L_{max}）计]。

对于仅在昼间进行生产的工业噪声排污单位，应确定厂界昼间许可排放限值；仅在夜间进行生产的工业噪声排污单位，应确定厂界夜间许可排放限值；昼间和夜间均进行生产的工业噪声排污单位，应确定厂界昼间许可排放限值和厂界夜间许可排放限值。排污许可证申请表样式（工业噪声）参见附录 B。

5.2 工业噪声许可排放限值

工业噪声排污单位应依据 GB 12348 确定工业噪声许可排放限值；有地方排放标准要求的，按照地方排放标准确定。

6 污染防治技术要求

6.1 一般原则

工业噪声排污单位应采取有效措施，减少振动、降低噪声，确保厂界达标，并应当在申请排污许可证时提供监测数据等说明材料。对于生产过程和设备产生的噪声，应首先从声源上进行控制，以低噪声的工艺和设备代替高噪声的工艺和设备；如仍达不到要求，则应采用隔声、消声、吸声、隔振、柔性连接、绿化以及综合控制等噪声污染防治措施。有行业污染防治可行技术指南的，工业噪声污染防治措施从其规定。

6.2 具体技术要求

工业噪声污染防治应满足 GB/T 50087 和 HJ 2034 中噪声控制相关要求。

a）优化产噪设施布局和物流运输路线，优先采用低噪声设备和运输工具。

b）设备的运行和维护应符合设备说明书和相关技术规范的规定，定期检查其活动机构（如铰链、锁扣等）和密封机构（材料）的磨损情况等，及时保养、更换。

c）大型噪声综合治理工程应制定检修计划和应急预案。污染治理系统检修时间应与工艺设备同步，对可能有问题的治理系统或设备应随时检查，检修和检查结果应记录并存档。

d）噪声控制设备中的易损设备、配件和通用材料，由工业噪声排污单位按机械设备管理规程和工艺安全运行要求储备，保证治理设施的正常使用。

e）所有噪声与振动控制设备，都应根据其使用环境的卫生条件、介质属性等要素，制定相应的运行和维护规程，确保其性能和使用寿命。

f）定期对噪声污染防治设施进行检查维护，确保噪声污染防治设施可靠有效。

7 自行监测管理要求

7.1 一般原则

工业噪声排污单位自行监测管理要求按照 GB 12348 及行业自行监测技术指南等标准执行；无行业自行监测技术指南的，或行业自行监测技术指南未规定的，按照 HJ 819 执行。工业企业噪声自动监测技术规范发布后，自动监测应满足其相关要求。

工业噪声排污单位在申请排污许可证时，应按照行业自行监测技术指南及 HJ 819 等标准制定厂界噪声自行监测方案。

7.2 监测指标

工业噪声排污单位自行监测指标为有代表性时段的厂界昼间等效声级（L_{eq}）、夜间等效声级（L_{eq}）、夜间频发噪声最大声级（L_{max}）及夜间偶发噪声最大声级（L_{max}）。

7.3 监测点位

工业噪声排污单位噪声监测点位设置应符合 GB 12348、行业自行监测技术指南或 HJ 819 等标准要求。

7.4 监测技术手段

自行监测技术手段包括手工监测和自动监测。

对于依法依规要求自动监测的，应采用自动监测技术。自动监测应满足《污染源自动监控设施运行管理办法》《污染源自动监控管理办法》《关于发布〈污染物排放自动监测设备标记规则〉的公告》等的要求。

工业噪声自动监测和手工监测按照 GB 12348 等标准执行，并按照 HJ 706 等标准对噪声测量值进行修正。国家或地方法律法规等另有规定的，从其规定。

7.5 监测频次

监测频次按照国家或地方发布的标准确定。

有行业自行监测技术指南的，监测频次按照行业自行监测技术指南中最低监测频次执行；无行业自行监测技术指南的，或行业自行监测技术指南未规定的，按照 HJ 819 执行，见表 1。

表 1 工业噪声排污单位噪声监测频次

监测点位	监测指标[a]	监测频次[b]
厂界	L_{eq}、L_{max}	1 次/季度

[a] 仅昼间生产的只需监测昼间 L_{eq}，仅夜间生产的只需监测夜间 L_{eq}，昼间、夜间均生产的需分别监测昼间 L_{eq} 和夜间 L_{eq}。夜间频发、偶发噪声需监测最大 A 声级 L_{max}，频发噪声、偶发噪声在发生时进行监测。

[b] 法律法规有规定进行自动监测的从其规定。

7.6 测量方法

厂界噪声的测量方法按 GB 12348 等相关标准执行。

7.7 监测质量保证与质量控制

工业噪声排污单位应当按照 HJ 819 等标准要求，根据自行监测方案及开展状况，梳理全过程监测质量控制要求，建立自行监测数据质量保证与质量控制体系。

7.8 自行监测信息公开

工业噪声排污单位应按照《排污许可管理条例》，如实在全国排污许可证管理信息平台上公开自行监测信息。

8 环境管理台账编制要求

8.1 一般原则

工业噪声排污单位应建立环境管理台账记录制度，落实环境管理台账记录的责任部门和责任人，明确工作职责，包括台账的记录、整理、维护和管理等，并对环境管理台账的真实性、完整性和规范性负责。环境管理台账记录参考表（工业噪声）参见附录 C。

8.2 记录内容和频次

工业噪声环境管理台账按监测技术手段实行分类记录。

对于采用手工监测的工业噪声排污单位，应记录手工监测时段信息、噪声污染防治设施维修和更换情况。手工监测时段信息应记录监测时段内非正常工况情形、事件原因、是否报告、应对措施等，每发生 1 次记录 1 次；监测时段内工业噪声排放值超标情况，包括超标原因、是否报告、应对措施等，每发生 1 次记录 1 次。噪声污染防治设施维修和更换情况记录内容包括维修、更换时间，维修、更换内容，每发生 1 次记录 1 次。

对于采用自动监测的工业噪声排污单位，应记录自动监测时段信息，自动监测设备异常情况以及噪声污染防治设施维修和更换情况。自动监测时段信息应记录工业噪声排放值超标情况，包括超标原因、是否报告、应对措施等，每发生 1 次记录 1 次。自动监测设备异常情况记录内容包括异常情况开始时间、结束时间、异常情况情形、是否报告、应对措施等，每发生 1 次记录 1 次。噪声污染防治设施维修和更换情况记录内容包括维修、更换时间，维修、更换内容，每发生 1 次记录 1 次。

8.3 记录存储及保存

台账应当按照纸质储存或电子化储存进行管理，台账保存期限不得少于 5 年。台账由工业噪声排污单位留存备查。

9 排污许可证执行报告编制要求

9.1 一般原则

工业噪声排污单位应按照排污许可证规定的内容、频次和时间要求，通过全国排污许可证管理信息平台提交排污许可证执行报告，工业噪声相关内容应按照本标准要求统计相关信息，纳入年度执行报告。

9.2 执行报告内容要求

年度执行报告中工业噪声内容应说明排污许可证执行情况，包括工业噪声排放基本信息、自行监测执行情况、环境管理台账执行情况、信息公开情况、其他排污许可证规定的噪声相关内容执行情况、附图附件等。排污许可证年度执行报告样表（工业噪声）参见附录 D。

10 合规判定方法

合规是指工业噪声排污单位工业噪声许可事项符合排污许可证规定，包括工业噪声排放限值、环境管理要求等符合排污许可证规定。其中，排放限值合规是指按 GB 12348、HJ 706 等标准监测的工业噪声排放值满足工业噪声许可排放限值要求；环境管理要求合规是指工业噪声排污单位按排污许可证规定落实自行监测、台账记录、执行报告、信息公开等环境管理要求。

附　录　A
（资料性附录）
主要产噪设施和主要噪声污染防治设施

表 A.1　主要产噪设施和主要噪声污染防治设施

主要产噪设施	主要噪声污染防治设施
泵、风机、空压机、冷却塔、发电机、振动筛、球磨机、破碎机、切割机、汽轮机、磨煤机、焚烧炉、排气放空设备、其他	基础减振、管道外壳阻尼、软连接；消声器；隔声罩、隔声间、隔声屏障、厂房隔声；吸声喷涂；其他

附 录 B

（资料性附录）

排污许可证申请表样式（工业噪声）

表 B.1 工业噪声排放信息表

<table>
<tr><td colspan="2">产噪单元编号</td><td>产噪单元名称</td><td colspan="2">主要产噪设施及数量</td><td>主要噪声污染防治设施及数量</td></tr>
<tr><td colspan="2"></td><td></td><td colspan="2"></td><td></td></tr>
<tr><td colspan="2">……</td><td>……</td><td colspan="2">……</td><td>……</td></tr>
<tr><td colspan="3" rowspan="2">排放标准名称及编号</td><td colspan="3">生产时段</td></tr>
<tr><td colspan="2">昼间</td><td>夜间</td></tr>
<tr><td colspan="3"></td><td colspan="2"></td><td></td></tr>
<tr><td colspan="6">工业噪声排放许可管理要求</td></tr>
<tr><td rowspan="3">厂界噪声点位名称</td><td rowspan="3">厂界外声环境功能区类别</td><td colspan="4">工业噪声许可排放限值</td></tr>
<tr><td>昼间</td><td colspan="3">夜间</td></tr>
<tr><td>等效声级</td><td>等效声级</td><td>频发噪声最大声级</td><td>偶发噪声最大声级</td></tr>
<tr><td></td><td></td><td></td><td></td><td></td><td></td></tr>
<tr><td>……</td><td>……</td><td>……</td><td>……</td><td>……</td><td>……</td></tr>
<tr><td>厂界噪声点位名称</td><td>监测指标</td><td>监测技术</td><td>自动监测是否应联网</td><td colspan="2">手工监测频次</td></tr>
<tr><td></td><td></td><td>□自动监测
□手工监测</td><td></td><td colspan="2"></td></tr>
<tr><td>……</td><td>……</td><td>……</td><td>……</td><td colspan="2">……</td></tr>
<tr><td colspan="6">其他信息</td></tr>
<tr><td colspan="6"></td></tr>
</table>

表 B.2 环境管理台账信息表

序号	类别	记录内容	记录频次	记录形式	其他信息
1	污染防治设施运行管理信息				
2	监测记录信息				

附 录 C

（资料性附录）

环境管理台账记录参考表（工业噪声）

表 C.1 环境管理台账记录参考表（工业噪声手工监测）

<table>
<tr><td rowspan="2">手工监测时段信息</td><td>非正常工况情形/超标情形（如有）</td><td>事件原因/超标原因</td><td>是否报告</td><td>应对措施</td></tr>
<tr><td></td><td></td><td></td><td></td></tr>
<tr><td rowspan="2">噪声污染防治设施维修和更换情况</td><td>维修、更换时间</td><td colspan="3">维修、更换内容</td></tr>
<tr><td></td><td colspan="3"></td></tr>
</table>

表 C.2 环境管理台账记录参考表（工业噪声自动监测）

<table>
<tr><td rowspan="2">自动监测时段信息</td><td colspan="2">超标原因（如有）</td><td colspan="2">是否报告</td><td colspan="2">应对措施</td></tr>
<tr><td colspan="2"></td><td colspan="2"></td><td colspan="2"></td></tr>
<tr><td rowspan="2">自动监测设备异常情况</td><td>开始日期</td><td colspan="2">结束日期</td><td>异常情况情形</td><td>是否报告</td><td>应对措施</td></tr>
<tr><td></td><td colspan="2"></td><td></td><td></td><td></td></tr>
<tr><td rowspan="2">噪声污染防治设施维修和更换情况</td><td colspan="3">维修、更换时间</td><td colspan="3">维修、更换内容</td></tr>
<tr><td colspan="3"></td><td colspan="3"></td></tr>
</table>

附 录 D

（资料性附录）

排污许可证年度执行报告样表（工业噪声）

表 D.1 排污许可证年度执行报告（工业噪声）

<table>
<tr><td colspan="9">排污许可证执行情况</td></tr>
<tr><td>项目</td><td colspan="5">内容</td><td colspan="2">报告周期内执行情况</td><td>备注</td></tr>
<tr><td rowspan="3">排污单位基本情况</td><td colspan="2" rowspan="3">排污单位基本信息</td><td colspan="3">工业噪声执行标准名称</td><td colspan="2">□变化□未变化</td><td></td></tr>
<tr><td colspan="3">自动监测是否联网</td><td colspan="2">□变化□未变化</td><td></td></tr>
<tr><td colspan="3">手工监测频次</td><td colspan="2">□变化□未变化</td><td></td></tr>
<tr><td colspan="9">噪声监测结果</td></tr>
<tr><td>序号</td><td>厂界噪声点位名称</td><td>监测指标</td><td>许可排放限值</td><td>有效数据个数</td><td>最大值</td><td>最小值</td><td>是否达标</td><td>超标原因</td></tr>
<tr><td></td><td></td><td>昼间 L_{eq}</td><td></td><td></td><td></td><td></td><td></td><td></td></tr>
<tr><td></td><td></td><td>夜间 L_{eq}</td><td></td><td></td><td></td><td></td><td></td><td></td></tr>
<tr><td></td><td></td><td>频发 L_{max}</td><td></td><td></td><td></td><td></td><td></td><td></td></tr>
<tr><td></td><td></td><td>偶发 L_{max}</td><td></td><td></td><td></td><td></td><td></td><td></td></tr>
<tr><td colspan="9">注：对于选择“变化”的，应在“备注”中说明原因。</td></tr>
</table>

HJ

中华人民共和国国家环境保护标准

HJ 944—2018

排污单位环境管理台账及排污许可证执行报告技术规范　总则（试行）

Environmental management records and compliance reports of pollutant emission permit technical specification for pollution sources — General rule（on trial）

2018-03-27 发布　　　　2018-03-27 实施

生　态　环　境　部 发布

前 言

为贯彻落实《中华人民共和国环境保护法》《中华人民共和国大气污染防治法》《中华人民共和国水污染防治法》等法律法规，以及《国务院办公厅关于印发控制污染物排放许可制实施方案的通知》（国办发〔2016〕81号）和《排污许可管理办法（试行）》（环境保护部令 第48号），完善排污许可技术体系，确定环境管理台账记录和排污许可证执行报告编制要求，制定本标准。

本标准规定了排污单位环境管理台账记录形式、记录内容、记录频次和记录保存的一般要求，以及排污许可证执行报告分类、编制流程、编制内容和报告周期等原则要求。

本标准附录A、附录B、附录C、附录D、附录E、附录F和附录G为资料性附录。

本标准为首次发布。

本标准由生态环境部规划财务司、生态环境部科技标准司组织制订。

本标准主要起草单位：环境保护部环境工程评估中心。

本标准生态环境部2018年3月27日批准。

本标准自2018年3月27日起实施。

本标准由生态环境部解释。

排污单位环境管理台账及排污许可证执行报告技术规范　总则（试行）

1　适用范围

本标准适用于排污许可证的申请、核发、执行、监管全过程。

本标准适用于指导排污单位开展环境管理台账记录和执行报告编制及提交。有行业排污许可证申请与核发技术规范（以下简称行业技术规范）的，按照行业技术规范执行；无行业技术规范的，按照本标准执行；行业涉及通用工序的，执行通用工序排污许可证申请与核发技术规范。制定行业或通用工序排污许可证申请与核发技术规范“环境管理台账与排污许可证执行报告编制要求”可参考本标准。

2　规范性引用文件

本标准引用了下列文件或其中的条款。凡是未注明日期的引用文件，其最新版本适用于本标准。

GB/T 16157　固定污染源排气中颗粒物测定与气态污染物采样方法

HJ/T 55　大气污染物无组织排放监测技术导则

HJ 75　固定污染源烟气（SO_2、NO_x、颗粒物）排放连续监测技术规范

HJ 76　固定污染源烟气（SO_2、NO_x、颗粒物）排放连续监测系统技术要求及检测方法

HJ/T 91　地表水和污水监测技术规范

HJ/T 212　污染源在线自动监控（监测）系统数据传输标准

HJ/T 353　水污染源在线监测系统安装技术规范（试行）

HJ/T 354　水污染源在线监测系统验收技术规范（试行）

HJ/T 355　水污染源在线监测系统运行与考核技术规范（试行）

HJ/T 356　水污染源在线监测系统数据有效性判别技术规范（试行）

HJ/T 373　固定污染源监测质量保证与质量控制技术规范（试行）

HJ/T 397　固定源废气监测技术规范

HJ 477　污染源在线自动监控（监测）数据采集传输仪技术要求

HJ 608　排污单位编码规则

HJ 819　排污单位自行监测技术指南　总则

HJ 942　排污许可证申请与核发技术规范　总则

《排污许可管理办法（试行）》（环境保护部令　第 48 号）

3　术语和定义

下列术语和定义适用于本标准。

3.1

环境管理台账　environmental management records

指排污单位根据排污许可证的规定，对自行监测、落实各项环境管理要求等行为的具体记录，包括

电子台账和纸质台账两种。

3.2

执行报告 compliance reports

指排污单位根据排污许可证和相关规范的规定，对自行监测、污染物排放及落实各项环境管理要求等行为的定期报告，包括电子报告和书面报告两种。

3.3

电子化存储 electronic storage

指将环境管理台账以文字和数据的形式记录并保存在磁盘、硬盘、光盘等电子存储介质内的形式。

3.4

报告周期 frequency of reporting

指排污单位提交执行报告的频次和时间要求。

4 环境管理台账记录要求

4.1 一般原则

本标准所指环境管理台账记录要求为基本要求，排污单位可自行增加和加严记录要求，环境保护主管部门也可依据法律法规、标准规范增加和加严记录要求。排污单位应建立环境管理台账记录制度，落实环境管理台账记录的责任单位和责任人，明确工作职责，并对环境管理台账的真实性、完整性和规范性负责。一般按日或按批次进行记录，异常情况应按次记录。

实施简化管理的排污单位，其环境管理台账内容可适当缩减，至少记录污染防治设施运行管理信息和监测记录信息，记录频次可适当降低。

4.2 记录形式

分为电子台账和纸质台账两种形式。

4.3 记录内容

包括基本信息、生产设施运行管理信息、污染防治设施运行管理信息、监测记录信息及其他环境管理信息等，参照附录 A。生产设施、污染防治设施、排放口编码应与排污许可证副本中载明的编码一致。

4.3.1 基本信息

包括排污单位生产设施基本信息、污染防治设施基本信息。

a）生产设施基本信息：主要技术参数及设计值等。

b）污染防治设施基本信息：主要技术参数及设计值；对于防渗漏、防泄漏等污染防治措施，还应记录落实情况及问题整改情况等。

4.3.2 生产设施运行管理信息

包括主体工程、公用工程、辅助工程、储运工程等单元的生产设施运行管理信息。

a）正常工况：运行状态、生产负荷、主要产品产量、原辅料及燃料等。

1）运行状态：是否正常运行，主要参数名称及数值。

2）生产负荷：主要产品产量与设计生产能力之比。

3）主要产品产量：名称、产量。

4）原辅料：名称、用量、硫元素占比、有毒有害物质及成分占比（如有）。

5）燃料：名称、用量、硫元素占比、热值等。

6）其他：用电量等。

b）非正常工况：起止时间、产品产量、原辅料及燃料消耗量、事件原因、应对措施、是否报告等。

对于无实际产品、燃料消耗、非正常工况的辅助工程及储运工程的相关生产设施，仅记录正常工况下的运行状态和生产负荷信息。

4.3.3 污染防治设施运行管理信息

a）正常情况：运行情况、主要药剂添加情况等。

1）运行情况：是否正常运行；治理效率、副产物产生量等。

2）主要药剂（吸附剂）添加情况：添加（更换）时间、添加量等。

3）涉及 DCS 系统的，还应记录 DCS 曲线图。DCS 曲线图应按不同污染物分别记录，至少包括烟气量、污染物进出口浓度等。

b）异常情况：起止时间、污染物排放浓度、异常原因、应对措施、是否报告等。

4.3.4 监测记录信息

按照 HJ 819 及各行业自行监测技术指南规定执行。

监测质量控制按照 HJ/T 373 和 HJ 819 等规定执行。

4.3.5 其他环境管理信息

无组织废气污染防治措施管理维护信息：管理维护时间及主要内容等。

特殊时段环境管理信息：具体管理要求及其执行情况。

其他信息：法律法规、标准规范确定的其他信息，企业自主记录的环境管理信息。

4.4 记录频次

本标准规定了基本信息、生产设施运行管理信息、污染防治设施运行管理信息、监测记录信息、其他环境管理信息的记录频次。

4.4.1 基本信息

对于未发生变化的基本信息，按年记录，1 次/a；对于发生变化的基本信息，在发生变化时记录 1 次。

4.4.2 生产设施运行管理信息

a）正常工况：

1）运行状态：一般按日或批次记录，1 次/d 或批次。

2）生产负荷：一般按日或批次记录，1 次/d 或批次。

3）产品产量：连续生产的，按日记录，1 次/d。非连续生产的，按照生产周期记录，1 次/周期；周期小于 1 d 的，按日记录，1 次/d。

4）原辅料：按照采购批次记录，1 次/批。

5）燃料：按照采购批次记录，1 次/批。

b）非正常工况：按照工况期记录，1 次/工况期。

4.4.3 污染防治设施运行管理信息

a）正常情况：

1）运行情况：按日记录，1 次/d。

2）主要药剂添加情况：按日或批次记录，1 次/d 或批次。

3）DCS 曲线图：按月记录，1 次/月。

b）异常情况：按照异常情况期记录，1 次/异常情况期。

4.4.4 监测记录信息

按照 HJ 819 及各行业自行监测技术指南规定执行。

4.4.5 其他环境管理信息

废气无组织污染防治措施管理信息：按日记录，1 次/d。

特殊时段环境管理信息：按照4.4.1～4.4.4规定频次记录；对于停产或错峰生产的，原则上仅对停产或错峰生产的起止日期各记录1次。

其他信息：依据法律法规、标准规范或实际生产运行规律等确定记录频次。

4.5 记录存储及保存

a）纸质存储：应将纸质台账存放于保护袋、卷夹或保护盒等保存介质中；由专人签字、定点保存；应采取防光、防热、防潮、防细菌及防污染等措施；如有破损应及时修补，并留存备查；保存时间原则上不低于3年。

b）电子化存储：应存放于电子存储介质中，并进行数据备份；可在排污许可管理信息平台填报并保存；由专人定期维护管理；保存时间原则上不低于3年。

5 排污许可证执行报告编制要求

5.1 报告分类

按报告周期分为年度执行报告、季度执行报告和月度执行报告。

5.2 编制流程

包括资料收集与分析、编制、质量控制、提交四个阶段（见附录B）。

第一阶段（资料收集与分析阶段）：收集排污许可证及申请材料、历史排污许可证执行报告、环境管理台账等相关资料，全面梳理排污单位在报告周期内的执行情况。

第二阶段（编制阶段）：针对排污许可证执行情况，汇总梳理依证排污的依据，分析违证排污的情形及原因，提出整改计划，在全国排污许可证管理信息平台填报相关内容。

第三阶段（质量控制阶段）：开展报告质量审核，确保执行报告内容真实、有效，并经排污单位技术负责人签字确认。

第四阶段（提交阶段）：排污单位在全国排污许可证管理信息平台提交电子版执行报告，同时向有排污许可证核发权的环境保护主管部门提交通过平台印制的经排污单位法定代表人或实际负责人签字并加盖公章的书面执行报告。电子版执行报告与书面执行报告应保持一致。

5.3 编制内容

排污单位应对提交的排污许可证执行报告中各项内容和数据的真实性、有效性负责，并自愿承担相应法律责任；应自觉接受环境保护主管部门监管和社会公众监督，如提交的内容和数据与实际情况不符，应积极配合调查，并依法接受处罚。

排污单位应对上述要求作出承诺，并将承诺书纳入执行报告中。执行报告封面格式参见附录C，编写提纲参见附录D。

5.3.1 年度执行报告

包括排污单位基本情况、污染防治设施运行情况、自行监测执行情况、环境管理台账执行情况、实际排放情况及合规判定分析、信息公开情况、排污单位内部环境管理体系建设与运行情况、其他排污许可证规定的内容执行情况、其他需要说明的问题、结论、附图附件等。

对于排污单位信息有变化和违证排污等情形，应分析与排污许可证内容的差异，并说明原因。

5.3.1.1 排污单位基本情况

a）说明排污许可证执行情况，包括排污单位基本信息、产排污节点、污染物及污染防治设施、环境管理要求等，参见附录E。

b）按照生产单元或主要工艺，分析排污单位的生产状况，说明平均生产负荷、原辅料及燃料使用等情况；说明取水及排水情况；对于报告期内有污染防治投资的，还应说明防治设施建成运行时间、计划总投资、报告周期内累计完成投资等，参见附录 F.1。

c）说明排放口规范性整改情况（如有）。

d）新（改、扩）建项目环境影响评价及其批复、竣工环境保护验收等情况。

e）其他需要说明的情况，包括排污许可证变更情况，以及执行过程中遇到的困难、问题等。

5.3.1.2 污染防治设施运行情况

a）正常情况说明。分别说明有组织废气、无组织废气、废水等污染防治设施的处理效率、药剂添加、催化剂更换、固废产生、副产物产生、运行费用等情况，以及防治设施运行维护情况，参见附录 F.2。

b）异常情况说明。排污单位拆除、停运污染防治设施，应说明实施拆除、停运的原因、起止日期等情况，并提供环境保护主管部门同意文件；因故障等紧急情况停运污染防治设施，或污染防治设施运行异常的，排污单位应说明故障原因、废水废气等污染物排放情况、报告提交情况及采取的应急措施，参见附录 F.3。

c）如发生污染事故，排污单位应说明发生事故次数、事故等级、事故发生时采取的措施、污染物排放、处理情况等信息。

5.3.1.3 自行监测执行情况

a）说明自行监测要求执行情况，并附监测布点图，参见附录 F.4 至 F.7。

b）对于自动监测，说明是否满足 HJ 75、HJ 76、HJ/T 353、HJ/T 354、HJ/T 355、HJ/T 356、HJ/T 373、HJ 477 等相关规范要求。说明自动监测系统发生故障时，向环境保护主管部门提交补充监测和事故分析报告的情况。

c）对于手工监测，说明是否满足 GB/T 16157、HJ/T 55、HJ/T 91、HJ/T 373、HJ/T 397 等相关标准与规范要求。

d）对于非正常工况，说明废气有效监测数据数量、监测结果等，参见附录 F.8 至 F.9。

e）对于特殊时段，说明废气有效监测数据数量、监测结果等，参见附录 F.10。

f）对于有周边环境质量监测要求的，说明监测点位、指标、时间、频次、有效监测数据数量、监测结果等内容，并附监测布点图。

g）对于未开展自行监测、自行监测方案与排污许可证要求不符、监测数据无效等情形，说明原因及措施。

5.3.1.4 环境管理台账执行情况

说明是否按排污许可证要求记录环境管理台账的情况，参见附录 F.11。

5.3.1.5 实际排放情况及合规判定分析

a）以自行监测数据为基础，说明各排放口的实际排放浓度范围、有效数据数量等内容，参见附录 F.4 至 F.10。

b）按照《排污许可证申请与核发技术规范　总则》，核算排污单位实际排放量，给出计算方法、所用的参数依据来源和计算过程，并与许可排放量进行对比分析，参见附录 F.12 至 F.16。

c）对于非正常工况，说明发生的原因、次数、起止时间、防治措施等。

d）对于特殊时段，说明各污染物的排放浓度及达标情况等。

e）对于废气污染物超标排放，应逐时说明；对于废水污染物超标排放，应逐日说明；说明内容包括排放口、污染物、超标时段、实际排放浓度、超标原因等，以及向环境保护主管部门报告及接受处罚的情况，参见附录 F.17 至 F.18。

f）说明实际排放量与生产负荷之间的关系。

5.3.1.6 信息公开情况

说明信息公开的方式、内容、频率及时间节点等信息，参见附录 F.19。

5.3.1.7 排污单位内部环境管理体系建设与运行情况

a）说明环境管理机构及人员设置情况、环境管理制度建立情况、排污单位环境保护规划、环保措施整改计划等。

b）说明环境管理体系的实施、相关责任的落实情况。

5.3.1.8 其他排污许可证规定的内容执行情况

说明排污许可证中规定的其他内容执行情况。

5.3.1.9 其他需要说明的问题

对于违证排污的情况，提出相应整改计划。

5.3.1.10 结论

总结排污单位在报告周期内排污许可证执行情况，说明执行过程中存在的问题，以及下一步需进行整改的内容。

5.3.1.11 附图附件

a）附图包括自行监测布点图等。执行报告附图应清晰、要点明确。

b）附件包括污染物实际排放量计算过程、非正常工况证明材料，以及支持排污许可证执行报告的其他材料。

5.3.2 季度/月度执行报告

至少包括污染物实际排放浓度和排放量，合规判定分析，超标排放或污染防治设施异常情况说明等内容。其中，季度执行报告还应包括各月度生产小时数、主要产品及其产量、主要原料及其消耗量、新水用量及废水排放量、主要污染物排放量等信息。

5.3.3 简化管理要求

实行简化管理的排污单位，应提交年度执行报告与季度执行报告，其中年度执行报告内容应至少包括排污单位基本情况、污染防治设施运行情况、自行监测执行情况、环境管理台账执行情况、实际排放情况及合规判定分析、结论等；季度执行报告至少包括污染物实际排放浓度和排放量，合规判定分析，超标排放或污染防治设施异常情况说明等内容，参见附录 G。

5.3.3.1 排污单位基本情况

a）说明排污许可证执行情况，包括排污单位基本信息、产排污节点、污染物及污染防治设施、环境管理要求等，参见附录 E。

b）说明排放口规范性整改情况（如有）。

5.3.3.2 污染防治设施运行情况

a）正常情况说明。分别说明有组织废气、无组织废气、废水等污染防治设施的运行时间、污水处理量、脱硫脱硝剂用量、运行费用等情况，参见附录 G.1。

b）异常情况说明。排污单位拆除、停运污染防治设施，应说明实施拆除、停运的原因、起止日期等情况，并提供环境保护主管部门同意文件；因故障等紧急情况停运污染防治设施，或污染防治设施运行异常的，排污单位应说明故障原因、废水废气等污染物排放情况、报告提交情况及采取的应急措施，参见附录 G.2。

c）如发生污染事故，排污单位应说明发生事故次数、事故等级、事故发生时采取的措施、污染物排放、处理情况等信息。

5.3.3.3 自行监测执行情况

a）说明自行监测要求执行情况，并附监测布点图，参见附录 G.3 至 G.6。

b）对于自动监测，说明是否满足 HJ 75、HJ 76、HJ/T 353、HJ/T 354、HJ/T 355、HJ/T 356、HJ/T 373、HJ 477 等相关规范要求。说明自动监测系统发生故障时，向环境保护主管部门提交补充监测和事故分析报告的情况。

c）对于手工监测，说明是否满足 GB/T 16157、HJ/T 55、HJ/T 91、HJ/T 373、HJ/T 397 等相关标准与规范要求。

d）对于非正常工况，说明废气有效监测数据数量、监测结果等，参见附录 G.7 至 G.8。

e）对于特殊时段，说明废气有效监测数据数量、监测结果等，参见附录 G.9。

f）对于有周边环境质量监测要求的，说明监测点位、指标、时间、频次、有效监测数据数量、监测结果等内容，并附监测布点图。

g）对于未开展自行监测、自行监测方案与排污许可证要求不符、监测数据无效等情形，说明原因及措施。

5.3.3.4 环境管理台账执行情况

说明是否按排污许可证要求记录环境管理台账的情况，参见附录 G.10。

5.3.3.5 实际排放情况及合规判定分析

a）以自行监测数据为基础，说明各排放口的实际排放浓度范围、有效数据数量等内容，参见附录 G.3 至 G.9。

b）按照《排污许可证申请与核发技术规范 总则》（HJ 942），核算排污单位实际排放量，给出计算方法、所用的参数依据来源和计算过程，并与许可排放量进行对比分析，参见附录 G.11 至 G.15。

c）对于非正常工况，说明发生的原因、次数、起止时间、防治措施等。

d）对于特殊时段，说明各污染物的排放浓度及达标情况等。

e）对于废气污染物超标排放，应逐时说明；对于废水污染物超标排放，应逐日说明；说明内容包括排放口、污染物、超标时段、实际排放浓度、超标原因等，以及向环境保护主管部门报告及接受处罚的情况，参见附录 G.16 至 G.17。

f）说明实际排放量与生产负荷之间的关系。

5.3.3.6 结论

总结排污单位在报告周期内排污许可证执行情况，说明执行过程中存在的问题，以及下一步需进行整改的内容。

5.4 报告周期

排污单位按照排污许可证规定的时间提交执行报告，应每年提交一次排污许可证年度执行报告；同时，还应依据法律法规、标准等文件的要求，提交季度执行报告或月度执行报告。

5.4.1 年度执行报告

对于持证时间超过三个月的年度，报告周期为当年全年（自然年）；对于持证时间不足三个月的年度，当年可不提交年度执行报告，排污许可证执行情况纳入下一年度执行报告。

5.4.2 季度执行报告

对于持证时间超过一个月的季度，报告周期为当季全季（自然季度）；对于持证时间不足一个月的季度，该报告周期内可不提交季度执行报告，排污许可证执行情况纳入下一季度执行报告。

5.4.3 月度执行报告

对于持证时间超过 10 d 的月份，报告周期为当月全月（自然月）；对于持证时间不足 10 d 的月份，该报告周期内可不提交月度执行报告，排污许可证执行情况纳入下一月度执行报告。

附 录 A
（资料性附录）
环境管理台账记录内容

表 A.1 排污单位基本信息表

单位名称	生产经营场所地址	行业类别	法定代表人	统一社会信用代码	产品名称	生产工艺	生产规模	环保投资	环评批复文号[a]	排污权交易文件	排污许可证编号

[a] 列出环评批复文件文号、备案编号，或者地方政府出具的认定或备案文件文号。

记录时间： 记录人： 审核人：

表 A.2 生产设施正常工况信息表

生产设施（设备）名称[a]	编码	生产设施型号	主要生产设施（设备）规格参数[b]				设计生产能力		运行状态		生产负荷	产品产量				原辅料						
			参数名称	设计值	实际值	单位	生产能力	单位	开始时间[c]	结束时间[c]		中间产品	单位	最终产品	单位	名称	种类	用量	单位	有毒有害元素		来源地
																				成分	占比	

注：中间产品和单位可选填。

[a] 指主要生产设施（设备）名称。

[b] 指设施（设备）的设计规格参数，包括参数名称、设计值、实际值、计量单位；参数名称包括排污许可证载明的参数及其他参数，如储罐参数包括尺寸、运行时间等，焚烧炉参数包括平均燃烧率、热酌减率、焚毁去除率等；对于设计值与实际值相同的参数，可仅填报设计值。

[c] 开始时间、结束时间为记录频次内的起止时刻。

记录时间： 记录人： 审核人：

表 A.3 燃料信息表

名称[a]	用量	低位热值	单位	品质[b]								
				燃煤				燃油		燃气		其他燃料
				含硫量/%	灰分/%	挥发分/%	其他[c]	含硫量/%	其他[c]	硫化氢含量/%	其他[c]	相关物质含量

[a] 指燃料名称，包括燃煤、燃油、燃气等。

[b] 根据燃料类型对应填写，可以收到基品质为准。

[c] 指燃料燃烧后与污染物产生有关的成分。

记录时间： 记录人： 审核人：

表 A.4　废气污染防治设施基本信息与运行管理信息表

防治设施名称	编码	防治设施型号	主要防治设施规格参数			运行状态			污染物排放情况				排气筒高度/m	排口温度/℃	压力/kPa	排放时间/h	耗电量/(kW·h)	副产物		药剂情况		
			参数名称	设计值	单位	开始时间	结束时间	是否正常	烟气量/(m^3/h)	污染因子	治理效率/%	数据来源						名称	产生量/t	名称	添加时间	添加量/t

注：根据行业特点及监测情况，选择记录“治理效率”。

记录时间：　　　　　　　　　　记录人：　　　　　　　　　　审核人：

表 A.5　废水污染防治设施运行管理信息表

防治设施名称	编码	防治设施型号	主要防治设施规格参数			运行状态			污染物排放情况					污泥产生量	处理方式	耗电量	药剂情况		
			参数名称	设计值	单位	开始时间	结束时间	是否正常	出口流量/(m^3/d)	污染因子	治理效率/%	数据来源	排放去向				名称	添加时间	添加量/t

注：根据行业特点及监测情况，选择记录“治理效率”。

记录时间：　　　　　　　　　　记录人：　　　　　　　　　　审核人：

表 A.6　防治设施异常情况信息表

防治设施名称	编号	异常情况起始时刻	异常情况终止时刻	污染物排放情况			事件原因	是否报告	应对措施
				污染物种类	排放浓度	排放去向			

记录时间：　　　　　　　　　　记录人：　　　　　　　　　　审核人：

表 A.7　有组织废气（手工/在线监测）污染物监测原始结果表

序号	排放口编号	监测日期	监测时间	出　口									进　口								
				标态干烟气量/(m^3/h)	氧含量/%	二氧化硫/(mg/m^3)		颗粒物/(mg/m^3)		氮氧化物/(mg/m^3)		……	标态干烟气量/(m^3/h)	氧含量/%	二氧化硫/(mg/m^3)		颗粒物/(mg/m^3)		氮氧化物/(mg/m^3)		……
						监测结果	折标值	监测结果	折标值	监测结果	折标值				监测结果	折标值	监测结果	折标值	监测结果	折标值	

注：进口监测数据按照监测方法、设备条件、企业需求选择性填报。

记录时间：　　　　　　　　　　记录人：　　　　　　　　　　审核人：

表 A.8 无组织废气污染物监测原始结果表

序号	生产设施/无组织排放编号	监测日期	监测时间	二氧化硫/（mg/m^3）	颗粒物/（mg/m^3）	氮氧化物/（mg/m^3）	……

记录时间： 记录人： 审核人：

表 A.9 废水监测仪器信息表

排放口编号	污染物种类	监测采样方法及个数	监测次数	测定方法	监测仪器型号	备注

记录时间： 记录人： 审核人：

表 A.10 废水污染物监测结果表

序号	排放口编号	监测日期	监测时间	出口					进口				
				化学需氧量/（mg/L）	生化需氧量/（mg/L）	氨氮/（mg/L）	悬浮物/（mg/L）	……	化学需氧量/（mg/L）	五日生化需氧量/（mg/L）	氨氮/（mg/L）	悬浮物/（mg/L）	……
注：进口监测数据按照监测方法、设备条件、企业需求选择性填报。													

记录时间： 记录人： 审核人：

附　录　B

（资料性附录）

排污许可证年度执行报告编制流程

排污许可证年度执行报告编制的工作流程可分为四个阶段。具体流程见图 1。

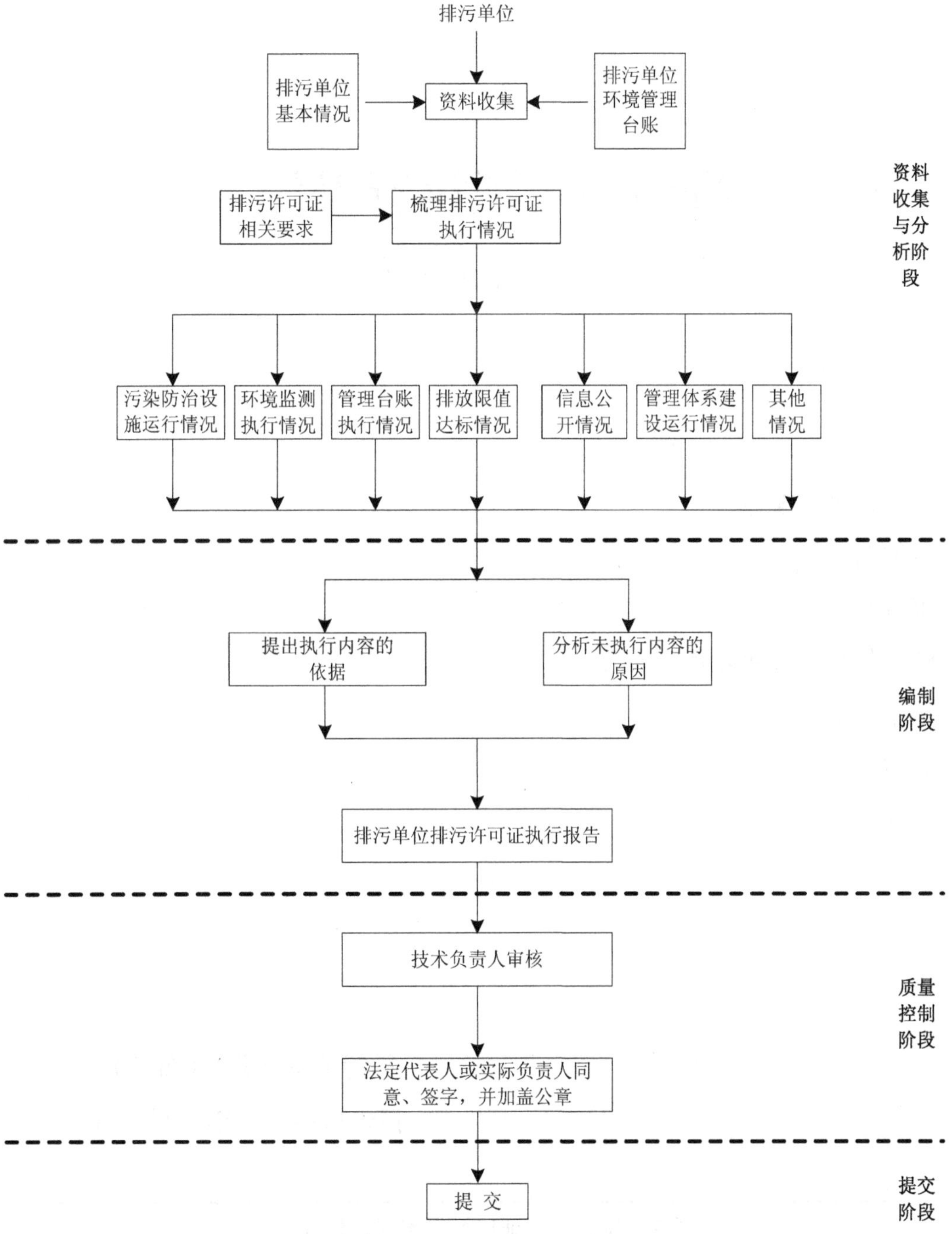

图 1　排污许可证年度执行报告编制流程

附 录 C
（资料性附录）
排污许可证执行报告封面样式

排污许可证执行报告封面样式见图 2。

排污许可证执行报告

（月报□ 季报□ 年报□）

排污许可证编号：
单位名称：
报告时段：
法定代表人（实际负责人）：
技术负责人：
固定电话：
移动电话：

排污单位名称：（盖章）
报告日期： 年 月 日

图 2 排污许可证执行报告封面样式

附 录 D
（资料性附录）
排污许可证年度执行报告编写提纲

排污许可证年度执行报告的编写提纲如下：

承诺书

1. 排污单位基本情况

1.1 排污单位基本信息

1.2 排污许可证执行情况

1.3 排污单位生产运行情况

1.4 原辅材料及燃料消耗情况

1.5 排污单位生产流程及产排污节点情况

1.6 排放口规范化

1.7 需说明的其他情况

2. 污染防治设施运行情况

2.1 污染防治设施变化情况

2.2 重点污染防治设施运行情况

2.3 污染防治设施维护情况

2.4 污染防治设施异常情况

3. 自行监测执行情况

3.1 排污单位自行监测方案及变化情况

3.2 自动监控系统运行情况

3.3 手工监测执行情况

3.4 周边环境质量监测情况

4. 环境管理台账

4.1 环境管理台账要求

4.2 环境管理台账执行情况

5. 实际排放情况及合规判定

5.1 污染物排放浓度及达标情况

5.2 污染物实际排放量及达标情况

5.3 特殊时段排放情况

5.4 非正常排放情况

6. 信息公开

6.1 信息公开情况

6.2 信息公开执行情况

7. 排污单位环境管理体系建设与运行情况

7.1 环境管理体系建设情况

7.2 环境管理体系落实情况

8. 其他排污许可证规定的内容执行情况

9. 其他需要说明的问题

10. 结论

附图

附件

附 录 E
（资料性附录）
排污许可证执行情况表格形式

表 E.1 排污许可证执行情况汇总表

项目	内容				报告周期内执行情况	备注
1. 排污单位基本情况	（一）排污单位基本信息			单位名称	□变化 □未变化	
				注册地址	□变化 □未变化	
				邮政编码	□变化 □未变化	
				生产经营场所地址	□变化 □未变化	
				行业类别	□变化 □未变化	
				生产经营场所中心经度	□变化 □未变化	
				生产经营场所中心纬度	□变化 □未变化	
				统一社会信用代码	□变化 □未变化	
				技术负责人	□变化 □未变化	
				联系电话	□变化 □未变化	
				所在地是否属于重点区域	□变化 □未变化	
				主要污染物类别及种类	□变化 □未变化	
				大气污染物排放方式	□变化 □未变化	
				废水污染物排放规律	□变化 □未变化	
				大气污染物排放执行标准名称	□变化 □未变化	
				水污染物排放执行标准名称	□变化 □未变化	
				设计生产能力	□变化 □未变化	
	（二）主要原辅材料及燃料	原料	原料①（自动生成）	年最大使用量	□变化 □未变化	
				硫元素占比	□变化 □未变化	
				有毒有害成分及占比	□变化 □未变化	
			……	……	□变化 □未变化	
		辅料	辅料①（自动生成）	年最大使用量	□变化 □未变化	
				硫元素占比	□变化 □未变化	
				有毒有害成分及占比	□变化 □未变化	
			……	……	□变化 □未变化	
		燃料	污染防治设施①（自动生成）	灰分	□变化 □未变化	
				硫分	□变化 □未变化	
				挥发分	□变化 □未变化	
				热值	□变化 □未变化	
				年最大使用量	□变化 □未变化	
			……	……	□变化 □未变化	

项目	内容				报告周期内执行情况	备注
1. 排污单位基本情况	（三）产排污节点、污染物及污染防治设施	废气	污染防治设施①（自动生成）	治理污染物种类	□变化　□未变化	
				污染防治设施工艺	□变化　□未变化	
				排放形式	□变化　□未变化	
				排放口位置	□变化　□未变化	
			……	……	□变化　□未变化	
		废水	污染防治设施①（自动生成）	治理污染物种类	□变化　□未变化	
				污染防治设施工艺	□变化　□未变化	
				排放去向	□变化　□未变化	
				排放规律	□变化　□未变化	
				排放口位置	□变化　□未变化	
2. 环境管理要求	自行监测要求		排放口①（自动生成）	污染物种类	□变化　□未变化	
				监测设施	□变化　□未变化	
				自动监测是否联网	□变化　□未变化	
				自动监测仪器名称	□变化　□未变化	
				自动监测设施安装位置	□变化　□未变化	
				自动监测设施是否符合安装、运行、维护等管理要求	□变化　□未变化	
				手工监测采样方法及个数	□变化　□未变化	
				手工监测频次	□变化　□未变化	
				手工测定方法	□变化　□未变化	
			……	……	□变化　□未变化	

注：对于选择“变化”的，应在“备注”中说明原因。

附　录　F

（资料性附录）

排污许可证年度执行报告表格形式（重点管理）

表 F.1　排污单位基本信息表

序号	记录内容	名称		数量或内容	计量单位	备注
1	主要原料用量	原料 1（自动生成）				
		其他原料				
		……				
2	主要辅料用量	辅料 1（自动生成）				
		其他辅料				
		……				
3	能源消耗	能源类型（自动生成）	用量			
			硫分		%	
			灰分		%	
			挥发分		%	
			热值			
		……	……			
		蒸汽消耗量			MJ	
		用电量			kW·h	
		……				
4	生产规模	生产单元 1（自动生成）				
		……				
5	运行时间	生产单元 1（自动生成）	正常运行时间		h	
			非正常运行时间		h	
			停产时间		h	
		……				
6	主要产品产量	产品 1（自动生成）				
		……				
7	取排水	取水量				
		废水排放量				
8	全年生产负荷				%	
9	污染防治设施计划投资情况（执行报告周期如涉及）	治理设施类型			—	
		开工时间			万元	
		建成投产时间				
		计划总投资				
		报告周期内累计完成投资			万元	
		……				
10	其他内容					

注 1：排污单位应根据行业特征补充细化列表中相关内容。

注 2：如与排污许可证载明事项不符的，在“备注”中说明变化情况及原因。

注 3：如报告周期有污染治理投资的，填写 9 有关内容。

注 4：列表中未能涵盖的信息，排污单位可以文字形式另行说明。

注 5：能源类型中的用量、硫分、灰分、挥发分、热值原则上指报告时段内全厂各批次收到基燃料的加权平均值，以入厂数据来衡量；排污单位也可使用入炉数据并在备注中说明；对于液体或气体燃料，可只填报用量、硫分、热值；热值指燃料低位发热量。

注 6：取水量指排污单位生产用水和生活用水的合计总量。

注 7：治理设施类型指颗粒物废气治理设施、二氧化硫废气治理设施、氮氧化物废气治理设施、其他废气治理设施、废水治理设施等。

表 F.2　污染防治设施正常情况汇总表

序号	污染源	污染防治设施		名称	数量	单位	备注
1	废水	污染防治设施 1	污染防治设施编号	废水防治设施运行时间		h	
				污水处理量		t	
				污水回用量		t	
				污水排放量		t	
				耗电量		kW·h	
				××药剂使用量		kg	
				××污染物处理效率		%	
				运行费用		万元	
				……			
		……	……	……			
2	废气	脱硫设施 1	污染防治设施编号	脱硫设施运行时间		h	
				脱硫剂用量		t	
				平均脱硫效率		%	
				脱硫固废产生量		t	
				运行费用		万元	
				……			
		……	……	……			
		脱硝设施 1	污染防治设施编号	脱硝设施运行时间		h	
				脱硝剂用量		t	
				平均脱硝效率		%	
				脱硝固废产生量		t	
				运行费用		万元	
				……			
		……	……	……			
		除尘设施 1	污染防治设施编号	除尘设施运行时间		h	
				平均除尘效率		%	
				除尘灰产生量		t	
				布袋除尘器清灰周期及换袋情况			
				运行费用		万元	
				……			
		……	……	……			
		其他防治设施 1	污染防治设施编号	……			
		……	……	……			

注 1：排污单位应根据行业特征细化列表中内容，如有相关内容则填写，如无相关内容则不填写。
注 2：列表中未能涵盖的信息，排污单位可以文字形式另行说明。
注 3：其他防治设施中包括无组织等防治设施。
注 4：污染物处理效率/平均脱硫效率/平均脱硝效率/平均除尘效率为报告期内算数平均值。
注 5：废水污染防治设施运行费用主要为药剂、电等的消耗费用，不包括人工、绿化、设备折旧和财务费用等；废气污染防治设施运行费用主要为脱硫/脱硝剂等物料及水、电等的消耗费用，不包括人工、绿化、设备折旧和财务费用等。

表 F.3 污染防治设施异常情况汇总表

污染防治设施编号	时段		故障设施	故障原因	各排放因子浓度/（mg/m^3）		采取的应对措施
	开始时间	结束时间			（自行填写）	……	
废气防治设施							
废水防治设施							

注 1：如废气防治设施异常，排放因子填写二氧化硫、氮氧化物、烟尘等。

注 2：如废水防治设施异常，排放因子填写化学需氧量、氨氮等。

表 F.4 有组织废气污染物排放浓度监测数据统计表

排放口编号	污染物种类	监测设施	有效监测数据（小时值）数量	许可排放浓度限值/（mg/m^3）	监测结果（折标，小时浓度）/（mg/m^3）			超标数据数量	超标率/%	备注
					最小值	最大值	平均值			
自动生成	自动生成	自动生成		自动生成						
	……	……		……						
……										

注 1：若采用手工监测，有效监测数据数量为报告周期内的监测次数。

注 2：若采用自动和手工联合监测，有效监测数据数量为两者有效数据数量的总和。

注 3：超标率是指超标的监测数据个数占总有效监测数据个数的比例。

注 4：监测要求与排污许可证不一致的原因以及污染物浓度超标原因等可在“备注”中进行说明。

表 F.5 有组织废气污染物排放速率监测数据统计表

排放口编号/设施编号	污染物种类	排放速率有效监测数据数量	许可排放速率/（kg/h）	实际排放速率/（kg/h）			超标数据数量	超标率/%	超标原因	备注
				最小值	最大值	平均值				
自动生成	自动生成									如排污许可证未许可排放速率，可不填
	……									
……										

注：超标率是指超标的监测数据个数占总有效监测数据个数的比例。

表 F.6 无组织废气污染物排放浓度监测数据统计表

序号	监测点位/设施	生产设施/无组织排放编号	监测时间	污染物种类	许可排放浓度限值/（mg/m^3）	浓度监测结果（折标，小时浓度）/（mg/m^3）	是否超标及超标原因	备注
1	自动生成	自动生成		自动生成	自动生成			如排污许可证无无组织废气监测要求，可不填
		……		……	……			
……	……							

表 F.7 废水污染物排放浓度监测数据统计表

排放口编号	污染物种类	监测设施	有效监测数据（日均值）数量	许可排放浓度限值/（mg/L）	浓度监测结果（日均浓度）/（mg/L）			超标数据数量	超标率/%	备注
					最小值	最大值	平均值			
自动生成	自动生成	自动生成		自动生成						
	……	……		……						
……										

注 1：若采用手工监测，有效监测数据数量为报告周期内的监测次数。
注 2：若采用自动和手工联合监测，有效监测数据数量为两者有效数据数量的总和。
注 3：超标率是指超标的监测数据个数占总有效监测数据个数的比例。
注 4：监测要求与排污许可证不一致的原因以及污染物浓度超标原因等可在“备注”中进行说明。

表 F.8 非正常工况有组织废气污染物监测数据统计表

起止时间	排放口编号	污染物种类	有效监测数据（小时值）数量	许可排放浓度限值/（mg/m^3）	浓度监测结果（折标，小时浓度）/（mg/m^3）			超标数据数量	超标率/%	备注
					最小值	最大值	平均值			
	自动生成	自动生成		自动生成						
		……		……						
	……									

注 1：若采用手工监测，有效监测数据数量为报告周期内的监测次数。
注 2：若采用自动和手工联合监测，有效监测数据数量为两者有效数据数量的总和。
注 3：超标率是指超标的监测数据个数占总有效监测数据个数的比例。
注 4：监测要求与排污许可证不一致的原因以及污染物浓度超标原因等可在“备注”中进行说明。

表 F.9 非正常工况无组织废气污染物浓度监测数据统计表

起止时间	生产设施/无组织排放编号	监测时间	污染物种类	监测次数	许可排放浓度限值/（mg/m^3）	浓度监测结果（折标，小时浓度）/（mg/m^3）	是否超标及超标原因	备注
	自动生成		自动生成		自动生成			如排污许可证无无组织废气监测要求，可不填
	……		……		……			

表 F.10 特殊时段有组织废气污染物监测数据统计表

记录日期	排放口编号	污染物种类	监测设施	有效监测数据（小时值）数量	许可排放浓度限值/（mg/m^3）	监测结果（折标，小时浓度）/（mg/m^3）			超标数据数量	超标率/%	备注
						最小值	最大值	平均值			
	自动生成	自动生成	自动生成		自动生成						
		……	……		……						
	……										

注 1：若采用手工监测，有效监测数据数量为报告周期内的监测次数。
注 2：若采用自动和手工联合监测，有效监测数据数量为两者有效数据数量的总和。
注 3：超标率是指超标的监测数据个数占总有效监测数据个数的比例。
注 4：监测要求等与排污许可证不一致的，或超标原因等可在“备注”中进行说明。

表 F.11　台账管理情况表

序号	记录内容	是否完整	说明
	自动生成	□是　　□否	
	……	□是　　□否	
		□是　　□否	

表 F.12　废气污染物实际排放量报表（季度报告）

排放口类型	排放口编号	月份	污染物种类	许可排放量/t	实际排放量/t	是否超标及超标原因	备注
有组织废气主要排放口	自动生成		自动生成				如排污许可证未许可排放量，可不填
			……				
			自动生成				
			……				
			自动生成				
			……				
		季度合计	自动生成				
			……				
	……	……					
其他合计			自动生成				
			……				
			自动生成				
			……				
			自动生成				
			……				
		季度合计	自动生成				
			……				
全厂合计			自动生成				
			……				
			自动生成				
			……				
			自动生成				
			……				
		季度合计	自动生成				
			……				

注：其他合计指除主要排放口以外的污染物排放量合计，如一般排放口、无组织排放（如有）、其他排放情形（如有）等。

表 F.13　废水污染物实际排放量报表（季度报告）

排放口类型	排放口编号	月份	污染物种类	许可排放量/t	实际排放量/t	是否超标及超标原因	备注
主要排放口	自动生成		自动生成				如排污许可证未许可排放量，可不填
			……				
			自动生成				
			……				
			自动生成				
			……				
		季度合计	自动生成				
			……				
	……	……					
一般排放口合计			自动生成				
			……				
			自动生成				
			……				
			自动生成				
			……				
		季度合计	自动生成				
			……				
全厂合计			自动生成				
			……				
			自动生成				
			……				
			自动生成				
			……				
		季度合计	自动生成				
			……				

表 F.14　废气污染物实际排放量报表（年度报告）

排放口类型	排放口编号	季度	污染物种类	许可排放量/t	实际排放量/t	是否超标及超标原因	备注
有组织废气主要排放口	自动生成	第一季度	自动生成				如排污许可证未许可排放量，可不填
			……				
		第二季度	自动生成				
			……				
		第三季度	自动生成				
			……				
		第四季度	自动生成				
			……				
		年度合计	自动生成				
			……				
	……	……					
其他合计		第一季度	自动生成				
			……				
		第二季度	自动生成				
			……				
		第三季度	自动生成				
			……				
		第四季度	自动生成				
			……				
		年度合计	自动生成				
			……				
全厂合计		第一季度	自动生成				
			……				
		第二季度	自动生成				
			……				
		第三季度	自动生成				
			……				
		第四季度	自动生成				
			……				
		年度合计	自动生成				
			……				

注：其他合计指除主要排放口以外的污染物排放量合计，如一般排放口、无组织排放（如有）、其他排放情形（如有）等。

表 F.15 废水污染物实际排放量报表（年度报告）

<table>
<tr><th>排放口类型</th><th>排放口编号</th><th>季度</th><th>污染物种类</th><th>许可排放量/t</th><th>实际排放量/t</th><th>是否超标及超标原因</th><th>备注</th></tr>
<tr><td rowspan="11">主要排放口</td><td rowspan="10">自动生成</td><td rowspan="2">第一季度</td><td>自动生成</td><td></td><td></td><td></td><td rowspan="31">如排污许可证未许可排放量，可不填</td></tr>
<tr><td>……</td><td></td><td></td><td></td></tr>
<tr><td rowspan="2">第二季度</td><td>自动生成</td><td></td><td></td><td></td></tr>
<tr><td>……</td><td></td><td></td><td></td></tr>
<tr><td rowspan="2">第三季度</td><td>自动生成</td><td></td><td></td><td></td></tr>
<tr><td>……</td><td></td><td></td><td></td></tr>
<tr><td rowspan="2">第四季度</td><td>自动生成</td><td></td><td></td><td></td></tr>
<tr><td>……</td><td></td><td></td><td></td></tr>
<tr><td rowspan="2">年度合计</td><td>自动生成</td><td></td><td></td><td></td></tr>
<tr><td>……</td><td></td><td></td><td></td></tr>
<tr><td>……</td><td>……</td><td></td><td></td><td></td><td></td></tr>
<tr><td colspan="2" rowspan="10">一般排放口合计</td><td rowspan="2">第一季度</td><td>自动生成</td><td></td><td></td><td></td></tr>
<tr><td>……</td><td></td><td></td><td></td></tr>
<tr><td rowspan="2">第二季度</td><td>自动生成</td><td></td><td></td><td></td></tr>
<tr><td>……</td><td></td><td></td><td></td></tr>
<tr><td rowspan="2">第三季度</td><td>自动生成</td><td></td><td></td><td></td></tr>
<tr><td>……</td><td></td><td></td><td></td></tr>
<tr><td rowspan="2">第四季度</td><td>自动生成</td><td></td><td></td><td></td></tr>
<tr><td>……</td><td></td><td></td><td></td></tr>
<tr><td rowspan="2">年度合计</td><td>自动生成</td><td></td><td></td><td></td></tr>
<tr><td>……</td><td></td><td></td><td></td></tr>
<tr><td colspan="2" rowspan="10">全厂合计</td><td rowspan="2">第一季度</td><td>自动生成</td><td></td><td></td><td></td></tr>
<tr><td>……</td><td></td><td></td><td></td></tr>
<tr><td rowspan="2">第二季度</td><td>自动生成</td><td></td><td></td><td></td></tr>
<tr><td>……</td><td></td><td></td><td></td></tr>
<tr><td rowspan="2">第三季度</td><td>自动生成</td><td></td><td></td><td></td></tr>
<tr><td>……</td><td></td><td></td><td></td></tr>
<tr><td rowspan="2">第四季度</td><td>自动生成</td><td></td><td></td><td></td></tr>
<tr><td>……</td><td></td><td></td><td></td></tr>
<tr><td rowspan="2">年度合计</td><td>自动生成</td><td></td><td></td><td></td></tr>
<tr><td>……</td><td></td><td></td><td></td></tr>
</table>

表 F.16　特殊时段废气污染物实际排放量报表

重污染天气应急预警期间等特殊时段							
日期	废气类型	排放口编号/设施编号	污染物种类	许可日排放量/kg	实际日排放量/kg	是否超标及超标原因	备注
	有组织废气	自动生成	自动生成				如排污许可证未许可特殊时段排放量，可不填
			……	……			
		……					
	无组织废气	自动生成	自动生成				
			……	……			
		……					
	全厂合计		自动生成				
			……	……			
冬防等特殊时段							
月份	废气类型	排放口编号/设施编号	污染物种类	许可月排放量/t	实际月排放量/t	是否超标及超标原因	备注
	有组织废气	自动生成	自动生成				如排污许可证未许可特殊时段排放量，可不填
			……	……			
		……					
	无组织废气	自动生成	自动生成				
			……	……			
		……					
	全厂合计		自动生成				
			……	……			

表 F.17　废气污染物超标时段小时均值报表

日期	时间	生产设施编号	排放口编号	超标污染物种类	实际排放浓度（折标）/（mg/m^3）	超标原因说明

表 F.18　废水污染物超标时段日均值报表

日期	时间	排放口编号	超标污染物种类	实际排放浓度/（mg/m^3）	超标原因说明

表 F.19　信息公开情况报表

序号	分类	执行情况	是否符合排污许可证要求	备注
1	公开方式		□是　□否	
2	时间节点		□是　□否	
3	公开内容		□是　□否	
……	……		……	
注：信息公开情况不符合排污许可证要求的，在“备注”中说明原因。				

附 录 G

（资料性附录）

排污许可证年度执行报告表格形式（简化管理）

表 G.1 污染防治设施正常情况汇总表

序号	污染源	污染防治设施					备注
		名称			数量	单位	
1	废水	污染防治设施 1	污染防治设施编号	废水防治设施运行时间		h	
				污水处理量		t	
				运行费用		万元	
				……			
		……	……				
2	废气	脱硫设施 1	污染防治设施编号	脱硫设施运行时间		h	
				脱硫剂用量			
				运行费用		万元	
				……			
		……	……				
		脱硝设施 1	污染防治设施编号	脱硝设施运行时间		h	
				脱硝剂用量			
				运行费用		万元	
				……			
		……	……				
		除尘设施 1	污染防治设施编号	除尘设施运行时间		h	
				运行费用		万元	
				……			
		……	……				
		其他防治设施 1	污染防治设施编号				
		……	……				

注 1：排污单位应根据行业特征细化列表中内容，如有相关内容则填写，如无相关内容则不填写。

注 2：列表中未能涵盖的信息，排污单位可以文字形式另行说明。

注 3：其他防治设施中包括无组织等防治设施。

注 4：废水污染防治设施运行费用主要为药剂、电等的消耗费用，不包括人工、绿化、设备折旧和财务费用等；废气污染防治设施运行费用主要为脱硫/脱硝剂等物料及水、电等的消耗费用，不包括人工、绿化、设备折旧和财务费用等。

表 G.2　污染防治设施异常情况汇总表

污染防治设施编号	时段		故障设施	故障原因	各排放因子浓度/（mg/m^3）		采取的应对措施
	开始时间	结束时间			（自行填写）	……	
废气防治设施							
废水防治设施							
注 1：如废气防治设施异常，排放因子填写二氧化硫、氮氧化物、烟尘等。 注 2：如废水防治设施异常，排放因子填写化学需氧量、氨氮等。							

表 G.3　有组织废气污染物排放浓度监测数据统计表

排放口编号	污染物种类	监测设施	有效监测数据（小时值）数量	许可排放浓度限值/（mg/m^3）	监测结果（折标，小时浓度）/（mg/m^3）			超标数据数量	超标率/%	备注
					最小值	最大值	平均值			
自动生成	自动生成	自动生成		自动生成						
	……	……		……						
……										
注 1：若采用手工监测，有效监测数据数量为报告周期内的监测次数。 注 2：若采用自动和手工联合监测，有效监测数据数量为两者有效数据数量的总和。 注 3：超标率是指超标的监测数据个数占总有效监测数据个数的比例。 注 4：监测要求与排污许可证不一致的原因以及污染物浓度超标原因等可在“备注”中进行说明。										

表 G.4　有组织废气污染物排放速率监测数据统计表

排放口编号/设施编号	污染物种类	排放速率有效监测数据数量	许可排放速率/（kg/h）	实际排放速率/（kg/h）			超标数据数量	超标率/%	超标原因	备注
				最小值	最大值	平均值				
自动生成	自动生成									如排污许可证未许可排放速率，可不填
	……									
……										
注：超标率是指超标的监测数据个数占总有效监测数据个数的比例。										

表 G.5　无组织废气污染物排放浓度监测数据统计表

序号	监测点位/设施	生产设施/无组织排放编号	监测时间	污染物种类	许可排放浓度限值/（mg/m^3）	浓度监测结果（折标，小时浓度）/（mg/m^3）	是否超标及超标原因	备注
1	自动生成	自动生成		自动生成	自动生成			如排污许可证无无组织废气监测要求，可不填
		……		……	……			
……	……							

表 G.6 废水污染物排放浓度监测数据统计表

排放口编号	污染物种类	监测设施	有效监测数据（日均值）数量	许可排放浓度限值/（mg/L）	浓度监测结果（日均浓度）/（mg/L）			超标数据数量	超标率/%	备注
					最小值	最大值	平均值			
自动生成	自动生成	自动生成		自动生成						
	……	……		……						
……										

注 1：若采用手工监测，有效监测数据数量为报告周期内的监测次数。

注 2：若采用自动和手工联合监测，有效监测数据数量为两者有效数据数量的总和。

注 3：超标率是指超标的监测数据个数占总有效监测数据个数的比例。

注 4：监测要求与排污许可证不一致的原因以及污染物浓度超标原因等可在“备注”中进行说明。

表 G.7 非正常工况有组织废气污染物监测数据统计表

起止时间	排放口编号	污染物种类	有效监测数据（小时值）数量	许可排放浓度限值/（mg/m^3）	浓度监测结果（折标，小时浓度）/（mg/m^3）			超标数据数量	超标率/%	备注
					最小值	最大值	平均值			
	自动生成	自动生成		自动生成						
		……		……						
	……									

注 1：若采用手工监测，有效监测数据数量为报告周期内的监测次数。

注 2：若采用自动和手工联合监测，有效监测数据数量为两者有效数据数量的总和。

注 3：超标率是指超标的监测数据个数占总有效监测数据个数的比例。

注 4：监测要求与排污许可证不一致的原因以及污染物浓度超标原因等可在“备注”中进行说明。

表 G.8 非正常工况无组织废气污染物浓度监测数据统计表

起止时间	生产设施/无组织排放编号	监测时间	污染物种类	监测次数	许可排放浓度限值/（mg/m^3）	浓度监测结果（折标，小时浓度）/（mg/m^3）	是否超标及超标原因	备注
	自动生成		自动生成		自动生成			如排污许可证无无组织废气监测要求，可不填
	……		……		……			

表 G.9 特殊时段有组织废气污染物监测数据统计表

记录日期	排放口编号	污染物种类	监测设施	有效监测数据（小时值）数量	许可排放浓度限值/（mg/m^3）	监测结果（折标，小时浓度）/（mg/m^3）			超标数据数量	超标率/%	备注
						最小值	最大值	平均值			
	自动生成	自动生成	自动生成		自动生成						
		……	……		……						
	……										

注 1：若采用手工监测，有效监测数据数量为报告周期内的监测次数。
注 2：若采用自动和手工联合监测，有效监测数据数量为两者有效数据数量的总和。
注 3：超标率是指超标的监测数据个数占总有效监测数据个数的比例。
注 4：监测要求等与排污许可证不一致的，或超标原因等可在“备注”中进行说明。

表 G.10 台账管理情况表

序号	记录内容	是否完整	说明
	自动生成	□是 □否	
	……	□是 □否	
	……	□是 □否	

表 G.11 废气污染物实际排放量报表（季度报告）

	月份	污染物种类	许可排放量/t	实际排放量/t	是否超标及超标原因	备注
全厂合计		自动生成				如排污许可证未许可排放量，可不填
		……				
		自动生成				
		……				
		自动生成				
		……				
	季度合计	自动生成				
		……				

表 G.12 废水污染物实际排放量报表（季度报告）

	月份	污染物种类	许可排放量/t	实际排放量/t	是否超标及超标原因	备注
全厂合计		自动生成				如排污许可证未许可排放量，可不填
		……				
		自动生成				
		……				
		自动生成				
		……				
	季度合计	自动生成				
		……				

表 G.13 废气污染物实际排放量报表（年度报告）

	季度	污染物种类	许可排放量/t	实际排放量/t	是否超标及超标原因	备注
全厂合计	第一季度	自动生成				如排污许可证未许可排放量，可不填
		……				
	第二季度	自动生成				
		……				
	第三季度	自动生成				
		……				
	第四季度	自动生成				
		……				
	年度合计	自动生成				
		……				

表 G.14 废水污染物实际排放量报表（年度报告）

	季度	污染物种类	许可排放量/t	实际排放量/t	是否超标及超标原因	备注
全厂合计	第一季度	自动生成				如排污许可证未许可排放量，可不填
		……				
	第二季度	自动生成				
		……				
	第三季度	自动生成				
		……				
	第四季度	自动生成				
		……				
	年度合计	自动生成				
		……				

表 G.15　特殊时段废气污染物实际排放量报表

重污染天气应急预警期间等特殊时段						
日期	废气类型	污染物种类	许可日排放量/kg	实际日排放量/kg	是否超标及超标原因	备注
	全厂合计	自动生成				如排污许可证未许可特殊时段排放量，可不填
		……				
冬防等特殊时段						
月份	废气类型	污染物种类	许可月排放量/t	实际月排放量/t	是否超标及超标原因	备注
	全厂合计	自动生成				如排污许可证未许可特殊时段排放量，可不填
		……				

表 G.16　废气污染物超标时段小时均值报表

日期	时间	生产设施编号	排放口编号	超标污染物种类	实际排放浓度（折标）/（mg/m^3）	超标原因说明

表 G.17　废水污染物超标时段日均值报表

日期	时间	排放口编号	超标污染物种类	实际排放浓度/（mg/m^3）	超标原因说明

HJ

中华人民共和国国家环境保护标准

HJ 1299—2023

排污许可证质量核查技术规范

Technical specification for quality inspection of pollutant discharge permit

2023-06-07 发布　　2023-07-01 实施

生　态　环　境　部　发布

前 言

为贯彻《中华人民共和国环境保护法》《中华人民共和国大气污染防治法》《中华人民共和国水污染防治法》《中华人民共和国土壤污染防治法》《中华人民共和国固体废物污染环境防治法》《中华人民共和国噪声污染防治法》《中华人民共和国海洋环境保护法》《中华人民共和国长江保护法》《排污许可管理条例》等法律法规，完善排污许可技术支撑体系，指导排污许可证质量核查工作，制定本标准。

本标准规定了开展排污许可证质量核查的方式与要求、核查准备工作及主要核查内容。

本标准附录 A～附录 C 为资料性附录。

本标准为首次发布。

本标准由生态环境部环境影响评价与排放管理司、法规与标准司组织制订。

本标准起草单位：生态环境部环境工程评估中心、北京市科学技术研究院资源环境研究所、北京国寰环境技术有限责任公司、上海环境保护有限公司、陕西省环境调查评估中心。

本标准生态环境部 2023 年 6 月 7 日批准。

本标准自 2023 年 7 月 1 日起实施。

本标准由生态环境部解释。

排污许可证质量核查技术规范

1　适用范围

本标准规定了开展排污许可证质量核查的方式与要求、核查准备工作及主要核查内容。

本标准适用于指导生态环境主管部门或其委托组织的技术机构，对已核发排污许可证的质量开展核查。拟核发排污许可证的质量核查和排污单位对排污许可证质量自查，可参照本标准执行。

地方生态环境主管部门可在本标准规定内容基础上，制定更为详尽的地方标准。

2　规范性引用文件

本标准引用了下列文件或其中的条款。凡是注明日期的引用文件，仅注日期的版本适用于本标准。凡是未注日期的引用文件，其最新版本（包括所有的修改单）适用于本标准。

GB 3096　声环境质量标准

GB/T 4754　国民经济行业分类

GB 12348　工业企业厂界环境噪声排放标准

HJ 944　排污单位环境管理台账及排污许可证执行报告技术规范　总则（试行）

HJ 1105　排污许可证申请与核发技术规范　医疗机构

HJ 1200　排污许可证申请与核发技术规范　工业固体废物（试行）

《企业环境信息依法披露管理办法》（生态环境部令　第 24 号）

《关于执行大气污染物特别排放限值的公告》（环境保护部公告　2013 年　第 14 号）

《关于京津冀大气污染传输通道城市执行大气污染物特别排放限值的公告》（环境保护部公告　2018 年　第 9 号）

《关于执行大气污染物特别排放限值有关问题的复函》（环办大气函〔2016〕1087 号）

《关于进一步加强重金属污染防控的意见》（环固体〔2022〕17 号）

《国家重点监控企业自行监测及信息公开办法（试行）》

《排污许可管理办法（试行）》

《固定污染源排污许可分类管理名录》

《建设项目环境影响评价分类管理名录》

《产业结构调整指导目录》

3　术语和定义

下列术语和定义适用于本标准。

3.1

排污许可证质量核查　quality inspection of pollutant discharge permit

生态环境主管部门或其委托组织的技术机构，依据国家及地方生态环境保护法律、法规、部门规章、标准等相关规定及要求，对排污许可证质量开展核查的行为。核查内容包括排污许可证记载内容的完整性、规范性及与实际情况的一致性等。

3.2

非现场核查 off-site inspection

生态环境主管部门或其委托组织的技术机构，根据制定的核查计划，通过查阅全国排污许可证管理信息平台数据信息等相关资料，对排污许可证相关内容的完整性及规范性等开展质量核查的行为。

3.3

现场核查 on-site inspection

生态环境主管部门或其委托组织的技术机构，根据制定的核查计划，通过现场踏勘等方式，对排污许可证记载内容与实际情况的一致性等开展质量核查的行为。

4 核查方式与要求

4.1 基本方法

排污许可证质量核查的基本方法包括资料依据核查、非现场核查和现场核查三类。根据排污许可证管理类别、地区经济水平、人员配置情况、环境管理信息化水平、政务部门信息共享建设水平等因素综合选取方法，具体方法参照附录A。

4.2 核查要求

4.2.1 完整性

依据排污许可证申请与核发技术规范等要求，核查排污许可证记载内容及其相关参数是否完整、是否遗漏。

4.2.2 规范性

依据相关法律法规、污染物排放标准、排污许可证申请与核发技术规范、自行监测技术指南等要求，核查排污许可证记载的各项参数、排放标准、计算方法和结果及提出的管理要求等是否合规。

4.2.3 一致性

现场核查排污许可证记载内容与排污单位实际情况是否一致。

4.2.4 时效性

核查依据的时效性，法律法规、政策文件、排放标准及其修改单等应选用现行有效的版本。

5 核查准备

5.1 收集核查资料

5.1.1 排污许可证正（副）本、排污许可证申请表、守法承诺书、排污许可证申领信息公开情况说明表（仅针对首次申请和重新申请的重点管理排污单位）。

5.1.2 环保手续：包括环境影响报告书（表）及其批复文件、环境影响登记表及备案材料、地方政府对违规项目的认定或备案文件（如涉及）、竣工环境保护验收文件及验收意见等项目认定材料（如涉及）。

5.1.3 许可排放量核查材料：包括申请年许可排放量计算过程（如涉及）、主要污染物总量控制指标分配文件（如涉及）、重点污染物排放总量控制指标的说明材料（如涉及）、区域削减措施落实情况证明材料（如涉及）等许可排放量核查所需材料。

5.1.4 与排污口相关的证明材料：包括排污口和监测孔规范化设置情况说明材料，纳污范围、管网布置、最终排放去向等说明材料（仅针对城镇和工业污水集中处理设施），入河入海排污口设置申请及审批、备案或登记信息等与排放口相关的证明材料。

5.1.5 附图附件：包括生产厂区总平面布置图、监测点位示意图、生产工艺流程图等附图附件。

5.1.6 其他证明材料：包括达标证明材料（如涉及）、原辅燃料信息（如涉及）、自行监测方案等判定可行技术、管理类别、自行监测情况的证明材料。

5.1.7 地方有明确规定的其他相关材料。

5.2 核实核发依据

对排污许可证核发时法律法规、政策文件、标准和技术规范性文件依据的时效性和完整性进行查询与梳理，作为判定质量问题的依据。

5.3 准备核查设备

根据现场核查的具体任务需求，配置必要的核查设备，包括通信器材、导航定位设备、摄影摄像器材、快速检测分析设备、便携式电脑等。

6 核查原则及内容

6.1 一般原则

6.1.1 排污许可证质量核查可采用非现场核查和现场核查相结合的方式开展。对于仅需通过资料审核、智能核查等方式即可完成核查的，以非现场核查为主，可不开展现场核查。

6.1.2 非现场核查：非现场核查事项清单见附录 B。非现场核查重点关注排污许可证记载内容是否按照排污许可证申请与核发技术规范要求填报完整，记载内容与法律法规、污染物排放标准、排污许可证申请与核发技术规范、自行监测技术指南等相关文件要求是否相符，记载内容与环境影响报告书（表）及其批复文件或竣工环境保护验收文件及验收意见等内容是否一致。

6.1.3 现场核查：非现场核查存在疑问需要进一步核实的，记载内容与环境影响报告书（表）及其批复文件、竣工环境保护验收文件及验收意见等内容不一致且未提供相关说明材料的，生态环境主管部门确需采取现场核查的，可开展现场核查工作。现场核查事项清单见附录 C。现场核查主要是核查排污许可证记载内容与排污单位实际情况的一致性及对非现场核查存疑的问题进行进一步判定。生态环境主管部门或其委托组织的技术机构可根据非现场核查情况确定现场核查的内容、频次等。实施现场核查的工作人员应当为被核查者保守商业秘密。

6.1.4 核查内容包括但不限于本标准规定事项，地方有其他管理要求的，从其规定。

6.2 非现场核查内容

6.2.1 排污许可证有效期限

依据排污许可证正（副）本进行判定。其中，对照《产业结构调整指导目录》及地方相关文件要求，属于淘汰类的项目，其排污许可证有效期应与淘汰期限保持一致。

6.2.2 行业类别

结合已收集核查资料中排污单位的生产设施、原辅燃料使用、生产工艺、产品产能、产品类别等信息，依据 GB/T 4754 及适用的排污许可证申请与核发技术规范进行判定。

6.2.3 管理类别

结合排污许可证中的生产设施、产品产能、工艺流程图、原辅材料用量等信息以及重点排污单位名录，依据《固定污染源排污许可分类管理名录》（以下简称《名录》）进行判定。对于《名录》中已经有明确规定的，必须严格按照《名录》管理类别要求执行。

6.2.4 废气（废水）排放口

6.2.4.1 结合已收集排污单位的环境影响报告书（表）及其批复文件、环境影响登记表及备案材料、竣工环境保护验收文件及验收意见、排污口和监测孔规范化设置情况说明材料、平面布置图、监测点位示意图、生产工艺流程图等资料，依据排污许可证申请与核发技术规范对排污许可证记载的废气排放口的数量、类型，排气筒高度、出口内径、排气温度，废水排放口的废水排放去向、排放方式、排放规律，雨水排放口（如涉及）基本信息等内容进行判定。

6.2.4.2 入河入海排污口信息依据入河入海排污口名称、编号及审批、备案或登记信息等进行判定。

6.2.4.3 对于排放口（废气排放口、废水排放口、雨水排放口及其他可能存在的依法纳入监管的排放口等）信息与环境影响报告书（表）及其批复文件或竣工环境保护验收文件相比不一致的情形，如附件中未提供相关证明材料，建议现场核查时予以重点关注。

6.2.4.4 对于多个排污单位共用一个排放口的，核查其相关排污单位是否在排污许可证中明确各方责任。

6.2.5 废气（废水）污染物排放种类

依据排污许可证申请与核发技术规范中产排污设施对应的污染因子，对照应执行的国家或地方污染物排放标准、自行监测技术指南，结合环境影响报告书（表）及其批复文件、环境影响登记表及备案材料、竣工环境保护验收文件及验收意见、原辅材料主要成分等进行判定。

6.2.6 污染防治可行技术

依据污染防治可行技术指南、排污许可证申请与核发技术规范进行判定。对于未采用推荐可行技术的，排污单位应当在申请时提供相关证明材料（如已有污染物排放监测数据；对于国内外首次采用的污染治理技术，还应当提供中试数据等说明材料），证明可达到与污染防治可行技术相当的处理能力。

6.2.7 废气（废水）污染物排放标准及限值

依据现行有效的国家或地方污染物排放标准及其修改单中的排放浓度、排放速率、污染物去除效率等要求进行判定。应严格按照标准适用范围选用污染物排放标准，不应执行行政规范性文件等。

6.2.8 废气（废水）许可排放量

依据排污许可证申请与核发技术规范要求进行判定。应根据排污许可证申请与核发技术规范中规定的许可排放量核算方法和依法分解落实到排污单位的重点污染物控制指标，从严确定许可排放量。2015 年 1 月 1 日（含）后取得环境影响文件批复的排污单位，许可排放量还应同时满足环境影响报告书（表）及其批复文件要求。地方生态环境主管部门有更严格要求的，从其规定。

6.2.9 固体废物管理信息

依据 HJ 1200 和 HJ 1105 等技术规范中有关要求进行判定。

6.2.10 工业噪声排放信息

依据 GB 3096、GB 12348、环境影响报告书（表）及其批复文件、声环境功能区划等相关要求进行判定。待《排污许可证申请与核发技术规范　工业噪声》发布后，从其规定。

6.2.11 废气无组织排放信息

依据排污许可证申请与核发技术规范、环境影响报告书（表）及其批复文件、污染物排放标准及地方相关要求中的无组织管控要求进行判定。

6.2.12 废气（废水）特殊时段排放要求

依据排污许可证申请与核发技术规范、国家或所在地区人民政府制定的重污染天气应急预案、环境质量限期达标规划、其他相关环境管理文件等进行判定。

6.2.13 废气（废水）自行监测信息

依据自行监测技术指南、排污许可证申请与核发技术规范、污染物排放标准及地方相关规定进行判定。原则上优先采用自行监测技术指南中的要求。

6.2.14 土壤及地下水等自行监测信息

依据国家和地方相关法律法规、政策文件，以及自行监测技术指南、排污许可证申请与核发技术规范、环境影响报告书（表）及其批复文件等要求进行判定。

6.2.15　环境管理台账记录要求

依据《排污许可管理条例》、排污许可证申请与核发技术规范和 HJ 944 等要求进行判定。

6.2.16　排污许可执行报告上报要求

依据《排污许可管理条例》、排污许可证申请与核发技术规范和 HJ 944 等要求进行判定。对于排污许可证申请与核发技术规范中未明确上报截止时间的，年报可于次年 1 月底前提交；月报和季报可于下一周期首月 15 日之前提交。执行报告的上报要求待排污单位环境管理台账及排污许可证执行报告技术规范总则修订发布后，从其规定。

6.2.17　环境信息公开要求

依据《排污许可管理条例》等法律法规、《排污许可管理办法（试行）》《企业环境信息依法披露管理办法》《国家重点监控企业自行监测及信息公开办法（试行）》等部门规章和规范性文件的要求进行判定。

6.2.18　产排污节点

依据排污许可证申请与核发技术规范、污染物排放标准、环境影响报告书（表）及其批复文件、竣工环境保护验收文件及验收意见、生产工艺流程图等进行判定。

6.2.19　其他基本信息

大气重点控制区域依据《关于执行大气污染物特别排放限值的公告》《关于执行大气污染物特别排放限值有关问题的复函》《关于京津冀大气污染传输通道城市执行大气污染物特别排放限值的公告》等文件进行判定。总磷、总氮控制区依据生态环境部相关文件中确定的需要对总磷、总氮进行总量控制的区域等要求进行判定。重金属污染物特别排放限值实施区域依据《关于进一步加强重金属污染防控的意见》等文件及地方确定的重点区域进行判定，执行特别排放限值的地域范围，由省级人民政府通过公告或印发相关文件等适当方式予以公布。

6.2.20　附图附件

依据排污许可证申请与核发技术规范及地方有关要求进行判定。

6.2.21　其他控制管理要求及许可内容

大气环境管理要求、水环境管理要求、土壤污染防治要求、固体废物污染环境防治要求、工业噪声污染环境防治要求等内容依据大气污染防治法、水污染防治法、土壤污染防治法、固体废物污染环境防治法、噪声污染防治法等相应法律法规、标准规范，以及地方生态环境主管部门的相关规定进行判定。

6.3　现场核查内容

通过现场踏勘，查阅环境管理台账、生产台账、采购和出入库记录等方式，对排污许可证记载的排污单位基本情况，废气（废水）产排污环节、污染防治设施、污染物排放口，固体废物管理信息，废气无组织管控措施，自动监测设备安装及联网情况，主要生产设施数量、参数、名称信息，主要原辅材料和燃料信息，入河入海排污口信息等内容进行判定。

对于现场建设情况与环境影响报告书（表）及其批复文件不一致的情形，可按照竣工环境保护验收前和验收后分别进行判定。对于环境影响评价文件经批准后，未完成竣工环境保护验收的建设项目，依据建设项目重大变动清单等文件要求进行判定；对于已完成竣工环境保护验收的建设项目，后续发生调整应判定是否属于改建、扩建，按照《建设项目环境影响评价分类管理名录》依法履行环境影响评价手续。

7 问题清单及整改要求

7.1 问题清单

排污许可证质量核查应结合非现场核查和现场核查情况，对问题进行汇总，形成问题清单详述，并列明相关问题清单的判定依据，包括但不限于相关法律法规、技术规范、监测技术指南、环境影响报告书（表）及其批复文件、地方管理要求等。

7.2 问题处置

排污许可证质量核查存在重大质量问题的，应依法依规改正。

附　录　A
（资料性附录）
排污许可证质量核查的基本方法

A.1　资料依据核查

根据国务院部门职能分工涉及的相关部门（生态环境部、国家发展改革委、工业和信息化部、自然资源部、住房和城乡建设部等）和地方政府的相关网站，以及行业和相关标准网站查询排污许可证所适用的法律法规、政策文件、标准和技术规范性文件，对照核实核查依据的时效性、准确性、全面性。

A.2　非现场核查

非现场核查可根据核查工作需要，按照相关法律法规、技术规范、污染物排放标准等要求，采用资料核查及智能核查等方法。

a）资料核查可通过审阅排污许可证及相关资料的完整性和规范性，核对排污许可证填报内容之间及相关材料之间的逻辑性和符合性以及对许可排放量进行重新计算等方式开展。

b）智能核查可采用远程核查、智能比对、数据校验等方式开展。远程核查可依托全国排污许可证管理信息平台开展，通过污染源自动监控、视频监控、污染防治设施用水（电）监控等手段，核查排污单位污染物排放等情况，对排污许可证记载内容与实际情况的一致性进行远程识别。智能比对依托全国排污许可证管理信息平台，通过实现固定污染源排污许可信息与监测、执法和处罚等信息的自动对接和各数据系统之间的互联互通，自动比对排污单位排污许可证记载内容。数据校验采用传统数据校验与大数据、人工智能等相结合的数据校验技术方法，对排污许可数据进行多维度、全流程校核。

A.3　现场核查

现场核查可根据核查工作需要结合非现场核查发现的问题或需现场关注的事项，对照排污许可证记载内容核查与排污单位实际情况的一致性。

a）现场核查可根据排污单位行业类别，邀请行业领域的专家与核查人员共同实施现场核查工作；

b）现场核查时可查阅排污单位生产台账、环境管理台账、工艺流程图、平面布置图、监测点位布置图等资料；

c）现场核查时可邀请专业人员携带仪器设备开展现场测量、技术核对等；

d）现场核查时应做好核查记录，保留影像信息。

附 录 B
（资料性附录）
非现场核查事项清单

表 B.1 非现场核查事项清单

序号	主要核查内容	判定	问题认定	问题清单详述（请详细阐述具体问题，便于后续问题的反馈及改正）	问题清单判定依据（包括但不限于相关法律法规、技术规范、自行监测技术指南、环境影响报告书（表）及其批复文件、地方管理要求等）
1	排污许可证有效期	□是 □否	是否存在淘汰类项目，其许可证有效期是否与淘汰期限一致		
2	行业类别	□是 □否	行业类别是否正确		
		□是 □否	从事两个以上行业的，是否遗漏行业类别		
3	管理类别	□是 □否	管理类别是否降低。是否存在因行业类别判定有误导致管理类别降级的问题。是否存在因重点排污单位名录更新引起的管理类别变动问题		
4	废气（废水）排放口	□是 □否	排放口是否完整。是否遗漏旁路排放口（如涉及）、雨水排放口（如涉及）、特殊排放口（如涉及）、排放第一类污染物的车间/生产设施排放口（如涉及）等		
		□是 □否	排放口信息是否完整、规范。废气排放口、旁路排放口（如涉及）的数量、类型，排气筒高度、出口内径、排气温度等信息是否完整、规范。废水排放口的地理坐标、排放去向、排放规律，受纳污水处理厂名称等信息是否完整、规范		
		□是 □否	排放口类型是否规范		
		□是 □否	入河入海排污口名称、编号及审批、备案或登记信息等信息是否完整、规范（如涉及）		
		□是 □否	排放口信息与排污口（含监测点位）规范化设置情况说明材料等内容是否一致		
		□是 □否	雨水排放口名称、排放去向、排放规律、受纳自然水体信息是否完整、规范		
5	废气（废水）污染物种类	□是 □否	废气（废水）污染物种类是否完整		
6	污染防治可行技术	□是 □否	“是否为可行技术”填写是否正确		
		□是 □否	对于未采用推荐可行技术的，是否提供证明材料		
7	废气（废水）排放标准及限值	□是 □否	排放标准是否完整、正确		
		□是 □否	污染物排放浓度（速率）限值是否完整、正确		

序号	主要核查内容	判定	问题认定	问题清单详述（请详细阐述具体问题，便于后续问题的反馈及改正）	问题清单判定依据（包括但不限于相关法律法规、技术规范、自行监测技术指南、环境影响报告书（表）及其批复文件、地方管理要求等）
8	废气（废水）许可排放量	□是 □否	是否遗漏许可排放量控制因子		
		□是 □否	是否根据排污许可证申请与核发技术规范中的许可排放量核算方法计算		
		□是 □否	许可排放量与附件“申请年排放量限值计算过程”中的结果是否一致		
		□是 □否	年许可排放量年限与排污许可证有效期是否一致		
		□是 □否	属于产业政策规定限时淘汰类行业或工序的，对应排放口许可排放量时限是否超过限期淘汰时间		
		□是 □否	许可排放量计算结果是否取严		
9	固体废物管理信息	□是 □否	固体废物基础信息表中固体废物基础信息（名称、代码、类别、物理性状、产生环节、去向等）是否填报完整、规范		
		□是 □否	存在贮存和自行利用处置行为的排污单位是否遗漏填报自行贮存和自行利用/处置设施信息表或者填报不合规		
		□是 □否	污染防控技术要求是否完整、规范		
10	工业噪声排放信息	□是 □否	工业噪声排放信息是否完整、规范		
11	废气无组织排放信息	□是 □否	无组织控制措施是否满足要求		
12	废气（废水）特殊时段排放要求	□是 □否	所在地涉及重污染天气、冬防、重大活动保障、枯水期等特殊时段，或有环境质量限期达标规划等相关规定的，是否遗漏填报特殊时段禁止或者限制排放污染物要求		
13	废气（废水）自行监测信息	□是 □否	排放源是否完整。是否遗漏排放源（有组织废气、无组织废气、生产废水、生活污水、雨水、污泥等）		
		□是 □否	污染物监测因子是否完整，是否遗漏监测因子		
		□是 □否	是否根据环境影响报告书（表）及其批复文件、污染物排放标准要求调整（增加）相关因子		
		□是 □否	质量标准与质量控制要求是否填报完整。是否遗漏监测数据记录、整理、存档要求等内容		
		□是 □否	监测频次是否满足要求		
		□是 □否	监测方式、监测内容是否合规		
		□是 □否	应当依法安装污染物排放自动监测设施的，是否填报联网信息		

序号	主要核查内容		判定	问题认定	问题清单详述（请详细阐述具体问题，便于后续问题的反馈及改正）	问题清单判定依据（包括但不限于相关法律法规、技术规范、自行监测技术指南、环境影响报告书（表）及其批复文件、地方管理要求等）
14	土壤及地下水等监测信息		□是 □否	土壤及地下水等监测信息是否完整、规范		
15	环境管理台账记录要求		□是 □否	环境管理台账记录内容、频次、形式及保存期限等是否满足要求		
16	排污许可执行报告上报要求		□是 □否	执行报告上报频次、主要内容、上报截止时间等是否满足要求		
17	环境信息公开要求		□是 □否	信息公开方式、时间节点、公开内容等是否满足要求		
18	其他基本信息	大气重点控制区域	□是 □否	大气重点控制区域判定是否正确		
		总磷、总氮控制区	□是 □否	总磷、总氮控制区判定是否正确		
		重金属污染物特别排放限值实施区域	□是 □否	重金属污染物特别排放限值实施区域判定是否正确		
		环境影响评价审批文件文号或备案编号	□是 □否	环境影响报告书（表）批复文件文号或备案编号是否完整、规范		
		地方政府对违规项目的认定或备案文件	□是 □否	地方政府对违规项目的认定或备案文件填报是否完整、正确（如涉及）		
		主要污染物总量分配计划文件文号、总量指标	□是 □否	主要污染物总量分配计划文件文号填报是否完整、正确（如涉及）		
				总量指标填报是否完整、正确（如涉及）		

序号	主要核查内容	判定	问题认定	问题清单详述（请详细阐述具体问题，便于后续问题的反馈及改正）	问题清单判定依据（包括但不限于相关法律法规、技术规范、自行监测技术指南、环境影响报告书（表）及其批复文件、地方管理要求等）
19	附图和附件	□是 □否	附图和附件是否完整：守法承诺书，环境影响报告书（表）及其批复文件，环境影响登记表及备案材料，地方政府对违规项目的认定或备案文件（如涉及），排污许可证申领信息公开情况说明表（仅针对首次申请和重新申请的重点管理排污单位），排污单位通过污染物排放量削减替代获得重点污染物排放总量控制指标的说明材料（如涉及），纳污范围、管网布置、最终排放去向等说明材料（仅针对城镇和工业污水集中处理设施），排污口和监测孔规范化设置情况说明材料，达标证明材料（如涉及），生产工艺流程图，平面布置图，监测点位示意图，申请年排放量限值计算过程（如涉及）、自行监测方案，主要污染物总量控制指标分配文件（如涉及）、排污权交易凭证文件（需通过排污权交易获得总量的）、入河入海排污口设置申请及审批、备案或登记等信息（如涉及）等申请材料是否完整、齐全		
		□是 □否	附图和附件是否示意清晰、图例明确		
		□是 □否	平面布置图是否包括主体设施、公辅设施、环保设施等，同时注明废气排放口和无组织排放的生产单元；厂区雨水和污水排水管线走向；雨水和污水排放口位置及排放去向等内容		
		□是 □否	监测点位示意图是否包括所有监测点		
20	其他控制管理要求及许可内容	□是 □否	排污许可证记载的大气环境管理要求、水环境管理要求、土壤污染防治要求、固体废物污染环境防治要求、工业噪声污染环境防治要求及其他许可内容是否合规		

附 录 C
（资料性附录）
现场核查事项清单

表 C.1 现场核查事项清单

序号	主要核查内容		判定	问题认定	问题清单详述（详细阐述具体问题，便于后续问题的反馈及改正）	问题清单判定依据（包括但不限于相关法律法规、技术规范、监测技术指南、环境影响报告书（表）及其批复文件、其他地方管理要求等）
1	排污单位基本情况		□是 □否	排污许可证记载的排污单位名称、注册地址、生产经营场所地址、法定代表人或者主要负责人与实际情况是否一致		
2	废气（废水）产排污环节		□是 □否	排污许可证记载的产排污环节与实际情况是否一致		
3	废气（废水）污染防治设施		□是 □否	排污许可证记载的废气（废水）污染防治设施数量、工艺等与实际情况是否一致		
4	废气（废水）排放口	排放口位置、数量、污染物排放方式和排放去向	□是 □否	排污许可证记载的污染物排放口位置、数量、污染物排放方式和排放去向与实际情况是否一致		
		排气筒高度、出口内径	□是 □否	排污许可证记载的废气排气筒高度、出口内径等与实际情况是否一致		
		排放口设置是否符合要求	□是 □否	排污许可证记载的“排放口设置是否符合要求”与实际情况是否一致		
		产排污环节与排放口的对应关系	□是 □否	排污许可证记载的产排污环节和排放口的对应关系与实际情况是否一致		
		入河入海排污口信息	□是 □否	排污许可证记载的入河入海排污口信息与实际情况是否一致		
5	固体废物管理信息	固体废物种类	□是 □否	排污许可证记载的固体废物种类是否存在遗漏		
		固体废物自行贮存和自行利用/处置设施	□是 □否	排污许可证记载的固体废物自行贮存和自行利用/处置设施与实际情况是否一致		
6	废气无组织管控措施		□是 □否	排污许可证记载的废气无组织管控措施与实际情况是否一致		

序号	主要核查内容	判定	问题认定	问题清单详述（详细阐述具体问题，便于后续问题的反馈及改正）	问题清单判定依据（包括但不限于相关法律法规、技术规范、监测技术指南、环境影响报告书（表）及其批复文件、其他地方管理要求等）
7	自动监测设备安装及联网情况	□是 □否	排污许可证记载的自动监控设备数量、种类、安装位置等与实际情况是否一致		
		□是 □否	应当依法安装污染物排放自动监测设施的，是否依法依规安装、正常运行并与生态环境主管部门联网		
8	主要生产设施数量、参数、名称信息	□是 □否	排污许可证记载的与产排污相关的主要生产设施数量、参数、名称信息与实际情况是否一致		
9	主要原辅料和燃料信息	□是 □否	排污许可证记载的主要原辅料和燃料信息是否完整，与实际情况是否一致		
		□是 □否	排污许可证申请与核发技术规范等文件要求填报的有毒有害化学物质成分及占比是否遗漏填报（原辅材料中有毒有害成分根据GB 8978、GB 16297中第一类污染物以及《优先控制化学品名录》《有毒有害大气污染物名录》等有关规定确定）		
10	其他情形	□是 □否	排污单位建设内容是否存在未依法取得建设项目环境影响报告书（表）批复文件，或者未办理环境影响登记表备案手续等情形		

三、污染源源强核算技术指南

HJ

中华人民共和国国家环境保护标准

HJ 982—2018

污染源源强核算技术指南
石油炼制工业

Technical guidelines of accounting method for pollution source intensity

—Petroleum refining industry

2018-11-27 发布　　2019-01-01 实施

生　态　环　境　部 发布

前 言

为贯彻落实《中华人民共和国环境保护法》《中华人民共和国环境影响评价法》《中华人民共和国大气污染防治法》《中华人民共和国水污染防治法》《中华人民共和国环境噪声污染防治法》《中华人民共和国固体废物污染环境防治法》等法律法规，完善固定污染源源强核算体系，指导和规范石油炼制工业污染源源强核算工作，制定本标准。

本标准规定了石油炼制工业废气、废水、噪声、固体废物污染源强核算的基本原则、内容、核算方法及要求等。

本标准附录 A～附录 D 为资料性附录。

本标准为首次发布。

本标准由生态环境部环境影响评价与排放管理司、法规与标准司组织制订。

本标准主要起草单位：环境保护部环境工程评估中心、中国石油大学（华东）。

本标准生态环境部 2018 年 11 月 27 日批准。

本标准自 2019 年 1 月 1 日实施。

本标准由生态环境部解释。

污染源源强核算技术指南　石油炼制工业

1　适用范围

本标准规定了石油炼制工业废气、废水、噪声、固体废物污染源源强核算的基本原则、内容、核算方法及要求。

本标准适用于石油炼制工业新（改、扩）建工程污染源和现有工程污染源的源强核算。

本标准适用于石油炼制工业正常和非正常排放情况下污染源的源强核算，不适用于突发泄漏、火灾、爆炸等事故情况下的污染源源强核算。

本标准适用于石油炼制工业主体生产装置、公用和辅助设施的废气、废水、噪声、固体废物污染源的源强核算。执行 GB 13223 的锅炉和燃气轮机组污染源源强按照 HJ 888 核算；执行 GB 13271 的锅炉污染源源强按照锅炉污染源源强核算技术指南进行核算。

2　规范性引用文件

本标准引用了下列文件或其中的条款。凡是未注明日期的引用文件，其最新版本适用于本标准。

GB 12348　工业企业厂界环境噪声排放标准
GB 13223　火电厂大气污染物排放标准
GB 13271　锅炉大气污染物排放标准
GB 14554　恶臭污染物排放标准
GB 31570　石油炼制工业污染物排放标准
GB 50015　建筑给水排水设计规范
GB/T 16157　固定污染源排气中颗粒物测定和气态污染物采样方法
HJ 2.1　建设项目环境影响评价技术导则　总纲
HJ 2.2　环境影响评价技术导则　大气环境
HJ 2.3　环境影响评价技术导则　地表水环境
HJ 2.4　环境影响评价技术导则　声环境
HJ/T 55　大气污染物无组织排放监测技术导则
HJ 75　固定污染源烟气（SO_2、NO_x、颗粒物）排放连续监测技术规范
HJ 76　固定污染源烟气（SO_2、NO_x、颗粒物）排放连续监测系统技术要求及检测方法
HJ/T 91　地表水和污水监测技术规范
HJ/T 92　水污染物排放总量监测技术规范
HJ/T 353　水污染源在线监测系统安装技术规范（试行）
HJ/T 354　水污染源在线监测系统验收技术规范（试行）
HJ/T 355　水污染源在线监测系统运行与考核技术规范（试行）
HJ/T 356　水污染源在线监测系统数据有效性判别技术规范（试行）
HJ/T 373　固定污染源监测质量保证与质量控制技术规范（试行）
HJ/T 397　固定源废气监测技术规范
HJ/T 405　建设项目竣工环境保护验收技术规范　石油炼制

HJ 630 环境监测质量管理技术导则
HJ 853 排污许可证申请与核发技术规范 石化工业
HJ 880 排污单位自行监测技术指南 石油炼制工业
HJ 884 污染源源强核算技术指南 准则
HJ 888 污染源源强核算技术指南 火电
HJ 2045 石油炼制工业废水治理工程技术规范
《石化行业 VOCs 污染源排查工作指南》

3 术语和定义

下列术语和定义适用于本标准。

3.1

含硫含氨酸性水 sour water

指石油炼制工业生产过程中产生的含硫≥50 mg/L 或含氨氮≥100 mg/L 的废水。

3.2

污染雨水 polluted rainwater

指石油炼制工业企业或生产设施区域内地面径流的污染物浓度高于 GB 31570 规定的直接排放限值的雨水。

3.3

挥发性有机物 volatile organic compounds

指参与大气光化学反应的有机化合物，或者根据规定的方法测量或核算确定的有机化合物。本标准使用非甲烷总烃表征排气筒和厂界排放的挥发性有机物。

3.4

非甲烷总烃 non-methane hydrocarbon

指采用规定的监测方法，氢火焰离子化检测器有明显响应的除甲烷外的气态有机化合物的总和，以碳的质量浓度计。

3.5

非正常排放 abnormal discharge

指生产装置或设施启动、停车或设备检修状况下的污染物排放。

3.6

标准状态 standard condition

指温度为 273.15 K，压力为 101 325 Pa 时的状态。本标准中废气污染物排放浓度以标准状态下的干气体为基准。

3.7

含汞原油 hydrargyrate crude oil

指汞含量大于 5 μg/g 的原油。

4 源强核算程序

4.1 一般原则

污染源源强核算程序包括污染源识别与污染物确定、核算方法及参数选定、源强核算、核算结果汇总等，具体内容见 HJ 884。

4.2 污染源识别

石油炼制工业污染源识别应符合 HJ 2.1、HJ 2.2、HJ 2.3、HJ 2.4 等环境影响评价技术导则的要求，并应涵盖所有可能产生废气、废水、噪声、固体废物污染物的场所、设备或装置。源强核算应涵盖 GB 31570 管控的污染源。

4.3 污染物项目确定

石油炼制工业各污染源污染物应根据 GB 31570、GB 14554 等国家及地方排放标准确定，见表 1。排放标准中未规定的污染物项目可依据环境质量标准、其他行业标准、其他国家排放标准、地方人民政府或生态环境主管部门环境质量改善需求，根据使用原料、辅料、燃料、生产工艺和产品分析确定。

4.4 核算方法选取

4.4.1 一般原则

石油炼制工业污染源源强核算方法包括物料衡算法、类比法、实测法和产污系数法等，核算方法选取次序见表 1。

表 1 石油炼制主要污染源源强核算方法选取一览表

要素	污染源	污染物项目	核算方法选取的优先次序	
			新（改、扩）建污染源	现有污染源[c]
有组织废气（正常）	工艺加热炉	二氧化硫	物料衡算法	实测法[d]
		氮氧化物、颗粒物	1. 类比法 2. 产污系数法	
	催化裂化装置催化剂再生烟气	二氧化硫、镍及其化合物	物料衡算法	
		氮氧化物、颗粒物	1. 物料衡算法 2. 类比法 3. 产污系数法	
	催化裂化汽油吸附脱硫装置催化剂再生尾气	二氧化硫	物料衡算法	
		颗粒物	1. 物料衡算法 2. 类比法 3. 产污系数法	
	离子液法烷基化装置催化剂再生烟气、催化重整装置催化剂再生废气	氯化氢	物料衡算法	
		挥发性有机物	1. 类比法 2. 产污系数法	
	酸性气回收装置尾气	二氧化硫	物料衡算法	实测法[d]
		硫化氢、硫酸雾	1. 类比法 2. 产污系数法	
	废水处理有机废气收集处理装置	挥发性有机物、苯、甲苯、二甲苯、硫化氢、氨	1. 类比法 2. 产污系数法	
	其他有组织废气	二氧化硫[a]	物料衡算法	
		氮氧化物[a]、颗粒物[a]	类比法	
		挥发性有机物[b]	1. 类比法 2. 产污系数法	
	火炬	二氧化硫	物料衡算法	物料衡算法
		氮氧化物	产污系数法	产污系数法

要素	污染源		污染物项目	核算方法选取的优先次序	
				新（改、扩）建污染源	现有污染源[c]
有组织废气（非正常）	工艺加热炉、催化裂化催化剂再生烟气、酸性气回收装置		二氧化硫	物料衡算法	1．实测法[d] 2．物料衡算法
			氮氧化物、颗粒物、硫化氢、硫酸雾	1．类比法 2．产污系数法	1．实测法[d] 2．产污系数法
无组织废气	延迟焦化装置		苯并[a]芘	1．类比法 2．产污系数法	1．实测法[d] 2．产污系数法
	设备与管线组件动静密封点		挥发性有机物	1．物料衡算法 2．产污系数法 3．类比法	1．实测法[d] 2．物料衡算法 3．产污系数法
	常压挥发性有机液体储罐		挥发性有机物、苯、甲苯、二甲苯		
	挥发性有机液体装载		挥发性有机物、苯、甲苯、二甲苯		
	冷却塔及循环水冷却系统（冷却物料为挥发性有机物）		挥发性有机物		
	其他无组织		挥发性有机物、苯、甲苯、二甲苯		
			硫化氢、氨	类比法	实测法[d]
废水	车间或生产设施废水排放口	常减压蒸馏装置电脱盐废水排放口	总汞[e]、烷基汞[e]	物料衡算法	实测法[d]
		催化裂化装置烟气脱硫废水排放口、催化汽油吸附脱硫装置烟气脱硫废水排放口	总镍		
		含硫含氨酸性水汽提装置废水排放口	总砷		
		航空汽油调和车间废水排放口、四乙基铅生产装置废水排放口	总铅		
		延迟焦化装置冷焦水、切焦水排放口	苯并[a]芘	1．类比法 2．产污系数法	
		各装置生产废水	废水量	1．物料衡算法 2．类比法 3．产污系数法	—
			化学需氧量、氨氮、石油类、硫化物、挥发酚、总氰化物	1．类比法 2．产污系数法	
		含苯系物废水[f]	苯、甲苯、邻二甲苯、间二甲苯、对二甲苯、乙苯	类比法	
废水	废水总排放口		废水量	1．物料衡算法 2．类比法 3．产污系数法	实测法[d]
	废水总排放口		化学需氧量、氨氮、五日生化需氧量、石油类、总磷、总氮、悬浮物、总有机碳、挥发酚、总氰化物、硫化物、苯、甲苯、邻二甲苯、间二甲苯、对二甲苯、乙苯	1．类比法 2．产污系数法	实测法[d]
			总钒	物料衡算法	

要素	污染源	污染物项目	核算方法选取的优先次序	
			新（改、扩）建污染源	现有污染源[c]
噪声（正常）	各生产装置及设施	主要噪声源的噪声级	类比法	实测法[d]
噪声（非正常）	各生产装置及设施	主要噪声源的噪声级		
工业固体废物	各生产装置及设施	废催化剂、废干燥剂、废瓷球、废白土、污水处理过程中产生的污泥等	1. 物料衡算法 2. 类比法 3. 产污系数法	1. 实测法 2. 物料衡算法

注：若无法采用优先次序方法的，应给出合理理由。

[a] 有组织废气中含有二氧化硫、颗粒物、氮氧化物污染物项目时，应核算该污染物项目的源强。

[b] 油气回收装置有组织废气排放苯、甲苯、二甲苯污染物时，核算苯、甲苯、二甲苯的源强。

[c] 现有污染源若未按有关管理要求开展手工监测、安装自动监测设备或自动监测设备不符合规定的，在环境影响评价管理过程中，应依法整改到位后按照本表中方法核算污染物排放量；排污许可管理过程中，按照排污许可有关规定核算污染物排放量。

[d] 现有工程污染源源强核算时，对于有多个同类型污染源的同一企业，其他污染源可类比本企业同类型污染源实测污染源数据核算源强。

[e] 适用于加工含汞原油的常减压蒸馏装置。

[f] 生产装置排放废水中含苯系物时，核算苯、甲苯、邻二甲苯、间二甲苯、对二甲苯、乙苯的源强。

4.4.2　废气

4.4.2.1　新（改、扩）建工程污染源

有组织废气中二氧化硫、镍及其化合物和氯化氢源强核算采用物料衡算法；氮氧化物、颗粒物和挥发性有机物、苯、甲苯、二甲苯、硫化氢、氨源强核算优先采用类比法，其次采用产污系数法。其中催化裂化装置催化剂再生烟气氮氧化物、颗粒物源强核算优先采用物料衡算法，其次采用类比法、产污系数法。

无组织废气污染物苯并[*a*]芘源强核算优先采用类比法，其次采用产污系数法；硫化氢、氨采用类比法；其他污染物源强核算优先采用物料衡算法，其次采用产污系数法、类比法。

4.4.2.2　现有工程污染源

正常排放时，现有工程有组织废气中污染物源强核算采用实测法。非正常排放时，有组织废气中二氧化硫源强核算优先采用实测法，不具备实测条件时采用物料衡算法；其他污染物源强核算优先采用实测法，不具备实测条件时采用产污系数法。采用实测法核算源强时，对于 HJ 880 及排污单位排污许可证等要求采用自动监测的污染物，应采用有效的自动监测数据核算；对于 HJ 880 及排污单位排污许可证等未要求采用自动监测的污染物，优先采用自动监测数据核算，其次采用手工监测数据核算。同一企业有多个同类型有组织废气污染源时，可类比本企业同类型有组织废气污染源实测数据核算源强。

无组织废气污染物源强核算优先采用实测法，其次采用物料衡算法、产污系数法。同一企业有多个同类型无组织废气污染源时，可类比本企业同类型无组织废气污染源的实测数据核算源强。

4.4.3　废水

4.4.3.1　新（改、扩）建工程污染源

车间或生产设施废水排放口中重金属污染物源强核算和各装置、废水总排放口废水量采用物料衡算法；其他污染物源强核算优先采用类比法，其次采用产污系数法。

4.4.3.2　现有工程污染源

现有工程车间或生产设施废水排放口中重金属污染物、废水总排放口各污染物源强核算采用实测法。采用实测法核算源强时，HJ 880 及排污单位排污许可证等要求采用自动监测的污染物源强应采用

有效的自动监测数据核算；HJ 880 及排污单位排污许可证等未要求采用自动监测的污染物源强优先采用自动监测数据核算，其次采用手工监测数据核算。同一企业有多个同类型车间或生产设施废水污染源时，可类比本企业同类型车间或生产设施废水污染源的实测数据核算源强。

4.4.4 噪声

4.4.4.1 新（改、扩）建工程污染源

新（改、扩）建工程噪声污染源源强核算采用类比法。

4.4.4.2 现有工程污染源

现有工程噪声污染源源强核算采用实测法。同一企业有多个同类型噪声污染源时，可类比本企业同类型噪声污染源的实测数据核算源强。

4.4.5 固体废物

4.4.5.1 新（改、扩）建工程污染源

新（改、扩）建工程固体废物源强核算优先采用物料衡算法，其次采用类比法、产污系数法。

4.4.5.2 现有工程污染源

现有工程固体废物源强核算优先采用实测法，其次采用物料衡算法。

4.4.6 参数选取

新（改、扩）建工程生产装置或设施污染源源强核算参数可取工程设计数据。现有工程生产装置或设施污染源源强核算参数可取核算时段内有效的监测数据。

4.5 源强核算

4.5.1 废气

废气污染物源强核算为所有污染源正常和非正常两种情况源强之和，采用式（1）计算。

$$D=\sum_{i=1}^{n}\left(D_i+D_i'\right) \tag{1}$$

式中：D —— 核算时段内某废气污染物源强，t；

D_i —— 核算时段内某污染源正常情况下某废气污染物源强，t；

D_i' —— 核算时段内某污染源非正常情况下某废气污染物源强，t；

n —— 污染源个数，量纲一。

4.5.2 废水和固体废物

废水和固体废物污染物源强核算为所有污染源正常情况源强之和，采用式（2）计算。

$$D=\sum_{i=1}^{n}D_i \tag{2}$$

式中：D —— 核算时段内某废水（或固体废物）污染物源强，t；

D_i —— 核算时段内某污染源正常情况下某废水（或固体废物）污染物源强，t；

n —— 污染源个数，量纲一。

4.6 核算结果汇总

污染物源强核算结果格式参见附录 A。

5 有组织废气污染源源强核算方法

5.1 物料衡算法

5.1.1 一般原则

物料衡算法适用于工艺加热炉和工艺废气污染物的核算。

5.1.2　工艺加热炉污染物产生量

5.1.2.1　燃料消耗量

工艺加热炉燃料的消耗量采用式（3）计算。

$$B = 3.6 \times 10^5 \times \frac{Q_e}{\eta \times Q_d} \tag{3}$$

式中：B——燃料消耗量，kg/h 或 m^3/h；

Q_e——物料所需吸收热量，即设计操作有效热负荷，kW；

η——工艺加热炉热效率，%；

Q_d——燃料低位发热量，kJ/kg 或 kJ/m^3。

5.1.2.2　烟气量

a）工艺加热炉以气体为燃料，排放烟气量采用式（4）计算。

$$V = B \times \left[\frac{21}{21-\phi} \times \left(\frac{0.264}{1\,000} \times Q_d + 0.02 \right) + 0.38 + \frac{0.018}{1\,000} \times Q_d \right] \tag{4}$$

式中：V——标准状态下，燃料燃烧产生的湿烟气量，m^3/h；

B——燃料消耗量，m^3/h；

ϕ——燃烧烟气中的过剩氧含量，%；

Q_d——燃料低位发热量，kJ/m^3。

b）工艺加热炉以液体为燃料，排放烟气量采用式（5）计算。

$$V = B \times \left[\frac{\phi}{21-\phi} \times \left(\frac{0.2}{1\,000} \times Q_d + 2 \right) + \frac{0.27}{1\,000} \times Q_d \right] \tag{5}$$

式中：V——标准状态下，燃料燃烧产生的湿烟气量，m^3/h；

B——燃料消耗量，kg/h；

ϕ——燃烧烟气中的过剩氧含量，%；

Q_d——燃料低位发热量，kJ/kg。

5.1.2.3　二氧化硫产生量

二氧化硫的产生量采用式（6）计算。

$$D = 2 \times B \times \frac{W_S}{100} \tag{6}$$

式中：D——核算时段内二氧化硫的产生量，t；

B——核算时段内燃料的消耗量，t；

W_S——燃料中的硫含量，%。

5.1.3　催化裂化装置催化剂再生烟气污染物产生量

5.1.3.1　烟气量

催化裂化装置催化剂再生烟气量采用式（7）计算。

$$V = \left(2 + \varphi - \frac{100 - \phi_1}{1.266 \times \phi_2} \right) \times \frac{V_A}{1 + \varphi} \tag{7}$$

式中：V——标准状态下，催化剂的再生烟气量，m^3/h；

φ——空气湿度，取值参考表 2；

表 2 空气湿度 φ 取值

相对湿度/%	干球温度/℃							
	−30	−20	−10	0	10	20	30	40
10							0.004 25	0.007 33
20						0.004 64	0.008 44	0.014 78
30					0.003 55	0.006 97	0.012 72	0.022 33
40				0.002 42	0.004 87	0.009 32	0.017 02	0.029 99
50			0.001 28	0.003 02	0.006 00	0.011 68	0.021 38	0.037 78
60		0.000 61	0.001 54	0.003 63	0.007 12	0.014 05	0.025 76	0.045 67
100	0.000 38	0.001 02	0.002 57	0.006 06	0.018 26	0.023 62	0.043 70	0.078 50

ϕ_1 —— 干气体中 CO 的体积分数，%；

ϕ_2 —— 干气体中 N_2 的体积分数，%；

V_A —— 标准状态下的湿空气量，m^3/h，现有污染源可采用式（8）对主风量校正得到。

$$V_A=\sqrt{\frac{p\times T_0}{p_0\times T}}\times Q \tag{8}$$

式中：p、T —— 分别为实际操作条件下的气体绝对压力，kPa、温度，K；

p_0、T_0 —— 分别为设计条件下的气体绝对压力，kPa、温度，K；

Q —— 标准状态下，读取流量计的主风量，m^3/h。

5.1.3.2 二氧化硫产生量

催化剂再生烟气中二氧化硫的产生量采用式（9）计算。

$$D=2\times B\times\left[2.03\times\left(\frac{W_S}{100}\right)^{0.81}\right] \tag{9}$$

式中：D —— 核算时段内再生烟气中二氧化硫的产生量，t；

W_S —— 催化裂化装置原料的硫含量，%；

B —— 核算时段内催化裂化装置生焦量，t，采用式（10）计算。

$$B=\frac{V_1\times(3.78+0.242\phi_1+0.313\phi_2-0.18\phi_3)}{100-(\phi_1+\phi_2+\phi_3)}\times t\times 10^{-3} \tag{10}$$

式中：V_1 —— 核算时段内标准状态下进入烧焦干空气量，m^3/h，$V_1=\frac{V_A}{1+\varphi}$，$\varphi$、$V_A$ 与式（7）、式（8）相同；

ϕ_1 —— 干气体中 CO_2 的体积分数，%；

ϕ_2 —— 干气体中 CO 的体积分数，%；

ϕ_3 —— 干气体中 O_2 的体积分数，%；

t —— 核算时段内催化裂化再生器催化剂烧焦时间，h。

5.1.3.3 氮氧化物产生量

对于单段再生，催化剂再生烟气中氮氧化物的产生量采用式（11）计算。

$$D=2.05\times(40+0.2\times W_N+1.25\times\phi+105\times W_{Pt})\times V\times 10^{-9} \tag{11}$$

式中：D —— 核算时段内再生烟气中氮氧化物的产生量，t；

W_N —— 原料中的总氮含量，μg/g；

ϕ—— 再生烟气中的过剩氧含量，%；

W_{Pt}—— 催化剂上 Pt 的含量，μg/g，一般取 0.2～0.5；

V—— 核算时段内标准状态下的烟气量，m^3。

5.1.3.4　颗粒物产生量

催化剂再生烟气中颗粒物的产生量采用式（12）计算。

$$D=\left(D_0+D_1-D_2\right)\times\left(1-\frac{\eta}{100}\right) \tag{12}$$

式中：D—— 核算时段内再生烟气中颗粒物的产生量，t；

D_0—— 核算时段内催化裂化装置补充的新鲜催化剂量，t；

D_1—— 核算时段内催化裂化装置原料中的金属镍和钒带入量，t；

D_2—— 核算时段内催化油浆中的固体含量，t；

η—— 旋风分离器脱除颗粒物的效率，%。

5.1.3.5　镍及其化合物产生量

催化剂再生烟气中镍及其化合物（换算成镍）的产生量采用式（13）计算。

$$D=D_0\times\frac{w}{100} \tag{13}$$

式中：D—— 核算时段内再生烟气中镍及其化合物的产生量，t；

D_0—— 核算时段内催化裂化装置再生烟气旋风分离后的烟气中颗粒物排放量，t；

w—— 废催化剂中镍及其化合物的质量分数，%。

5.1.4　催化裂化汽油吸附脱硫装置催化剂再生烟气污染物产生量

催化裂化汽油吸附脱硫装置催化剂再生烟气中二氧化硫的产生量采用式（14）计算。

$$D=2\times B\times\frac{W_S}{100}\times\left(1-\frac{\eta}{100}\right) \tag{14}$$

式中：D—— 核算时段内二氧化硫的产生量，t；

B—— 核算时段内催化汽油的进料量，t；

W_S—— 催化裂化汽油中的硫含量，%；

η—— 脱硫吸附剂的吸附效率，%。

5.1.5　催化重整装置和离子液法烷基化装置催化剂再生烟气污染物产生量

催化重整装置和离子液法烷基化装置催化剂再生烟气中氯化氢的产生量采用式（15）计算。

$$D=\frac{36.5}{35.5}\times\left(\frac{142}{166}\times D_0-D_1\right) \tag{15}$$

式中：D—— 核算时段内再生烟气中 HCl 的产生量，t；

D_0—— 核算时段内催化剂氯化过程注入的全氯乙烯量，t；

D_1—— 核算时段内反应过程转移至反应物料（重整氢、重整生成油和烷基化油）中的氯量，t。

5.1.6　酸性气回收装置废气污染物产生量

5.1.6.1　酸性气回收制硫黄装置

酸性气回收制硫黄装置烟气中二氧化硫的产生量采用式（16）计算。

$$D=2\times Q\times\frac{y}{100}\times\frac{32}{22.4}\times\left(1-\frac{\eta}{100}\right) \tag{16}$$

式中：D—— 核算时段内 SO_2 的产生量，kg；

Q—— 核算时段内标准状态下酸性气体的量，m^3；

y—— 酸性气体中 H_2S 的体积分数，%；

η—— 硫回收率，%。

5.1.6.2 酸性气回收制硫酸装置

a）酸性气回收制硫酸装置烟气中二氧化硫的产生量采用式（17）计算。

$$D=\frac{64}{32}\times Q\times\frac{y}{100}\times\frac{32}{22.4}\times\left(1-\frac{\eta}{100}\right) \tag{17}$$

式中：D —— 核算时段内 SO_2 的产生量，kg；

Q —— 核算时段内标准状态下酸性气体的量，m^3；

y —— 酸性气体中 H_2S 的体积分数，%；

η —— SO_2 转化成 SO_3 的转化率，%。

b）酸性气回收制硫酸装置烟气中硫酸雾的产生量采用式（18）计算。

$$D=\frac{98}{32}\times Q\times\frac{y}{100}\times\frac{32}{22.4}\times\frac{\eta}{100}\times\left(1-\frac{\varphi}{100}\right) \tag{18}$$

式中：D —— 核算时段内硫酸雾的产生量，kg；

Q —— 核算时段内标准状态下酸性气体的量，m^3；

y —— 酸性气体中 H_2S 的体积分数，%；

η —— SO_2 转化成 SO_3 的转化率，%；

φ —— SO_3 的吸收率，%。

5.1.7 各装置废气污染物排放量

废气污染物排放量采用式（19）计算。

$$D_{排放}=D\times\left(1-\frac{\eta_{去除}}{100}\right) \tag{19}$$

式中：$D_{排放}$ —— 废气污染物的排放量，t；

D —— 废气污染物的产生量，t；

$\eta_{去除}$ —— 废气治理设施的去除效率，%。

5.2 类比法

5.2.1 一般原则

类比法适用于新（改、扩）建生产装置或者公用辅助设施的废气污染物（硫元素除外）源强核算。

5.2.2 污染物产生量

新（改、扩）建工程生产装置或设施有组织废气中污染物产生量，可类比同时符合下列条件的现有工程生产装置或设施有组织废气污染物的有效实测浓度和废气量数据进行核算。类比条件包括：

a）原料类别相同且原料中与污染物排放相关的成分相似（差异不超过 10%）；

b）辅料类型相同；

c）生产工艺相同；

d）产品类型相同；

e）原料或产品生产规模差异不超过 30%。

5.2.3 污染物排放量

根据污染物产生量和污染治理设施治理效果核算排放量，采用式（19）计算。

5.3 实测法

5.3.1 一般原则

实测法适用于具有有效监测数据的现有装置或设施污染源源强核算。

5.3.2 采用自动监测数据核算源强

采用自动监测数据核算污染物排放量时，自动监测数据及获取数据的监测系统需符合 HJ 75、HJ 76、

HJ/T 373、HJ 630、HJ 853、HJ 880 及排污许可证等要求。

核算时段内废气中某种污染物排放量采用式（20）计算。

$$D=\sum_{i=1}^{n}\left(\rho_i\times q_i\times 10^{-9}\right) \tag{20}$$

式中：D—— 核算时段内废气中某种污染物的排放量，t；

ρ_i—— 标准状态下某种污染物第 i 小时的排放质量浓度，mg/m^3；

q_i—— 标准状态下第 i 小时废气排放量，m^3；

n—— 核算时段内污染物排放小时数，量纲一。

5.3.3　采用手工监测数据核算源强

手工监测数据包括执法监测数据和企业自行监测数据。采用手工监测数据核算污染物排放量时，监测数据及获取监测数据的监测频次、监测期间生产工况等需符合 GB/T 16157、HJ/T 397、HJ/T 373、HJ 630、HJ 853、HJ 880 及排污许可证等要求。除执法监测外，其他所有手工监测数据对应的监测时段的生产负荷应不低于本次监测与上一次监测周期内的平均生产负荷，并给出生产负荷对比结果。

核算时段内废气中某种污染物的排放量采用式（21）计算。

$$D=\frac{\sum_{i=1}^{n}\left(\rho_i\times q_i\right)}{n}\times t\times 10^{-9} \tag{21}$$

式中：D—— 核算时段内废气中某种污染物的排放量，t；

n—— 核算时段内有效监测数据的数量，量纲一；

ρ_i—— 标准状态下，某种污染物第 i 次监测小时排放质量浓度，mg/m^3；

q_i—— 标准状态下，第 i 次监测的小时废气量，m^3/h；

t—— 核算时段内污染物的排放时间，h。

5.4　产污系数法

5.4.1　有组织废气

生产装置或设施有组织废气中污染物的排放量采用式（22）计算。

$$D_{排放源}=\alpha\times Q\times\left(1-\frac{\eta_{去除}}{100}\right)\times 10^{-3} \tag{22}$$

式中：$D_{排放源}$—— 核算时段内某生产装置或设施有组织废气中某种污染物排放量，t；

α—— 某生产装置或设施有组织废气中某种污染物产污系数，kg/t 原（料）油或产品，参考附录 B.1 取值；

Q—— 核算时段内某生产装置或设施原（料）油处理量或产品产量，t，其中常减压蒸馏、催化裂化、加氢裂化、连续重整、加氢精制、气体分馏、延迟焦化等装置为原料加工量，氧化沥青、制氢、硫黄回收、烷基化和异构化等装置为产品产量；

$\eta_{去除}$—— 某种污染物的去除效率，%，按设计值确定，下同。

5.4.2　废水处理过程废气

5.4.2.1　废水处理过程挥发性有机物产生量

废水处理过程的挥发性有机物的产生量采用式（23）核算。

$$D_{产生量}=\sum_{i=1}^{n}\left(\alpha\times Q_i\times 10^{-3}\right) \tag{23}$$

式中：$D_{产生量}$—— 核算时段内废水处理过程挥发性有机物产生量，t；

n—— 废水处理设施的个数，量纲一；

Q_i—— 核算时段内第 i 个废水处理设施的废水处理量，m^3；

α—— 第 i 个废水处理设施挥发性有机物的产生系数，取值参见表 3。

表 3　废水处理过程挥发性有机物产生系数

排放源		单位	产生系数
油/水分离器	水中油的质量浓度＞3 500 mg/L	kg/m^3 废水	0.6
	水中油的质量浓度 880～3 500 mg/L	kg/m^3 废水	0.111
	水中油的质量浓度＜880 mg/L	kg/m^3 废水	0.022 5
生物处理设施		kg/m^3 废水	0.005

5.4.2.2　废水处理过程的挥发性有机物排放量

废水处理过程挥发性有机物的排放量采用式（24）核算。

$$D_{排放量}=D_{产生量}\times\left(1-\frac{\eta_{收集}}{100}\times\frac{\eta_{去除}}{100}\right) \tag{24}$$

式中：$D_{排放量}$—— 核算时段内废水处理过程挥发性有机物排放量，t；

$D_{产生量}$—— 核算时段内废水处理过程挥发性有机物产生量，t；

$\eta_{收集}$—— 废水集气设施的收集效率，%；

$\eta_{去除}$—— 废气治理设施去除效率，%。

5.4.3　火炬焚烧排放废气

火炬焚烧排放废气中二氧化硫和氮氧化物产生量，采用式（25）计算。

$$D_{火炬}=\begin{cases}2\times\sum_{i=1}^{n}\left(S_i\times Q_i\times t_i\right) & （二氧化硫）\\ \sum_{i=1}^{n}\left(\alpha\times Q_i\times t_i\right) & （氮氧化物）\end{cases} \tag{25}$$

式中：$D_{火炬}$—— 核算时段内火炬排放废气中某种污染物产生量，kg；

n—— 火炬个数，量纲一；

S_i—— 核算时段内火炬气中的硫含量，kg/m^3；

Q_i—— 核算时段内火炬气流量，m^3/h；

t_i—— 火炬系统 i 的年运行时间，h；

α—— 排放系数，kg/m^3，氮氧化物取 0.054。

6　无组织废气污染源源强核算方法

6.1　物料衡算法

物料衡算法适用于无组织废气排放源中污染物（挥发性有机物、苯、甲苯、二甲苯等）源强的确定。无组织废气排放源中污染物排放量采用式（26）计算。

$$D_{排放}=\sum_{i=1}^{n}D_{输入,i}-\sum_{j=1}^{m}D_{输出,j} \tag{26}$$

式中：$D_{排放}$—— 核算时段内排放源中无组织废气中某种污染物的排放量，t；

$D_{输入,i}$—— 核算时段内进入排放源的第 i 个原辅料中某种污染物的量，t；

n—— 核算时段内进入排放源的含某种污染物的原辅料数量，量纲一；

$D_{输出,j}$—— 核算时段内排放源第 j 个产品、废水、有组织排放废气或固体废物中某种污染物的量，t；

m—— 排放源的含某种污染物的产品、废水、有组织排放废气及固体废物的数量，量纲一。

6.2 产污系数法

6.2.1 一般原则

产污系数法适用于设备与管线组件密封点、挥发性有机液体装载过程、常压挥发性有机液体储罐及工艺无组织挥发性有机物以及生产装置或设施无组织排放的苯、甲苯、二甲苯的源强核算。

6.2.2 挥发性有机物

6.2.2.1 设备与管线组件密封点

新（改、扩）建工程的生产装置及设施，挥发性有机物流经的设备与管线组件密封点泄漏的挥发性有机物采用式（27）计算。

$$D_{设备}=\alpha\times\sum_{i=1}^{n}\left(e_{\mathrm{TOC},i}\times\frac{\mathrm{WF}_{\mathrm{VOCs},i}}{\mathrm{WF}_{\mathrm{TOC},i}}\times t_i\right) \tag{27}$$

式中：$D_{设备}$—— 核算时段内设备与管线组件密封点泄漏的挥发性有机物的量，kg；

α—— 设备与管线组件密封点的泄漏比例；

n—— 挥发性有机物流经的设备与管线组件密封点数，可参考附录 B.3 进行统计；

$e_{\mathrm{TOC},i}$—— 密封点 i 的总有机碳（TOC）排放速率（泄漏浓度大于 10 000 μmol/mol），kg/h，取值参见表 4；

表 4 密封点 TOC 泄漏排放速率 e_{TOC} 取值

序号	设备类型	排放系数/［kg/（h·源）］
1	连接件	0.028
2	开口阀或开口管线	0.03
3	阀门	0.064
4	压缩机、搅拌器、泄压设备	0.073
5	泵	0.074
6	法兰	0.085
7	其他	0.073

$\mathrm{WF}_{\mathrm{VOCs},i}$—— 流经密封点 i 的物料中挥发性有机物的设计平均质量分数，%；

$\mathrm{WF}_{\mathrm{TOC},i}$—— 流经密封点 i 的物料中总有机碳（TOC）的设计平均质量分数，%；

t_i—— 核算时段内密封点 i 的运行时间，h。

6.2.2.2 挥发性有机液体装载过程

a）挥发性有机液体装载过程挥发性有机物的产生量采用式（28）核算。

$$D_{产生量}=\frac{L_{\mathrm{L}}\times Q}{1\,000} \tag{28}$$

式中：$D_{产生量}$—— 核算时段内挥发性有机液体装载过程挥发性有机物的产生量，t/a；

L_{L}—— 挥发性有机液体装载过程的排放系数，kg/m³，油轮/远洋驳船装载汽油为 0.215 kg/m³，其他驳船装载汽油为 0.410 kg/m³；

Q—— 核算时段内物料装载量，m³/a。

采用公路和铁路装载挥发性有机液体、船舶装载除汽油和原油以外的挥发性有机液体时，装载过程排放系数 L_L 采用式（29）计算。

$$L_L=1.20\times10^{-4}\times\frac{S\times P_T\times M_{vap}}{273.15+T} \tag{29}$$

式中：S —— 饱和系数，量纲一，一般取 0.6，船舶装载汽油和原油以外的油品时取 0.5；

P_T —— 温度 T 时装载物料的真实蒸气压，Pa；

M_{vap} —— 油气分子量，g/mol；

T —— 物料装载温度，℃。

采用船舶运输原油时，装载过程排放系数 L_L 采用式（30）计算。

$$L_L=L_A+L_G \tag{30}$$

式中：L_A —— 已有排放系数，指装载前空舱中已有蒸气在装载损耗中的贡献，一般取 0.040 kg/m^3；

L_G —— 生成排放系数，指在装载过程中气化部分，采用式（31）计算。

$$L_G=0.102\times(0.064\times P-0.42)\times\frac{1.02\times M}{273.15+T} \tag{31}$$

式中：P —— 温度 T 时装载原油的饱和蒸气压，kPa；

M —— 油气分子量，g/mol；

T —— 原油装载温度，℃。

b）挥发性有机液体装载过程挥发性有机物的排放量采用式（32）核算。

$$D_{排放量}=D_{产生量}\times\left(1-\frac{\eta_{收集}}{100}\times\frac{\eta_{去除}}{100}\right) \tag{32}$$

式中：$D_{排放量}$ —— 核算时段内有机液体装载过程中挥发性有机物排放量，t/a；

$D_{产生量}$ —— 核算时段内挥发性有机液体装载过程挥发性有机物的产生量，t/a；

$\eta_{收集}$ —— 核算时段内集气设施的收集效率，%；

$\eta_{去除}$ —— 核算时段内废气治理设施去除效率，%。

6.2.2.3 常压挥发性有机液体储罐

a）未设置油气回收设施的常压挥发性有机液体储罐挥发性有机物产生量

固定顶罐挥发性有机物的产生量采用式（33）～式（35）计算。

$$D_{固定顶罐}=E_S+E_W \tag{33}$$

$$E_S=365\left(\frac{\pi}{4}\times D^2\right)(H_S-H_L+H_{RO})W_VK_EK_S \tag{34}$$

$$E_W=\frac{5.614}{RT_{LA}}M_VP_{VA}QK_NK_PK_B \tag{35}$$

浮顶罐挥发性有机物产生量采用式（36）～式（40）计算。

$$D_{浮顶罐}=E_R+E_{WD}+E_F+E_D \tag{36}$$

$$E_R=\left(K_{Ra}+K_{Rb}v^n\right)DP^*M_VK_C \tag{37}$$

$$E_{WD}=\frac{(0.943)QC_SW_L}{D}\left(1+\frac{N_CF_C}{D}\right) \tag{38}$$

$$E_F = F_F P^* M_V K_C \quad (39)$$

$$E_D = K_D S_D D^2 P^* M_V K_C \quad (40)$$

上述所列式中符号解释见《石化行业 VOCs 污染源排查工作指南》。新建储罐，物料储存温度、液体高度、周转量为设计值。现有储罐物料储存温度、储存高度、周转量为实际运行情况（其中储存温度、储存高度取近 1 年平均值）。

b）设置油气回收设施的常压挥发性有机液体储罐挥发性有机物的排放量

设置油气回收设施的常压挥发性有机液体储罐的挥发性有机物的排放量采用式（41）计算。

$$D_{排放量} = D_{产生量} \times \left(1 - \frac{\eta_{去除}}{100}\right) \quad (41)$$

式中：$D_{排放量}$ —— 核算时段内油气回收设施排放口挥发性有机物排放量，kg/h；

$D_{产生量}$ —— 核算时段内油气回收设施进口挥发性有机物产生量，kg/h，根据设计值确定；

$\eta_{去除}$ —— 废气治理设施去除效率，%。

6.2.3 苯、甲苯和二甲苯

工艺装置或设施无组织排放源中苯、甲苯和二甲苯的产生量采用式（42）计算。

$$D = D_{VOCs} \times \frac{\alpha}{100} \quad (42)$$

式中：D —— 核算时段内工艺装置或设施无组织排放废气中苯、甲苯或二甲苯的产生量，t；

D_{VOCs} —— 核算时段内工艺装置或设施挥发性有机物的产生量，t；

α —— 苯、甲苯或二甲苯占挥发性有机物的比例，%，按设计或物料组分分析确定。

6.2.4 工艺无组织排放

延迟焦化装置冷焦过程和切焦过程挥发性有机物的产生量采用式（43）核算。

$$D = \sum_{i=1}^{n}\left(\alpha \times \frac{t}{r}\right) + \beta \times W \quad (43)$$

式中：D —— 核算时段内延迟焦化装置冷焦过程和切焦过程挥发性有机物的产生量，t；

n —— 单次循环焦炭塔个数，量纲一；

α —— 冷焦过程挥发性有机物的产生系数，参见表 5；

t —— 核算时段内延迟焦化装置运行时间，h；

r —— 生焦周期，h/次；

β —— 切焦过程挥发性有机物的产生系数，参见表 5；

W —— 核算时段内装置进料量，t。

表 5 延迟焦化装置无组织排放挥发性有机物产生系数

无组织排放过程	产生系数
冷焦过程	2.59×10^{-2} t/单塔·每次循环
切焦过程	1.63×10^{-4} t/t 装置进料

6.3 类比法

6.3.1 污染物产生量

新（改、扩）建工程生产装置或设施无组织废气污染物产生量，可类比现有工程生产装置或设施无组织废气污染物有效实测数据进行核算，类比条件按 5.2.2 执行。

6.3.2 污染物排放量

根据污染物产生量和污染治理设施治理效果核算排放量，采用式（19）计算。

6.4 实测法

参照《石化行业 VOCs 污染源排查工作指南》中的实测法核算。生态环境部有新的挥发性有机物核算方法公布后，从其规定。

7 废水污染源源强核算方法

7.1 物料衡算法

7.1.1 一般原则

物料衡算法适用于废水产生量和各项重金属源强核算。

7.1.2 废水产生量

7.1.2.1 进入污水处理站的废水量

全厂进污水处理站的废水量采用式（44）计算。

$$d_{总} = d_1 + d_2 + d_3 + d_4 + d_5 + d_6 + d_7 + d_8 \tag{44}$$

式中：$d_{总}$ —— 进入污水处理站的废水量，m^3；

d_1 —— 进污水处理站的各生产装置排放废水量，m^3；

d_2 —— 循环水系统排放废水量，m^3；

d_3 —— 化学水制取排放废水量，m^3；

d_4 —— 凝结水回收设施排放废水量，m^3；

d_5 —— 储运系统排放废水量，m^3；

d_6 —— 其他进入污水处理站的废水量，m^3；

d_7 —— 生活污水量，m^3；

d_8 —— 污染雨水量，m^3，采用式（45）计算。

$$d_8 = \frac{F_s}{1\,000} \times \sum_{i=1}^{n} (H_s)_i \tag{45}$$

式中：F_s —— 生产装置或设施污染区面积，m^2；

H_s —— 第 i 次降雨深度，mm，宜取 15～30 mm；

n —— 降雨次数，量纲一。

污水处理站废水排放量采用式（46）计算。

$$d_{排放} = d_{总} - d_{回用} \tag{46}$$

式中：$d_{排放}$ —— 污水处理站废水排放量，m^3；

$d_{总}$ —— 进入污水处理站的废水量，m^3；

$d_{回用}$ —— 污水处理站出水回用量，m^3。

7.1.2.2 常减压蒸馏装置电脱盐废水产生量

常减压蒸馏装置电脱盐废水产生量采用式（47）计算。

$$d=\frac{(\alpha+\beta)}{100}\times W \tag{47}$$

式中：d——常减压蒸馏装置电脱盐废水的产生量，m^3；

α——原油含水率，%，新（改、扩）建污染源一般可取 0.5%（稠油除外）；

β——注水率，%，新（改、扩）建污染源一般原油可取 5%～8%，重质原油可取 10%；

W——进入电脱盐罐的原油加工量，t。

7.1.2.3　含硫含氨酸性水产生量

a）常减压装置含硫含氨废水产生量采用式（48）计算。

$$d=\frac{(\alpha+\beta)}{100}\times W_1+\left(\frac{\gamma}{100}\times W_2+\frac{\lambda}{100}\times W_3\right)+\left(W_4+W_5+\frac{\kappa}{100}\times W_6\right) \tag{48}$$

式中：d——含硫含氨酸性水产生量，t；

α——电脱盐处理后原油的含水率，%；

β——初馏塔底汽提蒸汽的注入率，%，一般取 1%～2%；

W_1——初馏塔原油的进料量，t；

γ——常压塔底汽提蒸汽的注入率，%，一般取 2%；

W_2——常压塔原油的进料量，t；

λ——常压塔侧线汽提蒸汽的注入率，%，一般取 1%；

W_3——常压塔侧线的抽出量，t；

W_4——抽真空系统的蒸汽量，t，二级抽真空取 8 kg/t 原油，三级抽真空取 11～12 kg/t 原油；

W_5——减压炉管注的蒸汽量，t；

κ——减压塔底汽提蒸汽的注入率，%，一般取 2%；

W_6——减压塔的进料量，t。

b）催化裂化装置含硫含氨酸性水的产生量采用式（49）计算。

$$d=W_1+\frac{\alpha}{100}\times W_2+\frac{\beta}{100}\times W_3+W_4+W_5+W_6+W_7+W_8 \tag{49}$$

式中：d——含硫含氨废水的产生量，t；

W_1——雾化蒸汽量，t，当以蜡油进料，雾化蒸汽量为进料量（含回炼油）的 3%，当以重油进料，雾化蒸汽量为新鲜原料的 5%和回炼油的 2%～4%二者之和；

α——汽提蒸汽注入率，%，一般取 0.3%；

W_2——催化剂循环量，t；

β——分馏塔侧线抽出汽提蒸汽的注入率，%，一般取 2%～3%；

W_3——分馏塔侧线抽出轻柴油产量，t；

W_4——预提升蒸汽量，t；

W_5——防焦蒸汽量，t；

W_6——分馏塔底搅拌蒸汽量，t；

W_7——压缩机段间分液罐含硫含氨酸性水量，t；

W_8——压缩机出口油气分离器含硫含氨酸性水量，t。

c）加氢装置含硫含氨酸性水的产生量采用式（50）计算。

$$d = W_1 + \frac{\alpha}{100} \times W_2 + W_3 + W_4 \tag{50}$$

式中：d —— 含硫含氨酸性水产生量，t；

W_1 —— 加氢反应生成水量，t；

α —— 注水率，%，一般加氢裂化取 6%～10%，加氢精制取 4%～8%；

W_2 —— 加氢装置进料量，t；

W_3 —— 分馏部分塔顶回流罐排水，t；

W_4 —— 硫氢化铵生成量，t，通过下面方法可估算。

若 $\frac{W_N \cdot W_2}{14} < \frac{W_S \cdot W_2}{32}$，则 $W_4 = \frac{51}{14} \times W_N \cdot W_2$

若 $\frac{W_N \cdot W_2}{14} \geqslant \frac{W_S \cdot W_2}{32}$，则 $W_4 = \frac{51}{32} \times W_S \cdot W_2$

式中：W_N —— 加氢装置进料中氮含量，%；

W_S —— 加氢装置进料中硫含量，%。

d）延迟焦化装置含硫含氨酸性水产生量采用式（51）计算。

$$d = W_1 + W_2 + W_3 + W_4 \tag{51}$$

式中：d —— 含硫含氨酸性水的产生量，t；

W_1 —— 加热炉注水或注汽量，t；

W_2 —— 反应系统密封蒸汽流入量，t；

W_3 —— 补充注水量，t；

W_4 —— 放空塔顶气液分离罐平均排水量，t。

7.1.2.4 其他生产装置废水产生量

石油炼制装置及设施废水的产生量采用式（52）计算。

$$d = d_1 + d_2 + d_3 - d_4 - d_5 - d_6 - d_7 \tag{52}$$

式中：d —— 核算时段内废水产生量，m^3；

d_1 —— 原辅材料带入水量，m^3；

d_2 —— 补充的新鲜水量，m^3；

d_3 —— 反应生成水量，m^3；

d_4 —— 产品带出水量，m^3；

d_5 —— 蒸发损失水量，m^3；

d_6 —— 工艺废气带出水量，m^3；

d_7 —— 固体废物带出水量，m^3。

7.1.3 废水中金属产生量

废水中金属采用式（53）计算。

$$D = D_y - D_c - D_g - D_s \tag{53}$$

式中：D —— 废水中金属产生量，t；

D_y —— 原辅料带入的金属量，t；

D_c —— 产品带出的金属量，t；

D_g —— 工艺废气带出的金属量，t；

D_s —— 固体废物带出的金属量，t。

部分生产装置及排放口废水排放金属含量核算方法见表 6。

表 6　石油炼制废水中金属含量的核算方法

污染源	污染物项目	核算方法
常减压蒸馏装置电脱盐废水排放口	总汞、烷基汞	$D = D_y$
废水汽提装置废水排放口	总砷	$D = D_y$
催化裂化装置烟气脱硫废水排放口 催化汽油吸附脱硫装置烟气脱硫废水排放口	总镍	$D = D_y - D_g - D_s$
航空汽油调和车间废水排放口 四乙基铅生产装置废水排放口	总铅	$D = D_y - D_c$
企业废水总排放口	总钒	$D = D_y - D_g - D_s$

7.1.4　废水污染物排放量

废水中污染物排放量采用式（54）计算。

$$D = D_0 \times \left(1 - \frac{\eta_{去除}}{100}\right) \tag{54}$$

式中：D —— 核算时段内废水中某种污染物的排放量，t；

D_0 —— 核算时段内废水中某种污染物的产生量，t；

$\eta_{去除}$ —— 污水处理设施对某种污染物的去除效率，%。

7.2　类比法

7.2.1　一般原则

类比法适用于新（改、扩）建工程废水污染源中各污染物（除重金属外）。

7.2.2　污染物产生量

新（改、扩）建工程生产装置或设施废水污染物产生量，可类比现有工程生产装置或设施废水污染物有效实测数据进行核算，类比条件按 5.2.2 执行。

7.2.3　污染物排放量

根据污染物产生量和污染治理设施治理效率核算排放量，采用式（54）计算。

7.3　实测法

7.3.1　一般原则

实测法适用于具有有效连续自动监测数据或有效手工监测数据的现有污染源。

7.3.2　采用自动监测数据核算源强

采用自动监测数据核算污染物排放量时，自动监测数据及获取数据的自动监测系统需符合 HJ/T 353、HJ/T 354、HJ/T 355、HJ/T 356、HJ/T 373、HJ 630、HJ 853、HJ 880 及排污许可证等要求。

核算时段内污染物排放量采用式（55）计算。

$$D = \sum_{i=1}^{n} \left(\rho_i \times q_i\right) \times 10^{-6} \tag{55}$$

式中：D —— 核算时段内某种污染物排放量，t；

n —— 核算时段内废水排放时间，d；

ρ_i —— 第 i 次监测废水中某种污染物日均排放质量浓度，mg/L；

q_i—— 第 i 次监测日废水排放量，m^3/d。

7.3.3 采用手工监测数据核算源强

手工监测数据包括执法监测、排污单位自行监测数据。采用手工监测数据核算污染物排放量时，监测数据及获取监测数据对应的监测频次、监测期间生产工况等需符合 HJ/T 91、HJ/T 92、HJ/T 373、HJ 630、HJ 853、HJ 880 及排污许可证等要求。除执法监测外，其他所有手工监测数据对应的监测时段的生产负荷应不低于本次监测与上一次监测周期内的平均生产负荷，并给出生产负荷对比结果。

核算时段内废水中某种污染物排放量采用式（56）计算。

$$D=\frac{\sum_{i=1}^{n}\rho_i}{n}\times Q_i\times 10^{-6} \qquad (56)$$

式中：D—— 核算时段内废水中某种污染物的排放量，t；

n—— 核算时段内有效日监测数据的数量，量纲一；

ρ_i—— 第 i 次监测废水中某种污染物的排放日均质量浓度，mg/L；

Q_i—— 核算时段内废水排放量，m^3。

7.4 产污系数法

7.4.1 废水产生量

核算时段内废水产生量采用式（57）计算。

$$d=c\times S \qquad (57)$$

式中：d—— 核算时段内废水的产生量，t；

c—— 各装置单位原（料）油或产品工业废水产污系数，t/t 原（料）油或产品，参考全国污染源普查工业污染源普查数据取值；

S—— 核算时段内原（料）油加工量或产品，t。

7.4.2 污染物产生量

核算时段内生产装置或设施废水中污染物产生量采用式（58）计算。

$$D_0=c\times S\times 10^{-6} \qquad (58)$$

式中：D_0—— 核算时段内某生产装置或设施废水中某种污染物产生量，t；

c—— 某生产装置或设施单位原（料）油或产品废水中某种污染物的产污系数，g/t 原（料）油或产品，参考全国污染源普查工业污染源普查数据取值；采用罕见、特殊原料或石油炼制工艺的生产装置，可咨询行业组织或石油炼制专家及技术人员，取近似的按产品、原料、工艺和规模分类的系数代替；

S—— 核算时段内某生产装置或设施原（料）油加工量或产品产量，t。

7.4.3 污染物排放量

核算时段废水污染物排放量采用式（54）计算。

8 噪声源强核算方法

8.1 类比法

噪声源采用设备商提供的源强数据。类比法采用的类比对象优先顺序为噪声源设备技术协议中确定的源强参数、同型号设备、同类设备。

设备型号未确定时，应根据同类设备噪声水平按保守原则确定噪声源强，或参考附录 C 确定噪声源强。

8.2 实测法

根据相关技术规范，对正常情况下各产噪声设备的噪声源强进行实测。

9 固体废物源强核算方法

9.1 物料衡算法

9.1.1 催化裂化装置废催化剂

催化裂化装置废催化剂的产生量采用式（59）计算。

$$D_{产生量}=D_{新鲜}+D_{原料金属}-D_{颗粒物}-D_{油浆}+D_{脱硫废水} \tag{59}$$

式中：$D_{产生量}$ —— 核算时段内催化裂化装置废催化剂的产生量，t；

$D_{新鲜}$ —— 核算时段内催化裂化装置补充的新鲜催化剂量，t；

$D_{原料金属}$ —— 核算时段内催化裂化装置原料中的金属镍和钒带入量，t；

$D_{颗粒物}$ —— 核算时段内催化裂化装置再生烟气旋风分离后废气的排放颗粒物量，t；

$D_{油浆}$ —— 核算时段内催化油浆中的固体含量，t；

$D_{脱硫废水}$ —— 核算时段内催化剂再生烟气脱硫废水中带入催化剂量（含水），t，采用式（60）计算。

$$D_{脱硫废水}=\frac{D_{颗粒物}-D_{脱硫后颗粒物}}{1-\kappa} \tag{60}$$

式中：$D_{脱硫后颗粒物}$ —— 核算时段内催化裂化装置再生烟气脱硫后废气的排放颗粒物量，t；

κ —— 催化烟气脱硫滤饼含水率，%。

9.1.2 其他装置废催化剂

其他装置废催化剂产生量采用式（61）计算。

$$D_{产生量}=D_{新鲜}+D_{物料} \tag{61}$$

式中：$D_{产生量}$ —— 核算时段内装置废催化剂的产生量，t；

$D_{新鲜}$ —— 核算时段内装置填充的新鲜催化剂量，t；

$D_{物料}$ —— 核算时段内装置废催化剂上附着的物料或重金属量，t。

9.1.3 污水处理过程污泥量

石油炼制工业污水处理过程污泥产生量参照 HJ 2045 确定。

9.2 类比法

新（改、扩）建装置或设施固体废物产生量，可类比现有装置或设施的工业固体废物产生量进行核算，类比条件按 5.2.2 执行。

9.3 实测法

通过固体废物的类别、产生量、处置、流向等台账记录核算现有装置或设施的工业固体废物产生量。

9.4 产污系数法

核算时段内某生产装置或设施固体废物产生量采用式（62）计算。

$$d=c\times S \quad (62)$$

式中：d——核算时段内某生产装置或设施固体废物的产生量，t；

c——单位原料或产品的产污系数，t/t 原料或产品，参见参考全国污染源普查工业污染源普查数据取值；采用罕见、特殊原料或石油炼制工艺的生产装置，可咨询行业组织或石油炼制专家及技术人员，取近似的按产品、原料、工艺、规模分类的核算系数代替；

S——核算时段内某生产装置或设施的原料量或产品量，t。

10 其他

10.1 在源强核算过程中，工作程序、源强识别、核算方法及参数取值应符合本标准要求。

10.2 如存在其他有效的源强核算方法，也可以用于核算污染源源强，但须提供源强核算过程及参数取值，给出核算方法的适用性分析及不能采用本标准推荐方法的理由。

10.3 对于没有实际运行经验的生产工艺、污染治理技术等，可参考工程化实验数据确定污染源源强。

附　录　A

（资料性附录）

石油炼制工业源强核算结果及相关参数列表形式

表 A.1　生产装置/设施废气污染源源强核算结果及相关参数一览表

设施	装置/设施	污染源	污染物	污染物产生				治理措施		污染物排放				排放时间/h
				核算方法	废气产生量/（m^3/h）	产生质量浓度/（mg/m^3）	产生量/（kg/h）	工艺	效率/%	核算方法	废气排放量/（m^3/h）	排放质量浓度/（mg/m^3）	排放量/（kg/h）	
主体装置	生产装置 1	排气筒 1（正常排放）	颗粒物											
			SO_2											
			NO_x											
			挥发性有机物											
		……												
		排气筒（非正常排放）	颗粒物											
			SO_2											
			NO_x											
			挥发性有机物											
		……												
		无组织排放	挥发性有机物											
			H_2S											
			……											
	……													
公用工程		排气筒（正常排放）	颗粒物											
			SO_2											
			NO_x											
		……												

设施	装置/设施	污染源	污染物	污染物产生				治理措施		污染物排放				排放时间/h
				核算方法	废气产生量/（m^3/h）	产生质量浓度/（mg/m^3）	产生量/（kg/h）	工艺	效率/%	核算方法	废气排放量/（m^3/h）	排放质量浓度/（mg/m^3）	排放量/（kg/h）	
公用工程		排气筒（非正常排放）	颗粒物											
			SO_2											
			NO_x											
		……												
	……													
储运工程	原油罐		挥发性有机物											
	……													
……														
注：现有装置或设施污染源产生及排放数据为实际监测结果的平均值。														

表 A.2　生产装置/设施产生废水污染源源强核算结果及相关参数一览表

装置/设施	废水类别	污染物	污染物产生				预处理措施		污染物排放				排放时间/h
			核算方法	废水产生量/（m^3/h）	产生质量浓度/（mg/L）	产生量/（kg/h）	工艺	效率/%	核算方法	废水排放量/（m^3/h）	排放质量浓度/（mg/L）	排放量/（kg/h）	
注：现有装置或设施污染源产生及排放数据为实际监测结果的平均值。													

表 A.3 污水处理站废水污染源源强核算结果及相关参数一览表

污染源	污染物	进入厂区综合污水处理厂污染物情况			治理措施		污染物排放					排放时间/h
		废水产生量/（m^3/h）	产生质量浓度/（mg/L）	产生量/（kg/h）	工艺	综合处理效率/%	核算方法	废水排放量/（m^3/h）	排放质量浓度/（mg/L）	排放量/（kg/h）	
污水处理站	COD											
	BOD_5											
	氨氮											
	总氮											
	总磷											
	……											

注：现有装置或设施污染源产生及排放数据为实际监测结果的平均值。

表 A.4 噪声污染源源强核算结果及相关参数一览表

装置	噪声源	声源类型（频发、偶发等）	噪声源强		降噪措施	噪声排放值		持续时间/h
			核算方法	噪声值/dB（A）		核算方法	噪声值/dB（A）	
生产装置 1	产噪设备 1							
	产噪设备 2							
	……							
	其他声源							
……								

注 1：其他声源主要是指撞击噪声等。

注 2：声源表达量：A 声功率级（L_{Aw}），或中心频率为 63～8 000 Hz 8 个倍频带的声功率级（L_w）；距离声源 r 处的 A 声级［$L_{A(r)}$］或中心频率为 63～8 000 Hz 8 个倍频带的声压级［$L_{P(r)}$］。

表 A.5 固体废物污染源源强核算结果及相关参数一览表

装置	固体废物名称	固废属性	废物代码	产生情况					处置措施		最终去向
				核算方法	产生量/（t/a）	形态	主要成分	有害成分	工艺	处置量/（t/a）	

注：固体废物属性是指第 I 类一般工业固体废物、第 II 类一般工业固体废物、危险废物（按照《国家危险废物名录》划分）等。

附　录　B

（资料性附录）

石油炼制部分生产装置废气产污系数

表 B.1　石油炼制部分生产装置废气污染物产生系数

污染源		污染物	单位	产污系数
工艺加热炉	燃料气	氮氧化物	kg/10^4 m^3 燃料	18.71
		颗粒物	kg/t 原料（油）或产品	$20\times10^{-6}\times N$
催化裂化装置催化剂再生烟气		氮氧化物	kg/t 原料	0.204
		颗粒物	kg/t 原料	0.695
催化裂化汽油吸附脱硫再生烟气		颗粒物	kg/t 原料	0.695
催化重整装置催化剂再生烟气		挥发性有机物	kg/t 原料	0.021
延迟焦化装置工艺废气		苯并[*a*]芘	kg/t 原料	0.012 2
注：N 为吨原料（油）或产品废气排放量，参考全国污染源普查工业污染源普查数据或表 B.2 取值。				

表 B.2　石油炼制部分生产装置废气产生量

生产装置	设计能力	单位	废气产生量
渣油加氢装置	＞150 万 t/a	m^3/t 原料	65
催化裂化汽油吸附脱硫装置	所有规模	m^3/t 原料	81

表 B.3　生产装置设备与管线组件密封点统计

密封点类型	介质状态	数量/个
阀门	气体	
	有机液体	
法兰	—	
泵	—	
泄压设备	—	
连接件	—	
压缩机	—	
搅拌器	—	
开口阀或开口管线	—	
其他	—	
合计		

附　录　C
（资料性附录）
石油炼制生产装置主要设备噪声源强参考表

表 C.1　石油炼制生产装置主要设备噪声源强

装置（单元）名称	噪声源	排放规律	治理措施	噪声值/dB（A）	室内/室外
常减压蒸馏	常压炉	连续	低噪声燃烧器	＜85	室外
	减压炉	连续	低噪声燃烧器	＜85	室外
	引风机	连续	—	90	室外
	鼓风机	连续	消声器	90	室外
	机泵	连续	低噪声电机	80～90	室外
	空冷器风机	连续	低噪声叶片	90	室外
	蒸汽放空	间断	加装消声器	85	室外
	压缩机	连续	基础减振	90	室外
渣油加氢	加热炉	连续	低噪声燃烧器	＜90	室外
	引风机	连续	—	90	室外
	鼓风机	连续	消声器	90	室外
	压缩机	连续	基础减振	90	室外
	机泵	连续	低噪声电机	85～90	室外
	空冷器风机	连续	低噪声叶片	90	室外
	蒸汽放空	间断	加装消声器	85	室外
加氢裂化	加热炉	连续	低噪声燃烧器	＜85	室外
	引风机	连续	—	90	室外
	鼓风机	连续	消声器	90	室外
	压缩机	连续	基础减振	90	室外
	机泵	连续	低噪声电机	85～90	室外
	空冷器风机	连续	低噪声叶片	90	室外
	蒸汽放空	间断	加装消声器	85	室外
煤油加氢	加热炉	连续	低噪声燃烧器	＜85	室外
	引风机	连续	—	90	室外
	鼓风机	连续	消声器	90	室外
	压缩机	连续	基础减振	90	室外
	机泵	连续	低噪声电机	85～90	室外
	空冷器风机	连续	低噪声叶片	90	室外
重油催化裂化	主风机	连续	加装消声器	99	室外
	增压机	连续	低噪声电机	95	室外
	气压机	连续	基础减振	95	室外
	机泵	连续	低噪声电机	85～95	室外
	空冷器风机	连续	低噪声叶片	90	室外
	放空	间断	加装消声器	90	室外
汽油醚化加氢	加热炉	连续	低噪声燃烧器	＜85	室外
	引风机	连续	—	90	室外

装置（单元）名称	噪声源	排放规律	治理措施	噪声值/dB（A）	室内/室外
汽油醚化加氢	压缩机	连续	基础减振	90	室外
	机泵	连续	低噪声电机	85～90	室外
	空冷器风机	连续	低噪声叶片	90	室外
气体分馏	机泵	连续	低噪声电机	85～90	室外
	空冷器风机	连续	低噪声叶片	90	室外
柴油加氢精制	加热炉	连续	低噪声燃烧器	＜85	室外
	引风机	连续	—	90	室外
	鼓风机	连续	消声器	90	室外
	压缩机	连续	基础减振	95	室外
	机泵	连续	低噪声电机	85～90	室外
	空冷器风机	连续	低噪声叶片	90	室外
	蒸汽放空	间断	加装消声器	85	室外
直柴改质	加热炉	连续	低噪声燃烧器	＜85	室外
	压缩机	连续	基础减振	95	室外
	机泵	连续	低噪声电机	85～90	室外
	空冷器风机	连续	低噪声叶片	90	室外
轻烃回收	加热炉	连续	低噪声燃烧器	＜85	室外
	机泵	连续	低噪声电机	85～90	室外
	空冷器风机	连续	低噪声叶片	90	室外
芳烃联合	蒸汽放空	间断	加装消声器	85	室外
	加热炉	连续	低噪声燃烧器	85-92	室外
	引风机	连续	—	90	室外
	鼓风机	连续	消声器	90	室外
	再生风机	连续	消声器	93	室外
	压缩机	连续	基础减振	92～96	室外
	机泵	连续	低噪声电机	85～90	室外
	空冷器风机	连续	低噪声叶片	90	室外
	放空	间断	消声器	85	室外
烷基化	风机	连续	消声器	＜85	室外
	压缩机	连续	基础减振	98	室外
	机泵	连续	低噪声电机	85～90	室外
	空冷器风机	连续	低噪声叶片	90	室外
异构化	压缩机	连续	基础减振	98	室外
	机泵	连续	低噪声电机	85～90	室外
	空冷器风机	连续	低噪声叶片	90	室外
异构脱蜡	加热炉	连续	低噪声燃烧器	85～92	室外
	压缩机	连续	基础减振	98	室外
	机泵	连续	低噪声电机	85～90	室外
	空冷器风机	连续	低噪声叶片	90	室外
MTBE	机泵	连续	隔声罩	85～90	室外
氢气回收	压缩机	连续	基础减振	95	室外
	机泵	连续	基础减振	85	室外

装置（单元）名称	噪声源	排放规律	治理措施	噪声值/dB（A）	室内/室外
硫黄回收	焚烧炉	连续	低噪声燃烧器	＜85	室外
	风机	连续	消声器	＜85	室外
	机泵	连续	低噪声电机	85～90	室外
	空冷器风机	连续	低噪声叶片	90	室外
	蒸汽放空	间断	加装消声器	90	室外
凝结水站	闪蒸蒸汽分离器	连续	低噪声设备	90	室外
	凝结水泵	连续	低噪声设备、基础减振	87	室外
	再生水泵	连续	低噪声设备、基础减振	85	室外
余热回收站	热水循环泵	连续	低噪声设备、基础减振	95	室外
	冷水泵	连续	低噪声设备、基础减振	85	室外
空分空压站	空气压缩机	连续	选择低噪声设备	95	室外
循环水场	冷却塔	连续	—	85	室外
	水泵	连续	减振	87	室外
污水处理站	污水总提升泵	连续	减振	93	室外
	不合格水提升泵	连续	减振	93	室外
	压缩机	连续	低噪声叶片	95	室外
	鼓风机	连续	低噪声叶片	95	室外
火炬及燃料气回收系统	火炬头	间断	—	90	室外
	机泵	连续	低噪声电机	93	室外
	螺杆压缩机	连续	—	95	室外
原油罐区	机泵	连续	低噪声电机	95	室外
重油罐区	渣油泵	连续	低噪声电机	90	室外
	蜡油泵	连续	低噪声电机	90	室外
	RDS 重油泵	连续	低噪声电机	90	室外
	轻蜡油泵	连续	低噪声电机	90	室外
中间原料罐区	重整供料泵	连续	低噪声电机	85	室外
	重整汽油泵	连续	低噪声电机	85	室外
	柴油泵	连续	低噪声电机	85	室外
	煤油泵	连续	低噪声电机	85	室外
	汽油泵	连续	低噪声电机	85	室外
	抽余泵	连续	低噪声电机	85	室外
	石脑油泵	连续	低噪声电机	85	室外
	加氢尾油泵	连续	低噪声电机	85	室外
球罐区	液化气供料泵	连续	低噪声电机	85	室外
	液化气装车泵	间断	低噪声电机	85	室外
	液化气装船泵	间断	低噪声电机	85	室外
	氢气压缩机	连续	低噪声电机	85	室外
	氨液供料泵	连续	低噪声电机	85	室外
	丙烯供料泵	连续	低噪声电机	85	室外
	丙烯装车泵	间断	低噪声电机	85	室外
	C4 供料泵	连续	低噪声电机	85	室外
原料罐区	甲醇供料泵	连续	低噪声电机	85	室外

装置（单元）名称	噪声源	排放规律	治理措施	噪声值/dB（A）	室内/室外
产品罐区	汽油调和泵	间断	低噪声电机	85	室外
	煤油调和泵	间断	低噪声电机	85	室外
	柴油调和泵	间断	低噪声电机	85	室外
	汽油装车泵	间断	低噪声电机	85	室外
	汽油装船泵	间断	低噪声电机	85	室外
	柴油装车泵	间断	低噪声电机	85	室外
	柴油装船泵	间断	低噪声电机	85	室外
	石脑油装船泵	间断	低噪声电机	85	室外
	苯装车泵	间断	低噪声电机	85	室外
	二甲苯装车泵	间断	低噪声电机	85	室外
液体硫黄罐区	液体硫黄泵	间断	低噪声电机	85	室外

附　录　D
（资料性附录）
石油炼制工业常见污染防治技术参考表

表 D.1　石油炼制工业常见废气污染防治技术参考表

生产装置或设施		污染物	治理技术
工艺加热炉	气体燃料	二氧化硫	低硫燃料
		氮氧化物	低氮燃烧
		颗粒物	采用清洁燃料
	液体燃料	二氧化硫	湿法脱硫、干法或半干法脱硫
		氮氧化物	选择性催化还原法、非选择性催化还原法
		颗粒物	布袋除尘器
催化裂化再生烟气		二氧化硫	湿法脱硫
		氮氧化物	选择性催化还原法
		颗粒物	布袋除尘器
酸性气回收装置废气		二氧化硫	硫黄回收：硫黄回收+焚烧+碱洗 酸性气制硫酸：酸性气制硫酸+碱洗
设备与管线组件		挥发性有机物	泄漏检测与修复技术
储罐		挥发性有机物	油气平衡、油气回收、焚烧
装卸废气		挥发性有机物	液下装载、油气回收、焚烧
污水处理站油水分离器		挥发性有机物	密闭收集、油气回收、焚烧
污水处理站生化段		挥发性有机物	生物滴滤
		硫化氢	碱洗
含卤代烃有机废气		挥发性有机物	焚烧+碱洗
无组织废气		—	油气回收（冷凝、吸附、吸收） 焚烧法（焚烧、催化燃烧、蓄热燃烧） 生物法（生物滴滤）

表 D.2　石油炼制工业常见废水污染防治技术参考表

废水类型		治理技术
工艺废水	含碱废水	经装置预处理后，经物化、生化、深度处理组合工艺处理达标后，回用或达标外排
	含硫含氨酸性水	
	含苯系物废水	
	含盐废水	
	其他工艺废水	
	脱硫废水	装置预处理后，达标外排
含油废水		经物化、生化、深度处理组合工艺处理达标后，回用或达标外排
污染雨水		
生活污水		
循环冷却水排污水		
化学水制水排污水		装置预处理后，达标外排
蒸汽发生器排污水		装置内降温后，回用于循环水（或直接回用）
余热锅炉排污水		

表 D.3　石油炼制工业常见废水污染防治技术参考表

分类	技术
一般固体废物	综合利用、焚烧、填埋
危险废物	委托具有危险废物处理资质的单位进行处置

HJ

中华人民共和国国家环境保护标准

HJ 884—2018

污染源源强核算技术指南　准则

Technical guidelines of accounting method for pollution source intensity

—Basic principles

2018-03-27 发布　　　　2018-03-27 实施

环　境　保　护　部 发布

前 言

为贯彻落实《中华人民共和国环境保护法》《中华人民共和国环境影响评价法》《中华人民共和国大气污染防治法》《中华人民共和国水污染防治法》《中华人民共和国固体废物污染环境防治法》《中华人民共和国环境噪声污染防治法》等法律法规，完善建设项目环境影响评价技术支撑体系，指导和规范各行业污染源源强核算工作，制定本标准。

本标准规定了建设项目环境影响评价中污染源源强核算的总体要求、源强核算程序、源强核算原则要求等内容。

本标准附录 A 为资料性附录。

本标准为首次发布。

本标准由环境保护部（现生态环境部）环境影响评价司、科技标准司组织制订。

本标准主要起草单位：环境保护部环境工程评估中心，北京矿冶研究总院，中冶节能环保有限责任公司。

本标准生态环境部 2018 年 3 月 27 日批准。

本标准自 2018 年 3 月 27 日起实施。

本标准由生态环境部解释。

污染源源强核算技术指南　准则

1　适用范围

本标准规定了污染源源强核算的总体要求、核算程序、源强核算原则要求。

本标准适用于指导编制行业污染源源强核算技术指南；其他行业污染源源强核算工作按照本标准执行。

本标准适用于建设项目环境影响评价。

2　规范性引用文件

本标准引用了下列文件或其中的条款。凡是未注日期的引用文件，其最新版本适用于本标准。

GB 10071　城市区域环境振动测量方法

GB/T 16157　固定污染源排气中颗粒物测定与气态污染物采样方法

HJ 2.1　建设项目环境影响评价技术导则　总纲

HJ 2.2　环境影响评价技术导则　大气环境

HJ/T 2.3　环境影响评价技术导则　地面水环境

HJ 2.4　环境影响评价技术导则　声环境

HJ 610　环境影响评价技术导则　地下水环境

HJ 630　环境监测质量管理技术导则

HJ 75　固定污染源烟气（SO_2、NO_x、颗粒物）排放连续监测技术规范

HJ 76　固定污染源烟气（SO_2、NO_x、颗粒物）排放连续监测系统技术要求及检测方法

HJ/T 91　地表水和污水监测技术规范

HJ/T 355　水污染源在线监测系统运行与考核技术规范（试行）

HJ/T 356　水污染源在线监测系统数据有效性判别技术规范（试行）

HJ/T 373　固定污染源监测质量保证与质量控制技术规范（试行）

HJ/T 397　固定源废气监测技术规范

HJ 819　排污单位自行监测技术指南　总则

HJ 2300　污染防治可行技术指南编制导则

3　术语和定义

下列术语和定义适用于本标准。

3.1

污染源源强核算技术指南体系　technical guidelines system of accounting method for pollution source intensity

污染源源强核算技术指南体系由准则及行业指南等构成。

3.2

污染源　pollution source

指造成环境污染的污染物发生源，通常指向环境排放有害物质或对环境产生有害影响的场所、设备或装置等。

3.3

源强　source intensity

指对产生或排放的污染物强度的度量，包括废气源强、废水源强、噪声源强、振动源强、固体废物源强等。

废气、废水源强是指污染源单位时间内产生的废气、废水污染物排出产生有害影响的场所、设备、装置或污染防治（控制）设施的数量。通常包括废气和废水污染源正常排放和非正常排放，不包括事故排放。

噪声源强是指噪声污染源的强度，即反映噪声辐射强度和特征的指标，通常用辐射噪声的声功率级或确定环境条件下、确定距离的声压级（均含频谱）以及指向性等特征来表示。

振动源强是指振动污染源的强度，即反映振动源强度的加速度、速度或位移等特征指标，通常用参考点垂直于地面方向的 Z 振级表示。

固体废物源强是指污染源单位时间内产生的固体废物的数量。

3.4

污染物产生量　quantity of pollutant generation

指污染源某种污染物生成的数量。

3.5

污染物排放量　quantity of pollutant discharge

指污染源排入环境或其他设施的某种污染物的数量。

3.6

非正常工况　abnormal situation

指生产设施非正常工况或污染防治（控制）设施非正常状况，其中生产设施非正常工况指开停炉（机）、设备检修、工艺设备运转异常等工况，污染防治（控制）设施非正常状况指达不到应有治理效率或同步运转率等情况。

3.7

事故排放　accidental discharge

指突发泄漏、火灾、爆炸等情况下污染物的排放。

3.8

物料衡算法　material balance method

指根据质量守恒定律，利用物料数量或元素数量在输入端与输出端之间的平衡关系，计算确定污染物单位时间产生量或排放量的方法。

3.9

类比法　analogy method

指对比分析在原辅料及燃料成分、产品、工艺、规模、污染控制措施、管理水平等方面具有相同或类似特征的污染源，利用其相关资料，确定污染物浓度、废气量、废水量等相关参数进而核算污染物单位时间产生量或排放量，或者直接确定污染物单位时间产生量或排放量的方法。

3.10

实测法　actual measurement method

指通过现场测定得到的污染物产生或排放相关数据，进而核算出污染物单位时间产生量或排放量的方法，包括自动监测实测法和手工监测实测法。

3.11

产污系数法　pollutant-generation coefficient method

指根据不同的原辅料及燃料、产品、工艺、规模，选取相关行业污染源源强核算技术指南给定的产污系数，依据单位时间产品产量计算出污染物产生量，并结合所采用治理措施情况，核算污染物单位时间排放量的方法。

3.12

排污系数法　pollutant-discharge coefficient method

指根据不同的原辅料及燃料、产品、工艺、规模和治理措施，选取相关行业污染源源强核算技术指南给定的排污系数，结合单位时间产品产量直接计算确定污染物单位时间排放量的方法。

3.13

实验法　experiment method

指模拟实验确定相关参数，核算污染物单位时间产生量或排放量的方法。

3.14

核算时段　accounting period

指相关管理规定确定核算污染物排放量的时间范围，一般以年、小时等为核算时段。

4　总体要求

应按照污染源源强核算技术指南体系规定的工作程序、核算方法、技术要求进行污染源源强核算，识别所有涉及的污染源和规定的污染物，按照规定的优先级别选取核算方法，给出完整的源强核算结果和相关参数。

核算方法所需参数的测定应满足国家或地方相关技术标准、规范的要求。通过资料收集方式获取参数时，选用的参数依据（如可研报告、设计文本、台账记录等）应规范有效。

位于环境质量不达标区域的新（改、扩）建工程污染源，应采用具备最优排放水平的污染防治可行技术，并选取对应的参数进行源强核算；位于环境质量达标区域的新（改、扩）建工程污染源，应采用污染防治可行技术，并选取对应的参数进行源强核算。

污染物排放量的核算应包括正常排放和非正常排放两种情况，并分别明确正常排放量和非正常排放量。

废水污染源源强核算应考虑生产装置运行时间与污染治理措施运行时间的差异，分别确定废水污染物的产生量核算时段和排放量核算时段。

采用实测法进行源强核算时，应同步记录监测期间生产装置的运行工况参数，如物料投加量、产品产量、燃料消耗量、副产物产生量等；进行废水污染源源强核算时，还应分别详细记录调质前废水的来源、水量、污染物浓度等情况。

5　源强核算程序

污染源源强核算程序包括污染源识别与污染物确定、核算方法及参数选定、源强核算、核算结果汇总等。源强核算程序见图 1。

5.1　污染源识别与污染物确定

结合工艺流程，识别产生废气、废水、噪声、振动、固体废物等的污染源，确定污染源类型和数量，针对每个污染源识别所有规定的污染物及其治理措施。

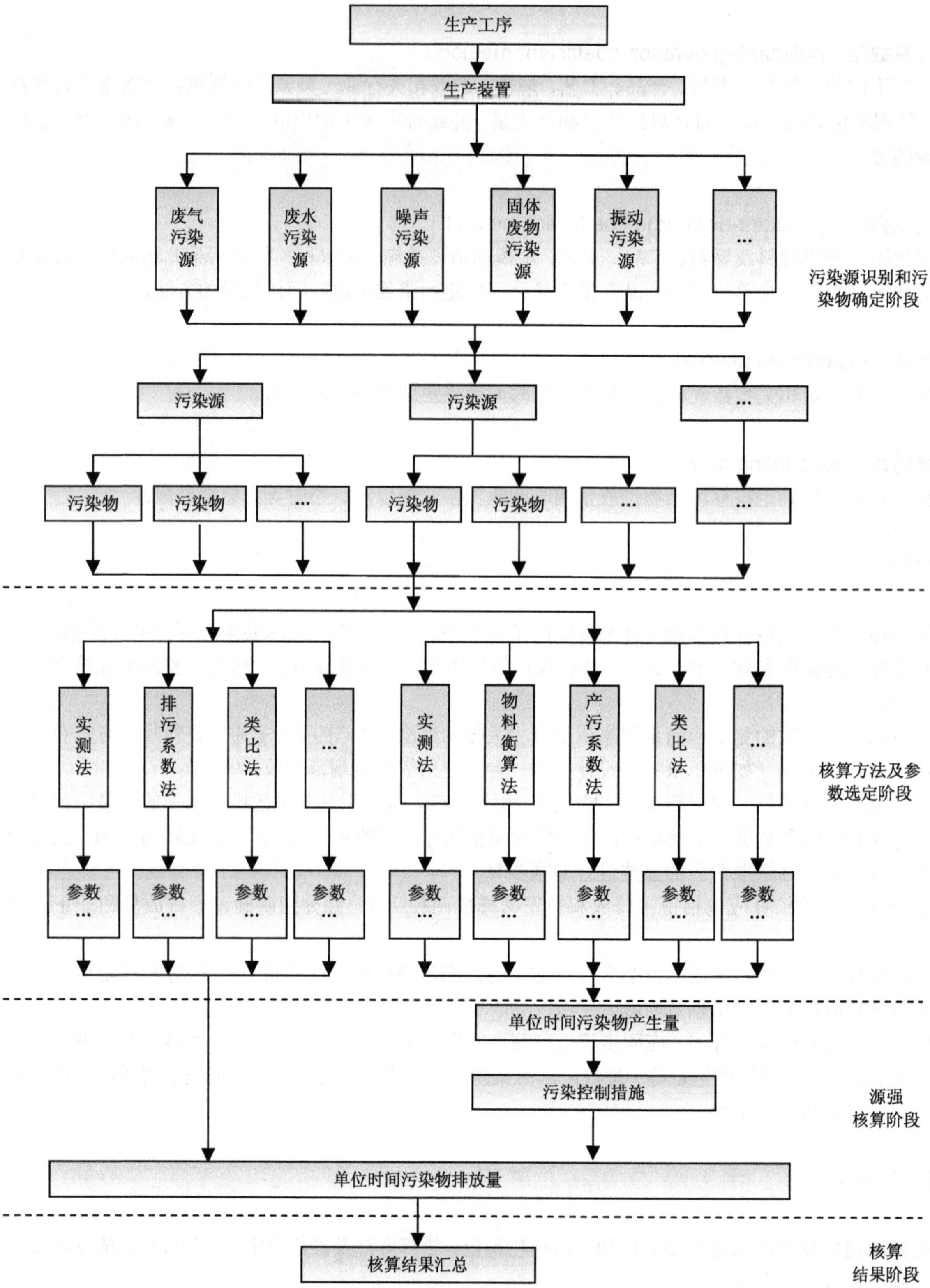

图 1　源强核算程序

5.2　核算方法及参数选定

按照行业指南规定的优先级别选取适当的核算方法，合理选取或科学确定相关参数。

5.3　源强核算

根据选定的核算方法和参数，结合核算时段确定污染物源强，一般为污染物年排放量和小时排放量等。

5.4　核算结果

列表给出源强核算结果及相关参数，参照附录 A。

6　源强核算原则要求

6.1　基本原则

行业污染源源强核算技术指南的编制，应结合行业环境保护工作基础，科学确定核算方法，合理界定相关参数，不断提高参数的准确性，逐步完善污染源源强核算的科学体系；行业污染源源强的核算工作，应结合行业特点，按照下述原则要求执行。

6.2　污染源的识别

污染源的识别应结合行业特点，涵盖所有工艺和装备类型，明确所有可能产生废气、废水、噪声、振动、固体废物等污染物的场所、设备或装置，包括可能对水环境和土壤环境产生不利影响的"跑、冒、滴、漏"等环节。行业指南应结合行业特点和 HJ 2.1、HJ 2.2、HJ/T 2.3、HJ 2.4、HJ 610 等技术导则的要求，对行业的重要污染源进行详细说明。

应分别对废气、废水、噪声、振动等污染源进行分类。

废气污染源类型：按照污染源形式可划分为点源、面源、线源、体源；按照排放方式可划分为有组织排放源、无组织排放源；按照排放特性可划分为连续排放源、间歇排放源；按照排放状态可划分为正常排放源、非正常排放源。

废水污染源类型：按照排放形式可划分为点源、非点源；按照排放特性可划分为连续排放、间歇排放；按照排放状态可划分为正常排放源、非正常排放源。

噪声源类型：按照声源位置可划分为固定声源、流动声源；按照发声时间可划分为频发噪声源、偶发噪声源；按照发声形式可划分为点声源、线声源和面声源。

振动源类型：按照振动变化情况可划分为稳态振动源、冲击振动源、无规振动源、轨道振动源。

地下水排放类型：按照排放状态可划分为正常状况及非正常状况下的排放。

6.3　污染物的确定

行业指南应根据国家、地方颁布的行业污染物排放标准，确定污染源废气、废水相关污染物。没有行业污染物排放标准的，可结合国家、地方颁布的综合排放标准，或参照具有类似产排污特性的相关行业的排放标准，确定污染源废气、废水相关污染物。也可依据原辅料及燃料使用和生产工艺情况，分析确定污染源废气、废水污染物。

行业指南应按照固体废物的属性，即第Ⅰ类一般工业固体废物、第Ⅱ类一般工业固体废物、危险废物（按照《国家危险废物名录》划分）、生活垃圾等，分别确定固体废物名称。

6.4　核算方法的确定

污染源源强核算可采用实测法、物料衡算法、产污系数法、排污系数法、类比法、实验法等方法。

行业指南应分别明确各核算方法的适用对象、计算公式、参数意义以及核算要求。

行业指南应针对不同污染源类型、污染物特性，区分新（改、扩）建工程污染源和现有工程污染源，分别确定污染源源强核算方法，并给出核算方法的优先级别。

核算方法优先级别的确定应遵循简便高效、科学准确、统一规范的原则。新（改、扩）建工程污染源源强的核算，应依据污染源和污染物特性确定核算方法的优先级别，不断提高产污系数法、排污系数法的适用性和准确性。现有工程污染源源强的核算应优先采用实测法，各行业指南也可根据行业特点确定其他核算方法；采用实测法核算时，对于排污单位自行监测技术指南及排污许可证等要求采用自动监测的污染因子，仅可采用有效的自动监测数据进行核算；对于排污单位自行监测技术指南及排污许可证等未要求采用自动监测的污染因子，核算源强时优先采用自动监测数据，其次采用手工监测数据。行业指南应明确产污系数和排污系数的选取原则。

实测法的数据应满足 GB 10071、GB/T 16157、HJ 630、HJ 75、HJ 76、HJ/T 91、HJ/T 355、HJ/T 356、HJ/T 373、HJ/T 397 等监测规范的要求。

行业指南应明确核算方法相关参数的获取途径，规定重要参数的数值，并细化相关系数、参数所对应的生产工艺、装置以及污染防治措施，明确相关系数、参数所代表的水平。

附　录　A

（资料性附录）

源强核算结果及相关参数列表形式

表 A.1　废气污染源源强核算结果及相关参数一览表

工序/生产线	装置	污染源	污染物	污染物产生				治理措施		污染物排放				排放时间/h
				核算方法	废气产生量/（m^3/h）	产生质量浓度/（mg/m^3）	产生量/（kg/h）	工艺	效率/%	核算方法	废气排放量/（m^3/h）	排放质量浓度/（mg/m^3）	排放量/（kg/h）	
名称1	生产装置1	排气筒1	污染物1											
			污染物2											
			……											
		排气筒2	污染物1											
			污染物2											
			……											
		……	……											
		无组织排放	污染物1		—	—					—	—		
			污染物2			—						—		
			……			—						—		
		非正常排放	污染物1											
			污染物2											
			……											
	生产装置2													
	……													
名称2														
……														

注：对于新（改、扩）建工程污染源源强核算，应为最大值。

表 A.2-1 工序/生产线产生废水污染源源强核算结果及相关参数一览表

工序/生产线	装置	污染源	污染物	污染物产生				治理措施		污染物排放				排放时间/h
				核算方法	产生废水量/（m^3/h）	产生质量浓度/（mg/L）	产生量/（kg/h）	工艺	效率/%	核算方法	排放废水量/（m^3/h）	排放质量浓度/（mg/L）	排放量/（kg/h）	
名称 1	生产装置 1	废水 1	污染物 1											
			污染物 2											
			……											
		废水 2	污染物 1											
			污染物 2											
			……											
		……												
	生产装置 2													
	……													
名称 2														
……														
注：对于新（改、扩）建工程污染源源强核算，应为最大值。														

表 A.2-2 综合污水处理厂废水污染源源强核算结果及相关参数一览表

工序	污染物	进入厂区综合污水处理厂污染物情况			治理措施		污染物排放				排放时间/h
		产生废水量/（m^3/h）	产生质量浓度/（mg/L）	产生量/（kg/h）	工艺	综合处理效率/%	核算方法	排放废水量/（m^3/h）	排放质量浓度/（mg/L）	排放量/（kg/h）	
综合污水处理厂	污染物 1										
	污染物 2										
	……										
注：对于新（改、扩）建工程污染源源强核算，应为最大值。											

表 A.3 噪声污染源源强核算结果及相关参数一览表

工序/生产线	装置	噪声源	声源类型（频发、偶发等）	噪声源强		降噪措施		噪声排放值		持续时间/h
				核算方法	噪声值	工艺	降噪效果	核算方法	噪声值	
名称 1	生产装置 1	产噪设备 1								
		产噪设备 2								
		……								
		其他声源								
	生产装置 2	产噪设备 1								
		产噪设备 2								
		……								
		其他声源								
	……									
名称 2										
……										

注 1：其他声源主要是指撞击噪声等。

注 2：声源表达量：A 声功率级（L_{Aw}），或中心频率为 63～8 000 Hz 8 个倍频带的声功率级（L_w）；距离声源 r 处的 A 声级［$L_{A(r)}$］或中心频率为 63～8 000 Hz 8 个倍频带的声压级［$L_{P(r)}$］。

表 A.4　振动污染源源强核算结果及相关参数一览表

噪声源	振动类型（稳态振动、冲击振动、无规振动等）	振动产生情况		减振措施		振动排放情况		持续时间/h
		核算方法	铅垂向 Z 振级/dB	工艺	减振效果/dB	核算方法	铅垂向 Z 振级/dB	
振动设备 1								
振动设备 2								
……								

表 A.5　固体废物污染源源强核算结果及相关参数一览表

工序/生产线	装置	固体废物名称	固废属性	产生情况		处置措施		最终去向
				核算方法	产生量/（t/a）	工艺	处置量/（t/a）	
名称 1	生产装置 1	固体废物 1						
		固体废物 2						
		……						
	生产装置 2	固体废物 1						
		固体废物 2						
		……						
	……							
名称 2								
……								
注：固废属性指第 I 类一般工业固体废物、第 II 类一般工业固体废物、危险废物、生活垃圾等。								

四、建设项目竣工环境保护设施验收技术规范

HJ

中华人民共和国环境保护行业标准

HJ/T 394－2007

建设项目竣工环境保护验收技术规范 生态影响类

Technical Guidelines for Environmental Protection in Ecological Construction Projects for Check & Accept Completed Project

2007-12-05 发布　　　　2008-02-01 实施

国家环境保护总局 发布

前 言

为贯彻《中华人民共和国环境保护法》、《中华人民共和国环境影响评价法》和《建设项目环境保护管理条例》，规范生态影响类建设项目竣工环境保护验收工作，制定本标准。

本标准的附录 A 和附录 B 均为规范性附录。

本标准为指导性标准。

本标准由国家环境保护总局科技标准司提出。

本标准起草单位：国家环境保护总局环境工程评估中心。

本标准由国家环境保护总局于 2007 年 12 月 5 日批准。

本标准自 2008 年 2 月 1 日起实施。

本标准由国家环境保护总局解释。

建设项目竣工环境保护验收技术规范 生态影响类

1 主题内容与适用范围

本标准规定了生态影响类建设项目竣工环境保护验收调查总体要求、实施方案和调查报告的编制要求。

本标准适用于交通运输（公路、铁路、城市道路和轨道交通、港口和航运、管道运输等）、水利水电、石油和天然气开采、矿山采选、电力生产（风力发电）、农业、林业、牧业、渔业、旅游等行业和海洋、海岸带开发、高压输变电线路等主要对生态造成影响的建设项目，以及区域、流域开发项目竣工环境保护验收调查工作。其他项目涉及生态影响的可参照执行。

2 规范性引用文件

本标准内容引用了下列文件中的条款。凡是不注日期的引用文件，其有效版本适用于本标准。

HJ/T 2.1 环境影响评价技术导则 总纲

HJ/T 2.2 环境影响评价技术导则 大气环境

HJ/T 2.3 环境影响评价技术导则 地面水环境

HJ/T 2.4 环境影响评价技术导则 声环境

HJ/T 19 环境影响评价技术导则 非污染生态影响

3 术语和定义

下列术语和定义适用于本标准。

3.1

生态影响类建设项目 ecological construction projects

以资源开发利用、基础设施建设等生态影响为特征的开发建设活动，以及海洋、海岸带开发等主要对生态产生影响的建设项目。

3.2

竣工环境保护验收调查 environmental protection check & accept for completion

为环境保护行政主管部门进行生态影响类建设项目竣工环境保护验收而进行的技术调查工作。

3.3

环境影响评价文件 environmental impact assessment statements

指环境影响报告书和环境影响报告表。

3.4

环境影响评价审批文件 environmental impact assessment approval document

指各级环境保护行政主管部门及行业主管部门对环境影响评价文件的审批、审核和预审意见。

3.5

验收调查文件 check & acceptance statements

指工程竣工环境保护验收调查报告和竣工环境保护验收调查表。

3.6

环境保护措施 environmental protection measures

为预防、降低、减缓建设项目对生态破坏和环境污染而采取的环境保护设施、措施和管理制度。

3.7

环境敏感目标 environment-sensitive targets

指验收调查需要关注的建设项目影响区域内的环境保护对象。

4 总则

4.1 验收调查工作程序

验收调查工作可分为准备、初步调查、编制实施方案、详细调查、编制调查报告五个阶段。具体工作程序见图1。

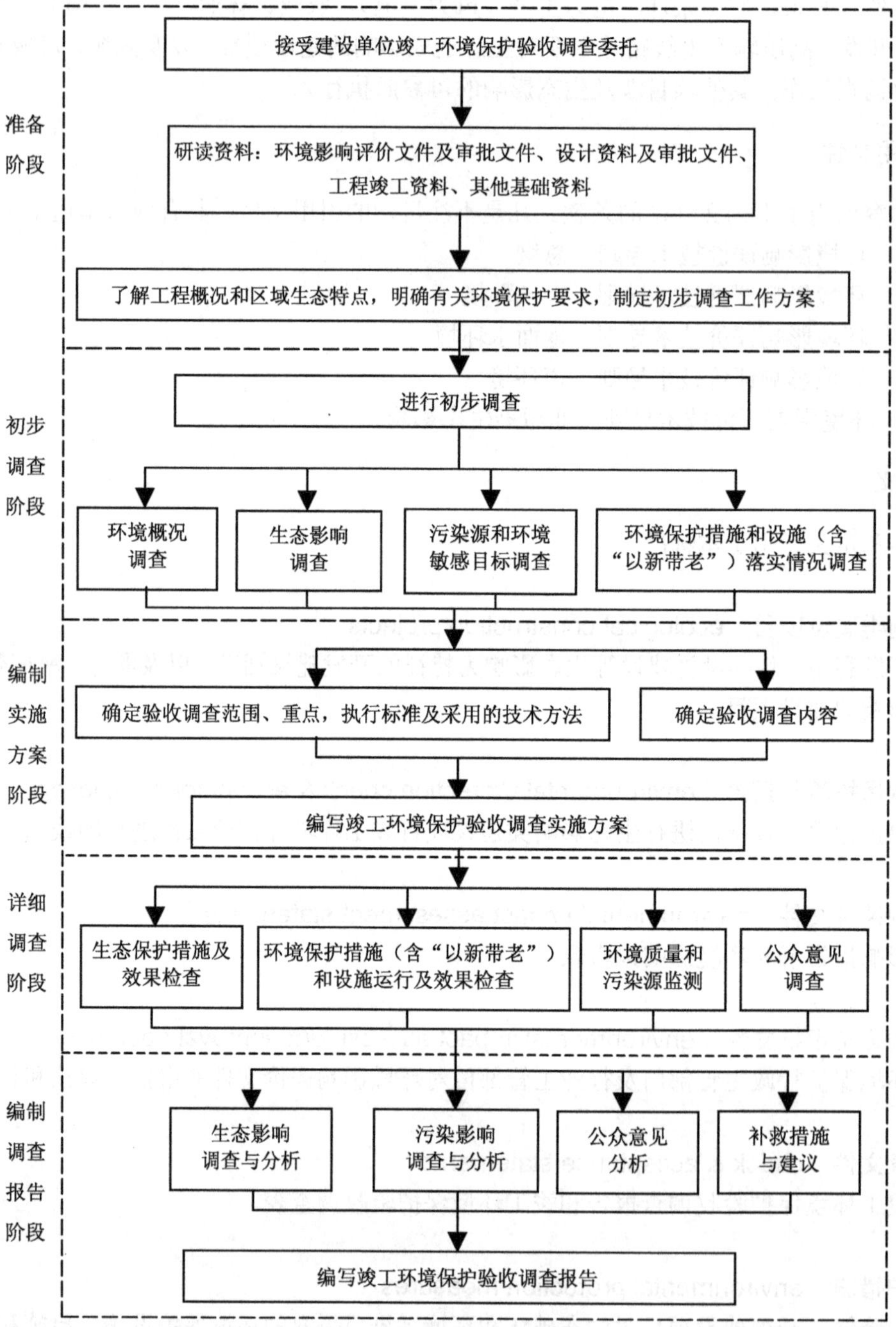

图1 验收调查工作程序

4.1.1　准备阶段

收集、分析与工程有关的文件和资料，了解工程概况和项目建设区域的基本生态特征，明确环境影响评价文件和环境影响评价审批文件有关要求，制定初步调查工作方案。

4.1.2　初步调查阶段

核查工程设计、建设变更情况及环境敏感目标变化情况，初步掌握环境影响评价文件和环境影响评价审批文件要求的环境保护措施落实情况、与主体工程配套的污染防治设施完成及运行情况和生态保护措施执行情况，获取相应的影像资料。

4.1.3　编制实施方案阶段

确定验收调查标准、范围、重点及采用的技术方法，编制验收调查实施方案文本。

4.1.4　详细调查阶段

调查工程建设期和试运行期造成的实际环境影响，详细核查环境影响评价文件及初步设计文件提出的环境保护措施落实情况、运行情况、有效性和环境影响评价审批文件有关要求的执行情况。

4.1.5　编制调查报告阶段

对项目建设造成的实际环境影响、环境保护措施的落实情况进行论证分析，针对尚未达到环境保护验收要求的各类环境保护问题，提出整改与补救措施，明确验收调查结论，编制验收调查报告文本。

4.2　验收调查分类管理要求

4.2.1　根据国家建设项目环境保护分类管理的规定，编制环境影响报告书的建设项目应编制建设项目竣工环境保护验收调查报告，其编制要求和格式要求参见附录 A。

4.2.2　根据国家建设项目环境保护分类管理的规定，编制环境影响报告表的建设项目应编制建设项目竣工环境保护验收调查表，其编制要求和格式要求参见附录 B。

4.2.3　根据国家建设项目环境保护分类管理的规定，填报环境影响登记表的建设项目，应填写建设项目竣工环境保护验收登记卡。

4.3　验收调查时段和范围

4.3.1　根据工程建设过程，验收调查时段一般分为工程前期、施工期、试运行期三个时段。

4.3.2　验收调查范围原则上与环境影响评价文件的评价范围一致。当工程实际建设内容发生变更或环境影响评价文件未能全面反映出项目建设的实际生态影响和其他环境影响时，应根据工程实际变更和实际环境影响情况，结合现场勘察对调查范围进行适当调整。

4.4　验收调查标准及指标

4.4.1　原则上采用建设项目环境影响评价阶段经环境保护部门确认的环境保护标准与环境保护设施工艺指标进行验收，对已修订新颁布的环境保护标准应提出验收后按新标准进行达标考核的建议。

4.4.2　确定标准及指标的原则

4.4.2.1　环境影响评价文件和环境影响评价审批文件中有明确规定的按其规定作为验收标准。

4.4.2.2　环境影响评价文件和环境影响评价审批文件中没有明确规定的，可按法律、法规、部门规章的规定，参考国家、地方或发达国家环境保护标准。

4.4.2.3　现阶段暂时还没有环境保护标准的可按实际调查情况给出结果。

4.4.3　标准及指标的来源

4.4.3.1　国家和地方已颁布的与环境保护相关的法律、法规、标准（包括环境质量标准、污染物排放标准、环境保护行政主管部门批准的总量控制指标）及法规性文件。

4.4.3.2　生态背景或本底值。以项目所在地及区域生态背景值或本底值作为参照指标，如重要生态敏感目标分布、重要生物物种和资源的分布、植被覆盖率与生物量、土壤背景值、水土流失本底值等。

4.4.4 生态验收调查指标

4.4.4.1 建设项目涉及的指标：工程基本特征、占地（永久占地和临时占地）数量、土石方量、防护工程量、绿化工程量等。

4.4.4.2 建设项目环境影响指标：对于不同行业的生态影响类建设项目的环境影响之间的差异，指标可针对项目的具体影响对象筛选，也可按照环境影响评价文件、环境影响评价审批文件及设计文件中提出的指标开展调查工作。

a）具体的生态指标：野生动植物生境现状、种类、分布、数量、优势物种、国家或地方重点保护物种和地方特有物种的种类与分布等；土壤类型、理化性质、性状与质量、受外环境影响（淋溶、侵蚀）状况、污染水平及水土流失状况等；水资源量与水资源的分配（包括生态用水量）、水生生态因子；生态保护、恢复、补偿、重建措施等。

b）生态敏感目标：指调查范围内的生态敏感目标，包括环境影响评价文件中规定的保护目标、环境影响评价审批文件中要求的保护目标，及建设项目实际工程情况发生变更或环境影响评价文件未能全面反映出的建设项目实际影响或新增的生态敏感对象。具体参见表 1。

表 1 生态敏感目标一览表

生态敏感目标	主要内容
需特殊保护地区	国家法律、法规、行政规章及规划确定的或经县级以上人民政府批准的需要特殊保护的地区，如饮用水水源保护区、自然保护区、风景名胜区、生态功能保护区、基本农田保护区、水土流失重点防治区、森林公园、地质公园、世界遗产地、国家重点文物保护单位、历史文化保护地等，以及有特殊价值的生物物种资源分布区域
生态敏感与脆弱区	沙尘暴源区、石漠化区、荒漠中的绿洲、严重缺水地区、珍稀动植物栖息地或特殊生态系统、天然林、热带雨林、红树林、珊瑚礁、鱼虾产卵场、重要湿地和天然渔场等
社会关注区	具有历史、文化、科学、民族意义的保护地等

4.5 验收调查运行工况要求

4.5.1 对于公路、铁路、轨道交通等线性工程以及港口项目，验收调查应在工况稳定、生产负荷达到近期预测生产能力（或交通量）75%以上的情况下进行；如果短期内生产能力（或交通量）确实无法达到设计能力 75%或以上的，验收调查应在主体工程运行稳定、环境保护设施运行正常的条件下进行，注明实际调查工况，并按环境影响评价文件近期的设计能力（或交通量）对主要环境要素进行影响分析。

4.5.2 生产能力（或交通量）达不到设计能力 75%时，可以通过调整工况达到设计能力 75%以上再进行验收调查。

4.5.3 国家、地方环境保护标准对建设项目运行工况另有规定的按相应标准规定执行。

4.5.4 对于水利水电项目、输变电工程、油气开发工程（含集输管线）、矿山采选可按其行业特征执行，在工程正常运行的情况下即可开展验收调查工作。

4.5.5 对分期建设、分期投入生产的建设项目应分阶段开展验收调查工作，如水利、水电项目分期蓄水、发电等。

4.6 验收调查的原则和方法

4.6.1 验收调查一般原则

4.6.1.1 调查、监测方法应符合国家有关规范要求。

4.6.1.2 充分利用已有资料，并与现场勘察、现场调研、现状监测相结合。

4.6.1.3 进行工程前期、施工期、试运行期全过程调查，根据项目特征，突出重点、兼顾一般。

4.6.2　验收调查方法

宜采用资料调研、现场调查与现状监测相结合的办法，并充分利用先进的科技手段和方法，如3S。

4.7　验收调查重点

4.7.1　核查实际工程内容及方案设计变更情况。

4.7.2　环境敏感目标基本情况及变更情况。

4.7.3　实际工程内容及方案设计变更造成的环境影响变化情况。

4.7.4　环境影响评价制度及其他环境保护规章制度执行情况。

4.7.5　环境影响评价文件及环境影响评价审批文件中提出的主要环境影响。

4.7.6　环境质量和主要污染因子达标情况。

4.7.7　环境保护设计文件、环境影响评价文件及环境影响评价审批文件中提出的环境保护措施落实情况及其效果、污染物排放总量控制要求落实情况、环境风险防范与应急措施落实情况及有效性。

4.7.8　工程施工期和试运行期实际存在的及公众反映强烈的环境问题。

4.7.9　验证环境影响评价文件对污染因子达标情况的预测结果。

4.7.10　工程环境保护投资情况。

5　验收调查准备阶段技术要求

5.1　资料收集

根据建设项目竣工环境保护验收的相关规定，有针对性地收集所有有关的资料。

5.1.1　环境影响评价文件及环境影响评价审批文件

5.1.1.1　建设项目环境影响评价文件。

5.1.1.2　环境保护行政主管部门对建设项目环境影响评价文件的审批意见。

5.1.1.3　行业主管部门或国家级总公司对建设项目环境影响评价文件的预审意见。

5.1.1.4　建设项目所在地环境保护行政主管部门对环境影响评价文件的审查意见。

5.1.2　工程资料及审批文件

5.1.2.1　建设项目初步设计及其环境保护篇章。

5.1.2.2　建设项目施工设计。

5.1.2.3　建设项目竣工统计资料。

5.1.2.4　施工总结报告（涉及环境保护部分）。

5.1.2.5　工程交工报告、工程监理总结报告（含环境监理）。

5.1.2.6　项目有关合同协议，如农田补偿协议、生态恢复工程合同、委托处理废水、废气、噪声的相关文件和合同等。

5.1.2.7　有关部门管理要求，如水土保持方案报告、有关规划等。

5.1.2.8　建设项目的工程情况，如工程建设内容、规模、生产工艺、原辅材料、工艺流程，实际建设过程中环境保护设施和措施的工艺、流程图等。

5.1.2.9　其他基础资料和各类审批文件：立项批复、初步设计批复、准许开工文件、水保方案批复文件等；项目区域的地方志，环境功能区划，风景区、自然保护区、文物古迹等环境敏感目标的保护内容、保护级别（国家级、省级、市级）及相应管理部门允许穿越的许可文件；各类相应图件；建设项目运行期环境保护设施的操作规程和相应的规章制度；建设项目设计和施工中的变更情况及其相应的报批手续和批复文件；建设项目生产和环境保护设施的工艺或规模发生变更的情况说明、请示及有关环境保护行政主管部门的审批文件等。

5.1.3 申请建设项目竣工环境保护验收的函。

5.2 现场勘察

5.2.1 勘察目的

对建设项目主体工程、生态保护措施及配套建设的环境保护设施逐项进行实地核查，并结合验收调查重点有针对性地制定验收调查方案。

5.2.2 勘察内容

5.2.2.1 在收集、研阅资料的基础上，针对建设项目的建设内容、环境保护设施及措施情况进行现场调查。

5.2.2.2 核实工程技术文件、资料的准确性，包括主体工程的完成及变更情况。

5.2.2.3 逐一核实环境影响评价文件及环境影响评价审批文件要求的环境保护设施和措施的落实情况。

5.2.2.4 调查工程影响区域内环境敏感目标情况，包括规模、与工程的位置关系、受影响情况等。

5.2.2.5 核查工程实际环境影响情况及环境保护设施和措施的完成、运行情况。

5.2.2.6 调查工程所在区域环境状况。

5.2.2.7 调查环境保护管理机构和监测机构设置、人员配置及有关环境保护规章制度和档案建立情况。

6 验收调查技术要求

6.1 环境敏感目标调查

根据表 1 所界定的环境敏感目标，调查其地理位置、规模、与工程的相对位置关系、所处环境功能区及保护内容等，附图、列表予以说明，并注明实际环境敏感目标与环境影响评价文件中的变化情况及变化原因。

6.2 工程调查

6.2.1 工程建设过程：应说明建设项目立项时间和审批部门，初步设计完成及审批时间，环境影响评价文件完成及审批时间，工程开工建设时间，环境保护设施设计单位、施工单位和工程环境监理单位，投入试运行时间等。

6.2.2 工程概况：应明确建设项目所处的地理位置、项目组成、工程规模、工程量、主要经济或技术指标（可列表）、主要生产工艺及流程、工程总投资与环境保护投资（环境保护投资应列表分类详细列出）、工程运行状况等。工程建设过程中发生变更时，应重点说明其具体变更内容及有关情况。

6.2.3 提供适当比例的工程地理位置图和工程平面图（线性工程给出线路走向示意图），明确比例尺，工程平面布置图（或线路走向示意图）中应标注主要工程设施、环境保护设施和环境敏感目标。

6.3 环境保护措施落实情况调查

6.3.1 概括描述工程在设计、施工、运行阶段针对生态影响、污染影响和社会影响所采取的环境保护措施，并对环境影响评价文件及环境影响评价审批文件所提各项环境保护措施的落实情况一一予以核实、说明。

6.3.2 给出环境影响评价、设计和实际采取的生态保护和污染防治措施对照、变化情况，并对变化情况予以必要的说明；对无法全面落实的措施，应说明实际情况并提出后续实施、改进的建议。

6.3.3 生态影响的环境保护措施主要是针对生态敏感目标（水生、陆生）的保护措施，包括植被的保护与恢复措施、野生动物保护措施（如野生动物通道）、水环境保护措施、生态用水泄水建筑物及运行方案、低温水缓解工程措施、鱼类保护设施与措施、水土流失防治措施、土壤质量保护和占地恢复措施、自然保护区、风景名胜区、生态功能保护区等生态敏感目标的保护措施、生态监测措施等。

6.3.4　污染影响的环境保护措施主要是指针对水、气、声、固体废物、电磁、振动等各类污染源所采取的保护措施。

6.3.5　社会影响的环境保护措施主要包括移民安置、文物保护等方面所采取的保护措施。

6.4　生态影响调查

6.4.1　根据建设项目的特点设置调查内容，一般包括：

a）工程沿线生态状况，珍稀动植物和水生生物的种类、保护级别和分布状况、鱼类三场分布等。

b）工程占地情况调查，包括临时占地、永久占地，列表说明占地位置、用途、类型、面积、取弃土量（取弃土场）及生态恢复情况等。

c）工程影响区域内水土流失现状、成因、类型，所采取的水土保持、绿化及措施的实施效果等。

d）工程影响区域内自然保护区、风景名胜区、饮用水源保护区、生态功能保护区、基本农田保护区、水土流失重点防治区、森林公园、地质公园、世界遗产地等生态敏感目标和人文景观的分布状况，明确其与工程影响范围的相对位置关系、保护区级别、保护物种及保护范围等。提供适当比例的保护区位置图，注明工程相对位置、保护区位置和边界。

e）工程影响区域内植被类型、数量、覆盖率的变化情况。

f）工程影响区域内不良地质地段分布状况及工程采取的防护措施。

g）工程影响区域内水利设施、农业灌溉系统分布状况及工程采取的保护措施。

h）建设项目建设及运行改变周围水系情况时，应做水文情势调查，必要时须进行水生生态调查。

i）如需进行植物样方、动物通道效果、水生生态、土壤调查，应明确调查范围、位置、因子、频次，并提供调查点位图。

j）上述内容可根据实际情况进行适当增减。

6.4.2　生态影响调查方法

6.4.2.1　文件资料调查

查阅工程有关协议、合同等文件，了解工程施工期产生的生态影响，调查工程建设占用土地（耕地、林地、自然保护区等）或水利设施等产生的生态影响及采取的相应生态补偿措施。

6.4.2.2　现场勘察

a）通过现场勘察核实文件资料的准确性，了解项目建设区域的生态背景，评估生态影响的范围和程度，核查生态保护与恢复措施的落实情况。

b）现场勘察范围应全面覆盖项目建设所涉及的区域。对于建设项目涉及的范围较大、无法全部覆盖的，可根据随机性和典型性的原则，选择有代表性的区域与对象进行重点现场勘察，但须基本能覆盖建设项目所涉及区域的80%以上。

c）勘察区域与勘察对象的选择应遵循4.7进行。

d）为了定量了解项目建设前后对周围生态所产生的影响，必要时需进行植物样方调查或水生生态影响调查。若环境影响评价文件未进行此部分调查而工程的影响又较为突出、需定量时，需设置此部分调查内容；原则上与环境影响评价文件中的调查内容、位置、因子相一致；若工程变更影响位置发生变化时，除在影响范围内选点进行调查外，还应在未影响区选择对照点进行调查。

6.4.2.3　公众意见调查

a）可以定性了解建设项目在不同时期存在的环境影响，发现工程前期和施工期曾经存在的及目前可能遗留的环境问题，有助于明确和分析运行期公众关心的环境问题，为改进已有环境保护措施和提出补救措施提供依据。

b）具体的实施方法见6.15。

6.4.2.4 遥感调查

a）适用于涉及范围区域较大、人力勘察较为困难或难以到达的建设项目。

b）遥感调查一般包含以下内容：卫星遥感资料、地形图等基础资料，通过卫星遥感技术或GPS定位等技术获取的专题数据；数据处理与分析；成果生成。

6.4.3 调查结果分析

6.4.3.1 自然生态影响调查结果

a）根据工程建设前后影响区域内重要野生生物（包括陆生和水生）生存环境及生物量的变化情况，结合工程采取的保护措施，分析工程建设对重要野生生物生存的影响；调查与环境影响评价文件中预测值的符合程度及减免、补偿措施的落实情况。

b）分析建设项目建设及运营造成的地貌影响及保护措施。

c）分析工程建设对自然保护区、风景名胜区、人文景观等生态敏感目标的影响，并提供工程与环境敏感目标的相对位置关系图，必要时提供图片辅助说明调查结果。

6.4.3.2 农业生态影响调查结果

a）与环境影响评价文件对比，列表说明工程实际占地和变化情况，包括基本农田和耕地，明确占地性质、占地位置、占地面积、用途、采取的恢复措施和恢复效果，必要时采用图片进行说明。

b）说明工程影响区域内对水利设施、农业灌溉系统采取的保护措施。

c）分析采取工程、植物、节约用地、保护和管理措施后，对区域内农业生态的影响。

6.4.3.3 水土流失影响调查结果

a）列表说明工程土石方量调运情况，占地位置、原土地类型、采取的生态恢复措施和恢复效果，采取的护坡、排水、防洪、绿化工程等。

b）调查工程对影响区域内河流、水利设施的影响，包括与工程的相对位置关系、工程施工方式、采取的保护措施。

c）调查采取工程、植物和管理措施后，水土资源的保护情况。

d）根据建设项目建设前水土流失原始状况，对工程施工扰动原地貌、损坏土地和植被、弃渣、损坏水土保持设施和造成水土流失的类型、分布、流失总量及危害的情况进行分析。

e）若建设项目水土保持验收工作已结束，可适当参考其验收结果。

f）必要时附图表进行说明。

6.4.3.4 监测结果

a）统计监测数据，与原有生态数据或相关标准对比，明确环境变化情况，并分析发生变化的原因。

b）分析工程建设前后对环境敏感目标的影响程度。

6.4.3.5 措施有效性分析及补救措施与建议

a）从自然生态影响、生态敏感目标影响、农业生态影响、水土流失影响等方面分析采取的生态保护措施的有效性。分析指标包括生物量、特殊生境条件、特有物种的增减量、景观效果、水土流失率等；评述生态保护措施对生态结构与功能的保护（保护性质与程度）、生态功能补偿的可达性、预期的可恢复程度等。

b）根据上述分析结果，对存在的问题分析原因，并从保护、恢复、补偿、建设等方面提出具有操作性的补救措施和建议。

c）对短期内难以显现的预期生态影响，应提出跟踪监测要求及回顾性评价建议，并制定监测计划。

6.5 水环境影响调查

6.5.1 根据建设项目的特点设置调查内容，一般包括：

a）与建设项目相关的国家与地方水污染控制的环境保护政策、规定和要求。

b）水环境敏感目标及分布。

c）列表说明建设项目各设施的用水情况、污水排放及处理情况。

d）调查影响范围内地表水和地下水的分布、功能、使用情况及与建设项目的关系，列表说明。

e）调查项目试运行期水环境风险事故应急机制及设施落实情况。

f）附以必要的图表。

6.5.2 监测内容

一般仅进行排放口达标监测，但石油和天然气开采、矿山采选等行业的建设项目必要时需进行废水处理设施的效率监测和地下水影响监测，水利水电、港口（航道）项目则应考虑水环境质量、底泥（质）监测，必要时水利水电项目还需考虑水温、水文情势、过饱和气体等的监测。

6.5.3 调查结果分析

6.5.3.1 水环境概况

概括描述建设项目所在区域的水系、河流、水库、水源地、水环境敏感目标分布等基本情况，详细说明与建设项目相关水体的环境功能区划，水利水电项目必要时需说明工程影响区域内的水文情势。重点说明调查范围内河流、水库、水源地与建设项目相对关系，并给出下列图表：

a）建设项目所在区域的河流、水库、水源地、水系分布图。

b）调查范围内水体，包括建设项目废水受纳水体的环境功能区划。

c）建设项目与水库、水源地等敏感水域相对关系图表。

6.5.3.2 水污染源调查结果

a）包括污水产生工艺（或环节）分析和水污染源排放情况调查。

b）列表说明污染物来源、排放量、排放去向、主要污染物及采取的处理方式。

c）提供污水处理工艺流程图，必要时需绘制水平衡图。

6.5.3.3 监测结果分析

a）确定具体的监测点位、监测因子、监测频次、采样要求。

b）绘制监测点位图（包括污染源、水环境质量、底泥等监测），注明监测点位与污染源或建设项目的相对位置关系，监测点的标识采用有关规范用法。

c）统计分析监测结果，与相关标准对比，明确超标达标情况，分析未达标原因；给出污水处理设施去除效率；评估工程建设和污水排放对环境敏感目标的影响程度，分析对受纳水体的影响程度、范围及环境功能区管理目标的可达性。

6.5.3.4 措施有效性分析与建议

a）根据调查、监测结果及达标情况，分析现有环境保护措施和污水处理设施工艺的有效性、先进性、存在的问题及原因。

b）核查环境保护措施满足当地污染物总量控制要求的有效性与可靠性。

c）分析污水处理设施发生事故排放的可能性，评估事故排放应急措施的有效性、可靠性。

d）针对存在的问题提出具有可操作性的整改、补救措施。

6.6 大气环境影响调查

6.6.1 根据建设项目的特点设置调查内容，一般包括：

a）与建设项目相关的国家与地方大气污染控制的环境保护政策、规定和要求。

b）工程影响范围内大气环境敏感目标及分布，列表说明目标名称、位置、规模。

c）工程试运行后的废气排放情况，列表说明废气产生源、排放量、排放特征等。

d）适当收集工程所在区域功能区划、气象资料等。

e）附以必要的图表。

6.6.2 监测内容

一般仅考虑进行有组织排放源和无组织排放源监测，但石油和天然气开采、矿山采选、港口、航运等行业的建设项目必要时需进行废气处理设施效果监测；另外，在环境影响评价文件或环境影响评价审批文件中有特殊要求的情况下，或工程影响范围内有需特别保护的环境敏感目标，或有工程试运行期引起纠纷的环境敏感目标的情况下，需进行环境空气质量监测。

6.6.3 调查结果分析

6.6.3.1 大气环境概况

概括描述与建设项目相关区域的环境功能区划，重点说明调查范围内环境敏感目标与建设项目的相对位置关系，必要时提供图表。

6.6.3.2 大气污染源调查结果

a）包括废气污染流程或无组织排放污染物产生工艺（或环节）分析和大气污染源排放情况调查。

b）列表说明大气污染源来源、排放量、排放方式（包括有组织与无组织排放，间歇与连续排放）、排放去向、主要污染物及采取的处理方式。

c）必要时给出废气或无组织排放污染物产生工艺（或环节）示意图、废气处理工艺流程图。

6.6.3.3 监测结果分析

a）确定具体的监测点位、监测因子、监测频次、采样要求。

b）绘制监测点位置图，标注监测点位置，明确与工程的相对位置关系，监测点的标识采用有关规范用法。

c）统计分析监测结果。对比相关标准，必要时应按照大气污染物排放标准要求进行等效计算（有效高度与等效排放速率），说明超标达标情况，并分析未达标原因；如进行了废气处理设施去除效率的监测，需给出去除效率；评估废气排放对环境敏感目标的影响程度，分析对周围环境空气质量的影响程度、范围与环境功能区管理目标的可达性。

6.6.3.4 措施有效性分析与建议

a）根据调查、监测结果及达标情况，分析现有环境保护措施的有效性及废气处理设施工艺的有效性和先进性、存在的问题及原因。

b）核查环境保护措施满足当地污染物总量控制要求的有效性与可靠性。

c）分析项目废气处理设施发生事故排放的可能性，评估事故排放应急措施的有效性、可靠性。

d）针对存在的问题提出具有可操作性的整改、补救措施。

6.7 声环境影响调查

6.7.1 根据建设项目的特点设置调查内容，一般包括：

a）国家和地方与建设项目相关的噪声污染防治的环境保护政策、规定和要求。

b）工程所在区域环境影响评价时和现状声环境功能区划资料。

c）工程影响范围内声环境敏感目标的分布、与工程相对位置关系（包括方位、距离、高差）、规模、建设年代、受影响范围，列表予以说明。

d）工程试运行后的噪声情况（源强种类、声场特征、声级范围等）。

e）附以必要的图表。

6.7.2 监测内容

a）公路、铁路、城市道路和轨道交通等工程应综合考虑不同路段车流量差别、声环境敏感目标与工程的相对位置关系（高差、距离、垂直分布等）、环境影响评价文件中声环境敏感目标的预测结果，选择有代表性的典型点位进行环境质量监测（包括敏感目标监测、衰减断面监测、昼夜连续监测），并对已采取噪声防治措施的声环境敏感目标进行降噪效果监测。

b）具有明显边界（厂界）的建设项目，应按有关标准要求设置边界（厂界）噪声监测点位。

6.7.3　调查结果分析

6.7.3.1　声环境概况

概述建设项目调查范围内声环境质量总体水平、区域声环境功能区划和噪声污染源特征，列表说明声环境敏感目标与工程的相对位置关系。

6.7.3.2　声环境质量调查

a）调查声环境敏感目标的功能、规模、与工程的相对关系、受影响的范围和规模，附以必要的图表、照片。

b）调查工程降噪措施的实际效果和直接受保护人群数量。

c）调查工程运行状况，如铁路应有运行列车对数、公路应有车流量、管线工程应有输送量等。

d）监测工程采取的噪声防护措施时，应说明降噪措施的完好程度与运行状况。

6.7.3.3　监测结果分析

a）明确具体的监测因子、监测频次、采样要求。

b）列表说明监测点位名称、与工程相对位置关系、监测点布设位置，并附监测点位示意图，公路、铁路、城市道路和轨道交通项目需包括监测点的平、剖面示意图和图片，监测点位的标识采用有关规范用法。

c）统计分析监测结果。明确各敏感目标执行的标准和厂界（边界）执行的标准；公路、铁路、城市道路和轨道交通项目需根据断面监测或 24 h 连续监测结果，结合车流分布分析衰减规律和噪声影响规律，并附相应图表；根据定点监测结果、断面衰减规律、交通流量，分析所有声环境敏感目标和具有明显边界（厂界）的建设项目的边界达标情况；对环境影响评价文件中预测超标的声环境敏感目标应根据监测调查结果重点分析。

d）当调查工况不能达到验收条件时，应分析建设项目达到初期设计能力时对环境的影响。

6.7.3.4　措施有效性分析与建议

a）根据监测结果，明确给出声环境保护措施的降噪效果。

b）分析、评估措施是否达到设计要求，声环境敏感目标是否达到相应标准要求。

c）综合分析措施的有效性及存在的问题和原因，提出整改、补救措施与建议。

6.8　环境振动影响调查

6.8.1　根据建设项目的特点设置调查内容，一般包括：

a）调查国家和地方与建设项目相关的振动污染防治的环境保护政策、规定和要求。

b）振动敏感目标分布、与工程相对位置关系、规模、建设年代、受影响范围，列表予以说明。

c）调查工程试运行后的振动情况（源强种类、特征及影响范围等）。

d）附以必要的图表。

6.8.2　监测内容

a）铁路和轨道交通项目需在学校、医院、居民区、各类特殊保护区选择有代表性的点位进行环境振动监测。

b）具有边界振动标准的建设项目，应按有关标准要求设置监测点位。

6.8.3　调查结果分析

6.8.3.1　环境振动概况

概述建设项目所在区域环境振动质量总体水平和振动污染源特征，列表说明振动敏感目标，明确敏感目标所处区域的振动标准限值要求。

6.8.3.2　环境振动质量调查

a）调查振动敏感目标的功能、规模、与工程的相对关系、受影响范围和规模，附以必要的图表和照片。

b）调查工程减振措施的实际效果和直接受保护人群数量。

c）记录工程运行状况。

d）监测工程采取的振动防护措施时，应说明减振措施的完好程度与运行状况。

6.8.3.3 监测结果分析

a）明确监测因子、监测频次、采样要求。

b）列表说明监测点位名称、与工程相对位置关系、监测点位布设位置，并附监测点位图，铁路、轨道交通等工程需包括监测点的平、剖面示意图和图片。

c）统计监测结果。根据定点监测结果、项目的运行工况，分析所有振动敏感目标和具有边界振动标准的建设项目边界达标情况。

d）对环境影响评价文件中预测超标的振动敏感目标应根据监测调查结果对其超达标情况重点分析和论述。

6.8.3.4 措施有效性分析与建议

a）根据监测分析结果，明确给出环境振动保护措施的减振效果。

b）分析、评估环境振动保护措施是否达到设计要求，敏感目标是否满足标准要求。

c）综合分析防振、减振措施的有效性及存在的问题和原因，提出整改、补救措施与建议。

6.9 电磁环境影响调查

6.9.1 输变电项目、电气化铁道和轨道交通项目涉及此项工作内容，涉及的监测因子有工频电场强度、工频磁感应强度、无线电干扰场强、敏感目标电视收视信号场强等。

6.9.2 以图表的方式说明电磁污染源或电磁敏感目标名称、位置。

6.9.3 调查结果分析

6.9.3.1 电磁环境概况

概述建设项目所在区域电磁环境质量总体水平和电磁污染源特征，列表说明电磁敏感目标。

6.9.3.2 电磁环境影响调查

a）调查敏感目标的功能、规模、与工程的相对位置关系及受影响的人数，并以图表、照片形式表示。

b）调查工程电磁防护措施的实际效果和直接受保护人群的数量。

c）监测时应记录工程运行状况，如铁路应有列车牵引种类。

d）监测工程采取的电磁防护措施时，应说明工程电磁防护措施运转状况。

6.9.3.3 监测结果分析

a）明确监测点位置、监测因子、监测频次、采样要求，附监测点位图。

b）统计监测结果，结合敏感目标实际情况，分析达标情况。

c）对环境影响评价文件中预测超标的敏感目标，应根据调查和监测结果对其超标，达标情况进行重点分析和论述。

6.9.3.4 措施有效性分析与建议

a）统计分析监测结果，明确给出电磁防护措施的效果。

b）分析、评估电磁防护措施是否达到设计要求，敏感目标是否达到标准要求。

c）综合分析电磁防护措施的有效性及存在的问题和原因，提出整改、补救措施与建议。

6.10 固体废物影响调查

6.10.1 调查内容

6.10.1.1 工程污染类固体废物处置相关的政策、规定和要求。

6.10.1.2 核查工程建设期和试运行期产生的固体废物的种类、属性、主要来源及排放量，并将危险固体废物、清库、清淤废物列为调查重点。

6.10.1.3 调查固体废物的处置方式，危险固体废物填埋区的防渗措施应做重点调查。

6.10.2 监测内容

石油和天然气开采行业如果采用填埋方式处置危险固体废物和Ⅱ类一般固体废物，必要时须进行地下水监测。

6.10.3 调查结果分析

6.10.3.1 污染源调查

核查工程产生的固体废物的种类、属性、主要来源、排放量、处理（处置）方式，对危险固体废物和Ⅱ类一般固体废物的来源、排放量应重点说明。

6.10.3.2 监测结果分析

a）明确监测点位置、监测因子、监测频次、采样要求。

b）绘制实际的监测点位图，并注明监测点位与污染源的相对位置关系，监测点的标识采用有关规范用法。

6.10.3.3 措施有效性分析与建议

a）分析工程固体废物处置与相关的政策、规定和要求的一致性。

b）根据监测结果，分析现有环境保护措施的有效性及存在的问题及原因。

c）针对存在的问题提出具有操作性的整改、补救措施和建议。

6.11 社会环境影响调查

6.11.1 移民（拆迁）影响调查

6.11.1.1 根据建设项目特点设置调查内容，主要包括：

a）移民（拆迁）区的分布及环境概况。

b）移民（拆迁）安置、迁建企业的实际规模、安置方式。

c）专项设施的影响及复建情况。

d）移民（拆迁）安置区的环境保护措施和设施的落实及其效果。

6.11.1.2 调查结果分析

a）调查与分析移民（拆迁）安置区的环境保护措施落实情况。

b）分析移民（拆迁）安置存在或潜在的环境问题，提出整改措施与建议。

6.11.2 文物保护措施调查

6.11.2.1 调查建设项目施工区、永久占地及调查范围内的具有保护价值的文物，明确保护级别、保护对象、与工程的位置关系等。

6.11.2.2 调查环境影响评价文件及环境影响评价审批文件中要求的环境保护措施的落实情况。

6.12 清洁生产调查

6.12.1 管道输送、石油和天然气开采、矿山采选等行业的建设项目需进行清洁生产调查。

6.12.2 调查生产工艺与装备要求、资源与能源利用指标、污染物产生指标、废物回收利用指标、环境管理要求等清洁生产指标的实际情况。

6.12.3 核查实际清洁生产指标与环境影响评价和设计指标之间的符合度，分析工程的清洁生产水平。

6.13 风险事故防范及应急措施调查

6.13.1 根据建设项目可能存在的风险事故的特点及环境影响评价文件有关内容和要求确定调查内容，一般包括：

a）工程施工期和试运行期存在的环境风险因素调查。

b）施工期和试运行期环境风险事故发生情况、原因及造成的环境影响调查。

c）工程环境风险防范措施与应急预案的制定和设置情况，国家、地方及有关行业关于风险事故防范与应急方面相关规定的落实情况，必要的应急设施配备情况和应急队伍培训情况。

d）调查工程环境风险事故防范与应急管理机构的设置情况。

6.13.2 根据以上调查结果，评述工程现有防范措施与应急预案的有效性，针对存在的问题提出具有可操作性的改进措施与建议。

6.14 环境管理状况及监控计划落实情况调查

6.14.1 调查内容

6.14.1.1 按施工期和运行期两个阶段分别进行调查。

6.14.1.2 建设单位环境保护管理机构及规章制度制定、执行情况、环境保护人员专兼职设置情况。

6.14.1.3 建设单位环境保护相关档案资料的齐备情况。

6.14.1.4 环境影响评价文件和初步设计文件中要求建设的环境保护设施的运行、监测计划落实情况。

6.14.1.5 工程施工期环境监理计划落实与实施情况。

6.14.2 调查结果分析

6.14.2.1 分析建设单位“三同时”制度的执行情况。

6.14.2.2 针对调查发现的问题，提出切实可行的环境管理建议和环境监测计划改进建议。

6.15 公众意见调查

6.15.1 为了了解公众对工程施工期及试运行期环境保护工作的意见，以及工程建设对工程影响范围内的居民工作和生活的影响情况，需开展公众意见调查。

6.15.2 在公众知情的情况下开展，可采用问询、问卷调查、座谈会、媒体公示等方法，较为敏感或知名度较高的项目也可采取听证会的方式。

6.15.3 调查对象应选择工程影响范围内的人群，从性别、年龄、职业、居住地、受教育程度等方面考虑覆盖社会各阶层的意见，民族地区必须有少数民族的代表。

6.15.4 调查样本数量应根据实际受影响人群数量和人群分布特征，在满足代表性的前提下确定。

6.15.5 调查内容可根据建设项目的工程特点和周围环境特征设置，一般包括：

a）工程施工期是否发生过环境污染事件或扰民事件。

b）公众对建设项目施工期、试运行期存在的主要环境问题和可能存在的环境影响方式的看法与认识，可按生态、水、气、声、固体废物、振动、电磁等环境要素设计问题。

c）公众对建设项目施工期、试运行期采取的环境保护措施效果的满意度及其他意见。

d）对涉及环境敏感目标或公众环境利益的建设项目，应针对环境敏感目标或公众环境利益设计调查问题，了解其是否受到影响。

e）公众最关注的环境问题及希望采取的环境保护措施。

f）公众对建设项目环境保护工作的总体评价。

6.15.6 调查结果分析应符合下列规定：

a）给出公众意见调查逐项分类统计结果及各类意向或意见数量和比例。

b）定量说明公众对建设项目环境保护工作的认同度，调查、分析公众反对建设项目的主要意见和原因。

c）重点分析建设项目各时期对社会和环境的影响、公众对项目建设的主要意见和合理性及有关环境保护措施有效性。

d）结合调查结果，提出热点、难点环境问题的解决方案。

6.16　调查结论与建议

6.16.1　调查结论是全部调查工作的结论，编写时需概括和总结全部工作。

6.16.2　总结建设项目对环境影响评价文件及环境影响评价审批文件要求的落实情况。

6.16.3　重点概括说明工程建设成后产生的主要环境问题及现有环境保护措施的有效性，在此基础上，对环境保护措施提出改进措施和建议。

6.16.4　根据调查和分析的结果，客观、明确地从技术角度论证工程是否符合建设项目竣工环境保护验收条件，主要包括：

a）建议通过竣工环境保护验收。

b）限期整改后，建议通过竣工环境保护验收。

6.17　附件

与建设项目相关的一些资料与文件，包括竣工环境保护验收调查委托书、环境影响评价审批文件、环境影响评价文件执行的标准批复、竣工环境保护验收监测报告、“三同时”验收登记表等。

附 录 A
（规范性附录）
实施方案和调查报告的编制要求

A.1 格式要求

A.1.1 一般规定

A.1.1.1 验收调查实施方案和验收调查报告由下列三部分构成：

A.1.1.1.1 前置部分：封面、封二、目录

A.1.1.1.2 主体部分：正文

A.1.1.1.3 附件：委托书、初步设计审批文件、环境影响评价审批文件等相关文件

A.1.1.2 调查报告内容应按实施方案设置的内容进行编制，两者采用的调查标准必须相同。

A.1.2 前置部分

A.1.2.1 封面

A.1.2.1.1 封面格式见附录 A.2。

A.1.2.1.2 封面的建设项目名称应与立项文件使用的建设项目名称相同。

A.1.2.1.3 封面的调查单位名称应加盖单位公章。

A.1.2.2 封二

应给出建设项目名称、委托单位、调查单位、项目负责人、技术审查人、编制人员、协作单位、协作单位参加人员等信息。

A.1.2.3 目录

A.1.2.3.1 目录通常只需列出两个层次的正文标题和附件。

A.1.2.3.2 目录的内容包括：层次序号、标题名称、圆点省略号、页码。

A.1.3 主题部分

A.1.3.1 实施方案主体部分的编制内容见附录 A.3.1。

A.1.3.2 调查报告主体部分的编制内容见附录 A.3.2。

A.1.4 附件部分

A.1.4.1 提供有助于帮助理解主体部分的补充信息。

A.1.4.2 验收调查实施方案附件按 A.3.1.5.9 确定。

A.1.4.3 验收调查报告附件按 A.3.2.5.12 确定。

A.2 封面格式

A.2.1 实施方案封面格式

建设项目竣工环境保护验收调查实施方案

项目名称：

委托单位：

编制单位：××××（调查单位名称）

××××年×月

A.2.2 调查报告封面格式

建设项目竣工环境保护验收调查报告

项目名称：

委托单位：

编制单位：××××（调查单位名称）

××××年×月

A.3　编写内容

A.3.1　实施方案编写内容

A.3.1.1　实施方案的编制应以环境影响评价文件及环境影响评价审批文件为基础，根据准备阶段的收集、分析资料和初步调查的工作成果，确定调查工作内容、调查重点和调查深度，明确验收调查工作的具体方法和手段。

A.3.1.2　实施方案编制时，如果建设项目运行工况未达到设计能力的 75%，应按实际工况制定调查方案，列出实际工况下的调查内容，并应设置达到设计能力时的环境影响预测内容。

A.3.1.3　若有未运行的环境保护设施，应明确是否有条件进行试运行，当有条件时应给出试运行方案，并确定具体的调查内容。

A.3.1.4　调查的环境要素应根据工程类型和环境特征选择，对环境不产生直接影响或影响较小的要素可适当简化。

A.3.1.5　实施方案一般应包括以下内容：

A.3.1.5.1　前言

简要阐述项目概要和项目各建设阶段至试运行期的全过程、建设项目环境影响评价制度执行过程及项目验收条件或工况。

A.3.1.5.2　综述

a）明确编制依据、调查目的及原则、调查方法、调查范围、验收标准、环境敏感目标和调查重点等内容。

b）编制依据应包括建设项目须执行的国家、地方性法规及相关规划；建设项目设计及审批文件、工程建设中环境保护设施变更报批及审批文件；环境影响评价文件与环境影响评价审批文件；委托调查文件及其他有关文件等。

c）调查范围参照 4.3.2 确定。

d）验收标准及指标参照 4.4 确定。

e）调查重点参照 4.7 的要求明确具体内容。

A.3.1.5.3　工程调查

说明工程的建设过程和工程实际建设内容，重点明确工程与环境影响评价阶段的变化情况。

A.3.1.5.4　环境影响报告书回顾

a）明确说明主要环境影响要素、环境敏感目标、环境影响预测结果、采取的环境保护措施和建议、评价结论。

b）说明环境影响评价文件完成及审批时间，简述环境影响评价审批文件中所提出的要求。

A.3.1.5.5　竣工验收调查内容

a）根据建设项目的特点和影响范围，按环境影响要素分别确定详细的调查内容，明确采用的调查方法，开展的监测内容（包括监测点位、因子、频次、采样要求等），提供必要的图表、照片。

b）初步核查工程在设计、施工、试运行阶段针对生态影响、污染影响和社会影响所采取的环境保护措施，并对环境影响评价文件和环境影响评价审批文件所要求的各项环境保护措施的落实情况予以说明。

A.3.1.5.6　组织分工与实施进度

A.3.1.5.7　提交成果

A.3.1.5.8　经费概算

A.3.1.5.9　附件

包括竣工环境保护验收调查委托书、环境影响报告书审批文件、环境影响报告书执行标准的批复及其他相关文件等。

A.3.2 调查报告编写内容

A.3.2.1 调查报告的编制内容应根据实施方案确定的工作内容、范围和方法进行编制。

A.3.2.2 应以环境影响评价文件、环境影响评价审批文件及设计文件、相关工程资料为依据，以现场调查数据、资料为基础，客观、公正地评价环境保护措施及效果，全面、准确地反映工程建设情况及工程对环境影响的范围和程度，明确提出环境保护的整改、补救措施，并给出工程竣工环境保护验收调查结论。

A.3.2.3 应以工程环境保护措施落实及其效果和实际产生的环境影响（含直接与间接）为重点。

A.3.2.4 环境影响评价文件的各项预测结果在验收调查报告中应有验证性结论，对于生产能力（或交通量）<75%的项目，应根据环境影响评价文件近期的设计能力（或交通量）对主要环境要素进行影响分析，并提出合理的环境保护措施与建议。

A.3.2.5 应按建设项目工程和周围环境特点，选择下列部分或全部内容进行编制。

A.3.2.5.1 前言

在实施方案“前言”的基础上，增加验收调查工作过程的说明。

A.3.2.5.2 综述

在实施方案“综述”的基础上，结合调查的实际情况，进一步明确、充实和补充编制依据、调查方法、调查范围和验收标准、环境敏感目标及调查重点等内容，对于发生变化的应予以必要的说明。

A.3.2.5.3 工程调查

核查实施方案中工程调查的内容是否全面反映了工程实际建设和运行情况。给出环境影响评价、设计和实际工程对照、变化情况，并对工程变化情况予以必要的说明。

A.3.2.5.4 环境影响报告书回顾

A.3.2.5.5 环境保护措施落实情况调查

描述工程在设计、施工、试运行阶段针对生态影响、污染影响和社会影响所采取的环境保护措施，并列表对环境影响评价文件及环境影响评价审批文件所提各项环境保护措施的落实情况一一予以核实、说明。

A.3.2.5.6 环境影响调查

a）生态影响调查。从生态敏感目标、自然生态影响、农业生态影响、水土流失影响等方面给出调查结果，并针对存在的问题提出补救措施与建议。

b）污染影响调查。根据工程建设特点、周围环境特征、污染源分布情况，结合监测结果，分析环境敏感目标、环境质量和污染源的超标达标情况及已采取措施的有效性，并针对存在的问题提出补救措施与建议。

c）社会环境影响调查。给出环境影响评价文件及环境影响评价审批文件中要求的环境保护措施的落实情况。

A.3.2.5.7 清洁生产调查

A.3.2.5.8 风险事故防范及应急措施调查

A.3.2.5.9 环境管理状况及监测计划落实情况调查

A.3.2.5.10 公众意见调查

A.3.2.5.11 调查结论与建议

A.3.2.5.12 附件

包括竣工环境保护验收调查委托书、环境影响报告书审批文件、竣工环境保护验收监测报告、“三同时”验收登记表、环境影响报告书执行标准的批复及其他相关文件等。

附　录　B

（规范性附录）

验收调查表（格式）

建设项目竣工环境保护验收调查表

项目名称：

委托单位：

编制单位：××××（调查单位名称）

××××年×月

编制单位：

法　　人：

技术负责人：

项目负责人：

编制人员：

监测单位：

参加人员：

编制单位联系方式

电话：

传真：

地址：

邮编：

表 B.1　项目总体情况

<table>
<tr><td>建设项目名称</td><td colspan="6"></td></tr>
<tr><td>建设单位</td><td colspan="6"></td></tr>
<tr><td>法人代表</td><td colspan="2"></td><td colspan="2">联系人</td><td colspan="2"></td></tr>
<tr><td>通信地址</td><td colspan="6">省（自治区、直辖市）　　市（县）</td></tr>
<tr><td>联系电话</td><td></td><td>传真</td><td colspan="2"></td><td>邮编</td><td></td></tr>
<tr><td>建设地点</td><td colspan="6"></td></tr>
<tr><td>项目性质</td><td colspan="2">新建□ 改扩建□ 技改□</td><td>行业类别</td><td colspan="3"></td></tr>
<tr><td>环境影响报告表名称</td><td colspan="6"></td></tr>
<tr><td>环境影响评价单位</td><td colspan="6"></td></tr>
<tr><td>初步设计单位</td><td colspan="6"></td></tr>
<tr><td>环境影响评价审批部门</td><td></td><td>文号</td><td colspan="2"></td><td>时间</td><td></td></tr>
<tr><td>初步设计审批部门</td><td></td><td>文号</td><td colspan="2"></td><td>时间</td><td></td></tr>
<tr><td>环境保护设施设计单位</td><td colspan="6"></td></tr>
<tr><td>环境保护设施施工单位</td><td colspan="6"></td></tr>
<tr><td>环境保护设施监测单位</td><td colspan="6"></td></tr>
<tr><td>投资总概算
（万元）</td><td></td><td>其中：环境保护
投资（万元）</td><td></td><td rowspan="2">实际环境保护投
资占总
投资比例</td><td colspan="2"></td></tr>
<tr><td>实际总投资
（万元）</td><td></td><td>其中：环境保护
投资（万元）</td><td></td><td colspan="2"></td></tr>
<tr><td>设计生产能力（交通量）</td><td></td><td colspan="2">建设项目开工日期</td><td colspan="3"></td></tr>
<tr><td>实际生产能力（交通量）</td><td></td><td colspan="2">投入试运行日期</td><td colspan="3"></td></tr>
<tr><td>调查经费</td><td colspan="6"></td></tr>
<tr><td>项目建设过程简述
（项目立项至试运行）</td><td colspan="6"></td></tr>
</table>

表 B.2 调查范围、因子、目标、重点

调查范围	
调查因子	
环境敏感目标	
调查重点	

表 B.3 验收执行标准

环境质量标准	
污染物排放标准	
总量控制指标	

表 B.4　工程概况

<table>
<tr><td>项目名称</td><td></td></tr>
<tr><td>项目地理位置
（附地理位置图）</td><td></td></tr>
<tr><td colspan="2">主要工程内容及规模：</td></tr>
<tr><td colspan="2">实际工程量及工程建设变化情况，说明工程变化原因：</td></tr>
</table>

生产工艺流程（附流程图）：
工程占地及平面布置（附图）：
工程环境保护投资明细：

与项目有关的生态破坏、污染物排放、主要环境问题及环境保护措施：

表 B.5　环境影响评价回顾

主要环境影响预测及评价结论（生态、声、大气、水、振动、电磁、固体废物等）：

各级环境保护行政主管部门的审批意见（国家、省、行业）：

表 B.6 环境保护措施执行情况

阶段		环境影响报告表及审批文件中要求的环境保护措施	环境保护措施的落实情况	措施的执行效果及未采取措施的原因
设计阶段	生态影响			
	污染影响			
	社会影响			
施工期	生态影响			
	污染影响			
	社会影响			
运行期	生态影响			
	污染影响			
	社会影响			

表 B.7　环境影响调查

施工期	生态影响	
	污染影响	
	社会影响	
运行期	生态影响	
	污染影响	
	社会影响	

表 B.8　环境质量及污染源监测（附监测图）

项目	监测时间 监测频次	监测点位	监测项目	监测结果分析
生态				
水				
气				
声				
电磁、振动				
其他				

表 B.9　环境管理状况及监测计划

环境管理机构设置（分施工期和运行期）：
环境监测能力建设情况：
环境影响报告表中提出的监测计划落实情况：
环境管理状况分析与建议：

表 B.10　调查结论与建议

调查结论及建议：

注　释

一、调查表应附以下附件、附图：

附件 1　环境影响报告表审批意见

附件 2　初步设计批复文件

附件 3　其他与环境影响评价有关的行政管理文件，如环境影响评价执行标准的批复、通过环境敏感目标的批准文件等

附图 1　项目地理位置图（应反映行政区划、工程位置、主要污染源位置、主要环境敏感目标等）

附图 2　项目平面布置图

附图 3　反映工程情况或环境保护措施和设施的必要的图表、照片等

二、如果本调查表不能说明建设项目对环境造成的影响及措施实施情况，应根据建设项目的特点和当地环境特征，结合环境影响评价阶段情况进行专项评价，专项评价可按照本标准中相应影响因素调查的要求进行。

HJ

中华人民共和国国家生态环境标准

HJ 405—2021

代替 HJ/T 405—2007

建设项目竣工环境保护设施验收技术规范 石油炼制

Technical specifications for acceptance of environmental protection facilities for completed construction projects — Petroleum refinery industry

2021-11-25 发布　　2021-11-25 实施

生态环境部 发布

前 言

为贯彻《中华人民共和国环境保护法》《中华人民共和国环境影响评价法》和《建设项目环境保护管理条例》，防治生态环境污染，改善生态环境质量，指导和规范石油炼制工业建设项目竣工环境保护设施验收工作，制定本标准。

本标准规定了石油炼制工业建设项目竣工环境保护设施验收的工作程序和总体要求。

本标准是对《建设项目竣工环境保护验收技术规范 石油炼制》（HJ/T 405—2007）的修订。

本标准首次发布于2007年，本次为第一次修订。本次修订的主要内容有：

——标准名称修改为《建设项目竣工环境保护设施验收技术规范 石油炼制》；

——明确了开展建设项目竣工环境保护设施验收工作程序及要求；

——明确了验收监测方案编制要求；

——调整了验收监测报告内容，删除了污染源在线监测仪器监测结果比对、公众意见调查、清洁生产水平评价等相关内容；

——取消了验收监测期间工况应达75%以上（含75%）的要求；

——完善了验收标准执行原则、监测内容。

自本标准实施之日起，《建设项目竣工环境保护验收技术规范 石油炼制》（HJ/T 405—2007）废止。

本标准的附录A～附录F为资料性附录。

本标准由生态环境部环境影响评价与排放管理司、法规与标准司组织制订。

本标准主要起草单位：中国环境监测总站、广东省生态环境监测中心、海油环境科技（北京）有限公司。

本标准生态环境部2021年11月25日批准。

本标准自2021年11月25日起实施。

本标准由生态环境部解释。

建设项目竣工环境保护设施验收技术规范　石油炼制

1　适用范围

本标准规定了石油炼制工业建设项目竣工环境保护设施验收的工作程序和总体要求，提出了启动验收、验收自查、编制验收监测方案、实施验收监测与检查、编制验收监测报告（表）的技术要求。

本标准适用于石油炼制工业建设项目竣工环境保护设施验收工作。

石油炼制工业建设项目中自备火力发电机组（厂）竣工环境保护设施验收工作按照 HJ/T 255 执行，码头等生态影响类工程竣工环境保护设施验收工作按照 HJ/T 394 执行。

本标准未规定的其他内容按照《建设项目竣工环境保护验收技术指南　污染影响类》（生态环境部公告　2018 年第 9 号）附件执行。

2　规范性引用文件

本标准引用了下列文件或其中的条款。凡是注明日期的引用文件，仅注日期的版本适用于本标准。凡是未注日期的引用文件，其最新版本（包括所有的修改单）适用于本标准。

GB 3096　声环境质量标准

GB 5085.7　危险废物鉴别标准　通则

GB 12348　工业企业厂界环境噪声排放标准

GB 13271　锅炉大气污染物排放标准

GB 14554　恶臭污染物排放标准

GB 16297　大气污染物综合排放标准

GB 18484　危险废物焚烧污染控制标准

GB 18597　危险废物贮存污染控制标准

GB 18599　一般工业固体废物贮存和填埋污染控制标准

GB 31570　石油炼制工业污染物排放标准

GB 34330　固体废物鉴别标准　通则

GB/T 8170　数值修约规则与极限数值的表示和判定

GB/T 14581　水质　湖泊和水库采样技术指导

GB/T 16157　固定污染源排气中颗粒物测定与气态污染物采样方法

HJ/T 52　水质　河流采样技术指导

HJ/T 55　大气污染物无组织排放监测技术导则

HJ 75　固定污染源烟气（SO_2、NO_x、颗粒物）排放连续监测技术规范

HJ 76　固定污染源烟气（SO_2、NO_x、颗粒物）排放连续监测系统技术要求及检测方法

HJ/T 91　地表水和污水监测技术规范

HJ 91.1　污水监测技术规范

HJ/T 92　水污染物排放总量监测技术规范

HJ 164　地下水环境监测技术规范

HJ/T 166　土壤环境监测技术规范

HJ 194　环境空气质量手工监测技术规范
HJ/T 255　建设项目竣工环境保护验收技术规范　火力发电厂
HJ 353　水污染源在线监测系统（COD_{Cr}、NH_3-N 等）安装技术规范
HJ 354　水污染源在线监测系统（COD_{Cr}、NH_3-N 等）验收技术规范
HJ 355　水污染源在线监测系统（COD_{Cr}、NH_3-N 等）运行技术规范
HJ 356　水污染源在线监测系统（COD_{Cr}、NH3-N 等）数据有效性判别技术规范
HJ/T 394　建设项目竣工环境保护验收技术规范　生态影响类
HJ/T 397　固定源废气监测技术规范
HJ 442.8　近岸海域环境监测技术规范　第八部分　直排海污染源及对近岸海域水环境影响监测
HJ 493　水质　样品的保存和管理技术规定
HJ 494　水质　采样技术指导
HJ 495　水质　采样方案设计技术规定
HJ 630　环境监测质量管理技术导则
HJ 640　环境噪声监测技术规范　城市声环境常规监测
HJ 691　环境空气　半挥发性有机物采样技术导则
HJ 730　近岸海域环境监测点位布设技术规范
HJ 733　泄漏和敞开液面排放的挥发性有机物检测技术导则
HJ 819　排污单位自行监测技术指南　总则
HJ 905　恶臭污染环境监测技术规范
HJ 1019　地块土壤和地下水中挥发性有机物采样技术导则

《关于发布〈建设项目竣工环境保护验收技术指南　污染影响类〉的公告》（生态环境部公告　2018 年　第 9 号）

《排污许可管理条例》（中华人民共和国国务院令　第 736 号）

3 术语和定义

下列术语和定义适用于本标准。

3.1

石油炼制工业　petroleum refining industry

以原油、重油等为原料，生产汽油馏分、柴油馏分、燃料油、润滑油、石油蜡、石油沥青和石油化工原料等的工业。

3.2

加工单位原（料）油排水量　effluent volume of per ton crude oil

在一定的计量时间内，石油炼制工业企业生产过程中，排入环境的废水量与原（料）油加工量之比。原（料）油加工量包括一次加工及直接进入二次加工装置的原（料）油的数量。

3.3

含汞原油　hydrargyrate crude oill

汞含量大于 5 μg/g 的原油。

3.4

环境保护设施　environmental protection facilities

防治环境污染和生态破坏以及开展环境监测所需的装置、设备和工程设施等。

4　验收工作程序

验收工作包括验收自查、验收监测和后续验收工作，其中验收监测工作可分为编制验收监测方案、实施验收监测与检查、编制验收监测报告（表）三个阶段。后续验收工作包括提出验收意见、编制“其他需要说明的事项”、形成并公开验收报告、全国建设项目竣工环境保护验收信息平台登记、档案留存等。验收工作程序图参见附录 A。

5　启动验收

5.1　收集验收资料

收集的验收资料包括环境保护资料、与环境保护相关的工程资料、图件资料。验收资料清单参见附录 B。

5.2　制订验收工作计划

制订验收工作计划，明确企业自测或委托技术机构监测的验收监测方式、验收工作进度安排。

6　验收自查

6.1　自查目的

自查环境保护手续履行情况、项目建成情况和环境保护设施建成情况与环境影响报告书（表）及其审批部门审批决定的一致性，确定是否具备按计划开展验收工作的条件；自查污染源分布、污染物排放情况及排放口设置情况等，作为制定验收监测方案的依据。

6.2　自查内容

6.2.1　环境保护手续履行情况

环境保护手续履行情况包括项目环境影响报告书（表）及其审批部门审批情况；发生重大变动的，其相应审批手续完成情况；国家与地方生态环境主管部门对项目监督检查、整改要求的落实情况；排污许可证申领或排污登记情况等。

6.2.2　项目建成情况

对照环境影响报告书（表）及其审批部门审批决定，自查项目主体工程、储运工程、公辅工程和依托工程等建成情况。自查内容参见附录 C 中表 C.1～表 C.4。

6.2.3　环境保护设施建成情况

6.2.3.1　污染治理/处置设施

对照环境影响报告书（表）及其审批部门审批决定，自查废气、废水、噪声、固体废物污染治理/处置设施建成情况，作为确定验收监测方案中监测点位、因子等监测内容的依据。自查内容参见附录 C 中表 C.5～表 C.8。

6.2.3.2　其他环境保护设施建设情况

对照环境影响报告书（表）及其审批部门审批决定，自查其他要求配套的环境保护设施建成情况，作为确定验收监测方案中检查内容的依据。自查内容参见附录 C 中表 C.9。

6.3 自查结果

通过全面自查，发现环境保护审批手续不全的、发生重大变动且未重新报批环境影响报告书（表）或环境影响报告书（表）未经批准的、未按照环境影响报告书（表）及其审批部门审批决定要求建成环境保护设施的、应取得但未取得排污许可证或进行排污登记的，应办理相关手续或整改完成后再继续开展验收工作。

自查发现污染物排放口位置或者污染物排放方式、排放去向，污染物排放口数量或者污染物排放种类等与排污许可证不一致的，应根据《排污许可管理条例》的规定重新申请排污许可证。

排放口不具备监测条件的，如采样平台、采样孔设置不规范，应及时整改，以保证现场监测数据质量与监测人员安全。

7 编制验收监测方案

7.1 验收监测方案编制原则

石油炼制工业企业应根据验收自查结果确定项目验收监测内容、编制验收监测方案，规模较小、改扩建内容简单的项目，可适当简化验收监测方案内容，但应包括验收执行标准、监测点位、监测因子、监测频次等主要内容。

7.2 验收监测方案内容及要求

7.2.1 验收监测方案内容

验收监测方案内容一般包括项目概况、验收依据、项目建设情况、环境保护设施、验收执行标准、验收监测内容、质量保证与质量控制等。验收监测方案内容参见附录 D，验收监测推荐分析方法参见附录 E。

7.2.2 验收执行标准

验收执行标准包括污染物排放标准、生态环境质量标准，选取原则按《建设项目竣工环境保护验收技术指南　污染影响类》附件相关要求执行。

石油炼制工业建设项目及其生产设施的大气污染物和水污染物排放及控制主要执行 GB 31570，恶臭污染物排放执行 GB 14554，配套的动力锅炉（非火力发电机组）执行 GB 13271，危险废物焚烧炉尾气执行 GB 18484，厂界环境噪声执行 GB 12348，固体废物的鉴别、利用处置适用 GB 5 085.7、GB 34330、GB 18597、GB 18599 等。环境影响报告书（表）及其审批部门审批决定、排污许可证或排污登记要求执行的标准或限值严于上述标准的，从其规定。

石油炼制工业建设项目周边环境质量评价执行现行有效的生态环境质量标准。

环境保护设施处理效率按照相关标准、环境影响报告书（表）审批部门审批决定执行。

7.2.3 验收监测内容

7.2.3.1 环境保护设施调试运行效果监测

a）污染物排放监测

1）有组织排放废气监测，厂界无组织排放废气监测。

2）车间或生产设施废水排放口、废水总排放口、雨水排放口（有流动水时）污染物排放监测，环境影响报告书（表）及其审批部门审批决定中有回用或间接排放要求的废水监测。

3）厂界环境噪声监测。

b）环境保护设施处理效率监测

相关标准、环境影响报告书（表）审批部门审批决定中对环境保护设施处理效率有要求的，应进行处理效率的监测，在符合生产安全的条件下，应采取措施满足监测条件，确不具备监测条件的，应在验收监测报告中说明原因。

c）“以新带老”监测

环境影响报告书（表）及其审批部门审批决定涉及“以新带老”的，应对“以新带老”设施开展污染物排放监测。

d）抽测原则

对型号、功能相同的多个小型环境保护设施处理效率监测和污染物排放监测，可采用随机抽测方法进行。抽测的原则为：同样设施总数大于 5 个且小于 20 个的，随机抽测设施数量比例应不小于同样设施总数的 50%；同样设施总数大于等于 20 个的，随机抽测设施数量比例应不小于同样设施总数的 30%，抽测设施数量不足 10 个的，至少抽测 10 个。

环境保护设施调试运行效果监测点位及监测因子见表 1。

表 1　石油炼制工业建设项目环境保护设施调试运行效果监测点位及监测因子一览表

类别	监测点位			监测因子
废气	有组织排放废气	工艺加热炉排气筒		颗粒物、二氧化硫、氮氧化物
		催化裂化装置催化剂再生烟气排气筒		颗粒物、二氧化硫、氮氧化物、镍及其化合物
		重整催化剂再生烟气排气筒		氯化氢、非甲烷总烃
		酸性气回收装置排气筒		硫化氢、二氧化硫、硫酸雾[a]、氮氧化物[b]
		氧化沥青装置排气筒		沥青烟、苯并[a]芘
		废水处理有机废气收集处理设施排气筒		苯、甲苯、二甲苯、非甲烷总烃、硫化氢、其他特征污染物[b]
		挥发性有机物回收或治理设施	进口	非甲烷总烃
			出口	非甲烷总烃、其他特征污染物[b]
		催化汽油吸附脱硫装置排气筒		颗粒物、二氧化硫
		烷基化装置催化剂再生烟气排气筒		非甲烷总烃、其他特征污染物[b]
		锅炉[c]排气筒		烟气黑度、颗粒物、二氧化硫、氮氧化物、汞及其化合物[d]
		危险废物焚烧炉[e]排气筒		颗粒物、一氧化碳、氮氧化物、二氧化硫、氟化氢、氯化氢、汞及其化合物、铊及其化合物、镉及其化合物、铅及其化合物、砷及其化合物、铬及其化合物、（锡、锑、铜、锰、镍、钴及其化合物）、二噁英类
	无组织排放废气	企业边界		非甲烷总烃、颗粒物、氯化氢[f]、苯、甲苯、二甲苯、苯并[a]芘、氨、硫化氢、臭气浓度、其他特征污染物[b]
废水	车间或生产设施废水排放口	含汞原油常减压蒸馏装置电脱盐废水排放口		总汞、烷基汞
		酸性水汽提装置废水排放口		总砷
		催化裂化装置烟气脱硫废水排放口、催化汽油吸附脱硫烟气脱硫废水排放口		总镍
		航空汽油调和车间废水排放口、四乙基铅生产装置废水排放口		总铅
		延迟焦化装置冷焦水、切焦水废水排放口		苯并[a]芘
		废水总排放口		pH 值、悬浮物、化学需氧量、五日生化需氧量、氨氮、总氮、总磷、总有机碳、石油类、硫化物、挥发酚、总钒、苯、甲苯、邻二甲苯、间二甲苯、对二甲苯、乙苯、总氰化物、动植物油[g]、阴离子表面活性剂[g]、流量
		雨水排放口		pH 值、悬浮物、化学需氧量、氨氮、石油类
噪声	厂界			等效连续 A 声级

注 1：有组织排放废气监测应满足 GB/T 16157、HJ/T 397、HJ 905 等要求，并同步监测烟气参数；无组织排放废气监测应满足 GB 16297、HJ/T 55、HJ 733、HJ 905 等要求；废水监测应满足 HJ 91.1、HJ/T 92、HJ 493、HJ 494、HJ 495 等要求；厂界环境噪声监测应满足 GB 12348、HJ 819 等要求。污染物监测频次应满足监测技术规范及排放标准要求。已有满足验收要求的有效监测数据可用于验收监测。 注 2：验收监测点位统一使用如下标识符：有组织排放废气◎、无组织排放废气○、废水★、厂界环境噪声▲。 注 3：考核处理效率的，应对处理设施进口开展监测。废气处理设施进、出口应同步监测；废水处理设施进、出口的采样时间应考虑处理周期合理选择。 注 4：在线监测设施满足 HJ 75、HJ 76、HJ 353、HJ 354、HJ 355、HJ 356 等要求并与生态环境主管部门联网的，在线监测数据可用于验收监测。 注 5：监测点位、监测因子还应满足环境影响报告书（表）及其审批部门审批决定、排污许可证等相关要求。 注 6：雨水排放口仅在有流动水时监测。
a 酸性气回收装置生产硫酸，监测此因子。 b 根据环境影响报告书（表）及其审批部门审批决定、排污许可证确定。其中，挥发性有机物回收或治理设施排放废气中有颗粒物、二氧化硫或氮氧化物时，还应同时监测相关因子。 c 不适用于 HJ/T 255 的锅炉按本表格执行。 d 锅炉燃料为煤时，监测此因子。 e 危险废物焚烧炉的技术性能指标等应满足 GB 18484 相关要求。 f 适用于工艺装置中有连续催化重整装置或采用离子液法烷基化装置的情况。 g 若生活污水进入厂区污水处理系统，监测此因子。

7.2.3.2 环境质量监测

环境质量监测主要针对环境影响报告书（表）及其审批部门审批决定中要求的环境敏感目标，包括环境空气、地表水、地下水、海水、声环境、土壤环境等的监测，监测因子可依据环境影响报告书（表）及其审批部门审批决定选择，监测结果可作为分析工程对周边环境质量影响的基础资料。环境空气监测应满足 HJ 194、HJ 691 等要求，地表水监测应满足 GB/T 14581、HJ/T 52、HJ/T 91、HJ 493、HJ 494、HJ 495 等要求，地下水监测应满足 HJ 164、HJ 1019 等要求，海水监测应满足 HJ 442.8、HJ 730 等要求，声环境监测应满足 GB 3096、HJ 640 等要求，土壤环境监测应满足 HJ/T 166、HJ 1019 等要求。

8 实施验收监测与检查

8.1 现场监测与检查

按照验收监测方案开展现场监测，按相关技术规范做好现场监测的质量控制与质量保证工作，并对涉及的其他环境保护设施建设及运行情况进行进一步现场检查。

8.2 工况记录要求

如实记录监测时的实际工况以及决定或影响工况的关键参数，如实记录能够反映环境保护设施运行状态的主要指标。

a）记录各主要生产装置监测期间原辅料用量及产品产量。

b）配套锅炉运行负荷，记录监测期间蒸汽产生量、燃料消耗量、配套环境保护设施消耗药剂名称及用量等。

c）污水处理设施运行负荷，记录监测期间污水处理量、污水回用量、污水排放量、污泥产生量（记录含水率）、污水处理使用的主要药剂名称及用量等。

8.3 监测数据整理

按照相关评价标准、技术规范要求整理监测数据，分析时应特别注意以下内容：

a）按照评价标准，部分大气污染物应根据实测浓度换算成基准含氧量的基准排放浓度后再进行达标情况的判定，无须换算的则用实测浓度进行评价。

b）废气排放速率考核应使用实测浓度进行计算。

c）废气监测数据应列出标况废气流量、氧含量（需折算时）、实测浓度、折算浓度（需折算时）。

d）废气污染物以单次有效评价数据进行处理设施效率计算，处理设施效率按照进、出口污染物量（废气流量×污染物浓度）进行计算。

e）废水污染物以日均浓度值进行处理设施效率计算；若处理设施进、出口不是一一对应，应按照处理设施进、出口污染物量（水量×污染物浓度）进行处理效率计算；当处理单元进、出口水量一致时，可直接用浓度值进行处理效率的计算。

f）若加工单位原（料）油实际排水量超过规定的基准排水量，应按 GB 31570 中公式（1）将实测水污染物浓度换算为基准水量排放浓度，并与排放限值比较进行达标情况的判定。

g）按照 GB/T 8170、HJ 630 的要求进行异常值的判断、处理及数据修约。

9 编制验收监测报告（表）

9.1 验收监测报告（表）主要内容

验收监测报告（表）的主要内容应包括项目概况、验收依据、项目建设情况、环境保护设施、验收执行标准、验收监测内容、质量保证与质量控制结果、验收监测结果及验收监测结论。验收监测报告（表）推荐格式参见《建设项目竣工环境保护验收技术指南　污染影响类》附件中附录 2。

9.2 质量保证与质量控制结果

在验收监测方案“质量保证与质量控制”章节的基础上，补充参加验收监测人员能力情况，按气监测、水监测、噪声监测等分别说明采取的质量保证与质量控制措施，并列表说明所用仪器的名称、型号、编号、相应的校准、质量保证与质量控制结果等。

9.3 验收监测结果

9.3.1 生产工况

列表说明监测期间的实际工况、决定或影响工况的关键参数，以及反映环境保护设施运行状态的主要指标。

9.3.2 环境保护设施调试运行效果

9.3.2.1 污染物排放监测结果

根据验收监测数据，评价废气、废水、厂界环境噪声监测结果是否符合相关标准要求。

根据“以新带老”设施监测结果，评价污染物排放是否符合相关标准要求。

9.3.2.2 环境保护设施处理效率监测结果

根据废气、废水治理设施进、出口监测结果，计算主要污染物处理效率，评价环境保护设施处理效率是否符合相关标准、环境影响报告书（表）审批部门审批决定要求。若不符合，应分析原因，不具备监测条件未监测的应说明原因。

9.3.3 工程建设对环境质量的影响

根据验收监测数据，评价环境敏感目标环境空气、地表水、地下水、海水、声环境、土壤等环境质量监测结果是否符合相关标准要求。出现超标的，应分析原因。对于无评价标准的监测因子，只需列出监测结果，不评价。

9.4 验收监测结论

9.4.1 环境保护设施调试运行效果

9.4.1.1 污染物排放监测结果

简述废气、废水、厂界环境噪声各项污染物监测结果是否符合相关标准要求。

9.4.1.2 环境保护设施处理效率监测结果

简述废气、废水等环境保护设施主要污染物处理效率是否符合相关标准、环境影响报告书（表）审批部门审批决定要求。

9.4.2 工程建设对环境质量的影响

涉及环境质量监测的，评价项目周边环境敏感目标环境空气、地表水、地下水、海水、声环境、土壤等环境质量监测结果是否符合相关标准要求。

9.4.3 环境保护设施落实情况

简述是否落实了环境影响报告书（表）及其审批部门审批决定中对废气、废水、噪声治理设施，固体废物利用处置设施，环境风险防范设施，地下水污染防治设施，土壤污染防治设施，在线监测设施，“以新带老”设施等各项环境保护设施的要求。

9.5 验收监测报告（表）附件

报告附件为验收监测报告（表）内容所涉及的主要证明或支撑材料，主要包括审批部门对环境影响报告书（表）的审批决定、监测数据报告、项目变动情况说明、危险废物委托利用处置协议及处置单位资质证明等。

10 后续验收工作

验收监测报告编制完成后，进入后续验收工作程序，提出验收意见，编制“其他需要说明的事项”，形成验收报告并向社会公开，登录全国建设项目竣工环境保护验收信息系统平台填报相关信息，建立档案。后续验收工作推荐方法参见附录 F。

验收意见应包括工程建设基本情况、工程变动情况、环境保护设施落实情况、环境保护设施调试运行效果、工程建设对环境的影响、项目存在的主要问题、验收结论和后续要求。

“其他需要说明的事项”中应如实记载项目的环境保护设施设计、施工、验收过程简况，排污许可证执行情况和区域削减方案落实情况，环境影响报告书（表）及其审批部门审批决定中提出的除环境保护设施外的其他环境保护措施的实施情况以及整改工作情况等。

验收意见和“其他需要说明的事项”的编写内容与要求参见《建设项目竣工环境保护验收技术指南 污染影响类》附件中附录 4 和附录 5。

验收报告是记录建设项目竣工环境保护验收过程和结果的汇总文件，包括验收监测报告、验收意见和“其他需要说明的事项”三项内容。

附　录　A
（资料性附录）
验收工作程序图

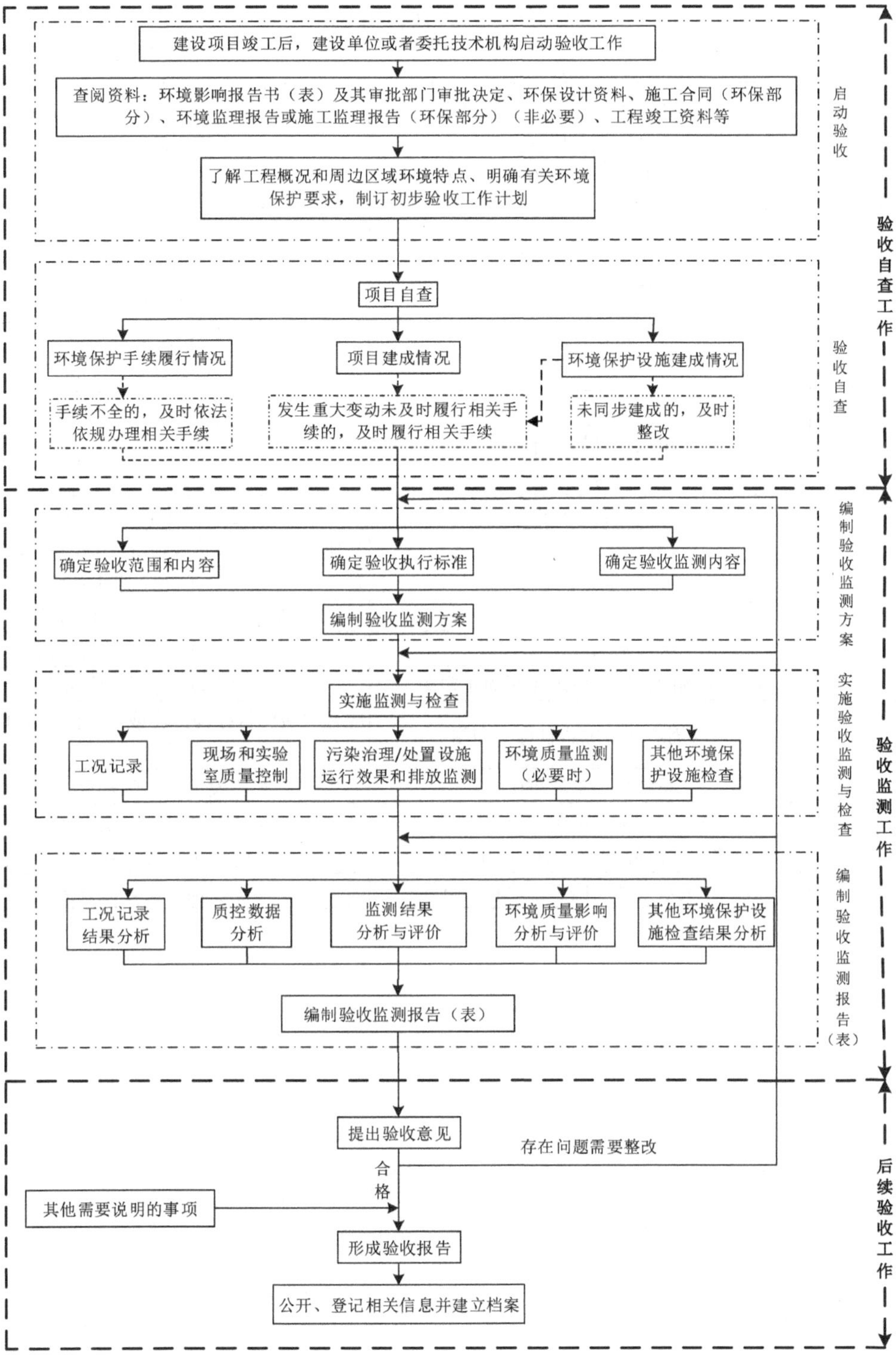

图 A.1　验收工作程序图

附 录 B
（资料性附录）
验收资料清单

表 B.1 验收资料清单

资料种类	资料名称	备注
环境保护资料	建设项目环境影响报告书（表）及其审批部门审批决定	—
	变更环境影响报告书（表）及其审批部门审批决定	如发生重大变动的
	排污许可证	—
	环境监理报告	环境影响报告书（表）及其审批部门审批决定或生态环境主管部门有要求的
与环境保护部分相关的工程资料	设计资料	环境保护部分
	工程监理资料	环境保护部分
	施工合同	环境保护部分
	环境保护设施技术文件	—
	工程竣工资料	—
图件资料	地理位置图	与建设项目实际建设情况一致
	厂区平面布置图	与建设项目实际建设情况一致，并标注主要生产装置、有组织废气排气筒、废水和雨水排放口、固体废物贮存场、事故水池等所在位置
	厂区污水和雨水管网图	与建设项目实际建设情况一致
	固体废物贮存场或填埋场平面布置图	与建设项目实际建设情况一致
	厂区周边环境敏感目标分布图	应标注敏感目标与厂界或主要污染源的相对位置、距离
	总物料加工流程图	与建设项目实际建设情况一致
	水平衡图、硫平衡图、氢平衡图	与建设项目实际建设情况一致
	生产工艺流程及污染物产生节点图	与建设项目实际建设情况一致
	废气和废水处理设施工艺流程示意图	与建设项目实际建设情况一致

附 录 C
（资料性附录）
验收自查内容表

资料性附录 C 由表 C.1～表 C.9 共 9 个表组成。

表 C.1 石油炼制工业建设项目主体工程建成情况自查内容一览表
表 C.2 石油炼制工业建设项目储运工程建成情况自查内容一览表
表 C.3 石油炼制工业建设项目公辅工程建成情况自查内容一览表
表 C.4 石油炼制工业建设项目依托工程自查内容一览表
表 C.5 石油炼制工业建设项目废气污染源及环境保护设施自查内容一览表
表 C.6 石油炼制工业建设项目废水污染源及环境保护设施自查内容一览表
表 C.7 石油炼制工业建设项目噪声源及环境保护设施自查内容一览表
表 C.8 石油炼制工业建设项目固体废物及环境保护设施自查内容一览表
表 C.9 石油炼制工业建设项目其他环境保护设施自查内容一览表

表 C.1 石油炼制工业建设项目主体工程建成情况自查内容一览表

主体工程单元	自查内容
常减压蒸馏装置	建设地点、装置规模、年生产时间、工艺技术及来源、工艺流程及产排污节点，原辅料种类、来源与用量，燃料种类、来源、成分（含硫量等）与使用量，产品名称、产量及去向等
常减压蒸馏装置下游配套其他装置	

表 C.2 石油炼制工业建设项目储运工程建成情况自查内容一览表

设施名称	自查内容
储罐	储罐数量、罐容、罐型、储存介质、周转量
装载设施	装载设施形式、装车台/泊位及鹤位数量，装载物料种类、装载量、装载方式等
管线进出厂设施	进出厂管线路由、敷设方式、输送物料种类与数量等
原煤输送系统	原煤储存、转运设施建设情况、储存规模、原煤预处理设施
火炬及火炬气回收系统	火炬类型、数量、处理规模，火炬筒体内径、高度，火炬气回收系统的基本情况等

表 C.3 石油炼制工业建设项目公辅工程建成情况自查内容一览表

公辅工程单元	自查内容
供汽设施	供汽方式、供汽规模、用汽量等，如自供汽，需了解锅炉型号、数量、蒸汽量，燃料种类、来源、成分（硫含量）及用量等
供电设施	供电方式、供电量
供气设施	供气方式、供气规模
给水设施	生产及生活给水水源、给水量，给水系统类型（原水处理设施、生产给水系统、生活给水系统、循环水系统、除盐水系统等），循环水场、除盐水站、凝结水站、化学水处理站等规模、服务范围、工艺流程等
化验中心	化验中心设备配置情况、化验项目种类等

表 C.4 石油炼制工业建设项目依托工程自查内容一览表

依托工程	自查内容
厂内或园区依托设施	建成情况及依托可行性

表 C.5 石油炼制工业建设项目废气污染源及环境保护设施自查内容一览表

污染源类别	自查内容
工艺加热炉	1. 燃料类型、来源及含硫量； 2. 废气名称、废气来源、污染物种类、排放规律及排放去向； 3. 炉型、单台加热炉的额定功率（热负荷）、炉膛温度等参数； 4. 在线监测设施安装位置、数量、监测因子、联网情况； 5. 废气污染物的排放控制设施； 6. 排气筒参数，排放口规范化设置情况，采样孔、采样平台及其辅助设施等设置情况
催化裂化装置催化剂再生器	1. 污染物种类、排放规律及排放去向； 2. 再生烟气治理设施工艺及主要技术参数； 3. 在线监测设施安装位置、数量、监测因子、联网情况； 4. 排气筒参数，排放口规范化设置情况，采样孔、采样平台及辅助设施等设置情况； 5. 余热锅炉吹灰频率及每次的持续时间
重置催化剂再生器	1. 污染物种类、排放规律及排放去向； 2. 再生烟气治理设施工艺及主要技术参数； 3. 排气筒参数，排放口规范化设置情况，采样孔、采样平台及辅助设施等设置情况
酸性气回收装置	1. 污染物种类、排放规律及排放去向； 2. 尾气治理设施工艺及主要技术参数； 3. 在线监测设施安装位置、数量、监测因子、联网情况； 4. 排气筒参数，排放口规范化设置情况，采样孔、采样平台及辅助设施等设置情况
氧化沥青装置	1. 污染物种类、排放规律及排放去向； 2. 废气治理设施工艺及主要技术参数； 3. 排气筒参数，排放口规范化设置情况，采样孔、采样平台及辅助设施等设置情况
废水处理有机废气收集处理设施	1. 污染物种类、排放规律及排放去向； 2. 废水处理设施密闭情况，产生的废气接入有机废气回收或处理装置的情况； 3. 废水处理有机废气收集处理设施工艺及主要技术参数； 4. 排气筒参数，排放口规范化设置情况，采样孔、采样平台及辅助设施等设置情况
挥发性有机物回收或治理设施	1. 污染物种类、排放规律及排放去向； 2. 挥发性有机液体装载设施（汽车、铁路、船舶）、分装设施的密闭情况及挥发性有机物回收或治理设施设置情况； 3. 挥发性有机物回收或治理设施工艺及主要技术参数； 4. 排气筒参数，排放口规范化设置情况，采样孔、采样平台及辅助设施等设置情况
催化汽油吸附脱硫再生器	1. 原料来源、种类及含硫量； 2. 污染物种类、排放规律及排放去向； 3. 废气治理设施工艺及主要技术参数； 4. 排气筒参数，排放口规范化设置情况，采样孔、采样平台及辅助设施等设置情况
烷基化装置催化剂再生器	1. 污染物种类、排放规律及排放去向； 2. 废气治理设施工艺及主要技术参数； 3. 排气筒参数，排放口规范化设置情况，采样孔、采样平台及辅助设施等设置情况
锅炉	1. 燃料类型、来源及含硫量； 2. 炉型、单台锅炉额定功率或容量； 3. 污染物种类、排放规律及排放去向； 4. 废气治理设施工艺及主要技术参数； 5. 在线监测设施安装位置、数量、监测因子、联网情况； 6. 排气筒参数，排放口规范化设置情况，采样孔、采样平台及辅助设施等设置情况

污染源类别	自查内容
危险废物焚烧炉	1. 辅助燃料类型、来源及含硫量； 2. 炉型、处理规模、工艺流程； 3. 污染物种类、排放规律及排放去向； 4. 废气治理设施工艺及主要技术参数； 5. 在线监测设施安装位置、数量、监测因子、联网情况； 6. 排气筒参数，排放口规范化设置情况，采样孔、采样平台及辅助设施等设置情况
其他废气排放源	1. 废气名称、废气来源、污染物种类、排放规律及排放去向； 2. 废气治理设施工艺及主要技术参数； 3. 排气筒参数，排放口规范化设置情况，采样孔、采样平台及其辅助设施等设置情况
无组织废气排放源	1. 废气名称、来源、污染物种类、排放规律； 2. 无组织排放废气污染控制措施满足环境影响报告书（表）及其审批部门审批决定、GB 31570 等相关要求的情况
注 1：废气污染源及环境保护设施自查内容除上述所列内容外，还应包括环境影响报告书（表）及其审批部门审批决定的其他要求。 注 2：排气筒参数，包括排气筒位置、高度、内径。 注 3：排放口规范化设置情况，包括排放口符合《排污口规范化整治技术要求（试行）》（环监〔1996〕470 号）要求的情况、排放口图形标志符合 GB 15562.1 要求的情况。 注 4：采样孔、采样平台及辅助设施等设置情况，指符合 GB/T 16157、HJ/T 397、HJ 75、HJ 76 等要求的情况。	

表 C.6　石油炼制工业建设项目废水污染源及环境保护设施自查内容一览表

环境保护设施	自查内容
排水系统	排水系统或设施类型（含油污水系统、含盐污水系统、含碱污水系统、污染雨水系统、循环冷却水排污水系统、含硫含氨酸性水系统、余热锅炉排污水系统、事故排水系统、生活污水系统等）及各类废水/雨水排放走向
预处理设施	1. 污水预处理设施收纳并处理废水类型、废水产生量； 2. 污染物种类、排放规律及排放去向； 3. 预处理设施工艺及其流程、主要技术参数（处理能力、设计指标等）； 4. 排放口规范化设置情况等
污水处理场	1. 污水处理场收纳并处理废水种类、各类废水水量、水质； 2. 直接进入外排废水监控池的废水种类、各类废水水量、水质； 3. 污水处理场处理规模、工艺及其流程、主要技术参数、污泥处理设施； 4. 废水排放量、污染物种类、排放规律及排放去向； 5. 直接排入环境的，自查受纳水体名称、水环境功能目标等； 6. 间接排入环境的，自查收纳污水处理场名称、处理规模、处理工艺、接管要求等； 7. 排放口规范化设置情况； 8. 在线监测设施安装位置、数量、监测因子、联网情况
雨水监控及排放设施	1. 雨水监控及排放设施设置情况； 2. 雨水排放口数量、位置、受纳水体基本情况； 3. 雨水排放口采样条件及环境保护图形标志设置情况； 4. 雨水排放口闸板阀设置情况
注 1：废水污染源及环境保护设施自查内容除上述所列内容外，还应包括环境影响报告书（表）及其审批部门审批决定的其他要求。 注 2：排放口规范化设置情况，包括排放口符合《排污口规范化整治技术要求（试行）》（环监〔1996〕470 号）要求的情况、排放口图形标志符合 GB 15562.1 等要求的情况。	

表 C.7 石油炼制工业建设项目噪声源及环境保护设施自查内容一览表

污染源类别	自查内容
机泵、加热炉、空冷器、风机及压缩机、冷却塔、催化裂化主风机放空、火炬放空、蒸汽放空、装置停工管线/塔等蒸汽吹扫放空等	噪声源设备名称、源强、数量、位置、运行规律及治理设施/措施（如隔声、消声、减振、设备选型、设置防护距离、平面布置）等

表 C.8 石油炼制工业建设项目固体废物及环境保护设施自查内容一览表

固体废物类型	自查内容
一般工业固体废物	1. 一般工业固体废物产生节点、产生量、综合利用量、处置量、贮存量、处置方式； 2. 委托利用处置相关协议； 3. 一般工业固体废物贮存或处置设施符合 GB 18599 相关要求的情况等
危险废物	1. 危险废物的类别代码、产生量、利用处置量、贮存量及具体去向； 2. 各类危险废物利用处置措施、转移方式及记录（危险废物转移联单）、处置单位的资质、处置协议，危险废物运输单位资质； 3. 危险废物贮存设施符合 GB 18597 相关要求的情况，危险废物焚烧设施符合 GB 18484 相关要求的情况； 4. 符合环境影响报告书（表）及其审批部门审批决定的其他要求的情况
注：根据《国家危险废物名录》和国家危险废物鉴别标准等认定是否属于危险废物。	

表 C.9 石油炼制工业建设项目其他环境保护设施自查内容一览表

设施类别	自查内容
环境风险防范设施	1. 大气环境风险防范设施：自动控制与泄漏检测系统设置情况，有毒有害气体泄漏监控预警系统及泄漏紧急处置措施，火炬处理能力、点火方式； 2. 水环境风险防范设施：事故污水（含污染消防水和污染雨水）和泄漏物料应急储存设施，包括生产装置围堰及罐区防火堤设置情况，事故池数量、位置及有效容积；事故紧急截断设施，包括雨水系统和污水处理设施的切换阀、事故污水（含污染消防水和污染雨水）进入污水处理设施的切换阀、废水总排放口与外部水体间的切断设施等；与园区/区域事故污水环境风险防控设施的联通设施建设情况及状态； 3. 应急设备、物资、材料配备情况等
地下水污染防治设施	污染防治分区的划分、防渗区的防渗设施（防渗层材料、结构、防渗系数等）、地下水监测（控）井的布设（位置、数量、井深、水位）等情况
土壤污染防治设施	涉及有毒有害物质的重点场所或重点设施设备（如管道、储罐、生产装置、污水处理池等），其防渗漏、防流失、防扬散的土壤污染防治设施建设情况
“以新带老”情况	改建、扩建及技术改造项目，自查环境影响报告书（表）及其审批部门审批决定提出的“以新带老”设施、措施等落实情况

附　录　D
（资料性附录）
验收监测方案内容

D.1　项目概况

简述项目名称、性质、规模、地点，环境影响评价、设计、建设、审批等过程及审批文号等信息，项目开工、竣工、调试时间，申领排污许可证或排污登记情况，项目实际总投资及环境保护投资。

明确验收范围，如分期验收应说明本次验收范围；叙述验收监测工作组织方式与实施计划。

D.2　验收依据

a）建设项目环境保护相关法律、法规和规章制度。

b）建设项目竣工环境保护（设施）验收技术规范。

c）建设项目环境影响报告书（表）及其审批部门审批决定。

d）生态环境主管部门其他相关文件。

D.3　项目建设情况

D.3.1　地理位置及平面布置

简述项目建设地点及周边环境等情况，附项目实际地理位置图及平面布置图。

地理位置图标明项目周边环境保护敏感目标的分布情况、敏感目标与厂界或主要污染源的相对位置与距离。

平面布置图重点标明主要生产装置、有组织废气排气筒、废水和雨水排放口、固体废物贮存场所、事故水池等所在位置，无组织排放废气监测点位、噪声监测点位也可在图上标明。

D.3.2　项目建设内容

简述项目生产规模、工程组成、建设内容、产品、实际总投资；对于改、扩建及技术改造项目，应简单介绍原有工程及公辅设施情况，以及本项目与原有工程的依托关系、“以新带老”的要求等；分期验收项目需说清分期验收内容。

D.3.3　主要原辅材料及燃料

列表说明主要原料、辅料、燃料的名称、来源、设计消耗量、调试期间消耗量。

配套燃煤锅炉的，需列明燃料设计与实际煤种的灰分、硫分、挥发分及热值等。

D.3.4　水源及水平衡

简述项目生产用水和生活用水来源、新鲜水用量、循环水量、废水回用量和排放量。

项目水平衡、物料平衡、硫平衡、氢平衡等主要以图表示。

D.3.5　生产工艺

简述主要生产工艺原理、流程，并附项目实际建成的生产工艺流程与产排污环节示意图。

D.3.6　项目变动情况

列表说明项目发生的主要变动情况，包括环境影响报告书（表）及其审批部门审批决定要求、实际建设情况、变动原因、是否属于重大变动，属于重大变动的有无重新报批环境影响报告书（表）、不属于重大变动的有无相关变动说明。

D.4 环境保护设施

D.4.1 污染治理/处置设施

D.4.1.1 废气治理设施

a）列表说明废气名称、来源、污染物种类、治理设施工艺与规模、设计指标、排放方式（有组织、无组织）、排气筒高度与内径尺寸、排放去向，治理设施监测点设置或开孔情况等。

b）简要说明废气治理设施的工艺流程，附主要废气治理工艺流程示意图，附废气采样平台、采样孔、排放口、在线监测设施等照片。

D.4.1.2 废水治理设施

a）列表说明废水类别、来源、污染物种类，治理设施工艺与处理能力、设计指标，废水回用量、排放量、排放规律（连续、间断）、排放去向等。

b）简要说明废水治理设施的工艺流程，附主要废水治理工艺流程图、全厂废水（含污染雨水）流向示意图，附废水治理设施、废水总排口及在线监测设施照片。

D.4.1.3 噪声治理设施/措施

列表说明噪声源设备名称、源强、数量、位置、运行方式及治理设施/措施（如隔声、消声、减振、设备选型、设置防护距离、平面布置等）；附噪声治理设施照片。

D.4.1.4 固体废物处理处置设施

a）列表说明固（液）体废物名称、来源、性质、类别代码（属危险废物的需列明）、产生量、利用处置量、贮存量、利用处置方式等；附委托利用处置合同、委托单位资质、危险废物转移联单等相关资料。

b）说明固（液）体废物暂存场所设置情况，附相关照片。

c）涉及固（液）体废物储存场的，说明储存场地理位置、与厂区的距离、类型（如山谷型或平原型）、储存方式、设计规模与使用年限、输送方式、输送距离、场区集水及排水系统、场区防渗系统、污染物及污染防治设施、场区周边环境敏感点情况等。

D.4.2 其他环境保护设施

D.4.2.1 环境风险防范设施

a）大气环境风险防范设施：自动控制与泄漏检测系统设置情况，有毒有害气体泄漏监控预警系统及泄漏紧急处置措施，火炬处理能力、点火方式。

b）水环境风险防范设施：事故污水（含污染消防水和污染雨水）和泄漏物料应急储存设施，包括生产装置围堰及罐区防火堤设置情况，事故池数量、位置及有效容积。事故紧急截断设施，包括雨水系统和污水处理设施的切换阀、事故污水（含污染消防水和污染雨水）进入污水处理设施的切换阀、废水总排放口与外部水体之间的切断设施等。与园区/区域事故污水环境风险防控设施的联通设施建设情况及状态。

c）地下水和土壤环境风险防范设施：重点区域防渗、地下水监测井建设情况等。

d）应急设备、物资、材料配备情况等。

D.4.2.2 规范化排污口、监测设施及在线监测系统

简述废气、废水排放口规范化及监测设施建设情况，如废气采样平台建设、通往采样平台通道、采样孔等；在线监测设施的安装位置、数量、型号、监测因子、监测数据联网情况等。

D.4.2.3 其他设施

简述环境影响报告书（表）及其审批部门审批决定提出的“以新带老”设施、关停或拆除现有工程（旧机组或装置）、淘汰落后生产装置等落实情况。

D.4.3　环境保护投资及“三同时”落实情况

按废气、废水、噪声、固体废物、其他等，列表说明项目实际总投资额、环境保护投资额及环境保护投资占总投资额的比例。

列表说明各项环境保护设施环境影响报告书（表）及其审批决定、设计、实际建设情况。

D.5　验收执行标准

按监测内容类别及监测因子等，列表说明验收执行标准及限值。

D.6　验收监测内容

按监测内容类别，列表说明验收监测点位、因子、频次等。

D.7　质量保证与质量控制

验收监测应在确保主体工程工况稳定、环境保护设施运行正常的情况下进行，保证监测数据的代表性。

验收监测采样方法、监测分析方法、监测质量保证与质量控制措施均按照 HJ 819 执行。

附 录 E
（资料性附录）
推荐监测分析方法

表 E.1 石油炼制工业推荐监测分析方法一览表

类别	污染物	分析方法及来源
有组织排放废气	颗粒物	GB/T 5468 锅炉烟尘测试方法 GB/T 16157 固定污染源排气中颗粒物测定与气态污染物采样方法 HJ 836 固定污染源废气 低浓度颗粒物的测定 重量法
	镍及其化合物	HJ/T 63.1 大气固定污染源 镍的测定 火焰原子吸收分光光度法 HJ/T 63.2 大气固定污染源 镍的测定 石墨炉原子吸收分光光度法 HJ/T 63.3 大气固定污染源 镍的测定 丁二酮肟-正丁醇萃取分光光度法 HJ 657 空气和废气 颗粒物中铅等金属元素的测定 电感耦合等离子体质谱法 HJ 777 空气和废气 颗粒物中金属元素的测定 电感耦合等离子体发射光谱法
	汞及其化合物	HJ 543 固定污染源废气 汞的测定 冷原子吸收分光光度法（暂行）
	镉及其化合物	HJ/T 64.1 大气固定污染源 镉的测定 火焰原子吸收分光光度法 HJ/T 64.2 大气固定污染源 镉的测定 石墨炉原子吸收分光光度法 HJ/T 64.3 大气固定污染源 镉的测定 对-偶氮苯重氮氨基偶氮苯磺酸分光光度法 HJ 657 空气和废气 颗粒物中铅等金属元素的测定 电感耦合等离子体质谱法 HJ 777 空气和废气 颗粒物中金属元素的测定 电感耦合等离子体发射光谱法
	铅及其化合物	HJ 657 空气和废气 颗粒物中铅等金属元素的测定 电感耦合等离子体质谱法 HJ 685 固定污染源废气 铅的测定 火焰原子吸收分光光度法 HJ 777 空气和废气 颗粒物中金属元素的测定 电感耦合等离子体发射光谱法
	锑及其化合物	HJ 657 空气和废气 颗粒物中铅等金属元素的测定 电感耦合等离子体质谱法 HJ 777 空气和废气 颗粒物中金属元素的测定 电感耦合等离子体发射光谱法 HJ 1133 环境空气和废气 颗粒物中砷、硒、铋、锑的测定 原子荧光法
	铬及其化合物	HJ 657 空气和废气 颗粒物中铅等金属元素的测定 电感耦合等离子体质谱法 HJ 777 空气和废气 颗粒物中金属元素的测定 电感耦合等离子体发射光谱法
	锡及其化合物	HJ/T 65 大气固定污染源 锡的测定 石墨炉原子吸收分光光度法 HJ 657 空气和废气 颗粒物中铅等金属元素的测定 电感耦合等离子体质谱法 HJ 777 空气和废气 颗粒物中金属元素的测定 电感耦合等离子体发射光谱法
	铜及其化合物	HJ 657 空气和废气 颗粒物中铅等金属元素的测定 电感耦合等离子体质谱法 HJ 777 空气和废气 颗粒物中金属元素的测定 电感耦合等离子体发射光谱法
	锰及其化合物	HJ 657 空气和废气 颗粒物中铅等金属元素的测定 电感耦合等离子体质谱法 HJ 777 空气和废气 颗粒物中金属元素的测定 电感耦合等离子体发射光谱法
	砷及其化合物	HJ 540 固定污染源废气 砷的测定 二乙基二硫代氨基甲酸银分光光度法 HJ 657 空气和废气 颗粒物中铅等金属元素的测定 电感耦合等离子体质谱法 HJ 777 空气和废气 颗粒物中金属元素的测定 电感耦合等离子体发射光谱法 HJ 1133 环境空气和废气 颗粒物中砷、硒、铋、锑的测定 原子荧光法
	铊及其化合物	HJ 657 空气和废气 颗粒物中铅等金属元素的测定 电感耦合等离子体质谱法
	钴及其化合物	HJ 657 空气和废气 颗粒物中铅等金属元素的测定 电感耦合等离子体质谱法 HJ 777 空气和废气 颗粒物中金属元素的测定 电感耦合等离子体发射光谱法
	烟气黑度	HJ/T 398 固定污染源排放 烟气黑度的测定 林格曼烟气黑度图法
	硫酸雾	HJ 544 固定污染源废气 硫酸雾的测定 离子色谱法
	氯化氢	HJ/T 27 固定污染源排气中氯化氢的测定 硫氰酸汞分光光度法 HJ 548 固定污染源废气 氯化氢的测定 硝酸银容量法 HJ 549 环境空气和废气 氯化氢的测定 离子色谱法

类别	污染物	分析方法及来源
有组织排放废气	氟化氢	HJ 688　固定污染源废气　氟化氢的测定　离子色谱法
	二氧化硫	HJ/T 56　固定污染源排气中二氧化硫的测定　碘量法 HJ 57　固定污染源废气　二氧化硫的测定　定电位电解法 HJ 629　固定污染源废气　二氧化硫的测定　非分散红外吸收法 HJ 1131　固定污染源废气　二氧化硫的测定　便携式紫外吸收法
	氮氧化物	HJ/T 42　固定污染源排气中氮氧化物的测定　紫外分光光度法 HJ/T 43　固定污染源排气中氮氧化物的测定　盐酸萘乙二胺分光光度法 HJ 692　固定污染源废气　氮氧化物的测定　非分散红外吸收法 HJ 693　固定污染源废气　氮氧化物的测定　定电位电解法 HJ 1132　固定污染源废气　氮氧化物的测定　便携式紫外吸收法
	沥青烟	HJ/T 45　固定污染源排气中沥青烟的测定　重量法
	苯并[*a*]芘	HJ/T 40　固定污染源排气中苯并[*a*]芘的测定　高效液相色谱法 HJ 646　环境空气和废气　气相和颗粒物中多环芳烃的测定　气相色谱-质谱法 HJ 647　环境空气和废气　气相和颗粒物中多环芳烃的测定　高效液相色谱法
	苯、甲苯、二甲苯	HJ 734　固定污染源废气　挥发性有机物的测定　固相吸附-热脱附/气相色谱-质谱法
	非甲烷总烃	HJ 38　固定污染源废气　总烃、甲烷和非甲烷总烃的测定　气相色谱法
	二噁英类	HJ 77.2　环境空气和废气　二噁英类的测定　同位素稀释高分辨气相色谱-高分辨质谱法
	一氧化碳	HJ/T 44　固定污染源排气中一氧化碳的测定　非色散红外吸收法 HJ 973　固定污染源废气　一氧化碳的测定　定电位电解法
	硫化氢	GB/T 14678　空气质量　硫化氢、甲硫醇、甲硫醚和二甲二硫的测定　气相色谱法
无组织排放废气	颗粒物	GB/T 15432　环境空气　总悬浮颗粒物的测定　重量法
	氯化氢	HJ 549　环境空气和废气　氯化氢的测定　离子色谱法
	非甲烷总烃	HJ 604　环境空气　总烃、甲烷和非甲烷总烃的测定　直接进样-气相色谱法
	苯、甲苯、二甲苯	HJ 583　环境空气　苯系物的测定　固体吸附/热脱附-气相色谱法 HJ 584　环境空气　苯系物的测定　活性炭吸附/二硫化碳解吸-气相色谱法
	苯并[*a*]芘	HJ 646　环境空气和废气　气相和颗粒物中多环芳烃的测定　气相色谱-质谱法放废 HJ 647　环境空气和废气　气相和颗粒物中多环芳烃的测定　高效液相色谱法 HJ 956　环境空气　苯并[*a*]芘的测定　高效液相色谱法
	氨	HJ 533　环境空气和废气　氨的测定　纳氏试剂分光光度法 HJ 534　环境空气　氨的测定　次氯酸钠-水杨酸分光光度法 HJ 1076　环境空气　氨、甲胺、二甲胺和三甲胺的测定　离子色谱法
	硫化氢	GB/T 14678　空气质量　硫化氢、甲硫醇、甲硫醚和二甲二硫的测定　气相色谱法
	臭气浓度	GB/T 14675　空气质量　恶臭的测定　三点比较式臭袋法
废水	流量	HJ 91.1　污水监测技术规范 HJ/T 92　水污染物排放总量监测技术规范
	pH 值	HJ 1147　水质　pH 值的测定　电极法
	悬浮物	GB/T 11901　水质　悬浮物的测定　重量法
	化学需氧量	HJ/T 70　高氯废水　化学需氧量的测定　氯气校正法 HJ/T 132　高氯废水　化学需氧量的测定　碘化钾碱性高锰酸钾法 HJ/T 399　水质　化学需氧量的测定　快速消解分光光度法 HJ 828　水质　化学需氧量的测定　重铬酸盐法
	五日生化需氧量	HJ 505　水质　五日生化需氧量（BOD_5）的测定　稀释与接种法
	氨氮	HJ/T 195　水质　氨氮的测定　气相分子吸收光谱法 HJ 535　水质　氨氮的测定　纳氏试剂分光光度法 HJ 536　水质　氨氮的测定　水杨酸分光光度法 HJ 537　水质　氨氮的测定　蒸馏-中和滴定法 HJ 665　水质　氨氮的测定　连续流动-水杨酸分光光度法 HJ 666　水质　氨氮的测定　流动注射-水杨酸分光光度法

类别	污染物	分析方法及来源
废水	总氮	HJ 636　水质　总氮的测定　碱性过硫酸钾消解紫外分光光度法 HJ 667　水质　总氮的测定　连续流动-盐酸萘乙二胺分光光度法 HJ 668　水质　总氮的测定　流动注射-盐酸萘乙二胺分光光度法
	总磷	GB/T 11893　水质　总磷的测定　钼酸铵分光光度法 HJ 670　水质　磷酸盐和总磷的测定　连续流动-钼酸铵分光光度法 HJ 671　水质　总磷的测定　流动注射-钼酸铵分光光度法
	总有机碳	HJ 501　水质　总有机碳的测定　燃烧氧化-非分散红外吸收法
	石油类	HJ 637　水质　石油类和动植物油类的测定　红外分光光度法
	动植物油	HJ 637　水质　石油类和动植物油类的测定　红外分光光度法
	硫化物	GB/T 16489　水质　硫化物的测定　亚甲基蓝分光光度法 HJ/T 60　水质　硫化物的测定　碘量法 HJ/T 200　水质　硫化物的测定　气相分子吸收光谱法 HJ 824　水质　硫化物的测定　流动注射-亚甲基蓝分光光度法
	总氰化物	HJ 484　水质　氰化物的测定　容量法和分光光度法 HJ 659　水质　氰化物的测定　真空检测管-电子比色法 HJ 823　水质　氰化物的测定　流动注射-分光光度法
	挥发酚	HJ 502　水质　挥发酚的测定　溴化容量法 HJ 503　水质　挥发酚的测定　4-氨基安替比林分光光度法 HJ 825　水质　挥发酚的测定　流动注射-4-氨基安替比林分光光度法
	苯、甲苯、邻二甲苯、间二甲苯、对二甲苯、乙苯	HJ 639　水质　挥发性有机物的测定　吹扫捕集/气相色谱-质谱法 HJ 686　水质　挥发性有机物的测定　吹扫捕集/气相色谱法 HJ 810　水质　挥发性有机物的测定　顶空/气相色谱-质谱法
	苯并[*a*]芘	GB/T 11895　水质　苯并[*a*]芘的测定　乙酰化滤纸层析荧光分光光度法 HJ 478　水质　多环芳烃的测定　液液萃取和固相萃取高效液相色谱法
	总钒	GB/T 15503　水质　钒的测定　钽试剂（BPHA）萃取分光光度法 HJ 673　水质　钒的测定　石墨炉原子吸收分光光度法 HJ 700　水质　65 种元素的测定　电感耦合等离子体质谱法 HJ 776　水质　32 种元素的测定　电感耦合等离子体发射光谱法
	总铅	GB/T 7470　水质　铅的测定　双硫腙分光光度法 HJ 700　水质　65 种元素的测定　电感耦合等离子体质谱法 HJ 776　水质　32 种元素的测定　电感耦合等离子体发射光谱法
	总砷	GB/T 7485　水质　总砷的测定　二乙基二硫代氨基甲酸银分光光度法 HJ 694　水质　汞、砷、硒、铋和锑的测定　原子荧光法 HJ 700　水质　65 种元素的测定　电感耦合等离子体质谱法 HJ 776　水质　32 种元素的测定　电感耦合等离子体发射光谱法
	总镍	GB/T 11910　水质　镍的测定　丁二酮肟分光光度法 GB/T 11912　水质　镍的测定　火焰原子吸收分光光度法 HJ 700　水质　65 种元素的测定　电感耦合等离子体质谱法 HJ 776　水质　32 种元素的测定　电感耦合等离子体发射光谱法
	总汞	GB/T 7469　水质　总汞的测定　高锰酸钾-过硫酸钾消解法　双硫腙分光光度法 HJ 597　水质　总汞的测定　冷原子吸收分光光度法 HJ 694　水质　汞、砷、硒、铋和锑的测定　原子荧光法
	烷基汞	GB/T 14204　水质　烷基汞的测定　气相色谱法 HJ 977　水质　烷基汞的测定　吹扫捕集/气相色谱-冷原子荧光光谱法
	阴离子表面活性剂	GB/T 7494　水质　阴离子表面活性剂的测定　亚甲蓝分光光度法 GB/T 13199　水质　阴离子洗涤剂的测定　电位滴定法 HJ 826　水质　阴离子表面活性剂的测定　流动注射-亚甲基蓝分光光度法
噪声	厂界环境噪声	GB 12348　工业企业厂界环境噪声排放标准
注：验收监测分析方法选取原则按 HJ 819 相关规定执行。		

附　录　F
（资料性附录）
后续验收工作推荐方法

F.1　提出验收意见

F.1.1　成立验收工作组

建设单位组织成立的验收工作组可包括项目的环境保护设施设计单位、环境保护设施施工单位、环境监理单位（如有）、环境影响报告书（表）编制单位、验收监测报告（表）编制单位等技术支持单位和环境保护验收、行业、监测、质控等领域的技术专家。技术支持单位和技术专家的专业技术能力应足够支撑验收组对项目能否通过验收做出科学准确的结论。

F.1.2　现场核查

验收工作组现场核查工作目的是核查验收监测报告（表）内容的真实性和准确性，补充了解验收监测报告（表）中反映不全面或不详尽的内容，进一步了解项目特点和区域环境特征等。现场核查是得出验收意见的一种有效手段。现场核查要点可参照《关于印发建设项目竣工环境保护验收现场检查及审查要点的通知》（环办〔2015〕113 号）。

F.1.3　形成验收意见

验收工作组可以召开验收会议的方式，在现场核查和对验收监测报告（表）内容核查的基础上，严格依照国家有关法律法规、建设项目竣工环境保护（设施）验收技术规范、建设项目环境影响报告书（表）及其审批部门审批决定等要求对建设项目配套建设的环境保护设施进行验收，形成科学合理的验收意见。验收意见应当包括工程建设基本情况、工程变动情况、环境保护设施落实情况、环境保护设施调试运行效果、工程建设对环境的影响、项目存在的主要问题、验收结论和后续要求。对验收不合格的项目，验收意见中还应明确详细、具体可操作的整改要求。

验收意见格式、内容参见《建设项目竣工环境保护验收技术指南　污染影响类》（生态环境部公告 2018 年　第 9 号）附件中附录 4。

F.2　编制“其他需要说明的事项”

“其他需要说明的事项”是验收报告的组成部分，建设单位应在“其他需要说明的事项”中如实记载项目的环境保护设施设计、施工、验收过程简况，排污许可证执行情况和区域削减方案落实情况，环境影响报告书（表）及其审批部门审批决定中提出的除环境保护设施外的其他环境保护措施的实施情况以及整改工作情况等。具体内容及要求参见《建设项目竣工环境保护验收技术指南　污染影响类》（生态环境部公告　2018 年　第 9 号）附件中附录 5。

F.3　形成验收报告

验收报告是记录建设项目竣工环境保护验收过程和结果的汇总文件，包括验收监测报告、验收意见和“其他需要说明的事项”三项内容。

F.4 信息公开及上报

F.4.1 信息公开

除需要保密的情形外，建设单位应就项目建设情况向社会公开下列信息，并保存相关公开记录证明。

a）项目配套建设的环境保护设施竣工后，公开竣工日期。

b）项目配套建设的环境保护设施进行调试前，公开调试的起止日期。

c）验收报告编制完成后 5 个工作日内，公开验收报告，公示期限不少于 20 个工作日。

d）公开上述信息的同时，还应向所在地县级以上生态环境主管部门报送相关信息，并接受监督检查。

F.4.2 信息上报

验收报告编制完成且公示期满后 5 个工作日内，建设单位需登录全国建设项目竣工环境保护验收信息平台，填报建设项目基本信息、环境保护设施验收情况等相关信息。

F.4.3 平台登记

F.4.3.1 全国建设项目竣工环境保护验收信息系统平台

全国建设项目竣工环境保护验收信息系统平台的网址为 http：//114.251.10.205。

建设单位需登录平台，逐项、据实填报“建设项目基本信息”“工程变动情况”“环境保护设施落实情况”“环境保护对策措施落实情况”“工程建设对周边环境的影响”“验收结论”等相关信息。

相关填报要求及方法可登录平台下载《建设项目竣工环境保护验收信息系统使用说明——建设单位用户》。

F.4.3.2 注意事项

信息填报需注意以下事项：

a）建设单位可自行填报或委托相关技术单位填报信息，建设单位对填报信息的真实性、准确性和完整性负责。

b）每个社会信用代码（或组织代码）只能申请一个账户。建设单位自行填报或委托填报，皆应通过建设单位账户完成。

c）平台信息填报提交前应仔细核对、确保准确、保持前后一致，完成提交后所有填报内容仅有一次修改机会。

d）若提交后发现相关内容有误，应在平台上提交修改申请并附说明材料，待申请通过后，在 5 个工作日内完成修改。

F.5 档案留存

建设单位完成项目验收工作后，应建立项目验收档案、存档备查。验收档案应包括但不限于：

a）环境影响报告书（表）及其审批部门审批决定。

b）设计资料环境保护部分或环境保护设计方案、施工合同（环境保护部分）。

c）环境监理报告或施工监理报告（环境保护部分）（若有）。

d）工程竣工资料（环境保护部分）。

e）验收报告（含验收监测报告、验收意见和其他需要说明的事项）、信息公开记录证明（需要保密的除外）。

f）验收监测数据报告及相关原始记录等；自行开展监测的，应留存相关的采样、分析原始记录、报告审核记录等；委托其他有能力的监测机构开展监测的，还应留存委托合同、责任约定等关键材料。

g）建设单位成立验收工作组协助开展验收工作的，可留存验收工作组单位及成员名单、技术专家专长介绍等材料。

第四部分

生态环境技术类

一、污染防治技术政策

挥发性有机物（VOCs）污染防治技术政策

环境保护部公告　2013年第31号

一、总则

（一）为贯彻《中华人民共和国环境保护法》《中华人民共和国大气污染防治法》等法律法规，防治环境污染，保障生态安全和人体健康，促进挥发性有机物（VOCs）污染防治技术进步，制定本技术政策。

（二）本技术政策为指导性文件，供各有关单位在环境保护工作中参照采用。

（三）本技术政策提出了生产VOCs物料和含VOCs产品的生产、储存运输销售、使用、消费各环节的污染防治策略和方法。VOCs来源广泛，主要污染源包括工业源、生活源。

工业源主要包括石油炼制与石油化工、煤炭加工与转化等含VOCs原料的生产行业，油类（燃油、溶剂等）储存、运输和销售过程，涂料、油墨、胶粘剂、农药等以VOCs为原料的生产行业，涂装、印刷、粘合、工业清洗等含VOCs产品的使用过程；生活源包括建筑装饰装修、餐饮服务和服装干洗。

石油和天然气开采业、制药工业以及机动车排放的VOCs污染防治可分别参照相应的污染防治技术政策。

（四）VOCs污染防治应遵循源头和过程控制与末端治理相结合的综合防治原则。在工业生产中采用清洁生产技术，严格控制含VOCs原料与产品在生产和储运销过程中的VOCs排放，鼓励对资源和能源的回收利用；鼓励在生产和生活中使用不含VOCs的替代产品或低VOCs含量的产品。

（五）通过积极开展VOCs摸底调查、制修订重点行业VOCs排放标准和管理制度等文件、加强VOCs监测和治理、推广使用环境标志产品等措施，到2015年，基本建立起重点区域VOCs污染防治体系；到2020年，基本实现VOCs从原料到产品、从生产到消费的全过程减排。

二、源头和过程控制

（六）在石油炼制与石油化工行业，鼓励采用先进的清洁生产技术，提高原油的转化和利用效率。对于设备与管线组件、工艺排气、废气燃烧塔（火炬）、废水处理等过程产生的含VOCs废气污染防治技术措施包括：

1．对泵、压缩机、阀门、法兰等易发生泄漏的设备与管线组件，制定泄漏检测与修复（LDAR）计划，定期检测、及时修复，防止或减少“跑、冒、滴、漏”现象；

2．对生产装置排放的含VOCs工艺排气宜优先回收利用，不能（或不能完全）回收利用的经处理后达标排放；应急情况下的泄放气可导入燃烧塔（火炬），经过充分燃烧后排放；

3．废水收集和处理过程产生的含VOCs废气经收集处理后达标排放。

（七）在煤炭加工与转化行业，鼓励采用先进的清洁生产技术，实现煤炭高效、清洁转化，并重点识别、排查工艺装置和管线组件中VOCs泄漏的易发位置，制定预防VOCs泄漏和处置紧急事件的措施。

（八）在油类（燃油、溶剂）的储存、运输和销售过程中的VOCs污染防治技术措施包括：

1．储油库、加油站和油罐车宜配备相应的油气收集系统，储油库、加油站宜配备相应的油气回收系统；

2．油类（燃油、溶剂等）储罐宜采用高效密封的内（外）浮顶罐，当采用固定顶罐时，通过密闭排气系统将含VOCs气体输送至回收设备；

3．油类（燃油、溶剂等）运载工具（汽车油罐车、铁路油槽车、油轮等）在装载过程中排放的VOCs密闭收集输送至回收设备，也可返回储罐或送入气体管网。

（九）涂料、油墨、胶粘剂、农药等以VOCs为原料的生产行业的VOCs污染防治技术措施包括：

1．鼓励符合环境标志产品技术要求的水基型、无有机溶剂型、低有机溶剂型的涂料、油墨和胶粘剂等的生产和销售；

2．鼓励采用密闭一体化生产技术，并对生产过程中产生的废气分类收集后处理。

（十）在涂装、印刷、粘合、工业清洗等含VOCs产品的使用过程中的VOCs污染防治技术措施包括：

1．鼓励使用通过环境标志产品认证的环保型涂料、油墨、胶粘剂和清洗剂；

2．根据涂装工艺的不同，鼓励使用水性涂料、高固份涂料、粉末涂料、紫外光固化（UV）涂料等环保型涂料；推广采用静电喷涂、淋涂、辊涂、浸涂等效率较高的涂装工艺；应尽量避免无VOCs净化、回收措施的露天喷涂作业；

3．在印刷工艺中推广使用水性油墨，印铁制罐行业鼓励使用紫外光固化（UV）油墨，书刊印刷行业鼓励使用预涂膜技术；

4．鼓励在人造板、制鞋、皮革制品、包装材料等粘合过程中使用水基型、热熔型等环保型胶粘剂，在复合膜的生产中推广无溶剂复合及共挤出复合技术；

5．淘汰以三氟三氯乙烷、甲基氯仿和四氯化碳为清洗剂或溶剂的生产工艺。清洗过程中产生的废溶剂宜密闭收集，有回收价值的废溶剂经处理后回用，其他废溶剂应妥善处置；

6．含VOCs产品的使用过程中，应采取废气收集措施，提高废气收集效率，减少废气的无组织排放与逸散，并对收集后的废气进行回收或处理后达标排放。

（十一）建筑装饰装修、服装干洗、餐饮油烟等生活源的VOCs污染防治技术措施包括：

1．在建筑装饰装修行业推广使用符合环境标志产品技术要求的建筑涂料、低有机溶剂型木器漆和胶粘剂，逐步减少有机溶剂型涂料的使用；

2．在服装干洗行业应淘汰开启式干洗机的生产和使用，推广使用配备压缩机制冷溶剂回收系统的封闭式干洗机，鼓励使用配备活性炭吸附装置的干洗机；

3．在餐饮服务行业鼓励使用管道煤气、天然气、电等清洁能源；倡导低油烟、低污染、低能耗的饮食方式。

三、末端治理与综合利用

（十二）在工业生产过程中鼓励VOCs的回收利用，并优先鼓励在生产系统内回用。

（十三）对于含高浓度VOCs的废气，宜优先采用冷凝回收、吸附回收技术进行回收利用，并辅助以其他治理技术实现达标排放。

（十四）对于含中等浓度VOCs的废气，可采用吸附技术回收有机溶剂，或采用催化燃烧和热力焚烧技术净化后达标排放。当采用催化燃烧和热力焚烧技术进行净化时，应进行余热回收利用。

（十五）对于含低浓度VOCs的废气，有回收价值时可采用吸附技术、吸收技术对有机溶剂回收后达标排放；不宜回收时，可采用吸附浓缩燃烧技术、生物技术、吸收技术、等离子体技术或紫外光高级氧化技术等净化后达标排放。

（十六）含有有机卤素成分VOCs的废气，宜采用非焚烧技术处理。

（十七）恶臭气体污染源可采用生物技术、等离子体技术、吸附技术、吸收技术、紫外光高级氧化技术或组合技术等进行净化。净化后的恶臭气体除满足达标排放的要求外，还应采取高空排放等措施，避免产生扰民问题。

（十八）在餐饮服务业推广使用具有油雾回收功能的油烟抽排装置，并根据规模、场地和气候条件等采用高效油烟与VOCs净化装置净化后达标排放。

（十九）严格控制 VOCs 处理过程中产生的二次污染，对于催化燃烧和热力焚烧过程中产生的含硫、氮、氯等无机废气，以及吸附、吸收、冷凝、生物等治理过程中所产生的含有机物废水，应处理后达标排放。

（二十）对于不能再生的过滤材料、吸附剂及催化剂等净化材料，应按照国家固体废物管理的相关规定处理处置。

四、鼓励研发的新技术、新材料和新装备

鼓励以下新技术、新材料和新装备的研发和推广：

（二十一）工业生产过程中能够减少 VOCs 形成和挥发的清洁生产技术。

（二十二）旋转式分子筛吸附浓缩技术、高效蓄热式催化燃烧技术（RCO）和蓄热式热力燃烧技术（RTO）、氮气循环脱附吸附回收技术、高效水基强化吸收技术，以及其他针对特定有机污染物的生物净化技术和低温等离子体净化技术等。

（二十三）高效吸附材料（如特种用途活性炭、高强度活性炭纤维、改性疏水分子筛和硅胶等）、催化材料（如广谱性 VOCs 氧化催化剂等）、高效生物填料和吸收剂等。

（二十四）挥发性有机物回收及综合利用设备。

五、运行与监测

（二十五）鼓励企业自行开展 VOCs 监测，并及时主动向当地环保行政主管部门报送监测结果。

（二十六）企业应建立健全 VOCs 治理设施的运行维护规程和台账等日常管理制度，并根据工艺要求定期对各类设备、电气、自控仪表等进行检修维护，确保设施的稳定运行。

（二十七）当采用吸附回收（浓缩）、催化燃烧、热力焚烧、等离子体等方法进行末端治理时，应编制本单位事故火灾、爆炸等应急救援预案，配备应急救援人员和器材，并开展应急演练。

二、清洁生产/循环经济相关标准

HJ

中华人民共和国环境保护行业标准

HJ/T 125—2003

清洁生产标准　石油炼制业

Cleaner production standard Petroleum refinery industry

2003-04-18 发布　　2003-06-01 实施

国家环境保护总局　发布

前 言

为贯彻实施《中华人民共和国环境保护法》和《中华人民共和国清洁生产促进法》，进一步推动中国的清洁生产，防止生态破坏，保护人民健康，促进经济发展，并为炼油厂开展清洁生产提供技术支持和导向，制订本标准。

本标准为推荐性标准，可用于燃料型炼油厂的清洁生产审核和清洁生产潜力与机会的判断，以及清洁生产绩效评定和清洁生产绩效公告制度。燃料-润滑油型、燃料-化工型石油炼制企业可参照执行。

在达到国家和地方环境标准的基础上，本标准根据当前的行业技术，装备水平和管理水平而制订，共分为三级，一级代表国际清洁生产先进水平，二级代表国内清洁生产先进水平，三级代表国内清洁生产基本水平。随着技术的不断进步和发展，本标准也将不断修订，一般每 3～5 年修订一次。

根据清洁生产的一般要求，清洁生产指标原则上分为生产工艺与装备要求、资源能源利用指标、产品指标、污染物产生指标（末端处理前）、废物回收利用指标和环境管理要求等六项。考虑到石油炼制业的特点，本标准对石油炼制业的清洁生产指标定为生产工艺与装备要求、资源能源利用指标、污染物产生指标（末端处理前）、产品指标、环境管理要求 5 项指标，同时对石油炼制业污染物产生量大的生产装置提出清洁生产标准，分别为常减压装置、催化裂化装置和焦化装置。生产装置的清洁生产标准则根据装置特点选择 3 项指标。

本标准由国家环境保护总局科技标准司提出。

本标准由辽宁省清洁生产中心、中国石油化工集团公司清洁生产技术中心负责起草。

本标准由国家环境保护总局负责解释。

本标准为首次发布，自 2003 年 6 月 1 日起实施。

清洁生产标准 石油炼制业

1 范围

本标准适用于石油炼制业燃料型炼油厂的清洁生产审核、清洁生产潜力与机会的判断、清洁生产绩效评定和清洁生产绩效公告制度。燃料-润滑油型、燃料-化工型石油炼制企业可参照执行。

2 规范性引用文件

以下标准和规范所含条文，在本标准中被引用即构成本标准的条文，与本标准同效。

GB 252—2000 轻柴油

GB 17930—1999 车用无铅汽油

GB/T 15262—1994 空气质量 二氧化硫的测定 甲醛吸收-副玫瑰苯胺分光光度法

GB/T 16157—1996 固定污染源排气中颗粒物测定与气态污染物采样方法

GB/T 16488—1996 水质 石油类和动植物油的测定 红外光度法

GB/T 16489—1996 水质 硫化物的测定 亚甲基蓝分光光度法

《世界燃油规范》

当上述标准和规范被修订时，应使用其最新版本。

3 定义

3.1 清洁生产

清洁生产是指不断采取改进设计、使用清洁的能源和原料、采用先进的工艺技术与设备、改善管理、综合利用等措施，从源头削减污染，提高资源利用效率，减少或者避免生产、服务和产品使用过程中污染物的产生和排放，以减轻或消除对人类健康和环境的危害。

3.2 石油炼制业

以石油为原料，加工生产燃料油、润滑油等产品的全过程。石油炼制业不含石化有机原料、合成树脂、合成橡胶、合成纤维以及化肥的生产。

3.3 石油炼制取水量

用于石油炼制生产，从各种水源中提取的水量。取水量以所有进入石油炼制的水及水的产品的一级计量表的计量为准。

3.4 净化水回用率

含硫污水汽提净化水回用于生产装置的量占净化水总量的百分比。

3.5 原料加工损失率

生产装置在加工过程中的原料损失量占原料加工总量的百分比。

3.6 污染物产生指标

包括水污染物产生指标和气污染物产生指标。水污染物产生指标是指污水处理装置入口的污水量和污染物种类、单排量或浓度。气污染物产生指标是指废气处理装置入口的废气量和污染物种类、单排量或浓度。

3.7 含油污水

在原油加工过程中与油品接触的冷凝水、介质水、生成水、油品洗涤水、油泵轴封水等，主要污染物是油，还含有硫化物、挥发酚、氰化物等污染物。

3.8 含硫污水

来源于加工装置分离罐的排水、富气洗涤水等，含有较高的硫化物、氨的污水。同时含有挥发酚、氰化物和石油类等污染物。

3.9 污水单排量

企业（装置）每加工 1 t 原油（原料）产生的污水量，即去污水处理厂进行末端治理的水量。

3.10 综合能耗

加工每吨原料所消耗的各种能源折合为标油的量。

3.11 单耗量

装置每加工 1 t 原油所使用或消耗的其他原辅材料的量，包括水、蒸汽、催化剂等。

3.12 生产装置新鲜水用量

生产装置每加工 1 t 原料所消耗的生产给水量（不包括循环水、软化水、脱盐水等）。

3.13 假定净水

不经处理可以直接排放的废水。

4 要求

4.1 指标分级

本标准共给出了石油炼制业生产过程清洁生产水平的三级技术指标：

一级：国际清洁生产先进水平；

二级：国内清洁生产先进水平；

三级：国内清洁生产基本水平。

4.2 指标要求

石油炼制业企业清洁生产标准的指标要求见表 1；

常减压装置清洁生产标准的指标要求见表 2；

催化裂化装置清洁生产标准的指标要求见表 3；

焦化装置清洁生产标准的指标要求见表 4。

表 1 石油炼制业清洁生产标准

指标	一级	二级	三级
一、生产工艺与装备要求	- 年加工原油能力大于 250 万 t/a； - 排水系统划分正确，未受污染的雨水和工业废水全部进入假定净化水系统； - 特殊水质的高浓度污水（如含硫污水、含碱污水等）有独立的排水系统和预处理设施； - 轻油（原油、汽油、柴油、石脑油）储存使用浮顶罐； - 设有硫回收设施； - 废碱渣回收粗酚或环烷酸； - 废催化剂全部得到有效处置		
二、资源能源利用指标			
1. 综合能耗（标油/原油）/（kg /t）	≤80	≤85	≤95
2. 取水量（水/原油）/（t/t）	≤1.0	≤1.5	≤2.0
3. 净化水回用率/%	≥65	≥60	≥50
三、污染物产生指标[注1]			
1. 石油类/（kg/t）	≤0.025	≤0.2	≤0.45
2. 硫化物/（kg/t）	≤0.005	≤0.02	≤0.045
3. 挥发酚/（kg/t）	≤0.01	≤0.04	≤0.09
4. COD/（kg/t）	≤0.2	≤0.5	≤0.9
5.工业废水产生量/（t/t）	≤0.5	≤1.0	≤1.5
四、产品指标			
1. 汽油	产量的 50%达到《世界燃油规范》Ⅱ类标准	符合 GB 17930—1999 产品技术规范	
2. 轻柴油	产量的 30%达到《世界燃油规范》Ⅱ类标准	符合 GB 252—2000 产品技术规范	
五、环境管理要求			
1. 环境法律法规标准	符合国家和地方有关环境法律、法规，总量控制和排污许可证管理要求；污染物排放达到国家和地方排放标准：污水综合排放标准（GB 8978—1996）、工业炉窑大气污染物排放标准（GB 9078—1996）、大气污染物综合排放标准（GB 16297—1996）		
2. 组织机构	设专门环境管理机构和专职管理人员		
3. 环境审核	按照石油化工企业清洁生产审核指南的要求进行审核；按照 ISO 14001（或相应的 HSE）建立并运行环境管理体系，环境管理手册、程序文件及作业文件齐备	按照石油化工企业清洁生产审核指南的要求进行审核；环境管理制度健全，原始记录及统计数据齐全有效	
4. 废物处理		用符合国家规定的废物处置方法处置废物； 严格执行国家或地方规定的废物转移制度。对危险废物要建立危险废物管理制度，并进行无害化处理	

指标	一级	二级	三级
5. 生产过程环境管理		1. 每个生产装置要有操作规程，对重点岗位要有作业指导书；易造成污染的设备和废物产生部位要有警示牌；对生产装置进行分级考核 2. 建立环境管理制度其中包括： - 开停工及停工检修时的环境管理程序； - 新、改、扩建项目环境管理及验收程序； - 储运系统油污染控制制度； - 环境监测管理制度； - 污染事故的应急程序； - 环境管理记录和台账	1. 每个生产装置要有操作规程，对重点岗位要有作业指导书；对生产装置进行分级考核 2. 建立环境管理制度其中包括： - 开停工及停工检修时的环境管理程序； - 新、改、扩建项目环境管理及验收程序； - 环境监测管理制度； - 污染事故的应急程序
6. 相关方环境管理		- 原材料供应方的环境管理； - 协作方、服务方的环境管理程序	- 原材料供应方的环境管理程序
注 1：指单位原油的废水、污染物产生量。			

表 2 常减压装置清洁生产标准

指标		一级	二级	三级
一、生产工艺与装备要求		- 采用“三顶”瓦斯气回收技术； - 加热炉采用节能技术； - 采用 DCS 仪表控制系统； - 现场设密闭采样设施		
二、资源能源利用指标				
1. 综合能耗（标油/原油）/（kg/t）		燃料油型≤10 润滑油型≤11	燃料油型≤12 润滑油型≤12.5	燃料油型≤13 润滑油型≤14.5
2. 新鲜水用量（水/原油）/（t/t）		≤0.05	≤0.1	≤0.15
3. 原料加工损失率/%		≤0.1	≤0.2	≤0.3
三、污染物产生指标				
1.含油污水	3.1.1 单排量/（kg/t）注1	≤20	≤40	≤60
	3.1.2 石油类含量/（mg/L）	≤50	≤100	≤150
2.含硫污水	3.2.1 单排量/（kg/t）注1	≤27	≤35	≤44
	3.2.2 石油类含量/（mg/L）	≤80	≤140	≤200
3. 加热炉烟气中的 SO_2 含量（标态）/（mg/m^3）		≤100	≤300	≤550
注 1：指单位原料单排量。				

表 3 催化裂化装置清洁生产标准

指标	一级			二级			三级		
一、生产工艺与装备要求	- 采用提升管催化裂化工艺； - 设烟气能量回收设备； - 采用 DCS 仪表控制系统； - 现场设密闭采样设施								
二、资源能源利用指标	掺渣量比率			掺渣量比率			掺渣量比率		
	<35%	35%～70%	>70%	<35%	35%～70%	>70%	<35%	35%～70%	>70%
1. 综合能耗，kg 标油/t 原料	≤62	≤65	≤73	≤65	≤73	≤80	≤68	≤80	≤95
2. 催化剂单耗，kg/t 原料	≤0.40	≤0.60	≤0.80	≤0.50	≤0.70	≤1.0	≤0.60	≤0.90	≤1.4
3. 原料加工损失率，%	≤0.40	≤0.50	≤0.60	≤0.50	≤0.65	≤0.75	≤0.60	≤0.75	≤0.85
三、污染物产生指标	掺渣量比率			掺渣量比率			掺渣量比率		
	<35%	35%～70%	≥70%	<35%	35%～70%	>70%	<35%	35%～70%	>70%
1. 含油污水 单排量/（kg/t）注1	≤120	≤120	≤120	≤160	≤160	≤200	≤200	≤200	≤250
1. 含油污水 石油类含量/（mg/L）	≤100	≤130	≤150	≤140	≤170	≤200	≤200	≤220	≤250
2. 含硫污水 单排量/（kg/t）注1	≤100	≤100	≤100	≤120	≤120	≤150	≤150	≤150	≤200
2. 含硫污水 石油类含量/（mg/L）	≤80	≤100	≤120	≤150	≤200	≤280	≤200	≤280	≤350
3. 催化再生烟气中 SO_2 含量（标态）/（mg/m^3）	≤550	≤550	≤550	≤800	≤1 000	≤1 200	≤1 200	≤1 400	≤1 600
4. 催化再生烟气中粉尘含量（标态）/（mg/m^3）	≤100	≤100	≤100	≤150	≤170	≤180	≤160	≤180	≤190
注 1：指单位原料单排量。									

表 4 焦化装置清洁生产标准

指标	一级	二级	三级
一、生产工艺与装备要求	- 焦碳塔采用密闭式冷焦、除焦工艺； - 冷焦水密闭循环处理工艺； - 采用 DCS 仪表控制系统； - 设密闭采样设施； - 设雨水系统； - 处理部分污水处理厂废渣		
二、资源能源利用指标			
1. 综合能耗（标油/原油）/（kg/t）	≤25.0 含吸收稳定≤30.0	≤28.0 含吸收稳定≤32.0	≤31.0 含吸收稳定≤35.0
2. 新鲜水用量（水/原油）/（t/t）	≤0.12	≤0.2	≤0.3
3. 原料加工损失率/%	≤0.5	≤0.8	≤1.2
三、污染物产生指标			
1. 含油污水 单排量/（kg/t）注1	≤130	≤150	≤180
1. 含油污水 石油类含量/（mg/L）	≤200	≤300	≤500
2. 含硫污水 单排量/（kg/t）注1	≤50	≤100	≤180
2. 含硫污水 石油类含量/（mg/L）	≤400	≤800	≤1 100
3. 加热炉烟气中的 SO_2 含量，mg/Nm^3	≤500	≤600	≤750
注 1：指单位原料单排量。			

5 数据采集和计算方法

本标准所设计的各项指标均采用石油炼制业和环境保护部门最常用的指标，易于理解和执行。

5.1 本标准各项指标的采样和监测按照国家标准监测方法执行。

5.2 以下给出各项指标的计算方法。

5.2.1 原料加工损失率

$$\text{原料加工损失率}(\%)=\frac{\text{装置的年原料损失量(t)}}{\text{装置的年原料加工量(t)}}\times 100$$

5.2.2 污水单排量

$$\text{污水单排量(kg污水 / t原料)}=\frac{\text{装置每年产生的污水总量(去污水处理厂的总量)(kg)}}{\text{装置的年加工原料量(t)}}$$

5.2.3 污染物单排量

$$\text{污染物单排量(kg污染物 / t原料)}=\frac{\text{装置年去污水处理厂污水中某污染物的总量(kg)}}{\text{装置的年加工原料量(t)}}$$

5.2.4 新鲜水单耗

$$\text{新鲜水单耗(t污水 / t原料)}=\frac{\text{装置年新鲜水用量(t)}}{\text{装置的年加工原料量(t)}}$$

5.2.5 取水量

$$\text{石油炼制取水量(t)}=\text{自建供水设施取水量(t)}+\text{外购水量(t)}-\text{外供水量(t)}$$

5.2.6 加工吨原油取水量

$$\text{加工吨原油取水量(t/t)}=\frac{\text{在一定的计量时间内, 石油炼制的取水量(t)}}{\text{在相应的计量时间内, 石油炼制的原油加工量(t)}}$$

6 标准的实施

本标准由各级人民政府环境保护行政主管部门负责组织实施。

HJ

中华人民共和国国家环境保护标准

HJ 443—2008

清洁生产标准　石油炼制业（沥青）

Cleaner production standard

Petroleum refinery industry (semi-asphaltic flux)

2008-09-27 发布　　　　2008-11-01 实施

环　境　保　护　部 发布

前 言

为贯彻《中华人民共和国环境保护法》和《中华人民共和国清洁生产促进法》，保护环境，为石油炼制行业（沥青）生产企业开展清洁生产提供技术支持和导向，制定本标准。

本标准规定了在达到国家和地方环境标准的基础上，根据当前的行业技术、装备水平和管理水平，石油炼制业沥青生产企业清洁生产的一般要求。本标准分三级，一级代表国际清洁生产先进水平，二级代表国内清洁生产先进水平，三级代表国内清洁生产基本水平。随着技术的不断进步和发展，本标准也将不断修订，一般3～5年修订一次。

本标准为首次发布。

本标准由环境保护部科技标准司组织制订。

本标准起草单位：中国石油化工集团公司清洁生产技术中心、中国环境科学研究院、北京科林蓝宇环境技术有限公司。

本标准环境保护部2008年9月27日批准。

本标准自2008年11月1日起实施。

本标准由环境保护部解释。

清洁生产标准　石油炼制业（沥青）

1　适用范围

本标准适用于石油炼制业（沥青）清洁生产的一般要求。本标准将清洁生产标准分为四类，即生产工艺与装备要求、资源能源利用指标、污染物产生指标（末端处理前）和环境管理要求。

本标准适用于以石油为原料用连续氧化法（氧化沥青装置）和溶剂法（丙烷、丁烷脱沥青装置）生产沥青企业的清洁生产审核、清洁生产潜力与机会的判断、清洁生产绩效评定和清洁生产绩效公告制度，也适用于环境影响评价和排污许可证等环境管理制度。以蒸馏法生产沥青的企业不适用本标准。

2　规范性引用文件

本标准内容引用了下列文件中的条款。凡是不注日期的引用文件，其有效版本适用于本标准。

GB 8971—88　空气质量　飘尘中苯并[a]芘的测定　乙酰化滤纸层析荧光分光光度法

GB 11914—89　水质　化学需氧量的测定　重铬酸盐法

GB/T 16488—1996　水质　石油类和动植物油的测定　红外光度法

GB/T 24001　环境管理体系要求及使用指南

3　术语和定义

下列术语和定义适用于本标准。

3.1　清洁生产

指不断采取改进设计、使用清洁的能源和原料，采用先进的工艺技术与设备、改善管理、综合利用等措施，从源头削减污染，提高资源利用效率，减少或者避免生产、服务和产品使用过程中污染物的产生和排放，以减轻或者消除对人类健康和环境的危害。

3.2　石油炼制业（沥青）

指以石油为原料，通过化学或物理加工成为沥青产品的生产过程。不包括天然沥青、煤焦油沥青及沥青制品。

3.3　原料加工损失率

指生产装置在加工过程中的原料损失量占原料加工总量的百分比。

3.4　污染物产生指标（末端处理前）

即产污系数，指单位产品生产（或加工）过程中，产生污染物的量（末端处理前）。包括水污染物产生指标和气污染物产生指标。水污染物产生指标是指未经过处理的污水量和主要污染物种类、单排量或浓度。气污染物产生指标是指废气处理装置入口的废气量和污染物种类、单排量或浓度；没有废气处理装置的指有组织排放口排入环境的废气量和污染物种类、单排量或浓度。

3.5 含油污水

指在原油加工过程中与油品接触的冷凝水、介质水、油品洗涤水、油泵轴封水等，主要污染物是石油类和化学需氧量（COD）。

3.6 污水单排量

指装置每加工单位原料所产生的污水量。

3.7 综合能耗

指加工单位原料所消耗的各种能源折合为标油的量。

3.8 单位用水量

指装置每加工单位原料所用水量，包括新水量和重复利用水量（生产过程中已用过的水，无需处理或经过处理再用于原系统代替新水的水量）。

4 规范性技术要求

4.1 指标分级

本标准共给出了石油炼制业（沥青）生产过程清洁生产水平的三级技术指标：

一级：国际清洁生产先进水平；

二级：国内清洁生产先进水平；

三级：国内清洁生产基本水平。

4.2 指标要求

氧化沥青装置清洁生产指标要求见表 1。溶剂脱沥青装置清洁生产指标要求见表 2。

表 1 氧化沥青装置清洁生产指标要求

指标		一级	二级	三级
一、生产工艺与装备要求				
生产工艺、装备		氧化尾气要有预处理，回收尾气中的油相成分，不能使油相进入焚烧炉。综合利用尾气焚烧的热能； 加热炉采用节能技术； 采用 DCS 仪表控制系统； 采样口安装在线采样器	氧化尾气要有预处理，回收尾气中的油相成分，不能使油相进入焚烧炉。综合利用尾气焚烧的热能； 加热炉采用节能技术； 采用 DCS 仪表控制系统； 采样口安装在线采样器	氧化尾气要有预处理，回收尾气中的油相成分，不能使油相进入焚烧炉。综合利用尾气焚烧的热能； 加热炉采用节能技术； 采用安全可靠仪表控制系统； 现场采样用有防止污染设施
二、资源能源利用指标				
1. 综合能耗（以标油计），kg/t①		≤20.0	≤25.0	≤30.0
2. 加工损失率，%		≤0.15	≤0.25	≤0.35
3. 单位用水量，t/t①		0.05	0.070	0.100
三、污染物产生指标（末端治理前）				
1. 含油污水	单排量，t/t①	≤0.036	≤0.040	≤0.045
	石油类含量，mg/L	≤180	≤220	≤240

<table>
<tr><th>指标</th><th>一级</th><th>二级</th><th>三级</th></tr>
<tr><td>2. 加热炉燃料中硫含量控制指标</td><td>加热炉燃料为脱硫燃料油时，硫含量应≤0.5%（质量分数）；加热炉燃料为脱硫燃料气时，硫含量应低于 100 mg/m^3</td><td colspan="2">加热炉燃料为脱硫燃料油时，硫含量应在 0.5%～1.0%（质量分数）；加热炉燃料为脱硫燃料气时，硫含量应低于 100 mg/m^3</td></tr>
<tr><td>3. 氧化尾气中的苯并[a]芘含量②，mg/m^3</td><td>$\leqslant 0.01\times10^{-3}$</td><td>$\leqslant 0.1\times10^{-3}$</td><td>$\leqslant 0.3\times10^{-3}$</td></tr>
<tr><td colspan="4">四、环境管理要求</td></tr>
<tr><td>1. 环境法律法规标准</td><td colspan="3">符合国家和地方有关环境法律、法规，总量控制和排污许可证管理要求；污染物排放达到国家和地方排放标准</td></tr>
<tr><td>2. 组织机构</td><td colspan="3">设专门环境管理机构和专职管理人员</td></tr>
<tr><td>3. 环境审核</td><td rowspan="2">按照《石油炼制业清洁生产审核指南》要求进行了清洁生产审核，并全部实施了无、低费方案。通过 GB/T 24001 环境管理体系认证</td><td colspan="2">按照《石油炼制业清洁生产审核指南》要求进行审核；环境管理制度健全，原始记录及统计数据齐全有效</td></tr>
<tr><td>4. 固体废物处理处置</td><td colspan="2">采用国家规定或行业推荐的固废处置方法进行安全处置；严格执行国家或地方规定的废物转移制度；
对危险废物要建立危险废物管理制度，并进行无害化处理</td></tr>
<tr><td>5. 生产过程环境管理</td><td></td><td>1. 每个生产装置要有操作规程，对重点岗位要有作业指导书；易造成污染的设备和废物产生部位要有警示牌；对生产装置进行分级考核。
2. 建立环境管理制度主要包括：
开停工及检修时的环境管理程序；
新、改、扩建项目环境管理及验收程序；
储运系统油污染控制制度；
环境监测管理制度；
污染事故的应急程序；
环境管理记录和台账</td><td>1. 每个生产装置要有操作规程，对重点岗位要有作业指导书；对生产装置进行分级考核。
2. 建立环境管理制度主要包括：
开停工及检修时的环境管理程序；
新、改、扩建项目环境管理及验收程序；
环境监测管理制度；污染事故的应急程序；
环境管理记录和台账</td></tr>
<tr><td>6. 相关方环境管理</td><td></td><td>原材料供应方的环境管理；
协作方、服务方的环境管理程序</td><td>原材料供应方的环境管理；
协作方、服务方的环境管理程序</td></tr>
<tr><td colspan="3">注：①以单位原料计；②氧化尾气中的苯并[a]芘含量为产生量。</td><td></td></tr>
</table>

表 2　溶剂脱沥青装置清洁生产指标要求

<table>
<tr><th>指标</th><th>一级</th><th>二级</th><th>三级</th></tr>
<tr><td colspan="4">一、生产工艺与装备要求</td></tr>
<tr><td>生产工艺、装备</td><td>压缩机冷凝水循环利用；
加热炉采用节能技术；
采用 DCS 仪表控制系统；
采样口安装在线采样器</td><td>压缩机冷凝水循环利用；
加热炉采用节能技术；
采用 DCS 仪表控制系统；
采样口安装在线采样器</td><td>压缩机冷凝水循环利用；
加热炉采用节能技术；
采用安全可靠仪表控制系统；
现场采样用有防止污染设施</td></tr>
<tr><td colspan="4">二、资源能源利用指标</td></tr>
<tr><td>1. 综合能耗/（kg/t）①</td><td>≤24（丁烷）
≤28（丙烷）</td><td>≤30（丁烷）
≤32（丙烷）</td><td>≤36（丁烷）
≤38（丙烷）</td></tr>
<tr><td>2. 加工损失率/%</td><td>≤0.10</td><td>≤0.15</td><td>≤0.20</td></tr>
<tr><td>3. 单位用水量/（t/t）①</td><td>≤0.05</td><td>≤0.07</td><td>≤0.1</td></tr>
</table>

指标		一级	二级	三级
三、污染物产生指标（末端治理前）				
1. 含油污水	单排量/（t/t）①	≤0.040	≤0.045	≤0.050
	石油类含量，mg/L	≤100	≤150	≤200
	化学需氧量（COD）/（mg/L）	≤450	≤500	≤550
2. 加热炉燃料中硫含量控制指标		加热炉燃料为脱硫燃料油时，硫含量应≤0.5%（质量分数）； 加热炉燃料为脱硫燃料气时，硫含量应低于100 mg/m^3	加热炉燃料为脱硫燃料油时，硫含量应在0.5%～1.0%（质量分数）； 加热炉燃料为脱硫燃料气时，硫含量应低于100 mg/m^3	
四、环境管理要求				
1. 环境法律法规标准		符合国家和地方有关环境法律、法规，总量控制和排污许可证管理要求；污染物排放达到国家和地方排放标准		
2. 组织机构		设专门环境管理机构和专职管理人员		
3. 环境审核			按照《石油炼制业清洁生产审核指南》要求进行审核；环境管理制度健全，原始记录及统计数据齐全有效	
4. 废物处理			采用国家规定或行业推荐的固废处置方法进行安全处置； 严格执行国家或地方规定的废物转移制度； 对危险废物要建立危险废物管理制度，并进行无害化处理	
5. 生产过程环境管理		按照《石油炼制业清洁生产审核指南》的要求进行了清洁生产审核，并全部实施了无、低费方案。通过GB/T 24001环境管理体系认证	1. 生产装置要有操作规程，对重点岗位要有作业指导书；易造成污染的设备和废物产生部位要有警示牌；对生产装置进行分级考核。 2. 建立环境管理制度其中包括： 开停工及检修时的环境管理程序； 新、改、扩建项目环境管理及验收程序； 储运系统油污染控制制度； 环境监测管理制度； 污染事故的应急程序； 环境管理记录和台账	1. 每个生产装置要有操作规程，对重点岗位要有作业指导书；对生产装置进行分级考核。 2. 建立环境管理制度其中包括： 开停工及检修时的环境管理程序； 新、改、扩建项目环境管理及验收程序； 环境监测管理制度； 污染事故的应急程序
6. 相关方环境管理			原材料供应方的环境管理； 协作方、服务方的环境管理程序	原材料供应方的环境管理程序； 协作方、服务方的环境管理程序

注：①以单位原料计。

5 数据采集和计算方法

5.1 采样和监测

本标准各项指标的采样和监测按照相关技术规范执行，并采用国家或行业标准监测分析方法。详见表 3。

表 3 污染物指标监测采样及分析方法

监测项目	测点位置	监测采样及分析方法
苯并[a]芘	末端治理设施入口	乙酰化滤纸层析荧光分光光度法（GB 8971—88）
化学需氧量		重铬酸盐法（GB 11914—89）
石油类		红外光度法（GB/T 16488—1996）

5.2 相关指标的计算

5.2.1 综合能耗

综合能耗计算公式如下：

$$E=\frac{\sum(M\times R)+Q}{C}$$

式中：E——装置综合能耗，以标油计，kg/t；

M——某种能源或耗能工质的实物年消耗或输出量，t 或 kW·h；

R——对应某种能源或能耗工质的能量换算系数，kg/t 或 kg/（kW·h）；

Q——每年与外界交换的有效能量折合为一次能源的代数和，kg；

C——装置的年原料加工量，t。

注：向沥青生产装置输入的实物消耗量和有效热量计为正值，输出时为负值。

5.2.2 原料加工损失率

原料加工损失率计算公式如下：

$$A=\frac{B}{C}$$

式中：A——原料加工损失率，%；

B——装置的年损失量，t；

C——装置的年原料加工量，t。

5.2.3 污水单排量

$$W=\frac{P}{C}$$

式中：W——污水单排量，t/t；

P——装置年产生的污水总量，t；

C——装置的年原料加工量，t。

5.2.4 单位用水量

$$V=\frac{Q}{C}$$

式中：V——单位用水量，t/t；

Q——装置年用水总量，t；
C——装置的年原料加工量，t。

6 标准的实施

本标准由各级人民政府环境保护行政主管部门负责监督实施。

环氧树脂行业清洁生产评价指标体系

国家发展和改革委员会
环 境 保 护 部 发布
工 业 和 信 息 化 部

前 言

为贯彻《中华人民共和国环境保护法》和《中华人民共和国清洁生产促进法》，指导和推动环氧树脂企业依法实施清洁生产，提高资源利用率，减少和避免污染物的产生，保护和改善环境，制定环氧树脂行业清洁生产评价指标体系（以下简称指标体系）。

本指标体系依据综合评价所得分值将企业清洁生产等级划分为三级，Ⅰ级为国际清洁生产领先水平；Ⅱ级为国内清洁生产先进水平；Ⅲ级为国内清洁生产基本水平。随着技术的不断进步和发展，本指标体系将适时修订。

本指标体系起草单位：中国环境科学研究院、中国石油和化学工业联合会、南通星辰合成材料有限公司、江苏扬农锦湖化工有限公司、南亚电子材料（昆山）有限公司、长春化工（江苏）有限公司、宏昌电子材料股份有限公司、国都化工（昆山）有限公司、江苏三木化工股份有限公司、中国石化集团资产经营管理有限公司巴陵石化分公司环氧树脂事业部、廊坊诺尔信化工有限公司。

本指标体系起草人：吴刚、李艳萍、周建军、扈学文、姜晓燕、庞小琳、阙河铭、江胜宗、贺涛、杨颖、吕彦林、周波。

本指标体系由国家发展和改革委员会、环境保护部会同工业和信息化部提出。

本指标体系由国家发展和改革委员会、环境保护部会同工业和信息化部负责解释。

1　适用范围

本评价指标体系规定了环氧树脂生产企业（生产线）清洁生产的一般要求。本评价指标体系将清洁生产评价指标分为六类，即生产工艺装备指标、资源能源利用指标、产品质量指标、污染物产生指标、资源综合利用指标、清洁生产管理指标。

本指标体系适用于环氧树脂生产企业（生产线）清洁生产审核、清洁生产潜力与机会的判断、清洁生产绩效评定和清洁生产绩效公告，环境影响评价、排污许可证、环保领跑者等管理制度。

本体系适用于采用双酚 A、环氧氯丙烷为原料生产基础液体环氧树脂，以基础液体环氧树脂添加双酚 A 生产固体树脂企业的清洁生产的水平评价、考核。

2　规范性引用文件

下列文件对于本指标体系的应用是必不可少的。凡是注日期的引用文件，仅注日期的版本适用于本文件。凡是不注日期的引用文件，其最新版本（包括所有的修改单）适用于本指标体系。

GB 17167　用能单位能源计量器具配备和管理通则

GB 31572—2015　合成树脂工业污染物排放标准

GB/T 2589　综合能耗计算通则

GB/T 11914　水质　化学需氧量的测定重铬酸盐法

GB/T 12998　水质　采样技术导则

GB/T 13097　工业用环氧氯丙烷

GB/T 13657—2011　双酚 A 型环氧树脂

GB/T 1630.1—2008　塑料　环氧树脂　第 1 部分：命名

GB/T 16157—1996　固定污染源排气中颗粒物测定与气态污染物采样方法

GB/T 24001　环境管理体系　要求及使用指南

GB/T 28113—2011　工业用双酚 A

HJ 734　固定污染源废气　挥发性有机物的测定

HJ/T 70　高氯废水　化学需氧量的测定　氯气校正法

HJ/T 132　高氯废水　化学需氧量的测定　碘化钾碱性高锰酸钾法

HJ/T 399　水质　化学需氧量的测定　快速消解分光光度法

《清洁生产评价指标体系编制通则》（试行稿）（国家发展改革委、环境保护部、工业和信息化部 2013 年　第 33 号公告）

3　术语和定义

《清洁生产评价指标体系编制通则》（试行稿）所确立的以及下列术语和定义适用于本指标体系。

3.1　清洁生产

不断采取改进设计、使用清洁的能源和原料、采用先进的工艺技术与设备、改善管理、综合利用等措施，从源头削减污染，提高资源利用效率，减少或者避免生产、服务和产品使用过程中污染物的产生和排放，以减轻或者消除对人类健康和环境的危害。

3.2 污染物产生指标（末端处理前）

指单位产品的生产（或加工）过程中，产生污染物的量（末端处理前）。

3.3 环氧树脂

分子中至少含有两个反应性环氧基团的双酚 A 二缩水甘油醚树脂化合物。

3.4 挥发性有机物

参与大气光化学反应的有机化合物，或者根据规定的方法测量或核算确定的有机化合物。

3.5 老化树脂

主要成分是长链，即聚合度大于 140、分子量在 40 000 以上的固态环氧树脂。

4 评价指标体系

4.1 评价指标的选取

根据清洁生产的原则要求和指标的可度量性，进行本评价指标体系的指标选取。根据评价指标的性质，分为定量指标和定性指标两类。

定量指标选取了具有代表性、能反映“节能”、“降耗”、“减污”和“增效”等有关清洁生产最终目标的指标，综合考评企业实施清洁生产的状况和企业清洁生产水平。定性指标根据国家有关推行清洁生产的产业发展和技术进步政策、资源环境保护政策规定以及行业发展规划等选取，用于考核企业执行相关法律法规和标准政策情况。

4.2 指标基准值及其说明

各指标的评价基准值是衡量该项指标是否符合清洁生产基本要求的评价基准。

在定量评价指标中，各指标的评价基准值是衡量该项指标是否符合清洁生产基本要求的评价基准。本评价指标体系确定各定量评价指标的评价基准值的依据是：凡国家或行业在有关政策、规划等文件中对该项指标已有明确要求的就执行国家要求的数值；凡国家或行业对该项指标尚无明确要求的，则选用国内重点环氧树脂行业企业近年来清洁生产所实际达到的中上等以上水平的指标值。

在定性评价指标体系中，衡量该项指标是否贯彻执行国家有关政策、法规的情况，按“是”或“否”两种选择来评定。

4.3 指标体系

环氧树脂行业企业清洁生产评价指标体系的各评价指标、评价基准值和权重值见表 1。

表 1 环氧树脂行业企业指标项目、权重及基准值

一级指标	一级指标权重	序号	二级指标	二级指标权重	Ⅰ级基准值	Ⅱ级基准值	Ⅲ级基准值
生产工艺与装备要求	0.15	1	生产过程控制水平	0.2	采用集散型控制系统（DCS）进行生产控制和管理		
		2	环氧树脂 ECH 废水处理装置	0.2	废水经过精馏装置汽提并回收利用		

一级指标	一级指标权重	序号	二级指标				二级指标权重	Ⅰ级基准值	Ⅱ级基准值	Ⅲ级基准值
生产工艺与装备要求		3	环氧树脂 VOC 尾气系统处理装置				0.2	各种 VOC 尾气经过回收处理装置回收利用并达标排放		各种 VOC 尾气经过处理装置处理后达标排放
		4	环氧树脂 ECH 尾气系统处理装置				0.2	配套建设 ECH 尾气系统处理装置，并达标排放		
		5	除盐				0.2	配套建设有稳定运行的除盐装置或盐水资源利用		
资源能源利用指标	0.25	6	*单位产品综合能耗	液体环氧树脂	EP01431310	kgce/t	0.2	≤100	≤230	≤250
					EP01441310	kgce/t		≤95	≤190	≤240
					EP01451310	kgce/t		≤85	≤120	≤220
				固体环氧树脂	EP01661310	kgce/t	0.5	≤45	≤51	≤51
					EP01671310	kgce/t		≤45	≤51	≤51
			除盐回收装置综合能耗	液体环氧树脂		kgce/t 盐	0.1	≤128	≤164	≤180
		7	单位产品 ECH 消耗	液体环氧树脂	EP01431310	kg/t	0.3	≤545	≤565	≤568
					EP01441310	kg/t		≤540	≤544	≤550
					EP01451310	kg/t		≤502	≤520	≤530
		8	单位产品 BPA 消耗	液体环氧树脂	EP01431310	kg/t	0.2	≤677	≤679	≤680
					EP01441310	kg/t		≤680	≤681	
					EP01451310	kg/t		≤698		≤699
				固体环氧树脂	EP01661310	kg/t	0.5	≤235		
					EP01671310			≤289		
		9	*单位产品甲苯耗用量	液体环氧树脂		kg/t	0.2	≤2	≤5	≤10
产品质量指标	0.05	10	产品质量管理				1.0	有严于国家标准，符合客户要求的企业标准，通过 ISO 9001 质量体系认证		
污染物产生指标	0.25	11	单位产品废水产生量	液体环氧树脂		m^3/t	0.3	≤0.6	≤1.6	≤2
				固体环氧树脂						
		12	*单位产品化学需量	液体环氧树脂		kg/t	0.1	≤0.6	≤1.6	≤2
				固体环氧树脂						
		13	*单位产品 VOC 产生量	液体环氧树脂		kg/t	0.3	≤20	≤30	
				固体环氧树脂			0.6			
		14	单位产品老化树脂产生量（干基）	液体环氧树脂		kg/t	0.3	≤1	≤7	≤10

一级指标	一级指标权重	序号	二级指标			二级指标权重	Ⅰ级基准值	Ⅱ级基准值	Ⅲ级基准值
资源综合利用指标	0.20	15	水重复利用率	液体环氧树脂	%	0.4	≥99	≥98	
				固体环氧树脂	%	1			
		16	*单位产品氯化钠回收量	液体环氧树脂	kg/t	0.6	≥330	≥320	≥300
清洁生产管理指标	0.10	17	*环境法律法规标准及产业政策执行情况			0.2	符合国家和地方有关环境法律、法规，废水、废气等污染物排放符合国家和地方排放标准；污染物排放应达到国家和地方污染物排放总量控制指标管理指标和排污许可证管理要求；生产规模符合国家和地方相关产业政策，不使用国家和地方明令淘汰的落后工艺和装备		
清洁生产管理指标	0.10	18	环境污染事故控制			0.1	按照国家相关规定要求，建立健全环境管理制度及污染事故防范措施，杜绝重大环境污染事故发生		
		19	环境管理体系			0.1	建立有 GB/T 24001 环境管理体系，并取得认证，环境管理手册、程序文件及作业文件齐备、有效		
		20	清洁生产审核情况			0.2	通过了清洁生产审核	按清洁生产审核办法，制订有清洁生产审核工作计划	
		21	*危险废物管理			0.2	对老化树脂等危险废物，贮存应符合 GB 18597 相关规定，应交由有资质的单位进行处理；应按国家或地方危险废物相关规定进行管理执行国家危险废物管理规定		
		22	控制废气无组织排放			0.1	建立设备管线与组件泄漏检测与修复管理体系，并有效运行		
		23	计量器具配备管理			0.1	计量器具配备率符合 GB 17167、GB 24789 三级计量要求，并制定定量考核制度	计量器具配备率符合 GB 17167、GB 24789 二级计量要求，并制定定量考核制度	

注 1：带*的指标为限定性指标。
注 2：单位产品综合能耗包括环氧树脂主装置用电量、蒸汽量，不包括废水除盐、污水处理、公用工程的能耗。
注 3：除盐回收装置综合能耗包括除盐回收装置用电量、蒸汽量。
注 4：以基础环氧树脂添加 BPA 生产固体环氧树脂，BPA 的消耗不包括液态环氧树脂生产消耗的 BPA。
注 5：未注明牌号的指标项对各牌号均适用。

5 评价方法

5.1 指标无量纲化

不同清洁生产指标由于量纲不同，不能直接比较，需要建立原始指标的隶属函数。记 $Y_{g_k}(x_{ij})$ 为指标 x_{ij}。对于级别 g_k 的隶属函数，g_k={级，级，级}，k=1，2，3。若指标 x_{ij} 属于级别，则隶属函数的值为 100，否则为 0，如公式（5-1）所示。

$$Y_{g_k}(x_{ij})=\begin{cases}100, x_{ij}\in g_k\\0, x_{ij}\notin g_k\end{cases}\tag{5-1}$$

注：当某指标满足高级别的基准值要求时，该指标也同时满足低级别的基准值要求。

5.2　综合评价指数计算

通过加权平均、逐层收敛可得到评价对象在不同级别 g_k 的得分 Y_{g_k}，如公式（5-2）所示。

$$Y_{g_k}=\sum_{i=1}^{m}\left[\omega_i\sum_{j=1}^{n_i}\omega_{ij}Y_{g_k}(x_{ij})\right]\tag{5-2}$$

式中：ω_i —— 第 i 个一级指标的权重；

ω_{ij} —— 第 i 个一级指标下的第 j 个二级指标的权重，其中 $\sum_{i=1}^{m}\omega_i=1$，$\sum_{j=1}^{n_i}\omega_{ij}=1$，$m$ 为一级指标的个数，n_i 为第 i 个一级指标下二级指标的个数；

Y_{g1} —— 等同于 Y，Y_{g2} 等同于 Y，Y_{g3} 等同于 Y。

5.3　清洁生产水平评定

对新建环氧树脂企业或项目、现有环氧树脂企业清洁生产水平的评价，是以其清洁生产综合评价指数为依据，对达到一定综合评价指数的企业，分别评定为国内清洁生产领先水平、国内清洁生产先进水平和国内清洁生产基本水平。

根据目前我国环氧树脂行业的实际情况，企业不同等级的清洁生产综合评价指数列于表 2。

表 2　环氧树脂行业不同等级清洁生产企业综合评价指数

清洁生产企业等级	清洁生产综合评价指数
Ⅰ级（国际清洁生产领先水平）	—— 同时满足； —— $Y_{Ⅰ}\geqslant 85$ —— 限定性指标全部满足Ⅰ级基准值要求
Ⅱ级（国内清洁生产先进水平）	—— 同时满足； —— $Y_{Ⅱ}\geqslant 85$ —— 限定性指标全部满足Ⅱ级基准值要求及以上
Ⅲ级（国内清洁生产一般水平）	—— 满足 $Y_{Ⅲ}=100$

5.4　综合评价指数计算步骤

第一步：将新建企业或新建项目、现有企业相关指标与Ⅰ级限定性指标进行对比，全部符合要求后，再将企业相关指标与Ⅰ级基准值进行逐项对比，计算综合评价指数得分 $Y_{Ⅰ}$，当综合指数得分 $Y_{Ⅰ}\geqslant 85$ 分时，可判定企业清洁生产水平为Ⅰ级。当企业相关指标不满足Ⅰ级限定性指标要求或综合指数得分 $Y_{Ⅰ}<85$ 分时，则进入第 2 步计算。

第二步：将新建企业或新建项目、现有企业相关指标与Ⅱ级限定性指标进行对比，全部符合要求后，再将企业相关指标与Ⅱ级基准值进行逐项对比，计算综合评价指数得分 $Y_{Ⅱ}$，当综合指数得分 $Y_{Ⅱ}\geqslant 85$ 当综分时，可判定企业清洁生产水平为Ⅱ级。当企业相关指标不满足Ⅱ级限定性指标要求或综合指数得分 $Y_{Ⅱ}<85$ 分时，则进入第 3 步计算。

新建企业或新建项目不再参与第 3 步计算。

第三步：将现有企业相关指标与Ⅲ级限定性指标基准值进行对比，全部符合要求后，再将企业相关指标与Ⅲ级基准值进行逐项对比，计算综合指数得分 $Y_{Ⅲ}$，当综合指数得分 $Y_{Ⅲ}=100$ 分时，可判定企业清洁生产水平为Ⅲ级。当企业相关指标不满足Ⅲ级限定性指标要求或综合指数得分 $Y_{Ⅲ}<100$ 分时，表明企业未达到清洁生产要求。

6 指标核算与数据来源

6.1 指标核算

6.1.1 单位产品综合能耗

单位产品综合能耗等于考核周期内的企业综合能耗除以同期产出的各种合格产品数量。综合能耗包括环氧树脂主装置用电量、蒸汽量，不包括废水除盐、污水处理、公用工程的能耗。

$$U_{dk}=\frac{U_q}{\sum N_{gh}} \tag{6-1}$$

式中：U_{dk} —— 单位产品综合能耗，kgce/t；

U_q —— 企业综合能耗，kgce；

$\sum N_{gh}$ —— 各种合格品产量，t。

6.1.2 单位产品废水产生量

每生产单位合格产品生成的废水量，包括与生产有直接或间接关系的各种外排废水（不包括热电站排水、直流冷却海水、生活污水、循环水排水量）。其计算公式为：

$$PW_{dk}=\frac{W_m}{N_{gh}} \tag{6-2}$$

式中：PW_{dk} —— 单位产品废水产生量，t/t；

W_m —— 考核周期内废水量，t；

N_{gh} —— 考核周期内合格品产量，t。

6.1.3 单位产品化学需氧量产生量

每生产单位合格产品生成的废水中的 COD 量。其计算公式为：

$$PC_{dk}=\frac{C_m}{N_{gh}} \tag{6-3}$$

式中：PC_{dk} —— 单位产品化学需氧量产生量，kg/t；

C_m —— 考核周期内废水中 COD 产生量，kg；

N_{gh} —— 考核周期内合格品产量，t。

6.1.4 工业水重复利用率

考核产品的重复利用水量占总用水量的百分比。其计算公式为：

$$R=\frac{V_r}{V_r+V_i}\times 100\% \tag{6-4}$$

式中：R —— 重复利用率，%；

V_r —— 在一定的计量时间内，考核产品的重复利用水量，m^3；

V_i —— 在一定的计量时间内，考核产品的取水量，m^3。

6.1.5 单位产品老化树脂产生量（干基）

$$L_{dc}=\frac{L_m}{N_{gh}}\times(1-H_w)\times 100\% \tag{6-5}$$

式中：L_{dc}—— 单位产品老化树脂产生量（干基），kg/t；

L_m—— 考核周期内老化树脂产生量，kg；

N_{gh}—— 考核周期内合格品产量，t。

H_w—— 挥发物含量，%。

6.1.6 单位产品 VOC 产生量

通过生产车间排气筒排放的 VOC，各类挥发性有机物的总和，不包括无组织排放量。

$$\mathrm{VOC}_{dc}=\frac{M_{\mathrm{VOC}}\times F_q\times T_m}{N_{gh}}\times 10^{-6} \tag{6-6}$$

式中：VOC_{dc}—— 单位产品 VOC 产生量，kg/t；

M_{VOC}—— 各类挥发性有机物排放浓度总和，mg/m^3；

F_q—— 风量，m^3/h；

T_m—— 考核周期内累计排放时间，h；

N_{gh}—— 各种合格品产量，t。

建有两个以上排气筒的环氧树脂企业，其单位产品挥发性有机物产生量为各排气筒挥发性有机物排放量的叠加值与相应时间内环氧树脂产量的比值。

6.2 数据采集

6.2.1 统计

企业的原材料、重复用水量、产品产量、能耗及各种资源的综合利用量等，以月报或考核周期报表为准。

6.2.2 实测与检测

污染物产生的指标通过实测方法取得，具体采样和监测按照 GB 31572—2015 等国家标准监测方法进行。

如果统计数据严重短缺，资源综合利用特征指标也可以在考核周期内用实测方法取得，考核周期一般不少于一个月。

对污染物浓度的测定采用表 3 的方法标准。

表 3 污染物浓度测定方法标准

序号	污染物项目		监测点位	测试方法	标准编号
1	水污染物：化学需氧量		污水处理装置入口	水质 化学需氧量的测定 重铬酸盐法	GB/T 11914
				水质 化学需氧量的测定 快速消解分光光度法	HJ/T 399
				高氯废水 化学需氧量的测定 氯气校正法	HJ/T 70
				高氯废水 化学需氧量的测定 碘化钾碱性高锰酸钾法	HJ/T 1322
2	废气污染物：VOC	甲苯、二甲苯、乙苯、丙酮等	废气处理装置入口	固定污染源废气 挥发性有机物的测定 固相吸附-热脱附/气相色谱法，测定装置中使用的各挥发性有机物的浓度	HJ 734
		环氧氯丙烷		气相色谱法《空气和废气监测分析方法》国家环保总局 2003 年（第四版）6.5.1.1	
		单个排气筒		计算排气筒内上述挥发性有机物浓度总和	

6.3 能源及主要耗能工质折算系数取值原则

6.3.1 能源折算系数取值

能源折算系数应以企业在报告期内实测的各种能源的热值为基准，转化标准单位（kJ 或 kgce，其中 1 kgce=7 000 kcal=29 307.6 kJ）。未实测的和没有实测条件的，采用附录 A 中提供的各种能源折算系数推荐值。

6.3.2 主要的耗能工质的折算系数取值原则

a）实测耗能工质生产转换系统消耗的实物量。电力折算系数当量取值，实物量以电力当量值折算系数转换得到耗能工质当量值折算系数；

b）未实测的和没有实测条件的，采用附录 A 中提供的各种能源折算系数推荐值。

附　录 A
（规范性附录）
各种能源折算成标煤的系数

能源名称	国际单位制下的折算系数	折标准煤系数
原煤	20 934 kJ/kg	0.714 3 kgce/kg
无烟煤	25 102 kJ/kg	0.857 1 kgce/kg
动力煤	20 934 kJ/kg	0.714 3 kgce/kg
燃料油	41 869 kJ/kg	1.428 6 kgce/kg
汽油	43 123 kJ/kg	1.471 4 kgce/kg
煤油	43 123 kJ/kg	1.471 4 kgce/kg
柴油	42 704 kJ/kg	1.457 1 kgce/kg
液化石油气	50 242 kJ/kg	1.714 3 kgce/kg
重油	41 869 kJ/kg	1.428 6 kgce/kg
天然气	35 588 kJ/m^3	1.214 3 kgce/m^3
焦炉煤气	16 746 kJ/m^3	0.571 4 kgce/m^3
高炉煤气	3 139 kJ/m^3	0.107 1 kgce/m^3
蒸汽（中压）	3 042 kJ/kg	0.103 8 kgce/kg
蒸汽（低压）	2 866 kJ/kg	0.097 8 kgce/kg
电力（当量）	3 062 kJ/（kW·h）	0.122 9 kgce/（kW·h）
氮气	495 kJ/m^3	0.400 0 kgce/m^3
氧气	2 350 kJ/m^3	0.400 0 kgce/m^3
新水	1 213 kJ/kg	0.085 7 kgce/kg
软水	5 539 kJ/kg	0.485 7 kgce/kg
注：单位 kgce 与单位 kJ 的转换系数为 29 307.6，即 1 kgce=29 307.6 kJ。		

1,4-丁二醇行业清洁生产评价指标体系

国家发展和改革委员会
环　境　保　护　部　发布
工业和信息化部

前　言

为贯彻《中华人民共和国清洁生产促进法》和《中华人民共和国环境保护法》，指导和推动 1,4-丁二醇生产企业依法实施清洁生产，提高资源利用效率，减少和避免污染物的产生，保护和改善环境，制定 1,4-丁二醇行业清洁生产评价指标体系（以下简称指标体系）。

本指标体系依据综合评价所得分值将清洁生产等级划分为三级，I 级为清洁生产国际领先水平；II 级为清洁生产国内先进水平；III级为清洁生产国内一般水平。随着技术的不断进步和发展，本评价指标体系将适时修订。

本指标体系起草单位：中国化工信息中心、中国环境科学研究院、河南开祥精细化工有限公司、新疆美克化工股份有限公司、新疆蓝山屯河能源有限公司、新疆天业（集团）公司、山西三维集团股份有限公司。

本评价指标体系技术起草人：王迪、扈学文、李艳萍、和进伟、唐家维、孙彦平、邓建康、梁小元、张昕、徐青平、赵若楠、王武。

本指标体系由国家发展和改革委员会、环境保护部会同工业和信息化部提出。

本指标体系由国家发展和改革委员会、环境保护部会同工业和信息化部负责解释。

1　适用范围

本指标体系规定了炔醛法生产1,4-丁二醇企业清洁生产的一般要求。本指标体系将清洁生产指标分为六类，即生产工艺及装备指标、资源能源消耗指标、资源综合利用指标、污染物产生指标、产品特征指标和清洁生产管理指标。

本指标体系适用于炔醛法生产1,4-丁二醇产品企业清洁生产审核、清洁生产潜力与机会的判断、清洁生产绩效评定和清洁生产绩效公告、环境影响评价、排污许可证、环保领跑者等管理制度。

2　规范性引用文件

下列文件对于本文件的应用是必不可少的。凡是注日期的引用文件，仅注日期的版本适用于本文件。凡是不注日期的引用文件，其最新版本（包括所有的修改单）适用于本文件。

GB 17167　用能单位能源计量器具配备和管理通则

GB 24789　用水单位水计量器具配备和管理通则

GB 31571　石油化学工业污染物排放标准

GB 31824　1,4-丁二醇单位产品能源消耗限额

GB/T 21534　工业用水节水　术语

GB/T 23331　能源管理体系　要求

GB/T 24001　环境管理体系要求及使用指南

GB/T 24768　工业用1,4-丁二醇

HJ 617　企业环境报告书编制导则

《排污口规范化整治技术要求（试行）》（国家环境保护总局　环监1996年470号）

《环境信息公开办法（试行）》（国家环境保护总局令　2007年35号）

《清洁生产评价指标体系编制通则》（试行稿）（国家发改委、环境保护部、工业和信息化部　2013年第33号公告）

《危险化学品安全管理条例》（国务院令　2013年第591号）

《国家危险废物名录》（环境保护部令　2016年第39号）

3　术语和定义

《清洁生产评价指标体系编制通则》（试行稿）所确立的以及下列术语和定义适用于本指标体系。

3.1　清洁生产

不断采取改进设计、使用清洁的能源和原料、采用先进的工艺技术与设备、改善管理、综合利用等措施，从源头削减污染，提高资源利用效率，减少或者避免生产、服务和产品使用过程中污染物的产生和排放，以减轻或者消除对人类健康和环境的危害。

3.2　污染物产生指标（末端处理前）

即产污系数，指单位产品的生产（或加工）过程中，产生污染物的量（末端处理前）。

3.3　产品特征指标

影响污染物种类和数量的产品性能、种类和包装，以及反映产品贮存、运输、使用和废弃后可能造

成的环境影响等指标。

3.4 限定性指标

指对清洁生产有重大影响或者法律法规明确规定必须严格执行，在对 1,4-丁二醇企业进行清洁生产水平评定时必须首先满足的先决指标。

本指标体系将限定性指标确定为：工艺尾气回收、生产过程控制、单位产品综合能耗、单位产品 COD 产生量、单位产品危险废物产生量、环境法律法规标准执行情况、危险废物安全处置、清洁生产审核活动指标。

3.5 炔醛法

以乙炔和甲醛为原料，经炔化反应系统、丁炔二醇加氢系统以及精馏系统制得 1,4-丁二醇产品的工艺路线。

3.6 危险废物

炔醛法 1,4-丁二醇生产过程产生的危险废物主要有废硫酸（HW34）、废催化剂（HW50）、精馏残渣焦油（HW11）。

4 评价指标体系

4.1 指标选取说明

本评价指标体系根据清洁生产的原则要求和指标的可度量性，进行指标选取。根据评价指标的性质，可分为定量指标和定性指标两种。

定量指标选取了有代表性的、能反映“节能”、“降耗”、“减污”和“增效”等有关清洁生产最终目标的指标，综合考评企业实施清洁生产的状况和企业清洁生产程度。定性指标根据国家有关推行清洁生产的产业发展和技术进步政策、资源环境保护政策规定以及行业发展规划选取，用于考核企业对有关政策法规的符合性及其清洁生产工作实施情况。

4.2 指标基准值及说明

在定量评价指标中，各指标的评价基准值是衡量该项指标是否符合清洁生产基本要求的评价基准。本评价指标体系确定各定量评价指标的评价基准值的依据是：凡国家或行业在有关政策、规划等文件中对该项指标已有明确要求的执行国家要求的数值；凡国家或行业对该项指标尚无明确要求的，则选用国内重点大中型 1,4-丁二醇行业生产企业近年来清洁生产所实际达到的中上等以上水平的指标值。因此，本定量评价指标体系的评价基准值代表了行业清洁生产的平均先进水平。

在定性评价指标体系中，衡量该项指标是否贯彻执行国家有关政策、法规的情况，按“是”或“否”两种选择来评定。

4.3 指标体系

1,4-丁二醇行业生产企业清洁生产评价指标体系各评价指标、评价基准值和权重值见表 1。

表 1　1,4-丁二醇行业生产企业清洁生产评价指标体系各评价指标项目、权重及基准值

序号	一级指标	一级指标权重值	二级指标	单位	二级指标权重值	指标基准值		
						Ⅰ级基准值	Ⅱ级基准值	Ⅲ级基准值
1	生产工艺及装备指标	0.25	产能负荷率	%	0.18	100	≥85	≥70
2			精馏工艺		0.18	精馏系统热集成优化并采用多效精馏、高效塔内件且优化操作参数	采用多效精馏并优化操作参数	优化精馏过程操作参数
3			*工艺尾气回收		0.2（氢气）	回收做工艺原料	焚烧炉燃料	火炬焚烧
					0.2（乙炔）	回收做工艺原料	火炬焚烧	
4			*生产过程控制		0.24	全面采用企业资源计划（ERP）系统进行生产经营管理，采用实时优化运行技术进行生产过程优化操作	采用制造执行系统（MES）进行生产过程监控与管理，采用先进控制技术（APC）进行生产过程高级控制	采用集散型控制系统（DCS）进行生产控制和管理
5	资源能源消耗指标	0.24	单位产品乙炔（100%）消耗	kg/t	0.16	≤330	≤340	≤350
6			单位产品甲醛（100%）消耗	kg/t	0.12	≤735	≤750	≤780
7			单位产品氢气消耗	kg/t	0.12	≤55	≤57	≤62
8			单位产品蒸汽消耗	t/t	0.16	≤7.4	≤8.5	≤9.5
9			单位产品电力消耗	kW·h/t	0.12	≤400	≤500	≤550
10			单位产品取水量	m^3/t	0.12	≤10	≤13	≤15
11			*单位产品综合能耗	t/t	0.2	≤1.08	≤1.3	≤1.5
12	资源综合利用指标	0.13	1,4-丁二醇装置生产水重复利用率	%	0.5	≥99	≥98	≥95
13			热交换蒸汽凝结水回用率	%	0.5	≥99	≥95	
14	污染物产生指标	0.13	单位产品废水产生量	m^3/t	0.3	≤1.2	≤1.4	≤2.3
15			*单位产品 COD 产生量	kg/t	0.35	≤18	≤26	≤33
16			*单位产品危险废物产生量	kg/t	0.35	≤40	≤80	≤100
17	产品特征指标	0.03	产品合格率	%	1	100		
18	清洁生产管理指标	0.22	*环境法律法规标准执行情况		0.1	符合国家和地方相关产业政策，未采用国家和地方明令禁止和淘汰的生产工艺、装备；符合国家和地方有关环境法律、法规；废水、废气、噪声等污染物排放、固体废物处理处置符合国家和地方排放（控制）标准；污染物排放应达到国家和地方污染物排放总量控制指标和排污许可证管理要求；生产过程中涉及的危险化学品应严格遵照《危险化学品安全管理条例》（国务院令　第591号）相关规定进行管理		

序号	一级指标	一级指标权重值	二级指标	单位	二级指标权重值	指标基准值		
						Ⅰ级基准值	Ⅱ级基准值	Ⅲ级基准值
19	清洁生产管理指标	0.22	挥发性有机物污染预防与控制		0.1	在满足Ⅱ级、Ⅲ级指标要求的基础上，生产企业的有组织废气（如工艺废气、燃烧烟气、VOCs 处理设施排放废气和火炬系统等）排放安装在线连续监控系统，厂界安装特征污染物环境监测设施，并与当地环境保护主管部门联网	在满足Ⅲ级指标要求的基础上，企业应将 VOCs 的治理与监控纳入日常生产管理体系，建立基础数据与过程管理的动态档案、VOCs 污染防治设施运行台账，制定“泄漏检测与修复”、监测和治理等方面的管理制度，制定突发性 VOCs 泄漏防范和处置措施，纳入企业应急预案	生产企业开展 VOCs 污染源摸底排查工作，摸清企业的 VOCs 排放状况，结合污染现状和生产管理水平，以工艺废气排放、生产设备密封点泄漏、储罐和装卸过程挥发损失、废水废液废渣系统逸散等环节及非正常工况排污为 VOCs 控制工作重点，科学制定 VOCs 综合整治工作方案，明确工作进度和完成时限
20			环境污染事故预防		0.1	按照国家相关规定要求，建立健全环境管理制度及污染事故防范措施，杜绝重大环境污染事故发生		
21			*危险废物安全处置		0.15	根据《国家危险废物名录》（环境保护部令 2016 年第 39 号）对企业涉及的危险废物：“废硫酸（HW34）、废催化剂（HW50）、精馏残渣焦油等”进行识别，并建有相关管理制度，台账记录、转移联单齐全，按国家有关规定妥善处理		
22			建立并有效运行环境管理体系		0.1	建立有 GB/T 24001 环境管理体系，并取得认证，能有效运行；全部完成年度环境目标、指标和环境管理方案，并达到环境持续改进的要求；环境管理手册、程序文件及作业文件齐备、有效	建立有 GB/T 24001 环境管理体系，并取得认证，能有效运行；完成年度环境目标、指标和环境管理方案≥80%，并达到环境持续改进的要求；环境管理手册、程序文件及作业文件齐备、有效	建立有 GB/T 24001 环境管理体系，并取得认证，能有效运行；完成年度环境目标、指标和环境管理方案≥60%，并达到环境持续改进的要求；环境管理手册、程序文件及作业文件齐备、有效

序号	一级指标	一级指标权重值	二级指标	单位	二级指标权重值	指标基准值		
						Ⅰ级基准值	Ⅱ级基准值	Ⅲ级基准值
23	清洁生产管理指标	0.22	清洁生产组织机构及管理制度		0.1	建有专门负责清洁生产的领导机构，各成员单位及主管人员职责分工明确；有健全的清洁生产管理制度和奖励管理办法，有执行情况检查记录；制定有清洁生产工作规划及年度工作计划，对规划、计划提出的目标、指标、清洁生产方案，认真组织落实；目标、指标、方案实施率≥80%	建有专门负责清洁生产的领导机构，各成员单位及主管人员职责分工明确；有健全的清洁生产管理制度和奖励管理办法，有执行情况检查记录；制定有清洁生产工作规划及年度工作计划，对规划、计划提出的目标、指标、清洁生产方案，认真组织落实；目标、指标、方案实施率≥70%	建有专门负责清洁生产的领导机构，各成员单位及主管人员职责分工明确；有健全的清洁生产管理制度和奖励管理办法，有执行情况检查记录；制定有清洁生产工作规划及年度工作计划，对规划、计划提出的目标、指标、清洁生产方案，认真组织落实；目标、指标、方案实施率≥60%
24			*清洁生产审核活动		0.1	制定有清洁生产审核工作计划，对1,4-丁二醇生产全流程（全工序）定期开展清洁生产审核活动，中、高费方案实施率≥80%	制定有清洁生产审核工作计划，对1,4-丁二醇生产全流程（全工序）定期开展清洁生产审核活动，中、高费方案实施率≥60%	制定有清洁生产审核工作计划，对1,4-丁二醇生产全流程（全工序）定期开展清洁生产审核活动，中、高费方案实施率≥50%
25			计量器具配备管理		0.05	应符合GB 17167与GB 24789的要求		
26			能源管理机构、管理制度、能源管控中心		0.05	有健全的能源管理机构、管理制度，各成员单位及主管人员职责分工明确，并有效发挥作用；建立有GB/T 23331要求的能源管理体系并有效运行；建立有能源管理控制中心，制定有企业用能和节能发展规划，年度管控目标完成率≥90%	有健全的能源管理机构、管理制度，各成员单位及主管人员职责分工明确，并有效发挥作用；建立有GB/T 23331要求的能源管理体系并有效运行；建立有能源管理控制中心，制定有企业用能和节能发展规划，年度管控目标完成率≥80%	有健全的能源管理机构、管理制度，各成员单位及主管人员职责分工明确，并有效发挥作用；建立有GB/T 23331要求的能源管理体系并有效运行；建立有能源管理控制中心，制定有企业用能和节能发展规划，年度管控目标完成率≥70%

序号	一级指标	一级指标权重值	二级指标	单位	二级指标权重值	指标基准值		
						Ⅰ级基准值	Ⅱ级基准值	Ⅲ级基准值
27	清洁生产管理指标	0.22	开展节能活动		0.05	按国家规定要求，组织开展节能评估与能源审计工作，从结构节能、管理节能、技术节能三个方面挖掘节能潜力，实施节能改造项目完成率为90%	按国家规定要求，组织开展节能评估与能源审计工作，从结构节能、管理节能、技术节能三个方面挖掘节能潜力，实施节能改造项目完成率≥70%	按国家规定要求组织开展节能评估与能源审计工作，从管理节能方面挖掘节能潜力，实施节能改造项目完成率≥50%
28			排污口规范化管理		0.05	排污口设置符合《排污口规范化整治技术要求（试行）》（国家环保局环监 1996年 470号）相关要求		
29			环境信息公开		0.05	按照《环境信息公开办法（试行）》要求公开环境信息。按照HJ 617编写企业环境报告书		
注：带*的指标为限定性指标。								

5 评价方法

5.1 指标无量纲化

不同清洁生产指标由于量纲不同，不能直接比较，需要建立原始指标的隶属函数。

$$Y_{g_k}(x_{ij})=\begin{cases}100, x_{ij}\in g_k\\0, x_{ij}\notin g_k\end{cases} \tag{5-1}$$

式中：x_{ij} —— 第 i 个一级指标下的第 j 个二级指标；

g_k —— 二级指标基准值，其中 g_1 为Ⅰ级水平，g_2 为Ⅱ级水平，g_3 为Ⅲ级水平；

$Y_{g_k}(x_{ij})$ —— 二级指标 x_{ij} 对于级别 g_k 的隶属函数。

如公式（5-1）所示，若指标 x_{ij} 属于级别 g_k，则隶属函数的值为100，否则为0。

5.2 综合评价指数计算

通过加权平均、逐层收敛可得到评价对象在不同级别 g_k 的得分 Y_{g_k}，如公式（5-2）所示。

$$Y_{g_k}=\sum_{i=1}^{m}\left[\omega_i\sum_{j=1}^{n_i}\omega_{ij}Y_{g_k}(x_{ij})\right] \tag{5-2}$$

式中，ω_i —— 第 i 个一级指标的权重；

ω_{ij} —— 第 i 个一级指标下的第 j 个二级指标的权重，其中 $\sum_{i=1}^{m}\omega_i=1$，$\sum_{j=1}^{n_i}\omega_{ij}=1$，$m$ 为一级指标的个数，n_i 为第 i 个一级指标下二级指标的个数。

另外，Y_{g_1} 等同于 Y（一级水平综合评价指数得分），Y_{g_2} 等同于 Y（二级水平综合评价指数得分），Y_{g_3} 等同于 Y（三级水平综合评价指数得分）。

当1,4-丁二醇企业实际生产过程中某类一级指标项下某些二级指标不适用于该企业时，需对该类一级指标项下二级指标权重进行调整，调整后的二级指标权重值计算公式为：

$$\omega'_{ij} = \frac{\omega_{ij}}{\sum \omega_{ij}} \tag{5-3}$$

式中，ω'_{ij} —— 调整后的二级指标权重；

$\sum \omega_{ij}$ —— 参与考核的指标权重之和。

5.3　综合评价指数计算步骤

第1步：将新建企业或新建项目、现有企业相关指标与Ⅰ级限定性指标进行对比，全部符合要求后，再将企业相关指标与Ⅰ级基准值进行逐项对比，计算综合评价指数得分 Y_{I}，当综合指数得分 $Y_{\mathrm{I}} \geq 85$ 分时，可判定企业清洁生产水平为Ⅰ级。当企业相关指标不满足Ⅰ级限定性指标要求或综合指数得分 $Y_{\mathrm{I}} < 85$ 分时，则进入第2步计算。

第2步：将新建企业或新建项目、现有企业相关指标与Ⅱ级限定性指标进行对比，全部符合要求后，再将企业相关指标与Ⅱ级基准值进行逐项对比，计算综合评价指数得分 Y_{II}，当综合指数得分 $Y_{\mathrm{II}} \geq 85$ 分时，可判定企业清洁生产水平为Ⅱ级。当企业相关指标不满足Ⅱ级限定性指标要求或综合指数得分 $Y_{\mathrm{II}} < 85$ 分时，则进入第3步计算。

新建企业或新建项目不再参与第3步计算。

第3步：将现有企业相关指标与Ⅲ级限定性指标基准值进行对比，全部符合要求后，再将企业相关指标与Ⅲ级基准值进行逐项对比，计算综合指数得分 Y，当综合指数得分 $Y_{\mathrm{III}}=100$ 分时，可判定企业清洁生产水平为Ⅲ级。当企业相关指标不满足Ⅲ级限定性指标要求或综合指数得分 $Y_{\mathrm{III}} < 100$ 分时，表明企业未达到清洁生产要求。

表2　1,4-丁二醇行业生产企业清洁生产水平判定表

企业清洁生产水平	清洁生产综合评价指数
Ⅰ级（国际清洁生产领先水平）	——同时满足： ——$Y_{\mathrm{I}} \geq 85$； ——限定性指标全部满足Ⅰ级基准值要求
Ⅱ级（国内清洁生产先进水平）	——同时满足： ——$Y_{\mathrm{II}} \geq 85$； ——限定性指标全部满足Ⅱ级基准值要求及以上
Ⅲ级（国内清洁生产基本水平）	——满足 $Y_{\mathrm{III}}=100$

6　指标核算与数据来源

6.1　指标核算

6.1.1　单位产品蒸汽消耗

指统计期内生产1吨1,4-丁二醇合格产品消耗的蒸汽数量，单位产品蒸汽消耗的统计范围与GB 31824中描述的能耗统计范围一致。单位产品蒸汽消耗按照公式（6-1）计算：

$$Z_d = \frac{Z_x}{P} \tag{6-1}$$

式中：Z_d—— 单位产品蒸汽消耗量，单位为吨每吨（t/t）；

Z_x—— 统计期内生产 1,4-丁二醇合格产品所消耗的蒸汽量，单位为吨（t）；

P—— 1,4-丁二醇合格产品产量，单位为吨（t）。

6.1.2 单位产品电力消耗

指统计期内生产 1 吨 1,4-丁二醇合格产品消耗的电力数量，单位产品电力消耗的统计范围为生产主装置区（乙炔清净、炔化、加氢、BDO 精制）。单位产品电力消耗按照公式（6-2）计算：

$$D_x = \frac{d_x}{P} \tag{6-2}$$

式中：D_x—— 单位产品电力消耗量，单位为千瓦小时每吨（kW·h/t）；

d_x—— 统计期内生产 1,4-丁二醇合格产品所消耗的电量，单位为千瓦小时（kW·h）；

P—— 1,4-丁二醇合格产品产量，单位为吨（t）。

6.1.3 单位产品取水量

指统计期内生产 1 吨 1,4-丁二醇合格产品从各种水源所取用的新鲜水量，当企业有多种产品时，需要进行合理分摊。水源包括地表水（以净水厂供水计量）、地下水、城镇供水工程，以及企业从市场购得的其他水或水的产品（如蒸汽、热水、地热水等），不包括企业自取的海水和苦咸水等。单位产品取水量按公式（6-3）计算：

$$V_{ui} = \frac{V_i}{P} \tag{6-3}$$

式中：V_{ui}—— 单位产品取水量，单位为立方米每吨（m^3/t）；

V_i—— 统计期内生产 1,4-丁二醇合格产品所消耗的新鲜水量，单位为立方米（m^3）；

P—— 1,4-丁二醇合格产品产量，单位为吨（t）。

6.1.4 单位产品综合能耗

指统计期内 1,4-丁二醇综合能耗除以统计期内 1,4-丁二醇合格产品产量，数值以吨标准煤每吨（tce/t）表示，具体计算过程参照 GB 31824。单位产品综合能耗按公式（6-4）计算：

$$e = \frac{E}{P} \tag{6-4}$$

式中：e—— 1,4-丁二醇单位产品综合能耗的数值，单位为吨标煤每吨（tce/t）；

E—— 综合能耗的数值，单位为吨标煤（tce）；

P—— 1,4-丁二醇合格产品产量，单位为吨（t）。

6.1.5 1,4-丁二醇装置生产水重复利用率

指 1,4-丁二醇装置生产水的重复利用率，按照公式（6-5）计算：

$$R = \frac{V_r}{V_r + V_n} \tag{6-5}$$

式中：R—— 1,4-丁二醇装置生产水的重复利用率，单位为%；

V_r—— 在统计期内生产过程重复利用水量（包括循环用水量和串联使用水量，对于 1,4-丁二醇装置而言主要指使用的循环冷却水），单位为立方米（m^3）；

V_n—— 在统计期内生产装置新鲜水耗量，单位为立方米（m^3）。

6.1.6 单位产品废水产生量

指统计期内生产 1 吨 1,4-丁二醇合格产品产生的废水量（末端处理前）。废水不含清净下水。单位产品废水产生量按公式（6-6）计算：

$$V_{ci}=\frac{V_c}{P} \quad (6-6)$$

式中：V_{ci}—— 单位产品废水产生量，单位为立方米每吨（m^3/t）；

V_c—— 在统计期内企业生产 1,4-丁二醇合格产品的废水产生量，单位为立方米（m^3）；

P—— 1,4-丁二醇合格产品产量，单位为吨（t）。

6.1.7 单位产品 COD 产生量

指统计期内生产 1 吨 1,4-丁二醇合格产品 COD 的产生量，单位产品 COD 产生量按照公式（6-7）计算：

$$\mathrm{COD_c}=\frac{V_c\times C_i\times 10^{-3}}{P} \quad (6-7)$$

式中：$\mathrm{COD_c}$—— 单位产品 COD 产生量，单位为千克每吨（kg/t）；

C_i—— 在统计期内，各生产环节 COD 产生浓度实测加权值，单位为毫克每升（mg/L）；

V_c—— 在统计期内企业生产 1,4-丁二醇合格产品的废水产生量，单位为立方米（m^3）；

P—— 1,4-丁二醇合格产品产量，单位为吨（t）。

6.1.8 单位产品危险废物产生量

指统计期内生产 1 吨 1,4-丁二醇合格产品危险废物的产生量，本指标体系中描述的危险废物主要指 1,4-丁二醇生产过程中产生的废硫酸（HW34）、废催化剂（HW50）、精馏残渣焦油（HW11）。单位产品危险废物产生量按照公式（6-8）计算：

$$FW_D=\frac{FW_L+FW_C+FW_J}{P} \quad (6-8)$$

式中：FW_D—— 单位产品危险废物产生量，单位为千克每吨（kg/t）；

FW_L—— 在统计期内，生产过程中产生的废硫酸的量，单位为千克（kg）；

FW_C—— 在统计期内，生产过程中产生的危险废催化剂的量，单位为千克（kg）；

FW_J—— 在统计期内，生产过程中产生的精馏残渣的量，单位为千克（kg）；

P—— 1,4-丁二醇合格产品产量，单位为吨（t）。

6.2 数据来源

6.2.1 统计

企业的原材料和取水量、重复用水量、产品产量、能耗及各种资源的综合利用量等，以年报或考核周期报表为准。

6.2.2 实测

如果统计数据严重短缺，资源综合利用特征指标也可以在考核周期内用实测方法取得，考核周期一般不少于一个月。

6.2.3 采样和监测

本指标体系中污染物产生指标的监测和采样按照相关法律法规、技术规范执行，并采用国家或行业标准进行监测分析，部分法律法规、技术规范及标准如表 3 所示。

表 3 污染物项目测定方法标准

监测项目	方法标准名称	方法标准编号	监测点位
化学需氧量（$\mathrm{COD_{Cr}}$）	水质化学需氧量的测定重铬酸钾法	GB 11914	生产装置排放口或污水处理设施入口
污水产生量	石油化学工业污染物排放标准	GB 31571	生产装置排放口或污水处理设施入口
危险废物焚烧污染	危险废物焚烧污染控制标准	GB 18484	排气口

三、环境保护工程技术规范

HJ

中华人民共和国国家环境保护标准

HJ 580—2010

含油污水处理工程技术规范

Technical specifications for oil-contained wastewater treating process

2010-10-12 发布　　　　2011-01-01 实施

环 境 保 护 部 发布

前　言

为贯彻《中华人民共和国环境保护法》和《中华人民共和国水污染防治法》，规范含油污水处理工程的建设与运行管理，防治环境污染，保护环境和人体健康，制定本标准。

本标准规定了含油污水处理工程中工艺设计、安全与环保、施工与验收的技术要求。

本标准的附录 A 为资料性附录。

本标准由环境保护部科技标准司组织制订。

本标准主要起草单位：江西金达莱环保研发中心有限公司、华中科技大学、北京市环境保护科学研究院。

本标准环境保护部 2010 年 10 月 12 日批准。

本标准自 2011 年 1 月 1 日起实施。

本标准由环境保护部解释。

含油污水处理工程技术规范

1 适用范围

本标准规定了含油污水处理工程的设计、施工、验收、运行及维护管理工作的基本要求。

本标准适用于以油污染为主的污水处理工程，可作为环境影响评价、环境保护设施设计与施工、建设项目竣工环境保护验收及建成后运行与管理的技术依据。

2 规范性引用文件

本标准内容引用了下列文件中的条款。凡是不注日期的引用文件，其有效版本适用于本标准。

GB 50014 室外排水设计规范

CJJ 60 污水处理运行维护及其安全技术规程

《建设项目（工程）竣工验收办法》（国家计委 计建设〔1990〕215 号）

《建设项目竣工环境保护验收管理办法》（国家环境保护总局令 第 13 号）

3 术语和定义

下列术语和定义符合本标准。

3.1

油脂 oil and grease

指乙醇或甘油（丙三醇）与脂肪酸的化合物，称为脂肪酸甘油酯。在常温下，液态脂肪酸甘油酯，称为油；固态脂肪酸甘油酯，称为脂。

3.2

含油污水 oil wastewater

指主要污染物为油的污水。

3.3

浮油 floating oil

指油珠粒径大于 100 μm，静置后能较快上浮，以连续相的油膜漂浮在水面。

3.4

分散油 dispersed oil

指油珠粒径为 10～100 μm，以微小油珠悬浮于污水中，不稳定，静置后易形成浮油。

3.5

乳化油 emulsified oil

指油珠粒径小于 10 μm，一般为 0.1～2 μm，形成稳定的乳化液。且油滴在污水中分散度愈大愈稳定。

3.6

溶解油 dissolved oil

指以分子状态或化学方式分散于污水中，形成稳定的均相体系，粒径一般小于 0.1 μm。

3.7

调节隔油池 water adjusting and oil separation tank

指用于调节水质、水量并配置有隔油功能的污水处理构筑物。

3.8

隔油池 oil separation tank

指专门用于隔除浮油的污水处理构筑物。

3.9

气浮 air floatation

指空气微气泡与油污颗粒结合，增大油污颗粒的浮力，使含油污水中的油污迅速分离的处理方法。

3.10

粗粒化 coalescence of oil water

指利用油水两相对聚结材料亲和力的不同，使微细油珠在聚结材料表面集聚成为较大颗粒或油膜，从而达到油水分离的过程。

3.11

一级除油处理 primary treatment of oil wastewater

指采用隔油池进行油水分离的处理阶段。

3.12

二级除油处理 secondary treatment of oil wastewater

指采用气浮、粗粒化、板结、过滤等方法或组合工艺进行油水分离的处理阶段。

4 设计水量及设计水质

4.1 设计水量

设计水量应按国家现行工业用水量的规定确定或按式（1）计算。

$$Q= K\times q\times S \tag{1}$$

式中：Q——每日产生的含油污水总水量，m^3/d；

q——单位产品污水产生量，m^3/件；

S——每日生产产品总数量，件；

K——变化系数，根据生产工艺或经验决定。

4.2 设计水质

4.2.1 金属加工工业、油脂化工等行业产生的含油污水，其污染物有油脂、表面活性剂及悬浮杂质。

4.2.2 屠宰及肉食品加工业和餐饮业产生的含油污水，含有可生化性较强的动植物油脂。

4.2.3 设计水质应根据调查资料确定，或参照类似工业水质确定。

5 总体设计

5.1 一般规定

5.1.1 对含油污水应进行单独除油处理，以保证城市污水处理系统或者后续污水处理工艺过程正常运行。

5.1.2　含油污水处理工程应根据不同行业含油污水的水质特点，选择适合的处理工艺，并根据污水排放去向和当地的环境保护要求，经技术经济比较后确定。

5.1.3　含油污水最终处理效果应满足国家或地方污水排放标准的要求。

5.1.4　含油污水处理深度分为一级除油处理和二级除油处理。一级除油处理出水含油量应控制在 30 mg/L 以下。

5.1.5　应根据工厂生产工艺，实现生产用水的循环利用，以减少污水处理水量。

5.1.6　含油污水处理工程检测及控制设备的设置应参照 GB 50014 的规定。同时，仪表的选型应根据污水中油类及悬浮物的含量、腐蚀性物质的特性和管道敷设条件等因素确定。

5.2　厂址选择

5.2.1　含油污水处理设施应设在工业区夏季主导风向下方；尽可能选在工业区下游地区。

5.2.2　应结合工业厂区总体规划，考虑远景发展，并应考虑交通运输、水电供应、水文地质等条件。应参照 GB 50014 中相关规定。

5.3　总体布置

含油污水处理工程总体布置应参照 GB 50014 中相关规定。

5.4　污水处理工艺流程

5.4.1　金属加工工业、油脂化工行业含油污水处理推荐工艺流程如图 1。

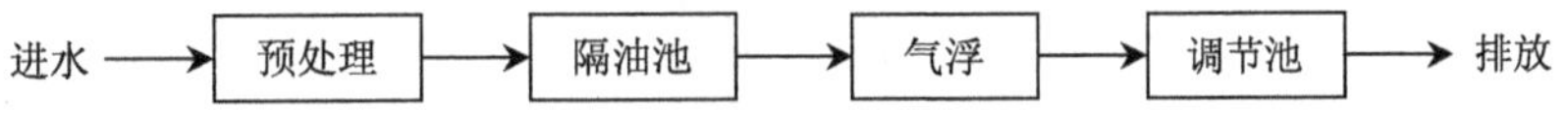

图 1　金属加工、轻工、油脂化工行业含油污水处理基本工艺流程图

5.4.2　屠宰、肉食品加工和餐饮业含油污水处理推荐工艺流程如图 2。

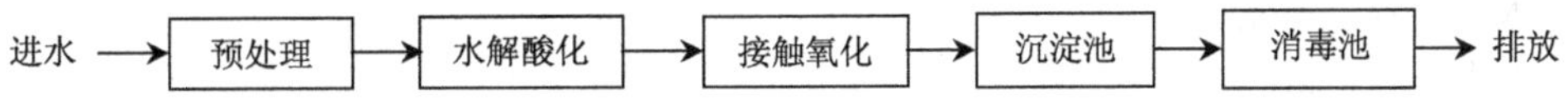

图 2　屠宰、肉食品加工和餐饮业含油污水处理基本工艺流程图

6　含油污水处理单元工艺设计

6.1　平流式隔油池

6.1.1　平流式隔油池宜用于去除粒径大于等于 150 μm 的油珠。

6.1.2　含油污水应该以基本无冲击状态进入隔油池进水配水间，进水配水间的前置构筑物出水水头应小于等于 0.2 m。

6.1.3　进水配水间应为垂直折流式，二室配置，二室隔墙下部 0.5 m 悬空。第一室下向流，第二室上向流。第二室与隔油段用配水墙间隔。

6.1.4　进水配水墙配水孔应设置于水面下 0.5 m，池底上 0.8 m 处。配水孔孔口流速应为 20～50 mm/s。

6.1.5　含油污水在隔油段的计算水平流速应为 2～5 mm/s。

6.1.6　单格池宽应小于等于 6 m，隔油段长宽比应不小于 4。

6.1.7　隔油段的有效水深应小于等于 2 m，池体超高应小于等于 0.4 m。

6.1.8　隔油段后应接出水间，出水间为单室配置。出水间与隔油段以出水配水墙间隔，以隔油段出水堰保持隔油段液面。隔油段之后接集水槽和出水管。

6.1.9 出水配水墙配水孔应设置于水面下 0.8 m，池底上 0.5 m 处。配水孔孔口流速应为 20～50 mm/s。

6.1.10 隔油段池底宜设刮油刮泥机，刮板移动速度应小于 2 m/min。

6.1.11 隔油段排泥管直径应大于 200 mm，管端可接压力水管用以冲洗排泥管。

6.1.12 污泥斗深度一般为 0.5 m，底宽宜大于 0.4 m，侧面倾角 45°～60°，且池底向污泥斗坡度为 0.01～0.02。

6.1.13 集油管宜为 Φ200～300 mm，当池宽在 4.5 m 以上时，集油管串联不应超过 4 根。

6.1.14 在寒冷地区，集油管及隔油池宜设置加热设施。隔油池附近应有蒸汽管道接头，以备需要时清理管道或灭火。

6.1.15 隔油池宜设非燃烧材料制成的盖板，并应设置蒸汽灭火设施。

6.2 斜板隔油池

6.2.1 斜板隔油池宜用于去除粒径大于 80 μm 的油珠。

6.2.2 含油污水应该以基本无冲击状态进入斜板隔油池进水配水区，进水配水区的前置构筑物出水水头应小于等于 0.2 m。

6.2.3 上浮段表面水力负荷宜为 0.6～0.8 m^3/（m^2·h）。

6.2.4 斜板净距离宜采用 40 mm，倾角应小于等于 45°，板间流速宜为 3～7 mm/s，板间水力条件为雷诺数 *Re* 小于 500；弗劳德数 *Fr* 大于 10。

雷诺数根据式（2）计算：

$$Re = \frac{V \cdot R}{\gamma} \tag{2}$$

弗劳德数根据式（3）计算：

$$Fr = \frac{V^2}{Rg} \tag{3}$$

式中：V——水平流速，m/s；

R——水力半径，m；

γ——水的运动黏度，m/s^2；

g——重力加速度，9.81 m^2/s。

6.2.5 池内应设浮油收集、斜板清洗和池底排泥等设施。

6.2.6 斜板材料应耐腐蚀、光洁度好、不沾油。

6.2.7 池内刮油泥速度宜小于等于 15 mm/s，板体间和池壁间应严密无缝隙，不渗漏。

6.2.8 排泥管直径应大于等于 200 mm，管端可接压力水管用以冲洗排泥管。

6.3 溶气气浮

6.3.1 溶气气浮除油宜用于含油量和表面活性物质低的含油污水，用来去除污水中比重接近于 1 的微细悬浮物和粒径大于 0.05 μm 油污。进水 pH 值 6.5～8.5，含油量小于 100 mg/L。

6.3.2 溶气气浮装置应由池体和溶气系统两部分组成。设计应符合下列要求：

6.3.2.1 溶气气浮法宜一间气浮池，配一个溶气罐。

6.3.2.2 溶气罐工作压力宜采用 0.3～0.5 MPa。

6.3.2.3 空气量以体积计，可按污水量 5%～10%计算，设计空气量应按照 25%过量考虑。

6.3.2.4 污水在溶气罐内停留时间应根据罐的型式确定，一般宜为 1～4 min，罐内应有促进气、水充分混合的措施。

6.3.2.5 采用部分回流的溶气罐宜选用动态式，并应有水位控制措施。

6.3.2.6 溶气释放器的选用应根据含油污水水质、处理流程和释放器性能确定。
6.3.3 加药反应
6.3.3.1 凝聚剂应在含油污水进入溶气反应段之前投加，并可适量投加助凝剂。
6.3.3.2 溶气反应段反应时间宜为 10～15 min。
6.3.3.3 投加药剂品种及数量应根据进水水质确定，不得造成二次污染。
6.3.3.4 药剂溶解池须防腐，应并联两间，交替使用。
6.3.4 气浮池
6.3.4.1 根据水量大小气浮池可采用矩形或圆形。
6.3.4.2 矩形气浮池每格池宽应小于等于 4.5 m，长宽比宜为 3～4。
6.3.4.3 矩形气浮池有效水深宜为 2.0～2.5 m，超高应大于等于 0.4 m。
6.3.4.4 污水在气浮池分离段停留时间宜小于等于 1 h。
6.3.4.5 污水在矩形气浮池内的水平流速宜小于等于 10 mm/s。
6.3.4.6 气浮池应配备液位自动控制装置，保障浮沫挡板的适宜位置。
6.3.4.7 气浮池端部应设置集沫槽和废油储槽。
6.3.4.8 气浮池顶部应设置刮泡沫机，刮泡沫机的移动速度宜为 1～5 m/min。
6.3.4.9 气浮池底部应设排泥管。
6.3.5 全溶气气浮和部分加压溶气气浮
6.3.5.1 推荐全溶气气浮和部分加压溶气气浮基本工艺流程如图 3。

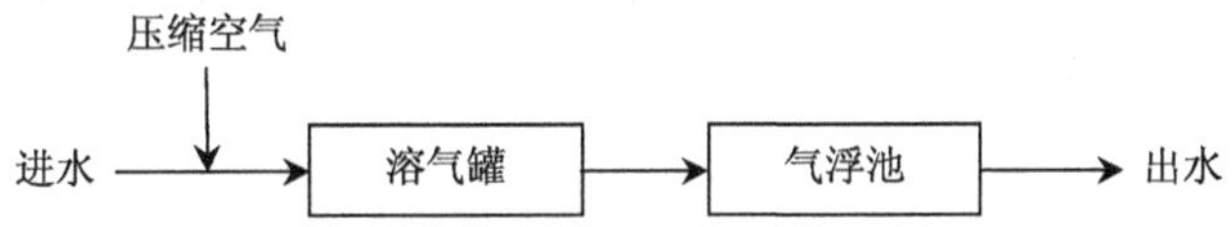

图 3 全溶气气浮和部分加压溶气气浮基本工艺流程图

6.3.5.2 投加药剂：药剂的品种和数量应根据进水水质经试验确定：聚合铝 25～35 mg/L；硫酸铝 60～80 mg/L；聚合铁 15～30 mg/L；有机高分子凝聚剂 1～10 mg/L。
6.3.5.3 混凝反应：宜采用管道混合器，可不设反应室。
6.3.6 部分回流溶气气浮
6.3.6.1 推荐部分回流溶气气浮基本工艺流程如图 4。

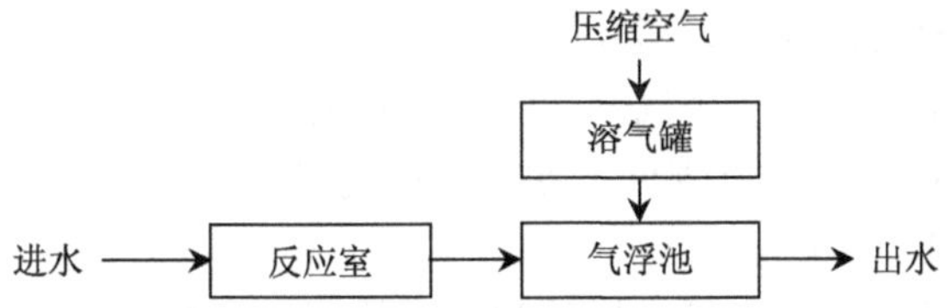

图 4 部分回流溶气气浮基本工艺流程图

6.3.6.2 回流比宜为进水的 25%～50%。但当水质较差，且水量不大时，可适当加大回流比。
6.3.6.3 投加药剂：药剂的品种和数量应根据进水水质经试验确定：聚合铝 15～25 mg/L；硫酸铝 40～60 mg/L；聚合铁 10～20 mg/L；有机高分子凝聚剂 1～8 mg/L。
6.3.6.4 混凝反应：管道混合，阻力损失小于等于 0.3 m；机械混合，搅拌桨叶速度宜为 0.5 m/s 左右，混合时间宜为 30 s。机械反应室（一级机械搅拌）、平流反应室、旋流反应室或涡流反应室水流线速度从 0.5～1.0 m/s 降至 0.3～0.5 m/s，反应时间 3～10 min。

6.4 粗粒化

6.4.1 粗粒化技术适用于预处理分散油和乳化油。粗粒化法可把水中 5～10 μm 的油珠完全分离，对 1～2 μm 的油珠有最佳的分离效果。

6.4.2 粗粒化聚结器通常设在重力除油工艺之前，它利用粗粒化材料的聚结性能，使细小的油粒在其表面聚结成较大油粒或油膜，使其更有利于重力法除油。

6.4.3 聚结材料宜采用相对密度大于 1、粒径 3～5 mm、亲油疏水性强、比表面积大、强度高且容易再生的材料；应根据可聚结性实验确定。

6.4.4 粗粒化除油装置组成：壳体、分离段、聚结床、多孔材料承托层。

6.4.5 聚结除油装置壳体可采用碳钢防腐。承压能力应通过工艺计算，一般可采用 0.6 MPa。

6.4.6 聚结床下应加承托垫层。承托材料一般采用卵石，其级配见表 1。

表 1 承托材料级配表

层次	粒径/mm	厚度/mm
下	16～32	100
中	8～16	100
上	4～8	100
总厚度 *H*		300

6.4.7 当采用聚结材料相对密度小于 1 时，须在上部设置不锈钢格栅及卵石层以防跑料。卵石粒径选用 16～32 mm，厚度一般为 0.3 m。

6.5 过滤

6.5.1 滤池

6.5.1.1 单池面积不宜超过 50 m^2。进水含油量宜小于 30 mg/L。

6.5.1.2 滤池高度根据滤层厚度、承托层高度、反冲洗滤料膨胀系数（40%～50%）以及超高等因素确定，高度一般在 3.5～4.5 m。

6.5.1.3 滤池底部宜设有排空管，管口处设栅罩；池底坡度约为 0.005，坡向排空管。

6.5.1.4 每间滤池均应安装水头损失计或水位尺、取样设备等。

6.5.1.5 滤池间数较少时，直径小于 400 mm 的阀门可采用手动阀门；但反冲洗阀门，宜采用电动或液动阀门。

6.5.1.6 滤池池壁与砂层接触处应拉毛，避免短流。

6.5.1.7 在配水系统干管末端，应安装排气管，当滤池面积小于 25 m^2 时，管径为 40 mm；当滤池面积为 25～100 m^2 时，管径为 50 mm。排气管伸出滤池，顶处应加截止阀。

6.5.1.8 各密封渠道上应有 1～2 个人孔。

6.5.1.9 滤池管廊内应有良好的防水、排水措施和适当的通风、照明等措施。

6.5.2 滤料

6.5.2.1 滤料宜选择亲水、疏油型材料，同时应具有一定的机械强度和抗蚀性能。

6.5.2.2 砂滤滤速宜取 8～10 m/h，反冲洗强度为 12～17 L/（m^2·s），反冲洗时间宜为 15 min。

6.5.3 轻质滤料

纤维类滤料滤速最高可取 25 m/h，反冲洗强度可小于 5 L/(m^2·s)，反冲洗时间宜控制在 15～20 min。

6.6 混凝

6.6.1 混凝工艺在控制 pH 的条件下对乳化液具有良好的破乳效果，可保障良好的油水分离效果。

6.6.2 含油污水处理中常用混凝剂有无机混凝剂、有机混凝剂及复合混凝剂，应针对不同的水质选用合适的絮凝剂及助凝剂。

6.6.3 混合

6.6.3.1 药剂混合时间一般为 10～30 s，不宜强烈搅拌及长时间混合。

6.6.3.2 混合设备与后续处理设备中间管道不宜超过 120 m。

6.6.3.3 混合方式分为水力混合和机械混合。

6.6.4 反应

6.6.4.1 反应池型式的选择和絮凝时间的采用，应根据水质情况和相似条件下的运行经验或通过试验确定。

6.6.4.2 药剂在反应池内应有充分的反应时间，一般为 10～30 min，控制反应时的速度梯度 G，一般为 30～60 s^{-1}，GT 值为 10^4～10^5。

6.6.5 加药系统

6.6.5.1 药剂的投配方式宜采用液体投加方式。

6.6.5.2 加药系统应设置投药计量设备，以控制加药量，应尽可能采用自动投药系统。

6.6.5.3 自动投药方式应采用前馈式或后馈式单因子自控投药技术。自控系统由传感器、智能测控仪和执行机构（变频调速装置、投药泵等） 组成，它们构成单回路反馈控制系统。

6.6.5.4 用泵投加高分子聚合物药剂溶液时，应采用容积泵输送。

6.7 生物处理

6.7.1 当采用生物法处理时，应考虑油在水中的存在形态，含油的种类和性质等各种影响因素，经技术经济比较后选择适合的处理工艺。

6.7.2 含油污水经除油处理后，应根据再生水利用和出水排放对水质的要求进一步处理。

6.7.3 进入生化处理系统含油污水的油含量不得超过 30 mg/L。

6.7.4 用于处理以油污染为主的含油污水的活性污泥法、序批式活性污泥法、接触氧化法、膜生物法的主要工艺设计参数可参考相应的工程技术规范。

6.8 污泥浓缩

6.8.1 气浮浮渣的浓缩应根据含油污泥乳化程度，选择自然浓缩或加药浓缩。自然浓缩时间以 8～12 h为宜。

6.8.2 生化污泥的浓缩可参照 GB 50014 的规定。

6.9 污泥处置

6.9.1 含油污泥应进行资源化、减量化、稳定化和无害化处理，逐步提高资源化水平。

6.9.2 干化场适用于气候较为干燥的地区，尤适用于沙漠地区含油污泥的处理。

6.9.3 含油量 5%～10%的污泥宜焚烧处理。焚烧温度为 800～850℃。

6.9.4 含油量低的污泥可优先考虑采用固化法进行无害化处置。

6.9.5 含油污泥的处置应符合危险废物的有关规定。

7 劳动安全与职业卫生

7.1 消防

含油污水处理构筑物间距及现场消防设施应符合国家现行防火规范的规定。

7.2 安全

7.2.1 压力式装置、容器的安全措施应遵照相关规定及产品使用说明的要求。
7.2.2 加热器温度设定值为 45℃；电加热器热态绝缘电阻应不低于 0.5 MΩ。

7.3 卫生

7.3.1 含油污水处理构筑物、管渠、设备应有防腐蚀和防渗漏的措施。
7.3.2 处理设备应尽量选择封闭式，以避免影响周围环境。
7.3.3 妥善处置油水分离过程废弃的元件或材料，应避免对环境产生二次污染。

8 施工与验收

8.1 工程施工

8.1.1 工程施工前，应进行施工组织设计或编制施工方案，明确施工质量负责人和施工安全负责人，经批准后方可实施。
8.1.2 含油污水处理工程施工单位应具有国家相应的工程施工资质。
8.1.3 含油污水处理工程的设备安装应符合设计文件的规定。
8.1.4 工程变更应按照经批准的设计变更文件进行。

8.2 工程验收

8.2.1 含油污水处理工程验收应按照设计文件及《建设项目（工程）竣工验收办法》的规定和要求进行。
8.2.2 含油污水处理工程的环境保护验收应按照《建设项目竣工环境保护验收管理办法》执行。

9 运行维护管理

9.1 一般规定

9.1.1 含油污水处理工程的运行过程应制定详细的运行管理、维护保养制度和操作规程，各类设施、设备应按照设计的工艺要求使用。
9.1.2 含油污水处理工程的运行维护管理应符合 CJJ 60 的规定。
9.1.3 含油污水处理工程的运行、维护及其安全，除应符合本标准外，尚应符合国家现行有关标准的规定。

9.2 运行管理

9.2.1 运行管理人员及操作人员应经过严格培训，了解含油污水处理工艺、设备操作章程及各项设计指标。
9.2.2 各岗位应有工艺系统网络图、安全操作规程等，并应示于明显部位。
9.2.3 各岗位的操作人员应按时做好运行记录。数据应准确无误。当发现运行不正常时，应及时处理或上报主管部门。
9.2.4 应根据不同设备要求，定期进行检查，保证设备的正常运行。

9.3　安全操作

9.3.1　各岗位操作人员和维修人员应经过技术培训并考试合格后方可上岗。
9.3.2　电源电压大于或小于额定电压 5%时，不宜启动电机。
9.3.3　储油罐和集油池附近，应按消防部门的有关规定设置消防器材。

9.4　水质管理

9.4.1　含油污水处理厂污水、污泥处理正常运行检测的项目与周期应符合 CJJ 60 的规定。
9.4.2　已安装在线监测系统的，也应定期进行取样，进行人工监测，比对监测数据。
9.4.3　水质取样应在污水处理排放口和根据处理工艺控制点取样。

9.5　应急预案

9.5.1　应编制事故应急预案（包括环境风险突发事故应急预案）。
9.5.2　污水处理设施发生异常情况或重大事故时，应及时分析解决，并按应急预案中的规定向上级主管部门报告。

附 录 A
（资料性附录）
聚结除油装置主要工艺参数及计算公式

A.1 装置直径

$$D=\sqrt{\frac{4Q_1}{\pi q}} \tag{A.1}$$

式中：D——装置直径，m；

Q_1——单罐设计水量，m^3；

q——负荷，$m^3/(h \cdot m^2)$，一般为 15～35 $m^3/(h \cdot m^2)$。

A.2 聚结材料体积

$$W=f\times h\frac{\pi D^2}{4} \tag{A.2}$$

式中：W——聚结材料体积，m^3；

h——聚结材料高度，m；

f——修正系数。

A.3 聚结材料高度

$$h=vt \tag{A.3}$$

式中：h——聚结材料高度，m；

v——聚结材料段流速，m/h；

t——接触时间，h。

A.4 聚结材料重量

$$G=W\cdot\rho \tag{A.4}$$

式中：G——聚结材料重量，kg；

ρ——聚结材料密度，kg/m^3。

HJ

中华人民共和国国家环境保护标准

HJ 2045—2014

石油炼制工业废水治理工程技术规范

Technical specifications for petroleum refining industry wastewater treatment

2014-12-19 发布　　　　2015-03-01 实施

环 境 保 护 部 发布

前　言

为贯彻《中华人民共和国环境保护法》和《中华人民共和国水污染防治法》，规范石油炼制工业废水治理工程的设计、建设与运行管理，防治环境污染，保护环境和人体健康，制定本标准。

本标准规定了石油炼制工业废水治理工程的设计、施工、验收与运行管理的技术要求。

本标准为指导性标准。

本标准为首次发布。

本标准由环境保护部科技标准司组织制订。

本标准主要起草单位：中国石油天然气股份有限公司石油化工研究院、中国石油工程建设公司大连设计分公司、中华环保联合会环保技术标准研究专业委员会、宇星科技发展（深圳）有限公司。

本标准环境保护部 2014 年 12 月 19 日批准。

本标准自 2015 年 3 月 1 日起实施。

本标准由环境保护部解释。

石油炼制工业废水治理工程技术规范

1　适用范围

本标准规定了石油炼制工业废水治理工程的设计、施工、验收及运行管理等的技术要求。

本标准适用于石油炼制企业的废水治理工程，可作为环境影响评价、可行性研究、设计、施工、安装、调试、验收、运行和监督管理的技术依据。

2　规范性引用文件

本标准引用了下列文件或其中的条款。凡是未注明日期的引用文件，其最新版本适用于本标准。

GB 150　压力容器
GB 12348　工业企业厂界环境噪声排放标准
GB 14554　恶臭污染物排放标准
GB 18484　危险废物焚烧污染控制标准
GB 18597　危险废物贮存污染控制标准
GB 18598　危险废物填埋污染控制标准
GB 50003　砌体结构设计规范
GB 50007　建筑地基基础设计规范
GB 50009　建筑结构荷载规范
GB 50010　混凝土结构设计规范
GB 50011　建筑抗震设计规范
GB 50014　室外排水设计规范
GB 50016　建筑设计防火规范
GB 50017　钢结构设计规范
GB 50033　建筑采光设计标准
GB 50037　建筑地面设计规范
GB 50046　工业建筑防腐蚀设计规范
GB 50058　爆炸危险环境电力装置设计规范
GB 50068　建筑结构可靠度设计统一标准
GB 50069　给水排水工程构筑物结构设计规范
GB 50108　地下工程防水技术规范
GB 50141　给水排水构筑物工程施工及验收规范
GB 50160　石油化工企业设计防火规范
GB 50191　构筑物抗震设计规范
GB 50202　建筑地基基础工程施工质量验收规范
GB 50203　砌体结构工程施工质量验收规范
GB 50204　混凝土结构工程施工质量验收规范
GB 50205　钢结构工程施工质量验收规范

GB 50206　木结构工程施工质量验收规范
GB 50231　机械设备安装工程施工及验收通用规范
GB 50235　工业金属管道工程施工规范
GB 50254　电气装置安装工程　低压电器施工及验收规范
GB 50255　电气装置安装工程　电力变流设备施工及验收规范
GB 50256　电气装置安装工程　起重机电气装置施工及验收规范
GB 50257　电气装置安装工程　爆炸和火灾危险环境电气装置施工及验收规范
GB 50268　给水排水管道工程施工及验收规范
GB 50275　风机、压缩机、泵安装工程施工及验收规范
GB 50300　建筑工程施工质量验收统一标准
GB 50334　城市污水处理厂工程质量验收规范
GB 50345　屋面工程技术规范
GB/T 50087　工业企业噪声控制设计规范
GB/T 50934　石油化工工程防渗技术规范
GBZ 2.1　工作场所有害因素职业接触限值　第 1 部分：化学有害因素
GBZ 2.2　工作场所有害因素职业接触限值　第 2 部分：物理因素
CECS 117　给水排水工程混凝土构筑物变形缝设计规程
CECS 138　给水排水工程钢筋混凝土水池结构设计规程
CJJ 60　城镇污水处理厂运行、维护及安全技术规程
HJ 2010　膜生物法污水处理工程技术规范
HJ 2025　危险废物收集　贮存　运输技术规范
SH/T 3017　石油化工生产建筑设计规范
SH 3043　石油化工设备管道钢结构表面色和标志
SH 3501　石油化工有毒、可燃介质钢制管道工程施工及验收规范
SH/T 3022　石油化工设备和管道涂料防腐蚀设计规范
SH/T 3053　石油化工企业厂区总平面布置设计规范
JB/T 8471　袋式除尘器　安装技术要求与验收规范
JB/T 8536　电除尘器　机械安装技术条件
《建设项目环境保护设施竣工验收监测技术要求》（环发〔2000〕38 号）
《建设项目竣工环境保护验收管理办法》（国家环境保护总局令　第 13 号）

3　术语和定义

下列术语和定义适用于本标准。

3.1

石油炼制工业　petroleum refining industry

指以原油、重油等为原料生产汽油馏分、柴油馏分、燃料油、石油蜡、石油沥青、润滑油和石油化工原料等的工业企业或生产设施。

3.2

石油炼制工业废水　petroleum refining industry wastewater

指在石油炼制工业生产过程中产生的废水，包括生产废水、污染雨水（与生产废水混合处理）、生活污水、循环冷却水排污水、化学水制水排污水、蒸汽发生器排污水、余热锅炉排污水等。不包括炼油企业自备电站、锅炉排污水及为其服务的化学水制水排污水。

3.3

生产废水 process wastewater

指在石油炼制工业生产过程中与生产物料直接接触后从各生产设备排出的废水。生产废水分为含油废水、含硫废水、含盐废水等。

3.4

污染雨水 polluted rainwater

指受物料污染而不符合排放标准的雨水。

3.5

催化裂化装置再生烟气脱硫废水 flue gas desulfurization effluent of FCC regenerator

指催化裂化装置再生烟气脱硫系统排放的废水。

3.6

隔油 oil separation

指利用油与水的密度差异，分离去除废水中悬浮状态油类的过程。

3.7

混凝 coagulation

指投加混凝剂，在一定水力条件下完成水解、缩聚反应，使胶体分散体系脱稳和凝聚的过程。

3.8

絮凝 flocculation

指完成凝聚的胶体在一定水力条件下相互碰撞、聚集或投加少量絮凝剂助凝，以形成较大絮状颗粒的过程。

3.9

气浮 air floatation

指通过某种方法产生大量微气泡，黏附水中悬浮和脱稳胶体颗粒，在水中上浮完成固液分离的一种过程。

3.10

水解酸化 hydrolytic acidification

指在厌氧条件下，使结构复杂的不溶性或溶解性高分子有机物经过水解和产酸，转化为简单低分子有机物的过程。

3.11

缺氧区 anoxic zone

指非充氧池（区），溶解氧浓度一般为 0.2～0.5 mg/L，主要功能是进行反硝化脱氮。

3.12

好氧区 aerobic zone

指充氧池（区），溶解氧浓度一般不小于 2 mg/L，主要功能是降解有机物和硝化氨氮。

3.13

深度处理 advanced treatment

指进一步处理生物处理出水中污染物的净化过程。

4 设计水质及水量

4.1 生产废水来源及分类

石油炼制工业主要排放生产废水有：含油废水、含硫废水、含盐废水等。废水主要来源与分类见表 1。

表 1　主要生产废水来源及分类

生产装置	装置排水	分类
常减压	电脱盐罐	含盐废水
	塔顶油水分离器	含油含硫废水
催化裂化	粗汽油罐排水	含硫废水
	凝缩油罐排水	含硫废水
	再生烟气脱硫废水	含盐废水
	余热锅炉汽包排水	含油废水
延迟焦化	焦化塔冷焦水	含油废水
	焦化塔切焦水	含油废水
	接触冷却塔油水分离器切水	含油废水
	分馏塔顶分离罐分离排水	含硫废水
催化重整	油气分离器排水	含硫废水
	抽真空冷凝水	含硫废水
	重整催化剂再生气洗涤水	含盐废水
加氢裂化	分馏塔	含硫废水
	工艺管线导凝排液、原料罐切水、采样口排放水等	含油废水
	催化剂再生气洗涤水	含盐废水
加氢精制	汽提塔	含硫废水
	工艺管线导凝排液、原料罐切水、采样口滴液等	含油废水
	催化剂再生器	含盐废水
氧化沥青	污油罐排水	含油废水
	沥青成型冷却水	含硫废水
酮苯脱蜡	酮回收塔排水	含油废水
白土精制	过滤机排渣和油水分离罐切出水	含油废水
润滑油糠醛精制	脱水塔排水	含油废水
硫黄回收装置	酸性气凝结水	含硫废水
含硫污水汽提	脱硫净化水	含油废水
原油罐区	罐区切水	含油废水

4.2　设计水量

4.2.1　废水处理场设计水量应包括：生产废水量、生活污水量、污染雨水量和未预见废水量。

4.2.2　废水处理场设计规模应按下列各项之和确定：

a）生产废水量宜按各工艺装置或废水提升站的连续废水量与间断废水量综合确定，并可按下式计算：

$$Q = a\sum Q_i + \frac{\sum (Q_j t_j)}{t} \tag{1}$$

式中：Q——生产废水量，m^3/h；

Q_i——各工艺装置连续排放的废水量，m^3/h；

Q_j——调节时间内间断排放的废水量，m^3/h；

T——间断水量的处理时间，h，可取调节时间的 2～3 倍；

t_j——调节时间内出现的间断废水量的连续排水时间，h；

a——不可预计系数，取 1.1～1.2。

b）生活污水量应按 GB 50014 的有关规定确定。

c）污染雨水量宜按一次降雨污染雨水总量和调蓄设施的容积和排空时间确定，采用下式计算：

$$Q_S = \frac{F_S H_S}{1000\, t_S} \tag{2}$$

式中：Q_S——污染雨水流量，m^3/h；

F_S——污染区面积，m^2；

H_S——降雨深度，mm，宜取 15～30 mm；

t_S——污染雨水调蓄池排空时间，h，宜为 48～96 h。

d）未预见废水量宜按各工艺装置时均废水量的 10%～15%选取。

4.2.3 当上述水量数据无法取得时，炼油废水处理场设计规模可按原油加工量的 0.6～0.7 倍确定。

4.2.4 石油炼制企业的最高允许排水量，应符合国家和行业相关标准的规定，并应符合项目环境影响评价等的要求。

4.3 设计水质

4.3.1 废水处理场设计进水水质宜根据各装置排水量、排水水质数据加权平均计算确定。无相关资料时，可按表 2 选取。

4.3.2 主要及全部加工劣质重油的企业，其废水处理场设计进水水质可参考表 2。

表 2 废水处理场设计进水水质指标

序号	参数	单位	控制指标
1	pH		6～9
2	温度	℃	≤40
3	石油类	mg/L	≤300
4	硫化物	mg/L	≤20
5	化学需氧量（COD_{Cr}）	mg/L	≤800
6	挥发酚	mg/L	≤30
7	氨氮	mg/L	≤50
8	SS	mg/L	≤300
9	BOD_5/COD_{Cr}		≥0.3

4.3.3 废水处理场进水废水温度应在 15～40℃。

4.3.4 水质波动频繁、易对废水处理场运行造成冲击的装置废水应单独收集、输送，并设置相应的在线分析仪表及将废水切入废水处理场事故水罐（池）的设施。

5 总体要求

5.1 一般规定

5.1.1 石油炼制工业废水治理工程的建设，除应符合本标准的规定外，还应遵守国家基本建设程序以及国家、地方有关法规与标准的规定。

5.1.2 石油炼制工业废水治理工程应以企业生产情况及发展规划为依据，贯彻国家产业政策和行业污染防治技术政策，与场址所在地区的环境保护规划、城市发展规划相结合，统筹废水预处理与集中处理、现有与规划改、扩建的关系。

5.1.3 石油炼制企业应积极采用清洁生产技术，改进生产工艺，提高水循环利用率，降低废水的产生量和排放量。

5.1.4 石油炼制工业废水治理宜遵循清污分流、污污分治的原则。

5.1.5 废水处理场内污染物均宜通过密闭设施输送。

5.1.6 经处理后排放的废水应符合环境影响评价批复文件和相关排放标准的要求。

5.1.7 石油炼制工业废水治理工程应配套建设二次污染的预防设施，保证噪声、恶臭、危险废物等满足 GB 12348、GB 14554 和 HJ 2025 等相关环保标准的要求。

5.1.8 废水处理场应根据 GB/T 50934 等相关环保标准要求做防渗处理，以免污染地下水资源。

5.1.9 污染治理工程应按照有关规定安装水质在线监测系统。

5.2 场址选择

5.2.1 废水处理场的场址选择，应符合 GB 50014、GB 50160 和 SH/T 3053 的要求。

5.2.2 废水处理场宜布置在工厂的低处和全年最小频率风向的上风侧，并宜远离环境敏感区。

5.2.3 废水处理场应不受洪涝影响，且防洪标准应与厂区相同。

5.3 总体布置

5.3.1 废水处理场平面布置应符合 GB 50014 和 GB 50160 的有关规定。

5.3.2 废水处理场平面布置应满足工艺流程的要求，并宜结合风向、总排口位置、地形、危险程度、防火安全距离等因素，按功能相对集中、清污相对分离布置。

5.3.3 废水处理场内各处理构筑物间宜采用重力流布置，尽量减少提升次数。

5.3.4 各处理构筑物间水头损失计算时应考虑管路沿程损失、局部损失和构筑物的水头损失，并应留有一定的安全系数，安全系数可按总水头损失的 10%～20%选取。

5.4 工程构成

5.4.1 石油炼制工业废水治理工程由生产废水预处理工程和综合废水处理工程组成。

5.4.2 生产废水预处理工程包括电脱盐废水预处理工程、含硫废水预处理工程、碱渣废水预处理工程、气化制氢废水预处理工程等。

5.4.3 综合废水处理工程包括主体工程、辅助工程和生产管理设施。

a）主体工程主要包括废水处理、污泥处理与处置和废气处理系统。

1）废水处理包括物化、生化和深度处理系统。

2）污泥处理与处置包括污泥减量处理和最终处置系统。

3）废气处理包括废气收集、输送和处理系统。

b）辅助工程主要包括电气、电信、建筑与结构、消防、场区道路等系统。

c）生产管理设施包括控制室、分析化验室、办公用房、值班室等。

6 工艺设计

6.1 一般规定

6.1.1 废水处理系统应根据废水水质、处理后的水质要求等因素划分。

6.1.2 含油含盐废水混合处理、分质处理方案的选择宜充分考虑项目废水总排放量指标、废水含盐量、废水去向及水质要求、废水处理难度、排放标准等因素，经技术经济比较后确定。

6.1.3　废水处理场核心设施，如气浮、水解酸化池、生化池等，应按不少于两系列设计，且各系列之间应设置必要的连通管道。

6.1.4　催化裂化再生烟气脱硫废水应单独处理至满足废水排放标准的要求。

6.2　生产装置废水预处理

6.2.1　常减压装置的电脱盐废水宜就近进行破乳、除油、降温处理。

6.2.2　含硫废水应采用汽提法处理，处理后应用作电脱盐注水、催化富气洗涤用水或其他工艺用水，且回用率应不小于65%，剩余部分排至废水处理场进行集中处理。

6.2.3　气化制氢装置的废水宜进行汽提、沉降处理。

6.2.4　延迟焦化装置冷焦水应密闭循环使用，切焦水应循环使用。

6.2.5　沥青成型机及石蜡成型机冷却水应循环使用。

6.2.6　碱渣废水宜采用生物法、湿式氧化法等进行预处理。

6.2.7　酸、碱废水宜经物化处理后，排入废水处理场进行集中处理。

6.2.8　罐区的油罐切水应设自动切水，油罐切水、清洗排水、槽车清洗水等宜进行除油预处理。

6.3　工艺路线选择

6.3.1　石油炼制工业废水治理工艺流程如图1所示。

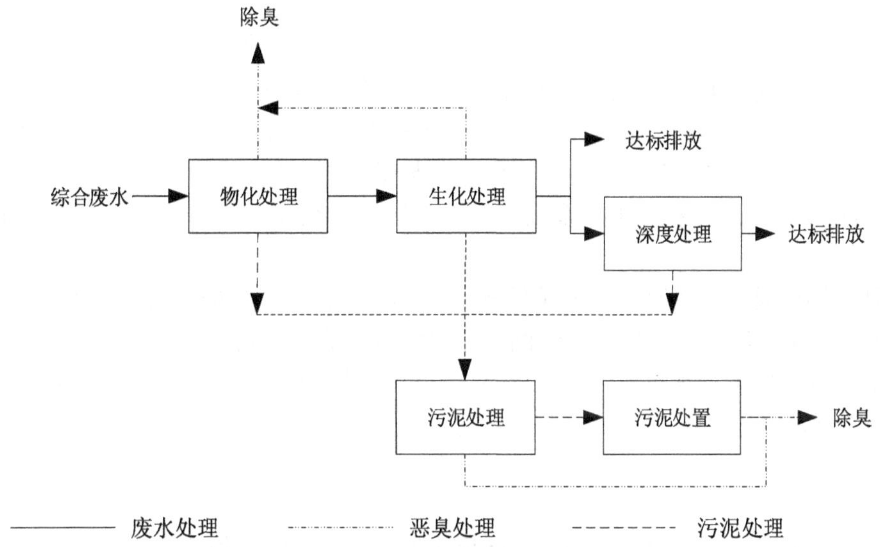

图1　石油炼制工业废水治理工艺流程图

6.3.2　工艺单元推荐工艺如表3所示，但不仅限于表3推荐工艺。

表3　废水处理工艺单元的推荐工艺

工艺单元	推荐工艺
物化处理	调节罐（池）→隔油池→中和池→均质池→混凝气浮池
生化处理	工艺一：生化池→二沉池
	工艺二：水解酸化池→生化池→二沉池
	工艺三：水解酸化池→CAST工艺→水解酸化池→A/O生化池→二沉池
	工艺四：A/O或A/O/O生化池（池中投加粉末活性炭）→二沉池
	工艺五：氧化沟→二沉池

工艺单元	推荐工艺
深度处理	工艺一：三级除浊→监控池
	工艺二：生化处理段二沉池取消，采用 MBR 法后监控外排
	工艺三：三级除浊→过滤罐（池）→臭氧高级氧化池→曝气生物滤池等→监控池
注 1：对于加工掺炼劣质重油比例较低的炼厂，推荐生化处理工艺一；对于加工掺炼劣质重油比例较高的炼厂，当含油含盐废水混合生化处理时，推荐生化处理工艺二、工艺三、工艺四；当含油含盐废水分质处理时，含油废水处理系统中推荐生化处理工艺二，含盐废水处理系统中推荐生化处理工艺三、工艺四、工艺五。	
注 2：生化处理工艺一和工艺二中，生化池可采用 A/O、A/O/O 或序批式活性污泥法及在此基础上衍生的泥膜混合法。	
注 3：深度处理的工艺路线应根据废水排放标准的具体指标进行选择。	

6.4 格栅井

6.4.1 废水处理场应设置收集场内自流废水的格栅井，格栅宜采用机械格栅。

6.4.2 格栅的栅条间隙应根据提升泵及后续处理设施的要求确定，宜为 5～20 mm。

6.4.3 格栅的主体材质应耐油、耐腐蚀、耐老化。

6.4.4 格栅井应密闭并设置管道将废气引入废气处理设施。

6.4.5 格栅的设计还应该符合 GB 50014 的规定。

6.5 调节罐（池）

6.5.1 废水处理场应设置调节罐（池）及独立的事故水储存设施。

6.5.2 调节罐（池）容积宜根据废水水质、水量变化规律，采用图解法计算；当无废水水质、水量变化资料时，可按 16～24 h 的设计水量计算确定，其数量应不少于 2 座。

6.5.3 事故水罐（池）的容积根据来水系统管网的设置情况考虑，当无法取得上述资料时，可按 8～12 h 的设计水量确定。

6.5.4 废水处理场事故水罐（池）应设置至全厂应急池（罐）的自流或泵送管道。

6.5.5 含油废水的调节罐（池）应设置收油、排泥设施、消防设施。

6.5.6 调节罐（池）内废水通过重力流进入下一级处理设施时，其实际调蓄能力应核减调节罐（池）最低运行液位以下占用的容积。

6.6 隔油池

6.6.1 油水分离设施可采用平流式隔油池、斜板式隔油池或竖流式隔油池等。

6.6.2 在寒冷地区或被分离出的油品凝固点高于环境气温时，隔油池集油管所在的油层、污油收集池内应设置加热设施。

6.6.3 隔油池排水管与干管交汇处，应设置水封井，水封深度应不小于 250 mm；距离池壁 5.0 m 以内的水封井、检查井的井盖与盖座接缝处应密封，且井盖不得有孔洞。

6.6.4 隔油池应设难燃烧材料的盖板，且应设置管道将废气引入废气处理设施。

6.6.5 平流式隔油池的设计宜符合下列要求：

a）水力停留时间宜为 1.5～2 h。

b）水平流速宜采用 2～5 mm/s。

c）单格池宽应不大于 6.0 m，长宽比应不小于 4。

d）有效水深应不大于 2.0 m，超高应不小于 0.4 m。

e）池内宜设链板式刮油刮泥机，刮板移动速度应不大于 1 m/min。

f）排泥管应耐腐蚀，公称直径应不小于 DN200，管端应设置清通设施。

g）集油管公称直径宜为 DN200～DN300，其串联总长度应不超过 20 m，串联管数应不超过 4 根。

6.6.6 斜板式隔油池的设计宜符合下列要求：

a）斜板板体应选用耐腐蚀、难燃型、表面光洁、亲水疏油、耐高温水和低压蒸汽清洗的材料。

b）隔油池内应设置收油及清洗斜板等设施。

c）表面水力负荷宜为 0.6～0.8 m^3/（m^2·h）。

6.7 中和池

6.7.1 废水处理场宜设置中和池，通过投加酸或碱将废水的 pH 值调整到合适值，为后续的处理单元提供适宜的 pH 值环境。

6.7.2 中和池的容积宜按废水停留时间 10～30 min 确定。

6.7.3 中和池内宜设置机械搅拌设施。

6.7.4 中和池应采用防腐措施，酸碱投加位置的选择应避免腐蚀搅拌设备。

6.8 均质罐（池）

6.8.1 废水处理场宜设置均质罐（池），且均质罐（池）与调节罐（池）宜分开设置。

6.8.2 均质罐（池）的容积宜根据进水水量、水质变化资料或参照同类企业资料确定。当无法取得上述资料时，容积可按 8～12 h 的设计水量计算确定。

6.8.3 均质罐（池）内应设置空气或动力搅拌设施，保证水质得到充分的均衡。

6.8.4 均质罐（池）若采用空气搅拌设施，每 100 m^3 有效容积（标态）的气量宜按 1.0～1.5 m^3/min 设计。

6.8.5 均质罐（池）应密闭，并设置管道将废气引入废气处理设施。

6.9 混凝絮凝池

6.9.1 混凝剂、絮凝剂的选择应综合考虑当地药剂供应、技术经济情况，并通过参照类似水质炼厂的处理经验或现场试验确定。

6.9.2 混凝剂、絮凝剂的混合可采用管道混合、机械搅拌混合等。

6.9.3 混凝剂、絮凝剂的投加采用机械搅拌混合时应符合下列要求：

a）混凝的反应时间应小于 2 min；絮凝的反应时间根据水质相似条件下的运行经验数据或实验数据确定；当无数据时，反应时间可采用 10～20 min。

b）机械絮凝可采用单级梯形或多级矩形框式搅拌机，搅拌机应采取防腐措施。

c）混凝进水处桨板边缘线速度宜为 0.5 m/s；絮凝进水处桨板边缘线速度宜为 0.2 m/s，并应采用可调速的搅拌器。

d）池内应设防止水流短路的设施。

6.10 气浮池

6.10.1 一般规定

a）废水处理场生化处理前宜根据水质情况设置一级或两级气浮，且应不超过两级。

b）气浮池前应设置药剂混合和絮凝设施。

c）每级气浮池不宜少于 2 间，且每间应能单独运行和检修。

d）气浮池应设置难燃材料制成的盖板，并应设置管道将废气引入废气处理设施。

e）气浮池出水应设置调节水位的设施。

f）气浮池底部应设排泥设施。

6.10.2 溶气气浮

a）溶气气浮处理宜采用部分回流加压溶气方式，其回流比宜采用 30%～50%。每间气浮池宜配置

1 台溶气罐。

b）溶气罐的设计应符合下列要求：

1）进入溶气罐的废水温度应不大于 40℃。

2）溶气罐的运行压力宜为 0.3～0.7 MPa（表压）；当气浮为一级时，溶气罐的运行压力不宜小于 0.6 MPa（表压）。

3）空气量可按废水回流量的 15%～20%（以体积计）计算。

4）废水在溶气罐内的停留时间宜采用 1～3 min。

5）溶气罐内应设气水充分混合的设施和水位控制设施。

6）溶气罐应设置安全阀、放空阀、压力表。

c）气浮池内宜设溶气释放器，且不易堵塞。

d）气浮池可采用矩形或圆形。矩形气浮池设计应符合下列要求：

1）絮凝段出口流速宜控制在 0.2 m/s。

2）单格池宽不宜大于 6.0 m，分离区长度不宜超过 12.0 m。

3）气浮分离时间宜为 30～45 min。

4）废水在气浮分离池的水平流速不宜大于 10 mm/s。

5）池内应设刮渣机，刮板的移动速度宜为 1～2 m/min。

6.10.3 散气气浮

a）散气气浮宜采用叶轮散气气浮。

b）叶轮散气气浮产生的气泡直径应小于 500 μm。

c）叶轮散气气浮池有效水深不宜大于 2.0 m，长宽比不宜小于 4。

6.11 水解酸化罐（池）

6.11.1 水解酸化罐（池）的有效容积宜根据废水在池内的水力停留时间确定，一般为 4.0～8.0 h。

6.11.2 水解酸化罐（池）的池截面面积根据废水在池内的上升流速确定。上升流速应保证污泥不沉积，同时又不能使活性污泥流失；一般控制在 0.5～1.8 m/h。

6.11.3 水解酸化罐（池）的有效水深宜不小于 4.0 m，温度宜控制在 20～40℃。

6.11.4 水解酸化罐（池）内应设布水和泥水混合设施，防止污泥沉淀。

6.11.5 水解酸化罐（池）内应设置排泥设施。

6.12 生化池

6.12.1 一般规定

a）生化池进水中石油类含量应不大于 20 mg/L，硫化物含量应不大于 20 mg/L。

b）生化池宜根据废水性质设置水力或化学消泡设施。

6.12.2 A/O 生化池

a）A/O 生化池的设计参数应通过试验或类似废水的运行数据确定，当无类似数据时，可按以下数据选取：

1）BOD_5 污泥（MLSS）负荷 0.05～0.15 kg/（kg·d）。

2）总氮污泥（MLSS）负荷不大于 0.05 kg/（kg·d）。

3）混合液悬浮固体（MLSS）平均质量浓度 2.5～4.5 g/L。

4）污泥龄宜为 11～23 d。

5）污泥回流比应根据计算确定，且宜为 40%～200%。

6）污泥产率（VSS/BOD_5）取 0.3～0.6 kg/kg。

7）生化池应设置混合液回流设施，并根据进水总氮浓度计算确定回流比。

b）采用污泥负荷法计算时，反应池有效容积取值应同时满足按 BOD_5 负荷和总氮负荷分别计算的结果。

c）好氧区混合液的剩余碱度不宜小于 80 mg/L（以 $CaCO_3$ 计），当碱度不足时宜采用碳酸钠补充碱度。

d）生化池应设置补充磷盐的设施。

e）缺氧区应设置液下搅拌或推流设施，混合功率宜为 3～8 W/m^3。

6.12.3　序批式活性污泥法

a）序批式活性污泥法工艺生物反应池的间数不应少于 2 间。

b）序批式活性污泥法工艺生物反应池主要设计参数，应根据试验或相似废水的实际运行数据确定，当无数据时设计参数宜在下列范围内取值：

1）BOD_5 污泥（MLSS）负荷 0.08～0.15 kg/（kg·d）；容积负荷 0.20～0.60 kg/（m^3·d）。

2）总氮污泥（MLSS）负荷不大于 0.05 kg/（kg·d）。

3）混合液悬浮固体（MLSS）平均质量浓度 2.5～5.0 g/L。

c）序批式活性污泥法工艺的运行周期及每个周期内各阶段的组合安排，应根据废水水质、处理水量和出水水质及操作要求等综合确定。

d）反应池宜采用矩形，水深宜为 4.0～6.0 m。间歇进水时反应池长度与宽度之比宜为 1∶1～2∶1，连续进水时宜为 2.5∶1～4∶1。

e）反应池排水设备宜采用滗水器，滗水器的排水能力应满足排水时间的要求。

f）反应池应设置固定式事故排放设施，并可设在排水结束时的水位处。

g）反应池宜设置防止浮渣流出设施。

h）序批式活性污泥法工艺系统运行宜采用自动控制。

6.12.4　氧化沟

a）氧化沟曝气设备可采用曝气转碟、曝气转刷等。

b）当采用曝气转碟、转刷时，氧化沟的超高宜为 0.5～1.0 m。

c）氧化沟采用转刷曝气器时，其有效水深宜为 3.0～4.0 m，采用转碟曝气器时，其有效水深不宜大于 4.0 m。

d）氧化沟沟内水平流速不宜小于 0.3 m/s。

e）氧化沟出水应设置可调节水位的出水堰板。

6.13　二沉池

6.13.1　二沉池的主要设计参数，应根据试验或实际运行参数确定；当无数据时，二沉池宜取下列数据进行设计：

a）表面水力负荷宜取 0.5～0.6 m^3/（m^2·h）。

b）二沉池污泥含水率为 99.2%～99.6%。

c）有效水深宜采用 2.5～4.0 m，超高应不小于 0.3 m。

6.13.2　二沉池宜设置表面撇渣设施。

6.13.3　直径超过 30.0 m 的二沉池，应设置刮吸泥机。

6.13.4　沉淀池不宜少于 2 座。当圆形沉淀池的径深比小于 6 且刮泥机检修有应急措施时，沉淀池可按 1 座设计。

6.14　深度处理

6.14.1　除浊

为满足二沉池出水全面稳定达标要求或为减少臭氧高级氧化中臭氧的损耗量，宜进一步除浊，去除悬浮物和胶体等污染物。

a）除浊宜采用气浮、絮凝沉淀、过滤等方法。

b）除浊采用气浮工艺时，宜采用溶气气浮，且溶气气浮宜按照6.10.2中的内容选取。

c）除浊采用絮凝沉淀工艺时，絮凝沉淀的设计参数宜根据试验资料或参照类似运行经验选取。

d）除浊采用过滤工艺时，过滤罐（池）设计应满足：

1）过滤罐（池）形式应根据进出水水质、运行管理要求、技术经济比较确定；数量不宜少于2台（间）。

2）滤料应具有足够的强度和抗腐蚀性，宜选择石英砂、无烟煤等。

3）过滤罐（池）滤速根据不同的滤池形式和进出水水质确定，正常滤速不宜超过10 m/h，强制滤速不宜超过16 m/h。

4）过滤罐（池）应设置必要的监测设施及自动化仪表，实现反冲洗自动化操作。

5）过滤罐（池）反冲洗废水应回收并提升至废水处理场适合的工艺段进行处理。

6）过滤罐（池）反冲洗废水池有效容积应满足一套滤池反洗一次的用水量要求。

6.14.2 臭氧高级氧化池

a）臭氧高级氧化的设计参数宜根据实验资料确定，也可参照类似项目运行经验确定。

b）高级氧化池的接触时间宜选取15～30 min。

c）臭氧高级氧化池应密闭，并应设置处理尾气中残余臭氧的设施。

d）出水应采取措施满足后续工艺对臭氧残余量的要求。

6.14.3 曝气生物滤池

a）曝气生物滤池的设计参数宜根据实验资料确定，也可参照类似项目运行经验确定；数量不宜少于2间。

b）曝气生物滤池进水悬浮物不宜大于60 mg/L。

c）曝气生物滤池应设置布水、排水、曝气设施；且曝气设施宜设置反冲洗设施。

6.14.4 膜生物反应器

膜生物反应器设计应符合HJ 2010的规定。

6.15 监测与外排

6.15.1 废水排放前应设置监控池。

6.15.2 监控池的容积宜按照1～2 h的废水量计算。

6.15.3 监控池内应设置必要的在线监测仪表，对pH值、COD、氨氮、石油类等指标进行监测。

6.15.4 外排水管道上应设置隔断阀、流量计，并应将不达标水送至场内的事故水罐（池）。

6.15.5 当外排指标对大肠菌落指标有要求时，应设置消毒设施。

6.16 污油回收

6.16.1 废水处理场宜设置污油罐对场内产生的污油进行回收，并送回炼厂回炼，且污油罐数量应不少于2个。

6.16.2 污油罐应设置加热设施，罐体应保温，且加热温度宜为70～80℃。

6.16.3 污油罐的轮换周期宜为5～7 d。

6.16.4 污油输送管道宜伴热保温。

6.17 加药

6.17.1 一般规定

a）加药宜采用自动加药系统。

b）加药间宜与药剂库合建。

c）加药间内液体药剂宜设置独立的储存罐及围堰。

d）袋装药剂的堆放高度宜为 1.5～2.0 m；储存量较大的散装药剂可采用隔墙分隔。

e）药剂储备量视当地供应、运输等条件确定，一般按最大用药量的 7～15 d 用量计算；次氯酸钠等易分解的药剂根据其性质确定。

f）加药间应设置通风设施，并应防止药剂受潮。

g）加药间围堰内、管沟、排水沟等应有相应的防腐措施。

h）加药间冬季温度不宜低于 5℃。

i）加药泵或围堰周围应设置防护帘防止药液喷溅伤人。

j）化学药剂不宜通过管道长距离输送，宜就近设置药剂储罐。

6.17.2 加药系统配置

a）加药系统基本配置宜包括：安全阀、背压阀、过滤器、脉冲阻尼器、计量泵校验柱、隔膜压力表、冲洗接口等。

b）加药系统应设置备用的加药泵。

6.17.3 加药管道宜埋沟或架空敷设；架空敷设时应设置管道托盒，并应在托盒上设置观察窗或观察口。

6.18 污泥处理

6.18.1 污泥量的确定

a）污泥量应包括：油泥量、剩余活性污泥量、浮渣量等废水处理场产生的全部污泥。

b）油泥量取值宜按照废水输送系统情况且参照同类炼厂运行数据选取，当无参照资料时可按废水排放污泥量为 0.000 2～0.000 5 m^3/m^3 确定。

c）剩余活性污泥量可按下列公式计算：

1）按污泥泥龄计算：

$$\Delta X = \frac{VX}{\theta_c} \tag{3}$$

2）按污泥产率系数、衰减系数及不可生物降解和惰性悬浮物计算：

$$\Delta X = YQ(S_0 - S_E) - K_d V X_V + fQ(SS_0 - SS_E) \tag{4}$$

式中：ΔX——剩余活性污泥（SS）量，kg/d；

V——生物反应池的容积，m^3；

X——生物反应池内混合液悬浮固体（MLSS）平均质量浓度，g/L；

θ_c——污泥泥龄，d；

Y——污泥产率系数（VSS/BOD_5），kg/kg，20℃时为 0.4～0.8；

Q——设计平均日废水量，m^3/d；

S_0——生物反应池进水五日生化需氧量，kg/m^3；

S_E——生物反应池出水五日生化需氧量，kg/m^3；

K_d——衰减系数，d^{-1}；

X_V——生物反应池内混合液挥发性悬浮固体（MLVSS）平均质量浓度，g/L；

f——悬浮物的污泥（MLSS）转换率宜根据实验资料确定，无实验资料时可取 0.5～0.7，g/L；

SS_0——生物反应池进水悬浮物质量浓度，kg/m^3；

SS_E——生物反应池出水悬浮物质量浓度，kg/m^3。

3）悬浮物浮渣量可按下列公式计算：

$$F = Q(SS_0 - SS_E) \tag{5}$$

式中：F——悬浮物产生的污泥量，kg/m³；

Q——设计平均日废水量，m³/d；

SS_0——进水悬浮物质量浓度，kg/m³；

SS_E——出水悬浮物质量浓度，kg/m³。

6.18.2 污泥输送

a）脱水后污泥一般采用螺旋输送机、皮带输送机或管道输送。

b）输送污泥的压力流管道应避免出现高低折点，弯头的半径应不小于5倍管径。

c）输送污泥管道应设置蒸汽吹扫接口。

d）输送污泥管道宜设置高点排气和低点排空的阀门，并宜在适当位置设置清扫口。

e）污泥外运时，应采用专用的污泥输送车，避免沿途抛撒、散发恶臭气体。

6.18.3 污泥脱水与处置

a）污泥采用离心脱水机进行脱水时，其设计应符合下列规定：

1）污泥进入脱水机前应设置污泥浓缩设施，使含水率不大于98%。

2）机械脱水间应考虑泥饼运输设施及通道。

3）脱水后的污泥应设置污泥堆料场或储存料仓，其容量应根据运输条件和污泥的出路确定。

4）污泥脱水间应设置通风除臭设施。每小时换气次数应不小于6次。

5）污泥脱水前应进行加药调理。

b）污泥经脱水后可填埋、干化或焚烧处理。油泥、浮渣等危险废弃物贮存和最终处置应符合GB 18598、GB 18597、GB 18484的要求。

6.19 废气处理设施

6.19.1 废水处理场调节罐（池）、隔油池、均质池（罐）、气浮池、水解酸化罐（池）及污油回收、污泥处理设施，应设置废气收集及集中处理设施；生化处理设施可根据环境影响评价的要求设置废气处理设施。

6.19.2 废气处理工艺宜采用催化氧化燃烧法、化学催化氧化法、生物法等。

6.19.3 废气处理设施处理后的尾气应通过排气筒进行有组织排放。

6.19.4 废气输送管道低点应设计排凝设施。

7 主要工艺设备和材料

7.1 机泵

7.1.1 废水在进入隔油池前需提升时，宜采用容积式泵或低转速离心泵。

7.1.2 浓缩后污泥宜采用螺杆泵、旋转叶型泵输送。

7.1.3 PAM等高黏度药剂宜采用螺杆泵进行输送；其余液体药剂宜采用隔膜泵输送。

7.1.4 加药泵应采用变速或调节冲程的方式调节其流量。

7.2 风机

7.2.1 滤池等使用的反冲洗风机应选用罗茨风机。

7.2.2 生化池、均质池使用的风机选型应根据使用的风压、单机风量、控制方式、噪声和维修管理等条件确定。一般情况下，小风量宜选用罗茨风机，大风量宜选用离心风机。

7.2.3 鼓风机设置的台数应根据气温、风量、风压、废水量与污染物负荷变化等对供气的需要量确定。

7.3　材料

7.3.1　废水、污泥、污油管道材料的选择应进行技术经济比较后确定。废水工艺管道可采用碳钢管；污油、污泥管道应采用碳钢管。

7.3.2　腐蚀性药剂输送管道应根据药剂特性选择合适的管道材质。使用三氯化铁时应选用塑料管材，过流部件应使用塑料材质。

8　检测与过程控制

8.1　仪表选型

仪表的选型应根据废水性质、腐蚀性物质的特性和管道敷设条件等因素综合确定。

8.2　仪表设置要求

8.2.1　一般规定

a）废水处理场应设置必要的仪表进行检测与控制，并应根据项目规模、工艺流程、运行管理的要求确定检测和控制的内容。

b）自动化仪表和控制系统应保证废水处理场运行的安全和可靠。

8.2.2　检测要求

a）存在液位变化的罐、池等应设置液位测量及高低液位报警仪表。

b）泵、鼓风机、空压机的出口管道上应设置压力仪表。

c）进出废水处理场界区的物料管道上应设置流量、压力等检测仪表，废水总进口还应设置温度检测仪表。

d）中和池应设置 pH 值分析仪表。

e）缺氧区宜设置氧化还原电位等分析仪表；好氧区宜设置 pH 值、溶解氧等分析仪表。

f）有液位变化且使用潜水泵、潜水搅拌器的设施内应设置液位监测及自动停机保护措施。

g）在可能产生或聚集可燃气体或有毒有害气体的低点应设置相关气体检测仪表及报警装置。

h）废水处理场总出口应根据国家现行排放标准和环境保护部门的要求，设置水质在线分析仪表。

8.2.3　自动化控制

a）废水处理场应设置分散式控制系统（DCS）或可编程逻辑控制器（PLC）。

b）废水处理场关键设备宜采取自动开停方式运行。

9　主要辅助工程

9.1　电气系统

9.1.1　废水处理场宜设置独立的变配电所。

9.1.2　废水处理场内用电负荷等级应不低于二级。

9.1.3　废水处理场隔油池的防爆区域应按照 GB 50058 中有关“单元分离器、预分离器和分离器”的规定进行划分。

9.2　电信系统

9.2.1　废水处理场的地下泵房、化学药剂储罐区、大型设备间（如离心脱水机）可设置视频监视系统。

9.2.2 废水处理场行政电话、调度电话等宜根据全厂统一要求进行配置。

9.3 建筑与结构

9.3.1 建筑设计应符合 GB 50011、GB 50016、GB 50033、GB 50037、GB 50046、GB 50345、SH/T 3017 等有关国家和行业标准规定的要求。

9.3.2 结构设计应符合 GB 50003、GB 50007、GB 50009、GB 50010、GB 50017、GB 50068、GB 50069、GB 50108、GB 50191、CECS 117、CECS 138 等有关国家和行业标准规定的要求。

9.4 消防

9.4.1 石油炼制工业废水治理工程建构筑物间距及现场消防设施应符合 GB 50160 的要求。

9.4.2 污油罐应根据 GB 50160 的要求设置泡沫灭火系统。

9.4.3 污油罐区四周道路边应设置手动火灾报警按钮。

9.5 场区道路

场区道路的设置应符合 GB 50160 的要求。

10 劳动安全与职业卫生

10.1 劳动安全

10.1.1 对于石油炼制工业废水治理工程中使用的药剂应严格管理，危险化学品的储存、运输、使用方法及作业场所等应符合《危险化学品安全管理条例》的规定。

10.1.2 有人员出入的现场，对于人体有危害的气体（比如硫化氢、挥发性有机物、酸碱蒸气等）浓度必须低于安全限值，应符合 GBZ 2.1 和 GBZ 2.2 的规定。

10.1.3 药剂储罐周围应设置安全围堰，其容积应为单座最大药剂罐的储量，且围堰内应设置集液坑。

10.1.4 加药间内应设置洗眼器，并应配备必要的急救药品。

10.1.5 药剂罐应遵循同性状或两种药剂相遇后不发生强烈反应相邻布置的原则。

10.1.6 浓硫酸储存间宜单独设置并加强管理。

10.1.7 各反应池和储池周边应设置防护栏并备有必要的救生圈。

10.2 职业卫生

10.2.1 工人进入废水处理场作业应携带便携式硫化氢检测报警仪。

10.2.2 废水处理场选用设备的噪声水平应满足 GB/T 50087 的要求。

11 施工与验收

11.1 一般规定

11.1.1 工程设计、施工单位应具有与该工程要求相应的资质等级。

11.1.2 工程施工前应由设计单位进行设计交底，当施工单位发现施工图有错误时，应及时向设计单位和建设单位提出变更设计的要求，变更设计应经过设计单位同意。

11.1.3 工程应按工程设计图纸、技术文件、设备图纸等组织施工，施工和设备安装应符合相应的国家或行业规范。

11.1.4 施工单位应根据设计图纸要求制定完善的施工组织方案。施工组织方案的主要内容应包括工程概况、施工部署、施工方法、施工技术组织措施、施工计划、环境保护措施及施工总平面布置图。明确施工质量负责人和施工安全负责人，经批准后方可实施。

11.1.5 施工单位在冬季、雨季进行施工时，应制定冬季、雨季施工技术和安全措施，保证施工质量和安全。

11.1.6 工程施工中受地下水影响时，应采取降水措施，并符合 GB 50141 的规定。

11.1.7 施工使用的材料、半成品、设备应符合国家现行标准和设计要求，并取得供货商的合格证书，严禁使用不合格产品。

11.1.8 水污染治理工程建设单位应专门成立项目管理机构，组织建设项目的设计、施工、设备招投标，并参与设计会审、设备监制、施工质量检查，制定运行和维护规章制度，培训运行、维护操作人员，组织、参与工程各阶段验收、调试和试运行，建立设备安装及运行档案。

11.2 土建工程施工

11.2.1 土建施工应重点控制池体的结构强度、抗浮处理、地基处理、池体抗渗处理，满足设备安装对土建施工的要求。池体构筑物的底板应连续浇筑。

11.2.2 在进行结构设计时应充分考虑池体的抗浮，施工过程中应计算池体的抗浮稳定性及各施工阶段的池体自重与水的浮力之比，检查池体能否满足抗浮要求。

11.2.3 需要在软弱地基上施工且构筑物荷载不大时，应采取适当的措施对地基进行处理，必要时可采用桩基。

11.2.4 土建施工前应认真阅读设计图纸和设备安装对土建的要求，了解预留孔、预埋件的准确位置和做法，对有高程和平面位置要求的设备基础要严格控制在设备要求的误差范围内。

11.2.5 模板、钢筋、钢筋混凝土分项工程应严格执行 GB 50204 规定。

11.2.6 池体土建施工应考虑后续设备、管道的安装。池体应按照设计要求和厂家的设备安装说明书埋设预埋件、留设孔洞。预埋件、预留孔洞位置的标高、尺寸、数量应准确。

11.2.7 废水治理工程中构筑物、建筑物、管道及设备的地基及基础工程的施工应符合 GB 50202、GB 50334、GB 50141 的规定。

11.2.8 混凝土、砂浆、防水材料、胶黏剂等现场配制的材料，应严格按照配比和施工程序进行。

11.2.9 构筑物和建筑物施工时，宜按先地下后地上、先深后浅的顺序施工，并应防止各构筑物和建筑物交叉施工时相互干扰。

11.2.10 废水处理场配套工程的施工要求：

a）道路工程的沥青路面和水泥混凝土施工应严格执行施工程序。

b）照明工程设备器材的运输、保管应符合国家有关物资运输、保管的规定；当产品有特殊要求时，还应符合特殊产品的规定。

c）凡所使用的电气设备及器材，均应符合现行技术标准，并具有合格证件和铭牌。

d）电缆通过地面或楼板、墙壁及易受机械损伤处，均应设置保护套管。

e）绿化工程应按照批准的绿化工程设计及有关文件施工。厂（站）综合工程中的绿化种植，应在主要建筑物、地下管线、道路工程等主体工程完成后进行。

11.3 安装工程施工

11.3.1 设备安装前应按设计或设备安装说明书对预埋件、预留洞的尺寸、位置和数量进行复检，如设计或设备安装说明书无规定，宜按 GB 50231 的允许偏差对设备基础位置和几何尺寸进行复检。

11.3.2 设备安装中，应进行自检、互检和专业检查，并应对每道工序进行检验和记录。

11.3.3 设备的单机运行调试应按照设备说明书和设计要求进行，无要求时宜参照 GB 50231 执行。

11.4 管道施工

11.4.1 管道工程施工应掌握管道沿线的情况和资料，宜参照 GB 50268 执行。

11.4.2 加药管线施工宜按照 SH 3501 的规定执行，其余金属管道施工宜参照 GB 50235 执行。

11.4.3 管道及配件装卸时应轻装轻放，运输时应垫稳、绑牢，不得相互撞击；接口及管道的内外防腐层应采取保护措施。

11.4.4 管道安装时，应随时清扫管道中的杂物，管道暂时停止安装时，两端应临时封堵。

11.4.5 地下管道施工后，对覆地要求分层夯实，确保道路质量。

11.4.6 防腐材料、施工技术要求等应按 SH/T 3022 的要求执行。

11.4.7 面漆颜色宜按 SH 3043 的要求执行；不锈钢管线不防腐，不刷漆。

11.5 系统联合调试

11.5.1 设备及其附属装置、管路等均应全部施工完毕，施工记录及资料应齐全。设备的水平和几何精度经检验合格。设备及其润滑、液压、气（汽）动、冷却、加热和电气及控制等附属装置，均应单独调试检查并符合试运转的要求。

11.5.2 需要的能源、介质、材料、工机具、检测仪器、安全防护设施及用具等，均应符合试运转的要求。

11.5.3 参加试运转的人员，应熟悉设备的构造、性能、设备技术文件，并应掌握操作规程及试运转操作。

11.5.4 联合调试应由部件开始至组件、至单机、直至整机（整个系统），按说明书和生产操作程序进行。

11.5.5 应在对废水治理工程单池、单机进行调试的基础上，进行整体性联动调试。

11.6 工程验收

11.6.1 与工业生产工程同步建设的石油炼制工业废水治理工程应与生产工程同时验收；现有生产设备配套或改造的水污染治理设施应进行单独验收。

11.6.2 单项工程验收应具备下列文件：

a）经批准的初步设计、调整概算及其他有关设计文件。

b）施工图纸及其审查资料、设备技术资料。

c）国家颁发的环保安全、压力容器等规定。

d）有关部门颁发的专业工程技术验收规范、规程及建筑安装工程质量检验评定标准。

e）引进项目的合同及国外提供的设计文件等。

11.6.3 单项工程验收标准如下：

a）土建工程验收应符合 GB 50202、GB 50203、GB 50204、GB 50205、GB 50206、GB 50300 及相关验收规范的规定。

b）管道工程验收应按设计内容、设计要求、施工规格、验收规范分全部或分段验收。

c）加药线验收宜按照 SH 3501 的规定执行，其余金属管道验收宜按照 GB 50235 执行。

d）设备验收应符合规定要求达到合格；管道内部垃圾应清除，自来水管道应经过清洗和消毒，输气管道要经过通气换气。

e）在施工前，对管道防腐层（内壁及外壁）应根据相应标准进行验收，钢管应注意焊接质量，并加以评定和验收；对设计中选定的闸阀产品质量应慎重检验。

f）安装工程验收应符合 GB 150、GB 50231、GB 50235、GB 50254、GB 50255、GB 50256、GB 50257、GB 50275、JB/T 8471、JB/T 8536 和安装文件的规定。

11.6.4 工程竣工后，建设单位应根据法律、相应专业现行验收规范和有关规定，依据验收监测或调查结果，并通过现场检查等手段，考核建设项目是否达到竣工要求。

11.6.5 施工单位在全面完成所承包的工程、经总监理工程师同意后，应向建设单位提出申请，建设单位核实符合交工验收条件后，组织建设、设计、施工、监理、养护管理、质量监督等单位代表组成验收组，对工程质量进行验收。

11.6.6 对已经交付竣工验收的单位工程或单项工程（中间交工）并已办理了移交手续的，不再重复办理验收手续，但应将单位工程或单项工程竣工验收报告作为全部工程竣工验收的附件加以说明。

11.6.7 竣工验收过程中的监测内容及相关要求应符合《建设项目环境保护设施竣工验收监测技术要求》（环发〔2000〕38 号）的规定。

11.7 环境保护验收

11.7.1 废水治理工程经环境保护验收合格后，方可正式投入使用。

11.7.2 废水治理工程环境保护验收除应执行《建设项目竣工环境保护验收管理办法》（国家环境保护总局令 第 13 号）和行业环境保护验收规范外，在生产试运行期间还应对水污染处理装置进行性能试验，性能试验报告可作为环境保护验收的重要参考。

11.7.3 废水治理工程环境保护验收监测应符合《建设项目环境保护设施竣工验收监测技术要求》（环发〔2000〕38 号）的规定。

12 运行与维护

12.1 一般规定

12.1.1 石油炼制工业废水治理工程的运行过程应制定详细的运行管理、维护保养制度和操作规程，各类设施设备应按照设计的工艺要求使用。

12.1.2 石油炼制工业废水治理工程的运行维护管理可参照 CJJ 60 的规定。

12.1.3 石油炼制工业废水治理工程的运行、维护及其安全，除应符合本标准外，并应符合国家现行有关标准的规定。

12.1.4 操作规程中应对机泵、机械等基础设备制定基本操作规程，并应对巡检、盘车等进行规定。

12.2 运行管理

12.2.1 运行管理人员及操作人员应经过严格培训，了解含石油炼制废水治理工艺，设备操作章程及各项设计指标。

12.2.2 各岗位应有工艺系统网络图，安全操作规程等，并应示于明显部位。

12.2.3 各岗位的操作人员应按时做好运行记录，数据应准确无误；当发现运行不正常时，应及时处理或上报主管部门。

12.2.4 应根据不同设备要求，定期进行检查，保证设备的正常运行。

12.2.5 废水处理场应加强源头管理，加强对上游装置来水的监测，并通过管理手段控制上游来水水质满足废水处理场的进水要求。

12.2.6 A/O 生化池应保持混合液回流泵正常运行，保证生化池脱氮效果。

12.2.7 生化池上产生大量泡沫时，应采用生产水进行消泡处理，并查找原因进行解决。

12.2.8 二沉池发生漂泥现象时，应检查混合液混流泵是否开启或正常运行；若回流泵已开启，应增加混合液回流比例。

12.2.9 生化池发生污泥膨胀现象时，应根据生物镜检情况进行判断分析并加以解决。

12.3 安全操作

12.3.1 各岗位操作人员和维修人员应经过技术培训并考试合格后方可上岗。

12.3.2 电源电压大于或小于额定电压5%时，不宜启动电机。
12.3.3 储油罐和集油池附近，应按消防部门的有关规定设置消防器材。
12.3.4 进行卸药操作时，应严格按照规定穿戴眼罩、防护服及手套。
12.3.5 生化池内潜水搅拌器、潜水泵检修时，应在断电后进行作业；电缆线应设置收线网兜。
12.3.6 工人进入密闭设备或井时，除按操作规程进行通风、气体检测外，应保证工作人员为2名或2名以上。

12.4 水质管理

12.4.1 废水处理场废水、污泥处理正常运行监测的项目与周期可参照CJJ 60的规定。
12.4.2 已安装在线监测系统的废水处理场，也应定期进行取样及人工检测，对比监测数据。
12.4.3 水质取样点应设在废水处理排放口及工艺控制点。
12.4.4 废水处理场各工艺段的分析化验频率应根据分析数据对后续处理单元的重要性、单次分析化验需要时间等综合确定。
12.4.5 废水处理场应根据各工艺单元的分析化验数据及时调整运行参数，保证处理效果满足要求。

12.5 应急预案

12.5.1 废水处理场应编制事故应急预案（包括环境风险突发事故应急预案）。
12.5.2 事故发生时，应按照应急预案的要求坚守岗位，服从统一指挥，采取措施、果断处理，减少事故损失，降低事故影响；并立即向车间、调度及其他相关部门汇报。
12.5.3 事故应急预案宜包括事故处理原则、紧急停工方法、事故处理预案等内容。
12.5.4 废水处理场应根据应急预案的要求定期进行应急演练。

HJ

中华人民共和国国家环境保护标准

HJ 1094—2020

石油炼制工业废气治理工程技术规范

Technical specifications for petroleum refining industry waste gases treatment

2020-01-14 发布　　　　2020-01-14 实施

生　态　环　境　部　发布

前　言

为贯彻《中华人民共和国环境保护法》《中华人民共和国大气污染防治法》等法律法规，防治环境污染，改善生态环境质量，规范石油炼制工业废气治理工程的建设及运行管理，制定本标准。

本标准规定了石油炼制工业废气治理工程中的总体要求、工艺设计、检测与过程控制、施工与验收、运行管理的技术要求。

本标准为指导性标准。

本标准为首次发布。

本标准由生态环境部科技与财务司、法规与标准司组织制订。

本标准起草单位：中国石油化工股份有限公司大连石油化工研究院、北京全华环保技术标准研究中心、北京中电联环保股份有限公司。

本标准由生态环境部 2020 年 1 月 13 日批准。

本标准自 2020 年 1 月 14 日起实施。

本标准由生态环境部解释。

石油炼制工业废气治理工程技术规范

1　适用范围

本标准规定了石油炼制工业废气治理工程的设计、施工、验收和运行管理的技术要求。

本标准适用于石油炼制工业的废气治理工程，可作为石油炼制建设项目环境影响评价，废气治理工程咨询、设计、施工、验收及建成后运行与管理的技术依据。

2　规范性引用文件

本标准内容引用了下列文件中的条款。凡是不注日期的引用文件，其有效版本（包括所有的修改单）适用于本标准。

GB 12348　工业企业厂界环境噪声排放标准

GB/T 12801　生产过程安全卫生要求总则

GB/T 13347　石油气体管道阻火器

GB 14554　恶臭污染物排放标准

GB/T 16157　固定污染源排气中颗粒物测定与气态污染物采样方法

GB 31570　石油炼制工业污染物排放标准

GB 50058　爆炸危险环境电力装置设计规范

GB 50160　石油化工企业设计防火标准

GB 50264　工业设备及管道绝热工程设计规范

GB/T 50493　石油化工可燃气体和有毒气体检测报警设计规范

GB 50650　石油化工装置防雷设计规范

GB 50726　工业设备及管道防腐蚀工程施工规范

GB 50727　工业设备及管道防腐蚀工程施工质量验收规范

GB50759　油品装载系统油气回收设施设计规范

GB 50984　石油化工工厂布置设计规范

GB 51284　烟气脱硫工艺设计标准

GBZ 1　工业企业设计卫生标准

HJ/T 1　气体参数测量和采样的固定位装置

HJ 75　固定污染源烟气（SO_2、NO_x、颗粒物）排放连续监测技术规范

HJ 76　固定污染源烟气（SO_2、NO_x、颗粒物）排放连续监测系统技术要求及检测方法

HJ/T 386　环境保护产品技术要求　工业废气吸附净化装置

HJ/T 387　环境保护产品技术要求　工业废气吸收净化装置

HJ/T 389　环境保护产品技术要求　工业有机废气催化净化装置

HJ 462　工业锅炉及炉窑湿法烟气脱硫工程技术规范

HJ562　火电厂烟气脱硝工程技术规范　选择性催化还原法

HJ 732　固定污染源废气挥发性有机物的采样　气袋法

HJ 733　泄漏和敞开液面排放的挥发性有机物检测技术导则

HJ 880 排污单位自行监测技术指南 石油炼制工业
HJ 1013 固定污染源废气非甲烷总烃连续监测系统技术要求及检测方法
HJ 2026 吸附法工业有机废气治理工程技术规范
HJ 2027 催化燃烧法工业有机废气治理工程技术规范
SH/T 3007 石油化工储运系统罐区设计规范
SH 3009 石油化工可燃性气体排放系统设计规范
SH 3011 石油化工工艺装置布置设计规范
SH/T 3015 石油化工给水排水系统设计规范
SH/T 3024 石油化工环境保护设计规范
SH 3047 石油化工企业职业安全卫生设计规范
SH/T 3060 石油化工企业供电系统设计规范
SH/T 3146 石油化工噪声控制设计规范
《危险化学品安全管理条例》 中华人民共和国国务院令 第645号
《建设项目环境保护管理条例》 中华人民共和国国务院令 第682号
《建设项目竣工环境保护验收暂行办法》 国环规环评（2017）4号

3 术语和定义

下列术语和定义适用于本标准。

3.1

催化裂化烟气 fluid catalytic cracking flue gas

指催化裂化过程中催化剂烧焦再生产生的烟气，烟气中的主要污染物有二氧化硫（SO_2）、氮氧化物（NO_x）、颗粒物、镍及其化合物、一氧化碳（CO）等。

3.2

工艺加热炉烟气 process heating furnaceflue gas

指工艺加热炉燃烧燃油或燃气所产生的烟气，烟气中主要污染物有二氧化硫、氮氧化物、颗粒物。

3.3

硫磺回收尾气 sulfur recovery tail gas

指石油炼制企业副产硫化氢气体经硫磺回收装置回收单质硫后排放的尾气，尾气中主要污染物有硫化氢（H_2S）、二氧化硫、羰基硫（COS）、二硫化碳（CS_2）等。

3.4

氧化沥青尾气 oxidized asphalt tail gas

指渣油与空气在氧化沥青装置中发生反应生成氧化沥青过程中排放的尾气，尾气中主要污染物有苯系物、含氧有机物、沥青烟、有机硫化物、稠环芳烃和苯并[*a*]芘（BaP）等。

3.5

S Zorb 再生烟气 S Zorb flue gas

指在 S Zorb 汽油吸附脱硫装置上，吸附脱硫催化剂再生过程产生的烟气，烟气中含高浓度二氧化硫。

3.6

重整催化剂再生烟气 catalyst regenerationflue gas of catalytic reforming process

指在油品重整装置催化剂再生过程中产生的烟气，主要污染物有氯化氢（HCl）、挥发性有机物（VOCs）。

3.7

氧化脱硫醇尾气 oxidation sweetening process tail gas

指液态烃或汽油馏分用空气催化氧化脱硫醇过程中产生的尾气，液态烃氧化脱硫醇尾气中的主要污染物是二甲基二硫醚等有机硫化物，汽油氧化脱硫醇尾气中的主要污染物有二甲基二硫醚等有机硫化物和汽油油气。

3.8

火炬烟气 flare gas

指火炬燃烧排放的烟气，主要污染物有碳黑颗粒物、二氧化硫、氮氧化物、一氧化碳、硫化氢、氨（NH_3）和挥发性有机物等。

3.9

污水集输系统排气 wastewatercollecting and transportationsystem exhaust gas

指从污水集水井、输送管道、输送明渠等收集和输送系统排放的废气。

3.10

污水处理场高浓度废气 high concentration exhaust gas from wastewatertreatment

指从污水处理场总进口集水井、均质池（罐）、隔油池（斜板、平流）、气浮池（溶气浮选、涡凹气浮）、污油池（罐）、浮渣池（罐）散发的废气，该废气中含有较高浓度的挥发性有机物，以及少量硫化氢、氨、有机硫化物等。

3.11

污水处理场低浓度废气 low concentration exhaust gas from wastewatertreatment

指从污水处理场曝气池、A/O 池、氧化沟、膜生物反应器（MBR）、厌（缺）氧池、污泥池等废水生物处理设施散发的废气。

3.12

挥发性有机液体装载作业排气 volatile organic liquidloading exhaust gas

指在汽油、石脑油、柴油等油品或有机液体装车或装船过程中，随着车载油罐或船舱内液面的上升而排出的挥发性有机物气体。

3.13

挥发性有机液体储罐排气 volatile organic liquid tank exhaust gas

指原油、汽油、石脑油、喷气燃料、煤油、柴油、芳烃、溶剂油等挥发性有机液体储罐，由于大、小呼吸以及物料在输送过程中压力变化释放的气体、高温物料进入储罐导致蒸发等而产生的 VOCs 气体。

3.14

酸性水罐排气 sour water tank exhaust gas

指从酸性水罐顶排放的气体。酸性水罐储存酸性水并进行油水分离，从罐顶排放的气体中含有硫化氢、氨、有机硫化物、油气、水蒸气和空气等。

3.15

污油罐排气 waste oil tank exhaust gas

指由污油罐大、小呼吸，以及接收蒸气吹扫物料而从罐顶排放的气体，排放气中含硫化氢、有机硫化物、油气、水蒸气和空气等。

3.16

中间油品罐排气 exhaust gas from intermediateoil tank

指粗汽油、粗柴油、高温蜡油等中间油品的储罐排放的气体，其特点是排放气中除 VOCs 外，还含有较高浓度的硫化氢和有机硫化物。

3.17

装置检维修排气 equipment inspection and repair exhaust gas

指炼油装置在停工检维修过程中，由于物料排放和设备清洗、吹扫作业而排放的恶臭和 VOCs 气体。

3.18

脱硫及总烃浓度均化剂 desulphurization and homogenization reagent for totalhydrocarbon concentration

指一种污水处理场高浓度废气催化氧化处理的双功能保护剂。其装填在催化氧化反应器前的脱硫及总烃浓度均化罐中，通过物理和化学吸附脱硫（脱除硫化氢、有机硫化物）防止催化氧化催化剂中毒；通过吸附材料对挥发性有机物的吸附与解吸作用防止其浓度在进入催化氧化反应器的过程中剧烈波动，以稳定反应器温度。

3.19

低温柴油吸收油气回收工艺 oil vapor recovery by low temperature diesel absorption process

指利用柴油温度越低挥发性越小、对汽油等油气吸收能力越强的特性，在接近并高于所用柴油凝固点 5～10℃（一般吸收温度在-5～15℃），用柴油吸收汽油、石脑油、芳烃、喷气燃料等油气的工艺，常用催化裂化分馏塔柴油馏分、常二线或常三线柴油馏分以及成品柴油作为吸收油，吸收油气后的富吸收油去柴油加氢装置或蒸馏塔等，又称“柴油低温临界吸收”“柴油低温吸收”技术。

4 污染物与污染负荷

4.1 废气来源与分类

在石油炼制工业生产和储运过程中产生的废气可分为有组织源废气和无组织源废气。有组织源废气包括：催化裂化烟气、工艺加热炉烟气、硫磺回收尾气、氧化沥青尾气、S Zorb 再生烟气、重整催化剂再生烟气、氧化脱硫醇尾气、火炬烟气；无组织源废气包括：设备与管线组件泄漏排气、污水集输系统排气、污水处理场废气、挥发性有机液体装载作业排气、挥发性有机液体储罐排气、装置检维修排气等。

4.2 废气排放组成

废气治理工程设计中，废气组成宜采用实测或类比现有装置数据，在无实测或类比数据的情况下，可参考表 1 数据。

表 1 石油炼制工业（部分）废气治理前主要污染物排放典型浓度

废气种类		废气主要组分	废气主要污染物浓度/（mg/m^3）
有组织排放	催化裂化烟气	N_2，O_2，H_2O，CO_2，SO_2，NO_x，颗粒物	颗粒物 150～500，SO_2 400～3 000，NO_x 150～800
	工艺加热炉烟气	N_2，O_2，H_2O，CO_2，SO_2，NO_x，颗粒物	颗粒物 4～50，SO_2 10～450，NO_x 100～350
	硫磺回收尾气	N_2，O_2，H_2S，SO_2，S，COS，CS_2	二级克劳斯尾气：H_2S 7 600～18 200，SO_2 7 100～17 000，CS_2 1 000～16 900，COS 800～13 000，硫蒸气 100～300
	氧化沥青尾气	N_2，O_2，CO_2，CO，H_2O，H_2S，SO_2，NO_x，BaP，沥青烟，油气	BaP 0.2～5.1，NMHC 50 000～120 000，CO 6 250，H_2S 60
	S Zorb 再生烟气	N_2，O_2，H_2O，CO_2，SO_2，NO_x	SO_2 28 500～171 430
	重整催化剂再生烟气	N_2，O_2，H_2O，CO_2，HCl，NMHC	HCl 50～200，NMHC 30～300
	汽油氧化脱硫醇尾气	N_2，O_2，H_2O，油气，有机硫化物	NMHC 300 000～600 000，有机硫化物 1 000～3 000，臭气浓度 1 600 000
	液态烃氧化脱硫醇尾气	N_2，O_2，H_2O，油气，有机硫化物	有机硫化物 20 000～50 000，NMHC 20 000～40 000
	火炬烟气	N_2，O_2，CO_2，CO，SO_2，NO_x，H_2S，NH_3，NMHC，碳黑，黑度	SO_2 40～600，NO_x 30～300，H_2S 0～200，NH_3 0～200，NMHC 10～5 000，林格曼黑度 1～5

废气种类		废气主要组分	废气主要污染物浓度/（mg/m^3）
无组织排放	设备和管阀件泄漏排气	VOCs	NMHC 0～50 000
	装置检维修排气	停工检修过程可能排放高浓度恶臭污染物、油气和水蒸气	非密闭检修排放的油气浓度最高可达 510 000 以上
	循环水凉水塔排气	N_2，O_2，H_2O，VOCs	散发气 NMHC 一般在 0～10，有机液体物换热器泄漏严重时可达 30 以上
	污水集输系统排气	污水集输系统集水井、明渠以及管道跑冒滴漏散发恶臭和 VOCs 气体	泄漏源附近环境空气中 NMHC 可达 20 以上，集水井排放浓度较高
	污水处理场高浓度废气	N_2，O_2，H_2O，H_2S，NH_3，油气，苯系物，有机硫化物	H_2S 5～300，NH_3 0～20，有机硫化物 10～100，NMHC 500～40 000，臭气浓度 5 000～30 000
	污水处理场低浓度废气	N_2，O_2，H_2O，H_2S，CO_2，NH_3，有机硫化物，苯系物，污泥飞沫	H_2S 0～30，NH_3 0～10，有机硫化物 0～20，NMHC 10～300，臭气浓度 2 000～8 000
	汽油、石脑油装载作业排气	N_2，O_2，H_2O，油气	NMHC 100 000～1 200 000
	柴油装载作业排气	N_2，O_2，H_2O，油气	NMHC 4 000～30 000
	喷气燃料、煤油装载作业排气	N_2，O_2，H_2O，油气	NMHC 10 000～60 000
	溶剂油装载作业排气	N_2，O_2，H_2O，油气	NMHC 10 000～80 000
	苯装载作业排气	N_2，O_2，H_2O，苯	苯 200 000～800 000
	甲苯装载作业排气	N_2，O_2，H_2O，甲苯	甲苯 60 000～300 000
	二甲苯装载作业排气	N_2，O_2，H_2O，二甲苯	二甲苯 20 000～120 000
	酸性水固定顶罐排气	N_2，O_2，H_2O，CO_2，H_2S，NH_3，有机硫化物，油气，水蒸气	H_2S 1 000～100 000，NH_3 400～5 000，有机硫化物 50～2 000，NMHC 100 000～800 000，苯系物 500～40 000
	污油固定顶罐排气	N_2，O_2，H_2O，H_2S，有机硫化物，油气，水蒸气	H_2S 10～6 000，有机硫化物 50～1 000，NMHC 80 000～600 000，高浓度水蒸气
	粗柴油固定顶罐排气	N_2，O_2，H_2O，H_2S，苯系物，有机硫化物，油气	H_2S 50～3 000，有机硫化物 30～500，苯系物 500～1 000，NMHC 10 000～80 000
	成品油固定顶罐排气	N_2，O_2，H_2O，油气	成品油固定顶罐排放油气浓度参见其装载排放气浓度
	成品汽油、石脑油内浮顶罐排气	N_2，O_2，H_2O，油气	苯系物 200～400，NMHC 1 000～50 000
	苯、甲苯、二甲苯等芳烃内浮顶罐排气	N_2，O_2，H_2O，苯系物，油气	芳烃或 NMHC 500～50 000
	成品喷气燃料内浮顶罐排气	N_2，O_2，H_2O，有机硫化物，油气	苯系物 100～140，有机硫化物 10～20，NMHC 1 000～4 000
	成品柴油内浮顶罐排气	N_2，O_2，H_2O，油气	苯系物 20～100，NMHC 500～4 000
	成品溶剂油固定顶罐排气	N_2，O_2，H_2O，油气	苯系物 500～3 000，NMHC 10 000～50 000
	碱渣固定顶罐排气	N_2，O_2，H_2O，有机硫化物，油气	苯系物 1 000～3 000，NMHC 10 000～20 000，有机硫化物 1 000～20 000
	高温沥青固定顶罐排气	N_2，O_2，H_2S，有机硫化物，油气	H_2S 20～500，苯系物 500～1 500，有机硫化物 20～500，NMHC 2 000～200 000
	高温蜡油固定顶罐排气	N_2，O_2，H_2S，有机硫化物，油气	H_2S 10～20 000，苯系物 500～40 000，有机硫化物 20～5 000，NMHC 2 000～200 000

注：1）表中 VOCs 和油气都用非甲烷总烃（NMHC）分析表征；
2）表中苯系物指苯、甲苯和二甲苯。

4.3 废气产生量

4.3.1 有组织源废气产生量确定

4.3.1.1 氧化脱硫醇尾气排放量

氧化脱硫醇装置尾气排放量宜通过实测确定；在无实测数据时，可按公式（1）计算或类比同等规模氧化脱硫醇装置确定。

$$V_g = \alpha \times Q_l \times C_s \quad (1)$$

式中：V_g——氧化脱硫醇装置尾气排放量，m^3/h；

Q_l——汽油或液态烃处理量，t/h；

C_s——原料汽油或液态烃硫醇硫含量，μg/g；

α——氧化脱硫醇装置尾气排放量系数，汽油氧化脱硫醇装置该系数取值 6.49×10^{-7} m^3/kg，液态烃氧化脱硫醇装置该系数取值 5.17×10^{-7} m^3/kg。

4.3.1.2 催化裂化烟气、工艺加热炉烟气等其他有组织源废气产生量可以通过实测、类比同等装置、查阅设计参数及操作参数等确定。

4.3.2 无组织源废气产生量确定

4.3.2.1 固定顶罐产生气量

a）储罐产生气量包括大呼吸产生气量、进料温度高于罐内物料温度导致的蒸发气量、高压进料释放的溶解气量和小呼吸产生气量。其中，大呼吸产生气量取罐的最大进料量与罐的最小出料量之差，最大蒸发气量和高压进料释放溶解气量可利用已知的物料性质、罐体容积、罐区操作参数等条件进行估算，高压进料释放的溶解气量也可在排放源采样确定，小呼吸产生气量可利用已知罐内的气相空间体积、日气温变化规律、罐内平均气温变化规律等条件进行估算得到；

b）在难以按照 4.3.2.1 a）方法估算储罐产生气量时，可在罐顶封闭的基础上通过实测确定；

c）在难以估算且无实测数据时，可参考表 2 或类比相同（容积、物料、工况、温度、压力）储罐确定；表 2 中罐容可以是单个罐也可以是多个罐相加后的总罐容；多个罐有罐顶平衡气连通管网、进出罐区物料基本平衡、且罐内液体物料超过 80%罐容时，最大产生气量可下调 50%；在任何情况下，最大产生气量不小于储罐液体进料量的 1.5 倍；日平均产气量等于 0.5 倍的最大产生气量；

表 2 固定顶罐（无外保温）废气产生气量估算表

罐容/m^3	<5 000	5 000～20 000	20 000～40 000	40 000～60 000	60 000～100 000
最大产生气量/（m^3/h）	50～150	100～400	200～800	500～1 200	800～2 000

d）高温蜡油罐、高温沥青罐等保温（或恒温）储罐的小呼吸产生气量应按罐内气体实际昼夜温差计算。

4.3.2.2 内浮顶罐产生气量可参考表 2 或类比同等规模内浮顶罐确定。

4.3.2.3 挥发性有机液体装载作业排气量

挥发性有机液体装载作业排气量宜通过实测确定，在无实测数据时，可按公式（2）计算确定。

$$V_g = V_l \times \beta \quad (2)$$

式中：V_g——挥发性有机液体装载作业工况排气量，m^3/h；

V_l——挥发性有机液体装载作业工况液体流量，m^3/h；

β——修正系数，取值 1～1.2，VOCs 气体依靠罐车（船舱）内气体压力输送时，系数可取 1；VOCs 气体依靠风机等外力输送时，系数可取 1.2。

4.3.2.4 污水处理场废气排放量

污水处理场废气治理装置设计规模宜按典型工况实测最大气量的 110%设计，无实测数据时，可参考表 3、表 4 估算或类比同等规模污水处理场确定。

表 3 污水处理场高浓度废气排放量估算

排放源	排放特点及排放量
气浮池	废气包括溶解释放气和池子小呼吸排气。废气排放连续稳定。溶气气浮废气排放量取污水处理量的 10%～20%，涡凹气浮废气排放量取污水处理量的 100%～150%
隔油池	废气包括隔油池呼吸排气、污水夹带释放气、池底污泥厌氧产生的气体等。废气连续排放。废气排放量取污水处理量的 35%～100%
均质罐（罐中罐）	废气主要包括储罐大呼吸、小呼吸排气。罐只进水不出水时，大呼吸排气量取 120%进水流量；罐进出水量相等时，大呼吸排气为“零”。小呼吸排气表现为白天排气，夜间吸气现象。最大小呼吸排气量取污水量的 80%～120%
浮油（污油）罐	废气主要包括储罐大呼吸、小呼吸排气。最大排气量取进罐污油流量的 180%～220%
总进口集水井	废气量可取 30～50 m^3/h
排气总量和修正	高浓度废气总量为上述各项之和。如废气有机物（包括甲烷）浓度高于爆炸下限，直接采用催化氧化、蓄热氧化、焚烧方法处理，一般需要空气或氮气稀释 3～10 倍。典型总气量 1 000～10 000 m^3/h

表 4 污水处理场低浓度废气排放量估算

排放源	排放量
鼓风曝气池、MBR、氧化沟、厌（缺）氧池	鼓风曝气池、MBR 废气排放量可取鼓风机鼓风量的 120%；氧化沟废气排放量为同等污水处理量曝气池鼓风量的 200%～300%；厌（缺）氧池废气排放量可取污水处理量的 5%～30%
污泥池	主要有进料大呼吸排气、厌氧排气。最大排气量可取进料流量的 120%

4.4 污染物治理负荷

4.4.1 废气治理装置负荷宜采用实测代表性废气组成计算确定；在无实测或类比数据时，可参考表 1，取浓度上限值。其中，浮顶罐排气污染物浓度可取固定顶罐浓度的 5%～20%。

4.4.2 污染物治理负荷可按公式（3）计算确定。

$$Q_i = V_g \times C_i \tag{3}$$

式中：Q_i——废气中 i 污染物排放速率，kg/h；

V_g——废气排放量，m^3/h；

C_i——i 污染物浓度，kg/m^3。

5 总体要求

5.1 一般规定

5.1.1 石油炼制企业应积极采用清洁生产技术，加强源头控制，减少污染物排放。

5.1.2 石油炼制工业废气治理工程建设，应遵守国家相关法律法规，遵守国家基本建设程序，尊重知识产权。

5.1.3 废气治理工程总体设计应符合《建设项目环境保护管理条例》等的相关规定。

5.1.4 石油炼制企业新建或改扩建废气治理工程的净化气应满足 GB 31570、GB 14554 等现行国家和地方污染物排放标准及排污许可要求。

5.1.5 废气治理工程在建设、运行过程中产生的噪声、废气、废水、废渣及其他污染物，应得到有效治理与管控，符合国家和地方环保法规和标准要求。

5.1.6 废气治理装置废气总进口须按有关规定设置人工监测采样口；废气治理装置净化气排放口须按有关规定设置在线监测仪表或人工监测采样口。

5.2 源头控制

5.2.1 在催化裂化产品质量需要以及 CO 完全燃烧再生等适宜工况下，可使用原料油预加氢、硫转移助剂、低 NO_x 烧焦、降 NO_x 助剂等工艺减少烟气中二氧化硫、氮氧化物排放。

5.2.2 催化裂化烟气宜采用三级或四级高效旋风除尘器使烟气中颗粒物浓度小于 200 mg/m^3，减少镍及其化合物排放。

5.2.3 工艺加热炉应采用清洁燃料和低氮燃烧控制烟气中的二氧化硫、氮氧化物和颗粒物排放；清洁燃料宜选脱硫燃料气或天然气；低氮燃烧可采用空气分级燃烧、燃料分级燃烧和烟气再循环法。

5.2.4 催化重整装置宜采用清洁生产工艺或通过调整催化剂再生温度、供风量等条件，使烟气中的氯化氢和非甲烷总烃达标排放。

5.2.5 火炬排放系统应有气柜和压缩机，非正常工况排放的可燃气体尽可能用气柜收集起来，增压后送入全厂燃料管网回收。

5.2.6 火炬气分液罐凝液、气柜凝液和液态烃球罐切水等含易挥发性有机液体的油水混合物宜回收闪蒸油气后再进常压污油罐或污水处理系统；或在压力下油水分离，分离出的油相可进油品分馏塔、加氢精制等装置处理回收。

5.2.7 污水处理场应严格控制气浮池出水中的油含量以降低曝气池废气中的 VOCs 浓度。

5.2.8 挥发性有机液体宜优先采用管道输送，减少罐车和油船装卸作业；上下游装置间宜通过管道直接输送，减少中间罐区。

5.2.9 挥发性有机液体油罐车和油船装油作业排气需要处理时，应采用顶部浸没式或底部装载方式，应密闭装油并将油气收集、输送至回收（或处理）装置，严格控制逸散排放。

5.2.10 在发送与接收挥发性有机液体的容器相互距离较近时，可采用平衡气技术减少废气排放。

5.2.11 挥发性有机液体储罐宜优先采用浮顶罐、罐顶连通、罐顶保温，以及平衡控制进出罐流量、减少罐内气相空间等措施，减少 VOCs 排放。

5.2.12 含溶解性油气、硫化氢、氨的物料（如酸性水、粗汽油、粗柴油等），在长距离、高压输送进入常压罐前，宜设置脱气罐回收释放气。

5.2.13 不同来源的物料进入同一座储罐时，入罐温度差应小于 5℃；储罐排放气进集中处理装置的温度不宜高于 45℃、不宜含过饱和水蒸气和气带液现象等，不符合要求的废气要进行冷凝、气液分离等预处理，减少废气排放量。

5.2.14 用于储存真实蒸气压大于 76.6 kPa 的挥发性有机液体储罐，应采用压力罐或排放气控制装置。

5.2.15 用于储存真实蒸气压不小于 2.8 kPa 但不大于 76.6 kPa 的挥发性有机液体且设计容积不小于 75 m^3 的储罐，应采用内浮顶罐或外浮顶罐；或采用固定顶罐，并应安装密闭排气系统至有机废气回收（或处理）装置，其排放气体应达标排放。

5.2.16 浮顶罐浮盘上的开口、缝隙密封设施和浮盘与罐壁的密封设施应采用高效密封方式，且相对于固定顶罐减排效率 85%以上，符合国家和地方相关要求。

5.2.17 装置检维修过程宜计量监控吹扫气量、温度、压力等参数，宜通过辅助管道和设备等建立密闭蒸罐、清洗，吹扫产物密闭收集处理。

5.2.18 宜采用无泄漏或泄漏量小的机泵等设备和管阀件，强化设备与管阀件泄漏检测与修复（LDAR）工作。

5.2.19 应采用冷焦水密闭循环、焦炭塔吹扫气密闭回收等技术，控制焦化装置 VOCs 排放。

5.2.20 分析监测循环水冷却塔回水挥发性有机物浓度，控制换热器泄漏，减少冷却塔 VOCs 排放。

5.3 工程构成

5.3.1 废气治理工程由主体工程和辅助工程组成。

5.3.2 根据废气主要污染物特征，主体工程包括：烟气除尘脱硫脱硝工程，含挥发性有机物和恶臭气体吸收、吸附、膜分离、冷凝、生物脱臭、催化氧化、蓄热氧化、焚烧等废气处理工程，以及必要的废气收集及引气、预处理工程。

a）废气收集及引气工程：包括挥发性有机液体储罐排气收集及引气、污水处理场废气收集及引气、以及挥发性有机液体装载作业排气收集及引气等；

b）废气预处理工程：包括氧化沥青尾气预处理、污水处理场高浓度废气预处理、高温排放废气（污油储罐、高温蜡油储罐排气等）预处理等。

5.3.3 辅助工程包括检测与过程控制、电气仪表、给排水和消防等单元。

5.4 场址选择和总图布置

5.4.1 场址选择和总图布置应符合 GB 50160、GB 50984、SH 3011 和 SH/T 3024 等标准要求。

5.4.2 场址选择应遵循降低环境影响、方便施工及运行维护等原则，并按照消防要求留出消防通道和安全保护距离。

5.4.3 治理装置宜靠近污染源布置；当有多个排放源产生的废气集中处理时，应兼顾辅助工程、配套工程等因素选址。

6 废气处理工艺设计

6.1 一般规定

6.1.1 在工艺设计前，应对石油炼制工业废气的组成、气量及变化规律进行调查、分析和监测。

6.1.2 在确定废气治理工艺时，应重视废气资源属性和能源属性，加强回收和综合利用；应综合考虑油气回收和热量回收等技术的运行成本、有机物回收价值以及回收油品质量等。

6.1.3 选用的减排和治理技术宜成熟、可靠、先进、节能、操作简便、经济适用、本质安全或安全风险可控。

6.1.4 废气治理装置应根据正常工况的最大进气量和最大污染物处理负荷设计；集中处理时的最大气量应按实际工况分析叠加确定。

6.1.5 在综合考虑污染源间距、废气组成及浓度、废气量、废气输送能耗、装置投资、运行费用等因素的基础上，同类废气宜集中处理，净化气宜高空排放。

6.1.6 石油炼制工业废气中 VOCs 浓度小于 30 000 mg/m^3 时，一般采用燃烧（氧化）破坏法处理，燃烧（氧化）装置包括催化氧化装置、蓄热氧化装置、加热炉、焚烧炉、锅炉等；当 VOCs 浓度大于或等于 30 000 mg/m^3 时，一般宜优先采用吸附、吸收、冷凝、膜分离及其组合工艺回收处理，不能达标再采用燃烧（氧化）破坏法。

6.1.7 应考虑废气治理装置异常和事故时的废气排放控制和处理。

6.2 无组织废气收集及引气设计

6.2.1 储罐排气收集及引气设计应符合以下技术要求。

a）治理储罐排气时，需对储罐的罐顶进行封闭处理并安装引气管线、自控阀门、压力传感器、阻火器、呼吸阀、泄压阀或双向液封等，应符合 SH/T 3007 等标准相关规定；

b）在对酸性水罐等排放的含较高浓度油气和硫化物废气处理时，宜安装罐顶氮气保护系统；

c）根据罐的承压能力设定罐顶进气控制压力和排气控制压力；

d）在储存同一种物料的罐区，宜在安全论证合格的基础上建立罐顶气平衡连通管网，减少大呼吸排气量。

6.2.2 挥发性有机液体装载作业排气收集及引气设计应满足以下要求。

a）挥发性有机液体应采用顶部浸没式或底部装载作业方式；

b）接收挥发性有机液体的罐口宜标准化，应密闭装载并设置油气收集和输送系统，油气收集系统设计可参照 GB 50759；

c）在 VOCs 废气收集总管和支管上设置流量计和调节阀，可通过装车（船）液体流量控制引气量，VOCs 废气流量控制参见 4.3.2.3；

d）在收集、引气过程中，槽车或油舱内不宜形成负压操作。

6.2.3 污水处理场废气收集及引气设计应满足以下要求。

a）对污水处理场隔油池、气浮池、曝气池等废气排放设施进行封闭处理，封闭盖板应使用难燃烧材料，且距离液面高度应符合 GB 50160 等标准要求；

b）有内部设备和部件的污水处理设施，应在封闭时安装观察口和用于检维修的活动盖板；

c）污水均质罐、污油罐、浮渣罐的封闭、引气等参见 6.2.1；

d）在隔油池、气浮池、曝气池等废气排放源的输气管道及分支管道上宜分别安装流量计和阀门，废气流量控制参见 4.3.2.4；

e）隔油池、气浮池、曝气池等非罐类污水处理设施的封闭和引气应以基本没有废气逸散到周围环境中为宜；

f）废气输送管道要安装低点排凝口。

6.3 废气处理工艺设计

6.3.1 催化裂化烟气

6.3.1.1 烟气脱硝工艺设计

a）催化裂化烟气脱硝方法包括氨选择性催化还原（SCR）、氨选择性非催化还原（SNCR）和臭氧氧化吸收等，宜优先选用 SCR 工艺；

b）SCR 脱硝系统由氨供应、催化反应和公用工程等组成；

c）氨气应用空气等稀释到安全体积浓度（5%）以下，混合气体温度宜大于 120℃再用喷氨组件喷入烟气中，氨气与烟气通过混合格栅实现充分混合；

d）SCR 催化剂可选用蜂窝状或板式 V_2O_5-WO_3/TiO_2 催化剂，床层空速 3 000～6 000 h^{-1}，催化剂床层设计三层，填装两层，预留一层，在两层催化剂运行末期或烟气 NO_x 不能达标时预留层装入催化剂；

e）催化反应器（床层）安装在余热锅炉（或 CO 锅炉）320～420℃温度区，新建余热锅炉（或 CO 锅炉）宜将催化剂床层安装在锅炉内部，老锅炉可将烟气从 320～420℃温度区引出，经过外置式脱硝反应器处理再返回锅炉；

f）采用计算流体动力学等软件优化设计反应器流场，以及导流板、喷氨格栅、混氨格栅等内构件；

g）其他工艺设计参数可参照 HJ 562。

6.3.1.2 烟气除尘脱硫工艺设计

a）催化裂化烟气除尘脱硫可采用钠碱洗涤法；

b）钠碱洗涤除尘脱硫单元宜分为预处理器件、除尘脱硫塔两部分，预处理器件具有烟气洗涤急冷降温、除尘、脱硫功能，除尘脱硫塔具有深度除尘、脱硫和气液分离功能；预处理器件和除尘脱硫塔的洗涤液气比均为 3～10 L/m^3，外排脱硫废水 pH 为 6～9；

c）脱硫废水应经过滤或沉淀脱悬浮物（催化剂颗粒物）、空气氧化脱 COD 等处理后达标外排；氧化温度 55～65℃，废水停留时间 5～10 h。

6.3.2　工艺加热炉烟气

a）在使用清洁燃料、低氮燃烧等减排技术不达标时，可选用烟气 SCR 脱硝和钠碱洗涤除尘脱硫；

b）SCR 脱硝宜选用与 200～350℃温度相适应的工艺和催化剂，工艺参数等可参照 HJ 562；

c）钠碱洗涤除尘脱硫可选用填料塔，塔内循环液气比 3～10 L/m^3，外排脱硫废水 pH 6～9，脱硫废水处理参见 6.3.1.2 c)。

6.3.3　硫磺回收尾气

a）采用克劳斯工艺从酸性气中回收硫磺，二级克劳斯转化的总硫转化率应达到 95%以上，三级转化应达到 97%以上；可采用低温克劳斯（Sulfreen 法/CBA 法等）、选择性催化氧化（Selectox 法等）、加氢还原—有机胺吸收（SCOT 法/SSR 法等）等工艺进一步提高总硫回收率，优选加氢还原-有机胺吸收—焚烧（或催化氧化）工艺处理克劳斯硫磺回收尾气；

b）硫磺回收装置尾气焚烧炉烟气 SO_2 不能达标时，可再采用钠碱洗涤脱硫，或与催化裂化烟气等合并脱硫处理。

6.3.4　氧化沥青尾气

a）氧化沥青尾气处理宜采用预处理-焚烧工艺；

b）预处理包括水洗法、油洗法（柴油油洗、馏分油循环洗）等，用于脱除尾气夹带的油雾和沥青烟；水洗预处理宜采用喷淋塔，氧化沥青尾气在塔内停留时间 3～5 s，空塔气速 1.2～1.5 m/s，塔内液气比 10～20 L/m^3；油洗预处理宜采用填料塔，填料层高度 3～6 m，空塔气速 0.1～0.3 m^3/s，塔内液气比 10～30 L/m；

c）焚烧温度 850±20℃、炉内焚烧时间 8 s；或焚烧温度 1 000±20℃、炉内焚烧时间 5 s。

6.3.5　S Zorb 再生烟气

a）S Zorb 再生烟气宜进硫磺回收装置热反应炉或尾气加氢反应器回收处理，其掺入量以不影响硫磺回收装置正常操作为宜；

b）在 S Zorb 装置距离硫磺回收装置较远或硫磺回收装置无冗余负荷时，再生烟气可采用氢氧化钠溶液吸收脱硫，脱硫废水用空气氧化处理，净化烟气和脱硫废水达标排放；

c）再生烟气氢氧化钠溶液吸收脱硫装置宜采用文丘里管+填料塔，文丘里管液气比 1～2 L/m，填料塔液气比 3～5 L/m^3。

6.3.6　重整催化剂再生烟气

重整再生烟气中的氯化氢超标排放时，可采用碱性吸附剂或碱液洗涤处理，碱性吸附剂的床层空速为 200～800 h^{-1}；碱液洗涤装置及参数参见 6.3.2 c)。有机物超标时可采用催化氧化处理或送加热炉焚烧处理，催化氧化装置工艺参数参见 6.3.10。

6.3.7　氧化脱硫醇尾气

a）汽油、液态烃氧化脱硫醇尾气可进克劳斯尾气焚烧炉处理，或采用低温柴油吸收-氢氧化钠溶液脱硫工艺处理，工艺流程见图 1；

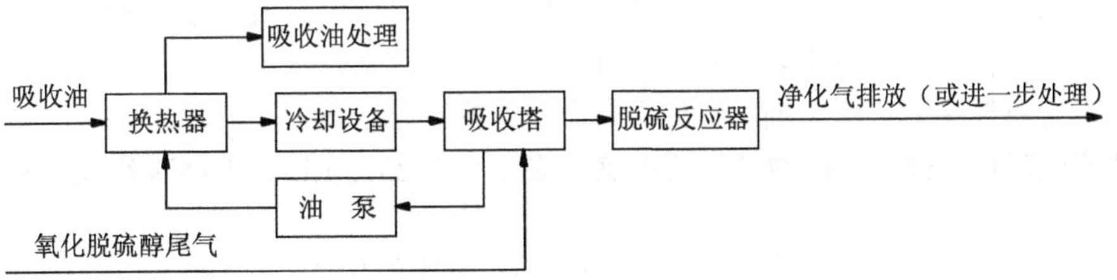

图 1　氧化脱硫醇尾气处理工艺流程

b）氧化脱硫醇尾气经低温柴油吸收-氢氧化钠溶液脱硫处理后不能达标，可再进催化氧化装置、蓄热氧化装置、加热炉、焚烧炉、锅炉等进一步深度处理；

c）氧化脱硫醇尾气如果进克劳斯尾气焚烧炉处理，尾气中的氧浓度应小于 8%，且焚烧炉烟气中 SO_2 应达标排放；

d）低温柴油吸收技术要求见 6.3.12 d)，吸收压力宜为 0.05～0.2 MPa（G）；

e）汽油氧化脱硫醇尾气经过低温柴油吸收，油气回收率应大于 97%，有机硫化物去除效率应大于 99%，净化尾气非甲烷总烃小于 25 000 mg/m^3；

f）液态烃氧化脱硫醇尾气经过低温柴油吸收，有机硫化物去除率应大于 99%，净化尾气非甲烷总烃小于 25 000 mg/m^3；

g）催化氧化装置、蓄热氧化装置、加热炉、焚烧炉、锅炉等进一步深度处理尾气的技术要求参见 6.3.10。

6.3.8 火炬烟气排放控制

a）火炬及相关管网、水封、气柜等设计应符合 SH 3009；

b）正常工况下，可经过有机胺吸收脱硫使火炬气 HS 浓度小于 30 mg/m^3，控制火炬烟气 SO_2 排放浓度；

c）通过火炬监控记录、氮气置换、控烟等措施，保障火炬正常工作、燃烧完全。

6.3.9 污水集输系统排气控制

a）含油污水密闭输送应按 GB 50160 等相关要求设置水封，控制废气排放；

b）企业宜尽可能减少集水井、含油污水池数量，将污水沟渠管道化，污水泵送，管道高架；

c）集水井或无移动部件的含油污水池可安装浮动盖板（浮盘）来减少废气排放；

d）含油污水池排气治理可参照 6.3.10。

6.3.10 污水处理场高浓度废气

a）污水处理场高浓度 VOCs 废气可采用预处理-催化氧化工艺或焚烧法处理，预处理-催化氧化工艺流程见图 2；预处理包括吸收、脱硫及总烃浓度均化等方法；

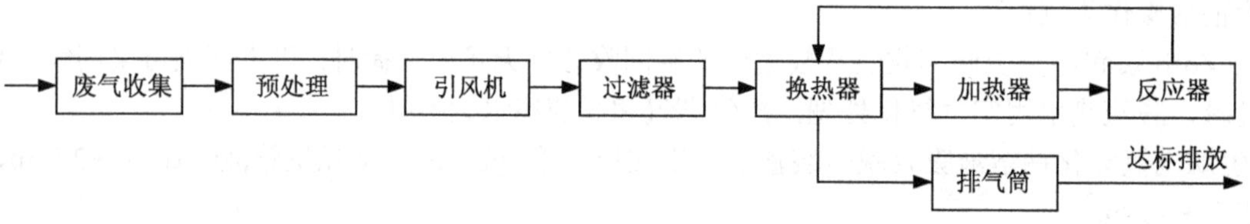

图 2 污水处理场高浓度 VOCs 废气处理工艺流程

b）废气采用脱硫及总烃浓度均化方法预处理时，通过脱硫及总烃浓度均化剂床层将废气中的还原性总硫（HS 和有机硫化物）降到 30 mg/m^3 以下，并使进入催化氧化反应器的废气总烃浓度相对稳定；脱硫及总烃浓度均化剂床层空速为 60～260 h^{-1}；

c）进入催化氧化反应器的废气中有机物（包括甲烷）浓度应小于其爆炸极限下限（LEL）的 25%；当有机物浓度高于 25% LEL 时，应通过空气稀释或增加引气量等方式进行调节；

d）催化氧化反应器入口温度宜控制在 220～400℃，出口温度一般低于 600℃；催化剂空速宜为 5 000～20 000 h^{-1}；催化氧化系统压降应低于 2 kPa；

e）可选用贵金属催化氧化催化剂，其使用寿命应达到三年以上；

f）控制进焚烧装置的废气有机物（包括甲烷）浓度小于 25% LEL，VOCs 净化效率 97%以上，净化气达标排放；

g）废气治理后产生的高温烟气宜进行热能回收，排气温度不宜高于 180℃。

6.3.11 污水处理场低浓度废气

a）污水处理场低浓度废气可采用洗涤-吸附法、生物脱臭、焚烧法处理；

b）洗涤-吸附法通过洗涤脱除污泥飞沫，通过碱性金属氧化物、碱性活性炭等吸附剂脱除硫化物，通过吸附剂吸附/解吸实现 VOCs 浓度均化处理；饱和后的吸附剂可用热空气或水蒸气等再生，热空气再生气宜进污水处理场高浓度废气催化氧化装置处理；水蒸气再生气可通过冷凝回收凝结油，剩余凝结水去含油污水处理系统；洗涤脱除污泥飞沫的效率应大于 95%，净化气达标排放；

c）生物脱臭可采用固定微生物床层，处理浓度低且组份简单的硫化物和 VOCs 废气；生物脱臭装置应有营养液供应系统，塔内气速 0.1～0.3 m/s，填料层空速 200～600 h^{-1}，塔内温度 25～40℃，净化气达标排放；

d）污水处理场低浓度废气可进焚烧装置处理，进行焚烧处理的废气有机物（包括甲烷）浓度应小于 25% LEL，净化气达标排放。

6.3.12 挥发性有机液体装载作业排气

a）汽油和石脑油装载作业排气油气回收可采用低温柴油吸收、活性炭吸附-真空再生、柴油吸收-膜分离、冷凝及其组合工艺，工艺流程见图 3、图 4、图 5、图 6；装载作业排气经过吸收、吸附、冷凝、膜分离及其组合工艺回收处理后达不到环保标准要求，可再进催化氧化装置、蓄热氧化装置、加热炉、焚烧炉、锅炉等进一步深度处理；

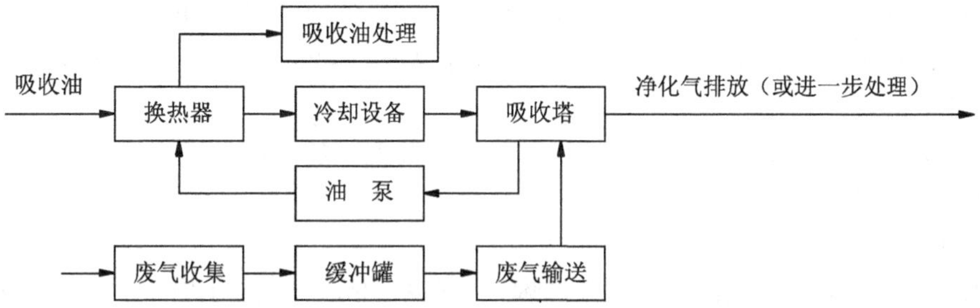

图 3 低温柴油吸收油气回收工艺流程

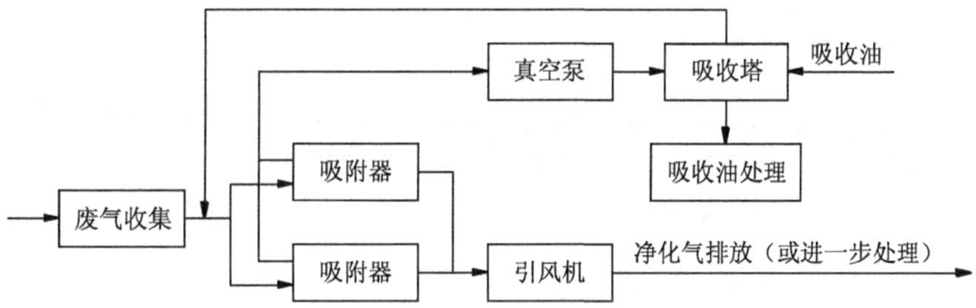

图 4 活性炭吸附-真空再生油气回收工艺流程

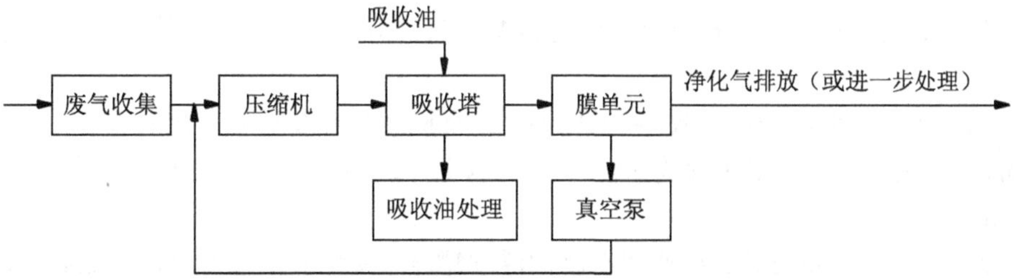

图 5 柴油吸收-膜分离油气回收工艺流程

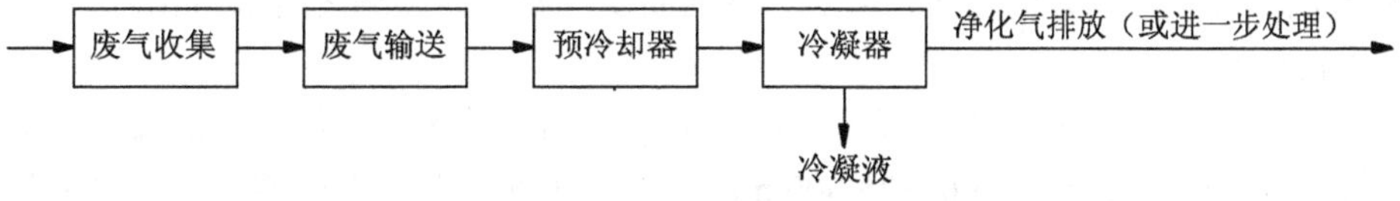

图 6 −110℃冷凝油气回收工艺流程

b）对煤油、柴油、芳烃、溶剂油、原油装载作业排气治理，可采用活性炭吸附-热再生或催化氧化等工艺；采用水蒸气再生饱和活性炭，再生气须通过冷凝-油水分离回收油品，不凝气返回吸附床；采用热氮气再生饱和活性炭，再生气须冷却（回收凝析油）后方可进瓦斯管网，具体工艺需根据废气污染物浓度、净化要求、技术经济性等综合比较确定；

c）高温液体沥青等重质油装载作业排气治理技术参见 6.3.13；

d）低温柴油吸收温度宜高于所用柴油凝固点 5～10℃，一般吸收温度为-5～15℃，吸收压力宜为 0～0.5 MPa（G）；柴油初馏点大于 160℃，常压 15℃在柴油含量 60%以上的密闭容器中平衡气相 VOCs 浓度小于 6 000 mg/m^3；

e）汽油油气冷凝宜采用机械制冷、复叠机组，常压冷凝温度宜为-110～-105℃；

f）采用活性炭吸附处理汽油和石脑油油气时，饱和活性炭的再生真空度宜为 94～96 kPa；

g）柴油吸收-膜分离油气回收装置的膜材料宜选用硅橡胶等渗透膜，吸收塔和膜前压力宜为 0.15～0.50 MPa（G），膜后压力宜为 0.10～0.20 MPa（A）；

h）汽油和石脑油装载作业排气采用低温柴油吸收、活性炭吸附-真空再生、柴油吸收-膜分离、冷凝及其组合工艺处理时，汽油和石脑油油气回收效率应大于 97%；所有油气回收装置净化气中非甲烷总烃应小于 25 000 mg/m^3；

i）油气回收装置尾气采用催化氧化装置、蓄热氧化装置、加热炉、焚烧炉、锅炉等进一步深度处理的技术要求参见 6.3.10。

6.3.13 挥发性有机液体储罐排气

a）酸性水罐、污油罐、粗汽油罐、粗柴油罐、高温蜡油罐、高温沥青罐等储罐排放的含硫 VOCs 恶臭气体可采用低温柴油吸收-氢氧化钠（或有机胺）溶液脱硫工艺处理，见图 7；低温柴油吸收技术要求见 6.3.12 d)，吸收压力宜为 0.1～0.5 MPa（G）；

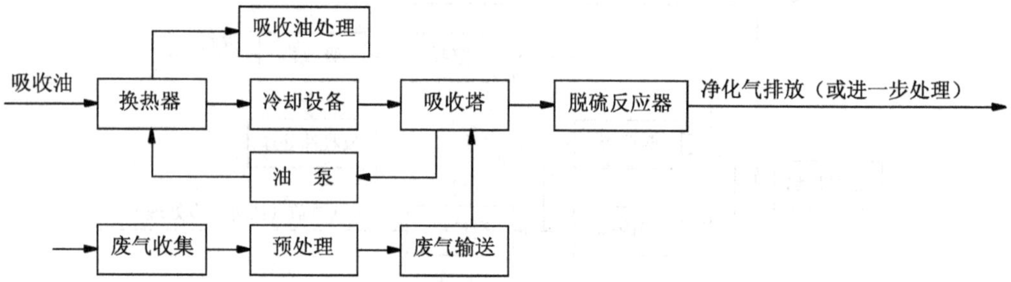

图 7 低温柴油吸收-氢氧化钠（或有机胺）溶液脱硫工艺流程

b）高温污油罐、高温蜡油罐等排气宜先进行冷却、气液分离等预处理将排气温度降至 45℃以下后再进行处理；

c）酸性水罐等排气经低温柴油吸收-氢氧化钠（或有机胺）溶液脱硫工艺处理后，净化气油气浓度小于 25 000 mg/m^3；硫化氢、有机硫化物去除率 99%以上，或净化气中有机硫化物浓度小于 20 mg/m^3、硫化氢小于 5 mg/m^3；

d）总罐容大于等于 30 000 m^3 的汽油和石脑油浮顶罐区，宜配套活性炭吸附、低温柴油吸收油气回收装置，用于罐体变形或浮盘损坏等异常工况时的油气回收处理；

e）喷气燃料、柴油、芳烃、溶剂油储罐宜先采用内浮顶罐减少储罐废气排放；

f）当成品汽油、石脑油、喷气燃料、柴油、溶剂油以及原油浮顶罐区排放气治理时，可选用吸附、吸收、冷凝等回收技术；

g）酸性水罐、污油罐、高温蜡油罐以及成品汽油、石脑油等罐区排放气经过吸收、吸附等方法回收处理后非甲烷总烃一般可小于 1 000～25 000 mg/m^3，为达到更严排放标准，可再进催化氧化装置、蓄热氧化装置、加热炉、焚烧炉、锅炉等进一步深度处理。

6.3.14 装置检维修排气

a）装置检维修过程应选用适宜的清洗剂和吹扫介质；检修过程产生的物料应分类进入瓦斯管网和火炬系统，以及带有恶臭和 VOCs 废气治理装置的污油罐或污水处理场，与酸性水性质相近的清洗污水可进酸性水罐处理；装置停工检修恶臭和 VOCs 排放控制流程见图 8；其中，污油罐、酸性水罐排气处理工艺设计参见 6.3.13，污水处理场排气处理工艺设计参见 6.3.10，火炬气处理工艺设计参见 6.3.8；

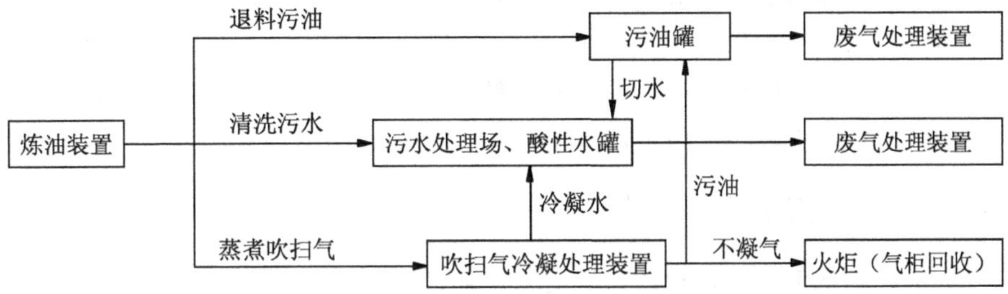

图 8 装置停工检修恶臭和 VOCs 排放控制流程

b）在难以建立密闭蒸罐、清洗、吹扫产物密闭排放管网的情况下，可采用移动式设备处理检修过程排放废气，处理方法包括冷凝、吸附、吸收、催化氧化等；VOCs 总去除效率应大于 97%，净化气达标排放。

6.4 二次污染控制

6.4.1 石油炼制工业废气治理过程中产生的废水应分类进污水处理场处理，并达到相应的排放标准要求。

6.4.2 石油炼制工业废气治理过程中产生的废渣、废吸附剂及废催化剂的处理应符合国家固体废物处理与处置的相关规定。

6.4.3 噪声控制应符合 GB 12348 和 SH/T 3146 的规定。

6.5 安全措施

6.5.1 应选用本质安全或安全风险可控技术。

6.5.2 利用加热可燃或有毒有害物料的加热炉等焚烧处理 VOCs 废气，应做到本质安全。

6.5.3 废气治理工程应符合安全生产的相关规定。

6.5.4 含有机物的废气输送管道上应按相关规定设置阻火器，阻火器性能应符合 GB/T 13347 的规定。

6.5.5 风机、泵、压缩机等动设备和置于现场的电气仪表等应不低于现场防爆等级。

6.5.6 罐区废气治理安全防护见 6.2.1 有关内容。

6.5.7 当催化氧化反应器出口温度达到 600℃时，控制系统自动报警，并自动开启稀释设施对废气进行稀释、降温处理。

6.5.8 当吸附装置床层温度超过 80℃时，应能自动报警，并立即启动降温设施。

6.5.9 治理工程中管道和设备的隔热、保温要求应符合 GB 50264。

6.5.10 治理工程的防爆泄压设计应符合 GB 50160。

6.5.11 治理工程安装区域应按规定设置消防设施。

6.5.12 治理工程中设备和管道应具备短路保护和接地保护。

6.5.13 室外治理设备应安装符合 GB 50650 规定的避雷装置。

7 主要工艺设备与材料

7.1 一般规定

7.1.1 治理工程的关键设备和材质应从工程设计、招标采购、施工安装、运行维护、调试验收等环节进行严格控制，选择满足工艺要求，符合相应标准的产品。

7.1.2 当废气中含有腐蚀性介质和颗粒物时，废气输送管道、阀门、过滤器、吸收装置、吸附装置及关键设备的废气过流部件等应满足相关防腐、耐磨损要求。

7.2 设备（材料）选型与配置要求

7.2.1 主要工艺设备性能应满足本标准第 6 章工艺要求。

7.2.2 防爆区废气治理工程中引气设施、泵等应采用防爆型、高效节能型电机。

7.2.3 治理工程中各设备的选择和配置应考虑装置长期可靠运行的要求，对风机、泵等连续工作的动设备应配置备用设备。

7.2.4 风机、压缩机、泵等大功率设备宜配置相应的变频装置。

7.2.5 烟气脱硫系统工艺设备和材质的选择参照 HJ 462 的要求执行。

7.2.6 烟气脱硝系统工艺设备和材质的选择参照 HJ 562 的要求执行。

7.2.7 吸收装置的基本性能应满足 HJ/T 387 的要求。

7.2.8 吸附装置的基本性能应满足 HJ/T 386 的要求。

7.2.9 催化氧化装置的基本性能应满足 HJ/T 389 的要求。

7.2.10 低温柴油吸收装置柴油降温宜优先采用现有循环水、低温盐水等冷源，新建制冷系统宜采用螺杆式压缩机蒸发制冷系统。

7.2.11 油气冷凝回收装置，宜采用废气与载冷剂换热间接冷却降温设备；制冷宜采用复叠式压缩蒸发制冷系统，以较低能耗获得较低的制冷温度。

7.2.12 油气回收膜分离装置，膜材料宜采用有机渗透膜，采用板框式或卷式膜组件，膜系统宜与其他油气回收工艺组合使用，实现较高的油气回收率和环保达标排放。

7.2.13 生物脱臭装置宜采用固定微生物床层，床层宜选用泥炭成型颗粒、多孔陶瓷滤料、有机或无机海绵体滤料、聚乙烯醇（PVA）填料等。

8 检测与过程控制

8.1 检测

8.1.1 治理工程应根据工艺要求，设置永久性采样口或在线检测装置。

8.1.2 采样口的设置应符合 HJ/T 1，采样方法应满足 GB/T 16157、HJ/T 397、HJ 732、HJ 733 等规范的相关要求，采样频次和检测项目应根据工艺控制要求确定或参照 HJ 880 的要求执行。

a）烟气除尘脱硫脱硝治理工程主要检测污染物有 SO_2、NO_x、颗粒物；

b）烟气除尘脱硫治理工程主要检测的工艺参数参见 GB 51284，主要有脱硫装置进口、出口烟气的 SO_2 浓度、槽（池）液位、吸收液的 pH 等；应装设符合 HJ 76 要求的烟气排放连续监测系统（CEMS），并按照 HJ75 的要求进行连续监测；

c）烟气脱硝治理工程检测可参照 HJ 562 执行；

d）有机废气治理工程主要检测项目应包括 GB 31570、GB 14554 中要求的相关控制项目，固定污染源废气非甲烷总烃连续监测系统设置应符合 HJ 1013 相关要求；

e）催化氧化法治理有机废气过程检测参照 HJ 2027 的要求执行；

f）吸附法治理有机废气过程检测参照 HJ 2026 的要求执行；

g）吸收法治理有机废气过程中主要检测吸收油流量、吸收压力、吸收温度及床层压降等工艺参数；

h）膜分离法治理有机废气过程中主要检测膜分离单元的压差、真空泵进出口的压力等工艺参数；

i）冷凝法治理有机废气过程中主要检测冷凝温度、压力等工艺参数；

j）生物脱臭法治理污水处理场低浓度废气过程中主要检测温度、床层压降等工艺参数；

k）加热炉、焚烧炉、锅炉等进一步深度处理回收装置尾气过程中应检测入口废气中有机物浓度。

8.1.3 现场检测仪表或在线检测装置宜具备防腐、防爆、抗渗漏、防结垢、自清洗等功能。

8.2 过程控制

8.2.1 控制系统应在满足工艺要求的前提下，运行可靠、经济、节能、安全，便于日常维护和管理。

8.2.2 过程控制参数、技术要求和自动化控制水平应根据废气种类、处理规模等因素合理确定，并符合以下要求：

a）现场在线检测装置应装设现场操作箱，操作箱应设置运行、停机和故障状态显示；

b）当采用成套设备且设备配套控制系统时，设备配套的控制系统应预留必要的通信接口，以实现与全厂控制系统的通信和数据交换；

c）当采用成套设备但不配套控制系统时，成套设备控制系统并入全厂控制系统进行检测、显示和控制。

8.2.3 治理工程应与废气排放源装置同时投入使用，并实现开启和关停联锁控制。

9 主要辅助工程

9.1 电气系统

9.1.1 电源系统可直接由生产装置配电系统接引，中性点接地方式应与生产装置一致。

9.1.2 电气系统设计应满足 GB 50058、SH/T 3060 的要求。

9.2 给水、排水与消防系统

9.2.1 废气治理工程的给水、排水设计应符合 SH/T 3015 的相关规定。

9.2.2 治理工程的消防设计应纳入工厂的消防系统总体设计。

9.2.3 消防通道、防火间距、安全疏散的设计和消防栓的布置应符合 GB 50160 的相关规定。

9.2.4 治理工程范围内应按照 GB 50160 的规定配置灭火器。

10 劳动安全与职业卫生

10.1 劳动安全

10.1.1 劳动安全管理应符合 GB/T 12801 的规定。

10.1.2 应按照《危险化学品安全管理条例》的要求管理和使用工艺过程中的化学药剂。

10.1.3 应建立并严格执行安全检查制度，及时消除事故隐患，防止事故发生。

10.1.4 装置现场可燃气、有毒气报警装置设置应符合 GB 50493 的要求。

10.1.5 装置现场应有必要的安全防护措施和警示标识。

10.1.6 应制定意外事故应急预警预案。

10.2 职业卫生

10.2.1 治理工程的职业安全卫生设计应符合 GBZ 1、GB/T 12801、SH 3047 的规定。
10.2.2 选用设备的噪声水平应符合 SH/T 3146 的要求。
10.2.3 应加强作业场所的职业卫生防护，做好隔音、减震和防毒等预防工作。
10.2.4 人员进入恶臭和有机废气治理装置区时，应携带便携式可燃、有毒气体等检测报警仪。

11 工程施工与验收

11.1 工程施工

11.1.1 工程施工单位应具有国家相应的工程施工资质。
11.1.2 工程施工应符合国家和行业施工程序及管理文件的要求。
11.1.3 工程施工应按设计文件进行建设，工程的变更应取得工程设计单位的设计变更文件后再进行施工。
11.1.4 工程施工中使用的设备、材料、器件等应符合相应的国家和行业标准，并取得产品合格证书后方可使用，关键设备还应具有产品出厂检验报告等技术文件。
11.1.5 采用防腐材质的设备、管道及管件的施工和验收应符合 GB 50726、GB 50727 的规定。
11.1.6 施工单位应遵守国家有关部门颁布的劳动安全及卫生、消防等国家强制性标准及相关的施工技术规范。

11.2 工程验收

11.2.1 工程验收应符合《建设项目竣工环境保护验收暂行办法》等相关规定。
11.2.2 治理工程中选用的国外引进的设备、材料、器件应具有供货商提供的技术规范、合同规定及商检文件，并应符合我国现行国家或行业标准的有关要求。
11.2.3 工程安装、施工完成后应首先对相关仪器仪表进行校验，然后根据工艺流程进行分项调试和整体调试。
11.2.4 通过整体调试，各系统运转正常，技术指标达到设计和合同要求后启动试运行。

12 运行与维护

12.1 一般规定

12.1.1 治理装置应与产生废气的生产装置同步运行。由于事故或设备维修等原因造成治理装置停止运行时，应立即报告当地环境保护行政主管部门。
12.1.2 治理装置的运行、维护及安全管理除应符合本规范外，还应符合国家相关标准的规定。
12.1.3 治理装置运行应在满足设计工况的条件下进行，并根据工艺要求，定期对设备、电气、自控仪表及建（构）筑物进行检查维护，确保治理装置的可靠运行。
12.1.4 企业应健全与治理装置相关的各项规章制度，以及运行、维护和操作的规程，建立主要设备运行状态的台账制度。

12.2 人员与运行管理

12.2.1 治理装置应纳入生产管理中，并配备专业管理人员和技术人员。

12.2.2 在治理装置启用前，企业应对管理和运行人员进行培训，使管理和运行人员掌握治理装置及附属设施的具体操作和应急情况下的处理措施。培训内容包括：

a）基本原理和工艺流程；

b）启动前的检查和启动应满足的条件；

c）正常运行情况下设备的控制、报警和指示系统的状态和检查，保持设备良好运行的条件；

d）设备运行故障的发现、检查和排除；

e）事故和紧急状态下人工操作和事故排除方法；

f）设备日常和定期维护；

g）设备运行和维护记录；

h）其他事件的记录和报告。

12.2.3 企业应建立治理装置运行状况、设施维护等记录制度，主要记录内容包括：

a）治理装置的启动、停止时间；

b）吸收剂、吸附剂、过滤材料、催化剂、还原剂等的质量分析数据、采购量、使用量及更换时间等；

c）治理装置运行工艺控制参数，包括进出口污染物浓度、温度、床层压力降等；

d）主要设备维修情况；

e）运行事故及处理、整改情况；

f）定期检验、评价及评估情况；

g）污水排放、副产物处置情况。

12.2.4 运行人员应按企业规定做好巡视制度和交接班制度。

12.3 维护

12.3.1 应制定治理装置设备的维护计划。

12.3.2 应根据治理装置技术负责方提供的系统、设备等资料制定详细的维护保养规定。

12.3.3 维护人员应根据维护保养规定定期检查、维修或更换必要的部件。

12.3.4 维护人员应做好维护保养记录。

12.4 事故应急措施

12.4.1 企业应有生产装置异常和事故时的废气治理装置和措施。

12.4.2 充分利用火炬及其管网控制事故产生的气体污染物排放。

12.4.3 利用污油罐废气治理装置处理事故污油产生的恶臭和 VOCs 气体。

12.4.4 利用污水处理场废气治理装置处理事故污水产生的气体污染物。

12.4.5 企业应建立环境应急监测机制，制定应急监测方案，配备满足要求的人员、设备和防护用品，重点确定恶臭和 VOCs 泄漏排放应急监测项目和监测方法，在事故发生时能够快速监测。

HJ

中华人民共和国国家环境保护标准

HJ 2026—2013

吸附法工业有机废气治理工程技术规范

Technical specifications of adsorption method for industrial organic emissions treatment project

2013-03-29 发布 2013-07-01 实施

环 境 保 护 部 发布

前 言

为贯彻《中华人民共和国环境保护法》和《中华人民共和国大气污染防治法》，规范工业有机废气治理工程的建设，防治工业有机废气的污染，改善环境质量，制定本标准。

本标准规定了工业有机废气吸附法治理工程的设计、施工、验收和运行的技术要求。

本标准为指导性文件。

本标准为首次发布。

本标准由环境保护部科技标准司组织制订。

本标准主要起草单位：中国环境保护产业协会、中国人民解放军防化研究院、中国科学院生态环境研究中心、中节能天辰（北京）环保科技有限公司、宁夏华辉活性炭股份有限公司、北京绿创环保设备股份有限公司、江苏苏通碳纤维有限公司、嘉园环保股份有限公司、泉州市天龙环境工程有限公司。

本标准环境保护部 2013 年 3 月 29 日批准。

本标准自 2013 年 7 月 1 日起实施。

本标准由环境保护部解释。

吸附法工业有机废气治理工程技术规范

1　适用范围

本标准规定了工业有机废气吸附法治理工程的设计、施工、验收和运行的技术要求。

本标准适用于工业有机废气的常压吸附治理工程，可作为环境影响评价、工程咨询、设计、施工、验收及建成后运行与管理的技术依据。

2　规范性引用文件

本标准引用了下列文件或其中的条款。凡是未注明日期的引用文件，其最新版本适用于本标准。

GB 3836.4　爆炸性环境　第 4 部分：由本质安全型“i”保护的设备

GB/T 3923.1　纺织品　织物拉伸性能　第 1 部分：断裂强力和断裂伸长率的测定　条样法

GB/T 7701.1　煤质颗粒活性炭　气相用　煤质颗粒活性炭

GB 12348　工业企业厂界环境噪声排放标准

GB/T 16157　固定污染源排气中颗粒物测定和气态污染物采样方法

GB/T 20449　活性炭丁烷工作容量测试方法

GB 50016　建筑设计防火规范

GB 50019　采暖通风与空气调节设计规范

GB 50051　烟囱设计规范

GB 50057　建筑物防雷设计规范

GB 50058　爆炸和火灾危险环境电力装置设计规范

GB 50140　建筑灭火器配置设计规范

GB 50160　石油化工企业设计防火规范

GB 50187　工业企业总平面设计规范

GBJ 87　工业企业噪声控制设计规范

HGJ 229　工业设备、管道防腐蚀工程施工及验收规范

HJ/T 1　气体参数测量和采样的固定位装置

HJ/T 386　工业废气吸附净化装置

HJ/T 387　工业废气吸收净化装置

HJ/T 389　工业有机废气催化净化装置

HJ 2000　大气污染治理工程技术导则

HJ 2027　催化燃烧法工业有机废气治理工程技术规范

JJF 1049　温度传感器动态响应校准

《建设项目环境保护设计规定》　国家计划委员会、国务院环境保护委员会〔1987〕002 号

《建设项目环境保护管理条例》　中华人民共和国国务院令　第 253 号

《建设项目（工程）竣工验收办法》　国家计划委员会　1990 年

《建设项目竣工环境保护验收管理办法》　国家环境保护总局令　第 13 号

3 术语和定义

下列术语和定义适用于本标准。

3.1

工业有机废气 industrial organic emissions

指工业过程排出的含挥发性有机物的气态污染物。

3.2

爆炸极限 explosive limit

又称爆炸浓度极限。指可燃气体或蒸气与空气混合后能发生爆炸的浓度范围。

3.3

爆炸极限下限 lower explosive limit

指爆炸极限的最低浓度值。

3.4

活性炭纤维毡 activated carbon fiber felt

指利用黏胶、聚丙烯腈或沥青纤维等加工的纤维毡经过炭化、活化后所制备的多孔材料。

3.5

蜂窝活性炭 honeycomb-type activated carbon

指把粉末状活性炭、水溶性黏合剂、润滑剂和水等经过配料、捏合后挤出成型，再经过干燥、炭化、活化后制成的蜂窝状吸附材料。

3.6

蜂窝分子筛 honeycomb-type molecular sieve

指将粉末状分子筛、水溶性黏合剂、润滑剂和水等经过配料、捏合后挤出成型，再经过干燥、活化后制成的蜂窝状吸附材料；或将粉末状分子筛、水溶性黏合剂和水等配制的浆料涂敷在纤维材料上，经过折叠、干燥后制成的类似蜂窝状的吸附材料。

3.7

BET 比表面积 BET specific surface area

指利用 BET 法测试的单位质量吸附剂的表面积，单位为 m^2/g。

3.8

固定床吸附装置 fixed bed adsorber

指吸附过程中，吸附剂料层处于静止状态的吸附设备。

3.9

移动床吸附装置 moving bed adsorber

指吸附剂按照一定的方式连续通过，依次完成吸附、脱附和再生并重新进入吸附段的吸附装置。

3.10

流化床吸附装置 fluidized bed adsorber

指吸附过程中，吸附剂在高速气流的作用下，强烈搅动，上下浮沉呈流化状态的吸附设备。

3.11

转轮吸附装置 rotatory wheel adsorber

指利用颗粒状、毡状或蜂窝状吸附材料制备而成的具有一定厚度的圆形吸附装置，在电机驱动下转动，在整个圆形扇面上分为吸附区、再生区和冷却区，污染空气通过吸附区进行吸附净化，吸附了污染物的区域转动到再生区后利用热气流进行再生，再生后的高温区转动到冷却区后利用冷气流进行冷却，如此循环进行吸附剂的吸附和再生。

3.12

动态吸附量　dynamic adsorption capacity

指把一定质量的吸附剂填充于吸附柱中，令浓度一定的污染空气在恒温、恒压下以恒速流过，当吸附柱出口中污染物的浓度达到设定值时，计算单位质量的吸附剂对污染物的平均吸附量。该平均吸附量称为吸附剂对吸附质在给定温度、压力、浓度和流速下的动态吸附量，单位为 mg/g。

3.13

净化效率　purification efficiency

指治理工程或净化设备捕获污染物的量与处理前污染物的量之比，以百分数表示。计算公式如下：

$$\eta = \frac{\rho_1 Q_{sn1} - \rho_2 Q_{sn2}}{\rho_1 Q_{sn1}} \times 100\% \tag{1}$$

式中：η——治理工程或净化设备的净化效率，%；

ρ_1、ρ_2——治理工程或净化设备进口、出口污染物的质量浓度，mg/m^3；

Q_{sn1}、Q_{sn2}——治理工程或净化设备进口、出口标准状态下干气体流量，m^3/h。

3.14

吸附剂再生　regeneration of adsorbent

指利用高温水蒸气、热气流吹扫或降压等方法将被吸附物从吸附剂中解吸的过程。

3.15

吸附剂原位再生　in-site regeneration of adsorbent

指吸附了污染物的吸附剂在吸附装置中原地进行再生的过程。

3.16

不凝气　uncondensable gas

指混合气体经过低温冷凝后未被液化的部分。

4　污染物与污染负荷

4.1　除溶剂和油气储运装置的有机废气吸附回收外，进入吸附装置的有机废气中有机物的浓度应低于其爆炸极限下限的 25%。当废气中有机物的浓度高于其爆炸极限下限的 25%时，应使其降低到其爆炸极限下限的 25%后方可进行吸附净化。

4.2　对于含有混合有机化合物的废气，其控制含量 P 应低于最易爆炸组分或混合气体爆炸极限下限值的 25%，即 $P<\min(P_e,P_m)\times25\%$，$P_e$ 为最易爆组分爆炸极限下限值（%），P_m 为混合气体爆炸极限下限值（%），P_m 按照下式进行计算：

$$P_m=(P_1+P_2+\cdots+P_n)/(V_1/P_1+V_2/P_2+\cdots+V_n/P_n) \tag{2}$$

式中：P_m——混合气体爆炸极限下限值，%；

P_1，P_2，…，P_n——混合气体中各组分的爆炸极限下限值，%；

V_1，V_2，…，V_n——混合气体中各组分所占的体积分数，%；

n——混合有机废气中所含有机化合物的种数。

4.3　进入吸附装置的颗粒物含量宜低于 1 mg/m^3。

4.4　进入吸附装置的废气温度宜低于 40℃。

5 总体要求

5.1 一般规定

5.1.1 治理工程建设应按国家相关的基本建设程序或技术改造审批程序进行，总体设计应满足《建设项目环境保护设计规定》和《建设项目环境保护管理条例》的规定。

5.1.2 治理工程应遵循综合治理、循环利用、达标排放、总量控制的原则。治理工艺设计应本着成熟可靠、技术先进、经济适用的原则，并考虑节能、安全和操作简便。

5.1.3 治理工程应与生产工艺水平相适应。生产企业应把治理设备作为生产系统的一部分进行管理，治理设备应与产生废气的相应生产设备同步运转。

5.1.4 经过治理后的污染物排放应符合国家或地方相关大气污染物排放标准的规定。

5.1.5 治理工程在建设、运行过程中产生的废气、废水、废渣及其他污染物的治理与排放，应执行国家或地方环境保护法规和标准的相关规定，防止二次污染。

5.1.6 治理工程应按照国家相关法律法规、大气污染物排放标准和地方环境保护部门的要求设置在线连续监测设备。

5.2 工程构成

5.2.1 治理工程由主体工程和辅助工程组成。

5.2.2 主体工程包括废气收集、预处理、吸附、吸附剂再生和解吸气体后处理单元。若治理过程中产生二次污染物时，还应包括二次污染物治理设施。

5.2.3 辅助工程主要包括检测与过程控制、电气仪表和给排水等单元。

5.3 场址选择与总图布置

5.3.1 场址选择与总图布置应参照标准 GB 50187 规定执行。

5.3.2 场址选择应遵从降低环境影响、方便施工及运行维护等原则，并按照消防要求留出消防通道和安全保护距离。

5.3.3 治理设备的布置应考虑主导风向的影响，以减少有害气体、噪声等对环境的影响。

6 工艺设计

6.1 一般规定

6.1.1 在进行工艺路线选择之前，根据废气中有机物的回收价值和处理费用进行经济核算，优先选用回收工艺。

6.1.2 治理工程的处理能力应根据废气的处理量确定，设计风量宜按照最大废气排放量的 120%进行设计。

6.1.3 吸附装置的净化效率不得低于 90%。

6.1.4 排气筒的设计应满足 GB 50051 的规定。

6.2 工艺路线选择

6.2.1 应根据废气的来源、性质（温度、压力、组分）及流量等因素进行综合分析后选择工艺路线。

6.2.2 根据吸附剂再生方式和解吸气体后处理方式的不同，可选用的典型治理工艺有：

a）水蒸气再生—冷凝回收工艺；

b）热气流（空气或惰性气体）再生—冷凝回收工艺；

c）热气流（空气）再生—催化燃烧或高温焚烧工艺；

d）降压解吸再生—液体吸收工艺。

典型的有机废气吸附工艺流程图见附录A。

6.2.3 连续稳定产生的废气可以采用固定床、移动床（包括转轮吸附装置）和流化床吸附装置，非连续产生或浓度不稳定的废气宜采用固定床吸附装置。当使用固定床吸附装置时，宜采用吸附剂原位再生工艺。

6.2.4 当废气中的有机物具有回收价值时，可根据情况选择采用水蒸气再生、热气流（空气或惰性气体）再生或降压解吸再生工艺。脱附后产生的高浓度气体可根据情况选择采用降温冷凝或液体吸收工艺对有机物进行回收。

6.2.5 当废气中的有机物不宜回收时，宜采用热气流再生工艺。脱附产生的高浓度有机气体采用催化燃烧或高温焚烧工艺进行销毁。

6.2.6 当废气中的有机物浓度高且易于冷凝时，宜先采用冷凝工艺对废气中的有机物进行部分回收后再进行吸附净化。

6.3 工艺设计要求

6.3.1 废气收集

6.3.1.1 废气收集系统设计应符合GB 50019的规定。

6.3.1.2 应尽可能利用主体生产装置本身的集气系统进行收集。集气罩的配置应与生产工艺协调一致，不影响工艺操作。在保证收集能力的前提下，应结构简单，便于安装和维护管理。

6.3.1.3 确定集气罩的吸气口位置、结构和风速时，应使罩口呈微负压状态，且罩内负压均匀。

6.3.1.4 集气罩的吸气方向应尽可能与污染气流运动方向一致，防止吸气罩周围气流紊乱，避免或减弱干扰气流和送风气流等对吸气气流的影响。

6.3.1.5 当废气产生点较多、彼此距离较远时，应适当分设多套收集系统。

6.3.2 预处理

6.3.2.1 预处理设备应根据废气的成分、性质和影响吸附过程的物质性质及含量进行选择。

6.3.2.2 当废气中颗粒物含量超过1 mg/m^3时，应先采用过滤或洗涤等方式进行预处理。

6.3.2.3 当废气中含有吸附后难以脱附或造成吸附剂中毒的成分时，应采用洗涤或预吸附等预处理方式处理。

6.3.2.4 当废气中有机物浓度较高时，应采用冷凝或稀释等方式调节至满足4.1的要求。当废气温度较高时，采用换热或稀释等方式调节至满足4.4的要求。

6.3.2.5 过滤装置两端应装设压差计，当过滤器的阻力超过规定值时应及时清理或更换过滤材料。

6.3.3 吸附

6.3.3.1 吸附剂的选择应符合下列规定：

a）当采用降压解吸再生时，煤质颗粒活性炭的性能应满足GB/T 7701.1的要求，且丁烷工作容量（测试方法参见GB/T 20449）应不小于12.5 g/dL，BET比表面积应不小于1 400 m^2/g。采用非煤质颗粒活性炭作吸附剂时可参照执行。

b）当采用水蒸气再生时，煤质颗粒活性炭的性能应满足GB/T 7701.1的要求，且丁烷工作容量（测试方法参见GB/T 20449）应不小于8.5 g/dL，BET比表面积应不小于1 200 m^2/g。采用非煤质颗粒活性炭作吸附剂时可参照执行。

c）当采用热气流吹扫方式再生时，煤质颗粒活性炭的性能应满足 GB/T 7701.1 的要求，采用非煤质活性炭作吸附剂时可参照执行。颗粒分子筛的 BET 比表面积应不低于 350 m^2/g。

d）蜂窝活性炭和蜂窝分子筛的横向强度应不低于 0.3 MPa，纵向强度应不低于 0.8 MPa，蜂窝活性炭的 BET 比表面积应不低于 750 m^2/g，蜂窝分子筛的 BET 比表面积应不低于 350 m^2/g。

e）活性炭纤维毡的断裂强度应不小于 5 N（测试方法按照 GB/T 3923.1 进行），BET 比表面积应不低于 1 100 m^2/g。

6.3.3.2 在吸附剂选定后，吸附床层的吸附剂用量应根据废气处理量、污染物浓度和吸附剂的动态吸附量确定。

6.3.3.3 固定床吸附装置吸附层的气体流速应根据吸附剂的形态确定。采用颗粒状吸附剂时，气体流速宜低于 0.60 m/s；采用纤维状吸附剂（活性炭纤维毡）时，气体流速宜低于 0.15 m/s；采用蜂窝状吸附剂时，气体流速宜低于 1.20 m/s。

6.3.3.4 对于采用蜂窝状吸附剂的移动式吸附装置，气体流速宜低于 1.20 m/s；对于采用颗粒状吸附剂的移动床和流化床吸附装置，吸附层的气体流速应根据吸附剂的用量、粒度和体密度等确定。

6.3.3.5 对于一次性吸附工艺，当排气浓度不能满足设计或排放要求时应更换吸附剂；对于可再生工艺，应定期对吸附剂动态吸附量进行检测，当动态吸附量降低至设计值的 80%时宜更换吸附剂。

6.3.3.6 采用纤维状吸附剂时，吸附单元的压力损失宜低于 4 kPa；采用其他形状吸附剂时，吸附单元的压力损失宜低于 2.5 kPa。

6.3.4 吸附剂再生

6.3.4.1 当使用水蒸气再生时，水蒸气的温度宜低于 140℃。

6.3.4.2 当使用热空气再生时，对于活性炭和活性炭纤维吸附剂，热气流温度应低于 120℃；对于分子筛吸附剂，热气流温度宜低于 200℃。含有酮类等易燃气体时，不得采用热空气再生。脱附后气流中有机物的浓度应严格控制在其爆炸极限下限的 25%以下。

6.3.4.3 高温再生后的吸附剂应降温后使用。

6.3.5 解吸气体后处理

6.3.5.1 解吸气体的后处理可采用冷凝回收、液体吸收、催化燃烧或高温焚烧等方法。应根据废气中有机物的组分、回收价值和处理成本等选择后处理方法。

6.3.5.2 采用冷凝回收法处理解吸气体时，应符合以下要求：

a）可使用列管式或板式气（汽）—液冷凝器等冷凝装置。

b）当有机物沸点较高时，可采用常温水进行冷凝；当有机物沸点较低时，冷却水宜使用低温水或常温—低温水多级冷凝。

c）冷凝产生的不凝气应引入吸附装置进行再次吸附处理。

6.3.5.3 采用液体吸收法处理解吸气体时，吸收液中有机物的平衡分压应低于废气中有机物的平衡分压。液体吸收后的尾气不能达标排放时，应引入吸附装置进行再次吸附处理。

6.3.5.4 采用催化燃烧或高温焚烧法处理解吸气体时，产生的烟气应达标排放。采用催化燃烧法处理解吸气体时，应符合 HJ 2027 的规定。

6.4 二次污染物控制

6.4.1 预处理和后处理设备所产生的废水应进行集中处理，并达到相应排放标准要求。

6.4.2 预处理产生的粉尘和废渣以及更换后的过滤材料、吸附剂和催化剂的处理应符合国家固体废弃物处理与处置的相关规定。

6.4.3 噪声控制应符合 GBJ 87 和 GB 12348 的规定。

6.5 安全措施

6.5.1 治理系统应有事故自动报警装置，并符合安全生产、事故防范的相关规定。
6.5.2 治理系统与主体生产装置之间的管道系统应安装阻火器（防火阀），阻火器性能应符合 GB 13347 的规定。
6.5.3 风机、电机和置于现场的电气仪表等应不低于现场防爆等级。当吸附剂采用降压解吸方式再生且解吸后的高浓度有机气体采用液体吸收工艺进行回收时，风机、真空解吸泵和电气系统均应采用符合 GB 3836.4 要求的本安型防爆器件。
6.5.4 在吸附操作周期内，吸附了有机气体后吸附床内的温度应低于 83℃。当吸附装置内的温度超过 83℃时，应能自动报警，并立即启动降温装置。
6.5.5 采用热空气吹扫方式进行吸附剂再生时，当吸附装置内的温度超过 6.3.4.2 中规定的温度时，应能自动报警并立即中止再生操作、启动降温措施。
6.5.6 催化燃烧或高温焚烧装置应具有过热保护功能。
6.5.7 催化燃烧或高温焚烧装置应进行整体保温，外表面温度应低于 60℃。
6.5.8 催化燃烧或高温焚烧装置防爆泄压设计应符合 GB 50160 的要求。
6.5.9 治理装置安装区域应按规定设置消防设施。
6.5.10 治理设备应具备短路保护和接地保护，接地电阻应小于 4 Ω。
6.5.11 室外治理设备应安装符合 GB 50057 规定的避雷装置。

7 主要工艺设备

7.1 主要工艺设备的性能应满足本标准 6.3 的要求，并有必要的备用。
7.2 吸附装置的基本性能应满足 HJ/T 386 的要求。
7.3 吸收装置的基本性能应满足 HJ/T 387 的要求。
7.4 催化燃烧装置的基本性能应满足 HJ/T 389 的要求。
7.5 当废气中含有腐蚀性介质时，风机、集气罩、管道、阀门、颗粒过滤器和吸附装置等应满足相关防腐要求。
7.6 当吸附剂采用水蒸气再生时，吸附装置以及接触到水蒸气的管道和阀门均应采用相应防腐蚀材料制造。

8 检测与过程控制

8.1 检测

8.1.1 治理设备应设置永久性采样口，采样口的设置应符合 HJ/T 1，采样方法应满足 GB/T 16157 的要求。采样频次和检测项目应根据工艺控制要求确定。
8.1.2 吸附装置内部、催化燃烧器或高温焚烧器的加热室和反应室内部应装设具有自动报警功能的多点温度检测装置。温度传感器应按 JJF 1049 的要求进行标定后使用。
8.1.3 应定期检测过滤装置两端的压差。

8.2 过程控制

8.2.1 治理工程应先于产生废气的生产工艺设备开启、后于生产工艺设备停机，并实现连锁控制。

8.2.2 现场应设置就地控制柜实现就地控制。就地控制柜应有集中控制端口，具备与集中控制室的连接功能，能在控制柜显示设备的运行状态。

9 主要辅助工程

9.1 电气系统

9.1.1 电源系统可直接由生产主体工程配电系统接引，中性点接地方式应与生产主体工程一致。
9.1.2 电气系统设计应满足 GB 50058 的要求。

9.2 给水、排水与消防系统

9.2.1 治理工程的给水、排水设计应符合相关工业行业给水排水设计规范的有关规定。
9.2.2 治理工程的消防设计应纳入工厂的消防系统总体设计。
9.2.3 消防通道、防火间距、安全疏散的设计和消防栓的布置应符合 GB 50016 的规定。
9.2.4 治理工程应按照 GB 50140 的规定配置移动式灭火器。

10 施工与验收

10.1 施工

10.1.1 工程设计、施工单位应具有国家相应的工程设计、施工资质。
10.1.2 工程施工应符合国家和行业施工程序及管理文件的要求。
10.1.3 工程施工应按设计文件进行建设，对工程的变更应取得工程设计单位的设计变更文件后再进行施工。
10.1.4 工程施工中使用的设备、材料和部件应符合相应的国家标准。
10.1.5 需要采用防腐蚀材质的设备、管路和管件等的施工和验收应符合 HGJ 229 的规定。
10.1.6 施工单位除应遵守相关的施工技术规范外，还应遵守国家有关部门颁布的劳动安全及卫生消防等强制性标准的要求。

10.2 验收

10.2.1 工程验收应根据《建设项目（工程）竣工验收办法》组织进行。
10.2.2 工程安装、施工完成后应首先对相关仪器仪表进行校验，然后根据工艺流程进行分项调试和整体调试。
10.2.3 通过整体调试，各系统运转正常，技术指标达到设计和合同要求后启动试运行。

10.3 环境保护验收

10.3.1 竣工环境保护验收应按《建设项目竣工环境保护验收管理办法》的规定进行。
10.3.2 工程验收前应进行试运行和性能试验，性能试验的内容主要包括：

a）废气中非甲烷总烃和国家或地方相关排放标准中所规定的污染物进出口浓度（至少检测 3 次）；
b）风量；
c）吸附装置净化效率；
d）溶剂回收效率；
e）系统压力降；

f）耗电量；

g）耗水量；

h）水蒸气耗量等。

11 运行与维护

11.1 一般规定

11.1.1 治理设备应与产生废气的生产工艺设备同步运行。由于紧急事故或设备维修等原因造成治理设备停止运行时，应立即报告当地环境保护行政主管部门。

11.1.2 治理设备正常运行中废气的排放应符合国家或地方大气污染物排放标准的规定。

11.1.3 治理设备不得超负荷运行。

11.1.4 企业应建立健全与治理设备相关的各项规章制度，以及运行、维护和操作规程，建立主要设备运行状况的台账制度。

11.2 人员与运行管理

11.2.1 治理系统应纳入生产管理中，并配备专业管理人员和技术人员。

11.2.2 在治理系统启用前，企业应对管理和运行人员进行培训，使管理和运行人员掌握治理设备及其他附属设施的具体操作和应急情况下的处理措施。培训内容包括：

a）基本原理和工艺流程；

b）启动前的检查和启动应满足的条件；

c）正常运行情况下设备的控制、报警和指示系统的状态和检查，保持设备良好运行的条件，以及必要时的纠正操作；

d）设备运行故障的发现、检查和排除；

e）事故或紧急状态下人工操作和事故排除方法；

f）设备日常和定期维护；

g）设备运行和维护记录；

h）其他事件的记录和报告。

11.2.3 企业应建立治理工程运行状况、设施维护等的记录制度，主要记录内容包括：

a）治理装置的启动、停止时间；

b）吸附剂、过滤材料、催化剂、吸收剂等的质量分析数据、采购量、使用量及更换时间；

c）治理装置运行工艺控制参数，至少包括治理设备进、出口浓度和吸附装置内温度；

d）主要设备维修情况；

e）运行事故及维修情况；

f）定期检验、评价及评估情况；

g）吸附回收工艺中的污水排放、副产物处置情况。

11.2.4 运行人员应遵守企业规定的巡视制度和交接班制度。

11.3 维护

11.3.1 治理设备的维护应纳入全厂的设备维护计划中。

11.3.2 维护人员应根据计划定期检查、维护和更换必要的部件和材料。

11.3.3 维护人员应做好相关记录。

附　录　A

（资料性附录）

典型的有机废气吸附工艺流程图

A.1　水蒸气再生—冷凝回收工艺

固定床吸附装置可采用该工艺。工艺流程如图 A.1 所示。

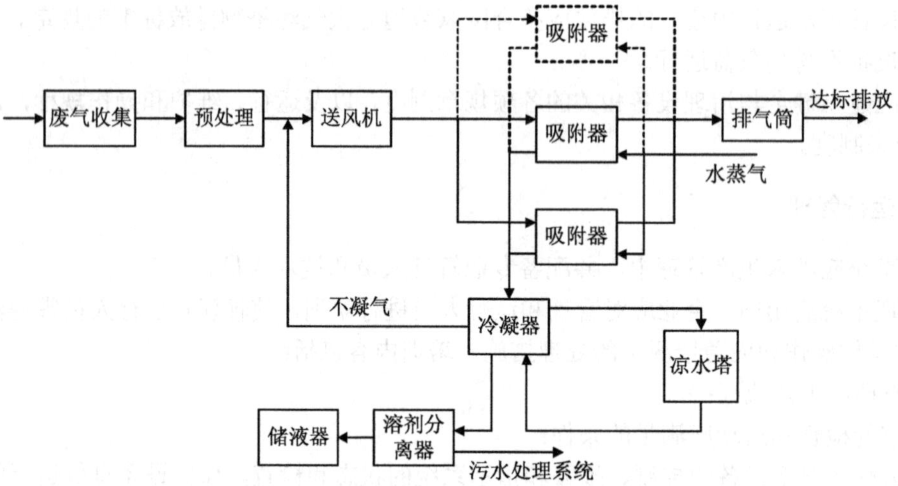

图 A.1　水蒸气再生—冷凝回收工艺流程

A.2　热气流（空气或惰性气体）再生—冷凝回收工艺

固定床、移动床吸附装置可采用该工艺。工艺流程如图 A.2 所示。

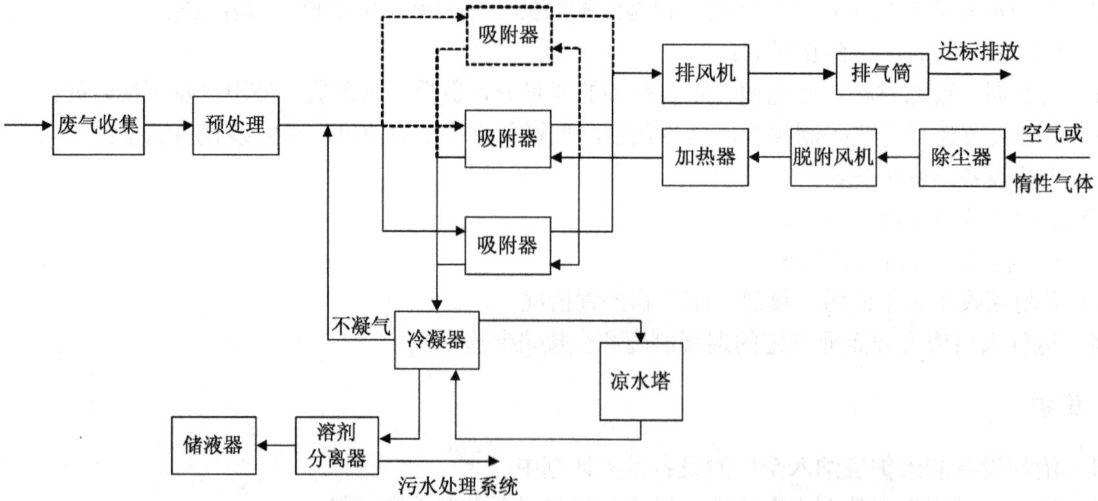

图 A.2　热气流（空气或惰性气体）再生—冷凝回收工艺流程

A.3 热气流（空气）再生—催化燃烧或高温焚烧工艺

固定床、移动床吸附装置可采用该工艺。工艺流程如图 A.3 所示。

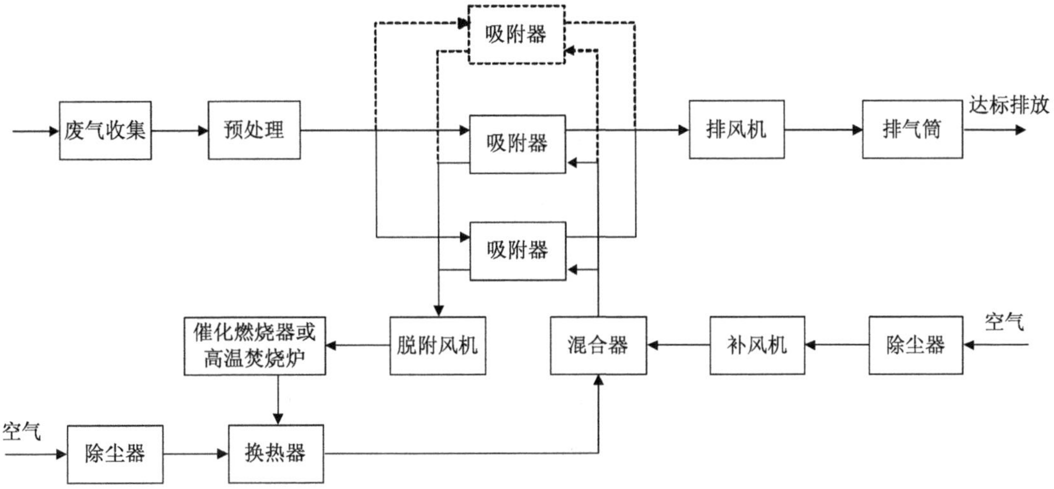

图 A.3 热气流（空气）再生—催化燃烧或高温焚烧工艺流程

A.4 降压解吸再生—液体吸收工艺

固定床吸附装置宜采用该工艺。工艺流程如图 A.4 所示。

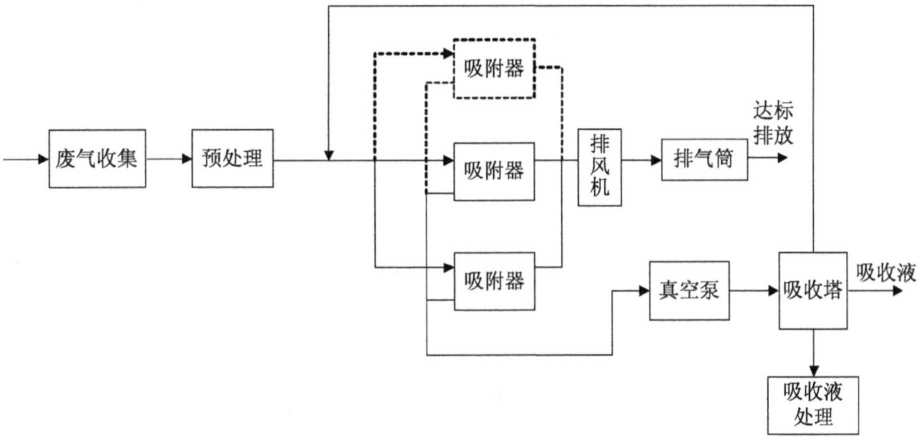

图 A.4 降压解吸再生—液体吸收工艺流程

HJ

中华人民共和国国家环境保护标准

HJ 2027—2013

催化燃烧法工业有机废气治理工程技术规范

Technical specifications of catalytic combustion method for industrial organic emissions treatment project

2013-03-29 发布　　　　2013-07-01 实施

环境保护部 发布

前 言

为贯彻《中华人民共和国环境保护法》和《中华人民共和国大气污染防治法》，规范工业有机废气治理工程的建设，防治工业有机废气的污染，改善环境质量，制定本标准。

本标准规定了工业有机废气催化燃烧法治理工程的设计、施工、验收和运行的技术要求。

本标准为指导性文件。

本标准为首次发布。

本标准由环境保护部科技标准司组织制订。

本标准主要起草单位：中国环境保护产业协会、中国人民解放军防化研究院、中国科学院生态环境研究中心、北京绿创环保设备股份有限公司、中节能天辰（北京）环保科技有限公司、北京奥德维纳环保节能技术有限公司、嘉园环保股份有限公司、科迈科（杭州）环保设备有限公司。

本标准环境保护部 2013 年 3 月 29 日批准。

本标准自 2013 年 7 月 1 日起实施。

本标准由环境保护部解释。

催化燃烧法工业有机废气治理工程技术规范

1 适用范围

本标准规定了工业有机废气催化燃烧法治理工程的设计、施工、验收和运行的技术要求。

本标准适用于工业有机废气的催化燃烧法治理工程，可作为环境影响评价、工程咨询、设计、施工、验收及建成后运行与管理的技术依据。

2 规范性引用文件

本标准引用了下列文件或其中的条款。凡是未注明日期的引用文件，其最新版本适用于本标准。

GB 12348 工业企业厂界环境噪声排放标准

GB/T 16157 固定污染源排气中颗粒物测定和气态污染物采样方法

GB 50016 建筑设计防火规范

GB 50019 采暖通风与空气调节设计规范

GB 50051 烟囱设计规范

GB 50057 建筑物防雷设计规范

GB 50058 爆炸和火灾危险环境电力装置设计规范

GB 50140 建筑灭火器配置设计规范

GB 50160 石油化工企业设计防火规范

GB 50187 工业企业总平面设计规范

GBJ 87 工业企业噪声控制设计规范

HGJ 229 工业设备、管道防腐蚀工程施工及验收规范

HJ/T 1 气体参数测量和采样的固定位装置

HJ/T 389—2007 环境保护产品技术要求 工业有机废气催化净化装置

HJ 2000 大气污染治理工程技术导则

JJF 1049 温度传感器动态响应校准

《建设项目环境保护设计规定》 （国家计划委员会、国务院环境保护委员会〔1987〕002 号）

《建设项目环境保护管理条例》 （国务院令 第 253 号）

《建设项目（工程）竣工验收办法》 （国家计划委员会 1990 年）

《建设项目竣工环境保护验收管理办法》 （国家环境保护总局令 第 13 号）

3 术语和定义

下列术语和定义适用于本标准。

3.1

工业有机废气 industrial organic emissions

指工业过程排出的含挥发性有机物的气态污染物。

3.2

爆炸极限　explosive limit

又称爆炸浓度极限。指可燃气体或蒸气与空气混合后能发生爆炸的浓度范围。

3.3

爆炸极限下限　lower explosive limit

指爆炸极限的最低浓度值。

3.4

氧化催化剂　oxidation catalyst

指通过催化作用促使有机化合物进行氧化的催化剂。

3.5

蓄热体　heat regenerator

指一种含有较多孔洞，利用孔洞的结构和比表面积，结合材料本身的材质，实现热量储存与交换功能的无机非金属固体材料。

3.6

催化剂中毒　catalyst poisoning

指由于某些物质的作用而使催化剂的催化活性衰退或丧失的现象。

3.7

催化燃烧装置　catalytic oxidizer

指利用固体催化剂将废气中的污染物通过氧化作用转化为二氧化碳和水等化合物、净化废气中污染物的设备及其附属设施。催化燃烧装置通常由催化反应室、热交换室和加热室构成。

3.8

常规催化燃烧装置　conventional catalytic oxidizer

指采用气-气换热器进行间接换热的催化燃烧装置。

3.9

蓄热催化燃烧装置　regeneration catalytic oxidizer（RCO）

指采用蓄热式换热器进行直接换热的催化燃烧装置，简称 RCO。

3.10

起燃温度　ignition temperature

指在某一污染物转化率达到 50%时催化反应器入口处的温度。

3.11

自持燃烧　self-sustained combustion

指当废气中有机物经催化燃烧后所产生的热量足够维持催化剂床层的反应温度，或者废气本身的温度已经达到或超过催化剂的起燃温度，而不需要对废气进行预加热的催化燃烧过程。

3.12

空速　space velocity

指单位时间内单位体积催化剂处理的废气体积流量，称为空间速度，简称空速。单位为 $m^3/（h\cdot m^3）$，简写为 h^{-1}。

3.13

净化效率　purification efficiency

指净化设备捕获污染物的量与处理前污染物的量之比，以百分数表示。计算公式如下：

$$\eta = \frac{\rho_1 Q_{sn1} - \rho_2 Q_{sn2}}{\rho_1 Q_{sn1}} \times 100\% \qquad (1)$$

式中：η——净化设备的净化效率，%；

ρ_1、ρ_2——净化设备进口和出口污染物的质量浓度，mg/m^3；

Q_{sn1}、Q_{sn2}——净化设备进口和出口标准状态下干气体流量，m^3/h。

4 污染物与污染负荷

4.1 催化燃烧法适用于气态和气溶胶态污染物的治理。

4.2 进入催化燃烧装置的废气中有机物的浓度应低于其爆炸极限下限的 25%。当废气中有机物的浓度高于其爆炸极限下限的 25%时，应通过补气稀释等预处理工艺使其降低到其爆炸极限下限的 25%后方可进行催化燃烧处理。

4.3 对于含有混合有机化合物的废气，其控制含量 P 应低于最易爆组分或混合气体爆炸极限下限值的 25%，即 $P<\min(P_e, P_m)\times 25\%$，$P_e$ 为最易爆组分爆炸极限下限值（%），P_m 为混合气体爆炸极限下限值，P_m 按照下式进行计算：

$$P_m=(P_1+P_2+\cdots+P_n)/(V_1/P_1+V_2/P_2+\cdots+V_n/P_n) \quad (2)$$

式中：P_m——混合气体爆炸极限下限值，%；

P_1，P_2，…，P_n——混合有机废气中各组分的爆炸极限下限值，%；

V_1，V_2，…，V_n——混合有机废气中各组分所占的体积分数，%；

n——混合有机废气中所含有机化合物的种数。

4.4 进入催化燃烧装置的废气浓度、流量和温度应稳定，不宜出现较大波动。

4.5 进入催化燃烧装置的废气中颗粒物质量浓度应低于 10 mg/m^3。

4.6 进入催化燃烧装置的废气中不得含有引起催化剂中毒的物质。

4.7 进入催化燃烧装置的废气温度宜低于 400℃。

5 总体要求

5.1 一般规定

5.1.1 治理工程应满足《建设项目环境保护设计规定》和《建设项目环境保护管理条例》的规定。

5.1.2 治理工程应遵循综合治理、循环利用、达标排放、总量控制的原则。治理工艺设计应本着成熟可靠、技术先进、经济适用的原则，并考虑节能、安全、操作简便，确定主要工艺流程。

5.1.3 治理工程应与生产工艺水平相适应，生产企业应把治理设备作为生产系统的一部分进行管理，治理设备应与产生废气的相应生产设备同步运转。

5.1.4 经过治理后的污染物排放应符合国家或地方相关大气污染物排放标准的规定。

5.1.5 治理工程在建设、运行过程中产生的废气、废水、废渣及其他污染物的治理与排放，应执行国家或地方环境保护法规和标准的相关规定，防止二次污染。

5.1.6 治理工程应按照国家相关法律法规的要求安装在线连续监测设备。

5.2 工程构成

5.2.1 治理工程由主体工程和辅助工程组成。

5.2.2 主体工程通常包括废气收集、预处理和催化燃烧单元。若治理过程中产生二次污染物，还应包括二次污染物治理设施。

5.2.3 辅助工程包括检测与过程控制、电气仪表和给排水等。

5.3 场址选择与总图布置

5.3.1 场址选择与总图布置应参照标准 GB 50187 规定执行。

5.3.2 场址选择应遵从方便施工及运行维护等原则，并按照消防要求留出消防通道和安全保护距离。

5.3.3 治理设备的布置应考虑主导风向的影响，以减少有害气体、噪声等对环境的影响。

5.3.4 催化燃烧设备应远离易燃易爆危险化学品存放地，安全距离符合国家或相关行业标准规定。

6 工艺设计

6.1 一般规定

6.1.1 治理工程的处理能力应根据废气的处理量确定，设计风量宜按照最大废气排放量的 120%进行设计。

6.1.2 催化燃烧装置的净化效率不得低于 97%。

6.1.3 排气筒的设计应满足 GB 50051 的规定。

6.2 工艺路线的选择

6.2.1 应根据废气来源、性质（温度、压力、组分）及流量等因素进行综合分析后选择工艺路线。

6.2.2 根据对废气加热方式的不同，催化燃烧工艺可以分为常规催化燃烧工艺（见图 1）和蓄热催化燃烧工艺（见图 2）。

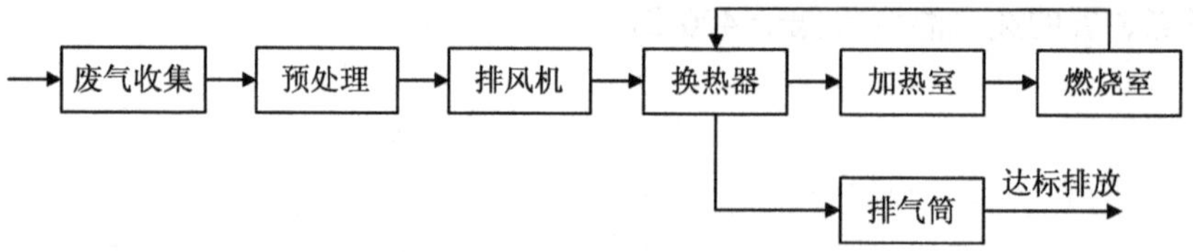

图 1 常规催化燃烧工艺流程

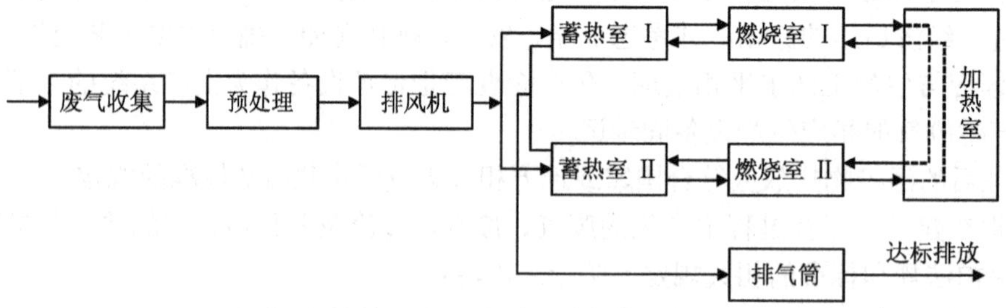

图 2 蓄热催化燃烧工艺流程

6.2.3 在选择催化燃烧工艺时应进行热量平衡计算。当废气中所含的有机物燃烧后所产生的热量可以维持催化剂床层自持燃烧时，应采用常规催化燃烧工艺；当废气中所含的有机物燃烧后所产生的热量不能够维持催化剂床层自持燃烧时，宜采用蓄热催化燃烧工艺。

6.3 工艺设计要求

6.3.1 废气收集

6.3.1.1 废气收集系统设计应遵循 GB 50019 的规定。

6.3.1.2 废气应与生产工艺协调一致，宜不影响工艺操作。在保证收集能力的前提下，应力求结构简单，便于安装和维护管理。

6.3.1.3 确定集气罩的吸气口位置、结构和气体流速时，应使罩口呈微负压状态，且罩内负压均匀。

6.3.1.4 集气罩的吸气方向应尽可能与污染气流运动方向一致，防止吸气罩周围气流紊乱，避免或减弱干扰气流和送风气流等对吸气气流的影响。

6.3.1.5 当废气产生点较多、彼此距离较远时，应适当分设多套收集系统。

6.3.2 预处理

6.3.2.1 预处理设备应根据废气的成分、性质和污染物的含量进行选择。

6.3.2.2 进入催化燃烧装置前废气中的颗粒物含量高于 10 mg/m^3 时，应采用过滤等方式进行预处理。

6.3.2.3 过滤装置两端应装设压差计，当过滤器的阻力超过规定值时应及时清理或更换过滤材料。

6.3.2.4 当废气中有机物浓度较高时，应采用稀释等方式调节至满足 4.2 的要求。

6.3.3 催化燃烧

6.3.3.1 催化剂的工作温度应低于 700℃，并能承受 900℃短时间高温冲击。设计工况下催化剂使用寿命应大于 8 500 h。

6.3.3.2 设计工况下蓄热式催化燃烧装置中蓄热体的使用寿命应大于 24 000 h。

6.3.3.3 催化燃烧装置的设计空速宜大于 10 000 h^{-1}，但不应高于 40 000 h^{-1}。

6.3.3.4 进入燃烧室的气体温度应达到气体组分在催化剂上的起燃温度，混合气体按照起燃温度最高的组分确定。

6.3.3.5 催化燃烧装置的压力损失应低于 2 kPa。

6.3.3.6 治理后产生的高温烟气宜进行热能回收。

6.4 二次污染控制

6.4.1 废气预处理所产生的废水应进行集中处理，并达到相应排放标准后排放。

6.4.2 预处理产生的粉尘和废渣以及更换后的过滤材料和催化剂的处理应符合国家固体废弃物处理与处置的相关规定。

6.4.3 当催化燃烧后产生二次污染物时应采取吸收等方法进行处理后达标排放。

6.4.4 噪声控制应满足 GBJ 87 和 GB 12348 的规定。

6.5 安全措施

6.5.1 治理系统应有事故自动报警装置，并符合安全生产、事故防范的相关规定。

6.5.2 治理系统与主体生产装置之间的管道系统应安装阻火器（防火阀），阻火器性能应按照 HJ/T 389—2007 中 5.4 的规定进行检验。

6.5.3 风机、电机和置于现场的电气仪表等应不低于现场的防爆等级。

6.5.4 排风机之前应设置浓度冲稀设施。当反应器出口温度达到 600℃时，控制系统应能报警，并自动开启冲稀设施对废气进行稀释处理。

6.5.5 催化燃烧装置应具备过热保护功能。

6.5.6 催化燃烧装置应进行整体保温，外表面温度不应高于 60℃。

6.5.7 管路系统和催化燃烧装置的防爆泄压设计应符合 GB 50160 的要求。

6.5.8 治理设备应具备短路保护和接地保护功能，接地电阻应小于 4 Ω。

6.5.9 在催化燃烧装置附近应设置消防设施。

6.5.10 室外催化燃烧装置应安装符合 GB 50057 规定的避雷装置。

7 主要工艺设备

7.1 主要工艺设备的性能应满足本标准 6.3 的要求，并有必要的备用。

7.2 催化燃烧装置的基本性能应满足 HJ/T 389 的要求。

7.3 当废气中含有腐蚀性介质时，风机、集气罩、管道、阀门和粉尘过滤器等应满足相关防腐要求。

7.4 催化燃烧装置主体（含加热室和燃烧室）应选用防腐耐温不锈钢材料。

7.5 蓄热催化燃烧装置换向阀的泄漏率应低于 0.2%。

8 检测与过程控制

8.1 检测

8.1.1 治理设备应设置永久性采样口，采样口的设置应符合 HJ/T 1，采样方法应满足 GB/T 16157 的要求。采样频次和检测项目应根据工艺控制要求确定。

8.1.2 催化燃烧装置的加热室和反应室内部应装设具有自动报警功能的多点温度检测装置。温度传感器应按 JJF 1049 的要求进行标定后使用。

8.2 过程控制

8.2.1 治理工程应先于产生废气的生产工艺设备开启、后于生产工艺设备停机，并实现连锁控制。

8.2.2 现场应设置就地控制柜实现就地控制。就地控制柜应有集中控制端口，具备与集中控制室的连接功能，在控制柜显示设备的运行状态。

9 主要辅助工程

9.1 电气系统

9.1.1 电源系统可直接由生产主体工程配电系统接引，中性点接地方式应与生产主体工程一致。

9.1.2 电气系统设计应满足 GB 50058 的要求。

9.2 给水、排水与消防系统

9.2.1 治理工程的给水、排水设计应符合相关工业行业给水排水设计规范的有关规定。

9.2.2 治理工程的消防设计应纳入工厂的消防系统总体设计。

9.2.3 消防通道、防火间距、安全疏散的设计和消防栓的布置应符合 GB 50016 的规定。

9.2.4 治理工程应按照 GB 50140 的规定配置移动式灭火器。

10 施工与验收

10.1 施工

10.1.1 工程设计、施工单位应具有国家相应的工程设计、施工资质。

10.1.2　工程施工应符合国家和行业施工程序及管理文件的要求。

10.1.3　工程施工应按设计文件进行建设，对工程的变更应取得工程设计单位的设计变更文件后再进行施工。

10.1.4　工程施工中使用的设备、材料和部件应符合相应的国家标准。

10.1.5　需要采用防腐蚀材质的设备、管路和管件等的施工和验收应符合 HGJ 229 的规定。

10.1.6　施工单位除应遵守相关的施工技术规范外，还应遵守国家有关部门颁布的劳动安全、环境保护及卫生消防等强制性标准的要求。

10.2　验收

10.2.1　工程验收应根据《建设项目（工程）竣工验收办法》组织进行。

10.2.2　工程安装、施工完成后应首先对相关仪器仪表进行校验，然后根据工艺流程进行分项调试和整体调试。

10.2.3　通过整体调试，各系统运转正常，技术指标达到设计和合同要求后启动试运行。

10.3　环境保护验收

10.3.1　竣工环境保护验收应按《建设项目竣工环境保护验收管理办法》的规定进行。

10.3.2　工程验收前治理工程应进行试运行和性能试验，性能试验的内容主要包括：

a）废气中非甲烷总烃和国家或地方相关排放标准中所规定的污染物进出口浓度（至少检测三次）；

b）风量；

c）催化燃烧装置的净化效率；

d）系统压力降；

e）耗电量或燃气耗量等。

11　运行与维护

11.1　一般规定

11.1.1　治理设备应与产生废气的生产工艺设备同步运行。由于事故或设备维修等原因造成治理设备停止运行时，应立即报告当地环境保护行政主管部门。

11.1.2　治理设备正常运行中废气的排放应符合国家、地方和相关行业污染物排放标准的规定。

11.1.3　治理设备不得超负荷运行。

11.1.4　企业应建立健全与治理设备相关的各项规章制度，以及运行、维护和操作规程，建立主要设备运行状况的台账制度。

11.2　人员与运行管理

11.2.1　治理系统应纳入生产管理中，并配备专业管理人员和技术人员。

11.2.2　在治理系统启用前，企业应对管理和运行人员进行培训，使管理和运行人员掌握治理设备及其他附属设施的具体操作和应急情况下的处理措施。培训内容包括：

a）基本原理和工艺流程；

b）启动前的检查和启动应满足的条件；

c）正常运行情况下设备的控制、报警和指示系统的状态和检查，保持设备良好运行的条件，以及必要时的纠正操作；

d）设备运行故障的发现、检查和排除；

e）事故或紧急状态下人工操作和事故排除方法；

f）设备日常和定期维护；

g）设备运行和维护记录；

h）其他事件的记录和报告。

11.2.3 企业应建立治理系统运行状况、设施维护等的记录制度，主要记录内容包括：

a）治理工程的启动、停止时间；

b）过滤材料、氧化催化剂、蓄热体等的质量分析数据、采购量、使用量及更换时间；

c）治理工程运行工艺控制参数，至少包括治理设备进、出口浓度和相关温度；

d）主要设备维修情况；

e）运行事故及处理、整改情况；

f）定期检验、评价及评估情况；

g）污水排放、副产物处置情况。

11.2.4 运行人员应按企业规定做好巡视制度和交接班制度。

11.3 维护

11.3.1 应制定治理工程设备的维护计划。

11.3.2 维护人员应根据计划定期检查、维护和更换必要的部件和材料。

11.3.3 维护人员应做好相关记录。

HJ

中华人民共和国国家环境保护标准

HJ 1093—2020

蓄热燃烧法工业有机废气治理工程技术规范

Technical specifications for industrial organicwaste gas treatment by regenerative thermal oxidation

2020-01-14 发布　　2020-01-14 实施

生　态　环　境　部　发布

前　言

为贯彻《中华人民共和国环境保护法》《中华人民共和国大气污染防治法》等法律法规，防治环境污染，改善生态环境质量，规范工业有机废气治理工程建设和运行管理，制定本标准。

本标准规定了工业有机废气蓄热燃烧法治理工程的设计、施工、验收和运行维护的技术要求。

本标准为指导性标准。

本标准为首次发布。

本标准由生态环境部科技与财务司、法规与标准司组织制订。

本标准主要起草单位：中国环境保护产业协会、北京市环境保护科学研究院、江苏中电联瑞玛节能技术有限公司、恩国环保科技（上海）有限公司、扬州市恒通环保科技有限公司、科迈科（杭州）环保设备有限公司。

本标准生态环境部2020年1月13日批准。

本标准自2020年1月14日起实施。

本标准由生态环境部解释。

蓄热燃烧法工业有机废气治理工程技术规范

1　适用范围

本标准规定了蓄热燃烧法工业有机废气治理工程的设计、施工、验收和运行维护的技术要求。

本标准适用于蓄热燃烧法工业有机废气治理工程的建设与运行管理，可作为建设项目环境影响评价、环境保护设施的工程咨询、设计、施工、验收及建成后运行与管理的参考依据。

2　规范性引用文件

本标准内容引用了下列文件中的条款。凡是不注日期的引用文件，其最新版本适用于本标准。

GB 912　碳素结构钢和低合金结构钢热轧薄钢板和钢带

GB 2893　安全色

GB 2894　安全标志及其使用导则

GB/T 3003　耐火材料陶瓷纤维及制品

GB/T 3077　合金结构钢

GB 4053.1　固定式钢梯及平台安全要求　第 1 部分：钢直梯

GB 4053.2　固定式钢梯及平台安全要求　第 2 部分：钢斜梯

GB 4053.3　固定式钢梯及平台安全要求　第 3 部分：工业防护栏杆及钢平台

GB 7231　工业管道的基本识别色、识别符号和安全标识

GB/T 11835　绝热用岩棉、矿渣棉及其制品

GB 12348　工业企业厂界噪声排放标准

GB/T 13275　一般用途离心通风机技术条件

GB/T 13347　石油气体管道阻火器

GB/T 13869　用电安全导则

GB 15930　建筑通风和排烟系统用防火阀门

GB/T 16157　固定污染源排气中颗粒物测定和气态污染物采样方法

GB/T 19686　建筑用岩棉、矿渣棉绝热制品

GB/T 19839　工业燃油燃气燃烧器通用技术条件

GB 50016　建筑设计防火规范

GB 50019　工业建筑供暖通风与空气调节设计规范

GB 50029　压缩空气站设计规范

GB 50051　烟囱设计规范

GB 50057　建筑物防雷设计规范

GB 50058　爆炸和火灾危险环境电力装置设计规范

GB/T 50087　工业企业噪声控制设计规范

GB 50140　建筑灭火器配置设计规范

GB 50160　石油化工企业设计防火规范

GB 50187　工业企业总平面设计规范

HJ/T 1　气体参数测量和采样的固定位装置
HJ/T 38　固定污染源排气中非甲烷总烃的测定气相色谱法
HJ/T 397　固定源废气监测技术规范
HJ 732　固定污染源废气挥发性有机物的采样气袋法
HJ 734　固定污染源废气挥发性有机物的测定固相吸附-热脱附/气相色谱-质谱法
HJ 2000　大气污染治理工程技术导则
AQ 3009　危险场所电气防爆安全规范
GBZ 1　工业企业设计卫生标准
GBZ 2.1　工作场所有害因素职业接触限值　第 1 部分：化学有害因素
GBZ 2.2　工作场所有害因素职业接触限值　第 2 部分：物理因素
HGJ 229　工业设备、管道防腐蚀工程施工及验收规范
HG/T 20642　化学工业炉耐火陶瓷纤维炉衬设计技术规定
JC/T 2135　蜂窝陶瓷蓄热体
SGBZ-0805　风管及部件保温施工工艺标准
SH/T 3038　石油化工企业生产装置电力设计技术规范
《建设项目环境保护管理条例》（2017 年 7 月 16 日修订）
《建设项目竣工环境保护验收暂行办法》（国环规环评〔2017〕4 号）

3　术语和定义

下列术语和定义适用于本标准。

3.1

挥发性有机物　volatile organic compounds（VOCs）

参与大气光化学反应的有机化合物，或者根据有关规定确定的有机化合物。

在表征 VOCs 总体排放情况时，根据行业特征和环境管理要求，可采用总挥发性有机物（以 TVOC 表示）、非甲烷总烃（以 NMHC 表示）作为污染物控制项目。

3.2

工业有机废气　industrial organic waste gas

指工业生产过程排出的含挥发性有机物的废气。

3.3

蓄热燃烧装置　regenerative thermal oxidizer（RTO）

指将工业有机废气进行燃烧净化处理，并利用蓄热体对待处理废气进行换热升温、对净化后排气进行换热降温的装置。蓄热燃烧装置通常由换向设备、蓄热室、燃烧室和控制系统等组成。

3.4

蓄热体　heat transfer media

指在蓄热燃烧装置运行过程中实现热量储存与交换的功能材料。

3.5

换向设备　divert device

指改变待处理废气和净化后排气流向的阀门或旋转式气体分配器。

3.6

换向时间　interval time

指气体流向改变的间隔时间。

3.7

净化效率 purification efficiency

指蓄热燃烧装置处理的VOCs质量流量与进入蓄热燃烧装置的VOCs质量流量之比，以百分数表示。计算公式如下：

$$净化效率=\frac{C_{in}Q_{in}-C_{out}Q_{out}}{C_{in}Q_{in}}\times100\% \qquad (1)$$

式中：C_{in}——标准状态下，蓄热燃烧装置进口污染物浓度，mg/m^3；

C_{out}——标准状态下，蓄热燃烧装置出口污染物浓度，mg/m^3；

Q_{in}——标准状态下，蓄热燃烧装置进口干气体流量，m^3/h；

Q_{out}——标准状态下，蓄热燃烧装置出口干气体流量，m/^{3}h。

3.8

热回收效率 thermal energy recovery

指蓄热燃烧装置内预热废气实际利用热量与最大可利用热量之比，以百分数表示。计算公式如下：

$$热回收效率=\frac{T_{com}-T_{out}}{T_{com}-T_{in}}\times100\% \qquad (2)$$

式中：T_{com}——蓄热燃烧装置燃烧室温度，℃；

T_{in}——蓄热燃烧装置进口废气温度，℃；

T_{out}——蓄热燃烧装置出口排气温度，℃。

3.9

自持燃烧 self-sustaining combustion

指仅依靠废气中可燃物燃烧所释放出来的热量维持RTO在设定温度下正常运行的燃烧过程。

3.10

爆炸极限 explosive limit

指可燃气体或蒸气与空气混合后能发生爆炸的浓度范围。

3.11

爆炸极限下限 lower explosive limit（LEL）

指爆炸极限的最低浓度值。

3.12

蓄热室截面风速 regenerative chamber cross-section velocity

指标准状态下，待处理有机废气经过蓄热室截面的表观风速。

4 污染物与污染负荷

4.1 工程设计风量和VOCs设计浓度应以实测值为基础并充分考虑变化趋势后综合确定，亦可通过与同类工程类比确定。

4.2 应根据工程设计需要收集工业有机废气理化性质等原始资料，主要包括以下内容：

a）废气风量（正常值、最大值、最小值）；

b）废气温度（正常值、最大值、最小值）；

c）废气压力、湿度、含氧量；

d）废气中VOCs组分及浓度（正常值、最大值、最小值）；

e）废气中无机气体的组分及浓度（正常值、最大值、最小值）；

f）废气中颗粒物浓度；

g）产生污染物设备情况及工作制度；

h）废气排放方式（连续、间歇、波动周期）。

4.3 进入蓄热燃烧装置的有机物浓度应低于其爆炸极限下限的25%。

4.4 当有机物浓度不足以支持自持燃烧时，宜适当浓缩后再进入蓄热燃烧装置。

4.5 对于含有混合有机物的废气，其控制浓度 P 应低于最易爆组分或混合气体爆炸极限下限最低值的25%，即 $P<\min(P_e, P_m)\times 25\%$，$P_e$ 为最易爆组分爆炸极限下限（%），P_m 为混合气体爆炸极限下限。

4.6 易反应、易聚合的有机物不宜采用蓄热燃烧法处理。

4.7 含卤素的废气不宜采用蓄热燃烧法处理。

4.8 进入蓄热燃烧装置的废气中颗粒物浓度应低于5 mg/m^3，含有焦油、漆雾等黏性物质时应从严控制。

4.9 进入蓄热燃烧装置的废气流量、温度、压力和污染物浓度不宜出现较大波动。

5 总体要求

5.1 一般规定

5.1.1 产生有机废气的生产企业应严格遵守生态环境保护相关法律、法规，积极推行清洁生产。

5.1.2 蓄热燃烧法工业有机废气治理工程（以下简称治理工程）应符合《建设项目环境保护管理条例》的相关要求。

5.1.3 治理工程设计、施工、运行、监测单位应具备相应的技术能力。

5.1.4 治理工程在设计、建设、运行过程中应优先并充分考虑安全因素。

5.1.5 经过治理后的污染物向环境排放时，应符合国家和地方相关污染物排放标准的规定，满足环境影响评价文件批复意见、主要污染物总量控制及排污许可等要求。

5.1.6 治理工程在建设、运行过程中产生的废气、废水、废渣及其他污染物的治理与排放，应符合国家或地方环境保护法规和标准的相关规定。

5.1.7 治理工程应按照相关法规和标准要求进行污染物监测。

5.2 工程构成

5.2.1 治理工程由主体工程和辅助工程组成。

5.2.2 主体工程通常包括废气收集系统、预处理系统、蓄热燃烧装置、排气筒和检测与过程控制系统等。若治理工程产生二次污染物，主体工程还应包括二次污染控制设施。

5.2.3 辅助工程包括燃料供给系统、压缩空气系统、电气系统、给排水与消防系统等。

5.3 场址选择与总图布置

5.3.1 场址选择与总图布置应参照GB 50187规定执行。

5.3.2 场址选择应遵从方便施工和运行维护等原则，并按照消防要求留出消防通道和安全防护距离。

5.3.3 设备的布置应考虑主导风向的影响，并优先考虑减少有害气体、噪声等对周边居民区的影响。如果在下风向无居民区，可布置在主导风向的下风向。

5.3.4 蓄热燃烧装置应远离易燃易爆危险区域，安全距离应符合国家或相关行业标准规定。

6 工艺设计

6.1 一般规定

6.1.1 治理工程的处理能力应根据VOCs处理量确定，设计风量应按照最大废气排放量的105%以上进行设计。

6.1.2　两室蓄热燃烧装置的净化效率不宜低于 95%，多室或旋转式蓄热燃烧装置的净化效率不宜低于 98%。

6.1.3　蓄热燃烧装置的热回收效率一般不宜低于 90%。

6.1.4　排气筒的设计应符合 GB 50051 和环境影响评价文件及批复意见的相关规定和要求。

6.1.5　治理工程应有故障自动报警和保护装置，并符合安全生产、事故防范的相关规定。

6.2　工艺流程的选择

6.2.1　应根据废气来源、组分、性质（温度、湿度、压力）、流量、爆炸极限等因素，综合分析后选择工艺流程。

6.2.2　蓄热燃烧工艺可以分为固定式蓄热燃烧工艺和旋转式蓄热燃烧工艺。典型蓄热燃烧工艺流程如图 1、图 2、图 3 所示。

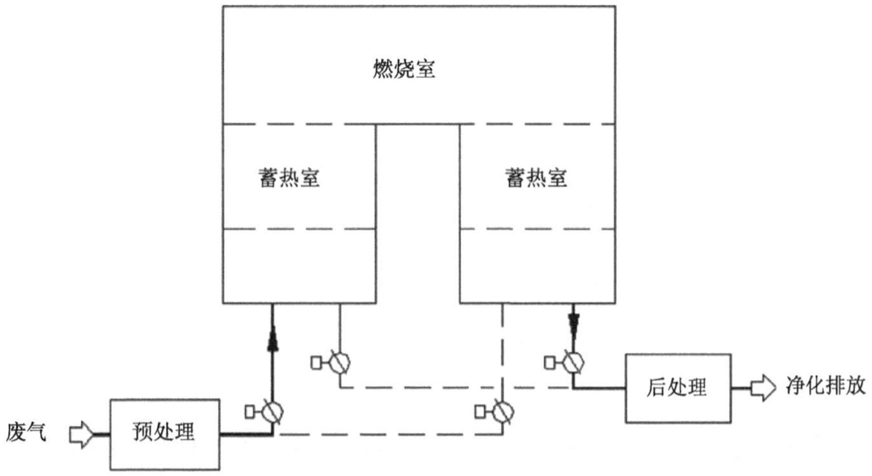

（a）

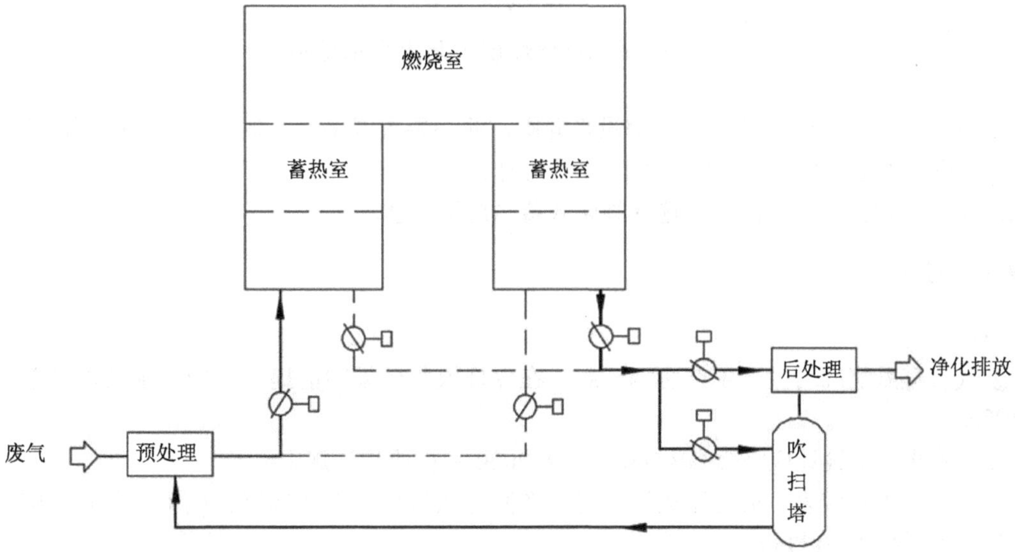

（b）

图 1　固定式两室蓄热燃烧工艺流程示意图

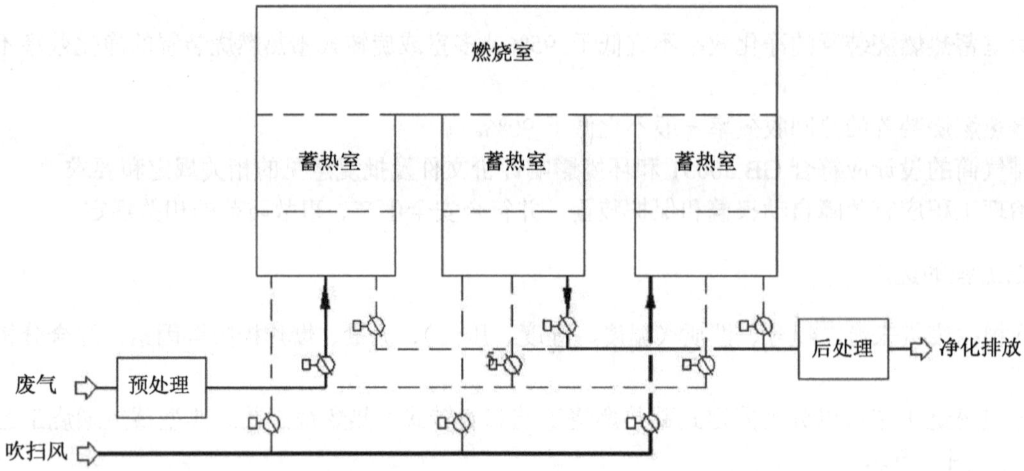

图 2　固定式三室蓄热燃烧工艺流程示意图

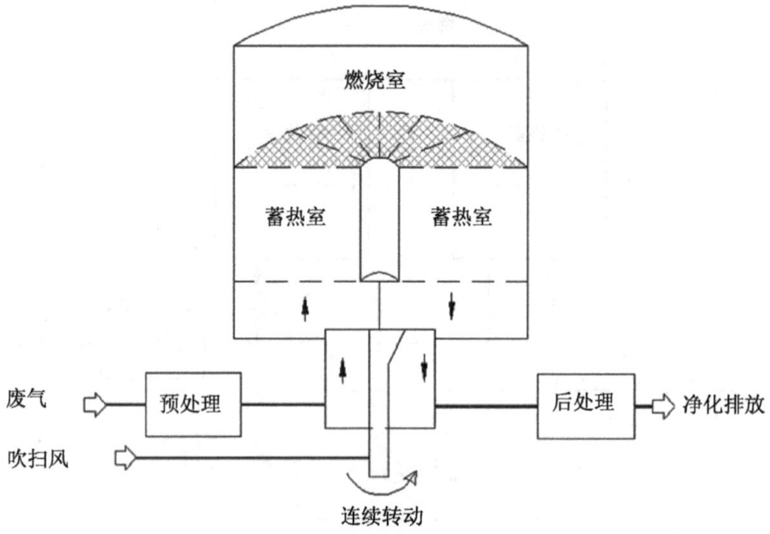

图 3　旋转式蓄热燃烧工艺流程示意图

6.2.3　当选择两室蓄热燃烧工艺时，宜增设换向阀、吹扫装置或采取其他措施对换向阀切换过程中产生的有机废气进行收集后处理，典型的工艺流程见图 1（b）。

6.2.4　治理工程占地面积受限时，可选择旋转式蓄热燃烧工艺。

6.3　工艺设计要求

6.3.1　废气收集

6.3.1.1　废气收集系统应与生产工艺协调一致。在保证收集效果的前提下，应力求结构简单，便于安装和维护管理。

6.3.1.2　废气收集系统设计应符合 GB 50019、HJ 2000 和行业相关规定。

6.3.1.3　当废气产生点较多、彼此距离较远时，在满足风管相关设计规范、风压平衡的基础上，应适当分设多套收集系统或中继风机。

6.3.2　预处理

6.3.2.1　预处理工艺应根据废气的成分、性质和污染物的含量等因素进行选择。

6.3.2.2　当废气含有酸、碱类气体时，宜采用中和吸收等工艺进行去除。

6.3.2.3　当废气中的颗粒物含量不满足本标准 4.7 要求时，应采用过滤、洗涤、静电捕集等方式进行预处理。

6.3.2.4　过滤装置两端应装设压差计，当过滤器的阻力超过规定值时应及时清理或更换过滤材料。

6.3.3　燃烧室

6.3.3.1　燃烧室的结构和尺寸应根据燃烧温度、停留时间以及待处理废气通过燃烧室的有效体积流量等因素计算确定，其温度/浓度场可利用流体力学模型进行模拟计算。

6.3.3.2　燃烧室内衬耐火绝热材料应选用陶瓷纤维，内衬设计宜符合 HG/T 20642 的相关规定。

6.3.3.3　废气在燃烧室的停留时间一般不宜低于 0.75 s。

6.3.3.4　燃烧室燃烧温度一般应高于 760℃。

6.3.4　蓄热室

6.3.4.1　蓄热室的结构和尺寸应根据热回收效率要求、蓄热体结构性能、系统压降等因素计算确定。

6.3.4.2　蓄热体宜优先选用蜂窝陶瓷、组合式陶瓷等规整材料。

6.3.4.3　当废气含有机硅时，应对蓄热体采取保护措施，避免或减缓蓄热体堵塞和性能下降。

6.3.4.4　应通过优化蓄热体结构、堆填方式等实现蓄热室气流均匀分布。

6.3.4.5　蓄热体支架（炉栅）应采用高强度、防腐耐温材料。

6.3.4.6　蓄热体比热容应不低于 750 J/（kg·K），短时间可承受 1 200℃的高温冲击，使用寿命不低于 40 000 h。

6.3.4.7　蓄热室截面风速不宜大于 2 m/s。

6.3.5　燃烧器

6.3.5.1　燃烧器应根据辅助燃料类型、燃烧室结构、压力、待处理废气流量、装置启动时间等因素配置。

6.3.5.2　辅助燃料应优先选用天然气、液化石油气等燃料。

6.3.5.3　燃烧器应具备温度自动调节的功能。

6.3.5.4　燃烧器应符合 GB/T 19839 的相关规定。

6.3.5.5　优先选用低氮燃烧器。

6.3.6　工艺系统整体要求

6.3.6.1　系统设计压降宜低于 3 000 Pa。

6.3.6.2　固定式蓄热燃烧装置换向阀换向时间宜为 60～180 s，旋转式蓄热燃烧装置气体分配器换向时间宜为 30～120 s。

6.3.6.3　蓄热燃烧装置进出口气体温差不宜大于 60℃。

6.3.6.4　蓄热燃烧装置应进行整体内保温，外表面温度不应高于 60℃，部分热点除外。

6.3.6.5　环境温度较低或废气湿度较大时宜采取保温、伴热等防凝结措施。

6.3.6.6　蓄热燃烧装置宜具备反烧和吹扫功能。

6.3.7　后处理

6.3.7.1　当处理含氮有机物造成烟气氮氧化物排放超标时，应进行脱硝处理。

6.3.7.2　当处理含硫有机物产生二氧化硫时，应采用吸收等工艺进行后处理。

6.4　二次污染控制

6.4.1　废气预处理、后处理所产生的废水、排凝液宜纳入厂区污水处理设施进行集中处理，当不具备集中处理条件时，应单独处理并满足排放要求。

6.4.2　预处理过程收集的粉尘、漆雾等以及更换后的废弃过滤材料、蓄热体、保温材料等处理应符合国家固体废物处理处置相关规定。

6.4.3　噪声控制应符合 GB 12348 和 GB/T 50087 的相关规定。

6.5 安全措施

6.5.1 当废气浓度波动较大时，应对废气进行实时监测，并采取稀释、缓冲等措施，确保进入蓄热燃烧装置的废气浓度低于爆炸极限下限的25%。

6.5.2 应在治理工程与主体生产工艺设备之间的管道系统中安装阻火器或防火阀，阻火器应符合GB/T 13347的相关规定，防火阀应符合GB 15930的相关规定。

6.5.3 当治理工程进风、排风管道采用金属材质时，应采取法兰跨接、系统接地等措施，防止静电产生和积聚。

6.5.4 管道气体温度超过60℃或蓄热燃烧装置表面可接触到部位的温度高于60℃时，应做隔热保护或相关警示标识，保温设计应符合SGBZ-0805的相关规定。

6.5.5 治理工程的防爆泄压设计应符合GB 50160的相关规定。

6.5.6 燃烧器点火操作应符合GB/T 19839的相关规定。

6.5.7 燃料供给系统应设置高低压保护和泄漏报警装置。

6.5.8 压缩空气系统应设置低压保护和报警装置。

6.5.9 风机、电机和置于现场的电气仪表等设备的防爆等级应不低于现场级别。

6.5.10 蓄热燃烧装置应设置安全可靠的火焰控制系统、温度监测系统、压力控制系统等。

6.5.11 蓄热燃烧装置应具备过热保护功能。

6.5.12 蓄热燃烧装置应具备短路保护和接地保护功能，接地电阻应小于4 Ω。

6.5.13 蓄热燃烧装置防雷设计应符合GB 50057、SH/T 3038的相关规定。

7 主要工艺设备和材料

7.1 主要工艺设备

7.1.1 风机宜选用高效离心风机，且符合GB/T 13275的相关规定。

7.1.2 换向阀宜采用提升阀、旋转阀、蝶阀等类型，其材质应具有耐磨、耐高温、耐腐蚀等性能，适应频繁切换。

7.2 主要材料

7.2.1 蓄热体性能应符合JC/T 2135的相关规定。

7.2.2 保温材料宜采用陶瓷纤维、岩棉等材质。陶瓷纤维性能应符合GB/T 3003的规定，岩棉性能应符合GB/T 11835、GB/T 19686的规定。

7.2.3 含有腐蚀性气体时，管道应采用防腐材料或采取防腐措施。

7.2.4 蓄热室、燃烧室、过滤箱、平台、扶梯等钢制设备应符合GB 912和GB/T 3077的相关规定。

8 检测与过程控制

8.1 一般规定

8.1.1 治理工程应配置相关的检测仪表和控制装置。

8.1.2 治理工程检测与过程控制的设计应符合安全、环保、节能等要求。

8.2　检测

8.2.1　治理工程排气筒应设置永久性采样口，采样口和采样平台的设置应符合 HJ/T 1 和 GB/T 16157 等规定。
8.2.2　VOCs 的采样方法应符合 GB/T 16157、HJ 732 和 HJ 734 等规定，检测方法应符合 HJ/T 397、HJ/T 38 和 HJ 734 等规定。
8.2.3　对 VOCs 以外的其他污染物有排放要求时，其采样和检测应执行相关标准规定。
8.2.4　蓄热燃烧装置的蓄热室和燃烧室内部应装设具有自动报警功能的多点温度、压力检测装置。燃烧室应设置燃烧温度和极限温度检测报警装置，蓄热体上下层应分别设置温度、压差检测装置。
8.2.5　燃料供给系统应装设压力检测装置。

8.3　过程控制

8.3.1　治理设备应先于产生废气的生产工艺设备开启、后于生产工艺设备停机，并实现联锁控制。在运行过程中，蓄热燃烧装置应与待处理废气通过自动控制实现实时联动。
8.3.2　现场应设置就地控制柜或远端控制。就地控制柜应有集中控制端口，具备与集中控制室的连接功能，并在控制柜显示设备的运行状态。远端控制现场应设有中继箱和便于操作的人机界面。

9　主要辅助工程

9.1　燃料供给系统

9.1.1　燃料供给系统一般由燃料源、过滤器、供给管路、压力调节装置、压力检测和保护系统及泄漏报警装置等组成。
9.1.2　燃料供给系统应根据燃料种类由专业单位设计建设。

9.2　压缩空气系统

9.2.1　压缩空气系统一般由空压机、储气罐、压力调节装置、供给管路和安全阀等组成。
9.2.2　压缩空气系统设计应符合 GB 50029 的相关规定。

9.3　电气系统

9.3.1　电源系统可直接由生产主体工程配电系统接引，中性点接地方式应与生产主体工程一致。
9.3.2　电气系统设计应符合 GB 50058 的相关规定。

9.4　给排水与消防系统

9.4.1　治理工程的给水、排水设计应符合相关工业行业给水排水设计规范的相关规定。
9.4.2　治理工程的消防设计应纳入工厂的消防系统总体设计。
9.4.3　消防通道、防火间距、安全疏散的设计和消防栓的布置应符合 GB 50016 的相关规定。
9.4.4　应按照 GB 50140 的规定配置移动式灭火器。

10 劳动安全与职业卫生

10.1 劳动安全

10.1.1 治理工程的用电安全应符合 GB/T 13869、AQ 3009 的相关规定。

10.1.2 治理工程的固定式钢梯、防护栏杆及平台的安全要求应符合 GB 4053.1、GB 4053.2 和 GB 4053.3 的相关规定。固定式钢梯宜采用斜梯或旋梯。

10.1.3 治理工程的安全标志设计应符合 GB 2893、GB 2894 和 GB 7231 等规范的相关规定。

10.2 职业卫生

10.2.1 治理工程职业卫生要求应符合 GBZ 1、GBZ 2.1 和 GBZ 2.2 的相关规定。

10.2.2 治理工程工作场所的卫生工程防护措施应符合相关规定。

10.2.3 应优先采用噪声低的设备或采取减振、降噪等措施，并尽量将噪声源和操作人员隔开。

11 施工、调试与验收

11.1 施工

11.1.1 工程施工应符合国家、行业和地方的施工程序及管理文件要求。

11.1.2 工程施工应按设计文件进行，对工程的变更应取得工程设计单位的设计变更文件后再进行施工。

11.1.3 工程施工中使用的设备、材料和部件应符合相应的标准。

11.1.4 需要采用防腐蚀材质的设备、管道和管件等的施工和验收应符合 HGJ 229 的相关规定。

11.2 调试

11.2.1 工程施工、设备安装完成后应首先对相关仪器仪表进行校验，然后根据工艺流程进行分项调试和整体调试。

11.2.2 治理工程在调试期间应进行性能试验，性能试验的内容主要包括：

a）VOCs 进出口浓度；

b）蓄热燃烧装置的净化效率；

c）蓄热燃烧装置的热回收效率；

d）根据要求需要增加的其他污染物检测项目。

11.2.3 通过整体调试，工程各系统运转正常，技术指标达到设计和合同要求后启动试运行。

11.3 验收

工程竣工验收应符合《建设项目竣工环境保护验收暂行办法》等相关规定。

12 运行与维护

12.1 一般规定

12.1.1 治理设备应先于产生废气的生产工艺设备运行。由于事故或设备维修等原因造成治理设备停止运行时，应立即报告当地生态环境行政主管部门。

12.1.2　治理设备正常运行时废气的排放应符合国家和地方相关污染物排放标准的规定。

12.1.3　治理设备不得超负荷运行。

12.1.4　企业应建立健全与治理工程相关的各项规章制度，制定运行、维护和操作规程，建立主要设备运行状况的台账制度。

12.2　人员与运行管理

12.2.1　治理设备应纳入生产管理中，并由专业人员负责。

12.2.2　在治理设备启用前，应对管理和运行人员进行培训，掌握治理设备、附属设备的操作和应急处理措施。培训内容包括：

a）基本原理和工艺流程；

b）安全运行注意事项；

c）启动前的检查和启动应满足的条件；

d）正常运行情况下设备的控制、报警和指示系统的状态，保持良好运行的条件，以及应急操作；

e）设备运行故障的发现、检查和排除；

f）事故或紧急状态下人工操作和事故排除方法；

g）设备日常和定期维护；

h）设备运行和维护记录；

i）其他事件的记录和报告。

12.2.3　应建立治理设备运行状况、设施维护等的记录制度，主要记录内容包括：

a）设备的启动、停止时间；

b）过滤材料、蓄热体等质量分析数据、采购量、使用量及更换时间；

c）运行工艺控制参数，至少包括治理装置进、出口气体浓度及相关温度、压力等；

d）主要设备维修情况；

e）运行事故及处理、整改情况；

f）定期检验、评价及评估情况；

g）二次污染处理处置情况。

12.2.4　运行人员应按企业规定做好巡检和交接班。

12.3　维护

12.3.1　应制定治理设备的维护计划。

12.3.2　维护人员应根据计划定期检查、维护和更换必要的部件和材料。

12.3.3　维护人员应做好相关记录。

12.4　事故应急

12.4.1　治理设备的运维部门应编制事故应急预案（包括环保应急预案）。应急预案应包括应急预警、应急响应、应急指挥、应急处理等方面的内容，并配备足够的人力、设备、通信及应急物资等。

12.4.2　治理设备发生异常情况或重大事故，应及时应对，启动应急预案，并按规定向有关部门报告。

第五部分

生态环境监测

石化工业涉及的生态环境监测标准清单

一、水污染物监测标准

水质 总铬的测定
GB/T 7466—1987
水质 六价铬的测定 二苯碳酰二肼分光光度法
GB/T 7467—1987
水质 总汞的测定 高锰酸钾－过硫酸钾消解法 双硫腙分光光度法
GB/T 7469—1987
水质 铅的测定 双硫腙分光光度法
GB/T 7470—1987
水质 镉的测定 双硫腙分光光度法
GB/T 7471—1987
水质 锌的测定 双硫腙分光光度法
GB/T 7472—1987
水质 铜、锌、铅、镉的测定 原子吸收分光光度法
GB/T 7475—1987
水质 氟化物的测定 离子选择电极法
GB/T 7484—1987
水质 总砷的测定 二乙基二硫代氨基甲酸银分光光度法
GB/T 7485—1987
水质 苯胺类化合物的测定 *N*-（1-萘基）乙二胺偶氮分光光度法
GB/T 11889—1989
水质 总磷的测定 钼酸铵分光光度法
GB/T 11893—1989
水质 苯并[*a*]芘的测定 乙酰化滤纸层析荧光分光光度法
GB/T 11895—1989
水质 悬浮物的测定 重量法
GB/T 11901—1989
水质 镍的测定 丁二酮肟分光光度法
GB/T 11910—1989
水质 镍的测定 火焰原子吸收分光光度法
GB/T 11912—1989
水质 烷基汞的测定 气相色谱法
GB/T 14204—1993
水质 钒的测定 钽试剂（BPHA）萃取分光光度法
GB/T 15503—1995
水质 三氯乙醛的测定 吡唑啉酮分光光度法

HJ/T 50—1999
水质　硫化物的测定　碘量法
HJ/T 60—2000
高氯废水 化学需氧量的测定　氯气校正法
HJ/T 70—2001
水质　邻苯二甲酸二甲（二丁、二辛）酯的测定　液相色谱法
HJ/T 72—2001
水质　丙烯腈的测定　气相色谱法
HJ/T 73—2001
水质　氯苯的测定　气相色谱法
HJ/T 74—2001
水质　二噁英类的测定　同位素稀释高分辨气相色谱－高分辨质谱法
HJ 77.1—2008
水质　可吸附有机卤素（AOX）的测定　离子色谱法
HJ/T 83—2001
污水监测技术规范
HJ 91.1—2019
高氯废水　化学需氧量的测定　碘化钾碱性高锰酸钾法
HJ/T 132—2003
水质　氨氮的测定　气相分子吸收光谱法
HJ/T 195—2005
水质　硫化物的测定　气相分子吸收光谱法
HJ/T 200—2005
水污染源在线监测系统（COD_{Cr}、NH_3-N 等）安装技术规范
HJ 353—2019
水污染源在线监测系统（COD_{Cr}、NH_3-N 等）验收技术规范
HJ 354—2019
水污染源在线监测系统（COD_{Cr}、NH_3-N 等）运行技术规范
HJ 355—2019
水污染源在线监测系统（COD_{Cr}、NH_3-N 等）数据有效性判别技术规范
HJ 356—2019
水质　化学需氧量的测定　快速消解分光光度法
HJ/T 399—2007
水质　多环芳烃的测定　液液萃取和固相萃取高效液相色谱法
HJ 478—2009
水质　氰化物的测定　容量法和分光光度法
HJ 484—2009
水质　铜的测定　二乙基二硫代氨基甲酸钠分光光度法
HJ 485—2009
水质　铜的测定　2,9-二甲基-1,10-菲啰啉分光光度法
HJ 486—2009
水质　氟化物的测定　茜素磺酸锆目视比色法
HJ 487—2009

水质　氟化物的测定　氟试剂分光光度

HJ 488—2009

水质采样 样品的保存和管理技术规定

HJ 493—2009

水质　采样技术指导

HJ 494—2009

水质　采样方案设计技术指导

HJ 495—2009

水质　总有机碳的测定　燃烧氧化-非分散红外吸收法

HJ 501—2009

水质　挥发酚的测定　溴化容量法

HJ 502—2009

水质　挥发酚的测定　4-氨基安替比林分光光度法

HJ 503—2009

水质　五日生化氧量（BOD_5）的测定　稀释与接种法

HJ 505—2009

水质　氨氮的测定　纳氏试剂分光光度法

HJ 535—2009

水质　氨氮的测定　水杨酸分光光度法

HJ 536—2009

水质　氨氮的测定　蒸馏-中和滴定法

HJ 537—2009

水质　硝基苯类化合物的测定　气相色谱法

HJ 592—2010

水质　总汞的测定　冷原子吸收分光光度法

HJ 597—2011

水质　甲醛的测定　乙酰丙酮分光光度法

HJ 601—2011

水质　挥发性卤代烃的测定　顶空气相色谱法

HJ 620—2011

水质　氯苯类化合物的测定　气相色谱法

HJ 621—2011

水质　总氮的测定　碱性过硫酸钾消解紫外分光光度法

HJ 636—2012

水质　石油类和动植物油类的测定　红外分光光度法

HJ 637—2018

水质　挥发性有机物的测定　吹扫捕集/气相色谱-质谱法

HJ 639—2012

水质　硝基苯类化合物的测定　液液萃取/固相萃取-气相色谱法

HJ 648—2013

水质　氨氮的测定　连续流动-水杨酸分光光度法

HJ 665—2013

水质　氨氮的测定　流动注射-水杨酸分光光度法

HJ 666—2013
水质　总氮的测定　连续流动-盐酸萘乙二胺分光光度法
HJ 667—2013
水质　总氮的测定　流动注射-盐酸萘乙二胺分光光度法
HJ 668—2013
水质　磷酸盐和总磷的测定　连续流动-钼酸铵分光光度法
HJ 670—2013
水质　总磷的测定　流动注射-钼酸铵分光光度法
HJ 671—2013
水质　钒的测定　石墨炉原子吸收分光光度法
HJ 673—2013
水质　酚类化合物的测定　液液萃取/气相色谱法
HJ 676—2013
水质　挥发性有机物的测定　吹扫捕集/气相色谱法
HJ 686—2014
水质　汞、砷、硒、铋和锑的测定　原子荧光法
HJ 694—2014
水质　丙烯酰胺的测定　气相色谱法
HJ 697—2014
水质　65 种元素的测定　电感耦合等离子体质谱法
HJ 700—2014
水质　多氯联苯的测定　气相色谱-质谱法
HJ 715—2014
水质　硝基苯类化合物的测定　气相色谱-质谱法
HJ 716—2014
水质　卤代乙酸类化合物的测定　气相色谱法
HJ 758—2015
水质　丙烯腈和丙烯醛的测定　吹扫捕集/气相色谱法
HJ 806—2016
水质　化学需氧量的测定　重铬酸盐法
HJ 828—2017
水质　四乙基铅的测定　顶空/气相色谱-质谱法
HJ 959—2018
水质　氯酸盐、亚氯酸盐、溴酸盐、二氯乙酸和三氯乙酸的测定　离子色谱法
HJ 1050—2019
水质　苯系物的测定　顶空/气相色谱法
HJ 1067—2019
水质　吡啶的测定　顶空/气相色谱法
HJ 1072—2019
水质　萘酚的测定　高效液相色谱法
HJ 1073—2019
水质　pH 值的测定　电极法
HJ 1147—2020

水质 9 种烷基酚类化合物和双酚 A 的测定 固相萃取/高效液相色谱法
HJ 1192—2021
水质 可吸附有机卤素（AOX）的测定 微库仑法
HJ 1214—2021
水质 硫化物的测定 亚甲基蓝分光光度法
HJ 1226—2021
水质 6 种邻苯二甲酸酯类化合物的测定 液相色谱-三重四极杆质谱法
HJ 1242—2022
水质 丙烯酸的测定 离子色谱法
HJ 1288—2023

二、大气污染物与噪声监测标准

空气质量 硫化氢、甲硫醇、甲硫醚和二甲二硫的测定 气相色谱法
GB/T 14678—1993
空气质量 硝基苯类（一硝基和二硝基化合物）的测定 锌还原-盐酸萘乙二胺分光光度法
GB/T 15501—1995
空气质量 苯胺类的测定 盐酸萘乙二胺分光光度法
GB/T 15502—1995
空气质量 甲醛的测定 乙酰丙酮分光光度法
GB/T 15516—1995
固定污染源排气中颗粒物测定与气态污染物采样方法
GB/T 16157—1996
固定污染源排气中氯化氢的测定 硫氰酸汞分光光度法
HJ/T 27—1999
固定污染源排气中氰化氢的测定 异烟酸-吡唑啉酮分光光度法
HJ/T 28—1999
固定污染源排气中氯气的测定 甲基橙分光光度法
HJ/T 30—1999
固定污染源排气中光气的测定 苯胺紫外分光光度法
HJ/T 31—1999
固定污染源排气中酚类化合物的测定 4-氨基安替比林分光光度法
HJ/T 32—1999
固定污染源排气中甲醇的测定 气相色谱法
HJ/T 33—1999
固定污染源排气中氯乙烯的测定 气相色谱法
HJ/T 34—1999
固定污染源排气中乙醛的测定 气相色谱法
HJ/T 35—1999
固定污染源排气中丙烯醛的测定 气相色谱法
HJ/T 36—1999
固定污染源排气中丙烯腈的测定 气相色谱法
HJ/T 37—1999

固定污染源废气 甲烷、总烃和非甲烷总烃的测定 气相色谱法
HJ 38—2017
固定污染源排气中苯并[a]芘的测定 高效液相色谱法
HJ/T 40—1999
固定污染源排气中氮氧化物的测定 紫外分光光度法
HJ/T 42—1999
固定污染源排气中氮氧化物的测定 盐酸萘乙二胺分光光度法
HJ/T 43—1999
固定污染源排气中沥青烟的测定 重量法
HJ/T 45—1999
大气污染物无组织排放监测技术导则
HJ/T 55—2000
固定污染源排气中二氧化硫的测定 碘量法
HJ/T 56—2000
固定污染源废气 二氧化硫的测定 定电位电解法
HJ 57—2017
大气固定污染源 镍的测定 火焰原子吸收分光光度法
HJ/T 63.1—2001
大气固定污染源 镍的测定 石墨炉原子吸收分光光度法
HJ/T 63.2—2001
大气固定污染源 镍的测定 丁二酮肟-正丁醇萃取分光光度法
HJ/T 63.3—2001
大气固定污染源 氟化物的测定 离子选择电极法
HJ/T 67—2001
大气固定污染源 苯胺类的测定 气相色谱法
HJ/T 68—2001
环境空气和废气 二噁英类的测定 同位素稀释高分辨气相色谱-高分辨质谱法
HJ 77.2—2008
固定污染源烟气（SO_2、NO_x、颗粒物）排放连续监测技术规范
HJ 75—2017
固定污染源烟气（SO_2、NO_x、颗粒物）排放连续监测系统技术要求及检测方法
HJ 76—2017
固定源废气监测技术规范
HJ/T 397—2007
环境空气和废气 氨的测定 纳氏试剂分光光度法
HJ 533—2009
固定污染源废气 硫酸雾的测定 离子色谱法
HJ 544—2016
固定污染源废气 氯气的测定 碘量法
HJ 547—2017
固定污染源废气 氯化氢的测定 硝酸银容量法
HJ 548—2016
环境空气和废气 氯化氢的测定 离子色谱法

HJ 549—2016
环境空气 苯系物的测定　固体吸附/热脱附-气相色谱法
HJ 583—2010
环境空气 苯系物的测定　活性炭吸附/二硫化碳解吸-气相色谱法
HJ 584—2010
固定污染源废气　二氧化硫的测定　非分散红外吸收法
HJ 629—2011
环境空气 挥发性有机物的测定　吸附管采样-热脱附/气相色谱-质谱法
HJ 644—2013
环境空气和废气　气相和颗粒物中多环芳烃的测定　气相色谱-质谱法
HJ 646—2013
环境空气和废气　气相和颗粒物中多环芳烃的测定　高效液相色谱法
HJ 647—2013
固定污染源排气　氮氧化物的测定　酸碱滴定法
HJ 675—2013
固定污染源废气　氟化氢的测定　离子色谱法
HJ 688—2019
固定污染源废气　氮氧化物的测定　非分散红外吸收法
HJ 692—2014
固定污染源废气　氮氧化物的测定　定电位电解法
HJ 693—2014
环境噪声监测技术规范　噪声测量值修正
HJ 706—2014
固定污染源废气　挥发性有机物的采样　气袋法
HJ 732—2014
泄漏和敞开液面排放的挥发性有机物检测技术导则
HJ 733—2014
固定污染源废气　挥发性有机物的测定　固相吸附-热脱附/气相色谱-质谱法
HJ 734—2014
环境空气 苯并[*a*]芘的测定　高效液相色谱法
HJ 956—2018
固定污染源废气　挥发性卤代烃的测定　气袋采样-气相色谱法
HJ 1006—2018
固定污染源废气　溴化氢的测定　离子色谱法
HJ 1040—2019
固定污染源废气　氯苯类化合物的测定　气相色谱法
HJ 1079—2019
环境空气 6种挥发性羧酸类化合物的测定　气相色谱-质谱法
HJ 1220—2021
环境空气　总悬浮颗粒物的测定　重量法
HJ 1263—2022

三、土壤污染物监测标准

土壤中六六六和滴滴涕测定的气相色谱法
GB/T 14550—2003
土壤质量　总汞的测定　冷原子吸收分光光度法
GB/T 17136—1997
土壤质量　铅、镉的测定　石墨炉原子吸收分光光度法
GB/T 17141—1997
土壤质量　总汞、总砷、总铅的测定　原子荧光法　第 1 部分：土壤中总汞的测定
GB/T 22105.1—2008
土壤质量　总汞、总砷、总铅的测定　原子荧光法　第 2 部分：土壤中总砷的测定
GB/T 22105.2—2008
土壤和沉积物　二噁英类的测定　同位素稀释高分辨气相色谱-高分辨质谱法
HJ 77.4—2008
土壤和沉积物　铜、锌、铅、镍、铬的测定　火焰原子吸收分光光度法
HJ 491—2019
土壤和沉积物　挥发性有机物的测定　吹扫捕集/气相色谱-质谱法
HJ 605—2011
土壤和沉积物　挥发性有机物的测定　顶空/气相色谱-质谱法
HJ 642—2013
土壤和沉积物　汞、砷、硒、铋、锑的测定　微波消解/原子荧光法
HJ 680—2013
土壤和沉积物　酚类化合物的测定　气相色谱法
HJ 703—2014
土壤和沉积物　挥发性卤代烃的测定　吹扫捕集/气相色谱-质谱法
HJ 735—2015
土壤和沉积物　挥发性卤代烃的测定　顶空/气相色谱-质谱法
HJ 736—2015
土壤和沉积物　铍的测定　石墨炉原子吸收分光光度法
HJ 737—2015
土壤和沉积物　挥发性有机物的测定　顶空/气相色谱法
HJ 741—2015
土壤和沉积物　挥发性芳香烃的测定　顶空/气相色谱法
HJ 742—2015
土壤和沉积物　多氯联苯的测定　气相色谱-质谱法
HJ 743—2015
土壤 氰化物和总氰化物的测定　分光光度法
HJ 745—2015
土壤和沉积物　无机元素的测定　波长色散 X 射线荧光光谱法
HJ 780—2015
土壤和沉积物　多环芳烃的测定　高效液相色谱法
HJ 784—2016

土壤和沉积物　12 种金属元素的测定　王水提取-电感耦合等离子体质谱法
HJ 803—2016
土壤和沉积物　多环芳烃的测定　气相色谱-质谱法
HJ 805—2016
土壤和沉积物　半挥发性有机物的测定　气相色谱-质谱法
HJ 834—2017
土壤和沉积物　有机氯农药的测定　气相色谱-质谱法
HJ 835—2017
土壤和沉积物　有机氯农药的测定　气相色谱法
HJ 921—2017
土壤和沉积物　多氯联苯的测定　气相色谱法
HJ 922—2017
土壤和沉积物　总汞的测定　催化热解-冷原子吸收分光光度法
HJ 923—2017
土壤和沉积物　石油烃（C10—C40）的测定　气相色谱法
HJ 1021—2019
土壤和沉积物　有机磷类和拟除虫菊酯类等 47 种农药的测定　气相色谱-质谱法
HJ 1023—2019
土壤和沉积物　11 种三嗪类农药的测定　高效液相色谱法
HJ 1052—2019
土壤和沉积物　六价铬的测定　碱溶液提取-火焰原子吸收分光光度法
HJ 1082—2019
土壤和沉积物　13 种苯胺类和 2 种联苯胺类化合物的测定　液相色谱-三重四极杆质谱法
HJ 1210—2021
土壤和沉积物　甲基汞和乙基汞的测定　吹扫捕集/气相色谱-冷原子荧光光谱法
HJ 1269—2022
土壤和沉积物 20 种多溴联苯的测定　气相色谱-高分辨质谱法
HJ 1243—2022

四、固体废物污染物监测标准

固体废物　腐蚀性测定　玻璃电极法
GB/T 15555.12—1995
危险废物鉴别技术规范
HJ 298—2019
固体废物　浸出毒性浸出方法　硫酸硝酸法
HJ/T 299—2007

五、行业自行监测技术指南

排污单位自行监测技术指南　石油炼制工业
HJ 880—2017
排污单位自行监测技术指南　石油化学工业
HJ 947—2018
排污单位自行监测技术指南　水处理

HJ 1083—2020
排污单位自行监测技术指南　固体废物焚烧
HJ 1205—2021
工业企业土壤和地下水自行监测技术指南（试行）
HJ 1209—2021
排污单位自行监测技术指南　工业固体废物和危险废物治理
HJ 1250—2022

六、其他生态环境监测标准

污染物在线监控（监测）系统数据传输标准
HJ 212—2017
固定污染源监测质量保证与质量控制技术规范（试行）
HJ/T 373—2007
相关生态环境标准样品（略）

第六部分

其他

HJ

中华人民共和国国家环境保护标准

HJ 606—2011

工业污染源现场检查技术规范

Technical guideline for field inspection on industry environmental pollution source

2011-02-12 发布　　　　2011-06-01 实施

环 境 保 护 部 发布

前　言

为贯彻《中华人民共和国环境保护法》，保护环境，防治污染，规范工业污染源现场检查活动，制定本标准。

本标准规定了工业污染源现场检查的准备工作、主要内容及技术要点。

本标准为首次发布。

本标准主要起草单位：中国环境科学学会、环境保护部华东环境保护督察中心、环境保护部南京环境科学研究所、东莞市环境保护局。

本标准由环境保护部科技标准司组织制订。

本标准环境保护部 2011 年 2 月 12 日批准。

本标准自 2011 年 6 月 1 日起实施。

本标准由环境保护部解释。

工业污染源现场检查技术规范

1 适用范围

本标准规定了工业污染源现场检查的准备工作、主要内容及技术要点。

本标准适用于各级环境保护主管部门的工业污染源现场检查工作。

2 规范性引用文件

本标准内容引用了下列文件中的条款，凡是不注日期的引用文件，其最新版本适用于本标准。

GB 5085　危险废物鉴别标准

GB 15562.1　环境保护图形标志　排放口（源）

GB 15562.2　环境保护图形标志　固体废物贮存（填埋）场

GB 18597　危险废物贮存污染控制标准

HJ/T 91　地表水和污水监测技术规范

HJ/T 295　环境保护档案管理规范　环境监察

HJ/T 373　固定污染源监测质量保证与质量控制技术规范（试行）

HJ/T 397　固定源废气监测技术规范

《环境行政处罚办法》（环境保护部令　第 8 号）

《污染源自动监控管理办法》（国家环境保护总局令　第 28 号）

《环境行政处罚主要文书制作指南》（环办〔2010〕51 号）

《〈环境保护图形标志〉实施细则（试行）》（环监〔1996〕463 号）

3 术语和定义

下列术语和定义适用于本标准。

3.1

污染源　pollution source

指向环境排放有毒有害物质或对环境产生有害影响的场所、材料、产品、设备和装置，分为天然污染源和人为污染源。

3.2

工业污染源现场检查　field inspection on pollution source

是指环保部门根据法律法规或者授权其下属单位对工业污染源实施现场监督检查，并根据法定程序执行或适用有关法律法规实施的具体行政行为。

3.3

排污者　polluter

直接或者间接向环境排放污染物的法人、个体工商户或个人。

3.4

重点污染源 key pollution source

环境保护行政主管部门在环境管理中确定的污染物排放量大、污染物环境毒性大或存在较大环境安全隐患、环境危害严重的污染源。对重点污染源实行重点监控、重点管理。

4 工业污染源现场检查的准备

4.1 现场检查人员

工业污染源现场检查活动应由两名以上环境保护部门或其授权的下属单位工作人员实施。

执行工业污染源现场检查任务人员应出示国家环境保护行政主管部门或地方人民政府配发的有效执法证件。

4.2 信息资料

4.2.1 信息资料的收集

实施现场检查部门可通过以下途径收集污染源信息：

（1）污染源调查。在环境保护主管部门的领导下，环境监察机构可协同其他环境管理部门共同开展环境污染源动态调查和数据采集工作，掌握辖区内污染源的基本情况，确定辖区内重点污染源、一般污染源名录及污染物排放情况。

（2）排污申报登记。排污申报登记资料可作为对污染源进行监督管理的依据之一。

（3）环境保护档案材料积累。环境保护主管部门在环境统计中获得的污染源信息，执行环境影响评价制度、“三同时”制度等监督管理中积累的污染源的档案材料，以及环境监察机构在日常环境监察中对有关污染源进行调查、处理和减排核查中积累的材料，均为工业污染源现场检查的重要信息来源。

（4）其他信息来源。通过污染源自动监控数据、群众举报、信访、12369 环保热线、领导批示、媒体报道、其他部门转办等信息来源，获取污染源信息资料。环境保护主管部门中各机构在行政管理过程中形成的污染源信息资料应及时移交所属环境监察机构。

4.2.2 信息资料加工整理

各级环保部门可按照污染源位置，所属流域，所属行业类别，排放污染物的种类、规模、去向等分类，建立污染源信息数据库。

4.3 现场检查活动计划

污染源现场检查活动计划的内容主要包括：检查目的、时间、路线、对象、重点内容等。

对于重点污染源和一般污染源，应保证规定的检查频率。对排放有毒有害污染物、扰民严重的餐饮、娱乐服务等污染源及群众来信来访举报的污染源及时进行随机检查。

各级环保部门应根据本地区的污染源特点和环境特点，保证必要的现场检查频次。

4.4 现场检查装备配备

根据污染源现场检查的具体任务，可选择配备必要的装备，主要包括：

（1）记录本及检查文书；

（2）交通工具；

（3）通信器材；

（4）全球卫星定位系统；

（5）录音、照相、摄像器材；

（6）必要的防护服及防护器材；
（7）现场采样设备；
（8）快速分析设备；
（9）便携式电脑（含无线上网卡）；
（10）打印设备；
（11）其他必要的设备。

5 现场调查取证

污染源现场检查活动中取得的证据包括：书证、物证、证人证言、视听材料和计算机数据、当事人陈述、环境监测报告和其他鉴定结论、现场检查（勘察）笔录等。

5.1 书证

书证包括文件、报告、计划、记录等书面文字材料或电子文档。书证的制作应当符合下列要求：

（1）提供书证的原件。收集原件确有困难的，可以收集与原件核对无误的复印件、照片或节录本；提交证据的单位或个人应在复印件、照片或节录本上签字或加盖公章。

（2）提供由有关部门保管的书证原件的复制件、影印件或者抄录件的，应当注明出处，经该部门核对无异后加盖其印章。

（3）提供报表、图纸、会计账册、专业技术资料、科技文献等书证的，应当附有文字说明材料。

（4）提供电子文档的，应当注明保存电子文档的计算机所有者名称。

5.2 物证

物证指现场采集的污染物样品或其他物品，如受污染源影响的生物、水、大气、土壤样品等。

5.2.1 物证采集的一般性要求

物证的采集应当符合下列要求：

（1）应当提供原物，提供原物确有困难的，可以提供与原物核对无误的复制件或者证明该物证的照片、录像等其他证据。

（2）原物为数量较多的种类物的，提供其中的一部分。

5.2.2 现场采样

现场采样取证应由县级以上环境保护行政主管部门所属环境监测机构、环境监察机构或其他具有环境监测资质的机构承担。采样人员可通过摄影、摄像等方式对采样地点、采样过程进行记录，与样品一同作为检查证据。

污染源现场采样、保存应符合国家相关环保标准和技术规范的要求。现场采集样品应当交由县级以上环境保护行政主管部门所属环境监测机构或其他具有环境监测资质的机构实施检测。

对排污者排放污染物情况进行监督检查时，可以现场即时采样或监测，其结果可作为判定排污行为是否合法、是否超标以及实施相关环境保护管理措施的依据。在线监测数据，经环境保护主管部门认定有效后，可以作为认定违法事实的证据。

当事人与现场调查取证之间的关系应遵循《环境行政处罚办法》第四十三条的规定。

5.2.3 采样记录与标志

现场采样取证应填写采样记录。采样记录应一式两份，第一份随样品送检，第二份留存环境监察机构备查。排污者代表对样品和采样记录核对无误后在采样记录上签字盖章确认。

采样后，除进行现场快速检测或必要的前处理外，现场采样人员应立即填制样品标签及样品封条。样品标签应贴在样品盛装容器上，样品封条应贴在样品盛装容器封口，封条的样式应便于检测单位确认接收前样品容器是否曾被开封。采样人员和排污者代表应当在封条上签名并注明封存日期。

5.3 证人证言

收集证人证言作为认定违法行为的证据使用时，应当载明下列内容：

（1）证人的姓名、年龄、性别、职业、住址、身份证号码、联系电话等基本情况；

（2）证人就知道的违法事实所作的客观陈述；

（3）证人的签字；证人不能签字的，应以捺指印或盖章等方式证明；

（4）注明出具证言的日期。

5.4 视听资料和计算机数据

视听资料包括现场的录音、录像、照片等，视听资料的制作应当符合下列要求：

（1）提供有关资料的原始载体。提供原始载体确有困难的，可以提供复制件。

（2）注明制作方法、制作时间、制作人、证明对象或相关问题说明等。

（3）声音资料应当附有该声音内容的文字记录。

5.5 当事人陈述

提供当事人陈述作为认定违法行为的证据使用时，应当载明下列内容：

（1）当事人的姓名、年龄、性别、职业、住址、身份证号码、联系电话等基本情况；

（2）当事人就违法事实所作的客观陈述；

（3）当事人的签字；当事人不能签字的，应以捺指印或盖章等方式证明；

（4）注明陈述的日期；

（5）附有居民身份证复印件等证明当事人身份的文件。

5.6 环境监测报告及其他鉴定结论

5.6.1 环境监测报告

县级以上环境保护主管部门所属环境监测机构或经其他具有环境监测资质的机构按照相关的管理规定出具的环境监测报告，可作为污染源现场检查的证据。环境监测报告应当符合以下要求：

（1）环境监测报告中应有监测机构全称，以及国家计量认证标志（CMA）和监测字号；

（2）监测报告应当载明监测项目的名称、委托单位、监测时间、监测点位、监测方法、检测仪器、检测分析结果等内容；

（3）监测报告的编制、审核、签发等人员应具备相应的资格，有报告编制、审核、签发等人员的签名和监测机构的盖章。

5.6.2 委托鉴定报告

对环境监察机构自身不能认定或者作出结论的事项，可以委托有关机构或者专家进行专门鉴定，作出鉴定报告。鉴定报告包括除环境监测报告以外的各种科学鉴定和司法鉴定。鉴定报告应当符合以下要求：

（1）鉴定报告应当载明委托人和委托鉴定的事项、向鉴定部门提交的相关材料、鉴定的依据和使用的科学技术手段；

（2）鉴定报告应包括对鉴定过程的简要表述；

（3）鉴定报告应当有鉴定部门和鉴定人鉴定资格的说明，并应有鉴定人的签名和鉴定部门的盖章；

（4）通过推理分析获得的鉴定结论，应当说明推理分析过程。

5.7 现场笔录

现场笔录包括现场进行实地检查、查看、探访以及对于当事人或有关证人进行询问而当场制作的文书，包括现场调查（询问）笔录、现场检查（勘察）笔录等。

现场调查（询问）笔录是实施现场检查人员对环境违法案件调查以及就有关情况对当事人或证人进行询问的记录。现场检查（勘察）笔录是实施现场检查人员对污染源进行检查时对现场检查内容进行的记录。

6 污染源检查

6.1 主要内容

6.1.1 环境管理手续检查

检查排污者的环评审批和验收手续是否齐全、有效，检查排污者是否曾有被处罚记录以及处罚决定的执行情况。

6.1.2 了解生产设施

了解排污者的工艺、设备及生产状况，是否有国家规定淘汰的工艺、设备和技术，了解污染物的来源、产生规模、排污去向，具体内容应包括：

（1）了解原辅材料、中间产品、产品的类型、数量及特性等情况；

（2）了解生产工艺、设备及运行情况；

（3）了解原辅材料、中间产品、产品的贮存场所与输移过程；

（4）了解生产变动情况。

6.1.3 污染治理设施检查

了解排污者拥有污染治理设施的类型、数量、性能和污染治理工艺，检查是否符合环境影响评价文件的要求；检查污染治理设施管理维护情况、运行情况、运行记录，是否存在停运或不正常运行情况，是否按规程操作；检查污染物处理量、处理率及处理达标率，有无违法、违章的行为。

6.1.4 污染源自动监控系统检查

按照《污染源自动监控管理办法》等法规的要求，检查污染源自动监控系统。

6.1.5 污染物排放情况检查

检查污染物排放口（源）的类型、数量、位置的设置是否规范，是否有暗管排污等偷排行为。

检查排污口（源）排放污染物的种类、数量、浓度、排放方式等是否满足国家或地方污染物排放标准的要求。

检查排污者是否按照《环境保护图形标志 排放口（源）》（GB 15562.1）、《环境保护图形标志 固体废物贮存（处置）场》（GB 15562.2）以及《〈环境保护图形标志〉实施细则（试行）》（环监〔1996〕463 号）的规定，设置环境保护图形标志。

6.1.6 环境应急管理检查

开展现场环境事故隐患排查及其治理情况监察；检查排污者是否编制和及时修订突发性环境事件应急预案；应急预案是否具有可操作性；是否按预案配置应急处置设施和落实应急处置物资；是否定期开展应急预案演练。

6.2 水污染源现场检查

6.2.1 水污染防治设施

（1）设施的运行状态。检查水污染防治设施的运行状态及运行管理情况，是否不正常使用、擅自拆除或者闲置。排污者有下列行为之一的，可以认定为“不正常使用”污染防治设施：

——将部分或全部废水不经过处理设施，直接排入环境；

——通过埋设暗管或者其他隐蔽排放的方式，将废水不经处理而排入环境；

——非紧急情况下开启污染物处理设施的应急排放阀门，将部分或全部废水直接排入环境；

——将未经处理的废水从污染物处理设施的中间工序引出直接排入环境；

——将部分污染物处理设施短期或者长期停止运行；

——违反操作规程使用污染物处理设施，致使处理设施不能正常发挥处理作用；

——污染物处理设施发生故障后，排污者不及时或者不按规程进行检查和维修，致使处理设施不能正常发挥处理作用；

——违反污染物处理设施正常运行所需的条件，致使处理设施不能正常运行的其他情形。

（2）设施的历史运行情况。检查设施的历史运行记录，结合记录中的运行时间、处理水量、能耗、药耗等数据，综合判断历史运行记录的真实性，确定水污染防治设施的历史运行情况。

（3）处理能力及处理水量。检查计量装置是否完备；处理能力是否能够满足处理水量的需要。

核定处理水量与生产系统产生的水量是否相符。如处理水量低于应处理水量，应检查未处理废水的排放去向。

检查是否按照规定安装了计量装置和污染物自动监控设备，其运行是否正常；检查污水计量装置是否按时计量检定，是否在检定有效期内。

（4）废水的分质管理。检查对于含不同种类和浓度污染物的废水，是否进行必要的分质管理。

对于污染物排放标准规定必须在生产车间或设施废水排放口采样监测的污染物，检查排污者是否在车间或车间污水处理设施排放口设置了采样监测点，是否在车间处理达标，是否将污染物在处理达标之前与其他废水混合稀释。

（5）处理效果。检查主要污染物的去除率是否达到了设计规定的水平，处理后的水质是否达到了相关污染物排放标准的要求。

（6）污泥处理、处置。检查废水处理中排出的污泥产生量和污水处理量是否匹配，污泥的堆放是否规范，是否得到及时、有效的处置，是否产生二次污染。

6.2.2 污水排放口

（1）检查污水排放口的位置是否符合规定。是否位于国务院、国务院有关部门和省、自治区、直辖市人民政府规定的风景名胜区、自然保护区、饮用水水源保护区以及其他需要特别保护的区域内。

（2）检查排污者的污水排放口数量是否符合相关规定。

（3）检查是否按照相关污染物排放标准、HJ/T 91、HJ/T 373 的规定设置了监测采样点。

（4）检查是否设置了规范的便于测量流量、流速的测流段。

6.2.3 排水量复核

（1）有流量计和污染源监控设备的，检查运行记录。

（2）有给水计量装置的或有上水消耗凭证的，根据耗水量计算排水量。

（3）无计量数及有效的用水量凭证的，参照国家有关标准、手册给出的同类企业用水排水系数进行估算。

6.2.4 排放水质

检查排放废水水质是否达到国家或地方污染物排放标准的要求。检查监测仪器、仪表、设备的型号和规格以及检定、校验情况，检查采用的监测分析方法和水质监测记录。如有必要可进行现场监测或采样。

6.2.5 排水分流

检查排污单位是否实行清污分流、雨污分流。

6.2.6 事故废水应急处置设施

检查排污企业的事故废水应急处置设施是否完备，是否可以保障对发生环境污染事故时产生的废水实施截流、贮存及处理。

6.2.7 废水的重复利用

检查处理后废水的回用情况。

6.3 大气污染源现场检查

6.3.1 燃烧废气

（1）检查燃烧设备的审验手续及性能指标。了解锅炉的性能指标是否符合相关标准和产业政策；检查环保设备的配套状况及环保审批、验收手续。

（2）检查燃烧设备的运行状况。检查除尘设备的运行状况，干清除是否漏气或堵塞，湿清除灰水的色泽和流量是否正常；检查灰水及灰渣的去向，防止二次污染。

（3）检查二氧化硫的控制。检查燃烧设备的设置、使用是否符合相关政策要求，用煤的含硫量是否符合国家规定，是否建有脱硫装置以及脱硫装置的运行情况、运行效率。

（4）检查氮氧化物的控制。检查是否采取了控制氮氧化物排放的技术和设施。

6.3.2 工艺废气、粉尘和恶臭污染源

（1）检查废气、粉尘和恶臭排放是否符合相关污染物排放标准的要求。

（2）检查可燃性气体的回收利用情况。

（3）检查可散发有毒、有害气体和粉尘的运输、装卸、贮存的环保防护措施。

6.3.3 大气污染防治设施

（1）除尘系统。除尘器是否得到较好的维护，保持密封性；除尘设施产生的废水、废渣是否得到妥善处理、处置，避免二次污染。

（2）脱硫系统。检查是否对旁路挡板实行铅封，增压风机电流等关键环节是否正常；检查脱硫设施的历史运行记录，结合记录中的运行时间、能耗、材料消耗、副产品产生量等数据，综合判断历史运行记录的真实性，确定脱硫设施的历史运行情况；检查脱硫设施产生的废水、废渣是否得到妥善处理、处置，避免二次污染。

（3）其他气态污染物净化系统。检查废气收集系统效果；检查净化系统运行是否正常；检查气体排放口主要污染物的排放是否符合国家或地方标准；检查处理中产生的废水和废渣的处理、处置情况。

6.3.4 废气排放口

（1）检查排污者是否在禁止设置新建排气筒的区域内新建排气筒。

（2）检查排气筒高度是否符合国家或地方污染物排放标准的规定。

（3）检查废气排气通道上是否设置采样孔和采样监测平台。有污染物处理、净化设施的，应在其进出口分别设置采样孔。采样孔、采样监测平台的设置应当符合 HJ/T 397 的要求。

6.3.5 无组织排放源

（1）对于无组织排放有毒有害气体、粉尘、烟尘的排放点，有条件做到有组织排放的，检查排污单位是否进行了整治，实行有组织排放。

（2）检查煤场、料场、货场的扬尘和建筑生产过程中的扬尘，是否按要求采取了防治扬尘污染的措施或设置防扬尘设备。

（3）在企业边界进行监测，检查无组织排放是否符合相关环保标准的要求。

6.4 固体废物污染源现场检查

6.4.1 固体废物来源

（1）了解固体废物的种类、数量、理化性质、产生方式。

（2）根据《国家危险废物名录》或GB 5085确定生产中危险废物的种类及数量。

6.4.2 固体废物贮存与处理处置

（1）检查排污者是否在自然保护区、风景名胜区、饮用水水源保护区、基本农田保护区和其他需要特别保护的区域内，建设工业固体废物集中贮存、处置的设施、场所和生活垃圾填埋场。

（2）检查固体废物贮存设施或贮存场是否设置了符合环境保护要求的设施，如防渗漏措施是否齐全，是否设置人造或天然衬里，配备浸出液收集、处理装置等。

（3）对于临时性固体废物贮存、堆放场所，检查是否采取了适当的环境保护措施。

（4）对于危险废物的处理处置，检查是否取得相应资质；是否设置了专用贮存场所，是否设置明显的标志，边界是否采取了封闭措施，是否有防扬散、防流失、防渗漏等防治措施；是否符合GB 18597的要求。

（5）检查排污者是否向江河、湖泊、运河、渠道、水库及其最高水位线以下的滩地和岸坡等法律、法规规定禁止倾倒废弃物的地点倾倒固体废物。

6.4.3 固体废物转移

（1）对于发生固体废物转移的情况，检查固体废物转移手续是否完备。转移固体废物出省、自治区、直辖市行政区域贮存、处置的，是否由移出地的省、自治区、直辖市人民政府环境保护主管部门商经接受地的省、自治区、直辖市人民政府环境保护主管部门同意。

（2）转移危险废物的，是否填写危险废物转移联单，并经移出地设区的市级以上地方人民政府环境保护主管部门商经接受地设区的市级以上地方人民政府环境保护主管部门同意。

6.5 噪声污染源现场检查

6.5.1 产噪设备

了解产噪设备是否为国家禁止生产、销售、进口、使用的淘汰产品；检查产噪设备的布局和管理。

6.5.2 噪声控制与防治设备

检查噪声控制与防治设备是否完好，是否按要求使用，管理是否规范，有无擅自拆除或闲置。

6.5.3 噪声排放

根据国家环境保护标准的要求，进行现场监测，确定噪声排放是否达标。

6.6 现场处理和处罚

6.6.1 现场处理

实施现场检查人员在污染源检查中，对存在环境违法或违规行为的，根据问题性质、情节轻重，可以按照法律法规的规定，当场采取责令减轻、消除污染，责令限制排污、停止排污，责令改正等处理措施。

6.6.2 现场处罚

对环境违法事实确凿、情节轻微并有法定依据，可按照《环境行政处罚办法》（环境保护部令 第8号）规定的简易程序，当场作出行政处罚决定。